中国环境科学学会学术年会

论 文 集

（2010）

第三卷

中国环境科学学会　编

中国环境科学出版社
·北　京·

目　录

（第三卷）

二、大气环境污染防治

山东省近岸海域水质现状及变化趋势研究

李　晶　张玉梅　程　磊

（山东省环境监测中心站　济南市历山路50号　250013）

摘　要　本文通过对2003—2007年山东省近岸海域水质监测数据的分析，总结其近岸海域的水质状况及污染特征，并采用秩相关系数法对山东省近岸海域水质状况时空变化趋势进行分析与评价。结果表明，山东省近岸海域水质以一、二类海水为主，黄海近岸海域水质略好于渤海。全省近岸海域污染以有机污染为主，主要污染因子为无机氮和化学需氧量。2003—2007年，山东省近岸海域水质变化趋势基本稳定，但主要污染物化学需氧量的含量呈上升趋势，且具有显著意义。

关键词　近岸海域　水质现状　变化趋势　山东省

山东省位于中国东部，地处黄河下游，有滨州、东营、潍坊、烟台、威海、青岛和日照7市濒临渤海与黄海，是我国重要的沿海省份之一。全省海岸线长3 121km，占全国海岸线长的六分之一，海岛326个，滩涂面积3 223km^2，有16处主要港湾和51处可建深水泊位的优良港址，海洋国土面积约17万km^2，有着丰富的海洋资源和巨大的开发潜力[1]。随着山东省“海上山东”战略构想的实施，海洋经济得到了飞速发展，伴随着经济高速发展，近海资源开发力度的加大，城市化进程的加快以及工业“三废”的大量排放[2]等对海洋生态环境缓慢而持续的破坏也在逐渐加深[3]，特别是对近岸海域的环境影响尤为突出，成为制约沿海地区海洋经济和社会可持续发展的主要因素。本文通过对2003—2007年山东省近岸海域水质监测数据的分析，评价了近岸海域的水质现状及污染特征，并采用秩相关系数法对山东省近岸海域水质时空变化趋势进行了分析，为控制山东省近岸海域环境污染、制定有效的环境保护措施提供技术依据。

一、近岸海域水质监测数据来源与处理

（一）数据来源

本文采用的监测数据来自2003—2007年山东省环境监测中心站《山东省近岸海域水环境质量报告》。

（二）监测范围与点位设置

1. 山东省近岸海域在渤海沿岸为自低潮线向海12海里以内的海域，在黄海沿岸为《中华人民共和国领海及毗连区法》规定的领海外部界线向陆地一侧的海域。评价海域分属滨州、东营、潍坊、烟台、威海、青岛和日照7市管辖。

2. 2007年山东省近岸海域共设置100个监测点位。环境功能区数量为92个，其中一类功能区14个，二类功能区63个，三类、四类功能区分别为7个和8个。

（三）数据处理

1. 评价标准与方法：评价标准采用国家《海水水质标准》（GB 3097—1997）。评价方法采用单因子指数法。评价指标为化学需氧量、活性磷酸盐、无机氮和石油类四项，其中无机氮为亚硝酸盐氮、硝酸盐氮、氨氮3项之和。

2. 趋势分析方法：采用spearman秩相关系数法进行趋势分析[4]。计算公式如下：

$$r_s = 1 - [6\sum_{i=1}^{N} d_i{}^2]/[N^3 - N]$$
$$d_i = X_i - Y_i$$

式中：d_i——变量X_i和变量Y_i的差值；

X_i ——周期 1 到周期 N 按浓度值从小到大排列的序号；

Y_i ——按时间顺序排列的序号。

将秩相关系数 r_s 的绝对值同 spearman 秩相关系数统计表中的临界值 Wp 进行比较。当 $r_s > Wp$ 则表明变化趋势有显著意义：如果 r_s 是负值，则表明在评价时段内有关统计量指标变化呈下降趋势或好转趋势；如果 r_s 为正值，则表明在评价时段内有关统计量指标变化呈上升趋势或加重趋势。当 $r_s \leq Wp$ 则表明变化趋势没有显著意义：说明在评价时段内水质变化稳定或平稳。

二、近岸海域水质现状与污染特征

2007 年近岸海域水质监测结果表明，山东省近岸海域水质具有以下特征：

1. 近岸海域水质以一、二类海水为主。其中一类海水测点达标率为 27.0%，二类海水测点达标率为 58.0%，三、四类海水测点达标率分别为 10.0% 和 2.0%，劣四类海水测点占 3.0%。

2. 近岸海域水质功能区达标率较高，且黄海近岸海域功能区达标率明显高于渤海。2007 年全省近岸海域水质功能区达标率为 83.7%，其中一类功能区达标率为 71.4%，二类功能区达标率为 84.1%，三、四类功能区达标率分别为 100% 和 87.5%。两大海域中，黄海近岸海域水质功能区达标率为 87.1%，渤海近岸海域水质功能区达标率为 72.7%。

3. 黄海近岸海域水质略好于渤海。2007 年黄海近岸海域一、二类海水测点达标率为 86.5%，三类和四类海水测点达标率分别为 6.8% 和 2.7%，劣四类海水测点超标率为 4.0%。渤海近岸海域一、二类海水测点达标率为 80.8%，三类海水测点达标率为 19.2%，无四类和劣于四类海水的测点。

4. 近岸海域水质区域差异较为显著。7 市海区中，以日照海区近岸海域水质最好，其一类海水测点达标率为 100%。其次为东营和威海 2 海区，其一、二类海水测点达标率均为 100%。烟台、潍坊和滨州 3 海区一、二类海水测点达标率分别为 96.4%、50.0% 和 42.9%；青岛海区局部水质有污染，其一、二类海水测点达标率为 66.7%，而劣四类海水测点占 11.1%。近岸海域水质功能区达标率以日照、威海、烟台、潍坊 4 海区最高，均为 100%；东营、青岛、滨州 3 海区功能区达标率分别为 66.7%、62.5% 和 42.9%。

5. 近岸海域污染以有机污染为主，主要污染因子为无机氮和化学需氧量。2007 年全省近岸海域主要污染物无机氮、化学需氧量、石油类和活性磷酸盐的二类海水超标率分别为 6.5%、6.5%、3.8% 和 3.4%。

三、近岸海域水质变化趋势分析

（一）年际变化趋势

2003—2007 年山东省近岸海域水质年际变化趋势的评价结果见图 1、图 2 所示。从图 1、图 2 可以看出，山东省近岸海域水质年际变化趋势具有以下特点。

1. 近岸海域水质变化趋势基本稳定。2003—2007 年，山东省各类海水所占测点比率呈波动变化，其中一、二、三类海水测点所占比例范围分别在 22.5% ~39.8%、44.9% ~64.0% 和 3.1% ~10.0%，四类海水测点所占比例范围为 0 ~3.1%；而劣四类海水测点所占比例以 2004 年最高，为 9.1%；2006 年最低，为 2.1%。同时，秩相关评价结果表明，山东省一、三、四类海水测点达标率的秩相关系数 r_s 分别为 0.100、0.500 和 0.400，均小于显著性水平 $\alpha = 0.05$，$n = 5$ 时，$Wp = 0.900$ 值（下同），表明一、三、四类海水测点达标率呈上升趋势；而二类海水和劣四类海水所占测点比例的秩相关系数分别为 -0.100 和 -0.800，表明二类海水和劣四类海水所占测点的比例呈下降趋势，但均无显著意义。

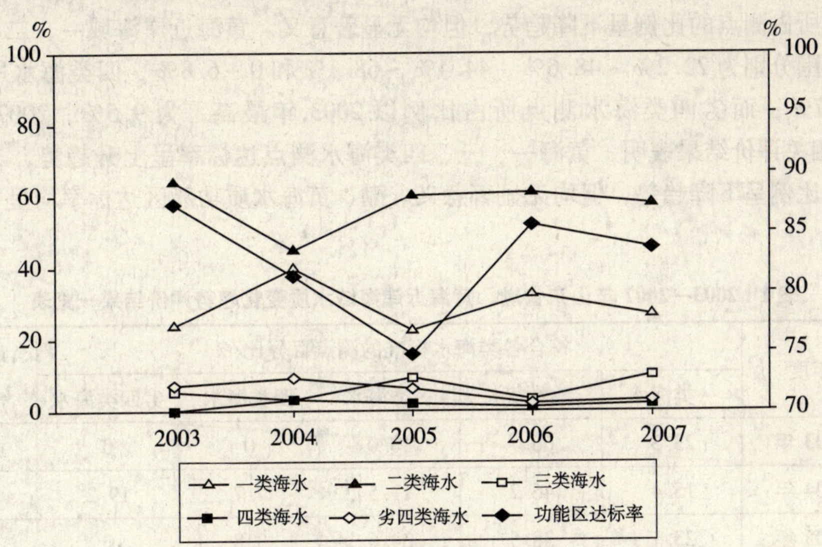

图1　2003—2007 年山东省近岸海域水质变化趋势图

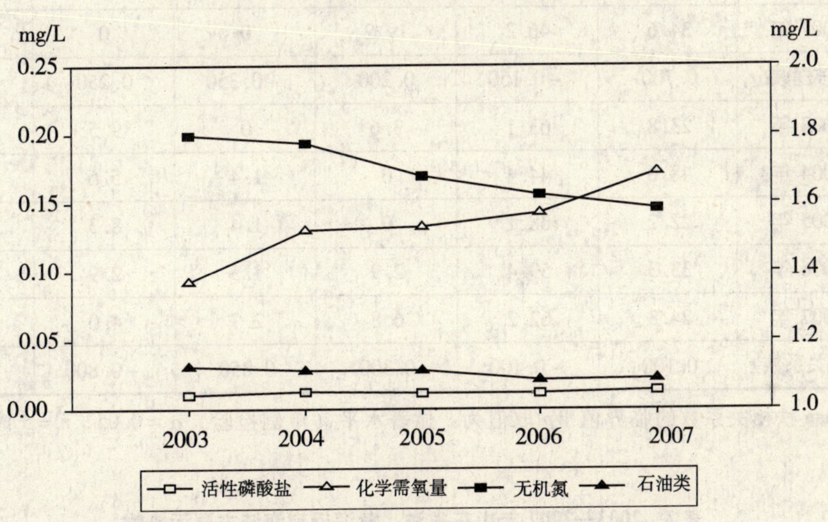

图2　2003—2007 年主要污染物年均值浓度变化趋势图

2. 近岸海域主要污染物化学需氧量的含量呈上升趋势，且具有显著意义。2003—2007 年，化学需氧量年均值变化范围在 1.37 ~ 1.69mg/L，其秩相关评价结果表明，化学需氧量年均值的秩相关系数 r_s 为 1.000，化学需氧量的含量呈上升趋势，且在 $\alpha = 0.05$ 水平上具有显著性意义，其年均值浓度 2007 年与 2003 年相比增加 0.2 倍。无机氮、石油类和活性磷酸盐年均值变化范围分别为 0.175 ~ 0.239mg/L、0.021 ~ 0.031mg/L 和 0.010 ~ 0.013mg/L。其秩相关评价结果表明，无机氮、石油类和活性磷酸盐年均值的秩相关系数 r_s 分别为 −0.900、−0.400 和 0.650，表明无机氮和石油类含量呈下降趋势，活性磷酸盐含量呈上升趋势，但均无显著意义。

（二）空间变化趋势

2003—2007 年山东省近岸海域水质空间变化趋势的评价结果如表 1、表 2 所示。

从表 1、表 2 可以看出，山东省近岸海域水质空间变化趋势具有以下特点：

1. 渤、黄海近岸海域水质变化均较稳定。2003—2007 年，渤海近岸海域一、二、三类海水所占测点比例范围分别为 15.4% ~ 34.6%、38.5% ~ 66.7% 和 3.8% ~ 4.6%，四类海水所占测点比例范围为 0 ~ 7.7%；劣四类海水测点所占比例除 2004 年为 19.2% 以外，其余年份均为零。

同时，秩相关评价结果表明，渤海近岸海域一、三类和劣四类海水所占测点比例呈上升趋势，二、四类海水所占测点的比例呈下降趋势，但均无显著意义。黄海近岸海域一、二、三类海水所占测点比例范围分别为22.2%～48.6%、44.4%～68.1%和0～6.8%，四类海水所占测点比例范围为0～2.7%；而劣四类海水测点所占比例以2003年最高，为9.5%，2007年最低，为4.0%。其秩相关评价结果表明，黄海一、三、四类海水测点达标率呈上升趋势，二类和劣四类海水所占测点比例呈下降趋势，但均无显著意义。渤、黄海水质功能区达标率均呈下降趋势，但无显著意义。

表1　2003—2007年山东省渤、黄海近岸海域水质变化趋势评价结果一览表

海区	年度	符合各类海水标准的测点百分比/%					功能区达标率（%）
		一类海水	二类海水	三类海水	四类海水	劣四类海水	
渤海	2003年	23.3	66.7	10.0	0	0	89.3
	2004年	15.4	46.2	11.5	7.7	19.2	54.5
	2005年	23.1	38.5	34.6	3.8	0	50.0
	2006年	30.8	65.4	3.8	0	0	86.4
	2007年	34.6	46.2	19.2	0	0	72.7
	秩相关系数 r_s	0.700	-0.150	0.200	-0.350	0.250	-0.200
黄海	2003年	23.8	63.1	3.6	0	9.5	86.6
	2004年	48.6	44.4	0	1.4	5.6	89.9
	2005年	22.2	68.1	0	1.4	8.3	82.6
	2006年	33.3	59.4	2.9	1.5	2.9	85.3
	2007年	24.3	62.2	6.8	2.7	4.0	87.1
	秩相关系数 r_s	0.100	-0.100	0.300	0.850	-0.800	-0.100

注：spearman秩相关系数的临界值 W_p 取值为：显著水平（单侧检验）$\alpha = 0.05$，$n = 5$ 时，$W_p = 0.900$。下同。

表2　2003—2007年山东省渤、黄海近岸海域主要污染物浓度变化趋势评价结果一览表

海区	主要污染物	年均值/（mg/L）					秩相关系数 r_s
		2003年	2004年	2005年	2006年	2007年	
渤海	渤海无机氮	0.158	0.312	0.216	0.156	0.130	-0.700
	活性磷酸盐	0.009	0.013	0.012	0.011	0.010	0
	化学需氧量	1.72	1.83	1.97	1.96	2.23	0.900
	石油类	0.027	0.042	0.047	0.034	0.034	0.250
黄海	黄海无机氮	0.261	0.202	0.197	0.198	0.191	-0.900
	活性磷酸盐	0.010	0.011	0.011	0.011	0.014	0.550
	化学需氧量	1.28	1.41	1.37	1.42	1.49	0.900
	石油类	0.032	0.022	0.022	0.017	0.018	-0.400

2. 渤、黄海近岸海域主要污染物无机氮、化学需氧量、石油类和活性磷酸盐变化平稳。2003—2007 年，渤海近岸海域无机氮、化学需氧量和石油类的年均值范围分别在 0. 156 ~ 0. 312mg/L、1. 72 ~ 2. 23mg/L 和 0. 027 ~ 0. 047mg/L 之间，其秩相关评价结果表明，无机氮含量呈下降趋势，化学需氧量和石油类含量呈上升趋势，但均无显著意义。黄海近岸海域主要污染物无机氮和石油类年均值范围分别为 0. 191 ~ 0. 261mg/L 和 0. 017 ~ 0. 032mg/L，化学需氧量、活性磷酸盐年均值范围分别为 1. 28 ~ 1. 49mg/L 和 0. 010 ~ 0. 014mg/L。其秩相关评价结果表明，无机氮和石油类含量呈下降趋势，化学需氧量、活性磷酸盐含量呈上升趋势，但均无显著意义。

四、结　论

总体而言，2003—2007 年山东省近岸海域环境质量呈现以下几方面的特征：

1. 山东省近岸海域水质以一、二类海水为主，其一、二类海水测点达标率为 85. 0%，黄海近岸海域水质略好于渤海。全省水质功能区达标率较高，为 83. 7%。其中黄海近岸海域水质功能区达标率明显高于渤海，分别为 87. 1% 和 72. 7%。近岸海域污染以有机污染为主，主要污染因子为无机氮和化学需氧量。

2. 2003—2007 年，山东省近岸海域水质变化基本稳定。近岸海域主要污染物化学需氧量的含量呈上升趋势，且具有显著意义，应引起有关部门的重视。

3. 2003—2007 年，渤、黄海近岸海域水质变化均较稳定，其主要污染物无机氮、化学需氧量、石油类和活性磷酸盐的含量无明显变化。

参考文献

[1] 山东省环保局. 山东省碧海行动计划，2000，11.

[2] 刘海洋，戴志军. 中国近海污染现状分析及对策［J］. 环境保护科学，2001，8（106）：6 - 8.

[3] 严登华，何岩，王浩，等. 辽宁近岸海域水质演化及对近海陆域生态水文格局的响应［J］. 海洋通报，2004，6（3）：54 - 60.

[4] 张利田，卜庆杰，杨桂华，等. 环境科学领域学术论文中常用数理统计方法的正确使用问题［J］. 环境科学学报，2007，1（1）：171 - 173.

大沽河青岛干流段污染情况调查统计

杨 坤 张延青

（青岛理工大学环境与市政工程学院 青岛 266033）

摘 要 大沽河是青岛的重要水源地，被誉为母亲河。近年来，随着经济的快速发展，大沽河水环境面临日益严重的污染风险，对大沽河的保护日显重要。本文对大沽河青岛市境内流域进行了相关的调查、研究，结合《青岛市水功能区划》对大沽河干流不同功能河段的水功能区划分情况，采用对汇入河流污染物按点源、面源两大类分别进行统计计算的方法，具体对2007年全年汇入青岛市大沽河干流流域污染物总量进行了核算，对未来大沽河流域污染物排放总量预测与控制、生态环境保护起到有力的技术支撑。

关键词 大沽河 水污染 水功能区划 污染源分类调查

青岛市是我国重要的沿海开放城市，随着区域社会经济的快速发展，青岛市重要的水源地——大沽河水环境面临恶化的风险。而以大沽河良好水环境为重要支撑的区域经济社会发展，亦将受限于水环境的退化与恶化，存在不协调的发展趋势。因此，对青岛市境内大沽河干流流域的水环境现状的调查分析，掌握一手资料就成为对该流域发展规划的重要基础研究，对于大沽河的环境保护，无疑具有重要的现实意义。

根据《青岛市水功能区划》，青岛市的河道地表水水域区划有生活饮用水源区、农田灌溉用水区、渔业用水区、景观娱乐用水区以及部分排污控制区和过渡区。按照大沽河干流不同河段的水功能区划，将研究河段分为六段，如表1所示。其中，大沽河麻湾桥断面以上为水源地，排污单元主要集中在麻湾桥断面以下的河段。

表1 大沽河干流水功能区划分类表

功能区名称	所在区域	范围		重要功能排序	水质目标
		起讫点	长度/km		
大沽河上游饮用水源区	莱西	产芝水库出口—沙埠	12	饮用水源农业用水	Ⅲ
大沽河旱朝农业用水区	莱西	沙埠—旱朝	0.5	农业用水	Ⅴ
大沽河江家庄过渡区	莱西	旱朝—江家庄	14.5	过渡区	Ⅲ~Ⅴ
大沽河麻湾桥饮用水源区	莱西 平度 即墨 胶州	江家庄—麻湾	77.1	饮用水源农业用水	Ⅲ
大沽河南庄闸工业用水区	胶州	麻湾—南庄闸	7	工业用水农业用水	Ⅳ
大沽河排污控制区	胶州 城阳	南庄闸—入海口	10	排污控制	无

注：水质目标执行《地表水环境质量标准》（GB 3838—2002）相应标准要求。

一、污染源调查分析

经过调查研究，将进入大沽河干流的污染源按点源和面源两大类进行统计分析。其中，点源包括工业污染源、城镇生活污染源和汇入的支流污染源；面源包括农田污染源、农村生活污染源、畜禽养殖污染源和降雨污染源。污染源的具体统计分类情况如图1所示。

（一）点污染源调查分析

（1）工业污染源

进行工业污染源统计时，调查对象为向青岛市大沽河干流流域排放污染物的工业企业。其中，大部分企业已经持有营业执照，但仍有一些并没有获得相关部门批准的企业也在进行生产活动。

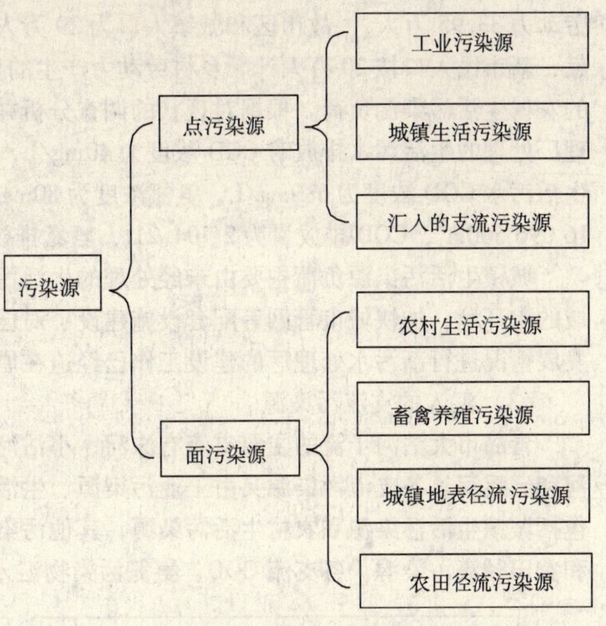

图1　污染源分类

根据对2007年全年大沽河入河排污口和污染情况的调查，青岛市大沽河干流流域内共有工业企业256家，污染物排放情况为工业废水6 656 992.78m^3，COD 3 235.49t，氨氮64.88t。综合考虑工业企业排污口与入河排污口间的距离、排污口间渠道、气温等因素的影响进行核算后，工业COD、氨氮污染物汇入河流的情况如图2所示。

根据调查分析，结合水功能区划，参考由表1和图1可知，产芝水库出口至江家庄河段汇入的污染物较少，江家庄至入海口河段汇入的污染物较多。其中，江家庄至麻湾河段属于大沽河麻湾桥饮用水源区，但污染物总量较多的原因是该河段长达77.1km，流经莱西、平度、即墨、胶州四个县级市。产芝水库出口至麻湾的河段长104.1km，内有饮用水源区，属于重点控制对象；麻湾至入海口河段长17km，主要为工业用水区和排污控制区。形成上述现象的主要原因是胶州市境内工业企业数量众多，废水、重点控制污染物的排放量与青岛市大沽河干流的其他水功能区河段相比大很多。因此，为了保护大沽河的受纳水体——胶州湾，需要对大沽河的麻湾至入海口河段的污染物排放情况进行重点控制。

（2）城镇生活污染源

青岛市大沽河干流流经青岛市所辖的莱西、平度、即墨、胶州4个县级市和城阳区，各县级市及城阳区的城镇生活污水经污水处理厂处理后，排放去向为莱西市排往五龙河，平度市排往泽河，即墨市排往墨水河，胶州市排往大沽河，城阳区排往墨水河。因此，青岛市大沽河干流流域的城镇生活污染源由胶州市市区及其部分乡镇产生的生活污水造成。

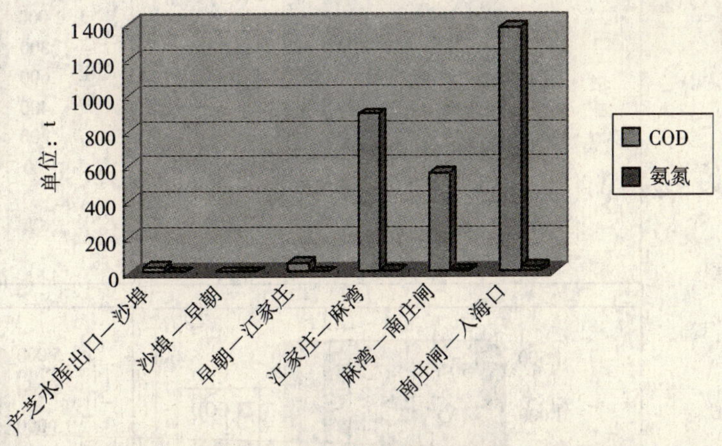

图2　2007年青岛市大沽河干流流域工业COD、氨氮污染物排放情况

确定生活污染源负荷比较可靠的方法是在生活污水排放口采样分析污染物成分、浓度并测流量。[1]但由于城镇生活污水排放时具有间歇性的特点，不易直接监测。因此，通过调查类比，确定青岛市各区市的人均生活污染源排放系数。目前，胶州市向青岛市大沽河流域排放污水的污水处理厂有胶州市污水处理厂和青

岛崇杰胶东镇污水处理厂。根据《2008 青岛统计年鉴》，胶州市 2007 年人口 62.95 万人，乡村劳动力 33.95 万人，[2]故市区和城镇人口为 29 万人。考虑到新市民对城市发展建设作出的巨大贡献，新市民人口按 20 万人计。乡村劳动力产生的生活污水对水环境造成的负荷属于面源污染中的农村生活污染源负荷。根据对现状的调查分析并综合考虑各种相关因素的影响，认为经污水处理厂处理的生活污水排放时 COD 浓度为 40mg/L，氨氮浓度为 0.5mg/L。未经污水处理厂处理的生活污水 COD 浓度为 680mg/L，氨氮浓度为 80mg/L。2007 年大沽河干流流域生活污水排放量为 16 096 500m^3，COD 排放量为 2 704.21t，氨氮排放量为 263.98t。

城镇生活污染源负荷主要由未经处理的生活污水造成，因此，为了保护青岛市大沽河干流流域的水环境，加快城市管网等配套设施建设、对已有污水处理厂的升级改造工作和根据社会经济发展情况进行新污水处理厂的建设工作已经迫在眉睫。

（3）汇入的支流污染源

青岛市大沽河干流的主要支流有洙河、小沽河、五沽河、落药河、流浩河、南胶莱河、桃源河和云溪河。各支流污染源又由工业污染源、生活污染源和其他污染源构成，其中，生活污染源包括城镇生活污染源和农村生活污染源，其他污染源包括畜禽养殖污染源、城镇地表径流污染源和农田径流污染源。各支流 COD、氨氮污染物汇入情况如图 3 所示。

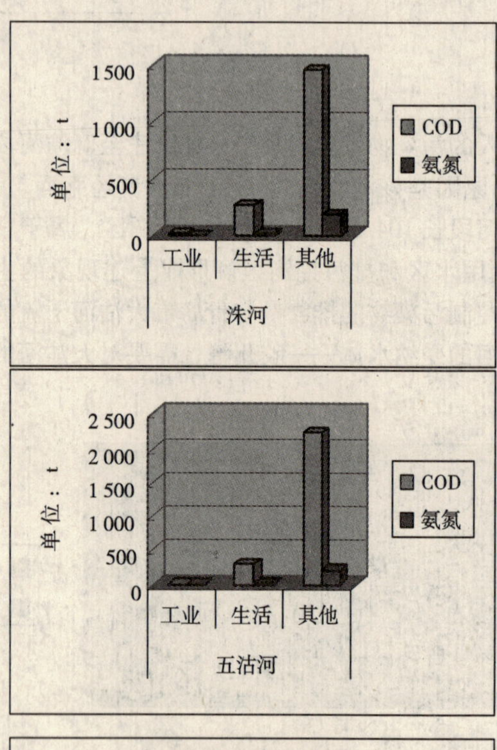

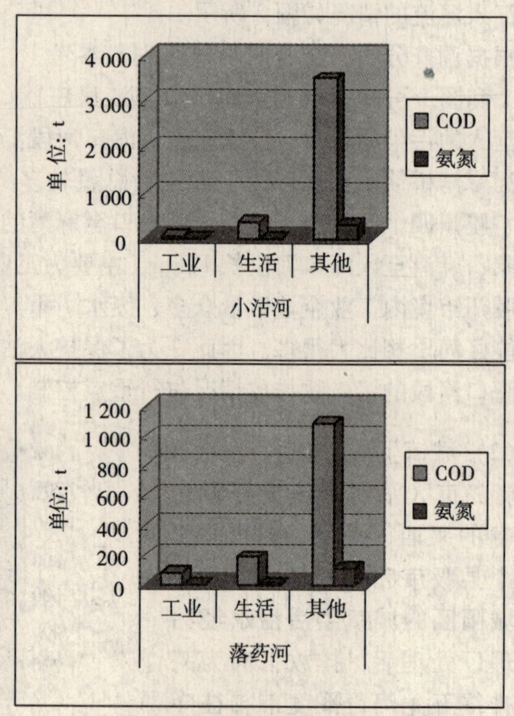

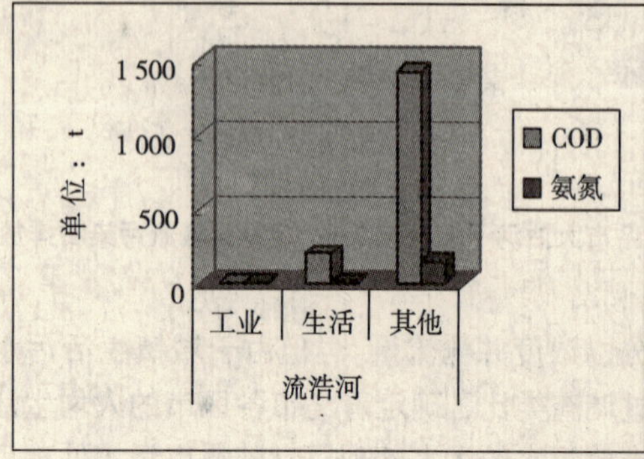

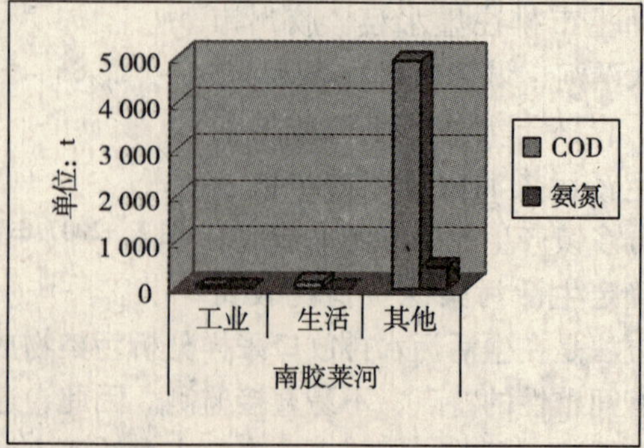

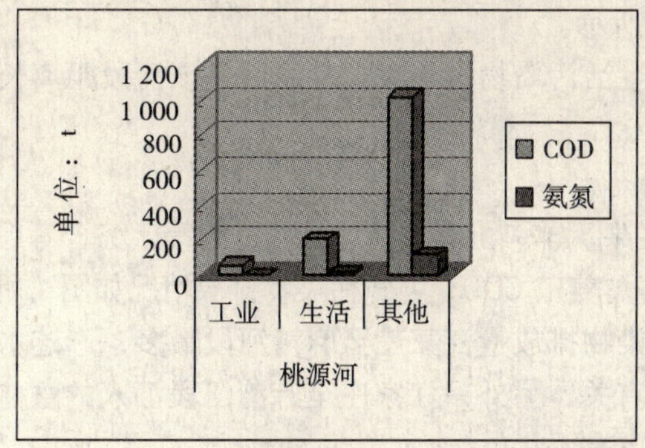

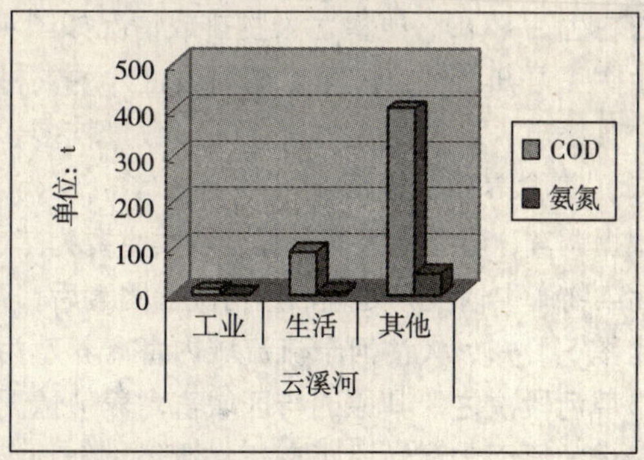

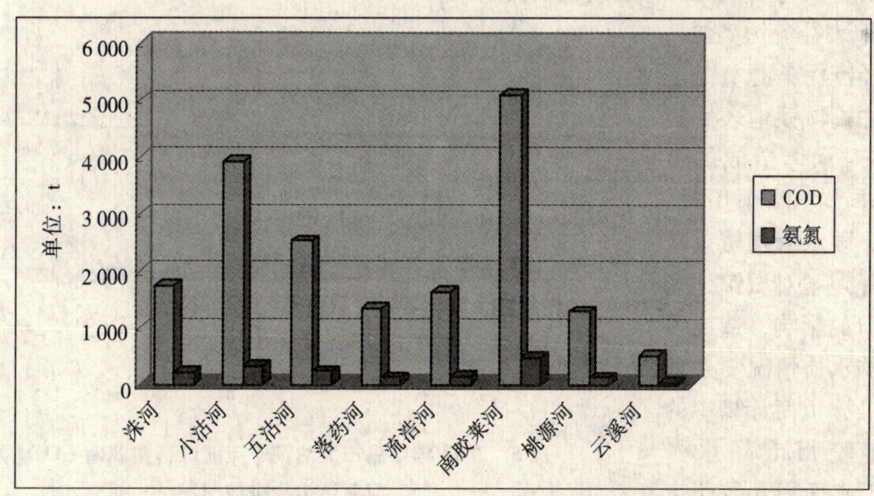

图3　2007年青岛市大沽河各支流COD、氨氮污染物汇入情况

根据调查统计并结合图3分析可知，汇入青岛市大沽河干流的支流污染源负荷主要由其他污染源负荷造成，各支流汇入污染物的量又主要由该支流携带进入大沽河干流的水量造成。因此，加快城市、乡镇、农村市政、雨水管网等配套设施建设、对已有污水处理厂的升级改造工作和根据社会经济发展情况进行新污水处理厂的建设工作是十分必要的；另外，为了减小农田径流污染源负荷对支流污染源负荷以及青岛市大沽河干流流域的影响，应采取合理耕作的农业生产方式，控制化肥的使用种类和使用量，积极发展生态农业的工作也势在必行。

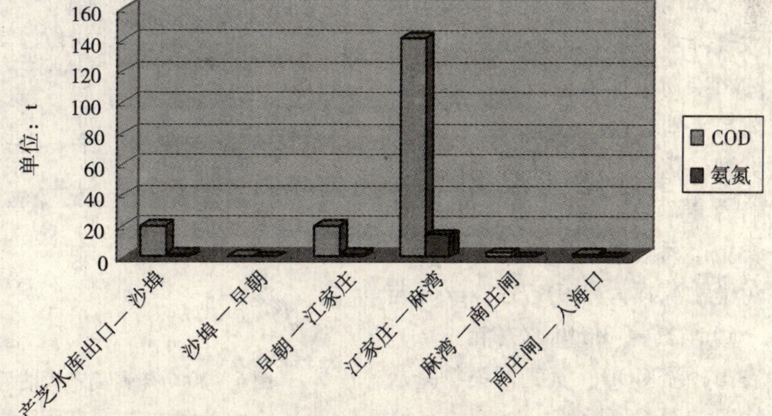

图4　2007年青岛市大沽河干流流域农村生活COD、氨氮污染物排放情况

（二）面污染源调查分析

（1）农村生活污染源

农村生活污染源负荷是指由农村居住人口产生的、未经处理并分散排向研究流域的生活污水所携带的污染物质对水体造成的负荷。因为农村生活污染源的排放点极其分散，所以按面污染源进行分析计算。通过对向青岛市大沽河干流流域排放生活污水的城镇、村庄的调查研究，综合考虑人口、生活污水及污染物排放系数、入河系数等影响因素，农村生活 COD、氨氮污染物排放情况如图 4 所示。

由图 4 可知，江家庄至麻湾河段汇入的农村生活污染物量最大，其原因是该河段距离长，流经 4 个县级市，涉及的农村居住人口数量较多。

（2）畜禽养殖污染源

根据调查，青岛地区畜禽养殖种类主要为猪、牛、羊、蛋鸡、肉鸡、鸭、鹅等，综合考虑畜禽量、污染物产生情况和处理回用情况等因素后，畜禽养殖 COD、氨氮污染物排放情况如图 4 所示。

由图 5 可知，大沽河干流流域内畜禽养殖污染物排放量江家庄至麻湾河段最多，产芝水库出口至沙埠河段次之。其原因与区域畜禽养殖情况有关，另外，江家庄至麻湾河段汇入的畜禽污染物量最大的原因与该河段距离长，流经 4 个县级市有关。

（3）城镇地表径流污染源

城镇地表径流污染源负荷是指由大气降水冲刷城镇地表后所携带的污染物对水体造成的负荷。由于降雨季节、降雨历时、城镇路面情况、雨水管网覆盖情况、汇水面积等因素对城镇地表径流污染源负荷的影响，造成了城镇地表径流的水质情况复杂多变，成为面污染源负荷计算中的难点。2007 年胶州市降水量 911.0mm[2]，汇水面积（胶州市市区面积）40km^2；污染物浓度选用 COD75mg/L[4]，氨氮 1.5mg/L[5]；综合考虑路面情况及沿程损失等影响因素，2007 年青岛市大沽河干流流域城镇地表径流污染物源强为 COD11.96t/（km^2 · a），氨氮 0.24t/（km^2 · a）；汇入大沽河的污染物量为 COD430.45t，氨氮 8.61t。

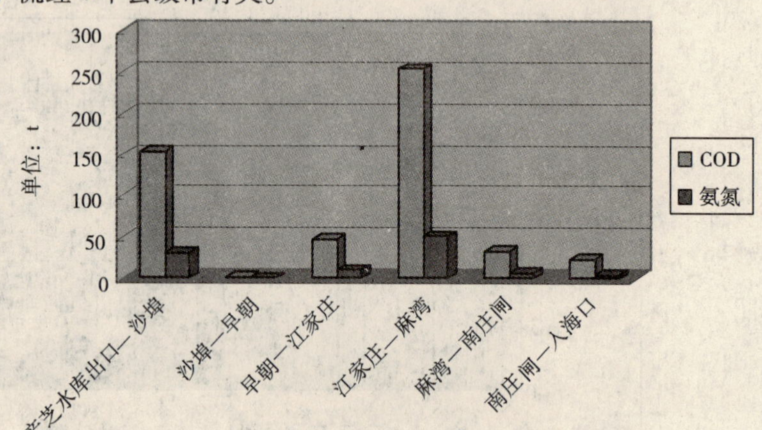

图 5　2007 年青岛市大沽河干流流域畜禽养殖 COD、氨氮污染物排放情况

（4）农田径流污染源

农田径流污染源负荷是指由大气降水冲刷农田地表后所携带的污染物对水体造成的负荷。负荷与土地坡度、农田类型、土壤类型、化肥用量、年降水量等影响因素有关。经计算，2007 年青岛市大沽河干流流域农田径流污染物源强为 COD17.97kg/（亩 · a），氨氮 3.59kg/（亩 · a）。农田径流 COD、氨氮污染物排放情况如图 6 所示。

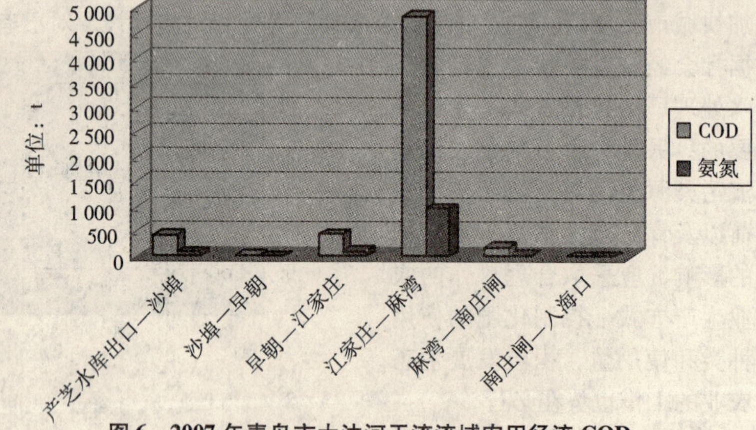

图 6　2007 年青岛市大沽河干流流域农田径流 COD、氨氮污染物排放情况

由图 6 可知，江家庄至麻湾河段汇入的农田径流污染物量最大，其原因是该河段距离长，流经 4 个县级市，沿岸农田数量相对其他河段较多。

二、污染情况汇总

根据对 2007 年全年青岛市大沽河干流流域的各种点源污染物和面源污染物进行的统计分析，将计算结果分别按污染源种类和河段的水功能分区情况进行统计，如图 7 ~ 图 11 所示。其中，

图 11 中序号所表示的河段为，1——产芝水库出口—沙埠；2——沙埠—旱朝；3——旱朝—江家庄；4——江家庄—麻湾；5——麻湾—南庄闸；6——南庄闸—入海口。

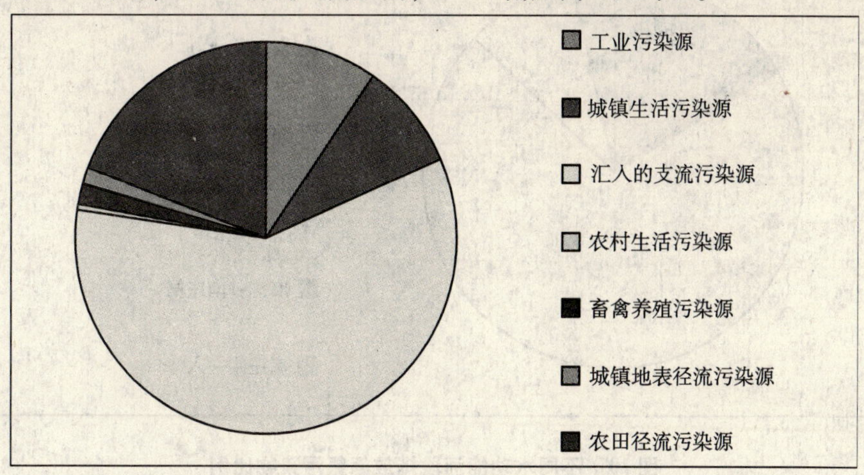

图 7　不同类型污染源排放 COD 污染物比例

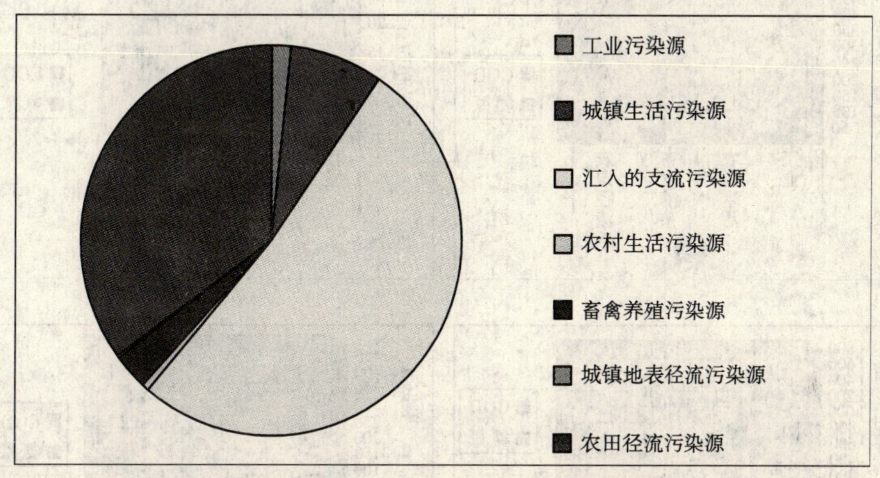

图 8　不同类型污染源排放氨氮污染物比例

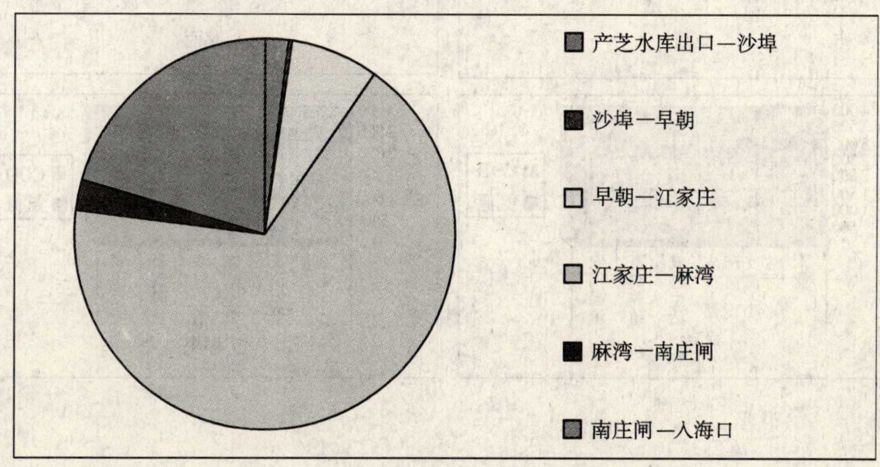

图 9　不同水功能河段排放 COD 污染物比例

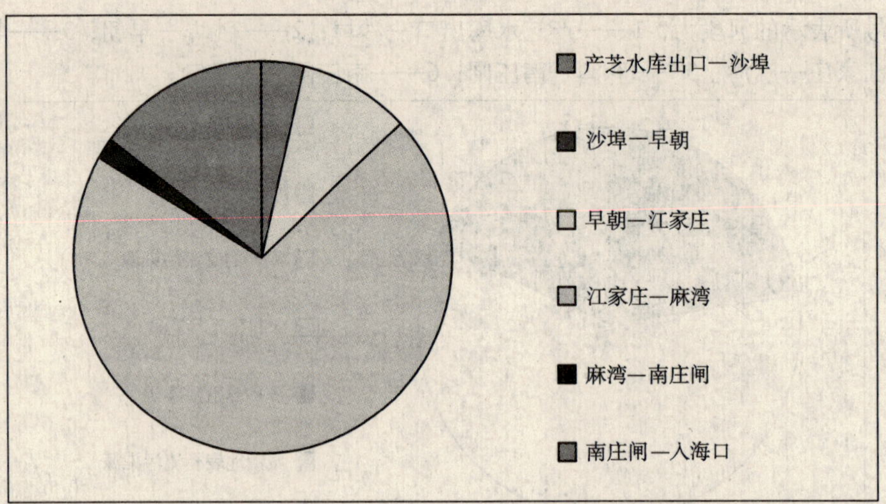

图 10　不同水功能河段排放氨氮污染物比例

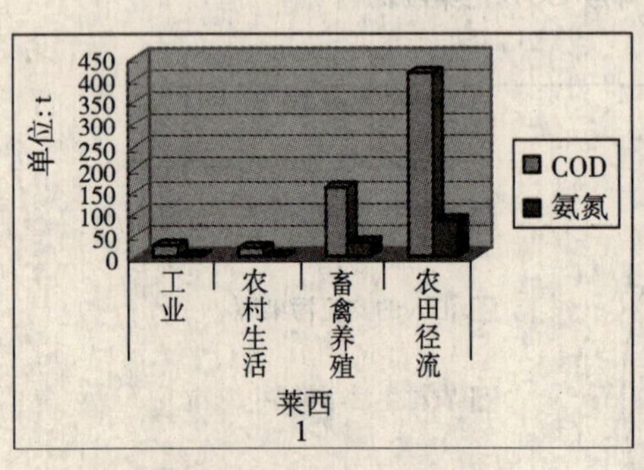

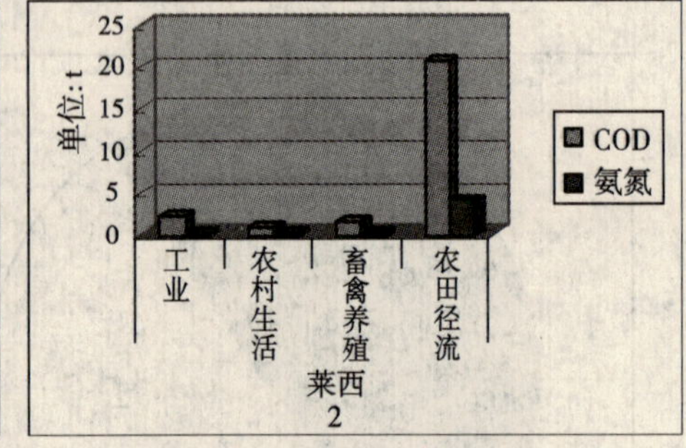

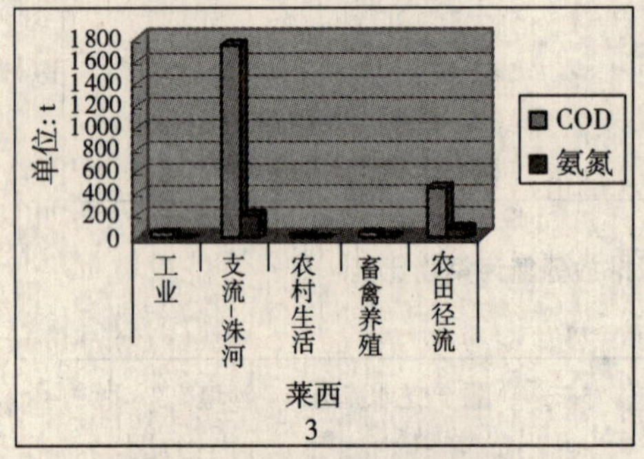

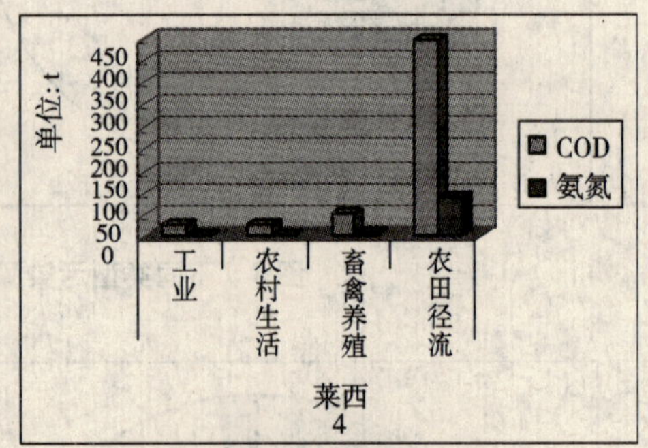

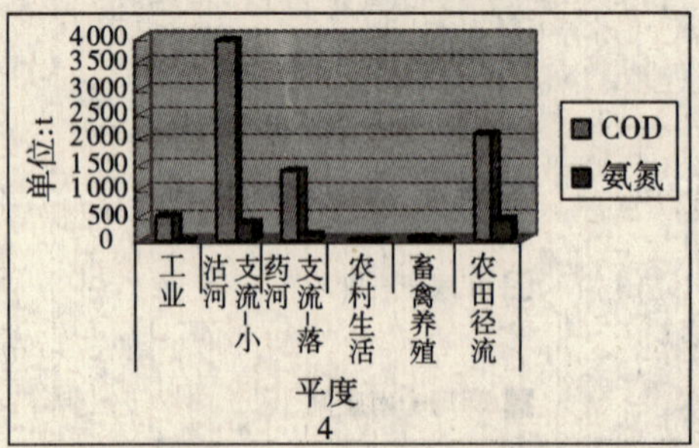

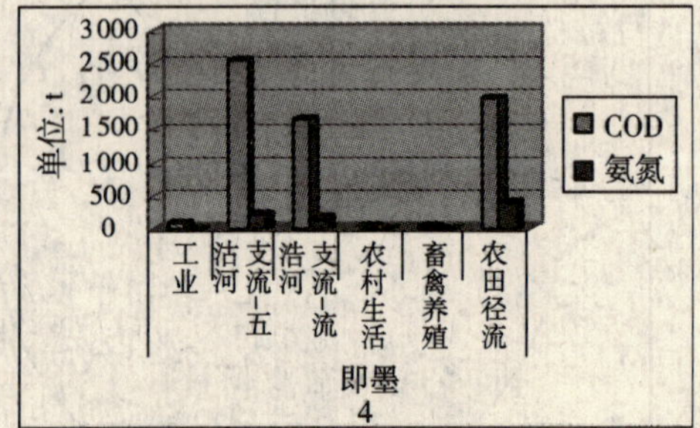

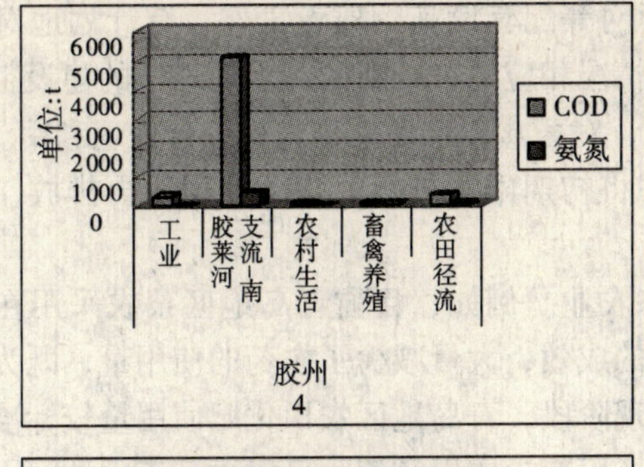

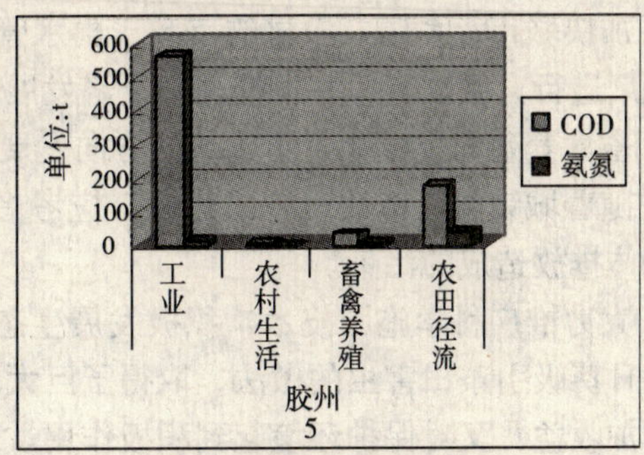

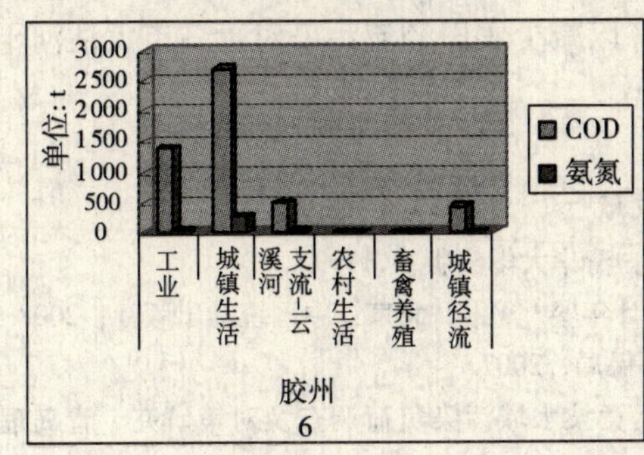

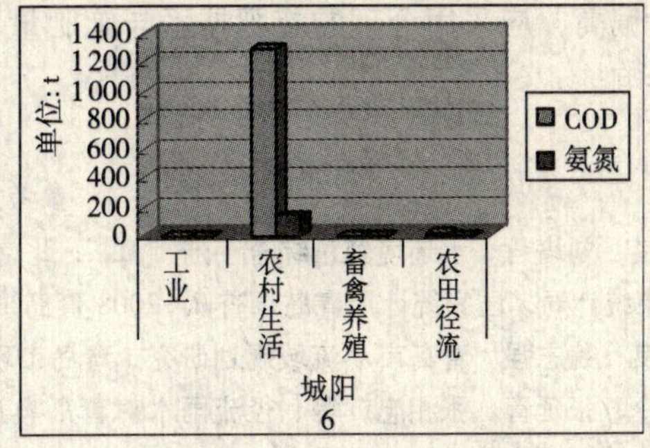

图 11　各河段污染物排放情况

三、结论及建议

（一）主要结论

综上所述，通过对大沽河青岛干流段污染情况的调查、研究，可以得到如下主要结论：

（1）2007 年汇入青岛市大沽河干流流域的污染物按污染源类型进行统计时，COD 污染物中汇入支流污染是最大的污染物来源，农田径流污染次之，工业污染占第三位；氨氮污染物中汇入支流污染是最大的污染物来源，农田径流污染次之，城镇生活污染占第三位。

（2）2007 年汇入青岛市大沽河干流流域的污染物按河段的水功能区划分进行统计时，COD 和氨氮污染物均以江家庄—麻湾为最大的污染物汇入河段，南庄闸—入海口次之，早朝—江家庄占第三位，其原因是江家庄—麻湾河段是青岛市大沽河干流流域最长的水功能区河段，长度约为 77.1km，流经莱西、平度、即墨、胶州四个县级市；南庄闸—入海口河段虽短，但属于排污控制区，因此汇入的污染物也较多；早朝—江家庄河段为过渡区，故而也有一定量的污染物汇入。

（3）从各河段的污染物构成情况并结合河段所在地域进行分析，在有支流汇入的河段，各支流带入的污染物是造成 2007 年青岛市大沽河干流流域污染的重要原因。上游的莱西市、平度市和即墨市的农田径流污染也较为严重，其主要原因是上述三个县级市主要以农业生产作为主要经济来源。胶州市位于河流下游，该地域内存在一定的农田径流污染；因麻湾桥下游为非饮用水源区，故工业企业数量较多，工业污染也较为严重；另外，由于胶州市内的污水处理厂向大沽河干流排放污水，造成胶州市境内河段存在城镇生活污染和城镇地表径流污染。

（二）相关建议

针对上述主要结论，结合调查研究，对青岛市大沽河干流流域的污染状况治理提出以下建议：

（1）加强对向流域排放污染物的工业企业的管理，对新建项目进行严格控制，并逐步改善现存工业企业的污水排放方式，最终做到流域内工业企业产生的污水经厂内污水处理站处理后再排入城镇污水处理厂进行处理后再排放的方式，减少工业污染物的排放量。

（2）加快城市、乡镇、农村的市政、雨水管网等配套设施的建设工作，有计划地对已有的污水处理厂进行升级改造，并根据社会经济发展情况相应地进行新的污水处理厂的建设工作。

（3）畜禽养殖向规模化、集约化的方向发展，对畜禽养殖污染物进行综合处理利用。

（4）随着城镇配套市政设施的建设，应考虑将初期雨水进行收集、处理后再排放，避免其直接向水体排放造成的污染。

（5）大力推广科学施肥技术，积极发展生态农业。例如，目前青岛地区茶农采用在茶田边缘种植向日葵吸引茶田害虫的做法，取得了巨大的成效，大量减少了农药的使用量，既为茶农减少支出增加收益，又对保护环境起到积极作用。现阶段，青岛地区农田化肥使用量较标准农田化肥使用量偏高，应采用合理的施肥技术与施肥量，以减少农田径流污染对青岛市大沽河干流流域造成的影响。

参考文献

［1］张永良，刘培哲．水环境容量综合手册［M］．北京：清华大学出版社，1991.

［2］青岛市统计局，国家统计局青岛调查队．2008 青岛统计年鉴［M］．北京：中国统计出版社，2008.

［3］刘占良，魏志强．青岛市小流域规划研究．青岛市环保局，2007.

［4］郭一令，张延青，张相忠，等．径流雨水对青岛奥运竞技水域污染负荷调查及对策研究．青岛理工大学，青岛海泊河污水处理厂，青岛市城市规划设计研究院，2004.

［5］刘占良．青岛市重点流域水环境承载力与污染防治对策研究［D］．中国海洋大学，2009.

大清河系山丘区下垫面变化对洪水影响分析

陈宝根[1]　胡春歧[2]

（1. 河北省衡水水文水资源勘测局　河北衡水市康泰街496号　053000；
2. 河北省水文水资源勘测局　河北　石家庄　050031）

摘　要　在对大清河系山丘代表区下垫面条件调查的基础上，采用历史水文资料，对大清河系山丘代表区流域下垫面条件变化对洪水演变规律的影响进行了分析和探讨，为流域防洪规划和管理提供技术支撑，也为将来洪水预报方案的编制提供第一手资料。

关键词　山丘区　下垫面　洪水　影响　分析

一、引　言

随着经济社会的迅速发展，人类活动对流域下垫面条件的影响不断加剧，从而导致流域下垫面条件发生了较大程度的变化，主要包括：土地开发利用、水土保持、植树造林、水利工程、城镇化建设等诸多方面[1]，进而造成了流域洪水变化规律发生一定程度的变化。为此，通过对流域下垫面条件进行调查，利用历史水文资料，对流域下垫面条件变化对洪水造成的影响程度进行探求和分析，将为流域防洪规划和管理提供技术支持，同时，也为将来洪水预报方案的编制提供第一手资料。

二、流域概况

（一）大清河系流域概况

大清河是海河流域五大河系之一，流域总面积43 060km^2，其中山区面积18 610km^2，占43%；平原面积24 450km^2，占57%。流域总的地势为西北高、东南低，地貌分山区和平原，京广铁路以西为山丘区，以东为平原。

大清河系地处温带半干旱大陆性季风气候区，四季分明，冬季盛行北风和西北风，夏季多东南风，春季干旱多风沙，年平均气温7.6～13.1℃。大清河系内多年平均年降水量561mm，其中，汛期（6－9月）多年平均降水量为451mm，约占全年降水量的80%。汛期降水量以1954年930mm为最大。

（二）代表区流域概况

根据大清河系山丘区流域的实际情况，本次在山区选择了两个代表区，分别为大清河北支山区紫荆关以上流域和南支山区阜平以上流域，在丘陵区选择一个代表区，为南北支交界处的龙门以上流域。

1. 紫荆关以上流域概况　紫荆关以上流域位于大清河系北支拒马河上游，流域面积1 760km^2。石门以上为涞源盆地，属黄土高原边缘的土石山区，河道侵蚀严重，石门至紫荆关之间为开阔谷地，属石山区，表层岩石风化严重，水土流失现象较多。流域内植被情况较差，仅局部地区有小块成林。紫荆关以上流域最大年雨量1 463.6mm（1956年），多年平均雨量约650mm。洪水主要产自汛期暴雨，洪水暴涨暴落。

2. 阜平以上流域概况　阜平以上流域位于大清河系南支沙河上游，流域面积2 210km^2。沙河发源于山西省灵邱县孤山，阜平以上一般为深山区，河道纵坡平均为5.3‰，两岸皆为岩石，几乎无台地，流域内植被情况较差，仅局部地区有小块成林。流域多年平均降雨量约600mm，是暴雨洪水多发地区之一。

3. 龙门以上流域概况　龙门以上流域位于大清河系漕河中游，流域面积 470km^2，占漕河总面积的 59%。漕河发源于涞源县境内五回岭（北支）及青石岭（南支）。流域属太行山北段东麓低山丘陵区，上游在西角及旺家台以上为花岗岩，以下为石灰岩，风化较轻，植被较差。流域多年平均降水量为 600mm。

三、代表区流域下垫面情况调查

流域下垫面条件是指流域地质、地貌、土壤等自然地理条件以及土地利用等人为因素的综合体[2]。因流域自然地理条件变化较小，故本次重点对土地利用等人为因素变化进行了调查。

（一）紫荆关以上流域

经调查分析，紫荆关以上流域土地利用类型主要以林地、耕地为主，其中林地面积最大，1979 年和 2005 年所占比例分别为 62. 23% 和 58. 70%，其次为耕地，分别占 32. 22% 和 34. 22%，1979 年和 2005 年林地、耕地两种土地利用类型面积分别占 94. 45% 和 92. 92%。草地所占比例分别为 4. 44% 和 5. 72%，建设用地分别占 1. 13% 和 1. 36%，详见表 1。

表 1　紫荆关以上流域土地利用分类统计表　　单位：km^2

土地类型	1979 年面积	占总面积比例/%	2005 年面积	占总面积比例/%	净增面积	净增面积占总面积比例变化/%
耕地	567. 0	32. 22	602. 2	34. 22	35. 2	2. 00
林地	1 095. 2	62. 23	1 033. 1	58. 70	－62. 1	－3. 53
草地	78. 1	4. 44	100. 7	5. 72	22. 6	1. 28
水域	0. 0		0. 0		0. 0	
建设用地	19. 8	1. 13	24. 0	1. 36	4. 2	0. 24

（二）阜平以上流域

经调查分析，阜平以上流域土地利用类型主要以耕地、林地为主，其中耕地面积最大，1979 年和 2005 年所占比例分别为 46. 80% 和 49. 07%，其次为林地，分别占 45. 38% 和 41. 79%。1979 年和 2005 年耕地、林地两种土地利用类型面积分别占 92. 18% 和 90. 86%；草地所占比例分别为 1. 39% 和 2. 60%；水域占地分别为 5. 61% 和 5. 48%；建设用地分别占 0. 83% 和 1. 06%，详见表 2。

（三）龙门以上流域

经调查分析，龙门以上流域土地利用类型主要以耕地为主。1979 年和 2005 年所占比例分别为 71. 15% 和 68. 77%，其次为建设用地，分别占 14. 91% 和 21. 51%，水域所占比例分别为 8. 34% 和 4. 19%，林地分别占 5. 60% 和 5. 53%，详见表 3。

四、流域下垫面变化对洪水影响分析

（一）洪水特性变化初步分析

1. 洪量与洪峰变化初步分析　采用阜平、紫荆关和龙门三个代表区流域的历史洪水资料，分别以最大 1 日、3 日洪量及历年最大洪峰等作为研究对象，对 1980 年前、后的洪量、洪峰等分别进行统计计算和分析，成果详见表 4。

表2 皋平以上流域土地利用分类统计表 单位：km^2

土地类型	1979年面积	占总面积比例/%	2005年面积	占总面积比例/%	净增面积	净增面积占总面积比例变化/%
耕地	1 034.2	46.80	1 084.5	49.07	50.3	2.28
林地	1 002.8	45.38	923.5	41.79	−79.3	−3.59
草地	30.7	1.39	57.5	2.60	26.8	1.21
水域	124.0	5.61	121.1	5.48	−2.9	−0.13
建设用地	18.3	0.83	23.4	1.06	5.1	0.23

表3 龙门以上流域土地利用分类统计表 单位：km^2

土地类型	1979年面积	占总面积比例/%	2005年面积	占总面积比例/%	净增面积	净增面积占总面积比例变化/%
耕地	334.4	71.15	323.2	68.77	−11.2	2.38
林地	26.3	5.60	26.0	5.53	−0.3	50.06
草地	0.0		0.0		0.0	
水域	39.2	8.34	19.7	4.19	−19.5	4.15
建设用地	70.1	14.91	101.1	21.51	31.0	6.60

从表4中可以看出，无论是最大1日洪量、3日洪量，还是历年最大洪峰，1980年前、后变化均较大，均呈减小趋势，且其变差系数均呈增大趋势。

表4 洪水特性相关参数对比分析表

河名		沙河			漕河			拒马河		
站名		皋平			龙门			紫荆关		
时间（年份）		1958—2005	1958—1979	1980—2005	1961—2005	1961—1979	1980—2005	1956—2005	1956—1979	1980—2005
1d洪量/m^3	均值	1 763	2 529	1 116	848	1 191	597	1 012	1 402	638
	Cv值	1.63	1.47	1.77	2.57	1.47	2.65	2.25	2.03	2.09
3d洪量/m^3	均值	3 723	5 494	2 225	1 497	2 034	1 105	1 919	2 650	1 216
	Cv值	1.55	1.38	1.60	2.47	1.40	2.60	2.16	1.95	2.01
洪峰/（m^3/s）	均值	385.4	511.7	214.7	283.9	330.6	212.5	222.8	318.8	129.8
	Cv值	1.56	1.37	1.82	2.34	1.71	2.50	2.11	1.26	1.90

2. 洪水历时与洪峰滞时变化初步分析　采用皋平、紫荆关和龙门三个代表流域的历史较大典型洪水资料，对1980年前、后的洪水历时、洪峰滞时等分别进行统计计算和分析，成果详见表5。

表5　各代表流域典型洪水特征值

流域	典型洪水	降雨量/mm	总径流深/mm	径流系数	洪峰/(m^3/s)	滞时/h	历时/h
阜平以上	1980年前均值	196.4	79.6	0.4	1342.7	12	99
	1980年后均值	124.2	40.4	0.3	609.0	41	137
紫荆关以上	1980年前均值	174.1	74.6	0.3	1457	6	79
	1980年后均值	108.4	24.6	0.2	346	18	83
龙门以上	1980年前均值	431.7	278.0	0.5	1359.2	11	85
	1980年后均值	213.2	72.3	0.3	608.3	16	95

从表5中可以看出，无论是洪水历时还是洪峰滞时，1980年前后均有较大变化，且均呈增大的趋势，且其增大的幅度随面积的增大而增大。

（二）洪水特性变化趋势分析

随着时间的增长，水文序列呈现出一定规则的变化，即趋势变化。为分析水文序列的趋势变化，本次主要采用坎德尔（Kendall）秩次相关检验法、线性趋势回归检验两种方法对大清河系山丘代表区流域洪水特征的变化趋势进行分析。

1. Kendall秩次相关检验法　Mann－Kendall方法是在序列平稳的条件下，对于具有 n 个样本量的时间序列 x，构造一秩序列 $d_k = \sum_{i=1}^{k} r_i (2 \leqslant k \leqslant n)$，$r_i$ 表示第 i 个样本 x_i 大于第 j 个样本 x_j（$1 \leqslant j \leqslant i$）的累计值。

$$E[d_k] = \frac{k(k-1)}{4} \tag{1}$$

$$Var[d_k] = \frac{k(k-1)(2k+5)}{72} (2 \leqslant k \leqslant n) \tag{2}$$

在时间序列随机独立的假设下，定义统计变量

$$UF_K = \frac{d_k - E[d_k]}{\sqrt{Var[d_k]}} (k = 1,2,\cdots,n) \tag{3}$$

给定 $\alpha = 0.05$ 时，$U_{0.05} = \pm 1.96$。当 $|UF_K| > U\alpha$ 时，表明序列存在明显增长或减小趋势。根据阜平、龙门、紫荆关三个代表流域的历史水文资料系列，采用Kendall非参数秩次相关检验法，对次洪总量、年最大洪峰流量等因素的变化趋势进行分析，其成果见表6、表7。

表6　大清河系山丘代表区历年次洪量Kendall秩次相关检验成果

站　名	阜　平	龙　门	紫荆关
检验统计量	－1.732 2	－0.955 7	－2.832
趋势性	下降	下降	下降
是否显著	不显著	不显著	显著

表7　大清河系山丘代表区历年最大洪峰Kendall秩次相关检验成果

站　名	阜　平	龙　门	紫荆关
检验统计量	－3.132	－0.205 6	－3.034 3
趋势性	下降	下降	下降
是否显著	显著	不显著	显著

由以上分析成果可以看出，大清河系山丘代表区历年次洪水总量呈下降趋势，其中，紫荆关以上流域的次洪水总量下降趋势明显；历年最大洪峰呈下降趋势，其中阜平、紫荆关具有明显的

下降趋势。

2. 线性趋势回归分析法 设水文序列由趋势成分 p_t 和随机成分 ε_t 组成，即

$$x_t = p_t + \varepsilon_t \tag{4}$$

趋势成分 p_t 可由多项式来描述

$$p_t = a + b_1 t + b_2 t^2 + \cdots + b_m t^m \tag{5}$$

式中，a 为常数；$b_1, b_2, \cdots, b_m$ 为回归系数。

在原假设 $b = 0$ 时，统计量 $T = \dfrac{\hat{b}}{s_{\hat{b}}}$ 服从自由度为（$n-2$）的 τ 分布。

原假设为无线性趋势，当给定显著性水平 α 后，在 τ 分布表中查出临界值 $\tau_{\frac{\alpha}{2}}$，当 $|T| < \tau_{\frac{\alpha}{2}}$，接受原假设，认为回归效果不显著，即线性趋势不明显；当 $|T| > \tau_{\frac{\alpha}{2}}$，拒绝原假设，认为回归效果是显著的，即线性趋势显著。根据阜平、龙门、紫荆关三个代表流域的历史水文资料系列，采用线性趋势回归方法，对次洪水总量、年最大洪峰等因素的变化趋势进行分析，成果见表8、表9。

表8 大清河系山丘代表区次洪量线性趋势回归检验成果

站 名	阜 平	龙 门	紫荆关
检验统计量	-2.353 8	-1.413 9	-2.371 9
趋势性	下降	下降	下降
是否显著	显著	不显著	显著

表9 大清河系山丘代表区洪峰线性趋势回归检验成果

站 名	阜 平	龙 门	紫荆关
检验统计量	-2.554 9	-1.287 6	-2.585 7
趋势性	下降	下降	下降
是否显著	显著	不显著	显著

由上述分析成果可以看出，大清河系山丘代表区的次洪量呈下降趋势，其中，紫荆关、阜平两个流域的次洪量下降趋势明显；历年最大洪峰亦呈下降趋势，其中阜平、紫荆关历年最大洪峰具有明显的下降趋势。

五、结 论

受人类活动的影响，大清河系洪水特性呈现出明显的不确定性的行为特征。本次采用多种技术和方法，对大清河系山丘区代表流域的洪水特征进行了全面分析，基本结论如下。

（1）不同时段的最大洪量及洪峰，1980年前后均呈现减小的趋势，其减小的幅度随时段的增长而增大、随面积的增大而增大，其变差系数则呈增大趋势。洪水历时和洪峰滞时，1980年前后也发生较大变化，均呈增大的趋势，其增大的幅度随面积的增大而增大。

（2）采用滑动平均法、线性趋势回归法对大清河系阜平、龙门、紫荆关等山丘代表区的次洪水总量、洪峰流量的趋势性进行分析和检验。两种方法得出的结论基本一致：大清河系山丘代表区的历年次洪量呈下降趋势，其中，紫荆关、阜平两个流域的次洪量下降趋势明显；历年最大洪峰亦呈下降趋势，其中阜平、紫荆关历年最大洪峰具有明显的下降趋势。

参考文献

[1] 包为民．水文预报［M］．北京：中国水利水电出版社，2006.
[2] 芮孝芳．水文学原理［M］．北京：中国水利水电出版社，2004.

大型底栖动物群落与环境关系的典范对应分析
——以广东横石水河为例

迟国梁[1]　童晓立[2]

（1. 华南农业大学资源环境学院昆虫学系　广州　510642；
2. 华南农业大学热带亚热带生态研究所　广州　510642）

摘　要　应用典范对应分析（CCA）对横石水河流域 10 个样点中的大型底栖动物与环境因子的关系进行了研究。结果表明，物种与环境因子的相关性在 90% 以上，说明大型底栖动物在横石水河的分布很大程度上受到环境因子的影响。pH 和重金属 Cu、Cd、Zn、Pb 浓度是影响大型底栖动物分布的主要环境因子，而化学需氧量（COD）和浊度对大型底栖动物分布也有一定程度的影响。从种类水平看，耐污种类如蠓类、摇蚊和大蚊的丰富度与 COD 和重金属浓度的环境轴呈正相关，而敏感种类如腹足纲、毛翅目以及蜉蝣目昆虫与 COD 和重金属浓度的环境轴呈负相关。

关键词　大型底栖动物　环境因子　典范对应分析　酸性矿山废水　横石水河

大型底栖动物是河流生态系统中最常见、最重要的水生生物类群，它们与河流生态系统的物质循环、能量流动和初级生产力等有密切关系[1]。大型底栖动物群落对水环境的变化相当敏感，当河水受污染后，其群落组成和结构首先发生变化，而且不同种类的大型底栖动物对水体污染具有不同的耐受力。通过大型底栖动物群落结构的调查可以评价水体被污染的程度[2]。因此，大型底栖动物群落与水体环境因子之间的相互关系一直以来都是淡水生态学领域中的研究热点之一。

目前国际上通常采用典范对应分析（Canonical Correspondence Analysis，CCA）研究生物群落与环境因子的关系。CCA 是基于对应分析（CA）发展而来的一种独特的排序方法[3]，将对应分析与多元回归分析相结合，每一步计算均与环境因子进行回归，其排序结果能同时显示采样点、生物种类和环境因子三者之间的关系。国内外的相关研究表明，CCA 是分析生物群落与环境因子间复杂关系的有效工具[4~10]。

广东大宝山矿（北纬 24°31′37″，东经 113°42′49″）是一座大型多金属伴生露天矿床。自 20 世纪 70 年代开采以来，大量金属硫化物（主要为 FeS_2）废矿土石暴露于地表，通过氧化作用诱发了环境酸化。大量富含重金属的酸性矿山废水（Acid Mine Drainage，AMD）常年流入一条长约 16 km 的三级溪流，在广东翁源县新江镇上坝村附近汇入滃江的主要支流——横石水河。横石水河源于广东翁源、始兴和曲江交界处，全长约 70km，是粤北滃江的主要支流，而滃江最后汇入珠江流域的主要干流——北江。AMD 所经之处，河流的生态环境遭受严重破坏，绝大部分沉水植物和挺水植物消失，河床被一层厚厚的黄褐色或红褐色的废矿沉积物所覆盖。AMD 的直接排放导致矿区周边地区的水域与农田出现严重的环境污染和生态退化[11]。本研究通过在横石水河流域设置不同的采样点，利用人工基质法采集大型底栖动物，借助 CCA 方法分析大型底栖动物、采样点及环境因子三者之间的相互关系，明确影响横石水河大型底栖动物群落构成和分布的主要环境因子，为横石水河受损河道的生态恢复和综合治理提供科学依据。

一、材料与方法

（一）研究样点

在受 AMD 影响的污染河段上设 4 个样点：A1、A2、A3 和 A4，其中样点 A1、A2 和 A3 三点

国家自然科学基金资助项目（30270279　40871242）

距离污染源（拦泥坝）约 3.5 km，A2 的上游被尾矿坝所拦截，溪水受污染程度比 A1 和 A3 轻，A4 距离污染源约 16km；邻近的清洁河段从上游到下游设 3 个样点：B1、B2 和 B3，其中样点 B3 设在横石水河的另一条清洁支流上，以上 3 个样点均未受到 AMD 污染，作为清洁组；在两支流汇合后的下游河段设 3 个样点：C1、C2 和 C3，其中样点 C1 和 C2 设在污染支流与清洁支流交汇后的 500 m 和 1000 m 处，而样点 C3 距离污染源约 30km。共设置 10 个样点（图 1）。

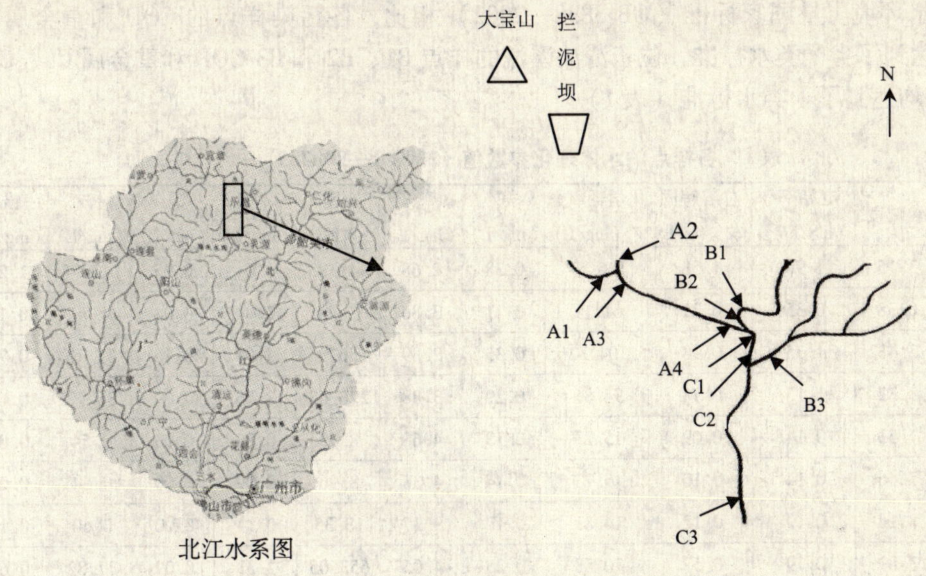

图 1　北江水系图及样点分布示意图

（二）研究方法

1. 采样方法

依据童晓立等[12]，选择 2 种当地常见树种藜蒴（壳斗科，*Castanopsis fissa*）和荷木（山茶科，*Schima superba*）的成熟树叶自然风干 5 d 后用于实验。以大型底栖动物不易进入，孔径约为 0.5 mm 的纱网袋作为人工基质袋（规格为 20 cm × 15 cm）。将供试树叶的表面杂质洗净，每种树叶称取 4 g 装入网袋作为 1 袋，将 5 袋系在一起作为 1 组（代表 5 个重复）于 2007 年 1 月 14 日放置在上述 10 个样点处，用石块压住网袋，以免被水流冲走。每个样点每种树叶各放 5 组，分别在设样后的第 2 d、12 d、50 d、84 d、119 d 取回样本。取回后，将树叶上定殖的大型底栖动物挑出，并保存于含 75% 酒精的标本瓶中，以备鉴定。

2. 水体理化参数测定

每次采样时，用便携式水质检测仪（YSI-6600 型，美国金泉仪器公司）测定样点的水温、pH、溶解氧、电导率和氨氮等理化指标。另外，用 555 ml 矿泉水瓶采集水样两瓶，并做酸化处理（用于测定 COD 含量的水样用硫酸酸化，用于测定重金属含量的水样用硝酸酸化），带回实验室后，尽快利用重铬酸钾法测定水样的 COD，用 BSH9 原子吸收光谱仪测定 Cu、Cd、Pb、Zn 重金属含量。

3. 标本鉴定

依据《水生生物监测手册》、《中国经济动物志——淡水软体动物》和《Aquatic Insects of China Useful for Monitoring Water Quality》，将软体动物鉴定到种，其余鉴定到科或属。

（三）数据统计与分析

CCA 排序采用国际通用软件 CANOCA（Verssion 4.5）进行分析。

二、结果与分析

（一）样点水体的理化参数

各样点在不同时期的理化参数变动不大。受污染的样点 A1、A2、A3、A4、C1、C2 和 C3 中，A2 点的污染程度较轻，pH 在6.0以上，其余样点均在6.0以下，污染最重的A1 点 pH 低至3.15。与地表水环境质量国家标准（GB 3838—2002）相比，各污染样点的 COD 和重金属 Cd、Zn 和 Pb 含量达到了劣Ⅴ类水标准。位于清洁溪流的样点 B1、B2 和 B3 COD 和重金属 Cu、Cd 和 Zn 含量等指标均达到了Ⅰ类水标准（表1）。

表1　各样点的水体理化参数值（2007.1—2007.5）

样点	水温/℃	酸碱度	电导率/（mS/cm）	总溶解固体/（g/L）	化学耗氧量/（mg/L）	氨/（mg/L）	氯离子/（mg/L）	浊度/NTU	铜/（mg/L）	镉/（mg/L）	锌/（mg/L）	铅/（mg/L）
A1	17.36	3.15	1.96	1.58	126.54	0.38	2.68	441.83	6.04	0.25	117.78	1.20
A2	17.10	6.38	0.35	0.21	61.11	0.11	3.86	18.40	0.90	0.04	4.79	0.15
A3	16.96	3.43	1.35	0.98	104.32	0.35	2.89	156.93	3.97	0.16	51.76	0.75
A4	18.80	3.32	1.13	0.78	94.86	0.29	3.88	226.65	2.56	0.09	36.72	0.61
B1	17.56	7.53	0.14	0.09	15.23	0.13	4.68	8.93	0.09	0.00	0.54	0.08
B2	17.57	7.46	0.14	0.10	15.23	0.14	4.38	8.96	0.09	0.00	0.54	0.08
B3	18.26	8.14	0.19	0.12	14.81	0.17	9.17	18.35	0.14	0.00	0.60	0.11
C1	19.44	3.89	0.79	0.57	70.58	0.25	4.05	653.05	2.33	0.09	37.82	0.68
C2	17.95	5.50	0.36	0.24	65.64	0.17	4.91	83.25	1.18	0.05	17.25	0.31
C3	17.81	5.74	0.30	0.19	53.09	0.11	7.19	61.48	0.76	0.03	9.39	0.22

注：表中除重金属数据为2次采样的平均值外，其余数据为5次采样的平均值。

（二）CCA 分析

CCA 分析的前两轴特征值分别为0.397 和0.369，种类与环境因子排序轴的相关系数高达1.000 和0.998，且物种－环境关系的累积百分率为57.5%，说明排序图较好地反映了大型底栖动物与环境因子之间的关系（表2）。在排序图中，与第一轴相关性较大的前三个环境因子是pH、重金属 Cd 和 Zn。pH 位于左侧，呈负相关，相关系数为－0.8379；Cd 和 Zn 位于右侧，呈正相关，相关系数分别为0.7768 和0.7513。与第二轴相关性较大的环境因子是 NH_4^+ 和水温，两者均位于坐标轴下方，呈负相关，相关系数分别为－0.4901 和－0.3670。

表2　排序轴特征值、种类与环境因子排序轴的相关系数

项目	轴			
	1	2	3	4
特征值	0.397	0.369	0.310	0.148
种类－环境相关性	1.000	0.998	0.998	1.000
物种数据累积变化百分率	28.4	54.8	76.9	87.5
物种－环境关系累积变化百分率	29.8	57.5	80.7	91.9

在 CCA 分析时，对12个环境变量的独立效应进行检测，每个变量的重要性和显著性采用 Monte－Carlo 假设检验，以 $P<0.05$ 作为显著性标准，以排除贡献较小的因子。结果显示，pH、Cu、Pb、Zn、Pb、COD 和浊度7个变量为主要影响因子（$P<0.05$）。以主要环境因子为变量生

成新的环境文件，再进行 CCA 排序。

在样点与环境因子的 CCA 排序图中，样点 A1 因受污染较重，始终无大型底栖动物定殖，因此未能在图中显示。pH 环境轴位于第一轴左侧，与第一轴显著负相关，而 4 种重金属、COD 和浊度位于第一轴右侧，与第一轴显著正相关，由此可以判断第一轴的方向代表了环境从优到劣的变化。沿着第一轴的方向，各样点依次为 B3、B1、B2、A2、C3、C2、C1、A4 和 A3，而样点的排序与酸性矿山废水的污染梯度变化较为吻合，见图 2（A）。

图 2（B）反映了大型底栖动物与环境因子的关系。首先对大型底栖动物数据进行开平方处理。蠓类 *Bezzia* sp. 1（1）、*Bezzia* sp. 2（2）、大蚊 *Tipula* sp.（14）和沼大蚊 *Antocha* sp.（40）远离第一轴而未在排序图中显示。蠓类 *Bezzia* sp. 3（3）、直突摇蚊 *Orthocladius* sp.（6）、心突摇蚊 *Cardiocladius* sp.（7）和摇蚊 *Chironomus* sp. 2（9）等种类与重金属 Cu、Cd、Zn、Pb 和 COD 呈正相关，与 pH 呈负相关，均属于耐污种类，且以直突摇蚊 *Orthocladius* sp.（6）耐污性最强。在第二、三象限，槲豆螺 *Bithynia misella*（46）、纹沼螺 *Parafossarulus striatulus*（47）和闪蚬 *Corbicula nitens*（54）等种类在 pH 环境轴附近，与 pH 呈正相关，与重金属 Cu、Cd、Zn、Pb 和 COD 呈负相关，均属不耐污种类，见图 2（B）。

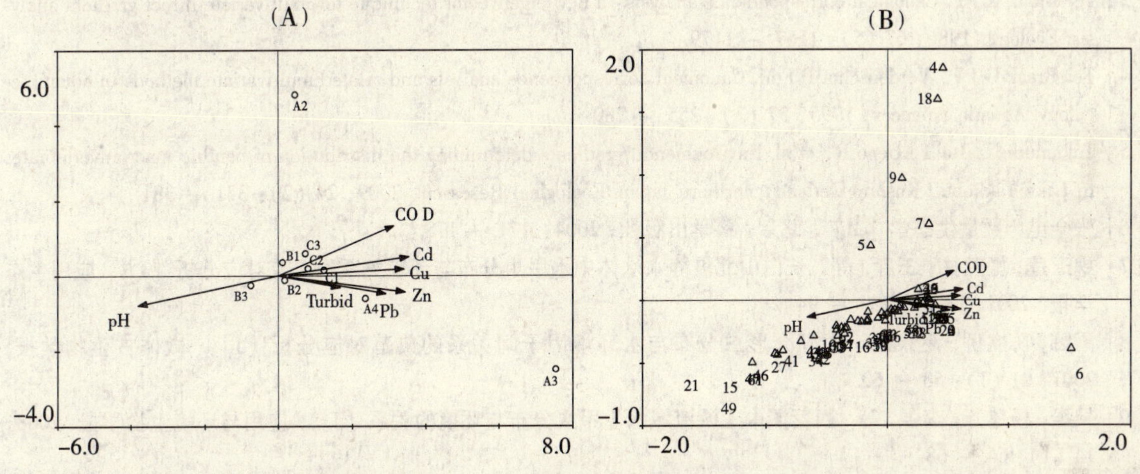

图 2　样点、底栖动物与环境因子的 CCA 排序图

三、结论与讨论

人类活动造成的水体酸化对水生生物多样性存在着严重的负面影响[13,14]。在本研究中，污染河段的上游样点 A1、A3 的 pH 在 3～3.5 之间，远远超出 V 类水标准的最高允许值，几乎无大型底栖动物定殖。到了距源头约 30 km 的翁城段 C3 点，仅采到了摇蚊，而摇蚊在许多报道中被认为是耐酸物种，其他大型底栖动物仍无定殖，说明大宝山矿外排酸性废水严重破坏了横石水河大型底栖动物的群落结构。

大型底栖动物与环境因子的 CCA 排序结果表明，底栖动物种类与环境因子的相关性在 90% 以上，说明底栖动物在横石水河的分布很大程度上受到环境因子的影响，与自身的繁殖力关系不大。从环境因子看，pH 和重金属 Cu、Cd、Zn、Pb 以及 COD 和浊度对大型底栖动物的分布影响较为明显，其余环境因子影响较小。蒋万祥等[10]利用 CCA 分析得出，湖北高岚硫铁矿外排酸性废水污染的高岚河中的大型底栖动物生物多样性受 Al、Ca、Cd、Fe、Mg 和 Mn 等金属的影响最大。以上分析结果的差异可能是由河流受污染程度以及所处地区的纬度差异造成的，也可能是采样方法的不同造成的。在本文中采用人工基质－树叶凋落物网袋法，而没有采用索伯网或踢网取样，主要考虑丰水期水位抬升，无法用索伯网取样。

从种类组成看，蠓类、摇蚊和大蚊等类群耐污性较强，主要分布在污染样点，与 COD 和重金属呈正相关性，而耐污能力差的腹足纲、毛翅目以及蜉蝣目昆虫则分布在清洁样点，与 COD 和重金属呈负相关性。童晓立等[12]证实，在横石水河受污染河段，收集到 4 种底栖动物，其中以摇蚊在数量上占绝对优势。

酸性矿山废水大量持续汇入横石水河，而酸性废水具有 pH 低、重金属含量高等特点[15]，从而使横石水河水体理化参数中的 pH 和重金属等严重超标，逐步上升为影响大型底栖动物分布的主要环境因子。因此，酸性矿山废水的排放可能是大型底栖动物群落分布特征发生变化的重要诱因，但 pH 和重金属对大型底栖动物分布的影响机理目前尚不清楚，有待今后进一步研究。

参考文献

[1] Wallace J B, Webster J R. The role of macroinvertebrates in stream ecosystem function. Annual Review of Entomology, 1996, 4：115 – 139.

[2] Rosenberg D M, Resh V H. Freshwater biomonitoring and benthic macroinvertebrates. New York：Chapman & Hall, 1993：1 – 488.

[3] Ter Braak C J F. Canonical correspondence analysis：a new eigenvector technique for multivariate direct gradient analysis. Ecology, 1986, 67 (5)：1167 – 1179.

[4] Ter Braak C J F, Verdonschot P F M. Canonical correspondence analysis and related multivariate methods in aquatic ecology. Aquatic Sciences, 1995, 57 (3)：255 – 289.

[5] Takamura N, Ito T, Ueno R, et al. Environmental gradients determining the distribution of benthic macroinvertebrates in Lake Takkobu, Kushiro wetland, northern Japan. Ecological Research, 2009, 24 (2)：371 – 381.

[6] 张金屯. 数量生态学 [M]. 北京：科学出版社, 2004：171 – 178.

[7] 魏玉莲，姬兰柱，王淼，等. 长白山北坡静水水体中水甲虫分布与环境关系的典范对应分析 [J]. 应用生态学报, 2002, 13 (1)：91 – 94.

[8] 禹娜，陈立侨，赵泉鸿. 太湖介形虫分布与水环境因子间关系的典范对应分析 [J]. 微体古生物学报, 2007, 21 (1)：53 – 60.

[9] 吴璟，杨莲芳，李强，等. 西苕溪中上游流域水生甲虫分布与环境的关系 [J]. 应用与环境生物学报, 2008, 14 (1)：64 – 68.

[10] 蒋万祥，唐涛，贾兴焕，等. 硫铁矿酸性矿山废水对大型底栖动物群落结构的影响 [J]. 生态学报, 2008, 28 (10)：4805 – 4814.

[11] 吴永贵，林初夏，童晓立，等. 大宝山矿水外排的环境影响：Ⅰ. 下游水生生态系统 [J]. 生态环境, 2005, 14 (2)：165 – 168.

[12] 童晓立，颜玲，赵颖，等. 树叶凋落物在受酸性矿山废水污染溪流中的分解 [J]. 生态学报, 2006, 26 (12)：4033 – 4038.

[13] Guerold F, Boudot J P, Jacquemin G, et al. Macroinvertebrate community loss as a result of headwater stream acidification in the Vosges Mountains (N – E France). Biodiversity and Conservation, 2000, 9 (6)：767 – 783.

[14] Braukmann U. Stream acidification in South Germany – chemical and biological assessment methods and trends. Aquatic Ecology, 2001, 35 (2)：207 – 232.

[15] Cherry D S, Currie R J, Soucek D J, et al. An integrative assessment of awatershed impacted by abandoned mined land discharges. Environmental Pollution, 2001, 111：377 – 388.

国内外雨水人工渗蓄装置研究与应用

李海燕　贾　丽

（北京建筑工程学院环境与能源工程学院　北京　100044）

摘　要　雨水人工渗蓄是一种解决或缓解城市雨洪问题的有效途径。围绕雨水人工渗蓄装置，国内外研究者做了许多创造性的理论探索和技术研究并研究出了适用性较强的系列产品。本文对其类型、适用条件、主要特点及研究和应用现况进行了总结，提出了存在问题及发展方向，为我国雨水人工渗蓄装置的设计、研究与推广应用提供一定参考。

关键词　人工渗蓄　装置　应用

一、引　言

雨水渗蓄是一种相对经济、高效的雨水间接利用形式，天然绿地等自然渗透既经济又能有较好的景观效果，但一般占地面积较大，且由于土壤渗透能力的限制而使其渗透效率通常不高。于是，很多国家开始对雨水人工渗蓄设施进行研究，置于地下的不可视模块化渗蓄装置如 rainstore[1]、versitank[2]等设施逐渐被开发并投入使用。径流雨水经地表漫流分散或经管渠集中进入有一定储水空间的人工渗蓄设施，由于受土壤下渗能力限制而不能很快下渗的雨水可暂时存储于孔隙率较大的蓄水填料中，在降雨过程及降雨停止后的一段时间里，再通过设施底面和侧壁在垂直和水平方向逐渐渗入土壤，可以有效减少雨水径流量，提高土壤入渗率。因此，雨水人工渗蓄利用装置的开发与利用具有重要的现实意义。

二、国外雨水人工渗蓄装置的研究与应用

目前，国际上对雨水渗蓄利用的研究比较广泛，东南亚的尼泊尔、菲律宾、印度、泰国、非洲的肯尼亚、博茨瓦纳、坦桑尼亚，以及日本、德国、澳大利亚、美国、新加坡、法国等国家很多城市都有雨水人工渗蓄装置的应用，其中德国、美国、英国是开始研究较早的国家，已取得了大量成果。

（一）德国

德国是欧洲开展雨水利用工程最好、雨水利用技术最先进的国家之一，其雨水利用技术已经进入标准化、产业化阶段，市场上已大量存在雨水收集、过滤、存储、渗透产品。

德国生产的组合式雨水人工渗蓄装置包括不同材料制成的、适合不同使用场合的雨水渗透池、渗透管等。按进水方式的不同，雨水人工渗蓄系统可分为地下集中进水和地表分散进水两种。

集中式人工渗蓄装置多用于商业区、道路、停车场、居住小区、机场等，系统的主体设施可为管式（图 1）或箱式，管式主要是辅助或代替传统排水系统完成排水计划，箱式则是为了快速收集雨水，逐渐下渗。该系统最大的优点是纯塑料系统，质轻、运输安装方便，净化、渗透蓄水能力较好，还兼有弃流功能，适用范围广；配有径流控制设备，可在径流量变化范围较大的条件下达到较理想的处理效果。

分散式渗蓄装置一般体积较小，可用于单户住宅。典型的分散式雨水人工渗蓄装置有 D－Raintank、VersiTank 和 D－Rainclean 等，其主要性能特点如表 1 所示。

基金项目：北京市科技新星计划资助项目（2006B19）；国家科技支撑计划课题－（2006BAJ08B04，2006BAJ01B03－02）。

（1）D－Raintank 具有很高的储水容积，可根据空间条件的不同单个或组合使用。外壳为聚丙烯材质，是一种对地下水无污染、抗酸碱腐蚀、抗撞击、稳定且可回收的环境友好型塑料，顶板的格栅式设计可分散高污染负荷。组装式设计使得应用方便灵活，安装高度低，可以用于相对较高地下水位地区的雨水渗蓄。

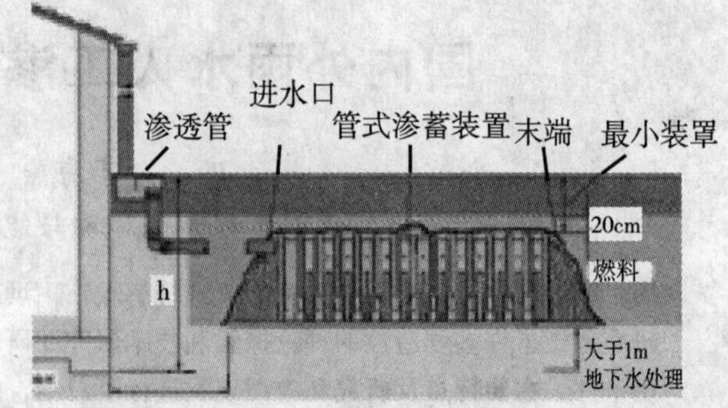

图1 集中式管式雨水人工渗蓄系统

（2）VersiTank 的外形、功能、用途与 D－Raintank 相似，为支持美国 LEED 标准的专利产品。此装置无填料，只是通过自身的蜂窝状结构形成的净化系统过滤雨水，单体之间无连接器，设计尺寸为 810mm×400mm×440mm。既可单独也可组合使用，一般用于用地紧张的区域，可依据汇水面大小改变组合体大小，经过净化的雨水，从垂直和水平方向逐渐入渗地下，从而保证渗蓄系统的稳定性。

（3）D－Rainclean 由过滤填料和过滤通道组成，内置填料能够有效阻止径流雨水中油、重金属污染物对地下水的污染。可应用于污水厂周围，能有效避免污染负荷高的污水对土壤和地下水的污染。过滤通道既可以作为一开放体系为以后种植植被提供条件，也可作为一非开放体系承受约 40t 的压力。单体设计尺寸一般为 500mm×400mm×366mm。

图2 分散式雨水人工渗蓄装置

表1 德国开发的人工渗蓄装置性能特点

装置名称	主要性能	适用范围	主要特点
D－Raintank	大容量的蓄存雨水	正在发展的建筑地，排水系统的建设和维护，坡度大、土壤渗透性较差、空间狭小区域	覆土厚度小（最小 40cm 便可），投资低，贮水容积大，占地空间紧凑，可自由组合应用；三维水流可通过 75% 的渗透表层向各个方向渗透
VersiTank	控制雨水径流量；截留 TSS、TN、TP、重金属、病原菌等污染物	居民区、停车场或车道下、操场、大型运动场、公园、庭院	雨水就地贮存或渗透；没有土建费用，日常维护简单容易，比低势绿地、滞留塘等经济，安装简单；模块强度高
D－Rainclean	控制雨水径流量，截留径流中的高浓度污染物	道路、停车场、金属材质屋顶的雨水渗透	兼具重金属吸附、离子交换和过滤作用；滤料更换周期长（15～20年）

（二）美国

早在 1971 年，美国加州富雷斯诺市已建设了地下水回灌系统，10 年间地下水回灌总量为 1.34 亿 m^3，其年回灌量占该市年用水量的 20%。随着屋顶蓄水和由入渗池、渗透井、绿地、透水地面组成的地表回灌系统的发展，雨水人工渗蓄装置、产品也日渐丰富。富雷斯诺市将水平入渗和垂直入渗相结合，在入渗设施表面下1.5m深水平铺设多孔波纹塑料管，然后与入渗设施末端的水泥管相连，雨水经土壤过滤自流注入回灌井，有效地防止了回灌井淤堵，并提高了回灌能力。联邦法律要求所有新开发区强制实行“就地滞洪蓄水”，为适应更加严格的BMPs、LID和绿色建筑标准LEED等要求，开发了种类多、功能齐全、适应市场需求的人工渗蓄产品。rainstore是人工渗蓄典型装置，同步发展的还有StormTreat System和VersiCell等，这些装置在21世纪初开始大规模的应用。

(1) Rainstore（如图3（a））为模块化渗蓄装置，至少可以将25个单体垂直联合使用，可在其上种植草与浅根系统的花卉或灌木。为避免土工布的损坏或造成系统堵塞，建议深根树木需在设施周围10m外种植；雨水存储量达总容积的94%，最小覆土厚度仅为0.3m。Rainstore在重复使用的情况下，不易生锈、被压碎或裂缝，能承受酸、碱、油脂或肥料等的腐蚀[3]。材质为聚乙烯塑料，无紫外线照射的情况下使用期限可达到100年。其单体尺寸及造价可参见Invisible Structures公司主页。

(2) StormTreat System系统（如图3（b））[4]是美国波士顿大学的研究成果，在英国也有广泛应用。是一个多级独立的联合模块系统，通过使用物理技术（沉积、过滤）、化学过程（吸附）和生物机制（氮的硝化作用和反硝化作用）组合的暴雨处理系统，去除初期径流雨水中90%的污染物。是马萨诸塞当局STEP计划证实的第一暴雨水管理技术；被Maine环境保护部门称为所有商业化渗蓄系统中亚磷去除率最高的系统。在CalTrans举行的会议报告中，此系统能满足2004年BMP技术报告包含关键指标的最高规定值。为了延长系统的使用寿命，在占地面积大的区域使用时，系统最好设在径流污染弱的末端排水区。

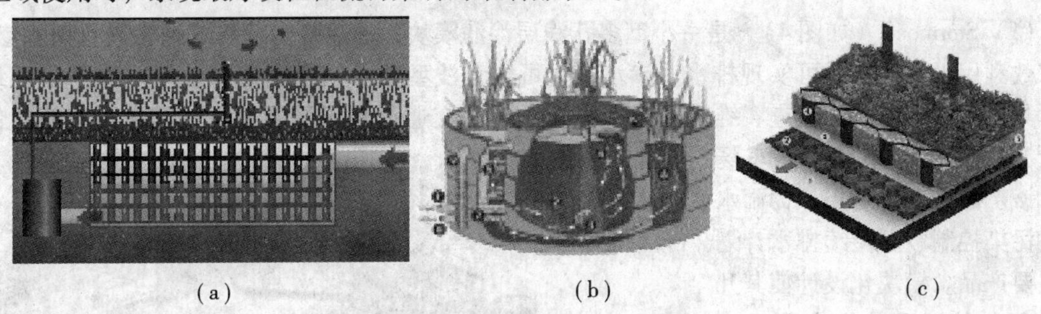

(a)　　(b)　　(c)

图3　美国应用的典型雨水人工渗蓄装置

(3) Versi Drain（如图3（c））是彼此连接的塑料雨水滞留和存储设施，为绿色屋顶发展计划产品。存储在连通系列微型水库中的水和可溶性养分可通过毛细作用慢慢渗入土壤，供植物吸收，多余雨水通过排水设备排出，可有效防止屋顶、防水膜被雨水浸泡损坏。同一系列的雨水人工渗蓄产品还有VersiCell、VersiFlex、VersiWeb和VGM Green Wall等，均为高强度模块化雨水渗蓄装置，可快速安装。承载力、承压能力在70t/m^{2}左右，其主要性能特点见表2。

表2　美国开发的主要人工渗蓄装置性能特点一览表

装置名称	主要性能	适用范围	主要特点
Rainstore	去除细菌、TSS、总氮、石油、碳氢化合物及重金属等	绿地、公园、小型建筑和对景观要求高的区域	100%表面可进行渗滤，无需回填土，节省劳动力、运输量和安装时间，但承压能力有限
StormTreat System	径流中沙粒金属物等的分离，氮、磷、BOD、TSS等的去除	新建、重建湿地；用地紧张、污染负荷高的地区	物理、化学和生物处理作用的联合使污染物去除更全面，效率更高

装置名称		主要性能	适用范围	主要特点
绿色园林渗蓄设施	VersiDrain	存储、渗透及排除大规模屋面径流	农场、体育场的屋面或路面	易于安装；连锁轻质高强度托盘，可确保系统稳定；有效保护防水卷材
	VersiCell	保护屋顶防水卷材	屋顶、广场地面、暗渠等	用于屋顶时，能减少声音传输、增加保温，且不需额外防水卷材；模块可对接连锁在同一平面或直角
	VersiFlex	雨水收集、下渗，保持水土	雨水滞留区的弯曲、不规则表面	模块可交错在一个平面或对接在一起，也可堆叠在一起，巢状设计可依据现场存储空间的需求降低运输成本
	VGM Green Wall	降噪、净化空气，延长墙体使用期	墙体的外壁、门面	为建筑公园等提供灵活的绿色墙体，轻质面板能支持逐渐增长的植物的重量，可依据物种变深度种植
	VersiWeb	最大限度地减少土壤侵蚀，防止水土流失	高速公路护坡湿地、塘等的护坡	可伸缩的热塑性矩形多孔蜂窝状封闭系统，颗粒状材料填装形成三维防侵蚀体，有效消除侧向压力、保持水土、控制侵蚀

（三）英国

在英国水工业研究所（UKWIR）、水研究中心（WRC）、水研究基金会（FWR）等部门的倡导下英国开发了一系列用于雨水渗蓄的产品。Stormcell 和 Drainfix Twin 是两种比较典型的渗蓄装置。

（1）Stormcell（如图4）[5]是一小型多孔浅层渗滤模块，通过蜂窝状块式结构进行雨水渗蓄，在有效利用土地的同时可实现排水、渗水，也可作为浅型雨水储存罐蓄水。与“箱”型系统相比，具有专利产品——检查、维修通道系统[6]。较高交通荷载承受能力可使其在没有额外保护的情况下安装在道路、停车场等。该产品景观影响小，为雨水源头污染控制、可持续排水计划的主要产品。模块化设计使其几乎在任何情况可快速方便地安装，且允许分阶段施工，现金需求小；无土建投资，因此比传统存储系统节省约 60% 成本[7]。材质的抗腐蚀性使其具有至少 10 年的有效使用时间，利于雨水利用规划的实施。单一的 Stormcell 适用于建筑群、小区等区域，不适于污水处理厂附近、工业区或交通干道等污染严重、径流水质复杂区域。雨水未经处理直接进入存储设施时，会对地下水造成潜在威胁，因此，需经过初期弃流处理，条件允许时，最好和其他人工或自然净化设施组合使用。将其置于绿地下时，雨水经过绿地的截留、沉淀，土壤的吸附净化后进入设施，未下渗的雨水可用来浇灌绿地。

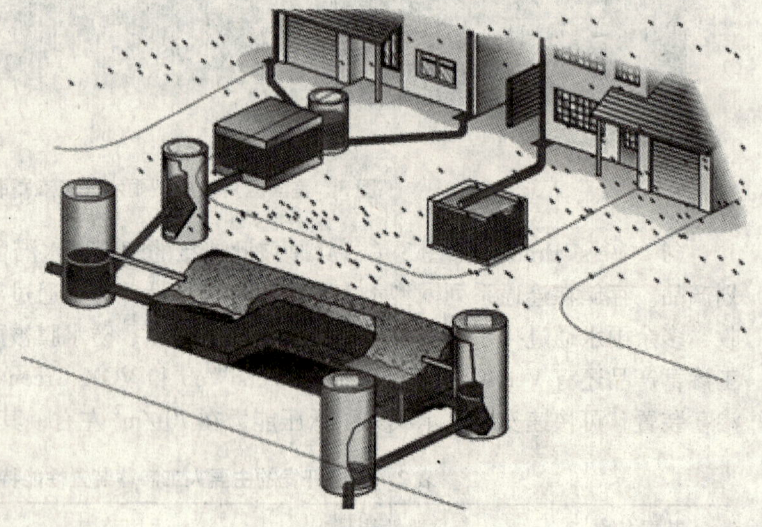

图4 Stormcell 的应用示意

（2）Downstream Defender 为一种改进的分离器，作为预处理手段可去除径流中的沉积物、漂浮物及其他污染物，避免对地下水造成二次污染，将雨水存贮并逐渐下渗。水头损失小，蓄水量大，清洗简单[8]。常和渗蓄装置 Stormcell 联合使用（如图 5），被广泛应用于城市各类区域的雨水利用和城市径流非点源污染控制系统，该系统由雨水预处理设施、蓄水设施等关键要素单元组成。与传统工艺最大的不同是重在径流雨水的预处理，是灵活且成本低的雨水管理手段，特别在土地紧张的城市环境条件下可以用来与其他最佳雨水管理措施（BMP）技术联用，是可持续排水计划的理想产品。

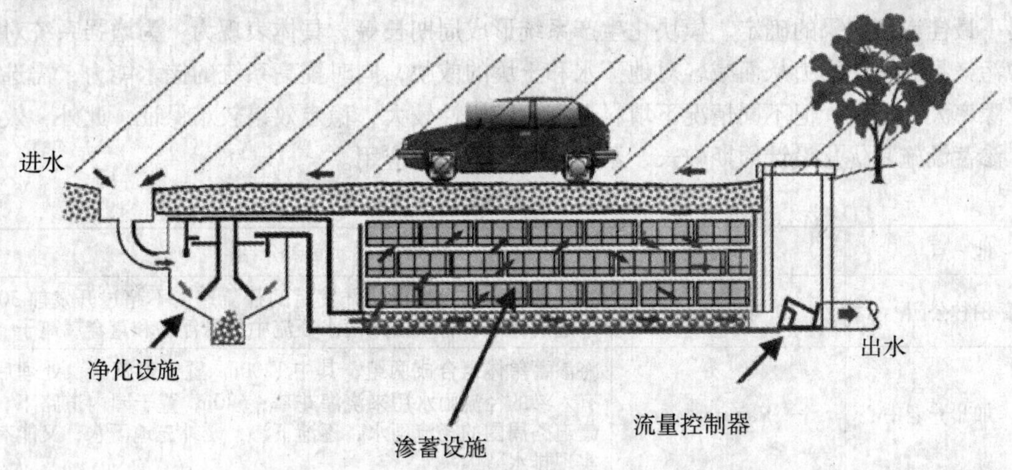

图 5　净化、渗蓄设施的联合使用示意图

（3）Drainfix Twin 是类似于渗透浅沟的雨水渗流引沟，能起到导流作用，将蓄水装置与渗透要素良好结合，存储容积大，易于安装，设计灵活，可选择多种安装方案。

表 3　英国开发的主要人工渗蓄装置性能特点

装置名称	主要性能	适用范围	主要特点
Stormcell	高容量的地下储水系统可适应不同地下水位需求，专利管道可防止泥沙进入	商业区、主干道及环境要求高的区域	孔隙率可达 95%，蓄水能力好
Downstream Defender	去除径流雨水中沉积的固体、大颗粒物、泥沙、油和其他漂浮物	湿地、池塘、洗车场等	没有移动部件，使用年限长，净化效率高，进气和排气管在同一直线上，水头损失小
Drainfix Twin	主要用于雨水预处理；可与低势绿地等人工渗蓄系统配合使用	环境要求高的标准地面	节省劳动力和建筑面积，检查维护容易，存储容积大，易于安装，设计灵活

（四）日本

日本的城市雨水利用在亚洲先行一步，于 20 世纪 80 年代初期开始推行“雨水渗透计划”，日本实施的雨水贮留计划也得到了民间和企业的支持，1988 年成立的“日本雨水贮留渗透技术协会”，就吸引了包括清水、住友、西武、大成、东急、日产、三井和三菱等 84 家著名建筑协会及株式会社参加，使各种雨水入渗设施得以迅速发展，与美国、德国相比，日本更加注重自然渗蓄系统，采用的渗透设施主要有渗透池、渗透井、渗透侧沟调节池和低势绿地等。雨水人工渗蓄装置主要开发了渗透管和透水性铺装等。

（五）韩国

韩国也很重视雨水的收集利用，将雨水作为城市恢复都市水周期的工具。但相对而言，雨水渗透利用技术发展较慢，约 380 处雨水利用设施中多为收集系统而渗蓄设施较少[10]。雨水渗蓄产品的研发处于研究阶段。TRINT（trough infiltration trench）（多功能沟槽渗透）[9]是比较成功的雨水渗蓄系统，该系统将绿地和滤料结合，雨水通过上部土壤层，然后通过植被层逐渐渗透，处理后雨水中污染物可被部分去除。实验结果表明，此系统适于住宅群和普通民居分散式雨水利用，多在新建项目或现有下水管道系统的升级和整修工程中应用。

（六）应用实例

在多年研究的基础上，目前国外已有大量雨水人工渗蓄成功利用的实例，几种典型应用实例如表4所示。但是，运行中模块化渗蓄装置仍存在一些问题，如高效且效果稳定填料的选择、不同情况下最佳渗蓄效果的确定、模块化生产系统形成周期长等。具体表现为：为增强系统对下渗雨水中污染物的净化能力从而减轻对地下水和土壤的威胁，同时提高系统的储水能力，需选择质轻且孔隙率大的填料，但不同情况下填料选择的随机性较大，稳定效果较难保证；此外，效能好的人工渗蓄设施其优化设计周期较长，不利于其大规模化应用。

表4 国外人工雨水渗蓄设施的应用实例[11-13]

地 点	主体设施	简要介绍
德国，柏林公园	D – Raintank	实现德国水务局规定的开发后的径流速度不超过开发前30年一遇的标准，有效去除雨水径流中的悬浮物和重金属离子
美国，加州养老中心	Rainstore	将渗蓄单体组合成两组，其中1200m^3 置于建筑区，处理后没有入渗的径流雨水用来浇灌花草；640m^3 置于园内道路下，收集道路周围的径流雨水，逐渐下渗，既补充地下水，又能有效实现排水
英国，萨里希思区理事会	Downstream Defender	用直径为6m的Downstream Defender来拦截径流雨水中沉积的固体、油和其他漂浮物，经处理后的雨水进入人工湖。有效净化了水质，减轻周围水环境负荷，为湖体补水，可完成10年一遇暴雨的初步净化

三、国内雨水人工渗蓄装置研究和应用

目前，我国雨水渗蓄多数依靠绿地等自然渗蓄设施，人工渗蓄则主要有渗透井、透水路面等，较大型多功能人工渗蓄设施或装置仍处于研究和小规模应用阶段[14~17]，填料多采用砾石或木屑等，有限的孔隙率使其规模较大、空间利用率低，并且较大堆积密度也使施工和日常维护困难。由质轻且渗蓄效果好的渗蓄填料、设备及辅助产品等构成的渗蓄装置可有效解决这些问题，但由于经济、技术等原因，国内短期内很难实施集成模块化雨水人工渗蓄装置的规模化应用。因此，有必要在充分考虑实际雨水径流水质、水量，不同应用区域条件下设计并研发适于中国国情且经济高效的雨水渗蓄利用填料和装置，以推进雨水人工渗蓄利用的进程，使雨水更加高效渗透，回补地下。

四、结论与建议

国外很多国家的雨水渗蓄利用装置逐渐体现出种类多样化、结构合理、样式灵活化、应用广泛化的趋势，科学、合理、有效地应用雨水渗蓄设施，不仅和传统雨水渗蓄利用一样可以削减洪峰流量、缓解洪涝灾害、减小污水处理厂的规模、涵养地下水、改善生态环境，还可减少施工量，减少土地使用面积；因地制宜地应用人工雨水渗蓄设施还可以一定程度上解决自然渗蓄所面临的地下水位高区域不适于进行渗透、对地下水存在污染风险、易发生堵塞等问题；此外，雨水渗蓄设施的产品化可以吸引大量民间资本进入，形成新产业，这项产业在减少政府财政支出、促进经济增长、吸纳就业、促进城市建设中将会发挥出积极作用。面对土地资源逐渐紧张，环境要求逐渐提高的形势，加快高效、价廉、适用性强的人工雨水渗蓄装置的研究与开发，对雨水渗蓄效率的提高意义重大。

参考文献

[1] www. invisiblestructures. com.

[2] http：//www. elmich. com. au/home. php.

[3] http：//www. invisiblestructures. com/CompanyPro.

[4] http：//www. uvm. edu/ ~ ran/ran/toolbox/bmp/stormtreat. php.

[5] Minton G R. Stormwater t reatment ：Biological，chemical and engineering principles. Seattle：RPA Press，2002，185 – 213.

[6] Andoh，R. Y. G.，Stephenson，A. and Kane，A.，（2000），‘Sustainable Urban Drainage Using theHydro Stormcell? Storage System’，In. Proc. Standing Conference on Source Control，Coventry University，UK.

[7] Andoh，R. Y. G. and Declerck，C.，（1999），‘Source Control and Distributed Storage—A CostEffective Approach to Urban Drainage for the New Millennium’，8th International Conferenceon Urban Storm Drainage，Sydney，Australia，30August – 3September，pp. 1997 – 2005.

[8] Faram，M. G.，LeCornu，P. and Andoh，R. Y. G.，2000，“The‘MK2’Downstream Defender? for the Removal of Sediments and Oils from Urban Run – Off”，WaterTECH，Sydney，Australia，9 – 13 April，Organized by Australian Water&WastewaterAssociation（AWWA）.

[9] Ree – Ho Kim，Youngmin Kim，Sangho Lee，Jung – Hun Lee. 2008. Development of Multifunctional Trough Infiltration Trench System in KoreanConditions. Bioresource Technology 99，6168 – 6173.

[10] Arvind Kumar，B. Prasad，I. M. Mishra. 2008. Optimization of process parameters for acrylonitrile removal by a low – cost adsorbent using Box – Behnken design. Journal ofHazardous Materials 150，174 – 182.

[11] www. intewa. de

[12] Western Sector Public Health Unit，New South Wales，Department of Health（1993）. L. Gee. Pilot survey of the microbiological and chemical aspects of water stored in domesticrainwater tanks. Unpublished Report.

[13] Faram，M. G.，LeCornu，P. and Andoh，R. Y. G.，2000，“The‘MK2’Downstream Defender? for the Removal of Sediments and Oils from UrbanRun – Off”，Water TECH，Sydney，Australia，9 – 13 April，Organized by AustralianWater & WastewaterAssociation.

[14] 汪慧贞，车武，胡家骏. 浅议城市雨水渗透［J］. 给水排水，2001，27（12）：4 – 7.

[15] 汪慧贞，李宪法. 北京城区雨水入渗设施的计算方法［J］. 中国给水排水，2001，17（1）：37 – 39.

[16] 朱贵良，王浙彬，王炳飞，等. 基于城市雨水资源化的截污下渗系统［J］. 水利学报，2003，（9）：71 – 76.

[17] 纪桂霞，王文远，徐向阳. 城市雨水入渗及排水系统试验研究［J］. 上海理工大学学报，2003，25（1）：72 – 76.

基于模糊信息熵的流域水污染控制系统研究

许振成[1,2] 胡习邦[1,2] 张修玉[1,2] 王俊能[2] 赵晓光[3]

（1. 中国科学院广州地球化学研究所 广东 广州 610640；

2. 环境保护部华南环境科学研究所 广东 广州 510655；

3. 中国环境科学研究院 北京 100012）

摘 要 我国水污染局部得到了改善，但呈现流域污染蔓延的趋势。运用系统控制论构建流域水污染控制系统，突破了传统的“就水论水、见污治污”的还原论水污染控制方法，并构建了输入输出，总体控制战略决策（s）、反馈系统以及社会发展布局（l）、经济发展模式（e）、居民生活方式（c）和治理工程措施（t）控制系统的流域水污染控制系统模型，采用模糊信息熵方法技术构建了流域水污染控制系统进行了定量分析方法。

关键词 流域 模糊信息熵 系统控制 水污染

据2008年的全国环境公报[1]，全国地表水污染依然严重，局部改善，流域蔓延趋势，影响流域水环境的污染事故频繁。我国当前面临着水质性缺水、水量性缺水与工程性缺水的复合性水资源紧缺严重势态在不断加剧。尤其是在我国水质黑臭问题（氧失衡）尚未解决，富营养化问题（氮磷等失衡）已经到来，POPs问题同时已经显露；这些在发达国家分属不同发展阶段的水质问题在我国几乎同时出现，明显加剧了我国水环境问题的复合势态，加剧了解决问题的难度。因此，改善水环境，特别是流域水污染控制显得十分迫切。本文引入控制论等理论方法探讨流域水污染系统控制的方法，对流域水污染控制起到一定的指导作用。

一、流域水污染控制系统模型

控制论、系统论、信息论自20世纪50年代产生以来，在工程控制、生物控制、经济控制、人口控制等多个学科领域开展了深入的研究，对各个领域的控制问题得到了很好的解决[2~9]。本文将控制论、系统论、信息论等理论引入到环境污染保护领域，探讨水污染控制与治理的有效手段。马勇、彭永臻、姚重华等[10~14]研究了城镇污水处理厂控制系统的控制问题，但仍缺乏流域尺度污水污染控制研究。为此，本文在结合控制论、系统论及水污染理论基础上提出流域水环境污染控制系统框架，构建的流域水环境污染控制系统模型由输入输出，总体控制战略决策（s）、反馈系统以及社会发展布局（l）、经济发展模式（e）、居民生活方式（c）和治理工程措施（t）控制系统构成，共同构建成slect流域水污染控制系统模型（见图1）。

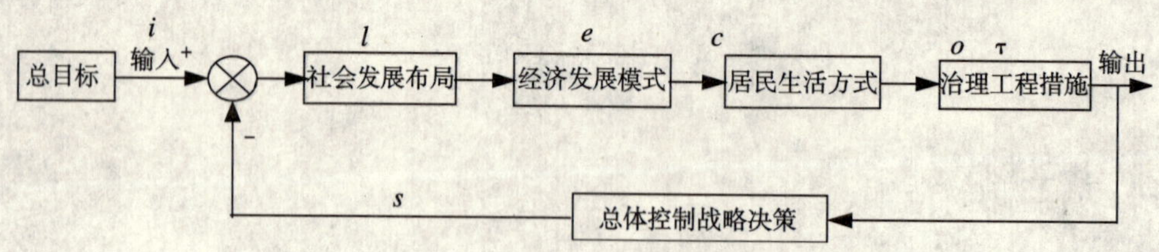

图1 流域水污染控制系统模型

假定τ为时间流，图1中流域水环境污染控制系统传递函数分别定义如下：

社会发展布局过程传递函数G_1，在图1中总目标$i(\tau)$，建立社会发展布局$l(\tau)$，即

$$l(\tau) = G_1 \cdot f(\tau) \tag{1}$$

式中：$f(\tau) = i(\tau) - s(\tau - 1)$，其中：$l(\tau)$——三元向量组$l(\tau) = [l_{11}(\tau), l_{12}$

(τ)，l_{13} (τ)]；

经济发展过程传递函数 G_2，在图1中社会发展布局 l (τ) 生成经济发展模式 e (τ)，即

$$e(\tau) = G_2 \cdot l(\tau) \tag{2}$$

其中：e (τ) ——四元向量组 e (τ) = [e_{21} (τ)，e_{22} (τ)，e_{23} (τ)，e_{24} (τ)]；

居民生活方式过程传递函数 G_3，在图 1 中经济发展模式 e (τ) 引导居民生活方式 c (τ)，即

$$c(\tau) = G_3 \cdot e(\tau) \tag{3}$$

其中：c (τ) ——三元向量组 c (τ) = [c_{31} (τ)，c_{32} (τ)，c_{33} (τ)]；

治理工程措施过程传递函数 G_4，在图 1 中居民生活方式 c (τ) 产生治理工程措施 t (τ)，即

$$t(\tau) = G_4 \cdot c(\tau) \tag{4}$$

其中：t (τ) ——五元向量组 t (τ) = [t_{41} (τ)，t_{42} (τ)，t_{43} (τ)，t_{44} (τ)，t_{45} (τ)]；

总体控制战略决策传递函数 G_5，在图 1 中对输出函数 o (τ) 产生反馈作用，产生总体控制战略决策 s (τ)，即

$$s(\tau) = G_5 \cdot o(\tau) \tag{5}$$

其中：s (τ) ——六元向量组 s (τ) = [s_{51} (τ)，s_{52} (τ)，s_{53} (τ)，s_{54} (τ)，s_{55} (τ)，s_{56} (τ)]。

对于整个闭环系统传递函数 G_s 而言，流域水环境污染控制系统的输出状态函数 o (τ) 可以表达为输入状态函数 i (τ)：

$$o(\tau) = G_s \cdot i(\tau) = \left[\frac{G_1 G_2 G_3 G_4}{1 + G_1 G_2 G_3 G_4 G_5}\right] \cdot i(\tau) \tag{6}$$

二、模糊信息熵

流域水污染控制系统中，slect 模型是一个由社会发展布局（l）、经济发展模式（e）、居民生活方式（c）和治理工程措施（t）控制系统复合而构成的多维度的复杂系统。每个污染控制子系统，都对流域的水环境改善和污染控制起到重要的作用，共同作用构成一个密闭的控制系统，一方面各个水污染控制子系统对整个流域水环境污染防治起到促进作用；另一方面总体控制战略决策对整个流域水环境的控制和改善状况起到反馈作用，通过这种反馈作用不断地调整优化与改进各个水污染控制子系统，从而使流域水环境的污染控制能力达到输入状态函数总体目标要求。然而，对于这样一个复杂的控制系统来说，流域水环境的污染控制过程是一个不确定性、时滞性的系统。该过程控制由一系列不确定的人工或信息系统执行，每次执行受到人员、信息、资源和环境等内外部不确定性因素的影响，执行特定的环境管理任务，类似于模糊控制系统[15]。

（一）模糊控制系统的建立

在流域水环境污染控制系统模型中引入了水环境保护战略、社会发展布局、经济发展模式、居民生活方式和工程治理措施五大主要组成部分。各个子系统的构成在水污染控制中发挥着重要的作用，所以运用模糊集理论[16]研究污染控制系统的作用情况。首先定义了 5 个基本论域。

论域一：水环境保护战略集合 U_1 = {保障流域饮用水安全，分区控制、分类指导，保水先保地、用水保干流，节水优先、源头控制，综合治理控制工程体系，建立流域系统控制框架}，该 U_1 集合元素个数 n_1 为6个；

论域二：社会发展布局集合 U_2 = {规范使用土地，引导发展布局，制定供取水排纳水河系规划}，该 U_2 集合元素个数 n_2 为3个；

论域三：经济发展模式集合 U_3 = {制定指标体系，引导经济转型，规定污染物量允许排放

量、促进产业生态化}，该 U_3 集合元素个数 n_3 为4个；

论域四：居民生活方式集合 U_4 = {提高居民素质，增进社会公平，合理负担环境支付}，该 U_4 集合元素个数 n_4 为3个；

论域五：工程治理措施集合 U_5 = {城镇污水处理系统，产业点源控制系统，面源控制系统，河道生态修复系统，生态调水与水回用系统}，该 U_5 集合元素个数 n_5 为5个。

由于不同的流域系统或者发展区域在不同的发展时期对各个控制系统的需求层次要求不一致，即水环境保护战略、社会发展布局、经济发展模式、居民生活方式和工程治理措施在流域水污染治理中的作用程度是不一样的。因此，定义下面5个模糊集合。

模糊集 S，表示不同水环境战略发挥作用的程度，其隶属度为 $\mu_p(x)$，$(x \in U_1)$；

模糊集 L，表示不同水环境战略发挥作用的程度，其隶属度为 $\mu_s(x)$，$(x \in U_2)$；

模糊集 E，表示不同水环境战略发挥作用的程度，其隶属度为 $\mu_e(x)$，$(x \in U_3)$；

模糊集 C，表示不同水环境战略发挥作用的程度，其隶属度为 $\mu_c(x)$，$(x \in U_4)$；

模糊集 T，表示不同水环境战略发挥作用的程度，其隶属度为 $\mu_t(x)$，$(x \in U_5)$。

假定流域水环境污染控制系统中的水环境保护战略、社会发展布局、经济发展模式、居民生活方式和工程治理措施五个子控制系统的分布状态已经确定，其中某种水环境保护战略 i，某种社会发展布局 j，某种经济发展模式 k，某种居民生活方式 l，某种工程治理措施 m 在整个流域水环境污染控制系统中污染物控制总量的比重为 P_{ijklm}（$i=1, 2, 3, \cdots, n_1$；$j=1, 2, 3, \cdots, n_2$；$k=1, 2, 3, \cdots, n_3$；$l=1, 2, 3, \cdots, n_4$；$m=1, 2, 3, \cdots, n_5$），其中 P_{ijklm} 满足 $\sum_1^n P_i = 1$。根据以上模糊集的建立便可以将流域水环境污染控制系统表达为一个模糊系统，相应的模糊输出 $\overline{o(\tau)}$ 可表达模糊输入 $\overline{i(\tau)}$ 的函数：

$$\overline{o(\tau)} = \overline{G_s} \cdot \overline{i(\tau)} = \left[\frac{\overline{G_1 G_2 G_3 G_4}}{1 + \overline{G_1 G_2 G_3 G_4 G_5}}\right] \cdot \overline{i(\tau)} \tag{7}$$

（二）模糊信息熵

信息熵由香农和维纳创立，而模糊信息熵的表达方式目前主要有两种形式，一种是基于香农信息熵[17]，其表达式为：

$$H(x) = -\frac{1}{n\ln(2)} \cdot \sum_{i=1}^{n} \{u(x_i) \cdot [\ln u(x_i)] - [1 - u(x_i)] \cdot \ln[1 - u(x_i)]\} \tag{8}$$

式中：$u(x_i)$ ——隶属度函数；

另一种是基于扎德（L. A. Zadeh）模糊理论[16]建立的，其表达式为：

$$H(x) = -\frac{1}{\ln(n)} \cdot \sum_{i=1}^{n} u_i(x) P_i \cdot \ln(P_i) \tag{9}$$

式中：P_i——概率；或者百分比情况，$u(x_i)$ ——隶属度函数。本来采取的即是后一种。

Sahidu 等利用多目标信息熵研究了交通领域的应用[18]。本文结合扎德模糊熵提出流域水污染控制系统的水环境保护战略结构模糊信息熵、社会发展布局结构模糊信息熵、经济发展模式结构模糊信息熵、居民生活方式结构模糊信息熵和工程治理措施结构模糊信息熵分别为：

$$\begin{cases} H(S) = -\dfrac{1}{\ln(n_1)} \cdot \sum\limits_{i=1}^{n_1} u_S(x_i) \cdot (\sum\limits_{j=1}^{n_2}\sum\limits_{k=1}^{n_3}\sum\limits_{l=1}^{n_4}\sum\limits_{m=1}^{n_5} P_{ijklm}) \cdot \ln(\sum\limits_{j=1}^{n_2}\sum\limits_{k=1}^{n_3}\sum\limits_{l=1}^{n_4}\sum\limits_{m=1}^{n_5} P_{ijklm}) \\ H(L) = -\dfrac{1}{\ln(n_2)} \cdot \sum\limits_{j=1}^{n_2} u_L(x_j) \cdot (\sum\limits_{i=1}^{n_1}\sum\limits_{k=1}^{n_3}\sum\limits_{l=1}^{n_4}\sum\limits_{m=1}^{n_5} P_{ijklm}) \cdot \ln(\sum\limits_{i=1}^{n_1}\sum\limits_{k=1}^{n_3}\sum\limits_{l=1}^{n_4}\sum\limits_{m=1}^{n_5} P_{ijklm}) \\ H(E) = -\dfrac{1}{\ln(n_3)} \cdot \sum\limits_{k=1}^{n_3} u_E(x_k) \cdot (\sum\limits_{i=1}^{n_1}\sum\limits_{j=1}^{n_2}\sum\limits_{l=1}^{n_4}\sum\limits_{m=1}^{n_5} P_{ijklm}) \cdot \ln(\sum\limits_{i=1}^{n_1}\sum\limits_{j=1}^{n_2}\sum\limits_{l=1}^{n_4}\sum\limits_{m=1}^{n_5} P_{ijklm}) \\ H(C) = -\dfrac{1}{\ln(n_4)} \cdot \sum\limits_{l=1}^{n_4} u_C(x_l) \cdot (\sum\limits_{i=1}^{n_1}\sum\limits_{j=1}^{n_2}\sum\limits_{k=1}^{n_3}\sum\limits_{m=1}^{n_5} P_{ijklm}) \cdot \ln(\sum\limits_{i=1}^{n_1}\sum\limits_{j=1}^{n_2}\sum\limits_{k=1}^{n_3}\sum\limits_{m=1}^{n_5} P_{ijklm}) \\ H(T) = -\dfrac{1}{\ln(n_5)} \cdot \sum\limits_{m=1}^{n_5} u_T(x_m) \cdot (\sum\limits_{i=1}^{n_1}\sum\limits_{j=1}^{n_2}\sum\limits_{k=1}^{n_3}\sum\limits_{l=1}^{n_4} P_{ijklm}) \cdot \ln(\sum\limits_{i=1}^{n_1}\sum\limits_{j=1}^{n_2}\sum\limits_{k=1}^{n_3}\sum\limits_{l=1}^{n_4} P_{ijklm}) \end{cases} \tag{10}$$

考虑到水环境保护战略、社会发展布局、经济发展模式、居民生活方式和工程治理措施的重要程度存在差异，所以对其各个熵分别赋予一个权重系数 α_S、α_L、α_E、α_C、$\alpha_T \in (0, 1)$，且 $\alpha_S + \alpha_L + \alpha_E + \alpha_C + \alpha_T = 1$。该权重系数可以通过专家打分的方式获取，也可以根据熵的关系式获取，见式（11）。

$$\begin{cases} \alpha_S = \dfrac{1 - H(S)}{5 - [H(S) + H(L) + H(E) + H(C) + H(T)]} \\ \alpha_L = \dfrac{1 - H(L)}{5 - [H(S) + H(L) + H(E) + H(C) + H(T)]} \\ \alpha_E = \dfrac{1 - H(E)}{5 - [H(S) + H(L) + H(E) + H(C) + H(T)]} \\ \alpha_C = \dfrac{1 - H(C)}{5 - [H(S) + H(L) + H(E) + H(C) + H(T)]} \\ \alpha_T = \dfrac{1 - H(T)}{5 - [H(S) + H(L) + H(E) + H(C) + H(T)]} \end{cases} \tag{11}$$

根据以上公式即可得到整个流域水污染控制系统的模糊信息熵的表达式，

$$E = \alpha_S \cdot H(S) + \alpha_L \cdot H(L) + \alpha_E \cdot H(E) + \alpha_C \cdot H(C) + \alpha_T \cdot H(T) \tag{12}$$

三、水污染系统控制能力度量

（一）流域水环境污染控制系统控制能力

在流域水环境污染控制系统中，按照实时性不同，可将控制系统划分为在线控制与离线控制 2 种类型。两者控制方式的控制能力存在着两种度量形式[15]，即对于在线的污染系统控制能力和离线的污染系统控制能力。

在线的污染系统控制能力，其信息的采样和水污染控制是实时的，并且是时间 τ 并假定系统的控制能力为 C_p，则有

$$C_p = Gs = \frac{o(\tau)}{i(\tau)} = \left[\frac{G_1G_2G_3G_4}{1 + G_1G_2G_3G_4G_5}\right] \tag{13}$$

C_p 值的大小反映了任一时刻水污染控制系统输出与总体目标输入函数的关系，C_p 值越接近 1，则表明该污染系统控制能力越强。

离线污染系统控制能力可采用拉氏变换来表达[15]，即

$$C_p = \sum_{k=0}^{+\infty} \frac{o(\tau)}{i(\tau)} e^{-ksT} \tag{14}$$

以上这两种不同类型的流域水污染系统控制能力，都表达了所控制的流域水环境总体特征目

标和目标之间的接近程度，也就是流域水污染系统控制能力的强弱程度。

（二）模糊信息熵控制能力度量

在解决流域水环境污染控制系统中的不确定因素，采用模糊信息熵将流域水污染控制系统将其实现从定性研究实现定量研究的目标。根据流域水环境污染控制系统模型，各个水污染控制子系统求得传递函数和子系统的模糊信息熵，则整个系统的模糊信息熵的表达式为：

$$E_o(\tau) = G_s \cdot E_i(\tau) = \left[\frac{G_1G_2G_3G_4}{1+G_1G_2G_3G_4G_5}\right] \cdot [\alpha_S \cdot H(S) + \alpha_L \cdot H(L) + \alpha_E \cdot H(E) + \alpha_C \cdot H(C) + \alpha_T \cdot H(T)] \tag{15}$$

四、结 论

本文突破了传统还原论方法的水污染控制观念，单纯的就水论水，见污治污；本文采用系统控制观念采取流域整体保护水环境，并提出了社会发展布局、经济发展模式、居民生活方式和工程治理措施四个系统整合的水污染控制理论框架。建立了流域水环境污染控制模型，并采用模糊信息熵对水环境污染系统控制能力进行了定量化研究，解决了流域水环境污染控制系统的不确定因素的污染系统控制难以克服的矛盾。

参考文献

[1] 环境保护部．2008 年中国环境状况公报［R］．http：//www. spa. gov. cn/plan/zkgb/2008zkgb/. 2010 - 02 - 22.

[2] Norbert Wiener. Cybernetics. MIT Press，1965（1948）.

[3] 钱学森．工程控制论［M］．上海：上海交通大学出版社，2007.

[4] 汪云九，顾凡及．生物控制论研究方法［M］．北京：科学出版社，1986.

[5] 王晶，陆宁云．经济控制论：理论、应用与 MATLAB 仿真［M］．北京：科学出版社，2008.

[6] 宋健，于景元．人口控制论［M］．北京：科学出版社，1985.

[7] 路德维希·冯·贝塔朗菲．一般系统论基础发展和应用［M］．北京：中国社会出版社，1987.

[8] 汪应洛．系统工程学［M］．北京：高等教育出版社，2007.

[9] C. E. Shannon. A Mathematical Theory of Communication［J］. The Bell System Technical Journal，1948，27：379 - 423，623 - 656.

[10] Tong R M，Beck M B Latten. A fuzzy control of the activated sludge wastewater treatment process［J］. Automatica，1980，16（6）：695 - 701.

[11] Fu Chunsheng，Poch M. Fuzzy model and decision of COD control for an activated sludge process［J］. Fuzzy sts and systems，1998，93：281 - 292.

[12] 马勇，等．城市污水处理系统运行及过程控制［M］．北京：科学出版社，2007：330 - 350.

[13] 姚重华．环境工程仿真与控制（第二版）［M］．北京：高等教育出版社，2008：252 - 275.

[14] 彭永臻，高景峰，王淑莹．模糊控制在污水生物处理系统中的应用［J］．环境科学学报，2001，16：143 - 148.

[15] 张玉华，蔡政英，梅晚霞．基于模糊信息熵的流域水环境污染控制［J］．管理学报，2007，14（6）：743 - 747.

[16] 水本雅晴．模糊数学及其应用［M］．北京：科学出版社，1986：76 - 85.

[17] 杨松林．工程模糊论方法及应用［M］．北京：国防工业出版社，1996：54 - 70.

[18] Sahidu L I，Ta Pan K R. A New Fuzzy Multi - objective Programming Entropy Based Geometric Programming and Its Application of Transportation Problems［J］. European Journal of Operational Research，2006，173（2）：387 - 404.

钱塘江河口治江围涂后盐水入侵年平均值预报

于曰旻　韩曾萃　史英标

（浙江省水利河口研究院　杭州市凤起东路50号　310020）

摘　要　本文以Aron and Stommel提出的混合长度理论为基础，采用韩曾萃将其应用于钱塘江河口的潮泛系数的推导公式，对钱塘江河口在治江围涂后的江道特性参数K进行了重新率定。并在江道特性参数K重新率定的前提下，对2000—2005年连续6年的钱塘江沿程氯度计算值进行了验证，钱塘江沿程氯度的计算值和实测值吻合较好。

关键词　钱塘江河口　盐度预报　混合长度理论

一、研究意义和方法

长三角地区经济发达，城市集中，人口众多，属于长江中下游平原的一部分，是我国著名的“鱼米之乡”，经济的高速发展，带来的是工农业生产和生活用水的供需紧张。作为长三角地区的重要组成部分，钱塘江河口的研究成为其两岸城市用水的关键所在。随着钱塘江河口整治和规划的实施，两岸的围垦加剧，导致江道缩窄，纳潮量大幅度减少，加上近几年的连续枯水状况，都给两岸的工农业生产和生活用水带来了挑战。盐度是一种溶解态的保守性物质，它既不挥发，也不沉降，可以作为研究水动力过程的示踪剂。而盐度的沿程分布是两岸的工农业生产和生活用水的一个重要量度。

河口地区普遍存在盐水入侵问题，在上游径流和涨潮海水的掺混作用下，其盐度在时间和空间上有很大的变化，随着科技的进步，河口地区盐水沿程分布的计算方法也取得了长足的发展。目前的计算方法可分为两种：非恒定计算方法和恒定计算方法。由于数值方法的完善和计算机的飞速发展，使得非恒定计算方法精度不断提高，河口盐度的逐日、逐时沿程分布得以实现，是满足工程实际需要的一种方法，但是对于长历时的计算，耗时巨大。恒定计算方法有其明确的物理意义，计算方法简单，对于河口盐度的年度平均、季度平均和逐月平均的沿程分布计算能够给出较好的结果，因此可作为分析河口盐度沿程分布的一种重要手段。

20世纪50年代，Ketchum[1]将河口区的潮运动比作活塞作用，进而提出了潮冲程的概念，但是这一理论得出的盐度的沿程分布是一个不连续函数。Arons和Stommel[2]在Ketchum的理论的基础上，提出了混合长度理论，并提出了表征河口区域潮汐和径流混合的一个特征参数——潮泛系数。毛汗礼等[3]根据钱塘江1958年5月至1959年4月一个水文年内的月平均氯度观测资料，经过曲线拟合得出了与混合长度理论完全一致的公式，但由于资料所限，未能给出适合于工程应用的潮泛系数的计算公式。韩曾萃[4]根据钱塘江大量的水文实测资料，对混合长度理论中的潮泛系数进行了重新界定，给出了潮泛系数与上游径流、下游潮差和江道特性的具体的计算公式，并将其运用于工程实际，取得了较好的成果。

本文在此基础上，采用了治江围涂后的1994—1999年连续6年的钱塘江河口的实测氯度资料，对混合长度理论公式中的江道特性参数进行了重新率定，并对2000—2005年连续6年的钱塘江沿程氯度计算值进行了验证，以求适合钱塘江最新的实际情况，并用于预报钱塘江今后的盐水入侵情况，为生活、生产用水提供指导意见。

二、理论基础

Arons和Stommel[2]研究了理想模式下，等深、等宽、沿程潮汐相位及潮差相等的强混合型河口区域，此种条件下，盐度的横向分布是均匀的。一维盐度输移方程为[1]：

$$\frac{\partial S}{\partial t}+u\frac{\partial S}{\partial x}+\frac{\partial}{\partial x}\left(D\frac{\partial S}{\partial x}\right)=0 \tag{1}$$

式中 u 为流速的全潮平均，S 为一个或若干个潮周期的平均盐度，x 为自海水入侵上限起算的距离，D 为盐度的纵向扩散系数。假设纵向扩散系数 D 与涨潮的水平位移 η_0 和特征流速 v_0 成正比。即：

$$D=2k\eta_0 v_0=2k\frac{\zeta_0 x}{H}\frac{\zeta_0\omega x}{H}=2k\omega\zeta_0^2\frac{x^2}{H^2} \tag{2}$$

引入无量纲参数 $\lambda=\frac{x}{L}$（L 为河口盐水入侵的最大长度），并令 $F=\frac{uH^2}{2k\omega\zeta_0^2 L}$ 为潮泛系数。由于所研究的问题为恒定条件，即全潮平均的盐度分布，所以 $\frac{\partial S}{\partial t}=0$，且流速也应是全潮平均值，即 $u=\frac{Q}{BH}$。于是将（1）式经过积分后，进而得出：

$$\frac{S}{S_0}=e^{F\left(1-\frac{1}{\lambda}\right)} \tag{3}$$

式中 S_0 为河口口门处的盐度。

韩曾萃[4]在以上研究的基础上进行了推导和研究，并将其运用于钱塘江河口的盐水预报，通过大量的实测资料分析得到潮泛系数 F 与下泄径流量 Q，潮差 ΔH（ζ_0）和江道特性参数 K 有关，推导过程如下：

$$F=\frac{uH^2}{2k\omega\zeta_0^2 L}=\frac{\frac{Q}{BH}H^2}{2k\omega\Delta H^2 L}=\frac{Q}{\frac{2k\omega}{H}(LB\Delta H)\Delta H} \tag{4}$$

令 $W=LB\Delta H$ 即潮棱体，$k_1=\frac{2k\omega}{H}$，江道特性参数 $K=k_1 W$，得到：

$$F=\frac{Q}{K\Delta H} \tag{5}$$

钱塘江河口在治江围涂前后，江道特性参数 K 由 600 开始逐渐降低，对于其过渡期和稳定时期的江道特性参数 K 的率定就成为当前盐水入侵预报的关键。本文在以上研究的基础上，以公式（3）为基本公式，利用钱塘江 1994—1999 年连续 6 年的逐年的实测径流量、潮差和盐度资料，对潮泛系数进行了重新率定，以求适用于钱塘江治江围涂后的生活生产用水的需要。

三、参数率定

本文收集钱塘江 1994—1999 年连续 6 年的实测水文资料，对公式（4）中的江道特性参数 K 进行了重新率定，这 6 年是钱塘江江道比较顺直的时期。坐标原点定在渔山，是因为根据已有的历史资料判断，盐水入侵还没有到过这里。而终点定在澉浦站。采用沿程 5 个站，即闸口、七堡、仓前、盐官和澉浦的实测氯度资料进行率定。参数率定后钱塘江沿程氯度的计算值和实测值见图 1，图中点代表实测值，线代表计算值。

由图 1 可见，计算值和实测值吻合较好，计算值中的江道特性参数 K 取 400。江道特性参数 K 由治江围涂前的 600 降低到过渡期和稳定时期的 400，很好地反映了江道围涂缩窄的特性，也为钱塘江盐水入侵预报提供了主要的参数。

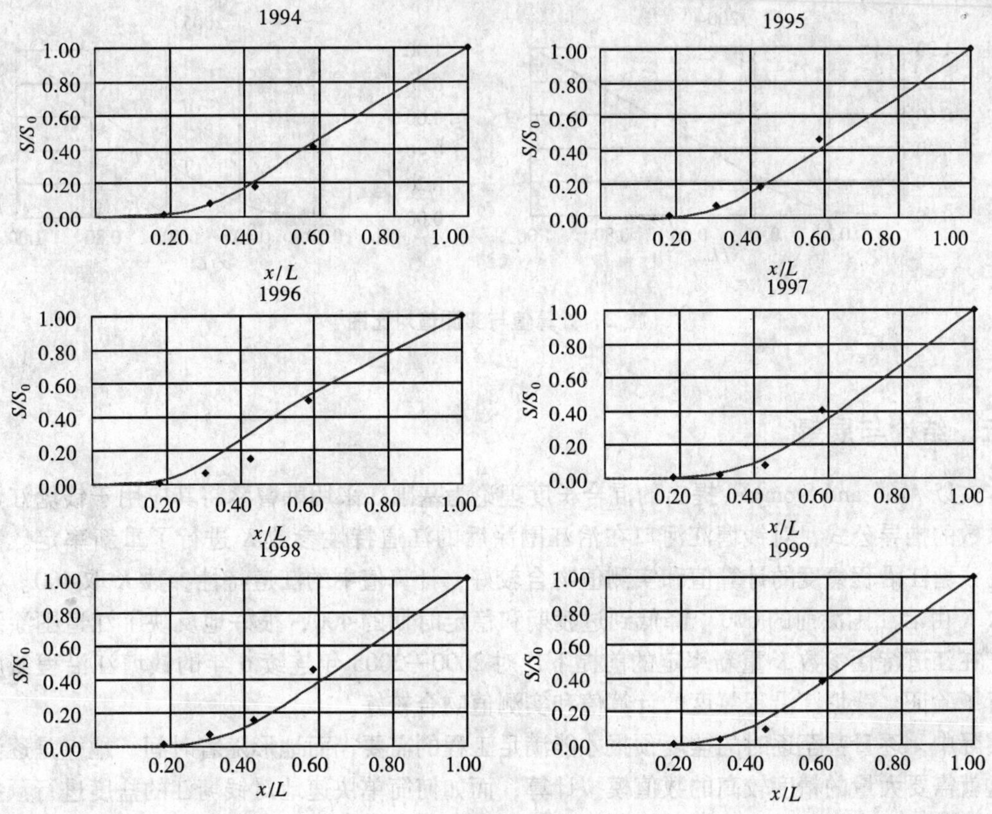

图 1　参数率定图

四、公式验证

本文对钱塘江河口在治江围涂后，江道特性参数 K 重新率定的前提下，对 2000—2005 年连续 6 年的钱塘江沿程氯度计算值进行了验证，见图 2，图中点代表实测值，线代表计算值，这 6 年是钱塘江江道比较弯曲的时期。由图可见，钱塘江沿程氯度的计算值和实测值吻合较好，说明江道特性参数 K 定为 400 是符合实际的。

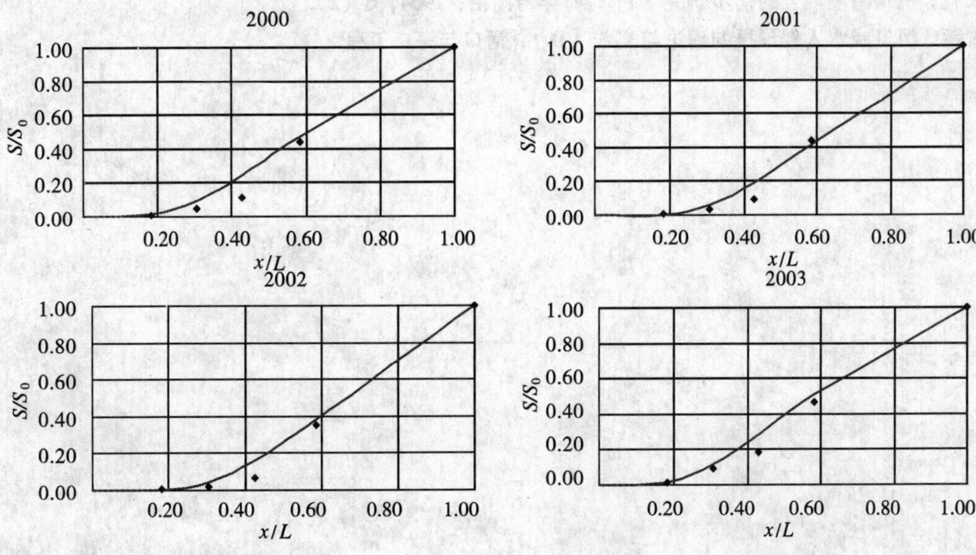

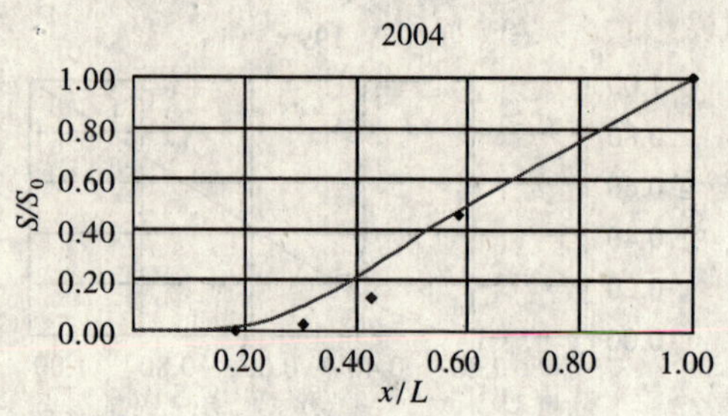

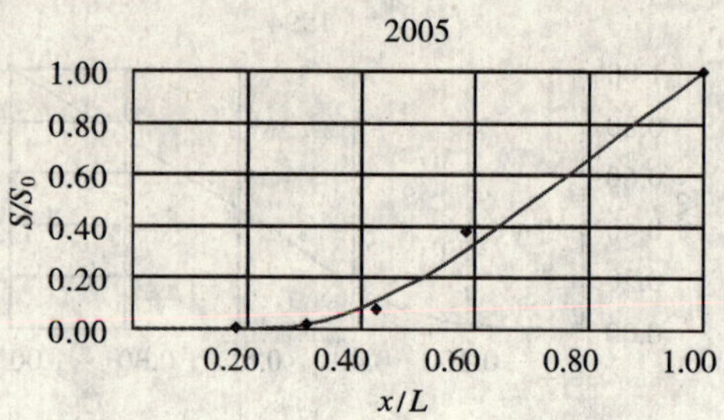

图 2　计算值与实测值对比图

五、结论与展望

本文以 Aron and Stommel 提出的混合长度理论为基础，采用韩曾萃将其应用于钱塘江河口的潮泛系数的推导公式，对钱塘江河口在治江围涂后的江道特性参数 K 进行了重新率定。参数率定后的钱塘江沿程氯度的计算值和实测值吻合较好，计算值中的江道特性参数 K 取 400。江道特性参数 K 由治江围涂前的 600[4] 降低到过渡期和稳定时期的 400，很好地反映了江道围涂缩窄的特性。在江道特性参数 K 重新率定的前提下，对 2000—2005 年连续 6 年的钱塘江沿程氯度计算值进行了验证，钱塘江沿程氯度的计算值和实测值吻合较好。

实际中，逐日甚至逐时的盐度预报才能满足工程的需要，而地形随着时间、地点是逐渐变化的，这就需要大量的精度较高的数值模拟计算；而如何简单快速地对钱塘江的盐度进行预报，这也是本文的初衷。本文对 1994—2005 年连续 12 年的钱塘江沿程氯度的年平均值进行了率定和验证，也为下一步对季平均和月平均的研究奠定了基础。

参考文献

[1] Ketchum, B. H., The exchanges of fresh and salt water in tidal estuaries [J]. Journal of Marine Research, 1951, 10 (1): 18 - 38.

[2] Arons, A. B. and H. Stommel, A mixing - length theory of tidal flushing [J]. Transactions of the American Geophysical Union, 1951, 32 (3): 419 - 421.

[3] 毛汉礼. 杭州湾潮混合的初步研究 [J]. 海洋与湖沼, 1964, 6 (2).

[4] 韩曾萃. 河口咸水入侵预报的理论与实践 [D]. 河口与海岸工程.

山东省主要河流污染治理与保护措施研究

徐 标 潘 光 颜 涛 张广卷 李毅明

（山东省环境监测中心站 山东济南市历山路50号 250013）

摘 要 通过对主要河流水质情况监测数据来看，当前，山东省主要河流水污染治理、防治工作取得了积极的进展。山东省治理河流污染，主要根据水污染形成的原因，结合河流的主要污染源和污染物，提出了从强化各级政府责任、完善环境保护法律和经济政策、减少工业污染的排放、加强对生活污水的处理能力及强化监督和严格执法等方面对主要河流污染进行治理与保护。

关键词 河流污染 治理 保护 措施

一、山东省治理河流污染现况

山东省大小河流主要有60条，从对这些河流的水质监测情况来看，河流多以有机污染为主，主要污染物是氨氮、生化需氧量、高锰酸盐指数和挥发酚等；近岸海域主要污染指标为无机氮、活性磷酸盐和重金属等。2006年第二季度对全省主要60条河流，81个跨界河流断面的监测结果显示，有31个断面水质达到功能区要求，占监测断面的38.2%，其余断面均达不到功能区要求，污染最重的断面COD_{Cr}最大均值超过地表水V类标准8.5倍，氨氮最大均值超过地表水V类标准18倍。通过这几年对河流污染的治理，全省主要河流（段）面水质有了明显的改善。从2009年对全省主要河流（段）面水质进行的监测情况来看，在计算可剔除上游影响因素的81个主要河流（段）中，有56个河流（段）达到了2009年最低要求标准，占整个监测河流（段）的69.1%，比上年同期上升了6.6个百分点。

二、河流水质污染的主要原因

（一）各地政府在治理水污染时各自为政，缺少统一

主要河流大部分都会经过几个地市，在治理水污染时，由于各地政府没有协调好，有些地方政府在治理管辖的流域内甚至出现了主流域在花大价钱治污，周边的企业却又在尽情排污。正是由于各地在水污染治理上没有统一的治理格局，在各地方主流地段及省、市（县）级主流分界处经常出现“泾渭分明”的水文奇观，在地市级与乡镇级主流地段及湖泊经常有“双龙出洞”甚至是“多龙出洞”的现象出现。这种上游排污下流治污、中间湖泊治污周边暗沟排污的现象不杜绝，水源污染问题永远治理不好。若全省在水污染治理上不能统一规划、统一治理格局，边治理边污染的现象会长期存在，各地政府部门花巨资治污只不过是在做“面子工程”，是在拿纳税人的钱打水漂玩。

（二）水资源极度匮乏，河流自净能力差

近年来，由于气候明显变暖，气温上升，地表径流减少，蒸发量增大，降水量异常偏少，海河水资源量只有多年平均量的40%；同时流域内地下水超采严重，水位持续下降，导致了河道径流减少，水体自净能力下降，加剧了水环境恶化。

（三）工业废水处理滞后，企业排放依然严重

全省主要河流流域内一些大中城市均傍河而立，一些大的工矿企业也多分布在河流沿岸，有些企业受经济利益驱动，偷排偷放问题严重，大量未经处理的工业废水通过雨水管道排入河道。特别是乡镇工业，由于技术落后、资金短缺，工业污水处理能力低下，在主要工业污染物排放总量有所控制的情况下，乡镇企业排污量却在增长，这将对水环境构成严重威胁。这些废水不仅污

染河道，还是一剂“毒药”。有毒的工业废水会破坏大量的微生物，致使无法分解水中的污染物，这也是导致水质污染的原因之一。

（四）生活污水逐年增加，大量的面源污染问题尚未找到解决途径

随着人口迅速增加和人民生活水平的日益提高，生活污水产生量大幅度增长。近年来，城市生活污水和工业废水排放量的比例已接近持平。但是，城市污水处理厂的建设远远不能适应经济社会发展的需要，由于我国城市污水处理厂大都是近年来才刚建立的，技术上存在缺陷，管理上缺乏制约手段，存在运行管理不规范、设施不能正常使用等现象，直接导致达标率不高。同时农村经济发展带来的农药、化肥、畜禽养殖污染量大面积广，有一定治理难度。从 20 世纪 50 年代到近年，我国农药施用量增加近 100 倍，成为世界上农药用量最大的国家。我国每年因农药中毒的人数占世界同类事故中毒人数的 50%。而且由于农药的大量流失，造成严重的水体污染。全国化肥使用量也在成倍增加。2008 年是 1978 年的 6 倍。目前，偏施化学氮肥，使氮、磷、钾比例失调现象比较严重。而且化肥的利用率只有 30% 左右，大量化肥流失，进入河流、海洋、湖泊，成为水体面源污染的主要来源。同时，由于大量化肥的使用，农村畜禽粪便的农业利用减少，畜禽业的集约化程度提高，加重了养殖业与种植业的脱节。畜禽粪便的还田率只有 30% 多，大部分未被利用，这些畜禽粪便大部分未经处理直接排入江河湖海。

（五）立法工作滞后，管理体制不顺

改革开放以来，我国主要是发展经济，对环境保护重视不够，国家和地方有关法规还不够健全，业务主管部门与监督监管部门之间存在职责不明确、分工不合理等问题，管理和监督工作还存在漏洞和盲点。

三、山东省治理主要河流污染的措施

（一）明确责任，严格问责

政府要充分发挥执法者、监督者、管理者的责任。防治水污染、保护水环境是各级政府义不容辞的责任，要明确责任，制定政策，加强监督，严格执法。山东省通过建立严格的责任制，使水污染防治工作的责任落到实处。实施了环保工作问责制，对未按照要求完成水污染防治任务、未实现水质保障目标、存在的问题整改不到位或因决策失误、行政干预、监管不力造成不良后果的责任人，经 3 次督察仍未完成整改的，依照相关规定实施问责，后果严重的，依法依纪追究责任。让各级各部门领导干部“官本位”意识受到了强烈震动，让他们真正从思想上树立起了危机意识、责任意识和自律意识。

（二）完善环境保护法律政策和标准体系

山东省加快制定实施环境保护的各项政策，推进了河流环保标准的研究和修订工作；制定了有利于环境保护的环境经济政策，进一步强化市场经济体制下的环境经济；制定了水污染防治相关政策，建立资源更新的补偿机制；全面实现污染者付费的原则，在用水收费中，普遍增加污水处理费，作为城市污水处理厂运行费用；对新建污染项目征收固定资产投资方向调节税，控制结构型污染；对现行排污费与费改税进行利弊分析，探索征收污染附加税；对从事城市污水处理的企业实行零税率；对生产再生资源和利用再生资源生产的产品，给予税收减免的优惠。2006 年 11 月 30 日，山东省人大常委会审议通过了《山东省南水北调工程沿线区域水污染防治条例》，于 2007 年 1 月 1 日起施行。这是我国第一个将污染物排放与水环境质量相衔接的流域性污染物排放控制标准，为南水北调治污工作提供了有力的法律依据，引导、促进调水沿线实现工业、农业结构优化调整和升级。

（三）严格控制各类污染排放，深化工业污染治理

山东省对未完成总量控制任务的地区，都实行“区域限批”。凡是向河流排放有毒有害、重

金属、持久性有机污染物和直接大量排放工业废水的项目，一律停止审批。对现有化工石化等园区、基地和项目开展环境风险评估，建立环境风险防范措施和应急预案。现有超标排放水污染物的企业，要限期完成治理任务，逾期未完成的，实行停产整治或依法关闭。对河流环境敏感区域和枯水期等敏感时段，全面实行更为严格的国家污染物排放标准。

加强了对重点工业污染源的监控，确保所有工业污染源都必须达标排放并达到区域流域总量控制的要求，加快安装自动监控装置并做好联网工作。所有排污单位实行排污许可证制度，对未达到排污许可证规定的要限产限排。强化上市企业环保核查，凡是有环境违法行为的不得上市，凡是排污达不到规定要求的不得上市，已上市的企业要及时向社会公开其环境行为。加快了产业结构调整，合理调整工业布局，推动资源消耗小、效益高的新技术产业发展，通过加强环境管理审计，建立科学的管理体制，促进山东省工业向新的技术基础转移，以集约方式提高质量、降低消耗、增加经济效益，以此减少工业污染的排放。

（四）加快城镇污水处理设施建设，加强面源污染防治

山东省要求所有新建、在建污水处理厂都要配套脱氮工艺，已建污水处理厂也应尽快完成脱氮改造。改革现行城市污水处理体制，实现污水处理厂建设和运营的社会化、市场化、企业化。污水处理厂的建设要引入竞争机制，按照“谁投资谁所有，谁管理谁受益”的原则，建立了多元化投资建设、企业化运营管理、社会共同负担费用、政府给予必要政策扶持的模式。探索出了城镇给排水建设和运营一体化的管理体制，逐步使政府从直接管理污水处理设施的建设和运行中解脱出来，让污水处理真正走向市场。

山东省还狠抓农业面源污染治理，实施了“两减三保”（减少农药、减少化肥，保产量、保质量、保环境）计划，按照“优化结构、减少总量”的原则，在各主要河流区域划定农药化肥禁施、限施区。河流沿线各市也启动了畜禽养殖污染治理示范工程。

（五）严格环境执法监管和舆论监督力度

建立了严格的法律制度，并建立强有力的执法机构，严格执法，进一步加大对违法排污企业的查处力度。省环保厅制定了《全省重点企业监管办法》、《全省城镇污水处理厂水质监管办法》、《全省主要河流断面监管办法》，明确省、市、县环保部门的监管责任，形成由三级环保部门对城镇污水处理厂和重点企业的每天、每旬、每月的横到边、纵到底的全方位监管，使全省环保工作由事后查处、被动查处、集中查处为主，逐步转变为以事前监管、主动监管、经常性监管为主。从2007年7月开始，进行了自动监控体系的建设，建立了省、市、县三级环境监控中心，对全省1 009家重点监管企业、166多座城镇污水处理厂、62条主要河流跨市断面水质、17个设区城市建成区空气质量以及25个主要饮用水源地水质全部实行自动监测。截至2008年3月底，山东省省、市、县三级环境监控中心已基本建成，并实现了全省联网。从2008年4月1日起，在全国率先正式使用自动监测的数据。

同时，在新闻媒体开设了环境保护专题栏目，广泛宣传污染治理工作的先进典型，曝光反面典型。对重点案例逐条播出，对重点污染行业整体播出，曝光企业违法排污的行为和县区工作落实不力的行为，跟踪报道查处措施和整改结果，形成浓厚的舆论监督氛围。

参考文献

[1] 周生贤.2007年11月全国河流污染防治工作会议的讲话.
[2] 梁莉.辽宁省近岸海域水质污染状况及对策建议［J］.辽宁城乡环境科技，2000（5）：18－19，30.
[3] 高敏，房本岩.徒骇河水系沙河（惠民段）水污染现状及防治建议［J］.山东环境，2001（3）：51－52.
[4] 李贵宝，周怀东，王东胜.我国农村水环境及其恶化成因［J］.中国水利，2003（14）：45－46，58.
[5] 白咸勇.北京城市河湖水华防治技术研究［J］.中国水利，2004（1）：35－36.

辽宁省大伙房水库输水工程水源保护对策研究与实践

许武德　田凤玲　孟繁盛　王　武　朱　宏

（辽宁省水利水电勘测设计研究院　沈阳　110006）

摘　要　辽宁省大伙房水库输水工程是辽宁省中南部七城市的重要水源工程，水源保护是工程发挥作用的重要保障。本水源工程既有集水工程，又有取水调蓄工程，还有河道输水工程，更有反调解水库工程，水源的保护也具有较突出的特殊性。根据不同水源区的实际情况，采取划定饮用水源保护区、防治肺吸虫病自然疫源地扩大、城镇污水截流工程和污水处理厂建设、水土保持和湿地生态建设、重点区段生态防护等措施，有针对性地对水源加以有效保护。

关键词　输水工程　水源保护　对策　实践

一、大伙房水库输水工程水源特点

大伙房水库输水工程是目前世界上最长的连续隧洞输水工程，工程担负着向辽宁省中南部包括抚顺、沈阳、辽阳、鞍山、盘锦、营口、大连七座城市的供水任务，受益人口为2500万人，区域GDP占辽宁省的80%，为辽宁省中南部城市群每年提供30.31亿m^3生活用水，其经济和政治地位十分重要。水源工程组成复杂，既有上游集水工程——桓仁水库，又有取水调蓄工程——凤鸣水库，还有隧洞、河道输水工程——85.3km输水隧洞和30km苏子河输水河道，更有反调解水库工程——大伙房水库。水源保护具有较突出的特殊性和复杂性，需根据不同水源组成部分的实际情况，从集水区污染源治理、水源卫生防护、水土保持生态建设、特定区域环境美化和供水安全保障等方面综合提出具体保护措施和建议。

二、建立水源保护区，为保护水源奠定法律基础

（一）大伙房水库水源保护区

由于大伙房水库为辽宁省最重要的水源地，辽宁省人民政府于1990年批准划分了饮用水源保护区，并由省人大颁布了《辽宁省大伙房水库水源保护管理暂行条例》，将水库上游集水区划分为三级保护区，即一级保护区：库区内131.5m等高线以下的水体、陆地。二级保护区：库区内131.5m等高线至分水岭脊线之间的迎水坡和水库回水线末端以上2km的水域及河道滩地。三级保护区：一、二级水源保护区以外的浑河流域集雨面积[1]。

2007年编制完成的《辽宁省城市饮用水水源地安全保障规划》中，在划定水源保护区的基础上，又为这一重点水源控制水源污染制定了相应的具体保护措施。

1. 隔离防护工程

隔离防护工程旨在防止人类活动等因素对水源地保护和管理的干扰。在水库设置围栏进行物理隔离并设立警示牌，设立围栏117.00km，此外还设置宽50m的防护林带9.28km^2。

2. 污染源综合整治工程

农田污染控制工程。农田径流主要来自降水和灌溉，通过沟渠建设进行农田径流收集，依次流入缓冲调控系统和净化系统串联而成的人工湿地，净化后经出水口排入附近水体或回用。农田径流收集面积15.3km^2。

水土保持工程。从水源区土地利用现状看，造成水土流失及面源污染的主要来源是坡耕地，特别是大于25°的坡耕地和荒地。在具备水热条件能够自然恢复植被的荒山，采取自然修复措施，实施封禁治理，使植被覆盖率有所提高。相应的工程措施为修建封禁标志牌、牲畜圈养、建

沼气池等。自然修复面积为360hm^2。

坡面治理工程。针对坡面水土流失采取坡面治理措施，配合水土保持林草措施。坡面治理措施主要包括梯田和坡面拦蓄工程，梯田工程为机修土坎水平梯田，坡面拦蓄工程为水平槽；林草措施主要为营造水保林。坡耕地治理586hm^2，种植林草面积3869hm^2。

农村污染防治工程。对农村生活垃圾和污水集中堆放、收集和处理，结合新农村建设，建设小型污水净化处理设施和农村生活垃圾集中处理场，减少降雨冲刷造成的污染物流失。在准保护区内规划建设小型污水净化处理及农村生活垃圾集中处理等设施112处。

（二）大伙房水库输水工程水源保护区

辽宁省正在制定《辽宁省大伙房水库输水工程水源保护条例》，将对全部输水工程水源区提出水源保护法律要求。

水源保护区的初步划分方案中，根据大伙房水库及其输水工程水源地基本情况，将水源区划分为大伙房水库区、苏子河区、桓仁（凤鸣）水库区三个区。

1. 大伙房水库区

大伙房水库水源保护区的划分与上述《辽宁省大伙房水库水源保护条例（暂行）》的划分一致。

2. 苏子河区

一级保护区为从穆家电站至苏子河入大伙房水库入库口67km天然河道两侧堤防之间的水域和陆域（无堤防的，为设计洪水位以下的水域、陆域）。二级保护区为一级保护区向上游延伸10km，两侧堤防（无堤防的，为设计洪水位）各纵向外延500m的区域。准保护区与大伙房水库准保护区重合。

3. 桓仁（凤鸣）水库区

一级保护区为桓仁水库、西江水库、凤鸣水库正常高水位等高线以下水体、路域，哈达河干流和六河干流。二级保护区为桓仁水库、西江水库、凤鸣水库正常高水位等高线至该流域分水岭脊线之间的迎水坡和回水末端以上2km的水域及其两侧各5000m内的路域，哈达河、六河一级保护区两侧各外延200m。准保护区为一、二级保护区以外的全部汇水区域。

三、加强疫病和污染防控，切实保障供水安全

（一）肺吸虫疫病防治

大伙房水库输水水源工程重要组成部分桓仁水库和凤鸣水库及相关河道的局部区域是肺吸虫病自然疫源地，而受水区为非疫源地，输水工程的兴建，有可能将肺吸虫病自然疫源地扩大到受水区。为保证工程顺利运行，在对肺吸虫病流行现状调查的基础上，根据肺吸虫病发病的自然条件，结合工程特点，研究制定切实可行的对策措施，并结合在工程设计中，从而防止由于输水而使肺吸虫病自然疫源地扩大。

肺吸虫病是一种自然疫源性寄生虫病。控制螺从水源区进入受水区是防止疫源地扩大的关键。螺栖息在河水流速较快、水温较低、pH6.6～7.4、水体含氧量高的河流中，吸附在较大游离砾石（直径10cm以上），在河底爬行。一般生活在水深不过1m的浅水中，只有冬季越冬移到水深1.4m处。根据螺的生活习性，设计防治方案。

1. 工程措施

以进水口为中心，以50m为半径，在取水洞口前建一弧形坝，坝上可建拦物栅，坝高为江水深的一半；坝截面为不等腰梯形，迎水面与地面垂直，背水面坡向地面。

洞口下沿向下至地面水深达到2m；洞口下处理成与地面垂直的陡壁；洞口前阻隔坝下游为一深水沉降区，面积50m×50m以上，用水泥将地面处理光滑[2]。目前隔螺坝已先期建设完成。

2. 灭螺措施

在水源区的有螺河段人为改变螺的滋生场所；清除有螺河段河道中直径 10cm 以上游离砾石，使螺无栖息地；将螺及河床及砂石推向岸边，使螺干死。

3. 运行期监测措施

工程运行后应采取定期、定点监测河流中第一、第二中间宿主密度及感染情况，保虫宿主犬和人群感染情况，以便发现问题及时解决。

（二）控制水源水体污染

1. 桓仁县排污改造工程

作为水源调蓄工程的凤鸣水库，有本溪市桓仁县城坐落于北岸，县城的工业及生活废污水未经处理全部进入凤鸣水库库区，水库水质受到一定程度的污染。为保护凤鸣水库水质，将桓仁县进入库区内的污废水通过管线截流送入凤鸣水库坝下雅河口附近的桓仁县污水处理厂。

桓仁县排污改造工程已实施，桓仁县污水处理厂处理深度达到污染排放标准一级 A 标准，凤鸣水库主要的污染源将得以根治，使水源水质得到很好保护。

2. 输水河道和调节水库污染防治

在清原县、新宾县和新宾县的南杂木镇建设生活污水处理厂；严格控制、关停上游地区的小工业，限制上游地区工业污染源达标排放；严格控制水库周边地区的旅游业，取缔库区旅游设施，减少水库游船数量；严格控制水库网箱养鱼；严格控制水库上游地区的加油站，防止其汽油、柴油等物质排入河流。

四、开展水土保持生态建设，确保源头水量水质

大伙房水库输水工程水源区涉及辽宁省东部和吉林省东南部，总面积为 206.63 万 hm^2，水土流失面积 32.39 万 hm^2。由于自然和人为因素，水源区仍然存在一定程度的生态环境和水土流失问题，导致泥沙淤积河道和水库，并将大量的氮、磷等物质带入河道，汇入水库。为保证大伙房水库供水水质和水量，减少河流内的泥沙和氮、磷等污染物的含量，促进七座供水城市经济持续健康发展，保护水土资源，辽宁吉林两省目前正联合开展相关工作，旨在搞好大伙房水库输水工程上游水源区的水源保护和水土保持生态建设。

（一）主要目标

经过 5 年的努力，到 2013 年末，完成 29.19 万 hm^2 的水土流失治理任务，力争使区域水土流失治理度达到 90% 以上；加大水土保持监督管理力度，严格控制由于开发建设项目造成水土流失的发生；加快农田基本建设，加大坡耕地改造力度，消灭顺坡耕作，促进陡坡耕地退耕还林、还草，使该区域林草覆盖率有较大提高；治理区的土壤侵蚀强度控制在轻度以下，使河道泥沙来源减少，提高河道行洪能力，并保证大伙房水库向下游城市供水的水量；采取综合措施，控制面源和农村点源污染，降低入库水体氮、磷等物质的含量[3]，保证大伙房水库向下游城市供水的水质；做到既能防止水土流失，又能促进区域经济发展，以水土保持带动区域经济的发展。

（二）措施配置

预防保护措施具体包括：围栏工程、标志牌和管护人员。预防保护面积为 41.33 万 hm^2。各项措施的工程量为：围栏工程 1653.06km、标志牌 2480 个、管护人员 4132 人。

水土保持生态建设措施主要包括坡耕地治理工程（包括梯田、地埂植物带、改垄、退耕还林、还果），植物措施工程（包括水保林、经济林），生态修复工程，坡面拦蓄工程（包括截水沟、鱼鳞坑、穴状整地），沟道工程（包括谷坊、塘坝、沟头防护），小河道治理工程，水源工程（包括蓄水池），其他工程（包括作业路）。共治理水土流失面积 29.19 万 hm^2。

农村污染源治理措施主要针对区内试点村屯等点污染源，采取相应能源替代工程、舍饲养

畜、厕所改造等措施以减少农村污水排放、降水冲刷等对于河流水质的影响，具体措施及工程量为：小型污水处理设施140座，垃圾箱1190个，秸秆气化站123座，沼气池1451个，青贮窖387个，节能灶炕7273个，牛羊舍387个，太阳能房7273个。

生态湿地建设工程措施主要是在大伙房水库回水末端和苏子河及社河入库附近建设生态湿地。一方面恢复其生态景观和生态功能，另一方面对上游受污染来水在进入水库前进行净化，恢复水体功能。在河流入库口建设和修复生态湿地，形成污染物入库前的一道生态屏障，成为入库水质的重要控制工程。大伙房水库生态湿地建设总面积为200hm^2。具体措施和工程量为：围栏800m，标志牌10个，设置专门管护人员8人，植物措施80hm^2。

五、搞好取水区生态防护，使工程与景观环境和谐统一

（一）生态防护措施总体原则

根据供水安全性、适用性、经济性和景观效果的比较，混合土喷播植草护坡、生态袋护坡、垂直绿化是适用于本工程特定条件堤防生态护坡的典型措施，符合边坡绿化工程要求，其中垂直绿化既造价低又可有效覆盖硬质堤防护坡。

边坡防护工程包括圬工护坡、骨架、挡墙栅栏、锚索、喷混凝土等传统工程防护方式；植物防护主要在边坡较为稳固的基础上植树种草，防止雨水冲刷，控制表土流失，保持边坡稳定。随着对环境保护的重视，工程防护与植物防护相结合并尽可能多地使用植物防护已是大势所趋。根据气候、水文、地形、环境保护和美化绿化等方面考虑堤岸边坡的防护形式，为了使运营环境舒适、美观，尽量近于自然环境，现在越来越多的边坡防护工程采用生态边坡防护措施。

（二）生态防护工程布置方案

生态防护工程位于桓仁水库坝下至凤鸣水库坝址以上干流堤岸范围，按行政区划分属于辽宁省本溪市桓仁县，是大伙房输水工程的水源工程区。工程按照不同的驳岸形式及植物布置可分为多个绿化区段。

对自然驳岸段不采取防护措施。其他各段根据不同自然条件，分别采取种植草地早熟禾、紫花苜蓿、白三叶草等草坪、边缘配以水腊绿篱、坡面栽植藤本植物五叶地锦、戗台栽植树木等措施。堤顶布置绿篱及种植紫花苜蓿，预制混凝土板坡面藤本植物绿化，混凝土砌块（连锁砖）坡面种植白三叶草护坡，部分土质坡面栽植杞柳护坡，坡脚下戗台栽种垂柳、杞柳和紫花苜蓿等。取水头部厂区段护岸坡面采取客土栽植云杉，同时考虑植物造景，用云杉为造景材料，栽植成浪花等图案，最终形成浮雕质感的景观。堤内土地在可绿化范围内选择乔木柳树。

六、水源保护实施效果初步分析

大伙房水库水源区水源保护的基础效益、生态效益和社会效益是巨大的。随着各项措施的实施，林草面积逐年增加，地表径流拦蓄量相对明显增加，可有效地遏制水土流失危害，增加土壤理化性质和土壤肥力，改善农业生产条件，遏制污染物对水源水体的污染，使集水区水资源量相应增加，泥沙流失量和相应总氮、总磷流失量逐年减少，从而保证入库水量和水质，保证供水安全。与此同时，通过保护措施的实施，为地区经济及人们的生活水平提高、促进区域经济可持续发展和区域生态系统的恢复创造了条件，并为同类大型输水工程水源保护理念的更新、保护措施的设计、实施与管理、水源保护效果分析预测等提供可资借鉴的实践经验。

参考文献

[1] 辽宁省大伙房水库水源保护管理暂行条例 . 1990，1.

[2] 田凤玲 . 防止肺吸虫疫病源地扩大的对策［J］. 东北水利水电，2002，20（3）.

潍坊市“自然—人工”耦合水资源系统适应性评估研究

范明元[1]　李福林[1]　黄继文[1]　高树东[2]

（1. 山东省水利科学研究院　山东　济南　250013；2. 潍坊市水利局　山东　潍坊　261041）

摘　要　本文提出了“自然—人工”耦合水资源系统适应性的内涵，并构建了基于水资源优化配置的水资源系统适应性评估模型。进而以潍坊市为例，结合其“自然－人工”水资源系统现状及工程规划情况，开展了适应性定量评估。结果表明，通过“自然－人工”水资源系统的建设与完善，该市水资源系统在时、空方面适应经济—社会—生态环境用水需求的能力均得到提高。该成果可用于指导区域水网体系建设规划及水资源适应性管理。

关键词　“自然—人工”耦合水资源系统　水资源优化配置　适应性评估

潍坊市是山东省人口和经济大市，但水资源总量不足且时空分布不均，2007 年人均水资源量仅为 283m^3，局部缺水成为阻碍当地经济可持续发展的主要因素之一。为增加供水规模，当地水行政主管部门积极构建了以多库串联为特色的区域性水网工程，并促进了“自然－人工”耦合水资源系统的形成，进而通过水资源的优化调度提高了水资源系统在时、空两方面适应经济－社会－生态环境用水需求的能力。本文对此进行了定量评估研究。

一、“自然—人工”耦合水资源系统适应性的内涵

大规模的人类活动致使现代环境下水循环呈现出明显的“自然—人工”二元特性，产生了由“取水—输水—用水—排水—回归”五个基本环节构成的人工侧支循环圈；而大量人工水系联网及供、排水工程建设，使人工侧支循环圈越加发达并自成一体。所以，原先纯自然状态下的水循环系统演变为“自然—人工”耦合的水循环系统。

受自然因素的制约和影响，自然水网中的水资源分布呈现出明显的时空不均的特征，而人工水网的建设与完善将明显地削弱上述特征对经济—社会—生态环境供水造成的不利影响。换句话说，“自然—人工”耦合水资源系统在时、空两方面将更能适应经济—社会—生态环境的需水要求，因而具备了更强的适应性。如果能够科学地对水资源系统的适应性进行定量评估，将有利于指导区域水网体系的规划与建设，同时对提高水资源适应性管理水平也有重要的意义。

二、“自然—人工”耦合水资源系统适应性评估模型

由于水资源系统的适应性反映的是其供水能力与人类需水要求间的协调程度，因而对其评估必须建立在连续的水资源供需平衡过程之上，而且这些过程应当尽可能地得到优化。所以，“自然—人工”耦合水资源系统适应性评估模型，包含水资源优化配置和适应性评估两个子模型。

（一）水资源优化配置子模型

1. 目标函数

在一定的社会经济生活条件下，人类的多方面的需要可用向量表示为：

$$|\vec{R}| = (r_1, r_2, \cdots, r_m) \tag{1}$$

式中：$r_j(j = 1,2,\cdots,m)$ 为第 j 方面的人均需求量；

$|\vec{R}|$ 为人均需求量向量。

如果用 $\vec{r}_j$ 表示生产第 j 方面的人均需求量产品所需求的用水量，则满足人的多方面需求所需提供的人均用水量可用向量表示为：

$$|\vec{R}| = (\vec{r}_1, \vec{r}_2, \cdots, \vec{r}_m) \tag{2}$$

众所周知，就一特定的地区或流域而言，水资源总量由多种水资源构成，包括地表水、地下水、外调水、中水、海水淡化水、微咸水等，每一种水资源均为该区域水资源构成的一种元素，可以用下式表达各种元素与水资源总量之间的关系：

$$\vec{W}_T = (W_{T1}, W_{T2}, \cdots, W_{Tn}) \tag{3}$$

式中：$W_{Ti}(i = 1,2,\cdots,n)$ 为水资源元素，表示 T 时期区域内第 i 种水资源总量；T 为计算时期，可以是月、年等；n 为区域水资源种类数。

由于受自然及工程建设等因素影响，各种水源分配给各需水方的水量是不同的。综合地可令矩阵 $WU_{n\times m}$ 表示一定区域的水资源分配矩阵，即：

$$WU_{n\times m} = \begin{bmatrix} Wu_{11} & Wu_{12} & \cdots & Wu_{1m} \\ Wu_{21} & Wu_{22} & \cdots & Wu_{2m} \\ \vdots & \vdots & & \vdots \\ Wu_{n1} & Wu_{n2} & \cdots & Wu_{nm} \end{bmatrix} \tag{4}$$

式中：$WU_{n\times m}$ 为 T 时期区域水资源分配矩阵；$WU_{ij}(i = 1,2,\cdots,n;j = 1,2,\cdots,m)$ 为水资源分配量，表示第 i 种水资源对第 j 种用水对象的分配量。

这样，一个区域某一用水对象可支撑的人口数可表示为：

$$P_j = \sum_{i=1}^{n} WU_{ij}/\vec{r}_j \tag{5}$$

一般情况下，为提高水资源优化配置程度，应增加各需水方支撑人口数最少的那一方供水量，使得整体支撑人口数增加，即目标函数确定为：

$$P = \max[\min(P_j, j = 1,2,\cdots,m)] \tag{6}$$

由于人类社会对水资源的需求可细分为诸多方面，而一般而言，和谐发展的社会将在经济（GDP）、农业生产（粮食）、生活及生态四个方面达到平衡。因此，本次研究在进行水资源优化配置过程中，将人类社会需水要求归纳为经济增长、粮食生产、居民生活及生态环境四方面，相应支撑的人口数分别为 P_I 、P_A 、P_D 和 P_E 。

2. 基本平衡方程

在水资源优化配置过程中，水资源的输、供、排等各环节均被存在至少一个水量平衡方程。这些平衡方程反映了各类水量平衡关系、区域分水协议、部门分水协议、供水水源协议、输供水渠道约束、中水回用约束、自然水质要求等，既受自然规律的约束也受人为规定的约束。

（二）适应度评估子模型

如何来评估区域水资源系统适应性能力的高低呢？由前述可知，水资源系统适应性的高低反映了该系统支撑能力与经济、社会及生态协调、可持续发展需求相适应，所以可以认为水资源系统对人类用水各方面需求的支撑人口数越高，其适应性能力也相应越高。为从用水需求方面及水资源整体对水资源系统适应性进行评估，本次研究分别采用支撑人口数与适应度两项指标来进行定量评估。

支撑人口数指标是指水资源系统对人类用水需求的支撑人口数，为某需方年供水总量与人均需水量的商，如式（5）所示。

显然，区域水资源系统整体的适应性能力由各方面需求中支撑人口数最少的一个来决定，所以适应度指标定义为水资源系统对于各用水需求方可支撑的最低人口数与目标发展人口数的比值，即：

$$adp = \min(P_j, j = 1,2,\cdots,m) \times 100/P_{目标} \tag{7}$$

式中：adp 为水资源系统适应度（%）；P_j 为第 j 方面需求量支撑人口数（万人）；$P_{目标}$ 为某一水平年区域目标发展人口数。

适应度大于 100% 时，表明该区域水资源系统可以适应目标人口在经济、社会、生态等方面的用水需求，并保障其协调发展；当适应度小于 100% 时，表明该区域水资源系统不能保障目标人口在经济、社会、生态等方面的协调发展。通过适应度这一核心指标，区域水资源适应性能力得以最简捷的评估。

三、潍坊市“自然—人工”耦合水资源系统概况

潍坊市地处胶东半岛西部，总面积 15 859km²。年平均降水量 648.3mm（1956—2007 年）。多年平均水资源总量为 24.32 亿 m³，人均水资源量为 283 m³。该市地表水系主要有 6 条，即潍河、弥河、白浪河、小清河、南胶莱河、北胶莱河，其他数百条河流及溪流均系上述主要河流的支流，过境河流只有小清河。

自 20 世纪 80 年代潍坊市发生连续干旱之后，该市围绕潍河流域地表水资源的开发利用先后建设了引黄入峡、引牟入白、引高入白等调水工程，北部地区又陆续建设了潍北、清水湖等平原水库。近年来，为增加北部地区供水量及改善当地水环境又拟规划建设“六纵二横”水网工程。各县市区立足当地实际，从水资源服务经济社会发展大局出发，集中力量建设了一批跨流域调水引水工程，建成了区域内的水网体系。

虽然潍坊市水系联网工程建设已具规模，便从未来继续提高水资源优化配置水平来看，仍需进一步完善人工水网体系。其总体构想是：以引黄济青工程、引黄入峡、引墙入峡、引牟入白、引高入白、引高入昌、引冶入寿等输调水通道为骨架，以潍河、堤河、虞河、白浪河、丹河、弥河等河流及输水渠道为经络，以双王城水库、峡山水库、白浪河水库、牟山水库、高崖水库、冶源水库、墙夼水库及傍河地下水源地等蓄水设施为调蓄中枢，以集中污水处理厂为中水回用调配站，以河道梯级闸坝为蓄滞水点，形成多库串联、水系联网、城乡一体、配套完善，积蓄、滞、泄、排、调、供、节于一体的全市水利工程网络，促进水资源的联合调度和高效利用。

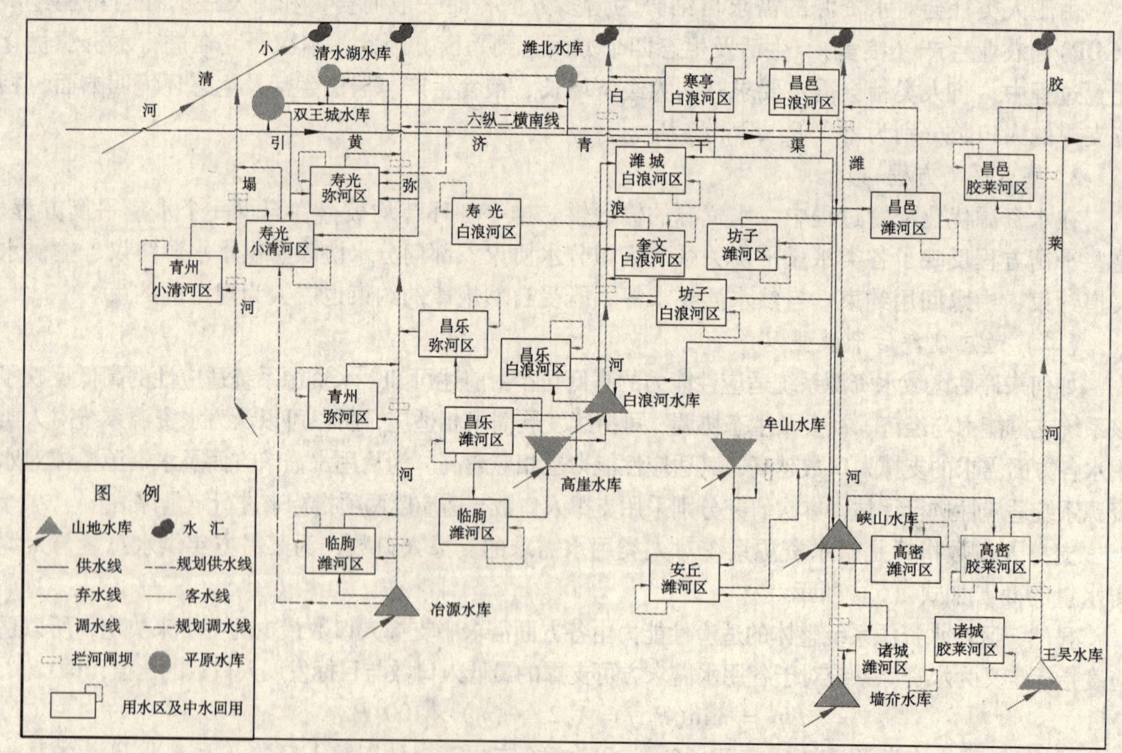

图 1　潍坊市“自然—人工”耦合水资源系统概化

四、潍坊市"自然—人工"耦合水资源系统数学模拟与适应性评估

（一）系统概化

本次研究采用 GAMS（General Algebraic Modeling System）软件系统建立潍坊市"自然—人工"耦合水资源系统数学模拟模型。采用了分层网络概化法对潍坊市"自然—人工"耦合水资源系统进行数字概化，其中计算单元采用县（区）行政界套 4 级水资源分区界的方案确定，结果如图 1 所示。

（二）评估方案

为反映不同阶段水资源系统适应性评估结果，本次研究确定现状水平年为 2007 年，规划水平年为 2020 年，共设置 3 个评估方案，详见表 1。

表 1 潍坊市水资源系统适应性评估方案

措施 \ 模拟方案		2007A	2020A	2020B
供水水源	当地地表水资源	√	√	√
	当地地下水资源	√	√	√
	中水资源	√	√	√
	引　黄			√
	引　江			√
供水工程	现状水网工程	√	√	√
	"自然—人工"耦合水网体系建设			√
供水目标	工业用水	√	√	√
	农业用水	√	√	√
	生活用水	√	√	√
	生态用水（河道内、外生态用水）	√	√	√

另外，模拟水文系列为 1970—2007 年，共计 38 年；基本的平衡方程按月进行计算；目标函数则以年为计算周期。

（三）适应目标

本次研究，依据现状年实际供水情况及需水预测成果确定潍坊市各县区人均保障性供水量，如适应目标如表 2 所示。

表 2 潍坊市不同水平年人均保障性供水量

分区 \ 水平年	适应目标				
	目标人口/万人	工业/(m^3/人·a)	农业/(m^3/人·a)	生活/(m^3/人·a)	生态/(m^3/人·a)
现状水平年	859.13	29.20	199.29	23.94	19.89
规划水平年	893.60	41.63	203.35	37.55	29.19

（四）评估结果分析

利用建立的水资源优化配置与适应性评估模型，经计算，可得出以下主要结论：

1. 在加强"自然—人工"耦合水资源系统得到完善后，系统适应性能力得到明显提高

3 个方案水资源适应性评估结果如表 3 所示：

表 3　潍坊市水资源系统适应性评估结果

类别 \ 方案	2007A	2020A	2020B
工业供水支撑人口数/万人	855.11	881.77	893.40
农业供水支撑人口数/万人	792.35	738.89	843.56
生活供水支撑人口数/万人	858.43	889.25	893.60
生态供水支撑人口数/万人	719.69	684.30	759.26
水资源系统适应性能力/万人	719.69	684.30	759.26
目标人口数/万人	859.13	893.30	893.60
水资源系统适应度/%	80.5	76.6	85.0

注：上述结果为各模拟方案的多年平均值。

从上表可以看出，在"自然—人工"耦合动态水资源系统得到进一步完善后，2020B 方案较 2007A 方案增加 39.57 万人或 5.5%，较 2020A 方案增加 74.96 万人或 11.0%，适应性上升至 85.0%。而且规划水平年生活、工业、农业和生态供水支撑人口数均超过了现状水平年，表明水资源系统适应性能力的提高具有普遍性；而适应性能力增长幅度超过了人口数自然增长幅度，则意味着区域生态环境在保持现状水平年基础上将略有改善。

2. 区域大范围的水资源优化配置，使得水资源系统的空间适应能力得到提高

通过对各县区水资源系统适应性评价，可以看出，加强水资源优化配置之后，各县区水资源适应性能力普遍得到提高，而且适应性最强的区域与最弱的区域差距得到减少。例如 2007A 方案中，适应性能力最低的昌邑，适应度为 41.5%，而最高的潍城和安丘均达到 100%，相差 58.5%；2020B 方案中，两者差距减少至 49.2%。

3. 水资源优化配置具有以丰补歉的作用，促使水资源系统时间适应性能力提高

对比模型系列年水资源优化配置模拟结果与典型年法计算结果可以看出，人工水网工程的完善提高了水资源优化配置能力，丰、枯年之间的水资源供给调节作用增强，使年际间供水更趋于稳定。在平水年份前者缺水程度要高于后者，而枯水及特枯年份前者缺水程度要低于后者，如表 4 所示。

表 4　潍坊市模型模拟及典型年法水资源供需平衡余缺水状况

保护率 \ 方案	现状水平年		规划水平年	
	系列模型模拟法（2007A 方案）	典型年法	系列模型模拟法（2020B 方案）	典型年法
50%	-7.41	10	-6.2	2
75%	-9.19	-15	-10.4	-20
95%	-27.0	-28	-21.7	-32

五、结语与展望

人类社会的发展，特别是城市化进程的推进，对水资源时空分布要求不断提高。自然水资源时空分布不均，而通过一系列水系联网工程建设而得到完善的"自然—人工"耦合水资源系统则有利于削弱上述不足对供水造成的不利影响，即水资源系统适应性能力得到提高。本次研究利用 GAMS 软件系统建立了潍坊市"自然—人工"水资源系统的水资源优化配置数学模拟模型及适应性评估模型。采用支撑人口数与适应度两项指标对该市水资源系统进行了现状及 2020 水平年适应性评估定量分析。结果表明，水系网络化建设促使"自然—人工"水资源系统得以完善，

通过水资源的优化配置，未来一段时期有望水资源系统支撑人口数的增长幅度超过自然人口数的增长幅度，即区域经济、社会、生态协调发展的同时，生态环境也得到改善。

随着“自然—人工”耦合水资源系统研究的深入，对于自然—人工双重因素影响下水资源系统工程体系构成要素的认识以及众要素间内在联系及其运行机理的认识均将得到提高，从而有利于耦合水资源系统的完善及其适应性能力的提高。对于水资源系统适应性评价的技术也需开展进一步的研究，关键在于建立适用于不同区域或流域尺度的评价指标体系并选择具有高客观性的评价方法。

参考文献

[1] 刘勇毅，王维平．现代化水网建设与水资源优化配置［M］．济南：山东人民出版社，2003.

[2] 王浩，汪林．水资源配置理论与方法探讨［J］．水利规划与设计，2004（3 增刊）：50－56.

[3] 王浩，游进军．水资源合理配置研究历程与进展［J］．水利学报，2008，39（10）.

[4] 王浩，王建华，等．基于二元水循环模式的水资源评价理论方法［J］．水利学报，2006（12）.

[5] 王浩，王成明，等．二元年径流演化模式及其在无定河流域的应用［J］．中国科学 E 辑技术科学，2004，34（增刊 I）：42－48.

[6] 佟金萍，王慧敏．流域水资源适应性管理研究［J］．软科学，2006（2）.

[7] 潍坊水文水资源勘测局．潍坊市流域综合规划设计洪水复核分析计算报告．2008.

[8] 潍坊市水资源规划管理处．潍坊市水资源综合规划节约用水规划．2005.

[9] 潍坊水文水资源勘测局．潍坊市水资源综合调查与评价．2004.

[10] Govert D Geldof. Adaptive Water Management：Integrated Water Management on the Edge of Chaos［J］．Wat. Sei. Tech，1995.

温度对羽纹藻光合作用的影响

赵洋甬　潘双叶　陈　元

（宁波市环境监测中心　浙江　宁波　315012）

摘　要　本文测定了羽纹藻最适温度范围，以及产生抑制作用的临界温度；解析并讨论了羽纹藻在胁迫后的恢复能力、温度胁迫对其光合作用的影响以及作用机制，从而揭示羽纹藻群落消长演替过程中温度所起的作用。

关键词　温度　羽纹藻　光合作用

光合作用过程包括由光驱动的光反应和由一系列酶催化的暗反应。在温度的光照下，光系统Ⅱ从 H_2O 中获得电子应当与 Calvin 循环固定 CO_2 消耗的电子数目是基本相同的。通过测定光系统Ⅱ的量子产量，可以分析环境胁迫引起的限制和破坏作用[1]。

羽纹藻是硅藻门中的一种[2]，2008 年宁波东钱湖、慈溪、宁海等湖库相继暴发以该藻为绝对优势种的水华，对居民饮用水产生一定影响。目前，国内外对该藻种的研究几乎处于空白状态[3,4]。为了更好地完成对水华的预警监测任务，我们对其生理生态特征做了初步的探索[5,6]。

一、实验材料和仪器

羽纹藻（2008. 6. 24. 采自宁波宁海长板岭水库）。

PHYYTO－PAM 调制叶绿素荧光仪（德国 WALZ 公司）。

二、实验方法

1. 将藻液于 20℃，2 000lx 光照强度下正常培养一段时间后测其 Fv/Fm'；然后置于暗中或者非常弱的光下适应 10min，测量正常的 Fv/Fm，作为对照。
2. 将样品置于不同温度中分别处理 30min 和 24h，测 Fv/Fm' 值变化。
3. 观察高温处理 0. 5h，1h，2h，6h，10h，16h，24hFv/Fm' 的变化。
4. 短时高温处理后正常培养 1h，2h，6h，10h，16h，24h，观察其恢复情况。

三、实验结果与讨论

（一）不同温度对羽纹藻光合状态的影响

因为叶绿素荧光可以估计光系统Ⅱ的光化学电荷分离的效率，并且所有的电子都是通过光系统Ⅱ泵出来的[7,8]，因此温度对整个电子传递步骤的任何影响可以通过叶绿素荧光的变化反映出来。

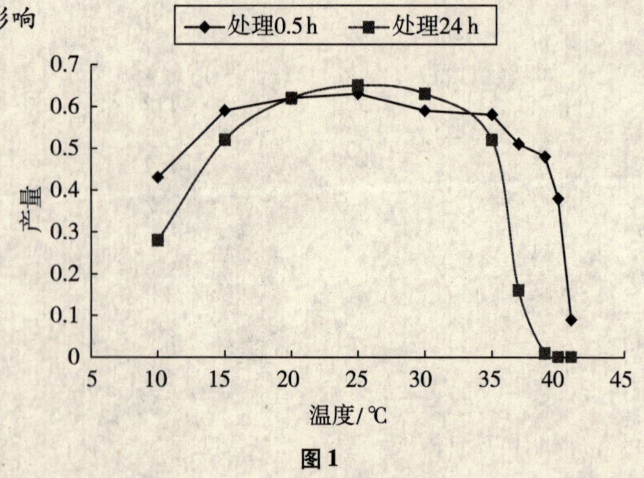

图 1

由图 1 可知，低温和高温都不适合羽纹藻的生长。当温度低于 15℃时，可能由于类囊体膜和基质膜的流动性减弱，光合作用所需要的酶活性受到一定抑制，光量子产量随之降低；当温度 15～35℃时，在其他环境因子都适宜的情况下，羽纹藻光量子产量维持在0.60左右；当温度36～39℃时，类囊体膜和基质膜的流动性增加，可能会导致光合作用酶的失活和膜被破坏，光量子产量下降；高于39℃处理24h，羽纹藻光量子产量降到0。此时，参与Calvin循环的酶被热基本完全破坏，叶绿素也有部分解体（表现为chla含量明显降低）。

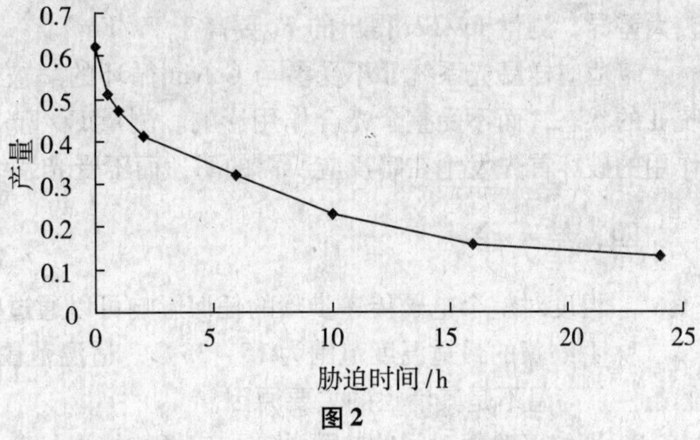

图2

从处理0.5h和处理24h的对比看，羽纹藻对短时间的热胁迫有一定抵御能力。37℃ 0.5h热胁迫对羽纹藻光量子产量未产生显著影响，而此温度下24h热胁迫后，其产量仅为0.16。

羽纹藻最适温范围为15～35℃。由于气温到35℃时，藻类光合活性还是处于较高水平，而一般该类型水华发生和消亡时的温度不超过35℃，所以高温不是其消亡的主要原因。

（二）不同高温胁迫时间对羽纹藻光合状态的影响

37℃热胁作用下，随着作用时间的增加，产量逐渐降低并趋向于0.10，如图2所示，羽纹藻光合活性处于一定程度的受胁抑制状态。

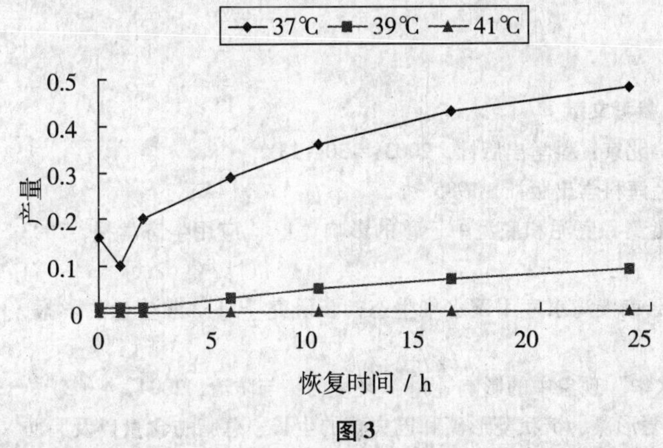

图3

抑制50%光量子产量的温度称为临界温度T_{50}，由于15～35℃为羽纹藻最适温度，此时光量子产量基本处于最高状态0.60左右；处理的临界温度为37℃产量逐渐降低并趋向于0.10。所以当高温作用时间较长时（超过24h），羽纹藻的临界温度T_{50}约为36℃。

（三）高温热胁后羽纹藻的恢复情况

由于羽纹藻的最佳适温范围为15～35℃。所以高于35℃才可能产生高温热胁。对37℃，39℃，41℃处理24h后的样品的光合活性恢复程度进行观测，结果如图3所示：随着热胁温度的升高，羽纹藻光量子产量恢复的速度和恢复程度呈显著下降趋势，在合适条件下恢复24h后，受37℃热胁的羽纹藻光量子产量恢复到0.48；受39℃热胁的羽纹藻光量子产量仅恢复到0.09；而受41℃热胁的羽纹藻的光量子产量没有恢复的迹象，始终为0。

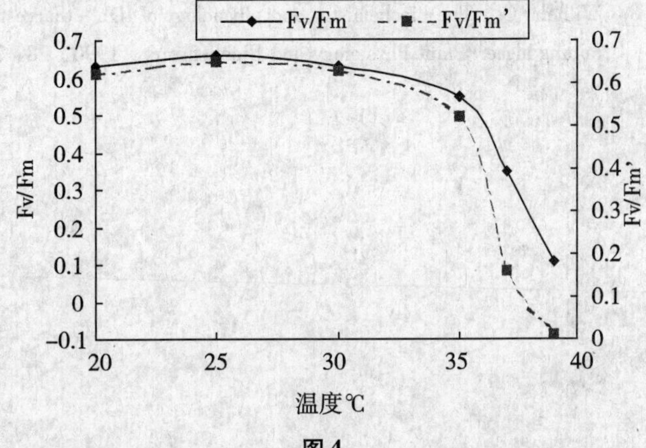

图4

由于较低温度的热胁导致光合作用的酶的暂时失活，但温度还未达到使酶蛋白质变性的程度，故再次置于合适的条件下培养，随着酶的复性，光合活性产量也随之上升；随着热胁温度的升高，部分酶蛋白开始变性，所以光量子产量恢复的速度和恢复程度呈显著下降趋势；到41℃热胁时，由于酶的变性失活和膜被破坏，光合系统被彻底破坏，羽纹藻死亡，所以无恢复迹象。

（四）高温热胁对藻类有效光量子产量Fv/Fm'与最大光量子产量Fv/Fm的影响

如图4所示，当温度高于35℃时，实际光量子产量 Fv/Fm’与有效光量子产量 Fv/Fm 存在较大差异，测量 Fv/Fm 得出的 T_{50}要高于 Fv/Fm’。

暗适应样品光系统Ⅱ不受参与 Calvin 循环的酶被热破坏的影响，因此 Fv/Fm 反映的是光系统Ⅱ的状态，而不受整个光合作用影响。测量 Fv/Fm 得出的 T_{50}要高于 Fv/Fm’，因为热胁光合作用的破坏首先发生在暗反应所需的酶，而不受光系统Ⅱ影响。

四、结　论

1. 温度对整个电子传递步骤的任何影响可以通过叶绿素荧光的变化反映出来。

2. 羽纹藻的最适温度范围为15～35℃，适温范围比较广，温度对其光合活性影响较小。自然条件下高温不是其消亡的主要原因。

3. 羽纹藻对短时间的热胁迫有一定抵御能力。

4. 当藻类长时间处于高温胁迫时，就会出现一定程度光合能力的降低，表现为（直接测得的产量）实际量子产量和（暗适应后测得的）光系统Ⅱ最大量子产量降低。

5. 高温作用时间较长时（超过24h），羽纹藻的临界温度 T_{50}约为36℃。

6. 37～39℃高温，在合适条件下，羽纹藻还能恢复部分光合活性，超过41℃，羽纹藻死亡。

7. Fv/Fm 得出的 T_{50}要高于 Fv/Fm’，热胁光合作用的破坏首先发生在暗反应所需的酶，而不受光系统Ⅱ影响。

参考文献

［1］韩博平，等．藻类光合作用机理与模型［M］．北京：科学出版社，2003：130－131.

［2］金德祥．中国海洋浮游硅藻类［M］．上海：上海科学出版社，1985.

［3］史小丽，等．温度对外源性^{32}P 在水、铜绿微囊藻和底泥和底泥中迁移的影响［J］．应用生态学报，2003（11）．

［4］王海珍，刘永定，沈银武，肖邦定，刘永梅．云南漫湾水库甲藻水华生态初步研究［J］．水生生物学报，2004，28（2）：213－215.

［5］王志红，崔福义、陈牧民，等，pH 在藻类“水华”现象中的影响［J］．环境污染与防治，2004，4（2）．

［6］周洪琪，Renaud S M，Parry D L．温度对新月菱形藻、铲状菱形藻和巴夫藻的生长、总脂肪含量以及脂肪酸组成的影响［J］．水产学报，1995，20（3）：235－240.

［7］C. VAROTTO，Identification of of photosynthetic mutants Arabidopsis by automatic screening for altered effective quantum yield of photosystem 2. Photosynthetica，2000，38（4）：497－504.

［8］Wilhelm C.，The biochemistry and physiology of ligh－tharvesting processes in chlorophyll b and chlorophyllc－containing algae. Plant Physiology and Biochemistry，1990，28：293－306.

潮汐动力条件下支流排污入长江口的数值模拟

张景新

（上海交通大学船舶海洋与建筑工程学院工程力学系 上海 200240）

摘 要 长江口水域以其独特的地理位置及生态环境对长江三角洲地区的人类活动起着重要的作用。该地区人口稠密，工农业发达，而与之伴随的是沿江污染物排放及取用水条件的不断恶化。本文研究潮汐动力条件对支流（刘河）排污入江的影响，通过三维水动力及水质模型，模拟了不同潮汐条件下污水的输运过程，给出了污染强度的预报。通过数值模拟，分析了不同潮汐动力条件的影响作用，从而为进一步的排污工程管理提供一定的技术支持。

关键词 潮汐河口 支流排污 稀释历时

一、简 介

潮汐流动的数学模型已经被广泛地用来研究河口潮汐动力问题，时至今日，模型发展已逐渐由一维、平面二维转向三维[1-6]。以水动力学模型为基础，物质输运及相关水质模型已经得到了广泛的研究[7-10]，且该类数值模型已逐渐在水环境的预报及环境评价工作中发挥着重要作用。

本文建立了河口三维水动力及物质输运模型，模型基于一般曲线坐标系，计入了地转柯氏力。利用该模型，本文针对长江口支流（刘河）排污入江开展数值模拟工作，分析污染物的输运过程及影响因素。支流（刘河）通过闸门定时排放污水，闸门建造于口门内 300 米处。本文针对大潮和小潮两种潮汐动力条件，模拟分析了污水排放过程。分析了 300 米闸室内的污染物稀释过程及长江水域受污染范围。通过统计各计算网格点的污染物浓度时间变化，给出了最高浓度值的空间分布。本文重点在于模拟分析不同潮汐动力对支流排污入长江的污染影响，为排污时段的科学选择提供一定的技术支持。

本文章节安排，第二部分介绍了具体的三维数学模型；第三部分给出了数值模拟过程；第四部分对模拟结果作了深入分析。

二、数学模型

本文三维数学模型平面基于一般曲线坐标（ξ,η），垂向为 σ 坐标[11-14]。平面流速变量以逆变张量（q_1,q_2）形式给出，其与笛卡儿坐标系下的流速变量有以下转换关系：

$$q_1 = \frac{1}{J}(uy_\eta - vx_\eta) \tag{1}$$

$$q_2 = \frac{1}{J}(vx_\xi - uy_\xi) \tag{2}$$

式中：q_1、q_2 为 ξ 和 η 方向的流速变量。$J = x_\xi y_\eta - x_\eta y_\xi$ 为雅克比变换张量，$g_{11} = x_\xi^2 + y_\xi^2, g_{22} = x_\eta^2 + y_\eta^2, g_{12} = g_{21} = x_\xi x_\eta + y_\xi y_\eta$ 为两个坐标系间相应的变换张量。$\sigma = \frac{(z-\zeta)}{H}$ 为 σ 坐标与笛卡儿坐标 z 之间的变换关系，其中 H 为总水深值。变换坐标系下的控制方程如下：

$$\frac{\partial \zeta}{\partial t} + \frac{1}{J}\frac{\partial (HJq_1)}{\partial \xi} + \frac{1}{J}\frac{\partial (HJq_2)}{\partial \eta} + \frac{\partial \omega}{\partial \sigma} = 0 \tag{3}$$

$$\frac{\partial q_1}{\partial t} + \frac{1}{J^2}\left\{y_\eta\left[\frac{\partial (x_\xi Jq_1^2 + x_\eta Jq_1q_2)}{\partial \xi} + \frac{\partial (x_\xi Jq_1q_2 + x_\eta Jq_2^2)}{\partial \eta}\right] - x_\eta\left[\frac{\partial (y_\xi Jq_1^2 + y_\eta Jq_1q_2)}{\partial \xi} + \frac{\partial (y_\xi Jq_1q_2 + y_\eta Jq_2^2)}{\partial \eta}\right]\right\} + \frac{1}{H}\frac{\partial \omega q_1}{\partial \sigma} =$$

$$\frac{fq_1}{J}g_{12} + \frac{fq_2}{J}g_{22} - \frac{g}{J^2}\left(g_{22}\frac{\partial \zeta}{\partial \xi} - g_{12}\frac{\partial \zeta}{\partial \eta}\right) - \frac{gH}{\rho_0 J^2}\left(g_{22}\frac{\partial P_{clinic}}{\partial \xi} - g_{12}\frac{\partial P_{clinic}}{\partial \eta}\right) + \frac{gP_{clinic}}{\rho_0 J^2}\left(g_{22}\frac{\partial H}{\partial \xi} - g_{12}\frac{\partial H}{\partial \eta}\right) -$$

$$\frac{1}{\rho_0 J^2}\left(g_{22}\frac{\partial P_{atm}}{\partial \xi}-g_{12}\frac{\partial P_{atm}}{\partial \eta}\right)+\frac{1}{J^2}y_\eta^2\left\{\frac{\partial}{\partial \xi}\left[2\upsilon_{tH}\frac{1}{J}\left(y_\eta\frac{\partial(x_\xi q_1+x_\eta q_2)}{\partial \xi}-y_\xi\frac{\partial(x_\xi q_1+x_\eta q_2)}{\partial \eta}\right)\right]\right\}-$$

$$\frac{1}{J^2}y_\xi y_\eta\left\{\frac{\partial}{\partial \eta}\left[2\upsilon_{tH}\frac{1}{J}\left(y_\eta\frac{\partial(x_\xi q_1+x_\eta q_2)}{\partial \xi}-y_\xi\frac{\partial(x_\xi q_1+x_\eta q_2)}{\partial \eta}\right)\right]\right\}-\frac{1}{J^2}x_\xi x_\eta$$

$$\left\{\frac{\partial}{\partial \eta}\left[2\upsilon_{tH}\frac{1}{J}\left(x_\xi\frac{\partial(y_\xi q_1+y_\eta q_2)}{\partial \eta}-x_\eta\frac{\partial(y_\xi q_1+y_\eta q_2)}{\partial \xi}\right)\right]\right\}$$

$$+\frac{1}{J^2}x_\eta^2\left\{\frac{\partial}{\partial \xi}\left[2\upsilon_{tH}\frac{1}{J}\left(x_\xi\frac{\partial(y_\xi q_1+y_\eta q_2)}{\partial \eta}-x_\eta\frac{\partial(y_\xi q_1+y_\eta q_2)}{\partial \xi}\right)\right]\right\}+\frac{1}{J^2}(x_\xi y_\eta+x_\eta y_\xi)$$

$$\left\{\frac{\partial}{\partial \eta}\left[\upsilon_{tH}\frac{1}{J}\left(x_\xi\frac{\partial(x_\xi q_1+x_\eta q_2)}{\partial \eta}-x_\eta\frac{\partial(x_\xi q_1+x_\eta q_2)}{\partial \xi}+y_\eta\frac{\partial(y_\xi q_1+y_\eta q_2)}{\partial \xi}-y_\xi\frac{\partial(y_\xi q_1+y_\eta q_2)}{\partial \eta}\right)\right]\right\}-\frac{2}{J^2}(x_\eta y_\eta) \quad (4)$$

$$\left\{\frac{\partial}{\partial \xi}\left[\upsilon_{tH}\frac{1}{J}\left(x_\xi\frac{\partial(x_\xi q_1+x_\eta q_2)}{\partial \eta}-x_\eta\frac{\partial(x_\xi q_1+x_\eta q_2)}{\partial \xi}+y_\eta\frac{\partial(y_\xi q_1+y_\eta q_2)}{\partial \xi}-y_\xi\frac{\partial(y_\xi q_1+y_\eta q_2)}{\partial \eta}\right)\right]\right\}+\frac{1}{H}\frac{\partial}{\partial \sigma}\left(\upsilon_{tV}\frac{1}{H}\frac{\partial q_1}{\partial \sigma}\right)$$

$$\frac{\partial q_2}{\partial t}+\frac{1}{J^2}\left\{x_\xi\left[\frac{\partial(y_\xi Jq_1^2+y_\eta Jq_1q_2)}{\partial \xi}+\frac{\partial(y_\xi Jq_1q_2+y_\eta Jq_2^2)}{\partial \eta}\right]-y_\xi\left[\begin{array}{c}\frac{\partial(x_\xi Jq_1^2+x_\eta Jq_1q_2)}{\partial \xi}+\\ \frac{\partial(x_\xi Jq_1q_2+x_\eta Jq_2^2)}{\partial \eta}\end{array}\right]\right\}+\frac{1}{H}\frac{\partial \omega q_2}{\partial \sigma}=$$

$$-\frac{fq_1}{J}g_{11}-\frac{fq_2}{J}g_{12}+\frac{g}{J^2}\left(g_{21}\frac{\partial \zeta}{\partial \xi}-g_{11}\frac{\partial \zeta}{\partial \eta}\right)+$$

$$\frac{gH}{\rho_0 J^2}\left(g_{21}\frac{\partial P_{clinic}}{\partial \xi}-g_{11}\frac{\partial P_{clinic}}{\partial \eta}\right)-\frac{gP_{clinic}}{\rho_0 J^2}\left(g_{21}\frac{\partial H}{\partial \xi}-g_{11}\frac{\partial H}{\partial \eta}\right)+$$

$$\frac{1}{\rho_0 J^2}\left(g_{21}\frac{\partial P_{atm}}{\partial \xi}-g_{11}\frac{\partial P_{atm}}{\partial \eta}\right)+\frac{1}{J^2}y_\eta^2\left\{\frac{\partial}{\partial \xi}\left[2\upsilon_{tH}\frac{1}{J}\left(y_\eta\frac{\partial(x_\xi q_1+x_\eta q_2)}{\partial \xi}-y_\xi\frac{\partial(x_\xi q_1+x_\eta q_2)}{\partial \eta}\right)\right]\right\}-$$

$$\frac{1}{J^2}y_\xi y_\eta\left\{\frac{\partial}{\partial \eta}\left[2\upsilon_{tH}\frac{1}{J}\left(y_\eta\frac{\partial(x_\xi q_1+x_\eta q_2)}{\partial \xi}-y_\xi\frac{\partial(x_\xi q_1+x_\eta q_2)}{\partial \eta}\right)\right]\right\}-\frac{1}{J^2}x_\xi x_\eta$$

$$\left\{\frac{\partial}{\partial \eta}\left[2\upsilon_{tH}\frac{1}{J}\left(x_\xi\frac{\partial(y_\xi q_1+y_\eta q_2)}{\partial \eta}-x_\eta\frac{\partial(y_\xi q_1+y_\eta q_2)}{\partial \xi}\right)\right]\right\}+\frac{1}{J^2}x_\eta^2$$

$$\left\{\frac{\partial}{\partial \xi}\left[2\upsilon_{tH}\frac{1}{J}\left(x_\xi\frac{\partial(y_\xi q_1+y_\eta q_2)}{\partial \eta}-x_\eta\frac{\partial(y_\xi q_1+y_\eta q_2)}{\partial \xi}\right)\right]\right\}+\frac{1}{J^2}(x_\xi y_\eta+x_\eta y_\xi)$$

$$\left\{\frac{\partial}{\partial \eta}\left[\upsilon_{tH}\frac{1}{J}\left(x_\xi\frac{\partial(x_\xi q_1+x_\eta q_2)}{\partial \eta}-x_\eta\frac{\partial(x_\xi q_1+x_\eta q_2)}{\partial \xi}+y_\eta\frac{\partial(y_\xi q_1+y_\eta q_2)}{\partial \xi}-y_\xi\frac{\partial(y_\xi q_1+y_\eta q_2)}{\partial \eta}\right)\right]\right\}-\frac{2}{J^2}(x_\eta y_\eta)$$

$$\left\{\frac{\partial}{\partial \xi}\left[\upsilon_{tH}\frac{1}{J}\left(x_\xi\frac{\partial(x_\xi q_1+x_\eta q_2)}{\partial \eta}-x_\eta\frac{\partial(x_\xi q_1+x_\eta q_2)}{\partial \xi}+y_\eta\frac{\partial(y_\xi q_1+y_\eta q_2)}{\partial \xi}-y_\xi\frac{\partial(y_\xi q_1+y_\eta q_2)}{\partial \eta}\right)\right]\right\}+$$

$$\frac{1}{H}\frac{\partial}{\partial \sigma}\left(\upsilon_{tV}\frac{1}{H}\frac{\partial q_1}{\partial \sigma}\right) \quad (5)$$

式中：P_{atm} 为表面大气压值，f 为柯氏力常数。

笛卡儿坐标系下的垂向速度 w 与 σ 坐标系下的垂向速度 ω 满足如下关系式：

$$w=\omega+(1+\sigma)\left(\frac{\partial \zeta}{\partial t}+q_1\frac{\partial \zeta}{\partial \xi}+q_2\frac{\partial \zeta}{\partial \eta}\right)+\sigma\left(q_1\frac{\partial h}{\partial \xi}+q_2\frac{\partial h}{\partial \eta}\right) \quad (6)$$

水位的获得通过垂向积分方程（3）计算得到：

$$\frac{\partial \zeta}{\partial t}+\frac{1}{J}\frac{\partial}{\partial \xi}\left[\int_{-1}^{0}(JHq_1)\mathrm{d}\sigma\right]+\frac{1}{J}\frac{\partial}{\partial \eta}\left[\int_{-1}^{0}(JHq_2)\mathrm{d}\sigma\right]=0 \quad (7)$$

垂向涡黏性系数采用混合长度模型给出[15]：

$$\upsilon_{tV}=c_v H\Delta\sigma^2\left[g_{11}\left(\frac{\partial q_1}{\partial \sigma}\right)^2+2g_{12}\frac{\partial q_1}{\partial \sigma}\frac{\partial q_2}{\partial \sigma}+g_{22}\left(\frac{\partial q_2}{\partial \sigma}\right)^2\right] \quad (8)$$

式中：c_v 取值范围为0.001 ~ 0.2[16,17]；$\Delta\sigma$ 为垂向网格尺度。

水平涡黏性系数的计算采用 Smagorinsky 模型[4,5,8,15]：

$$\upsilon_{tH}=\frac{c_h\Delta S}{J}\left\{\begin{array}{l}\left[y_\eta\frac{\partial}{\partial \xi}(q_1x_\xi+q_2x_\eta)-y_\xi\frac{\partial}{\partial \eta}(q_1x_\xi+q_2x_\eta)\right]^2+\left[x_\xi\frac{\partial}{\partial \eta}(q_1y_\xi+q_2y_\eta)-x_\eta\frac{\partial}{\partial \xi}(q_1y_\xi+q_2y_\eta)\right]^2+\\ \frac{1}{2}\left[y_\eta\frac{\partial}{\partial \xi}(q_1y_\xi+q_2y_\eta)-y_\xi\frac{\partial}{\partial \eta}(q_1y_\xi+q_2y_\eta)+x_\xi\frac{\partial}{\partial \eta}(q_1x_\xi+q_2x_\eta)-x_\eta\frac{\partial}{\partial \xi}(q_1x_\xi+q_2x_\eta)\right]^2\end{array}\right\}^{\frac{1}{2}} \quad (9)$$

式中：c_h 的取值范围为 0.01 ~ 0.5；ΔS 为水平网格面积。

三维物质输运模型如下：

$$\frac{\partial Hc}{\partial t}+\frac{1}{J}\frac{\partial(HJq_1c)}{\partial\xi}+\frac{1}{J}\frac{\partial(HJq_2c)}{\partial\eta}+\frac{\partial(wc)}{\partial\sigma}=\frac{\partial}{\partial\sigma}\left(\varepsilon_v\frac{\partial c}{H\partial\sigma}\right)+$$
$$\frac{Hy_\eta}{J}\frac{\partial}{\partial\xi}\left(\frac{\varepsilon_h y_\eta}{J}\frac{\partial c}{\partial\xi}-\frac{\varepsilon_h y_\xi}{J}\frac{\partial c}{\partial\eta}\right)-\frac{Hy_\xi}{J}\frac{\partial}{\partial\eta}\left(\frac{\varepsilon_h y_\eta}{J}\frac{\partial c}{\partial\xi}-\frac{\varepsilon_h y_\xi}{J}\frac{\partial c}{\partial\eta}\right)+$$
$$\frac{Hx_\xi}{J}\frac{\partial}{\partial\eta}\left(\frac{\varepsilon_h x_\xi}{J}\frac{\partial c}{\partial\eta}-\frac{\varepsilon_h x_\eta}{J}\frac{\partial c}{\partial\xi}\right)-\frac{Hx_\eta}{J}\frac{\partial}{\partial\xi}\left(\frac{\varepsilon_h x_\xi}{J}\frac{\partial c}{\partial\eta}-\frac{\varepsilon_h x_\eta}{J}\frac{\partial c}{\partial\xi}\right)+HQ_{in}C_{in} \tag{10}$$

式中：$c(\xi,\eta,\sigma,t)$ 为污染物浓度值，ε_h 和 ε_v 分别为污染物水平及垂向扩散系数，在本文中取为相应的涡黏性系数。Q_{in} 为点源流量，C_{in} 为相应的污染物浓度。

数值求解基于 FDM[18]，对流项离散采用 ULTIMATE QUICKEST 格式[19]。

三、数值模拟

（一）计算域

长江口为三级分叉四支入海（图 1），本文计算域覆盖南支水域，上游计算边界设在徐六泾和青龙港，下游设在横沙及共青圩（XLJ，QLG，GQW 和 HS 分别代表徐六泾、青龙港、共青圩和横沙）。边界条件利用逐时的实测水位值给定。图 2 给出了刘河局部地形，刘河在此汇入长江。刘河口内 300 米处建有挡潮闸门，定时开闸取放水。

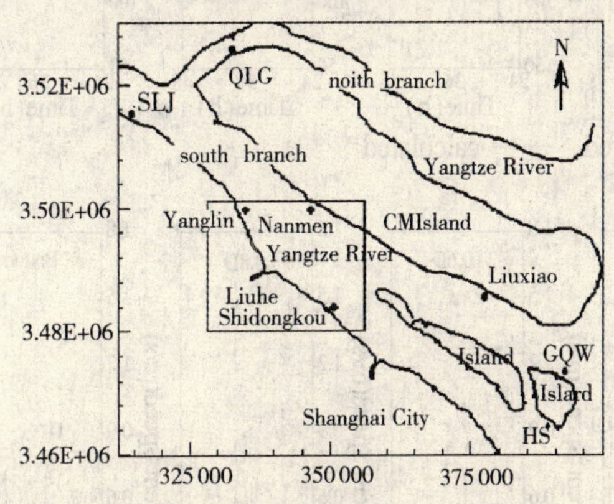

图 1　计算域及潮位站

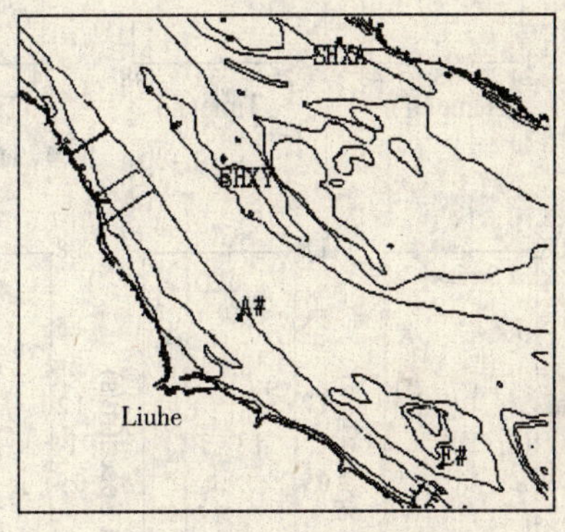

图 2　刘河局部水域及测点位置

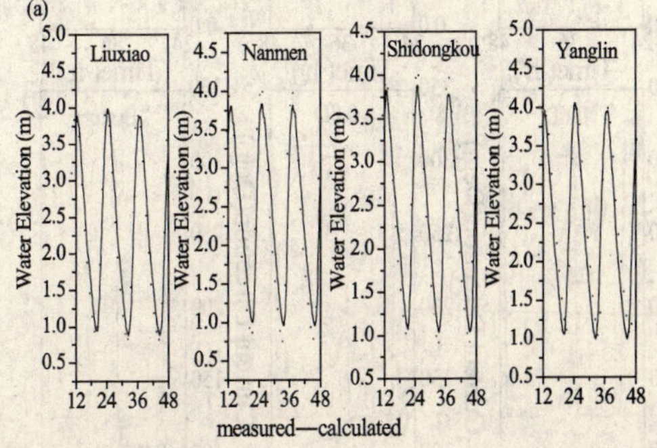

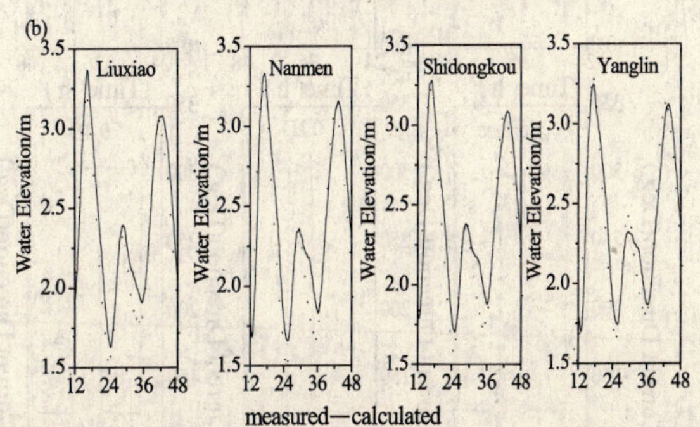

图 3　潮位验证：（a）大潮；（b）小潮

（二）模型验证

水平计算网格共 510×252，刘河口局部计算域网格最小分辨率 20m×20m，垂向分为 10 层。潮位的计算验证利用六效、南门、石洞口和杨林的实测数据（图 1 中 Liuxiao，Nanmen，Shidongkou 和 Yanglin 分别代表相应的潮位站），流速验证利用 AJHJ，EJHJ，SHXA 和 SHXY（图 2）四点的实测数据。计算边界潮位采用 2006 年 9 月 23 －25 日和 2006 年 9 月 30 日 －10 月 1 日的实测数据，分别对应于大潮和小潮两种潮型。图 3 给出了大潮和小潮时段的潮位验证结果，很好地

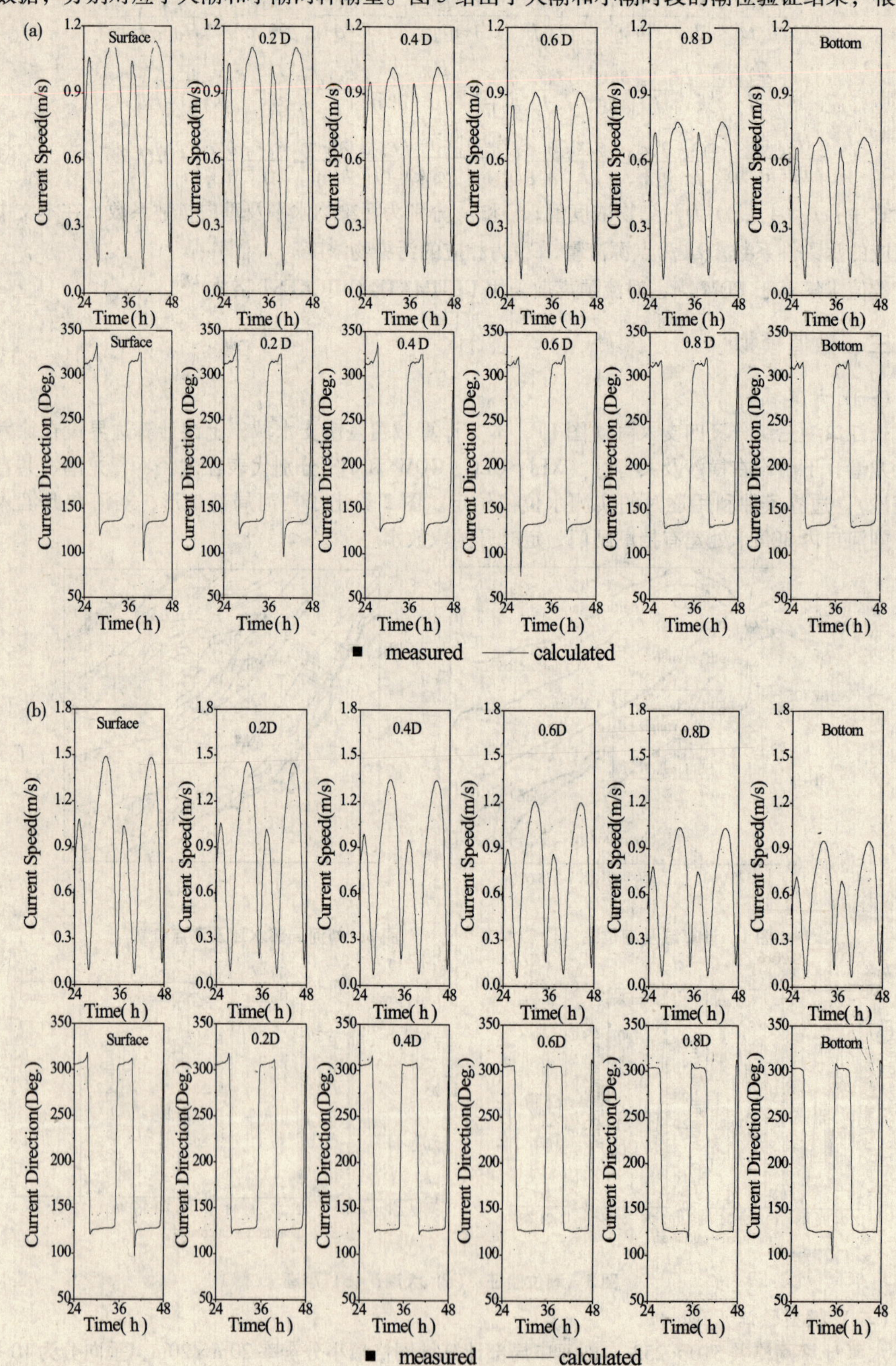

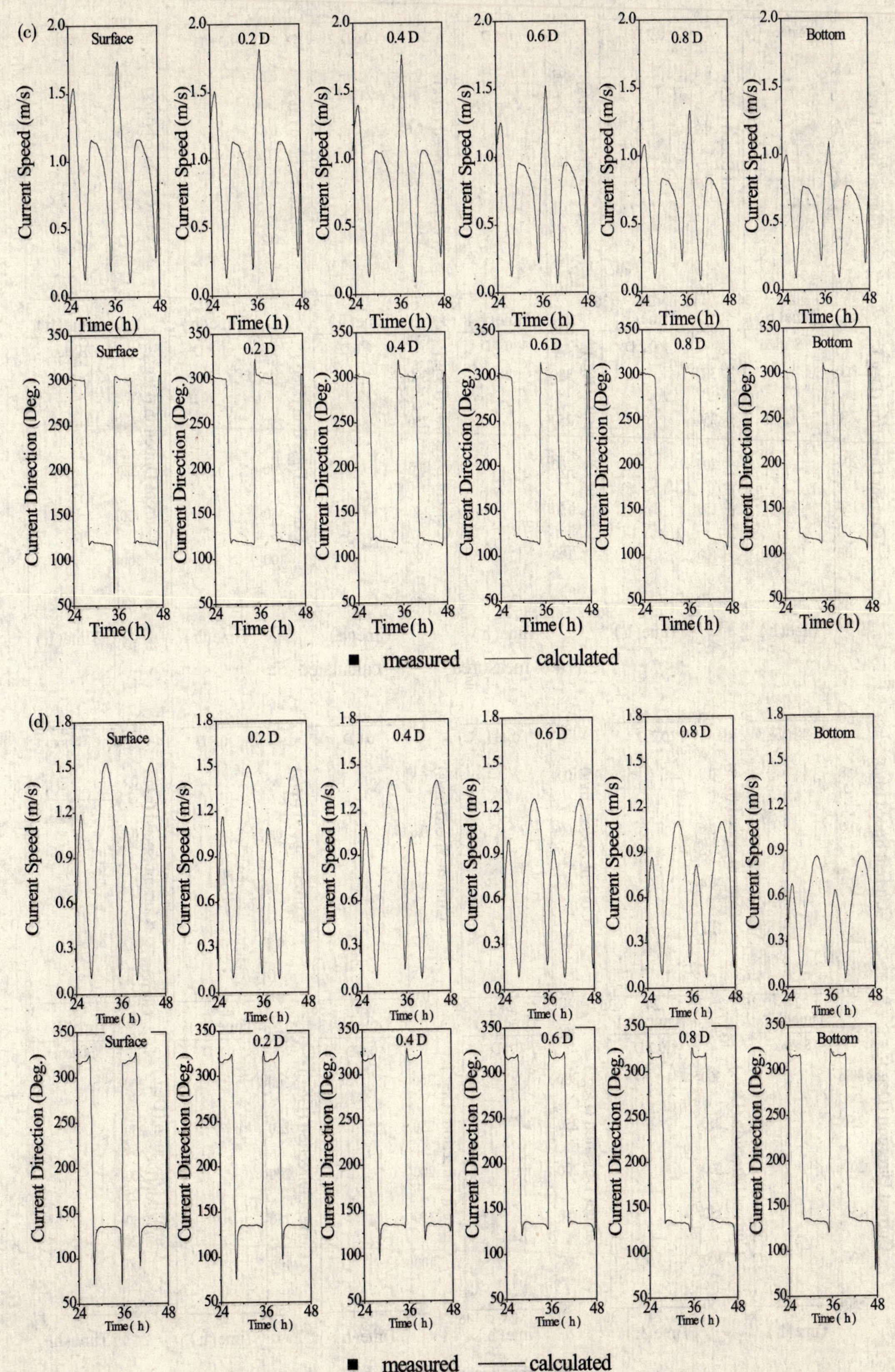

图4　大潮时段流速验证：（a）AJHJ 测点，（b）EJHJ 测点，（c）SHXA 测点；（d）SHXY 测点

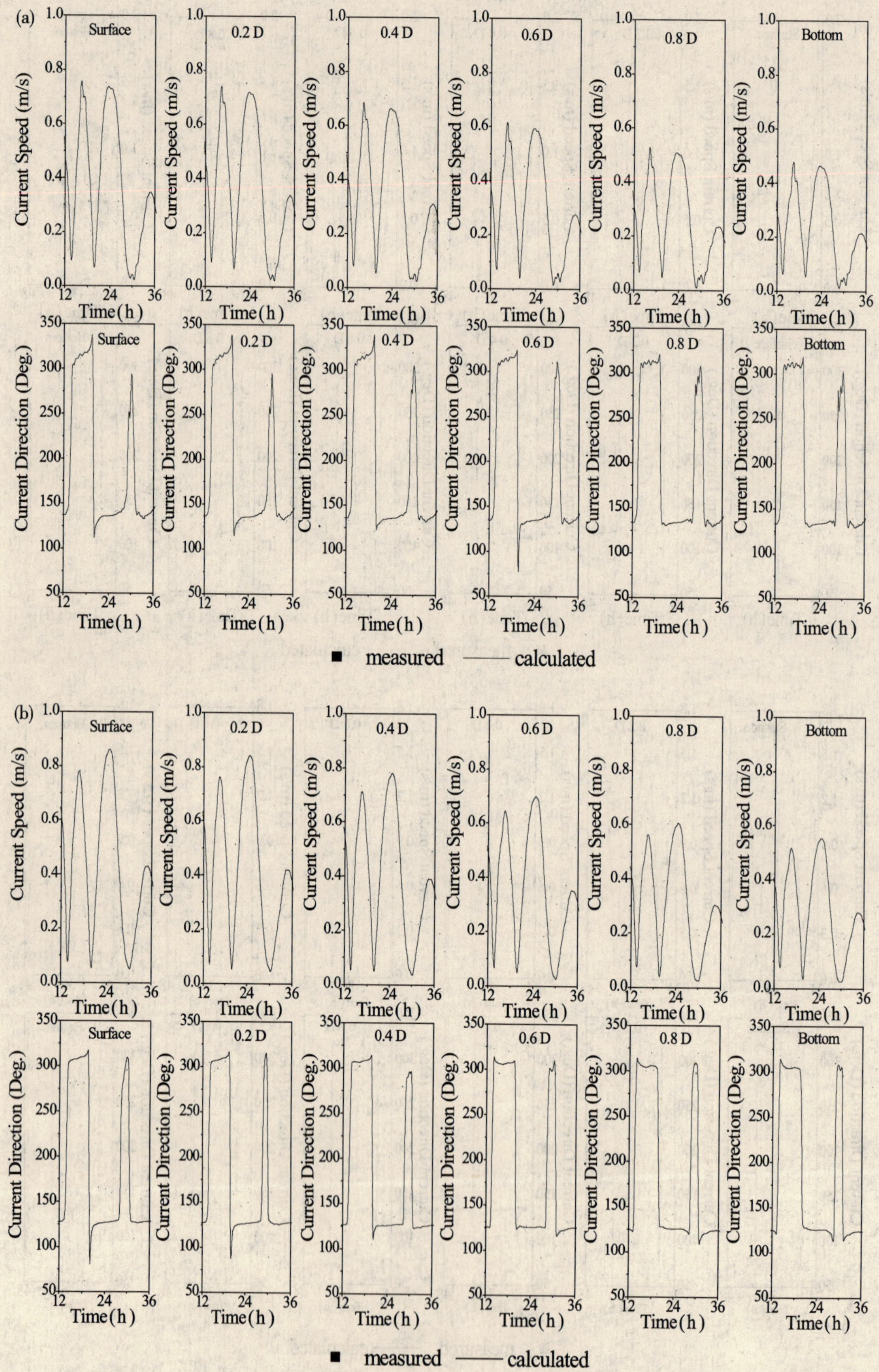
(a)
Surface
0.2 D
0.4 D
0.6 D
0.8 D
Bottom
Current Speed (m/s)
Current Direction (Deg.)
Time(h)
measured
calculated
(b)
Surface
0.2 D
0.4 D
0.6 D
0.8 D
Bottom
Current Speed (m/s)
Current Direction (Deg.)
Time(h)
measured
calculated

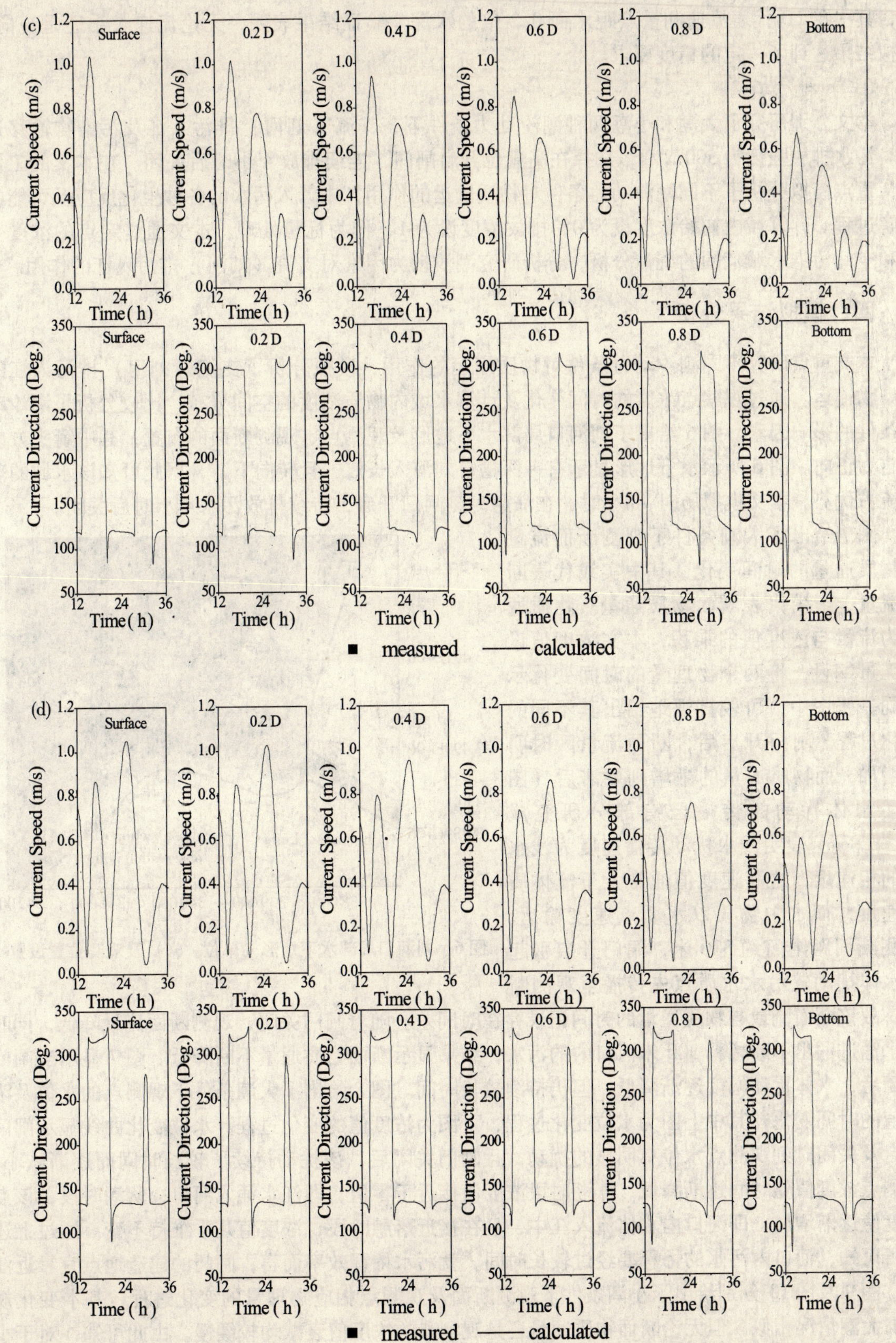

图 5　小潮时段流速验证：（a）AJHJ 测点，（b）EJHJ 测点，（c）SHXA 测点；（d）SHXY 测点

复演了两种潮汐动力条件下的潮位过程。图 4 和图 5 分别给出了大潮和小潮时段流速的验证结果，其中0.2D代表流速测量点距水面0.2倍的水深。验证结果表明，无论流速大小还是流向，模拟结果达到了一定的精度要求。

（三）排污工程

本文分别研究了大潮和小潮两种潮汐动力条件下，支流（刘河）排污入江及污染物输移过程。污水排放强度为500m³/s，选择在高潮位开启闸门，连续排放4小时后关闭。在本文的工作中，重点模拟分析了不同潮汐动力条件对物质输运的作用，未计入污水的各种生化反应及可能的降解过程。计算域内初始浓度设为0，排放浓度设为1，作为标量处理。本文通过定点的浓度变化和空间污染水域范围的统计分析，分析研究潮汐动力因素对支流（刘河）排污入江的作用。

四、模拟结果分析

本文重点研究不同潮汐动力条件对物质输运的作用，模拟分析了支流（刘河）排污入江的污染物输运。通过观察点浓度的时间变化及计算水域内物质浓度的空间分布，比较分析了潮汐动力条件的影响因素。图6给出了刘河口局部水下地形及观测点、观测断面的布置，其中箭头方向设定为正向。图6所示水下地形显示有一深槽自刘河入长江，且转向下游，据此可知该水域的落潮流占优势。本文模拟历时48小时，在涨憩时刻闸门开启，持续排放污水4小时后关闭。

图7给出了大潮条件下观测断面流量及物质通量的时间变化，其中实线代表断面流量，虚线代表断面物质通量。物质通量为流量与浓度值的乘积，本文浓度值设为无量纲量，将两个物理量的时间变化示于同一张图中，可较直观地给出其不同的变化过程。闸门开启后，断面流量瞬时明显增加，而物质通量的激增则要滞后（图7）。水体扰动的传播已有部分研究成果[20]，研究表明浅水扰动传播速度为浅水波的相速度，这一速度值通常大于流体质点速度，而水中物质以水质点速度输运。观测断面距闸门约300米，闸门开启引起的水体扰动较污水水质点先传播至观测断面，故该断面流量与物质通量的时间记录存在时间差。随着闸门关闭，观测断面流量降低，同时江水涌进涌出不断稀释300米河口内的污水，结果显示断面物质通量不断降低。图7显示当闸门关闭后，水体扰动幅度逐渐降低，但仍持续较长时间。图8给出了大潮条件下观测点的水位及浓度值的时间变化，其中上图为水位变化过程，下图为浓度值的变化过程。水位变化曲线显示闸门开启及关闭时刻观测点水位有明显的扰动，且闸门关闭后，该扰动持续了较长时间而逐渐减小。观测点浓度值随时间逐渐降低，涨潮时段浓度值接近于零值，即江水涌入河口；落潮时段，该点浓度值逐渐增加，即河口内水体流入江中，且在接近落憩时段，浓度值几乎维持不变。通过上述分析可知，河口内污水的稀释要经过较长时间。就污水稀释效率而言，闸门的建造地点宜靠近江岸。图9及图10分别给出了小潮条件下观测断面及观测点相应物理量的变化过程，基本变化规律与大潮情况相似，但无论断面物质通量还是观测点的浓度值衰减均较缓慢。由此可知，对于小潮流动条件，河口内水动力较弱，污水稀释过程较长。

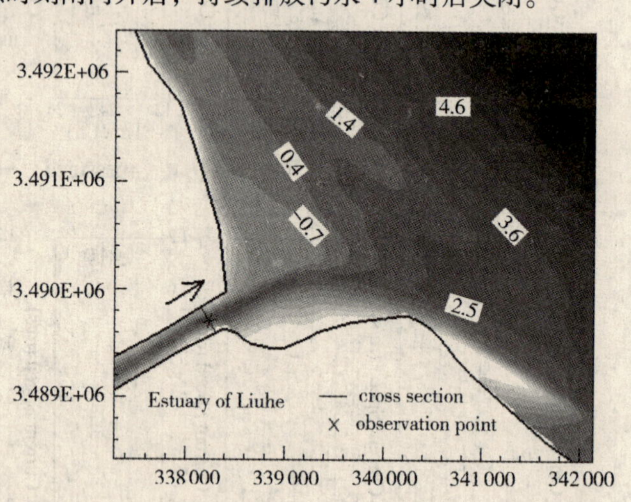

图6　刘河口局部水下地形（单位：米）及观测位置设置

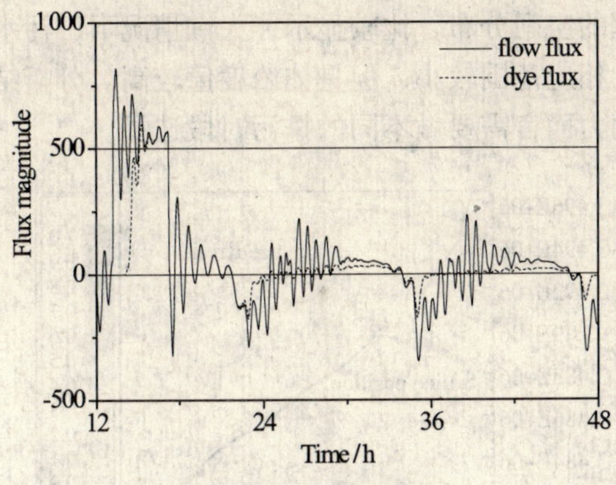

图7　观测断面流量及物质通量变化（大潮）

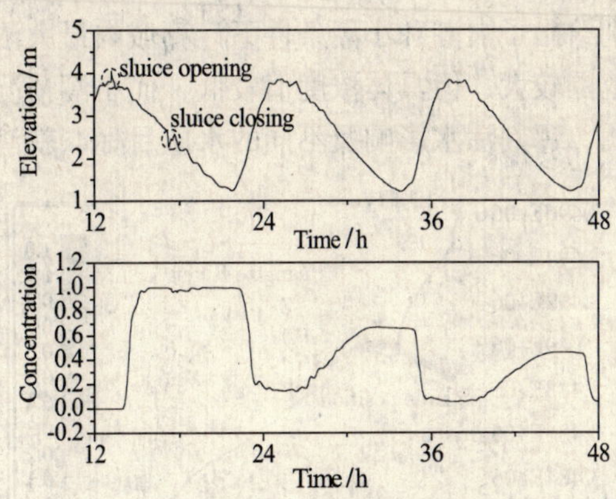

图8　观测点水位及物质浓度变化（大潮）

图11给出了大潮和小潮条件下污水稀释历时的比较。污水稀释历时的计算以观测点浓度值变化为基础，该值描述了污水稀释的快慢程度[21]。首先将瞬时浓度相对值取自然对数，其中 C_0 为最大浓度值（图11），然后采用最小二乘法拟合该自然对数与时间的线性关系，所得曲线斜率定义为稀释历时，即稀释快慢程度的某种描述。计算结果显示对于所设观测点，大潮的稀释历时约1.2天，而小潮的稀释历时约2.7天。闸门建于河口内，其所形成的封闭河道内的水动力条件小潮期弱于大潮期，污水稀释输运效率较低。仅就污水净化而言，闸门宜建于靠近江岸处。

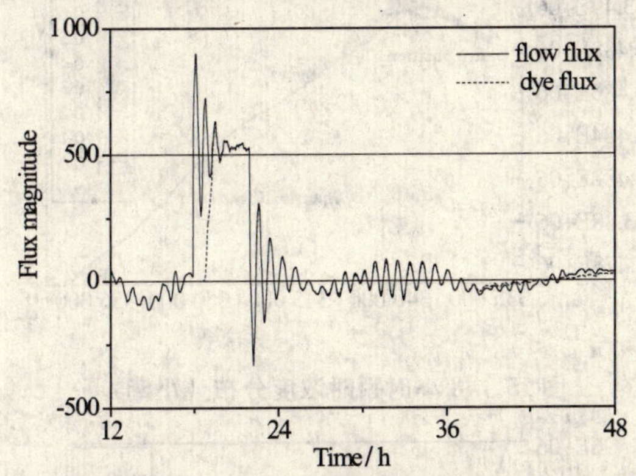

图9　观测断面流量及物质通量变化（小潮）

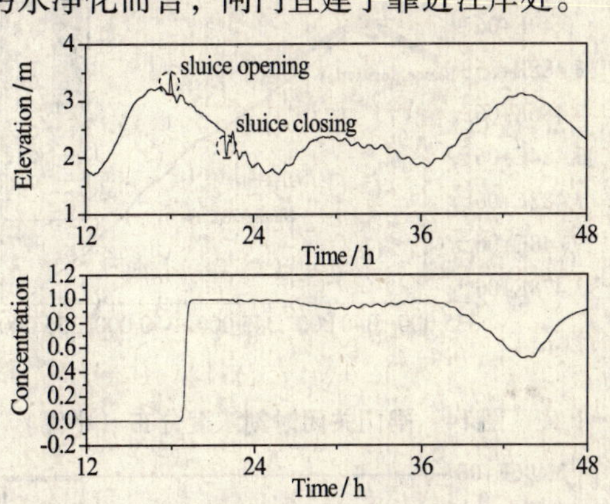

图10　观测点水位及物质浓度变化（小潮）

本文模拟结果显示污染物垂向分布较均匀，故以下只给出了表层物质浓度分布。图12给出了大潮条件下闸门关闭时刻污染物分布，显示污水输运方向沿江而下，刘河口内浓度值较高。图13给出了相应水文条件下48小时瞬时浓度分布，长江水域浓度值已经非常低，仅在刘河口内存在高浓度值。闸门建造于河口内所形成的封闭河道，显然不利于污水的稀释及输运。图14和图15分别给出了小潮条件下的相应模拟结果，基本特征与大潮情况相似。48小时瞬时浓度分布显示小潮的稀释输运能力较弱，无论是长江水域还是刘河口内，残余污水浓度值均较高。

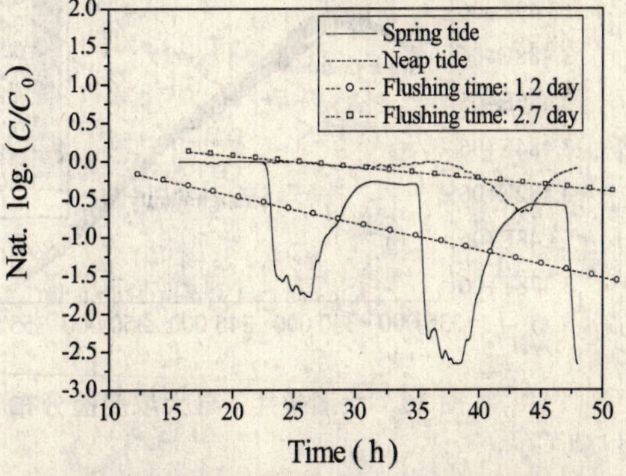

图11　不同潮汐动力条件下污水稀释率比较

水域内某点的浓度值随时间而变化，水质标准以其最大值为主要判据之一。通过统计计算域内各网格点的最大浓度值，分析污水影响范围，可得到污水影响程度的直观描述。图16和图17

分别给出了大潮和小潮条件下计算域内最大浓度值的空间分布。比较显示，大潮情况下，污水影响范围较大，但具体浓度值较低，而小潮情况下，相应范围较小，但具体浓度值较高。分析结果表明，评判污水影响及不同的水质目标，就潮汐动力而言需要做不同的排污时段选择。

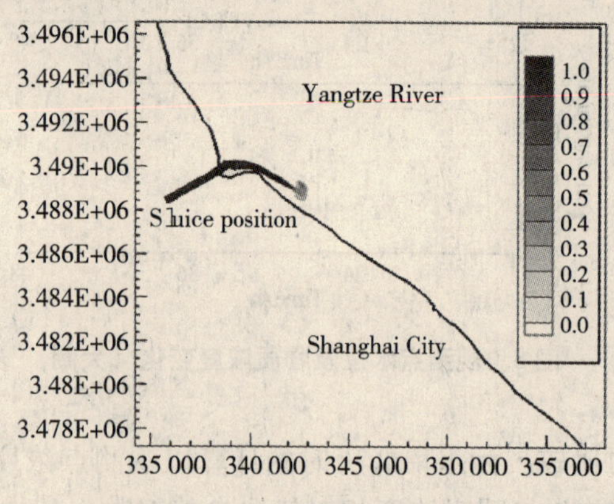

图12　闸门关闭时刻浓度分布（大潮）

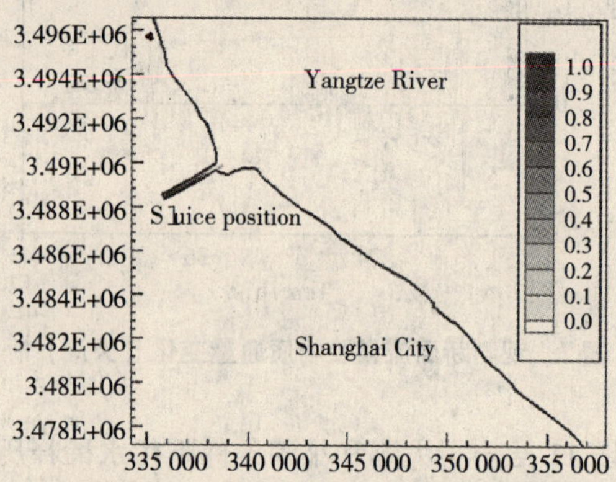

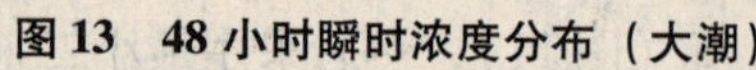
图13　48小时瞬时浓度分布（大潮）

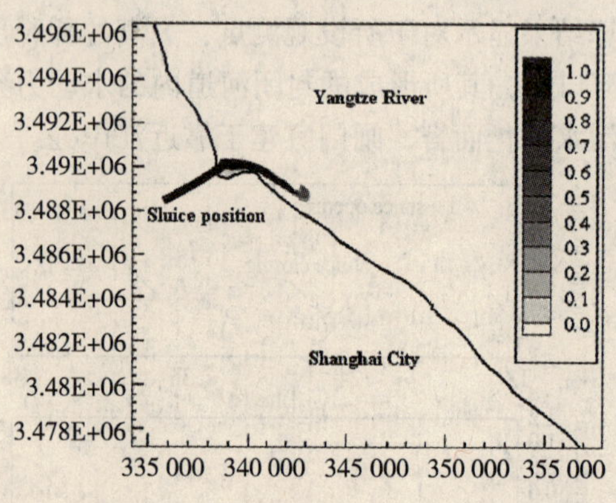

图14　闸门关闭时刻浓度分布（小潮）

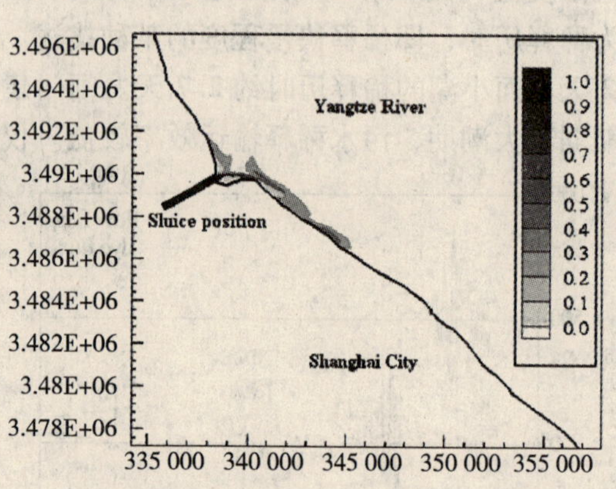

图15　48小时瞬时浓度分布（小潮）

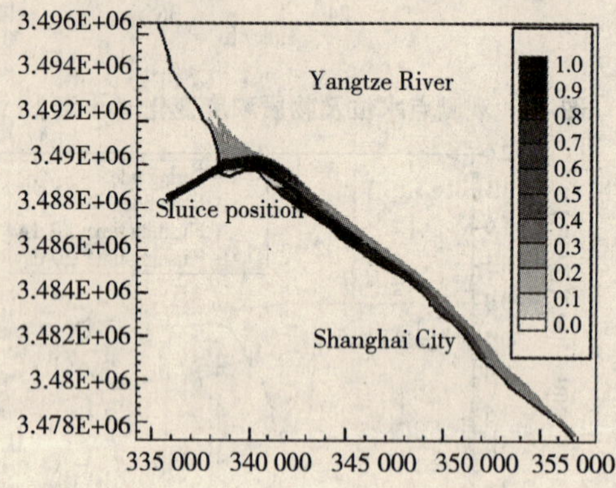

图16　大潮条件下最大浓度值分布

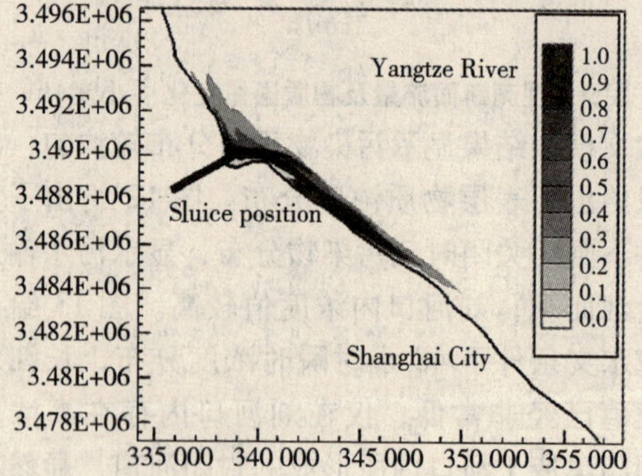

图17　小潮条件下最大浓度值分布

五、结　论

本文建立了河口潮汐流动及物质输运的三维数值模型，模拟分析了支流排污入长江的污染过程。着重分析了大潮和小潮两种水动力条件下的污水排放影响。通过分析观测断面、观测点的浓度值变化及主流区的污水影响范围，研究了闸门局部水域污水稀释特征及支流排污对长江主流区的影响。结果表明闸门所形成的封闭河道不利于污水稀释，尤以小潮情况为甚。而对于长江主流区而言，污水影响范围及污染程度因潮汐动力条件不同而异。对于具体的水环境保护目标而言，需慎重选择排污时段。

参考文献

[1] Casulli V, Cattani E. Stability, accuracy and efficiency of a semi – implicit method for three – dimensional shallow water flow [J]. Computers and Mathematics with Applications, 1994, 27 (4): 99 – 112.

[2] Casulli V, Stelling GS. Numerical simulation of 3D quasi – hydrostatic free – surface flows [J]. Journal of Hydraulic Engineering, 1998, 124 (7): 678 – 686.

[3] Chao X. B., Sankar N. J., and Cheong H. F. A three – dimensional multi – level turbulence model for tidal motion [J]. Ocean Engng, 1999, 26: 1023 – 1038.

[4] Davies A. M., Jones J. E., and Xing J. Review of recent developments in tidal hydrodynamic modeling. I: Spectral models [J]. Journal of Hydraulic Engineering, 1997, 123 (4): 278 – 292.

[5] Davies A. M., Jones J. E., Xing J. Review of recent developments in tidal hydrodynamic modeling. II: Turbulence energy models [J]. Journal of Hydraulic Engineering, 1997, 123 (4): 293 – 302.

[6] Stansby P. K, Lloyd P. M. A semi – implicit lagrangian scheme for 3D shallow water flow with a two – layer turbulence model [J]. International journal for numerical methods in fluids, 1995, 20: 115 – 133.

[7] Abbott M. B. Range of tidal flow modeling [J]. Journal of Hydraulic Engineering, 1997, 123 (4): 257 – 277.

[8] Blumberg A. F., and Mellor G. L. Diagnostic and prognostic numerical circulation studies of the South Atlantic Bight [J]. Journal of Geophysics Research, 1983, 88: 4579 – 4592.

[9] 沈永明，郑永红，邱大洪．香港维多利亚港三维污染精细预报模型研究 [J]．水利学报，2000 (8): 60 – 69.

[10] 吴修广，沈永明，郑永红，等．非正交曲线坐标下水流和污染物扩散输移的数值计算 [J]．中国工程科学，2003，5 (2): 57 – 61.

[11] Borthwick A. G., and Barber R. W. River and reservoir flow modeling using the transformed shallow water equations [J]. International journal for numerical methods in fluids, 1992, 14: 1193 – 1217.

[12] Wang K. H. Characterization of circulation and salinity change in Galveston Bay [J]. Journal of Engineering Mechanics, 1994, 120 (3): 557 – 579.

[13] Wang P. F. Review of equations of conservation in curvilinear coordinates [J]. Journal of Engineering Mechanics, 1992, 118 (11): 2265 – 2281.

[14] Wang P. F. Note on estuary – river models using boundary – fitted coordinates. Journal of Hydraulic Engineering, 1993, 119 (10): 1170 – 1175.

[15] Zhang Q. Y, Chan E. S. Sensitivity studies with the three – dimensional multi – level model for tidal motion. Ocean Engineering, 2003, 30: 1489 – 1505

[16] Kim, C. and Lee, J. A three – dimensional PC – based hydrodynamic model using an ADI scheme. Coastal Engineering, 1994, Vol. 23, pp. 271 – 287.

[17] Zhang Q. Y, Gin K. Y. H. Three – dimensional numerical simulation for tidal motion in Singapore' s coastal waters. Coastal Engineering, 2000, 39: 71 – 92.

[18] Zhang Jingxin Liu Hua A Vertical 2 – D Mathematical model for Hydrodynamic Flows With Free Surface in σ Coordinate. Journal of Hydrodynamics, Ser. B, 2006, 18 (1): 82 – 90.

[19] Lin B. L., and Falconer R. A. Tidal flow and transport modeling using ULTIMATE QUICHEST scheme, Journal of Hydraulic Engineering, 1997, 123 (4): 303 – 314.

[20] Mei C. C. The Applied Dynamics of Ocean Surface Waves. Advanced Series on Ocean Engineering, Vol. 1, World Scientific, 1989.

[21] Huang W. R., Spaulding M. Modeling of CSO – induced pollutant transport in Mt. Hope Bay. Journal of Environmental Engineering, 1995, Vol. 121 (7): 492 – 498.

淀山湖环湖河流总磷入湖控制浓度分析

张红举[1] 杨利芝[1] 陈祖军[2] 魏清福[3] 汪传刚[1]

（1. 太湖流域水资源保护局 上海 200434； 2. 上海市水务规划设计研究院 上海 200232； 3. 上海勘测设计研究院 上海 200434）

摘 要 淀山湖是江苏省与上海市边界的重要湖泊，近年来富营养化程度不断加剧。本文建立了基于MIKE21的淀山湖二维水量水质计算模型，采用该模型研究了在淀山湖水功能区水质保护目标要求下，环湖河流总磷（TP）入湖控制浓度，成果可为水资源管理提供参考。

关键词 淀山湖 MIKE21 总磷 入湖控制浓度

一、淀山湖概况

（一）自然概况

淀山湖地处江苏、上海交界处，分属江苏昆山市和上海青浦区管辖。淀山湖是一个吞吐型浅水湖泊，南宽北窄，形似葫芦，水域面积63.7km²，平均水深2.11m，最大水深3.59m。淀山湖全湖为苏沪缓冲区，水质保护目标为Ⅱ～Ⅲ类。淀山湖涉及阳澄淀泖、浦西区两大片洼地，地面高程一般在2.5～3.5m（镇江，吴淞零点，下同），最低地区高程不到2.0m。

（二）社会经济

淀山湖地区行政区域主要包括江苏省昆山市（周庄、锦溪、张浦、千灯、淀山湖镇）、吴江市（汾湖镇）、上海市青浦区（金泽、练塘、朱家角镇），覆盖面积约979km²。2006年，地区总人口77.5万（占太湖流域的1.6%），其中户籍人口51.7万，流动人口25.8万。国内生产总值达324.9亿元（占太湖流域的1.3%）。

（三）水系概况

淀山湖环湖河流较多，主要有千灯浦、朱厍港、急水港、元荡、拦路港等，总计59条。淀山湖出水经黄浦江流入长江口至东海。

（四）水质状况

2008年淀山湖水质劣于V类①，主要超标项目为总氮、总磷（TP）、氨氮、五日生化需氧量和化学需氧量等，营养状况评价结果为中度富营养水平。淀山湖入湖河流水质较差，其中急水港（周庄大桥断面）、千灯浦（千灯浦闸断面）水质为劣于V类，朱厍港（珠砂港大桥断面）为Ⅳ类。

近年来，由于入湖污染物量不断增加，淀山湖已经逐渐转化为中度富营养化湖泊。相关研究表明，TP是湖泊富营养化的控制性因子[1-2]。为保护淀山湖，有必要研究淀山湖环湖河流TP入湖控制浓度。

二、湖泊TP入湖控制浓度分析

（一）技术路线

建立淀山湖二维水量水质模型，选择湖泊浓度控制点，通过模型计算，研究当湖泊水质控制点满足TP保护目标时，环湖河流允许入湖的TP最高浓度。

（二）淀山湖二维水环境数学模型的建立

二维浅水湖泊水动力基本方程式为：

---

① 《2008年太湖健康状况报告》，水利部太湖流域管理局，2009年1月。

$$\frac{\partial Z}{\partial t}+\frac{\partial (hu)}{\partial x}+\frac{\partial (hv)}{\partial y}=q$$

$$\frac{\partial u}{\partial t}+u\frac{\partial u}{\partial x}+v\frac{\partial u}{\partial y}+g\frac{\partial z}{\partial x}=S_{fx}+fv$$

$$\frac{\partial v}{\partial t}+u\frac{\partial v}{\partial x}+v\frac{\partial v}{\partial y}+g\frac{\partial z}{\partial y}=S_{fy}-fu$$

式中：Z 为水位，m；t 为时间，s；x、y 分别为 x 方向和 y 方向距离，m；h 为水深，m，$h=Z-Z_B$，Z_B 为湖底高程，m；u 为 x 方向分速度，m/s；v 为 y 方向分速度，m/s；q 为湖面降雨、蒸发及湖底渗漏等水量源汇项，m/s；f 为柯氏加速度，$f=2\omega\sin\varphi$，ω 为地球自转速度，φ 为纬度，淀山湖区域可取北纬 31 度 10 分，ω 为地球自转速度，rad/s；S_{fx}，S_{fy} 为 x 方向和 y 方向的切应力，N/m^2。

二维浅水湖泊水质模型为：

$$\frac{\partial (hC)}{\partial t}+\frac{\partial (huC)}{\partial x}+\frac{\partial (hvC)}{\partial y}=\frac{\partial}{\partial x}(hE_x\frac{\partial C}{\partial x})+\frac{\partial}{\partial y}(hE_y\frac{\partial C}{\partial y})+\frac{hS}{86400}+S_w$$

式中：C 为 TP 浓度，mg/L；E_x 为 x 方向扩散系数，m^2/s；E_y 为 y 方向扩散系数，m^2/s；S 为 TP 生化反应项，g/（m^3·d）；S_w 为 TP 的外部源汇项，g/s，其余符号意义同前。

采用 MIKE21 基于二维非结构网格下的有限体积数值模拟方法[3]进行淀山湖湖区的水环境数值分析。淀山湖区域模拟边界和地形分布见图 1，其中，淀山湖环湖河道概化为千灯浦、朱库港、急水港、元荡、拦路港、淀浦河、小千灯浦、浪浦港等 8 条。根据水质监测点布设，确定“淀山湖北”、“淀山湖中”、“淀山湖南” 三个水质计算浓度控制点，见图 1。

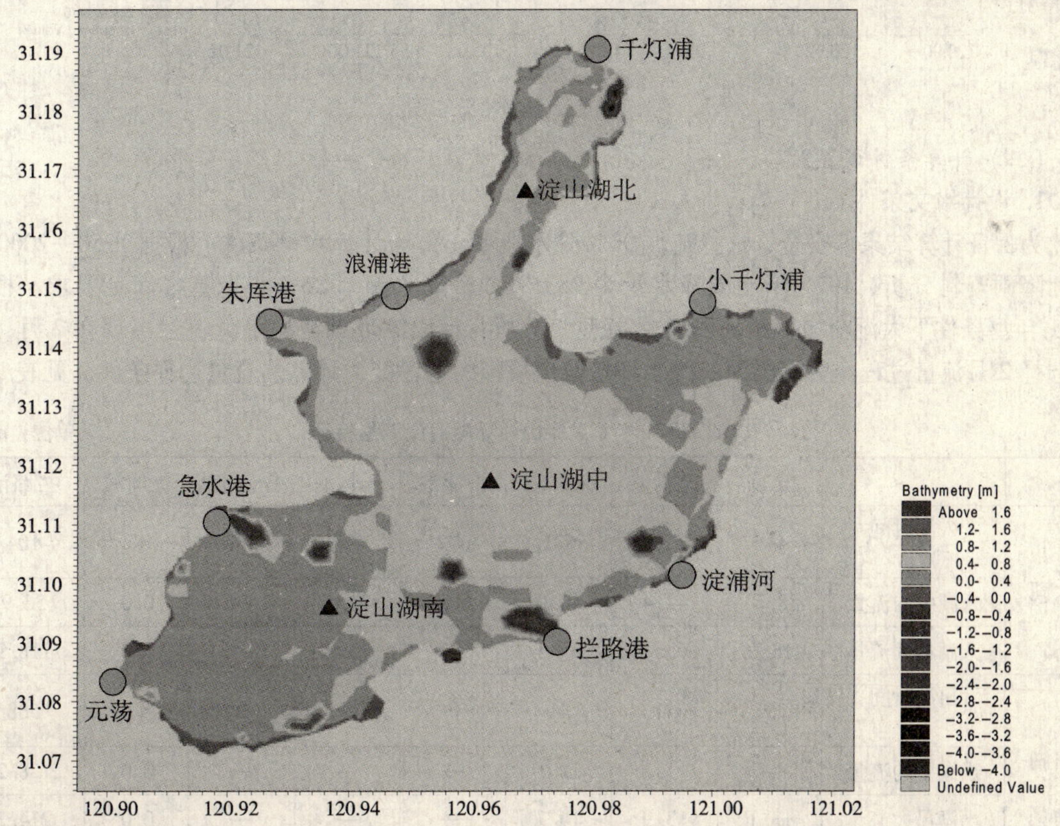

图 1　淀山湖模拟区域和控制边界（点）布局图

全湖划分为三角形网格 2021 个，节点 1264 个，见图 2；模拟步长为 300s。采用 2008 年 6 月和9月的实测水质资料分别进行率定与验证，结合淀山湖区域污染物降解系数试验，确定TP综合沉降系数为0.03d^{-1}。模型率定结果，TP平均相对误差为7.4%；基本满足分析要求。

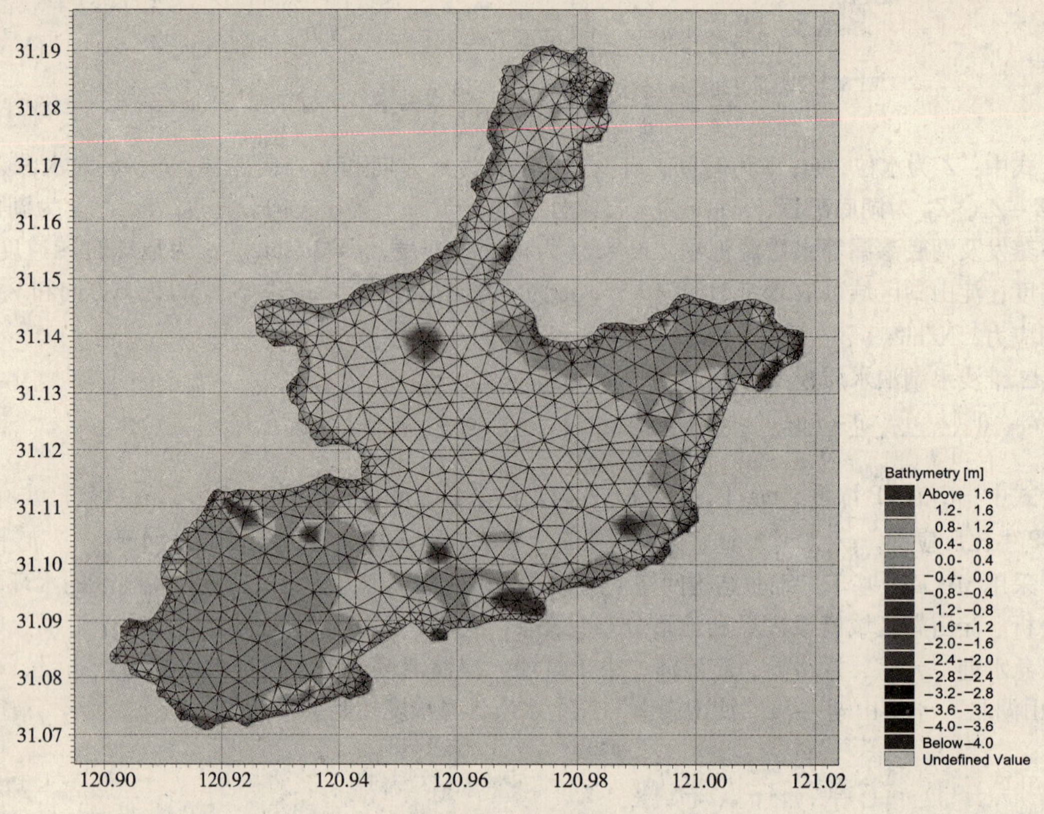

图2　淀山湖网格分布图

（三）计算条件设置

1. 设计水文条件

为保证计算结果偏安全，选择流域90%降水典型年作为计算水量条件。根据1956—2000年系列降雨资料分析，1971年流域降水量为983.9mm，降水频率86%[4]，基本满足要求。根据1971年型条件下太湖流域一维河网水量模型[5]分析，淀山湖环湖河道最低流量出现在2月，因此选择2月流量过程作为淀山湖二维水环境数值模拟的纳污能力计算的流量边界条件，见表1。

表1　1971年2月淀山湖环湖河流流量特征　　单位：m^3/s

		元荡	急水港	朱厍港	浪浦港	千灯浦	小千灯浦	淀浦河	拦路港
入湖	入湖时间/h	415	631	631	672	672	672	47	104
	入湖平均流量	8.6	42.4	40.0	6.8	21.5	6.6	0.0	56.9
	入湖最大流量	13.0	63.7	57.4	9.3	25.2	8.6	0.0	118.9
出湖	出湖时间/h	257	41	41	0	0	0	47	568
	出湖平均流量	8.6	11.1	11.1	—	—	—	0.0	128.2
	出湖最大流量	13.1	13.9	14.7	—	—	—	0.0	214.3

2. 污染源条件

根据2005年污染源调查资料统计，工业与城镇生活等点源排入淀山湖的TP强度为2.63t/a。

将直排淀山湖的污染物量转化为平均流量概化至入流河道之间的岸边带。

3. 淀山湖初始浓度

以连续计算1个月、水质指标浓度基本稳定后的湖区浓度作为正式计算的初始浓度。

（四）计算分析

根据环淀山湖河流水功能区水质保护目标，可确定河道入湖TP浓度。未划分水功能区的环湖河道按照Ⅲ类标准控制，见表2。

表2 环淀山湖河流入流TP浓度设定　　单位：mg/L

环湖河流	水功能区	河道水质标准	浓　度
急水港、朱砂港、千灯浦	缓冲区	Ⅲ	0.20
元荡	缓冲区	Ⅱ～Ⅲ	0.15*
拦路港	保护区	Ⅱ～Ⅲ	0.15
淀浦河	饮用水源区	Ⅱ	0.10
浪浦港、小千灯浦	—	Ⅲ	0.20

*保护目标为Ⅱ～Ⅲ类的水功能区，浓度取Ⅱ类及Ⅲ类标准上限的平均值。

在此条件下，淀山湖三个测点计算浓度特征值见表3。TP平均浓度0.146mg/L，为Ⅴ类。

表3 淀山湖控制点水质计算平均浓度　　单位：mg/L

	淀山湖北	淀山湖中	淀山湖南	三点平均
TP浓度	0.149	0.140	0.149	0.146
类别	Ⅴ类	Ⅴ类	Ⅴ类	Ⅴ类

河道与湖泊TP评价标准不同，TP满足河流水功能区标准时，淀山湖仍为Ⅴ类，与淀山湖Ⅱ～Ⅲ类的保护目标尚有较大差距。为使淀山湖TP达标，有必要进一步控制入湖河流TP浓度。

由于淀山湖为跨省界湖泊，为兼顾地区公平，TP浓度削减时采用同一比例，反复调算，直至淀山湖控制点均达到Ⅲ类标准。环湖河流TP入湖临界浓度调算成果见表4，在此条件下淀山湖各控制点水质特征浓度见表5，浓度场分布见图3。可以看出，要使湖泊TP平均浓度达到Ⅲ类，入湖河流TP必须达到Ⅱ类。

表4 环湖河流TP入湖临界浓度调算成果设定　　单位：mg/L

环湖河流	水功能区	TP	类别（河道标准）
淀浦河	饮用水源区	0.031	Ⅱ类
元荡	缓冲区	0.047	Ⅱ类
拦路港	保护区	0.047	Ⅱ类
急水港、朱砂港、千灯浦	缓冲区	0.062	Ⅱ类
浪浦港、小千灯浦	—	0.062	Ⅱ类

表5 环湖河流TP入湖临界浓度时湖泊控制点水质浓度　　单位：mg/L

	淀山湖北	淀山湖中	淀山湖南	三点平均
平均浓度	0.050	0.048	0.050	0.050
最高值	0.055	0.055	0.055	0.055
最低值	0.036	0.035	0.037	0.036

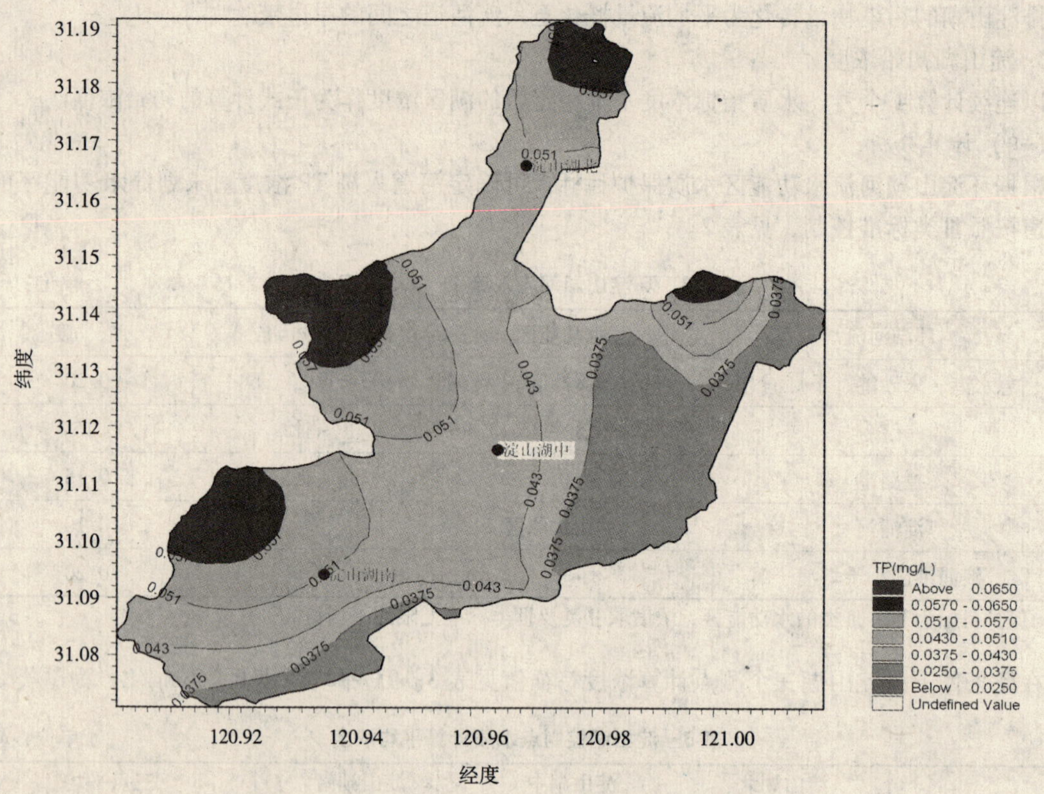

图 3　环湖河流 TP 入湖临界浓度时淀山湖 TP 浓度场分布

三、小　结

通过建立水量水质数学模型，可调算获得在湖泊满足水质保护目标条件下，环湖河流入湖临界污染物浓度。本文研究显示：当入湖河流 TP 满足河流水功能区目标时，淀山湖 TP 浓度仍严重超标，这是由于河流与湖泊 TP 评价标准不同造成的。要使淀山湖 TP 浓度达到Ⅲ类，入湖河流 TP 平均浓度应为 0.031 ~ 0.062mg/L，按河流评价标准水质类别为Ⅱ类。因此，为加强湖泊水质保护，今后应进一步研究河道与湖泊的 TP 浓度控制标准衔接。

参考文献

[1] 阮仁良，王云．淀山湖水环境质量评价及污染防治研究［J］．湖泊科学，1993，5（2）：153 - 158.

[2] 程曦，李小平．淀山湖氮磷营养物 20 年变化及其藻类增长相应［J］．湖泊科学，2008，20（4）：409 - 419.

[3] Zhao D. H., Shen H. W., Tabios G. Q., Tan W. Y., Lai J. S. Finite - volume two - dimensional unsteady - flow model for river basins［J］. Journal of Hydraulic Engineering, ASCE, 1994, 120（7）：833 - 863.

[4] 水利部太湖流域管理局．太湖流域水资源保护规划，2002：57.

[5] 张红举、翟淑华．平原河网纳污能力核算方法研究［J］．水资源保护，2009（5）：24 - 27.

关于各种沉水植物及水生动物的水质净化功能的分析
——于生态工学角度的考察

吕志江[1]　稲森隆平[1]　稲森悠平[1]　石田慶一[1]　林紀男[2]　西村浩[3]

（1. 福島大学；2. 千葉県立中央博物館；3. 船橋市役所）

一、研究背景

中国的太湖在2006年间蓝藻水华的爆发频率和强度为国内外所罕见，蓝藻暴发不仅严重地损坏了太湖、滇池这些湖泊，而且直接影响到周围人民的生活质量和身体健康。蓝藻暴发的根源是湖泊水质极度富营养化。这种富营养化是长期以来水流域城镇化过程中，生活污水及工农业污水的超负荷排放，远远地超过环境自净的能力，破坏了生态平衡所造成的严重恶果。尽管国家投入巨资治理，但太湖、滇池及武汉的东湖等湖泊的污染问题没有明显的成效，且湖泊污染却越来越严重，因此，利用水生植物进行湖泊污染处理的技术将是治理上述污染问题的主要方法。水生植物在现代城市园林造景中是必不可少的华丽装饰材料。一泓池水清澈见底，令人心旷神怡，若要在池中、水畔栽上数株水生植物，定会使水景陡然增色。而且，水生植物不仅具有较高的观赏价值，更重要的是它还能吸收水中的污染物，对水体起净化作用，是水体天然的净化器。在当前水资源不断减少，水生态环境破坏严重的情况下，结合水环境治理，充分利用好水生植物，不仅能丰富园林景观，还能改善水体，降低污染，让人们真正享受到“碧波荡漾，鸟语花香”的自然美景。目前水生植物在中国地区应用较少，只是近两年在园林绿化中才开始试种，如在中国的太湖、湖北省的东湖、梁子湖、沙湖、墨水湖、南湖、杨春湖等，种植了部分水生植物，效果确实不错。在亲水性的柔质河坎旁，种植花色品种各样的水生植物，再适当点缀大小不等的卵石，使人感到特别亲切，有回归自然的感觉。在21世纪中叶，为了保持大自然环境的生态平衡，沉水植物栽培的技术和机能对水质净化将被广泛应用。本研究就是运用沉水植物栽培的技术和大型水生动物的共生环境下成长的特性对水质净化的效果来分析沉水植物和水生动物的各项机能能力，充分发挥沉水植物栽培技术的作用和水生动物的机能进行水质净化，从而减轻地球温化效应，减轻大自然负荷。湖泊环境水质保全活用大自然资源的机能，用沉水植物栽培的技术来对水质净化减轻环境的负荷，运用生态工学控制蓝藻异常生长的富营养化。湖泊富营养化是当今世界最主要的水污染课题之一。利用水生植物净化污水是一种成本低廉、节约能源、效益较高且简便易行的方法。近年来，国内外的专家学者的研究结果证明，不论是人工湿地、净化塘，还是土地处理系统，利用水生植物净化污水都具有广泛的应用发展前景。为了取得更好的净化效果和更高的净化效率，有必要对水生植物净化污水的机能的特性分析进行热门的研究探讨。目前，国内外有关部门正广泛应用生物处理措施净化污水。下面将介绍我在日本福島大学硕士期间所做的毕业论文的试验。

二、实验方法

（一）实验装置

沉水植物栽培用的试验装置是10L的玻璃容器，再利用人工污水和全自动控制系统每天往各水槽进行注入1.26L的污水，玻璃容器的底部是采用日本河川的污泥，试验环境的温度是在温室里进行，沉水植物栽培的环境照度的平均值是8 300lux，不进行温度控制，模仿大自然的环境进行试验。

（二）实验条件

实验用的沉水植物种类分别是：密刺苦草（*Vallisneria denseserrulata*）、竹叶眼子菜（*Potamogeton malaianus*）、穗状狐尾藻（*Myriophyllum spicatum L*）、金鱼藻（*Ceratophy demersum*）、尖叶眼子菜（*Potamogeton oxyphyllus*）、罗氏轮叶黑藻（*Hydrilla verticillata*）、穿叶眼子菜（*Potamogeton perfoliatu*）；水生动物的种类分别是：鱼（*Rhodeus ocellatus*）、虾（*Caridina multidentata*）、贝（*Anodonta woodiana*）、螺（*Radix auricularia japonica*）。污水成分的浓度分别为 BOD 30、T－N 3.66、T－P 0.41、TOC 3mg · L^{-1}。注：实验所用的数据是2009 年6 月至2009 年11 月内的生长周期的变化。大型水生动物和沉水植物的组合条件见图1。

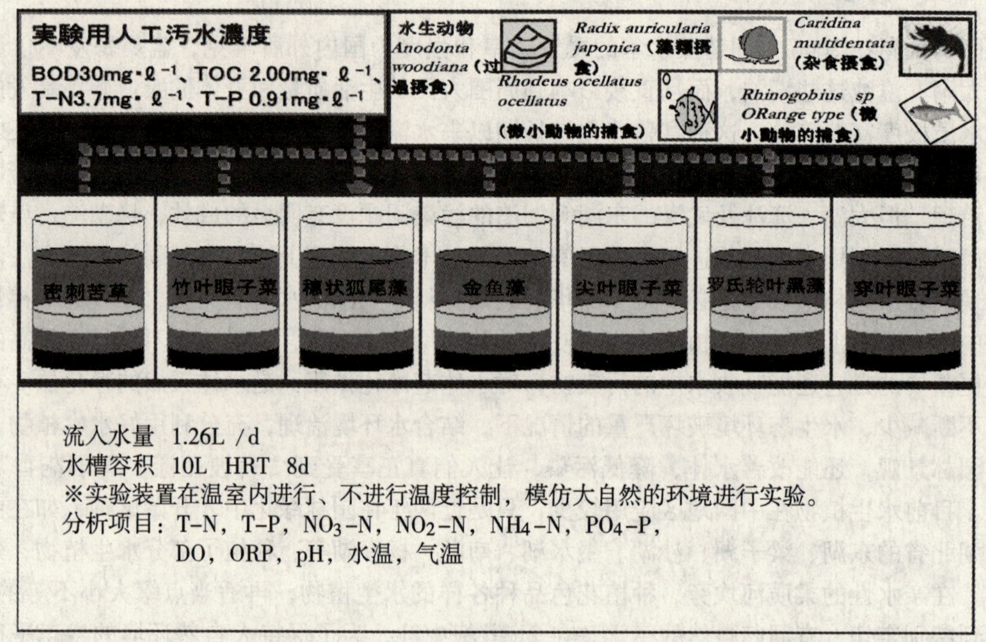

图1　大型水生动物和沉水植物的组合条件

（三）实验环境照度

关于沉水植物栽培系中的平均照度，8300lux（7000～9600 lux）。另外，对照系和水生动物共生系下的 pH，DO 平均值 7.86 mg/L（6.8～9.18mg/L），8.18mg/L（6.8～11.18mg/L）的条件下进行实验。实验中 DO 的值是实验水槽中的沉水植物的光合作用产生氧气，溶于水中变成 DO（溶成酸素）。

（四）测定项目

测定项目分为 T－N、T－P、PO_4－P、NH_4－N、NO_2＋NO_3－N、NO_2－N、TOC、SS。另外还有 pH、ORP、DO、水温、照度等。

三、结果和考察

（一）各水槽整体流出的平均浓度

如图2 所示，各水槽的流出平均浓度数据来看，沉水植物的种类不同，净化机能的能力也不同。从图2 的各项数据的分析，富营养化水体中，也能通过沉水植物根茎上的微生物使反硝化菌、氨化菌等加速 NH_3－N 向 NO_2－N 和 NO_3－N 的转化过程，便于沉水植物的吸收和利用，减少水槽的底泥向水体中的营养盐释放。富营养化严重的水体中，藻类疯长，水质恶化。栽种水生植物后，同浮游藻竞争营养物质以及所需的光热条件，同时分泌出抑藻物质，破坏藻类正常的生理代谢功能，迫使藻类死亡，以防止其带来的毒素。这样可以提高水体透明度，改善水中的DO含量，促进沉水植物与共生菌的生长，进一步净化水质。

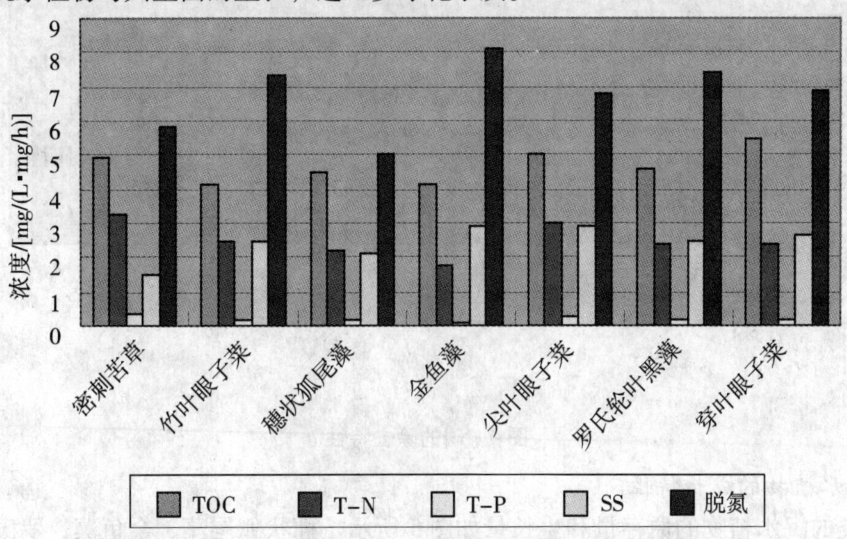

图2　各水槽流出的平均浓度

（二）氮的除去特性

氮的除去特性如图3所示，不同种类的沉水植物，吸收污水中氮的能力也相应不同。从图2脱氮试验数据来看，金鱼藻系比其他沉水植物系的效果要高。流入水氮的浓度是3.7mg/L，再从全体的沉水植物系氮的浓度看都在2.5mg/L以下，这样就可以说明沉水植物共生下有安定的吸收污水中氮的能力。从金鱼藻系有较高吸收氮的能力角度分析，同时也有吸收营养盐类的能力。这样可以说明硝化、脱氮菌的活性也比较高。

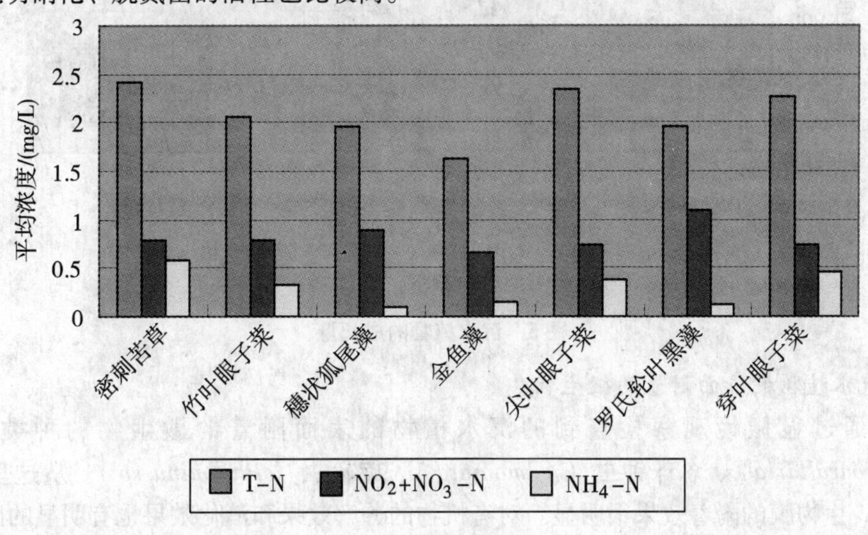

图3　氮的除去特性

（三）磷的除去特性

磷的除去特性如图4所示。沉水植物种类的不同，吸收污水中磷的能力也相应不同。流入水磷的浓度是0.91mg/L，再从全体的沉水植物系磷的浓度看都在0.25mg/L以下，这样就可以说明沉水植物共生下有安定的吸收污水中磷的能力。金鱼藻系和其他系的沉水植物比较来看，金鱼藻系磷的浓度在0.15mg/L以下，其他沉水植物系磷的浓度都在0.15mg/L以上，金鱼藻吸收磷的效果比其他沉水植物系的效果要高。

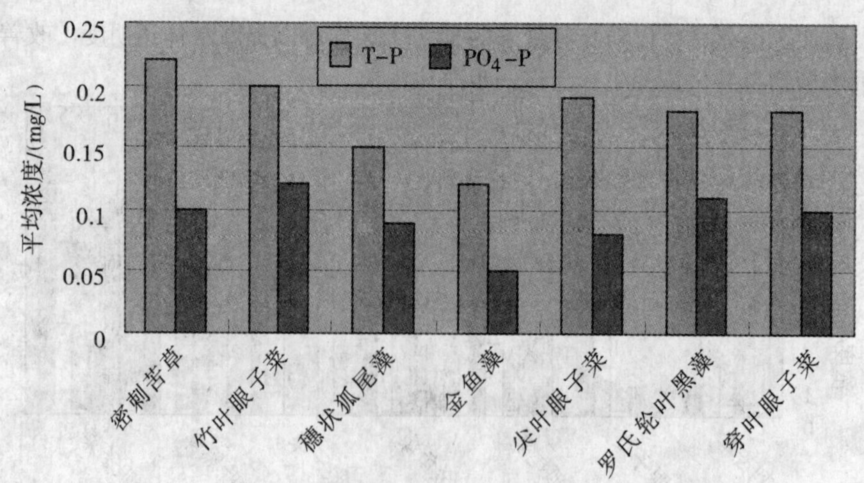

图 4　磷的除去特性

（四）沉水植物的成长特性

不同种类的沉水植物的原存量和生长量如图 5 所示。穗状狐尾藻、金鱼藻、罗氏轮叶黑藻的生长量大。再从除去能的数据比较来看，穗状狐尾藻和金鱼藻的氮和磷的安定除去能从图 3、图 4 的数据结果可以说明。穗状狐尾藻的成长量多的数据来看，金鱼藻的成长量比较少，氮和磷的吸收能力也比穗状狐尾藻小。

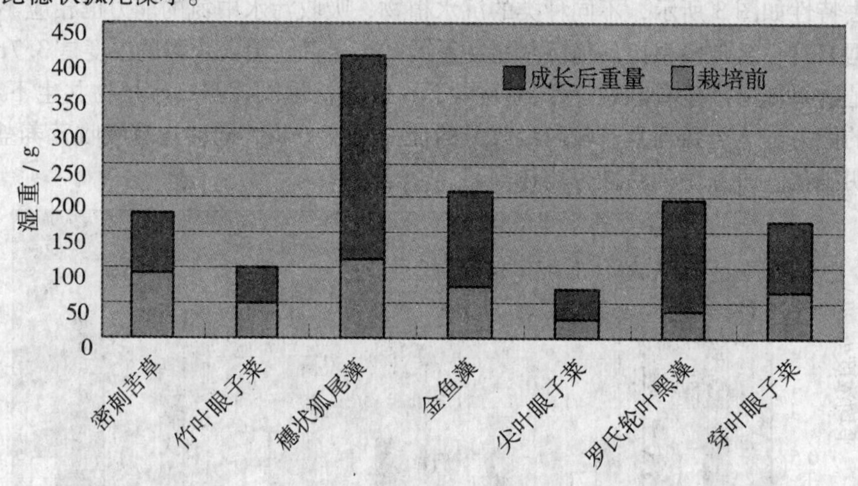

图 5　沉水植物的成长量

（五）沉水植物的表面附着的微生物

图 6 是通过显微镜观察检查到的沉水植物的表面附着的微生物的种类有沟钟虫（*Vorticella. convallaria*）、念珠钟虫（*V. moniata*）、旋轮虫（*Philodina sp*）。从这里看沉水植物共生系下，生物膜的附着效果很明显。对有机物的分解效果和消化效果也有明显的区别。

四、总　结

不同种类的沉水植物都具有不同程度净化污水的能力。因而可针对污水程度不同选用不同类别的沉水植物，最佳选择净化能力强，成长速度快，又具有经济价值的种类来进行栽培，加强管理，延长生长周期，充分利用发挥净污的净化能力。

从本研究的 DO 数据来分析，光合作用产生的 O_2 和大气中的 O_2 直接输送到沉水植物的植株处，再由植株处和根向水中扩散，可以从根系通过释放 O_2，氧化分解根系周围的沉淀物，再可以使水体底部和基质土壤形成厌氧和好氧反应区，为微生物的生息提供了良好的条件，从而形成“根际区”。这样沉水植物的新陈代谢产物和沉水植物残体及溶解的有机炭素给湿地中的菌落提供丰富的食物来源，同时产生大量的微生物在基质表面形成生物膜，增加了微生物的数量和分解代谢的面积及微生物的种类，使沉水植物根部的富集和沉淀下来的污染物被微生物分解利用，再加上微生物的新陈代谢降解的过程而除去。另外水生植物同浮游藻竞争营养物质以及所需的光热条件，同时分泌出抑藻物质，破坏藻类正常的生理代谢功能，迫使藻类死亡，以防止其带来的毒素。这样可以提高水体透明度，改善水中的DO含量，促进沉水植物与共生菌的生长，进一步净化水质。

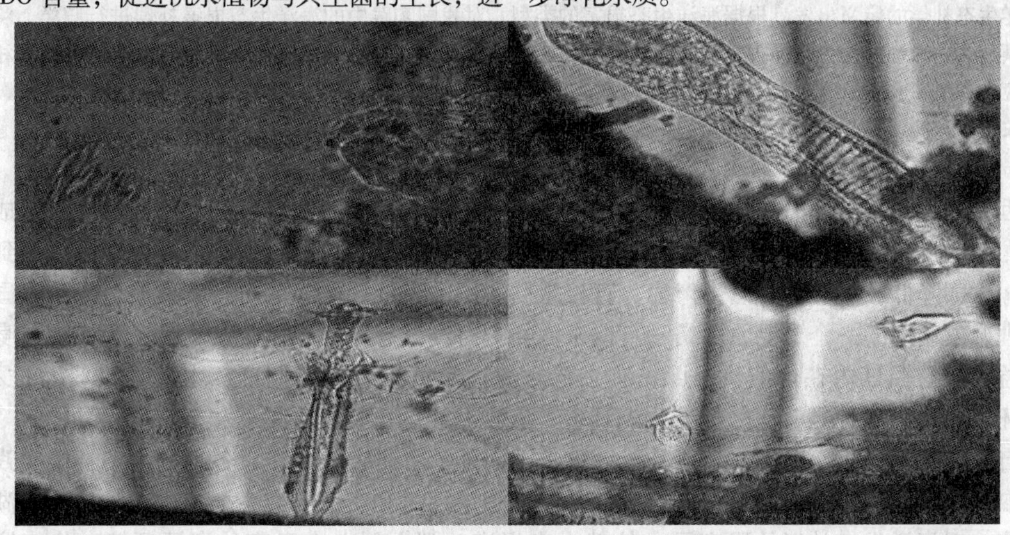

图6　沉水植物叶面附着的微小生物形态实照图片

从氮和磷的数据结果分析来说，富营养化水体中，也能通过沉水植物根茎上的微生物使反硝化菌、氨化菌等加速 NH_3-N 向 NO_2-N 和 NO_3-N 的转化过程，便于沉水植物的吸收和利用，减少水槽的底泥向水体中的营养盐释放。运用沉水植物的机能来治理污水是一种新型的生态工学技术，其优点是：有利于保护和改善环境；栽培治污的同时可以收获丰富的沉水植物；对社会产生的经济效益大、对环境扰动小；投资小、成本低、见效快。

参考文献

[1] 須藤隆一．环境净化的微生物学［M］．讲谈社出版，1982.7.

[2] 須藤隆一，稲森悠平．生物区系处理机能的诊断［M］．产业用水调查会．日经印刷株式会社出版．1983.3.

[3] 須藤隆一．稲森悠平．环境微生物实验法［M］．讲谈社出版，1988.5.

[4] 稲森悠平．最新环境净化的微生物学［M］．讲谈社出版，2008.11.

[5] 渡边真之．日本蓝藻大图签．诚文堂新光社出版，2007.6.

[6] R. Inamori，K－Q. Xu，P. Gui，Y. Ebie，Y. Inamori and M. Matsumura：Characteristic analysis of the organic substance and nutrient removal and the green house gas emission in the soil treatment systems with aquatic plants，Journal of Japanese Water Treatment Biology，2006，42（4）：185－197.

[7] T. Kuwabara，M. Matsumura，N. Hayashi，K－Q. Xu and Y. Inamori：Evaluation of the role of the aquatic plants in the Floating Type Edible Aquatic Plant Purification System，Japanese Journal of Water Treatment Biology，2007，43（2）：91－97.

[8] R. Inamori，K－Q. Xu，T. Yamamoto，M. Matsumura and Y. Inamori：Aquatic plant purification technology using eco－engineering，Journal of Water and Waste，2006，48（11）：963－975.

海洋生态补偿类型及其标准确定探讨

连婷婷　陈伟琪

（厦门大学环境科学中心　厦门　361005）

摘　要　国内外对海洋生态补偿的研究尚少，但实践中已有不少体现海洋生态补偿的尝试。本文从海洋生态补偿的定义出发，根据海洋生态损害的类型，对我国实践中的海洋生态损害补偿进行归类，将其分为一般性海洋生态损害补偿和事故性海洋生态损害补偿，并对这两类生态补偿的标准确定做了相应的探讨。

关键词　海洋　生态损害　补偿　标准

近年来，我国沿海的海洋经济飞速发展，各种不尽合理的海洋开发活动不断深化，造成我国海域尤其是近岸海域资源日益短缺、海洋生态环境恶化，具有重要价值的海洋生态系统遭到严重破坏，大大降低了海洋的自然生产力，直接威胁我国沿海社会经济的可持续发展。导致我国海域不合理开发利用的一个重要原因是一直以来人类把海洋生态系统当做公共物品，为实现自身的最大利益充分挖掘其内在价值。因此，有必要对海洋实行生态补偿制度，本着“谁受益谁补偿，谁破坏谁付费”的原则，有效保护生态环境，实现海洋的可持续发展。

自20世纪90年代以来，生态补偿一直是国内外学者研究的焦点，各地的生态补偿实践已有不少取得了很大的成功。然而目前，生态补偿的理论探讨和实证研究主要集中在陆地及河湖等生态系统，对海洋生态补偿的研究国内外都少有报道。刘文剑[1]在已有的资源环境、价值核算理论及方法的基础上，创新性地提出了海洋资源、环境开发使用补偿费的核算方法及具体的公式，但计算需要的系数带有很大的随意性和主观性；韩秋影等[2]分析了海洋生态资源生态补偿的利益相关者、补偿强度和补偿途径3个基本问题，指出了海洋生态资源生态补偿包括经济补偿、资源补偿和生境补偿；王淼等[3]从海洋生态补偿的原则、对象以及资金来源等对海洋生态补偿进行了探讨；丘君等[4]围绕影响渤海生态系统健康的关键是人类活动，提出了构建渤海区域生态补偿机制的初步设想。本文从海洋生态补偿的定义出发，根据海洋生态损害的类型，对海洋生态损害补偿进行分类，并对补偿标准的确定做了相应的探讨。

一、海洋生态补偿的定义

生态补偿最早出现在1991年的《环境科学大辞典》，它将自然生态补偿（Natural Ecological Compensation）定义为“生物有机体、种群、群落或生态系统受到干扰时，所表现出来的缓和干扰、调节自身状态使生存得以维持的能力，或者可以看作生态负荷的还原能力”[5]。该定义从生态学角度出发，强调生态系统对外界干扰的自我修复能力。同年代的文献报道中，生态补偿主要以生态环境补偿费的形式出现，是生态环境破坏者为损害生态环境而承担的责任，其作用是提供一种减少对生态环境损害的经济刺激手段[6]，这一时期的生态环境补偿费侧重于“赔偿”的概念。随着生态建设的推进和经济发展的需要，生态补偿的内涵也得到延伸，不仅包括对生态环境破坏者征收费用，还包括对生态环境受益者的收费和对生态环境保护者的补偿。生态补偿是指“通过对损害（或保护）资源环境的行为进行收费（或补偿），提高该行为的成本（或收益），从而激励损害（或保护）行为的主体减少（或增加）因其行为带来的外部不经济性（或外部经济性），达到保护资源的目的”[7]。俞海等[8]认为生态补偿是通过调整损害或保护生态环境的主体间的利益关系，将生态环境的外部性进行内部化，达到保护生态环境、促进自然资本或生态服务功能增值的目的的一种制度安排，其实质是通过资源的重新配置，调整和改善自然资源开发利用或生态环境保护领域中的相关生产关系，最终促进自然资源环境以及社会生产力的发展。总结起来，我们可以认为生态补偿是通过协调利用、建设和保护生态环境过程中各相关人的利益，将利用或保护生态环境的外部成本内部化，以达到保护生态环境，实现生态系统可持续利用的一种制度安排。因此，海洋生态补偿是指通过协调利用、建设和保护海洋生态环境过程中各相关人的利益，将利用或保护海洋生态环境的外部成本内部化，达到保护海洋环境，实现海洋生态系统可持续利用的一种制度安排。

二、海洋生态损害补偿类型

根据海洋生态损害发生的概率，可将其分为一般性海洋生态损害和事故性海洋生态损害。前者是指海洋日常开发使用对海洋生态系统造成的损害，而后者是指因海上活动的意外事故而导致海洋生态系统的修复和增值能力受到破坏。据此，我们将海洋生态损害补偿分为一般性海洋生态损害补偿和事故性海洋生态损害补偿两类。

（一）一般性海洋生态损害补偿

日常用海类型有填海造地、构筑物用海、养殖用海、油气开采用海、污水排海等，这些用海活动都在一定程度上降低了海水水质，影响海域原有的生态环境，其中填海造地的生态损害是目前研究较多的方面。它不仅破坏水生生物的生存环境，大规模的填海行为还会使不少生物种群濒临灭绝，遗传多样性大量丧失，同时还改变海洋水动力条件，减小水环境容量和污染物扩散能力，对区域生态系统、防洪和航运造成影响[9]。

对于上述的一般性海洋生态损害，我国的海洋生态补偿表现为海域有偿使用制度。该项制度自1993年颁发的《国家海域使用管理暂行规定》起开始实行，是我国海洋管理的基本制度之一。根据相关法律规定，国家拥有海域的所有权，海域开发使用者必须通过申请获得海域使用权，海域使用权可以转让或出租，并按照相关标准规定缴纳一定数额的海域使用金。国家将海域使用金用于海域开发建设、保护和管理的支出，如近年来广东、浙江、福建等沿海地区实行的人工鱼礁投放和渔业增殖放流。在该项制度中，生态补偿的主体较为明确，体现为海域使用者以及代表全体人民利益的国家各级政府。

另外，一般性海洋生态损害补偿还体现在海洋自然保护区的建设中。在海洋经济日益发展的今日，某些工程不可避免地要占用部分海洋自然保护区，从而对保护区内的珍稀濒危物种造成一定的影响，此时，生态补偿即发生在海洋自然保护区和现有海域使用者之间。虽然我国目前对该方面的生态补偿没有做出相应的规定，但是在实践中已经作了一些有益的尝试。

2003年港珠澳大桥建设经国务院批准后，需占用珠江口中华白海豚国家级自然保护区750 hm^2，其中356 hm^2 左右为永久性占用，该项工程的环评报告历经6年通过评审，最后，根据《大桥工程对珠江口中华白海豚的影响专题研究报告》，除了在大桥各分段工程中考虑环保措施外，将增加1.5亿元的专项环保费用计入大桥建安费中，而针对受影响最大的中华白海豚将设专项研究及保护费达1.2亿元。另外，在该报告中，专家还建议建造一定规模的“生态公益型”人工鱼礁区，以创造对白海豚种群再生产有利的人工生态环境。

2006年，厦门为建设杏林大桥穿越厦门中华白海豚国家级自然保护区边缘，需调整部分临时实验区。为此，厦门市政府积极拓展白海豚的生境，投资几十亿元开展环东海域养殖退出和退垦还海，并承诺杏林大桥建成后打开高崎海堤。同时，建设单位在白海豚救护保育基地建设、白海豚活动观测、白海豚繁育科研等方面给予生态补偿600万元[10]。

（二）事故性海洋生态损害补偿

事故性海洋生态损害主要由海上化学品泄漏造成的，发生较为频繁的是海上溢油事故。据统计，1973—2006年，我国沿海共发生大小船舶溢油事故2635起，其中溢油50吨以上的重大事故共69起，总溢油量37077吨，平均每年发生两起，平均每起污染事故溢油量537吨。沿海船舶溢油事故直接危害海洋环境，导致污染水域中大量生物因缺氧而死亡；油中的有害物质会通过食物链影响鱼类、贝类和人类；此外，溢油污染还会破坏海滩风景区和旅游景观，严重的油污染对生态环境的危害往往长达几十年[11]。一次海上溢油事故涉及多方面的赔偿，至少有八项内容：清污费用、水产养殖损失、渔业捕捞损失、旅游业损失、海洋环境损失、其他财产损失、其他经济损失、事故调查和评估费用。其中，对海洋环境损失的赔偿属于海洋生态损害补偿的范畴。

在海洋溢油事故的生态损害赔偿案例中，最为著名的是我国加入《1992年国际油污损害民事责任公约》后首例“海洋生态损害索赔案”——“塔斯曼”海轮索赔案。2002年11月，马耳他籍油轮“塔斯曼”海轮在我国渤海湾发生溢油事故，对渤海湾生态系统造成重大污染和破坏，事后各损失方对其提起诉讼，要求索赔1.7亿元，其中9830余万元为海洋生态环境损失。损失方最终共获赔4209万元，其中海洋生态损失获赔996余万元。这次索赔案首次肯定了海洋生态环境价值，开创了维护我国海洋生态环境权益的先河。

三、补偿标准的确定

（一）补偿标准的确定原则

生态补偿标准是实现生态补偿的依据，制定补偿标准就是要找到补偿主体和补偿对象共同认可的补偿额度，有效矫正生态环境保护相关的环境和经济利益分配关系，以达到纠正外部成本的目的。标准的确定应遵循以下原则：

1. 科学性　补偿标准是为了平衡各相关方的利益，标准的制定应建立在科学论证的基础上，要具有说服力。补偿标准要综合考虑生态系统服务的价值、机会成本，以及因保护而造成的损失等方面。

2. 协商性　生态补偿需要多方的参与，补偿标准的确定是一个博弈的过程。标准既要能体现生态补偿的效益和成本，又要考虑当前的经济发展水平和人们的承受能力等[12]。

3. 动态性　补偿标准既要有一定的刚性，也要有一定的柔性。不同时期的经济发展水平、发展状况和市场需求各不相同，补偿标准须因时制宜，将这些动态因素考虑其中。

（二）补偿标准的确定方法

一般性海洋生态损害补偿均属于事前补偿，是预防性补偿的一种方式，在海域开发使用之前，其对海洋生态系统的影响是未知的，具有不确定性。因此，补偿标准的确定必须通过调查研究各种海洋活动与海洋生态系统服务的关系，识别可能受到影响的生态系统服务，并对其进行价值化，计算相应的损失，根据损失的大小，结合海洋开发的力度、沿海地区的经济发展水平、市场需求等因素综合确定。

事故性海洋生态损害补偿是事后发生的行为，属于事后补偿。事故发生后可以识别已受到影响的生态系统服务，并进行价值化，计算海洋生态环境直接损失。另外，事故性海洋生态损害对海洋生态系统造成的损害通常很大，若要通过海洋的净化能力恢复到事故发生前的水平需要相当长的时间，为了使受损海洋能继续为人类服务，必须通过人为修复使其恢复到原有水平，而这部分的恢复费用也应当计入补偿标准中。因此，笔者认为事故性海洋生态损害补偿标准应包括海洋生态环境的直接损失和恢复海洋生态环境所需的费用这两部分。

确定补偿标准理想的方法是根据生态系统服务价值评估或生态破坏损失评估建立补偿标准，但由于多种生态系统服务价值难以准确计量，且评估方法还不成熟，不同计算方法得出的生态系统服务价值差异很大。另外，完全依据生态系统服务价值来征收补偿费用是十分困难的，因为即使能计算出来，其费用之高，也往往是被征收者无法承担的[6]。因此，实际中的补偿标准应以生态系统服务价值为上限，同时考虑生态建设成本、保护环境的机会成本、社会经济发展水平、人们的文化背景和意识及标准的可操作性等，最后经各利益相关人的协商后确定。

（三）基于海洋生态补偿标准的海域使用金

我国海洋生态补偿实践中使用较多的是海域有偿使用，它能从各种海洋使用的初始对使用者收取一定的费用，用于海洋的管理和保护。在海域有偿使用制度中，生态补偿标准表现为部分海域使用金，因为海域使用金不仅包括保护海洋生态环境的费用，还包括国家作为海域所有权拥有者向海域使用者收取的租金以及海洋管理的费用。从海域使用金的理论构成看，海域使用金应由海域价格、稀缺性价格和环境补偿价格构成[13]，其中环境补偿价格即海洋生态补偿标准。目前我国海域使用金的征收标准仍然偏低，无法体现海洋生态环境的真实价值，满足不了海洋生态保护的要求。彭本荣等[14]通过建立一系列生态经济模型，评估出厦门海域每平方米“填海造地”生态损害的价值为279元，加上海域作为生产要素的价值，厦门工业用海“填海造地”海域使用金征收标准应该为327.82元/m^2，其估算结果远远高于现行的填海造地海域使用金的最高征收标准195元/m^2。因此有必要提高海域使用金的征收金额，即提高海洋生态补偿标准的部分，加强对海洋的保护，将海洋生态补偿的理念纳入到海域有偿使用中去，以实现海域使用的良性循环。

四、小　结

海洋生态补偿是海洋综合管理的一个重要方面，对保护海洋生态系统和促进海洋资源可持续利用有重大意义。海洋生态补偿是指通过协调利用、建设和保护海洋生态环境过程中各相关人的利益，将利用或保护海洋生态环境的外部成本内部化，达到保护海洋环境，实现海洋生态系统可持续利用的一种制度安排。本文将实践中的海洋生态损害补偿分为一般性和事故性两大类，从生态补偿标准的确定原则出发，本文认为补偿标准应根据海洋生态系统服务的价值变化，结合不同类型生态损害的特点，同时考虑实际的保护成本、社会经济发展水平、文化背景和意识等因素综合确定。我国实践中的海域使用金偏低，应提高其中海洋生态补偿的部分。

参考文献

[1] 刘文剑．海洋资源、环境开发使用补偿费核算探讨［J］．中国海洋大学学报（社会科学版），2005（2）：14－17.

[2] 韩秋影，黄小平，施平．生态补偿在海洋生态资源管理中的应用［J］．生态学，2007，26（1）：126－130.

[3] 王淼，段志霞．关于建立海洋生态补偿机制的探讨［J］．中国渔业经济，2008，3（26）：12－15.

[4] 丘君，刘容子，赵景柱，等．渤海区域生态补偿机制的研究［J］．2008，18（2）：60－64.

[5]《环境科学大辞典》编委会．环境科学大辞典［M］．北京：中国环境科学出版社，1991：326.

[6] 庄国泰，高鹏，王学兵．中国生态环境补偿费的理论与实践［J］．中国环境科学，1995，15（6）：413－418.

[7] 毛显强，钟瑜，张胜．生态补偿的理论探讨［J］．中国人口·资源与环境，2002，12（4）：38－41.

[8] 俞海，任勇．中国生态补偿：概念、问题类型与政策路径选择［J］．中国软科学，2008，6：7－15.

[9] 刘育，龚凤梅，夏北成．关注填海造陆的生态危害［J］．环境科学动态，2003，4：25－27.

[10] 郑冬梅．海洋自然保护区生态补偿探析［J］．海洋开发与管理，2008，11：98－102.

[11] 纪大伟，杨建强，高振会，等．海洋溢油生态损害评估研究进展［J］．水道港口，2006，27（2）：115－119.

[12] 闵庆文，甄霖，杨光梅．自然保护区生态补偿研究与实践进展［J］．生态与农村环境学报，2007，23（1）：81－84.

[13] 秦书莉．论我国海域价格的理论构成［J］．时代经贸，2008，115（6）：8－9.

[14] 彭本荣，洪华生，陈伟琪，等．填海造地生态损害评估：理论、方法及应用研究［J］．自然资源学报，2005，20（5）：714－726.

基于气象条件的太湖“湖泛”成因分析

王成林[1,2]　陈黎明[3]　黄　娟[4]　钱　新[1]

（1. 南京大学环境学院污染控制与资源化研究国家重点实验室　南京　210093；
2. 解放军理工大学气象学院　南京　211101；3. 南京水利科学研究院
南京　210029；4. 江苏省环境监测中心　南京　210036）

摘　要　2007 年与 2008 年 5 月太湖水域“湖泛”主要是由蓝藻水华引发的，但是蓝藻水华在湖湾或岸边浅水区大量堆积并不一定引发“湖泛”。本文研究发现 2007 年与 2008 年 5 月的“湖泛”现象存在相同的触发机制：三天以上时间维持高温（平均气温大于 20℃）、微风（平均风速小于4m/s）、风向基本一致（风向平均绝对偏差小于 20 度）；其后，冷空气过境使得风速短时增大、风向调转 180 度左右、气温迅速降低，并且这种气象条件持续 1 天以上。

关键词　太湖　藻源性“湖泛”　外因　触发机制　冷空气

有关太湖水域“湖泛”，至今没有统一的定义与解释。谢平[1]研究认为，“湖泛”是太湖流域人们流传着一种水污染现象。其往往在枯水年低水位期，于黄梅期或在汛间低水位、高温少雨晴好天气之际，在湖湾底泥沉积较厚的浅水区，由于太阳辐射增强，水温升高，底泥发生强烈厌氧分解，释放出甲烷、硫化氢等气体，水质变劣产生臭味形成的。而陆桂华等[2]研究解释为，“湖泛”（亦称黑水团或污水团）是指湖泊富营养化水体在藻类大量暴发、积聚和死亡后，在适宜的气象、水文条件下，与底泥中的有机物在缺氧和厌氧条件下产生生化反应，释放硫化物、甲烷和二甲基三硫等硫醚类物质，形成褐黑色伴有恶臭的“黑水团”，从而导致水体水质迅速恶化、生态系统受到严重破坏的现象。上述两种定义与解释的最大不同点是，后者强调“湖泛”是由蓝藻水华引发的。

2007 年与 2008 年 5 月太湖水域“湖泛”主要是由蓝藻水华引发的。孔繁翔[3,4]、陆桂华等[2]研究了 2007 年和 2008 年的“湖泛”现象，一致认为近年来太湖“湖泛”产生的主要原因是，近 30 年的经济迅速发展，太湖周边经济发达城市（如无锡、常州、苏州等）的工业、农业、生活污水不断汇入太湖，使得太湖水体富营养化程度日益加重，造成蓝藻水华频繁暴发，在湖湾、沿岸等浅水区大量堆积，腐烂沉降，在适当的气象和水文条件下，与水底陆源污染物混合在一起发生强烈厌氧反应，其反应的产物进入水体及水表，形成黑臭污水团。这种太湖水污染现象与人们流传的“湖泛”有所区别，本文将这种主要由蓝藻水华引发的水污染现象称为藻源性“湖泛”（以下简称“湖泛”）。

气象条件对蓝藻水华的形成和迁移聚集有着重要的影响，是引发“湖泛”的重要诱因。吴晓东[5]、孔繁翔[4,6]等研究发现高温、强光照的条件有利于蓝藻生物体的生长；孙小静[7]、尤本胜[8]等研究发现小风浪有利于蓝藻生长或漂浮，而大风浪对其生长或漂浮不利。所以，较长时间维持高温、微风气象条件是蓝藻水华大面积暴发的主要外因之一。陆桂华等[2]从风向、气温、降水三个方面分析了气象条件对“湖泛”的影响，其认为太湖相对稳定的风场导致了藻类在太湖西北沿岸大量堆积、气温持续升高促进了藻类死亡和不完全分解、降水较少导致了水位偏低，有利于“湖泛”发生。由此可见，高温、微风气象条件有利于藻类单体的生长和水华的形成，稳定的风向导致藻类在局部地区大量堆积，同时高温也有利于藻类死亡和不完全分解，这是“湖泛”

论文资助来源：江苏省环境监测科研基金项目 0919；解放军理工大学基础理论研究基金；国家重点基础研究发展计划（2008CB418003）。

形成的气象条件。

然而，蓝藻水华在湖湾或岸边浅水区大量堆积并不一定引发“湖泛”，所以2007年与2008年5月的“湖泛”现象必定存在特异的外界诱因。20世纪90代后期至今，太湖几乎每年都发生较大面积蓝藻水华，大量藻华常常在湖湾、浅水区堆积，但并不是每次都形成像2007年与2008年5月的“湖泛”现象。所以，关于触发2007年与2008年5月太湖“湖泛”现象形成的外界诱因研究，将是能否进行“湖泛”预警的关键所在。国内外有关“湖泛”形成的外界触发机制研究尚不多见[2]，本文据此将从气象学角度分析这种触发机制。

一、2007年与2008年5月太湖水域“湖泛”期间气象条件特征分析

针对上述两次“湖泛”发生的时间，本文分别选择2007年5月18日00时（世界时，下同）至2007年5月29日21时、2008年5月13日00时至2008年5月24日21时两个时段无锡气象观测站（站号为58354）实测的气象四要素进行分析。这四个要素分别为气压、风速、风向、气温，每日观测时间为00时、03时、06时、09时、12时、15时、18时、21时，共计8次观测。图1、图2中a、b、c、d图分别为上述气象四要素随时间的变化序列。

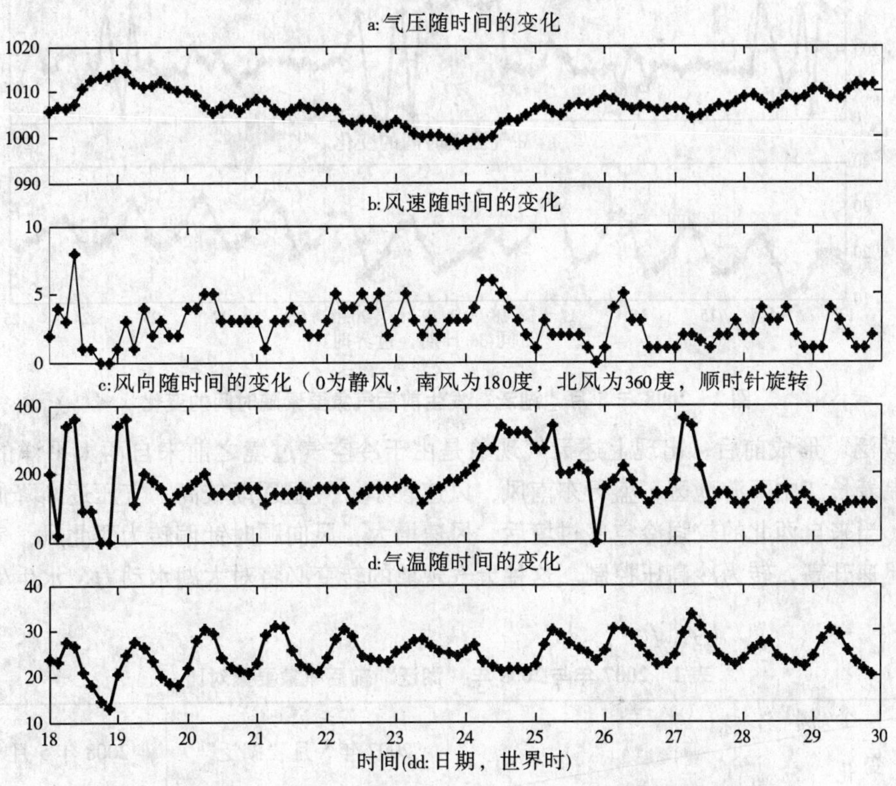

图1　2007年5月“湖泛”发生前后气象要素随时间的变化

对比图1与图2可以发现，这两个时段各气象要素变化非常相似，都是由稳定到突变的过程。将2007年5月19日06时至24日03时、2008年5月14日09时至17日21时分别定义为这两次“湖泛”形成前的稳定阶段，结合表格1可以看出，这一时段内持续时间都超过72小时（大于3天），气压最大降幅都超过10hPa，平均气温都大于20℃，最高气温都高于30℃，平均风速小于4m/s，平均风向都为东南风（150度左右），平均风向绝对偏差都小于20度。所以，在“湖泛”形成前气象要素演变的共同特征为：气压逐渐降低、风速较小、风向基本一致、气温逐渐升高；将2007年5月24日06时至25日06时、2008年5月18日00时至19日03时分别定义为这两次“湖泛”形成时的突变阶段，从表1中可以看出，在这一时段内持续时间都超过

24 小时（大于 1 天），气压最大升幅都超过 7hPa，平均气温都大于 20℃，最高气温都低于 30℃，平均风速增大（大于稳定阶段平均风速，且存在短时风速大于 6m/s），平均风向都为西北风（大于 300 度）。所以，在“湖泛”形成时气象要素演变的共同特征为：气压迅速升高、风速短时增大、风向顺时针偏转接近 180 度、气温迅速降低。

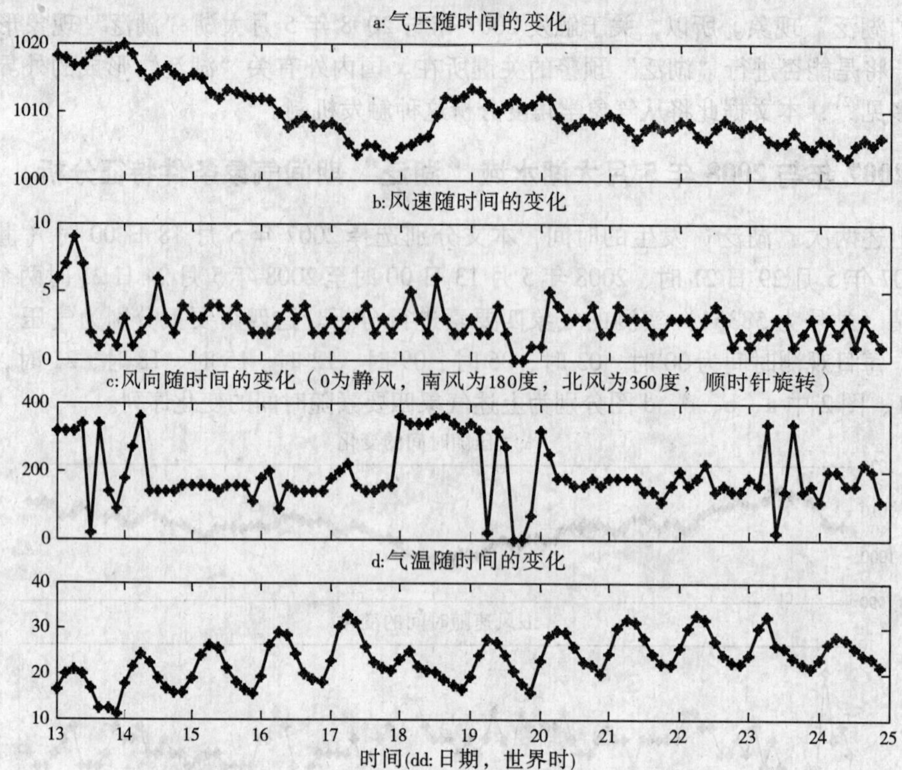

图 2　2008 年 5 月“湖泛”发生前后气象要素随时间的变化

在“湖泛”形成前后，出现上述天气现象是由于冷空气过境之前来自西太平洋的暖湿气团长时间控制着长江中下游地区，盛行东南风，风速较小，气温逐渐较高，气压逐渐降低，形成暖低压中心。当来自西北的较强冷空气过境后，风速增大，风向顺时针偏转为西北风，气温迅速降低，气压迅速升高，转为冷高压控制。这种天气现象的转变必将对太湖水动力、水生生物产生较大影响。

表 1　2007 年与 2008 年“湖泛”前后气象要素对比

要素变化 \ 个例名称		2007 年 5 月“湖泛”	2008 年 5 月“湖泛”
稳定阶段	持续时间/h	118	85
	气压降幅/hPa	13.8	13.2
	平均风速/m/s	3.2	3.03
	平均风向/度	155.75	154.5
	平均风向绝对偏差/度	19.31	18.5
	平均气温/℃	25.06	22.38
	最高气温/℃	31	32.8

要素变化＼个例名称		2007 年 5 月“湖泛”	2008 年 5 月“湖泛”
突变阶段	持续时间（h）	25	28
	气压升幅/hPa	7.1	8.6
	平均风速/m/s	3.56	3.1
	平均风向/度	302.22	342
	平均风向绝对偏差/度	28.64	10.8
	平均气温/℃	23.33	20.62
	最高气温/℃	29.8	25

二、太湖“湖泛”形成的外因及触发机制分析

在太湖营养盐浓度没有得到有效控制的情况下[9, 10]，上述 2007 年和 2008 年 5 月“湖泛”发生前，高温（平均气温大于 20℃）、微风（平均风速小于 4m/s）气象条件维持时间大于 72 小时，这使得蓝藻水华大面积暴发。其次，蓝藻水华在风向一致（平均风向绝对偏差小于 20 度）的东南风长时间驱动下，在下风向西北太湖沿岸浅水区域大量堆积（以平均流速 10cm/s 计算[11]，72 小时水平移动距离可达 25.92km），下沉腐烂，发生厌氧反应。再次，在长时间一致风向驱动下，为了维持与风应力相平衡，水体会在下风向岸边堆积，形成沿岸流和下沉流。此下沉流也有利于蓝藻下沉，再加上长时间微风、高温使得垂直方向上水体扰动较小、水体层结稳定（表层温度高于底层温度）。这三种原因共同使得大量蓝藻较长时间维持在水底不发生再悬浮，在陆源污染物的共同作用下发生强烈厌氧反应，在水底形成大量黑臭污水团。

当冷空气过境时，气压迅速升高、风速短时增大、风向顺时针偏转接近 180 度、气温迅速降低。首先，气温迅速降低，使得水体垂直方向温度梯度较小，其层积稳定度降低；其次，风速短时增大，使得水体垂直方向上扰动增大；再次，风速短时增大、风向 180 度调转，使得蓝藻水华大量堆积的岸边出现较强的离岸流，根据补偿原理，在离岸流出现的岸边会有涌升流产生。此三种原因共同作用，使得水底已经形成的大量黑臭污水团带至水表，形成“湖泛”现象。

所以，“湖泛”形成的气象成因是：较长时间维持高温、微风、风向基本一致，使得蓝藻水华大面积暴发，并在下风向岸边浅水区大量堆积，下沉腐烂，发生强烈厌氧反应，在水底形成大量黑臭污水团。“湖泛”形成的触发机制是：冷空气过境使得风速短时增大、风向调转 180 度左右、气温迅速降低。这种气象条件的短时突变，触发了“湖泛”的形成。

三、2007 年与 2008 年“湖泛”发生地点不同的原因分析

2008 年“湖泛”发生在宜兴沿岸至竹山湾一带，在太湖的西北方向，而 2007 年发生在梅梁湾和贡湖湾一带，在太湖的东北方向。以太湖湖心为圆心，这两次“湖泛”发生地点偏差了 120 度左右。其原因是 2007 年藻源形成阶段的风向较 2008 年的更加偏南，在这种风场的持续驱动下，蓝藻水华向更加偏北方向的梅梁湾和贡湖湾聚集。对比表格 1 中平均风向值，用 2007 年的 155.75 度减去 2008 年的 154.5 度，其差再乘以 2007 年藻源形成阶段持续的时间（118 小时），结果为 147.5 度。由此可见，虽然平均风向偏差不大，但在较长时间的持续作用下，其偏转角度非常明显。

四、讨论与结论

虽然已有的观测到的“湖泛”现象不多，无法从概率统计的角度分析“湖泛”发生的共同气象特征，但是本文针对 2007 年和 2008 年 5 月的两次“湖泛”个例，利用常规气象观测资料寻

找到了鲜明的相同气象特征，其研究结论如下：

1. 藻源性“湖泛”形成的外因是：三天以上时间维持高温、微风、风向基本一致。此三种气象条件同时较长时间出现，其一有利于蓝藻水华大面积暴发；其二有利于蓝藻水华在下风向岸边大量堆积；其三有利于蓝藻下沉；其四有利于维持水体层结稳定，为水底厌氧反应提供适宜的水动力环境。

2. 藻源性“湖泛”形成的触发机制是：冷空气过境使得风速短时增大、风向调转 180 度左右、气温迅速降低，并且这种气象条件持续 1 天以上。此三种气象条件同时出现 1 天以上，不仅降低了水体层结稳定度，增大了垂向扰动，还使得蓝藻水华大量堆积的岸边出现沿岸涌升流，使得水底厌氧反应产生的黑臭水团带至水表。

3. 2007 年“湖泛”发生地点不同于 2008 年的主要原因是，2007 年藻源形成阶段的风向较 2008 年的更加偏南，在这种风场的持续驱动下，蓝藻水华向更加偏北方向的梅梁湾和贡湖湾聚集，风向差的累积改变了“湖泛”发生的地点。

本文还存在以下不足和有待进一步研究的内容：

①由于已有的观测到的藻源性“湖泛”现象不多，本文没能验证：是不是出现上述结论（1、2）中的天气过程，就一定能出现“湖泛”呢？②本文仅仅从气象学角度分析了太湖藻源性“湖泛”形成的原因，“湖泛”的形成必定还受到其他诸多因素的影响，如地理条件、水文条件、生物反应、化学反应等，这有待于进一步研究。

参考文献

[1] 谢平. 太湖蓝藻的历史发展与水华灾害——为何 2007 年在贡湖水厂出现水污染事件？30 年能使太湖摆脱蓝藻威胁吗？[M]. 北京：科学出版社，2008.

[2] 陆桂华，马倩. 太湖水域“湖泛”及其成因研究 [J]. 水科学进展，2009（3）.

[3] 孔繁翔，胡维平，谷孝鸿，等. 太湖梅梁湾 2007 年蓝藻水华形成及取水口污水团成因分析与应急措施建议 [J]. 湖泊科学，2007（4）.

[4] 孔繁翔，马荣华，高俊峰，等. 太湖蓝藻水华的预防、预测和预警的理论与实践 [J]. 湖泊科学，2009（3）.

[5] 吴晓东，孔繁翔. 水华期间太湖梅梁湾微囊藻原位生长速率的测定 [J]. 中国环境科学，2008（6）.

[6] 孔繁翔，高光. 大型浅水富营养化湖泊中蓝藻水华形成机理的思考 [J]. 生态学报，2005，25（3）：589-595.

[7] 孙小静，秦伯强，朱广伟，等. 风浪对太湖水体中胶体态营养盐和浮游植物的影响 [J]. 环境科学，2007（3）.

[8] 尤本胜，王同成，范成新，等. 风浪作用下太湖草型湖区水体 N、P 动态负荷模拟 [J]. 中国环境科学，2008，28（1）：33-38.

[9] 朱广伟，秦伯强，高光. 风浪扰动引起大型浅水湖泊内源磷暴发性释放的直接证据 [J]. 科学通报，2005，50（1）：66-71.

[10] 郑庆锋，孙国武，李军，等. 影响太湖蓝藻暴发的气象条件分析 [J]. 高原气象，2008（S1）.

[11] 黄漪平，范成新，濮培民，等. 太湖水环境及其污染控制 [M]. 北京：科学出版社，2001.

集对分析法在湖泊富营养化评价中的应用

高军省

（长江大学地球化学系　湖北省荆州市南环路1号　434023）

摘　要　为了掌握湖泊的富营养化状态，在简述湖泊富营养化评价方法的基础上，介绍了集对分析方法，建立了湖泊富营养化状态评价的五元联系数模型。通过对洪湖不同区域的富营养化状态评价，说明了集对分析中联系数用于湖泊富营养化评价是可行的，评价结果是合理的。

关键词　湖泊富营养化　综合评价　集对分析　五元联系数　洪湖

一、引　言

富营养化是指水体中营养盐类和有机物质大量积累，引起藻类和其他浮游生物异常增殖，导致水质恶化、景观破坏的现象[1]。对于湖泊等封闭性或半封闭性水体，富营养化是一种普遍的、进程缓慢的自然现象。而人类的生活和生产活动则明显地加快了水体的富营养化进程。我国一些重要的水源地湖泊，如太湖、巢湖等均出现了严重的富营养化问题[2]，对当地的饮水安全、湖泊环境保护和居民的身心健康带来了严重威胁。因此，通过富营养化评价来掌握湖泊的水环境状态，为湖泊的水环境治理和保护提供科学依据。

就湖泊的富营养化评价方法问题，已报道过较多的研究。如李祚泳等用主分量分析法评价了我国一些湖泊的富营养化状态[3]，冯玉国用灰色关联分析法评价了我国主要湖泊的富营养化水平[4]，卢文喜等用人工神经网络方法评价了17个湖泊的富营养化程度[5]，胡著邦等用模糊数学方法评价了杭州三个湖库的富营养化情况[6]，门宝辉等采用属性识别法评价了于桥水库、巢湖、玄武湖的富营养化水平[7]，谢平提出了用基于贝叶斯公式的湖泊富营养化评价的随机方法[8]，刘光萍等用分形理论评价了我国30个湖泊的富营养化状态[9]，石勇等采用未确知数学方法评价了巢湖的富营养化状态[10]，高军省用集对分析法中的联系数评价了湖泊的富营养化状况[11]。以上这些研究虽然取得了一定的成果，但也有一些问题。如主分量分析法中类型划分的人为因素问题，灰色关联分析法中的关联系数计算（点到点与点到区间的差的区别）问题，人工神经网络模型中的隐含层数及其神经元个数的选取问题，模糊综合评价法计算过程中的信息的丢失问题，属性识别法中确定置信度的人为因素，未确知数学方法中参数分布的选定问题，集对分析法中不确定系数的合理取值问题等。本文介绍一种集对分析评价方法，并将其用于洪湖的富营养化评价。

二、集对分析原理

集对分析（Set Pair Analysis，SPA）是我国学者赵克勤先生于1989年提出的用联系度统一处理确定与不确定系统的一种理论。自该理论提出后，已经在自然科学研究与工程技术领域、哲学与社会经济等领域得到了广泛的应用[12]。实例也证明了用集对分析方法进行湖泊富营养化评价是可行的[11]。

（一）集对分析中的联系度

集对是指有一定联系的两个集合所组成的一个对子。集对分析是在一定问题背景下，对所研

基金项目：国家水体污染控制与治理科技重大专项（2009ZX07210－006－3－2）；长江大学科研发展基金项目（CJ2009－06）。

究的两个集合（集对）的所有特性进行全面分析，总共得到 N 个特性，其中有 S 个特性是两个集合共同具有；在 P 个特性上两个集合相对立，在余下的 F（$F=N-S-P$）个特性上既不对立，也不共同具有，则称 S/N 为两个集合在所研究问题下的同一度（用 a 表示）；F/N 为两个集合在所研究问题下的差异度（用 b 表示）；P/N 为两个集合在所研究问题下的对立度（用 c 表示），并用下式统一表示为：

$$\mu=\frac{S}{N}+\frac{F}{N}i+\frac{P}{N}j \text{ 或 } \mu=a+bi+cj \tag{1}$$

其中 $a+b+c=1$。

式中：μ 为两个集合的联系度；i 为差异度系数，在［-1，1］区间取值，有时仅起差异标记作用；j 为对立度系数，计算时恒取 -1，有时仅起对立标志作用。

（二）联系数

式（1）是常用的联系度，也称为三元联系数。将式（1）中的不确定项 bi 进一步展开为，$bi=b_1i_1+b_2i_2+\cdots+b_ki_k$，就可得到多元联系数。如当 $k=3$ 时，得到的是五元联系数，其表达式为：

$$\mu=a+b_1i_1+b_2i_2+b_3i_3+cj \tag{2}$$

其中 $a+b_1+b_2+b_3+c=1$。

式中：a 为同一分量；b_1、b_2、b_3 为差异度分量，分别表示不同级别的差异程度；i_1、i_2、i_3 为差异不确定分量系数；c 为对立分量；j 为对立分量系数。

如果确定了式（1）、（2）中的各分量值及分量系数值，就可以对两个集合的相互关系进行定量的分析。

三、综合评价的五元联系数模型

为了叙述方便，将式（2）改写为下式：

$$\mu=a+bi+cj+dk+el \tag{3}$$

其中 $a+b+c+d+e=1$。

a、b、c、d、e 为联系分量；i、j、k、l 为联系分量系数。一般的，$l\equiv -1$。

在五元联系数中，联系分量（a、b、c、d、e）具有优序性，即 a 表示的事物性质优于 b，b 表示的事物性质优于 c，依此类推。a、b、c、d、e 均在［0，1］范围内取值。

把待评价对象 m 的某个评价指标 x_p（$p=1$，2，…，P）看作一个集合 A_p，把该指标相应的评价标准看作另外一个集合 B_q，则 A_p 和 B_q 形成一个集对。可用五元联系数来描述该集对的关系，即

$$\mu_p=a+bi+cj+dk+el \tag{4}$$

式中：a 表示指标值 x_p 与该指标第 q 级标准的同一度（同一等级，也即同一分量）；b 表示指标值 x_p 与该指标第 q 级标准相差一级的差异度（相差一级的差异度分量）；c 表示指标值 x_p 与该指标第 q 级标准相差二级的差异度（相差二级的差异度分量）；d 表示指标值 x_p 与该指标第 q 级标准相差三级的差异度（相差三级的差异度分量）；e 表示指标值 x_p 与该指标第 q 级标准的对立度（相差四级）。

对于评价问题，式（3）中的 a、b、c、d、e 可以理解为评价指标 x_p 属于 1 级标准、2 级标准、3 级标准、4 级标准、5 级标准的程度[13]。

设评价对象 m 为集合 A，1 级评价标准为集合 B，则集合 A、B 的五元联系数 μ 为：

$$\mu=\sum_{p=1}^{P}w_pa_p+\sum_{p=1}^{P}w_pb_pi_p+\sum_{p=1}^{P}w_pc_pj_p+\sum_{p=1}^{P}w_pd_pk_p+\sum_{p=1}^{P}w_pe_pl \tag{5}$$

式中：w_p 为第 p 个评价指标的权重，$\sum_{p=1}^{P} w_p = 1$。

在式（5）中，差异度分量系数（不确定分量系数）的取值是一个棘手的问题，需要针对不同的情况进行具体的分析[12]。为了避免直接确定差异度分量系数的取值，可以采用置信度准则式（6）来判别评价对象属于 n 等级[14]。

$$\sum_{q=1}^{n} h_q > \lambda \quad (n = 1,2,\cdots,5) \tag{6}$$

式中：$h_1 = \sum_{p=1}^{P} w_p a_p$，$h_2 = \sum_{p=1}^{P} w_p b_p$，$h_3 = \sum_{p=1}^{P} w_p c_p$，$h_4 = \sum_{p=1}^{P} w_p d_p$，$h_5 = \sum_{p=1}^{P} w_p e_p$

λ 为置信度，取值范围通常为（0.5，1），一般取 0.6～0.7。

评价指标 x_p 的联系数计算公式采用式（7）[13]，即

$$\mu_p = \begin{cases} 1 + 0i + 0j + 0k + 0l & x_p \leqslant S_1 \\ \dfrac{S_1 + S_2 - 2x_p}{S_2 - S_1} + \dfrac{2x_p - 2S_1}{S_2 - S_1}i + 0j + 0k + 0l & S_1 < x_p \leqslant \dfrac{S_1 + S_2}{2} \\ 0 + \dfrac{S_2 + S_3 - 2x_p}{S_3 - S_1}i + \dfrac{2x_p - S_1 - S_2}{S_3 - S_1}j + 0k + 0l & \dfrac{S_1 + S_2}{2} < x_p \leqslant \dfrac{S_2 + S_3}{2} \\ 0 + i + \dfrac{S_3 + S_4 - 2x_p}{S_4 - S_2}j + \dfrac{2x_p - S_2 - S_3}{S_4 - S_2}k + 0l & \dfrac{S_2 + S_3}{2} < x_p \leqslant \dfrac{S_3 + S_4}{2} \\ 0 + 0i + 0j + \dfrac{2S_4 - 2x_p}{S_4 - S_3}k + \dfrac{2x_p - S_3 - S_4}{S_4 - S_3}l & \dfrac{S_3 + S_4}{2} < x_p \leqslant S_4 \\ 0 + 0i + 0j + 0k + 1l & x_p > S_4 \end{cases} \tag{7}$$

式中的 S_1、S_2、S_3、S_4 为评价指标的门限值。

以上即为集对分析理论中用于综合评价的五元联系数模型。

四、五元联系数在洪湖富营养化评价中的应用

（一）洪湖水质监测数据与富营养化分级标准

洪湖位于长江中游的江汉平原，面积约为 344.4km²，是“千湖之省”湖北的第一大湖泊，我国的第七大淡水湖泊。根据文献[15]，洪湖 2005 年 8 月到 2006 年 7 月的总磷（TP）、总氮（TN）、高锰酸盐指数（COD_{Mn}）、透明度（SD）和叶绿素 a（Chl－a）的监测数据（全年平均值）如表 1 所示，湖泊富营养化分级标准如表 2 所示。现用五元联系数模型对洪湖该期间的富营养化状态进行评价。

表 1　洪湖水质监测值

区　域	TP/（mg/L）	TN/（mg/L）	COD_{Mn}/（mg·L）	SD/m^{-1}	Chl－α/（μg/L）
入湖区	0.126	1.860	5.160	0.950	3.700
养殖区	0.079	1.770	5.410	0.810	3.000
开阔区	0.056	1.320	5.060	0.610	2.600
保护区	0.050	1.040	4.910	0.920	3.230
全　湖	0.065	1.410	5.200	0.730	3.300

（二）评价结果

根据公式（7）计算各评价指标的联系数如表 3 所示。

由公式（5）计算五元联系数时，必须首先确定各个水质指标在湖泊富营养化评价中的重要

性，即权重。关于权重的确定方法很多，如德尔斐法、变权法、层次分析法、主成分分析法、熵权法等[16]。为了便于评价结果的比较，本文直接采用文献[15]中的结果，即总磷（TP）、总氮（TN）、高锰酸盐指数（COD_{Mn}）、透明度（SD）、叶绿素 a（Chl－a）的权重依次为 0.156、0.295、0.297、0.241、0.011。洪湖各区域联系数计算结果如表4 所示。

表 2　湖泊富营养化分级标准[15]

营养等级	TP/（mg/L）	TN/（mg/L）	COD_{Mn}/（mg/L）	SD/m^{-1}	Chl－α/（μg/L）
Ⅰ极贫营养	（0，0.005）	（0，0.07）	（0，1.40）	（8.25，∞）	（0，0.25）
Ⅱ贫营养	（0.005，0.019）	（0.07，0.24）	（1.40，2.96）	（2.94，8.25）	（0.25，1.59）
Ⅲ中营养	（0.019，0.065）	（0.24，0.77）	（2.96，6.29）	（1.05，2.94）	（1.59，10.0）
Ⅳ轻富营养	（0.065，0.413）	（0.77，4.50）	（6.29，19.40）	（0.22，1.05）	（10.0，158.5）
Ⅴ重富营养	（0.413，1.415）	（4.50，14.64）	（19.40，41.14）	（0.08，0.22）	（158.5，1000.0）

表 3　洪湖各区域评价指标的五元联系数分量计算结果

指标	入湖区					养殖区				
	a	*b*	*c*	*d*	*e*	*a*	*b*	*c*	*d*	*e*
TP	0	0	0.5736	0.4264	0	0	0	0.8122	0.1878	0
TN	0	0	0.3638	0.6362	0	0	0	0.4061	0.5939	0
COD_{Mn}	0	0	0.9349	0.0651	0	0	0	0.9045	0.0955	0
SD	0	0	0.2316	0.7684	0	0	0	0.1287	0.8713	0
Chl－a	0	0.4297	0.5703	0	0	0	0.5733	0.4267	0	0
	开阔区					保护区				
TP	0	0	0.9289	0.0711	0	0	0	0.9594	0.0406	0
TN	0	0	0.6174	0.3826	0	0	0	0.7488	0.2512	0
COD_{Mn}	0	0	0.9471	0.0529	0	0	0	0.9653	0.0347	0
SD	0	0	0	0.9398	0.0602	0	0	0.2096	0.7904	0
Chl－a	0	0.6554	0.3446	0	0	0	0.5262	0.4738	0	0
	全湖									
TP	0	0	0.8832	0.1168	0					
TN	0	0	0.5751	0.4249	0					
COD_{Mn}	0	0	0.93	0.07	0					
SD	0	0	0.0699	0.9301	0					
Chl－a	0	0.5118	0.4882	0	0					

表 4　洪湖各区域的联系数计算结果

区　域	*a*	*b*	*c*	*d*	*e*
入湖区	0	0.0047	0.5366	0.4587	0
养殖区	0	0.0063	0.5508	0.4428	0
开阔区	0	0.0072	0.6121	0.3662	0.0145
保护区	0	0.0058	0.7130	0.2812	0
全　湖	0	0.0056	0.6059	0.3885	0

置信度 λ 取 0.6，则五元联系数法评价的洪湖各区域的富营养化状态如表5 所示。即洪湖的入湖区、养殖区、开阔区、保护区和全湖的富营养化水平依次为轻富营养（Ⅳ）、轻富营养（Ⅳ）、中营养（Ⅲ）、中营养（Ⅲ）和中营养（Ⅲ）。与文献[15]中的模糊数学评价结果（见表5 中的第3 行）相比较，结果完全一致。说明五元联系数方法的评价结果是可信的，该法是可以用于湖泊富营养化及水体环境质量的综合评价中。

表5 五元联系数方法与模糊数学方法的评价结果

评价方法	入湖区	养殖区	开阔区	保护区	全 湖
五元联系数方法	Ⅳ轻富营养	Ⅳ轻富营养	Ⅲ中营养	Ⅲ中营养	Ⅲ中营养
模糊数学评价方法	Ⅳ轻富营养	Ⅳ轻富营养	Ⅲ中营养	Ⅲ中营养	Ⅲ中营养

五、结束语

本文将集对分析中的五元联系数用于湖泊的富营养化状态评价，介绍了该法的评价原理和用于湖泊水质综合评价时的步骤。对洪湖五个区域的评价结果与模糊数学方法的评价结果一致，说明了该方法用于湖泊的富营养化评价是可行的。

参考文献

[1] 陈志凯，王维第，刘国伟．中国水利百科全书——水文与水资源分册［M］．北京：中国水利水电出版社，2004：265－266.

[2] 金相灿．湖泊富营养化研究中的主要科学问题［J］．环境科学学报，2008，28（1）：21－23.

[3] 李祚泳，邓新民，洪继华．主分量分析法用于湖泊富营养化评价的相互比较［J］．环境科学学报，1990，10（3）：311－317.

[4] 冯玉国．湖泊富营养化灰色评价模型及其应用［J］．系统工程理论与实践，1996（8）：43－47，53.

[5] 卢文喜，祝廷成．应用人工神经网络评价湖泊富营养化［J］．应用生态学报，1998，9（6）：645－650.

[6] 胡著邦，徐建民，全为民．模糊评价法在湖泊富营养化评价中的应用［J］．农业环境保护，2002，21（6）：535－536，539.

[7] 门宝辉，梁川，付强．湖库富营养化综合评价的属性识别模型［J］．四川大学学报（工程科学版），2002，34（6）：109－111.

[8] 谢平．基于贝叶斯公式的湖泊富营养化随机评价方法及其验证［J］．长江流域资源与环境，2005，3（2）：224－227.

[9] 刘光萍，杜萍，王琨．分形理论在湖泊富营养化评价中的应用［J］．江西大学学报，2005，27（6）：925－929.

[10] 石勇，李如忠，熊宏斌，等．基于未确知数的湖泊富营养化评价模式［J］．合肥工业大学学报（自然科学版），2009，32（2）：150－154.

[11] 高军省．基于联系数的湖泊富营养化评价研究［J］．灌溉排水学报，2009，28（6）：100－103.

[12] 赵克勤．集对分析及其初步应用［M］．杭州：浙江科学技术出版社，2000：114－190.

[13] 王文圣，金菊良，丁晶，等．水资源系统评价新方法——集对评价法［J］．中国科学E辑：技术科学，2009（9）：1529－1534.

[14] 程乾生．属性识别理论及其应用［J］．北京大学学报（自然科学版），1997，33（1）：12－20.

[15] 方统中，杜耘，蔡述明，等．模糊数学在洪湖富营养化评价中的应用［J］．浙江林学院学报，2008，25（4）：517－521.

[16] 左其亭，王丽，高军省．资源节约型社会评价——指标·方法·应用［M］．北京：科学出版社，2009：67－69.

蓝藻水华原位水质预警监控指标体系的优化

史绵红　肖　菁　朱　余

（安徽省环境监测中心站　合肥　230061）

摘　要　蓝藻水华暴发对生态环境、人类健康及经济社会发展造成严重影响，通过在暴发前的准确预报可为该环境问题的及早应对提供有效技术支撑，其中水质预警监控在蓝藻水华预警监控体系中有着不可替代的重要作用。本文根据蓝藻暴发前合成代谢作用旺盛的现象，从蓝藻可生物利用营养物质的消耗、合成产物的增加及代谢过程对湖水理化指标的影响等效应综合出发提出了优化蓝藻水华原位水质预警监控指标体系的建议。

一、蓝藻水华预警监控体系现状

富营养化所引起的蓝藻水华暴发严重破坏生态多样性、危害人类健康，对部分地区的社会经济发展产生不良影响。通过在蓝藻暴发前进行预测、预警与准确预报，将为达到控制并避免蓝藻水华的暴发提供有效的技术支撑。现阶段国内外应用于蓝藻水华暴发的预警体系多是几种监控技术的集成，卫星遥感监控、水质预警监控及气象、水文监控等技术手段在蓝藻水华预警预测方面均发挥了重要作用[1]。其中，卫星遥感监控[2-4]具有宏观、客观、经济等诸多优点，在太湖、巢湖等大面积内陆湖泊的蓝藻水华预警监控方面发挥了重要作用。但卫星观测和解译结果受气象条件、云量及蓝藻在湖体中的飘浮位置等诸多因素的影响较大[3,4]。

二、水质预警监控体系作用

蓝藻水华是在一定的物理、化学及生物等环境条件下发生的，其发生有一定的时空规律，尤其同气象、水动力条件和湖水中蓝藻生长所需各种营养物质的浓度与分布等诸多因素密切相关。其中，气象、水动力条件是蓝藻水华暴发的重要影响因素[1-10]，在蓝藻水华预警监控工作中是不可缺失的重要组成部分。而湖水作为蓝藻水华的发生场所，其众多水质相关指标在蓝藻水华发生过程中将产生明显变化。运用水质自动监控、人工现场监控及现场采样结合实验室分析等水质监控预警手段可以实现对蓝藻水华发生状况的直接、准确掌握，在蓝藻水华预警监控体系中有着不可替代的重要预警作用。其中，水温、透明度、pH、溶解氧、氨氮、高锰酸盐指数、总氮、总磷、叶绿素 a、藻类密度等水质监控指标结合气象、水文因素，通过一定的数据分析及模型拟合，被广泛应用于湖泊水库的蓝藻水华预警[1,5-7]。

透明度（与浊度有类似作用）、pH、溶解氧、高锰酸盐指数及叶绿素 a、藻类密度在我们前面的工作中已有所详述[8]，这里重点对氨氮、总磷和总氮在蓝藻水华预警监控中的作用进行分析。

氨氮：氨氮以游离氨（NH_3）或铵盐（NH_4^+）形式存在于水体中，可以直接被蓝藻利用[9]。由于水中氨氮的来源比较复杂：生活污水、工业废水、农田排水以及底泥释放等，因此通过监控氨氮的浓度及其变化状况可以辅助判断湖泊富营养化水平及其被蓝藻生物合成利用的情况。

总磷/总氮：总磷包括溶解的、颗粒的、有机的和无机磷。总氮包括溶液中所有含氮化合物，即亚硝酸盐氮、硝酸盐氮、无机盐氮、溶解态氮及大部分有机含氮化合物中的氮的总和。居高不下的总磷/总氮造成了富营养化现象并引起蓝藻水华现象[10]。蓝藻易暴发期，过高的总磷/总氮含量给蓝藻的生长繁殖提供了充分的营养来源。

三、优化蓝藻水华水质预警监控体系的必要性

现阶段所采用的水质预警监测指标大多只考虑外部环境因素，涉及蓝藻新陈代谢过程的监测指标考虑较少，还不够系统[11]。这就造成现阶段利用相关水质预警监测数据所建立的各种预测模型大多只适用于特定体系，或只能通过对现状的预警监控分析达到短期预报的功能，远远不能满足对蓝藻水华暴发进行提前准确预报的实际需求。因此，进一步从蓝藻发生的内部影响因素，即其生命过程出发来系统优化原位水质预警监测指标便显得很有意义[8]。这进一步验证了毕军等[12]所提出的“亟须研发预警指标筛选技术，建立科学的指标体系”的观点。

在蓝藻暴发前，蓝藻的新陈代谢作用[9,14,15]旺盛，其中合成代谢起着主导作用，这包括有蓝藻对所需营养物质的摄取及同化作用等众多的中间合成代谢作用。该作用将引起水体中蓝藻所需营养物质浓度的降低和中间产物/合成产物浓度的升高，以及水体相关指标如pH、浊度等的明显变化[9,10]。蓝藻（亦称蓝细菌）为光能自养型生物，在其生长繁殖过程中，除了光外，蓝藻生长所需的多种营养物质的参与同样不可缺失[9]。除C、H、O外，众多元素以其不同的存在形态在蓝藻的新陈代谢过程中扮演了重要角色，包括N、P、S、Ca、Mg、Na、Cl、K、Si、Fe、Mn、Cu[9,13]等蓝藻大量及微量组成元素。

四、水质预警监控指标的系统优化

蓝藻暴发前新陈代谢旺盛，其中合成代谢居于主导地位。该过程伴随着对CO_2（或重碳酸盐）、蓝藻可生物利用的N、P、金属离子等以不同形态存在的多种必需营养物质的摄取和生物合成，同时输出氧气、糖类、各种蓝藻生物质体及中间体、不同生命周期形态的蓝藻等，同时对水体的酸碱度、透明度等产生影响。据此可将蓝藻原位水质预警监控指标分为基本理化指标（pH、溶解氧等）、消耗型指标（蓝藻生长所需营养物质）及增长型指标（中间产物及最终产物等可定量考核或转化考核监测项目）。由于在蓝藻暴发前伴随有活跃的中间合成代谢过程，因而蓝藻暴发时间相对于消耗型指标的减少具有滞后效应，而增长型指标（蓝藻生物量直接相关指标除外）在蓝藻暴发前则具有累积效应，这两个效应将使利用原位水质预警监控并结合气象、水文条件来达到蓝藻暴发前的提前预报成为一种可能。

基本理化指标，如pH、溶解氧、透明度、总硬度等我们前期[8]已有所叙述，此处不再赘述。下面将从不同的营养元素出发来建议可供监控的主要消耗型及增长型指标。

（一）碳元素相关指标

光合作用是蓝藻生长繁殖的生化基础，通过光合作用将无机碳（CO_2或重碳酸盐）转化为有机碳，进一步成为蓝藻自身原生质，完成能量储备的重要一步。水体中CO_2或重碳酸盐是蓝藻生命活动的主要无机碳源，合成产物是水体中总有机碳的重要组成成分，蓝藻生物量相关指标亦是碳元素的增长性监测指标。湖水pH值与蓝藻对碳的摄取与合成利用间互有影响。

（二）氮/磷元素相关指标

居高不下的氮/磷含量使湖泊呈富营养化，进而造成蓝藻水华现象。游离正磷酸根离子是蓝藻合成代谢过程中磷元素的重要来源，溶解性有机磷作为磷元素的重要补充也可以被蓝藻所同化利用；氨氮、硝酸盐及亚硝酸盐是氮元素的重要来源，溶解性有机氮，如氨基酸、肽、尿素等也可以被蓝藻所同化利用。上述营养物质经过蓝藻的合成代谢作用转化为自身原生质或中间合成产物。湖水中氮/磷的来源复杂，受点、面、内源的输入影响相对较大。因此，对氮/磷监控指标的结果分析需综合考虑因素较多。

（三）硅元素相关指标

各种蓝藻在蛋白质合成过程中需要硅的参与。可蓝藻生物利用的硅的存在形式主要为单硅酸

H_4SiO_4。单硅酸的摄取和细胞内传输通过膜结合载体系统进行，遵循 Michaelis－Menten 动力学过程。它在水体中消失的速度是蓝藻新细胞补充速度的一种非常有用的间接测量方式。20℃中性条件下，单硅酸的溶解度约为56mg Si·L^{-1}，淡水中的浓度一般为0.7～7 mg Si·L^{-1}[9]。

（四）金属元素相关指标

众多金属元素[9]在蓝藻的生命过程中发挥了极其重要的作用。我们在前期的工作中亦发现总硬度（水中游离钙及镁离子的含量和）对蓝藻的发生状况具有一定的预报作用[8]。蓝藻暴发前旺盛的合成代谢作用伴随着对水体中所需游离态金属离子的生物合成与利用。由于湖水中金属离子的含量主要受流域土地利用[16]的影响较大，而在一般情况下，流域土地利用变动较小，因此，水中金属离子含量的监测可以成为今后蓝藻水华水质预警监控的一个重要方向。

除前面所述蓝藻水华原位水质预警监控指标外，S、Cl 等相关监控指标也是消耗型及增长型指标的一部分。因水体中存在着复杂的各类化学平衡关系[13]，所以消耗型指标在水体中的非溶解性含量及与其存在化学平衡关系的其他指标将与重点监控的消耗型指标的游离态一样可成为蓝藻合成代谢的营养源。

参考文献

[1] 孔繁翔，马荣华，高俊峰，等．太湖蓝藻水华的预防、预测和预警的理论与实践［J］．湖泊科学，2009，21（3）：314－328.

[2] 安徽省气象科学研究所．http：//www.ahimsr.cn.

[3] 胡雯，杨世植，翟武全，等．NOAA 卫星监测巢湖蓝藻水华的试验分析［J］．环境科学与技术，2002，25（1）：16－18.

[4] Bas W. I.，Marijke V.，Hans F. J. L.，Diederik T. van der M.，Wolf M. M. Fuzzy modeling of cyanobacterial surface waterblooms：validation with NOAA－AVHRR satellite images. Ecological Applications，2003，13（5）：1456－1472.

[5] Lilover，M. J.，Laanemets，J.，A simple tool for the early prediction of the cyanobacteria Nodularia spumigena bloom biomass in the Gulf of Finland. OCEANOLOGIA，2006，48（S）：213 － 229.

[6] 陈宇炜，秦伯强，高锡云．太湖梅梁湾藻类及相关环境因子逐步回归统计和蓝藻水华的初步预测［J］．湖泊科学，2001，13（1）：63－71.

[7] Friedrich Recknagel，ANNA－artifical neural network model for prediting species abundance and succession of blue－green algae. Hydrobiologia，1997，349：47－57.

[8] 史绵红，刘伟，朱余，等．富营养化湖泊蓝藻水华暴发预警监控技术现状简述及建议［J］．生态科学，2009，28（4）：370－374.

[9] C. S. Reynolds，Ecology of Phytoplankton，Cambridge University Press，2006.

[10] H. Kenneth Hudnell，Cyanobacterial Harmful Algal Blooms：State of the Science and Research Needs. Springer Science，2008.

[11] 吴丰昌，金相灿，张润宇，等，论有机氮磷在湖泊水环境中的作用和重要性［J］．湖泊科学，2010，22（1）：1－7.

[12] 毕军，曲常胜，黄蕾．中国环境风险预警现状及发展趋势［J］．环境监控与预警，2009，1（1）：1－5.

[13] Werner Stumm，James J. Morgan. Aquatic Chemistry：Chemical Equilibria and Rates in Natural Waters. John Wiley，1981.

[14] Hense，I.，Beckmann，A.，Towards a model of cyanobacteria life cycle－effects of growing and resting stages on bloom formation of N_2－fixing species，ecological modelling 2006，195：205－218.

[15] Wagonera，R. M. V.，Drummonda，A. K.，Wright，J. L. C.，Biogenetic diversity of cyanobacterial metabolites，Advances in Applied Microbiology，2007，61：89－217.

[16] Biplob Das，Rick Nordin，Asit Mazumder，Watershed land use as a determinant of metal concentrations in freshwater systems. Environ Geochem Health，2009，31：595－607.

钱塘江河口污染负荷估算方法及其应用

尤爱菊[1]　朱军政[1]　纪生花[2]　蒋天华[2]

（1. 浙江省水利河口研究院　浙江　杭州　310020；
2. 浙江省钱塘江管理局　浙江　杭州　310016）

摘　要　根据钱塘江河口的特点，提出其污染负荷由富春江电站下泄的背景负荷、河口区面源污染负荷与点源负荷三部分组成。根据三部分负荷的排入特点，提出了简便、适宜的污染负荷计算方法，并计算了 2007 年、2008 年的 COD_{Mn}、NH_3-N 与 TP 的入江负荷量。污染负荷计算结果表明，富春江电站下泄的水体量大，但携带的污染负荷相对较小，是钱塘江干流维持较好水质的主要有利因素；点源排放的污水量所占比例最小，但其所占污染负荷比例较高；面源污染也是主要的负荷贡献者。本文研究结果可为钱塘江河口纳污总量控制与水环境管理决策提供依据。

关键词　钱塘江河口　背景负荷　面源污染负荷　点源污染负荷

引　言

钱塘江河口历来是杭州地区主要的饮用水水源地，随着经济的发展，河口两岸的绍兴、宁波、嘉兴也对钱塘江河口的水资源利用提出迫切要求。钱塘江河口同时也是两岸工业、生活、农牧业的排污出口，近年水质呈缓慢恶化趋势，环杭州湾产业带的快速发展也给河口水环境带来更大的压力。为此，合理测算钱塘江河口的纳污总量，对科学分析水环境现状，指导河口地区污染物总量控制和加强水环境保护具有重要意义。

根据污染物排入形式不同，河流的污染负荷通常划分为点源与非点源（面源）。面源污染起源复杂、类型繁多，其形成及汇入水体的过程受区域地理条件、气象条件等众多因素影响，污染负荷估算历来是个难点。现行的面源污染负荷研究中，多采用人口、面积、单位排放系数等经验公式进行推导和估算[1]；农业面源污染测算时，通常采用物料施用量乘以物质成分含量再乘以入河系数等得到[2]；但上述方法在排放系数和入河系数估算中存在较大的不确定性和任意性。流域水文分割法（或水文估算法）是面源污染负荷定量化研究的另一种途径[3-6]，但更适用于山溪性河流，且在基流分割时也存在一定的任意性。近年来 GIS 在资源、环境领域内取得了迅猛的发展，在面源定量估算中也有应用的报道[7]，但该方法需要大量的地形、高程、植被、地质等数据支持，应用起来比较复杂。

本文根据钱塘江河口的污染负荷组成及其特点，提出一种简便、适用的估算方法，根据 2007 年、2008 年的相关水文、水质资料，对纳污总量进行了估算。

一、研究区概况

钱塘江是浙江省第一大河，流域面积约 5.56 万 km^2，控制点富春江电站以上集水面积约 3.2 万 km^2，平均每年下泄径流约 300 亿 m^3。富春江电站以下至澉浦—长山闸断面为钱塘江河口段，南岸有萧绍平原、姚北平原河网及萧绍运河、曹娥江、甬江水系等，北岸有杭嘉湖平原河网及（京杭）运河和太湖水系等，每年向钱塘江河口排入约 180 亿 m^3 受污染的水体。河口两岸土地面积占全省的 20%，人口占全省的 35%，而国内生产总值占全省的 50%，是长江三角洲经济开发区南翼，在浙江省的经济发展中具有重要地位。

实测资料表明，钱塘江河口老盐仓以上的干流地表水水质总体较好，以Ⅲ类水体为主，但大部分河段仍没有达到水环境功能区要求的Ⅱ类水质标准，主要超标因子为 DO 与氮、磷。河口老盐仓以下干流海水水质总体较差，表现为下降趋势，主要的污染因子为无机氮和活性磷酸盐，水体呈现严重的富营养化状态。两岸平原河网因人口密集、经济发达，水质较差，大部分河段为Ⅴ～劣Ⅴ类水质，小部分河段达到Ⅳ类水质标准。因此，钱塘江河口水资源利用最集中的富春江电站—杭州河段水质已经不能满足水环境功能区的水质要求，而且从河口干流取水和排污的量还将同步增长，同时又承受两岸河网劣质水污染的胁迫，因此水资源利用形势十分严峻。

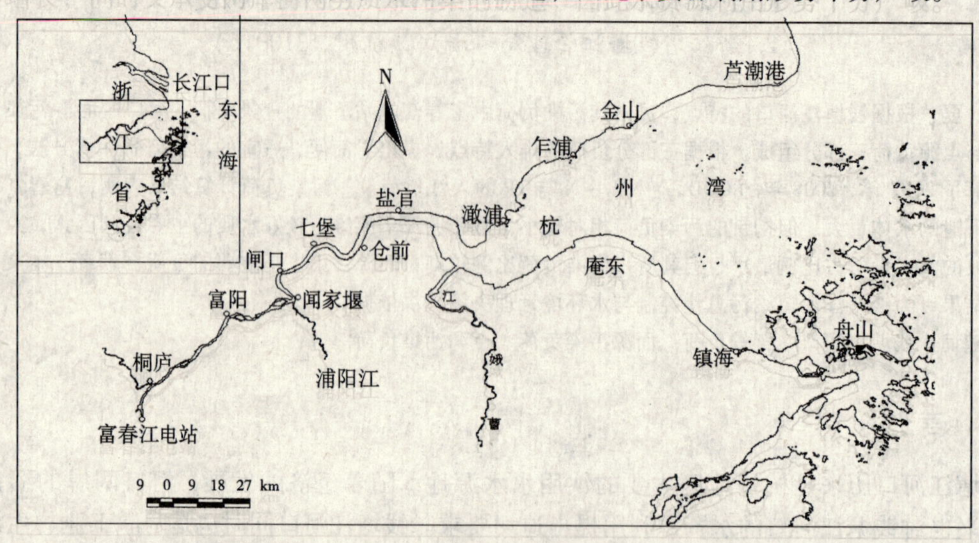

图1 钱塘江河口示意图

二、污染负荷估算方法

钱塘江河口的污染负荷包括上游富春江电站泄水携带的污染负荷和两岸平原汇入的污染负荷，其中上游污染负荷也可认为是河口的自然背景负荷，两岸平原的污染形式又包括点源排入、支流汇入（闻家堰以上）和排涝闸（闻家堰以下）排入三种形式。

据污染源组成，钱塘江河口污染负荷由自然背景负荷、点源负荷与面源负荷组成，即：

$$W_t = W_b + \sum_{i=1}^{m} W_{si} + \sum_{j=1}^{n} W_{nj} \tag{1}$$

式中：W_t 为时段污染总负荷；W_b 为自然背景负荷；W_{si} 为第 i 个点源污染负荷；m 为点源污染个数；W_{nj} 为第 j 个分区的面源污染负荷；n 为分区数。

自然背景负荷 W_b 由富春江电站时段下泄水量与时段平均污染物浓度相乘求得，即：

$$W_b = \overline{Q} \times T \times \overline{C} \tag{2}$$

式中：$\overline{Q}$ 为时段平均流量；T 为时段长度；$\overline{C}$ 为时段平均污染物浓度。

点源污染负荷 W_{si} 由浙江省环境监测中心站提供，包括污水处理厂和大型排污企业。面源污染主要通过支流和排涝闸进入钱塘江河口，根据汇入特点与行政区划情况分5个区域进行测算，包括：①桐庐—富阳，②浦阳江，③杭嘉湖平原，④萧绍宁平原，⑤曹娥江。根据各分区污染物汇入的形式不同，采用两种估算方法：

1. 分区①、②、③的面源主要是支流汇入形式，面源污染量由时段径流量乘以时段平均水质浓度得到，即：

$$W_{nj} = W_{rj} \times \overline{C_j} \tag{3}$$

式中：W_{rj} 为 j 分区的时段径流量；$\overline{C_j}$ 为 j 分区的时段平均水质浓度。

2. 分区④、⑤的面源污染来自钱塘江两岸平原，通过排涝闸开闸排水的形式进入钱塘江，具有较强的时段性，其负荷由记录的排涝量与代表性水质监测站的时段平均水质浓度相乘得到，即：

$$W_{nj} = W_{dj} \times \overline{C_j} \quad (4)$$

式中：W_{dj} 为 j 分区的时段排涝总量；$\overline{C_j}$ 为 j 分区的时段平均水质浓度。

从上述分析可见，富春江电站下泄的背景负荷与面源污染负荷与时段水量及其浓度密切相关，是一个变数。本文以2007年、2008年实测的水文、水质，记录的排涝水量为依据，采用公式（2）~（4）测算了钱塘江河口自然背景负荷和面源污染负荷；在点源调查的基础上，根据公式（1）估算了钱塘江河口的污染负荷总量；反映的是特定水量、水质条件下的负荷情况。污染负荷的分析指标为 COD_{Mn}、NH_3-N 与 TP。

三、入江污染负荷估算

（一）自然背景负荷

以富春江电站实测下泄流量与严东关的水质监测资料为依据，测算了富春江电站以上流域2007年、2008年输入钱塘江河口的污染物负荷。富春江电站2007年、2008年 COD_{Mn}、NH_3-N 与 TP 的平均浓度分别为2.31mg/L、0.27 mg/L、0.15 mg/L 与2.18mg/L、0.29 mg/L、0.10 mg/L，污染负荷测算结果见表1。

表1　2007年、2008年富春江电站下泄钱塘江河口的污染负荷

月份	水量/亿米^3		2007年负荷/吨			2008年负荷/吨		
	2007年	2008年	COD_{Mn}	NH_3-N	TP	COD_{Mn}	NH_3-N	TP
1	10.0	14.1	2382.7	645.3	547.4	3270.3	966.1	283
2	8.5	15.1	2088.2	476.3	292.1	3368.9	1015.4	243
3	16.0	8.7	4027.7	755.3	219.5	1857.5	572	104.9
4	19.2	17.7	4398.4	617.9	210.1	3716.5	751.3	170.9
5	18.5	15.1	3805.5	315.8	150.5	3115.5	288.9	109.5
6	15.5	60.3	3872.7	242.4	133.2	12513.7	969.2	434.9
7	14.0	22.5	4134	199.9	127.3	4692.2	292.3	161.2
8	13.7	21.0	3460.3	191.5	141.6	4378.2	369.3	153.7
9	15.7	12.9	3318.5	215.8	182.4	2706.5	287.9	97.1
10	14.6	7.1	3130.5	296	186.6	1651.4	176.6	68.5
11	6.4	16.5	1392.8	171.8	89.4	4219.3	453.3	194.4
12	6.8	11.1	733.8	90.5	47.1	2836.4	304.7	130.7
合 计	159.0	222.0	36745.2	4218.6	2327.2	48326.3	6447.2	2152

从表1可以看出，因 COD_{Mn}、NH_3-N 浓度2007年与2008年基本接近，负荷量主要与来水量有关，故2008年来水较丰，污染负荷也较大。2008年TP浓度比较2007年降低了33%，故负荷总量反而略有下降。另外，年负荷呈现明显的季节性特点，2007年3-6月、9-10月为两个峰值，2008年峰值集中在6-8月。

（二）面源污染负荷

如前文所述，钱塘江河口富春江电站以下的面源污染负荷分5个区域进行测算，2007年、

2008 年各分区 COD_{Mn}、NH_3-N 与 TP 的平均浓度见表 2，污染负荷估算结果见表 3，2008 年分区的面源污染贡献率见图 2。

表 2　2007 年、2008 年分区 COD_{Mn}、NH_3-N 与 TP 的平均浓度

分 区	2007 年平均浓度/（mg/L）			2008 年平均浓度/（mg/L）		
	COD_{Mn}	NH_3-N	TP	COD_{Mn}	NH_3-N	TP
桐庐—富阳	2.21	0.46	0.13	2.19	0.25	0.12
浦阳江	3.54	0.79	0.07	3.80	0.78	0.10
杭嘉湖平原	6.93	2.41	0.31	7.74	2.56	0.35
萧绍宁平原	6.63	2.47	0.51	7.51	2.15	0.32
曹娥江	5.13	1.27	0.24	7.48	1.53	0.20

表 3　2007 年、2008 年钱塘江河口面源污染合计

分 区	水量/亿 m^3		2007 年负荷/t			2008 年负荷/t		
	2007 年	2008 年	COD_{Mn}	NH_3-N	TP	COD_{Mn}	NH_3-N	TP
桐庐—富阳	44.0	51.4	9727	2013	563	11260	1263	592
浦阳江	16.1	16.3	5684	1267	116	6216	1275	156
杭嘉湖平原	11.4	16.0	7900	2746	353	12385	4090	556
萧绍宁平原	26.5	23.2	17544	6532	1338	17415	4986	752
曹娥江	33.2	26.4	17021	4216	798	19716	4031	527
合 计	131.1	133.3	57876	16774	3168	66991	15645	2584

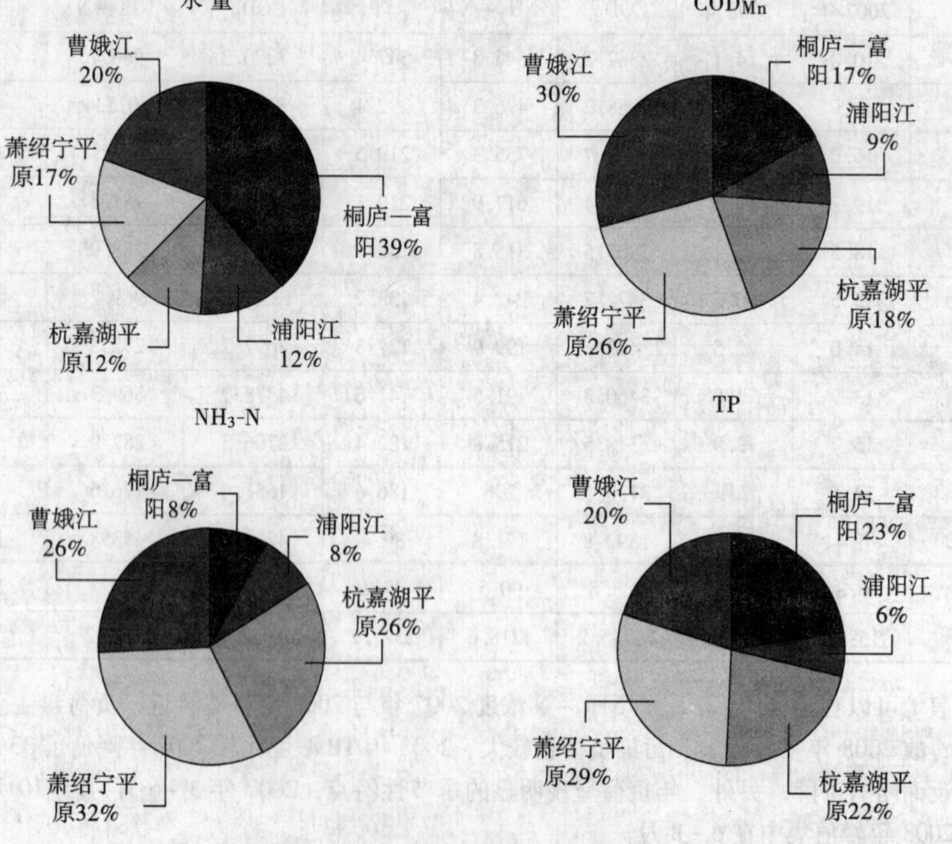

图 2　钱塘江河口面源污染分区贡献率

从表2看出，钱塘江河口区上、下游，支流及平原河网水质存在明显差异，总体表现为上游水质优于下游，支流水体水质优于平原河网水；杭嘉湖、萧绍宁河网水总体较差，NH_3-N、TP为Ⅴ～劣Ⅴ类。比较两年的水质变化情况，2008年COD_{Mn}浓度明显高于2007年的监测结果，而NH_3-N、TP的浓度略优于2007年，同时因入河水量不同，年污染负荷量也存在一定的差异。从表3、图2看出，杭嘉湖、萧绍宁平原排入钱塘江河口的水量合计占29%，而排入钱塘江河口的COD、NH_3-N与TP分别占44%、58%和51%，是N、P元素的主要贡献者。

面源污染主要受雨水冲刷进入河道，因此与全年的降雨分布密切相关。图3为杭嘉湖、萧绍宁平原2008年逐月入江污染负荷柱状图，图中看出，污染负荷主要集中在降雨量较大的6月份。

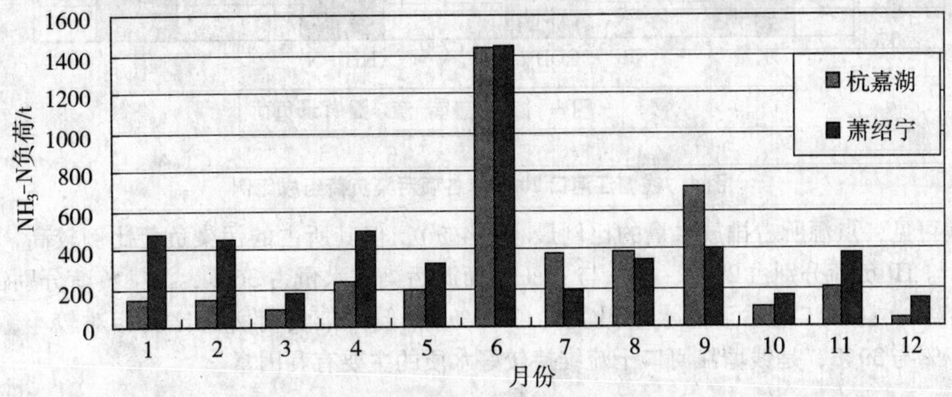

图3　杭嘉湖、萧绍宁2008年逐月入江污染负荷

（三）点源

比较面源污染，点源污染的排放全年比较稳定，根据浙江省环境监测中心站提供的资料及笔者实地调查考证结果，钱塘江河口2007年、2008年的点源污染情况见表4。从表4看出，钱塘江河口点源排放污水量2008年比较2007年增长3.5亿m^3，COD_{Cr}排放量有所增加，但因2008年排放浓度比较2007年降低，故NH_3-N与TP的入江负荷反而略有减少。

表4　钱塘江河口点源污染负荷

排放量/亿m^3		2007年负荷/t			2008年负荷/t		
2007年	2008年	COD_{Cr}	NH_3-N	TP	COD_{Mn}	NH_3-N	TP
10.3	13.8	109031	16541	872	117986	14754	755

四、入江污染负荷合计

钱塘江河口背景污染负荷、点源与面源污染负荷合计见表5，各项来源所占比例见图4。

表5　钱塘江河口2007年、2008年污染负荷合计表

分　区	水量/亿m^3		2007年负荷/t			2008年负荷/t		
	2007年	2008年	COD_{Mn}	NH_3-N	TP	COD_{Mn}	NH_3-N	TP
背景负荷	159.0	222.0	36745	4219	2327	48326	6447	2152
面　源	131.1	133.3	57876	16774	3168	66991	15645	2584
点　源	10.3	13.8	—	16541	872	—	14754	755
合　计	300.4	369.1	—	37533	6367	—	36847	5491

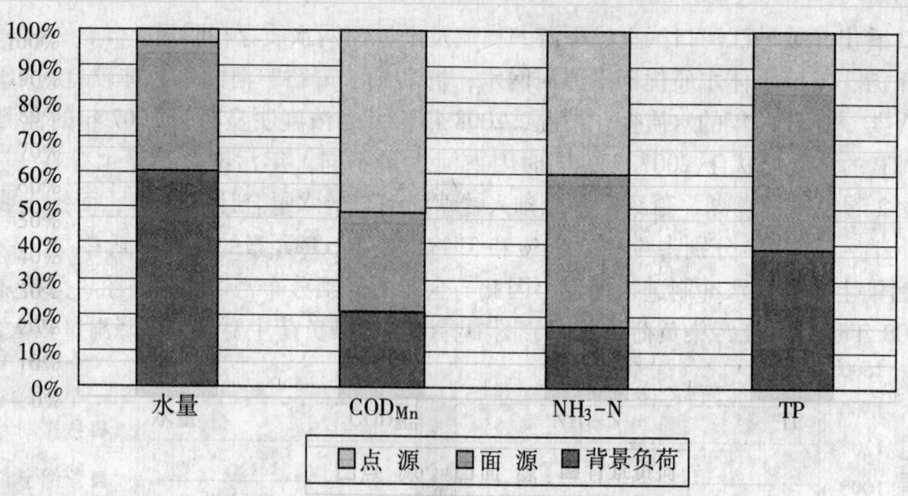

图4　钱塘江河口2008年各项污染负荷组成比例

从图、表可见，点源所占排放水量的比例最小（4%），但其所占的污染负荷比例较高，COD_{Mn}、NH_3-N与TP负荷分别占29%、40%与14%；面源污染排水量占36%，污染负荷分别占41%、42%与47%；富春江电站下泄水量最大（占60%），但污染负荷所占比例相对较小，分别为30%、17%与39%，是钱塘江河口干流维持较好水质的主要有利因素。

五、结　语

本文根据钱塘江河口的特点，提出钱塘江河口污染负荷由富春江电站下泄的背景负荷、河口区面源负荷与点源负荷三部分组成。根据三部分负荷的排入特点，提出了适宜的污染负荷计算方法，并计算了2007年、2008年的COD_{Mn}、NH_3-N与TP的入江负荷量。分区面源污染负荷计算表明，杭嘉湖、萧绍宁平原河网水质较差，是主要的面源污染贡献者，贡献率分别达44%、58%和51%。总污染负荷分析表明，富春江电站下泄的水体量大，但携带的污染负荷相对较小，是钱塘江干流维持较好水质的主要有利因素；点源排放的污水量所占比例最小，但其所占污染负荷比例较高，面源污染也是主要的负荷贡献者。今后，随着钱塘江河口地区社会经济的进一步发展，点源排放量的增加是必然的，加强河口地区的面源污染整治以不增加钱塘江河口的纳污总量，将是实现钱塘江河口水环境保护的重要途径之一。

参考文献

[1] Johnes P J. Evaluation and management ofthe impact of land use change Oil the nitrogen and phosphorus load delivered to surface: the export coefficient modeling approach [J]. Joumal of Hydrology, 1996, 183 (3/4): 323-349.

[2] 李杰霞，杨志敏，陈庆华，等．重庆市农业面源污染负荷的空间分布特征研究［J］．西南大学学报（自然科学版），2008，30（7）：145－151.

[3] 郑丙辉，王丽婧，龚斌．三峡水库上游河流入库面源污染负荷研究［J］．环境科学研究，2009，22（2）：125－131.

[4] 于涛，孟伟，等．我国非点源负荷研究中的问题探讨［J］．环境科学学报，2008，28（3）：401－407.

[5] 陈友媛，惠二青，金春姬．非点源污染负荷的水文估算方法［J］．环境科学研究，2003，16（1）：10－13.

[6] 梁博，王晓燕，曹利平．我国水环境非点源污染负荷估算方法研究［J］．吉林师范大学学报（自然科学版），2004（3）：58－61.

[7] 朱罡，程胜高，安琪．区域地表水面源污染负荷的GIS计算方法研究［J］．湖南科技大学学报（自然科学版），2006，21（2）：90－93.

强化型生态湿地处理旅游区生活污水研究

杜建强　张灿娟　张　瑛

（苏州德华生态环境科技有限公司　苏州工业园区中新路46号苏源大厦405室　215021）

摘　要　介绍了阳澄湖镇莲花岛强化型生态湿地生活污水处理设施，包括其设计参数、工艺分析、社会环境效益分析等，并重点分析了其工艺特点。利用生态湿地对旅游区饭店和游客中心生活污水进行处理，通过植物、微生物、基质等的共同作用去除各种污染物质，改善水体水质，出水达到城镇污水处理厂污染物排放标准一级A标准。该处理设施用电量低，年耗电量约为700度，属于低能耗、零排放产业；且社会环境效益显著，对于生态文明及可持续发展具有重要意义。

关键词　强化型生态湿地　低能耗　零排放　可持续发展

随着太湖流域社会经济迅速发展，过度消耗自然资源，生态环境不断恶化，特别是水体污染与富营养化日趋严重。长期以来，我国乡村及偏远地区旅游区生活污水处理效果不显著，一直找不到有效的解决方法[1]。旅游区全部通过管网集中收集处理是不现实的，各地区也正在为乡村及偏远地区旅游区生活污水处理寻找科学、环境安全、维护方便、经济可行、生态可持续的手段，世界成功经验表明应用人工湿地系统是广阔农村旅游区污水处理的有效实践方法[2]。

本研究引进德国生态工程协会人工湿地技术，消化、吸收后进行一定的改进，采用科技治水和生态景观相结合的方式，通过强化型生态湿地处理设施处理阳澄湖镇莲花岛莲花居及游客中心生活污水，该设施现已进入调试运营阶段。

一、水质水量设计参数

莲花岛地处苏州古城区东北20公里处的阳澄湖中心，四面环水，形似莲花，镶嵌湖中。岛上总面积1.64平方公里，家家以蟹为业，以湖为生，是集吃、住、游、乐、购为一体的原生态休闲风情小岛。

莲花岛在临湖建成莲花居及旅游服务中心，日接待能力为5000~6000人。莲花居及旅游服务中心运营后每天将产生20~30吨生活污水。为了保护阳澄湖水质和生态环境，宜建设生态型污水处理系统。考虑到旅游高峰期污水排放量将增加等情况，设计水量30 m^3/d。设计进出水水质见表1。

表1　处理系统设计进出水水质

项目	pH	COD_{Cr}/（mg/L）	BOD_5/（mg/L）	NH_3-N/（mg/L）	TN/（mg/L）	TP/（mg/L）
进水	6~9	333	200	50	50	0.9
出水	6~9	≤50	≤10	≤5	≤15	≤0.5

注：出水水质执行《城镇污水处理厂污染物排放标准》（GB 18918—2002）一级A标准。

二、工艺介绍

针对莲花岛莲花居及旅游服务中心生活污水的特点及当地自然条件，本研究在消化、吸收德国生态工程协会人工湿地技术的基础上，采用强化型生态湿地处理设施处理旅游区生活污水。强化型生态湿地处理设施主要包括垂直流生态滤床、水平流滤床、污泥干化床及湿地湾。

（一）工艺方案介绍

生活污水处理系统流程图和平面布置图如图 1 和图 2 所示。

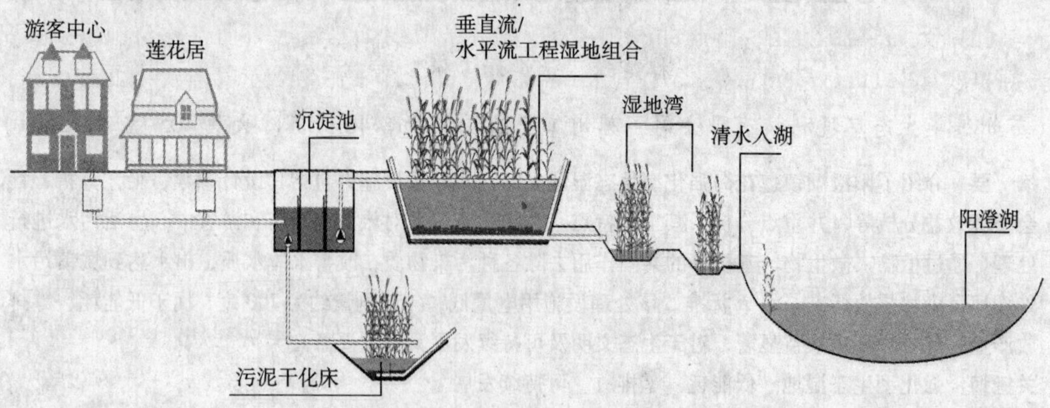

图 1　生活污水处理系统流程

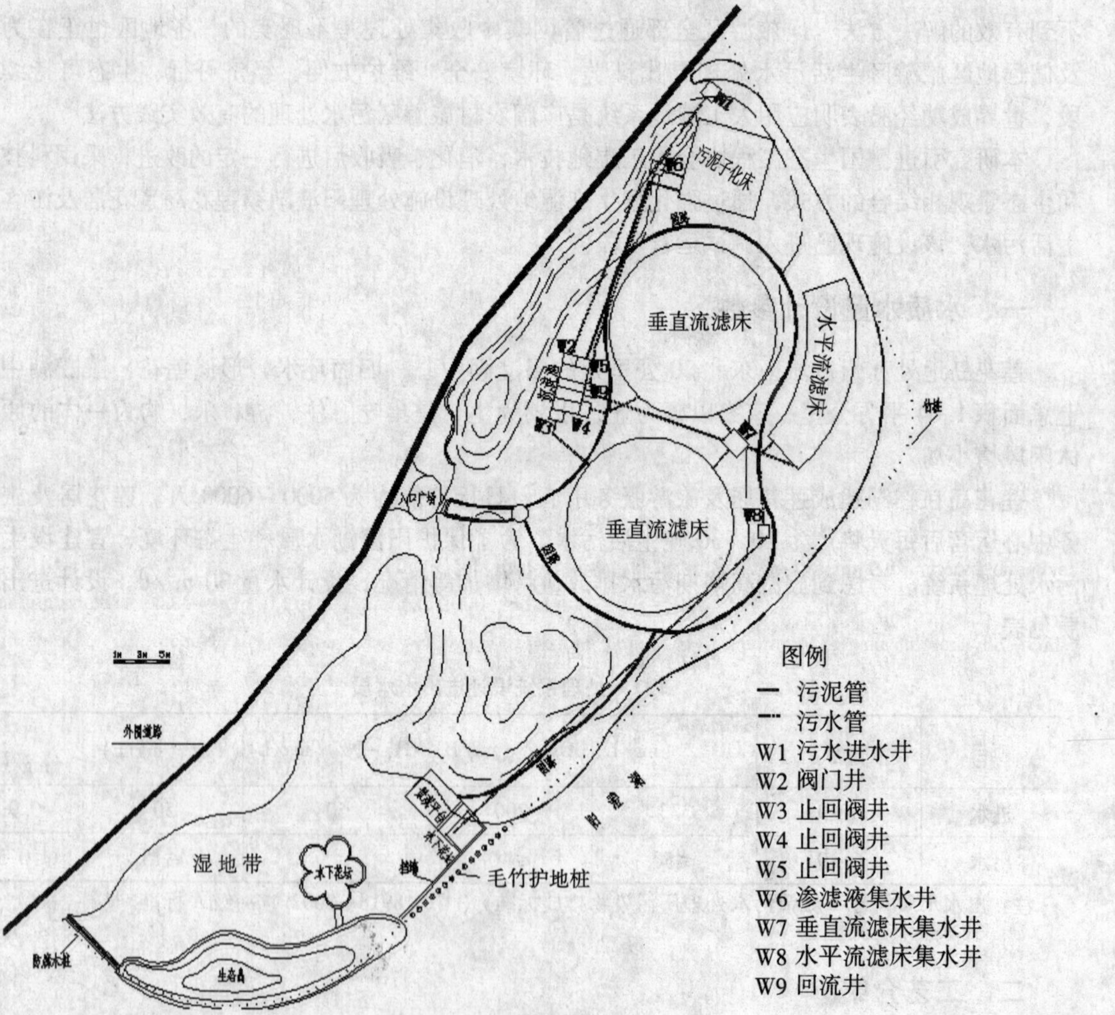

图 2　生活污水处理系统平面布置图

生活污水经化粪池处理后排入污水收集管道，污水管道收集的污水首先进入沉淀池进行沉降预处理，再流入强化型生态湿地处理设施进行处理，出水排入阳澄湖。强化型生态湿地处理设施中2个垂直流生态滤床种植美人蕉和荻等湿地植物，交替布水，均采用间歇配水方式，每2h布水一次，每次布水约3m^3。对污水进行物理和生化处理，BOD_5和氨氮等污染物同滤床砂层中附着的微生物进行好氧反应，充分降解；含磷污染物在滤床砂层中吸附沉淀。水平流生态滤床种植鸢尾，对垂直流生态滤床出水进一步净化，尤其是对有机质的进一步去除，出水流入湿地湾。湿地湾主要种植鸢尾、黄菖蒲、芦竹等植物，进一步净化水质、美化环境、调节周边小气候[3]。沉淀池沉积的污泥排入污泥干化床进行干化处理，污泥干化床种植芦竹，其渗滤液回流至沉淀池。

（二）工艺特点

本研究在人工湿地设计、施工、运行等方面比一般人工湿地作了多项技术改进：

1. 工艺采用间歇性布水和出水，可以最大限度地利用床体上层的大气复氧，同时通过布水压力造成污水流喷射，一定程度起到跌水复氧的作用，提高了污水中溶解氧含量。另外增加通气管同滤床底部排水管相连接，使得氧气能够通到滤床底部，通过排水管环形切孔，向滤床内部扩散，同时局部区域厌氧反应产生的沼气和硫化氢等气体能够向外界及时散逸。从而改善系统缺氧问题，强化硝化作用，提高氨氮去除效率。

2. 施工期间，杜绝任何形式的机械压实，保证滤床基质原始状态的疏松，通过运行调控，有效保护和恢复滤床生化反应器功能。选取根系发达的植物作为滤床植物。其根系能够有效疏通堵塞，防止滤床板结，改善滤床内部结构，大大延长运行寿命。通过大量植物的光合作用吸收大量二氧化碳和有机碳，减少周围大气中二氧化碳的含量，降低温室效应，增加氧气含量，改善周边的生活环境[4]。冬季植物不收割，枯黄枝叶自然俯倒在滤床表面，形成天然的保温层，减轻反应设施受温度下降影响。待到春季暖和季节，再进行人工清理。

3. 污泥干化床中微生物代谢产生的污泥会自然消化，不会堵塞系统，运行期间无需清理。沉淀池污泥定期排出，输入到污泥干化床处置。由于植物根系和填料迅速过滤作用，大部分时间污泥层能保持相对干燥，处于好氧状态，卫生状况良好。污泥干化床的设置，使整个污水处理工艺真正安全、环境无害化。

4. 吸收德国的先进生态湿地技术，对阳澄湖镇莲花岛西咀旅游区生活污水进行有效处理，使污水处理全过程运用生态技术成为现实。垂直流和水平流组合的复合流生态滤床既可以有效去除COD、SS、TP等，也能够高效去除TN，因为它使垂直流和水平流优势互补，使硝化反应和反硝化反应不在同一环境下进行，是一种值得研究和推广的湿地形式[5]。组合后续湿地湾稳定化处理，出水达到《城镇污水处理厂污染物排放标准》（GB 18918—2002）一级A标准。

三、主要构筑物设计

（一）生态湿地基质层

基质层是人工湿地处理污水的核心部分。通过吸附、吸收、过滤、离子交换、络合反应等物理化学作用去除污染物质，为微生物提供良好的载体；为污水渗流提供良好的水力条件；提供水生植物生长所需的基质。国内对填料选择和配比有过大量研究和工程实践，如土壤填料、钢渣、石灰石、粉煤灰等[6,7]，也有选用砂石填料但没有具体的级配要求，由于缺乏基质填料的标准，所以在人工湿地工程实践中往往不能保证处理水效果。本研究所用基质层滤料通过格兰特（Grant）滤料渗透试验和筛分试验的两步实验方法确定，试验表明所用滤料平均导水率为$1.3\times10^{-3}m/s$，符合$1.4\times10^{-3}m/s\sim7.0\times10^{-4}m/s$范围要求[8]；级配曲线见图3，符合标准级配曲线。基质层滤料的严格选用可确保生态湿地工程能够保持相同标准，并长期稳定运行。

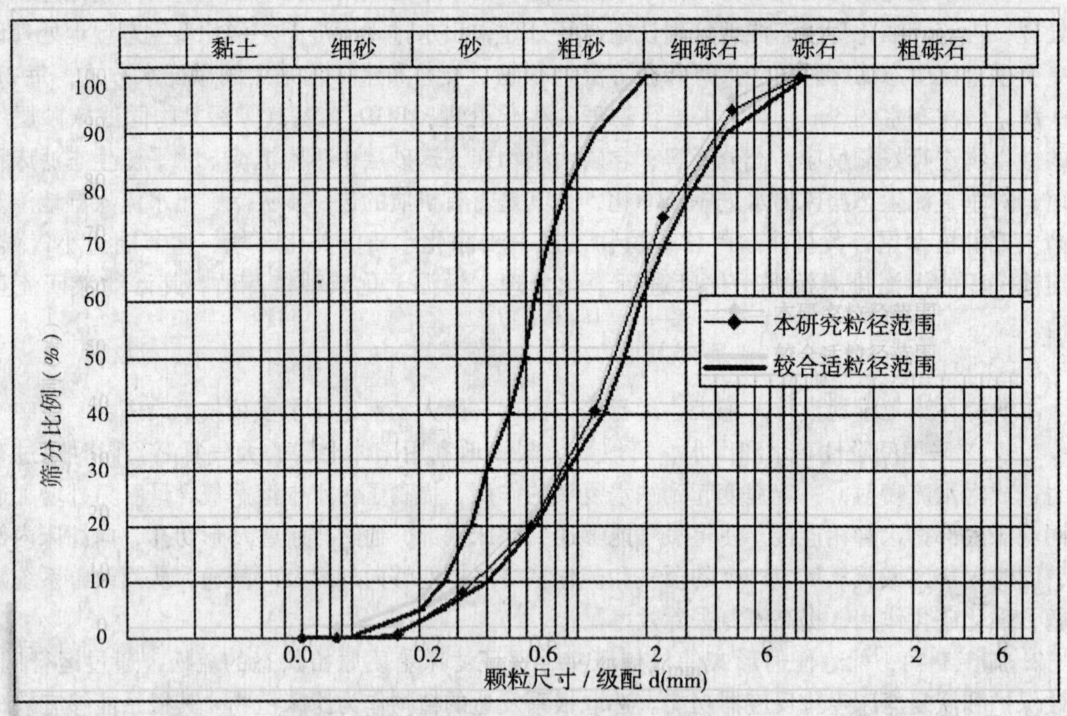

图 3　生态湿地基质层滤料级配曲线

（二）垂直流型生态滤床

垂直流滤床支架采用圆形砖砌结构，直径 15m，面积 175m^2。采用 1mmPE 复合土工布防渗膜进行防渗处理，上铺设集水管（HDPE 单壁管）、基质层（集水系统见图 4）。基质层底层铺设 20cm 厚排水层滤料，保证排水通畅，中层铺设 10cm 厚过渡层滤料，防止上层处理层滤料下沉堵塞排水管，上层铺设 50cm 厚苏州德华生态环境科技有限公司 VF100 型处理层滤料。滤床表面安装布水系统（见图 5）并种植美人蕉和荻等水生植物，以保持过滤砂层的长期良好透水性，同时净化吸收一部分有机物质。布水系统通过水力计算确定，DN160 PE 管作为主管，DN75 半圆形 PE 管作为支管，支管每隔 1m 均匀打孔，孔径为 8mm，保证均匀布水。由自动控制系统对滤床进行间歇式供水，供水流量为 0.01m^3/s。

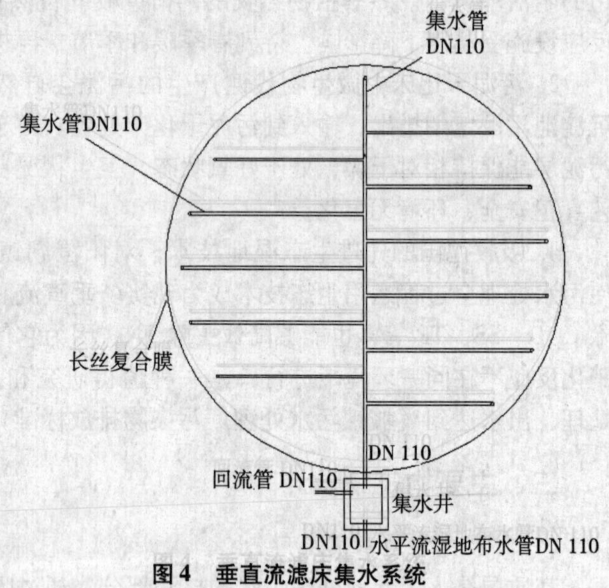

图 4　垂直流滤床集水系统

（三）水平流滤床

水平流滤床采用扇形结构，宽度（6m）根据水力计算确定，面积为 100m^2（平面图见图 6）。采用 1mmPE 复合土工布防渗膜进行防渗处理，集水管用 HDPE 单壁管，基质层结构与垂直流滤床一致。垂直流滤床出水从水平流滤床一边进入，然后横向水平流向另一边，经处理后出水进入湿地湾。

（四）湿地湾

湿地湾的面积为510m²。湿地底部垫土壤和10cm中砂层处理。湿地表面种植鸢尾、黄菖蒲、芦竹等植物，接纳水平流滤床出水，使水质得到进一步净化，同时有利于构建微生态系统，带来良好的景观效应。

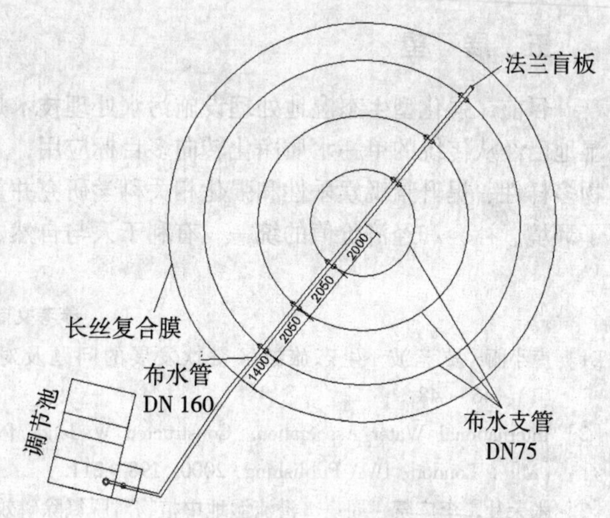

图5　垂直流滤床布水系统

四、社会环境效益分析

1. 强化型生态湿地处理设施为莲花岛莲花居及旅游服务中心生活污水提供了新型处理设施，保证污水得到及时处理，达到保护阳澄湖水质的目的。其工程造价相当于同类型同等规模处理设施的1/6，每天运行耗电2～3度。系统能稳定使用15年，污水处理总费用仅为0.3元/t，远低于集中式污水处理厂0.7元/t。因此，相对于传统污水处理厂，发展强化型生态湿地治污技术可以为社会节约大量资金。

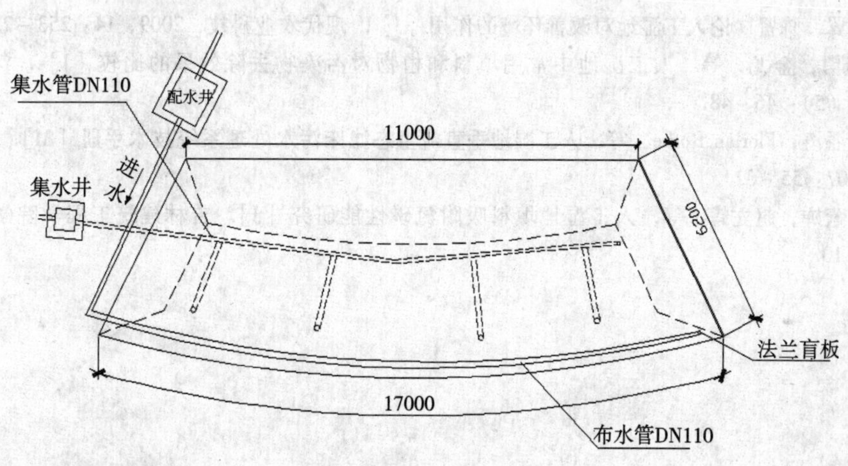

图6　水平流滤床平面图

2. 据预测，本研究强化型生态湿地处理设施每年能约削减3120kgCOD、384kg总氮及4.2kg总磷；1000m² 的湿地面积能吸收 CO_2 840kg。如能将本研究成果在我国广大的农村及偏远地区旅游区得以推广，将产生极大的环境和生态效应；且该设施属于分散处理系统，与自然界更加协调，并且位于旅游区，能够有助于增强游客的环保意识，加强环保事业的公众参与度。

3. 强化型生态湿地具有良好的景观效应，即有环境美学价值，可以美化环境，改善地面景观，为旅游业锦上添花，造福于民。

4. 强化型生态湿地处理设施是一个完整的生态系统，可以防止土壤侵蚀、防风护堤，保护生物多样性，保护自然生态系统。湿地水分通过蒸发成为水蒸气，然后又以降水的形式降到周围地区，保持当地的湿度和降雨量，使周边气候适宜，在调节气候[9]、降解污染、缓解城市“热岛效应”等方面发挥巨大作用。

五、展　望

目前，强化型生态湿地处理设施污水处理技术是正处于应用推广中的实用新技术。当前人工湿地已经从传统的单一水质净化转向多目标应用，人们关注的焦点也从污染物去除转变为提高生物多样性、提升景观娱乐性和强化相关科学研究并重。科技治水和生态景观相结合的方式，实现了环境、社会和经济价值的统一，有利于人与自然、社会的可持续发展。

参考文献

[1] 卢小丽，贾竞波. 生态旅游区餐饮发展的问题及对策的思考［J］. 东北林业大学学报，2003，31（1）：46 - 48.

[2] International Water Association. Constructed Wetlands for Pollution Control, Processes, Design, and Operation［M］. London：IWA Publishing，2000：198 - 211.

[3] 张荣社，李广贺，周琪. 潜流湿地中植物对脱氮除磷效果的影响中试研究［J］. 环境科学，2005，26（4）：83 - 86.

[4] 张丽，朱晓东，邹家庆. 人工湿地深度处理城市污水处理厂尾水［J］. 工业水处理，2008，28（1）：85 - 87.

[5] 贺锋，吴振斌，陶菁，等. 复合垂直流人工湿地污水处理系统硝化与反硝化作用［J］. 环境科学，2005，26（1）：47 - 50.

[6] 张兴，刘翼，陈贤. 论人工湿地对改善环境的作用［J］. 现代农业科技，2009，14：253 - 258.

[7] 秦怡，李勇，金龙，等. 人工湿地中常用填料和植物对污染物去除效果的比较［J］. 江苏环境科技，2006，19（5）：46 - 48.

[8] 李子富，潘涛，Florian Rothe，等. 人工湿地垂直流生态滤床污水处理系统技术手册［M］. 德国技术合作公司，2007：55 - 62.

[9] 崔玉波，董婵，赵立辉，等. 人工湿地填料吸附氮磷性能研究［J］. 吉林建筑工程学院学报，2006，23（2）：7 - 10.

乌梁素海富营养化现状及营养盐源解析

董蓓蓓　马淑花　曹宏斌　张　懿

（中国科学院过程工程研究所　北京市海淀区中关村北二条一号　100190）

摘　要　在对乌梁素海水质变化及富营养化现状进行分析评价的基础上，采用污染物排放系数法对乌梁素海入湖 COD、TN、TP 进行源解析。结果表明：乌梁素海已达重富营养化水平且污染物入湖量逐年增加；工业和养殖业是 COD 主要贡献源；农业面源和养殖业是 TN 及 TP 主要贡献源。根据营养盐源解析结果对乌梁素海富营养化控制措施提出了针对性建议。

关键词　乌梁素海　富营养化　源解析

乌梁素海位于内蒙古自治区乌拉特前旗境内，是黄河流域最大的淡水湖泊，也是我国八大淡水湖之一。面积 293km^2，是集气候调节、鸟类栖息、水产养殖和旅游等多种功能于一体的大型浅水湖泊，同时也是河套灌区灌溉和排水的重要组成部分，在黄河防洪、防凌和水资源管理调度中发挥积极作用。近年来由于大量营养物质入湖，致使乌梁素海富营养化程度日益加重，沼泽化进程加快[1-4]，对当地人民生活和生态环境保护带来严重负面影响，因此迫切需要从控制污染源入手进行湖泊治理。基于此，本文在分析乌梁素海水质变化及富营养化现状的基础上，采用污染物排放系数法，核算农业面源、农村生活面源、城镇生活点源、养殖业源、工业点源及输入性污染源 6 个主要污染源的 COD、TN、TP 排放负荷及其贡献，以期为乌梁素海水质管理、水环境规划、政府决策等提供参考依据。

一、乌梁素海水质及富营养化概况

乌梁素海湖水在 20 世纪 60 年代以前，主要来自河套灌区各大干渠的灌溉余水和山洪补给水，污染小、水质好。20 世纪 60 年代以后随着三盛公水利枢纽工程的建成使用和灌区农田排水工程的建设，农药化肥的大量使用，湖水来源逐渐由灌溉余水转变为农田排水和灌溉淋滤水，水质也由含营养物质不太丰富的黄河水转变为营养丰富的补给水。近 20 年随着灌区工业生产的发展和城镇人口的增加，每年都有相当数量的工业污水和城镇生活污水通过总排干进入湖中，使乌梁素海污染加剧。再加上湖泊本身的蒸发、升腾和有机体的腐烂，湖水浓缩，湖泊水质发生很大变化，富营养化程度不断加重。

根据巴彦淖尔市提供的乌梁素海历年水质监测结果，对乌梁素海 1998—2007 年主要水质数据进行了汇总分析，见表 1。从表 1 可以看出，10 年间乌梁素海各水质指标浓度虽有波动，但除 2003 年因向乌梁素海补水使水质改善外，各浓度总体呈上升趋势。目前 TN、COD 浓度均超过Ⅴ类水水质标准，TP 浓度超过Ⅳ类水水质标准，总体水质为劣Ⅴ类，乌梁素海富营养化程度不断加剧，目前绝大部分水域已经达到了重度富营养化程度[5-8]。

为挽救乌梁素海，流域相关部门采取了结构减排、工程减排、生态减排等一系列防治措施，虽然这些治理措施取得了初步成效，但水质目前仍未得到实质性改善，而且随着区域经济合作的积极进展和本区域工农业的快速发展，污染物的入湖量还会逐年增加，若不采取切实有效的水污染控制和治理措施，富营养化程度将会越来越严重。

资助项目：中国工程院“我国重点湖泊富营养化控制及其流域经济协调发展战略研究”咨询项目（0946021134）

二、乌梁素海营养盐源解析

（一）研究方法

1. 污染源确定

表 1　乌梁素海主要水质数据汇总（$mg \cdot L^{-1}$）

年份	COD			TN			TP		
	平均值	超标倍数	水质	平均值	超标倍数	水质	平均值	超标倍数	水质
1998	45.5	0.14	劣Ⅴ	1.8	—	Ⅴ	0.28	0.39	劣Ⅴ
1999	61.5	0.54	劣Ⅴ	2.1	0.06	劣Ⅴ	0.18	—	Ⅴ
2000	84.1	1.10	劣Ⅴ	2.1	0.03	劣Ⅴ	0.11	—	Ⅴ
2001	65.8	0.65	劣Ⅴ	7.2	2.58	劣Ⅴ	0.40	1.00	劣Ⅴ
2002	70.2	0.76	劣Ⅴ	9.1	3.55	劣Ⅴ	0.23	0.15	劣Ⅴ
2003	36.4	—	Ⅴ	7.3	2.66	劣Ⅴ	0.19	—	Ⅴ
2004	49.8	0.25	劣Ⅴ	3.4	0.72	劣Ⅴ	0.23	0.15	劣Ⅴ
2005	73.0	0.83	劣Ⅴ	8.5	3.25	劣Ⅴ	0.30	0.49	劣Ⅴ
2006	103.0	1.58	劣Ⅴ	11.0	4.49	劣Ⅴ	0.28	0.42	劣Ⅴ
2007	114.0	1.85	劣Ⅴ	7.1	2.55	劣Ⅴ	0.23	0.14	劣Ⅴ

数据来源：巴彦淖尔市乌梁素海水质监测结果表。

通过现场调查和资料统计两种方法，收集乌梁素海流域人口数量、畜禽养殖、农业施肥、垃圾及污水排放、污水处理、工业生产、黄河来水水质等信息，数据主要来源于2005—2008年巴彦淖尔市统计年鉴、巴彦淖尔市水资源公报、巴彦淖尔市环境质量报告书及水质监测资料等。确定造成乌梁素海富营养化的重点污染源为流域内农业面源、农村生活面源、城镇生活点源、养殖业源、工业点源及输入性污染源。

2. 污染排放系数确定

为计算各污染源污染负荷，根据文献资料和现场调研确定各个污染源的排污系数。

（1）农村生活

参考张大弟等研究结果[9]，结合流域农村居民生活方式及污染物处理情况，确定农村居民人均生活废水污染物排放系数为TN 0.9kg/a、TP 0.18kg/a、COD 22.4kg/a，居民排泄物中人均各污染物排放系数为TN 4.3kg/a，TP 0.7kg/a，COD 27.3kg/a。根据目前我国农村平均每人每天产生生活垃圾0.8～1.0kg估算乌梁素海流域农村居民人均年垃圾产生总量365kg/a，垃圾中COD、TN、TP含量分别为10%、0.5%和0.2%，入湖率按20%计。

（2）畜禽养殖业

主要畜禽污染物排放系数由国家环保总局提供[10]，见表2。

表 2　单位牲畜污染物排放强度系数　　单位：kg/a

畜禽种类	COD	TN	TP
牛	248.2	61.1	10.07
猪	26.61	4.51	1.7
羊	4.4	2.28	0.45
家禽	1.165	0.275	0.115

（3）城镇生活

参考黄英志[11]的研究结果，并结合流域实际情况，取流域城镇人口人均污染物排放系数为COD 25kg/a、TN 3.5kg/a、TP 0.7kg/a。

(4) 水产养殖业

由于渔业造成的污染较难统计和界定，因此参照前人研究[12]，取1kg渔业产量排入水体污染物为COD 2kg、TN 0.1kg、TP 0.023kg。

(5) 工业

工业各主导产业产排污系数取自《第一次全国污染源普查工业污染源产排污系数手册》。

3. 污染负荷估算

(1) 据有关研究[13]，我国河套灌区约有10%的氮肥会经淋溶、冲刷而进入地表水体，其他肥料也按10%的流失率计算，结合历年乌梁素海流域农业施肥量，计算农业面源污染负荷。

(2) 农村生活污染主要包括农村生活废水、人粪尿污染和农村生活垃圾污染。根据各类污染物排放系数及农村人口数，可获得乌梁素海农村生活污染负荷。其中，生活废水入湖率取50%。由于流域已推广沼气池建设以及粪便综合利用，粗略估计有10%的人粪尿随径流进入乌梁素海。垃圾对乌梁素海的污染比较难估计，粗略估计流域垃圾有效清运率为80%，剩余20%经雨水淋溶或直接丢弃到河道中对湖泊污染产生影响。

(3) 流域城镇污水处理厂年COD减排量为7353.7t，TN、TP无减排。根据城镇人口排污系数和城镇人口总量以及工程减排量可得乌梁素海城镇生活污染负荷。

(4) 根据各主导产业的产排污系数及历年主要工业产品产量，计算得乌梁素海工业点源污染负荷。

表3　乌梁素海各污染源入湖污染负荷汇总　单位：t/a

年份	2005	2006	2007	2008
COD				
农村生活	16054	15680	15427	15129
养殖业	11965	17049	16767	16449
城镇生活	17753	11097	11655	12022
工业	49304	45540	52412	55420
农业面源污染	0	0	0	0
输入性污染源	13000	12200	10600	10000
共计	108076	101566	106860	109019
TN				
农村生活	1030	1006	990	971
养殖业	4026	3899	3736	3613
城镇生活	2485	2583	2661	2713
工业	393	802	970	1154
农业面源污染	15785	15872	15828	15156
输入性污染源	1800	1800	1600	1600
共计	25519	25961	25785	25207
TP				
农村生活	204	199	196	192
养殖业	819	790	753	723
城镇生活	497	517	532	543
工业	29	25	31	26
农业面源污染	1695	1579	2041	2212
输入性污染源	49	48	48	48
共计	3292	3158	3601	3746

(5) 流域养殖业污染主要包括畜牧业和水产养殖业污染。结合排放系数以及流域畜禽放养

量，可得畜牧业污染物排放总量，污染物入湖量取 10%。依据渔业排污系数及乌梁素海历年渔业产量，可得乌梁素海水产养殖污染负荷。两者之和为乌梁素海养殖业污染负荷。

（6）输入性污染源。乌梁素海年引黄水量 41.01 亿 ~ 49.69 亿 m^3，本研究取 45 亿 m^3，结合黄河巴彦淖尔段上游三盛公断面水质监测结果，可得乌梁素海输入性污染负荷。考虑到污染物在灌溉河套农田时有些被截留降解，取污染物入湖率为 15%。

（二）结果与分析

根据上述计算方法，可得 2005—2008 年乌梁素海各污染源入湖污染负荷，汇总如表 3。各污染源对主要污染物贡献见图 1、图 2 和图 3。可以看出，2005—2008 年，排入乌梁素海的 COD、TN、TP 变化不大，COD 从 2005 年的 10.8 万 t 增加到 10.9 万 t，TN 和 TP 排放量分别在 2.8 万 ~ 3.3 万 t、0.32 万 ~ 0.37 万 t。

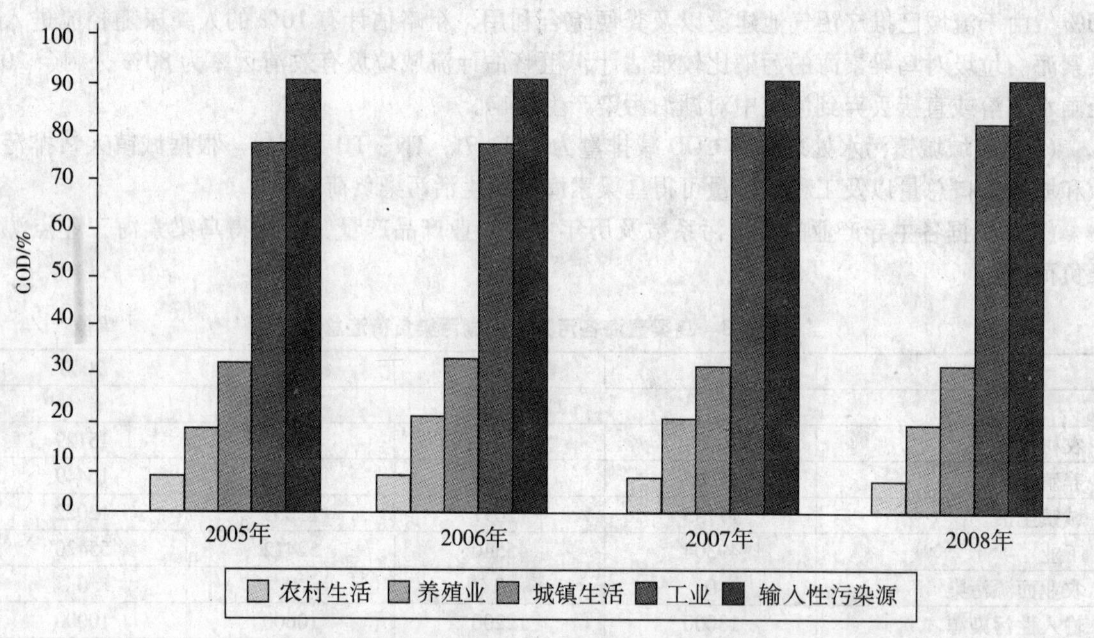

图 1　乌梁素海流域不同污染源 COD 入湖贡献率

图 2　乌梁素海流域不同污染源 TN 入湖贡献率

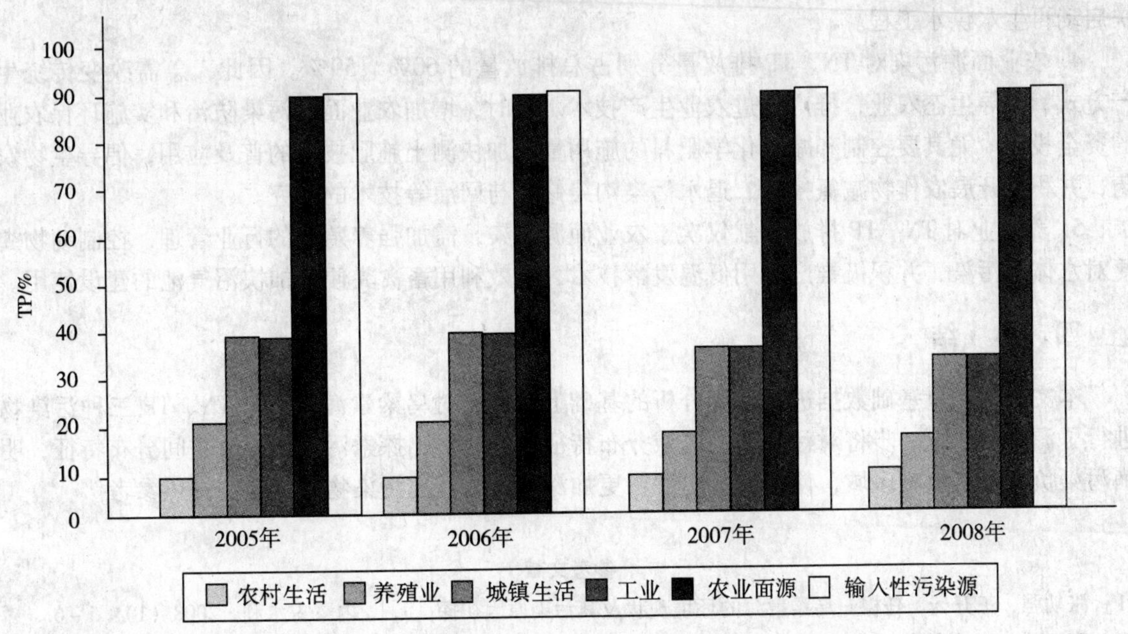

图3　乌梁素海流域不同污染源 TP 入湖贡献率

1. COD 源解析

2005—2008 年，除城镇生活源 COD 贡献率有所下降，输入性污染增大之外，其余各污染源贡献率基本稳定。2008 年，按贡献率由大到小依次为工业点源 51%、养殖业 15%、农村生活 14%、输入性污染源 11% 和城镇生活 9%。工业废水为 COD 主要贡献源，尤其是其中的造纸业、果蔬加工业和酿酒业，是污染物减排的重点。

2. TN 源解析

TN 主要来自农业面源污染，其次是养殖业和工业，2008 年其贡献率分别为 60%、14% 和 11%。2005—2008 年，养殖业源贡献率由 16% 下降到 14%，工业点源 TN 排放由 2% 上升到 5%，其他污染源贡献率变化不大。由于乌梁素海是河套灌区农田退水的唯一受纳水体和排水通道，接纳了灌区 90% 以上的排水，因此农田径流成为乌梁素海营养盐的最大来源；养殖业因为尚未形成生态化，成为乌梁素海 TN 的第二大来源；工业 TN 主要来自电力工业氮氧化物的排放。

3. TP 源解析

TP 主要来自农业面源、养殖业和城镇生活。其中农业面源贡献率呈逐年增加趋势，到 2008 年已达 59%。养殖业贡献率下降到 19%，城镇生活贡献率 2008 年为 16%，农村生活贡献的比例在 5% ~6%，黄河引水和工业对 TP 贡献很小，均只占 1% 左右。

三、结论及建议

1. 乌梁素海水质不断恶化，富营养化现象日益严重，目前处于重富营养化水平，而污染物排放量仍处于较高水平，COD、TN、TP 入湖量逐年增加，因此针对乌梁素海流域的水污染控制工程建设已迫在眉睫。

2. 工业点源、养殖业源和农村生活源是乌梁素海 COD 入湖负荷的主要贡献源；农业面源、养殖业和工业是 TN 的主要贡献源；农业面源、养殖业和城镇生活是 TP 的主要贡献源。

3. 随着流域由农业主导型向工业主导型转变的加快，工业点源污染将进一步加剧，因此必须统筹考虑工业发展与湖泊保护的协调问题，加强工业园区建设，实现园区节能减排，尤其要加快工业园区污水处理、回用工程建设。针对城镇生活污染，应加快城镇污水处理设施的建设，尽快启动再生水供水工程。

4. 农业面源污染对 TN、TP 排放量分别占总排放量的 60%、59%。因此，急需改变传统生产方式，倡导生态农业，推广先进农业生产技术。同时，增加农业面源污染防治和实施环保农业的资金投入。尤其要控制和减少化学肥料的施用量，加快测土施肥技术的普及应用，倡导生物农药，并积极开展农作物减氮控磷、退水污染沟渠修复与回灌等技术的研究。

5. 养殖业对 TN、TP 排放贡献仅次于农业面源污染，需加强养殖业的行业管理，控制动物粪便对水体的污染，并积极推广应用低温发酵技术，有效利用畜禽粪便，加快沼气池的建设使用。

四、小　结

本文在对大量基础数据进行计算分析的基础上，重点对乌梁素海 COD、TN、TP 三种污染物进行了源解析。下一步将对污染物的区域分布特征进行分析，探索污染物排放空间分布特征，明确污染负荷重点贡献区域，使营养盐源解析更加深入，为当地污染物总量控制提供参考。

参考文献

[1] 张功强，王开云，任檩．乌梁素海的环境现状及其污染原因初探［J］．内蒙古水利，2008（1）：5－6.

[2] 李亚威．大型植物过量生长型的富营养化湖泊——乌梁素海［J］．内蒙古环境保护，2002，14（2）：3－6.

[3] 尚士友，杜健民，李旭英，等．乌梁素海富营养化及其防治研究［J］．内蒙古农业大学学报，2003，24（4）：7－12.

[4] 于瑞宏，李畅游，刘廷玺，等．乌梁素海湿地环境的演变［J］．地理学报，2004，59（6）：948－955.

[5] 武国正，李畅游，张生，等．基于分形理论的草型湖泊富营养化等级分区评价研究［J］．第二届全国农业环境科学学术研讨会论文集，2007：549－553.

[6] 李畅游，高瑞忠，刘廷玺，等．乌梁素海水质富营养化评价及其年季动态变化特征［J］．水资源与水工程学报，2005，16（2）：11－15.

[7] 李畅游，武国正，李卫平，等．乌梁素海浮游植物调查与营养状况评价［J］．农业环境科学学报，2007，26（增刊）：233－287.

[8] 郝伟罡，李畅游，高瑞忠，等．乌梁素海水环境质量现状评价．环境科学与技术，2005，28（增刊）：86－88.

[9] 张大弟，张晓红，章家联，等．上海市郊区非点源污染综合调查评价［J］．上海农业学报，1997，3（1）：31－36.

[10] 国家环境保护总局．全国规模化畜禽养殖业污染情况调查及防治对策［M］．北京：中国环境科学出版社，2002：77－78.

[11] 黄英志．中等城市居民日常生活水污染物排放现状分析［J］．海峡科学，2009（7）：29－31.

[12] 林建斌，王剑峰．水产养殖与生态营养［J］．科学养鱼，2009（5）：65－66.

[13] 魏国孝，孙继成，朱锋．内蒙古河套灌区农业面源污染及防治对策［J］．中国水土保持，2009（8）：27－29.

象山港国华电厂附近海域硫化细菌和硫酸盐还原细菌的时空分布

王海丽　杨季芳　陈吉刚

（宁波市微生物与环境工程重点实验室　宁波　315100；
浙江万里学院生物与环境学院　宁波　315100）

摘　要　本文于2006年的9月以及2007—2008年的1月（冬季）、4月（春季）、7月（夏季）、11月（秋季）采用高保真的无扰动柱状器采集象山港国华电厂附近海域的表层沉积物及其上方上覆水样品（同时采集表层海水样品），研究硫化细菌及硫酸盐还原细菌丰度的时空分布特征得出如下结果：调查期间国华电厂附近海域上覆水、沉积物及表层海水中硫化细菌及硫酸盐还原细菌数量实测值的变化范围均为$3.00\times10^1\sim2.40\times10^4$个/ml（个/g），且上覆水样品中的细菌数量均值高于沉积物及表层海水；在不同航次中位于温排水口附近的D03站点的硫化细菌数量出现较高值的频率较高，而距电厂温排水口稍远的D05站点的硫酸盐还原细菌数量出现较高值的频率较高；两种细菌丰度的季节分布特征均为夏季高于秋季、春季、冬季，且2007年度细菌数量均值相对较高。相关性分析表明水体的pH、溶解氧含量、亚硝酸盐含量是国华电厂附近海域硫化细菌与硫酸盐还原细菌数量分布的主要影响因素。

关键词　国华电厂　硫化细菌　硫酸盐还原细菌　时空分布

引　言

经济的迅猛发展使得对电力需求持续上升，引发了电厂建设的热潮，在中国东部沿海尤为突出。位于象山港底部的国华宁海电厂，相继开发建设，其中国华电厂在2005年底第一台机组并网发电以来，已运行时间较久。电厂采用直流冷却方法，直接吸取象山港海水，使用后排回象山港，排水量大。电厂建设、煤灰堆放及电厂运行后的温排水把电厂产生的巨大热能传递到附近水域，致使水温升高，从而可能对海洋生态系统造成影响（Snoeijs & Prentice，1989；Schroeter et al.，1993；Poornima et al.，2005）。刘莲（2008）、杨耀芳（2008）以及2008年宁波市海洋环境公报先后报道国华电厂的运行对电厂附近海域的生态系统产生了明显扰动，浮游植物、浮游动物和底栖生物的生物多样性指数、丰富度、均匀度明显下降（刘莲，2008；杨耀芳，2008）。海洋微生物作为海洋生态系统关键环节，是海洋微食物环的关键环节，对海洋生态系统的物质循环和能量流动起着重要作用（Azam F，et al.，1983），对海洋环境的变化最为敏感、反应最为迅速。硫化细菌和硫酸盐还原细菌在海洋中分布较广，特别在河口区沉积物中，这类细菌数量很大，这是由于河口区存在着丰富的有机质及动植物的残骸，沉积物中的异养细菌可将其不断分解，将硫以硫化氢的形式释放出来，有时也会产生一些硫酸盐。硫化细菌可将硫化氢氧化成硫或硫的氧化物，它们大部分是化能自养型细菌。在游离氧不存在的情况下，硫酸盐还原细菌可将硫酸盐还原为硫化氢。由此可见，它们在海洋硫循环中占着重要的位置。在海洋沉积物中的硫沉淀，一部分就是在硫酸盐还原细菌的作用下生成硫化物后，再由硫化细菌氧化为硫的。对于它们在沉积物中的作用，引起国外很多海洋科学家的重视（Jorgensen B. B.，1977；史君贤，1983；林凤翱，1989）。国华电厂的运行也必然会影响象山港海洋环境中的微生物，因此研究电厂附近水域海洋微生物的生态学可快速发现电厂运行对海洋环境造成的影响。本文以浙江省重要养殖区象山港港

基金项目：宁波市科技局重大科技攻关项目2006C100030

内的国华电厂为研究对象，检测了其邻近海域表层水体、上覆水及表层沉积物中的硫化细菌及硫酸盐还原细菌的数量分布及其与环境因子的关系，旨在为海域生态环境监测提供参考。

一、材料与方法

（一）调查站位设置

在受电厂影响较直接的沿岸海域，以电厂排水口为中心，设置5个站点，分别为D01、D02、D03、D04、D05，其位置见图1。其中，D03、D04站点位于电厂温排水口附近。

（二）样品的采集及分析方法

调查时间为2006年9月至2008年7月，每季度1次。每次调查均位于小潮前后。

采用高保真的无扰动柱状采样器采集5cm深湿底泥及其上方5cm左右的水样分别作为沉积物及上覆水样品。采用有机玻璃采水器采集表层海水（离水面0.5m左右的）样品。采用MPN法计数样品中的硫化细菌及硫酸盐还原细菌数量，细菌培养分别采用相应的萨氏硫化细菌培养基及Starkey硫酸盐还原细菌培养基（陈绍铭，1985）。

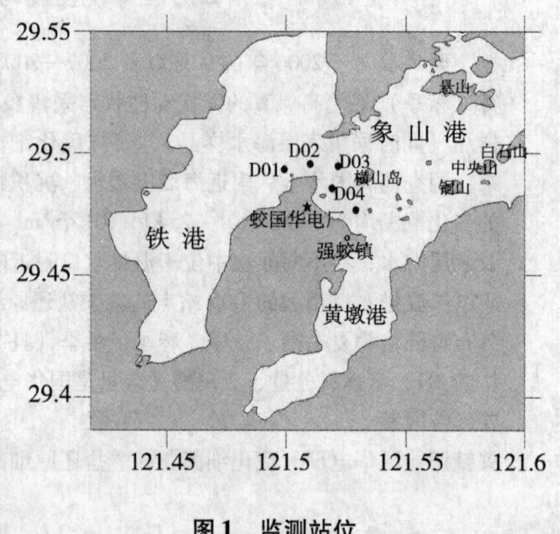

图1　监测站位

水温、盐度、pH、溶解氧、叶绿素a含量、硝酸盐含量、亚硝酸盐含量、氨氮含量、无机磷含量、化学需氧量等指标由本项目组成员——宁波市象山港海洋环境监测站提供。样品的采集及分析均按照海洋监测规范GB 1273.6—1991有关要求进行。

（三）数据处理

硫化细菌及硫酸盐还原细菌所有数据均为实测数据。有关时空分布的年度划分按：2007年的1月、4月、7月、11月为第1年度，2008年的1月、4月、7月为第二年度。2006年9月采集一次，2007年11月未采样。细菌数量与理化因子的相关性分析采用SPSS13.0相关性软件。处理间差异性分析采用DPS数据处理软件V8.01分析（唐启义，冯明光，2002）。

二、结果与分析

（一）电厂附近海域硫化细菌数量的时空分布

1. 电厂附近海域不同站点的不同类型样品中硫化细菌数量

调查期间国华电厂附近海域表层海水中硫化细菌数量实测值的变化范围为3.00×10^{1}～4.60×10^{3}个/ml，总均值为9.4×10^{2}个/ml；上覆水及表层沉积物中硫化细菌数量实测值的变化范围为3.00×10^{1}～2.40×10^{4}个/ml，总均值分别为6.12×10^{3}个/ml、2.66×10^{3}个/g。本研究中电厂附近海域上覆水及沉积物中硫化细菌数量的检出均值远高于林凤翱（1989）对北黄海碱渣及三类废弃物试验倾倒区表层沉积物中硫化细菌检测值3个数量级。调查海区特殊的地理位置等的差异是造成此现象的原因；另外，样品采集方法的差异也是造成上述现象的主要原因之一：林凤翱（1989）采用普通的击开式采水器和$0.1m^{2}$采泥器采集的水样和表层沉积物；而本研究采用有缆无扰动柱状采样器获得的高保真的无扰动柱状样本（含上覆水），保留了原始的生物地球化学信息，因此由上述样品检测出的硫化细菌数量较前者更能反映真实情况。

2. 空间分布

（1）平面分布

调查期间国华电厂附近海域硫化细菌数量的平面分布情况如图2所示。调查期间电厂附近海域硫化细菌数量的平面分布情况在不同类型样品中表现不同，在不同航次中也表现不同。国华电厂附近海域表层海水中D03、D02站点硫化细菌数量均值较高；上覆水中D03、D04、D01站点中硫化细菌数量较高，明显高于其他站点；表层沉积物中D03站点硫化细菌数量较高，明显高于其他站点。综合以上，电厂温排水口附近D03站点样品中硫化细菌检出数量均值较高，可能与此处的水温升高较多有关（水温监测结果）。

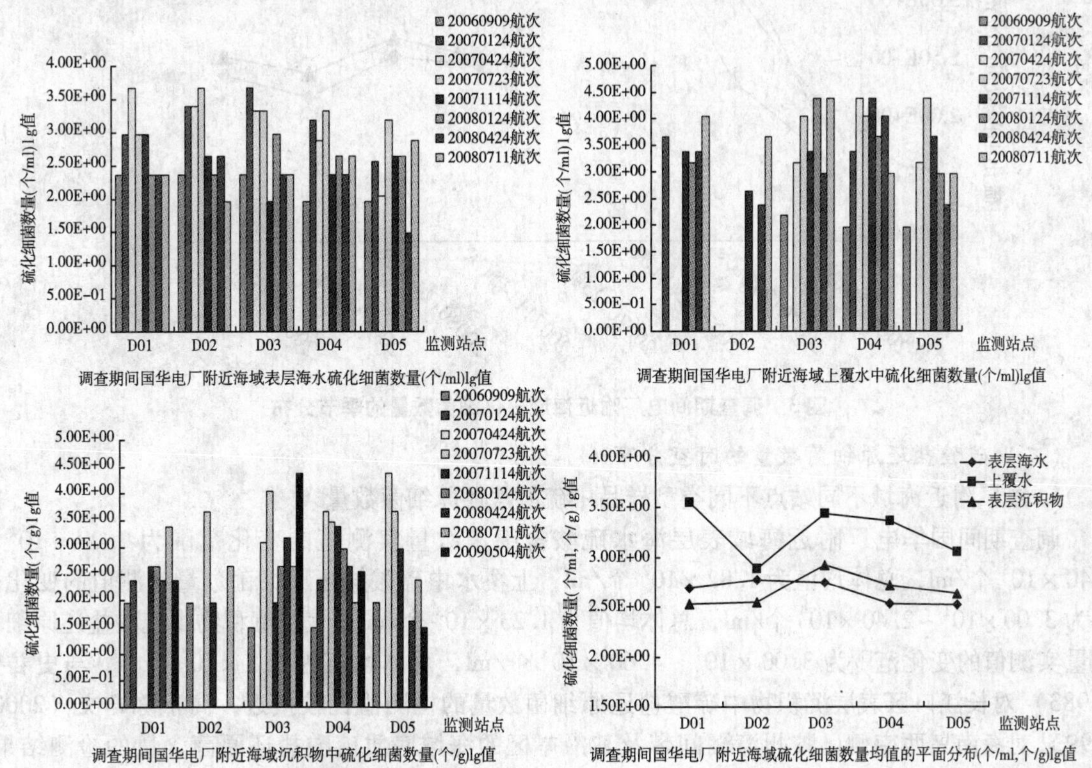

图2　调查期间国华电厂附近海域硫化细菌数量的平面分布（个/ml，个/g）

注：图中数值为细菌数量均值的10的对数值（lg值），下同。

（2）垂直分布

总体上调查期间国华电厂附近海域硫化细菌数量均值上覆水样品高于表层沉积物、高于表层海水（图2）。硫化细菌生长主要依赖于底物硫化氢及含硫化合物，而海洋中硫化氢及含硫化合物多来源于能够含巯基氨基酸的分解，而异养细菌在含巯基氨基酸的分解过程中发挥了重要作用。上覆水中可培养异养细菌数量多时，其能够分解蛋白质的活性较强，异养细菌可分解含巯基氨基酸而产生硫化氢也较多，这样为硫化细菌提供了一定数量的硫化氢及含硫化合物，因此硫化细菌数量也增多。

3. 季节分布

调查期间国华电厂附近海域硫化细菌数量的季节分布情况如图3所示。调查期间国华电厂附近海域硫化细菌均值的季节变化趋势在不同年度表现不同，但总体上20060909航次硫化细菌数量均值较低；2007年度硫化细菌数量均值相对较高，且以7月最高；且2008年1月硫化细菌数量均值较高，高于4月、7月，比较异常。夏季航次的相同类型样品中硫化细菌数量均值2007年高于2008年，冬季航次的表层海水中硫化细菌数量均值2007年高于2008年，而上覆水及沉积物表现相反，该结果与电厂附近海域夏、冬季的表、底层海水的水温变化规律相一致：2007年夏季表层海水水温均值明显高于2008年夏季，而底层海水水温差异不大；而冬季表、底层水温均为2008年高于2007年。

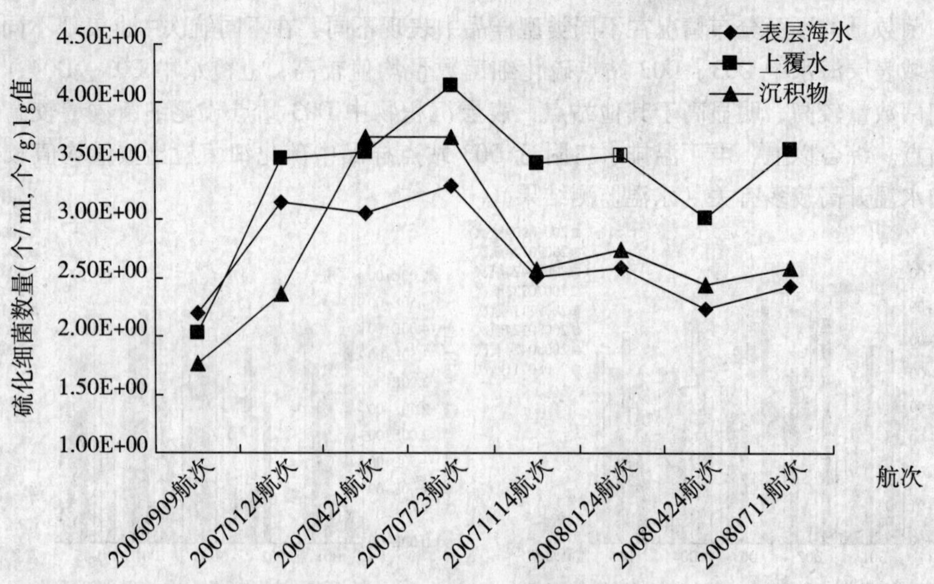

图3　调查期间电厂附近海域硫化细菌数量的季节分布

（二）硫酸盐还原细菌数量的时空分布

1. 电厂附近海域不同站点不同类型样品中硫酸盐还原细菌数量

调查期间国华电厂附近海域表层海水硫酸盐细菌数量实测值的变化范围为 3.00×10^1 ~ 2.40×10^3 个/ml，总体均值为 1.82×10^2 个/ml；上覆水中硫酸盐还原细菌数量实测值的变化范围为 3.00×10^1 ~ 2.40×10^4 个/ml，总体均值为 1.23×10^3 个/ml；表层沉积物中硫酸盐还原细菌数量实测值的变化范围为 3.00×10^1 ~ 4.60×10^3 个/ml，总体均值为 6.8×10^2 个/g，与史君贤（1983）对长江口区表层沉积物中硫酸盐还原细菌数量的检测值比较接近，高于陈皓文（2000，1999）对海南岛西南侧、胶州湾潮间带及其沿岸区的海域底质硫酸盐还原菌含量的检测结果。全测区 SRB 平均检出率、含量及其变幅分别为60.0%，5680.3 细胞/100g（湿）和 0 ~ 110000 细胞/100g（湿）。样品采集方法的差异也是造成此差异的主要原因。

2. 空间分布

（1）平面分布

调查期间国华电厂附近海域硫酸盐还原细菌数量所有航次均值的平面分布如图4所示。

由图4可知，调查期间国华电厂附近海域硫酸盐还原细菌数量的平面分布情况：表层海水中硫酸盐还原细菌均值 D05 站点较高，明显高于其他站点；上覆水中 D03、D05 站点硫酸盐还原细菌数量均值较高，明显高于其他站点，站点 D02 最低；表层沉积物中硫酸盐还原细菌数量均值 D05 站点最高，D02 站点最低。硫酸盐还原细菌数量均值的平面分布情况与硫化细菌不同，电厂温排水口附近站点（D03、D04）并未频繁出现高值，而是在离温排水口稍远的 D05 站点出现较高值的频率较高。可能水温并非影响 SRB 分布的关键因子，下面的细菌数量与环境理化因子相关性分析结果也进一步验证了这一点。SRB 是环境腐蚀重要因子，其含量的高低意味着腐蚀性的强弱，将它结合相应地质性状和理化参数分析，可以指示出特定环境的腐蚀性，因此可以认为 D05 站点的底质受腐蚀程度较高。

（2）垂直分布

调查期间国华电厂附近海域上覆水细菌数量均值高于表层沉积物、高于表层海水。这种现象与 SRB 的厌氧的生长特性有关，另外表层沉积物中沉积了适宜的有机物（修世萌，1993）。与本文类似，陈皓文（2000）报道海南岛西南侧海域底质硫酸盐还原菌垂直方向上也呈现出表层大于浅层、深层。

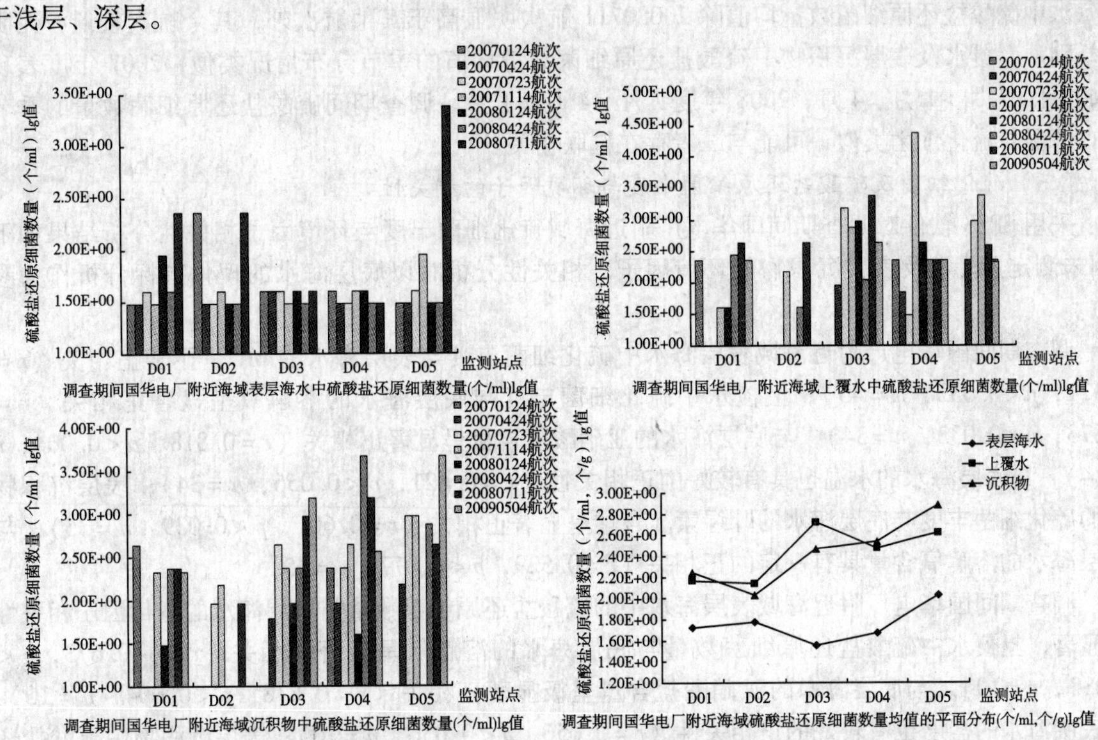

图4　调查期间国华电厂附近海域硫酸盐还原细菌数量的分布（个/ml，个/g）lg值

3. 季节分布

调查期间国华电厂附近海域硫酸盐还原细菌数量的季节分布情况如图4所示。

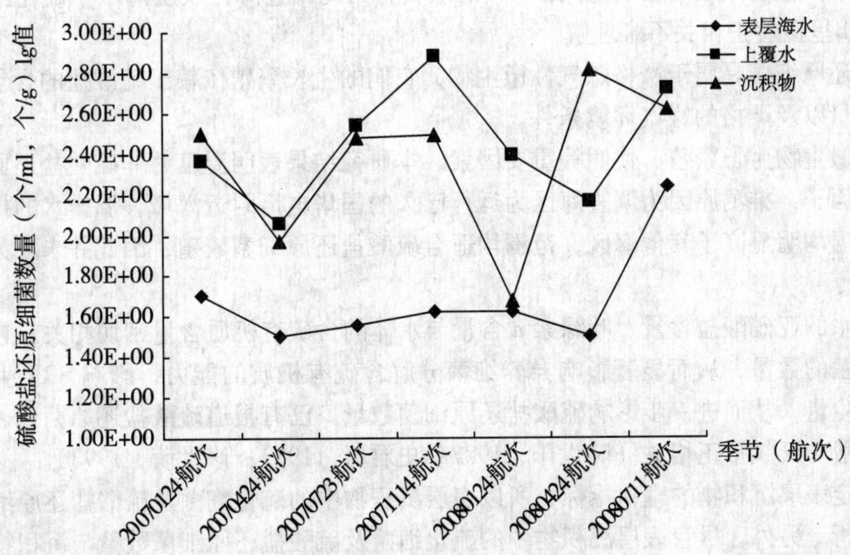

图5　调查期间国华电厂附近海域硫酸盐还原细菌数量的季节分布（cfu/ml，cfu/g）lg值

由图5可知，调查期间国华电厂附近海域硫酸盐还原细菌数量的季节分布表现以下特征：表层海水中硫酸盐还原细菌数量均值除 20080711 航次明显高于其他航次外，其余航次较低，无明显差别。上覆水及表层沉积物中硫酸盐还原细菌数量均值的季节分布情况类似，2007 年度表现为 11 月 >7 月 >1 月、4 月，2008 年度 7 月 >4 月 >1 月。调查期间硫酸盐还原细菌数量的季节分布情况与硫化细菌类似，可能与二者存在耦联相关。

（三）硫化细菌及硫酸盐还原细菌丰度与环境因子的相关性

采用 SPSS 软件对调查期间国华电厂附近海域硫化细菌丰度与环境因子相关性分析结果如下（因未测定上覆水及表层沉积物的环境因子，相关性分析时以底层海水的理化指标分析作为参考）。

调查期间国华电厂附近海域表层海水中硫化细菌丰度与表层海水的 pH 呈显著正相关（$r=0.321$，$p<0.032$，$n=45$）；上覆水中硫化细菌丰度与底层海水的溶解氧呈显著正相关（$r=0.673$，$p<0.033$，$n=34$），与底层海水的亚硝酸盐含量呈显著正相关（$r=0.818$，$p<0.004$，$n=34$），与底层海水的水温也具有较好的正相关性（$r=0.621$，$p<0.056$，$n=34$）；表层沉积物中的硫化细菌丰度与底层海水的叶绿素 a 含量呈显著正相关（$r=0.601$，$p<0.039$，$n=35$），与底层海水的溶解氧含量具有一定的正相关（$r=0.529$，$p<0.077$，$n=35$）。

调查期间国华电厂附近海域表层海水中的硫酸盐还原细菌数量与表层海水的理化因子相关性不显著；上覆水中硫酸盐还原细菌数量与底层海水的溶解氧呈显著负相关（$r=-0.673$，$p<0.033$，$n=10$），与底层海水的亚硝酸盐含量呈极显著正相关（$r=0.818$，$p<0.004$，$n=10$），与底层海水的盐度也有较好的正相关性（$r=0.056$，$p<0.056$，$n=10$）；表层沉积物中硫酸盐还原细菌数量与底层海水的以上理化因子无显著相关性。

一般认为硫化物氧化分解进行的程度在很大程度上取决于微生物群落的发育情况。硫化细菌属于好气性化能自养型菌，它的消长特性主要决定该菌所需要的基质还原性硫化物多寡和对细胞周围微域环境条件变化的适宜程度（朱增炎，1992）。相关性分析结果表明调查海区上覆水及沉积物中的硫化细菌数量与底层海水的溶解氧含量的显著正相关性进一步说明了 SOB 好氧的生长特性。硫化细菌生长繁殖时会引起周围 pH 的改变，因此调查海区表层海水中硫化细菌丰度与表层海水的 pH 呈显著正相关不难理解。

硫酸盐还原细菌是属于严格嫌气性微生物，它们的生长繁殖依赖于硫酸盐的含量、可氧化的有机物的数量以及严格的嫌气环境条件。

温度是微生物生长繁殖、代谢等重要因素，本研究结果表明温度并非硫酸盐还原细菌生长的主要限制性因子，推测原因为调查海区为运行已久的国华电厂附近海域，温排水的持续排放使调查海域的水温均明显高于其他海区，范围均适合硫酸盐还原细菌繁殖，因此并未成为生长限制性因子。

表层海水的亚硝酸盐含量、叶绿素 a 含量与水体的含硫有机质含量密切相关，它显著影响水体中异养细菌的数量，从而显著影响异养细菌分解含硫有机质的能力，影响 SRB 生存底质——硫化物的产生量，从而进一步影响硫酸盐还原细菌数量。已有报道硫酸盐还原菌代表环境厌氧状况，菌数一般与厌氧量正相关（陈世阳，1987；史君贤，1983；修世萌，1993）。

因未测定表层沉积物的理化指标，所以表层沉积物中的硫化细菌及硫酸盐还原细菌数量未进行相关性分析。另外，尽管表层沉积物中的硫化细菌及硫酸盐还原细菌数量与沉积物中的硫化物含量相关性不显著，但是硫化细菌及硫酸盐还原细菌数量较高的站点，其硫化物含量也较高。

参考文献

[1] Schroeter S C, Dixon J D, Kastendiek J, et al. Detecting the ecological effects of environmental impacts: A case study of kelp forest invertebrates [J]. Ecological Applications, 1993, 3 (2): 331 - 350.

[2] Snoeijs P J, Prentice IC. Effects of cooling water discharge on the structure and dynamics of epilithicalgal communities in the northern Baltic [J]. Hydrobiologia, 1989, 184 (1): 99 - 123.

[3] Poornima E H, RajaduraiM, Rao T S, et al. Impact of thermal discharge from a tropical coastal power plant on phytoplankton [J]. Journal of Thermal Biology, 2005, 30 (4): 307 - 316.

[4] 刘莲，任敏，陈丹琴，等．象山港乌沙山电厂附近海域的底栖生物状况 [J]．海洋环境科学，2008，27 (增刊1)：20 - 23.

[5] 杨耀芳，蔡燕红，魏永杰，等．象山港国华宁海电厂附近海域底栖生物的调查研究 [J]．海洋环境科学，2008，27 (增刊1)：79 - 82.

[6] 宁波市海洋与渔业局．2008年宁波市海洋环境公报 [Z]．宁波：宁波市海洋与渔业局，2008.

[7] 宁波市海洋与渔业局．2007年宁波市海洋环境公报 [Z]．宁波：宁波市海洋与渔业局，2007.

[8] Azam F, Fenchel T, Field J G, et al. The Ecological Role of Water Column Microbes in the Sea [J]. Marine Ecology Progress Series, 1983, 10: 257 - 263.

[9] 陈绍铭，郑福寿．水生微生物学实验法 [M]．北京：海洋出版社，1985：9.

[10] Jorgensen B. B. Limmnol Coeanogr, 1977, 22: 814 - 831.

[11] 史君贤，郑国兴，陈忠元，等．长江口区沉积物中硫化细菌和硫酸盐还原细菌数量分布 [J]．东海海洋，1983，1 (4)：30 - 33.

[12] 王明义，梁小兵，郑娅萍，等．洱海沉积物硫循环相关微生物群落结构 [J]．现代预防医学，2007，34 (4)：704 - 705.

[13] 薛廷耀，孙国玉．海泥中硫杆菌的分离培养研究 [J]．海洋与湖沼，1959，11 (2)：75 - 81.

[14] 郑国兴，史君贤，陈忠元，等．长江口及邻近陆架海区细菌与沉积物相互关系的初步探讨 [J]．海洋学报，1982，4 (6)：743 - 753.

[15] 修世萌．硫元素微生物地球化学研究及其地质意义 [J]．化工地质，1993，15 (2)：101 - 107.

[16] Trudinger P. A., swaine D. J. Biogeochemical cycling of mineral - forming elements [J]. Amsterdam, 1979, 293 - 401.

[17] Krumbein W. E. Microbial geochemistry [M]. Oxford, 1983: 91 - 117.

[18] Holland H. D., Schidlowski M. Mineral deposits and the evolution of the biosphere [J]. Berlin: Springer - Verlag, 1982: 5 - 31, 77 - 199.

[19] 陈皓文，李培英，王波．浙江—闽北陆架沉积物硫酸盐还原菌及与生物地球化学因子关系的分析 [J]．环境科学学报，2000，20 (4)：478 - 452.

[20] 陈皓文．胶州湾潮间带和沿岸区硫酸盐还原菌含量分布 [J]．海洋环境科学，1999，18 (2)：27 - 30.

[21] 陈皓文．海南岛西南侧海域地质硫酸盐还原菌分析 [J]．海岸工程，2000，19 (2)：10 - 15.

[22] 马文漪，杨柳燕．环境微生物工程 [M]．南京：南京大学出版社，1998，1.

[23] 朱增炎，李成保，赵安珍．培育土壤中硫化细菌和硫酸盐还原细菌的消长特征初探 [J]．环境化学，1992，11 (5)：33 - 38.

盐度对红海榄湿地系统净化效应的影响

刘敏超[1]　彭友贵[2]

（1. 五邑大学　广东　江门　529020；

2. 华南农业大学广东省自然保护区研究中心　广州市天河区五山路　510642）

摘　要　构建红海榄模拟湿地系统，用0、5‰、10‰、15‰、20‰、30‰、40‰和50‰等盐度的人工富营养污水灌溉处理，研究盐度对红树林湿地系统净化效应的影响。结果表明，红海榄湿地系统对水体中N的去除率达80%以上，其中10‰～30‰盐度处理的N去除率最高，为84.1%～85.2%；磷的去除率为98.11%～98.82%，在盐度10‰～20‰处理的去除率略高。植物吸收的N、P量占水体N、P减少总量的比例分别为5.9%～11.2%和1.3%～3.3%。盐度主要通过影响植物生长而对湿地净化效应产生影响。

关键词　红海榄　红树林湿地　盐度　净化效应

一、引　言

由于传统的物理、化学和生物等废水处理方法在处理过程中产生污泥、能耗大以及需要经常维护等不足[1]，运用湿地等自然系统处理废水在20世纪80年代初受到关注[2]，人工湿地已用于处理矿山排水、暴雨径流、城市污水、工业废水和养殖污水等。研究表明，湿地处理系统能有效去除水体中大量的悬浮固体物、有机物、氮、磷、金属元素和微生物等[3-7]。植物是湿地污水处理系统的重要组成。红树林是生长于热带、亚热带海岸潮间带的木本植物，红树植物具有较好的水质净化效果[5,7,8-13]。但红树植物生长要求具有一定的盐度条件，不同的红树植物对生境的盐度要求不尽相同，因此在红树林湿地污水处理系统中，盐度可能对湿地净化效应产生重要影响。而此前关于红树林湿地污水净化作用的研究，基本是在相同的盐度条件下（淡水或海水）进行的，没有反映出盐度对净化效果的影响。本试验通过对我国优势红树植物红海榄（*Rhizophora stylosa*）模拟湿地系统在不同盐度条件下的净化效果进行研究，探讨盐度对红树林湿地系统净化效应的影响。

二、材料与方法

（一）模拟湿地污水处理系统的构建

为防止降雨对盐度的稀释作用，模拟湿地系统构建于玻璃网室内，通过在80cm×50cm×40cm的PVC箱中种植红海榄处理污水。每箱盛土50kg，种植红树苗木9株（8个月生，H=(32.5±2.3) cm，Bas. D=（13.1±1.2）mm），灌溉富含氮、磷的富营养污水。在PVC箱的侧面靠近底部的位置设置放水开关，并在出水口的内侧沿壁用直径6cm带小孔的半圆形管隔出渗水通道，以便处理后的污水排出。设置0、5‰、10‰、15‰、20‰、30‰、40‰和50‰8种盐度（以下简称盐度0、5、10、15、20、30、40和50）的污水处理，每一盐度的污水处理重复3次。

（二）模拟湿地污水处理系统的运行管理与监测

红树植物于2月中旬种植后，用淡水（自来水）灌溉至月底，以排出系统土壤中原有的盐分以及恢复苗木的正常生长状态和适应环境的能力。每天早上8：00～8：30加入淡水，傍晚20：00～20：30排出，第二天早上灌溉新的淡水。3月开始污水处理，所有污水处理箱均加入相同N、P浓度的富营养污水6L，经植物净化处理1个月后更换相同浓度的污水，不同处理的污水盐度用海盐调节，其间用淡水补充因蒸发而损失的水分，以维持盐度不变。另设置不同红树植物的对照处理，对照处理箱盛土壤50kg，污水盐度为0，其他运行管理方式同试验处理。富营养污水由人工模拟配制，参照广州市猎德污水处理厂2005年进水污染物TN、TP的最高浓度配制，用KNO_3和KH_2PO_4配制成TN196mg·L^{-1}、TP40mg·L^{-1}的人工富营养污水。试验于当年11月底结束。

每月监测调查一次植株的基径、树高等生长状况；每月末换水时采集水样分析水体中的N、P含量；污水灌溉处理前和试验结束后，分别采集植物样，分析植物中的N、P含量。

（三）测试分析方法

1. 水样的测定

总氮的测定采用过硫酸钾氧化－紫外分光光度法，总磷的测定采用过硫酸钾消解－钼锑抗分光光度法。

2. 植物样的测定

植物分别根、茎、叶取样，在105℃杀青20min后于80℃烘干至恒重，粉碎研磨，用H_2SO_4－H_2O_2消煮，定容过滤后，用靛酚蓝比色法测定总氮、钼锑抗比色法测定总磷。

三、结　果

（一）红海榄的生长适应性

1. 成活率

不同盐度的富营养污水灌溉处理9个月后，红海榄的成活率及生长变化见表1。在5～40的盐度区间各处理平均只有1株死亡，成活率为85.2%～92.6%；盐度50时平均有2株死亡，成活率77.8%；而在淡水条件下即盐度为0时，平均有5株死亡，成活率只有44.4%。在死亡时间上，盐度5～40的各处理的苗木死亡均发生在种植后的6个月内；盐度0的处理在种植后的6个月内平均有2株死亡，而6个月以后又陆续有3株死亡；盐度50的处理在种植后的第6个月前后，分别有1株死亡。说明红海榄在淡水生境中的适应能力较差，当生境盐度达到50ppt时，其成活率也下降，随着在这两种生境中的生长时间延长，其耐受性逐渐降低，死亡率增加。种植在淡水生境中的红海榄，冬季气温低于10℃以下时，抗寒能力明显低于种植在具有盐度生境中的植株，叶、嫩稍出现萎缩状，但短时间的低温不会导致死亡，气温上升后可复苏。

表1　不同盐度条件下红海榄生长变化

项目＼盐度	0	5	10	15	20	30	40	50
高生长/cm	6.4±1.1	6.6±1.2	7.0±0.9	8.3±1.2	7.5±1.0	5.6±0.6	5.1±0.7	4.6±0.8
基径生长/mm	1.8±0.3	2.1±0.2	2.7±0.4	4.2±0.6	3.9±0.4	3.9±0.5	3.6±0.5	3.0±0.4
成活率/%	44.4±11.1	88.9±0.0	88.9±11.1	92.6±6.4	88.9±0.0	85.2±6.4	88.9±11.1	77.8±11.1

2. 高与径生长

从表1可以看出，红海榄高生长在盐度15～20时最快，达7.5～8.3cm；在高盐度生境中的生长速度显著低于低盐度，盐度0～10的平均高生长为6.7cm，盐度30～50的平均高生长只有5.1cm。基径生长在盐度15时最快，达4.2mm；其次是20～30，为3.9mm。在低盐度生境中的基径生长速度显著低于高盐度，盐度0～10的平均基径生长为2.2mm，而40～50的平均基径生长有3.3mm，这与高生长相反。

3. 生物量

生物量通过在种植时和试验结束时选取样木，建立茎、根、叶生物量与苗高和基径的回归方程，将试验植株的调查数据代入方程，求得各植株各组分生物量，各组分生物量之和为单株总生物量；试验末期与初期单株总生物量之差即为试验期间的生物量增量。红海榄试验期间的生物量增量见表2。

表2　不同盐度条件下红海榄生物量增长变化

器官＼盐度	0	5	10	15	20	30	40	50
茎	1.80	1.98	2.46	3.57	3.21	2.92	2.67	2.27
根	0.66	0.71	1.06	1.75	1.35	1.09	0.98	0.82
叶	0.69	0.75	0.98	1.46	1.27	1.12	1.02	0.86
全株	3.15	3.45	4.50	6.79	5.82	5.12	4.68	3.95

由表2可以看出，红海榄生物量在盐度15～20之间增长最快，达5.82～6.79g·株$^{-1}$；在淡水条件下的增量最少。

（二）红海榄湿地污水处理系统的净化效果

污水净化监测从3月开始至11月结束，每处理累计加入氮10560mg、磷2160mg。不同盐度处理的总体净化效果见表3。

表3　不同盐度条件下红海榄湿地污水处理系统的净化效果

项目＼盐度		0	5	10	15	20	30	40	50	D
N/(mg/L)	月均期初浓度	196.0	196.0	196.0	196.0	196.0	196.0	196.0	196.0	196.0
	月均期末浓度	39.1	36.0	31.2	29.0	29.1	29.3	33.0	35.4	45.5
	月均减少量	156.9	160.0	164.8	167.0	166.9	166.7	163.0	160.6	150.5
	去除率（%）	80.1	81.6	84.1	85.2	85.2	85.0	83.2	81.9	76.8
P/(mg/L)	月均期初浓度	40.00	40.00	40.00	40.00	40.00	40.00	40.00	40.00	40.00
	月均期末浓度	0.51	0.54	0.47	0.47	0.51	0.56	0.76	0.70	0.17
	月均减少量	39.49	39.46	39.53	39.53	39.49	39.44	39.24	39.30	39.83
	去除率（%）	98.72	98.66	98.82	98.82	98.73	98.60	98.11	98.25	99.59

经过9个月的净化处理，不同盐度条件下红海榄湿地系统对水体中N的去除率达80%以上，其中10～30盐度处理的N去除率最大，为84.1%～85.2%；而无红树植物的对照处理为76.8%。说明红海榄湿地系统可以促进水体中N的去除，在最适宜红海榄生长的盐度范围，净化效果最佳。对于磷的净化效果，红海榄湿地系统的去除率为98.11%～98.82%，不同盐度处理间差异不大，在盐度10～20的去除率略高于其他处理；而无红树植物的对照处理为99.59%，对水体中P的去除效果大于红海榄湿地系统，可能是由于无植物的湿地系统微生物活动少，磷的沉积多。

（三）红海榄对N、P的吸收与净化贡献率

试验期间，红海榄根、茎、叶各器官的N、P吸收量见表4。

盐度15和20处理的红海榄对N、P的吸收多，因为该盐度区间红海榄生长最快，生物量最大。红海榄吸收的N、P量占湿地系统水体N、P减少总量的贡献率见表5。

表4　不同盐度条件下红海榄的氮、磷吸收量

项目	盐度	0	5	10	15	20	30	40	50
N/（mg/处理）	根	35.6	34.5	47.0	80.8	58.2	44.4	38.9	33.4
	茎	348.3	303.1	337.1	614.8	496.4	352.7	336.2	409.5
	叶	132.4	167.6	202.6	310.2	308.0	226.7	198.8	138.0
	合计	516.3	505.2	586.8	1005.9	862.6	623.8	573.9	580.9
P/（mg/处理）	根	4.1	3.9	5.0	8.9	5.8	4.6	4.0	3.4
	茎	38.5	21.1	24.1	45.7	33.7	26.2	24.0	20.1
	叶	4.4	6.1	8.1	15.9	10.7	9.1	8.3	4.3
	合计	46.9	31.1	37.3	70.5	50.2	39.8	36.2	27.8

表5　不同盐度条件下红海榄吸收的N、P量占水体N、P减少总量的百分比

项目	盐度	0	5	10	15	20	30	40	50
N	总减少量 mg	8473.5	8638.4	8900.2	9016.6	9012.8	9000.4	8802.6	8673.4
	植物吸收量 mg	516.3	505.2	586.8	1005.9	862.6	623.8	573.9	580.9
	百分比%	6.1	5.9	6.6	11.2	9.5	6.9	6.5	6.7
P	总减少量 mg	2132.3	2131.0	2134.6	2134.6	2132.6	2129.8	2119.2	2122.2
	植物吸收量 mg	46.9	31.1	37.3	70.5	50.2	39.8	36.2	27.8
	百分比%	2.2	1.5	1.8	3.3	2.4	1.9	1.7	1.3

在本试验中，红海榄生长吸收的N、P量占水体N、P减少总量的比例分别为5.9%～11.2%和1.3%～3.3%，说明植物直接吸收对于该红树林湿地污水处理系统净化效果的贡献较小。

四、讨　论

运用红树植物红海榄构建的湿地系统对模拟城市富营养污水的N、P有较好的净化效果。有研究表明，在湿地污水处理系统，污染物主要进入土壤子系统，即通过沉积、吸附等作用留存于土壤中[1,5,9,12,14]。从本研究的红海榄湿地系统来看，植物直接吸收的N、P量占水体中N、P总去除量的比例小，N、P也主要进入了土壤子系统。盐度对净化效果的影响，可能主要通过影响植物生长而起作用。在本研究中，对N、P净化效果最佳的盐度范围也是植物生长最好的盐度区间。

用湿地系统净化污水，污染物的去除是各种生物作用和非生物作用的共同结果[4,15]。生物作用主要有微生物的矿化作用与转化和植物吸收。非生物作用包括沉降、沉积和吸附等。植物在湿地净化系统中发挥着极其重要的作用，除直接吸收污染物外，还为微生物的净化作用创造良好环境，植物向土壤环境释放大量糖类、醇类和酸类等分泌物，促进微生物活动，植物将光合作用产生的氧气通过气道输送至根区，在植物根区的还原态介质中形成氧化态的微环境，这种有氧区域和缺氧区域的共同存在为根区的好氧、兼性和厌氧微生物提供了各自适宜的小生境[16]；植物根系网络土壤，固定湿地床体表面，稳定湿地生态系统；植物根系释放到土壤中的酶等物质可直接降解污染物，研究发现脲酶活性与人工湿地TN的去除率具有明显的正相关性[17]。在红树林湿地系统中，盐度对微生物活动可能会产生重要影响，进而影响污染物的分解与矿化作用，在这方面有待于进一步研究。

参考文献

[1] Lin Y F, Jing S R, Lee D Y, et al. Nutrient removal from aquaculture wastewater using a constructed wetlands system. Aquaculture, 2002, 209: 169 - 184.

[2] Reed S C, Crites R W, Middlebrooks E J. Natural systems for waste management and treatment. New York: McGraw - Hill, 1995, 433.

[3] 缪绅裕．模拟条件下排污对秋茄湿地的影响及系统的净化效应［D］．广州：中山大学，1994.

[4] Kadlec R H, Knight R L. Treatment Wetlands. Boca Raton: CRC Press. 1996, 893.

[5] 陈桂珠，陈桂葵，谭凤仪，等．白骨壤模拟湿地系统对污水的净化效应［J］．海洋环境科学，2000，19 (4): 23 - 26.

[6] 赵建刚，刘丽娜，陈章和．潜流湿地和表面流湿地的净化效果与植物生长比较［J］．生态科学，2006，25 (1): 74 - 77.

[7] 靖元孝，李晓菊，杨丹菁，等．红树植物人工湿地对生活污水的净化效果［J］．生态学报，2007，27 (6): 2365 - 2374.

[8] Chen G Z, Miao S Y, Tam N F Y, et al. Effect of synthetic wastewater on young Kandelia candel plants growing under greenhouse conditions. Hydrobiologia, 1995, 295: 263 - 273.

[9] 陈桂珠，缪绅裕，黄玉山，等．人工污水中的 N 在模拟秋茄湿地系统中的分配循环及其净化效果［J］．环境科学学报，1996，16 (1): 44 - 50.

[10] Wong Y S, Tam N F Y, Lan C Y. Mangrove wetlands as wastewater treatment facility: A field trial. Hydrobiologia, 1997, 352: 49 - 59.

[11] Chu H Y, Chen N C, Yeung M C, et al. Tide - tank system simulating mangrove wetland for removal of nutrients and heavy metals from wastewater. Wat Sci Tech, 1998, 38: 361 - 368.

[12] 缪绅裕，陈桂珠，黄玉山，等．人工污水中的磷在模拟秋茄湿地系统中的分配与循环［J］．生态学报，1999，19 (2): 236 - 241.

[13] Ye Y, Tam N F Y, Wong Y S. Livestock wastewater treatment by a mangrove pot - cultivation system and the effect of salinity on the nutrient removal efficiency. Mar Pollut Bull, 2001, 42 (6): 513 - 521.

[14] Brown J J, Glenn E P. Reuse of highly saline aquaculture effluent to irrigate a potential forage halophyte, Suaeda esteroa. Aquacult Eng, 1999, 20: 91 - 111.

[15] Reddy K R, D' Angelo E M. Biogeochemical indicators to evaluate pollutant removal efficiency in constructed wetlands. Water Sci. Technol, 1997, 35: 1 - 10.

[16] 王圣瑞，年跃刚，侯文华，等．人工湿地植物的选择［J］．湖泊科学，2004，16 (1): 91 - 96.

[17] Gray S, Kinross J, Read P, Marland A. The nutrient assimilative capacity of maerl as a substrate in constructed wetland systems for waste treatment. Water Res, 2000, 34 (8): 2183 - 2190.

滇池流域工业企业水污染状况调查与分析研究

郑一新[1]　李中杰[2]　倪金碧[2]　张丽平[2]　陈云波[1]
张大为[2]　何　佳[1]　张琨玲[1]　徐晓梅[1]　汤　锐[2]

（1. 昆明市环境科学研究院；
2. 云南高科环境保护科技有限公司　昆明市新闻南路23号　650032）

摘　要　根据滇池流域工业企业产业结构、分布和污染现状调查，结合昆明市社会经济发展及工业布局相关规划，分析目前工业企业的发展趋势，预测工业企业发展可能带来的环境污染，提出相应的产业结构布局和相关治理政策的建议意见，为滇池的水污染防治和昆明市的发展战略规划提供参考。

关键词　滇池流域　工业企业　第三产业污染

一、序　言

在滇池流域威胁水环境安全的三大污染源：生活污染、工业污染及面源污染中，工业企业污染已基本得到了有效控制[1]。经过1999年零点达标行动，工业污染在滇池流域的污染影响已大幅度下降[2]，其对滇池的影响程度已由第二位退居第三位。但是，滇池流域作为云南省的主要经济活动区，工业企业的发展仍是一个长期的问题。同时，工业企业污染源由于其污染物的复杂和多变性，以及检测手段的有限性，对于湖泊的水生态安全有着重大的影响[3]。为了滇池流域的环境保护和社会进步，必须寻求一条可持续的工业发展之路，在发展生产的同时，进一步降低污染影响[4,5]。本研究通过对滇池流域的工业企业污染现状及变化趋势进行调查和分析，提出保护滇池水质安全的对策建议，同时为滇池水污染防治的战略规划提供参考。

二、滇池流域工业企业现状及分布

滇池流域是昆明市辖区内主要的工业经济区域。昆明市全部国有及500万元产值以上非国有独立核算的规模企业中，约80%位于滇池流域内，其工业总产值占昆明市工业总产值的80%以上[6]，工业增加值约占昆明市工业增加值的80%。

滇池流域现有工业企业1万余家，规模以上工业企业约700家，占昆明市的72%。2008年，流域完成工业增加值476亿元，约占流域GDP的33.8%，占昆明市GDP的29.7%，形成涵盖36个工业大类，以卷烟、冶金、装备制造、能源、化工、医药、食品为主的工业体系。

到2008年底，滇池流域共建设有高新区、经开区、度假区3个国家级开发区，以及晋宁、呈贡的4个省级工业园区，园区经济已成为流域工业经济的主力军。

滇池流域工业企业近10年内由于昆明市政府实施“退二进三”的产业政策以及企业进园、集群化的政策导向，使企业归类布局、园区统一管理，形成了行业板块集聚的格局[7]。在滇池流域的7个工业园区形成了以烟草及配套、有色和黑色冶金、化工、装备制造等传统企业为支撑，生物科技、光电子、环保、新能源为龙头的态势（表1）。

三、工业企业污染排放历史变化趋势

工业污染源在过去20年间得到了有效控制[8]。从1988年主要污染物排放量占滇池流域总排放量的17%～21%到2008年的3%～11%，污染物排放量与生活源、农村面源相比降幅较大。其中COD排放比率从1988年的20%下降到2007年的11%，TN、TP分别从1988年的17%下降到2007年的3%（图1）。特别是在2000年有较大的降幅，主要原因是昆明市1999年采取零点行动，对在滇池流域内污染严重、生产工业落后、企业规模较小的企业进行了“关、停、并、转”，从而使滇池流域的工业污染源得到了有效控制[2]。从2000—2007年工业污染源的排放比率变化不大，排放量变化也较小。2008年出现较大增幅，原因是2007年前的工业污染源数据主要调查对象是排放量占85%以上的重点工业污染源，而2007年国家开展了污染源普查，污染源普查为全流域的所有企业，导致滇池流域工业企业污染物排放量出现一定增幅。

表1　滇池流域工业企业分布情况

等级	工业片区名称	行政辖属	主要行业
国家级开发区	昆明高新技术产业开发区	西山区	环保及新材料、生物医药、光机电及电力装备、电子信息及软件业
	昆明经济技术开发区	官渡区	光电子、电子信息及软件，烟草及配套、汽车及零部件，自动化物流设备等机械装备制造，贸易加工，现代物流产业
	昆明滇池旅游度假区	西山区	旅游度假、文化创意、体育训练、康体休闲及总部经济
省级工业园区	五华科技产业园	五华区	烟草及其配套、高档钛金为主的钛深加工、总部经济等都市型工业
	官渡工业园区	官渡区	航空运输物流、保税加工仓储、铁路专用机械、模具及配套、包装印刷
	呈贡工业园区	呈贡新区	以农特产品加工为主的绿色产业，生物资源开发，以铜、铝深加工为主的新型材料
	晋宁特色工业园区	晋宁县	精细磷化工，机床及汽车配件、铸造为主的装备制造，光学仪器

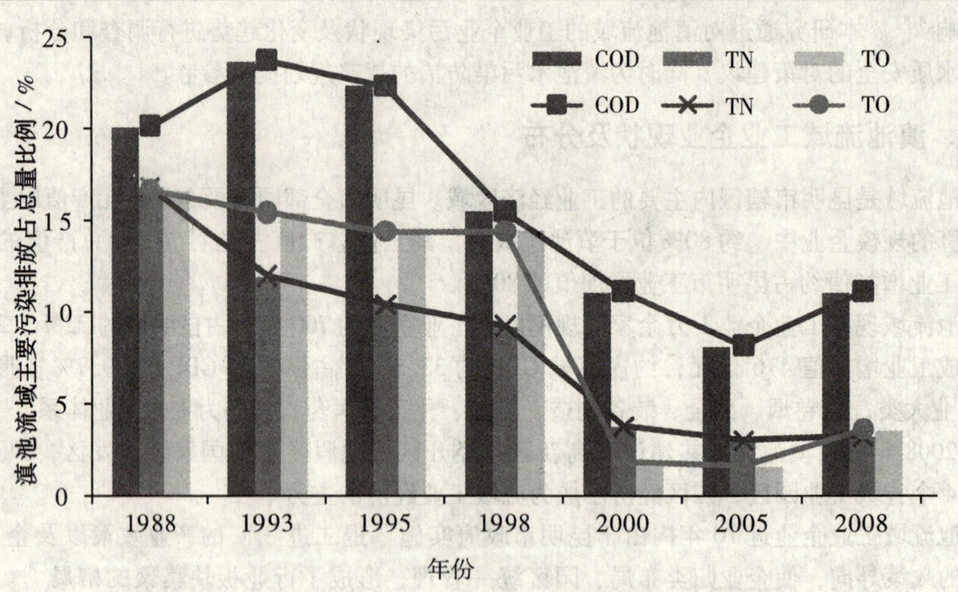

图1　滇池流域工业企业主要污染物排放历史变化趋势

四、工业企业污染源排放现状、预测及分析

（一）工业企业分布情况

工业污染源主要分布在滇池流域的七个主要工业园区，分布相对均匀；第三产业90%集中在昆明主城区，也就是滇池北岸的主城区域，昆明的主城区已经成为昆明市乃至云南省的主要商

业中心区（图2）。

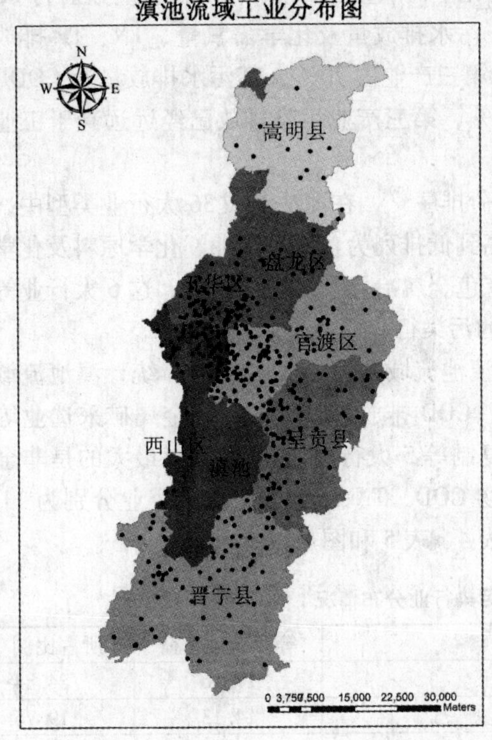

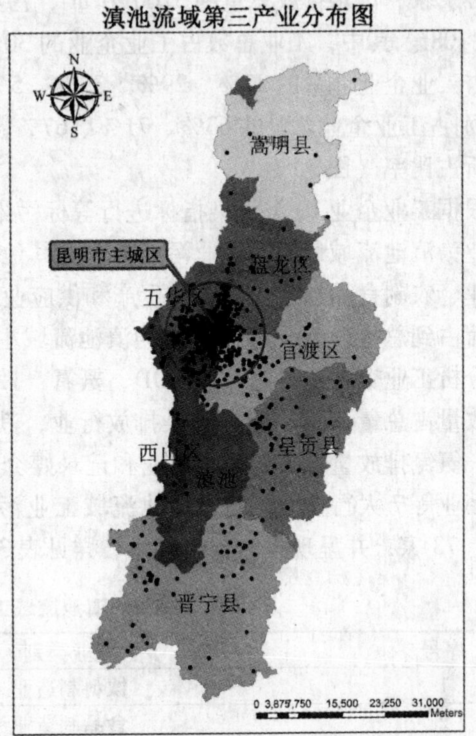

图2　滇池流域工业企业污染源分布

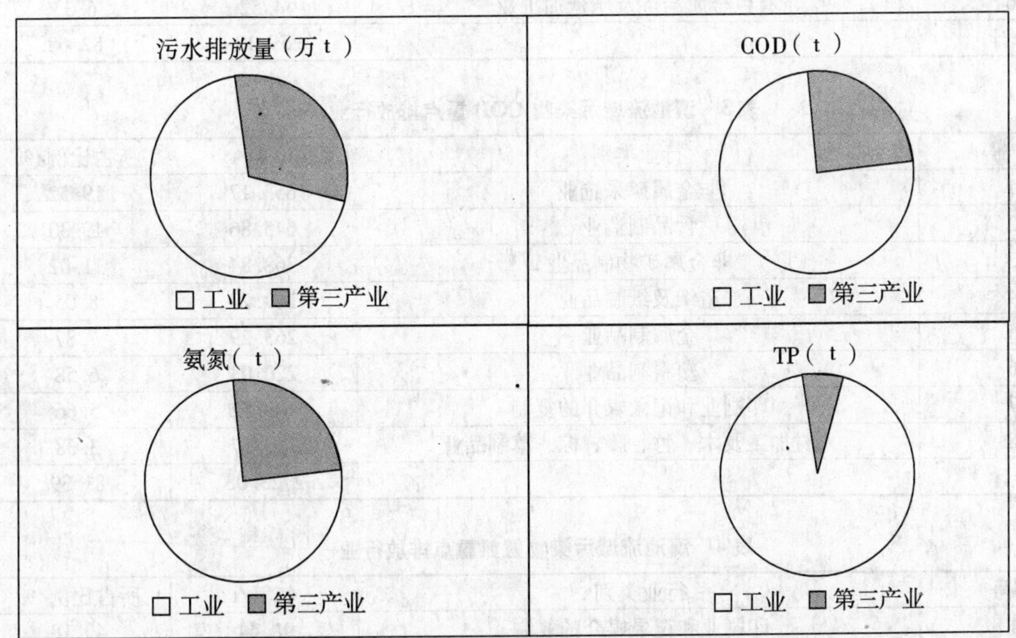

图3　滇池流域工业企业主要污染物排放比例

（二）工业企业排放现状

根据《全国第一次污染源普查》并结合昆明市环保局2008年排污企业的申报登记、环境统计、排污许可证发放等资料，核定2008年滇池流域工业企业污染负荷后得出：滇池流域工业企业1万余家，污水排放总量约3200万 m^3，污染物化学需氧量、TN、TP排放总量分别为11132t、737t、108t。其中，工业总数占工业企业的30%，污水排放量及化学需氧量、TN、TP排放量分别别占工业企业总量的37%、29%、33%、5%；第三产业占70%，其污水排放量及COD、TN、TP分别占工业企业总量的63%、71%、67%、95%，第三产业污染排放已经远远高于工业污染排放所占比率（图3）。

根据工业企业10类污染指标进行等标污染负荷排序[9]，在滇池流域36大行业类型中，饮料制造业为滇池流域最大的工业污染行业，其他由高到低排列为食品制造业、化学原料及化学制品制造业、农副食品加工业、燃气生产和供应业、有色金属冶炼及压延加工业，这6大行业等标污染负荷占到总量的80%以上，成为滇池流域主要的污染行业（表2）。

分析工业企业主要污染物COD、氨氮、TP对滇池流域的污染贡献率[10]，统计滇池流域污染物排放量占总量80%的重点污染排放行业，其中，COD排放量最大的是非金属矿采选业等8大行业，氨氮排放量最大的是印刷业和记录媒介的复制等5大行业，TP排放量最大的是非金属矿物制品业等7大行业。同时，滇池流域工业污染物COD、TN、TP重点污染企业分别为113家、28家、73家，并呈现集中分布态势。详见表3、表4、表5和图4。

表2　滇池流域工业污染行业分布情况

序号	行业类别	等标污染负荷	所占比例/%
1	饮料制造业	17.76	24.84
2	食品制造业	14.13	19.76
3	化学原料及化学制品制造业	8.17	11.42
4	农副食品加工业	7.35	10.28
5	燃气生产和供应业	7.18	10.04
6	有色金属冶炼及压延加工业	4.52	6.33
合计		59.12	82.68

表3　滇池流域污染物COD重点排放行业

序号	行业类别	COD/t	所占比例/%
1	非金属矿采选业	653.17	19.52
2	食品制造业	645.86	19.30
3	非金属矿物制品业	368.84	11.02
4	造纸及纸制品业	269.20	8.05
5	金属制品业	263.29	7.87
6	塑料制品业	220.03	6.58
7	印刷业和记录媒介的复制	189.52	5.66
8	木材加工及木、竹、藤、棕、草制品业	113.17	3.38
合计		2723.08	81.39

表4　滇池流域污染物氨氮重点排放行业

序号	行业类别	氨氮/t	所占比例/%
1	印刷业和记录媒介的复制	98.44	49.18
2	造纸及纸制品业	24.40	12.19
3	食品制造业	19.26	9.62
4	塑料制品业	16.16	8.07
5	黑色金属矿采选业	12.00	6.00
合计		170.26	85.06

表5　滇池流域污染物TP重点排放行业

序号	行业类别	TP/t	所占比例/%
1	非金属矿物制品业	1.68	29.52
2	塑料制品业	0.75	13.22
3	食品制造业	0.75	13.20
4	造纸及纸制品业	0.61	10.77
5	印刷业和记录媒介的复制	0.30	5.35
6	非金属矿采选业	0.27	4.84
7	金属制品业	0.26	4.58
合计		4.63	81.49

（三）工业企业的排放预测及分析

按照昆明市的“十二五”工业产业布局规划，在滇池流域将形成围绕滇池的内圈层——都市型工业经济圈和中圈层——制造型工业经济圈。内圈层以昆明中心城为核心，包括五华、盘龙、西山、官渡建成区、呈贡新区以及昆明滇池国家旅游度假区。重点发展研发、信息、工业设计创意、总部经济、生产型服务业等都市型工业产业，提升全市工业经济整体发展水平，增加城市就业岗位，推进城市化进程。区内禁止发展新的二三类工业，禁止发展有水污染、大气污染、固体废弃物污染和危险性项目。中圈层包括昆明高新技术开发区、昆明经济技术开发区、五华工业园、官渡工业园，以及晋宁等近郊县市区。产业发展主要以一二类工业为主，限制发展三类工业[7]。

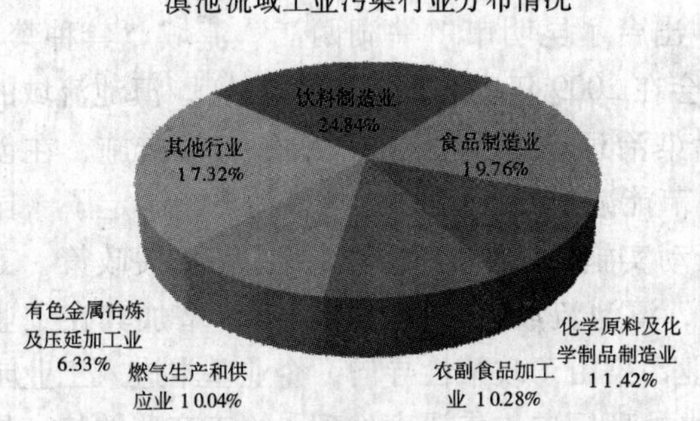

滇池流域主要污染物COD行业分布情况
非金属矿采选业 19.52%
食品制造业 19.30%
其他行业 18.61%
木材加工及木、竹、藤、棕、草制品业 3.38%
非金属矿物制品业 11.02%
造纸及纸制品业 8.05%
印刷业和记录媒介的复制 5.66%
塑料制品业 6.58%
金属制品业 7.87%

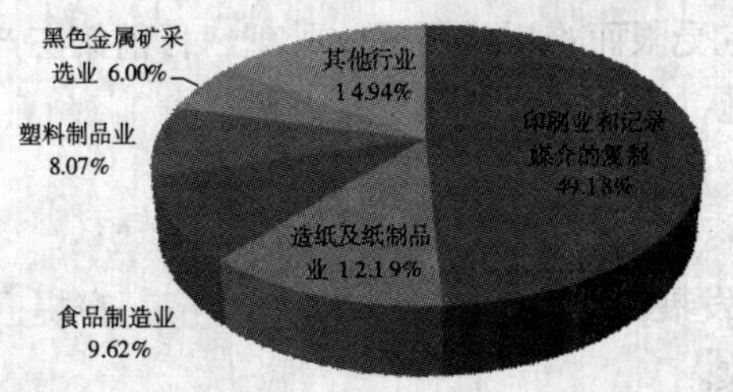

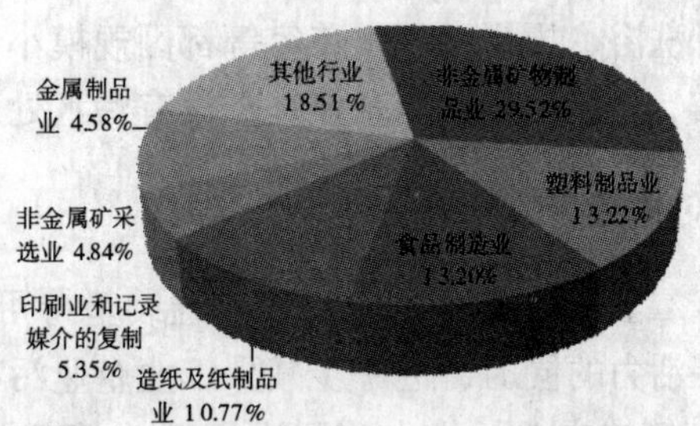

图4　滇池流域工业污染物行业分布情况

基于以上的发展战略规划，按照目前现有的环保政策及管理水平，预测2015年和2020年工业及第三产业的滇池入湖污染量[11,12]。今后，滇池流域工业发展主要以生物制药、光电子、环保以及新能源等产业为主，且由于污染治理较为集中和两级把关（企业内部及工业园区污水处理厂），污染排放量的增长将会小于第三产业。由于第三产业的排放目前管理较为粗放，一般只经过预处理，因此排放量的增长幅度将会大于工业企业。

表 6　滇池流域企业污染负荷预测

年　份	企业	污水量/（万 m^3/a）	COD/（t/a）	TN/（t/a）	TP/（t/a）
2015	工业	2495.7	3071.2	220.0	7.0
	第三产业	5162.9	9229.5	720.6	127.4
	总计	7658.6	12300.7	940.6	134.4
2020	工业	2609.7	3113.3	220.9	8.1
	第三产业	5922.3	10441.7	812.0	153.4
	总计	8532.0	13555.0	1032.9	161.5

（四）滇池流域企业污染状况分析

根据 1987—2007 年期间对滇池流域污染物数据，以及 2008 年现状调查基础，统计分析滇池流域污染负荷量变化情况得出：

从 1993 年至今，纳入统计的工业企业数量由 500 余家增加为上万家，主要包括工业企业和第三产业。从工业污染负荷变化情况分析，滇池流域工业污染物负荷量总体呈逐年下降趋势。这是在经济逐年增长，工业数量不断增加的情况下，一方面控制了新增污染物排放量的影响，另一方面通过“以新带老”治理和削减了原有的污染源，使滇池流域污染源排放总量一直维持一个较稳定的水平内。第三产业污染负荷在企业污染源中所占比例逐年上升，现已超过工业企业所占比例，成为滇池流域企业污染负荷的主要来源。

自 2008 年以来，滇池的污染治理力度加大，出台了昆明市“一湖两江”流域“禁种禁养”（禁止种植和养殖），规模化养殖业在滇池流域将会在 2009 年底全面搬迁完毕[13]，滇池流域的工业企业污染源主要就是工业和第三产业。工业污染治理在近 10 年中采取了有效措施，在创建“全国环境保护模范城市”、“七彩云南”活动、“节能减排”行动的有力推动下，制定了《昆明市 2009 年惩治违法排污企业保障群众健康专项行动实施方案》等一系列措施和相关政策，工业污染得到了有效控制。根据“退二进三”的政策，滇池流域第三产业将会逐步增加其在工业企业中的比重，其污染的产生量也将不断增加。工业污染由于政策性导向，企业基本进入工业园区统一规划和管理，达标排放后再进入工业园区污水处理厂进一步深度处理；第三产业的特点是较为分散，水量较小，企业单独处理从建设成本和建设地点都会有很大的局限性，除宾馆、医院外，餐饮、洗浴、摄影、理发美容等都因规模小、地点受限而难以进行污水处理，目前第三产业除大的宾馆、饭店外，其他企业基本没有污水处理措施，也缺少相应的管理办法。

五、对策建议

1. “十二五”期间，滇池流域应继续坚持可持续发展战略，大力发展循环经济，在提升工业企业发展活力的同时，进一步减少工业企业污染排放。

2. 对于第三产业的排水管网进行验收管理，在审批阶段就需要严格把关，建立排水档案，批准后需要对排水是否接入市政污水排水管网进行严格审查和验收。

3. 对于可能会产生对人体有害的摄影、理发等行业，审批时一定要达到行业排放标准。

4. 对一些特殊区域，例如自然水体附近一定范围内不得开设排放特殊污染物的第三产业企业，如理发、摄影等。

5. 对于工业企业在滇池流域的准入条件应严格控制，要求全部进入工业园区进行统一管理。

6. 鼓励建设私有工业废水处理厂，使分散而无地点、无条件建设污水处理厂的企业集中处理工业废水。

参考文献

[1] 马巍，李锦秀，田向荣，等．污染治理及防治对策研究［J］．中国水利水电科学研究院学报，2007，5（1）：8－14.

[2] 张秀川，黄波．滇池水资源保护战略［J］．云南环境科学，2004，23：94－96.

[3] 谭晓萍．中国工业废水污染现状及防治对策［J］．潍坊学院学报，2006，6（6）：159－160，108.

[4] 王金南，王东，李云生，等．国家“十一五”重点流域水污染防治战略规划［J］．水利水电技术，2008，39（1）：16－19，28.

[5] 梁淑轩，孙汉文．中国工业废水污染状况及影响因素分析［J］．环境科学与技术，2007，30（5）：43－47.

[6] 昆明市统计局．昆明统计年鉴（2009）［Z］．北京：中国统计出版社，2009.

[7] 昆明市人民政府．昆明市城市总体规划修编（2008—2020）［R］．昆明，2008.

[8] 丁宏翔．1991—2007 年昆明市工业污染物排放状况分析与研究［J］．环境科学导刊，2009，28（1）：53－56.

[9] 孙亚梅，钟定胜，张宏伟，等．用单位产值等标污染负荷法评价区域工业污染源［J］．天津大学学报（社会科学版），2007，9（2）：144－147.

[10] 张伟，姚建，尹怡众，等．四川省工业结构的水污染效应及对策分析［J］．理论探讨，2007，4：18－20.

[11] 梁启斌，王伟，唐光明．灰色系统 GM（1，1）模型预测滇池草海水污染［J］．环境科学导刊，2009，28（4）：75－77.

[12] 王丽芳，吴纯德，阮梅芝，等．综合增长指数法在工业废水排放量预测中的应用［J］．工业用水与废水，2008，39（3）：5－7.

[13] 昆明市人民政府．昆明市人民政府关于加强“一湖两江”流域水环境保护工作的若干规定．2008.

经济计量模型研究及其在滹沱河流域水污染损失中的应用

裴丽欣[1,2] 刘长礼[2] 叶 浩[2] 杨 柳[2] 张 云[2] 董 华[2] 侯宏冰[2] 姜建梅[2]

（1. 中国地质大学环境学院 湖北 武汉 430074；
2. 中国地质科学院水文地质环境地质研究所 河北 石家庄 050061）

摘 要 在总结水污染损失计算研究工作的基础上，针对地下水体，综合其环境与资源双重价值，利用经济计量模型，进行经济损失的定量化计算。并以石家庄市滹沱河流域为例，分析了其地下水污染状况，较精确地计算出污染浓度表征下地下水体污染经济损失。

关键词 地下水 经济计量模型 经济损失

地下水源具有资源和环境的双重价值，地下水源的污染破坏，既引起水资源短缺的损失，也引起环境破坏的损失。地下水污染的日益严重，更加剧了我国水资源短缺的态势。中国环境科学研究院监测资料分析表明，目前全国地下水已普遍受到污染，部分地区水质超标严重，并且地下水水质继续在向恶化趋势发展。水污染造成的经济损失，已经得到了广泛的重视，对地表水污染经济损失评估研究的成果比较丰硕，但地下水污染所造成的经济损失评价成果却未曾多见。本研究着重地下水污染损失经济计量模型研究，能够较精确地计算出污染浓度反映的地下水体污染经济损失，供开展城市地下水经济损失评价和城市总体经济核算使用，并且为相关部门进行规划及合理开发利用地下水、保护地下水资源提出合理化建议。

一、以往研究程度

1. 水污染损失的计算方法，国外较早开展了研究，有大量的研究成果。由一些国际组织倡导的用户所受到的一定水质降低的损失，也就是为弥补损失而采取的最便宜的综合措施费用的总和，即常用的恢复费用法、防护费用法，将遭受损失的所有用户的损失加起来，即为总损失量。第二类国内外水污染损失的计算，基本思想是分解求和，按水体功能的分类，如饮用水源、工业用水、渔业养殖、农业灌溉等项目，按单项分别计算水污染造成的损失。总损失等于单项损失累计之和。单项经济损失的计算方法有很多种，如市场价格法、费用效益法、影子工程法、专家判断法、人力资源法等，此外还有投标博弈法、德尔斐法、巴特尔指数法、确定权值法等。但对地下水资源而言，上述方法都没有充分考虑作为特殊资源的地下水所具有的机会成本和劳动价值成本，以及由于地下水资源受到污染后造成的累积效应。因此，必须进一步对这些方法进行综合概括，提出一个比较合理的计算模型。

2. 经济计量模型是描述经济系统的工具，建立地区经济系统的经济计量模型可以真实反映经济系统的内在联系。在发展规划既定的情况下，确定先决变量，可以求出各内生变量。利用宏观经济计量模型对未来经济系统各变量进行预测，发现问题，从而调整政府有关政策，以达到环境与经济和谐发展的预期目的。

二、经济学计量模型在地下水污染损失方面的应用

（一）受污染水量（Q）计算

根据查资料或通过地球物理勘探及钻探的方法测出研究区地层时代、含水层位置、厚度、岩性结构及埋藏深度等性质，用抽水试验尤其是试验性抽水试验取得水文地质参数，获得渗透系数

(k)、含水层厚度 (h)、有效孔隙度 (n)、给水度 (μ)、水力梯度 (I) 等基本参数。根据污染物运移特点及扩散的情况，选取合适的模型计算出污染范围之后计算受污染水量。

(二) 水质浓度 (C) 求取

查明研究区的污染状况，根据地下水质量监测资料，并抽取污染区域水样进行监测，根据监测结果确定其污染成分，利用水环境质量达标评价，以污染最严重的因子为主，兼顾其他污染因子，进行水质综合浓度的计算。

(三) 区域经济状况 (V) 的求取

能够综合反映区域经济状况的参数，反映区域水资源的经济价值，其大小取决于其自然丰度、稀缺性、供求关系和开发利用条件，即所谓的地区差异、品种差异、质量差异等。如何确定合适的水资源价值也是水污染损失计算中的一个难点，有关水资源价值的研究也有很多，在本研究中，从保护水资源的角度上看，采用当地的恢复费用，某种污染物与污染损失之间存在如图1所示的关系。

研究过程中从水质状况出发（依据监测资料）计算得到的损失费用为曲线上的一点，如果数据允许，能够得到多年多种水质数据，则可以计算得到曲线上不同的点，得到水质与损失的关系。

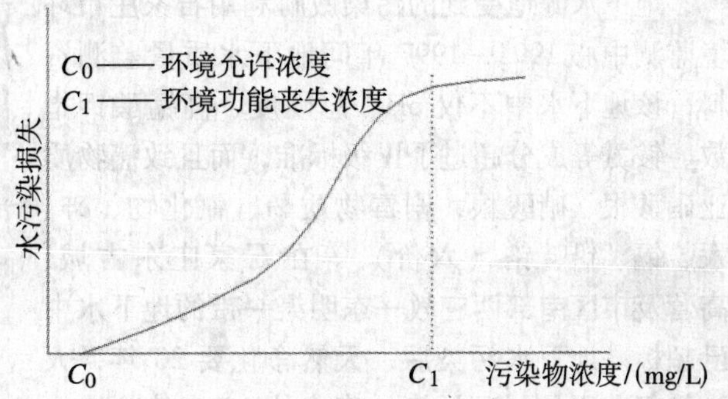

图1　水污染损失与污染物浓度关系

(四) 其他因素 (θ_r) 分析

区域的人口、教育水平、产值、经济结构等因素对水污染损失的计算结果均有一定的影响，并且与水污染损失之间的关系较为复杂。这些因素是与区域相关的一些因素，因此在研究中建立区域参数来反映这些因素对水污染损失的综合影响。

(五) 模型原理与计算方法

选用改进的固定弹性模型，吸收其他评价方法（浓度—损失率法、恢复费用法）的可取之处。

通过上述影响因素分析可以构建水污染损失模型：

$$D = f(Q, \Delta C, V, \theta_r) \tag{1}$$

式中：D 为水污染经济损失（万元）；Q 为受污染的水资源量（亿 m^3）；ΔC 为主要水污染物的水质浓度（mg/L）；V 为水资源价值（万元/亿 m^3）。

其中：

$$\Delta C = C - C_0 \tag{2}$$

式中：C 为主要水污染物的水质浓度，mg/L；C_0 为环境允许浓度，依据国家水质标准确定，mg/L。

利用二阶二次函数逼近式（1），所建立的损害函数形式为：

$$\ln D = \alpha_0 + \alpha_1 \ln Q + \sum_{k=1}^{n} \beta_k \ln \Delta C_k + \alpha_2 \ln V + \alpha_3 \ln \theta_r \tag{3}$$

式中：a_0、a_1、a_2、a_3、a_4 均为结构参数；ΔC_k 为第 k 种主要污染物的水质浓度。

对于一个地区而言，在评价期内，其水资源价值 V 和区域参数 θ_r 一般可以看做不变，在模型中应为一个常数项，因此令：

$$\ln r = a_0 + a_2 \ln V + a_3 \ln \theta_r \tag{4}$$

则式（3）最终可以写成：

$$D = rQ^{\alpha_1} \sum_{i=1}^{k} \Delta C_k^{\beta_k} \tag{5}$$

式中，常数 r 综合地反映了计算区域内诸如区域产业结构、区域暴露人口、区域水资源价值等社会经济特征对水污染损失的影响；Q 反映了区域自然资源特征，即区域水资源的量；ΔC_k 表明污染程度与水污染损失之间的关系。

三、实例研究

（一）研究区概况

1. 水资源状况

石家庄市的主要供水水源长期以来，除滹沱河上游的岗南水库和黄壁庄水库，为石家庄市区供应了近10%用水外，其余90%的供水依赖滹沱河地下水源地，说明该地下水源在石家庄社会经济和环境建设中起着十分重要的作用。该水源地的分布范围及本项研究区如图2所示。

地下水源地受到的污染威胁利用石家庄市环境监测中心1991—1997年间地下水质量监测资料，该地下水中不仅pH、总硬度、高锰酸钾指数、铵氮等成分超过了Ⅳ级标准，而且致癌物质亚硝酸根、硝酸根，剧毒物质酚、氰化物、砷、汞、镉、铅、铬（六价）等在石家庄东古城、高营及市区南部西三教—东明渠一带的地下水中已超标。地下水污染后，天然净化要20年，人为修复费用是处理污染地表水的10多倍。造成水环境污染和破坏，引起的经济与生态损失十分巨大。

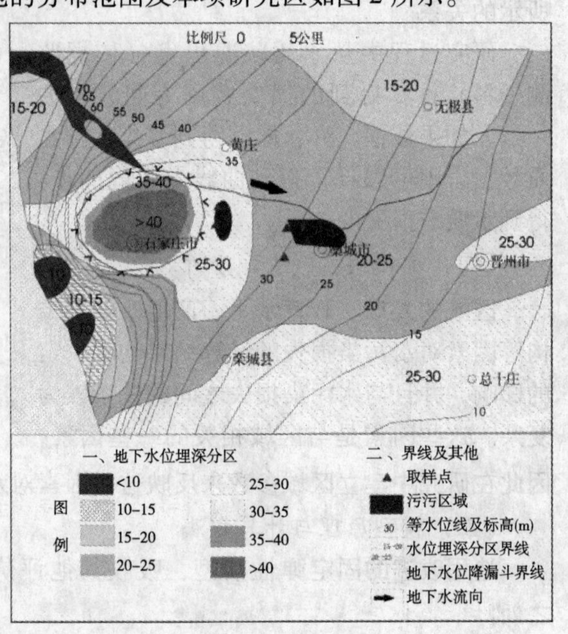

图2　研究区与污染范围图

本文仅以石家庄正定大桥和藁城九门—南大章两个污染源对地下水的污染导致的经济损失进行评估。

为了调查正定大桥污染源和藁城九门—南大章污染源对地下水的污染，作者分别采集了两污染源水样（表1中编号分别为 W_1、W_2、W_3）与附近地区地下水水样（表1中编号分别为 J_2、J_4、J_3、J_6、J_7）做了水质分析，结果如表1所示。

表1　污染源与其污染范围的地下水质量测试分析结果

成分	污染源污染物浓度（mg/L）			地下水中污染物浓度					备注
	W_1	W_2	W_3	J_2	J_4	J_3	J_6	J_7	
C_6H_5OH	0.09	0.02	0.24	未检出	未检出	未检出	未检出	未检出	
CN^-	0.36	0.16	0.05	未检出	未检出	未检出	未检出	未检出	
SO_4^{2-}	187.31	283.25	485.4	122.5	128.7	102.3	未送检	未送检	
NH_4^+	54.0	82.0	46.0	未检出	未检出	未检出	未检出	未检出	
NO_3^-	21.00	17.00	43.00	69.60	39.60	16.64	24.04	55.04	超出了饮用水标准
NO_2^-	0.006	0.88	0.0084	未检出	未检出	未检出	未检出	0.0044	
COD	47.30	36.35	340.0	0.86	0.90	1.15	1.11	0.90	

表1显示：在两个污染源中，重金属等未检出，C_6H_5OH、氰化物（CN^-）、H_2S、HPO_4^{2-}、Cl^-、SO_4^{2-}、NH_4^+、悬浮物、COD等均未超过地下水饮用水标准，只是NO_3^-严重超出了饮用水标准（见表2）；石家庄滹沱河地下水中只有NO_3^-含量超过地下水水质标准，为55.4mg/L，故$C=55.4mg/L$；地下水水质标准的临界浓度是$C_0=5mg/L$；得到$\Delta C=55.4mg/L$。

2. 石家庄地下水源的水文地质条件

污染区位于滹沱河冲洪积扇中部地带，地下含水层厚度自西北向东南由薄变厚。

该区含水岩组可划分为三组：$Q_{4\sim3}$潜水含水组、Q_2承压含水层、Q_1承压含水层。目前，污染源未进行防渗处理，渗漏严重，污染区的河床直接与$Q_{3\sim4}$潜水含水组相通，所以$Q_{3\sim4}$含水层是研究的目的层。底板埋深65m，含水厚度平均33m，含水层岩性为砂砾石，含砾粗砂、中砂，富水性及导水性均好，单位涌水量在冲洪积扇轴部地带大于$70m^3/h\cdot m$，向两翼减少到$20\sim30m^3/h\cdot m$，渗透系数$100\sim200m/d$。

3. 经济状况

滹沱河流域地下水主要供给石家庄市区及周边郊区生产及生活用水，近年来，石家庄市经济持续平稳较快增长。本文以2007年的经济状况进行计算，石家庄市实现地区生产总值2393亿元，市区城市居民人均可支配收入13205元，人均消费支出9189元，农民人均纯收入为4954元。城乡居民住房条件进一步改善。城市居民人均建筑面积$27.8m^2$，农民人均住房面积$38.0m^2$。

（二）地下水污染损失计算

从表1中可以看出，对滹沱河流域水体功能影响最大的污染物主要是硝酸根，选用国家地下水质量标准中二级水水质浓度作为评价依据以国家地面水环境质量标准中的V类水标准作为允许水质浓度，根据石家庄市水环境状况的数据，剔除其中相关性不明显的项目，建立损害模型，选择多个条件相似的典型区域或村落，从而得出模型的参数，确定损失结果如下：

$$D=1964.22159\text{万元}\times 50.4^{-0.3623}=474.68\text{万元}$$

这一结果与在石家庄市滹沱河流域利用污染损失率法和恢复费用法所获得的结果比较接近，基本上反映了滹沱河流域地下水污染现状，对石家庄市进行污染控制具有一定的参考意义。

四、结　论

本方法定量的计算经济价值及经济损失，计算方便合理，较真实地反映客观事实，简洁明确，更容易使人理解。在污染物较多的情况下，更能突出该模型在计算上的便捷性；该方法综合性强，适用范围广，不仅可对单一环境要素的受损情况进行估算，还能对多种环境要素进行综合评价，该模型中的参数少，因而模型受主观影响小，计算结果客观性强，能够较真实地反映污染对环境所造成的影响；该方法因为能够更好地反映水污染与经济损失之间的关系，维持水资源环境价值的整体性，经济计量模型将与地下水环境质量评价方法相联系进行定量评价，研究主要针对城市地下水污染特性，将水质与水量相结合，综合反映在模型中，使模型更加直观，因此有更大的发展前景。

若研究结果取得共识，可以作为一种针对性的评价模型推广应用于省级地调单位，区划报告，污染评估，清洁生产控制等领域。

参考文献

[1] 赵松山，白雪梅．经济计量模型的选择［J］．哈尔滨商业大学学报（社会科学版），2003，1.
[2] 程红光，杨志峰．城市水污染损失的经济计量模型［J］．环境科学学报，2001，5.
[3] 高素英，王爱民．宏观经济计量模型的实际应用［J］．河北工业大学学报，2000，6.

［4］杨志峰，程红光．城市工业水污染控制模拟系统的模型体系［J］．环境科学学报，2002，3.
［5］郝晓美，刘兴平．地下水环境污染的经济学评价方法［J］．水利经济，2002，11.
［6］宋新山，阎百兴．污染损失率模型的构建及其在环境质量评价中的应用［J］．环境科学学报，2001，3.
［7］宋晓焱，尹国勋．污水灌溉对地下水污染的机理研究［J］．安全与环境学报，2006，2.
［8］吴登定，谢振华．地下水污染脆弱性评价方法［J］．地质通报，2005：10－11.
［9］Repetto R，et al. Wasting assets：natural resources in the national income accounts［J］. Washington D. C. 1989.
［10］Pearce D W，Warford J J. World without end：economics，environment，and sustainable development，New York，1993.
［11］David James，Huib Jansen，Hans. Opschoor1. Economic approaches to environmental problems techniques and results of empirical analysis，1978.
［12］John A，Pecchenino R. An overlapping generations model of growth and the environment. Department of Economics. 1992.
［13］Seldon Thomas，Daqing Song. Neoclassical growth，the J curve for abatement，and the inverted U curve for pollution. Journal of Environmental Economics and Management，1995.
［14］Chen Wenying，Hou Dun. Game theory approach to optimal capital cost allocation in pollution control. Journal of Environmental Sciences，1998.
［15］Magat WA，Viscusi W K. Effectiveness of the EPA's regulatory enforcement：the case of industrial effluent standards［J］. Journal of Law & Economics，1990.
［16］UNO K，BARTELMUS P. Environmental accounting in theory and practice［J］. Dordrecht Kluwer，1998.
［17］YUICHI M. Recycling and waste management from the viewpoint of material flow accounting［J］. Mater Cycles Waste Manag，1999.
［18］A. 迈里克·佛里曼．环境与资源价值评估——理论与方法［M］．北京：中国人民大学出版社，2002.
［19］覃成林，管华．环境经济学［M］．北京：科学出版社，2004.
［20］孙强．环境经济学概论［M］．北京：中国建材工业出版社，2005.
［21］曾贤刚．环境影响经济评价［M］．北京：化学工业出版社，2003.
［22］王浩，陈敏建，唐克旺，等．水生态环境价值和保护对策［M］．北京：清华大学出版社，北京交通大学出版社，2004.

图们江流域冬季水污染防治的探讨

李红花

（吉林省延边环境保护监测站　吉林省延吉市人民路136号　133000）

摘　要　作者根据该河流水文特征以及水质现状，结合容量分析，探讨了有效解决图们江冬季枯水期水污染严重的对策，并提出了相应的保证措施。

关键词　图们江　冬季　污染防治　探讨

环境污染有着广泛的社会性和区域性，如果仅限于单一的污染源治理、“达标排放”，很难达到改善环境质量的目的。比如图们江左岸主要污染源假如实现“达标排放”也无法满足下游断面水域功能要求，尤其长达几个月的冬季枯水期使下游水质超过地表水环境质量Ⅴ类标准。本文以吉林晨鸣纸业有限公司工业废水综合治理及排污总量调控等措施为例，探讨彻底解决图们江冬季枯水期水污染严重的途径。

一、现状分析

（一）冬季枯水期水质现状

图们江[1]位于我国东北的中纬度大陆东岸近海地带，属于寒温带大陆性湿润季风气候区。由于区域内大气降水受季节变化的影响较大，流量变化也较大。全年径流的70%集中于6～9月，从12月至第二年3月的总径流量只占全年的4.7%。在污染源排污量基本稳定的情况下，到冬季枯水期河流对污染物的稀释净化能力削减，水质污染明显加重。从2009年4月至2010年2月监测结果可以看出，到冬季枯水期图们江的图们、河东、圈河断面高锰酸盐指数（COD_{Mn}）和生化需氧量（BOD）浓度明显增高，水中溶解氧接近于零，并且这些断面污染物浓度变化趋势基本一致。因此我们以河东断面为例做出污染物变化曲线，详见图1。另外从河东断面流量与高锰酸盐指数浓度进行回归分析结果可以看出，两者之间呈现较好的幂相关，详见图2。

COD_Mn
BOD
浓度/(mg/L)
月份
4 5 6 7 8 9 10 11 12
0 10 20 30 40 50 60

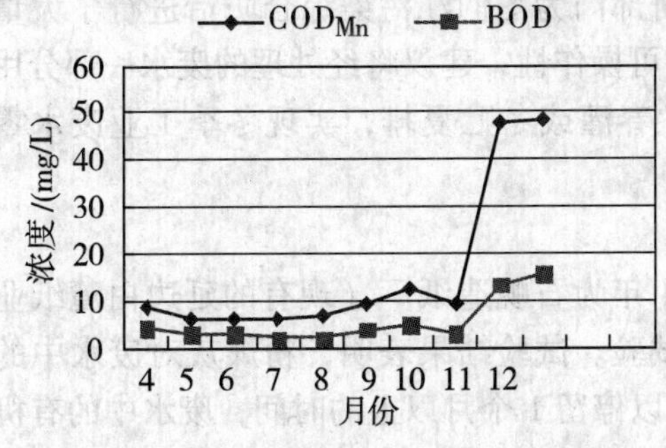

图1　河东断面COD_{Mn}、BOD浓度变化

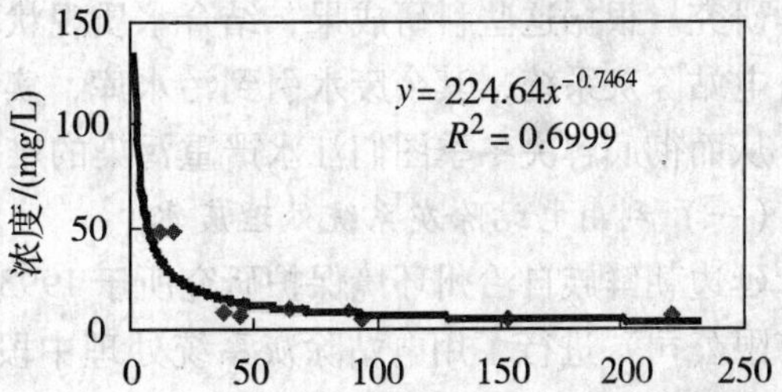

$y = 224.64x^{-0.7464}$
$R^2 = 0.6999$
浓度/(mg/L)
流量/(m³/s)
0 50 100 150 200 250
0 50 100 150

图2　河东段面COD_{Mn}浓度与流量的关系

（二）严重的水污染对环境的影响

图们市位于嘎呀河流入图们江的汇合口，由于两条河流污染严重，于1978年投资1000多万元修建枫梧水库用于城市供水水源。随着城市规模的不断扩大，图们市近几年每天从图们江引用3000t水来补充城市生活用水。但冬季图们断面高锰酸盐指数超过地表水Ⅲ类标准2～4倍，严重超过饮用水水源地水质标准，直接影响着图们市居民的身心健康。图们江在历史上盛产大马哈鱼、滩头鱼著名，自20世纪40年代后，因工业废水的严重污染使其产量逐年下降，近30多年已基本绝迹。到冬季冰封时，因河水中严重缺氧，各种鱼类根本无法生存，从而严重破坏了生态环境。

（三）环境容量

据图们江污染综合防治研究成果[2]，图们江的开山屯至图们河段环境容量年内分配很不均匀（见图3）。从12月至次年3月份每月COD和BOD环境容量分别为32.8～38.5t和6.1～7.6t，相当于丰水期6—8月份环境容量的0.4%～1.0%和0.3%～0.8%。假如吉林晨鸣纸业有限公司每天将4万t工业废水全部进行处理，做到“达标排放”，每天就排放16tCOD和2.8tBOD，相当于2月份环境容量的13.6倍。假设将废水进一步深度处理，COD浓度达到100mg/L，每天排放的COD污染负荷相当于2月份环境容量的3.4倍。由此可见，靠单一的“污水达标排放”肯定不能满足河流水域功能要求。

（四）污水处理现状

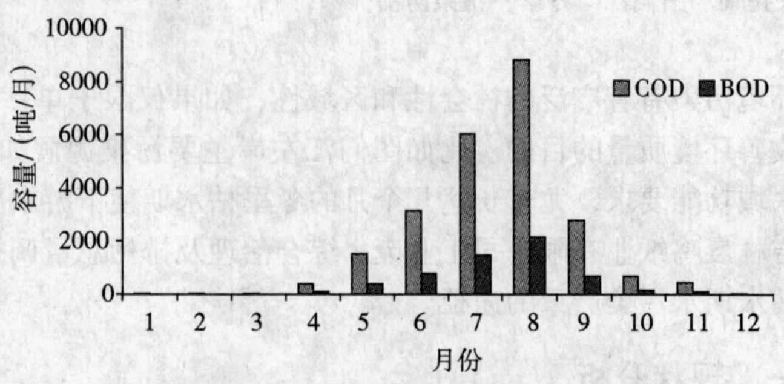

图3　开山屯至图们江段环境容易

吉林晨鸣纸业有限公司是造成图们江水污染的我方主要污染源。该企业近几年，在原有企业（原开山屯化学纤维浆厂）搞综合利用治理蒸煮红液的基础上，大搞技术改造，提高重复用水率，将工业废水排放量从原来的10多万t/d减少到4万t/d，并投资3000万元新建1座日处理能力为4万t的污水处理厂。自从2004年7月开始投入试运行，虽然排水水质基本达到行业排放标准，但仍解决不了图们江水污染严重的问题。主要原因，一是在长达几个月的冬季很难保证最佳处理效果；二是当降雨量明显下降时，工业废水得不到充分的稀释从而减弱河水的自净作用；三是从上述环境容量分析可知，枯水期要保证下游图们断面水质达到标准，晨鸣污水处理厂排放的废水中COD浓度应该降到27.4mg/L。但从目前国内外制浆造纸工业废水处理技术水平来看，这样的深度处理，不仅在技术上不可能，经济上也无法接受。

二、冬季枯水期水污染防治对策

20世纪八九十年代，吉林省不少大专院校和科研部门为图们江污染综合防治进行了大量的科学研究。根据这些科研成果，结合水质现状，考虑可操作性，建议将经处理的废水一部分用于自备电站除灰系统，其余废水引到污水库，实施冬贮春灌或冬贮夏排，实现冬季工业废水零排放，从而彻底解决冬季图们江水严重污染的难题。

（一）利用电站除灰系统处理废水

延边朝鲜族自治州环境保护研究所于1993—1994年为石岘造纸厂（现有的延边白麓纸业股份有限公司）进行了用电站除灰系统处理中段废水试验。试验结果表明，粉煤灰对废水中的有机污染物具有很强的吸附能力，废水进入贮灰坝又可以停留1个月以上的时间，废水中的有机污染物可以自然降解从而去除COD负荷50%～60%。如果晨鸣污水处理厂将已经处理的废水用于自备电站除灰，每天可处理废水3000～4000t，同时废水中COD浓度可以降到150～200mg/L。

（二）实施排污总量调控

早在20世纪80年代东北师范大学[3]等单位经过一系列研究的污水，对开山屯化学纤维浆厂的废水提出了污水调节库和生态净化塘两种治理方案，同时在开山屯附近选择了库址，并为污水库的设计做出了较为详细的调查、测量和研究。

如果晨鸣公司排水量按4万t/d计算，同时考虑蒸发、渗漏等损失，要贮存11月至次年3月末全部废水，需建库容400万～500万m^3污水库。修建污水库，一方面可以贮存冬季枯水期长达5个月的全部废水，做到冬季污水零排放，解决冬季水污染严重的问题；另一方面经处理的废水在污水库停留 4 ~5 个月可以去除 COD、BOD 30% ~60%，完全可以达标。到丰水期根据图们江的环境容量将贮存的污水逐步定量排放，实现排污总量调控，从而达到改善图们江水质的目的。

（三）实施冬贮春灌，实现污水资源化

晨鸣污水处理厂为了提高污水生化处理效率，每天都加大量的氮和磷。因此，经处理的废水中氮、磷、有机质含量较高，用于农田灌溉，有利于农作物生长。据延边环境保护监测站、延边农学院[4]等于 1983—1987 年完成的“钙基亚硫酸盐法制浆废水自然氧化处理试验”研究成果，晨鸣污水处理厂排放的废水中未含任何产生残毒的污染物，完全可以放心用于农田灌溉。酸法制浆废水中 COD 浓度为 350 ~400mg/L、BOD 浓度为 70 ~90mg/L 时有利于改善土壤的理化性质，有利于水稻的生长。另外，水稻对酸性制浆造纸废水具有很强的自净作用，每天单位面积可去除 BOD 负荷 1 ~10.5g、COD 负荷 3 ~26g，通过水田串联灌溉，经 4 ~5 个池子废水中的 BOD 浓度下降 69% ~91%，COD 浓度下降 24% ~66%。

根据上述科研成果，废水通过污水库、水田灌溉土地处理系统进一步降解后，最终排水中 BOD、COD 浓度分别会降到 15 ~30mg/L、100 ~150mg/L。

晨鸣污水处理厂每年产生近一万吨污泥，这些污泥是很好的肥料，也可以用于农田肥料。

三、必要的保证措施

为了确保冬贮春灌、排污总量调控的实施，延边州及龙井市、图们市市政府应该研究相应的政策和管理办法，如“图们江排污总量控制管理办法”、“图们江重点污染源季节性排污许可证管理办法”、“关于灌溉晨鸣公司废水可以免缴农用水资源费的管理办法”等。同时，组织有关科研部门，在污水处理厂下游农村，实地进行用污水灌溉、用污泥施肥等试验，拿出科学的定量参数。修建 400 万 ~500 万 m^3 污水库和管网系统，投资大约需要 1200 万元。因为该工程属污水调控、农田灌溉等利于全社会的事业，可以争取上级环境保护部门的综合治理资金或农业水利建设资金。排污企业通过污水库系统彻底消除冬季可能超标排放的忧虑，每年可以少缴排污费 1000 万 ~1500万元，最得实惠，应拿大头。如果延边各级政府和企业共同努力，所需资金应该很好解决。

四、结 语

1. 建议吉林晨鸣纸业有限公司将经处理的废水一部分用于自备电站除灰系统，其余废水引到污水库，实施冬贮春灌或冬贮夏排，实现冬季工业废水零排放，从而彻底解决冬季图们江严重污染的难题。该方案的实施会得到很好的环境效益、经济效益和社会效益。

2. 延边石岘白麓纸业股份有限公司也是图们江的主要污染源，污水处理量、水质均与晨鸣公司很相似，上述方案也该应用于该公司。

3. 图们市因图们江和嘎呀河的严重污染，到冬季严重缺水。该方案的实施，有利于冬季图们市引用图们江水作为城市供水。

参考文献

［1］申亨哲，金智铉．图们江污染综合防治的探讨［J］．环境科学，1985（2）：55 -59.

［2］延边朝鲜族自治州环境保护研究所．图们江水系（左岸）污染防治规划研究．1998. 6.

［3］东北师范大学，延边朝鲜族自治州环境保护局，开山屯化学纤维浆厂．开山屯化学纤维浆厂污水调节库和生态净化塘的研究．1984. 12.

［4］延边朝鲜族自治州环境保护监测站，延边农学院，开山屯化学纤维浆厂．钙基亚硫酸盐法制浆废水自然氧化处理试验研究．1987. 7.

由除藻试验获得的启发

魏　轲　严景超　朱培瑜　彭　宇　徐　水

（无锡市环境监测中心站　无锡市曹张新村58号　214023）

摘　要　采用生化复合除抑藻剂对太湖中典型的藻型湖区——梅梁湖水体进行除藻试验，即在梅梁湖北部，采用生态围隔，围了一个50m×40m的试验塘，经过投放生化复合除抑藻剂进行除藻试验后，观测除藻后水体理化性质和生物性质的改变情况，发现生化复合除抑藻剂去除藻类的效果非常明显，但由于藻类细胞解体，藻类细胞中的氮、磷物质释放到水体中，导致水体的富营养化程度反而升高，而叶绿素a也呈现下降趋势，整个试验过程出现了溶解氧为0，水体有异味的现象，这证明当藻型湖泊的藻类被基本去除后，整个水体的初级生产力受到严重的破坏，威胁到水生态系统的安全性，可导致水体进一步恶化。

关键词　藻型湖泊　藻类　除藻　富营养化　初级生产力

引　言

梅梁湖是太湖中典型的藻型湖区[1,2]，夏季是梅梁湖藻类生长旺盛、大量繁殖的季节，致使湖体中频频发生以微囊藻为主的水华[3]，对太湖的风景区影响巨大，严重时甚至影响到饮用水源地水源水的安全。于是，无锡市环境监测中心站开展了有关除藻的研究，主要是考察生化复合除藻剂的除藻效率，除藻后水体的改变情况，以及除藻剂的生态安全性。

一、生化复合除抑藻剂

生化复合除抑藻剂是由生物活性酶，硝化细菌、光合菌等有益菌群，生物载体及可食用的醋酸和柠檬酸等辅料组成。其中生物活性酶起到絮凝藻细胞、破坏藻细胞膜、催化有益菌群分解水体中有机物的作用；硝化细菌、光合菌等有益菌群能够分解藻类细胞及释放到水体的有机物，并且将水体中氮、磷等“营养”物质吸收，“代替”藻类来消耗水体中的氮、磷。

二、除藻试验

为了观察生化复合除抑藻剂的除藻效果以及除藻后水体的理化性质和生物性质的改变情况，评估生化复合除抑藻剂的风险性，除藻试验着重观测水体富营养化指数中的五大指标，即高锰酸盐指数、透明度、叶绿素a、总氮、总磷，以及氨氮、藻类密度、溶解氧和pH的变化趋势。试验地点在梅梁湖北部，采用生态围隔，围了一个50m×40m的试验塘。

（一）第一次除藻试验

由于第一次除藻，剂量并没有完全掌握好，而在喷洒了除藻剂后又有降水，除藻效率为70%，除高锰酸盐指数略降低外，其余各项指标都略有升高，更值得关注的是溶解氧维持在检出下限，并无回升趋势，而且后期水体出现异味。

（二）第二次除藻试验

可以说第一次除藻试验中受诸多因素干扰，所出现的一些现象也许并不能反映生化复合除抑藻剂的真正的除藻效果。因此，在第一次除藻试验地附近，继续采用生态围隔，围了一个50m×40m的试验塘。

试验过程中，为了观测试验效果以及周边环境与试验塘间的影响，在塘试区附近的水体选取了一个对照区。并在喷洒除抑藻剂开始前3天对塘试区做了藻类密度与叶绿素a的调查。

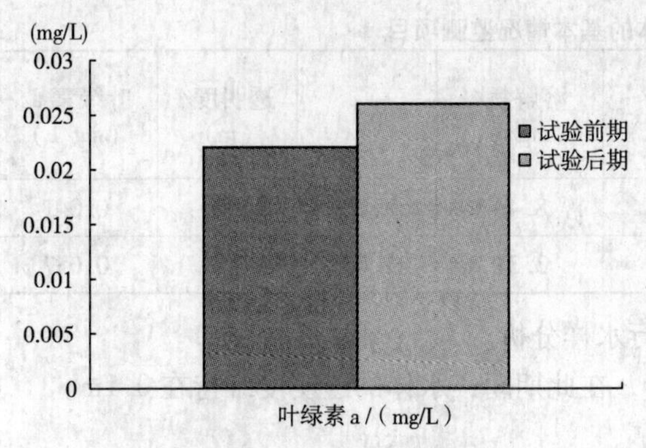

图 1　试验前后期叶绿素 a 变化情况

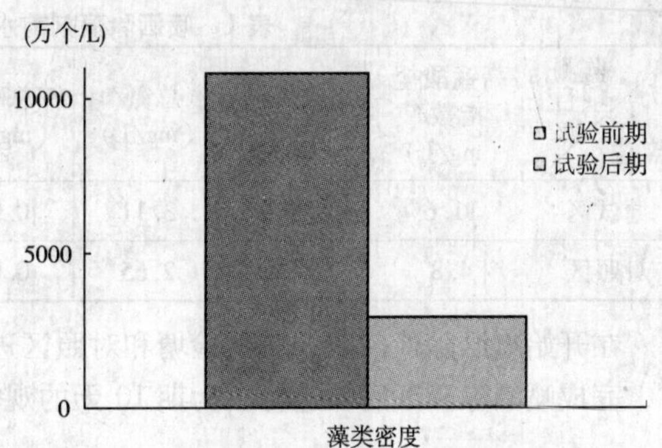

图 2　试验前后期藻类密度变化情况

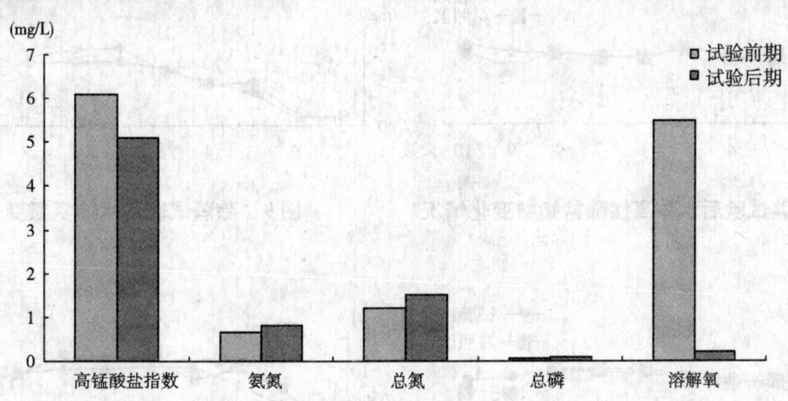

图 3　试验前后期各项理化指标变化情况

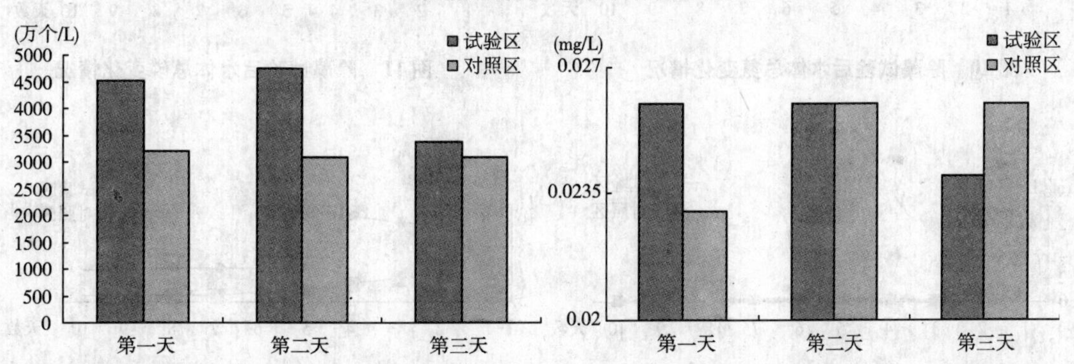

图 4　除藻试验前 3 天水体的藻类密度情况

图 5　除藻试验前 3 天水体的叶绿素 a 情况

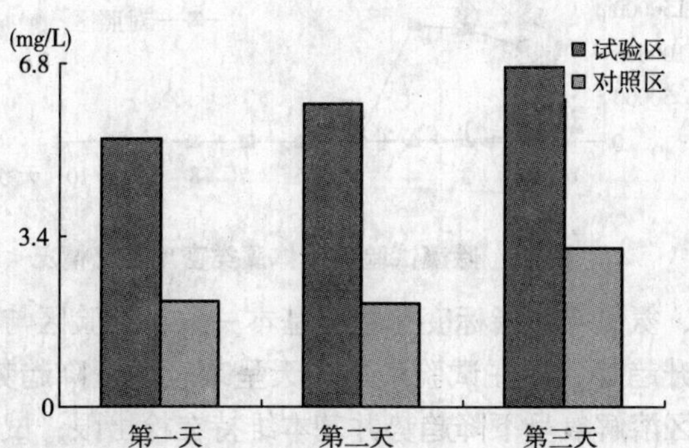

图 6　除藻试验前 3 天水体的溶解氧情况

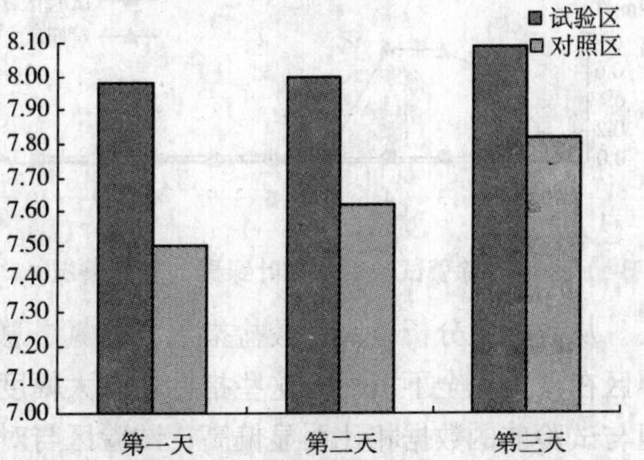

图 7　除藻试验前 3 天水体的 pH 情况

表 1　喷洒除藻剂前水体的基本情况监测项目

监测项目 / 点位	高锰酸盐指数/（mg/L）	氨氮/（mg/L）	总氮/（mg/L）	总磷/（mg/L）	溶解氧/（mg/L）	pH	透明度/（m）	叶绿素 a/（mg/L）
塘试区	11.6	0.42	3.11	0.25	8.48	8.20	0.1	0.041
对照区	4.8	0.38	2.65	0.05	3.31	7.03	0.1	0.057

在开始喷洒除藻剂前，对试验塘和对照区进行水样分析。

完成喷洒除藻剂后，进行了为期 10 天的观察，在此期间，水体的透明度维持在 0.1m。

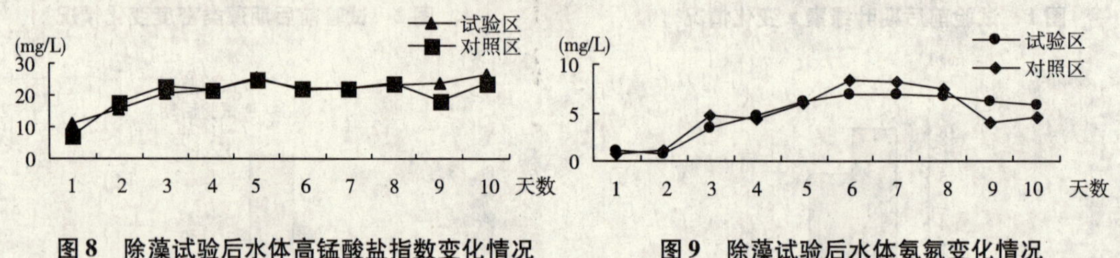

图 8　除藻试验后水体高锰酸盐指数变化情况

图 9　除藻试验后水体氨氮变化情况

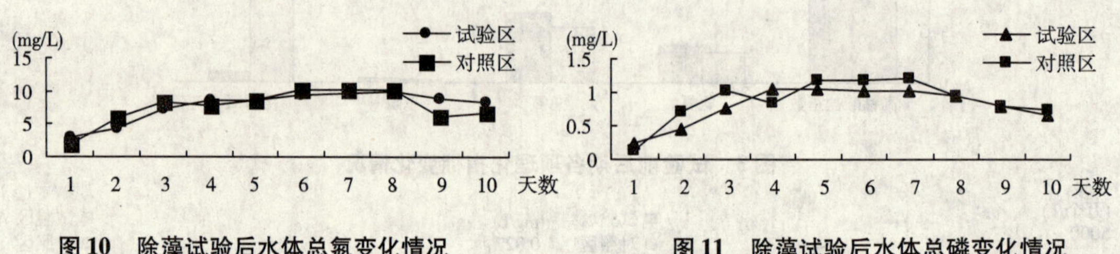

图 10　除藻试验后水体总氮变化情况

图 11　除藻试验后水体总磷变化情况

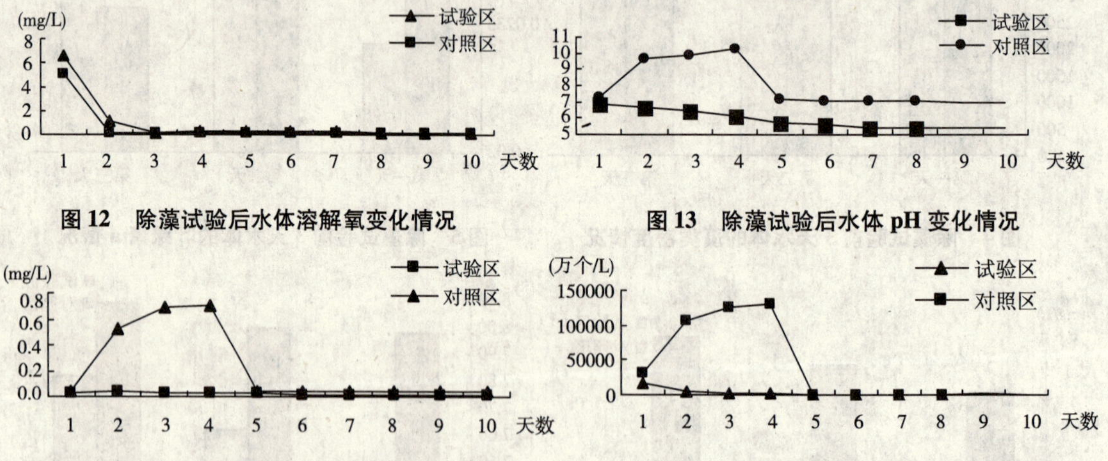

图 12　除藻试验后水体溶解氧变化情况

图 13　除藻试验后水体 pH 变化情况

图 14　除藻试验后水体叶绿素 a 变化情况

图 15　除藻试验后水体藻类密度变化情况

从数据上分析，高锰酸盐指数、总氮、总磷、氨氮 4 个指标变化趋势基本一致，试验区与对照区在藻类完全下沉后，这些指标均有大幅度上升趋势，而在试验最后 3 天呈现轻微下降趋势，但与试验前的数据相比明显偏高；试验区与对照区溶解氧呈下降趋势并基本维持在检出限；试验区叶绿素 a 基本呈缓慢下降趋势，对照区在第二天至第四天叶绿素 a 有大幅度上升趋势，之后呈下降趋势；塘试区藻类密度基本呈下降趋势，其中在 1 ~ 2 间下降幅度明显，整个过程藻类密度下降了99%，对照区在2～4之间藻类密度有大幅度上升趋势，之后呈下降趋势。

第三阶段塘试区在试验前水体富营养化指数平均达到90，试验后水体富营养化指数平均达到97；对照区在试验前水体富营养化指数平均达到81，试验后水体富营养化指数平均达到101。

（三）试验结果分析

水体除藻效率高达99%；试验区水体偏酸性，是因为藻类去除后无法进行光合作用，消耗CO_2，而且除藻剂中有醋酸以及食用柠檬酸；溶解氧有下降至检出限的现象，水体也出现异味，是因为藻类去除后无法进行光合作用，为水体补充溶解氧，同时除藻剂中有益菌群在分解水体中的藻细胞和有机物时大量消耗溶解氧；除藻剂发挥除藻作用后，使藻细胞解体，有益菌群分解藻细胞中的有机物质，使藻细胞内一些可溶性物质则溶解到水体中，导致水体中氮、磷物质增多，水体的富营养化程度不降反升；叶绿素a的下降则表明水体在除藻后初级生产力受到抑制。

三、小结与思考

1. 由于梅梁湖是一个典型的藻型湖区，以藻类为主要初级生产力，当藻类被大量去除后，初级生产力被严重的破坏，水生态系统稳定受到威胁，进而导致水质恶化，因此，在进行水体除藻时，必须考虑水生态系统的安全，不能因为除藻而导致更为严重的后果。

2. 除藻后藻类细胞中固定的氮、磷物质将释放到水体中，导致水体富营养化程度升高，即使水质并未恶化，也会成为藻类大量暴发的生境条件。

3. 目前，多数除藻剂都注重于除藻效率，并不考虑除藻后物质的转化，导致除藻后，水体受到更多的内源性污染。因此，除藻后水体中的氮、磷物质如何能逸出，是值得研究的。

4. 藻型湖体整治时，若能控制流域的污染源排放，同时配合良好的除藻技术，建立一个以高等植物为主要初级生产力的水生态系统，不仅能够抑制藻类的生长，也能修复水生态系统，从根本上改善湖体的水质。

参考文献

［1］张路，范成新，王建军，等．太湖草藻型湖区间隙水理化特性比较［J］．中国环境科学，2004，24（6）：556－560.

［2］张运林，秦伯强，马荣华，等．太湖典型草、藻型湖区紫外辐射的衰减及影响因素分析［J］．生态学报，2005，25（9）：2354－2361.

［3］Chen YWi，Qin BQ，Teubner K，et al．Long－term dynamics of phytoplankton assemblages：Microcystis－domination in Lake Tai－hu，a large shallow lake in China. J Plankton Res．，2003，25：445－453.

磁处理对碳酸钙结晶以及沉降过程的影响

龚晓明[1,2]　葛红花[1,2]　顾　勇[2,3]　孟新静[1,2]　赵玉增[1,2]

（1. 上海电力学院　上海高校电力腐蚀控制与应用电化学重点实验室　上海　200090；
2. 上海热交换系统节能工程技术研究中心　上海　200090；
3. 上海震冈微电子有限公司　上海　200011）

摘　要　本文通过分别测定 $CaCl_2/Na_2CO_3$ 两种溶液在进行磁处理前后的碳酸钙结晶速度、碳酸钙悬浊液表面张力、pH 值的变化，研究了变频脉冲磁场对碳酸钙结晶过程的影响。结果表明，经过磁处理后溶液的 pH 值和表面张力均有所下降，磁处理对 Na_2CO_3 溶液的作用效果要强于 $CaCl_2$ 溶液，经过磁处理后生成的碳酸钙微粒的沉降速率更大。

关键词　磁处理　碳酸钙　阻垢　表面张力

工业循环冷却水在运行过程中随着浓缩倍率的提高，水中的 CO_3^{2-}、SO_4^{2-} 等离子与 Ca^{2+}、Mg^{2+} 等离子反应可生成主要成分为碳酸钙、硫酸钙的水垢，其中又多以碳酸钙为主。水垢沉积在热交换表面不仅导致热交换设备传热效率降低，甚至会堵塞管道，引发生产事故，同时又抑制了浓缩倍率的进一步提高，不利于节水。常用的阻垢方法可分为物理法和化方法。化学方法一般通过添加药剂使硬水软化，或通过添加阻垢剂使之与成垢离子形成络合物或使碳酸钙晶体等发生晶格畸变、分散碳酸钙微晶等防止钙镁垢类在热交换表面沉积而达到阻垢目的。物理方法主要包括磁场水处理技术、ECO－GEM 电气石防垢、静电水处理技术、脉冲射电水处理技术、超声波水处理技术等。目前化学法是被广泛采用的主流技术，但物理处理作为一种相对节能、绿色环保的水处理技术，由于其具有投资少、应用方便、无毒无污染等优点，随着全球水资源的日益匮乏以及环境污染的加剧而越来越受到人们的关注。

溶液的结垢过程包括晶核生成、附着、晶体长大等过程。研究磁处理对结晶过程的影响，对于完善磁处理的阻垢机制无疑是具有重要意义的。有文献表明[1-4]，在一定的浓度范围内磁处理对碳酸钙晶体的生长具有明显的抑制作用。本文采用变频脉冲磁场分别对 $CaCl_2$ 和 Na_2CO_3 两种溶液进行磁处理，从接触角、沉降速度、电导率、吸光度变化的角度讨论了磁处理对碳酸钙结晶过程的影响，并运用状态平衡方程理论研究了磁处理对碳酸钙粉体表面自由能的影响。

一、实　验

本文所有实验均在室温 20℃下进行，磁处理时间均为 60min。

（一）仪器和药品

所用仪器有 ZS－SP－1 型锅炉管道除垢仪（上海震冈微电子有限公司生产）、DDS－11A 型电导率仪（上海雷磁新泾仪器有限公司）、UV759S 型紫外可见分光光度计（上海精密科学仪器有限公司）、K100MK2 全能张力仪（德国 KRUSS 公司）等。

表面张力测量软件为 KRUSS Laboratory Desktop Version 3. 2. 2. 2926。

所用药品有：$CaCl_2$（分析纯）、Na_2CO_3（分析纯）等。

（二）碳酸钙悬浊液的制备

参考相关文献用去离子水配制了浓度均为 8×10^{-3}mol/L 的 Na_2CO_3 与 $CaCl_2$ 溶液，恒温水浴保持温度始终在 30℃，将两种溶液等体积混合，生成 $CaCO_3$ 悬浊液。

（三）碳酸钙粉体的制备

取 8×10^{-2}mol/L 的 Na_2CO_3 与 $CaCl_2$ 溶液各 1000ml，将未经磁场处理和经磁场处理的上述两种溶液放入水浴中 80℃恒温 4h 后，过滤洗涤，干燥后分别制备四种样品：未经磁处理的 $CaCO_3$ 晶体；Na_2CO_3 溶液经磁场处理的 $CaCO_3$ 晶体；$CaCl_2$ 溶液经磁场处理的 $CaCO_3$ 晶体；Na_2CO_3 与 $CaCl_2$ 溶液都经过磁场处理后的 $CaCO_3$ 晶体；供测定粉体表面能和做电镜分析用。

（四）表面张力的测定

采用环法测定了磁处理前后 $CaCl_2$ 溶液、Na_2CO_3 溶液以及碳酸钙悬浊液表面张力的变化。测量原理见图 1 中所示，表面张力的计算公式为：

$$\sigma = \frac{F_{max} - F_v}{L \cdot \cos\theta} \tag{1}$$

式中：σ 为表面或界面张力；F_{max} 为天平受力最大值；F_v 为液体自身重力；L 为润湿长度；θ 为接触角。

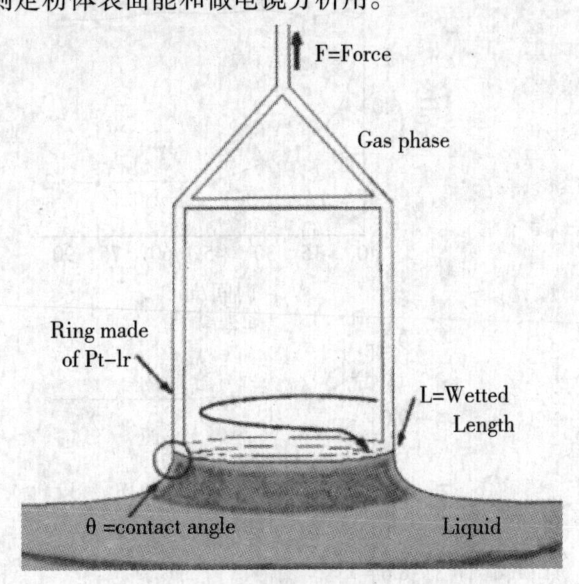

图 1　环法测量表面张力原理图

（五）沉降速度的测定

将一漏斗型的测量探针浸入配制好的碳酸钙悬浊液中，先搅拌 60s，然后探针缓慢伸入悬浊液中至一定深度，通过一台精度为十万分之一克的天平称量沉降到测量探针内的碳酸钙颗粒重量，实验装置见图 2。

a. K100MK2 全能张力测定仪

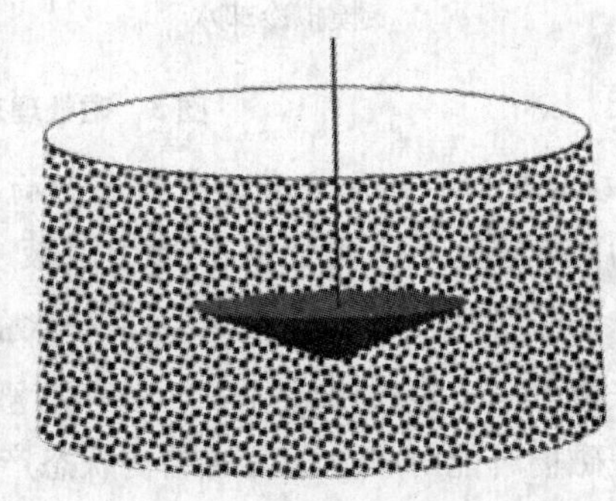

b. 沉降测量探针示意图

图 2　接触角及沉降速度测量装置

（六）吸光度的测定

测定波长 λ =543.3nm。

二、结果与讨论

（一）磁处理对溶液 pH 值的影响

图 3 为去离子水、自来水、模拟冷却水及碳酸钙悬浊液的 pH 值在磁处理前后随时间的变化。对未经磁处理的去离子水、自来水和模拟冷却水，其 pH 值基本上不随时间的变化而变化，说明水体中各种离子的状态基本保持稳定。未经处理的碳酸钙悬浊液的 pH 值则随时间的延长开始出现明显的下降，20min 后基本保持稳定，这应该是由于在实验开始阶段，碳酸钙晶体的不断

生成导致溶液的 pH 值下降，20min 后溶液的 pH 值保持基本稳定说明碳酸钙的析出和溶解基本达到了平衡。经过磁处理后，去离子水、自来水和模拟冷却水的 pH 值均有不同程度的下降，而碳酸钙悬浊液的 pH 值的下降幅度在磁处理后变小，说明磁处理可以在一定程度上增大水溶液中碳酸钙的溶解度，从而减缓 pH 值的下降速度。

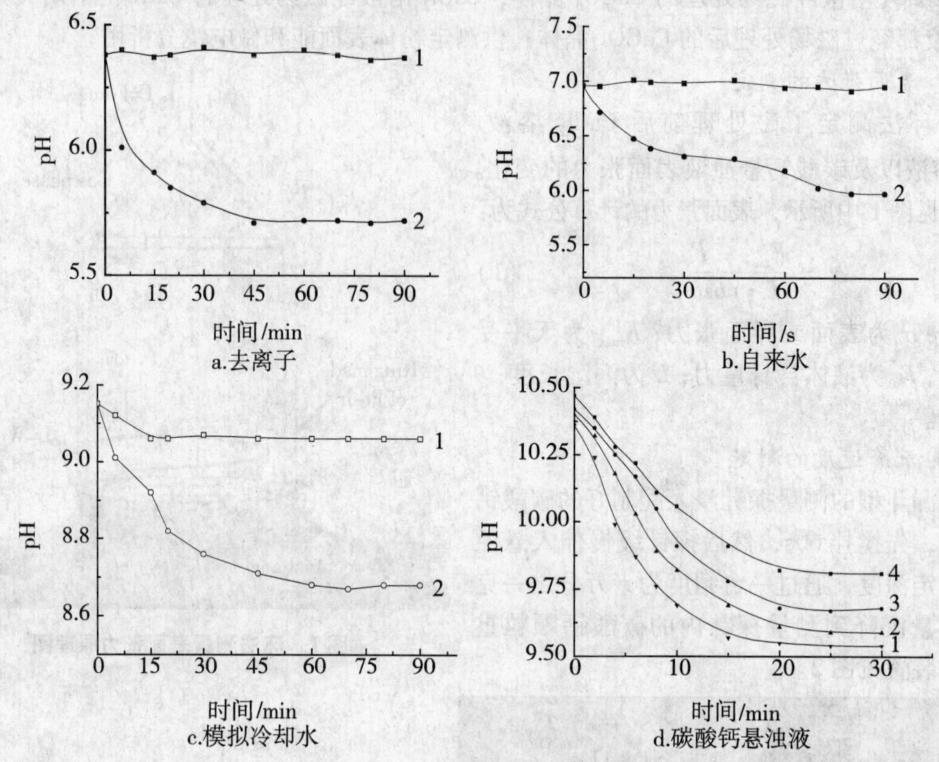

图 3　磁处理对溶液 pH 值的影响

（二）*磁处理对不同溶液表面张力的影响*

图 4 为磁处理前后去离子水、$CaCl_2$ 溶液、Na_2CO_3 溶液以及碳酸钙悬浊液的表面张力变化。从图 4（a）可以看出，几种溶液中去离子水的表面张力最大，其次为 $CaCl_2$ 溶液，而 Na_2CO_3 溶液的表面张力最小。经过磁处理后，三种溶液的表面张力均出现下降。Ozeki[7] 和 Toledo[8] 等通过实验发现磁场可能对水分子间的结构状态产生影响，水中原有氢键的缔合状态被破坏，生成了单个分子或者缔合度更小的分子集团，从而表面张力随着这种分子间作用力的减弱而得到了相应的减小。图 4（a）还显示，三种溶液中磁处理对 Na_2CO_3 溶液的表面张力影响最大，而对去离子水的影响最小。

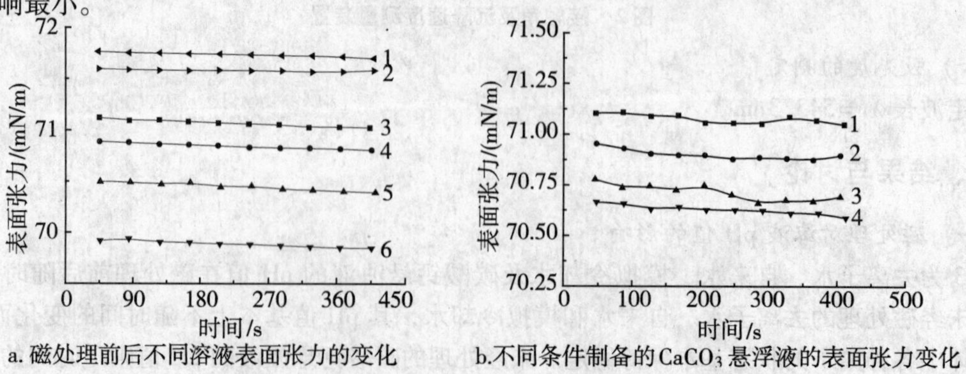

图 4　磁处理对溶液表面张力的影响

从图4（b）可以看出，分别对不同溶液进行磁处理后生成的 $CaCO_3$ 悬浊液具有不同的表面张力，对 $CaCl_2$ 和 Na_2CO_3 溶液均进行磁处理后生成的碳酸钙悬浊液的表面张力最小，而仅对碳酸钠溶液进行磁处理的碳酸钙悬浊液的表面张力要低于仅对氯化钙溶液进行磁处理的碳酸钙悬浊液，说明磁处理对 Na_2CO_3 溶液的作用效果更好。

（三）磁处理对碳酸钙悬浊液电导率的影响

图5为磁处理对不同条件下制备的碳酸钙悬浊液的电导率的影响，结果显示，随时间的增加4种溶液的电导率均出现下降，其中未经磁处理的悬浊液电导率下降幅度最大，而对 $CaCl_2$ 和 Na_2CO_3 溶液均进行磁处理后生成的碳酸钙悬浊液的电导率下降幅度最小，仅对碳酸钠溶液进行磁处理的碳酸钙悬浊液的电导率下降幅度要低于仅对氯化钙溶液进行磁处理的碳酸钙悬浊液，说明磁处理对 Na_2CO_3 溶液的作用效果更好。悬浊液电导率的下降是由于放置过程中碳酸钙晶体的析出，随时间的延长电导率下降幅度变缓说明碳酸钙晶体的析出和溶解过程基本达到平衡。磁处理可以增大悬浊液的电导率可能是由于处理后增大了溶液中碳酸钙的溶解度。

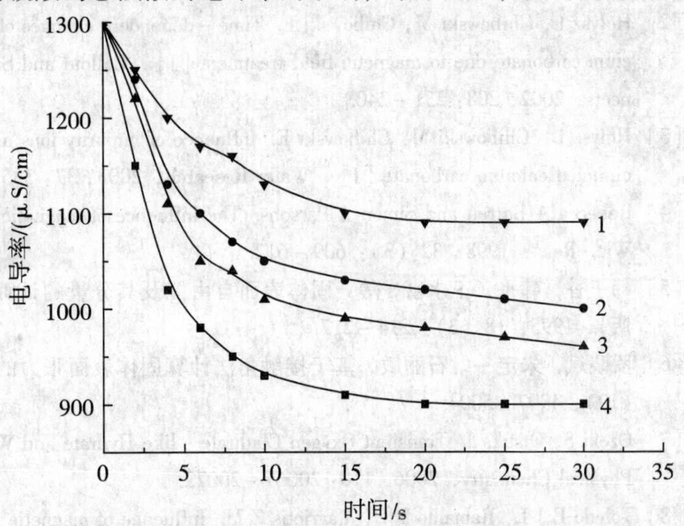

图5　磁处理对不同溶液电导率的影响

1：All－MT；2：NaCO$_3$－MT；3：CaCl$_2$－MT；4：Blank

（四）磁处理对 $CaCO_3$ 微粒成核速率和沉降速度的影响

图6为不同条件下得到的碳酸钙悬浊液在探针内的沉降量随时间的变化，可以看出，磁处理可以促进碳酸钙的沉降，对 $CaCl_2$ 和 Na_2CO_3 溶液均进行磁处理后生成的碳酸钙悬浊液的沉降速度和总沉降量均大于另外三种条件下形成的悬浊液，仅对碳酸钠溶液进行磁处理的碳酸钙悬浊液的沉降速度要大于仅对氯化钙溶液进行磁处理的碳酸钙悬浊液。Hans[9]和 Fathi[10]认为，磁场加速了成核过程或成核速度，并增加了钙垢的总沉积量。

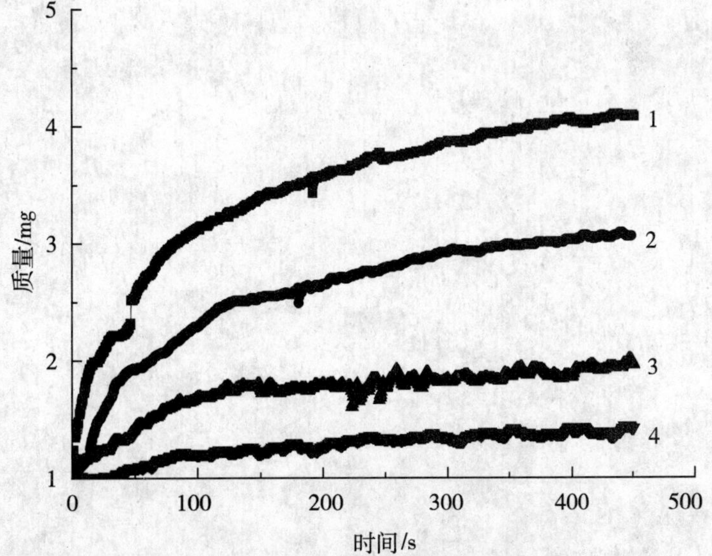

图6　磁处理对碳酸钙沉降速率的影响

1：All－MT；2：NaCO$_3$－MT；3：CaCl$_2$－MT；4：Blank

三、结　论

磁处理降低了去离子水、自来水、Na_2CO_3 溶液、$CaCl_2$ 溶液的pH值和表面张力。碳酸钙悬浊液的pH值和电导率随放置时间的延长而下降，经磁处理后这种下降幅度变缓。磁处理对 CO_3^{2-}

离子的作用效果要强于对 Ca^{2+} 离子的作用效果。磁处理加速了碳酸钙晶粒的生成速度和总沉积量。

参考文献

[1] Chibowski E, Hołysz L, Szcześ A, et al. Precipitation of calcium carbonate from magnetically treated sodium carbonate solution [J]. Colloid and Surfaces A: Physicochem. Eng. Aspects, 2003, 225: 63-73.

[2] Hołysz L, Chibowski M, Chibowski E. Time-dependent changes of zeta potential and other parameters of in situ calcium carbonate due to magnetic field treatment [J]. Colloid and Surfaces A: Physicochemical and Engineering Aspects, 2002, 208: 231-240.

[3] Holysz L, Chibowski M, Chibowski E. Influence of impurity ions and magnetic field on the properties of freshly precipitated calcium carbonate [J]. Water Research, 2003, 37: 3351-3360.

[4] Rebecca A Barrett and Simon A Parsons. The influence of magnetic fields on calcium carbonate precipitation [J]. Wat. Res., 1998, 32 (3): 609-612.

[5] 韩玉香，韩平，王永富，等．固体表面自由能及其分量的计算方法［J］．辽宁师范大学学报（自然科学版），1995，18（3）：214-217.

[6] 罗晓斌，朱定一，石丽敏．基于接触角法计算固体表面张力的研究进展［J］．科学技术与工程，2007，7（19）：4997-5004.

[7] Ozeki S, Otsuka I. Transient Oxygen Clathrate-like Hydrate and Water Networks Induced by Magnetic Fields [J]. Physical Chemistry, 2006, 110: 20067-20072.

[8] Toledo E J L, Ramalho T C, Magriotis Z M. Influence of magnetic field on physical-chemical properties of the liquid water: Insights from experimental and theoretical models [J]. Molecular Structure, 2008, 888: 409-415.

[9] Hans E. Lundager Madsen. Crystallization of calcium carbonate in magnetic field in ordinary and heavy water [J]. Journal of Crystal Growth, 2004, 267: 251-255.

[10] Fathi A, Mohamed T, Claude G, et al. Effect of a magnetic water treatment on homogeneous and heterogeneous precipitation of calcium carbonate [J]. Water Research, 2006, 40: 1941-1950.

[11] 郑忠．胶体科学导论［M］．北京：高等教育出版社，1989.

滇池流域水污染防治规划应关注的问题研究

张琨玲 徐晓梅 何 佳 陈云波 汤 锐

（昆明市环境科学研究院 650032）

摘 要 本文分析研究了近年来滇池流域点源污染状况、污水处理厂及其配套管网建设和运行情况，以及河道水质现状和变化趋势，诊断了滇池流域污染治理存在问题，并提出相应对策建议，以供滇池流域水污染防治规划参考。

关键词 滇池流域 水污染防治

一、滇池流域概述

（一）流域基本情况

滇池流域位于云贵高原中部，地处长江、红河、珠江三大水系分水岭地带。具有流域面积小、水资源量少、无过境水补给、降雨集中、气候温和，日照时间长，蒸发量大等特点。流域面积2920平方千米，整个流域为南北长，东西窄的湖盆地，地形可分为山地丘陵、淤积平原和滇池水域三个层次。山地丘陵占69.5%，平原占20.2%，滇池湖泊水域占10.3%。滇池流域属北亚热带湿润季风气候，多年平均气温14.7℃，平均降雨量953毫米，年平均蒸发量1409毫米，具有低纬山原季风气候特征，冬无严寒、夏无酷暑、冬干夏湿、干湿分明。流域内自然植被以亚热带常绿阔叶林为主，次生植被以云南松及华山松为主，流域森林覆盖率50.8%。

（二）滇池基本情况

滇池属长江流域金沙江水系，是云贵高原湖面最大的淡水湖泊。在1887.4米正常高水位下，平均水深5.1米，湖水面积为309.5平方千米，蓄水量15.6亿立方米。多年平均水资源量9.7亿立方米，扣除多年平均蒸发量4.4亿立方米，流域多年平均实有水资源量5.3亿立方米。滇池分草海、外海两部分。草海位于滇池北部，外海为滇池的主体，面积约占全湖面积的97%，在正常高水位时外海的水量12.7亿立方米，占滇池总水量的98%。滇池长期以来生态环境脆弱，承受着城市污染、工业污染、面源污染的三重压力，再加上水资源缺乏，外海水量交换周期大约是草海的20倍，出入湖水量交换周期需要3年以上。

二、滇池流域面临的污染形式及问题分析

（一）城镇生活污染仍然是最大污染来源

前期研究显示，20年来流域污染负荷量呈不断上升趋势，其中城镇生活污染在污染负荷总量中所占的比例也逐年提高。见表1[1-4]。

表1 滇池流域不同年份污染负荷占比分析

年份	污染类型	污染物排放量/（t/a）			占污染物总量的比例/%		
		COD_{Cr}	TN	TP	COD_{Cr}	TN	TP
1995	生活	24179	5089	457	45	57	45
	工业	11935	937	147	22	10	14
	面源	17303	2955	417	32	33	41
	合计	53417	8981	1021	100	100	100

<table>
<tr><th rowspan="2">年份</th><th rowspan="2">污染类型</th><th colspan="3">污染物排放量/（t/a）</th><th colspan="3">占污染物总量的比例/%</th></tr>
<tr><th>COD_{Cr}</th><th>TN</th><th>TP</th><th>COD_{Cr}</th><th>TN</th><th>TP</th></tr>
<tr><td rowspan="4">2000</td><td>生活</td><td>32494</td><td>9835</td><td>796</td><td>52</td><td>69</td><td>54</td></tr>
<tr><td>工业</td><td>6945</td><td>534</td><td>28</td><td>11</td><td>10</td><td>14</td></tr>
<tr><td>面源</td><td>23011</td><td>3786</td><td>662</td><td>37</td><td>27</td><td>45</td></tr>
<tr><td>合计</td><td>62450</td><td>14155</td><td>1486</td><td>100</td><td>100</td><td>100</td></tr>
<tr><td rowspan="4">2005</td><td>生活</td><td>49010</td><td>10782</td><td>980</td><td>74</td><td>71</td><td>62</td></tr>
<tr><td>工业</td><td>6388. 1</td><td>432. 9</td><td>25. 5</td><td>10</td><td>10</td><td>14</td></tr>
<tr><td>面源</td><td>22475</td><td>3060</td><td>482</td><td>34</td><td>20</td><td>30</td></tr>
<tr><td>合计</td><td>66110</td><td>15180</td><td>1590</td><td>100</td><td>100</td><td>100</td></tr>
</table>

新近完成的调查显示，2008 年滇池流域共排放污水 2.8 亿 m^3，排放 COD100322t、TN22784t、TP2970t，其中城镇生活污水 2.5 亿 m^3，占污水总量的 89%。导致城镇生活污染持续加重和生活污染负荷量持续升高的原因主要是流域城镇人口增加所致。1988 年，流域城镇人口仅 180.4 万人[1]，2008 年则发展到 310.6 万人[5]，20 年时间里翻了 1.72 倍。由于人口不断增长，居民生活水平不断提高，人均生活污染负荷也发生了变化，导致滇池流域生活污染呈持续上升趋势。

按照《昆明城市总体规划》的预测，到 2015 年，流域城镇人口将增至 393.5 万人，预计 2015 年滇池流域城镇生活污水将增至 3.16 亿 m^3/a，污染物排放量将达到 COD86184t、TN15800t、TP1436t，分别占流域污染物排放总量的 80%、75%、57%，见图 1。

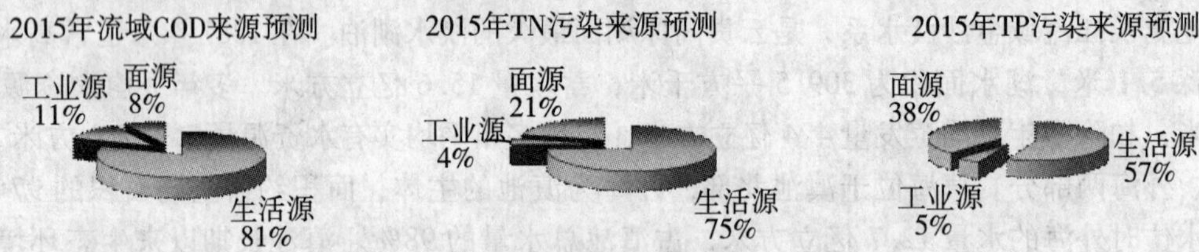

图 1　2015 年滇池流域主要污染物产生量预测

（二）滇池北岸是流域污染分布最重的区域

20 世纪 90 年代以来，滇池北岸昆明市主城建成区规模快速扩张。1990 年城区规模不足 70km^2，2008 年已达到 259km^2，扩大了 2.7 倍。主城区人口也由 1988 年的 72 万人增长到 2008 年的 289.5 万人，占当年流域城镇人口的 93.2%，20 年时间增长了 3 倍。根据人口以及人均污染系数，计算 2008 年滇池流域城镇生活污染，与滇池周边不同区域的城镇生活污染进行比较，结果显示，滇池北岸是整个流域中污染最重的区域，见图 2。

图 2　2008 年滇池流域不同区域城镇生活污染负荷比较

2015 年，随着东岸呈贡新区的建成，流域城镇人口将向东岸集聚，但北岸主城区的人口总量与历史相比仍将呈现增长趋势。按照《昆明城市总体规划》的预测，到 2015 年，滇池北岸的城镇人口将控制在330万人，东岸人口将控制在55万人。根据人口以及人均污染系数，计算2015年滇池流域城镇生活污染。结果显示，滇池北岸的城镇生活污染仍占绝对比例。流域不同区域的城镇生活污染负荷见图3。

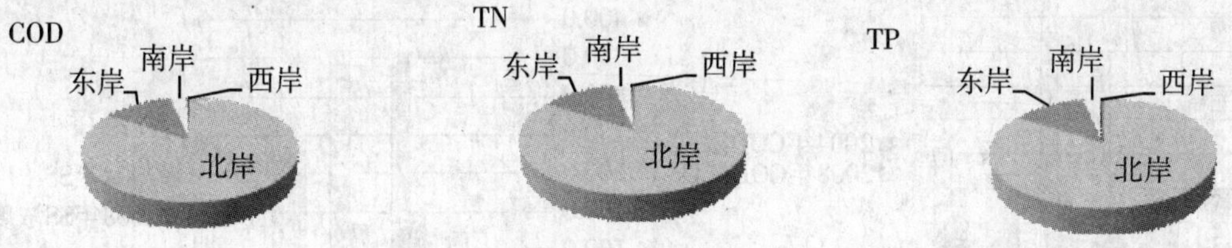

图3　2015年滇池流域不同区域的城镇生活污染负荷预测

（三）城市污水收集系统建设跟不上城市发展的速度

2008年完成的《昆明市主城排水规划》确定了滇池北岸主城区的排水体制：主城区二环路内为合流制区域，二环路外为清污分流区域。规划将滇池北岸主城区划分为五个排水片区：城北片区、城西片区、城南片区、城东片区、城东南片区。至2009年底，五个排水片区建成了8座污水处理厂，污水处理规模达到110.5万t/d。见表2。

表2　2009年滇池流域北岸污水处理厂规模

排水片区	片区内污水厂	污水厂规模/（万t/d）	运行情况
城北片区	第四污水处理厂	6	正常运行
	第五污水处理厂	18.5	正常运行
城西片区	第三污水处理厂	21	扩建部分试运行
城南片区	第一污水处理厂	12	正常运行
	第七污水处理厂	20	试运行
	第八污水处理厂	10	试运行
城东片区	第二污水处理厂	10	正常运行
城东南片区	第六污水处理厂	13	仅运行设计规模的21%
合计		110.5	

由于北岸整个城市排水系统基本上是在城区原有泄洪沟渠基础上逐步演变发展而成的，所以目前全城排水系统基本上还是以合流制为主。“十五”以来，昆明市相继实施了滇池北岸水环境综合治理工程、北京路污水管网工程、环城东路污水管网工程、东风西路—人民西路污水管网工程、昆畹路污水管网工程、明通泵站及设备安装工程、官南路排水管道工程等一系列管道建设工程，完成管道建设187km。除此之外，在大观河、采莲河、盘龙江上段、明通河—大清河、枧槽河、船房河、乌龙河等河道综合整治中，河道两侧或一侧敷设了截污主干管，主城区的排水系统在局部得到改造和完善。在实施了上述工程后，2008年第一、第二、第三、第四、第六污水处理厂进水水质提高了21%～46%。分析显示，通过管网输送污水将会大大提高污水处理厂的进水浓度，从而提高污水处理厂的运行效率。2004年及2008年的污水厂进水浓度见图4。

近10年来整个北岸主城建成区面积发展迅猛，而污水收集系统的建设一直跟不上城市发展的速度，污水处理厂的建设也相对滞后。以目前滇池北岸的城南排水片区为例，“九五”以前城市建设一直远离滇池湖岸，而在“十五”以后，城市发展向南推进直至滇池湖岸，之前的污水收集管网早已不适应城市发展的需求，有1/3以上区域的污水未纳入城市污水处理厂处理，而由于距离滇池太近，这些污水中的污染物几乎来不及降解就排入滇池。在城西片区的新运粮河汇水区则有该片区1/3以上的区域，以及城东南片区大部分区域的污水均未纳入片区污水处理厂处理。五个片区的污水收集范围以及五个片区的面积见图5。研究表明，污水处理厂配套管网覆盖区域外的污水收集与污水处理问题尚未引起足够重视。

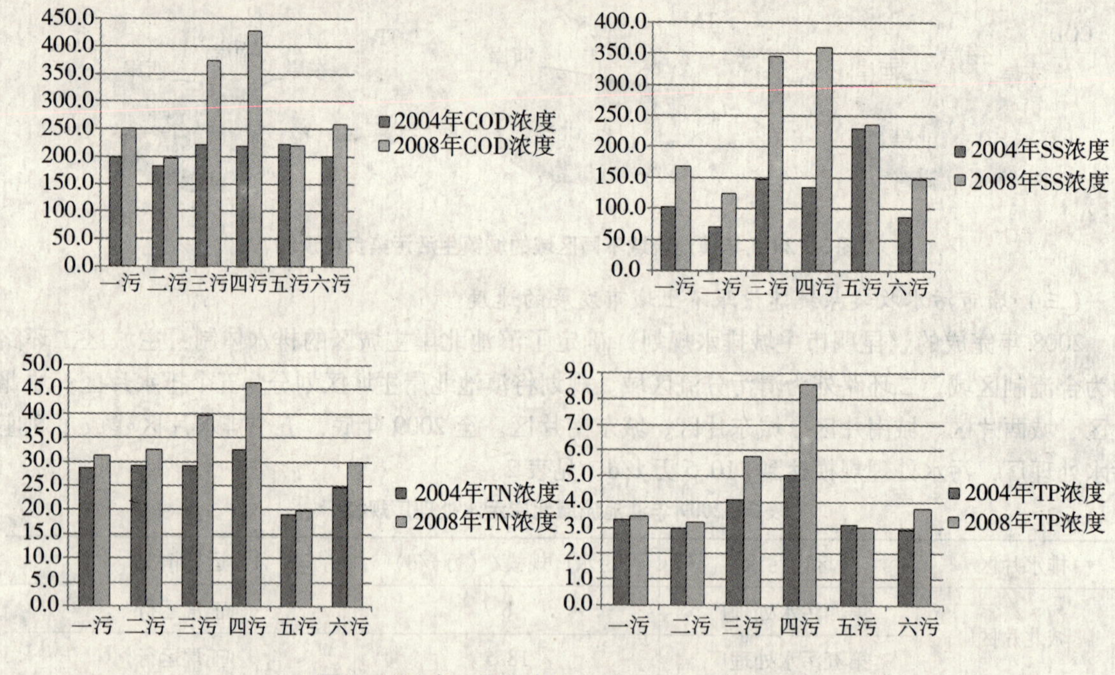

图4　2004年、2008年污水处理厂进水浓度比较

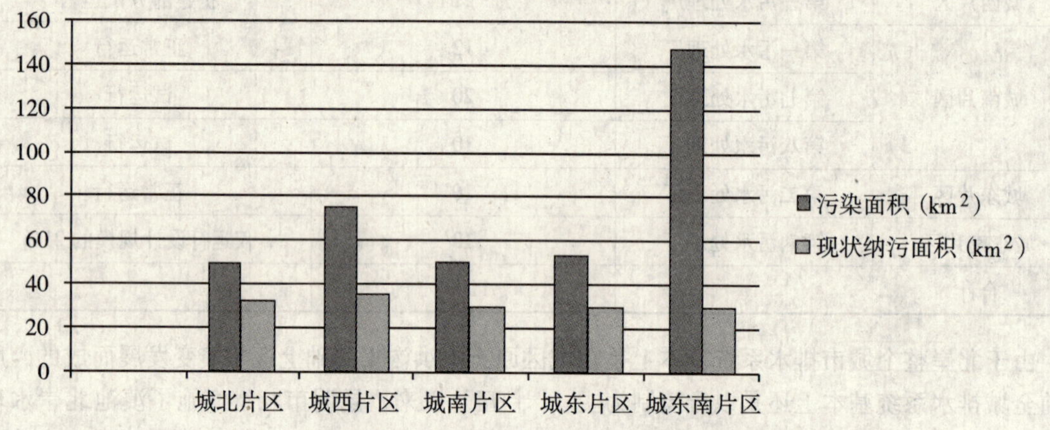

图5　滇池北岸污水处理厂面积与片区污染面积示意图

（四）河道水环境质量还未纳入规划目标管理

但从“九五”以来，河道水环境质量一直未纳入规划的视线范围，究其原因大约与河道水质改善太难所致，几乎大部分入湖河道都是污水河，水质均呈劣V类。

滇池入湖河道整治启动于“十五”期间，但在“十一五”期间才受到空前的重视。“十五”期间在大清河上游支流明通河与枧槽河分别实施了河道整治工程，由于河道水质改善并未作为河道整治的目标等诸多原因，导致在河道整治完成后，河道得到拓宽，河岸得到绿化，沿河道路面也得到拓宽重修，但工程结束后大清河水质变化则并不明显。见图6。

2008年5月，昆明市政府在盘龙江、新宝象河、大观河、金汁河、新运粮河、王家堆渠、冷水河、马料河、西坝河、船房河、金家河、乌龙河、南冲河、五甲宝象河、虾坝河、海河、中河、捞鱼河、大河（淤泥河）、柴河、白鱼河、茨巷河、采莲河、大清河、洛龙河、老运粮河、古城河、牧羊河、小清河、东大河、六甲宝象河、老宝象河、姚安河、老盘龙江、枧槽河等35条河流推行“河长负责制”，明确了由市级四套班子领导和检察院、法院、警备区主要领导亲自担任河长，督促协调推进河道综合整治工作。河道流经区域的党政主要领导担任河“段长”具体组织实施，对辖区水质目标和截污目标负总责。分段监控、分段管理、分段考核、分段问责。通过实行河长、段长、片长和专职管护人员责任制管理和专业保洁公司承包河道保洁任务的市场化管理模式，由市、县（区）、乡（镇）出资，开展河道（岸）管护工作，主要入湖河道管护成效明显。制定并实施了《加强滇池主要入湖河道管理实施意见》，建立了河道管护责任制，明确了河道管理的原则、主要内容、责任区划分、组织领导、监督检查制度、奖励处罚制度，改变了过去靠突击开展河道、河岸保洁的状况，主要入湖河道属地化保洁管护工作逐步进入经常化、制度化管理的轨道。从2008年9月起，市级四套班子领导坚持每月巡河两次，对35条入滇河道整治情况逐一检查、督办。领导亲自挂帅大大推进了河道整治的进程。至2009年底，即使没有实施整治工程的情况下，几乎所有的入湖河道水环境质量及周边环境都有了改观。

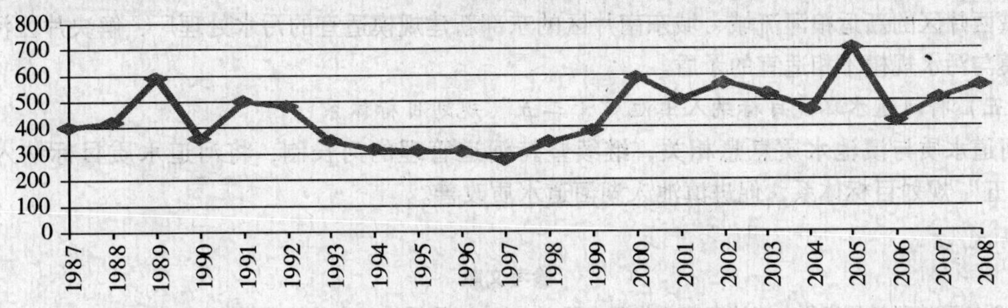

图6　大清河水污染指数（WPI）变化趋图

新运粮河是一条上游没有污水处理厂的河流，图7反映了该河1987年以来的水污染指数变化情况。实践证明，管理工作在水污染防治中的重要性不亚于工程项目，甚至比工程项目更重要。

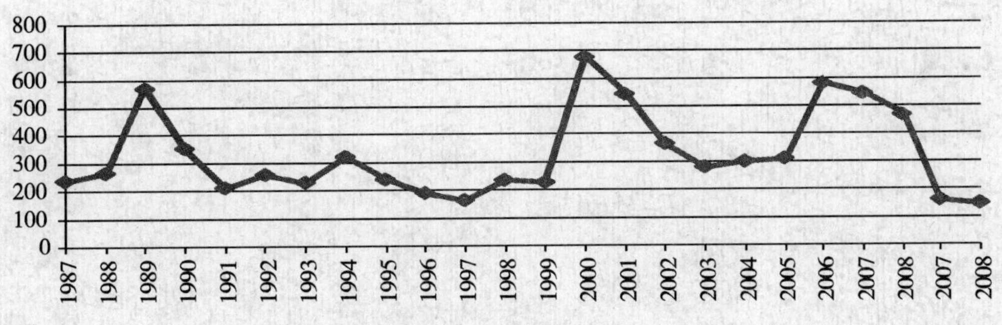

图7　新运粮河水污染指数（WPI）变化趋图

三、结论与建议

（一）引导人口向滇池流域外转移，控制流域城市人口

如前所述，滇池流域的污染以城镇污染为主。“十二五”乃至今后应从流域可持续发展战略高度出发，改变末端治理的惯性思维。发展滇池流域外安宁、宜良等次级城市，引导人口向流域外转移，从根本上控制污染发展趋势。只有控制城市发展规模，从源头控制污染，才能从根本上遏制流域污染。

（二）应重点关注滇池北岸严重污染区域

“十二五”期间滇池北岸仍将是滇池流域人口密度最高、污染最重的区域。到2015年，由于人口的增加导致的污染问题还会较 2008 年加重，因此北岸应该成为“十二五”水污染防治规划所关注的重点区域。资金投入以及规划项目的安排应首先保证北岸重污染区域的城市污染控制。

（三）重视尚未纳入污水处理厂纳污范围的污水收集

在认识到了排水管网的重要性后，人们将提高城市污水收集率的关注点聚焦在中心城区的排水系统改造上。2009 年，昆明市政府做出了二环路内外全面清污分流的决定，将排水管网改造工程从二环路外延伸到二环路内，从排水主、次干管的建设延伸到支次干管的配套改造建设，从市政排水管网建设延伸到庭院内的清污分流改造。启动了一场前所未有的排水系统清污分流改造的浩大工程。与此同时，还应重视尚未纳入污水处理厂处理的污水收集，这项工作将会比主城区全面清污分流来得容易，且收效会更快。建议重点在城南片区南部、城西片区西部、城东南片区大部尽快建设清污分流的管网系统，提高北岸城市污水收集率。

（四）在污水处理规模不足的片区新建规模适宜的污水处理厂

城西片区的新运粮河流域、城东南片区的东部新建规模适宜的污水处理厂，解决片区污水处理规模与污水规模不相适宜的矛盾。

（五）将河道水环境目标纳入滇池“十二五”规划目标体系

河道水质与滇池水质息息相关，继续坚持河道管理的河长制，将河道水质目标纳入滇池“十二五”规划目标体系，促进滇池入湖河道水质改善。

参考文献

[1] 昆明市环境科学研究所．滇池富营养化调查研究［M］．昆明：云南科技出版社，1992：31.

[2] 滇池流域水污染防治“九五”计划及 2010 年规划．1997 年国务院批复．

[3] 滇池流域水污染防治“十五”计划．2003 年国务院批复．

[4] 昆明市环境科学研究院．滇池流域水污染防治“十一五”规划研究．2006.

[5] 昆明市规划局．昆明城市总体规划．2008.

海河流域水资源与水环境演变过程初探

郭　勇　林　超　于　卉　李文君　邢焕政　杨艳霞

（海河流域水资源保护局　天津　300170）

摘　要　本文通过对海河流域水资源开发利用水环境和水生态的演变过程分析，初步揭示了流域水环境退化过程及其机制，为今后的流域水资源与水环境管理提供了科学依据。

关键词　海河流域　水资源　水环境　演变

引　言

海河流域位于华北，包括京、津、冀、晋、豫、鲁、蒙、辽8省（自治区、直辖市），是我国政治文化中心和经济发达地区。总面积面积32.06万km^2，占全国总面积的3.3%。流域内人口密集，大中城市众多，包含北京、天津等25个大中城市，现已成为我国经济最发达的地区之一，其中的京津冀都市圈是我国的政治文化中心和经济发达地区。海河流域总体上属于资源型缺水地区，加之经济增长带来的环境压力，流域水污染问题日趋严重，并引起了河道干涸、湿地萎缩、河口生态恶化、地下水位下降等一系列生态与环境问题，严重影响着区域经济社会的可持续发展进程。

一、流域水资源情势趋势分析

（一）降水量时空分布不均，经常出现连续枯水年

1956—2000年海河流域平均降水量为535mm，降水量年际变化大，且经常出现连丰、连枯现象。1980—2000年系列偏枯，平均降水量只有501mm，比1956—1979年平均降水量减少10.5%。2001—2007年降水量总体上偏少，平均降水量478mm，比1956—2000年平均降水量少10.7%[1]。

（二）流域水资源匮乏，水资源量呈衰减趋势

海河流域1956—2000年平均水资源总量为370亿m^3，按2007年总人口计，海河流域人均水资源量只有270m^3，全国人均水资源量2109m^3，海河流域占全国平均的12.8%，在全国各流域中是人均水资源量最少的流域。

水资源年际差异大，1956—2000年平均地表水资源量为216亿m^3，最大为1956年的491亿m^3，最小为1999年的83.8亿m^3。

全流域年径流量与年降水量的年际变化趋势一致。在1956—2000年间，1956—1964年总体处于丰水期，其年均径流量比多年平均值大48%；1965—1979年总体处于平水期，其年均径流量与多年平均值基本持平；1980—2000年总体处于枯水期，其年均径流量比多年平均值小21%。海河流域2001—2007年地表水资源量偏少，7年平均只有106亿m^3，仅为1956—2000年平均地表水资源量的49%[2]。

二、流域水资源利用趋势分析

（一）1980年以来流域供用水量总体保持稳定

由于采取了产业结构调整和强化节水措施，海河流域1980—2007年总供用水量总体保持稳定，在400亿m^3左右波动，平均为398亿m^3。海河流域1980—2007年供用水量变化情况见表1[2]。

表 1　海河流域 1980—2007 年供用水量变化情况　　单位：亿 m^3

年份	供水量					用水量		
	地表水	地下淡水	黄河水	非常规水	合计	城镇	农村	合计
1980	149	205	42	0.2	396	55	341	396
1985	104	204	33	2.5	344	67	277	344
1990	112	220	34	3.1	369	74	295	369
1995	111	234	45	5.5	395	94	301	395
2000	99	261	37	5	403	101	301	403
2007	89	260	44	10	403	104	299	403
平均	109	239	46	3.7	398	85	313	398

注：此表中的非常规水源包括微咸水、再生水、海水（折淡）、集雨工程。

海河流域 2007 年总供水量为 403.03 亿 m^3。当地地表水供水量 88.64 亿 m^3，占总供水量的 22.0%；引黄水量 43.85 亿 m^3，占 10.9%；地下淡水 260.19 亿 m^3，占 64.6%，其中浅层淡水 219.50 亿 m^3，深层承压水 40.69 亿 m^3；微咸水、再生水、集雨工程、海水淡化等非常规水源利用量 10.36 亿 m^3，占 2.6%。

海河流域 2007 年总用水量 403.03 亿 m^3。其中农田灌溉用水量为 252.01 亿 m^3，占总用水量的 62.5%；林牧渔用水量为 21.45 亿 m^3，占 5.3%，农业总用水量 273.46 亿 m^3。农村生活用水量 25.14 亿 m^3，占 6.2%。城镇生活用水量为 37.71 亿 m^3，占 9.4%；工业用水量为 60.38 亿 m^3，占 15.0%；城市河湖用水量为 6.35 亿 m^3，占 1.6%。

（二）供水结构变化情况

1. 地下水比重增加，地表水所占比重减小

地下淡水供水量从 1980 年的 205 亿 m^3 增加到 2007 年的 260 亿 m^3，占总供水量比重从 52% 上升至 65%。当地地表水供水量总体上呈下降趋势，由 1980 年的 149 亿 m^3 下降至 2007 年的 89 亿 m^3。分析其原因：

天然来水减小。大型水库是海河流域最主要的地表水供水工程。大部分水库在 1980 年以前已经建成。20 世纪 70 年代末，海河流域天然来水偏丰，1977—1979 年当地地表水年均供水量达到 160 亿 m^3。1980 年以后，受天然来水减小和灌区配套工程年久失修等因素的影响，1980—2007 年当地地表水多年平均供水量为 109 亿 m^3。

海河流域 1972 年大旱，开始大量开采地下水。出现了大规模的打井热潮，地下水逐步成为流域的主要水源。为弥补地表水供水不足和满足经济社会用水日益增长的需要，不断加大地下水开采量，且深层地下水的比重逐渐提高。地下淡水供水量从 1980 年的 205 亿 m^3 增加到 2007 年的 260 亿 m^3，占总供水量比重从 52% 上升至 65%。另外，平原地区还开采了深层承压水，平均每年约 39 亿 m^3。

1999 年以来，海河流域持续干旱：2001—2007 年年均天然径流量为 106 亿 m^3，仅为 1956—2000 年多年平均天然径流量的 49%，致使城乡供水十分紧张。

2. 引黄水量年际差别较大

引水量受黄河来水和当地需求的共同影响，引黄水量年际差别较大，1980—2007 年每年引黄水量在 33 亿 ~64 亿 m^3 之间变化，多年平均为 46 亿 m^3。

3. 2000 年以来非常规水源利用明显增加

海河流域非常规水源利用在 2000 年以后有了明显的增加，2007 年达到 10.4 亿 m^3。

（三）1980 年以来流域用水变化组成变化显著

1. 工业用水前期增长，2000 年以来稳中有降

1980—2007 年，海河流域工业增加值从 481 亿元增加到 15229 亿元，占 GDP 的比重由 30% 上升至 44%，同期，工业用水量由 45.72 亿 m^3 增加到 60.38 亿 m^3，占总用水量的比重由 12% 提高至 15%。

其中，1980—1992 年，工业用水量呈增长趋势，年均增长率达到 3.6%；1992—2000 年，随着产业结构的调整和节水措施的加强，工业用水量大致维持在 70 亿 m^3 左右；2000—2007 年工业用水量略有下降。

2. 城镇用水量及比重持续增加

从 1980 年的 55 亿 m^3 增加到 2007 年的 104 亿 m^3，占总用水量比重从 14% 增加到 26%。为满足城镇日益增长的用水需求，不得不大量挤占农村用水。

3. 城镇生活及环境用水量大幅增加

1980—2007 年，海河流域城镇人口从 2289 万增加至 6514 万，随着城镇人口的增长和城镇居民生活水平的提高，城镇生活及环境用水量急剧增加，由 1980 年的 9.63 亿 m^3 增加到 2007 年的 44.06 亿 m^3，城镇生活及环境用水量占总用水量的比重由 2.4% 提高到 10.9%。

4. 农业用水稳中有降

农村用水量受天然来水、种植结构调整和节水措施等因素影响，稳中有降，占总用水量比重从 1980 年的 86% 降至 2007 年的 74%，其中灌溉用水量下降，农村生活和林牧渔用水量增加。

（四）用水效益逐年上升，是全国用水效益最高的流域

海河流域水资源短缺，但是流域经济发达，所以万元产值取水量和万元增加值取水量一直是全国最低的地区[2]。从 20 世纪 90 年代以来，海河流域的用水效益逐年上升。从 2007 年数据分析，全流域人均用水量由 1980 年的 408m^3 下降到 2007 年的 294m^3，相当于全国平均的 67%；全流域万元 GDP 用水量由 1980 年的 2490m^3 下降到 2007 年的 113m^3（2007 年不变价，下同），万元 GDP 用水量为全国平均的 49%。2007 年全流域城镇生活用水定额 95L/d，相当于全国平均的 80%；万元工业增加值用水量 40m^3，相当于全国平均的 30%；农田有效灌溉面积 1.12 亿亩，灌溉水利用系数平均达到 0.64，远高于全国平均的 0.47。

（五）经济社会发展对水资源的需求，远远超过了流域水资源的承载力

20 世纪 80 年代以来，流域人口一直保持着持续增长趋势。1980—2007 年，流域总人口从 9721 万增加到 1.37 亿，增长了 40.9%。流域 GDP 从 1980 年的 1592 亿元增加到 2007 年的 3.56 万亿元，增长了 20 倍以上，年均增长率达到 12.2%。为满足需水要求，大量超采地下水和利用水质不合格的污水，靠牺牲生态与环境获得经济社会发展[4]。

以 1995—2007 年实际水资源平均开发状况分析海河流域的水资源开发利用程度。海河流域多年平均水资源总量 291 亿 m^3，当地水资源利用量（不含引黄和深层承压水开采量）316 亿 m^3，流域水资源开发利用率 108%，其中海河北系和南系超过 100%。海河流域水资源开发利用率见表 2。

表 2　海河流域水资源开发利用率（1995—2007 年）　　单位：亿 m^3

二级区	地表水			海河平原浅层地下水			水资源总量		
	供水量	水资源量	开发率	供水量	水资源量	开发率	供水量	水资源量	开发率
滦河冀东	22.5	34.4	66%	11.2	8.9	126%	42.1	47.4	89%
海河北系	28.1	32.1	88%	33.2	28.8	115%	78.2	66.2	118%
海河南系	43.7	69.9	62%	104.1	69.9	149%	167	143.1	117%
徒骇马颊河	5.1	11.7	44%	23.6	33.2	71%	28.8	34.8	83%
流域平均	99.4	148.1	67%	172.1	140.8	122%	316.1	291.5	108%

全流域地表水资源量148亿m^3，年均当地地表水供水量99亿m^3，地表水开发利用率为67%，其中海河北系达到88%。海河流域地表水开发利用率远远超过了国际公认40%的合理上限。

平原浅层地下水总体上处于严重超采状态，平均浅层地下水资源量141亿m^3，平均年开采量172亿m^3，浅层地下水开发利用率为122%。其中海河南系浅层地下水开发利用率达到了149%。另外，平原地区还开采了深层承压水，平均每年约39亿m^3。

三、流域水环境演变趋势分析

（一）20世纪80年代以来流域水污染加剧，目前流域水污染恶化趋势已明显得到遏制

海河流域的水污染出现于20世纪70年代初到70年代末，80年代后，随着工业迅速发展，工矿企业废水和城镇生活污水大量增加。2000年达到53.9亿t。污径比增加到0.45，居全国各大流域之首。海河流域水污染已由局部发展到全流域，由下游蔓延到上游，由城市扩展到农村，由地表延伸到地下[5]。2000年以来，随着各地污水处理厂的兴建，污染源监管力度的加强，流域水污染恶化趋势基本得到控制，局部河段水质有明显改善，近年来全流域废污水量稳定在47亿t左右，COD排放量大幅度下降，2005年COD排放量144.2万t比1995年290.6万t减少了50.4%。见表3。

污染河水保持在60%～70%，局部河段水质有明显改善，如卫运河、漳卫新河主要污染物化学需氧量浓度由2000年的200mg/L下降到2007年的92mg/L。

表3 海河流域废污水排放趋势分析表

年份	工业废水量/亿t	生活污水量/亿t	废污水排放量/亿t	地表水资源量/亿m^3	污径比
1980	24.5	6.9	31.4	128	0.25
1985	27.59	9	36.59	175	0.21
1990	34.58	12.52	47.1	241	0.20
1995	40.2	16.1	56.3	280	0.20
2000	33.5	22.5	56.0	125.2	0.45
2005	34.05	10.8	44.85	121.87	0.37
2007	25.95	21.58	47.53	126.93	0.37

（二）海河流域内区域性和结构性污染依然突出

流域内虽然有北京、天津等经济发达、排污强度低的地区，但大多数城市的经济发展低于全国平均水平，高耗水、重污染行业比重依然较大。主要排污行业为造纸、化学原料及制品业、食品加工业、医药制造业、电力业和纺织业等，2005年这6个重污染行业对海河流域的COD贡献率为73.6%，氨氮贡献率为77.7%，但经济贡献率仅为25.4%[6]。

（三）城镇污水处理设施建设运行不能满足流域污水处理负荷要求

截至2005年海河流域已建成84个污水处理项目，处理能力达到830万t/d，据统计2005年实际处理能力仅为57%，受政策、资金等因素的制约，厂尚未建成或未满负荷运转，致使大量生活污水未经处理直接排入地表水体，加重了流域水质污染[5]。

（四）面源污染控制力度不够，湖库富营养化程度加剧

目前外源污染控制重点为点源污染治理，面源污染的重视程度和控制力度不够。海河流域大型水库，有近55%已达到富营养状态，近年来，海河流域大型供水水库如潘家口水库、于桥水

桥等重点水源地也面临蓝藻爆发，供水安全受到威胁等问题。2007 年的洋河水库蓝藻大面积暴发，为海河流域水库水源地供水安全敲响了警钟。

四、流域水生态环境演变分析

（一）河道水文循环受到人类活动影响强烈干预，河道生态径流减小

山区地表径流过度开发利用，使得进入下游控制站的径流减少，目前海河流域山区蓄水工程的储水（兴利）容积达 140 亿 m^3 左右，占多年平均地表水资源量的 80% 以上，由于大中型蓄水工程的蓄水作用，多数河流一般年份很少有径流下泄[7]。根据平原 12 个水文站 1950—2000 年共 51 年实测年径流系列进行趋势分析，发现 20 世纪 60 年代中期和 70 年代末期，是平原河道径流量有明显下降的两个转折点。1950—1964 年实测年径流量平均为 215 亿 m^3，1965—1979 年下降至 108 亿 m^3，而 1980—2000 年又降至 36 亿 m^3。见图 1。

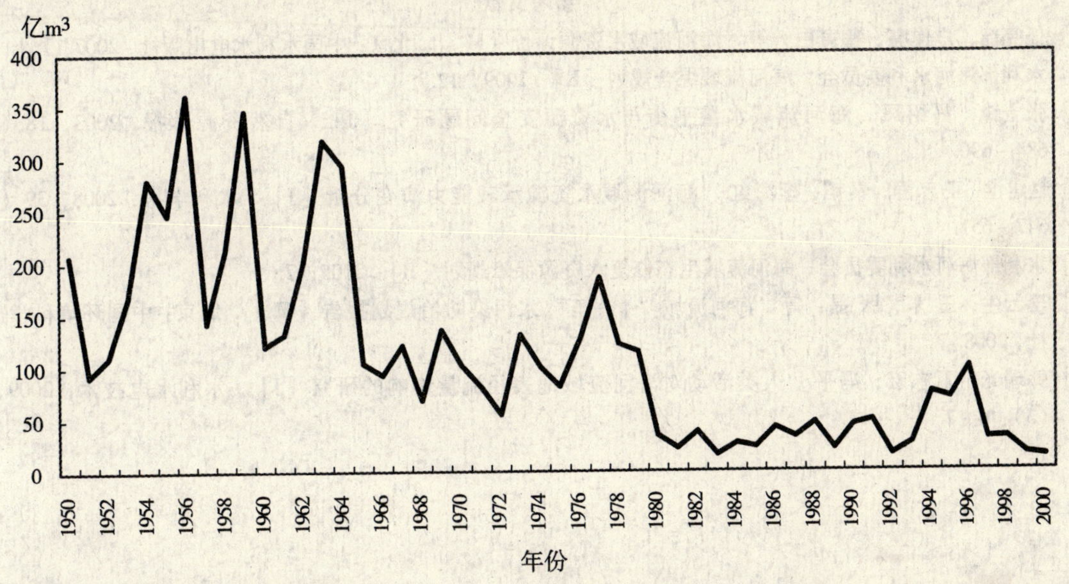

图 1 海河平原 12 个水文断面 1950—2000 年实测年径流量

（二）天然湿地急剧萎缩

20 世纪 50 年代，天然湖泊湿地在海河平原广泛分布。根据有关资料统计，湿地面积约为 1 万 km^2。随着水资源开发利用程度提高和降水减少，湿地面积大幅减少。白洋淀等 13 个主要湿地水面面积由 50 年代的 2694km^2 下降至 2000 年的 538km^2，减少了 80%。湿地水量由 50 年代的 35.09 亿 m^3 下降至 2005 年的 9.61 亿 m^3。随着湿地面积的急剧减少，湿地内的生物资源退化严重，湿地生物种类和生物量锐减具体表现在植物群落、野生鱼蟹和鸟类等生物量的锐减。

近年来，由于实施了调水补水工程等措施，湿地的状况有所改善，水面面积开始缓慢恢复，2005 年主要湿地水面面积达到 727.8km^2，比 2000 年增加了 35%[5]。

（三）入海水量大幅减少

近 50 年来，由于用水量增加和降水的减少，海河流域的入海水量逐渐减少。特别是枯水年减少得更为突出。在 20 世纪 50 年代初期，水资源开发较少，入海水量基本处于自然状态。1958 年以后随着流域内大中型蓄水工程陆续兴建，到 1965 年大都发挥了工程效益，用水量逐年增加，下泄水量越来越少。

近几十年来，海河流域入海水量变化较大，总体上呈递减趋势。丰水的 20 世纪 50 年代平均为 241 亿 m^3，枯水的 80 年代只有 22.2 亿 m^3。2001—2007 年平均入海水量只有 16.76 亿 m^3。

五、结　语

综上所述，海河流域具有高人口密度、高经济发展和水资源高度短缺等显著特征。由于社会经济迅速发展带来的环境压力，区域水环境污染状况不容乐观，水资源严重短缺。区域性和结构性污染突出，污水处理力度不够，加之环境监管能力不足，流域水环境恶化已成为该地区社会经济可持续发展的瓶颈。随着京津冀都市圈城镇化进程的加速，在未来几十年，海河流域经济社会必将迎来跨越式的高速发展，这无疑将会给流域内已很紧张的水资源、水环境和水生态带来更大的压力。如何实现高人口密度、高经济发展、水资源高度短缺区域水资源开发、水环境治理与生态修复的管理与技术途径，实现海河流域区域经济可持续发展、构建和谐社会、保障人民身体健康、促进生态环境的良性发展具有重要的现实意义。

参考文献

[1] 任宪韶，户作亮，曹寅白，等．海河流域水资源评价［M］．北京：中国水利水电出版社，2007.

[2] 水利部海河水利委员会．海河流域综合规划［R］. 2009，12.

[3] 张士锋，贾绍凤．海河流域水量平衡与水资源安全问题研究［J］．自然资源学报，2003，18（6）：684－690.

[4] 赵建世，王忠静，秦韬，李海红．海河流域水资源承载能力演变分析［J］．水利学报，2008，39（6）：647－651.

[5] 水利部海河水利委员会．海河流域生态修复水资源保障规划［R］. 2005，7.

[6] 李云生，王东，张晶，等．海河流域“十一五”水污染防治规划报告［M］．北京：中国环境科学出版社，2008.

[7] 韩瑞光，丁志宏，冯平．人类活动对海河流域地表径流量影响的研究［J］．水利水电技术，2009，40（3）：4－7.

海洋与港口水体环境石油污染与防治对策

张立柱　唐谋生　余　雷　李开军

（解放军湛江地区环境监测站　湛江　524064）

摘　要　本文简要地介绍海洋与港口石油污染的主要来源；较详细地分析了石油污染对海洋生态环境与人类的影响；重点讨论了对海洋与港口的石油污染采取的防治对策。

关键词　海洋　港口　水体环境　石油污染　防治对策

一、海洋与港口石油污染来源

（一）天然原因

1. 海底蕴藏中的石油通过地层断裂隙渗出。石油参出的程度与地壳构造活动带有关系，已发现在加利福尼亚、阿拉伯湾、红海和南中国海等地都有地下原油渗出。由于天然渗漏直接输入海洋环境的石油烃估计每年为（0.025～2.5）$\times 10^6$t。

2. 河流从陆地含油沉积岩侵蚀下来的油再搬运输入海洋。据估计陆地沉积中“可萃取”的有机物的0.5%为石油烃，全世界河流携带的颗粒有机物中“可萃取”有机物量每年为10.6×10^6t。因此被河流从陆地沉积岩侵蚀搬运入世界海洋的石油烃每年约为5.3×10^4t。

3. 陆地和海洋生物合成的烃类（生源烃）也是海洋环境中石油烃的天然来源之一。

（二）人为因素

海洋与港口水体的污染人为来源很多，如海洋石油生产，海洋运输，大气输送，城市污水排放，都是地表水径流携带排放，河流携带排放和大洋倾倒等。但主要为五种因素。

1. 海上采油平台排污。随着海上石油开发，据估计全世界海上采油平台大规模溢油每年约（3～5）$\times 10^4$t，小规模溢油每年为2700～3800t。另外，采油平台操作中还要排油污，估算全世界采油平台操作排入海洋的石油每年至少达到9.5×10^3t。

2. 海上运输排污。海上运输石油中有作业排污、码头作业排污、修船作业排污、压舱水排污及油输和非油轮碰撞、触礁等事故溢油，据统计，每年通过各种渠道泄入海洋的石油和石油产品，约占全世界石油总产量的0.5%，倾注到海洋的石油量达200万～1000万吨，由于航运而排入海洋的石油污染物达160万～200万吨，其中1/3左右是油轮在海上发生事故导致石油泄漏造成的。我国海上各种溢油事故每年约发生500起，沿海地区海水含油量已超过国家规定的海水水质标准2～8倍，海洋石油污染十分严重。估计输入海洋环境中的石油每年为（1.0～2.6）$\times 10^6$t。

3. 陆地经大气向海洋排污。陆地经大气输入海洋的石油每年约（0.5～5）$\times 10^5$t。其主要途径是吸附石油烃的微粒被雨水“冲洗”入海或者这些微粒直接沉降入海中，含油废气和降水携带以及大气与海面的气体交换。大气中石油烃来源于机动车辆排气、石油工业及其他工业使用石油烃时蒸发损失及燃煤时石油烃挥发等。气态石油烃为空气中尘埃所吸附，然后经大气运动输入到海洋上空。

4. 陆地城市污水向海洋排污。全世界各国沿海城市污水（不含直接排海的工业污水）携带油类进入海洋，估计每年为7.5×10^5t。全球炼油工业污水的石油排海量每年约为0.1×0^6t。全球非炼油工业排海的石油烃，据估计每年为2×10^5t。表1为全球各类污染源石油烃入海估算量[4,6,7]。

5. 河流湖泊、地下水向海洋、港口流入和渗入。河流湖泊水体污染主要是受炼制石油产生的废水以及石油产品造成的。在炼油工业中，有大量含油废水排出，由于排放量大，常超出水体的自净能力，易形成油污染。另外，油轮洗舱水以及船舶在水域中航行时所产生的主要污染物油污，也会对水域造成污染。这些河流、湖泊中污染的水体，最终汇入港口与海洋，也是海洋石油污染的来源。

石油和石油化工产品，经常以非水相液体（NAPL）的形式污染土壤、含水层和地下水。当NAPL 的密度大于水的密度时，污染物将穿过地表土壤及含水层到达隔水底板，即潜没在地下水中，并沿隔水底板横向扩展：当 NAPL 密度小于水的密度时，污染物的垂向运移在地下水面受阻，而沿地下水面（主要在水的非饱和带）横向广泛扩展。NAPL 可被孔隙介质长期束缚，其可溶性成分还会逐渐扩散至地下水中，从而成为一种持久性的污染源。石油及石油化工产品污染的地下水，有些直接渗入港口，有些渗入河流湖泊水体中，最终流入港口与海洋。

全球各类污染源石油烃入海估算量见表 1。

表 1　全球各类污染源石油烃入海估算量　　单位：Mt/a

污染源	石油烃入海量范围	入海量最适宜估算值	污染源	石油烃入海量范围	入海量最适宜估算值
近海的石油开采	0.04 ~ 0.06	0.05	河流	0.01 ~ 0.5	0.04
海洋运输	0.63 ~ 2.18	1.05	大气沉降	0.05 ~ 0.5	0.3
沿岸炼油厂	0.06 ~ 0.6	0.1	天然渗漏	0.025 ~ 2.5	0.25
沿岸城市污水	0.4 ~ 1.5	0.7	油船事故	0.3 ~ 0.4	0.4
沿岸炼油工业废水	0.1 ~ 0.3	0.2	非油船事故	0.03 ~ 0.04	0.02
城市径流	0.01 ~ 0.2	0.12	大洋倾倒	0.05 ~ 0.02	0.02
总计	1.65 ~ 8.8	3.25			

二、石油污染对海洋生态环境与人类的影响

（一）石油对生物的毒性

石油对生物的毒性可分为两类，一类是大量石油造成的急性中毒；另一类是长期低浓度石油的毒性效应。石油污染对海洋生物资源及生态环境的危害是很大的，石油在水体中的毒性效应大多来自水溶性大的低相对分子质量的正烷烃和单芳香烃。近岸海域，特别是港口区附近海域受油类污染比较严重。沉积于水底的油类经厌氧细菌分解产生硫化氢等毒物，会使底栖生物死。油类中的水溶性组分对鱼类有直接毒害作用，可使鱼类出现中毒甚至死亡；溶解油和乳化油则直接污染水体，油类中的芳烃类毒物也可使水生生物致畸或致癌。

（二）恶化水体，危害水产资源

浮油漂浮于水面，易扩散成油膜，当油膜的厚度大于 1mm 时，可隔绝空气与水体的气体交换，导致水体溶解氧下降，产生恶臭，水体恶化。据测算，1t 石油进入海洋后，会使 12 km^2 的海面覆盖一层油膜。油类对海洋生态环境的危害主要表现在以下几个方面：

（1）油膜阻碍大气与海水之间的交换，减弱太阳光辐射透入海水的能力，影响海洋浮游植物的光合作用；油类附在藻类、浮游植物上也会妨碍光合作用，造成藻类和浮游植物死亡，进而降低水体的饵料基础，对整个生态系造成损害；

（2）油膜附着在鱼鳃上会妨碍鱼类的正常呼吸，对鱼虾的生存、生长极为不利；

（3）沉降性油类会覆盖在底泥上，破坏底栖生态环境，妨碍底栖生物的正常生长和繁殖；

（4）油类可直接使鱼类着臭或随着食物进入鱼、虾、贝、藻类体内，使之带上异臭异味，影响其经济价值，危害人们的健康；

（5）石油氧化消耗溶解氧。根据科学研究表明，1kg 石油完全氧化需要消耗 40×10^4L 海水中的溶解氧，即 1mg 石油氧化需要 3～4mg 溶解氧。海水缺氧容易使浮游动物、鱼类、虾、贝、珊瑚的卵和幼体等水生生物窒息死亡，生态生物资源严重受损。大面积溢油污染，海鸟也无法逃脱厄运，被石油污染扼杀致死。所以一起大规模的石油污染事件，会引起大面积海域严重缺氧，使海水中的生物面临死亡的威胁。

（三）石油对人体健康的影响

暴露在环境中的石油，其低沸点组分很快挥发进入大气，污染空气。人类直接摄取各种石油蒸馏物可发生各种中毒症状，受影响的器官有：肺、胃肠、肾、中枢神经系统和造血系统。人类食用被污染的鱼、海产品、水产品（含动物和植物产品），使有毒物质进入人体使肠、胃、肝、肾等组织发生病变，危害身体健康，甚至导致死亡。

（四）污染大气，影响农作物生长

水体油污染形成的油膜表面积大，在各种自然因素作用下，一部分组分和分解产物可挥发进入大气，污染和毒化上空和周围的大气环境。农作物吸收在空气中油类挥发的有毒有害物质，残留或富集在植物体内，不仅残害植物本身，而且使人类食用危害其健康。特别是油类物质可黏附在农作物的根部，用含油污水灌溉农田，不仅会使土地油质化，而且影响农作物对养分的吸收，造成农作物减产或死亡。由于石油组分分解迅速渗入陆源植物的组织中，因此陆源植物（包括盐碱滩植被）要比海藻更易受到油污染。

（五）影响自然景观

油类可以聚成一湿团块，或黏附在水体中固体悬浮物上，形成油疙瘩，聚集在沿岸、码头、风景区，形成大片黑褐色的固体块，破坏自然景观。溢油污染红树林区，溢油污染能够存在 10 年以上，其自然生态长期受到危害。受油污染的盐碱滩中，对中、粗沙滩、砾石滩，溢油能渗入很深的深度，很难清除干净，产生长期的影响，溢油毒性作用可持续多年，阻碍生物的重新集群。

三、海洋与港口石油污染防治对策

（一）提高海洋环境保护意识，减少或避免人为因素造成的污染

一是加强宣传教育与舆论宣传力度，激发民众对海洋环境保护工作参与热情，使广大船员充分认识污染海域的危害性，了解防止污染、保护海洋环境的重大意义，增强全民环境保护意识；二是严格贯彻落实有关防止船舶污染的法律法规，发挥群众的监督作用，争取社会各界对海洋环境保护工作的关注与支持；三是加大处罚力度，对违章操作带来严重污染或屡教不改的船舶，对其采取处罚措施，加强对水域污染情况的监督检查；四是各类船舶均应按规定装备油水分离装置，港口建设含油污水接收处理设施和应急器材。

（二）采取预防事故泄漏措施

一是通过解决事故链中导致事故发生的因素，掌握人为因素与泄漏事故的关系来预防；二是通过海上设施和海底管线设计、检测、监控和泄漏预防；三是通过油泄漏监控技术的改进，提高航行和水路的管理；四是进行先进的油船设计，从根本上解决泄漏问题；五是加强应急组织、应急设施、应急能力、人员训练等方面的工作，提高应急响应的效果。

（三）对事故泄漏污染水体的石油进行控制

1. 物理法控制。（1）围油栏。当发生溢油事故时，可用围油栏将这些油包围起来，缩小面积，防止其扩散。优质的围油栏必须具备易于展开和收回，易洗，耐磨，具有一定的强度以及抗风浪等性质。（2）黏附式撇油器。该撇油器工作原理是利用对油具有黏附性质的材料（如聚丙

烯、PVC 和铝便是很好的吸附物质）让浮油吸附在一个运动的表面上，然后被运动部件带出水面，通过刮擦或挤压转移至贮油槽或输油泵中。（3）堰式撇油器。堰式撇油器的工作原理就是通过特别设计的带折堰的堰缘使油溢入撇油器中，而水则被拦截在撇油器外。

2. 化学试剂控制。在海洋与港口发生石油泄漏事故时，对于厚度小于 3mm 的薄油层，通过喷洒消油剂，改变油水界面的表面张力，使溢油分散，油膜消失；通过凝油剂使油水界面张力增大，将溢油包起来；向海面溢油喷洒集油剂，可降低水的表面张力，将扩散的油聚集起来。

（四）对污染水体的石油进行处理

1. 燃烧法。用火点燃溢油，减少其污染也称为就地燃烧法。其优点是需要后勤支持少，高效，迅速；缺点是可能会对生态平衡造成不良影响，并且浪费能源。就地燃烧法适用于海洋或近海，但对港口不适合。燃烧法结果证明在含水率、油层厚度等合适的情况下就地燃烧是一种潜在的、有效的处理溢油的方式。

2. 吸附法。利用吸油材料吸附海面溢油，是一种简单有效的治理溢油的方法，使用安全，材料简单易得且价格低廉。但这种方法吸油量较小，适用于浅海和港口等海况相对较平静的场所。目前，国内外的吸油材料主要有聚乙烯、聚氨醋泡沫、聚苯乙烯纤维等人工合成的材料，以及锯末、麦秆等天然吸油材料。

3. 生物处理法。生物法是通过微生物利用油类作为新陈代谢的营养物质将其降解，从而达到去除油污染的目的。目前，已知可降解石油的细菌和真菌有 70 多个属，约 200 种。微生物能降解石油污染物的关键在于：一是石油污染物与水或与空气相接触时容易受到微生物降解，为微生物破解石油提供良机；二是选育高效降解石油污染物的菌种，它们所含特定的酶系是降解石油污染物有利的基础。其优点是高效、经济、安全、无二次污染；特别是对机械装置无法清除的薄油层而且化学药剂被限制使用时，生物法处理溢油的优越性更加显著。缺点是一旦出现大规模的溢油或是油层比较厚时，营养和氧气供应不足，细菌的生长受到抑制由此会影响生物法处理溢油的效果。

4. 港口舰船油污水治理方法。港口有大型港、中型港和小型港，其驻港的舰船数量不尽相同，因而港口舰船产生的油污水量也不一样，因此，各港口舰船油污水处理的规模、工艺也各不相同。所以建设港口油污水处理系统要因地适宜，因港口而异。我们认为建一种油污水间歇式处理系统，适合于各类油污水处理站使用，其处理量为 32000t/a。该处理系统采用三级（深度）处理工艺，完全可满足各类港口（含军港）处理舰船油污水的要求。该处理系统其优越性：一为间歇式，也就是随时可进行油污水处理，没有任务可停止运行，不浪费人力、物力和财力；二是采用两级重力沉降分离，只花一些沉降时间就可分离油类 80% ~90%；三是采用无机有机复合絮凝剂，增大了破乳、聚凝、沉淀作用，提高油污水分离效果；四是采用高效亲脂吸附过滤材料，除油率达 90% ~99%，而且再生性能好，终结处理无二次污染。

参考文献

[1] 陈建秋．中国近海石油污染现状、影响和防治［J］．节能与环保，2002（3）：15－17.

[2] 李建明．海洋石油污染的危害与净化［J］．生物学教学，2002，27（7）：35.

[3] 方和平，李开军，路静，等．湛江军港各种污染物来源及其治理［J］．交通环保，2001，22（4）：33－35.

[4] 楚海明．浅谈水面溢油污染防治技术及其应用［J］．石油化工环境保护，2004，24（1）：16－17.

[5] 陈尧．中国近海石油污染现状及防治［J］．工业安全与环保，2003，29（11）：20－24.

[6] 李言涛．海上溢油的处理与回收［J］．海洋湖沼通报，1996（1）：73－83.

[7] 宋志文，夏文香，曹军．海洋石油污染物的微生物降解与生物修复［J］．生态学杂志，2004，23（3）：99－102.

基于多元统计分析的三江源地区黄河水质综合评价

赵旭东[1]　韩德辉[1]　窦筱艳[1]　石丽娜[2,3]　杜岩功[3]　杨永顺[1]

（1. 青海省环境监测中心站　西宁　810007；
2. 中国科学院西北高原生物研究所　810001；
3. 中国科学院研究生院　北京　100039）

摘　要　应用因子分析与聚类分析法对三江源地区黄河各监测断面的污染情况进行分析。研究结果发现可以提取3个主因子来描述污染物来源，并能够将黄河9处断面归为3组。这可以为进一步治理污染、有效缓解水体压力提供科学依据。

关键词　水质评价　因子分析　聚类分析

“三江源”是长江、黄河和澜沧江的源头地区，位于青藏高原腹地，平均海拔4000m以上，是中国海拔最高的天然湿地和草地生态系统，是环境脆弱、敏感地区，也是我国生态安全、水资源利用、世界高海拔生物多样性保护的关键地区。近年来，由于全球气候变化和人类活动的综合影响，黄河的水质呈逐年恶化趋势，导致区域人口、资源、环境与可持续发展的矛盾日益严峻。水质质量受到多个指标的影响（pH、生化需氧量、高锰酸钾指数等），每个指标从不同角度反映水质现状[1]。有研究采用因子分析和聚类分析研究发现，陕西省延河水质监测断面11项指标可以提取为3个主因子，而对黄河兰州市区段和延河进行分类[2, 3]，进一步明确了水质污染原因。

本研究通过对三江源地区黄河流域的监测数据统计分析，采用因子分析影响水质质量的综合因子，通过聚类分析对各断面水质污染相似性进行分类，全面分析评价三江源地区黄河水质。

一、材料与方法

（一）实验区自然概况

该地区平均海拔4000 m以上，气候寒冷属高寒大陆性气候，只有冷暖两季，没有四季之分，日照充足，历年日照平均值在2500 h以上。冷季持续时间长达7～8个月，且风大雪多平均气温在0℃以下，全年无绝对元霜期。年降水量420～560 mm，多集中在5－10月份。草地类型主要以高寒草甸为主，土壤类型以高山草甸土为主，植物生长季，雨热同期。

（二）实验设计与方法

2007年8月对三江源国家自然区内黄河水域设置9处水环境质量监测断面（表1），同时测定pH、高锰酸盐指数等8个主要指标，以此来综合评价黄河水质。

地表水环境质量评价和测定方法执行《地表水环境质量标准》（GB 3838—2002）中I类标准限值（表2）。

综合污染指数　$P = \frac{1}{n}\sum_{i=1}^{n} P_i\ , P_i = C_i/S_i$

式中，P_i 为 i 污染物的污染指数；C_i 为 i 污染物实测浓度平均值；S_i 为 i 污染物评价标准值。

（三）数据分析

采用SPSS 16.0软件对三江源地区黄河9处断面8个主要水质监测指标进行因子分析、聚类分析。

二、结果与分析

（一）黄河水质污染程度综合评价

因子分析通过对原始变量的线性组合，把多个原始指标简化成有代表意义的少数几个指标，可以更集中、典型地表征研究对象的统计方法。本文采用研究变量相互关系的因子分析，根据各断面实测数据值（表3）建立9×8原始指标矩阵 $x=(x_{ij})_{np}$。通过计算变量的相关系数矩阵，选取因子采用两个原则：特征值（λ）大于1；因子的累计贡献率大于或等于80%（$\sum_{j=1}^{m}\lambda_j/\sum_{j=1}^{p}\lambda_j \geqslant 80\%$）。

为使提取因子代表了8个因子的综合信息，为此需对其旋转，使因子载荷值向两极端趋近，以明确各因子代表的含义。采用 Varimax with Kaiser Normalization 因子旋转法对初始因子载荷矩阵施以正交旋转。计算结果表面旋转后因子分类极其明确，旋转使因子载荷值向两极端趋近更为明显，利于综合因子的命名（图1）。第一主因子代表酸碱度、氨氮和氟化物，占原始方差的29.77%，这主要来自于生活垃圾，称为生活污染因子；第二主因子代表高锰酸钾和化学需氧量，占原始方差的28.04%，命名为有机工业因子；第三主因子代表铜、锌和总磷，占原始方差的25.21%。这主要是由重金属污染产生，可命名为重金属污染因子，其中总磷多为生活污水。三个主因子代表的信息量为83.02%，可认为旋转前后信息量没有损失。

（二）黄河流域水质相似性的聚类分析

聚类分析是将研究样品或者变量之间相似性程度大的聚为一类，把另外一些相似性大的聚为另一类，然后继续分别聚类，最终聚为一个大类，结果采用直观的聚类树状分类图表示。它常常同其他统计分析方法如主成分分析、因子分析等结合使用，互相辅助，互相印证[4]。

本文以断面的因子得分为变量，采用分层聚类法，在聚类过程中，聚类方法为最远邻近法；距离测度的方法采用欧式距离平方作为类间距离。根据聚类分析结果作出直观的聚类树状分类图，如图1所示。据此，可将断面的水质污染类型分为三类：第1类为断面1、断面9和6，即玛多黄河沿、军功黄河大桥以及玛可河林场友谊桥断面，其主要受生活垃圾影响，并且玛多黄河沿仅受到轻度生活垃圾影响（表4）；第2类为断面2、断面7和4，主要污染为有机工业因子，其中断面7即久治县门堂黄河与3种主要污染因子都为正相关关系；第3类为断面3、断面8和5，主要受重金属污染因子影响，其中断面8即年保玉泽湖，各污染因子影响都较小，水质最好；断面3为鄂陵湖水质也相对较好，仅是受轻度生活垃圾因子影响（图2，表4）。

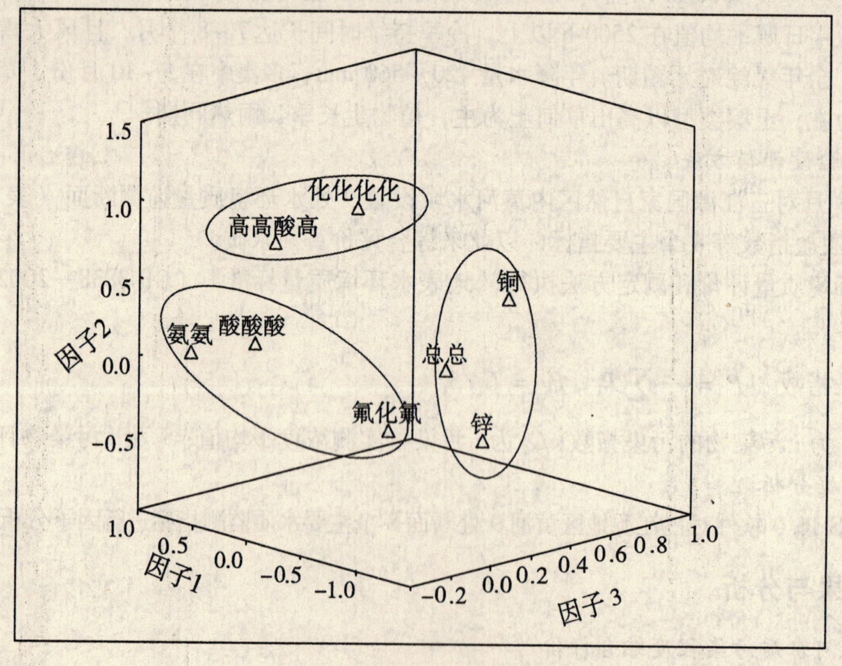

图1　旋转因子载荷图

（三）黄河各断面综合污染指数

水环境评价中通常用综合污染指数表征水质类别[1,5]。计算结果为玛多黄河沿、年保玉泽湖、斑马多可河林场、军功黄河大桥、鄂陵湖属于轻度污染个别项目检出超标，主要是高锰酸盐指数稍高。扎陵湖、玛可河林场友谊桥、达日吉迈水文站和久治县门堂黄河综合污染指数在0.71～0.73之间，主要是高锰酸盐指数、化学需氧量稍微偏高（表2，表3）。这与聚类分析结果基本一致。黄河断面水质综合污染指数明显低于陕西延河[1]。张广强[6]等发现苏州河近20年水质明显改观，高锰酸盐指数和化学需氧量指标显著改善，氨氮和总磷没有明显降低。徐坤[7]等也发现月亮湖水质10年明显好转，溶解氧的浓度直接影响氨氮向硝酸盐氮转化的氧化自净过程。

表1　黄河水质取样断面基本情况

序号	断面缩写	断面名称	地理坐标		所属行政区域
			经度	纬度	
1	MDH	玛多黄河沿	98°10′13.44″	34°53′5.28″	玛多县
2	ZLH	扎陵湖	97°18′30.24″	34°49′24.72″	玛多县
3	ELH	鄂陵湖	96°44′34.32″	35°4′53.7″	玛多县
4	DRH	达日吉迈水文站	100°41′54.9″	32°56′33.06″	达日县
5	BMD	班玛多可河林场	100°32′30.84″	32°34′32.4″	班玛县
6	MKL	玛可河林场友谊桥	100°26′21.78″	34°22′12.36″	班玛县
7	JZH	久治县门堂黄河	101°1′53.76″	33°44′27.9″	久治县
8	NBY	年保玉则湖	101°6′16.32″	33°23′39.78″	久治县
9	JGH	军功黄河大桥	100°38′24.42″	34°40′50.7″	玛沁县

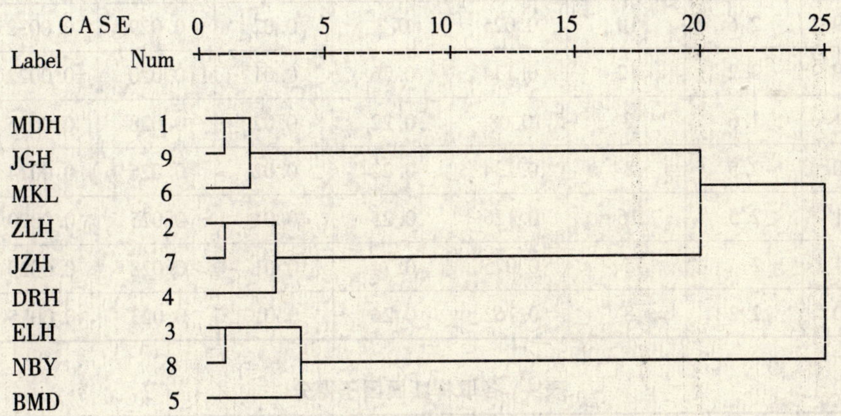

图2　黄河断面水质聚类分析

三、讨论与结论

科学客观地评价各河流的水质污染状况，是进行水环境治理的基本工作[8]。本文综合评价各断面污染水平，结果发现三江源地区黄河水质较好。但是黄河是著名的多泥沙河流，虽然在三江源地区黄河水质总体良好，但部分河段由于水土流失造成地面大量污染物带入黄河，将加重了黄河污染。另一方面，大量禽畜粪便未经利用经过排水沟渠直接进入黄河。此外在这些地区，存在工业废水（场、矿）和生活垃圾处理能力不足，没有实现达标排放。这些方面的问题需要进一步解决。

通过因子分析和聚类分析法对三江源地区黄河水质状况进行分析，黄河水质虽总体良好，但部分河段的环境状况不容乐观。通过本研究，明确了水环境的污染因子，针对不同水体提出相应的治理措施，并能计算出主要污染物的贡献，从而有针对性地减少污染物排放，并为有效治理污染，缓解水体压力提供科学依据。

表2 地表水环境质量标准限值（Ⅰ类） 单位：mg/L

项 目	标准限制（Ⅰ类）
pH	6~9（无量纲）
高锰酸盐指数，≤	2
化学需氧量，≤	15
氨氮，≤	0.15
氟化物，≤	1.0
总磷，≤	0.02
锌，≤	0.05
铜，≤	0.01

表3 黄河各监测点水质监测结果统计表 单位：mg/L

地点	pH	高锰酸盐指数	化学需氧量	氨氮	氟化物	总磷	锌	铜	综合污染指数
MDH	8.3	2.4	5	0.029	0.3	0.01	0.024	0.0014	0.54
ZLH	7.5	3.3	19	0.025	0.4	0.01	0.021	0.002	0.71
ELH	7.9	2.6	10	0.025	0.3	0.02	0.029	0.0032	0.68
DRH	7.9	3.2	12	0.134	0.26	0.01	0.020	0.0022	0.73
BMD	8.1	1.6	8	0.08	0.22	0.02	0.028	0.0035	0.64
MKL	8.0	2.5	8	0.134	0.22	0.02	0.026	0.0014	0.71
JZH	8.1	2.5	16	0.126	0.25	0.01	0.025	0.0029	0.73
NBY	7.1	2	5	0.025	0.74	0.01	0.028	0.0020	0.56
JGH	8.0	2.2	8	0.162	0.24	0.01	0.023	0.0015	0.65

表4 各取样断面因子得分

地点	生活垃圾污染因子	有机工业污染因子	重金属污染因子
MDH	0.268	-0.693	-0.885
ZLH	-0.945	1.844	-0.173
ELH	-0.322	0.040	1.605
DRH	0.505	1.040	-0.687
BMD	0.480	-0.798	1.536
MKL	0.831	-0.608	-0.179
JZH	0.497	0.771	0.435

地点	生活垃圾污染因子	有机工业污染因子	重金属污染因子
NBY	-2.181	-1.084	-0.513
JGH	0.866	-0.511	-1.138

参考文献

[1] 李传哲，于福亮，刘佳，等. 基于多元统计分析的水质综合评价［J］. 水资源与水工程学报，2006，17：36-40.

[2] 付东，张继义，张季惠，等. 黄河兰州市区段水质污染的监测与防治［J］. 内蒙古环境科学，2009，21：56-59.

[3] 刘晓红，刘延萍，王国栋. 应用改进后的欧式聚类法对延安市区饮用水源的水质污染分析［J］. 兰州理工大学学报，2008，34：65-67.

[4] 张志祥，陆晓华. 汉江水质评价的化学计量学研究［J］. 中国环境监测，2004，20（1）：47-51.

[5] 赵毅. 环境质量评价［M］. 北京：中国电力出版社，1997：105-162.

[6] 张广强，张明旭，韩中豪，等. 苏州河近20年水质状况研究［J］. 中国环境监测，2009，5（2）：39-43.

[7] 徐坤，牟春友. 运用方差分析法分析白城市月亮湖水库水质［J］. 中国环境监测，2009，25（2）：67-68.

[8] Chang N B, Chen H W, Ning S K. Identification of river water quality using the fuzzy synthetic evaluation approach［J］. Journal of Environmental Management, 2001, 63（3）：293-305.

经济发展与生态保护的水资源限制
——以我国干旱半干旱地区经济发展为例

张澄澄

（北京大学环境科学与工程学院　北京大学地学楼310室　100871）

摘　要　经济发展与生态保护存在着对资源的共同需求，如何协调好两者之间的矛盾至关重要。本文通过黑河流域、鄂尔多斯工业园和牧区饲料种植的案例，分析了我国干旱半干旱地区经济发展对水资源的掠取而造成的生态环境问题，提出地区发展需要考虑地区的关键资源、地区适应性、发展持续性等问题，同时给出了协调水资源利用的合理化建议。

关键词　经济发展　生态保护　水资源

一、经济与生态环境现状

（一）地区经济发展转型

干旱的牧区有着传统的畜牧业，长期以来耗水量大的农业因受水的限制，未能进入牧区发展。但随着技术的发展，引水、打井技术的不断推广，农业也开始进入牧区。

同时，工业在牧区也发展起来。一般认为，随着工业化程度的提高，地区的经济将会上升到新的层次。目前，在我国的干旱半干旱地区，依托自身优越的自然资源，如矿产资源、天然气资源，兴建了很多地方工业。这在某种程度上可以解决当地的就业问题，也可以带动其他产业的发展。但这些行业的生产过程中需要消耗大量的水资源，而往往通过引水或抽取地下水资源来满足需要。除此之外，一些地区在政策的推动下，为了解决畜牧业生产过程中草料不够的问题，引入饲料地。这些新的地区经济发展方式，与干旱半干旱地区传统的畜牧业相比，能给地区带来较多的经济收益。但是这种经济发展方式给生态环境并没有带来收益，却消耗了生态环境所需的大量水资源。

（二）生态环境不容乐观

干旱半干旱地区降水少，近些年来植被量逐渐下降。目前对导致草地沙漠化的主要原因，很多专家学者有着不同的见解。人为因素或是自然因素在某种程度上都影响着地区的生态环境。现在看来，在经济发展方式转型中，随着对水资源的大量耗费，生态环境的发展形势不容乐观。

二、经济发展过程中水资源限制带来的生态问题

地区的经济发展对生态环境的影响，往往不是直接影响。经济发展过程中常常体现为对一种资源的不合理利用，挤用了生态环境保护过程中所需的关键资源。

在干旱半干旱地区，水是地区经济发展和生态环境所需的关键资源。正是因为降水量的不足，水在这里显得尤为重要，因而长期以来，这里的人民以耗水量较低的畜牧业为生。随着技术的发展，尤其是打井技术、截水技术的发展，这片土地上的人民试图运用地下水、周边河流这些较为确定的资源来代替降水——这种对地区发展产生限制的不确定性资源，但同时也带来了新的生态问题。

（一）黑河人工绿洲：农业—黑河水资源—下游生态环境

众所周知的黑河流域正是在经济发展过程中忽视了对该地区稀缺资源的合理开发与利用，导致了生态环境的恶劣破坏。由于黑河的中游地区人工绿洲的快速发展，特别是绿洲农业的发展，修建了很多水利工程，农业生产过程中耗费了大量的水，从而导致下游水量急剧减少，对下游的生态环境产生了严重的影响。对黑河流域下游的额济纳地区来说，水资源弥足珍贵，中游不断开

采水资源，不仅造成了东、西居延海的干涸，也导致了大片胡杨林的死亡，造成额济纳天然绿洲不断减少，土地呈现沙漠化。黑河中游地区在经济发展方式转型时过度使用地区宝贵的水土资源。这种过度消耗在整个流域内体现出了极大的外部性，中游粗放型的灌溉方式掠取了对下游来说至关重要的水资源，忽视了水资源对下游生态环境的关键作用。面对人口的压力，黑河流域周边地区的发展，不仅仅需要考虑经济增长的问题，更多地需要考虑黑河流域自身的所处气候环境的特殊性、水资源的特殊性。目前，为了控制额济纳地区沙漠化导致的沙尘暴问题，国家花费大量资金调水，保证黑河下游地区的水量。这无疑是整个社会在承担着中游地区农业发展所带来的巨大代价。中游经济发展所需的重要资源——水，已经成为整个黑河流域生态环境保护的瓶颈，今后如何合理利用水资源实现经济和生态的双赢，显得尤为重要。

（二）鄂尔多斯工业园区：工业—地下水资源—生态

鄂尔多斯地区有着丰富的矿产和天然气资源，目前这些资源正在被大范围开发。工矿企业需要大量的劳动力，在很大程度上解决了地方就业的问题。除此之外，外来劳动力的涌入还发展了地方的服务业，同时对劳动力技能水平的要求也促进了地方教育的发展。这种利用地区资源禀赋的发展方式给地方经济带来到了很大的发展空间，但却在无形中消耗着鄂尔多斯这个干旱半干旱地区最珍贵的地下水资源。当地的一些居民反映地下水近些年来有着大量的消耗。这对长期依赖地下水和降水的畜牧业产生了巨大的影响，无疑也会间接造成了草场的退化，当然也影响着地区居民生活用水。

（三）人工饲料地：饲料种植—地下水资源—生态

人工饲料地试图在原有的草畜生态系统中引入外来技术，用来应对自然条件变化、间接提高草地载畜量、促进集约化畜牧业生产。然而，这种被认为是生产力水平高、牧草质量好、产量高的牧区土地资源的利用方式，在牧区是否可行，能否持续仍然值得探讨。

牧区人工饲料地的资源短板不是土地而是水资源，饲料地的灌溉主要依靠地下水，而浅层地下水只能满足牧民和牲畜平时饮水的需求。在这样的干旱半干旱地区，为了在本不适合种植的地区进行耕种，大量的水才能保证作物的产量。因此，浅层地下水完全不能满足种植需求，打深机井则成为种饲料地的基本条件，但井的深度则因各个地区地下水的分布情况而异。阿拉善地区打机井种饲料的情况比较普遍，井深一般也在百米之内，而在锡林郭勒盟的东苏旗地区能打出水的地方已经少之又少，井的深度也都在120米以上。地下水分布较浅的地区，种饲料地的情况较为普遍，但由于在这些干旱半干旱地区种饲料地需要大量耗水，因而在用水高峰期可能会出现井内水位有所下降的情况，阿拉善地区地下水下降情况更为明显。饲料地的种植无形中对与生态环境密切相关的水资源进行了间接利用，耗竭了资源。

三、水资源关键的矛盾所在

（一）地区适应性

干旱半干旱区的气候特点造成了这些地区敏感脆弱的生态环境。不同的降水条件、不同水文条件、不同的土壤环境让这些地区拥有其特殊的特征。经济的发展需要依托资源，而不同的资源条件更是由降水、水文、土壤等不同要素决定。长期以来，一代又一代人采用着适宜的生产生活方式生存在这片土地上，而如今不适应的水资源利用方式的引入带来了各种新问题。

（二）水资源的关键作用

无论是黑河的水，或是蕴藏在草地下的地下水对干旱半干旱地区的生产生活来说都非常重要。随着降水量的减少，这些地区在荒漠化草原和草原化荒漠之间徘徊，都是非常敏感的地区。特别是水资源，在降水稀少时期对整个地区来说尤为重要。湖泊的干涸、地下水的急剧减少导致这些敏感地区能够锁住水分、涵养水土的植被大量减少，最终可能导致土地的荒漠化。

目前对干旱半干旱地区草地荒漠化的争议有很多，是人为因素（饲养过多牲畜）还是自然因素（降雨量的减少）导致了草地的荒漠化，至今还没有明晰的答案。从水资源角度分析，也不能排除不合理利用确定性水资源——河流或是地下水而导致草场的荒漠化。从黑河的例子或是其他例子里不难看出，人为的因素对生态环境的影响也不容忽视。

（三）长期持续性

河流因源远流长而得以延续，水资源的过度开采与利用，影响的不仅仅是水资源的长期持续使用，也会影响着地区传统生存方式的延续与发展。干旱半干旱地区的人民赖以生存的就是畜牧业，就如同农业对农民来说一样。长期以来，农业作为国家发展的根本和保障受到国家的重视，不仅是因为农业为全国人民提供了粮食，更是因为农业养活着一大批生活在底层的人民，保障着国家的安全与统一。在干旱半干旱地区，畜牧业对这些地区的牧民来说也至关重要，这是他们赖以生存的方式，为国家未来的发展输送着无限力量。畜牧业的发展很大程度上依赖于草的长势，降水稀少时，牧草依靠着贮藏的地下水生长。在这片土地上，水联系着草，联系着畜牧业，更联系着牧民的生活。水若在这里无法延续，牧民的生活难以持续。

（四）传统经济发展思维方式

产业的转型成为了这些地区经济大发展新的增长点，但是在这些经济发展方式背后，看似经济的产业转型却会带来很多的问题。目前在牧区引入农作物的种植，虽然看似能集约地利用土地，带来收益，但这种方式的引入仅考虑单位土地产出。在干旱半干旱地区，水资源是最稀缺的资源，应当同时考虑单位水的产出。牧区引入种植业，往往需要支付土地承包租金，土地作为生产要素，纳入成本核算过程中，而牧区的稀缺资源——水，往往被无序无度地开发利用，并且无需付费。这就是为什么在牧区产业引入时，看似经济的生产方式却带来很多问题的根本原因。

四、经济发展与生态保护协调的水资源运用

（一）水资源使用度和量

经济发展与生态保护之间并不存在着无法逾越的横沟。对目前已经受到水资源制约的经济发展或是生态环境保护来说，应当逐渐寻求协调的发展方式与解决方法，而不是注重经济发展放弃生态保护，或是只顾生态环境放弃了发展。经济发展与生态环境保护之间，特别是在干旱半干旱地区对水资源的利用方面，针对现有发展状况，把握好度和量的问题，高效率地使用水资源，如现今提倡的建设节约型灌溉绿洲，如规模式地在水文水资源适宜地区有节制地发展饲料地等。这些在某种程度上可以降低经济发展对生态环境带来的不利影响。

（二）因地制宜地考虑长远发展

在环境敏感地区，发展不能光看眼前，需要确定地区的生态功能和影响生态环境的关键因素，依托地区，发展以限制性资源为核心适宜的经济发展方式，才能在发展的同时，有助于地区生态环境保护，实现长远发展。地区发展往往考虑的是资源禀赋、自身发展潜力，经常忽略了发展过程中最关键的短板。在干旱半干旱地区，水资源的短缺就是限制发展的资源短板，若不考虑自身发展的限制因素，地区的发展肯定是短暂不可持续的。

（三）集体统筹运用资源

在牧区，牧民们在现有政策下，通过自组织自合作的方式实现了生态环境保护与经济发展的共赢。在这个自发形成的牧区组织里，牧民们通过要素重组，促进牧区劳动力资源的优化配置，拓宽服务渠道，延长产业链条实现增加牧民收入，使他们的生活有所改善；更为重要的是，他们能够统筹运用资源，在降水量较少、水资源受限的情况下，按季节进行的合作轮牧制度，在实行轮牧中调节草牧场利用强度，促进退化草场的恢复，同时也实现了生态保护，成功达到了经济发展与生态保护的共赢。另外，这种形式也让牧民的传统轮牧的草原文化得到恢复和保护。

人工湿地水处理技术生态价值的研究

常高峰

（天津市环境保护技术开发中心　天津　300191）

摘　要　本文通过调查人工湿地水处理技术的应用案例，分析了人工湿地在城市景观建设、区域气候调节、地下水补给以及地表水体富营养化治理等生态环境建设方面所起到的作用，总结了人工湿地处理技术在污水处理方面的独特性和生物学价值，为其有效地推广和发展提供研究素材。

关键词　人工湿地　低碳经济　生态建设

前　言

人工湿地（Constructed Wetlands）是模拟自然湿地机理的人工生态系统，是利用人工构建的湿地系统中的物理、化学和驯化的生物生化系统协同对污水进行综合作用实现对污水的净化。与传统概念的污水处理工艺相比，人工湿地污水处理系统具有系统维护及运营费用低，对进水负荷变化适应性强，尤其对氮、磷去除效果好，生态环境效益显著等特点[1-4]。近年来国内外学者对湿地系统的废水净化机理和在污水处理技术方面的应用做了大量研究工作，并取得了一系列的成果，随着我国宜居环境、宜居城市的发展和倡导，人工湿地其独特的生态价值，在废水方面的广泛应用越来越受到人们的关注和应用。

人工湿地在污水处理方面最早的应用是1903年建在英国约克郡Earby的人工湿地，其被认为世界上第一处用于处理污水的人工湿地。而人工湿地生态理论是在20世纪70年代由学者Kickuth提出根区法（The Root - Zone - Method）理论之后逐步发展起来的[4]。随后，人工湿地污水处理技术在英国、德国、法国、澳大利亚、巴西、荷兰等国得到迅速发展。最近，我国也开始应用人工湿地技术处理城市污水和净化景观水体等[5,8]。并发展到城市污水处理湿地、矿业废水湿地、农业污水处理湿地、垃圾场渗滤液处理湿地、面源污染[9,10]及暴雨径流处理湿地[11,12]、富营养化湖水净化湿地[9]等。研究结果表明，各种湿地类型处理系统均表现出良好的污水净化效果。

人工湿地系统结构组成包括基质和湿地生物两种[13]。其中基质对人工湿地的功能十分重要，是湿地生物生长的基质和污水处理的承载体，其将发生在湿地内的各种处理过程连接为一个整体。湿地生物主要以湿地植物为主，不同湿地对植物的要求不同，这取决于湿地植物在处理系统中的功能作用以及与湿地设计的目的和处理对象等有关。

一、人工湿地在景观生态中的应用

人工湿地处理系统在景观生态中有广泛的应用，通过在其设计中导入城市景观规划设计和园林式设计理念，在植被选择中选择满足净化效果的前提下，通过植物色彩的搭配和层次感，并增设凉亭等作为点缀，可将出水口参照景观瀑布设计并结合假山等景观小品设置，该类湿地处理系统可作为城市居民的游玩休闲场所，既满足城市景观规划需要又可起到净化水体的作用。在1999年建成的成都市活水公园就是由人工湿地打造出来的生态公园。其在公园内建若干块人工湿地，种植有芦苇、水葫芦、睡莲等湿地植物，将该地区主要地表水府南河的劣V类河水，经净化后，变得清澈见底，并可补充儿童戏水乐园用水。南昌月亮湾人工湿地风景区、上海梦清园景观水体生物净化工程等均结合了表面流湿地和园林建设的特点，集成了自然能曝气复氧、微生物治理、水生植物净化等水生生态修复技术，以生态可持续性为前提，使水质净化工程和生态休闲达到和谐统一。其不仅可净化城市景观水体，改善城市景观，也可为城市增加绿地。北京市中关村环保科技示范园将人工湿地替代建造园区绿地，美化了园区的环境。田刚[14]等在对北京地区人工景观生态服务价值估算中，以生态系统服务价值定量评价的现有成果为手段，对北京市人工草地与人工林木、人工景观水面与人工湿地的生态服务价值进行了估算和对比分析，结果显示北京地区的人工草地和人工景观水面的生态服务价值皆为负值，而人工林木和人工湿地的生态服务价值较高，足见人工湿地的生态建设意义。尤其近年来生态旅游业的发展，给人工湿地公园的建设注入了新的活力，人工湿地建设的公园等已经作为新型旅游产业逐步兴起。

二、人工湿地可调节城市小气候，促进低碳经济发展

人工湿地系统通过多种方式，将系统内的水分转化为水蒸气，增加区域空气湿度，进而以降雨的形式降到周围地区，从而起到调节区域气候的作用。研究证明[15]，湿地的蒸发量是一般水面蒸发量的2～3倍[1]，同时人工湿地通过人工种植的湿地植被及自然驯化的湿地水生生物，使人工湿地的热容量提高[20]，是人工湿地蒸发量较大的主要原因，也是湿地调节气候的能力要强于一般水面的原因之一，人工湿地不仅可降低地区气温、提高区域空气湿度、缓解热岛效应、改善空气质量等，更重要的是其通过湿地植物的光合作用和呼吸作用与大气交换 CO_2、O_2，从而对大气中的 CO_2 和 O_2 动态平衡起作用[17]，大量降低温室气体 CO_2 的含量，有效地减缓地区经济建设中 CO_2 的削减，利于地区经济发展。可以说人工湿地对调节地区局部小气候具有十分重要的价值，也促进地区低碳经济发展。

三、人工湿地可净化地区水资源，提高水资源利用率

近年来我国各地区水系均出现不同程度的水体富营养化，其主要原因为污水中的氮磷富集所致。研究表明，传统的污水处理工艺对氮、磷的去除率低，导致氮磷排入水体后逐步富集，造成了地表水体的富营养化。单纯的脱氮除磷工艺不仅投资大、运行成本高，而且形成的污泥容易造成二次污染，而人工湿地处理系统中湿地植物可吸收和吸附污水中的各种物质尤其是氮和磷，并将这些物质转化成植物体生长的微量元素进行吸收或被植物根系微生物所分解。美国佛罗里达州大沼泽地的湿地除氮、磷生态工程，有效地除去地表水中过高含量的氮和磷，经过测定发现，大约有98%氮和97%磷被净化排除了，使湿地重新为居民生活和生产提供清洁水源。

严立等[8]比较了由砾石、沸石和粉煤灰填料组成的三级人工湿地与单级砾石人工湿地净化富营养化景观水体的效果，结果表明，三级人工湿地能逐级去除景观水体中的有机物、氮和磷，对总磷和总氮的去除率分别达到35.1%～65.3%和28.7%～62.9%，对浊度、蓝绿藻均有较好的去除效果，可见人工湿地系统可有效地防治水体富营养化。

人工湿地系统也可为城市地下蓄水层补充水源，从湿地渗入到蓄水层的水成为浅层地下水系统的水，支持浅层地下水系统可为周围地区供水维持其水位或最终补充进入深层地下水系统，从而起到补充地下水的作用。近年来城市地下空间的开发，导致了地下水位的大幅降低，也导致部分地区出现下沉现象，通过人工湿地可有效地对地下水进行补给，防止地面下沉造成地质灾害。同时，湿地是巨大的蓄水库，依托其容量较大的特点，可以在暴雨期储存城市大量的降水，起调蓄自然水量的作用，保护湿地就是保护储水系统。调查沈阳浑南新区人工湿地生态示范工程可知，其承担该地区的污水及雨水的处理任务，经处理后的中水从雨水人工湿地里流出，通过无数条人工河渠对城市地下水进行有效的补给，也直接用于城市绿地、地面浇洒及洗车等市政用水等，有效地缓解了城市新鲜水的供给压力，节约了水资源。

四、人工湿地污水处理技术的应用

在城市污水处理方面，胶南市污水处理厂[19]采用人工湿地处理技术设计分两期建设，其一

期工程建成后，芦苇湿地处理系统对 COD 的去除率为 70% ~75%、对 BOD_5 的去除率为 70% ~ 80%，对 SS 的去除率为 90% ~95%；二期工程建成后，污水经过预处理后 SS 去除率达 70% 以上，COD 去除率达 25% 以上，BOD_5 去除率达 20% 以上，各项指标均达到国家标准。而且，作为野生动物的重要栖息地，为鸥鹭、燕雀等鸟类提供了栖息场所，体现出较高的生态价值。

袁东海等[20]以无植被、基质为河沙的潜流型人工湿地为对照，研究了石菖蒲、灯心草和蝴蝶花 3 种类型植被、基质均为河沙的潜流型人工湿地净化生活污水 COD、总氮的效果。在污水 COD 浓度于小 200mg/L、总氮浓度小于 30 mg/L 的低浓度范围里，无植被的人工湿地和有植被的人工湿地对污水中 COD 及氮有很好的去除效果，COD 去除率达 90% 以上，总氮的去除率达 80% 以上，随着污水中 COD、总氮浓度的增加，两者差异明显，有植被的人工湿地能维持较高的 COD、总氮的去除效果，无植被的人工湿地 COD 和总氮去除效果下降很快，植被在人工湿地系统去除污水 COD 和总氮过程中起着重要的作用。

张笑一等[21]发现在土地处理系统和人工湿地系统上种植植物，构成了特有的土壤—植物—微生物系统，融合了生物膜法和自然净化的特点，体现出很强的净化能力。其中对城镇污水中总磷去除的良好效果，TP 平均去除效率为 95.30%，对 NH_3-N、BOD_5、COD_{Cr}、SS 的平均去除效率也很高，分别为 84.07%、93.59%、84.14%、94.84%，且出水水质稳定，冬季仍能正常运行。这些在土地处理槽上栽种植物，不但能提高湿地系统净化污水的效率，还可以增强景观效果，取得改善环境和节约水资源的综合效果。

叶亚玲等[22]采用降流式厌氧生物滤池与人工湿地结合处理中小城镇生活污水，其中前者启动快，COD 去除率 60%，后者能对 COD 进一步处理，而且能有效地去除氮、磷，经该结合模式处理后，出水水质能达到 GB 18918—2002 一级 A 标准，并能回用。

五、人工湿地的生物学意义

人工湿地系统的生物学价值等同于自然湿地，水草丛生的湿地环境为鸟类提供了丰富的食物来源和营巢、避敌的良好条件。据调查，湖北省现分布有湿地高等植物共 82 科 255 属 671 种，湿地野生脊椎动物共计 30 目 71 科 410 种。湖北省湿地专家从资源功能、生态功能和人文功能对湖北省湿地的生态系统服务功能进行了评价，认为湿地成为我国野生动植物的重要栖息地，“千湖之省”每年湿地生物栖息地价值 33.52 亿元，可见湿地的生物价值不可估计。位于西藏自治区首府拉萨市西北角的拉鲁湿地，是世界稀有的、国内最大的城市湿地，属于芦苇泥炭沼泽。湿地内野生植被主要以芦苇群系和中生型莎草科植物为主，还包括 21 种草本植物。据专家预算，拉鲁湿地每年通过光合作用，吸收 7.88 万 t 二氧化碳，产生 5.37 万 t 氧气，形成了拉萨的“天然氧吧”，同时，湿地每年还可吸附拉萨市区空气中 5475t 尘埃，每年还可处理 1000 万 t 以上的城市污水。由此可见，湿地的生物学价值及生态价值随着社会经济的发展，日趋突出。

六、展　望

人工湿地当前的主要应用目的是作为水体和污水净化措施，但是人工湿地作为特殊的水处理系统其具有其特殊性，尤其作为地球肾脏的功能效果，也产生了更高的生物学价值。然而其占地面积大，运行效果直接受外界环境温度及气候的影响，也是限制其发展的主要瓶颈，城市化水平的扩张，土地资源的匮乏，也给人工湿地技术的建设带来了限制条件。而许多生态城市，生态居住区及生态园区的建设，往往仅建设一点面积的水面，制造亲水居住区，若不能即时维护，往往成为社区负担，而且在后期维护中增加了资金投入，甚至被迫停用。如果将人工湿地水净化理念引入，不仅可以净化水体，增加绿地，减少维护和管理投入，更重要的是拉近了人与自然生态的距离，实现真正的生态宜居城市建设，因此通过人工湿地生态系统的推广，不仅将废水净化及治理措施得到落实，而且创造出不可限量的生态价值，构建新的生态系统，生态意义深远。

参考文献

[1] 于少鹏，王海霞，万忠娟，等．人工湿地污水处理技术及其在我国发展的现状与前景［J］．地理科学进展，2004，1：22－29.

[2] 沈耀良，王宝贞．废水生物处理新技术——理论与应用［M］．北京：中国环境科学出版社，1999：265－292.

[3] 宋志文，毕学军，曹军．人工湿地及其在我国小城市污水处理中的应用［J］．生态，2003，22（2）：74－78.

[4] 康军利．人工湿地生态系统在城市污水回用中的可行性［J］．环境卫生工程，2004，6：114－117.

[5] 王波，王艳飞．城市景观水资源的可持续利用［J］．工程建筑，2004，34（1）：26－28.

[6] 王瑾，章北平，刘礼祥．人工湿地处理皂素废水生产性试验研究［J］．安全与环境工程，2005，3：35－37.

[7] 石岩，万新南．人工湿地系统在垃圾渗滤液中的应用［J］．水土保持研究，2005，2：138－140.

[8] 严立，刘志明，陈建刚．潜流式人工湿地净化富营养化景观水体［J］．中国给水排水，2005，2：11－13.

[9] 刘礼祥，刘真，章北平，等．人工湿地在非点源污染控制中的应用［J］．华中科技大学学报，2004，3：40－43.

[10] 许春花，周琪，宋乐平．人工湿地在农业面源污染控制方面的应用［J］．重庆环境科学，2001，23（3）：34－70.

[11] 徐丽花，周琪．暴雨径流人工湿地系统设计的几个问题［J］．中国给水排水，2002，27（8）：32－34.

[12] 徐丽花，周琪．人工湿地控制暴雨径流污染研究进展［J］．上海环境科学，2001，20（8）：401－402.

[13] 束文圣，周海云，黄立南，等．环境污染与生态恢复［M］．北京：科学出版社，2001：225－230.

[14] 田刚，蔡博峰．北京地区人工景观生态服务价值估算［J］．环境科学，2004，9：5－9.

[15] 谢圣，徐军，郭宗楼，等．人工湿地技术在城市建设中的应用［J］．浙江水利科技，2005，1：17－19.

[16] 高俊琴，吕宪国，等．三江平原湿地冷湿效应研究［J］．水土保持学报，2002，16（4）：149－151.

[17] 吴玲玲，路健健，等．长江口湿地生态系统服务功能价值的评估［J］．长江流域资源与环境，2003，12（5）：411－416.

[18] 迟延智，陈风伦．人工湿地处理污水的实践［J］．中国给水排水，2003，4（19）：82－83.

[19] 吴建强，阮晓红，王雪．人工湿地中水生植物的作用和选择［J］．水资源保护，2005，1：1－6.

[20] 袁东海，任全进，高士祥，等．几种湿地植物净化生活污水 COD、总氮效果比较［J］．应用生态学报，2004，12：2337－2341.

[21] 张笑一，史莉，彭润芝，等．地沟式污水土地处理和人工湿地中植物对磷去除的效果研究［J］．农业环境科学学报，2003，23（1）：151－153.

[22] 叶亚玲，鲁梦江．降流式厌氧生物滤池与人工湿地结合处理中小城镇生活污水［J］．环境研究与监测，2004，4：43－45.

重庆高速公路建设对地表水饮用水源地的影响及防治对策

薛华清[1]　李晓波[2]

（1. 重庆交通科研设计院环境工程所　重庆　400067；
2. 重庆大学城市建设与环境工程学院　重庆　400044）

摘　要　本研究分析了重庆高速公路建设对地表水饮用水源地造成的环境影响，针对影响提出相应的防治措施，提出应该注重高速公路建设的工程措施和管理措施，同时还需完善相关的法律法规措施、定期监测措施，加强地表水饮用水源地保护的宣传教育。

关键词　高速公路　地表水　饮用水源地　防治对策

根据《重庆市高速公路网规划》（2003—2020 年）和重庆市 2006 年出台的《关于进一步加快重点公路建设的通知》，规划形成“三环十射三联线”的高速公路网。规划实施后，将形成一个总规模 3 600km 的横贯东西、纵贯南北、辐射四方的高速公路网络，不但实现县县通高速，并使主城区与涪陵、万州、黔江三个区域中心城市之间有两条以上的高速公路连接。全市大部分地区在任何地点均可在 1h 内到达高速公路网，从任何一个区县政府所在地出发到达主城区的时间也将缩减到 4h。基本建成以高速公路为主骨架的现代综合运输体系，成为大西南综合交通枢纽。

重庆高速公路网的规划及重庆复杂的地形地貌等自然因素决定其高速公路建设可能会对地表水饮用水水源地产生不良影响，如不对高速公路进行科学的设计、合理的施工、严格的管理，将会对公路沿线水资源造成安全隐患，严重影响到公路沿线居民的饮水安全问题。因此，分析重庆高速公路的建设对地表水饮用水水源地的环境影响，采取必要的保护和防治对策就显得非常紧迫和重要。

一、基本概念

（一）地表水

地表水是陆面上各种液态、固态水体的总称，主要有河流、湖泊（水库）等。与地下水相比，地表水硬度较低，污染物质含量很高。河流是最活跃的地表水体，其水量更替快、水质良好，便于取用，是人类开发利用的主要对象。一般可以认为，湖泊（水）是暂时性水体，运动比河流慢。

（二）饮用水水源地

饮用水水源地是指提供城镇居民生活及公共服务用水（如政府机关、企事业单位、医院、学校、餐饮业、旅游业等用水）取水工程的水源地域，包括地表水和地下水等。饮用水水源地又分为供水人口小于 100 人的分散式饮用水水源地和供水人口大于 1 000 人的集中式饮用水水源地。集中式饮用水水源地包括具有一定规模的现用、备用及规划水源地。

国家为防治饮用水水源地污染，保证水源地环境质量，将划定并要求加以特殊保护的一定面积的水域和陆域，称为饮用水水源地保护区。一般分为三类保护区：一级保护区内水质主要是保证饮用水卫生的要求；二级保护区主要是在正常情况下满足水质要求，在出现污染饮用水源的突发情况下，保证有足够的采取紧急措施的时间和缓冲地带；而准保护区则是为了在保障水源水质的情况下兼顾地方经济的发展，通过对其提出一定的防护要求来保证饮用水水源地水质[1]。

二、高速公路建设对地表水饮用水水源地的环境影响

（一）施工期的影响

1. 饮用水源地路段的路基土石方开挖将造成水源保护区内地表土壤、植被的扰动，裸露松散的地表在降雨、风等自然因素的作用下，易形成水土流失可能造成河流水体中悬浮物超标，影响水质。

2. 高速公路路基的填筑以及各种建筑材料的运输等，均会引起扬尘。这些扬尘会随风飘落到路侧的水体中，尤其是靠路较近的水体，将会产生一定的影响。一些建筑材料如沥青、油料、化学品物质等在其堆放处若管理不善，被雨水冲刷而进入饮用水源水体污染水环境。

3. 饮用水源地路段的桥梁基础工程施工过程中钻、挖出桥基的废渣、岩浆和淤泥如果直接排入饮用水源水体，将会使水体总悬浮物固体（SS）、总溶解性固体（DS）大量增加，水体的浊度大大增加，水质大大降低；同时，桥梁在围堰沉水、着床的几个小时内，可能会扰动地表水体河床，使少量底泥发生悬浮，悬浮的底泥物质在水流扩散等因素的作用下，在一定范围内将导致水质泥沙含量增大，水体混浊度相应增加，水质降低；桥梁施工期上部结构现浇施工过程中，要使用模板和机械油料，如果机械油料泄漏或使用后的废油直接倒入水体，会使水环境中石油类等水质指标值增加。

4. 施工生活、生产废水主要来自工程高速公路沿线设置的施工营地、预制厂、拌和站、料场等处，这些污水污染物浓度较高，如直接排入饮用水源水体，将对水质产生严重影响。

（二）营运期的影响

高速公路营运期可能对地表水饮用水源地的影响主要是路面、桥面径流以及危险品运输事故风险。一旦发生危险化学品车辆事故导致的危险化学品泄漏事件，将对地表水饮用水源地水质产生严重影响。

三、防治对策

（一）法律法规措施

水资源保护工作必须有相关的法律法规与之配套，才能使保护规划得以实施。依法治水是社会进步的必然趋势，法律法规是强制性的管理手段，完善的法律法规体系对保护水资源意义重大。现阶段有关水源地保护的主要法律法规有《中华人民共和国水法》《中华人民共和国环境保护法》《饮用水水源保护区污染防治管理规定》《中华人民共和国水污染防治法》等。重庆市也应该根据当地水源地情况制定一系列饮用水源保护的地方性法规，达到依法保护水资源的目的[2,3]。

法规制定以后，接下来就是执法。在法规的实施过程中，首先一定要严格执法，做到有法必依、执法必严、违法必究。同时，在实践中不断完善保护饮用水源的法规，只有加强这方面的工作，才能改善环境继续恶化、污染饮用水源的趋势。

（二）工程措施

1. 设计期措施

（1）尽量优化高速公路路线，避开地表水饮用水水源地保护区范围。

（2）饮用水源地路段路基排水边沟不设置外排口，该路段排水出口设置在饮用水源地保护区范围之外。同时在该路段设置合理的沉砂缓冲池，路面径流通过纵坡直接排入沉砂缓冲池，经过处理后再排入沟渠，不直接排入饮用水源地保护区范围。

（3）对饮用水源地路段的桥梁桥面排水系统做专项设计。桥面设置径流收集系统，桥梁下部设置 PVC 横管，在桥面设置泄水孔将路面、桥面径流通过雨斗集中到桥下横向排水管中，横向排水管在桥头通过竖向排水管将收集的路面、桥面径流排入地面集水井，再通过横向排水沟排入沉砂缓冲池，不直接排入饮用水源地保护区范围。

路面雨水进入沉砂缓冲池后，经过沉砂处理，再进行排放，路面油污通过挡油板过滤收集。正常情况时，雨水沿路基边沟进入沉砂缓冲池，经沉砂处理后排放，此时闸槽井处于开放状态。上述排水系统亦兼作为运输品事故应急措施，当危险品泄漏事故发生时，公路维护人员应及时赶到现场，将闸槽井闸槽通过地面上所设启闭机闸下，此时含危险品雨水或冲洗水进入缓冲池蓄存，在水池内水位高于池子前端溢流口水位后，此时路面危险品已经冲洗干净，后续可能发生的雨水可直接通过溢流口排放，池中含危险品水因此存留在缓冲池中，等待后续处理。沉砂缓冲池危险废物由具有相关资质的单位定期收集处置。

（4）饮用水源地路段的桥梁采用加强型防撞栏设计，设置“保护饮用水源、减速慢行”的标志牌；在桥梁两侧醒目位置设置限速、禁止超车等警示标志，提醒过路驾驶员和乘客加强保护环境意识。

（5）饮用水源地路段的桥梁桥面两侧设置连续的防撞墩。交警部门的资料表明，当防撞墩的高度大于汽车轮胎直径 1/3 时，可完全杜绝汽车翻入水中，有效防止液体化学危险品或石油类事故污染对等沿线河流水域水质的影响。

（6）在饮用水源地路段两侧设立应急电话和监控设备，同时应在设计阶段加强桥梁照明设计，确保行车安全。

（7）饮用水源地路段的桥梁基础施工组织设计中，应按有关规范明确规定钻浆存储设施，废弃的钻渣严禁排入饮用水源地保护区水体，可设计临时堆放场进行临时堆存，场地周围设计必要的拦挡措施，防止溢流。

（8）对饮用水源保护地路段的桥梁对桥型、跨河方案、施工方式进行比选，施工方式要求采用围堰施工，尽量减少桥梁在水中桥墩的数量或采用一跨通过的方案，避免在水中设置桥墩，使其对饮用水源地水质影响降到最低。

2. 施工期措施

（1）开展施工场所和营地的水环境保护教育，让施工人员知道饮用水源地的保护范围、保护内容、保护水源的重要性等；加强施工管理和工程监理工作。

（2）饮用水源地路段内不得设置任何取土、弃渣场地、料场及施工场地、施工营地等临时工程设施。

（3）饮用水源地路段施工单位应编制施工期水污染防治措施，并确定专人负责实施，加强施工期间管理，规范施工秩序。

（4）水源保护区附近施工期间，设置明显标志提醒施工人员注意保护。

（5）饮用水源地路段路基施工中应在施工区域和水体之间设置编织土袋或修建挡渣墙对废渣进行有效拦挡；施工期在饮用水源地范围以外设置废水处理装置，施工活动在饮用水源地范围内产生的废水必须全部收集，并送至设在饮用水源地范围以外的废水处理装置进行处理，处理达标后的废水不得排入饮用水源地范围内的水体。

（6）饮用水源地范围内的施工活动结束后，及时清场，并进行植被恢复。

（7）饮用水源地路段的桥梁桩基础工程尽量选在枯水期施工；对采用钻孔桩基础施工的桥梁，严禁将桥梁下部结构在施工过程中产生的泥浆、钻渣及施工废弃物排入地表水体，将钻渣运出饮用水源地之外存放并采取一定的防护措施，不得随意丢弃钻渣，以便最大限度地保护饮用水源地水质，同时对钻机设备经常保养维修。

（8）饮用水源地路段的桥梁施工尽量选用先进的设备、机械，以有效地减少跑、冒、漏、滴的数量及机械维修次数，从而减少含油污水的产生量。严禁将桥梁施工中的机械油料和废油直接排入水体，废弃机械油料和废油要回收后进行处理，遗漏在土壤中的机械油料和废油要回收由有资质的单位进行处理。

（9）饮用水源路段施工过程定期监测，一旦发现饮用水源地水质变浑浊，应立即联系环保部门，投放净水剂，保证取水口附近的水质。

（10）涉及饮用水源地路段的建筑材料运输车辆应加盖篷盖，避免建筑材料洒落进水体，同时禁止在饮用水源地范围内设置建筑材料堆放场。

3. 营运期措施

加强高速公路经过饮用水源地路段的路、桥径流排水系统的维护。

（三）管理措施

高速公路管理部门应加强危险品运输管理，严格执行交通部部颁标准 JT 3130—1988《汽车危险货物运输规范》有关危险品运输的规定。

1. 强化高速公路危险品运输法规的教育和培训。对从事危险品运输的驾驶员和管理人员，应严格遵守有关危险品运输安全技术规定和操作规程，学习和掌握国家有关部门颁布实施的相关法规。

2. 加强高速公路危险品运输管理。

3. 在已有的高速公路监控收费系统的基础上，增加突发性环境污染事故控制指挥系统。

4. 制定危险品运输事故污染风险减缓措施和《危险品运输风险应急预案》。从公路设计阶段，到运营期上路检查、途中运输、停车，直到事故处理等各个环节，都要加强管理，以预防危险品运输事故的发生和控制突发环境污染事故事态的扩大。

5. 严格执行《中华人民共和国道路交通安全法》，针对高速公路运输实际制订风险事故应急管理计划。计划包括指挥机构的职责和任务；应急技术和处理步骤的选择；设备、器材的配置和布局；人力、物力的保证和调配；事故的动态监测制度等。

（四）完善定期监测措施、加强宣传教育

高速公路运营后，根据具体情况对高速公路涉及地表水饮用水源地路段委托当地符合国家环境质量监测认证资质的环境监测站开展定期水质监测。监测项目除常规项目外，还需结合当地饮用水源地水质污染状况，对有机物、重金属和石油类进行监测。其监测方法应根据饮用水源地水质要求，划分不同类型的水域，对采样布点、采样时段、采样频率等科学地加以确定；环境监测站应对定期监测的水质进行质量监督和评价[4]。同时，还应该加强地表水饮用水源地保护的宣传教育。

参考文献

[1] 梁菁．湖库型饮用水水源地污染防治对策研究［J］．广东农业科学，2009（7）：181－185.

[2] 李明玉，全松林．五道水库污染对延吉市饮用水的影响及其对策［J］．延边大学学报（社会科学版），2001，34（4）：32－34.

[3] 格日勒．我国饮用水源保护的现状及立法建议［J］．资源与产业，2008，10（1）：80－82.

[4] 戴辉，马景涛．浅析地表水资源的保护与管理［J］．吉林水利，2008，3（3）：9－10.

数字湖泊及其地理空间数据组织问题研究

赵俊三[1]　严泰来[2]

（1. 昆明理工大学　昆明市121大街文昌巷68号　650093；2. 中国农业大学　650093）

摘　要　构建数字湖泊是保护生态环境、永续利用淡水资源的重要举措。数字湖泊数据种类繁多、数据现势性要求高、数据结构复杂，设计合理的数据组织模型成为建立数字湖泊的技术瓶颈问题之一。论文作者曾经主持了数字洱海的专题研究开发项目，论文以数字湖泊建设实践为基础，分析了数字湖泊数据特点，提出了数字湖泊的总体概念模型及技术架构，研究了数据组织的技术难点，并提出了解决方法。

关键词　数字湖泊　数据库　3S技术　水资源　空间数据　属性数据

数字湖泊就是通过建立湖泊区域地理空间数据框架，以及二维和三维的基础地理空间数据，将湖泊区域以数字化、可视化的形式存储在计算机中，并以此为基础，叠加湖泊区域的其他多种自然与社会经济信息，逐步实现数字湖泊区域所有信息的计算机网络化管理。同时利用“3S”技术结合水环境监测技术实现对湖泊区域的动态监测，利用数据挖掘技术和决策支持模型建立湖泊区域全方位、动态化的监测体系，使湖泊区域的生态环境状况、水环境与水质状况、水体运行状况随时处于计算机网络的监控之下，从而达到保护湖泊、治理湖泊、科学合理地利用湖泊的目的，延缓湖泊衰老、消亡的过程，实现湖泊区域的可持续发展。

一、数字湖泊数据特点分析

构建数字湖泊需要4类主要数据，包括：①结构化的专业业务数据，如指标体系数据、渔业资源数据、水产品产量数据、各种统计数据报表等，其特征为信息表达较为定型，结构性较强，可以用固定表格形式表达；②非结构化的管理业务数据，如编制实施湖泊区域自然环境和水污染防治综合治理计划、计划管理、通知文件传递下达等，文档型信息占信息主体，具有多媒体文档、受控于工作流程等特点；③基础地理信息数据，如湖泊区域地面和水下地形图、土地利用现状图、遥感影像数据、水环境要素分布图和湖区、流域区各类污染分布图、洪水风险图等，这类信息是数字湖泊数据系统的基础，具有多语义性、时空性和多尺度的特点；④水资源与生态环境等专业业务管理数据，包括水资源管理决策知识数据，这些数据既具有空间分布特性，同时又包含诸多属性信息数据，内容较多，形式复杂多变，数据表达困难。

4种数据的有机结合构成了数字湖泊的数据主体。4种数据被交叉、整合组织在地理信息数据库、社会经济数据库（人口分布、工业企业分布）、自然资源数据库、湖泊运行数据库（水量、水质等）、污染源数据库、生态环境数据库等数据库中，形成数字湖泊的数据仓库系统。

二、“数字湖泊”的总体概念模型

数字湖泊的最终目的是保护水资源，使湖泊具有科学合理的水位（水量）和较好的水质，使水资源的开发利用处于良性的状态，发挥湖泊的社会经济价值、生态环境价值，并避免出现水灾及各种生态灾害。湖泊的水量和水质受流域各种综合因素的影响，管理与整治是一项复杂的系统工程，需要用到多方面的专业知识，包括生态环境、水资源管理、“3S”及相关信息技术等。同时需要采取综合性的措施，包括技术、行政、法律和经济等方面的措施。数字化的信息资源时空数据库是一切研究开发工作的基础，性能完善的信息系统则可以为分析、决策提供科学、快捷和简便的工具。

数字湖泊所提供的信息需要为政府相关部门和机构（政府、人大、政协等）、职能部门和研究机构（环保、水利、农业、旅游）提供信息服务，包括一般的数据浏览、信息查询和复杂的数据交换与模型分析等，同时应该向社会公众公布相应的信息，这就需要使用与开发计算机网络技术、WebGIS、数据交换与共享、元数据等理论与技术，结合湖泊区域信息管理的特点和需要，建立湖泊区域管理信息网络交换体系。

综合考虑数字湖泊的目的、要求和应用需求，提出的总体概念模型如图1所示。

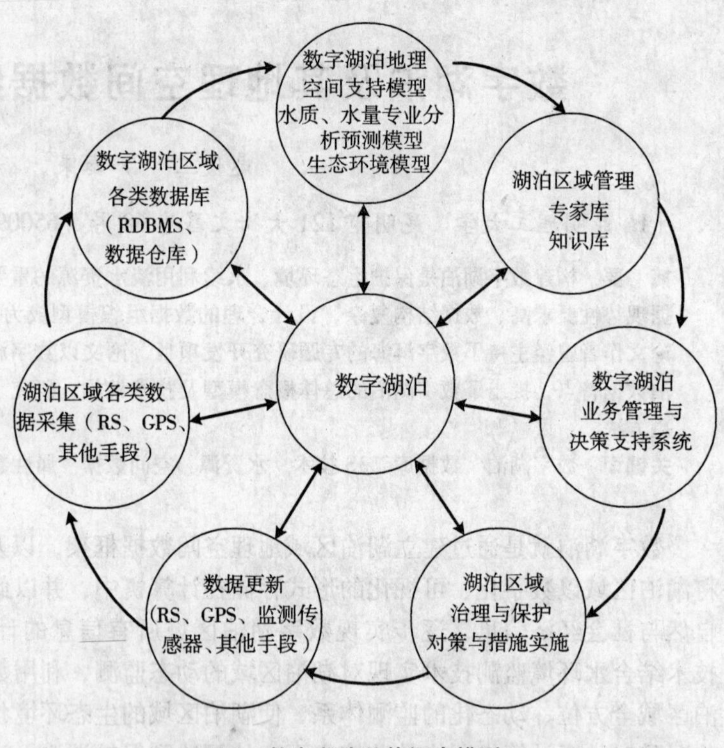

图1　数字湖泊总体概念模型

三、数字湖泊总体技术架构

数字湖泊系统的体系结构按照3层构架的思想进行设计，数据库系统的数据流穿插、运行于3层架构之间，详见图2。系统3层构架是在大型系统设计中普遍运用的一种设计思想，它最大的特点是将数据层与应用层相隔离，以适应应用模式不断发展变化的实际情况。这种思想将系统结构分为3层，即从上至下分别为：数据层、中间层、应用层，数据层与应用层用中间层隔离，应用模型需要改变或修改时，数据层不用改动，只是中间层随着应用层做某些调整即可。设置中间层的另一重要功用是可以适应多用户并发访问的实际需要。这种情况下，中间层将应用层提出的请求转换为对数据层的请求，并将数据层返回的结果提交应用层。这样管理大量用户同时并发地对同一数据进行操作。

数据层：为便于系统数据的存储与管理，系统数据分成两部分：地理空间据库和非地理空间数据库，前者存储地理空间数据。后者为业务、行政数据库，存储水资源信息、生态环境信息、历年生态环境科研及行政管理资料中的文档数据。二者之间通过地理定位编码相互关联，使用数据库中的主码与外码的技术措施，保证其互访性。

中间层：提供对空间、非空间数据库进行高效操作的服务，管理大量用户同时并发地对同一数据进行操作。

模型层：作为中间层的一部分，该层包括地理空间数据支持模型和专业分析模型，分别用于地理空间数据的管理与应用和湖泊区域管理与决策支持分析，模型层以外的中间层主要是GIS功能模块中间件和业务逻辑中间件，与模型层有机关联，实现信息的交互与共享等。

应用层：分为3个级别：①系统用户端，具有较强的空间数据处理和分析能力。根据权限不同，对于系统数据拥有如下级别不同的管理功能。系统管理员：整个系统的维护，开设其他用户；数据库管理员：创建、修改、删除、更新、添加、备份数据库；数据库操作员：数字化输入操作、数据格式转换、数据拼接、数据编辑、数据库维护；管理专业技术人员、GIS高级分析员：水资源管理、生态环境分析、空间建模、空间专题分析、各种查询检索、专题图制作、专题统计分析报表制作等。②部门用户端，实现部门的业务工作的办公自动化，完成指定的专业业务工作、专题空间分析，数据检索，专项数据、模型分析。③一般用户端，采用通用的IE浏览器，配合相关的插件，实现信息的社会化服务和网上办公，适用于社会公众和出差在外的工作人员。

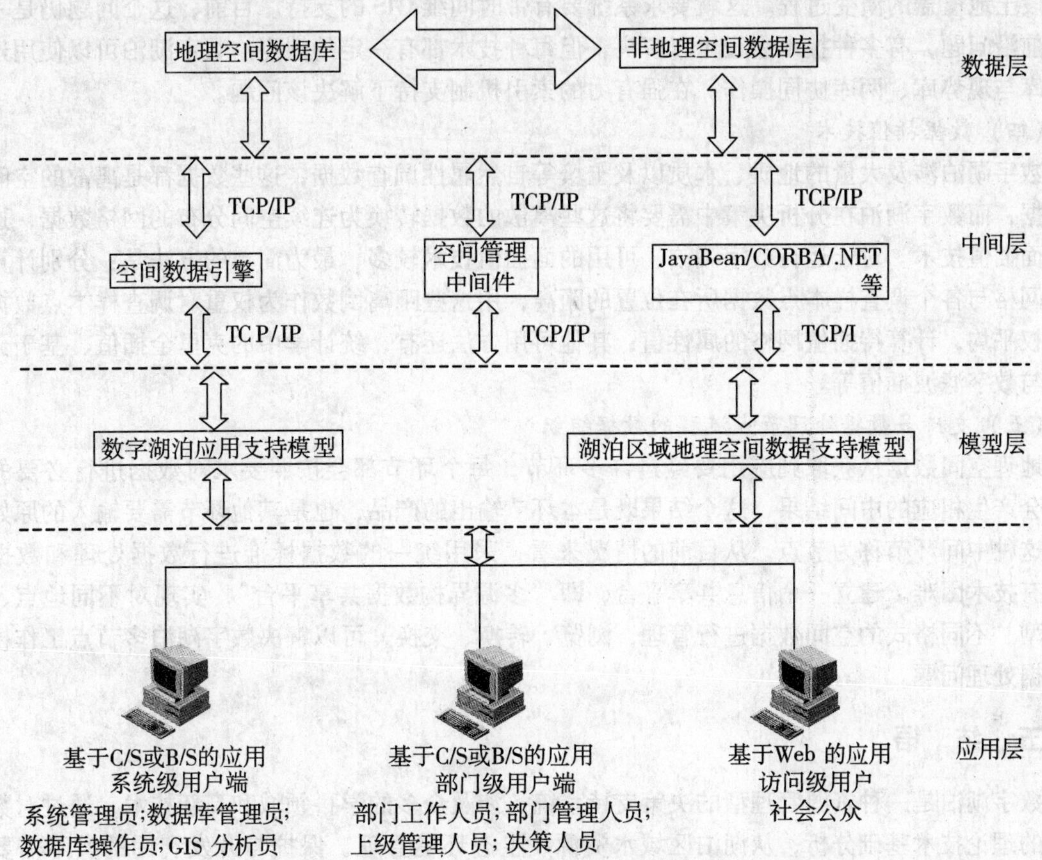

图2　数字湖泊系统的软件体系结构

四、数字湖泊数据组织的技术难点及其应对措施

（一）多比例尺地理信息数据组织

数字湖泊涉及多比例尺地理信息数据，用户查询以及多种模型数据输入需要不同比例尺的空间数据，包括遥感影像数据和数字地图数据，要求系统支持用户对同一地区进行由小比例尺到大比例尺的跟踪观察与测算。为此，首先要将空间数据统一在网格（栅格）格式下，因为这种数据格式既支持影像数据表达，又支持图形（地图）数据表达。其次，采用“金字塔”数据组织模型被证明具有较高的多比例尺跟踪检索效率。所谓“金字塔”数据组织模型是将网格格式数据精度按照4ⁿ大小设置，即小比例的一个网格包含大一级比例尺的4个网格。“金字塔”数据集合的底层为最大比例尺的数据，随着层数增加比例尺逐层减小，直到塔顶，为一张最小比例尺的数字图件。再次根据“金字塔”层次间的数据关系，建立索引编码，以支持多比例尺图件数据跟踪检索。

（二）空间数据与非空间数据的链接

一般空间数据多采用非关系型数据库系统管理，而非空间数据都采用关系型数据库系统管理。这样给两种数据的统一管理带来种种不便。目前少数大型关系型数据库系统，如 Oracle 已经开发出系统软件，支持空间数据的存储；另外，一些 GIS 软件平台，如 ArcSDE，为矢量、栅格和测量数据提供了统一的空间数据存储和管理框架，并可用关系型数据库管理空间数据，这样解决了空间数据与非空间数据一体化管理的问题。

（三）时空数据一体化

湖泊的污染以及治理都是地理时空演化的一个过程，分析与管理决策都要使用湖泊流域的历史数据，数字湖泊需要提供湖泊流域某一时间的地理数据，如土地利用分布；或要求系统给出某一地段土地覆盖的演变过程。这就要求系统要有带时间维 GIS 的支持。目前，这个问题仍是一个学科前沿问题，有多种技术途径可以解决，但每种技术都有一定的缺点。数字湖泊可以使用建立历史库与现势库、两库协同操作，在强有力的索引机制支持下解决该问题。

（四）数据插值技术

数字湖泊涉及大量的地质、水质以及土壤等自然属性调查数据，这些数据都是离散的空间分布数据，而数字湖泊在分析决策中需要将这些离散的数据转换为连续空间分布的网格数据，这就需要面插值技术。对于运行数字湖泊，可用的面插值技术较多，最为简单的方法是：分别计算待插值网格与各个调查样本点数据所在位置的距离，用这些距离倒数作为权重对调查样本点数据进行加权平均，计算待插值网格的属性值；其他可用方法还有，统计学中的克里金插值、基于分形理论与数字滤波插值等。

（五）支持多数据处理节点流程的数据组织

地理空间数据从获取到应用要经过许多环节，每个环节都会按照要求对数据进行必要的处理，会产生相应的中间结果，这个结果既是本环节输出的产品，也是其他环节需要输入的原始数据，这种中间环节称为节点。从目前的情况来看，采用统一的数据标准进行数据处理和数据应用，有技术困难。建立一个信息共享平台，即“多源异构数据共享平台”，实现对不同地点、不同类型、不同格式的空间数据进行管理、浏览、转换、交换，可以解决数字湖泊多节点工作模式的数据处理问题。

五、结　语

数字湖泊是一种资源管理型的决策支持系统，涉及众多的学科领域和高新技术，通过对数字湖泊的理论技术基础分析，从湖泊区域水资源、生态环境管理、保护与开发利用的实际需要出发，研究并提出数字湖泊的概念模型具有重要的理论价值实际应用价值。数字湖泊系统从数据类型角度分析，其特点是：结构化数据与非结构化数据并存、空间数据与属性数据结合、空间数据带有时间属性，数据量大、数据种类繁多，因此采用合理的数据组织是构建数字湖泊的一个技术瓶颈。按照3层构架思想组织数据、采用“金字塔”模型布设空间数据、使用具有空间数据处理能力的大型关系型数据库系统、建立时空一体化数据结构、开发面插值数据处理方法、构建多源异构数据共享平台等技术举措，是解决数字湖泊数据组织问题的一条实际可行的技术路线。

参考文献

[1] 白建坤，尚榆民，奎立新．大理洱海科学研究［M］．北京：民族出版社，2003.
[2] 柏延臣，王劲峰．基于特征统计可分性的遥感数据专题分类尺度效应分析［J］．遥感技术与应用，2003，443－449.
[3] 范泽孟，岳天祥．资源环境模型库系统集成分析［J］．地球信息科学，2004，6（2）：17－22.
[4] 严泰来，吴平．基于关系型数据库带时间维 GIS 的一种数据模型［J］．中国农业大学学报，2002，7（3）．
[5] 严泰来．资源环境信息技术概论［M］．北京：中国林业出版社，2003.
[6] 赵俊三．数字洱海支持模型研究［D］．武汉：武汉大学，2006.
[7] 赵俊三，徐涛，傅晓东．面向数字湖泊的自然资源与地理空间数据整合方法研究［J］．地理信息世界，2005，3（3）：4－8.
[8] 赵俊三，张惠萍，许文胜，等．洱海湖泊区域管理信息系统研究的技术问题探讨［J］．地理与地理信息科学，2005，21（1）：43－47.

水位下降引起的微弱扰动对藻类生长繁殖的影响

龙天渝*　李祥华　张腾璨　张　翔　郭蔚华

（重庆大学三峡库区生态环境教育部重点实验室　重庆　400045）

摘　要　为探索三峡水库泄水所产生的垂向流速对次级河流回水河段富营养化的作用，采用模型试验，模拟水位下降时的水动力状况，研究在水位下降过程中所产生的垂向微弱扰动对藻类密度与叶绿素 a 浓度的影响。结果表明，水位下降所产生的微弱扰动不仅能明显提高藻类的生长速率，促进藻类生长，而且还能降低藻类的衰亡速率，减缓藻类衰亡，对水体的富营养化有明显的促进作用。

关键词　水位下降　藻类　三峡水库　支流回水河段

现有研究表明：水动力条件对水体藻类生长繁殖有重要的影响。三峡水库蓄水后，次级河流水华频繁发生，严重影响着库区的生态和谐与水环境安全。由于三峡库区的大部分次级河流营养盐水平已足以满足藻类生长繁殖的需要[1]，水库蓄水引起的次级河流纵向流速变缓无疑是导致水华发生的最主要原因，除此之外，在次级河流水华高发时段的春季，因水库泄水所引起的次级河流极小的垂向流速，是否也是引起水华的另一重要的水动力原因，目前未见任何报道。现有的有关研究，主要集中在研究河道型水库的纵向流速，以及湖泊等的风生环流流速对藻类生长的影响[2-11]，而无水位变化引起的垂向流速或垂向扰动对藻类生长的影响。

为研究在水位下降过程中所产生的垂向微弱扰动是否对藻类的生长产生影响，本研究应用力学相似原理进行了模型试验。

一、模型试验

（一）材料与方法

为模拟三峡水库泄水初期，水位动态下降对流速极低的次级支流回水河段产生的水体扰动，以库区次级支流小江回水河段在泄水时的流场为原型，根据力学相似原理，自行研制了模型试验用的水族箱。

水族箱的尺寸为 800mm × 300mm × 1200mm，在一侧面中部设置取样口 10 个，间距为 100mm，第 1 个取样口距底部 200mm，在另一侧面中部距底部 200mm 处设泄水阀。全天候连续泄水，泄水量为 12L/d，水位下降 50mm/d，因泄水量较小，除靠近泄水阀的区域外，水族箱中因水位下降引起的流速极小，与水库泄水初期小江回水段的情况基本相似。试验时间为 2008 年 3－4 月和 2009 年 3－4 月，试验在重庆大学三峡库区生态环境教育部重点实验室进行。试验用水取长江一级支流嘉陵江水，每次试验前取水。

（二）试验方法

试验在实验室内分 5 次进行，每次设立 2 组试验，其中 1 组为静态对照组。将取回的江水平均装入两个相同的水族箱中，置于光照度 2500 lx、光暗比 12h∶12h 和自然温度下，隔天通过取样口取水样进行分析，试验周期为 13～15 天。测定参数：水温（T）、总磷（TP）、总氮（TN）、藻类数量（ρ）或叶绿素 a（Chla）浓度，前 3 次采用镜检法测 ρ，后 2 次采用叶绿素法测 Chla 浓度。

（三）测定方法

参数测定参照《水和废水检测分析方法》（第 4 版）[12]进行。T 采用水银温度计；TP 采用钼锑抗分光光度法；TN 采用过硫酸钾氧化—紫外分光光度法；ρ 采用镜检法；Chla 采用常规分光光度法。

（四）初始营养盐浓度

各次试验前测得的水体 TN 浓度范围为 1.05 ~ 1.54mg/L 和 TP 浓度范围为 0.14 ~ 0.19mg/L，基本上能代表库区典型支流春季回水河段中的 TN 和 TP 浓度[1]。试验用水的 TN 和 TP 浓度远大于国际上一般认为湖泊水库富营养化的发生浓度（TN 为 0.2 mg/L，TP 为 0.02 mg/L）。

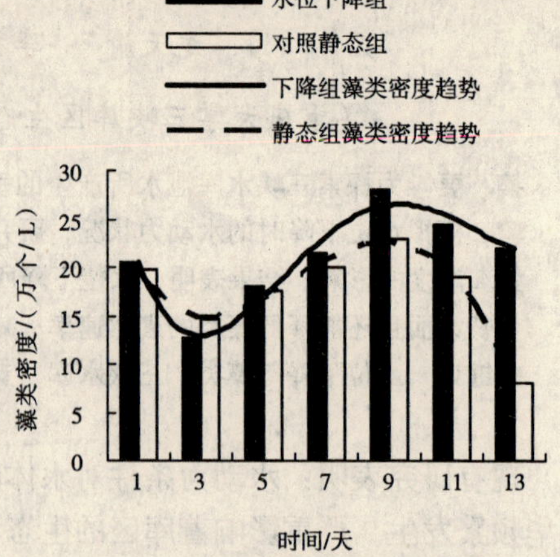

图 1　第 1 次试验藻类密度变化曲线

二、结果与分析

（一）水位动态下降对藻类密度和叶绿素 a 浓度的影响

图 1 ~ 图 3 为 2008 年试验得出的水位动态下降组和静态对照组藻类密度（ρ）随时间变化的情况；图 4 和图 5 为 2009 年试验得出的水位动态下降组和静态对照组叶绿素 a（Chla）的浓度随时间变化的情况。从图中可以看出，无论是藻类密度，还是叶绿素 a 浓度，水位动态下降组的值都明显高于对照组，显著性检验也表明，两组数据有显著性差异，表明水位动态下降有助于藻类生长繁殖。

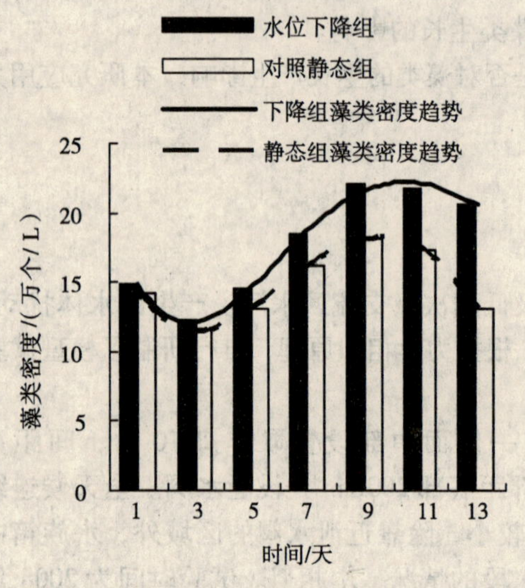

图 2　第 2 次试验藻类密度变化曲线

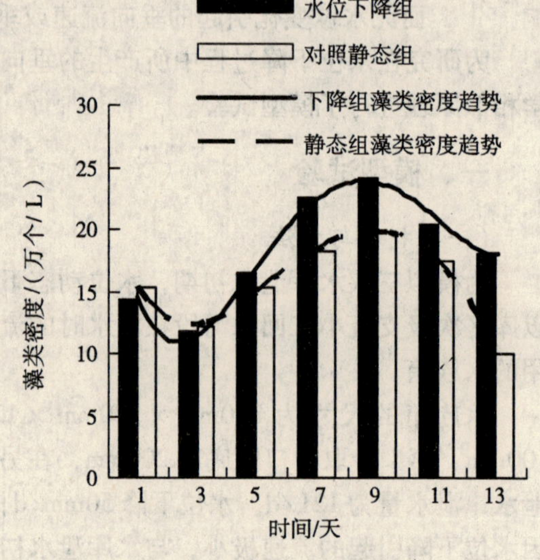

图 3　第 3 次试验藻类密度变化曲线

藻类生长曲线包括延滞期、生长期、衰亡期等。从图 1 ~ 图 5 可以看到：5 次试验中，水位下降组和静态对照组藻类生长曲线的变化趋势基本相同，生长阶段包括延滞期、生长期、衰亡期等。刚开始藻类出现了轻微的下降趋势，应该是藻类在脱离原来江河的原水环境条件下进入新的试验装置环境，有一个适应过渡期，即延滞期，时间大致为 3 天，之后藻类进入了生长率上升的阶段，藻类的数量不断增多，约在第 9 天达到最大，1 ~ 3 次试验中藻类密度的最大值分别为 28 万个/L、22.1 万个/L 和 24.2 万个/L；4 次和 5 次试验中叶绿素 a 的浓度的最大值分别为 0.151mg/L 和 0.12mg/L。当藻类的生长繁殖进入了顶峰期之后，进入衰亡期，藻类数量表现为逐渐下降。

（二）水位动态下降对藻类生长率的影响

藻类生长速率（μ）指在某一时间间隔内藻类生长的速率[7]，有

$$\mu = \ln(X_2/X_1)/(t_2 - t_1)$$

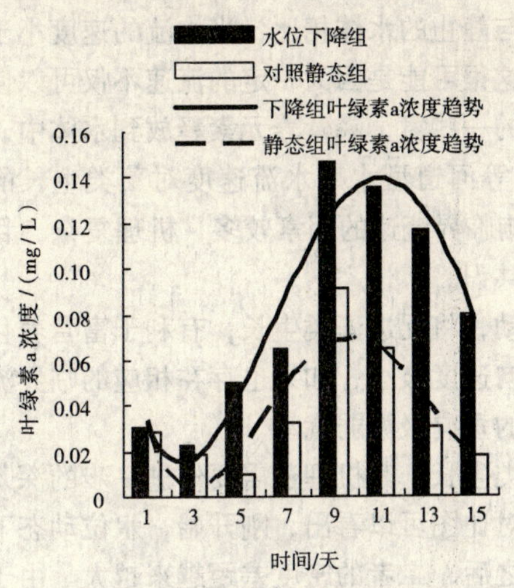

图4　第4次试验叶绿素a浓度变化曲线

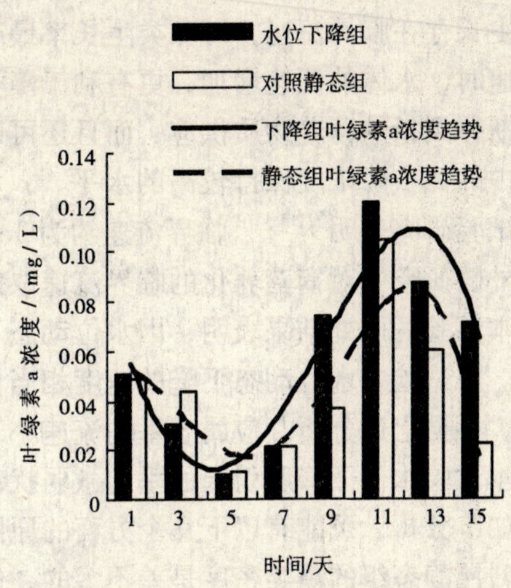

图5　第5次试验叶绿素a浓度变化曲线

式中：X_1 和 X_2 分别为时刻 t_1 和 t_2 的藻类现存量。5次试验藻类生长速率的计算结果见表1。

分析表1和图1～图5可以看出，在藻类生长期，水位下降组藻类的生长速率比对照静态组的速率大，1～3次试验的藻类密度的最大生长速率分别为0.132/d、0.118/d和0.158/d，对照静态组分别为0.070/d、0.110/d和0.093/d；水位下降组在生长期的平均生长速率分别为0.133/d、0.098/d和0.120/d，对照静态组分别为0.076/d、0.075/d和0.082/d；4次和5次试验的叶绿素a的浓度的最大生长速率分别为0.843/d和0.600/d，对照静态组分别为0.582/d和0.300/d，在生长期的平均生长速率分别为0.314/d和0.414/d，对照静态组分别为0.253/d和0.374/d。从表1和图1～图5还可以看出，水位动态下降产生的扰动不仅可以提高藻类的生长速率，而且还可以降低衰亡期中藻类的衰亡速率，在1～3次试验中衰亡期藻类密度的平均衰亡速率分别为0.060/d、0.018/d和0.073/d，对照静态组分别为0.264/d、0.059/d和0.114/d；4次和5次试验中叶绿素a浓度的平均衰亡速率分别为0.106/d和0.131/d，对照静态组分别为0.270/d和0.388/d，表明水位动态下降产生的扰动有助于提高藻类的抗衰亡能力。

表1　藻类生长速率　　单位：d^{-1}

时间段/d	试验Ⅰ		试验Ⅱ		试验Ⅲ		试验Ⅳ		试验Ⅴ	
	水位下降组	对照静态组	水位下降组	对照静态组	水位下降组	对照静态组	水位下降组	对照静态组	水位下降组	对照静态组
1～3	-0.246	-0.152	-0.093	-0.101	-0.099	-0.117	-0.132	-0.194	-0.265	-0.054
3～5	0.178	0.091	0.086	0.057	0.165	0.114	0.388	0.026	-0.549	-0.693
5～7	0.089	0.067	0.118	0.11	0.158	0.093	0.131	0.235	0.371	0.323
7～9	0.132	0.07	0.089	0.058	0.036	0.039	0.421	1.674	0.63	0.283
9～11	-0.069	-0.096	-0.007	-0.025	-0.088	-0.132	-0.056	-0.168	0.242	0.517
11～13	-0.052	-0.432	-0.028	-0.143	-0.057	-0.277	-0.072	-0.387	-0.161	-0.275
13～15							-0.19	-0.255	-0.101	-0.502

（三）讨论

通常认为湖泊水库等缓流或静止水体具备发生富营养化的流速条件，近年来的有关河道型水库的纵向流速，以及湖泊等的风生环流流速对藻类生长影响的研究表明[2,5,7,9]，对于缓流水体，藻类生长存在临界流速，即藻类生长率最高时的流速，与静止的水体相比，当水流的速度小于临界流速时，水体的流速增加，更有利于藻类生长繁殖，这很可能是因为一定的流速不仅可以使藻类不断得到新的营养物质供应，而且还可以使悬浮质中的一些氮、磷营养元素释放到水体中，使得水中的氮、磷浓度保持较高的水平[2]。有关三峡水库等河道型水库水流速度对藻类生长的影响的试验研究表明[7,13]，临界流速约为3cm/s，由于影响临界流速的因素较多，机理复杂，目前国内外的研究中对富营养化的临界流速取值还没有达成共识。

本试验的研究结果表明，因水位动态下降引起的扰动，将促进藻类生长，有利于富营养化的发生。因试验中水位动态下降的速度相当慢，产生的垂向速度极小，如果也存在相应的临界流速的话，根据上述分析，应属于垂向流速小于其临界流速的垂向极微弱扰动。

本试验水位下降所引起的垂向微弱扰动能够促进藻类生长，其机理还需要作进一步的深入研究，初步分析，可能有以下几个方面的原因。第一，从对比图可以看出，刚开始，水位动态下降组和对照静态组的藻类密度是差不多的，但是一段时间之后，二者的密度差距越来越大。由于在试验过程中没有添加营养盐，开始的时候两组水体的营养盐都满足藻类生长需求，一段时间后，藻细胞周围的营养盐不断被消耗，对照静态组的藻类生长速率就慢慢降低，而因扰动能够促进水体中的营养盐的重新分配，所以水位下降组的藻类生长速率比对照组的快；另一方面，由于轻微扰动，能够促进藻类对营养盐的吸收，进而提高藻细胞对营养盐的利用效率。第二，藻类在生长周期里，不断进行着新陈代谢，在吸收营养的同时，也将代谢物排放到水体中。由于水位下降引起的扰动能够降低藻细胞周围的代谢物浓度，而减轻了代谢物对藻类生长的抑制作用。从而使得水位下降组的藻类的衰亡期延迟，提高了藻类抗衰亡的能力。第三，光是藻类生长及生化成分变化的最为重要的因子之一。在对比试验中，一组的水位不断下降，逐渐增强了水体的透光性，位于该水体的藻类能够获得更多的光能进行光合作用，因而它的生长速率相比对照静态组的藻类生长速率就要快，使得两组水体中的藻类密度差距不断扩大。第四，水位下降引起的垂向微弱扰动，能使藻类微生态里面的胶质群体[13]得到一定程度的改变，氧化还原电位也随着有变化，促进了藻类的吸收能力，增加了藻类的生长速率。第五，藻类的繁殖方式有营养繁殖无性生殖和有性生殖。在多种藻类生长环境里，轻微扰动对藻类的营养繁殖和无性生殖并没有影响，但能促进有性生殖藻类的结合，使有性生殖藻类的繁殖加快，藻类密度也相应增加。因此水位下降组的藻类密度就大于对照静态组的藻类密度。第六，垂向速度的存在改变沿垂向的压强分布，减少下沉的藻类数量。

三、结 论

三峡水库蓄水后次级河流水华频繁发生，为研究动态水位下降过程中产生的垂向微弱扰动是否对藻类生长产生影响，本研究应用力学相似原理进行了模型试验。主要结论为：

1. 水位动态下降引起的微弱扰动能够明显加快藻类的生长速率，促进藻类生长；

2. 水位动态下降引起的微弱扰动不仅可以提高藻类的生长速率，而且可以降低衰亡期中藻类的衰亡速率，提高了藻类的抗衰亡能力。

参考文献

[1] 张晟，李崇明，郑丙辉，等．三峡库区次级河流营养状态及营养盐输出影响［J］．环境科学，2007，28（3）：500－505.

[2] 颜润润，赵伟，等．环流型水域水动力对藻类生长的影响［J］．中国环境科学，2008，28（9）：813－817.

[3] 王华，逄勇．藻类生长的水动力因素影响与数值仿真［J］．环境科学，2008，29（4）：884－889.

[4] Sophia I. Passy. Diatom ecological guilds display distinct and predictable behavior along nutrient and disturbance gra-

dients in running waters［J］. Aquatic Botany, 2007, 86: 171－178.

［5］廖平安，胡秀琳．流速对藻类生长影响的试验研究［J］．北京水利，2005，2：12－15.

［6］颜润润，逄勇，陈晓峰，等．不同风等级扰动对贫富营养下铜绿微囊藻生长的影响［J］．环境科学，2008，29（10）：2749－2753.

［7］刘信安，张密芳．重庆主城区三峡水域优势藻类的演替及其增殖行为研究［J］．环境科学，2008，29（7）：1839－1843.

［8］张毅敏，张永春，张龙江，等．湖泊水动力对蓝藻生长的影响［J］．中国环境科学，2008，27（5）：707－711.

［9］曹巧丽，黄钰玲，陈明曦．水动力条件下蓝藻水华生消的模拟实验研究与探讨［J］．人民珠江，2008（4）：8－13.

［10］R. Arfi. . Seasonal ecological changes and water level variations in the Sélingué Reservoir（Mali, West Africa）［J］. Physics and Chemistry of the Earth, 2005, 30（6－7）: 432－441.

［11］Mitrovic S M, Oliver R L, Rees C. Critical flow velocities for the growth and dominance of Anabaena circinalis in some turbid freshwater rivers［J］. Freshwater Biology, 2003, 48: 164－174.

［12］魏复盛．水和废水检测分析方法（第4版）［M］．北京：中国环境科学出版社，2002，12.

［13］高月香，等．流速对太湖铜绿微囊藻生长的影响［J］．生态与农村环境学报，2007，23（2）：57－60.

西溪水库水源地的生态保护措施

龚峰景[1] 马君梅[2]

（1. 宁波市环境保护科学研究设计院；2. 慈溪市环境保护监测站 宁波）

摘 要 文章针对西溪水库水质的水质现状，对库区进行了详细的污染源调查，并在此基础上提出了水库的生态环境保护措施。

关键词 西溪水库 污染源调查 生态保护 措施

西溪水库位于宁海县境内的白溪支流大溪上，是以防洪、供水为主，结合灌溉、发电等效益的综合利用水库，是宁海县水源地保护的重点之一。

目前该水库环境问题比较突出。饮用水安全面临农业农村面源污染、突发性环境事件、产业布局不合理等多种因素的困扰；管理上存在统筹规划不到位、饮用水源环境管理责任落实不到位和污染源整治不到位等问题。为改善水库的环境现状，需要对该水库制定一个系统、全面的生态保护措施，以推动西溪水库饮用水水源地环境保护工作的开展，确保饮用水安全，维护人民群众身体健康，促进社会和谐稳定发展。

一、西溪水库水质量现状

宁海县环境保护监测站于2009年3－5月对黄坛水库坝上流域水质进行现状监测，监测点位设在水库上游和库区。

监测结果表明：所有监测断面水质均为Ⅲ类或Ⅳ类，不能满足水功能区划要求的Ⅱ类标准要求，表明西溪水库库区及上游水质已不容乐观；总氮、总磷是主要污染控制因子，表明西溪水库主要受到氮、磷污染；库区上游测点总磷浓度相对高于下游测点，表明西溪水库上游农业农村有机污染物汇入确实已对西溪水库造成一定污染。

另外，根据监测获得总氮、总磷以及高锰酸盐指数等指标，查阅《地表水资源质量评价技术规程》（SL395—2007）和有关文献，初步判断水库水体处于中营养状态。但因总氮指标相对较高，有发展至轻度富营养的风险，应引起重视。

二、库区污染源调查

污染源调查覆盖整个集雨区范围。根据水库污染的实际情况，以调查农业农村面源污染为主，同时也对上游部分有污水排放的工业企业以及库区旅游污染等进行了分析。此外，因库区水质主要污染控制因子为总氮、总磷，所以污染源调查中分析以总氮、总磷两项污染为主。

（一）农业农村面源污染

1. 人和畜生活污染物

西溪水库库区有十几个自然村，它们距离两水库坝址3～15km不等，拥有常住人口5743人，牲畜合计约1300头，家禽合计约1810只。这些村庄大多沿溪而建，无排水系统，生活污水和牛棚猪舍污水除地表截留外一般就近流入溪流或山冲。生活污染物主要为居民洗涤、餐厨、淋浴污水，人和家畜的粪便，有机和无机垃圾。主要污染物为BOD_5、COD_{Cr}、TN、TP，由地表径流冲刷夹带入库。排放量的估算详见表1、表2。

2. 农业化肥污染

西溪水库控制流域范围内耕地面积为4532亩，根据宁海县国民经济统计年鉴，县境内化肥用量为131kg/亩·年，其中氮肥用量（以氮计）18kg/亩·年，磷肥用量（以磷计）3kg/亩·年。农田养分输出的途径，一是随收获的农作物从农田带走，二是随径流流失，三是渗漏。按氮流失率为30%，磷流失率为6%估算，每年随地表径流进入西溪水库的化肥氮约为24.4t/a（平均67.5kg/d）、化肥磷约为816.1kg/a（平均2.24kg/d）。

3. 农业污染评价

通过人畜生活污染源和农业化肥污染源的对比发现，西溪库区农村主要的污染源是人、畜生活污染源，其流失至水库的氮、磷污染物占到了农业农村氮、磷污染物流失总量的65%以上(其中总磷更是占到87%左右)。所以，在治理库区农村污染源的同时，应着重注意人畜生活污染源的治理，应尽快建立污水处理装置、三格式厕所或沼气池、垃圾转移或处理装置等设施。

表1　农村人畜生活污染源的各项污染物指标

污染物名称		污染指标		
		总量	TN	TP
生活污水		80L/p·d①	20~30mg/L平均为25	7~15mg/L平均为10
可用作农肥的污染物	人粪便	0.8kg/p·d②	0.004kg/p·d	0.001kg/p·d
	牛粪便	21kg/h·d③	0.2kg/h·d	0.04kg/h·d
	猪粪便	5.8kg/h·d	0.027kg/h·d	0.006kg/h·d
	羊粪便	2.9kg/h·d	0.03kg/h·d	0.006kg/h·d
	家禽粪便	0.12kg/h·d	0.002kg/h·d	0.0008kg/h·d
	有机生活垃圾	0.2kg/p·d	0.2kg/kg（干）	0.08kg/kg（干）
无机生活垃圾		0.3kg/p·d		

注：①L/p·d为升/人·日。②kg/p·d为千克/人·日。③kg/h·d为千克/头·日。

表2　库区农村生活及农业污染源产生的污染物情况表

污染源	污染物名称		主要污染量			流失至水库的污染量		
			产生数量/(t/d)	TN/(kg/d)	TP/(kg/d)	产生数量/(t/d)	TN/(kg/d)	TP/(kg/d)
生活污染源	生活污水		463.5	11.6	4.64	324.4	8.09	3.24
	可用作农肥的污染物	人粪便	4.64	23.17	5.8		8.12	0.58
		牛粪便	4.51	43.0	8.59		15.0	0.86
		猪粪便	5.12	23.82	5.3		8.4	0.53
		羊粪便	0.52	5.4	1.07		1.8	0.1
		家禽粪便	0.22	3.62	1.45		1.27	0.15
		有机生活垃圾	1.16	232	92.7		81.3	9.27
	无机生活垃圾		1.74					
	生活污染源小计			342.61	119.55		123.98	14.73
农业污染源	化肥污染						67.5	2.24
合计							191.5	17

（二）工业污染源

据乡镇统计资料和实地调研，集雨区内目前有工业企业30余家，基本上集中在水库上游。这些企业多数为小型家庭作坊式企业，规模以上工业企业只有5家，产品类型基本上为小五金配件加工，工业总产值1.4亿元左右。产生的水污染物主要是五金加工过程的废油和油污废水，废油一般有人收购，外排的主要是油污废水。上规模的4家五金加工企业都已安装污水处理装置（主要工序有气浮、沉淀、过滤、破乳），并有环保部门的严格监管，企业最终排放污水基本达标，对水体造成污染较小。其他小五金企业未安装污水处理装置的，污废水委托4家大企业一并进行处理。

经估算，库区工业企业废水排放量大约16.2t/d，总氮、总磷的排放较小，可忽略不计。

（三）旅游污染源

库区旅游污染主要有两块，一是野鹤湫旅游风景区，二是龙宫峡谷旅游区，均位于水库上游。

野鹤湫旅游风景区为三级旅游风景区，距水库1km。景点规划总占地6km²，现已开发面积2km²。景区于2002年开业，现有工作人员约15名，年游客3万人次，最多日接待1000多人。景区已设立并运行一系列污染控制措施。生活垃圾由专人收集，委托外运处置。三座环保厕所，粪便打包后和垃圾统一外运处置。餐饮废水和工作人员生活污水统一收集后由地埋式污水处理系统处理，尾水用于绿化浇灌或泵到山林由土壤渗滤。景区工作人员污水产生量按每人每天100L，游客按每人次50L，进水TN浓度按30mg/L，TP浓度按15mg/L，去除率按70%，尾水中的污染物经植物吸收、土壤渗滤，入库率按50%计算，则野鹤湫景区产生的入库废水污染物大约为TN 9.2kg/a，TP4.6kg/a。

龙宫峡谷旅游景点目前还未正式开发，没有餐饮住宿等旅游设施。全年游客大约为1万人次，夏秋季节的节假日，一天游客可以达200人次。对水环境有影响的主要是游客烧烤洗刷、洗漱戏水等产生的污水以及部分随意丢弃的垃圾。污水产生量按每人次30L，TN浓度按20mg/L，TP浓度按8mg/L，污染物入库率按90%计算，则龙宫峡谷旅游产生的入库废水污染物TN5.4kg/a，TP 2.4kg/a。

（四）污染源评价

表3　西溪（黄坛）水库主要入库污染源等标污染负荷分析

<table>
<tr><th colspan="3" rowspan="2">污染源分类</th><th colspan="4">入库污染物等标污染负荷</th><th colspan="2" rowspan="2">总等标污染负荷（×10⁶）</th></tr>
<tr><th colspan="2">TN（×10⁶）</th><th colspan="2">TP（×10⁶）</th></tr>
<tr><td>库区</td><td colspan="2">生活污水</td><td>5.9</td><td>4.23%</td><td>47.6</td><td>19.22%</td><td>53.5</td><td>13.82%</td></tr>
<tr><td rowspan="9">农村污染源</td><td rowspan="7">可用作化肥的污染源</td><td>人粪便</td><td>5.92</td><td>4.23%</td><td>8.4</td><td>3.40%</td><td>14.32</td><td>3.70%</td></tr>
<tr><td>牛粪便</td><td>10.96</td><td>7.86%</td><td>12.4</td><td>5.01%</td><td>23.36</td><td>6.03%</td></tr>
<tr><td>猪粪便</td><td>6.14</td><td>4.40%</td><td>7.6</td><td>3.07%</td><td>13.74</td><td>3.55%</td></tr>
<tr><td>羊粪便</td><td>1.32</td><td>0.95%</td><td>1.48</td><td>0.60%</td><td>2.8</td><td>0.72%</td></tr>
<tr><td>家禽粪便</td><td>0.92</td><td>0.66%</td><td>2.2</td><td>0.90%</td><td>3.12</td><td>0.81%</td></tr>
<tr><td>有机生活垃圾</td><td>59.4</td><td>42.60%</td><td>135.2</td><td>54.60%</td><td>194.6</td><td>50.30%</td></tr>
<tr><td colspan="2">人畜生活源小计</td><td>90.6</td><td>65%</td><td>214.9</td><td>86.80%</td><td>305.5</td><td>78.90%</td></tr>
<tr><td colspan="2">农业源化肥污染</td><td>48.8</td><td>35%</td><td>32.8</td><td>13.20%</td><td>81.6</td><td>21.10%</td></tr>
<tr><td colspan="3">合计</td><td colspan="2">139.4</td><td colspan="2">247.7</td><td colspan="2">387.1</td></tr>
</table>

注：等标负荷计算式基准浓度TN取Ⅱ级标准0.5mg/L，TP取Ⅱ级标准0.025mg/L。

通过对库区污染源分析比较，可以得出这样的结论，农业农村面源污染是导致水库TN、TP超标的主要污染源，而在农业农村面源污染中又以农村有机生活垃圾为源首。表3列举了农村面源各类污染物排放的等标污染负荷，TN污染源按负荷从大到小排列为：有机生活垃圾、农业化肥污染、牛粪便，TP污染源按负荷从大到小排列为：有机生活垃圾、生活污水、农业化肥污染。可见，要控制好农业农村面源污染，首先要治理好农业有机生活垃圾污染。另外，农业污染源也是西溪水库当前主要可控污染源，应该引起重视。

污染物等标污染负荷计算如下：

$$P_i = Q_i / C_{oi}$$

式中：P_i为i污染物等标污染负荷；Q_i为废水中i污染物的绝对排放量，t/a；C_{oi}为i污染物的评价标准，mg/L。

三、西溪水库现有污染治理措施

（一）西溪水库污染治理现状

垃圾专人清扫定期清运。西溪水库工作区都设有固定的垃圾桶和垃圾箱，并有专人负责清扫环境卫生，集中堆放至管理房垃圾场，定期进行清运出场，另外，卫生工作人员定期进行垃圾场的消毒。对于生活垃圾污染，通过在生活区适当位置设置垃圾箱和垃圾堆放点，专人负责收集与清运，由镇里统一处理，同时加强卫生教育，逐步改变村民往河沟中倾倒垃圾的不良习惯等措施来控制。为了保护西溪水库水源，政府构建了“环境保洁网”，制定实施了农村环境保洁长效措施，给集雨区内各村配备了专业保洁员，做到农村垃圾日产日清。

水库工作区建立污水处理设施。水库工作区生活污水建立地埋式污水处理系统，污水经处理后由水泵提升50m左右作为绿化用水。经监测，处理后排放污水的各项指标都达到了GB 8978—1996污水综合排放标准的一级标准。

改善农业生产化肥污染。对农民进行科学施肥的宣传教育，改进施肥方式，降低施肥量；积极推广生态农业，开发绿色环保农产品，如种植无公害瓜果蔬菜；对于畜禽污染，提倡圈养，建造沼气池，控制厩肥流失等。

（二）西溪水库污染治理短板

根据浙江省水环境功能区“大溪宁海饮用、农业用水区”西溪水库饮用水源保护区划分方案，西溪水库属于一级饮用水源保护区，应按照一级保护区的规定进行规划，但目前该区域的生态规划比较混乱。虽然工业和旅游的污染排放较少，但是对水库水质保护依然存在威胁。

农村面源污染是影响库区水质的主要污染源，但是这部分的污染控制措施却比较缺乏。库区村庄大多沿溪而建，无排水系统，生活污水和牛棚猪舍污水除地表截留外一般就近流入溪流或山冲。畜粪便一般用于耕地，部分用于竹林施肥。另外有一大部分排放在村道和野外，未得到收集利用，随地表径流流失。对于农业化肥污染，虽然政府倡导科学施肥、生态施肥，但是仍有大量的总氮、总磷污染物随地表径流进入水库。

四、西溪水库环境保护改进措施

（一）积极实施产业优化调整

限制发展污染型工业，大力发展生态农业、无公害农业和竹加工业，远离库区的村庄适度、谨慎地发展休闲观光农业游，实现水质保护、旅游开发和农村经济发展共赢。

1. 限制水库上游片区污染型工业企业发展，积极创造条件，逐步引导其转产或搬迁下山。

2. 形成红豆杉、茶叶、竹、笋生产加工基地；发展苗木生产基地；扩大无公害蔬菜、高山蔬菜基地、无公害竹笋基地的规模；推广竹林养鸡、茶园养鸡等适合当地实际情况的生态农业模式。2010 年建成望海岗万亩名优茶商品基地、万亩香榧、甜柿、优质大枣板栗等干果为主的经济林生产基地。

3. 积极鼓励竹加工业的发展，通过深加工和新产品的开发，提高竹材的使用量和附加值。

4. 继续引导和加强对竹林、蔬菜、茶叶等基地的配套设施建设，促进农业生产效率的提高，降低生产成本，减轻山区农民的劳动强度，加快农业的产业化进程，加速繁荣农村经济。

5. 按照“生态保护为主、适度开发为辅”的原则，利用农村特有田园、茶园风光，在远离库区的地方建立少量观光农业旅游区（项目必须经水利、环保等部门严格论证），以特色农产品生态基地为基础建立参与购物型农业旅游区。

（二）建立生态补偿机制

生态补偿是一种纠正外部性的经济手段。通过对损害（或保护）资源环境的行为进行收费（或补偿），提高该行为的成本（或收益），从而激励损害（或保护）行为的主体减少（或增加）因其行为带来的外部不经济性（或外部经济性），达到保护资源的目的。对于水源地保护来说，其目的是调动水源地生态建设与保护者的积极性，是促进水源保护的利益驱动机制、激励机制和协调机制的综合体。

补偿方式分为三种，外部补偿、政府拨款和建立水源涵养林基金。

外部补偿的最佳模式是对生态建设区进行造血式经济补偿，如提供技术、管理经验、投资开发等，以增强其经济造血功能，促使经济发展，农民增收，补偿的目标是增加受损地区发展能力，形成造血机能与自我发展机制，使外部补偿转化为自我积累能力和自我发展能力。

政府拨款是政府采取拨款的形式对受损地区进行直接补偿。结合新农村建设，加大上游地区农民的教育、医疗和社会保障支持力度，增强农民抵抗自然灾害和市场风险的能力，减轻农村贫困，减轻生态保护压力。把生态补偿与扶持欠发达地区发展有机地结合起来，加强对以生态环境保护为目的的产业结构调整等工作的资助，提升被补偿地区的产业竞争实力，探索异地开发、下山脱贫和生态脱贫（如发展高效有机绿色农业和适当的生态旅游业）等区域生态补偿方式。

建立水源涵养林基金，以每供给一方水提取适当额度的经费作为水源涵养林基金，每年年底按山林面积发放到户，由此既能顾及经济欠发达的库区农民的经济利益，又能调动山区农民护林育林的积极性，以确保库区有充足优质的水源。

（三）完善监控体系

在现有站网的前提下，新建或完善水量、水质监测网点。建议逐步在主要入库河流汇入口设立水质、水量自动监测站点。另外，还应在黄坛水库出水管道与白溪水库输水管道接并处设立水质、水量自动监测站点，以掌握西溪水库最终出水状况。

监测点的在线监测分析单元包括常规五参数、氨氮、总磷、总有机碳和高锰酸盐指数等；每月至少进行一次水质全分析；每年至少进行一次集中式饮用水源地选择项目水质分析。当水库水体水质出现异常时，转为以人工监测为主的监测方式，根据需要扩大监测面、增加监测项目和频次，加大监测力度，弥补自动监测项目少、监测面有限的缺陷。

筛选保护区内重要污染源，建立水量水质实时监测系统。随时查看各污水排放口出水水质的状况，及时掌握出水口水质的变化情况，以确保入库水质的安全。

成立水环境保护队伍，环绕水库周边进行巡视，制止各种可能污染水源的行为。尤其应加强供水口的安全管理。在水库周边部分地段构建防护栏设施，阻止违规游泳、钓鱼等可能污染水质的行为。

（四）环境保护工程建设

实施环境保护工程，最直接作用是可削减入库污染物量，改善库区生态环境，提高库区水源涵养能力和库区水环境保护管理能力，从而对水库水质持续改善和水源水量保障起关键作用。

环境保护工程通常包含4部分内容：污染防治工程、生态修复和建设工程、生态产业建设工程和管理建设及技术支持项目。

1. 污染防治工程。垃圾收集转运体系完善工程，扩大库区村庄垃圾收集转运覆盖面，合理布设村垃圾堆放点，对部分堆放点进行改造，防止二次污染；有机生活垃圾生物制肥项目，将农村生活垃圾中的有机垃圾分拣出来，借助生物处理技术，转化为土壤改良剂；农村厕所改造工程，新建或改造三格式公共厕所及生态卫生旱厕，粪便经化粪池处理后作为肥料回用于种植业；农村污水处理工程，在库区村庄建造污水处理工程，确保对水环境影响相对也较大的村庄优先建造污水处理工程；牲畜圈改造工程，对耕牛集中圈养，并配设防污设施，减少牛粪便流失污染；畜禽养殖沼气化工程，在畜禽较多的村庄，可建造沼气池，人畜禽粪便和餐厨有机垃圾一并处理，沼渣再用于田间地头施肥；农业面源污染生态防治建设工程，水库集雨区沟口处的水田、沟塘可被建设成微型湿地生态系统或多塘系统，集雨区的沟渠和污水排放系统可被建设成草沟系统。有计划地恢复和新建已被耕作填平的田间地头的水塘，把水塘里水的反复利用、循环灌溉，促使养分最大限度地在农田系统内循环，减少水肥流失；工业污染防治工程，对污染型五金加工企业进行整改，先期淘汰一些处于河流边沿，污染较大的“小散乱”作坊企业，条件成熟时再对一些大企业进行搬迁或转产；旅游污染防治工程，对野鹤湫景区污水处理系统进行改造，改善处理效果；在龙宫峡增设必要的垃圾收集设施，由专人负责清理。

2. 生态修复与建设工程。水土保持工程，治理水土流失，对流域内25°以上的山地逐步实行退耕还林还草或坡改梯；水源涵养林林相改造工程，优化水源涵养林植被类型结构，营造多层次的混交林，同时要保存良好的地被物覆盖层，保持合适的乔木林冠郁闭度；近库竹林改造项目，逐步对近库毛竹林进行杂林改造，增强水源涵养功能；河岸、库岸生态防护工程，通过对河岸的整治、基底的修复，种植适宜的水生、陆生植物，构建绿化隔离带，维护河流良性生态系统。在库周正常水位线以上，播种草籽，建立植被带，减少水土流失和农业农村径流污染；河道生态综合整治，通过开展河道生态综合整治，改善河道生态与景观功能，提高河道自净功能，如生态滚水堰工程；农村荒废屋宅、耕地整理和村庄布局调整项目，荒废耕地还林，荒废屋宅地还耕。适时对部分村庄进行撤并，盘活土地资源，增加林地面积，改善山村环境；生态移民和高山移民项目，逐步对水库水质影响较大的村庄实行生态移民，以确保入库水质。

3. 生态产业建设工程。竹加工业发展项目，积极鼓励竹扫把等无水污染的农林加工业发展，通过深加工和新产品的开发，提高竹材的使用量和附加值；绿色有机农产品基地建设项目，扩大无公害蔬菜、高山蔬菜、无公害竹笋基地规模；推广适宜本地条件的“竹林、茶园养鸡”等生态农业模式。

4. 管理建设及技术支持项目。农村保洁工作强化项目，加强检查监督与考核管理，加大清运频次，尽量实行日产日清，试点推行农村垃圾回收利用工程；生态公益林工程，建议逐步扩大生态公益林的补偿面积，库区森林资源实行封禁管理，同时逐步提高补偿标准；森林安全监测系统建设工程，建立火灾监测系统和林业病虫害测报系统，重点区域需配备专门护林人员进行看护；水库底泥生态治理恢复研究，着眼于水库的长远发展，积极借鉴国外先进技术经验，探索水库底泥生态治理恢复；水源水质同步监测网络建设工程，建立健全水量、水质、水土流失监测网络，合理布点，科学监测，设立水质自动监测站，建立水源地应急监测体系；饮用水水源保护区污染源监控网络建设，对重点工业企业、农村污水处理站尾水进行定期监测，有条件的可配备水质自动监测系统。建立库周巡逻队伍，在库周部分地方构建防护栏设施，阻止钓鱼、游泳。

滇池草海流域水污染系统防治与景观建设规划研究

董云仙　陈　静　杨逢乐

（云南省环境科学研究院　云南　昆明　650034）

摘　要　本文在对草海流域水环境现状和主要环境问题分析的基础上，提出草海流域水污染系统防治和景观建设规划的总体框架和方案，并对该方案的环境效益和景观效益进行了分析评价。

关键词　水污染　系统防治　景观建设　滇池草海流域

昆明是云南省唯一的特大城市，位于云贵高原中部，高原明珠——滇池湖畔，由于海拔高，纬度低，阳光明媚，“天气常如二三月、花开不断四时春”，昆明以“四季如春”的气候和滇池秀丽的湖光山色闻名于世。草海是高原明珠——滇池的有机组成部分，其面积占滇池面积的3.6%，蓄水量占滇池总蓄水量的1.5%，地处滇池北部、昆明主城区西南郊的海拔最低处，东经102°24′~102°28′，北纬24°57′~25°，西邻西山国家级风景名胜区，北及西北沙河水库区，南以船闸大堤与滇池外海相通。

草海流域面积195km^2，入湖河道有船房河、西坝河、大观河、乌龙河、老运粮河、新运粮河、王家堆渠7条，多年平均径流量8640万m^3。草海湖面面积10.8km^2，平均水深2m，湖岸线长23km，蓄水量约2000万m^3，草海的出水主要经西南部的西园隧洞排入沙河后流入螳螂川，最终汇入金沙江。草海流域涵盖昆明市主城区西南部的西山区和五华区，13个街道办事处、2个乡镇，总人口117.65万人，其中常住人口数为106.95万人，流动人口为10.7万人，是昆明市人口最密集，经济最发达的区域，又是昆明市未来发展的重要空间资源，也是昆明市可持续发展的基础保障。研究草海流域水污染系统防治及其景观建设战略，对于保护昆明地区自然、社会、经济可持续发展具有极其重要的现实意义。

本文在草海流域水污染现状和主要环境问题分析的基础上，提出草海流域水污染系统防治方案和景观建设规划总体框架和方案，并对该方案的环境效益和景观效益进行了分析评价。

一、草海流域水污染现状与主要环境问题

（一）草海流域水污染现状

1. 草海流域水污染负荷

草海流域是滇池地区水污染最为严重的区域，有流域区117.65万人的生活污染，几百家不同规模的工业企业废水污染和流域区广大区域的面源污染，区域内污水通过排污河道及沟渠最终流入草海。依据昆明市环境监测中心站调查结果，草海流域水污染负荷总量为：COD_{Cr}26074t/a，TN 4780t/a，TP 374t/a，主要来源是城市生活污染源和工业企业污染源，二者分别占COD_{Cr}、TN和TP总量的84%、95%和83%；面源污染则分别占总量的16%、5%和17%。经过各种污染治理措施治理，污染负荷削减率分别为COD_{Cr}50.9%、TN 42.7%、TP 64.2%，实际入湖量达COD_{Cr}12796 t/a，TN 2738t/a，TP 134t/a，已远远超过流域水环境可容纳总量。

2. 草海入湖河流水污染现状

依据昆明市环境保护局2007年水环境质量公告，草海七条河流水质现状均为GB 3838—2002《国家地表水环境质量标准》中的劣Ⅴ类水质，主要污染物是COD、BOD、TN、TP、NH_3-N，达不到《云南省地表水水环境功能区划》中的Ⅳ类水质要求。如按BOD和COD污染程度轻重排序，由重至轻序列为：乌龙河>新运粮河>老运粮河>船房河>西坝河>大观河>王

家堆渠；TP从重至轻序列为：乌龙河>老运粮河>新运粮河>船房河>西坝河>大观河>王家堆渠；TN和NH_3-N由重至轻序列为：新运粮河>乌龙河>老运粮河>船房河>西坝河>大观河>王家堆渠，其中，乌龙河、新运粮河、老运粮河污染最为严重。

3. 草海湖体水污染现状

20世纪60年代，草海水质为地表水Ⅱ类；70年代初发展成Ⅲ类水质，进入80年代，水质迅速恶化为Ⅴ类，90年代后，水质长期处于劣Ⅴ类状态。根据昆明市环境监测中心站水质常规监测表明，草海主要污染物是：BOD、COD、TN、TP、NH_3-N，与入湖河流污染物一致。

（二）草海流域主要环境问题

1. 水环境污染负荷重，流域人口、资源、环境承载力已不堪负重

草海流域污染负荷重，入湖污染物总量已超过其环境容量6倍，流域人口、资源、环境承载力已不堪负重。污染源主要来自城市生活污水和工业废水污染。草海流域水环境质量长期处于劣Ⅴ类状态，造成河流和湖泊生境条件恶化，敏感种类消亡，生物多样性严重流失，而一些适生种类（如蓝藻、凤眼莲、大漂）泛滥成灾，生态安全受到严重威胁，乌黑发臭的城市水环境严重影响居民的生活和身体健康，影响城市形象。

2. 流域土地资源开发导向性差，功能混杂

近30年，昆明市城市人口迅速增加，城市规模迅速扩张，然而，土地资源开发缺乏科学合理规划，导向性差，未考虑流域区生态功能保护的客观要求，也没有与草海保护紧密结合，城市布局随意性大，城市建设呈“摊大饼”式发展。目前，流域总土地面积中，居民地和工矿用地已占30.7%；灌木林地占28.2%；有林地占20.3%；耕地占13.2%；菜地占3.2%；荒草地占1%；湖泊水面占0.9%；其他2.5%。流域内生态用地、居民地、工矿用地、商业用地、农业用地、旅游区、休闲区混杂，处于无序开发的混乱局面，造成许多难以从根本上解决的结构性污染。

3. 天然湖滨带消失，高原湖泊景观破坏严重

草海曾以高原湖泊秀丽风光闻名海内外，著名的大观楼长联即是例证。进入20世纪，草海湖滨带历经了三次大的破坏，特别是“围海造田”和“修建防浪堤”，原来的水陆交错带湖滨湿地生态系统转变为农业生态系统，之后，随着人口数量的增加，城市规模扩张和流域区社会经济繁荣发展，草海湖滨区土地利用类型又由农业用地转化成建设用地，目前，原湖滨地带农田、鱼塘、住宅区、仓储区、道路、休闲度假区、工矿用地、商贸区、旅游观光区等交织在一起，湖滨带环境发生彻底变迁，湖滨生态系统严重退化，景观单一混乱，高原湖泊秀丽景观荡然无存。

4. 水污染防治尚未系统化，治污效率低下

草海流域水污染防治缺乏一个长远的规划和治理思路，长期停留在就治理而治理的层面上，近年来，围绕滇池和草海污染，虽开展了大量工作，但多关注末端治理，而对于源头控制、过程减污缺乏适当的引导和政策激励，未形成从源头到末端的水污染防治体系。另一方面，城市快速扩张过程中基础设施建设严重滞后，城区多以地下暗沟、渠道和天然河道排放污水，大部分区域仍然使用雨污合流系统，虽后期建成第一、第三污水处理厂及其部分污水配套管网，但远不能发挥应有的污水收集和处理作用。到目前为止，污水处理厂仍以河道取水为主，污染物处理效率低，特别进入雨季，河流水量超过污水处理厂处理能力，雨水的稀释作用，河道污染物浓度低，污水处理厂去污效果更差，大量污染物集中进入草海，急剧增加草海污染负荷，流域区城市污水管网不配套、治污效率低下等现象十分突出。

5. 流域区生态系统遭受破坏，人居环境质量下降

长期以来，草海流域生态环境未得到应有的保护，由于错误的政策引导，人们一味向自然索取而从未着力维护自然环境。目前，草海流域森林覆盖率仅有22.5%，现存植被大部分是云南

松幼林，萌生灌丛和灌草丛分布面积较大，陆生植被逆行演替问题突出，植被地域特色丧失；城市建成区绿化覆盖率仅 26.8%，绿地率 25.7%，人均公共绿地仅有 6.04m^2/人，城市中心区的人均公共绿地仅 1.55m^2，而且从绿地空间分布来看，公共绿地主要集中于西山国家级森林公园，缺乏大型绿地和以高大乔木为主的质量较高的公共绿地，城市绿地高度破碎，不能连接形成系统，又无发展空间；河流在城市环境整治过程中被“裁弯取直”，改变了河流自然形态的多样性，河段内堤修成“三面光”，其上水泥盖板覆盖，违章建筑直接盖于其上，有的河流甚至被填平，河滨区生态空间被无度侵占，原城市重要景观区演变成为生态环境问题最集中的区域。生态系统的破坏致使人居环境质量下降，与“昆明春城”的美誉极不相称。

二、草海流域水污染系统防治与景观建设规划

（一）规划思路

以落实科学发展观为纲领，以从根本上根治水环境污染，改善生态环境质量，建设风景优美、人与自然和谐发展的人居环境为目标，从草海流域生态系统整体角度出发，按照目标导向、因地制宜、突出重点、统一规划、分步实施的方针，采用系统工程的方法统筹规划流域水污染系统防治与城市景观建设，将草海及其流域建设成为污染有效控制、生态结构完整、生态类型丰富、景观多样的城市建成区，从整体上促进昆明湖滨生态城市建设进程。

（二）总体框架

依据草海流域自然地理环境特征，将整个流域水污染控制划分为面山控制区、城市径流控制区、河道恢复控制区和湖滨带恢复控制区，针对流域水环境污染负荷重、河滨、湖滨带破坏严重、生态系统的连续性和完整性破坏、面山森林植被退化现状，共设置了两个类 4 大项 21 项工程，配合有关非工程措施，实行源头水源涵养、过程减污、雨水截留再利用、末端清污和生态建设等流域水污染系统防治，与此同时，完成森林公园、主题公园、景观公园、防护林、绿色廊道等景观建设，最大限度地提升环境质量，建设宜居城市，其总体框架见图 1。

（三）规划方案

1. 非工程技术方案

“节流优先”是昆明市水资源匮乏这一基本水情的客观要求，也是提高用水效率，减少污水排放的最佳途径。采用非工程措施，实施厉行节水、中水回用，提高水资源利用率，创建节水型城市，从源头减少污染；实行清洁生产、循环经济战略，逐步淘汰高能耗、高污染企业，将布局不当的冶金、化工、建材等工业企业逐渐搬迁至卫星城市工业园区；落实环境影响评价制度、污染物总量控制和排污许可证制度、清洁生产审核、环境联合执法以及环境目标责任制度和行政问责制，这些非工程措施是流域水污染系统防治不可或缺的组成部分。

2. 工程技术方案

（1）面山控制区

面山控制区总面积 99.1km^2，规划内容主要有水源涵养林建设工程、水土流失治理工程、矿山迹地治理工程、主题公园建设工程、裸岩石砾地景观建设工程 5 类。工程建设中首先全面取缔马街大箐沟片区、黑林铺玉案山片区、大普吉片区开山取石、挖砂取土作业，有关企业单位负责土地整治、改善土壤结构、增加土壤肥力、使用本地种绿化。对桃源村、西北沙河水库上游、姚家冲、大箐沟、海湖石场、马掌口石场、春建司采石场矿山迹地，根据“谁破坏谁负责”原则进行治理。全面实施封山育林、植树造林、水源涵养林改造工程，提高流域区水源涵养能力。在水土流失重点区域，实行水土流失治理工程，在土壤条件较好的地方采用先种植先锋树种，再种植抗逆性强的观赏植物的方法；在土壤条件较差的地段可以使用挖种植槽，客土种植的方法；一些土壤较肥沃的山地，可营造特色果园、竹园作为增加山林经营发展的途径；特别是山脚、陡坡

等要进行工程措施与生态措施重点绿化。对于青山、团山、锅盖山、荷叶山、明波公园、小屯山、金鼎山，实行富有特色的主体公园建设工程；对于黑林铺面山、龙院村面山裸岩石砾地，通过新颖策划，实施以城市雕塑群为主体的景观建设。通过上述5项工程措施，全面改善草海流域面山生态环境质量，形成绿色的城市背景。

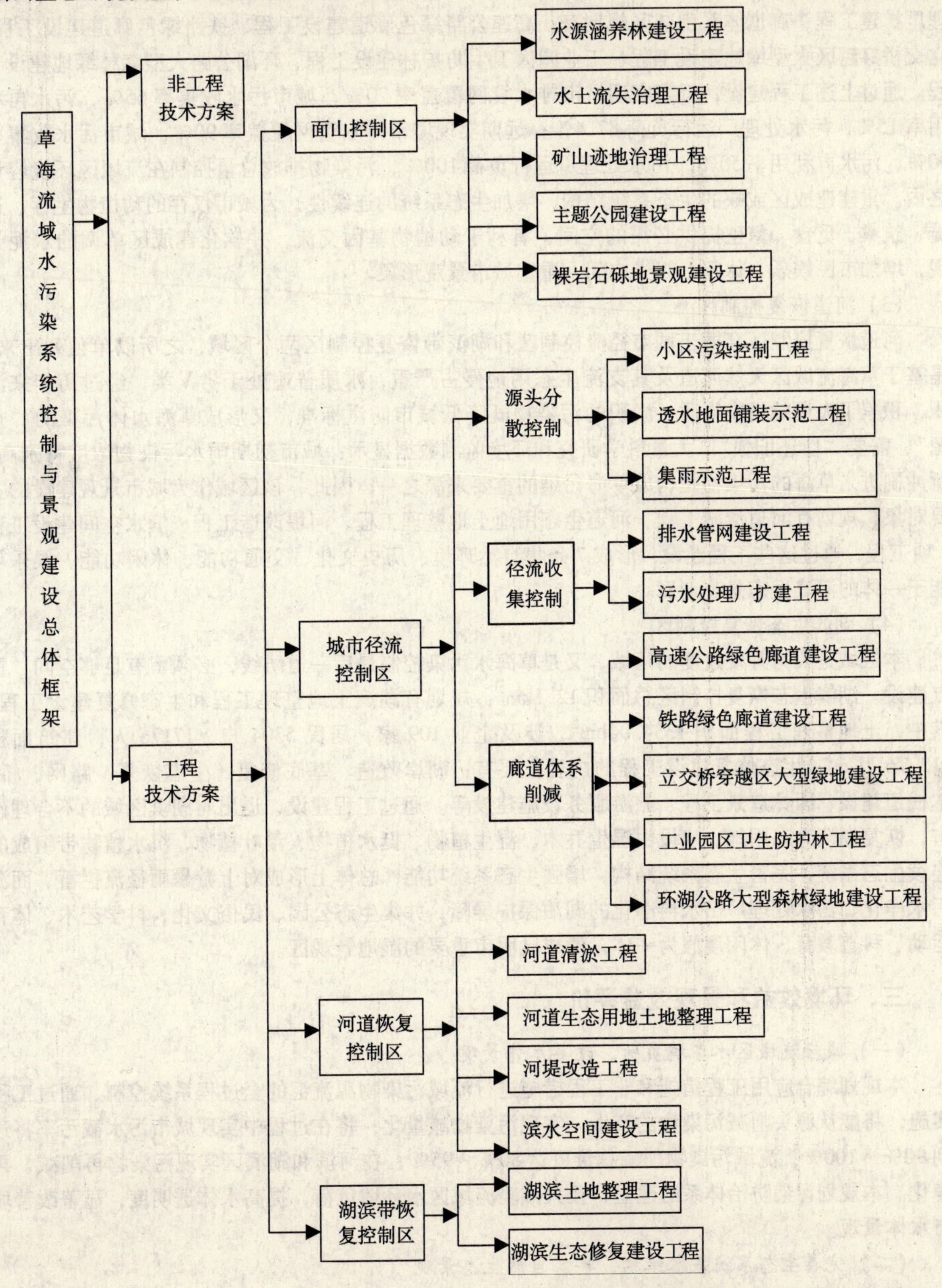

图1　草海流域水污染系统防治与景观建设规划框架图

（2）城市径流控制区

该区域是草海水污染控制的核心区域，总面积 78.2km²，这个区域内又划分为源头分散控制、径流收集控制、廊道体系削减三个区域，其中，在源头分散区控制规划有小区污染控制工程、透水地面铺装工程、集雨示范工程；径流收集控制区规划有排水管网配套建设工程、污水处理厂扩建工程；廊道体系削减区规划有：高速公路绿色廊道建设工程、铁路绿色廊道建设工程、立交桥穿越区大型绿地建设工程、工业园区卫生防护林建设工程、环湖公路大型森林绿地建设工程。通过上述工程建设，近期实现城市排水管网覆盖率 70%，城市污水收集率 65%，污水再利用率 15%，污水处理厂运行负荷 87.4%；远期实现城市排水管网覆盖率 90%，城市污水收集率 90%，污水再利用率 50%，污水处理厂运行负荷 100%，污染物排放总量控制在流域区环境容量之内。重建建成区或缺的生态系统结构，增加生态系统的连续性，为城市仅存的动植物生存、迁徙、筑巢、觅食、繁殖提供必需的空间，有利于动植物基因交流，并软化建成区单调的水泥景观，增加市民娱乐、休闲、观光空间，重塑城市景观形象。

（3）河道恢复控制区

河道恢复控制区穿插于城市径流控制区和湖滨带恢复控制区两个区域，之所以单独列出来，是基于草海流域区天然河道及其支流生态用地侵占严重，水质普遍处于劣Ⅴ类，经过历年来沉积，积累了大量的污染物质，淤积的污染物既降低城市防洪标准，又形成草海水体污染的“点源”，需要“偿还旧债”。大量科学研究和环境监测数据显示：城市初期雨水污染物浓度特别高，所冲刷进入草海的污染物是构成草海污染的重要来源之一，因此，该区域作为城市景观建设的主要对象，规划有河道清淤工程、河道生态用地土地整理工程、河堤改造工程、滨水空间建设工程 4 项工程，通过这些工程建设，形成 7 条集自然环境、历史文化、交通功能、休闲功能、娱乐功能于一体的河滨生态景观走廊。

（4）湖滨生态恢复控制区

本区域是人为开发过度的区域，又是草海水污染控制最后一道防线，必须留有足够空间，重点建设。湖滨生态恢复控制区总面积 12.1km²，规划有湖滨土地整理工程和生态修复建设工程，其中，土地整理工程面积 1334.04hm²，涉及企业 109 家，居民 5304 户、17176 人，建筑面积 513.76 万 m²；生态修复建设工程的内容主要有：湖岸改造、基底修复、生态恢复、路网、桥、木栈道建设、园林造景工程、旅游服务设施建设等。通过工程建设，退出对湖滨区域的不合理侵占，恢复湖滨生态用地，建设由湿生乔木、湿生植物、挺水植物、浮叶植物、沉水植物带组成的连续生态系统，完善生态系统结构，增强生态系统功能，总体上形成对上游暴雨径流拦蓄、面源污水净化、污水处理厂出水再净化的湖泊保护屏障，并集生态公园、民俗文化、科学艺术、体育运动、科普教育、休闲度假为一体，建成昆明市重要的湿地景观区。

三、环境效益和景观效益评价

（一）减轻流域区水环境负荷，改善水体景观

本规划综合应用工程措施和非工程措施进行流域污染物源流汇的全过程系统控制，通过工程实施，将能从源头削减污染物的产生，实现污染物减量化；将在过程中实现城市污水截污率将达到 90%～100%，流域污染物削减总量可达 80%～95%；在河滨和湖滨区实现污染物再削减、再净化。本规划污染防治体系的建立，极大减轻流域区水环境负荷，提高水体透明度，显著改善城市水体景观。

（二）完善生态系统基本结构，丰富自然生态景观

草海流域面山矿山迹地整治、水源涵养林建设和水土流失治理，增加植被覆盖率，使森林结构复杂化，森林景观多样化；通过河道清淤、河堤改造和河滨亲水空间建设，重建河道生态系

统；通过城市廊道体系建设，可将防护林、森林公园、景观公园、城市绿地连接成为一个有机整体，从整体上提高生态系统的活力和质量；通过湖滨区土地整理和生态修复工程，村落、工厂等搬迁，减少了湖滨地带点污染源的排放，根治草海湖滨带土地利用混杂、脏、乱、差现象；湖滨湿地、河口湿地生态系统建成后，不仅形成净化带进一步削减污染物，还将成为流域区生物多样性最为丰富的地带之一，滨岸带独特的地貌、水文特征和生物类群，将形成错落有致、景色各异的自然生态景观，是人类理想的休闲、娱乐、旅游、科教场所，也是昆明市人与自然走向和谐的重要标志。

（三）维护城市环境质量，保护居民身心健康

本规划完成后，流域面山森林覆盖率将由目前的22.5%提高到35%；城市建成区绿化覆盖率将由目前的26.8%提高到36%，绿地率将由目前的25.7%提高到33%，人均公共绿地由6.04m^2/人提高到8.1m^2/人；湖滨带绿地覆盖率将由目前的10%提高到60%；原来乌黑发臭的7条河流转变成水体清亮、亲水空间优美的生态河道，能够较好地维护城市环境质量，极大地加快了昆明市山水园林湖滨城市建设步伐。总之，本规划的实施，从根本上改变草海流域区生态环境，改变昆明城市面貌，营造出良好的人居环境，最大限度地保护居民身心健康。

（四）恢复高原湖泊草海秀丽景观

切实落实本规划各项工程和非工程措施后，进入草海的污染物将逐年得到削减，水环境质量逐步得到改善，随着草海及其湖滨带生物多样性丰富、生物食物链的修复和生态功能增强，草海物质循环和能量流动将逐渐通畅，此时，湖泊水体富营养化进程将得到控制，蓝藻水华的发生将得到抑制，水体透明度将逐步提高，水质逐渐趋向好转，滇池人民从此可以告别守着一池污水而无可奈何的尴尬境地。流域区又重新步入环境清洁、生态美好的行列，秀丽的高原湖光山色可望重新回到人民的生活之中。

参考文献

[1] 刘鸿亮. 治理滇池草海水环境的成套技术［J］. 环境科学研究，1997，10（1）：1-6.
[2] 俞孔坚，等. 生物多样性保护的景观规划途径［J］. 生物多样性，1998（3）.
[3] 黄宣伟. 论《太湖流域综合治理规划》的得失［J］. 湖泊科学，2004，14（3）：203-208.
[4] 李伟峰，欧阳志云，等. 城市生态系统景观格局特征及形成机制［J］. 生态学，2005，24（4）：428-432.
[5] 中国科学院南京地理与湖泊研究所. 太湖流域水污染控制与生态修复的研究与战略思考［J］. 湖泊科学，2006，18（3）：193-198.

艾比湖周边土地沙化主要影响因素分析

陆亦农[1]　宋艳华[2]　吴纯渊[3]

（1. 新疆师范大学地理科学与旅游学院　乌鲁木齐市新医路102号　830054；
2. 新疆林业干部学校　乌鲁木齐河南西路299号　830011；
3. 新疆教育学院　乌鲁木齐市光明路　830000）

摘　要　艾比湖是准噶尔盆地西南缘最低洼地和水盐汇集中心。随着全球气候变化、人口增长及经济发展对土地资源的过度利用，湖面缩小，艾比湖的生态功能也随之弱化。沙化土地分布已扩展到湿地边缘，成为国内4大浮尘源之一。本文从气候因素、地质地貌因素、经济因素等方面进行分析，认为影响土地沙化的主要因素是在自然因素为背景叠加人为因素综合作用的结果，且人为因素起着更重要的作用。

关键词　艾比湖　土地沙化　影响

一、研究区概况

艾比湖是新疆最大的咸水湖，也是我国西部的国门湖泊（图1）。艾比湖湿地具有其特殊的价值，是不可替代的宝贵资源。湿地维系着新疆的绿洲，是关系生存和社会经济持续发展的首要自然因素。随着全球气候的变化，人口增长及经济发展对土地资源的过度利用，湖面面积缩小，艾比湖湿地的生态功能也随之弱化。艾比湖如再进一步干缩乃至基本干涸，将招致严重的生态灾难[5]。艾比湖湿地在我国著名的阿拉山口大风通道下，荒漠湿地生态系统极不稳定，具有很强的敏感性和脆弱性[2,3]。

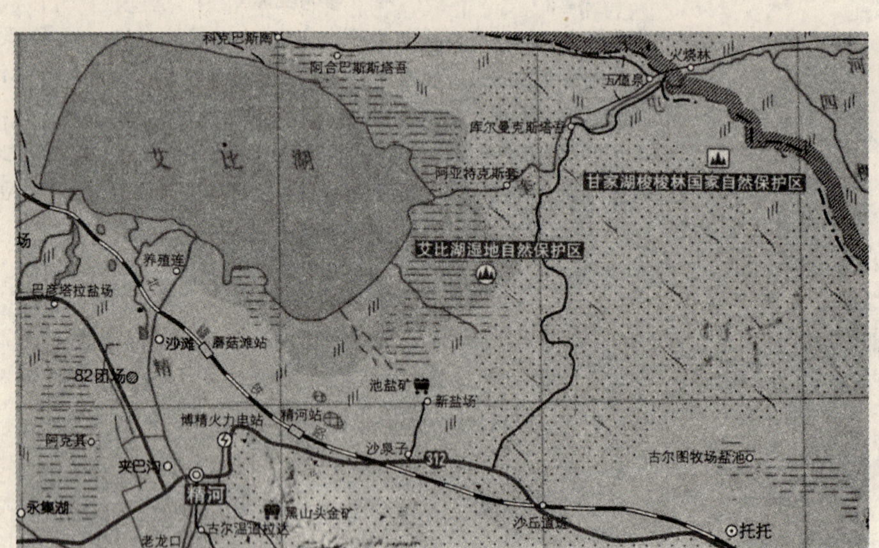

图1　研究区位置

二、土地沙化的影响因素

（一）气候因素

1. 空气湿度低、年降水量小

与北疆地区（图2）1950—2005年平均气温、降水量、湿润度指数变化比较以及该地区近45年气温与降水特点（图3），以及根据当地气象资料，艾比湖地面空气年平均温度8.3℃，年平均相对湿度为50%，由于空气干燥，极端相对湿度在5%以下。年平均降水量90.9mm。干燥日期很长[2]，如图3所示，从2月中旬一直到11月上

基金项目：中央级公益性科研院所基本科研业务费专项资金项目（IDM200901）；中国沙漠科学研究基金项目（Sqj2009004）。

旬结束。

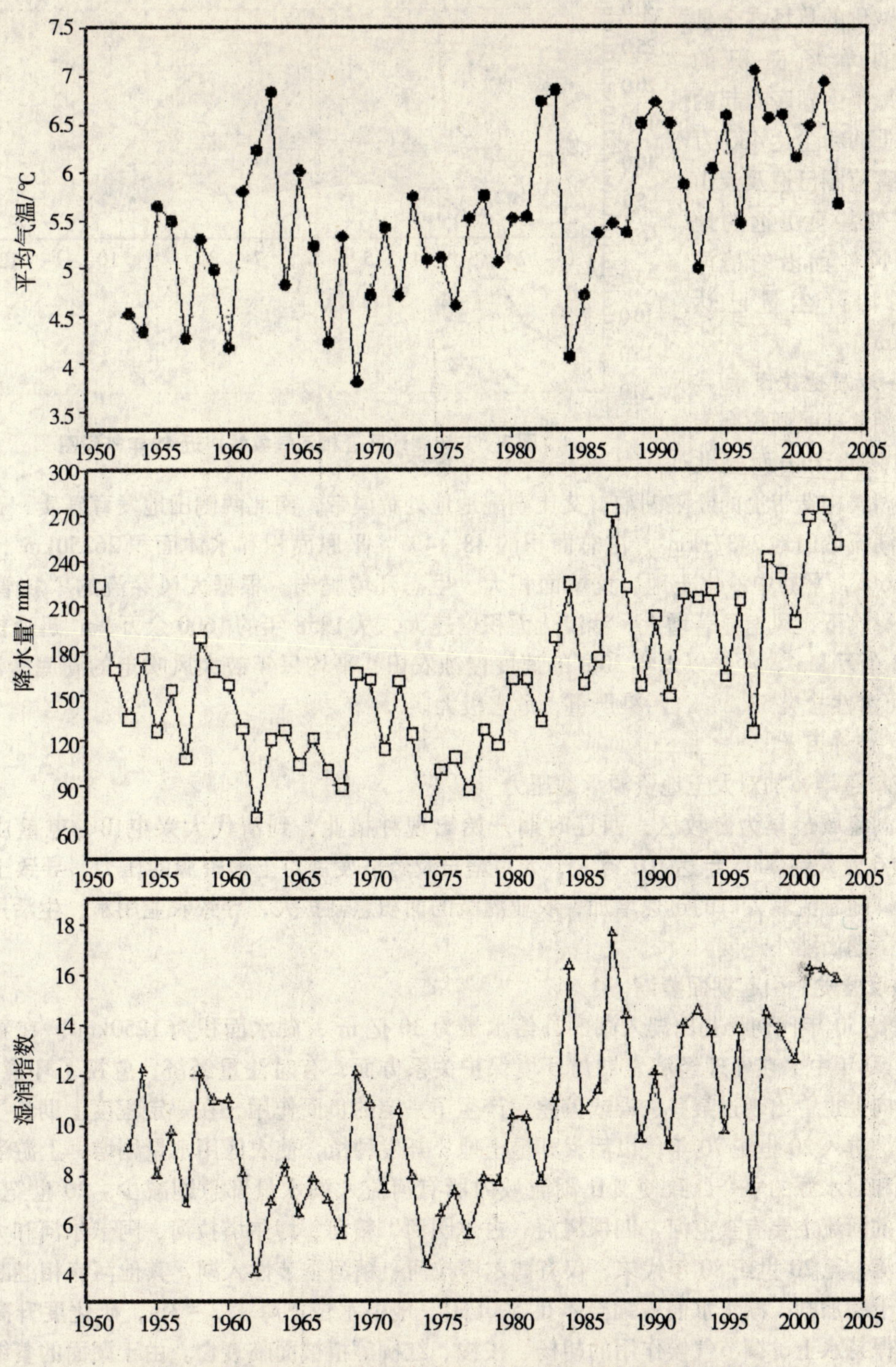

图2　北疆地区近55年来平均气温、降水量、湿润指数变化曲线

2. 年蒸发量高

年蒸发量高达3790毫米以上。湿地西部阿拉山口是全国著名的风口，据测算，风沙天气20世纪90年代是20世纪60年代的9倍。年平均大风（大于17m/s风速）天数高达165天，最高达185天，多集中在4－6月。所以风速大小的变化对蒸发的影响比温度、湿度更为重要。

3. 浮尘日数变化

浮尘天气日数加剧，每年平均浮尘天气日数达80天，个别年份达106天。艾比湖旁的精河县浮尘天气平均达112天，被沙化、碱化的草场占全县可利用的草场面积的70.2%。每年由湖底吹起的富含盐离子的粉尘达480万吨，其危害范围已遍及天山北坡经济带甚至更远的地区。位于风沙前沿的精河县，年平均降尘量已达288.64t/km^2。

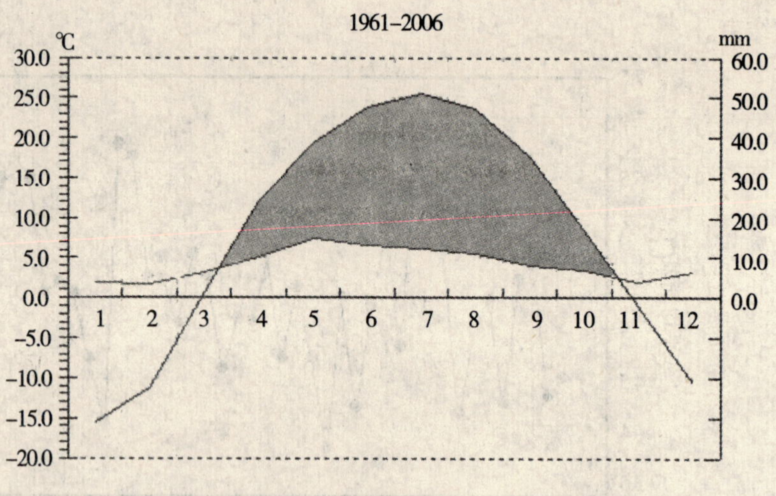

图3　艾比湖地区（精河气象站）近45年气候图

（二）地质地貌因素

艾比湖北部是阿拉套南坡，南侧是北天山西侧北坡，艾比湖属构造带上的断陷湖泊，艾比湖湿地地处荒漠带，南北两侧山地发育砾质、石膏质漠土。艾比湖流域山地24371km^2，占总面积的48.14%，平原面积和水体面积26250km^2，占总面积的51.86%，平原中沙化土地、戈壁面积大，生态环境脆弱。根据大风穿流的“狭管效应”，在地形的影响下，风速显著增大。沙漠化面积增速大，从1958年的1600余万km^2迅速扩大到目前的3200余万km^2，沙丘以每年30m的速度侵蚀农田，平均每年被大风吹走的湖底盐漠约100万m^3含可溶性盐类53.2%，污染严重，危害极大。

（三）经济因素

1. 人口急增，加对大土地资源承载压力

艾比湖流域最早为游牧区，西辽时期开始出现种植业，到清代大兴屯田、屯垦戍边。从1949年的6万人到2005年达102万人，人口增长及经济发展对土地资源的压力，导致土地资源过度利用。随着流域人口的迅速增加，农业灌溉的面积急剧扩大，导致农业用水、生活用水量大增，加快了湖面缩小速度。

2. 过度开发，引起湖面萎缩

20世纪50年代初，艾比湖入湖的补给水量为30亿m^3，湖水面积为1250km^2。在新中国成立后的近50年中，在处理经济发展与环境保护关系方面，有时注重经济，忽视了环境的保护，在政策导向上也曾出现过某些失误或偏差，产生了一定的负面作用，在一定程度上助长了土地沙化的扩展。进入20世纪70年代以后，开垦土地、开发种植，使农区用水量剧增，上游灌区面积不断扩大和对水源的争夺，致使艾比湖流域内所有河流入湖水量都急剧减少。20世纪50年代初，补给的河流主要有奎屯河、四棵树河、古尔图河、精河、博尔塔拉河、阿卡尔河和大河沿子河7条河流，至20世纪80年代末，仅有博尔塔拉河、精河季节性入湖，其他河流相继断流。艾比湖湖面干缩加剧，湖水水面曾缩至不足500km^2，地下水位下降了2~3m，矿化度升高，具有防风沙、保持水土、调节气候作用的胡杨、梭梭、红柳等植被面临衰亡。由于湖面的萎缩，使湖区荒漠化加剧，沙漠化每年以38.9km^2的速度扩展，沙化土地分布已扩展到湿地边缘，该地区已成为我国四大浮尘源之一。艾比湖如再进一步干缩乃至基本干涸，将招致严重的生态灾难。

3. 过渡垦荒放牧，生物资源破坏

在艾比湖具有代表性的阿其克苏河流域选取了2块样地，于2005—2008年连续四年测算。每年7-9月测算数据的分析如表1所示，植被物种优势度较大，盐沼处于主导地位，为优势类型；均匀度指数稍低，表明存在少数植被景观类型控制整体的现象。

表1　保护区围栏外物种、优势度、多样性、均匀度、鲜草重量一览表

年份	物种	优势度	多样性	均匀度	鲜重/（kg/hm^2）
2005	5	0.7004	2.0155	0.768	1080.00
2006	3	0.6003	1.3167	0.7939	348.00
2007	1	—	—	—	201.00
2008	1	—	—	—	270.00

表中显示，围栏外偷牧区人类活动及牲畜对植被破坏程度很大。同期对研究区内各类形沙丘对比分析如表2，对比表1、表2近年来的监测，更能说明人类活动的破坏力度及影响力度均很大，样地围栏外的监测情况接近沙丘地带，如不加保护，则退化加速。

表2　研究区内部各类型沙丘物种、优势度、多样性、均匀度、鲜草重量一览表

类　型	物种	优势度	多样性	均匀度	鲜重/（kg/hm^2）
流动沙丘	1	—	—	—	130.00
半固定沙丘	1	—	—	—	206.00

三、结　论

影响这一地区土地沙化的主要因素，从本质上说，是自然和人为两种因素叠加的结果。气候状况并未呈现明显的趋干迹象。其间虽然部分年份或部分区域也曾出现过一些极端的气候状况（旱灾），但从总体来看，50年来气候变化的幅度尚不足以直接导致土地沙化的形成与扩展。土地沙化是长期历史时期在自然因素和人为因素的综合作用下，生态脆弱的覆沙地区人类过度利用或不合理的经济活动所诱发引起的。粗放式的土地经营方式一定程度上诱导加重了无序乱垦滥伐，天然植被遭破坏诱发生态脆弱覆沙地区土地沙化，不合理的开发和掠夺式的利用，一定程度上使供植物生长的土壤团粒结构破坏。加上风旱同季的气候特征。风大频繁，因而沙粒活跃，该地及其边缘地区就地起沙，随西北风向东南局部地区扩展。

参考文献

[1] Ruide Yu, Dieter Overdieck, Daniel Ziche, Xiang Gao, 2008, Impact of environmental changes on Populus euphratica forest in a semi – arid area of Xinjiang NW China, Pflanzenleben in extremer und sich ändernder Umwelt – Plant life in an extreme and changing environment", GfÖ, DGL, Tharandt, Germany.

[2] Ruide YU, 2008.06, Forest development along the former river Aqikesu in the Aibi Hu National Nature Reserve in P. R. China, Fakultt VI – Planen Bauen Umwelt der technischen Universität Berlin.

[3] Ruide Yu, 2008.11, Waldentwicklung entlang des ehemaligen Flusses Aqikesu im Aibi – See Nationalpark in der Volksrepublik China, Fakultt VI – Planen Bauen Umwelt der technischen Universität Berlin. Berlin, Germany.

[4] 钱亦兵，吴兆宁，蒋进，等．近50年艾比湖流域生态环境演变及其影响因素分析［J］．冰川冻土，2004，26（1）：17－26.

[5] 陈蜀江，侯平，等．新疆艾比湖湿地自然保护区综合考察［M］．乌鲁木齐：新疆科技出版社，2006，5.

概述松花江流域黑龙江省水污染现状与治理

李继光[1,2]　孙　勇[3]　官　涤[1,3]　金志民[2]　杨春文[2]　左春生[2]　任南琪[1]

（1. 哈尔滨工业大学城市水资源与水环境国家重点实验室　哈尔滨　150090；
2. 牡丹江师范学院生命科学与技术学院　牡丹江　157012；
3. 哈尔滨工程大学航天与建筑学院　哈尔滨　150001）

摘　要　通过对松花江流域黑龙江省水污染的现状分析，概述松花江流域水污染的组成。通过大量数据和适当引用"控制单元治污"的概念分析松花江流域水体污染的来源。结合"十一五"期间水体治理的成果，为"十二五"制定科学合理的计划提供可行性依据。并为实现黑龙江省经济更好更快发展的规划构想提出笔者一些自己的看法。

关键词　松花江　水污染　控制单元　综合治理

水是生命的源泉，在地球上，哪里有水，哪里就有生命，一切生命活动都起源于水。人体内的水分，大约占到体重的65%，人一旦缺水，后果很严重。缺水1% ~2%，感到渴；缺水5%，口干舌燥，皮肤起皱，意识不清，甚至幻视；缺水15%，往往甚于饥饿。没有食物，人可以活较长时间，如果没有水，顶多能活一周左右。

一、水污染的危害

（一）水污染概述

水污染是指由于人们的生产和其他活动，使污染物或者能量进入水环境，导致其物理、生物或放射性特性的改变，造成水质恶化、影响水体的有效利用，危害人类健康、生命安全的现象。1984年颁布的《中华人民共和国水污染防治法》中为"水污染"下了明确的定义，即水体因某种物质的介入，而导致其化学、物理、生物或者放射性等方面特征的改变，从而影响水的有效利用，危害人体健康或者破坏生态环境，造成水质恶化的现象称为水污染[1]。

据权威机构调查，在发展中国家，各类疾病有8%是因为饮用了不卫生的水而传播，每年因饮用不卫生水全球至少造成2000万人死亡，因此，水污染被称做"世界头号杀手"[2]。

（二）水污染的种类及来源

水污染有两类：自然污染和人为污染。当前对水体危害较大的是人为污染，也就是由人类活动产生的污染物造成的水体污染。它包括工业污染源、农业污染源和生活污染源三大部分。

工业废水为水域的重要污染源，具有量大、面广、成分复杂、毒性大、不易净化、难处理等特点。据1998年中国水资源公报资料显示：这一年，全国废水排放总量共539亿t（不包括火电直流冷却水），其中，工业废水排放量409亿t，占69%。实际上，排污水量远远超过这个数，因为许多乡镇企业工业污水排放量难以统计[3]。

农业污染源包括牲畜粪便、农药、化肥等。农药污水中，一是有机质、植物营养物及病原微生物含量高，二是农药、化肥含量高。我国目前还没有开展农业上的监测，有关资料显示，在1亿hm^2耕地和220万hm^2草原上，每年施用农药110.49万t。我国是世界上水土流失最严重的国家之一，每年表土流失量约50亿t，致使大量农药、化肥随表土流入江、河、湖、库，随之流失的氮、磷、钾营养元素，使2/3的湖泊受到不同程度富营养化污染的危害，造成藻类以及其他生物异常繁殖，引起水体透明度和溶解氧的变化，从而致使水质恶化。

生活污染源主要是城市生活中使用的各种洗涤剂和污水、垃圾、粪便等，多为无毒的无机盐类，生活污水中含氮、磷、硫多，致病细菌多。还可以根据污染杂质的不同将水污染分为化学污染、物理污染和生物污染三大类。污染物主要有：①未经处理而排放的工业废水；②未经处理而排放的生活污水；③大量施用化肥、农药、除草剂的农田污水；④堆放在河边的工业废弃物和生活垃圾；⑤水土流失；⑥矿山污水[4]。

二、松花江流域黑龙江省水体现状

（一）松花江流域黑龙江省简介

松花江是黑龙江的最大支流，我国第三大内河。流域面积55718km²，是我国重要的粮食、石油和老工业基地，对我国的能源、粮食供给和生态安全具有重要的意义。水质直接影响到黑龙江的水质，从而影响到我国与俄罗斯的国际关系[5]。

（二）松花江流域黑龙江省饮用水水体使用

黑龙江省以地下水型水源地为主要的饮用水源。达标水源地有92个，占水源地总数的71.3%，河流型和湖库型饮用水源地水质全部达标，地下水型水源地只有62.6%的水源地达标。达标水源地服务人口1089.22万人，占水源地总服务人口的78.8%；37个不达标水源地，主要超标因子为铁、锰和氨氮。有19个地下水型水源地由于地质原因仅铁锰超标，导致水源地水质不达标，占水源地总数的14.7%；有7个水源地水质不达标的原因为氨氮、亚硝酸盐和总大肠菌群超标，占水源地总数的5.4%。如不考虑铁锰两项指标，则达标水源地为111个，占总数的86%。详见图1、图2。

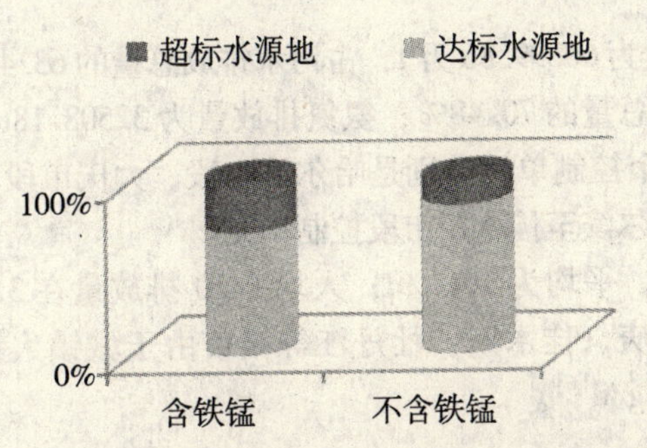

图1　黑龙江省城镇饮用水水源地水质类别图

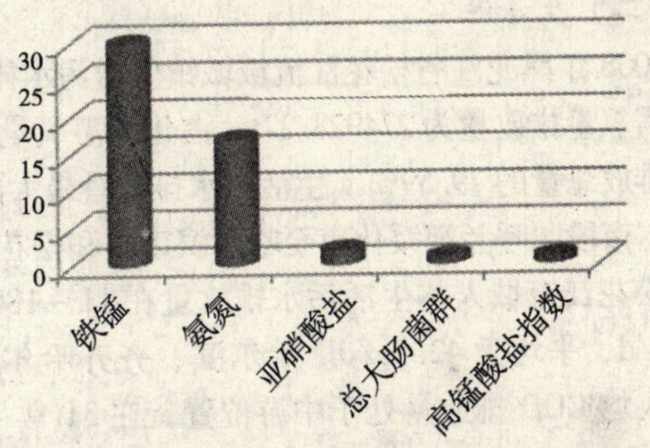

图2　单因子超标的水源地个数

由图2可知，铁锰和氨氮为黑龙江省水源地超标的主要因子，铁锰超标多为地质原因引起的，而氨氮除来源于面源污染外，另一个主要原因是黑龙江省的地质原因，部分地区（如大庆安达闭流区）氨氮本底值较高[6]。

（三）松花江流域黑龙省地表水水质评价

以2008年为基准年，分丰、平、枯水期及年均值进行了水质评价。

2008年黑龙江省松花江流域共有监测断面55个（古恰闸口断面没监测数据），其中国控断面14个，省控断面40个（古恰闸口断面没监测数据）。河流整体水质状况为轻度污染，个别河流水质属于重度污染。主要污染指标为高锰酸盐指数、氨氮、石油类和生化需氧量。按照《地表水环境质量标准（GB 3838—2002）》规定的20项指标评价，Ⅲ类及以上断面占33.3%，Ⅳ类断面占31.5%，Ⅴ类断面占20.4%，劣Ⅴ类断面占14.8%。见图3。

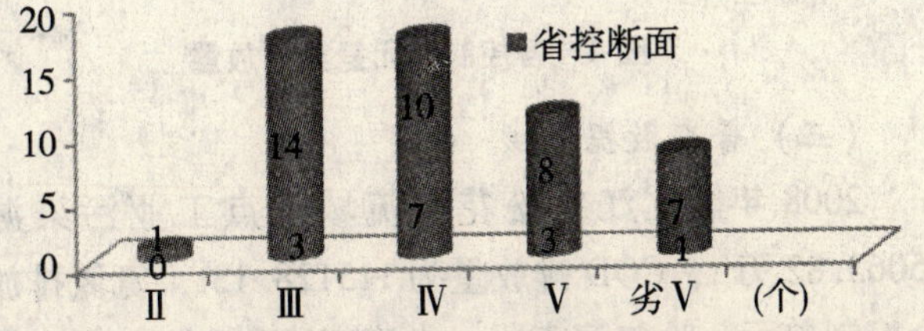

图3　2008年黑龙江省松花江流域不同水质类别断面个数

根据水功能区目标，55 个控制断面中只有 46.3% 的断面达到功能区要求，国控断面占 7.4%，省控断面占 38.9%[6]。

三、黑龙江江省省级控制单元划分细化表

为了便于分析各地水体污染状况及治理办法，引入“控制单元治污”的概念，并将全省划分为 22 个控制单元。详表参见松花江流域黑龙江省“十二五”水污染防治规划前期研究[6]。

四、松花江流域黑龙江省污染源现状分析

以 2008 年为基准年，分工业源、生活源和非点源分析了污染物排放现状。

环境统计年报的数据表明，2008 年黑龙江省松花江流域废水排放量为 95 963.67 万 t，COD 排放量为 390056.4t，氨氮排放量为 40843.71t。污染源一般分为点源污染源（工业废水和城市污水）和非点源污染源（农业径流、城市暴雨径流、畜禽养殖污水等）[6]。

（一）工业源

2008 年黑龙江省松花江流域重点工业污染源调查共调查 1207 家企业，废水排放量为 35063.82 万 t，COD 排放量为 115128.13t，氨氮排放量为 8335.53t。主要的工业污染源集中在五个控制单元：6－哈尔滨市段、5－大庆市段和 3－齐齐哈尔市段等控制单元，每个城市每年至少排放 1 亿 t 废水。从行业来看，该流域的重点工业污染源主要集中在造纸、化工、石油、矿业、食品等行业[6]。

（二）生活源

2008 年黑龙江省松花江流域城镇生活污水排放量为 60899.86 万 t，占污水排放总量的 63.46%；化学需氧量排放量为 274928.27t，占化学需氧量排放总量的 70.48%；氨氮排放量为 32508.18t，占氨氮排放总量的 79.59%。生活污水排放量最大的 5 个控制单元分别是哈尔滨市段、大庆市段和齐齐哈尔市段、呼兰河绥化市至哈尔滨市段和松花江哈尔滨至佳木斯市段控制单元。

松花江流域人均生活污水排放量在 11～180L/d，平均为 101L/d；人均 COD 排放量在 3.8～80.3g/d，平均为 42.9g/d。哈尔滨、齐齐哈尔、大庆、佳木斯、牡丹江等城市由于城镇人口较多，人均 COD 排放量处于中游位置，在 31.9～61.8g/d[6]。

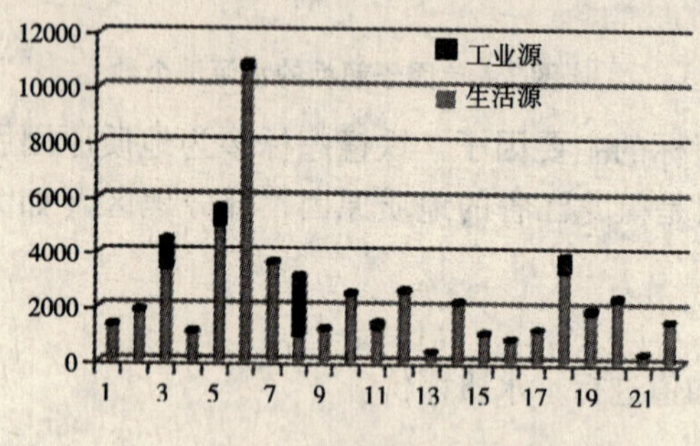

图 4　各控制单元氨氮排放量

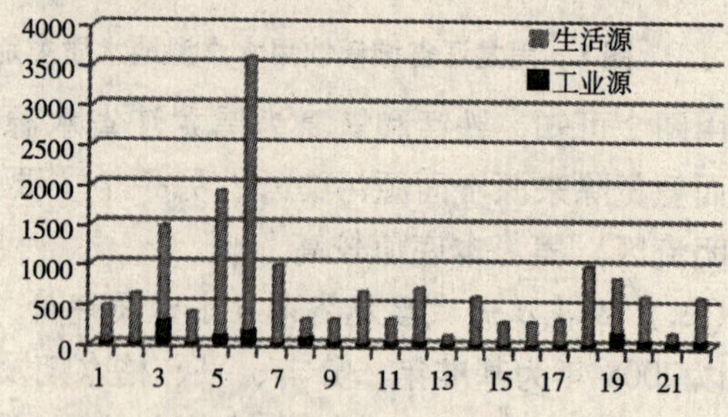

图 5　各控制单元石油类排放量

（三）普查数据校核

2008 年黑龙江省松花江流域重点工业污染源调查共调查 1207 家企业，废水排放量为 35063.82 万 t，COD 排放量为 115128.13t，氨氮排放量为 8335.53t。主要的工业污染源集中在五个控制单元：哈尔滨市段、大庆市段和 3－齐齐哈尔市段等控制单元，每个城市每年至少排放 1 亿 t 废水。从行业来看，该流域的重点工业污染源主要集中在造纸、化工、石油、矿业、食品等行业。通过普查的数据我们可以看出，这些行业是我省石油类的主要来源，排放量远远大于工业源石油类的排放，因此，城镇污水处理厂增设石油类物质的处理工艺将成为减少石油类物质入河

的一项必要措施[6]。

五、综合整治的主要内容与方法

综合松花江流域黑龙江省特殊地域情况和特殊的污染源组成比，经过大量数据多方考证，笔者认为从以下几方面入手。

（一）加快水污染防治规划实施

随着《松花江流域水污染防治规划（2006—2010）》的启动与实施，松花江流域黑龙江段水污染防治工作也全面展开。“十一五”期间，国家确定松花江流域水污染防治重点项目规划总投资134亿元，规划项目分城镇污水处理及再生利用项目、工业污染治理项目、城市水源地保护项目三大类。黑龙江省纳入国家规划内的项目共116项，总投资77.5亿元，占国家在两省一区规划总投资的58%。其中生活污水处理及再生利用项目40项，投资54.5亿元；工业污染治理项目65项，投资17.9亿元；重点区域污染防治项目11项，投资约5亿元。目前纳入国家规划的生活污水处理及再生利用项目，已有7个完成投入试运行，31个开工建设，工业污染治理项目已有34个完成，22个在建。

“十二五”期间，为实现黑龙江省经济更好更快发展的规划构想，将着力建设“八大经济区”、实施“十大工程”。在发展的同时分析单元内社会经济发展给环境带来的压力，并预测可能引起增长的污染物情况。治理好单元内污染物的排放，处理发展与增长之间的关系，才能与环境和谐相处。

（二）改革或者改进生产工艺，减少污染物质

改革或改进生产工艺，使生产中尽可能地少用水或不用水；改变生产原料，尽量少产生或不产生污染物质。

（三）回收废水中的有用物质

回收废水中的有用物质，可以使废水变废为宝，可以减少生产成本，变相增加经济效益，还可以降低水污染的浓度，减轻废水处理工作的负担。加强对水体污染源的监测，制定一些废水、污水排放法规来对排放进行约束，从管理制度上控制随意排污和超标排污的现象[7]。

（四）工业、生活、农业污水处理的全方位立体交叉

工业污水处理方法分为物理法、化学法和生物法。

城市废水资源化可用于风景景观及环境用水、市政与建筑用水、城市绿地灌溉、非饮用供水及清洁马路、汽车等各种杂用水，以节省好水。

乡村污水生态处理与再利用；农村生活垃圾治理与综合利用；牧业畜禽粪便污染治理与循环利用；农业清洁生产与污染物减排及再用；滨水缓冲区污染生态防治等项工程。而其中的核心就是生态治理。

结合各个层次不同地域的特点，有机地将其中的公共部分组织起来，做到一个大的立体式循环体系，才是环境和发展的平衡点。

（五）加大违法成本完善法律责任

对一些违法企业来说，现在的处罚力度，根本起不到惩罚作用。“守法成本高、违法成本低”一直是水污染治理的瓶颈。必须加大处罚力度，罚到违法者不敢干为止。

1. 对未完成重点水污染物排放总量控制指标的地方政府、违反本法规定严重污染水环境的企业，予以公布。

2. 综合运用各种行政处罚手段，加大行政处罚力度。

3. 完善行政措施，强化环境保护主管部门的执法手段。新法将责令限期治理、停产整顿等行政强制权赋予环境保护主管部门。

4. 强化违法排污者的民事责任和治理责任[4]。

此外，除了上述叙述的几点外，还需要社会各个部门，各个方面共同努力，如在经济、政治、政策、体制等不同方面，多管齐下，治理的同时重在防治，防治的同时重在教育，使人们能够从本质上爱护环境、保护环境，才能使我们的松花江更加美丽富饶[9]。

参考文献

[1] 中华人民共和国水污染防治法 . 1984.

[2] 百度百科 http：//cache. baidu. com.

[3] 1998 年中国水资源公报 . 水利部，1999 - 01 - 01.

[4] 陈丽 . 我国水污染的现状及其防治 [C] . 中国环境科学学会学术年会优秀论文集，2008：371 - 375.

[5] 尹德亮，韩崧 . 松花江水污染防治 [J] . 国土与自然资源研究，2009 (2)：53 - 54.

[6] 松花江流域黑龙江省“十二五”水污染防治规划前期研究 . 黑龙江省环境科学保护研究院 .

[7] 郑强 . 浅析水污染的危害与治理方法 [J] . SCIENCE&TECHNOLOGY INFORMATION，2009 (31)：707，721.

[8] 李平 . 松花江水环境问题剖析与污染防治对策研究 [J] . 环境科学与管理，2005，30 (3)：5 - 8.

[9] 迟永山，邓国立，吴春山 . 浅谈松花江流域水环境管理现状及管理措施 [J] . 水利科技与经济，2009，15 (12)：1059 - 1060.

基于 NPZD 生态动力学模型的胶州湾水质数值模拟实验

张学庆[1,2]　伊希刚[1]　傅　营[1]

（1. 中国海洋大学环境科学与工程学院　青岛　266100；
2. 中国海洋大学　海洋环境与生态教育部重点实验室　青岛　266100）

摘　要　本文在河口、海岸、陆架模型（ECOM）的基础上，建立了包括氮、磷营养盐、浮游植物、浮游动物、有机碎屑以及底栖碎屑 6 个变量的低营养级生态系统动力学模型，利用该模型研究胶州湾典型污染物氮磷的输运和分布规律及其影响因素。研究结果表明，河流输送是胶州湾氮、磷营养盐的主要来源，考虑底部释放和生物过程有效改进了陆源输入氮模拟浓度偏低和磷酸盐模拟浓度偏高的现象，考虑生物化学过程的水质模型模拟的氮磷浓度的分布更趋合理。

关键词　河口　海岸　陆架模型　生态系统动力学模型　胶州湾　污染过程研究

引　言

胶州湾是典型的半封闭海湾，环湾经济发达，受城市化和工业化影响较大，近年来，海湾营养盐浓度不断增加，引起富营养化加剧，造成水质恶化。氮磷是引起富营养化的主要因子，研究氮磷输运和分布规律及其影响机制，是海洋环境科学的热点和难点。

胶州湾是我国调查资料最为丰富，研究最为深入的海湾之一，在水质数学模型方面也取得了很大的进展，模型由一维到三维，变量由保守物质的模拟到多变量的生态系统动力学模拟。Cui and Zhu（2001）在已有垂向一维物理模型的基础上，耦合了一个 9 变量的生态模型，模拟了胶州湾中部海域生态系统的周年演变规律。俞光耀等（1999）建立胶州湾水体生态动力学箱式模型，吴增茂等（1999）利用该模式，模拟了胶州湾北部 1995 年浮游植物、浮游动物、无机氮、无机磷、溶解氧以及 DOC 和 POC 季节变化待征。Chen et al.（1999）用 3 维物理－生物耦合模型，描述了物理过程对胶州湾生态系统的影响。刘哲（2003）建立一个物理－生物耦合模型，进行了以 N、P、Si 为代表的营养盐的物质输运与收支的定量研究。张学庆（2006）在水动力学 ECOM－SI 模型的基础上，耦合 NPZD 生态动力学模型和 ECOMSED 模式的泥沙输运模型和波浪模型，构建一个三维变边界潮流、泥沙、生态数学模型，初步进行了胶州湾生态动力过程的研究。

但胶州湾水质模拟基于过程的研究不够深入，无法建立氮磷污染与关键过程的响应关系，不能适应目前海洋开发和海洋环境管理的需要。本文初步研究了陆源排污、沉积物－海水界面过程与生物化学过程与水质的响应关系，对深入研究海湾污染过程和机理具有重要的意义。

一、生态动力学模型

概念模型如图 1 所示。

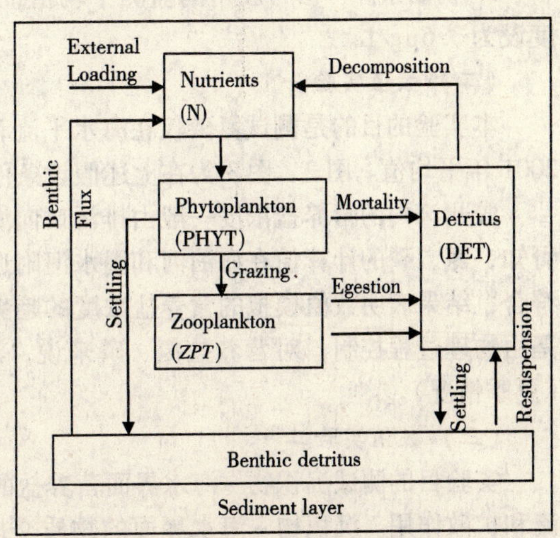

图 1　生态系统动力学概念模型

模型中每个状态变量包括平流项、扩散项、源汇项：

$$\frac{\partial C}{\partial t} + adv(C) = diff(C) + S$$

式中：*adv* 为平流项；*diff* 为扩散项；*S* 为源汇项。

（一）浮游植物子过程

$$s\_PPT = GR \cdot PPT - \varepsilon_P \cdot PPT - F(P,Z) + \frac{\partial\ (w_{PPT} \cdot PPT)}{\partial\ Z}$$

式中：PPT、GR、ε_P、$F(P,Z)$ 分别为浮游植物生物量、生长项、死亡率、浮游动物的对浮游植物的捕食，w_{PPT} 为浮游植物的沉降速度。

（二）浮游动物子过程

$$s\_ZPT = \gamma F(P,Z) - \varepsilon_Z \cdot ZPT$$

式中：ZPT、γ、ε_Z 分别为浮游动物的生物量、有效同化摄食比例系数和死亡率。

水体碎屑子过程：

$$s\_DPT = \varepsilon_P \cdot PPT + \varepsilon_Z \cdot ZPT + (1-\gamma)F(P,Z) - d_N \cdot DPT + \frac{\partial\ (w_{DPT} \cdot DPT)}{\partial\ z}$$

式中：DPT、d_N 分别为水体碎屑的生物量、分解率；w_{DPT} 为水体碎屑的沉降速度。

（三）营养盐循环子过程

氮 $s\_N = -C_{NC} \cdot R_{NC} \cdot GR \cdot PPT + C_{NC} \cdot R_{NC} \cdot d_N \cdot DPT + river\_N$

磷 $s\_P = -C_{PC} \cdot R_{PC} \cdot GR \cdot PPT + C_{PC} \cdot R_{PC} \cdot d_N \cdot DPT + river\_P$

上述方程右边第一项为浮游植物生长吸收营养盐；第二项为碎屑分解释放营养盐；第三项为河流输入项。R_{NC}、R_{PC} 分别为浮游植物氮碳比、磷碳比；C_{NC}、C_{PC} 分别为 N、P 与 C 的原子量的比。

（四）底栖碎屑

在沉积－海水界面处，部分浮游植物和水体碎屑由于沉降作用进入沉积物，底栖碎屑在底部切应力的作用下发生再悬浮进入水体碎屑。

二、胶州湾生态动力学过程模拟

（一）胶州湾生态动力学模型运行条件

1. 环境参数　模拟时段为夏季，海表面条件，海面风场采用夏季气候平均风场；生物模型的环境参数海温、海面光强和风速用余弦函数来拟合，具体值参考文献［7］。

2. 边界条件　水边界输入 2001 年预报潮位；海面不考虑大气沉降；在海底考虑底部沉降和再悬浮；在河口处，营养盐入海通量采用 2005 年夏季平均值。

3. 初始条件　参考胶州湾监测平均值，浮游植物初始浓度设为 8.4μg/L、浮游动物初始浓度设为 3.6μg/L。

（二）数值实验一

本实验的目的是测试氮磷仅在海水平流和扩散过程下的输运和分布规律，氮、磷污染负荷为 2001 年平均值。图 2、图 3 为在上述假设条件下氮、磷的分布。

胶州湾内的营养盐浓度一般由排污口向海域呈递减趋势。计算值同 2005 年实测值进行比较可知，氮、磷的计算值在海泊河和墨水河附近与实测值差别较大，其余监测点计算值与监测值相符合，结果表明数值模拟的营养盐浓度的趋势是正确的，由此可知：胶州湾的营养盐结构基本上是由物理过程控制，对营养盐氮、磷来说，河流的输送是胶州湾氮、磷营养盐浓度的主要来源（夏季情况）。

（三）数值实验二

实验目的测试沉积物－海水界面营养盐的释放与氮磷浓度的响应关系，驱动条件为海水的平流和扩散作用。沉积物－海水界面的物质交换速率采用蒋风华、王修林（2004）的结果。模拟结果见图 4、图 5。

实验结论：沉积－海水界面氮的释放形成的浓度占河流输送形成浓度（实验一结果）的30%～40%，而磷的为1%～15%。

（四）数值实验三

实验目的测试考虑生物过程和沉积物－海水界面过程和物理输运过程下的氮磷的分布规律。结果见图6、图7。由于胶州湾的垂向混合较强，浓度的垂向分布比较均匀，下面的分析和讨论，以表层的情况为例。

无机氮：无机氮浓度在大沽河和海湾东部形成高值区，同实验一结果相比，二者分布规律在东部河口存在明显区别。实验一的浓度等值线呈西北－东南向的分布；而实验三浓度等值线分布呈经向分布，在东部沿岸形呈带状分布趋势，说明东部自岸向海浓度梯度较大，这种分布和监测资料更趋一致。在量值上的区别表现为生态模型模拟的无机氮浓度比物理过程模拟的无机氮浓度低0.05～0.3 mg/L，这主要是浮游植物光合作用吸收造成的。

磷酸盐：夏季磷酸盐浓度的分布特征表现为自湾口向湾顶的大弧形分布，在湾北部和大沽河口附近是形成高值区。和无机氮浓度分布特点不同的是，在湾东部河口区浓度等值线基本呈纬向的分布，说明在河口区浓度的梯度不大。同单纯的物理过程模拟值相比，在大沽河附近不仅浓度的分布趋势不同，量值上也差别非常大。生态模型模拟的大沽河口附近的磷酸盐的浓度在0.04～0.06 mg/L之间，而实验一的结果为0.015～0.02 mg/L之间；在湾东部，浓度为0.02～0.04 mg/L，这和实验一的结果量值差别不大，但等值线分布有区别，这也是由于生物过程的调整作用。

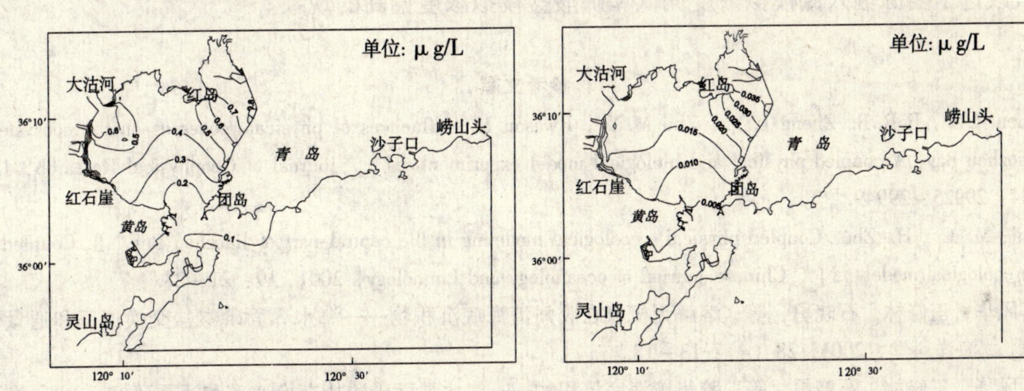

图2　无机氮浓度的分布（实验一）　　**图3　活性磷酸盐浓度的分布（实验一）**

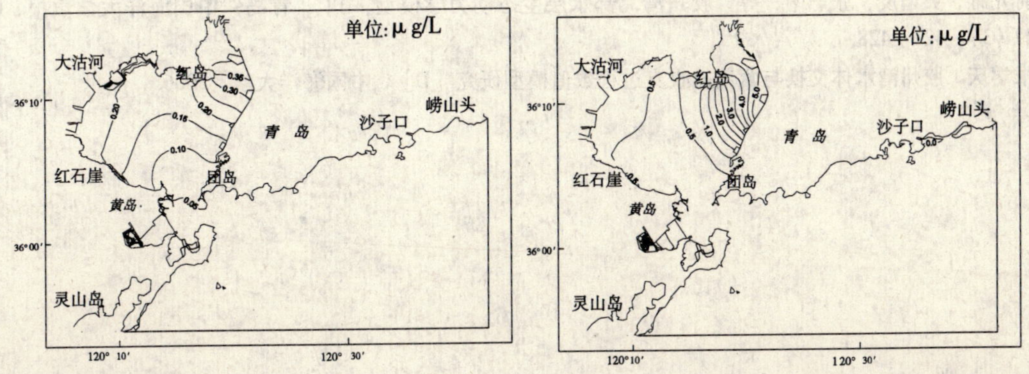

图4　无机氮浓度的分布（实验二）　　**图5　活性磷酸盐浓度的分布（实验二）**

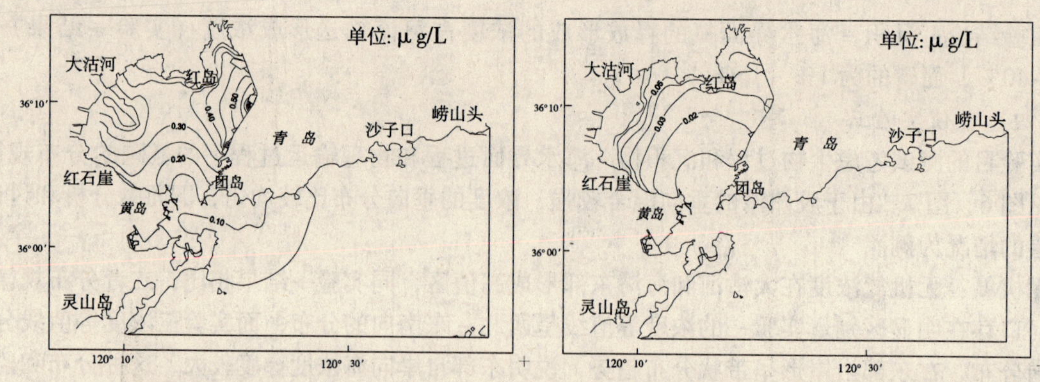

图6　无机氮浓度的分布（实验三）　　**图7　活性磷酸盐浓度的分布（实验三）**

三、结　论

本文利用NPZD生态系统动力学模型，对胶州湾的水质污染进行了过程数值实验，生态模型包括氮、磷、浮游植物、浮游动物、有机碎屑以及底栖碎屑6个变量，注重了生态变量的沉降和海底释放过程。

该模型同潮流、悬浮物模型耦合运行，模拟的胶州湾营养盐浓度分布同监测资料符合良好。通过生态过程的研究，表明河流输送是胶州湾氮、磷营养盐的主要来源，考虑底部释放和生物过程有效改进了陆源输入氮模拟浓度偏低和磷酸盐模拟浓度偏高的现象。

参考文献

[1] Chen C. S., Ji R. B. Zheng L. Y., Zhu M. Y., Rwason M. Influences of physical processes on the ecosystem in Jiaozhou Bay: A coupled physical and biological model experiment [J]. Journal of Geophysical Research, 1999, 104: 29925－29949.

[2] Cui, M. C., H. Zhu. Coupled physical－ecological modeling in the central part of Jiaozhou Bay. Ⅱ. Coupled with an ecological model [J]. Chinese Journal of oceanology and Limnology, 2001, 19: 21－28.

[3] 蒋风华，王修林，石晓勇，等. 溶解无机氮在胶州湾海底沉积物——海水界面磷酸盐交换速率和通量研究[J]. 海洋科学，2004，28（4）：13－18.

[4] 蒋风华，王修林，石晓勇，等，胶州湾海底沉积物——海水界面磷酸盐交换速率和通量研究[J]. 海洋科学，2003，27（5）：50－53.

[5] 刘哲. 胶州湾水体交换与营养盐收支过程数值模型研究[D]. 青岛：中国海洋大学，2004.

[6] 俞光耀，吴增茂，张志南，等. 胶州湾北部水层生态动力学模型[J]. 青岛：中国海洋大学学报，1999，29（3）：421－428.

[7] 张学庆. 胶州湾水体交换与营养盐收支过程数值模型研究[D]. 中国海洋大学，2006.

基于 SRTM DEM 的河网信息提取

朱　超　于瑞宏　孙若鹏

（内蒙古大学环境与资源学院　内蒙古呼和浩特市大学西路235号　010021）

摘　要　简要回顾了基于 DEM 自动提取河网信息的方法。以乌梁素海东部流域为研究区，利用 HEC - GeoHMS 模块，进行了流域河网信息的自动提取，包括 DEM 的预处理、水流方向的确定、汇流累积量的计算、河网的生成。通过将生成的河网与东部流域 1:25 万数字地形图进行叠加，发现采用 DEM 提取的水系与数字地形图匹配良好，说明基于 DEM 和 HEC - GeoHMS 的流域自动提取是切实可行的。

关键词　DEM　HEC - GeoHMS　最适汇流累积量　河网信息

自 20 世纪 50 年代 Miller 提出数字地面模型 DTM（Digital Terrain Model）以来，作为 DTM 一员的数字高程模型 DEM（Digital Elevation Model）由于其包含了丰富的地形、地貌、水文信息，而在地学领域中得到了广泛的应用。河网信息是反映流域特征的基本骨架，也是水文模拟分析的基础数据，它的提出对于水文模型的构建具有重要的意义。

一般说来，河网的自动提取方法主要有三种。最先出现的方法是 1975 年 Peuker 等所用的基于谷点识别的方法[1]，该方法采用矩形窗口扫描 DEM 栅格提取出谷地单元并将其连接形成河网和水系。所谓的谷地单元即是周围有某些相邻单元高度大于该单元的单元[2]。这种方法的主要缺点在于它可能产生不连续的谷地单元，从而不能形成连续的河网。目前应用较多的方法是 O' Callaghan和 Mark[3]提出的坡面流模拟方法，该方法首先确定 DEM 中每个栅格单元的水流方向，然后根据栅格单元的水流方向计算每个栅格单元的上游汇水面积，再选择合适的集水面积阈值来确定河网。该方法在山区应用较好，但在平坦地区较难确定栅格单元的水流方向。第三种方法是谷线搜索提取河网法。该法由 Yoeli 于 1984 年提出。其思想是由 DEM 最低点按照河谷向上坡延伸，逐步确定河网。该法同样没有很好解决平地的问题[4]。

乌梁素海东部流域包括乌梁素海全盛西沟东部到昆都仑河西岸，该流域对于乌梁素海的水量补给具有重要作用，实现该流域的水文信息自动提取对于乌梁素海富营养化的治理有重要意义，而目前国内就乌梁素海东部流域进行水文信息提取的研究较为少见。因此本文利用 ArcView 扩展模块中的 HEC - GeoHMS 模型，采用坡面流模拟方法对乌梁素海东部流域进行水文信息的提取，这在某种程度上弥补了该地区在水文特征提取方面研究的不足，可为乌梁素海环境的治理提供基础数据。

一、材料与方法

（一）研究区概况

乌梁素海东部流域地处河套平原东侧，流域面积为 4823km^2，属温带季风气候区。年平均气温为 6.6℃，多年平均降雨量为 215mm，全年降雨量 70% 以上集中在 7—9 月，多年平均 φ20cm 蒸发皿蒸发量为 2200mm，其中 5—7 月蒸发量约占全年蒸发量的 50%[5]。地形总趋势为由东北向西南倾斜。流域东北部为山区，西南部为平原区，面积分别占全流域的 58% 和 42%。流域洪水主要通过黄土窑子河排入乌梁素海，山洪通过佘太河、哈拉乌苏等 8 条干谷排入乌梁素海。

（二）数据源

研究所用的数据为乌梁素海东部流域的 DEM 数据和国家基础地理信息系统 1:25 万数字地形图。DEM 数据采用 3 弧度的 CGIAR - CSI SRTM 数据。平面基准为 WGS84，高程基准为 EGM96，其标称绝对平面精度为 ±20m，标称绝对高程精度为 ±16m，置信度为 90%[6]。

（三）研究方法

利用 HEC－GeoHMS 提取水系的主要流程为：DEM 的预处理、水流方向的确定、汇流累积量的计算、河网的生成。

1. DEM 的预处理

由于 DEM 的研制过程中误差及一些真实地形的存在，DEM 中会存在一些洼地，洼地的存在会使水流方向难以判断。因此，在进行水流方向的计算之前，首先要对 DEM 进行填洼处理。洼地填充的基本原理是：将洼地内所有栅格单元垫高至洼地周围最低邻接栅格单元的高程，从而消除洼地[7]。在填充后的 DEM 中，水流可以畅通无阻地流到河口。

2. 水流方向的确定

对于每一栅格单元，水流方向是指水流离开此单元格时的指向。目前，关于水流方向的确定有两种方法，即单流向法与多流向法，其中单流向法主要包括：D8 算法、Rh08 算法、Lea 算法、DEMON 算法、D∞ 算法等。应用比较广泛的是 D8 算法和多流向法[8]。

HEC－GeoHMS 中采用 D8 算法进行水流方向的计算，D8 算法假设单个栅格中的水流只有 8 种可能的流向，即流入与之相邻的 8 个栅格中。计算每一栅格单元与其相邻的 8 个单元之间的坡度，然后按最陡坡度原则设定该单元的水流流向。如果各相邻栅格之间的坡度相等，那么继续向 8 个相邻栅格之外扩展，直到找到最大坡度为止[9]。通过处理，可得到 DEM 中所有栅格单元的流向，生成流向栅格图。

3. 汇流累积量的计算

汇流累积量是基于水流方向的数据计算而来。通过流向栅格图可以计算出流经哪些栅格单元的水流量高于其他栅格，对水流方向进行逆向跟踪，可以计算出能够注入该栅格的所有栅格的数目，并将其标注为该栅格的汇流特征值，生成汇流栅格图[10]。汇流栅格图中每个栅格单元的值代表流入该单元格的上游所有栅格单元的数目。

4. 河网的生成

河网的生成基于汇流累积量的数据，只有汇流累积量达到某一阈值，才能形成河网[11]。因此，设定一个汇流累积量阈值，流域内汇流累计量大于该阈值的栅格单元即定义为河道。

5. 河网的分级

常用的河网分级方法有两种：Strahler 分级和 Shreve 分级。Strahler 分级将所有没有支流的河网定为第 1 级，两个 1 级河网汇流成的河网为第 2 级，依次分别为第 3 级，第 4 级，……，直到河网出水口。仅当同级别的河网汇流成一条河网时，河网级别才会增加，不同级别河网相交时，保留高级别河网的级别；Shreve 分级第 1 级的定义与 Strahler 分级相同，两条河网相交时，生成的河网的级别为两条汇入河网级别之和[12]。本文采用 Strahler 分级对河网进行编码。

二、结果与讨论

（一）流域水系的提取

生成河网时，汇流累积量阈值的大小决定了河网的精度，因此选择合适的阈值至关重要。阈值的选取采用河道临界支撑面积的计算结果[13]。其计算方法为：取不同的临界支撑面积，分别计算对应的河网总长以及平均坡度，平均坡度与临界支撑面积关系曲线的转折点处所对应的临界支撑面积就是提取河网的最适阈值[14]。

依次选取 $1km^2$、$5\ km^2$、$10\ km^2$、$15\ km^2$、$20\ km^2$、$25km^2$、$50km^2$ 为临界支撑面积，计算出对应的河网总长和河网平均坡度，如表 1。临界支撑面积与河网平均坡度的关系见图 1。由图 1 可以看出，当临界支撑面积为 $15km^2$ 时，河网平均坡度的变化趋于平缓。因此，本文选取 $15km^2$

作为生成河网的阈值，生成的河网见图2。

经编码后的河网共分为1，2，3，4四个级别，对应的河流数目分别为94，17，2，1条。

表1 不同临界支撑面积提取的河网总长及平均坡度

临界支撑面积/km²	1	5	10	15	20	25	50
总河长/km	4696.54	2124.90	1500.16	1178.16	968.92	816.58	506.99
河网平均坡度	0.01506	0.01101	0.00799	0.00677	0.00626	0.00601	0.00538

（二）精度检验

将基于3弧度的SRTM DEM提取的流域水系与从国家基础地理信息系统1:25万数字地形图上得到的乌梁素海东部流域的河网（见图3）相比较，可以看出：二者在总体上吻合较好，特别是二者的主干河道基本重合。但由于该方法基于坡面流模拟模型，仅考虑地形因素对水系的影响，未考虑人为及自然等综合因素对水系产生的影响，因此，对较低级别河流的提取会产生一定的误差。从总体上考虑，在4823km² 这样大尺度范围内利用3弧度的DEM提取河网，从工作效率和提取精度上来看都是可行的。

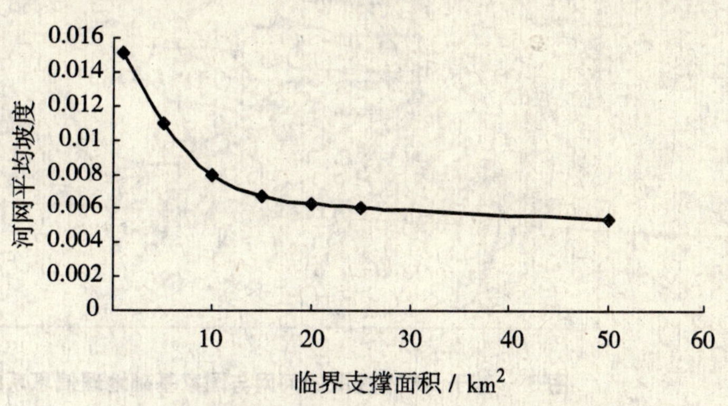

图1 河网平均坡度与临界支撑面积的关系

三、结 论

1. 本文以免费获取的精度为3弧度的SRTM DEM为基础数据，利用HEC - GeoHMS模块，通过填洼、水流方向的确定、汇流累积量的计算、河网的生成等步骤，计算出不同临界支撑面积对应的河网平均坡度，确定出研究流域的最适阈值为15km²，从而提取出流域水系，完成DEM数据的处理。

2. 将DEM提取结果与流域数字地形图资料相叠加，结果表明从DEM中提取的水系和子流域与数字地形图匹配良好，表明3弧度的DEM可有效用于乌梁素海东部流域地形地貌参数的计算，从而可为水文模型的建立提供基本参数。

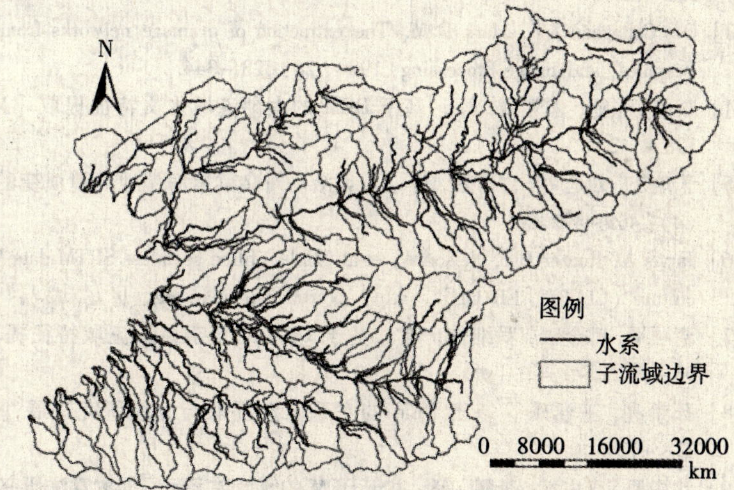

图2 阈值为15km² 时生成的河网

就总体而言，现有的软件所提供的水文模拟分析功能，为我们在水文信息提取等方面，提供了强大的数据处理和分析工具。但是，由于算法的不完善，提取出的河网与实际河网还有一定的差距，基于DEM提取水系的理论和算法还需进一步发展和完善。

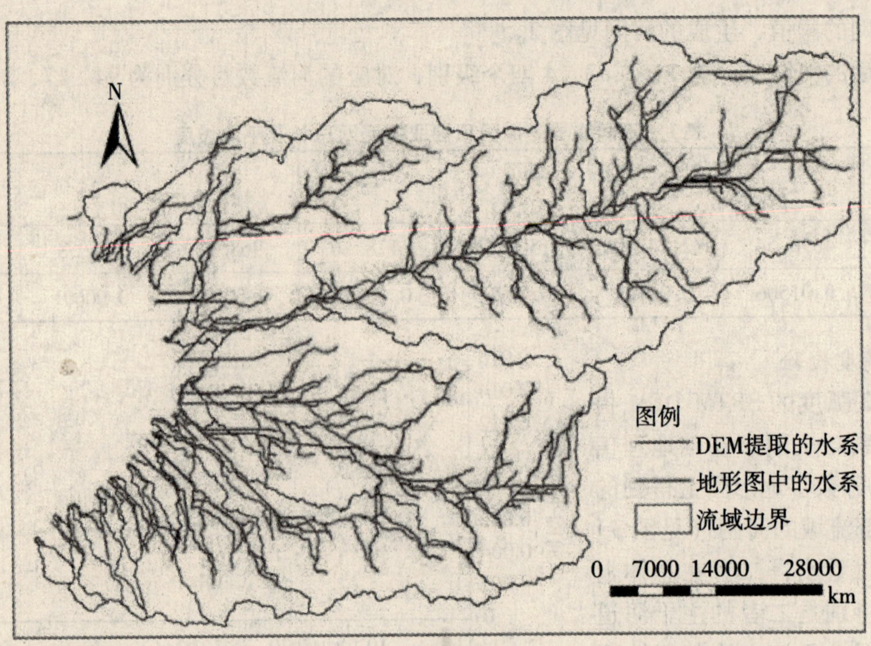

图 3　基于 DEM 提取的河网与国家基础地理信息系统 1:25 万数字水系的比较

参考文献

[1] 李丽，郝振纯．基于 DEM 的流域特征提取综述［J］．地球科学进展，2003，18（2）：251－256.

[2] 叶爱中，夏军，王纲胜，等．基于数字高程模型的河网提取与子流域生成［J］．水利学报，2005，36（5）：531－537.

[3] O'Callaghan J F，Mark D M. The extraction of drainage networks from digital elevation data. Computer Vision，Graphics，and Image Processing，1984，28：323－344.

[4] 李晶，张征，朱建刚，等．基于 DEM 的太湖流域水文特征提取［J］．环境科学与管理，2009，34（5）：138－142.

[5] 于瑞宏，刘廷玺，许有鹏，等．人类活动对乌梁素海湿地环境演变的影响分析［J］．湖泊科学，2007，19（4）：465－472.

[6] Jarvis A，Reuter H I，Nelson A，et al. Hole－filled seamless SRTM data V3，International Centre for Tropical Agriculture（CIAT）［EB/OL］．http：//srtm. csi. cgiar. org.

[7] 谢顺平，都金康，罗维佳，等．基于 DEM 的复杂地形流域特征提取［J］．地理研究，2006，25（1）：96－102.

[8] 孙崇亮，王卷乐．基于 DEM 的水系自动提取与分级研究进展［J］．地理科学进展，2008，27（1）：118－124.

[9] 沈中原，李占斌，李鹏，等．基于 DEM 的流域数字河网提取算法研究［J］．水资源与水工程学报，2009，20（1）：20－23.

[10] 林杰，张波，李海东，等．基于 HEC－GeoHMS 和 DEM 的数字小流域划分［J］．2009，33（5）：65－68.

[11] 叶爱中，夏军，王纲胜，等．基于数字高程模型的河网提取与子流域生成［J］．水利学报，2005，36（5）：531－537.

[12] 汤国安，杨昕．ArcGIS 地理信息系统空间分析实验教程［M］．北京：科学出版社，2006：442－443.

[13] 杨勇，徐恺，杨静学，等．SRTM DEM 数据提取河网方法及影响因素研究［J］．计算机技术与发展，2010，20（1）：1－4.

[14] 熊立华，郭生练．基于 DEM 的数字河网生成方法的探讨［J］．长江科学院院报，2003，20（4）：14－17.

铜绿微囊藻与混合藻生长动力学参数比较分析

崔莉凤　方　群　赵　硕

（北京工商大学　北京　100037）

摘　要　通过比较铜绿微囊藻和混合藻种的Monod模型参数发现铜绿微囊藻的氮磷半饱和常数比混合藻种的要低，在氮磷浓度偏低时，由于铜绿微囊藻对水体中营养盐浓度有较高的亲和力，更易吸收营养盐，铜绿微囊藻更易成为优势藻种。铜绿微囊藻的光强半饱和常数比混合藻种要小很多，在较低的光强下，铜绿微囊藻对光照有较好的亲和力，铜绿微囊藻具有更高的成为优势藻种的概率。在光照充足时，由于铜绿微囊藻的最大比增长速率小于混合藻种，铜绿微囊藻不是靠快速增殖的方式来实现优势地位，而是通过利用自身气泡的优势下沉到底泥吸取营养，上浮到水面上层吸收阳光来获得的。

关键词　铜绿微囊藻　混合藻　Monod模型

本文在相同实验条件下对比研究铜绿微囊藻和天然水体混合藻种的氮、磷与光照的动力学Monod方程，分析了在水华暴发时，铜绿微囊藻成为优势藻种原因。

一、材料与方法

（一）仪器和设备

仪器主要有美国YSI生产的型号为YSI6600多功能水质监测仪、上海光谱仪器有限公司生产的型号为756E紫外光分光光度计、Nikon生产的E200显微镜、宁波海曙实验仪器厂生产的型号为Pax－4500智能培养箱。

（二）藻种及培养基

混合藻种取自北京玉渊潭东湖水域，水样经过镜检有栅藻、铜绿微囊藻、小球藻等。水样取回后放入新配置的M11培养基中，之后将培养基放入光照培养箱培养，温度28℃，光照强度4500lx，光暗比为12h∶12h，通过显微镜每日观察藻类生长状况，同时镜检藻细胞密度，当藻细胞密度达到106cell/ml时，便可作为实验用藻种液。

纯铜绿微囊藻取自清华大学环境工程实验室，镜检铜绿微囊藻的纯度达98%以上。实验以M11培养基为基础，用封口膜包扎后放入消解锅在温度为121℃的条件下消解30min，使之达到无菌状态。

（三）测定方法

总磷的测定采用过硫酸钾氧化－氯化亚锡还原钼蓝法。氮的测定采用过硫酸钾氧化－紫外分光光度法。叶绿素a利用美国YSI6600型号多参数水质测定仪在线测定。

（四）实验设计

根据淡水河湖水体中总磷浓度一般为0.20～0.40mg/L，小于0.20mg/L为低营养盐状态，大于0.40mg/L为高营养盐浓度状态。固定氮浓度为不影响藻细胞生命活动浓度，调节磷浓度为限制生长浓度，结合M11培养基固定氮浓度为1.5mg/L，通过添加不同量的磷酸氢二钾使得磷浓度分别为0.06mg/L、0.15mg/L、0.50mg/L（氮浓度为1.5mg/L，N/P比分别为50∶1，16∶1和5∶1），将培养液放入5L的玻璃烧杯中，烧杯口蒙上保鲜膜放入高压灭菌锅消毒。按要求藻细胞初始密度（106cell/ml）通过计算取一定体积的经过预培养的藻种液于3500r/min下离心5min，然后去掉上清液，用无菌水反复冲洗数次以去除藻细胞表面吸附的各种微量元素，再离心一次，去掉上清液，重复三次。然后将处理后的磷饥饿48h的藻种转入灭菌冷却的培养液中，再放入光照培养箱培养。控制实验条件为：温度25℃，光照强度4500lx，光暗比为 12h∶12h 进行培养。每天按时测定铜绿微囊藻和混合藻的叶绿素 − a、藻密度、水中可溶性氮和磷。

结合 M11 培养基固定初始磷浓度 0.20mg/L，通过添加不同量的硝酸钠使得氮浓度分别为 0.452mg/L，1.445mg/L，2.258mg/L 即氮磷比为 5∶1，16∶1，25∶1 进行培养，将培养液放入 5L 的玻璃烧杯中。藻类的接种密度方法和铜绿微囊藻的培养条件同上。每天按时测定铜绿微囊藻和混合藻的叶绿素 − a、藻密度、水体总氮总磷。

光照强度实验分成 5 组，每组实验的其他条件都相同，只是光照不同，分别为 1500lx、3000lx、5000lx、65000lx、7800lx，铜绿微囊藻和混合藻种都置于 M11 培养基中，光照比为 12h∶12h，温度控制为 28℃，接种方法同上。每天测定铜绿微囊藻和混合藻种的叶绿素 − a。

二、实验结果与分析

（一）铜绿微囊藻和混合藻种磷酸盐、氮盐代谢 Monod 模型

相对底物浓度的不同，指数生长速率及指数生长期不相同，根据底物浓度与生长速率的关系可应用分批培养试验的动力学模型进行分析。当单一考虑某一底物为限制因子时，可以用 Monod 方程来描述。Monod 方程为 $\mu = \frac{\mu_{max} S}{S + K_s}$，应用 Leneweaver − Burk 作图法将它变形：

$$\frac{1}{\mu} = \frac{K_s}{\mu_{max}} \cdot \frac{1}{S} + \frac{1}{\mu_{max}} \tag{1}$$

式中：μ 为微生物的比增殖速度，d^{-1}；μ_{max} 为饱和浓度中微生物最大比增殖速度，d^{-1}；S 为溶液中限制微生物增殖的底物浓度；K_s 为半饱和常数，其值为 $\mu = \mu_{max}/2$ 时底物浓度。

以 $1/\mu$ 对 $1/S$ 做图，通过最小二乘法求得 μ_{max} 和 K 值。

当每组实验每天的平均增长值低于 5%，认为该组实验达到了最大现存量，即停止测定。比增长速率 μ 指在某一个时间间隔内（$t_1 - t_2$）藻类生长的速率，计算公式为：

$$\mu = \frac{\ln(X_2 - X_1)}{t_1 - t_2} \tag{2}$$

式中：X_2 为某一个时间间隔终结时的藻类现存量；X_1 为某一个时间间隔开始时的藻类现存量。

利用公式（2）对铜绿微囊藻和混合藻种的实验数据进行处理，即可得在不同初始氮营养盐或者不同初始磷酸盐浓度下，铜绿微囊藻和混合藻种的最大比增长率见表 1。

表 1　不同初始限制底物浓度下铜绿微囊藻和混合藻种比增长速率

初始磷浓度 S/（mg/L）	比增长率 μ/（μg/L d）		初始氮浓度 S/（mg/L）	比增长率 μ（μg/L d）	
	铜绿微囊藻 μ_{p1}	混合藻种 μ_{p2}		铜绿微囊藻 μ_{n1}	混合藻种 μ_{n2}
0.06	0.34	0.32	0.45	0.18	0.19
0.15	0.34	0.37	1.4	0.21	0.21
0.20	0.386	0.42	2.2	0.22	0.27
0.40	0.43	0.49	2.8	0.22	0.29
0.50	0.46	0.54	3.6	0.23	0.31

按照公式（1）分别对表 1 中的不同初始磷酸盐的实验结果（$1/S$ 和 $1/\mu$）进行线性回归，铜绿微囊藻和混合藻种对磷酸盐的线性回归方程见图 1 和图 2，根据截距和斜率可以求得铜绿微囊藻和混合藻种对氮磷的半饱和常数和最大比增长率，所得结果见表 2。

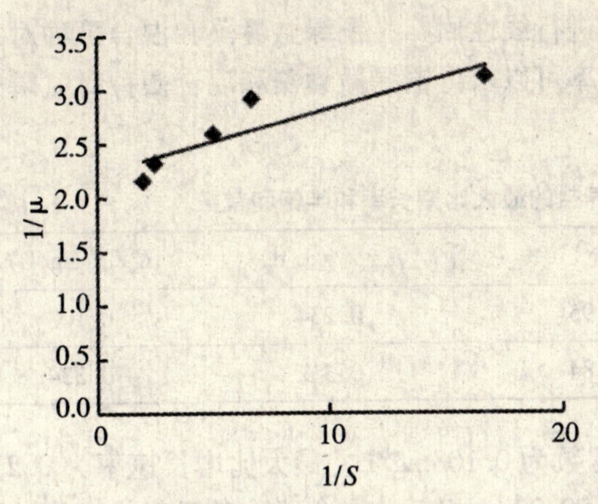

图 1　铜绿微囊藻与磷酸盐的线性回归方程图

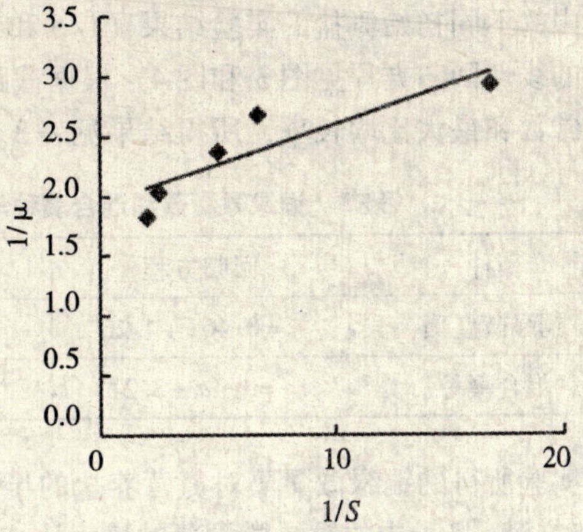

图 2　混合藻种与磷酸盐的线性回归方程图

表 2　铜绿微囊藻和混合藻种对磷酸盐的最大比增长率和半饱和常数

序号	藻种	回归方程	R^2	μ_{max}/（1/d）	K_s/（mg/L）
1	铜绿微囊藻	$y=0.059x+2.23$	0.891	0.45	0.027
2	混合藻种	$y=0.067x+1.92$	0.857	0.52	0.035

通过以上步骤求最大比增长率 μ_{max} 为当限制性底物浓度趋向无穷大时生物的生长速率；半饱和常数 K_s 通常用来衡量生物物种中营养物质的亲和性，K_s 值越小，表示亲和性越好，只要很小的营养物浓度就使种群增殖率达到最大生长率的一半。通过比较不同藻类的 μ_{max} 和 K_s，可以推测营养限制条件下藻类竞争的结果。实验所得的铜绿微囊藻对磷酸盐的半饱和常数为 0.027 mg/L，与文献[1]中的铜绿微囊藻半饱和常数为 0.026 mg/L 相近，最大比增长速率为 0.45 /d；混合藻种对磷酸盐的半饱和常数 0.035mg/L，最大比增长速率为 0.52 /d。铜绿微囊藻对磷酸盐的半饱和常数比混合藻种的小，可以推测：磷缺乏的情况下，铜绿微囊藻比混合藻种更具有亲和性，尽管从 $\mu_{max1}<\mu_{max2}$ 可以知道铜绿微囊藻是低生长率的物种，但是在磷浓度较低时，铜绿微囊藻的比增长速率大于混合藻种，即只要水体中磷浓度达到 0.027mg/L，铜绿微囊藻就能长得较好，而以栅藻为主的混合藻种由于对水体中磷浓度含量要求较高，混合藻种很容易在暴发水华的种间竞争中占劣势而逐渐被铜绿微囊藻所取代。这点与自然水体中磷含量偏低的情况下暴发水华时优势藻种都为铜绿微囊藻相吻合。

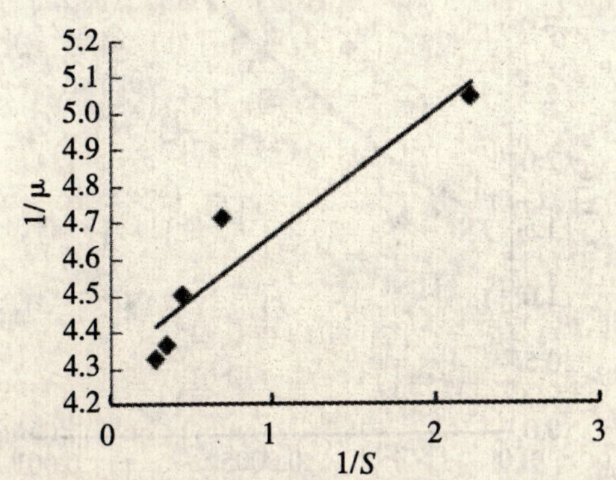

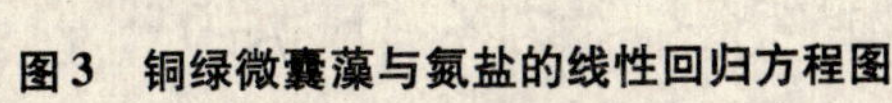
图 3　铜绿微囊藻与氮盐的线性回归方程图

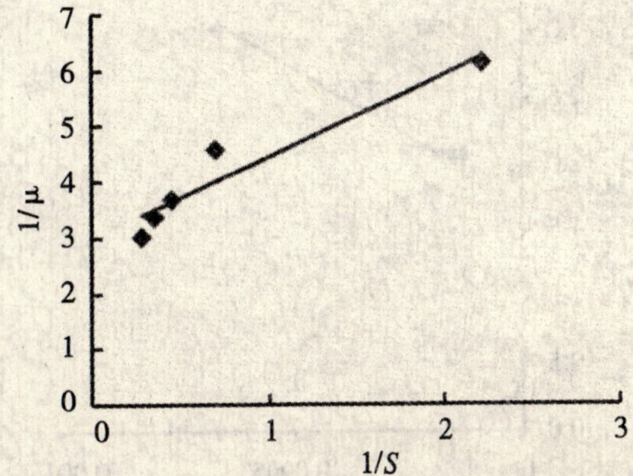

图 4　混合藻种与氮盐的线性回归方程

根据表 1 中在不同初始氮盐下铜绿微囊藻和混合藻种的比增长速率，按照公式（1）分别对

表1中的不同初始氮盐的实验结果（$1/S$ 和 $1/\mu$）进行线性回归，铜绿微囊藻和混合藻种对氮营养盐的线性回归方程见图3和图4，根据截距和斜率可以求得铜绿微囊藻和混合藻种对氮磷的半饱和常数和最大比增长率，所得结果见表3。

表3　铜绿微囊藻和混合藻种与氮营养盐的最大比增长率和半饱和常数

藻种	回归方程	R^2	μ_{max}/（1/d）	K_s/（mg/L）
铜绿微囊藻	$y=0.46x+4.26$	0.95	0.234	0.108
混合藻种	$y=1.1x+3.21$	0.84	0.312	0.334

实验所得的铜绿微囊藻对氮营养盐的半饱和常数为0.108mg/L，最大比增长速率为0.234/d，与文献［2］中的铜绿微囊藻的最大比增长率为0.23/d相近。混合藻种对氮营养盐的半饱和常数0.334mg/L，最大比增长速率为0.312/d。铜绿微囊藻的半饱和常数也比混合藻种的要小，我们可以推测如果水体为氮限制时，铜绿微囊藻比混合藻种对氮更具有亲和性，只要水体中的氮元素达到0.108mg/L，那么铜绿微囊藻就能迅速增殖。这点与自然水体中磷含量偏低的情况下暴发水华时优势藻种都为铜绿微囊藻相吻合。由于 $\mu_{max1}<\mu_{max2}$，这也证明了氮营养盐为限制时，铜绿微囊藻水华的暴发不是靠快速增长来实现的。从表1中 μ 和 S 的关系说明了在一定范围内 S 的增加，加速了生物合成反应的速度，使得新个体的产生速度亦随之增加。

（二）铜绿微囊藻和混合藻的光照 Monod 模型

对铜绿微囊藻和混合藻在不同光照下进行试验，数据处理得到不同光照强度下，铜绿微囊藻和混合藻种的最大比增长速率见表4。

表4　不同强度光照下铜绿微囊藻和混合藻种的比增长速率

不同光照强度（lx）	比增长率 μ/（μg/L d）	
	铜绿微囊藻 μ_{p1}	混合藻种 μ_{p2}
1500	0.329	0.316
3000	0.382	0.353
5000	0.556	0.635
6500	0.480	0.616
7800	0.484	0.570

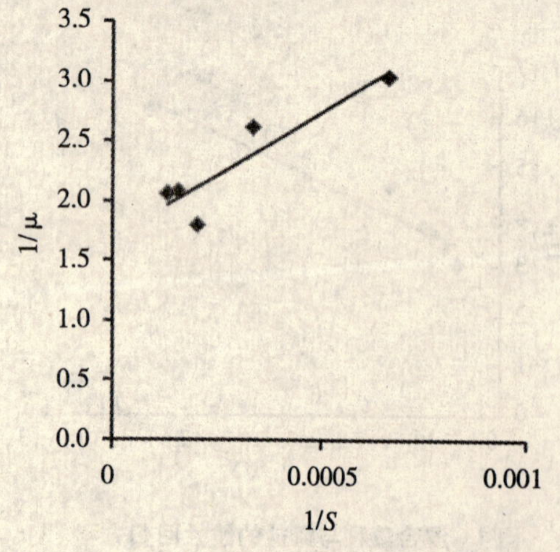

图5　铜绿微囊藻与光照的线性回归方程

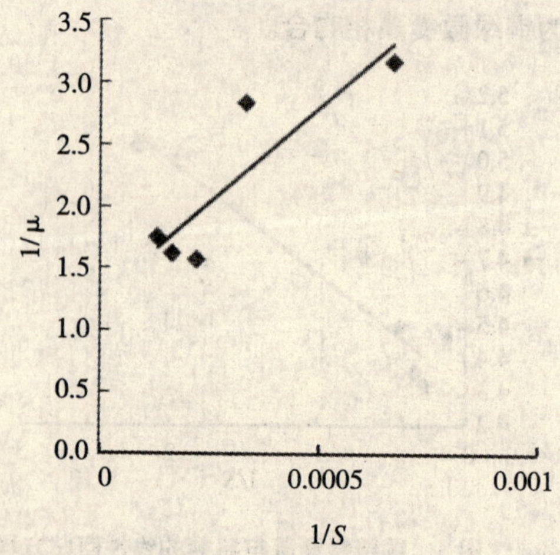

图6　混合藻种与光照的线性回归方程

按照公式（1），分别对表4实验结果（$1/S$ 和 $1/\mu$）进行线性回归，得到铜绿微囊藻和混合藻种对光照的线性回归方程，根据截距和斜率可以求得铜绿微囊藻和混合藻种对氮磷的半饱和常数和最大比增长率，所得结果见表5。

表5　铜绿微囊藻和混合藻种与光照强度的最大比增长率和半饱和常数

藻种	回归方程	R^2	μ_{max}/（1/d）	K_s/（mg/L）
铜绿微囊藻	$y=2053x+1.2$	0.83	0.82	1177
混合藻种	$y=3078x+1.0$	0.88	0.98	2456

本实验所得的铜绿微囊藻对光照强度的半饱和常数为1177lx，最大比增长速率为0.82 /d，混合藻种对光照强度的半饱和常数2456lx，最大比增长速率为0. 98 /d，从铜绿微囊藻和混合藻种对水体中光强的线性回归分析上看：铜绿微囊藻对光照的半饱和常数比混合藻种的小，可以推测：当光强为限制性因素时，铜绿微囊藻比混合藻种更容易接收光，这与铜绿微囊藻的自身生理结构有很大的关系，Walsb[3]的实验表明：微囊藻体内有气囊，它的垂直迁移对于利用底泥中的磷和漂浮到水面利用阳光有重要意义，这也会使得铜绿微囊藻在生理、生态上比其他藻种更能形成优势藻种。可以推测在较低的光强下，铜绿微囊藻的增长率会高于混合藻种的增长率，具有更高的成为优藻种的概率。但从 $\mu_{max1}<\mu_{max2}$ 可以知道铜绿微囊藻水华的暴发并不是以它的最大比增长速率来占据优势的，这也解释了为什么同样水域条件并不是每年都暴发铜绿微囊藻水华。

从以上的分析中可知，氮、磷的增加是微囊藻成为水华所必需的，但并非是充分的条件，至少光强度是一个重要的作用因子，因此微囊藻成为优势的可能过程是这样的：当水体营养增加到一定浓度（磷至少为0.027mg/L，氮至少为0.108mg/L）时，在水体的中部或下部的光强则有可能下降到1500lx以下，铜绿微囊藻大量繁殖，然后通过伪空泡的调控作用[4]而上升到水面，暴发成为“水华”；同时微囊藻大量繁殖使得水体透明度下降，抑制了其他藻种的生长，在种间竞争中占有优势，从而形成铜绿微囊藻水华的暴发，这与很多报道上说铜绿微囊藻水华是一夜之间所暴发相符合。

三、结　论

通过实验比较发现铜绿微囊藻对水体中氮、磷营养盐的半饱和常数比混合藻种要小，说明在氮磷浓度偏低时，铜绿微囊藻更易吸收营养盐，更易成为优势藻种。通过比较发现铜绿微囊藻的光强半饱和常数比混合藻种要小很多，铜绿微囊藻在较低光照时由于自身的生理结构优势更容易利用光强，在种间竞争中更具优势。

参考文献

[1] 许海，杨林章，茅华，等．铜绿微囊藻、斜生栅藻生长的磷营养动力学特征［J］．环境科学研究，2006，15（5）：921－924.

[2] 许海，杨林章，刘兆普．铜绿微囊藻和斜生栅藻生长的氮营养动力学特征［J］．环境科学研究，2008，21（1）：69－71.

[3] Walsby A E，Booker M J. Changes in buoyancy of a plnaktonic blue－green alga in response to light intensity［J］. Br Phycol J 1980，15：311.

[4] Okada M，Aiba S. Simulation of water－bloom in a eutrophic lake－IV，modelling the vertical migration in a population ofMi－crocystis aeruginosa［J］. Water Reasearch，1986，20：485－490.

四川天华化工股份有限公司 γ - 丁内酯系列产品项目污水处理达标排放

韩小清

（北京晓清环保公司）

四川天华富邦化工有限责任公司的污水主要来源是年产 1 万吨 γ - 丁内酯系列产品项目，由 1 万吨 γ - 丁内酯（GBL）生产装置、6000t/a 2 - 吡咯烷酮（VP）生产装置和 6000t/a 聚乙烯基吡咯烷酮（PVP）生产装置组成。该项目产生量约 $40m^3/h$，废水中主要含有：1，4 - 丁二醇、γ - 丁内酯、2 - 吡咯烷酮、N - 甲基 - 2 - 吡咯烷酮、乙烯基吡咯烷酮、聚乙烯基吡咯烷酮、氨、设备润滑油、低组分等物质。

本废水处理项目同时处理现 1，4 - 丁二醇装置产生的有机废水和生活污水。1，4 - 丁二醇装置有机废水主要是甲醇、甲醛、1，4 - 丁炔二醇、1，4 - 丁二醇、丁醇、设备润滑油、低组分等物质，废水总量约 20 m^3/h。

根据甲方提供的资料，设计进水水质见表 1。

表 1　进水水质表

序号	项目	出水水质
1	COD_{Cr}	≤3000mg/L
2	BOD_5	≤1000mg/L
3	SS	≤300mg/L
4	NH_4-N	≤400mg/L
5	pH 值	6 ~ 9

根据甲方提供的污水水质情况及污水成分，晓清公司经过小试、中试等一系列试验最终确定本工程处理工艺采用晓清公司自主研发出的主打工艺 ECHAP 曝气调节水解酸化池→HAF 高效复合厌氧生物反应器→FSBBR 流离生物反应器→臭氧氧化→生物碳过滤。

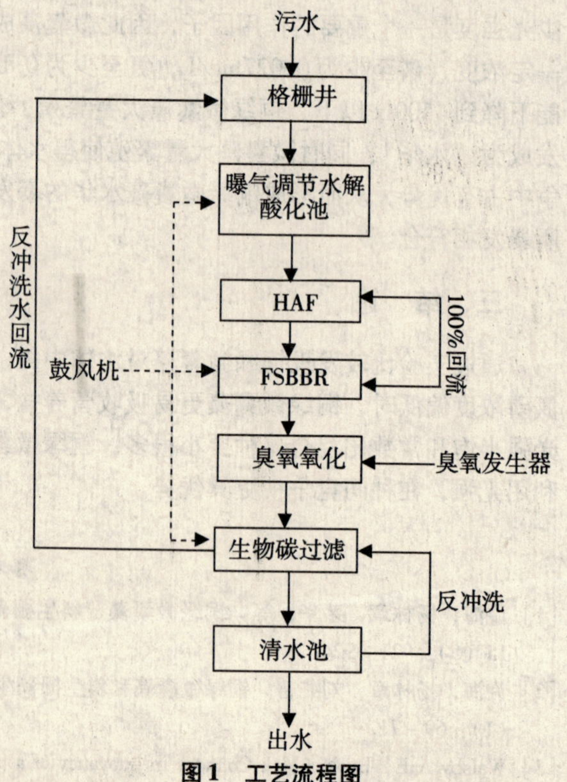

图 1　工艺流程图

该工艺针对该废水的主要特点是：

1. COD 的去除效率高

废水先经过曝气调节水解酸化池，利用兼性菌的作用，将难降解的大分子有机物水解成易生物降解的小分子有机物，提高废水的可生化，进而为后续处理提供良好的条件。厌氧反应器采用 HAF 高效复合厌氧生物滤池，短时间快速启动，中试结果表明厌氧反应出水可以控制在 COD800mg/L 左右，为好氧反应做好充分的准备工作。常规好氧工艺通常情况下的出水 COD 总是在 200mg/L 左右波动，而采用 FSBBR 高效生物流离床反应器，由于在反应器内存在丰富的生物群，形成了完整的食物链，通过微生物的逐级降解，可以对可生物降解的有机物进行彻底的去除，可使出水稳定在 100mg/L 以下。从 FSBBR 出来的污水中，可生化降解的活性物基本全部被去除掉，剩下的基本上都是生物不可降解的有机物，因此采用臭氧氧化 + 活性炭吸附降解的技术，首先臭氧可以将大分子难降解的有机物氧化分解，再经过活性炭吸附及生物降解后，可使出水 COD 稳定小于 100 mg/L。

2. 高氨氮脱除

来水氨氮在极端状态下达到 400mg/L 左右，过高的氨氮进入好氧系统，不仅会增加土建费用，而且由于脱除氨氮需要加大曝气量也会增加很大一部分的运行费用，同时也会影响好氧的运行。由此考虑好氧部分采用 FSBBR 流离生物床反应器来降解 COD 脱除 NH_3-N。我们将好氧部分分为三个廊道，控制水力条件，在第一个廊道内，曝气量比较大，碳源充足，异样菌占主导地位，且由于 FSBBR 池内流离的作用，污水在流速快的地方通过，而污泥在流速慢的球体内部缓慢聚集、流动，多孔球体内部由于污泥的聚集而形成缺氧甚至厌氧状态，因此在整个 FSBBR 池内存在着好氧、厌氧、缺氧三种状态，可以成功实现同步硝化反硝化；而在第二、三个廊道内，由于碳源不足，因此自养菌占有主导地位，在这种情况下，可以实现自养脱氮，原理是氨氮在有氧情况下转化为亚硝酸氮和部分硝酸氮，硝酸氮和亚硝酸氮与氨氮在氨氧化菌的作用下，直接反应生成氮气溢出水面，使动力消耗降低，同时将第二廊道的水通过潜水回流泵回流至第一廊道，经过硝化的废水可以在碳源充足的情况下发生反硝化反应，通过几方面的作用使出水氨氮达标。FSB 流离生物球内的多孔填料对水中微生物进行了截留，将大量的硝化菌与反硝化菌截留住，通过回流的方式进入 FSBBR 池第一廊道内，增强脱氮效果，使 FSBBR 的脱氮效率大幅度上升。臭氧活性炭联动，可以进一步降解氨氮。氨氮降解原理如下：

（1）氨化反应　在氨化菌的作用下，有机氮化合物分解、转化为氨态氮，以硝基酸为例，其反应式为：

$$RCHNH_2COOH + O_2 \xrightarrow{\text{氨化菌}} RCOOH + CO_2 + NH_3$$

（2）硝化反应　在硝化菌的作用下，氨态氮分两个阶段进一步分解、氧化，首先在亚硝酸菌的作用下，氨（NH_4^+）转化为亚硝酸氮，其反应式为：$NH_4^+ + 3/2O_2 \xrightarrow{\text{亚硝酸菌}} NO_2^- + H_2O + 2H^+$

继而，亚硝酸氮在硝化菌的作用下，进一步转化为硝酸氮，其反应式为：$NO_2^- + 1/2O_2 \xrightarrow{\text{亚硝酸菌}} NO_3^-$

硝化的总反应式：$NH_4^+ + 2O_2 \rightarrow NO_3^- + H_2O + 2H^+$

（3）反硝化反应　在反硝化菌的代谢活动下，NO_3-N 有两个转化途径，即同化反硝化（合成），最终产物为有机氮化合物，成为菌体的组成部分；异化反硝化（分解），最终产物为气态氮。

（4）厌氧氨氧化　$NH_4^+ + NO_3 \rightarrow N_2\uparrow + H_2O$

3. 抗冲击负荷强

本工程上马后，通过曝气调节水解酸化池生物填料对微生物的固定，缓解了来水的冲击，可使来水的水质更加均匀。其次，HAF 内的填料将厌氧污泥全部截留在填料内部和下部，污泥不会随水流失。最后，在 FSBBR 内形成的自然流离现象，达到很好的泥水分离过程，大量的活性污泥积聚在填料内部，即使发生冲击，内部的生物菌种不会受到影响，可在很短的时间内恢复过来，不会影响出水。因此，整个系统抗冲击负荷的能力大大提高。

目前，在臭氧生物炭还没有上马的前提下，经过一个月的调试，系统出水 COD 浓度稳定在 50mg/L 左右，出水远优于业主要求的《污水综合排放标准（GB 8978—1996）》一级标准，HAF 复合厌氧生物反应器对 COD 的去除率高达 80% 以上，甚至达到 90%，FSBBR 流离生化反应器中生物填料一周即成功挂膜，对氨氮的去除率高，在进水氨氮浓度为 150mg/L 时，出水的氨氮小于 15mg/L，氨氮去除率高达 90% 以上。

超声/光催化氧化组合工艺对湖泊型原水藻类去除研究

姜伟娟[1]　张　睿[1]　许　霞[1]　高乃云[2]　王利平[1]

（1. 江苏工业学院环境与安全工程学院　江苏　常州　213164；
2. 同济大学污染控制与资源化研究国家重点实验室　上海　200092）

摘　要　在进水流量10L/h，填料填充比2:5，紫外灯功率30W，未投加试剂，pH 7.35的光催化氧化反应器中，使用超声波发生器自动变频进行连续运行试验，通过超声协同光催化氧化处理湖泊型原水，考察其对湖泊型原水中污染指标的去除效果。结果表明，经超声/光催化氧化工艺装置连续运行36h，COD_{Mn}、TN、TP、Chl-a和OD_{560}的平均去除率分别达18.80%、11.90%、20.27%、81.60%和80.22%。

关键词　湖泊型原水　藻类　超声　光催化氧化

超声波技术是近年发展起来的一种新型的环境技术，其原理是利用超声波的空化效应抑制自然水体中藻类的生长，被称为“环境友好技术”[1]。超声波的空化效应及引发的物理化学变化是有机物超声降解的根本原因。超声空化是指液体中的微小气核在超声波的作用下被激活产生的一系列动力学过程[2]。利用超声波可以及时去除藻类，提高水体透明度。该技术具有操作和控制容易，在处理中不引入其它的化学物质，而且反应条件温和，速度快等优点，有着广阔的应用前景[3]。光催化氧化技术能够有效地破坏许多结构稳定的生物难降解污染物，几乎可以将所有污染物降解为CO_2、H_2O等小分子。但是光生电子—空穴极易复合、量子化效率和能量利用率偏低、反应速率慢等缺点仍未能很好地解决；制约了该方法应用于大规模工业化生产中[4]。超声氧化和紫外光催化氧化属于高级氧化工艺，单独使用时降解有机污染物效果较差，联合使用更有效。两者的传播介质与能量水平不同，两者间具有互补协同性，紫外催化配上超声波“空化作用”创造的物理环境与多种作用，可以大大增强氧化剂的分解能力，缩短反应时间，减少氧化剂用量，提高COD的去除率和有机物的矿化度，是当今最先进的氧化处理技术[2]。利用超声波辅助光催化氧化将水中污染物矿化，对于净化水质、保护环境方面的作用是其他传统方法所不可比拟的，早日实现这项技术的工业化将对我国的水环境保护具有深远的意义。

一、试验部分

（一）试验水质

试验原水取自常州科教城周边湖泊型水体，对原水取样分析，其主要水质指标见表1。试验用原水水质随季节性变化较大，夏季高温少雨极易发生水体富营养化，水体呈现墨绿色并伴有臭味。试验期间综合以上水体污染物综合指标，原水水质为《地表水环境质量标准》劣Ⅴ类水体。

表1　试验原水水质

指　标	测定值范围
浊度/NTU	18.0～39.0
pH	7.54～8.16
温度/℃	18.4～27.5
COD_{Mn}/（mg/L）	10.57～11.03

指　标	测定值范围
TN/（mg/L）	4.813～5.405
TP/（mg/L）	0.321～0.486
Chl－a/（mg/m^3）	13.248～26.378
OD_{560}	0.047～0.099
UV_{254}/cm	0.373～0.382
NH_3－N/（mg/L）	0.62～0.82

（二）试验装置及流程

试验装置及工艺流程如图1所示。左侧为超声波装置，右侧的反应器由有机玻璃自制，其尺寸为：Φ250mm，H500mm，紫外灯设于石英套管内，石英套管尺寸为Φ53mm，H350mm。反应器有效容积20L，外层由锡纸包裹，以避光并提高紫外线的照射效率。

（三）试验仪器与材料

研究选用TiO_2/PP复合填料为TX型圆柱形悬浮填料，规格Φ50mm×50mm，比表面积$278m^2/m^3$，孔隙率96.6%，密度$0.907g/cm^3$，堆积系数8000个/m^3；光源为紫外线杀菌灯，3支功率为3×10W；超声波除藻仪。

（四）分析项目及方法

浊度：采用浊度仪测定；pH：采用酸度计测定；温度：采用温度计直接测定；TN：采用碱性过硫酸钾消解紫外分光光度法（GB 11894—1989）测定；TP：采用钼酸铵分光光度法（GB 11893—1989）测定；Chl－a：采用721分光光度法（SL 88—1994）测定；OD_{560}：采用752紫外分光光度法测定[5]。

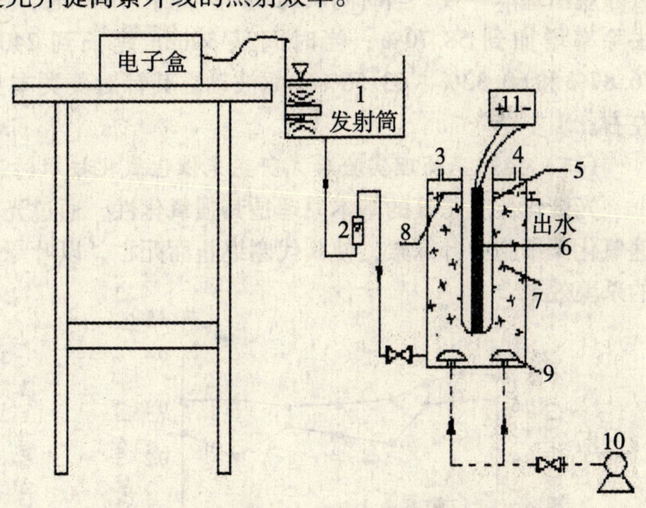

1. 高位水箱 2. 流量计 3. 排气口 4. 温度、pH检测口 5. 石英套管 6. 紫外灯 7. 负载TiO_2聚丙烯悬浮填料 8. 挡板 9. 曝气头 10. 充气泵 11. 电源

图1　试验装置

二、运行结果及讨论

（一）超声波对藻类去除效果的影响

采用低功率的超声波辐照可有效抑藻，且对浮游动物、鱼类及沉水植物没有明显的抑制作用[6]。

试验采用的超声波发生器自动变频，频率范围为20～80 kHz，功率为40W，探头直径为50mm，辐射范围半径为20m，用于微污染水体的蓝藻去除已取得良好效果[7]。

当原水（各项指标取均值）pH为7.69，水温为25.8℃，浊度为32.2NTU，TN为5.016mg/L，TP为0.397mg/L，Chl－a为$19.003mg/m^3$，OD_{560}为0.091时，经超声波静态试验后，考察反应时间对除藻效果的影响。结果见图2。

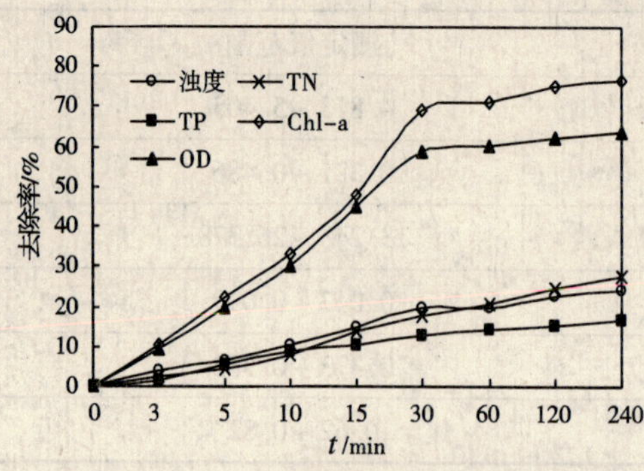

图2 超声波对藻类去除效果的影响

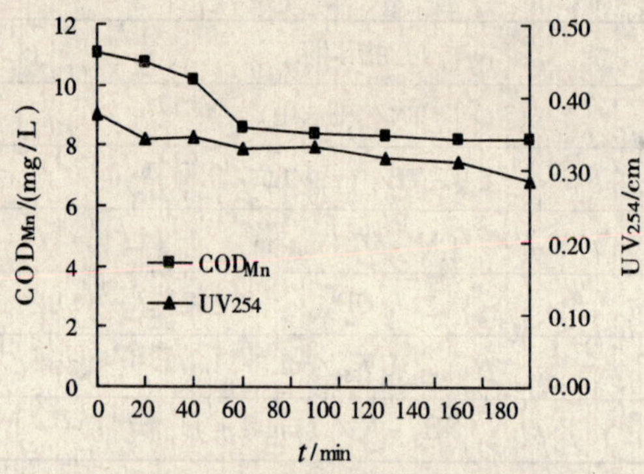

图3 对COD_{Mn}和UV_{254}去除效果

从图2可知，反应240min内，各项指标的去除率均随时间的延长而增加。超声波对Chl－a和OD_{560}有良好的去除效果，而对浊度、TN、TP的去除效果一般。反应时间对Chl－a和OD_{560}的去除规律基本一致。当时间从0min增加到30min时，Chl－a的去除率增加到69.45%，OD_{560}的去除率增加到58.70%；当时间从30min延长到240min时，其波动范围分别在71.42%～76.87%和60.32%～63.56%小幅波动。其针对藻类本身去除效果良好，除藻最佳时间为30min左右。

（二）经超声处理实验后，研究光催化氧化技术对藻类去除效果的影响

光催化反应杀藻的基本原理是其强氧化性，通过光催化反应产生强氧化性的羟氧自由基，迅速氧化藻细胞中叶绿素，使其代谢终止而死亡，以叶绿素a为指标，能较好地反映光催化反应器的杀藻效果[8]。

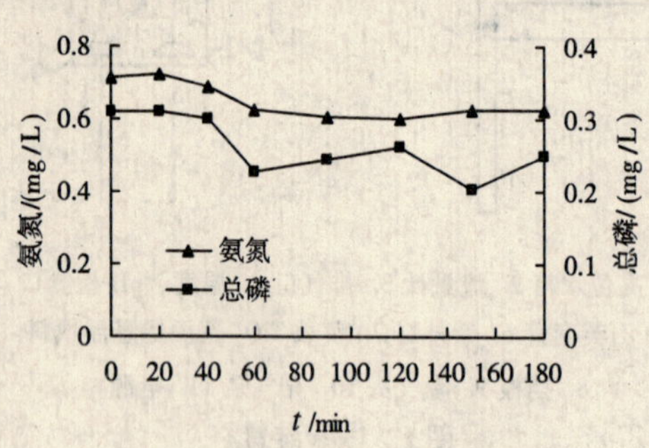

图4 对氨氮和总磷去除效果

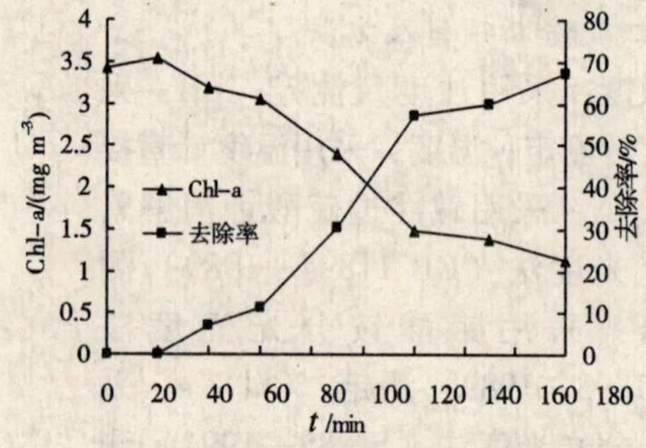

图5 对叶绿素a的去除效果

经超声处理实验后，对其进行光催化氧化处理，考察其对藻类去除的影响。试验在流量10L/h，填料填充比2∶5，紫外灯10W×3，水温30℃的条件下连续运行，每隔一段时间取样测定COD_{Mn}、UV_{254}、NH_3-N、TP和Chl－a等指标，考察光催化反应器降解有机物及除藻的效果。

从图3可知，在反应进行为60min时，COD_{Mn}和UV_{254}降解较快，此后则趋于缓慢。当反应为60min时，COD_{Mn}、UV_{254}的去除率分别为22.30%、12.20%。试验表明，UV_{254}与COD_{Mn}比值小于0.03，可提高水体处理的可生化性[7]。

从图4可知，当氨氮和总磷在反应60min时，氨氮、总磷的去除率分别为12.62%、27.10%，对于氨氮的去除，反应过程中会出现氨氮值升高的情况，可能原因是经过长时间静置，水中溶解氧降低导致了微生物的厌氧分解，而当氨氮增大后再进行催化降解效果降低。

从图5可知，光催化反应器对湖泊型水体具有良好的杀藻效果，反应开始20min内，叶绿素a先有微弱上升，之后迅速下降，反应3h内平均去除率达38.74%。

（三）超声/光催化氧化动态试验对 Chl－a 和 OD_{560} 的去除效果研究

控制各水质指标均值为：pH 为 7.69，水温为 25.8℃，Chl－a 为 19.003 mg/m^3，OD_{560} 为 0.091 时，经超声/光催化氧化工艺装置连续运行 36h，每隔 4h 取样分析，考察其对 Chl－a 和 OD_{560} 的去除效果。结果见图 6。

由图 6 可知，在超声波/光催化氧化组合工艺连续运行 36h 的过程中，Chl－a 的去除率稳定在 80.31%～86.72% 之间；OD_{560} 的去除率在 78.00%～82.50% 变化；组合工艺具有良好的稳定性，对 Chl－a、OD_{560} 的去除率分别达 81.60% 和 80.22%，具有较好的抑藻除藻效果。

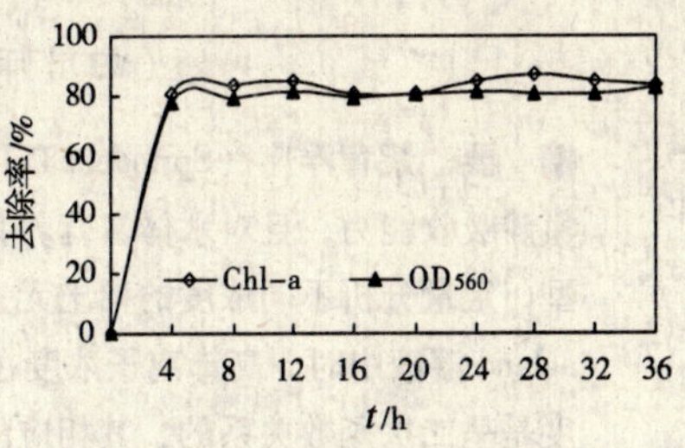

图 6　动态实验的运行效果

三、结　论

1. 超声/光催化氧化联用工艺主要利用物理及化学方法共同处理湖泊型原水蓝藻，超声波是近年发展起来的一种新型的环境友好技术，而光催化氧化技术采用清洁能源——太阳能处理富营养水体，减少了二次污染，较好地实现了节能减排，本工艺同时兼顾到了 COD、TN、TP 等水质指标，突破了常规处理工艺的局限性。

2. 在 pH 为 7.69，水温为 25.8℃，COD_{Mn} 为 10.88mg/L，TN 为 5.016mg/L，TP 为 0.397mg/L，Chl－a 为 19.003 mg/m^3，OD_{560} 为 0.091 时，经超声/光催化氧化工艺装置连续运行 36h，COD_{Mn}、TN、TP、Chl－a 和 OD_{560} 的平均去除率分别达 18.80%、11.90%、20.27%、81.60% 和 80.22%。

3. 运用超声/光催化氧化处理湖泊型原水对藻类和总磷有较好的去除效果。

参考文献

[1] 段松林，黄志刚．新型超声波控藻技术治理水环境［J］．园林工程，2008，24（19）：41－43.

[2] Shen Z Z, Chen J Z, Wu S J. Sonolysis and mineralization of pentachlorophenol by means of varying parameters［J］. Journal of Environmental Science, 2004, 16（3）: 431－435.

[3] 储召升，庞燕，郑朔芳，等．超声波控藻及对水生生态安全的影响［J］．环境科学学报，28（7）：1335－1339.

[4] 张萃，李亚峰，田西满．超声波辅助光催化氧化技术在废水处理中的研究进展［J］．工业用水与废水，2009，40（3）：16－18.

[5] 曾文炉，李浩然，丛威，等．螺旋藻连续培养与动力学模型［J］．植物学报，2001，43（12）：1233－1236.

[6] 储召升，庞燕，郑朔芳，等．超声波控藻及对水生生态安全的影响［J］．环境科学学报，28（7）：1335－1339.

[7] 王利平，杨显财，段松林，等．超声波/改性黏土工艺去除人工水体中的蓝藻［J］．中国给水排水，2008，24（19）：44－46.

[8] 刘军，江栋，胡和平，等．固载型 TiO_2 光催化反应器对富营养水体杀藻作用研究［J］．环境工程学报，2007，1（3）：41－45.

外源稀土铈浓度对紫背浮萍生长密度的影响

张贝克

（四川师范大学化学与材料科学学院 610068）

摘 要 紫背浮萍（Spriodela Polyrhiza）是我国南方地表水域中常见的水生漂浮植物之一，有较强的氮磷吸收能力，且对水体富营养化的研究有着重要意义。本文通过模拟建立水体富营养化的静态模型，定量分析不同浓度的稀土元素铈（Ce^{4+}）对紫背浮萍的生长的影响。结果表明，当在20℃的Hoagland溶液中时，高铈离子浓度在0～3.00mg/L的范围内与紫背浮萍发生爆发性生长所形成的最大密度是呈二次函数关系的，其相应的函数关系式：$y=-0.060x^2+0.075x+0.960$，由此式可计算出铈对紫背浮萍的最佳促进浓度为0.63mg/L；同样条件下高铈离子浓度在0～1.00mg/L范围内与紫背浮萍的发生爆发性生长的时间呈三次关系：$y=-74.272x^3+138.854x^2-74.612x+16.251$。经建立以上数学模型，可以对由漂浮植物引起的水体富营养化的预测及控制提供一定的科学依据。

关键词 铈 紫背浮萍 水体富营养 爆发性生长

一、前 言

我国稀土储量、产量及销售量均位居世界第一[1]。目前，稀土在工业、农业、高新材料及电子等诸多行业应用越来越广泛。随着稀土生产量和使用量的不断增加，稀土元素逐渐由岩石圈向水圈和生物圈转移，导致水体中稀土含量不断增加[2-4]。自2006年以来，本人所在的课题组为执行四川省重点项目“稀土对长江上游水体富营养化影响及控制”的研究任务，近3年来对长江上游主要支流及其部分干流在丰、枯水期的稀土含量进行监测，其监测数据表明：丰水期稀土平均含量在9.61～63.37μg/L范围内，枯水期稀土平均含量在12.1～190.20μg/L范围内，其高浓值比世界淡水平均稀土含量（0.582μg/L）高出150多倍。地表水中稀土元素浓度增高，不仅影响水环境质量，而且适当浓度的稀土元素可促进植物对N、P元素的吸收，增加水生植物的产量，促进水体富营养化的发生[1,5]。

荷兰水体环境污染的生态学专家Martin Shotton于1997年6月在“磷酸盐技术研讨会”上对水体富营养化提出了新的看法，认为水体富营养化是一个十分复杂的过程，氮、磷营养元素不是简单决定富营养化的原因，它是由于水生食物链破坏，控制水藻生长的漂浮动物的捕食功能受到影响，造成水藻疯长，发生水体富营养化，而与水中磷的含量关系不大[6]。因此，控制水体中漂浮植物的生长成为了控制水体富营养化的重要手段[7]。

紫背浮萍在全世界很多淡水水域都有分布，且在我国南方许多池塘、湖泊及河流浅滩都是常见的。紫背浮萍由于其分布广、生长快、个体小、易实验室培养而常成为生物监测和评价的供选植物种类[8,9]，其对氮磷也有着较强的吸收能力[10-12]。同时，紫背浮萍也是水体富营养化中重要的水生漂浮植物之一。我们课题组注意到在南方很多的静止或缓流水体中紫背浮萍大量生长，与现阶段主要研究的蓝藻、凤眼莲等标志性引起水体富营养化的植物一样，会造成水体中溶解氧的降低，水质恶化，鱼类难以在上述水体中生存的现象。以此次采集浮萍的野外池塘为例，整个池塘已被紫背浮萍铺满，且紫背浮萍个体已经累积了数层，平均厚度为0.4cm，最厚的地方甚至超过了1.0cm，通过物理方式抑制了阳光以及大气中的氧气进入水体；同时高密度的浮萍进行呼吸作用，水体中的溶解氧被大量消耗。在上述两方面的共同作用下，导致池塘内溶解氧被消耗殆尽。在浮萍的采集过程也证实了此点，池塘水体中已含有厌氧生物，这些生物在拿回实验室中曝气10min后就被杀死。而目前关于紫背浮萍引起水体富营养化的研究相对较少，因此选取紫背浮萍作为水体富营养化的研究对象是具有一定代表意义的。

已有研究表明，稀土浓度对水体富营养化是有一定影响的。低浓度的高铈离子（低于1mg/L）对紫背浮萍的生长有促进作用，而高浓度的高铈离子（高于1mg/L）则会抑制紫背浮萍的生长[12]。在此基础上，本文以紫背浮萍为水生漂浮植物的监控对象，模拟建立水体富营养化的静态模型，以紫背浮萍生长密度为依据，定量地研究在不同高铈离子浓度下，紫背浮萍爆发性生长的时间及植物爆发性生长期间所能形成的最大密度的相关数学模型，为水体富营养化预测和控制提供基础依据。

二、实验仪器及药品

（一）实验仪器

抽滤设备（SHB－B95A 循环水式多用真空泵、抽滤瓶、布什漏斗、滤纸），1000ml 烧杯。

（二）药品

Hoagland 营养液，硫酸高铈。

（三）实验方法

1. 营养液的配制

选用 Hoagland 营养液，取 1L 作为培养液，每 3d 更换一次。

2. 稀土浓度的设置

稀土元素采用硫酸高铈［$Ce(SO_4)_2 \cdot 4H_2O$］，高铈离子浓度设置为：空白，0.05mg/L，0.10 mg/L，0.25 mg/L，0.45 mg/L，0.65 mg/L，0.80 mg/L，1.00 mg/L，3.00 mg/L，5.00mg/L,各浓度均设置 4 个平行样。

3. 紫背浮萍的选取及培养

紫背浮萍为单子叶纲，浮萍科，紫背属。叶状体圆形或倒卵形，长 0.5～0.8cm，宽 0.5～0.7cm，常 3～4 个相集。叶状体腹面绿色，有 10 条左右平行脉。背面紫色。新个体以带状的短柄相连成为群体。多年生漂浮植物，生栖于静止的水体水面上。夏季繁殖迅速，秋末冬初形成冬芽沉入水底越冬。

紫背浮萍采自成都市驿子立交桥附近一池塘内，采回后经水槽中曝气驯化后筛选出个体较好的紫背浮萍[7,10]，称取 0.70g 分别放入不同铈浓度营养液中，置于 20℃ 生物培养箱中开始培养，光暗比为 13∶11，以模拟自然界光合作用。

4. 紫背浮萍密度的测量方法

以紫背浮萍密度作为测量指标，一是反映其植物生长状况；二是间接反映了漂浮植物生长对水环境与大气环境之间物质交换的状况。测定紫背浮萍密度，首先每天测定各个样的紫背浮萍鲜重。称量方法如下：将紫背浮萍进行抽滤，至无水滴下滴后平铺在吸水卫生纸垫上，吸水 5min 后用电子天平进行称量[9]。进而得到紫背浮萍质量密度。

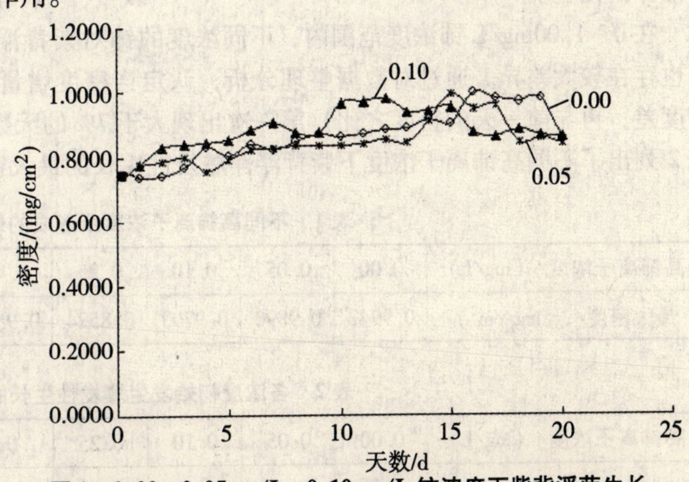

图1　0.00，0.05mg/L，0.10mg/L 铈浓度下紫背浮萍生长

三、结果及讨论

（一）不同浓度铈对紫背浮萍生长趋势的影响

对各个浓度的紫背浮萍的培养及密度测定，图1～图3分别为0，0.05mg/L，0.10mg/L，0.25 mg/L，0.45 mg/L，0.65 mg/L，0.80 mg/L，1.00 mg/L，3.00mg/L的高铈离子浓度下紫背浮萍的生长状况。

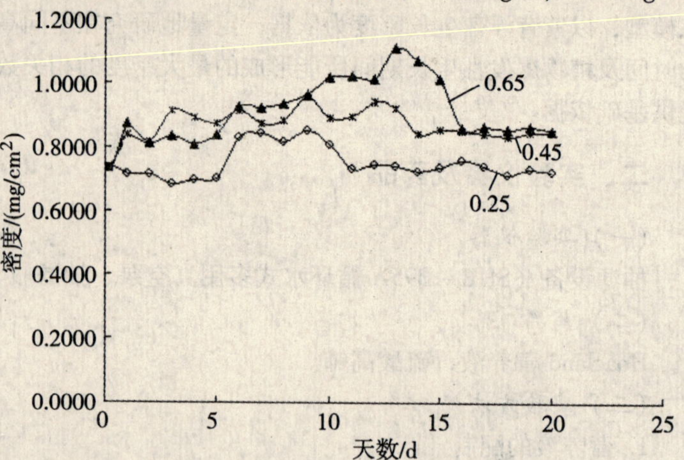

图2　0.25mg/L，0.45mg/L，0.65mg/L 铈浓度下紫背浮萍生长

如图1～图3所示，当铈浓度低于1.00mg/L时，紫背浮萍的生长是分阶段的。在第一个阶段紫背浮萍密度几乎保持静止，即潜伏期；第二个阶段紫背浮萍迅速生长，并在一个较高的密度下保持稳定，即发生爆发性生长，达到高峰期，第三个阶段紫背浮萍密度又迅速下降，并维持在一定水平，此阶段为紫背浮萍的衰退期[14]。在3.00mg/L的铈浓度下紫背浮萍明显呈下降趋势，已经达到了紫背浮萍的致死浓度，在5.00mg/L的高铈离子浓度下，第二天紫背浮萍就全部死亡，叶片呈黄色，而营养液则显紫红色，初步分析为重金属离子（即高铈离子）浓度过高引起的重金属中毒。由此可知高浓度的高铈离子不仅会抑制紫背浮萍生长，甚至能导致紫背浮萍的死亡。

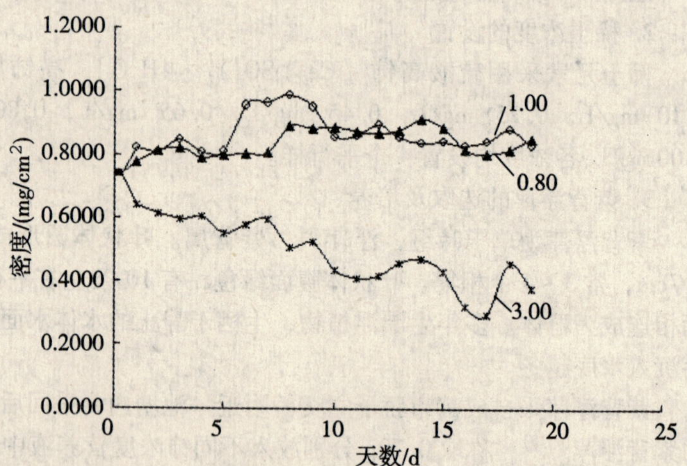

图3　0.80mg/L，1.00mg/L，3.00mg/L 铈浓度下紫背浮萍生长

在0～1.00mg/L铈浓度范围内，不同浓度的铈对紫背浮萍爆发性生长的最大密度及发生时间也存在较大差异。通过对数据整理分析，认定当密度增量（当天紫背浮萍的密度与前一天的密度差，再与前一天的密度之比）第一次出现大于7%的天数即为初始爆发性生长的时间。表1、表2列出了不同高铈离子浓度下紫背浮萍爆发性生长的最大密度及初始爆发性生长的时间。

表1　不同高铈离子浓度所形成的最大值

高铈离子浓度/（mg/L）	0.00	0.05	0.10	0.25	0.45	0.65	0.80	1.00	3.00
最大密度/（mg/cm²）	0.9942	0.9890	0.9793	0.8524	0.9557	1.1119	0.9156	0.9855	0.6397

表2　各浓度初始发生爆发性生长的时间

高铈离子浓度/（mg/L）	0.00	0.05	0.10	0.25	0.45	0.65	0.80	1.00
天数/d	16	14	10	6	3	6	8	6

由表1、表2可见，当铈浓度在0.45～0.80mg/L范围时，铈对紫背浮萍的生长有着显著的

促进作用；当铈浓度低于0.45mg/L时，初始爆发性生长的时间随浓度的增加而减少，在0.45～0.80mg/L的铈浓度范围内，初始爆发性生长时间随浓度的增加而延迟；铈浓度为1.00mg/L时，爆发时间较0.80mg/L又有所下降。总体而言，当铈浓度在0.25～0.65mg/L范围内，紫背浮萍初始发生爆发性生长的时间相对较短。

（二）紫背浮萍形成最大生长密度的数学模型

从表1相关数据可知，低浓度的铈对紫背浮萍有促进作用，而高浓度铈对紫背浮萍生长有抑制作用，由此可推之，某一浓度的铈对紫背浮萍的生长有最佳促进浓度。利用SPSS软件中的曲线回归分析[15-17]对数据进行铈浓度－密度的二次拟合，图4、表3分别为拟合所得的曲线及模型的各参数汇总。

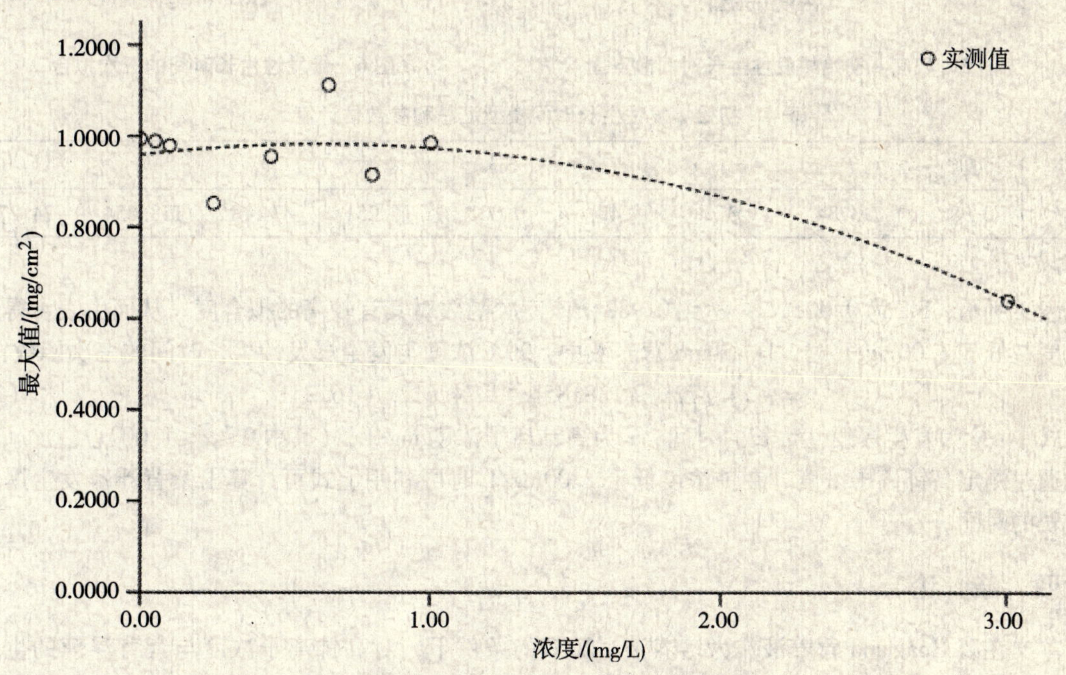

图4　高铈离子浓度－最大密度二次拟合

表3　最大密度模型汇总与参数估计值

方程	R^2	F	df1	df2	Sig.	常数	b_1	b_2
参数	0.718	7.636	2	6	0.022	0.960	0.075	-0.060

由于表3中的Sig值小于0.05，可以判断拟合值与实测值是显著的，具有统计学意义，得到在Hoagland营养液中，20℃时高铈离子浓度与紫背浮萍形成的最大密度的二次关系式：

$$y = -0.060x^2 + 0.075x + 0.960 \quad (1)$$

式中：y为爆发性生长期间最大密度，mg/cm^2；x为高铈离子浓度，mg/L（$0 \leqslant x \leqslant 3.00$）。

利用该二次式可通过测定水体中高铈离子浓度来预测水体中紫背浮萍爆发性生长后能达到的最大密度，并判断出铈浓度对紫背浮萍的最佳促进浓度。可计算出当高铈离子浓度达到0.63mg/L时紫背浮萍发生爆发性生长的最大密度会达到0.9834mg/cm^2。

（三）高铈离子浓度与初始爆发性生长时间的数学模型拟合

图5为浓度与初始爆发性生长时间的散点图。

利用SPSS软件对该图进行各种拟合，发现当浓度范围在0～1.00mg/L时，三次函数模型对其有很高的拟合度。

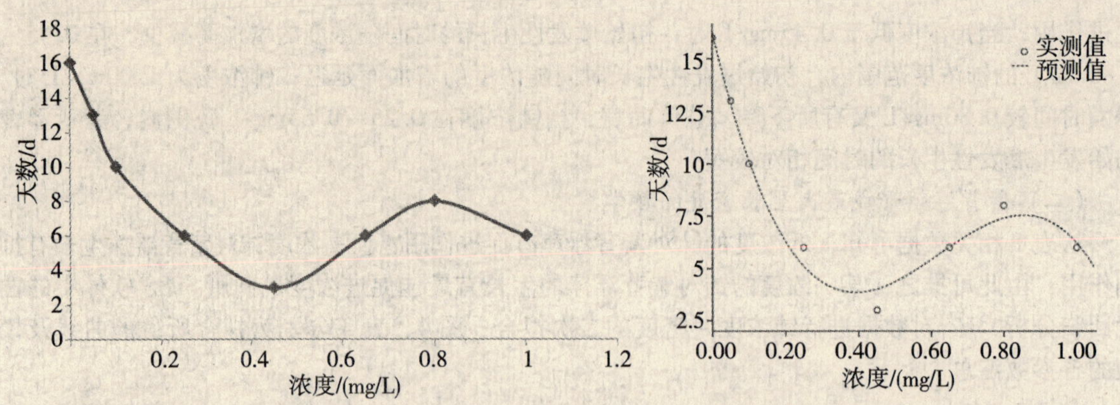

图5　浓度－初始爆发性生长时间散点图　　**图6　爆发性生长时间的三次拟合**

表4　初始爆发性生长时间模型汇总和参数估计值

方程	R^2	F	df1	df2	Sig.	常数	b_1	b_2	b_3
三次	0.982	71.734	3	4	0.001	16.251	－74.612	138.854	－74.272

表4所示，Sig为0.001，R^2达到0.982，该三次函数对其有较高的拟合度。从而由表4得到铈浓度在低于1.00mg/L时，Hoagland营养液中，20℃浓度与发生爆发性生长时间的三次函数：

$$y = -74.272x^3 + 138.854x^2 - 74.612x + 16.251 \quad (2)$$

式中：y为发生爆发性生长的时间；x为高铈离子浓度mg/L，（其中$0 \leqslant x \leqslant 1.00$）。

通过测定高铈离子浓度，在铈浓度低于1.00mg/L时可利用上式可计算出紫背浮萍发生爆发性生长的时间。

四、结　论

本文在以Hoagland营养液作为培养液，20℃的条件下，对高铈离子浓度与紫背浮萍的生长密度、发生爆发性生长的时间进行了分析。

高铈离子浓度对紫背浮萍的生长有着显著的影响。进一步验证了紫背浮萍的生长分为三个阶段：潜伏期、高峰期和衰退期。并从定量的角度证实了较低的铈浓度对紫背浮萍的生长起促进作用，高浓度的铈会抑制紫背浮萍生长甚至导致其死亡。建立了紫背浮萍与铈浓度的二次函数：$y = -0.060x^2 + 0.075x + 0.960$（$0 \leqslant x \leqslant 3.00$，Hoagland溶液中，20℃），利用此函数可以推测出铈浓度对紫背浮萍生长的最佳浓度为0.63mg/L，该结果与实测最大促进浓度0.65mg/L的误差为3.78%，所建的数学模型有很好的拟合度。

铈浓度对紫背浮萍发生爆发性生长现象的时间也有着重要的影响。当铈浓度低于1.00mg/L的时候，发生爆发性生长的时间与铈浓度呈三次关系：$y = -74.272x^3 + 138.854x^2 - 74.612x + 16.251$（$0 \leqslant x \leqslant 1.00$，Hoagland溶液中，20℃）。总体来说，低浓度的高铈离子会使爆发性生长时间提前；高浓度的高铈离子抑制紫背浮萍的生长，使爆发性生长发生时间延迟。

本文的模拟试验研究所得结果对长江上游及其库区的水体富营养化控制也给予了启示。在长江上游主要支流及其部分干流中的某些水域的稀土总含量已达到或超过0.1mg/L，其稀土含量已进入促进紫背浮萍快速生长的浓度范围，这对长江上游及主要支流的水电梯度开发和长江三峡库区蓄水水质的安全都带来了严重隐患。由此，应进一步深入研究稀土对代表性的水生漂浮植物，如藻类和凤眼莲生长的影响，并加强对长江上游稀土废水排放的控制，确保长江上游水环境安全。

参考文献

[1] 罗建美，季宏兵．稀土元素在环境中的行为及其生态效应［J］．首都师范大学学报（自然科学版），2005（3）：60－64.

[2] 丁友超，刘国庆．稀土元素在土壤中的环境化学行为及其生物效应［J］．农业环境科学学报，2002（6）：567－569，576.

[3] 王咏梅，赵仕林，赵凡，等．农用稀土肥料对环境影响的研究［J］．四川师范大学学报，2004，27（2）：202－205.

[4] 柳勇，李淑仪，廖新荣，等．外源稀土作用下根－土界面元素转化、分布及植物有效性的研究进展［J］．植物营养与肥料学报，2009，15（3）：707－718.

[5] Keasler K，et al. Earth Plant［J］. Sci. Lett，1988，89：5－47.

[6] 韦立峰．浅谈水体富营养化的成因及其防治［J］．中国资源综合利用，2006，24（8）：25－27.

[7] 李夜光，李中奎，耿亚红．富营养化水体中N、P浓度对浮游植物生长繁殖速率和生物量的影响［J］．生态学报，2006（2）：317－324.

[8] 艾勇峰，梁晓高，张波，等．紫背浮萍对污水中总氮、总磷的去除效果研究［J］．江苏环境科技，2008，（S1）：21－23.

[9] 马广岳，施国新，王学．铈对紫萍抗铜能力的影响［J］．植物研究，2004（4）：443－446.

[10] 沈根祥，胡宏，沈东升．浮萍净化氮磷污水的蛋白质生产能力及耐寒能力比较［J］．农业工程学报，2006，22（6）：144－147.

[11] 种云霄，胡洪营，钱易．无机氮化合物及pH值对紫背浮萍生长的影响［J］．中国环境科学，2003（4）：417－421.

[12] 廖洋，李瑞桢，刘佩，等．铈及其配合物对水体富营养化的影响［J］．环境化学，2008（3）：354－356.

[13] 胡勤海，金明亮．稀土元素在水体中的环境化学行为及其生物效应［J］．农业环境保护，2000（5）：274－277.

[14] 郑建军，钟成华，邓春光．试论水华的定义［J］．水资源保护，2006，22（5）：45－47.

[15] 章文波，陈红艳．实用数据统计分析及SPSS12.0应用［M］．北京：人民邮电出版社，2006，2.

[16] 赵明桥，李攻科，张展霞．应用多元回归法研究赤潮特征有机物与赤潮关系［J］．海洋环境科学，2003，（1）：35－38.

[17] 陈云峰，殷福才，陆根法．富营养化水体水华暴发的突变模型［J］．中国环境科学，2006（1）：378－382.

[18] Scheffer M，Carpenter S R. Regime shifts in ecosystems：Models and evidence［J］. Trends in Ecology and Evolution.，2003，18：648－656.

对羟基苯甲酸对五种水华微藻生长的抑制作用

孙颖颖[1]　阎斌伦[2]　张　静[1]　王长海[3]

（1. 淮海工学院海洋学院　连云港　222005；2. 淮海工学院江苏省海洋生物技术重点建设实验室　连云港　222005；3. 烟台大学海洋学院　烟台　264005）

摘　要　通过测定藻细胞密度，观察藻细胞形态，分析藻细胞内硝酸还原酶（NR）、过氧化物酶（POD）和超氧化物歧化酶（SOD）以及丙二醛（MDA）等生理指标的变化，研究了酚酸类物质——对羟基苯甲酸对水华束丝藻、颤藻、水华微囊藻、实球藻和衣藻生长的抑制作用。结果表明，当浓度超过0.6 mmol/L时，对羟基苯甲酸明显抑制了此五种微藻的生长，并且它对水华束丝藻、颤藻、水华微囊藻和实球藻的抑制作用要强于衣藻。同时发现，对羟基苯甲酸作用下的水华束丝藻、实球藻和衣藻细胞出现明显的空洞和破碎现象。此外，实球藻还出现细胞抱团现象。进一步研究发现，对羟基苯甲酸能明显降低水华束丝藻、水华微囊藻和实球藻的NR、POD和SOD活性以及衣藻的SOD活性，显著促进颤藻的NR活性和衣藻的POD活性，但对衣藻的NR活性和颤藻的POD和SOD活性无明显影响。此外，对羟基苯甲酸还显著提高了5种微藻细胞内的MDA含量。综合上述结果，我们推测对羟基苯甲酸能够影响5种微藻的某些生理生化过程，包括改变藻细胞的硝酸还原酶活性，打破藻细胞内部的营养平衡；形成氧化胁迫，加速藻细胞体内活性氧的积累，导致藻细胞发生过氧化反应，使得抗氧化酶活性受到抑制，MDA含量上升。

关键词　酚酸　抑制作用　水华微藻

目前，我国几乎所有的湖泊和城市景观水体都存在着不同程度的富营养化问题，富营养化水体会导致某些藻类的暴发性繁殖。藻类爆发性繁殖产生的水华会造成水体缺氧，某些藻类还会产生藻毒素，危及水生动物和人体健康。尽管已经有物理和化学等控制或抑制藻类水华的方法，但鉴于外来添加物质可能对水体产生可知或不可预见的影响，利用水生植物的化感物质进行水华防控的研究已经引起人们的重视[1,2]。

研究表明，植物根系除分泌甲酸和乙酸等有机酸外，还分泌具有芳香气味的香草酸、阿魏酸、水杨酸和对羟基苯甲酸等酚酸类化合物，这些物质被公认为化感物质[4]。其中，酚酸类物质被证实是活性较强，也是研究最多的一类化感物质[3]。目前，已经证实了植物种子萌发以及植物生长都受到酚酸类物质的抑制[5,6]。在水生生态系统中，酚酸类物质的研究也见报道。Nakai等已从穗花狐尾藻（*Myriophyllum spicatum*）中分离出多种酚酸类物质，如邻苯三酚、没食子酸和鞣花酸等，并证明它们对铜绿微囊藻（*Microcystic aeruginosa*）的生长有较强的抑制作用[7]。杨维东等发现酚酸类物质香草醛、没食子酸和（+）-儿茶素能抑制赤潮藻-塔玛亚历山大藻（*Alexandrium tamarense*）的生长[8]。在铜绿微囊藻研究中，丁惠君等证明对苯二酚和没食子酸能显著抑制其生长[9]。对羟基苯甲酸在精细化工中是一种优良的防腐剂，商品名叫尼泊金（Nipagin），具有抑制细菌、真菌和酶的作用，毒性较苯甲酸或水杨酸及其衍生物为小。目前，已发现不少植物中均含有对羟基苯甲酸，经实验证明，它对植物的生长发育具有他毒和自毒作用[10,11]。例如，大叶藻（*Zostera marina*）抑制某些藻类和蓝细菌生长的抑藻物质就为对羟基苯甲酸[12-14]。张庭廷等也指出对羟基苯甲酸对水华鱼腥藻（*Anabaena flos-aquae*）、蛋白核小球藻（*Chlorella pyrenoidosa*）和铜绿微囊藻的生长具有抑制作用[15,16]。张庭廷等还发现0.8 mmol/L浓度对羟基苯甲酸在明显抑制铜绿微囊藻生长的同时，对鲤鱼并没有产生明显毒性[16]。酚酸类物质作为化感物质的一大类型，同时又属于植物的次生代谢物，在自然水体能被生物降解，因而不会导致在水体以及其他生物体蓄积等二次污染的现象，有望能开发为高效的生物杀藻剂。鉴于此，本文以水华束丝藻（*Aphanizomenon flos - aquae*）、颤藻（*Oscillatoria* sp.）、水华微囊藻（*Microcystis flos - aquae*）、实球藻（*Pandorina morum*）和衣藻（*Chlamydomonas* sp.）常见的5种水华微藻为研究对象，研究酚酸类物质对羟基苯甲酸对它们生长的影响。在此基础上，通过分析对羟基苯甲酸作用下，5种微藻细胞内硝酸还原酶（Nitrate Reductase，NR）、过氧化物酶（Peroxidase，POD）和超氧化物歧化酶（Superoxide Dismutase，SOD）活性以及丙二醛（Meleic Dialdehyde，MDA）含量等的变化，初步揭示对羟基苯甲酸的抑藻作用，为获得可在自然条件下降解、安全的生物抑藻剂以及藻类水华的生态治理提供实验基础和理论依据。

一、材料与方法

（一）实验材料

水华束丝藻、颤藻、水华微囊藻、实球藻和衣藻无菌株由中国科学院武汉水生生物研究所淡水藻种库提供，经进一步分离纯化后由烟台大学海洋生化工程研究所保存，在BG-11培养基中培养，pH7.0，培养温度（25±0.1）℃，光照强度40 μmol/（m^2·s），光暗比为12∶12。

对羟基苯甲酸、氮蓝四唑、蛋氨酸、核黄素、硫代巴比妥酸购于SIGMA公司，其余药品为分析纯。

（二）抑藻实验

在250 ml BG-11培养液中，添加不同质量的对羟基苯甲酸，使其终浓度分别为0.2 mmol/L、0.4 mmol/L、0.6 mmol/L、0.8 mmol/L和1.0 mmol/L，同时设定对羟基苯甲酸浓度为零的对照组。水华束丝藻、颤藻、水华微囊藻、实球藻和衣藻的接种密度分别为OD_{680} = 0.068，OD_{680} = 0.13，43×10^4/ml，62×10^4/ml和28×10^4/ml，每个培养瓶设定3个平行样。培养瓶置于GXZ-260B智能型光照培养箱中，按上述条件培养。每2d取样，计数藻细胞密度。第12天，测定藻细胞NR、POD和SOD活性以及MDA含量。同时，采用显微照相获得细胞形态照片。

1. NR、POD和SOD的提取与测定

藻液5000 g离心5 min，藻细胞分别加4 ℃的0.05 mol/L磷酸缓冲液（提取NR、POD和SOD的磷酸缓冲液pH分别为7.0、7.0和5.5）。0~4 ℃冰浴中研磨，5000 g离心10 min，上清液为粗酶液。

采用张志良[17]的方法测定NR：0.4 ml粗酶液，加入1 ml 0.01 mol/L KNO_3，0.6 ml 2.0 mg/L NADH，25 ℃保温30 min。保温结束后，立即加入10.0 mg/L对氨基苯磺酰胺1 ml和2.0 mg/L萘基乙烯二胺1 ml，静置15 min后离心，测定上清液540 nm吸光度。

采用Giannopolitis和Ries的方法[18]测定SOD：1 ml粗酶液，2 ml反应介质（50 mmol/L pH为7.0磷酸缓冲液，77.12 μmol/L氮蓝四唑，0.1 mmol/L EDTA，13.37 mmol/L蛋氨酸），加入0.1 ml 80.2 μmol/L核黄素溶液，测定560 nm吸光度。

采用Evans的方法[19]测定POD：1 ml 2% H_2O_2，1 ml 0.05 μmol/L愈创木酚，1 ml粗酶液，25 ℃下测定470 nm吸光度。

2. 丙二醛含量的测定

丙二醛含量的测定和计算方法参照文献[17]的硫代巴比妥酸（TBA）比色法。

（三）数据处理

实验数据采用SPSS11.5软件包进行独立样本检验统计分析，$P<0.05$为显著性差异，$P<0.01$为极显著性差异。

微藻的生长抑制率，$I=(1-N/N_0)\times 100\%$，式中：N为处理组藻细胞密度，OD_{680}或×10^4/ml；N_0为对照组藻细胞密度，OD_{680}或×10^4/ml。

半效应浓度（EC_{50}），为藻细胞密度降低为对照组藻细胞密度一半时对应的对羟基苯甲酸浓度，mmol/L，本文中采用直线内插法确定 EC_{50}。

二、结果与讨论

（一）对羟基苯甲酸对5种微藻生长的影响

从图1可以看出，高浓度对羟基苯甲酸（> 0.6 mmol/L）明显抑制了颤藻和水华微囊藻的生长（$P < 0.05$）。对其余三种微藻而言，对羟基苯甲酸低浓度时（0.2 mmol/L）促进它们的生长，高浓度时则显著抑制它们的生长。第12天，1.0 mmol/L对羟基苯甲酸对水华束丝藻、颤藻、水华微囊藻、实球藻和衣藻的生长抑制率分别为93.8%、78.5%、91.2%、77.4%和40.5%。同时，通过计算获得对羟基苯甲酸对水华束丝藻、颤藻、水华微囊藻、实球藻和衣藻的 EC_{50}，分别为0.47 mmol/L、0.66 mmol/L、0.54 mmol/L、0.53 mmol/L和1.19 mmol/L。

酚酸类物质和萜类物质是两类主要的化感物质，而对羟基苯甲酸是常见的酚酸类物质。已有研究表明，对羟基苯甲酸对水华鱼腥藻和蛋白核小球藻的生长具有化感抑制作用[9]。本文结果也表明，对羟基苯甲酸在高浓度时同样能显著抑制水华束丝藻、颤藻、水华微囊藻、实球藻和衣藻等5种微藻的生长。张庭廷等通过实验测定，发现对羟基苯甲酸对水华鱼腥藻和蛋白核小球藻的 EC_{50} 分别为0.364 mmol/L和0.401 mmol/L[15]。本研究中的 EC_{50} 结果表明，对羟基苯甲酸对水华束丝藻、颤藻、水华微囊藻、实球藻和衣藻的抑制效果不同。可见，对羟基苯甲酸对不同种属的藻类抑制作用不同。

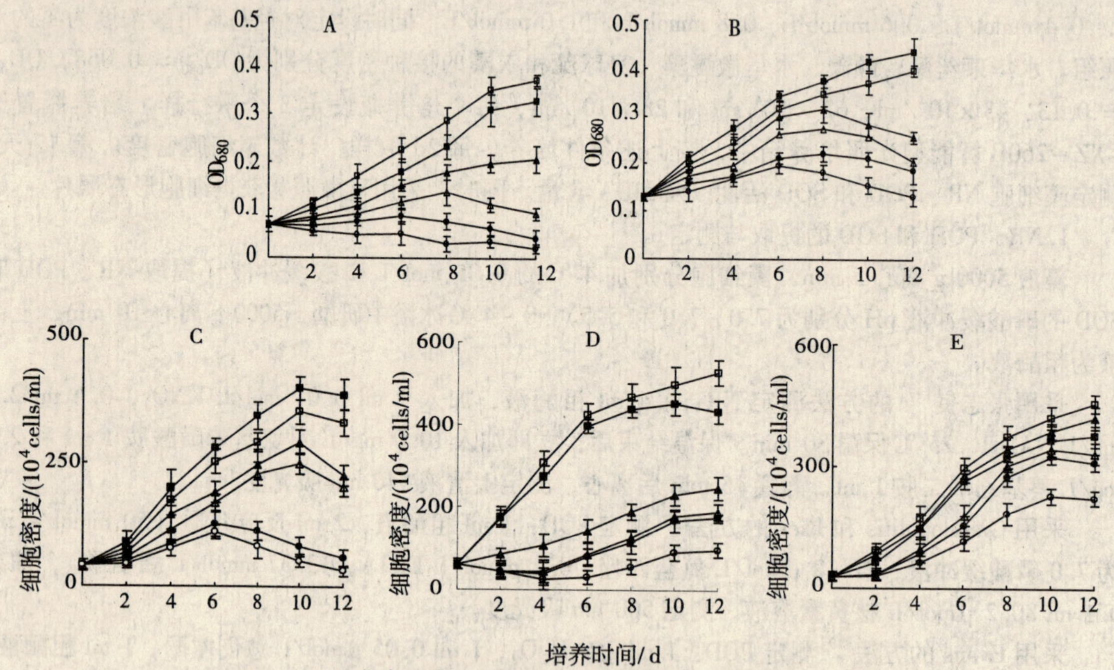

A. 水华束丝藻；B. 颤藻；C. 水华微囊藻；D. 实球藻；E. 衣藻

图1 对羟基苯甲酸对5种微藻生长的影响

同时，通过显微镜观察发现，在较高浓度的对羟基苯甲酸作用下水华束丝藻、实球藻和衣藻细胞形态发生明显改变（图2），而颤藻和水华微囊藻细胞形态未见显著变化。其中，水华束丝藻藻丝断裂，藻细胞出现明显空洞现象；实球藻细胞出现空洞、破碎和明显的细胞抱团现象；衣藻细胞则出现空洞和破碎现象。在铜绿微囊藻研究中，洪喻等也发现芦竹（Arundo donax Linn.）提取物能使藻细胞出现空洞、破碎以及细胞聚集抱团现象[20]。我们推测，在对羟基苯甲酸胁迫下微藻细胞会发生表型可塑性的变化，从而出现区别于正常条件下的不同形态；并且由于微藻细胞结构的不同，可能导致其对藻细胞的作用存在差异。

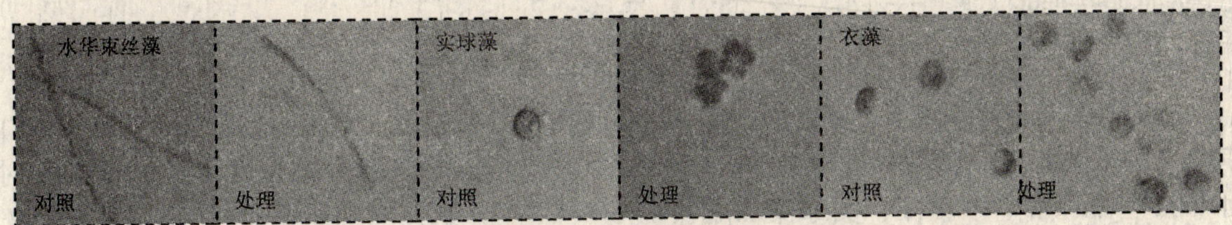

图2 对羟基苯甲酸对微藻细胞形态的影响

(二) 对羟基苯甲酸对5种微藻NR活性的影响

由图3可见，随对羟基苯甲酸浓度的增加，水华束丝藻（或颤藻）的NR活性出现明显降低（或增大）（$P<0.05$），而水华微囊藻和实球藻的NR活性先升高后降低。当其浓度为1.0 mmol/L时，水华束丝藻、水华微囊藻和实球藻的NR活性分别比对照组降低了98.6%、61.6%和77.2%，而颤藻的NR活性则增大为对照组的4.8倍（第12天）。与上述4种微藻不同，对羟基苯甲酸对衣藻的NR活性无明显影响（$P>0.05$）。

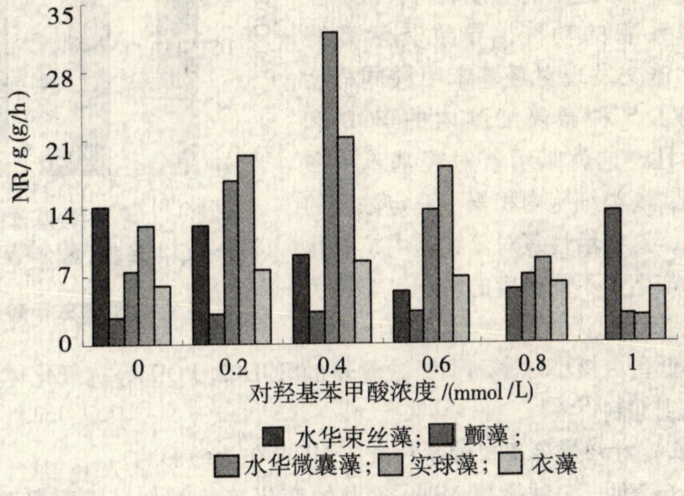

图3 对羟基苯甲酸对5种微藻NR活性的影响

NR是氮代谢中关键性酶，它将浮游植物所吸收的氧化态氮化合物转化为还原态的氮，进一步合成氨基酸和蛋白质，其值代表着细胞内部的营养平衡[21]。上述结果表明，对羟基苯甲酸显著抑制或促进测试微藻的NR活性（衣藻除外），这就表明对羟基苯甲酸很可能通过破坏藻细胞内部的营养平衡，从而影响它们的生长。关于对羟基苯甲酸对衣藻的NR活性无显著影响却仍能抑制其生长，还有待进一步深入研究。

(三) 对羟基苯甲酸对5种微藻POD活性的影响

在图4中，对羟基苯甲酸浓度从0增大到1.0 mmol/L时，其对颤藻的POD活性无显著影响（$P>0.05$），而明显增大了衣藻的POD活性（$P<0.05$）。对羟基苯甲酸浓度较低时，水华束丝藻、水华微囊藻和实球藻的POD活性随其浓度的增加而增大（$P<0.05$），当对羟基苯甲酸浓度为0.4 mmol/L时，3种微藻的POD活性增大为对照组的2~6倍；当对羟基苯甲酸浓度继续增加时，POD活性显著降低，当其浓度达到1.0 mmol/L时，水华微囊藻和实球藻的POD活性比对照组降低约30%，水华束丝藻的POD活性

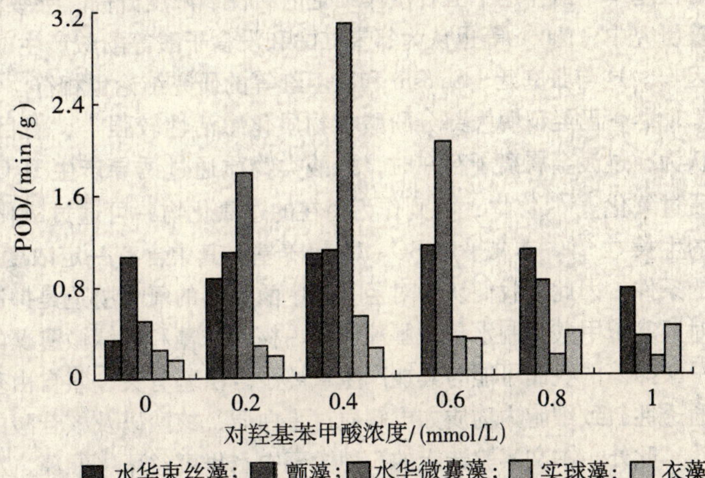

图4 对羟基苯甲酸对5种微藻POD的活性影响

接近零。

（四）对羟基苯甲酸对5种微藻 SOD 活性的影响

在对羟基苯甲酸作用下，颤藻的 SOD 活性与对照组非常接近，并无明显差别（$P > 0.05$）；其余4种微藻的 SOD 活性显著降低（$P < 0.05$）（图5）。对羟基苯甲酸浓度为1.0 mmol/L 时，水华束丝藻、水华微囊藻、实球藻和衣藻的 SOD 活性分别比对照组降低了100%、65.1%、72.4%和90.6%。

研究者指出，胁迫下生物体内活性氧会逐渐增加，积累的活性氧会使抗氧化体系酶活性升高，当活性氧浓度超过一定范围时，过量的活性氧将会破坏抗氧化体系酶的功能，导致其活性降低[22]。本文发现对羟基苯甲酸同样明显影响了5种微藻细胞内的 POD 和 SOD 活性，这就暗示着对羟基苯甲酸作用下，藻类细胞内积累了一定浓度的活性氧，这些活性氧对藻细胞内抗氧化体系酶产生了不同程度的影响。李锋民等人也指出，芦苇化感物质（EMA）通过降低蛋白核小球藻和铜绿微囊藻的 SOD 和 POD 等抗氧化体系酶活性，使细胞结构被破坏，生长受到抑制[23, 24]。

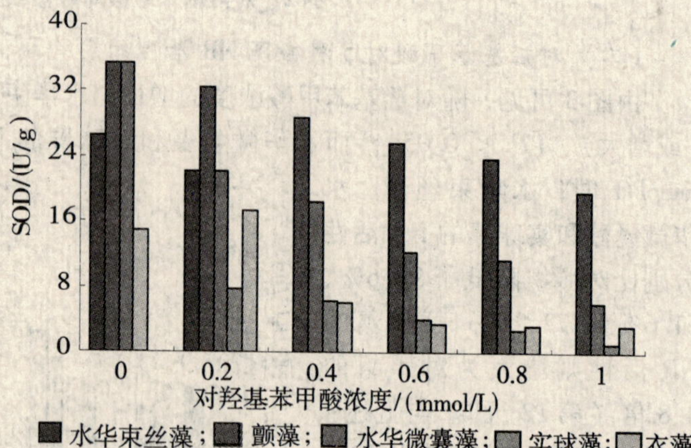

图5　对羟基苯甲酸对5种微藻 SOD 活性的影响

（五）对羟基苯甲酸对5种微藻 MDA 含量的影响

图6表明，5种微藻 MDA 含量的变化趋势类似。随对羟基苯甲酸浓度的增大，5种微藻 MDA 含量明显增加（$P < 0.05$）。第12天，在1.0 mmol/L 的对羟基苯甲酸浓度时，水华微囊藻和实球藻的 MDA 含量分别增大为对照组的8.9倍和12.9倍，颤藻和衣藻的 MDA 含量为对照组的2~4倍，由于此时水华束丝藻几乎被完全抑制，细胞大部分死亡，从而 MDA 含量测定值非常小（接近零）。

MDA 的形成和积累量可作为细胞膜结构损伤、藻体受胁迫程度以及细胞内活性氧自由基增多的一种标志[17]。上述结果表明，对羟基苯甲酸处理组藻细胞内 MDA 含量显著升高。这就说明对羟基苯甲酸作用下五种微藻细胞内活性氧浓度升高，导致藻细胞发生过氧化反应。在铜绿微囊藻研究中，Nakai 等也认为邻苯二酚和没食子酸等酚酸产生的氧化胁迫是引起生长抑制作用的原因[7]。这与张庭廷、Satoshi 和王卫红等的研究结论也相符[15, 16, 25, 26]。

尽管已经证明大部分酚酸类物质化感活性较强[3]，但目前它们的作用机制尚不清楚。通常认为，过渡金属离子存在时，酚酸类物质通过诱导产生 H_2O_2 和醌，H_2O_2 可进一步造成细胞脂质过氧化[15, 16, 27, 28]；醌则作为潜在的过氧化物，可通过氧化还原循环产生 ROS，进而危害细胞的生长[28, 29]。本文采用 BG-11 培养基，其中含有一定浓度的 Cu^{2+} 和 Fe^{3+}，满足产生氧化胁迫的条件，因此，我们认为对羟基苯甲酸引起的氧化胁迫是抑制藻细胞生长的又一可能的原因。在对羟基苯甲酸抑制水华鱼腥藻、蛋白核小球藻和铜绿微囊藻的实验中，张庭廷等也认为对羟基苯甲酸抑藻的机制可能与其能产生氧离子自由基有关，氧自由基可破坏细胞膜结构，改变细胞膜的通透性，致细胞内物质如电解质、蛋白质、核酸以及核苷酸的渗出，并最终使细胞溶解破裂[16]。

此外，本文实验选定的5种微藻中水华束丝藻、颤藻、水华微囊藻为蓝藻，实球藻和衣藻为绿藻。尽管受试微藻种属不同，但对羟基苯甲酸对它们细胞密度的抑制、藻细胞内硝酸还原酶和抗氧化酶活性以及丙二醛含量等生理指标的影响类似，这表明对羟基苯甲酸对微藻的抑制作用很可能具有一定的普遍性。并且，按照通常理论来讲，对羟基苯甲酸作为常见的化感物质，属于植物的次生代谢物，其在自然水体能被生物降解，不会导致在水体以及其他生物体蓄积等二次污染的现象。当然，对羟基苯甲酸对其他生物以及整个生态平衡的影响，包括对其他生物的 EC_{50} 和半致死浓度（LC_{50}）等均需进一步深入研究。

三、结　论

对羟基苯甲酸改变了藻细胞的硝酸还原酶活性，打破藻细胞内部的营养平衡；形成氧化胁迫，加速藻细胞体内活性氧的积累，导致藻细胞发生过氧化反应，使得抗氧化酶活性受到抑制，过氧化产物丙二醛含量升高。综合上述结果，我们推测对羟基苯甲酸通过影响水华束丝藻、颤藻、水华微囊藻、实球藻和衣藻5种微藻的某些生理生化过程，进而实现其对它们生长的抑制作用。

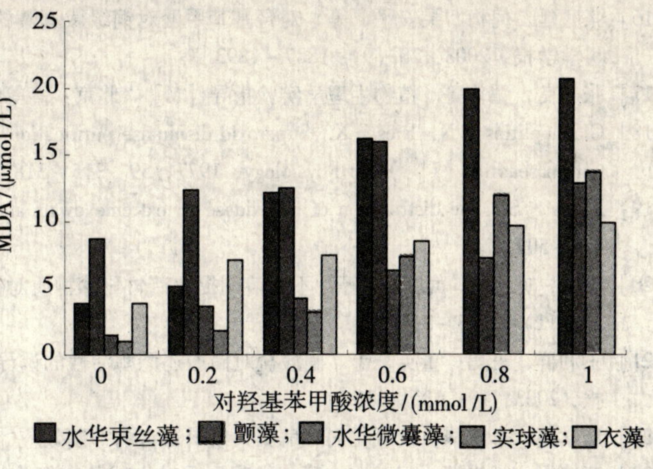

图6　对羟基苯甲酸对5种微藻MDA含量的影响

参考文献

[1] Gross E M, Erhard D, Enikö Ivanyi. Allelopathic activity of Ceratophyllum demersum L. and Najas marina ssp. intermedia (Wolfgang) Casper [J]. Hydrobiologia, 2003, 506-509, 583-589.

[2] Ellen van Donk, Wouter J van de Bund. Impact of submerged macrophytes including charophytes on phyto-and zooplankton communities: allelopathy versus other mechanisms [J]. Aquatic Botany, 2002, 72: 261-274.

[3] Inderjit K. Plant phenolics in allelopathy. Bot Rev, 1996, 62: 186-202.

[4] 严小龙. 根系生物学原理与应用 [M]. 北京：科学出版社，2007：25-28.

[5] Kuiters A T. Leaching of phenolic compounds from leaf and needle litter of several decidous and coniferous trees [J]. Soil Biol Biochem, 1986, 18 (5): 475-480.

[6] Eiuhellig F A. Mechanism of action of allelochemicals in allelpothy [J]. Allelopathy, 1995, (1): 97-115.

[7] Nakai S, Inoue Y, Hosomi M, et al. Myriophyllum spicatum released allelopathic polyphenols inhibiting growth of blue—green algae Microcystis aeruginosa [J]. Water Res., 2000, 34 (11): 3026-3032.

[8] 杨维东，张信连，刘洁生. 酚酸类化感物质对塔玛亚历山大藻生长的影响 [J]. 中国环境科学，2005，25 (4)：417-419.

[9] 丁惠君，张维昊，周伟斌，等. 两种酚酸类化感物质对铜绿微囊藻生长的影响 [J]. 环境科学与技术，2007，30 (7)：1-4.

[10] Quayyum H A, Mallika A U, OrrD E, et al. Allelopathic potential of aquatic plants associated with wild rice: Ⅱ. isolation and identification of allelochemicals [J]. Journal of Chemical Ecology, 1999, 25: 221-228.

[11] AmyM C, William C, Koskinen H, et al. Sorption desorption of phenolic acids as affected by soil properties [J]. Biol Fertil Soils, 2004, 39: 235-242.

[12] Quackenbush R C, Bunn D, Lingren W. HPLC determination of phenolic acids in the water-soluble extracts of Zostera marina (eelgrass) [J]. Aquat Bot, 1986, 24: 83-89.

[13] Harrison P G, Chan A T. Inhibition of the growth of micro-algae and bacteria by extracts of eelgrass (Zostera marina) leaves [J]. Mar Biol, 1980, 61: 21-26.

[14] Harrison P G, Durance C D. Reduction in photosynthetic carbon uptake in epiphytic diatoms by water-soluble extracts of leaves of Zostera marina [J]. Mar Biol, 1985, 90: 117-120.

［15］张庭廷，吴安平，何梅，等．酚酸类物质对水华藻类的化感作用及其机理［J］．中国环境科学，2007，27（4）：472－476.

［16］张庭廷，何梅，吴安平，等．对羟基苯甲酸对铜绿微囊藻的化感效应以及对鲤鱼的毒性作用［J］．环境科学学报，2008，28（9）：1887－1893.

［17］张志良，翟伟箐．植物生理学实验指导［M］．北京：高等教育出版社，2002：39－42.

［18］Giannoplities C N，Ries S K. Superoxid dismutase purification and quantitative relationship with water soluble protein in seadling［J］. Plant Physiology，1977，59：315－318.

［19］Evans S S. The distribution of peroxidase in extreme dwarf and normal tomato［J］. Phytochemistry，1965，4：449－503.

［20］洪喻，胡洪营，黄晶晶，等．不同溶剂提取芦竹化感物质对铜绿微囊藻生长的影响［J］．环境科学，2008，29（11）：3143－3147.

［21］王利群，王勇，董英，等．硝酸盐对硝酸还原酶活性的诱导及硝酸还原酶基因的克隆［J］．生物工程学报，2003，19：632－635.

［22］唐学玺，李永祺．抗氧化剂对扁藻久效磷毒害的抑制效应［J］．环境科学，2000，21（1）：87－89.

［23］李锋民，胡洪营，门玉洁，等．化感物质对小球藻抗氧化体系酶活性的影响［J］．环境科学，2006，27（10）：2091－2094.

［24］李锋民，胡洪营，门玉洁，等．芦苇化感物质EMA对铜绿微囊藻生理特性的影响［J］．中国环境科学，2007，27（3）：377－381.

［25］王卫红，季民，张楠，等．川蔓藻水浸提液的克藻效应与机理［J］．天津大学学报，2006，39（12）：1417－1422.

［26］Satoshi N，Yutaka I，Masaaki H. Algal growth inhibition effects and inducement modes by plant－producing phenols［J］. Wat Res.，2001，35（7）：1855－1859.

［27］Ayako F，Shinkji O，Mariko M，et al.（－）－Epigallocatechin gall atecauses oxidative damage to isolated and cellular DNA［J］. Biochemical Phamacology，2003，66（9）：1769－1778.

［28］Bors W，Michel C，Stettmaier K. Electron paramagnetic resonance studies of radical species of proanthocyanidins and gallate esters［J］. Arch Biochem Biophys，2000，374（2）：347－355.

［29］Pillinger J M，Gilmour I，Ridge I. Comparison of antialgal activity of brown－rotted and white－rotted wood and in situ analysis of lignin［J］. J Chem Ecol，1995，21（8）：1113－1125.

铜绿微囊藻细胞破碎液对溶藻细菌 L7 胞外活性物质溶藻机制的影响

钟云娜　陈　群　潘伟斌　杨丽丽

（华南理工大学环境科学与工程学院　广东　广州　510006）

摘　要　为了进一步明晰藻与溶藻细菌相互影响的作用机制，本研究采用经添加铜绿微囊藻细胞破碎液培养获得的溶藻细菌 L7 胞外活性物质处理铜绿微囊藻，测定藻细胞的叶绿素 a、蛋白质、过氧化氢酶（CAT）活性和丙二醛（MDA）的含量，以期从藻类生理生化角度揭示铜绿微囊藻细胞破碎液对 L7 胞外活性物质溶藻机制的影响。结果表明：①铜绿微囊藻细胞破碎液能提高 L7 胞外活性物质对铜绿微囊藻的溶藻效果，与未添加藻细胞破碎液对照组相比，添加藻细胞破碎液处理组对铜绿微囊藻生长的相对抑制率提高了 35.16%。②处理组对铜绿微囊藻的膜功能和结构的影响与对照组也有所不同，处理组的蛋白质含量增长率是对照组的 1.35 倍；CAT 活性的增长率是对照组的 6.01 倍；MDA 含量呈先上升后下降的趋势，结束值比初始值低，而对照组呈不断波动的趋势，结束时达到最高值。

关键词　溶藻细菌　铜绿微囊藻　细胞破碎液　CAT　MDA

对于同一种溶藻细菌，从发生水华区域分离的菌株比从自然界中没有发生水华的区域分离的菌株具有更强的溶藻能力[1,2]。吴刚[3]等人的研究也表明：当溶藻细菌在含有蓝藻过滤液的培养基中培养传代后，溶藻活性有所增强。可见，菌藻之间存在复杂的关系[4]，而藻体对溶藻细菌的溶藻能力有特殊的影响。本课题组曾分离鉴定出 3 株新的溶藻细菌[5]，并对 3 株溶藻细菌的溶藻活性、溶藻物质若干特性及其毒性效应等进行了研究[6-8]。本研究在溶藻细菌 L7 的培养过程中添加不同浓度的铜绿微囊藻细胞破碎液，探究藻细胞破碎液对溶藻细菌 L7 胞外活性物质分泌的影响及其对铜绿微囊藻生理特性的影响。

一、材料与方法

（一）材料

1. 溶藻细菌：本课题组从广州城区某富营养化池塘筛选获得，编号为 L7，属蜡状芽孢杆菌（Bacillus cereus），菌株 PCR 扩增产物的长度为 1454 bp，在 GenBank 的登录号是 DQ459876（train L7）。菌种以牛肉膏蛋白胨斜面培养基于 4℃冷藏保存[5]。

2. 供试藻种：铜绿微囊藻（Microcystis aeruginosa，FACHB－905），购于中国科学院水生生物研究所淡水藻种保藏中心。

（二）方法

1. 藻种培养：将铜绿微囊藻藻种接种到 BG－11 培养基[9]，温度（25 ± 1）℃，光强2000 ~ 2500 lx，光暗比为 12 h∶12 h，静置培养，每天定时摇动 3 次。镜检藻细胞正常后进行实验。

2. 藻细胞破碎液的制备：取预培养 1 周的铜绿微囊藻（约 108 cells/mL）160ml，4000 r/min 离心 15 min，弃上清液，重复洗涤 1 次。用 40ml 无菌水将沉淀藻体洗出，冰浴条件下使用超声波细胞粉碎机破碎藻细胞，破碎时间 6s、间隔时间 5s、总时间 15min、频率 300W。破碎后进行过滤灭菌，经 0.22 μm 微孔滤膜抽滤两次，平板涂布进行无菌检验，光学显微镜观察进行无藻检验。最后定容至 40ml，经紫外线灭菌 30min 即为藻细胞破碎液。

3. 溶藻滤液的制备：接种细菌于牛肉膏蛋白胨固体斜面培养基，置于生化培养箱 30℃培养 24 h 后，用无菌水将菌苔洗脱，获得菌株的菌悬液。将一定量的菌悬液接入 200 ml 液体淀粉培养基中，使得接种后的菌密度为 108 ~ 109 cfu/ml，继续向内添加一定体积（0%、5%、20%）

的不同生长时期（对数期、稳定期、衰退期）的藻细胞破碎液，然后将上述接种后的液体培养基装入已灭菌的具塞锥形瓶中，置于 30 ℃恒温振荡器中，120 r/min 振荡培养 3.5 d。将培养后的菌液于 4000 r/min 离心 20 min，上清液经 0.22 μm 微孔滤膜抽滤 2 次，平板涂布进行无菌检验，制成添加藻细胞破碎液培养的溶藻细菌无菌滤液，简称溶藻滤液；另将不添加藻细胞破碎液培养制成的溶藻细菌无菌滤液简称为无菌滤液。

4. 实验设置

（1）不同生长时期藻细胞破碎液对比实验（生长时期对比实验）

在溶藻细菌 L7 液态淀粉培养液（以下简称培养液）中分别添加 5%（体积分数）的对数期、稳定期和衰退期的藻细胞破碎液并进行培养，以未添加藻细胞破碎液的培养液为对照，各实验组设置两个平行。培养 3.5 d 后，制成的溶藻滤液和无菌滤液分别表示为对数期处理组（Exponential phase treatment）、稳定期处理组（Stationary phase treatment）、衰退期处理组（Decline phase treatment）和对照组（Control treatment），编号分别为 ET、ST、DT 和 CT。将各实验组与等体积的铜绿微囊藻藻液混合（200 ml∶200 ml，铜绿微囊藻细胞密度为 1.93×10^8 cells/ml），每隔 24 h 测定各混合液中藻细胞叶绿素 a 的含量。

（2）不同浓度藻细胞破碎液对比实验（浓度对比实验）

在培养液中分别添加 5%、10%、20% 的稳定期的藻细胞破碎液并进行培养，以未添加藻细胞破碎液的培养液为对照，各实验组设置两个平行。培养 3.5 d 后，制成的溶藻滤液分别表示为 5% 处理组（5% treatment）、10% 处理组（10% treatment）、20% 处理组（20% treatment）和对照组，编号分别为 5% T、10% T、20% T 和 CT。将各处理组与等体积的铜绿微囊藻藻液混合（200ml∶200ml，铜绿微囊藻细胞密度为 1.16×10^8 cells/ml），以无菌水代替溶藻滤液作为空白组（Blank treatment），编号为 BT，每隔 24 h 测定各混合液中藻细胞叶绿素 a 的含量。

（3）添加藻细胞破碎液对藻生理生化影响的实验（溶藻机制实验）

在培养液中分别添加 5%、20% 的稳定期的藻细胞破碎液并进行培养，以未添加藻细胞破碎液的培养液为对照，各实验组设置两个平行。培养 3.5 d 后，制成的溶藻滤液分别表示为 5% 处理组、20% 处理组和对照组，编号分别为 5% T、20% T 和 CT。将各处理组与等体积的铜绿微囊藻藻液混合（200 ml∶200 ml，铜绿微囊藻细胞密度为 4.94×10^7 cells/ml），以无菌水代替溶藻滤液作为空白组，编号为 BT，每隔 24 h 测定各混合液中藻细胞叶绿素 a、蛋白质、过氧化氢酶（CAT）活性和丙二醛（MDA）的含量。

5. 粗酶液的制备：取 20ml 供试藻液放入离心管中，4000r/min 离心 10min，弃去上清液，藻中加入 10ml 预冷的 0.05mol/L pH 为 7.8 的磷酸缓冲溶液，冰浴条件下使用细胞破碎仪破碎，功率 300W，间隔时间 5s，破碎时间 6s，总时间 15min，镜检没有完整细胞。破碎液在 4000r/min 离心 5min，得到上清液，即为粗酶液，4℃冷藏保存，用于蛋白质含量、MDA 和 CAT 的测定。

6. 叶绿素 a 含量的测定：采用乙醇萃取分光光度法[7]测定藻细胞叶绿素 a 含量。

7. 蛋白质含量的测定：取粗酶液，采用考马斯亮蓝法[10]测定蛋白质含量。

8. CAT 活性的测定：取粗酶液，采用史顺玉[11]方法测定 CAT 活性。

9. MDA 含量的测定：取粗酶液，采用硫代巴比妥酸（TBA）法[10]测定 MDA 含量。

10. 数据分析：每组实验设置 2 个平行，所得数据采用（平均值 ± 标准差）表示，用 SPSS 17.0 进行显著性分析（$0.01 < P < 0.05$ 差异显著，$P < 0.01$ 差异极显著）。

二、结　果

（一）对铜绿微囊藻生长的影响

1. 生长时期对比实验

经溶藻滤液和无菌滤液处理铜绿微囊藻后，各实验组藻细胞叶绿素 a 含量相比对照度的抑制率变化如图 1 所示。

从图 1 中可知，处理组和对照组均有明显的溶藻效果。添加藻细胞破碎液可提高对铜绿微囊藻的溶藻作用，在实验 24h 即出现了溶藻作用，处理 24h 测得的对藻的相对抑制率平均是对照组的 2. 38 倍。而添加不同生长时期（生长期、稳定期、衰退期）藻细胞破碎液的三个处理组叶绿素 a 含量相对抑制率变化趋势相同，3 个处理组之间无显著差异（$P>0.05$），说明添加的三个不同时期藻细胞破碎液对溶藻细胞活性物质的影响无显著性差异。

2. 浓度对比实验

经溶藻滤液和无菌滤液处理铜绿微囊藻后，各实验组藻细胞叶绿素 a 含量变化如图 2 所示。

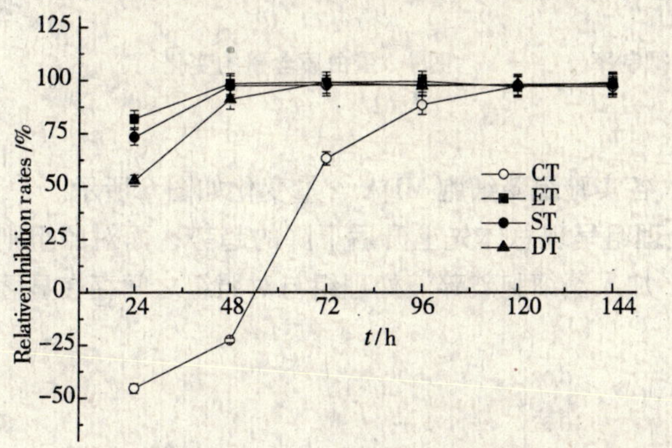

图 1　生长时期对比实验菌对藻相对抑制率的变化

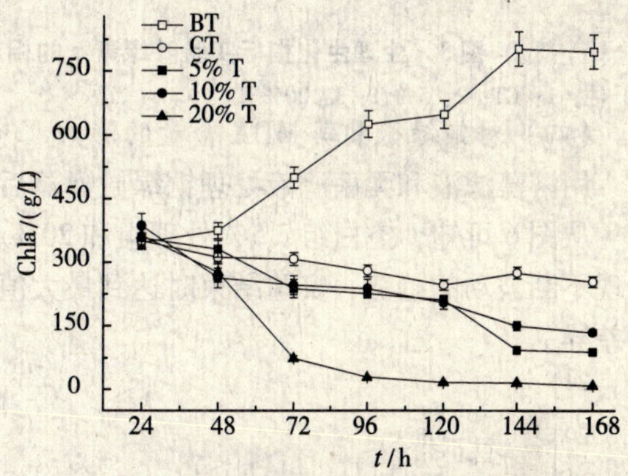

图 2　浓度对比实验叶绿素 a 含量的变化

从图 2 中可以看出，3 个浓度处理组和对照组均有明显的溶藻效果，与空白组相比均呈显著差异（$P<0.05$），此结果与生长时期对比实验结果相符。对 3 个浓度处理组进行显著性分析，20% 处理组与 5%、10% 处理组间均有显著差异（$P<0.05$），说明添加的藻细胞破碎液体积浓度的不同对溶藻细菌胞外物质的分泌或其对铜绿微囊藻生长的影响有显著性差异。

3. 溶藻机制实验

用溶藻滤液和无菌滤液处理铜绿微囊藻 144 h 后，各实验组藻细胞叶绿素 a 含量相比对照组的抑制率如图 3 所示。0%、5%、20% 3 个处理组，观察其藻液颜色均变黄或白化，叶绿素 a 相对抑制率均在 200% 以上，其中 20% 处理组相对抑制率最高，达到 323. 06%，与 0% 处理组相比对藻的相对抑制率提高了 35. 16%，这与浓度对比实验的结果相符。

（二）对铜绿微囊藻蛋白质含量的影响

用溶藻滤液和无菌滤液处理铜绿微囊藻后，各实验组藻细胞蛋白质含量变化如图 4 所示。

由图 4 可知，处理组和对照组蛋白质含量均呈现上升趋势，与空白组相比呈极显著差异（$P<0.01$），其中 20% 处理组的最终蛋白质含量较其他处理组的变化更大、上升更快，蛋白质含量的增长率是对照组的 1. 35 倍。通过观察溶藻滤液的整个溶藻过程，发现各实验组的藻液颜色都由绿色逐渐变为黄色，而且溶液浑浊，有部分絮状物产生。

（三）对铜绿微囊藻 CAT 活性的影响

用溶藻滤液和无菌滤液处理铜绿微囊藻后，各实验组藻细胞 CAT 活性变化如图 5 所示。

从图 5 中可以看出，3 个处理组与对照组间均呈极显著差异（$P<0.01$）。在实验 72 h 后，5% 处理组、20% 处理组呈不断上升趋势，而对照组在 96 h 才出现上升，最终 20% 处理组的 CAT 活性与其他实验组存在显著差异（$P<0.05$），结束时 20% 处理组 CAT 活性的增长率是对照组的 6. 01 倍。

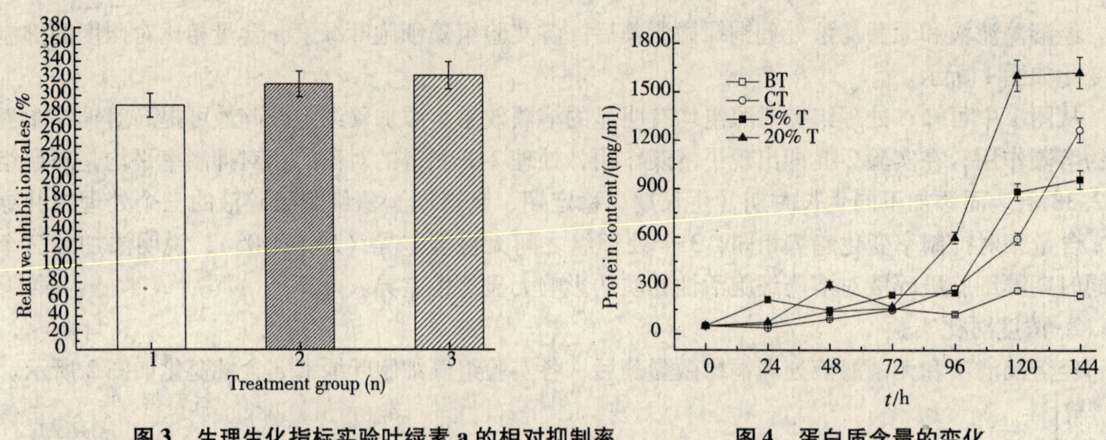

图 3　生理生化指标实验叶绿素 a 的相对抑制率

注：1：CT；2：5% T；3：20% T。

图 4　蛋白质含量的变化

（四）对铜绿微囊藻 MDA 含量的影响

用溶藻滤液和无菌滤液处理铜绿微囊藻后，各实验组藻细胞 MDA 含量变化如图 6 所示。

从图 6 可知，空白组、5% 处理组和 20% 处理组呈现总体先上升后下降的趋势；而对照组则呈现不断波动的趋势，实验结束时达到最大值。加入藻细胞破碎液处理组与对照组之间存在显著性差异。

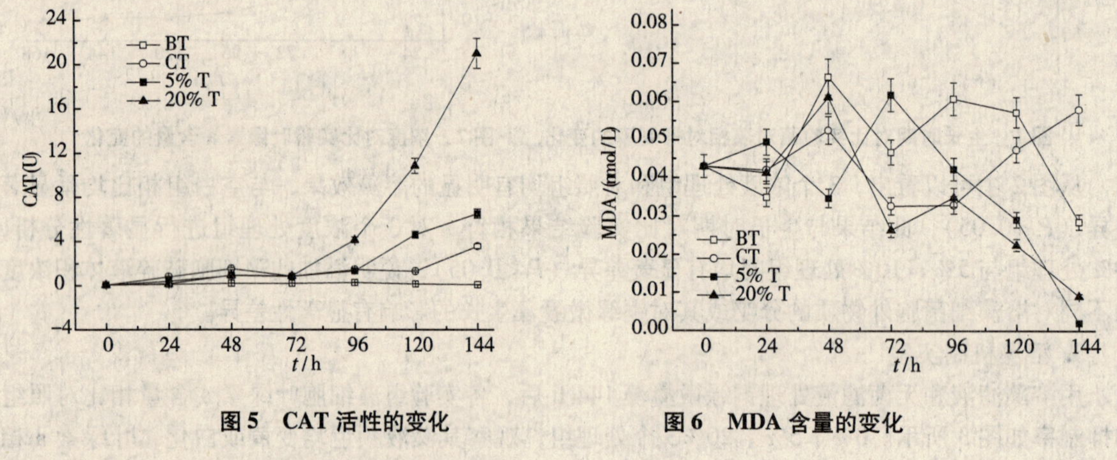

图 5　CAT 活性的变化

图 6　MDA 含量的变化

三、讨　论

细菌的溶藻能力除受光照、温度、pH 值、浓度、营养条件等因素的影响，还会受到水环境中其他生物（浮游植物、原生动物）等各种因素的影响[3, 9, 12]。有些细菌经过传代或在特殊的环境条件下，溶藻能力消失或增强[1, 13]。对应本研究，藻细胞破碎液对 L7 溶藻细菌生长及其溶藻效果的影响，也可能属于其中一类影响因素。

本研究通过在溶藻细菌 L7 的液态培养基中添加藻细胞破碎液，探究藻细胞破碎液的添加对溶藻细菌 L7 的生长及其胞外活性物质分泌的影响，并进一步探究添加了藻细胞破碎液后溶藻细菌胞外活性物质对铜绿微囊藻的生长及其生理特性的影响。生长时期对比实验和浓度对比实验的研究中表明，在溶藻细菌 L7 的培养过程中添加藻细胞破碎液，有利于提高溶藻细菌胞外活性物质对铜绿微囊藻的溶藻作用，但不同生长时期藻细胞破碎液的作用无显著差异；而随着添加的藻细胞破碎液体积浓度的提高，溶藻细菌胞外活性物质对铜绿微囊藻的溶藻作用提高，呈现一定的“剂量－效应”关系。

在以上研究的基础上，为进一步探究藻细胞破碎液对 L7 胞外活性物质溶藻机制的影响，开展了添加藻细胞内液培养对铜绿微囊藻生长及生理特性影响的研究。

结果表明，加入藻细胞破碎液培养实验组的溶藻滤液溶藻效果较对照组明显，3 部分实验的结果相符。叶绿素 a 含量先上升再下降，蛋白质含量呈上升趋势，两个指标的变化趋势反映了溶藻过程中铜绿微囊藻的色素消退，藻蛋白质被释放并在体系中累积。通过比较各实验组，5% 和 20% 处理组的溶藻效果有异于对照组，添加藻细胞破碎液培养能提高溶藻细菌 L7 胞外活性物质的溶藻能力。

抗氧化酶的作用在于：当生物体内活性氧、自由基生成量增加时，抗氧化酶的合成随即增加，以清除活性氧、自由基，防止过氧化反应，当胁迫解除后，生物体内的抗氧化酶活性得到不同程度的恢复[10]。而 CAT 是植物体内清除过氧化氢的关键酶，它把细胞代谢产生的对机体有害的 H_2O_2 分解成 H_2O 和 O_2，避免了 H_2O_2 在体内积累，具有解毒作用[14]。实验结果表明，与空白组对比，处理组和对照组的 CAT 活性都呈前期平稳后期上升的变化趋势，其中，20% 处理组 CAT 活性的增长率最大，结束时达到了初始值的 267.9 倍。前期平稳，可能由于铜绿微囊藻受到的胁迫强烈，藻细胞内产生过量氧自由基，抑制了 CAT 活性，使大量藻细胞受到伤害而死亡，与叶绿素 a 实验 24h 后开始下降的趋势相符。而后期升高，推测是由于铜绿微囊藻受到的胁迫变平缓，体系中氧自由基的量回落，CAT 活性升高，溶藻作用趋于平稳。而值得注意的是，20% 处理组的 CAT 增长率较其他处理组更大，说明加入高浓度藻细胞破碎液培养所得的溶藻滤液，在溶藻过程中，对藻的抗氧化酶系统表现出更强烈的影响。

MDA 是脂质过氧化的最终产物，是反映膜氧化损伤程度的重要生化指标之一，其浓度表示脂质过氧化强度和膜系统伤害程度[15]。在胁迫条件下，植物体内过量的自由基与质膜反应，导致脂质过氧化，对细胞造成伤害[6]。本文中，处理组的 MDA 含量都先上升后下降，先上升表明在溶藻物质的作用下，藻细胞膜脂过氧化作用加剧，其膜系统的功能和结构都受到伤害，并导致一系列生理生化过程的改变，如一些膜功能（渗透性、流动性等）会受到影响[13]，而下降表明铜绿微囊藻受到的胁迫慢慢减弱。其中 5% 处理组和 20% 处理组后期 MDA 含量都下降到比初始值低的水平。而对照组的 MDA 含量在先上升接着下降，然后又出现上升，结束时 MDA 的含量达到最大，对照组与处理组间存在显著性差异，可能是因为在对照组中抗氧化酶的增加量不足，并不能有效除去活性氧和自由基，导致并不能缓解藻细胞脂质过氧化和膜系统受到的伤害。可见，加入藻细胞破碎液培养所得的溶藻滤液，在溶藻过程中，对细胞的伤害是先升后降的，结束时 MDA 的含量能够回到一个较低值。

四、结 论

1. 藻细胞破碎液能提高 L7 胞外活性物质对铜绿微囊藻的溶藻效果，与未添加藻细胞破碎液对照组相比，添加藻细胞破碎液处理组对铜绿微囊藻生长的相对抑制率提高了 35.16%；

2. 随着添加的藻细胞破碎液体积浓度的提高，溶藻细菌 L7 胞外活性物质对铜绿微囊藻的溶藻作用提高，呈现一定的“剂量 - 效应”关系；

3. 溶藻细菌经过在含藻细胞破碎液的环境条件下成长，其溶藻能力有所变化，对藻的膜功能和结构的影响也有所不同。添加藻细胞破碎液处理组蛋白质含量的增长率是对照组的 1.35 倍；CAT 活性的增长率是对照组的 6.01 倍；MDA 含量呈先上升后下降的趋势，结束值比初始值低，而对照组呈不断波动的趋势，结束时达到最高值。

参考文献

[1] Imamura N M I S N. An efficient screening approach for anti - Microcystis compounds based on knowledge of aquatic microbial ecosystem [J] . J Antibiotics, 2001, 54 (7): 582 - 587.

[2] Manage P M, Kawabata Z, Nakano S. Algicidal effect of the bacterium Alcaligenes denitrificans on Microcystis spp.

[J]. Aquatic Microbial Ecology, 2000, 22 (2): 111 - 117.

[3] 吴刚，席宇，赵以军. 溶藻细菌研究的最新进展 [J]. 环境科学研究，2002, 15 (05): 43 - 46.

[4] Prakash S, Lawton L A, Edwards C. Stability of toxigenic Microcystis blooms [J]. Harmful Algae, 2009, 8 (3): 377 - 384.

[5] 刘晶，潘伟斌，秦玉洁，等. 两株溶藻细菌的分离鉴定及其溶藻特性 [J]. 环境科学与技术，2007, 30 (2): 17 - 21.

[6] 张纯敏，潘伟斌，陈岩赞. 溶藻细菌胞外活性物质对蛋白核小球藻的毒性效应 [J]. 微生物学通报，2009, 36 (6): 821 - 825.

[7] 李燕，潘伟斌，杨丽丽. 三株溶藻细菌胞外溶藻活性物质若干分离特性的研究 [J]. 微生物学通报，2008, 35 (2): 171 - 177.

[8] 何鉴尧，潘伟斌，林敏. 溶藻细菌对富营养化水体藻类群落结构的影响 [J]. 环境污染与防治，2008, 30 (11): 70 - 74.

[9] 裴海燕，胡文容，曲音波，等. 一株溶藻细菌的溶藻特性及其鉴定 [J]. 中国环境科学，2005, 25 (3): 283 - 287.

[10] 叶志娟，王长海，刘兆普. 外源氮磷养殖废水对微藻生理生化特征的影响 [J]. 哈尔滨工业大学学报，2009, 41 (6): 201 - 204.

[11] 史顺玉. 溶藻细菌对藻类的生理生态效应及作用机理研究 [D]. 武汉：中国科学院研究生院（水生生物研究所），2006.

[12] 史顺玉，沈银武，李敦海，等. 溶藻细菌 DC21 的分离、鉴定及其溶藻特性 [J]. 中国环境科学，2006, 26 (5): 587 - 590.

[13] Kim Y S, Lee D S, Jeong S Y, et al. Isolation and characterization of a marine algicidal bacterium against the harmful raphidophyceae Chattonella marina [J]. Journal of Microbiology, 2009, 47 (1): 9 - 18.

[14] 刘永梅，刘永定，李敦海，等. 氮磷对水华束丝藻生长及生理特性的影响 [J]. 水生生物学报，2007, 31 (6): 774 - 779.

[15] 邱昌恩，况琪军，刘国祥，等. 不同氮浓度对绿球藻生长及生理特性的影响 [J]. 中国环境科学，2005, 25 (4): 408 - 411.

室内培养条件下不同基因型浮萍的生长繁殖能力比较

钱晓晴

（扬州大学环境科学与工程学院　扬州市邗江区华阳西路196号　225127）

摘　要　以稀脉浮萍、紫萍和少根紫萍为研究对象，通过绘制在2种不同营养液中生长的浮萍种群生长曲线，分析3种不同属浮萍的生长繁殖特性。结果表明3种浮萍在Hoagland营养液中的长势均优于Hutner营养液。在低氮磷营养环境下稀脉浮萍生长繁殖速度显著高于紫萍和少根紫萍，少根紫萍生物量增长最慢；在高浓度氮磷营养环境下，稀脉浮萍叶状体增殖数高于紫萍和少根紫萍，但鲜重增加量低于后两者。

关键词　浮萍　种群生长　氮磷

浮萍是一种繁殖迅速的水生漂浮植物，对水体中的氮磷及重金属、化合物等有毒物质均有较强的富集作用，无论是对于富营养化的天然水体进行生态修复还是对生活污水、工业废水等高氮磷含量有机废水的二级处理上，都具有非常强的应用潜力[1-6]。利用浮萍净化富营养化水体是一种氮磷去除效率高且处理成本低的自然水体生态修复方法。本研究旨在通过种群繁殖实验，了解不同种属的浮萍在人工培养条件下的种群生长规律，挑选出生长快、生物量大、污染耐受性强的浮萍种类，开发适于进行污染水体生态修复和废水净化的品种，寻找合适的生长条件等应用参数。

一、试验材料与方法

（一）材料来源

试验用浮萍取自江苏省扬州市境内。其中取自扬州大学农牧场的为浮萍科稀脉浮萍属，取自扬州市荷花池的为浮萍科少根紫萍属，取自扬州市宝藏河河段的为浮萍科紫萍属。取回的浮萍经流水清洗后放在大型培养盆中进行试验室内大规模扩大繁殖，使其适合室内的生长条件，处理3个月左右用于试验。生物量大量扩增后挑选健康植株，经自来水漂洗去除污垢和杂质后使用。

（二）营养液配置

本试验采用了 Hoagland's E－Medium 和 Hutner's Nutrient Medium（见表1，表2）两种营养液[7,8]，以下简称 Hoagland 营养液和 Hutner 营养液。用0.1mol/L KOH 调节2种营养液pH至7.0。

（三）试验方法

本实验采用不透光一次性纸杯（直径7cm，高10cm）为试验容器，装入200ml营养液，挑选经过放大培养的健康植株，经自来水漂洗去除污垢和杂质后，每个纸杯中初始投入20个

表1　Hoagland's E－Medium 配方

营养盐	营养液浓度/（mg/L）
$MgSO_4 \cdot 7H_2O$	246
$Ca(NO_3)_2 \cdot 4H_2O$	543
KH_2PO_4	136
KNO_3	251
H_3BO_3	1.43
$MnCl_2 \cdot 4H_2O$	0.93
$ZnSO_4 \cdot 7H_2O$	0.11
$Na_2MoO_4 \cdot 2H_2O$	0.045
$CuSO_4 \cdot 5H_2O$	0.045
$FeSO_4 \cdot 7H_2O$	9.92
Na_2EDTA	30

表2　Hutner's Nutrient Medium 配方

营养盐	营养液浓度/（mg/L）
NH_4NO_3	20
$CaCO_3$	15
$MgSO_4 \cdot 7H_2O$	50
K_2HPO_4	40
H_3BO_3	1.0
$MnSO_4 \cdot H_2O$	1.54
$ZnSO_4 \cdot 7H_2O$	6.59
$Na_2MoO_4 \cdot 2H_2O$	2.52
$CuSO_4 \cdot 5H_2O$	0.39
$CoSO_4 \cdot 7H_2O$	0.09
$FeSO_4 \cdot 7H_2O$	25
Na_2EDTA	5

浮萍叶状体，在人工气候培养箱内连续培养16d（培养时间以培养结束时浮萍叶状体几乎覆盖全部水面确定）。根据长江三角地区气候设置培养箱内条件：光照3000lx（每日光照16h）、温度15～25℃、湿度78%。试验设置3种不同浮萍在2种不同营养液下的生长处理，共6组试验，每组设3个平行试验。每隔3d更换一次营养液，计数一次叶状体数目，并用吸水纸吸干表面水分后，用电子天平称量鲜种。实验采用镊子从浮萍个体下方上挑进行移取，保证浮萍个体的生长状态不受影响。采用叶状体个数和鲜重两种指标绘制浮萍生长曲线，结果以平均值表示。

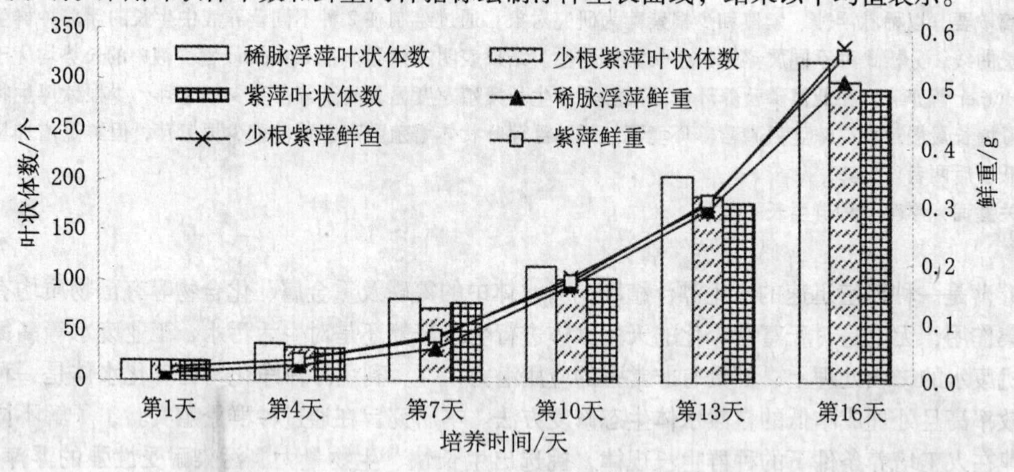

图1　3种浮萍在Hoagland营养液中的生长曲线

二、结果与讨论

图1分别以萍体叶状体数和鲜重绘制了3种浮萍在Hoagland营养液中的生长曲线。由图可见，3种浮萍在Hoagland营养液中生长情况良好。培养期间，浮萍生长曲线呈指数增长。在培养的16d里，3种浮萍叶状体数都增长了150倍左右。其中，稀脉浮萍属长势最佳，其叶状体个数由最初的20个增加至318个。紫萍属和少根紫萍属叶状体增殖速度略低于浮萍属。稀脉浮萍属初始投入萍体鲜重0.01g，至培养结束时鲜重增至0.51g；紫萍属和少根紫萍属初始投入萍体鲜重0.02g，至培养结束时鲜重分别增至0.56g和0.57g。由于稀脉浮萍属萍体个体较小，其叶状体增加数虽然比紫萍属和少根紫萍属多，但萍体鲜重增加量低于紫萍属和少根紫萍属。

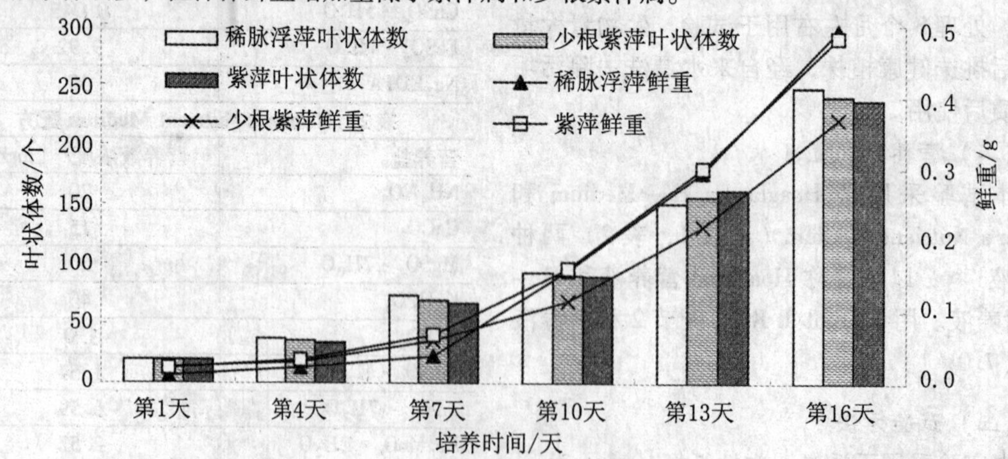

图2　3种浮萍在Hutner营养液中的生长曲线

图2分别以萍体叶状体数和鲜重绘制了3种浮萍在Hutner营养液中的生长曲线。对照图1发现，3种浮萍在Hutner营养液中长势不如Hoagland营养液。培养期间，浮萍生长曲线也呈指数增长

模式，但在培养的16d里，3种浮萍叶状体数增长倍数为125倍左右，显著低于Hoagland营养液中的增长。稀脉浮萍在Hutner营养液中叶状体数增殖优势不明显。稀脉浮萍属初始投入萍体鲜重0.01g，至培养结束时鲜重增至0.49g；紫萍属初始投入萍体鲜重0.02g，至培养结束时鲜重增至0.48g；少根紫萍属初始投入萍体鲜重0.02g，至培养结束时鲜重增至0.37g。在Hutner营养液中紫萍属和少根紫萍属鲜重增加量显著低于Hoagland营养液，尤其是少根紫萍属，其鲜重增加量仅为在Hoagland营养液中的63.6%。稀脉浮萍属在两种营养液中鲜重增加量变化差异不大。

三、结　论

本研究中3种浮萍在Hoagland营养液中的长势均优于Hutner营养液。这两种营养液配方的最大差别在于溶液中氮元素的存在形态以及溶液中的氮磷浓度和氮磷比。Hoagland营养液中没有氨态氮存在，氮元素全部以硝酸盐形式存在；而Hutner营养液中氨态氮和硝态氮形式皆有，且两者比例为1:1。Hoagland营养液中氮浓度为99.4mg/L，磷浓度为15.5mg/L，N:P≈6.4:1，其氮磷含量与高浓度有机废水相仿。Hutner营养液中氮浓度为7mg/L，其中NH_4^+-N浓度为3.5mg/L，NO_3^--N浓度为3.5mg/L，磷浓度为7.13mg/L，N:P≈0.98:1，其氮磷含量略高于富营养化的天然水体[8]。在Hutner营养液中，紫萍和少根紫萍生物量增长量显著低于稀脉浮萍，说明在同等条件的富营养化天然水体中，紫萍和少根紫萍生长繁殖速度不如稀脉浮萍，尤其是少根紫萍生长繁殖速度较慢。而在高浓度氮磷含量的有机废水环境中，紫萍和少根紫萍表现出较强的生长优势。

参考文献

[1] 沈根祥，胡宏，沈东升，等．浮萍净化氮磷污水生长条件研究［J］．农业工程学报，2004，20（1）：284-287.

[2] Cheng J，Bergmann B A，Classen J J，et al. Nutrient recovery from swine lagoon water by Spirodela punctata［J］. Bioresource Technology，2002，81：81-85.

[3] Bonomo L，Pastorelli G，Zambon N. Advantages and limitations of duckweed-based wastewater treatment systems［J］. Water Science and Technology，1997，35（5）：239-246.

[4] 种云霄，胡洪营，崔理华，等．浮萍植物在污水处理中的应用研究进展［J］．环境污染治理技术与设备，2006，7（3）：14-18.

[5] 侯文华，宋关玲，汪群慧．浮萍在水体污染治理中的应用［J］．环境科学研究，2004，17（suppl）：70-73.

[6] 种云霄，胡洪营，钱易．稀脉浮萍和紫背浮萍在污水营养条件下的生长特性［J］．环境科学，2004，25（6）：59-64.

[7] 中国科学院上海植物生理研究所．现代植物生理学实验指南［M］．北京：科学出版社，1999.

[8] 孙宜敏．浮萍对污染水体中氮磷吸收富集作用研究［D］．上海：华东师范大学资源与环境科学学院，2004.

浮游植物种间竞争研究进展

由希华　潘　光　石敬华　李恒庆

（山东省环境监测中心站　济南市历山路50号　250013）

摘　要　竞争是生态学的重要概念，在群落组建和结构维持中具有重要地位。近年来，竞争理论得到了快速的发展，关于浮游植物种间竞争的研究也越来越受到重视。本文概述了竞争的最新理论进展，分别介绍了利用性竞争和干扰性竞争的研究现状及其有代表性的实验，然后针对水生生态系统分别介绍了营养盐、细胞初始密度、盐度、光照、温度等对浮游植物生长与种间竞争的影响。

关键词　竞争　种间竞争　环境条件　浮游植物

竞争是生态学的重要概念，竞争与捕食共同构成了生态系统结构的基本框架。竞争作用不仅是群落结构组建的主导因子，而且也是决定物种进化模式的重要因素[1]。有关竞争在群落组建中的重要性及其作用机制一直是生态学家争论的焦点，并进行了多方位的研究，但关于这方面的研究进展报告多集中在陆地生态系统[2,3]。海洋作为地球上重要的生态系统，不仅具有很强的直接利用价值，而且具有极高的服务价值。浮游植物作为海洋生态系统主要初级生产者，是海洋生态系统结构与功能维持的基石。浮游植物间也存在明显的竞争现象，且环境条件（如营养盐、细胞起始密度、盐度、光照，温度等）对竞争结果具有重要的影响。本文将近年来有关浮游植物竞争的重要研究作一简要归纳，并重点介绍水生系统中有代表性的研究工作，希望能够对开展相关方面研究的科技工作者有所帮助。

一、竞争的基本理论

竞争理论除了在 Lotka – Volterra 竞争模型基础上建立的藻间竞争的数学模型[4-6]和生态系统动力学模型[7-9]外，普遍关注的是 Tilman[10,11]和 Grime[12]的竞争理论。一般地我们将 Grime 理论称之为最大生长率理论（the maximum growth rate theory），而将 Tilman 理论称之为最小资源需求理论（the minimum resource requirement theory）。Grime 理论是建立在植物的生活史特征基础之上，这一理论认为竞争成功主要是资源捕获潜力的反映，与植物竞争能力正相关的关键特征之一是相对生长率（RGRmax）。所以，Grime 理论认为具有最大营养组织生长率（即最大的资源捕获潜力）的物种将是竞争优胜者。Tilman 理论则是根据解析模型（方程）将种群动态描述为资源浓度的函数，而资源浓度则描述为资源提供率和吸收率的函数。在该理论中，竞争被定义为利用资源至一个较低水平，并能忍受这种低水平资源的能力。由此可见，Tilman 理论认为具有最小资源要求的物种将是竞争的成功者。这两个理论都有其合理性，并都有一些实验结果支持，只是两者侧重点不同，适用范围不同。Grime 的理论适用于资源相对丰富的环境，而 Tilman 的理论则适用于资源受限制的环境。

二、种间竞争的研究现状

种间竞争是指两种或更多种生物共同利用同一资源而产生的相互竞争作用。不对称性是种间竞争的一个共同特点。不对称性是指竞争各方影响的大小和后果不同，即竞争后果的不等性。另一个共同特点是：对一种资源的竞争，能影响对另一种资源的竞争结果。种间相互作用是种群生态学与群落生态学研究的界面，它与捕食、寄生和互利共生等共同构成了生物群落的基础。种间竞争的生态学研究工作很多，几乎涉及每一类生物[13]，种间竞争又可分为利用性竞争和干扰性竞争。

(一) 利用性竞争

利用性竞争是利用共同有限资源的生物个体之间的相互妨害作用，是通过资源这个中介实现的。参与竞争的所有个体都在降低资源的可利用程度，而资源可利用度的下降影响所有个体，降低它们的适合度。

利用性竞争广泛存在于自然群落之中，许多竞争研究的实例也是以利用性竞争为对象。如Tilman等[10]研究了两种淡水硅藻（星杆藻 *Asterionella formosa* 和针杆藻 *Synedra ulna*）的竞争。当两种藻分别单独培养时，都能增长到环境容纳量，而硅则保持在一低浓度水平上。但两种硅藻在消耗硅资源上有区别，针杆藻利用硅较星杆藻更多，从而其保持的硅浓度水平低于星杆藻。因此，当把两种硅藻在一起培养时，由于针杆藻使硅浓度降到低于星杆藻所能生存和增殖的水平以下，竞争的结局是针杆藻获胜，星杆藻被排挤掉。这是典型的利用性竞争，是通过资源这个中介实现的。

李瑞香等[14]在东海进行的两次围隔实验结果显示，在营养盐丰富条件下，中肋骨条藻比具齿原甲藻生长得快得多，这时的竞争表现为明显的Grime竞争模式，中肋骨条藻为竞争的优胜者。但随着营养盐的消耗，磷逐渐成为浮游植物生长的限制因子，磷酸盐浓度降到低于中肋骨条藻所能生存和增殖的水平以下，中肋骨条藻的生长首先受到限制，二者之间的竞争转变为Tilman竞争模式，具齿原甲藻成为竞争的优势者。

利用性竞争就是一种个体通过消耗资源而把环境中的资源量降低使得另一个种的生长、繁殖和存活受到影响。

(二) 干扰性竞争

干扰性竞争为一个个体在行为上直接对抗影响另一个个体。这种个体间干扰性行为的实质还是为了资源的利用，因而干扰性竞争是一种潜在的资源竞争。

干扰性竞争是典型的非对称竞争，有时对竞争双方都有害，但有时会对一方无影响、甚至有利而对另一方有害。干扰性竞争的机理也多种多样，但对浮游植物来说主要有直接接触和分泌次生物质到水中（即他感作用）2种不同的模式，而且在相当大的程度上，竞争的手段可能通过他感作用来实现，这种作用有时是促进的，有时是抑制的。Pratt[15]曾报道：硅藻中的中肋骨条藻（*Skeletonema costatum*）和黄藻中的金黄滑盘藻（*Olisthodiscus luteus*）的相互作用实验发现，中肋骨条藻的滤液有促进金黄滑盘藻增殖的作用，与此相反金黄滑盘藻的滤液却明显地阻碍了中肋骨条藻的增殖。这便是硅藻与黄藻间的他感作用。

但有时干扰也可能同时存在这两种作用模式，Uchida在研究圆鳞异囊藻（*Heterocapsa circularisquama*）与米氏裸甲藻（*Gymnodinium mikimotoi*）之间相互作用时发现，圆鳞异囊藻对米氏裸甲藻的抑制作用主要是通过直接的细胞接触产生，而米氏裸甲藻对圆鳞异囊藻的抑制作用则通过直接接触和分泌次生物质到水中2种不同的模式共同产生[17]。

根据定义和以上的例子我们可以看出，在利用性竞争中个体间的相互作用是间接的，即个体通过对共同资源的利用而发生相互不利影响。干扰性竞争可以是直接干扰，也可以是间接的，例如生物间的他感作用，即一个种个体通过分泌对自身无害但对其它种不利的化学物质而对其它种产生抑制影响。这种抑制效应也是通过释放的化学物质这个中介而产生的，因而是间接的[1]。在许多竞争实例中利用性竞争和干扰性竞争都是共同存在的，只是起作用的程度不同。

三、影响浮游植物生长与种间竞争结果的主要因素

(一) 营养盐

以Tilman为代表的资源竞争理论模型[10]中指出，物种对营养盐吸收比例的不同导致了生态位的分化，从而导致了物种共存和生物多样性的形成。营养盐与海洋藻类的生长密切相关，长期

以来，普遍认为氮和磷是海洋环境中藻类自然种群生长的限制因子[19]，并且不同的营养盐供给会影响藻类竞争的结果。

胡树华[19]对两种淡水藻类硅藻 *Cycloyella* sp. 和蓝藻 *Anabaena flos - aguae* 混合培养时，在不同营养资源限制条件下出现了不同的结果。在低氮条件下 *Anabaena* 竞争排斥了 *Cyclotella*；在低磷条件下，*Cyclotella* 战胜 *Anabaena* 取得竞争优势地位。在中氮 - 中磷条件下，或者 *Cyclotella* 取得竞争优势，或者 *Anabaena* 竞争排斥 *Cycoltella*，竞争结果依赖于初始种群密度。在中磷 - 低硅条件下，两个种在平衡时稳定共存；这时磷对 *Anabaena* 生长起限制作用，而硅则对 *Cyclotella* 生长起限制作用。在中氮 - 磷 - 硅条件下，两个种或都稳定共存或者 *Anabaena* 竞争取胜，依赖于它们各自的最初接种比例。

硅藻在营养盐不受限制的情况下生长较快，在和鞭毛藻的混合培养中占优势，但是当磷不足时受到的影响很大，而鞭毛藻所受的影响较小，所以当磷不足时鞭毛藻占优势[21]。

（二）密度

竞争结果不仅与营养盐有关，和初始接种密度也有很大关系，上面硅藻和蓝藻之间的竞争就是很好的例子。

Uchida 等[16]通过对两种赤潮藻圆鳞异囊藻和米氏裸甲藻不同起始密度比的竞争实验发现，当混合培养的圆鳞异囊藻和米氏裸甲藻的起始培养密度都是 200cells/ml 时，米氏裸甲藻会被圆鳞异囊藻抑制，4 天后米氏裸甲藻完全消失；当米氏裸甲藻初始密度为 1000cell/ml 时，圆鳞异囊藻仍为 200cell/ml 时，二种群的变化趋势和米氏裸甲藻为 200cell/ml 时相同，米氏裸甲藻仍然会被圆鳞异囊藻所抑制，只是细胞消失速度变慢，9 天后完全消失；而当米氏裸甲藻的初始密度上升到 2000cells/ml 时，圆鳞异囊藻会形成临时性包囊，表明处于竞争的弱势地位。这表明圆鳞异囊藻和米氏裸甲藻种间的相互作用依赖于两个种的初始培养密度。

塔玛亚历山大藻（*Alexandrium tamarense*）和赤潮异湾藻在不同的起始密度下也对竞争结果有很大的影响。董云伟[21]通过研究发现当接种比例为 *A. tamarense*：*H. akashiwo*（$A:H$）$=1:4$ 时，*H. akashiwo* 在竞争中占优势，而当 $A:H=1:1$ 及 $A:H=1:4$ 时，*A. tamarense* 在竞争中占优势。

关于密度依赖的种间竞争例子还有很多，实验研究发现多数藻类竞争结果都和密度有着紧密的联系。

（三）盐度

水生生物对水环境含盐量的忍耐性和进行水盐代谢和渗透压调节的适应性是不同的，有些生物对盐度变化很敏感，只能生活在盐度稳定的环境中，例如深海和大洋中的生物。有些生物对海水盐度的变化有很大的适应性，能忍受海水盐度的剧烈变化，如沿海和河口地区的生物[23]。盐度影响藻类的生长，不同藻类对盐度适应范围也不同，如在 Ross 海西部，受海冰融化淡水的影响，浮游植物优势种为硅藻，在 Ross 海南部无淡水来源的海区，棕囊藻为浮游植物优势种[24]。

（四）光照

光是浮游植物进行光合作用的能量来源，光强对浮游植物生长及生化组成有很大影响。光也影响藻类的分布，生活于浅水区的各种藻类趋向于按一定的顺序排列。例如，潮间区上部主要生长绿藻，下面褐藻占优势，更下面则是盛产红藻，其分布的下限可达 100m 左右。对这种现象的一般解释是植物进行光合作用时，日光光谱中被利用的最多的是该植物本身颜色的补色光[24]。

光强的变化也影响浮游植物对营养盐的吸收[25-29]。在低光强下，普氏棕囊藻（*Phaeocystis pouchetii*）对 P 的竞争能力弱，而无论在低或高的光强下对 N 的竞争能力都比较弱。在营养盐不受限制，低光强下普氏棕囊藻比其他藻生长得快，并且如果在相同的条件下温度低一点其生长率更大[29]。

（五）温度

温度也是影响浮游植物生长和繁殖的基本因子，并且对生长率影响最大。有的研究人员指出：在富营养条件下，水温对浮游植物的繁殖有很大影响作用，其结果引起优势种的更新换代。在日本大阪湾有几种赤潮浮游植物每年都在特定季节引发赤潮，这些赤潮的发生和环境温度密切相关。关于我国东海重要赤潮生物种群随温度变化的实验研究表明，东海原甲藻的最适温度范围为20～25℃，与其在东海赤潮发生时的温度基本一致，而中肋骨条藻具有较广的温度适应范围，从而会影响二者的竞争结果。

以上几方面是影响藻类生长与竞争的主要因素，但必须指出，它们并不是孤立的，许多因子是相互关联、相互影响的，因而对其进行交叉研究、综合分析是必要的。

四、研究展望

有害赤潮是近年来威胁到我国近海生态系统健康的重要生态灾害，有害赤潮的发生与发展涉及复杂的物理、化学和生物学过程及其相互作用。虽然目前我们对赤潮形成的机理还缺少足够的了解，但赤潮作为一种生态学现象，必然涉及多个物种之间的相互作用，而物种之间的相互作用反过来又会影响到赤潮的形成过程，因此关于浮游植物种间竞争及其受控机理的研究，不仅是群落生态学的重要研究内容，而且对于了解赤潮爆发的原因，重要生物过程与生物环境在赤潮形成中的作用都具有重要的意义。因此，关于浮游植物、特别是赤潮生物之间的竞争及其影响因子的研究，必将越来越受到海洋生态与环境科学工作者的重视。

参考文献

[1] 王刚，张大勇．生物竞争理论［M］．西安：陕西科学技术出版社，1996：1－70.

[2] 杜峰，梁宗锁，胡丽娟．植物竞争研究综述［J］．生态学，2004，23（4）：157－163.

[3] 李博，陈家宽，A. R. 沃金森．植物竞争研究进展［J］．植物学通报，1998，15（4）：18－29.

[4] Mukhopadhyay A, Chattopadhyay J, Tapaswi P K. A delay differential equations model of plankton allelopathy［J］. Mathematical Biosciences, 1998, 149: 167－189.

[5] Dubey B, Hussain J. A model for the allelopathic effect on two competing species［J］. Ecological Modelling, 2000, 129: 195－207.

[6] Zhen Jin, Ma Zhen. Periodic Solutions for Delay Differential Equations Model of Plankton Allelopathy［J］. Computers and Mathematics with Applications, 2002, 44: 491－500.

[7] Cui M C, Wang R, Hu D X, et al. Simple ecosystem model of the central part of the East China Sea in spring［J］. Chinese Journal of Oceanology and Limnology, 1997, 15 (1): 80－87.

[8] Roelke D L. A model of phytoplankton competition for limiting and nonlimiting nutrients: implications for development of estuarine and nearshoremanagement schemes［J］. Estuaries, 1999, 22 (1): 92－104.

[9] Yamamoto T, Hatta G. Pulsed nutrient supply as a factor inducing phytoplankton diversity［J］. Ecological modulling, 2004, 171: 247－270.

[10] Tilman D. Resource Competition and Community Structure［M］. Princeton, NJ: Princeton Uni Press, 1982.

[11] Tilman D. Plant Strategies and the Dynamics and Structure of Plant Communities［J］. Princeton Uni Press, 1988, 13－25.

[12] Grime J P. Plant Strategies and Vegetation Processes［M］. London: Willey, 1979.

[13] 孙儒泳．动物生态学原理［M］．北京：北京师范大学出版社，1986.

[14] 李瑞香，朱明远，王宗灵，等．两种赤潮生物种间竞争的围隔实验［J］．应用生态学报，2003，14（7）：1049－1054.

[15] Pratt C M. Competition between Skeletonma costatum and Olisthediscus luteus in Narraaganesett Bay and Inculture［J］. Lim Ocen, 1966, 11: 447－455.

[16] Uchida T, Toda S, Matsuyama Y, et al, Interactions between the red tide dinoflagellates Heterocapsacircularisquama and Gymnodinium mikimotoi in laboratory culture [J]. J Exp Mar Biol Ecol, 1999, 241: 285-299.

[17] Hodgkiss I J, Ho K C. Are changes in N: P ratios in coastal waters the key to increased red tide blooms? Hydrobiol, 1997, 852: 141-147.

[18] Peggy Fong, Katharyn E. Boyer, et al, Salinity stress, nitrogen competition, and facilitation: what controls seasonal succession of two opportunistic green macroalgae [J]. J Exp Mar Biol Ecol, 1996, 206: 203-221.

[19] 胡树华，张大勇. The effect of initial population density on the competition for limiting nutrients in two freshwater algae [J]. Oecologia, 1993, 96: 569-574.

[20] J. K. Egge, Are diatoms poor competitors at low phosphate concentrations? J Mar Syst, 1998, 16: 191-198.

[21] 董云伟，董双林，等. 不同起始浓度对塔玛亚历山大藻和赤潮异湾藻种群竞争的影响 [J]. 中国海洋大学学报，2004, 34 (6): 964-968.

[22] 沈国英，施并章. 海洋生态学 [M]. 厦门：厦门大学出版社，1996.

[23] Goffart, A., G. Catalano, J. H. Hecq.. Factors controlling the distribution of diatoms and Phaeocystis in the Ross Sea [J]. J Mar Sys, 2000, 27: 161-175.

[24] Harrison, P. J., Davis, C. O.. The use of outdoor phytoplankton continuous culture to analyze factors influencing species selection [J]. J. Exp. Mar. Biol, 1979, 41: 9-23.

[25] Wynne D, Rhee, G Y. Effects of light intensity and quality on the relative N and P requirements (optimum N: P ratio) of marine phytoplankton [J]. J. Plankton Res., 1986, 8 (1): 91-103.

[26] Sommer, U.. The impact of light intensity and daylength on silicate and nitrate competition among marine phytoplankton [J]. Limn Ocea, 1994, 39 (7): 1680-1688.

[27] Susan G. Hegarty, Tracy A. Villareal. Effects of light level and N: P supply ratio on the competition between Phaeocystis cf. pouchetii (Hariot) Lagerheim (Prymnesiophyceae) and five diatom species [J]. J Exp Mar Biol Ecol, 1998, 226: 241-258.

[28] Jahnke J. The light and temperature dependence of growth rate and elemental composition of Phaeocystis globosa Scherffel and P. Pouchetii (Har.) Lagerh. inbatch cultures [J]. Neth. J. Sea Res., 1989, 23: 15-21.

[29] 陈炳章. 温度、盐度对具齿原甲藻生长的影响及其与中肋骨条藻的比较 [J]. 海洋科学进展，2005, 23 (1): 60-64.

斜生栅藻对汞和DBP协同作用的毒性研究

曹小欢 黄 茁

（水利部长江水利委员会长江科学院 武汉 430010）

摘 要 目前的环境监测中多采用单一指标的监测方法，对污染物质协同作用产生的环境危害的监测较少。本研究以叶绿素含量和光能转化效率为指标，对汞和邻苯二甲酸二丁酯（DBP）联合胁迫下对斜生栅藻的毒性作用进行了研究。结果表明，各暴露组汞、DBP单一及汞和DBP联合胁迫对斜生栅藻的叶绿素含量均有抑制作用，随暴露浓度的增大，叶绿素逐渐降低，显示出明显的剂量－效应关系。光能转化效率测量结果变化情况与叶绿素含量变化存在内在相关性，汞和DBP联合胁迫时表现出协同作用。该方法可用于分析和监测不同污染物产生的协同效应。

关键词 汞 邻苯二甲酸二丁酯 斜生栅藻 叶绿素 光能转化效率 协同效应

一、前 言

工业化、城市化的加速发展、水环境和水资源不合理的开发利用，使得河流、湖泊等水体水质恶化，水生态与水环境受到破坏。水“质”性资源短缺已经引起人们越来越多的重视，水质污染已成为当今世界各国都需要解决的一个难题。

造成水污染的物质主要有重金属离子、农药、过量的N、P和有机污染物等。重金属在水体中积累到一定的限度就会对水体－水生植物－水生动物系统产生严重危害，其威胁在于不能被微生物所分解，且可以在生物体内富集，并且在生物体内某些重金属会转化为毒性更大的金属有机化合物，体现出富集性和长期性的特点。我国水体重金属污染问题十分突出，江河湖库底质的污染率高达80.1%；太湖底泥中Cu、Pb、Cd含量均处于轻度污染水平；苏州河中，Pb全部超标、Cd为75%超标、Hg为62.5%超标。根据原国家环保局的《中国环境质量报告——水质部分》分析认为，水体中主要的重金属污染为汞，城市河流有35.11%的河段出现总汞超过地面水Ⅲ类水体标准，21.43%的河段年均值超标。

20世纪以来随着农药、洗涤剂、环境激素、染料剂、香料、塑料、橡胶等的大量使用，水体中有机物的含量、种类持续增加。有机污染物在环境中具有长期残留性、生物积蓄性、半挥发性和高毒性的特点，并且进入水体后很难被微生物降解，进而通过食物链逐步被浓缩，最终对人类健康造成危害。到目前为止全世界已在水体中测定出2221种有机化学污染物，其中765种存在于自来水中，20种已被确认为致癌物、23种为可疑致癌物、18种为促癌物、56种为诱变物质。邻苯二甲酸酯类（phthalate acid easters）是全球性的重要环境污染物。其中，邻苯二甲酸二丁酯（DBP）是世界上生产量大、应用面广的有机化合物之一，在生产、使用、处理过程中可以被释放到环境中并对大气、水体、土壤、农作物、生物体等造成污染。DBP已被美国环保局列为首选检测污染物之一，我国水中优先控制污染物名单中也包括DBP。因此，及时、有效、科学地监测、解决重金属、有机物等对水质的污染对于水资源保护和水生态环境的修复有重要的作用，属于我国目前迫切需解决的重大环境安全性基础问题。然而，目前的常规环境监测中，这两项指标的监测都存在一定困难，主要是技术复杂、费时、难以在线监测。

藻类在自然界中分布广泛，其个体小、繁殖快、对毒物敏感，是一种较理想的生物毒性指示生物。水体中对水生生物产生毒害作用的有毒有害污染物，均可应用藻类生物测试方法对其性质和毒性强弱进行客观评价。重金属和有机污染物对藻类的毒性表现在可抑制其光合作用、呼吸作用、酶的活性和生长等。有许多研究发现，藻类对重金属、有机物等有富集、降解作用。近年来研究者对于单一污染物的毒性研究得较多，但是在自然环境中往往是多种污染物质同时存在的，其毒性效应与单一金属具有很大差异，因此研究污染物质毒性的协同效应及其监测方法，应具有更为重要的现实意义。本文应用藻的毒性急性反应，研究了汞和邻苯二甲酸二丁酯毒性的协同效应，为水污染监测和水生态评价提供理论依据。

二、实验条件

（一）仪器与试剂

浮游植物分析仪 Phytoplankton Analyzer Phyto - PAM（德国 Walz 公司）；定量分析天平（0.1mg，Sartorious）；移液器（德国埃芬多夫公司）；试管振荡器 lab dancer S25（广州仪科实验室技术有限公司）；生化培养箱（上海博迅实业有限公司医疗设备厂）。

配制 20.4μg/L 硝酸汞 $Hg(NO_3)_2$ 和 10mg/L DBP 储备液，试剂均为分析纯。实验斜生栅藻及培养液由德国 BBE 公司提供。

（二）培养条件

将处于对数生长期的斜生栅藻接种到含有无菌藻类培养基的 100ml 三角瓶内，并使最终藻液体积为 30～60ml，接种后的三角瓶置于生化培养箱中，温度 25±0.1℃。每天摇动 3～4 次，以利于藻细胞均匀生长，并随机更换锥形瓶位置。实验组设置 3 个平行，选取成熟期的藻液进行试验。

（三）藻类毒性实验

配制不同浓度梯度的受试毒物，加入等量的混合均匀的藻液，然后在试管振荡器上面振荡均匀。从空白对照开始依次从低浓度到高浓度吸取相同体积的样品进行测量，在 Phyto - PAM 测定叶绿素含量、光能转换效率 y 等指标，并计算受试物不同浓度对藻的生长抑制率。

$$\text{抑制率} I(\%) = (C_0 - C_t)/C_0 \times 100\%$$

式中：C_0 为对照组的藻叶绿素浓度；C_t 为与测量毒物混合的藻叶绿素浓度。

1. 汞、DBP 的单一毒性实验

为了尽量减少误差，提前进行预实验，以优化受试物试验浓度。经过预实验，汞对斜生栅藻生长抑制的实验浓度梯度为 0、0.01μg/L、0.02μg/L、0.03μg/L、0.05μg/L、0.10μg/L、1.0μg/L，DBP 对斜生栅藻生长抑制的实验浓度梯度为 0、0.001mg/L、0.003mg/L、0.01mg/L、0.10mg/L、1.0mg/L、5.0mg/L、10.0mg/L，每组 2 个平行。

2. 汞和 DBP 的毒性协同效应实验

以汞、DBP 的单标实验为基础，配制混合毒物的测量浓度，DBP 设有两个浓度 0.1μg/L、3.0μg/L，Hg 相应设定的浓度为 0.001μg/L、0.01μg/L、0.05μg/L。

三、结果与分析

（一）汞对斜生栅藻生长的影响

实验测得汞对斜生栅藻叶绿素和光能转化效率的数据见表 1。

表 1　不同 Hg 浓度对斜生栅藻毒性测量数据

$C(Hg^{2+})$ /（μg/L）	0	0.01	0.02	0.03	0.05	0.10	1.00
叶绿素	205.36	186.78	74.57	19.76	11.77	3.74	1.77
光能转换效率	0.26	0.18	0.10	0.03	—	—	—

以汞浓度对数为 x 轴，作出汞浓度对测量指标的影响图，见图 1。

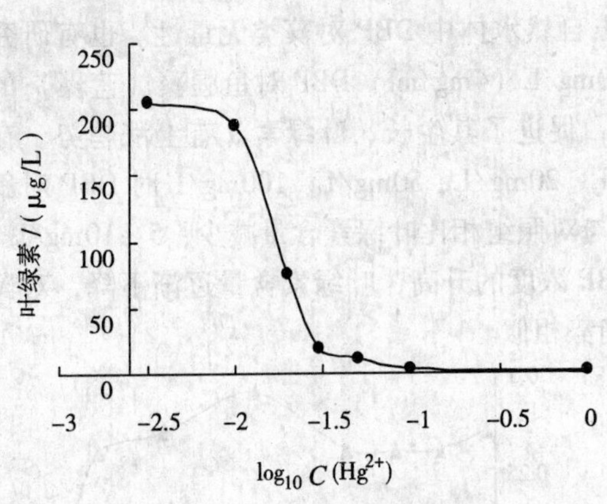

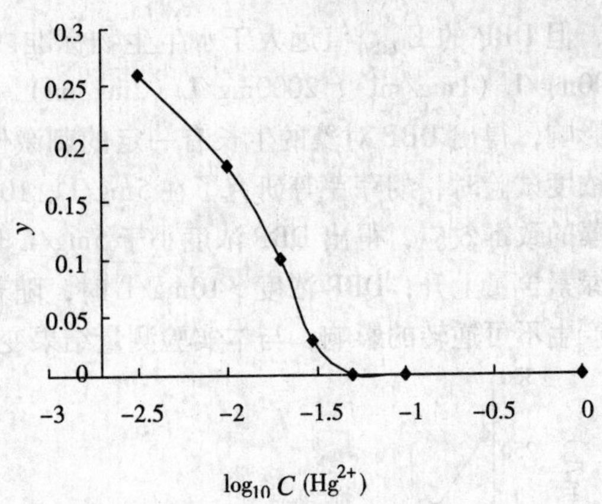

图1　Hg对藻叶绿素、光能转化效率的影响

可以看出Hg对斜生栅藻起着急性毒害作用，经Hg刺激的斜生栅藻的叶绿素含量发生显著的变化。在实验测量的4h之间Hg对藻产生了强烈抑制作用，与对照组相比藻体的叶绿素浓度有明显的下降趋势，并且抑制程度随着Hg浓度的增加而加大。当Hg浓度为0.02μg/L时叶绿素含量仅有对照的36%；0.03μg/L时叶绿素含量仅有对照组的9%左右，抑制率达到91%。这可能是藻细胞受到Hg离子损伤后，细胞内一些酶的活性被抑制，使许多代谢活动受到不同程度的阻碍，导致叶绿素的下降。当Hg浓度达到0.1μg/L以上时，细胞生长完全被抑制。斜生栅藻的光能转换效率随着浓度的增加而递减，当Hg浓度大于等于0.05μg/L以上时已经不能检测出。

已有学者对于汞对三角褐指藻、塔胞藻、轮叶狐尾藻等的影响进行研究，发现经过汞处理后藻的叶绿素含量均降低，与本实验结果一致。也有学者研究得出汞在大于0.5mg/L时发生金鱼藻的叶绿素开始降低，$Hg^{2+}\geq 20$μg/L时，绿色巴夫藻的叶绿素a含量降低，本方法较为敏感，得出汞对斜生栅藻的快速致死浓度为0.03～0.1μg/L。

（二）DBP对斜生栅藻生长的影响

不同浓度DBP对斜生栅藻的毒性实验数据见表2。

表2　不同浓度DBP对斜生栅藻毒性测量数据

DBP浓度/(mg/L)	0	0.001	0.003	0.01	0.10	1.0	5.0	10.0
叶绿素	256.36	205.85	180.45	139.41	180.35	174.26	175.21	140.57
y	0.27	0.26	0.26	0.26	0.29	0.27	0.26	0.22

以DBP浓度对数为x轴，作出DBP浓度对测量指标的影响图，见图2。

从图中可以明显观测到，在测量的4h中DBP对藻有一定的抑制作用。当DBP浓度为0.001～0.01mg/L时，与对照组相比，叶绿素含量减少，即DBP在低浓度时即对叶绿素有显著抑制作用，且抑制强度逐渐升高，在DBP浓度高于0.01mg/L时抑制率出现波动，可能是因为此浓度范围的DBP胁迫促进了藻的代谢，激活了藻类色素合成的相关酶类，色素合成增多，含量上升，且受损藻细胞逐渐恢复的结果。当DBP浓度大于10mg/L时，叶绿素含量显著下降，其对藻细胞产生不可逆转的抑制影响。DBP处理下的光能转化效率变化曲线是先降后升之后再开始下降，在DBP为0.001～0.1mg/L时，毒物对藻产生急性毒性，光能转化效率降低，在混合2h之后藻细胞开始出现恢复，大于0.1mg/L时出现一个反弹，之后随着DBP浓度的增大重新显示出抑制影响。

有学者采用评价化学药品对藻类毒性的方法等研究了在450mg/L、900mg/L、1350mg/L、1800mg/L DBP对海洋藻类、盐藻等的毒害影响，得出96h内DBP对藻的生长有较明显的抑制作用，但 DBP 的 E_{96C50} 值远大于水生生物标准，得出自然水体中 DBP 对藻类无毒性。也有研究在 1000mg/L（1mg/ml）、2000mg/L（2mg/ml）、4000mg/L（4mg/ml）DBP 对鱼腥藻（蓝藻）的生长影响，得出 DBP 对藻的生长有一定的刺激作用，促进了其生长，叶绿素 a 有上涨趋势。在用低浓度试验时，胡芹芹等研究了在 5mg/L、10mg/L、20mg/L、50mg/L、100mg/L 时 DBP 对斜生栅藻的致毒效应，得出 DBP 浓度小于 5mg/L 时，与对照组相比叶绿素含量减少；5 ~ 10mg/L 时，叶绿素含量上升；DBP 浓度 >10mg/L 时，随着 DBP 浓度的升高，叶绿素含量逐渐下降，对藻细胞产生不可逆转的影响，与本实验测量结果变化趋势相似。

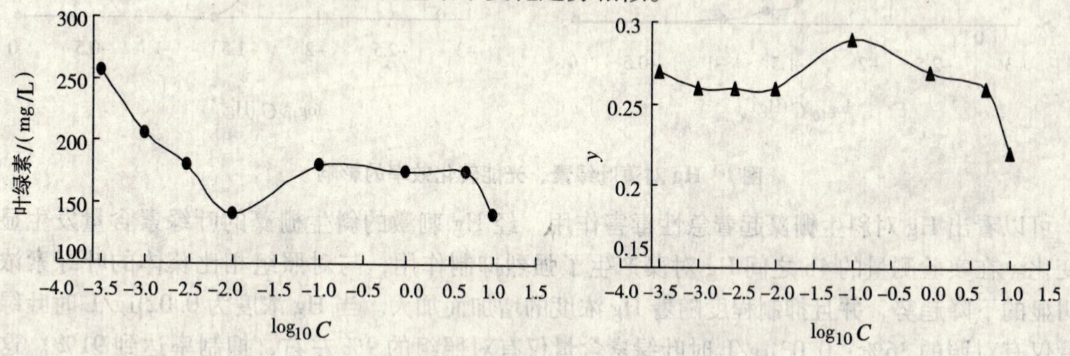

图 2　DBP 对藻叶绿素、y 的影响

与之前学者的研究相比本实验测量的时间更短，且在较低 DBP 浓度时即可以测量出对藻的毒性效应，更加敏感。从汞、DBP 对斜生栅藻的毒性实验可以看出。在相同的 4h 实验测量之内汞对藻的急性毒性作用较 DBP 强烈得多。

（三）汞、DBP 对斜生栅藻的联合毒性

本试验测量汞与 DBP 联合毒性时 DBP 设为 0.1mg/L、3.0mg/L 两个浓度，Hg 设为 0.001μg/L、0.01μg/L、0.05μg/L 三个浓度，具体设定和实验数据见表 3。

表 3　Hg 和 DBP 联合浓度梯度及测量数据

编号	①	②	③	④	⑤	⑥	⑦
Hg/（μg/L）	0	0.001	0.01	0.05	0.001	0.01	0.05
DBP/（mg/L）	0	0.1	0.1	0.1	3.0	3.0	3.0
叶绿素浓度	173.87	274.08	65.38	4.78	189.7	60.35	2.55
y	0.31	0.29	0.12	—	0.29	0.1	—

对照前面汞单独作用毒性数据及汞、DBP 联合毒性作用数据作图 3。

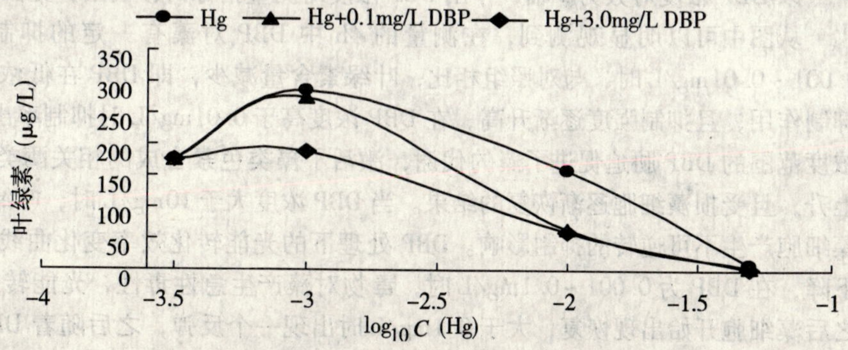

图 3　Hg 单一及 Hg、DBP 联合对藻叶绿素的影响

从图 3 和表 3 中可以看出，Hg 和 DBP 表现出明显的协同毒性作用，共同胁迫下的毒害效应比单一 Hg 或 DBP 要大。当 Hg 浓度为 0.001μg/L、0.01μg/L、0.05μg/L 时，Hg 和 DBP 协同毒性使叶绿素含量比汞单独作用时均降低，即 Hg 和 DBP 具有协同作用。当 Hg 的浓度保持同一梯度，DBP 浓度为 0.1μg/L、3.0μg/L 时，高浓度的 DBP 所产生的协同效应更大。当 Hg 为 0.01μg/L、0.05μg/L 时测量组的叶绿素浓度下降 98%左右，此时已具有强烈的抑制作用。联合胁迫下光能转化效率持续下降，且下降幅度比同浓度的单一 Hg 或 DBP 胁迫要大。

四、讨 论

Hg、DBP 属环境中毒性很强的污染因子，当其在植物体内积累的数量超过临界值时就会影响植物的正常生理活动，如光合作用、呼吸作用等。自由基损伤学说认为超氧阴离子（O_2^-）是一种反应活泼的氧自由基，与单线态氧（$1O_2$）、过氧化氢（H_2O_2）和羟自由基（OH·）等称为活性氧（ROS）。ROS 在细胞内需氧代谢过程中不断产生和清除，使之处于低水平的动态平衡，这时的活性氧含量不会危害生物体。当植物遭受环境胁迫（盐、低温、高温、外源物质等）时，活性氧的产生和清除间的平衡被破坏，导致活性氧积累。

光合色素是客观反映植物利用光照能力的一类重要指标，往往可以作为判断植物光合生理能力、反映环境胁迫状况的依据，其含量变化能较好地反映生物各阶段生长发育正常状况。光合器官是植物细胞内活性氧的主要来源之一，而光合色素及与之结合的内囊体膜均具有不饱和多烯结构，极易受活性氧的攻击。从实验结果看出，斜生栅藻的叶绿素含量在 Hg 低浓度胁迫下就开始出现明显的下降趋势，表明 Hg 对藻体产生强烈的急性毒性影响，即低浓度的 Hg 就开始破坏藻体的叶绿体结构，细胞内活性氧产生积累，阻碍光合作用。而 DBP 对藻表现出的毒性相对较小。当 Hg 和 DBP 联合作用于藻体时，且 Hg 和 DBP 联合作用体现出协同效应，表现为叶绿素含量显著降低，抑制作用显著增强。

光能转化效率 y 反映光系统Ⅱ（$PS_{Ⅱ}$）反应中心在有部分关闭情况下的实际原初光能捕获效率。Alberte 等（1981）认为：逆境胁迫下叶绿素含量降低的主要原因是叶绿体片层中捕光 Chla/b-Pro 复合体合成受到抑制。从实验结果看出在 Hg、DBP 单独及联合作用时光能转化效率测量结果变化情况与叶绿素含量变化存在内在相关性，即当叶绿素含量下降时，光能转化效率也出现下降趋势，实验结果与 Alberte 等的理论相吻合。

五、结 论

研究表明汞和 DBP 对环境危害存在协同作用，进一步说明单一指标的评价方法不能完全反映污染物对环境产生的综合毒性。本方法具有快速、灵敏、操作简单的特点，既可用于在线监测，也可用于移动监测，而且由于采用藻作为毒性分析指示生物，监测数据能直观地反映污染对生态的影响程度以及污染物的协同效应，具有很好的应用前景。

参考文献

[1] 周怀东，彭文启，等．水环境与水环境修复［M］．北京：化学工业出版社，2005.

[2] 顾征帆，吴蔚．太湖底泥中重金属污染现状调查与评价［J］．甘肃科技，2005，12.

[3] 成新．太湖流域重金属污染亟待重视［J］．水资源保护，2002（4）：39-41.

[4] 蒋金花，潘小川，陶勇．水体有机污染物对人体健康的影响［J］．国外医学卫生学分册，2003，30（6）：321-325.

[5] 刘慧杰，舒为群．邻苯二甲酸二丁酯发育毒性研究进展［J］．环境与健康，2004，21（2）：122-124.

[6] 王玉邦，王心如．邻苯二甲酸酯类内分泌毒性［J］．环境与职业医学，2003，20（6）：457-460.

[7] 刘红涛，侯桂琴，席宇，等．铜绿微囊藻抗性株与野生株对铜离子的富集效应［J］．郑州大学学报（医学版），2004，39（1）：54-57.

[8] Crist RH. Interaction of metals and protons with algae Ⅲ：Marine algae，with emphasis on lead and aluminum

[J]. Environ Sci Technol, 1992, 26: 496 - 502.

[9] 吕小乔，孙秉一，史致丽. 汞对三角褐指藻生长影响的研究 [J]. 青岛海洋大学学报，1990，20 (4)：68 - 74.

[10] 张健民，朱启忠，张小葵，等. 汞毒害对塔胞藻生长和生理特性影响的研究 [J]. 聊城大学学报（自然科学版），2004，17 (1)：41 - 46.

[11] 谷巍，施国新，韩承辉. 汞、镉污染对轮叶狐尾藻的毒害 [J]. 中国环境科学，2001，21 (4)：371 - 375.

[12] 常福辰，施国新，吴国荣，等. 汞、镉复合污染对金鱼藻的影响及其抗性机制的探讨 [J]. 广西植物，2002，22 (5)：453 - 457.

[13] 周银环，刘东超. 4 种微量重金属对绿色巴夫藻生长、叶绿素 a 及大小的影响 [J]. 湛江海洋大学学报，2003，23 (1)：22 - 28.

[14] 邱海源，王宪. 邻苯二甲酸酯对海洋藻类的致毒效应 [J]. 厦门大学学报（自然科学版），2005，44 (2)：294 - 296.

[15] 汪星，周明，廖兴盛，等. 邻苯二甲酸二丁酯对蓝藻生长的影响 [J]. 武汉理工大学学报，2006，28 (12)：48 - 51.

[16] 胡芹芹，熊丽，田裴秀子，等. 邻苯二甲酸二丁酯（DBP）对斜生栅藻的致毒效应研究 [J]. 生态毒理学报，2008，3 (1)：87 - 92.

[17] 刘碧云，周培疆，李佳洁，等. 丙体六六六对斜生栅藻生长及光合色素和膜脂过氧化影响的研究 [J]. 农业环境科学学报，2006，25 (1)：204 - 207.

[18] Alberte R S, Friedman A L, Gustafson D L, Rudnick M S. Light - harvesting systems of brown algae and diatoms. isolation and characterization of chlorophyll a/c and chlorophyll a fucoxanthin pigment - protein complexes [J]. Biochimica et Biophysica Act, 1981, 635 (2): 304 - 316.

珍珠蚌壳除磷的静态吸附研究

许育新　张　棋　肖　华　喻　曼

（浙江省农业科学院环境资源与土壤肥料研究所　杭州　310021）

摘　要　研究了蚌壳对磷的吸附特性，考察了磷初始浓度，初始 pH，接触时间，废水中常见离子对其吸附性能的影响，分析了不同条件下的吸附过程。结果表明，在低初始浓度时（5 mg/L），吸附是去除磷的最主要方式；在浓度较高时（40mg/L），化学沉降成为其主要去除磷方式。在强碱和强酸环境下，蚌壳对磷的去除效果最好。低浓度的 NO_3^- 对其吸附磷有促进作用。

关键词　蚌壳　除磷　吸附

近年来，水体富营养化已成为举世关注的问题。从水体中藻类生长繁殖对氮、磷的需求关系看，其生长力对磷需求更敏感[1]。目前，吸附法除磷由于其高效、快速、无二次污染、易操作而受到越来越多的关注[2]。中国是第一珍珠生产大国，浙江诸暨又是中国的珍珠之乡，每年产生的大量蚌壳丢弃在农田和河道边，散发出恶臭，污染了当地的环境。蚌壳含有丰富的是钙盐，物理构造由角质层、棱柱层、珍珠层组成，具有较强的吸附能力。前人研究表明，牡蛎壳对磷有较好的吸附效果，作为人工湿地基质能有效地延长其使用寿命[3,4]。而蚌壳与其物理化学性质相似，本文中将蚌壳制成粉末，研究在不同磷初始浓度、pH、接触时间和常见离子对其吸附性能的影响。

一、材料与方法

（一）材料

蚌壳粉：将蚌壳用自来水清洗，自然风干后，用粉碎机将其磨成粉末，然后分筛得到粒径为 0.3～0.5 mm 和 0.5～0.9mm 的两种吸附剂。其主要成分通过 XRF 测定（浙江工业大学分析测试中心），结果见表 1。

表 1　蚌壳粉的主要成分

化学组成	含量/%
CaO	55.51
Na_2O	0.446
Fe_2O_3	0.13
MnO_2	0.0689
SiO_2	0.0638

（二）仪器与试剂

智诚 ZHWY－211C 型数显电热恒温振荡器，岛津 UV－2450 型紫外分光光度计，梅特勒托利多 Five Easy 型 pH 计。

所用实验水样为实验室配水，由 KH_2PO_4（分析纯）和去离子水配制成一定浓度（以 P 计）的水溶液。pH 值由 0.01mol/L H_2SO_4 或 0.1mol/L NaOH 进行调节。

（三）磷测定方法

按照国家环保总局颁布的“水和废水监测分析方法”，采用钼锑抗分光光度法测定吸附液的剩余磷浓度。测定样品时，选择合适的稀释倍数，使被测样浓度在标线以内。该方法测定磷的浓度范围在 0.01～0.6 mg/L。

（四）吸附试验方法

将一定浓度（以 P 计）的 KH_2PO_4 溶液加入 250ml 具塞锥形瓶中，加入蚌壳粉，置于 25℃ 恒温振荡器中进行静态吸附。按一定时间间隔取样，测定上清液磷浓度的变化。

（五）磷形态分析方法

为了分析吸附后的蚌壳粉中磷形态，本文中借鉴了土壤化学分析的方法[5]，具体步骤如表

2。在每个步骤结束之后用 25 ml 饱和 NaCl 清洗两次。

表 2　吸附过后蚌壳粉中磷形态的分析步骤

磷形态	萃取剂	处理方法
松散结合态磷	1 M NH_4Cl	50 ml 萃取剂振荡 1h
铝结合磷	0.5 M NH_4F	50 ml 萃取剂振荡 1h
铁结合磷	0.1 M NaOH	50 ml 萃取剂振荡 1h
钙结合磷	1 M H_2SO_4	50 ml 萃取剂振荡 1h
禁锢磷	KCl－$C_6H_8O_6$－EDTA	50 ml 萃取剂振荡 1h

二、结果和讨论

（一）初始磷浓度对吸附的影响

称取 2 种粒径的蚌壳粉各 1 g，置于 250 ml 具塞锥形瓶中，分别加入 250 ml 浓度（以 P 计）分别为 5、10、20、40、60、80、160 和 320 mg/L 的 KH_2PO_4溶液，置于恒温振荡器中，在 25℃ +2℃温度条件下振荡 24h 后，过滤，测定滤液中剩余磷酸根浓度，根据其浓度变化，计算蚌壳粉对磷的吸附量。

由图 1 可见，在低初始浓度下（1 ~ 10 mg/L），蚌壳粉对 P 的吸附效率较低，并呈下降趋势。在磷初始浓度大于 10mg/L 的情况下，对磷的去除效率，先升高，然后下降，在 40mg/L 时去除率最高。然而，蚌壳对磷的吸附量不断增大。由图 1 可见，粒径 0.3 ~ 0.5mm 的蚌壳粉的去除效果较好，因此后续试验采用粒径 0.3 ~ 0.5mm 的蚌壳粉作为材料。

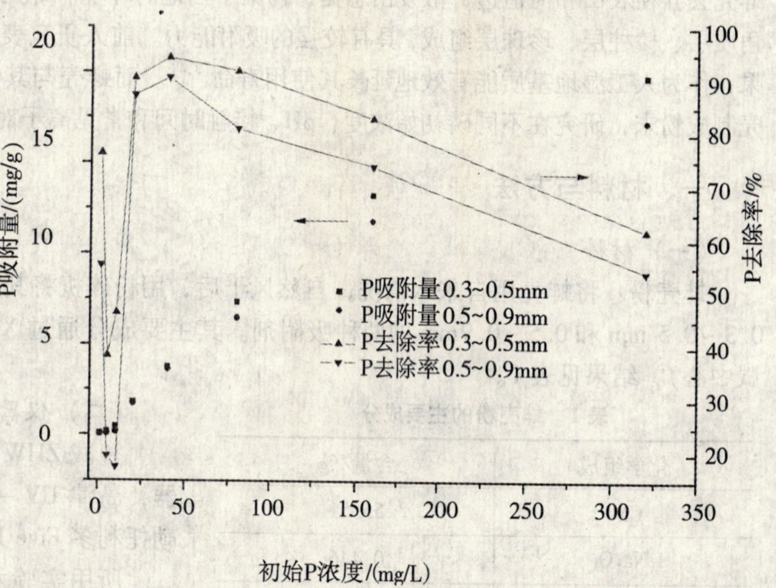

图 1　磷初始浓度对蚌壳粉去除磷的影响

采用 0.3 ~ 0.5mm 的蚌壳粉吸附磷初始浓度为 5mg/L、40mg/L 的溶液后，取其中的吸附剂进行烘干，然后对其进行磷形态分析，结果见表 3。

表 3　吸附后蚌壳粉中的磷形态分析

磷形态（mg P/kg）	5mg/L	40mg/L
松散结合磷	29.15	505.50
铝结合磷	—	—
铁结合磷	—	—
钙结合磷	0.20	783.50
禁锢磷	—	—
总　计	29.35	1289.00

结果表明，在低浓度下，蚌壳粉对水中磷的去除的最主要方式；在高浓度下，化学沉降成为其去除磷的主要方式。

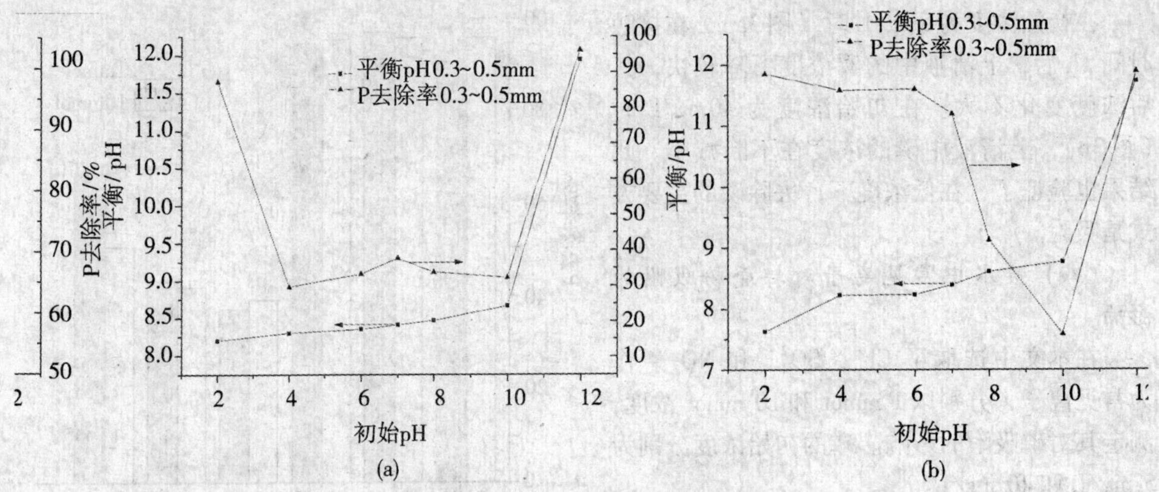

图2　初始 pH 对蚌壳粉吸附磷的影响

（二）pH 值对磷吸附的影响

配制浓度为 5mg/L 和 40mg/L（以 P 计）的 KH_2PO_4 溶液，在 250 ml 的锥形瓶中分别加入两种粒径的蚌壳粉 1 g 和 100 ml 磷溶液，将 pH 值分别调至 2、4、6、7、8、10 和 12，置于 25 ℃恒温振荡器中进行静态吸附，24h 去测定其上清液磷浓度和平衡 pH 值。如图 2 所示。

在 pH 为 2 和 12 时，蚌壳粉对于磷的吸附效率很高，在低 pH 时，由于蚌壳粉解离出 Ca^{2+}，磷酸根能与其结合生成沉淀。在 pH 值为 12 时，能生成极难容的羟基磷灰石，方程式如下：

$$5Ca^{2+} + 3HPO_4^{2-} + 4OH^- \rightleftharpoons Ca_5OH(PO_4)_3 + 3H_2O \qquad (1)$$

在初始浓度为 5mg/L 时（图 2a），在 pH 在 2～10 的范围内，去除磷的效率保持在一个较低的水平，表明在此范围内，pH 对其去磷方式影响较小；在初始浓度为 40 mg/L（图 2b）时，在 pH 在2～10 的范围时，吸附效率随 pH 值的增加而降低。

在初始 pH 为2～10 时，平衡 pH 维持在 7～9 之间，然而，在初始 pH 为 12 时，平衡浓度与其相差很小。

（三）接触时间对磷吸附的影响

配置 5mg/L 和 40mg/L 的磷溶液，在 250ml 锥形瓶中分别加入 100 ml 磷溶液和 1 g 粒径 0.3～0.5mm 的吸附剂，置于 25 ℃恒温振荡器中，一定时间间隔后取样，测定其上清液中磷浓度的变化。如图 3 所示。

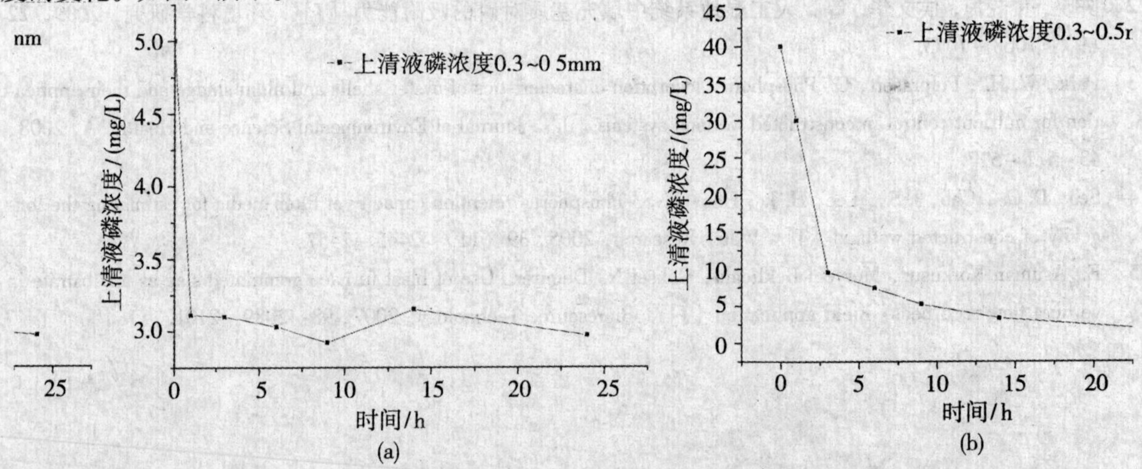

图3　接触时间对蚌壳粉吸附磷的影响

在初始浓度为5mg/L 时（图3a），在接触时间1h后，上清液中的磷浓度下降较快，其后浓度变化不大。在初始浓度为40mg/L 时（图3b），上清液中磷的浓度在不断减小。此结果也验证了，在低浓度下，去除磷的主要方式是吸附。

（四）废水中常见离子对蚌壳粉吸附的影响

在本文中选取了 Cl^-，SO_4^{2-} 和 NO_3 －作为常见离子，分别以 1 mmol 和 10 mmol 浓度，测定其对磷吸附的影响。磷的初始浓度分别为 5 mg/L 和 40 mg/L。

结果表明（图4），只有在磷初始浓度为 5 mg/L 时，NO_3 －离子浓度的变化，对其吸附效率有较大的影响。

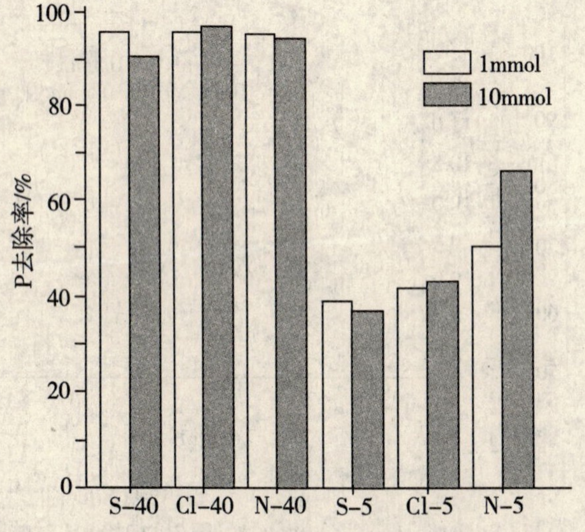

图4　常见离子对蚌壳粉吸附磷的影响

（S－40 表示 SO_4^{2-} 在P浓度为40mg/L 时对吸附的影响，依此类推）

三、结　论

通过实验表明，不同初始浓度下，蚌壳对磷的去除方式有较大的不同，在低浓度下，以吸附为主；在高浓度下，化学沉降成为主要方式。粒径 0.3 ~0.5mm 比 0.5 ~0.9mm 的蚌壳粉去除 P 的效果更好。

在初始 pH 为 2 和 12 时，蚌壳粉对磷的去除效率最高，并且，在初始 pH 为 12 时，平衡 pH 与其相差不大。

在磷初始浓度为 5 mg/L 时，NO_3^- 对其吸附磷有较大的影响。

通过以上实验，证实蚌壳粉对磷有较好的去除效果，并且原料丰富，成本低廉，适合作为人工湿地基质，有较好的应用前景。

参考文献

[1] 庄万金．厦门港赤潮发生区溶解氧的时空变化与赤潮生物和环境因子的关系［J］．海洋环境科学，1992，10（2）：23－24.

[2] 陈晓，贾晓梅，侯文华，等．人工湿地系统中填充基质对磷的吸附能力［J］．环境科学研究，2009，22（9）：1068－1073.

[3] Park, W. H., Polprasert, C. Phosphorus adsorption characteristics of oyster shells and alum sludge and their application for nutrient control in constructed wetland systems［J］. Journal of Environmental Science and Health, A, 2008, 43: 511－517.

[4] Seo, D. C., Cho, J. S., Lee, H. J., Heo, J, S. Phosphorus retention capacity of filter media for estimating the longevity of constructed wetland［J］. Water Research, 2005, 39 (11): 2445－2457.

[5] E. Asuman Korkusuz, Meryem Beklioglu, Goksel N. Demirer. Use of blast furnace granulated slag as a substrate in vertical flow reed beds: Field application［J］. Bioresource Technology, 2007, 98: 2089－2101.

不同 pH 值对黄河中下游不同沉积物吸附磷酸盐的影响

李北罡　马　钦

（内蒙古师范大学化学与环境科学学院　内蒙古　呼和浩特　010022）

摘　要　研究了黄河中下游 10 个不同沉积物样在不同 pH 值下对磷酸盐的等温吸附行为，并采用多种数学模型对吸附等温线进行拟合，比较了各自的适用性，结果表明：① 8 个不同沉积物对磷酸盐的吸附量在 pH 接近中性时均最大，酸性和碱性条件下均有所下降，且吸附量的最大值及下降幅度均随沉积物的不同而不同；其余两样的吸附量则在 pH 为 9.0 时最大，接近中性时最小。②不同 pH 下，不同沉积物对磷酸盐的吸附等温线具有相同的变化趋势——线性变化。③沉积物对磷酸盐的吸附行为很好地符合线性方程和 Freundlich 模型的线性拟合，同时对 Langmuir 模型的线性方程具有一定的拟合效果，但不如前者。④实验数据不符合 Temkim 方程的线性关系，但依此对数据进行非线性拟合，发现很好地符合指数方程，具有极好的拟合效果。

关键词　黄河沉积物　磷酸盐　吸附等温线　pH　方程拟合

天然水体沉积物作为营养元素磷累积和再生的重要场所，在水力迁移的过程中一般通过与上覆水体间对磷的交换吸附和释放保持动态平衡来维持水体的正常营养水平，对水生生物的正常生长和繁殖起着非常重要的作用[1, 2]。但当水体的各种环境条件发生变化时，这种平衡就会被破坏，其中水体 pH 值就是影响沉积物吸附/释放磷的关键性因素，它会直接影响 Fe、Al、Ca 等元素与磷的结合状态，从而成为最终控制沉积物磷生物有效性和水体营养状况的重要因子[3, 4]。

黄河既是北方重要的生产生活用水，同时又每年携带大量泥沙入海，向河口及邻近海域注入大量丰富的营养物质，而其中绝大部分 P 即是以颗粒态形式迁移转化入海。研究表明 P 已成为黄河口附近海域浮游植物生长的限制性因子[5]。尤其是随着沿河流域工农业生产生活排放废水的进入会直接引起水体 pH 值的改变，从而影响沉积物对 P 的吸附/释放。结合黄河的特殊性，本文着重研究了不同 pH 值对黄河中下游及河口近海域等不同段位沉积物吸附磷酸盐的影响，并分别选择了不同吸附模型进行拟合，通过比较拟合效果来探讨不同 pH 值下不同沉积物对磷吸附的差异及对水体的影响，从而达到从源头上控制和管理、维持黄河正常营养水平的目的。

一、材料与方法

（一）样品采集和沉积物分析

黄河表层沉积物及上覆水均取自沿河流域的不同段位，采集表层 10 cm 沉积物于聚乙烯塑料袋中密封带回实验室冷冻保存，用时自然晾干后过 100 目筛用于实验研究。上覆水样装于聚乙烯桶中并添加数滴氯仿做抑菌剂[6]，密封后保存于 4℃冷库中，实验时通过 0.45μm 醋酸纤维滤膜过滤使用。

沉积物样中有机质总量（TC）分析用经典的重铬酸钾法[7]，总氮（TN）采用硫酸铜消解法，总磷（TP）、无机磷（IP）及有机磷（OP）含量用 SMT 法测定[8]。

（二）吸附实验

在不同质量浓度的 KH_2PO_4 溶液（上覆水配制）中加入稀 HCl 或稀 NaOH 溶液，调节体系的 pH 分别为 6.0 ±0.02，7.0 ±0.02 和 9.0 ±0.02。于一系列 50 ml 聚乙烯离心管中，加入 0.5g 沉积物和 50 ml 不同质量浓度不同 pH 的 KH_2PO_4 溶液，加盖后在（25 ±1）℃下恒温振荡 24h 后，离心，用 0.45 μm 滤膜抽滤，参照文献［9］的方法取滤液测定磷酸盐浓度（平衡质量浓度）。根据起始质量浓度和平衡质量浓度之差，扣除空白，计算沉积物吸附磷酸盐的量。

所有试验每个样品平行测定4次，结果取平均值，相对误差 <5%。实验所用器皿均用稀硝酸浸泡过夜，所用药品均为分析纯以上。

二、结果分析

（一）不同黄河沉积物的化学特征值

黄河中下游不同区域沉积物由于受地域、气候环境及沿河流域生产生活排污等多方面因素的影响，其营养状况有明显的差异，如表1所示。所取样品中，有机质总量TC范围在0.33% ~ 0.55%之间，TN含量在128.52 ~ 295.74 mg/kg，IP、OP及TP的含量范围分别为625.38 ~ 811.14 mg/kg、29.69 ~ 82.56 mg/kg、675.57 ~ 852.63 mg/kg，所测各项最大数值均出现在靠近黄河口的渤海浅海区，这与其构成及水文物理特征有关。

表1　不同黄河沉积物的化学特征值

取样点	代码	TC/ %	TN/（mg/kg）	IP/（mg/kg）	OP/（mg/kg）	TP/（mg/kg）
喇嘛湾	B1	0.45	128.52	647.03	29.69	687.63
张家湾	B2	0.38	163.63	737.50	35.59	761.99
壶 口	B3	0.48	147.31	811.14	51.99	693.81
大禹渡	B4	0.42	198.34	664.09	67.36	737.71
潼 关	B5	0.51	142.82	673.12	46.88	716.67
三门峡	B6	0.33	130.93	622.90	65.14	699.18
花园口	B7	0.52	267.36	682.33	62.05	740.54
济 南	B8	0.46	159.92	704.19	37.76	732.17
黄河口	B9	0.52	147.47	625.38	60.00	675.57
渤海浅海	B10	0.55	295.74	786.28	82.56	852.63

渤海是半封闭海区，固有振动很小，黄河水由其渤海湾和莱州湾交界处入海，由于其来沙量巨大，而该海区水浅、坡缓、岸线曲折，潮汐、潮流又相对较弱且非常复杂，海流仅能将其中约1/3的细颗粒泥沙带入外海，其余均会淤积在近河口的渤海浅海区，海水交换时间长，自净能力较弱，且极易受陆地活动和气候因素影响。

（二）不同pH下不同沉积物等温吸附磷酸盐特征

正常情况下，黄河流域pH值常年均在8.0以上，但某一区域受污水排放等外来因素的影响即可能引起水体pH值发生变化。因此本文结合实际情况，分别研究了3种不同pH下不同沉积物对磷酸盐的等温吸附特征。由图1的吸附等温线可知，不同沉积物对磷酸盐的吸附具有大致相同的变化趋势，但不同pH值对其的影响则差异较大。当平衡质量浓度相同时，其中喇嘛湾（a）、张家湾（b）、壶口（c）、大禹渡（d）、潼关（e）、花园口（g）、黄河口（i）、渤海浅海（j）8个段位沉积物在pH为7.0时对磷的吸附量均大于pH为6.0和9.0的值，因为在近中性条件下，磷酸盐主要以 HPO_4^{2-} 和 $H_2PO_4^-$ 存在，最易与沉积物中的Fe、Al、Ca等金属元素结合而被吸附。但从图1可看到pH值影响造成对磷吸附量的差别随沉积物的不同而有所不同，这可能与其营养水平不同有关。三门峡和济南段沉积物的最大吸附量则出现在pH为9.0，pH为7.0时的吸附量最低。虽然碱性条件下因 OH^- 量的增加，会在沉积物表面发生离子交换作用，但对于这两个沉积物在水体中可能是吸附与共沉淀同时发生导致吸附量增大。综上所述，酸度改变必然会引起沉积物释磷风险，从而改变水体营养水平。

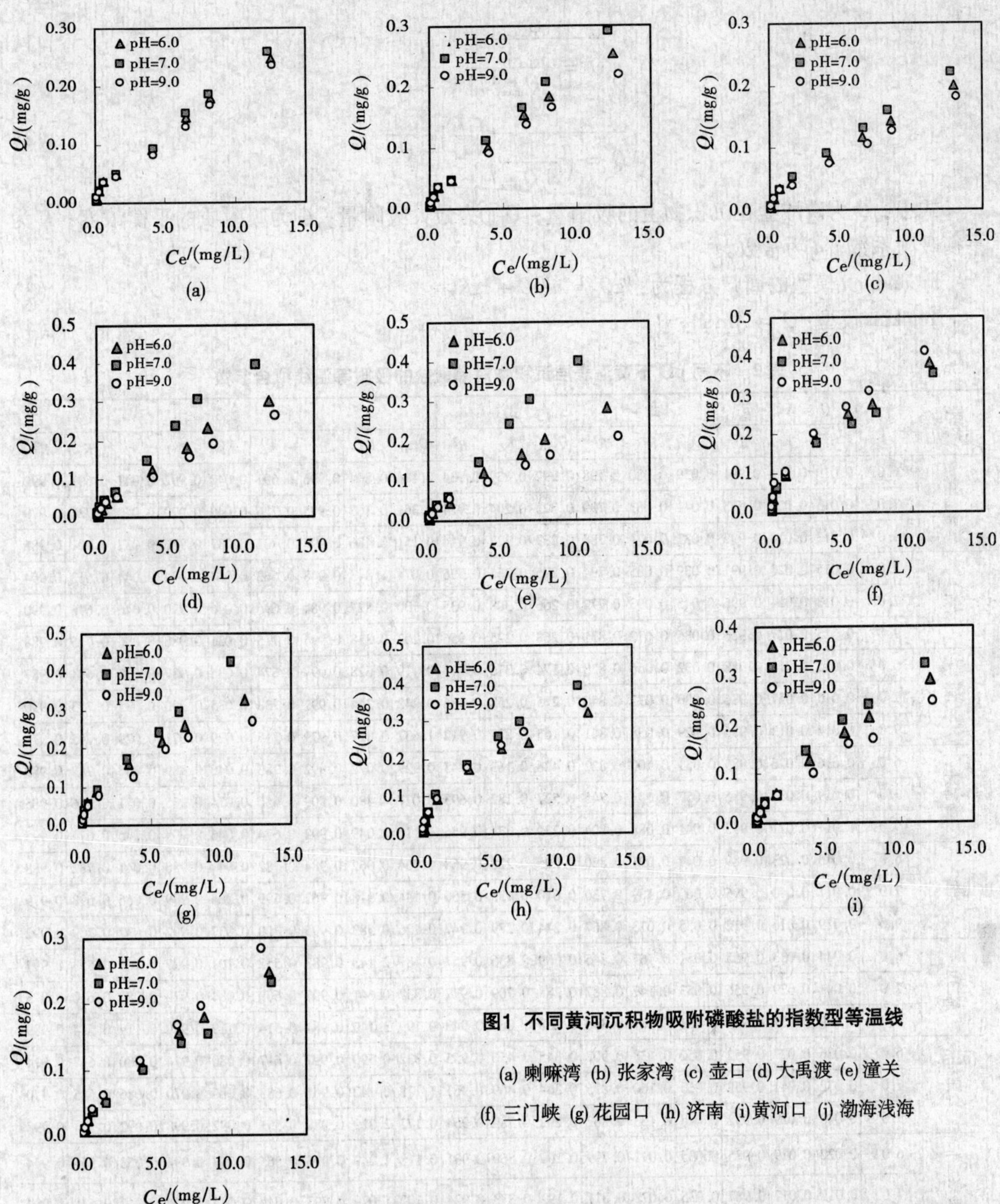

图1 不同黄河沉积物吸附磷酸盐的指数型等温线

(a) 喇嘛湾 (b) 张家湾 (c) 壶口 (d) 大禹渡 (e) 潼关

(f) 三门峡 (g) 花园口 (h) 济南 (i) 黄河口 (j) 渤海浅海

另外在同一 pH 下，不同沉积物对磷的吸附量也有明显差别。在 pH 为6.0、平衡质量浓度相同时，吸附量最大出现在三门峡段，其次是渤海浅海和花园口处，吸附量最小值出现在壶口段沉积物；而 pH 为7.0 时，渤海浅海、花园口和潼关段三点处沉积物的吸附量较大，壶口、大禹渡、济南段沉积物各自对磷的吸附量相差不大，但吸附量最低，其余各沉积物吸附量居中；在 pH 为9.0 时，三门峡段沉积物对磷的吸附量最高，其次是花园口、渤海浅海，吸附量最少的点仍然出现在壶口段沉积物。

（三）吸附方程

沉积物吸附磷酸盐的等温线数据通常用 Langmuir、Freundlich 及 Temkim 吸附等温线方程进行拟合，用一元线性回归法分别对以上模型进行回归分析，Langmuir 模型的回归方程分别为：

$$\frac{C}{Q = \frac{1}{(Q_{max}K_L)}} + \frac{C}{Q_{max}} \tag{1}$$

$$\frac{1}{Q = \left(\frac{1}{K_L Q_{max}}\right)}\left(\frac{1}{C}\right) + \frac{1}{Q_{max}} \tag{2}$$

式中：Q 为磷酸盐在沉积物上的吸附量；Q_{max} 为最大吸附量；C 为吸附质的平衡浓度；K 为平衡吸附系数；n 为常数。

Freundlich 模型的回归方程为：$\lg Q = n\lg C + \lg K_F$　　(3)

Temkim 模型：$Q = A\ln C + B$　　(4)

表 2　不同 pH 下黄河表层沉积物对磷酸盐的吸附等温线拟合参数

段位名称	pH	$Q = KC + b$			式4			式1			式2			式3			式5		
		b	K	R^2	A	B	R^2	Q_{max}	K_L	R^2	Q_{max}	K_L	R^2	n	K_F	R^2	A	K	R^2
喇嘛湾	6.0	0.019	0.014	0.991	0.039	0.080	0.798	0.292	0.239	0.934	0.114	0.804	0.996	0.691	0.040	0.992	0.041	0.691	0.992
	7.0	0.013	0.020	0.993	0.041	0.083	0.799	0.323	0.204	0.924	0.361	0.167	0.995	0.726	0.040	0.979	0.040	0.726	0.979
	9.0	0.013	0.018	0.992	0.037	0.074	0.788	0.279	0.223	0.914	0.151	0.486	0.997	0.701	0.037	0.986	0.037	0.701	0.986
张家湾	6.0	0.015	0.020	0.991	0.039	0.085	0.794	0.295	0.261	0.926	0.074	1.843	0.948	0.663	0.044	0.994	0.044	0.663	0.994
	7.0	0.013	0.024	0.996	0.045	0.093	0.777	0.266	0.308	0.935	0.130	0.827	0.984	0.696	0.046	0.990	0.046	0.696	0.990
	9.0	0.015	0.017	0.986	0.036	0.072	0.831	0.268	0.225	0.956	0.203	0.318	0.994	0.715	0.036	0.988	0.036	0.715	0.988
壶口	6.0	0.015	0.015	0.988	0.032	0.066	0.828	0.174	0.376	0.971	0.119	0.628	0.997	0.674	0.035	0.987	0.035	0.674	0.987
	7.0	0.015	0.017	0.986	0.036	0.072	0.840	0.215	0.252	0.936	0.242	0.244	0.997	0.733	0.035	0.990	0.035	0.733	0.990
	9.0	0.014	0.013	0.986	0.029	0.058	0.841	0.165	0.277	0.912	1.637	0.027	0.979	0.715	0.029	0.971	0.029	0.715	0.971
大禹渡	6.0	0.016	0.026	0.985	0.051	0.100	0.822	0.426	0.163	0.945	0.929	0.072	0.992	0.783	0.046	0.989	0.046	0.782	0.989
	7.0	0.019	0.037	0.985	0.057	0.143	0.745	0.527	0.182	0.693	0.077	4.480	0.909	0.656	0.071	0.985	0.071	0.656	0.985
	9.0	0.017	0.021	0.993	0.041	0.088	0.804	0.229	0.374	0.956	0.110	1.049	0.993	0.674	0.046	0.995	0.046	0.674	0.995
潼关	6.0	0.015	0.023	0.989	0.047	0.091	0.820	0.295	0.228	0.968	0.964	0.062	0.984	0.782	0.041	0.988	0.041	0.782	0.988
	7.0	0.011	0.040	0.995	0.060	0.139	0.730	0.610	0.133	0.556	0.144	0.918	0.962	0.699	0.066	0.979	0.066	0.698	0.979
	9.0	0.019	0.016	0.972	0.035	0.073	0.867	0.214	0.279	0.947	0.126	0.583	0.995	0.709	0.037	0.992	0.037	0.709	0.992
三门峡	6.0	0.044	0.033	0.955	0.051	0.167	0.845	0.309	0.836	0.957	0.187	2.143	0.982	0.552	0.101	0.997	0.101	0.553	0.997
	7.0	0.041	0.029	0.956	0.053	0.147	0.887	0.288	0.709	0.977	0.337	0.641	0.997	0.608	0.084	0.972	0.086	0.610	0.973
	9.0	0.049	0.037	0.956	0.051	0.189	0.840	0.288	1.061	0.942	0.199	3.149	0.981	0.514	0.119	0.989	0.119	0.514	0.989
花园口	6.0	0.036	0.027	0.952	0.050	0.138	0.907	0.345	0.456	0.955	0.322	0.590	0.997	0.617	0.080	0.974	0.080	0.617	0.974
	7.0	0.032	0.041	0.962	0.063	0.160	0.895	0.364	0.469	0.961	1.118	0.142	0.965	0.683	0.086	0.970	0.086	0.685	0.970
	9.0	0.043	0.029	0.992	0.048	0.153	0.862	0.292	0.789	0.954	0.172	2.229	0.980	0.551	0.092	0.998	0.092	0.551	0.998
济南	6.0	0.022	0.019	0.985	0.035	0.092	0.799	0.200	0.569	0.931	0.118	1.249	0.973	0.565	0.053	0.994	0.053	0.565	0.994
	7.0	0.017	0.017	0.987	0.035	0.078	0.817	0.192	0.373	0.924	0.102	1.079	0.993	0.649	0.042	0.994	0.042	0.648	0.994
	9.0	0.018	0.023	0.992	0.043	0.097	0.805	0.247	0.353	0.927	0.102	1.439	0.985	0.662	0.051	0.998	0.051	0.662	0.998
黄河口	6.0	0.022	0.024	0.981	0.047	0.103	0.837	0.272	0.353	0.957	0.219	0.497	0.983	0.696	0.052	0.991	0.052	0.696	0.991
	7.0	0.021	0.027	0.980	0.049	0.116	0.795	0.306	0.357	0.921	0.137	0.993	0.967	0.659	0.059	0.991	0.059	0.659	0.991
	9.0	0.018	0.019	0.983	0.040	0.083	0.841	0.233	0.296	0.950	1.130	0.059	0.998	0.717	0.042	0.984	0.042	0.717	0.984
渤海浅海	6.0	0.032	0.033	0.969	0.044	0.144	0.840	0.276	0.767	0.931	0.123	6.706	0.973	0.528	0.088	0.996	0.088	0.528	0.996
	7.0	0.029	0.038	0.991	0.059	0.160	0.800	0.325	0.613	0.937	0.215	1.296	0.986	0.631	0.088	0.990	0.088	0.629	0.991
	9.0	0.022	0.028	0.980	0.044	0.110	0.871	0.309	0.377	0.971	0.143	1.231	0.996	0.632	0.061	0.993	0.061	0.632	0.993

为了便于比较，本文将不同沉积物对磷酸盐的等温吸附实验数据直接采用线性方程进行处理，同时分别采用式（1）~式（4）进行线性回归分析，所得模型参数见表2。

根据表2的相关系数可知：3种不同pH下，不同黄河沉积物对磷的吸附行为用线性方程和Freundlich方程（3）拟合的效果最好，达到了极显著相关；用Langmuir方程（1）和（2）式进行拟合，除了pH为7.0时大禹渡段和潼关段沉积物对磷的吸附行为不符合式（1）外，其余也都有较好的拟合效果，但式（1）的拟合效果要略逊于式（2），这是因为式（1）中C/Q不是一个独立的因变量，导致其对C作图所得的吸附参数及拟合效果与式（2）有一定差距；另外同时还采用了Temkim模型的线性方程（4）进行了拟合，但相关系数R^2不是很高，可我们意外地发现用Q对$\ln C$作图所得曲线的变化趋势符合指数形式，于是用指数方程对实验数据进行非线性拟合，结果表明，具有非常好的拟合效果（见表2），由此即可得出适于描述所研究沉积物吸附磷的指数形式的吸附等温模型方程：

$$Q = A\exp(KC) \tag{5}$$

该类等温吸附模型用于沉积物吸附磷的等温吸附行为描述到目前为止未见报道。

三、结　论

1. 所研究10个黄河中下游不同沉积物样中有8个样对磷酸盐的吸附量在接近中性时最大，酸性和碱性条件下均表现为下降，但最大吸附量及下降幅度均随沉积物的不同而不同。

2. 不同pH下，不同沉积物对磷的吸附等温线具有较明显的变化规律，均具有线性变化趋势。

3. 为了获得更为真实可靠的拟合效果，采用了多种线性及非线性吸附模型拟合进行比较，结果可知所研究样品对磷的吸附行为对不同模型的拟合效果各不相同。除了对常用吸附模型的不同形式进行线性拟合外，同时将实验数据进行非线性拟合，发现实验数据符合指数方程，具有极好的拟合效果。

参考文献

[1] 高丽，杨浩，周健民．湖泊沉积物中磷释放的研究进展［J］．土壤，2004，36（1）：12－15.

[2] 徐轶群，熊慧欣，赵秀兰．底泥磷的吸附与释放研究进展［J］．重庆环境科学，2003，15（11）：147－149.

[3] NUR R, BATESM H. The EffectsofpH on theAluminum, Iron and Calcium Phosphate Fraction of Lake Sediments［J］. Water Research, 1979, 13: 813－815.

[4] Naoml E D, Patrick L B. Phosphorus sorption by sediments from a softwater seepage lake: effect of pH and sediment composition［J］. Environ. Sci. Technol., 1991, 25（3）: 403－409.

[5] 张继民，工刘霜，张琦，等．黄河口附近海域营养盐特征及富营养化程度评价［J］．海洋通报，2008，27（5）：65－72.

[6] Naoml E D, Patrick L B. Phosphorus sorption by sediments from a soft－water seepage lake. 1. An evaluation of kinetic and equilibrium models［J］. Environ Sci Technol, 1991, 25（3）: 395－403.

[7] 中国科学院南京土壤研究所．土壤理化分析［M］．上海：上海科技出版社，1978：323－324.

[8] Ruban V et al. Development of a harmonized phosphorus extraction procedure and certification of a sediment reference material. J Environ. Monit. 2001: 121－125.

[9] AWWA, APHA, WPCE. Standard methods for the examination of water and wastewater［M］. Washington DC: American Public Health Association, 18th ed., 1998.

海岛水资源的污染破坏及对策

苏志强　周延年　韦　甦　李　军

（浙江工业大学建筑工程学院　杭州市潮王路18号浙江工业大学　310014）

摘　要　水环境污染和海水入侵是海岛水资源污染破坏的主要原因。水环境污染主要来自降雨、工业、农业、生活污染和给排水设施的不完善；海水入侵主要受地质条件、气候变化、地下水开采和植被破坏的影响。提出了海岛水资源保护的建议和对策。加强立法、加大投入、建设监测管理系统、水源地保护、完善污水收集和处理系统来保护海岛水资源；设置阻隔层、采用双位抽水、合理开发地下水、保护和增加植被等来阻止海水入侵。

关键词　海岛　水资源　污染　破坏　保护　策略

全球海岛数量约有10万个以上，全世界岛屿的面积共约977万平方公里，占陆地总面积的1/15。中国海岛面积大于500平方米的就有6961个，其中浙江省就占到3061个。大部分海岛由于汇水面积小、径流时间短、储水量小等原因而存在水资源不足或严重贫乏的情况。海岛水资源的污染破坏更加剧了缺水的严重性和减小了供水的安全性[1-3]。

一、水资源污染破坏的原因

（一）污染

由于水特有的溶解性和流动性，使水很容易污染。海岛的环境容量低，水环境较容易污染，而且不容易恢复。由于海岛地理位置、地形地貌、社会环境等情况不同，出现的水资源污染破坏的方式和程度不同。这里列举造成水环境污染的几个主要方面。

1. 降雨污染

海岛淡水资源主要依靠降水。在一些海岛降雨中已发现酸雨现象甚至放射性。这造成海岛水体含有氮、硫和放射性物质而受到污染。由于风的作用，这可以来自遥远的地方。

降雨径流过程带来的污染更为普遍。有调查发现，由于一些建筑的屋顶采用了镀锌金属，墙壁的粉刷使用了含铅的油漆，降雨过程将锌、铅等金属物质带入了水体。路面上的油渍、地面上的尘粒和腐殖质、垃圾的堆放和填埋等都将不同程度地造成污染物质进入到地表和地下水中。

2. 农业污染

现代农业往往需要肥料、杀虫剂、除草剂等化学物质。这些物质往往通过浇洒或降雨进入地下或地表水体。化学肥料可能造成水体的富营养化，滋生藻类物质。而杀虫剂、除草剂对水生生物有毒害，破坏水环境平衡，而且这些化合物降解很慢，残留物作用时间长。农业生产常常面积大而分散，形成所谓的非点源污染，更难检测和控制。

3. 工业污染

海岛相比之下工业较少，一些污染严重的工业会受到限制。但渔业、果品、蔬菜加工及饮料等工业的污水如不处理排放，会造成严重的水体有机污染。那些需要大量冷却水的工业（如热电厂）有时会建在沿海甚至海岛地区，燃烧产物对水环境有害。还有一些采矿业和林木业也会产生对水资源环境的污染。

4. 生活污染

生活排污往往成为海岛水体的主要污染源。海岛一些居民点分散，污水和废物不易收集，一些生活区因没有收集和处理设施，污水随意排放，生活垃圾随意堆积，遇雨水则流入或渗入水体。大量家畜禽的污染物质进入水体。人们的环境意识需要加强。

5. 给水排水设施不完善

海岛水环境的保护有赖于排水设施的建设和运行管理，即将各种污水有效地进行收集、处理、排放。调查发现，排水设施的不完善主要原因是资金投入不足。尤其是污水收集系统的投入较大。分散居民点的污水无法进行处理则仅通过化粪池或直接排放。另外，污水收集和输送管渠的渗漏及污水处理程度的不足也对水体产生影响。

一些给水系统的输水管渠因缺水而长期不使用，有些管道产生锈蚀和滋生菌类，恢复输水时造成污染，而一些输水明渠容易受到人类活动的影响。

（二）海水入侵

海水入侵是由于海水和陆地地下水动力条件发生变化，引起海水向陆地淡水含水层运移而发生的水体侵入过程和现象。海水入侵造成地下水氯离子含量增加，矿化度升高，使地下淡水资源遭到破坏[4]。严重的还会造成地表大面积土壤盐渍化。

海水入侵的机理可由图1说明。当淡水缺乏、压力不足时，原有的咸水和淡水的水力平衡就会打破，海水向陆地移动。

造成海水入侵主要原因包括：气候、地质条件、人类活动和自然灾害等。

1. 透水地质条件

海水入侵一般发生在以松散沉积物为主的地层，其具有透水能力，使地下淡水与海水之间缺乏稳定的隔水层，这是海水入侵的先决条件。当地下水位长期处于海平面以下时，海水通过含水层迅速向陆地入侵。

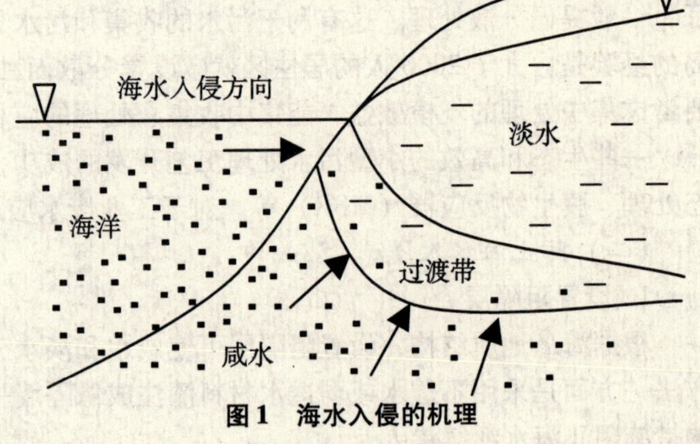

图1　海水入侵的机理

2. 降水量减少

陆地地下水源主要依大气降雨来补给。当气候持续干旱，地下水补给量严重不足，将加剧海水入侵活动。全球气候变暖、相对海平面上升也会造成海水入侵。

3. 过度开采地下水

据调查，过度开采地下水已成为很多海岛海水入侵的主要原因。超量开采地下水而使地下水水位大幅度下降，形成低于海平面的负值区，进而发生海水入侵。由于海水入侵，造成原有水井水源氯离子含量增加，促使取水井上移，逐渐将海水引入内陆，扩大了海水入侵范围。

4. 植被破坏

由于病虫害和人工毁林等原因造成海岛森林和绿色植被严重破坏，使陆地持水能力下降，雨水入渗量减小。地下水得不到及时补充而引起海水入侵。

二、建议和对策

（一）水资源保护

1. 加强立法并严格执法

海岛自然环境有其独特性，往往需要在基本法的基础上，根据自身的特点和要求制定和实施相应的法律和制度。加强《中华人民共和国海岛保护法》的实施和指导，法律和制度规范人们的活动和行为，只有严格执法，才能确实保证水资源的长期保护。人们需要具备环境保护意识、理解水资源的重要性，因此环境和水资源方面的教育工作的开展是水资源保护工作中很重要的一环。

2. 加大投入

大多海岛的调查资料都显示出，投入的不足是水资源得不到保护的最重要因素之一。一些海岛的管理经验指出，将水资源保护工程完全市场化存在许多问题。政府投入、政府贷款、少量非政府资金是现今最多采用的方式。很多成功的事例发现，在加大投入前，进行示范工程建设是必要的。

3. 建设水资源监测管理系统

针对海岛水资源影响因素多、环境较脆弱的特点，长期监测、了解水资源的污染状况，分析污染物质和来源，有利于保护措施的实施。建立水环境的管理模型在近几年被证实是有效的方法。

4. 水源地保护

应建立地表水和地下水源地的防护带，禁止在附近排入污水、堆放废物、建造工厂等，并应尽可能进行绿化。避免河流、渠道由人类活动而遭污染。

5. 完善污水收集和处理系统

合理进行规划，确定污水是集中处理还是分散处理。海岛居住点分散和污水回用需求大的特征，一般提倡分散处理，这有利于污水的收集和污水处理后现场回用，减少了输水距离。一些海岛的经验是：大于2000 人的居住区就应设置分散而独立的污水收集、处理和回用系统。但仍然要考虑集中处理的规模效益，能集中收集、处理的应尽可能集中处理。

一些生态和高效的小型污水处理工艺开发的成功，大大推动了污水分散处理。如人工湿地生态处理、膜生物反应器（MBR）等。对于工业废水应严格达标排放。

（二）防止海水入侵

1. 设置阻隔层

根据海岛地质结构，设置阻隔层可使咸水和淡水分开，阻止或限制海水入侵。设置阻隔层的方法一方面是采用不透水或弱透水材料灌注成像隔墙一般的构筑物；另一方面可采用沟或井截渗的措施阻止海水继续渗入。

2. 合理开发地下水

许多岛屿为避免地下水的过度开采造成海水入侵，加强了地下水井的开采量的统计和监督，限制私人井的建造，采取有偿使用水资源制度等。合理开发地下水就是要减少地下水的开采和维护地下水的水力平衡。建议采用以下措施：

（1）建立节水型社会，倡导全社会节约用水。对海岛的发展规模、工农业结构等进行合理规划和建设。

（2）加大环境污染的治理，对现有水资源进行保护。

（3）推动对雨水利用、海水利用、污水回用等非传统水资源的开发利用。

（4）综合考虑远距离境外调水的可行性。

（5）开展地下水回灌，提高淡水压力，水力拦截海水入侵。

3. 采用双位抽水技术

在采用水泵抽取淡水的同时，使用另一台泵抽取淡咸界面以下的地下海水。在地下淡水位降低的同时，降低地下海水的水位。虽然电耗高了，但能阻止海水入侵。这项技术在加纳利群岛和一些地下水位较浅的岛屿得到了应用。

4. 保护和增加植被

进行现有植被的保护和植树造林，加强海岛绿化，增加土壤的持水性能。由于海岛往往是岩性地表，而且地面径流距离短，良好的植被能让地面径流和地下径流时间长而含水量充沛，有利于地下水的补充。

位于加勒比群岛的巴巴多斯岛总面积为430km^2。年平均降雨量为1524mm。虽然有丰富的降水量，但由于岩性地面特征，主要降水变成径流流入地下和大海。1946年的研究报告就确定应在海岛的斜坡地区植树造林，以增加地面的持水能力，使降水尽可能流入地下。

三、结 语

为解决海岛淡水资源问题，雨水收集、海水利用和污水回用等非传统水资源（non - conventional water resources）的开发利用近些年得到了很大发展。事实上，在寻找新水源的同时，更应重视传统水资源（河渠、湖库水、地下水等）的保护。许多海岛水资源的污染破坏情况仍然很严重。海岛水资源有其特殊性，人们应更多地关注海岛水资源受到污染破坏的问题，提出更合理的解决办法。

参考文献

[1] Zachal' ias I, Koussouris T. Sustainable water management in the european islands. Phys. Chem. Earrh (B), 2000, 25 (3): 233 -236.

[2] Kent M, Newnham R, Essex S. Tourism and sustainable water supply in Mallorca: a geographical analysis. Applied Geography, 2002 (22): 351 - 374.

[3] Gualbert P, Oude E. Improving fresh groundwater supply—problems and solutions. Ocean and Coastal Management. 2001, 44 (5 -6): 429 -449.

[4] Melloul A, Goldenberg C. Monitoring of seawater intrusion in coastal aquifers. Journal of Environmental Management, 1997, 51 (1): 73 -86.

[5] Li T. W, Li D. X, Gu G. W. , et al. Strategy of water supply for Zhejiang islands. Proceeding of 2nd international conference of efficient water use and management. Tenerife, 2003.

62Dm（大型水蚤）食藻虫生物株助力湖泊生态修复

高世荣　潘力军

（中国疾病预防控制中心环境与健康相关产品安全所　北京　100050）

摘　要　采用室内受控生态系统的实验方法，研究了富营养化水体中62Dm（大型水蚤）食藻虫生物株对藻类生长的控制作用。通过食藻虫种群的壮大来遏制浮游植物的发展，从而降低藻类生物量，提高水的透明度，最后达到改善水质的目的。并逐步连接恢复从沉水植物、微生物、水生昆虫到鱼等湖泊原有生态食物链，恢复水体生态系统的良性循环和自净能力。试验结果表明，食藻虫食藻效果十分显著，能有效减少蓝细菌以及铜绿微囊藻（Microcystis aeruginosa）的生物量，自然环境稳定性良好，易于操控。

关键词　食藻虫　浮游植物　藻类　甲基汞

富营养化已成为全球关注的问题。由富营养化引发的水华会进一步加重水体污染。水华不仅导致水产养殖业蒙受经济损失，同时也破坏水域生态景观，导致生态系统失衡，危害人体健康。因此如何有效控制有害藻类一直是人们关注的领域。目前湖内藻类控制技术主要有物理法、化学法和微生物抑藻、动物捕食法、生物操纵法等。62Dm 生物株食藻虫个体相对较大，最大体长 5.4mm。食藻虫虽然是一个低等动物，但它的构造复杂，体内存在有各种功能的内部器官，因此国外学者称它为十大器官俱全的动物。食藻虫繁殖速度很快，可大量吞食藻类植物，据报道一个食藻虫一昼夜能摄取小球藻的数量为 30 万个。治理水面藻类污染，同时食藻虫的营养价值很高，氨基酸和活性物质的含量比蔬菜高 20 倍，是鱼类的 3 倍，体内含有大量蛋白质，含量竟高达其本身干重的 40% ~60%。按干重百分数蛋白质含量为 44.61%、脂肪含量为 5.15%、碳水化合物含量为 16.75%、灰分为 33.49%，是鲢鳙等经济鱼类的主要饵料，目前利用浮游动物进行水体富营养化控制已有一些成功的案例。如在美国的 Michigan 湖、Tuesday 湖和 Peter 湖[1]，以及捷克的 Rimoy 水库[2]，都有研究者进行实验并取得理想效果，国内也有相关的报道[3]。然而，利用浮游动物控制藻类生长及吸附富集水中有害物的研究未见报道。本文通过室内受控生态系统的实验方法，研究浮游动物对藻类生长的控制及吸附富集水中有害物，为湖泊生态修复提供依据。

一、材料和方法

食藻虫（属枝角类、甲壳纲）是 1962 年采自北京动物园水池中，经分类鉴定后，用孤雌生殖法获取食藻虫的单克隆纯品系，以绿藻为饵进行培养，获得纯品系 62Dm（大型水蚤）食藻虫生物株。汞的测定是采用色谱法进行分析测定。

二、结果和讨论

（一）食藻虫吞食藻类结果

在铜绿微囊藻和蓝绿藻生长繁殖到一定浓度的情况下放入食藻虫，从图 1、图 2 中看出食藻虫对蓝藻的吞食很明显，在原藻浓度的情况下 24h 吞食铜绿微囊藻为27047000个藻/L，48h、72h 分别为27963000 个藻/L 和28341000 个藻/L。而对蓝绿藻 24h 吞食藻的浓度为1074000个藻/L，48h、72h 分别达到1305000个藻/L 和1485000个藻/L。可见食藻虫不仅喜欢吃蓝藻，而且被吞食后的水变清，改变了水体的理化性质，抑制铜绿微囊藻和蓝绿藻的生长，增加了水体透明度，改善水质。

表1　食藻虫对蓝藻的吞食效果藻种类

藻种类	吞食藻浓度/（个藻/L）				
	藻原浓度/（个藻/L）	24h	48h	72h	备注
铜绿微囊藻	29250000	27047000	27963000	28341000	
蓝绿藻	1650000	1074000	1305000	1485000	

图1　未被食藻虫吞食的蓝绿藻

图2　被食藻虫吞食后的蓝绿藻藻缸

（二）食藻虫对水中污染物的吸附富集

由表2中看出食藻虫对水中污染物也有一定吸附富集作用。用含有1.38mg/kg甲基汞的栅藻喂养食藻虫，食藻虫通过食饵对甲基汞有一定吸附富集，虫体中甲基汞含量随时间的延长逐渐增加，48h体内甲基汞含量1.51mg/kg，浓缩系数为1.511。将食藻虫放入含0.001mg/L甲基汞的溶液中，定时取样测定其体内甲基汞含量，实验表明，食藻虫自水中直接吸附富集甲基汞的能力也很强。48h体内甲基汞含量为2.72mg/kg。可见食藻虫不仅喜欢吃蓝绿藻、铜绿微囊藻，而且被吞食后的水变清，改变了水体的理化性质，抑制蓝绿藻、铜绿微囊藻的生长，增加了水体透明度。总之食藻虫可转化蓝藻毒素，净化水质，清除蓝藻。

表2　食藻虫对甲基汞的吸附富集　单位：mg/kg

富集时间/h	通过食物链富集	自水中富集
对照组	未检出	未检出
3	0.184	0.565
6	0.247	0.708
12	0.431	0.900
24	0.801	1.26
48	1.511	2.72
72	—	3.75
96	—	3.92

三、小　结

1. 食藻虫（大型水蚤）是一种功能经过改良的滤食性枝角类，是经过驯化的浮游动物，可以在各种恶劣的藻水环境中生长繁殖，比野生枝角类个体大得多，食藻效果十分显著。自然环境稳定性良好、易于操控，且对水中污染物也有一定吸附富集作用。

2. 食藻虫（大型水蚤）具有爆炸性繁殖的机能，在消化蓝绿藻的同时，还会释放酸性的粪便和代谢产物，抑制微囊藻等单胞藻的再生，既增加了湖水水体透明度，又可以增加湖水水质弱酸性，促进沉水植物的萌发和生长，将给污染严重的藻型化湖泊转变为生命力旺盛、水质清澈的草型化湖泊带来巨大希望。

3. 食藻虫（大型水蚤）置于蓝绿藻水域的围隔中或是移动网箱中，待该水域的蓝绿藻消除后将网箱移到其他蓝绿藻存在的水域。接着种植苦草、睡莲等各类挺水植物、浮叶植物及沉水植物，形成“水下小森林”，吸收过量的氮、磷物质，从而通过营养竞争作用，抑制蓝藻繁殖生长。另外，发挥这些植物天然的自净能力，优化水体水生生物的多样性，逐步恢复原有的水生生态系统。

参考文献

[1] Carpenter SR，Kitchelljf，Consumer control of lake productivity［J］. Bioscience，1988，38：764 - 769.

[2] Jaromir S Jan K , Long - term biomanipulation of rimov reservoir (Czech republic) ［J］. Hydrobiologia, 1997, 345: 95 - 108.

[3] 张丽彬，等，富营养化水体中浮游动物对藻类的控制作用［J］. 生态环境学报，2009，18（1）：64 - 67.

SWMM模型降雨面源污染模拟适用性分析研究

韩　娇　万金泉　马邕文　王　艳

（华南理工大学环境科学与工程学院　广州　广州大学城华南理工大学B4－348　510006）

摘　要　降雨面源污染所带来的水污染因其具有随机性、长期性、滞后性等特点，导致对其监测预测难度很大，降雨面源污染问题日益严重。美国环保局开发的SWMM在城市降雨面源污染模拟中有着广泛的应用，能为降雨面源污染的研究控制管理提供有效的技术手段。本文主要通过应用SWMM建立4个自行设计具体模拟实例，检验SWMM在水动力模拟方面的能力及精度，为降雨面源污染的研究提供技术支持，为SWMM适用性广泛应用提供依据。

关键词　SWMM　降雨面源污染　适用性分析　模拟验证

一、引　言

随着我国点源污染治理工作的深入开展，点源污染已基本得到初步控制，降雨面源污染的问题就日益凸显出来。据保守估算，北京和上海的城区降雨面源污染占水体污染负荷的比例约为10%，到2010年的规划实施后，污染负荷的比例又将分别上升到12%和20%以上，对中心建成区水体会超过50%[1]。降雨面源污染不仅影响城市生态环境，制约城市发展，还在一定程度上威胁人民身体健康。因此，加强对降雨面源污染的科学认识和研究，对彻底改善地表水环境质量，综合治理生态环境，营造优异的生产生活环境有着重要的研究意义。

降雨面源污染的污染物种类和形态非常复杂，且受到众多复杂因素影响，具有随机性、长期性、滞后性、不确定性等特点[2]。对于降雨面源污染，传统设点监测研究的方法需耗费大量人力、物力、财力，且研究应用灵活性很小，动态研究局限。利用数学方法或模型软件建立降雨面源污染的数学模型，模拟降雨面源污染的形成、迁移转化等过程，是对城市降雨面源污染进行定量化研究控制管理的有效技术手段[3]。

SWMM（Storm Water Management Model）[4]是美国环保局开发的暴雨径流管理模型，在城市降雨面源污染模拟中有着广泛的应用[5-7]，近年来在我国也有一些应用案例[8-10]。SWMM对雨水管、合流制管道、自然排放系统都可以进行水量水质的模拟，包括地面径流、排水管网输送、贮水处理及受纳水体的影响等，同时可对单场降雨或者连续降雨产生的坡面径流和水质变化进行动态模拟。本文通过4个具体实例检验SWMM在水动力模拟方面的能力和精度，为降雨面源污染的研究提供技术支持，为SWMM模型的广泛应用提供依据。

二、SWMM模型概述

SWMM是一个综合性的数学模型，20世纪70年代开始开发，经过不断的完善和升级，目前已经发展到SWMM5.0版本[7]。SWMM模型由4个计算模块和1个服务模块组成，计算模块分别为径流模块（Runoff）、输送模块（Transport）、扩充输送模块（Extran）和储存/处理模块（Storage/Treatment）。通过计算模块的运行，SWMM可以对地面径流，排水管网以及污水处理单元等的水量水质进行动态模拟，服务模块的主要功能是进行一些计算后的处理，如统计、绘图等[11,12]。模型模拟的核心是利用SWMM中的径流模块、输送模块和储存/处理模块依次对城市排水中的地表径流、管网输送和污水处理进行模拟计算，最终得到输入城市受纳水体中的水量和

基金项目：国家水体污染控制与治理重大科技专项东江下游优化发展都市区水污染系统控制技术集成研究与工程示范（2008ZX07211－006）雨水面源污染控制技术集成与示范子题。

水质的动态结果。SWMM 模型作为分布式模型在城市化区域的地表产汇流和排水管网的管道输送过程计算方面具有比较明显的优势，在应用上具有许多特点[13]。

（1）集水文、水力、水质过程的模拟于一体，且程序采用模块式结构组合，具有各自不同功能的模块既可单独使用，又可共同使用，比较灵活，便于解决多目标的城市雨洪问题；

（2）与其他模型相比，既可以用于规划设计和模拟设计暴雨条件下的雨洪过程和水质过程，还可用于预报和管理实际暴雨条件的雨洪过程[14]；

（3）在模拟具有复杂下垫面条件的城市地区时，可通过将流域离散成多个子流域，分别考虑各子流域的地表性质逐个模拟，方便地解决产汇流不均匀的问题，为模型在大型城市化的应用提高模拟精度打下基础；

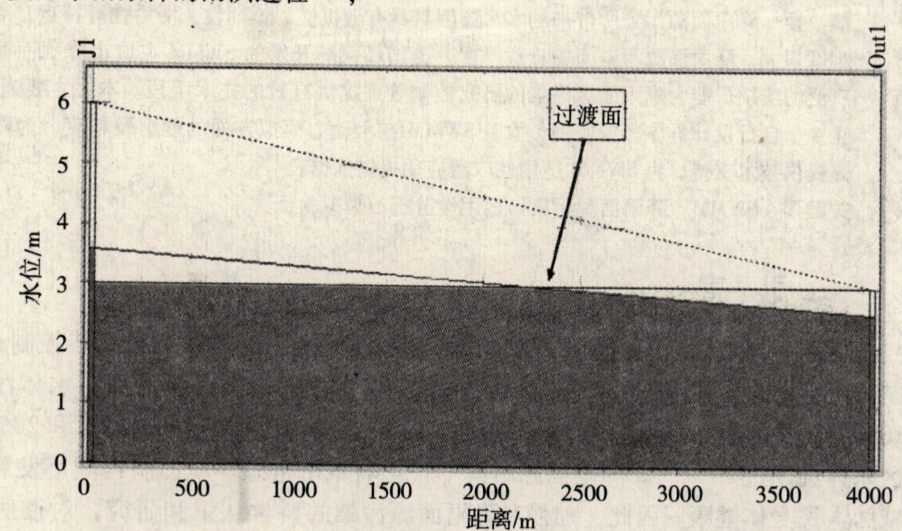

图 1　管道水位侧视图

（4）不仅可以用于单次降雨事件的短期模拟，而且还具有连续多次模拟降雨的功能。可模拟几年乃至几十年连续的降雨径流过程，并统计分析出有关参数逐日逐月的数值大小，进行频率分析，特别适用于城市规划设计工作[15]。

三、SWMM 模拟适用性分析

（一）明满过渡流模拟能力验证

应用 SWMM 对自行设计的一条单一有压管道进行模型模拟，计算区域为一长 4000m，直径 3m 的管道，其上游流量为 $5m^3/s$，下游水位为 2.55m，管道糙率 n 取 0.02，初始水位为 2.55m。从 SWMM 导出设计管道水位侧视图如图 1 所示。

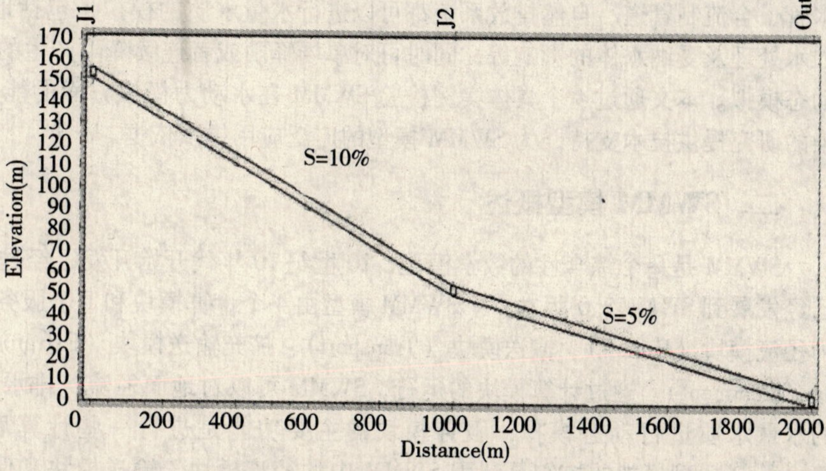

图 2　大坡度管道模型侧视图

图 1 给出了计算恒定时管道内水位（水头）的变化，可以明显看出在 $x<2240$m 时，上游 2240m 的管段处于有压状态；在 $x>2240$m 时，下游 1760m 的管段处于无压流动状态；$x=2240$m，过渡面的水位（水头）变化较为平缓。可见，SWMM 具有较好的模拟明满过渡流的能力。

（二）大坡度模拟能力验证

应用 SWMM 对大坡度情况下的管道进行水力模拟，设计 2 长度均为 1000m，坡度分别为 $s=10\%$，$s=5\%$ 的相连接管道 C1、C2，入流节点分别为 J1、J2，区域总出口节点为 Out1。大坡度管道模型侧视图如图 2 所示。

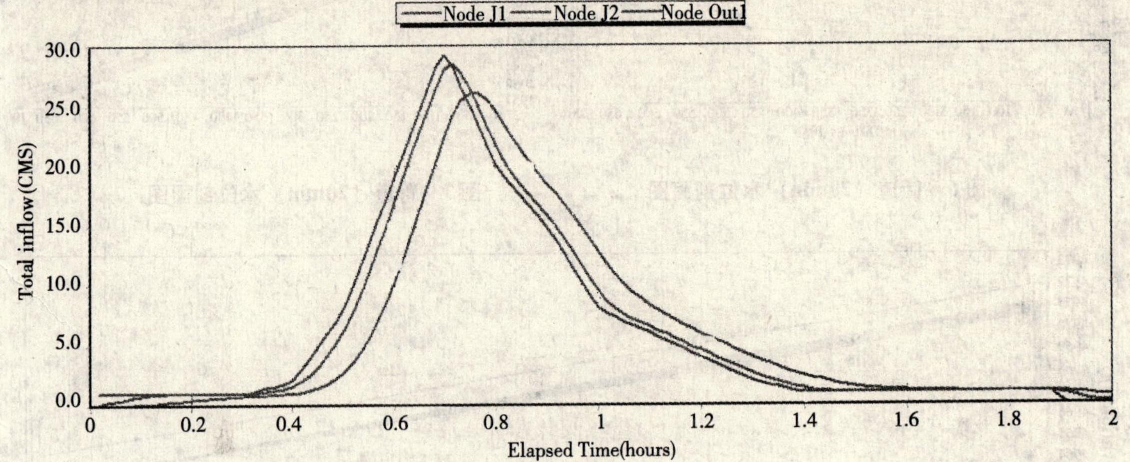

图 3　节点总入流过程线

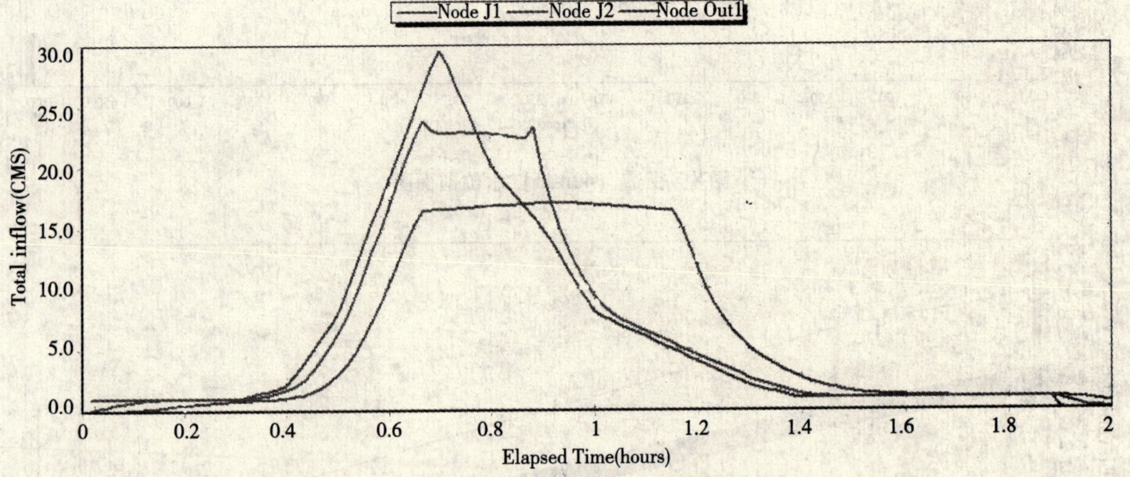

图 4　节点总入流过程线（存在满流情况）

图 3、图 4 分别为实例模型在不满流和存在满流情况下入流节点 J1、J2 和 Out1 的节点总入流过程线。从图中可见，不满流和满流情况下，大坡度管道 C1、C2 的节点总入流过程线都较平缓，验证了 SWMM 在大坡度的情况下仍具有稳定性。

（三）双排水系统模拟能力验证

应用 SWMM 构建一个具有管道、街道双排水系统的实例，J2a—J2—J11 处排水路径（图中浅线）包括地下管网和地上街道上下两层，图 5 为双排水系统模型的平面布置图。模拟运行开始，20min、40min、95min 双排水系统处管道、街道水位剖面图如图 6、图 7、图 8、图 9、图 10、图 11 所示。

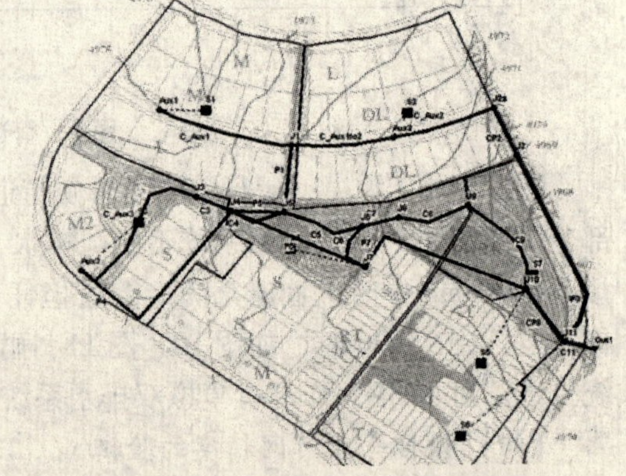

图 5　管网、街道双排水系统平面布置图

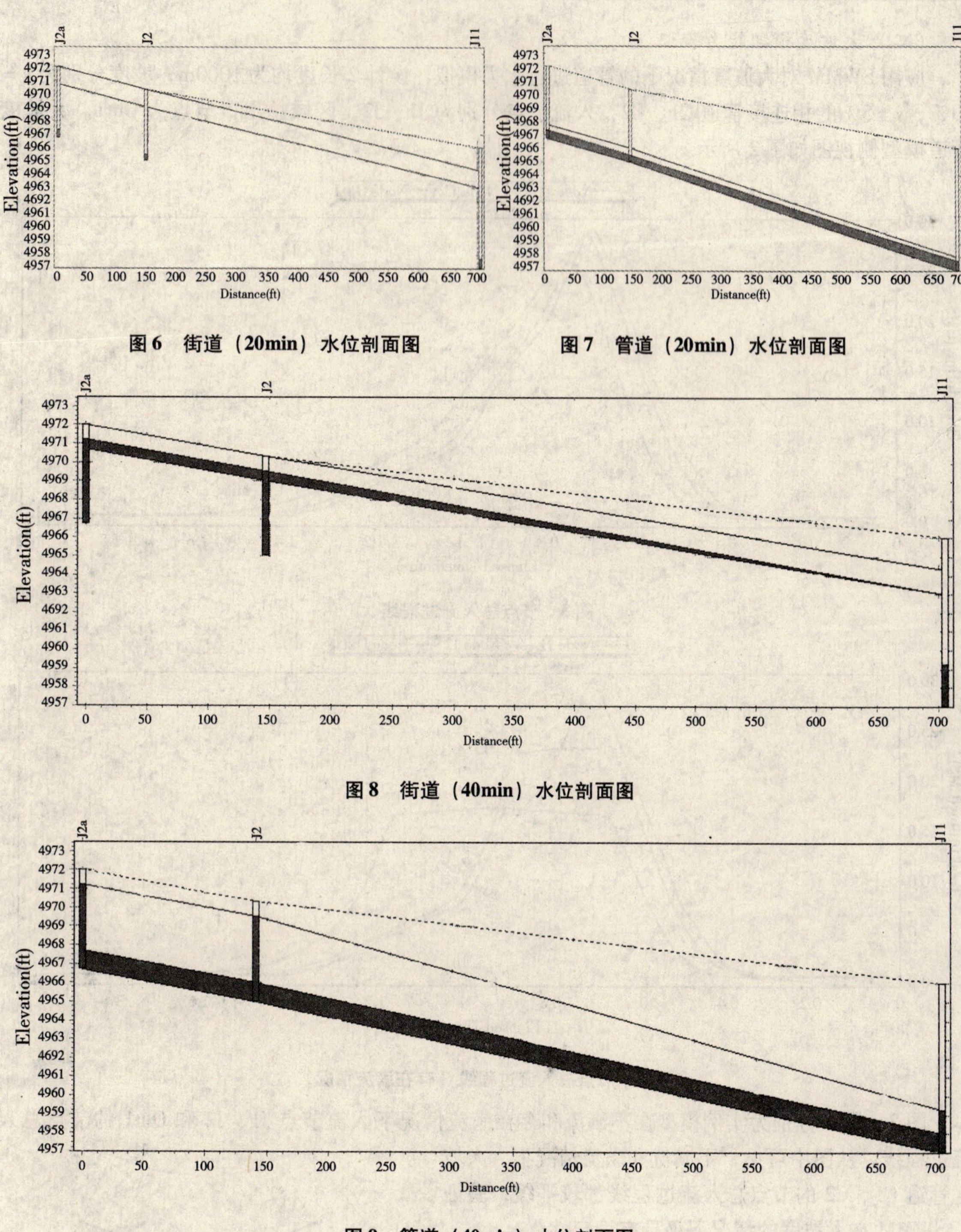

图 6　街道（20min）水位剖面图

图 7　管道（20min）水位剖面图

图 8　街道（40min）水位剖面图

图 9　管道（40min）水位剖面图

图 6、图 7 为模型运行 20min 时候街道和管道的水位坡面图，从图中可见，此时仅管道中有部分降雨流量，街道排水系统不参与排水，因这时降雨量还没有充满管道。图 8、图 9 显示，模拟运行 40min 中时，管道充满，街道担任部分排水任务，此时街道、管道两个排水系统同时运作。运行到 95min 时，如图 10、图 11，雨量的减少使街道退水不参与排水，此时又仅有管道系统排水。可见 SWMM 具有模拟双排水系统的能力。

（四）模拟一维河网精度的验证

应用 SWMM 建立一个一维河网模型实例，模拟河网包括 13 个节点（A－M），一个出水口

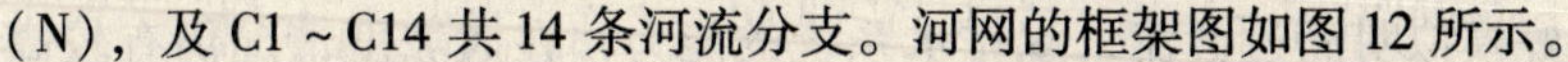

(N)，及 C1～C14 共 14 条河流分支。河网的框架图如图 12 所示。

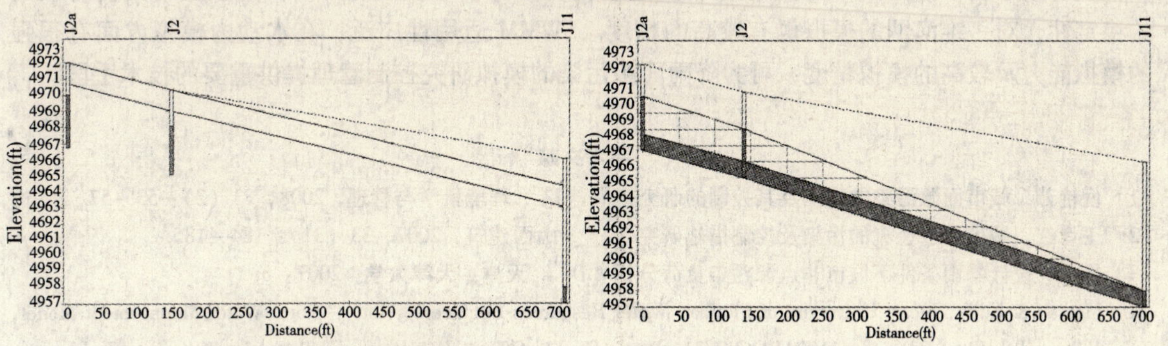

图 10　街道（95min）水位剖面图　　　图 11　管道（95min）水位剖面图

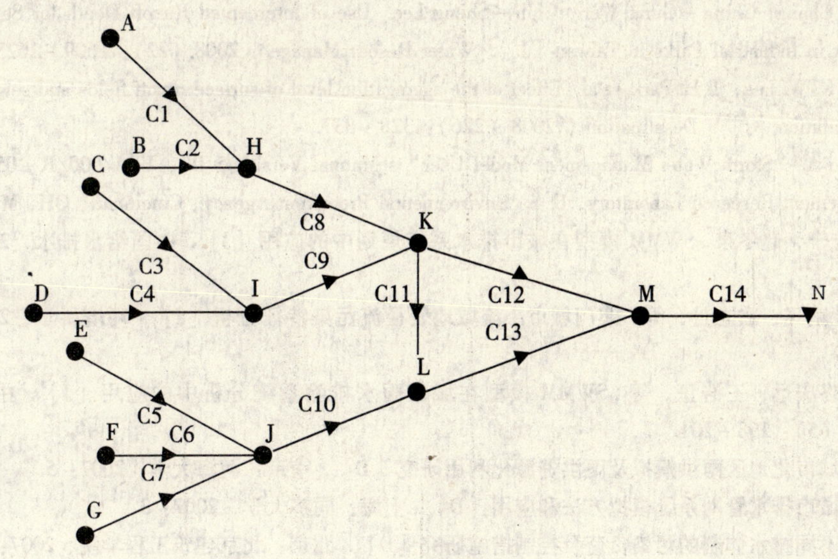

图 12　一维河网框架

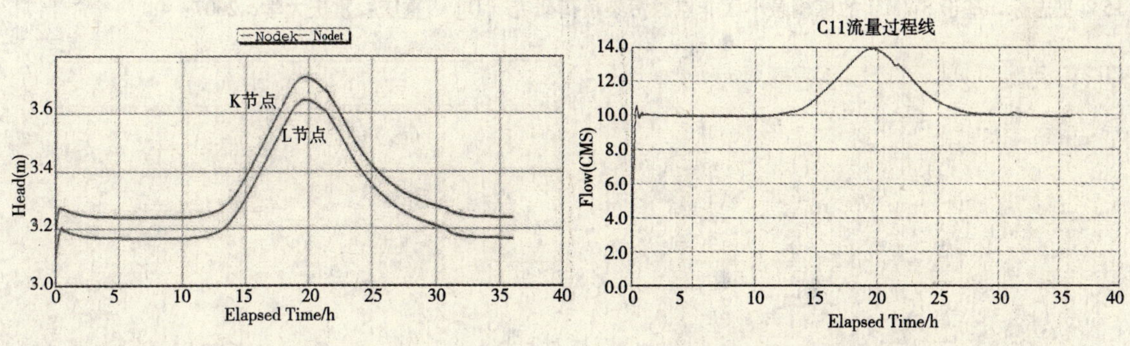

图 13　节点 K 及 L 的水头　　　图 14　C11 模拟河流分支流量过程线

图 13 中显示节点 K 和节点 L 的水头变化趋势一致，一直都是 K 节点大 L 节点 1m 左右，河网流向从 K 点流向 L 点。从图 14 中 C11 的流量过程线又可看出 K、L 两节点间的流量稳定，可见 SWMM 对一维河网的模拟有较高的精度。

四、结　论

本文应用 SWMM 建立了单一有压管、大坡度连接管道、双排水系统、一维河网 4 个具体模型实例，模拟分析了 SWMM 对明满过渡流、大坡度、双排水系统的模拟能力及对一维河网的模拟精度。结果显示SWMM有较好模拟明满过渡流、双排水系统的能力，在大坡度情况仍有较高的稳定性，对一维河网的模拟也有较高的精度。SWMM适用性广泛，在水动力模拟方面有很强的模拟能力及较高的模拟精度，可为降雨面源污染的模拟研究控制管理提供重要的技术手段。

参考文献

[1] 倪艳芳．城市面源污染的特征及其控制的研究进展［J］．环境科学与管理，2008，33（2）：53－57.

[2] 王彦红．城市雨水径流的污染及控制措施研究［J］．山西建筑，2007，33（31）：184－185.

[3] 杨勇．设计暴雨条件下城市非点源污染负荷分析［D］．天津：天津大学，2007：6.

[4] Metcalf & Eddy, Inc., University of Florida, Water Resources Engineers, Inc. "Storm Water Management Model, Volume Ⅰ－Final Report", 11024DOC07/71, Water Quality Office, Environmental Protection Agency, Washington, DC, July 1971.

[5] Chih－Hua Chang, Ching－Gung Wen, Chih－Sheng Lee. Use of Intercepted Runoff Depth for Stormwater Runoff Management in Industrial Parks in Taiwan［J］. Water Resour Manage, 2008（22）：1609－1623.

[6] S. Y. Park, K. W. Lee, I. H. Park et al. Effect of the aggregation level of surface runoff fields and sewer network for a SWMM simulation［J］. Desalination, 2008（226）：328－337.

[7] Rossman, L. A. "Storm Water Management Model User's Manual Version 5.0", EPA/600/R－05/040, National Risk Management Research Laboratory, U. S. Environmental Protection Agency, Cincinnati, OH, March, 2008.

[8] 董欣，陈吉宁，赵冬泉．SWMM模型在城市排水系统规划中的应用［J］．中国给水排水，2006，32（5）：106－109.

[9] 黄金良，杜鹏飞，欧志丹，等．澳门城市小流域地表径流污染特征分析［J］．环境科学，2006，27（9）：1753－1759.

[10] 赵冬泉，佟庆远，王浩正，等．SWMM模型在城市雨水排除系统分析中的应用［J］．中国给水排水，2009，35（5）：198－201.

[11] 陈守珊．城市化地区雨洪模拟及雨洪资源化利用研究［D］．南京：河海大学，2007：5.

[12] 谢莹莹．城市排水管网系统模拟方法和应用［D］．上海：同济大学，2007：3.

[13] 潘国庆．不同排水体制的污染负荷及控制措施研究［D］．北京：北京建筑工程学院，2007：12.

[14] 任伯帜，邓仁健，李文健．SWMM模型原理及其在霞凝港区的应用［J］．水运工程，2006，4：41－44.

[15] 王志标．基于SWMM的棕榈泉小区非点源污染负荷研究［D］．重庆：重庆大学，2007：4.

淀山湖赵田湖水域风浪要素研究

曹　勇　孙从军

（上海市环境科学研究院　上海　200233）

摘　要　本文通过对风浪进行现场观测，对78个小时的测定结果进行拟合后得出淀山湖赵田湖水域风浪要素计算公式。根据公式，本文对赵田湖水域风浪和风速风向关系进行了讨论，提出在东南风作用下构筑物设计要求相对较高，要抵抗8级大风则构筑物必须能抵抗波高90cm的风浪；其他风场情况下，同样抗风要求下构筑物只要能抵抗波高50cm的风浪。

关键词　赵田湖　风浪　波高　风速

淀山湖地处江苏、浙江、上海两省一市交界处，地理位置为31°04′~31°12′N，120°54′~120°01′E，分属江苏省昆山市和上海市青浦区管辖。赵田湖处于淀山湖北部，属于昆山市境内。

近年来，淀山湖水质逐渐恶化，水华频发。上海市政府正着手组织开展各项技术措施（包括工程措施），改善淀山湖水质。而淀山湖是平原地区的浅水湖泊，平均水深约2m，最大水深3.6m，湖面辽阔，水域面积达到62km²，如果要开展湖面工程设施建设，防止风浪对治理设施造成破坏将是首要考虑因素。同时根据前人的研究，波浪会导致湖泊水-沉积物界面不稳定，造成底泥再悬浮和营养盐的内源释放，是影响湖泊物理、化学、生物过程重要的驱动力之一[1-3]。因此风浪的研究对构筑物设计要求和湖泊生态系统研究都具有重要意义。

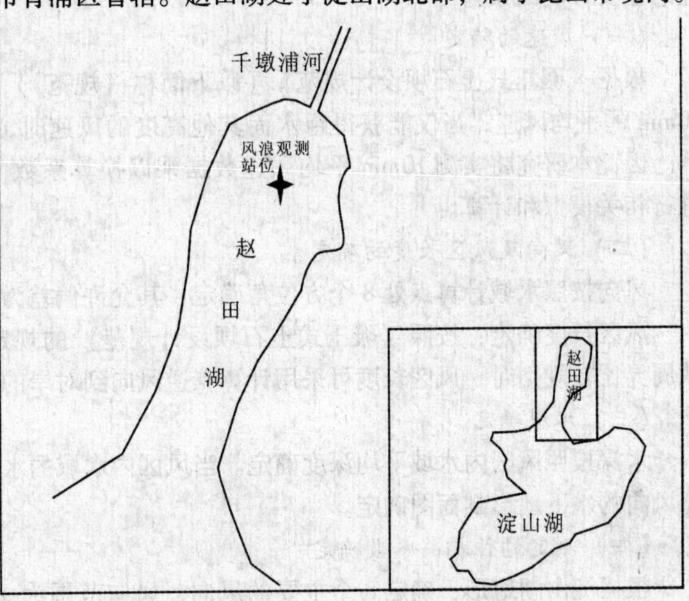

图1　观测站点

目前对淀山湖风浪要素的研究还未见报道。本研究结合《上海淀山湖富营养化防治与生态修复试验项目》子课题——千墩浦前置库项目的建设，对淀山湖千墩浦河口即赵田湖水域的风浪进行观测，对影响风浪的因素进行计算和研究。

一、观测方法

（一）风浪观测

现场波浪观测仪为Nortek公司的AWAC-浪龙。观测站位见图1。浪龙采用AST法观测，仪器发射一个短的声学脉冲，然后精确地处理返回信号，从而保证测量精度达到厘米以下。AST法不受流速和压力信号衰减的影响，所以它能够不受干扰地对水表面进行直接测量。波浪观测每小时观测40min，每秒观测一次。观测结束，用Storm软件统计观测结果，计算出每小时的平均波高、最大波高等参数。

2009年6月16-19日及11月13-18日开展了两次风浪观测。共记录有效波高数据1123.2

万个。经 Storm 软件对每小时的测定数据进行统计，得出 78（小时）个平均波高。

（二）风速风向观测

在岸边建设观测平台，平台距离水面 5m。安装 Watch Dog（Model 900 ET）自动气象站，进行现场风速风向观测。

二、风浪参数确定

风浪的成长与大小，其影响因子不仅是风力，也与风所作用水域的大小（风区长度）、作用时间的长短（风时）和水深等有密切关系。另外风浪的影响因子还包括地形、岸线形状、水深植物覆盖度[4]等。

根据《堤坝工程设计规范》（GB 50286—1998），当风区长度小于等于 100km，可以不考虑风时的影响。研究对象淀山湖没有超过 100km，因此风区长度的影响不再考虑。

根据相关规程[5]及前人在洞庭湖、太湖的研究工作[6-7]，确定风速、风区长度、水深为本研究的主要影响因素。

（一）风速的确定

根据《碾压式土石坝设计规范》（以下简称《规范》），风速应采用水面上空 10m 高度处的 10min 的平均风速，当仅能获得距水面其他高度的风速时，根据《规范》所确定的系数进行换算。因此本研究将实测 10min 平均风速数据乘以换算系数 1.10，换算成 10m 高度处风速数据，进行相关模拟和计算。

（二）风向及风区长度的确定

风向按照水域计算点处 8 个方位角确定，其允许偏差为 ±22.5°。

风区长度确定：按照《碾压式土石坝设计规范》的规定，当沿风向两侧的水域较宽广、水域周界比较规则时，风区长度可采用计算点逆风向到对岸的距离。

（三）水深确定

水深按照风区内水域平均深度确定。当风区内水域的水深变化较小时，水域平均深度可按计算风向的水下地形剖面图确定。

（四）测定站位相关参数确定

根据淀山湖地形，确定 8 个主要的风向，风向范围为 ±22.5°。8 个风向对应的风区长度见表 1。

观测站点位于千墩浦河口，根据观测，水深的年变化范围为 1.8～3m。采用每次现场监测时测定的水深数据为对应计算水深。

表 1　观测点风向及其对应的风区长度

风	主风向/（°）	风向范围/（°）	风区长度/m
北风	0	0～22.5	638
东北风	45	22.5～67.5	745
东风	90	67.5～112.5	1064
东南风	135	112.5～157.5	1277
南风	180	157.5～202.5	2128
西南风	225	202.5～247.5	1277
西风	270	247.5～292.5	745
西北风	315	292.5～337.5	532

三、结果拟合

目前从理论上精确预报浅水风成波浪要素还有一定的困难，国内外学者在计算风浪要素时大多数采用半理论半经验方法。目前应用在湖泊中的风浪要素计算方法主要有莆田实验站法、南京水利科学研究院乔树梁等所得到的浅水湖泊风浪公式[7]等。

其中莆田实验站法是由河海大学洪广文等[8]根据福建莆田实验站观测资料考虑风速、风区和水深的影响，提出的一个适用深、浅水的风浪要素计算方法，该方法已为我国水利部《碾压式土石坝设计规范》所采用，其公式为：

$$\frac{g\overline{H}}{U^2}=0.13\text{th}\left[0.7\left(\frac{gd}{U^2}\right)^{0.7}\right]\cdot\text{th}\left[\frac{0.0018\left(\frac{gF}{U^2}\right)^{0.45}}{0.13\text{th}\left[0.7\left(\frac{gd}{U^2}\right)^{0.7}\right]}\right]$$

式中：d 为水深，m；F 为风区长度，m；U 为 10m 处 10min 内平均风速，m/s；$\overline{H}$ 为平均波高，m。

在此基础上，后续的研究人员以莆田实验站公式为基础，针对不同湖泊的实际情况，利用实测资料对其进行修正，得到对应的计算公式。

（1）洞庭湖区波高计算公式[6]：

$$\frac{g\overline{H}}{U^2}=0.13\text{th}\left[0.6\left(\frac{gd}{U^2}\right)^{0.6}\right]\cdot\text{th}\left[\frac{0.0018\left(\frac{gF}{U^2}\right)^{0.38}}{0.13\text{th}\left[0.6\left(\frac{gd}{U^2}\right)^{0.6}\right]}\right]$$

（2）太湖风浪要素的计算公式[7]：

$$\frac{g\overline{H}}{U^2}=0.22\text{th}\left[0.45\left(\frac{gd}{U^2}\right)^{0.72}\right]\cdot\text{th}\left\{\frac{0.0016\left(\frac{gF}{U^2}\right)^{0.46}}{0.22\text{th}\left[0.45\left(\frac{gd}{U^2}\right)^{0.72}\right]}\right\}$$

本研究也遵循这个思路，从莆田实验站公式出发，根据现场实测资料，拟合相关系数，从而得到淀山湖赵田湖水域风浪要素的计算公式，为后续的风浪研究提供基础。

首先设定参数 P_1、P_2、P_3、P_4、P_5。

$$\frac{g\overline{H}}{U^2}=P_1\text{th}\left[P_2\left(\frac{gd}{U^2}\right)^{P_3}\right]\cdot\text{th}\left[\frac{P_4\left(\frac{gF}{U^2}\right)^{P_5}}{P_1\text{th}\left(P_2\left(\frac{gd}{U^2}\right)^{P_3}\right)}\right]$$

利用 1stOpt（First Optimization）软件，根据实测资料对参数 P_1-P_5 进行拟合。通过最小二乘法拟合得出，参数的最佳估算值见表 2，拟合的残差平方和（SSE）=227.45，相关系数 $R=0.842$，相关系数平方 $R^2=0.71$。

表 2　参数估算值

参数	最佳估算值
P_1	0.728
P_2	0.157
P_3	0.618
P_4	0.0011
P_5	0.672

因此淀山湖赵田湖水域风浪要素的计算公式为：

$$\frac{g\overline{H}}{U^2}=0.728\mathrm{th}\left[0.157\left(\frac{gd}{U^2}\right)^{0.618}\right]\cdot\mathrm{th}\left[\frac{0.0011\left(\frac{gF}{U^2}\right)^{0.672}}{0.728\mathrm{th}\left(0.157\left(\frac{gd}{U^2}\right)^{0.618}\right)}\right]$$

式中：$\overline{H}$ 为平均波高，m；U 为 10m 处 10min 平均风速，m/s；d 为平均水深，m；F 为风区长度，m。

该公式计算值和实测波高值的对比见图 2。

四、分析和讨论

（一）淀山湖赵田湖区域风浪特征分析

淀山湖地处长江三角洲地区，属于亚热带季风气候，受冷暖空气交替影响。春、夏、秋季多为东南风，冬季多西北风。常年以东南风最多，年平均风速 3.5m/s，在 7～9 月常受台风侵袭。

赵田湖处于淀山湖北岸。在西北风和东南风作用下，由于风区长度较小，最多只有 1500m，因此形成的风浪不会很大。现场实测时，观测站点离岸 500m，在 4～5 级西北风作用下平均波高都低于 10cm。

同时，赵田湖呈狭窄的开口，湾口朝向西南偏南方向。因此如果现场吹西南偏南风（190°～213°），风区长度较长，最大可以达到 7500m 左右，会形成较大风浪，容易对构筑物造成损害。

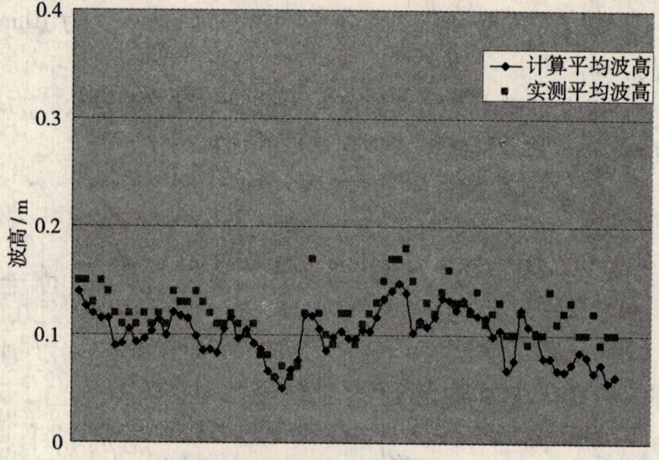

图 2　拟合值和实测值对比

（二）赵田湖风浪大小的分析

根据模拟得出的风浪要素关系式，对赵田湖风浪进行拟合和评价。

1. 按照水深 3m，风区长度 1500m 进行风浪和风速拟合

赵田湖是淀山湖的湖湾，水深基本在 2.5m 左右变动，取大值 3m。同时在最常见的东南风和西北风作用下，风区长度最大约为 1500m。在此条件下，对风浪和风速进行模拟，结果如图 3 所示。

2. 按照水深 3m，风区长度 7500m 进行风浪和风速拟合

由于赵田湖湖湾呈向西南偏南方向。现场吹西南偏南风 7500m 左右，对此情况下，风浪和波高关系进行拟合，结果如图 4 所示。

3. 小　结

从拟合结果来看，西南偏南风对赵田湖湖湾风浪大小影响很大，5 级风都能形成波高 50cm 左右的风浪。其他风向的风形成的风浪相对较小，8 级风形成的风浪波高都要低于 50cm。

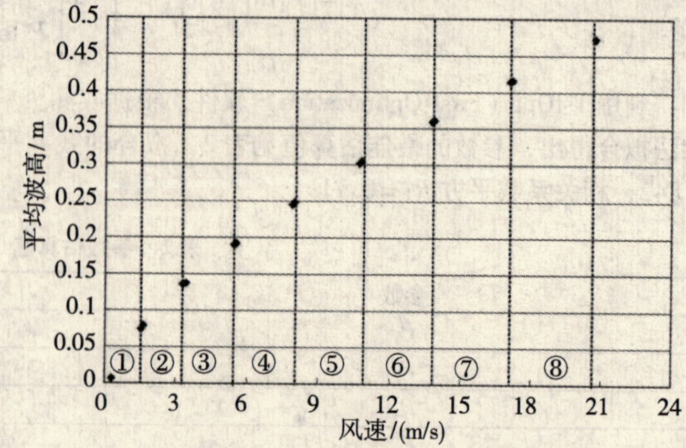

图 3　3m 水深、1500m 吹程下风浪平均波高拟合

（注：①～⑧分别表示 1～8 级风速范围）

在构筑物设计时，如果不考虑西南偏南风的影响，构筑物的设计要求可适当放低，例如要满足抗 8 级大风，设计构筑物需要能抵抗 50cm 波高的波浪。如果受西南偏南风的作用，则要提高设计要求，例如要抗 8 级大风，则构筑物要能抵抗 90cm 的风浪。

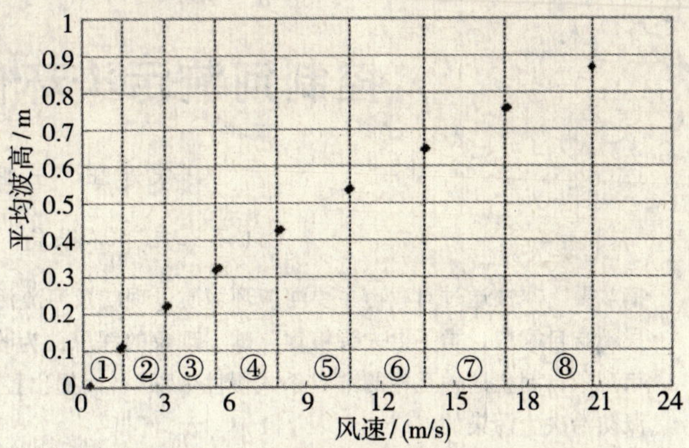

图 4　3m 水深、7500m 吹程下风浪平均波高拟合

（注：①～⑧分别表示 1～8 级风速范围）

五、结　论

1. 本研究开展了现场风浪和风速观测。通过对观测数据的拟合，得出淀山湖赵田湖水域的风浪要素计算公式为：

$$\frac{g\bar{H}}{U^2}=0.728\mathrm{th}\left[0.157\left(\frac{gd}{U^2}\right)^{0.618}\right]\cdot\mathrm{th}\left[\frac{0.0011\left(\frac{gF}{U^2}\right)^{0.672}}{0.728\mathrm{th}\left(0.157\left(\frac{gd}{U^2}\right)^{0.618}\right)}\right]$$

2. 赵田湖处于淀山湖北岸，湾口朝向西南偏南方向。在经常出现的西北风和东南风作用下，风浪较小，只有在西南偏南风时，会形成较大风浪，容易对构筑物造成损害。拟合结果也印证了以上结论。

3. 在构筑物设计时，如果不考虑西南偏南风的影响，要满足设计构筑物只要能抵抗 50cm 波高的波浪，就能满足抗 8 级大风要求。如果受西南偏南风的作用，构筑物要能抵抗 90cm 的风浪才能满足抗 8 级大风。

参考文献

[1] 秦伯强，胡维平，高光，等．太湖沉积物悬浮的动力机制及内源释放的概念性模式［J］．科学通报，2003，48（17）：1822－1831.

[2] 秦伯强，范成新．大型浅水湖泊内源营养盐释放的概念性模式探讨［J］．中国环境科学，2002，22（2）：150－153.

[3] Fan C X，Zhang L，Qu W C. Lake sedemnets resuspension and caused phosphate release－a simulation study［J］. Journal of Environmental Sciences，2001，13（4）：406－410.

[4] 胡维平，胡春华，张发兵，等．太湖北部风浪波高计算模式观测分析［J］．湖泊科学，2005，17（1）：41－46.

[5] 碾压式土石坝设计规范 SL 274—2001.

[6] 赵利平，沈浩，沈小雄．洞庭湖区风浪要素计算的探讨［J］．长沙交通学院学报，2004，20（4）：82－87.

[7] 乔树梁，杜金曼，陈国平，等．湖泊风浪特性及风浪要素的计算［J］．水利水运科学研究，1996（3）：189－197.

[8] 丰鉴章．海岸工程中的海浪推算方法［M］．北京：海洋出版社，1987.

控制河流污染环保措施探讨

宋建旺　王亚平

（石家庄市环保局　050021）

摘　要　本文通过对我市主要河流环境质量现状及河流污染的危害的分析，对沿河污水灌溉区内“村民不吃自家粮，卖了再去买粮食”这一现象的深思，为改变城市污染了农村，农村反过来又在污染城市现象，制止这种互相的“自杀式慢性中毒”，而提出控制水环境污染的环保措施，并对沿河污水灌溉防治次生污染的建议。

关键词　河流污染　污水灌溉　危害　环保措施

石家庄市随着环保污染治理力度的不断加大，大气环境质量已有了明显好转，水污染已成为环境保护的重要课题，石家庄市的主要河流水环境质量尚未达标。控制河流污染，减少农田污水灌溉，从而改变“村民不吃自家粮，卖了再去买粮食”这一现象。

一、石家庄市主要河流水环境质量现状

下面是石家庄市2008年几条河流主要考核断面监测统计数据。

（一）绵－冶河

2008年度绵－冶河水体水质属Ⅳ类，水体综合污染指数为12.50，主要污染物及其污染分担率分别为石油类46.47%、化学需氧量15.27%、氨氮14.12%、生化需氧量7.65%等。

（二）石津渠

2008年石津渠水体水质为Ⅳ类，水体综合污染指数3.66，2008年度石津渠主要污染物为化学需氧量、氟化物、石油类、生化需氧量，其污染分担率分别为26.41%、18.58%、11.73%、9.17%。

（三）洨河

洨河全程污染严重，水质为劣Ⅴ类，水体综合污染指数为56.31。2008年度洨河水体主要污染物依次为氨氮、生化需氧量、化学需氧量、高锰酸盐指数、石油类，其污染分担率分别为48.89%、20.07%、12.91%、8.15%、3.64%。

（四）磁河

磁河全程污染严重，2008年度磁河水体水质为劣Ⅴ类，水体综合污染指数为59.51。水体主要污染物为氨氮、生化需氧量和化学需氧量，其污染分担率分别为58.25%、14.85%、12.10%。

（五）滹沱河

2008年度滹沱河水体水质为劣Ⅴ类，水体综合污染指数为72.52。水体主要污染物依次为石油类、氨氮、挥发酚、生化需氧量、化学需氧量、高锰酸盐指数。

（六）汪洋沟

2008年度汪洋沟水体水质为劣Ⅴ类。水体中主要污染物为氨氮、生化需氧量、化学需氧量、高锰酸盐指数、石油类，污染分担率分别占48.32%、19.70%、14.58%、8.04%、3.05%。

从以上统计结果可以看出这些断面无一全面达标。

我市污染源监测情况统计达标率：

表1　按行业统计，废水污染企业水质达标情况

企业类别	企业数量	达标率/%
全部	86	77
农副食品加工业	1	100
食品制造业	2	67
纺织业	9	85
饮料制造业	1	100
纺织服装、鞋、帽制造业	2	50
皮革、毛皮、羽毛（绒）及其制品业	10	80
造纸及纸制品业	4	25
石油加工、炼焦及核燃料加工业	4	100
化学原料及化学制品制造业	25	81
医药制造业	19	76
化学纤维制造业	1	100
通用设备制造业	3	100
通信设备、计算机及其他电子设备制造业	1	100
仪器仪表及文化、办公用机械制造业	1	100
污水处理及其再生利用	3	11

表2　按排放污染物统计，废水污染企业水质达标情况

项目	企业数量	达标率/%
pH	74	100
生化需氧量	72	86
化学需氧量	85	77
氨氮	43	94
悬浮物	79	100
石油类	52	100
挥发酚	44	100
氰化物（总氰化合物）	20	100

表3　污水处理厂达标率

企业类别	企业数量	达标率/%
污水处理厂	10	35

污染源监测统计情况更不容乐观，尤其是污水处理状况污水处理厂的监测情况更糟糕。污水处理及再生利用企业达标率仅占11%。污水处理厂的达标率也只有35%，污水处理厂单项污染

物化学需氧量的达标率也是较低的。各河流考核断面主要考核指标为化学需氧量。因此污水处理厂的达标排放和化学需氧量的达标排放成为当前解决水污染的主要矛盾。

表 4　污水处理厂单项污染物达标率

项目	企业数量	达标率/%
pH	10	100
生化需氧量	10	43
化学需氧量	10	63
氨氮	10	78
总氮	10	100
悬浮物	10	100
阴离子表面活性剂	10	100
动植物油	10	100
挥发酚	10	100
氰化物（总氰化合物）	10	100
总砷	10	100
总铅	10	100
总铬	10	100
六价铬	10	100
总磷	10	100
总镉	10	100

二、河流污染危害

（一）河流生态系统被破坏

河流生态系统受到严重污染后，导致水生生物大量死亡，使河流生态系统的结构和功能遭到破坏。河流生态系统自身的净化作用消失或减小，河流生态系统具有恢复自身相对稳定的能力减弱，动物的种类和数量很难得到恢复，河流生态功能消失或减弱。

以洨河为例，洨河河道里的水，目前几乎全部是石家庄的生活废水和工业废水。河北科技大学教授，环境专家黄群贤教授曾说："在枯水期间，没有雨水补给，洨河所有的水几乎都是污水。从生态的角度说，洨河已经失去河流的生态功能。"

（二）污水灌溉农作物遭受污染

我市污水灌溉基本始于20世纪60年代，污灌区主要分布于邻近污水河的乡村，污水灌溉的农作物主要有小麦、玉米、蔬菜等。

以洨河为例，有资料显示赵县洨河污水利用量多年平均1124万m^3。并且沿洨河栾城县境内也是以污水灌溉为主。污水灌溉区，村民不吃自家粮，卖了再去买粮食，他们称为眼不见为净，这种现象很值得深思。

（三）次生污染次生矛盾加剧

环境专家黄群贤教授曾说，"洨河沿岸地下水开发利用程度较高，受排污河道渗透影响，再加上污水灌溉，地下水质已经受到严重影响"。这是洨河污染造成的次生污染。

施污者污染了河流，反过来会影响到自己。许多污染区癌症高发，污染肯定是重要因素，有些污染的后果很严重，如积累性的污染，像用污水浇灌农田，一些重金属的污染，现在看不出来，将来就会明显地表现出来。不少村民为减少成本用污水浇地，自己不吃自己生产的农产品，卖到城里。城市污染了农村，农村反过来又在污染城市，这正是城市、工厂污染了农村的水和地，农村污染了城市的饭和菜。这是互相的“自杀式慢性中毒”。

三、控制水污染的几点思考

污染物排放者，是否认识到这些排污行为，有可能他正在自食其果。例如：洨河流域内的农民在用其污染水浇麦、浇菜。生产出的粮食连当地农民都不吃，他们把这些农产品卖到了城市里，而咱们所吃的粮食，谁又能保证不是用污水浇地所生产的呢？为此防治河流污染是环保工作者、排污者等大家共同的责任，环保工作者更应该加大对责任的承担力度及监管力度，为此有以下环保措施共同探讨：

（一）控制河流污染环保措施探讨

1. 对污水处理厂实行环保介入，介入人员实施定责，务使明白水处理行业是一个良心产业，它的排放不仅仅只是达标排放，它的排放浓度的减低，会大大降低污染物排放总量，原因只在于它的污水排放总量很大，更何况其污染物未达标排放，对污水处理厂实施环保介入有极大的现实意义。

2. 实行圈地策略。就是定范围、定区域、定措施、定责任人，对范围内各污染源，设立明显标志，同时标志上注明污染物名称、排放总量、排放标准，定期由专责人巡察，同时也可以接受群众监督。为此首先对所有污染源进行全面清查，对工艺设备落后、水资源消耗大、水污染严重的企业予以关闭取缔，再出现问题由范围内责任人负责。

3. 抓住当前全球经济危机下，国家正在实施各种税收优惠政策，实施税收激励机制。与税务部门实施协调联动。使企业在治污当中增加利益，建立激励企业治污机制，使企业得到好处，以增加企业治理污染的积极性。

4. 加强污染源水质监测，监测部门加大监测力度。不具备监测条件的县市区，定期委托上级环境监测部门进行监测化验。要求个县市区定期上报其出境断面和水污染大户的监测结果，对其监测结果要求各部门主要领导应该清楚，同时所定的范围内责任人必须明白，以便有的放矢地对那些企业进行重点监控。

5. 对有些企业以牺牲环境“捞利益”，加大了违法排污的，采取理顺环保部门内部的职能划分，建立其企业牺牲环境“捞利益”台账，同时建立统一有序、分工负责的工作机制，严肃查处。

6. 充分发挥在线监控作用。我市现在许多企业已安装在线监控，虽然目前国内安装的在线监控设备存在着采集的数据难以准确有效。我们可以通过有效比对实验，确定出每个行业甚至每一家的误差比例，让在线监控采集的数据真正用于环境监管和排污费征收。

7. 加强企业污染防治设施运行监管。加大涉水企业防治设施检查力度，涉水企业必须厂厂建有水污染防治设施运行台账，实行持证排污，严肃查处擅自停止污染治理设施运转、偷排污染物的不法行为，确保水污染防治设施运行。

（二）防治次生污染的建议

1. 对于我市污水灌溉用水进行污水成分，以及用污水灌溉后污染物在主要农作物小麦、玉米、蔬菜等中的富集情况进行研究。以免给环境造成污染，给人体造成危害等次生矛盾的产生。

2. 污水中的重金属铅、铜、汞在长期污灌的土壤中会明显积累，土壤中的重金属又会被农作物的根、茎、叶富集。因此，在污灌区不要种植以根、茎、叶为食物的农作物。

3. 建立节水农业系统，减少污水使用量。

4. 能用清水浇地尽量不用污水浇地。

5. 彻底改变污水浇地产量高的错误思想。

面向水质水量联合调控的二松分布式水文模型开发与验证

王喜峰　胡　鹏　周祖昊　贾仰文　李　玮　徐文新　崔小红

（中国水利水电科学研究院　北京市玉渊潭南路1号A956　100038）

摘　要　针对第二松花江流域亟须解决的重大环境问题开展的二松水质水量联合调控技术而开发的第二松花江流域分布式水文模型WEP－L。模型根据1956—1965年的第二松花江天然月径流量进行率定，然后保持参数不变，将1966—2000年共35年作为模型的验证期对模型进行验证。由模型模拟结果来看，模型率定期与验证期相对误差都在3%以内，Nash－Sutcliffe效率系数率定期在88%以上，验证期在77%以上，具有较高精度，可以用于第二松花江流域水质水量联合调控研究。

关键词　分布式水文模型　第二松花江流域　WEP－L　水质水量联合调控

一、前　言

第二松花江位于松花江上游，与嫩江在三岔口汇入松花江干流。松花江流域是我国污染严重地区，该流域水资源短缺，供需矛盾突出，随着经济社会迅速发展，水资源利用量不断增大，废污水排放量也不断增大，农业面源污染日趋严重，水环境质量受到严重威胁，水污染突发事件频繁发生。2005年发生在该流域的中石化吉化双苯厂爆炸导致松花江发生重大环境污染事件不但造成松花江水体严重污染，对下游的生产生活造成严重的影响，而且还在汇入黑龙江后造成国际纠纷。因此在流域层面上亟须建立污染应急调控体系。

在国家节能减排工作和我国政府履行国际河流水质保护的战略需要与地方政府实现水质安全保障及水环境宝库的目标的背景下，改善第二松花江流域水环境质量和提高对水污染突发事件的处理能力，保障整个松花江流域及界河黑龙江的水质安全，支撑东北建设“四基地一区”的需要，对第二松花江流域污染应急管理势在必行。由于缺乏流域水量水质联合调控技术，在突发水污染事件时，无法在第一时间采取有效措施防止污染物进一步扩散，减少污染损失。掌握第二松花江流域水循环运动机制是进行该流域水质水量联合调控的首要条件，对各种污染突发情况下第二松花江流域水循环过程进行详细模拟。基于物理机制的分布式水循环模型从水循环动力学机制来描述流域水循环问题，其优点是能直接考虑水循环各要素的相互作用及其时空变异规律[1-3]。本文为第二松花江流域水量水质联合调控需要，开发了该流域的基于物理机制的分布式水文模型——WEP－L模型，以描述第二松花江流域自然水循环的降水、蒸发、融雪、下渗、产流、汇流、土壤水运动、地下水运动等各个环节的物理机制，服务于该流域的水质水量联合调控，更好地解决该流域水环境问题，提高应对水污染突发事件能力。

二、研究区概况

第二松花江流域位于我国吉林省，自天池而下至扶余县三岔口与嫩江汇合入松花江干流，河床窄深，坡度大，长约758km，流域面积7.34万km^2。第二松花江流域东南高，西北低，东南多为高山区，植被良好，森林覆盖面积大，水源涵养良好。

第二松花江流域为温带大陆性季风气候区，冬季严寒，夏季温热，年平均气温在2～6℃之间，最高温度为7月份，最低温度为2月份。本区的年降水量及其季节分配，主要由季风环流、水汽来源及地形等因素控制，多年平均降水量在600～1000mm，降水的季节性变化很大，其年内分配很不均匀。降水多出现在季风控制的夏季七八月份，汛期6～9月的降水量可占全年的

70%～90%。

在2000年，第二松花江流域总人口1437.70万人，城镇人口609.84万人，人口密度131人/km^2。第二松花江流域GDP为1235.52亿元，工业总产值1656.84亿元，工业增加值475.82亿元，农业总产值315.41亿元。该区人口集中，工农业相对发达，为污染严重地区。其境内的新凯河、伊通河、挠力河、双阳河为整个松花江流域严重污染河流，氨氮、总磷和COD超标量在10倍以上。

三、研究方法

（一）基于物理机制的分布式水文模型WEP－L

WEP－L（Water and Energy transfer Processes in Large river basins）模型[3]是建立在WEP模型基础之上，是为克服在大型流域内采用小网格单元带来的超大量的计算以及采用过粗网格单元产生的计算失真问题，将WEP模型采用的网格单元改为将“子流域套等高带”作为基本计算单元的能够完整模型水文循环过程的分布式物理模型。WEP模型（包括WEP－L）尽管在我国黑河流域[4]、黄河流域[5]、长江源区[6]得到广泛应用并取得较好的模拟结果，但是在东北地区鲜有应用。在纵向上将模型分为九层，从上到下依次为：植被冠层或建筑物截留层、地表洼地储留层、土壤表层、土壤中层、土壤底层、过渡带层、无压地下水层、弱透水层和承压地下水层。计算单元上采用“马赛克”法将每个计算单元土地分为：植被—裸地、灌溉农田、非灌溉农田、水域和不透水域，根据不同土地利用的水热特性参照土壤—植被—大气通量交换方法（SVATS）的ISBA模型进行水循环及能量计算，并根据不同的土地利用类型面积加权计算出每个计算单元的水热通量。水循环要素过程如图1所示，模拟公式如表1所示，详细结构及过程模拟请参阅本文参考文献[3]。

表1　WEP－L水循环各要素模拟公式

水循环要素	模拟公式
蒸发	Penman公式和Penman－Monteith公式及修正Penman公式
地表径流	分为霍顿坡面径流和饱和坡面径流分开计算
坡向壤中流	$k(\theta)\sin(slope)LD$
垂向壤中流	Green－Ampt铅直一维入渗模型
地下水过程	BOUSINESSQ方程模拟地下水运动；达西定律模拟地下水与河道交换
河道汇流	采用运动波或动力波模型一维数值计算
坡面汇流	坡面汇流采用运动波模型计算
积融雪	度日因子法模拟

注：$k(\theta)$为体积含水率θ对应的沿山坡方向的土壤导水系数；*slope*为地表面坡度；*L*为计算单元内河道长度；*D*为不饱和土壤层厚度。

（二）河网模拟及计算单元划分

根据WEP－L模型需要采用美国地质调查局（USGS）的EROS数据中心建立的分辨率为30弧秒的全球陆地DEM提取出第二松花江流域DEM，并将对DEM数据进行填洼、生成流向，根据流入累计数设定阈值生成河网，并根据数字化的实际河网进行修正得出流域河网。采用改进型的Pfafstetter规则对河网编码，然后生成具有拓扑关系的子流域并对其编码，第二松花江流域共划分为1425个子流域[7]。在每个子流域上根据等高带信息，划分1～10个“子流域套等高带”作为计算单元，第二松花江流域共划分4947个计算单元。

（三）研究数据及参数化过程

大部分模型要求输入信息的获取和模型参数的确定，在 ARC GIS 平台上根据上一步确定的计算单元对其赋值。数据具体信息见表 2。

水文气象数据展布采用改进的 RDS 方法将 54 个雨量站的 1956—2000 年逐日雨量数据，7 个气象站点的 1956—2000 年逐日气温、日照、相对湿度和风速数据插值到 1425 个子流域上[8]。丰满水库水文站和流域出口扶余水文站的 1956—2000 年共 45 年系列天然月径流数据作为模型率定和验证的依据。

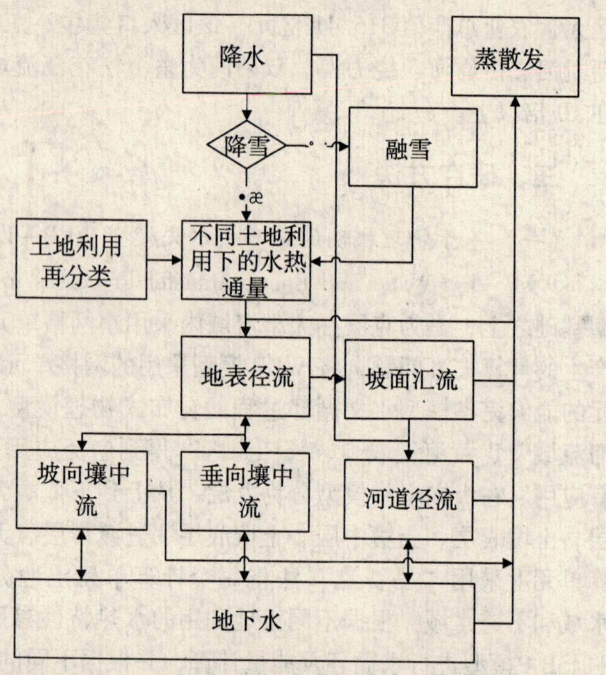

图 1　水循环各要素模拟过程

四、结果分析

（一）参数率定

WEP - L 模型是基于物理机制的模型，其模型参数都具有物理意义，理论上可以由观测和计算获得。但是由于流域尺度较大，实际测量无法反映参数时空分布的变异性，模型计算时一般采用计算单元内有效参数；以及现有数据远远达不到模型要求的完备性等内外因的存在，必然会出现部分参数不确定性问题。所以，对于部分对水量平衡敏感的参数需要通过模型率定。

表 2　第二松花江流域 WEP - L 模型数据

数据类型	来　源	属　性
水文数据	水文观测	2 个流量站
气象数据	气象观测、水文观测	54 个雨量站，7 个气象站
土地利用数据	中科院地理所	1990 年，2000 年两期 1:10 万土地利用数据
DEM 数据	USGS	分辨率为 30 弧秒
土壤数据	流域数字化土壤图	流域土壤类型分布及参数

WEP - L 模型参数划分为：①地表面及河道系统参数，包括坡面和河道的 Manning 糙率、河床材质透水系数及地表洼地最大储留深；②植被参数，包括植被覆盖率、叶面积指数、最大截流深、空气动力学阻抗以及叶面气孔阻抗等；③土壤与含水层参数，包括土壤层厚度、土壤入渗湿润峰吸力、饱和土壤导水系数、含水层厚度、含水层导水系数及含水层产水系数等[9]。本次研究只对非测量和计算能得到的以及单元内空间变异性较大的参数，根据理论参考和经验对其率定。率定的参数包括最大洼地储留深、河床材质透水系数、土壤与含水层参数（三层土壤厚度、土壤下渗修正系数等）。

本研究采用试错法率定，率定目标是使得模拟期年均径流误差尽可能为 0，模拟月流量与天然月流量的 Nash - Sutcliffe 效率系数尽量接近 1，其表达式为：

$$R^2 = 1 - \frac{\sum_{i=1}^{n}(Q_{obs,i} - Q_{sim,i})^2}{\sum_{i=1}^{n}(Q_{obs,i} - \overline{Q}_{obs})^2}$$

式中：$Q_{obs,i}$ 为时刻 i 的观测径流值；$Q_{sim,i}$ 为时刻 i 的模拟径流值；$\overline{Q}_{obs}$ 为模拟时段内的平均径流值；n 为时间步长。

（二）月径流模拟结果

本研究根据丰满水库和扶余两个水文站1956—2000年共45年的天然逐月径流过程进行模型对比和验证。将1956—1965年的10年作为模型的率定期进行率定，率定后，保持所有参数不变，

表3　第二松花江流域水文断面天然径流模拟校验结果

	丰满水库水文站		扶余水文站	
	率定期（1956—1965）	验证期（1966—2000）	率定期（1956—1965）	验证期（1966—2000）
天然年平均水量/亿 m^3	150.70	129.41	188.56	152.73
模拟年平均水量/亿 m^3	150.75	128.76	184.02	156.77
相对误差/%	0.0	-0.5	-2.4	2.6
Nash - Sutcliffe 效率/%	88.70	81.15	88.12	77.04

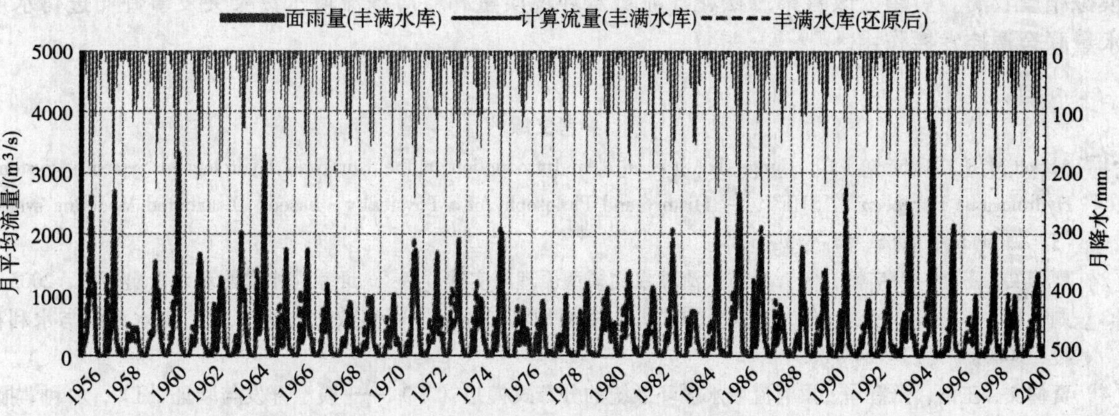

图2　丰满水库水文站天然月径流校验结果

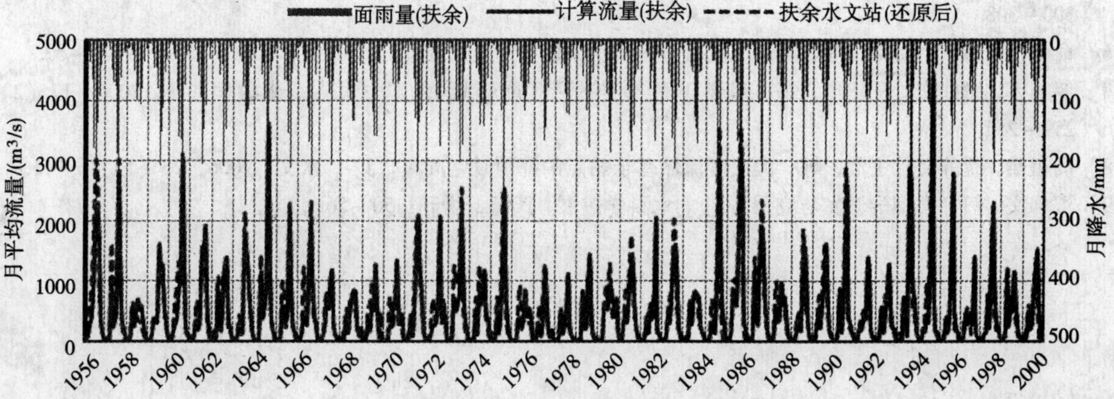

图3　扶余水文站天然月径流校验结果

将 1966—2000 年作为模型的验证期。丰满水库和扶余天然月径流模拟校验结果见表 3。丰满水库 45 年天然逐月径流模拟校验结果见图 2，扶余 45 年天然逐月径流模拟校验结果见图 3。从模型结果看，在率定期，丰满水库水文站多年平均天然径流量相对误差为 0.0%，Nash 效率系数为 88.70%；流域出口扶余水文站多年平均天然径流量相对偏差为 -2.4%，Nash 效率系数为 88.12%。在验证期，丰满水库水文站多年平均天然径流量相对误差为 -0.5%，Nash 效率系数为 81.15%；流域出口扶余水文站多年平均天然径流量相对偏差为 2.6%，Nash 效率系数为 77.04%。根据模型校验情况可以看出，本次所组建的模型具有较高模拟精度，可以应用在第二松花江流域水质水量联合评价上。

五、结　论

本次研究开发的第二松花江流域分布式水文模型根据该流域地处寒区的水文特性，综合了分布式流域水文模型和陆面过程模型（SVATS 模型）的研究成果，适合应用于大尺度流域水文模拟上。将第二松花江流域划分为具有空间拓扑关系的 1425 个子流域和 4947 个等高带，采用该流域 1956—2000 年共 45 年的气象水文系列资料及相应下垫面条件进行水文计算，根据该流域丰满水库水文站和扶余水文站逐月径流系列进行率定与验证。模型结果在率定期丰满水库水文站相对误差为 0.0%，Nash 效率系数达到 88.70%；扶余水文站相对误差为 -2.4%，Nash 效率系数达到 88.12% 以上。模型结果在验证期丰满水库水文站相对误差为 -0.5%，Nash 效率系数达到 81% 以上；控制站扶余水文站相对误差为 2.6%，Nash 效率系数达到 77% 以上。从模型结果看，模拟精度较高。可望为改善第二松花江流域水环境质量和应对该流域水污染突发事件而进行水质水量联合调控发挥作用。

参考文献

[1] Abbott M B, Bathurst J C, Cunge J A, et al. An Introduction to the European Hydrological System - Systeme Hydrologique Europeen, "SHE", 1: History and Philosophy of a Physically - based, Distributed Modeling system [J]. J Hydro, 1986, 87: 45 - 59.

[2] 贾仰文，王浩，倪广恒，等．分布式流域水文模型原理与实践［M］．北京：中国水利水电出版社，2005.

[3] 刘青娥，雷晓辉，王浩，等．面向分布式水文模型的汉江流域空间离散化方法［J］．南水北调与水利科技，2009，7（7）：24 - 28.

[4] 贾仰文，王浩，严登华．黑河流域水循环系统的分布式模拟（Ⅰ）——模型开发与验证［J］．水利学报，2006，37（5）：534 - 542.

[5] 贾仰文，王浩，王建华，等．黄河流域分布式水文模型开发与验证［J］．自然资源学报，2005，20（2）：300 - 308.

[6] 俞烜，冯琳，严登华，等．雅砻江流域分布式水文模型开发研究［J］．水文，2008，28（3）：49 - 53.

[7] 罗翔宇，贾仰文，王建华，等．基于 DEM 与实测河网的流域编码方法［J］．水科学进展，2006，17（2）：259 - 264.

[8] 周祖昊，贾仰文，王浩，等．大尺度流域基于站点的降雨时空展布［J］．水文，2006，26（1）：6 - 11.

[9] 贾仰文．WEP 模型的开发与应用［J］．水科学进展，2003，增刊：50 - 56.

涉海电站取排水口工程设计环保措施

徐兆礼[1]　李　鸣[2]　张光玉[3]　何新春[4]

（1. 中国水产科学研究院东海水产研究所农业部海洋与河口渔业资源及生态重点开放实验室　上海市军工路300号　200090；2. 国家海洋局海洋咨询中心　北京　100860；
3. 交通部天津水运工程科学研究所　天津　300456；
4. 中海石油环保服务（天津）有限公司　北京　100107）

摘　要　本研究以上海LNG接收站工程为例，首先分析火（核）电厂、LNG接收站排放温（冷）排水、余氯水和取水机械卷载效应对海洋生物的影响。通过排水水团降温过程与余氯水团消散过程分析，探讨削减负面影响的工程环保措施和设计原理。结果表明，冷排水水团在扩散中，首先完成升温过程，此时水中余氯成分尚在，可以在取水口附近水域建立余氯屏障，减少对工程附近海洋生物及幼体的损害。排水口环保设计方案的原理和依据，就是通过改进取排水口位置和方式的设计，设法在取水口附近始终维持一个余氯屏障，从而达到保护海洋生态环境的目的。如果不加环保屏障，上海LNG接收站机械卷载每年将造成的渔业资源直接损失约人民币156万元。对于取水量为324×10^4t/h的核电站，则每年可能造成上亿元渔业资源生态损失。如果在取水口附近建立余氯屏障，可使得上述由于机械卷载形成的损失量降至最小。

关键词　余氯　机械卷载　渔业资源　核电站　环保措施

海洋（海岸）工程中，核电站、火电厂和液化天然气（LNG）接收站是同一类工程，这些工程在营运过程中需要抽取巨量的海水来降（升）温，并排放大量的温（冷）排水[1]。在相关环境影响评价中，火电厂温排水对环境影响的讨论常常被排在第一位[2-4]。实际上，核电站、火电厂和LNG接收站对海洋环境的影响除温排水外，影响最大的还有含活性氯污水（简称“余氯水”）和机械卷载作用[5,6]。目前，我国核电站一期工程多为两台百万千瓦级压水堆核电机组，它们的排水量惊人，约为324×10^4t/h，大多数在建核电站可能还有二期、三期工程。理论上，在较短的时间就可能将我国沿海类似浙江三门湾这样的中小型海湾的海水过滤一遍[7]，造成海水中生物大量死亡。这是因为在取排水过程中，为了避免水中生物附着在管壁，堵塞机械设备等，需在海水入口处添加氯来杀死污损生物。余氯水排放浓度一般≤0.2mg/L，是自来水中的20倍，足以杀死进入冷却循环系统中的绝大部分生物[8]。此外，在取水过程，水体中的海洋生物，包括浮游生物、鱼卵、仔稚鱼、幼鱼和仔虾等将被动吸入水泵，或撞击在筛网上，或被水泵叶片高速撞击，最后在突然升（降）温和浓度≤0.2mg/L的余氯水浸泡中死亡[9]。由于取水过程长年累月不停进行，有可能对沿海海洋生物和渔业资源形成毁灭性打击，形成大面积无生命的死水。例如，胶州半岛南岸的荣成、乳山和海阳拟建设三大核电站，其中乳山和海阳靠近，在核电站余氯水和机械卷载作用下，两个电站巨大的取排水量，很可能使这片海域的鱼类产卵场功能及相关生态功能彻底丧失。

从以上分析可见，采取工程环保措施，削减取排水过程对海洋环境的影响不但是必要的，而且还是非常紧迫的。本研究针对取排水工程技术特征，以规模相对较小的上海LNG接收站工程为例，探索这类海洋工程中取排水设施和工艺的环保设计方案。本研究目的不在于设计一个具体的取排水口建筑，试图通过研究，给出取排水口环保设计方案的原理，为环境保护管理部门对工程管理措施的提供依据。

一、材料与方法

计算域以工程区（图1）为中心，东西长24.8km，南北宽19.6km，计算域面积约486km^2。

在此计算范围内，为精细模拟码头前沿、港池区域的流场变化，工程区模拟空间步长取20m。

研究取排水设施和工艺的环保设计方案，首先进行水动力流场模拟，在本研究中，水动力的模拟计算采用不规则三角形单元平面二维数学模型。

二维潮流基本方程为[10]：

连续方程：

$$\frac{\partial h}{\partial t}+\frac{\partial Hu}{\partial x}+\frac{\partial Hv}{\partial y}=0$$

运动方程：

$$\frac{\partial u}{\partial t}+u\frac{\partial u}{\partial x}+v\frac{\partial u}{\partial y}+g\frac{\partial h}{\partial x}-fv+g\frac{u\sqrt{u^2+v^2}}{C^2H}=0$$

$$\frac{\partial v}{\partial t}+u\frac{\partial v}{\partial x}+v\frac{\partial v}{\partial y}+g\frac{\partial h}{\partial y}+fu+g\frac{v\sqrt{u^2+v^2}}{C^2H}=0$$

式中：h 为水位；H 为水深；u、v 分别为 x、y 方向的流速分量；f 为哥氏力系数；C 为谢才系数；t 为时间；g 为重力加速度。

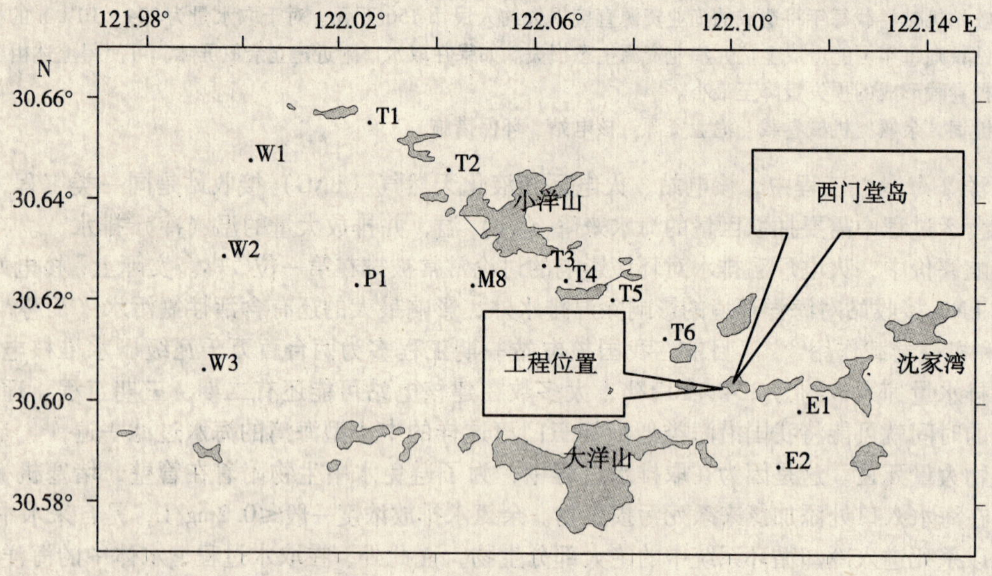

图1 工程水域的计算范围及水文测验站位

（一）冷（余氯）排水扩散模拟

冷排水对水环境影响预测采用分析水流模型与水温扩散模式相结合的方法[11]，水温扩散模式如下：

$$\frac{\partial HT}{\partial t}+\frac{\partial HuT}{\partial x}+\frac{\partial HvT}{\partial y}=K_x\frac{\partial^2(HT)}{\partial x^2}+K_y\frac{\partial^2(HT)}{\partial y^2}+M-K_sT$$

式中：T 为温度差；K_x、K_y 分别为 x、y 方向的扩散系数；K_s 为水面综合散热系数 = $0.02388/H\ (4.6-0.09T)\ \exp\ (0.033T)$；$M$ 为冷排水源项。

余氯扩散模型采用上式所用的水流模型与耗散模式相结合的方法[11]，耗散模式如下：

$$\frac{\partial HC}{\partial t}+\frac{\partial HuC}{\partial x}+\frac{\partial HvC}{\partial y}=K_x\frac{\partial^2(HC)}{\partial x^2}+K_y\frac{\partial^2(HC)}{\partial y^2}+Sm-Q$$

式中：C 为浓度；Sm 为源项（$=qC_0$，q 为排放量，C_0 为排放浓度）；Q 为耗散项（$=KC$，K 为衰减系数，$K=\ln2/T_{1/2}$，半衰期 $T_{1/2}$ 取为1小时）；其他符号同上。按工程排水量设计，工程平均用海水量为 11706 m^3/h。出水口排水温度低于正常水温 5℃；余氯排放浓度为 0.2mg/L；计算中以此作为计算源强；排放位置位于本工程东南角（图4）。

（二）渔业资源调查和损失计算

由于这一工程余氯水对渔业资源影响已有分析报道[5]，本研究目的主要是工程环保设计原理的研究，为了减少篇幅，本研究渔业资源调查和损失计算将尽可能参考已有文献。补充必要的计算，调查方法和部分计算结果将参考已有的文献[5]。

二、结果和讨论

（一）流场的分析

从图2和图3流场分布可见，工程区前沿潮流为往复流，本研究仅仅给出大潮期间的潮流流场图，由于大潮流场中的流速高于小潮流场中的流速。在环保设计上，主要考虑大潮的情况，大潮条件下得到的设计结论同样可以应用于小潮情况。

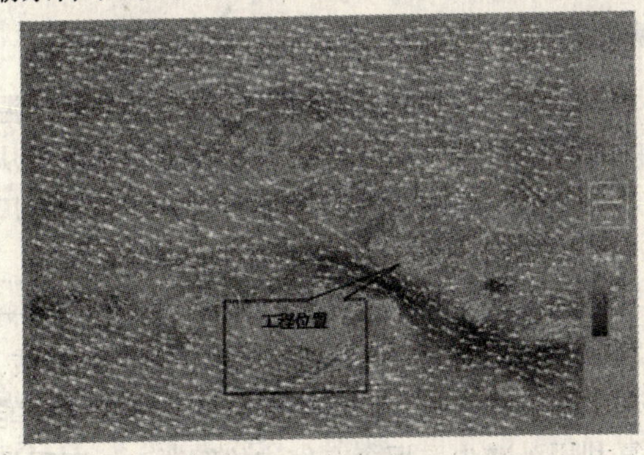

图2　洋山水域大潮涨潮流场分布

图3　洋山水域大潮落潮流场分布

（二）余氯水和冷排水的扩散

比较图4和图5，可以发现余氯的影响范围要大于温降的影响范围，当潮流从排水口流向取水口时，排水的温降在取水口已经不明显，水中余氯依然存在，余氯水团包络了取水口附近水域。但是，当潮流从取水口流向排水口时，余氯水团完全脱离取水口。

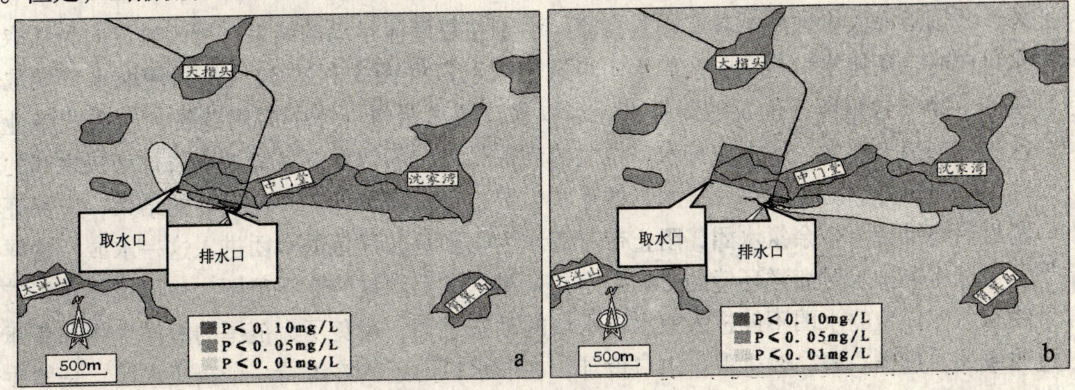

图4　余氯影响范围

此时，取水口的水团是带有海洋生物和渔业资源卵、仔鱼和幼体的新鲜水，取水过程中将带来水体中生物全部死亡，使海洋环境受到伤害，形成大面积的死水。

（三）取排水工程环保设计原理假设

火电厂和核电站建设和海湾水域鱼类产卵场所的保护是任何工程都要兼顾的两个方面。在不影响火电厂和核电站冷却功能的前提下，如何减少工程取排水对环境影响？这就是本研究所要探讨的问题。

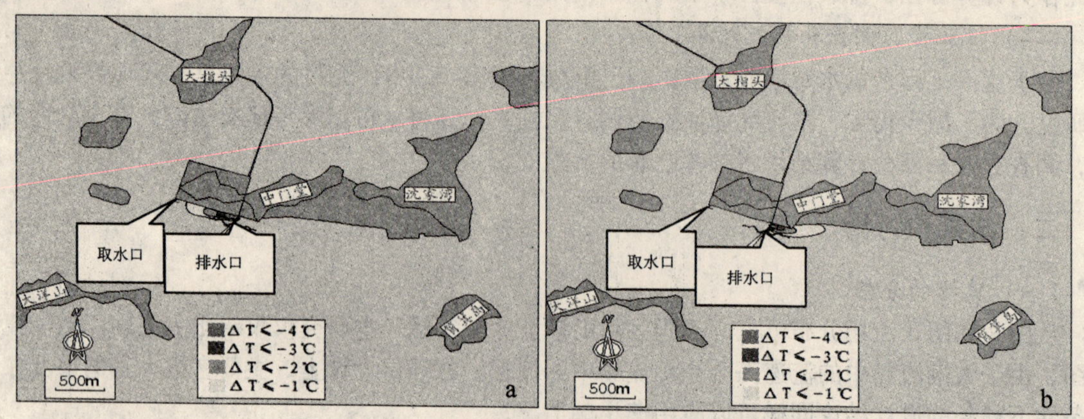

图 5　冷排水影响范围

从工程利益而言，现有电厂的取水口和排水口通常尽可能设计成相距较远，避免排水口的温排水尚未降温，就已扩散到取水口并被吸入，增加了能量的损耗，这是电厂设计的工程要求。从生态利益考虑，取水口吸入的水最好是无海洋生物的死水，这就可以减少生物的损失。这是电厂设计的生态保护要求。

核电站排出的有害余氯水具有两重性，一方面污染海洋环境，杀死排水口附近的生物；另一方面，在一定条件下，取水口附近的余氯水可以被利用来阻止海洋生物进一步接近取水口水域，因而具有再次利用的一面。因此火电厂和核电站冷却水的取排水工艺要做到既经济又环保是可能的。其工艺设计原理是：所排出的水降温后又被重复利用，减少取用含有生物的新鲜水。工程设计要求是，只要能够满足工程要求，应最大限度地利用从排水口流到取水口的水已被充分降温，无生物的死水。应保障在取水口附近有大量的余氯水存在，形成一个能够阻止海洋生物进入取水口附近水域的余氯屏障，这样的工程设计也可以满足环保要求。从图 4 和图 5 可见，兼顾这两者的利益是有可能的。排水水团在扩散中，首先完成升温过程，完成升温过程的水已经可以被取用。

此外，我国沿海大多数海域具有往复潮流。由于往复潮流运动的结果，当潮流流向为从取水口向排水口向时，从排水口流出的余氯水团将远离取水口（图 2 和图 3），从而使取水口抽取的是包含海洋生物（含鱼卵仔鱼）的新鲜水，当取水口脱离余氯屏障的时间越长，所造成渔业资源和海洋生物的损失越大。所谓取排水口位置的环保设计，不但要尽可能缩小取排水口之间的距离，以建立余氯屏障。对排水口，排水管的形状也要进行重新设计。环保设计的结果，应保证在取水口附近始终维持一个余氯水团，阻止带有海洋生物和鱼卵仔鱼的水团进入这一水域。这样做的结果，可以将取排水对海洋环境的影响限定在余氯扩散到水域的有限范围，从而也终止了带有海洋生物和鱼卵仔鱼的水团不停进入取水口水域的动态过程，避免了大范围的海洋生物和鱼卵仔鱼被过滤致死。这样一来，改进取排水口设计，在取水口附近始终维持一个余氯水团，是解决带有海洋生物和鱼卵仔鱼的水团进入取水口的关键，也是取排水口环保设计方案的核心原理。

（四）工程环保设计与渔业资源损失量比较

以上海 LNG 接收站工程为例，依据工程分析，工程平均用海水量为 11706 m^3/h。假设具有游泳能力的成、幼鱼可以回避因机械卷载造成的死亡，但鱼卵、仔鱼因缺少游泳能力难以回避。依据渔业资源调查结果，工程附近水域鱼卵平均密度为 4.38 ind /m^2，仔鱼为 5.65 ind /m^2，当地水深为 5m 计，一年 50% 时间鱼卵仔鱼出现，年取水时间是 8760 h/a。则运营期每年对鱼卵造成的损失量分别 11706 $m^3/h \times 8760 \times 4.38$ ind $/m^2 \times 50\% \div 5 = 2.2 \times 10^8$ ind/a。仿此可以算得仔鱼损失量为 58 $\times 10^8$ind/a。按实际长成率计算，鱼卵 0.1% 长成成鱼，仔鱼 1% 长成成鱼，鱼卵仔鱼实际形成的损失折合成成鱼尾数，鱼卵折成成鱼为 2.2×10^5 ind/a，仔鱼折成成鱼为 5.8×10^6ind/a，以每尾个体长成重 50 g 计，鱼类资源重量损失为，鱼卵折成成鱼重量：2.2×10^5 ind/a $\times 50g \times 10^{-6} = 11$ t/a；仔鱼折成成鱼重量 2.9×10^6 ind/a $\times 50g \times 10^{-6} = 145$t/a，合计 156.00 t/a。以 10 元/kg 的价格计，每年造成的渔业资源生态损失约人民币 156 万元。

上述分析说明，一个取水量为 1.2×10^4t/h LNG 接收站，如果取排水口不进行环保设计，将造成每年 156 万元渔业资源生态损失。对于取水量为 324×10^4t/h 的核电站，依据有关胶州半岛南部核电站的海洋环评报告估算，将造成每年上亿元渔业资源生态损失。但是，如果能在取水口附近建立余氯屏障，相当于实现无生命死水的循环利用，使得上述由于机械卷载形成的物损降至最小。

以上仅仅计算了机械卷载损失减少的部分，实际上，从图 5 可见，在取排水工程不进行环保设计条件下，余氯水水团处于漂移之中，因而增大了余氯水形成的渔业资源损失。依据有关报道，这一损失合计鱼类资源生态损失重量为 105.87 t/a，价值 105.87 万元/a。经过环保设计，将余氯水扩散范围锁定在取水口附近，可以减少鱼类资源生态损失重量的一半左右。

由此可见，在取排水工程进行环保设计条件下，鱼类资源生态损失仅为无环保设计的 1/5。

三、讨　论

（一）取排水工程环保设计技术现状

目前，国外对核电站排水提出较严格的环保要求[11-16]。对电站工程而言，我国目前对现有取排水口工程环保设计技术和环保设计标准等环保要求还不规范。例如，作者从网上了解到辽宁红沿河核电站、连云港田湾核电站和广东岭澳核电站建设环境评价中，均较少涉及巨量取排水对海洋生态系统的影响预测分析内容。据作者所知，正在编制中的山东乳山核电站、海阳核电站和即墨核电站海洋环境影响报告也没有重视这一问题。可见，目前我国核电站巨量取排水对生态系统和渔场的影响尚未受到各方足够重视。在我国核电站大规模兴建之前，及时制定相关法规，对于及时保护沿海渔场和海洋生态环境具有重要的意义。

（二）取排水工程环保设计主要原理

依据本研究数值模拟的结果，上海 LNG 工程冷排水水团在扩散中，首先完成升温过程。此时余氯成分尚在，通过前面分析说明，在满足工程取水要求的前提下，在取水口附近水域建立余氯屏障是可能的。这一结果同样可以推论到核电站海洋取排水工程设计中。也就是说，对于任何核电站、火电厂和 LNG 接收站工程，首先需要通过数值模拟，分析排水水团降（升）温过程和余氯消散过程。当排水水团降（升）温过程先于余氯消散过程完成，直接调整合适的取排水口相对位置即可。当排水水团降（升）温过程后于余氯消散过程完成，工程排水降温需要附加工程措施。

在我国沿海，大多数海洋工程前沿都有往复的潮流，往复流是我国海洋工程所面临最常见的流态。对于往复流条件下工程的环保设计，为了设法在取水口附近水域建立余氯屏障，需要将排水管延伸到取水口周围适当距离，在满足降（升）温过程的条件下，呈环形排列，由人工的方法建立余氯屏障。在取水口建立余氯屏障的具体设计，还要根据项目附近的潮流特点具体设计。

（三）取排水口工程环保设计技术方案的应用

以上分析可知，海洋渔业和海洋生态方面的收益与企业收益是互为矛盾的，因此，在现有的经济和法规环境下，取排水工程环保设计的推广有相当的难度。但从切实保护海洋生态环境和渔业资源的利益出发，国家应制定技术标准、法律法规和行政措施等对这一生态环境技术进行研究、补充和推广。

本研究仅仅叙述取排水口工程环保设计技术基本原理。由于我国沿海水域的地形、地貌、潮汐和水流等条件各不相同，设计条件千变万化，个别设计结果不可能套用在整个工程实践中。取排水环保设计技术方案推广，要点并不在于设计一个具体的取排水口建筑，因为那是企业设计部门的事。建议在本研究结果基础上，进一步规范设计要求和评价设计效果是下一步需要解决的问题，只有这样，环境保护管理部门可以提出合理的环保技术方案和要求，推广本文所述的取排水环保设计技术方案。而实际建造取排水口，相关的设计应留给设计部门依据具体情况解决。

参考文献

[1] 温伟英，黄小平，吴仕权，等．电厂冷却水余氯对海洋环境影响的探讨［J］．热带海洋学报，1993，12（3）：99－103.

[2] 林昭进，詹海刚．大亚湾核电站温排水对邻近水域鱼卵、仔鱼的影响［J］．热带海洋学报，2000，19（1）：44－51.

[3] 盛连喜，侯文礼，赵国，等．电厂冷却系统对梭幼鱼和对虾仔虾卷载效应的初步探讨［J］．环境科学学报，1994，14（1）：47－55.

[4] 陈全震，曾江宁，高爱根，等．鱼类热忍耐温度研究进展［J］．水产学报，2004，28（5）：562－567.

[5] 徐兆礼，张凤英，陈渊泉．机械卷载和余氯对渔业资源损失量评估初探［J］．海洋环境科学，2007，26（3）：246－251.

[6] 徐兆礼，张凤英，陈渊泉．悬浮物和冲击波造成的渔业资源损失量估算［J］．水产学报，2006，30（6）：778－784.

[7] 高生泉，曾江宁，卢勇，等．三门湾海域环境质量现状及其年际变化［C］．宁修仁．乐清湾、三门湾养殖生态和养殖容量研究与评价［C］．北京：海洋出版社，2005：120－128.

[8] 盛连喜，王显久，李多元，等．青岛电厂卷载效应对浮游生物损伤研究［J］．东北师大学报（自然科学版），1994，2：83－89.

[9] 曾江宁，陈全震，郑平，等．余氯对水生生物的影响［J］．生态学报，2005，25（10）：2719－2722.

[10] 国家技术监督局．中华人民共和国国家标准 GB/T 19485—2004，《海洋工程环境影响评价技术导则》［S］．北京：中国标准出版社，2004.

[11] Bamber，R N，Seaby，R M H，Turnpenny，A W H and Fleming，A W H and Fleming，J M. Sizewell ichthyoplankton survey，1992［R］．Report to Nuclear Electric by Fawley arl FCR，1993：74.

[12] Bamber R N & Seaby R M H. The effects of entrainment passage on the planktonic larvae of lobster［R］．Report to Nuclear Electric by Fawley arl FRR，1994：103.

[13] Bamber R N，Seaby，R M H，Fleming J M and Taylor，C J L. The effects of entrainment passage on embryonic development of the Pacific oyster Crassostrea gigas［J］．Nuclear Energy，1994，33（6）：353－357.

[14] Fleming，J M，Seaby，R M H and Turnpenny，A W H，A comparison of fish impingement rates at Sizewell A & B Power Stations［R］．Report to Nuclear Electric by Fawley arl. FCR，1994：104.

[15] Riley，J D，Symonds，D J and Woolner，L. On the factors influencing the distribution of O－group demersal fish in coastal waters［R］．Rapp. P.－v. Reun. Cons. Int. Explor. Mer，1981，178：223－228.

[16] Seaby，R M H. Survivorship trial of the fish－return system at Sizewell B Power Station. Report to Nuclear Electric［R］．by Fawley arl FCR，1994：102.

同沙水库水污染现状及防治对策探讨

黄露霞　张　勇　夏文林

（中钢集团武汉安全环保研究院　武汉　430081）

摘　要　在调查分析同沙水库备用水源水污染现状的基础上，针对不同的污染源特点，探讨安全可行的工程措施及其实施方式有效削减排入水库的污染物负荷，提升水库水质；同时针对水源保护和水污染防治管理，提出与之配套的非工程措施的建议。

关键词　备用水源　水污染防治　尾水　雨季溢流污水　增强氧化塘　非工程措施

一、引　言

水库和湖泊是地球上重要的淡水积蓄库，地表系统可利用的液态淡水90%蓄积在天然湖泊和水库中。我国现有湖泊约2万多个，水库8万余个，其水资源总量占全国城镇饮用水源的50%以上，我国城市供水的80%以上依靠湖泊和水库提供。近20年来，随着我国社会经济和城市化进程的快速发展，水库和湖泊资源的开发利用在规模、速度以及利用强度都大大加强，在我们获得巨大经济收益的同时，水库和湖泊的水环境污染问题也日益突出，水量不足和水质型缺水已成为影响我国许多地区与社会经济可持续发展和维持生态良性循环的重要制约因素。近年来，水库湖泊的保护和污染治理成为我国环境保护的重点，国家不断加大投入，加强污染源控制，在一定程度上遏制水库湖泊污染和生态环境退化的势头。如何有效保护水库和湖泊淡水资源不受污染，对受污染的水库及时进行修复，成为目前我国水资源保护工作的重要课题。

东莞市位于东江最下游，90%供水依赖东江，水源单一；而东江同时还承载着沿线多个地区的用水需求，已不堪负荷。为保障城市用水安全，解决东莞城市供水保证率低、供水设施缺乏调节能力和抗风险能力差等问题，东莞市实施了第二水源工程，将市内九座中、大型水库与东江连通，作为东莞市备用饮用水源。

同沙水库是东莞城区库容量最大的水库，是第二水源中最为重要的一座水库，但由于受到长期多种污染源影响，水库水质已远达不到备用水源标准，甚至多次出现因污染严重而引起的死鱼事件。要保障第二水源的使用功能，必须先行从根本上解决水污染问题，针对各种污染源具体分析，采取措施彻底消除或控制污染源，从而提升水库水质。

二、水库概况及污染状况

同沙水库建成于1960年，集雨面积约$100km^2$。库区总面积约$47.5km^2$，其中水库水域面积约$434hm^2$，正常库容为3382万m^3，死水位库容为166万m^3。水库目前以调洪为主，兼有灌溉、养殖、旅游等综合功能，随着第二水源计划的实施，同沙水库已明确为东莞市重点保护饮用水源之一。水库设有泄洪闸和溢洪道，与下游河道相连，最终汇入东莞运河。

根据同沙水库2006—2008年水质监测报告，水库主要受有机污染，“富营养化”程度明显，全年COD_{Cr}、氨氮、总氮和总磷严重超标，其他多项指标超标，粪大肠菌群和锰、铁等重金属也偶尔超标（见表1）。目前，水库水质仅为地表水环境质量劣Ⅴ类标准。

三、水污染源分析

根据调查，目前同沙水库水污染源主要来自以下5个方面。

（一）污水处理厂尾水

表1 同沙水库2006—2008年水质监测情况

污染物名称	监测值（最差）/（mg/L）	地表水Ⅲ类标准［GB 3838—2002］/（mg/L）	相当于地表水环境标准
溶解氧	0.2	≥5	劣Ⅴ类
COD_{Cr}	80.6	≤20	劣Ⅴ类
BOD_5	19.3	≤4	劣Ⅴ类
氨氮	17.15	≤1	劣Ⅴ类
总磷	0.27	≤0.05	劣Ⅴ类
总氮	24	≤1	劣Ⅴ类
锰	0.48	≤0.1（集中式生活饮用水地表水源地标准）	
铁	3.8	≤0.3（集中式生活饮用水地表水源地标准）	
粪大肠菌群/（个/L）	17000	≤10000	Ⅳ类

同沙水库上游建有两座城市污水处理厂，近期总处理规模为11万m^3/d，远期总规模为26万m^3/d，均采用二级处理工艺达到《广东省地方标准水污染排放限值》一级标准后排入水库。处理后的水质如BOD_5、氨氮、总磷等指标均劣于地表水Ⅴ类标准。目前这两座污水厂每年直排同沙水库的污染物总量超过4400t，按远期规模计更高达1.03万t/a，另外污水厂发生故障或停运维修时的事故排放水也将带来污染。污水处理厂尾水是造成同沙水库水质恶化最主要最直接的污染源之一。

（二）垃圾渗滤液

同沙水库集雨范围上游有两座历史遗留使用至今的垃圾填埋场，占地总面积约$29hm^2$，主要接受周边近$160km^2$土地上的生活、建筑及工业垃圾等。目前，两座填埋场垃圾渗滤液产量约$450m^3/d$，未经处理的垃圾渗滤液通过地表径流排入同沙水库。

（三）水库周边零散生活污水

同沙水库上游河道沿线分布有一些村落，目前尚未纳入城镇污水收集管网，其居民生活污水未经处理就近排入水库，现状污水产生量约$1300m^3/d$。

（四）雨季溢流污水

初期雨水与溢流雨污水是主要的面源污染源。目前水库上游建成的城镇排水管网系统为合流制，截流倍数$n=1$，雨季时仍然有污水混合着雨水溢流汇入同沙水库。

按现状规模，对上述四种污染源排入同沙水库的污染物量进行初步估算和统计（见表2），近期每年排入水库的污染物总量超过6798t/a，尽管水库每年都会更新蓄水，水质恶化状况仍然不容乐观。

（五）水库污染底泥

同沙水库自建库至今从未进行清淤，流域内污水排入水库，在污染水质的同时，其中的各种污染物经过多年淤积形成了潜在二次污染源，如重金属类物质。通过检测分析，水库底泥中尤其在40～60cm深度范围内，重金属铜、锌、铅、镉和镍等含量均严重超标，对水质安全造成威胁。

在上述五种主要污染源的长期作用下，同沙水库水质逐渐恶化。针对污染源的分布特点、污染性质和现场条件，提出水污染防治对策，其主要思路是：立足当前，统筹规划，分期实施，先做重点，早见成效；近期重点以工程措施为主，以治理污水、削减主要污染物、确保水质安全为原则，远期重点以非工程管理措施为主，通过制定完善的监督、监测及管理办法达到控制水库水质为饮用水源标准的目标。

表2　同沙水库水污染源污染物排放量估算统计表

污染物来源	现状规模	污染物指标及排放量	污染物类别						污染物年排放总量/（t/a）
			BOD_5	COD_{Cr}	SS	氨氮	TN	总磷	
污水处理厂尾水	11万m^3/d	污染物指标/（mg/L）	20	40	20	8	20	0.5	
		年排放量/（t/a）	803.0	1606.0	803.0	321.2	803.0	20.1	4356.3
垃圾填埋场渗滤液	450m^3/d	污染物指标/（mg/L）	2000	5500	800	1230	1500	15	
		年排放量/（t/a）	328.5	903.4	131.4	202.0	246.4	2.5	1814.1
零散排放生活污水	1300m^3/d	污染物指标/（mg/L）	130	250	150	25	35	3.5	
		年排放量/（t/a）	61.7	118.6	71.2	11.9	16.6	1.7	281.6
雨季溢流污水	165977m^3/次	污染物指标/（mg/L）	10	75	80	3	5	0.6	
		年排放量/（t/a）	19.9	149.4	159.3	6.0	10.0	1.2	345.8
合计									6797.8

四、水污染防治工程措施

（一）污水处理厂尾水处理

针对同沙水库实际情况，对尾水的处理可以考虑两种方式。

1. 将尾水转移排放。利用同沙水库下游河道，铺设专用输送管渠将两座污水厂尾水引向水库溢洪道排放，同时在污水厂内设置事故排放管和预处理超越管，与各自的尾水排放管渠相连；从而避免尾水或污水排入水库造成直接污染。通过实地调研和测算，两座污水厂现有的尾水排放口与水库溢洪道渠底高差约为14m，二者之间沿着尾水排放管渠可行的铺设线路的线性距离约12km，考虑合理的坡降（1‰）和水头损失，尾水排放管渠全程采用重力流在高程和水力条件上是可行的。

2. 将尾水深度处理达到回用水标准后加以循环再利用，或是达到地表水Ⅲ类水质标准后直排同沙水库。这种方式存在几个较难解决的现实问题：

（1）增加深度处理工艺需要额外的占地，在现有的厂址条件下十分困难。

（2）除一次性基建费用高外，还需负担高昂的运行成本和维护费用，经济压力大。

（3）回用水再利用需要建设配套的管网，近期难以实施。

（4）污水厂发生故障而停运检修时，无法处理事故排放污水。

（5）同沙水库的补给水源是东江，并不需要深度处理后的尾水补充。

从现实条件和近期可实施性综合考虑，推荐采用铺设专用管渠输送尾水至同沙水库下游的处理方案。

（二）垃圾填埋场渗滤液处理

两座垃圾填埋场应尽快关闭，近期当务之急是将填埋场进行封闭围挡，杜绝渗滤液外排入同沙水库，并将垃圾渗滤液收集进行单独处理。工程措施主要包括四项内容：

1. 垃圾场封场及雨污分流：对填埋场区域进行封场，防止雨水进入填埋堆体，最大限度地降低垃圾渗滤液的产量；同时通过设置雨水沟、导排渠及防渗坝等措施建立可靠的雨水排放体系，实现雨水与垃圾渗滤液的分离。

2. 渗滤液收集及处理：设置渗滤液收集系统和调节池，建立渗滤液处理站，出水应达到《生活垃圾填埋场污染控制标准》（GB 16889—2008）后再通过管道送至城市污水处理厂进一步处理。

3. 填埋场气体收集处理：构建完备的气体收集系统，减少填埋场气体无规则扩散对空气造成的污染及对垃圾堆体造成的安全隐患，条件成熟时可加以综合利用，变废为宝。

4. 填埋场生态修复：通过垃圾堆体顶部及侧线边坡植被恢复、隔离臭气的绿化隔离带等建设，使填埋场整治后的生态环境得到巨大改善。

上述工程内容是近期防止垃圾渗滤液继续污染水质而采取的必要工程措施，远期应将垃圾填埋场整体迁移，种植水土涵养林，进行生态修复，彻底消除垃圾渗滤液污染源。

（三）零散污水收集和处理

针对现状排污点，设置污水截流设施和管道，将污水收集后送至城市污水处理厂或设置就地污水处理设施，处理出水通过专用尾水排放管渠送至水库下游排放。

在截污工程截流倍数的选取上，针对同沙水库备用水源的定位，合流制管道应取不小于5的截流倍数。根据相关研究结论，当截流倍数 $n=5$ 时，雨季溢流污水量一般不到旱季的2%，虽然仍有污染物进入水库，但其量是非常有限的，可以通过水库的自净能力来消化掉。实际工程应用中，如深圳的荔枝湖、梧桐山水库、东莞马尾水库等均采用截流倍数 $n=5$，截污效果十分明显。

污水截流是在近期雨污分流改造难以实施情况下改善污染状况的工程措施，将旧合流制改为分流制收集污水，才能从根本上杜绝污水直接排放对水体的污染。因此必须根据城镇发展状况，逐步完善城镇管网建设，实施雨、污分流。

（四）雨季溢流污水处理

目前国内对于大范围、大水量、轻污染的污水处理采用较多的是人工湿地。但人工湿地处理雨季溢流污水，会存在利用率低、处理效果不稳定等问题。例如在旱季，人工湿地因要求连续运行，需提供第二“源水”维持湿地的功能；到了雨季，面对巨量雨水人工湿地的处理能力有限，则难以保证水质达标。针对同沙水库现场条件，提出了增强氧化塘的处理方案。

增强氧化塘是通过在普通曝气塘内增设机械曝气装置充氧，并投加高效生物菌种，加强微生物对有机物和富营养元素的分解转化，实现净水目的，其净化效果和工作效率都明显高于一般的氧化塘，污水停留时间短，所占容积和面积较小，易于维护管理。针对水体污染成分投加不同菌种，处理后出水水质能达到或优于地表Ⅳ类标准，高效生物菌种是从自然界微生物种群中分离出来加以培养的，因此不会对水体或生态环境造成破坏。增强氧化塘的处理工艺流程简单，一般模式为：

污水 → 预处理沉淀塘 → 增强氧化塘 → 出水

从实地调研情况看，同沙水库上游污水主排河道与主库区之间是大片的滩涂和鱼塘，易于修建或改造成氧化塘收纳雨季溢流的雨、污混合水，再通过分级处理后排入同沙水库。同人工湿地方式不同，氧化塘处理为间歇性运行，只有雨季产生溢流污水时才处理，旱季时则可用于鱼塘或花池。

采用增强氧化塘处理雨季溢流污水，出水水质需达到（GB 3838—2002）Ⅲ类水质标准才能保证同沙水库作为备用水源的功能；建议选取局部区域先进行小试或中试试验对这种处理方式予以实践论证。

（五）水库底泥疏浚

清淤疏浚是消除内源污染的重要措施。清淤主要针对库体沿岸淤泥较深区域、污水及垃圾渗滤液主排口附近区域进行，结合九库联网调蓄水工程，在排空水库存水、引东江水入水库之前进行清淤工作。清除的底泥含有高浓度有害物质，须经浓缩脱水后送至危险废弃物填埋场，或送至专门的污泥处理场经无害化处理后进行资源化利用，如用作建筑地基填土和河堤路基填土等。

上述工程措施应根据污染源的影响轻重程度，结合财政预算，分阶段有计划地实施。近期以最大限度地削减污染物排放量、提升水库水质为目标，主要实施尾水排放、污水截流及垃圾渗滤液处理三项工程；水库底泥疏浚与东江引水工程同步实施，进行干地清淤后再引东江水源置换水库水体。

通过多项工程措施截流处理绝大部分污染源后，还有少量污染物会进入水库，包括雨季溢流污水、部分面源污染等。在水库周边水位浅的区域尤其是在地表径流的入库口，由于污染物浓度较高，水体波动大，利于有害藻类的生长，容易产生水体富营养化。为提高水库的自净能力，控制水库水质，远期可逐步实施水体修复工程及一些辅助工程措施，如：增强氧化塘处理雨季溢流污水，构建库区湖滨带植物生态系统，设置水面人工植物浮岛，增设水库曝气装置等，既能净化水质，预防水体富营养化，还能创造生物生息空间，改善自然景观；同时随着远期管网建设的完善、雨污分流改造及污水厂二、三期建设，基本消除入库污染物，达到让同沙水库真正“休养生息”的目的。

五、非工程措施

同沙水库的水污染防治和水源保护工作，除了采取必要的工程措施削减水库的污染负荷，加强与之配套的非工程管理措施也至关重要，必须在实施防治工程措施的同时，展开非工程管理措施的建设工作，主要包括：

1. 尽快完成同沙水库水源保护区划分工作，制定《同沙水库饮用水源保护管理办法》，严格执法，加大执法力度。

2. 加强水源水质监测，建立包括水库周边输、排水管渠监测在内的完整监测网络体系，全面掌握水库水体质量的基本情况、水质时空变化动态和水体纳污总量，为水源保护管理提供科学依据，有效地实施水源的监督和管理。

3. 加强宣传，提高居民和游客环保意识。

4. 严格控制城市发展规模，尤其是同沙水库周边的建设用地规模，大力发展循环经济，加大水资源的循环利用和废污水的处理和再利用，减少对水环境的压力，同时减少污染物的排放量。

5. 加强面源污染控制管理，主要为农业和渔业的农药、化肥以及饲料的施用量。

6. 做好水土保持及水源涵养林的建设，加强生态修复措施。

7. 制定突发水污染事故的应急预案，即使发现污染事故，对事故可能造成的影响进行预测预报，采取对策和措施，降低污染物浓度和影响程度，尽可能减少事故造成的损失。

六、结　语

同沙水库作为东莞城区最重要的第二水源，同时承担着东莞“都市绿核”的生态功能，必须确保其水质达标和安全。通过对同沙水库进行水污染综合治理，针对不同污染源分阶段有计划地实施可操作性强的工程措施，同时辅以完善的非工程管理措施，相信在不远的将来，同沙水库水质定能得到有效改善，真正实现东莞第二水源的功能，对促进东莞市社会和国民经济的可持续发展以及国家节能减排工程作出更大的贡献。

星云湖、抚仙湖出流改道工程对星云湖的影响研究

金文刚

（云南省玉溪市环境科学研究所　玉溪　653100）

摘　要　以人工河模式，改变星云湖、抚仙湖出湖湖水流向，用抚仙湖Ⅰ类水置换星云湖劣Ⅴ类水。而工程运行一年，星云湖水被置换三分之一后，星云湖主要污染物TP、TN等不降反升。本文从渗透学原理，对湖泊高附积底泥泥水污染物平衡进行了深入探讨，肯定了星云湖、抚仙湖出流改道工程对星云湖治理长远的积极效果。

关键词　星云湖　抚仙湖　出流改道　污染　水体置换

星云湖、抚仙湖是云南“九大”高原湖泊其中之一。尤其是抚仙，常年平均储水量为198亿m^3，且为Ⅰ类水。湖面海拔为：1721m（出流改道工程将水位提高至1722m），最大深度为158m，平均深度为96m，湖面积为212km^2，是我国目前水量最大，水质最好的内陆淡水湖泊。星云湖是浅水湖，湖面海拔为：1922m，平均水深为6m，湖面积为34.71km^2，常年平均水量为1.84亿m^3，水质为劣Ⅴ类；两湖通过一山涧小河（隔河）相通，隔河是星云湖的唯一出湖河流，也是唯一的泄洪河道。每年雨季，星云湖通过隔河流入抚仙湖的水量为2500万m^3，向抚仙湖输入TN 23t、TP1.5t、COD117.8t、BOD43.5t、藻量0.21t。出流改道工程就是通过人工河模式，改变星云湖、抚仙湖出湖湖水流向，使星云湖劣Ⅴ类水体不再进入Ⅰ类水体的抚仙湖。既避免了星云湖对抚仙湖的污染，又可达到用抚仙湖Ⅰ类水体置换星云湖劣Ⅴ类水体的治理目的。同时，将出湖水体引入玉溪市区，提高了水资源的利用率。2009年底，工程运行一年，星云湖水被置换三分之一后，星云湖主要污染物不降反升。本文从渗透学原理，对湖泊高附积底泥泥水污染物平衡进行了深入探讨。

一、星云湖水质状况

（一）出流改道前水质状况

2008年水质劣于Ⅴ类（和2007年相同），营养状态为轻度富营养，不能满足水体功能区划（Ⅲ类）要求。主要指标情况如下：

TP：最大值0.270mg/L，最大值超标倍数4.4倍，平均值0.127mg/L，超标率87.5%。

TN：最大值4.78mg/L，最大值超标倍数3.78倍，平均值2.08mg/L，超标率100%。

COD_{Mn}：最大值14.09mg/L，最大值超标倍数1.35倍，平均值7.49mg/L，超标率84.7%。

藻量：684.33万个/L。

叶绿素a：最大值122.17mg/m^3，平均值26.73mg/m^3。

透明度：最大值2.0m，平均值1.1m。

（二）出流改道后水质状况

2009年水质劣于Ⅴ类，营养状态为中度富营养，不能满足水体功能区划（Ⅲ类）要求。主要指标情况如下：

总磷：最大值0.527mg/L，最大值超标倍数9.54倍，平均值0.219mg/L，超标率98.6%。

总氮：最大值5.40mg/L，最大值超标倍数4.40倍，平均值1.80mg/L，超标率97.2%。

高锰酸盐指数：最大值16.32mg/L，最大值超标倍数1.72倍，平均值8.12mg/L，超标率100%。

五日生化需氧量：最大值18.0mg/L，最大值超标倍数3.50倍，平均值6.1mg/L，超标

率58.3%。

藻量：820.31万个/L。

叶绿素a：最大值269.30mg/m^3，平均值57.36mg/m^3。

透明度：最大值1.5m，平均值0.7m。

（三）出流改道前后水质变化比较

2009年底，工程运行一年，星云湖水被置换三分之一后，星云湖主要污染物与2008年比较，总氮有所下降，但总磷、高锰酸盐指数、叶绿素a均有明显上升，透明度明显下降，全湖污染状态为加重的趋势，见图1～图4。

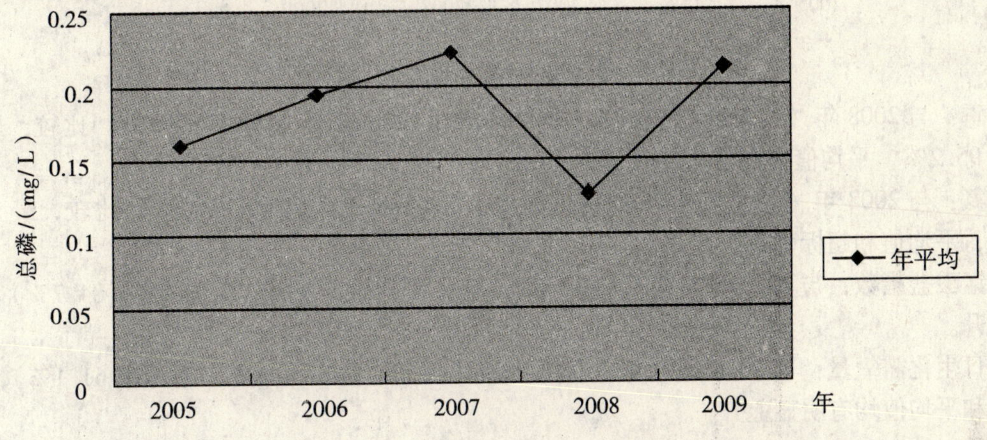

图1　星云湖总磷年度变化情况

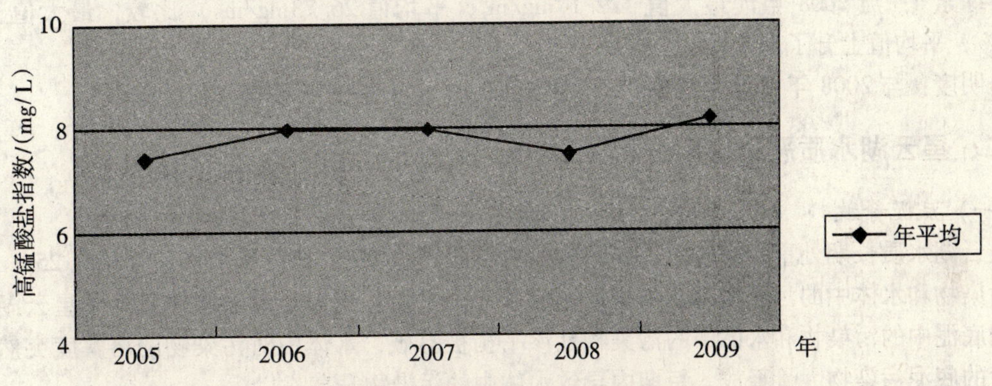

图2　星云湖高锰酸盐指数年度变化情况

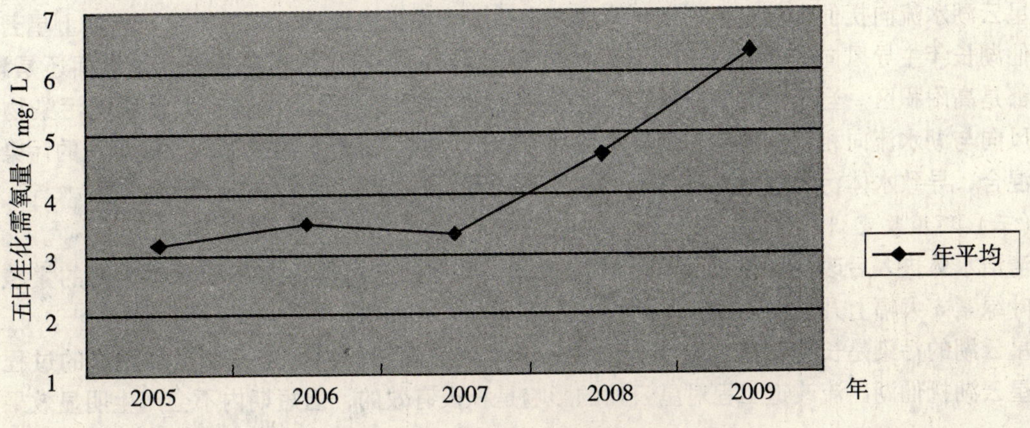

图3　星云湖五日生化需氧量年度变化情况

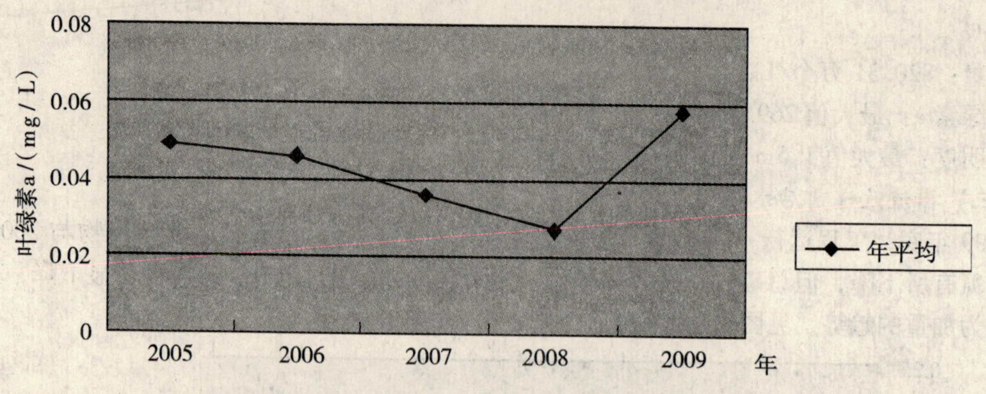

图 4　星云湖叶绿素 a 年度变化情况

总磷：与 2008 年（最大值 0.270mg/L，平均值 0.127mg/L，超标率 87.5%）比较，最大值上升了 95.2%，平均值上升了 72.4%。

总氮：与 2008 年（最大值 4.78mg/L，平均值 2.08mg/L，超标率 100%）比较，最大值略有上升，平均值和超标率有所下降。

高锰酸盐指数：与 2008 年（最大值 14.09mg/L，平均值 7.49mg/L，超标率 84.7%）比较，有所上升。

五日生化需氧量：与 2008 年（最大值 8.0mg/L，平均值 4.6mg/L，超标率 61.1%）比较，最大值和平均值均有明显上升。

藻量：较 2008 年的 684.33 万个/L 上升 19.9%。

叶绿素 a：与 2008 年（最大值 122.17mg/m^3，平均值 26.73mg/m^3）比较，最大值上升了 120.4%，平均值上升了 114.6%。

透明度：与 2008 年（最大值 2.0m，平均值 1.1m）比较，有明显下降。

二、星云湖水质恶化原因分析

（一）底泥释放

星云湖水质长期处重污染状态，底泥中的有机质高达 7%、全氮 0.45%、全磷 0.25%，底泥中的污染物和水体中的污染物沉淀与溶解形成了一个平衡。当大量清洁水体置换了星云湖水后，星云湖底泥中的污染物和水体中的污染物互渗平衡被打破，水体中对污染物的溶解度突然增大，高浓度的底泥污染物大量释放，短期内导致水体中的污染物升高。

（二）逆流扰动

星云湖水流向抚仙湖历史上长期已形成顺向流势，底泥表面形成鳞壮微台。再加上星云湖处于抚仙湖长年主导风向的上风向，由于湖流和气象因素的长期作用，星云湖无论湖面还是湖底，污染都是高附积区。当湖水流向反转后，底泥表面鳞壮微台被反向冲击，大量底泥污染物被搅起，风向与湖水流向相反，加速了湖底水体的流速，加剧了对湖水的搅动，湖底沉积的污染物与湖水混合，导致水体污染物增高。

（三）环境改变

清洁水体进入后改变了星云湖自然环境状况，某些因素可能更有利于水生生物的繁殖，藻量、叶绿素 a 大幅上升足以证明。

星云湖的污染是长期积累由量变到质变所产生的，湖泊的治理是一个更加漫长的过程。因此，星云湖抚仙湖出流改道工程对星云湖的影响是积极有效的，但短期内不会产生明显效果。

应用黔产天胡荽同步去除水中微量无机汞与甲基汞的研究

张军方[1]　张　强[1,2]　张　维[1]

（1. 贵州省水污染控制与资源化技术研究重点实验室　贵阳　550002；
2. 贵州师范大学研究生院　贵阳　550001）

摘　要　以黔产天胡荽干粉为吸附剂，研究天胡荽同步去除水中微量无机汞和甲基汞的性能。初始汞浓度、吸附时间、初始 pH 等条件对黔产天胡荽吸附性能的影响进行了研究。研究结果表明，天胡荽对微量无机汞和甲基汞有较强的吸附能力，在 pH =6.0 时，天胡荽对微量无机汞和甲基汞的最大吸附量达到分别 31.65mg/g 和 11.77mg/g；生物吸附可在 40min 达到吸附平衡，并符合 Langmuir 和 Freundlich 吸附等温线模型。研究也表明了天胡荽对水中低浓度的汞离子和甲基汞的去除有很好的开发前景。

关键词　天胡荽　无机汞　甲基汞　生物吸附　等温线

工业废水排放带来的有毒重金属污染已经成为世界范围内越来越关注的污染之一，尤其是对于重金属汞及其化合物甲基汞，这种被认为是对人体健康和水生生物有着严重危害的物质，必须在废水中得到有效的去除。已有研究表明絮凝沉淀法处理高浓度重金属废水是一个有效的处理方法，离子交换法、活性炭吸附法、电化学法、膜处理法以及生物处理法也得到了一些应用。但是仍然缺乏处理此类废水高效、廉价的技术资源，另外在应用这些方法在处理低含量重金属废水时被认为是非常不经济的[1]。在废水汞处理研究方面，生物质吸附法被认为是最经济有效的方式之一[1]。生物质吸附法有使用活体吸附剂微生物[2,3]，也有使用非活体生物质吸附剂如咖啡渣[2]、藻类[4,5]等相对廉价易得的吸附剂应用于废水中汞的处理。

虽然已有较多的无机汞处理方法，但对于同步处理无机和有机汞的效果却并不理想。此外，微量（ <100mg/L）汞的处理也是目前的技术难点，仅有少量研究开展了对于低含量汞的生物质吸附方法研究，如应用羧甲基壳聚糖[6,7]，应用 Bacillus sp.[8] 及蓖麻叶子[1]等。因此，有必要开展可以同步并有效去除微量无机汞和有机汞的方法的研究。

对于水中汞的生物质吸附去除机理，国外研究认为生物质表面的含氧基团对于汞的键合起了重要作用[9]，另有研究认为其中的羧基是与汞基团键合的关键位置[1,10]，这意味着富含羧酸或其他含氧基团的生物质可能会是良好的汞吸附剂，如羧甲基壳聚糖[6,7]。我们通过文献调研[11]发现，黔产天胡荽由于其富含有机酸及醇类物质，并且价廉易得，可能是水中汞去除的合适生物质，因此本论文应用黔产天胡荽开展水中微量无机汞（inHg）与甲基汞（MeHg）的去除研究，以弄清该生物质的除汞能力和相关影响因素（如 pH、接触时间、初始浓度、干扰离子等）。

一、材料与方法

（一）试剂与分析方法

所有试剂均为优级纯。玻璃器皿均用 10% （v/v）硝酸浸泡 24h 后用 1% （v/v）的硝酸淋洗 3 次，再用纯超水淋洗 3 次。准备 0.1M HCl 和 0.1M NaOH 溶液用于实验过程中 pH 调节，并在使用前配备一定浓度的无机汞和甲基汞的储备液。

水中无机汞和甲基汞的测定方法是加入 10% $SnCl_2$（m/v）使汞离子还原成零价汞后，使用冷原子吸收光度法（CVAAS）测定得到无机汞的含量，而甲基汞没有被还原；加入 2% （m/v）的 $NaBH_4$ 可以使水中无机汞和甲基汞全部还原为零价汞，用 CVAAS 测定得到总汞含量，总汞减去无机汞即为甲基汞含量。

（二）生物质准备

本研究应用黔产天胡荽（嫩全草，2008 年 6 月采于贵阳市花溪高坡）作为吸附用的生物质，用超纯水洗净全草并切碎后于 50℃烘干，研磨后用 200 目过筛得到吸附剂。

（三）吸附实验过程

我们研究了初始 pH、吸附时间、初始汞浓度、干扰离子等条件对黔产天胡荽吸附性能的影响。为方便研究，对其中一个条件进行影响分析时，固定其他条件。

取无机汞和甲基汞混合溶液 100ml 放入具塞锥形瓶中，准确加入一定量的天胡荽粉，在实验温度下振荡（200r/min），待反应一定时间后，离心（4000r/min，10min），用 CVAAS 测定吸附前和吸附后溶液中无机汞或甲基汞的浓度。用公式 $E=(C_0-C_e)/C\times100\%$ 计算吸附率。其中 C_0 为无机汞或甲基汞初始浓度（mg/L），C_e 为吸附平衡时 Hg 浓度（mg/L），E 为吸附率（%）。

二、结果与讨论

（一）pH 对生物吸附的影响

将起始浓度各为 30mg/L 的无机汞和甲基汞混合溶液调至不同的初始 pH 值（pH 范围从 1~9），在天胡荽投入量为 0.25g 和 20℃的条件下，吸附 40min，不同 pH 值对无机汞和甲基汞吸附率 E 及吸附量 Q_e 的影响见图 1。

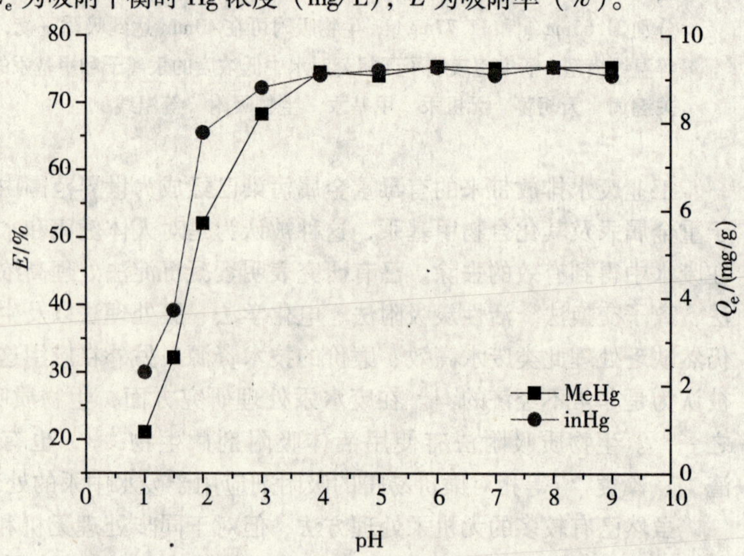

图 1　不同 pH 值对无机汞和甲基汞吸附率 E、吸附量 Q_e 的影响

由图 1 可知，pH 值在 4~9 范围内，天胡荽对无机汞和甲基汞的吸附率均在小范围内窄幅波动（75%~77%），对无机汞吸附量达 8.94~9.04mg/g，对甲基汞的吸附量为 8.88~9.04mg/g。这表明 pH 值在 4~9 范围内，天胡荽吸附无机汞和甲基汞受 pH 值的影响较小，水溶液中无机汞和甲基汞可以在该 pH 范围内得到有效去除。溶液的 pH 值会影响生物吸附剂表面功能基团的解离状态，同时影响重金属的溶解度。在较低的值 pH（pH<4）情况下，H^+ 可能与生物质表面的电负基团键合，因此生物质表现出较低的汞吸附性能[1]。如 Herrero 等[5]用海藻做汞的吸附剂研究认为 H^+ 和 Hg 在海藻生物质表面的羧酸基团上发生了吸附竞争。

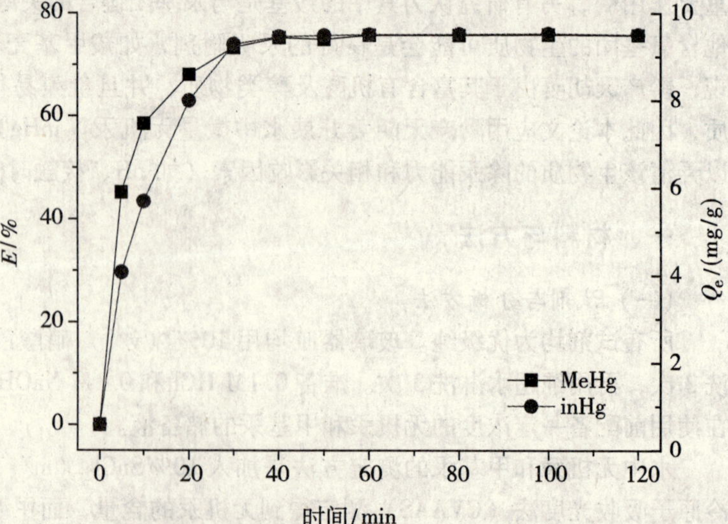

图 2　不同吸附时间对无机汞和甲基汞吸附率 E、吸附量 Q_e 的影响

（二）接触时间对生物吸附的影响

在 pH 为 6.0 和 20℃的条件下，在起始浓度各为 30mg/L 的无机汞和甲基汞混合溶液中投入天胡荽粉 0.25g，吸附时间分别为 0min、5min、10min、20min、30min、40min、50min、60min、80min、100min、120min 时，测定 Hg 的浓度，计算其吸附率 E 和吸附量 Q_e（结果见图2）。

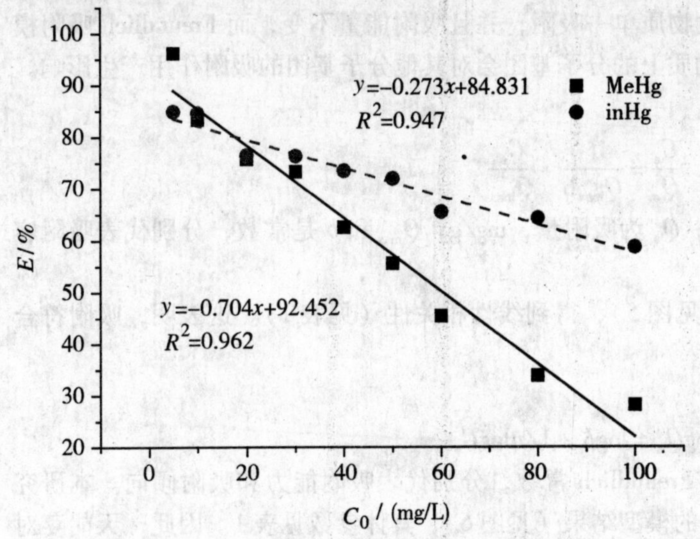

图3　不同初始浓度对无机汞和甲基汞吸附效率 E 的影响（pH6.0，20℃）

实验表明，前 10min 甲基汞和无机汞的吸附效率较高，均达到了 40% 以上，吸附量也在 5.2mg/g 以上，而甲基汞的吸附率达到了 58.5%（吸附量为 7.0mg/g）。无机汞在时间为 40min 时吸附基本完成，而甲基汞在 30min 时吸附也基本完成，均达到 75% 以上，再延长时间吸附率保持不变，吸附量也维持在约 9mg/g（见图2），可见天胡荽对无机汞和甲基汞的吸附是快速过程，在以下实验中吸附时间均采用 40min。这种快速吸附过程可能与吸附实验起始阶段可利用的吸附基团较多有关，同时吸附剂表面电负性、吸附剂构成、与金属亲和能力及实验条件也对吸附时间带来影响[1]。

（三）*初始浓度对生物吸附的影响*

天胡荽粉投入量一定时，对不同起始浓度（5～100mg/L）的溶液进行吸附实验，结果见图3、图4。图3显示，随着起始浓度的增加，天胡荽对无机汞和甲基汞的吸附效率 E 呈现线性降低的趋势。无机汞和甲基汞起始浓度低时，吸附剂相对过剩，吸附率较高；随着起始浓度的升高，吸附剂相对变少，吸附率下降。图3中无机汞起始浓度在 5～100mg/L 范围内吸附率保持在 50% 以上，而甲基汞浓度在 5～50mg/L 范围内吸附率保持在 50% 以上，60～100mg/L 时吸附率低于 50%。在不同的对应初始浓度下，天胡荽对无机汞的吸附效率基本上要高于甲基汞（除了 5mg/L 处），这可能与甲基汞基团较大，在发生生物吸附时与电负基团（如羧基）较难靠近有关。

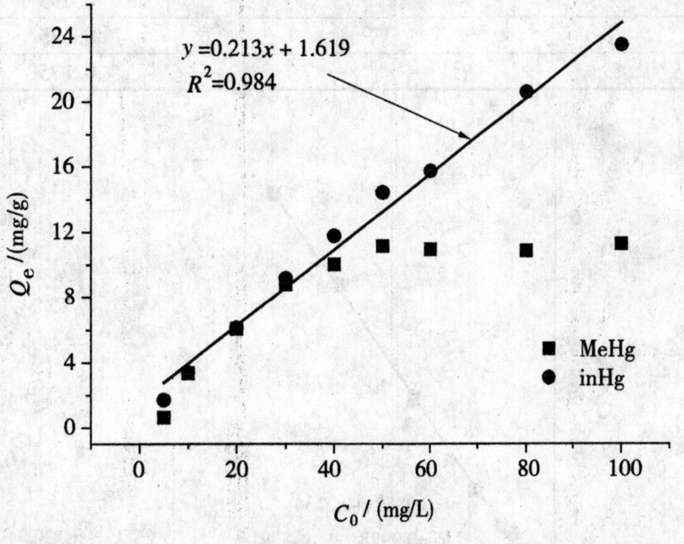

图4　不同初始浓度对无机汞和甲基汞吸附量 Q_e 的影响（pH6.0，20℃）

图4表示在初始浓度 5～100mg/L 范围内，无机汞随着浓度的增加，其吸附量也随之呈现线性增加，达到 23.4mg/g。甲基汞初始浓度在 5～50mg/L 范围内吸附呈线性增加，在甲基汞初始浓度 50mg/L 处达到 11.1mg/g 吸附量，此后增加初始浓度，天胡荽对甲基汞的吸附量基本保持不变。甲基汞的吸附量没有呈现与无机汞类似的线性增加的趋势同样与甲基汞基团较大，与生物质的吸附能力较弱有关。

（四）吸附等温线

通常用 Langmuir 和 Freundlich 等温线模型用来预测和定量研究生物质的生物吸附能力[12]，Langmuir 吸附模型适合于表面同质的生物质单一吸附，并且吸附能量不变，而 Freundlich 吸附模型假设了表面异质吸附，即吸附到生物质上的分子基团会对其他分子基团的吸附作用产生影响。

Langmuir 吸附等温线公式：

$$\frac{C_e}{Q_e}=\frac{1}{Q_{max}b}+\frac{C_e}{Q_{max}}$$

式中：C_e 为吸附平衡浓度，mg/L；Q_e 为吸附量，mg/g；Q_{max} 和 b 是常数，分别代表吸附容量和吸附能量。

本研究数据用 C_e/Q_e 对 C_e 作图（见图 5），得到线性相关性（见表 1）。这表明，吸附符合 Langmuir 模型。

Freundlich 方程公式：

$$\log Q_e=\log K+1/n\log C_e$$

式中：C_e、Q_e 含义同前；K、n 是 Freundlich 常数，分别代表吸附能力和吸附倾向。本研究数据应用 Freundlich 方程，显示了较好的模型结果（见图 6），具体参数见表 1。因此，天胡荽对甲基汞和无机汞的吸附符合以上两个吸附等温模型。

表 1　Langmuir 和 Freundlich 常数

	甲基汞	无机汞
Langmuir 常数		
Q_{max}/（mg/g）	11.77	31.65
b/（L/mg）	0.311	0.060
R^2	0.998	0.954
Freundlich 常数		
K	0.295	0.288
n	0.535	0.660
R^2	0.875	0.987

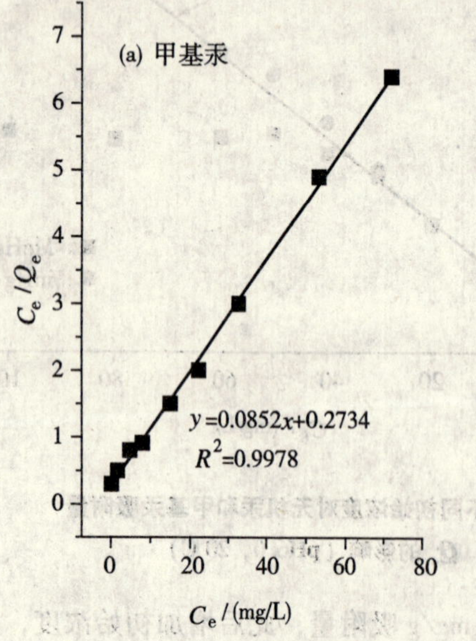

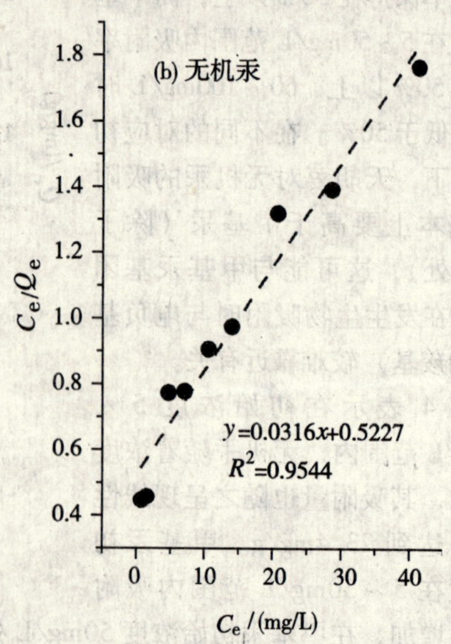

图 5　甲基汞（a）与无机汞（b）的 Langmuir 吸附等温线（pH6.0，20℃）

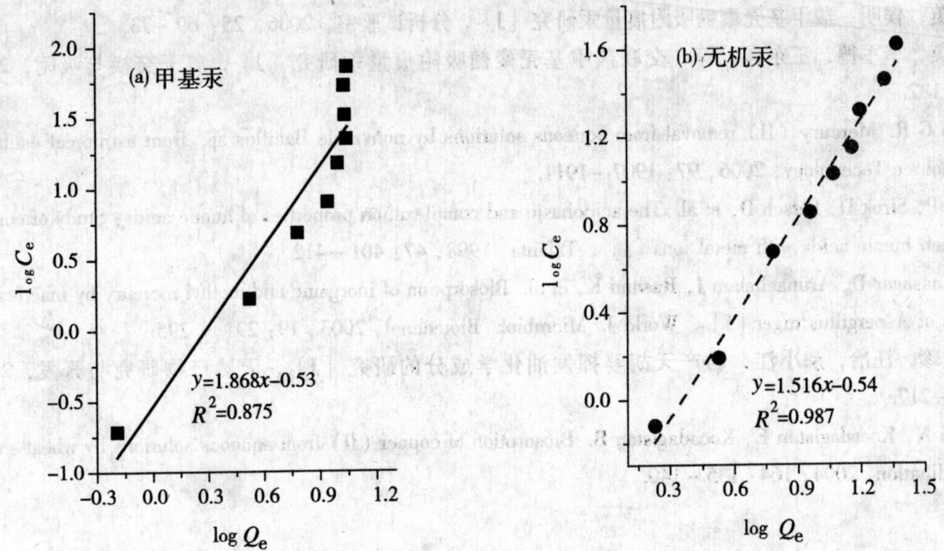

图6　甲基汞（a）与无机汞（b）的 Freundlich 吸附等温线（pH6.0，20℃）

（五）天然水样的模拟吸附及干扰离子研究

取100ml 天然水体的水样（pH7.2，$Na^+=54$，$K^+=20$，$Mg^+=59$，$Ca^{2+}=102$，$Cl^-=83.2$，$SO_4^{2-}=150mg/L$），加入无机汞和甲基汞，使其浓度各达到30mg/L，并调节 pH 至6.0。投入天胡荽粉0.25g，40min 吸附时间。吸附结果表明，无机汞和甲基汞的吸附率均达75%以上，可见，天然水体中其他离子的出现并没有影响天胡荽对无机汞和甲基汞的吸附效果。

另外，我们也对一些重金属（Zn^{2+}，Cr^{2+}，Cu^{2+}，Cd^{2+}，分别为60mg/L，两倍于无机汞和甲基汞浓度）进行了干扰研究，研究结果表明，这些重金属的存在会一定程度上影响天胡荽对无机汞和甲基汞的生物吸附，类似结果也有报道[1]。

三、结　论

本文研究了应用黔产天胡荽同步去除水中微量无机汞和甲基汞，研究结果表明，黔产天胡荽有较强的吸附能力，对微量无机汞和甲基汞的最大吸附量达到分别31.65mg/g 和11.77mg/g；对溶液的 pH 值适应范围较宽，pH 值在4~9时天胡荽对无机汞和甲基汞均保持较高的吸附率；且吸附是快速过程，在40min 可达到饱和吸附；在一定的天胡荽加入量下，无机汞和甲基汞的起始浓度对吸附有很大的影响，在5~100mg/L 范围内吸附率随起始浓度减小而增大，这表明，天胡荽对水中低浓度的汞离子和甲基汞的去除有很好的开发前景。

参考文献

[1] Shaban W R, Abdella A D, Mohamed M A, et al. Biosorption of mercury from aqueous solutions by powderd leaves of castor tree（Ricinus communis L.）[J]. Journal of Hazardous Materials, 2008, 152: 955 - 959.

[2] Chen J Z, Tao X C, Xu J, et al. Biosorption of lead, cadmium and mercury by immobilized Microcystis aeruginosa in column [J]. Process Biochem, 2005, 40: 3675 - 3679.

[3] Saglam A, Yalcinkaya Y, Denizli A, et al. Biosorption of mercury by carboxymethylcellulose and immobilized Phanerochaete chrysosporium [J]. Microchemistry, 2002, 71: 73 - 81.

[4] Zeroual Y, Moutaouakkil A, Dzairi F Z, et al. Biosorption of mercury from aqueous solution by Ulva lactuca biomass [J]. Bioresour. Technol, 2003, 90: 349 - 351.

[5] Herrero R, Lodeiro P, Rey - Castro C, et al. Removal of inorganic mercury from aqueous solutions by biomass of the marine macroalga Cystoseira baccata [J]. Water Res., 2005, 39: 3199 - 3210.

[6] 宋吉英，侯明．羧甲基壳聚糖吸附痕量汞研究［J］．分析试验室，2006，25：69－73.
[7] 宋吉英，李军德，王东强，等．交联羧甲基壳聚糖吸附痕量汞研究［J］．离子交换与吸附，2008，24：175－182.
[8] Carlos G R. Mercury（II）removal from aqueous solutions by nonviable Bacillus sp. from a tropical estuary［J］. Bioresource Technology，2006，97：1907－1911.
[9] Lubal P，Sirok D，Fetsch D，et al. The acidobasic and complexation properties of humic acids：Study of complexation of Czech humic acids with metal ions［J］. Talanta，1998，47：401－412.
[10] Karunasagar D，Arunachalam J，Rashmi K，et al. Biosorption of inorganic and methyl mercury by inactivated fungal mass of Aspergillus niger［J］. World J. Microbiol. Biotechnol，2003，19：291－295.
[11] 穆淑珍，汪冶，郝小江．黔产天胡荽挥发油化学成分的研究［J］．天然产物研究与开发，2004，16：215－217.
[12] Basci N，Kocadagistan E，Kocadagistan B. Biosorption of copper（II）from aqueous solutions by wheat shell［J］. Desalination，2004，164：135－140.

珠江三角洲水质预警体系构建初探

龚春生[1]　陈海珍[2]

（1. 广东省环境科学研究院　广东　广州　510045；　2. 广东药学院　广东　广州　510310）

珠江三角洲是由西江、北江、东江以及潭江、绥江、流溪河、增江等堆积而成的复合三角洲，域内河网、湖库众多，流域面积约41596km^2。区域属南亚热带，雨量丰沛，多年平均降水量为1600～2300mm，降水时间上具有年内分配不均，年际变化大的特点。流域内水资源丰富，是重要的饮用水源和工农业用水水源，其水环境质量的优劣直接关系到珠三角社会经济发展。

随经济的发展，污水排放量的增加，导致珠江三角洲水质恶化客观因素逐渐增强。相关监测结果表明：主要干、支流监测断面符合地表水Ⅱ～Ⅲ类水质标准，但流经城市河段水体BOD_5、COD、NH_4-N、TP超标很严重，大部分为Ⅴ类和劣Ⅴ类水[1]。针对珠三角日趋恶化的水环境问题，建设水质预警系统对于流域水污染防治、水环境保护和水资源开发利用十分必要。

一、珠江三角洲水质预警系统建设的目标和意义

珠江三角洲水质预警系统以水环境数学模型为基础，结合遥感（RS）、地理信息系统（GIS）、全球定位系统（GPS），综合运用网络、多媒体及计算机仿真手段，对珠江三角洲的水资源分布、水质状况、生态环境等各种信息动态监测，数字化采集、存储与传输分发，建立全流域水质基础信息平台、水质风险评价体系及其相应的预警应急管理系统。在此基础上，研制和开发政府决策部门对珠三角水质环境进行综合管理和宏观决策的计算机应用系统，实现流域内各类水质信息的可视化查询，为各级部门对全流域水质的综合规划、设计、建设和管理提供辅助依据和手段。

通过珠江三角洲水质预警系统建设，期望实现：

1. 对水环境实时监测。掌握水量、水质的变化信息，有效监督珠江三角洲水环境质量，动态评价水质风险，科学应对水污染突发事件，准确地进行水资源配置及调度，保证供水安全。

2. 为政府决策提供依据。系统以大量的综合信息为基础，采用现代生态环境管理模式和数学模型来处理、分析和管理整个珠三角水环境问题，为珠三角流域水污染防治、水环境风险评价和保护、水资源开发利用提供决策支持，为水华的防控提供基础数据。

3. 对水污染突发事故应急响应。利用珠江三角洲水环境水质预警系统可对突发性水污染事件进行模拟预测，确定其影响的范围和程度，以便及时采取适当措施预防或减缓水污染突发事故的灾害。针对部分湖库可判定水华发生的原因和机理，评估湖库水华风险，提升湖库水华安全预警和应急处置能力。

4. 进行流域集成研究。利用珠江三角洲水质预警系统内的模型库可对流域内多种与水环境有关的现象和过程进行耦合模拟，如对流域内的点源和面源、氮磷等生源要素的集成研究，从流域的角度整体考察它们的综合影响。

5. 方便珠江三角洲水环境管理。珠江三角洲水质预警系统是建立在水量水质动态监控、模型集成化与精确模拟、风险评估预警、网络化与远程控制等高新技术基础之上，对于珠三角水质综合评价与风险的分级应急管理提供智能化的帮助，实时、方便、高效的管理珠江三角洲水环境。

二、珠江三角洲水质预警体系建设基础框架初探

构建中的珠江三角洲水质预警体系是一个由基础信息系统、风险评价系统、决策应急系统组

成的完整体系，具备对珠三角水质实时监控、水污染事故应急响应、水环境综合管理等功能，其结构框架见图1。

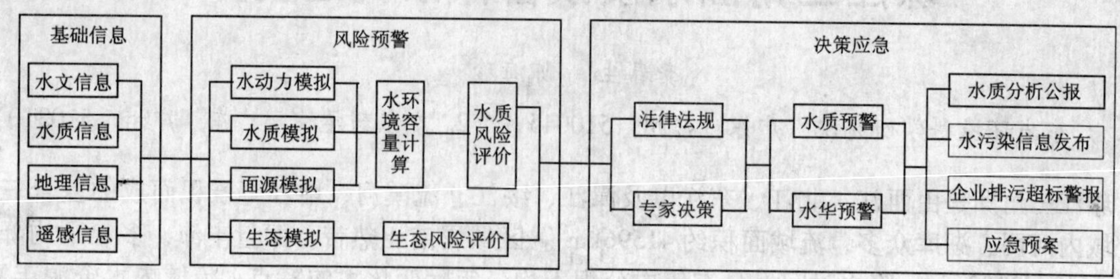

图1　珠江三角洲水质预警体系结构框架图

（一）基础信息系统

基础信息系统是珠江三角洲水质预警系统工程建设的基础层，主要是综合运用水文监测站、水质监测网站、环境生态监测站、地理信息、遥感信息等将全流域的水文、水质、气象和地理环境等各方面信息进行数字化采集和存储，构建一个可视化基础信息平台。基础信息层由数据采集子系统、数据管理子系统构成。

数据采集子系统提供相关水文与水质监测数据的自动化采集和数据可靠性在线分析功能。根据珠三角的污染负荷状况，重点是对珠三角有机污染指标（COD）、富营养化指标（NH_4-N、TP）及生态指标（藻量、叶绿素a）的实时动态监测和监测数据的自动化采集、监测数据预处理，以及监测数据可靠性的实时在线分析处理等。该子系统还可提供与各类监测仪器衔接的数据采集接口，通过接口模块动态收集监测数据资料，确保存入数据库中的监测资料的有效性、完整性和可靠性。

数据管理系统用于管理各种监控项目的数据资料，具有监测数据资料的输入、存储、整编、查询与传输等功能，对水质监控数据资料如原始监测数据库、人工巡视检查资料库和数据自动采集参数库等进行综合管理和处理。该系统同时提供对综合分析、风险预警系统及决策应急系统的数据传输接口。

（二）风险预警系统

风险预警系统是整个珠江三角洲水质预警系统的技术核心，它依托基础信息平台，以国内外近年在水动力、水质、面源污染负荷模拟预测等方面的科研成果为基础，结合遥感（RS）、地理信息系统（GIS）、全球定位系统（GPS），形成技术先进、功能完善、实用性强，又便于扩展和更新的具有决策支持能力的智能化综合分析系统。专题应用层由模型库（水动力、水质、生态）及风险评价子系统构成，用于对基础信息的应用和分析。

珠江三角洲水质预警系统的基本模型包括：

1. 水动力学模型。对珠江三角洲河网（一维）、珠江干流及较大的湖库（二维）水量过程进行耦合模拟，并为其他模型的应用提供输入条件。

2. 水质预测模型。考虑水体中污染物所发生的物理、生物、化学反应，模拟和预测污染物在时间和空间上的动态变化规律，为珠江三角洲水环境容量计算及水质风险评价提供科学支撑。

3. 面源污染预测模型。据统计珠三角河网及干流面源的氮、磷污染负荷量总体上大于点源，面源污染已成为珠江三角洲水体富营养化的一个重要来源[1,2]。通过面源污染模型预测污染物排入水体的污染负荷，对于准确计算水环境容量、水环境风险评价与应急提供基础资料。

4. 水环境容量计算模型。确定在满足水环境功能区划下珠江三角洲河网、珠江干流及湖库所能够容纳污染物的量，为水质风险评价及水体污染物的风险减排提供基础数据。

5. 生态预测模型。根据本域生源要素（磷、氮、碳）循环系统，藻类（叶绿素a、蓝藻、绿藻、硅藻）和浮游动物，以及生物生长率同营养物质、光照和水温之间的关系，构建生态模型。模拟珠三角湖库藻类的生长过程，预测水华发生的可能性，为生态风险评价提供科学依据。

风险评价子系统主要包括风险评价模型。其中水质风险评价模型用来客观地评价珠江三角洲水质状况，对珠江三角洲水环境质量优劣进行定量描述，根据水质的评价结果确定水体是否存在风险及风险级别。生态风险评价模型基于多指标（如流量、藻量、叶绿素 a、水温）的水华预警阈值，根据生态预测模拟的结果，确定水华发生概率，评价生态风险，识别风险及应急级别。

（三）决策应急系统

决策应急是构筑在基础信息和风险预警之上的智能化系统，它包括决策层与应急层，其主要功能是对珠江三角洲水环境风险进行综合分析，并为政府或其他管理部门应急提供智能帮助。

决策层在综合考虑政治、经济、社会等因素影响的基础上，结合各类水环境数学模型计算出的数据信息和相关法律法规、规章制度、专家意见，通过水体风险评价体系，对珠江三角洲水环境风险进行综合评估，判定是否发布水体风险警示及实施应急预案。

应急层可将综合分析与辅助决策的成果以实时报告如水体污染预报、水质分析公报、企业排污超标警报等形式进行动态输出，以供决策部门进行水污染应急处置参考，或通过有线、无线、远程控制技术对系统所涉区域内的可控自动化水资源调配和水污染防治设施进行远距离的调节控制。

真实的监测数据是珠江三角洲水质预警体系运转的基础，数据输入输出的准确性、模拟仿真的高效性、数据的后处理与结果的可视化显示是本系统设计和开发的重点。珠江三角洲风险预警系统的数据库主要包括：①原始监测数据库；②数据自动采集参数库；③珠三角地形资料库；④模型输入输出数据库；⑤预报结果数据库；⑥污染事故资料库；⑦图形库和图像库等。

三、珠江三角洲水质预警系统建设的技术关键

珠江三角洲水质预警系统是以现代水质管理理论为基础，以计算机技术为依托对珠江三角洲流域内的水污染问题进行模拟预测、综合分析、风险评价、决策分析的体系，是信息、管理、应急系统的集成。系统建设面临的技术关键主要有：

1. 基础数据建设。准确和实时的数据是实现珠江三角洲水质预报预警的基础和前提。现代电子、遥感、信息、网络等技术为实现监测数据的自动采集、实时传输和在线分析提供了先进的技术手段。在珠江三角洲水质预警的建设中要充分利用这些技术，构建先进的基础信息平台。

2. 水环境数学模型的建立要有针对性和综合性。水环境数学模型作为珠江三角洲水质预警系统的应用决策工具，对风险的准确评估至关重要。考虑到域内河网密集、湖库众多、八门入海的特点，在数学模型建立上既要注重理论基础，又要准确实用，还要考虑应急计算的快捷高效性。

3. 提高 GIS、RS 技术与数学模型的集成程度。污染物的运动过程模拟需要复杂的数学模型，但这些模型往往在分析和显示空间信息能力方面不足。数学模型与“3S”（GIS、GPS、RS）结合向流域级的综合水域拓展是未来的发展方向[3]。利用 GIS、RS 强大的分析和显示空间信息的功能，将两者有机结合起来，增加模型对空间数据的处理能力和模拟能力，支持和加强珠三角流域空间分布处理能力，提高对空间变化的认识，减少因空间数据均化引起的不确定性。同时加强计算结果的实用性、有效性、可视性，从而更加有效地解决珠三角水质预警问题。

4. 提高珠江三角洲水质风险评价的智能化水平。充分运用计算机仿真模拟，快速、高效、准确分析处理大量计算数据，结合人工智能等先进技术真实地评价水质现状，人机交互评价水质风险，科学、客观地实现珠江三角洲水质风险预警。

5. 系统信息及时调整补充更新。珠江三角洲水质预警系统涉及水文、水质、生态、风险评

价、决策、应急等多个方面，其系统结构内涵将随着社会经济的发展而进一步得以发展，水质预警的功能和范围将进一步扩大。因此，珠江三角洲水质预警系统不但要具有很强的实用性，还应具有扩展性及兼容性，能及时补充更新系统，以适应发展的需要和满足不同用户的需求。

四、结　语

构建珠江三角洲水质预警体系是我国流域水环境管理的一个重要方向。本文探讨了建设珠江三角洲水质预警体系基础框架及若干技术问题，具有很强的可操作性。期望通过珠江三角洲水质预警体系建设，不仅缓解珠三角日趋加重的水环境问题，还可为其他流域水质综合管理提供宝贵的经验。

参考文献

[1] 刘洁，吴仁海．珠江三角洲水环境问题及其调控方略探讨［J］．环境科学与技术，2004（5）：45－47.
[2] 程炯，王继增，刘平，等．珠江三角洲地区水环境问题及其对策［J］．水土保持通报，2006（4）：91－93.
[3] 李玉粱，李玲．环境水力学的研究进展与发展趋势［J］．水资源保护，2002（1）：1－5.

综述松花江流域黑龙江省水体污染分析

任伊滨[1]　李继光[1,2]　官　涤[1,3]　孙　勇[3]　袁一星[1]　任南琪[1]

(1. 哈尔滨工业大学城市水资源与水环境国家重点实验室　哈尔滨　150090；
2. 牡丹江师范学院生命科学与技术学院　牡丹江　157012；
3. 哈尔滨工程大学航天与建筑学院　哈尔滨　150001)

摘　要　松花江作为龙江的母亲河，养育了千百万的龙江儿女，但近几十年对松花江的污染严重，使我们感到悲痛万分。本文从水体污染的来源、种类、危害、趋势等方面详细分析松花江流域黑龙江省水污染的组成，并从现状以及发展趋势等方面概述松花江流域水污染治理的注意事项。并为在“十二五”期间综合治理松花江流域黑龙江省水体污染提供数据和理论依据。

关键词　松花江流域　水污染　组成

一、松花江流域概况

松花江是我国七大江河之一，有南北两源，北源嫩江发源于大兴安岭伊勒呼里山南坡；南源第二松花江发源于长白山天池。两江在三岔河汇合后称松花江干流，松花江汇入黑龙江后，经俄罗斯注入太平洋。松花江流域面积 $5416\times10^4\text{km}^2$，其中在黑龙江省境内 $2619\times10^4\text{km}^2$，占全流域49.3%，占全省面积的59%。松花江干流，流域面积 $18.5\times10^4\text{km}^2$[1]。

松花江流域包括黑龙江省大部、吉林省大部和内蒙古自治区的一部分。工业基础雄厚，农、林、牧业发达，是我国重要工业基地和商品粮生产基地之一[2]。

二、黑龙江省省级控制单元划分细化表

为了便于分析各地水体污染状况及治理办法，引入“控制单元治污”的概念，并将全省划分为22个控制单元。详表参见松花江流域黑龙江省“十二五”水污染防治规划前期研究[3]。

三、黑龙江省水源地水质状况

根据2008年黑龙江省城镇水源地调查结果，黑龙江省以地下水型水源地为主要的饮用水源。达标水源地有92个，占水源地总数的71.3%，河流型和湖库型饮用水源地水质全部达标，地下水型水源地只有62.6%的水源地达标。达标水源地服务人口1089.22万，占水源地总服务人口的78.8%；37个不达标水源地，主要超标因子为铁、锰和氨氮。有19个地下水型水源地由于地质原因仅铁锰超标，导致水源地水质不达标，占水源地总数的14.7%；有7个水源地水质不达标的原因为氨氮、亚硝酸盐和总大肠菌群超标，占水源地总数的5.4%。如不考虑铁锰两项指标，则达标水源地为111个，占总数的86%。详见图1、图2[3]。

(一) 黑龙江省松花江流域地表水水环境质量分析

若采用国家环保局2002年中国环境状况公报、2002年按国家地表水环境质量标准[4]和地表水资源质量标准[5]评价松花江水系，则黑龙江省松花江流域14个国控断面达标率为0%，有93%（13个）的断面水质存在总氮超标现象，且水质多为劣Ⅴ类或Ⅴ类；有21%（3个）的断面存在总磷超标现象；有28%（4个）的断面存在粪大肠菌群超标现象[3]。

(二) 黑龙江省松花江流域水质现状

2008年黑龙江省松花江流域共有监测断面55个（古恰闸口断面没监测数据），其中国控断面14个，省控断面40个（古恰闸口断面没监测数据）。河流整体水质状况为轻度污染，个别河

流水质属于重度污染。主要污染指标为高锰酸盐指数、氨氮、石油类和生化需氧量[3]。

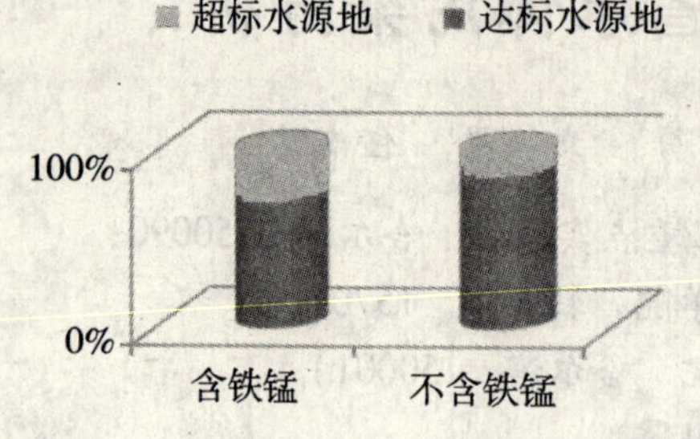

图1　黑龙江省城镇饮用水水源地水质类别图

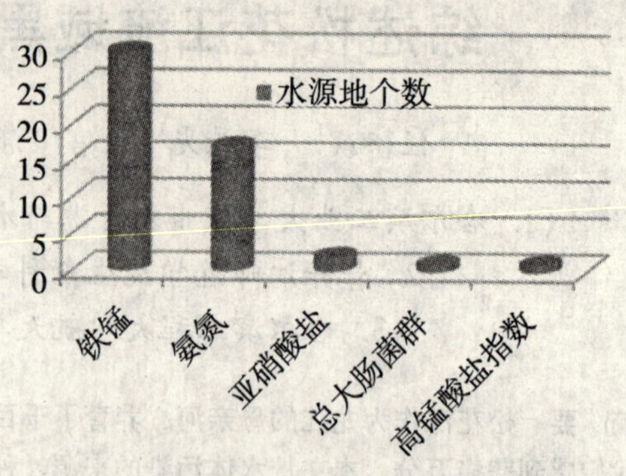

图2　单因子超标的水源地个数

按照《地表水环境质量标准》（GB 3838—2002）规定的20项指标评价，Ⅲ类及以上断面占33.3%，Ⅳ类断面占31.5%，Ⅴ类断面占20.4%，劣Ⅴ类断面占14.8%。见图3[3]。

（三）控制单元水质分析

22个控制单元的年平均水质中，Ⅲ类、Ⅳ类水质断面各占36.36%，Ⅴ类水质断面占18.18%；劣Ⅴ类水质断面占0.09%。若以超过Ⅲ类水质为超标断面，则22个控制单元中有63.64%的断面水质超标；各水期水质类别个数详见图4[2]。

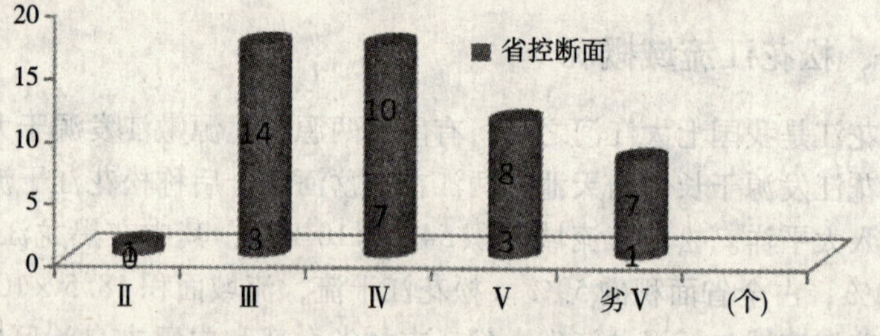

图3　2008年黑龙江省松花江流域不同水质类别断面个数

（四）松花江流域黑龙江省水体污染实例

松花江流域是国家实施振兴东北老工业基地总体战略的重点地区，同时又是国家重点污染治理流域。工业结构分布不尽合理，流域产业结构以重化工业为主，污染结构以城市集中污染和有机污染为特点，非点源污染也十分明显，支流污染呈加重趋势[6]。

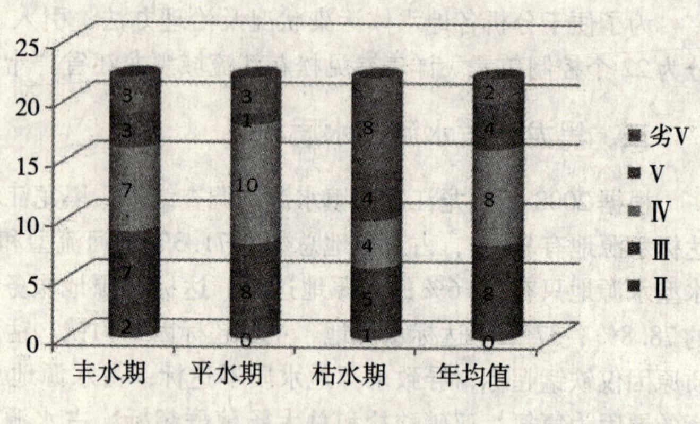

图4　不同水期断面类别个数

2005年11月13日中石油吉林石化公司双苯厂苯胺车间爆炸事故，造成松花江污染，主要污染物为苯和硝基苯。按照国家《地表水环境质量标准》（GB 3838—2002），集中式生活饮用水地表水源地特定项目标准限值，苯为0.01mg/L，硝基苯为0.017mg/L。2005年11月25日0时，在松花江哈尔滨段的四方台断面硝基苯达到最高峰值时超标33.15倍，苯未超标。12月5日14时，黑龙江省依兰县达连河断面硝基苯峰值超标15.20倍。12月10日8时，污染峰到达松花江佳木斯断面，硝基苯峰值超标9.18倍。

2002年，黑龙江省环境状况公报就显示，在松花江哈尔滨江段入境监测断面检出有机物178种，有明显致癌、致畸、致突变作用的有机物38种。2003年，国家环保总局的数据显示，松花江和珠江污染加重。2004年，环保总局数据又显示松花江水质较差[7]。研究[8]表明，松花江四方台水源地的水量和水质已满足不了哈尔滨市用水的需求。

四、松花江流域黑龙江省排污趋势及现状分析

（一）松花江流域黑龙江省水体污染趋势分析

分析了2003—2008年的排污状况，总结了6年的松花江流域污染物排放量变化趋势。

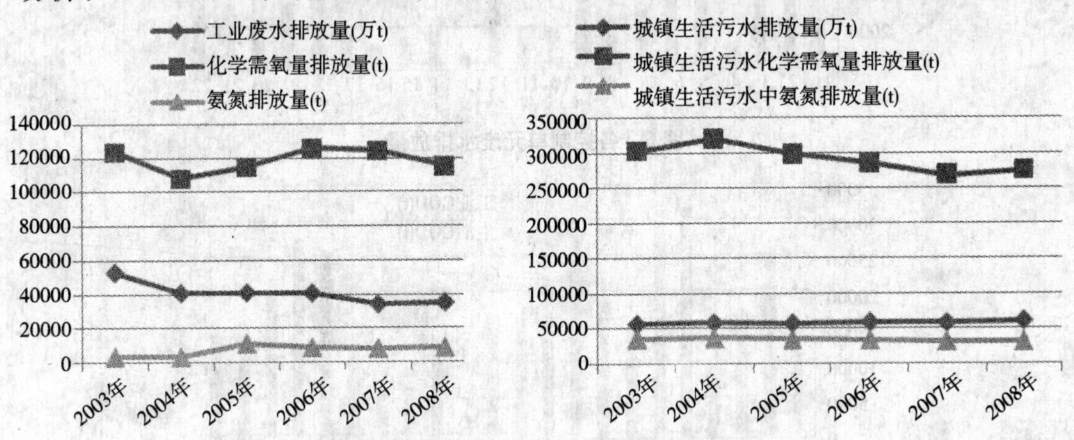

图5　黑龙江省松花江流域工业和生活污染物排放情况

由图5可知，2003—2008年黑龙江省松花江流域工业废水和工业COD排放量整体呈现下降趋势，但是工业氨氮有上升的趋势；生活COD和生活氨氮排放量随着污水处理厂的建设整体呈现下降趋势[2]。

（二）松花江流域黑龙江省水体污染分类及现状分析

以2008年为基准年，分工业源、生活源和非点源分析了污染物排放现状。

环境统计年报的数据表明，2008年黑龙江省松花江流域废水排放量为95963.67万t[2]，COD排放量为390056.4t，氨氮排放量为40843.71t。污染源一般分为点源污染源（工业废水和城市污水）和非点源污染源（农业径流、城市暴雨径流、畜禽养殖污水等）。

1. 工业源

2008年黑龙江省松花江流域重点工业污染源调查1207家企业，废水排放量为35063.82万t，COD排放量为115128.13t，氨氮排放量为8335.53t。主要的工业污染源集中在哈尔滨市段、大庆市段和齐齐哈尔市段，每个城市每年至少排放1亿t废水。从行业来看，该流域的重点工业污染源主要集中在造纸、化工、石油、矿业、食品等行业。

2. 生活源

2008年黑龙江省松花江流域城镇生活污水排放量为60899.86万t，占污水排放总量的63.46%；化学需氧量排放量为274928.27t，占化学需氧量排放总量的70.48%；氨氮排放量为32508.18t，占氨氮排放总量的79.59%。生活污水排放量最大的5个控制单元分别是哈尔滨市段、大庆市段和齐齐哈尔市段、呼兰河绥化市至哈尔滨市段和松花江哈尔滨至佳木斯市段控制单元[2]。

松花江流域人均生活污水排放量在11~180L/d，平均为101L/d；人均COD排放量在3.8~80.3g/d，平均为42.9g/d。哈尔滨、齐齐哈尔、大庆、佳木斯、牡丹江等城市由于城镇人口较多，人均COD排放量处于中游位置，在31.9~61.8g/d[2]。

3. 松花江流域黑龙江省各单元排污分析[2]：

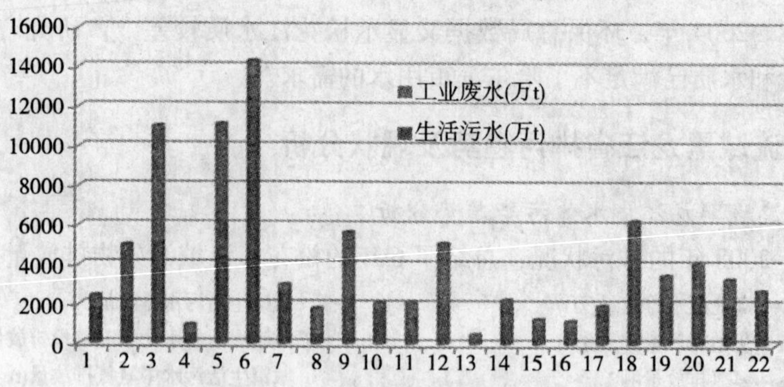

图6　各控制单元废水排放量

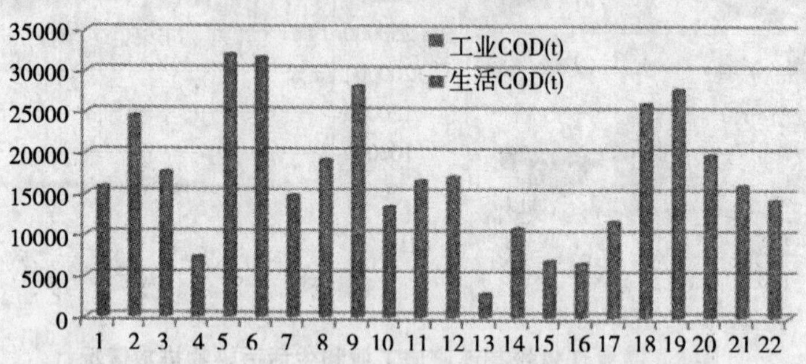

图7　各控制单元 COD 排放量

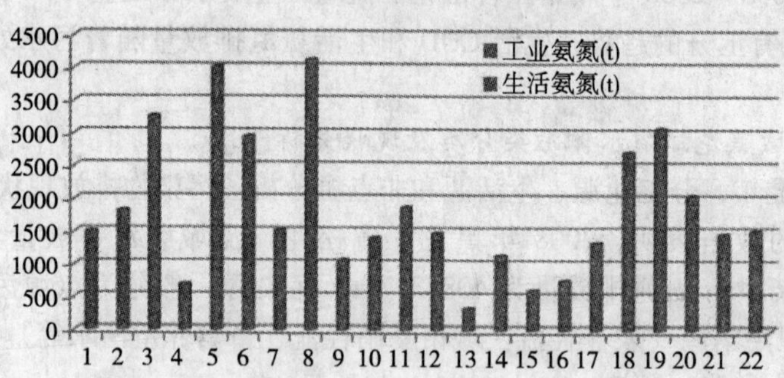

图8　各控制单元氨氮排放量

（三）非点源污染分析

由于数据来源限制，本次调查的非点源指的是农业源（畜禽养殖业、种植业和水产养殖业）不包括农村人口的生活源污染物[2]。

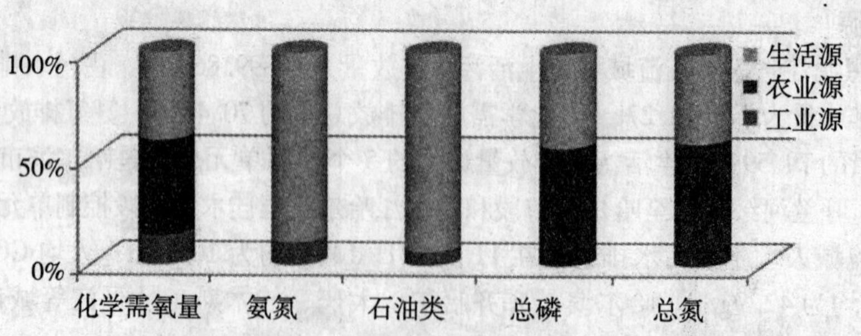

图9　黑龙江省松花江流域主要污染物来源

由图9可知，非点源所排放的污染物主要有化学需氧量、总磷和总氮。非点源化学需氧量排放量占3种污染源总排放量的近40%，总氮、总磷主要来源于生活源和非点源，其中非点源排放量占总排放量的50%以上[2]。

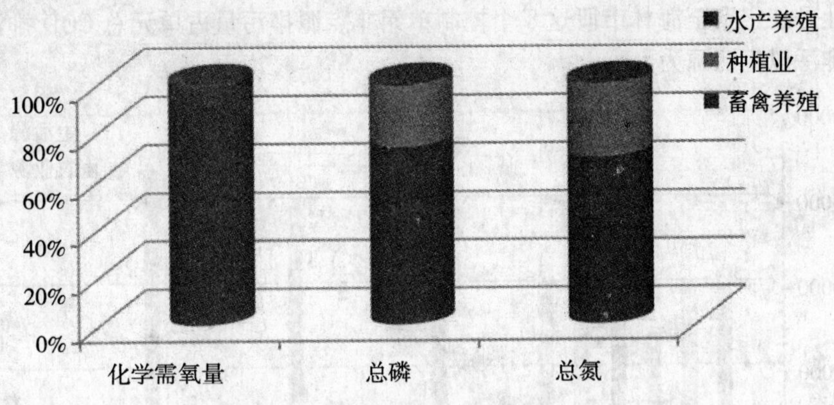

图10　非点源污染物来源

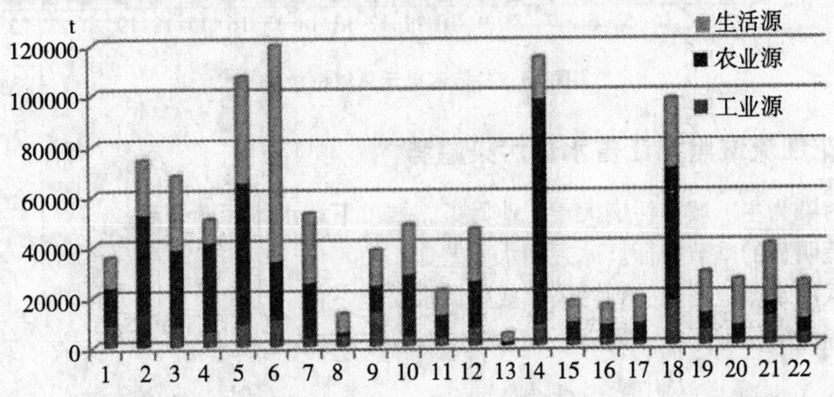

图11　各控制单元COD排放量

畜禽养殖业、种植业和水产养殖业3种非点源的类型中，种植业没有COD产生，98%的COD来自于畜禽养殖；而总氮、总磷60%左右来自于畜禽养殖业，近40%来源于种植业，仅有不到1%来源于水产养殖业[2]。

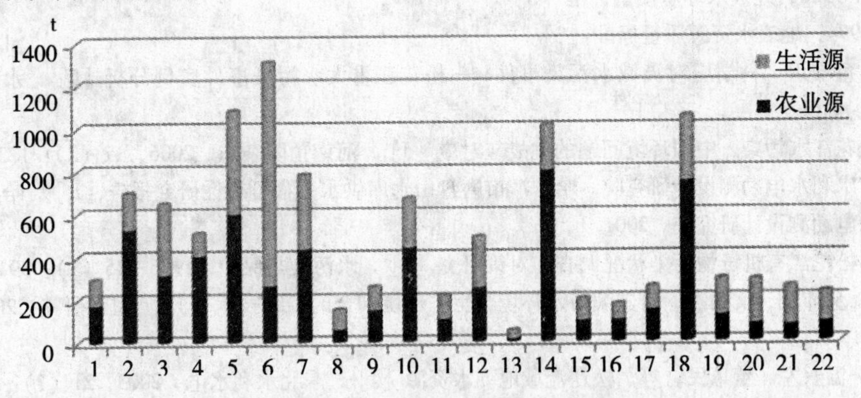

图12　各控制单元总磷排放量

从各单元排放非点源污染物（COD、总氮、总磷）总量的情况看，各污染物排放趋势基本一致[2]。

从各单元内部污染源结构看，嫩江江桥段、拉林河两个控制单元非点源排污量占各污染物总量的70%以上；嫩江讷河市到齐齐哈尔市段、呼兰河绥化市至哈尔滨市段两个控制单元非点源

COD 排放量占单元 COD 总量的 50% 以上，非点源总氮、总磷排放量占单元总氮、总磷排放总量的 70% 以上；牡丹江林口县段、依兰县段、梧桐河段、哈尔滨市段、安邦河段、倭肯河段、牡丹江市段、牡丹江宁安至海林市段这 8 个控制单元非点源排污量占单元总 COD 排污量的 50% 以下，大部分排污以生活源为主[2]。

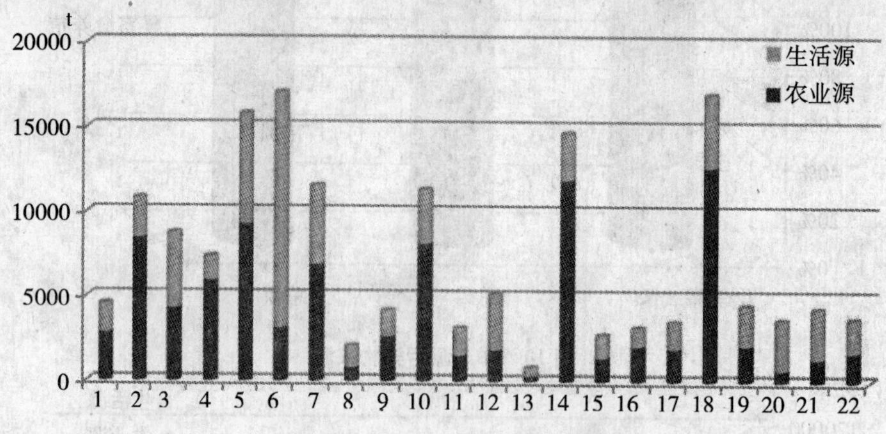

图 13　各控制单元总氮排放量

五、松花江流域黑龙江省水体污染趋势

1. 有机污染为主。城市污染大于工业污染，城市下游水体污染严重；
2. 污染呈明显的季节特征。冰封期水质差[9]；
3. 地面饮用水源地普遍受到污染。威胁饮水安全[10,11]；
4. 非点源污染贡献率大。危害不容忽视。

参考文献

[1] 王颖．松花江水污染状况对策［J］．黑龙江水专学报，2005，32（3）：81 - 82.

[2] 谢琳娜，赵丽君．松花江流域地表水污染现状分析［J］．东北水利水电，1995（5）：40 - 41，48.

[3] 松花江流域黑龙江省“十二五”水污染防治规划前期研究．黑龙江省环境科学保护研究院．

[4] GB 3838—1988，地表水环境质量标准［S］．

[5] SL 63—1994，地表水资源质量标准［S］．

[6] 李志群，董增川．科学应对流域水污染事件——松花江重大水污染事件实例分析［J］．水资源保护，24（2）．

[7] 武军．松花江水污染，中国环境问题的挑战与对应［J］．河南预防杂志，2006，17（2）：123 - 124.

[8] 黑龙江省水利水电勘测设计研究院．哈尔滨市磨盘山水库供水工程可行性研究报告．［R］．哈尔滨：黑龙江省水利水电勘测设计研究院，2001.

[9] 李青山．松花江有机毒物污染状况调查与对策研究［J］．水污染与保护，1996，15（1）：39 - 44，47.

[10] 朱雪芹，丛沛桐，文丽杰．哈尔滨市水环境与生态环境耦合的 GIS 技术［J］．植物研究，2003，23（2）：252 - 256.

[11] 王志刚，温永左，董惠民，等．松辽流域地下水资源［J］．东北水利水电，2003，21（7）：29 - 31.

[12] 李平．松花江水环境问题剖析与污染防治对策研究［J］．环境科学与管理，2005，30（3）：5 - 8.

[13] 迟永山，邓国立，吴春山．浅谈松花江流域水环境管理现状及管理措施［J］．水利科技与经济，2009，15（12）：1059 - 1060.

“一调、一控、一用”确保水质达标

李　刚

（黑龙江省大庆市红岗区第二采油厂第六作业区聚南2－1联　163414）

摘　要　聚驱采出液的处理工作通过“一调、一控、一用”等细致地管理操作，水质提高很大，再通过CAOT等新技术使用，较彻底地解决了聚驱采出液的处理净化问题，保证了油田回注水的水质，既改善了开发效果，减少了措施井数，又降低了日常维护成本，合计减少成本投入196.39万元，取得了较好的经济效益。

关键词　聚驱采出液　水质　优化　CAOT　油田回注水

第二采油厂第六作业区聚南2－1联合站，位于南三区东部，1999年10月投产。聚南2－1联合站管理聚驱采出液放水站、常规含油污水站等5个岗位。目前，担负南三东聚区采出液处理的任务，日处理液量14000m^3/d。

一、问题提出的背景

近年来，随着油田开发的不断深入，改善水质日趋成为油田开发过程中的一项重要环节。聚2－1联合站承接聚南3－2、聚南3－4、聚南3－8中转站采出液，放水站设计处理能力11844m^3/d，污水站设计处理能力12500m^3/d。日常生产运行过程中，主要存在以下问题。

1. 污水处理量严重超负荷。2009年以来，由于南三东新井投产后，处理液量达到18000 m^3/d，严重超负荷运行，使该站处理能力不能满足实际生产需要。

2. 设备处理效率低。部分污水处理设备内部附件腐蚀严重，处理效率较低，影响污水处理效果。

3. 来液成分复杂。由于新井投产、措施井增多等因素影响，来液含聚浓度增高、平均380ppm，导致污水处理难度加大。

由于上述因素影响，聚南2－1污水水质状况十分严峻，放水水质平均含油量为4614mg/L，最高达到113600mg/L，外输污水含油145mg/L，清淤总量达17000m^3，后续工艺几乎不能正常运行，导致注水质量下降，影响油田开发整体效果。所以，采取有效措施、改善注水水质，已成为摆在我们面前亟待解决的问题。

二、方法的主要内涵

实际生产过程中，我们主要采取“一调、一控、一用”的方法，改善注水水质。通过优化系统调整，加强过程控制，重视新技术应用，抓住关键环节控制，优化管理参数，合理调整结构，提高常规工艺设备的分离能力，改善油水分离效果。克服了新井投产带来的负荷大、含聚高、设备老化等困难，缓解了外输不达标对后续工艺的影响，有效改善注水水质。其主要做法如下：

（一）一调：调整优化工艺系统，改善污水来水水质

放水站放水水质直接影响污水站后续工艺的处理效果，按照规定，聚驱采出液经过放水、沉降处理后，进入污水站时水中含油量应小于500mg/L。但目前聚南2－1联放水站放水含油最多达11360 mg/L，远远超过500mg/L的标准。所以，必须采取有效手段，努力提高放水水质。

1. 优化工艺系统调整，提高破乳效果

近年来，聚南2－1放水站和污水站设备一直处于超负荷运行。针对这一问题，对系统负荷、破乳剂配方、加药点等环节进行多次优化调整。一是调整加药点。经过反复实践摸索，把以往破

乳剂加药点由聚南 2－1 放水站前移到聚南 3－2、聚南 3－4、聚南 3－6 三座中转站。二是调整加药比例。根据采出液特点优选调整配方和加药比例，改善油水分离效果。三是调整运行负荷。对聚南 3－2、聚南 3－4、聚南 3－8 三座中转站负荷进行调整，系统处理液量降至 14000 m^3/d，水质发生明显的转变。

表 1　调整破乳剂前聚南 2－1 联加药明细表

项目	药剂名称	加药量/（kg/d）				放水含油量/（mg/L）
		聚南 3－2 转	聚南 3－4 转	聚南 2－1 联放水站	合计	
数据	SJY 破乳剂	15	15	90	120	11360

表 2　优选破乳剂后聚南 2－1 联加药明细表

项目	药剂名称	加药量/（kg/d）				放水含油量/（mg/L）
		聚南 3－2 转	聚南 3－4 转	聚南 2－1 联放水站	合计	
数据	破乳剂	80	15	0	95	1277

表 3　聚南 2－1 放水站放水含油量统计表

时间	游离水脱后污水含油/（mg/L）	污水沉降后污水含油/（mg/L）	备注
2007 年 5 月	8620.00	856.00	药剂投加调整前
2007 年 6 月	11360.00	934.00	
2007 年 7 月	7812.00	873.00	
2007 年 10 月	186.00	113.00	药剂投加调整后
2007 年 11 月	193.00	124.00	
2007 年 12 月	186.00	101.00	
2008 年 4 月	798.00	542.00	措施井影响
2008 年 6 月	351.00	159.00	
2008 年 8 月	234.00	138.00	
2008 年 10 月	547.00	369.00	钻停恢复
2008 年 12 月	783.20	181.00	钻停恢复新井投产
2009 年 1 月	1017	624	
2009 年 6 月	2450	1890	液量高
2009 年 11 月	160	114	CAOT 投用
2009 年 12 月	192.4	76	

2. 调整污水沉降流程，提高含油污水处理能力

含油污水在沉降罐内停留时间越长，分离效果越好。为此，我们将停用的 1500 m^3 沉降罐投入使用，增加水力停留时间 3h。沉降罐投用后，可以进行连续收油，平均每天收油 130m^3，大大降低了污水中的含油量。

3. 调整脱除器工艺结构，保证油水分离效果

我们注意到，游离水脱除器斜板表面被黏附的油污和泥沙压实，有的部位根本就不走水，整个斜板层像一面墙一样阻断水流，使游离水脱除器内部的有效空间变小，不利于油水分离。为解

决这一问题，我站将脱除器内斜板更换成结构强度大、不易堵塞的陶瓷结构，有效避免了上述问题的发生，使游离水脱除器发挥出更大效能，保证了油水分离效果。此外，加强放水站日常管理，把看窗放水和化验指标结合起来，把三台游离水的放水含油指标纳入正常的监测范围，依据化验数据指导放水调整工作，避免走偏带来的含油波动。通过采取上述措施，使放水站污水含油高的情况得到好转，为下游污水站后续处理及水质合格提供了必要条件。

（二）一控：控制关键生产过程，发挥污水处理设施的能力

在污水处理过程中，过滤和反冲洗、加药、收油是生产管理过程中的重要环节。日常生产过程中，通过加强生产过程控制，使现有设备发挥更大的作用，是实现水质达标的关键。

1. 加强过滤过程控制，探索合理工艺参数

过滤过程是个动态的过程，反冲洗强度和水质是相对动态变化的，因此要根据滤罐的工作状况和污染状态进行调整。

一是控制滤罐前后压差。滤罐的压差直接影响过滤效果，经过实践摸索，在压差控制上我们采取分级控制，一次滤罐不能超过0.2MPa，二次滤罐控制在0.1MPa左右。一次滤罐反冲洗周期24h，二次滤罐反冲洗周期48h。过滤过程中在滤罐滤层表面会形成滤饼，当压差高时在局部会冲击出现空穴，致使水质恶化。长时间高压差会造成筛管等内部附件损坏等问题。勤洗一次滤罐可控制滤料的污染程度，适当维持二次罐的压差有利于滤饼的形成。

二是控制反冲洗强度。最佳反冲洗强度应该是使滤层处于流化状态，既不跑料又能洗干净。在滤罐改造时我们给每个滤罐增设了观察口，通过观察口对滤罐观察和对单罐水质的化验，把反冲洗强度设定为2.2 $L/s \cdot m^2$，强力气洗的强度为1500～2000 $L/s \cdot m^2$。避免了强度过大会冲散滤层造成滤料流失，过小滤料洗不出来。

三是控制滤罐工作状态。为了做好滤罐的故障判断和处理工作，我们制定用化验和比色相结合监测滤罐工作状态的制度。每天用配好的标准比色管和反冲洗完成后滤罐进出口水质进行对比，通过水质变化分析单罐的工作状态。如果异常则根据需要重复分析，同时要求干部进行现场分析。根据经验，走偏、气阻、阀门不严、筛管损坏、滤料污染板结都会影响水质，通过定期对单罐的工作状态监测，分析故障产生的原因。及时调整反冲洗制度，让过滤罐起到保障水质的作用。

2. 加强沉降过程控制，提高油水分离效果

沉降罐分重力沉降罐和斜板混凝沉降罐，其理论基础是哈真的浅池沉降理论。为了判断各级处理设施发挥效能的情况，我们设立取样留样制度。通过班次采得的来水、沉降、过滤、外输水样，根据颜色变化，化验数据对比，来判断各级处理设施发挥效能的情况。具体做法是在不同取样点采回的水样摆在多层的柜内设定好的位置上，横向上代表的是时间的变化，纵向上代表的是各级处理设施效能的变化，通过横向和纵向前后比较，就直观地看出水质变化情况和各级设施的处理效率。根据沉降罐出水水质情况，及时调整加药比例，保证絮凝效果。

图1　各级沉降罐沉降出水效果

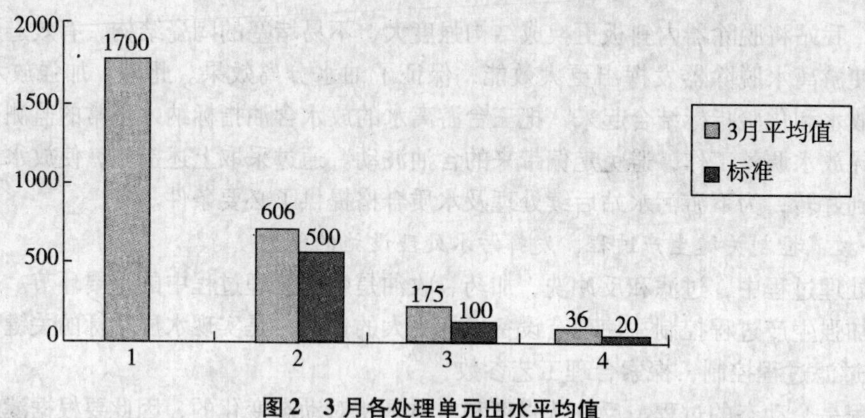

图 2　3 月各处理单元出水平均值

从图 2 可以看出来水水质较差，两级沉降都没有达到预定目标，过滤水质也不合格，但沉降段没达标是主要原因，我们采取的措施是提高加絮凝剂比例，加强收油，改善沉降效果。从图 3 可看出来水水质较差，由于有了 CAOT 作用，两级沉降都达到了预定目标，过滤水质不合格，所以过滤段没达标是主要原因，我们采取措施是加强反冲洗，改善过滤效果。

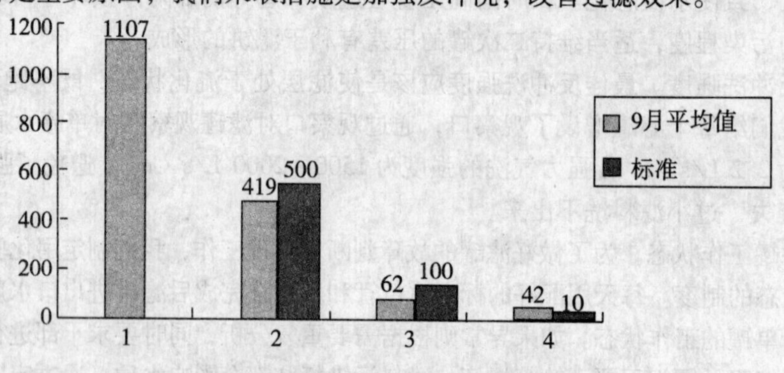

图 3　9 月各处理单元出水平均值

3. 加强收油过程控制，确保脱水平稳运行

沉降罐中分离出的油在系统内停留时间过长，硫酸盐还原菌滋生很快，这部分油回收会影响电脱水的稳定。原来收回来的油回到油系统后进入南 2－1 油站，现改为用收油泵直接打到南 2－1 污水站，经过老化油处理装置再到油站。有效避免了对电脱的冲击。沉降罐内减少了存油量对沉降罐效能的发挥，减轻后续工艺的负荷有积极的作用。

（三）一用：加快新技术应用，改善常规工艺设备分离能力

随着聚驱开发时间不断延长，采出液成分复杂难分离，常规两级沉降和两级过滤工艺已不能满足水质处理的要求，所以，我们加大新技术应用力度，提高水处理效率，保证水质合格。

1. 应用 CAOT 高级催化氧化组合技术，提高污水沉降罐分离效率。

2. 应用高速离心分离装置，处理回收老化油。

3. 应用气浮过滤一体化装置，强化过滤效果。

三、效益评价

（一）改善注水水质，确保油田开发整体效果

我站注水水质改善后，缓解了由于水质不合格堵塞地下孔隙，造成注水井回压高，影响注水效果的问题，有效提高南三东区块地下油层的采收率，确保油田开发整体效果。

表4　南三东区块注水水质改善前后开发效果对比表

项　目	实施前（年均）（井次）	实施后（年均）（井次）	差值（井次）	节约成本（万元）
注水井解堵	31	15	16	48
超误差井数	128	109	19	47.71（总计少影响注水 1457m³，按 10% 油量计算少影响油 146t，每吨 3000 元，增效 43.71 万元；少投入人工设备 4 万元。合计增效 47.71 万元）
水井压裂合计	3	2	1	20 115.71

（二）改善放水水质，减少了维护成本投入

通过把聚南 2－1 系统合理调整，聚南 2－1 放水站的放水含油由 2000mg/L 以上降至 200mg/L 以下。随着聚 2－1 污水水质好转，今后清淤量、滤罐维护量也将显著下降。可减少清淤费用及滤罐维护费用 98.69 万元，年节约运行费用 80.68 万元。

表5　聚南 2－1 系统调整破乳剂加药量前后费用对比表

阶　段	破乳剂加药量/（kg/d）	破乳剂费用/（万元/a）	污水站清淤费用/（万元/a）	污水站滤罐维修费用/（万元/a）	合计/（万元/a）
调整前	120	48.04	84.54	22.01	154.60
调整后	165	66.06	4.52	3.34	73.92
差　值	45	18.02	－80.02	－18.67	－80.68

综上所述，我站注水水质改善后，既改善了开发效果，减少了措施井数，又降低了日常维护成本，合计减少成本投入 196.39 万元，取得了较好的经济效益。

参考文献

[1] 宋益莹，孙立国，等．油田联合站沉降法油水分离过程及控制方法研究［J］．油气田地面工程，23（7）：2004.

[2] 朱泽民，等．吸附理论的提出与工程实践［J］．油气田地面工程，2004，23（10）．

[3] 李福勤，常建闯，等．新型溶气气浮装置工作性能与试验研究［J］．河北工程大学学报，2009，26（2）：39－41.

[4] 杨政宏．CAOT 催化氧化组合净化工艺原理及应用［C］．炼化企业节水减排与污水回用技术文集，2006，7.

[5] 聂梅生．对水处理技术发展的重新认识．中国城镇供水排水协会，2007，3．

红树植物净化海岸富营养化水体的生物修复技术研究

刘　玉　李适宇　李耀初　黄少峰　黄齐欣

（中山大学环境科学与工程学院　广东　广州　510275）

摘　要　本课题建立秋茄和桐花树、木榄和红海榄单种和混种二种红树种植岛系统进行综合研究。本文对系统运行期间（2008 年 6 月—2010 年 3 月）其中 3 次的氮因子、藻类进行分析，得到：红树湿地系统可以较大限度地降低无机氮（DIN）和 TN 含量，但藻类叶绿素 a 和总丰度仍很高，主要源于藻类生长和多种机理有关。红树种植组合并不能显著提高水体的净化作用，秋茄或木榄单种可以达到相对较好的净化水平，为较好的净化植物。同时完成红树植物的多种种植技术研究。

关键词　红树植物　氮污染　浮游藻类　生物修复　红树种植技术　珠江口

本研究通过对几种红树植物进行选择性种植，并重点分析水体中氮含量以及藻类丰度和叶绿素 a 含量变化，来分析红树植物的净化作用和筛选净化作用较强的红树树种。

一、材料与方法

（一）红树植物种植塘的构建

选取深圳某海滨公园（113°45′53.0″E、22°43′14.4″N）外侧 1 号涌和 2 号涌之间的滩涂湿地，构建红树净化系统两套，从 2008 年 6 月开始运行。目的是比较红树植物对河涌污水的净化效果差异从而筛选出净化作用较强的红树树种。各试验塘的详细构建方式见表 1。

表 1　红树林净化系统构建方式

系统	试验塘	红树种植种类	面积/亩
系统 A	A1	秋茄	24
	A2	桐花树	24
	A3	秋茄和桐花树	32
	A4	对照	30
系统 B	B1	木榄	22
	B2	红海榄	25
	B3	木榄和红海榄	22
	B4	对照	13

（二）采样频率

采样时间从 2008 年 6 月—2010 年 3 月已进行了 10 次。由于篇幅所限，本文仅对 2008 年 9 月、2009 年 1 月和 7 月的样品进行分析。

（三）理化因子和浮游藻类的测定和分析

对种植系统内 16 个理化因子进行分析，具体步骤均按国家海洋监测规范进行。由于篇幅所限，本文仅对珠江口富营养化最重要的营养盐氮因子进行分析。浮游藻类种类和丰度：定量显微镜镜检。叶绿素 a：0.45μm GF/C 玻璃纤维滤纸过滤，荧光计测定。

二、结果与讨论

（一）营养盐 N 水平变化

本文对 N 的污染评级依据国家海水水质标准（GB 3097—1997）中无机氮（以 N 计）的标准，第一类至第四类分别为 0.20mg/L，0.30mg/L，0.40mg/L，0.50 mg/L。此外，根据水体中

TN > 1.20 mg/L 为富营养化水平进行评价。

溶解态无机氮（DIN）是珠江口氮污染的一个主要形式，从图 1 可以看出，在系统 A，2009 年 1 月 A1、A2、A3 红树种植塘的 DIN 比 2008 年 9 月的 3 个红树种植塘均普遍降低，而在系统 B，2009 年 1 月 B1、B2、B3 红树种植塘的 DIN 比 2008 年 9 月的 3 个红树种植塘均普遍升高，但二系统均以对照塘 A4 和 B4 中的 DIN 含量最高。到 2009 年 7 月，各塘的 NH_4-N 的含量均有较大程度的下降。从 2008 年 9 月 DIA 几乎全部高于和远高于国家四类标准到 2009 年 7 月几乎全部好于一类标准，说明二个红树种植系统对 DIN 均有很大的污染降低作用。

总氮（TN）也是衡量珠江口氮污染的一个主要形式，从图 2 可以看出，两个红树种植系统的 TN 在 2008 年 9 月—2009 年 1 月、2009 年 7 月呈较高的下降趋势，说明红树种植系统对 TN 也有很大的污染降低作用。但几乎所有塘的 TN 含量仍高于富营养化的限制水平。因此，虽然是经过了红树植物一年多的处理，该水体仍具有很大的发生富营养化的可能性。

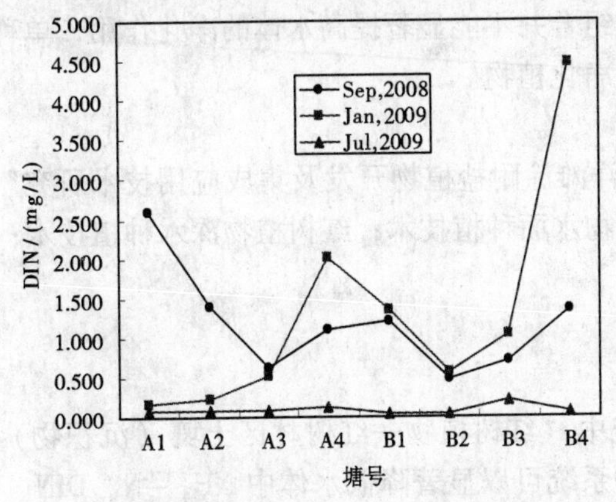

图 1　红树种植系统中 DIN 的含量比较

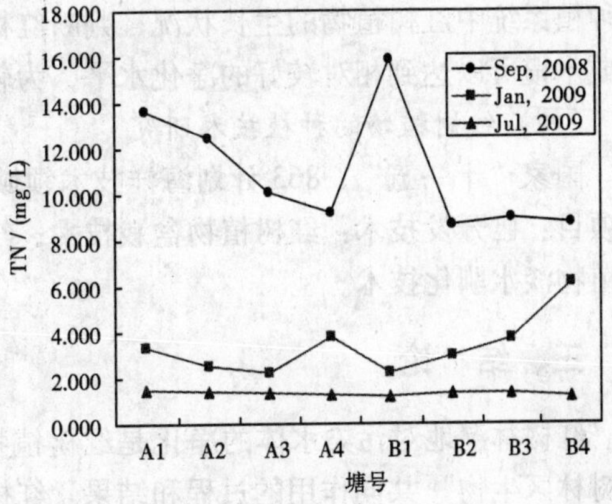

图 2　红树种植系统中 TN 的含量比较

（二）藻类叶绿素 a 和丰度水平变化

叶绿素 a 是反映水体中浮游藻类生物量的一个综合指标。参照叶绿素 a 的划分标准，大于 80μg/L 为重富营养型水体。二系统中叶绿素 a 值结果如图 3 所示。

从图 3 可见，以 B2、B3 的 Chla 含量相对较低，为中－富营养水平，其它各塘在一年多的时间内均为重富营养到超富营养水平，各塘之间的变化较大。总体来说，B 系统的 Chla 含量平均值相对较 A 系统为低。

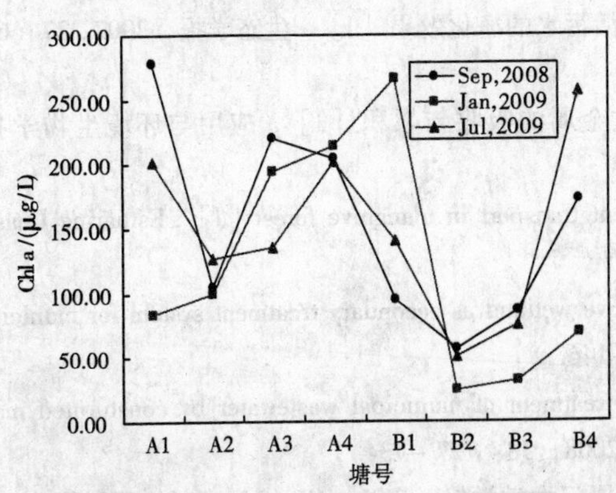

图 3　红树种植系统中叶绿素 a 的含量比较

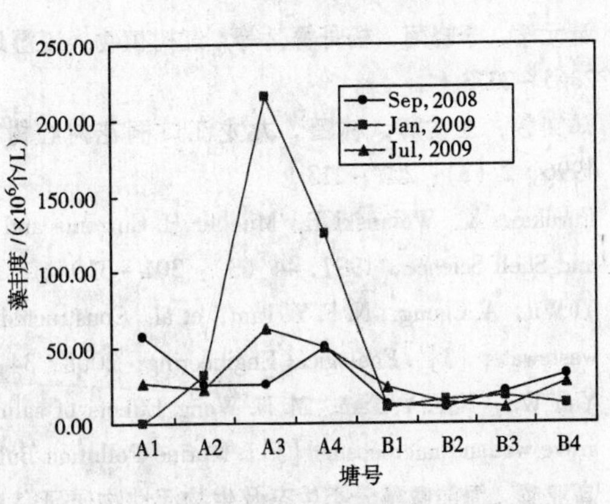

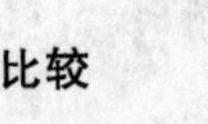

图 4　红树种植系统中藻类丰度的变化比较

本研究还以藻类丰度作为富营养化的评价标准（大于 10×10^5 个/L 为富营养水平，大于 10

$\times 10^6$ 个/L 为重富营养水平）对各月样品进行分析，见图 4。各试验塘藻类丰度最低的为 2009 年 7 月的 B3，但也是 9 倍于富营养化水平，为 9.78×10^8 个/L。最高的为 A 种植系统在 2009 年 1 月的 A3 和 A4，分别为 2.15×10^8 个/L 和 1.25×10^8 个/L 级别，为超富营养化水平。其他均为 $\times 10^7$ 个/L 级别，为重富营养化水平。表明在目前阶段各红树种植塘的浮游藻类数量仍处在很高的水平。但相比而言，B 系统的藻类丰度总体上低于 A 系统。

（三）红树种植的净化作用比较

系统 A（秋茄和桐花树）及系统 B（木榄和红海榄）对 DIN 均有很大的污染降低作用，系统运行一年后 DIN 几乎全部好于一类标准，说明种植红树植物对降低无机氮含量有较大作用，也可以较大程度地降低 TN 含量。只是由于系统建造时引入的河涌水污染太剧，因此，虽然是经过了一年多的处理，但 TN 仍高于富营养化的限制水平。本系统中藻类叶绿素 a 和藻类丰度仍极高，可能和藻类生长繁殖涉及复杂的水文、理化、气象等机理[2,8]有关。本研究综合考虑 2 个红树种植系统中红树植物的生长状况，判断红树植物组合并不能显著提高水体的净化作用，单种秋茄或木榄可以达到相对较好的净化水平，为较好的净化植物。

（四）红树植物的种植技术研究

国家“十一五”、863 计划海洋技术领域“海洋滩涂耐盐植物开发及集成应用技术研究”重点项目：已开发技术：红树植物盆栽技术；红树植物水面种植技术；红树植物深水种植技术；红树植物淡水驯化技术。

三、结　论

红树林湿地对污染水体的净化是红树植物系统中“红树植物—红树林区土壤（沉积物）—红树林区生物”共同作用的过程和结果。红树植物系统可以显著降低水体中 NH_4-N、DIN、TN 的含量，因此种植红树可以显著降低珠江口氮形式的污染，但并不能很好地减轻藻类的富营养化水平。秋茄（Kandelia candel）或木榄（Bruguiera gymnoihiza）单种可以达到相对较好的净化水平，是筛选出的较好的净化植物。

参考文献

[1] 高秀梅，韩维栋．广东省红树林生态系研究展望［J］．广东林业科技，2008，24（2）：86－91.

[2] 何斌源，范航清，王瑁，等．中国红树林湿地物种多样性及其形成［J］．生态学报，2007，27（11）：4859－4870.

[3] 靖元孝，李晓菊，杨丹箐，等．红树植物人工湿地对生活污水的净化效果［J］．生态学报，2007，27（6）：2365－2373.

[4] 郑文教，王文卿，林鹏．九龙江口桐花树红树林对重金属的吸收与累积［J］．应用与环境生物学报，1996，2（3）：207－213.

[5] Furukawa K，Wolanski E，Mueller H. Currents and sediment transport in mangrove forest［J］. Estuarine Coastal and Shelf Science，1997，44（3）：301－310.

[6] Y. Wu，A. Chung，N. F. Y. Tam，et al. Constructed mangrove wetland as secondary treatment system for municipal wastewater［J］. Ecological Engineering，2008，34：137－146.

[7] Yan Wu，N. F. Y. Tam，M. H. Wong. Effects of salinity on treatment of municipal wastewater by consturuted mangrove wetland microcosms［J］. Marine Pollution Bulletin，2008，58：727－734.

[8] 高亚辉．海洋微藻分类生态及生物活性物质研究［J］．厦门大学学报，2001，40（2）：566－573.

缓流双池式事故池在高速公路水源保护路段中的应用研究

吴东国　蒋红梅　杨　斌

（招商局重庆交通科研设计院有限公司　重庆南岸学府大道33号　400067）

摘　要　保持放空状态的事故池在高速公路水源保护路段存在不能及时转换排水水路，自动收集事故泄漏毒性物质的问题。设置缓流双池式事故池，通过缓流池缓流事故泄漏毒性物质，放空池在事故发生后闭合出口闸门利用平常放空的容积收集毒性物质，可以很好地解决高速公路水源保护路段应急收集泄漏毒性物质的问题。

关键词　缓流双池式　事故池　公路　水源保护

伴随着我国高速公路里程的不断增长，高速公路不可避免地要经过水源保护区；高速公路上运输的各种危险毒性物质对水源保护区构成了一个巨大的潜在威胁。据估计，我国95%以上的危险化学品涉及异地运输问题，并且危险化学品运输车辆一旦发生交通事故，发生泄漏的可能性是非常大。泄漏的毒性物质往往造成重大社会影响。特别是泄漏的毒性物质污染水体事故，严重破坏水环境，引起社会恐慌，甚至造成了下游居民中毒，城市供水中断。

通过在高速公路水源保护路段设置结构简单、造价低廉、易于维护的事故池；一旦发生事故，配合有效的事故应急救援，事故池可以有效地降低事故对环境的污染。因此，高速公路水源保护路段事故池也越来越多地被提到并进行应用。

一、公路事故池设置的目的

事故池一般设置在危险化学品的加工厂和储存地，用来贮存事故水，避免事故水对污水处理系统和下游水环境带来的影响。高速公路事故池设置在水源保护区路段的路面组织排水系统的总出口处，主要是为了在危险化学品泄漏发生后，截流有害物质，并为处理泄漏的有害物质提供缓冲时间，防止有毒有害物质污染水源。同时，事故池还可对雨水进行沉淀和净化，在暴雨时可对雨水进行调蓄，减少向下游排水的峰值流量。

二、公路事故池的容积

根据化工项目相关规范，事故池容积应包括可能流出厂界的全部流体体积之和，通常包括事故延续时间内消防用水量、事故装置可能溢流出液体、输送流体管道与设施残留液体、事故时雨水量。考虑到公路危险化学品泄漏的发生特点和处置特点，公路事故池容积一般只考虑事故装置的容积即可。

根据国外相关研究资料，危险化学品运输车辆在高速公路上发生危险化学品泄漏事故的概率为 0.036×10^{-6}次/km，发生危险化学品大规模连续泄漏事故的概率为 0.0234×10^{-6}次/km。可见发生事故率相对较低，因此笔者建议按一辆大型化工液体运输车的全部容积计算就已经可以了。

表1　国内常见化工液体运输车特征表

车辆外形尺寸（长×宽×高）／（m）	罐体外形尺寸（长×长轴×短轴）／（m）	罐体有效容积/（m^3）	备注
7.99×2.45×3.05	5.20×2.35×1.42	11.9	
11.00×2.49×3.30	8.00×2.23×1.40	20.6	
11.95×2.50×3.60	9.00×2.40×1.65	28.3	

车辆外形尺寸（长×宽×高）/（m）	罐体外形尺寸（长×长轴×短轴）/（m）	罐体有效容积/（m^3）	备注
12.80×2.50×3.80	12.30×2.42×2.05	50.14	挂车

三、公路事故池的设计

高速公路事故池相比化工工厂的事故池，没有专人值守，事故池控制系统也要简易得多。因此，高速公路事故池要求能保证在事故发生时缓冲处理泄漏液体时间、自动收集事故泄漏液体，并且尽可能地减少人工维护和管理。

目前，国内高速公路事故池一般采取平时保持放空状态，发生事故时由人工将路面排水水路切换至事故池。这种方式最大的缺点是，一旦事故发生，事故现场人员不会主动去切换公路的排水水路，而公路管理人员到达现场进行切换又需要一定的时间，导致有害液体外泄。

笔者推荐采用的缓流双池式事故池，可以部分解决上述问题。既设置两个串联的水池——缓流池和放空池，缓流池水闸平时关闭，用来积蓄雨水；放空池水闸平时常开，放空水池，留出容积以备收集事故泄漏液体。如遇事故发生，事故泄漏液体首先进入缓流池在缓流池中缓慢流动，减缓泄漏液体流出事故池时间；待工作人员关闭放空池闭门后，放空池全部空间即可用来收集事故泄漏液体。

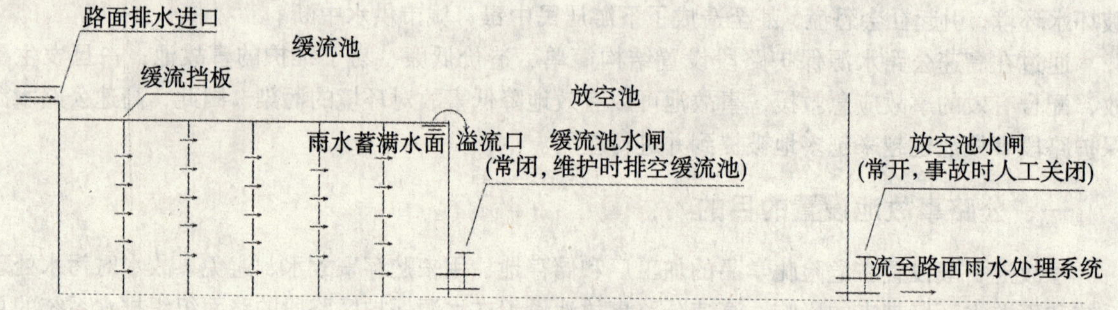

图1 缓流双池式事故池工作示意图

为了保持事故池的整体最佳工作状态，缓流池也应在日常维护中及时地放空。

四、小　结

危险化学品运输事故属于小概率事件，目前，还未见有公路事故应急池发挥作用的成功案例的报道。但由于化学危险品的特殊性，一旦发生事故导致化学危险品泄漏，就会对环境造成极其严重的危害，因此，缓流双池式事故池作为一种简易的“自动化”事故池还是有可取之处的。

参考文献

[1] 吴宗之，孙猛．200起危险化学品公路运输事故的统计分析及对策研究［J］．中国安全生产科学技术，2006，2（2）：3-8.

[2] 张江华，朱道立．危险化学品运输风险分析研究综述［J］．中国安全科学学报，2007（3）：135-140.

[3] Hazardous materials transportation risk analysis：quantitative approaches for truck and train. WR Rhyne，New York Van Nostrand Reinhold，1994.

[4] Center for Chemical Process Safety of the American Institute of Chemical Engineers，Guidelines for Chemical Transportation Risk Analysis，1995.

[5] 刘佳，Robert Santiag. 水源保护区高速公路排水设计的新方法［C］．中国公路学会2005年学术年会论文集，82-88.

络合铜除藻剂对三种水生植物根系发育的影响

康丽娟[1]　孙从军[1]　李小平[2]

(1. 上海市环境科学研究院　上海　200233；
2. 华东师范大学　上海　200233)

摘　要　试验初步研究了络合铜杀藻剂对常见水生植物穗花狐尾藻、刺苦草与紫背浮萍根系发育的影响。试验结果表明，络合铜显著抑制三种水生植物根系发育。投加400ppb络合铜显著抑制穗花狐尾藻主根伸长与侧根发育，由于主根与侧根发育受到抑制，促进了不定根生长。投加200ppb络合铜显著抑制刺苦草侧根生长，投加400ppb络合铜条件下紫背浮萍根萎缩，叶状体根系受到显著影响。三种水生植物对络合铜的敏感性依次为穗花狐尾藻 > 紫背浮萍 > 刺苦草。水培条件下400ppb络合铜即显著抑制其根的发育。

关键词　络合铜　穗花狐尾藻　刺苦草　紫背浮萍　根

富营养化导致的水华频发已成为一个全球性的环境问题[1]。为了控制水华、改善水质，物理、化学、生物等控制方法逐步发展起来[2]，其中铜离子类杀藻剂由于最具实际效果而在国内外广泛使用[3-5]。吕启忠等[6]研究表明在水体中投加0.5～1.0mg/L硫酸铜抑藻剂，其对水中藻类的去除率可达70%～90%。用铁盐、铝盐增效后，0.2～0.3mg/L的铜离子就可控制微囊藻水华的生长[7]。在湖泊与水库中使用铜离子杀藻剂，势必会增加水体中铜离子浓度，对水生态系统中其他生物产生毒害作用[8-11]，降低生态系统的功能。铜离子易与有机质结合，Mantoura[12]等研究认为，90%以上的铜离子与水体中腐殖质结合，在3h内，水柱中铜离子浓度恢复至背景浓度，大量的铜离子富集至沉积物表层[5]。为了提高铜离子的杀藻效率和生态安全性，相继研制出了一系列含铜杀藻剂，络合铜是其中效力较高的一种。Mastin和Rodgers[13]的研究证明与硫酸铜比较，络合铜杀藻剂对浮游动物与大型底栖动物具有较高的安全性。但络合铜杀藻剂对沉水植物生态安全性的研究缺乏，铜离子杀藻剂的使用会在多大程度上限制沉水植物的恢复？在控藻的同时会不会导致受纳水体生态功能的下降？为此，本文初步讨论了络合铜对三种常见水生植物刺苦草、穗花狐尾藻与紫背浮萍根系发育的影响，以期为络合铜生态安全性评估提供参考。

一、材料与方法

络合铜全称为三乙醇胺络合铜（Copper sulfate complex with triethylanolamine），分子式为$C_{12}H_{30}N_2O_{10}SCu$，分子量为457.98，结构式为$[Cu[N(CH_2CH_2OH)_3]_2]SO_4$。本试验采用的络合铜外观为暗蓝色液体，铜含量6.51%。文中络合铜浓度以所含Cu^{2+}浓度表示。

刺苦草（*Vallisneria spinulosa Yan*）、穗花狐尾藻（*Myriophyllum spicatum*）种子，由中国科学院武汉植物研究园水生植物生物学实验室提供，2007年9月采自西凉湖。种子用自来水清洗后随机分成6组，每组50颗。种子萌发实验在培养皿中进行，在培养皿中加入50ml经过曝气的自来水，添加不同剂量的络合铜，使Cu^{2+}最终浓度分别为100ppb、200ppb、400ppb、800ppb与1000ppb，培养体系pH均在7.0～7.2之间。培养条件为25℃，自然光照。于接种后14d在显微镜下观察根生长状况。

紫背浮萍（*Watermeal*）2008年8月采自武汉月湖，取大小相当的植株随机分组，在Cu^{2+}最终浓度分别为100ppb、200ppb、400ppb、800ppb与1000ppb的培养体系中培养3d后观察根的生长状况。

二、实验结果

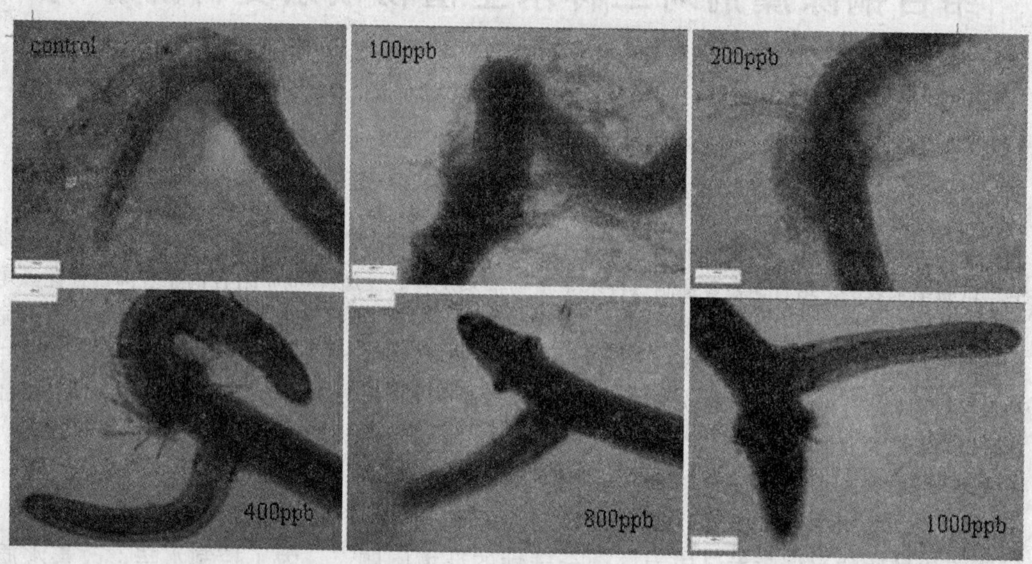

图1 络合铜对穗花狐尾藻根系发育的影响

（一）络合铜对穗花狐尾藻根的影响

如图1所示，经过14d的培养，穗花狐尾藻种子萌发，主根伸长，侧根丰富，形成发达的根系。络合铜浓度增加，穗花狐尾藻侧根明显减少，不定根逐步形成。100ppb与200ppb Cu^{2+}浓度条件下，穗花狐尾藻主根伸长，侧根一定程度上减少，不定根露出胚轴。400ppb Cu^{2+}浓度条件下，穗花狐尾藻主根仍能伸长，但是侧根数量与长度大幅降低，不定根发达，说明此时过量的Cu^{2+}已经对主根和侧根产生了一定程度的损伤。在800ppb与1000ppbCu浓度条件下，穗花狐尾藻主根与侧根均不伸长，胚轴上长出侧根，说明高浓度的Cu^{2+}严重抑制了主根与侧根发育。

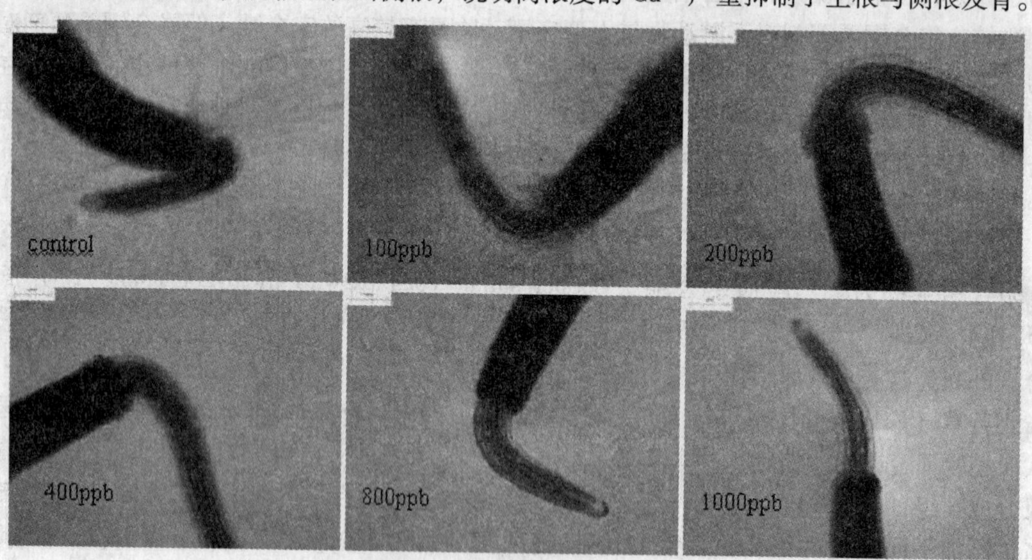

图2 络合铜对刺苦草根系发育的影响

（二）络合铜对刺苦草根的影响

刺苦草种子经过14d的培养后，种子萌发，根伸长形成发达的根系。络合铜浓度增加，刺苦草侧根数量大幅降低。100ppb Cu^{2+}浓度条件下，与对照相比，刺苦草主根无显著形态变化，侧根数量降低，长度变短。200ppb 与 400ppb Cu^{2+} 浓度条件下，刺苦草主根伸长，侧根无生长，根部有明显的侧根突起，说明侧根的生长受到抑制。在 800ppb 与 1000ppb Cu^{2+} 浓度条件下，刺苦草根伸长，没有明显的侧根突起。

（三）络合铜对紫背浮萍根的影响

将紫背浮萍转移至新的培养体系中 3d 后，紫背浮萍发育正常，根系发达。络合铜浓度增加紫背浮萍根显著变短，对照组最大根长为 3.4cm，平均根长 2.8±0.6cm，100ppb 下根长最大 2cm，平均 1.5±0.5cm，200ppb 条件下根长最大 1.2cm，平均 0.7±0.5cm，其他组根长均小于 0.2cm。

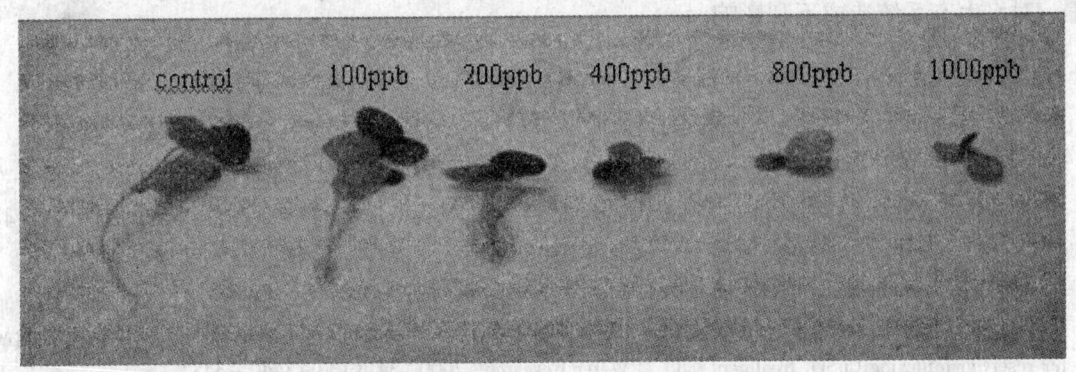

图 3　络合铜对紫背浮萍根系发育的影响

三、分析与讨论

根是植物吸收和转运营养物质的重要器官[14,15]，影响植物根系发育的因素有很多[16]，总体上来讲，低磷、低铁、高钙及高浓度植物激素等无机离子都对植物根系的发育有重要的影响。与其他重金属相比，铜离子的生物富集作用较弱，所以对人类的危害较小，但是对植物的毒性很高[17]。铜离子是植物代谢所必需的微量元素之一，低浓度的铜离子作为植物呼吸作用和光合作用中多种酶的辅助因子，能提高酶的表达量[18]，从而促进植物光合作用和细胞的生长繁殖[19]。过量的铜离子妨碍植物对二价铁的吸收和在体内运转，造成缺铁病；在生理代谢方面，过量的铜抑制脱羧酶的活性，间接阻碍了 NH_4^+ 向谷氨酸转化，造成 NH_4^+ 的累积，使根部受到严重损伤，主根不能伸长，根尖硬化，生长点细胞分裂受到抑制，根毛少甚至枯死[20-24]。曹成有等[25]研究发现，水培条件下，400mg/L Cu^{2+} 显著抑制紫花苜蓿、红三叶和沙打旺胚根胚芽伸长。Patterson 和 Olson 的研究表明[26]，水培情况下，30μg/L 的铜离子显著抑制木本植物根的伸长与根毛的形成。在本研究中，铜含量为 400ppb 的络合铜显著抑制穗花狐尾藻主根伸张与侧根发育，由于主根与侧根发育受到抑制，促进了不定根发育。铜含量为 200ppb 的络合铜即显著抑制刺苦草侧根生长。

穗花狐尾藻属多年生草本植物，自然条件下以种子、根状茎和断枝三种方式进行繁殖[27]。陈忠义等报道种子是穗状狐尾藻冬季种子库的主要构成成分，远远高于断枝等无性繁殖体[28]。因此在水体中使用络合铜杀藻剂，大量的铜离子富集至沉积物表层，沉积物种铜离子浓度升高，穗花狐尾藻根系发育受到抑制，将使早期幼苗无法固定在底泥中。刺苦草为一年生草本植物，有 3 种繁殖方式，一是种子繁殖，二是通过匍匐茎向四周扩展形成子株，三是通过地下块茎进行繁殖。与穗花狐尾藻幼苗相比，刺苦草对络合铜更敏感，铜含量为 200ppb 即显著抑制刺苦草根系发育。紫背浮萍最主要的繁殖方式为无性生殖，400ppb 络合铜条件下紫背浮萍根萎缩，叶状体根系受到显著影响，叶片黄化，植物体对营养的吸收利用收到抑制。说明沉水植物穗花狐尾藻、刺苦草与浮叶植物紫背浮萍根系发育对络合铜敏感，水培条件下400ppb络合铜即显著抑制其根的发育。

四、结　论

含量为400ppb络合铜抑制三种常见的水生植物穗花狐尾藻、刺苦草与紫背浮萍根系发育，进而限制植物对营养的吸收与利用。三种水生植物对络合铜的敏感性依次为穗花狐尾藻>紫背浮萍>刺苦草。络合铜杀藻剂对铜绿微囊藻的有效剂量为1mg/L，对小球藻的有效剂量为5mg/L[17]，因此采用络合铜杀藻剂需要非常谨慎，不建议长期连续使用，以免造成在水生态系统中的积累，对水生态系统造成不利影响。

参考文献

[1] 韩小波，陈建．富营养化供水中的藻类控制与去除［J］．安全与环境学报，2006，19（3）：24－29.

[2] 孙大朋，张祖陆，梁春玲．水源富营养化及藻类控制技术［J］．安全与环境学报，2006，3：31－33.

[3] Hawkins P R, Griffiths D J. Copper as an algicide in a tropical reservoir [J]. Water Research, 1987, 21 (4): 475－480.

[4] Donald M A. Turning Back the Harmful Red Tide [J]. Nature, 1997, 388: 513－514.

[5] Haughey M A, Anderson M A, Whitney R D, Taylor W D, Losee R F. Forms and fate of Cu in a source drinking water reservoir following $CuSO_4$ treatment [J]. Water Research, 2000, 34 (13): 3440－3452.

[6] 乃启忠，张可欣，牛玉香．用硫酸铜及改变水的pH去除水中藻类［J］．中国给水排水，2006，16（5）：49－50.

[7] 尹澄清，兰智文．围格中水华控制研究［J］．环境科学学报，1989，9（1）：95－99.

[8] Taylor R M, Watson G D, Alikhan M A. Comparative sub－lethal and lethal acute toxicity of copper to the freshwater crayfish, Cambarus robustus (Cambaridae, Decapoda, Crustacea) from an acidic metal－contaminated lake and a circumneutral uncontaminated stream [J]. Water Research, 1995, 29: 401－408.

[9] Tubbing D M J, Admiraal W, Katako A. Successive changes in bacterioplankton communities in the River Rhine after copper additions [J]. Environmenal Toxicology & Chemistry, 1995, 14: 1507－1512.

[10] Welsh P G, Skidmore J F, Spry D J, et al. Effect of pH and dissolved organic carbon on the toxicity of copper to larval fathead minnow (Pimephales promelas) in natural lake waters of low alkalinity [J]. Canadian Journal of Fisheries and Aquatic Sciences, 1993, 50: 1356－1362.

[11] Schlenk D, Moore C T. Effect of pH and time on the acute toxicity of copper sulfate to the ciliate protozoan Tetrahymena thermophila [J]. Bulletin of Environmental Contamination and Toxicology, 1994, 53: 800－804.

[12] Mantoura R F C, Dickson A, Riley J P. The complexation of metals with humic materials in natural waters [J]. Estuarine and Coastal Marine Science, 1978, 6: 387－408.

[13] Mastin B J, Rodgers J H. Toxicity and bioavailability of copper herbicides (clearigate, cutrine－plus and copper sulfate) to freshwater animals [J]. Archives of Environmental Contamination and Toxicology, 2000, 39: 445－451.

[14] Lauter F R, Ninnemann O, Bucher M, et al. Preferential expression of an ammonium transporter and of two putative nitrate transporters in root hairs of tomato [J]. Proceedings of the National Academy of Sciences of USA, 1996, 93: 8139－8144.

[15] Gilroy S, Jones D L. Though form to function: root hair development and nutrient uptake [J]. Trends in Plant Science, 2000, 5: 56－60.

[16] Michael G. The control of root hair formation: suggested mechanisms [J]. Journal of Plant Nutrition and Soil Science, 2001, 164: 111－119.

[17] 周律，邢丽贞，陈华东，等．利用络合铜控制水华优势藻的试验研究［J］．环境科学与技术，2009，32（8）：3－15.

[18] 苏秀榕，费志清，裴鲁青，等．Cu，Zn 和 Cd 对 5 种单细胞藻的酶基因表达调控的研究［J］．安全与环境学报，2002，26（2）：50－54.

[19] 刘红涛，李杰，席宇，等．铜离子对铜绿微囊藻生长及生理的影响［J］．安全与环境学报，2004，39（1）：57－60.

[20] Dushenko W T，Bright D A，Reimer K J. Arsenic bioaccumulation and toxicity in aquatic macrophytes exposed to gold－mine effluent：relationships with environmental partitioning，metal uptake and nutrients［J］．Aquatic Botany，1995，50：141－158.

[21] Qian J H，Zayed A，Zhu M L，et al. Phytoaceumulation of trace elements by wetland plants：Ⅲ. Uptake and accumulation of ten trace elements by twelve plant species［J］．Journal of Environmental Quality，1999，28（5）：1448－1456.

[22] Samecka－Cymerman R B，Kempers A J. Bioaccumulation of heavy metals by aquatic macrophytes around Wroclaw，Poland［J］．Ecotoxicology and Environmental Safety，1996，35：242－247.

[23] Zayed A，Gowthaman S，Terry N. Phytoaccumulation of trace elements by wetland plants：I. Duckweed［J］．Journal of Environmental Quality，1998，27（3）：715－721.

[24] Kahle H. Response of roots of trees to heavy metals［J］．Environmental and Experimental Botany，1993，33：99－119.

[25] 曹成有，高菲菲，邵建飞，等．铜对三种豆科植物萌发及早期生长发育的抑制效应．东北大学学报（自然科学版），2008（8）：1183－1186.

[26] Patterson Ⅲ W A，Olson J J. Effects of heavy metals on radicle growth of selected woody species germinated on filter paper，mineral and organic soil substrates［J］．Canadian Journal of Forest Research，1983，13：233－238.

[27] Smith C S，Barko J W. Ecology of Eurasian watermilfoil［J］．J Aqnat Plant Manage，1990，28：55－ 64.

[28] 陈中义，雷泽湘，周进，等．梁子湖优势沉水植物冬季种子库的初步研究．水生生物学报，2001，2s（2）：152－158.

乳状液膜法提取浓海水中溴的研究

叶云飞　陈　利　阮慧敏　沈江南

（浙江工业大学化材学院　杭州　310014）

摘　要　采用乳状液膜对海水中溴进行提取分离，考察了表面活性剂的用量、内水相浓度、乳水比、油内比等因素对提取性能的影响。结果表明，以民用煤油为溶剂，0.54%体积分数的L－113A为表面活性剂，内相为0.05mol/L的Na_2CO_3，油内比为1∶1，制乳时间为18 min，萃取接触时间为6min，乳水比1∶40，浓海水溴的提取率达到99.4%，表明乳状液膜能有效地从海水中提取溴。

关键词　乳状液膜　提取　溴

一、前　言

溴资源不同，采取的提溴方法也不同。目前，国内提溴的方法主要有空气吹出法、树脂交换法、水蒸气蒸馏法、吸附法、溶剂萃取法、沉淀法、气态膜法提溴等[1,2]。我国溴的主要资源是海水和卤水，现行提溴的主要工艺是空气吹出法、水蒸气蒸馏法，但耗能大、成本高、受外界条件影响大。因此探索新的提溴工艺，开发利用溴资源，是人们关注的课题。乳状液膜技术由于具备很多突出的优点，如比表面积大，分离效率高，分离浓缩同步完成，可重复使用，高选择性和高效能等优点，广泛应用于湿法冶金、生物化工、医药卫生、化学分离、环境保护、石油化工等领域[3,4]。

二、实验部分

（一）实验仪器与试剂

JB25型电动搅拌机（上海南汇慧明仪器厂），JH754紫外可见分光光度计（上海菁华科技仪器有限公司），6010型氧化还原电位计（上海浦汇光电技术有限公司），PHS－3C精密pH计（上海虹益仪器仪表有限公司）；表面活性剂L－113A（兰州炼油厂），民用煤油（市售），液体石蜡（无锡海硕生物有限公司），所有试剂都是分析纯，实验用水为蒸馏水。

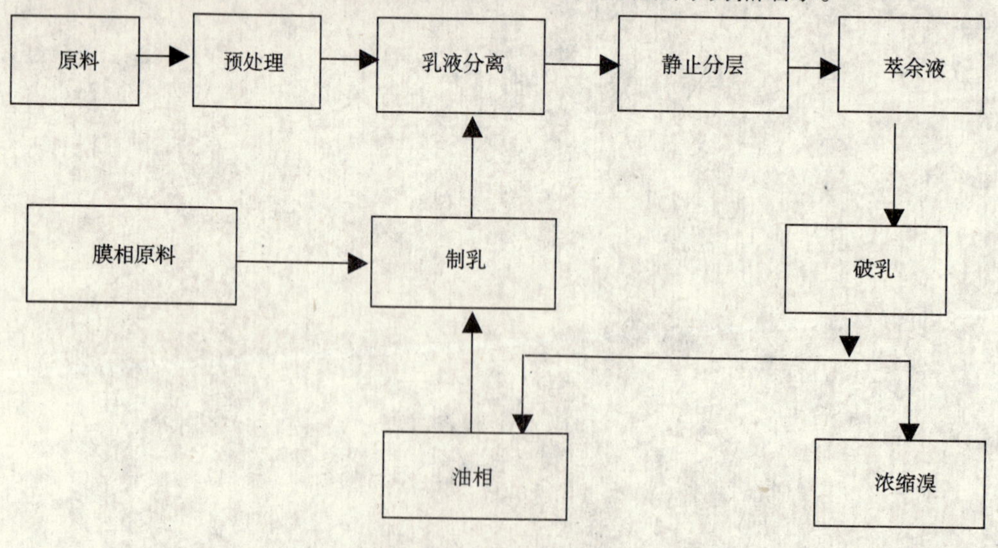

图1　液膜分离工艺流程

（二）实验方法

实验过程如图1所示。

三、结果与讨论

（一）溴的工作曲线

取10个10ml的容量瓶，每瓶中均加入5.0×10^{-5}g/ml的甲基橙溶液1ml和2ml的0.05mol/L的硫酸液，分别移取0.1ml，0.3ml，0.5ml，0.7ml，1.0ml，1.3ml，1.5ml，1.7ml，2.0ml，2.3ml，1.56×10^{-4}g/ml的溴溶液于10个10ml的容量瓶中，用蒸馏水定容摇匀，以蒸馏水作为参比液，用分光光度计测定酸性甲基橙溶液在505nm波长处的吸光光度值。以溴含量为横坐标，吸光度值为纵坐标，绘制标准曲线如图2所示。

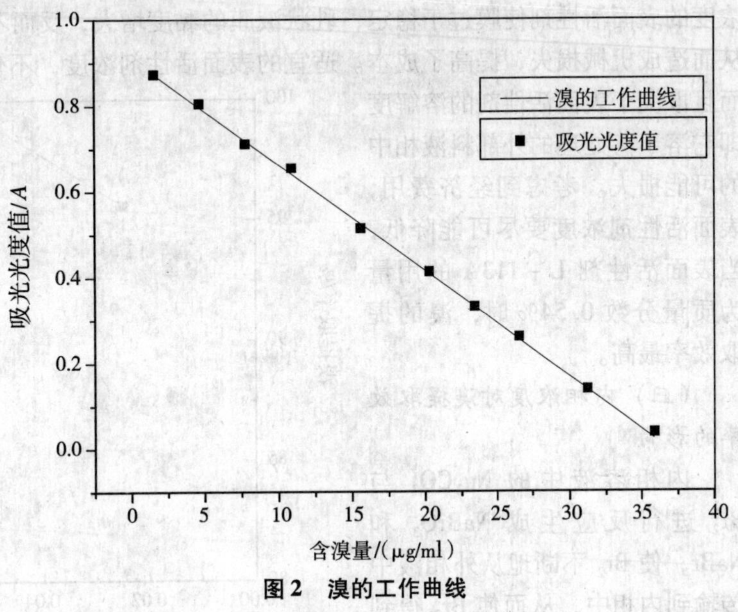

图2　溴的工作曲线

根据实验测得的数据对所得的工作曲线进行线性回归，得线性回归方程：

$$A=-0.02476x+0.9117$$

式中：A为溶液的吸光光度值；x为含溴量，μg/ml。

相关系数：$r=0.9991$。

（二）表面活性剂用量对溴提取效率的影响

在乳状液形成的过程中，分散相被分散成微小颗粒，极大地增加了相界面积和界面能，使体系处于极不稳定状态。由于乳化剂同时具有亲油基和亲水基，能吸附于油水界面，大大降低界面能，使乳状液体系处于比较稳定状态。以煤油作为膜溶剂，油内比为1∶1，内相溶液为0.05mol/L的Na_2CO_3，乳水比为1∶40，外相溴水溶液的浓度为120mg/L，制乳时间为18 min萃取接触时间为8 min的条件下，改变表面活性剂L－113A的量，考察其对溴提取效率的影响，其结果如图3所示。

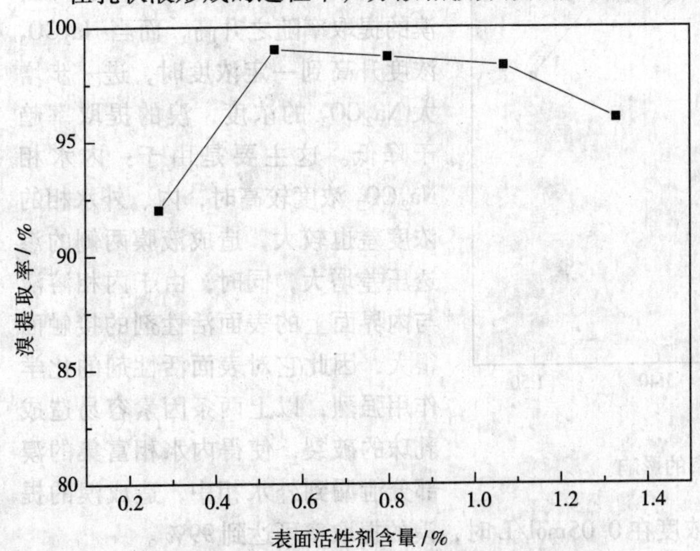

图3　表面活性剂用量对溴提取效率的影响

乳状液的稳定性随表面活性剂L－113A用量的增加而提高，这是因为在低于临界胶束浓度时，表面活性剂用量越多，其在界面的排列越紧密，乳状液越稳定。而当表面活性剂L－113A的用量达到一定数值时，本实验中质量分数为0.54%，再继续增加其用量反而使萃取率有所下降，这主要是由于表面活性剂浓度的提高，增加了其在油水界面的吸附量。这不仅增加了膜相的黏度，也使油水界面黏度增大，增大传质阻力，不利于溴在膜相中的迁移。超过一定浓度的表面活性，膜稳定性和分离效果提高不大，而且过高浓度的表面活性剂使膜过于稳定，乳状液膜的黏度增大，反而不利于破乳，使它的回收变得困难从而造成机械损失，提高了成本。适宜的表面活性剂浓度，不仅取决于乳状液膜的稳定性要求，而且取决于表面活性剂的溶解度即它溶于待处理的外部料液相中的可能损失。考虑到经济费用，表面活性剂浓度要尽可能降低，当表面活性剂 L－113A 的用量为质量分数 0.54% 时，溴的提取效率最高。

（三）内相浓度对溴提取效率的影响

内相溶液中的 Na_2CO_3 与 Br_2 进行反应生成 $NaBrO_3$ 和 NaBr，使 Br_2 不断地从外相液中传输到内相中，从而使 Br_2 得到分离。内相溶液中 Na_2CO_3 的浓度影响溴的提取效率，在制乳时间为 18 min，表面活性剂 L－113A 用量为质量分数 0.54%，液体石蜡用量为 0.4ml，乳水比为 1∶40，制乳时间为 8 min，油内比为 1∶1 的条件下，采用不同浓度的 Na_2CO_3 溶液作为内相液进行试验，其结果如图 4 所示。

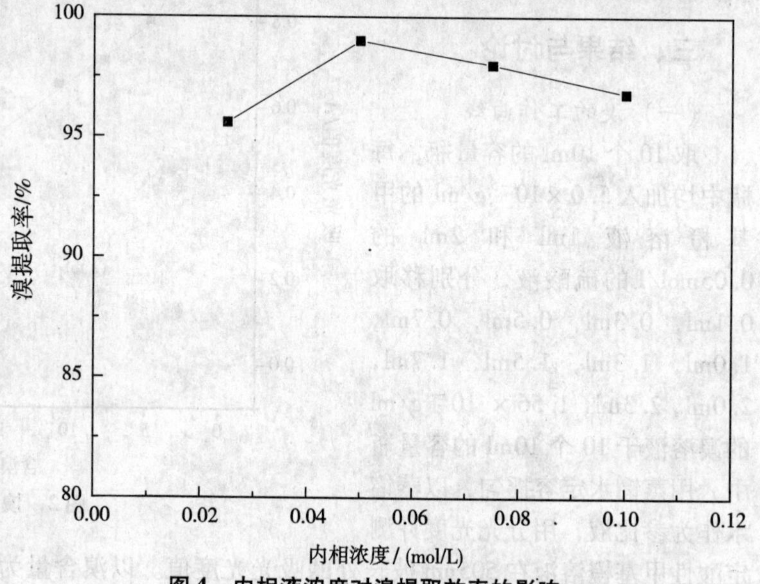

图 4　内相液浓度对溴提取效率的影响

从图 4 可以看出，当其他实验条件维持不变的情况下，一定浓度范围内增大内水相 Na_2CO_3 的浓度，溴的提取率随之升高，而当 Na_2CO_3 浓度升高到一定浓度时，进一步增大 Na_2CO_3 的浓度，溴的提取率趋于降低。这主要是由于：内水相 Na_2CO_3 浓度较高时，内、外水相的浓度差也较大，造成液膜两侧的渗透压差增大，同时，由于内相溶液与内界面上的表面活性剂的接触面很大，因此它对表面活性剂的化学作用强烈，以上两条因素容易造成乳珠的破裂，使得内水相富集的溴部分泄漏到外水相中，造成溴的提取率下降。实验结果表明：当 Na_2CO_3 浓度在 0.05mol/L 时，溴的提取率可达到 99%。

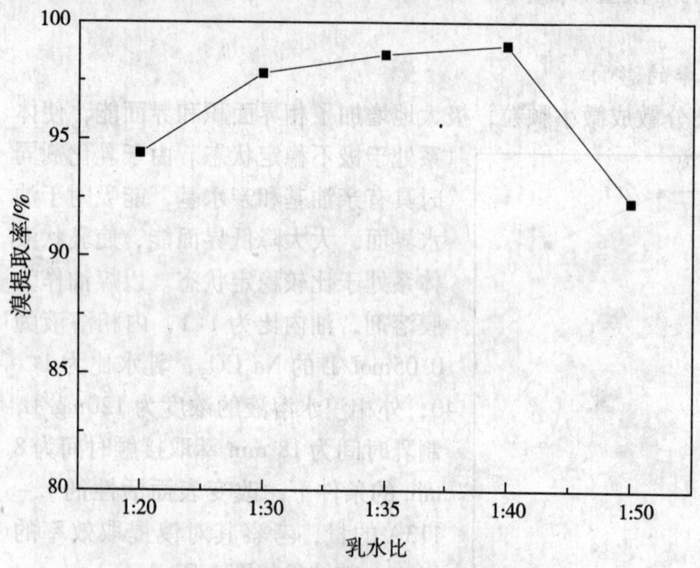

图 5　乳水比对溴的提取效率的影响

（四）乳水比对溴的提取效率的影响

液膜乳液体积（V）与料液体积之比（V）称为乳水比，它关系到处理效率和处理费用。乳水比越小，表明单位体积乳液所能处理的外水相体积越多，溶质在内水相的富集程度高；乳水比越大，表明单位体积乳液所能处理的外水相体积越少，溶质在内水相的富集程度低。在表面活性剂 L－113A 用量为质量分数 0.54%，增稠剂液体石蜡用量为 0.4ml，内相溶液为 0.05mol/L 的 Na_2CO_3，油内比为 1∶1；外相浓海水中含溴量为 120mg/L，制乳时间为 18min，萃取接触时间为

8 min 的条件下，不同的乳水比对溴提取效率的影响如图 5 所示。随着乳水比增大，乳状液用量增多，用于富集含溴物质的内水相的量增大；同时被分散乳滴与外水相间的接触面积增大，这就增大了单位时间内传质通量和迁移率，分离效果愈高。但乳液消耗多并不经济，所以希望高效分离情况下，乳水比愈低愈经济有利。由试验过程的现象可知，乳水比太大时，容易形成均相体系，不容易分液和破乳；乳水比太小时，乳液消耗多并不经济，达不到应有的提取效果。综合考虑，最佳乳水比为 1∶40。

（五）油内比对溴提取效率的影响

液膜乳液中含表面活性剂的油膜体积（V）与内相试剂体积（V）之比称为油内比，它对液膜的稳定性和渗透率有明显影响。在表面活性剂 L－113A 用量为 0.54%；增稠剂液体石蜡用量为 0.4ml；内相溶液为 0.05 mol/L 的 Na_2CO_3；外相浓海水中含溴量为 120 mg/L；乳水比为 1∶40；制乳时间为 18 min；萃取接触时间为 8 min 的条件下，油内比对溴提取效率的影响如表 1 所示。

表 1　油内比对溴提取效率的影响

油内比	3∶1	2∶1	1∶1	1∶2	1∶3
分离效率/%	96.5	97.8	99	98.8	98.5

从表 1 可以看出，随着油内比的增大，溴的提取效率先呈上升趋势，达到最好效果后又呈下降趋势。较小时，由于内相液含量大，油相相对含量小，油相包不住内相，不能完全形成乳状液膜，导致部分内相试剂留在外相，提取效果不佳。当油内比过大时，形成的膜层较厚，内相试剂含量少，传递速率慢且提取效率不高。当油相与内相液为一定配比时，得到最好的分离效果，这一配比的油内比，即为最佳配比。本试验中，当油内比为 1∶1 时分离效果最好，分离效果达到了 99%。

（六）制乳时间对溴提取效率的影响

在 4 个制乳杯中，分别加入煤油 20ml；表面活性剂 L－113A 质量分数 0.54%；油内比为 1∶1；内相液为 20ml 0.05mol/L 的 Na_2CO_3 溶液；水溶液的浓度为 120mg/L；乳水比为 1∶40；萃取接触时间为 8 min，制乳时间对溴提取效率的影响如图 6 所示。

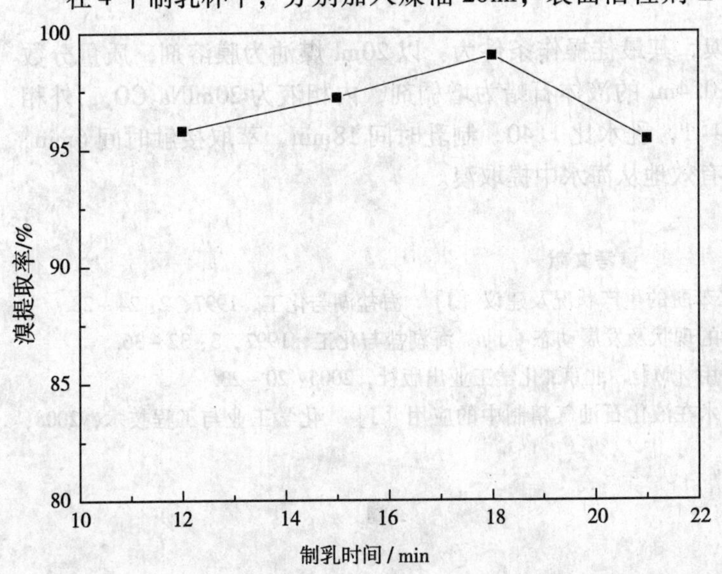

图 6　制乳时间对溴提取效率的影响

在试验过程中乳液静止分层后从表观上可以看出：12min 制得的乳液位于下面的乳液具有明显的蓬松现象且洁白程度明显略于混合搅拌 18 min 制得的乳液；混合搅拌 18 min 后制得的乳液像牛奶一样洁白且具有密实感。这主要是由于制乳时间太短，内水相不能在油相中形成分布细小的微滴，致使溴的提取效率不高；随着制乳时间的延长，内水相在膜相中达到最佳均匀分布状态，溴的提取效率达到最佳，可见，适宜的搅拌时间是有利于微小乳状液滴的形成；但随着制乳时间的延长溴的萃取率有一些下降，这可能是由于搅拌时间的进一步延长，使分散好的微滴搅拌聚集在一起加速了部分乳液的破裂，从而使溴的提取效率反而有所下降。本试验中，18min 的制乳时间时溴的提取效率达到最佳。

（七）萃取接触时间对溴提取效率的影响

萃取接触时间是指在适当的搅拌速度下，接受相与 W/O 乳状液互相混合接触的时间（二次乳化的时间）。鉴于液膜体系的特点是两相接触界面大、液膜薄、渗透快，两相往往在较短的接触时间内即能达到分离的要求，若延长接触时间，反而会导致液膜破裂，分离效果下降。本实验在表面活性剂 L－113A 用量为质量分数 0.54%；增稠剂液体石蜡用量为 0.4ml；内相溶液为 0.05mol/L 的 Na_2CO_3；油内比为 1∶1；外相浓海水中含溴量为 120mg/L；乳水比为 1∶40；制乳时间为 18min 的条件下，萃取接触时间对溴提取效率的影响如图 7 所示。

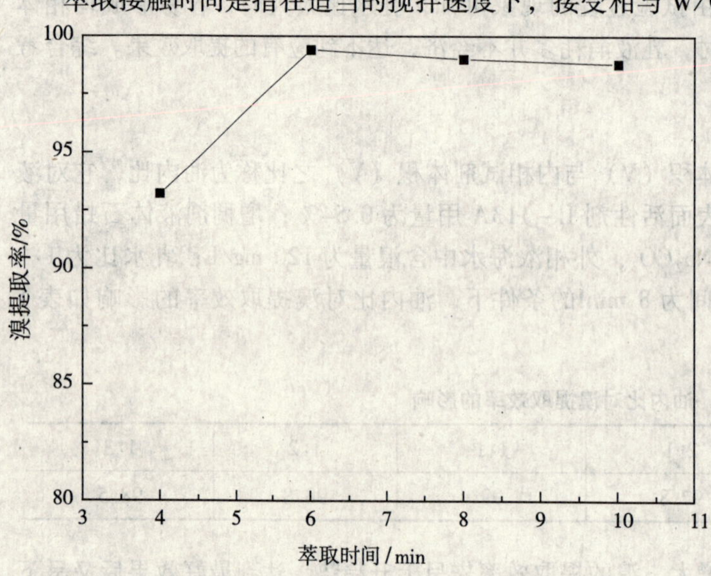

图 7 萃取时间对溴提取效率的影响

由图 7 可见，在最初接触的一段时间内，溶质迅速渗透液膜进入内相，由于膜表面积极大，所以渗透是很快的：当接触时间在 6min 左右时，渗透基本达到平衡，溴提取率达到最大值；当接触时间大于 6min，乳状液膜开始出现破裂，导致外相液中溴的浓度又有所回升，提取效率开始降低；当接触时间为 6min 时，溴的提取效率达到 99% 以上。

四、结　论

采用乳化液膜法提取浓海水中的溴，其最佳操作条件为：以 20ml 煤油为膜溶剂，质量分数为 0.54% 的 L－113A 为表面活性剂，0.4ml 的液体石蜡为增稠剂，内相液为 20mlNa_2CO_3，外相液浓海水含溴量为 120mg/L，油内比 1∶1，乳水比 1∶40，制乳时间 18min，萃取接触时间 6min，提取率达到 99.4%，表明乳状液膜能有效地从海水中提取溴。

参考文献

［1］吴哲浩，陈康生，廖维芳．我国十溴二苯醚的生产状况及建议［J］．海盐湖与化工，1997，2：24－28.

［2］王雅洁，王国强，刘风林．含溴化学品的现状及发展动态［J］．海湖盐与化工，1997，3：32－36.

［3］严忠，孙文东．乳液液膜分离原理及应用［M］．北京：化学工业出版社，2005：20－23.

［4］陈永强，李军媛，陈花果．液膜脱硫技术在液化石油气精制中的应用［J］．化学工业与工程技术，2008，29（1）：34－36.

太湖黑水产生原因的初步研究

廖庆生[1]　祁力言[2]　李盼盼[3]　陆昌燕[3]

(1. 中国农业科学院农产品加工研究所；　2. 无锡市农林局；　3. 徐州师范大学)

摘　要　太湖黑水是2007年5月导致无锡市饮用水危机的根本原因，然而有关黑水产生的原因和来源至今仍不明确。我们通过对2008年和2009年在梅梁湾两个试验区内黑水发生过程的观察和研究，提出了蓝藻和其他有机漂浮物的堆积以及适度的持续时间是黑水形成的基础，而上升流的出现、光照加强则是黑水上翻并随流扩散的关键诱因的假说，并分析认为2007年5月28日贡湖黑水发生的原因为太湖持续28天无东风、东北风且多西南风的极端天气后，出现的东北风天气过程所导致。

关键词　蓝藻　黑水　上升流　光照

一、引　言

2007年5月28日无锡市饮用水中出现了异味，从而引发了举世瞩目的水危机事件。经调查发现，水中蓝藻的特征物质含量极低，水中异味并非直接由蓝藻细胞产生，大量的嗅类物质应为黑色污水所携带，而对于黑水的产生机制及来源则一直众说纷纭[1-3]。我们通过对2008年在梅梁湾十八湾水域华藏段的6万m^2试验区和2009年在桃坞村绿波湾1万m^2水域试验区内的黑水发生过程的记录与研究，对黑水产生的原因进行分析与推论，并尝试对2007年5月28日的黑水成因进行解释。

二、试验区的建立

(一) 绿波湾试验区的建立

2007年7月底，在梅梁湾桃坞村绿波湾水域，上海纺织工会疗养院游船码头南侧建立了1万m^2水面的试验区。试验区南、西、北三面由芦苇和湖岸环抱，东面隔抛石坝与湖面相连，抛石坝中段有10m宽一处进出船的出口，经抛石坝消浪后的湖水被漂浮围隔阻挡在试验区以外，试验区平均宽度70m，长140m。试验区自建成以后至2009年夏季，有几次被蓝藻突破围隔进入试验区的情况，均及时清理，未出现黑水翻腾的现象。

(二) 华藏试验区的建立

2008年6月下旬，进一步在梅梁湾十八湾水域华藏段建立了6万m^2水面的试验区。该水域地处太湖最北端且面对太湖最南端，南风风程长达67.5km，是太湖南风风浪最大、春夏季节漂浮蓝藻来藻量最大的水域。由于沿岸种植了大量的芦苇，蓝藻易进不易出，又使这里成为最容易堆积蓝藻的水域。建区时，死亡芦苇与漂浮蓝藻沿岸堆积严重，离岸最远处达上百米，堆积严重的水域，堆积物上可立人不沉。试验区岸线长400m，采用漂浮围隔围成半径约200m的半圆形，围隔深达湖底。建区后对区内堆积物进行清理，6月28日初步完成了清理工作，部分水域开始上浮黑色、蓝色死亡蓝藻。6月29日—7月9日，我们对新漂浮上来的蓝藻进行了清理，期间未出现黑水翻腾现象。

三、黑水发生过程

(一) 华藏试验区内黑水的发生过程

2008年7月11日上午开始，试验区沿岸首次出现大规模含黑色物质的黑水翻腾，密集时，平均间隔不超过十几秒钟即可观察到一次黑色物质随气泡翻滚出水面，大的水泡直径超过2m，翻出水面高度超过20cm，此起彼伏，翻腾出的黑水逐渐向周围扩散。翻腾出现的位置集中在试验区中心北部沿岸一带，持续到下午逐渐减缓。

7月12日，昨日黑水翻腾的位置已停止喷发，试验区南端又发生黑水翻腾现象，规模中等，间隔在从几秒到1～2min不等，大的喷发气泡直径仍可达2m左右，持续时间与11日类似。

7月13日，经过两天的黑水翻腾，整个试验区内水体已经明显变成了黑色，与区外形成鲜明对比。黑水翻腾的位置又转至试验区东侧水域，规模不大，喷发间隔约1～3min一次，大的喷发气泡约1～2m，小的仅30～40cm，喷发时间主要集中在中午前后。

7月14日，东部水域中仍有黑水翻腾喷发，规模较小，间隔较长，主要集中在中午前后。

7月15日，试验区南部水域，云海亭附近再次出现较大规模的黑水翻腾，中午前后，翻腾位置此起彼伏地出现，大的气泡直径仍然可达2m左右，间隔约为几十秒钟，持续到午后逐渐减少。其他水域没有喷发。

7月16日，试验区北部近岸水域，第二次出现大规模的黑水翻滚，持续时间和规模均大于昨日南部水域的黑水翻滚，致使试验区水体黑色进一步加重。其他位置的水域没有喷发。

此后，试验区内不时仍会有黑水上翻，但是间隔时间很长，翻滚的气泡也越来越小，未作较为详细的记录。为了消除黑水安装了爆气装置，随着爆气装置的使用，黑水很快消失，以后未再出现。

（二）绿波湾试验区内的黑水发生过程

2007年建区后至2009年夏季，从未出现黑水或黑色物质的喷发。2009年夏末太湖水位达4.3m，使抛石坝失去了削浪作用。7月下旬在东北风的作用下，大量漂浮蓝藻涌入试验区，沿西岸严重堆积。随后进行的打捞清理工作，由于来藻量极大，始终未能将区内堆积的漂浮蓝藻完全清理干净。8月11日在试验区东南角上开出一个出水口，剩余漂浮蓝藻被从这里清理干净。8月12日上午，试验区西岸边出现少量黑水翻腾，下午以后即未再见到。

四、对黑水翻腾表现的初步分析

（一）翻腾黑水的目测分析

黑水所含上翻物质为黑色，内含死亡蓝藻细胞和与芦苇秆相近黑色秆状物质。黑水翻腾时气体含量明显，翻腾水花可高达20～30cm，气泡直径最大约达2m。上翻后形成黑色水圈并逐步扩展。

（二）黑水的化学分析

黑水样品氨氮含量高达19mg/L，而对照仅为0.7mg/L。第二年委托无锡市环境监测站对黑水样品进行了较为全面的分析，已无任何嗅类物质，主要是乙酸、乙酯、二氯甲烷类物质。自测样品中氨氮含量仍然较高。

（三）黑水翻腾处底泥的分析

第二年对产生黑水翻腾位置的底泥取样时发现，底泥完全为黄色，无任何黑色成分。对该水域的历史调查得知，该水域为近年来新挖掘过的水域，已无常年淤积的湖泥。

（四）黑水翻腾与风向的分析

表1为两个试验区出现黑水翻腾的日期、地点和程度以及对应的风向特征。图1为华藏段试验区的示意图，图2为绿波湾试验区的示意图。图1、图2显示了黑水翻腾地点在试验区中的位置。

表1　黑水翻腾日期对应的风向

年月日	风　向	黑水翻腾	地点	位置
2008.7.11	15，16	大量翻腾	十八湾	北岸中部附近
2008.7.12	8，9	较大量翻腾	十八湾	南部，云海亭前后
2008.7.13	3，4	较多翻腾	十八湾	试验区东部
2008.7.14	5	时间较短	十八湾	试验区东部
2008.7.15	9	较多翻腾	十八湾	南部，云海亭前后
2008.7.16	14，15	较大量翻腾	十八湾	北岸中部附近
2009.8.12	14	偶见翻腾	绿波湾	试验区西岸

•14、15、16 西北风，8、9 南风，3、4、5 东北风、东风，气象数据参考东山气象站，数据由中国气象科学数据共享服务网提供。

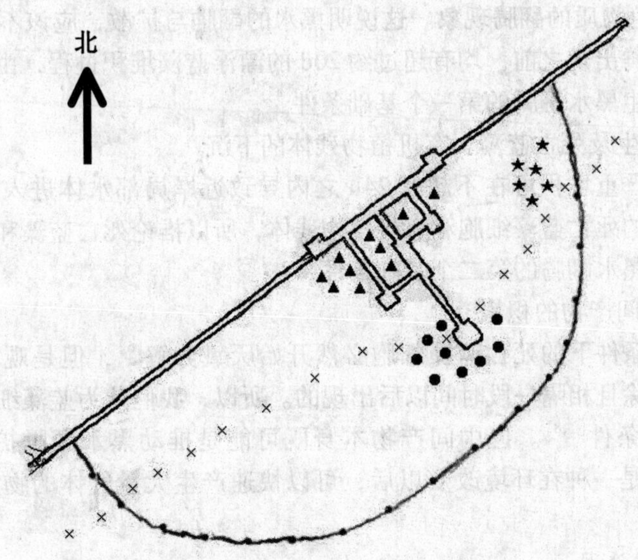

图1　十八湾试验区示意图

▲为北风、西北风黑水翻腾的位置，★为东风、东北风黑水翻腾的位置，●为南风黑水翻腾的位置，×为蓝藻曾经最远严重堆积的位置

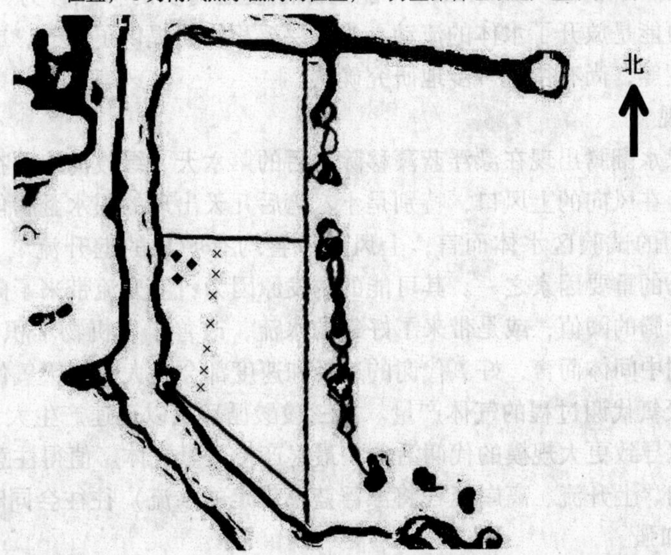

图2　绿波湾试验区示意图

◆为黑水翻腾的位置，×为蓝藻曾经最远严重堆积的位置

（五）黑水翻腾的时间特点

从日期上看，黑水出现在漂浮堆积物清除后不长的时间内；从翻腾的时间上看，从上午开始，中午前后最为猛烈，下午趋于平静。

五、讨论与推论

综合分析各种关联的现象，我们从以下两个方面对黑水发生的原因进行推论。

（一）黑水翻腾的基础

1. 漂浮蓝藻堆积及持续时间

调查与随后对底泥的分析表明，十八湾试验区内形成黑水翻腾的位置没有常年淤积的黑色湖泥，而绿波湾试验区内虽然沉积了大量的黑色湖泥，但是从 2007 年 7 月建立试验区直到 2009 年 7 月一直未观察到黑色物质的翻腾现象。这说明黑水的翻腾与扩散，应该不是常年淤积湖泥的结果。两试验区黑水翻腾出现之前，均有超过约 20d 的漂浮蓝藻堆积过程，由此推论漂浮蓝藻在当年的持续堆积应是产生黑水翻腾的第一个基础条件[4]。

2. 厌氧环境的产生及死亡蓝藻、有机植物残体的下沉

由于漂浮蓝藻的严重堆积可在不超过 24h 之内导致近岸局部水体进入厌氧环境[5]，以及翻腾的黑水中含有大量的死亡蓝藻细胞和有机植物残体，所以推论死亡蓝藻和有机植物残体的下沉堆积以及厌氧环境是黑水翻腾的第二个基础条件。

3. 厌氧分解及中间产物的积累

处在厌氧水环境条件下的死亡蓝藻细胞必然开始厌氧分解[6]，但是观察到的黑色物质大量翻腾是在漂浮蓝藻移除且相隔一段时间以后出现的。所以，我们认为蓝藻细胞的厌氧降解产生大量产物是第三个基础条件[7,8]。但中间产物本身既可能是推动黑水翻腾扩散的气体，如甲烷、CO_2、HS 等，也可能是一种在环境改变以后，可以快速产生大量气体的物质，如丙酮酸之类的中间代谢产物。

（二）黑水翻腾的诱因

1. 漂浮堆积物的移除

由于两次黑水翻腾的现象都是出现在严重堆积的漂浮蓝藻清理之后，所以我们推论漂浮蓝藻的移除是黑水翻腾的第一个诱因。其原因既可能是漂浮覆盖物质的移除，为气体上冲减少了压力、让出了空间，也可能是放开了水体的流动、为底层沉积物质提供了氧气，或是让出了光照通路，增加了底层的温度等，尚有待进一步地研究确认。

2. 上升湖流的出现

十八湾的大规模黑水翻腾出现在漂浮蓝藻移除之后的第六天、绿波湾出现在第二天，两者的共同之处是翻腾位置处在风向的上风口，特别是十八湾后几天出现的黑水翻腾位置更加清楚地表明了这一特点。对封闭的试验区水体而言，上风向位置均有明显的上升流[9]，因此我们推论，上升流是诱发黑水翻腾的重要因素之一。其可能的诱发原因为：上升流带来了向上的扰动，直接降低压力触发了气体升腾的阈值；或是带来了好氧的水流，改善了有机物堆积物质的厌氧环境，而对于部分有机物代谢中间体而言，好氧代谢的途径和速度都会大大快于厌氧代谢的过程，产生的气体量也会远多于厌氧代谢过程的气体产量。如三羧酸循环可以迅速产生大量的 CO_2 和 ATP，大量能量的提供又可以导致更大规模的代谢活动，最终产生大量气体。值得注意的是，在自然水体及湖湾水域，上风向、上升流、离岸流（将漂浮蓝藻带走的水流）往往会同时出现。

3. 光照或温度的加强

由于黑水翻腾主要集中在上午、中午前后，此时光照、温度均为全天的迅速上升阶段，从温度的角度看，水下环境的迅速升温，可以快速提高好氧微生物的代谢速度[10]；或是直接膨胀的

气体提高了浮力，触发了翻腾的阈值。从光照的角度看，光能异养代谢的加强，同样也可以提供出额外的能量与代谢途径[11]。但是究竟是温度的升高、光照导致的温度升高还是光照本身激发的异养光能代谢导致的最终黑水翻腾，目前还不得而知，所以我们仅仅推论，两者的综合作用是黑水最终翻腾出水面的关键诱导因素。

（三）对2007年5月28日的解释

1. 特殊的气象条件

表2　2007年4月30日—5月30日的气象数据（无锡市气象局提供）

日期（m-d）	均温（℃）	风向	日照（h/d）	日期（m-d）	均温（℃）	风向	日照（h/d）	日期（m-d）	均温（℃）	风向	日照（h/d）
4月29日	16.5	东	阴	5月10日	22.5	北	晴多	5月21日	25.5	南	多
4月30日	17.0	西	阴	5月11日	25.0	南	多	5月22日	25.5	南	晴
5月1日	20.0	西	晴多	5月12日	20.5	西北	阴	5月23日	27.0	南	阴
5月2日	22.0	南	晴多	5月13日	23.0	西	晴多	5月24日	25.0	北	阴
5月3日	22.5	南	晴多	5月14日	25.0	南	晴多	5月25日	26.0	西	阴
5月4日	22.5	南	阴	5月15日	23.5	西南	阴	5月26日	26.0	南	阴
5月5日	23.0	南	阴	5月16日	23.5	南	阴	5月27日	26.0	南	阴
5月6日	21.5	西	晴多	5月17日	26.0	西	晴多	5月28日	28.0	东南	晴多
5月7日	23.5	南	晴多	5月18日	23.5	西北	晴多	5月29日	26.0	东	晴多
5月8日	24.5	南	晴多	5月19日	24.0	西北	晴多	5月30日	26.5	东	晴多
5月9日	23.0	西	多	5月20日	25.0	南	晴多				

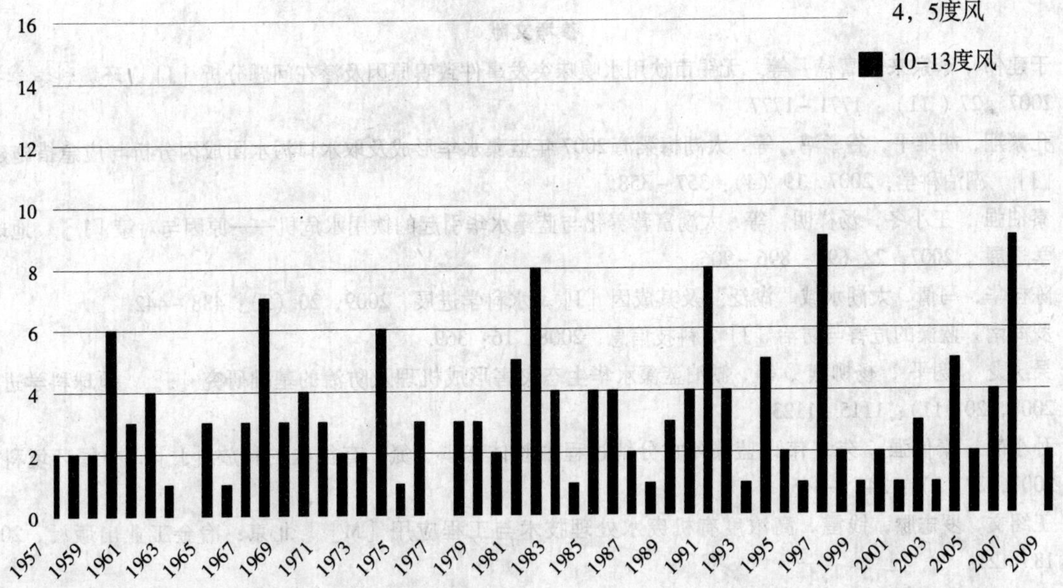

图3　1957—2009年太湖4月30日—5月27日，西南风（10-13）和东风（4-5）天数的统计，数据为中国气象科学数据共享服务网提供的东山气象台数据

对比表2和图3可知，2007年4月30日—5月27日出现了无锡有史以来最极端的一次天气过程。对于贡湖而言，堆积蓝藻的西南风多达9天（含4月30日一天）与1997年同为历史之最，吹散堆积蓝藻的东风仅有1天（无锡气象台记录为0天，与1991年相同为历史之最），仅次于1991年。

2. 黑水产生过程的推论

无锡出现有史以来同时期最长的一次连续无东风（含东北风）且多西南风的天气过程，从4月30日—5月27日，以西风、西南风为主的天气过程，使得贡湖东北沿岸仅有东风、东北风可以吹散堆积漂浮蓝藻的湖湾、芦苇中堆积了大量的漂浮蓝藻，并产生了相应的厌氧水体环境。5月27日晚，太湖流域开始了一次东风天气过程，堆积了近一个月的漂浮蓝藻开始随东风离开堆积处往西流出贡湖，根据推论，这些地点应该在5月28日上午到下午期间出现黑水翻腾并扩散随湖流向西迁移前往南泉水厂取水口。导致5月28日晚水污染事件爆发。东风天气过程持续到6月1日而水污染事件也于同时结束。

六、结束语

通过以上讨论，我们认为太湖黑水出现的主要原因可以归结为：蓝藻较大面积的持续堆积并产生厌氧水体、出现大量死亡下沉堆积的蓝藻死体及厌氧代谢中间产物是黑水产生的基础；移除水面漂浮堆积物质后，堆积区出现上升水流以及气温上升、光照加强是最终诱发黑水翻腾扩散的关键因素。尽管这一推论可以解释我们所观察到的、包括2007年5月28日—6月1日贡湖发生的黑水现象，但是仍然缺少更加详细的记录和测量数据予以验证。其中到底是水流上升降低了水压、气温升高增加了气体的体积、加速了微生物产气速度还是其他什么途径是诱发黑水翻腾的关键因素的问题也还有待深入研究。这些研究对准确判断黑水的形成时间，规模以及采取相应的治理与防范措施都具有重要的意义。由于本实验的初衷并非针对黑水的形成原因，故有关数据的收集、记录、测定既不全面也不完善，本文意在抛砖引玉，希望对确保太湖流域水资源安全的研究有所裨益。

参考文献

[1] 于建伟，李宗来，曹楠，等. 无锡市饮用水嗅味突发事件致嗅原因及潜在问题分析［J］. 环境科学学报，2007，27（11）：1771－1777.

[2] 孔繁翔，胡维平，谷孝鸿，等. 太湖梅梁湾2007年蓝藻水华形成及取水口污水团成因分析与应急措施建议［J］. 湖泊科学，2007，19（4）：357－358.

[3] 秦伯强，王小冬，汤祥明，等. 太湖富营养化与蓝藻水华引起的饮用水危机——原因与对策［J］. 地球科学进展，2007，22（9）：896－906.

[4] 陈桂华，马倩. 太湖水域“湖泛”及其成因［J］. 水科学进展，2009，20（3）：438－442.

[5] 罗海南. 蓝藻的危害与防治［J］. 科技信息，2008，16：369.

[6] 吴庆龙，谢平，杨柳燕，等. 湖泊蓝藻水华生态灾害形成机理及防治的基础研究［J］. 地球科学进展，2008，20（11）：1115－1123.

[7] 孙小静，秦伯强，朱广伟. 蓝藻死亡分解过程中胶体态磷、氮、有机碳的释放［J］. 中国环境科学，2007，27（3）：341－345.

[8] 王绍文，罗志滕，钱雷. 高浓度有机废水处理技术与工程应用［M］. 北京：冶金工业出版社，2003：18－121.

[9] 逄勇，璞培民. 太湖风生流三维数值模拟试验［J］. 地理学报，1996，51（4）：322－327.

[10] 马溪平. 厌氧微生物学与污水处理［M］. 北京：化学工业出版社环境科学与工程出版中心，2005：51－57.

[11] M. T. 马迪根，J. M. 马丁克，等. Brock微生物生物学［M］. 北京：科学出版社，2009：485－490.

河流中异养硝化细菌的分离及其脱氮性能研究

王　珺　裴元生　杨志峰　林常婧

（北京师范大学环境学院水环境模拟国家重点实验室　北京　100875）

摘　要　采用将传统微生物学方法与现代分子生物学手段结合的细菌分离筛选方法，从城市纳污河流府河中分离筛选出1株新型异养硝化细菌YX3，通过形态学、革兰氏染色结合16SrDNA序列同源性分析鉴定，认为属于假单胞菌属。其基因序列与Pseudomonas stutzeri同源性最高，相似性达97%。探讨了不同碳源、氨氮浓度（NH_4^+-N）、碳氮比（C/N）和pH对菌株降解氨氮效果的影响，以及菌株的好氧反硝化性能。结果显示：丁二酸钠作为碳源，NH_4^+-N浓度为50mg/L，C/N比为15，pH为7.0时，菌株YX3具有最佳氨氮降解效果；同时，该菌株7d内对NO_3^--N和NO_x^--N的去除率分别可达56.26%和53.99%，好氧反硝化能力显著。

关键词　异养硝化　硝化特性　好氧反硝化　富营养化

水体富营养化已成为世界范围内关注的热点。氮含量超标是造成我国水体污染的主要原因之一，据国家环保总局2007年《中国环境状况公报》报道，我国主要湖泊氨氮污染较重，直接威胁到当地的水环境和水生态安全。传统意义上，氨氮的去除主要通过自养硝化途径。而异养硝化作用及其菌属研究，是对传统硝化理论的丰富和突破。相对自养硝化细菌而言，虽然部分异养细菌的分解效率较低，但是由于其在环境中的数量以及生长速率上往往远大于自养菌，所以在某些环境中，异养硝化作用的贡献可以与自养硝化相当甚至超出[1]。目前关于异养硝化的研究及应用主要集中在污水控制领域，如处理高负荷生活污水[2,3]及高氮污水脱氮过程的应用等[4,5]。然而，有关异养硝化在天然水体的应用研究还鲜有报道。

本研究采用将传统生物学方法与现代分子生物学手段相结合的方法，从城市纳污河流府河中分离筛选出一株新型异养硝化细菌，研究了碳源、NH_4^+-N浓度、C/N比、pH 4种因素对菌株异养硝化性能的影响，以及其好氧反硝化功能，旨在为治理天然河流富营养化提供参考。

一、材料与方法

（一）优势异养硝化细菌的分离筛选与鉴定

1. 培养基

异养硝化培养基：$(NH_4)_2SO_4$ 0.5g，丁二酸钠2.17g，维氏盐溶液50ml，加水稀释至1000ml（若需固体培养基，则加入2%的琼脂），调节pH为7.0～7.3。维氏盐溶液：K_2HPO_4 5.0g，$FeSO_4\cdot 7H_2O$ 0.05g，NaCl 2.5g，$MgSO_4\cdot 7H_2O$ 2.5g，$MnSO_4\cdot 4H_2O$ 0.05g，溶解后加水定容至1000ml。

2. 细菌的分离筛选

从城市纳污河流府河中沿程取5个位点水样，分别接种10ml河水于100ml异养硝化培养基中，在30℃、150r/min的条件下摇床培养3d。取菌悬液按1%（体积分数）接种于异养硝化培养基中，30℃摇床重复培养3次，而后进行10倍浓度梯度至7～10倍。从各稀释度的稀释液中取0.1ml均匀涂布至固体平板上（每个稀释度3个重复），于生化培养箱30℃下培养。在形成菌落的平板内，挑选出大约100个单菌落的平板。将单菌落用接种环挑出，画线分离。待形成菌落后，再用接种环移植到固体培养基上，30℃条件下培养，重复平板画线分离2～3次。对初筛所得的异养硝化细菌进行氨氮降解能力测试，筛选出降解能力最强的菌株进行鉴定，并将其命名为YX3。

3. 16SrDNA 的 PCR 扩增、序列测定

以基因组 DNA 为模板扩增 16SrDNA，扩增采用的是一对通用引物。正向引物 341F：5′-CCT ACG GGA GGC AGC AG-3′；907R：5′-CCG TCA ATT CCT TTG AGT TT-3′，引物由上海生工生物工程有限公司合成。PCR 反应体系（50μl）：10×PCR（含 Mg^{2+}）缓冲液 5μl，dNTP4μl，正向引物和反向引物各 1μl，模板 DNA1μl，Taq 酶（5U/μl）0.25μl，重蒸水 37.75μl。PCR 程序如下：94℃预变性 10min；94℃变性 0.5min，56℃复性 1min，72℃延伸 1.5min，28 个循环；最后 72℃延伸 7min。PCR 产物的纯化和测序由三博远志生物有限公司完成。将测序得到的 16SrDNA 序列通过 DNAMAN 软件，登录 http://blast.ncbi.nlm.nih.gov/Blast.cgi，在 GenBank 核酸序列数据库中进行序列同源性比较，通过 CLUSTAL X、BIOEDIT 和 MEGA 等软件进行多重序列比对分析，并以 UPGMA 法构建系统发育树，分支聚类的稳定性用 Bootstrap 方法进行评价（bootstrapping 1000trials）。

（二）优势异养硝化细菌硝化性能测定

1. 碳源对菌株硝化性能的影响

培养基中 NH_4^+-N 浓度为 50mg/L，碳源分别为丁二酸钠、碳酸氢钠和葡萄糖，使各培养基的碳含量为 500mg/L。以 1% 的接菌量接种后，30℃、150r/min 振荡培养 24h，测定 NH_4^+-N 含量。

2. NH_4^+-N 浓度对菌株硝化性能的影响

调节培养基中 NH_4^+-N 浓度分别为 5mg/L、10mg/L、20mg/L、40mg/L、50mg/L、60mg/L、80mg/L、100mg/L、120mg/L、140mg/L。以 1% 的接菌量接种后，30℃、150r/min 振荡培养 24h，测定 NH_4^+-N 含量。

3. pH 值对菌株硝化性能的影响

调节培养基中 pH 分别为 5.0、6.0、7.0、8.0、9.0，以 1% 的接菌量接种后，30℃、150r/min 振荡培养 24h，测定 NH_4^+-N 含量。培养过程中保证 pH 维持在初始值。

4. C/N 比对菌株硝化性能的影响

调节培养基中 C/N 比分别为 1、5、10、15、18、20，以 1% 的接菌量接种后，于 30℃、150r/min 振荡培养 24h，测定 NH_4^+-N 含量。

5. YX3 菌株的生长曲线测定

挑取斜面菌种接种于灭菌异养硝化培养基（5ml）中，30℃、150r/min 恒温培养 24h，将其转移至 100ml 新鲜培养基中，定时取样检测菌体细胞密度 OD_{600nm}，以及 NH_4^+-N、NO_2^--N、NO_3^--N 含量的变化。

（三）优势异养硝化细菌反硝化性能研究

1. 培养基

反硝化培养基：酒石酸钾钠 20g，KNO_3 1.2g，KH_2PO_4 2.0g，$MgSO_4 \cdot 7H_2O$ 0.2g，加水稀释至 1000ml，调节 pH 为 7.2~7.5。

2. 反硝化性能测试

将对数生长期的菌液以 1% 的接种量接种到反硝化培养基中，为保证瓶中空气与外界气体的交换，以封口膜封口，在 30℃、150r/min 下振荡培养。每隔 24h 测定其 NO_2^--N 和 NO_3^--N 含量。因整个过程中 NH_4^+-N 和 TKN 未检出，又因为细胞合成所消耗氮素的量与培养中氮素加入的量相比很少，因此可认为培养液中总无机氮（以 NO_x^--N 表示 TIN）的减少量已被转化为气体氮化合物并从溶液中除去[6]。而以 TIN 去除率和 NO_3^--N 还原率来评价菌株的好氧反硝化性能。

（四）分析方法

样品在经过 0.2μm 混合纤维膜过滤后测定氮素含量。NH_4^+-N 采用纳氏试剂分光光度法测

定；NO_2^- - N 采用 N -（1 - 萘基）- 乙二胺光度法测定；NO_3^- - N 采用酚二磺酸光度法测定；菌体生长吸光度 OD_{600nm}，用 721 可见分光光度计在光密度为 600nm 处测定吸光度值；COD_{Cr}采用美国 HACH 快速测定仪测定；pH 采用 9157BN 型 Thermo Orion pH 计测定。

二、结果和讨论

（一）优势异养硝化细菌鉴定

从河水中筛选出的优势异养硝化细菌在培养基平板上形成乳黄色，半透明，圆形光滑菌落。通过革兰氏染色显微镜观察发现该菌株为革兰氏阴性、短杆菌（0.3 ~ 0.5）μm ×（0.9 ~ 1.2）μm（图 1）。经 16SrDNA 分子生物学鉴定，该菌株属于假单胞细菌。其基因序列与 Pseudomonas stutzeri 同源性最高，相似性达到 97%。据报道，P. stutzeri 可存在于多种环境下，在沉积物、深海、植物根际和地下水中均发现了该菌株的存在[7-9]。P. stutzeri 不同于其他的假单胞菌，不会发荧光，能够利用有机碳源进行脱氮反应，并能降解氯仿，属于 γ - Proteobacteria[10]。大量研究表明，P. stutzeri 属于反硝化细菌，部分菌株具有固氮功能[9]。而有关该细菌硝化能力的研究目前还较少。

（二）优势异养硝化细菌硝化性能测定

1. 不同碳源对菌株硝化性能的影响

碳源的主要作用是构成微生物细胞的含碳物质和供给微生物生长繁殖所需要的能量，不同的碳源在代谢中的地位不同，碳源的化学结构和分子量直接影响菌株的异养硝化效率。表 1 显示菌株 YX3 对不同类型碳源的利用程度差异显著。当小分子有机物丁二酸钠为碳源时，菌株降解效果最好，24h 内 NH_4^+ - N 降解率达 84.26%；大分子有机物葡萄糖为碳源时，效果次之。由于丁二酸钠的分子结构较葡萄糖更为简单，可以直接以酸的形式被微生物利用，异养硝化效率最高。菌株以 $NaHCO_3$ 为碳源时的，NH_4^+ - N 降解效果最差低，24h 内 NH_4^+ - N 降解率仅为 13.39%。结果表明菌株 YX3 是一种能够通过氧化有机物获取能量的化能异养硝化细菌，其难以利用无机物合成自身细胞物质并贮存能量，即通常不进行化能自养的硝化反应。

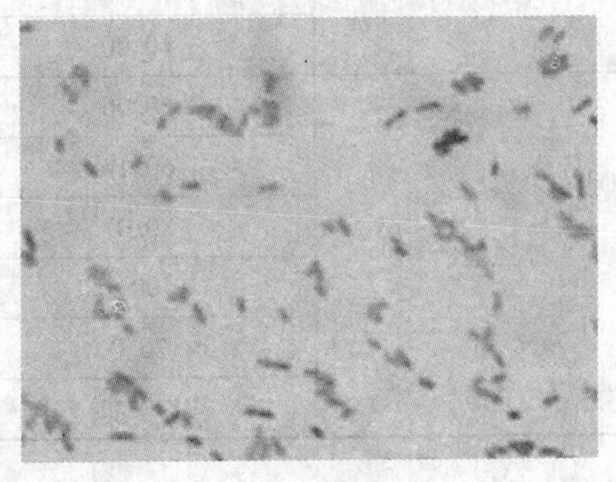

图 1　优势异养硝化菌株革兰氏染色镜检（1000 ×）

2. NH_4^+ - N 浓度对菌株硝化性能的影响

由表 1 可见，NH_4^+ - N 在 24h 内的降解率与 NH_4^+ - N 起始浓度相关。当 NH_4^+ - N 起始浓度小于 50mg/L 时，菌株 YX3 对 NH_4^+ - N 的降解能力随浓度的增加而增加；当 NH_4^+ - N 初始浓度大于 80mg/L 时，其 NH_4^+ - N 降解率明显下降，表明高 NH_4^+ - N 浓度对菌株的生长繁殖有抑制作用，影响其 NH_4^+ - N 降解能力。由于天然水体中 NH_4^+ - N 浓度一般小于 80mg/L，不会对该菌株生长产生毒害作用。

3. pH 对菌株硝化性能的影响

表 2 显示，当 pH < 7.0 时，菌株 YX3 降解 NH_4^+ - N 的能力随 pH 的升高而升高；当 pH > 8.0 时，降解 NH_4^+ - N 的能力缓慢下降。该菌株在 pH 7.0 ~ 8.0 的环境中脱氮效果较好，与天然水体 pH 接近，为该菌株的实际应用提供了可能。

4. C/N 比对菌株硝化性能的影响

C/N 比是影响微生物生长的重要因素。由表 2 可以看出，C/N 比在 1 ~ 10 之间时，随着 C/N

比增加，菌株对 NH_4^+ －N 的脱除效率从31.41%迅速升高到89.34%。C/N 比为15时，菌株的脱氮效率最高达到92.43%，表明当碳源充足时，硝化反应能够顺利或者以较快的速度进行下去，NH_4^+ －N 去除率高。但是当C/N 比大于15时，菌株降解脱氮效果反而随着C/N 比的增加而降低，过高的C/N 比会抑制硝化菌的活性，降低脱氮效果。因此该菌株降解 NH_4^+ －N 的最佳碳氮比为15。

表1 不同碳源和 NH_4^+ －N 浓度对菌株 YX3 的影响

碳源	NH_4^+ －N		
	初始浓度/（mg/L）	结束浓度/（mg/L）	降解率/%
葡萄糖	50.06	20.47	59.11
NaHCO$_3$	50.05	43.35	13.39
丁二酸钠	5.20	2.27	56.35
	10.08	3.81	62.20
	20.02	5.67	71.68
	40.00	6.51	83.75
	50.06	7.88	84.26
	60.14	10.53	82.49
	80.07	15.64	80.47
	100.1	34.75	65.28
	120.00	58.66	51.12
	140.11	81.41	41.90

表2 不同 C/N 比和 pH 对菌株 YX3 的影响

C/N	pH	NH_4^+ －N		
		初始浓度/（mg/L）	结束浓度/（mg/L）	降解率/%
1	7	50.13	34.39	31.41
5	7	50.13	15.78	68.53
10	7	50.13	5.34	89.34
15	5	50.07	19.36	61.34
15	6	50.11	9.84	80.38
15	7	50.13	3.80	92.43
15	8	50.08	8.41	83.21
15	9	50.08	15.80	68.45
18	7	50.15	4.91	90.20
20	7	50.14	5.32	89.41

5. 优势菌株生长曲线测定

由细菌生长曲线（图2）可知，该菌株0～4h 处于 NH_4^+ －N 降解的停滞期；4h 后 NH_4^+ －N 浓度迅速下降，菌株进入对数生长期；12h 后进入稳定生长期，NH_4^+ －N 降解率达91.5%，脱氮速率为3.05mg/（L·h）。目前关于异养硝化过程发生时间的报道不一，有研究表明异养硝化作用与细菌的生长几乎是同步发生的[11,12]。但 Verstraete 等[13]却认为异养硝化作用普遍发生于老龄细胞中。由图3可以看出，该菌株的异养硝化过程主要发生在实验开始的10h内，而菌体的对数生长期主要发生在实验开始的12h内，可见实验中的菌株异养硝化过程主要发生在菌体的对数生长期。

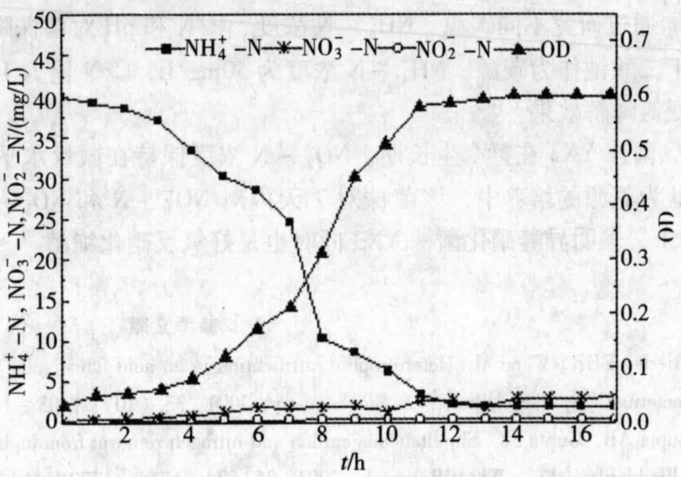

图2　NH_4^+ −N、NO_3^- −N、NO_2^- −N 浓度的变化和菌株生长曲线

在整个生长期间，NO_2^- −N 均保持在微量水平，NO_3^- −N 稍有积累，最高为3.01mg/L。NH_4^+ −N 降解量远超过 NO_2^- −N 和 NO_3^- −N 积累量。除了菌株对 NH_4^+ −N 的吸收同化之外，NO_2^- −N 和 NO_3^- −N 很可能通过反硝化作用转化为气体产物逸出。

（三）优势异养硝化细菌反硝化性能测定

菌株的反硝化性能由2项指标表示：以去除率表示菌株对 NO_3^- −N 的还原能力；以 NO_x^- −N（NO_x^- −N = NO_3^- −N + NO_2^- −N）去除率表示菌株对总氮的脱除能力[6]。优势异养硝化菌株的反硝化性能测定数据均以3个平行样品的均值表示，结果见图4。在溶解氧质量浓度达到5.0～7.0mg/L时（摇床温度30℃，相当于66%～92%的溶解氧浓度），7d内菌株对 NO_3^- −N 和 NO_x^- −N 的去除率分别达56.26%和53.99%。其中前3d，菌株对 NO_3^- −N 和 NO_x^- −N 的去除率分别为43.69%和41.13%。Castignetii 和 Hollocher[14]首次报道了土壤中常见的假单胞菌等12种细菌同时具有硝化和反硝化现象。荷兰 Delft 技术大学的 Robertson 等[15]从污水处理厂的反硝化单元分离出泛养硫球菌，该细菌兼备好氧反硝化与异养硝化能力。研究发现，与 P. stutzeri 处于同一分支的 P. alcaligenes 可同时进行异养硝化和反硝化作用，高效去除水体中的 NH_4^+ −N[16]。而台湾的 Su 等[17]从活性污泥反应器中分离得到的 P. stutzeri SU2 菌株具有良好的好氧反硝化能力，对 NO_3^- −N 的降解速率可达0.032mmol Ng/cell²·h。本文从河流中分离出的优势异养硝化细菌同时具备好氧反硝化能力，为其在天然富营养化水体中脱氮作用的实现奠定了良好的基础。

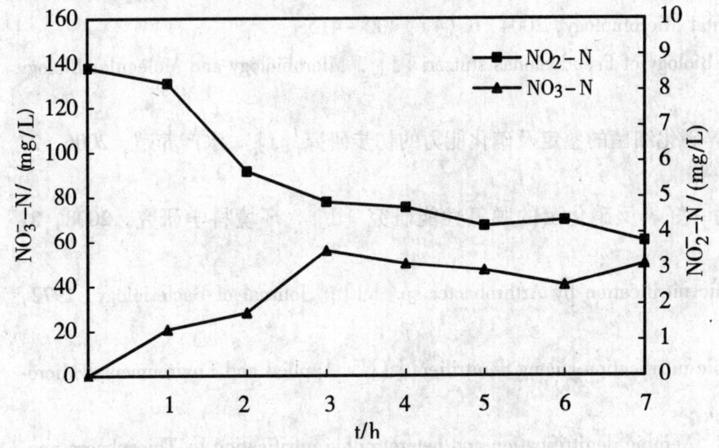

图3　菌株 YX3 好氧反硝化过程中 NO_3^- −N、NO_2^- −N 浓度的变化

三、结　论

1. 经过16SrDNA测序及同源性比较，并结合菌株的形态特征，认为菌株 YX3 属于 P. stutzeri。

2. 通过研究不同碳源、NH_4^+ - N 浓度、C/N 和 pH 对菌株降解 NH_4^+ - N 效果的影响，结果表明以丁二酸钠作为碳源，NH_4^+ - N 浓度为 50mg/L，C/N 比为 15，pH 为 7.0 时，菌株 YX3 具有最佳氨氮降解效果。

3. 菌株 YX3 在整个生长期，NO_2^- - N 浓度保持在微量水平，只有少量 NO_3^- - N 积累。在以硝酸盐为氮源的培养中，该菌株对 7 天内对 NO_3^- - N 和 NO_x^- - N 的去除率分别可达 56.26% 和 53.99%，表明异养硝化菌株 YX3 同时也是好氧反硝化细菌。

参考文献

[1] Brierley EDR, Wood M. Heterotrophic nitrification in an acid forest soil: isolation and characterisation of a nitrifying bacterium [J]. Soil Biology & Biochemistry, 2001, 33 (10): 1403 - 1409.

[2] Gupta AB, Gupta SK. Simultaneous carbon and nitrogen removal from high strength domestic wastewater in an aerobic RBC biofilm [J]. Water Research, 2001, 35 (7): 1714 - 1722.

[3] Schmidt I, Sliekers O, Schmid M, et al. New concepts of microbial treatment processes for the nitrogen removal in wastewater [J]. FEMS Microbiology Reviews, 2003, 27 (4): 481 - 492.

[4] Joo HS, Hirai M, Shoda M. Characteristics of ammonium removal by heterotrophic nitrification - aerobic denitrification by Alcaligenes faecalis No. 4 [J]. Journal of Bioscience and Bioengineering, 2005, 100 (2): 184 - 191.

[5] Joo HS, Hirai M, Shoda M. Piggery wastewater treatment using Alcaligenes faecalis strain No. 4 with heterotrophic nitrification and aerobic denitrification [J]. Water Research, 2006, 40 (16): 3026 - 3029.

[6] 汪苹，项慕飞，翟茜. 从不同反应器筛选、鉴别好氧反硝化菌 [J]. 环境科学研究，2007，20 (4)：120 - 124.

[7] Lovell CR, Piceno YM, Quattro JM, et al. Molecular analysis of diazotroph diversity in the rhizosphere of the smooth cordgrass, Spartina alterniflora [J]. Applied and Environmental Microbiology, 2000, 66 (9): 3814 - 3822.

[8] Bostrm KH, Riemann L, Kühl M, et al. Isolation and gene quantification of heterotrophic N_2 - fixing bacterioplankton in the Baltic Sea [J]. Environmental Microbiology, 2007, 9 (1): 152 - 164.

[9] Demba Diallo M, Willems A, Vloemans N, et al. Polymerase chain reaction denaturing gradient gel electrophoresis analysis of the N_2 - fixing bacterial diversity in soil under Acacia tortilis ssp. raddiana and Balanites aegyptiaca in the dryland part of Senegal [J]. Environmental Microbiology, 2004, 6 (4): 400 - 415.

[10] Lalucat J, Bennasar A, Bosch R, et al. Biology of Pseudomonas stutzeri [J]. Microbiology and Molecular Biology Reviews, 2006, 70 (2): 510 - 547.

[11] 王李宝，万夕和，许璞，等. 四株异养硝化细菌的鉴定及硝化能力的初步研究 [J]. 水产养殖，2006，27 (2)：147 - 151.

[12] 刘晶晶，汪苹，王欢. 一株异养硝化 - 好氧反硝化菌的脱氮性能研究 [J]. 环境科学研究，2008，21 (3)：121 - 125.

[13] Verstraete W, Alexander M. Heterotrophic nitrification by Arthrobacter sp. [J]. Journal of Bacteriology, 1972, 110 (3): 955 - 961.

[14] Castignetii D, Hollocher TC. Heterotrophic nitrification among denitrifiers [J]. Applied and Environmental Microbiology, 1984, 47 (4): 620 - 623.

[15] Robertson LA, Kuenen JG, Kleijntjens R. Aerobic denitrification and heterotrophic nitrification by Thiosphaera pantotropha [J]. Antonie Van Leeuwenhoek, 1985, 51 (4): 445.

[16] Su JJ, Yeh KS, Tseng PW. A Strain of Pseudomonas sp. isolated from piggery wastewater treatment systems with heterotrophic nitrification capability in Taiwan [J]. Current Microbiology, 2006, 53 (1): 77 - 81.

[17] Su JJ, Liu BY, Liu CY. Comparison of aerobic denitrification under high oxygen atmosphere by Thiosphaera pantotropha ATCC 35512 and Pseudomonas stutzeri SU2 newly isolated from the activated sludge of a piggery wastewater treatment system [J]. J Appl Microbiol, 2001, 90 (3): 457 - 462.

[18] 叶建峰. 废水生物脱氮处理新技术 [M]. 北京：化学工业出版社，2006.

水域公共资源保护措施分析

李茶青　何文学

（浙江水利水电专科学校　浙江　杭州　310018）

摘　要　水域因其在自然、经济、社会发展中具有防洪排涝等多种功能而成为公共资源的重要组成部分，保护水域公共资源，事关公共安全、生态平衡、社会经济稳定等诸多方面。通过对不同时期水域占用特点与水域占用过程演变趋势的分析，从不同角度提出了保护水域公共资源的各项措施，并从不同角度阐述了提高水域保护与管理水平就是保护公共资源，保护经济建设成果，保护美丽家园。

关键词　水域　公共资源　水域保护　水域管理

人口增加、政策影响、盲目围垦、水资源过度利用、水环境污染、建设项目占用等因素是导致我国水域面积减少的直接原因，而水域面积减少带来的最直接影响便是防洪排涝压力增大，而对当地经济社会发展带来的其他不利影响也会逐步显现。据统计[1]，湖南大水灾年平均次数由20世纪70年代的0.25次上升到80年代的0.5次，1991—1998年的8年当中，就有6年发生特大自然灾害。1998年，长江、嫩江、松花江都发生大洪水，上百万人抗洪救灾，直接经济损失超过2000亿元。痛定思痛之后，国家开始投入大量资金，在全国范围内开展较大规模的退耕还林还草、退田还湖等生态恢复与保护工程，保护水域这一重要公共资源的行动正在逐步推进。由于水域在自然生态系统中占有极其特殊的地位，需要对不同时期水域占用的特点以及水域占用过程的演变趋势进行分析，方能进一步探寻保护水域资源的各项措施。在实际工作中，应力求以良好的水域保护措施切实维护水域在防洪排涝、生态环境改善等方面的作用，着力构建人水和谐环境，推动当地经济社会可持续发展。

一、不同时期水域占用特点

人口增加对土地与粮食的需求越来越大，而围垦河湖滩地又是增加土地面积最快捷、最有效的途径，在历史上几乎从未中断过，并且随着围垦技术的不断进步而使围垦规模呈扩大趋势。据文献记载，公元前11世纪，有周人泰伯从北方南徙，定居于苏州、无锡间的梅里，把北方先进的农业生产技术传授给当地人民的同时，垦殖湖滩地的行为也就一直延续至今。但20世纪50年代以前，由于社会生产力水平相对较低，围垦水域的规模一般较小，由此对水域功能带来的不利影响也相对较小。

20世纪50年代至70年代，在“以粮为纲”政策的影响下，全国范围内开始了较大规模的围湖造田、围江造田运动，其规模之大，历史罕见，由此导致的水域面积下降幅度也创造了历史之最。据不完全统计[2]，新中国成立以来，长江中下游地区有1/3以上的湖泊面积被围垦，围垦总面积达13000余km^2，因围垦而消亡的湖泊达1000余个，损失的调蓄容量约为$500\times10^8m^3$以上，相当于淮河年径流量的1.1倍，相当于五大淡水湖蓄水总量的1.3倍。

20世纪80年代以来，水域占用行为更多地带有经济利益驱动色彩，似乎并不是单纯为增加粮食产量。城市扩张、大型基础设施、工业园区、经济技术开发区、旅游度假区等建设项目大量涌现，导致不少的河流、湖泊水域被占用，有的甚至是非法占用水域。面对建设项目占用水域数量不断上升的趋势，水行政主管部门也加强了水域保护与管理的力度。文献[3]利用多期地形图和遥感影像数据，在地理信息系统平台上对长江中下游主要湖泊水域面积时空变化情况进行研究，研究结果表明：1971—1988年间，水域面积减少2544.51km^2，平均每年减少水域面积149.68km^2；1988—2000年间，水域面积减少1151.97km^2，平均每年减少水域面积约100km^2。

上述数据从一个方面说明了陆地水域面积的减小呈递减趋势，这是值得肯定的事实，也是水域保护的成果之一。但有必要说明的是，20 世纪 90 年代以来，随着围海技术的不断成熟和进步，沿海地区的滩涂围垦项目却越来越大，由此可能带来的近海水动力、水生态危害很值得有关部门关注。

二、水域占用过程演变趋势

近半个世纪以来，在经济利益驱动下，河流、湖泊等水域曾遭受过大面积减少的厄运，其水域占用过程的演变趋势有如下三个特点。

（一）零星占用向成片占用演变

随着经济社会的快速发展与城市化进程的不断加快，工业园区、各类开发区、新城建设等项目填占小水塘、断头河等水域的情形在平原水网地区十分常见。而大型基础设施如公路、铁路等线状项目，往往沿河流伸展，挤占河道水域在所难免。市政道路、房地产开发等项目束窄河流以增加建设用地的事例屡见不鲜，而挤占河道采用的垂直混凝土驳岸，在切断地表水与地下水之间补排关系的同时，也改变了河流沿岸的生物生境。随着建设项目规模的不断扩大，建设项目占用水域的过程也从零星占用向成片占用演变，其演变过程形象地勾勒出经济社会发展进程中河流、湖泊等被占用水域的变迁历程。

（二）民间占用向政府占用演变

在社会经济水平相对较低的时期，民间造屋、修路也可能占用水域，但与今天的大型基础设施、新城建设、开发区建设等项目相比，其规模不可同日而语。尤其是新城建设、开发区建设、高速公路建设等大型项目的建设主体往往是当地人民政府或政府鼓励支持的项目，如果需要占用水域，其水域占用行为自然由民间占用演变为政府占用。这样一来，必然会出现项目的规划、审批、建设实施等一系列基本程序因同属政府行为而变得互相支持与包容，少了深入探究。换句话讲，政府统一领导下的水行政主管部门在审批建设项目占用水域的过程中，难免会有所偏袒或以简单审批了事。尤其在经济工作压倒一切的形势下，很难对建设项目占用水域之后可能带来的防洪排涝、航运、环境、公共安全等问题进行系统的论证，况且，有些问题在现有技术条件下也难以得到准确结论。因此，水域占用由民间占用向政府占用的演变，其可能带来的不利影响也只能在今后的工作实践中慢慢化解。

（三）临时性占用向永久性占用演变

不少临时码头、水上娱乐项目等都是按照临时占用水域审批，但往往到期后不予归还水域或恢复水域，形成了事实上的永久占用。之所以会出现这样的情况，主要是有些单位或个人往往从地方利益或集团利益出发，认为水域是国家的，不是自家的，占就占吧。实际工作中普遍存在“先建再说”的没落思想，采取拖延、迂回、赖皮等手段，应付水行政主管部门的检查，根本目的是为了谋求水域带来的经济效益。水域的临时性占用向永久性占用演变，损害了公共利益的同时，也可能对公共安全带来威胁或隐患。从实际工作来看，临时占用水域的客观存在，的确会给后续的河道整治、水域保护与管理增加难度。

三、保护措施

通过对不同时期水域占用特点与水域占用过程演变趋势的分析，可以看到水域面积减小已成为不争的事实，而要恢复到原有水平似乎不太可能。尽快采取各项措施，保证水域面积不再持续减少，应该是当前水域资源保护与管理中亟待解决的问题。下面列出的几项保护措施，符合当前我国水域保护工作实际，具有一定的现实意义，对提高水域保护与管理水平有一定的借鉴作用。

（一）加强科普教育，提高全民对水域功能的认识水平

水域不仅具有防洪、排涝、蓄水、供水、灌溉、航运等方面的功用，还兼有生态功能、文化功能、景观功能等，是社会环境与生态系统中不可或缺的重要组成部分，也是公共资源与公共环境的重要组成部分，是人与自然和谐相处的重要载体。水域容量大小和调蓄能力是水域最基本的功能，也是其他功能实现的前提。水域环境一旦遭到破坏，轻则引发防洪排涝危机，形成小雨大灾威胁；重则影响整个流域乃至区域的生态系统平衡，影响当地经济社会的发展与稳定。因此，要加强科普教育，提高全民对水域功能的认识水平，尤其是要认识到水域各项功能之间存在着互相依存、互相制约的关系，引导民众自觉地参与水域保护行动，力求以良好的水域环境支撑当地经济社会的可持续发展。

（二）健全管理法规，理顺管理体制

水域本身涵盖的范围比较广泛，其法规性的定义尚无，而水域管理又涉及水利、交通、国土、农业、林业、城建、港口、渔业等多个部门。尽管《中华人民共和国水法》、《中华人民共和国防洪法》、《中华人民共和国土地管理法》、《中华人民共和国港口法》、《中华人民共和国渔业法》、《中华人民共和国河道管理条例》、《中华人民共和国航道条例》等，都有关于水域保护与管理方面的条款，各省地方政府也出台了相关法规，如《江苏省湖泊保护条例》、《武汉市湖泊保护条例》、《浙江省建设项目占用水域管理办法》等，但诸多法规中专门针对水域保护与管理的尚无，而且法规之间缺少系统性与可操作性，导致不同行业、不同部门在水域保护与管理方面往往从自身利益或工作方便出发，以简单方式审批水域占用或实施相对肤浅的日常管理。此外，相关规定或制度的不严密，管理上存在的交叉与扯皮等，都在一定程度上制约着水域保护与管理工作上水平。因此，要尽快健全管理法规，理顺管理体制，分清工作职责，注重工作实效。

（三）夯实水域保护工作基础，提高水域管理技术水平

鉴于技术水平、自然条件、人为因素等限制，原有水资源普查结果及其相关年鉴数中的水域数据不但时间较早，个别数据也欠准确。文献［4］利用遥感技术对辽宁省河流水系及流域进行解译，并将解译结果与1984年第一次水资源普查时的调查结果进行比较。其中，38条参与比较的河流，其长度比较结果最大误差为30.8%，最小误差仅为0.1%。2005年，辽宁省应用遥感技术对全省河流开展普查[5]，从普查成果来看：新增加有名称可查河流22条，35条无名称的河流通过普查定名。上述结论说明了利用3S技术进行河流湖泊普查是必要的，是掌握水域动态变化情况最基本的技术方法，是当前水域保护与管理工作的重要基础。据报道[6]，水利部组织的全国河流湖泊普查工作即将在全国范围内展开。此次普查工作将充分利用国家基础地理信息数据库建设成果、高分辨卫星遥感影像和3S等高新技术，对流域规模以上河流湖泊主要特征进行普查，编撰我国河流湖泊普查成果报告。尽管全国土地调查中有水域相关的项目，但数据不够全面和细致。尽快利用3S技术开展水域年度调查和动态监测，构建水域保护与管理信息平台，是夯实水域保护工作基础和提高水域保护与管理工作水平的重要技术措施。

（四）树立流域一盘棋思想，杜绝随意占用水域

水域整体功能的正常稳定发挥是维持区域经济和社会可持续发展的重要条件，各级人民政府及其相关职能部门一定要树立流域一盘棋的思想，绝不能为了自身经济利益或地方局部利益，随意批准占用水域。必须清醒地认识到水域是自然生态系统的重要组成部分，随意占用水域对流域及其相邻区域必然会带来一定的影响，但有时候这种不利影响并不一定立即显现。单座桥梁造成的河道壅水可能只有3~5cm，但同一河段有多座桥梁，如果桥位选择不科学，就可能大大增加壅水高度，其叠加效应就可能对两岸防洪带来威胁。因此，占用水域的审批一定要从全局和流域的高度审慎管理，杜绝随意占用水域行为。

（五）加强水环境治理与修复力度，避免小水塘等水域被非法填埋

“五十年代淘米洗菜，六十年代洗衣灌溉，七十年代水质变坏，八十年代鱼虾绝代，九十年代拉稀生癌。”这首广为流传的民谣道出了一个不容置疑的事实，我们周围的水环境越来越差。枯水季节的小河流，流淌的是生活污水，城郊接合部的小水塘俨然已成为名副其实的纳污池。而每当汛期过后，岸边树枝、小草上缠绕的各色塑料袋，已成为现代文明中一道不和谐的风景。这些问题如果不能得到及时治理，越来越坏的水质只能遭到附近居民的反感，最终有可能被非法填埋。因此，加强水环境治理与修复力度，既能避免小水塘等水域被非法填埋，又能以良好的水域环境唤醒当地居民保护水域的热情。

四、结 语

过去几十年，我国的水域资源减少许多。从流域水文循环与生态系统的角度考虑，水域在防洪、排涝、蓄水、航运、养殖、景观、生态环境保护等方面具有独特的功用，这是实施水域资源保护的基础。从经济社会发展的角度考虑，水域不仅是水利工程建设与管理的主体，而且是维持人与自然和谐相处、经济与环境协调发展的重要自然资源，对维持当地经济可持续发展与社会稳定具有重要的支撑作用，这是实施水域资源保护的本质要求。从国家战略高度考虑，保护水域资源不仅是维护公共安全与公共利益的需要，也是促进经济社会又好又快、健康发展的需要；是落实科学发展观和实践科学发展观的必然要求，是构建人水和谐社会环境与全面建设小康社会的需要。

参考文献

［1］曹康泰．中华人民共和国防洪法释义（第一版）［M］．北京：中国法制出版社，1998.

［2］姜加虎，黄群，孙占东．长江流域湖泊湿地生态环境状况分析［J］．生态环境，2006，15（2）：424－429.

［3］刘新，何隆华，周驰．长江中下游近30年来湖泊的水域面积变化研究［J］．华东师范大学学报（自然科学版），2008，（4）：124－129.

［4］张玉书，陈鹏狮，冯锐．辽宁省河流水系及流域的遥感解译［J］．生态学，2003，22（3）：65－69.

［5］郑晓非．辽宁部分河流流域面积变化与防洪工作分析［J］．水土保持研究，2007，14（3）：40－41.

［6］乔永杰．黄河流域河流湖泊主要特征普查即将开展．2008－12－09.

乌江流域水库鱼体汞分布特征

蒋红梅[1,2]　冯新斌[1]　阎海鱼[1]

（1. 中国科学院地球化学研究所环境地球化学国家重点实验室　贵州　贵阳　550002；
2. 重庆交通科研设计院　重庆　400067）

摘　要　本文选取乌江流域上两个典型的水库（乌江渡水库和东风水库）作为研究对象，对不同水库中鱼类汞含量分布特征进行研究。结果显示：乌江渡水库鱼体总汞含量平均为38.0ng/g，甲基汞平均为21.5ng/g；东风水库鱼体总汞平均为36.0ng/g，甲基汞平均为10.2ng/g。乌江渡水库和东风水库鱼体总汞和甲基汞含量明显低于国家食用标准。

关键词　乌江渡水库　东风水库　鱼体汞

水库是一种介于河流和湖泊之间的半人工、半自然水体。早在20世纪70年代，有研究者就报道了水库鱼体甲基汞含量普遍高于相邻自然湖泊的现象（Smith，et al.，1974；Abernathy and Cumbie，1977；Cox，et al.，1979）。研究结果显示，被淹没土壤和植被是水库鱼体甲基汞增高的重要来源（Hecky，et al.，1986，1987；Jackson，1988）。到目前为止，几乎所有的研究均指出新建水库内肉食性鱼甲基汞含量往往超过世界卫生组织建议的食用标准（0.5 mg/kg）（Bodaly，et al.，1984；Hecky，et al.，1991；Jackson，1991；Verdon，et al.，1991；Bergkamp，et al.，2000；Friedl and Wüest，2002）。国内学者对水库鱼体汞活化效应已做过大量研究，徐小清等（1999b）研究报道三峡库区长江干流江段鱼体汞含量范围为0.04～0.42mg/kg（湿重），并预测长江三峡水库蓄水后库区干流及40条主要支流水域汞的活化效应将增强0.35～1.5倍，鱼体汞将是现在鱼体汞含量的1.4～2.5倍。

乌江流域是我国水电开发的重要流域之一，干流进行了11级开发规划。为研究乌江流域修建水库后“汞活化效应”对鱼体汞含量的影响，我们分别在乌江渡水库（库龄25）和东风水库（库龄11）采集了鱼样进行分析。

一、材料与方法

（一）鱼样的采集

2004年10月和11月分别于东风水库和乌江渡水库采集鱼样。在东风水库共采集鱼样5类23尾，乌江渡水库共12类33尾。每条鱼样测定其体重、体长，同时在鱼的侧线上方取鳞片若干供鉴定鱼龄。在每条鱼同一部位的背侧肌取肌肉样3～5g，冰冻保存（－20℃），备用。

（二）测试方法

1. 总汞：酸消解（$8HNO_3+2H_2SO_4$），冷原子荧光法测定（阎海鱼等，2005a）。

2. 甲基汞：碱消解－水相乙基化结合气相色谱（GC）－冷原子荧光（CVAFS）测定（阎海鱼等，2005b）。

二、结果与分析

（一）水库鱼体总汞和甲基汞的分布

不同鱼种的长度、质量和鱼龄统计见表1。在两个水库，鲤鱼均为优势鱼种，从鱼龄鉴定结果来看，两个水库绝大多数鱼均在0+～1+岁之间。东风水库有6尾鲤鱼为2+岁，乌江渡水库仅有1尾鲤鱼为2+岁。在东风水库采集的白甲鱼年龄可达4+岁，可能为野生鱼。

图1、图2分别为东风水库和乌江渡水库鱼体总汞和甲基汞含量（湿重）。整体而言，东风水库鱼体总汞为8.3～80.7ng/g，平均36.0ng/g；甲基汞为2.6～32.2ng/g，平均10.2ng/g；乌江渡水库鱼体总汞为10.2～144.5ng/g，平均38.0ng/g；甲基汞为3.6～87.8ng/g，平均21.5ng/g。可见，两个水库鱼体总汞和甲基汞含量都远远低于国家规定的鱼类食用标准（GB 18064规定鱼体中总汞和甲基汞的浓度阈值分别为0.3mg/kg和0.2 mg/kg），但这并不意味着这两个水库不存在建库后鱼体总汞和甲基汞增高的现象。与受汞法生产醋酸的贵州有机化工厂污染的百花湖的鱼体总汞含量相比，乌江渡水库和东风水库鱼体总汞含量要高于百花湖鱼体总汞含量（百花湖鱼体总汞含量平均值为28ng/g，阎海鱼，2008）。这充分说明了乌江渡水库和东风水库存在着水库效应。张明时等（1991）曾报道乌江上游水域鱼体甲基汞含量平均为103ng/g，显著高于我们的测定结果，而当时还未修建东风水库，因此可作为乌江上游河流鱼体甲基汞的本底水平。再有徐小清等（1998）研究认为在长江流域的范围与条件下，河流建坝蓄水后，水库汞活化效应加强，鱼体汞积累的最大限度将是原河流的2.0～3.5倍。因此，同属长江流域的乌江渡水库和东风水库的鱼体甲基汞含量也应增加为103 ng/g的2.0～3.5倍。因乌江渡水库和东风水库均有人工专业饲养鱼，而人工饲养鱼普遍生长速度较快，食物链较短，从而对甲基汞的富集能力较低。将鱼龄、体重和体长等指标综合分析发现，我们在两个水库（尤其是乌江渡水库）采集的鱼样绝大多数为人工饲养鱼，因此，鱼体汞和甲基汞含量偏低。

表1　东风水库和乌江渡水库采集鱼样的基本参数

	东风水库				乌江渡水库			
	年龄	尾数	体长/cm	体重/g	年龄	尾数	体长/cm	体重/g
鲤鱼	0+～2+	12	31.1±6.5	487±357	0+～2+	17	32.1±7.0	751±806
鲶鱼		6	36.4±6.1	377±168				
鲫鱼	0+～1+	3	15.8±1.9	73±28	0+	1	16	80
白条	1+	1	14	21				
白甲鱼	4+	1	41	810				
美国斑点叉尾鮰						3	22.3±4.0	121±59
鲑鱼						1	50	2100
鳜鱼						1	70	3100
南方大口鲶					0+	1	35	650
杂交鲶						1	57	1700
花鲢					1+	1	33.5	650
草鱼					1+	1	29	550
加州鲈						2	22.5±4.9	155±88
团头鲂					0+～1+	2	32.5±10.6	619±469
鲟鱼					0+～1+	2	50.5±10.6	650±212

由于条件限制，我们采集的鱼样本量有限，大多数类型的鱼仅采集1尾或2尾样本，显然对探讨不同类型鱼的汞（甲基汞）含量不具代表性。但是，我们将3尾以上的鱼进行分析发现，鱼的生态学特性对不同鱼类平均汞（甲基汞）含量之间的差异影响显著。从东风水库来看，肉食性的鲶鱼总汞含量（平均36.2ng/g）高于杂食性的鲤鱼（总汞平均30.1ng/g），却低于同为杂食性的鲫鱼（总汞平均48.6ng/g）；但鲶鱼的甲基汞含量（平均14.5ng/g）明显高于鲤鱼（甲基汞平均10.6ng/g）和鲫鱼（甲基汞平均6.0ng/g）。东风水库鲫鱼总汞含量高于鲶鱼，一方面是因为鲫鱼样本量太少，代表性不足；另一方面可能是采集的鲶鱼多为人工饲养鱼而鲫鱼主要为野生鱼。对乌江渡水库而言，水库内肉食性的美国斑点叉尾鮰的总汞（平均72.6ng/g）和甲基汞（平均45.2ng/g）含量均明显高于杂食性的鲤鱼（总汞平均32.8ng/g，甲基汞平均

17.7ng/g)。两个水库不同类型鱼体汞和甲基汞含量的差异显示：食物链长、营养级较高的鱼类对汞（尤其是甲基汞）的富集能力强于食物链短、营养级相对较低的鱼类。

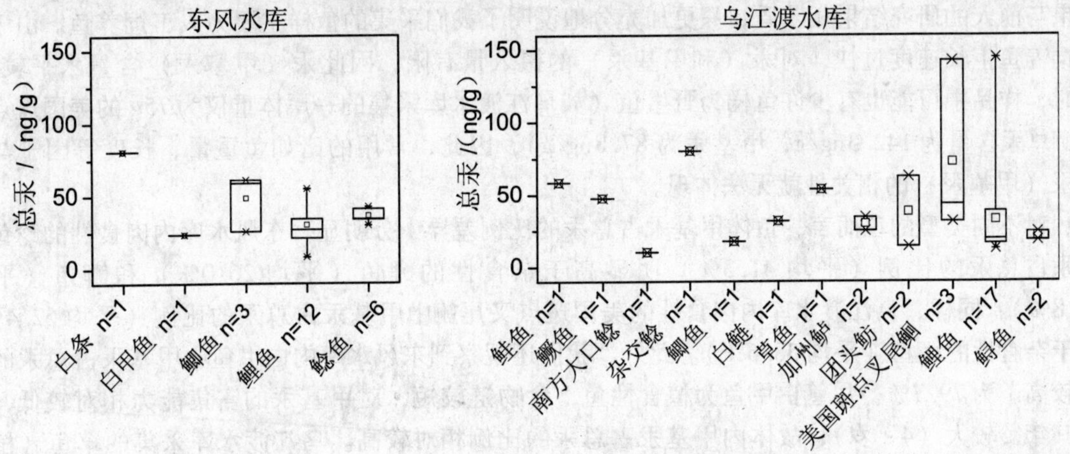

图1　东风水库和乌江渡水库鱼体总汞含量

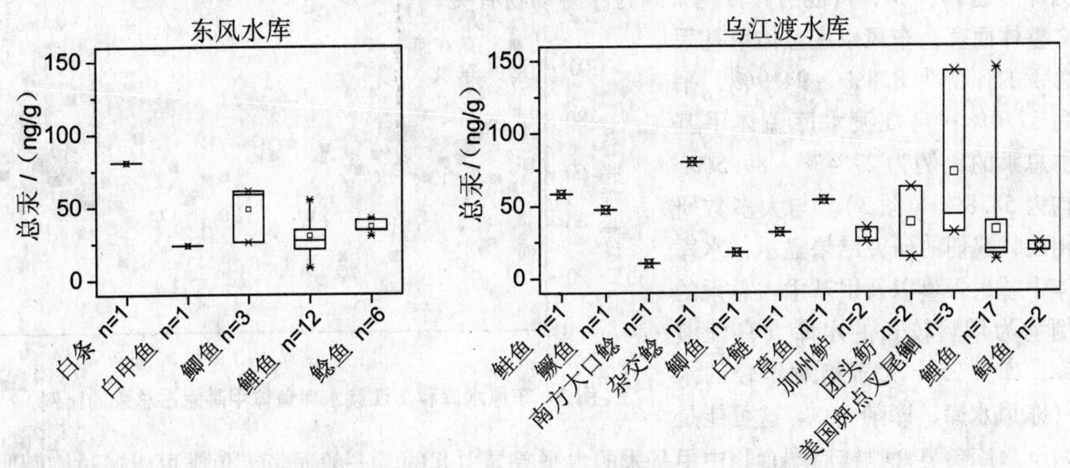

图2　东风水库和乌江渡水库鱼体甲基汞含量

表2　鱼体总汞、甲基汞与鱼体长、体重之间的Pearson相关系数

				体长	体重
东风水库	鲤鱼	N=12	总汞	-0.735**	-0.699*
			甲基汞	-0.092	-0.029
	鲶鱼	N=6	总汞	0.368	0.338
			甲基汞	0.394	0.443
	鲫鱼	N=3	总汞	-0.981	-0.989
			甲基汞	-0.753	-0.779
乌江渡水库	鲤鱼	N=17	总汞	-0.159	-0.200
			甲基汞	-0.235	-0.258
	美国斑点叉尾鮰	N=3	总汞	-0.887	-0.602
			甲基汞	-0.864	-0.563

绝大多数研究表明鱼体汞（甲基汞）含量与其重量、长度之间均具有良好的正相关关系。将两个水库不同类型鱼的汞（甲基汞）含量分别与鱼的重量和长度进行相关分析发现，我们采

集的样本鱼体汞（甲基汞）含量与鱼的重量和长度之间没有相关关系，且大多数类型的鱼体汞（甲基汞）含量随着鱼的重量和长度的增加而呈现降低的趋势（表2）。这并不表明我们的研究结果与前人的研究结果相矛盾，只更加充分地说明了我们采集的鱼样主要为人工饲养鱼。由于人工饲养鱼生长速度过快，对汞（和甲基汞）的摄入量有限，因此汞（甲基汞）含量水平较低。同时，样品中可能也有少许鱼样为野生鱼（如乌江渡水库采集的一尾体重仅为75g的美国斑点叉尾鮰总汞含量为142.5ng/g，甲基汞为87.8ng/g），因此，常用的诸如鱼重量、长度等因子与鱼体汞（甲基汞）的相关性就无法体现。

对不同类型的鱼而言，鱼体甲基汞占总汞的比例差异十分明显。东风水库内肉食性的鲶鱼甲基汞占总汞的比例（平均41.3%）明显高于杂食性的鲤鱼（平均26.0%）和鲫鱼（平均21.8%）；同样，乌江渡水库内肉食性的美国斑点叉尾鮰中甲基汞占总汞的比例（平均62.4%）高于杂食性的鲤鱼（平均58.6%）。此外，我们还观察到东风水库内白甲鱼中甲基汞占总汞的比例较高，为79.7%。尽管白甲鱼为植食性鱼，食物链较短，对甲基汞的富集能力相对较低，但因其年龄较大（4+岁），故体内甲基汞占总汞的比例相对较高。乌江渡水库采集的草鱼（植食性）中甲基汞占总汞的比例也明显低于其它类型的鱼，但是该水库采集的花鲢甲基汞占总汞的比例却高达74.5%，可能与其食物来源为浮游动物有关。

整体而言，东风水库鱼体甲基汞占总汞的比例为8.8%～94.9%，平均为32.0%；乌江渡水库鱼体甲基汞占总汞的比例为27.4%～89.5%，平均为58.8%（图3）。与大多数研究相反，我们的研究结果显示，水库鱼体甲基汞含量以及甲基汞占总汞的比例均为年龄较长的水库（乌江渡水库，库龄25）大于相对年轻的水库（东风水库，库龄11）。这可能是由两个水库鱼类食物链底端食物中甲基汞的水平差异引起的。一般而言，鱼类可以通过鳃呼吸直接吸入水体中的溶解态甲基汞，但是大多数研究者认为鱼类富集甲基汞的主要方式是通过摄入食物（Cope, et al., 1990; Meili, 1991）。而通过食物摄入的方式又可大致分为2种（Tremblay, et al., 1996a; 1996b）：①< 40μm的悬浮颗粒物→20～75μm的细小有机体（如轮虫、大的浮游植物，但不包括微型浮游生物）→> 150μm的大型浮游植物、浮游动物、有机碎屑→鱼类；②生活在淹没土壤或沉积物中的昆虫幼虫→食碎屑者（双翅类昆虫、毛翅目昆虫）→掠夺者（半翅目昆虫、蜻蜓目昆虫）→鱼类。从水体来看，乌江渡水库全年溶解态甲基汞为0.44±0.19ng/L，东风水库为0.46±0.20ng/L，两个水库水体溶解态甲基汞含量并无明显差异。然而，乌江渡水库无论水体中悬浮颗粒物甲基汞浓度还是沉积物中甲基汞含量都明显高于东风水库，因此，乌江渡水库鱼体甲基汞含量以及甲基汞占总汞的比例均明显高于东风水库。当然，这也进一步证明了食物才是鱼体甲基汞的主要来源。

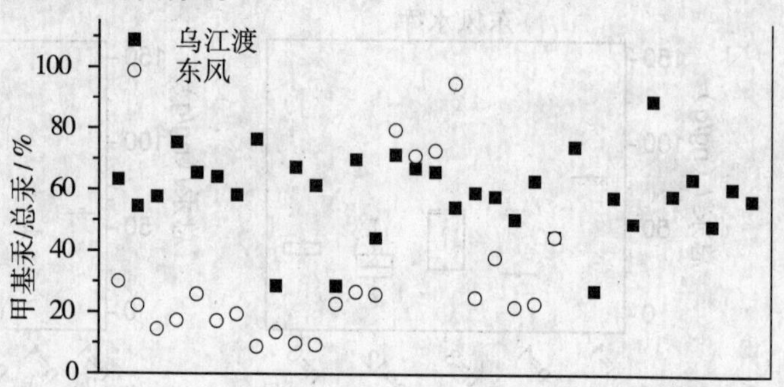

图3　东风水库和乌江渡水库鱼体甲基汞占总汞的比例

（二）水库鱼体汞的生物富集系数

通常，可以用下式来计算鱼体对水体汞的生物富集系数（Bioconcentration factors, BCF）（Nguyen, et al., 2005）：

$$\mathrm{BCF}=\frac{\text{鱼体汞（甲基汞）浓度（ng/g）}}{\text{水体中溶解态汞（甲基汞）浓度（ng/ml）}}$$

根据乌江渡水库溶解态总汞为6.8±3.2 ng/L，溶解态甲基汞为0.44±0.19ng/L；东风水库溶解态总汞为5.5±2.3 ng/L，溶解态甲基汞为0.46±0.20ng/L。计算得乌江渡水库鱼体总汞的BCF为5.6×10^3，甲基汞为4.9×10^4；东风水库鱼体总汞的BCF为6.5×10^3，甲基汞为2.2×10^4。与Meili等（1991；1997）和Sjöblom等（2000）的研究结果相一致，乌江渡水库和东风水库甲基汞的生物富集系数比总汞高一个数量级。但我们研究的两个水库鱼体汞的生物富集系数均处于所报道的鱼体对水体汞生物富集系数的低端（Watras，et al.，1995），可见人工饲养鱼类由于生长速度过快，对水体汞的富集能力很低。

三、结　论

1. 乌江渡水库鱼体总汞含量平均为38.0ng/g，甲基汞平均为21.5ng/g；东风水库鱼体总汞平均为36.0ng/g，甲基汞平均为10.2ng/g。乌江渡水库和东风水库鱼体总汞和甲基汞含量明显低于国家食用标准。

2. 水库鱼体甲基汞占总汞的比例平均为乌江渡水库58.8%，东风水库32.0%。

3. 对乌江流域水库而言，水库鱼体甲基汞含量以及甲基汞占总汞的比例均为年龄较老的水库（乌江渡水库，库龄25）大于相对年轻的水库（东风水库，库龄11）。可见，乌江流域水库鱼体甲基汞含量不取决于水库年龄，而决定于水库内水生食物链底端食物的甲基汞浓度。

参考文献

[1] Abernathy, A. R., Cumbie, P. M. Mercury accumulation by largemouth bass (Micropterus salmoides) in recently impounded reservoirs [J]. Environm. Cont. Tox., 1977, 17: 595 - 602.

[2] Bergkamp, G., McCartney, M., Dugan P., et al. Dams, ecosystem functions and environmental restoration [Z]. Thematic reviews II.1, World Commission of Dams, Cape Town, www.dams.org, 2000.

[3] Bodaly, R. A., Hecky, R. E., Fudge, R. J. P. Increases in fish mercury levels in lakes flooded by the Churchill River diversion, northern Manitoba [J]. Can. J. Fish. Aquat. Sci., 1984, 41: 682 - 691.

[4] Cope, W. G., Wiener, J. G., Rada, R. G. Mercury accumulation in yellow perch in Wisconsin seepage lakes: relation to lake characteristics [J]. Environ. Toxicol. Chem., 1990, 9: 931 - 940.

[5] Cox, J. A., Carnahan, J., Dinuzio, J., et al. Source of mercury in fish in new impoundments [J]. Environm. Cont. Tox., 1979, 23: 779 - 783.

[6] Friedl, G., Wüest, A. Disrupting biogeochemical cycles—Consequences of damming [J]. Aquat. Sci., 2002, 64: 55 - 65.

[7] Hecky, R. E., Ramsey, D. J., Bodsly, R. A., et al. Increased methylmercury contamination in fish in newly formed freshwater reservoirs [A]. In: Suzuki T (eds.) Advances in Mercury Toxicology. Plenum Press: New York. 1991.

[8] Hecky, R. E., Bodaly, R. A., Strange, N. E., et al. Mercury bioaccumulation in yellow perch in limnocorrals simulating the effects of reservoir creation [R]. Canadian Data Report of Fisheries and Aquatic Sciences, 1987, 628.

[9] Hecky, R. E., Bodaly, R. A., Ramsey, D. J., et al. Enhancement of mercury bioaccumulation in fish by flooded terrestrial material ecosystem [R]. Appendix No. 6. Canada - Manitoba Agreement on the Study and monitoring of mercury in the Churchill River diversion, Winnipeg, Manitoba. 1986.

[10] Jackson, T. A. Biological and environmental control of mercury accumulation by fish in lakes and reservoirs of northern Manitoba, Canada [J]. Can. J. Fish. Aquat. Sci., 1991, 48: 2449 - 2470.

[11] Jackson, T. A. The mercury problem in recently formed reservoirs of northern Manitoba (Canada): effects of impoundment and other factors on the production of methylmercury by microorganisms in sediments [J]. Can. J. Fish. Aquat. Sci., 1988, 45: 97 - 121.

[12] Meili, M. Mercury in Lakes and Rivers [A]. In Sigel, A., Sigel H., (eds.), Metal ions in biological systems: Mercury and it effects on the environment and biology, Marcel Dekker, New York, NY., 1997.

[13] Meili, M. Mercury in boreal forest lake ecosystems [D]. Acta Universitatis Upsaliensis, Comprehensive Summaries

of Uppsala Dissertations from the Faculty of Science No. 336, Uppsala, Sweden. 1991.

[14] Nguyen, H. L., Leermakers, M., Kurunczi, S., et al. Mercury distribution and speciation in Lake Balaton, Hungary [J]. Sci. Tot. Environ., 2005, 340: 231 - 246.

[15] Smith, F. A., Sharma, R. P., Lynn, R. I. et al. Mercury and selected pesticide levels in fish and wildlife of Utah: I. Levels of mercury, DDT, DDE, Dieldrin and PCB in fish [J]. Environ. Toxicol. Chem., 1974, 12: 218 - 223.

[16] Tremblay, A., Lucotte, M., Rheault, I. Methylmercury in a benthic food web of two hydroelectric reservoirs and a natural lake [J]. Water Air Soil Pollut., 1996a, 91: 255 - 269.

[17] Tremblay, A., Lucotte, M., Meili, M. et al. Total mercury and methylmercury contents of insects from boreal lakes: ecological, spatial and temporal patterns [J]. Water Qual. Res. J. Can., 1996b, 31: 851 - 873.

[18] Sjöblom, Å., Meili, M., Sundbom, M. The influence of humic substances on the speciation and bioavailability of dissolved mercury and methylmercury, measured as uptake by Chaoborus larvae and loss by volatilization [J]. Sci. Tot. Environ., 2000, 261: 115 - 124.

[19] Verdon, R., Brouard, D., Demers, C. et al. Mercury evolution 1978 - 1988 in fishes of the La Grande Hydroeletric Complex, Quebec Canada [J]. Water Air Soil Pollut., 1991, 56: 405 - 417.

[20] Watras, C. J., Morrison, K. A., Host, J. S. et al. Concentration of mercury species in relationship to other site - specific factors in the surface waters of Northern Wisconsin Lakes [J]. Limnol. Oceanogr., 1995, 40: 556 - 565.

[21] 徐小清，张晓华，靳立军，等．三峡水库汞活化效应对鱼汞含量影响的预测［J］．长江流域资源与环境，1999, 8 (2): 198 - 204.

[22] 徐小清，丘昌强，邓冠强，等．长江水系河流与水库中鲤鱼的元素含量特征［J］．长江流域资源与环境，1998, 7 (3): 267 - 273.

[23] 阎海鱼，冯新斌，刘霆，等．贵州百花湖鱼体汞污染现状［J］．生态学，2008, 27 (8): 1357 - 1361.

[24] 阎海鱼，冯新斌，李仲根，等．半封闭溶样冷原子荧光测定鱼体中总汞的分析方法研究［J］．地球与环境，2005a, 33 (1): 89 - 92.

[25] 阎海鱼，冯新斌，梁琏，等．GC - CVAFS 法测定鱼体内甲基汞的分析方法研究［J］．分析测试学报，2005b, 24 (6): 78 - 80.

[26] 张明时，王爱民，赵小毛，等．乌江上游水域水生生物中甲基汞污染调研［J］．贵州科学，1991, 9 (2): 155 - 159.

要高度重视中国水生态环境的整治

郭辉东　邓润平

（湖南省人民政府经济研究信息中心　长沙市五一大道351号　410011）

提　要　水生态环境污染问题，是与经济发展、人民生活以及人体健康联系最密切的问题，也是当前中国最突出的环境问题。因此，应当引起高度重视，并以壮士断腕的气魄整治被污染的生态环境。

关键词　中国　水生态环境　整治

生态环境是人类生存和发展的空间，主要包括水生态系统、土生态系统、气生态系统3个方面。水是生命之源，是人类生存和发展的命脉。水多为患，水少成灾，水脏贻害，处理不好，就会制约经济和社会的可持续发展。随着人类社会的工业化、城市化和现代化的高速发展，人对自然环境的影响日益加剧，水生态环境的污染已成为中国当前最突出的环境问题。因此，应当高度重视中国水生态环境的整治。

一、水生态环境的污染，已成为中国当前最突出的环境问题

人类的生存与繁衍，经济和社会的可持续发展，最基本的资源是水和土地。大地上千万条浩浩荡荡的河流，它们曾经是清水长流，各种鱼虾在里面游弋，无私地养育了两岸的儿女，人们世世代代利用它灌溉土地、饮水做饭。但是，人们却没有善待养育自己的母亲河，他们不断地把各种污水、垃圾、粪便以及各种有害物质排到江河，河水日渐由清变浊，由绿变黑，鱼虾逐渐绝迹，沿岸树木花草大量枯死，人类生存和发展的环境遭到了严重破坏。

本文第一作者近10年来曾在长江的5个不同地点，仔细观察过水体及周围环境情况。岷江源头地区九寨沟和黄龙，树木花草倒映在水中是一幅美丽的风景画；四川岷江上游看到的是光秃秃石山和灰蒙蒙浑浊江水；湖北荆州长江的水是黄色的泥沙浆，由于泥沙淤积使江岸地面抬高，400多年前明嘉靖年间建造的万寿塔已低于地面三层楼高；在镇江看到的长江水是暗褐的酱油色，耸立的楼房和喧嚣的人群早已打破金山寺当年的寂静；在长江入海口和早些年的黄浦江，像黑色酱油颜色的江水散发着臭气，而泥沙淤积使海岸线还在继续向东海延伸。

当今中国的水问题，主要表现在水资源短缺、水环境污染严重2个方面，而影响中国社会现在和未来生存发展的紧迫问题是缺水。这两个问题的出现和解决，互相联系，互相制约，有时还互为因果。我们只有统筹兼顾，采取必要的工程措施和生物措施，才能解决当今中国的水问题。

早几年的有关统计数据表明，中国78%的淡水污染超标，我国江河、湖泊和海域普遍受到污染，水污染已成为不亚于洪灾、旱灾甚至更为严重的灾害。在全国水资源质量评价的10万km河长中，受污染的河长占46.5%，50%的地下水被污染，90%以上的城市水域受到不同程度的污染，20%的耕地受到污染，75%以上湖泊水质受到污染。中国大部分城市和地区的淡水资源供给已受到水质恶化和水生态系统破坏的威胁，全国80%的污水未经处理直接排入水域，造成全国1/3以上的河段受到污染。根据118个城市调查，全国97.5%以上的城市水污染，其40%为严重污染，90%的重点城镇水源地受污染。全国有3亿多农村人口喝不上符合标准的饮用水，1/5的城市空气污染严重，1/3的国土面积受到酸雨影响，我国78%的淡水污染超标。随着经济的高速发展和城市化进程的加快，我国废污水的产生量将急剧增加。1980年全国废水排放量为310亿t，1997年为584亿t，2000年为620亿t（不包括火电直流冷却水），其中工业废水占66%，生活污水占34%，近80%的废污水未经处理（《人民日报》2002年4月2日）。

2010年2月6日，环境保护部、国家统计局、农业部联合发布的《第一次全国污染源普查公报》表明，2007年度各类源废水排放量2092.81亿t，废气排放总量637203.69亿m^3。其中：工业废水产生量738.33亿t，排放量236.73亿t；生活污水排放量343.30亿t，生活源废气排放量23838.72亿m^3。

根据普查结果，2007年全国主要污染物排放总量为：废水中化学需氧量为3028.96万t（含农业源为1324.09万t），氨氮为172.91万t，重金属（镉、铬、砷、汞、铅）0.09万t，总磷为42.32万t，总氮为472.89万t；废气中二氧化硫为2320.00万t，氮氧化物为1797.00万t，烟尘为1166.64万t，工业粉尘为764.68万t；工业危险废物为3.94万t。主要水污染物排放量有4成以上来自农业污染源，其化学需氧量排放量为1324.09万t，占化学需氧量排放总量的43.7%。

中国的水环境污染问题，尽管近些年来恶化的趋势得到了一定的遏制，但并没有从根本上解决问题，而且已成为影响中华民族未来生存和发展的现实问题。

二、坚持以人为本的可持续发展道路，力求使水环境建设同经济、社会发展相协调

获得理想的生存环境，一直是人类追求的目标。人的一切活动都是为了生存和发展，人与自然的矛盾是人类生存和发展的基本矛盾。人类社会发展至今，文明的巨大进步与生存危机并存的“二律悖反”现象早已显露出来。地球资源的有限性与人类繁衍和需求的无限性，这对最大的人类生存矛盾也日益突出。当今的人类社会，正面临着人口、资源、环境、发展4大问题的困扰，是持续发展还是停滞不前，这是人类有史以来面临的最严峻挑战。

中国水资源总量为28412亿m^3（原为28119亿m^3）。全国多年平均降水深为649.3mm，折合降水量为61786亿m^3。年均降水总量为61786亿m^3，降水量的45%转化为地表水和地下水资源，55%消耗于蒸腾蒸发。在降水形成的水资源总量中，地表水资源量为27375亿m^3，地下水资源量8219亿m^3。地下水与地表水不重复量为1038亿m^3。

中国以占全球6%的可更新水资源和占全球陆地面积7%的土地，养育着占全球21%的人口，这是世界性的难题，也是21世纪对中国人的重大挑战。中国水资源总量居世界各国第6位。全国总淡水量5632.7亿m^3，人均淡水资源量约2200 m^3，仅为世界人均的28%。中国人均淡水资源排在世界各国第109位，是世界上13个贫水国家之一。耕地亩均水资源1440 m^3，约为世界平均水平的一半。中国每公顷耕地占有径流量仅为世界平均的80%，人均年占有径流量比世界的1/4还低，约相当美国人均年占有量的1/6，前苏联的1/8，巴西的1/19，加拿大的1/58。年径流量仅及我国1/5的日本，人均年径流量却是我国的2倍。

《中国可持续发展水资源战略研究》提交的预测表明：中国用水的高峰将在2030年左右出现。其中，农业用水总量为4200亿m^3左右，工业用水总量为2000亿m^3左右，城乡生活用水为1100亿m^3左右。此外，全国生态环境用水总量约800亿~1000亿m^3。考虑到未来发展前景的不确定性，扣除生态环境用水后，全国实际可能合理利用的水资源量约为8000亿~9500亿m^3，较现在增加1300亿~2300亿m^3，人均综合用水量为400~500 m^3。

21世纪中叶中国要达到中等发展国家的水平，水是保障经济社会可持续发展的一个关键问题。因此，我们必须选择有利于节约水资源和保护生态环境的产业结构和生活方式，绝不能走浪费水资源和先污染后治理的路子。要把控制人口、节约资源、保护环境放到重要位置，使人口增长与社会生产力的发展相适应，使经济建设与资源环境相协调，实现良性循环。在发展模式、行为模式上进行改变。传统经济是由“资源—产品—污染排放”所构成的物质单向流动的经济。要发展物质不断循环利用的循环经济和低碳经济，即采用“资源—产品—再生资源”的物质反

复循环流动的经济。

按照人类社会进步的发展趋势和规律，使物质文明、精神文明、生态文明相协调，促进社会全面进步；坚持以最广大人民的根本利益为出发点，确立以人为本的思想，以不断提高人民生活水平作为全部工作的根本出发点。吸上新鲜的空气，喝上纯净的水源，这是人民的最低要求；以全心全意为人民服务为己任的执政党和人民政府，应当千方百计地满足人民的这些最起码的要求，把实现天蓝、水清的目标作为重要议事日程，重点考虑，重点解决。

三、加快经济发展方式转变，切实搞好水生态环境的整治

根据世界发展进程的一般规律，当一个国家和地区的人均GDP处于500~3000美元的发展阶段，往往是对应着人口、资源、环境等瓶颈最为严重的时期，同时也是经济容易失调、社会容易失序、心理容易失衡、环境容易破坏、社会伦理需要调整重建的关键时期。发展经济学理论认为，经济发展方式并非仅仅涉及经济增长，它同时涉及环境保护、可持续发展、消费行为、文化、人与人的关系等各个方面。转变经济发展方式，看起来是经济领域的一场变革，实质上关系改革开放和社会主义现代化建设全局。

中国正以历史上最脆弱的生态环境，负担历史上最大规模的经济活动。如果沿袭原有的发展方式，不仅会成为制约经济发展的瓶颈，也不利于中国对环保这一人类共同责任的主动担当。当前，我们应当在加快经济发展方式转变的同时，生产方式、生活方式也要随之转变，并采取一系列切实可行的措施，搞好水生态环境的整治。

1. 坚持统一领导、分级（分段）负责和统一规划、综合治理的原则，实现污染物达标排放与总量控制相结合的制度，确保生活饮用水、地表水源水质稳定达到国家规定的标准。

2. 大中型企业和城市污水处理，必须按国家有关规定限期治理，达标排放；新建企业必须强调做到“三同时”，在投产的同时应当有合格的污水治理设施。

3. 对污染严重的行业要拒绝引进，禁止新建无水污染防治措施的，“十五小”企业，禁止向水体倾倒、排放工业废渣、城市垃圾和其他废弃物，禁止从事可能污染水体的水上餐饮和文化娱乐活动。

4. 对有毒有害污染物必须在厂内室内处理，对于毒性小的污染物要汇入城市污水处理厂进行集中处理，对化工、医药等较难处理的污水和固体废弃物，要采用特殊技术措施予以处理。

5. 广泛开展植树造林活动，在河流两岸500~1000m范围内建立茂密的多层植被，有效阻止水土流失。并在加高加固堤防的同时，扩大流域水体环境容量。

6. 充分利用天上降水和再生中水。按照国际上生态城市的做法，饮用水、生活用水、环卫用水以及雨水与污水的输水管道，一般是分开铺设的，再生的中水已广泛用于清洁、绿化、工业循环冷却和景观用水。

7. 采用新技术新工艺，加快节水防污型社会建设。水生态环境、城市和工业防污减污以及节水净水的新技术新工艺，主要包括水体污染防治、节水减污、中水回用、污水处理回用、污泥处置的新技术新工艺。目前，比较实用的有：河流与湖泊水体污染防治技术，湖泊和人工水库含藻水处理技术，地表水生物预处理与深度处理技术，臭氧活性炭吸附、离子交换和膜分离等净水技术，受污染水源水的组合净化工艺，二级处理生化除磷脱氮工艺，三级深度处理滤除可溶性有机物工艺等。

8. 搞好流域的综合治理。要参照美国田纳西州治理河流的经验，走流域可持续发展的道路，采取生物措施与工程措施相结合的办法，对流域的治理开发进行全面规划，分阶段分步实施。要把修建道路与堤防建设相结合，城区的河道要尽量修建成景观型河道，对江中洲滩要合理开发，使水中和岸上观赏景点错落有致，两岸防汛通道绿树成荫。

中国是世界文明古国之一，治水和水资源开发利用已有数千年的历史，为创造灿烂辉煌的人类文明作出过不朽的贡献。我们的祖先创造适宜人居环境中表现出了非凡的才智，创造过辉煌的业绩，至今仍然留下来的历史遗存千百年来一直造福于炎黄子孙。2200 年前修建的都江堰，它的“无坝引水”功能，使今人看后也感到不可思议。秦人用巨石砌成的灵渠“人”字形拦河坝，使湘漓二水分流，并把长江水系与珠江水系连成一体。公元 1293 年全线通航的京杭大运河，被誉为中华民族历史上最有耐心的、堪称人类之最的伟大开掘。

今天，世界已进入全球一体化的时代，正在从一个地球走向一个世界。人类利用水资源的能力达到了前所未有的强度和广度，人类社会进入了既善于支配水，又要保持人与水和谐相处的新时代。人类所拥有的条件是任何时代都不可比拟的。当代的中国人有智慧、有能力、有条件把水生态环境治理好，能够把中国建设成一个水资源可持续利用的节水防污型社会，也能够为建设资源节约型和环境友好型社会谱写新的篇章，为子孙后代创造和留下更加美好的生存空间。

参考文献

[1] 张岳. 中国水资源与可持续发展［M］. 南宁：广西科技出版社，2000.

[2] 秦大河，张坤民、牛文元. 中国人口资源环境与可持续发展［M］. 北京：新华出版社，2002.

[3] 周孝德，沈冰. 水与社会经济发展的相互影响与作用［C］. 全国第三届水问题研究学术研讨会论文集，北京：中国水利水电出版社，2005.

[4] 金兆丰. 21 世纪的水处理［M］. 北京：化学工业出版社，2003.

[5] 第二届长江论坛文集——洞庭湖论坛［C］. 湖南长沙，2007，4.

[6] 董锁成. 中国百年资源、环境与发展报告——1950—2050 年资源、环境与经济演变和对策［M］. 武汉：湖北科学技术出版社，2002.

[7] 刘应杰，等. 中国生态环境安全［M］. 合肥：安徽教育出版社，2004.

[8] 第一次全国污染源普查公报［N］. 光明日报，2010-02-10.

[9] 郭辉东，陈美章，张淑华，邓润平，等. 中国水循环与水量平衡方略对策研究报告［C］. 全国水资源综合规划重点专题，2006，6.

[10] 郭辉东，邓润平. 三峡水库运用后洞庭湖区公共安全的应对措施［C］. 第十三届世界湖泊大会论文，2009，11.

重庆市某江水源热泵工程水源及取水、水处理系统分析

倪建华　姜文超　梁建军　赵玉静　焦丽蓉
（重庆大学三峡库区生态环境教育部重点实验室　重庆　400045）

摘　要　对重庆市某江水源热泵项目的水质、含沙量等水源条件进行了论证，认为嘉陵江作为其热泵冷热源是适宜的。对该项目取水、水处理方案进行了比选，确定采用直接取水 + 絮凝沉淀处理的方案。提出了重庆市江水源热泵的取水水处理技术应用及设计的建议。

关键词　江水源热泵　水源　取水　水处理　重庆

一、概　述

地表水水源热泵技术是通过利用地球表面浅层水源（河流、湖泊等）中的低温低位热能资源，并通过输入少量高位电能，将其转化为高位热能，实现供热制冷的空调系统[1]，其能源利用效率一般高达4.5～6.0，整个系统（含取水等能耗）总体上可以节约30%～40%的空调运行费用，具有十分显著的节能减排效应，也正在得到越来越多的关注。目前，我国住房与城乡建设部、财政部正在全国范围内大力开展地表水水源热泵等可再生能源在建筑中的规模化利用。

重庆市是全国著名的“火炉”之一，是典型的夏热冬冷过渡区，空调用能在重庆市的建筑能耗乃至全社会能耗中占有十分突出的地位。近年来，重庆市大力开展可再生能源在建筑中的规模化利用，其中地表水水源热泵特别是江水源热泵技术被认为是最适宜的形式之一，得到了较多的关注和推进。但是，由于重庆市江水水沙条件复杂、取水扬程高且变幅较大，加之三峡水库运行的影响，水源及取水、水处理系统成为江水源热泵技术推广应用的重要限制因素，目前也缺乏相应的论证设计方法与经验。本文以重庆市某水源热泵工程的水源、取水、水处理系统为例，探讨了重庆市开展江水源热泵的取水、水处理技术。

二、冷热源（水源条件）分析

重庆市某水源热泵工程位于重庆市合川区，紧靠嘉陵江，位于涪江汇入口处，为一集行政办公、会议、会展、教室、档案室、影剧院等为一体的大型公益性项目，总面积76160m^2，根据空调优化设计，其空调最终设计冷负荷6000kW，设计热负荷2700kW，经计算（考虑自用水系数5%），夏季设计取水量为1260m^3/h，冬季设计取水量为472.5 m^3/h。

水源热泵可分为开式（水源水经处理后直接进入热泵机组）和闭式（水源水经处理后进入板式换热器）两种，一般开式系统对水质具有较高的要求。目前对地表水水源热泵机组要求的进水水质尚无明确规定，一般工程中参考国土资源行业标准《浅层地热勘查评价技术规范》中地下水地源热泵水质要求[2]，主要包括水量、水温、含沙量、水质、水位等参数。考虑到本工程靠近嘉陵江，故拟采用嘉陵江作为冷热源。近年来嘉陵江加大了梯级利用，上游建设了大量的水坝，导致嘉陵江水文及水沙条件等均发生了较大的变化，故需对其作为江水源热泵系统的冷热源的可行性进行较深入的论证。

（一）水量

据有关资料，嘉陵江北碚断面2007年主要水文数据如表1所示。

2007年重庆市春季水文为罕见的干旱年，从表1可以看出，该年嘉陵江平均水量仍超过了500m^3/s，能够保证本工程所需水量。另据合川区有关单位提供的其他资料，2005—2007年合川

嘉陵江东津沱站平均净流量为1900m^3/s，完全能满足水量充足的要求。

表1　嘉陵江北碚断面2007年主要水文数据

	1月	2月	3月	4月	5月	6月	7月	8月	9月	10月	11月	12月
水位/m	186.98	186.38	186.87	187.31	187.44	190.02	195.16	189.88	189.80	190.56	187.52	187.08
水温/℃	9.9	11.4	14.2	18.2	23.4	24.6	25.5	28.9	25.3	18.7	16.6	13.4
流量/（m^3/s）	537	317	506	692	748	2990	9000	2690	2570	3480	793	580
含沙量/（kg/m^3）	0.002	0.002	0.006	0.008	0.008	0.430	0.715	0.081	0.059	0.497	0.004	0.003

（二）水温

根据表1，嘉陵江2007年5—9月水温变化范围为23.4～28.9℃，最高水温为28.9℃，低于30℃，经调查该月气温为38.4℃，表面水温仍低于气温10℃左右，满足夏季水源热泵的水温要求。冬季10月至次年4月水温变化范围为9.9～18.7℃也基本上符合水源热泵的水温要求。

（三）含沙量和浊度

根据表1，嘉陵江最大含沙量发生在7月径流量最大的月份，为0.715kg/m^3，其他月份含沙量大大下降，11月至次年5月含沙量最高仅为0.008 kg/m^3。近年来国内有关学者对嘉陵江含沙量的变化进行了较为深入的研究，1956—2003年以来的含沙量情况[3]如表2所示。

表2　嘉陵江北碚站各时段年平均水沙量的变化

时段	年平均水量/（亿m^3）	年平均沙量/（亿t）	平均含沙量/（kg/m^3）
1956—2003	665.1	1.161	1.745
1956—1968	738.8	1.797	2.432
1969—1984	682.4	1.365	2.001
1985—1994	638.7	0.776	1.215
1995—2003	509.4	0.303	0.595

从表2中48年资料可以看出，嘉陵江北碚站的时段平均年径流量和年沙量在1956—1968年最大，以后逐时段减小。年平均含沙量从1956—1968年的2.432kg/m^3减到0.595kg/m^3，减小幅度达75.5%，而年平均径流量减幅为31.5%，减沙幅度远大于减水幅度。尽管含沙量有逐年减少的趋势，但夏季含沙量与水源热泵系统要求还相差甚大。

根据北碚区水厂的实测资料，嘉陵江源水近年来水量、水位和水质基本上均能满足自来水厂水质需要，其中2007年春季、秋季源水浊度在100～350NTU，夏季源水最高浊度达到3500NTU，高浊度约持续3d左右，冬季源水浊度在10NTU左右。因此，除冬季外，浊度远远高于要求的水质标准。

（四）水质

根据重庆市2006年环境质量公报，嘉陵江3个断面（利泽、北温泉、大溪沟）均为Ⅱ类水体，水质质量良好。

（五）水位

根据有关单位提供的资料，嘉陵江大桥处嘉陵江97%保证率枯水位186.40m，十年一遇洪水位为213.35m，二十年一遇洪水位为216.04m，50年一遇洪水位为218.44m，1%（百年一遇）洪水位为220.70m。

根据项目规划和建筑设计，项目所在地地面高程一般在212m左右，另外根据空调设计，会议中心地下室负二层拟作为水源热泵机组安装地点，标高为209.70m，按203.00m常水位考虑，静扬程不足10m，考虑到最低通航水位为200m，按照一般航道部门要求保持3m水深要求，取水标高可以按照197m设计，静扬程也仅为12.7m左右，即使按照最枯水位186.40m，静扬程约为23.3m，考虑热泵机组的水头损失（约8m），最大扬程仍不足32m，所以，水位满足直接取水的要求。

三、取水、水处理方案比选

（一）方案选择

开式地表水水源热泵系统的取水及水处理方式主要有6种[4]，结合该项目实际，提出两个备选方案：①嘉陵江直接取水+水处理方案；②渗滤取水方案。

直接取水+水处理方案拟采用嘉陵江作为水源，采用岸边取水和江心自流管取水相结合的方式，并采用混凝+沉淀的方式进行水处理，其中江心自流管主要用于枯水位时。流程图如下：

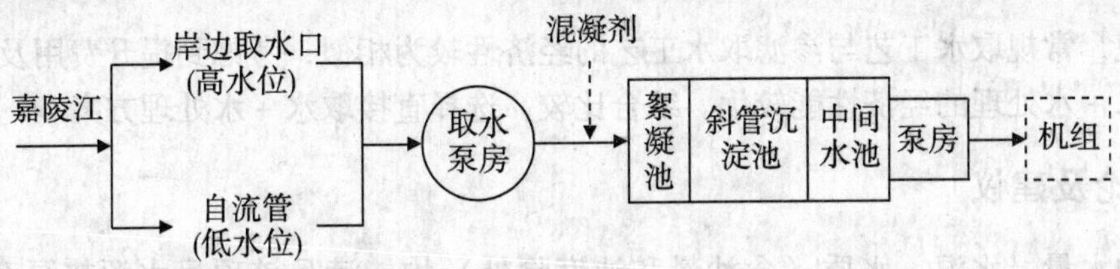

图1 .方案一江水源直接取水+水处理系统示意图

渗滤取水方案拟采用在嘉陵江河床下通过敷设渗滤取水管，并通过竖井取水直接泵送到热泵机组。工艺流程图如下：

图2　方案二渗滤取水工艺流程图

（二）方案比较

两方案的技术比较结果如表3所示。

从表3可以看出，直接取水+水处理方案简单实用，具有丰富的运行经验，安全性较高，但水处理设施的运行需要监控，且冬、夏含沙量变化很大，不容易控制；渗滤取水的水质较好，省去了水处理工艺，经泵房可直接送入机组，运行较简单，但其施工较为复杂，且受工程地质和水文条件的限制，通常开始使用时水质良好，后期取水量和出水水质难于得到保障，另外，竖井一般较深，提升费用增加。

表3　直接取水+水处理与渗滤取水方案技术比较

	方案一：嘉陵江直接取水+水处理（絮凝沉淀）	方案二：渗滤取水
工艺特征	采用岸边取水+江心自流管取水，枯水位时，取水泵房提升至沉淀水处理，然后经二次泵输送至机房。洪水位时，直接进入机组，需要一定的占地面积	充分利用河床自然滤层或人工反滤层，渗滤管取水到汇水硐室，然后经过巷道至汇水井，经泵房直接输送至热泵机组。用地面积省，但竖井深。如利用专利技术则需支付一定的费用或使用专用设备
出水温度	夏季22～24℃，冬季9～12℃	夏季18～22℃，冬季16～18℃

	方案一：嘉陵江直接取水＋水处理（絮凝沉淀）	方案二：渗滤取水
安全性	技术成熟，运行可靠，便于控制	供水可靠性容易受到工程地质和水文地质及施工质量的影响，安全性差
环保特性	有一定的絮凝污泥；提升费用相对较低，节能效果好	无污泥排放之虞，但可能影响河床稳定性；但提升扬程较大，夏季时不能充分利用高水位，节能效果差
对航运的影响	取水头部设在江中，对通航及行洪有一定影响	渗滤取水头及输水平巷均位于河床砂卵石层下，对通航影响较小
施工	施工较为容易，采用圆井时可采用沉井施工	施工较复杂，且需要将取水区域围起来进行施工，造价高，渗滤管的安装难度大，采用钢管时费用非常高，反滤层级配复杂，后期维护亦较困难
维护管理	对水处理器需进行反冲洗、排水、排泥等维护，维护管理量大	受工程地质影响可能会形成泥漠，需要水下作业进行清通

一般来说，常规取水工艺与渗滤取水工艺的经济性较为相似，考虑到提升费用及节能运行优化，直接取水＋水处理的经济性能较优。综合比较，选择直接取水＋水处理方案。

四、结论及建议

嘉陵江的水量、水温、水质（含沙量和浊度除外）均能满足该项目水源热泵系统的要求，采用直接取水＋水处理的方案，经取水和水处理工艺对含沙量和浊度加以去除即可满足水质要求，技术经济特性优于渗滤取水方案。

现有取水、水处理技术应用于重庆市江水源热泵系统时均存在一定的缺陷，如采用直接取水＋水处理的方案时，因絮凝池和沉淀池的设置增加了占地面积，且高含沙量和高浊度的时间比较短，絮凝池和沉淀池的利用率很小，而渗滤取水的建设成本高，运行一定年限后会出现产水量下降的问题。因此，未来应加强适宜性取水、水处理技术的开发。其中对于直接取水、水处理，应该着力研发一种占地面积小的水处理设备或设施，而对于渗滤取水，应加强新型过滤器的开发，在不影响机组进水水质要求的前提下，降低过滤器的成本，并提高过滤器的运行周期。在未来水源热泵系统的研究中，要将强化取水、水处理技术和改进热泵机组结合起来寻找一个平衡点，即允许含沙量的数值。

三峡大坝及嘉陵江梯级利用导致水文及水沙条件的变化，未来应加强成库后水文、水温及水沙条件的监测，并在取水水位及水质分析中采用新的数据和方法。

参考文献

[1] 蒋慧颖，张铭，等．水源热泵系统探讨与应用［J］．建筑节能，2007，10（35）：14－17.

[2] 国土资源行业标准《浅层地热勘查评价技术规范》（征求意见第二稿）［M］.

[3] 齐梅兰，戴会超．嘉陵江流域水沙变化趋势及其对长江宜昌站的影响［J］．水利水电技术，2005，36（6）：25－27.

[4] 董孟能，姜涵，霍建辉，等．重庆江水水源热泵应用关键技术——取水及水质处理技术探讨［J］．建设科技，2007（17）：84－85.

鄱阳湖五大流域水环境功能评价

李艳红[1,2]　刘　雷[1,2]　胡春华[1,2]　周文斌[1,2]　黄宗兰[1]

（1. 南昌大学环境与化学工程学院　南昌　330031；
2. 南昌大学鄱阳湖环境与资源利用教育部重点实验室　南昌　330029）

摘　要　本文结合水环境功能和水环境质量评价，应用相对应的环境质量标准进行评价，结合单因子污染评价指数和尼梅罗综合评价指数对鄱阳湖五大流域进行针对性较强的水质评价分析。评价结果表明，鄱阳湖五大流域自然保护区和工业用水区的水质较好，均属于安全级，符合自然保护区和工业用水的标准；饮用水源区有25.0%处于警戒级，其余水域相对较好；景观用水区受到的污染最大，部分水域达到警戒级和轻污染级，应引起高度重视；渔业用水区18.2%处于警戒级。进一步分析可得，饮用水源区在抚河抚州、昌江鹰潭段分别受到NH_4^+-N、TP的污染，应引起高度重视；景观用水区，赣江、修河、抚河、信江都有TP超出标准，并且污染面积大；渔业用水区饶河乐安江出现Cu超标。

关键词　五大流域　水环境功能　水环境质量评价　环境质量标准

引　言

水环境功能区划分是在结构和功能上对水域及其污染物做出划分和规定，以便于规划管理中明确控制要求和控制目标[1]。在整体功能布局确定的前提下，确定各水域的主导功能及功能顺序，以便为科学合理地开发利用和保护水资源提供依据，对保护水源、改善环境、维持生态平衡、促进经济发展具有重要意义[2-5]。

由于适用于同一水体的《地表水环境质量标准》和相应的专业标准在标准值和控制指标上的差异会导致水质控制目标的不确定性，从而影响了功能区的合理性和目标可达性。以《地表水环境质量标准》和相应的专业标准评价同一适用水体，同一项目标准值的不同，导致同一水体超/达标情况各异，因此所需治理程度也不同[5]。应用相对应的环境质量标准进行评价，比所有水域都按地表水环境质量标准评价得到的结果更能具体地反映出各功能区的污染情况以及对其主要功能的影响情况。

目前，以《地表水环境质量标准》作为依据进行水质评价，对地表水水域功能区的划分比较笼统。为更好地反映鄱阳湖五大流域的水资源保护和水污染状况，本文根据江西省水资源开发利用现状进行功能区划，并用各功能区对应的质量标准进行评价，在宏观上对鄱阳湖五大流域水资源利用状况进行总体控制，因地制宜制定环境保护措施、水环境保护的方向性和战略性目标，都具有重要的意义[6-8]。

一、材料和方法

（一）研究区域

鄱阳湖作为我国第一大淡水湖，其流域广阔，主要包括赣江、抚河、信江、饶河、修河五大河流域和其他直接入湖河流流域，五大河流域面积占鄱阳湖流域面积90%以上。所以，鄱阳湖的水文状况、泥沙运移和沉积，都受五大河流及长江的影响[9]。五大流域控制范围以山脊作为分水岭，大部分沿现有的一些行政区界分割而开（见图1）。五大流域中以赣江流域的面积最大，占江西省国土面积的49.59%，其次是抚河流域、信江流域、修河流域、饶河流域，分别占江西省国土面积的10.34%、9.70%、8.06%、6.57%，五大流域总的面积占江西省国土面积的84.26%[10]。

（二）采样方法

水环境功能区分为自然保护区、饮用水水源保护区、渔业用水区、工业用水区、农业用水区、景观娱乐用水区和多功能区 7 种类型[11]。据《江西省地表水（环境）功能区划》，并依据社会经济发展需要和水环境功能规划原则，结合鄱阳湖的实际情况，依功能区分别进行代表性样品采集。其中，自然保护区 6 个，分别在赣江、修水、抚河、信江、昌江、乐安江主源头；饮用水源区 16 个，一般在河流城市上游；工业用水区 12 个，一般在河流城市下游；景观娱乐用水区 38 个；渔业用水区 11 个。采样容器选取聚乙烯瓶。采样时，先水样润洗聚乙烯瓶 2 ~ 3 遍，并在水面下 15cm 深处进行取样，装入瓶后，在水样样品中加入几滴浓硝酸，将 pH 值调至 2 以下，密封保存，并在现场测定水样的 pH、水温、溶氧等参数（多参数水质分析仪 Multi340）和 Chla（叶绿素仪），同时将采样情况、现场测定数据和调查结果详细记录下来。样品及时运回实验室。

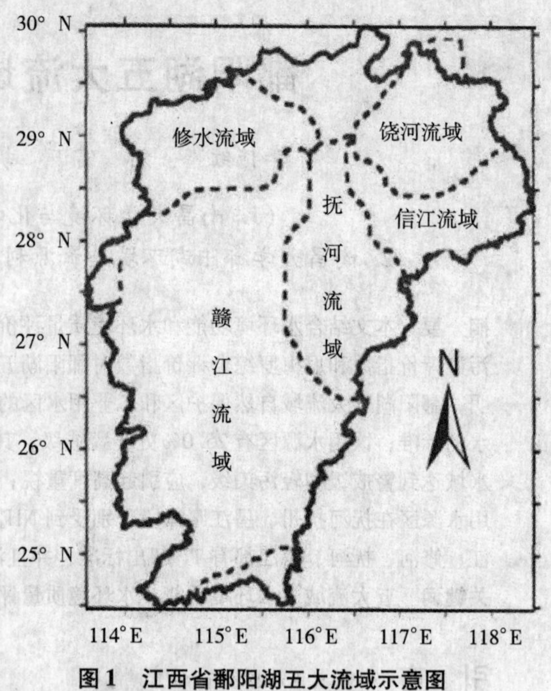

图 1 江西省鄱阳湖五大流域示意图

（三）样品分析

实验室的测定参数大致可分为重金属污染物（Zn、Cu、Cd、Pb）、POPs（HCHs、DDTs、七氯、六氯苯、环氧七氯等）及 N、P 有机与无机污染物（TN、TP、COD 等）。为保证测定数据的准确度，所有样品测定均严格按照国家标准进行分析。化学分析方法测定项目要求标准曲线相关度达到 0.999，重金属测定用到的是 PE AAS800 原子吸收仪，其标准曲线相关度要求达到 0.999999，POPs 的测定用 Agilent6890N 系列 GC 进行分析，并通过测定回收率来进行分析过程的质量保证和控制。

根据测定结果，POPs 的数据基本上都未检出，可反映鄱阳湖区水体并未受到有机氯农药的污染，故不将其列为评价参数。

（四）评价标准

根据鄱阳湖结合实际情况，不同的功能区参照不同标准，并根据不同标准选取不同的评价参数对各功能区水质进行评价。此种评价方法与所有水域都按相同的地表水环境质量标准进行评价相比，其得到的结果更能具体地反映出各功能区的污染情况以及对其主要功能的影响情况。

自然保护区执行 GB 3838—2002《地表水环境质量标准》Ⅱ类水质标准；渔业用水区：执行 GB 11607—1989《渔业水质标准》，并参照 GB 3838—2002《地表水环境质量标准》Ⅱ类标准；景观娱乐用水区执行 GB 12941—1991《景观娱乐用水水质标准》，并参照 GB 3838—2002《地表水环境质量标准》Ⅲ类标准。饮用水源区执行 GB 3838—2002《地表水环境质量标准》Ⅱ类水质标准。工业用水区执行 GB 3838—2002《地表水环境质量标准》Ⅲ类标准，或不低于现状水质类别[12]。

（五）评价方法

数据分析与评价方法采用单因子污染评价指数[13,14]和尼梅罗综合评价指数[15-18]，单因子污染评价指数表达式如下：

$$P_i = \frac{C_i}{S_i}$$

式中：P_i 为计算出的水体单项污染指数；C_i 为该水体的实测值；S_i 为各项的评价标准值。其中，$P_i<1$ 则表明未受污染，$P_i>1$ 则表明已受污染，P_i 数值越大，说明受到的重金属污染越严重。

为突出水体中不同参数的最高污染指数的作用，引入水体综合评价指数，即在单项污染指数的基础上采用尼梅罗污染指数法对水体进行综合的评价。其计算公式如下：

$$P_t=\sqrt{\frac{\sqrt{p_{\mathrm{ave}}{}^2+p_{\max}{}^2}}{2}}$$

式中：p_{ave} 为水体各单项污染指数 P_i 的平均值，$p_{\max}$ 为水体各单项污染指数中的最大值。综合污染指数 P_t 分级标准 $P_t\leqslant 0.7$ 为安全级，$0.7<P_t\leqslant 1.0$ 为警戒级，$1.0<P_t\leqslant 2.0$ 为轻污染，$2.0<P_t\leqslant 3.0$ 为中污染，$P_t>3.0$ 为重污染。

二、结果分析

（一）数据分析

用单因子污染评价指数和尼梅罗综合评价指数法对鄱阳湖五大流域的不同功能区的水质进行评价，结果见表1。评价结果表明，自然保护区和工业用水区水质较好，为安全等级；饮用水源区和景观娱乐用水区已有部分水域受到污染，达到轻污染等级，应引起重视；渔业用水区水质相对较好，为安全等级，部分达到警戒等级。其中，各功能区的主要污染因子为 NH_4^+-N、TP、COD、Cu 和 Zn。

表1　鄱阳湖五大流域水环境功能评价

功能区	项目	均值	范围	最大值	最小值	方差
自然保护区	P_i	0.167	0.002～0.842	0.842	0.002	0.058
	P_t	0.541	0.376～0.676	0.676	0.376	0.011
饮用水源区	P_i	0.227	0.001～1.574	1.574	0.001	0.097
	P_t	0.607	0.414～0.900	0.9	0.414	0.026
工业用水区	P_i	0.117	0.002～0.730	0.73	0.002	0.02
	P_t	0.428	0.310～0.614	0.614	0.31	0.008
景观娱乐用水区	P_i	0.426	0～5.164	5.164	0	0.532
	P_t	0.764	0.232～1.637	1.637	0.232	0.098
渔业用水区	P_i	0.177	0～1.093	1.093	0	0.051
	P_t	0.456	0.306～0.762	0.762	0.306	0.023

自然保护区的单项污染指数为0.002～0.842，综合污染指数为0.376～0.676。其中，重金属（Cu、Pb、Zn、Cd）的单项污染指数为0.002～0.798，NH_4^+-N、TP、COD 的单项污染指数为0.026～0.842。

饮用水源区的单项污染指数为0.001～1.574，综合污染指数为0.414～0.900。重金属的单项污染指数为0.001～1.013，NH_4^+-N、TP、COD 的单项污染指数为0.076～1.455。其中，抚州云山镇的 NH_4^+-N，抚州上顿渡镇的 TP，昌江鹅湖镇的 Pb 的单项污染指数均大于1。

工业用水区的单项污染指数为0.002～0.730，综合污染指数为0.310～0.614。其中，重金属的单项污染指数为0.002～0.381，NH_4^+-N、TP、COD 的单项污染指数为0.036～0.730，表明 N、P 等对水质的影响大于重金属。

景观娱乐用水区的单项污染指数为 0～5.164，综合污染指数为 0.232～1.637。NH_4^+－N、TP、Cu 和 Zn 的单项污染指数分别为 0.052～3.023、0.097～5.163、0～0.302 和 0.010～0.129，表明景观娱乐用水区的主要污染物为 N、P。

渔业用水区的单项污染指数为 0～1.093，综合污染指数为 0.306～0.762。其中只有乐平市众埠镇中路亭的 Cu 的单项污染指数大于 1。

（二）水环境功能评价及来源分析

对鄱阳湖五大流域不同功能区进行水质评价，得到各不同功能区的水质综合污染情况，如图 2 所示。鄱阳湖五大流域水环境功能区的主要超标项目为 TP、NH_4^+－N、Cu 等。按水环境功能区个数评价，达标率最低的是景观娱乐用水区，其次是饮用水源区、渔业用水区，自然保护区和工业用水区均 100% 达标。造成水环境功能区水质未达标主要由于废污水排放量大，污染物含量高所造成，主要出现在城市段；同时排污口布设不合理，主要出现在饮用水水源地。近几年全省废污水排放总量在逐渐增加，从 1997 年的 33.74 亿 t 增加到 2001 年的 35.34 亿 t，其中工业废水约占 80%，生活污水约占 20%，废污水排放主要集中在设区市的城市江（河）段。

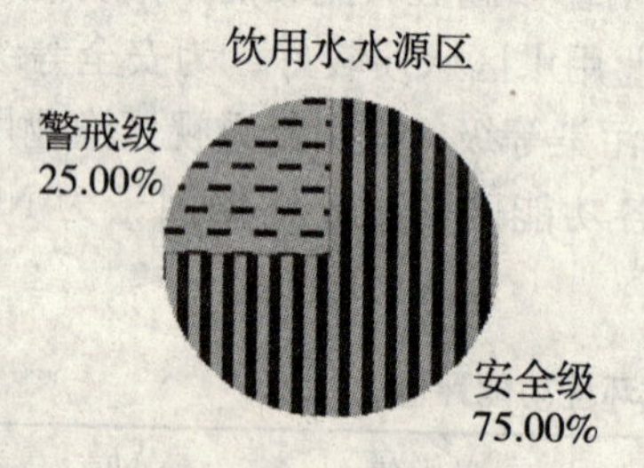

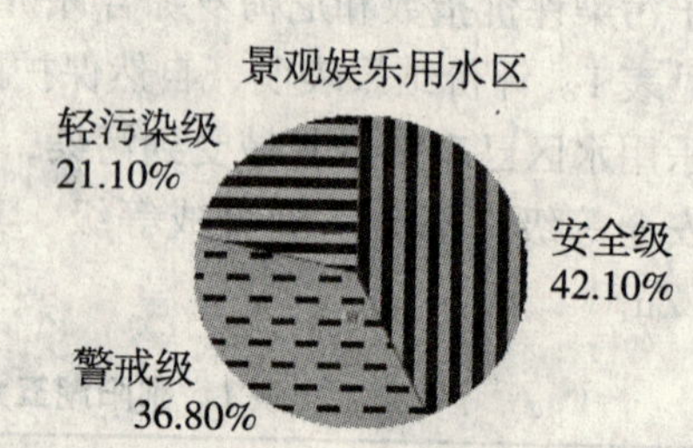

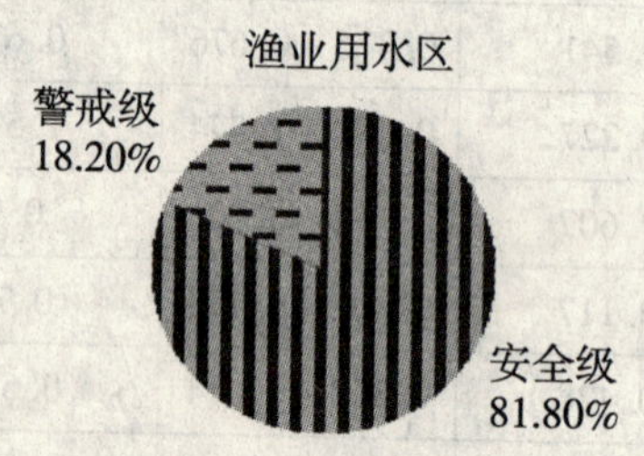

图 2　各功能区综合评价等级及比例

鄱阳湖五大流域自然保护区的水质综合污染指数全部处于安全级，表明五河流域的主源头水质较好，达标率 100%。调查期间重金属和 N、P 含量较低，重金属和 N、P 污染不明显。

饮用水源区有 25.0% 处于警戒级，应引起高度重视。评价结果表明，不达标的饮用水源区有抚州云山镇、抚州上顿渡镇、昌江鹅湖镇，主要超标项目为 NH_4^+－N、TP 和 Pb。这些地区均属于人口密度较小，工矿业较少的地区，受沿岸乡镇居民生活污水的影响较大。

工业用水区的水质综合污染指数也全部处于安全级，表明水质达到工业用水的标准，水质未受到污染。由于江西工业还欠发达，工业区的水质受到的影响还不明显，但应该高度防范。

景观娱乐用水区有 36.8% 处于警戒级，21.1% 处于轻污染级，表明五大流域已有部分水域受到不同程度的污染。其中受污染区赣江瑞金段绵江，修河奉新段南潦河、铜鼓段东屋河，抚河抚州、南城、南丰、广昌段较接近源头，信江余干、鹰潭、铅山、上饶段以及饶河鄱阳、万年、乐平、德兴段为河流下游段。这些地区的景观娱乐用水的 TP 超出标准，应引起高度重视。其中，接近源头段的地区工厂企业较少，其污染来自沿岸乡镇的生活污水；在河流下游段工矿业较多，受工业废水的排放的影响较大。同时，赣江水西镇芒埠渡口、潦河下游、鄱阳乐安江白塘湖的 NH_4^+ －N 超出标准。城镇生活污水是氮、磷等污染物质主要污染源之一，目前，全流域城镇生活污水处理是一个薄弱环节。

渔业用水区 18.2% 处于警戒级，表明有部分水域达不到渔业用水区的标准。其中，饶河乐平市众埠镇中路亭的渔业用水 Cu 超标，与上游德兴铜矿有很大的关系。

三、结　论

鄱阳湖五大流域水环境功能区的主要超标项目为 TP、NH_4^+ －N、Cu 等。其中，自然保护区和工业用水区的水质均较好，符合自然保护区和工业用水的标准；饮用水源区在抚河抚州、昌江鹰潭段分别受到 NH_4^+ －N、TP 的污染，应引起高度重视；景观用水区受到污染最大，其中，赣江、修河、抚河、信江都有 TP 超出标准，并且污染面积大。同时，赣江、潦河、乐安江也出现 NH_4^+ －N 污染；渔业用水区饶河乐安江出现 Cu 超标，应加强管理，并防范大面积出现污染加重的状况。

参考文献

[1] 张晓芳. 济宁市水环境功能区划分［J］. 苏州科技学院学报（自然科学版），2003，20（4）.

[2] 罗旭升. 邕江水功能区划分浅析［J］. 广西水利水电，2002（1）：59－60.

[3] 袁弘任. 我国的水功能区划及其分级分类系统［J］. 中国水利，2001（7）.

[4] 何晓云，汪小泉，王亚红，等. 水功能区与水环境功能区划分归一研究［J］. 中国环境监测，2008，24（3）：63－64.

[5] 张翼飞，黄川友，郑丙辉. 功能区划分中水环境标准的协调研究［J］. 水电站设计，2009，16（3）：84－87.

[6] 马逸麟，马逸琪. 鄱阳湖湿地的保护与利用［J］. 国土与自然资源研究，2003（4）：66－67.

[7] 水环境功能区管理信息系统研究与开发［J］. 环境科学研究，2000，13（6）：51－56.

[8] 千岛湖流域水环境功能区划与生态环境保护对策研究［J］. Shanghai Environmental Sciences，2008，27（2）：47－52.

[9] 鄱阳湖研究编委会. 鄱阳湖研究［M］. 上海：上海科学技术出版社，1988.

[10] 谢冬明，严岩，邓红兵，等. 江西省“五河”流域水文特征初步研究［J］. 江西农业大学学报，2009，31（2）.

[11] 基于生态管理的流域水环境功能区划——以浑河流域为例［J］. 环境科学学报，2007，27（6）：945－950.

[12] 胡立平，邢久生. 江西省水功能区划分与水质达标分析［J］. 江西水利科技，2003，29（3）.

[13] 丁桑岚. 环境评价概论［M］. 北京：化学工业出版社，2001.

[14] Zhen Guozhang，Yue Leping，Li Zhipei et al. Assessment on heavy metals pollution of agricultural soil in Guanzhong District［J］. Journal of Geographical Sciences，2006，16（1）.

[15] 高淑英，邹栋梁. 湄洲湾生物体内重金属含量及其评价［J］. 海洋环境科学，1994，13（1）：39－41.

[16] 叶文虎，栾胜基. 环境质量评价学［M］. 北京：高等教育出版社，1994：131－132.

[17] 弥艳，常顺利，师庆东. 艾比湖流域2008年丰水期水环境质量现状评价［J］. 湖泊科学，2009，21（6）：891－894.

[18] Cheng Jieliang，Shi Zhou，Zhu Youwei. Assessment and mapping of environmental quality in agricultural soils of Zhejiang Province，China［J］. Journal of Environmental Sciences，2006，11：51－52.

太湖流域农村面源污染现状与减排对策

张毅敏

（环境保护部南京环境科学研究所　南京　210042）

太湖流域是我国国民经济最发达、人口最为稠密的地区之一。近年来，太湖水污染尤其是富营养化日趋严重，治理太湖富营养化防止水华暴发成为我国当前水污染防治的重点，其根本途径在于减少流域内的氮磷营养物质入湖负荷。自20世纪70年代以来，国家和企业投入了数百亿元资金进行点源污染治理，但对湖泊水体富营养化状况的改善成效甚微，并且富营养化的形势仍日趋严重，农村面源污染未能妥善治理是其原因之一。

据中国环境监测总站发布2008年全国环境质量状况报告，太湖属重度污染，中度富营养。1989—2008年，太湖高锰酸盐指数和总氮浓度波动上升，总磷浓度变化不大；2008年4—9月太湖交替出现零星性水华和局部性水华。因此，污染形势仍然严峻。

目前，太湖湖体水质主要超标项目为总磷和总氮，环湖河流水质主要超标项目为总磷和氨氮。据2010年国家《第一次全国污染源普查公报》的数据，农业污染源COD、TN、TP分别占全国污染源的43.7%，57.2%、67.4%，其中N、P污染物的比重远高于工业与生活污染源。进一步说明了农村面源污染情况的严峻和减排的必要性。本文旨在分析太湖流域农村污染的现状，提出削减农村面源污染物的途径与方法，为解决太湖流域农村面源污染问题提供可借鉴的对策与方法。

一、太湖流域农村面源污染现状

农村面源污染具有影响范围大、因素多、方式复杂、强度难以定量评估等特点。来自农业的种植、养殖、水产、农村生活等诸多方面。包括畜禽养殖废水未经处理直接排放，渔业生产高密度养殖、过量投饵，农用化学品不合理使用、过量施肥、农业固体废弃物未得到合理回收和利用，大量农膜残存于耕地、土壤和流入沟河中，农作物秸秆未经过综合利用，与生活垃圾一起四处堆放或沿河湖岸堆放，在降雨的冲刷下，其大量渗滤液排入水体或直接被冲入河道。农村面源污染几乎全部是伴随着降雨径流产生的。大量污染物随着地表径流进入水体、而未得到有效的控制。

太湖流域农村人口逐渐下降、生活水平逐步提高、农村污水处理设施不断完善，农村村落污染量呈递减趋势；随着太湖流域耕地面积、农用化学品投入的减少，营养盐的输入量也逐年递减；太湖流域畜禽养殖数量的逐渐稳定、养殖模式的不断集约化和提高、畜禽养殖污染收集与集中处理的加强，太湖流域畜禽养殖污染排放呈现下降；但太湖流域面源污染中，畜禽养殖污染所占的比重呈增大趋势，村落污染和农田污染所占的比重有所减少，渔业养殖污染在面源中所占的比重较少，如图1所示。

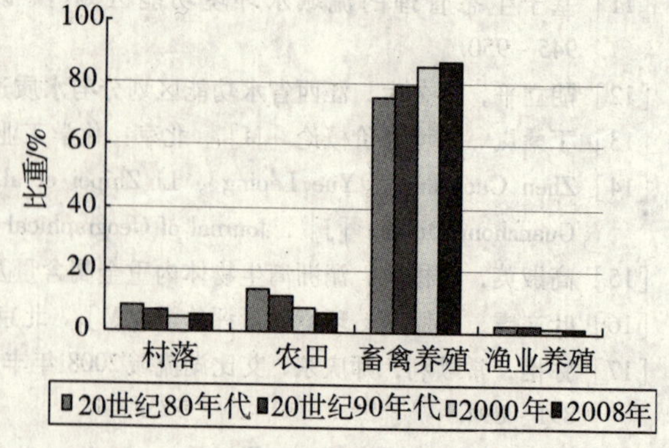

图1　太湖流域面源TP污染负荷分布

（一）村落污染

从 1985—2008 年，太湖流域村落污染量中 TP 总体呈现逐年递减，但 TN、COD 今年有所增加的趋势，如图 4 所示。

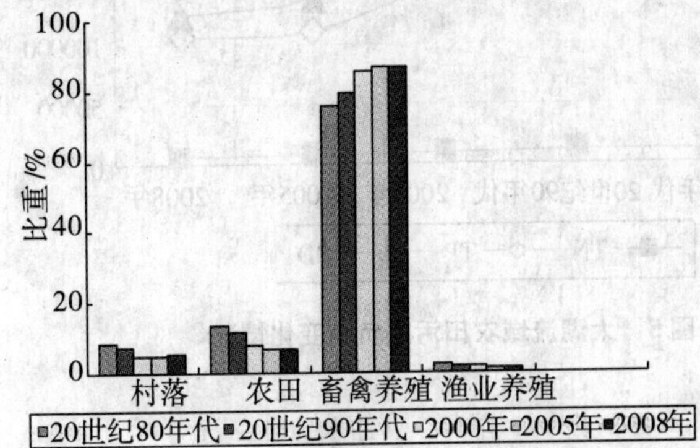

图 2　太湖流域面源 TN 污染负荷分布

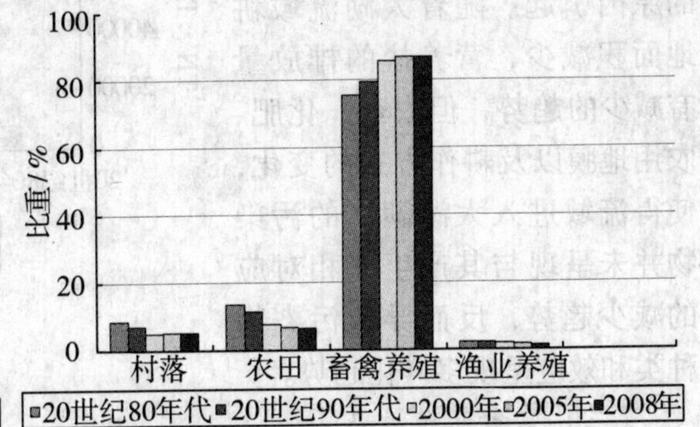

图 3　太湖流域面源 COD 污染负荷分布

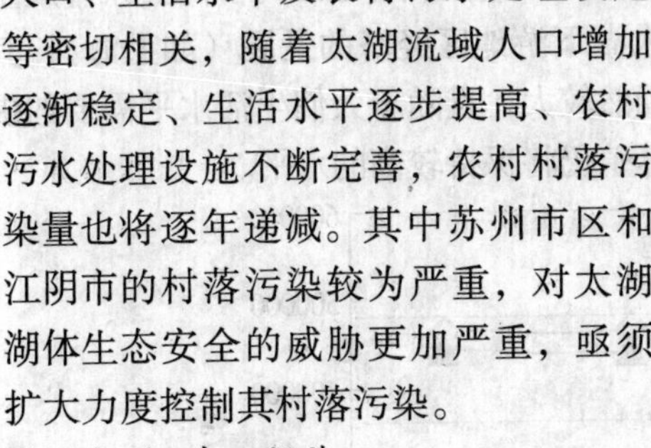

历年来村落面源污染的输出量与人口、生活水平及农村污水处理设施等密切相关，随着太湖流域人口增加逐渐稳定、生活水平逐步提高、农村污水处理设施不断完善，农村村落污染量也将逐年递减。其中苏州市区和江阴市的村落污染较为严重，对太湖湖体生态安全的威胁更加严重，亟须扩大力度控制其村落污染。

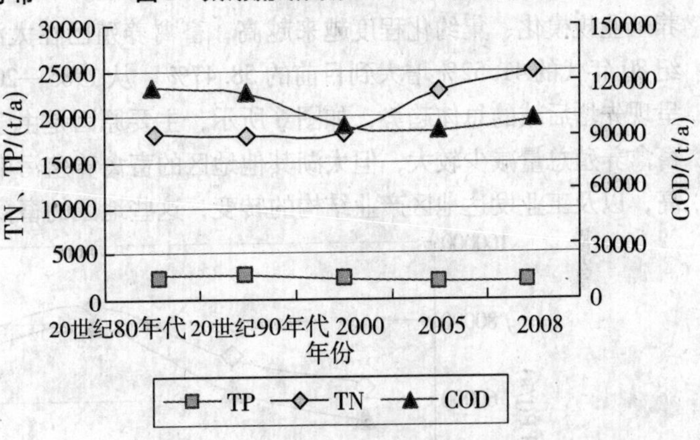

图 4　太湖流域村落污染负荷变化情况

（二）农田污染

农田污染，主要是由于水土流失或降水和灌溉形式的农业径流将农田化肥、农药、有机污染物及其他污染物带入河流、湖泊以及海洋等水体而造成水体污染。农田污染对水环境的影响，主要是在降雨所产生的径流冲刷作用下，使大量的泥沙和污染物随径流进入受纳水体，造成对水环境的污染。农田中的污染物流失不仅受到降雨径流过程中的降雨量、降雨强度、降雨历时、地形坡度、土壤类型和植被等各种自然地理因素的影响，同时还取决于地表污染物数量和人类不规则活动的影响，如化肥使用的不合理和耕作方式的不科学等条件的影响。

太湖流域内农田化肥施用量一直以较快速度增长，以宜兴市为例：1986—2006 年，在耕地面积减少 1/6 和复种指数显著降低的情况下，化肥施用量却提高了 3 倍多。2006 年太湖地区面源污染负荷是 1997 年其面源污染负荷的 2 倍。农药化肥地膜的大量施用使土壤中的营养盐出现盈余和富集现象，加大了营养盐随地表径流的流失风险，使得流域的农田污染问题日益凸显。

太湖流域土地利用类型复杂多样，农用化学品的施用量也因此而有很大的差异，从而导致不同土地利用类型 TP、TN、COD 等营养盐向太湖的输出量不同。种植业生产排除的 TP、TN、COD 等污染物通过密布的河网最终排入太湖。由图 5 可以看出，太湖流域各地区农田污染负荷从 20 世纪 80 年代到 2008 年逐年减少，特别是上海、苏州地区，减少的幅度更大。从 20 世纪 80 年代到 2008 年，农田的 TP、TN、COD 输出量逐年降低，这主要与耕地面积的减少有关；从不同的地区来看，嘉兴市、上海市营养盐的输出量最多，这与其耕地面积大、化学品的投入量高相关。

历年来农田面源污染的输出量与耕地面积、土地利用类型及农用化学品的施用量密切相关。

其中嘉兴地区和丹阳市的农田污染较为严重，主要是由于其种植面积较大，农业比重较大的原因引起。随着太湖流域耕地面积减少，营养盐的排放量有减少的趋势，但农药、化肥、农用地膜以及耕作方式的变化，使得流域进入太湖湖体的污染物并未呈现与其产生量相对应的减少趋势，反而导致污染物种类和效应呈现多样化趋势。

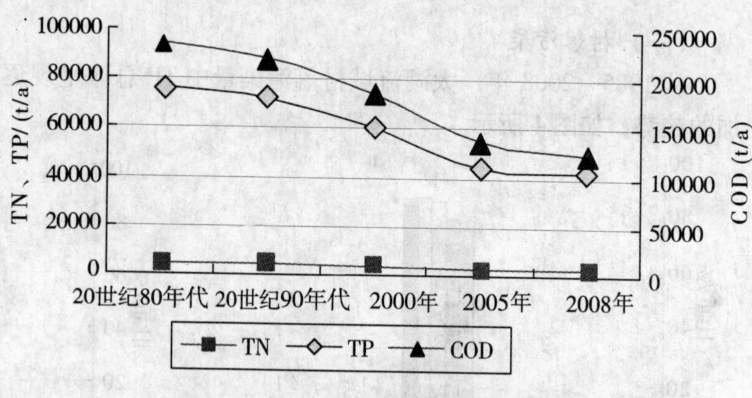

图5　太湖流域农田污染负荷变化情况

（三）畜禽养殖污染

近年来，畜禽养殖业发展迅速，成为农村经济中最活跃的增长点和主要支柱产业。然而，随着养殖业规模化、集约化程度越来越高，畜禽养殖已在太湖流域面源污染的比重逐年增大，由20世纪80年代的41.52%增大到目前的58.47%。从1985—2008年，太湖流域各地区的畜禽粪尿排放量呈现先增后减的总体趋势，如图6所示，主要原因是由于太湖下游地区经济的发展（如上海），其畜禽养殖总量减少较大，但太湖其他地区的畜禽养殖污染仍然较大，且随着人们生活水平需要的提高，以及工业发达地区产业结构的转变，这些地区的畜禽养殖仍将保持较高的水平。

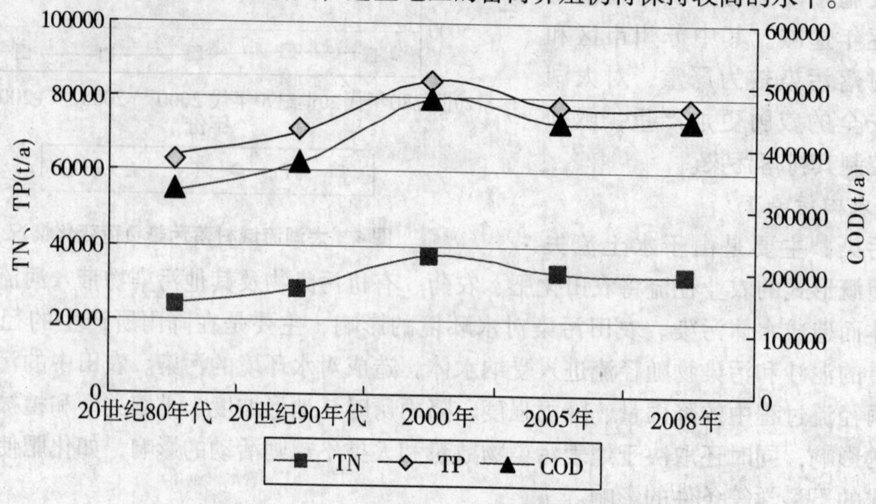

图6　太湖流域畜禽养殖污染负荷变化情况

历年来畜禽养殖面源污染的输出量与养殖数量、养殖模式及畜禽养殖污染排放方式密切相关。其中嘉兴地区的畜禽养殖污染较为严重，主要是由于其农业比重较大的原因引起。随着太湖流域畜禽养殖数量的逐渐稳定、养殖模式的不断集约化和提高、畜禽养殖污染收集与集中处理的加强，太湖流域畜禽养殖污染排放将有所减少，但其在面源污染中仍将保持较高比重并有增加的趋势。

（四）渔业养殖污染

20世纪90年代后，大中型水域“三网”养殖得到了飞速的发展，提高了水面的综合开发效益。随着市场需求的变化，水域生态保护意识的加强，水产养殖结构的调整力度加大，“三网”养殖已由原来的高密度、高投饲、高产量的普通鱼类的养殖逐步转向低投饲、低产量、高效益的蟹、虾等特种水产品的养殖，并正在向产业化方向发展。从1985—2008年，太湖流域各地区的水产养殖污染TP、TN、COD负荷呈现先增后减的总体趋势，如图7所示。

历年来水产养殖面源污染的输出量与水产养殖数量、养殖模式及水产养殖种类配置密切相关，随着太湖流域畜禽养殖数量的逐渐稳定、养殖模式的不断集约化和提高，养殖种类配置更加科学，太湖流域水产养殖污染排放将逐年递减。

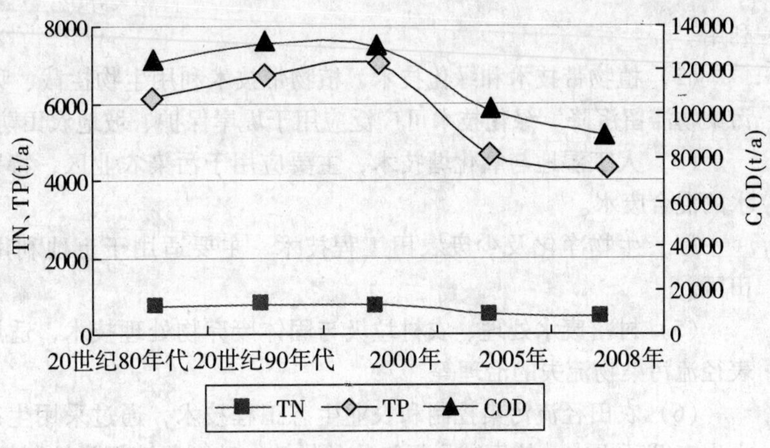

图7　太湖流域渔业养殖污染负荷变化情况

二、农村面源污染减排对策

农村面源污染物总量的减排，可通过结构减排、工程减排、管理减排等控制途径，贯穿在源头控制、迁移转化的过程控制以及末端控制中。通过农业结构的调整，采用环境友好的生产方式，结合污染控制技术，以及 BMP 最佳管理模式实现农村面源污染的有效控制。

在农村源头污染的控制中，改善种养殖结构、种养殖方式，采用生态农业、有机农业的理念，开展农业生产和指导农村生活。控制农村生活污水、生活垃圾以及农田中农药、化肥施用量；同时对污染物向地表水体迁移的过程中加以截留和净化，考虑废物的综合处置和利用，变废为宝，如可以利用生活垃圾、秸秆等固体废弃物处置生活污水，使农村地区的污染负荷减量化，还实现了废物的再利用、废物的资源化；对于农村已污染的水体采取治理和修复的方法，将水体中的污染物得以削减，同时在全过程中加强面源的管理。

（一）结构与管理减排

从产业结构来看，畜禽养殖业排污量最大，对流域内畜牧生产进行科学规划、合理布局、分区管理，划定畜禽禁止养殖区、限制养殖区和适度养殖区。按照“减量化、无害化、资源化、生态化”要求，进一步提高畜禽养殖污染治理的技术水平，重构养殖业发展和废弃物综合利用模式，推进农牧结合，逐步建立和完善农业产业结构的可持续循环生态链。对流域内规模畜禽养殖场污染进行治理，提高粪污综合利用率，实现畜禽养殖场粪污零排放。

大力发展绿色农业、生态农业和有机农业，调整优化种植结构，开展无公害农产品生产全程质量控制，全面推广农业清洁生产技术，减少化学氮肥、化学农药施用量。建设有机农业生态圈，恢复和增强环太湖地区的生态功能，构建生态屏障。按照有机农业标准和生产方式，从源头上禁止施用农用化学投入品。全面实施测土配方施肥，扩大商品有机肥补贴规模，推广行之有效的秸秆还田技术，引导农民种植绿肥，加强病虫监测预报，推广生物农药和高效低毒低残留农药，开展植保专业化防治，降低化学农药施用量。

对现有养殖池塘进行合理布局，在同一区域内规划为主养区、混养区、湿地净化区和水源区 4 个功能区，构建养殖池塘—湿地系统，实现养殖小区内水的循环利用。同时采用多级生物系统修复技术，对养殖池塘环境进行修复。根据水生态状况，有选择地投放草食性动物群，种植浮水、挺水、沉水植物，改善池塘生态系统。

（二）技术与工程减排

发展农村适宜的污染治理技术，如分散式污水处理技术、农村废物资源化利用技术、农村前置库技术、污染物就地消纳技术等，以有效地减少污染物产生与排放。

1. 农村面源污染控制技术

（1）前置库和沉沙池工程技术，一方面主要应用于台地及一些入湖滞留自然汇水区，利用泥沙沉降特征和生物净化作用，使径流在前置库塘中沉降；另一方面利用生物对污染物进行吸附利用。

（2）植物带技术和绿化技术，植物带技术利用生物拦截、吸附净化作用可使泥沙、N、P等污染物滞留沉降。绿化技术可广泛应用于堤岸保护、坡地农田防护等。

（3）人工湿地与氧化塘技术，主要应用于污染农业区，特别适用于处理农田废水和村落废水的混合废水。

（4）生物净化及少废农田工程技术，主要适用于土地利用强度较大、施肥量大的湖滨农田区。

（5）村落废水处理、农村垃圾与固体废弃物处理技术，适用于农村自然村落垃圾处理和地表径流污染物流失的治理等。

（6）农田径流污染控制和农业生态工程技术，通过采用生态农业工程，将农业污染物都输入生态循环之中，从而减少污染物的排放，达到径流污染控制的目的。

2. 构建生态农业系统，实现物质的循环

农村地区无论从经济发展水平，技术应用水平、管理水平，都不适于城市的模式，若从根本上解决农村污染物的问题，应因地制宜，立足于生产，结合废弃物的循环利用来进行，变废为宝，既减少了废物的排放，又使资源得到充分的回收与利用。因此构建生态农业系统是解决农村问题的重要的途径。

（1）物质循环利用的生态农业系统模式

①家庭生态系统小循环：以一家一户为单位，综合利用家庭内产生的有机废料，并实现其循环利用（见图8）。

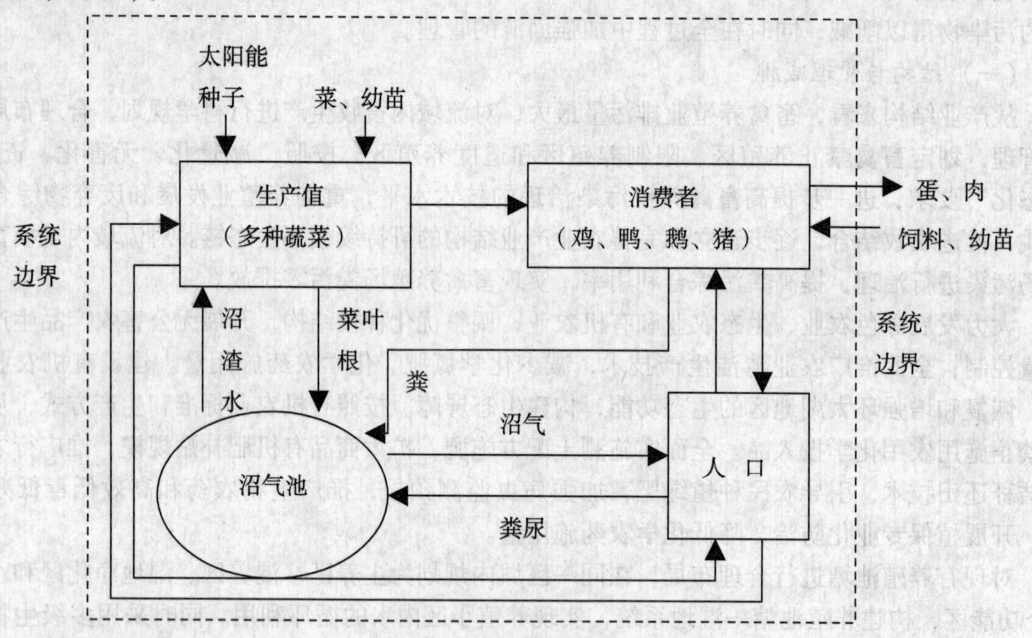

图8　家庭生态小循环

②村落型生态大循环：以全村农、林、牧、副、渔多种经营为基础，调整产业结构，改变过去以种植业为主的单一的生产结构和生态循环关系，形成多种物质的立体网络结构（见图9）。

（2）生物立体共生的生态农业系统

在平原农业建设过程中，可以运用生物最佳空间组合的工程技术，也即农业的立体种植、养殖技术，进行生态农业的构建，使资源得到最大限度地利用，减少废物的排放。

①立体种植模式。模拟森林生态系统对光能多层次的利用，可以进行农作物的间作、套作和轮作技术，以及林粮间作技术。林粮间作技术主要指粮食作物和经济林木、果树之间的空间技术

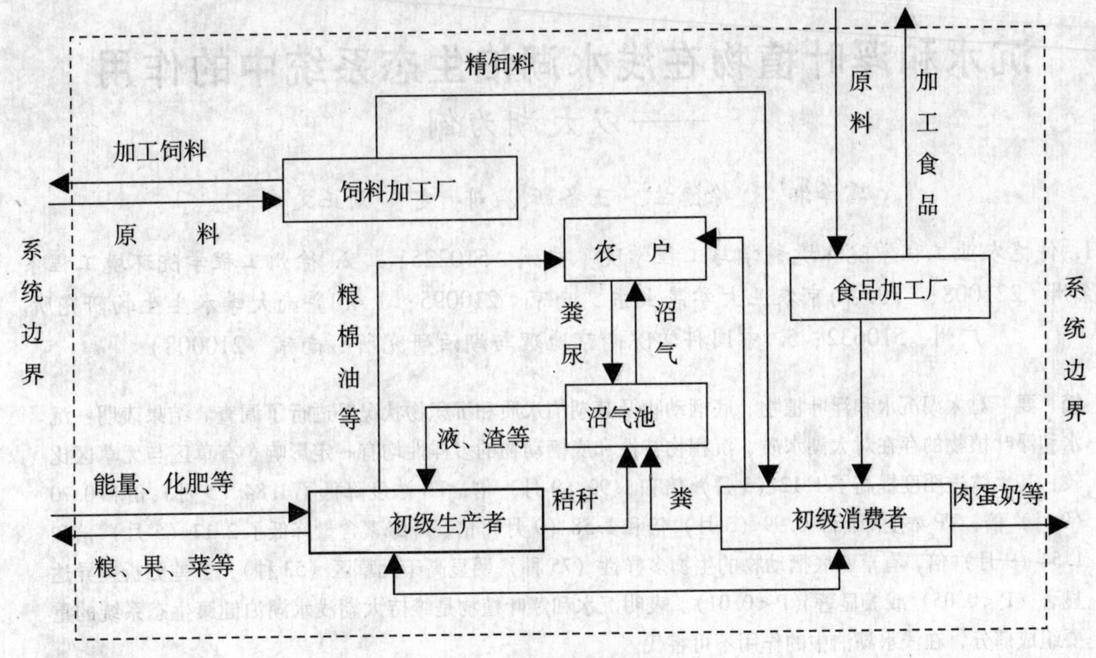

图9　村落型生态循环

组合。

②立体养殖模式。陆地立体圈养模式。充分利用空间，节约圈棚材料并利用废弃物而设计的空间共生立体养殖。常见的组合有：鲢鱼（上层）—草鱼（中层）—青鱼（下层）；鸭（上层)—鱼（中层）—珠蚌（下层）。

③种养结合的立体农业模式。以生物之间食物及共生互利关系为基础，将植物栽培和动物养殖按一定的方式在一定的空间进行配置的生产结构，如在鱼池生态系统中可以设计稻—萍—鱼、稻—鸭—鱼等模式。

(3) 区域生态农业综合系统构建

建设生态小区，开展多种经营，走工、农、商一体化道路，科学规划，将种植与土壤改良、水质保护结合起来。以绿化分片，以果树防风，形成一个立体型、多样化、多功能、商品化的生态农业小区。同时建设农、林、牧、副、渔联合生产系统，逐渐形成种植、养殖、加工配套，农、林、牧、副、渔合理规划，全面发展的综合生态工程。

综上所述，太湖流域农村面源污染占有越来越大的比重，农村面源污染问题更为严峻，因其具有面广、量大、方式复杂、强度难以定量评估等特点，治理难度较大，本文提出以结构减排、管理减排、工程技术减排的手段实现农村面源污染负荷的削减，特别提出应因地制宜，立足于农业生产，构建生态农业系统，实现系统中的物质循环利用，从源头上、在生产、生活中，就减少了污染物的排放，而不是污染后去治理，以实现面源污染物的真正减排。

沉水和浮叶植物在浅水湖泊生态系统中的作用
——以太湖为例

雷泽湘[1,4]　徐德兰[2]　王备新[3]　刘　雯[1]　刘正文[4,5]

（1. 仲恺农业工程学院环境科学与工程学院　广州　510225；　2. 徐州工程学院环境工程系　徐州　221008；　3. 南京农业大学昆虫系　南京　210095；　4. 暨南大学水生生物研究所　广州　510632；5. 中国科学院南京地理与湖泊研究所　南京　210008）

摘　要　对太湖沉水和浮叶植物、底栖动物及其湖泊水质和沉积物状况等进行了调查。结果表明：沉水和浮叶植物的存在对太湖水质、沉积物特性和底栖动物的多样性均有一定影响。有草区与无草区比较：其水体透明度提高了1.12（5月）倍和1.99（9月）倍，TN浓度降低了1.84（5月）倍和0.70（9月）倍，TP浓度降低了0.99（5月）倍和1.58（9月）倍，叶绿素含量降低了2.17（5月）倍和1.54（9月）倍，有草区底栖动物的生物多样性（75种）明显高于无草区（53种），方差分析差异达显著（$P<0.05$）或极显著（$P<0.01$）。表明沉水和浮叶植物是维持太湖浅水湖泊健康生态系统的重要组成部分，在浅水湖泊中的作用不可替代。

关键词　浅水湖泊　沉水和浮叶植物　底栖动物　营养盐　太湖

一、概　况

浅水湖泊是指夏季不分层并且在健康状态下能够大面积生长水生植物的湖泊。与深水湖泊不同，其水体上下经常混合，泥水界面相互作用强烈，水生植物对湖泊功能存在非常大的影响[1]。水生高等植物是浅水湖泊生态系统的重要组成部分，不仅是鱼类的主要天然饵料，而且是湖泊演化和生态平衡的重要调控者，对水生态系统的结构和功能具有决定性的影响[2]。对于水生植物在浅水湖泊生态系统中的作用，已有不少研究[3,4]。本文通过对太湖水生高等植物、底栖动物的种类、分布的调查和太湖水体、沉积物特征的分析，进一步了解水生植被对太湖水体环境的影响，以期为太湖水生植被的保护和利用提供依据和参考。

太湖位于长江三角洲南翼坦荡的太湖平原上，是我国第三大淡水湖泊。太湖平均水深1.9m，最大水深2.6m，是一个典型的浅水湖泊[5]。太湖富营养化从20世纪80年代开始，每隔10年上升一个等级，目前处于富营养到重富营养状态，湖泊水质属于劣五类[5]。从2000年以来，太湖夏季水华暴发的范围越来越大，从2000年以前的梅梁湾、竺山湾及部分湖西区为主，发展到2006年的整个西太湖，夏季暴发水华的面积占太湖总面积的一半以上[6]。

二、研究方法

（一）采样点设置

于2004年5月和9月分别对太湖进行了两次环湖采样调查。根据太湖的历史资料[8,10]，共设32个采样点（图1），用GPS定位布设调查样方（采样点的经纬度范围为：119.923°~120.536°E，30.941°~31.504°N）。

（二）水生植物、底栖动物采集

依据采样点的植物盖度和多样性，各设立5~10个样方，每样方为一长0.5m、宽0.4m、面积为0.2m^{2}的带网铁框；采集时将框内植物连根拔起，按种类现场称其鲜重生物量，取其平均值。底栖动物采用1/16的彼得逊采泥器在每个样点采2个平行样，用40目网筛洗后，两样合并，用8%的福尔马林液保存。室内挑拣所有标本，尽量鉴定至最低分类水平种，并记录各分类单元的个体数。

（三）水样、沉积物样的采集和测定

采样前先测定水深和透明度，采集的水样，带回室内测pH、电导率、总磷、总氮、叶绿素、悬浮质和有机碳含量等指标。测定方法见《水和废水监测分析方法》[12]。用柱状采样器采集沉积物，自上而下（厚度为3cm、3cm、5cm）分层，装入塑料袋中带回实验室分析，自然风干，磨细100目过筛，TN用凯氏法，TP用ICP-AES原子发射光谱测定，有机质（OM）采用对Tam等[13]稍作改进的方法，通过烧失量计算其含量。

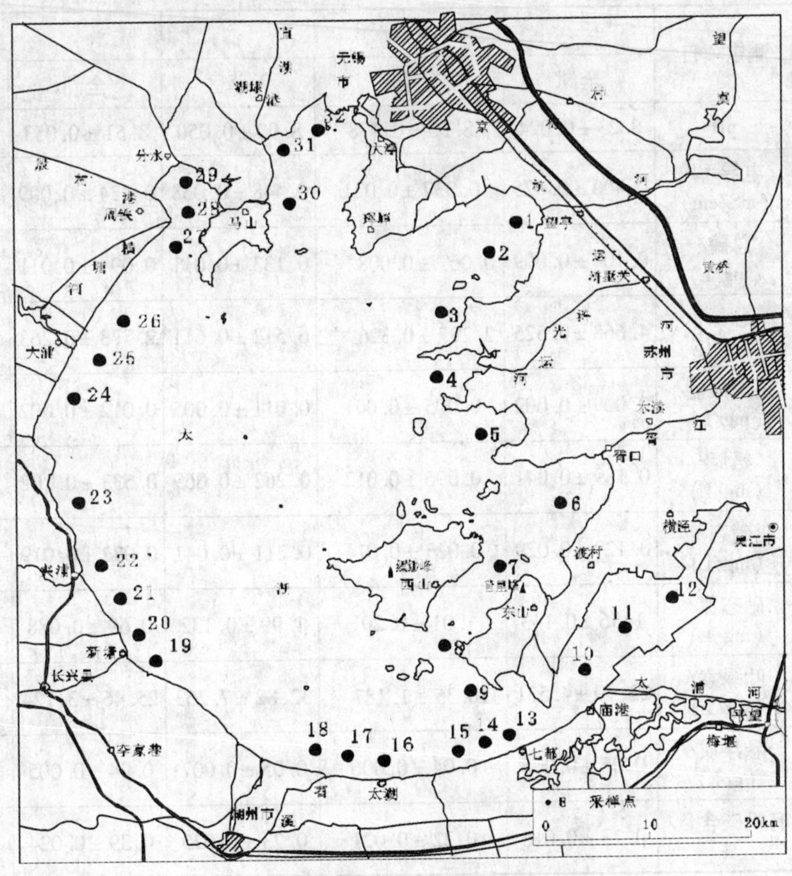

图1　太湖采样点分布图

三、结果与分析

（一）太湖有草区和无草区的水体理化性状比较

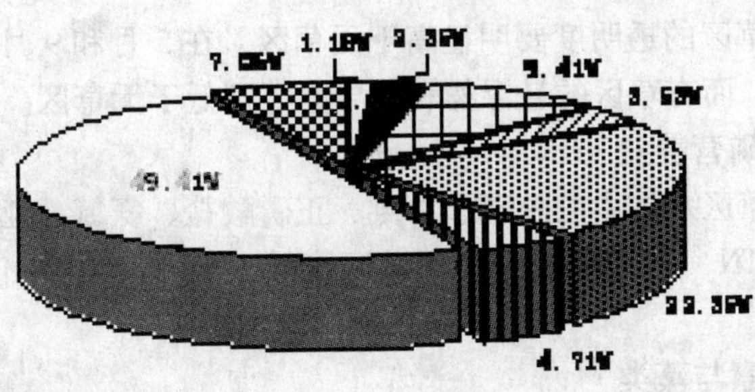

图2　太湖底栖动物物种组成比

根据调查结果，将全湖分为有草区（1，2，5～16，共14个样点）和无草区（3，4，17～32，共18个样点），有草区的平均生物量为1424.3g/m^2（5月）和2150.7g/m^2（9月），无草区的生物量趋近为0。水样统计结果见表1。对水体环境进行比较，发现水生植物对水环境的改善作用表现在以下方面。

表1　2004年5月和9月太湖水体理化指标（平均值±标准误差）

测定项目	5月			9月		
	全湖	有草区	无草区	全湖	有草区	无草区
水深/m	1.86±0.041	1.74±0.064	1.95±0.043	1.87±0.042	1.72±0.055	1.99±0.039
透明度/cm	57.16±8.263	81.57±15.829**	38.17±4.884	64.06±7.158	102.43±7.731**	34.22±2.399

测定项目	5月			9月		
	全湖	有草区	无草区	全湖	有草区	无草区
pH	8.23 ±0.094	8.53 ±0.178	8.00 ±0.050	8.51 ±0.053	8.37 ±0.073	8.62 ±0.060
电导率/（mS/cm）	0.400 ±0.025	0.337 ±0.021	0.448 ±0.038	0.424 ±0.009	0.387 ±0.013	0.452 ±0.008
总磷/（mg/L）	0.104 ±0.009	0.067 ±0.008**	0.133 ±0.011	0.094 ±0.011	0.050 ±0.005**	0.129 ±0.015
总氮/（mg/L）	4.668 ±0.525	2.297 ±0.326**	6.512 ±0.611	2.773 ±0.263	1.993 ±0.329**	3.380 ±0.320
正磷酸盐/（mg/L）	0.009 ±0.002	0.005 ±0.001	0.011 ±0.005	0.012 ±0.002	0.007 ±0.001	0.016 ±0.003
氨氮/（mg/L）	0.189 ±0.041	0.096 ±0.012	0.262 ±0.069	0.533 ±0.102	0.311 ±0.015	0.706 ±0.173
亚硝态氮/（mg/L）	0.129 ±0.029	0.023 ±0.014	0.211 ±0.041	0.072 ±0.019	0.027 ±0.018	0.106 ±0.028
硝态氮/（mg/L）	1.56 ±0.143	1.01 ±0.201	1.99 ±0.132	0.69 ±0.088	0.359 ±0.097	0.95 ±0.099
叶绿素/（μg/L）	22.99 ±4.531	10.35 ±1.187*	32.82 ±7.263	25.46 ±3.124	13.65 ±2.508*	34.64 ±4.004
悬浮质/（g/L）	0.05 ±0.005	0.04 ±0.006	0.05 ±0.007	0.04 ±0.005	0.02 ±0.003	0.05 ±0.003
有机碳含量/%	0.23 ±0.016	0.22 ±0.021	0.23 ±0.025	0.39 ±0.024	0.42 ±0.038	0.36 ±0.028

注：* $P<0.05$，** $P<0.01$。

1. 透明度、悬浮物和电导率

从表1可知，有草区的透明度要明显高于无草区，在5月和9月的透明度比无草区分别提高了1.12倍和1.99倍；而有草区的悬浮物和电导率等则低于无草区。

2. 水体中的氮、磷营养盐

从表1可知，有草区水体中的总磷、总氮、正磷酸盐、氨氮、亚硝态氮、硝态氮等含量均低于无草区，有草区的TN、TP含量分别比无草区降低1.84倍、0.99倍（5月）和0.70倍、1.58倍（9月）。

3. 水体中的叶绿素与藻类

在有草区，水体透明度较高，水生植物生长繁茂，藻类少，叶绿素含量低，如贡湖、东太湖等，其叶绿素含量要比无草区降低2.17（5月）倍和1.54（9月）倍；而无草区的藻类多，叶绿素含量高，如西太湖部分水域，5月开始出现藻华，7月、8月、9月时藻华则十分严重。

（二）太湖有草区和无草区的沉积物特点

有草区沉积物中TN和有机质含量均高于无草区（表2），而有草区沉积物的最表层（0～3cm）TP1与次表层（3～6cm）TP2的含量均低于无草区，说明水生植物的存在有助于吸收沉积物中的磷。有草区沉积物P含量为5月低于9月，可能主要是由于5月是植物生长旺盛期，水生植物生长对磷需求量较大，从而使部分磷通过根系吸收进入植物体内。而9－10月一般为水生植物生长高峰期，植物的生理活性开始减弱，植物代谢残体也开始增加，从而也增加沉积物有机质及磷含量。且湖泊根际微生物也因时间发生相应变化[14]，从而形成9月份沉积物磷含量高于5月份。无草区沉积物TP含量的动态变化特征与有草区基本相同。

表2 太湖沉积物TN、TP和有机质特征 单位：mg/g[1]

项目	5月			9月		
	有草区	无草区	全太湖	有草区	无草区	全太湖
TN	0.010±0.002	0.007±0.001	0.846±0.141	—	—	—
表层TP1	0.399±0.090	0.513±0.058	0.460±0.052	0.576±0.089	0.553±0.021	0.566±0.050
次表层TP2	0.338±0.045	0.513±0.060	0.425±0.040	0.491±0.035	0.589±0.043	0.533±0.028
表层有机质	7.402±0.627	5.755±0.516	6.523±0.423	6.502±0.472	5.455±0.452	6.041±0.341
次表层有机质	6.638±0.474	6.118±0.454	6.378±0.326	6.576±0.531	5.767±0.342	6.224±0.339

注：表层为沉积物最上部分0~3cm，次表层为沉积物3~6cm。

有草区沉积物有机质含量的变化与TP的变化不同，有草区沉积物中有机质含量为5月份高于9月份。造成这一现象主要原因是由于水生植物在水体中分解较慢[15]，从而形成9月有机质含量低于5月。同时，外源有机质输入也是造成沉积物表层偏高的原因。无草区沉积物有机质含量的动态变化特征与有草区亦相同。

（三）太湖有草区和无草区的底栖动物群落结构

整个太湖共采集到92种底栖动物（图2），多样性指数最高的3个类群分别为昆虫纲（48种）、软体动物门（19种）和寡毛纲（8种）。其中有草区的底栖动物多样性明显好于无草区。有草区的物种数（75种）明显高于无草区（53种），但有草区底栖动物密度（452ind/m^2）明显低于无草区（2937ind/m^2）。从物种组成看，有草区和无草区的优势种都为霍甫水丝蚓，但在两个区的平均密度差异极大，有草区为60 ind/m^2，无草区为2312 ind/m^2。物种组成方面的差异主要体现软体动物方面，有草区软体动物种的种类（20种）明显高于无草区（8种），有草区软体动物的优势种为纹沼螺，出现频率85.71%，平均密度27 ind/m^2，无草区软体动物优势种为河蚬，出现频率55.56%，平均密度31 ind/m^2。有草区另有一些以水生植物为食的伴生水生昆虫，如两种水螟Neoschoenobia sp.，Parapoyax sp. 和1种叶甲幼虫Donacia sp.，以及对水质敏感的毛翅目多距石蛾科的幼虫Neureclipsis sp.。

四、讨 论

在淡水生态系统中，水生植被是整个水生生物群落的重要组分。水生植物在生长过程中吸收同化湖水和底泥中的氮、磷等矿质营养，通过促进湖水含磷物质的沉降和抑制表层沉积物的再悬浮而起到促进磷沉积，从而降低了水体磷含量，水生植物将湖水中的氮传输到底泥中，促其进入地球化学循环的功能，这对于降低湖水中的氮含量，防止湖泊富营养化起了重要作用。

关于水生植被的重建与消失对生态系统和生物多样性的影响已有若干报道[16,17]。水生植物是许多周丛生物生存的基础，生活在上面的细菌、真菌、藻类、原生动物、轮虫、线虫等构成周丛生物群落，形成一个错综复杂的食物网[18]。水生植物的消失也就意味着大部分周丛生物生存基础的破坏。水生植物是整个水生动植物群落结构的基础，水草的消失除导致草食性鱼类等自身种群的崩溃外，还带来物种的次生灭绝[19]。水生植物的消失对水生生物群落多样性亦产生影响，最显著的是导致浮游生物群落多样性明显下降[20]。宋碧玉等[21]利用围隔这一人工生态系统重建水生植被，分析水体中原生动物种类、密度及多样性指数的变化，结果表明：与对照湖区相比，围隔中原生动物种类较多；对照湖区优势种类均为富营养化水体中常见的浮游纤毛虫；重建水生植被的围隔中，原生动物密度降低10多倍，而多样性指数增高了近2倍。水生植物通过增加水生态系统的空间生态位，提高了系统的生物多样性[22]。本调查结果亦表明有草区底栖动物的多样性指数明显提高，水生高等植物增加了系统的生物多样性，提高了系统对外界干扰的缓冲能力，使水生态系统结构更加稳定。通过水生高等植物对太湖富营养化水质、沉积物中氮磷营养盐、有机质含量和底栖动物的多样性指数影响的探讨，对水生高等植物在浅水湖泊中的作用有了进一步的了解和认识。关于水生高等植物在维持浅水湖泊健康生态系统的其他重要作用，有待更进一步的研究与探讨。

参考文献

[1] 年跃刚，宋英伟，李英杰，等. 富营养化浅水湖泊稳态转换理论与生态恢复探讨［J］. 环境科学研究，2006，19（1）：67－70.

[2] Engel S. The role and interactions of submersed macrophytes in a shallow Wisconsin Lake［J］. Freshwat. Ecol.，1998，4：329－341.

[3] 于丹，于洪贤，宋连发，等. 红气泡水生植物群落结构与功能的研究［J］. 水生生物学报，1994，18（1）：50－58.

[4] 曹昀，王国祥. 水生高等植物对悬浮泥沙的去除研究［J］. 长江流域资源与环境，2007，16（3）：340－344.

[5] 秦伯强，罗潋葱. 太湖生态环境演化及其原因分析［J］. 第四纪研究，2004，24（5）：561－568.

[6] 朱广伟. 太湖富营养化现状及原因分析［J］. 湖泊科学，2008，20（1）：21－26.

[7] 伍献文. 五里湖1951年湖泊学调查［J］. 水生生物学集刊，1962（1）：63－113.

[8] 中国科学院南京地理研究所. 太湖综合调查报告［M］. 北京：科学出版社，1965：1－84.

[9] 张圣照，王国祥，濮培民. 太湖藻型富营养化对水生高等植物的影响及植被的恢复［J］. 植物资源与环境，1998，7（4）：52－57.

[10] 鲍建平，缪为民，李劫夫，等. 太湖水生维管束植物及其合理开发利用的调查研究［J］. 大连水产学院学报，1991，6（1）：13－20.

[11] 胡志新，胡维平，张发兵，等. 太湖梅梁湾生态系统健康状况周年变化的评价研究［J］. 生态学，2005，24（7）：763－767.

[12] 国家环境保护局，水与废水监测分析方法编委会编. 水与废水监测分析方法（第四版）［M］. 北京：中国环境科学出版社，2002.

[13] Tam N F Y, Wong Y S. Spatial variation of heavy metals in surface sediments of Hong Kong mangrove swamps［J］. Environmental Pollution，2000，110：195－205.

[14] Moore B C, Lafer J E, Funk W H. Influence of aquatic macrophytes on phosphorus and sediment porewater chemistry in a freshwater wetland［J］. Aquat Bot，1994，49：137－148.

[15] 李文朝，陈开宁，吴庆龙，等. 东太湖水生植物生物质腐烂分解实验［J］. 湖泊科学，2001，13（4）：331－336.

[16] Comin F A, Menendez M and Lucena J K. Proposal for macrophyte restoration in eutrophic coast allagoons［J］. Hydro－biologia，1990，200/201：427－436.

[17] 刘建康. 东湖生态学研究（二）［M］. 北京：科学出版社，1995：302－311.

[18] Sand－Jensen K, Jeppesen E, Nielsen N S. Growth of macrophytes and ecosystem consequence in lowland Danish stream［J］. Freshwat Biol，1989，22：15－32.

[19] Xie P, Chen Y Y. Degeneration of biological diversity in freshwater eco－system［J］. The Effect of Sci on Society，1995，4：15－23.

[20] Gumbricht T. Nutrient removal processes in freshwater submerged macrophyte systems［J］. Ecol Eng，1993，2：1－30.

[21] 宋碧玉，曹明，谢平. 沉水植被的重建与消失对原生动物群落结构和生物多样性的影响［J］. 生态学报，2000，20（2）：270－277.

[22] Pokorny J, Kvet J and Ondok J P. Functioning of the plant component in densely stoked fishpods［J］. Bull. Ecol.，1990，21（3）：44－48.

滇池湖滨带人工湿地净化能力研究探讨

夏　峰　李　杰　陈　静

（云南省环境科学研究院　云南省昆明市气象路王家坝23号　650034）

摘　要　本文分析了滇池湖滨带人工湿地各级结构单元的水质指标数据，从 pH、SS、BOD_5、COD_{Cr}、TP、TN 的污染削减规律入手，深入探讨了人工湿地对污染河水的净化效果。结果表明：①人工湿地系统对 TP、TN 的削减效果最好；COD_{Cr}削减效果最差；②湿地构造及植物群落影响人工湿地对污水的净化能力。

关键词　人工湿地　净化能力　削减规律

人工湿地是一种人工建造和监督控制的与自然湿地相类似的地面，由砾石、煤渣、沙和土壤等按一定比例组成基质，并栽种人工选择的水生植物而构成的独特的动植物生态系统[5]。湿地净化水质的功能实质上是通过植物吸收及微生物分解等物理化学作用，将流经湿地的污水中含有的悬浮物、营养物、有毒物等固定和沉积在湿地生态系统中。目前，欧洲和北美地区已建立大量不同模式的人工湿地系统拦截陆源营养物质；国内也相继建立人工湿地用于实验研究及城市污水的处理[1,2,4,6,7]。本文分析了滇池入湖河流人工湿地各层次结构单元水质指标，讨论了不同湿地构造及植物群落对湿地净化功能与机制的影响，为合理利用与科学管理人工湿地提供技术支持。

一、区域概况

滇池福保复合人工湿地位于云南省昆明市滇池入湖河流大清河与海河入湖口之间。地理坐标为24°56′13″N，102°41′17″E，海拔 1887m。该区年均温约 14.5℃，最热月（7 月）平均温度约19.7℃，最冷月（1 月）平均温度为 7.5℃，年平均降雨量为 800～1200mm，空气相对湿度为74%，年度无霜期为 270d[3]。该区为典型的山地低海拔季风气候，无明显冬夏季节变化，但具有典型的旱雨两季。福保人工湿地是滇池湖滨带第一块规模化人工湿地，主要处理海河输送的昆明市城市生活污水。福保人工湿地由昆明市环境科学研究所设计，占地约 $1.33hm^2$。工程于2004年 6 月底建成，理论水力停留时间为 5 天，工艺流程由污水预处理、漂浮植物塘、潜流式碎石滤床和稳定塘等部分组成。

二、研究方法

2008 年 12 月—2009 年 11 月期间，本课题组每月在福保人工湿地采集水质样品。采样站位按照水流方向，在人工湿地不同层次单元的出水口设置，采样点设置见表 1 和图 1。水质指标pH、SS、BOD_5、COD_{Cr}、TP、TN 由云南省环境科学研究院环境分析测试中心测定。

为去除下雨、干旱、污水出水量、植物生长阶段等外部干扰因素，本研究取 12 个月水质指标的平均值，得到水质指标的年平均值。数据曲线由软件 TILIA 处理获得。

表 1　滇池福保人工湿地采样站位

采样站位	位　置	植　物
DQ－01	沉淀池	无

本研究成果由云南省环保厅九湖办专项基金《滇池水域与湖滨湿地近期演变及自然净化能力研究》项目资助完成。

采样站位	位　置	植　物
DQ－02	氧化塘	水葫芦
DQ－03	表流湿地（人工曝气）	芦苇
DQ－04	潜流式碎石滤床	马蹄莲
DQ－05	潜流式碎石滤床	美人蕉
DQ－06	潜流式碎石滤床	旱伞竹
DQ－07	稳定塘	水葱、水葫芦

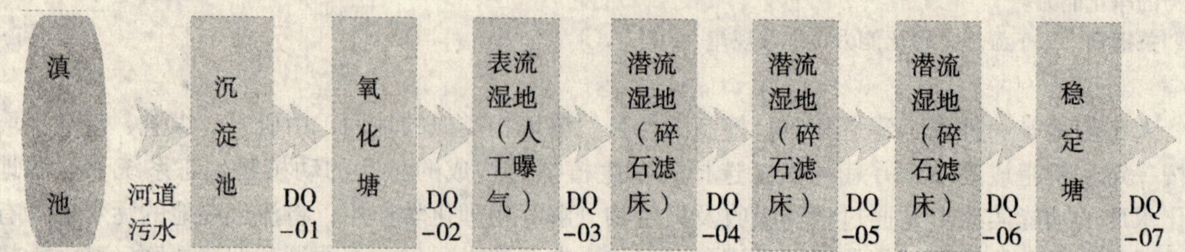

图 1　滇池福保人工湿地采样站位流程

三、结果与讨论

表 2 为滇池福保人工湿地年平均水质指标结果，图 2 为各站位污染指标变化图。

表 2　2009 年滇池福保人工湿地年平均水质指标

	pH	SS/(mg/L)	BOD_5/(mg/L)	COD_{Cr}/(mg/L)	TP/(mg/L)	TN/(mg/L)
DQ－01	7.70	60.41	26.98	63.44	1.25	9.36
DQ－02	7.82	48.05	22.03	60.44	1.18	7.17
DQ－03	7.78	43.50	18.37	46.14	1.10	6.01
DQ－04	7.71	35.76	15.95	46.33	0.96	4.37
DQ－05	7.74	28.88	12.45	35.28	0.74	3.64
DQ－06	7.66	24.37	9.21	29.26	0.45	2.36
DQ－07	7.69	20.42	7.95	26.99	0.28	2.17

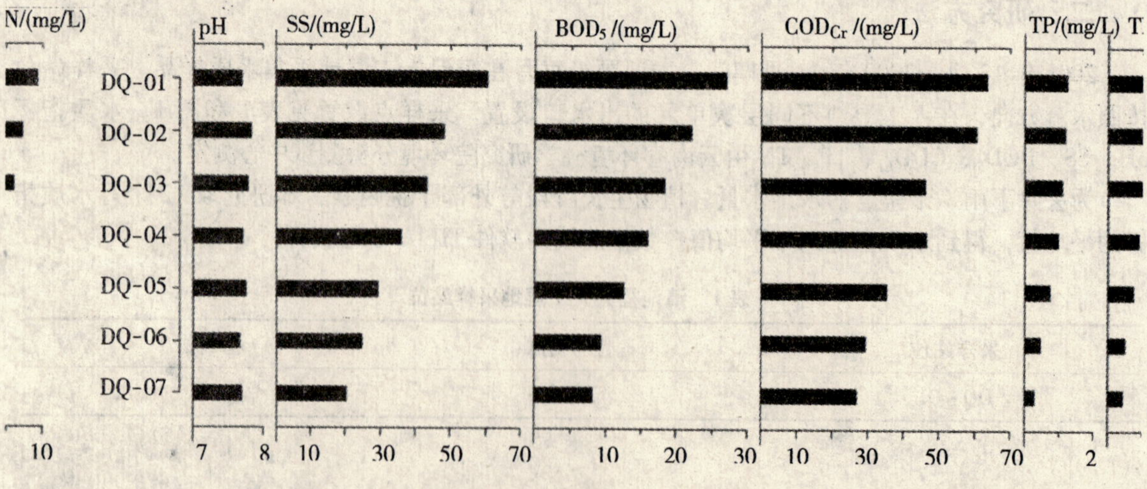

图 2　2009 年滇池福保人工湿地年平均水质指标变化图

（一）各级湿地单元水质指标的变化规律

由表2、图2的显示结果可知：DQ－01样品采自沉淀池，大量大型垃圾、淤泥在此沉淀，水质变化较小。DQ－02样品中，污水经氧化塘（植物为水葫芦）净化处理后，污染物指标SS下降了20.5%，BOD_5下降了18.3%，COD_{Cr}下降了4.7%，TP下降了5.9%，TN下降了23.4%。本湿地单元对TN吸收率最高，其次为SS，最低为COD_{Cr}。氧化塘对TN的吸收率最高，可能与水葫芦的固氮作用关系密切。COD_{Cr}削减率较低，可能与本区是水体环境，微生物的含量、活力较低，对有机物的分解作用较弱有关。水中较小的悬浮颗粒物被水葫芦根系阻挡截留，使得水质中SS含量下降较大。DQ－03样品中，污水经过装有人工曝气装置的表流湿地（植物为芦苇）后，污染物指标SS下降了7.5%，BOD_5下降了13.6%，COD_{Cr}下降了22.5%，TP下降了6.2%，TN下降了12.4%。本湿地单元对COD_{Cr}吸收率最高，其次为BOD_5，最低为TP。本湿地单元COD_{Cr}、BOD_5吸收率均为高值，可能由于本单元表流湿地装有人工曝气装置，使得①大量的氧气注入表流湿地中，使得植物的呼吸作用活跃，植物根系生物膜大量吸附有机物，迅速消解有机物质；②氧气含量的增加，使得微生物代谢过程加快，产生大量催化生化反应的酶，加快微生物氧化分解有机物的速度。DQ－04样品中，污水经过装潜流式碎石滤床（植物为马蹄莲）后，污染物指标SS下降了12.8%，BOD_5下降了9%，COD_{Cr}上升了0.3%，TP下降了11.2%，TN下降了17.5%。本湿地单元对TN吸收率最高，其次为SS，最低为COD_{Cr}。DQ－05样品中，污水经过装潜流式碎石滤床（植物为美人蕉）后，污染物指标SS下降了11.4%，BOD_5下降了13%，COD_{Cr}下降了17.4%，TP下降了17.9%，TN下降了7.9%。本湿地单元对TP吸收率最高，其次为COD_{Cr}，最低为TN。DQ－06样品中，污水经过装潜流式碎石滤床（植物为旱伞竹）后，污染物指标SS下降了7.5%，BOD_5下降了12%，COD_{Cr}下降了9.5%，TP下降了22.7%，TN下降了13.6%。本湿地单元对TP吸收率最高，其次为BOD_5，最低为SS。DQ－04、DQ－05和DQ－06湿地单元均为装有碎石滤床的潜流湿地，只是种植的湿地植物不同。在本区，TP的削减率明显增高，可能由于本区碎石床填料多为石灰石或含铁质石料，填料中Ca和Fe可与磷酸根离子反应沉淀而使磷去除。同时，微生物可将有机磷催化生成正磷酸盐，易被湿地植物吸收。此外，在潜流湿地中，SS的去除率合计多达31.5%。可能由于碎石填料表面和植物根系有大量微生物生长而形成生物膜。废水流经生物膜时，大量的SS被填料和植物根系阻挡截留，不溶性有机物通过湿地的沉淀、过滤作用，可以很快从废水中截留下来，被微生物和植物加以利用而被分解去除。DQ－07样品中，污水经过稳定塘（植物为水葱、水葫芦）后，污染物指标SS下降了6.5%，BOD_5下降了4%，COD_{Cr}下降了3.6%，TP下降了13.7%，TN下降了2%。本湿地单元对TP吸收率最高，最低为TN。在稳定塘中，各残余污染物在此再次沉淀，或继续被植物吸收，含量继续减低。

（二）人工湿地对污染物削减效果探讨

经人工湿地处理后，污染物指标SS降至33.8%，BOD_5降至29.5%，COD_{Cr}降至42.5%，TP降至22.5%，TN降至23.2%。人工湿地对TP、TN的削减效果最好，COD_{Cr}削减效果最差。

所有水质样品中，pH值均在7～8间，且变幅不大。水质均为碱性，可能表示人工湿地系统对水质pH影响较小，基本无法改变水质酸碱度。

人工湿地对TN的削减效果明显。污水中的氮基本以有机氮和氨氮两种形式存在。一般情况下，污水大部分有机氮被微生物降解为氨氮，可直接被植物摄取吸收，通过收割而从废水和湿地系统中去除[6,9]。在本湿地系统中，各级单元对TN的削减效果都很显著，在10%～24%之间；且总削减率为77%，为所有指标中最高。说明人工湿地对TN的削减效率最高，也说明TN削减受人工湿地的构造环境、植物种类等外部条件限制较少。

值得注意的是湿地对TP的削减过程。含磷化合物的主要形式为：颗粒磷、溶解有机磷和无机磷酸盐。人工湿地对磷的去除是植物吸收、微生物去除及物理化学三方面共同作用的结果[6,8]刚进入湿地的磷多以不易被植物吸收的颗粒磷和有机磷为主，因此在 DQ－02、DQ－03 站位中，即使装有人工曝气装置，植物和微生物的活动都很活跃，TP 的削减率仍然很低，仅为 5.9% 和 6.2%。但经过设有碎石滤床的 DQ－04、DQ－05 和 DQ－06 时，填料或微生物对磷发生作用，即填料中含有的 Ca、Fe 与磷酸根离子发生化学反应生成沉淀物，经吸附沉淀作用，从污水中分离出来；或经微生物分解转化为易被植物吸收利用的无机磷，进入植物体内。因而在潜流湿地 TP 削减率表现为高值，为 11.2%、17.9% 和 22.7%。剩余的未被潜流湿地植物吸收的无机磷进入稳定塘，也易被水葱、水葫芦等植物吸收，故 TP 削减率仍表现为高值 13.7%。

四、结 论

1. 人工湿地系统对 TP、TN 的削减效果最好，削减率可达 78%；SS、BOD_5 削减效果也较为理想，削减率为 65% ~70%；COD_{Cr}削减效果最差，削减率约为 57%。

2. 人工湿地系统对水质 pH 影响较小，基本无法改变水质酸碱度。

3. 人工湿地对 TN 的削减效率最高，可达 77%；且 TN 削减受人工湿地的构造环境、植物种类等外部条件限制较少。

4. TP 需经过填料中的 Ca、Fe 反应为沉淀物或经微生物分解转化为易被植物吸收利用的无机磷后进入植物体内，削减率才会增高。

5. 人工曝气装置可使表流湿地削减 COD_{Cr}、BOD_5 的效率大大提高。原理可能为：①大量的氧气注入表流湿地中，使得植物的呼吸作用活跃，植物根系生物膜大量吸附有机物，迅速消解有机物质；②氧气含量的增加，使得微生物代谢过程加快，产生大量催化生化反应的酶，加快微生物氧化分解有机物的速度。

6. 潜流式碎石滤床对 SS 的削减效果明显，可达 31.5%。可能由于碎石填料表面和植物根系有大量微生物生长而形成生物膜。废水流经生物膜时，大量的 SS 被填料和植物根系阻挡截留，不溶性有机物通过湿地的沉淀、过滤作用，可以很快从废水中截留下来，被微生物和植物加以利用而被分解去除。

参考文献

[1] Brix H, Arias CA, Bubba M. Media selection for sustainable phosphorus removal in subsurface flow constructed wetland [J]. Water Science and Technology, 2001, 44 (11－12): 47－54.

[2] D and Lowry P. Wetland disposal of waste water treatment plant effluent [J]. Environment Planning Inc., Wayland Mass, 1978.

[3] Long YJ, Li RC. Ecological investigation of Tuber indicum around Dianchi Lake in Kunming of Yunnan Province [J]. Journal of Fujian Agriculture and Forestry University (Natural Science Edition), 2009, 38 (2): 192－197.

[4] 敖子强，彭世寿，严重玲，等. 利用人工湿地修复黔灵湖的研究 [J]. 安徽农业科学，2009，37 (33): 16522－16523.

[5] 白晓慧，王宝贞，余梅，等. 人工湿地污水处理技术及其发展应用 [J]. 哈尔滨建筑大学学报，1999，32 (6): 88－92.

[6] 李兵，张绍修，肖再亮. 人工湿地在污水处理中的应用 [J]. 西南给水排水，2008，23 (2): 7－10.

[7] 刘高燕，孙岩，王丽娟，等. 对南四湖人工湿地生物降解能力的研究 [J]. 广东化工，2006，33 (2): 43－45.

[8] 栾晓丽，王晓，赵钰，等. 复合垂直流与潜流人工湿地沿程脱氮除磷对比研究 [J]. 环境污染与防治，2009，31 (11): 26－34.

[9] 张玲，李广贺，张旭，等. 滇池人工湿地的植物群落学特征研究 [J]. 长江流域资源与环境，2005，14 (5): 570－573.

浮床技术在淀山湖千墩浦前置库区的应用

高阳俊 曹 勇 陈小华 孙从军

（上海市环境科学研究院 上海 200233）

摘 要 淀山湖千墩浦前置库区域实施的生态浮床试验工程表明，覆盖率为32.7%的生态浮床对千墩浦来水净化效果良好，对TP、TN、COD、SS的去除率达到了18.2%、28.2%、23.8%、14.5%；对浮床外围的水质去除率达到了10.5%、14.6%、14.1%、9.7%；与浮床外围水质相比，生态浮床的污染物去除负荷分别达到了1.32g/m^2/d、21.47g/m^2/d、79.27g/m^2/d、75.96g/m^2/d。美人蕉、再力花浮床植物收获量（生物量鲜重）达到了8565kg/亩、7223kg/亩。

关键词 淀山湖 千墩浦 前置库 生态浮床 富营养化

生态浮床是以浮床为载体，在富营养化的污染水域水面种植植物，通过植物吸收、根系吸附、拦截等作用削减水体中氮、磷及有害物质，达到净化水质的效果，同时又美化水域景观[1,2]。控制入湖河流污染是减缓湖泊富营养化的有效措施之一[3,4]。千墩浦前置库生态浮床试验工程以水体生态修复理论的基本原理和生态工程的基本原则为指导，运用生态浮床技术，提高区域内生态系统的完整性，改善千墩浦入湖河道水质，减轻淀山湖水体富营养化程度和蓝藻水华暴发。

一、材料与方法

（一）工程实施地点

千墩浦是通航河道，往来船只运输繁忙，生态浮床试验工程的建设必须避开航道位置，不得阻碍船只通行，同时为了接纳千墩浦的入湖水流，实现去除污染、降低悬浮物的作用，试验工程位置必须分布在接近千墩浦入湖口附近。由于航道的东南侧是别墅区，靠近航道的位置目前已经建造了游艇码头，因此试验工程布设在主航道的西侧。

受季风影响，试验工程区域春夏两季盛行东南风，秋季以东到东北风为主，冬季转为西北风，容易受强台风和强对流天气影响。由于淀山湖的调蓄作用，水位几乎不受潮汐影响，工程区水情主要取决于上游地区水情的变化，区域多年平均水位2.53m。

（二）工程布局

综合考虑上述多种因素，生态浮床试验工程定点在千墩浦入口处与牛桥港闸之间，接近千墩浦主航道，离岸500m布设。工程区沿岸长度为200m，宽为90m，总面积为1.8万m^2。试验工程区的内部与外部通过不透水围隔隔离，围隔上层缝合泡沫浮体，并用钢缆做上部拉绳，下层缝合石笼袋，防止内外水体的交换，便于工程目标的考核，对风浪与船行波又能起到有效的削减作用。浮床按照垂直水流方向布设，每组浮床单元之间设置一定的间隔，为2~4m，浮床区共计布设浮床109座。在不透水围隔的外围，设置W形的高1.8m的消浪竹排。

（三）浮床结构

本工程采用的浮床结构为角钢+浮体为主，上面种植植物。浮床单体为3m×6m，每组浮床由3个单体组合而成，长18m，宽3m。单体之间以固定件连接，固定件方便适用，便于浮床单体的组装、拆卸并可回收再利用。工程完工后于2009年5月初种植植物，种植的植物种类和面积如表1所示。浮床覆盖率为32.7%。

（四）采样分析

试验工程于2009年4月底建设完成，浮床植物自2009年5月初种植。同步开始监测分析。监测点设置为千墩浦来水、浮床外围北侧、浮床区、浮床外围南侧。浮床植物种植后经过2个月的适应性生长，以 2009 年 7 月后的数据考察浮床工程的净化效果。监测指标为 COD、TN、TP、叶绿素、透明度等。测试方法为国标法。

图 1　工程位置

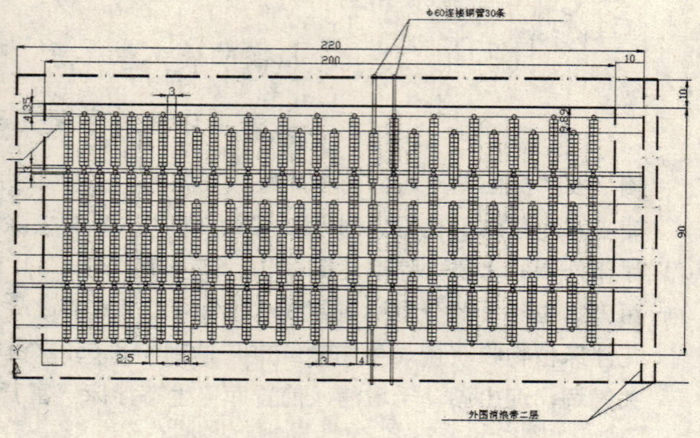

图 2　工程布局

表 1　试验工程的浮床植物品

品种	种植面积/m^2	种植密度/（株/m^2）	种植总量/株
再力花	1269	16	20304
千屈菜	1838	18	33084
黄菖蒲	965	16	15440
美人蕉	1220	16	19520
聚草	342	26	8892
水葱	144	35	5040
水芹	108	26	2808
合计	5886		

二、结果与分析

（一）千墩浦来水水质概况

千墩浦来水水质如表 2 所示。千墩浦来水水质波动较大，属于劣 V 类水，其主要污染物为 TP、TN，其中，可溶性磷酸盐占总磷的 54.8%，氨氮占总氮的 55.5%。COD 含量较低，表明来水中能被氧化的有机物含量不多，SS 平均值仅为 24mg/L，表明来水中不可滤残渣不多，溶解氧、透明度均较好。

表 2　千墩浦来水水质

指标名称	范　围	均　值
COD/（mg/L）	6.0～40.0	18.97+7.72
TP/（mg/L）	0.18～0.70	0.42+0.12
PO_4^{3-}/（mg/L）	0.07～0.43	0.23+0.10
TN/（mg/L）	2.16～12.37	5.28+2.51
氨氮/（mg/L）	2.29～9.82	2.93+2.29
SS/（mg/L）	12.5～40.0	24.55+9.77
DO/（mg/L）	2.30～7.68	5.35+1.50
透明度/cm	30.0～53.0	43.07+7.39

（二）浮床区对 TP 净化

浮床系统对 TP 的净化途径包括植物根系的拦截过滤、植物吸收、微生物代谢等。浮床试验工程运行期间，千墩浦上游来水的 TP 浓度在 0.18～0.70mg/L 之间，浮床外围的 TP 浓度在 0.098～0.38mg/L 之间。浮床工程对千墩浦上游来水的 TP 去除率为 18.2%，对浮床外侧的 TP 去除率为 10.5%。

（三）浮床区对 N 净化

浮床系统中 N 的去除途径包括植物根系上生长的微生物和植物直接吸收、微生物的硝化、反硝化作用。从千墩浦来水、浮床外围、浮床区水质氮的形态看，氨氮分别占总氮的 55.5%、

51.2%、47.0%。浮床系统对千墩浦上游来水的 TN 去除率为 28.2%，氨氮的去除率为 39.0%；对浮床外侧的 TN 去除率为 14.4%，氨氮的去除率为 16.2%。

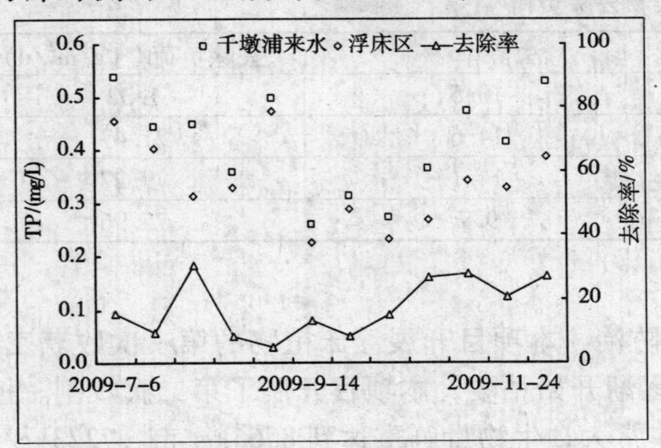

图 3　浮床区对千墩浦来水 TP 净化效果

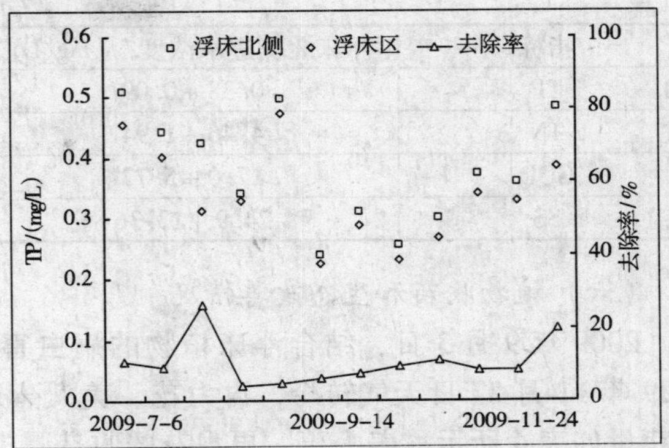

图 4　浮床区对浮床北侧 TP 净化效果

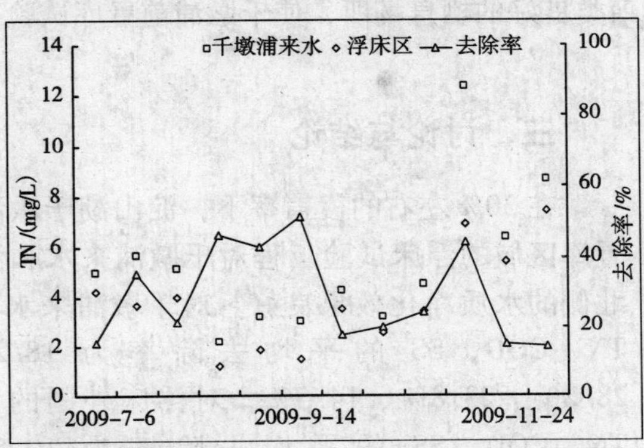

图 5　浮床区对千墩浦来水 TN 净化效果

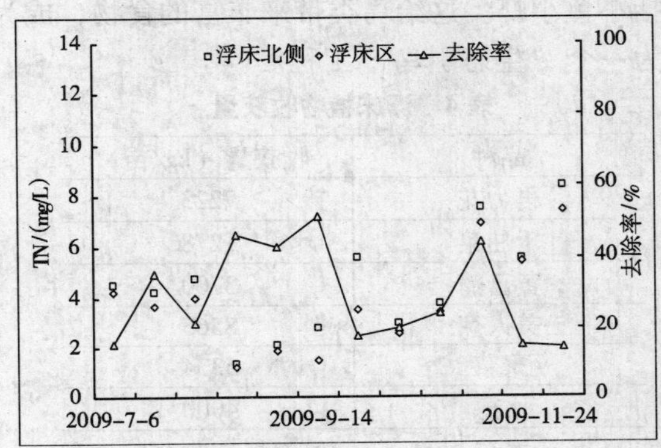

图 6　浮床区对浮床北侧 TN 净化效果

（四）浮床区对 COD、SS 净化效果

浮床系统对有机污染物降解途径主要是植物根系对有机颗粒的截留吸附以及根系微生物充分利用水中的碳源，对 SS 的去除主要是植物根系的截留和颗粒物的沉降。千墩浦来水中有机污染物和 SS 浓度均不高，平均为 19.0mg/L 和 24.6mg/L。经过浮床工程区后，COD、SS 浓度为 14.6mg/L、21.4mg/L。浮床系统对千墩浦来水 COD、SS 去除率为 23.8%、14.1%，对浮床北侧水质 COD、SS 去除率分别为 21.7%、9.5%。

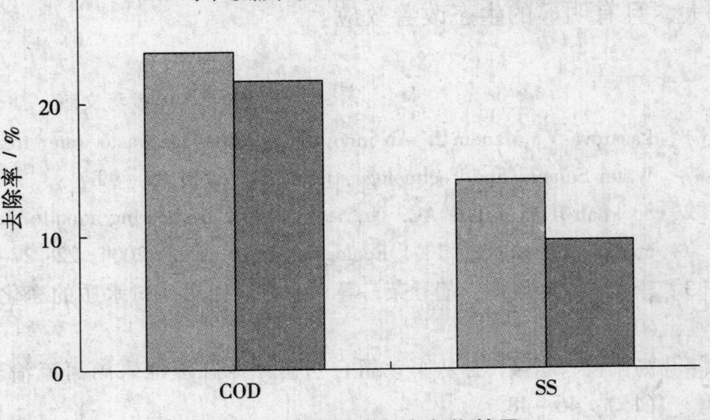

图 7　对 COD 和 SS 的净化效果

（五）污染物去除负荷的比较

污染物去除负荷 L 的计算公式为：$L = Q\frac{C_i - C_e}{A}$，式中：Q 为进水流量；C_i 为污染物进水浓度；C_e 为污染物出水浓度；A 为浮床区面积。

工程区面积为 1.8 万 m^2，浮床覆盖率为 32.7%。以淀山湖的平均流速 0.01m/s 计算通过浮

床区的流量 Q。根据上式计算各污染物的去除负荷如表 3 所示。

表 3　污染物去除负荷

指标	浮床北侧进水浓度/（mg/L）	去除率/%	去除负荷/（g/m²/d）
TP	0.38 + 0.09	10.5	1.32
TN	4.46 + 1.94	14.6	21.47
COD	17.0 + 5.72	14.1	79.27
SS	24.9 + 13.36	9.7	75.96

（六）植物收获和生态改善情况

2009 年 9 月 3 日，结合浮床植物的病虫害防治，本项目开展浮床植物的第一次收获工作。2009 年 11 月 27 日天气转冷，再力花、美人蕉逐渐开始枯萎，本项目开展了第二次收割。植物收获量如表 4 所示。美人蕉、再力花的收获量非常大，生物量鲜重达到 8565kg/亩、7223kg/亩。而且，生态浮床工程竣工后，浮床区植物繁茂，昆虫众多，植物根系间生长着许多的水生动物，包括小鱼小虾。这给鸟类带来丰富的食物，成为鸟类良好的栖息场所，使千墩浦前置库试验工程成为一个“生态引鸟”工程。

表 4　浮床植物收获量

品种	收获量（kg/亩）
再力花	7223
千屈菜	1278
黄菖蒲	3700
美人蕉	8565
聚草	5334
水葱	4000
水芹	冬季收获

三、讨论与结论

在 30% 左右的覆盖率下，淀山湖千墩浦前置库区域的浮床试验工程对千墩浦来水和浮床北侧的水质净化效果良好。对千墩浦来水 TP、TN、COD、SS 的平均去除率为 18.2%、28.2%、23.8%、14.5%，对浮床外围的 TP、TN、COD、SS 的平均去除率为 10.5%、14.6%、14.1%、9.7%。对浮床外围的 TP、TN、COD、SS 去除负荷达到了 1.32g/m²/d、21.47g/m²/d、79.27g/m²/d、75.96g/m²/d。与严以新等人[5,6]用常规的生态浮床系统模拟试验净化重污染的河水时 TN 的去除负荷相比，本生态浮床试验工程对淀山湖千墩浦来水和浮床外围水质具有明显的净化效果，同时，浮床植物收获量大，且有明显的生态改善效应。

参考文献

[1] Lazarova V, Manem J. An innovative process for waste water treatment: the circulating floating bed reactor [J]. Water Science and Technology, 1996, 34 (9): 89 - 99.

[2] Sooknah RD, Wilkie AC. Nutrient removal by floating aquatic macriophyte cultured in anaerobical digested flushed manure wastewater [J]. Ecological Engineering, 2004, 22: 27 - 42.

[3] 李英杰，年跃刚，胡社荣，等. 生态浮床对河口水质的净化效果 [J]. 中国给水排水，2008，24 (11): 60 - 63.

[4] 高阳俊，赵振，孙从军. 组合生态浮床在滇池入湖河流治理中的应用 [J]. 中国给水排水，2009，25 (15): 46 - 48.

[5] 严以新，操家顺，李欲如. 冬 - 春季节浮床技术净化重污染河水的动态试验研究 [J]. 河海大学学报（自然科学版），2006，34 (2): 119 - 122.

[6] 李海英，冯慕华，李玲，等. 微曝气生态浮床净化入湖河口污染河水原位模型实验 [J]. 湖泊科学，2009，21 (6): 782 - 788.

生态浮床技术用于浅水湖泊富营养化治理的效果及影响因素研究

陈小华　孙从军　曹　勇　高阳俊

（上海市环境科学研究院　上海　200233）

摘　要　2009 年 6 - 11 月在淀山湖千墩浦前置库内开展了生态浮床技术的正交围隔试验，对不同浮床覆盖度、停留时间以及植物配置下的水质净化效果进行了系统研究。结果显示，浮床的覆盖度对水质净化效果的影响程度大于停留时间与植物种类配置两个因素；浮床系统的水质净化效果与浮床覆盖度、停留时间呈正相关关系，但不同水质指标的表现略有差异；停留时间为 1 ~ 2 天、覆盖度为 30% 的浮床基本能实现主要水质指标去除率达到 10% 的考核目标。若要使 TN 和 TP 去除率达到 20% 左右，则浮床覆盖度应为 50% 以上，或停留时间至少 5 天；若使 SS 去除率超过 30%，则浮床覆盖度应达到 70% 以上。相比黄菖蒲而言，美人蕉更能有效吸收 N、P 和降低 SS，可作为生态浮床技术用于淀山湖富营养化治理中的推荐浮床植物品种。

关键词　浅水富营养化湖泊　前置库　生态浮床　水质净化　影响因素　正交试验

一、引　言

淀山湖是东部平原地区的一个吞吐性浅水湖泊，水域面积 62km^2，平均水深约 2.1m，最大水深 3.6m，主要承泄太湖来水。随着淀山湖流域的经济快速发展，淀山湖水质出现了明显的下降，已经转变为重度富营养化湖泊，具备了暴发大规模、大面积蓝藻水华的条件[1]。可见控制淀山湖富营养化问题和开展生态修复已是刻不容缓。

生态浮床（ecological floating bed），又名生态浮岛（ecological floating island）[2]、人工浮岛（artificial floating island）[3]，是一项基本无环境风险和二次污染的水生态修复工程技术，即在漂浮于水面上的人工浮床结构上种植水生植物或陆地湿生植物的生态技术。目前生态浮床在国内被广泛用于富营养化水体的水质净化工程中[4-6]，浮床植物系统利用植物吸收截留和微生物降解两个方面作用去除水体中 N、P 营养盐，降低悬浮物，提高透明度。生态浮床技术适用于淀山湖这类水位变动较大、由于波浪冲击等因素无法恢复自然植被带的富营养化湖泊，发挥净化水质，美化景观，作为鱼类产卵场所、鸟类及水生动物的栖息地等功能。

二、材料与方法

（一）试验区域

现场试验项目位于上海市淀山湖北部的千墩浦入湖河口西侧，地处北纬 31°10′54″ ~31°11′24″，东经 120°53′18″ ~120°58′54″。经现场测定，千墩浦入湖口区域水深较浅，一般为 1 ~ 2m，最深处为 2.5m，前置库区流速较小，流速 0.01 ~0.2m/s。前置库区域水质主要受千墩浦上游来水影响，研究期间（2009 年 5 月 6 日至 12 月 14 日）千墩浦来水 TP 为 0.2 ~0.7mg/L，TN 2 ~8.6mg/L，SS 12.5 ~40mg/L，氨氮 0.44 ~6.03mg/L。

（二）试验设计

在淀山湖千墩浦前置库内布置 9 个 3m ×3m 的试验围隔，围隔位于试验工程的北侧，在围隔的迎水面和背水面各开一个进水孔和出水孔，保证前置库的水流顺利流过各个围隔。主要分析停留时间 、浮床覆盖度、植物种类配置三个因素对浮床净化效率的影响，每个因素取三个水平，停留时间为 1 天、2 天、5 天，浮床覆盖度为 30% 、50% 、70% ，植物配置为美人蕉、黄菖蒲、美人蕉与黄菖蒲混种，采用 L9（3，3）正交表来安排试验（表 1）。

表 1　三因素三水平的正交试验设置表

围隔编号 \ 因子	停留时间 A	覆盖度 B	植物配置 C
W1	5 天	30%	美人蕉与黄菖蒲
W2	5 天	50%	美人蕉
W3	5 天	70%	黄菖蒲
W4	2 天	30%	黄菖蒲
W5	2 天	50%	美人蕉与黄菖蒲
W6	2 天	70%	美人蕉
W7	1 天	30%	美人蕉
W8	1 天	50%	黄菖蒲
W9	1 天	70%	美人蕉与黄菖蒲

（三）水质监测指标与方法

水质监测指标及测定方法如下：化学需氧量（COD_{Cr}）——重铬酸钾法；氨氮（NH_3 - N）——纳氏比色法；总氮（TN）—— 过硫酸钾消解紫外比色法；总磷（TP）——钼锑抗分光光度法；磷酸盐（PO_4 - P）——钼锑抗分光光度法；总悬浮物（SS）——重量法；透明度——塞氏盘法。

三、结果与分析

（一）影响水质净化效果的主要因素排序

基于 2009 年 6 - 11 月现场 9 个试验围隔的水质指标测定数据，使用正交试验的直观分析法[7]，分别从 TN、TP、SS、透明度、COD、磷酸盐、氨氮 7 个水质指标的角度，探讨停留时间、植物配置以及浮床覆盖度三个因素对浮床水质净化效果的影响，以及各因素的主次关系和最优搭配条件。三种因素对浮床系统中总悬浮物（SS）浓度变化的影响见表 2。表中 K1 、K2 、K3 分别表示在各因素各水平下某水质指标的数值总和，K1 - 1、K2 - 1 、K3 - 1 分别表示在各因素各水平下该水质指标的平均值。用同一因素各水平下平均提取量的极差 R（极差 = 指标的最大值 - 指标的最小值）来反映各因素的水平变动对水质指标影响的大小。极差大就表示该因素的水平变动对水质指标净化的影响大，极差小就表示该因素的水平变动对水质指标影响小。由表 2 可知，覆盖度对 SS 的影响最大（极值最大），其次是停留时间，最后才是植物配置（极值最小）。

通过分析三种因素不同水平对其他水质指标的影响，可知各水质指标的净化效果受停留时间、覆盖度、植物配置三个因素的影响程度各不相同。对 TP 影响的因素排序为停留时间 > 植物种类配置 > 覆盖度；对 TN 影响的因素排序为覆盖度 > 植物种类配置 > 停留时间；对 COD 影响的因素排序为覆盖度 > 停留时间 > 植物种类配置；对 SS 影响的因素排序为覆盖度 > 停留时间 > 植物种类配置。总体来看，覆盖度对水质净化效果的影响大于停留时间与植物种类配置两个因素。

（二）浮床覆盖度对水质净化效率的影响

按不同覆盖度统计的正交试验分析结果显示（表 3），浮床植物覆盖度越高的浮床围隔，水质净化效果越好，尤其是 TP、COD 和 SS，覆盖度 70% 的浮床围隔除了 TN 去除率略差于其他两种覆盖度浮床以外，其他各项水质指标的净化效果都占明显优势。

表2　正交试验的总悬浮物（SS）分析

序号	停留时间/天	覆盖度/%	植物配置	总悬浮物（SS）浓度/（mg/L）
W1	5天	30%	美人蕉+黄菖蒲	23.54
W2	5天	50%	美人蕉	22.29
W3	5天	70%	黄菖蒲	20.00
W4	2天	30%	黄菖蒲	23.33
W5	2天	50%	美人蕉+黄菖蒲	20.83
W6	2天	70%	美人蕉	16.46
W7	1天	30%	美人蕉	23.75
W8	1天	50%	黄菖蒲	24.17
W9	1天	70%	美人蕉+黄菖蒲	20.83
K1	68.750	70.625	62.500	
K2	60.625	67.292	67.500	
K3	65.833	57.292	65.208	
K1－1	22.917	23.542	20.833	
K2－1	20.208	22.431	22.500	
K3－1	21.944	19.097	21.736	
R	2.708	4.444	1.667	

表3　不同覆盖度条件下的水质净化效果比较

指标 / 水平	TN	TP	SS	透明度	COD	磷酸盐	氨氮
30%	+++	+	+	+	++	+	+
50%	+	++	++	+++	+	++	++
70%	++	+++	+++	++	+++	+++	+++
极值R	0.32	0.01	4.44	2.07	1.42	0.0025	0.07

注：+++指净化效果最好，++指净化效果其次，+指净化效果较差。

比较围隔内的水质与围隔上游进水水质，计算不同覆盖度条件下的主要水质指标去除率，覆盖度70%的围隔对SS、TP和COD平均去除率分别达到34.3%、14.8%和15.4%，高于覆盖度30%和50%的围隔，尤其是SS去除率高出2倍之多（图1）。

浮床围格对TN的去除率不随着植被覆盖度上升而增加，覆盖度30%和70%的两类围隔对TN去除率基本接近，均为22%左右，明显高于覆盖度50%的围隔对TN去除率（图1）。这可能是由于植物吸收作用并不是去除总氮的主要因素，总氮去除机理相对比较复杂，不仅受植物吸收的影响，而且受水体中DO的影响。

综合分析可知（图1），浮床覆盖度超过30%，基本上能实现TP、COD和SS去除率在10%以上。而若要实现TP、COD去除率在15%以上，则覆盖度应达到70%以上。覆盖度达到50%时，基本能实现SS去除15%以上；覆盖度超过70%时，SS去除率则可达到30%以上。

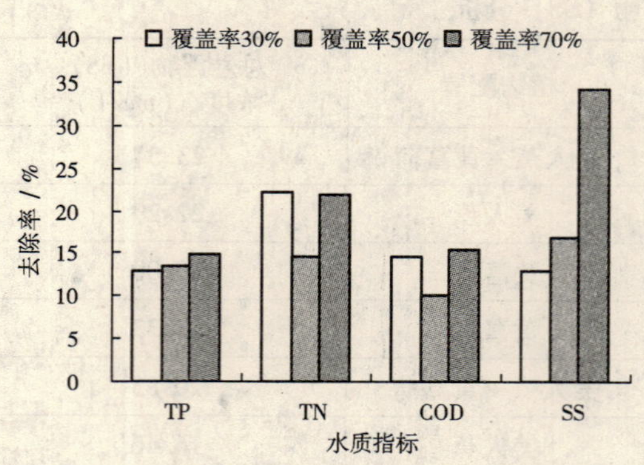

图1　不同浮床覆盖度下的主要污染物指标去除率比较

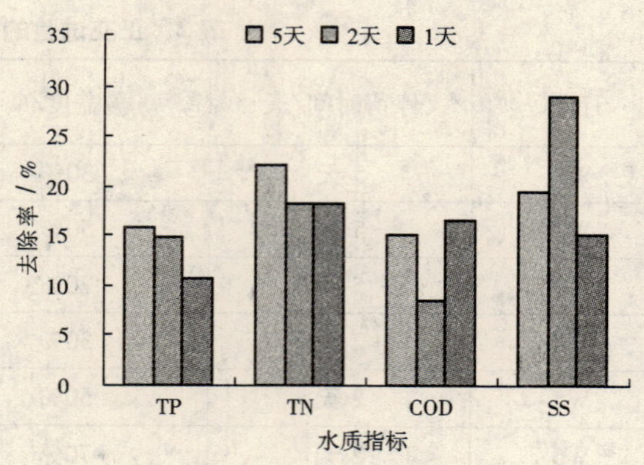

图2　不同停留时间下的主要污染物指标去除率比较

（三）停留时间对水质净化效率的影响

按不同停留时间统计的正交试验分析结果显示（表4），停留时间越长的浮床围隔水质净化效果越好，尤其是TN、TP、氨氮、透明度表现更为明显。而停留时间为1天的围隔内的COD和磷酸盐的去除效果表现最佳。

表4　不同停留时间条件下的水质净化效果比较

指标 / 水平	TN	TP	SS	透明度	COD	磷酸盐	氨氮
1天	+	+	+	+	+++	+++	+
2天	++	++	+++	++	+	+	++
5天	+++	+++	++	+++	++	++	+++
极值R	0.21	0.02	2.71	2.14	0.90	0.0007	0.0173

注：+++指净化效果最好，++指净化效果其次，+指净化效果较差。

依据围隔内的水质与围隔上游进水水质，比较不同停留时间条件下的主要水质指标去除率（图2）。整个实验期间，停留时间5天的围隔对TP和TN去除率分别达到15.8%和22.0%，高于停留时间1天和2天的围隔。

COD和SS的去除率未表现出随着停留时间增加而上升的规律。停留时间1天的围隔对COD平均去除率最高，达到16.5%，这可能是由于较长的停留时间（2天和5天）可能引起浮床植物在生命代谢过程中向水中分泌的有机物较多。SS的去除率以停留时间为2天的围格最高，达到29.0%，明显高于5天停留时间的去除率19.5%和1天停留时间的15.1%。这主要是由于淀山湖现场影响围格系统内SS的因素较多，包括植物根系截留、现场风浪作用下的底泥再悬浮、藻类繁殖等影响，比如停留时间长可能有利于浮游藻类过度繁殖，反而会增加水体中的SS。

由上述分析可知，停留时间越长的浮床围隔对TN、TP、氨氮和透明度的净化效果越好，设计停留时间1~2天可满足实现TN和TP去除率10%左右的目标；若要使TN和TP去除率达到20%以上，则停留时间应设计5天以上。浮床对淀山湖湖水的COD、SS去除率在一定范围内与停留时间的长短没有直接的相关性。

（四）浮床植物配置对水质净化效率的影响

按不同植物配置统计的正交试验分析结果显示（表5），相对于其他两类植物配置，美人蕉浮床更有利于去除水体中的TP、TN、磷酸盐和SS，提高水体透明度，这主要得益于美人蕉密集生长的根系能有效截留悬浮物，而且总磷多以颗粒结合态磷（PAP）的形式存在。黄菖蒲浮床对COD和氨氮的净化优势更加明显。

表5　不同植物配置条件下的水质净化效果比较

水平＼指标	TN	TP	SS	透明度	COD	磷酸盐	氨氮
美人蕉	+ + +	+ + +	+ + +	+ + +	+ +	+ + +	+ +
黄菖蒲	+	+	+	+	+ + +	+	+ + +
美人蕉+黄菖蒲	+ +	+ +	+ +	+ +	+	+ +	+
极值 R	0.21	0.014	1.67	5.52	0.46	0.0097	0.037

注：+ + +指净化效果最好，+ +指净化效果其次，+指净化效果较差。

依据围隔内的水质与围隔上游进水水质，比较不同植物配置条件下的主要水质指标去除率（图3），美人蕉浮床对SS、TP和TN的平均去除率分别达到24.1%、14.47%和21.4%，明显好于黄菖蒲浮床和两种植物的组合浮床。

黄菖蒲浮床对COD和氨氮的净化效果更好，整个实验期间对COD的平均去除率达到14.9%，高于美人蕉浮床的11.1%和两种植物组合浮床的14.0%。

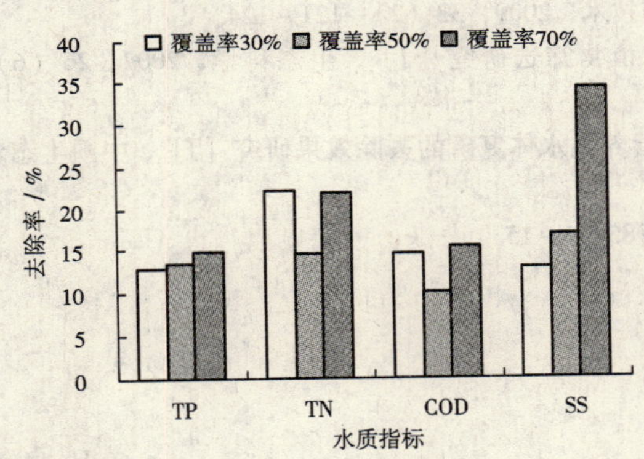

图3　不同植物配置下的主要污染物指标去除率比较

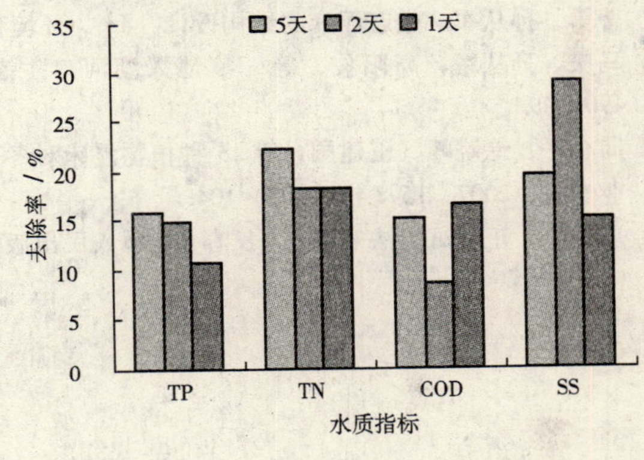

图4　浮床围隔系统内主要污染物指标去除率的季节比较

（五）季节转换对水质净化效率的影响

基于2009年6－11月的水质测定数据，将夏季和秋季的浮床围隔系统内主要污染物指标去除率进行比较，可发现TP和SS的去除率在两个季节之间的差异均不显著，而TN的去除率夏季明显高于秋季，COD的去除率秋季远高于夏季。夏季TN的去除率较高可能是由于夏季水温较高，微生物活性比秋季更强。而COD的去除率在夏季较低，可能是由于景观植物在夏季生命代谢旺盛，根系向水中分泌较多的有机物。另外，夏季水温高，有利于浮游藻类的繁殖，从而引起水体中SS偏高和透明度偏低。

四、结　论

1. 正交试验的直观分析结果显示，生态浮床系统各水质指标的净化效率受停留时间、覆盖度、植物种类三个因素的影响程度各不相同。总体来看，浮床覆盖度对水质净化效果的影响大于停留时间与植物种类配置两个因素。

2. 浮床围隔的浮床覆盖度越高，水质净化效果越好，尤其表现在 TP、COD 和 SS 的去除方面，30% 覆盖度的浮床基本能实现主要水质指标的去除率达 10%。要实现 TN 和 TP 去除率 20%，则浮床覆盖度应达到50% 以上。而实现 SS 去除率30% 以上，则需要70% 以上的浮床覆盖度。

3. 浮床围隔的水力停留时间越长，水质净化效果越好，尤其是 TN、TP、氨氮、透明度表现更为明显。设计停留时间 1 ~2 天可实现 TN 和 TP 去除率在 10% 左右；若要使去除率达到20% 以上，则停留时间应在 5 天以上。

4. 从现场长势和净化效果看，美人蕉比黄菖蒲具有更大的生长率、生物量和发达的根系系统，在吸收净化 N、P 等营养盐、去除 SS 和提高透明度方面优势明显。

5. 浮床系统对 TP 和 SS 的去除率在夏、秋季之间基本相同，而 TN 的去除率夏季明显高于秋季，COD 的去除率秋季远高于夏季。

参考文献

[1] 程曦，李小平．淀山湖氮磷营养物20 年变化及其藻类增长响应［J］．湖泊科学，2008，20（4）：409 –419.

[2] Nakamura K，Tsukidate M，Shimatani Y. Characteristic of ecosystem of an artificial vegetated floating island［J］. Ecosystem and sustainable development，1996：171 –182.

[3] 中村圭吾，岛谷幸宏．人工浮岛的机能与技术的现况［J］．土工技术资料（日文），1999，41（7）：26 –31.

[4] 曹勇，孙从军．生态浮床的结构设计［J］．环境科学与技术，2009，32（2）：121 –124.

[5] 马庆，孙从军，高阳俊，等．滇池入湖河口生态浮床植物筛选研究［J］．生态科学，2007，26（6）：490 –494.

[6] 周小平，徐晓峰，王建国，等．3 种植物浮床对冬季富营养化水体氮磷的去除效果研究［J］．中国生态农业学报，2007，15（4）：102 –104.

[7] 夏伯忠．正交试验法［M］．长春：吉林人民出版社，1985：1 –15.

组合推流式潜水浮升设备强化控制蓝藻及其毒素进行生态养殖修复蓝藻水体的意义

郑向东　王　全　熊　敏

（云南大学化学科学与工程学院　昆明理工大学分析测试研究中心）

摘　要　提出了一种蓝藻污水处理与利用紧密结合的生态处理的思路及模式，具体模式：富营养化水体—蓝藻水体—使用组合推流式潜水浮升设备强化控制蓝藻，蓝藻毒素—水产生态养殖—出水。文中论述了模式提出的背景，科学依据，实现模式的做法以及应用模式治理湖水循环经济，可持续性的意义。

一、背　景

长期以来在江河、湖泊的大量水体中清除氮、磷等多种污染物的处理是一个难题，现在由于传统污水处理厂在氮和磷的处理不完全彻底，或者其他种种原因导致江、河、湖泊甚至大海的水体富营养化严重，致使蓝藻、赤潮等大规模水体污染事件频频爆发。时而也有毒的铅、砷等金属和有机物等使江河、湖泊水体大规模污染的事件也时有发生，但迄今为止，还未有污水治理与利用紧密结合，在经济上能快速循环，适用于对多种不同类型的污染物污染的江河湖泊中的水体来进行处理，特别是蓝藻的污染已持续了几年，极严重地破坏了湖泊、海洋的生态平衡。

污水处理中氮、磷的处理是一个难题，对其处理主要以生物厌氧、好氧菌的处理方法处理。但是处理时间较长、处理效率低。特别是好氧菌的处理方法的能耗较大、污水厂基建设备投资较大、运行费用高，污水处理厂的处理投入跟不上城市发展；或因污水中氮和磷的处理不完全而导致现在许多江、河、湖泊甚至大海的水体富营养化严重，致使蓝藻、赤潮等大规模水体污染事件频频爆发。由于藻类生长倍增速度约20分钟，而且死亡也较为迅速，从而将水中氧气耗尽，同时还产生蓝藻毒素从而使水中其他生物迅速死亡，极严重地破坏了湖泊、海洋的生态平衡。

面对目前大规模蓝藻暴发事件的处理方法现在有如下几种：

机械捕捞、黏土混凝沉淀、絮凝浮升或者使用气浮法、过滤等方法还有采用化学或生物藻类毒素抑制或消灭藻类，放养食蓝藻鱼类等，清除湖水淤泥，发展人工湿地，引江入湖等办法。但是以上处理方法有一些不足之处。

1. 使用混凝沉淀及藻类毒素抑制方法

由于处理过程中并没有将水体中藻类污染物取出，因此，只能暂时缓解藻类生长，进入了一个从“投入药剂治理、抑制蓝藻的生长，到再生长再治理”的死循环。

2. 养殖鲢鱼等滤食性食藻鱼类，多处大规模实践已证明有很大效果，已经大规模推广，可使蓝藻数量大为减少，改善了水体。但是还未能达到快速，定量化，彻底强力控制蓝藻爆发的效果。特别是水体中的蓝藻毒素威胁鱼类，及通过食鱼传导进入人体的问题未得到解决。

3. 机械捕捞方法

由于藻类具有细小、悬浮的特征，从而导致捕捞蓝藻的效率很低，蓝藻生长速度快，打捞后水体有一定改善，但消耗人力物力巨大，不是长期可持续性的，只能作为应急处理措施。

4. 清除淤泥方法

工程量巨大，投资效率较低的缺点，见效慢。

5. 引江入湖

工程巨大，浪费巨大的水资源，投资效率较低，同时还存在转移扩散污染源问题。长期来看污染只是暂时缓解。但是可能导致严重后果，即长期使用导致海水赤潮的发生。

6. 传统过滤方法

该方法效率低，难以规模化对蓝藻进行处理。

7. 发展人工湿地，效率低，受到湖泊面积限制，速度慢

解决富营养化水体问题在于清除水体中的氮磷，但现有的污水中氮磷的处理技术主要是用好氧活性菌降解方法，但投资大，运行费用高，处理不彻底，因此导致了现在蓝藻大面积暴发，污染了水体。

二、使用组合推流式潜水浮升设备及大规模快速清除水中污染物而修复水体思路的提出及依据强化生态养殖修复蓝藻水体

怎样大规模快速、有效、经济地彻底解决这一问题，我们提出了一条新的思路及模式：富营养化水体—蓝藻水体—使用组合推流式潜水浮升设备强化控制蓝藻，蓝藻毒素—水产养殖—出水。

提出以上思路的主要依据是：

1. 蓝藻也并非百害而无一利，蓝藻是最早的光合放氧生物，对地球表面从无氧的大气环境变为有氧环境起了巨大的作用。有不少蓝藻（如鱼腥藻）含有固氮酶，可以直接固定大气中的氮，以提高土壤肥力，使作物增产。还有的蓝藻为人们的食品，如著名的发菜和普通念珠藻（地木耳）、螺旋藻等。氮磷是水体富营养化的根源，也是产生蓝藻暴发的最主要因素，蓝藻暴发导致水体迅速恶化，水体中其他生物因蓝藻死亡大量吸取水体中氧气而死亡，造成巨大的生态灾难，因此人们把蓝藻成为水体污染的罪魁祸首。我们治理富营养化污水修复湖泊生态环境的方法是把蓝藻作为大自然赐予人类治理污水修复生态环境的最好帮手，例如取滇池含蓝藻劣五类的湖水，只经过快速的絮凝分离，水质可达到接近地表水的指标，蓝藻生长速度极快，在污水处理中大量使用的人工氧化塘及兼氧塘中生长适应性强，快速吸收降解氨氮及 COD、BOD 等最为重要不可替代的生态水处理的有益作用，在传统水产养殖上，为了增产，人们在养鱼塘中放置一定量的有机肥料，产生一定量的蓝藻，除水净化功能外，蓝藻本身是富含蛋白质，氮磷及其他有益营养物，可作为一些水产动物的饵料，一定数量的蓝藻是有益于水产养殖的，上述蓝藻的有益性，是人们长期实践与研究已经证明了的。

2. 蓝藻的危害性主要是因大量爆发时数量无法控制，遮挡阳光，使其他水下植物不能得到阳光，不能产生光合作用而死亡，同时大量的蓝藻死亡产生毒素，蓝藻大量死亡时容易败坏水质，可产生藻毒素、大量羟胺及硫化氢等有毒物质直接危害水生动物；蓝藻死亡腐败中快速消耗水体氧气，使大量的水生植物和动物因缺氧死亡，水体中各种动植物、微生物死亡链恶性循环，使水体中蓝藻、水生动植物的水体净化功能彻底散失，成为严重的生态灾难。

3. 综上所述，蓝藻对水体及水产生产具有二重性，关键在于数量的控制，可控制的蓝藻则发挥有益性，蓝藻数量失控时则表现其对水环境的灾难性。

4. 浮升方法长期作为自来水厂清除蓝藻的一项有效方法，清除速度快，一般在 40～60min 内，蓝藻去除率可高达 90% 以上，加入氧化剂可脱毒，除蓝藻速度高，这已经在国内外的很多家自来水厂长期使用中证明，技术成熟，安全、可靠，能大规模快速地清除蓝藻及蓝藻毒素。因此使用浮升设备及工艺作为对蓝藻及蓝藻毒素强化控制的最关键一环是可靠的。由于气浮设备使空气溶入水中，有在清除污染物的同时对水体补氧的功能，而氧化是清除蓝藻毒素及臭味物质的一类重要方法。该设备不加絮凝剂时可只作为蓝藻毒素及臭味物质清除设备和水体补氧设备使用。这是我们使用浮升设备及工艺作为对蓝藻及蓝藻毒素强化控制的依据。

但是传统的浮升处理工艺设备基本建于地面上，要处理的水需要扬升出水面，即使池子最低

的浅池气浮法高度也有0.5m以上而进入设备内进行浮升反应，设备中大量的水对设备的土建基础和池壁有很大的压力，要求污水处理池基础和池壁强度大，因此存在的问题有：占地多、管网及设备材料及投资较大，一般池子的投资及折旧占投资及运行费用50%以上，因而规模受到一定限制，同时在运行时大规模的水流扬升及远距离输送功率损耗巨大，设备不能移动到蓝藻的密集区，使用不能灵活机动。因此处理大规模水体蓝藻污染受到以上几种因素影响和限制。面对目前湖泊蓝藻污染的巨大水量，如果使用该方法，投资及建设及运行费用巨大。因此浮升法大多仅用于自来水厂的水源处理，而未用于大规模的水体生态修复处理，针对上述传统浮升设备的缺点，我们发明了组合推流式潜水浮升设备，打破以往的传统的在岸上建立各种池体，将污水用水泵扬升进入池体后进行再处理的思维，改变为将各种传统设备的池体及相应设备，改造成设备的池体直接沉入蓝藻污水中使用，从而形成我们所谓的潜水设备。由于设备的池体及进出水装置在湖水水平面之下，可固定、可移动，有多种形式及工艺可以灵活应用，因此可以在蓝藻污水中不同地点使用强化控制水体中的蓝藻及其毒素，通过设备处理后的水进行生态水产养殖，由鲢鱼等直接食用蓝藻。

5. 1999年，中科院水生所刘建康和谢平提出了非经典生物操纵法，即通过凶猛鱼类及放养滤食性鱼类（鲢鱼、鳙鱼）直接牧食蓝藻水华的生物操纵。在蓝藻水华暴发的富营养湖泊中，必须放养较高密度的鲢鱼、鳙鱼，才能达到控制蓝藻生产力、消除蓝藻水华的目的。非经典生物操纵最显著的优点是具有持久性。

综上所述我们治理富营养化污水思路的依据是：富营养化污水中的氮磷及COD、BOD通过蓝藻富集，分解转化，通过组合推流式潜水浮升设备强化控制蓝藻的数量及水体中的蓝藻毒素，使水体环境在人为强化控制下，保持最有利于食藻性鱼类生存的条件，在此水体中利用现代水产养鱼技术生态养殖鱼类，消耗利用蓝藻，处理污水，上述的各个治理环节形成不断循环，持续性处理蓝藻污水，产出鲢鱼等食用安全的水产品。经过生态处理的水回流进入湖中，使湖水中蓝藻减少，透明度增加，逐步恢复湖体的生态平衡和自净功能。

三、具体处理模式

可利用湖边原有的鱼塘，在水入口处加上密封式组合推流式潜水浮升设备，将湖中的无重金属蓝藻水抽入设备，在设备中根据需要对进水进行曝气或气浮处理，曝气可消除或减少蓝藻的毒素和污水的臭味，气浮可清除蓝藻，通过上述处理后的水进入鱼塘，养殖鲢鱼、鳙鱼，通过上述进水数量及设备不同的处理方式，可以控制养鱼塘中水体中的蓝藻数量，蓝藻毒素含量在安全要求之内，保证了鲢鱼、鳙鱼所需要的食物、氧气及水体安全性。浮升清除的蓝藻可利用作为肥料等在岸上使用。鱼塘的出水可以回流湖中，鱼塘出水也可以再经浮升设备处理进行高级利用及回流湖中，鱼塘也可用湖中的围栏、箱体代替，形成多种模式。冬季还可在空的鱼塘上加上大棚升温繁殖蓝藻，以供鱼类食物。

四、模式特点及意义

1. 该模式与以往传统模式不同点在于使化学、物理处理与生态处理有机结合。因此可严格控制养殖水体的蓝藻数量及蓝藻毒素等有害物质，控制强度大，速度快，安全性高，可以保证鱼类的生存安全及其作为食品的安全性，处理后水中含有在控制下一定数量的蓝藻，是保证利用蓝藻污水进行生态养殖的基础，通过生态养殖大量减少污水中的蓝藻。

2. 处理利用紧密结合，该模式同时利用了处理水和蓝藻，利用为主，处理为辅，进行现代生态养鱼，这样使水中的富营养物质通过氮磷—蓝藻—鱼的转化得到再生利用。这样蓝藻污水的处理费用可以得到弥补或回收，形成了循环经济，保证了使用该模式治理富营养化污水的可持续性。

3. 湖中污水就地处理利用，还可再生新水。相对引江入湖模式，不引入新水，不排污水扩散污染源，对人均水量很低的我国有较大的意义。

4. 处理费用低，相对污水处理厂厌氧、好氧处理来说，由于蓝藻的富集和降解作用，清除蓝藻后水体的氮磷、COD、BOD迅速下降，所以浮升蓝藻设备效率高，运行费用低，再由于化学方法与生态养鱼协同，最大量的蓝藻在水中直接脱毒后作为鱼饵料直接被高价值利用，大大减少了传统化学处理蓝藻的絮凝剂费用，及取出蓝藻后再处理费用。

5. 安全性，相对传统往鱼塘中加硫酸铜等杀藻剂及加化学试剂及矿物剂沉淀，进行清除水中蓝藻的做法，浮升法所加入化学物质与蓝藻一齐被抽出水面，残留较低，微量的残留对人体无害是经自来水厂长期实践验证的，残留再经蓝藻和鱼类生物转化，为害性更低，也可选用更安全的生物絮凝剂代替则更加安全。由于可使用好氧脱毒和臭氧脱除蓝藻毒素及臭味，所养殖鱼类食用安全性更高。

6. 可靠性，由于浮升技术与现代养殖技术已经是国内外多个地方、大规模、长期使用的技术，二者结合设备，工艺技术的可靠性很高。

7. 由于沿湖有很多的鱼塘可利用，再有众多的养鱼、打鱼有经验的人民，该技术普及有了地域和人员的基础，再由于该模式是再生循环模式，有一定经济效益作为基础，普及该模式可为沿湖老百姓创造就业机会，可以长期、持续性地参与治理湖泊污染和治理蓝藻污水。

参考文献

[1] 组合推流式潜水浮升设备及快速清除蓝藻的工艺．发明专利，申请号200810058566.4［P］．

[2] 太湖蓝藻治理方法初探［J］．水产养殖，2001（1）．

[3] 蓝藻根治技术尚未找到［N］．中国环境报，2007-06-12.

重建江湖生态联系的初步研究
——以武汉大东湖生态水网构建工程为例

蒋固政　李志军

（长江水资源保护科学研究所　湖北　武汉　430051）

摘　要　长江中下游地区历史上与长江自然连通的湖泊曾达100多个，目前只剩下洞庭湖和鄱阳湖。江湖隔绝致使江湖复合生态系统的生境连通性和完整性受损，湖泊水体变成“死水”，自净能力日渐衰退，水质逐步恶化，湖泊水体功能得不到有效发挥。三峡工程建成后，长江中下游的防洪形势发生变化，客观上为引江济湖、重建江湖生态联系创造了一定的有利条件。本文以“大东湖”生态水网构建工程为例，重点阐述了重建江湖联系的紧迫性和需要遵循的原则，以及在引水水源、引水时机、引水流量、引水方式等的优选过程中规避洪涝灾害、血吸虫病、污染迁移、湖泊底泥释放、泥沙输入等生态风险的方法，使重建江湖联系的社会、环境、经济效益得到充分发挥。

关键词　江湖连通　生态水网　长江　大东湖

长江两岸的绝大多数10km^{2}以上的湖泊原为通江湖泊，数量超过100个，其中湖南约20个，湖北近40个，江西、安徽约10个。由于长期以来片面追求经济利益，通江湖泊数量锐减，生态破坏状况令人担忧，沿江两岸许多地方水利设施建设过密，人为地切断了湖泊与长江的天然联系，导致与长江相连的湖泊数量由100多个减少到现在只剩下洞庭湖和鄱阳湖。历史上通江的武汉东湖水质清澈，水草繁茂，后来因人为阻隔东湖被孤立起来，变成了一湖死水，加上周边大量生产与生活污水直接入湖，致使东湖水体富营养化严重，藻华频繁发生，湖边臭气弥漫。重建江湖生态联系，是三峡工程建成后长江中下游迫切需要解决的问题。

一、水网连通改善江湖水生生境的机理

流速、水温、水深、水质等水体条件不同，生物体在水中可表现出3种状态：自由态、增长增殖状态和抑制状态。江湖连通旨在根据生命体的生态水力特性，营造出特定的水流环境和水生生物所需要的生境，抑制藻类大量繁殖。东湖原本与长江相互连通，水生生物资源丰富，水生态环境良好，实施江湖连通工程可恢复历史自然风貌，使大东湖与长江形成动态水网，在此基础上，配合截污治污、内源削减、生态修复等措施，充分利用长江的水文条件与水力资源进行生态水力调控，使大东湖水质得到有效改善，生态系统得到恢复。

（一）构建江湖动态联系，恢复生态通廊

通过实施江湖连通，恢复江湖之间的水生动物和营养元素交流，丰富大东湖基因库。

每年5－7月（涨水期）为鱼类繁殖高峰季节，这一时期开闸引水实现“引江纳苗”，为大东湖形成健康稳定的水生态系统结构提供条件；秋冬季节开闸放水，为大东湖的成鱼重返长江越冬及次年繁殖创造了条件。

（二）为湖泊水生植被的恢复与重建创造条件

城市湖泊常常由于水体污染重、透明度低，在湖内恢复与重建水生植被难度很大。实施江湖连通可迅速改善湖泊水质，增加水体透明度，为水生植被的栽种创造条件，然后根据水生植被的要求，合理调控湖泊水位和流态，促进栽种的水生植被成活与拓展。

（三）营造良好生境，维护系统稳定

有什么样的生境就有什么样的生物群落，两者是不可分割的，如果生境多样性受到破坏，生物群落的性质、密度和比例等都会发生变化。

江湖连通营造了急缓有致、深浅有致、消涨有致、形态多样的水生生境，丰富的水生生境为形成丰富的水生生物群落创造了条件。动态水网的形成，创造了良好的增氧、复氧环境，增强了湖泊的自净能力；水质的改善，配合水生植被季节性更替以及生物种引入等，形成生物群落多样性丰富的生态系统；江（河）湖生境完整性的恢复，从系统层次与景观模式上，扩大各水体的结构组成和功能，增加水体系统的复杂性和稳定性，在人类活动产生的环境压力下，水体抗逆能力显著提高。

二、生态水网构建的方法

（一）引水线路、方式比选

1. 水网连通方案选择的原则

水网连通的目标是恢复湖与湖、江与湖之间的连通。湖与湖的连通是指东沙湖与北湖两大水系之间的连通，以及两大水系内部的连通；江与湖的连通主要是通过新建或改造通江涵闸与“大东湖”水网沟通。

（1）满足生态引水需求，便于水生生态交换，有利于水质改善；

（2）满足防洪排涝要求，尽可能自流引水，便于江湖生态互通，形成生态通廊，同时减少能耗，节约资源；

（3）尽量利用原有通道，减少征地拆迁，节约投资；

（4）方便调度，便于管理。

2. 连通方案

依据“大东湖”所在区域地形地质条件、经济社会发展状况以及各连通湖泊之间的水质、生态需求情况，按照进水口通道和连通渠道的引水水流流向确定连通方案。

江与湖连通主要利用现有的港渠通道，在现有设施的基础上进行适当改建或新建引水设施，实现江与湖的连通。“大东湖”水网江与湖之间可利用的进水口通道有4处：曾家巷闸、罗家港闸站、青山港引水闸站、武惠闸。这4处进水口均存在利用现有的连通通道与湖泊相连的条件。

（1）方案一：以曾家巷闸为主要进水口的水网连通方案

新建曾家巷进水闸，设计引水流量为40m³/s。主流方向为西进东出，长江→曾家巷闸→沙湖→东沙湖渠→东湖→九峰渠→严西湖→北湖→北湖泵站→长江，主要线路及连通支线见图1。

（2）方案二：以罗家港闸为主要进水口的水网连通方案

改造罗家路闸，设计引水流量为40m³/s。主流方向为西进东出，长江→罗家路闸→罗家港→沙湖港→东湖→九峰渠→严西湖→北湖→北湖泵站→长江，主要线路及连通支线见图2。

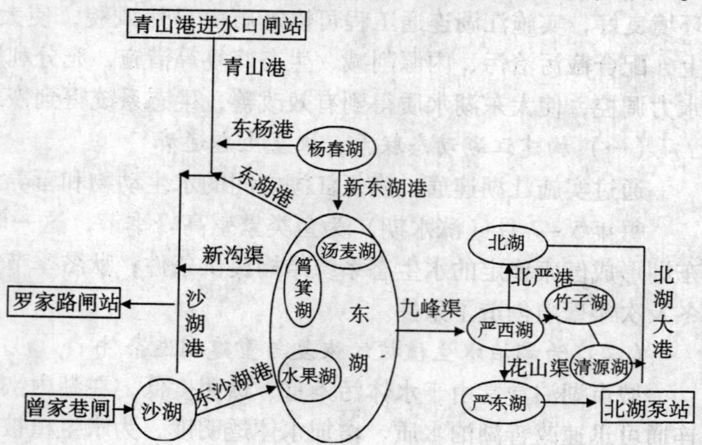

图1　“大东湖”生态水网线路方案一

（3）方案三：以青山港闸为主要进水口的水网连通方案

新建青山港闸，设计引水流量40m³/s，新建曾家巷闸为辅进水口，引水流量5m³/s。主流方向为西进东出，长江→青山港闸→青山港→杨春湖→新东湖港→东湖→九峰渠→严西湖→北湖→北湖泵站→长江；辅线为长江→曾家巷闸→沙湖→沙湖港→罗家港→罗家路泵站→长江，主要线路及连通支线见图3。

（4）方案四：以武惠闸为主要进水口的水网连通方案

改建武惠闸，设计引水流量$40m^3/s$。主流方向为东进西出，长江→武惠闸→严东湖→花山渠→严西湖→九峰渠→东湖（水果湖）→东沙湖渠→沙湖→新生路泵站→长江，主要线路及连通支线见图4。

3. 方案比选

根据“大东湖”地区的湖泊分布特点、渠系分布以及与长江的相邻关系，对初拟的引水方案进行比选。

（1）方案一　主要优点：取水口位于长江干流“大东湖”地区上游段，顺应“大东湖”地区“西高东低”的地势，利于湖网水体自流，自流引水时间最长；长江水直接入沙湖，对于改善沙湖水体流动条件具独到的优势。

主要缺点：①引水水流上端为沙湖、水果湖，两湖目前为水质最差的劣Ⅴ类水体，不利于下游东湖、严西湖等水体水质的改善；②曾家巷进水口至沙湖之间周边用地紧张，拆迁工作量大；③引水闸所在地深泓逼岸，对防洪不利，且施工条件差。

初估进水口至沙湖引水部分工程总投资约3.2亿元，其中引水闸和引水箱涵段工程投资约0.8亿元，征地拆迁2.4亿元。

（2）方案二　主要优点：取水口位于长江干流“大东湖”地区上游段，顺应“大东湖”地区“西高东低”的地势，利于湖网水体自流，自流引水时间仅次于曾家巷闸；长江水直接入沙湖，对于改善沙湖水体流动条件具独到的优势。

主要缺点：目前罗家路闸、罗家港、沙湖港为武昌老城区、沙湖片、徐东片区的唯一排水通道，也是沙湖

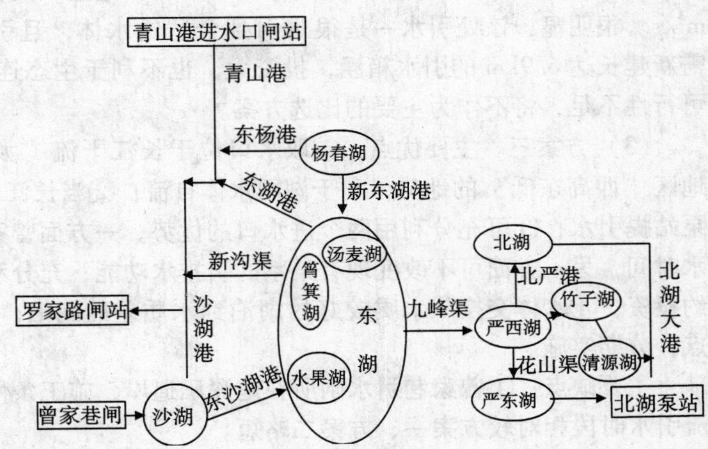

图2　“大东湖”生态水网线路方案二

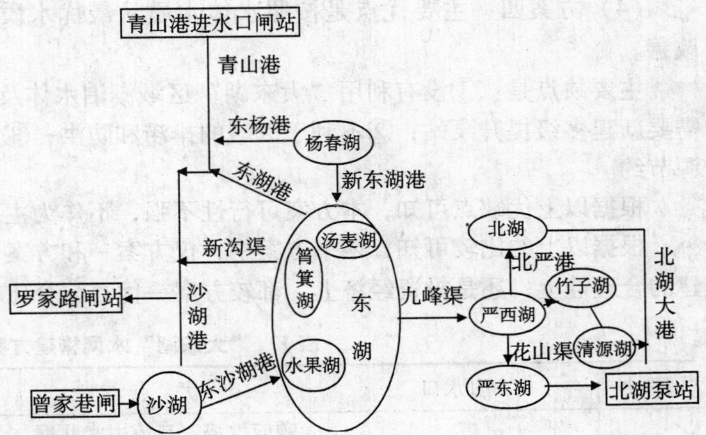

图3　“大东湖”生态水网线路方案三

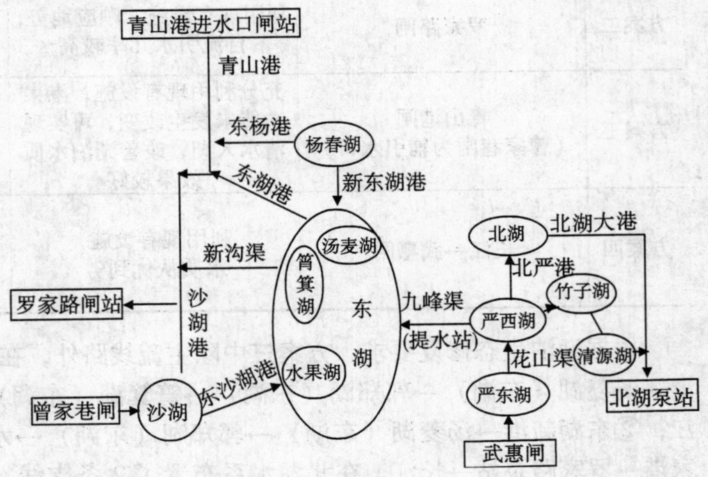

图4　“大东湖”生态水网线路方案四

污水处理厂、二郎庙污水处理厂尾水的唯一排江通道，两污水处理厂尾水日常排水流量约为5.0 m^3/s。很明显，该处引水一是很难引到合适的水体，且引排矛盾大；其次，若作为引水通道，需新建长达6.9km的引水箱涵，投资大，也不利于生态连通。由以上缺点，本进水口方案实施可行性不足，将不作为主要的比选方案。

（3）方案三　主要优点：①取水口位于长江干流“大东湖”地区上游段，顺应“大东湖”地区“西高东低”的地势，利于湖网水体自流；②当长江水位低于20.54m时，可利用武钢江心泵站提引水；③可充分利用两个进水口的优势，一方面曾家巷小流量可减少拆迁，远期可延长引水时间，另一方面可不改变现有渠系的引排水功能，充分利用青山港和现成的沉沙清沙设施，节约投资；④水体交换从水质较好的湖泊到水质差的湖泊，有利于水体最优交换；⑤便于抓住重点，分期实施。

主要缺点：①曾家巷引水闸所在地深泓逼岸，施工条件差；②主要进水口位于中间地段，自流引水时段相对较方案一、方案二略短。

初估两个进水口至湖泊引水首部工程总投资约2.8亿元，其中曾家巷闸和引水箱涵段投资约0.5亿元，青山港引水闸及引水渠投资2.3亿元。

（4）方案四　主要优点是按照水体水质从最优水质到最差水质的进行交换，便于水体的改善。

主要缺点是：①没有利用“大东湖”区域湖泊水体及地形西高东低的优势，水体无法自流，需要新建多级提升泵站；②不利于区域的排涝和防洪；③无法实现江湖的生态交换；④不利于资源节约。

根据以上优缺点可知，本方案可行性不强，不作为主要比较方案。

根据以上的比较可知，四个方案中，仅方案一和方案三具有可行性，但方案三无论从生态构建的合理性上，还是投资经济上，都较方案一优，综合比较，推荐方案三。见表1。

表1　“大东湖”水网构建方案比选表

序号	引水口	优　点	缺　点
方案一	曾家巷闸	顺应地势，自流引水几率较高；对改善沙湖水质效果最佳，节约能源	江水经沙湖、水果湖两个劣V类水体湖泊流向大湖，不利于水质改善；工程投资大，施工难度大
方案二	罗家路闸	利用现有设施，顺应地势，自流引水几率较高	引水渠罗家港现为东沙湖地区3座污水处理厂尾水通道和雨水主排渠，运用功能发生矛盾，需进行引排分流改造，工程投资大
方案三	青山港闸（曾家巷闸为辅引水口）	充分利用现有设施，港渠功能未发生改变，可实现清水入湖；改善湖泊水质效果较好	与武钢共用青山港，运行管理存在一些矛盾，较一、二方案相比，引水几率略低
方案四	长江→武惠闸	利用现有设施，水质从优到劣	受水位限制，北湖水系不能向东湖自流交换，需新建提升设施，调度管理难度大，引水几率最低

根据湖泊生态修复要求，方案三中除主流线路外，在东沙湖水系布置了2条支线，①新东湖港→汤菱湖（东湖）→郭郑湖（东湖）→筲箕湖（东湖）→沙湖港→罗家港→罗家路泵站→长江；②东湖新港→汤菱湖（东湖）→郭郑湖（东湖）→水果湖→东沙湖渠→沙湖→沙湖港→罗家港→罗家路泵站→长江。在北湖水系布置了2条支线，①严西湖→竹子湖→青潭湖→北湖泵站→长江；②严西湖→严东湖→北湖泵站→长江。

（二）引水规模论证

1. 引水规模确定原则

主要原则是：满足“大东湖”生态水网生态需求；不影响现有防洪排涝体系；效益最大化。

2. 引水方式

（1）生态引水需求时间

引水期选择考虑两方面因素：一是长江水位变化情况，二是根据“大东湖”地区湖泊水质年内变化情况。根据武汉关1990—2003年水位统计分析，结合“大东湖”地区湖泊水质的年内变化情况，引水期选在5－11月为宜。

“大东湖”湖泊水体水质的年内变化情况是：11月至次年4月，由于武汉市气温相对较低，湖泊水体溶解氧含量相对较高，水质相对较好；5－11月，武汉市气温相对较高，特别是7—8月，武汉为全国有名的“大火炉”，天气十分炎热，此时湖泊水体溶解氧含量很低，容易出现翻塘死鱼、水体黑臭现象。因此，从“大东湖”地区湖泊水质的年内变化情况分析，引水期也应选在5－11月。

（2）自流引水天数

引水条件：①为服从防洪需要，武汉关水位超警戒水位25.21m（吴淞高程27.3m）停止引水；②日降雨≥20mm停止引水。

根据汉口武汉关水位资料及东湖降雨资料（1997—2005年）进行统计分析，年均理论可引水时间为60天。

（3）引水方式选择

充分利用长江与“大东湖”之水位差，利用涵闸自流引水，节省能耗，同时可建立江湖之间的生态通道，引江纳苗，为“大东湖”水网输入新鲜血液，提升“大东湖”水网生态品质。

3. 引水工程规模

（1）一次连续引水量分析

“大东湖”地区湖泊均为宽浅型湖泊。因湖泊流动范围有限，且可调蓄水位变幅有限，引水可交换水体集中分布在湖泊主流区，湖泊主流区的大小与湖泊进出水的配水口数量及位置有关。根据推荐方案引水线路及进水口分布方案建立的二维平面模型的流场计算，综合诸因素分析，“大东湖”各湖泊主流区面积占湖泊总面积的比例为20%～60%。主流区的流速分布特征是从湖面到湖底逐渐减少，初步确定可交换水量占主流区总水体量的70%，即乘以0.7的调整系数。因东湖、严西湖和严东湖面积较大，考虑到风对湖泊水体交换的影响，将水体交换率提高1%～5%。因此，根据各湖泊配水口的分布及流场特点分析，确定一次引水最大可交换水量3609万m^3。

长江洪枯季水位变幅很大，年最大水位变幅近20m。当长江水位高于内湖水位时，方具备自流引水条件。但考虑到区域防洪的要求，当长江武汉关水位达到27.3m（吴淞高程）时，为确保防洪安全，禁止引水。从区域排涝的要求，遇20mm以上降雨，区内将启动排涝设施，为减轻排涝的压力和降低内涝风险，停止引水。

根据1990—2003年逐日长江水位与工程区降雨对比分析，得到连续引水2～10天的出现几率。

（2）引水设计流量确定

①引水流量计算　按上述计算的一次连续引水最大可交换水量及表5连续引水时间成果，可计算出引水量如表2。

表2　不同引水天数引水流量计算表

一次连续引水天数	3	5	7	10
计算引水流量/（m^3/s）	140	85	60	40

②设计引水流量选择　从江湖连通效果和引水改善湖泊水质的角度分析，引水流量越大，江湖生态通廊的效果和湖泊水质改善的效果越好，但“大东湖”地区连通渠道多位于城区，人口密集，其引水规模直接受城市用地及拆迁的制约较为显著。

根据引水对湖泊水质改善的模拟计算结果（见表3），引水 $20m^3/s$，优于Ⅲ类湖泊面积达19%，优于Ⅳ类湖泊面积达43%；引水 $40m^3/s$，优于Ⅲ类湖泊面积达46%，优于Ⅳ类湖泊面积达72%；引水 $60m^3/s$，优于Ⅲ类湖泊面积达57%，优于Ⅳ类湖泊面积达85%。

显然，$20m^3/s$ 达不到湖泊水质改善的要求，而且，由于“大东湖”引水渠道大部分兼具排涝功能，为了满足排涝要求，这些渠道规模已达到和大于 $40m^3/s$，选择 $20m^3/s$ 并不能明显降低工程投资。

$60m^3/s$ 与 $40m^3/s$ 比，由于引水流量的增大，征地拆迁量显著增加。经初步测算，$60m^3/s$ 与 $40m^3/s$ 比，引水主体投资增加约30%，但引水效果变化相对较小。综合比选，现阶段推荐 $40m^3/s$。

表3　引水对湖泊水质变化分析表

流量/（m^3/s）	引水后不同水质类别湖泊面积变化	
	Ⅲ类以上	Ⅳ类以上
20	19%	43%
40	46%	72%
60	57%	85%

三、生态风险规避

（一）洪涝风险

丰水期江（河）湖之间的水力调控，是重建江湖动态联系最重要的和最具生态意义的一环。湖北地区雨汛同期，这一时期的江（河）湖水力调控往往与当地防洪发生矛盾。江湖连通工程在调度方式上，充分考虑了防洪的要求，同时，江湖连通工程在建设上，对青山港闸也采取了具备防洪要求的技术措施。大东湖水网连通主要防洪措施有：当长江水位达到警戒水位时，停止引水，不会在长江高水位时增加长江行洪量，因此基本不会降低长江防洪的安全系数。同时青山港按相关防洪标准建设，确保防洪稳定性要求。

对于城市而言，排涝也是不容忽视的一件大事，重建江湖动态联系，必须通过完善水力调控措施与调度方式协调湖泊水质改善与区域排涝的矛盾。大东湖水网连通主要防涝措施有：多雨季节引水采用边引边排的方式，引水期各湖泊按防涝限制水位控制，不降低湖泊对暴雨的调蓄能力；同时结合引水需要，拓宽和挖深部分连通渠道，使其更为顺畅，过水能力增强，从而提高区域排涝能力。

（二）泥沙钉螺引入风险

城市湖泊水深一般较浅，容积有限，若无防沙措施，从外江引水易造成湖泊於积、加速湖泊萎缩。因此，重建江湖动态联系必须研究引水防沙技术措施。大东湖水网连通工程引水防沙主要措施为在引水渠开挖沉沙池。在大东湖30天引水期内，按照三峡建库前的含沙量计算沉沙池内的总沉沙量为3.21万 m^3（含武钢引水的沉沙即流量 $68m^3/s$），其中大东湖引水部分（即 $40m^3/s$）沉沙量为1.89万 m^3，湖泊沉积量为3.02万 m^3。按照三峡建库后的含沙量计算沉沙池内的总沉沙量为1.27万 m^3（含武钢引水的沉沙），其中大东湖引水部分（即 $40m^3/s$）沉沙量为0.75万 m^3，湖泊沉积量为1.19万 m^3。修建沉沙池既能有效地减小清淤范围和入湖沙量，又能较好地保持江湖生态廊道的畅通，同时结合武昌城市建设，可实现引江泥沙的资源化。

湖北是血吸虫病多发地区，重建江湖动态联系，理论上为血吸虫病的中间宿主——钉螺的迁移扩散创造了条件。虽然长江青山江段多年来未出现钉螺，但由于其引进后危害极大，必须严格对待。大东湖水网连通工程在设计上层层设防，采用中层取水或沉螺池措施，并长期监控，及时启动应急措施。

（三）污染迁移风险

不同湖泊之间，以及同一湖泊的不同区域，其水体质量往往存在较大差异，因此，在重建江湖动态联系的过程中，特别是涉及多个湖泊的水力调控时，容易出现高污染负荷的水体流向低污染负荷水体的现象，因此必须调整水力调控的线路与方向，把握水力调控时机，进行多方案比选，尽量避免这种现象发生。

大东湖水网连通工程防污染迁移的主要措施有：科学设置引水线路，尽可能将污染负荷较高的水体设置在引水线路的下游；优化引水方式，目前东湖东侧的子湖（汤菱湖、团湖、后湖）水质较优，西侧的郭郑湖、筲箕湖等水质较差，引水时可先执行西线，待郭郑湖主流水质改善后，再执行东线，将水引入严西湖，以避免高污染负荷的水体从郭郑湖流向严西湖。

（四）内源释放风险

城市湖泊由于生活污水、工业废水的长期污染，底质氮、磷含量极高，且存在不同程度的重金属污染。水网连通实施后，由于流态的改变，可能引起湖泊底泥再悬浮，产生二次污染。

底泥扰动的程度与湖泊水流状态（流速）以及湖泊底泥的厚度和理化性状有关，底泥扰动的危害程度又因不同湖区的底泥化学成分（毒性）而异。扰动范围主要分布在靠近连通渠道出、入湖口门片。

大东湖水网连通工程防污染迁移的主要措施是：调整连通渠道出、入湖口门形态，减少连通渠道出、入湖流速。即将连通渠道出、入湖口门段设计成喇叭形，从距离渠首约100～200m处开始，逐渐加宽过水断面，以达到减小连通渠入湖流速、减轻口门段底泥扰动的目的。

四、结　语

“大东湖”生态水网，是以国家级风景区也是全国最大的“城中湖”——东湖为中心，以东沙湖水系、北湖水系为主要组成部分的江、湖、港、渠组成的庞大水网，实现江湖相济，构建生态水网湿地群。通过辅以水体生态保护与修复措施，使整个大东湖水系的水生态环境得到改善，重建动植物生长、栖息、繁殖场所，再现自然生态天堂。

重建江湖联系，在引水水源、引水时机、引水流量、引水方式等的优选过程中必须充分规避洪涝灾害、血吸虫病、污染迁移、湖泊底泥释放、泥沙输入等生态风险，使重建江湖联系的社会、环境、经济效益得到充分发挥。

东海泥质区表层沉积物中环境活性金属元素的分布

刘 莹[1] 翟世奎[2]

（1. 国土资源部海洋油气资源和环境地质重点实验室 青岛海洋地质研究所 青岛 266071；
2. 中国海洋大学海底科学与探测技术教育部重点实验室 青岛 266100）

摘 要 本文对东海泥质区表层沉积物中活性 Al、Ca、Sr、Fe、Mn、Ni、Cu、Zn、Pb、V、Co 和 Sc 等元素的含量进行了测定分析。Fe、Mn、Cu、Zn 和 Pb 等元素的环境活性形态达 40%，甚至更高，具有较高的环境活性及生态毒性。研究表明，元素物质来源和细粒吸附是控制东海泥质区表层沉积物中环境活性金属元素分布的主导因素。因此，近岸泥质区是金属污染高风险区，人类活动是主要的污染因素。

关键词 东海泥质区 环境活性元素 影响因素

东海现代陆架泥质区是海洋沉积的汇，对东海陆架物质通量和陆海相互作用的研究至关重要。为此，近年来一些研究者对泥质区沉积物的地球化学进行了专门的探讨[1-3]，泥质区沉积物的物质来源、分布规律及其对沉积环境的反映成为研究热点[4,5]。随着全球人口与经济的快速增长和发展，自然资源日益匮乏，环境日趋恶化。自 20 世纪 50 年代发现的水俣病等一系列灾难事件后，近海环境中重金属污染对生态环境影响就引起了人们高度的重视。重金属相对于其环境本底值的变化直接反映了一个地区的环境质量，是环境评价中的一个重要指标[6]。

由于长江大量输沙的“稀释”作用，东海泥质区沉积物中人类活动产生的金属元素的相对比例较低。并且由于研究区金属元素环境本底值高，元素总量的地球化学特征并不能清晰地反映现代人类活动对海洋沉积环境的影响[7]。另外，重金属对生物的毒害作用不仅与元素总量有关，更与其形态特征以及所处的环境条件关系密切。因此，在特定条件下，只有某些形态的重金属才能被生物利用[8]，重金属的存在形态是判断沉积物中重金属的毒性响应以及生态风险的重要指标。

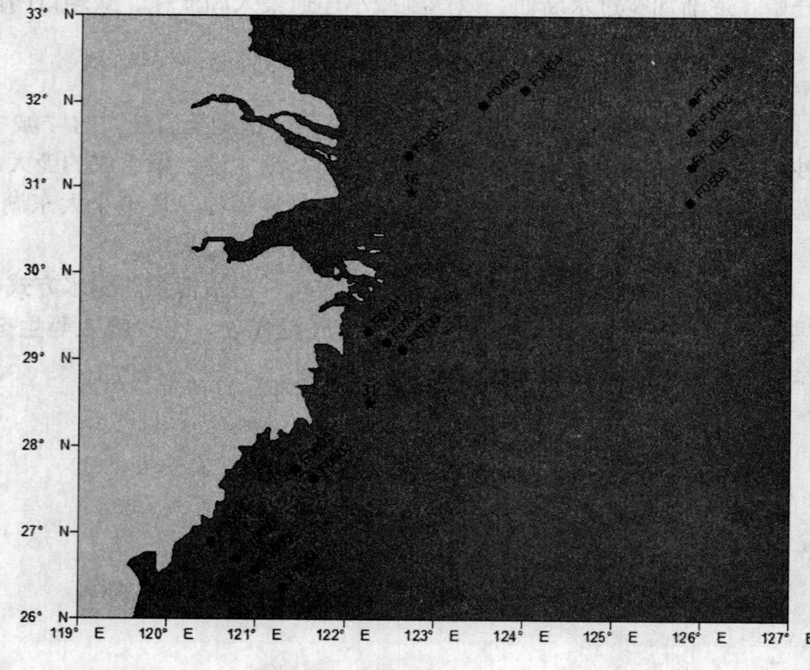

图 1

环境活性元素主要是人类活动和风化作用的产物，在沉积物中以结合态形式存在，易于在环境中迁移转化。因此，对沉积物中环境活性元素的研究可以有效地弥补元素总量分析的不足，对沉积地球化学及生态环境的研究具有重要的意义。研究表明，盐酸提取法可以最大限度地将沉积物中活性金属元素提取出，而不破坏其 Al - Si 矿物晶格[10-12]。并且，利用 1M 盐酸提取出的环境活性金属元素的含量和生物喂养试验中生物死亡所对应的金属累积含量一致，因此对活性金属元素的研究具有重要的生态意义[13,14]。此前，对东海泥质区金属的研究主要集中在元素总量方面，尚未有环境活性态的研究。本文利用盐酸提取法测定了泥质区表层沉积物中活性Al、Ca、Sr、Fe、Mn、Ni、Cu、Zn、Pb、V、Co和Sc等元素的含量，并对其分布及其影响因素进行了探讨。

一、样品及分析方法

（一）样品及研究区域

本文对东海泥质区中18个站位的表层沉积物样品进行了分析（图1），取样时间为2007年10月。为了对不同泥质区之间活性金属元素进行比较，这18个站位分别位于长江口泥质区、闽浙沿岸泥质区、济州岛西南泥质区及北部残留砂沉积区。其中长江口泥质区及闽浙沿岸泥质区主要是长江、钱塘江等河流入海物质在沿岸流等水动力作用下于近岸区沉积的现代泥质沉积物[4]。济州岛西南泥质区是苏北老黄河口的水下三角洲再悬浮泥沙经黄海沿岸流搬运到该区，并在本区环流－涡流的动力作用下而沉积下来[5]。

（二）分析方法

粒度分析所用仪器是Mastersizer 2000激光粒度仪，元素分析利用ICP－MS和ICP－AES测定。活性金属元素的测定方法为：向0.2g沉积物样品中加入20ml1M盐酸，水浴振荡24h后，离心30min，取其上清液用于活性金属元素含量的测定。其中利用电感耦合等离子体发射光谱仪（美国Perkin Elimer，OPTIMA4300 ICP－AES）进行活性Al、Ca、Sr、Fe和Mn等元素的测定，利用电感耦合等离子体质谱仪（美国Agilent，Agilent7500c ICP－MS）进行活性Ni、Cu、Zn、Pb、V、Co和Sc等元素的测定。

二、结果与讨论

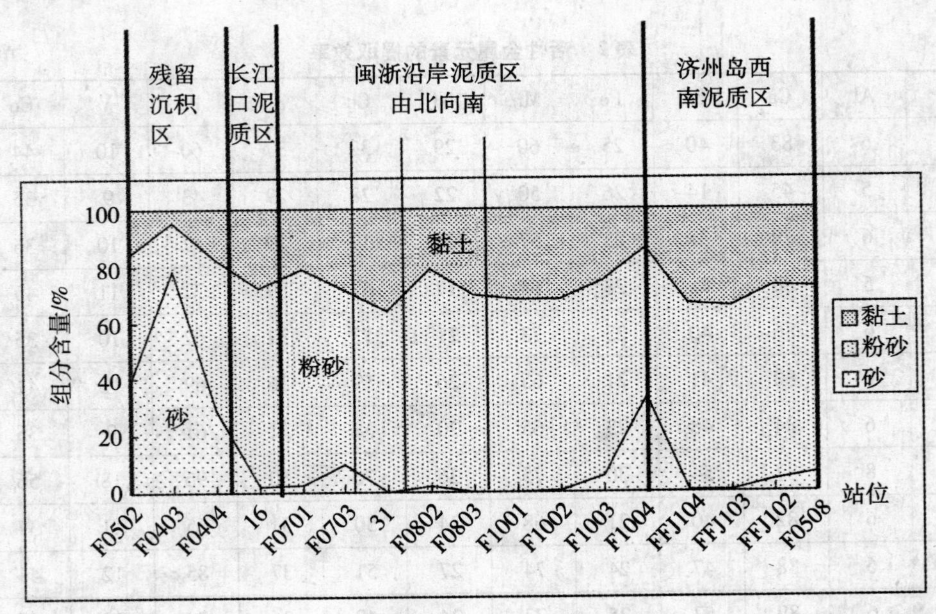

图2　表层沉积物中砂、粉砂和黏土的百分含量

（一）粒度特征

除了在北部为残留砂沉积区之外，研究区大部分沉积物由黏土质粉砂组成。在东海泥质区，沉积物中砂含量低于10%，粒度细，且粒度组分含量变化很小；在残留砂沉积区，沉积物中砂含量明显增加，最大达78.5%，粒度粗。自长江口泥质区向闽浙沿岸泥质区粒度逐渐变细，反映了长江入海物质搬运过程中的沉积分异作用。

（二）环境活性金属元素的含量及提取效率

由表1可以看出，研究区表层沉积物中环境活性金属元素的平均含量由高到低顺序为：Ca→Fe→Al→Mn→Sr→Zn→Pb→Cu→V→Ni→Co→Sc。大部分活性元素的含量，在东海泥质区变化不大，在残留砂沉积区普遍偏低。

表1　活性金属元素含量的范围及平均值　　单位：mg/kg

元素	Al	Ca	Sr	Fe	Mn	Ni	Cu	Zn	Pb	V	Co	Sc
最大值	6395	36743	131	13279	994	16.7	30.6	55.3	32.8	21.9	9.37	2.37
最小值	2429	7776	26.0	7566	300	6.11	2.80	19.2	10.8	7.36	4.83	0.73
平均值	4769	24548	75.2	10150	570	10.7	13.4	38.1	22.5	12.4	7.04	1.56

活性金属元素的提取效率由高到低的顺序是：Ca→Pb→Mn→Cu、Sr→Co→Zn→Ni→Fe→Sc、V→Al（表2）。Al、V和Sc提取效率很低，反映这些元素主要存在于矿物晶格中，不易迁移转化及被生物利用，不易造成生态环境污染[4]。Ca和Sr主要以碳酸盐结合态形式出现，提取效率高。Fe、Mn、Cu、Zn、Pb、V、Co和Ni等元素的提取效率达40%，甚至更高，这些元素具有较高的环境活性及生态毒性，对生态环境构成威胁。虽然Mn和Fe的化学性质相似，但是活性Mn的提取效率远远高于Fe。这是因为Mn在沉积物中以铁锰氧化态占绝对优势；而沉积物中Fe主要以碎屑硅酸盐态存在，其次为铁锰氧化态。Cu、Zn和Pb一定程度上是人类活动（工业污水排放、大气污染等）产物，易在环境中迁移转化。其中，研究区沉积物中约有过半的Pb为非碎屑态，提取效率高于Cu和Zn。

表2　活性金属元素的提取效率　　单位：%

站位	Al	Ca	Sr	Fe	Mn	Ni	Cu	Zn	Pb	V	Co	Sc
F0502	6	83	40	25	60	29	32	37	60	10	44	11
F0403	5	45	14	26	50	22	28	29	43	9	35	8
F0404	6	78	37	23	57	26	37	29	57	10	36	11
16	5	80	48	28	64	17	61	39	72	11	45	10
F0701	6	86	40	23	73	21	53	32	62	10	35	13
F0702	6	80	41	21	65	26	59	36	69	12	41	11
F0703	6	84	48	23	65	20	38	31	61	9	35	11
31	8	87	54	30	75	36	76	50	96	18	56	14
F0802	6	82	40	21	68	24	50	31	65	11	37	11
F0803	6	88	47	24	74	27	51	37	85	12	44	12
F0804	6	89	53	25	73	24	48	36	79	10	45	10
F1001	7	91	48	23	83	26	71	38	83	13	39	14
F1002	6	85	46	23	73	26	52	34	74	11	38	10
F1003	5	89	47	26	68	27	49	42	82	12	47	13

站位	Al	Ca	Sr	Fe	Mn	Ni	Cu	Zn	Pb	V	Co	Sc
F1004	5	76	46	30	61	35	41	49	68	12	54	12
FFJ104	7	90	63	25	67	21	30	35	66	9	40	9
FFJ103	7	89	59	22	62	24	36	43	71	10	38	10
FFJ102	7	87	57	24	74	28	45	38	65	9	37	8
F0508	6	86	61	23	77	25	30	36	60	9	34	8
平均值	6	83	47	24	68	26	47	37	69	11	41	11

提取效率（%）＝活性元素含量×100%/元素总量

（三）活性金属元素的分布

由图3可以看出，除了Ca和Sr之外，活性金属元素的含量在长江口泥质区及闽浙沿岸泥质区最高，在济州岛西南泥质区次之，在残留砂沉积区最低。其中，在闽浙沿岸泥质区大部分活性金属元素的含量普遍高于长江口泥质区，且自岸向海含量逐渐降低，等值线分布近于平行岸线。而活性Mn的含量在济州岛西南泥质区较高，反映了济州岛西南泥质区自生锰的富集。活性Ca和Sr的含量在济州岛西南泥质区出现最高值，且在近岸泥质区自岸向海含量逐渐升高。

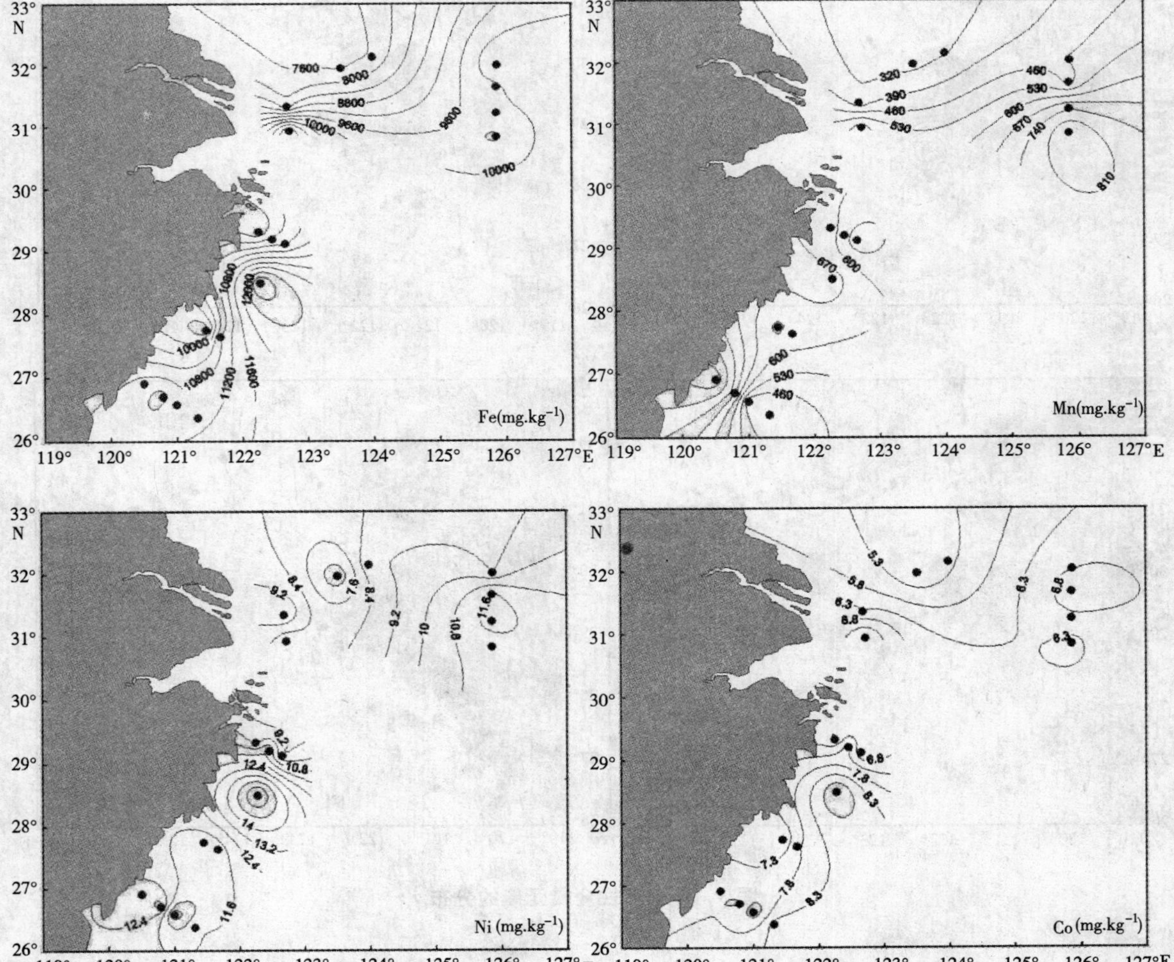

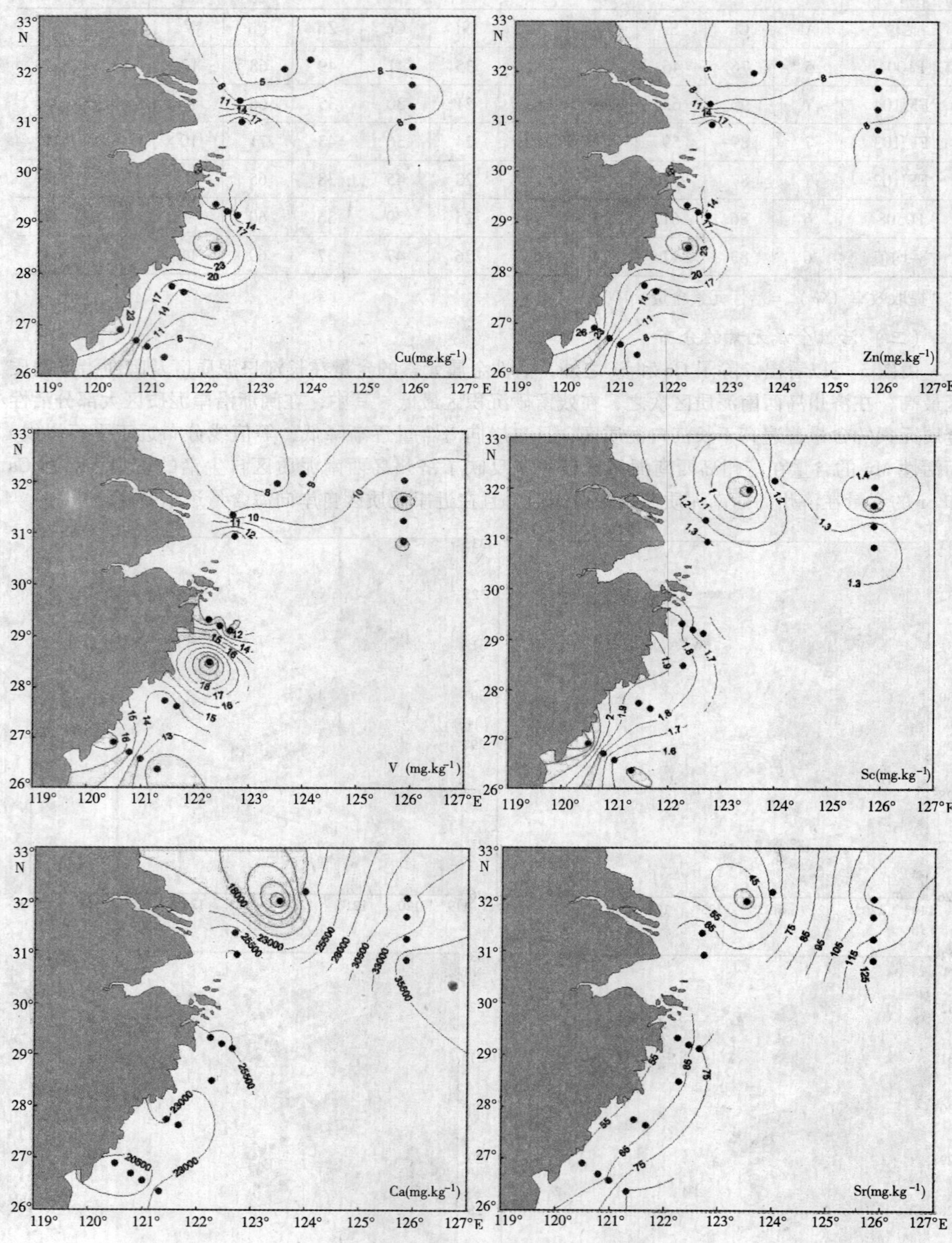

图 3　环境活性金属元素的分布

（四）统计分析

表3 活性金属元素的相关系数

	Al	Ca	Sr	Fe	Mn	Ni	Cu	Zn	Pb	V	Co	Sc	黏土
Al	1												
Ca	0.5	1											
Sr	0.4	0.9	1										
Fe	0.6	0.1	0.1	1									
Mn	0.6	0.3	0.2	0.5	1								
Ni	0.7	0.2	0.2	0.6	0.6	1							
Cu	0.5	-0.1	-0.3	0.6	0.6	0.6	1						
Zn	0.6	0.3	0.3	0.9	0.6	0.7	0.6	1					
Pb	0.7	0.1	0.0	0.8	0.7	0.6	0.8	0.8	1				
V	0.6	-0.1	-0.2	0.8	0.6	0.8	0.9	0.8	0.9	1			
Co	0.5	0.1	0.0	0.9	0.4	0.7	0.6	0.9	0.8	0.8	1		
Sc	0.6	0.0	-0.2	0.5	0.6	0.6	0.7	0.6	0.7	0.7	0.6	1	
黏土	0.9	0.5	0.4	0.7	0.6	0.6	0.6	0.7	0.8	0.6	0.6	0.6	1

由表3可以看出，除了Ca和Sr之外，其他活性元素的含量与黏土含量均呈较好正相关，说明了这些活性元素环境易在细粒物质中富集，其分布符合“粒度控制律”[4]。

Fe和Mn与其他元素均呈较好正相关，反映了铁锰氢氧化物对其他元素的吸附作用。相比之下，Fe与其他元素的相关性较Mn好，说明Fe较Mn更易吸附其他金属元素，这与其他研究者结论一致[15]。这可能是由于Fe氧化还原电位较Mn低，更易于和其他元素形成共生组合。Cu和Pb、V，Ni、Co相关性很好，可能是因为这些元素都易在还原环境含硫化物或有机质高的黏土中富集[4]。

活性Ca和Sr与粒度及其他元素的相关性不大，这与其物质来源及元素地球化学特征有关。Ca和Sr大部分是生物来源，存在于生物介壳和骨骼中，与海洋生物地球化学过程有关[3]。

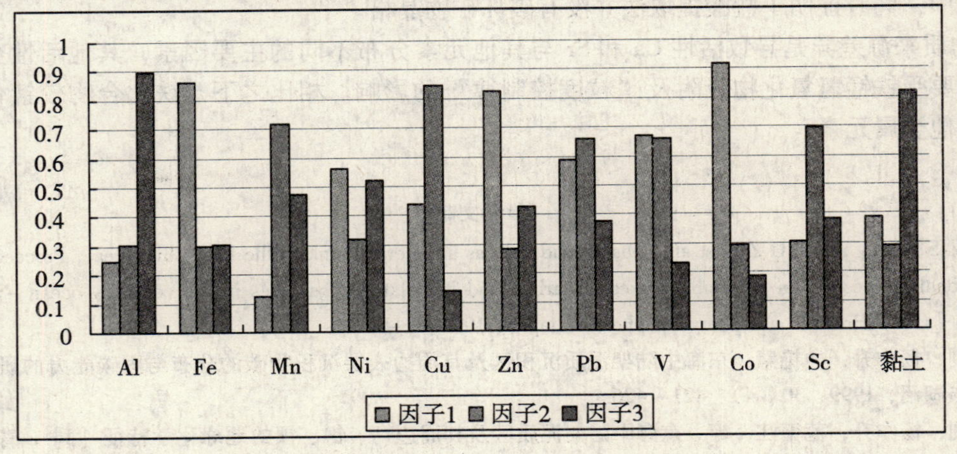

图4 活性金属元素的因子分析

为了进一步分析影响表层沉积物中活性Al、Fe、Mn、Ni、Cu、Zn、Pb、V、Co和Sc等元素分布的因素，本文用最大方差正交旋转法统计对其进行了因子分析。由图4可以看出，本文将控制表层沉积物中活性Al、Fe、Mn、Ni、Cu、Zn、Pb、V、Co和Sc等元素分布的因素分为三个因子，总方差贡献为87.6%。其中因子1贡献率为35.3%，因子2贡献率为28.3%，因子3贡献率为24%。相比之下，因子1对研究区活性金属元素的分布起主导作用。

因子1中Fe、Zn、Pb、V、Co、Ni和Cu为较高正载荷，该因子可能与铁化合物对元素的吸附有关。因子2中Mn、Cu、Pb、V和Sc为较高正载荷，该因子可能与锰化合物对元素的吸附有关。因子3中Al和黏土为较高正载荷，该因子可能与"粒度效应"有关。另外，Mn、Ni、Cu、Zn、Pb和V在两种或两种以上因子中均呈较高正载荷，说明多种因素共同影响活性元素的分布。

（五）影响因素

金属元素的物质来源极其复杂，归纳起来有海洋自生来源和陆壳来源两大类（有的地区包括火山来源）：对前者的地球化学行为影响较大的是氧化-还原条件，对后者的地球化学行为影响较大的是风化作用和人为活动因素[18-20]。大多数元素在两种来源中均占有一定比重，并且在海洋沉积环境下，陆壳来源元素会进一步接受海洋生物地球化学过程的改造。

Ca和Sr主要赋存于海洋生物源碳酸盐中，具明显的亲自生性。在济州岛西南泥质区，除了大量的富含Ca和Sr的黄河扩散源沉积物的供给[3]，同时由于该区是水团汇合区[25]，生物活动繁盛，海底得到大量钙质生物骨骼的供给，因此是东海现代陆架Ca和Sr的"汇"。

其他金属元素主要为陆壳来源，径流携带大量陆源物质入海后，由于盐度、pH、Eh及水动力的变化，絮凝沉降，在近岸泥质区富集[21]。一般沉积物粒度越细，比表面积越大，越易吸附金属元素[22,23]。长江口泥质区粒度较闽浙沿岸泥质区略粗，且受长江输沙的"稀释"作用强，所以活性金属元素的含量相对较低。

三、结　论

1. 大部分活性金属元素的含量在长江口泥质区及闽浙沿岸泥质区最高，在济州岛西南泥质区次之，在残留砂沉积区最低。其中，闽浙沿岸泥质区活性元素含量普遍高于长江口泥质区，且自岸向海逐渐降低。Ca和Sr在济州岛西南泥质区出现最高值，在近岸泥质区自岸向海含量逐渐升高。

2. Fe、Mn、Cu、Zn和Pb等元素的提取效率达40%，甚至更高，这些元素具有较高的环境活性及生态毒性，对生态环境构成威胁。Al、V和Sc提取效率很低，反映这些元素主要存在于矿物晶格中，同时证明了盐酸提取法并没有破坏矿物晶格。

3. 物质来源差异是导致活性Ca和Sr与其他元素分布不同的主要因素，其他活性金属元素的分布主要受铁锰氢氧化物吸附及"粒度控制律"的影响。相比之下，铁化合物较锰化合物更易吸附其他金属元素。

参考文献

[1] Yang Z S, Saito Y, GUO Z G et al.. Distal mud area as a materical sink in the East China Sea, Proceedings of international symposium on the global fluxes of carbon and its related substances in the coastal - ocean - atmosphere system [C]. Hokkido university (Sapporo), Japan, 1994: 1-6.

[2] 郭志刚，杨作升，曲艳慧．东海中陆架泥质沉积区及其周边表层沉积物碳的分布与固碳能力的研究［J］．海洋与湖沼，1999，30（4）：421-426.

[3] 郭志刚，杨作升，范德江，等．东海中陆架泥质区及其周边钙、锶、钡的地球化学特征［J］．青岛海洋大学学报，1998，28（3）：481-488.

[4] 赵一阳，鄢明才．中国浅海沉积物地球化学［M］．北京：科学出版社，1994：1-9.

[5] 郭志刚，杨作升，曲艳慧．东海陆架泥质区沉积地球化学比较研究［J］．沉积学报，2000，18（2）：

284 - 289.

[6] 张丽洁，王贵，姚德，等．近海沉积物重金属研究及环境意义［J］．海洋地质动态，2003，19（3）：6 - 9.

[7] Gomez - Parra A, Forja JM, DelValls TA et al.. Early contamination by heavy metals of the guadalquivir estuary after the aznalcollar mining spill (SW Spain) [J]. Mar Pollut Bull, 2000, 40: 1115 - 1123.

[8] Huh CA, Finney BP, Stull JK. Anthropogenic inputs of several heavy metals to nearshore basins off Los Angeles [J]. Prog Oceanogr, 1992, 30: 335 - 351.

[9] Boyle EA, Edmond JM, Sholkovitz ER. The mechanism of iron removal in estuaries [J]. Geochim Cosmochim Acta, 1977, 41: 1313 - 1324.

[10] Ross A. Sutherland. Comparison between non - residual Al, Co, Cu, Fe, Mn, Ni, Pb and Zn released by a three - step sequential extraction procedure and a dilute hydrochloric acid leach for soil and road deposited sediment [J]. Applied Geochemistry, 2002, 17: 353 - 365.

[11] I Snape, R. C. Scouller, S. C. Stark et al.. Characterisation of the dilute HCl extraction method for the identification of metal contamination in Antarctic marine sediments [J]. Chemosphere, 2004, 57: 491 - 504.

[12] Man - Sik Choi, Hi - Il Yi, Shou Ye Yang. Identification of Pb sources in Yellow Sea sediments using stable Pb isotope ratios [J]. Marine Chemistry, 2007, 107: 255 - 274.

[13] J. Ridgway, N. Breward, W. J. Langston. Distinguish between natural and anthropogenic sources of metals entering the Irish Sea [J]. Applied Geochemistry, 2003, 18: 283 - 309.

[14] W. J. Langston, G. R. Burt, N. D. Pope. Bioavailability of Metals in Sediments of the Dogger Bank (Central North Sea): A Mesocosm Study [J]. Estuarine, Coastal and Shelf Science, 1999, 48: 519 - 540.

[15] X. Q. Lu, I. Werner, T. M. Young. Geochemistry and bioavailability of metals in sediments from northern San Francisco Bay [J]. Environment International, 2005, 31: 593 - 602.

[16] D Janaki - Raman, M. P. Jonathan, S. Srinivasalu et al.. Trace metal enrichments in core sediments in Muthupet mangroves, SE coast of India: Application of acid leachable technique [J]. Environmental Pollution, 2007, 145: 245 - 257.

[17] 邹亮，韦刚健．顺序提取法探讨沉积物中主量元素在不同相态的分配特征［J］．海洋地质与第四纪地质，2007，27（2）：133 - 140.

[18] 苍树溪，阎军，李铁钢，等．西太平洋特定海域15万年以来古海洋研究［J］．海洋地质与第四纪地质，1993，13（3）：97 - 101.

[19] 胡修棉，王成善．古海洋溶解氧研究方法综述［J］．地球科学进展，2001，16（1）：65 - 71.

[20] 赵一阳．中国海大陆架沉积物地球化学的若干模式［J］．地质科学，1983（4）：307 - 314.

[21] 孟翊，刘苍字，程江．长江口沉积物重金属元素地球化学特征及其底质环境评价［J］．海洋地质与第四纪地质，2003，23（3）：37 - 43.

[22] Schubel R J. The estuary as a filter for fine grained suspended sediments in the estuarine environment [J]. Teconical report Reld, 1983, 14: 310 - 313.

[23] 陈敏，陈邦林，夏福兴，等．长江口最大浑浊带悬移质、底质微量金属形态分布［J］．华东师范大学学报（自然科学版），1996，1：38 - 44.

[24] 李道季，张经，黄大吉，等．长江口外氧的亏损［J］．中国科学（D辑），2002，32（8）：686 - 694.

[25] 杨作升，郭志刚，王兆祥，等．黄东海毗邻海域悬浮体与水团的对应关系及影响因素［J］．青岛海洋大学学报，1991，21（3）：55 - 69.

[26] U. Borgmann, W. P. Norwood. Metal bioavailability and toxicity through a sediment core [J]. Environmental Pollution, 2002, 116: 159 - 168.

[27] Sutherland, R. A. Bed sediment - associated trace metals in an urban stream, Oahu, Hawaii [J]. Environ. Geol., 2000a, 39: 611 - 627.

[28] 王蓓，翟世奎，许淑梅．三峡工程一期蓄水后长江口及其邻近海域表层沉积物重金属污染及其潜在生态风险评价［J］．海洋地质与第四纪地质，2008，28（4）：19 - 26.

浅谈 COD 测定的法定标准适用性

林秀雁

（厦门市环境监测中心站　福建　厦门　361004）

摘　要　研究 COD 测定的法定标准适用性，发现：GB 11914—89（经典法）的法律地位高于 HJ/T 399—2007（快速法）和 HJ/T 70—2001（氯气校正法）。可根据水样中含氯量初步判断适用何种标准。当水样的含氯量大于 1 000mg/L 且小于 20 000mg/L 时，优先选用氯气校正法；当水样的含氯量小于 1 000mg/L 时，可采用经典法和快速法。对低氯且低 COD_{Cr} 含量水样、考核样、仲裁分析样等对分析精度要求较高的样品优先采用经典法，而对分析结果的及时性要求较高且精确性要求不高的一般测试样品，特别是挥发性有机物含量较高的水样可以采用快速法，但建议同时进行经典法测试以进行等效性或适用性检验。

关键词　COD　标准　适用性　环境监测

环境监测是一个科学活动过程，是运用现代科学技术方法定量地测定环境污染因子及其他有害于人体健康的环境变化，分析其环境影响过程与程度的科学活动。从执法监督的意义上说，它是运用科学的方法监视和检测代表环境质量和变化趋势的各种数据的过程[1]。

化学需氧量（Chemical Oxygen Demand，COD）是一个重要的常规环境监测指标，也是我国实施减排总量控制的指标之一。它是指在强酸并加热条件下，用重铬酸钾作为氧化剂处理水样时消耗氧化剂的量，以氧的 mg/L 来表示。化学需氧量反映了水中受还原性物质的污染程度，也作为有机物相对含量的指标之一[2]。

对 COD 的监测方法，国内外有不少学者进行研究。如节能加热法[3]、密封催化消解法[4,5]、COD 快速开管测定法[6]、微波消解法[7-9]、电化学法[10,11]和无外加热法[12]等。但是在环境监测部门实际操作中，仍以国家环保部推荐的三种国家（或行业）标准作为测定依据，即 GB 11914—89[13]（下称“经典法”）为强制性国家标准，HJ/T 399—2007[14]（下称“快速法”）和 HJ/T 70—2001[15]（下称“氯气校正法”）。对这三个标准如何科学合理地选用，并没有相关研究报道。因为化学需氧量亦是一个条件性指标，可由于加入的氧化剂的种类及浓度、反映溶液的酸度、反应温度和时间，以及催化剂的有无而获得不同的结果[2]。为保证环境监测部门出具的报告的公信力，有必要对这三个标准的适用性进行研究。

一、法律效力的比较

对水样 COD 的测定，经典法为强制性国家标准，快速法和氯气校正法均为推荐性行业标准。

根据《中华人民共和国标准化法》的规定，我国标准分为国家标准、行业标准、地方标准和企业标准 4 类。这 4 类标准主要是适用范围不同，不是标准技术水平高低的分级[16]。《环境监测质量管理规定》指出：“监测数据和信息的评价及综合报告，应依照监测对象的不同，采用相应的国家或地方标准或评价方法进行评价和分析。”因此，虽然这三种标准在技术水平上不存在高低区别，但对不同的监测对象，应选用不同标准进行检测，并且在监测报告中明确说明。

我国标准按照实施约束力又可分为强制性标准和推荐性标准。根据《标准化法》规定，企业和有关部门对涉及有关经营、生产、服务、管理的强制性标准都必须严格执行，任何单位和个人不得擅自更改或降低标准。对违反强制性标准而造成不良后果以致重大事故者，由法律、行政法规规定的，行政主管部门依法根据情节轻重给予行政处罚，直至由司法机关追究刑事责任。强制性标准是国家技术法规的重要组成，应优先使用。而推荐性标准是倡导性、指导性、自愿性的标准，不受政府和社会团体的利益干预，能更科学地规定特性或指导生产。推荐性标准和强制性标准不一致时以强制性标准为准。因为经典法为强制性国家标准，快速法和氯气校正法均为推荐性行业标准。对 COD 的测定上从 1989 年起就可以按照经典法来实施，因此，快速法和氯气校正法这两个行业标准可以说只是对国标的补充，都只是推荐性标准，其法律地位低于经典法这一强制标准。

二、原理、步骤的比较

（一）消解原理的比较

经典法、快速法和氯气校正法的实验消解原理本质上都是一样的，都是利用在强酸性介质中，重铬酸钾氧化水样中还原性物质时，将 6 价的重铬酸离子还原成 3 价铬离子来得到水样的 COD 值（公式 1）。采用的催化剂均是硫酸银，硫酸汞作为掩蔽剂。

$$2Cr_2O_7^{2-} + 16H^+ + 3C \rightarrow 4Cr^{3+} + 8H_2O + 3CO_2 \qquad (1)$$

但是，经典法是在常压、146℃回流加热 2h 对样品进行消解，是以试亚铁灵作指示剂，采用硫酸亚铁铵标准溶液回滴过量的重铬酸钾，并根据硫酸亚铁铵的用量计算出水样中还原性物质消耗氧的量。而快速法则在高温（165℃）密闭条件下消解 15min，采用分光光度法测定 Cr^{3+} 的吸光度，并根据标准曲线，测出样品中的 COD 值。氯气校正法则是采用经典法得到所谓的表观 COD，再进行氯离子校正得到水样真实的 COD。

消解处理的目的都是破坏有机物，溶解悬浮性固体，将各种价态的预测元素氧化成单一高价态或转变成易于分离的无机化合物。至于三种标准分别采用的两种消解方式（回流加热、密闭高温），究竟哪种消解效果更充分，现今还没有发现有相关文献的报道。但有学者指出，缩短消解反应时间，可以抑制氯离子被重铬酸钾氧化成氯气[17]。因此，若分析的水样是含氯离子浓度较高的废水，似乎快速法得到的结果会比经典法偏低。但在经典法中，挥发性直链脂肪族化合物、苯等有机物存在于蒸汽相，不能与氧化剂液体接触，氧化不明显[2]。虽然在标准法中要求从冷凝管上端缓缓加入硫酸银—硫酸试剂，以防低沸点的有机物的溢出，并不断旋动锥形瓶使之混合均匀，但并没有相应数据表征该标准在抑制挥发性物质损耗的程度。因此，在含有高浓度的挥发性有机物的废水分析中，因密闭高温消解法可防止挥发性元素的损失，似乎应采用其效果更好。

所以，在选取消解方法前，在待测水样量足够的情况下，应该先对水样的含氯量、含挥发性有机物等含量进行初步判断，选取合适的消解方法。若待测水样中挥发性有机物含量较高，建议选用密闭式高温消解的快速法。

（二）检测范围的比较

氯气校正法适用的范围是氯离子含量小于 20 000mg/L 的高氯废水中化学需氧量的测定。方法的检出限为 30mg/L。其中高氯废水是指氯离子含量大于 1 000mg/L 的水样，小于 20 000mg/L 的废水。对未经稀释的水样，快速法 COD 测定下限为 15mg/L，上限为 1 000mg/L，氯离子浓度上限为 1 000mg/L，并对 COD 大于 1 000mg/L 或氯离子含量大于 1 000mg/L 的水样要求适当稀释后再进行测定。而经典法适用于各类含 COD 大于 30mg/L 的水样，对未经稀释的水样测定上限为 700mg/L，且不适用于含氯化物浓度大于 1 000mg/L（稀释后）的含盐水。用 0. 25mol/L 浓度的重铬酸钾溶液可以测定大于 50mg/L 的 COD 的值，用 0. 025mol/L 浓度的重铬酸钾溶液可以测定 5 ~ 50mg/L 的 COD 的值，但低于 10mg/L 时测量准确度较差[2]。

经典法和快速法相比，经典法的检测范围大于快速法，其检测下限比快速法低，而检测上限则与其相同。低浓度的水样不适合采用快速法进行测定，因为对于 50mg/L 以上的样品，若经消解后水样为无色，且没有悬浮物时，才可以用比色法进行测定[2]。而经典法采用滴定分析方式，并没有严格浓度的限制，虽然对于5mg/L的样品，仍可进行分析测定，但相对标准偏差将会超过15%，而对于10mg/L左右的样品，一般相对标准偏差可保持在10%左右[2]。

因此，可根据水样中含氯量初步判断适用何种标准。当水样的含氯量大于1 000mg/L且小于20 000mg/L时，优先选用氯气校正法；当水样的含氯量小于1 000mg/L时，可采用经典法和快速法。但对低浓度的供分析水样，采用经典法的滴定测定更为合适；当水样的含氯量大于20 000 mg/L时，应对水样先行稀释再选用合适的标准进行分析。

（三）标准偏差的比较

在标准偏差方面，经典法的测定150mg/L的COD实验室内相对标准偏差为4.3%，实验室间相对标准偏差为5.3%[2]。40个不同的实验室测定500mg/L的COD的标准偏差为20mg/L，相对标准偏差为4.0%[13]。但采用经典法时，若当氯离子含量超过1 000mg/L，COD的最低允许限值为250mg/L，低于此值的准确度就不可靠[15]。快速法在低量程水样中：实验室内相对标准偏差为0.9%~4.7%，实验室间相对标准偏差为0.9%~5.4%；高量程水样中：实验室内相对标准偏差为1.7%~7.4%，实验室间相对标准偏差为1.7%~8.8%[14]。也有文献指出，快速法在低量程（140mg/L）水样测定上，实验室内相对标准偏差为1.5%，实验室间相对标准偏差为3.1%，加标回收率为86.0%~97.2%；在高量程水样测定上，实验室内相对标准偏差为2.6%，实验室间相对标准偏差为2.67%，加标回收率为90.9%~96.0%[2]。氯气校正法的10个实验室内相对标准偏差在2.8%~3.6%，实验室之间相对标准偏差在3.2%~7.8%[15]。可以看出，在其检测范围内，三种标准的实验室间和实验室内的标准偏差相近。

张力等的实验结果表明：经典法和快速法的测定结果均与标准值很接近，相对误差的变化范围很小，除个别样品外，大都在-0.71~0.60范围。方法间无显著性差异[18]。但同时也指出，用快速法测定COD>1 000mg/L的废水样品时，快速法的相对误差明显增大，大部分在-9.97%~-16.67%；而用于测定中或低COD浓度的废水样品时，其结果与经典法基本一致[18]。

因此，从方法的标准偏差范围看，当水中氯离子含量超过1 000mg/L，选用氯气校正法精确度较高；而对COD浓度大于1 000mg/L的低氯废水，宜选用经典法；而对COD浓度在1 000mg/L以内的低氯废水，采用经典法和快速法无显著性差异。

（四）优缺点的比较

经典法精密度、准确度均高，其测定结果可靠，适合于对分析结果的及时性要求不高的低COD_{Cr}含量水样的监测和仲裁分析。但由于日常的COD_{Cr}的测定是大批量的，要求测定快速、及时。经典法受反应时间和测样数量的制约，分析时间长，无法满足批量测试的要求，而且分析成本、能耗高，消耗的汞盐、银盐、铬盐量大，使用有毒物质硫酸汞和大量的浓硫酸容易造成二次污染[17]。而快速法的准确度和精确度符合一般测试要求，试剂用量少、成本低、无需滴定、操作简便，氧化有机物充分，节省时间。但实际应用中常出现读数漂移大，测定结果准确性不如经典法。氯气校正法是在经典法基础上的改进，适用于高氯废水的测定。

因此，在日常监测中，对高氯废水，优先采用氯气校正法；对低氯水样、考核样、仲裁分析样等对分析精度要求较高的样品优先采用经典法；而对分析结果的及时性要求较高且精确性要求不高的一般测试样品可以采用快速法，但建议同时进行经典法测试以进行等效性或适用性检验。

三、小　结

对COD的测定，GB 11914—89（经典法）的法律地位高于HJ/T 399—2007（快速法）和HJ/T 70—2001（氯气校正法）。

实际运用中，可根据水样中含氯量初步判断适用何种标准。当水样的含氯量大于1 000mg/L

且小于20 000mg/L时，优先选用氯气校正法；当水样的含氯量小于1 000mg/L时，可采用经典法和快速法。对低氯且低COD_{Cr}含量水样、考核样、仲裁分析样等对分析精度要求较高的样品优先采用经典法，而对分析结果的及时性要求较高且精确性要求不高的一般测试样品，特别是挥发性有机物含量较高的水样可以采用快速法，但建议同时进行经典法测试以进行等效性或适用性检验。

参考文献

[1] 唐家昌．环境监测工作在环境保护中的重要性［J］．环境科学导刊，2009，28：129－130.

[2] 国家环境保护总局《水和废水监测分析方法》编委会．水和废水监测分析方法（第四版增补版）［M］．北京：中国环境科学出版社，2002，11：210.

[3] 袁力．节能加热法与经典法测定水中COD的比较［J］．环境监测管理与技术，1997，9（3）：47.

[4] 白颖．密封催化消解法测定废水中COD方法介绍［J］．安徽化工，1998（4）：35－36.

[5] Best D G，De Casser K E. Determination of COD using a sealed－tube－method［J］．Water Pollution Control，1978，77（1）：138.

[6] 于利艳，董海泉．水中化学需氧量测定方法的改进——快速开管法［J］．黑龙江环境通报，2002，26（1）：80－81.

[7] Robreva D，Areva Z. Determination of chemical oxygen demand of wastewaters from refinery and petrochemical industry by microwave heating［J］．Anal. Lab.，1994（3）：183－187.

[8] Del Valle M，Poch M，Alonso J，et al. Evalution of microwave digestion for chemical oxygen demand determination［J］．Environ. Technol.，1990，11（2）：1087－1092.

[9] 傅大放，邹路易．不加催化剂和掩蔽剂的微波密封消解法测定COD_{Cr}［J］．中国环境科学，1989，18（2）：154－157.

[10] Beliustin A A，Pisarevsky A M. Glass electrodes：a newgeneration［J］．Sens. Actuators B，1992，B10（1）：61－66.

[11] 袁洪志．COD的极谱法研究［J］．环境科学与技术，1994，4（2）：26－28.

[12] 唐受印，戴友艺，汪大，等．无外加热快速测定废水COD_{Cr}［J］．中国环境监测，1997，13（2）：32－35.

[13] GB 11914—89 水质化学需氧量的测定 重铬酸钾法．

[14] HJ/T 399—2007 水质化学需氧量的测定快速消解分光光度法．

[15] HJ/T 70—2001 高氯水质化学需氧量的测定氯气校正法．

[16] 段新芳，虞华强，潘海丽．国家标准、行业标准的立项与制定的程序和要求［J］．中国人造板，2009（6）：28－32.

[17] 周言凤．COD_{Cr}测定中微波密封消解快速法与标准法的比较［J］．中氮肥，2009，3（2）：59－61.

[18] 张力，辛来举，郑雪丹，等．环境监测中4种COD测定方法的对比实验［J］．桂林工学院学报，2004，24（2）：231－234.

电渗析技术处理氧化铝厂碱性废水实验研究

徐　洁[1]　汪　燕[2]　辛　朝[2]

（1. 江西省环境监测中心站　江西南昌江大南路280号　330029；2. 萍乡市环境监测站）

摘　要　本文详细介绍了电渗析方法的基本原理和工艺流程，为了有效防止浓差极化，进行了极限电流测定。回归实验数据，导出极限电流方程。利用电渗析装置，分别对氧化铝厂废水进行了脱盐、浓缩性能的试验，测定了这些不同体系经过电渗析过程后所能达到的最高浓缩浓度。并利用实验数据，计算出脱盐率等参数。结果表明：电渗析方法能有效地对这些不同体系进行较好的处理，其处理后脱盐液浓度在一定条件下可脱除到0.1g/L以下，达到生产使用水标准，从而可以循环使用；浓缩液中Na^+浓度可由3.38g/L提高到21.12g/L，即可进一步考虑回收其中的有用成分。

关键词　电渗析　膜分离　废水处理　氧化铝厂　赤泥

电渗析是一项能有效处理工业废水、适用一些特殊化工过程的膜分离技术。其应用范围正在不断扩大，并已逐渐发展成为一种新型的单元操作[2]。在膜分离技术领域里，随着对离子交换膜和传统的电渗析装置的不断革新和改进，电渗析技术进入一个新的发展阶段。

一、电渗析技术

（一）概　述

电渗析技术是新兴膜法分离技术之一，其研究始于20世纪初的德国。1903年，Morse和Pierce把两根电极分别置于透析袋内部和外部的溶液中发现带电杂质能迅速地从凝胶中出去；1924年，Pauli采用化工设计的原理，改进了Morse的试验装置，力图减轻极化，增加传质速率，直至20世纪50年代离子交换膜的制造进入工业化生产后，电渗析技术才进入实用阶段。其经历了三大革新：①具有选择透过性离子交换膜的应用[14]；②设计出许多层电渗析组件[15]；③采用倒换极的操作式[16]；电渗析技术最早成功运用的是海水及苦咸水的淡化方面。自20世纪50年代确立以来，在工程技术上迅速提高，应用领域逐步扩大。几十年来，已经在海水、苦咸水淡化制取生活饮用水和工业用纯水、超纯水方面，发挥了显著的效果。同时，电渗析技术在废水处理、食品工业和化工产品的精制中也发挥着越来越大的作用。它以许多出色的应用实例，证实了其在技术上的先进性以及其他方法所无法比拟的若干优异的特点。

（二）电渗析技术的原理

渗析是最早被发现和研究的一种膜分离过程，它是一种自然发生的物理现象。当两种不同浓度的盐水用一张渗析膜隔开时，浓盐水中的电解质离子，就会穿过膜扩散到稀盐水中去，这种过程称为渗析过程，亦称扩散渗析。渗析过程的推动力是浓度梯度，因此又称浓差渗析。渗析过程是缓慢进行的，随着盐分浓度梯度的降低，盐的扩散逐渐减少，直到膜两边浓度相同，建立了平衡，盐分的迁移也就完全停止，渗析过程如图1所示。

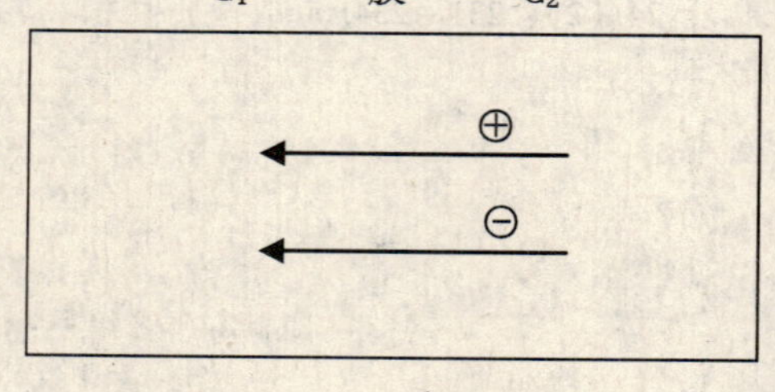

图1　渗析过程

（三）电渗析工作原理

电渗析器的主要部件为阴、阳离子交换膜、隔板和电极三部分。隔板构成的隔室为液流经过的通道。淡水经过的隔室为脱盐室，浓水经过的隔室为浓缩室。把阴、阳离子交换膜与浓、淡水隔板交替排列。重复叠加，再加上一对端电极，就构成了一台实用电渗析器。

二、实验方法

（一）实验所用主要仪器设备

主要仪器设备有 DDBJ－350 型便携式电导率仪、电渗析器、压力表、转子流量计、磁力离心泵、WYL－1500 型直流稳压稳流电源。

（二）实验所用化学药剂

本实验所用化学药剂主要有 NaOH 溶液、HCl 标准溶液、甲酚红和百里酚蓝混合指示剂、甲基橙指示剂、酚酞指示剂。

（三）水样水质分析

本实验所用原水样于 2004 年 11 月取自河南郑州氧化铝厂赤泥库废水，本试验原水水质分析测试方法采用 ICP 仪器测试。

其水质分析见表 1。

表 1　原水水质分析

成分	Na	Al	Sn	Mo	Fe	Li	Mg	Mn	OH^-	COD
含量/（mg/L）	3 330	912	58.4	4.8	1.1	0.6	0.4	0.1	1 768	212.6

（四）实验流程（图 2）

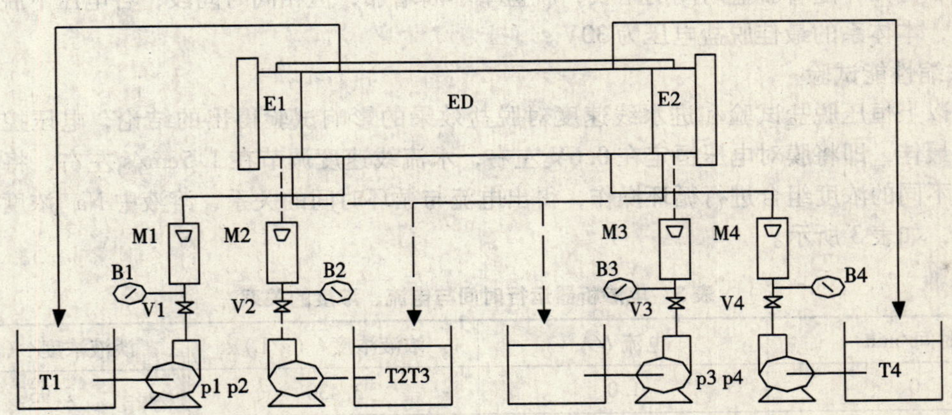

图 2　电渗析脱盐、浓缩流程图

三、电渗析实验结果讨论与分析

（一）极限电流密度的测定

进行极限电流的测定时，为排除电极电压波动的影响，实验时只在膜堆中间的 3 对隔室两端分别插入铂丝以测定膜堆电压（所测膜堆电压不包括两极室的一对隔膜）。每次调压的时间间隔为 1min。

我们测定了 4 个不同浓度，5 个不同流速，20 个不同条件下的极限电流值 I_{lim}。测定时，流速按由大到小的顺序进行。求得其对应的 I_{lim}，结果汇总于表 2。

表2 不同浓度、不同流速下的极限电流值

电流 流速 / 浓度	0.741cm/s	1.112cm/s	1.483cm/s	1.853cm/s	2.223cm/s
1 060 mg/L	0.432 A	0.590 A	0.745 A	0.760 A	1.438 A
2 150 mg/L	0.782 A	0.965 A	1.260 A	1.375 A	1.870 A
2 650 mg/L	0.952 A	1.168 A	1.320 A	1.603 A	2.001 A
3 330 mg/L	1.085 A	1.236 A	1.478 A	1.782 A	2.102 A

注：这里的溶液浓度以 Na^+ 的含量计算。

通过公式拟合推导得出极限电流公式可写作：

$$I_{lim} = 0.958\ 25 C^{0.000\ 34} V^{0.673}$$

式中：I_{lim}为极限电流密度，A；C 为淡液进口浓度，$\times 10^{-6}$；V 为淡室溶液表观速度，cm/s。

（二）电渗析脱盐及浓缩性能

1. 恒压脱盐试验

根据以上推出的极限电流密度经验公式 $I_{lim} = 0.958\ 25 C^{0.000\ 34} V^{0.673}$，本实验在电流强度低于 2.42A 的情况下调节端电压为 10V、20V、30V、40V 和 50V 进行恒压脱盐实验。处理实验数据，计算结果如图3所示。

由图3可知，随着脱盐时间的增长，脱盐率不断增加，但相同时间段，各电压下脱盐的效果不尽相同，本体系的最佳脱盐电压为 30V。

2. 浓缩性能试验

根据以上恒压脱盐试验和进水线速度对脱盐效果的影响试验得出的结论，电压控制在 30V 时的效果最佳，即将膜对电压恒定在 0.6V 左右，水流线速度调节在 1.5cm/s 左右，将脱盐液和浓缩液以不同的浓度组合进行循环操作，得出电流与循环时间的关系，溶液中 Na^+ 浓度与循环时间的关系，如表3所示。

表3 电渗析器运行时间与电流、浓度的关系

时间/min	电流 I/A	浓液浓度/（g/L）	淡液浓度/（g/L）
0	1.0	3.430	2.950
16	1.2	5.280	2.135
24	0.9	5.840	0.802
34	0.7	6.240	0.360
44	0.5	6.410	0.160
54	0.4	6.320	0.089
64	0.3	6.240	0.037

取表3中数据，以运行时间为横坐标，浓度和电流为纵坐标，做运行时间和浓度、电流的关系曲线，如图4所示。

从图4可以看到，随着运行时间的延长，脱盐液浓度逐渐下降，在一定的条件下可脱除到 0.1g/L 以下，达到生产使用水标准，从而可以循环使用，浓缩液浓度则逐渐提高。原水溶液表现出良好的电渗析脱盐、浓缩性能。

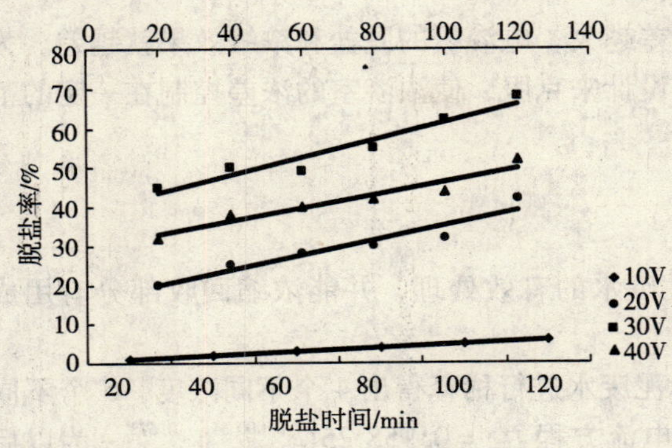

图3　操作电压对脱盐率的影响

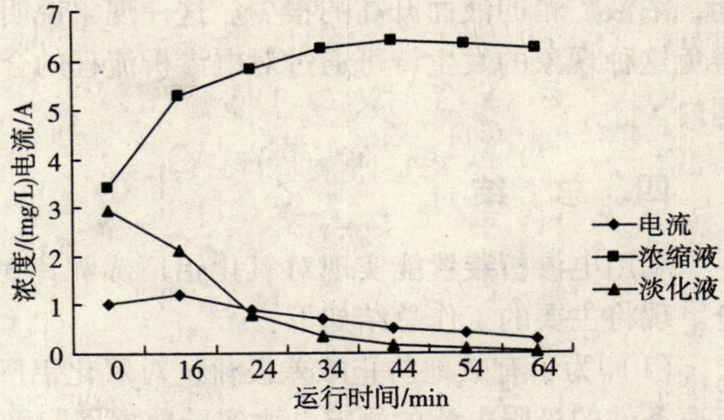

图4　电渗析器运行时间与电流、浓度关系曲线

3. 浓缩倍数试验

以脱盐过程中得到的浓水继续作浓缩过程的浓水流，淡化流淡化到一定程度后更换新的溶液，每次循环运行至淡、浓液浓度基本不再变化后，又更换新的淡水流……如此进行多次循环，达到更高的浓度，在此实验条件下，浓水的浓度可达21.12g/L。具体的循环过程见表4。

表4　废水原液的浓缩过程

时间/min	浓缩液浓度/（g/L）	脱盐液浓度/（g/L）	循环次数
0	3.38	2.28	
20	5.12	1.16	1
35	5.68	更换新淡水浓度为2.86g/L	
55	7.12	1.03	
75	8.45	0.45	
92	8.67	更换新淡水浓度为2.21g/L	
114	9.96	0.98	
134	11.89	0.23	3
145	11.98	更换新淡水浓度为1.9 g/L	
⋮	⋮	⋮	⋮
315	21.12	0.006	20

把表4的循环过程以运行时间为横坐标，浓度的变化为纵坐标，所得浓缩液过程可用图5表示。

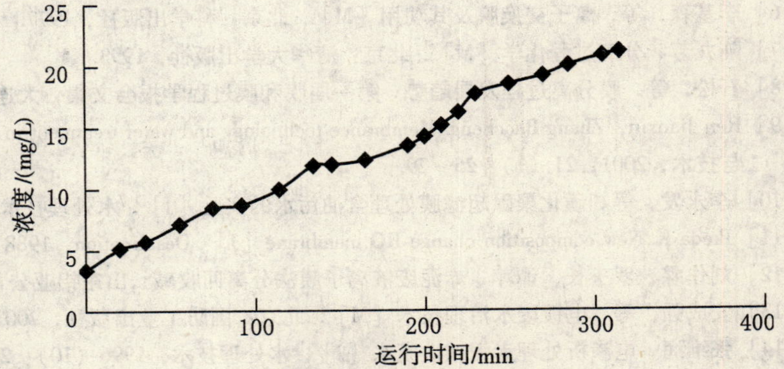

图5　溶液随运行时间的浓缩

从图5中可看出：通过多次循环运行，废水溶液的浓度可由3.38g/L提高到21.12g/L，浓缩了6.2倍。在相同的淡化液浓度条件下，浓缩液浓度较低时，其浓度变化较大，随着浓淡液浓差的增大，浓缩液的浓度增加幅度变缓，浓缩效果减弱。特别是在每个循环过程的后期，如果不及时更换新的淡水，浓缩液浓度会有下降趋势。这是因为在这一期间，盐的迁移量减少渗水量增大，使浓缩液产生稀释作用。这点可以从浓液贮箱的液面不断升高的现象来得以证实，而在每个循环过程的初

期，浓液贮箱的液面升高的很少。这一现象说明浓差越大，电渗析的脱盐和浓缩效果就越差。为避免这种现象的发生，可通过对电渗析流程的合理设计来克服，使浓淡室的浓差控制在一定的范围内。

四、总　结

利用电渗析装置能实现对氧化铝厂赤泥库碱性废水的有效处理，并能浓缩回收部分有用成分。现将主要的工作总结如下：

（1）为了有效地防止浓差极化，对氧化铝厂赤泥废水进行稀释得出4个不同浓度，5个不同流速条件的极限电流的测定，由实验数据回归极限电流方程 $I_{\lim}=0.958\ 25C^{0.000\ 34}V^{0.673}$，为以后的设备运行奠定了理论基础；

（2）根据推出的极限电流密度经验公式得出在电流强度低于2.42A的情况下通过调节端电压进行的一系列恒压脱盐试验得出试验最佳电压为30V；

（3）通过调节进水线速度进行了证明试验，得出极限电流密度下的脱盐率与淡水进水线速度成反比，但是，非极限电流密度下的脱盐率不一定遵守上述规律；

（4）通过调节电压在30V时，水流线速度在1.5cm/s左右时进行的多组不同浓度的溶液循环处理，得出随着运行时间的延长，脱盐液浓度逐渐下降，在一定的条件下可脱除到0.1g/L以下，达到生产使用水标准，从而可以循环使用，浓缩液浓度则逐渐提高。原水溶液表现出良好的电渗析脱盐、浓缩性能；

（5）通过循环运行，废水溶液的浓度可由3.38g/L提高到21.12g/L，得出浓缩度为原液的6.2倍；并发现在相同的淡化液浓度条件下，浓缩液浓度较低时，其浓度变化较大，随着浓淡液浓差的增大，浓缩液的浓度增加幅度变缓，浓缩效果减弱这一规律。

参考文献

[1] 陈东升．膜科学与技术用膜分离技术处理废水的研究［J］．膜分离技术及应用，1998，18（5）：32－34.
[2] Chen Yulian，Zhang He，Zhou Guangjun，Water Treatment，1993（8）：347－367.
[3] 刘茉娥．膜分离技术［M］．北京：化学工业出版社，1998.
[4] 邵刚．膜法水处理技术［M］．北京：冶金工业出版社，1999.
[5] 任建新．膜科学与技术［J］．膜分离技术及应用，1992，12（4）：1－4.
[6] 李基森，等．离子交换膜及其功用［M］．北京：科学出版社，1977.
[7] 陆九芳．分离过程化学［M］．北京：清华大学出版社，1993.
[8] 石松，等．膜分离过程发展趋势．第一届膜和膜过程学报会文集，大连，1991.
[9] Ren Jianxin，Zhang Baocheng. Membrance technology and water treatment in environmental protection［J］．膜科学与技术，2001，21（1）：25－29.
[10] 李永发，等．磺化聚砜超滤膜处理含油污水的实验［J］．水处理技术，2000，26（5）：285－288.
[11] Ikeda K. New composition change RO membrane［J］. Desalination，1988，68：109.
[12] 刘作霖，罗玉长，谭萍．赤泥废液离子膜法分离回收碱．山东铝业公司，1997.
[13] 安成强，等．电镀废水治理技术［M］．北京：国防工业出版社，2002.
[14] 张维润．电渗析处理赤泥碱性废水［J］．水处理技术，1996（10）：271－276.
[15] 刘可鑫，等．电渗析法处理氧化铝厂外排废水［J］．安全与环境学报，2004（2）：89－92.
[16] Szetela，Maria et al.，Przem Chem，57（3）：142－144，1978，Asah Glass Co Desalination，28：205，197.

电吸附除盐技术在矿井水深度处理工程中的应用

宋恩民[1]　王　峰[2]　李凤山[3]　武爱国[1]

(1. 煤炭工业济南设计研究院有限公司　济南市天桥区堤口路141　250031；
2. 山东轻工业学院材料学院　250353；3. 兖矿集团济宁三号煤矿　272069)

摘　要　电吸附作为新兴的水处理除盐技术，已在石化、冶金等领域实现了工业化应用，并取得了理想的效果，高矿化度矿井水的回用往往受制于含盐量超标，利用电吸附除盐技术处理该类矿井水同样具有良好的效果。

关键词　电吸附　除盐　矿化度　矿井水

一、工程背景

矿井水主要是深层地下水，往往含盐量较高。目前，矿井水之所以利用率不高，原因是多方面的，其中一个重要的原因是含盐量超标而达不到回用水水质的要求，因此，若要提高回用率，则需要进行深度除盐处理。笔者以北方某矿矿井水深度处理方案设计为例，简析电吸附除盐技术在其工程中的应用情况。

该矿区主要的工矿企业有煤矿、选煤厂和电厂，供水水源分为两部分，一部分为地下水水源，由自备水源井供水，另一部分为矿井水回用。总用水量约28 000m^3/d，其中矿井水回用约8 500m^3/d，中水回用约3 500m^3/d，其余约16 000m^3/d采用地下水。目前，矿井水排水量约17 000m^3/d，主要污染物为煤尘和岩尘，矿化度1 690mg/L，设有矿井水处理站一座，采用混凝、沉淀、过滤的处理工艺，处理后的水质达到了排放和部分回用的要求，主要回用于井下消防洒水和选煤厂补充水，回用水量约9 000m^3/d，剩余约8 000m^3/d的水量要满足回用则需要达到生活杂用水和再生水水质的要求（见表1）。但由于该传统处理工艺对脱盐基本没有效果。为此，要进一步回用就需要对该部分水进行深度除盐处理。

表1为现矿井水处理站出水与相关指标的对照表。

表1　水质对照表（主要指标）

项目名称	单位	矿井水	再生水标准（用于循环水）	生活杂用水水质标准
pH		8.2	6.5～9	6.5～9
溶解性总固体	mg/L	1 690	≤1 000	≤1 000
总硬度	mg/L	216	≤450（$CaCO_3$）	≤450（$CaCO_3$）
浊度	mg/L	1.1	≤3	≤5
电导率	μS/cm	2 800		
COD	mg/L	<10		50
BOD_5	mg/L	3.3	10	5
SS	mg/L	3.0	30	10
氨氮	mg/L	0.48	10	10

二、方案选择

处理工艺的选择直接关系到深度处理的出水水质、运行管理是否可靠、运行成本及基建投资的高低。因此正确选择适合本工程的深度处理工艺是工程实施成功的关键因素。由表 1 可以看出，出水中大部分指标如 pH、COD、BOD_5、氨氮已符合工业循环及杂用水的水质标准，主要是溶解性总固体超标。由于溶解性总固体主要是无机盐类，因此去除水中的盐分是本处理工艺的关键。

本工程结合目前矿井水处理站出水水质的情况以及回用水的要求，提出反渗透及电吸附两种工艺方案进行比选。

（一）电吸附方案

电吸附除盐技术，又称电容性除盐技术。其基本原理是基于电化学中的双电层理论，利用带电电极表面的电化学特性来实现水中离子的去除、有机物的分解等目的。

电吸附（EST）除盐的基本思想就是通过施加外加电压形成静电场，强制离子向带有相反电荷的电极处移动，对双电层的充放电进行控制，改变双电层处的离子浓度，并使之不同于本体浓度，从而实现对水溶液的除盐。由于电吸附技术采用的材料，不仅导电性能良好，而且具有很大的比表面积，置于静电场中时会在其与电解质溶液界面处产生很强的双电层。双电层的厚度只有 1 ~ 10nm，却能吸引大量的电解质离子，并储存一定的能量。一旦除去电场，吸引的离子被释放到本体溶液中，溶液中的浓度升高，通过这一过程去除离子。目前，该技术已在石化、冶金等领域实现了工业化应用，效果显著。

该工艺的优点：

（1）耐受性好　核心部件使用寿命长，保守估计大于 5 年，避免了因核心部件频繁更换而带来的运行成本的提高。

（2）水利用率高　电吸附技术可以大大提高水的利用率，一般情况下水的利用率可以达到 75% 以上，经过特殊工艺组合，可达到 85% 以上。对氟、氯、钙、镁离子去除率效果尤佳。

（3）无二次污染　电吸附系统不添加任何药剂，排放浓水所含成分均系来自于原水，系统本身不产生新的排放物。

（4）对颗粒污染物要求低　由于电吸附脱盐装置采用通道式结构（通道宽度为毫米级），因此不易堵塞。对前处理要求相对较低，因此可降低投资及运行成本。同时，电吸附除盐设备本体具有很强的耐冲击性。

（5）抗结垢　当原水硬度较高，且碱度也较高时，极易结垢（$CaCO_3$）。但电吸附技术主要是利用电场作用将阴、阳离子分别去除，因此，阴、阳离子所处场所不同，不会互相结合产生垢体。

（6）抗油类污染　由于电吸附脱盐装置采用特殊的惰性材料为电极，可抗油类污染。电吸附脱盐技术已成功应用于炼油废水回用（齐鲁石化工程），实践证明了此点。

（7）抗冲击负荷能力强　随着进入电吸附系统的原水中各离子含量升高，电吸附系统也会随之提升工作电压，电压提升的同时系统除盐能力会增强；反之，随着进入电吸附系统的原水中各离子的含量降低，电吸附系统也会随之降低工作电压，电压下降的同时系统除盐能力会减退。因此，即使原水中离子含量波动较大，电吸附系统也能以最节能的运行方式保证最终出水满足业主要求。

（8）操作及维护简便　由于电吸附系统不采用膜类元件，因此对原水的要求不高。在停机期间也无需对核心部件作特别保养。系统采用计算机控制，自动化程度高，对操作者的技术要求较低。

（9）运行成本低　该技术属于常压操作，能耗比较低，其主要的能量消耗在于使离子发生迁移。这与其他除盐技术相比可以大大地节约能源。其根本原因在于电吸附技术净化/淡化水的原理是有区别性地将水中作为溶质的离子提取分离出来，而不是把作为溶剂的水分子从待处理的原水中分离出来。

该工艺的缺点：

（1）运行管理经验较少，由于该技术为新型水处理技术，应用历史较短，市场用户较少，还缺少一定的运行管理经验。

（2）投资较高，电吸附工艺主要依靠吸附模块，吸附模块的制取需要较高的技术含量，成本较高。

（3）脱盐率比反渗透低，一般低于95%。

（二）反渗透方案

简单地说，反渗透就是利用膜的选择渗透性。从20世纪80年代以来，随着膜技术的高速发展和成熟，国内外含盐水质的淡化除盐已广泛采用反渗透法，由于反渗透的原理以被广大同行所熟知，在此不再赘述。

该工艺的特点：

（1）反渗透除盐适用范围广、脱盐率高（>97%）。

（2）结构紧凑、占地较少、建设周期较短。

（3）运行管理方便。

该工艺的缺点：

（1）因为反渗透膜的寿命取决于预处理程度，所以对预处理的要求较高。

（2）脱盐率相对固定不可调控，用于本工程有些大材小用。

（3）由于设置高压泵和高压管道，动力消耗较大，运行成本高。

（4）反渗透膜使用寿命较短。

（三）方案比选

针对本工程，以上两个方案的经济比较情况如表2所示。

表2　工艺方案的经济技术比较表

序号	比较项目 \ 工艺方案	电吸附方案	反渗透方案
1	工程总投资/万元	1 397	1 514
2	年运行费/万元	215	328
3	吨水电耗/（kW·h/ m^3）	1.0	1.2
4	单位处理成本/（元/m^3）	1.37	1.8
5	占地面积	小	小
6	运行管理	简单	较复杂

任何水处理工艺本没有优劣之分，适合的就是最好的。从以上技术经济比较来看，本深度处理工程对脱盐精度要求不高（产水含盐量<1000mg/L），采用反渗透工艺方案虽然也可以满足除盐的要求，但有些大材小用，同时投资高、运行成本高、经济效益不理想，用于本工程不是最合适。电吸附处理方案是一项新的除盐技术，随着用户的快速增加，技术逐步成熟，管理方便，运行成本低，抗冲击负荷强，出水水质可控并可以满足本工程的要求，因此对本工程，依据矿井水处理站出水水质的实际情况，并结合原处理站所采用的工艺，以及深度处理要达到的水质标准等要求，采用电吸附方案是可行的。

三、工程概况

（一）土建工程

建设深度处理车间一座，平面尺寸为此 $33\times22m^2$，分地上、地下两层，地上为水处理设备间，层高 6m，地下为配套的水池和水泵间，层高 3m，钢混结构，房顶采用钢结构。地下水池包括原水池、中间水池、产品水池和浓水池，有效容积分别为 $400m^3$、$200m^3$、$500m^3$、$300m^3$。

（二）主要设备

（1）模块提升泵：$Q=322m^3/h$；$H=24m$；37kW；3 用 1 备。

（2）模块清洗水泵：$Q=25m^3/h$；$H=20m$；3kW；1 用 1 备。

（3）保安过滤器：用于电吸附装置工作、再生、排污时，进一步去除水中的大颗粒固体悬浮物，2 用 2 备，流量 350t/h。

（4）电吸附模块：采用 EMK4443 模块 56 组。

（5）整流变压器：干式 500kVA/10kV，1 套。

（6）整流控制柜：供 0－2000A 直流电，1 套。

四、工程投资与经济效益分析

（一）工程投资

本工程总投资为 1 397 万元，其中土建工程 170 万元，安装工程 167 万元，设备及工器具购置 972 万元，工程建设其他费用 88 万元；吨水投资 2 328 元。

（二）经济效益分析

本深度处理工程日产水量 6 000m^3，运行成本 1.37 元/m^3（含折旧费 0.36 元/m^3，摊销费 0.04 元/m^3），按当地工业用水价格 3.29 元/m^3 计算，年利润 420 万元，三年多即可收回工程总投资，经济效益明显。

另外，本工程的实施，提高了矿井水的利用率，降低了污水的排放量，减少了地下水的开采，变废为宝，既节水又减排，既具有可观的经济效益，同时也具有巨大的环境效益和社会效益。

参考文献

[1] 段小月，刘伟．前处理对活性炭电极电吸附除盐性能的影响［J］．吉林师范大学学报（自然科学版），2009（2）．

[2] 李定龙，申晶晶，姜晟，等．电吸附除盐技术进展及其应用［J］．水资源保护，2008（4）．

[3] 孙晓慰．电吸附技术在饮用水深度处理中的应用［J］．中国水利，2006（1）．

[4] 陈慧婷，赵玉明，陈慧妃．电吸附方法在水处理领域的研究进展及其应用现状［J］．西南给排水，2004（2）．

活性炭对废水中邻甲酚的吸附试验研究

胡文勇　彭清静　保丽亚

（吉首大学生物资源与环境科学学院　湖南　吉首　416000）

摘　要　研究了活性炭对溶液中邻甲酚的吸附特性，以及溶液的 pH、温度和吸附时间对处理效果的影响。结果表明，活性炭对邻甲酚的吸附符合 Freundlich 吸附等温公式，活性炭对邻甲酚的最大吸附量为 437.3mg/g；动态饱和吸附量时间为 60min 左右；在 pH 为 6 时达到最大吸附量，pH 小于 6 时，活性炭对邻甲酚的吸附量随 pH 值的升高而逐渐增大，pH 值大于 6 时，吸附量急剧下降；常温条件下对吸附有利。

关键词　邻甲酚　活性炭　吸附　等温线

邻甲酚（C_7H_8O）是一种农药除草剂的重要中间体，也用于合成香豆素，还可用作消毒剂、防腐剂、癸二酸生产中的稀释剂等。主要用于合成树脂、农药、医药、染料、抗氧化剂等的原料。生产邻甲酚的废水含有酚和未被反应的甲醇，直接排放将严重污染环境[1,2]。

国内外对含酚废水治理与回收提出并实施了多种处理方法[3~5]。一般可以分为物化法、化学法和生物法三类。其中物化法又包括溶剂萃取法、吸附法和液膜法等。其中吸附法设备简单，操作方便，投资少，可实现废水中有用资源的回收利用，对高、低浓度废水均适用，具有广阔的应用前景。活性炭是一种无毒无味，具有发达细孔结构和巨大比表面积的优良吸附剂。20 世纪 60 年代初，欧美各国开始大量使用活性炭吸附法处理城市饮用水和工业废水。

本文以邻甲酚溶液为模拟废水，研究活性炭对邻甲酚的吸附特性，以及溶液的 pH 值、温度和吸附时间对吸附效果的影响，为含邻甲酚废水的治理提供参考。

一、试验方法

（一）活性炭的预处理

活性炭使用前均需要进行预处理，以防止活性炭上无机盐及其他杂质的干扰。首先将活性炭在去离子水中浸泡 24h 滤去水后，在 120℃下烘干 24h，然后置于密封容器中保存，备用。

（二）邻甲酚含量的测定

使用 GC900A 型气相色谱仪测量出邻甲酚和苯酚的峰面积后即可换算出活性炭对邻甲酚的吸附量 m_i：

$$m_i = (f' \cdot m_s \cdot A_i) / A_s \tag{1}$$

式中：f'为测定邻甲酚含量的校正系数 $f' = 1.048$；A_i、A_s 为邻甲酚和苯酚的峰面积；m_s 为萃取液中苯酚的含量。

（三）等温吸附曲线的测定

配制不同浓度的邻甲酚溶液（0.1g/L，0.2g/L，0.5g/L，1g/L，2g/L，3g/L，4g/L）1 000 ml，置于容量瓶中备用，各取不同浓度的溶液 200ml，分别加入 0.1g 活性炭，混匀置于恒温振荡器中（分别设温度为 20℃，30℃，40℃，50℃做浓度不同的四组试验）振荡吸附 60min，取出马上过滤，冷却后各取出不同浓度的滤液 10ml，分别加入 5ml 萃取剂（以苯酚为内标物，三氯甲烷为溶剂配制而成，浓度为 4g/L）置于恒温振荡器中振荡 30min，取溶液置于分液漏斗中静置 30min 后取下层萃取液放入冰箱中待测；计算出活性炭对邻甲酚的吸附量，绘制活性炭对邻甲酚的等温吸附曲线。

（四）吸附条件对吸附量的影响

取浓度为2g/L的邻甲酚模拟水样，置于多个锥形瓶中，各加入0.4g活性炭，分别改变吸附时间、pH值、吸附温度等条件。将各个锥形瓶内的溶液进行过滤、冷却，再各取10ml滤液分别加入5ml萃取剂放入恒温振荡器中振荡30min，取溶液置于分液漏斗中静置30min后取下层萃取液待测；使用GC900A型气相色谱仪测量出邻甲酚和苯酚的峰面积后，计算出活性炭对邻甲酚的吸附量，测定各吸附参数对吸附效果的影响。

二、实验结果与分析

（一）等温吸附曲线

在温度为20℃、30℃、40℃、50℃时，活性炭对邻甲酚的等温吸附曲线如图1所示。

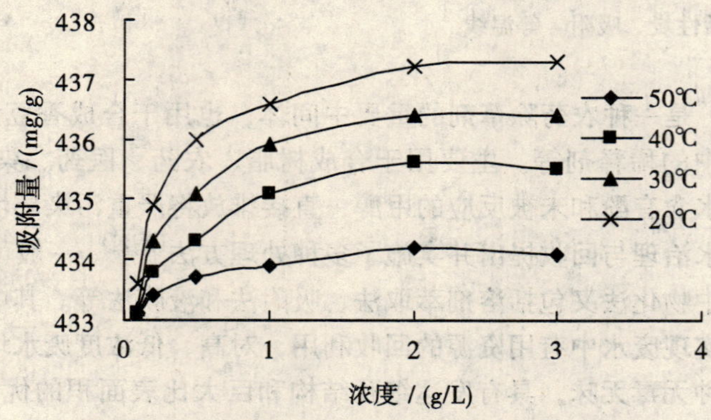

图1 活性炭对邻甲酚的等温吸附曲线

从图1可以看出，活性炭对不同浓度邻甲酚的平衡吸附量随着浓度的升高逐渐增大，但随着温度的升高吸附量明显下降，这说明活性炭对邻甲酚的吸附效果在常温下最好；在浓度为2g/L，温度为20℃时达最大值437.3mg/g，当浓度大于2g/L时，吸附量不再增加，达到平衡。

分别对图1中20℃、30℃、40℃、50℃时的等温吸附曲线用Freundlich吸附等温公式进行处理，Freundlich方程如下：

$$q = K_f C1/n \qquad (2)$$

式中：K_f为Freundlich常数，与吸附剂的特性及温度有关的经验常数；n为常数，n大于等于1，与温度有关；C为邻甲酚溶液的浓度（g/L），下同；q为活性炭对邻甲酚的吸附量，下同。

得出相关线性回归方程为：

$y = 0.222\,1x + 6.076\,9$，$R2 = 0.949\,5$（20℃）；(3)

$y = 0.007x + 6.072\,9$，$R2 = 0.954\,2$（30℃）；(4)

$y = 0.001\,6x + 6.075\,2$，$R2 = 0.962\,3$（40℃）；(5)

$y = 0.002\,3x + 6.078\,4$，$R2 = 0.929\,6$（50℃）。(6)

（二）吸附时间对吸附量的影响

在一定的pH值和温度下，加入等量的活性炭，测定不同吸附时间内，活性炭对邻甲酚的吸附量。邻甲酚在不同时间内在活性炭上的吸附量见图2。

由图2可以看出，当吸附时间小于60min时，活性炭对邻甲酚的吸附量随着吸附时间的增加明显增加，60min时达到最大值437.3mg/g，60min后，吸附量基本保持不变，达到饱和。因此在实际的吸附处理中应注意控制吸附时间，缩短处理周期。活性炭对邻甲酚的饱和吸附时间约为60min，饱和吸附量为437.3mg/g。

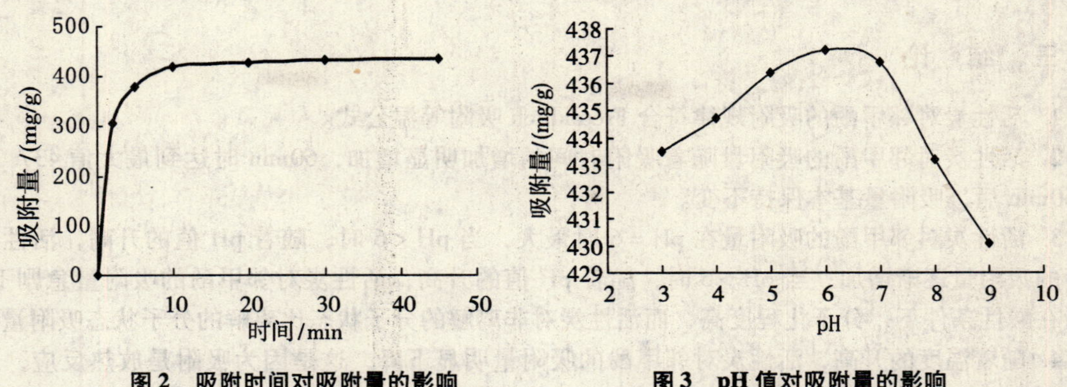

图2　吸附时间对吸附量的影响　　图3　pH值对吸附量的影响

（三）pH值对吸附量的影响

在不同pH值条件下，邻甲酚在活性炭上的吸附量如图3所示。

从图3可以看出，在酸性范围随着溶液pH值的增加活性炭对邻甲酚的吸附量逐渐增大，当pH=6时，活性炭对邻甲酚的吸附量最大；当pH>6时，活性炭对邻甲酚的吸附量随pH值的增加急剧下降。这是因为邻甲酚在溶液中呈弱酸性，存在以下电离平衡[6]：

$$C_6H_4\ (CH_3)\ OH \longleftrightarrow C_6H_4\ (CH_3)\ O^- + H^+ \tag{7}$$

在酸性环境中，反应向左进行，此时分子化程度高，而活性炭对非离解的分子状态比离解的分子状态吸附量要大得多；而在碱性环境中，反应向右进行，C_6H_4（CH_3）OH离解为C_6H_4（CH_3）O^-，此时分子化程度不高，不利于吸附。因此，pH值在6左右，有利于邻甲酚在活性炭上的吸附，而较高的pH值有利于邻甲酚的脱附。

（四）温度对吸附量的影响

在一定的pH值和吸附时间内，加入等量的活性炭，准确调节4个不同的温度值，测定在不同温度下邻甲酚在活性炭上的吸附量。在各个温度值下的吸附效果如图4所示。

由图4可知，温度对吸附效果的影响是很明显的，在15℃到20℃之间活性炭对邻甲酚的吸附量略微下降。20℃以后，活性炭对邻甲酚的吸附量明显下降，这是因为吸附反应本身为放热反应，温度降低，反应易于向正向进行，温度太高对吸附操作不利[7]。因此，吸附应在常温或较低的温度下进行。考虑到实际的工业废水的处理中，要保持低温需较大的费用，所以选择在常温下操作，因此温度对吸附量的影响可不予考虑。

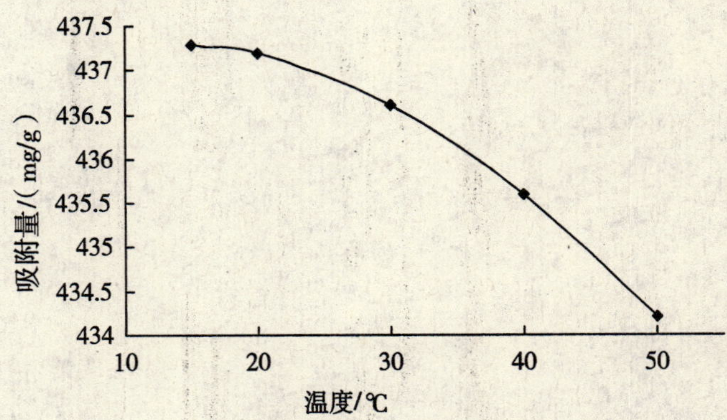

图4　温度对吸附量的影响

三、结　论

1. 活性炭对邻甲酚的吸附规律符合 Freundlich 吸附等温公式。

2. 活性炭对邻甲酚的吸附量随着吸附时间的增加明显增加，60min 时达到最大值 437.3mg/g，60min 后，吸附量基本保持不变。

3. 活性炭对邻甲酚的吸附量在 pH = 6 时最大，当 pH < 6 时，随着 pH 值的升高，活性炭对苯酚的吸附量逐渐增加；当 pH > 6 时，随着 pH 值的升高，活性炭对邻甲酚的吸附量急剧下降，因为在酸性条件下，分子化程度高，而活性炭对非离解的分子状态比离解的分子状态吸附量大。

4. 随着温度的升高，活性炭对邻甲酚的吸附量明显下降，这是因为吸附是放热反应，随着温度的升高，对吸附操作不利。

参考文献

[1] 徐克勋．精细有机化工原料及中间体［J］．中国化工信息，2000（39）：7.

[2] 蒋兰宏，刘淑芬，闫俊英，等．新生 MnO_2 对苯酚吸附特性［J］．城市环境与城市生态，2002，15（6）：29－30.

[3] 王代芝．铬离子改性膨润土处理含苯酚废水的研究［J］．化学工业与工程技术，2004，25（6）：35－37.

[4] 宋新南，马东祝，李树山．树脂吸附法对含酚废水处理的应用及发展［J］．工业水处理，2004，24（2）：15－18.

[5] 李改云，鲁安怀，高翔，等．天然锰甲矿氧化降解水体中苯酚实验研究［J］．岩石矿物学杂志，2003，22（2）：162－166.

[6] 张顺，李光明，陈玲，等．活性炭再生技术的发展［J］．化学世界，2001，8：441.

[7] 姜军清，黄卫红，陆晓华．活性炭纤维处理含酚废水的研究［J］．工业水处理，2001，21（3）：20－22.

菌 M－3 产生的絮凝剂的性能及絮凝条件研究

魏俊飞[1]　王家宏[2,3]　马宏瑞[3]　张景飞[2]

(1. 南通市环境保护局开发区分局　江苏　南通　226009；2. 南京大学环境学院　江苏　南京　210093；3. 陕西科技大学资源与环境学院　陕西　西安　710021)

摘　要　菌 M－3 是一株从天然土壤中筛选出来的高效微生物絮凝剂产生菌，初步鉴定为曲霉属。该菌产生的絮凝剂主要存在于发酵液中，其有效成分为多糖和蛋白质，在沸水浴中加热 75min，絮凝剂的絮凝率仅下降了 16%。对 100ml 0.4g/L 的高岭土悬浊液的加入量仅需 1ml，絮凝率达 94% 以上，pH 在 2～7 的范围内，该絮凝剂的絮凝活性较高，且该絮凝剂无需加入助凝剂。

关键词　微生物絮凝剂　曲霉　絮凝活性

微生物絮凝剂是利用微生物技术，通过细菌、真菌等微生物发酵、提取、精制而获得的一种安全、高效的水处理剂，其主要成分为糖蛋白、黏多糖、蛋白质、纤维素等高分子物质[1,2]。微生物絮凝剂具有可生物降解性、安全、高效、无二次污染等优点，因而受到研究者的广泛关注[1]。

本文在筛选出微生物絮凝剂产生菌的基础上，对絮凝剂产生菌进行了初步鉴定，并研究了微生物絮凝剂的性能，考察了影响微生物絮凝剂活性表达的因素，为其工程应用提供参考数据。

一、材料与方法

(一) 菌种

絮凝剂产生菌 M－3 从陕西科技大学花圃土壤中筛得。

(二) 菌种鉴定

首先观察菌株在培养基上的生长状态，通过点植、载片培养和扫描电镜观察菌落及菌株的表观特征，进一步确定菌株的属、种，按文献［3］进行。

(三) 絮凝剂的制备

发酵液在 4 000r/min 离心 15min，除去菌体，收集上清液备用。

(四) 絮凝活性的测定

向 100ml 的烧杯里加入 0.04g 的高岭土和 100ml 蒸馏水，再加入 1ml 絮凝剂，快速搅拌 30s，慢速搅拌 2min，静置 5min，取上清液于 722 型分光光度计 550nm 处测其吸光度 OD_{550}。以不加絮凝剂的样品作为对照，通过下式计算絮凝率（FR）：

$$FR = \frac{(A - B)}{A} \times 100\%$$

式中：A——对照上清液 550nm 处的吸光度；B——絮凝后上清液 550nm 处的吸光度。

(五) 絮凝剂提纯方法

上清液经抽滤，去除菌体，将上清液于 4℃ 预冷后，用 2 倍体积的无水乙醇沉淀，静置 48h 后离心沉淀，将沉淀重溶于水，重复乙醇沉淀两次，将得到的沉淀用乙醚洗涤，真空干燥，得部分纯化的絮凝剂。

(六) 絮凝剂的定性分析

对菌 M－3 所产絮凝剂进行茚三酮显色试验，缩二脲反应，α－萘酚试验来定性判断该絮凝剂的有效成分。

二、结果与讨论

（一）絮凝剂产生菌的鉴定

将菌点植（三点法）于马铃薯培养基上，该菌在此培养基上生长迅速，培养基背面显黄色，孢子草绿色，辐射状生长。载片培养后，油镜观察发现分身孢子头呈球形，分身孢子梗1层。图1为菌M－3的扫描电镜图，依据《真菌导论》初步鉴定为真菌门/半知菌纲/从梗孢目/从梗孢科/从梗孢科单孢亚科/曲霉属。

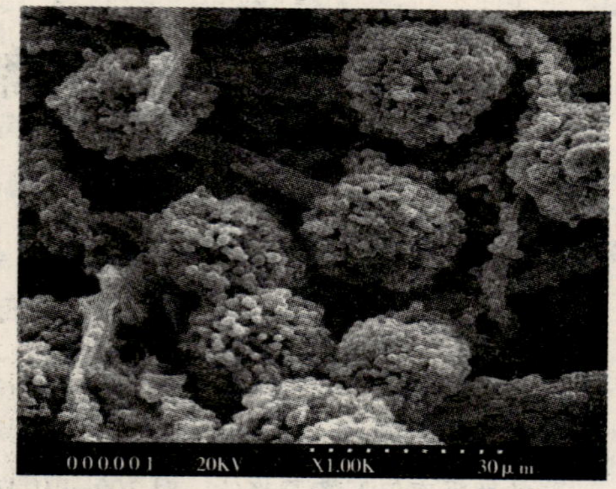

图1 扫描电镜照片

（二）菌M－3产生的絮凝剂的性能

1. 絮凝剂的活性分布

絮凝活性分布实验结果见图2，上清液和混合液絮凝活性较高，且混合液的絮凝活性略低于上清液，上清液的絮凝活性高达94.47%，混合液的絮凝活性为93.96%，而细胞悬浊液的絮凝活性很低，说明絮凝物质主要存在于发酵液中，是微生物分泌到胞外的代谢产物。同时说明菌体的存在基本不影响絮凝物质对高岭土悬浊液的絮凝效果，展现了菌M－3产生的絮凝剂具有良好的开发前景。

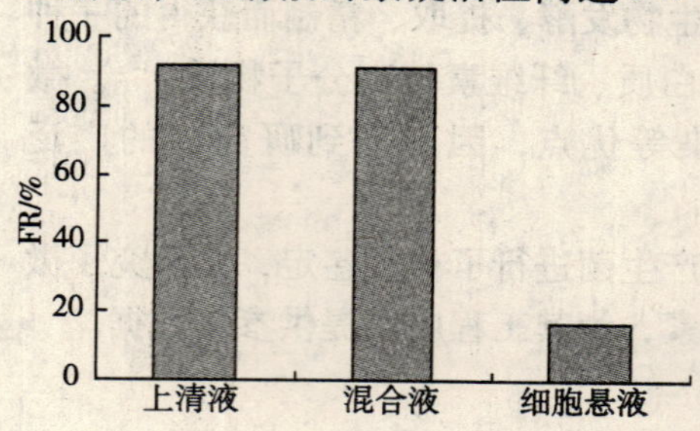

图2 絮凝活性分布

2. 絮凝剂的提取及定性分析

部分纯化的絮凝剂为乳白色、多孔、海绵状。经实验测定，每100ml发酵液中可提絮凝剂粗品0.116g。将絮凝剂粗品重新溶解到原来发酵液的体积时，溶液的絮凝活性与提取前基本一致，说明该提取方法没有引起絮凝剂的损失。

蛋白质和糖类的显色反应表明，茚三酮显色试验和缩二脲反应均呈阳性，在α－萘酚试验中，浓硫酸与样品混合液分界面有清晰的紫色环出现，说明絮凝剂的有效成分为多糖和蛋白质。

3. 絮凝剂的絮凝性能

图3反映了絮凝剂的助沉降性能，结果表明菌M－3产生的絮凝剂活性很高，沉降速率快，沉降40s后，有絮凝剂的加入的高岭土悬浊液的吸光度下降速度趋于平缓，沉降5min时吸光度值几乎不变，沉降过程基本完成。此结果进一步证实菌M－3产生的絮凝剂为一种高效絮凝剂，同时说明了絮凝活性的测定方法中静置时间为5min的合理性。

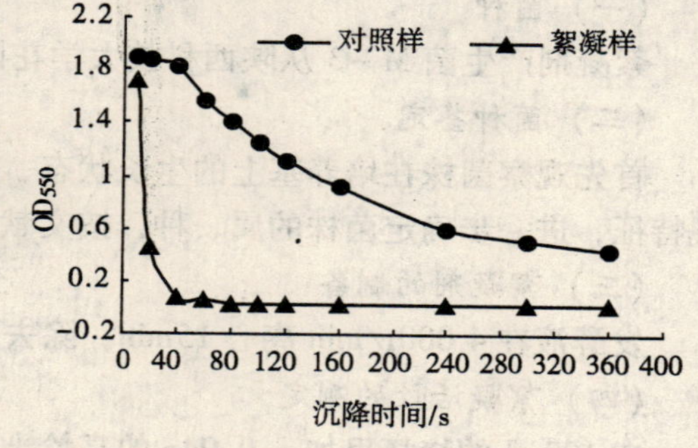

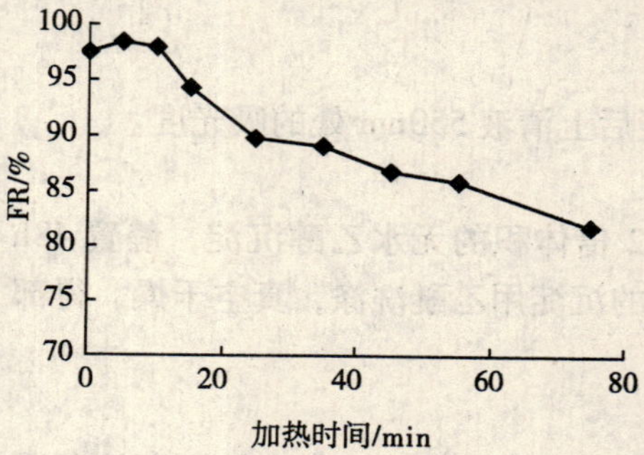

图3 絮凝剂对高岭土的絮凝沉降性能曲线

4. 絮凝剂的热稳定性

取预先制备好的絮凝剂样品置于沸水浴中，定时取样测其絮凝活性。结果如图4所示，当加热时间在5min以内，絮凝活性升高，从反应动力学的角度来看，随着温度的升高，反应速率常数增大，反应速度加快。在加热进行10min时，絮凝活性开始下降，但保持了常温下具有的絮凝活性。加热75min时，絮凝率仅降低了16个百分点，可能是絮凝剂中少量蛋白质受热变性失活所致。

图4 热稳定性曲线

（三）影响絮凝活性表达的因素

1. 絮凝剂加入量

分别向高岭土悬浊液中加入一定体积的培养 36h 的发酵液，考察絮凝剂加入量对絮凝表达的影响状况，实验结果见图 5，表明絮凝活性在低浓度范围内，絮凝率随加入量的增大而提高。当絮凝剂的加入量为 0.2ml 时，絮凝率高达 89.37%，当加入 1ml 时絮凝率增至 94.58%，而后趋于稳定。这说明菌 M-3 产生的絮凝剂具有很强的絮凝能力，其对 100ml 0.4g/L 的高岭土悬浊液的用量仅需 1ml。

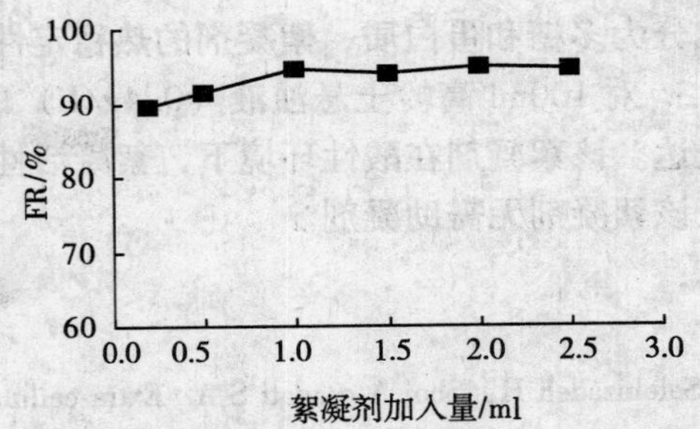

图 5　絮凝剂的加入量对絮凝活性的影响

2. 絮凝体系温度

改变高岭土悬浊液的温度，考察絮凝体系温度对絮凝活性的影响，结果如图 6 所示，温度从常温升高到 100℃，絮凝活性提高 3 个百分点。说明絮凝体系温度升高有利于絮凝剂分子与高岭土悬浊液中悬浮颗粒的结合，但促进作用不大。这与絮凝剂的热稳定性的研究结果相吻合。

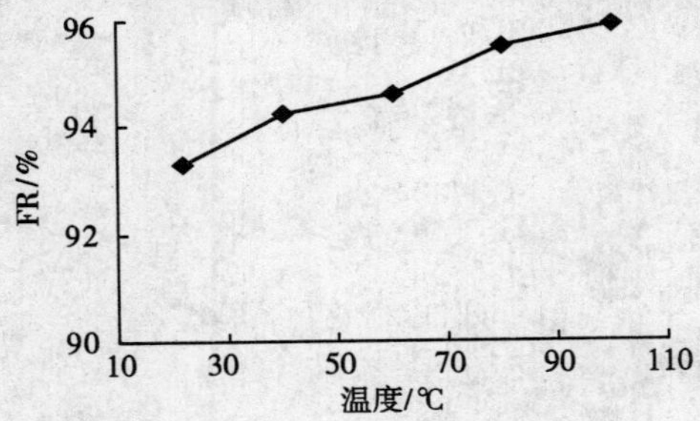

图 6　絮凝体系温度对絮凝活性的影响

3. 絮凝体系 pH

改变高岭土悬浊液的 pH，研究絮凝体系 pH 与絮凝活性之间的关系。实验结果如图 7 所示。

由图可知 pH 对菌 M-3 产生的絮凝剂的活性影响较大，在 pH 2~7 的范围内，絮凝活性都较高。而碱性条件则不利于絮凝活性的表达，絮凝活性随碱性的增强而降低，pH 升至 10 时，絮凝剂完全失去絮凝活性，可能是因为碱性条件改变了生物聚合物的带电状态以及被絮凝物质的颗粒表面性质。

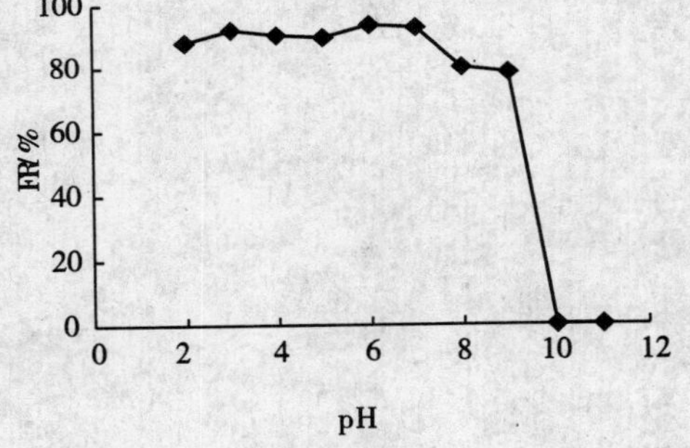

图 7　絮凝体系 pH 对絮凝活性的影响

4. 无机盐

取 2ml 质量浓度为 1% 的无机盐溶液加入到高岭土悬浊液中，再加入微生物絮凝剂，考察无机盐对絮凝活性的影响。结果见表 1，表明 $CaCl_2$、$AlCl_3$、$MnSO_4$、$FeSO_4$、$CuSO_4$、$MgCl_2$ 和 $MgSO_4$ 对该絮凝剂并未起到助凝作用，$FeCl_3$ 和 K_2HPO_4 反而抑制了絮凝活性的表达，因此可以判定菌 M-3 产生的絮凝剂无需助凝剂，研究结果与胡筱敏[4]等人的研究结果相似。

表 1　无机盐对絮凝活性的影响

无机盐	无	$CaCl_2$	$AlCl_3$	$MnSO_4$	$FeSO_4$	$FeCl_3$	$CuSO_4$	K_2HPO_4	$MgCl_2$	$MgSO_4$
絮凝率/%	94.1	92.5	89.4	93.3	92.8	79.1	91.8	71.6	92.3	91.6

三、结　论

1. 从天然土壤中筛选出来的一株高效微生物絮凝剂产生菌 M-3 经初步鉴定为曲霉属。

2. 菌 M-3 产生的絮凝剂物质主要存在于发酵液中，是微生物分泌到胞外的代谢产物，其有效成分为多糖和蛋白质，絮凝剂的热稳定性较好，絮凝活性高。

3. 对100ml高岭土悬浊液（0.4g/L）的用量仅需1ml。提升絮凝体系温度有利于絮凝活性的表达。该絮凝剂在酸性环境下，絮凝活性较高，当pH高于10时，絮凝剂完全失去絮凝活性，并且该絮凝剂无需助凝剂。

参考文献

［1］Salehizadeh H，Shoj A osadati S A. Extra cellular biopoly - meric flocculants recent trends and biotechnological importance［J］. Biotechnology Advances，2001，19（3）：371 - 385.

［2］何宁，李寅，陈坚，等．生物絮凝剂的最新研究进展及其应用［J］．微生物学通报，2005，32（2）：104 - 108.

［3］J. 韦伯斯特著，张素轩译．真菌导论［M］．北京：中国林业出版社，1982.

［4］胡筱敏，邓述波．一株芽孢杆菌所产絮凝剂的研究［J］．环境科学研究，2001，14（1）：36 - 40.

垃圾渗滤液处理方法比较

汪晓军　顾晓扬　简　磊

（华南理工大学环境科学与工程学院　广州　510006）

摘　要　垃圾渗滤液属于极难处理的高浓度废水，它污染物负荷高、变化大，含有氨氮等对生物有毒的物质。关于垃圾渗滤液的处理方法很多，主要的工艺为：常规生化法与化学氧化＋曝气生物滤池（BAF）组合处理法、MBR与反渗透（RO）法、两级高压反渗透法。本论文通过大量的实地考证和工程运行验证，讨论这几个处理工艺的优缺点。

一、二级A/O＋化学氧化＋BAF

（一）二级A/O系统

二级A/O系统是由具厌氧折流板反应器（ABR）——级接触好氧—接触厌氧—二级接触好氧工艺组成。该工艺可以实现连续化运行，同时培养专属优势菌种，提高反应器的有机负荷和氨氮负荷，在较短的停留时间内高效地去除COD和氨氮。

厌氧折流板反应器：厌氧折流板反应器（ABR）是在UASB基础上开发出的一种新型高效厌氧反应器，其基本原理是：反应器内设置若干竖向导流板，将反应器分隔成串联的几个反应室，每个反应室都可以看作一个相对独立的上流式污泥床系统，废水进入反应器后沿导流板上下折流前进，依次通过每个反应室的污泥床，废水中的有机基质通过与微生物充分地接触而得到去除。其优势有：①结构简单、运行管理方便、对生物量具有优良的截留能力、启动较快、水力条件好、运行性能稳定可靠；②由于ABR工艺在反应器中设置了上下折流板而在水流方向形成依次串联的隔室，从而使其中的微生物种群沿长度方向的不同隔室实现产酸和产甲烷相的分离，在单个反应器中进行两相或多相运行；③在结构构造上，ABR比UASB更为简单，不需要结构较为复杂的三相分离器，每个隔室的产气可单独收集以分析各隔室的降解效果、微生物对有机物的分解途径、机理及其中的微生物类型，也可将反应器内的产气一起集中收集。

经过ABR处理以后，垃圾渗滤液的有机负荷大大降低，同时由于将大量处理后的废水回流（回流比为300%～500%），通过硝化反硝化作用，废水中的氨氮和硝氮浓度也大大降低。

一级接触生物氧化：接触氧化法是一种在有填料的水池中，经曝气的废水流经填料层（填料表面长满生物膜），和生物膜相接触，污染物被微生物吸附降解，使废水得到净化的水处理技术。生物接触氧化法兼有活性污泥法和生物膜法的特点，具有处理效果稳定，抗冲击负荷能力强等优点。

废水经过ABR处理以后，再经过一级接触氧化进行好氧生化处理，主要去除大部分可以生物降解的有机物（BOD）和氨氮，同时进行好氧反硝化，去除部分总氮。

接触厌氧：经过一级接触好氧处理以后，废水的氨氮和COD都下降到较低水平，后续再采用接触厌氧进行生化处理，在接触厌氧补充甲醇作为碳源进行反硝化，进一步降低总氮，同时提高废水的可生化性。由于进入该系统的废水浓度较低，因此厌氧采用挂填料方式的接触厌氧工艺，设置倒流墙防治断流，保证系统的稳定性，同时提高处理负荷。

二级接触生物好氧：在接触厌氧处理以后，可能还残留前段工艺添加的甲醇和未充分反应的亚硝酸氮和氨氮，因此设置二级接触好氧池作为保护设施，去除残留的BOD、氨氮和亚硝酸氮，保证整个系统的出水稳定，降低后续深度处理化学药剂的投加量，节省深度处理的运行费用。

（二）深度处理系统（化学氧化＋BAF）

深度处理系统由化学氧化处理系统和 BAF 处理系统组成，深度处理系统的设置是为了保证系统达到新的国家排放标准。

对于经过较长时间生化后的垃圾渗滤液，其中残留的有机物为极难生物降解的溶解性有机物，对于该类有机物，最常用的处理方式是采用高级氧化（AOP）处理，高级氧化是利用反应过程中产生的具有极强氧化能力的羟基自由基（标准电极电位为 2.80）氧化有机物。FENTON 氧化与臭氧氧化是高级氧化中最具代表性的 2 种。其特点主要有：①处理效果好，反应产物无毒无害，操作特性好；②在常温具有较快的反应速度；③当负荷变化后，通过调整操作参数，可维持稳定的处理效果；④与前后处理工序的目标一致，搭配方便。但是，完全采用高级氧化技术（AOP）处理含生物难降解有机物的废水所需的费用较高，经济性差。

本深度处理系统采用华南理工大学的专利技术："化学氧化—曝气生物滤池工艺"（专利号：ZL200510035132.9），目前该技术已成功地应用于江门垃圾填埋场渗滤液处理工程和杭州天子岭垃圾渗滤液深度处理工程的中试。将高级氧化（AOP）作为预处理，通过其将难降解有机物转化为易生物降解的有机物，提高废水的可生化性，再通过后续的曝气生物滤池进行深度处理。曝气生物滤池集生物降解、过滤、吸附等优良特性于一体，是一种高效的生物反应器，可以达到去除有机物和脱除氨氮与总氮的目的。其优点有：①占地面积小，基建投资省。曝气生物滤池之后不设二沉池，可省去沉淀池的占地和投资，此外，由于采用的滤料粒径较小，比表面大，生物量高，再加上反冲洗可有效更新生物膜，保持生物膜的高活性，这样就可以在短时间内对污水进行快速净化，曝气生物滤池的水力负荷和容积负荷大大高于传统污水处理工艺，停留时间短，因此所需生物处理面积和体积都很小，节约了占地和投资。②运行费用低。曝气生物滤池氧利用率比一般的活性污泥法高，可达 20% ~30%，而且要求汽水比低，一般为 2:1 ~5:1，节省气量 50% 以上，所以运行费用不到活性污泥法的一半。③出水水质好。在 BAF 工艺中，由于填料本身截留及表面生物膜的生物絮凝作用，使得出水 SS 很低，一般不超过 10mg/L；因周期性的反冲洗，生物膜得以有效的更新，表现为生物膜较薄（一般为 110μm），活性很高。高活性的生物膜可吸附、截留一些难降解的物质，并起到一定的脱氮除磷的目的。④流程简单。曝气生物滤池工艺省去了二沉池和污泥回流泵房，简化了流程，减少了设备和基建固定投资费用。⑤便于实现计算机自动化控制。曝气生物滤池易于实现过程和工艺的计算机自控。不仅可以实现设备的运转自控，而且可实现运转数据的实时显示，对操作的平稳有较好的调节功能。⑥操作可靠性高，易挂膜，启动快。曝气生物滤池具有较强的抗冲击负荷能力，无污泥膨胀问题，一段时间不运行（几天或几个月），微生物不会流失，可以在较短的时间内恢复。⑦全部模块化，便于后期扩建。

该废水经过高级氧化以后，可生化性得到一定的提高，后续进行曝气生物滤池生化处理，进一步去除有机物和通过同步硝化反硝化去除总氮，出水稳定达到排放标准。高级氧化和曝气生物滤池的结合，可以发挥高级氧化的高效性和曝气生物滤池运行的经济性各自的优点，在垃圾渗滤液深度处理领域具有极大的经济优势。

二、膜生物反应器（MBR）＋纳滤（NF）＋反渗透（RO）

（一）MBR＋NF 系统

MBR 常与 NF 结合在一起处理垃圾渗滤液，其主要原理是 MBR 的生化降解和过滤作用大大降低了废水的有机物浓度，为 NF 提供了良好的前处理条件，而 NF 工艺则能够滤除 MBR 所不能去除的不可生化降解有机物，对高价重金属离子也有较好的净化效果。

1. MBR

MBR 工作原理是将膜分离技术与生物技术相结合起来，利用沉浸于好氧生物池内的膜分离设备将生化反应池中的活性污泥和大分子有机物质有效地截留住，通过负压分离出达到排放标准的水。由于膜的截留作用使微生物完全被截留在生物反应器中，实现水力停留时间和污泥龄的完全分离，使生化反应器内的污泥浓度从3~5g/L提高到10~20g/L，从而提高了反应器的容积负荷，使反应器容积减少。

MBR的原理实质上与A/O工艺是一样的，只是采用膜技术代替了A/O的沉淀池，也是通过A/O交替生化达到去除COD、BOD、氨氮和总氮的作用。其优点主要有：①有效降解主要污染物COD、BOD和氨氮；②出水水质好，出水SS低；③反应器内的微生物浓度高，耐冲击负荷；④由于大分子有机物被截留在反应器内，可获得更长的与微生物接触的时间，有利于硝化菌、亚硝化菌和专性降解微生物的培养；⑤反应器在高容积负荷、低污泥负荷、长泥龄下运行，剩余污泥量小；⑥占地面积少。

与两级A/O比较的缺点主要有：①投资较高，增加了MBR膜的投资，为了达到总氮达标排放，MBR的投资一般为两级A/O的两倍多；②膜存在堵塞的可能，特别是处理老龄垃圾渗滤液，运行一段时间，需要进行膜的更换，增加运行费用；③运行成本较高，处理垃圾渗滤液的MBR需要消耗的动能较大，汽水比100~300:1，污泥回流比800%~1 200%，因此MBR的电耗高达10元以上，而两级A/O的电耗相对较低，为5~7元。

2. 纳滤

纳滤（NF）是一个纯粹的物理分离过程，NF膜孔径较小，可截留直径为1nm左右的溶质粒子，不仅能截留绝大部分有机物，对二价或高价离子也有较高的截留率。

MBR+纳滤，一般可以达到较高的出水水质，运行良好的MBR+纳滤可以达到《生活垃圾填埋污染控制标准》（GB 16889—1997）一级排放标准。但是TN无法达到《生活垃圾填埋污染控制标准》（GB16889—2008）的一般地区表二排放标准，同时产生浓缩液。

（二）反渗透（RO）

反渗透工艺是利用反渗透原理，在高压的作用下，使水溶液能够顺利地通过膜，而其他的化合物或离子等则或多或少地被膜截留。反渗透的操作压力一般为1.5~10.5MPa，可截留（1~10）$\times 10^{-10}$m以上的分子。反渗透装置有如下优点：①自动化程度高；②场地利用率高；③几乎与进水的种类和浓度无关；④发生故障时，启闭和关闭时间短；⑤由于采用膜组件结构，容易改建和扩建。

反渗透的主要缺点如下：

1. 反渗透的膜压力的控制是个难点，因为存在结垢或者淤塞，需要更大的压力以克服结垢和淤塞物质的阻力，这使得能耗成倍增大，费用急剧升高；但如果膜被化学物质攻击或者机械撕破，需要更小的膜压力来推动一给定数量的渗透量通过膜。这是一个很难以调和的矛盾，因此在实际操作中，对于反渗透膜组建的维护、更换、清洗，以及膜压力的控制都成为反渗透能否顺利运行的因素，使其操作的难度加大，提高了隐性操作成本。

2. 反渗透浓液的处理是世界性的难题，渗滤液经过膜过滤后的浓缩液是一种高浓度的有机废液，其COD和电导率值往往是原液的3~4倍，因此浓缩液的处理成本实际上是附加在反渗透法之上的隐形成本。目前浓缩液的处理主要有：①蒸发和烘干处理。费用极高，加到每吨垃圾渗滤液的处理成本，则吨水处理成本需要追加50~100元。②高级氧化处理方法，完全采用高级氧化矿化，费用较高。③回灌处理。目前最常见的处理方式，但是浓缩液回灌到垃圾场中后，经过长期循环必然导致无机盐的积累从而使电导率升高，导致其前生化系统的崩溃，同时高浓度的盐分，不利于RO系统的正常运行。由上可见，无论采用何种方法处理浓缩液，都需要一套完善的系统，加大了处理成本。

3. 投资和运行成本极高。反渗透目前为国外垄断技术，投资成本高，且如果加上浓水处理，其运行成本也极高，同时，反渗透膜需要定期反洗，运行一段时间后需要更换，折旧成本也较高。

三、采用两级高压反渗透处理

两级高压反渗透是完全由物理隔离的方法组成的工艺，对污染物的去除几乎完全依赖于物理隔离，将浓相与淡相分离。因此膜对污染物的承受量加大，膜的使用寿命以及更换成了大问题，与之伴随的是首次投资的加大，以及运行成本的上升。下图是典型的两级高压反渗透处理流程图。

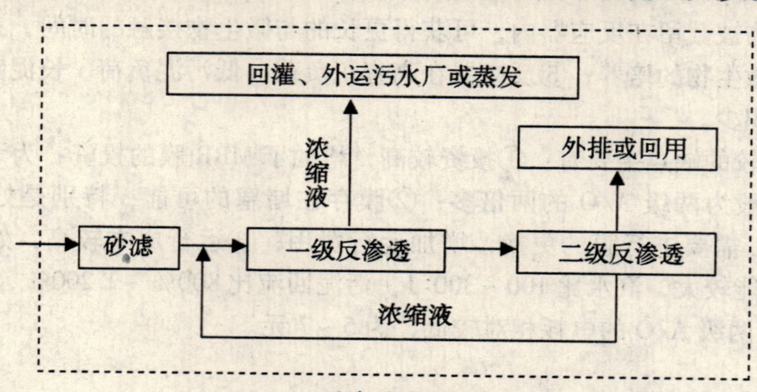

反渗透处理系统

其主要优点是处理系统小，运行管理相对简单，方便进行改建。但是首次投资费用和运行费用高，因为两级的反渗透膜都要考虑膜的堵塞，清洗更换费用，膜侧高压力带来的能耗费用，以及浓缩液的处理费用，还要考虑到与之配套的装置设备的费用，同时处理效果也可能存在波动。

根据资料介绍，现有两级高压反渗透的膜装置主要是碟管式反渗透系统（DT － RO）。碟管式反渗透系统的水回收率一般在 70 % ~80 %，膜寿命为 1 ~3 年，吨水投资 8 万元人民币。碟管式反渗透系统的运行成本（包括电费、膜片更换费、药剂费、人工费）为每吨水 40 元左右。

采用所有浓相回灌的方法，其原理是有机物回灌后，在填埋区进行厌氧生化处理，但是由于回灌的无机盐分，无法通过任何方法去除，最终在系统中累积，影响填埋区的厌氧生化处理，同时越来越高的盐浓度最终会导致反渗透运行费用的增加，以及膜寿命的缩短。

三种处理工艺的投资运行成本比较工艺

工艺 项目	两级 A/O + 化学氧化 + BAF	MBR + 纳滤 + 反渗透	两级高压反渗透
主要系统	生化池、化学氧化装置、曝气生物滤池、污泥处理系统	生化池、MBR 外置膜组件、纳滤系统、反渗透系统、污泥处理系统、浓水处理系统（回灌处理的没有）	预处理系统、二级 RO 处理系统、浓水处理系统（回灌处理的没有）
总投资规模 100t/d	300 万 ~500 万元	800 万 ~1 200 万元	800 万 ~1 500 万元
运行费用	20 ~35 元/t	30 ~45 元/t（如果加上浓水处理，再追加 60 元/t）	40 ~60 元/t（如果加上浓水处理，再追加 60 元/t）
处理效果	《生活垃圾填埋污染控制标准》（GB 16889—2008）中一般地区表二排放标准	《生活垃圾填埋污染控制标准》（GB 16889—2008）中一般地区表二排放标准	《生活垃圾填埋污染控制标准》（GB 16889—1997）一级排放标准。（氨氮需要在强酸条件下才可以通过反渗透较好去除，如要执行 GB16889—2008 标准，氨氮可能超标）

离子色谱法测定水中阴离子方法研究

周开锡

（内江市环境保护监测站　四川　内江　641100）

摘　要　建立了水中7种阴离子：F^-、Cl^-、NO_2^-、Br^-、NO_3^-、PO_4^{3-}、SO_4^{2-}的联合测定方法，考察了色谱条件：淋洗液组成，淋洗液浓度，淋洗液流速，抑制器电流等对测定的影响规律；当使用NJ－SA－4A阴离子分离柱，淋洗液中HCO_3^-的浓度为1.7mmol/L，CO_3^{2-}的浓度为1.8mmol/L，淋洗液流速1.3 ml/min，抑制器电流为80mA时，测得的标准曲线的线性范围大于两个数量级，相关系数大于0.999；相对标准偏差小于3%，回收率在90%～110%之间；检出限为F^-：0.001、Cl^-：0.001、NO_2^-：0.002、Br^-：0.005、NO_3^-：0.005、PO_4^{3-}：0.009、SO_4^{2-}：0.007mg/L。

关键词　离子色谱法　地表水　阴离子

地表水中的氟化物（F^-）、氯化物（Cl^-）、硝酸盐（NO_3^-）、总磷（PO_4^{3-}）和硫酸盐（SO_4^{2-}）含量是判断水质的重要指标，国标方法对F^-、Cl^-、NO_3^-、PO_4^{3-}、SO_4^{2-}阴离子的测定，分别使用电极法、滴定法和分光光度法，操作步骤多，尤其是在大批样品测定时，耗时较多。随着高性能离子色谱柱的开发，离子色谱法可用于地表水中多种阴离子的同时分析，具有简单、快速和灵敏度高等优点，是光度法等其他方法无法比拟的。本文采用离子色谱法，以碳酸钠和碳酸氢钠为淋洗液，对地表水中的F^-、Cl^-、NO_2^-、Br^-、NO_3^-、PO_4^{3-}、SO_4^{2-}进行了测定。该方法具有良好的精密度、准确度和较低的检出限。

一、材料与方法

（一）仪器与试剂

PIC－10离子色谱仪，NJ－SA－4A阴离子分离柱，电化学抑制器，电导检测器（青岛普仁仪器有限公司）；SHZ－D型循环水真空泵（巩义市予华仪器有限责任公司）。

碳酸钠、碳酸氢钠（优级纯）；氟化钠、氯化钠、亚硝酸钠、硝酸钠、溴化钾、无水硫酸钠、磷酸二氢钾（分析纯）；实验用水（电导率<0.5S/cm）。

（二）实验研究方法

1. 淋洗液配制

配制Na_2CO_3浓度为0.24mol/L，$NaHCO_3$为0.30mol/L，试剂Na_2CO_3、$NaHCO_3$为优级纯。然后取一定体积0.24mol/L的Na_2CO_3储备液和0.30 mol/L的$NaHCO_3$储备液于1000ml容量瓶中，用脱气纯水稀释到容量瓶刻度后摇匀，再行脱气即可作为流动相。

2. 标准溶液配制

配制1.000mg/ml各种阴离子标准储备液，然后配制成标准溶液中间液，最后配制成各系列工作溶液，其离子浓度见表1。

此系列工作溶液用于绘制校正曲线。

3. 样品预处理

地表水水样成分一般比较干净，成分比较简单，离子含量少，处理方法相对简单，为了消除或减少水峰对氟定量的影响，加入碳酸钠和碳酸氢钠使其与淋洗液尽量相同，最后经0.22μm滤膜过滤后，便可进样分析。但有些特殊的地面水（比如工厂排污口下游的河水等）因受到一定污染，水样比较浑浊，可先用Al（OH）$_3$絮凝沉淀后，活性炭吸附脱色，再用0.22μm微孔滤膜抽滤。再按干净地表水的处理方法处理，便可进样分析。

表1　系列工作溶液浓度

离子名称 \ 序列浓度/（mg/L）	1	2	3	4	5	6	7
F^-	0.025	0.05	0.1	0.25	0.5	1.0	2.5
Cl^-	0.05	0.1	0.2	0.5	1.0	2.0	5
NO_2^-	0.1	0.2	0.4	1.0	2.0	4.0	10
Br^-	0.15	0.3	0.6	1.5	3.0	6.0	15
NO_3^-	0.15	0.3	0.6	1.5	3.0	6.0	15
PO_4^{3-}	0.2	0.4	0.8	2.0	4.0	8.0	20
SO_4^{2-}	0.2	0.4	0.8	2.0	4.0	8.0	20

二、结果与讨论

（一）淋洗液种类的确定

NJ-SA-4A 阴离子分离柱，通常使用 HCO_3^-/CO_3^{2-} 阴离子标准淋洗液，由于该淋洗液同时含一价和二价离子，又是很好的缓冲溶液，可同时淋洗一价和多价阴离子。改变 HCO_3^-/CO_3^{2-} 以及淋洗速度，在没有干扰的情况下，能将7种离子分离良好，所需时间一般小于15min。

若采用KOH、硼砂等弱的淋洗液，可以使 F^-、Cl^-、NO_2^- 分离得很开，但以后的离子很难洗脱出来，不在特殊情况下不宜使用。

（二）离子出峰顺序的确定

当使用新的分离柱，或淋洗液的种类发生了大的改变，或淋洗液的浓度进行了大的调整等情况时，有些离子的保留时间可能发生很大的变化，需要配制单个离子溶液进样测定，以确定其保留时间，使用NJ-SA-4A阴离子分离柱，HCO_3^-/CO_3^{2-} 阴离子标准淋洗液，HCO_3^-：CO_3^{2-} 浓度为1.7：1.8mmol/L时，7种阴离子的出峰顺序为 F^-、Cl^-、NO_2^-、Br^-、NO_3^-、PO_4^{3-}、SO_4^{2-}。

而当使用KOH为淋洗液，用多种浓度淋洗液梯度淋洗时 PO_4^{3-}、SO_4^{2-} 换位。

（三）$HCO_3{}^-/CO_3{}^{2-}$ 不同比例对洗脱的影响

保持 HCO_3^- + CO_3^{2-} 的总浓度为3.5 mmol/L，改变两种离子比例，配制 F^-：0.5mg/L，Cl^-：1.0mg/L，$NO_2{}^-$：2.0mg/L，Br^-：3.0mg/L，$NO_3{}^-$：3.0mg/L，$H_2PO_4{}^-$：4.0mg/L，$SO_4{}^{2-}$：8.0mg/L的混合溶液进样测定，平流泵流速为1.3ml/min。考察离子出峰的保留时间，结果表明：随淋洗液中 CO_3^{2-} 比例的提高，保留时间减少，越是后出峰的离子减小得越多，但 $H_2PO_4^-$ 是例外，它比 Br^- 和 NO_3^- 都减小得少，这是因为 CO_3^{2-} 比例的提高增强了淋洗液的洗脱能力，所以保留时间减少，由于 $H_2PO_4^-$ 是三元弱酸根，三种价态的离子共存，当溶液pH增高时，高价的离子会增多，增加了洗脱的难度，所以其保留时间的减少量就不如 Br^- 和 NO_3^- 减少得多。

（四）淋洗液总浓度对洗脱的影响

保持 HCO_3^-：CO_3^{2-} 的摩尔浓度比例为1.7：1.8，改变淋洗液总浓度，混合溶液离子浓度不变，平流泵流速为1.3ml/min，进样测定，具体淋洗液和各离子的保留时间见图1。

由图1可知，随淋洗液总浓度的增加，保留时间缩短，在前面流出的离子缩短较少，越是后流出的离子缩短得越多。

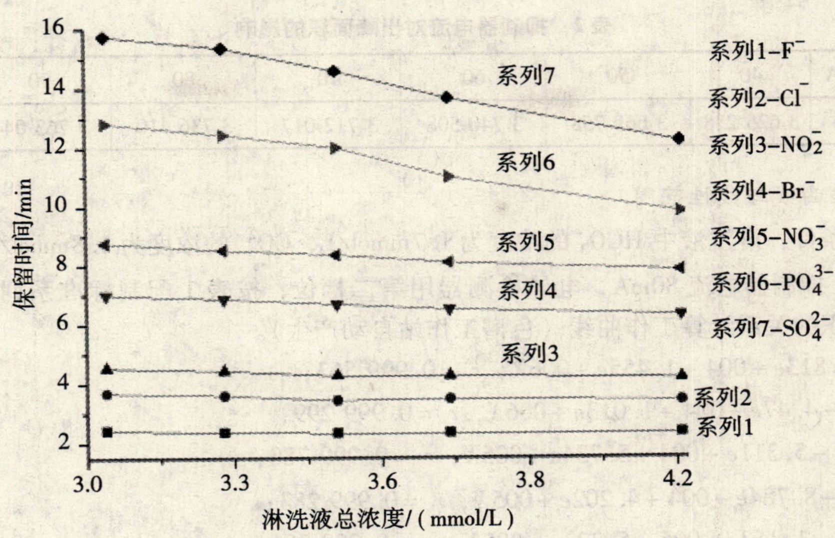

图1 淋洗液总浓度变化时的保留时间

（五）淋洗液流速的影响

淋洗液中 HCO_3^- 的浓度为 1.7mmol/L，CO_3^{2-} 的浓度为 1.8mmol/L，混合溶液离子浓度不变，进样测定，改变平流泵流速，色谱峰的保留时间如图 2 所示。

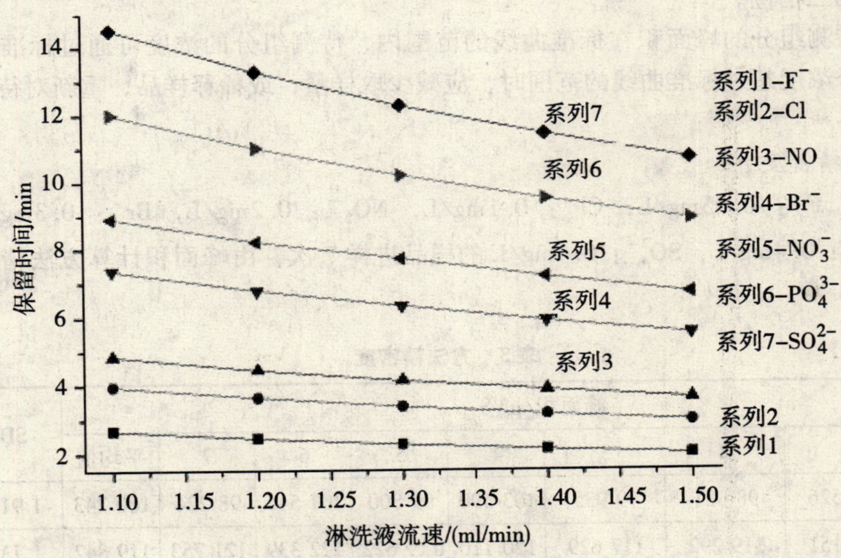

图2 淋洗液流速不同时的保留时间

由图 2 可知保留时间差不多与淋洗液流速成反比，总出峰时间大为缩短，增加淋洗液流速对于缩短分析时间十分有效。

（六）抑制器电流的影响

选择抑制器电流：40mA、50mA、60mA、70mA、80mA、90mA、100mA，将电流调至所需值，待基线走平，以 Cl^- 为代表，进样测定，考察了抑制器电流的变化对出峰面积的影响，结果见表 2。

由表 2 看出抑制器电流从 40mA 到 100mA 变化时，氯离子的峰面积略有增加，但变化不大，但电流大些，仪器稳定时间要略短些，所以还是选择电流大一点好。

表 2　抑制器电流对出峰面积的影响

抑制器电流/mA	40	50	60	70	80	90	100
出峰面积/μVS	3 625 238	3 669 758	3 740 508	3 712 017	3 736 410	3 763 044	3 790 133

（七）标准曲线与线性范围

选定分析条件：淋洗液中 HCO_3^- 的浓度为 1.7mmol/L，CO_3^{2-} 的浓度为 1.8mmol/L，淋洗液流速 1.3ml/min，抑制器电流 80mA，电导检测器用第二档位，按表 1 配制标准系列，进样测定，按浓度与峰面积的关系计算工作曲线（色谱工作站自动产生）。

F^-：$Y = 4.813e + 004 + 1.455e + 006X$，$r = 0.999\ 563$；

Cl^-：$Y = -4.47e + 004 + 1.013e + 006X$，$r = 0.999\ 299$；

NO_2^-：$Y = -5.311e + 004 + 5.734e + 005X$，$r = 0.999\ 780$；

Br^-：$Y = -8.784e + 004 + 4.202e + 005X$，$r = 0.999\ 283$；

NO_3^-：$Y = -1.153e + 005 + 5.323e + 005X$，$r = 0.999\ 086$；

PO_4^{3-}：$Y = -5.553e + 004 + 2.426e + 005X$，$r = 0.999\ 558$；

SO_4^{2-}：$Y = -1.793e + 005 + 7.164e + 005X$，$r = 0.999\ 178$；

以上各离子工作曲线是应用电导检测器第二档位测得的，相关系数大于 0.999，线性范围超过两个数量级。如果用第三或更高档位，线性范围还会更高，但对于低浓度的测定误差会大些，所以最好就用第二档位。

当样品中待测组分的峰面积在标准曲线的范围内，待测组分的浓度可通过标准曲线计算得到。当待测组分浓度超过标准曲线的范围时，应减少取样量，或稀释样品，重新对待测试样进行色谱分析。

（八）方法精密度

对浓度为 F^-：0.05mg/L，Cl^-：0.1mg/L，NO_2^-：0.2mg/L，Br^-：0.3mg/L，NO_3^-：0.3mg/L，PO_4^{3-}：0.4mg/L，SO_4^{2-}：0.4mg/L 的样品进样 7 次，由峰面积计算方法精密度，结果见表 3。

表 3　方法精密度

离子	峰面积/μVS								SD	RSD /%
	1	2	3	4	5	6	7	平均值		
F^-	100 526	98 081	99 935	103 590	99 800	101 545	98 224	100 243	1 916	1.91
Cl^-	118 151	119 292	117 629	120 110	119 622	122 339	121 753	119 842	1 735	1.45
NO_2^-	107 001	107 633	106 992	109 173	108 352	109 215	109 783	108 307	1 129	1.04
Br^-	92 126	92 357	93 610	93 608	93 222	92 427	94 464	93 116	851	0.91
NO_3^-	145 614	146 171	146 232	147 372	147 029	148 126	147 282	146 832	865	0.59
PO_4^{3-}	95 034	95 783	95 358	93 367	93 142	94 709	94 174	94 510	995	1.05
SO_4^{2-}	144 660	149 131	147 534	149 573	148 911	147 780	146 851	147 777	1 682	1.14

由表 3 可以看出 7 种阴离子测得的 RSD 小于 3%。

（九）方法的准确性

为了考察对低浓度水样的加标回收率，将河水稀释 10 倍后加入标准溶液，测定结果见表 4。

表4　低浓度水样的加标回收率

序号	离子名称	水样测定值/(mg/L)	加标值/(mg/L)	测定值/(mg/L)	回收值/(mg/L)	回收率/%
1	F^-	0.146	0.5	0.639	0.493	98.6
2	Cl^-	1.764	1	2.792	1.028	102.8
3	NO_2^-	0.236	2	2.340	2.104	105.2
4	Br^-	0.038	3	3.126	3.088	102.9
5	NO_3^-	0.501	3	3.696	3.195	106.5
6	PO_4^{3-}	0.087	4	4.284	4.197	104.9
7	SO_4^{2-}	11.819	4	16.176	4.357	108.9

低浓度的加标回收率在96.6%～108.9%之间，大多偏高。

（十）方法检出限

对于离子色谱，一般将产生3倍于噪声水平的信号所代表的待测组分浓度定为检测限，我们使用的仪器基线噪声通常可以保持在30μV以内，因此如果按照30μV的噪声计算可以得到离子色谱法的检出限为：F^-：0.001mg/L，Cl^-：0.001mg/L，NO_2^-：0.002mg/L，Br^-：0.005mg/L，NO_3^-：0.005mg/L，PO_4^{3-}：0.009mg/L，SO_4^{2-}：0.007mg/L。

根据计算的检出限，配制三种不同浓度系列进行测定；由于水、试剂、器皿和环境等原因使得空白溶液中F^-、Cl^-、SO_4^{2-}、NO_3^-等的浓度就会超过上述的检出限，要准确配制全部离子的检出限浓度实际不可能。所以将稀释用的淋洗液空白值进行扣除，再计算测得浓度，所得结果见表5。

表5　三种配制浓度测定结果

离子	1		2		3	
	配制浓度	测定浓度	配制浓度	测定浓度	配制浓度	测定浓度
F^-	0.001	0.002 6	0.005	0.006 2	0.01	0.010 8
Cl^-	0.001	0.002 1	0.005	0.053 9	0.01	0.010 6
NO_2^-	0.002	0.001 6	0.01	0.085	0.02	0.018 8
Br^-	0.005	0.004 7	0.025	0.024 6	0.05	0.052 1
NO_3^-	0.005	0.006 2	0.025	0.024	0.05	0.054 2
PO_4^{3-}	0.01	0.010 5	0.05	0.052 1	0.1	0.097 4
SO_4^{2-}	0.01	0.011 6	0.05	0.052 5	0.1	0.096 2

由表5看出，当离子浓度为检出限系列时，Br^-和PO_4^{3-}测得值与配制值比较相符，其他都相差较大，主要因为Br^-和PO_4^{3-}的空白值很低所以对测定影响小。其他的因为本底值高而严重影响测定的准确性。至检出限5倍浓度时，F^-的测定值还差别较多，到检出限的10倍浓度时，才有比较好的结果。

P在环境标准中规定的值较低，Ⅰ类水质浓度限值是0.02（PO_4^{3-}=0.06）mg/L，Ⅱ类水质浓度限值是0.1（PO_4^{3-} = 0.3）mg/L，从上述实验看出，要直接测定这样的浓度是可以的，而且比0.06mg/L小一个多数量级也能测定，只是误差要大些，如果能浓缩数倍（加热蒸发或离子交换）测定就更好。

三、结 论

离子色谱法测定水中 7 种阴离子（F^-、Cl^-、NO_2^-、Br^-、NO_3^-、PO_4^{3-}、SO_4^{2-}），使用 NJ - SA - 4A 阴离子分离柱，HCO_3^-∶CO_3^{2-}浓度比为 1.7∶1.8 时，7 种阴离子的分离良好；淋洗液中 CO_3^{2-}比例提高，保留时间减少；淋洗液总浓度增加，保留时间缩短，在前面流出的离子缩短较少，越是后流出的离子缩短得越多；保留时间差不多与淋洗液流速成反比，洗液流速增加时总出峰时间大为缩短。

当淋洗液中 HCO_3^-的浓度为 1.7mmol/L，CO_3^{2-}的浓度为 1.8mmol/L，淋洗液流速 1.3 ml/min，抑制器电流：80mA，电导检测器用第二档位，测得的标准曲线的线性范围大于两个数量级，相关系数大于 0.999；检出限为 F^-：0.001mg/L，Cl^-：0.001mg/L，NO_2^-：0.002mg/L，Br^-：0.005mg/L，NO_3^-：0.005mg/L，PO_4^{3-}：0.009mg/L，SO_4^{2-}：0.007mg/L，相对标准偏差小于3%，回收率在90% ~110%之间。

参考文献

［1］李云燕．离子色谱分析中的几个问题探讨［J］．中国环境监测，2005，21（2）：44 - 48.

［2］王莉．离子色谱法测定样品的质量控制措施［J］．化学分析计量，2006，15（4）：63 - 64.

［3］牟世芬，刘克纳．离子色谱方法及应用［M］．北京：化学工业出版社，2000.

炼油废水预处理工艺设计

朱　琳

（辽宁经济管理干部学院生物工程系　辽宁省沈阳市沈北新区沈北路88号　110122）

摘　要　本工艺设计针对炼油废水的理化性质和运转条件设计预处理方案。采用了调节池—斜板式隔油池——级气浮池—二级气浮池相串联的高效处理工艺。该套处理工艺不仅具有投资小、能耗少的优点，而且处理后废水能达到进入生化处理的标准，为远期废水的深度处理和回用创造了良好的条件。

关键词　炼油废水　隔油　气浮法　设计

一、确定工艺设计方案

一般情况下，含油废水排入城市排水管道，对排水设备和城市污水处理厂都会造成影响，流入到生化处理构筑物混合废水的含油浓度，通常不能大于30～50mg/L，否则将影响活性污泥和生物膜的正常代谢[1]。含油废水的预处理则是把浮油（游离油和非乳化油）与水及乳化油分离。本设计浮油的处理方法可设置隔油池，而去除乳化油的方法有很多，选择气浮法一是根据去除效率考虑，二是从经济方面来考虑。

二、主要构筑物设计与计算

（一）水质水量

1. 设计参数

①流量：1 000t/h；②温度：平均水温10℃；夏日最高水温16℃；冬日最低水温4℃；③进水水质：COD＜8 000mg/L；油＜2 500mg/L；④pH值：5 ～ 9。

2. 进水水量

平均流量1 000t/h；调整系数1.3；最大流量1 300 t/h 。

（二）调节池

1. 调节池设计参数

调节池的最小有效容积应能够容纳水质水量变化一个周期所排放的全部水量。为了获得充分的均质效果，池容可按照日排全部废水量设计[2]。

2. 设计与计算

设计参数停留时间8h，最大日排量10 400m^3。

此设计调节池为方形，两座，均为对角线出水，每座容积为5 200m^3。在整个工艺流程中属前置原废水集中调节池，主要功能是调节水质，使进水均匀。调节池尺寸：有效水深8 m，池面积650 m^2，池宽25 m，池长26 m。纵向隔板间距4 m，将池分为6格。构造如图1所示。

3. 设备规格及技术参数[3]

污水泵规格及技术参数见表1。

表1　MF污水泵规格和性能

型号	转速/（r/min）	流量/（m^3/h）	扬程/m	轴功率/（kW）	效率/%	NPSHR/m
6MF－13C	970	228	9.4	7.58	77	1.9

（三）斜板隔油池

1. 设计参数

①进水 pH 值：6.5 ~ 8.5；②去除油粒粒径：≥ 60 μm；③停留时间：< 30 min，设计 20 min；④板间流速：3 ~ 7mm/s；⑤板间水力条件 Re < 500，Fr > 10^{-5}；⑥板体倾斜角 θ ≥ 45°，设计 45°；⑦池内刮油机速度不超过 15 mm / s；⑧板间净距：20 ~ 40 mm，设计 30 mm；⑨斜板利用系数 0.85 ~ 0.9。

2. 斜板式隔油池的设计与计算[4]

（1）油粒上浮速度

$$v_{上} = \frac{\beta(\rho_s - \rho_0)d^2 g}{18\mu} = \frac{0.95 \times (0.9982 - 0.8200) \times 10^5 \times (0.6 \times 10^{-4})^2 \times 9.8}{18 \times 0.001} = 0.33\ \text{mm/s}$$

式中：ρ_s——废水的密度，由曲线图查得 0.998 2 × 103 kg/ m^3；ρ_0——废油的密度，由曲线图查得 0.820 0 × 10^3kg/ m^3；β——修正系数，0.95；μ——废水的绝对黏滞度，kg/ m · s；d——油粒的直径，m，设计 0.6 × 10^{-4} m；g——重力加速度，m/ s^2，设计 9.8 m/ s^2。

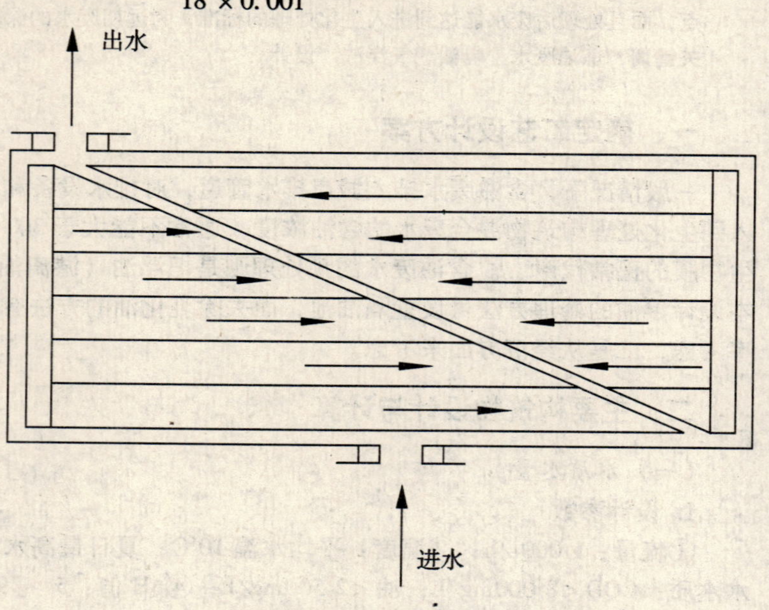

图 1　对角线出水调节池

（2）隔油池的容积

$$V = Q_{平} \times T = 1\,000 \times \frac{20}{60} = 333.33\ \text{m}^3$$

式中：$Q_{平}$——隔油池水平流量，m^3/h；T——隔油池水力停留时间，h，设计 20 min。

设计隔油池 5 座（4 用 1 备），经计算每座隔油池容积为 83m^3。

（3）隔油池尺寸

设计斜板组长 L_1 = 6m，板厚 1.5m，板间距 0.05m，板数 30 块，板组倾角 45°；则斜板在隔油池中水平长度 4.2m；且斜板厚的垂直距离 1m；斜板组的垂直高度与斜板在隔油池中水平长度一致为 4.2m；隔油池两侧水管长均为 0.5m；则隔油池整体长为 L = 4.2 + 0.5 + 0.5 = 5.2m；隔油池深 H = 4.2 + 1 + 0.3 = 5.5m；则隔油池宽 2.9m，取 3.0m。废水在隔油池内平均水平流速为 $v_{平} = \frac{Q}{3\,600F} = \frac{1\,000}{3\,600 \times 3.0 \times 5.5} = 16.8$ mm/s

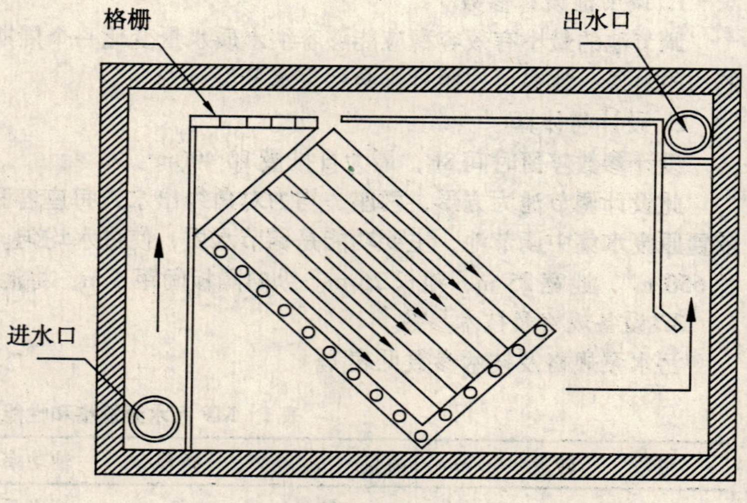

图 2　斜板式隔油池

式中：Q——废水流量，m^3/h；F——隔油池所需过水断面积，m^2。

其构造如图2所示。

（4）去除效率

炼油污水经过斜板式隔油池，油的去除效率可以达到82%，因此可得到剩余油量。

$$S = S_{总} \times (1-\eta) = 2\ 500 \times (1-82\%) = 450\text{mg/L}$$

3. 设备规格及技术参数[3]

刮油机设备见表2。

表2　GMB双边驱动刮油机规格及主要技术参数

型号	轨距/（mm）	池宽/（mm）	功率/（kW）	行车速度/（m/min）	钢轨
GMB4000～8000	300	4 000～8 000	0.37×2	3.67	9～12

选用GMB双边驱动刮油机5台，每座隔油池1台。

（四）气浮

1. 一级气浮设计参数

①通常情况下溶气压力为0.2 ～ 0.4 MPa，设为0.3 MPa。②进水流量1 000t/h。③释气量45ml/L。④一级溶气气浮比为40%。⑤水在溶气罐内停留（溶气）时间4 min。⑥采用专用排渣机定期排渣，集渣槽设在方形池的一端。⑦压力溶气罐填料为阶梯环，高度2 m；⑧溶气气固比为0.005 ～ 0.006，取0.005 5；⑨一级溶气气浮去除油效率可达75%；⑩两级溶气气浮共设置溶气罐8个，6用2备。

2. 加压溶气气浮系统设计与计算

（1）设计空气量[5]

根据亨利定律，溶入水中的空气量为：$V = K_T \times P = 0.024 \times 0.3 \times 10^6 = 7\ 200\ \text{L/m}^3$

式中：P——溶气罐中绝对压力，Pa；K_T——溶解常数，查得20℃K_T值为0.024。

（2）溶气罐的计算[5]

① 进入溶气罐的废水流量 $Q_R = Q \times 40\% = 1\ 000 \times 40\% = 400\text{m}^3/\text{h}$

② 溶气罐总容积

Q_R——进入溶气罐的废水流量，m³/h；T——水在溶气罐内停留（溶气）时间，min，一般设计为3～5min，本设计4min。

一级溶气气浮采用压力溶气罐5个（4用1备），则每个溶气罐容积为6.65m³。设计溶气罐直径1.6m，经计算溶气罐高为3.3m，设计溶气罐高3.7m，则 $\frac{D}{H} = \frac{1.6}{3.7} = 0.43$，在1∶4～1∶2的范围内，合格。

③ 融入水中的空气量的确定 $A = \alpha \times S = 0.005\ 5 \times 450 = 2.475\text{kg/d} = 1.92\text{m}^3$

式中：α——气固比，0.005 5；A——减压释放后的溶解的空气量，kg/d；S——原水带入的悬浮固体总量，kg/d。

④ 实际所需空气量 $q_1 = \frac{c_1 q}{1\ 000\eta} = \frac{7\ 200 \times 400}{1\ 000 \times 75\%} = 3\ 840\text{m}^3/\text{h}$

式中：c_1——理论需要溶气量，ml/L水；η——溶气效率，一般为0.6 ～ 0.9，取0.75；q——溶气罐进水量，m³/h。

⑤ 所需总空气量 $q_{总} = q_1 + A = 3\ 840 + 1.92 = 3\ 841.92\text{m}^3/\text{h}$

（3）平流式气浮池[6]

① 接触区容积 $V_C = \frac{QT_1}{60} = \frac{1\ 000 \times 5}{60} = 83.33\text{m}^3$

式中：Q——处理水量，m^3/h；T_1——接触区停留时间，一般为 3 ~ 10min，取 5min。

② 分离区容积 $V_S = \frac{Q \times T_2}{60} = \frac{1\,000 \times 40}{60} = 666.66m^3$

式中：Q——进入分离区的废水流量，m^3/h；T_2——分离区停留时间，min，部分回流溶气停留 40min。

③ 气浮池有效水深 $H = v_s \times T_2 = 0.001\,2 \times 60 \times 40 = 2.9m$

式中：v_s——水流上浮速度，m/s。

④ 接触区面积 $A_c = \frac{V_C}{H} = \frac{83.3}{2.9} = 28.7m^2$

式中：V_C——接触区有效容积，m^3；H——气浮池有效水深，m。

⑤ 接触区长度 $L_1 = \frac{A_c}{B} = \frac{28.7}{15} = 1.9m$

式中：A_c——接触区面积，m^2；B——气浮池宽，设计 15m；

⑥ 分离区面积 $A_s = \frac{V_s}{B} = \frac{666.66}{2.9} = 230m^2$

式中：V_s——分离区容积，m^3；H——气浮池有效水深，m。

⑦分离区长度 $L_2 = \frac{A_s}{B} = \frac{230}{15} = 15.3m$

式中：A_s——分离区面积，m^2；B——气浮池宽，取 15m；

（4）其他各部分尺寸如表 3 所示。

表 3　一级气浮池部分尺寸

结　构	尺　寸
尺宽（单格）	3 m
池总宽	15 m
廊　道	5 道
池　长	17.2m
池　深	2.9 m
溶气罐高	3.75m
溶气罐直径	1.6 m

以上各尺寸经计算均符合设计要求。

3. 二级气浮设计参数

二级气浮设计参数除溶气压力为 0.4 Mpa、溶气比为 30%、停留（溶气）时间 3 min、除油效率 70% 外，其他参数与一级气浮相同。

4. 二级气浮加压溶气气浮系统设计与计算

二级加压气浮设计计算方法与一级气浮方法一致，经设计计算各参数如下。

（1）设计空气量 9600 L/m^3

（2）溶气罐的计算[5]

① 进入溶气罐的废水流量为 $300m^3/h$；② 溶气罐容积 15 m^3，设计二级气浮采用压力溶气罐 3 个（2 用 1 备），则每个溶气罐容积 $7.5m^3$，设计溶气罐直径 1.6m，则溶气罐高为 3.7m，经设计验证合格；③ 溶入水中的空气量为 $0.48m^3$；④ 实际所需空气量 4 114 m^3/h；⑤ 所需总空气

量4114.48m^3/h。

（3）平流式气浮池

① 接触区容积83.33m^3；② 分离区容积666.66m^3；③ 气浮池有效水深2.9m；④ 接触区面积28.7 m^2；⑤ 接触区长度1.9m；⑥ 分离区面积A_s为230m^2；⑦长度L_2为15.3m；⑧ 其他各部分尺寸如表4所示。

表4　二级气浮池尺寸结构

结　构	尺　寸
尺宽（单格）	3 m
池总宽	15 m
廊道	5道
池长	17.2m
池深	2.9 m
溶气罐高	3.75m
溶气罐直径	1.6 m

5. 设备规格及技术参数[3]

（1）压力溶气罐

压力溶气罐的主要尺寸见表5。

表5　压力溶气罐的主要尺寸

型号	罐直径/mm	流量适用范围/（m^3/h）	压力适用范围/MPa	进水管管径/mm	出水管管径/mm	罐总高/mm
TR－16	1 600	201 ～ 300	0.2 ～ 0.5	300	350	3 780

（2）刮渣机

矩形气浮池采用桥式刮渣机，规格与主要技术参数见表6。

表6　刮渣机的规格与主要技术参数

型号	气浮池净宽/m	轨道中心距/m	驱动减速器型号	电机功率/kW	电机转速/（r/min）
TQ－5	5 ～6	5.23 ～ 6.23	SJWD 减速器附带电机	1.1	1 500

选用刮渣机10台，每廊道1台。

（3）溶气释放器

溶气释放器的型号见表7。

表7　溶气释放器的主要技术参数

型号	溶气管接口直径/mm	不同压力（MPa）下的流量/（m^3/h）	作用直径/mm
TS－Ⅲ	20	1.59	1.59

选用溶气释放器12台，每个压力溶气罐1台。

（4）鼓风机

LG 型罗茨鼓风机规格和性能见表 8。

表 8　LG 型罗茨鼓风机规格和性能

型号	转速/（r/min）	风量/（m^3/min）	静压力/kPa	电动机效率/kW	重量/kg
LG480 × 665 – 1	580	64.7	19.6	45	2 005

气浮部分共选用 LG 型罗茨鼓风机 5 台（4 用 1 备）。

（5）加压泵

QW 型加压泵规格和性能见表 9。

表 9　QW 型加压泵规格和性能

型号	出水口径/mm	流量/（m^3/h）	扬程/m	转速/（r/min）	轴功率/kW	泵效率/%	重量/kg
200QW400 – 7	200	400	7	1 460	9.07	15	520

选用加压泵 3 台。

三、结　论

本设计方案完全按照进水水质水量及设计要求，对各流程的主要构筑物进行了设计与计算。炼油污水经过调节池、隔油池、一级气浮及二级气浮池的预处理，含油量降低至 33.75mg/L，油去除率达到 98.65%，完全可以达到进入生化处理流程的标准，大大降低了后续生化处理的压力，同时也保证了出水稳定达标。另外整个预处理工艺连续性强，设计简单，工艺合理，能够将传统污水处理方法结合使用，为污水的一级处理设计提供了一个明确方案。

参考文献

[1] 纪轩．污水处理工必读［M］．北京：中国石化出版社，2004：78 – 86，136 – 144，225 – 236.

[2] 张自杰，林荣忱．排水工程［M］．北京：中国建筑工业出版社，1999：367 – 371，448 – 449，457 – 459，527 – 537.

[3] 李金根．给水排水工程快速设计手册（4）——给水排水设备［M］．北京：中国建筑工业出版社，1996：245 – 249，407 – 409，473 – 475，493 – 495.

[4] 王良均，吴孟周．石油化工废水处理设计手册［M］．北京：中国石化出版社，1996：37 – 38.

[5] 唐受印，戴友之．水处理工程师手册［M］．北京：化学工业出版社，2000：64 – 72.

[6] 罗辉，胡亨魁，周才鑫．环保设备设计与应用［M］．北京：高等教育出版社，1997：231 – 234.

新型麦草浆造纸中段废水处理工艺的研究

张震霖　郝北北　黄青华　黄　瑾　聂华荣　李　进

（北京美绿环境工程有限责任公司　北京　100084）

摘　要　采用折流式厌氧反应器（ABR）+移动床生物膜反应器（MBBR）+絮凝反应器处理麦草浆造纸中段废水。在进水温度33～38℃，进水COD为1200～3500 mg/L，厌氧段水力停留时间在24～48h，好氧段水力停留时间在6～12h的条件下，生化处理单元可去除75%以上的COD。再经絮凝处理，可使COD在100mg/L以下，色度小于40，符合GB3544—2008排放要求和国家规定的南水北调沿线Ⅲ类水质的要求。该工艺运行稳定、耐冲击负荷能力较强。

关键词　折流式厌氧反应器　移动床生物膜反应器　麦草浆造纸中段废水

一、引　言

造纸行业一般将洗涤筛选废水、漂白废水及抄纸废水等混合水总称为中段废水。这部分废水水量大、浓度高、颜色深、污染物种类多且无回收价值，其中漂白废水中含有皂化物，曝气时会产生大量不易破碎的泡沫。中段废水的污染物质可分为溶解性的和不溶性的物质，主要污染物为蒸煮残液、漂白药剂及短小纤维等，以木质素果胶、糖分和酸性沉淀物等有机污染物为主，这部分物质难以生物降解，造成中段废水中的SS、COD、色度的污染负荷很高，处理难度很大。

通常采用生物处理与物化处理相结合的工艺。先通过筛滤、沉淀或者气浮工艺进行一级处理，一方面可以回收部分纤维，另一方面可以去除80%左右的SS；再经生化处理去除大部分的COD和BOD。

山东太阳纸业股份有限公司在20000m^3/d一期中段水处理工程中采用了瑞典普拉克公司的“物化—生化”二级处理工艺技术，采用先进的深层射流曝气和PLC自动控制，COD由2500mg/L降到350mg/L以下。2003年在老厂区新建的60000m^3/d中段水处理厂由德国冯·诺顿西公司设计，采用该公司独有的百乐克工艺对污水进行处理，即“物化+生化+物化”三级处理工艺，然而出水不能满足排放标准，将两套传统曝气工艺串联使用，后端增加混凝沉淀工艺，出水COD仍有150mg/L。

现在济宁地区南四湖及大多数河流水质，仍然达不到国家规定的2007年南水北调沿线达到Ⅲ类水质的标准——即出水COD≤100mg/L，色度低于40。为解决此难题，北京美绿环境工程有限公司与清华大学合作对该造纸中段废水进行中试试验。

该厂污水水量大，前期在35000～42000m^3/d，扩产完成后预计可达100000m^3/d，进水COD在1200～3500mg/L，B/C约2.8，色度在300左右，常年水温在30℃以上。在满足可以达到现有出水要求的前提下，根据太阳纸业废水的特点以及各种工艺的优缺点，结合国内外最新的废水处理技术的特点，以及我们多年的工程经验，在综合考虑减少工程一次性投资及降低系统运行成本的基础上，经过优化选用我们的专利技术产品及厌氧+好氧+絮凝沉淀处理工艺来处理太阳纸业造纸废水。

二、中试试验研究

（一）反应器

折流式厌氧反应器（Anaerobic Baffled Reactor，ABR）是Bachmann和McCarty等人于20世纪80年代提出的一种新型高效厌氧反应器。其特点是在反应器内设置若干竖向导流板，将反应器分隔成串联的几个反应室，每个反应室都是一个相对独立的上流式污泥床（USB）系统，其中的污泥可以是以颗粒化或絮状形式存在。水流由导流板引导上下折流前进，依次通过反应室内的污泥床层，进水中的底物与微生物充分接触而得以降解去除。借助于废水流动和沼气上升的作用，反应室中的污泥上下运动，但是由于导流板的阻挡和污泥自身的沉降性能，污泥在水平方向的流速极其缓慢，从而大量的厌氧污泥被截留在反应室中。由此可见，虽然在构造上 ABR 可以看做是多个 UASB 的简单串联，但在工艺上与单个 UASB 有着显著的不同，ABR 更接近于推流式。

ABR 独特的分格式结构及推流式流态使得每个反应室中可以培养驯化出与流至该室的污水水质、环境条件相适应的微生物群落，从而导致厌氧反应产酸相和产甲烷相沿程得到分离，使 ABR 在整体性能上相当于一个两相厌氧处理系统。一般认为，两相厌氧工艺通过产酸相和产甲烷相的分离，两大类厌氧菌群可以各自生长在最适宜的环境条件下，有利于充分发挥厌氧菌群的活性，提高系统的处理效果和运行的稳定性。

ABR 是一种在 UASB 反应器基础上发展起来的新型厌氧反应器，具有结构简单、无三相分离器、有机负荷高、投资和运行成本低等优点，目前关于 ABR 反应器在实际工程应用方面的研究方兴未艾。例如，在美国哥伦比亚市 Tenjo 镇污水处理厂采用两个容积为 197m^3 的 ABR（并联）常温下处理生活污水，投资成本比 UASB 节省了 20%，仅相当于同等规模的城市污水厂投资的 1/6。近年来，国内也有一些成功的工程应用报道。如福建某生化厂采用 ABR 处理制药废水和福建长乐市侨胜纺织印染有限公司应用 ABR 工艺处理毛巾印染废水，广东某漂染厂由于生产规模扩大原有废水处理设施不能达标排放，采用 ABR－接触氧化工艺进行技术改造，均取得了令人满意的处理效果。

移动床生物膜反应器（MBBR）是一种在 20 世纪 80 年代后期出现的，结合了传统流化床和生物接触氧化法优点的新型生物膜反应器。在池内充填载体新型柱状空心填料，通过曝气污水以一定流速上下流动，使载体处于流化状态，无需另设脱膜装置。由于池内填料比表面积大，为一般生化池填料的 5～10 倍（同单位体积），因此池内保持较高的生物量，可达到高速去除有机污染物的目的。

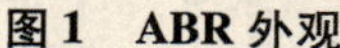

图 1　ABR 外观

图 2　MBBR 外观

该柱状空心填料的优点：①填料比表面积大，设计选用填料比表面积达 1040 m^2/m^3 的空心柱状立体填料，故单位容积生物量较大，污物去除率也高；②填料本身形成一个集硝化与反硝化于一体的微环境，可同步进行硝化与反硝化，因此具有较强的脱氮功能；③填料与污水及空气的接触机会大大高于固定床，故氧利用率及污物去除率均较固定床高，具有占地面积小，投资省，出水水质好等优点。

设计汽水比为 10～40∶1，气源由风机提供。曝气器为管式橡胶曝气器，该曝气器优点为：气孔微小、布气均匀、使用寿命长、氧的利用率极高、安装维护方便。

（二）中试现场

（三）实验条件

1. 试验装置

ABR 共分 4 格，由普通碳钢制成，尺寸为 1600mm×800mm×2200mm，有效容积 2.16m^3，上流室与下流室的宽度之比为 3∶1，导流板与垂直方向的夹角为 45°，在每个反应室内均设置一个类似三相分离装置。MBBR 为有机玻璃圆柱体，直径为 1m，长为 2.6m，有效容积为 600L。该反应器共分 3 个区：一级流化区（350L），二级流化区（250 L），沉淀区。填料填装率为 40%，由聚乙烯材料制成，形状为内有十字支架的中空圆柱体，外有 32 条凸棱，一次性成型。

试验期间，ABR 置于造纸废水集水池盖板上方搭建的板房屋内，室温变化范围在 20～24 ℃之间。

2. 试验用水

试验进水采用该公司南厂污水处理厂排入的造纸中段废水，进水水质见表 1 。为了达到反应器快速启动的目标，在实验中按照 m（COD）∶m（N）∶m（P） =200∶5∶1 补充适量的 $(NH_4)_2HPO_4$。此外，为保证反应器有足够的缓冲能力，进水中加入一定量的 Na_2CO_3 调节碱度。在试验过程中不再添加微量元素、维生素以及氨基酸等。

（四）分析项目及方法

进、出水的 COD 浓度采用和厂方相同的 COD 测试方法测定，从而便于与厂方数据进行对比，挥发酸（VFA）组成采用分光光度法测定，碱度（甲基橙指示）采用中和滴定法测定；pH 采用精密酸度计测定；溶解氧（DO）采用 WTW 便携式溶解氧仪测定。

（五）ABR 对中段废水处理的工艺研究

表 1　ABR 进水水质

pH	COD /（mg/L）	SS/（mg/L）	TDS/（mg/L）	氯离子/（mg/L）	水温/℃
6.9～7.9	1339～2948	860～3180	1200～1600	720～750	33～38

1. 接种污泥

厌氧接种污泥一部分来源于北京高碑店污水处理厂的厌氧污泥，污泥形态多为稀薄、絮状污泥；另一部分来自兖州市污水处理厂的浓缩污泥，污泥形态多为稠状污泥。反应器接种污泥后静置两天，测得反应器各格的污泥床高约 700 mm。为了加快污泥的驯化过程，在试验的启动初期污泥中投加了一定量的牛粪。

2. 运行条件

整个试验反应器连续运行两个月，根据试验目的和反应器不同阶段调整相应的运行条件。

表 2　ABR 运行参数

运行阶段	1	2	3
HRT/h	48	36	24
时间/d	20	40	12
表面上升流速/（m^3/m^2·h）	0.2	0.4	0.8
最大容积负荷/（kgCOD/m^3·d）	1.05	1.67	2.89

3. 结果与讨论

在启动期（1～20d），启动时将接种污泥在反应器中用中段废水浸泡两昼夜，进水 COD 浓度为 1730～1986 mg/L。第 7 天开始连续进水，ABR 的水力停留时间 HRT 为 48h，进水 COD 浓度为1802 mg/L（容积负荷为 0.9 kgCOD/m^3·d，第 8～20d，进水 COD 均值 1700mg/L，出水稳定在1100 mg/L 左右。在整个启动期内无明显的污泥流失现象，反应器内床高无明显变化。此时反应器内部生物相开始初步发生变化，第一格原有的颗粒污泥外层新长出灰白色的疏松组织。

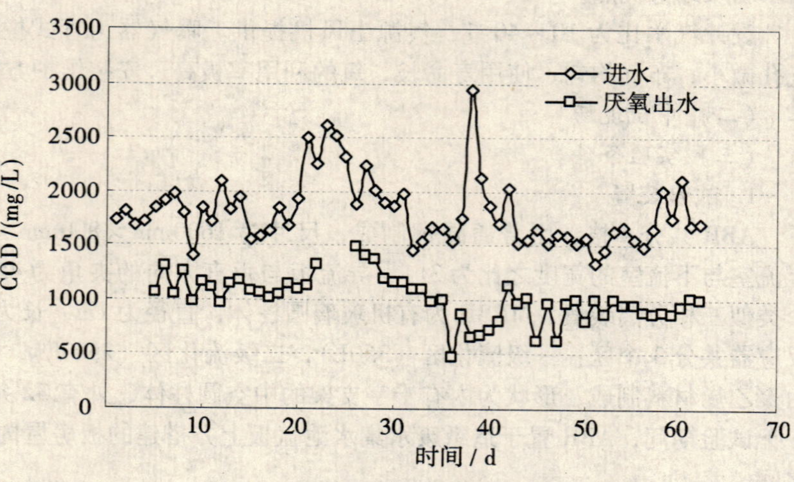

图 3　ABR 对 COD 的去除效果

在运行期（21～60d），反应器进水 COD 浓度上升到 2499mg/L，ABR 水力停留时间缩短到 36 h，相应的容积负荷为 1.67kgCOD/m^3·d。由于提高了有机容积负荷，出水 COD 短期升高。经过反应器的自我调整，出水水质逐渐好转。第 29～60d，回落到 1000 mg/L 以下。

提高负荷期（61～72d），反应器进水 COD 浓度基本维持在1700 mg/L，ABR 的水力停留时间进一步缩短到 24 h，出水稳定在约900 mg/L。本阶段反应器的水力负荷提高，反应器出现一些污泥流失现象，但 COD 去除率始终稳定在 40% 左右，这说明 ABR 的抗冲击负荷能力较好，反应器运行十分稳定。在反应器内第一格内生物污泥增殖较快。第二格内污泥直径明显增大，出现许多由多个小颗粒污泥聚合的大型颗粒污泥，其外层呈灰白色，内核黑色，显然内外生物相组成不同。第三、第四格内，颗粒污泥粒度稍有增大，直径多在0.5～1.0mm，呈黑色。

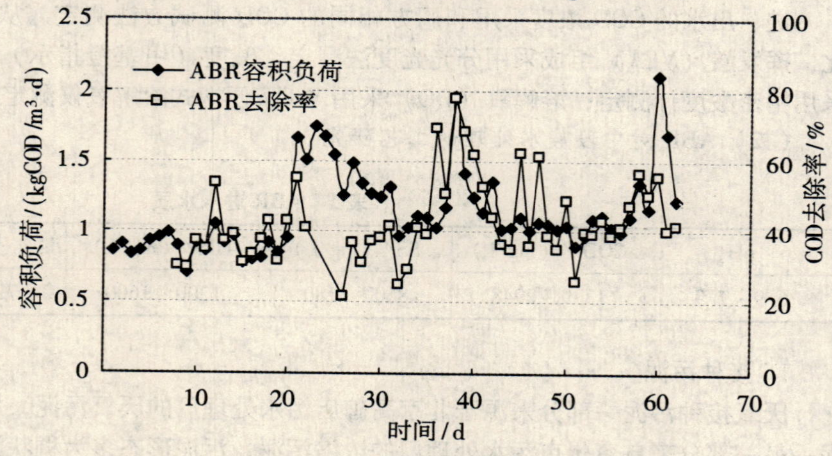

图 4　ABR 的容积负荷与 COD 去除率的关系

（六）MBBR 对中段废水处理的工艺研究

1. 悬浮填料

经 ABR 处理后出水进入移动床生物膜反应器，池中装有专用生化悬浮填料，采用风机曝气方式，曝气器为管式橡胶曝气器。利用生长在填料上的微生物进一步分解污水中的有机污染物质，靠微生物的代谢作用，将水中污染物质分解去除，从而使水质得到净化。

2. 运行条件

整个试验反应器连续运行两个月，根据试验目的和反应器不同阶段调整相应的运行条件。

表3　载体的性能

外观	规格/（mm）	填料密度/（g/ml）	孔隙率/%	总比表面积/（m^2/m^3）
带凸棱中空圆柱体	Φ8；H=15	0.85	60	1040

表4　MBBR运行参数

运行阶段	1	2	3
HRT/h	12	9	6
时间/d	20	40	12
表面上升流速/（$m^3/m^2 \cdot h$）	—	—	—
最大容积负荷/（$kgCOD/m^3 \cdot d$）	2.51	3.75	—

3. 结果与讨论

MBBR启动初期采取自然挂膜方式，用ABR装置的出水作为MBBR的进水。由于草浆中段废水是贫营养化废水，为了保证微生物的正常生长和繁殖，缩短填料自然挂膜所需要的时间，在实验过程中按照m（COD）：m（N）：m（P）=100∶5∶1向MBBR装置的进水中补充适量的N源和P源。废水混合后倒入反应器中，闷曝48 h，以利于载体接种微生物，之后将废水全部排放。从第5天开始保持连续进水，同时用空气压缩机连续通入空气进行中一侧曝气，以利于载体的流化。第5～13天，MBBR水力停留时间为12h，相应的容积负荷为2.51 $kgCOD/m^3 \cdot d$，MBBR反应器出水COD一般在500～600mg/L，COD去除率基本在40%～50%。第12天由于进水COD浓度提高2097mg/L，MBBR出水COD去

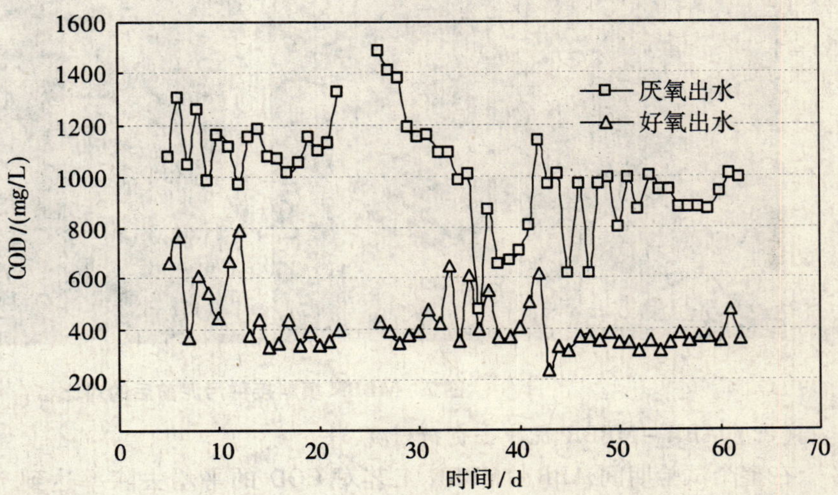

图5　MBBR对COD的去除效果

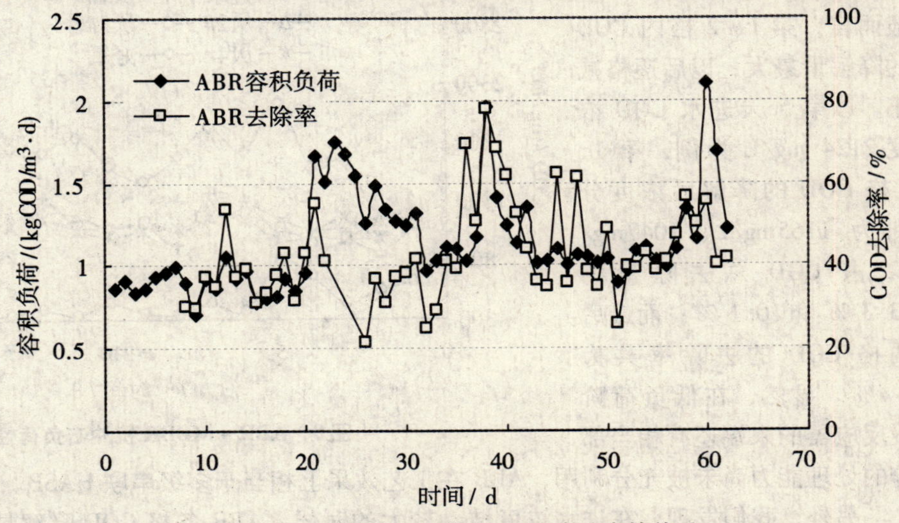

图6　MBBR的容积负荷与COD去除率的关系

除率从39.6%下降到18.3%左右，经过反应器的自我调整，MBBR的出水水质逐渐好转。第13～20天MBBR出水COD在300～400 mg/L，COD去除率提高到69.6%。

经过3周的培养和驯化，MBBR反应器出水COD去除率稳定在70%左右。从第21天开始，MBBR水力停留时间缩短到9 h，相应的容积负荷为3.75 kgCOD/（m^3·d）。在提升负荷后观察填料上挂膜情况不太理想，微生物附着数量有限，故在第23天取该污水处理厂曝气池回流污泥约80L，分配后投入MBBR第一、第二级流化区，经数日后连续曝气运作，再观察挂膜情况有所改善，填料表面很明显有一层白色附着物，同时COD去除率也呈上升趋势。载体被致密结实的灰白色微生物膜所覆盖，标志着生物膜生长成熟。

提高负荷期（61～72d），MBBR的水力停留时间进一步缩短到6 h，相应的污泥负荷和容积负荷进一步提升，MBBR出水稳定在350 mg/L。

图7 MBBR填料接种污泥前后的对比

（七）ABR－MBBR抗冲击负荷研究

在整个试验期间ABR－MBBR工艺对COD的平均去除率达到75%以上，其中ABR段是44%，MBBR段是57%。图8显示了ABR各格室以及MBBR对COD降解去除情况。可以看出，在低负荷条件下，COD在反应器内沿程降解平稳。一般而言，第1、2格内COD的降解量最大，以后逐格减小。以第5天进水COD浓度2124 mg/L为例，第1、2格COD的降解后浓度分别为1165mg/L、1047mg/L，占COD总去除量的83.3%和10.1%；而最后两格COD的去除率共为6.4%。显然，在低负荷阶段反应器的末端还有相当部分的处理能力尚未被充分利用，ABR在工艺效果上相当于多级串联UASB。

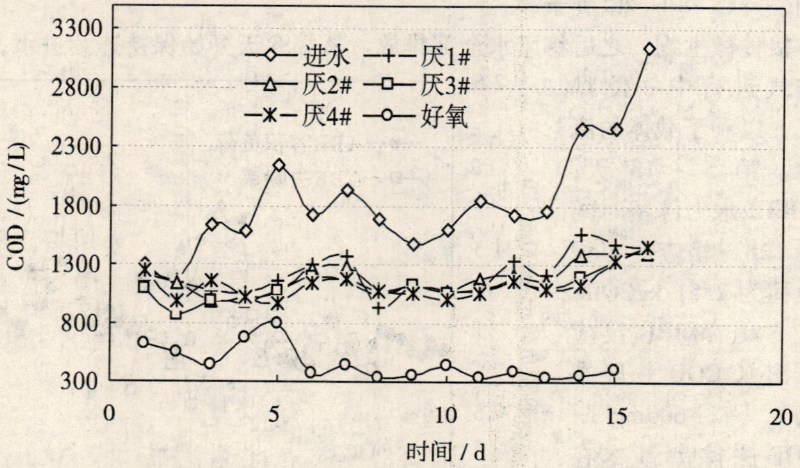

图8 ABR－MBBR抗冲击负荷性能

另外，我们发现，在进水浓度波动较大的时候，ABR各格COD降解情况所受影响并不大，并且去除率有上升现象。以第14天进水COD浓度2460 mg/L为例，第1、2格被降解后的COD

值分别为 1568 mg/L、1392 mg/L，第 3、4 格被降解后的 COD 值分别为 1188 mg/L、1125 mg/L，COD 总去除率是 54.3%，比平均 ABR 对 COD 的去除率提高了 10%。由此可见，ABR 工艺耐冲击负荷能力较强。在试验中观察到最后两格产气增加非常明显，同时伴随有一定污泥流失现象。

此外，与该厂的现有工艺相比，他们采用传统曝气方式，将两套相同系统串联运行，停留时间为 48 h。在进水水质相同的情况下，从下图可看出，在不断提高有机负荷后，最终联合工艺出水的 COD 基本与厂方二沉池相吻合。

（八）混凝/臭氧后处理

为使最终出水满足该地区最新排放标准，增加物化工艺处理，对比几种方案后进行优选。试验用水均取自 MBBR 出水。COD 为 300～450 mg/L，pH 为 7.0～8.0，与厂方二沉池出水水质基本吻合。

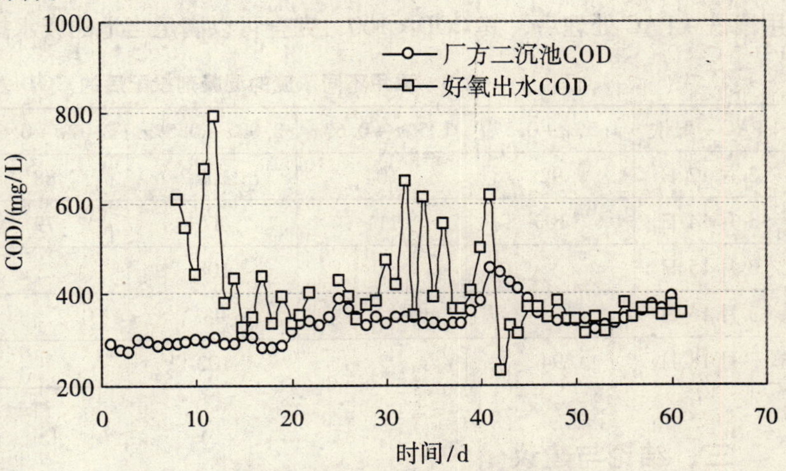

图 9　MBBR 出水与厂方二沉池出水 COD 值对比

1. 臭氧 + 混凝（PAC）与混凝（PAC）+臭氧

先后作两组对比试验，分别为先臭氧再混凝、先混凝再臭氧，其中臭氧浓度、时间、混凝剂的投加量都相同，而后观察和分析，发现先混凝后臭氧效果更佳。

表 5　不同臭氧的时间，再混凝后的 COD 浓度结果

O_3 时间/（min）	2	4	6	8
PAC（2.0‰）	178	178	170	170

可见，时间不同，但最后结果相差不大，所以在以后试验中一般采取臭氧 2min 的时间控制。

2. 混凝（PAC）+臭氧+粉煤灰吸附

做 A、B 两组平行实验，取一定量的 ABR－MBBR 最终出水，按 2‰投加量作 PAC 混凝，取上清液进行臭氧催化氧化，臭氧浓度为 60%，时间 A、B 分别为 2min、4min，出水再投进行粉煤灰小试，粉煤灰投加量依次是 1 mg/L、2 mg/L、3 mg/L、4 mg/L、5 mg/L、6 mg/L。

表 6　平行试验结果

	MBBR 出水	混凝（PAC）	混凝（PAC）+臭氧（60%；2min）
A	349	151	135
B	364	164	156

表 7　不同反应时间下的效果比较

粉煤灰/（g/L） 预处理	1	2	3	4	5	6
A：混凝（PAC）+臭氧（60%；2min）	218	139	119	123	115	119
去除率/%	－61.5	－2.96	11.8	8.89	14.8	11.85
B：混凝（PAC）+臭氧（60%；4min）	156	124	164	136	152	132
去除率/%	0	20.5	－5.13	12.82	2.56	15.38

结论：粉煤灰的投加效果并不明显，可能原因是粉煤灰颗粒粒径太细，表面积很小，吸附能力受限。而且该厂曾经在工艺上尝试投加粉煤灰，但发现沉降速度过快，对 COD 的去除率甚低。因此，此方案不可取。

3. 混凝（PAC + 聚铁/硫酸铁）

根据厌氧 + 好氧处理后的水质和我们对同类水处理过程中投加药剂的情况，我们对多种药剂进行了单、复组分和多重浓度的絮凝沉淀试验，其中当混凝前废水 COD 浓度为 431 mg/L 时，采用聚铁 + PAC 处理后，其 COD < 100，完全可以满足当地的废水排放要求。

表 8　采用不同浓度的混凝剂投配后的 COD 去除效果

PAC + 聚铁	1.5‰ + 0.5‰	1.5‰ + 0.6‰	2.0‰ + 0.5‰	2.0‰ + 0.6‰	2.5‰ + 0.5‰	3.0‰ + 0.5‰
3 月 12 日	92	104	100	88		
3 月 14 日	103	111	87	79		
3 月 15 日			108		104	
3 月 16 日			93		84	97
3 月 18 日	94		102		87	

三、结论与建议

本文进行了折流式厌氧反应器（ABR）和移动床生物膜反应器（MBBR）联合工艺处理造纸中段废水的中试研究，可以得到以下几点结论：

1. 两个月的中试研究表明，ABR – MBBR 联合处理工艺能够有效地处理造纸中段废水。在废水温度 33 ~ 38℃情况下，进水 COD 浓度在 1200 ~ 3500 mg/L 范围内变化，厌氧 HRT = 24 ~ 48 h，好氧 HRT = 6 ~ 12 h 的运行工况条件下，ABR – MBBR 联合工艺对 COD 的平均去除率达到 75% 以上，最终出水 COD 浓度在 350 mg/L 左右，经后续絮凝工艺处理，出水 COD 浓度在 100 mg/L 以下，色度小于 40，符合本地区造纸行业污水排放标准。

2. 接种污泥的质量，有机负荷以及水力负荷是 ABR – MBBR 快速启动和稳定运行的关键。本试验采用固定进水浓度、缩短 HRT 方式，促进了污泥床和基质的良好接触，逐渐提升有机负荷，最终达到了设计负荷。该工艺具有启动迅速、运行稳定、处理效率高、能耗低等优点。

3. 本工艺与该厂现有工艺相比，优势在于：

（1）ABR 段耐冲击负荷能力较强，进水浓度上升，ABR 对 COD 的去除率还会有所提高；而现有传统曝气工艺对进水浓度要有限制，不宜过高，否则直接影响后段工艺及最终排放浓度。

（2）ABR – MBBR 联合工艺水力停留时间较短，在本中试研究中，厌氧 HRT = 24 ~ 48h，好氧 HRT = 6 ~ 12h 的运行工况条件下，ABR 对 COD 的平均去除率达到 75% 以上；而该厂将原有两套相同的传统曝气工艺串联起来处理，停留时间为 48h 。

（3）经实验室小试试验，ABR – MBBR 联合工艺最终出水经与该厂后续相同工艺，即絮凝沉淀处理，出水 COD 浓度可以控制在 100 mg/L 以下，色度小于 40，符合本地区造纸行业污水排放标准。

磷酸铵镁沉淀技术处理氨氮废水研究进展

张　涛　任洪强　丁丽丽　许　柯　李秋成

（南京大学环境学院污染控制与资源化研究国家重点实验室　南京　210093）

摘　要　磷酸铵镁沉淀技术是解决氨氮废水污染问题的热点研究技术。本文主要介绍了磷酸铵镁的物理化学性质，去除废水中氨氮的机理，以及磷酸铵镁沉淀技术的影响因素，包括反应溶液的 pH 值、不同镁源和磷源的化学沉淀剂、反应溶液中的干扰离子和温度等，最后介绍了磷酸铵镁沉淀技术的展望。

关键词　磷酸铵镁　氨氮废水　研究进展

一、概　述

随着工农业的高速发展和城市人口的迅猛增长，各种污染物的排放量急剧增加，其中，氨氮废水污染已经成为我国淡水环境的主要污染来源。据《2008 年中国环境状况公报》[1]统计，七大水系中有六大水系将氨氮列为主要污染指标（除松花江水系），三湖（太湖、滇池和巢湖）及环湖河流中总氮和氨氮均被列为主要污染指标；2008 年全国废水排放总量为 572. 0 亿 t，并且逐年上升，氨氮排放量为 127. 0 万 t，其中工业废水氨氮排放量为 29. 7 万 t，生活废水氨氮排放量为 97. 3 万 t。目前，我国的氨氮废水排放量已经远远超过了环境所能承受的能力，如果不加强对氨氮废水处理技术的理论研究与技术应用，我国的环境保护形势将更加严峻。

目前，氨氮废水处理技术的研究已经涉及各个领域，主要分为生物法、吹脱法、折点氯化法、膜法、磷酸铵镁沉淀法等。其中，磷酸铵镁沉淀技术处理氨氮废水具有处理效果好、工艺流程简单等优点，逐渐成为国内外研究的热点技术[2-5]。

二、磷酸铵镁的性质

磷酸铵镁是一种难溶于水的无色、白色（脱水后）、黄色、棕色或浅灰色的晶体，以摩尔质量 1∶1∶1 的比例含有镁、氮、磷三种元素。由于其含有氮、磷两种营养元素，是一种很好的缓释化肥，日本等国已成功地将其推向化肥市场。表 1 概括了磷酸铵镁的主要物理化学性质。

表 1　磷酸铵镁的物理化学性质[6]

指　标	性　质
化学式	$MgNH_4PO_4 \cdot H_2O$
外　貌	白色晶体
结　构	斜方晶系
分子量	245. 43g/mol
比　重	1. 711g/cm^3
溶解性	0. 018g/100ml 水（25℃）
溶度积	$10^{-13.26}$

近年来，国内外研究发现，磷酸铵镁高温下加热分解后会发生相的变化。Abdelrazig 和 Sharp 等[7]报道磷酸铵镁在高温下热解，可以生成无定形态物质。Sugiyama 等[8]的研究结果表明磷酸铵镁在高温下发生热解反应，热解后生成无定形态的磷酸氢镁。Bhuiyan 等[9]同样发现，随着温

度的升高，磷酸铵镁中的氨和水分子逐渐释放，最终转变为无定形态磷酸铵镁。

三、磷酸铵镁沉淀技术处理氨氮废水的机理

磷酸铵镁沉淀法（又称为 MAP 法）去除废水中氨氮的原理是通过向废水中投加镁盐和磷酸盐，与废水中的氨氮发生化学反应，生成磷酸铵镁沉淀（$MgNH_4PO_4 \cdot 6H_2O$）而被去除。磷酸铵镁的化学反应方程式如下[6]：

$$Mg^{2+} + NH_4^+ + H_nPO_4^{3-n} + 6H_2O \rightarrow MgNH_4PO_4 \cdot 6H_2O + nH^+ \quad (n=0, 1, 2)$$

磷酸铵镁结晶分为两个化学过程：晶核形成（晶体产生），晶体生长[10]。影响磷酸铵镁结晶的机理是非常复杂的，影响其结晶的因素主要包括初始混合物，热力学固液平衡，动力学以及其他物理化学参数，诸如反应溶液的 pH、过饱和度、温度、竞争离子等。

四、磷酸铵镁沉淀技术的影响因素

（一）反应溶液的 pH

反应溶液的 pH 值对于磷酸铵镁沉淀具有非常重要的影响。为了获得磷酸铵镁的最小溶解度，需要调解反应溶液的 pH 值。国内外的科学工作者在 pH 值影响因素的方面作了很多的研究。Nelson 等[11]报道磷酸铵镁在厌氧上清液中沉淀的最佳 pH 值为 8.9 ~9.25。Booker 等[12]报道磷酸铵镁的最佳沉淀 pH 值为 9.0 ~9.4。Altinbas 等[13]研究在市政污水和垃圾渗滤液的混合液中磷酸铵镁的最佳沉淀 pH 值为 9.2。Zhang 等[14]报道在垃圾渗滤液中使用磷酸铵镁法去除废水中氨氮的最佳 pH 值为 9.5。Stratful 等[15]的研究结果表明磷酸铵镁可以在溶液 pH 值为 10.0 时大量沉淀出来。

一般认为，最有利于磷酸铵镁沉淀的 pH 值范围在 9.0 ~ 10.7 之间[2]。处理废水的水质不同，对于磷酸铵镁沉淀的最佳 pH 值有一定的影响。Wang 等[16]利用地球化学建模软件 PHREEQC 对不同水质条件下磷酸铵镁沉淀的情况进行了模拟，在 pH 值 9.0 时磷酸铵镁的饱和溶解指数最高。

（二）不同镁源和磷源的化学沉淀剂

不同的镁源和磷源作为化学沉淀剂，对于利用磷酸铵镁沉淀技术去除废水中氨氮具有不同的效果。Celen 和 Turker[17]研究了 $MgCl_2$ 和 MgO 两种不同化合物作为镁源去除工业废水中的氨氮，试验效果表明 $MgCl_2$ 作为镁源的效果优于 MgO，不过投加 MgO 可以提高废水的 pH 值，节省用于调节 pH 值的 NaOH。Zhang 等[14]使用了 $MgCl_2 + Na_2HPO_4$，$MgO + 85\% H_3PO_4$，$Ca(H_2PO_4)_2 + MgSO_4$ 三种不同的镁源和磷源药剂组合作为沉淀剂去除垃圾渗滤液中的氨氮，结果表明 $MgCl_2 + Na_2HPO_4$ 的沉淀剂组合去除氨氮的效果最佳，但是每去除 1mol 的氨氮会产生 2mol 的 NaCl。$MgO + 85\% H_3PO_4$ 的沉淀剂组合的氨氮去除率比 $MgCl_2 + Na_2HPO_4$ 的沉淀剂组合低 9%，但是不会产生 NaCl。Di Iaconi 等[18]使用 MgO 和 H_3PO_4 作为镁源和磷源去除垃圾渗滤液中的氨氮，在 pH 值为 9.0、$Mg^{2+}:NH_4^+:PO_4^{3-}$ 比为 2:1:1 的条件下，氨氮去除率达到 95%。

（三）反应溶液中的干扰离子

反应溶液中的干扰离子对磷酸铵镁的沉淀存在一定的影响。Song 等[19]研究了 Ca^{2+} 和 CO_3^{2-} 对磷酸铵镁沉淀的影响。结果表明 Ca^{2+} 会干扰磷酸铵镁结晶的形态和纯度，随着 Ca^{2+} 离子浓度增加，会生成无定形态磷酸钙，CO_3^{2-} 不会影响磷酸铵镁结晶的形态和纯度。Wilsenach 等[20]报道当废水中含有大量 K^+ 离子时，在磷酸铵镁沉淀的同时会伴随有 $MgKPO_4$ 共沉淀生成。

（四）反应溶液的温度

氨氮废水的温度不同，对于磷酸铵镁沉淀技术的应用，存在一定的影响。Mijangos 等[21]使

用 MINEQL 软件计算了磷酸铵镁结晶的化学平衡模型。结果表明，随着温度从25℃升高到60℃，磷酸铵镁的生成量逐渐减少。Celen 和 Turker[17] 报道在温度范围25~40℃的厌氧消化液中，磷酸铵镁的溶液度没有明显变化。Li 等[22] 研究了在垃圾渗滤液中温度变化对于氨氮去除效果的影响，结果表明温度变化对于氨氮去除率没有明显的影响。

五、磷酸铵镁沉淀技术的展望

目前，磷酸铵镁沉淀技术已经成为氨氮废水处理的热点研究技术之一。可是，高额的化学沉淀药剂费用问题，以及化学沉淀法产生的化学污泥难以处理处置的问题，是该技术进一步推广应用的主要制约因素。

为了能够解决上述问题，国内外学者在该领域展开了卓有成效的研究。Li 等[23] 使用垃圾渗滤液中除氨的化学污泥磷酸铵镁作为肥料来培育蔬菜。结果表明垃圾渗滤液中产生的磷酸铵镁与常规肥料相比，不会对蔬菜产生重金属污染，是一种非常好的肥料。将磷酸铵镁作为肥料加以利用可以有效解决化学污泥的问题。He 等[24] 将垃圾渗滤液中除氨产生的磷酸铵镁热解，将解热产物循环利用，重新作为化学沉淀药剂投加到废水中去除氨氮。Huang 等[25] 将稀土废水中除氨产生的磷酸铵镁热解，循环利用热解产物，重新投加到废水中去除氨氮。循环利用化学污泥磷酸铵镁的技术不但可以有效解决化学污泥难以处理处置的问题，同时还可以降低化学沉淀药剂的费用问题，有利于该技术的推广应用。

随着经济社会的发展和科学技术的进步，磷酸铵镁沉淀技术在氨氮废水处理的工业化应用方面展露出诱人的前景，该技术将朝着资源化回收利用废水中产生的有用物质磷酸铵镁的方向发展。这样，既可以回收有用物质磷酸铵镁，又可以使氨氮废水达标排放，从而实现环境、经济和社会效益的共赢。

参考文献

[1] 中国环境公报，2008.

[2] Doyle, J. D., Parsons, S. A., 2002. Struvite formation, control and recovery. Water Res. 36 (16), 3925 - 3940.

[3] Hao, X. D., Wang, C. C., Lan, L., van Loosdrecht, M. C. M., 2008. Struvite formation, analytical methods and effects of pH and Ca^{2+}. Water Sci. Technol. 58 (8), 1687 - 1692.

[4] Zhang, T., Ding, L., Ren, H., Xiong, X., 2009. Ammonium nitrogen removal from coking wastewater by chemical precipitation recycle technology. Water Res. 43, 5209 - 5215.

[5] Uludag - Demirer, S., Othman, M., 2009. Removal of ammonium and phosphate from the supernatant of anaerobically digested waste activated sludge by chemical precipitation. Bioresource Technol. 100, 3236 - 3244.

[6] Le Corre, K. S., Valsami - Jones, E., Hobbs, P., Parsons, S. A., 2009. Phosphorus recovery from wastewater by struvite crystallization: a review. Crit. Rev. Env. Sci. Tec. 39, 433 - 477.

[7] Abdelrazig, B. E. I., Sharp, J. H., 1988. Phase changes on heating ammonium magnesium phosphate hydrates. Thermochim. Acta 129, 197 - 215.

[8] Sugiyama, S., Yokoyama, M., Ishizuka, H., Sotowa, K. Tomida, T., Shigemoto, N., 2005. Removal of aqueous ammonium with magnesium phosphates obtained from the ammonium - elimination of magnesium ammonium phosphate. J. Colloid Interface Sci. 292, 133 - 138.

[9] Bhuiyan, M. I. H., Mavinic, D. S., Koch, F. A., 2008. Thermal decomposition of struvite and its phase transition. Chemosphere 70, 1347 - 1356.

[10] Jones, A. G., 2002. Crystallization process system. Oxford, Great Britain: Butterworth/Heinemann.

[11] Nelson, N. O., Mikkelsen, R. E., Hesterberg, D. L., 2003. Struvite precipitation in anaerobic swine lagoon liquid: effect of pH and Mg: P ratio and determination of rate constant. Bioresource Technol. 89, 229 - 236.

[12] Booker, N. A., Priestley, A. J., Fraser, I. H., 1999. Struvite formation in wastewater treatment plants: opportuni-

ties for nutrient recovery. Environ. Technol. 20, 777 – 782.

[13] Altinbas, M., Yangin, C., Ozturk, I., 2002. Struvite precipitation from anaerobically treated municipal and landfill wastewaters. Water Sci. Technol. 46 (9), 271 – 278.

[14] Zhang, T., Ding, L., Ren, H., 2009. Pretreatment of ammonium removal from landfill leachate by chemical precipitation. J. Hazard. Mater. 166, 911 – 915.

[15] Stratful, I., Scrimshaw, M. D., Lester, J. N., 2001. Conditions influencing the precipitation of magnesium ammonium phosphate. Water Res. 35 (17), 4191 – 4199.

[16] Wang, J., Song, Y., Yuan, P., Peng, J., Fan, M., 2006. Modeling the crystallization of magnesium ammonium phosphate for phosphorus recovery. Chemosphere 65, 1182 – 1187.

[17] Celen, I., Turker, M., 2001. Recovery of ammonia from anaerobic digester effluents. Environ. Technol. 22, 1263 – 1272.

[18] Di Iaconi, C., Pagano, M., Ramadori, R., Lopez, A., 2010. Nitrogen recovery from a stabilized municipal landfill leachate. Bioresource Technol. 101, 1732 – 1736.

[19] Song, Y., Yuan, P., Zheng, B., Peng, J., Yuan, F., Gao, Y., 2007. Nutrients removal and recovery by crystallization of magnesium ammonium phosphate from synthetic swine wastewater. Chemosphere 69, 319 – 324.

[20] Wilsenach, J. A., Schuurbiers, C. A. H., van Loosdrecht M. C. M., 2007. Phosphate and potassium recovery from source separated urine through struvite precipitation. Water Res. 41, 458 – 466.

[21] Mijangos, F., Kamel, M., Lesmes, G., Muraviev, D. N., 2004. Synthesis of struvite by ion exchange isothermal supersaturation technique. React. Funct. Polym. 60, 151 – 161.

[22] Li, X. F., Dolores, B., Chen, J., 2009. Performance of struvite precipitation during pretreatment of raw landfill leachate and its biological validation. Environ. Chem. Lett. doi: 10.1007/s10311 – 009 – 0248 – 4.

[23] Li, X. Z., Zhao, Q. L., 2003. Recovery of ammonium – nitrogen from landfill leachate as a multi – nutrient fertilizer. Ecol. Eng. 20, 171 – 181.

[24] He, S., Zhang, Y., Yang, M., Du, W., Harada, H., 2007. Repeated use of MAP decomposition residues for the removal of high ammonium concentration from landfill leachate. Chemosphere 66, 2233 – 2238.

[25] Huang, H. M., Xiao, X. M., Yan, B., 2009. Recycle use of magnesium ammonium phosphate to remove ammonium nitrogen from rare – earth wastewater. Water Sci. Technol. 59 (6), 1093 – 1099.

龙潭湖甲藻水华应急处置

边归国[1]　刘国祥[2]　林联锦[3]　陈克华[3]　黄亨语[4]　冯昭华[5]　张全东[3]

（1. 福建省环保厅总工办；2. 中国科学院武汉水生生物研究所；3. 龙岩市环保局；
4. 龙岩市新罗区环保局；5. 福建省环保设计院）

摘　要　为了消除龙硿洞龙潭湖甲藻水华，选用二氧化氯（湖水中有效氯约 7.94 mg/L）、漂白粉（湖水中有效氯约 35.3mg/L）和生石灰等安全、廉价、易得的常规消毒、除藻剂。检测结果表明，湖水中叶绿素 a 由 139.05g/L 降至 3.60g/L，减少 97.4%，甲藻由 11.1×10^6 个/L 降至 0 个/L，佩氏拟多甲藻和颗粒直链藻均被漂白粉、二氧化氯杀死漂白，叶绿体被完全破坏，底泥样品悬浮后观察，均未检出活体拟多甲藻，甲藻水华被彻底消除。

关键词　应急处置　甲藻水华　漂白粉　二氧化氯　生石灰

近年来，我国云南、广东、四川、湖北、福建等地河流、湖库陆续发现甲藻水华，对当地的生产和生活产生一定的影响。关于养鱼塘中多甲藻和裸甲藻杀灭的报道，常采用硫酸铜[1]和生石灰[2]等方法。但是，对于湖泊、河流甲藻水华应急处置的方法未见报道。2009 年 12 月初，福建省龙岩市龙硿洞风景名胜区龙潭湖发现甲藻水华，为了避免在下游主河道大面积爆发水华，经过化学方法的应急处置，甲藻水华被彻底消除。

一、龙硿洞风景名胜区及龙潭湖甲藻水华概况

福建省龙岩市龙硿洞风景名胜区地处武夷山脉南段，位于龙岩市新罗区境内，是福建省省级风景名胜区。风景区群山环抱，流水淙淙，景色秀丽，风景宜人，有着丰富的山林景观和复杂独有的喀斯特地貌。风景区面积 3.47km^2，其核心景点龙硿洞形成于三亿年前的古生代，是海洋经三次地壳运动和间歇演变而成，为现已探明的我国特大溶洞之一。洞口附近围栏约7 500m^2 的风景湖——龙潭湖，蓄水约17 000m^3，湖水主要来源于一条山涧小溪和溶洞地下水两股。在小溪上游约 2km 坐落一自然村——龙康村，该村有 130 人，饲养 20 头猪、66 只鸭和 84 只鸡。风景区内设有一山庄，可接纳会议、游人膳宿，平均年接待量约 10 万人，就餐人数6 000人。另外，景区管理处有员工 48 人，设游人中心、管理办公室、餐厅等生活区面积2 500m^2，景区生活污水基本上由管网排至龙潭湖外大坝以下。龙潭湖下游约 12km 有一个城市饮用水水源取水口。

2009 年 12 月初，从清晨 5 点多钟到下午 17 时许，在龙潭湖中部发现条状褐色水华，在南面沿岸出现边片状褐色水华，经监测为佩氏拟多甲藻 Peridiniopsis penardii。

二、拟多甲藻的基本特征

佩氏拟多甲藻板片格式：Po + 4′+ 6″+ 5c + 5s + 5‴+ 2⁗，细胞近卵形到近菱形，顶端具孔，末端具细刺或无。上下壳大致相等，横沟轻微左旋。大小：（26.2 ~ 37.0）mm ×（29.3 ~ 41.8）mm，长略大于宽（1.08 ~ 1.21 倍于宽）见图 1。虽然拟多甲藻是广温性藻类，可在 10 ~ 28℃大量繁殖，形成水华[3]，但最适生长的水温为 13 ~ 15℃，由于具有鞭毛能自主运动，有昼夜垂直迁移的生态学特征，白天趋于在水体上层聚集分布，晚上趋于在水柱中随机分布，其水华光条件中的日照时间以每 3d/8h 为最佳值[4]，低于或超过此值时甲藻的增殖速度有减少趋势，这表明甲藻喜薄日厌强光的特性，太阳光的昼夜交替是影响拟多甲藻昼夜垂直迁移的重要环境因素。

一般情况下，甲藻水华宏观形态呈大的团块和条带状，极端情况全部水域为深酱油色[5]且分布

均匀，并伴有轻微藻腥味。畑幸彦[6]研究表明，当它们聚集的程度达到 5×10^4 个/L 时，湖面就开始出现有颜色的特征，到 1×105 个/L 左右时，开始呈块状出现，到 1×10^6 个/L 以上时，用肉眼就能观察到明显的水华现象。据室内毒理学研究结果认为，拟多甲藻水华对藻类的生长无明显抑制作用，其细胞提取液对小白鼠未产生明显的致毒效应，说明拟多甲藻没有明显的生物毒性[7]。

三、甲藻水华应急处置方法选择

（一）应急处置方法选择

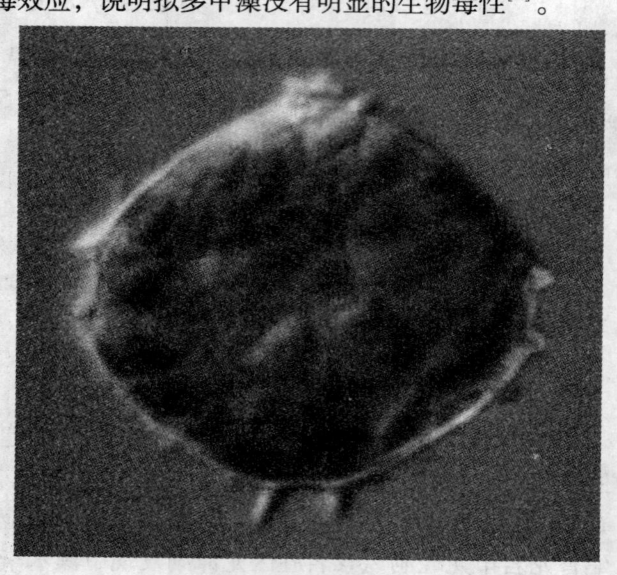

图1 佩氏拟多甲藻

藻类水华应急处置主要有物理除藻、化学除藻、生物除藻等方法，边归国[8]对此进行评述，包括采用过滤除藻、遮光技术、人工循环湖水、超声技术抑制藻类等物理技术，使用絮凝剂、抑制剂、除藻剂、电化学法、综合除藻等化学方法以及以藻制藻、发展滤食性鱼类、养殖高等水生植物、以病毒作为生物控制因子、大麦秆控制水华藻类和生物接触氧化等生物除藻等。认为，一般情况下，采用物理和生物除藻技术，在藻类暴发影响严重的紧急状态下，也可以适当地采用化学方法除藻[9]。目前，关于淡水甲藻的应急处置方法尚未见研究报道，为了迅速处置甲藻水华，又不对下游水环境产生明显影响，先后探讨了高岭土和聚合氯化铝絮凝剂除藻、漂白粉和二氧化氯氧化剂除藻以及生石灰等化学处理方法，土壤表面处理和曝气等物理除藻技术，投放滤食性鱼苗生物除藻等多种方案。现场实验和综合分析表明，使用高岭土效果无法有效灭杀甲藻水华；由于连日降雨土壤已趋饱和，无法发挥土壤表面处理的吸附和过滤作用；投放滤食性鱼类，除藻时间过长；曝气方式仅抑制藻类生长并不能除藻。经过现场初步试验，漂白粉和二氧化氯均有良好的除藻效果，但使用漂白粉处理后，水中白色漂浮物较多、感官不佳，而使用二氧化氯处理后水色透明。最终拟定先使用二氧化氯，当二氧化氯货源不足的情况下辅助使用漂白粉除藻，后期使用生石灰巩固除藻效果。

为了防止甲藻流向下游，对干流产生影响，在当地政府的指挥下，当天立即使用无纺布和活性炭对龙潭湖实施拦截。在9、10 两日泼洒5t 高岭土的基础上，于12 日从上午9 点30 分左右开始人工泼洒有效氯相当于5%的二氧化氯液体，此后还布撒了有效氯约30%漂白粉，但 17 点左右有小部分水华复发，立即重点补充喷洒二氧化氯，水华减退。当日共泼洒二氧化氯 2t（水中有效氯约 5. 88 mg/L）和漂白粉 2t（水中有效氯约 35. 3mg/L）。13 日为了巩固除藻效果，又喷洒二氧化氯 0. 7t（水中有效氯约 2. 06mg/L），此后再无水华复发。但发现底泥中仍有大量的新鲜活体颗粒直链藻和硅藻类，底栖无脊椎动物和原生动物等也发现有存活。因此，不排除水体底层和底泥中有甲藻胞囊存活，所以在 19 日和 20 日，先后加入 8t 生石灰，彻底抑制水中和底泥表面的甲藻。

（二）漂白粉、二氧化氯和生石灰理化性能和除藻效应

1. 次氯酸钙和漂白粉

次氯酸钙是一种无残毒、不产生二次污染的高效广谱灭菌药物，能有效地杀灭引发水华的绿藻、蓝藻和硅藻。≥62. 5ppm（有效氯含量）暴露 96h，4 种藻类的死亡率可达 92%～100%。在 500ppm 的条件下，绿藻、蓝藻和硅藻分别在几分钟和 1h 内全部死亡[10]。作为常规的自来水消毒剂，漂白粉（有效氯含量 35%）抑制小球藻生长的半效应浓度（EC_{50}）分别是 2. 17mg/L、

1. 10mg/L 和 0. 91mg/L[11]。

2. 二氧化氯

二氧化氯作为一种强氧化剂，具有较高的氧化－还原电势。它不同于氯气以亲电取代为主，而是以氧化反应为主。有机物被氧化后以降解为氧基因产物存在，而不是以三氯甲烷等卤代烃有害物质形式存在，并且二氧化氯较氯气适应于更宽的 pH 值范围。因此，从反应机理而言，二氧化氯较氯气具有更好的除藻、除腥效果，并能有效地控制卤代烃的生成量[12]。电镜观察显示，低剂量的二氧化氯就可引起藻体细胞的局部损伤，较高剂量可导致细胞破裂，证明二氧化氯可直接作用于细胞外壁，引起细胞壁开裂，并导致胞内物质流出[13]。

二氧化氯安全可靠，无“三致效应”，无蓄积性。二氧化氯被世界卫生组织（WHO）列为 A1 级安全高效消毒剂，被美国 FDA 等国际机构确认为最佳的杀菌消毒剂。它广泛应用于水处理、造纸及纺织品漂白、食品及农产品加工、医疗卫生、制药、农业种植、养殖等领域。二氧化氯的氧化能力是氯的 2. 6 倍，所以杀消能力强、迅速、彻底。可用于自来水、二次供水、井水、地表水等饮用水的消毒、脱色、去离子处理；食品、饮料、制药等企业的管道设备、包装、环境、人员的消毒及无菌水配制；粮食、蔬菜、果品、药材、水产品等的消毒、保鲜、漂白、去农残、脱硫处理；工业循环水、石油钻井、污水处理、景观水、水产养殖等灭菌、灭藻、改善水质；农业种植作物的杀菌防病；农业养殖业的环境、器物、人员的消毒；家庭、餐厅、宾馆、车辆、候车室、办公室等公共、人居环境的空间、物品的消毒。医疗、卫生、传染病及紧急疫病区的空间、空气、遗弃物、器械、人员等的消毒。在自来水厂供水中投加 ClO_2 浓度 4 mg/L 氧化 30min 时，藻类去除率可稳定在 84%[14]。

3. 生石灰

生石灰是来源十分广泛而又廉价的材料，在鱼病防治方面，生石灰一直作为常用消毒药物，使用效果显著。投加生石灰不仅可以上调 pH 值，保持水中碱度有利于混凝，又可使藻类吸附在石灰颗粒上利于降浊。当然，CaO 投量应随水体 pH 值下降程度而定，一般控制在 15～30 mg/L[15]。生石灰（氧化钙含量 80%）24h、48h 和 72 h 抑制小球藻生长的半效应浓度（EC_{50}）分别是 28. 57mg/L、10. 77mg/L 和 9. 79 mg/L[11]。

四、应急处置效果分析

（一）感官变化

图 2　除藻前（12 月 10 日）　图 3　除藻过程中（12 月 12 日）　图 4　除藻后（12 月 13 日）

随着各种药剂的喷洒，龙潭湖水面在感官上有了明显变化，条、片状甲藻褐色水华逐渐消失，见图2～图4。沿岸丝状水绵（*Spirogyra* sp.）和基枝藻（*Basicladia* sp.）大部分已由绿色改变为褐色和白色，间接证实甲藻死亡。从12月13日以后，湖面未发现水华。

（二）除藻剂对甲藻和环境因子的影响

龙潭湖湖心是甲藻水华最密集的区域，经过各种化学试剂的投放，甲藻和各项环境因子发生一定的变化，尤其是CODMn、TN、叶绿素a和甲藻明显降低，见表1。

表1　龙潭湖湖心应急处置前后甲藻和环境因子监测结果　　单位：mg/L

时间	水温	DO	pH	COD	氨氮	TN	TP	叶绿素a	甲藻	藻总数
12.09	15.0	9.80	8.03	12	0.183	2.879	0.327	139.05	11.1	
12.10	15.0	9.78	8.04	1.85	0.109	0.669	0.057	18.87		
12.11	16.0	10.59	8.16	1.24	0.175	0.600	0.014	17.08		
12.12	17.0	11.02	8.54	1.33	0.134	0.864	0.038	2.52	0.25	5.94
12.13	15.0	10.77	8.31	1.92	0.139	0.432	0.050	1.84	0.05	2.44
12.14	16.5	9.71	7.43	1.84	0.148	0.788	0.036	3.98	0	1.55
12.15	16.0	9.67	7.62	2.12	0.148	0.198	0.034	3.68	0	1.33
12.17	10.0	9.00	7.41	1.24	0.111	0.070	0.042	2.22		
12.19	11.5	9.36	7.41	0.99	0.095	0.579	0.074	3.60		

注：pH为无量纲、温度为℃、叶绿素a为g/L、甲藻为10^6个/L。

从图5可见，与藻类生长密切相关的环境因子pH并未随叶绿素a和甲藻的下降而同步降低，产生的先上升后下降的波动性变化，是由于二氧化氯和漂白粉氧化还原过程中产生的OH^-所致[16,17]。

二氧化氯在pH≈7的中性条件下发生以下反应：

$ClO_2 + e = ClO_2^-$

$ClO_2^- + 2H_2O + 4e = Cl^- + 4OH^-$

漂白粉在水中发生以下反应：

$ClO^- + H_2O = HClO + OH^-$

另一与藻类生长密切相关的环境因子溶解氧的波动性变化，与漂白粉在水中产生的水解反应密切相关。漂白粉中有效成分是$Ca(ClO)_2$，在水中发生以下反应：

$ClO^- + H_2O = HClO + OH^-$

$2HClO = 2HCl + O_2\uparrow$

可以看出，ClO^-水解生成HClO不仅使水体呈碱性，同时HClO分解也产生O_2[17]。

高锰酸盐指数的急剧下降，是由于施加了大量的漂白粉和二氧化氯等氧化剂，氧化了水中的藻类、有机物和还原性物质，所以高锰酸盐指数大幅度下降。

由表1和图6可见，水中氨氮由0.183 mg/L降至0.095 mg/L，减少48%；总氮由2.879 mg/L降至0.579mg/L，减少79%；总磷由0.327 mg/L降至0.074mg/L，减少74%。藻类细胞的组成主要为$C_{106}H_{181}O_{45}N_{16}P$，除藻过程中生物和环境因子Pearson相关分析表明，叶绿素a与总氮（$R=0.957$、$p=0.000$）和总磷（$R=0.968$、$p=0.000$）非常显著相关，说明营养盐的减少与甲藻的去除关系密切，甲藻死亡将携带部分营养物质逐渐沉降于湖底。

由表1可见，叶绿素a由139.05g/L降至3.60g/L，减少97.4%；甲藻由11.1×10^6个/L降至0个/L。13日检测结果表明，佩氏拟多甲藻和颗粒直链藻均被漂白粉、二氧化氯杀死漂白，叶绿体被完全破坏见图7、图8。底泥样品悬浮后观察，均未检出活体拟多甲藻，但发现有大量的新鲜活体颗粒直链藻和硅藻类，底栖无脊椎动物和原生动物等也发现有存活。

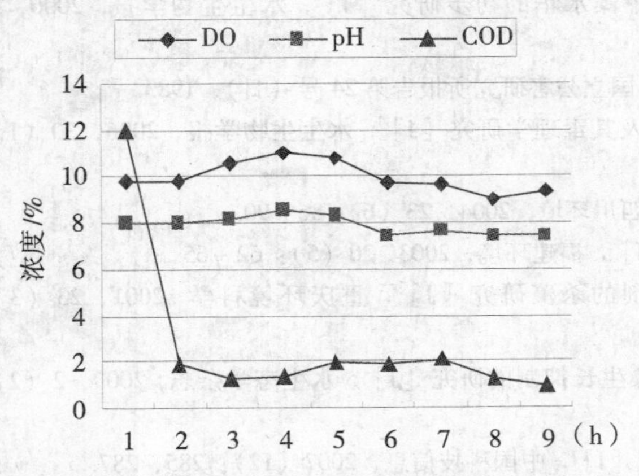

图5　溶解氧、pH和高锰酸盐指数变化

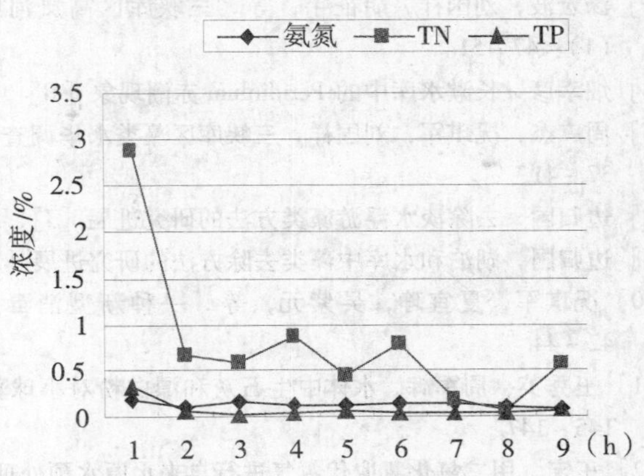

图6　氨氮、总氮和总磷变化

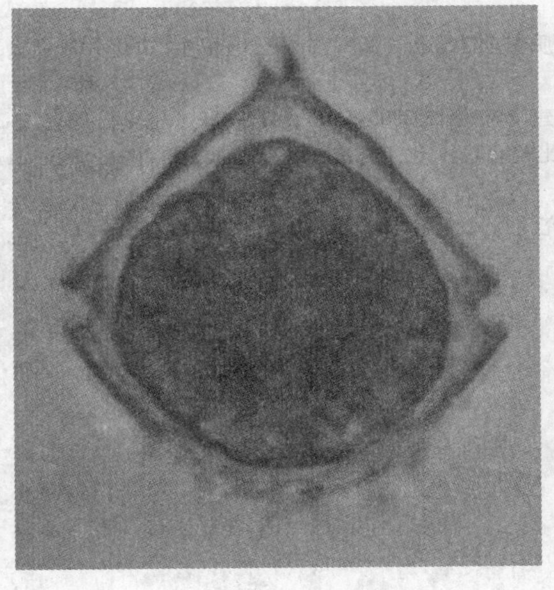

图7　已死亡漂白拟多甲藻

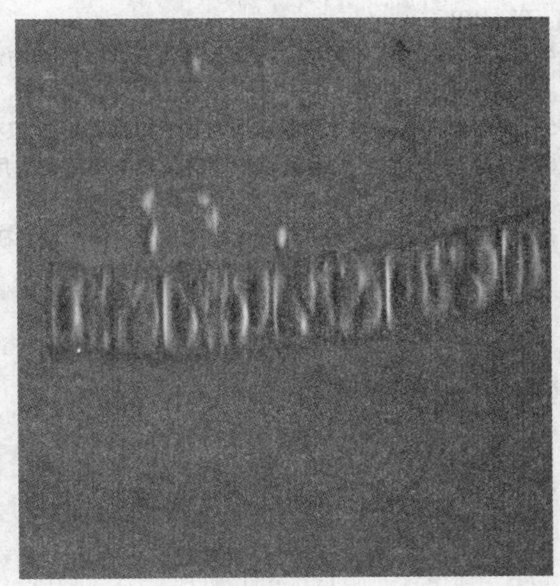

图8　已死亡漂白颗粒直链藻

五、结　语

借鉴鱼塘和自来水杀灭甲藻和其他藻类的方法，选用漂白粉、二氧化氯和生石灰等安全、廉价、易得的常规消毒、除藻剂，对龙潭湖甲藻水华进行应急处置，取得满意的结果。随着甲藻的杀灭和叶绿素a的减少，总氮、总磷等营养物质也同步下降。龙潭湖甲藻水华应急处置的实践，为国内外处置甲藻水华提供了科学依据。

参考文献

[1] 凌志勇，陈华芬. 严重影响鱼类生长的藻类及防治方法［J］. 内陆水产，2001（8）：39.

[2] 胡德斌. 鱼塘藻类及其防治［J］. 今日农村，2002（9）：23.

[3] 汤宏波，胡圣，胡征宇，等. 武汉东湖甲藻水华与环境因子的关系［J］. 湖泊科学，2007，19（6）：632－636.

[4] 朱木兰，陈飞勇，金峰，等．水库甲藻水华与防治效果数值模拟［J］．人民长江，2007，38（11）：157－159.
[5] 汤宏波，刘国祥，胡征宇，等．三峡库区高岚河甲藻水华的初步研究［J］．水生生物学报，2006，30（1）：47－51.
[6] 畑幸彦．长漱水库中的 Peridinlum 赤潮现象［R］．国立公害研究所报告第 24 号（日），1983.
[7] 周广杰，况琪军，刘国祥．三峡库区藻类水华调查及其毒理学研究［J］．水生生物学报，2006，30（1）：37－41.
[8] 边归国．去除淡水浮游藻类方法的研究进展［J］，四川环境，2004，23（6）：86－90.
[9] 边归国．湖泊和水库中藻类去除方法的研究进展［J］．福建环境，2003，20（5）：62－65.
[10] 况琪军，夏宜琤，吴紫元，等．一种新型消毒剂的杀藻研究［J］．重庆环境科学．2001，23（3）：42－44.
[11] 王秀英，周军辉．水体中生石灰和漂白粉对小球藻生长抑制的研究［J］．水生态学杂志，2009，2（2）：145－147.
[12] 王宁．用二氧化氯取代氯气进行自来水原水预处理［J］．中国科技信息，2007（12）：285，287.
[13] 侯翠荣，贾瑞宝．化学氧化破坏藻体及胞内藻毒素释放特性研究［J］．中国给水排水，2006，22（13）：98－101.
[14] 刘卫华，季民，杨洁．高藻水预氧化除藻效能与水质安全性分析［J］．中国公共卫生，2005，21（11）：1323－1325.
[15] 解春红．高藻类洋河原水处理方法探讨［J］．工程建设与设计，2005（10）：47－48.
[16] 乔勇，张玉先．给水处理中二氧化氯与臭氧的应用比较［J］．化工标准·计量·质量，2001（8）：21－25，37.
[17] 陈志勇，王辉．漂白粉氧化处理化学镀镍废液的研究［J］．电镀与环保，2001，21（4）：30－31.

某印染废水处理工程实践

陶明清 赵建国

（江苏中天环境工程有限公司 江苏 镇江 212000）

摘 要 印染废水具有水量大、有机污染物浓度高、色度深、碱性大、水质变化大、成分复杂等特点，属较难处理的工业废水之一[1]。本文介绍了一项印染废水处理工程实践，着重阐述了工程工艺、运行调试效果和改造措施。

关键词 印染废水 去除率 有机物

一、引 言

近年来由于化学纤维织物的发展，仿真丝的兴起和印染后整理技术的进步，使 PVA 浆料、人造丝碱解物（主要是邻苯二甲酸类物质）、新型助剂等难生化降解有机物大量进入印染废水，传统的生物处理工艺已受到严重挑战；传统的化学沉淀和气浮法对这类印染废水的 COD 去除率也仅为 30% 左右[2]。因此开发经济有效的印染废水处理技术日益成为当今环保行业关注的课题。

二、概 述

白兔印染厂位于镇江句容白兔镇，占地面积4 000m^2，该厂主要以染色加工为主，纱线染色方式为筒子染色，染色纤维为腈纶棉毛类，染料基色为红、蓝和黑，呈酸性，实际生产以基色按不同比例配制使用，配料槽容积约为 10L，染色容器为不锈钢方形，总计 19 座，其中染整水量：0. 1 ~ 5m^3 不等，冲洗水量范围：0. 6 ~ 12L，染纱重量范围：2. 5 ~ 300kg 不等，染色时间周期控制在 4h 范围，间歇排放染色废水，深色染色时间较长，浅色染色时间较短，锅炉蒸汽加热，排放水温度 50℃以上，水质水量随时间间歇变化。

随着社会的进步，为了提高生产效益，同时响应国家号召，坚持可持续发展战略，满足环保要求，该厂于2008 年 12 月已经建立一套 1000T/D 印染废水处理系统。过半年的运营，结果显示废水处理的部分指标很难达到环保要求，故为了使改造工程有效而经济运行，以达到环保要求，特做改造。经过整改后，处理后的出水水质已经完全达到《太湖地区城镇污水处理厂及重点工业行业主要水污染物排放限值》（DB32/1072—2007）规定的要求，顺利通过验收。

三、废水处理工程设计

（一）设计水质水量

根据厂方提供的数据和要求，设计废水量为1 000m^3/ d ，污水处理站 24 h 运行，处理水量为 Qh ＝40m^3/ h 。

（二）设计水质及排放标准

该厂废水主要来自连续染色机，水质较为稳定，其设计水质及排放标准见表 1。

表 1 废水水质及排放标准

项目	COD/（mg/L)	NH_3 – N/（mg/L)	SS/（mg/L)	TP/（mg/L)
进水水质	350	3. 92	75	2. 9
排放标准	50	5	10	0. 5
去除率/%	85. 7		86. 7	82. 8

（三）设计工艺说明

印染车间排放的印染废水经水渠收集后，进入污水处理站集水池，经过集水池的 pH、水质和水量调节后，由提升泵将废水送入气浮池，PAC 加药方式为管道混合式，通过气浮进一步除去较小尺寸的固形物及大部分色度，由于水温已经超过 50℃，必须降温，否则不利于细菌的存活及生长，大多细菌为中温菌（35～40℃），经过冷却塔降温后，污水由重力流入水解酸化池，停留时间约 4h。此时，在异样型微生物和酶的作用下，含碳有机物被水解成单糖，既大分子有机物经过断链和不完全降解后，变为可生化的小分子有机物，由于产生色度的大分子在水解酸化中，色基团被分解，故色度明显下降，出水进入后续的好氧反应，在此阶段，COD 的去除率可达 30% 左右。为保证水解酸化池内有充足的微生物，在池内增设填料，使微生物在其上附着生长。池内设穿孔曝气管用以供氧。水解酸化后的污水，通过重力流分配到生物接触氧化池中，使废水在氧化池中好氧菌的作用下，将废水中大部分 BOD_5 充分降解为 CO_2 和 H_2O，为了保证好氧池内有足够的溶解氧和微生物，在生物接触氧化池中填充比表面积大、重量轻的组合填料，池底安装微孔曝气器进行充氧，使池内处于好氧状态。通过该好氧过程，废水基本已被净化，随即废水自重流入中沉池，经沉淀分离后，出水达标排放。气浮池和二次沉淀池中分离出的污泥一并汇入污泥浓缩池，再进行脱水，外运处理。

（四）废水处理工艺流程

废水流程：

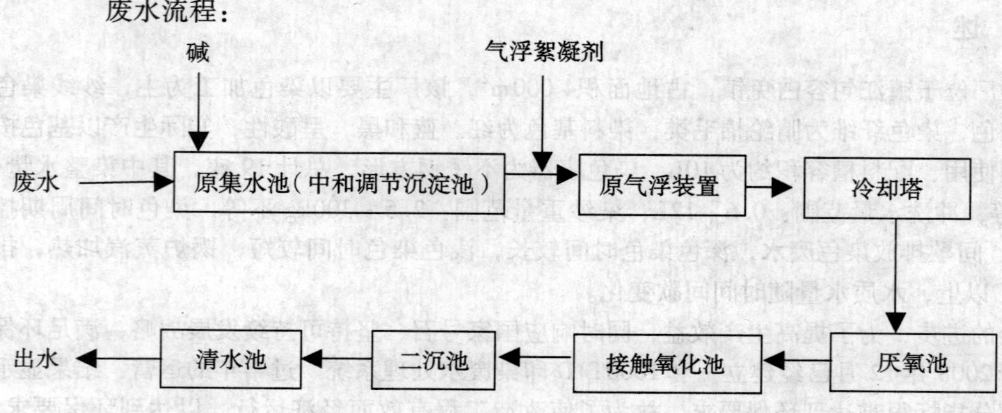

污泥流程：

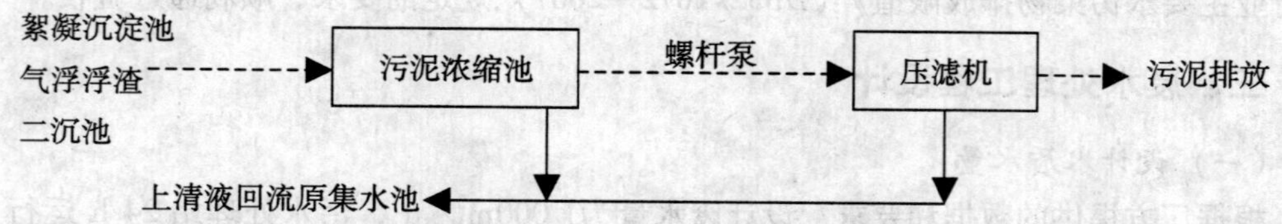

四、工程概况

表 2　主要构筑物一览表

序号	名　称	规　格	结　构	数　量	备　注
1	集水池（m×m×m）	14×5×3	钢筋混凝土	1	改造
2	气浮池（m×m×m）	8×3.4×4	钢筋混凝土	1	改造
4	水解酸化池（m×m×m）	10.8×4×4	钢筋混凝土	1	

序号	名　称	规　格	结　构	数　量	备　注
5	接触氧化池（m×m×m）	8×3.4×4	钢筋混凝土	1（分三格）	
6	沉淀池（m×m×m）	5.2×5.2×4	钢筋混凝土	1	
7	污泥浓缩池（m×m×m）	3.8×3.8×2	钢筋混凝土	1	
8	清水池（m×m×m）	14×2×3	钢筋混凝土	1	

表3　设备投资一览表

序号	名　称	型号规格	数　量	备　注
1	潜污泵	$Q=60m^3/h$	4台	铸钢，2用2备
2	组合填料		$500m^3$	
3	反冲洗水泵	$Q=30m^3/h$	1台	
4	推流搅拌器		2只	
5	兼氧曝气系统		20套	
6	好氧曝气系统		280套	
7	支　架		2套	
8	集水池配件		1套	
9	鼓风机	11kW	2台	1用1备
10	加药装置		1套	含溶药箱、加药箱、输送泵、搅拌机等
11	污泥回流泵		1套	
12	系统管道阀门		1套	
13	电线电缆		1套	
14	原污泥压滤系统		1套	含螺杆泵，压滤机等
15	电器控制系统			

五、运行状况及分析

（一）调试运行情况

物化系统的调试，经对三氯化铁、硫酸亚铁、聚合硫酸铁、聚合硫酸铝、聚合氯化铝等混凝剂进行现场实验及技术经济比较，确定采用聚合氯化铝溶液作混凝剂。

生化系统采用镇江污水处理厂脱水污泥，用量约20t，其中水解酸化池6.7t，接触氧化池13.3t（共3个池子。每个池子4.4t）。接种污泥过稠，用水稀释、过滤、沉淀，去除污泥中夹带的大颗粒固体和漂浮杂物后投入池中。为保证营养均衡，需投加尿素和磷酸二氢钠，按质量BOD_5: N: P = 200: 5: 1计算，使污泥顺利增殖，剩余污泥泵入水解酸化池，以提高水解酸化效果。

（二）去除效果

经过一段时间调试，微生物逐步开始生长，去除效果日益显著，运行结果见表4。

表4　出水水质监测结果分析

日期	5.1	5.15	6.1	6.15	7.1	7.15	8.1	8.15
COD原水/（mg/L）	336	351	346	372	357	346	368	357
COD出水/（mg/L）	74	68	76	85	97	94	86	89
去除率/%	77.9	80.6	78.0	77.1	72.8	72.9	76.6	74.8

由表4可见，采用气浮—水解酸化—生物氧化工艺处理印染废水具有较好的工作稳定性，进水COD从330～380mg/L变化时，出水COD月均值小于90 mg/L，但未达《太湖地区城镇污水处理厂及重点工业行业主要水污染物排放限值》（DB32/1072—2007）。

原因分析：①原水水温很高，5月以后随气温的上升略有增加，在55～65℃冷却后进入生化池时水温仍在35～40℃，影响了生化细菌的正常生长；②沉淀池较浅，好氧池出水含有的微生物絮体等无法完全沉淀，出水含有较多杂质；③该印染废水脱色效果有限，出水经常呈现橘黄色。

六、工程改进及效果分析

（一）工程改进措施

根据厂家的改造要求，同时鉴于以上该厂家印染废水设计运行监测状况，依据设计原则及设计依据，具体改造内容如下：

1. 沉淀池沉泥斗坡度改造，深度改造，增加溢流堰，使悬浮物有效沉淀，同时出水水量稳定，污泥斗取 $\alpha=60°$，截头直径0.4m，污泥斗高度4.5m，缓冲层高 h_4 取0.3m。

2. 新增脱色装置：采用二氧化氯脱色，二氧化氯浓度为约25mg/L。去除COD和色度，确保出水达到国家一级A类标准。

（二）运行效果分析

表5　出水水质监测结果分析

日期	9.1	9.6	9.11	9.16	9.21	9.26	10.1	10.6
COD原水/(mg/L)	346	358	351	369	376	358	349	366
COD出水/(mg/L)	42	44	43	45	47	40	42	43
去除率/%	87.9	87.7	87.7	87.8	87.5	88.8	87.9	88.3

经改造后，出水完全达到出水排放标准。

七、结果及讨论

1. 由运行效果看，该工艺处理印染废水占地面积小，建设投资成本低，具有明显的优势；

2. 印染废水大多温度较高，需在工艺设计中加装稳定有效的冷却设备，保证进入生化池的水温不高于38℃；

3. 生化处理很难达到《太湖地区城镇污水处理厂及重点工业行业主要水污染物排放限值》（DB32/1072—2007）标准，研究进一步深度处理的方式具有极大的实用价值。

参考文献

[1] 王萍．印染废水处理方法的研究进展［J］．印染，2004，30（20）：50－55.

[2] 戴日成，张统，郭茜，等．印染废水水质特征及处理技术综述．论文天下论文网．

农业废弃物核桃壳粉对模拟微污染水中铁的静态吸附特性研究

饶　婷　鲁秀国　张　攀

（华东交通大学土木建筑学院　江西南昌　330013）

摘　要　采用废弃核桃壳对总铁浓度为3～4mg/L的模拟微污染水样进行了静态吸附实验研究。实验结果表明，对于总铁浓度为3～4mg/L的100ml模拟微污染水样，当采用产地为新疆，粒径为1.6～2.5mm核桃壳吸附剂用量为1.0g、介质pH值为7.0、吸附时间为300min时，铁的去除率可以达到99.03%。吸附后的水中总铁浓度满足GB 5749—85的标准。随着体系温度的升高，核桃壳对总铁的吸附量增加。同时对吸附等温线及其模型的拟合进行了实验说明，Freundlich模型能较好地反映吸附过程特征。

关键词　吸附　核桃壳　微污染水　总铁

我国城市饮用水的国家标准GB 5749—85中总铁的标准为0.3mg/L，铁过量摄入对人体有慢性毒害作用。人体铁的浓度超过血红蛋白的结合能力时，就会形成沉淀，致使肌体发生代谢性酸中毒，引起肝脏肿大，肝功能损害和诱发糖尿病。本文以废弃核桃壳作为吸附剂，进行了静态吸附去除微污染水中铁（总铁浓度为3～4mg/L）的实验研究，吸附处理后的水质可达到城市饮用水的国家标准GB5749—85（总铁的标准为0.3mg/L）。

一、实验部分

（一）仪器与试剂

仪器：电子分析天平（AB204－N）、振荡器（ZD－8801）、HACH分光光度计（DR/2500）等。

试剂：硫酸亚铁铵（AR）、盐酸羟胺（AR）、乙酸铵（AR）、邻菲啰啉（AR）等。

（二）实验步骤

1. 核桃壳吸附剂的制备

将废弃核桃壳洗净，然后在102℃左右烘干，碾碎，备用。

2. 模拟水样的配制

称取0.02 268g$FeCl_2$溶于1＋1HCl 20ml，再定容于2 000ml容量瓶中，配制总铁浓度为3～4mg/L的模拟微污染水样。

3. 吸附实验步骤

取100ml模拟水样于250ml锥形瓶中，加入一定量的吸附剂，进行振荡静态吸附实验，采用单因素变量法，考察吸附剂种类、吸附剂粒径、吸附剂用量、水样pH值、水样初始浓度、吸附时间等因素对处理效果的影响，选择最佳处理参数。

4. 吸附实验效果表征

实验效果可用总铁的去除率来表征。

$$去除率\ D\% = \frac{C_0 - C_e}{C_0} \times 100\%$$

$$平衡吸附量\ q_e = \frac{(C_0 - C_e) \times V}{m}$$

式中：C_0和C_e分别是吸附前后总铁的浓度；V为水样的体积；m为吸附剂的质量。

二、结果与讨论

（一）铁标准曲线的绘制

按照 GB3049—86 中用邻菲啰啉分光光度法测定铁的方法，绘制铁标准曲线见图 1。在测定未知溶液中铁的浓度时，可按上法显色后以其 λ_{max} 处测得的吸光度值从该标准曲线上查出对应的总铁浓度值即可。

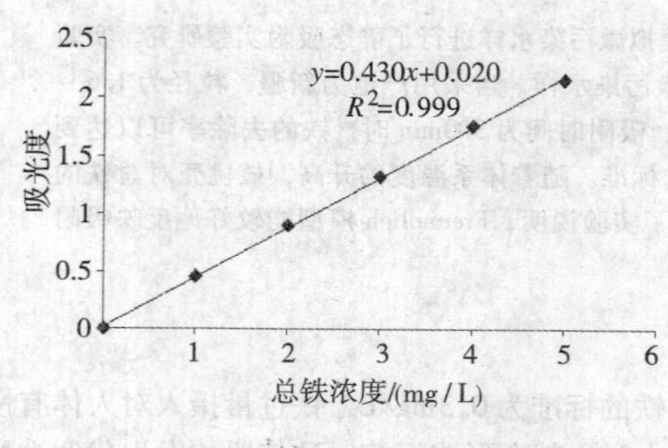

图 1　Fe 标准曲线

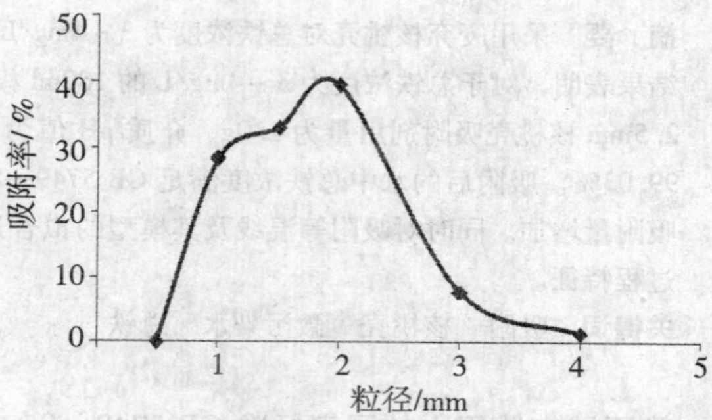

图 2　吸附剂粒径对铁去除率的影响

（二）核桃壳种类的选择

选取产地为新疆、神农架、云南的相同粒径（1.6～2.5mm）核桃壳各 10.0g，分别吸附模拟水样 100ml，振荡 24h（转速为 200r/min），以确保吸附平衡。吸附后，用滤纸过滤以去除沉淀。实验结果如表 1 所示。

表 1　不同产地核桃壳的选取

产　地	吸光度	总铁浓度/（mg/L）	去除率/%
新　疆	1.305	2.988	37.29
神农架	1.534	3.521	25.92
云　南	1.821	4.188	12.11

由表 1 可知，新疆的核桃壳在相同条件下对铁的去除率最高。所以在后续实验中选取产地为新疆的核桃壳。

（三）吸附剂粒径的选择

选取粒径分别为 0.5～1.0mm、1.0～1.6mm、1.6～2.5mm、2.5～3.0mm、3.0～5.0mm 的新疆的核桃壳各 10.0g，分别吸附模拟水样 100ml，振荡 24h（转速为 200r/min），以确保吸附平衡。吸附后，用滤纸过滤以去除沉淀。实验结果如图 2 所示。

由图 2 可知，随着粒径的增大，铁吸附率越来越大，当粒径大于 2.5mm 时，铁吸附率又逐渐减小。可能是因为核桃壳粒径太小时，已经改变了核桃壳的结构，破坏了核桃壳的吸附性能，导致核桃壳的吸附效率比较低；而随着核桃壳粒径越来越大，大于 2.5mm 时，核桃壳的比表面积越来越小，吸附效率随之降低。综合各因素，该实验选择吸附剂的粒径为 1.6～2.5mm。

（四）吸附剂用量对吸附实验效果的影响

选取产地为新疆，粒径为 1.6～2.5mm 的核桃壳各 0.5g、1.0g、2.0g、4.0g、6.0g、8.0g、10.0g，分别吸附模拟水样 100ml，振荡 24h（转速为 200r/min），以确保吸附平衡。吸附后，用滤纸过滤以去除沉淀。实验结果如图 3 所示。

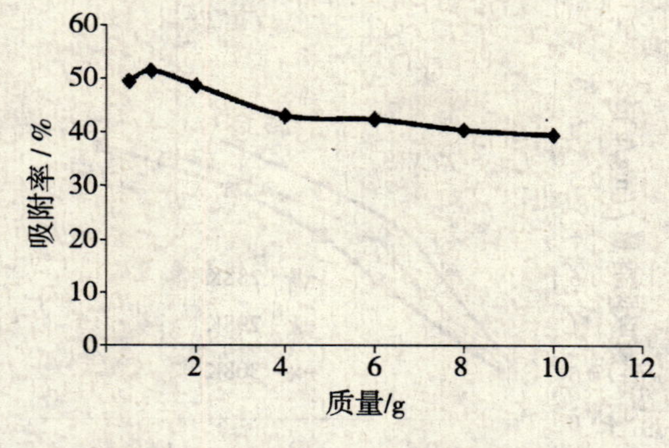

图3　吸附剂用量对铁去除率的影响

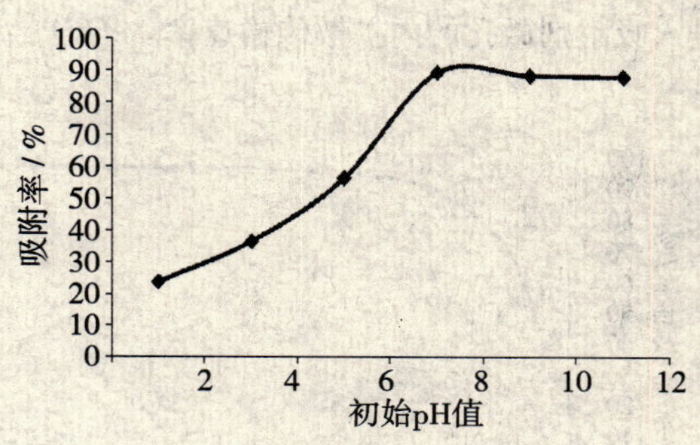

图4　pH值对铁去除率的影响

由图3可知，随着吸附剂用量的增加，直到添加量为1.0g时，吸附效率达到最高。而接着随着吸附剂用量的增加，总铁吸附率又逐渐降低。吸附率的增加是由于核桃壳表面积和可利用的活性吸附位点的增加，而随着吸附剂用量的增加吸附率有所降低可能是因为核桃壳用量增大后，核桃壳自身含有的少许杂质进入到吸附后的水中影响测试结果，其机理尚有待于进一步探讨。综合经济技术实验等各方面因素，本实验确定在此条件下吸附剂的用量为1.0g。

（五）水样初始pH值对吸附实验效果的影响

选取产地为新疆，粒径为1.6～2.5mm的核桃壳各1.0g，调节模拟水样的初始pH值分别为1.0、3.0、5.0、7.0、9.0、11.0，再分别吸附模拟水样100ml，振荡24h（转速为200r/min），以确保吸附平衡。吸附后，用滤纸过滤以去除沉淀。处理结果如图4所示。

由图4可知，当pH值为7.0时，铁的去除率达到最高。随着pH值的增大，去除率呈快速增长的趋势，说明溶液的pH值对核桃壳吸附总铁有很大的影响，pH值大于7.0时，去除率又有所减小，但幅度较小。这与铁在水中的存在形态和核桃壳中羧基、酚羟基的解离程度有关[4]，在pH值较低的情况下，吸附基团与H^+有很大的亲和性，阻止了铁的靠近，导致吸附率较低，随着pH值的增大，H^+的浓度降低，羧基、酚羟基的解离程度增强，减少了竞争效应，使核桃壳对铁的吸附率增大，但当pH值增大到一定程度时，铁在水溶液中又以$Fe(OH)^+$等络合形态存在，这种以络合形态存在的Fe相对Fe^{2+}来讲分子偏大而不利于吸附。综合各方面因素，处理该水样的最佳pH值为7.0。

（六）吸附时间对吸附实验效果的影响

选取产地为新疆，粒径为1.6～2.5mm的核桃壳各1.0g，调节模拟水样的初始pH值为7.0，吸附100ml自制废水，吸附时间分别为5min、10min、20min、30min、60min、120min、180min、240min、300min、360min、420min、480min，测其吸附效率。处理结果如图5所示。

由图5可知，总铁吸附率随着时间的延长而呈递增的趋势。在吸附前120min，总铁吸附率增长趋势很快，直至达到92.69%，而随后随着时间的延长吸附率增长比较平缓，并在240min以后总铁吸附率基本稳定下来。可以认为吸附300min后达到吸附平衡。

（七）吸附等温线

在温度一定的条件下，把吸附量随吸附质平衡浓度而变化的曲线称为吸附等温线。取浓度分别为5mg/L、15mg/L、20mg/L、25mg/L、30mg/L的微污染水100ml，调节pH=7.0，加入粒径为1.6～2.5mm的吸附剂1.0g，振荡24h（转速为200r/min），以确保吸附平衡。测平衡浓度。其等温曲线如图6所示。

由图6可知，该等温线为第Ⅰ类吸附等温线。随着温度的升高，核桃壳粉对总铁的吸附量增加，说明增温有利于核桃壳粉对总铁的吸附。有人认为，吸附能力随温度的升高而增强可能是由于吸附剂和吸着物之间的化学交互作用，在高温条件下产生了新的吸附位点或者加速了总铁离子进入吸附剂微孔的内扩散传输速率。

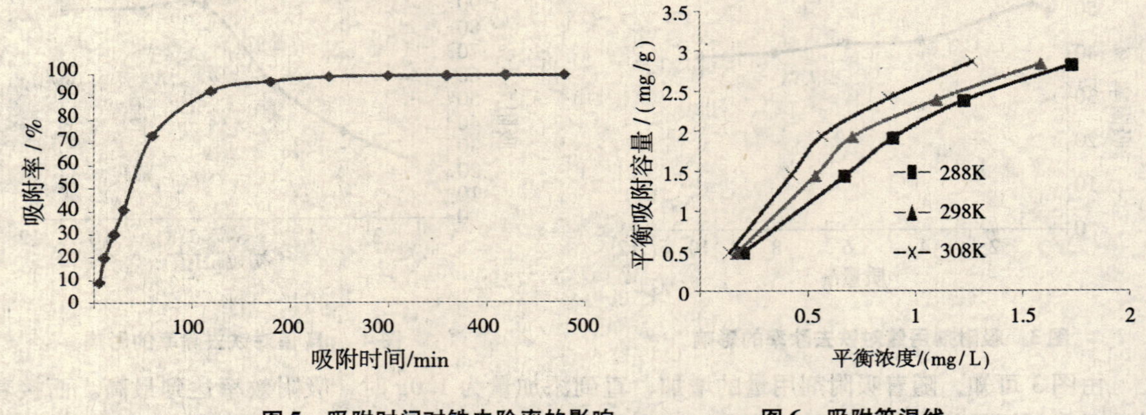

图5　吸附时间对铁去除率的影响　　图6　吸附等温线

将相关数据代入 Langmuir 吸附等温方程 and Freundlich 吸附等温方程进行拟合，并以 C_e/q_e 对 C_e，$\ln q_e$ 对 $\ln C_e$ 作图，得出相关系数如表2所示。

表2　吸附等温线模型拟合参数

T/K	Langmuir 模型		Freundlich 模型	
	拟合方程	相关性	拟合方程	相关性
288	$y=0.125x+0.377$	0.947	$y=0.842x+0.665$	0.991
298	$y=0.155x+0.294$	0.915	$y=0.808x+0.797$	0.975
308	$y=0.149x+0.235$	0.903	$y=0.815x+0.990$	0.974

由表2可知，Langmuir 和 Freundlich 等温吸附模型线性相关性符合均较好，都可以很好地描述总铁在核桃壳上的吸附行为，但是相比较而言，Freundlich 等温吸附模型符合得更好。

三、结　论

1. 静态吸附的最佳工艺条件为：处理100ml 总铁浓度为3~4mg/L 的模拟微污染水样，当采用产地为新疆，粒径为1.6~2.5mm 核桃壳吸附剂用量为1.0g，介质 pH 值为7.0，吸附时间为300min 时，吸附后该水样中铁的浓度达到城市饮用水的国家标准 GB5749—85（总铁的标准为0.3mg/L）。此时铁的去除率可以达到99.03%。

2. 随着体系温度的升高，核桃壳对总铁的吸附量增加。

3. 核桃壳对微污染水的吸附等温曲线为第Ⅰ类吸附等温线，并能用 Freundlich 吸附方程较 Langmuir 吸附等温方程更好地拟合吸附过程。

参考文献

[1] 李荣华，张院民，等．农业废弃物核桃壳粉对 Cr（Ⅵ）的吸附特征研究［J］．农业环境科学学报，2009，28（8）：1693－1700.

[2] Mohanty, K., Jha, M., Biswas, M. N., et al. Removal of chromium（Ⅵ）from dilute aqueous solutions by activated carbon developed from Terminalia arjuna nuts activated with zinc chloride［J］. Chem. Eng. Sci., 2005, 60: 3049－3059.

[3] Hashem, A., Abou－Okei, l A., El－Shafie, A., et al. Grafting of high－ cellulose pulp extracted from sunflower stalks for removal of Hg（Ⅱ）from aqueous solution［J］. Polym. －Plast. Technol Eng., 2006, 45: 135－141.

[4] 李山．改性花生壳对水中重金属离子和染料的吸附特性研究［D］．西北大学硕士学位论文，2009.

缫丝生产废水处理及关键技术研究

李金城　郑华燕　舒泽慧　孙　鑫　李文文　张福艳　罗玉玲

（桂林理工大学环境科学与工程学院广西环境工程与保护评价重点实验室　广西　桂林　541004）

摘　要　我国是世界最大的蚕丝生产国，同时也是缫丝废水排放大国，开展缫丝行业生产废水处理与资源化利用关键技术研究有重要的现实意义。本文分析了缫丝生产废水的特点，总结了目前国内缫丝废水的处理技术现状；结合混凝－内循环厌氧反应器试验，对生产废水中高浓度的汰头废水处理的关键工艺进行了研究。通过技术分析和研究，提出了新的废水处理思路，力求达到缫丝生产废水处理后循环使用实现生产废水的零排放，同时回收废水中丝胶蛋白，厌氧产生的沼气用于锅炉，达到企业节能减排的目的，实现该行业的可持续发展。

关键词　缫丝　废水处理　汰头废水　混凝—内循环厌氧反应器

一、引　言

缫丝生产在我国有着悠久的历史，近年我国缫丝企业以乡镇企业和个体私营业居多，这些企业生产规模小，技术水平参差不齐，管理水平也较低[1]。随着“东桑西移”战略日益推进，广西积极推进蚕桑产业发展，2005—2009 年连续 5 年蚕茧产量位居全国第一。缫丝行业不仅单位产品用水量大，而且废水排放量也大，按年产 10 万 t 蚕丝计算，每年生产用水需要 1.3 亿 t 左右。

目前，广西区内大部分缫丝厂的污水未经处理直接排放，既对环境造成了污染，又浪费了水资源，提高了企业的生产成本。为了应对金融危机对纺织业造成的损失，2009 年中国纺织工业协会指出纺织业应将促进节能减排、清洁生产、绿色纺织等重点领域加快高新技术研发和利用[2]。因此，开展缫丝行业生产废水处理与资源化利用技术的研究有着重要的现实意义。

二、缫丝生产废水的特征

蚕丝是一种由丝素蛋白和丝胶蛋白组成的天然的蛋白纤维；对丝织工艺要求而言，主要是利用丝素，去除大部分丝胶，缫丝生产工艺流程见图 1。

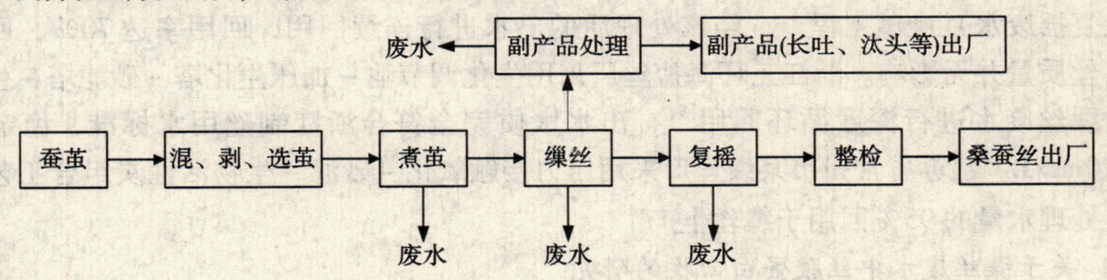

图 1　缫丝生产工艺简图

由缫丝生产工艺流程可知，缫丝的加工主要是在水介质中进行，其生产废水主要由煮茧、立缫（缫丝和复摇）和副产品处理三部分废水组成，其中煮茧、立缫废水为连续式排放，副产品废水为间隙性排放，其水质主要特点是：①立缫废水水量大，有机物浓度较低。若采用自动缫丝工艺，则其排水中 $COD_{Cr}<100mg/L$，可以直接外排。②煮茧废水水量也较大，有机物浓度较高，是丝厂废水重要组成部分，在其排放之前必须经过处理。③汰头废水来源于制丝副产品薄皮茧的烧碱浸泡、蛹衬剥离及汰头丝漂洗过程，是丝厂的主要污染源。废水中主要含有蛋白质（包括丝胶蛋白和蚕蛹蛋白）、蛹油、茧等物质。其 COD_{Cr} 为 23 245 ~ 29 094mg/L，氨氮为 109 ~

177mg/L，TP 为 120～154mg/L，蛋白质含量为 23 53～30 55mg/L。

三、缫丝废水处理技术研究现状

目前缫丝企业对生产废水都处理的企业不足半数，且处理效果各地不尽相同。而多数企业只对副产品废水进行处理。目前对缫丝废水的处理方法包括生物法、化学法和物理法。生物法应用范围广泛，特别适合以天然蛋白质纤维为原料可生化性好的缫丝废水的处理，一般为缫丝废水处理主体方法。物理法和化学法常适用于废水的预处理。

（一）缫丝废水的综合处理

目前对缫丝废水综合处理主要采用以下两种方案：一是将各类生产废水直接混合处理；二是先将副产品废水单独处理后再与其他生产废水进行处理。

方案一处理过的生产废水基本能达标排放。宁阳制丝厂采用生物接触氧化－混凝沉淀工艺处理[3]，COD_{Cr}去除率达 95. 1%，BOD_5 去除率达 97. 1%，NH_3-N 去除率达 5. 8%，达标排放。九州实业茧丝绸公司通过水解酸化－好氧方法处理的缫丝废水可达标排放[4]。方案一虽然能使缫丝废水达标排放，未做到清浊分流，增加了废水的治理难度，不利于废水中丝胶蛋白的分类提取和缫丝废水的深度处理及回用。

方案二是根据各类水质的特点明显进行分别治理，先将高浓度的副产品废水单独处理后再与其他低浓度的废水混合处理。这样既能使废水达标排放，又方便于废水中丝胶蛋白的分类提取和回收，还有助于废水的深度处理和回用，是目前缫丝废水处理比较理想的方案。浙江某丝绸厂采用酸性混凝－调节池－SBR－斜板沉淀工艺处理生产废水，汰头废水经预处理后，COD_{Cr}从1 5380mg/L 降至2 713mg/L，再经调节池与煮茧、洗涤水混合后 COD_{Cr}为1 037mg/L，进入 SBR 反应池，出水 COD_{Cr}为 89mg/L，经斜板沉淀池物化处理后出水 COD_{Cr}为 68mg/L[5]。嘉兴某缫丝厂采用汰头废水物化预处理＋生化处理，煮茧废水直接好氧处理应用厌氧－A/O 接触氧化工艺，COD_{Cr}和 NH_3-N 去除率分别达到 99. 2% 和 95% 以上[6]。内江市松林丝绸厂采用气浮技术分离回收高浓度屑物废水中有用悬浮有机物后进行厌氧消化，再与低浓度的缫丝废水合并处理[7]。

（二）缫丝废水回用技术

关于缫丝废水的回用技术，国内相关的企业和科研机构也做了大量的科学研究，并取得了一定的效果。山东乳山制丝厂利用溶气吸附生化装置和强化型生物接触氧化池进行缫丝废水（实为装丝及复摇废水）中试工程[8]，经该处理后的出水进行连续回用，回用率达 70%，回用水对产品白厂丝质量并无影响。浙江三环海盐丝厂采用生化调节池－加压生化塔－砂滤塔－生物活性炭工艺对缫丝废水进行深度循环回用[9]，出水水质完全符合浙江制丝用水标准，稳定运行后 $COD_{Cr} \leq 20mg/L$。江苏省常州市某缫丝厂采用压力接触氧化－砂滤－生物活性炭组合工艺处理缫丝废水，处理水量的 95% 回用于缫丝生产[10]。

（三）关于缫丝废水中丝胶蛋白回收的研究

缫丝废水中含有大量的具有较大经济价值的丝胶蛋白质的回收利用未加以考虑。生产桑蚕生丝约 6 万～8 万 t 中，就有 2 万～3 万 t 的丝胶蛋白质随废水流失[11]。回收的丝胶蛋白可应用于蛋白生物材料、化妆品与营养和保健食品添加剂、医用材料等[12-14]。通过回收缫丝废水中丝胶蛋白在开发新资源的同时也减轻了废水的后期处理负荷。Fabani，C. 等[15]采用超滤和反渗透的方法处理废水，回收了 97% 的丝胶，70% 的水得到再次利用，COD_{Cr}降低到 50mg/L。段亚峰等[16]采用混凝法处理煮茧和缫丝废水并回收得到丝胶蛋白，使水的 COD_{Cr}去除 40%～55%。Pilanee Vaithanomsat 等[17]利用超滤法对丝胶的脱胶废水进行丝胶蛋白的回收，COD_{Cr}从4 840mg/L 降到 260mg/L，BOD_5 从8 870mg/L 降到 150mg/L。

笔者采用酸析法对副产品废水的丝胶回收做了研究，经实验得知，在 pH 为 4.2 和沉淀时间为 5h 时，使废水的 COD_{Cr} 去除 50% ~60%。根据回收丝胶目的和应用的不同，这几种回收方法也可以综合使用。

四、混凝 – IC 工艺处理缫丝汰头废水

（一）试验水质及分析方法

原水取自广西某缫丝厂汰头加工段废水，试验废水水质呈黄色。水质详见表 1 所示。

表 1　试验用汰头废水水质

指　标	范　围	均　值
COD_{Cr}（mg/L）	23 245 ~ 29 094	26 704
BOD_5（mg/L）	9 530 ~ 11 958	10 958
pH	11.6 ~ 12.6	12.4

COD_{Cr}采用快速微波消解法，BOD_5 采用五天培养法，pH 采用 pH 计测定，详见《水和废水监测分析方法》第四版。蛋白质含量的测定采用考马斯亮蓝法[18]。

（二）化学混凝法预处理汰头废水的试验研究

影响混凝效果的因素较多，试验采用聚合氯化铝对生产中的主要运行参数投加量和 pH 进行了研究。

1. 聚合氯化铝投加量的影响

汰头废水的 pH 在 11.6 ~ 12.6，改变的聚合氯化铝投加量对汰头废水进行处理，结果见图 1。

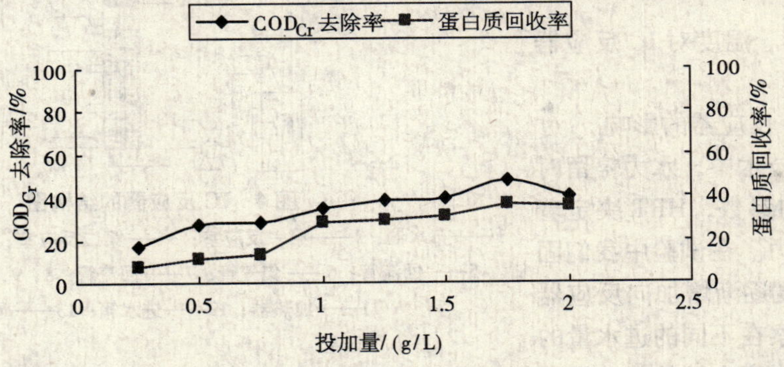

图 2　不同投加量对混凝效果的影响

从图 1 可以看出，采用聚合氯化铝作为混凝剂时，在用量增加到 1.75g/L 时，大部分的胶体颗粒失稳，从水相中凝聚析出，此时 COD_{Cr}去除率和蛋白质回收率都达到了最高。因此，为达到最好的 COD_{Cr}去除效果和蛋白质回收量，聚合氯化铝的投加量应选择在 1.75g/L。

2. pH 对混凝效果的影响

在确定聚合氯化铝的投加量为 1.75g/L 时，改变混凝时的 pH，对汰头废水进行处理，考察 pH 对汰头废水 COD_{Cr}去除率和蛋白质含量回收率的影响，结果见图 3。

从图 3 可知，pH 在 6 ~ 12 处理水中的 COD_{Cr}去除率和蛋白质回收率受 pH 值的变化影响，在 pH 为 7.0 时，COD_{Cr}去除率和蛋白质回收率均达到了最高，分别为 69.68% 和 63.32%。经混凝处理后，汰头废水的 BOD_5/COD 从 0.41 提高到 0.47，可生化性得到了提高。

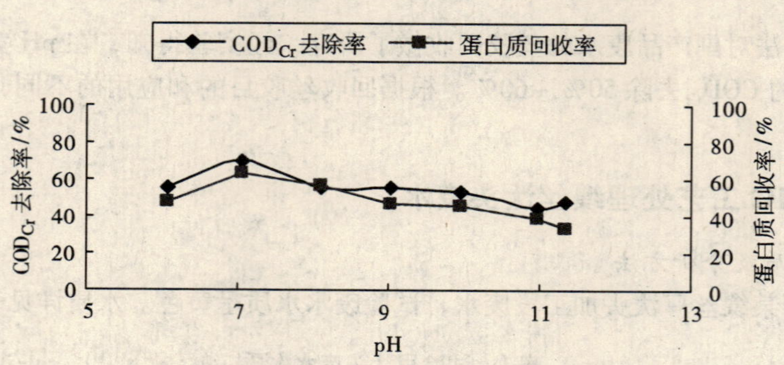

图 3　pH 对混凝效果的影响

（三）IC 工艺处理试验研究

IC 反应器采用有机玻璃管制成，反应器有效容积为 5.0L，主体有效高度为 100cm。沿柱高每隔 10cm 设置取样口，反应器有 5 部分组成：布水系统、第一反应室（粗处理区）、第二反应室（精处理区）、内循环系统和出水区，如图 4 所示。其中内循环系统是 IC 工艺的核心结构，由下层三相分离器、升流管、气液分离器和泥水回流管组成。

试验中发现，当废水存放 2d 以上时，部分油脂物可上浮成层，废水在产酸细菌的作用下，pH 可自然下降至 7.0 左右。该 pH 符合厌氧系统中微生物生长所适应的 pH 范围（pH 为 6.5 ~ 7.8）。其 BOD_5/COD_{Cr} 为 0.56。

对 HRT、pH、温度对 IC 反应器运行的试验研究。

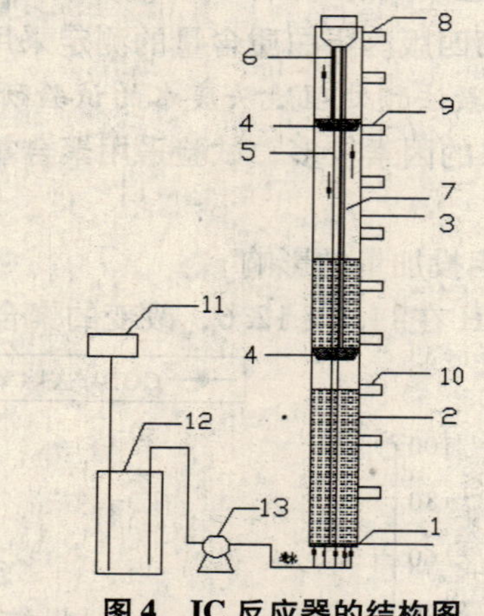

图 4　IC 反应器的结构图

1——布水器；2——第一反应室；3——第二反应室；4——三相分离器；5——回流管；6——集气管；7——回流管；8，9，10——取样口；11——加热器；12——进水箱；13——恒流泵

1. HRT 对 IC 反应器的影响

在厌氧处理技术中，水力停留时间 HRT 是重要的参数，HRT 决定着反应器的处理能力。在试验中我们固定进水 COD_{Cr}浓度逐渐增加向反应器中的进水量，观察在不同的进水量的情况下，反应器对废水的处理效果，每个水力停留时间段稳定运行五天取其均值，其结果如图 5 所示。

由图 5 可知，COD_{Cr}去除率随着水力停留时间的下降而先上升后下降，最佳水力停留时间为 21h。

2. pH 对 IC 反应器的影响

pH 值是废水厌氧处理最重要的影响因素之一。对 pH 敏感的甲烷菌适宜的生长 pH 为 6.5 ~ 7.8，这也是通常情况下厌氧处理应控制的 pH 范围。用稀盐酸调节进入 IC 反应器的废水的 pH 为 6.5、7.0、7.5、8.0，考察进水 pH 值变化对 COD_{Cr} 去除率的影响程度，每个 pH 值稳定运行五天取其均值。研究结

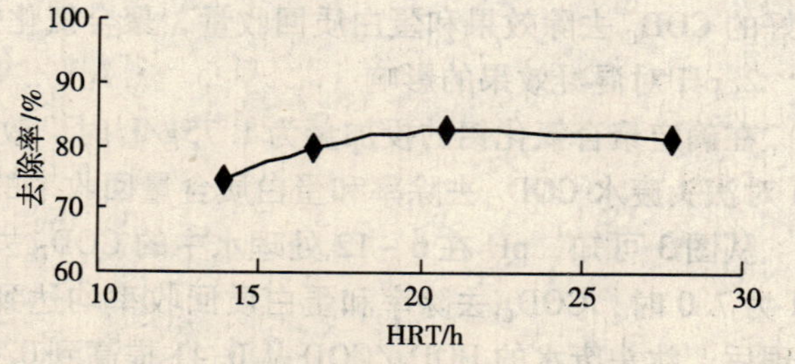

图 5　HRT 对厌氧处理效率的影响

果表明：当 pH 为 7.0 时，反应器内废水的 COD_{Cr}去除率最高，达 71.78%，这主要是由于 pH 为 7.0 的汰头废水环境很适宜甲烷菌的生长，能够使甲烷活性得到充分的发挥，充分降解废水中的有机物，从而能够达到更高的 COD 去除率。在 7.0～7.5COD_{Cr}去除率变化幅度最小，选择该 pH 范围为反应器运行的所需 pH。

3. 温度对 IC 反应器的影响

厌氧生物处理对水温的适宜范围比好氧生物处理广。通常人们选择中温（30～40℃）进行研究，因为大多数产甲烷菌的最适温度在 35～40℃。本试验考察了在温度变化幅度为 ±2℃时的变化，每个进水温度值稳定运行五 d 取其均值，结果表明：厌氧反应温度和 COD_{Cr}去除率有明显的正相关关系，温度下降，COD_{Cr}去除率也随之下降，在 35～37℃ COD_{Cr}去除率变化幅度不大，仅为 0.8%，31～33℃和 33～35℃ COD_{Cr}去除率变化幅度分别为 3.0% 和 1.1%。

4. 混凝－IC 工艺处理汰头废水研究

图 6 是该组合工艺稳定运行后 20 天期间的 COD_{Cr}去除率的变化。从图 6 可知，当进水 COD_{Cr}浓度均值为 26704mg/L，经混凝处理后，COD_{Cr}浓度降为9 778mg/L，去除率均值为 63%；经 IC 反应器处理后，COD_{Cr}浓度为3 732mg/L，其去除率均值为 62%，整体去除率为 86%。

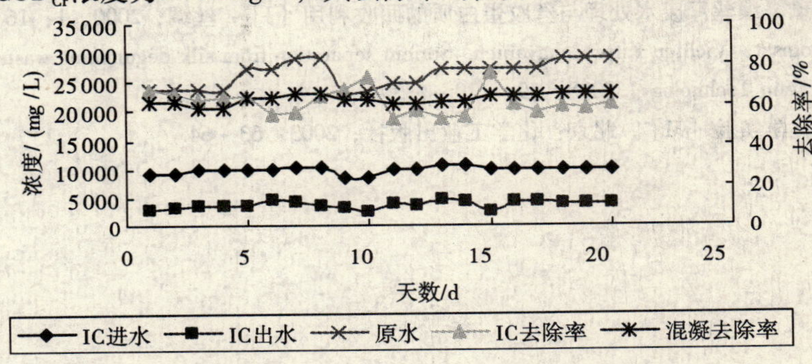

图 6　混凝－IC 工艺整体运行效果

汰头废水经混凝－IC 工艺处理后其出水水质达不到排放和回用要求，需进一步进行常规好氧生化和物化处理后，才能达到处理要求。

五、结　论

1. 缫丝生产废水由不同浓度的生产废水组成，将高浓度的副产品废水单独处理后再与其他低浓度的废水混合处理，这样既能使废水达标排放，又方便于废水中丝胶蛋白的分类提取和回收，还有助于废水的深度处理和回用，是目前缫丝废水处理理想的技术方案。

2. 经混凝－IC 工艺处理汰头废水，COD_{Cr}浓度从26 704mg/L 降为3 732mg/L，去除率保持在 86%，同时可回收经济价值较高的蛋白和甲烷气；汰头废水经混凝－IC 工艺处理后其出水水质达不到排放和回用要求，需进一步进行常规好氧生化和物化处理后，才能达到处理要求。

参考文献

[1] 王家德，朱征豪．缫丝行业废水排放特点及其防治对策［J］．环境污染与防治，2002，24（4）：216－218.

[2] 李东，李仕军．缫丝厂生产废水处理浅议［J］．广西轻工业，2007，9：95－96.

[3] 潘宁．中小型制丝厂生产废水的治理［J］．岱宗学刊，1999，4：68－69.

[4] 莫钟川，唐文浩．缫丝生产废水的特征及处理方法的研究［J］．安徽农业科学，2006，34（14）：3432－3433.

[5] 顾毓刚，吕敏．绢纺废水的处理工艺研究［J］．环境保护，2002，15：7－8.

[6] 王浙明，韩新伟．厌氧－A/O接触氧化工艺处理丝厂高浓度有机废水［J］．工业水处理，2002，22（1）：52－54.

[7] 刘玉琼，曾毓初，钟国明．缫丝废水综合利用与无害化处理技术的研究［J］．工业水处理，2007，27（7）：23－26.

[8] 张忠勒，谭炳悦，温慧欣．制丝废水处理及回用探讨［J］．丝绸，1995，11：35－38.

[9] 俞文彦．缫丝废水深度处理循环回用技术应用［J］．丝绸，2005，4：26－27.

[10] 陆继来，夏明芳．压力接触氧化/砂滤/生物活性炭工艺处理缫丝废水［J］．中国给水排水，2007，23（14）：69－70.

[11] 李庆春．蚕丝丝胶蛋白的回收及开发应用［J］．纺织科技进展，2007，2：5－7.

[12] 陈华，朱良均，闵思佳，等．蚕丝丝胶蛋白的利用研究［J］．东华大学学报（自然科学版），2002，28（3）：131－135.

[13] 张雨青．丝胶蛋白的护肤、美容、营养与保健功能［J］．纺织学报，2002，23（2）：70－72.

[14] 张雨青．丝胶蛋白的药理及其在医用材料上的应用［J］．纺织学报，2003，24（3）：278－280.

[15] Fabiani C，Pizzichini M，Spadoni M，et al.. Treatment of waste water from silk degumming progress for protein recovery and water reuse［J］. Desalination，1996，105（1）：1－9.

[16] 段亚峰，杨晓瑜．缫丝厂废水处理与丝胶蛋白质的回收利用［J］．丝绸，2000，1：16－17.

[17] Pilanee Vaithanomsat，Vichien Kitpreechavanich. Sericin separation from silk degumming wastewater［J］. Separation and Purification Technology，2008，59：129－133.

[18] 董晓燕．生物化学实验［M］．北京：化学工业出版社，2003：63－64.

基于改进的BP神经网络的工业废水处理混凝投药模型

黄明智　万金泉　马邕文

（华南理工大学环境科学与工程学院　广州　510640）

摘　要　针对造纸废水处理过程的特点，提出了一种改进的BP神经网络的建模方法。通过在实验室条件下进行造纸废水处理试验取得的数据对BP神经网络进行训练，建立了造纸废水处理过程的网络模型。该网络模型仿真实际废水处理过程的结果表明，改进的BP神经网络算法较原BP网络对样本数据的仿真误差较小，测试数据的平均相对误差只有2.72%，泛化能力更好。建立好的预测控制模型与MCGS组态软件结合应用于实验室的造纸废水处理控制，控制系统会自动计算出该时刻的加药量，控制的出水COD与实际出水COD非常的接近，结果表明MCGS和控制算法的有机结合对废水处理过程可以实现有效的控制。

关键词　BP神经网络　废水处理　混凝投药　控制模型

工业废水的物化处理过程中混凝投药是废水处理过程中的一个重要环节，投药量控制的准确与否，直接影响了废水处理费用和废水处理后的出水水质。由于工业废水水质指标往往具有非线性、时变性、不确定性等特点，同时废水的处理过程又具有复杂性和滞后性[1,2]，单纯的人工操作经常造成处理过程投药浪费严重，出水水质的稳定性差，吨水处理成本高等问题。虽然有的污水自动控制系统也采用了PID控制算法，或结合PLC来控制[3,4]，但传统控制理论由于自身的缺陷，对于工业废水处理的智能控制效果不尽如人意。智能控制技术主要包括神经网络、模糊控制、专家控制等，这些控制被认为是解决废水处理智能化控制的有效手段，但有关这方面的研究尚处于刚刚起步阶段[5-8]。基于此，本文拟讨论BP神经网络在造纸废水处理控制中的应用。

虽然影响废水的物化处理出水COD指标的因素很多，但是其中最重要而且经常控制的一个因素是混凝剂的加入量。通常造纸废水中的污染物胶粒带有负电荷，通过加入带有相反电荷的混凝剂，经电中和、吸附架桥和凝聚等作用，絮状物成为较大的颗粒沉降，从而经沉淀或气浮法去除。如果混凝剂加入量不够，达不到良好的混凝效果，而加入量过多，不仅会造成处理成本的增加，同时也会出现胶粒再稳定现象或电荷变性现象[9]，造成处理效果下降。因此药剂加入量的控制尤其重要，如果能够在误差范围内控制好加药量，就可以基本保证在最佳的投药量下，使得废水处理系统具有稳定的出水COD。

一、废水处理的试验系统

（一）废水来源

废水取自东莞某OCC纸厂，原水水质：COD_{Cr} 650～1600 mg/L，BOD 450～530 mg/L，SS 330～450 mg/L，色度42。

（二）试验过程中的指标测量及设备配置

进出水的COD值按GB11914—89标准，采用法国AWA公司的在线COD仪测定；加入的药剂量通过兰格BT00－100M型蠕动泵精确控制；进水泵为一直流水泵，其功能是将调节池中的废水打入高效反应器，额定功率20W，额定电压24V，扬程为3m，进水流量通过直流泵的转速与流量的关系获得；泥位计为SIMENS公司的DPS300用来测定反应器的泥位高度。智能控制模块为台湾研华公司（Advantech）的ADAM4000和ADAM5000系列，通过RS485协议与PC相连，用以信号采集与转化；PLC为西门子S7－200 226 AC/DC /RELAY型，来控制开关量；一体化反应器为实际运行的一体化反应器模型，体积为140L，其中直径为0.70 m，总高度为1.10m，下部锥体高度为 0.30 m，锥度为 45°。停留时间为 2～4h，设计处理能力为 36～72L·h－1，附带的调节池和清水池体积均为 125L 的立方体容器（边长均为 50cm）。

（三）废水处理试验系统

废水处理的工艺流程如图 1。废水进入调节池，调节池中的废水经直流泵打入反应器。反应器为华南理工大学研制开发的高效一体化反应器。直流泵之前通过蠕动泵加入药剂，在直流泵处有一定的搅拌作用。在反应器进水处有一搅拌机，对已加入药剂的废水进行搅拌混合。废水在一体化反应器中进行充分的混凝沉淀，清水进入清水池回用车间或者再经生化处理之后达标排放。混凝过程产生的污泥积累在反应器里，当污泥泥位高度高于设定高值时电磁阀自动打开排泥，到达设定低值时电磁阀自动关闭，从而使反应器的污泥高度保持在合适位置。

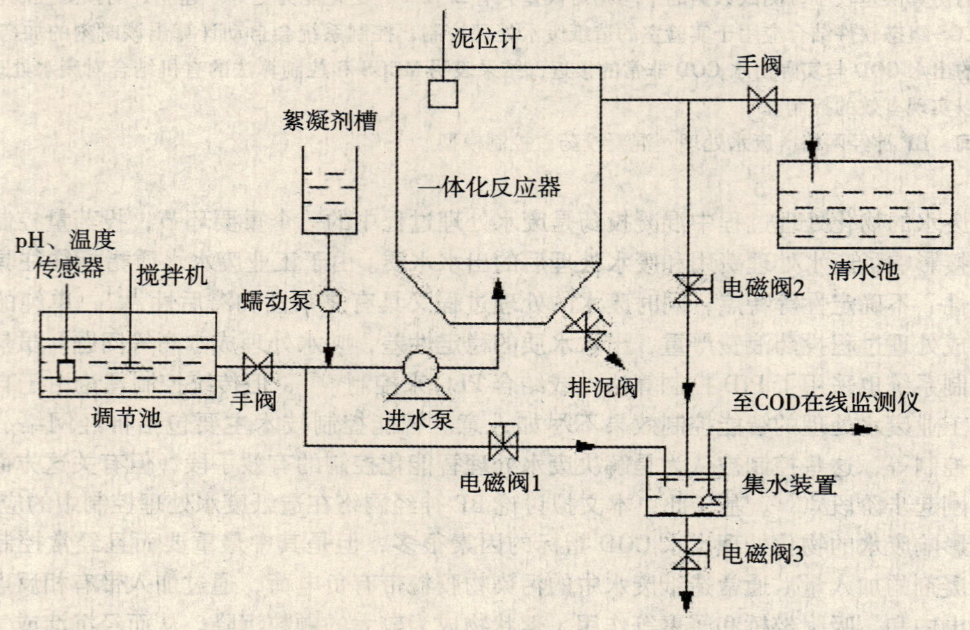

图 1　实验室条件下废纸造纸废水处理工艺

废水处理的控制系统如图 2 所示。主机中装有北京昆仑通态自动化软件公司的 MCGS 组态软件。MCGS 具有实时性强，并行处理性能良好，可视化操作界面，容易操作等特点。MCGS 支持 ADAM 模块驱动，能够读、写 ADAM 模块信号。COD 仪为法国 AWA 在线 COD 检测仪，通过 PLC 切换电磁阀 1 和电磁阀 2，可以检测进水和出水 COD，经 ADAM4017 + 转换模块送到主机，存储在 MCGS 数据库中。ADAM4024 将数字信号转换成模拟信号，通过一个自己制作的水泵控制电路控制进水水泵的转速，从而达到控制进水流量的目的。蠕动泵接有外控接口，外控电压 0～5V，也是通过 AD-

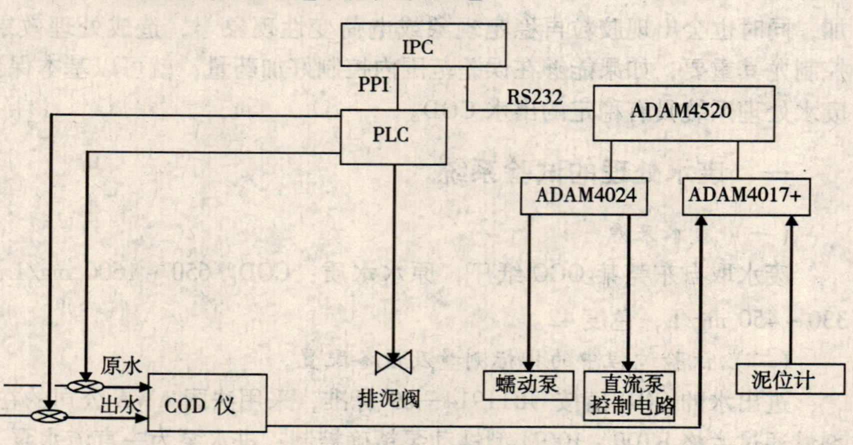

图 2　废纸造纸废水处理自动控制系统

AM4024 模块精确地控制加药流量。因为反应器中的污泥具有一定的吸附过滤作用，所以需要把泥位维持在一定的高度。当泥位高于设定的泥位高值时，通过 PLC 打开排泥阀，当泥位低于设定的泥位低值时，通过 PLC 关闭排泥阀。

二、废水系统 BP 数学模型的建立

废水处理系统属于大滞后性系统，需要根据影响絮凝剂的投加量因素，控制当前时刻的投药量[10,11]。由于投药量曲线相邻的点之间不会发生突变，因此后一时刻的值必然和前一时刻的值有关，除非出现重大事故等特殊情况。所以这里将 $t-\Delta t$ 时刻和 $t-2\Delta t$ 时刻的实时加药量数据作为网络的样本数据。

此外，由于投药量还与原水水质有关包括：①水温；②pH 值；③反应器的进水流量；④反应器的原水 COD；⑤反应器的出水 COD；⑥操作工人的素质等。由于本研究所有的实验都在室温条件下进行，而从工厂取回的废水 pH 值也都稳定在 6.5～7.5 之间，因此这两个因素可以忽略不计。而操作工人的素质不在本研究范围，亦可忽略。

综上所述，最终确定的因素有：t 时刻的进水流量、t 时刻的原水 COD、$t-\Delta t$ 时刻出水 COD、$t-\Delta t$ 时刻实时加药量数据、$t-2\Delta t$ 时刻的实时加药量数据。建立系统 BP 神经网络控制模型的目的是为了通过 t 时刻的部分参数和历史时刻的部分参数值来求出 t 时刻废水处理系统的加药量，数学表达式如下：

$$u(t) = (v(t), x(t), u(t-\Delta t), u(t-2\Delta t), y(t-\Delta t))$$

式中 $u(t)$ 表示 t 时刻的实时投加量，$u(t-2\Delta t)$、$u(t-\Delta t)$ 分别表示 $t-2\Delta t$ 时刻、$t-\Delta t$ 时刻的实时投加量数据。$x(t)$ 表示 t 时刻的原水 COD 值，$y(t-\Delta t)$ 表示 $t-\Delta t$ 时刻的出水 COD，$v(t)$ 表示 t 时刻的进水流量，Δt 取 0.5H。

三、BP 网络模型拓扑结构的改进和训练过程

（一）BP 网络模型拓扑结构的改进

1. 模型个数

原 BP 算法[12-15]控制加药量是采用了两个模型：预测模型和控制模型。建立系统的 BP 神经网络预测模型的目的是为了预测 $t+\Delta t$ 时刻的期望出水 COD，然后再通过 BP 控制模型求出 t 时刻废水处理系统的加药量。本算法仅采用一个控制模型来输出控制 t 时刻的加药量。

2. 样本数据的预处理

基于 BP 神经网络样本数据的要求，在很大程度上取决于所收集的历史数据的情况，而历史数据大多是通过传感器等测量设备采集得来，所以数据的预处理显得尤为重要，就是在利用历史数据之前，应先对其进行加工，去除不规则数据和填补缺失数据，消除不良数据或坏数据的影响，然后再归一化。

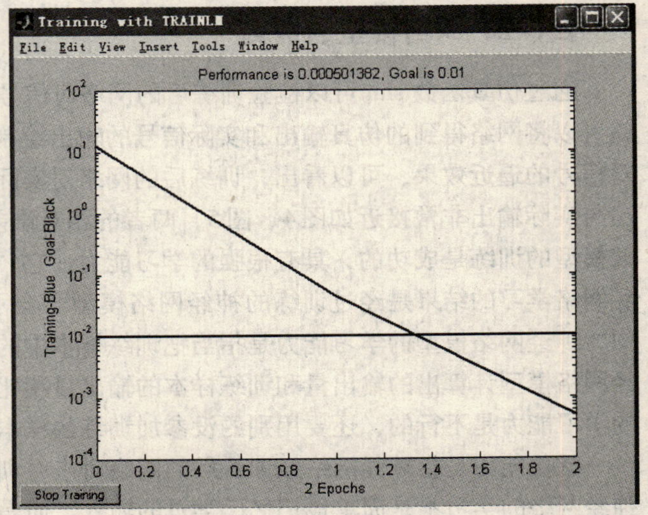

图 3　神经网络训练过程

原 BP 算法中絮凝剂的计量单位采用的是 0.4ml/s～1.4ml/s，把它们归一化到［-1，1］区

间，各值的区别还是不大，这对 BP 网络来说很难识别，同理反归一化时絮凝剂的添加量的改变几乎差不多的最大变化范围为 1；故这里本文采用对应的计量单位，反归一化时，假设进水量固定在 15ml/s，即絮凝剂对应的范围从 133～500mg/L，最大变化范围为 367，可见数据之间的变化比以前明显增加，网络也更容易辨别。

（二）BP 网络模型的训练过程

建立 BP 神经网络控制模型的目的是通过历史时刻的出水 COD、进水流量、历史时刻的加药量以及原水 COD，来输出系统 t 时刻的加药量。该 BP 神经网络的结构确定为（5，18，1），动量因子为 0.6，学习率为 0.03，输入层到隐层的转移函数为 tansig 函数，隐层到输出层的转移函数为 pureline 函数，训练精度为 0.01。图 3 为神经网络训练过程。

由图 1 可见，网络的训练过程收敛得很快，经过两步后，网络的目标就已经达到控制精度的要求。

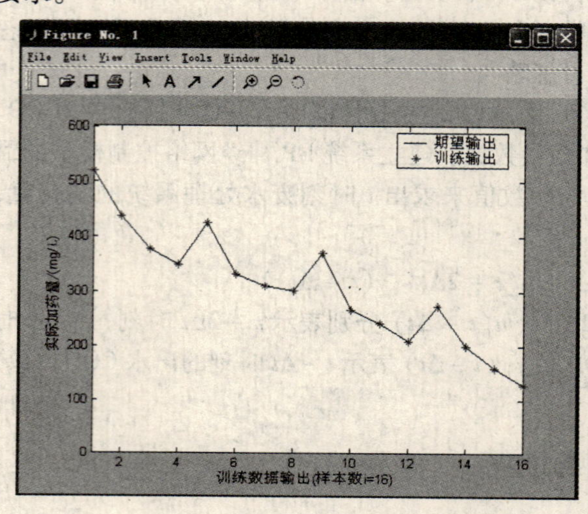

图 4　训练数据输出和实际输出

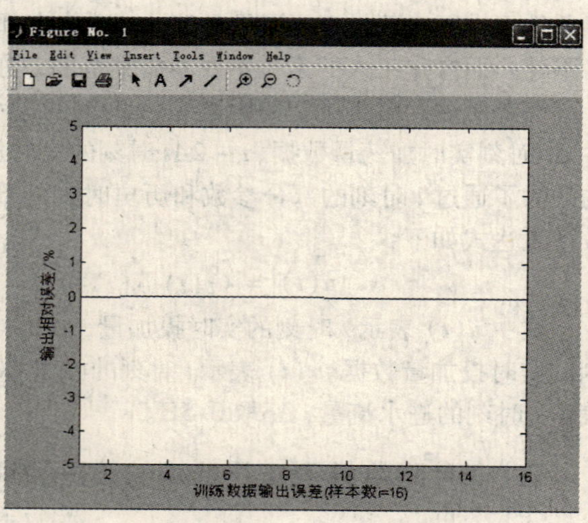

图 5　训练数据相对误差

四、BP 网络模型的仿真

通过仿真函数 sim 可以检验训练后的网络对信号的逼近效果。用 Matlab 语言来编写 BP 网络就可以将网络得到的仿真输出和实际信号的输出绘制在一张图上，这样就可以很直观地检验网络对信号的逼近效果，可以看出，训练后的网络对实际信号的逼近效果是非常好的。网络的仿真输出与实际输出非常接近如图 4、图 5，两者的相对误差几乎为零，这也符合 BP 网络的特征，说明该模型的训练是成功的，具有很强的学习能力，它“储存”了废水处理系统的运行“信息”。神经网络学习的结果是经过训练的神经网络模型学会了包含在训练样本中的内在规律。在本试验中，神经网络模型的学习能力是指当把训练样本中的输入量作为神经网络模型的输入量，通过神经网络模型计算出的输出量和训练样本的输出量相比符合要求的精度。仅用训练数据来检测网络的学习能力是不行的，还要用别的没参加训练的样本数据来检验网络的泛化能力。

泛化能力是指神经网络经训练后的网络对未在训练样本中出现的样本作出正确反应的能力。神经网络的学习不是简单地记忆已学过的输入，而是通过对有限个训练样本的学习，学到隐含在样本中的有关环境本身的内在规律性。同样在 MCGS 数据库中调出 16 组数据，组成测试数据集合，然后测试数据的仿真输出见图 6，相应的输出相对误差见图 7。从图中可看出模型输出曲线很好地跟踪实际输出曲线，样本模型输出与实际输出的相对误差绝对值范围为 0～5%。另外可以看出，测试数据的相对误差比训练数据的误差大，是因为测试数据是网络模型未见过的信息，误差自然相对大些，但这样的误差在废水处理领域是完全可以接受的，可以用来控制 t 时刻的加药量。

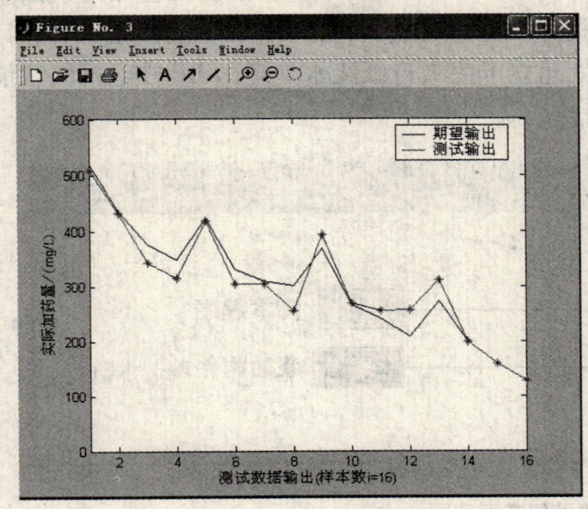

图 6　测试数据输出和实际输出

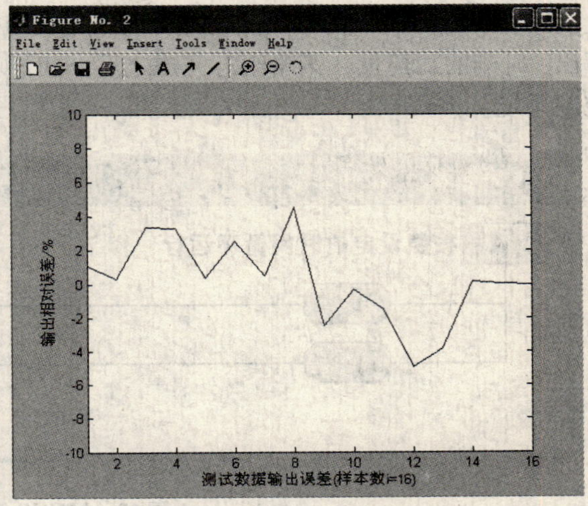

图 7　测试数据相对误差

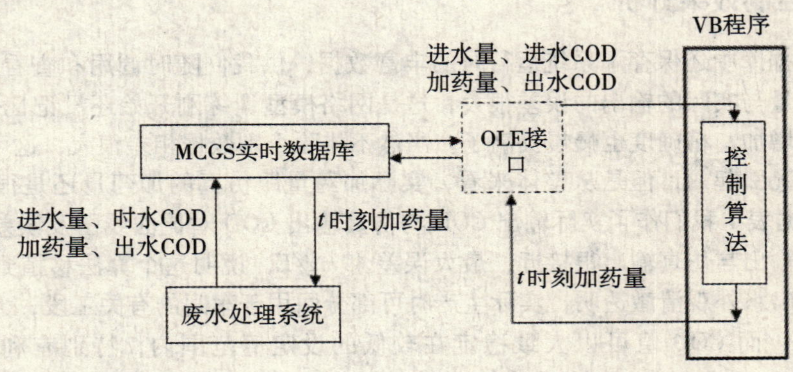

图 8　VB 控制算法与 MCGS 数据的挂接

五、MCGS 下开发 BP 神经网络控制算法策略构件

由于 BP 神经网络算法非常复杂，无法用 MCGS 提供的脚本程序来完成控制算法的编写，因此我们采用开发用户策略构件的方法来实现对系统的神经网络控制，具体挂接流程如图 8 所示：实时数据库先从废水处理系统的各个传感器及模块得到所需要的参数，然后将数据通过 OLE 接口赋予控制算法中相应的变量，控制算法将得到 t 时刻的加药量再通过 OLE 接口赋予 MCGS 实时数据库，最后实时数据库将该值赋予废水处理系统，即完成了整个加药过程。

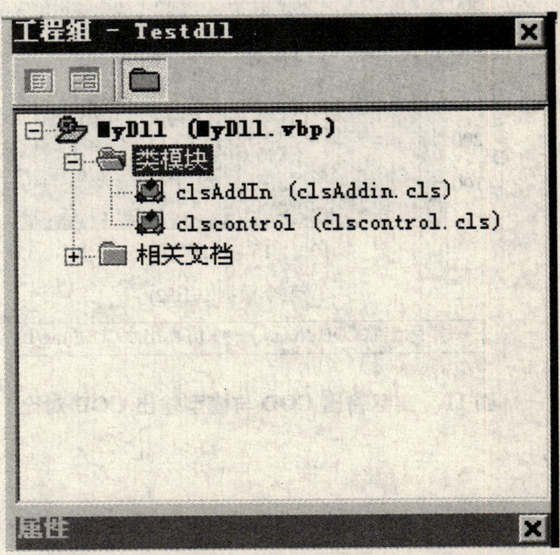

图 9　添加神经网络算法到工程组

启动 MCGS 组态环境，在“工具”菜单下单击“策略构件管理”项，把用户定制构件中

的我的构件 1 添加到策略工具箱中[16]。进入 MCGS 循环策略组态对话框，添加新的策略行，把策略工具箱中的我的构件 1 添加到新的策略行中，如图 9、图 10 所示。本试验设置循环周期为 0. 25H，每隔 0. 25H 组态软件就会自动调用我的构件 1 的运行接口，进行 BP 神经网络计算，计算出 t 时刻的加药量，策略组态完成之后，我们就建立了废纸造纸废水处理的 BP 神经网络智能控制系统。

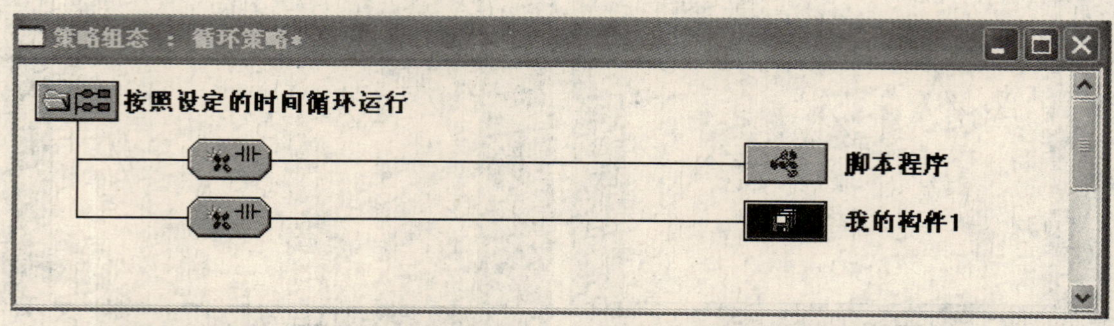

图 10　MCGS 策略组态示意图

六、实时控制效果分析

在 MCGS 数据库中还保存了系统运行时的丰富数据，供我们随时调用和查看。从表 1 看出，一开始个别加药量与实际的输出的误差很大，这是网络模型训练刚开始还没记忆住所学的东西，随着数据的逐渐增加，精确度也慢慢提高了。当然不排除个别数据相差很大，这可能跟系统运行过程中的异常情况引起的，但是从整体来看，实际加药量跟仿真的加药量还是很接近的（如图 11、图 12）。根据表 1 我们作了实际输出 COD 与仿真输出 COD 对比曲线图及误差对比图，从图中可以看出实际输出与仿真输出很接近，最大误差 49mg/L，说明这个算法移植到 MCGS 组态中是可行的。实际出水外观清澈透明，实际生产时可部分回用于车间的有关工段，大大减少车间工段清水的补充量；而 COD 值可以大致稳定在较低的设定值范围内，特别有利于后续的生化处理[17]。

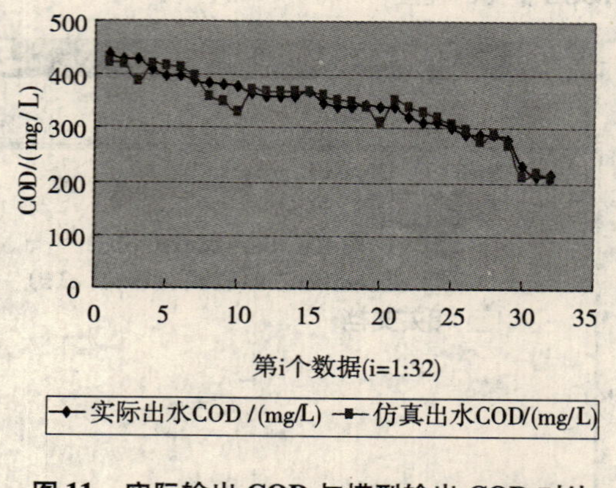

图 11　实际输出 COD 与模型输出 COD 对比

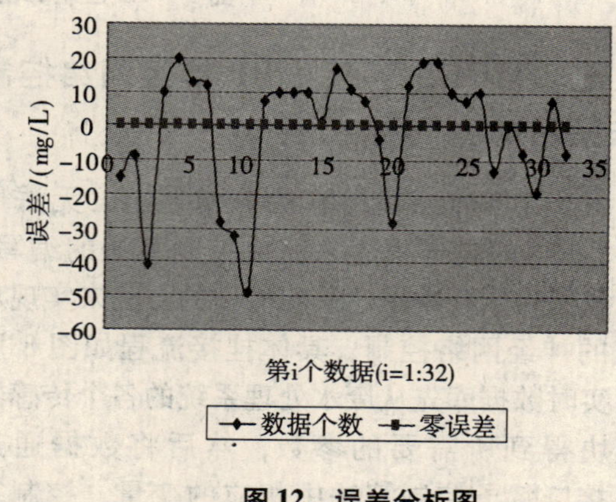

图 12　误差分析图

表1　验证用实验数据及其仿真结果

序号	$u(t-2\Delta t)$ /(mg/L)	$u(t-2\Delta t)$ /(mg/L)	实际输出/(mg/L)	实际输出 $y(t)$/(mg/L)	模型输出 $y(t)$/(mg/L)	误差
1	504	565	574.5	438	423	-15
2	565	497	490.5	428	419	-9
3	497	488	506.5	428	387	-41
4	488	484.5	491.5	410	420	10
5	484.5	472.5	473.5	398	418	20
6	472.5	465	480.5	399	412	13
7	465	445.5	464.5	387	399	12
8	445.5	446	446	386	358	-28
9	446	455.5	450	381	349	-32
10	455.5	416.5	436	379	330	-49
11	416.5	399.5	394.5	364	371	7
12	399.5	390	406	360	370	10
13	390	349.5	383	359	369	10
14	349.5	351.5	371.5	360	370	10
15	351.5	342.5	336	368	369	1
16	342.5	289.5	345	345	362	17
17	335.5	338	330	340	351	11
18	338	332	326.5	341	348	7
19	332	326	324	344	340	-4
20	326	295	296	339	311	-28
21	295	266	291.5	339	351	12
22	266	248.5	256	320	339	19
23	248.5	235.5	247	310	329	19
24	235.5	213	235	310	320	10
25	213	215	216	301	308	7
26	215	195	199.5	289	299	10
27	195	194.5	210	289	276	-13
28	194.5	181.5	186	289	289	0
29	179	185	186	278	270	-8
30	169	170	167	231	212	-19
31	147.5	163.5	159	212	219	7
32	142	146.5	145	216	208	-8

七、结　论

1. 从控制精度上来说，原来算法的模型输出和测试输出时的最大相对误差为6.6%，实际模型输出最大相对误差达到19.23%，平均误差达到9%；究其原因一方面预测加控制模型增加了结构的复杂性，造成数据的累积误差增大；另一方面，数据的归一化数据范围太小，使得网络模型的辨别能力差。

2. 本文设计的网络算法在模型输出和测试输出时的最大相对误差为1%，实际模型输出则是在网络一开始训练时出现的最大相对误差为12.93%，平均误差达到2.72%。最大相对误差明显小于原算法，究其原因网络拓扑结构合理，同时扩大了输入量的跨度利于归一化时增大了网络的辨别能力。

3. 预测控制模型与MCGS可实现加药量的自动调节，废水处理系统运行结果表明出水COD稳定在设定值附近波动，表明基于改进的BP神经网络算法的智能控制系统，能够有效地实现对造纸废水处理系统的智能控制网络模型。

参考文献

[1] Zhang Q., Stanley, S. J.. Real－time water treatment process control with artificial neural network [J]. Journal of Environmental Engineering, 1999, 125 (2): 153－160.

[2] Zhu, J.. An on－Line wastewater quality predication system based on a time － delay neural network [J]. Engineering Applications of Artificial Intelligence, 1998, (11): 747－758.

[3] 张名宙. 污水自动控制系统的设计及应用 [D]. 中山大学硕士学位论文, 2004.5.

[4] Meyer U, Popel H J. Fuzzy control for nitrogen removal and energy saving in wwt－plants with pre－denitrification [J]. Wat. Sci. & Tech., 2003, 47 (11): 69－76.

[5] 白桦，李圭白. 混凝投药的神经网络控制方法 [J]. 给水排水, 2001, 27 (11): 83－86.

[6] Punal A. Adcanced monitoring and control of anaerobic wastewater treatment plants: Diagnosis and supervision by a fuzzy2based expert system [J]. Water Sic. Tech., 2001, 43 (7): 1191－1198.

[7] 余颖，乔俊飞. 基于ANFIS的污水处理过程建模的研究 [J]. 计算机工程, 2006, 32 (8): 266 －268.

[8] Pigram Glenda M. Use of Neural Network Models to Predict Industrial Bioreactor Effluent Quality [J]. Environ. Sci. Technol, 2001, 35 (1): 157－162.

[9] 郑怀礼. 生物絮凝剂与絮凝技术 [M]. 北京：化学工业出版社, 2004.1.

[10] 庄严. 水处理加药控制算法的研究 [D]. 北京科技大学硕士学位论文, 2003.2.

[11] 朱启冰，黄敏，等. 基于小波神经网络的污水处理厂出水水质预测 [J]. 计算机工程与应用, 2007, 43 (28): 15－18.

[12] 林艳华. 污水处理中全自动加药系统设计 [D]. 天津大学硕士学位论文, 2005.5.

[13] Zhang, J., Ou, J., Yu, D.. Real－time multi－step prediction control for BP network with delay [J]. Journal of Harbin Institute of Technology (New Series), 2000, 7 (2): 82－86.

[14] 张燕聪，万金泉，马邕文，等. BP神经网络预测废水处理过程的研究 [J]. 中华纸业, 2006, 27 (2): 60－63.

[15] 李迪，唐辉，等. 基于废纸造纸废水处理过程的动态建模 [J]. 华南理工大学学报（自然科学版）, 2005, 33 (12): 42－45.

[16] 北京昆仑通态自动化软件科技公司. MCGS工控组态软件参考手册, 2003.

[17] 万金泉，马邕文. 废纸造纸及其污染控制 [M]. 北京：中国轻工业出版社, 2004.

微絮凝–直接过滤工艺用于东江流域典型印染废水回用的实验研究

郑　蓓[1,2]　葛小鹏[1*]　林　进[2]　魏东洋[3]

(1. 中国科学院生态环境研究中心环境水质学国家重点实验室　北京　100085；
2. 河北师范大学化学与材料科学学院　石家庄　050016；
3. 环境保护部华南环境科学研究所　广州市员村西街七号大院　广州　510655)

摘　要　以东莞地区某典型印染企业尾水为研究对象，针对东江流域饮用水源河流水质污染现状及纳污河流水质改善目标要求与企业对尾水回用的实际需求，进行了印染废水深度处理回用工艺的适用性研究。通过混凝烧杯实验，选用工业PACl、$FeSO_4$、HPAC三种药剂，对微絮凝–直接过滤集成工艺用于印染废水尾水深度处理后水质回用的可行性，进行了试验性验证和效能对比研究，并筛选出混凝剂HPAC为微絮凝–直接过滤工艺时的优选药剂。

关键词　印染废水　微絮凝–直接过滤　回用标准

东江作为连接赣粤港三地，特别是香港特别行政区及广东省河源、惠州、东莞、深圳、广州等经济较发达城市，涉及共约4000万居民的主要饮水水源地，关系着整个东江流域和珠三角地区的经济发展以及香港社会的繁荣稳定。其中，东莞市地处东江下游干流供水水源区，担负着东莞、深圳、广州和香港四个特大城市的供水水源保障任务。在东莞，印染工业占有相当大的比重，东莞市的印染、电镀行业等重污染行业每天有约500万吨的废污水被迫排往东莞市境内的第二大水系——东莞运河及其支流，以致东莞运河全程258公里水质均为劣Ⅴ类（旱季），水体严重黑臭。印染废水作为一种极难处理的工业污水，其达标排放，特别是处理回用率一般很低，国外曾有文献报道其平均回用率仅为7%[1,2]。因此，对印染废水进行深度处理，通过污染物削减和废水回用措施，控制点源排放，对缓解水资源短缺状况，实现印染行业的可持续发展，具有重大的环境效益和经济效益[3]。同时，对于东江流域饮用水源污染治理及纳污河河流水质改善目标的实现，也具有重要的现实意义。

混凝是工业废水和生活污水处理中最基本也是极为重要的处理操作单元[4,5]，为进一步强化凝聚絮凝过程，发展了微絮凝–直接过滤组合新工艺[6]。微絮凝–直接过滤，简称直接过滤工艺[7]，是省去沉淀过程而将混凝与过滤两种过程在滤池内一次同步完成的一种新型接触絮凝工艺技术。它不仅可简化水处理流程，降低投资费用，减少运行成本，而且还可延长过滤周期，提高产水量。其出水水质比传统工艺要好得多，因而是一种高效经济的集成工艺技术，该工艺可减少80%构筑物体积[8]。本文通过对东莞地区70多家印染企业的实地走访调研，选取了该地区某典型丝绸印染企业的尾水为研究对象，运用微絮凝–直接过滤工艺对该厂尾水进行深度处理初步试验研究，以探讨处理工艺出水水质回用的可行性，从而控制印染企业点源污染排放，增加企业废水回用，达到合理利用及节约水资源的目的。

一、实验部分

（一）试剂、仪器与水样分析方法

实验选用工业PACl、$FeSO_4$、HPAC三种药剂，其中$FeSO_4$为实验室内配制的水溶液；工业

基金项目：国家自然科学基金项目（20677073，50678167）；国家科技重大专项“水体污染控制与治理”项目（2008ZX07211-006-1）。

PACl 与 HPAC 均为北京万水净水剂公司生产。HPAC 是指高效的聚合氯化铝。它是向普通聚合氯化铝与活性硅酸复配的絮凝剂中添加阴离子型有机助凝剂，而得到的复合净水剂。实验过程中采用自制的微絮凝－直接过滤装置如图 1 所示；用浊度仪（Turbidimeter 2100N，HACH，美国）进行浊度的测定；按照国家环保局编写的《水和废水监测分析方法》（第 4 版）对化学需氧量（Chemical Oxygen Demand，COD）、溶解性总固体（Total Dissolved Solids，TDS）、色度进行测定。过滤指数（Filterability Index，FI）采用参考文献［9］报道的方法按照公式 1 进行测定。其中：H 为水头损失（cm），C 为滤后水浊度（NTU），C_0 为待滤水浊度（NTU），V 为水的过滤速率（cm/min），t 为过滤时间（min）。

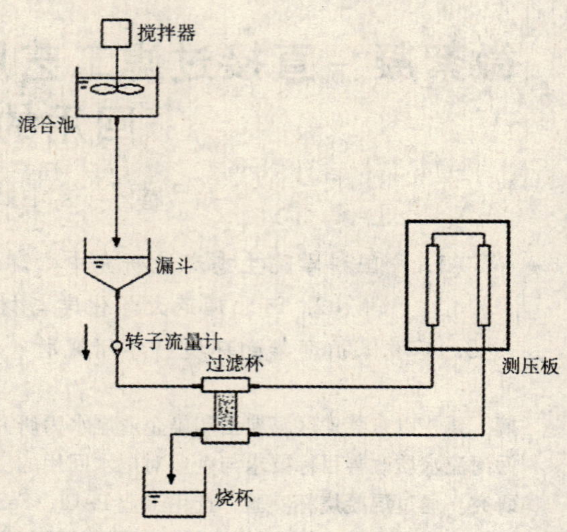

图 1　微絮凝－直接过滤小试实验装置图

$$过滤指数 = \frac{H \cdot C}{V \cdot C_0 \cdot t} \tag{1}$$

（二）实验过程

选取东莞市某印染企业处理工艺后的尾水进行微絮凝－直接过滤工艺试验，依据 GB/T 19923—2005 回用水质标准，判断该工艺用于印染废水水质回用的可行性，其水质指标如表 1 所示。试验中混凝剂选择工业 PACl、$FeSO_4$、HPAC 三种药剂，投药量采用 20mg/L，30mg/L，50mg/L，70mg/L 和 100 mg/L 等高中低不同水平。混凝试验采用工业上常用的条件：250 r/min 搅拌 1min；加药，200 r/min 搅拌 2min，快速混凝结束后，采用图 1 所示小试实验装置进行直接过滤。具体操作步骤如下：

将 500ml 原水倒入混合池内，搅拌头转速和强度通过控制装置调控。原水经加药搅拌后由漏斗和转子流量计进入过滤杯，采用下向流方式。待滤水通过粒径为 0.6～1.2 mm 的石英砂滤层后流出。通过流量计调节，控制出水流速恒定为 125 ml/min（模拟滤速为 5.97 m/h）。过滤杯上下均安装有测压管，测压管直接与标尺相连，通过标尺能够读出过滤前后水的压差，即过滤时的水头损失。过滤结束后对 COD、溶解性总固体（TDS）、浊度、总磷（TP）、色度和过滤指数等水质指标进行分析。

表 1　某印染企业尾水水质特征与排放标准以及回用标准之间的对照情况

指标	印染尾水	GB 18918—2002 排放标准	GB/T 19923—2005 回用水质标准
COD/（mg/L）	105	≤100	≤60
TDS/（mg/L）	1200	—	≤1000
浊度/NTU	35	≤30	≤5
色度/倍	60	≤80	≤30
TP/（mg/L）	2.068	≤1	≤1

二、结果与讨论

（一）浊度去除情况

由图2可以看出，采用微絮凝直接过滤实验装置，在试验的三种药剂中，PACl的除浊情况明显好于其他两种药剂，当PACl分散于水体后，较高正电荷的铝聚合形态，能迅速吸附在水体中带负电荷的胶体杂质颗粒表面，中和其电荷，促进了胶体和悬浮物等快速脱稳、凝聚和沉淀，从而表现出良好的除浊效果。其对浊度的去除可使余浊（Residual Turbidity，RT）达到3NTU以下。但当混凝剂用量增至一定程度后，会使电荷反转，从而使体系重新复稳，而降低除浊效果。HPAC由于复合了聚硅酸及阴离子型有机高分子助凝剂，其电中和除浊能力与PACl相比相对弱些，且形成的絮体粒径较小不易被石英砂截留，从而导致滤后水浊度与回用标准仍有一定距离。而$FeSO_4$形成的絮体形貌虽然较大便于沉降，但在过滤初期易在滤料表层形成板结，从而使出水水质变差。

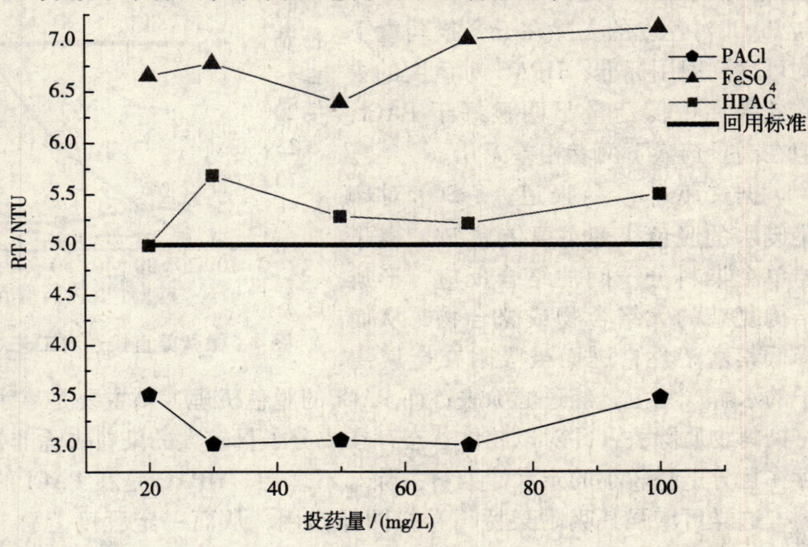

图2　微絮凝直接过滤工艺对印染尾水余浊（RT）的去除情况

（二）COD的去除情况

由图3可以看出，HPAC对COD的去除情况较好，在较低投药量下就可达到回用标准。由于HPAC在制备过程中复合了阴离子型有机高分子物质，可发挥其强大的吸附及架桥能力，从而在去除COD方面表现出较强优势。PACl在投药量为30 mg/L时，可达到回用标准所规定的处理要求，但是随着投药量的加大，体系会出现复稳，而使去除效果逐渐变差[10]，从而导致水工艺出水偏离回用水标准要求。$FeSO_4$对COD有一定的去除作用，但去除效果不如HPAC和PACl，处理后的水质也难以满足回用水标准要求。原因是其投入水体后，主要依靠水解、聚合、沉淀反应过程中形成的絮凝剂形态发挥作用，与聚合铝无机高分子的预制优势聚合形态相比，其吸附、架桥和交联作用弱于无机高分子絮凝剂。

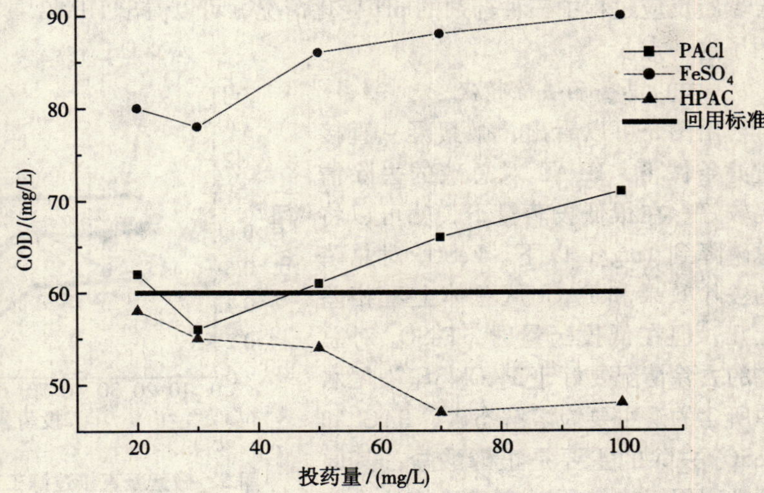

图3　微絮凝直接过滤工艺对印染尾水中COD的去除情况

（三）色度的去除情况

由图4可以看出，经微絮凝－直接过滤处理工艺后，三种药剂在起始投药量下，以 $FeSO_4$ 对色度去除率最佳。但是随着投药量的加大，其去除情况明显变差，原因是由于投加量增大时过量的 Fe^{2+} 被氧化成 Fe^{3+}，使溶液改变颜色，从而使表观色度变差。而HPAC与PACl对色度的去除在五个投药量下均可达到回用标准，HPAC对色度的去除效果在中低药量下明显好于PACl，但在高投药量下两者相差无几。

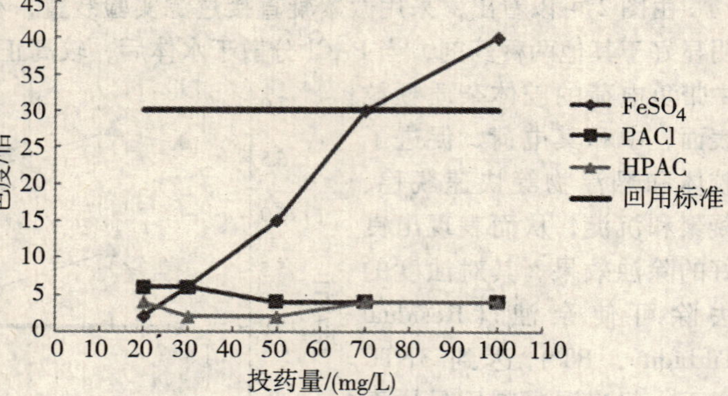

图4　微絮凝直接过滤工艺对印染尾水中色度的去除情况

据文献［11］报道，$FeSO_4$ 对印染废水的脱色机理主要依靠 Fe^{2+} 离子与单个染料分子间的络合反应，形成结构复杂的大络合物或螯合物，从而降低其水溶性，进而被吸附在金属离子的水解产物上，经过滤除去；而PACl的脱色机理，则主要是靠水解产物的电中和及吸附作用将染料物质除去，并对以胶体状态存在或分子量较大的染料去除非常有效的，但对以真溶液形式存在且分子量较小的亲水性染料去除却不理想。HPAC是在PACl的基础上引入有机高分子助凝剂，这样可增强其吸附架桥、卷扫网捕作用，从而一定程度上弥补PACl架桥能力弱、絮体松散、去除较小分子量亲水性染料能力差的缺陷，因而在中低投药量下对色度去除更具优势。

另外，pH值变化直接影响到混凝剂及染料分子的存在形态，因此pH值的大小关系到药剂种类的选择及其混凝脱色效果。在五种投加量下，三种药剂混凝反应时pH变化范围分别为：PACl，7－8；FeSO4，8－9；HPACl，7－8。而据文献报道[12]，PACl和 $FeSO_4$ 混凝时最佳脱色pH值范围分别在7－9和10－11，这里所说的pH值并不是指原水的pH值，而应当是投加药剂后混凝反应时的pH值[13]。有机高分子物质在混凝脱色时受pH值影响很小，一般在2－11范围内都可取得较好的效果。HPAC中加入了有机高分子物质，因此，混凝时受pH值影响较小。结合絮凝反应过程中三种药剂的pH变化情况，可以看出HPAC具有除色优势，色度实验结果也证明了这一点。

（四）总磷的去除情况

由图5可以看出，微絮凝－直接过滤条件下，HPAC对总磷的去除情况较好。在很低投药量下，就可以将总磷降到1mg/L以下。$FeSO_4$ 对总磷的去除效果和PACl从总体上看相差无几，但在低投药量时，$FeSO_4$ 对总磷的去除情况要好于PACl。印染尾水中所含的磷主要为溶解态磷，PACl和 $FeSO_4$ 去除的主要是正磷酸盐，其原理是利用铝或铁所对应磷酸盐的难溶性而将絮凝剂加入水体后生成的磷酸盐、金属阳离子水解产物（如氢氧化物等）、悬浮物通过吸附络合等作用，一起沉淀下来[14-16]。HPAC的除磷机理，除了利用铝聚阳离子及其氢氧化物的吸附以及铝的不溶性磷酸盐的共沉淀作用外，由于引入了聚硅酸及具有链状结构的阴离子型有机高分子助凝剂，因此具备较强的吸附架桥聚集能力，从而使絮凝沉降分离性能得到进一步提升。

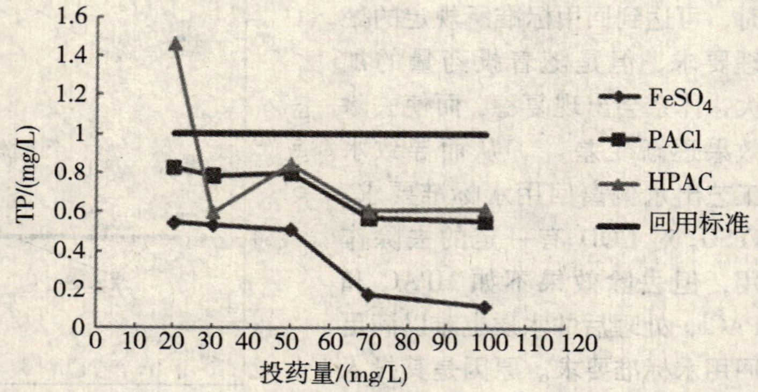

图5　微絮凝直接过滤工艺对印染尾水中总磷的去除情况

除磷实验结果也表明，HPAC 对总磷的去除情况要好于其他两种药剂。

另外，由于 pH 值对絮凝剂的形态及磷酸盐的存在形式有直接关系，从而对磷的去除效果产生较大影响[17]。根据文献报道[18]：$FeSO_4$ 的最佳除磷 pH 值为 7～8；PACl 则为 5.0～8.5，但在较高 pH 条件下，溶液中较多的 OH－与 PO_4^{3-} 发生竞争吸附，从而使除磷效果下降。根据以上混凝 pH 值的变化情况，可以看出：在混凝沉淀除磷过程中，PACl 有较宽的 pH 适应范围；而 $FeSO_4$ 的 pH 适应范围则较窄，工艺生产过程中容易受到客观条件的限制；HPAC 由于复合了聚硅酸及少量阴离子型有机高分子物质，其对磷的去除还包括网捕吸附与架桥聚集等，为多种机理综合作用结果。因此，HPAC 除磷效果受 pH 影响不大，作用效果在三种药剂中最好。

（五）三种药剂的过滤性能评价

一般来说，过滤指数越小，待滤水的可过滤性能越好；反之，则表明待滤水的过滤性能较差。由图 6 可以看出，微絮凝直接过滤工艺对印染尾水处理后，投加 $FeSO_4$ 药剂的体系过滤性能较差，原因是由于其形成的絮体粒径较大，以致在过滤初期便在滤料表面形成板结，将滤料堵塞，从而增大了水头损失。同时会产生大量的污泥，增大了后续处理的工作量。从整体来看，HPAC 的过滤性能最好，由于其形成的絮体粒径较小，随着过滤的进行不易造成滤料堵塞，在低投药量 20 mg/L 时过滤指数最低，而 PACl 相对于 HPAC 而言，在高投药量 50 mg/L 情况下过滤性能较好。相比之下，HPAC 更节约成本。

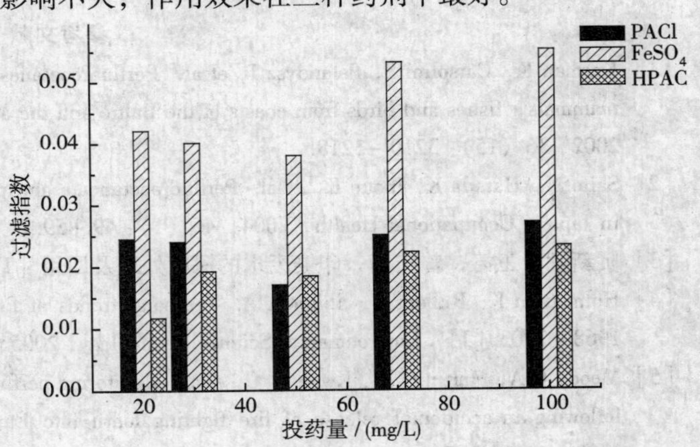

图 6　微絮凝－直接过滤工艺对印染尾水深度处理后过滤指数的变化情况比较

（六）TDS 的变化情况

由图 7 可以看出，经三种药剂处理后的印染尾水均可以达到回用标准要求，但经 PACl 和 HPAC 处理后的水体，其总含盐量较低，其中 PACl 的效果较好。由于这些溶解性物质的去除主要依靠絮凝剂的电中和能力，而 $FeSO_4$ 属于无机盐絮凝剂，其电中和能力与无机高分絮凝剂相比较弱，致使处理效果低于 PACl 和 HPAC；HPAC 也具备较强的电中和能力，它在制备过程中引入高效成分，着重发挥了絮凝剂的网捕卷扫吸附功能，对有机物有很强的去除能力，但是 HPAC 所形成的絮体粒径较小，在过滤过程中容易穿透滤层，导致其在去除 TDS 方面略逊于 PACl。

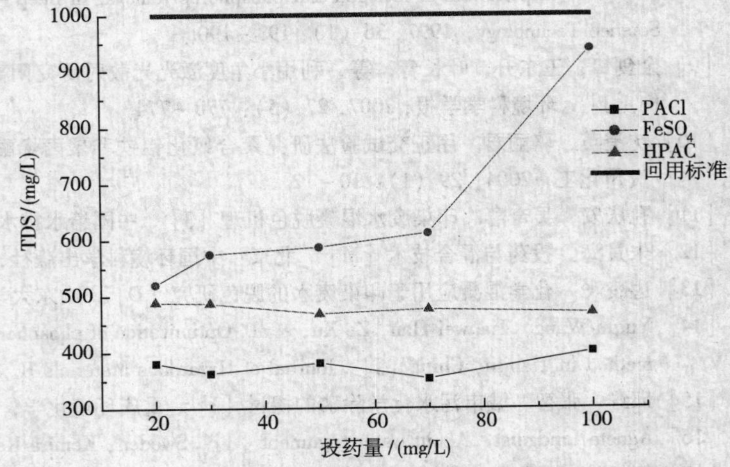

图 7　微絮凝－直接过滤工艺对印染尾水深度处理后 TDS 的变化情况比较

三、结　论

1. 微絮凝－直接过滤实验数据表明，经该工艺处理后的水体其浊度、COD、TP、色度、和

TDS 均可达到回用水标准要求，说明该工艺应用于印染废水水质回用处理是可行的。

2. 对于三种混凝剂来说，PACl 对浊度和溶解性固体的去除能力较强；HPAC 对 COD、色度和总磷的去除较为理想，并且过滤性能较好，虽然经济成本比 PACl 高些，但投药量较低，并且产生的污泥量少。FeSO4 是印染企业中常用的混凝剂，其优势略见于脱色除磷上，但是其效果均逊色于 PACl 与 HPAC，并且 Fe^{2+} 很易被氧化，导致出水极易变色；由于过滤指数大，使得滤料易被堵塞，反冲洗频率高。综合起来考虑，在微絮凝 - 直接过滤工艺中选用 HPAC 做混凝药剂比较适用。

参考文献

[1] Karman K, Carsolini S, Palandysz I, et al. Perfluorooctanesulfonate and related fluorinated hydrocarbons in marine mammals, fishes and birds from coasts of the Baltic and the Meditarranean Seas. Environmental Science Technology, 2002, 36 (15): 3210 - 3218.

[2] Saito N, Harada K, Inoue K, et al. Perfluorooctanoate and perfluorooctane sulfonate concentrations in surface water in Japan. Occupational Health, 2004, 46 (1): 49 - 59.

[3] 阮新潮，王涛，曾庆福. 印染废水的深度处理及回用 [J]. 工业水处理，2006，26 (4)：22 - 24.

[4] Holmstrom K, Rnberg U, Sbignert A. Temporal trends of PFDS and PFOA in guillemot eggs from the Baltic Sea, 1968 - 2003 [J]. Environmental Science Technology, 2005, 39 (1): 80 - 84.

[5] Moody C A, Martin C W, Kwan W C, et al. Monitoring perfluorinated surfactants in biota and surface water samplers following an accidental release of fire fighting foam into Etobicoke Creek [J]. Environmental Science Technol, 2003, 36 (4): 545 - 551.

[6] Taniyasu S, Kannan K, Horii Y, et al. A survey of perfluorooctane sullfonate and related perfluorinated organic compounds in water, fish, birds and humans from Japan [J]. Environmental Science Technology, 2003, 37 (12): 2634 - 2639.

[7] Letterman R D. An overview of Filtration [J]. JAWWA, 1987, 79 (12): 26 - 32.

[8] Jonson L. Experiences of nitrogen and phosphorus removal in deep - bed filters in the Stockholm area [J]. Water Science Technology, 1997, 36 (1): 193 - 190.

[9] 余剑锋，王东升，叶长青，等. 利用小角度激光光散射研究阳离子有机高分子絮凝剂的絮体粒径和絮体结构 [J]. 环境科学学报，2007，27 (5)：770 - 774.

[10] 沈澄英，骆丽君. 用正交试验法研究聚合氯化铝铁和聚丙烯酰胺对印染废水混凝处理效果的影响 [J]. 贵州化工，2004，29 (1)：10 - 12.

[11] 孔庆安，吴奇藩. 印染废水混凝脱色机理 [J]. 中国给水排水，1995，11 (3)：31 - 33.

[12] 朱月海. 投药与混合技术 [M]. 北京：中国环境科学出版社，1990：49 - 57.

[13] 边凌飞. 化学混凝应用于印染废水的脱色研究 [D]. 山东大学，2005，37 - 39.

[14] Yuqiu Wang, Tianwei Han, Ze Xu, et al. Optimization of phosphorus removal from secondary effuent using simplex method in Tianjin, China [J]. Journal of Hazardous Materials B, 2005, 121: 183 - 186.

[15] 邱维，张智. 城市污水化学除磷的探讨 [J]. 重庆环境化学，2002，24 (2)：81 - 84

[16] Agneta Lindguist. About water treatment [J]. Sweden: Kemira Kemwater, 2003: 71 - 74, 137 - 138.

[17] 徐保林. 磷化废水除磷絮凝剂的研制与应用研究 [D]. 武汉理工大学，2008：40 - 44

[18] 赵艳梅，刘起峰，李涛，等. 混凝强化除磷的模拟实验研究 [J]. 环境工程学报，2007，5 (1)：12 - 14.

水质　游离氯和总氯的测定 N，N—二乙 1，4 - 基—苯二胺滴定法两种版本的比较与分析

张　洪

（天津塘沽环境保护监测站　天津塘沽区营口道 483 号　300450）

摘　要　发现水质　游离氯和总氯的测定 N，N—二乙 1，4 - 基—苯二胺滴定法两种版本的区别和缺陷，提出改进办法。

关键词　游离氯　总氯　方法

一、引　言

以次氯酸、次氯酸盐离子称做游离氯，以“游离氯”，或“化合氯”，或两者形式存在的氯和溶解的单质氯形式存在的氯统称总氯。水中氯的来源主要是饮用水或污水中加氯以杀灭或抑制微生物；电镀废水中加氯分解有毒的氰化物。水质　游离氯和总氯的测定是环境监测常见项目之一。《水质　游离氯和总氯的测定 N，N—二乙 1，4 - 基—苯二胺滴定法》（以下简称《方法》）是测定水质游离氯和总氯的常用方法。现常用的版本有国家环境保护总局《水和废水监测分析方法》（第四版）（以下简称《第四版》）和 GB 11897—1989 版本。

二、《方法》的原理

游离氯的测定：在 pH6.2 ~ 6.5 条件下，游离氯直接与 N，N—二乙 1，4 - 基—苯二胺（DPD）反应生成红色化合物。用硫酸亚铁铵标准溶液滴定至红色消失。硫酸亚铁铵溶液 C ［$(NH_4)_2Fe(SO_4)_2 \cdot 6H_2O$］=56mmol/L：（标定：用重铬酸钾标准参考溶液滴定到出现深紫色，再加入重铬酸钾溶液后颜色保持不变时为终点）；重铬酸钾标准参考溶液，C（$1/6K_2Cr_2O_7$）=100mmol/L。

方法原理的实质是等量滴定原理，即：1 mmol/L 重铬酸钾（$1/6K_2Cr_2O_7$）滴定 1 mmol/L 硫酸亚铁铵［$(NH_4)_2Fe(SO_4)_2 \cdot 6H_2O$］；1 mmol/L 硫酸亚铁铵［$(NH_4)_2Fe(SO_4)_2 \cdot 6H_2O$］滴定 1 mmol/L 游离氯或总氯原子（Cl）。两个游离氯或总氯原子（Cl）组成一个氯分子（Cl_2）。

与《方法》有关原文见表 1。

三、《方法》《第四版》与 GB 11897—1989 版本的区别

1. 在《第四版》中的“7. 计算”原文见表 2。

2. GB11897—1989 版本中的计算方法是这样表述的：原文见表 3。

3. 比较表 2 与表 3 可以看出《第四版》计算公式 $C(Cl_2) = C_3(V_3 - V_5)/V_0 \times 1/2$（见表 2）比 GB 11897—1989 版本公式（3）（见表 3）多乘了一个（1/2）。

表 1 中“此溶液的浓度以每升含氯（Cl_2）毫摩尔数表示，按式（1）计算：”表明 C_1——硫酸亚铁铵［$(NH_4)_2Fe(SO_4)_2 \cdot 6H_2O$］溶液的浓度，（mmol/L）；也就是所测定样品的游离氯或总氯（Cl_2）的浓度，（mmol/L）。

四、《方法》的分析

1. 两种版本在原理、试剂、测定步骤都相同的情况下，结果的表示中的计算公式相差一倍，必然有一版本有误。

表 1　《方法》有关原文

5. 试剂

5）硫酸亚铁铵储备液，C [$(NH_4)_2Fe(SO_4)_2 \cdot 6H_2O$] =56mmol/L。

配制：溶解 22g 六水合硫酸亚铁铵于含有 5ml 硫酸（p = 1.84g/ml）的水中，移入1 000ml 容量瓶内，加水至标线，混匀。存放在棕色瓶中。经常按下述步骤标定此溶液。如需大量测定，应每天标定一次。

标定：向 250ml 锥形瓶中，放入 50.0ml 储备液，50mL 水，5ml 正磷酸（p = 1.71 g/ml）和 4 滴二苯胺磺酸钡指示液。用重铬酸钾标准参考溶液滴定到出现深紫色，再加入重铬酸钾溶液后颜色保持不变时为终点。此溶液的浓度以每升含氯（Cl_2）毫摩尔数表示，按下式计算：

$$C_1 = C_2 \times V_2 / 2\ V_1$$

式中：C_2 ——重铬酸钾标准参考溶液的浓度（mmol/L）；

V_2 ——滴定消耗重铬酸钾标准参考溶液的体积（ml）；

V_1 ——硫酸亚铁铵储备溶液的体积（ml）。

2 ——2molFe^{2+}还原 1mol Cl_2 的化学计算系数。

注：如 V_2 小于 22ml，应重配一新鲜的储备液。

6）硫酸亚铁铵标准滴定溶液，C [$(NH_4)_2Fe(SO_4)_2 \cdot 6H_2O$] =2.8mmol/L：取 50.0ml 新标定的铵储备液于 1 000ml 容量瓶内，加水至标线，混匀。存于棕色瓶中。应每月标定一次。如大量测定，应每天配制。

以每升含氯（Cl_2）毫摩尔数表示，此溶液的浓度 C_3 按下式计算：

$$C_3 = C_1 / 20$$

表 2　《第四版》有关原文

游离氯（总氯）的计算：

以 mmol/L 表示的游离氯（总氯）浓度 C（Cl_2）按下式计算：

$$C(Cl_2) = C_3(V_3 - V_5) / V_0 \times (1/2)$$

式中：C_3 ——硫酸亚铁铵标准滴定溶液的浓度以 Cl_2 表示 mmol/L；

V_0 ——试料中试样体积（ml）；

V_3 ——在测定中消耗硫酸亚铁铵标准滴定溶液的体积（ml）；

V_5 ——在测定中消耗硫酸亚铁铵标准滴定溶液的体积（ml），如不存在氧化锰和六价铬时，V_5 = 0。

物质的浓度换算：

以 mmol/L 表示的氯（Cl_2）浓度，乘以 70.91 换算为 mg/L。

表 3　GB11897—89 版本有关原文

8.1.1 游离氯（总氯）的计算：

以 mmol/L 表示的游离氯（总氯）浓度 C（Cl_2）按式（3）计算：

$$C(Cl_2) = \frac{C_3(V_3 - V_5)}{V_0} \qquad (3)$$

式中：C_3 ——硫酸亚铁铵标准滴定溶液的浓度（4.6）以 Cl_2 表示 mmol/L；

V_0 ——试料（6.2）中试样体积（ml）；

V_3 ——在测定中消耗硫酸亚铁铵标准滴定溶液（4.6）的体积（ml）；

V_5 ——在测定（7）中消耗硫酸亚铁铵标准滴定溶液（4.6）的体积（ml），如不存在氧化锰和六价铬时，V_5 = 0。

由物质的量浓度换算为质量浓度：

以 mmol/L 表示的氯（Cl_2）浓度，乘以 70.91 换算为毫克/升。

2.《第四版》中的《方法》，其计算公式为 $C(Cl_2) = C_3(V_3 - V_5) / V_0 \times (1/2)$。依据方法中“物质的浓度换算，以 mmol/L 表示的氯（Cl_2）浓度，乘以 70.91 换算为 mg/L”。计算

公式即换算为：$C\ (Cl_2) = C_3\ (V_3 - V_5)\ /\ V_0 \times\ (1/2)\ \times 70.91$。根据该方法原理、试剂及等量滴定原理、摩尔的定义等分析，我认为公式 $C\ (Cl_2) = C_3\ (V_3 - V_5)\ /\ V_0 \times 70.91/2$ 中，摩尔浓度换算为 mg/L 时，毫摩尔/升乘以 70.91/2（氯的原子量 35.453）换算为 mg/L，即乘以的是氯原子量而不是氯分子量。这就表示表 2 公式中（见表 2）的游离氯（总氯）浓度 C 应该是氯原子（Cl）的浓度而不是氯分子（Cl_2）的浓度。以此反推硫酸亚铁铵标准滴定溶液 C_3 应是相当于每升含氯原子（Cl）毫摩尔数。此时公式 $C_1 = C_2 V_2/ 2V_1$ 应为 $C_1 = C_2 V_2/ V_1$。这就与该方法说的“此溶液的浓度以每升含氯（Cl_2）毫摩尔数表示按式（1）计算。”发生冲突。

3. GB 11897—1989 版本中游离氯的计算是正确的。（见表 3）

如果《第四版》硫酸亚铁铵储备液，将标定中“$C_1 = C_2 \times V_2/ 2V_1$”改正为 $C_1 = C_2 \times V_2/ V_1$ 来计算硫酸亚铁铵储备溶液浓度，用 $C\ (Cl_2) = C_2\ (V_3 - V_5)\ /\ V_0 \times 70.91/2$ 来计算游离氯（总氯）这时的结果就与按 GB11897—89 版本所列公式计算游离氯（总氯）的结果相同。

4. GB 11897—1989 版的缺陷

依据 GB 11897—1989 版第四章试剂，4.5 硫酸亚铁铵储备液：$C\ [\ (NH_4)_2Fe\ (SO_4)_2 \cdot 6H_2O]\ = 56$mmol/L（方法描述与《第四版》相同见表 1）。配制：溶解 22g 六水合硫酸亚铁铵于 1 000ml 的水中，硫酸亚铁铵的分子量是 392.13，得到的摩尔浓度为 56mmol/L。“此溶液的浓度以每升含氯（Cl_2）毫摩尔数表示，按式计算：$C_1 = C_2 \times V_2/2\ V_1$”。“2——2mol$Fe^{2+}$ 还原 1mol Cl_2 的化学计算系数”。即 56mmol/L Fe^{2+} 还原 28mmol/L Cl_2。此时硫酸亚铁铵标准滴定溶液，$C\ [\ (NH_4)_2Fe\ (SO_4)_2 \cdot 6H_2O]$，由 50.0ml 稀释至 1 000ml“以每升含氯（Cl_2）毫摩尔数表示，此溶液的浓度 C_3 按下式计算：$C_3 = C_1/20$”。其浓度 C_3 应为 1.4mmol/L。实验表明只有当 $C_3 = 1.4$mmol/L 时，《方法》GB11897—89 版公式（3）（见表 3）的计算结果才是正确的。

五、结　论

《方法》《第四版》将公式“$C_1 = C_2 V_2/ 2V_1$”改正为 $C_1 = C_2 V_2/ V_1$ 即硫酸亚铁铵储备液 = 56mmol，此时硫酸亚铁铵标准滴定溶液 = 28mol，再使用公式 $C\ (Cl_2) = C_2\ (V_3 - V_5)\ /\ V_0 \times (1/2)$ 是正确的。

使用《方法》GB 11897—1989 版公式 $C\ (Cl_2) = C_2\ (V_3 - V_5)\ /\ V_0$ 计算时，建议将“硫酸亚铁铵标准滴定溶液，$C\ [\ (NH_4)_2Fe\ (SO_4)_2 \cdot 6H_2O]\ = 2.8$mmol/L：”调整为“硫酸亚铁铵标准滴定溶液 = 1.4mmol/L”以免造成混乱。

参考文献

[1] 国家环境保护总局．水和废水监测分析方法（第四版）．北京：中国环境科学出版社．

[2] GB 11897—1989，水质　游离氯和总氯的测定 N，N—二乙 1，4 - 基—苯二胺滴定法（A）．

探讨工业含氟废水的处理工艺

路瑞娟

（河北省沧州市环境保护科学研究院　河北省沧州市清池北大道11号　061000）

摘　要　介绍了工业含氟废水处理工艺的分类及其技术特点，结合国内的实际运用情况，共同探讨处理含氟废水的几种改进方案。

关键词　工业废水　含氟　处理工艺

氟是人体内重要的微量元素之一，广泛分布于自然界，含氟量在0.4～0.6mg/L的饮用水对人体无害有益，它是牙齿及骨骼不可缺少的成分，少量氟可以促进牙齿珐琅质对细菌酸性腐蚀的抵抗力，防止龋齿，但是含量过高也会危害健康，引起氟中毒，而且对人体很多组织系统都有致癌作用，而长期饮用含量大于1.5mg/L的高氟水则会给人体带来不利影响，严重威胁人类健康。

近年来，随着现代工业的迅速发展，特别是含氟矿石的开采、金属冶炼、铝加工、炼焦、玻璃、电子等行业排放的废水中常含有高浓度的氟化物，含量均严重超出国家标准，这些水体如直接外排，将严重破坏周围的生态环境。根据《污水综合排放标准》（GB 8978—1996）中规定，氟离子为国家规定第一类污染物，新、改、扩建企业对外排放含氟废水，氟化物不得超过10mg/L（向二级污水处理厂排放除外），因此含氟量超标的工业废水必须经过处理后达到国家标准方可排放。

目前国内外常用的含氟废水的处理方法大致可以分为两类，即沉淀法和吸附法。

沉淀法是通过向废水中加入化学药剂、混凝剂、絮凝剂（主要是PAC、PAM等）形成氟化物沉淀或絮凝沉淀，然后经过固液分离达到去除的目的，药剂、反应条件（pH）和固液分离的效果决定了沉淀法的处理效率。主要分为两种方法：化学沉淀法和絮凝沉淀法。

化学沉淀法即石灰沉淀法，通过向废水中投加钙盐等化学药品，形成氟化物沉淀，来实现去除氟离子的目的。这种去除方法的优点是费用低，流程简单，但石灰水的溶解度低，石灰水只能以乳状液投加，且产生的CaF_2沉淀包裹在$Ca(OH)_2$颗粒的表面，使之不能充分与氟离子反应，用量大但去除效果不好，处理后的废水中含氟量一般只能下降到15mg/L，很难达到国标一级标准。而且存在泥渣沉降缓慢，脱水困难，处理大流量排放物周期长，不适应连续处理、连续排放等缺点，因此该方法主要用于高浓度含氟废水的预处理。

基于上述方法加入钙盐存在的缺点，对该方法进行了改进，在加入$Ca(OH)_2$的基础上，同时加入镁盐、铝盐等。加入镁盐反应原理：利用加入镁盐后镁离子与氢氧根作用生成氢氧化镁沉淀来实现对已经生成的氟化物的吸附作用；加入铝盐反应原理：加入的铝盐与氢氧根作用生成氢氧化铝，氢氧化铝与氟离子作用生成氟铝络合物，生成的络合物被氢氧化铝矾花吸附而产生沉淀，从而去除大量的氟离子。此外，也可在废水中加入钙盐、再加入复合铝盐（也有加入复合铁盐的，但是铁盐处理后的废水需要用酸中和后才能排放）作为混凝剂，在不增加现有处理设备的基础上，提高了氟离子去除的效果，从而能够达到国家要求的排放标准。

图1是国内一家公司的电子产品生产废水处理流程图，其主要目的就是去除废水中的氟离子，去除效果很好。

PAC：聚合氯化铝，应用范围广，适应水性广泛，易快速形成大的矾花，沉淀性能好。适宜的pH范围较宽（5～9），且处理后水的pH和碱度下降小。水温低时，仍可保持稳定的沉淀效果。碱化度比其它铝盐、铁盐高，对设备侵蚀作用小。

PAM：聚丙烯酰胺，简称PAM，由丙烯酰胺单体聚合而成，是一种水溶性线型高分子物质，在水中主要起到絮凝的作用。PAM 具有絮凝、黏合、降阻、增稠等特性。

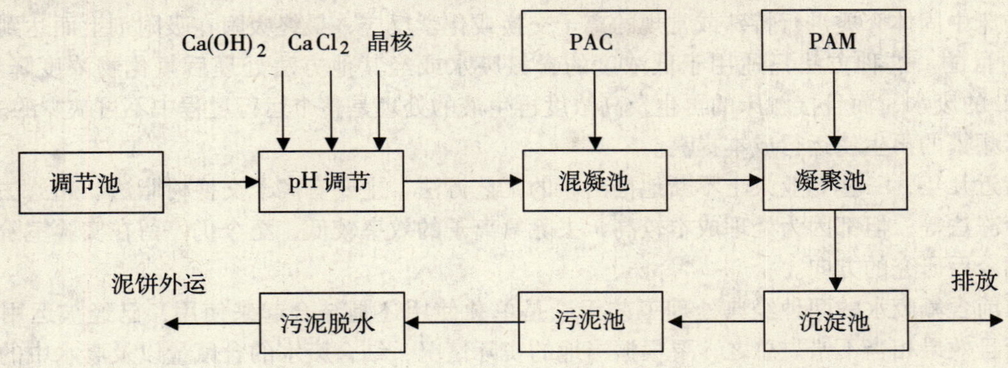

图 1　深沉法去除氟离子工艺

混凝沉淀法，此方法与化学沉淀法在概念上并没有明显的区分，如图 1 所示的应用实例，即是在利用化学沉淀的同时又用到了混凝沉淀，从而达到较好的去除效果。此种方法主要是向废水中加入铁盐、铝盐两大类絮凝剂，其能在废水中形成带正电的胶粒，胶粒能够吸附水中的 F^- 而相互形成絮状物沉淀，从而达到除氟的目的。此种方法适用于含氟量较低的废水的处理。

近些年在实际中也运用到了几种新的工艺，比如絮凝—气浮处理工艺，采用的是絮凝—气浮—吸附相结合的方法处理含氟废水。该方法主要利用的是铝离子的三种机理来去除氟离子：①离子交换。投加到水中的 $Al_{13}O_4(OH)_{14}{}^{7+}$ 等聚阳离子水解后形成的无定性 $Al(OH)_3$ 沉淀，其中的 OH^- 与 F^- 发生交换；②络合沉淀。F^- 能与 Al^{3+} 等形成从 AlF^{2+}、AlF_3 到 $AlF_6{}^{3-}$ 等 6 种络合物，络合沉降而去除 F^-；③吸附。铝盐絮凝除氟过程中生成的具有很大表面积的无定性 $Al(OH)_3$ 原体对氟离子产生氢键吸附，氟离子半径小，电负性强，这一吸附方式很容易发生。絮凝产生的絮状物通过气浮装置达到有效的固液分离，出水经过砂滤，再通过活性炭吸附后排放。此种去除方法与之前介绍方法的不同点是加入 NaOH 来代替 $Ca(OH)_2$，好处是使泥渣量减少，解决了 $Ca(OH)_2$ 工艺泥渣多、易结垢、管道容易堵塞的难题，通过控制 pH 来掌握 NaOH 的投加量。表 1 是不同的 pH 值时，废水中氟离子的去除率的相关数据，由此可见，当 pH 值控制在 7.0 左右时处理效果最佳。

表 1　pH 值对各阶段处理效果的影响

pH	工序	F^- 浓度/（mg/L）		去除率/%
		进口	出口	
6.5	絮凝—气浮	171.1	11.8	93.1
	吸附	10.3	4.1	60.2
7.0	絮凝—气浮	187.3	8.43	95.5
	吸附	7.5	3.08	59
7.5	絮凝—气浮	167.5	8.71	94.8
	吸附	7.49	3.33	55.6

整套设备的运行效果很明显：监测结果表明，该含氟废水处理设备出口排放物中的 pH 值均在 6.5～7，F^- 的浓度均小于 5mg/L，排放指标均达到了国家污水综合排放一级标准，除 F^- 效率达 98.9%。

除了以上介绍的几种常用方法外，应用较广泛的还有吸附法，是指将含氟废水流经接触床，通过与床中固体介质进行特殊或常规的离子交换或化学反应，最终吸附在吸附剂上而达到去除氟化物的目的。这种方法只适用于低浓度的含氟废水或经其他方法处理后氟化物浓度降至 10 ~ 20mg/L 的废水，而且接触床的再生及高浓度再生液的处理是整个运行过程中不可缺少的一部分，接触床频繁的再生使运行成本提高。

最近几年，一些专业人士不断地推出新的工艺方法，主要有离子交换树脂法、超滤法、电渗析、冷冻法等，但都因为处理成本较高，去除氟离子的效率较低，至今仍停留在实验室阶段，也是我们今后研究的方向。

目前含氟废水的两种经典处理工艺无论是单独使用还是结合起来使用，已经被运用得很成熟，而且效果相当不错。总之，要根据当地的实际情况，结合废水的含氟量以及废水中的其他物质来确定一种合理、节能、环保的处理工艺和处理设备，而且要达到降低成本与最优去除效果的结合点。

当然，我们也不能拘泥于以往成果的喜悦中，应该不断在实验室尝试新的工艺、新的设备，然后运用到实际工程中。毕竟时代在发展，以往优秀的成果不代表永远可行，这就需要不断的改进，以获取良好的经济效益。

参考文献

[1] 谢祖芳，陈孟林，何星存．氟化铝生产废水处理工艺的研究［J］．工业水处理，2002（2）．
[2] 白卯娟，娄性义，王坷．含氟水治理方法的分析［J］．青岛建筑工程学院学报，2002，23（1）．
[3] 张玲，薛学佳，周任明．含氟废水处理的最新研究进展［J］．化工时刊，2004，18（12）．
[4] 卢建杭，刘维屏，王红斌．铝盐混凝法除氟离子的一般规律［J］．化工环保，2000（6）．

硝化细菌在不同温度下对氮素的去除效能研究

张　巍[1,2]　赵　军[1,2]　郎咸明[1,2]　李晓东[1,2]　匡德舜[3]

（1. 辽宁北方环境保护有限公司；2. 辽宁省环境科学研究院辽宁省流域污染控制重点实验室；
3. 沈阳农业大学土地与环境学院）

摘　要　本文在15℃进行硝化细菌的富集，菌种的分离纯化，初筛，硝化效果的测定。对其中4株硝化效果较好的亚硝酸菌BY5、SY6和硝酸菌BX4、SX5进行生理生化指标鉴定，将其鉴定到属：前两者属于亚硝酸单胞菌属，后两者属于硝酸杆菌属。研究了不同温度对这4株菌株硝化效果的影响。结果表明，4株菌的最适合温度为25～30℃，亚硝酸菌的氨氮去除率可以达到74%，硝酸菌的亚硝酸盐去除率可以达到70%，在15℃时，亚硝酸菌和硝酸菌的氨氮去除率和亚硝酸盐去除率均可达到60%以上。

关键词　亚硝酸菌　硝酸菌　氨氮　亚硝酸盐氮

随着工农业生产的发展和人民生活水平的提高，特别是随着各种“菜篮子工程”的实施，我国含氮有机物的排放量迅猛增加。大小水体成了这些污染物的收容所，水体质量急剧恶化。近几年，我国污水排放总量呈上升趋势，2008年我国生活污水排放量为330.1亿t，经过“一控双达标”行动后，虽然污水处理率上了台阶，但处理达标率不容乐观。即使处理达标，也仅仅是有机质达标，氮素基本上没有处理。

据文献报道[1]的硝化细菌的最适宜生长温度多为30～35℃，这样高的温度在污水处理的实际运行过程中无法达到，对北方寒冷地区来说，偏低的水温明显不利于普通的硝化细菌发挥其对氨氮的去除作用。当温度小于15℃时硝化细菌的活性大幅度降低，硝化速度也明显下降，温度低于5℃时，硝化细菌的生命活动几乎停止，处于休眠状态[2]。因此，找到一种高效耐低温硝化细菌是十分必要的。

国内耐冷菌的应用研究起步较晚，直到20世纪90年代，才有了比较系统的认识，并探讨了耐冷菌在低温条件下对污染物的生物降解作用，国外20世纪70年代就有了耐冷菌的分离研究，但到目前为止，在人工湿地中的应用还尚属空白。利用微生物菌群提高人工湿地在低温条件下去除污染物和脱氮效果，将为这一技术难题的解决提供可靠的技术支持。

本研究针对我国北方低温地区人工湿地系统去除有机污染物和氮去除效果差的问题，通过液态、固态培养基交替培养、分离、驯化出在15℃以下低温条件下仍能保持较强活性的耐冷硝化菌株，并对菌株的生理生态特性进行了研究。

一、材料与方法

（一）材料

1. 实验材料

从已经驯化好的辽宁北部污水处理厂曝气池活性污泥样品和浑南人工湿地植物根系底泥中，经过不断地分离培养筛选得到的2株亚硝化细菌菌株BY5、SY6和2株硝化细菌菌株BX4、SX5。

2. 培养基

亚硝酸细菌的培养采用改良的斯蒂芬逊（Stephenson）培养基：

$(NH_4)_2SO_4$ 2.0g，$NaHPO_4$ 0.25g，$MnSO_4 \cdot 4H_2O$ 0.01g，K_2HPO_4 0.75g，$MgSO_4 \cdot 7H_2O$ 0.03g，$CaCO_3$1.0g，蒸馏水1 000mL，pH 7.2，121℃灭菌30min。

硝酸细菌的培养基为：

$NaNO_2$ 1.0g，Na_2CO_3 1.0g，$NaHPO_4$ 0.25g，$CaCO_3$ 1.0g，K_2HPO_4 0.75g，$MnSO_4$ 0.01g，$MgSO_4 \cdot 7H_2O$ 0.03g，蒸馏水1000mL，pH 7.2，121℃灭菌30min。

如果采用固体培养基则在每1000mL培养液中添加18g琼脂。

（二）实验方法

1. 亚硝化细菌和硝化细菌的鉴定

根据参考文献［3］进行鉴定。

2. 实验安排

采用的方法：将亚硝酸细菌纯菌株接种于亚硝酸细菌液体培养基中，置于150r/min摇床，在15℃条件下培养3d。无菌操作取出亚硝酸细菌菌液10mL，离心取得湿菌体，将菌体接种于氨氮浓度为90mg/L的亚硝酸细菌液体培养基中，置于150r/min摇床，分别在5℃，10℃，15℃，20℃，25℃，30℃，35℃条件下培养，每隔3d取样测定氨氮浓度，并计算氨氮去除率。硝酸细菌采用同样的步骤，需要将亚硝酸细菌培养基换成硝酸细菌培养基，分析项目为亚硝酸盐去除率。

3. 分析项目与测试方法

NH_3-N 测定采用纳氏试剂分光光度法；NO_2^--N 测定采用N－（1－萘基）－乙二胺光度法，参照文献［4］进行测定。

二、结果与分析

（一）菌株的鉴定

细菌生理生化特性见表1。菌株yn5、yn6（BY5、SY6）均能氧化氨氮，无需有机生长因子，从其菌落以及菌体形态特征，根据文献［3］，两株菌均属于亚硝化球菌属（*Nitrosococcus*）。菌株nq4、nd5（BX4、SX5）均能氧化亚硝酸盐，无需有机生长因子，从其菌落以及菌体形态特征，根据文献［3］，两株菌均属于硝化杆菌属（*Nitrobacter*）

（二）温度对亚硝酸菌硝化效能的影响

任何微生物都是在一定的温度下生存的。因为微生物的生长发育是个极其复杂的生物化学反应，这种反应需要在一定的温度范围内进行，因而温度是影响微生物生长与存活的重要因素之一。

表1　细菌的形态特征

菌株编号	BY5	SY6	BX4	SX5
菌落形状	圆形	不规则	圆形	圆形
菌落大小/mm	1.0	1.1	1.2	1.3
边缘	整齐	辐射状	整齐	锯齿状
颜色	淡黄	粉红色	浅土黄	白色
透明度	半透明	不透明	无	半透明
革兰氏染色	阴性	阴性	阴性	阴性
形状	球形	球形	短杆	短杆
细菌大小/μm	0.8~0.9	(0.9~1.0)×(1.0~1.1)	0.5~1.2	0.6~1.3

温度主要通过影响微生物细胞膜的流动性和生物大分子的活性来影响微生物的生命活动。每种微生物都有最适生长温度。微生物作为整体可以在较广的温度范围中生长，已知的所有微生物可以在－10～95℃范围内生长，极端下限为－30℃，极端上限为105～300℃。但是对于特定的某一种微生物，它只能在一定的温度范围内正常生长，温度的下限和上限分别称为该微生物的最低和最高生长温度。当低于或高于最低或最高生长温度时，微生物停止生长，甚至死亡。

关于不同温度下亚硝酸菌和硝酸菌的最大比增长速率的比较，不同的研究者得到的结果差别较大，但总的趋势还是一致，亚硝酸菌和硝酸菌在5～30℃的范围内，随着温度升高，最大比增长速率增大，硝化反应的速率也会随之增大。生物硝化反应在4～45℃内均可进行，适宜温度为20～35℃。当温度低于15℃即发现硝化速率迅速下降，低温对硝酸菌的抑制作用更为强烈[5,6,7]，因此在低温（12～14℃）系统中常常会出现亚硝态氮的积累[8]。15～30℃范围内，硝化过程中形成的亚硝酸可完全被氧化成硝酸。Fdz－Polanco[7]等人的试验结果表明，亚硝酸菌（*Nitrosomonas*）的活性在28～29℃达到最大值。温度超过30℃，硝化反应的速率开始降低，这是因为温度超过30℃时，蛋白质变性降低了微生物的活性。Ford[9]认为，温度低于18℃和高于35℃时，硝化速率会快速下降，温度在17℃时硝化速率下降到只有30℃时的一半[6]。当系统温度低于4℃时，硝化细菌的生命活动几乎完全停止[5]。

由图1可知，在30℃时SY6的氨氮去除率最高，可以达到75%以上；在35℃时氨氮去除率较30℃时有所下降，氨氮去除率为73%；在15℃和20℃时氨氮去除率没有较为明显的变化，15℃为69.84%，20℃为71.98%。在初始氨氮浓度相同的情况下，30℃时氨氮的最终浓度最低只有22.90mg/L，35℃时氨氮的最终浓度为24.15mg/L，较30℃时的最终氨氮浓度偏高1.25mg/L，15℃和20℃时氨氮的最终浓度基本没有太大差别，分别为27.18mg/L和27.05mg/L。

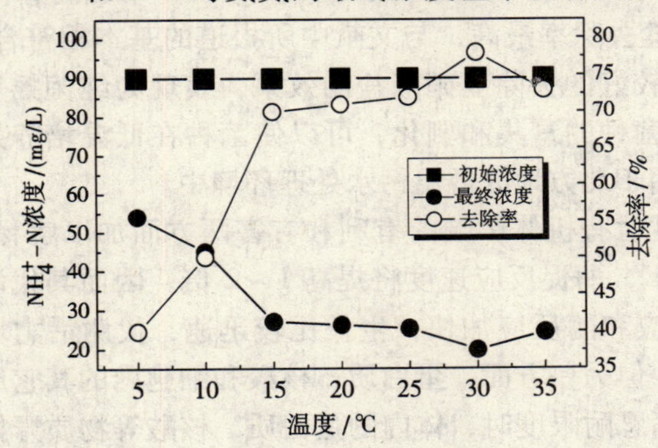

图1　温度对SY6氨氧化作用的影响

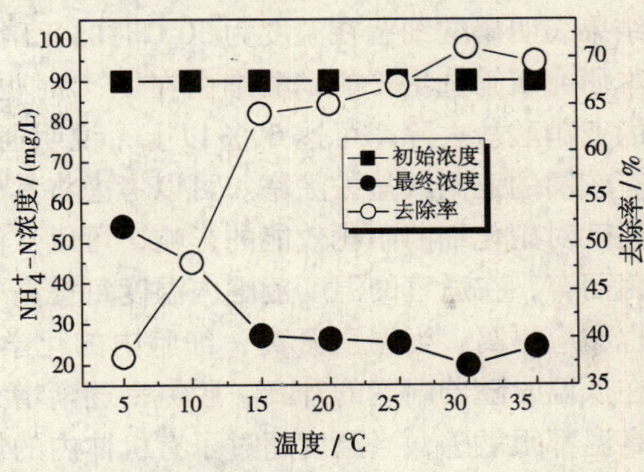

图2　温度对BY5氨氧化作用的影响

由图2可知，在30℃时BY5的氨氮去除率最高，可以达到70%以上；在35℃时氨氮去除率较30℃时有所下降，35℃氨氮去除率为69%；在15℃时氨氮去除率为63%，20℃时氨氮去除率为65%。可以看出在初始氨氮浓度相同的情况下，30℃时氨氮的最终浓度最低只有25.92mg/L，35℃时氨氮的最终浓度为27.81mg/L，较30℃时的最终氨氮浓度偏高1.79mg/L，15℃和20℃时氨氮的最终浓度基本没有太大差别，分别为32.84mg/L和31.46mg/L。

这个研究表明本实验所筛选出来的亚硝酸菌在温度为30℃时的氨氮去除率最高，与文献中报道的基本相符合。本实验的研究目的是为北方地区低温污水脱氮处理提供菌种来源，所筛选出的菌种在15℃时，纯菌摇瓶实验的氨氮去除率为60%以上，说明通过菌种的富集和驯化，可以使菌种在低温培养条件下有较高的氨氮去除率。

（三）温度对硝酸菌硝化效能的影响

由图3可知，在30℃时BX4的亚硝酸盐去除率最高，可以达到70%，在35℃时亚硝酸盐去除率为 69.53%。这说明 35℃的高温对 BX4 的抑制作用并不明显。在 15℃和 20℃时亚硝酸盐去除率没有较为明显的变化，在 65% 左右。由图 3 可以看出在初始氨氮浓度相同的情况下，30℃时亚硝酸盐的最终浓度最低只有 26.90mg/L，35℃时亚硝酸盐的最终浓度为 27.45mg/L 较 30℃时的最终亚硝酸盐浓度只偏高 0.55mg/L，15℃和 20℃时亚硝酸盐的最终浓度基本没有太大差别，分别为 30.67mg/L 和 30.44mg/L。

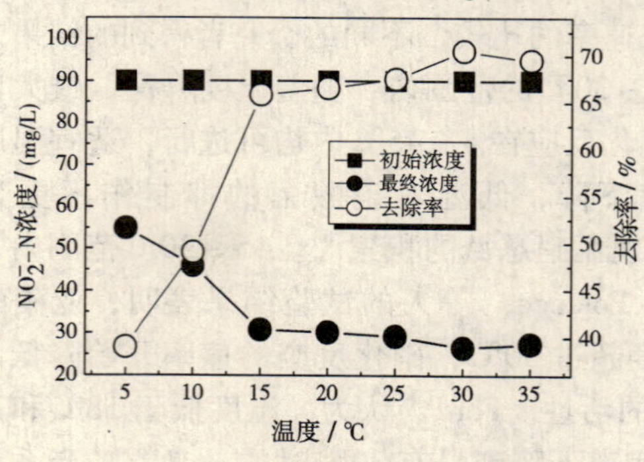

图 3　温度对 BX4 硝化作用的影响

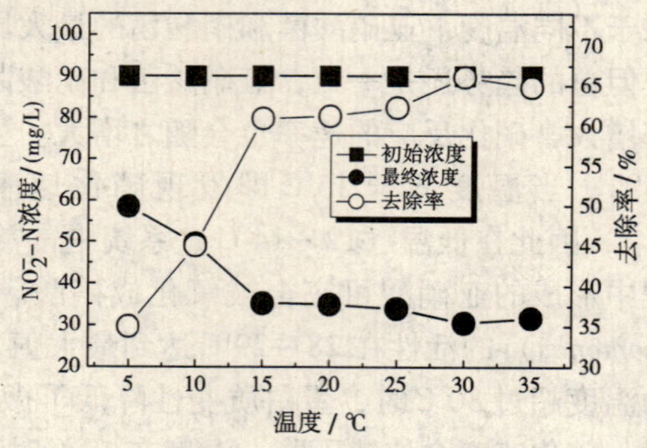

图 4　温度对 BX5 硝化作用的影响

由图 4 可知，在 30℃时 SX5 的亚硝酸盐去除率最高，可以达到 66.1%，在 35℃时亚硝酸盐去除率较 30℃时有所下降，在 15℃和 20℃时亚硝酸盐去除率没有明显的变化，在 65% 左右。由图 4 可以看出在初始亚硝酸盐浓度相同的情况下，30℃时亚硝酸盐的最终浓度最低只有 26.90mg/L，35℃时亚硝酸盐的最终浓度为 27.48mg/L 较 30℃时的最终亚硝酸盐浓度偏高 0.58mg/L，15℃和 20℃时氨氮的最终浓度基本没有太大差别，分别为 30.68mg/L 和 30.46mg/L。

结果表明硝酸细菌在温度为 30℃时的亚硝酸盐去除率最高，与文献中所报道的基本相符合。同时本研究所筛选出来的硝酸细菌在 17℃时也有较好的去除亚硝酸盐的效果，表现为纯菌摇瓶实验的亚硝酸盐去除率可达 60% 以上，说明通过菌种的富集和驯化，可以使菌种在低温培养条件下有较高的亚硝酸盐去除率。可以考虑将其应用于北方地区低温污水处理环境中。

温度对硝化细菌硝化效能的影响，可以从温度对有机体影响的有利和有害两方面加以解释。对细菌而言，在适宜的温度范围内温度每提高 10℃，酶促反应速度将提高 1～2 倍，因而其代谢速率也相应提高。当温度升高，细胞内的化学反应和酶反应加快，生长比较迅速，代谢活力增强，在低温时随着温度的升高，脱氮率逐渐增大。但另一方面，蛋白质、核酸和细胞内的其它成分对高温都很敏感，当温度超过了有机体内的最高忍耐限度时，体内的蛋白质、核酸等物质开始失活。而催化生化反应的顺利进行的催化剂是酶。酶是一种特殊的蛋白质，当酶发生不可逆的失活时，机体内的生化反应不能顺利进行，并开始发生紊乱，因而代谢活力下降。因此，当温度在一定范围内增加时，生长和代谢功能随之增加，硝化细菌的脱氮率也随之增加，直至失活反应到来之前的最高温度，超过这一温度，细胞功能很快就下降到零，硝化细菌的脱氮率也随之降低。

三、结　论

温度对这 4 株硝化细菌的硝化效能影响表现为，最适温度为 30℃，亚硝酸菌的氨氮去除率可以达到 74%，硝酸菌的亚硝酸盐去除率可以达到 70%，在 15℃时，亚硝酸菌和硝酸菌的氨氮去除率和亚硝酸盐去除率均可达到 60% 以上。可见，温度不会成为这 4 株菌在低于 20℃的实际污水处理中的应用障碍。

研究和利用低温硝化细菌的硝化作用，开发经济的硝化细菌富集技术，提高硝化细菌的产率，加速生活污染物的处理，减轻环境污染负荷，对于在特殊环境下工作的人群，提供良好的生存环境，对我国的污水处理和环境保护事业具有重要的意义。

参考文献

[1] C. W. Randall, D. Buth. Nitrite build – up in activated sludge resulting from temperture effects [J]. Water Pollut. Control Fed., 1984, 56 (9): 1039 – 1044.

[2] M. Mauret, E. Paul, E. Puech – Costes, M. T. Maurette and P. Baptiste. Application of experimental research methodology to the study of nitrification in mixed culture [J]. Water Science and Technology, 1996, 34 (1 – 2): 245 – 252.

[3] Holt J G, Krieg N R, Sneath P H A, et al. Bergey' smanual of determinative bacteriology. 9 Ed. [M]. Baltimore: The williams and wilkins company, 1994: 447 – 450.

[4] 国家环保总局．水和废水监测分析方法（第4版）[M]．北京：中国环境科学出版社，2002.

[5] 郑兴灿，李亚新．污水除磷脱氮技术 [M]．北京：中国建筑工业出版社．1998：50 – 60.

[6] Shammas N. K. Interactions of temperature, pH and biomass on the nitrification process [J]. JWPCF. 1986, 58: 52 – 59.

[7] Fdz – polanco F. et al. Temperature effect on nitrifying bacteria activity in biofilers: activation and free ammonia inhibition [J]. Wat. Sci. Tech, 2003, 30 (11): 121 – 130.

[8] U. Abeling, Anaerobic – Aerobic Treatment of High – Strength Ammonium Wastewater – Nitrogen Removal Via Nitrite [J]. Wat. Sci. Tech, 2002, 26 (5): 16 – 21.

[9] Ford D. L. et al. Comprehensive analysis of nitrification of chemical processing wastewaters. JWPCF. 1995, 52: 2726 – 2736.

养猪场废水综合利用研究

张海燕　孙艳青

（天津市环境影响评价中心　天津市南开区复康路 17 号　300191）

摘　要　本文旨在介绍环评工作中如何对养猪场量化废水排放情况，如何根据量化分析结果提出针对性的综合利用方案，以期为建设单位建设、业内从业人员提供建设、评价依据。

关键词　养猪场　废水　量化　综合利用

国发［2007］4 号《国务院关于促进畜牧业持续健康发展的意见》、国发［2007］22 号《国务院关于促进生猪生产发展稳定市场供应的意见》中明确要发展猪肉产业，解决农民增收、农业增效以及散户饲养带来的食品安全问题，要求进行产业结构调整、发展生态农业。基于国家的利好政策，各地养猪场项目纷纷上马，鉴于该类项目选址比较偏远，排水设施不完善，本文拟通过量化分析、综合利用研究、探讨一套行之有效的零排放方案。

一、养猪场废水污染源概述

（一）生猪尿液

猪舍废水主要为生猪排放的尿液，一般情况下每头猪的尿排泄量可按以下公式估算：

$$Y_u = 0.250 + 0.438W$$

式中：Y_u 为尿排泄量，kg；W 为饮水量，kg。

猪尿与猪的品种、性别、生长期、饲料甚至天气等诸多因素有关，但一般波动不会太大。不同品种、生长期猪所需水量见表 1，按公式计算得到的生猪排尿量见表 2。

表 1　不同品种、性别、生长期猪饮水量　　单位：$10^{-3}m^3$/（头·d）

类　别	带仔母猪	公猪、空怀、妊娠母猪	肥猪	断奶仔猪
日饮水量	37.4	15.7	7.7	5

表 2　不同品种、性别、生长期猪排尿量　　单位：$10^{-3}m^3$/（头·d）

类　别	带仔母猪	公猪、空怀、妊娠母猪	肥猪	断奶仔猪
尿　量	16.63	7.12	3.62	2.44

根据表 2，结合养猪场种群结构和规模，即可核算出项目生猪的排尿量。并可根据国内一般推荐值 3kg/（头·d）的排尿量评估核算得出的排尿量的合理性。

（二）猪舍冲洗废水

猪舍地面粪便经清除后，需日常进行冲洗。冲洗废水排放量与季节、生长期、生产管理水平等因素有关。一般养猪场的清粪方式有水冲粪、水疱粪和干清粪方式，不同清粪方式所产生的水质差异极大。

目前养猪场新建项目均采用干清粪工艺，即在缝隙地板下设斜坡，使固液分离，分别清除，从而达到粪便和污水在猪舍内自动分离，干粪由机械或人工收集、清出，尿及污水从下水道流出，进入污水收集系统，污水通过专门的污水管道与沼气池相接。这样避免猪舍冲洗时，大量粪、尿以及食物残渣进入废水，减轻了水污染，也是清洁生产要求。

猪舍实施干清粪工艺，冲洗废水产生量夏季可按 6.0L/（头·次）计算，冬季可按 4.0L/

（头·次）计算。根据建设单位年存栏肉猪头数，即可计算出冬夏季冲洗废水量、年均废水产生量。

二、废水综合回用分析

养猪场项目一般选址于农业用地区域，拟建地周边有较丰富的农田、果园、菜地资源，对肥料需求量很大，即养猪场产生的沼液和粪肥均可以补充周边果园、果园、菜地的肥料需求，其中粪肥可在厂内干化、发酵后外卖给周边农民作肥料，沼液经过沼气池处理后在储液池内暂存，定期泵至周边渠道后用于灌溉。下面以实例进行介绍。

案例项目拟将畜禽粪便废水厌氧消化处理后，沼液用于周边农田施肥，使沼液能实现资源化利用，最终达到废水的“零排放”。这种模式遵循了生态农业原则，具有良好的经济效益和环境效益。基本工艺流程如图1所示。

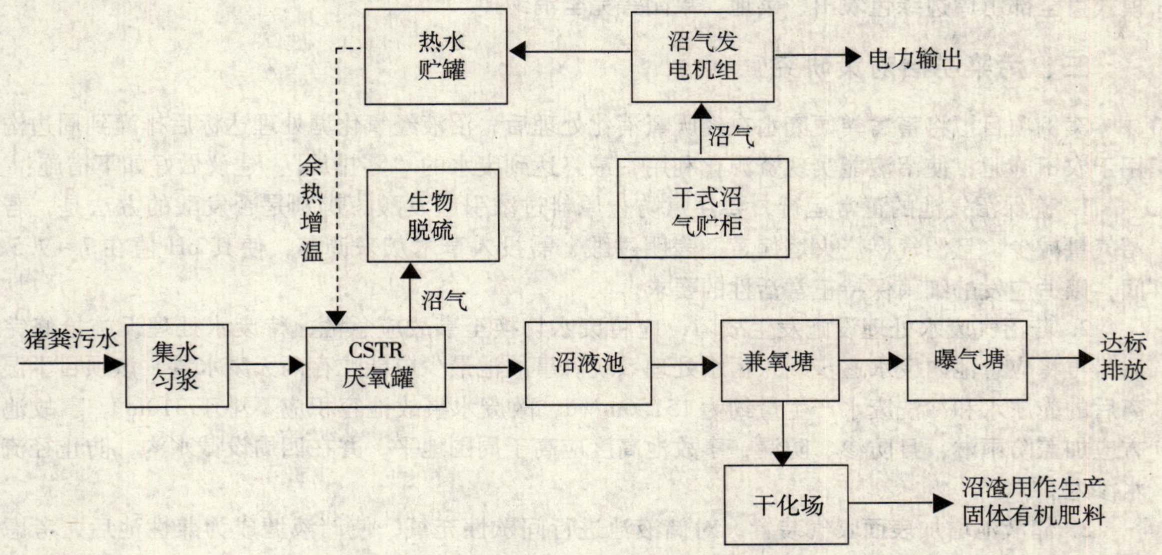

图1　沼气工程工艺流程

案例项目废水处理设施设置600m^3沼气池1个及配套的储液塘一座。

案例项目干湿分离后的粪尿水和冲洗废水产生量平均为151.6m^3/d，沼气池设施设计规模为600m^3，则停留时间为3~4d。采用沼气发电产生的余热保持沼气池温度。

废水在沼气池内厌氧消化的水处理工艺为密封→选取（培育）菌种→备料、进料→调节池（调整pH值和浓度）→厌氧池（发酵、过滤）→日常管理（进出料、回流搅拌）。养猪场污水经处理后经沼气处理后，出水浓度情况如表3所示。

表3　沼气池废水进水、出水水质情况

工　段	COD_{Cr}		BOD_5		SS		NH_3-N	
	去除率	水质	去除率	水质	去除率	水质	去除率	水质
废水	—	6 500	—	3 000	—	2 200	—	900
沼气池	85%	975	90%	300	80%	440	10%	810

经沼气池厌氧消化后，沼液的BOD_5去除率接近90%，COD_{Cr}去除率接近85%，SS等有效去除率接近80%，在厌氧条件下，NH_3-N的去除率很低，仅10%左右。

沼气池沼气产生量约为5 000m^3/d，可用作发电燃料，真正做到废物的综合利用。储液塘用于储存未能及时利用的废水以及经一步净化沼液。因为沼液是连续产生的，而果园、农田用水具有极大的季节性等时间上间断的特点，合理的储留时间为三个多月。建设单位为合理利用沼液，并进一步净化沼液，拟设计兼氧及好氧两座氧化塘，利用兼氧及好氧微生物的新陈代谢作用，去除水中污染物，根据设计单位提供资料，上述工艺 BOD_5 去除率接近 80%，COD_{Cr} 去除率接近80%，NH_3-N 有效去除率接近95%，可使 BOD_5 浓度降到60mg/L以下，COD_{Cr}降到200mg/L以下，NH_3-N 降到50mg/L以下，使之满足《畜禽养殖业污染物排放标准》（GB 18596—2001）标准、《农田灌溉水质标准》（GB 5084—92），以利于较长期保存，备浇灌季节使用。

沼液可直接作为周围果园的追肥水，沼液富含氮、磷、钾、腐殖质和多种微量元素，具有速效肥料功能，非常适合植物生长，其综合利用是解决废水出路的极好办法。

综上所述，猪场项目产生的沼液和有机肥通过“猪场—沼气—有机肥—农田”的生态养猪模式可全部由周边绿色农田、菜地、果园等完全消纳掉。

三、污染防治对策研究

案例项目拟将畜禽粪便废水在经厌氧消化处理后，沼液经氧化塘处理达标后排灌到周边沟渠用于农田施肥，使沼液能实现资源化利用，最终达到废水的“零排放”。建议做好如下措施：

1. 确保沼气池的正常运行，要注意防止原料过浓引起发酸。辨别是否发酸的方法是，若产沼气量减少，且沼气燃烧火焰偏黄，表明过酸，需投入草木灰来调节，使其 pH 值在 7～7.5 之间，以适应发酵细菌保持正常活性的要求。

2. 若沼气废水处理设施发生故障，应将废水切换至事故应急池，待废水处理设施抢修完毕后，再将应急池内废水逐步纳入污水处理系统。事故池最少应能贮存两天废水量，该项目干湿分离后的粪尿水和冲洗废水产生量约为151.6m^3/d，故废水事故池容积应不小于310m^3。事故池上方应加盖防雨淋，且防渗、防漏；事故池高度应高于周围地平，并在四周设截水沟，防止径流雨水渗入。

3. 储液池增加表面曝气装置，对储液池进行间歇性充氧，使储液塘成为兼性池后，考虑在池内种植一些耐污性水生植物——凤眼莲、浮萍、水花生、金鱼藻、水葫芦等，根据研究结果，凤眼莲、浮萍、水花生、金鱼藻、水葫芦等对水中的氮磷等营养元素有很强的吸收能力，它们也可以作为猪饲料，实现氮磷营养元素的循环利用。

4. 做好储液池和氧化塘的防渗措施，防止污染地下水质。

四、小　结

本文汇总工作之需时，搜集得来的资料和数据，并介绍了此类环评的具体工作步骤，以及有效的废水零排放综合利用方案，以期解决养猪场废水污染的同时，发挥其环境、经济、社会效益。

参考文献

[1] 徐洁泉，刘膺虎，黄志龙，徐可南，杨可俊．集约化猪场粪便污水沼气发酵综合处理系统的生产试验[J]．中国沼气，1991（3）．

[2] 王翠霞，贾仁安．猪场废水厌氧消化液的污染治理工程研究［J］．江西农业大学学报，2007（3）．

[3] 白中炎，仲海涛，彭晓春，吴文娜．石马河流域规模化养猪场废水处理现状研究［J］．广东化工，2008（9）．

用连续流动分光光度法测定水中的六价铬

杨　倩　曹　珣

（苏州市环境科学研究所　江苏苏州市三香路102号　215004）

摘　要　本文研究了使用间隔流动分析仪测定水中的六价铬的方法，与GB/T 7467—1987水质六价铬的测定中的二苯碳酰二肼分光光度法进行对照试验，结果令人满意。本方法省去了很繁琐的前处理离心工作，方法简单，大大提高了检测的效率，缩短了时间，还具有精密度较好的特点。本方法适用于测定饮用水、地表水、生活污水以及工业废水中六价铬。

关键词　六价铬　连续流动分光光度法　测定

铬是生物体所必需的微量元素之一。铬的污染来源主要是含铬矿石的加工、金属表面处理、皮革鞣制、印染等行业。铬（Cr）的化合物常见的价态有三价和六价。在水体中，六价铬一般以CrO_4^{2-}、$Cr_2O_7^{2-}$、$HCrO_4^-$三种阴离子形式存在，受水中的pH、有机物、氧化还原物质、温度及硬度等条件影响，三价铬和六价铬的化合物可以互相转化。随着检测技术的不断提高，技术设备的不断更新，相应的检测方法也应不断的完善。笔者利用荷兰SKALAR公司的连续流动分析仪对水中的六价铬进行了实验研究，针对以前的老方法（二苯碳酰二肼分光光度法），有相应的改进。

一、实验部分

（一）方法原理

连续流动分析流路为：自动进样器－蠕动泵－分析模块－检测器－数据处理系统。在酸性溶液中，六价铬与二苯碳酰二肼反应生成紫红色化合物二苯碳酰二肼铬，其最大吸收波长为545nm，摩尔吸光系数为4×10^4L/（mol·cm）。水样被气泡均匀隔开成持续流动相，该化合物在545nm处有最大吸收。

（二）仪器

1. 间隔流动分析仪，包括自动进样器、蠕动泵、分析模块、检测器、数据处理系统。
2. 天平：分析级，可以准确称量的质量是0.000 1g。
3. 玻璃器皿：A级容量瓶和移液管等。

（三）试剂

1. 100mg/L六价铬标准溶液：称取0.282 9g重铬酸钾（优级纯，105℃烘干2h）溶于800ml的蒸馏水中，定容1L混匀。4℃下稳定期六个月。

2. 混合酸：将硫酸（95%～97%）116ml和磷酸（85%）124ml用600ml的蒸馏水稀释，待冷却到室温，用蒸馏水定容到1L，并加入十二烷基聚乙二醇醚（Brij35）（30%）5ml。4℃下冰箱中保存一周，用3min除气1L水（如不加Brij35（30%）5ml，有效期则为一年。）

3. 二苯碳酰二肼：称取1.72g二苯碳酰二肼，将36ml丙酮和36ml 1－正丙醇混合，并将称好的二苯碳酰二肼溶于该混合溶液，再加入500ml 1－丙醇，加水至1L，混匀；该溶液贮存在棕色瓶中，在2～6℃下可稳定一周，并用3min除气（如有沉淀，则须过滤）。

4. 试剂溶液（用于空白分析）：将36ml丙酮和36ml 1－正丙醇混合，再加入500ml 1－丙醇，加水至1L，混匀；该溶液贮存在棕色瓶中，在2～6℃下可稳定一周（如有沉淀，则须过滤）。

5. 清洗液：蒸馏水，每周更新。

二、结果与讨论

（一）A 类不确定度评定

表 1　A 类不确定度评定结果

标样值/（mg/L）	测得值/（mg/L）		均值/（mg/L）	A 类不确定度/（mg/L）	相对标准偏差/%
0.231 ±0.009	0.227	0.226	0.229	0.004	1.7
	0.232	0.227			
	0.237	0.226			

（二）空白值测定及校准曲线的绘制

表 2　标准曲线绘制

	空白	空白	1	2	3	4	5	6	7
含量/（mg/L）	0.00	0.00	0.00	0.02	0.04	0.08	0.12	0.16	0.20
相对峰高	168	173	675	31 869	64 412	130 335	194 588	259 675	324 763
标准曲线	$\gamma = 1.000$		$y = 1\ 610\ 464.24x + 75.44$						

（三）不同分析方法的比对试验

使用二苯碳酰二肼分光光度法、连续流动分光光度法对苏州市地区的地表水和废水中的六价铬测定结果比较：

表 3　地表水和废水中的六价铬不同分析方法比较

样品编号	二苯碳酰二肼分光光度法	连续流动分析法	标准偏差 RSD/%
1	0.047	0.048	2.1
2	0.049	0.050	2.0
3	0.005	0.005	0.0
4	0.008	0.008	0.0

试验结果表明，用连续流动分光光度法测定地表水和废水中的六价铬相对标准偏差为 0 ~ 2.1%，分析结果令人满意。

（四）精密度与准确度的试验

1. 标准样品测定

表 4　标准样品测定

标准样品（0.231 ±0.009）mg/L 测定值/（mg/L）	0.232	0.232	0.234
	0.231	0.234	0.234
平均值 $\bar{x}$/（mg/L）	$\bar{x}_2 = 0.233$		
标准偏差 S/（mg/L）	$S_2 = 0.001\ 3$		
相对标准偏差	0.8		

2. 实际样品测定

表5　Cr^{6+} 实际样品测定

<table>
<tr><td colspan="2" rowspan="2">平行号</td><td colspan="2">样品</td><td colspan="2">样品</td></tr>
<tr><td colspan="2">F2073</td><td colspan="2">H1263</td></tr>
<tr><td rowspan="6">测定结果/（mg/L）</td><td>1</td><td colspan="2">0.003</td><td colspan="2">0.001</td></tr>
<tr><td>2</td><td colspan="2">0.003</td><td colspan="2">0.002</td></tr>
<tr><td>3</td><td colspan="2">0.003</td><td colspan="2">0.002</td></tr>
<tr><td>4</td><td colspan="2">0.002</td><td colspan="2">0.001</td></tr>
<tr><td>5</td><td colspan="2">0.003</td><td colspan="2">0.001</td></tr>
<tr><td>6</td><td colspan="2">0.003</td><td colspan="2">0.001</td></tr>
<tr><td colspan="2">平均值 $\bar{x}$ /（mg/L）</td><td colspan="2">0.003</td><td colspan="2">0.001</td></tr>
<tr><td colspan="2">标准偏差 S /（mg/L）</td><td colspan="2">0.000 4</td><td colspan="2">0.000 5</td></tr>
<tr><td colspan="2">相对标准偏差/%</td><td colspan="2">13.35</td><td colspan="2">0.0</td></tr>
<tr><td rowspan="4">加标回收率/%</td><td>样品含量/（mg/L）</td><td>0.041</td><td>0.041</td><td>0.020</td><td>0.020</td></tr>
<tr><td>加标量/（mg/L）</td><td>0.040</td><td>0.040</td><td>0.020</td><td>0.020</td></tr>
<tr><td>回收量/（mg/L）</td><td>0.038</td><td>0.038</td><td>0.020</td><td>0.200</td></tr>
<tr><td>回收率</td><td>95.0</td><td>95.0</td><td>100</td><td>99.5</td></tr>
</table>

由上面的数据表明，标准样品和实际样品，其精密度和准确度均能达到方法的规定要求。

（五）方法检出限的试验

在本实验室的条件下，进行了20个空白值的试验，根据公式 $L=S\times t\ (n-1,\ 0.99)$ 计算方法的检出限：测得检出限为0.001 2mg/L，测定下限为0.004mg/L，测定上限为0.400mg/L。

三、结　论

从以上数据可以看出，用连续流动分光光度法测定水和废水中的六价铬，方法简单，快捷、准确可靠，灵敏度高、适用性强，且与国标方法无显著性差异。

参考文献

[1] 国家环保局《水和废水监测分析方法》编委会．水和废水监测分析方法［M］．第四版，北京：中国环境科学出版社，2002：211－222.

[2]《水和废水监测分析方法指南》编委会．水和废水监测分析方法指南［M］．北京：中国环境科学出版社，1990：225－238.

[3] 江苏省环境保护局．江苏省地面水环境监测技术规范．1989.

[4] SKALAR METHODS：CHROMIUM（VI）Catnr. I233－001 Issue 110107/MH/99247916.

榆天化高有机物废水处理及回用系统运行情况

蔺起梅

（榆林市环境工程评估中心）

一、工程概况

陕西榆林天然气化工有限责任公司（简称榆天化），位于榆林市南郊，是陕西省第一个大型天然气化工企业，也是榆林能源重化工基地建设的龙头骨干企业之一，始建于1992年，企业现有装置合计总生产能力达到43万t/a，总体工程已于2008年3月通过陕西省环保局的验收，目前生产情况正常。

榆天化高有机型污水包括精馏釜液和生活污水，由于榆林地处北方干旱缺水地区，水资源的严重匮乏已制约了企业的生存和发展，为提高水的循环利用率，使企业经济效益、环境效益和社会效益同步发展，榆天化将高有机型污水处理后全部回用作循环冷却水补充水。

（一）处理规模

企业正常生产状况下精馏釜液排放量约$12m^3/h$，生活污水$10m^3/h$，其它$8m^3/h$，为满足企业扩大生产要求，设计处理规模按照核定水量的1.3倍，另加30%左右的余量考虑，最大处理能力为$50m^3/h$。

（二）废水水质

榆天化高有机型污水水质变化较大，在充分考虑余度的条件下，设计进水水质见表1。

表1　设计进水水质　　单位：mg/L（pH除外）

项　目	pH	COD	BOD_5	SS	NH_3-N
废水水质	7～11	≤800	≤400	≤200	≤10

（三）处理工艺及要求

高有机污水处理及回用系统采用物化＋生化污水处理工艺，出水作为循环冷却水补充水，工业循环冷却水水质标准见表2。

表2　工业循环冷却水水质标准　　单位：mg/L（pH除外）

项　目	pH	COD	BOD_5	NH_3-N	SS
废水水质	6.5～8.5	≤60	≤10	≤10	≤30

二、污水处理工艺

（一）工艺流程

高有机型污水包括精馏釜液和生活污水。精馏釜液先经热交换器换热与生活污水混合后，进入格栅隔除大的漂浮物和悬浮物后自流进入调节池调节水量、均质水质；经均质后的污水经泵提升进入泥水分离系统，该系统内加入高效复合混凝剂与高效凝聚剂，在气浮絮凝的联合作用下使污水中残留的悬浮物得以进一步去除；泥水分离出水进入接触氧化系统，通过池内生物膜上微生物的新陈代谢作用，实现NH_3-N、COD、BOD的去除，出水再经泵提升进入二次固液分离系统，去除接触氧化系统带出的悬浮物；出水进入生物滤池系统通过生物过滤，进一步去除水中的胶体物质和残留的悬浮物后进入平流式过滤器，通过双层复合滤料对残留的悬浮物进行深度去除后进入回用水池，经消毒杀菌后回用，工艺流程详见图1。

（二）主要单元说明

1. 格栅

格栅安装在格栅井中，用于截留水中较大的悬浮物或漂浮物，以减轻后续处理单元的处理负荷，并使之正常运行。格栅是由一组平行的钢制栅条制成，安装在格栅井中，位于整个工艺的最前端。清渣方式采用定期人工捞渣。

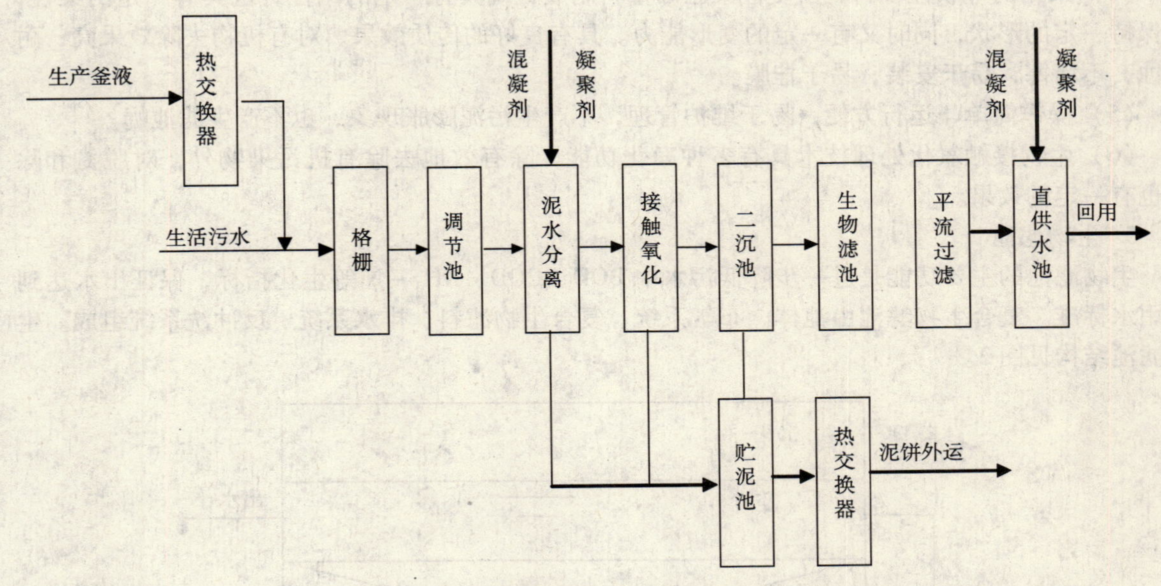

图1　高有机废水处理工艺流程

2. 调节池

根据榆天化水量和水质随时间变化较大特点和分段处理原则，为了保证后续处理构筑物和设备的正常运行，需对废水的水量和水质进行均质调节。池底铺设曝气管，采用压缩空气搅拌，使不同时间进入池内的废水得以混合。

3. 泥水分离系统

生产废水与生活污水经格栅去掉较大悬浮物后，残留的悬浮物密度接近于1，用重力沉降法难以去除。泥水分离系统的主要功能是去除污水中密度接近于1的悬浮固体。为提高泥水分离系统的分离效果，向废水中投加高效絮凝剂。废水进入泥水分离系统后，首先与高效絮凝剂进行反应，使亲水性颗粒转变为疏水性颗粒，同时在水中鼓入大量的微细气泡，形成水、气以及被去除杂质的三相混合体。这样在界面张力、气泡上升浮力和静水压力差等诸力的共同作用下，使微细气泡黏附在被去除杂质表面，由于黏合体密度小于水的密度，上浮至水面，使水中残留悬浮物得到分离去除。

4. 接触氧化系统

生物接触氧化法是一种介于活性污泥法和生物滤池之间的生物膜法工艺，本接触氧化池内设有半软性填料（以硬性塑料为支架，上面缚以软性纤维），它可以防止生物膜生长后纤维结成球状减小填料的比表面积。部分微生物以生物膜的形式固着生长于填料表面，部分则是以絮状悬浮生长于水中，因此它兼有活性污泥法和生物滤池的特点。本生物接触氧化系统的曝气装置设在填料底部，采用鼓风曝气系统，这样可以增加有效容积，填料层间紊流激烈，生物膜更新快，活性高，不易堵塞。

本生物接触氧化法工艺特征：

（1）由于填料的比表面积大，池内充氧条件好，生物接触氧化池内单位容积的生物量都高于活性污泥法曝气池和生物滤池，因此生物接触氧化池具有较高的容积负荷；

（2）由于相当一部分微生物附着生长在填料表面，生物接触氧化法不设污泥回流系统，也不存在污泥膨胀问题，运行管理简便；

（3）由于生物接触氧化池内生物固体量多，水流属于完全混合型，因此生物接触氧化池对水质水量的骤变有较强的适应能力。

（4）采用的半软性填料，由变性聚乙烯塑料制成，既具有一定的刚性，也具有一定的柔性，能保持一定的形状，同时又有一定的变形能力。具有良好的传质效果，对有机物去除效果高，耐腐蚀，不堵塞，易于安装，易于挂膜。

（5）操作简单、运行方便，易于维护管理，不产生污泥膨胀现象，也不产生滤池蝇。

（6）生物接触氧化处理技术具有多种净化功能，除有效地去除有机污染物外，对脱氮和除磷也有一定的效果。

5. 生物滤池

生物滤池的主要功能是进一步降低污水中 BOD、COD、NH_3-N 等生化指标，保证出水达到回用水标准。复合生物滤池由池体、布气系统、复合生物滤料、排水系统、反冲洗系统组成。生物滤池结构见图 2。

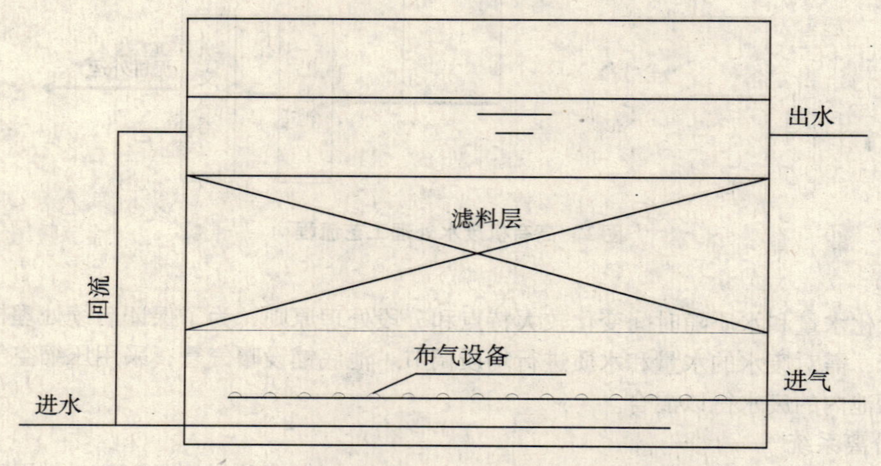

图 2　生物滤池结构

生物滤池是以土壤自净原理为依据设计。污水长时间通过复合滤料层的表面，在污水流经的表面上就会形成生物膜，待生物膜成熟后，栖息在生物膜上的微生物即摄取流经污水中的有机物作为营养，从而使污水得到净化。滤料上的生物膜，不断脱落更新，脱落的生物膜随处理水流出，因此，生物滤池后设置了复合滤池，予以截留脱落的生物膜。

生物滤料是生物滤池的主体，它对生物滤池的净化功能有直接影响。复合生物滤池中选用的复合生物滤料是通过多项工程验证的优质滤料，具有以下特点：

（1）质坚、高强、耐腐蚀、抗冰冻；

（2）较高的比表面积（单位容积滤料所具有的表面积）。滤料表面是生物膜形成、固着的部位，高额的表面积是保持高额生物量的必要条件，而生物量则是控制生物处理技术净化功能的重要参数之一；

（3）较大的孔隙率（单位容积滤料中所持有的空间所占有的百分率）。滤料之间的空隙是生物膜、污水和空气三相接触的部位，是供氧和氧传递的重要部位。滤料的比表面积与孔隙率是互相矛盾的两个方面，比表面积高，孔隙率则低，提高孔隙率，滤料的表面积必然减小。孔隙率不宜过高或过低，而以适度为好；

滤料在填充前应加以仔细筛分、洗净，各层中的滤料及其直径应均匀一致，以保证具有较好的孔隙率，不合格者不得超过5%。

由于生物膜有季节性脱落，堵塞滤料，为及时去除过厚和老化的生物膜，加快生物膜更新，抑制厌氧层发育，使生物膜经常保持较高的活性，需要定时对生物过滤系统进行汽水反冲洗。

6. 平流过滤系统

过滤系统的主要功能是对水中悬浮物（10μm以上）、胶体微粒进行深度去除。本工艺采用平流过滤系统。过滤系统内装填有双层滤料，上层无烟煤，下层石英砂。过滤时，污水先经过粗滤层，较大粒径的悬浮物颗粒通过迁移、黏附等作用被滤层截留，进入下一层滤料后，由于较大粒径的悬浮物颗粒得到了去除，剩余悬浮物颗粒相对较小，而滤层的粒径也相对上层滤料粒径较小，因此滤料仍然可以发挥过滤作用，使整个滤层都能发挥截留杂质的作用，减少过滤阻力，保持很长的过滤时间。

三、主要工艺设计参数

各单元设计参数及主要设备见表3。

表3　各单元设计参数及主要设备

单元名称	设计参数						主要设备		
	水量/(m^3/h)	尺寸/m	停留时间/h	有效容积/m^3	有效水深/m	数量/座	名称	规格	数量/台
格栅	50	2×4×4	0.48	24	3.0	1	机械格栅	1m×3m 间隙10mm	1
调节池	50	6×14×5	6.7	336	4.0	1	提升泵	流量$50m^3/min$，扬程20m	2
泥水分离系统	50	3×7×5	1.68	84	4.0	1	微气泡发生器	水量$50m^3/h$，溶气水量$20m^3/h$	2
							链条式刮油机	功率：1.1kW	1
							搅拌机	0.75kW、0.55kW	各1
接触氧化系统	50	8×14×6	11.2	560	5.0	1	离心鼓风机	功率75kW，风量$30m^3/min$	2
二沉池	50	3×7×4	1.26	63	3.0	1	搅拌机	0.75kW、0.55kW	各1
生物滤池	25	3.5×6×3.5	2.1	52.5	2.5	2	多层滤料		
平流式过滤器	25	4×6×3	1.92	48	2.0	2	双层复合滤料		

四、运行情况

该系统运行两个月后，运行情况稳定，并通过陕西省环保局的验收，运行效果见表4。

表4　设施运行效果　　单位：mg/L（pH除外）

采样频次	位置	pH	COD	BOD_5	SS	NH_3-N
第一周	进水	8.82	477.1	115.2	187	1.441
	回用水池	7.73	28	8	12	0.437
第二周	进水	8.44	524.8	106.9	166	1.700
	回用水池	7.62	25	6	11	0.520

采样频次	位置	pH	COD	BOD_5	SS	NH_3-N
第三周	进水	8.75	501.0	120.2	177	1.181
	回用水池	7.78	22	9	8	0.462
循环冷却水水质标准		6.5～8.5	≤60	≤10	≤30	≤10

由表4可知，该工艺处理高有机型污水，出水稳定且全部达到工业循环冷却水水质标准，处理效果良好。

五、技术经济分析

榆天化高有机型污水处理及回用工程，设计处理规模 $50m^3/h$，总投资约240万元，运行费用0.65元/t水。污水全部回用后，降低了新鲜水用量，每年可节约水费近80万元，同时每年还可少缴排污费近60万元，经济效益显著。

六、结论与建议

1. 本工程工艺管理简单，运行可靠，投资较省，处理成本较低，设备自动化程度高，用微机进行操作和控制，保证出水水质达到工业循环冷却水水质标准。

2. 由于工程地处西北地区，冬季气候寒冷，为保证生化处理效果，在运行过程中要加强设备的保温措施，防止因温度较低而影响处理效果。

凹土基悬浮型滤料的制备及其水处理性能研究

陈　静　金叶玲　吴　剑

（淮阴工学院生化学院江苏省凹土资料利用重点实验室　枚乘路1号　223003）

摘　要　本论文介绍凹土基悬浮型复合黏土滤料（比重在0.7～01g/cm^3范围可控）的制备及水处理性能。滤料的各项理化性能理想；滤料在水处理过程中呈现出良好的流态化；挂膜快；具很强的抗冲击负荷能力，水力停留时间为0.62h时，对进水水质范围：COD在134～614mg/L；NH_3-N在5.93～15.6mg/L；SS在0.24～0.43g/L的污水的COD平均去除率达86.4%，NH_3-N为93.9%，SS为68.4%。

关键词　悬浮型滤料　生物流化床　生物膜　去除率

生物流化床的高处理效率是其比其他生化处理工艺更具竞争力的最重要优势，但是目前流化床污水处理中存在流化动力消耗过大和载体流失过多，及难解决高浓度有机废水生化处理的难题，问题的症结主要在工艺中所使用的滤料的缺陷。目前所使用的滤料通常是比重大的砂粒或煤粒等细小颗粒，这导致流化动力消耗过大和载体流失过多，而目前的黏土轻质滤料均为黏土加扩孔剂等焙烧而成，虽视密度很小，但悬浮性能仍然较差，且其机械强度难以满足生物流化床水处理工艺要求；当改用塑料等高分子轻质悬浮滤料时，则微生物挂膜较难，从而影响有机废水的生化处理效果。因此，为切合流化床工艺的需要，生产具有高机械强度、良好生物亲和性的、成本低廉的悬浮型生物滤料是废水处理技术，特别是生物流化床工艺推广的核心关键技术之一。

“悬浮型复合凹土滤料”可满足生物流化床工艺对滤料性能的要求，其制备方法在国内外均未见报道；与现有各种滤料相比，悬浮型复合黏土滤料具有以下显著优势：①悬浮型复合凹土滤料为天然黏土制品，具良好的生物亲和性，有利于各种水处理微生物在滤料表面成功挂膜；②悬浮型复合凹土滤料的比重小的特点满足流化床对滤料的轻质、易流化的工艺要求，显著降低流化动力消耗，同时减少滤料流失率；③悬浮型复合凹土滤料的高机械强度有利于耐受生物流化床工艺中的高强度的相互摩擦和撞击，促进生物膜的更新；④悬浮型复合凹土滤料的生产工艺简单，成本低廉，有利于技术的推广应用。

一、实验部分

造粒与煅烧将粉煤灰研磨后过100目筛，与凹土按照1∶1的配比混匀；聚乙烯泡沫经浸润处理后，重复以凹土+粉煤灰干粉包裹，最后在洁净的磁盘内滚动至圆润结实的球形颗粒。晾干后入高温电阻炉煅烧得成品。滤料的比重由泡沫粒径及黏土层厚调节。

模拟废水配置实验废水按照C∶N∶P=100∶5∶1的比例投加适量葡萄糖、氯化铵和磷酸二氢钾，分别作为碳源、氮源和磷源，再添加适量鱼粪，模拟污水进行实验。控制COD在360mg/L左右，氨氮在10mg/L左右。

二、生物膜法处理模拟废水

以悬浮型复合黏土滤料为生物膜载体进行连续处理实验。实验前将约占流化床体积的9%的滤料放入一定浓度的接种污泥中浸泡30min，然后将滤料放入反应器内，打开调节阀，以一定流速向流化床生物反应器内不断通入模拟废水，对流化床进出水的COD、NH_3-N和SS进行定期测定。

三、结果与分析

（一）理化性能测定

表 1　理论理化性能测定结果

焙烧温度	300℃	400℃	500℃	550℃	600℃	700℃	800℃
烧失量（%）	9.7	9.9	10.3	11.8	15	16.8	16.9
比重（g/cm^3）	0.96	0.87	0.78	0.74	0.73	0.71	0.7
强度（N）	6.9	13.1	16	17.5	19.8	21.2	21.8
酸溶蚀率（%）	—	—	8.21	8.13	7.2	6.92	6.87
碱溶蚀率（%）	—	—	1.12	0.96	0.47	0.25	0.24
吸水率（%）	—	—	39.2	38.5	37.3	35.9	32.8
孔隙率（%）	—	—	27.2	31.6	32.7	33.3	33.8
磨损率（%）	—	—	0.5	0.43	0.42	0.39	0.38

由表 1 可知，滤料的烧失量、强度和孔隙率随着焙烧温度的增加而呈升高趋势，比重、溶蚀率、吸水率和磨损率随焙烧温度的升高而降低。当温度达到 650℃时，滤料的各理化性能基本接近恒定。结合生物流化床对载体的要求以及滤料的重要组成——凹土的基本性质，宜选择 650℃为滤料的最佳焙烧温度。

（二）挂膜

本实验中生物膜培养用水为自配模拟废水，COD 与 NH_3-N 含量分别约为 360mg/L 与 10mg/L，pH 为 6.5，溶解氧浓度为 3.2mg/L，COD 容积负荷为 12kgCOD/（m^3·d），控制水力停留时间为 0.62h，曝气量为 0.072m^3/h，膜培养期间水温为（20 ± 1）℃，每天对流化床进出水的 COD、NH_3-N 和 SS 进行监测。运行 3 天后，填料表面生长出薄薄一层黄色生物膜；6 ~ 7 天后，镜检出大量灰黄色菌胶团及原生动物；10 天左右，生物膜密实、呈现淡黄色且透明，说明生物膜系统的机构和功能趋于稳定，挂膜基本完成，生物膜中存在着大量的菌胶团、线虫、草履虫等细菌及微生物。

滤料挂膜过程中，进出水的 COD、NH_3-N 和 SS 变化如图 1 所示。

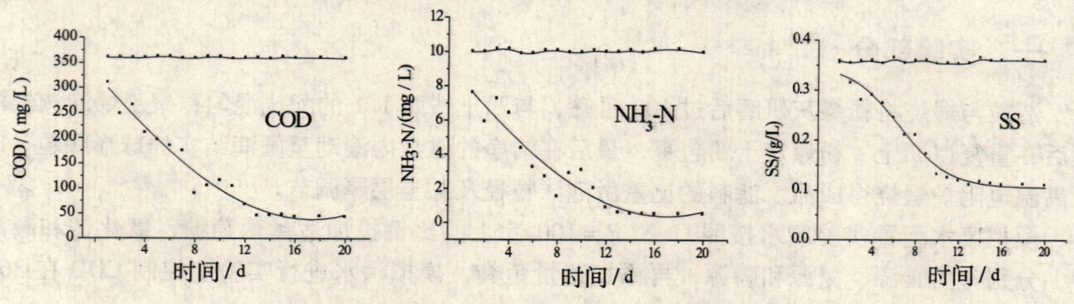

图 1　进出水的 COD、NH_3-N 和 SS 变化

综合分析挂膜期间水质指标的变化情况，可以看出，在前 12 天，出水 COD、NH_3-N 和 SS 浓度呈逐步降低趋势；而随着生物膜密实各项水质指标逐渐达到最佳状态。挂膜成功后，生物流化床对 COD、NH_3-N 和 SS 都有较高的去除率，其中对 COD 和 NH_3-N 的去除率最为明显，COD 的去除率达到 87%，NH_3-N 的去除率达到 95%，表明生物流化床有较好的运行处理效果。

（三）抗冲击负荷能力分析

当生物流化床开始正常运行后，对各水质指标用三个不同的进水浓度进行测定，以观测挂膜成功后生物流化床对于不同污染度废水的运行处理效果。水力停留时间为0.62h时的各项出水指标如图2所示。

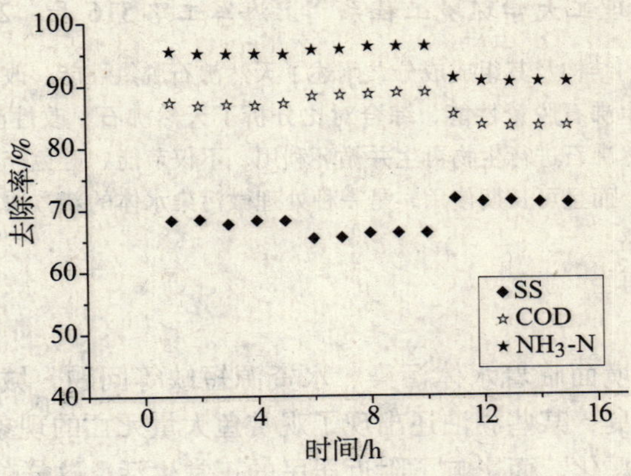

图2 COD、NH_3-N 和 SS 的去除率

进水 COD 依次为：134mg/L、361mg/L 和 614mg/L；

进水 NH_3-N 依次为：5.93mg/L、9.32mg/L 和 15.6mg/L；

进水 SS 依次为：0.24g/L、0.35g/L 和 0.43g/L

由图2可知，稳定状态下生物流化床对于污水中 COD、NH_3-N 和 SS 总体都有较高的去除效率。对 COD 和 NH_3-N 的去除效率尤为明显，表明生物流化床具有较强的抗冲击负荷能力以及实现了污水中氮化物的降解。由于 SS 去除效率相对较低，那是因为三相生物流化床一直处于充氧曝气状态，沉淀时间较短，导致固液分离效果不太理想。

四、结 论

悬浮型复合黏土滤料在焙烧温度为650℃的条件下，其失重为16.2%，比重为0.72g/cm³，强度为21N，酸溶蚀率为6.96%，碱溶蚀率为0.26%，吸水率为37.27%，孔隙率为33.2%，磨损率为0.4%。生物流化床中污水净化主要是由生物膜的生物处理完成。本生物流化床工艺具有较强的抗冲击负荷能力。在污水处理厂接管污水浓度条件下，水力停留时间为0.62h时的各项出水指标均达到《污水综合排放标准》（GB 8978—1996）一级标准。

参考文献

［1］刘燚，杨平，方治华．生物流化床中生物膜特性与反应器效率的关系［J］．环境科学进展，1999（5）：113－123.

［2］王萍，李国昌．曝气生物滤池陶粒滤料制备及其性能［J］．非金属矿，2006（5）：54－58.

［3］Vacca G，Wand H，Nikolausz M，Kuschk P，Kastner M. Effects of plants and filter materials on bacteria removal in pilot－scale constructed wetlands［J］. Water Research，2005，7（39）：1361－1373.

［4］徐竟成，徐立，鲁敏．三种曝气生物滤池滤料处理城市污水的对比研究［J］．中国给水排水，2009（25）：93－97.

沸石及其再生脱氮处理微污染水体效果比较分析

曾　跃　张道方　王瑞璞

（上海理工大学环境工程系　上海军工路516号　200093）

摘　要　基于天然沸石的结构及其组成成分，阐述了天然沸石脱氮性能、改性方法及其改性沸石脱氮性能、再生方法及其再生沸石脱氮性能，综合对比分析了天然沸石、改性沸石和再生沸石的脱氮效果。结果表明，利用天然沸石进行生物再生并循环利用，不仅节能、避免产生二次污染，又能在脱氮的同时去除其他污染物，而且可长期使用，是一种处理微污染水体的新方法，从而为解决水环境富营养化问题提供了新的思路。

关键词　沸石　改性　再生　脱氮

当前，我国城市水环境面临着水体污染、水资源短缺等问题，城市水景水质已开始发生变化，个别湖泊正在变黑发臭，某些湖泊还出现了观赏鱼大量死亡的现象；一些小区或公园的水景及一些景观河道由于水质恶化，而影响了附近居民的正常生活，这样的结果与改善人们生活条件的初衷正好背道而驰。目前遍布上海的几千个水景，包括正在开发的千余个住宅楼盘的水景，一年四季特别是在夏天6～8月份，基本上都有蓝绿藻出现，有的水景甚至已变臭。设置城市水景，一方面是为了提高环境品质，丰富空间环境，增强居住舒适感；另一方面是为了增加居住环境湿度，减少浮尘，改善区内小气候，同时为人们营造回归自然的氛围。因此，探索高效低成本无污染去除水景中的氮和磷污染物的技术，已成为当前急需解决的课题。为此，本文将着重就非金属矿物材料沸石的改性前后以及再生循环利用脱氮效果进行对比分析，旨在对解决我国特别是上海日益严峻的水环境污染问题，提供新的处理方法。

图1　浙江产丝光沸石的外观和扫描电镜照片

一、天然沸石

沸石是具有（四面体）骨架结构的铝硅酸盐，从内部微观结构看，沸石是呈骨架状结构的多孔性、含水、铝硅酸盐晶体，其骨架中的每一个氧原子都为相邻的两个四面体所共用。这种结构形成了可为阳离子和水分子所占据的大孔穴。这些阳离子和水分子有较大的移动性，可以进行阳离子交换和可逆的脱水[1]。

沸石对水中氨氮的吸附，包括物理吸附过程和离子交换过程　物理吸附主要由沸石表面的分子间作用力、静电力完成。离子交换过程是由沸石晶体内部阳离子与水中氨氮的交换的化学过程，这一过程可表示为：

$$Z-M^{n+}+nNH_4^+\leftrightarrows Z-nNH_4^++M^{n+} \quad (1)$$

式中：Z为沸石的阴离子部分；M为沸石中的阳离子，如钠、钙、镁等阳离子；n为电荷数。

基金项目：上海市科委科技攻关重点专项：小区雨水与中水回用技术集成与示范（08231200600）

当水中 NH_4^+ 受沸石离子交换作用力吸引而向沸石迁移时，与沸石内的 Na^+ 等阳离子发生交换。当此过程达到平衡，物理吸附过程也达到吸附平衡时，改性沸石吸附饱和。沸石的吸附和解析同时进行，是一个动态平衡的过程。水环境中 NH_4^+ 浓度增加时，平衡向右进行，沸石可以继续吸附 NH_4^+；当 NH_4^+ 浓度降低时，平衡向左移动，沸石中的 NH_4^+ 解析出来。

由于天然沸石的产地、组成成分及各成分的比例不尽相同，最终导致天然沸石脱氮的性能也不尽相同。影响沸石脱氮的主要因素有 pH、温度、粒径、氮的存在形式、氮初始浓度和污水组成等。

周炜等[2]研究表明，沸石湿地池对 NH_3-N 的净化效果比较高，发达的微孔结构和对 NH_4^+ 具有很强的选择性吸附作用是沸石池对 NH_3-N 具有良好净化效果的主要原因。研究表明[3]：沸石对水中的氨氮、悬浮物的去除效果明显优于同粒径的石英砂，且水头损失小，运行周期长，反冲洗流量小，是一种适合于循环过滤的新型滤料。

二、改性沸石研制及其处理效果

目前，沸石改性的方法有很多，针对脱氮除磷方面，现广泛应用的沸石改性方法有：高温焙烧和化学法处理，其中化学法处理又包含酸处理、盐或（和）碱处理。

高温焙烧法是将沸石在一定温度下焙烧一段时间，通常温度高于 300℃。既去除了结构通道中的水，又不致破坏结构骨架和卷边结构，提高了吸附性能。

有研究表明[4]，沸石在 750℃ 高温下焙烧 20 分钟，可以显著提高沸石对氨氮的去除能力。经过高温焙烧，先后失去表面水、吸附水和结构水，减小了水膜对物质的吸附阻力；通过加热使得天然沸石孔道内的杂质尤其是有机杂质挥发，清通孔道；沸石的结构在高温下开始发生重构，冷却后，重新形成的孔道更加均匀。图 2 是经过高温改性后的沸石的扫描电镜照片。通过图 1 与图 2 的扫描电镜照片对比，可以看出：天然沸石表面晶体排列虽然有空隙，但是空隙都比较小；改性沸石表面已形成非常多的裂缝空隙，表面变得非常的疏松多孔，透光性明显增加，说明空隙增大增多，从而使改性沸石的比表面积大大增加，吸附性能得到较大增强。

高温焙烧是一种可以提高沸石的吸附能力的方便快速方法[5]，且成本低，操作简单，无二次污染，但耗电量较大。

图 2 改性沸石 SEM 照片

化学法是将一定细度的沸石浸渍于酸溶液或盐溶液或碱溶液中，水浴加热搅拌，抽滤后洗至滤液呈中性，将滤渣干燥。这类处理方法可以大大提高沸石的活性，提高沸石对氨氮的吸附和离子交换性能。研究表明，用盐酸改性效果好于硫酸，高浓度酸的改性效果好于低浓度。酸处理的效果要普遍好于碱处理的效果[5,6]，酸浸法能有效地提高沸石的比表面积，对氨氮的去除效果较好。盐处理较酸处理和碱处理生产成本相对小，处理较简单，故为现今广泛采用的改性方法。

冯灵芝等[7]比较分别用 NaCl、HCl 和 NaOH 溶液的改性，结果表明，NaCl 改性效果明显，6% 盐溶液浓度改性沸石氨氮去除率可达 95.3%。任刚等[8]分别采用 NaCl、KCl 和 $CaCl_2$ 对天然沸石进行改性及其改性前后性能的比较。结果表明，沸石的全交换容量得到不同程度提高，其中 NaCl 改性效果最好。江喆等[6]分别利用无机盐、无机酸和稀土对天然沸石进行改性处理，研究表明，利用无机盐改性的沸石效果最佳。

在实际的应用中，李晔等[9]将 NaCl 改性后的沸石粉加入一定比例的煤粉和淀粉搅拌后充分

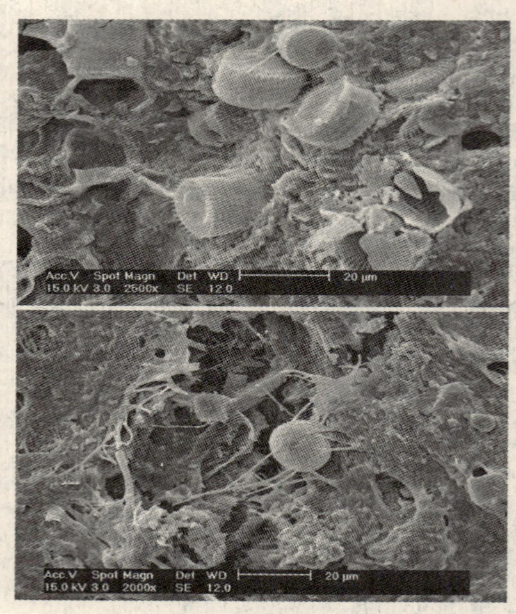

图 3　再生沸石 SEM 照片

捏练，手工成球，高温下烧制成多孔改性沸石球形颗粒。去除 10mg/L 的氨氮溶液，去除率能达到 80%，吸附量在 0.393mg/g 左右。

总之，盐改性沸石去除氨氮的效果明显，其中 NaCl 改性效果最好。酸改性沸石去除氨氮的效率比碱改性沸石高。通常，酸处理、盐或（和）碱处理等利用化学方法对天然沸石改性效果好，但是成本较高，工艺比较复杂，同时产生大量的废液，若处理不当会引发更严重的二次污染问题。

三、再生沸石研制及其处理效果

无论是天然沸石还是改性沸石，经过一段时间的使用都会达到饱和，于是都面临饱和后的处置或再生问题。从资源循环利用的角度分析，饱和沸石应进行再生循环利用。沸石再生是指使用后的饱和沸石通过一定方法除去吸附的物质并使其重新具有吸附能力，其主要方法有化学再生、热再生和生物再生。

化学再生是利用含有适当再生剂的液相处理使用过的沸石。目前工程上广泛采用盐再生，成本低，并且没有酸碱等试剂腐蚀性和安全性的问题。但是再生过程中利用的化学试剂成本高，并且产生的废水依然需要特殊处理，容易引起二次污染问题。

热再生是将使用过的沸石加热到不同的温度进行灼烧，将沸石骨架中的 NH_4^+ 转化为 NH_3 气体形式，再用惰性气体的反向吹扫等方式实现再生。沸石经热再生后，NH_4^+ 去除能力有显著的提高，但是反复加热后材料的强度会降低。热再生相对化学再生工艺简单，操作方便，但是难以实现连续作业，而且耗电量大。

表 1　天然沸石、改性沸石和再生沸石脱氮的对比分析

比较项目＼材料	天然沸石	改性沸石		再生沸石		
		高温改性	化学改性	化学再生	热再生	生物再生
脱氮效果	具有良好的脱氮效果	明显高于天然沸石	效果最好	高于天然沸石，低于化学改性	略低于天然沸石	略低于天然沸石
成　本	来源广泛，廉价易得	消耗电能，成本较高	消耗化学试剂，成本高	消耗化学试剂，成本高	消耗电能，成本较高	成本低
二次污染	无	无	容易产生二次污染	容易产生二次污染	无	无
生物兼容性	好	好	差	—	—	—

生物再生法是用含硝化菌的 $NaNO_3$ 溶液冲洗沸石柱床，用 Na^+ 置换出 NH_4^+，再用硝化菌进行硝化[10]，或者在沸石滤池中接种少量活性污泥，通过曝气在沸石表面形成生物膜[5]，如图 3 所示。生物再生是通过异养硝化菌群完成的，以真菌和放线菌为主，在特定条件下逐渐在生物沸石系统中占优势，可将沸石吸附的氨氮经异养硝化/好氧反硝化直接转化为氮气，从而将氮从系统中排除，对于沸石实现了再生，对于水体实现了最终脱氮，同时还可去除水中的其他污染物，

如 COD 等。生物再生法成本低廉，易于操作，并且不会因化学试剂产生二次污染问题，但是较其他方法再生速率慢，所需时间长。经研究表明[2]，吸附饱和的改性沸石在挂膜完成并运行 1 个月后，沸石重新具有了吸附氨氮的能力，即得到再生，吸附氨氮量最高可恢复到原来的 74%，最低的也恢复到原来的 56.6%。

综合上述，可以分析得出，天然沸石、改性沸石和再生沸石脱氮性能效果的对比，如表 1 所示。

四、结　语

无论是天然沸石还是改性沸石，经过一段时间的使用都会达到饱和。改性沸石脱氮效果虽比天然沸石要好，但成本高，耗能大，或存在二次污染风险。天然沸石脱氮效果虽不如改性沸石，但同样可为微生物提供良好的生存环境，以及通过生物与沸石联合作用，使吸附饱和的沸石可以得到再生。生物再生沸石不仅可脱氮，还可去除硝氮、亚硝氮、总氮及 COD 等污染物，且效果十分明显，从而为沸石在水处理中的脱氮研究及其应用提供了新的思路。

参考文献

[1] Tsitsishvili G, Andronikashvili T, Kirov G et al. Natural Zeolites [M]. Ellis Horwood Series in Inoganic Chemistry, Chichester, UK, 1992.

[2] 周炜，黄民生，年跃刚．人工湿地净化富营养化河水试验研究（二）——基质层及流态对氮素污染物净化效果的影响［J］．净水技术，2006，25（4）：40.

[3] 李德生，张金萍．沸石滤料对黄河原水的处理效果［J］．中国给水排水，2002，18（12）：37－38.

[4] 张道方，王瑞璞，吕娟，等．改性沸石生物滤池处理中水景观污染水体实验研究［J］．水资源与水工程学报，2008，19（5）：1－5.

[5] 邢锋，丁浩，冯乃谦，等．活化处理提高天然沸石吸附能力的研究［J］．矿产保护与利用，2000，19（2）：17－21.

[6] 江喆，宁平，普红平．改性沸石去除水中低浓度氨氮的研究［J］．安全与环境学报，2004，4（2）：40－43.

[7] 冯灵芝，买文宁，吴连成．沸石改性吸附氨氮的试验研究［J］．河南科学，2006，24（2）：294－295.

[8] 任刚，崔福义．改性天然沸石去除水中氨氮的研究［J］．环境污染治理技术与设备，2006，7（3）：75－79.

[9] 李晔，朱燕．多孔改性沸石球的制备及应用效果研究［J］．武汉理工大学学报，2006，28（1）：70－73.

[10] Semmens M, Wang J, Booth A. Biological regeneration of ammonium－saturated clinoptilolite. Ⅱ. Mechanism of regeneration and influence of salt concentration [J]. Environmental Science and Technology, 1977, 11 (3): 260－265.

快速高效低成本处理含酚废水方法的研究

冯春梁　邹文祥　李　丽　毛晓旭　杨迎麟

（辽宁师范大学化学化工学院功能材料化学研究所　辽宁　大连　116029）

摘　要　处理含酚废水是环境保护及酚类污染物综合利用的重要研究课题。本文以邻苯二氨（CAT）为模型污染物，利用 Fe_3O_4 磁性纳米粒子（Fe_3O_4MNPs）的类酶催化作用，催化 H_2O_2 氧化降解 CAT，优化了反应条件。结果表明，当 Fe_3O_4MNPs、H_2O_2 和 CAT 的浓度分别为 0.27mg/ml、33mM、0.2mM 时，室温（25℃）、pH3.5 条件下反应 45min 后，CAT 的去除率可达到 95% 以上。Fe_3O_4MNPs 制备简单、催化活性高、成本低廉、性质稳定、可回收再利用，在处理含酚废水领域具有广阔的应用前景。

目前，处理含酚废水的常用方法主要有吸附、萃取、化学氧化和生物氧化等。这些方法中尚存在一些亟待解决的问题，如操作繁琐、费用较高、耗时较长，有的还会造成二次污染[1]。近年来，利用漆酶[2]、酪氨酸酶[3]和过氧化物酶[4]等生物酶催化降解含酚废水显示出一定优势。生物酶催化效率高、条件温和、对环境友好，而酶是蛋白质，较易失活、价格昂贵，在实际应用中受到限制。因而模拟酶的研究引起了人们的广泛兴趣。2006 年，阎锡蕴等人发现[5]，Fe_3O_4 MNPs 具有类似过氧化物酶的催化性能，而且 Fe_3O_4MNPs 的催化活性是辣根过氧化物酶的 40 倍，引起了人们的高度关注。蔡亚齐等人[6]将 Fe_3O_4MNPs 用于催化苯酚和苯胺的降解反应，并探讨了 Fe_3O_4MNPs 的催化机理。本文研究了 Fe_3O_4MNPs 催化 CAT 降解反应的最佳条件。

一、实验部分

（一）仪器与试剂

Lambda 35 紫外可见分光光度计（HP 公司）；PHS－3C 精密酸度计（上海精密分析仪器公司）；LIP900 超纯水系统（Human 公司，韩国）；H－600 透射电子显微镜（日本日立公司）；TENSOR 27 傅立叶变换红外光谱仪（布鲁克光谱仪器公司，德国）；强磁铁。

邻苯二酚（天津市科密欧化学试剂开发中心）；H_2O_2 溶液（30%）（天津市科密欧化学试剂开发中心）；氯化铁（$FeCl_3\cdot 6H_2O$），氯化亚铁（$FeCl_2\cdot 4H_2O$），浓盐酸，浓氨水，醋酸盐缓冲溶液（ABS）由 HAc 和 NaAc 溶液配制。所用试剂均为分析纯，实验用水均为超纯水。

（二）Fe_3O_4MNPs 的制备

采用化学共沉淀法制备 Fe_3O_4MNPs。将 50ml1MFeCl$_3$ 溶液和 2M 盐酸配制的 10ml2MFeCl$_2$ 溶液混合，充氮气除氧 10min，在氮气气氛中，强烈搅拌下将 Fe^{3+}、Fe^{2+}混合液滴加到500ml 0.7M $NH_3\cdot H_2O$ 中，反应 30min，即得 Fe_3O_4MNPs。将产物用磁铁分离、超纯水洗涤三次，加超纯水超声制成 Fe_3O_4MNPs 悬浊液（Fe_3O_4MNPs 浓度为 8.2mg/ml），室温下储存备用。

（三）CAT 的降解反应和检测

CAT 溶液用 0.1M 的 ABS 配制。将 Fe_3O_4MNPs 悬浊液、1mM CAT、H_2O、1.2% H_2O_2 按一定比例混合，使溶液总体积为 6ml，加入 H_2O_2 后开始计时，在 CAT 的最大吸收峰（275.5nm）处跟踪体系吸光度随时间的变化，绘制反应动力学曲线；反应一定时间后，在强磁场作用下从反应体系中分离出 Fe_3O_4MNPs，检测 CAT 的吸光度，计算反应前后溶液 A 的差值，即溶液中 CAT 浓度的变化，以计算 CAT 的降解率。

二、结果与讨论

（一）Fe_3O_4 MNPs 的表征

透射电镜检测结果表明，Fe_3O_4MNPs 形状近似球形，粒径大小为 10nm 左右。用 KBr 压片法

测定 Fe_3O_4MNPs 的红外光谱，在 578.6cm^{-1}和 3425.6cm^{-1}处分别出现 Fe－O 特征吸收峰和 Fe_3O_4 MNPs 表面吸附的－OH 的特征吸收峰[7]，表明已成功制备了 Fe_3O_4MNPs。

（二）实验条件的选择

1. 参比溶液及最大吸收波长的选择

分别以纯水、Fe_3O_4MNPs 溶液和 Fe_3O_4MNPs＋H_2O_2 溶液为参比溶液，进行 CAT 最大吸收波长的选择，发现以 Fe_3O_4MNPs＋H_2O_2 溶液为参比溶液时，出现明显的 CAT 最大吸收峰（见图1），最大吸收波长为 275.5nm。

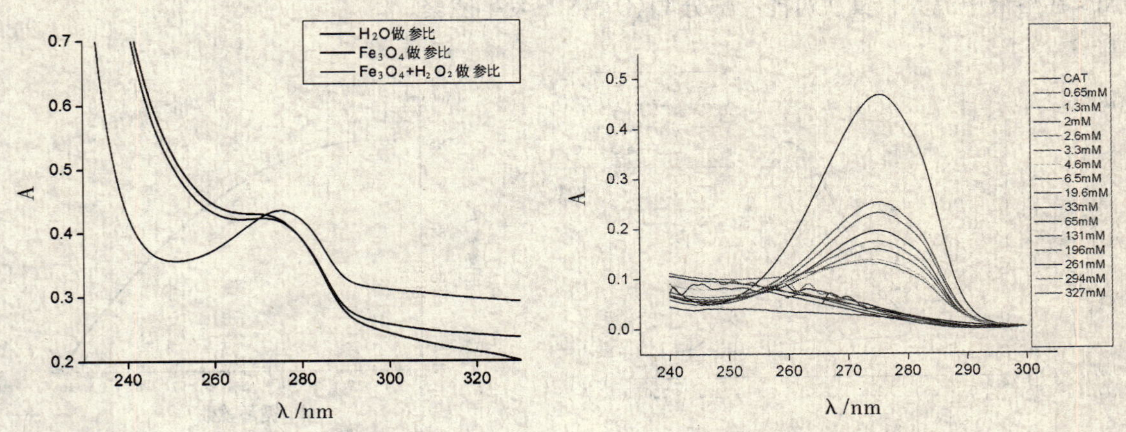

图 1　不同参比溶液中 CAT 的 UV 光谱　　**图 2　H_2O_2 浓度对去除率的影响**

2. pH、反应时间、温度、反应物浓度等实验条件

根据邻苯二酚去除率的变化进行 pH、催化反应时间、温度、反应物浓度等实验条件的选择。CAT 的去除率（D）按下式计算：

$$D = [(A_0 - A)/A_0] \times 100\%$$

式中：A_0 为未加入 Fe_3O_4MNPs 时 CAT 的吸光度；A 为加入 Fe_3O_4MNPs 催化反应一定时间后 CAT 的吸光度。

结果表明：在 pH2.8～7.0 的 ABS 中，随着 pH 的增大，邻苯二酚的去除率呈先增大后减小的趋势，当 pH＝3.5 时，反应速率最大，故选择最佳 pH 为 3.5；在 10～60℃范围内，随着温度的升高，邻苯二酚的去除率呈先增大后减小的趋势，但总体上变化不大。当温度达到 35℃时去除率最大，而室温 25℃时的去除率与 35℃时相差很小（为 1%），为了实际应用，选择在室温下反应；随着 Fe_3O_4MNPs 催化反应时间的延长，邻苯二酚的去除率在不断增大，在最初的 30min 内，反应速度非常快，之后趋于缓慢，当反应进行 45min 后，CAT 降解率为 95%，此后 CAT 降解率变化很小，故选 45min 为最佳反应时间。

通过考察 H_2O_2、CAT、Fe_3O_4 浓度对 CAT 降解率的影响，可选择反应物的最佳浓度比。当体系含有 0.27mg·ml^{-1} Fe_3O_4MNPs 和 0.2mM CAT 时，在 0.65～490mM 范围内逐渐改变 H_2O_2 浓度，考察其对去除率的影响。随着溶液中 H_2O_2 浓度的增加，CAT 去除率迅速增大，当 H_2O_2 的浓度增大到 33mM 时，CAT 去除率达到最大值 95%。此后，随着 H_2O_2 浓度的进一步增高，CAT 去除率出现下降的趋势（图 2）。用同样方法考察 CAT、Fe_3O_4MNPs 的浓度对 CAT 去除率影响。结果表明，H_2O_2、CAT、Fe_3O_4MNPs 的浓度比为 6:165:1 时，CAT 的去除率达到最大。

（三）Fe_3O_4 MNPs 对 CAT 降解反应催化作用

在 pH3.5 的条件下，反应 45min 后，根据 CAT 溶液吸光度的变化，考察了 Fe_3O_4MNPs 对 CAT 降解反应的催化性能。由图 3 可见，反应体系中无 Fe_3O_4MNPs 存在时，H_2O_2 与 CAT 几乎不发生反应；同样，在无 H_2O_2 时，由于 Fe_3O_4MNPs 对 CAT 的少量吸附作用，CAT 的吸光度有所减少，但与 Fe_3O_4MNPs 催化 H_2O_2 氧化降解 CAT 的量相比可忽略不计。而当体系中同时存在 Fe_3O_4MNPs 和 H_2O_2 时，CAT 的吸收峰完全消失，表明 Fe_3O_4MNPs 对 CAT 具有高效催化降解作用。

（四）Fe_3O_4 MNPs 的循环利用

为了降低含酚废水处理成本，对 Fe_3O_4MNPs 的循环利用进行了研究。图 4 表明，Fe_3O_4MNPs 在重复利用 10 次以后，CAT 的去除率仍能达到 70% 以上，说明再生的 Fe_3O_4MNPs 具有较好的催化活性。引起再生的 Fe_3O_4MNPs 活性降低的原因，主要是每次再生处理过程中有部分 Fe_3O_4 MNPs 在溶液中流失，其次可能有部分 Fe_3O_4MNPs 发生团聚。

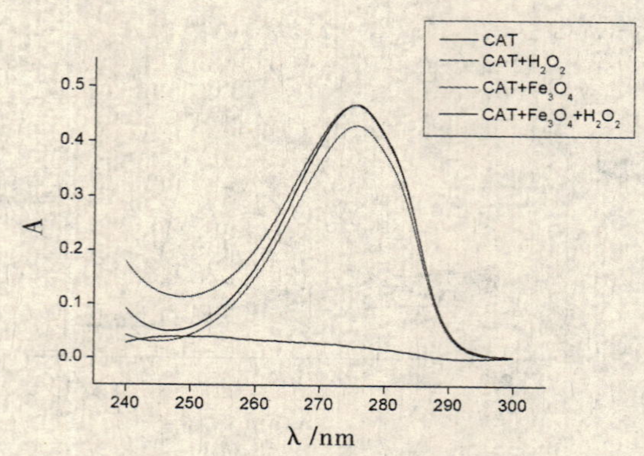

图 3　Fe_3O_4MNPs 的催化作用

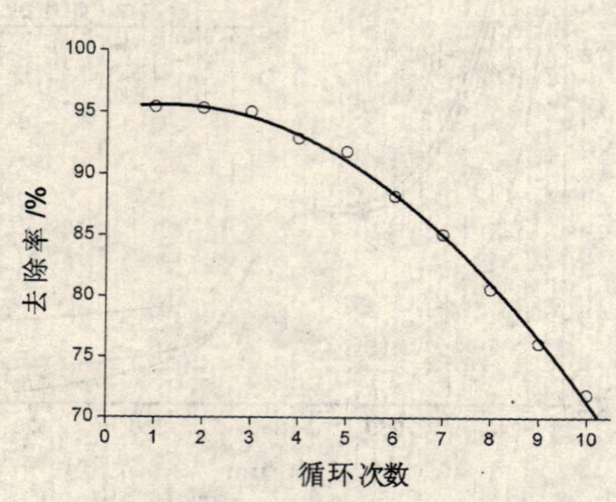

图 4　Fe_3O_4MNPs 再生次数对 CAT 降解率的影响

三、结　论

将超顺磁性 Fe_3O_4MNPs 用于催化降解模拟废水中的 CAT，结果表明，在最佳条件下，邻苯二酚的去除率可达到 95% 以上。作为一种绿色催化剂，Fe_3O_4MNPs 具有催化活性高、价格低廉、性质稳定、常温下不失活、可回收再利用、对环境友好等优点，在治理环境污染中的有机物污染方面具有广阔的应用前景。

参考文献

[1] M. Stoyanova, St. G. Christoskova, M. Georgieva, et al. Low - temperature catalytic oxidation of water containing 4 - chlorophenol over Ni - oxide catalyst [J]. Applied Catalysis A: General, 2003, 248, 249 - 259.

[2] Lika, K., Papadakis, I. A.. Modeling the biodegradation of phenolic compounds by microalgae [J]. Journal of Sea Research (2009), doi: 10.1016/j.seares.2009.02.005.

[3] Nahit Aktas, Abdurrahman Tanyola?. Kinetics of laccase - catalyzed oxidative polymerization of catechol [J]. Journal of Molecular Catalysis B: Enzymatic, 2003, 22: 61 - 69.

[4] Cohen, S. et al.. Characterization of catechol derivative removal by lignin peroxidase in aqueous mixture [J]. Bioresour. Technol (2008), doi: 10.1016/j.biortech.2008.11.007.

[5] L. Z Gao, J. Zhuang, L. Nie, et al. Intrinsic peroxidase - like activity of ferromagnetic nanoparticles [J]. Nat. Nanotechnol. 2007, 2: 577 - 583.

[6] Lizeng Gao, Jiamin Wu, Sarah Lyle, et al. Magnetite Nanoparticle - Linked Immunosorbent Assay [J]. J. Phys. Chem. C 2008, 112, 17357 - 17361.

[7] Weijia Zhou, Wen He, Shide Zhong, et al. Biosynthesis and magnetic properties of mesoporous Fe_3O_4 composites [J]. Journal of Magnetism and Magnetic Materials 2009, 321: 1025 - 1028.

矿化垃圾填料对污水中氮磷去除能力的动力学研究

田静思[1,2]　张后虎[1]　张毅敏[1]　高月香[1]　蔡金榜[1]

（1. 环境保护部南京环境科学研究所　江苏　南京　210042；
2. 江苏工业大学环境与安全工程学院　江苏　常州　213164）

摘　要　矿化垃圾填料磷吸附实验结果可采用 Langmuir 吸附等温线模拟，计算所得饱和吸附量为 2914mg/kg^{-1}。矿化垃圾磷的饱和吸附量和速率均为黏土的 3 倍多，解析率仅约为 30%。硝化培养实验前 24h 内，矿化垃圾中氨氮的浓度从 129mg 氮 kg^{-1}下降到 83.0mg 氮 kg^{-1}；硝酸盐氮含量相应地从 137mg 氮 kg^{-1}上升到 170mg 氮 kg^{-1}。而同期内黏土中氨氮的浓度下降和硝酸盐氮含量的上升幅度分别为矿化垃圾的 1/2 和 1/6。反硝化培养过程中，矿化垃圾中硝酸盐氮零级动力学降解速率常数 K 值为黏土的 7.5 倍。

关键词　矿化垃圾　磷的吸附　磷的解析　硝化反硝化　动力学研究

一、前　言

矿化垃圾是生活垃圾在垃圾填埋场相对封闭的环境条件下，经过 10 年以上的多阶段物理、化学和生物稳定化过程后，形成的性质和组分相对稳定的类土壤物质。矿化垃圾具有孔隙率高和表面积大、营养物质含量高、微生物丰富等优点。前期研究主要集中于垃圾渗滤液的处理，着重探讨了工艺条件参数的变化对渗滤液中氮磷的去除效率，而未能涉及对水体中氮磷的去除动力学研究。

为此，本研究设计批式培养实验，研究矿化垃圾填料对水体中磷的吸附与解析、氮的硝化与反硝化的动力学研究，旨在为矿化垃圾填料在我国农村生活污水和畜禽养殖废水的净化处理应用中提供技术参数。

二、材料与方法

（一）矿化垃圾与黏土土样

供试矿化垃圾取自南京城市生活垃圾填埋场，填埋龄 10 年。场内填埋的垃圾主要为 60% 厨余，20% 塑料，15% 其他物质（竹木、纸张、织物和渣石等），每日填埋量为 3000～4000t。矿化垃圾开挖后，去除玻璃、渣石等，过筛供使用。供试黏土样取自宜兴某农田（N：31°29′，E：119°59′）。矿化垃圾和黏土样的基本理化性质列于表 1，样品理化特性测试方法见文献［18］。

表 1 中，矿化垃圾的比表面积以及 Fe、Al 和 Ca 含量均远高于黏土样品，从而具备成为磷库的条件[1,11,13]。

表 1　矿化垃圾与黏土样品基本理化特性比较

理化性质	矿化垃圾	黏土
pH（$CaCl_2$）	7.53 ± 0.15	6.75 ± 0.17
阳离子交换容量/（cmol/kg）	70.9 ± 1.91	51.6 ± 1.70
比表面积/（m^2/g）	4.62 ± 1.18	0.87 ± 0.52
有机质含量/%	11.20 ± 1.64	2.21 ± 0.48
Fe_2O_3 含量/%	1.58 ± 0.13	0.86 ± 0.70
Al_2O_3 含量/%	0.82 ± 0.06	0.25 ± 0.03
$CaCO_3$ 含量/%	5.43 ± 0.21	2.04 ± 3.30

（二）等温吸附磷实验

称取过2.00mm筛的风干矿化垃圾/黏土样5.00g，按1∶20的固液比各加入100.0ml含磷（磷酸氢二钾，NaH_2PO_4）量为0~10g磷/L^{-1}的0.02mol/L^{-1}KCl溶液，放入25℃恒温培养箱连续振荡24h，取样后以4000r/min^{-1}转速离心10min，测定平衡液中磷酸盐浓度，由吸附前后溶液中磷酸盐浓度差，计算吸附磷量[11,19]。

（三）磷的解析实验

用95%的酒精多次反复洗涤等温吸附离心后的矿化垃圾样品，至上清液中无磷（钼兰法检验）后，加入100ml的0.02mol/L^{-1}KCl溶液，在25℃恒温培养箱中连续振荡约24h，以4000r/min^{-1}的转速离心10min，测定平衡液的磷酸盐浓度，计算磷的解吸量。

（四）硝化实验

所有的培养实验均在容积250ml的具塞血清瓶内批式进行，土壤样品经风干、过2.00mm筛后，精确称取50g于瓶中。设1组土样进行培养，分别在投加$(NH_4)_2SO_4$溶液第1天的第2、第6、第12、第24h以及在第3、第5和第10天，同时测定土样中NH_4^+-N和NO_3^--N含量，考察样品中微生物对氨氮氧化和硝酸盐氮生成的能力，投加的氮负荷为100mg氮/kg^{-1}（基于矿化垃圾干基重，以下同）。加入矿化垃圾（或黏土）和$(NH_4)_2SO_4$溶液后，调节蒸馏水的量保持含水率为15%，培养瓶先在恒温（25℃）摇床上振荡1h，使样品与液体混合均匀，再放入生化培养箱中25℃下避光培养，每个样品均设置2个平行样[21]。

（五）反硝化实验

当土壤样品中含水率高于60%孔隙含水率时，土壤内部处于厌氧条件，氮转化过程主要以反硝化过程为主[21]。与硝化实验流程相同，保持含水率为25%，换算成孔隙含水率为68%（高于60%）。密闭具塞血清瓶，投加的硝酸盐氮负荷为200mg氮/kg^{-1}（KNO_3），考察矿化垃圾样品与黏土样品中微生物对硝酸盐氮的去除能力[21]。

三、结果与讨论

（一）SEM电镜

矿化垃圾颗粒物微观形态丰富（图1），形状多以不规则多面球体为主，颗粒表面层凹凸不平的层状结构，比表面积大（表1）。且颗粒间空隙较大，利于自然通风复氧和好氧微域的存在。

图1　矿化垃圾的SEM电镜扫描

（二）磷吸附能力

矿化垃圾颗粒（过2.00mm筛）对磷吸附能力如图2所示。不难发现，矿化垃圾对磷的吸附能力远高于黏土，仅矿化垃圾填料吸附行为可采用Freundlich等温吸附式来模拟，计算所得饱和吸附量为 2914mg/kg^{-1}，比文献中报道的粉煤灰（Coal slag）高出 1 倍左右[11]。

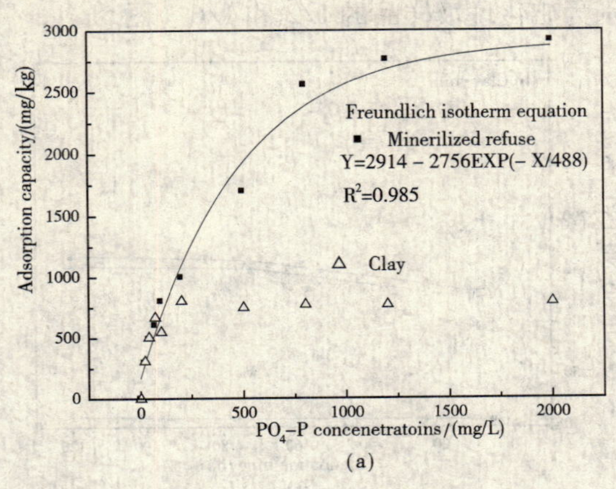

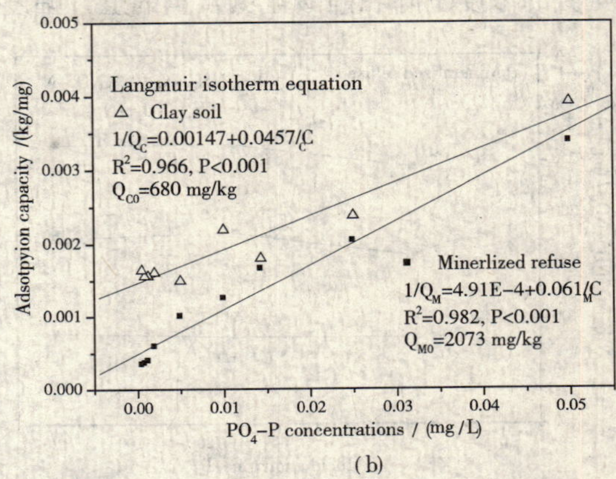

图 2　矿化垃圾与稻田土壤吸附磷的比较

矿化垃圾颗粒与黏土颗粒吸附行为均可采用 Langmuir 等温吸附方程式来模拟（图 2b），按照方程式计算所得矿化垃圾最大吸附量为 2073mg/kg^{-1}，为黏土吸附最大量的 3 倍多。

（三）吸附速率的对比

吸附速率常数 K 值反映了矿化垃圾对水体中磷的吸附能级，K 值越大，反应的自发程度愈强，生成物愈稳定。为了进一步比较研究矿化垃圾与黏土颗粒对磷的吸收能力，对过 0.15mm 筛的矿化垃圾与黏土在磷溶液浓度 10g/L^{-1} 下进行吸附速率对比试验（图 3）。结果表明：矿化垃圾与黏土颗粒对磷的吸附均符合零级动力学方程，矿化垃圾颗粒的吸附速率常数约为黏土颗粒的 3.2 倍。

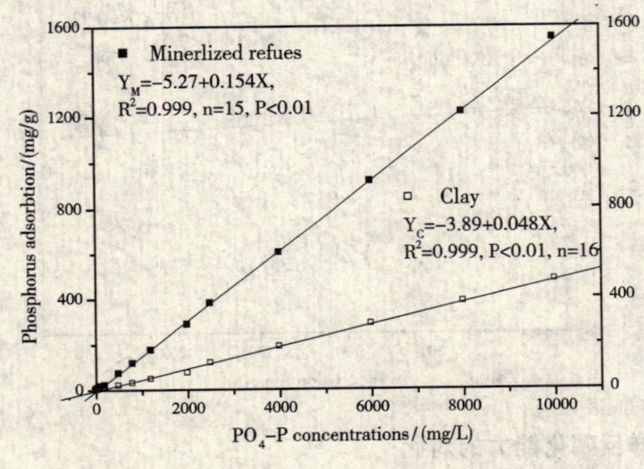

图 3　矿化垃圾与黏土样对磷吸附速率的对比

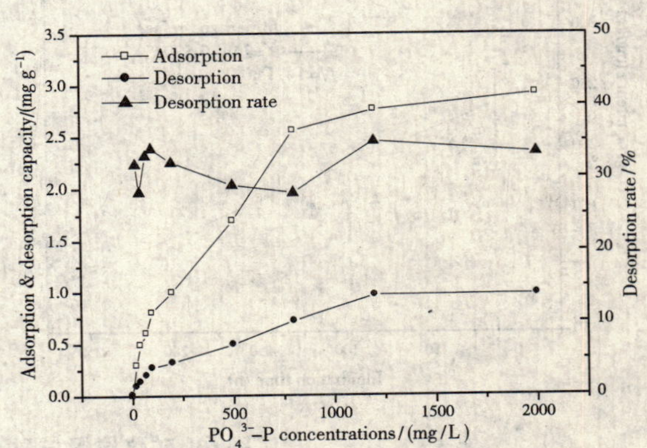

图 4　矿化垃圾对磷解析行为分析

（四）磷的解析

吸附态磷的解吸是吸附的逆过程，也是描述矿化垃圾吸附磷特性的重要指标，涉及实际应用中筛选矿化垃圾填料作为磷库的安全性。图 4 给出磷的吸附与解析结果，磷的解析率仅在 30% 左右波动，比文献中报道土壤的磷解析率低 50% 左右，表明矿化垃圾填埋表现出良好的吸附性能。

（五）硝化能力

矿化垃圾与黏土土样硝化能力实验结果如图 5 所示，随着培养时间的增加，样品中氨氮浓度迅速下降，而硝酸盐氮的浓度迅速上升，但矿化垃圾样品中上升和下降的幅度均高于黏土样品。

培养实验前 24h 内，矿化垃圾样品中氨氮的浓度从 129mg 氮/kg^{-1} 下降到 83.0mg 氮/kg^{-1}；

与此同时，硝酸盐氮含量从137mg 氮/kg⁻¹上升到170mg 氮/kg⁻¹（图5a）。而同期内，黏土样品中氨氮的浓度下降和硝酸盐氮含量的上升幅度分别为矿化垃圾样品的1/2和1/6（图5b）。

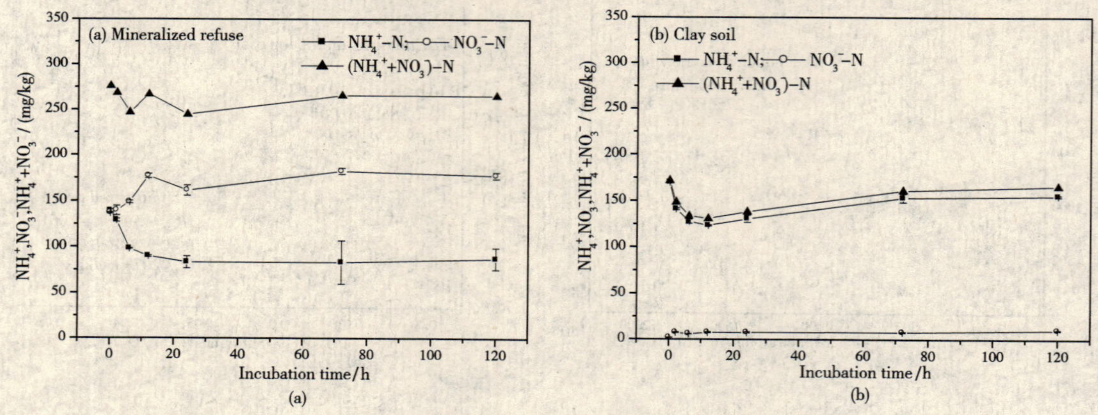

图5 矿化垃圾颗粒中硝化能力实验

（六）反硝化能力

投加200mg 氮/kg⁻¹的硝酸盐后，矿化垃圾样品和黏土样品中硝酸盐氮均出现下降趋势，其中，矿化垃圾填料对硝酸盐氮的反硝化能力明显高于黏土样品（图6）。采用零级动力学方程可较好地模拟样品中硝酸盐氮的降解行为，矿化垃圾样品降解速率常数K值为黏土样品7.5倍。矿化垃圾硝化反硝化能力强的结果与前期研究中矿化垃圾自身存在大量的氨氧化菌和硝化菌的现象相吻合。

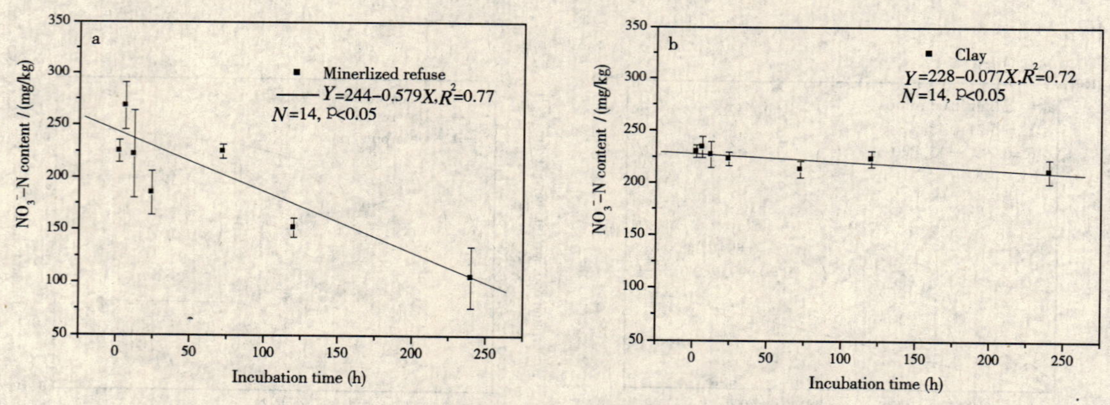

图6 矿化垃圾与黏土样反硝化能力的对比

四、结 论

1. 矿化垃圾填料表面为不规则的多面体，比较面积大。矿化垃圾吸附磷的速率和饱和吸附能力均为黏土的3倍多，饱和吸附能力比文献报道粉煤灰高出1倍，磷解析率仅约为30%，表明矿化垃圾填料具备良好的磷库性能。

2. 硝化能力培养实验前24h内，矿化垃圾样品中氨氮的浓度从129mg 氮/kg⁻¹下降到83.0mg 氮/kg⁻¹；而硝酸盐氮含量相应从137mg 氮/kg⁻¹上升到170mg 氮/kg⁻¹。而同期内黏土样品中氨氮的浓度下降和硝酸盐氮含量的上升幅度分别为矿化垃圾样品的1/2和1/6。

3. 反硝化能力培养实验过程中，矿化垃圾样品和黏土样品中硝酸盐氮均出现下降趋势。采用零级动力学方程可较好地模拟样品中硝酸盐氮的反硝化降解行为，矿化垃圾样品降解速率常数

K 值为黏土样品的 7.5 倍。

参考文献

[1] Zhao Y, Chen Z, Shi Q, et al. Monitoring and long – term prediction for the refuse compositions and settlement in large – scale landfillv [J]. Waste Management and Research, 2001, 19 (2): 160 - 168.

[2] Zhao Y, Li H, Wu J, et al. Treatment of leachate by aged refuse – based biofilter [J]. Journal of Environmental Management, 2002, 128 (7): 662 – 668.

[3] Zhao Y C, Lou Z Y, Guo Y L, et al. Treatment of sewage using an aged – refuse – based bioreactor [J]. Journal of Environmental Management, 2007, 82: 32 – 38.

[4] 鲁如坤．土壤农业化学分析方法 [M]．北京：中国农业科技出版社，2000：62 – 141.

[5] Brix H, Arias C A, Bubba M. Media selection for sustainable phosphorous removal in subsurface flow constructed wetlands [J]. Water Science and Technology, 2001, 44: 47 – 54.

[6] 王旭东，杨雪芹．聚丙烯酰胺对磷素在土壤中吸附—解析与迁移的影响 [J]．环境科学学报，2006，26 (2)：300 – 305.

[7] Zhang H H, He P J, Shao L M. Ammonia volatilization, N_2O and CO_2 emissions from landfill leachate – irrigated soils [J]. Waste Management, 2010 (30): 119 – 124. /doi: 10. 1016/j. wasman. 2009. 08. 004.

[8] Barlaz M A, Scharfer D M, Ham R K. Bacterial population development and chemical characteristics of refuse decomposition in a simulated sanitary landfill [J]. Applied and Environmental Microbiology, 1989, 55: 55 – 65.

三维镍网负载纳米 TiO_2 光催化反应器降解活性红 3BS 与活性黑 GR 的实验研究

傅李鹏[1] 张国庆[1] 杨承昭[1] 陈贻波[2] 潘华耿[2]

（1. 广东工业大学材料与能源学院 广州 510006；
2. 佛山顺德都围科技环保工程有限公司 顺德 528300）

摘 要 采用负载纳米 TiO_2 的三维镍网装配的光催化水处理器，在不同影响因素下，如染料溶液初始浓度、pH 值、H_2O_2 投加量等，对活性红 3BS、活性黑 GR 两种染料进行降解脱色处理。实验结果表明在 240 min 反应时间内，光催化水处理器对活性红 3BS、活性黑 GR 降解脱色率分别能达到 85.9%、94.7%。活性红 3BS、活性黑 GR 溶液的脱色率随起始浓度的增大而减小，当浓度为 20mg/L 时，降解效果最佳，处理 240min 脱色率分别能达到 98.4%、75%。pH = 5 时，两种染料溶液的降解脱色效果最佳，酸性条件下脱色效果优于中性和碱性溶液。投加 1g /L H_2O_2 增强了光催化降解效率，在 60min 反应时间内，对活性红 3BS、活性黑 GR 其脱色率能达到 98.6%、90.11%。

关键词 光催化 纳米 TiO_2 活性红 活性黑 降解

国内印染企业的废水排放量十分巨大[1]。印染废水不但导致大水体染色，而且致使水体带有毒性，严重威胁着本已严重缺乏的水资源安全和人类健康。同时，由于染料分子结构复杂（苯环类等），采用传统生物处理方法，并不能有效地脱色或降解[2]。目前，通常采用物理、化学方法进行处理[3,4]，但实践结果表明效果并不很理想，相对于这些传统的处理方法，高级氧化能更有效地降解印染废水[5-7]。

近几年来，使用半导体纳米级 TiO_2 光催化剂对有机废水的处理研究受到国内外许多学者的密切关注[8-10]，由于 TiO_2 光催化剂具有光催化性能好、稳定性高等特点，被广泛应用于处理有机物污染[11,12]和印染废水[13,14]。但是，纳米级 TiO_2 粉末所存在的易凝聚、难分离以及回收困难等弊端也日益显现出来[15]。

随着 TiO_2 光催化剂负载技术研究的深入，在金属、玻璃和陶瓷等载体表面负载 TiO_2 取得了成功[16,17]，使得开发适合大规模工业应用反应器成为可能[18-21]。近两年来，本研究团队在广东省粤港关键领域重点突破项目支持下自主研究开发了负载纳米级 TiO_2 的三维泡沫镍金属网以及采用该催化剂材料作核心的光催化水处理器，有效地解决了包括 TiO_2 粉末催化剂固化在内的一系列关键技术问题。本文采用该光催化水处理器来处理含有活性红 3BS 以及活性黑 GR 染料溶液，研究了一些主要工艺条件和参数对染料降解效果的影响，所获得的实验结果对指导设备设计、选型和确定处理工艺具有重要意义。

一、实验部分

（一）实验仪器与试剂

采用扫描电子显微分析仪（LEO1530 – VP）观察镀 TiO_2 的三维镍网模块表面形状，德国里奥公司出品；采用分光光度计（VIS – 722S），上海绿宇生物科技有限公司出品，记录活性红溶液样品处理前后吸光度，从而测定活性红降解效果；其它仪器和试剂包括：强力电动搅拌机（TV – 90D），上海标本模具厂；精密 pH 计（PHS – 3C），上海雷磁仪器厂；电子分析天平（FA2004N），上海精密科学仪器有限公司。试剂：活性红 3BS、活性黑 GR、30% H_2O_2（AR）、无水乙醇（AR）、氢氧化钠（AR）、盐酸（AR）等。本实验过程所有实验用水均采用蒸馏水。

（二）实验降解装置

本实验降解装置，采用自主研发的光催化水处理器（DW－W40）。本实验所有过程，都采用自主研发的富米特光催化水处理器（DW－W40），其内部结构如图1所示。在该光催化水处理器中，其关键技术就是负载TiO_2的三维镍网，表面负载TiO_2催化剂的电镜图如图2所示。

在三维镍网的高比表面积上，通过复合镀技术负载纳米级TiO_2。镍网具有良好的通透性，使被处理废水的阻力最小。而纳米级TiO_2在紫外灯的照射下可以产生游离电子及空穴，利用空穴的强氧化能力和周边的H_2O、O_2发生反应，产生氧化能力极强的自由基（活性羟基、超氧根离子等），这些自由基可轻易破坏染料分子的结构，从而实现降解的目的。

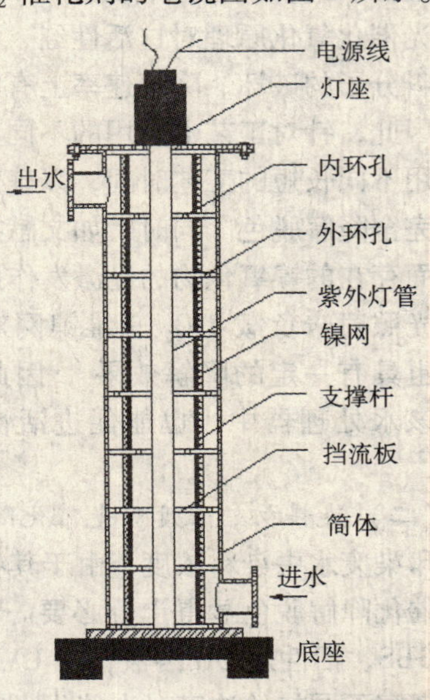

图1　光催化水处理器结构图

（三）实验方法

研究不同影响因素下活性红3BS与活性黑GR溶液的光催化降解规律，可以获得光催化水处理器对染料的最佳降解工艺条件。

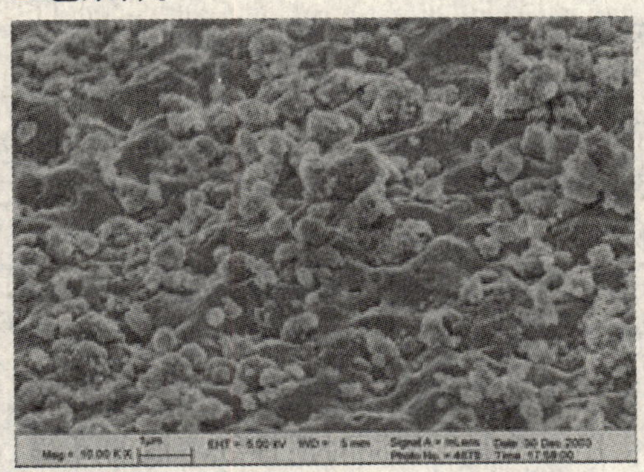
图2　负载纳米TiO_2的镍网电镜扫描图

称取一定量的活性红3BS或活性黑GR使其完全溶解在蒸馏水，充分混合均匀后，利用如图3所示水处理系统进行循环处理实验。为保证循环溶液混合均匀，将强力搅拌器置于玻璃容器上方进行充分搅拌。在实验过程中，为消除温升影响因素，通过玻璃容器外加夹套冷却装置以保证处理溶液温度的恒定。

当系统开始运行时，将配置好的活性红或活性黑溶液置于带夹套冷却装置的玻璃溶液容器中，在水泵的作用下，处理溶液经下进水口进入处理器，待溶液由处理器上出口稳定流出，开启光源并计时取样分析。

当实验稳定后，采用分光光度计测定所取活性红3BS样品在最大吸收波长542nm处，活性黑GR样品在564nm处的吸光度A值，代入下式计算脱色率（D）：

$$D(\%)=[(A_0-A)/A_0]\times 100\%$$

式中：A_0和A分别为溶液的初始吸光度和降解一定时间后的吸光度。

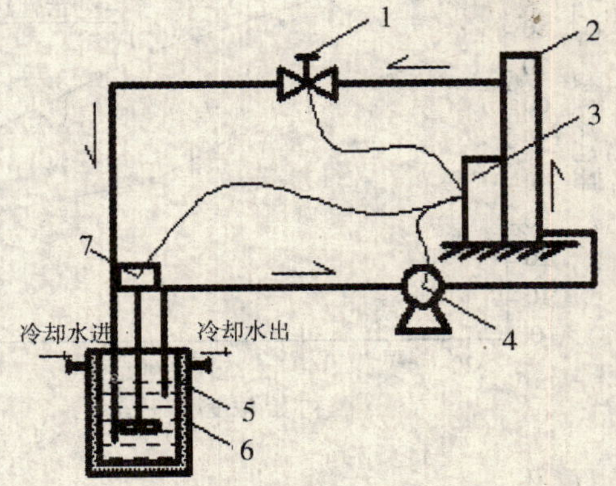

图3　光催化水处理示意图

1. 阀门；2. 光催化水处理器；3. 电源控制模块；4. 水泵；5. 烧杯；6. 夹套冷却装置；7. 强力搅拌器；

二、结果与讨论

（一）反应时间对光催化降解效果的影响

取一定量的活性红3BS、活性黑GR分别溶于6L蒸馏水中，在UV/TiO_2三维镍网组合下，研究在不同的反应时间内，活性红3BS与活性黑GR染料溶液的脱色降解效果。如图4所示，在240 min反应时间内，光催化效果对活性黑GR溶液的脱色率达到94.7%，效果优于对活性红3BS溶液时85.9%的脱色率。证明负载TiO_2的三维镍网，在紫外灯的照射下，对活性红、活性黑溶液的降解以及脱色起主要作用，在 240 min 内，活性黑 GR 溶液几乎被完全降解脱色。但由于两种活性染料分子结构的不同，使得光催化氧化原理对这活性红、活性黑两种染料分子的破坏、降解速率上有明显的区别。因此，针对工艺上所用的不同染料，需要采用不同长短的工艺时间，以确保活性染料能完全降解脱色。同时，如文献报道，镍网表面存在的镍氧化物的光激发作用，使得紫外光照射未负载 TiO_2 三维镍网对活性红溶液也具有一定的降解效果，因此三维镍网在该水处理器中，也能促进活性染料的降解[22]。

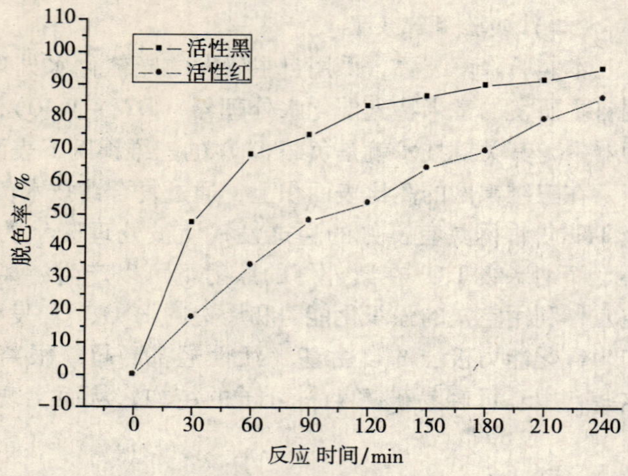

图 4　反应时间对光催化降解效果的影响

（二）染料初始浓度对光催化降解效果的影响

印染废水中染料浓度，由于其各种工艺的不同，其浓度并不恒定。因此，研究不同初始浓度下光催化降解脱色显得十分必要。本文分别配制浓度为 20mg/L、40mg/L、60mg/L、80mg/L 活性红 3BS、活性黑 GR 溶液，在 UV/TiO_2 三维镍网下进行光催化循环处理，在 240 min 反应时间内，考察不同初始浓度对光催化降解效果的影响。如图 5 所示，随着活性红 3BS、活性黑 GR 溶液初始浓度从 20mg/L 变化为 80mg/L，在 240min 内其脱色率呈下降趋势，活性黑的脱色率从 98.4% 降到 55.09%，而活性红的脱色率从 75% 降到 33.6%。主要因为一方面光催化反应发生在 TiO_2 表面，当溶液达到一定浓度，反应的中间产物浓度也会增加，中间产物与活性染料之间产生竞争性吸附，因而导致脱色率降低[10]；另一方面，由于初始浓度越高，透光率越低，使得紫外线照射到负载 TiO_2 三维镍网表面的光剂量越少，光催化作用越弱，从而对活性红溶液的降解效果就越低。

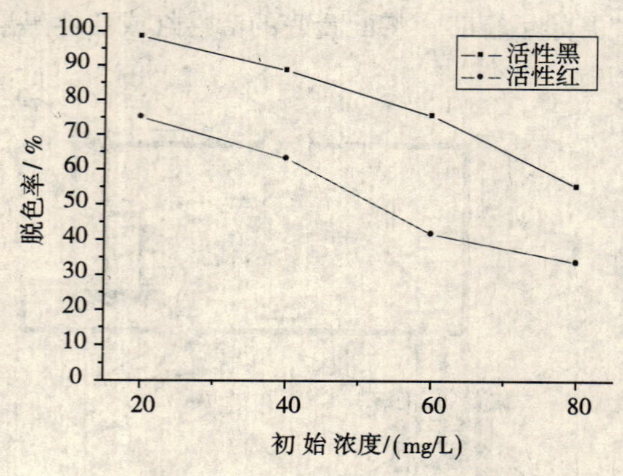

图 5　初始浓度对降解效果的影响

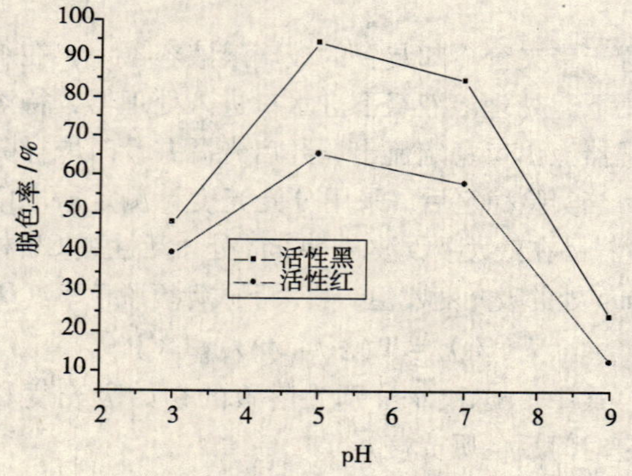

图 6　pH 值对降解效果的影响

（三）pH 值对光催化降解效果的影响

分别配制初始浓度 20mg/L 的活性红 3BS、活性黑 GR 溶液，并用稀盐酸和稀氢氧化钠溶液调节待处理溶液的 pH 值，考察溶液在不同 pH 值条件下的光催化降解效果。如图 6 所示，溶液的 pH 值对脱色率有较大影响，在 pH=5 时，其降解脱色效果最为明显，且酸性条件下的降解效果要优于碱性状态。这是由于 pH 值会影响 TiO_2 表面状态和活性红 3BS、活性黑 GR 在溶液中的存在状态。当溶液处于酸性状态时，随着溶液 pH 值的升高，TiO_2 表面呈正电状态，活性红 3BS、活性黑 GR 在溶液中发生电离呈负电状态，通过电荷吸引，活性红分子吸附到 TiO_2 的表面；但随着 pH 值的减小，降解效果越弱。当溶液处于碱性状态时，结果表明，pH = 9 条件下，脱色效果并不好。其主要原因是因为当溶液处于碱性状态时，TiO_2 表面带负电，由于电荷的排斥作用，使染料分子难以靠近 TiO_2 表面，从而引起反应效率的降低。

（四）H_2O_2 对活性红溶液降解的影响

根据 TiO_2 光催化反应机理可知，·OH 是光催化反应的一种主要活性物质，对光催化起决定性作用，如果溶液有不断溶入的氧气或外加一定量 H_2O_2，有利于羟基自由基的产生[22]。

$$H_2O_2 + O_2 \cdot \rightarrow \cdot OH + OH^- + O_2 \quad (1)$$

$$H_2O_2 + h\nu \rightarrow 2 \cdot OH \quad (2)$$

$$H_2O_2 + e_{CB} \rightarrow \cdot OH + OH^- \quad (3)$$

本实验在浓度为 20mg/L 的活性红 3BS、活性黑溶液中，投加了不同 H_2O_2 量，考察在一定的反应时间内，UV/ TiO_2 泡沫镍网/ H_2O_2 对溶液降解效果的影响，实验结果如图 7 所示。

在活性红 3BS、活性黑 GR 溶液中投加 H_2O_2，光催化效率得到明显的提高。在 H_2O_2 投加量为 1g 的活性黑 GR 染料溶液中，处理 60min 后，光催化脱色率高达 98.6%。相比于未投加 H_2O_2 时，活性黑处理 240min 时 94.7% 的脱色率，效果要佳。同时，在 H_2O_2 投加量为 1g 的活性红 3BS 染料溶液中，处理 60min 后，活性红 3BS 其脱色率也达到 90.11%。随着 H_2O_2 投加量的增多，活性染料溶液脱色率呈下降趋势，这是由于投加一定量的 H_2O_2 时，可增加溶液中的·OH 浓度，从而增大降解速率。但当 H_2O_2 投加量继续增加时，溶液中的·OH 又会与 H_2O_2 和 HO_2·发生反应导致·OH 的减少，因此 H_2O_2 的投加量过高反而影响活性红溶液的脱色率。

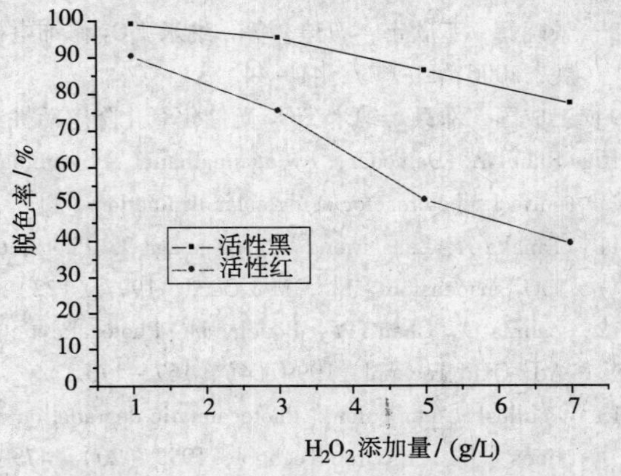

图 7　H_2O_2 对活性红溶液降解的影响

$$H_2O_2 + \cdot OH \rightarrow \cdot H_2O + H_2O \quad (4)$$

$$\cdot H_2O + \cdot OH \rightarrow H_2O + O_2 \quad (5)$$

三、结　论

1. 采用 UV/TiO_2 三维镍网（UV/镍网/TiO_2）水处理器对活性红 3BS、活性黑 GR 溶液进行降解脱色处理，在 240min，脱色率分别能达到 85.9%、94.7%。

2. 随染料浓度的增大，脱色率迅速下降，主要是因为光催化效果变差以及中间产物的阻碍作用，当浓度为 20mg/L 时，降解效率最优，在 240min 内，活性黑 GR、活性红 3BS 脱色率分别能达到 98.4%、75% 以上。

3. pH 值对降解影响较大。在酸性条件下，脱色效果比较好，且优于中性和碱性溶液。

4. H_2O_2 投加对光催化效果具有很大的影响，当投加量为 1g/L 时，其降解效果最优，在 60min 的反应时间内，活性黑 GR、活性红 3BS 的脱色率分别可达到 98.6%、90.11%。

参考文献

[1] 许凤秀，冯光建，刘素文，等．TiO_2 降解有机物染料废水的研究进展［J］．硅酸盐通报，2008，27（5）：

991 – 995.

[2] Kumarasamy Murugesan, In – Hyun Nam, Young – Mo Kim, et al.. Decolorization of reactive dyes by a thermostable laccase produced by Ganoderma lucidum in solid state culture [J]. Enzyme and Microbial echnology, 2007 (40): 1662 – 1672.

[3] Lin SH, Peng FC. Treatment of textile wastewater by electrochemical methods [J]. Water Res, 1994 (28): 277 – 282.

[4] Lin SH, Peng FC. Continuous treatment of textile wastewater by combined coagulation, elcetrochmical oxidation and activated sludge [J]. Water Res, 1996 (30): 587 – 592.

[5] Feifang Zhang, Ayfer Yediler, Xinmiao Liang. Decomposition pathways and reaction intermediater formation of the purified, hydrolyzed azo reactive dye C. I. Reactive Red 120 during ozonation [J]. Chemosphere, 2007 (67): 712 – 717.

[6] Shu. H. Y, Chang. M. C. Decolorization effects of six azo dyes by C, UV/O_3 and UV/H_2O_2 processes [J]. Dyes pigment, 2005 (65): 21 – 25.

[7] Marco S. Lucas, Albino A. Dias, Ana Sampaio, et al.. Degradation of a textile reactive Azo dye by a combined chemical – biological process: fenton' s reagent – yeast [J]. Water Res: 2007 (41): 1103 – 1109.

[8] 景晓辉，丁欣宇，石建，等. 纳米 TiO_2 修饰电极制备及对活性染料废水的降解实验 [J]. 精细石油化工进展，2006，11 (7)：41 – 44.

[9] 王成国，邓兵. 纳米 TiO_2 光催化氧化降解活性染料研究 [J]. 毛纺科技，2008 (2)：23 – 25.

[10] Rahul A. Damodar, K. Jagannathan, T. Swaminathan. Decolourization of reactive dyes by thin film immobiliezed surface photoreactor using solar irradiation [J]. Solar Energy, 2007 (8): 1 – 7.

[11] Tanaka K, Luesaiwong W, Hisanaga T. Photocatalytic degrada – tion of mono, di and trinitro – phenolin aqueous TiO_2 suspension [J]. Mol Catal, 1997 (122): 67 – 74.

[12] Zahraa O, Chen HY, Bouchy M. Photocatalytic degradation of 1, 2 – dichloroethane on supported TiO_2 [J]. Adv Oxid Technol, 1999 (4): 167 – 173.

[13] PouliosI, AetopoulouI. Photocatalytic degradation of the textile dye reactive orange 16 in the presence of TiO_2 suspensions [J]. Environ Technol, 1999 (20): 479 – 487.

[14] So CM, Cheng MY, Yu JC, et al. Degradation of azo dye procion Red MX – 5B by photocatalytic oxidation [J]. Chemosphere, 2002 (46): 905 – 912.

[15] 李宣东，刘惠玲，等. 固定态 TiO_2 薄膜制备以及光催化氧化性能研究 [J]. 哈尔滨工业大学学报，2004，36 (1)：79 – 83.

[16] 李炜罡，霍冀川，刘树信，等. 负载型 TiO_2 光催化剂研究进展 [J]. 陶瓷学报，2004，25 (2)：133 – 138.

[17] 林熙，李旦振，吴清萍，等. 异质结型光催化膜的活性及其机理研究 [J]. 高等学校化学学报，2005，26 (4)：727 – 730.

[18] 明彩兵，吴平霄. 光催化反应器的研究进展 [J]. 环境污染治理技术与设备，2005，6 (4)：1 – 6.

[19] 江立文，丰桂珍，万金保. 固定式填充复合床光催化反应器降解实际工业废水特性的研究 [J]. 工业水处理，2008，28 (4)：45 – 47.

[20] Li P G, Yue P L. Modelling and design of thin – film slurry photocatalytic reactors for water purification [J]. Chem Eng Sci., 2003, 58 (11): 2269 – 2281.

[21] Dutta P K, Ray A K. Experimental investigation of Taylor vortex photocatalytic reactor for water purification [J]. Chem Eng Sci., 2004, 59 (22 – 23): 5249 – 5259.

[22] 顾丁红，黄丽，邵春雷，等. 微波无极紫外灯光降解罗丹明 B 水溶液 [J]. 复旦学报（自然科学版），2006，45 (6)：726 – 731.

陶瓷过滤预处理焦化废水研究

于剑峰[1,2]　李玉平[2]　曹宏斌[2]　阎子峰[1]

（1. 中国石油大学（华东）化学化工学院　山东　青岛　266555；
2. 中国科学院过程工程研究所绿色过程与工程院重点实验室　北京　100190）

摘　要　通过陶瓷过滤对焦化废水进行预处理，利用 GC－MS 对处理前后水中有机物组成分析结果表明：陶瓷过滤对焦油类物质的去除率在60%以上，可以有效降低其对后续处理过程的不利影响。而对于分子相对较小的极性易溶于水的酚类及吲哚等环数较少的杂环化合物去除率较低。焦化废水中颗粒大于滤材孔径的焦油类物质随浓缩液流出过滤器，颗粒较小及溶解的焦油类物质通过吸附在陶瓷孔道内脱除。

关键词　焦化废水　陶瓷过滤　预处理　多环芳烃

一、前　言

焦化废水是钢铁行业焦化过程产生的废水。焦化废水成分非常复杂，含有大量的有机和无机污染物，无机污染物主要有氨氮、氰化物和硫氰酸根等。有机污染物中主要是酚类，其他有机污染物大多是生物难降解的物质，包括多环芳烃（PAHs）、含氮、氧、硫的杂环类化合物等。目前焦化废水大多采用生化法[1,2]进行处理，但由于废水中焦油类物质含量过高，不但易堵塞水处理设备，而且会抑制生物处理阶段微生物的活性，影响废水处理效果，使出水不能达标排放。因此，要对焦化废水处理进行预处理。目前焦化废水预处理除油主要采用气浮除油[3]、焦渣过滤[4]、陶瓷过滤[5]等几种方法。陶瓷过滤所用材质为无机陶瓷膜，无机陶瓷膜具有耐高温、结构稳定、孔径分布均匀、化学稳定性好、不易被微生物侵蚀、机械强度高、易再生等特点，但是目前陶瓷过滤预处理焦化废水工业上应用较少，有研究者使用陶瓷膜对焦化废水进行处理，只考察了油含量、COD 等宏观的考核指标[5,6]，但对具体的去除物质种类组成并未研究。本研究采用多孔陶瓷材料对焦化废水进行过滤预处理，采用气相色谱—质谱连用（GC－MS）对处理前后水样进行分析，比较了处理前后水中主要有机物组成的变化，为后续处理提供了基础依据。

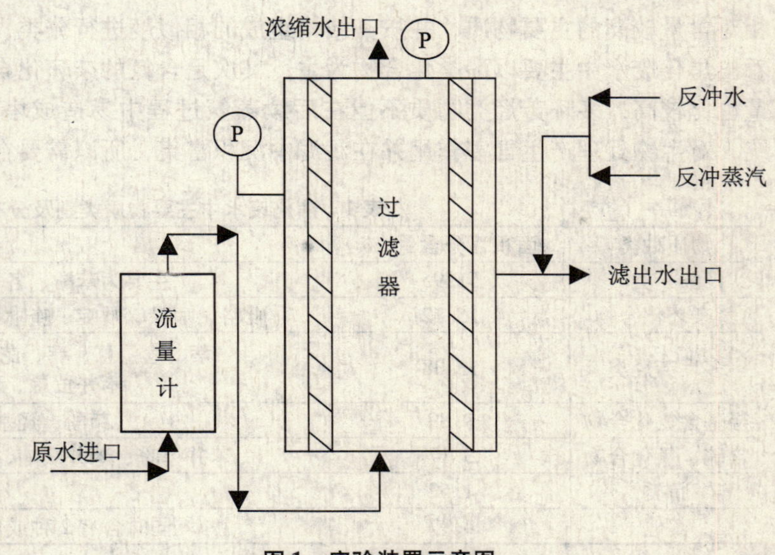

图1　实验装置示意图

二、实验部分

（一）设备与仪器、试剂

资助项目：国家水体污染控制与治理科技重大专项基金（2008ZX07207－003 和 2008ZX07208－004）。

自制过滤器，过滤材质：陶瓷滤膜，孔径：20～50μm，过滤流量：0.5～1.2t/（m^2·h），操作压降≤0.06MPa。分析仪器：安捷伦6 890N气相色谱－5 975C质谱仪（GC－MS）。二氯甲烷（进口HPLC级）；其他所用化学试剂均为国产分析纯。焦化废水取自鞍钢股份化工总厂回收车间，为重力除油后废水。

（二）实验方法

实验流程见图1，将经过重力除油的焦化废水按一定流量连续进入过滤器，通过调节浓缩水出口阀门和滤出水出口阀门控制过滤压差及滤出流量。对过滤前后的水质取样进行分析。当过滤通量明显下降后，利用蒸汽和水对过滤器进行反向冲洗，以恢复过滤性能。

（三）分析方法

样品制备方法：取100ml水样用5ml二氯甲烷在pH＝2、7和12条件下各萃取1次，用适量无水硫酸钠脱除萃取液中的水，然后用0.22μm微孔滤膜过滤，合并萃取相后在40℃常压旋蒸至约2ml，用二氯甲烷定容至2ml后进行质谱分析。

分析条件：气相色谱条件：色谱柱型号19091S－433HP－5MS，进样口温度：250℃，进样量：1μl，不分流，辅助加热区温度：280℃，升温条件：起始温度40℃（保持3.5min），10℃/min速率升温至150℃，再以15℃/min速率升温至280℃，保持3min，载气：99.99%氦气；质谱条件：全扫描模式，质量数范围：35～550，四级杆温度：150℃，离子源温度：230℃。

三、结果与讨论

（一）焦化废水中主要有机物质组成

将经过重力除油后的焦化废水按2.3所述分析方法进行分析。利用GC－MS分析焦化废水中相对含量较高的主要物质，并按其结构组成的相似度进行分类，（结果见表1）。由表1结果可以看出焦化废水中主要以酚类化合物为主，其次是含氮的杂环化合物。焦油类的难降解多环芳烃含量也比较高，多环芳烃类物质不但在后续蒸氨过程中易造成塔板的堵塞，还会进入生化处理系统，对生物处理产生毒害作用并在污泥中沉积富集，所以需要在预处理过程中将其脱除。

表1　焦化废水中主要物质类别及分布

物质种类	面积百分含量/%	备　注
酚　类	51.95	主要为苯酚、各种取代苯酚以及萘酚等
氮杂环化合物	15.12	吡咯、吲哚、吡啶、喹啉、萘啶、吖啶以及胺类化合物等
多环芳烃类	13.38	萘、苊、蒽、菲、芘、萤蒽、苯并菲、苯并蒽、苯并萤蒽、苯并芘、苯并芘等
羟基含氮化合物	9.89	茚酚、羟基喹啉、喹喔啉等
含硫、氧化合物	3.17	苯并噻吩、苯并呋喃、二苯并呋喃等非酚类化合物
腈类	1.52	苯甲腈等
其他	4.97	同时含有2种或以上杂原子等其他物质

（二）陶瓷过滤对有机物去除效果

将经过重力除油后的焦化废水按上所述实验方法进行过滤，取过滤前后的水样进行GC－MS分析，过滤前后焦化氨水中部分有机物含量的变化见表2。

表2　过滤前后部分有机物的去除情况

物质	过滤前水中含量*	滤出水中含量*	去除率/%
苯酚类	169 622 189	168 375 446	0.7
萘酚	19 333 346	18 937 561	2.0
吲哚	15 212 311	15 180 039	0.5

物质	过滤前水中含量*	滤出水中含量*	去除率/%
喹啉	13 877 559	13 665 640	1.5
吡啶	9 741 468	9 708 490	0.4
萘	3 946 756	3 820 560	3.2
茚	4 014 577	3 957 086	1.4
芴	1 767 637	671 441	62.6
菲	29 089 870	8 505 956	70.8
蒽	21 884 181	7 021 430	67.9
萤蒽	58 179 740	3 585 845	93.9
萘腈	7 547 503	631 230	91.6
茚酚吡啶	2 466 535	87 924	96.4
苯并噻吩	2 540 484	10 852	99.6
苯并呋喃	211 087 374	1 684 672	99.2
苯并喹啉	73 949	**	100.0
芘	1 240 864	**	100.0
咔唑	658 196	**	100.0
苯并菲	412 008	**	100.0
苯并芴	165 384	**	100.0
苯并芘	357 062	**	100.0
苯并苝	1 085 021	**	100.0
苯并咔唑	85 806	**	100.0

*各物质的含量均用相应的色谱峰面积表示。

**物质的含量低于气相色谱—质谱仪的检测下限，未能检测出，故认为其含量为0。

从表2结果可以看出过滤前后含量变化较小的有机物是酚类和环数较少的氮杂环化合物，这些物质的特征是极性较强，易溶于水。过滤后去除效果明显的是非极性的大分子焦油类物质，主要为菲、蒽、芘、萤蒽、苯并菲、苯并蒽、苯并萤蒽、苯并芘、苝、苯并苝等多环芳烃，以及多环的含杂原子物质，如苯并咔唑等，去除率均在60%以上。萘的去除率较低主要是由于分子半径较小，同时在操作温度下（70℃左右）在水中溶解度较大。

以上结果说明过滤对酚类去除量较少，对现有的后续脱酚工艺不会造成明显的影响。而生物难降解的多环芳烃去除明显，不但可以减少焦油对蒸氨系统和生化系统的影响，还可以将这些物质分离后回收焦油，对控制多环芳烃类难降解有机物的扩散也起到了从源头治理的作用。所以通过陶瓷过滤对焦化废水进行预处理有利于整个焦化废水的处理，使达标排放得到进一步保证。

图2为过滤前后的水质对比图。从图中可以看出，过滤后水质表观变化比较明显，过滤后水的色度降低，水体表面没有明显的漂浮油污。

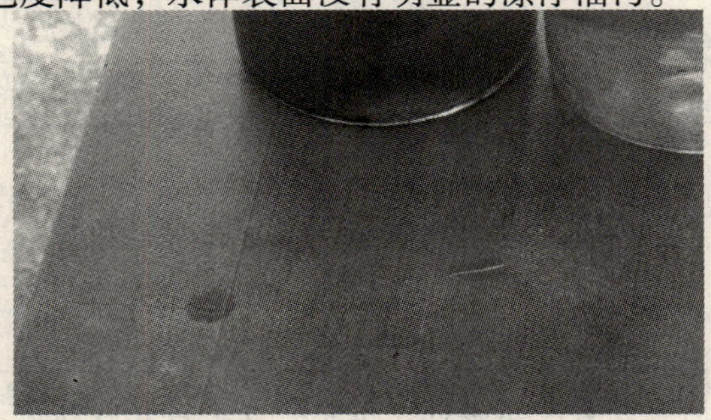

图2　过滤前后水体表观变化比较

1. 侧面照片；2. 水表面照片。1、2图中左侧样品为过滤前水样，右侧为过滤后水样。

（三）过滤前原水和浓缩水中主要有机物组成变化

过滤前原水和浓缩水中主要有机物相对含量的变化结果见表3。

从表3结果可以看出酚类及小分子极性易溶于水的物质在浓缩水中的相对含量降低，焦油类物质特别是多环芳烃在浓缩水中的相对含量增加。这说明过滤过程中较多的焦油类成分没有通过过滤层，而是在过滤器内富集并随着循环的浓缩水流出过滤器。

表3　过滤前原水和浓缩水中主要有机物组成变化

物质	面积百分含量/%		物质	面积百分含量/%	
	原水	浓缩水		原水	浓缩水
甲酚	25.34	20.24	萘	3.32	3.96
苯酚	16.66	11.23	菲	1.21	3.49
二甲酚	9.95	7.45	荧蒽	1.05	3.28
吲哚	6.55	5.72	芘	0.84	3.03
萘酚	2.47	2.29	联苯撑	0.78	2.99
吡啶	2.21	1.67	蒽	0.55	2.59
喹啉	1.41	0.98	苯并蒽	0.51	1.60
茚	1.02	0.92	苯并呋喃	0.40	0.185
			芴	0.29	0.90
			苝	0.21	0.96
			苯并荧蒽	0.12	0.84
			二苯丙噻吩	0.06	0.11
			联苯	0.05	0.31

（四）陶瓷材料内截留物主要成分组成

将过滤通量下降的陶瓷滤材用二氯甲烷浸洗，以溶出陶瓷内部吸附的有机物，对洗出液进行分析，分析结果见表4。

表4　陶瓷内部吸附的主要物质

物质	面积百分含量/%	物质	面积百分含量/%	物质	面积百分含量/%
萘	11.79	甲基萘	3.43	二苯并噻吩	0.91
菲	9.97	苯并菲	2.63	二甲基萘	0.77
荧蒽	8.42	二苯并呋喃	2.55	联苯	0.65
联苯撑	6.57	苯并荧蒽	2.81	甲基蒽	0.65
芘	5.89	苯并蒽	2.22	苯酚类	0.59
芴	4.20	甲基荧蒽	1.97	吲哚	0.18
蒽	3.70	茚	0.95	吖啶	0.11

从表4结果可以看出吸附在陶瓷滤材内部的主要是多环芳烃类的物质。其次是分子较大的杂环化合物，对于分子体积较小且易溶于水的酚类含量很低，这与以上讨论得出的结果相一致，这主要是由于一些可以进入到陶瓷滤材内部孔道的小油滴颗粒以及溶解在水中的焦油类物质吸附在

陶瓷内孔道壁上造成的。

（五）焦油类物质脱除机理

综合以上的分析结果对焦油类物质脱除的机理可能存在两种途径。如图3所示，一种途径为筛分作用：颗粒较大的焦油团即使扩散到陶瓷表面，由于陶瓷表面亲水性强，不利于焦油的附着，同时由于颗粒的直径大于陶瓷孔径，使得这部分焦油无法进入陶瓷内部，在水流的推动下，焦油团随着水流向上流动，被带出过滤器。同时体积较小的油团在随着水流运动的过程中有些具有上浮的倾向，并在流动过程中不同的油滴颗粒相遇并可能结合成大体积的油团，从而随浓缩水流出过滤器。另一种途径为截留和吸附作用：一部分进入滤层的小颗粒油滴在内部微小孔道内被截留或吸附在孔道上，同时溶解分散在水中的焦油在通过陶瓷滤材时也可以被吸附在孔道内，从而使滤出水中含焦油量大大降低。

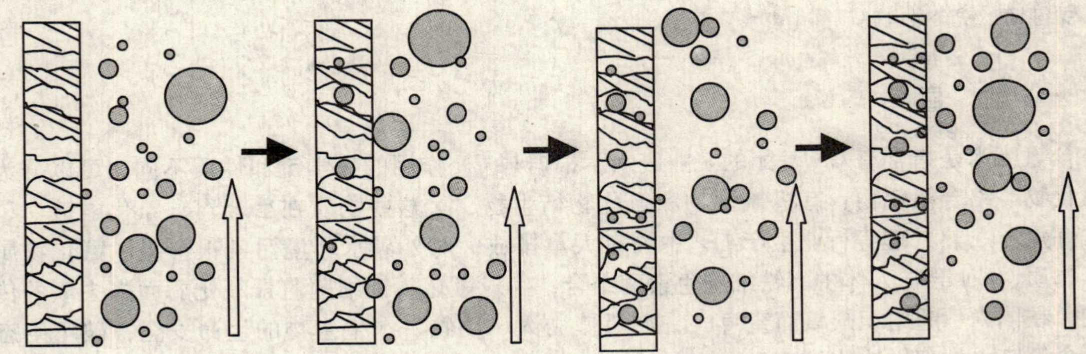

图3 焦化废水中焦油组分滤出途径

四、结 论

1. 通过陶瓷过滤可以去除焦化废水中大部分的多环芳烃及部分含杂原子的多环芳烃；但对总有机物的去除效果还不是很理想，主要体现在对酚类及小分子极性易溶于水的有机物去除率较低，陶瓷过滤只能配合现有其他污水处理手段共同使用。

2. 陶瓷过滤作为焦化废水预处理手段可以有效避免焦油类物质对后续处理工艺的影响，对控制难降解污染物质的扩散效果明显。

3. 陶瓷过滤脱除焦油类物质的两种途径，分别为筛分作用和孔道内的截留与吸附作用。

参考文献

[1] 周鑫，李亚新，贾东杰．A/O_2 工艺处理焦化废水［J］．环境工程，2004，2（25），：36－38.

[2] 李咏梅，彭永臻，顾国维，等．焦化废水中有机物在 A1－A2－O 生物膜系统中的降解机理研究［J］．环境科学学报，2004，2（24）：242－248.

[3] 王永树，吴成强．射流气浮除油技术在焦化废水预处理过程中的应用［J］．柳钢科技，2008，1：43－44.

[4] 杜竹兰．焦化生产中剩余氨水的预处理［J］．安徽化工，2003，5：29－31.

[5] 冯江华，李慧敏．陶瓷膜在焦化剩余氨水中除油的应用［J］．工业水处理，2006，12（26）：31－33.

[6] 冯海军，张浩勤．无机陶瓷膜用于焦化废水除油的中试研究［J］．中国给水排水，2007，21（23）：67－69.

铁炭微电解——混凝法处理电镀含氰废水

刘勇健　张　跃　庄　虹　郤　佳

（苏州科技学院化学与生物工程学院　苏州　215009）

摘　要　采用铁炭微电解联合混凝法对电镀含氰废水进行处理，实验研究结果表明，铁炭微电解处理中各因素影响氰去除率的顺序依次为：曝气，pH，水力停留时间和铁炭体积比；影响 COD 去除率的顺序依次为曝气，铁炭体积比，水力停留时间和 pH；影响污泥沉降的顺序为 pH，曝气，水力停留时间和铁炭体积比。处理含氰废水的最佳实验条件为：进水 pH3.5、铁炭体积比 2∶1、水力停留时间 60min、曝气 60min。总氰去除率达到 96%。

关键词　铁炭微电解　氰化废水　曝气　混凝

一、前　言

含氰废水是指含有 CN 基团的工业废水。根据与 CN 作用的化学键和性质不同，可以分为无机氰化物、络合氰化物、有机氰化物和氰化物衍生物[1]。这些物质在冶金[2]、氰化电镀[3]、化工、炼焦[4]、热处理等行业生产工艺中均有大量排放，对外界水环境污染很严重。氰化物属于剧毒物质，CN 会与人体中高铁细胞色素酶结合，生成氰化高铁细胞色素氧化酶而失去氧的传递功能，在体内引起组织缺氧而窒息[5]，严重威胁人、动物、水生生物的生命安全，破坏生态平衡。含氰废水处理方法比较多，有碱氯法（次氯酸钠法、漂白粉法、氯气法等）[6]、因科法[7]、臭氧法、电解法、生物法、加压水解法、离子交换法、活性炭催化氧化法[8]、酸化吸收－中和法[5]、萃取法[9]等处理工艺。

尽管企业积极采用多种不同方法处理含氰废水，但目前的方法存在成本高或周期长等弊端。笔者努力寻找操作简单、成本低、处理效果好的新技术和新方法，结合硫酸亚铁法和电解法，提出用铁炭微电解处理含氰废水，铁炭微电解原料在生产中广泛存在，易于获得，价格低廉，而且在印染废水处理等行业已有运用。

二、实验部分

（一）实验材料与仪器

铸铁屑取自某学校金工实习厂（5mm×7mm），活性炭（AR，40 目）。实验用的 H_2SO_4、NaOH 均为分析纯试剂。废水为杭州嘉兴某电镀厂的镀件清洗水，COD_{Cr}639.56mg/L，总氰含量 166.40mg/L，pH 为 4.43。

PHB－8 型笔式 pH 计、JY3002 型电子天平、可调万用电炉、空气泵。

（二）实验方法

铁屑用 5% 热 NaOH 溶液碱洗 10min，除掉铁屑表面的油分；后用 10% 的稀 H_2SO_4 浸泡 10min，除掉表面的金属氧化物，后用去离子水冲洗干净；活性炭用原水浸泡 72h，使之吸附接近饱和，消除吸附对电解实验的影响。将铁炭按照一定的体积比混合后装入 1000ml 烧杯。取原水 400ml 调至所需 pH，根据条件控制曝气时间，静置反应，达到一定水力停留时间后，取出上层反应液倒入 500ml 烧杯，加入氢氧化钠溶液调节 pH 至 8～9，快速搅拌 30s，静置 2h 后取上清液测定出水总氰含量、COD_{Cr}、污泥体积。

（三）检测指标及分析方法

COD：重铬酸钾法；pH：玻璃电极法；总氰：硝酸银滴定法；污泥体积：微电解反应出水

于500ml烧杯中混凝后，静置2h，根据烧杯壁上的刻度读出污泥的体积刻度。

三、结果与讨论

（一）正交实验设计与分析

正交实验分析铁炭微电解对电镀废水处理影响因素的顺序和反应条件，实验选取的各因素及水平见表1，每次实验取水400ml，处理结果见表2。

表1　正交实验因素水平

水平	A	B	C	D
	pH	铁炭体积比	水力停留时间（min）	曝气（min）
1	2.5	2:1	30	0
2	3.5	1:1	60	30
3	4.5	1:2	90	60

表2　正交实验结果及分析

实验号	A	B	C	D	COD去除率/%	CN去除率/%	污泥体积/mL
1	2.5	2:1	30	0	37.04	61.44	150
2	2.5	1:1	60	30	69.60	85.36	150
3	2.5	1:2	90	60	85.44	95.41	125
4	3.5	2:1	60	60	74.20	91.28	90
5	3.5	1:1	90	0	52.87	66.87	100
6	3.5	1:2	30	30	68.14	94.55	110
7	4.5	2:1	90	30	68.71	80.11	100
8	4.5	1:1	30	60	76.12	90.82	100
9	4.5	1:2	60	0	55.05	51.70	110
$Ⅰ_{COD}$	192.08	179.95	181.30	144.96			
$Ⅱ_{COD}$	195.21	198.59	198.85	206.45			
$Ⅲ_{COD}$	199.88	208.63	207.02	235.76			
R_{COD}	7.80	28.68	25.72	90.80			
$Ⅰ_{CN}$	242.21	232.83	246.81	180.01			
$Ⅱ_{CN}$	252.70	243.05	228.34	260.02			
$Ⅲ_{CN}$	222.63	241.66	242.39	277.51			
R_{CN}	30.07	10.22	18.47	97.50			
$Ⅰ_{SV}$	425.00	340.00	360.00	360.00			
$Ⅱ_{SV}$	300.00	350.00	350.00	360.00			
$Ⅲ_{SV}$	310.00	345.00	325.00	315.00			
R_{SV}	125.00	10.00	35.00	45.00			

由正交实验结果可以看出，在选择水平范围内，铁炭微电解处理电镀废水COD去除率最好

能够达到80%以上，其中各因素影响次序为曝气，铁炭体积比，水力停留时间和pH；氰去除率最高能达到95%以上，其中各因素影响顺序依次为：曝气，pH，水力停留时间和铁炭体积比；影响污泥沉降的顺序为pH，曝气，水力停留时间和铁炭体积比。

电镀废水中氰的毒害性最大，所以重点讨论各因素对氰去除率的影响。

（二）单因素实验及分析

1. pH值对氰去除率的影响

分别取400ml电镀废水，用20%硫酸溶液调节pH为2.0，2.5，3.0，3.5，4.0，4.5，5.0，7.0，10.0，12.0，控制铁炭比为1:1，不曝气，水力停留时间为1h，取反应液用NaOH溶液调节pH至8~10，经沉淀后过滤，取滤液测定总氰去除率。pH对氰去除效果的影响如图1所示。

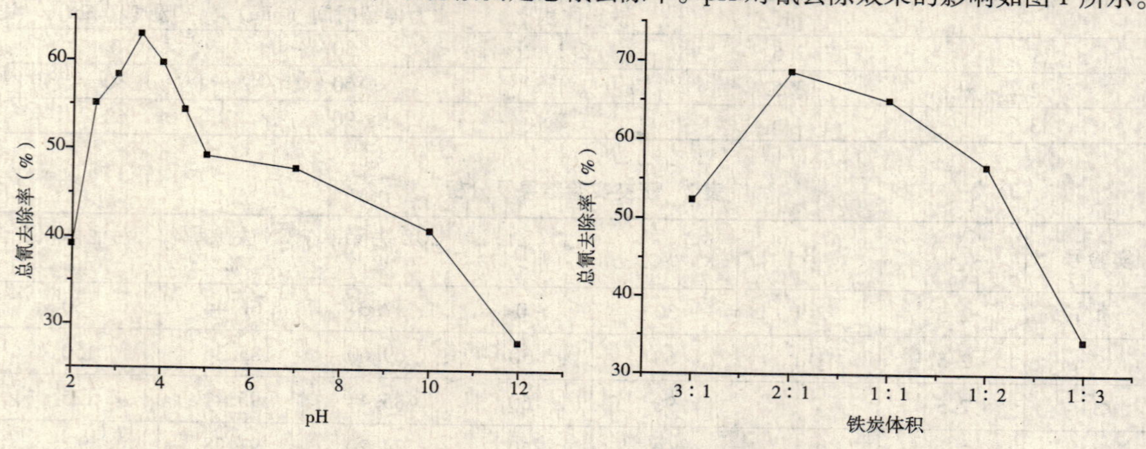

图1　pH对总氰去除率的影响　　**图2　铁炭体积比对氰去除率的影响**

由图1知，总氰的去除率随着pH的增加而降低，当pH为2时，去除率为67.98%。当pH大于5后，去除率下降到50%以下。

这是由于pH越低，越能够提高Fe^{2+}/Fe与$H+/H_2$电对间的电势差，加剧反应，反应产生大量新生态的氢，能够还原氰根离子，破坏络合态的含氰物质，另外，反应产生大量的亚铁离子，亚铁离子与氰根作用的主要反应如下

$$3Fe^{2+} + 6CN^- \rightarrow Fe_2[Fe(CN)_6] \downarrow \quad (1)$$

$$Fe_4[Fe(CN)_6]_3 + 9OH^- \rightarrow 2[Fe(CN)_6]^{4-} + 3Fe(OH)_3 \downarrow \quad (2)$$

根据（1）知道，铁屑溶出的Fe^{2+}能够和游离的CN^-结合以络合沉淀的形式进一步降低氰含量，因亚铁蓝及其氧化物铁蓝的溶解度比多数金属络合物的溶解度小，Fe^{2+}能够将溶液中其他金属与氰的游离络合物转化成络合沉淀，同时，反应产生的氢气产生扰动，搅拌作用促进物质接触反应，也能够消除浓化极差，提高处理效果。但pH低到一定的程度，大量新生态氢会碰撞生成细微气泡会阻碍铁屑的表面与溶液接触，同时溶出大量的亚铁离子增加污泥量，影响沉降效果，降低总氰处理效果，氢离子和游离及络合态的含氰物质结合生成氰化氢气体脱离体系会产生毒害作用。由反应（2）知，当pH比较高时，铁蓝沉淀会转化成氢氧化铁沉淀，又释放出铁氰络合物，不能有效地从体系中降低总氰含量。综合各因素，最佳pH为3.5。

2. 铁炭体积比对氰去除率的影响

分别取400ml电镀废水，用20%硫酸溶液调节pH为3.5，控制铁炭比分别为3:1，2:1，1:1，1:2，1:3，不曝气，水力停留时间为1h，取反应液用NaOH溶液调节pH至8~10，经沉淀后过滤，取滤液测定氰去除率。铁炭体积比对氰去除效果的影响如图2所示。

由图2知，总氰的去除率随着铁炭体积比的增加先增加后降低，当铁炭体积比为2:1时，去

除率为68.45%。反应中铁屑溶出的Fe^{2+}参与络合、氧化还原等反应不断消耗，在加碱混凝中Fe^{2+}和Fe^{3+}作为絮凝剂时又进一步消耗，所以铁屑含量高时效果会较好，但当铁炭体积比中铁的含量过高时，Fe^{3+}会大量残留，一方面消耗大量碱，增大污泥量，浪费铁屑和碱；另一方面水的色度会变差，总氰去除率降低。铁含量过低时，炭粒不利于反应物与铁屑接触，导致传质速率的减慢，使受传质控制的电极反应速率下降，体系不能形成足够的原电池，反应中新生态氢不能充分和含氰物质反应，微细氢气气泡容易在炭粒表面附着进一步阻碍反应进行。当氰的络合物中含有像铜等比铁活泼性低的金属时，置换反应会消耗铁屑，所以最佳铁炭体积比为2∶1。

3. 水力停留时间对氰去除率的影响

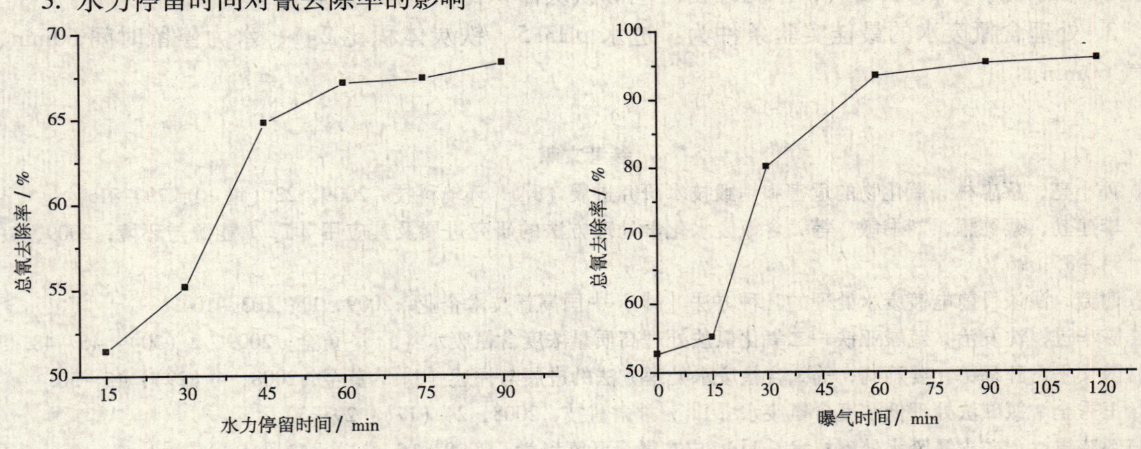

图3 水力停留时间对总氰去除率的影响 **图4 曝气时间对总氰去除率的影响**

分别取400ml电镀废水，用20%硫酸溶液调节pH为3.5，控制铁炭比为2∶1，不曝气，调节水力停留时间分别为15min、30min、45min、60min、75min和90min，取反应液用NaOH溶液调节pH至8~10，经沉淀后过滤，取滤液测定氰去除率。水力停留时间对氰去除效果的影响如图3所示。

由图3知，总氰的去除率随着水力停留时间的增加，在15~45min快速增加，在45~60min增加变慢，当水力停留时间为60min时，去除率已达到65%以上，以后增加缓慢。反应时间的增加能够延长含氰物质与［H］、Fe^{2+}等物质的接触时间，利于溶液因各处浓度不同而扩散对流。新生态的Fe^{2+}和Fe^{3+}作为良好的絮凝剂，其水解产物具有很高的比表面能，水力停留时间的延长有利于水解产物对水中污染物的吸附去除。所以，最佳水力停留时间确定为60min。

4. 曝气对氰去除率的影响

分别取400ml电镀废水，用20%硫酸溶液调节pH为3.5，控制铁炭比为2∶1，曝气时间分别为15min、30min、60min、90min、120min和不曝气，水力停留时间为1h，曝气时间为90min和120min的反应在满足水力停留时间后，取上清液继续曝气，而后取反应液用NaOH溶液调节pH至8~10，经沉淀后过滤，取滤液测定氰去除率。曝气对氰去除效果的影响如图4所示。

由图4知，总氰的去除率随着曝气时间的增加，在15~60min快速增加，在60~120min增加平缓，当曝气时间为60min时，去除率达到90%以上。曝气时间的增加，一方面能够增加废水的含氧量，氧气参与阴极反应，因O_2的还原反应的标准电位要比H^+还原反应的标准电位高1.228V。有文献指出[10]，在阴极会出现如［O_2^-］、［H_2O_2］、羟基自由基［-OH］等具有强氧化性的中间产物，处理效果更好。

$$3Fe_2[Fe(CN)_6]+4H^++O_2 \rightarrow Fe_4[Fe(CN)_6]_3\downarrow+2Fe^{2+}+2H_2O \quad (3)$$

另一方面，由反应（3）结合反应（1）知，氧气推动反应向右进行，促进CN^-转化为铁蓝以沉淀的形式脱离溶液，当氧气达到一定值时，络合沉淀中释放出的Fe^{2+}被氧化为Fe^{3+}在混凝中能够产生更强烈的絮凝作用，进一步网捕卷扫残留在溶液中的微小颗粒及絮体。曝气对溶液具有搅拌作用，对消除浓化极差也起到积极作用。所以，最佳曝气时间为60min。

四、结　论

1. 铁炭微电解混凝法可有效地处理含氰废水，总氰的最佳去除率能够达到96%。

2. 铁炭微电解处理含氰废水中各因素影响氰去除率的顺序依次为：曝气，pH，水力停留时间和铁炭体积比；影响COD去除率的顺序依次为曝气，铁炭体积比，水力停留时间和pH；影响污泥沉降的顺序为pH，曝气，水力停留时间和铁炭体积比。

3. 处理含氰废水的最佳实验条件为：进水pH3.5、铁炭体积比2∶1、水力停留时间60min、曝气60min。

参考文献

[1] 孙小亮，蔡忠林．氰化物的危害和销毁技术研究进展［J］．环境科技，2009，22（增1）：79-81.

[2] 李建勃，蔡德耀，刘书敏，等．含氰废水化学处理方法的研究进展及其应用［J］．能源与环境，2009，4：84-85，96.

[3] 谢芳．浅谈目前电镀废水处理的几种方法［J］．中国高新技术企业，2009，11：103-104.

[4] 陈华进，沈发治．硫酸亚铁—二氧化氯法处理高质量浓度含氰废水［J］．黄金，2009，2（30）：46-48.

[5] 薛文平，薛福德，姜莉莉，等．含氰废水处理方法的进展与评述［J］．黄金，2008，4（29）：45-50.

[6] 王秀全．氯碱法处理低浓度含氰废水［J］．甘肃科技，2008，24（17）：29-30.

[7] 邹晓男．金矿含氰废水处理技术［J］．广东微量元素科学，2008，15（11）：12-15.

[8] 陈颖敏，张玮，许佩瑶．混凝-化学沉淀法处理含氰废水的实验研究［J］．环境污染治理技术与设备，2004，5（10）：68-71.

[9] 牟淑杰．改性活性炭处理含氰废水的试验研究［J］．黄金，2009，3（30）：56-58.

[10] 童玲，毕学军，唐国斌．废铁屑在染料生产废水处理中的应用试验研究［J］．再生资源研究，2005，1：28-32.

投加戊二醛减缓城市排水管道污水中硫化物产生的试验研究

张乐华　金茵晨　毛艳萍　蔡兰坤

（华东理工大学资源与环境工程学院　上海　200237）

摘　要　本文旨在研究在城市污水水质条件下戊二醛抑制硫酸盐还原菌活性，减缓硫化物产生的可行性；另外，考察了在城市排水管道污水中投加戊二醛对城市污水处理厂的活性污泥系统的影响。试验采用了两组含有硫酸盐还原细菌的厌氧污泥作为接种体，结果表明在模拟城市排水管道中戊二醛的最佳投加量是20 mg/L，此时污水中硫化物产生量减少70%～95%。戊二醛对活性污泥处理系统影响的试验研究结果表明，30mg/L以下剂量的戊二醛对COD去除率和耗氧速率等没有明显的抑制作用。

关键词　戊二醛　硫化物　城市排水管道　活性污泥

一、概　述

伴随着我国城市化进程的加快，排水系统在处理城市居民生活污水和工业废水中起到越来越重要的作用。污水在输送过程中，污染物会发生转化，并生成新的物质。其中，在硫酸盐还原细菌（SRB）作用下生成的H_2S气体便是一种具有严重危害性的物质。一方面，在运行与维护排水系统时，硫化氢中毒事故经常发生，造成多人中毒的事故屡见不鲜[1]。另一方面，硫化氢会释放到排水管道（主要是混凝土管道）的气相中，在硫氧化细菌（SOB）的作用下，在管道上表面被氧化成H_2SO_4，侵蚀混凝土管道内管壁的上表面及其它设施[2]。由于全球气温的升高以及我国城市化水平的提高，城市排水系统中硫化氢引起的中毒事故与管网腐蚀有进一步加剧的可能。因此，去除城市排水管道污水中硫离子对避免或减少人民生命与国家财产的损失具有重要意义，对该技术的研究已经引起世界各国科学家们的高度重视[3]。

排水管道污水中硫离子控制或去除技术，主要有化学法与生物法两大类。化学法包括投加NaOH或石灰（提高pH值）[4]、通入空气或者纯氧[5,6]、投加铁盐[7]（包括二价或三价的铁盐）与投加强氧化剂[2]（如双氧水，次氯酸盐或者高锰酸钾等）。提高污水的pH值存在较高的化学药剂费用，而且可能干扰后续的废水生物处理系统的缺点[4]。通入空气或者纯氧，能够有效地提高污水的氧化还原电位，抑制硫酸盐还原细菌的活性而减缓硫离子的产生。然而，由于氧的质量传递速率限制，使该项技术运行成本不菲[5,6]。投加硝酸盐也有提高污水的氧化还原电位的效果，然而现在大部分研究人员认为投加硝酸盐属于生物法（通过生物氧化硫离子成单质硫或更高价的硫而去除硫离子）[8]。许多科学家曾报道过投加铁盐（包括二价或三价的铁盐）去除污水中硫离子的试验结果[7]。据计算，每去除1kg硫需要化学药剂费用3.7～7.2欧元（约合38～75元人民币）[2]。文献中，也曾有过投加双氧水，次氯酸盐或者高锰酸钾的报道[2]，但均因为它们的昂贵化学药剂费用而难以有实用价值。生物法包括投加杀菌剂[9]或硝酸盐[10]（作为生物氧化反应的电子受体）等方法。最近几年，投加硝酸盐，采用生物氧化法去除城市排水管道污水中硫离子的研究引起很多科学家们的关注[6]。人们报道了包括小试，中试与现场试验的研究结果，也分别从微生物学与工程学不同角度进行了探讨，然而该技术较难控制并且稳定性较差[10]。另外，该技术的化学药剂费用为每去除1kg硫需要2.1～2.5欧元（约合22～26元人民币），比其

基金项目：国家自然科学基金项目（20906026）；上海市浦江人才计划项目（09PJ1402900）和华东理工大学基本科研究业务费项目（WB0914036）。

它方法略低，但仍难为市场所接受[2]。作者曾经研究发现，投加甲醛能够有效抑制城市排水管道中硫酸盐还原细菌的活性[9]。然而甲醛的“三致”副作用使这一技术难以推广应用。在循环冷却水与油田注水处理中，戊二醛已经广泛地应用于抑制硫酸盐还原菌的活性，减少硫化物的产生[11]。本论文旨在研究在城市污水水质环境下，戊二醛对硫酸盐还原菌活性的影响，并考察其对后续活性污泥系统的影响。

二、材料与方法

（一）城市排水管道模拟装置

采用了28个体积规格统一的，容积为75ml的塑料瓶。螺口型的瓶盖内添加硅胶片，确保其密闭性。放置在摇床上震荡，模拟城市污水管道内污水状态。

（二）模拟城市生活污水

试验用水采自华东理工大学青春河，再投加200mg/L $C_6H_{12}O_6$、30 mg/L NH_4Cl 和 50 mg/L K_2SO_4 配制的模拟城市生活污水。试验用水水质如表1所示。

表1　试验用模拟城市生活污水水质

COD/（mg/L）	SO_4^{2-} −S /（mg/L）	氨氮 /（mg/L）	总氮/（mg/L）	总磷/（mg/L）
200～300	15～20	7～15	15～30	2～4

（三）硫酸盐还原细菌菌种

试验采用了两组含有硫酸盐还原细菌的厌氧污泥。一组污泥是采自上海市长桥污水处理厂的初沉池（以下简称长桥厌氧污泥），另一组污泥是采自华东理工大学污水处理厂的厌氧污泥（以下简称学校厌氧污泥）。两组污泥采集后，均加入试验用的模拟城市生活污水，富集培养硫酸盐还原细菌48小时后，作为硫酸盐还原细菌菌种来源。

（四）投加戊二醛减缓城市排水管道污水中硫化物产生的试验研究

含有不同浓度戊二醛（0，10，15，20，30和40mg/L）的73ml模拟城市生活污水置于塑料瓶中（75ml），接种2ml富含硫酸盐还原菌的接种体。评估不同浓度戊二醛对硫化物生成的影响。塑料瓶被紧紧密闭并且隔绝空气，在20～25℃、转速为100r/min的振动筛上培养。试验期间，每24小时监测污水中硫化物浓度。

（五）戊二醛用量对活性污泥反应系统去除COD的影响

实验采用6个容积为1500ml的锥形瓶。选用活性污泥是从长桥污水处理厂和华东理工大学污水处理站的好氧活性污泥池收集。试验包括五个添加一定戊二醛剂量（0，10，15，20，30和40mg/L）的试验锥形瓶，内含450ml模拟城市生活污水并接种250ml活性污泥。在室温条件下，转速为100转/分钟的摇床上培养。8小时和20小时后，锥形瓶从振动筛上取下并静置沉淀1h。测量上清液中COD，研究戊二醛对活性污泥处理系统去除有机物的影响。

（六）戊二醛用量对活性污泥耗氧曲线的影响

测定耗氧速率的呼吸计为安装了氧电极的小型反应容器（1500 mg）。400毫升含一定浓度戊二醛（0，10，15，20，30，40和50mg/L）的污水与试验用活性污泥（100毫升）被同时添加到呼吸计中。通过空气泵鼓气，进行充氧。当氧浓度达到6.0 mgO_2/L 左右时，停止通风。在之后的15分钟内，溶解氧浓度通过氧电极被记录。试验过程中，磁力搅拌器不停匀速搅拌，使活性污泥处于悬浮状态。试验温度控制在20±0.5℃。通过计算不同浓度戊二醛含量下的活性污泥的耗氧速率（mg O_2/g VSS h）来研究戊二醛用量对活性污泥活性的影响。

（七）分析方法

硫化物（为 S^{2-}，HS^- 和 H_2S 总和）测定采用碘量法（HJ/T 60—2000 水质　硫化物的测定　碘量法）。COD 的测定采用国标法（GB 11914—89 水质　化学需氧量的测定　重铬酸盐法）。DO 的测定采用电极法（GB/T 11913—1989 水质　溶解氧的测定　电化学探头法）。

三、结果与讨论

（一）投加戊二醛减缓城市排水管道污水中硫化物产生的试验研究

无论接种的是长桥厌氧污泥还是学校厌氧污泥，投加戊二醛均对模拟城市污水中硫化物产生的有明显的抑制作用（如图 1 和图 2 所示）。在接种三天后，没有投加戊二醛的试样中，硫化物为 1.3 ~ 1.5 mg/L。随着戊二醛浓度的升高，试样中硫化物浓度呈明显下降趋势。在戊二醛浓度高于 20 mg/L 时，三天后硫化物浓度低于 0.3 ~ 0.5mg/L。在接种四天后，没有投加戊二醛的试样中，硫化物浓度为 2.5 ~ 3.0/mg/L；在戊二醛投加浓度为 20 毫克/升时，硫化物浓度为 0.5 ~ 0.7mg/L。结果表明，20mg/L 的戊二醛浓度是最佳投加量。在该投加量下，硫化物产生量减少了 70% ~95%。我们以前曾报道过投加甲醛和多聚甲醛抑制硫酸盐还原细菌活性的研究结果[9]，结果表明 20mg/L 的投加量对硫化氧产生抑制率分别是 70% ~90% 和 30%。比较认为，投加戊二醛的效果与投加甲醛相当，而比投加多聚甲醛好。

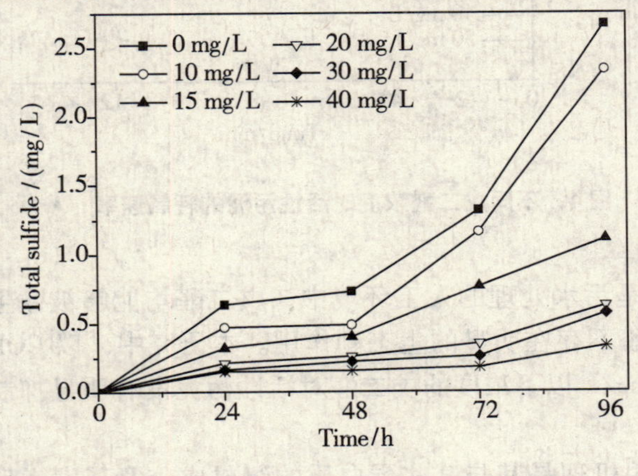

图 1　接种长桥厌氧污泥时不同剂量戊二醛对硫化物产生量的影响

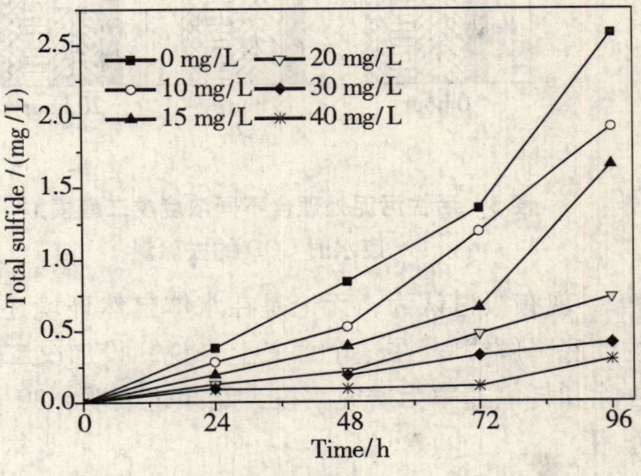

图 2　接种学校厌氧污泥时不同剂量戊二醛对硫化物产生量的影响

（二）投加戊二醛对活性污泥系统的影响

1. 投加戊二醛对活性污泥系统去除 COD 的影响

接种长桥活性污泥，在戊二醛剂量为 0、10、15、20、30 和 40mg/L 时，8 小时后出水 COD 分别为 103、97、85、96、101 和 118mg/L；20 小时后出水 COD 分别为 79，74，60，65，76 和 89mg/L。结果表明，当戊二醛浓度低于 30mg/L 时，戊二醛对活性污泥去除 COD 的影响作用基本上可以忽略不计（如图 3 所示）。接种学校活性污泥时，出水 COD 结果也进一步证明了这一观点。

2. 投加戊二醛对活性污泥耗氧速率的影响

在没有添加戊二醛污水中，长桥活性污泥的耗氧速率是 6.8mg O_2/g VSS h。当戊二醛剂量为 10，15，20，30，40 和 50 mg/L 时，耗氧速率分别为 8.5，8.2，8.1，7.4，6.6 和 2.5 mg O_2/g VSS h。当废水中戊二醛投加量低于 30 mg/L 浓度时，学校活性污泥的耗氧速率均高于参照反应器（没有投加戊二醛）（如图 4 所示）。结果表明，为了减缓硫化物的产生，20mg/L 戊二醛投加量不会对学校活性污泥的活性有负面影响。接种学校活性污泥时，耗氧速率测试结果也进一步证明了这一观点。

（三）投加戊二醛可能存在的风险分析

在常温条件下，戊二醛是一种具有芳香性气味，能够与水以任意比例互溶的液体。吸入、摄入或经皮吸收有害，对眼睛、皮肤和黏膜有强烈的刺激作用。本文研究结果认为，20 mg/L 戊二醛投加量对硫化物产生的减少量为70% ~95%。投加戊二醛抑制硫酸盐还原细菌的方法已经在工业循环冷却水的处理中广泛应用，一般投加量为 30 ~ 80 mg/L [11]。据此，我们认为采用适当的职业安全保护装备，操作工人应该可以接受此操作环境。以前的研究表明，为了较好地抑制硫化物的生成，甲醛投加量也以 20 mg/L 为宜。甲醛属于“三致”化合物，比戊二醛的毒性明显更强，故认为投加戊二醛会比投加甲醛更加合理。

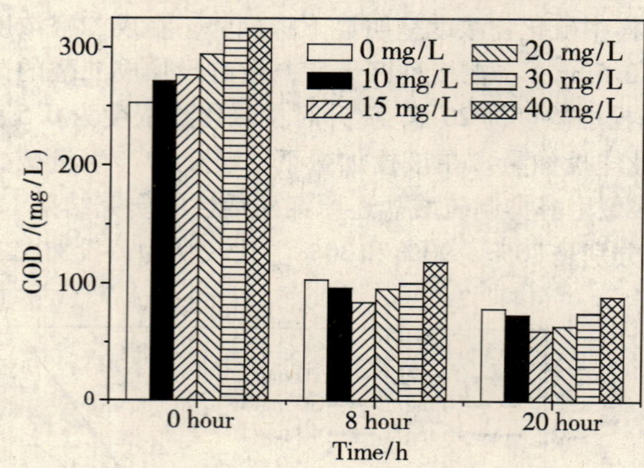

图 3 活性污泥处理含不同浓度戊二醛模拟废水时 COD 的去除量

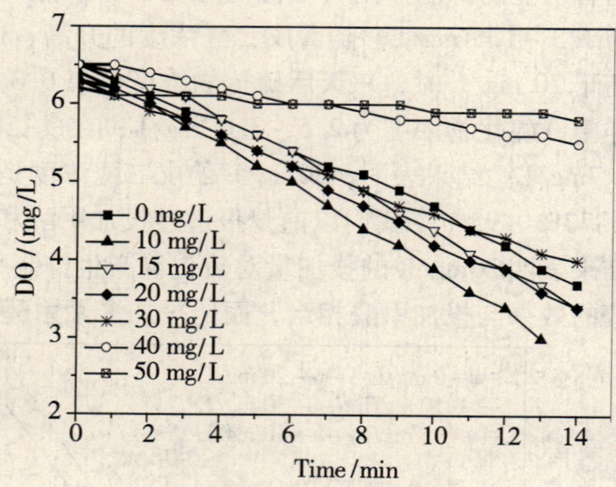

图 4 不同戊二醛浓度时活性污泥的耗氧速率

现有报道认为，无论是在水体自然环境还是污水处理的人工环境中，戊二醛均能够被微生物彻底降解[12]。在这个意义上来说，投加戊二醛不存在明显的生态副作用。本研究中，以 COD 去除和耗氧速率为研究手段，结果也表明，30 mg/L 以下浓度的戊二醛对活性污泥没有明显抑制作用。

一般认为，戊二醛作为微生物抑制剂的作用机理是其与某些蛋白质的组成成分氨基发生反应[13-14]。然而，在戊二醛与城市污水的氨氮间也可能发生这一反应。这样，戊二醛就不能有效地抑制硫酸盐还原细菌活性，或者会增加戊二醛投加量。本研究中，当氨氮浓度为 7 ~ 15 mg/L 时，戊二醛的最适投加量为 20 mg/L。城市污水中氨氮浓度对戊二醛的最适投加量的影响，有必要进行深入研究。

四、结 论

试验研究表明，在模拟城市排水管道中戊二醛的最佳投加量是 20 mg/L，污水中硫化物生成量减少 70% ~95%；30 mg/L 剂量的戊二醛对活性污泥处理系统的 COD 去除率和活性污泥的耗氧速率没有明显的抑制作用。

参考文献

[1] 陈卫，宋佩娣，郑兴灿，等．废水系统中导致硫化氢中毒的影响因素与控制措施［J］．给水排水，2006，32（1）：15 - 19.

[2] Zhang L.，De Schryver P.，De Gusseme B.，et al. Chemical and biological technologies for hydrogen sulfide emission control in sewer systems：a review. Water Res. 2008，42（1）：1 - 12.

[3] Yalamanchili C. , Smith D. M. Acute hydrogen sulfide toxicity due to sewer gas exposure. The American J. Emergency Medicine, 2008, 26 (4): 5185 - 5187.

[4] Nielsen A. H. , Vollertsen J. , Hvitved - Jacobsen T. Kinetics and stoichiometry of aerobic sulfide oxidation in wastewater from sewers - effects of pH and temperature. Water Environ. Res. 2006, 78 (3): 275 - 283.

[5] Chen G. , Leung D. Utilization of oxygen in a sanitary gravity sewer. Water Res. 2000, 34 (15): 3813 - 3821.

[6] Gutierrez O. , Mohanakrishnan J. , Sharma R. K. , et al. Evaluation of oxygen injection as a means of controlling sulfide production in a sewer system. Water Res. , 2008, 42 (17): 4549 - 4561.

[7] Nielsen A. H. , Lens P. , Vollertsen J. , et al. Sulfide - iron interactions in domestic wastewater from a gravity sewer. Water Res. 2005, 39: 2747 - 2755.

[8] Gadekar S. , Nemati, M. , Hill G. A. Batch and continuous biooxidation of sulphide by Thiomicrospira sp. CVO: Reaction kinetics and stoichiometry. Water Res. 2006, 40: 2436 - 2446.

[9] Zhang L. , Mendoza L. , Marzorati M. , et al. Inhibition of sulfide generation by dosing formaldehyde and its derivatives in sewage under anaerobic conditions. Water Sci. Technol. 2008, 57 (6): 915 - 919.

[10] Yang W. , Vollertsen J. , Hvitved - Jacobsen T. Anoxic sulfide oxidation in wastewater of sewer networks. Water Sci. Technol. 2005, 52 (30): 191 - 199.

[11] 柯伟．戊二醛在循环冷却水处理中的应用．工业水处理，1991，11 (6): 33 - 34.

[12] Leung H. W. Ecotoxicology of glutaraldehyde: Review of Environmental Fate and Effects Studies. Ecotoxicol. Environ. Saf. 2001, 49: 26 - 39.

[13] 刘建荣，牛志卿，吴国庆．戊二醛对紫色非硫光合细菌脱氢酶活力的影响．中国环境科学，1995，15 (4): 272 - 275.

[14] Jayakrishnan A. and Jameela S. R. Glutaraldehyde as a fixative in bioprostheses and drug delivery matrices. Biomater. 1996, 17: 471 - 484.

污染物不同浓度对倾斜土槽污水净化的影响

李方敏　于广超　高绣纺

（长江大学化学与环境工程学院　湖北　荆州　434023）

摘　要　采用5层倾斜土槽组合装置填充蜂窝煤渣，以间歇进水方式对人工配制的生活污水进行COD_{Cr}、NH_4^+-N、$PO_4^{3-}-P$ 3种试验因素的不同浓度对污水净化效果的L_{16}（8×2^8）正交试验。结果表明，COD_{Cr}、T－N、T－P的平均去除率分别为88.2%、68.6%和94.4%，3种因素对其指标去除率极差的影响顺序为：$COD_{Cr}>T-N>T-P$，方差分析表明，污染物的不同浓度对其指标去除率有显著或极显著的影响。倾斜土槽法比较适合于分散式中国农村污水排放的治理，具有成本低、管理方便、去除效果好等特点。

关键词　倾斜土槽　生活污水　净化　水质指标

由于中国农村地处偏僻、远离集镇，不可能向城市那样建立系统的污水收集管网和大型污水处理厂，因此，必须采用适合中国农村特点的分散式、小型化、就地式的污水处理模式。人工湿地生态处理系统[4-7]、高效藻类塘技术[8]、土壤渗滤技术[9]等是目前处理农村生活污水比较实用、简便的技术。这些技术和方法需要占用一定的土地面积，常在村落集镇的低洼地、荒地建造，因此，不太适合土地较缺乏的村寨，而且在夏季人工湿地、藻类塘还会产生恶臭、滋生蚊虫、招引水蛇等有害动物的侵袭，同时还存在着秋冬季气温低，植物生长缓慢甚至死亡等问题。因此，该技术仅适合于具有一定数量的土地、且阳光充沛、气候温暖的地区或季节推广应用。

日本学者生地正人等采用底面倾斜的塑料薄层容器，填充沙石、鹿沼土等滤料后多层重叠组合成净化装置，利用水体的自然落差来处理农村生活污水。该法大大节省了占地面积，且无需消耗动力，非常适合在单家独院的中国农村推广应用。本文根据江汉平原农村住户分散的特点，选用当地适宜的填充材料，利用人工配置不同浓度的生活污水进行室内研究，探讨不同的污染物浓度下的COD、T－N、T－P等水质指标的去除率，以便掌握该方法的最大污染物去除范围及其净化效果。

一、材料和方法

（一）试验装置

试验采用自制的倾斜土槽单体（见图1）、以5层垂直叠加的组合装置来处理生活污水。每个土槽单体的内径670mm×408mm，深度为120～170mm，底部设置3个高为60mm的挡水板，填充2L活性污泥后再填满蜂窝煤渣：沙壤土＝5∶1（体积比）的混合载体材料，每套倾斜土槽组合装置的总表面积约为1.37m²。污水从最上层土槽斜面的高端流入，经过逐层渗滤后，从最下层土槽斜面的低端流出。

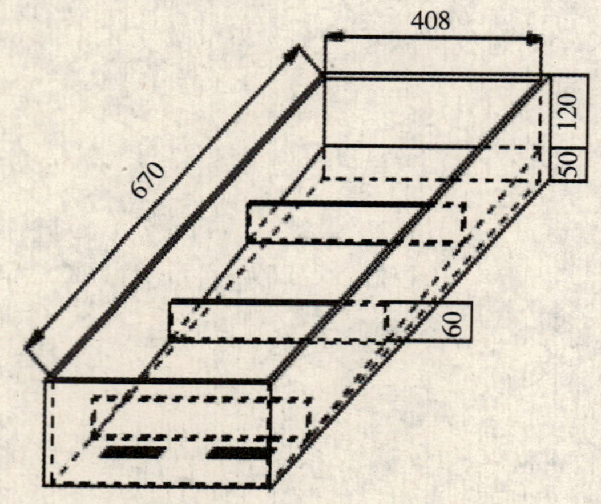

图1　倾斜土槽（单位：mm）

（二）试验方法

采用人工投入化学试剂的方法配制生活污水，有机物质使用可溶性淀粉，N、P等无机物质使用$(NH_4)_2SO_4$和KH_2PO_4模拟，配制污水用的自来水均放置一夜后使用，以防次氯酸盐对微生物的干扰。采用L_{16}（8×2^8）正交试验设计，研究COD_{Cr}、NH_4^+-N、$PO_4^{3-}-P$ 3种试验因素对污水净化效果的影响，配制16种不同污染物浓度的污水水质（见表1），依次按处理代号的顺序进行土槽污水净化试验，在相同污水流量（100L/d）条件下运行，重复2次。两种处理之间水样采集间隔2d，在试验当天的14：00、17：00、21：00分别进行取样，测定各水样COD_{Cr}、T－N、PO_4^{3-}－P的浓度，计算其平均去除率，其中T－N为NH_4^+－N、NO_2^-－N、NO_3^-－N含量之和，各项指标的测定均按国家标准方法[10]。

（三）综合评价方法

评价COD_{Cr}、NH_4^+－N、PO_4^{3-}－P3种单一因素的指标，分别采用COD_{Cr}、T－N、PO_4^{3-}－P的去除率进行初步评价，然后，采用去除率隶属度进行综合评价出水水质，隶属度的计算方法如下：

$$去除率隶属度=\frac{去除率-去除率最小值}{去除率最大值-去除率最小值}$$

采用上述隶属度计算方法分别计算COD_{Cr}、T－N、PO_4^{3-}－P因素去除率的隶属度，同时假设这3种因素去除率对出水水质的评价同等重要，则直接计算上述3种因素隶属度的算术平均值，作为综合评价分值。

表1　L_{16}（8×2^8）正交试验方案

处理代号	试验因素及水平		
	A（COD_{Cr}浓度/mg/L）	B（NH_4^+－N浓度/mg/L）	C（PO_4^{3-}－P浓度/mg/L）
1	120	42	11
2	120	144	24
3	228	42	11
4	228	144	24
5	338	42	11
6	338	144	24
7	449	42	11
8	449	144	24
9	553	42	24
10	553	144	11
11	665	42	24
12	665	144	11
13	776	42	24
14	776	144	11
15	886	42	24
16	886	144	11

二、结果与分析

（一）污染物浓度对出水水质COD_{Cr}的影响

经倾斜土槽装置处理后，不同污染物浓度对出水水质COD_{Cr}的影响见表2。由表1、2可知，

即使流入的污水 COD_{Cr}浓度在 120～886mg/L 较大范围内波动，但经处理后排放出的水质 COD_{Cr}浓度仅在 34.7～54.1mg · L^{-1}较小范围内变化，其去除率达到了 68.4%～94.2%，表明倾斜土槽装置对污水中 COD_{Cr}的去除浓度范围大、去除能力较强。在装置运行的前期（处理 1、处理 2），去除率较低，可能与载体中土壤微生物的活性较低有关，但很快在短期内（运行处理 3）便达到了 83.6%，随后稳定在 88.6%～94.2% 的去除率。

随着污水中 COD_{Cr}浓度的大幅度增加，处理后污水中 COD_{Cr}浓度也略有增加，但增加的幅度相当小，其处理效率随之增加并渐趋稳定，主要是通过填料的吸附和土槽中微生物的降解作用得以去除。处理前污水 COD_{Cr}的平均浓度为（501.8 ± 64.7）mg/L，处理后出水 COD_{Cr}的平均浓度为（43.9 ± 1.8）mg/L，平均去除效率为 88.2% ± 1.9%。表明倾斜土槽装置对污水中 COD_{Cr}的去除效率高，流出水的 COD_{Cr}浓度较低。

（二）污染物浓度对出水水质 T－N 的影响

试验设计了 NH_4^+ －N 浓度不同的 2 种污水水质，分别为 42mg/L 和 144mg/L，经装置处理后排放的出水水质 T－N 浓度分别在 11.9～15.5mg/L 和 36.2～47.0mg/L 范围内波动，其去除率分别达到了 63.0%～71.4% 和 67.2%～74.8%，表明随着污水中 T－N 浓度的大幅度增加，处理后出水中 T－N 浓度也显著增加（高浓度 NH_4^+ －N 污水处理的出水 T－N 浓度为低浓度 NH_4^+ －N 处理的 2～3 倍），其处理效率也略有增加，高、低浓度 NH_4^+ －N 的 2 种处理 N 素平均去除率分别为 66.6% 和 70.7%。与 COD_{Cr}的去除率比较，倾斜土槽装置对污水中 T－N 的去除率要低些。

倾斜土槽装置包含有上部好氧、下部厌氧两方面的微生物生长条件，污水中 NH_4^+ －N 的一部分被载体材料吸附于表面，另有一部分 N 经好氧性微生物作用转化为 NO_3^- －N，以 NO_3^- －N 流出的 N 量占污水 T－N 的 23.8%～31.7%，其余的 NO_3^- －N 在厌氧环境下被转化为 NO_2^- －N，进一步转化为氮氧化物 NO_x 和 N_2 逸出，达到去除 N 素的目的。

表 2　COD_{Cr}、NH_4^+ －N 和 PO_4^{3-} －P 试验结果极差分析

处理代号	出水的水质指标/mg/L			去除率/%			综合分值
	COD_{Cr}	T－N	PO_4^{3-} －P	COD_{Cr}	T－N	PO_4^{3-} －P	
1	37.3 ± 2.38	15.0 ± 0.16	0.53 ± 0.01	68.4	64.5	95.5	38.7
2	34.7 ± 2.50	36.2 ± 0.85	0.83 ± 0.07	71.4	74.8	96.6	52.9
3	37.7 ± 2.41	15.5 ± 0.36	0.76 ± 0.01	83.6	63.0	93.3	50.0
4	35.6 ± 1.14	38.7 ± 0.58	0.75 ± 0.02	84.4	74.2	96.9	65.4
5	40.5 ± 2.31	14.0 ± 0.24	0.74 ± 0.01	88.6	65.9	93.5	58.0
6	35.2 ± 1.00	44.7 ± 0.30	0.79 ± 0.01	89.6	68.9	96.7	65.1
7	38.3 ± 1.22	13.9 ± 0.47	0.78 ± 0.03	91.4	67.1	93.2	61.7
8	39.5 ± 1.18	45.6 ± 0.79	0.79 ± 0.02	91.2	68.3	96.7	66.1
9	46.2 ± 0.56	15.1 ± 0.10	0.86 ± 0.02	91.6	65.3	96.5	63.3
10	49.1 ± 0.55	47.0 ± 1.29	0.92 ± 0.01	91.2	67.2	91.6	60.0
11	50.4 ± 0.55	14.8 ± 0.16	0.99 ± 0.01	92.4	65.7	95.9	63.9
12	50.1 ± 0.83	44.3 ± 0.46	1.08 ± 0.02	92.5	69.3	90.6	62.3
13	53.4 ± 0.64	11.9 ± 0.46	1.22 ± 0.02	93.1	71.4	94.9	69.2
14	50.1 ± 0.81	39.9 ± 0.13	0.91 ± 0.03	93.5	72.3	92.2	67.8

处理代号	出水的水质指标/mg/L			去除率/%			综合分值
	COD_{Cr}	T－N	PO_4^{3-}－P	COD_{Cr}	T－N	PO_4^{3-}－P	
15	51.2±1.01	13.1±0.14	1.11±0.12	94.2	69.5	95.4	68.9
16	54.1±0.51	41.8±0.31	1.01±0.04	93.9	70.9	90.9	65.6

（三）污染物浓度对出水水质T－P的影响

本次试验设计了PO_4^{3-}－P浓度分别为11mg/L和24mg/L不同的2种污水水质，经装置处理后排放的出水T－P浓度分别在0.53～1.08mg/L和0.75～1.22mg/L范围内波动，其去除率分别达到了90.6%～95.5%和94.9%～96.9%，表明随着污水中T－P浓度的增加，处理后出水中T－P浓度也略有增加，但增加幅度不明显，其T－P去除率也相应有所增加，高、低浓度PO_4^{3-}－P的2种处理P素平均去除率分别为92.6%和96.2%。与COD_{Cr}、T－N的去除率比较，倾斜土槽装置对污水中T－P的去除率要高些。

本装置采用蜂窝煤渣和沙壤土作为填充材料，对PO_4^{3-}表现出较强的吸附能力，其原因是煤与黏土混合在高温下燃烧后形成的蜂窝煤渣具有多孔性结构、沙壤土具有硅氧四面体的胶体性质，有利于磷素的吸附，加上其主要化学成分为Al、Fe、Ca、Mg等的氧化物及其硅酸盐类化合物，易于与污水中PO_4^{3-}形成化学沉淀和进行离子吸附，沉积在填充材料的表面，达到去除污水中T－P的效果。

（四）污染物浓度对出水水质的综合影响

经过对表2试验结果的极差分析，3个因素对其指标去除率极差的影响大小为：COD_{Cr}＞NH_4^+－N＞PO_4^{3-}－P，去除效率最佳的优化组合为：$A_8B_2C_2$，即在本试验条件下，进水COD_{Cr}浓度为886mg/L、NH_4^+－N浓度为144mg/L和PO_4^{3-}－P浓度为24mg/L时，污水中COD_{Cr}、T－N、PO_4^{3-}－P去除效果最佳。

利用上述各因素去除率隶属度计算的综合评价分值进行方差分析，发现COD_{Cr}因素各水平间差异达极显著水平（$F_A=13.54^{**}>F_{0.01}=8.26$），$PO_4^{3-}$－P因素各水平间差异也达极显著水平（$F_B=21.69^{**}>F_{0.01}=13.75$），T－N因素各水平间差异达显著水平（$F_C=8.32^{*}>F_{0.05}=5.99$）。表明$COD_{Cr}$、T－N、$PO_4^{3-}$－P 3种因素的去除率与污水中各指标浓度间有显著或极显著关系。

三、讨论与结论

投资大、运行成本高的集中式污水处理厂不可能在广阔的农村地区兴建，必须根据当地经济和地理条件选择合适的污水处理方法。多层土壤渗滤系统广泛应用于国内外农村生活污水处理、家畜污水处理[11-14]，是由土壤、粉煤灰、锯末、铁粉等制成砖块状，并填充直径1～5mm大小的砾石或沸石作为土壤渗水层，按水平层状布置后进行污水处理。据Attanandana等采用长×宽×高为2.0m×1.0m×1.5m多介质土壤渗滤系统研究家庭生活污水，结果表明：在污水处理量为460L/d时，该系统对BOD_5、COD、TN、NH_4^+－N和TP的去除率分别为53.0%、48.2%、57.6%、68.1%和52.6%；当采用通气装置连续通气14d后，污水处理效果显著增加，分别达90.3%、69.9%、90.8%、75.8%和90.1%[13]。

倾斜土槽法是采用多层底面倾斜的土槽垂直叠加的方式，利用污水水体的自然落差，以土壤的自净、吸附、渗滤及硝化反硝化脱氮作用等，去除水体中的有机和无机N、P污染物，土槽底面设置挡水板防止水体偏向流动，延长污水在土槽中的滞留时间，有利于填料对污染物质的吸附和微生物的分解。生地正人等[15]应用3层倾斜土槽对4人家庭的厨房生活污水进行处理，使用日本火山灰—鹿沼土为填充材料，处理前生活污水中 BOD、COD、T－N、T－P 的含量分别为 797mg/L、535mg/L、31.8mg/L 和 5.98mg/L，处理后平均去除效率分别为 84.6%、82.0%、75.9%和 83.2%，表明净化效果显著。

试验采用 5 层倾斜土槽处理人工配制的不同浓度生活污水，利用江汉平原农村的废弃物——蜂窝煤渣作为填料，处理后出水水质指标 COD_{Cr}、T－N、T－P 的平均去除率分别为 88.2%、68.6%、94.4%，与文献[15]比较，以蜂窝煤渣为填料和以鹿沼土为填料对污水中 COD_{Cr}、T－P 的去除效果相当甚至略有提高，而 T－N 的平均去除效率略低，可能是污水中 NH_4^+－N 浓度较高的缘故。经极差分析和方差分析结果表明，COD_{Cr}、T－N、PO_4^{3-}－P 3 种因素的去除率与污水中各指标浓度间存在着显著或极显著关系。

参考文献

[1] Wang X, Lu Y, Han J, et al. Identification of anthropogenic influences on water quality of rivers in Taihu watershed. Journal of Environmental Sciences, 2007, 19: 475－481.

[2] 苏东辉，郑正，王勇，等. 农村生活污水处理技术探讨［J］. 环境科学与技术，2005，28（1）：79－81，113.

[3] 陈能汪，张珞平，洪华生，等. 九龙江流域农村生活污水污染定量研究［J］. 厦门大学学报（自然科学版），2004，43（增刊）：249－253.

[4] 陈意昌，孙明德，刘昌文. 以生态自然净化处理农村污水之探讨［J］. 水土保持研究，2005，12（5）：16－22.

[5] Avsar Y, Tarabeah H, Kimchie S, et al. Rehabilitation by constructed wetlands of available wastewater treatment plant in Sakhnin. Ecological Engineering, 2007, 29: 27－32.

[6] Brix H, Arias C A. The use of vertical flow constructed wetlands for on－site treatment of domestic wastewater: New Danish guidelines. Ecological Engineering, 2005, 25: 491－500.

[7] García M, Soto F, Gonzúlez J M, Bécares E. A comparison of bacterial removal efficiencies in constructed wetlands and algae－based systems. Ecological Engineering, 2008, 32: 238－243.

[8] 李旭东，周琪，黄翔峰，等. 高效藻类塘系统处理太湖地区农村生活污水［J］. 水处理技术，2006，32（6）：61－64.

[9] Chen X, Luo A Ch, Sato K, et al. An introduction of a multi－soil－layering system: a novel green technology for wastewater treatment in rural areas. Water and Environment Journal. 2009, 23: 255－262.

[10] 国家环境保护总局. 水和废水监测分析方法（第四版）［M］. 北京：中国环境科学出版社，2002.

[11] Luanmanee S., Boonsook P., Attanandana T., et al. Effect of intermittent aeration regulation of a multi－soil－layering system on domestic wastewater treatment in Thailand. Ecological Engineering, 2002, 18: 415－428.

[12] Pattnaik R., Yost R. S., Porter G., et al. Improving multi－soil－layer (MSL) system remediation of dairy effluent. Ecological Engineering, 2007, 32: 1－10.

[13] Attanandana T., Saitthiti B., Thongpae S., et al. Multi－media－layering system for food service wastewater treatment. Ecological Engineering, 2000, 15: 133－138.

[14] Masunaga T, Sato K, Mori J, et al. Characteristics of wastewater treatment using a multi－soil－layering system in relation to wastewater contamination levels and hydraulic loading rates. Soil Science and Plant Nutrition, 2007, 53: 215－223.

[15] 生地正人，末次綾. 傾斜土槽法による台所排水の有機汚濁と栄養塩類の同時浄化［J］. 水環境学会誌，2005，28：347－352.

新型絮凝剂在焦化废水中的应用

沈　健　赵　赫　曹宏斌　张　懿

（中国科学院过程工程研究所　北京市海淀区中关村北二条1号　100190）

摘　要　混凝作为处理水处理过程中的一种手段，因其具有操作简单、可操作性强和经济性等优点而被广泛应用。本文主要从考察新型絮凝剂（IPE－ZH）混凝性能，并将其应用于处理焦化废水中。通过考察助凝剂、IPE－ZH投加量等因素对混凝过程影响以及IPE－ZH系列絮凝剂对焦化废水生化出水的混凝效果。同时与现有絮凝剂的混凝效果进行对比。

关键词　混凝　絮凝剂　焦化废水

一、引　言

焦化废水是煤制备焦炭以及相关的焦化产品生产过程中产生的废水。经过检测表明：焦化废水中含有大量的多环芳烃、杂环化合物、长链烃、酯类以及有害的无机离子。焦化废水包含以下特点：有机污染物浓度高，污染物成分复杂，色度高，浊度高等。同时焦化废水中还含有部分不溶于水但是以胶体形式存在的污染物，这些污染物不仅仅本身具有毒性，同时这些污染物与其他污染结合后，形成性质更加稳定的物质，造成了焦化废水具有难降解性。焦化企业对焦化废水处理有多种办法。一般来说生化处理和混凝吸附法是焦化废水处理过程中常规办法。混凝吸附法主要是处理生物法处理后的出水。生化处理后，出水的COD_{Cr}只可以降到160～200mg/L，但是这样的水质远远没有达到国家排放标准。另外，现在的焦化企业对焦化废水采取混凝办法处理的时候，一般采取高投加量，分批投加的办法。这些方法具有不经济、COD_{Cr}去除率不高、絮凝剂与助凝剂协同作用不明显等缺点。鉴于上述情况，开发一种新型絮凝剂显得十分必要和迫切。尽管无机絮凝剂[1]、有机絮凝剂[2]、无机和无机复配絮凝剂、无机和有机复配絮凝剂[3]已经应用于各种行业的水处理中，包括印染水[4]、饮用水[5]等，但是混凝应用于处理焦化废水局限聚铁和聚丙烯酰胺的组合。聚铁和聚丙烯酰胺的组合在COD_{Cr}去除率方面也没有得到很好的改进。因此开发一种新型絮凝剂应用于焦化废水处理中是必要的。

本文采用中国科学院过程工程研究所研制开发的一系列新型絮凝剂（IPE－ZH）。将IPE－ZH絮凝剂应用于实际的焦化废水中，取得了较好的效果。同时考虑到在实际过程中主要以COD为主要的衡量标准，因此本文考察IPE－ZH对生化出水的混凝效果参考COD去除率这一指标。最后从IPE－ZH系列絮凝剂中找到适合焦化废水混凝的絮凝剂。

二、实验方法以及材料

①实验装置:磁力加热搅拌器;六联搅拌器。②实验药品。③分析方法:COD——国家标准方法。

表1　药品以及药品来源

药品名称	来　源
IPE－ZH系列絮凝剂	中国科学院过程工程研究所
氢氧化钙	北京市化工厂
氯化钙	北京市化工厂
高纯水	自　制
焦化废水	某焦化企业二沉池水

资助项目：国家水体污染控制与治理科技重大专项基金（2008ZX07207－003和2008ZX07208－004）。

三、实验过程

选取 IPE－ZH 系列絮凝剂。将氯化钙配制成质量浓度为 0.02% 的水溶液。

混凝过程中实验步骤如下：快速搅拌（转速 400rpm）生化出水，依次投加 IPE－ZH、氯化钙。搅拌 2～3min 使得药品得到充分混合。慢速搅拌（转速 15rpm），使得药剂和水样充分反应。反应时间 15～20min。反应结束后静置 30min。待静置完成后，取液面以下 1.5～2cm 的清液，进行 COD_{Cr} 测定。

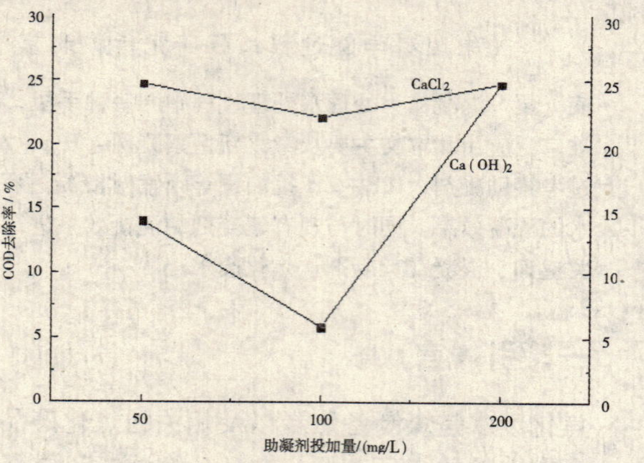

图 1　不同助凝剂对混凝效果的影响

四、结果与讨论

（一）助凝剂的选择

加入助凝剂可以提供成核中心，并且有助于絮体长大。一般来说采用 Ca，Si，Mg 作为助凝剂。本实验主要采取 Ca 作为助凝剂，选取 $Ca(OH)_2$ 以及 $CaCl_2$ 作为钙源，通过改变投加量找到适合复配絮凝剂的一个合适的钙源和投加量。通过实验结果可知相同投加量的情况下 $CaCl_2$ 助凝效果优于 $Ca(OH)_2$，而且前者可以在低投加量的时候得到较好的助凝效果，所以选择 $CaCl_2$ 作为助凝剂。

（二）IPE－ZH 系列絮凝剂以及各自投加量对混凝效果影响

IPE－ZH 系列絮凝剂选取 IPE－ZH－1、IPE－ZH－2、IPE－ZH－3、IPE－ZH－4、IPE－ZH－5、IPE－ZH－7 五种絮凝剂，IPE－ZH 系列絮凝剂的投加量选择 400mg/L 和 500mg/L。同时依次增加助凝剂的投加量，分别投加 50mg/L、100mg/L、200mg/L 和 400mg/L。具体趋势如图 2～图 7 所示。

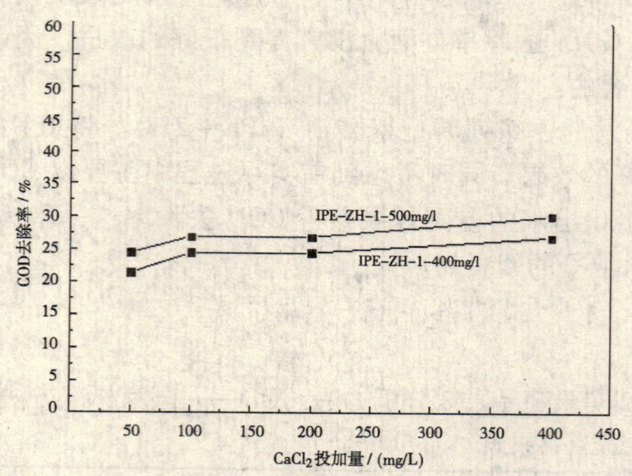

图 2　IPE－ZH－1 和助凝剂的投加量对混凝效果的变化趋势

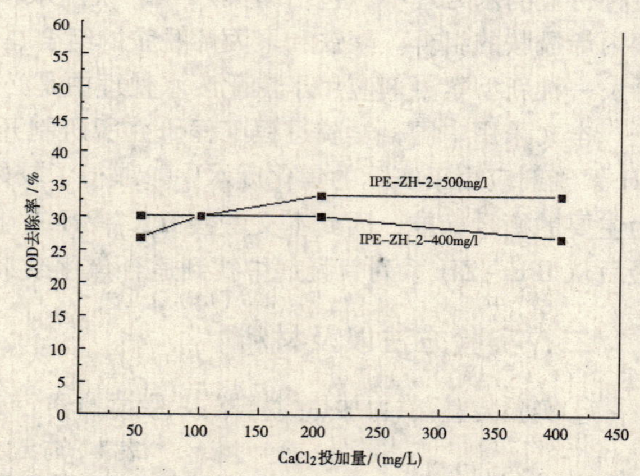

图 3　IPE－ZH－2 和助凝剂的投加量对混凝效果的变化趋势

根据图 2 至图 7 可以得出：当采用 IPE－ZH－1 和 IPE－ZH－2 时，絮凝剂与钙助凝剂均为最大投加量时去除效果最佳；当采用 IPE－ZH－3、IPE－ZH－4 和 IPE－ZH－5 时，絮凝剂与钙助凝剂对 COD 去除效果最显著，COD 去除率可以达到 50%，基本可以保证经过混凝后达到排放标准。其中以 IPE－ZH－4 效果最佳；当采用 IPE－ZH－7 时，絮凝剂与钙助凝剂共同作用不能达到有效去除 COD 的目的。

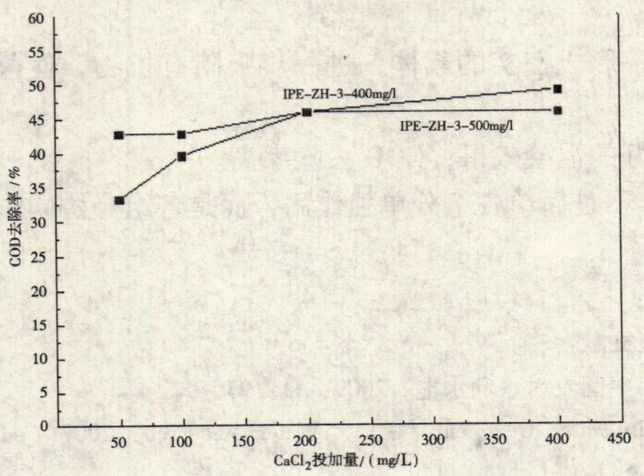

图 4　IPE－ZH－3 和助凝剂的投加量对混凝效果的变化趋势

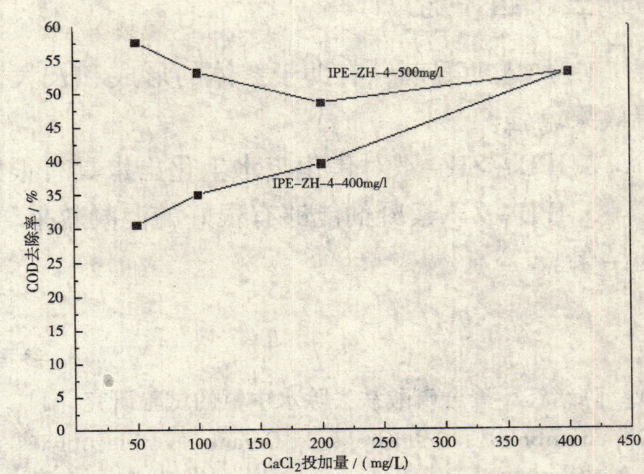

图 5　IPE－ZH－4 和助凝剂的投加量对混凝效果的变化趋势

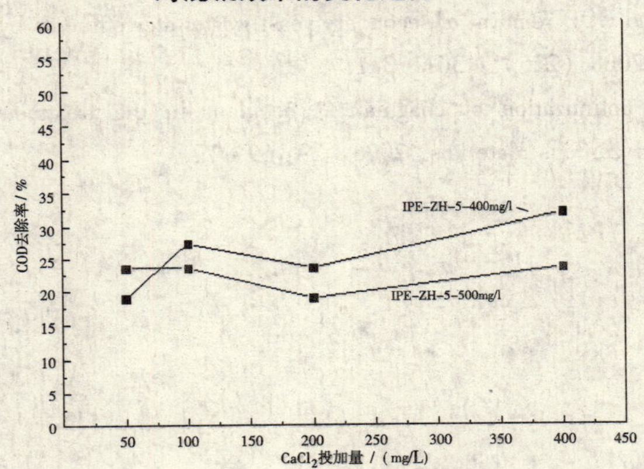

图 6　IPE－ZH－5 和助凝剂的投加量对混凝效果的变化趋势

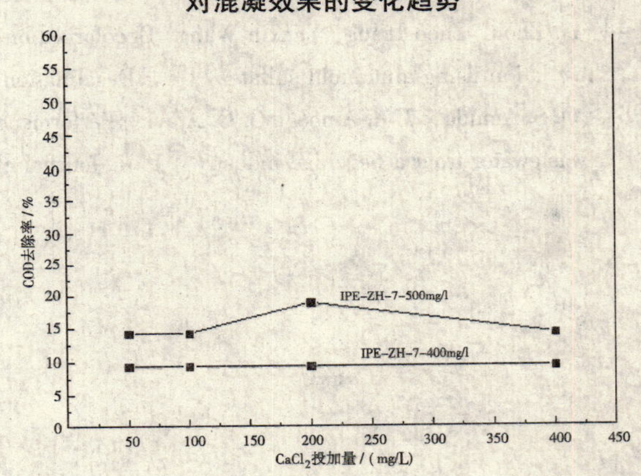

图 7　IPE－ZH－7 的絮凝剂和助凝剂的投加量对混凝效果的变化趋势

（三）IPE－ZH 絮凝剂与现有絮凝剂对比实验

在混凝效果方面，IPE－ZH 絮凝剂的明显优于现有絮凝剂。COD 去除率提高近 1 倍。由于现有絮凝剂的投加是按照先投加无机絮凝机再投加有机絮凝剂的顺序投加。属于依次投加。而 IPE－ZH 絮凝剂投加则采取一次投加，同时混凝效果明显。所以可以认为 IPE－ZH 作用的过程不是一个简单的混合，是一个各组分协同作用的结果，从而使得混凝效果有明显的提高。

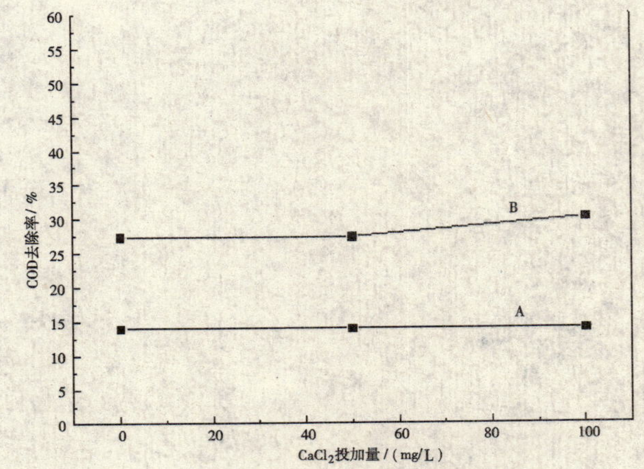

图 8　在絮凝剂投加量相同的情况下助凝剂的投加量对混凝效果的影响

A：现有絮凝剂投加量 500mg/L　B：IPE－ZH 絮凝剂投加量 500mg/L

五、结　论

1. 加入助凝剂，有助于絮体的形成和长大，形成密实的絮体，进一步吸附有机物，使得混凝效果增强。

2. IPE－ZH－4 对焦化废水生化出水具有很好的混凝效果，COD 去除率高。

3. IPE－ZH 絮凝剂能够有很好的混凝效果，不是简单各组分单独作用，而是各组分协同作用的结果。

参考文献

[1] 陈绪钰．聚合硫酸铁去除水中氟的试验研究［J］．中国农村水利水电，2009，11：95－97.

[2] BrianBolto , JohnGregory. Organic polyelectrolytes in water treatment［J］. Water Research，2007（41）：301－2324.

[3] P. A. Moussas，A. I. Zouboulis. A new inorganic－organic composite coagulant，consisting of Poly－ferric Sulphate（PFS）and Polyacrylamide（PAA）［J］. Water Research，2009，43：3511－3524.

[4] Yu Zhou，Zhen Liang，Yanxin Wang. Decolorization and COD removal of secondary yeast wastewater effluents by coagulation using aluminum sulfate［J］. Desalination，2008（225）：301－311.

[5] O. S. Amuda，I. A. Amoo，O. O. Ajayi. Performance optimization of coagulant/? occulant in the treatment of wastewater from a beverage industry［J］. Journal of Hazardous Materials，2006，29：69－72.

"UASB + 射流曝气活性污泥法 + 铁盐沉淀"处理工艺在啤酒厂污水处理中的应用

郭宏伟[1] 杜立新[2] 余 晓[3]

（鞍山市环境保护研究所 辽宁 鞍山 114004）

摘 要 本文结合企业的实际介绍了采用"常温低负荷 UASB 反应器 + 完全混合射流曝气活性污泥法 + 铁盐沉淀法"对啤酒厂高浓度有机废水的治理，即选用"初沉池→调节池→UASB 反应器→曝气池→二沉池→砂滤池"的污水处理工艺处理啤酒厂污水。经过实际运行证明，该方法比较成熟、工艺合理、费用较低，可达到较高的排放标准要求。

关键词 啤酒厂废水 污水处理 UASB 反应器 射流曝气活性污泥法

一、前 言

随着人民生活水平的不断提高，我国的啤酒工业发展迅速，啤酒产量较过去有了大幅度提高，已成为世界五大啤酒生产国之一。啤酒厂污水中主要污染物有碱性洗涤剂、纸浆、染料、糨糊、残酒和其他杂质等，特点是高碱度、高温度、高浓度有机物（COD_{Cr}含量可达到 1100mg/L 以上）、生化处理难度高等特点。在国内外，传统活性污泥法、接触氧化等工艺已广泛地应用于啤酒厂废水的处理中。近年来，国内开始研究和使用 SBR 法以及采用 UASB 工艺再进行后续好氧处理工艺处理啤酒厂废水。本文介绍了某啤酒厂采用，常温低负荷 UASB 反应器 + 完全混合射流曝气活性污泥法 + 铁盐沉淀法对啤酒厂高浓度有机废水的治理情况，通过实际运行效果来看，该方法对污水中污染物的去除效率较高、可达到较高的环境排放标准、运行费用较低，具有良好的环境效益、经济效益和社会效益。

二、工程概况

某啤酒厂目前年生产啤酒 8 万 t，啤酒生产以大麦和大米为原料，辅之以啤酒花和鲜酵母，经较长时间的发酵酿造而成。啤酒厂废水主要来自麦芽车间、糖化车间、发酵车间、灌装车间以及生产冷却废水等。部分车间的定期消毒和各车间冲洗地面也要排出一些废水。此外，啤酒厂还排出一定数量的生活污水。啤酒厂排放的污水与其他行业不同，污染成分属有害无毒，主要是有机污染物，其污水成分主要含有糖化麦糟、糖类、果胶、啤酒花、酵母残渣、蛋白质、纤维素等有机物和少量无机盐类。

该啤酒厂污水处理工程设计规模：$Q = 3000m^3/d$，设计进水水质和出水水质见表 1，该啤酒厂污水处理工程排水执行《辽宁省污水综合排放标准》（DB 21/1627—2008）直排标准。

三、处理工艺

（一）工艺流程

该啤酒厂废水由旋转式格栅除污机除去大块漂浮物后进入集水池，再用泵提升进入微滤机，去除麦糠等悬浮物后自流入初沉池，去除大部分悬浮物后进入调节池，充分地调节水量、均衡水质，然后用泵提升进入 UASB 反应器，在厌氧细菌的作用下，将大部分有机物转化为沼气和水，产生的沼气经收集净化后高空燃烧排放。UASB 反应器出水自流入曝气池，同时加入硫酸亚铁，在好氧菌的作用下去除污水中的剩余有机物，在硝化和反硝化细菌的作用下，将氨氮转化为硝酸盐和氮气，并通过铁盐沉淀，将溶解性的磷酸盐转化为不溶性的磷酸盐。曝气池出水在二沉池内进行泥水分离，出水流入砂滤池，经过滤后流入清水池，达标排放。砂滤池定期进行反冲洗，冲洗后的废水就近排入下水管网，再流入污水站重新处理。

表 1　该污水处理工程进出水设计指标

项目	设计水量	实际水量	COD_{Cr}（mg/L）	BOD_5（mg/L）	NH_3-N（mg/L）	SS（mg/L）	pH（mg/L）
设计进水水质	3000	1500	≤2500	≤1600	≤15	≤550	6～10
设计出水水质	3000	1500	≤50	≤10	≤10	≤20	7～9
设计去除率	/	/	95%	95%	33.3%	85%	—

二沉池内沉淀的活性污泥一部分回流到曝气池以维持曝气池内活性污泥浓度，多余的活性污泥则作为剩余污泥排放到集泥池。初沉污泥、UASB 反应器的剩余污泥也排放到集泥池，再提升到污泥浓缩池进行浓缩，浓缩后的污泥利用带式压滤机进行污泥脱水，压滤机滤液回流到集水池重新处理；脱水后的污泥含水率在 80% 左右，可以直接外运，用作农肥或绿化用肥。其工艺流程见图 1。

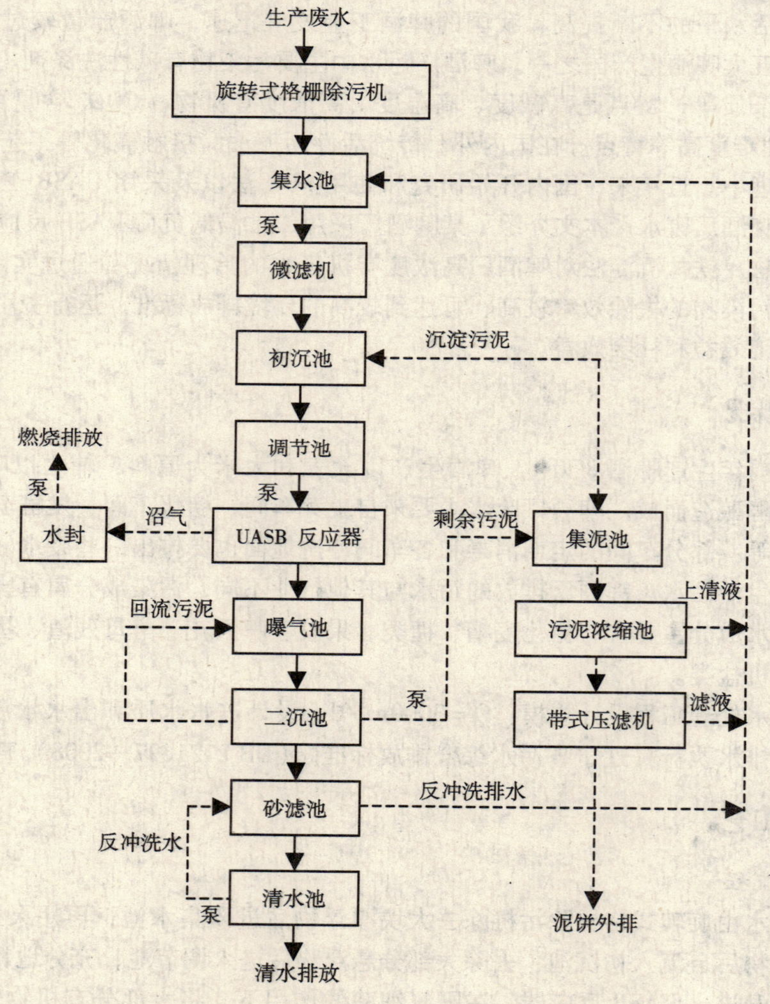

图 1　污水处理工艺流程图

（二）UASB 反应器

UASB 反应器由污泥反应区、气液固三相分离器（包括沉淀区）和气室三部分组成。在底部反应区内存留大量厌氧污泥，具有良好的沉淀性能和凝聚性能的污泥在下部形成污泥层。要处理的污水从厌氧污泥床底部流入与污泥层中污泥进行混合接触，污泥中的微生物分解污水中的有机物，把它转化为沼气。沼气以微小气泡形式不断放出，微小气泡在上升过程中，不断合并，逐渐形成较大的气泡，在污泥床上部由于沼气的搅动形成一个污泥浓度较稀薄的污泥和水一起上升进入三相分离器，沼气碰到分离器下部的反射板时，折向反射板的四周，然后穿过水层进入气室，集中在气室的沼气用导管导出，固液混合液经过反射进入三相分离器的沉淀区，污水中的污泥发生絮凝，颗粒逐渐增大，并在重力作用下沉降。沉淀至斜壁上的污泥沿着斜壁滑回厌氧反应区内，使反应区内积累大量的污泥，与污泥分离后的处理出水从沉淀区溢流堰上部溢出，然后排出污泥床。UASB 工艺原理图见图 2。

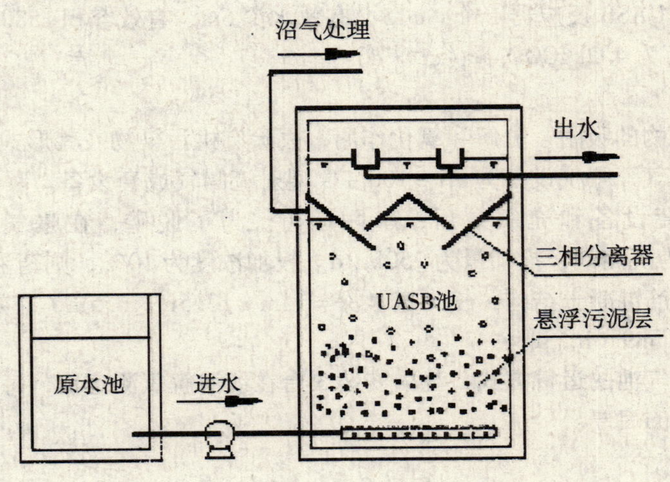

图 2　UASB 工艺原理图

（三）平面布置

该啤酒厂污水处理工程平面布置图见图 3。

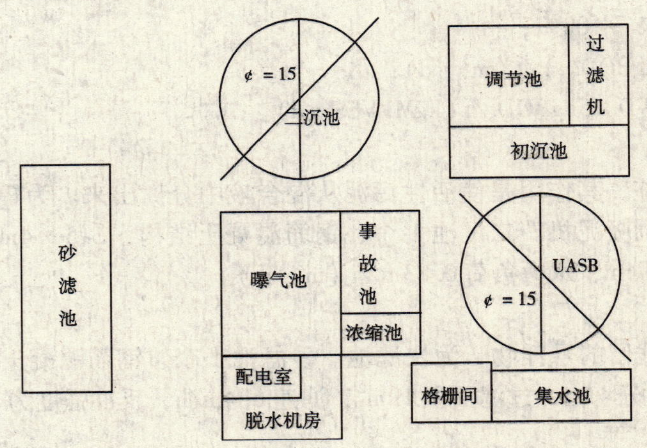

图 3　啤酒厂污水处理工程平面布置图

（四）主要构筑物及设计参数

该啤酒厂污水处理工程包括污水处理系统和污泥处理系统两大部分，其中污水处理系统主要包括：格栅除污机、格栅池、集水池、微滤机、初沉池、调节池、UASB 反应器、曝气池、二沉池、砂滤池、清水池、格栅间、砂滤池操作间和微滤机房等；污泥处理系统主要包括：集泥池、污泥浓缩池、带式压榨过滤机、综合机房等。主要构筑物及设计参数如下。

1. 初沉池

沉淀去除部分比重较大的悬浮物质，为斜管沉淀池。初沉池1个，钢筋混凝土结构，长×宽×深=14m×4m×6m，沉淀区有效面积为$45m^2$，水力负荷$2.8m^3/(m^2 \cdot h)$，最大水力负荷$3.5m^3/(m^2 \cdot h)$。

2. 调节池

调节水量，均衡水质。为了强化混合效果，池内安装潜水搅拌机。调节池1个，钢筋混凝土结构，长×宽×深=14m×9m×6m，有效水深5.5m，有效容积$640m^3$，废水停留时间5小时。

3. UASB反应器

采用常温厌氧。UASB反应器1个，φ15，有效水深6m，有效容积$1580m^3$，废水停留时间为12.7小时，容积负荷为$4.2kgCOD_{Cr}/(m^3 \cdot d)$。

4. 曝气池

借助于好氧微生物的吸附、分解和氧化作用，去除有机污染物。其形式是完全混合式，曝气方式为自吸式射流曝气，曝气设备为JA－100－G型射流曝气成套设备。曝气池共分3格，每格安装上射流曝气成套设备和充氧泵后，串联运行。为了脱磷，在曝气池内投加硫酸亚铁（$FeSO_4 \cdot 7H_2O$）作为沉淀剂，投加量为250kg/d。投加浓度为10%，则药液体积为2500L/d。

曝气池1个，钢筋混凝土结构，长×宽×深=14m×13.5m×6.5m，有效水深6m，有效容积$1000m^3$，废水停留时间9.6h。

为了便于控制曝气池的运行方式，池内安装3台在线溶解氧测定仪，每格1台，根据溶解氧浓度自动控制充氧泵的启停。

工艺条件：

pH6～9；

水温：10～35℃；

溶解氧：1～2mg/L；

污泥浓度：2.5～3g/L；

污泥回流比：50%～100%；

容积负荷：$0.37kgBOD_{5去除}/(m^3 \cdot d)$；

污泥负荷：$0.12 \sim 0.15kgBOD_5/(kgMLVSS \cdot d)$。

5. 二沉池

曝气池的配套设施，其作用是使活性污泥从混合液中分离出来。为辐流式沉淀池，周边进水，周边出水，内装刮吸泥机。二沉池1个，钢筋混凝土结构，φ15×4m，沉淀区有效面积为$150m^2$，池边有效水深4m，水力负荷$0.83m^3/(m^2 \cdot h)$。

6. 砂滤池

过滤除去废水中残留的悬浮物，为快滤池。砂滤池1个，钢筋混凝土结构，长×宽×深=9.8m×2.6m×3.2m，分4格，过滤面积$19m^2$，滤速6.4m/h，反冲强度为$14L/(m^2 \cdot s)$。

7. 清水池

储存砂滤池出水，便于砂滤池反冲洗。清水池1个，钢筋混凝土结构，与砂滤池合建于地下，长×宽×深=10.8m×2.6m×2.7m，有效容积$65m^3$。

8. 集泥池

汇集各种污泥，便于提升浓缩。集泥池1个，钢筋混凝土结构，长×宽×深=3m×3m×3m，有效水深2.8m，有效容积$20m^3$。

9. 污泥浓缩池

对污泥进行浓缩，便于脱水。浓缩池1个，钢筋混凝土结构，φ6×3.5m，池边有效水深3.5m，有效容积86m^3。

10. 带式压榨过滤机

为了提高污泥回收率，在污泥中加入污泥调理剂——阳离子型聚丙烯酰胺（+PAM），投加量为2.0～3.0kg/t污泥（绝干），每天的用量约为5kg。投加浓度为1‰，药液体积为5m^3。

（五）主要设备

污水处理工程主要设备见表2。

表2　主要设备表

<table>
<tr><th colspan="2">名　称</th><th>规格或型号</th><th>数量</th><th>备　注</th></tr>
<tr><td colspan="2">旋转式格栅除污机</td><td>XGS－500</td><td>1台</td><td>栅隙3mm，功率1.1kW，不锈钢</td></tr>
<tr><td colspan="2">提升泵</td><td>150WQ150－15－11</td><td>2台</td><td>1用1备，流量150m^3/h，扬程15m，电机功率11kW</td></tr>
<tr><td colspan="2" rowspan="2">潜水搅拌机</td><td>QJB0.85/8－260/3－740</td><td>1台</td><td>电机功率0.85kW，不锈钢材质</td></tr>
<tr><td>QJB1.5/8－400/3－740</td><td>1台</td><td>电机功率1.5kW，不锈钢材质</td></tr>
<tr><td colspan="2">微滤机</td><td>GLG－2000</td><td>1个</td><td>栅隙1.2mm</td></tr>
<tr><td colspan="2">污泥收集装置</td><td>WF－600</td><td>4套</td><td>UPVC材质</td></tr>
<tr><td colspan="2">pH自动调节装置</td><td>/</td><td>1套</td><td></td></tr>
<tr><td colspan="2">电磁流量计</td><td>DN200</td><td>1台</td><td></td></tr>
<tr><td colspan="2">进水泵</td><td>SLW150－200A</td><td>2台</td><td>1用1备，流量179m^3/h，扬程10m，电机功率为11kW</td></tr>
<tr><td colspan="2">JY－UASB
反应器成套装置</td><td>JY－UASB</td><td>6套</td><td></td></tr>
<tr><td rowspan="7">反应器配置</td><td>布水器</td><td>WS－1000</td><td>64组</td><td>UPVC材质</td></tr>
<tr><td rowspan="5">气室</td><td>TP－2550×800－A</td><td>66组</td><td>PP材质</td></tr>
<tr><td>TP－2550×950－A</td><td>66组</td><td>PP材质</td></tr>
<tr><td>TP－2550×250－A</td><td>6组</td><td>PP材质</td></tr>
<tr><td>TP－2550×350－A</td><td>6组</td><td>PP材质</td></tr>
<tr><td>TP－16400×600－B</td><td>4组</td><td>碳钢防腐</td></tr>
<tr><td>排泥装置</td><td>EM－3</td><td>4套</td><td>UPVC材质</td></tr>
<tr><td colspan="2">沼气收集装置</td><td>HS－1000</td><td>1套</td><td>不锈钢材质</td></tr>
<tr><td colspan="2">水封式阻火器</td><td>WJ－500×800</td><td>1套</td><td>碳钢防腐</td></tr>
<tr><td colspan="2">沼气高空燃烧装置</td><td>—</td><td>1套</td><td></td></tr>
<tr><td colspan="2">充氧泵</td><td>SLW200－200（I）</td><td>4台</td><td>2用2备，流量400m^3/h，扬程12.5m，功率22kW</td></tr>
<tr><td colspan="2">射流曝气成套设备</td><td>JA－100－G</td><td>20台</td><td></td></tr>
<tr><td colspan="2">溶药搅拌机</td><td>JBR－500</td><td>1台</td><td>电机功率1.1kW</td></tr>
<tr><td colspan="2">机械驱动
隔膜式计量泵</td><td>JXM－530/0.3</td><td>2台</td><td>1用1备，流量100～530L/h，压力0.3MPa，功率1.1kW</td></tr>
<tr><td colspan="2">传动刮吸泥机</td><td>GFGD－15Ⅱ</td><td>1台</td><td>电机功率1.5kW</td></tr>
</table>

名　称	规格或型号	数量	备　注
污泥回流排放泵	SLWD100－160	2台	流量65m^3/h，扬程6m，功率2.2kW
污泥提升泵	80WQ30－15－3	2台	1用1备，流量30m^3/h，扬程15m，3kW
悬挂式浓缩机	GFNZ－6Ⅰ	1台	电机功率1.1kW
带式压榨过滤机	—	1台	
射流曝气成套设备	JA－100－G	12台	
在线溶解氧测定仪	—	3台	
砂滤池反冲洗泵	DFW200－200（I）/4/11	2台	新增，1用1备，流量200m^3/h，扬程12.5m，功率11kW
配电自控设备	—	1套	

四、处理效果

该啤酒厂污水处理工程于2008年建成投产，目前实际处理污水量为1500m^3/d，通过COD_{Cr}自动监测系统的在线监测结果来看，其出水COD_{Cr}浓度保持在38～45mg/L，排放水质的各项指标均能达到《辽宁省污水综合排放标准》（DB21/1627—2008）中的直排标准［该标准严于《啤酒工业污染物排放标准》（GB 19821—2005）］。

五、运行成本

该污水处理工程总投资1225.8万元，人员配制8人。经过近2年的实际运行来看，该啤酒厂污水处理工程运行成本为1.2元/m^3。

六、结　论

1. 采用“常温低负荷UASB反应器＋完全混合射流曝气活性污泥法＋铁盐沉淀法”处理啤酒厂高浓度有机废水具有工艺简单、工程稳定可靠、管理操作方便、占地面积小、投资省和运行费用低的优点。

2. 该污水处理工程经过2年来的运行，证明了污染物去除效果较好，COD_{Cr}、BOD_5去除效率稳定在90%以上。因此，该工程的成功为大中型啤酒生产企业的污水处理提供了一定的经验。

参考文献

［1］化学工业出版社组织编写．水处理工程典型设计实例［M］．北京：化学工业出版社环境科学与工程出版中心，2001，5.

［2］王凯军，秦人伟．发酵工业废水处理［M］．北京：化学工业出版社环境科学与工程出版中心，2000，9.

［3］吴将津，王凯军，丁庭华，等．三废处理工程技术手册（废水卷）［M］．北京：化学工业出版社，2001，4.

不同载体固定高效降解菌去除水体中石油的研究

何丽媛[1,2]　郭楚玲[1,2]　党　志[1,2]

(1. 华南理工大学环境科学与工程学院　广州　510640；
2. 工业聚集区污染控制与生态修复教育部重点实验室　广州　510006)

摘　要　本研究采用表面吸附的方法将石油降解菌 GS3C 进行固定化，三种固定化载体稻草秸秆、玉米秸秆及蒙脱石与未固定化菌对原油去除效果分别为 86.20%、50.03%、51.76%，均高于单纯投加菌液的原油去除率 35.52%，确定固定化的最佳载体为稻草秸秆，其最佳投加量为 1.5g/30ml 培养液。

关键词　微生物固定化　原油　生物降解　GC－MS

固定化微生物技术是用化学的或者物理的手段和方法将游离微生物限制或定位在某一特定空间范围内，保留其固有的催化活性，且能够被重复和连续使用的现代生物工程技术[1]。目前，固定化技术被广泛地应用于废水处理，它具有菌体密度高，耐毒性能力强，可重复使用等优点。虽然应用生物法降解石油以及固定化微生物技术处理有机污染物的实例很多[2-4]，但是有关固定化降解石油菌的报道却不多见。朱文芳等人研究表明[5]，在固定化微生物反应器中处理的除油效率比相同条件下未经固定化反应器可提高约 20%。张秀霞等[6]人将固定化微生物应用于含有石油污染物土壤的生物修复，50h 的原油降解效果保持在 85% 以上。本研究是采用表面吸附固定技术，将石油降解菌附着于固体载体上，增加菌与原油的接触面积，从而提高原油降解效果。

一、材料与方法

(一) 材料和试剂

菌种：烷烃降解菌 GS3C[7]，洋葱伯克霍尔德氏菌（Burkholderia cepacia）；

固定化培养基：蔗糖 10.0g，牛肉膏 6.0g，酵母粉 1.5g，水 1 000ml，pH8.0；

富集培养基（LB）：胰蛋白胨 10.0g，酵母粉 5.0g，NaCl5.0g，pH7.0；

无机盐基础培养液（MSM）[8]：5.0ml 磷酸盐缓冲液（8.5g/L KH_2PO_4，21.75g/L $K_2HPO_4 \cdot H_2O$，33.4g/L $Na_2HPO_4 \cdot 12H_2O$，5.0g/L NH_4Cl），3.0ml $MgSO_4$ 水溶液（22.5g/L），1.0ml $CaCl_2$ 水溶液（36.4g/L），1.0ml $FeCl_3$ 水溶液（0.25g/L），1.0ml 微量元素溶液［39.9mg/L $MnSO_4 \cdot H_2O$，42.8mg/L $ZnSO_4 \cdot H_2O$，34.7mg/L $(NH_4)_6Mo_7O_{24} \cdot 4H_2O$］，1L 蒸馏水，调 pH 为 7.0；

原油培养基：原油 5.0ml，无机盐基础培养基 1 000ml，pH7.0。

载体分别为稻草秸秆、玉米秸秆和蒙脱石。

(二) 微生物的富集

从平板挑一环 GS3C 至 50ml 富集培养基中，30℃、180r/min 摇瓶培养 48h，获得高浓度菌液。

(三) 表面吸附固定化微生物的方法

将载体加入装有 30ml 固定化培养基的锥形瓶中，接种 2ml 的 GS3C 菌液，30℃摇床，转速 180r/min，振荡培养 36h 后滤出载体，用生理盐水洗涤 2 次[9]。

(四) 原油去除率的测定方法

每瓶加入30ml正己烷放入超声波清洗器中超声萃取5min，并将培养液4500r/min离心

基金项目：广东省自然科学基金研究团队项目（No. 9351064101000001）；广东省自然科学基金重点项目（No. 05103552）。

10min，上层有机相用正己烷定容至50ml，取0.5ml溶液用正己烷稀释至25ml，加入少量无水硫酸钠干燥，用紫外－可见分光光度计测量各溶液的吸光度值，对照原油的标准曲线，求去除率[10]。采用GC－MS测定石油烃的总量以及降解前后各组分的变化情况。

原油去除率＝（原油浓度－培养液原油浓度）/原油浓度×100%

（五）固定化菌与未固定化的菌降解原油的对比实验

原油培养基中分别加入GS3C菌液、分别以相同质量的玉米秸秆、稻草秸秆、蒙脱石为载体固定的微生物GS3C，30℃摇床，转速180r/min，振荡培养72h，测其原油去除率。

（六）不同载体最佳投加量的确定实验

3种载体分别取0.25g、0.5g、1g、1.25g、1.5g、1.75g、2.0g（干重）投加到装有30ml固定化培养基中，固定36h后，把得到的固定化GS3C加入原油培养基中，30℃摇床，转速180r/min，振荡培养72h，测其原油去除率。

二、结　果

（一）固定化菌与未固定化的菌降解原油的对比

如图1所示，固定化GS3C的原油去除率均高于单独投加GS3C菌液的原油降解率，其中稻草秸秆的去除效果最佳，达到了86.20%，比未固定化的纯菌提高近50%。这说明，在用石油降解菌的基础上加入微生物固定化技术，可以得到更好的原油去除效果。在降解过程中，稻草秸秆对原油的分散效果最好，蒙脱石次之，而游离GS3C的油膜最厚，挂壁现象最严重。载体的加入对原油起了很好的分散作用，分散后的原油吸附在载体表面，形成了大量油/水界面，有利于界面上的原油的生物降解。固定化载体内部有较好的孔隙度，可以不断利用原油进行细胞增殖，并且载体对固定化的微生物起到保护作用[11]。同时培养基中还有一部分悬浮游离的微生物，与载体中的微生物同时在油/水界面中对原油起到降解作用[12]。所以固定化微生物的原油降解效果明显优于单一游离微生物。

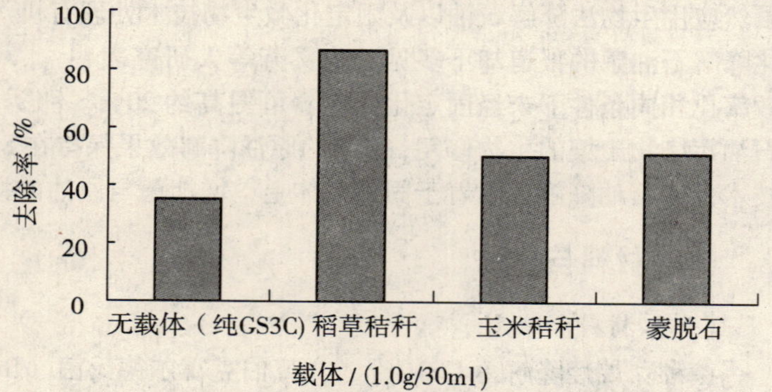

图1　固定化菌与未固定化的菌降解原油的对比

紫外分光光度法通常只能测定原油组分中的芳香族化合物以及带共轭双键的化合物，不能测定原油中的饱和脂肪烃类化合物，而GC－MS可以更好地测定石油烃的总量以及降解前后各组分的变化情况[13]。因此将培养液的残油用正己烷萃取后进行GC－MS分析，结果如图2所示。

谱图中大多数物质的碎片离子峰十分相似，为烷烃类同系物。因此，原油样品中绝大部分组分为烷烃类化合物，以碳原子数为10～25的居多，只有少量为芳香烃类化合物[14]。稻草秸秆的谱图中绝大部分直链烷烃被去除，按总峰面积计算其去除率达到81.65%，降解效果最佳。蒙脱石的降解效果次之，对C<20的中短链烷烃去除效果比较明显，去除率为49.82%。而玉米秸秆的去除效果与未固定化的纯GS3C无明显差别。

（二）不同载体最佳投加量的对比

稻草秸秆固定化菌对原油去除率随着投加量的增加而提高，稻草秸秆的最佳投加量范围为1.5～2.0g（干重），其中当投加量为2.0g（干重）时原油去除率最大，达到89.04%。

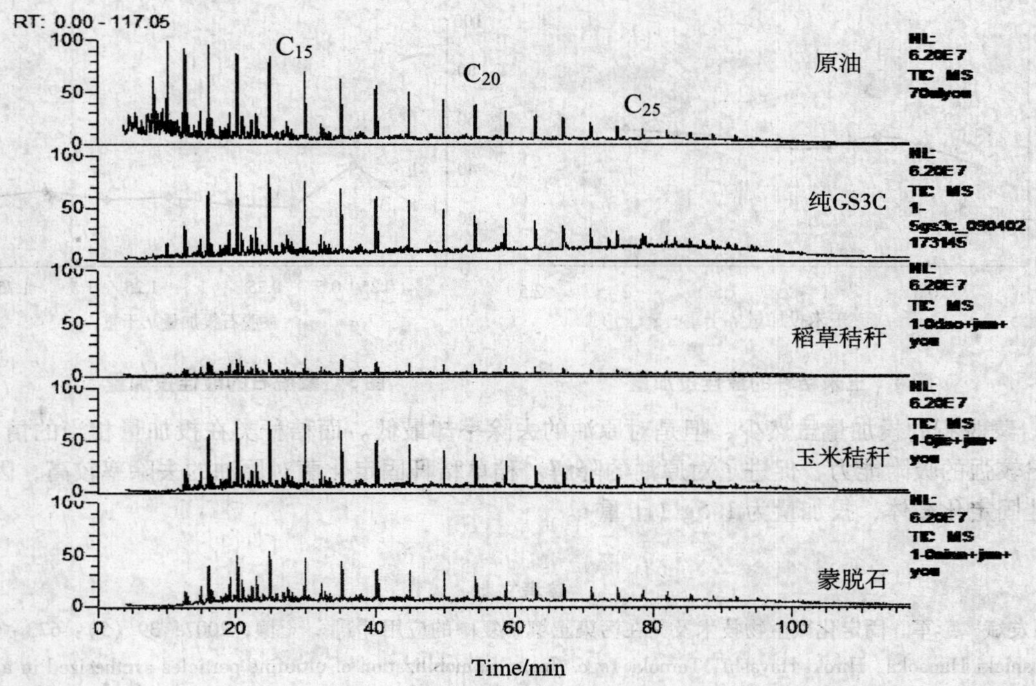

图 2　固定化菌与未固定化的菌降解原油后的 GC－MS 谱图

玉米秸秆的最佳投加范围为0.75～2.0g（干重），其中当投加量为2.0g（干重）时玉米秸秆固定化菌对原油去除率最大，达到58.86%。

蒙脱石的最佳投加范围为0.5g（干重），此时蒙脱石固定化菌对原油去除率达到最大40.77%，然后随着投加量的增加去除率反而下降。

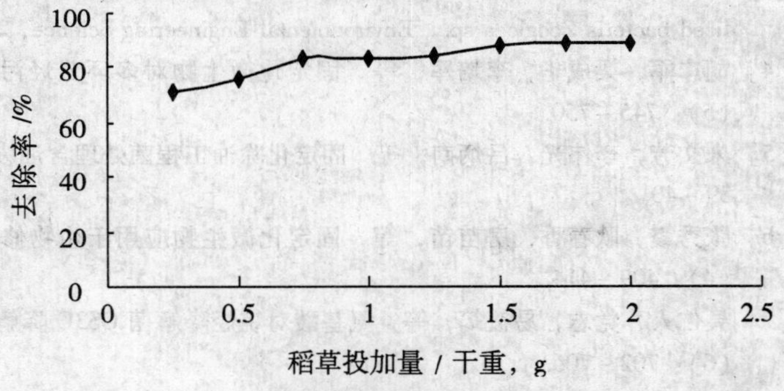

图 3　稻草秸秆的最佳投加量

可见，固定化载体并非投加得越多其固定化菌去除原油的效果就越好，投加量过多或者过少都不利于菌对原油的去除。当处理时间相同时，投加载体过少将导致微生物可以吸附生长的载体少，形成的油/水界面也少，因而原油去除率较低。投加载体过多时，培养基中载体吸附的菌体过多，使得菌体的营养不足，其新陈代谢和生长的速度减缓，降低对原油的去除速度[15]。同时恶劣的生长环境可能使微生物会产生一些抑制自身生长甚至导致自身死亡的次生代谢产物，微生物的存活量将极大地降低，也影响到微生物对原油的去除。

以上结果表明，蒙脱石的投加量虽然少，但是对原油的去除率却最低。而在投加量相当的情况下，稻草秸秆固定化菌对原油的去除率显著高于玉米秸秆固定化菌，因此确定最佳载体为稻草秸秆，投加量为1.5g（干重）时最经济有效。

三、结　论

1. 固定化微生物既利用载体内部较大的孔隙度增加菌密度，又利用载体对原油良好的分散作用促进微生物对原油降解，使其去除率明显优于未固定的游离微生物。其中载体稻草秸秆的效果最佳，去除率达到了86.20%，比未固定化的纯菌提高近50%。

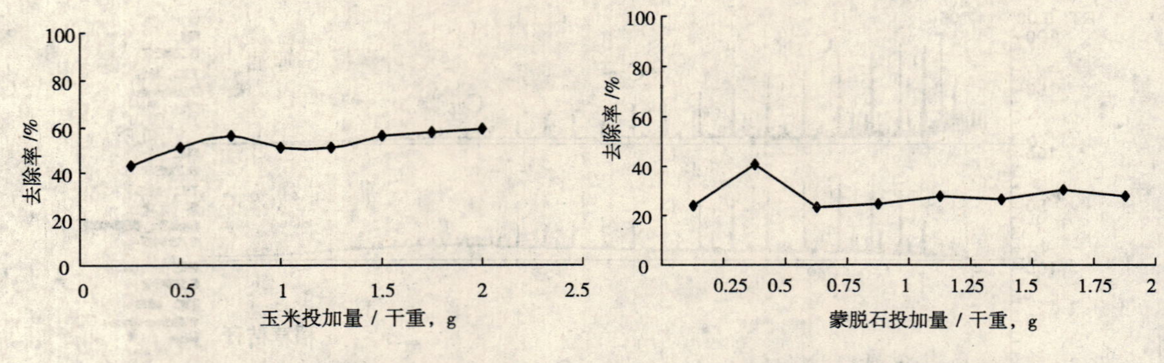

图4　玉米秸秆的最佳投加量　　**图5　蒙脱石的最佳投加量**

2. 蒙脱石的投加量虽然少，但是对原油的去除率却最低。而秸秆类在投加量相当的情况下，表现出较强的吸附能力，促进了对原油的降解。稻草秸秆固定化菌对原油的去除率较高，因此确定最佳固定化载体，投加量为1.5g（干重）。

参考文献

[1] 司友斌，彭军．固定化微生物技术及其在污染土壤修复中的应用［J］．土壤，2007，39（5）：673－676.

[2] Toshiaki Hanaoka, Hiroki Hayashi, Teruoki Tago. Insitu immobilization of ultrafine particles synthesized in a water/oil microemulsion［J］. Journal of colloid and interface science, 2001, 235（2）：235－240.

[3] Li P J, Wang X, Frank Stagnitti, et al. Degradation of phenanthrene and pyrene in soil slurry reactors with immobilized bacteria Zoogloea sp.. Environmental Engineering Science, 2005, 22（3）：390－395.

[4] 胡广军，梁成华，李培军，等．固定化微生物对多环芳烃污染土壤的降解［J］．生态学杂志，2008，27（5）：745－750.

[5] 朱文芳，李伟光，吕炳南，等．固定化除油工程菌处理含油废水研究［J］．中国给水排，2003，19（11）：39－40.

[6] 张秀霞，耿春香，房苗苗，等．固定化微生物应用于生物修复石油污染土壤［J］．石油学报，2008，24（4）：409－414.

[7] 吴仁人，党志，易筱筠，等．氨基酸对烷烃降解菌GS3C降解性能的影响［J］．环境科学研究，2009，22（6）：702－706.

[8] Tao X Q, Lu G N, Dang Z, et al. Aphenanthrene－degradingstrain Sphingomonas sp. GY2B isolated from contaminated soils［J］. Process Biochemistry, 2007, 42：401－408.

[9] 胡自伟，潘志彦，王泉源．固定化生物技术在废水处理中的应用研究进展［J］．环境污染治理技术与设备，2002，3（9）：19－23.

[10] 徐恒刚，姚秀清，李倩，等．两种高效原油降解菌降解率测定方法的对比研究［J］．化学与生物工程，2006，23（9）：43－44，53.

[11] 张辉，李培军，王桂燕，等．采用固定化微杆菌技术修复油污染地表水［J］．农业环境科学学报，2007，26（3）：915－919.

[12] 邵娟，尹华，彭辉，等．秸秆固定化石油降解菌降解原油的初步研究［J］．环境污染与治理，2006，28（8）：565－568.

[13] 田贞乐，朱丽华，吴映辉，等．气相色谱与紫外分光光度法评价石油烃类污染物的微生物降解过程［J］．分析化学，2006，3（36）：343－346.

[14] Galin T, McDowell C, Yaron B. The effect of volatilization on the mass of a non－aqueous pollutant liquid mixture in an inert porous medium［J］. Journal of Soil Science, 1990, 41：6331－6341.

[15] 郭静仪，尹华，彭辉，等．木屑固定除油菌处理含油废水的研究［J］．生态科学，2005，24（2）：154－157.

采用混凝沉淀工艺处理某特种废水的实验研究

王晓晨　朱安娜　王大玮　李　颖　安　艳

（防化研究院　北京市1043信箱602室　102205）

摘　要　本文以聚合氯化铝（PAC）为混凝剂，以聚丙烯酰胺（PAM）为助凝剂，以氧化钙（CaO）调节水样pH值，设计均匀实验确定了该特种废水混凝沉淀工艺的主要影响因子，采用单因素实验确定了混凝剂和助凝剂的最佳投药量范围，并验证了均匀实验的结果。结果表明，对于该特种废水，污染物去除效果的主要影响因子是CaO投加量。当CaO投加量为600～5 000mg/L时，废水中COD_{Cr}、LAS和浊度的去除率均随着CaO投加量的增加而升高。当PAC投加浓度低于2 000mg/L时，废水中污染物去除率随PAC投加量增加而上升，当PAC投加浓度高于2 000mg/L时，污染物去除率趋于稳定。投加PAM有助于加速混凝沉淀速度，但对废水中污染物的去除效果影响不大。适宜的CaO投加量为2 000～3 500mg/L，PAC投加量为2 000mg/L左右，PAM投加量宜为10mg/L左右。经过混凝沉淀处理后，废水中COD_{Cr}去除率可达60%以上，LAS去除率达70%以上，浊度去除率达90%以上，证明混凝沉淀是处理该洗消废水的有效方法。

关键词　混凝沉淀　LAS废水　PAC　PAM

某特种废水产生于对染有特殊有毒化学品的装备、人员和设施实施清洗和消毒的过程。该种废水通常为间歇式产生，水质复杂，主要污染物为表面活性剂十二烷基苯磺酸钠（LAS）和未反应完的消毒杀菌剂，其COD值常常达4 000mg/L以上，LAS浓度达到1 000mg/L以上，浊度达800NTU以上。由于LAS含量极高，废水如果直接排入环境，不仅会造成严重的环境污染，甚至可能抑制生态环境的自净作用[1-4]。也有研究表明[5]，长期接触表面活性剂或饮用含表面活性剂的水，会扰乱内分泌系统，引起雌雄一体、动物免疫机能异常、胎儿发育畸形、儿童智力低下等异常现象。在发达国家，表面活性剂已与二恶英（Dioxines）、多氯联苯（PCBs）、敌敌畏（DDT）等一同列入“环境荷尔蒙可疑物质”黑名单。因此，对该类废水进行及时处理非常重要。

废水中主要污染物为LAS，因此可将其视为一种LAS废水，常用的LAS废水处理工艺如混凝沉淀、氧化、泡沫分离、活性炭吸附、生物降解以及它们的组合工艺应该可以实现其净化处理。然而，由于该废水的特殊性，此前没有单位开展过相关处理技术研究，而常规LAS废水处理工艺参数也不适用于该类废水（该废水LAS浓度大大超出常规废水的指标范围）。为此，本文以模拟废水为对象，通过设计均匀实验和单因素实验，考察了混凝沉淀工艺对该类废水的处理效果，确定了最佳混凝沉淀处理条件范围。

一、实验部分

（一）实验仪器与药品

仪器设备：pH计（北京屹源电子仪器科技公司）、722分光光度计（上海精密科学仪器有限公司）、COD_{Cr}速测仪（德国Lovibond）、SGZ－2浊度仪（上海悦丰仪器仪表有限公司）、JJ－4六联数显电动搅拌器（江苏金城国胜实验仪器厂）。

试验试剂：十二烷基苯磺酸钠标准试剂（国家环保部标准样品研究所）；浓硫酸、三氯甲烷、亚甲基蓝、磷酸二氢钾等，均为分析纯。CaO、PAC和PAM均为市售。消毒剂和发泡剂为自行配伍制成。

（二）测试方法

化学耗氧量（COD_{Cr}）采用速测法；阴表面活性剂LAS采用亚甲基蓝分光光度法[6]；pH和

浊度均使用仪器直接分析。

（三）模拟水样的配制

根据废水中主要污染物组成特点配制模拟废水，其中COD_{Cr}值约为3 800～4 500mg/L，LAS浓度约为1 100～1 300mg/L，浊度约800～900NTU，pH值约为7.5。

二、试验结果与讨论

（一）均匀实验

设计U6（64）均匀实验考察加碱量、混凝剂用量和助凝剂用量对水样中COD_{Cr}、LAS和浊度去除率的影响。每组实验各参数所取水平值如表1所示。其中，CaO为干法投加，PAC和PAM均为湿法投加。废水因含有高浓度表面活性剂，极易起泡，考虑到实际应用中可能需喷洒消泡剂消泡后才能使用水泵收集，且试验中发现喷加消泡剂不会对混凝沉淀效果产生明显影响，因此，往配水样中喷加一定消泡剂后，再用于混凝沉淀实验。

表1　均匀实验参数水平表*

序　号	加碱量/（mg/L）	PAC投加量/（mg/L）	PAM投加量/（mg/L）
1	300	1 000	15
2	600	2 000	40
3	1 200	4 000	10
4	2 400	500	30
5	4 000	1 500	5
6	6 000	3 000	20

*考虑废水中表面活性剂浓度很高，CaO、PAC和PAM投加量的取值范围也比一般情况下取得高。

以3种污染指标的去除率（分别以Y_1、Y_2和Y_3表示,%）为因变量，以CaO投加量（以[CaO]表示，g/L）、PAC投加量（以[PAC]表示，g/L）、PAM投加量（以[PAM]表示，g/L）以及3个因子之间的交互作用为自变量，针对实验中所测得的结果，使用均匀设计分析软件（UD）和统计分析软件（SPSS）进行数据拟合，均得到如表2所示的回归方程。

表2　均匀试验的回归方程

去除率/%	回归方程	
COD_{Cr}	$Y_1 = 27.088 + 9.376[CaO]$	$R = 0.915$
LAS	$Y_2 = 51.870 + 6.136[CaO]$	$R = 0.826$
浊度	$Y_3 = 68.941 + 1.822[CaO][PAC]$	$R = 0.816$

由表2可以看出，影响COD_{Cr}和LAS去除率的主要因子为CaO投加量，其余因子（PAC和PAM投加量、交互因子）对它们的去除影响均不显著，在模型中被剔除。对于浊度，主要影响因子为CaO与PAC的投加量交互作用，其余因子的影响不显著。根据上述模型，当CaO投加量处于300～6 000mg/L、PAC投加量处于500～4 000mg/L范围内时，废水COD_{Cr}、LAS和浊度的去除率随加碱量的增加而呈线性上升。

（二）单因素实验

1. CaO投加量的影响

取7份水样，每份水样500ml，分别往水样中加入0.3～2.5g CaO固体，快速搅拌水样

5min，使 CaO 尽量与水样反应，然后向每份水样中加入 PAC 悬浊液使之在水样中的浓度约为 2 000mg/L，再快速加入 PAM 使之在水样中浓度约为 10mg/L，按常规方法进行混凝反应。取上清液分析 COD_{Cr}、LAS 和浊度。以 CaO 投加量为横坐标，将测得的 COD_{Cr}、LAS 和浊度值为纵坐标，可得如图 1 所示的实验结果。

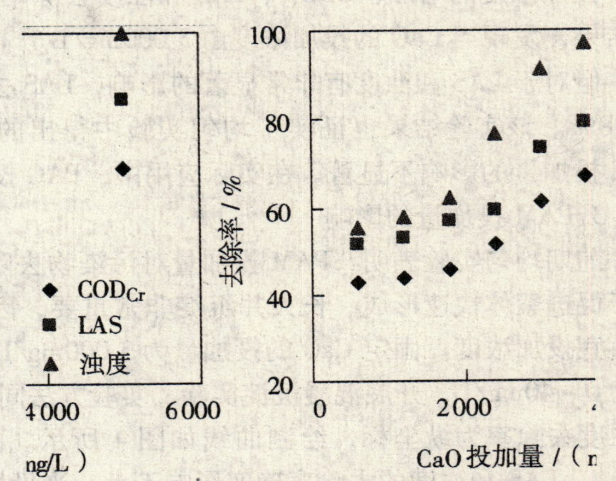

图 1　COD_{Cr}、LAS 和浊度去除率随 CaO 投加浓度的变化

由图 1 可以看出，当 CaO 投加量小于 1 800mg/L时，COD_{Cr}、LAS 和浊度去除率随加碱量变化不大，当 CaO 投加量大于 1 800mg/L后，COD_{Cr}、LAS 和浊度去除率快速提高，当 CaO 投加量大于 4 000mg/L 后，污染物去除率增幅有所减缓。总体而言，污染物去除率并未像均匀实验预测的那样与 CaO 投加量呈线性关系。分析其原因，可能是因为在均匀实验中，CaO 的投加量未选择 1 800mg/L 这个点，而这个点恰恰是个实验结果突变点。由此可见，在设计均匀实验时，水平值的选择非常重要，在实验条件允许的条件下，尽可能选择水平值更多的均匀设计表，以减少误差。同样加碱量条件下，浊度的去除率最高，LAS 次之，COD_{Cr} 去除率最低。根据该实验结果，在处理废水时，尽量使 CaO 投加量大于 2 000mg/L，可以获得较好的处理效果，但与此同时，建议 CaO 的投加量不大于 3 500mg/L，一方面不至于造成 CaO 投加量的浪费，另一方面也可防止处理后的废水 pH 值过高，影响到后续处理效果。

2. PAC 投加量的影响

固定 CaO 的投加浓度为 3 000mg/L，PAM 的投加量为 10mg/L，PAC 的投加浓度范围为500 ~ 4 000mg/L，开展混凝沉淀实验，实验方法同前。以 PAC 投加浓度为横坐标，以 COD_{Cr}、LAS 和浊度去除率为纵坐标，绘制曲线如图 2 所示。由该图可以看出，随着 PAC 投加浓度的增加，COD_{Cr}、LAS 和浊度去除率呈上升趋势，但总体而言变化不大，特别是当 PAC 浓度大于 2 000mg/L 之后，COD_{Cr}、LAS 和浊度去除率几乎没有明显变化。

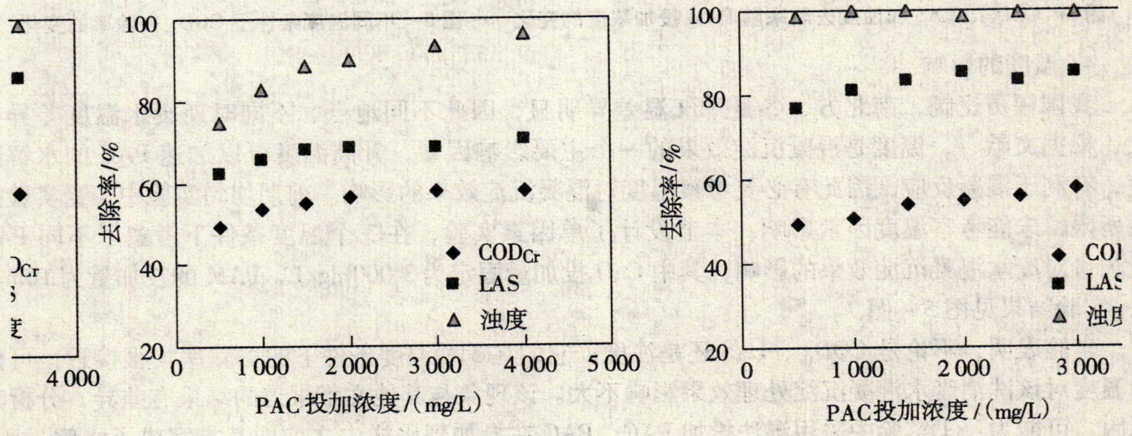

图 2　COD_{Cr}、LAS 和浊度去除率随 PAC 投加浓度的变化（CaO 投加量为 3 000mg/L）

图 3　COD_{Cr}、LAS 和浊度去除率随 PAC 投加浓度的变化（CaO 投加量为 5 000mg/4L）

为了进一步考察 PAC 投加量对废水混凝沉淀效果的影响，本节又设计了 CaO 投加量为5 000 mg/L 的单因素实验，PAC 和 PAM 投加浓度同前，试验结果如图3 所示。图3 显示，当 CaO 投加量为5 000mg/L 时，污染物去除效果的变化规律与 CaO 投加量为3 000mg/L 时的基本相同，即随 PAC 投加浓度的增加，COD_{Cr}、LAS 和浊度去除率略有上升，但变化幅度不大。对比图2 和图3 的结果，发现当 CaO 的投加浓度由3 000mg/L 升高到5 000mg/L 时，对 COD 的去除效果影响不大，但对于 LAS 和浊度有非常显著的影响，LAS 去除率可以提高10% 以上，浊度的去除率均大于98%。该实验结果也证实了均匀实验中得出的结论，即 CaO 投加量是主要的影响因子，而 PAC 投加量的影响不显著。在实际应用中，PAC 投加量可选为2 000mg/L 左右。

3. PAM 投加量的影响

前期均匀实验表明，PAM 投加量对污染物去除率没有显著影响，但实验中发现，加入 PAM 对于促进絮体快速形成、长大并沉淀非常重要，因此，本节还设计了单因素实验，以确定 PAM 的适宜投加浓度。固定 CaO 的投加量为3 000mg/L，PAC 的投加量为2 000mg/L，PAM 的投加范围为0 ~ 40mg/L，开展混凝沉淀实验，实验方法同前。以 PAM 投加量为横坐标，以 COD_{Cr}、LAS 和浊度去除率为纵坐标，绘制曲线如图4 所示。由该图可以看出，增加 PAM 的投加浓度对于 COD_{Cr}、LAS 和浊度的去除率确实影响不大，当投加量大于10mg/L 时，3 种污染因子的去除率反而有所下降。因此，从节约资源和确保水质处理效果的角度考虑，PAM 投加浓度以不大于10mg/L 为宜。

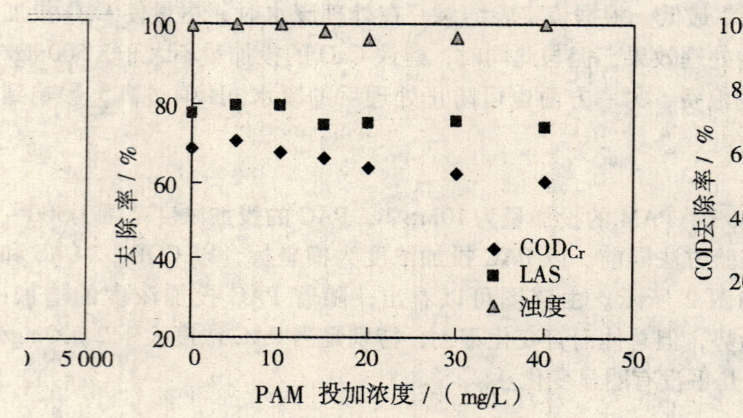

图4 COD_{Cr}、LAS 和浊度去除率随 PAM 投加浓度的变化

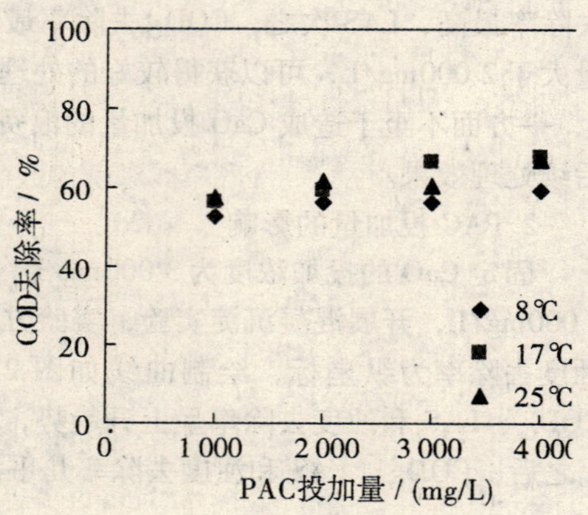

图5 不同温度条件下 COD_{Cr} 去除率的变化

4. 温度的影响

我国幅员辽阔，南北方、冬夏季气温差异明显，因此不同地点、不同时期废水温度差异很大，根据文献[7]，温度是混凝沉淀效果的一个主要影响因素，升高温度可以加速 PAC 的水解速度，有利于混凝反应，因此有必要考察温度对混凝沉淀效果的影响。前期均匀实验中，受实验条件所限，未能考察温度因素影响，本节设计了单因素实验，在3 个温度条件下考察了不同 PAC 投加量对废水混凝沉淀效果的影响，其中 CaO 投加量固定为3 000mg/L，PAM 的投加量为10mg/L，实验结果见图5 ~ 图7。

实验表明，不论是 COD_{Cr}、LAS 还是浊度，它们在3 种温度条件下的去除率均很接近，可认为温度对该洗消废水混凝沉淀处理效果影响不大。该现象与其他文献报道的结果有差异，分析其原因，可能为：①实验中采用湿法投加 PAC，PAC 在投加到水样中之前即基本完成了水解过程，因此投加至水样中后不再受温度的影响；②由于实验水样中胶体浓度极高，PAC 投加浓度也远高于常规废水处理时的投加浓度，且同时采用大量 CaO 调节水样 pH 值，充分利用了 Ca^{2+} 的压缩双电层及脱稳作用，此时即使存在少量未水解完全的 PAC，也不会对处理效果产生明显影响。

从以上分析来看，如果在实际应用中要确保不同温度条件下的废水处理效果，有必要采用湿法投加 PAC。

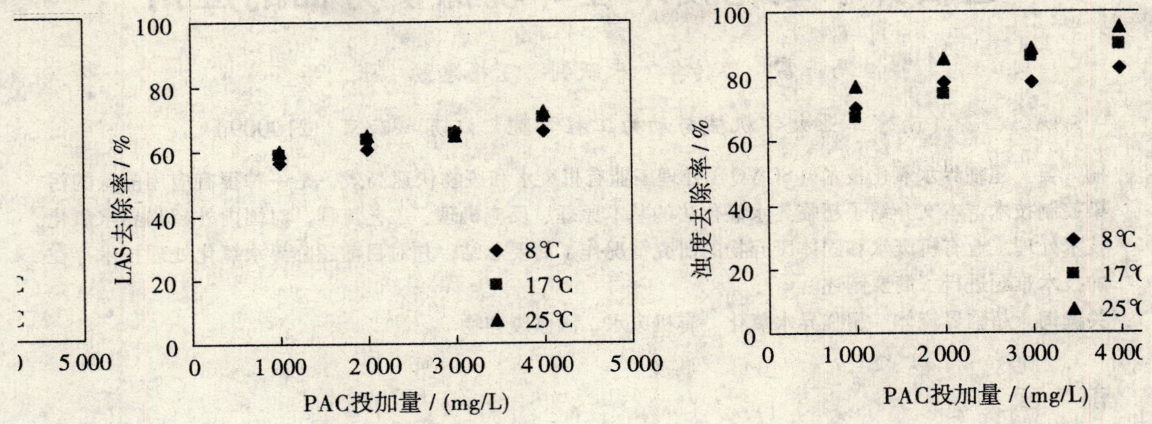

图 6 不同温度条件下 LAS 去除率的变化

图 7 不同温度条件下浊度去除率的变化

三、结 论

采用混凝沉淀工艺处理含高浓度 LAS 的某特种废水的实验结果表明：

1. CaO 是混凝沉淀效果的主要影响因子，废水中 COD_{Cr}、LAS 和浊度的去除率均随着 CaO 的投加量增加而升高，CaO 投加量宜在 2 000 ~ 3 500mg/L。

2. PAC 投加量对混凝沉淀效果影响不明显，当浓度低于 2 000mg/L 时，污染物去除率随 PAC 投加量增加而略有上升，之后污染物去除率趋于稳定，实际应用中 PAC 投加量可选择为2 000 mg/L 左右。

3. 助凝剂 PAM 的投加量对污染物去除率影响不大，但对絮体沉淀效果影响显著，加助凝剂有助于絮体的快速形成与沉淀，实际应用中，PAM 投加量宜在 10mg/L 左右。

4. 在湿法投加 PAC 的条件下，温度对废水混凝沉淀效果的影响不大。

5. 经过混凝沉淀处理后，废水中 COD_{Cr} 的去除率可以达到 60% 以上，LAS 去除率可达 70% 以上，浊度去除率可达 90% 以上，证实混凝沉淀是处理该特种洗消废水的有效方法。

参考文献

[1] Yasemin Kaya, Hulusi Barlas, Semiha Arayici. Nanofiltration of Cleaning – in – Place (CIP) wastewater in a detergent plant: Effects of pH, temperature and transmembrane pressure on flux behavior. Separation and Purification Technology, 2009, 65: 117 – 129.

[2] Víctor M. León, Abelardo Gómez – parra, and Eduardo González – Mazo. Biodegradation of linear alkylbenzene sulfonates and their degradation intermediates in seawater. Environmental Science & Technology, 2004, 38 (8): 2359 – 2367.

[3] Michael A L. River – water biodegradation of surfactants in liquid detergents and shampoos, Water Research, 1991, 25 (11): 1425 – 1429.

[4] A. Conrad, A. Cadoret, P. Corteel, P. Leroy, J. – C. Block. Adsorption/desorption of linear alkylbenzenesulfonate (LAS) and azoproteins by/from activated sludge flocs. Chemosphere, 2006, 62 (1): 53 – 60.

[5] 出云谕明．威胁人类存亡的定时炸弹——环境荷尔蒙［M］．海天出版社，1999.

[6] 水质阴离子表面活性剂的测定亚甲蓝分光光度法．中华人民共和国国家标准，GB 7494—1987.

[7] 张自杰，等．环境工程手册——水污染防治卷［M］．北京：高等教育出版社，1996.

超临界水氧化技术在环境保护方面的应用

马　雷　廖传华　朱跃钊　丁杨惠勤　张　华

（南京工业大学机械与动力工程学院　江苏　南京　210009）

摘　要　超临界水氧化技术（SCWO）处理工业有机废水和废物快速高效，是一种很有应用前景的污染控制技术。本文介绍了超临界水氧化法的基本原理、反应机理、工艺流程，对国内外超临界水氧化技术处理工业有机废水和固体废弃物的研究情况作了简要总结，并对目前超临界水氧化处理技术存在的技术难题进行了简要阐述。

关键词　超临界流体　超临界水氧化　有机废水　固体废弃物

前　言

超临界水氧化技术（Supercritical Water Oxidation，SCWO）是一种新兴的有机废物和废水处理技术。该技术在20世纪80年代中期由美国学者Modell[1]提出，成为继光催化、湿式催化氧化技术之后国内外专家的研究热点。SCWO是在水的超临界状态下，有机物在超临界水中与氧化剂发生强烈氧化反应的过程，整个过程中由于超临界水可与有机物和氧气、空气等以任意比例互溶，气液两相界面消失成为各相均一的单相体系，使本来发生的多相反应转化为单相反应，反应不会因相间转移而受到限制，从而加快了反应速度，一般只需几秒至几分钟即可将有机物彻底氧化分解，去除率可达99%以上。从理论上讲，SCWO技术适用于处理任何含有机污染物的废物：高浓度的有机废液、有机蒸汽、有机固体、有机废水、污泥、悬浮有机溶液或吸附了有机物的无机物。SCWO技术在很短的时间内将难降解的、危险的有机物彻底转化为CO_2和H_2O，将氮转化为N_2或N_2O等无害物质，将水体中的磷、氯、硫等元素氧化，以无机盐的形式从超临界水中沉积下来，实现有机有毒污染物的无害化[2]。本文介绍了超临界水氧化法的基本原理、反应机理、工艺流程，着重阐述了超临界水氧化技术在处理有机废水和有机固体废弃物方面的研究进展。

一、超临界水氧化技术的基本原理

（一）超临界水的性质

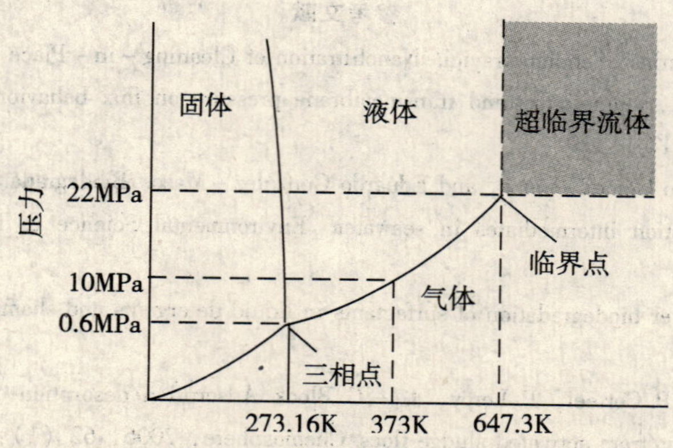

图1　水的存在状态图

水的临界温度是374.3℃，临界压力是22.05MPa，在此温度和压力之上就是超临界区，水的存在状态如图1所示。通常情况下水是不可压缩的，但超临界水（SCW）为可压缩的流体。SCW的密度接近于液体，黏度与气体接近，扩散系数大约是液体的100倍，SCW既具有液体的溶解性，又具有气体的传递性，SCW 的介电常数大大降低，此时水表现得更像一种非极性溶剂。水在超临界状态与有机污染物可以任意比例互溶，而无机盐类的溶解度很低，可以固体形式被分离出来[3]。

（二）超临界水氧化的反应机理

实际工业废水中含有多种有机物，其超临界水氧化过程同时受多种因素影响，是一种极其复杂的反应过程。即使是单一的有机物，在水热氧化过程中也会形成多种中间产物，这些中间产物的反应机理也相当复杂。从反应类型看，尽管氧化反应是主要的，但水解、热解、脱水、聚合、异构化等反应也同时发生。在不同的条件下，这些反应所起的作用不同，所占的比重也不同。在氧化反应中，对给定的有机物，氧化剂种类既影响反应机理，又影响反应路径。两种常用的氧化剂是氧气和双氧水。当用氧气作氧化剂时，总过程主要包括以下两个步骤：氧从气相中向液相的传质过程和溶解氧与水中污染物之间的化学反应。在加压情况下，氧的传质速率增大，通过搅拌也可减少传质阻力。在多相催化固定床反应器中，传质过程可能成为限速步骤。Li[4] 等人研究认为当向超临界水中通入氧时，活泼的氧进攻有机物分子中较弱的 C－H 键，产生一个很重要的自由基 $HO_2\cdot$，有机物中的 H 生成 H_2O_2，H_2O_2 进一步分解为亲电性很强的自由基 $HO\cdot$，$HO\cdot$ 与含 H 有机物作用生成自由基 $R\cdot$，$R\cdot$ 与氧作用生成过氧化自由基 $ROO\cdot$，$ROO\cdot$ 进一步获取 H 原子生成过氧化物，过氧化物通常分解成分子较小的化合物，如此循环，直到生成 CO_2，H_2O，N_2 等无害物质。有机物中的 S、Cl、P 等元素则生成硫酸盐、食盐、磷酸盐等盐类溶解于水中排出，而金属则生成氧化物，基本上完全分解成为无害的 CO_2 和溶解性盐类[5]。

$$RH + O_2 \rightarrow R\cdot + HO_2 \tag{1}$$

$$RH + HO_2\cdot \rightarrow R\cdot + H_2O_2 \tag{2}$$

$$H_2O_2 + M \rightarrow 2HO\cdot \tag{3}$$

$$HO\cdot + RH \rightarrow R\cdot + H_2O \tag{4}$$

$$R\cdot + O_2 \rightarrow ROO\cdot \tag{5}$$

$$ROO\cdot + RH \rightarrow ROOH + R\cdot \tag{6}$$

式（3）中 M 为界面。

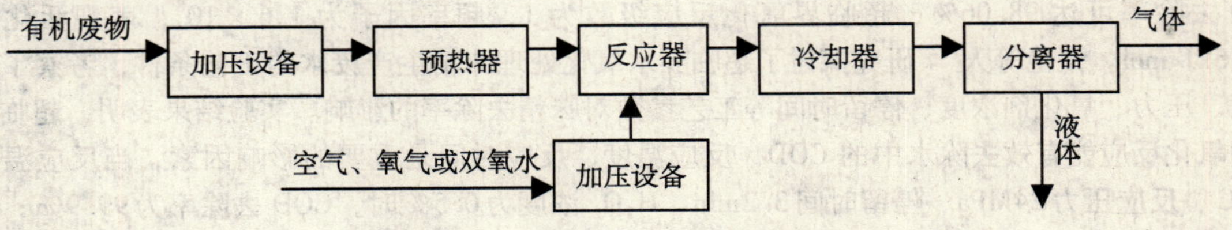

图 2　超临界水氧化的简易工艺流程图

（三）超临界水氧化的简易工艺流程

超临界水氧化反应的氧化剂可以是纯氧气、空气或过氧化氢等。在实际运行中，使用纯氧气可大大减少反应器的体积，降低设备投资，但氧化剂成本提高；使用空气作为氧化剂，虽运行成本降低，但反应器等的体积加大，相应增加了设备投资及电力消耗；使用过氧化氢作氧化剂，反应器体积减小，但氧化剂成本提高，氧化能力变差。

工艺过程简述如下：首先，用污水泵将污水压入预热器预热，在此与一般循环反应物直接混合并加热提高温度后进入反应器，再用压缩机将空气或氧气增压打入反应器。有害有机物与氧在超临界水中迅速反应使有机物完全氧化，如有机物浓度足够，氧化释放出的热量足以将反应器内的所有物料加热至超临界状态，在均相条件下使有机物进行反应。离开反应器的物料冷却后进入分离器，在此将反应中生成的无机盐等固体物料从流体相中沉淀析出。

（四）超临界水氧化的优点

与传统处理生活、工业废物的各种技术相比，SCWO 法具有以下突出的优点：①有机组分在适当的温度、压力下能被完全分解成 CO_2、H_2O、N_2、SO_4^{2-} 等无机组分，分解率可达 99% 以上，无中间产物，无二次污染；②适用范围广，可用于处理各种有毒难降解有机物；③氧化反应为均相反应，反应速度快，停留时间短（ < 1min）；④反应为放热反应，在有机物含量 > 2% 时，可依靠反应自身的氧化放热来维持反应的进行；⑤无机组分和盐类在超临界水中的溶解度极低，使反应过程中的分离变得容易。

二、超临界水氧化在环保方面的应用

（一）处理有机废水

国内从 20 世纪 90 年代中期开始开展超临界水氧化处理废水、废液的研究。漆新华等人[6]用超临界水氧化法对苯胺废水处理进行了研究，发现在 500℃、25MPa、反应 35s 后，总有机碳的去除率为 99% 以上，而且有机碳的去除率随原始浓度的增加而提高。向波涛等人[7]对含硫废水进行了处理，发现当 S^{2-} 在 522mg/L 时，在 723.2K、26MPa、氧硫质量比为 3.47、反应空时约为 17s 时，可将废水中的 S^{2-} 氧化成为 SO_4^{2-} 从而全部除去，S^{2-} 的去除效率和完全氧化率受反应时间、压力、温度和氧硫比的影响较大，增加反应时间、压力和氧硫比可明显提高 S^{2-} 的去除率。姚华等人[8]对芳香族废水进行处理，发现随着反应器压力的增大、温度的升高有利于硝基苯的转化，在 500℃以下，提高压力比增加温度更有利于提高转化率。林春绵等人[9]对氧乐果农药废水进行了处理，发现在 390℃、24.1MPa 时，其 COD 去除率分别为 62.2% 和 71.4%，并分析了超临界水氧化去除率的影响因素及反应动力学。鞠美庭等人[10]用 0.5～3L/h 的连续式超临界水氧化装置处理不同的高浓度有机废液，发现增大压力、加大反应时间和提高温度可增大 COD 的去除率，反应速度常数也随压力的升高而增大。颜婉茹等人[11]研究了超临界水氧化处理水中活性染料雅格素藏青 - R - 150% 的工艺条件，考察了反应温度、压力、停留时间、氧化剂用量等工艺参数对水中雅格素藏青 - R - 150% 去除率的影响。实验结果表明，超临界水中的氧化反应能有效去除水中的 COD（或 TOC），在 380℃、25MPa，停留时间 3.2min 的条件下，其 COD 去除率可达 98.06%，超临界氧化反应级数为 1，频率因子为 1.6×10^8，表观活化能为 96.36kJ/mol。张艳等人[12]研究探讨了超临界水氧化处理味精生产废水的工艺条件，考察了反应温度、压力、氧化剂浓度、停留时间等工艺参数对味精去除率的影响。实验结果表明，超临界水中的氧化反应能有效去除水中的 COD，反应温度、反应时间是重要的影响因素，当反应温度为 380℃、反应压力 24MPa、停留时间 3.2min、H_2O_2 浓度为 0.5% 时，COD 去除率为 99.9%；水质指标完全达到国家颁布的 GB 19431—2004 味精工业污染物排放标准。戴航等人[13]在超临界水反应系统中对造纸废水进行了研究，对总有机物浓度（TOC）高达 135 372mg/L 的废水，以 H_2O_2 氧化剂，超临界条件对废水中的有机物降解作用明显，TOC 去除率接近 100%。造纸废水中的主要成分是木质素等纤维类物质，在一定的温度下可裂解，生成 CO、CO_2 和一些小分子化合物，添加氧化剂对造纸废水降解起着重要的作用，不添加氧化剂，反应后的液体呈淡黄色，TOC 的去除率较低，有大量的气体产生，并带有烟草气味，而添加适当氧化剂后，反应后的液体清澈透明，TOC 几乎完全去除。另外，彭英利等人[14]采用 SCWO 法对含氰废水和农药废水进行了实验研究。

（二）处理有机固体废弃物

许多剧毒、有害的固体废物采用其他高温氧化或生化法处理都无法降解，而采用超临界水氧化处理可达到预期的目的。李锦统等人[15]采用超临界水氧化法处理氨基乙二肟、氨基氰和密胺等剧毒化合物时，发现上述污染物在超临界状态下均可氧化成 CO_2 和 NH_3 等无害气体。孟令辉等人[16]进行了利用超临界水氧化法分解塑料的研究，发现在超临界状态下反应30min后，塑料几乎完全分解，生成对苯二甲酸、乙二醇。但随着反应温度的上升，乙二醇的生成量有所下降，易产生二次分解。采用甲醇作为超临界流体分解塑料废物，发现分解率和回收率可达到100%。Chen等人[17]采用超临界水和超临界CO_2对天然橡胶和废橡胶进行了降解研究，通过调整反应时间能控制橡胶降解产物的相对分子质量在$10^3 \sim 10^4$。废橡胶降解产物为70%左右的有机组分和30%左右的炭黑，天然橡胶降解产物为均匀的有机物液体，几乎无炭黑生成。昝元峰等人[18]采用自建的间歇式SCWO装置处理城市污泥。实验结果表明，在26MPa、420℃、反应时间155s和投加过量氧化剂（质量分数为325%）的条件下，处理后反应液中COD小于10mg/L，金属盐和泥沙等沉积于反应器中，最终残余固体产物的容积仅为浓缩污泥容积的1.2%左右。新井邦夫等人[19]采用超临界水分解纤维素，从活化能角度对加水分解和热分解进行了对比。实验结果表明，在超临界状态下温度越高，加水分解反应速率越快；压力越大，纤维素的分解速率越快，生成的葡萄糖越多，在反应温度400℃、反应压力35MPa的条件下，反应25min时葡萄糖的收率可达75%，若采用酸催化反应得不到如此高的收率。佐古猛[20]利用SCWO处理城市垃圾焚烧飞灰中的二恶英，可将二恶英几乎100%去除。

三、超临界水氧化存在的问题

（一）设备的腐蚀及其改进措施

由于超临界水氧化反应的高温、高压、强氧化、酸性气氛等条件，而且设备接触的对象都是各种废水，成分极其复杂，设备材料在高温高压下极易腐蚀，高浓度的溶解氧、低pH及一些无机离子均可使设备腐蚀加剧，要解决腐蚀问题，首先须解决反应器内胆材料的耐腐蚀性能。在反应器材质方面，需要用钛-镍合金等特殊材料制造反应设备，如美国的阿拉莫斯实验室选用镍合金C-276作为制造反应器的材料；也有人选用类金刚石和陶瓷作为冷却器和反应器的内壁材料[21]。对于连续式反应器，由于废水中含有P、Cl、S的有机物，经超临界水氧化处理后产生的酸会对冷却器壁造成严重的腐蚀，对此可以在物料经反应区进入冷却段时向其中加入一定量碱性溶液进行中和，以减少对容器的腐蚀。

（二）管道堵塞问题及其应对措施

在超临界水氧化过程中，废水中的有害有机物均溶解在超临界水中被迅速氧化，废物中的C、H元素转化为CO、H_2O、CO_2等无毒的物质，Cl、P、S和金属元素化合成盐析出。由于无机盐在超临界水中的溶解度很小，所以在超临界水氧化过程中会有盐沉淀析出。这些盐的黏度很大，会导致换热率降低，增加系统压降，严重时会造成反应器堵塞，因此需要定期用酸进行清洗。为防止无机盐的沉淀堵塞，可向流体中加入Na_2PO_4。美国Sandia实验室正在建设一种具有渗透壁的超临界水氧化反应器，该反应器通过由纯超临界水构成的保护层来减轻堵塞问题和腐蚀问题[22]。

（三）热量传递问题

超临界水氧化反应处理前后，水的物理、化学性质变化很大，在超临界水氧化过程中也必须考虑临界点附近的热量传递问题。在超临界状态下，水的运动黏度很低，温度升高时对流增强，因此反应器中主要以对流传热为主，若有良好的传热条件，可促进反应进行，提高反应效率。此外，SCWO的高温、高压条件所带来的高能耗、高投资问题也急需解决。

四、结束语

超临界水氧化技术是一种有效的废水处理技术，在处理工业污水、城市污水、有机固体废弃物方面发展潜力很大，尤其对高浓度、成分复杂的有机废水和污泥的处理具有潜在的使用价值和广阔的应用。作为一种对环境友好的废水处理技术，尽管 SCWO 的有效性和优越性毋庸置疑，其应用基础已经基本形成，但要使其从实验室走向工业化，仍有许多技术上的难题，如盐沉淀、腐蚀及对设备要求高等。相信随着科学技术的发展，该方法必将得到广泛的应用。

参考文献

[1] MODELL M. Using supercritical water to destroy tough waters [J]. Chemical Week, 1982, 4: 21-26.

[2] Aymonier C, Gratias A, mercadier J, et al. Global reaction heat of acetic acid oxidation in supercritical water [J]. Supercritical Flui, 2001, 21 (3): 219-226.

[3] 刘占孟．超临界水氧化技术应用研究进展［J］．邢台职业技术学院学报，2008，25（1）：1-4.

[4] 廖传华，朱廷风．超临界流体与环境治理［M］．北京：中国石化出版社，2007.

[5] Brock E E, Savage P E. Detailed Chemical Kinetics Model for Supercritical Water Oxidation of Cl compounds and H_2 [J]. AIChE J 1995, 41 (8): 1974-1988.

[6] 漆新华，庄源益，袁有才，等．超临界水氧化处理苯胺废水［J］．环境污染与控制，2001，23（2）：56-58.

[7] 向波涛，王涛，刘军，等．超临界水氧化法处理含硫废水研究［J］．化工环保，1999，19（2）：49-75.

[8] 姚华，吴素芳，陈丰秋，等．超临界水氧化含芳香族有机物废水的研究［J］．化学反应工程与工艺，2000，16（3）：301-308.

[9] 林春绵，方建平，袁细宁，等．超临界水氧化法降解氧乐果的研究［J］．中国环境科学，2000，20（4）：305-308.

[10] 鞠美庭，冯成武．连续式超临界水氧化装置处理有机废液的应用研究［J］．水处理技术，2002，22（11）：35-37.

[11] 颜婉茹，牛古丹，张艳．含染料废水的超临界水氧化工艺及动力学分析［J］．哈尔滨理工大学学报，2007，12（4）：123-126.

[12] 张艳，颜婉茹，等．超临界水氧化法处理味精生产废水的工艺研究［J］．化学工程师，2007，（7）：13-16.

[13] 戴航，黄卫红，等．超临界水氧化法处理造纸废水的初步研究［J］．工业水处理，2000，20（8）：23-25.

[14] 马承愚，姜安玺，彭英利．超临界流体技术在环境科学中的应用进展［J］．现代化工，2002，22（11）：17-20.

[15] 李锦统，BrillT. B. 某些剧毒有机物废料在高温超临界水中处理实验［J］．环境科学，1998，19（4）：43-46.

[16] 孟令辉，白永平，冯立群，等．超临界方法在塑料分解回收中的应用［J］．中国塑料，1999，13（9）：76-82.

[17] Chen D T, Perman C A, Riechert M E, et a1.. Depolymerization of tire and natural rubber using supercritical fluids [J]. Hazard Material, 1995, 44 (1): 53-60.

[18] 昝元峰，王树众，林宗虎，等．超临界水氧化工艺处理城市污泥［J］．中国给水排水，2004，20（9）：9-12.

[19] 新井邦夫，石井幹太．超临界流体の溶媒特性の解明とその高度な工学的利用．1993.

[20] 佐古猛ら．超临界流体老用を用いた环境クリーン化技术［J］．1997（2）．

[21] DYER R B, BUELOW S J. Destruction of explosives and rocket fuels by supercritical water oxidation [C]. 16th Annual Army Environmental R&D Symposium, 1992, 6: 23-28.

[22] HAROLDSEN B L, ARIIZUMI D Y, MILLS S E, et al.. Transpiring wall supercritical water oxidation test reactor design report NTIS repot: SAND — 96~8213 [Z]. Livermore: Sandia National Lads. 1996.

氮掺杂纳米二氧化钛光催化降解甲基橙染料废水

李元豪[1]　沈　翔[1,2]

（1. 武汉市环境监测中心站　武汉市新华下路12号　430015；
2. 中国地质大学材料科学与化学工程学院　武汉市鲁磨路388号　430074）

摘　要　以尿素为氮源采用溶胶－凝胶法制备了氮掺杂锐钛矿型纳米 TiO_2 光催化剂。TEM 图像显示制备的样品的平均粒径在 20nm 左右。紫外－可见漫反射分析表明 N 掺杂使催化剂的吸收带边红移至 550nm 的可见光区域。以 500W 氙灯为辐照光源用自制光催化反应器降解甲基橙染料溶液，研究了催化剂用量、染料初始浓度和环境 pH 变化对甲基橙降解率的影响，同时考察了催化剂在太阳光下的催化活性。结果表明，催化剂用量为 2g/L，溶液 pH 为 2.74，初始浓度为 10mg/L 的甲基橙在氙灯光照 30min 后降解率为 100%，自然光照 120min 后降解率达 95.4%。

关键词　氮掺杂 TiO_2　甲基橙　太阳光催化

引　言

我国染料工业具有小批量、多品种的特点，废水间歇性排放，水质水量变化范围大。废水组分复杂，毒性大，浓度较高，废水中的有机组分大多以芳烃及杂环化合物为母体，并带有显色基团（如 $-N=N-$、$-N=O$）及极性基团（如 $-SO_3Na$、$-OH$、$-NH_2$），严重危害生态环境。由于染料生产品种多，并朝着抗光解、抗氧化、抗生物氧化方向发展，从而使染料废水处理难度加大。甲基橙是一种较难降解的有色化合物，在酸性和碱性条件下的偶氮和醌式结构是化合物的主体结构，选择其作为染料模型化合物，具有一定的代表性。

以 TiO_2 为基础的多相光催化氧化效率较高，无二次污染，是有前途的一种脱色方法[1-2]。然而 TiO_2 只能被紫外光激发，太阳光中大部分的可见光未被利用。因此，探索利用取之不尽、用之不竭的太阳能来降解水环境中的有机污染物成为研究热点。Asahi 等[3]发现氮替代少量的晶格氧可以使 TiO_2 的带隙变窄，在可见光下具有良好的光催化活性，这为 TiO_2 的改性提供了一条新的途径。他们以 NH_3/Ar 的混合气体为氮源，实现了 TiO_2 气相法掺 N，但该法需要二次焙烧，对样品的光催化活性不利。Ihara 等[4]以浓氨水为氮源，$Ti(SO_4)_2$ 为钛源通过液相沉淀法制备了 N 掺杂 TiO_2，但该法需要清洗 SO_4^{2-}，繁琐的洗涤工序容易造成掺杂 N 源的流失。Chen 等[5]将自制的 TiO_2 粉末与氨水混合后，采用机械化学法进行研磨，所得产物经 110℃空气干燥后即得氮掺杂 TiO_2 光催化剂。机械化学法虽然设备易得、操作简便，但在研磨过程中对产物微结构的调控较为困难。但由于 TiO_2 的晶形结构稳定，采用该方法对 TiO_2 进行 N 掺杂效果不十分理想。此外，磁控溅射法[6]、脉冲激光沉积法[7]等掺 N 方式也有报道，但这些合成设备昂贵，增加了催化剂制备成本。溶胶－凝胶技术[8,9]是一种简单有效、成本较低廉的制备掺 N 二氧化钛光催化剂的新工艺，也是未来应用的发展方向。

本文以尿素为氮源，采用溶胶－凝胶法一步合成氮掺杂纳米 TiO_2（N/TiO_2）光催化剂；用自制的光催化反应器研究了 N/TiO_2 的光催化性能，探讨了在太阳光辐照下催化剂用量、甲基橙初始浓度、溶液 pH 对降解率的影响，以期为掺氮纳米 TiO_2 的光催化实际应用提供依据。

一、试验材料的制备及方法

（一）催化剂的制备与表征

将 5ml 钛酸丁酯和一定量尿素（摩尔比 $N/Ti=0.5$）溶解到 20ml 无水乙醇中，超声处理

0.5h，得到A液；另量取20ml无水乙醇，加入一定量盐酸和蒸馏水，超声处理0.5h，得到B液。强力搅拌下将B液逐滴加到A液中，滴加完后继续搅拌2h，陈化过夜，80℃真空干燥得氮掺杂TiO_2干凝胶。将干凝胶在450℃下焙烧2h，得到氮掺杂TiO_2黄色粉末。

采用X'Pert PRO DY2198型X-射线衍射仪测试样品的晶相。通过Scherrer公式[10]：

$$D = 0.89\lambda/(\beta\cos\theta)$$

式中：λ为X射线波长（$\lambda = 0.15406\text{nm}$）；$\beta$为衍射峰半高宽；$\theta$为衍射角，估算样品粒径。用Tecnai G220型透射电子显微镜观察样品的形貌及粒径大小。

用Lambda35型紫外可见分光光度计测试样品的光吸收性能（$BaSO_4$为参比）。以高压氙灯（500W，北京天脉恒辉光源电器有限公司）为模拟太阳光源。

（二）光催化降解试验

室内试验：实验装置为自制的夹套式光催化反应器，玻璃反应器外壁包裹上铝箔以消除外界光的影响，同时提高氙灯光源的利用率。将光催化剂与150ml甲基橙溶液装入反应器中，用鼓气装置鼓入空气，使光催化剂与甲基橙溶液充分混合，鼓气30min后开启高压氙灯对溶液进行光照。室外试验：将光催化剂和150ml甲基橙溶液装入250ml烧杯中，暗处磁力搅拌30min后用初夏中午的自然光对溶液进行辐照。间隔一定时间取样，高速离心后取上清液，用分光光度计于464nm处测量其吸光度。甲基橙降解率通过下式计算：

$$\text{降解率} = \frac{A_0 - A_t}{A_0} \times 100\%$$

式中：A_0为甲基橙初始吸光度；A_t为反应时间为t时甲基橙的吸光度。

二、结果与讨论

（一）材料表征

1. XRD和TEM分析

用X-射线衍射仪表征了样品的晶相，其晶相与TiO_2及P25（商业纳米二氧化钛，含锐钛矿和金红石两种晶相的二氧化钛，平均晶粒尺寸25纳米）相比较，结果见图1。对比标准谱图JCPDS 84-1286可知，纯TiO_2和N/TiO_2经过450℃晶化后均为锐钛矿型TiO_2，掺杂氮后没有形成新的物相。通过Scherrer公式估算N/TiO_2的粒径为19.7nm。为了进一步了解样品的形貌特征及粒径，对N/TiO_2做了TEM测试，见图2。结果表明，样品颗粒呈球状或类球状，纳米粒子相对分散性比较好，颗粒平均粒径约为20nm，与XRD计算结果基本一致。

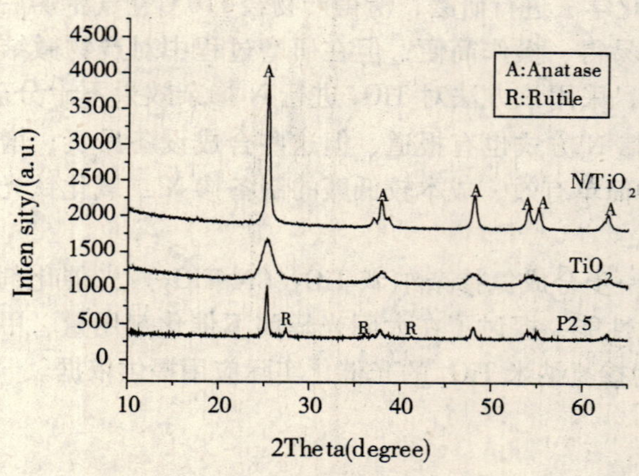

图1 N/TiO_2，TiO_2与P25的XRD图谱

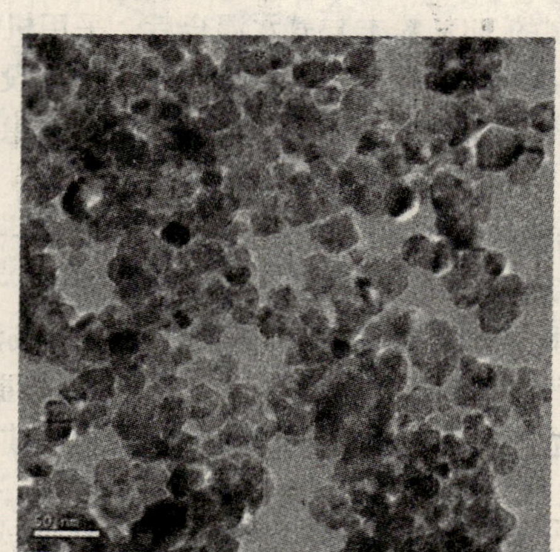

图2 N/TiO_2的TEM图

2. UV－vis 漫反射分析

本实验制备的 TiO_2 为白色粉末，而 N/TiO_2 粉末呈黄色。通常固体颜色由其吸收边位置所决定，吸收边向长波方向移动可导致固体在可见光区产生吸收而产生颜色。Jansen 等[11]曾指出，金属氧化物中 O 被 N 取代后能形成后一种氮氧化物的特殊物质，该物质呈现特殊黄色。故认为 N/TiO_2 呈现的黄色可能是由于 N 掺杂的缘故。

对自制的纯 TiO_2 和 N/TiO_2 进行了 200～700nm 波长区间的紫外可见漫反射测试，结果见图3。如图 3 所示，TiO_2 和 N/TiO_2 在紫外区都有强烈的吸收，且 N/TiO_2 的吸收强于 TiO_2，而 N/TiO_2 的光谱吸收边发生了明显的红移，且在 380～550nm 之间出现了两个拐点。第一个拐点与 TiO_2 本身的能带结构有关；而第二拐点的出现表明 TiO_2 出现新的能级结构，即 N 离子掺杂导致 TiO_2 晶格发生局部微变，形成一个禁带宽度较小的新能级，而新能级在 λ≥380nm 的光照射下就能发生电子跃迁[12,13]。

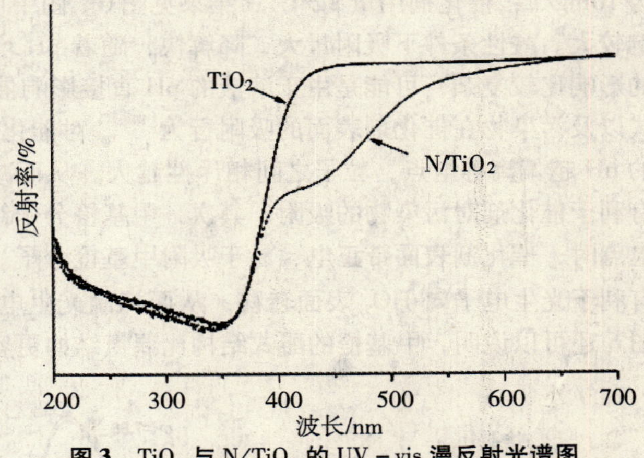

图 3　TiO_2 与 N/TiO_2 的 UV－vis 漫反射光谱图

（二）光催化降解甲基橙

1. 催化剂用量

在溶液自然 pH（pH＝5.65）条件下，考察催化剂用量对甲基橙降解率的影响（甲基橙浓度为 10mg/L），结果见图 4。从图中可以看出催化剂最佳用量为 2.0g/L。随着催化剂用量的增加，降解率迅速提高。这是由于催化剂用量增加，活性部位也就增加，提高了降解率。但当加入过量催化剂时，降解率并未提高，反而下降。这是由于催化剂颗粒对光有散射作用，过高浓度的催化剂不利于光在溶液中的穿透，降低了光的利用率。

2. 甲基橙初始浓度

在溶液自然 pH 条件下，考察甲基橙初始浓度对降解率的影响（催化剂用量 2g/L），结果见图 5。从图 5 中可以看出，随着甲基橙初始浓度的增加，降解率逐渐下降。初始浓度与降解率反相关是由于浓度越高光穿透溶液的能力就越弱，能参与光催化反应的光子数量减少；另外，浓度越高，更多的溶质质点被吸附在催化剂表面导致活性部位减少，不利于光催化反应的进行。

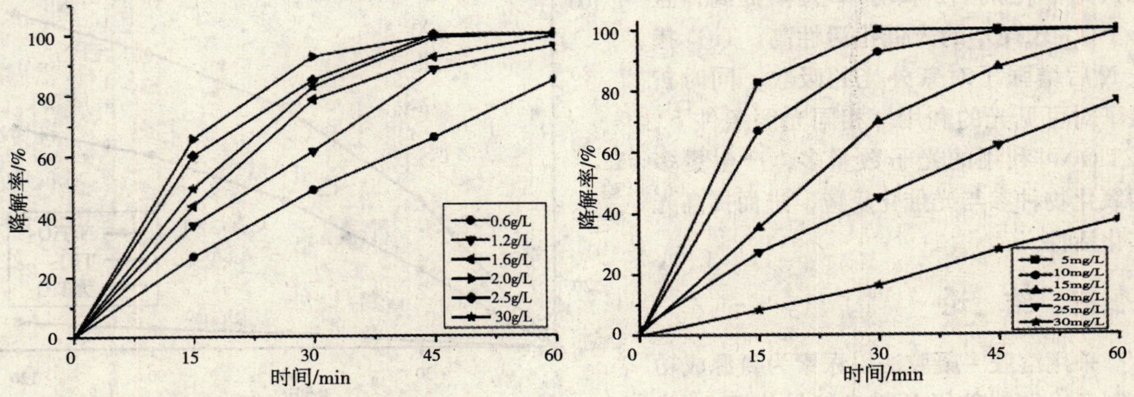

图 4　催化剂用量对甲基橙降解率的影响

图 5　甲基橙初始浓度对降解率的影响

3. 溶液 pH

甲基橙的分子结构和颜色均随溶液 pH 的变化而不同，可表示为：

$(H_3C)_2\overset{+}{N}$=⟨醌环⟩=N—NH—⟨苯环⟩—SO_3^- $\underset{H^+}{\overset{OH^-}{\rightleftharpoons}}$ $(H_3C)_2N$—⟨苯环⟩—N=N—⟨苯环⟩—SO_3^-

红色（醌式）　　　　黄色（偶氮式）

用稀硝酸和氢氧化钠溶液调节甲基橙溶液的初始 pH，考察 pH 对反应的影响（甲基橙浓度为 10mg/L，催化剂用量 2g/L），结果见图 6。图中可以看出，甲基橙溶液初始 pH 对降解效果影响较大。酸性条件下吸附量大，降解快，随着 pH 增大，降解速度变慢。溶液 pH 对光催化过程的影响比较复杂，可能是由于溶液的 pH 直接影响催化剂表面所带电荷的性质，污染物的存在形式以及污染物在催化剂表面的吸附行为[14]。对催化剂 N/TiO_2 来说，其等电点约为 6，因此溶液的 pH 越偏离等电点，粒子之间相斥性越大，从而减少了粒子间的团聚，增大催化剂比表面积，有利于催化剂对污染物的吸附。其次，甲基橙分子结构中有带负电的磺酸基，当溶液 pH 低于等电点时，催化剂表面带正电，易于吸附甲基橙分子。另外，当 pH 较小时，TiO_2 表面质子化，这有利于光生电子向 TiO_2 表面转移，从而抑制光生电子和空穴的复合，进而提高光催化活性[15]。图 6 还可以说明，甲基橙的醌式结构比偶氮结构更容易降解。

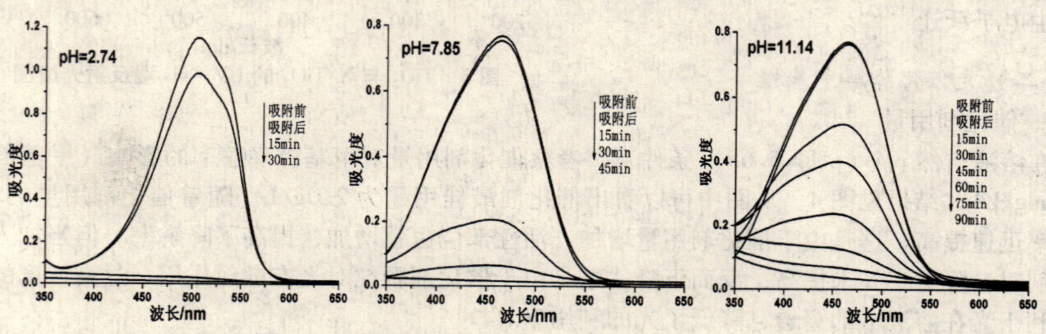

图 6　不同酸度下的降解情况

4. 样品在太阳光照下的光催化活性

在最佳降解条件下，考察样品在太阳光光照下的光催化活性，结果见图 7。图 7 中可以看出，在没有光催化剂的情况下，甲基橙有轻微的降解，这是由于太阳光中紫外光对其的破坏。当加入光催化剂后，降解率大幅提高，且 N/TiO_2 比 TiO_2 的光催化活性高。TiO_2 掺杂 N 后增强了对紫外光的吸收，同时扩展了对可见光的利用。相同光照条件下，N/TiO_2 可利用的光子数量多，产生更多的氧化物种参与光催化反应，进而提高光催化活性。

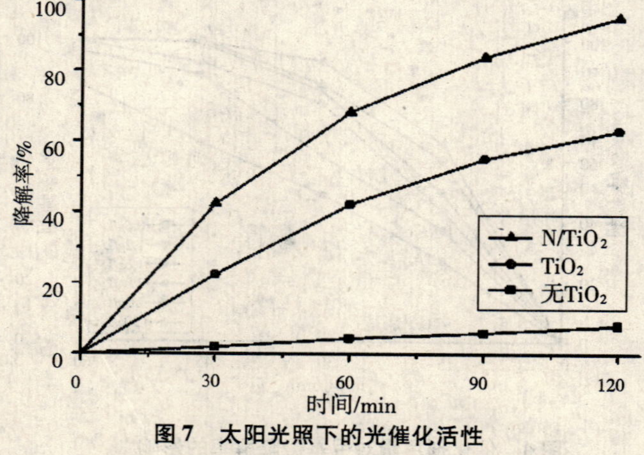

图 7　太阳光照下的光催化活性

三、结　论

采用溶胶－凝胶法以尿素为氮源成功地制备出纯钛矿相 N 掺杂锐纳米 TiO_2 光催化剂。在催化剂用量为 2g/L，溶液 pH 为 2.74，甲基橙初始浓度为 10mg/L 的条件下，合成的催化剂显示了好的可见光催化性能。制备

的掺氮 TiO_2 适用于浓度较低的甲基橙染料废水处理，酸性环境下的降解效果优于中性和碱性下的效果。掺氮 TiO_2 能更有效地利用清洁的太阳光作为激发光源，具有良好的应用前景。

参考文献

[1] Deng X Y, Yue Y H, Gao Z. Gas – phase photo – oxidation of organic compounds over nanosized TiO_2 photocatalysts by various preparations [J]. Applied Catalysis B: Environmental, 2002, 39 (2): 135 – 147.

[2] 陈鹏宇，张旭，吴峰，等. TiO_2 光催化降解水中对乙酰氨基酚的研究［J］. 安全与环境工程，2007，14 (3): 41 – 42.

[3] Asahi R, Morikawa T, Ohwaki T, et al. Visible – light photocatalysis in nitrogen – doped titanium oxides [J]. Science. 2001, 293 (5528): 269 – 271.

[4] Ihara T, Miyoshi M, Iriyama Y, et al. Visible – light – active titanium oxide photocatalyst realized by an oxygen – deficient structure and by nitrogen doping [J]. Applied Catalysis B: Environmental. 2003, 42 (4): 403 – 409.

[5] Chen S F, Chen L, Gao S, et al. The preparation of nitrogen – doped photocatalyst $TiO_{2-x}N_x$ by ball milling [J]. Chemical Physics Letters. 2005, 413 (4/6): 404 – 409.

[6] Chen S, Zhang P, Zhuang D, et al. Investigation of nitrogen doped TiO_2 photocatalytic films prepared by reactive magnetron sputtering [J]. Catalysis Communications. 2004, 5 (11): 677 – 680.

[7] Suda Y, Kawasaki H, Ueda T, et al. Preparation of high quality nitrogen doped TiO_2 thin film as a photocatalyst using a pulsed laser deposition method [J]. Thin Solid Films. 2004, 453 – 454, 162 – 166.

[8] Parida K M, Sahu N, Biswal N R, et al. Preparation, characterization, and photocatalytic activity of sulfate – modified titania for degradation of methyl orange under visible light [J]. Journal of Colloid and Interface Science. 2008, 318: 231 – 237.

[9] Gombac V, De Rogatis L, Gasparotto A, et al. TiO2 nanopowders doped with boron and nitrogen for photocatalytic applications. Chemical Physics. 2007, 339: 111 – 123.

[10] 孙剑辉，祁巧艳，杨明耀. 纳米 TiO_2/AC 光催化降解罗丹明 B 废水的研究［J］. 工业水处理，2005，25 (6): 37 – 39.

[11] Jansen M, Letschert H P. Inorganic yellow – red pigments without toxic metals [J]. Nature. 2000, 404: 980 – 982.

[12] Gandhe A R, Naik S P, Fernandes J B. Selective synthesis of N – doped mesoporous TiO_2 phases having enhanced photocatalytic activity [J]. Microporous and Mesoporous Materials. 2005, 87 (2): 103 – 109.

[13] 刘守新，陈孝云，李晓辉. N 掺杂 TiO_2 形态结构及光催化活性的影响［J］. 无机化学学报，2008，24 (2): 253 – 259.

[14] 杨英杰，陈建林，王仪春，等. Bi_2WO_6 催化剂的合成和表征及其光催化活性［J］. 化工环保，2007，27 (6): 501 – 505.

[15] 李青松，高乃云，马晓雁，等. TiO_2 光催化降解水中内分泌干扰物 17β – 雌二醇［J］. 环境科学，2007，28 (1): 120 – 125.

高速公路服务区污水处理技术研究

莫　苹

（招商局重庆交通科研设计院有限公司　重庆市南岸区学府大道33号　400067）

摘　要　本文介绍了高速公路服务区污水水质、水量等特点，总结了国内高速公路服务区常用的污水处理工艺和技术，并讨论了不同的处理工艺、设备选择和管理。

关键词　高速公路　服务区污水　处理工艺

一、高速公路服务区污水来源

高速公路服务区污水按来源可分为厨房排出的污水、卫生间排出的污水和洗车废水3类[1]。与其他污水相比，公路服务区污水有其自身的特点，其中以卫生间冲厕用水量最大，占40%以上，粪便污水、餐饮洗涤废水和加油站清洗废水的水质和水量较为稳定，而洗车废水水质和水量变化较大，常受货物种类和雨雪天气影响[2]。同时高速公路服务区污水水质还具有以下特点：悬浮物、氨氮浓度较高，其他污染物如表面活性剂、碳氢化合物、蛋白质、动植物油和磷的化合物、微生物和无机盐等的含量与生活污水接近[3]。

根据2002年交通部对部分省份高速公路的生活污水处理设施的调查表明，生活污水处理设施存在很多问题，主要表现在污水处理工艺乱、施工和施工监理及维护管理不规范、出水水质达标率不高、缺乏专业的管理人员、缺乏必要的监测控制环节[4]。鉴于上述问题，服务区污水虽已经过处理但水质仍难以得到保证。同时由于服务区的污水终端排放点大多为农田或鱼塘，污水在没有达标的情况下排放极易形成附近区域的二次污染，导致农田歉收、鱼类死亡等。由此看来，目前亟须一种运行简单、维护管理方便、工艺成熟的高速公路服务区污水处理工艺。

二、高速公路服务区常用污水处理技术

（一）国外进展

多年来，我国污水处理实业的重心一直在城市污水的处理上，但随着经济的飞速发展以及人口的增加和聚居，分散型生活污水已成为影响河流、湖泊水体水质的重要因素之一，是面源污染控制的首要任务，于是小型污水处理被提到议程上来。

在欧洲和北美有20%～80%的人口利用小型污水处理系统，欧美国家中稳定塘特别应用于小型污水处理，日本从1977年以来，分散型污水处理的普及率已达到相当水平，全国大约有700万套小型生活污水净化装置在使用之中[5]。日本近年来为了减少氮、磷营养盐类的排放，控制水域富营养化的产生，各地纷纷对过去采用标准活性污泥法的二级生化处理的污水处理工艺进行改造，采用厌氧、好氧活性污泥法[6]；澳大利亚开发了一种“过滤、土地处理与暗管排水相结合的污水再利用系统”，称为“FILTER”高效、持续性污水灌溉技术，它利用污水进行作物灌溉，通过灌溉土地护理后，再利用地下暗管将其汇集和排出；捷克专家根据当地的实际情况，在总结过去生物处理污水经验的基础上，研究开发了R－AN－D－N生物处理技术[7]。

（二）国内进展

我国各地的高速公路服务区都不同程度地投资建设了污水处理设施，污水处理方式主要有以下几种：早期建设的高速公路多采用化粪池进行处理，20世纪90年代后期建设的高速公路多采用地埋式一体化污水处理设施，另外还有SBR（Sequencing Batch Reactor）工艺处理、人工快渗技术以及与生物反应器相结合的膜生物反应器（Membrane Bioreactor，MBR）和移动床生物膜反

应器（Moving Bed Biofilm Reactor，MBBR）等。

1. 化粪池

北方大部分地区如陕西、山西、辽宁等省份多采用普通化粪池作为服务区污水处理设施，化粪池处理效果不理想，出水水质较差，一般仅能达到《污水综合排放标准》（GB 8978—1996）三级标准，且存在爆炸安全隐患[8]。

2. 地埋式一体化污水处理设施

目前很多服务区污水主要采用该种污水处理装置进行处理，该类装置的处理工艺流程如图1所示。

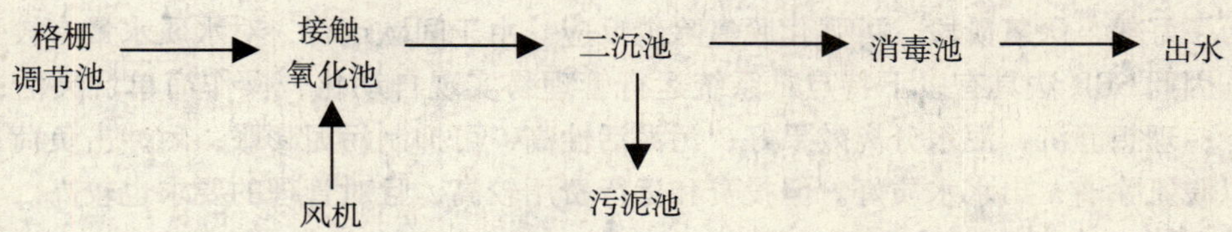

图1　地埋式一体化生化处理设备流程图

该种工艺与普通的活性污泥法相比具有以下优点：停留时间短、体积负荷短、抗冲击能力强、剩余污泥产量少、不会发生活性污泥法中常出现的故障——污泥膨胀[9]、运行模式简单。一体化污水处理设施在产品设计合理、运行正常的情况下，出水一般都能达到《污水综合排放标准》（GB 8978—1996）一级标准。

虽然本法是目前高速公路服务区污水处理采用最多的一种方法，但它也存在以下明显的缺陷：不能适应污水来源的变化，虽然可以设置调节池予以均化，但增加了投资且收效不大，特别是在水质变化大的情况下；可控制的变量太少，不利于为适应运行情况变化所需的调整；受异重流、短流等因素影响，二沉池不是理想静沉；生物填料需定期更换，费用大，操作繁琐。该类装置受污水量和运行管理因素影响较大，污水处理率和处理效果得不到长期保证。

3. 人工快渗技术

人工快渗污水处理系统由是由深港产学研环境技术中心、中国地质大学（北京）与北京大学深圳研究生院联合开发的、具有自主知识产权的新型污水处理工艺[10]。该技术具有建设和运营成本低、运行稳定、建设周期短、出水效果好的优点。其处理流程如图2所示。

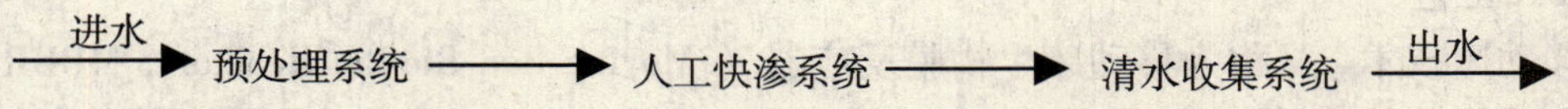

进水 → 预处理系统 → 人工快渗系统 → 清水收集系统 → 出水

图2　人工快渗系统工艺流程

与常规的活性污泥法比较，人工快渗系统具有如下特点：不产生活性污泥，省去活性污泥的处理费用，不会造成因活性污泥处置不当而引起对环境的二次污染；建设投资费用省，以万吨级污水处理厂常规工艺为例，一般吨水投资费用约为800～900元；运行费用低，是一般活性污泥法的三分之一，直接运行成本约0.2元/吨；出水效果优于传统活性污泥法，一般均可达到城镇污水处理厂出水一级A或B标准；便于操作，易于管理和维护，系统简单，对操作人员学历素质要求不高；抗冲击负荷强，可以处理COD小于600mg/L的生活污水；CRI系统停止运行较长时间后，经3～5天的翻晒保养即可迅速恢复正常运行。

4. SBR法

SBR工艺是一种将初沉、反应和二沉各工艺放在同一反应器中交替进行的间歇性的活性污泥法工艺[3]，其处理工艺流程见图3。

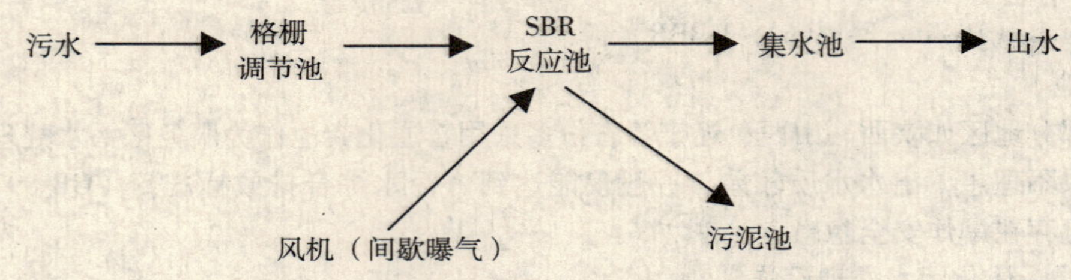

图 3　SBR 处理工艺流程图

污染物的降解主要发生在进水期和反应期，适合于小水量、分散污染源的治理。污染物随时间顺序经历了好氧、厌氧阶段，可强化脱氮除磷反应。由于间歇运行，对水质水量有较强的抗冲击负荷性。因此 SBR 法具有以下特点：系统运行管理易实现自动化，操作简单、灵活；造价低廉、占地少；理想静沉，泥水分离效果好；污泥活性高，可抑制污泥膨胀；耐冲击负荷；运行费用低；可以脱氮除磷，出水水质好。但投资和运行费用较高，且对管理的要求也较高。

5. MBR 工艺

随着膜生产技术的提高和生产成本的降低，MBR（Membrane Bioreactor）作为一种新型高效污水处理技术在国际上受到了广泛关注[2]。

膜生物反应器是一种由膜分离单元与生物处理单元相结合的新型水处理技术，以膜处理过程取代重力沉降过程，不论固体颗粒的沉降性能如何，均可完成固液分离过程，并且可以避免因生物体流失而造成的系统失效，在低温时也能维持高处理能力。其工艺流程图如图 4 所示。

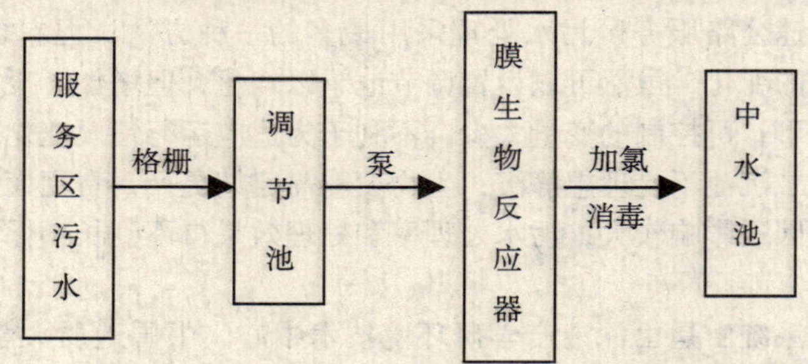

图 4　MBR 工艺流程图

6. MBBR 工艺

生物移动床技术，又称为移动床生物膜反应器（Moving Bed Biofilm Reactor，MBBR），是在生物滤池和流化床的工艺基础上开发的有机废水处理新技术，是生长生物膜的载体层在废水中不断流动的生物接触氧化法[2]。主要原理是污水连续经过装有移动填料的反应器，在填料上形成生物膜，生物膜上微生物大量繁殖，起到净化污水的作用。与一般的接触氧化法相比，移动床生物膜反应器具有如下的特点：①填料无须安装，减少投资，日常检修维护方便；②不易产生堵塞，水头损失少；③填料的填充量少，节省填料投资，保证了充足的水处理空间；④投加悬浮填料，可以改善充氧效果，提高充氧的效率，从而减少设备投资和运行费用；⑤有利于生物膜的更新，浮球借助于水力冲击和相互间的碰撞进行生物膜的更新，从而保证了生物膜的活性。以该工艺为主体工艺的工艺流程图见图 5。

7. 生态填料土地处理技术

生态填料土地处理系统[5]是在原日本土地处理系统的基础上改进的一种新型生态处理技术。生态填料土地处理系统的基本原理是利用薄膜在地下围成一个生物滤池，利用通气性土壤作为好氧性填料，将厌氧化的生活污水引进草坪下 25cm 左右，通过由干管、支管组成的布水系统，均匀地由通气性土壤向下渗滤。污水首先滞留到厌氧沙盘，通过“表面张力作用”上升，越过沙盘的堰之后，再通过虹吸现象连续地向下层土壤渗透并流出生物滤池。在上述渗滤过程中，水与污染物分离，水被渗滤，污染物通过物理化学吸附作用被截留在土壤中，由土壤中的好氧微生物降解，其降解物再由草坪等作物所利用，出水作为中水回用。其主体工艺流程如图6所示。

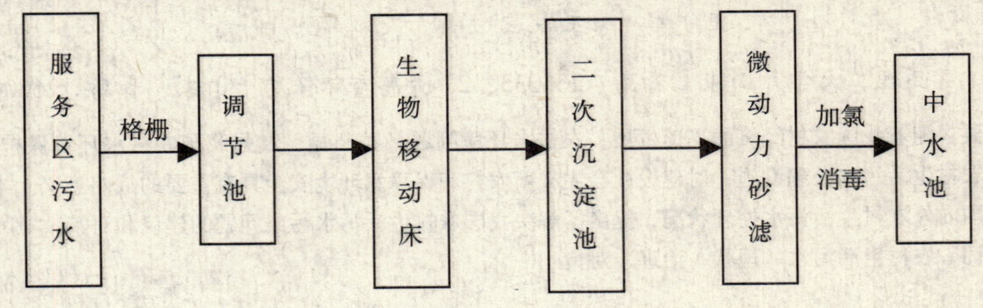

图5　MBBR 工艺流程图

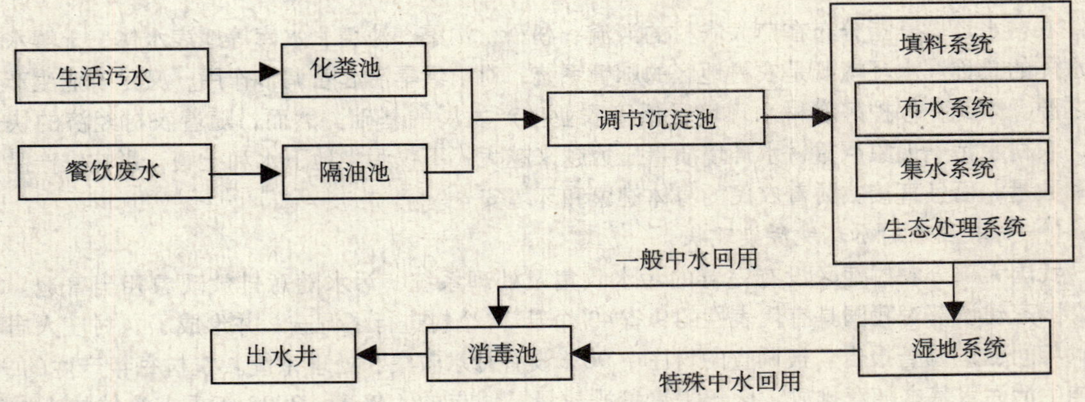

图6　生态填料土地处理技术工艺流程

三、结　论

高速公路服务区污水具有水量变化大，污水水质除悬浮物、氨氮浓度较高外，其他各指标与生活污水相似的特点。服务区污水处理应在对服务区污水水质、处理要求以及各种处理方法的不同特点进行综合考虑的基础上，选取不同的处理工艺以达到更好的处理效果。同时应在保证处理后出水水质达标的前提下，以高效低耗处理为原则。

参考文献

[1] 孙杰，蔡泽武．厌氧—ICEAS 工艺处理高速公路服务区高浓度生活污水［J］．武汉科技学院学报，2004，17（5）：35－38.

[2] 朱玉峰，邢奕，等．高速公路服务区污水回用技术探讨［J］．公路交通科技，2006（12）：138－140.

[3] 陈肖飞，林新斌．高速公路服务区污水处理现状与对策［J］．现代交通技术，2007，4（1）：88－91.

[4] 孙宁．高速公路服务区污水回收设计及处理工艺［J］．工程与建设，2008，22（6）：799－800.

[5] 孙乔宝，甄晓云，等．云南安楚高速公路沿线服务区污水生态处理组合技术研究与应用［J］．公路交通科技，2007（12）：34－36.

[6] 宋吉明．日本当前污水生物处理技术的动向、课题及展望［J］．环境科技，1991（4）：82－83.

[7] 郭建．捷克开发出污水处理新技术［J］．全球科技经济瞭望，2004（11）：63－64.

[8] 杨文娟．高速公路服务区污水生物接触氧化处理技术研究［D］．长安大学硕士学位论文，2006.

[9] 李颖，陈迎．城市生活污水地埋式一体化处理工艺现状［J］．宁波工程学院学报，2005，17（2）：14－18.

[10] 何红涛．人工快渗污水处理系统水力负荷周期的设计［J］．地学前缘，2005，12（Suppl）：49－54.

关于我国农村生活污水治理对策的研究

王　军[1,2]　王淑燕[1]　郑　飞[1]　翟　帆[1]

（1. 青岛理工大学　山东　青岛　266033；2. 青岛市环保局　山东　青岛　266003）

摘　要　随着我国农村经济的迅速发展，农村水环境问题日益凸显，加强我国农村水环境保护工作，完善农村生活污水处理设施，对建设社会主义新农村和保障水环境安全具有重要的战略意义。本文分析了国内外农村生活污水处理状况，提出了解决我国农村生活污水污染问题的建议和对策。

关键词　农村生活污水　现状　治理　对策

一、我国农村水环境状况

农村水环境是指分布在广大农村的河流、湖沼、沟渠、池塘、水库等地表水体、土壤水和地下水体的总称。水环境既是农村地区的脉管系统，对雨洪旱涝起着调节作用，又是农业生产的生命之源。因此，保护好农村水环境是保障农业生产发展的基础。然而，随着农村经济的快速发展，农村水污染现象严重，水环境质量压力越来越大，不仅污染地下水和土壤，影响农产品的质量和数量，而且直接威胁着农民的身体健康和环境安全。

（一）我国农村水环境污染现状

我国大部分农村地区没有完善的污水收集及处理系统，污水随意排放现象相当普遍。2005年，国家建设部对我国具有代表性的9省43个县74个村进行了调查，并形成了《村庄人居环境现状与问题》调查报告。被调查的村庄中96%没有污水收集和处理系统。农村每年产生的90多亿吨生活污水基本随意排放，化学需氧量排放量是城市的4倍多。2005年重点流域的小城镇和农村地区化学需氧量和氨氮排放量见表1。

表1　2005年重点流域的小城镇和农村地区化学需氧量和氨氮排放量　单位：万吨/年

	淮河	海河	辽河	巢湖	滇池	黄河	松花江	三峡库区	太湖
COD	93.3	45.1	18.4	4.6	0.19	50.1	25.8	134.9	8.7
NH_3-N	11.6	5.3	2.6	0.54	0.02	6.5	3.2	12.4	1.1

由表1中对太湖、巢湖、滇池“三湖”富营养化成因分析结果表明，造成上述水域水体富营养化的主要污染源来自生活污水和农田的氮、磷流失，工业废水的贡献率仅为10%～16%。由此可见，农村生活污水的随意排放严重污染了农村地区水环境，而且破坏了农村地区的生态环境。

（二）我国农村生活污水处理现状

近20年来，我国城镇污水处理厂的建设力度不断加大，污水处理率不断提高，城市水环境质量得到有效改善。但是，我国农村地区人口数量多、密度低、分布广，经济发展水平相对滞后，污水处理设施建设起步较晚。农村现采用的污水处理技术大多数沿袭城市污水处理厂建设思路和标准，符合农村地区特点的低成本、易管理的土地及生物处理技术较少，农村污水处理技术和政策支撑体系不完善，农村生活污水处理设施评价体系尚未建立。此外，农村地区缺少污水处理设施运行的专业管理人员，管理不到位，难以保证农村生活污水处理设施的正常运转；受电费、管理费及人工费等资金难以落实等因素的影响，一些污水处理设施存在“建得起、转不起”的尴尬局面。农村地区的水环境现状及污水处理现状令人担忧。

二、农村生活污水治理面临的主要问题

（一）法规政策层面

虽然近年来我国部分省市在农村地区进行了一批水污染处理设施的试点建设，并取得了一些经验，但是农村水环境污染整体恶化的趋势并没有得到改善，总体形势依然很严峻。我国现行的水环境相关法律法规和规章制度，大多是针对工业和城市而制定的，难以满足新农村建设的水环境管理要求。《城镇污水处理厂污染物排放标准》对城镇污水处理厂的污染物排放浓度进行了规范，但尚未出台农村生活污水处理的相关标准等规范。

此外，充足的资金保障体系建设也是完善农村水污染治理设施建设及运行管理的重要因素之一。由于资金保障体系不健全，导致农村地区环境基础设施建设严重滞后，有些村庄的污水处理设施建成后，没有建立相应的设施运行资金保障渠道而导致设施不能连续运行。

（二）体制机制层面

目前我国农村环境管理机构严重匮乏，环境保护职责权限分割与污染防治的要求不相适应，基本没有形成有效的农村环境监管和统计工作体系。现行的环境管理机构是建立在城市和重点工业污染源防治基础上的，对农村污染及其特点分析不够，加之农村环境污染治理设施建设滞后于农村现代化进程，导致其在解决农村环境问题上不仅力量薄弱、手段落后而且效果较差。我国环境行政管理体制最基层的执行组织是设在县级政府内的环保行政主管部门及建设、水利、林业和农业等其他相关行政机构内，职能交叉重叠现象严重。虽然有些县（市）政府开始在乡镇一级设立环保机构，但主要工作重心也是针对乡镇的工业企业，而且管理手段落后，长期以来并没有真正成为农村环保的主力军。至于广大农村生产生活产生的面源污染，政府的环保管理更是鞭长莫及，管理体制亟待完善。

（三）技术层面

随着经济社会的发展、人民生活水平的提高和生活方式的转变，农村地区呈现出污水排放量大、成分复杂且排放集中的发展态势。从全国总体来看，建立大型的污水管网收集系统和污水处理厂集中处理农村生活污水，投资大、管理费用高、技术复杂，不适合在农村地区推广。按照自然净化原理设计的分散式污水处理模式管道敷设距离短、投资省，处理设施基建费用低、维护费用少，污水处理后可回用于农业生产及生态用水，适合在农村地区推广应用。我国分散式污水处理技术的研究起步较晚，需要加大科研资金投入力度，加快技术研发、示范及推广应用的步伐。

三、国外分散式农村生活污水处理发展现状

20世纪70年代以来，处于后工业化时期的发达国家水污染防治和水环境保护的重点已由点源污染治理转向农村水污染治理，农村水环境改善的相关研究和实践日益受到重视。美国、日本及欧洲各国的农村污水分散处理普遍采用生物处理法或土地处理技术，处理技术及管理方法相对比较成熟，可以为我国农村污水治理提供借鉴。

（一）美国

20世纪60年代，威斯康星州为改善密歇根湖的水环境质量，采用分散式污水处理系统对沿湖流域的污染源进行治理。威斯康星州将密歇根湖汇水流域沿途的村、镇分割成若干小区域，在每个区域内采用毛细管自然净化法、氧化塘、人工湿地等自然处理系统或生化系统将污水处理后排入密歇根湖中，从而改善了每个区域的水环境质量，降低了入河污染物总量，有效缓解了密歇根湖的富营养化问题。

据统计，美国已经安装了约2500万套分散式污水处理系统，约有1/4的人口和1/3的新建社区在使用分散式污水处理设施，污水处理量达到1700米^3/天。美国的氧化塘总数也已超过

7000 座。氧化塘具有管理简单、节能低耗、投资和运行费用低的优点，但是水力负荷较小，占地面积大；污水处理效果易受季节、气温、光照等自然条件的影响；防渗处理不当，易污染地下水；表层处理技术不到位，有时会散逸出臭味，同时孳生蚊蝇。

（二）日本

日本战后工业的高速发展呈现出高耗水的特点，而封闭性水域的富营养化进一步加剧了淡水资源短缺的危机。富营养化的主要原因是生活污水未经处理直接汇入封闭性水域，生活污水的污染负荷约占总负荷的 60%。针对这一情况，日本采取了一系列积极有效的措施，并投入大量资金建设生活污水处理设施。

1. 政策方面

为了加速城乡一体化，规范和管理农村地区的卫生、建设与环境保护，日本建立了有别于城市污水处理厂的农村污水治理的法律体系，并建立了一套政府主导、公众广泛参与的实施体系。日本对城市和农村分别采用不同的污水治理对策，城镇人口在 5 万人以上或者人口密度大于 40 人/hm^2 的集中居住区适用法律为《下水道法》，其它农村地区主要适用《净化槽法》。

2. 体制方面

日本的农村污水治理工作由政府行政主管部门主导，企业以及行业性机构共同承担，各基层行政单位（市、町、村）以及家庭是农村污水治理的责任主体。有关责任主体在设置污水治理设施时首先需要获得都、道、府、县（相当于我国的省级行政区）或市政府的批准。作为第三方的行业机构在污水分散处理中政策及技术方案制定中担负很重要的角色。此外，行业协会和专业性培训机构，在开展污水分散处理技术的研发、推广、宣传普及、专业人才培养等方面作出了很大贡献，每年都培养出大量的合格技术人员和管理人员。

3. 技术方面

日本生活污水处理方式基本上有 3 种类型，包括公共下水道（集中式规模化污水处理设施）、农业村庄排水设施和合并处理净化槽，三者的行政管理主管部门不同，采用的标准与技术也有很大区别。日本生活污水处理的事业主体、处理规模及管理主体等情况见表 2。

表 2　日本生活污水处理分类等情况一览表

事业名称	主管部门	处理对象人口	管理主体
公共下水道	国土交通省	1000 ~ 10000 人	地方自治体
农村村庄排水	农林水产省	1000 人以下	地方自治体
净化槽	环境省	5 人	以住户为基本单位

由表 2 可见，日本公共下水道处理方法服务人口较多，覆盖范围大，但设施投资大，需要高度专业人员管理；农村村庄排水设施是指在广大的农村地区，将分散的农户生活废水进行管网收集，再经过集中式污水处理设施进行处理，其特点是处理水量较城市规模化污水处理设施小，需要建设的污水收集管网相对较少；净化槽处理方式则将产生的全部生活废水经过净化槽进行处理，处理设施单位为一栋楼或几户居民。净化槽技术具有安装方便、操作简单、出水水质好的优点，在日本得到了普及推广。

四、我国农村生活污水防治对策建议

（一）完善农村环境保护法律法规，发挥政府的主导作用

目前，我国农村污水处理技术政策和法规亟待完善。由于缺少政策法规和技术规范的支持，农村小型污水处理设施完全沿用大中型污水处理厂的标准，不符合农村实际情况。应在推进城乡

一体化、农村现代化进程中加强农村环境治理的标准体系建设，不断完善农村水环境相关的法律法规体系，提高技术规范的指导能力。同时，应强化农村水污染防治规划，明确工作目标与重点方向，将农村水环境保护切实纳入各级政府目标考核内容。

在新农村建设中，要强化政府的主导作用，在加大环保基础设施资金投入力度，改善农村生态环境质量方面，应更加体现出宽严相济的引导政策，发挥好政府的领军作用。对经济欠发达和不发达地区，严重危害农村居民健康、群众反映强烈的突出环境问题，要通过“以奖促治”，事前给予财政资金补助，采取有力措施进行整治，重在解决突出问题；对已开展生态示范建设、生态环境质量达标村镇，要通过“以奖代补”，事后给予财政资金奖励，重在巩固和提高治理成效。对城乡结合部的村庄，应以建设单元式污水处理设施与敷设排水管网并举，将污水接入已有的市政管网和集中处理设施，推进污水的治理及资源化。

（二）完善农村环境管理机制，创新水资源管理模式

坚持以城带乡、以镇带村。将农村水环境保护工作尽快纳入城乡统筹的范畴。加大农村环保管理体系的能力建设，逐步实现城乡环保一体化。建立完善的以各级政府财政支持为主体，引导农村集体和农民投入，工商企业及社会团体等其他社会资本共同参与的农村污水治理资金投入渠道。落实生态补偿等政策，不断提高“以奖促治”政策实施的规范化程度，健全组织管理、资金投入、协调合作等方面的长效机制，保证政策的长期、稳定、有效实施。加大财政资金的转移支付力度，明确解决农村水环境问题的资金渠道和责任，并从价格、税收、信贷、保险等方面制定系列绿色优惠政策，完善农村污水集中处理设施建设和运行的资金保障机制。

（三）因地制宜开展技术创新，完善农村污水处理设施标准化建设

农村生活污水处理设施应具有抗冲击负荷能力强，宜就近单独建设，就地处理污水并最大限度回用的特点；应加大投入开展技术创新，充分考虑占地面积小、基建投资省、运行费用少、能耗低、易管理的技术工艺。同时要考虑到氮、磷对水体的影响，加大力度研发具有脱氮除磷能力的污水处理工艺；应根据我国实际，综合考虑各地经济发展水平、受纳水体情况、污水排放量、处理工艺及污染减排需求等各种因素，以支持地方经济发展、改善水环境质量和削减污水排放总量为工作目标，针对不同地区的实际情况灵活制定具有针对性的农村地区污水排放设施技术规范。

我国农村生活污水的治理工作起步较晚，农村生活污水治理的技术和经验不十分成熟，应积极借鉴国外先进理念、经验和技术，结合我国农村实际情况，采取有针对性的污水治理措施，以解决量大面广的农村生活污水污染问题，维护农民环境权益，促进农村地区早日走上生产发展、生活富裕、生态良好的发展道路。

参考文献

[1] 赵华林，黄小赠，张震宇．日本水污染物总量控制技术政策及对小城镇分散型污水处理的思考［J］．环境保护，2008，(15)：70－72.

[2] 王军．循环经济的理论与研究方法［M］．北京：经济日报出版社，2007：335－347.

[3] 陈吕军．中国农村分散型污水处理技术与对策［D］．中日合作污染物总量控制及小城镇分散型污水处理理论与实践国际研讨会论文集，2009：12－24.

[4] H. Ohmori，T. Yahashi. Treatment performance of newly developed johkasous with membrane separation. Water Science and Technology. 2000，41（10－11）：197－204.

[5] USEPA. Waste water treatment/disposal for small communities（EPA/625/R－92/005）. 1992.

[6] 新见证 有水疆．污水的土壤净化法研究总论［M］．共立速记印刷株式会社，1977.

[7] 刘保森，王军，汤大伟．新农村建设中生活污水零排放战略的思考［C］．青岛市第七届学术年会论文集，2008：166－168.

集约化畜禽养殖废水的资源化与综合利用

裴建川　何　善　冯　磊　郝梅芳

（杭州伍特立派尔环境科技有限公司　浙江杭州市学院路50号1117A室　310012）

摘　要　随着畜禽养殖业的快速发展，集约化畜禽养殖废水已经成为我国农村面源污染的主要来源。本文主要介绍了发达国家对畜禽养殖废水资源化的成功经验，提出了中国农村利用厌氧发酵技术处理该类废水，从而达到资源化的目的。

关键词　集约化畜禽养殖废水　厌氧发酵技术　资源化　综合利用

一、引　言

随着中国经济的快速发展，人民的生活水平也逐渐提高，对畜禽产品的需求也日渐增大，从而促进了畜禽养殖业的稳步发展，特别是集约化畜禽养殖业的大量出现，带动了农村经济的发展，但同时也给环境带来了日渐严重的污染问题。同时，畜禽养殖废水又是一种宝贵的可再生资源。因此，实现畜禽养殖废水的资源化和综合利用是当务之急。

二、国外集约化畜禽养殖废水的资源化体系

国外鼓励推行好氧堆肥和沼气工程相结合的技术体系来处理该类废水。如德国使用牛、猪场的大量粪便，作为厌氧消化的基质[1]，同时德国已经利用和开发可再生能源发电技术[2]。德国沼气协会估计，到2020年总装机将达到9500MW。

根据2004年加拿大统计部门公布的数据，2001年，全加拿大平均有37.8%的粪便经过好氧堆肥处理，在Alberta省高达60.2%[3]。在种植季节，产生的粪便污水经过处理后直接还田达到利用，基本没有污染物的排放。

英国人均沼气产量居欧洲第一，以前英国是欧洲生产与利用沼气最多的国家，处于欧洲沼气的领头羊位置，2006年被德国取代。英国沼气工程主要是利用人和动物的各种有机废物，通过微生物厌氧消化产生甲烷。其产生的甲烷可以替代整个英国25%的煤气消耗量。

荷兰在有机废水厌氧消化领域处于世界领先地位。但是，其农场沼气工程发展缓慢。2005年联合消化的沼气工程还不到10座，2007年年初，已经达到50家，但是集中式沼气工程大规模的发展仍然存在困难，并且需要时间。沼气主要并入天然气网作为燃气。

三、中国集约化畜禽养殖废水的污染现状

近年来，中国农村集约化畜禽养殖业得到了较快发展。其中至少2/3以上的畜禽粪便未得到利用就直接排放，畜禽废水的主要污染物排放量大大高于工业废水和生活污水的主要污染物排放量。这种高浓度有机废水直接排入或随雨水冲刷进入江河湖库，大量消耗水体中的溶解氧，使水体变黑变臭。水体中含有的大量N、P等营养物是造成水体富营养化的重要原因之一。高浓度污水还可导致土壤孔隙堵塞，造成土壤透气、透水性下降及板结、盐化，严重降低土壤质量，甚至伤害农作物，造成农作物减产和死亡[4]。

四、技术的选择

畜禽养殖业的发展，特别是集约化养殖的高速发展，使畜禽养殖业的特点发生了巨大的变化，即由过去的分散经营、饲养头数少，主要转变为现在的集中经营、饲养头数多，这种经营模

式主要分布在农区。

废水再利用作为节约用水、解决废水出路的有效途径已经被许多国家和地区所重视。已有的研究证明，养猪粪便废水含有植物所需的大量营养元素，可以有效地提高土壤肥力和增加作物产量，可以部分或全部代替矿质肥料[5]。可见，畜禽养殖废水是一种宝贵的资源。

针对我国农村集约化畜禽养殖废水的情况，大部分养殖场由于资金和技术缺乏均未对畜禽养殖废水做有效处理。根据中国农村的具体情况，采用厌氧发酵技术对该类废水进行处理，处理后的残渣具有丰富的实用价值。厌氧发酵技术是将废水集中于发酵罐中，在厌氧条件下，能够产生沼气，而剩余的沼液沼渣则可以作为良好的有机肥料和饲料。通过该技术处理后废水最终达到资源化和综合利用。

五、资源化和综合利用

通过厌氧发酵技术处理后，能够将集约化畜禽养殖废水资源化，实现综合利用的目的。这对解决我国农村畜禽养殖废水的污染问题具有重大意义，同时还能给广大农民带来良好的能源，如其产物的沼气、沼液、沼渣就是丰富的再生资源。

将沼气、沼液、沼渣（简称三沼）运用到生产过程中是降低生产成本，提高经济效益的一项技术措施。沼气系统本身的功能也日益拓宽，成为一个具有能源、生态、环保和其他社会效益的多功能综合系统。沼气本身的利用也有了很大发展，除直接发电，亦可用于焊接、储粮灭虫以及保鲜等；沼液沼渣则可以作为饲料、饵料、发展畜牧和渔业生产，还可作为肥料，生产无公害、无污染的粮、菜、果和经济作物，可替代部分农药浸种、播种、防治病虫害，可作为培养基生产食用菌，还可繁殖蚯蚓，为畜禽提供高蛋白饲料。

（一）沼气

1. 沼气可作为生活燃料，代替液化石油气用来烧水、做饭，可节约燃料费用，同时提供了清洁的能源。

2. 沼气作为气肥：厌氧发酵后产生的气体中含有一定的二氧化碳，可以促进植物的生长，增施气体肥料。

3. 沼气孵禽：沼气在燃烧过程中所放出的热量实行人工控制从而满足卵孵化所需求的温度。

4. 沼气储粮：由于沼气含氧量低，将沼气输入粮仓置换出空气，造成低氧环境，使粮中害虫窒息而死，同时抑制粮食的呼吸强度，从而达到长期储存。

（二）沼液

1. 沼液浸种：将农作物种子放在沼液中浸泡后再播种，能够更好地催芽育苗。

2. 沼液作为畜禽饲料：将沼液与饲料按照一定的比例拌和，能够提高饲料养分，加快畜禽增长。

3. 沼液叶面施肥：可调节作物生长代谢，补充营养。

（三）沼渣

1. 作基肥使用：沼渣中含有大量的磷、钾等营养元素，还含有丰富的微量元素，可促进作物的生长发育。另外，沼渣含有大量的有机质和腐殖质，能改善土壤的结构和理化性质，提高肥力。

2. 利用沼渣配置营养土：此营养土能较好地防治枯萎病和地下害虫的危害，并起到壮苗的作用。

3. 栽培食用菌：沼渣不仅营养丰富，而且质地疏松、酸碱适中，用其培养食用菌，可增产30%～50%，并提高品质[5]。

六、小　结

综上所述，解决我国集约化畜禽养殖废水的污染问题，应结合我国农村的具体情况，因地制宜，建立具有社会效益的示范工程，利用厌氧发酵技术将此废水资源化，同时将产物综合利用到种植业、养殖业、加工业以及服务业等多方面，从而改善生态环境，提高农产品的产量与质量，增加农民收入，实现农村的可持续发展。

参考文献

[1] Freier K, Dreher D. BIOGAS and Environment—An overview [M]. Heidelberg, Germany: Baier Digitaldruck inc, 2008: 6 - 8.

[2] New Regulation of renewable Energy in Electronic Power Area, Federal law 2004 Part 1 No. 40, Bonn July 31 2004.

[3] BEAULIEU M S. MANURE Management in Canada [J]. Farm Environmental management, 2004, (2) 1: 10 - 16.

[4] 陈蕊，高怀友，等．畜禽养殖废水处理技术的研究与应用［J］．农业环境科学学报，2006，25：374 - 377.

[5] 李殿富，张宏双，等．扶余县沼气综合利用模式［J］．现代农业，2007（12）：42 - 43.

垃圾渗滤液处理方法分析

王微微

（吉林省宝隆环保设备工程有限公司　长春市南关区解放大路46号
财富广场C座24层　130000）

摘　要　垃圾渗滤液污染物浓度高、毒性大、成分复杂，对生态环境和人体健康危害十分严重，是一种典型的高污染、难处理高浓度有机废水。本文概述了垃圾渗滤液的来源、水质特点以及各种处理方法，着重阐述了生化法及物化法处理垃圾渗滤液。

关键词　垃圾渗滤液　填埋场　场龄

引　言

垃圾渗滤液是在城市垃圾卫生填埋处置过程中产生的，来源主要有三个方面：一是外来水分，包括大气降水、地表水和渗入的地下水；二是垃圾受到挤压后部分初始含水的释放；三是垃圾降解过程中大量的有机物在厌氧及兼氧微生物作用下转化为水、二氧化碳和甲烷等所释放的内含水。

垃圾渗滤液为高浓度有机废水，具有BOD和COD浓度高，金属含量、氨氮含量高，有毒有害物质多，水质水量变化大，且变化无规律性，化学性质不稳定，微生物营养比例失调等特点。

渗滤液的物质成分和浓度变化很大，取决于填埋废弃物的种类、性质、填埋方式、污染物的溶出速度和化学作用、降雨状况、填埋场场龄以及填埋场结构等。由于液体在流动过程中有许多因素可能影响到渗滤液的性质，包括物理因素、化学因素以及生物因素等；其中至关重要的两个影响因素一是自然降水量，二是填埋场的年龄（场龄），故渗滤液的水质变化往往是不确定的，但却是按照其自身特定的规律，会在一个相当大的范围内波动变化。新老填埋场渗滤液的浓度变化范围的代表性特征见表1。其浓度随时间成高度的动态变化关系。填埋初期，填埋场处于产酸阶段，渗滤液中含有高浓度有机酸，挥发性有机酸占不到1%，此时BOD_5、TOC、营养物和重金属的含量均很高。随着时间的推延，填埋场处于产甲酸阶段，挥发性有机酸比例将增加，则相应的COD、BOD_5等浓度都降了下来。

表1　渗滤液随填埋场场龄而变化的水质特性

水质项目	新填埋场	5～10a（中年）	>10a（老年）
pH	<6.5	6.5～7.5	>7.5
COD/g/L	>10	<10	<5
COD/TOC	>2.7	2.0～2.7	>2.0
BOD_5/COD	0.5～0.8	0.1～0.5	<0.1

一般来说，其pH变化范围为4～9，COD_{Cr}和BOD_5浓度高，COD在2000～62000mg/L的范围内，BOD_5为60～45000mg/L，特别是在垃圾填埋场运行初期，垃圾渗滤液中的COD_{Cr}最高达到90000mg/L；渗滤液的性质及变化特征一般为：呈淡茶色或暗褐色，色度在2000度左右，有时高达4000度左右；填埋场初期pH为6～7，呈弱酸性，随着时间的推移，pH可提高到7～8，呈弱碱性；TOC浓度一般为265～2800mg/L；填埋初期，溶解性盐的浓度可达10000mg/L，同时具有相当高的钠、钙、氯化物、硫酸盐和铁。填埋6～24个月达到峰值，此后随时间的增长无机

物浓度降低；垃圾渗滤液中的悬浮物通常都不高，SS 一般多在 300mg/L 以下；垃圾渗滤液中的氨氮，以氨态为主，一般为 0.4g/L 左右，有时高达 1.7g/L，有机氮占总氮的 1/10。氨氮浓度随填埋时间的增加而相应增加，渗滤液中的氮多以氨氮形式存在，约占 TKN40% ~50%。如此高浓度的氨氮，使微生物营养元素比例严重失调，仅靠硝化细菌和反硝化细菌脱氮不仅不能去除，反而会影响处理系统的正常运行，因此，在渗滤液进入生化处理前常需用物化法脱氮。渗滤液中的盐主要为氯化物（100~4000mg/L）和磷酸盐（9~1600mg/L），在降雨量稀少的缺水地区更加严重，如果需要对渗滤液再生回用时，必须进行脱盐处理。生物处理系统中如金属离子含量过高，对微生物有强烈抑制作用。垃圾渗滤液通常有机物和氨氮含量高，而磷元素较为缺乏，其 C/P 比较大，C/N 比较小，NH_3-N 含量过高。加上碱度高，对厌氧消化不利。磷元素的缺乏也影响系统的稳定。因此，处理工艺中需在生化前进行脱氮处理，并往往需向系统投加磷等营养元素。

一、渗滤液的治理方案

垃圾渗滤液的处理技术因渗滤液的自身特点有其极为显著的特殊性，常用的处理方案有以下四种：

（一）输送合并处理方案——直接引入城市污水合并处理

渗滤液与规模适当的城市污水处理厂合并处理是最为简单的处理方案，它不仅可以节省单独建设渗滤液处理系统的大额费用，还可以降低处理成本，但这并非是普遍适用的方法。一方面，由于垃圾填埋场往往远离城市污水处理厂，渗滤液的输送将造成较大的经济负担；另一方面，由于渗滤液所特有的水质及其变化特点，在采用此种方案时，如不加控制，则易造成对城市污水处理厂的冲击负荷，影响甚至破坏城市污水处理厂的正常运行。

（二）渗滤液循环喷洒方案——用渗滤液向填埋场作循环喷洒处理

渗滤液的循环喷洒是一种较为有效的处理方案。通过回喷可提高垃圾层的含水率，由20% ~25%提高到60% ~70%，增加垃圾的湿度，增强垃圾中微生物的活性，加速产甲烷的速率、垃圾中污染物溶出及有机物的分解；还可以因喷洒过程中挥发等作用而减少渗滤液的产生量，对水量和水质起稳定化的作用，有利于废水处理系统的运行，节省费用；此外，能加速垃圾中有机物的分解，缩短填埋垃圾的稳定化进程，可使原需 15~20 年的稳定过程缩短至 2~3 年。

（三）预处理后合并方案——经预处理过的渗滤液与城市污水合并

预处理—合并处理是基于减轻进行直接混合处理时渗滤液中有害的毒物对城市污水处理厂的冲击危害而采取的一种场内外联合处理方案。渗滤液首先通过设于填埋场内的预处理设施进行处理，以去除渗滤液中的重金属离子、氨氮、色度以及 SS 等污染物质或通过厌氧处理以改善其可生化性、降低负荷，为合并处理正常运行创造良好的条件。

（四）单独系统处理方案——建设独立的场内完全处理系统

在渗滤液的处理方法中，在填埋场建设污水处理厂是将渗滤液彻底处理的最有效的方法。另外，在场内建设完全独立的处理系统，能够完全地消除渗滤液，将渗滤液的危害全部消除，是最彻底的渗滤液处理方法。

由于渗滤液的污染负荷很高，尤其是有毒有害物含量较高，因而其处理工艺系统须为多种处理方法的有机组合。目前多采用预处理→生物处理→后处理的工艺流程。

二、处理工艺选择

（一）生化处理

1. 回灌法，利用填埋场覆盖层的土壤、垃圾层的降解净化作用和终场后表面植物的吸收作用来净化渗滤水。回灌可以增加填埋层中厌氧微生物的数量以加速垃圾的发酵至稳定，减少垃圾稳定所需要的时间，最大限度地减少垃圾对环境的长期有害影响。

2. 厌氧生物处理法，是在没有氧气的情况下，以厌氧微生物为主对有机物进行降解稳定的处理方法。适宜处理磷含量较低、有机物浓度较高的垃圾渗滤液。厌氧生物处理技术有上流式厌氧污泥床反应器（UASB）、上流式厌氧过滤器（AF）、厌氧复合床反应器（UBF）、厌氧折流板反应器（ABR）、厌氧塘等。

3. 好氧生物处理法，是好氧微生物在溶解氧存在下，利用水中的胶状体、溶解性的有机物作为营养源，使之经过一系列生化反应，最终以低能位的无机物质稳定下来，达到无害化要求。好氧生物处理技术有活性污泥法、普通活性污泥法、生物膜法、间歇式活性污泥法、CASS 工艺、曝气塘等。

4. 厌氧与好氧工艺组合，厌氧处理适用于处理污染物浓度较高的废水，但出水水质不达标排放，因此常与好氧结合使用，是比较经济有效的方法。我国曾采用的组合工艺有厌氧 + 气浮 + 好氧工艺，便于管理，节省能耗，但处理效果不稳定；有 UASB + 氧化沟 + 稳定塘工艺，利用有利地形处理渗滤液；有普通活性污泥法 + 纳滤膜过滤工艺，处理效果好，但投资和运行费用高，占地面积大。

（二）物化处理

1. 混凝沉淀法：主要是通过混凝过程中的混合、凝聚、絮凝等几种作用，去除渗滤液中的悬浮物、不溶性 COD、脱色以及重金属。我国采用混凝沉淀的处理工艺有厌氧生化 + 好氧生化 + 混凝沉淀，早期使用广泛，但主要指标 COD、氨氮、色度等都不达标；有厌氧生化 + 好氧生化 + 混凝沉淀 + 化学深度处理工艺，但工艺流程长，操作条件复杂，运行费用高，处理效果不稳定。

2. 化学氧化法，主要是利用氧化还原过程使一些有害、有毒物质无害化，现在化学氧化法的主要技术有湿式氧化法、臭氧氧化法、电解氧化法、Fenton 试剂氧化法、TiO_2 光催化氧化技术、高压脉冲放电技术等。

3. 吸附法，是利用多孔性材料吸附渗滤液中的一种或几种物质从而达到去除目的的方法。常用吸附剂有活性炭、沸石、木炭等，还有通过实验认为，层间含有高价态、金属阳离子的蒙脱石对垃圾渗滤液中有机物具有较好的吸附效果。

4. 膜分离技术，是利用某些隔膜的半渗透性使溶剂与溶质或微粒分离的一种处理方法，包括电渗析、扩散渗析、反渗透、超滤和液体膜渗析等分离技术。我国采用的该技术有二级反渗透膜过滤，该工艺处理效果好，但投资和运行费用高，操作和维护复杂，在焚烧场浓缩液无法处理。

5. 氨氮的吹脱技术，主要是针对渗滤液中的氨氮浓度，利用曝气的物理方式使游离氨从水中逸出。城市生活垃圾渗滤液中高浓度氨氮不仅直接加重受纳水体的污染程度，也给整个渗滤液处理工艺带来困难，是城市垃圾渗滤液处理的一个难题，氨氮的吹脱技术是目前较可行的解决办法。我国采用氨氮的吹脱技术的渗滤液处理工艺有物化吹脱氨氮 + 蒸馏浓缩 + 冷凝液好氧生化，该工艺生化处理效果好，但存在二次污染，投资和运行费用高，蒸馏操作技术不成熟，不能工业化应用。

6. 蒸干法，利用蒸发使渗滤液中的可挥发组分分离出来，现代的典型填埋场都可以利用填埋场中产生的填埋气（LFG）作为蒸干用的热源，这被证明是可行的。

（三）其他处理方法

1. 土地处理法，利用土壤、植物系统的过滤截留、物理和化学的沉淀、吸附、分解、摄取、氧化降解、蒸发和蒸腾一系列的作用达到减少和净化垃圾渗滤液的目的。

2. 高效生物脱氮，利用好氧反硝化—硝化及短程硝化—反硝化来降低城市生活垃圾渗滤液中的氮比例，调节渗滤液中的营养比例（C: N: P），该技术将给脱氮工艺技术带来革新性变革。

3. 藻类，利用藻类植物积累吸收污染物质、消耗 N、P 等有机物的特性，从而使污水得到净化。藻类产量越高，对污水的净化效果越好。使用藻类净化渗滤液时，应根据渗滤液的理化性质，适当补充磷以促进藻类的总体净化效能。

4. 生化处理 + 纳滤膜过滤，由国外引起的城市生活垃圾渗滤液处理技术，处理效果优异，出水水质可达到饮用水标准，该技术普遍为业界接受，美中不足的是投资和运行费用较高。

三、结　语

城市生活垃圾填埋场渗滤液由于危害环境和人体健康，必须引起高度重视。因此在选择处理方案及处理工艺时，必须考虑多项因素，一是地理环境、气象条件、处理对象、处理设施；二是渗滤液特点及标准（排放标准）；三是建设投资和运行费用。但无论采用哪种方案及工艺均须在充分的经济技术比较和处理可行性研究的基础上加以合理的、慎重的选用。

参考文献

[1] 沈东升，何若，刘宏远．生活垃圾填埋生物处理技术［M］．北京：化学工业出版社，2003.

[2] 马丽丽，刘晓超．垃圾填埋场渗沥液处理技术综述．2006.

[3] 赵由力，朱青山．城市生活垃圾填埋场技术与管理手册［M］．北京：化学工业出版社，1999.

农村地区生活污水处理技术对策

李　浩[1]　王顺发[2]　熊　兵[1]　田先锋[3]

（1. 九江市环境科学研究所　江西　九江　332000；2. 江西省科学院能源研究所　江西　南昌　330029；3. 江西润阳环保设备有限公司　江西　南昌　330029）

摘　要　随着农村经济的发展，农村生活污水污染问题日益严重。在鄱阳湖生态经济区正式确立的今天，农村水环境治理工作受到前所未有的关注。在分析农村生活污水特征的基础上，阐述了三种处理模式在江西省的适用范围，综述了当前农村分散式生活污水处理技术，指出生物＋生态组合工艺是适用于江西农村生活污水治理的方向。

关键词　农村生活污水　处理模式　分散式处理　组合工艺

近年来，随着社会主义新农村建设、农村改厕工作的推广，以及抽水马桶等用水器具的日渐普及，各种洗涤剂的使用日渐增加，农村的生活污水污染环境问题日趋严峻。资料显示[1]，江西省环鄱阳湖区内人口1847万人，其中村镇人口1286万人，每年将产生农村生活污水近3亿吨，由于江西省农村地区基本上没有任何污水处理设施，绝大部分污水就近直排进入河道，最终入湖，排入氮磷总量分别达到29200吨和5840吨，对村镇水环境乃至鄱阳湖水质造成严重影响。数据显示[2]，2003年以后，鄱阳湖水质急剧下降，湖盆全年水质Ⅰ类、Ⅱ类水平均仅47.3%；Ⅲ类、劣Ⅲ类水平均52.7%（其中劣Ⅲ类水25.4%），进入中营养状态。

因此，开展农村污水治理模式研究，开发适合农村污水治理技术，是改善当前农村人居环境、提高鄱阳湖生态经济区水环境质量的重要步骤，对加快江西省城镇化进程和社会主义新农村建设具有重要的现实意义。

一、农村污水的特征

农村生活污水包括冲厕污水，洗衣、洗米、洗菜、洗澡废水等。在对鄱阳湖区域的江西湖口县、星子县、共青城等农村地区实地调查后发现，相对城市生活污水而言，农村生活污水具有产生量小（一般在人均20～30L/d）、所含有机物浓度相对偏高（COD浓度一般在人均200～300mg/L），日变化系数大（一般在3.0～5.0之间）等特点。此外，农村污水还具有氮、磷浓度高，含有大量的营养盐、细菌、病毒、寄生虫卵等显著特点，且基本无污水处理措施。

二、治理模式探讨

江西农村地区经济基础普遍较薄弱，且由于农村污水具有与城市污水相异的显著特点，因此在治理方案的选择上不能生搬硬套城市污水处理成熟的处理工艺，应根据当地具体条件采用相应治理模式，力求投资省、运行维护简单。

（一）外送处理模式

指通过管网收集各农户污水，集中接入市政污水管网，利用城镇污水处理厂处理能力实现农村生活污水外送处理的模式。该模式适用于符合高程接入条件且人口相对集中的城郊农村或工业园区配套农民公寓，具有投资省、见效快、便于管理等优点。江西鄱阳湖流域范围内的工业园区大多已建成或正在建设污水处理厂，其周边规划建设的大量农民公寓以及农村土地流转后的新型农村集中居住区是采用该模式处理的最典型地区，如九江市新港镇的大部分村落、九江县工业园农民集中区等。该模式在具体实施过程中，应充分考虑地形地势条件，并注意与城镇总体规划相衔接。

（二）相对集中处理模式

指根据自然村落农户相对集中的特点，通过管网分片收集生活污水，并集中建设污水治理设施进行处理的模式。该模式适用于江西省大部分的自然村落。在此模式下，要避免走入城镇污水治理技术的误区，之前国内很多地方都直接套用城市污水处理技术，如SBR、氧化沟、膜生物反应器等，导致污水治理设施因一次投资大、运行费用高、管理难度大等原因难以稳定运行。

（三）分散式处理模式

指针对居住相对分散农户，由一家或多家联合建设污水治理设施对生活污水进行处理的模式。该模式适用于居住相对分散，或因地势低洼等自然条件无法集中处理的农村地区。在此模式下，基于污水处理量小的特点，污水治理设施较多采用氧化塘、土地渗滤等工艺，利用自然沟渠、闲置荒地、天然池塘等设施进行改造完成，以达到节省投资的目的。

三、农村污水分散式治理技术进展

（一）土地处理技术

土地处理技术指利用土壤过滤、植物吸收和微生物分解的原理进行处理的方法，主要分为地下土壤渗滤系统、快速渗滤处理系统和人工湿地处理系统。

1. 地下土壤渗滤系统

地下土壤渗滤系统指基于自然生态原理，将污水有控制地投配到经一定构造、距离地面约50cm深和具有良好扩散性能的土层中，投配的污水缓慢通过布水管周围的碎石和砂层，在土壤毛管作用下向附近土层中扩散，使污水中的污染物质被表层土壤中的大量微生物过滤、吸附、降解。

该系统负荷低、停留时间长、水质净化效果好、工艺简单、投资少，运行费用低。地下渗滤处理系统很适用于污水管网不完备的地区，是一项处理分散排放生活污水的实用技术。洪嘉年[3]根据农村地区污水的特点，采用渗滤场工艺处理农村污水，并详细介绍了渗滤场的种类、构造、计算和注意事项，适用于居民相对分散、远离大水体、污水量小的农村地区。张建[4]等用地下渗滤处理村镇生活污水，中试结果表明，用地下渗滤处理系统对COD、氨氮、总磷和总氮有着良好的去除效果，去除率分别达到84.7%、70.0%、98.0% 和77.7% ，出水达到建设部颁发的生活杂用水水质标准。

2. 快速渗滤处理系统

快速渗滤系统是将污水有控制地投配到具有良好渗透性能的土地表面，在污水向下渗滤的过程中，在一系列物理、化学及生物的作用下，得到净化处理的一种污水土地处理工艺。

在快速渗滤系统运行中，污水是周期地向渗滤田灌水，使表层土壤处于厌氧、好氧交替运行状态。刘汉湖[5]等通过对快速渗滤系统的净化机理研究表明，系统自上而下存在好氧带、好氧厌氧交替带、厌氧带、好氧厌氧交替带，具有较高的有机物以及N、P去除效率。目前快速渗滤系统在国内已有较多应用案例，如邢台市15万t/d快速渗滤工艺污水处理厂[6]、北京通州区小堡村生活污水治理工程[7]、东莞华兴电器厂生活污水治理工程[8]等。

3. 人工湿地处理系统

该工艺主要依靠湿地系统中的植被、土壤和微生物对废水中的污染物进行吸收、过滤和分解，因不消耗动力而具有处理效率高、投资少、运行管理费用低等特点。自1990年我国建成第一个人工湿地处理系统——深圳白泥坑污水处理系统以来，人工湿地技术在我国的推广较快，在农村废水治理上也得到了广泛应用，工艺技术不断改良。

清华大学刘超翔[9]对人工湿地技术处理农村生活污水进行了系统的研究，在采用表面流和潜流式两种人工复合生态床对滇池地区低浓度农村污水进行的处理试验结果表明，表面流床体中芦苇、茭白等植物对氮、磷的吸收量要大于潜流式床体；在不同深度人工复合生态床试验结果表明[10]，在人工湿地的基础上选择最佳的植物栽种方式，并在床体内部填充多孔有较大比表面积的介质以改善湿地的水力学性能，为微生物提供更大的附着面积，能显著增强系统对污染物（尤其是氮、磷）的去除能力。孙亚兵[11]等针对农村生活污水设计了一种自动增氧型潜流人工湿地，通过在不消耗任何动力的情况下增加潜流人工湿地中的DO，提高了潜流人工湿地的脱氮效率及去除其他污染物的能力。

（二）生物处理

生物处理技术主要是通过借鉴城镇污水治理技术，研发出的小型一体化生物处理设备，可配备PLC自动控制系统，实现连续自动运行。

Carlos Augusto L[12]通过改进传统的单槽式UASB反应器，设计了一个由三个消化区、三个气相分离区和一个沉淀区组成的多槽式UASB反应器，并将之应用于小型村庄废水的处理中，较好地解决了因进水量波动造成污泥流失的问题，在实际运行中，保证了COD的去除率稳定在80%左右。浙江大学沈东升[13]等对浙江大学试验农场内的实际污水采用地埋式无动力厌氧处理技术（UUAR）进行了小试、中试研究。采用内充固定空心球状填料的地下厌氧管道式或折流式反应器为唯一处理设备，利用附着于空心球状填料内外表面或悬浮的专门驯化专性厌氧或兼氧微生物去除生活污水中的有机污染物、病原菌和部分氮、磷从而达到净化生活污水的目的。岳秀萍[14]等考察了厌氧序批式反应器（ASBR）和微氧SBR处理农村小城镇生活污水的可行性。SBR工艺因占地空间较小，相对其较好的处理效率就显得具有较好的经济性，但其运行能量消耗大的弊端限制了其在农村地区的推广应用，较为典型的工程实例为江苏武进区的农村示范工程。生物滤池因能耗低、耐冲击负荷、易实现自动化操作等特点在农村废水治理上得到了一定的应用。杨健[15]等采用厌氧水解+高负荷生物滤池工艺处理小城镇污水，通过选用具有高孔隙率的塑料滤料，实现了有效防堵塞。数据显示，当厌氧水解池水力停留时间为4h，生物滤池水力负荷为$30m^3/(m^2 \cdot d)$时，该系统COD去除率达75%～85%，BOD_5达85%～95%，SS达85%～95%，处理出水满足国家二级排放标准。

（三）生物生态组合工艺

由于村镇污水中悬浮颗粒物较多，单独采用传统的自然生态处理系统（人工湿地、土地渗滤等），易造成自然生态处理系统或土地渗滤层的堵塞[16]。而单独采用生物处理技术，又面临着处理成本高昂或处理效率不足的问题。针对农村污水低处理成本、高氮磷去除的要求，生物生态组合工艺理念应运而生。其内涵就是综合生物处理和土地处理两种方式的优势，达到优势互补、综合利用的目的。

东南大学吴磊、吕锡武[17]等采用厌氧/跌水充氧接触氧化/人工湿地组合工艺对农村废水治理进行了工程规模的试验研究。结果表明，在厌氧池水力停留时间为2d、5级跌水充氧接触氧化池总水力停留时间为2h、并采用50 cm/d的高水力负荷人工湿地的条件下，该组合工艺对COD和TN的平均去除率分别为81%和83%，对TP的平均去除率在进水TP>1.5mg/L时达82%，在进水TP<1.5mg/L时为72%。吴磊等在无锡的洛社镇陶埠槽村建设了一套采用“厌氧消化+跌水充氧接触氧化+人工湿地”组合工艺污水处理装置，设计处理水量为90t/d，总投资约10万元。该工艺的关键是跌水充氧接触氧化池，其设计的创新性在于充分利用了提升水泵的剩余水头，微动力消耗，省却了曝气所需的鼓风机动力消耗，造价低，大大简化了运行维护的复杂程度，降低了运行成本。李彬[18]等采用生物转盘/植物滤床组合工艺处理农村污水，通过回流脱氮，取得了较好效果。东南大学吴浩汀教授等研究“脉冲多层复合滤料生物滤池/人工湿地（PBF/CW）”工艺处理农村生活污水，在宜兴市大浦镇和无锡市滨湖区胡埭镇各建成一套示范工

程，取得了很好的处理效果。COD、TN 和 TP 去除率分别在 90%、95% 和 95% 以上，出水水质符合《城镇污水处理厂污染物排放标准》中的一级 B 标准。东南大学吕锡武、张承芳等[20]研究采用自回流生物转盘与水生植物滤床组合技术处理太湖湖区农村生活废水，在宜兴市大浦镇湖滨新村建成一日处理 5 吨废水的试验装置。试验研究表明，生物转盘可以有效完成有机物降解、硝化作用，水生植物滤床系统能进一步去除氮、磷等污染物。南京大学李军状[21]等采用蚯蚓生态滤池技术对太湖流域农村生活污水处理进行现场试验研究。通过对蚯蚓同化容量与污染负荷进行单因素分析，得出蚯蚓生态滤池处理农村生活污水的运行参数与运行方式，并据此进行连续运行试验。结果表明，在表面水力负荷 $1m^3/(m^2 \cdot d)$、湿干比（布水时间和落干时间之比）1∶3、蚯蚓负荷（以单位体积填料中蚯蚓的质量计）12. 5 g/ L 的条件下，蚯蚓生态滤池处理农村生活污水具有可行性与高效性，单级系统的 COD、总氮、氨氮和总磷的去除率分别在 81%、66%、82% 和 89% 左右。李松[22]等采用人工湿地/稳定塘工艺在浙江淳安县建设了一套日处理 40 吨农村生活污水的示范工程。总投资仅为 4 万元，出水水质达到国家一级排放标准。向速林[23]采用生物接触氧化与人工湿地相结合的组合工艺对农村生活污水进行了处理试验研究，并探讨了不同负荷对该工艺处理效果的影响。结果表明，组合工艺对农村生活污水具有良好的处理效果，工艺对主要指标 COD_{Cr}、TN、TP 的平均去除率分别达到 72. 9%、86. 6%、89. 1%，且进水负荷的变化对去除效率影响较小，出水水质能稳定达到国家一级排放标准。郭茂新等[24]采用兼氧接触氧化与土地渗滤联合处理工艺对农村混合污水进行了试验。结果表明，系统对污染物有良好的去除效果。在进水 COD 397 ~564 mg/ L 条件下，兼氧接触氧化水力停留时间为 24 h 时 COD 去除率大于 75%；经过土地渗滤系统处理，在 0. 02 $m^3/(m^2 \cdot d)$ 的水力负荷下，COD 去除率大于 60%，氨氮、总磷的去除率均大于 99%。

四、结　语

农村地区具备发展生态工程的独特条件，在农村生活污水处理工艺选择时，应充分发挥自身优势，利用周边废地、荒地、废塘、洼地或沼泽地、滩涂等来发展各种生态处理系统。生物生态组合工艺利用生物技术作为预处理方式，较好地克服了农村生活污水高悬浮物、高浓度以及高日变化系数等问题，也解决了以往生态处理的堵塞问题，是江西鄱阳湖区域农村污水处理技术的重要研究方向。

参考文献

[1] 魏立安，丁园，华河林．环鄱阳湖村镇污水现状与污染防治对策建议［C］．农村污水处理及资源化利用学术研讨会论文集，2008：21 –23.

[2] 孙晓山．鄱阳湖水利枢纽与湖区生态环境［R］. 2009 –04 –18.

[3] 洪嘉年．农村污水处理和处置方案初探［J］．给水排水，2004，30（7）：31 –33.

[4] 张建，等．地下渗滤处理村镇生活污水的中试［J］．环境科学，2002，23（6）：57 –61.

[5] 刘汉湖，等．城市污水 ASRI 系统净化机理［J］．污染防治技术，2003，16（4）：1 –3.

[6] 宋汝华，等．邢台市城市污水土地处理工程设计［J］．天津建设科技，1998，(1)：40 –42.

[7] 纪峰，等．快速渗滤在小堡村污水治理中的应用［J］．北京水利，1998，(5)：26 –27.

[8] 张金炳，等．东莞华兴电器厂生活污水人工快速渗滤处理系统［J］．环境工程，2003，21（6）：32 –35.

[9] 刘超翔，等．表面流与潜流式生态床处理农村污水［J］．中国给水排水，2002，18（11）：5 –8.

[10] 刘超翔，胡洪营，张建，等．不同深度人工复合生态床处理农村生活污水的比较［J］．环境科学，2003，24（4）：92 –96.

[11] 孙亚兵，冯景伟，田园春，等．自动增氧型潜流人工湿地处理农村生活污水的研究［J］．环境科学学报，2006，26（3）：404 –408.

[12] Carlos Augusto L, Chernicharo, Marcflio dos Reis Cardoso. Development and Evaluation of a Partiuened Upflow Anoerobic Sludge Blanket（UASB）Reactor for the Treatment of Domestic Sewage from Small Village［J］. Water Science and Technology，1999，40（8）：107－113.

[13] 沈东升，等．农村生活污水地埋式无动力厌氧处理技术研究［J］．农业工程学报，2005，21（7）：111－115.

[14] 岳秀萍，吕俊英，王嘉斌．农村小城镇生活污水的ASBR和微氧SBR处理研究［J］．太原理工大学学报，2008，39：147－151.

[15] 杨健，吴一蘩，王树乾，等．厌氧水解－高负荷生物滤池处理城镇污水的试验研究［J］．四川环境，2001，20（1）：6－8.

[16] 刘强，王学江，陈玲．中国村镇水环境治理研究现状探讨［J］．中国发展，2008，8（2）：15－18.

[17] 吴磊，吕锡武，李先宁，等，厌氧/跌水充氧接触氧化/人工湿地处理农村生活污水［J］．中国给水排水，2007，23（3）：57－59.

[18] 李彬，吕锡武，宁平，等．自回流生物转盘/植物滤床工艺处理农村生活污水［J］．中国给水排水，2007，23（17）：15－18.

[19] 余浩．水解池—滴滤池—人工湿地处理农村生活污水研究处理工艺［D］．南京：东南大学，2006.

[20] 张承芳．自回流生物转盘与水生植物滤床组合技术处理农村生活污水［D］．南京：东南大学，2006.

[21] 李军状，罗兴章，郑正，等，蚯蚓生态滤池处理农村生活污水现场试验研究［J］．环境污染与防治，2008，30（12）：11－16.

[22] 李松，单胜道，曾林慧，等．人工湿地/稳定塘工艺处理农村生活污水［J］．中国给水排水，2008，24（10）：67－69.

[23] 向速林．农村生活污水处理的组合工艺试验研究［J］．安徽农业科学，2008，36（2）：677－678.

[24] 郭茂新，孙培德．兼氧接触氧化与土地渗滤联合处理农村污水的研究［J］．环境污染与防治，2007，29（2）：145－147.

铁碳内电解处理山核桃加工废水试验研究

肖继波[1,2]　张阁尧[1]　王汉道[3]　单胜道[1]

（1. 浙江林学院环境科技学院　浙江　临安　311300；
2. 南京林业大学工业学院　江苏　南京　210037；
3. 广东轻工职业技术学院食品与生物工程系　广东　广州　510640）

摘　要　采用铁碳内电解工艺对山核桃加工废水进行预处理，在铁屑和活性炭体积比为1∶1时，考察pH和水力停留时间对废水COD_{Cr}和NH_3-N去除效果的影响，探讨铁碳内电解对废水可生化性及厌氧处理效果的影响。结果表明，pH为3、HRT为1.5h时，COD_{Cr}和NH_3-N的去除率分别达77%和97.6%；废水经铁碳内电解处理后，大部分污染物质结构发生改变，BOD_5/COD_{Cr}比值由0.14上升到0.31，可生化性显著提高，更适于采用厌氧处理。

关键词　山核桃废水　铁碳内电解　pH　水力停留时间　可生化性

山核桃是浙江省临安市的农业支柱产业，其加工废水主要产生于自蒸煮工序，废水水量由实际生产情况而定，一般每生产200kg山核桃产生0.5m^3废水；且山核桃的生产加工具有一定的间歇性，生产周期为当年9月至次年3月。由于其水量较小，COD_{Cr}和NH_3-N浓度高，生化处理效果有限，且山核桃加工厂较多而分散，这些均给该类废水的实际工程处理带来了较大的难度，目前尚未采取有效的处理措施。

内电解是基于金属电化学腐蚀原理并被广泛研究与应用的一项废水处理技术[1]。主要用于处理难生物降解的废水，如造纸[2,3]、染料[4,5]、农药[6]、医药[7]、化工[8]及重金属废水等[9,10]。本实验针对浙江省临安市某食品厂山核桃加工废水，在大量实验室研究基础上，采用铁碳内电解方法对其进行预处理，探讨pH、水力停留时间（HRT）对内电解处理效果的影响，以及铁碳内电解对废水可生化性的影响，初步研究铁碳内电解提高山核桃加工废水可生化性的机理，以期为该类废水的大规模处理和整治提供参考和借鉴。

一、材料与方法

（一）材　料

实验废水取自浙江省临安市某食品有限公司污水排放口，其COD_{Cr}约为17000mg/L，BOD_5约为2300mg/L，NH_3-N约为2000mg/L。

厌氧污泥为浙江临安城市污水处理厂经带式压滤机脱水后的剩余活性污泥。

（二）实验装置与方法

铁碳内电解实验装置见图1。铁碳床尺寸为15cm×15cm×80cm，自下往上依次充填1cm铁屑和1cm椰子壳活性炭，填充高度为60cm，活性炭粒径为0.5～2mm，装填前采用原水浸泡24h以消除活性炭吸附的影响；铁屑先用10%的NaOH浸泡三遍，每次3h，再用1%的稀盐酸浸泡30min，最后清洗至中性；装置底部进水，并采用砂芯曝气头曝气，连续运行；沉淀池内采用NaOH调节pH为9，经沉淀后排放。

内电解处理前后废水的厌氧效果比较实验中，按1∶3的体积比将厌氧污泥和废水加入10L的玻璃瓶中，搅拌，每24h取水样测定废水的COD_{Cr}。

内电解处理前后废水紫外－可见光谱扫描实验中，取山核桃加工废水原水及pH值为3、

HRT 为 1.5h 的内电解出水，均稀释 100 倍，经 0.1μm 滤膜过滤后，采用 UV1100 紫外可见分光光度计进行波长扫描。

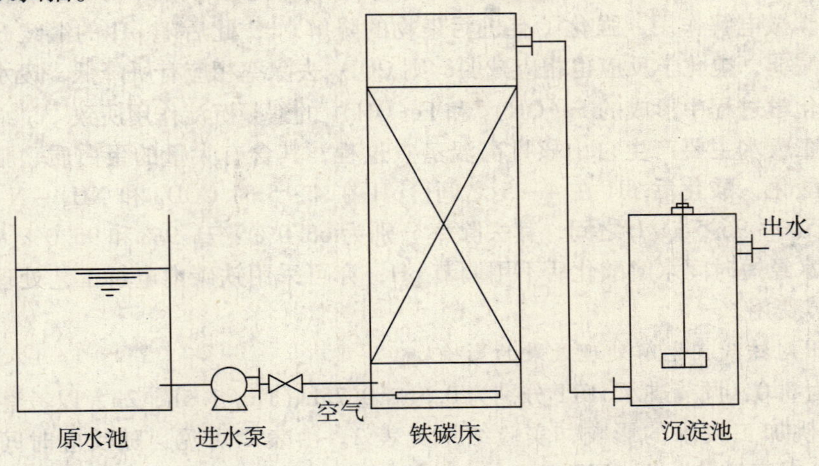

图1　试验装置

（三）分析方法

COD_{Cr}采用重铬酸钾法测定；NH_3-N 采用纳氏试剂分光光度法测定；BOD_5 采用美国 HACH BODTrak 生化需氧量分析仪测定。

二、结果与讨论

（一）pH 对铁碳内电解处理效果的影响

实验固定 HRT 为 1.5h，严格控制 pH 为 1.0、2.0、3.0、4.0、5.0，以考察 pH 对铁碳内电解处理山核桃加工废水的影响。随 pH 升高，COD_{Cr}去除率总体呈下降趋势，但 pH 为 3 时，COD_{Cr}去除率最高，从 16576mg/L 降低至 3813mg/L，去除率为 77.0%（表 1）；pH 为 5 时，COD_{Cr}去除率最低，但也降低至 5408mg/L。NH_3-N 去除率在 pH 为 1 时最低，从 1964.5mg/L 下降为 167.1mg/L，去除率为 91.5%；pH 为 2、3、4、5 时均可获得 95.0% 以上的去除率；和 COD_{Cr}去除率相一致，pH 为 3 时，NH_3-N 去除率最高，从 1929.4mg/L 降低至 45.9mg/L，去除率为 97.6%。由此可见，铁碳微电解预处理山核桃加工废水的最佳 pH 为 3.0。

表 1　不同 pH 条件下山核桃加工废水的预处理效果

	pH	1.0	2.0	3.0	4.0	5.0
COD_{Cr}	进水/（mg/L）	16602	16847	16576	16960	16896
	出水/（mg/L）	4215	4343	3813	4768	5408
	去除率/%	74.6	74.2	77.0	71.9	68.0
NH_3-N	进水/（mg/L）	1964.5	1979.5	1929.4	1997.1	2038.2
	出水/（mg/L）	167.1	51.2	45.9	69.4	101.8
	去除率/%	91.5	97.4	97.6	96.5	95.0

在强酸条件下，铁离子酸溶出占主导地位，而铁屑的电化学作用相对较弱；同时铁离子酸溶出的产氢速率较大，形成了氢气对铁屑的包裹作用，阻碍了液相有机污染物与铁屑固相表面的有效充分接触，而有机物的微电解降解一般都是在固相表面发生反应[11]，故 pH 较低时 COD_{Cr}的去

除相对较低；在适宜的 pH 条件下（pH 为 3 时），铁屑本身的微观原电池和铁碳宏观原电池作用得到有效发挥，同时铁离子酸溶出干扰得到降低，且 Fe^{2+} 更易与溶解氧发生氧化还原反应，进一步促进了铁碳微电解作用，强化了有机污染物的降解[12]；此后随 pH 的继续升高，氢离子的反应动力逐渐减弱，电化学反应也相应减弱，则 COD_{Cr} 去除率相应有所降低. 废水中氨氮的去除可能是由于电化学过程中形成的 $Fe(OH)_2$ 和 $Fe(OH)_3$ 的絮凝沉淀作用所致[7]。

山核桃加工废水主要产生自山核桃高温蒸煮过程，其含有大量的蛋白质、脂肪、糖类等物质，极易厌氧酸化，酸化后 pH 在 4 ~ 5 之间。pH 在 4 ~ 5 时 COD_{Cr} 和 NH_3-N 可降至 4768 ~ 5408mg/L 和 95.0 ~ 96.5mg/L 之间，其去除率分别为 68.0% ~ 71.9% 和 95.0% ~ 96.5%。表明山核桃加工废水经短时间水解酸化后不用调节 pH，亦可采用铁碳内电解工艺处理，从而可节省大量的 pH 调节费用。

（二）HRT 对铁碳内电解处理效果的影响

固定 pH 为 3.0，调节进水 HRT 分别为 0.5h、0.75h、1h、1.5h、2h，以考察 HRT 对铁碳内电解处理山核桃加工废水的影响，实验结果见表 2。由表 2 可见，随反应时间的增加，废水 COD_{Cr} 的去除率相应增加，至 HRT 为 1.5h 时达到最大值，为 77.6%；当 HRT 增加至 2h 时，COD_{Cr} 去除率反而降低至 67.4%。废水中 NH_3-N 浓度的变化和 COD_{Cr} 的变化情况一致，也在 HRT 为 1.5h 时其去除率达到最大值，为 97.5%；NH_3-N 含量从 1937.3mg/L 降低至 48.2mg/L，废水中 NH_3-N 基本得到去除，消除了高浓度 NH_3-N 对废水后续生化处理的影响。由此可以确定，铁碳内电解预处理山核桃加工废水的最佳停留时间为 1.5h。

表 2　不同 HRT 条件下铁碳内电解对山核桃加工废水的处理效果

	pH	0.5	0.75	1.0	1.5	2.0
COD_{Cr}	进水/（mg/L）	16549	16850	16715	16764	16638
	出水/（mg/L）	5801	5526	4237	3759	5429
	去除率/%	64.9	67.2	74.7	77.6	67.4
NH_3-N	进水/（mg/L）	1941.8	2079.6	1984.9	1937.3	1968.6
	出水/（mg/L）	323.5	314.7	138.8	48.2	143.5
	去除率/%	83.3	84.9	93.0	97.5	92.7

（三）铁碳内电解对废水可生化性的影响

为了解内电解处理后山核桃加工废水的可生化性，取 HRT 为 1.5h、pH 为 3 的条件下内电解出水及原水，投加适量微量元素，采用稀释接种法测试废水的 BOD_5，并计算其 BOD_5/COD_{Cr}，结果见表 3。山核桃加工废水经铁碳微电解处理后，其 BOD_5/COD_{Cr} 比值由原来的 0.14 上升到 0.31（表 3），废水的可生化得到显著提高，可生化性较好。

表 3　内电解前后废水的 BOD_5/COD_{Cr}

	COD_{Cr}/（mg/L）	BOD_5/（mg/L）	BOD_5/COD_{Cr}
原水	16764	2348	0.14
内电解出水	3759	1165	0.31

山核桃加工废水的内电解处理过程中，铁屑溶解产生的氧化还原反应，以及铁碳体系的原电池反应，打断了废水中难以生化降解的大分子有机物的分子链，从而转变为分子量相对较小的有机物，并可氧化还原某些有机物，使一些难生物降解的有机物转化为易生物降解有机物，使得废

水的可生化性得以较大幅度的提高。

（四）内电解前后废水的厌氧处理效果比较

山核桃加工废水原水和内电解出水均表现出了良好的厌氧处理性能（图2）。原水随反应时间的增加，COD_{Cr}降低幅度明显，至4d时，COD_{Cr}由12580mg/L降为5430mg/L，COD_{Cr}去除率为56.8%；6d时降至3562mg/L，COD_{Cr}去除率达71.7%。内电解出水经1d的厌氧处理后，COD_{Cr}由3182mg/L降低为1271mg/L，至2d时降至654mg/L，COD_{Cr}去除率达79.4%，此后随时间的延长，降低幅度不明显。

山核桃加工废水原水和内电解出水均能获得较好的厌氧处理效果，说明对于一些水量较小的山核桃加工企业在进行厌氧处理时，HRT尽可能设计长些。对于废水产生量较大的企业，为节省投资费用，可采用铁碳内电解预处理后，再进行厌氧处理。

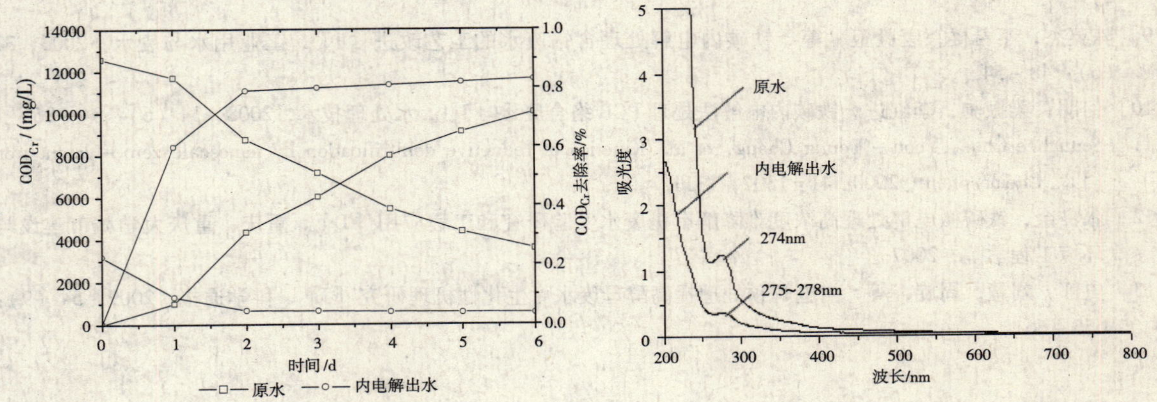

图2　内电解前后废水的厌氧处理效果　　图3　铁碳内电解处理前后废水的紫外－可见光谱图

（五）内电解前后废水中有机物的紫外吸收特性

铁碳内电解处理前后山核桃加工废水的紫外－可见光谱见图3。由图3可见，原水在274nm处有一吸收峰；经铁碳内电解处理后，274nm处的吸收峰明显降低，并发生蓝移，说明此处存在紫外吸收的大部分物质经内电解处理后，其结构发生改变。进一步说明原水在厌氧前期阶段（1d）COD_{Cr}降低不明显，经铁碳内电解处理后大部分物质结构发生转变[13]，厌氧处理效果较好。

三、结　论

1. 采用铁碳内电解工艺对山核桃加工废水进行预处理，在铁碳体积比1∶1及最佳pH为3、HRT为1.5h的条件下，COD_{Cr}和NH_3-N分别由16576mg/L和1929.4mg/L降低至3813mg/L和45.9mg/L，去除率分别为77%和97.6%。pH为1~5之间变化时，COD_{Cr}和NH_3-N的去除率分别为68.0%~77.0%和91.5%~97.6%之间。

2. 山核桃加工废水经铁碳内电解处理后，其可生化性显著提高，BOD_5/COD_{Cr}比值由0.14上升到0.31；原水及内电解出水均可采用厌氧处理，但经内电解预处理后厌氧处理效果更好。

3. 铁碳内电解预处理山核桃加工废水对氨氮的去除效果极为显著，消除了直接厌氧带来的高浓度氨氮对后续生化处理的影响，大大降低了废水COD_{Cr}浓度，采用铁碳内电解＋厌氧生物处理＋好氧生物处理的组合工艺处理山核桃加工废水是可行的。

参考文献

［1］蒋金勋，张佩芳，高满同．金属腐蚀学［M］．北京：国防工业出版社，1986：21－24.

[2] 孙友勋，毕学军，赵建夫．催化内电解法处理麦草浆造纸生化处理出水［J］．中国给水排水，2008，24（13）：92－95.
[3] 任拥政，章北平，张晓昱，等．铁碳微电解对造纸黑液的脱色处理［J］．水处理技术，2006，32（4）：68－70.
[4] 张键，季俊杰，徐乃东，等．铁碳流化床预处理染料废水研究［J］．中国给水排水，2001，17（8）：6－9.
[5] 师佳慧，龚文琪．内电解法处理偶氮染料废水［J］．化工环保，2007，27（2）：149－151.
[6] 张树艳，程丽华，曹为祥．铁碳微电解处理农药废水的研究［J］．化学工程师，2004（9）：35－37.
[7] 鲍立新，李建政，刘莹，等．铁碳内电解法预处理安普霉素生产废水［J］．哈尔滨工业大学学报，2007，39（6）：883－886.
[8] 韩荣，李彦锋，于凤刚．内电解技术对高浓度化工废水的预处理［J］．环境工程，2008，26（3）：45－47.
[9] 陈英杰，丁希楼，唐胜卫，等．铁碳内电解处理含铬废水的工艺改进［J］．工业用水与废水，2006，37（6）：48－54.
[10] 何明，梁振驹，李红进．铁碳内电解法处理PCB络合废水［J］．水处理技术，2008，34（6）：84－86.
[11] Seunghee Choe，Yoon－Young Chang，et al. Kinetics of reductive denitrification by nanoscale zero－valent iron［J］. Chemosphere，2000，41：1307－1311.
[12] 张良金．铁碳微电解处理高浓度难降解有机废水实验研究和工程应用［D］．重庆：重庆大学城市建设与环境工程学院，2007.
[13] 史郁，刘慧，周旋，等．内电解预处理提高酵母废水可生化性机理研究［J］．科学通报，2009，54（9）：655－661.

有色金属选冶新材料研发基地废水治理与优化探讨

何艳明[1] 许树克[2] 杨 宇[1] 王 灏[1] 栾景丽[1] 刘维维[1]

（1. 云南省冶金研究设计院 昆明 650031；
2. 云南冶金集团股份有限公司 昆明 650224）

摘 要 有色金属选冶、新材料研发基地，一般进行选矿、冶金工艺试验研究及分析检测、新材料制备的试验研究，是有色金属行业进行技术创新的平台，其生产废水成分复杂，含有机药剂、重金属及润滑油，需分质处理后循环回用。本文提出试验研究基地废水治理方案设计，与国内外相关环保专家进行优化探讨，以破解制约有色金属选冶企业发展的难题，促进我国有色金属选冶企业朝着节能、环保的方向健康发展。

关键词 试验基地 选冶废水 方案设计

一、项目建设内容及“三废”治理重点

我国某有色金属选冶、新材料研发基地主要建设内容包括：

（1）国内外科技合作、信息交流平台及办公楼；

（2）分析检测大楼（含有色金属及制品质量检测平台、矿物鉴定及标样实验室、工艺矿物学检测平台、高纯物质分析、新材料理化性能分析、多元素同步快速分析室等）；

（3）选冶实验研究大楼（含工艺矿物学、重选、浮选、电选、磁选实验室；锌、铝、硅、锰、钛冶金实验室；金属材料制备实验室等）；

（4）材料制备试验研究平台（开展功能材料、结构材料、复合材料、粉体材料、金属表面处理、新型医用钛材、粉末钛合金制备、钛材深加工、喷射成型等技术研究）；

（5）冶金环保技术试验研究平台（进行选冶废水治理技术研究等）；

（6）专家综合楼（含职工倒班宿舍、职工食堂及娱乐设施）等辅助设施。

该实验研究基地，是国家级企业技术中心进行研发及国际科技合作的平台，力争高水平、高起点建设成为具有国际水平、国内一流的冶金工程技术研发平台。根据项目主要建设内容及项目建成后的运行情况，项目运营期可能产生的污染源有：废水、废气、固体废物及噪声。由于项目地理位置特殊，各种研究、检测及试验废水均不能外排，故废水治理方案是项目“三废”治理的重点，也是本文进行优化探讨的内容。

二、水污染源分析及治理方案

项目建成后，主要水污染源为：生活污水、设备冷却水、选矿实验废水、检测及冶金实验废水、金属材料试验废水5类，需分质进行治理。项目正常情况下，旱季污水全部回用不外排，雨季部分生活污水和净废水处理达标后外排，外排量约36m^3/d。各主要用水点、用水量、见表1。

（一）生活污水处理

项目最高生活污水排水量为44.8m^3/d，考虑生活污水处理设施建设适当留有余地，污水处理站设计规模为50m^3/d。采用技术含量高、出水水质好、运行稳定、性价比较高、占地面积小、运行管理维护最为方便的膜生物反应器（MBR）工艺。膜生物反应器（MBR）是膜分离技术与生物技术有机结合的新型废水处理技术，它用膜分离设备将生化反应池中的活性污泥和大分子有

机物质截留住，省掉二沉池，是目前较有前途的废水处理新技术之一。

表1 各主要用水点及平均用新水量表

序号	用水点	用水量/（m^3/d）	废水量/（m^3/d）	备 注
1	生活用水	56	44.8	不含冲厕用中水
2	锅炉用水及设备冷却水	28	19.6	
3	选矿实验研究用水	30	24	
4	检测及冶金实验研究用水	20	16	
5	有色金属材料试验废水	10	8	
6	合 计	144	112.4	

生活污水处理系统由：预处理部分、主处理部分、后处理部分、自动控制系统、再生水池、变频供水系统、设备房7部分组成。工艺流程见图1。

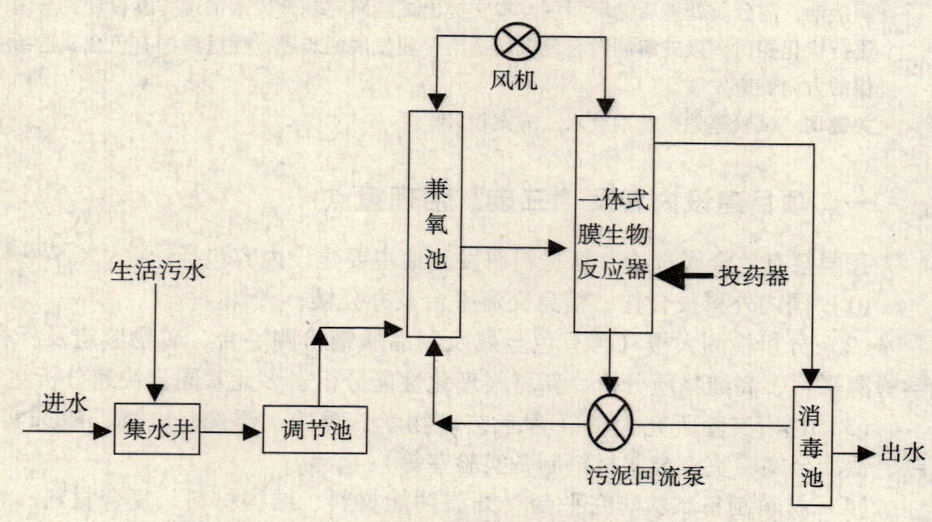

图1 生活污水处理工艺流程图

生活污水处理设计进、出水水质及去除率详见表2。生活污水处理出水水质达到GB 18918—2002《城镇污水处理厂污染物排放标准》表1一级A标准。旱季全部回用不外排，雨季生活污水和净废水处理达标后部分外排，其排放量约36m^3/d。

表2 设计进出水质要求及去除率 单位：mg/L

污染因子	COD_{Cr}	BOD_5	SS	TN	NH_4^+-N	TP
进水水质	250	120	150	30	28	3.5
一级A标准≤	50	10	10	15	5	0.5
去除率≥%	80	92	93	50	82	86

锅炉用水及设备冷却净废水，日用新水量约28m^3/d，除制备为纯水、蒸馏水、蒸汽等损耗及蒸发损失外，回收净废水率按70%计算，共回收净废水量19.6m^3/d。

净废水部分回用于清洁卫生、洗澡，部分经水池冷却后循环回用于设备冷却，由于设备冷却水量较小，采用水池地表冷却，按8h工作制设计，冷却净废水量按19.6m^3/d计算，即2.45m^3/h，选用3m^3/h清水泵2台，配3m×3m×1m储水量9m^3的水池2个，用于净废水收集及冷却循环回用。净废水回用设施，包括净废水收集管网、泵、蓄水池、洗澡设施；循环泵及冷却循环水池、回用管网等设施。

（二）选矿实验废水治理

选矿实验研究用水量约30m³/d，考虑渣带走及蒸发损失，废水产生量24m³/d。选矿废水含一定量的有机药剂及重金属离子，这些废水需处理后循环回用。处理方案：废水用水池收集，经气浮、混凝沉淀、过滤等处理后循环回用，部分进入深度处理。深度处理采用中和、过滤、预处理、二级反渗透装置处理后，淡水回用；少量浓水集中后进行蒸发浓缩，蒸馏水回用，溶质成为复盐安全处置或外销。

表3　选矿实验研究废水一般成分及含量

含量≤/（mg/L）												
Zn	Pb	Cu	Fe	Al	Ti	Cd	As	NaS	黄药	黑药	煤油类	悬浮物
84	2.2	5	672	5	8	0.74	0.73	2400	0.53	1.5	1200	180000

（三）检测及冶金实验废水治理

检测及冶金实验研究用水量约20m³/d，考虑蒸发等损失，废水产生量16m³/d。检测及冶金实验研究废水含一定量的酸、碱及重金属离子，这些废水不能外排、难以回用，是项目废水治理的重点。废水治理方案设计中用水池收集，经中和、过滤等预处理后，采用二级反渗透装置处理，处理后的淡水回用；少量浓水集中后进行蒸发浓缩，蒸馏水回用，溶质成为复盐安全处置或外销。经一级处理后的混合废水成分见表4。

表4　分析检测及冶金实验研究废水中和前成分及含量名称含量

名称	含量≤/（mg/L）										pH
	Ca	Mg	Zn	Pb	Cu	Fe	SO_4^{2-}	Cl^-	Cd	As	
废水	125	3.5	6500	20	3	650	10766	203	37.5	8.4	2.3

检测及实验研究废水处理污染流程见图2。

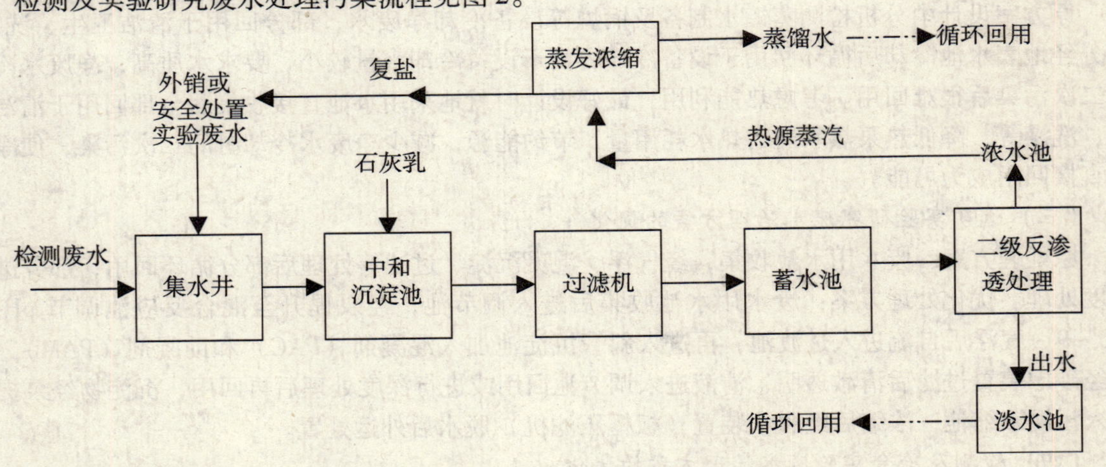

图2　检测及冶金实验研究废水处理工艺流程图

（四）材料加工试验废水治理方案

有色金属材料加工试验用水10m³/d，考虑蒸发等损失水量，废水产生量8m³/d，废水含少量润滑油，采用集液池收集后，进行油水分离、混凝沉淀、深度处理后回用于景观水体。

金属材料实验废水处理污染流程见图3。

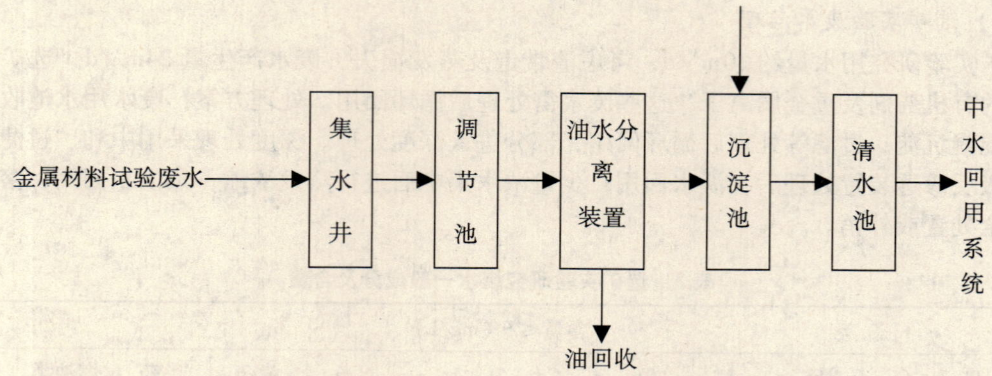

图 3　金属材料试验废水处理工艺流程图

三、废水治理方案的优化探讨

原方案设计中的废水治理方案，作为环评报告中废水治理方案通过了相关环保专家的技术评审，说明该方案技术上可行、经济上合理。而项目建设中废水治理方案的优化，将围绕节能减排、降低运行费用、节约工程建设投资进行，要求技术上更可靠、经济上更合理。

（一）生活污水处理方案的优化

生活污水采用技术含量高、出水水质好、运行稳定、性价比较高、占地面积小、运行管理维护方便的膜生物反应器（MBR）工艺处理。但膜生物反应器中，（MBR）膜采用美国进口膜，过滤水量大，用膜量多、造价高，3 年更换一次膜，每次投资 7 万多元。经技术考察，如采用"ICEAS + CMF"工艺，即活性污泥法 + CMF 膜过滤，则仅是活性污泥法沉降后的上清液采用 CMF 膜过滤，过滤水量相对较少，用膜量不多，CMF 膜为国产膜，造价低，出水质量好，3 年更换一次膜，每次投资 3000 多元，经济上更为合理。

（二）设备冷却水治理方案的优化

原方案设计中分析检测蒸馏水制备及锅炉等设备冷却净废水，部分回用于清洁卫生、洗澡，部分经地表水池冷却后循环回用于设备冷却，由于设备冷却水量较小，要求水质高，净废水冷却时二次污染后很难回用。考虑热能利用，最好设计时就地采用水池直接收集后全部回用于清洁卫生、洗澡等，降低热泵热水器的热水耗用量，节约能源，减少净废水冷却时的二次污染，使净废水直接回用成为可能。

（三）选矿实验研究废水治理方案的优化

原处理方案：废水用水池收集，经气浮、混凝沉淀、过滤等处理后部分循环回用，部分进入深度处理。优化处理方案：废水用水池收集后进入调节池，经泵提升至混合反应池调节 pH 至 8.5～9，气浮后自流进入过渡池，再进入斜管沉淀池加入混凝剂（PAC）和助凝剂（PAM），出水经砂虑装置过滤后清澈透明，清液进入调节池回用或进行深度处理后再回用，沉淀物经泵提升进入污泥浓缩池，浓缩后经脱水装置（板框压滤机）脱水后外运处置。

（四）检测及冶金实验废水治理方案的优化

原方案设计中检测及冶金实验研究废水用水池收集，再经中和、过滤、预处理、二级反渗透装置处理后，淡水回用；40% 左右的浓水采用常压蒸发器进行蒸发浓缩，蒸馏水回用，溶质成为复盐安全处置或外销。优化方案中二级处理后 40% 左右的浓水集中采用多效蒸发器进行蒸发浓缩，蒸馏水回用，溶质成为复盐安全处置（图 4）。

（五）材料加工试验废水治理方案的优化

方案设计中材料加工试验废水产生量 8m^3/d，废水含少量润滑油，采用集液池收集后，进行油水分离、混凝沉淀、深度处理后回用于景观水体。优化方案中为保证预处理效果，增加了混合反应池调节 pH 值，油水分离后气浮除油工序。深度处理为并入冶金、检测废水进行预处理、二级反渗透装置处理后，淡水回用；浓水集中采用多效蒸发器进行蒸发浓缩，蒸馏水回用，溶质成为复盐安全处置（图 4）。

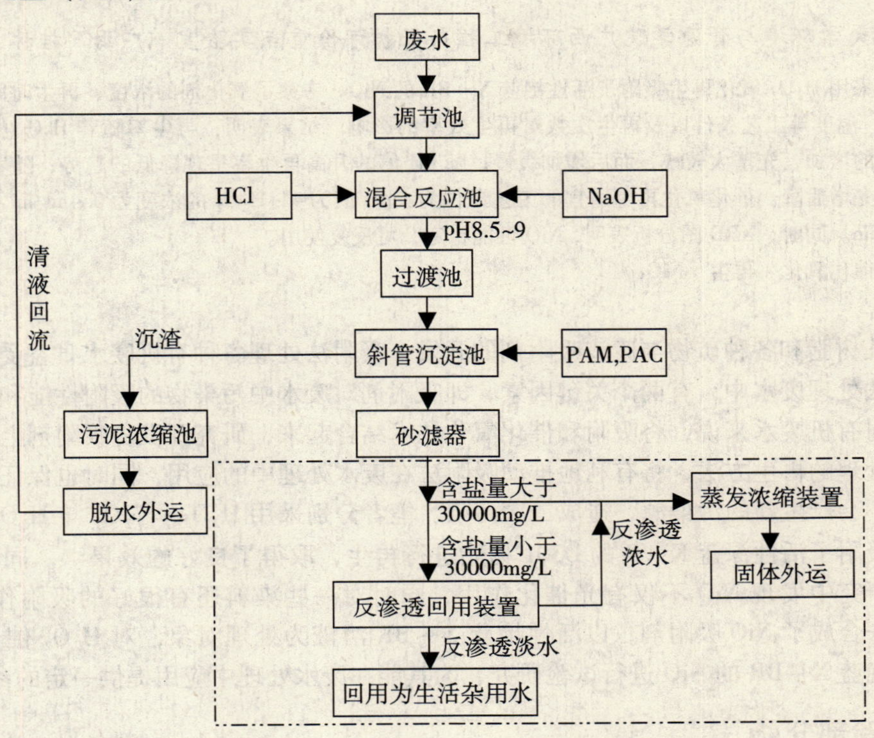

图 4　选矿实验研究废水优化处理方案

四、结　语

除本文提出的研发基地废水治理方案设计及工程建设中采用的传统预处理优化方案外，还将进行电絮凝、强化电解等新方法脱除重金属的实验研究，以便保证项目水处理设施的长期稳定运行。同时希望与相关环保专家进一步进行其他优化处理方案的探讨，以破解制约有色金属选冶企业发展的难题，促进我国有色金属选冶企业朝着节能、环保的方向健康发展。

参考文献

[1] 北京水环境技术与设备研究中心，北京市环境保护科学研究院，国家城市环境污染控制工程技术研究中心．“三废”处理工程技术手册（废水卷）：264－278.

[2] 屠海令，赵国权，郭青蔚．有色金属工业废水治理技术［M］．北京：化学工业出版社，459－463.

[3] 何艳明，许树克，王灏，等．高浓度有色金属湿法冶金工艺废水治理工艺及装置研究［G］．生态立市和谐发展 2008 年曲靖环境科技论坛专辑，2008：109.

H_2O_2 催化氧化法再生 NiO 的研究

陈孟林　林建超　宿程远　龙腾发　何星存　黄　智

（广西师范大学环境与资源学院广西环境工程与保护评价重点实验室　广西　桂林　541004）

摘　要　采用 H_2O_2 氧化再生吸附了活性艳蓝 X－BR 的 NiO，考察了氧化剂的浓度、再生时间、再生液 pH 值、温度等工艺条件以及再生次数对再生效率的影响。结果表明：再生率随着 H_2O_2 的浓度和再生时间的增加，先增大较快，而后增加缓慢；随 pH 值的升高再生率呈现降低的趋势；随着反应温度的升高先增后降。催化氧化再生适宜的工艺条件为：pH 值为 4，H_2O_2 的浓度为 0.4ml/ml，室温下再生 60 min。同时，XRD 图分析表明，NiO 性能稳定，可反复使用。

关键词　催化氧化　再生　NiO

随着大孔树脂和各种矿物与废渣吸附剂的开发，吸附法处理各种有机废水日益受到人们的重视。在吸附法处理废水中，有两个关键因素，即吸附剂对废水中污染物的吸附性能和吸附剂的再生。因此，对有机废水来说，将吸附和催化氧化技术结合起来，研究开发将吸附剂上的污染物直接催化氧化处理的再生方法，将有利地推动吸附法在废水处理中的应用，同时也保证了该方法在应用过程中不会产生新的污染源，造成二次污染。笔者分别采用 $H_2O_2-V_2O_5$ 与 $H_2O_2-MnO_2$ 为催化剂，对吸附了活性深蓝 K－R 的 D301 树脂进行再生，取得了良好的效果[1]。同时，笔者在光催化剂的研究中发现 NiO 不仅有光催化作用，同时对一些染料还有很好的吸附作用。对此，本文以沉淀法合成了 NiO 吸附剂，以活性艳蓝 X－BR 溶液为处理对象，对 H_2O_2 催化氧化再生吸附了活性艳蓝 X－BR 的 NiO 进行试验研究，为其能在废水处理中应用提供一定的参考与借鉴。

一、实验部分

（一）实验仪器、材料与药品

主要实验仪器：THZ－82A 台式恒温振荡器；722S 分光光度计；傅立叶变换红外光谱仪。

主要实验材料与药品：活性艳蓝 X－BR（工业品）；H_2O_2（30%）。

（二）NiO 的制备

以镍盐为基础，用沉淀法制备得到 NiO 吸附剂。

（三）吸附再生实验

准确称取 0.3gNiO，放入 250 ml 锥形瓶中，加入 100 ml 浓度为 1000 mg/L 活性艳蓝 X－BR 溶液，在恒温振荡器中振荡吸附至平衡。取 100 ml 的再生液对 NiO 进行再生。改变再生液的温度、pH 值、催化氧化时间、H_2O_2投加量等条件，分析以上因素对再生效果的影响，并确定适宜的再生工艺条件。并利用红外光谱及 XRD 对 H_2O_2 催化氧化再生 NiO 的机理进行初步的分析。

二、结果与讨论

（一）各工艺条件对 NiO 再生率的影响

1. 再生液 pH 值的影响

在 H_2O_2 的浓度为 0.4 ml/ml、室温 30℃、氧化再生时间为 60 min 的条件下，改变再生液的 pH 值，考察其对再生率的影响，结果如图 1 所示。

从图 1 中可以看出，随着 pH 值的增加，再生率逐渐降低。pH 为 2 时，再生率为 83.3%，pH 为 6 时，再生率为 68%，pH 为 10 时，再生率为 35%。其原因是在酸性条件下，易于 HO· 的产生[2]，从而 NiO 的再生率较高。

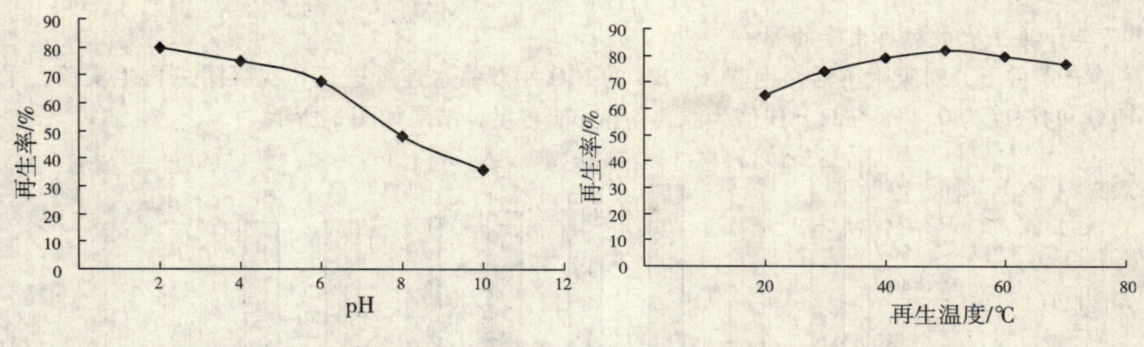

图1　pH 值对再生率的影响　　　　**图2　再生温度对再生率的影响**

2. 再生温度的影响

在 H_2O_2 的浓度为 0.4 ml/ml、pH 为原溶液 pH（约等于 4）、氧化再生时间为 60 min 的条件下，考察了不同温度对 NiO 再生率的影响，结果见图 2。

由图 2 可以看到，随着再生温度的升高，再生效率是先升后降，在 50℃左右再生效率最大。这种情况可能是由两方面的原因造成的：一是温度升高时，催化氧化反应速率常数增大；二是升高温度能加速 HO·自由基的产生，但温度太高时会导致 H_2O_2 的分解而生成氧气和水[3]。并且从图 2 可知虽然升高温度时，再生效率有所增大，但提高量不到 10%，所以从经济成本方面考虑，在室温下再生为宜。

3. 催化氧化时间的影响

在 H_2O_2 的浓度为 0.4 ml/ml，室温 30℃条件下，改变再生时间，考察其对再生率的影响，结果如图 3 所示。

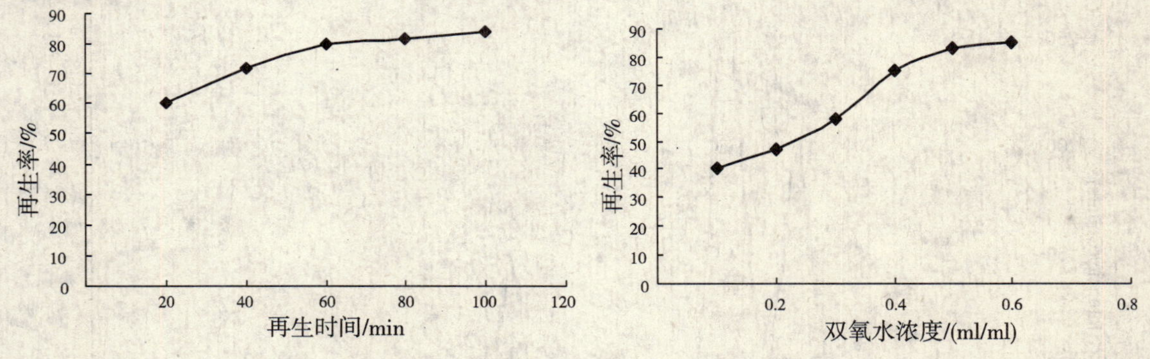

图3　氧化反应时间对再生率的影响　　　　**图4　H_2O_2 的浓度对再生率的影响**

由图 3 可知，随着氧化时间的增加，吸附剂的再生效率逐渐增大，但在氧化 60 min 之后，再生效率的增大较为缓慢。这主要是因为随着反应时间的增长，染料浓度逐渐降低，反应速率变小。另外，染料的降解过程首先是分子中发色基团被破坏，形成中间产物，然后才是中间产物及苯环、萘环等键能较高部位逐渐破坏。

4. H_2O_2 的浓度对再生率的影响

在室温 30℃、氧化再生时间为 60 min 的条件下，改变 H_2O_2 的投加量，考察其对再生率的影响，结果如图 4 所示。

由图 4 可知，随着 H_2O_2 用量的增加，再生效率先增大，而后增加缓慢。这种现象被理解为在 H_2O_2 的浓度较低时，随 H_2O_2 的浓度增加，产生的 HO·量增加；当 H_2O_2 的浓度过高时，过量的 H_2O_2 能与羟基反应生成水和 HO_2·基，而 HO_2·基会进一步与 HO·反应生成水和氧气，即发生 H_2O_2 的自耗[4]。因此，综合考虑 H_2O_2 最佳的浓度为 0.4ml/ml。

（二）再生次数对再生率的影响

静态条件下，对吸附了活性艳蓝 X－BR 的 NiO 用双氧水连续进行 8 次吸附－再生实验，采用 H_2O_2 的浓度为 0.4 ml/ml，pH 值为原再生液 pH 再生，结果如图 5 所示。

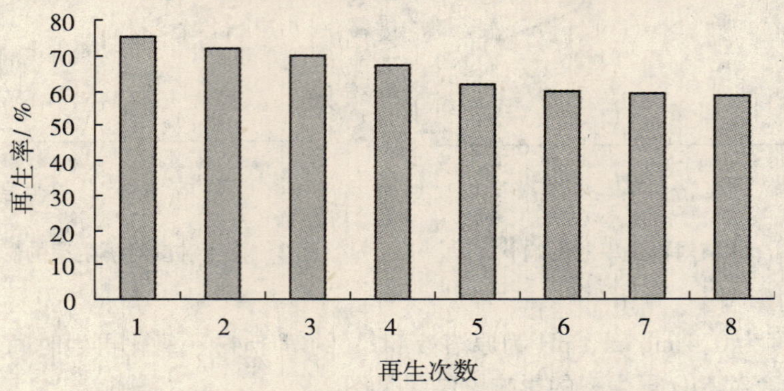

图 5　再生次数对再生率的影响

图 5 表明，随着再生次数的增加，NiO 的再生率降低，但再生 5～6 次后的再生率趋于稳定，稳定时的再生率大于 60%。

（三）NiO*X* 射线粉末衍射图像分析

图 6、图 7、图 8 分别是新制备、吸附活性艳蓝 X－BR 后和再生后的 NiO 的 XRD 图。

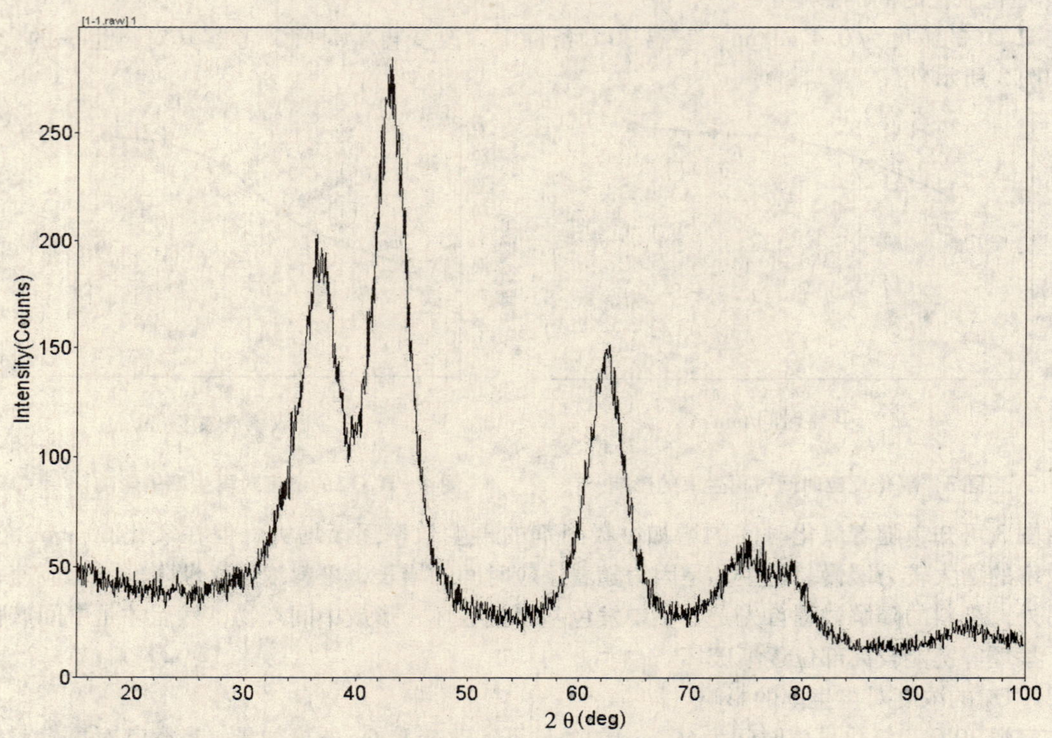

图 6　新制备的 NiO 的 XRD

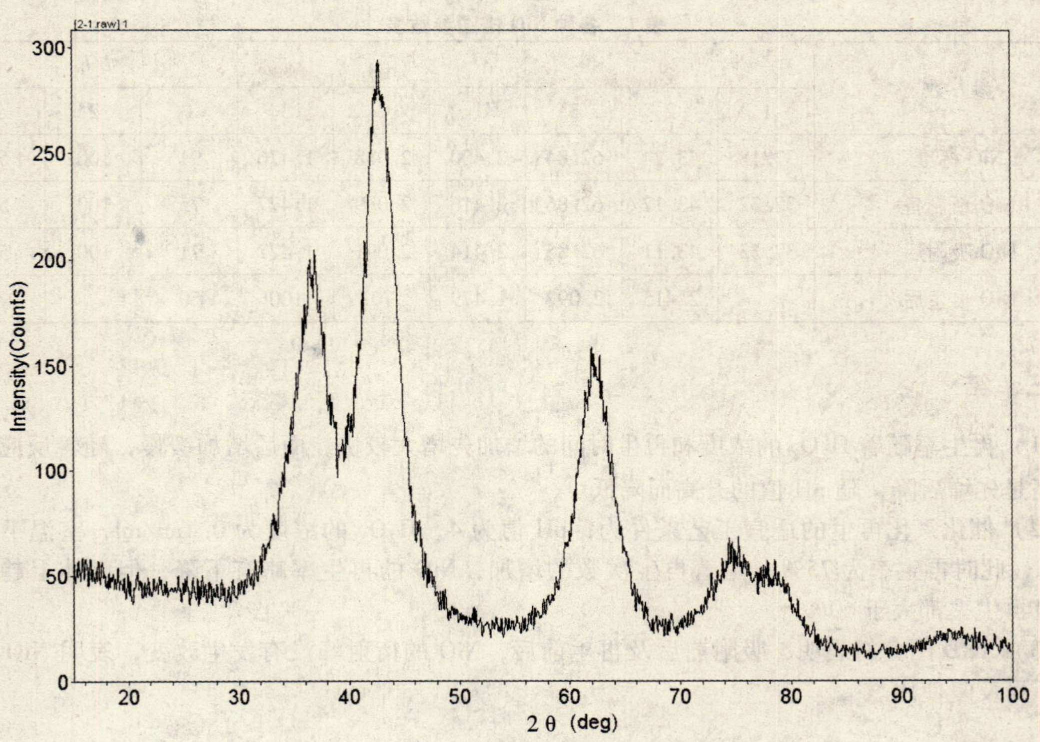

图 7　吸附后的 NiO 的 XRD

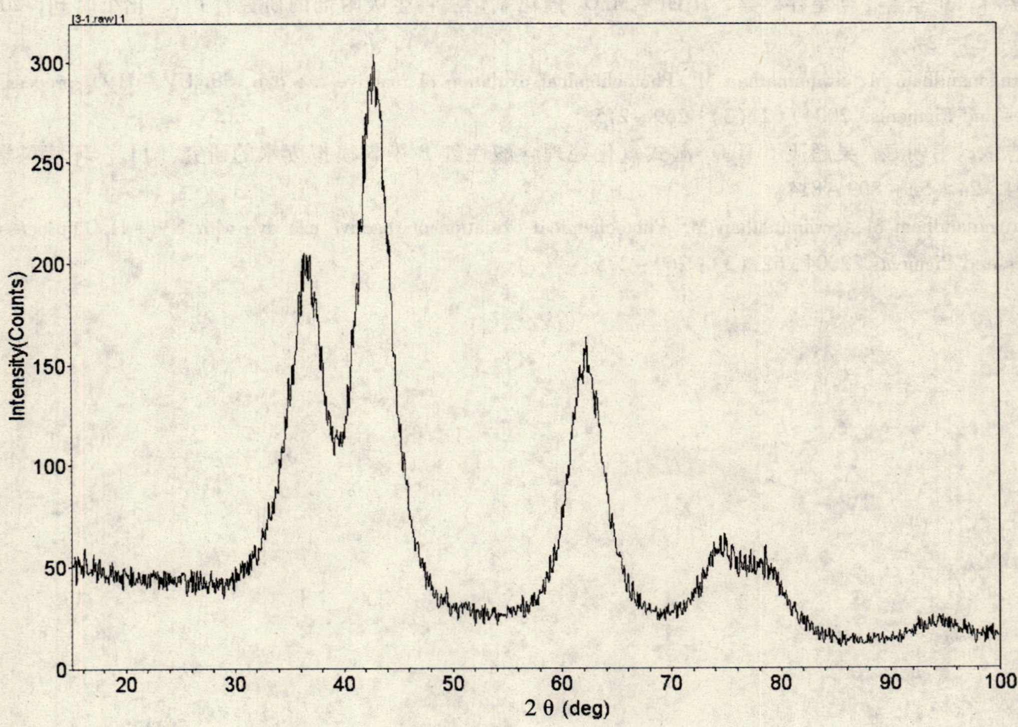

图 8　再生后的 NiO 的 XRD

从图6、图7、图8 可知，吸附及再生前后分别共出现了三个主要的衍射峰，各衍射峰与表1基本吻合，说明吸附及再生前后 NiO 并未发生改变。

表1 各种 NiO 谱图参数表

参 数	2θ			dÅ			I/I_0		
	1	2	3	1	2	3	1	2	3
NiO 标准	37.18	43.24	62.84	2.400	2.088	1.476	91	100	57
NiO 新制备	37.32	43.12	62.86	2.416	2.089	1.477	75	100	58
NiO 吸附后	37.33	43.11	62.85	2.414	2.091	1.477	71	100	52
NiO 再生后		2.415	2.092	1.479	70	100	50		

三、结 论

（1）再生率随着 H_2O_2 的浓度和再生时间的增加先增大较快，而后增加缓慢，随着反应温度的升高是先增后降，随 pH 值的升高而降低。

（2）催化氧化再生的适宜工艺条件为：pH 值为 4，H_2O_2 的浓度为 0.4ml/ml，室温下再生 60 min，此时再生率为 75%。随着再生次数的增加，NiO 的再生率略有下降，但整体上趋于稳定，且再生率都大于 60%。

（3）XRD 图分析表明，吸附前后及再生前后，NiO 的衍射峰没有发生改变，表明 NiO 性能稳定，可反复使用。

参考文献

[1] 陈孟林，王全喜，何星存，等．H_2O_2 - MnO_2 催化氧化法再生吸附剂的研究［J］．化工时刊，2009，23（1）：22 - 24.

[2] Muruganandham M，Swaminathan M. Photochemical oxidation of reactive azo dye with UV - H_2O_2 process［J］. Dyes and Pigments. 2004，62（3）：269 - 275.

[3] 吴志敏，韦朝海，吴超飞．H_2O_2 湿式氧化处理含酸性红 B 染料模拟废水的研究［J］．环境科学学报，2004，24（5）：809 - 814.

[4] Muruganandham M，Swaminathan M. Photochemical oxidation of reactive azo dye with UV - H_2O_2 process［J］. Dyes and Pigments. 2004，62（3）：269 - 275.

白腐真菌胞外生物合成蛋白质－Pb 微米颗粒的研究

王　亮　陈桂秋　张文娟

（湖南大学环境科学与工程学院环境生物与控制教育部重点实验室　湖南　长沙　410082）

摘　要　为了提高白腐真菌在处理重金属废水中的实际应用能力，必须探究其对重金属的胞外吸附和积极防御作用机制。在本研究中，通过摇瓶培养试验，发现了白腐真菌在处理低浓度重金属废水过程中，能够通过分泌胞外聚合物（EPS），对重金属离子进行络合，在菌体表面，胞外生物合成呈规则球状的蛋白质－Pb 颗粒物，并且胞外聚合物（EPS）对颗粒形态存在显著的影响，高浓度铅对生物合成有明显的抑制作用。

关键词　白腐真菌　生物合成　微米颗粒　胞外聚合物（EPS）

一、引　言

去除工业废水中的重金属，对于保持水生环境、水生态系统和地下水圈是非常重要的环节。传统的处理方法主要是将重金属离子以氢氧化物形式沉淀或者用合成树脂进行离子交换。近年来，由于成本低廉和较高的离子交换容量，微生物技术越来越多地被用来处理重金属废水。而白腐真菌由于其独特的对异生物质的处理能力，既能降解难处理的有机污染物[1,2]，也能应用于重金属废水[3,4]，研究其处理重金属的微观机理正成为废水生物处理技术的研究热点。随着研究的深入，研究者发现白腐真菌除了对重金属的吸附、络合作用机制外，还存在另外一种作用机制——生物合成。

Jarosz 等[5]研究发现，在添加了 $CaCO_3$、$Co_3(PO_4)_2$ 和 ZnO 的平板培养基上接种三种白腐真菌：亚黑管菌 Bjerkandera fumosa、脉射菌 Phlebia radiata 和云芝 Trametes versicolor，分别产生了非常有序的 Ca、Co、Zn 的草酸盐晶体。Machuca 和 Galhaup 等人也发现在白腐真菌糙皮侧耳 Pleurotus ostreatus、黄孢原毛平革菌 Phanerochaete chrysosporium、云芝 T. versicolor 和绒毛栓菌 T. pubescens 等体外也发现有高水平草酸盐晶体的合成[6,7]。

与此同时，Nadanathangam 研究[8]了在添加 $AgNO_3$ 的液体环境中培养白腐真菌黄孢原毛平革菌 Phanerochaete chrysosporium，发现培养 24 小时后菌丝体表面出现了大量的 50～200 纳米的银纳米颗粒；随着培养时间的延长，纳米颗粒的数目和大小都有所增加。Rashmi[9]研究了云芝 Coriolus versicolor 在含 $AgNO_3$ 的液体环境中培养，发现其胞外也生物合成了大量 Ag 纳米颗粒。

在本研究中，通过环境扫描电镜（ESEM）研究了白腐真菌另外一种生物合成途径，通过分泌胞外聚合物（EPS），生物合成呈球形的蛋白质－Pb 微米级颗粒，以及考察了胞外聚合物（EPS）对生物合成的影响，以期对研究白腐真菌与重金属的胞外作用机制提供科学依据。

二、材料与方法

（一）菌种与培养基

菌种为白腐真菌的模式菌种黄孢原毛平革菌 Phanerochaete chrysosporium BKMF－1767，购自武汉大学中国典型培养物中心。

菌种平皿培养保存采用土豆汁培养基（1 L）：葡萄糖 20 g，琼脂 20 g，新鲜土豆浸出液 200g，1000 ml 蒸馏水，自然 pH 值。

参考国内外学者的研究成果[10,11]，本实验采用的种子培养基组成成分为（1L）：10g 葡萄糖，2g KH_2PO_4，0.5 g $MgSO_4$，0.1 g $CaCl_2$，0.001g 维生素 B_1，0.2g 酒石酸铵，无机溶液 70

ml；pH 为 4.5。无机溶液（1L）：0.5 g $MnSO_4$，0.1 g $FeSO_4 \cdot 7H_2O$，0.1 g $CoSO_4$，1.0 g NaCl，0.01 g $CuSO_4 \cdot 5H_2O$，0. 01 g $AlK(SO_4)_2$，0.1 g $ZnSO_4$，0.01 mg H_3BO_3，0.01 g $NaMoO_4$。

接种前，培养基均在 105 ℃下灭菌 30 min。

（二）菌丝球培养和干重测定

取 4℃下保存的黄孢原毛平革菌平皿，在 37 ℃下活化 2 h 后制备孢子悬液，接种 5ml 孢子悬液到盛有 50ml 种子培养基的 250ml 的锥形瓶中，置于空气浴摇床中恒温培养（35 ℃，150 r/min），定时取样。

由于白腐真菌是菌丝球，所以将整瓶培养物全部过滤后在 105 ℃下干燥至恒重，称量，测定生物量干重。

（三）胞外聚合物分离与分析

通过改进的离心沉淀[12]方法来提取白腐真菌的胞外聚合物（EPS）。将一定培养时间的菌丝球悬液在 4 ℃下以 10000 r/min 高速离心 15 min（Sartorius 4K15，德国），上清液过 0.45 μm 滤膜后，加入 4 倍体积的体积分数为 95% 的无水乙醇，在 4 ℃下保藏 12 h，然后以 10000 r/min 离心 10 min，所得的沉淀物为粗 EPS。再将此粗 EPS 装入透析袋（MWCO，7kDa），密闭后置于室温下盛有去离子水的烧杯中，得到纯净 EPS，用蒸馏水溶解，然后测定各组分和 EPS 量。用 TOC 自动分析仪（Phoenix 8000，美国）测定胞外聚合物（EPS）含量。

（四）环境扫描电镜（ESEM）分析

将菌丝球用蒸馏水洗涤两次，再用去离子水洗涤一次，其中一半提取 EPS，用来得到不含 EPS 的菌丝球；另一半菌丝球用来吸附铅溶液，初始浓度为 100 mg/L，35 ℃下吸附 2 h 后 4 ℃保存 12 h，所有样品均在自然风干后，采用环境扫描电镜（FEI Quanta－200，荷兰）分析。

三、结果与讨论

（一）白腐真菌胞外聚合物（EPS）产量

将接种有孢子的液体培养基放入空气浴摇床中振荡培养，孢子浓度为 2×10^5 个，在培养时间 41h、65h、89h、113h、137 h 观察，取样，根据 Ulku 等[13]的结果，41 h 相当于微生物生长的对数期，137 h 相当于静止期末期，测定生物量干重和 EPS 含量，如表 1 所示。

表 1　黄胞原毛平革菌的胞外聚合物变化

培养时间/h	EPS/（mg/L）	生物量干重/（g/L）	单位干重含 EPS 量/（mg/g）
41	94.5	0.828	114.13
65	109.0	0.922	118.22
89	119.3	1.114	107.09
113	125.5	1.612	77.85
137	118.6	1.556	76.22

从表 1 可以看出，随着培养时间的延长，生物量干重和 EPS 产量都有显著的增长，而单位干重含 EPS 量呈现先增长，后下降的趋势。从 30 h 到 113 h，黄胞原毛平革菌生长迅速，生物量干重从 0.486 g/L 增加到最大值，为 113 h 时的 1.612 g/L，增长了 3.3 倍，EPS 产量也迅速上升，从 41 h 时的 94.5 mg/L，到 113 h 时达到最大值 125.5 mg/L。113 h 以后，由于各种营养物质的消耗殆尽，黄胞原毛平革菌出现衰亡现象，生物量干重和 EPS 产量均开始呈现较大幅度的下降。与此同时，单位干重含 EPS 量在 65h 达到最大值 118.22mg/g 后，一直呈现下降趋势，且幅度较大。此外，还可以看出，在培养 41 h 以后，EPS 产量与生物量干重的变化趋势相同，并

且均在 113 h 获得最大的生物量干重和 EPS 产量，因此可以得出 EPS 产量与黄胞原毛平革菌的生长有着非常紧密的联系，与 Wang 等[14]的研究结果相似。而单位干重含 EPS 量在 65h 取得最大值，表明此时白腐真菌含胞外聚合物 EPS 最丰富，与吴涓等[15]人研究的黄胞原毛平革菌菌丝球吸附量最大的培养时间为 72 h 的培养时间结果相似。

（二）胞外聚合物（EPS）对菌体表面的影响

白腐真菌生物合成作用主要发生在菌体表面，是一个有大量胞外酶参与，共同作用的生物化学过程，因此白腐真菌菌体的表面结构对生物合成具有重要作用。通过环境扫描电镜观察原菌丝球和提取完 EPS 的菌丝球表面结构，研究了胞外聚合物对菌体表面的影响，如图 1 所示。

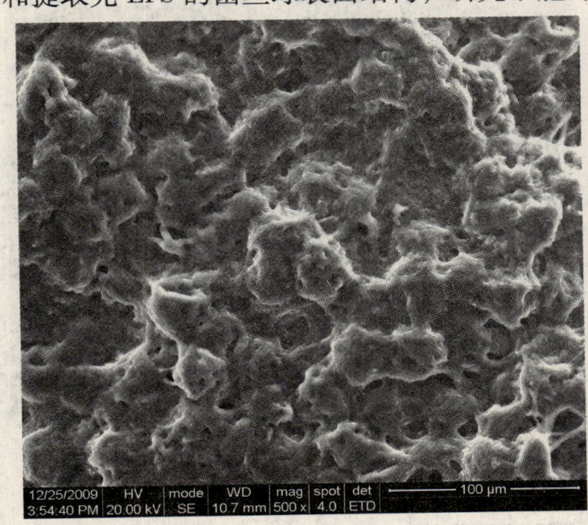

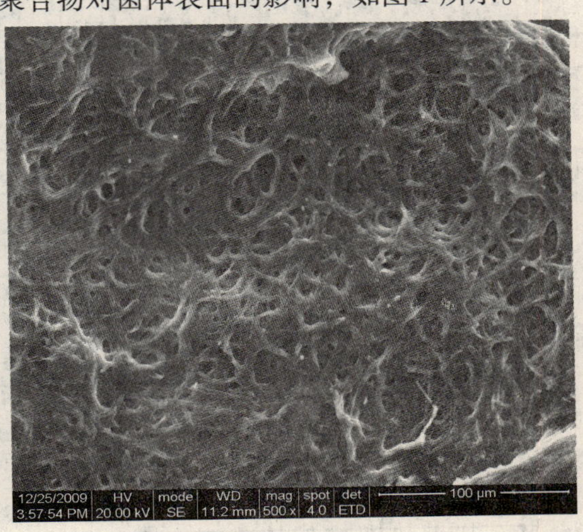

图 1 环境扫描电镜图（×500）

（左图：原菌丝球，右图：提取完 EPS 的菌丝球）

从图中可以看出，左图原菌丝球的环境扫描电镜显示，菌丝球由大量的球团状菌丝相互缠绕而成，球团之间接触紧密，相互连接在一起，而且菌丝球表面黏性的胞外聚合物丰富，这些都为吸附重金属离子提供了大量的可能的吸附位点，而提取完 EPS 后，菌丝球表面形态（右图）发生了显著的变化，表面结构呈现块状，大量的球团状结构消失，黏性的胞外聚合物大量减少，可能是提取过程中，高速离心造成菌丝球之间相互挤压、碰撞，胞外聚合物进入溶液所致。

（三）胞外聚合物（EPS）对生物合成颗粒形态的影响

为了探究胞外聚合物对生物合成的蛋白质－Pb 微米颗粒形态的影响，利用环境扫描电镜对颗粒进行了研究，结果如图 2 所示。

从图 2 可以看出，菌丝球在提取 EPS 前后，在吸附铅的过程中，均能生物合成球形颗粒，但是颗粒形态存在一定的差异。原菌丝球生物合成的颗粒，呈规则球体状，饱满，独立，黏附在菌体表面，而提取完 EPS 后菌丝球合成的颗粒，大体呈现球状，但均不是独立存在，球体一部分与菌体连接，欠饱满，对生物合成的颗粒进行了粒径测定，发现其粒径均在 10μm 左右，与纳米级的贵金属颗粒存在显著的粒径差异。

（四）球形颗粒的组成结构分析

为了证明 2 种球形颗粒的组成是否存在差异，并分析球形颗粒的组成性质，对图 2 中箭头所示的两球形颗粒物（A、B）进行了 *X* 射线光散射能谱（EDX）分析，结果如图 3 和表 2 所示。

从图 3、表 2 可以看出，颗粒 A、B 不存在元素组成上的差异，均是一种混合物、不是单一的微米级颗粒，这点与 Ag 等贵金属纳米颗粒存在组成差异，颗粒 A、B 均形成 C、O、P 和 K 峰，其中 C 和 O 的峰值较强，P、K、S、Pb 的峰值较弱；各元素组成也较相近，不存在较大的差异。S 吸收峰表明，颗粒中含有蛋白质类物质，Pb 吸收峰证明了白腐真菌对 Pb 吸附作用；而颗粒中同时出现 S 吸收峰和 Pb 吸收峰，因此推测在白腐真菌的吸附过程中，菌丝球的含蛋白质的胞外分泌物会与重金属离子作用，包裹重金属离子，并且粒径不断增大，形成如颗粒 A、B 所示的 Pb－蛋白质球形颗粒物，降低 Pb 离子对白腐真菌的生物毒性。文献[16,17]的研究也表明，真菌能够通过胞外聚合物的生物还原等作用，降低低浓度重金属对菌体的生物毒害性。

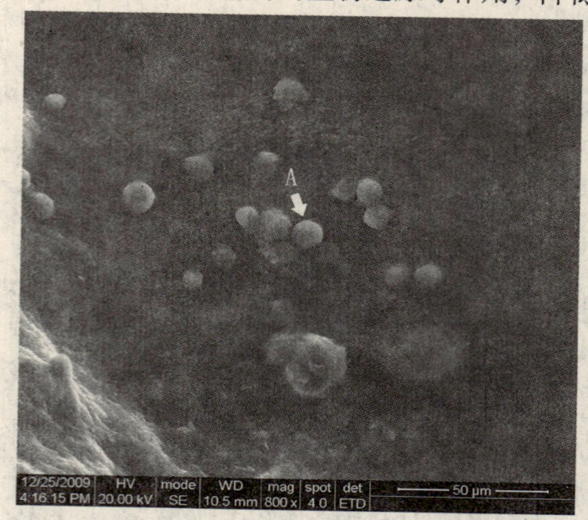

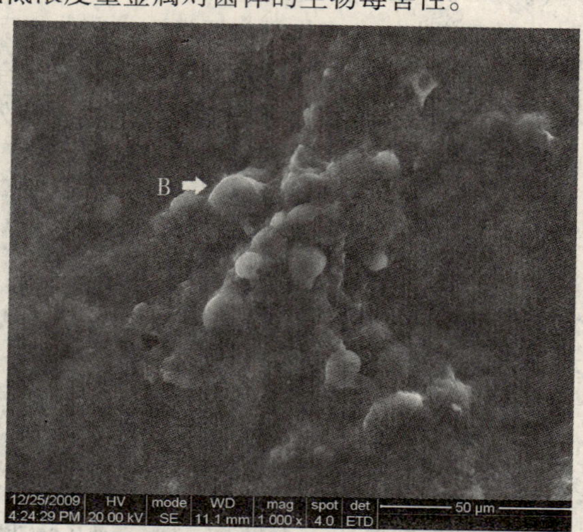

图 2　生物合成颗粒形态电镜图

（左图：原菌丝球合成的颗粒（×800），右图：不含 EPS 菌丝球合成的颗粒（×1000））

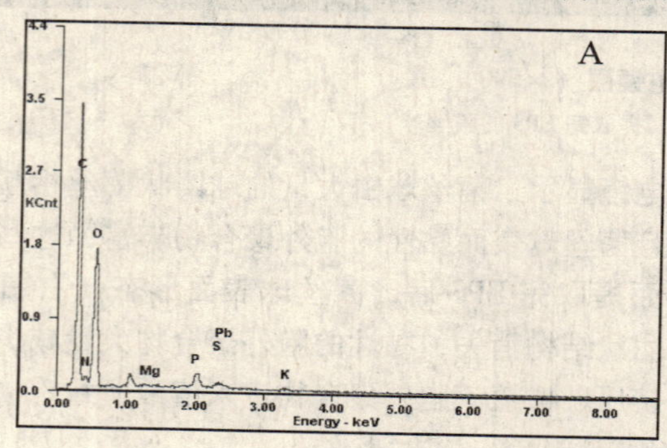

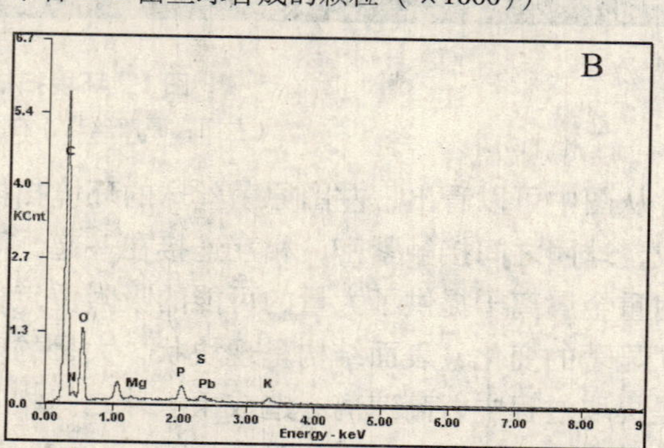

图 3　颗粒 A、B 的 *X* 射线光散射能谱图

表 2　颗粒 A、B 的元素组成

元素含量/%	颗粒 C	颗粒 D
C K	65.84	66.09
O K	20.59	22.85
P K	1.75	1.05
K K	0.99	0.48
S K	0.44	0.34
Pb K	0.66	0.55

与此同时，在研究中，增大铅溶液浓度，发现菌丝球也完成了对铅的部分吸附，但是没有发现显著的生物合成的球形颗粒，如图 4 所示。因此，判断重金属浓度对生物合成存在显著影响，

高浓度的铅抑制了某种生物合成酶的分泌，从而抑制生物合成过程的进行，具体机制和抑制浓度有待进一步研究。

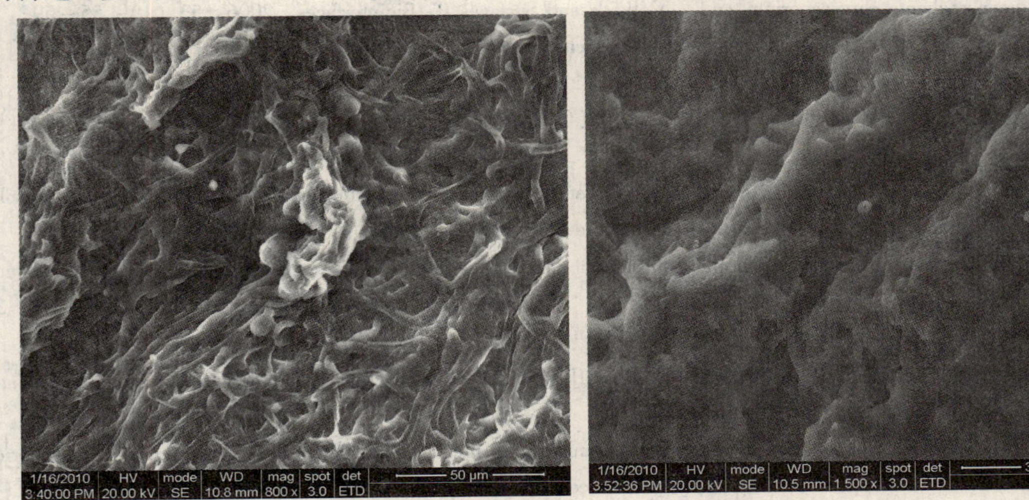

图4　不同铅浓度下的菌丝球环境扫描电镜图

（左图：200mg/L（×800），右图：250mg/L（×1500））

四、结　论

（1）白腐真菌胞外聚合物与其生长关系密切，单位生物量干重在65h达到最大值。

（2）白腐真菌胞外聚合物影响菌丝球表面结构和外观形态，进而影响其生物吸附和生物合成过程。

（3）白腐真菌在吸附低浓度的铅溶液的同时，会在其菌体表面产生微米级的蛋白质－Pb颗粒物，虽然胞外聚合物影响颗粒物形态，但是不影响其元素组成和含量，且颗粒与Ag等已发现的贵金属纳米颗粒存在显著的粒径和组成差异；高浓度的铅对生物合成有抑制作用，抑制浓度和机理有待进一步研究。

参考文献

[1] Alam M Z, Mansor M F, Jalal K C A. Optimization of decolorization of methylene blue by lignin peroxidase enzyme produced from sewage sludge with Phanerocheate chrysosporium [J]. Journal of Hazardous Materials, 2009, 162 (2-3): 708-715.

[2] Kim Y, Yeo S, Kim M K, et al. Removal of estrogenic activity from endocrine-disrupting chemicals by purified laccase of Phlebia tremellosa [J]. FEMS Microbiology Letters, 2008, 284 (2): 172-175.

[3] Yahaya Y A, MatDon M, Bhatia S. Biosorption of copper (II) onto immobilized cells of Pycnoporus sanguineus from aqueous solution: Equilibrium and kinetic studies [J]. Journal of Hazardous Materials, 2009, 161 (1): 189-195.

[4] Das B K, Roy A, Koschorreck M. Occurrence and role of algae and fungi in acid mine drainage environment with special reference to metals and sulfate immobilization [J]. Water Research, 2009, 43 (4): 883-894.

[5] ANNA J W, GADD G M. Oxalate production by wood-rotting fungi growing in toxic metal-amended medium [J]. Chemosphere, 2003, 52 (3): 541-547.

[6] MACHUCA A, NAPOLEAO D, MILAGRES AMF. Detection of metalchelating compounds from wood-rotting fungi Trametes versicolor and Wolfiporia cocos [J]. World Journal of Microbiology and Biotechnology, 2001, 17 (7): 687-690.

[7] GALHAUP C, HALTRICH D. Enhanced formation of laccase activity by the white-rot fungus Trametes pubescens in

the presence of copper ［J］. Applied and Microbiological Biotechnology, 2001, 56 (1/2): 225 - 232.

［8］ NADANATHANGAM V, KATHE A A, VARADARAJAN P V, et al. Biomimetics of silver nanoparticles by white rot fungus Phaenerochaete chrysosporium ［J］. Colloids and Surfaces B: Biointerfaces, 2006, 53 (1): 55 - 59.

［9］ RASHMI S, PREETI V. Biomimetic synthesis and characterisation of protein capped silver nanoparticles ［J］. Bioresource Technology, 2009, 100 (1): 501 - 504.

［10］ 李越中，高培基．黄孢原毛平革菌合成木素过氧化物酶的营养调控［J］．微生物学报，1994，34（1）：29 - 36.

［11］ Stepanova E V , Koroleva O V , Vasilchenko L G, et al. Fungal decomposition of oat straw during liquid and solid - state fermentation ［J］. Applied Biochemistry and Microbiology, 2003, 39 (1): 65 - 74.

［12］ Xu C P, Yun J W. Influence of aeration on the production and the quality of the exopolysaccharides from Paecilomyces tenuipes C240 in a stirred - tank fermenter ［J］. Enzyme and Microbial Technology, 2004, 35 (1): 33 - 39.

［13］ Ulku Y, Ayla D, et al. THE REMOVAL OF Pb (II) BY PHANEROCHAETE CHRYSOSPORIUM ［J］. Water Research, 2000, 34 (16): 4090 - 4010.

［14］ Wang Y X, Lu Z X. Optimization of processing parameters for the mycelial growth and extracellular polysaccharide production by Boletus spp. ACCC 50328 ［J］. Process Biochemistry , 2005, 40 (3 - 4): 1043 - 1051.

［15］ 李清彪，吴涓，杨宏泉，等．白腐真菌菌丝球形成的物化条件及其对铅的吸附［J］．环境科学，1999，20（1）：33 - 38.

［16］ Vigneshwaran N, KATHE A A, VARADARAJAN P V, et al. Silver - protein (core - shell) nanoparticle production using spent mushroom substrate ［J］. Langmuir, 2007, 23 (13): 7113 - 7117.

［17］ Chen G Q, ZENG G M, TU X, et al. Application of a by - product of Lentinus edodes to the bioremediation of chromate contaminated water ［J］. Journal of Hazardous Materials, 2006, B 135 (1 - 3): 249 - 255.

被动处理酸性矿山废水的方法选择及其应用

张瑞雪　吴　攀　杨　艳　熊　玲

（贵州大学资源与环境工程学院　贵州　贵阳　550003）

摘　要　论文阐述了国外目前广泛研究和应用的处理 AMD 的“被动治理”技术和方法。通过对几种“被动处理”方法的原理介绍和优缺点比较，指出如何根据矿山排水的方式和水化学特征选择合适的废水被动处理方法。并论述了被动处理 AMD 技术在国外的应用现状和在中国的发展前景。

关键词　酸性矿山排水　主动处理　被动处理　选择及应用

引　言

关于酸性矿山排水形成的原因和机理，早有大量的文献和资料报道[1-2]。由于含硫矿物在空气、水和细菌（如硫杆菌）的共同作用下，形成硫酸－硫酸高铁溶液，从而产生富含 Fe、Mn 等金属离子的酸性矿山排水（AMD）。AMD 极易在流经的河床底部形成 $Fe(OH)_3$ 沉积物而对水生生态系统造成危害，具有污染时间长和影响景观等特点，因此对 AMD 处理技术的开发及应用成为众多学者研究的热点。目前，酸性矿山废水的处理方法大体分为“主动治理”和“被动治理”两大类[3]。“主动治理”主要包括石灰中和法、硫化物沉淀法、氧化还原法、曝气氧化过滤法等。应用主动处理技术虽然方便、快捷，但由于其具有需要修建废水处理站、投加大量化学药剂、运行管理和维护费用高等缺点，使得人们开始寻求一种更经济有效的 AMD 处理技术。

一、被动治理技术的发展及其主要类型

“被动处理”技术就是在人为控制的环境中，利用自然界发生的地球化学和生物化学过程，用最低的投资和维护费用达到改善出水水质、去除废水中污染物质目的的方法[4]。该方法起源于20世纪80年代，由加拿大多伦多的 Huntsman 和美国西弗吉尼亚大学 Wieder 和 Lang 最先提出，且都是利用人工湿地技术处理煤矿酸性废水[5]。随着被动处理技术的不断发展，已由开始单一的人工湿地技术发展到多种形式的被动治理方法，并逐渐从实验室模型发展到大规模的工程应用。国外广泛应用的方法主要可归纳为两种划分类型：好氧/厌氧、物化/生化。见表 1。

表 1　被动治理酸性矿山废水的分类方法

序号	划分标准	主要类型	常见的被动治理方法
1	好氧或厌氧过程	好氧	好氧湿地、好氧石灰石沟渠、石灰石滤床
		厌氧或缺氧	厌氧湿地、缺氧石灰石沟渠、连续碱生产系统、可渗透反应墙、硫酸盐还原生物反应器
2	化学或生物过程	物理化学	好氧/缺氧石灰石沟渠、石灰石滤床
		生物化学	好氧/厌氧湿地、硫酸盐还原生物反应器、连续碱生产系统、可渗透反应墙

二、被动处理 AMD 方法介绍与比较

（一）好氧湿地（Aerobic wetlands）

好氧湿地系统通过水解作用和氧化作用以氢氧化物沉淀的形式去除废水中的重金属，如 Fe、

Mn 等[6-7]。水解氧化过程中产生的酸度可以依靠 HCO_3^- 碱度进行中和，同时为了促进 Fe、Mn 的沉淀作用，适宜的 pH 范围应为 5.5 ~ 6.5。在设计上好氧湿地系统类似于天然湿地。对于表面流人工湿地，填料上的流动水层较浅（10 ~ 50cm），一般小于 30cm，池体长宽比不小于 10[8]。好氧湿地系统集沉淀、过滤、吸附、氧化、微生物合成与分解、植物代谢与吸收等多种作用于一体，对去除废水中的污染物质有良好的效果。

（二）厌氧湿地（Anaerobic wetlands）

厌氧湿地主要是利用有机质层的大量微生物和石灰石溶解造成 CO_2 分压的升高而产生还原环境来处理酸性矿山废水的一种被动处理方法。厌氧湿地对 DO 浓度相对较高、高 Fe^{3+}、Al、SO_4^{2-} 浓度的酸性废水有很好的处理效果[9]。为了创造厌氧环境，提高硫酸盐还原菌（Sulfate - reducing Bacteria）的代谢能力，厌氧湿地通常设计为潜流或垂直流[10]。同好氧湿地处理 AMD 一样，两者都需要较长的水力停留时间（HRT），因此系统占地面积较大。厌氧湿地中的填料主要是由廉价的天然物质和一些固体废弃物组成，当废水酸度较高时还可以向基质中加入石灰石颗粒，一般基质底层的厚度 30 ~ 45cm[8]。湿地中水生植物包括挺水、浮水和沉水植物，包括芦苇、香蒲、浮萍等。值得注意的是，厌氧湿地中水生植物的根系不能穿透基质表层进入底部，否则会导致多余氧的进入而影响硫酸盐还原菌的生长。

（三）缺氧石灰石沟渠（Anoxic Limestone Drains，ALDs）

ALDs 也属于被动处理技术的一种，它是将粒径为 8 ~ 25cm 的石灰石颗粒放置在反应沟中，然后黏土、塑料膜密封压实，使缺氧的矿山酸性废水靠重力水平流过反应沟[11]。为避免 AMD 流出接触空气，ALDs 通常建于地下，反应沟中的石灰石颗粒处在缺氧环境下，可有效增加系统 CO_2 分压，加速石灰石颗粒的溶解，提高系统出水的 pH 值。ALDs 处理系统的使用寿命一般为 15 ~ 25 年，在处理 DO、Fe^{3+}、Al 浓度较低的酸性废水中具有明显优势，因此常被用作湿地及其他处理系统的预处理。研究表明[12]，当 DO、Fe^{3+}、Al 浓度分别大于 1mg/L 时，氧化作用即会发生，形成的 $Fe(OH)_3$ 和 $Al(OH)_3$ 沉淀会对石灰石颗粒形成包裹作用，并堵塞系统的正常运行，从而影响出水水质。

（四）连续碱生产系统（Successive Alkalinity Producing Systems，SAPS）

SAPS 技术[4]是专门为治理矿山酸性废水而开发的新型处理技术，由 Kepler 和 McCleary 于 1994 年首次提出并申请专利，它是厌氧湿地技术和 ALDs 技术的结合，在构造和污染物去除机理上类似于厌氧 - 垂直流人工湿地，系统综合利用了硫酸盐还原菌（SRB）对硫酸盐的去除能力和石灰石在厌氧条件下能提高溶解速率的理论。系统利用 SRB 还原硫酸盐产生的 H_2S 和废水中的重金属离子反应，生成难溶的金属硫化物从而去除重金属离子，但也有人认为处理过程中产生的碱度也有利于金属离子以氢氧化物的形式去除[13]。但在处理 Fe、Al 含量较高的废水时，可能会被 Fe、Al 的硫化物或氢氧化物沉淀所堵塞，因此需要定期冲洗维护[14]。该技术对 Fe、Al 的去除效果很好，但对 Mn 的去除效果很不理想，比如在美国科罗拉多州 Summitville 矿区对 SAPS 处理效果的监测，Fe、Al、Cu 的处理效果都较好，而 Mn 的去除率仅为 11%[2]，肖利萍[15]等的 SAPS 实验室研究也证明了这一点。

（五）好氧石灰石沟渠（Open Limestone Drains，OLDs）

OLDs 是一种较为简单的被动处理 AMD 方法，使有一定 DO 的废水流入一个填满石灰石的露天沟渠中进行中和反应，以此提高废水的 pH 值，去除部分金属离子。OLDs 池体在设计时底部要有一定坡度，从而保证废水在池中的流速能使生成的氢氧化物沉淀以悬浮的状态进入后续沉淀池而被去除，典型的 OLDs 池底的设计坡度应不小于 20%[16]，对于酸度为 500 ~ 2600mg/L 的酸性矿山废水，最佳的设计坡度为 45% ~ 60%[8]。通常，当废水流量较大时系统会出现石灰石溶解速率过慢、容易钝化、堆积和移动等缺点。因此，一般将好氧石灰石沟渠系统与其他被动处理系统联合使用。

（六）可渗透反应墙（Permeable Reactive Barriers，PRB）

PRB 是目前在欧美等发达国家新兴的用于原位去除地下水中污染物质的方法。根据美国环保署（EPA）的定义[17]“PRB”是一个填充有活性反应材料的被动反应区，当污染地下水通过时污染物能被降解或固定。其中污染物靠自然水力传输通过预先设计好的介质时，溶解的有机物、金属等污染物被降解、吸附或沉淀而去除。应用 PRBs 技术处理 AMD 始于 1995 年，常见的反应介质有零价铁、石灰石、活性炭、沸石等[18]，此外，为给硫酸盐还原菌的生长提供碳源，通常要在反应介质中加入一些有机物质如木屑、锯末等[19]。Conca 等[20]在美国 Success 矿附近修建的 PRB 处理矿尾矿库排水，结果显示，地下水中 Pb、Zn 和 Cd 的浓度降低 99%；pH 值增加到 6.5~7.0；硫酸盐浓度从 250 mg/L 降到 35~150 mg/L。

除此之外，对于 AMD 的被动处理技术还有硫酸盐还原生物反应器（Sulfate Reducing Bioreactor，SRB）和石灰石过滤床（Limestone Leach Beds，LSB）。SRB 从严格意义上说属于生物处理方法的一种，其结构类似于厌氧垂直流湿地，所需占地面积较小[21]。LSB 是人工建造的水池，用来处理很少或没有碱度和金属离子的酸性废水[22]。

表 2 列出了上述六种被动处理方法各自的优缺点和适用条件。

表 2 六种被动处理酸性矿山废水方法的比较

系统类型	优 点	缺 点	适用条件	设计参数或设计负荷
好氧湿地	对一定范围内的污染物有很好的处理效果，通常可达标排放	占地面积大，出水水质易受环境和气候变化影响	适于处理含有一定净碱度的废水，且有充足的土地可利用	10~20 g Fe/（m^2·d）0.5~1.0 g Mn/（m^2·d）
厌氧湿地	对提高 pH 值和降低 SO_4^{2-}、金属污染物浓度有很好的效果	占地面积大，基建和投资费用较高	适于处理含有一定净酸度的废水，且有充足的土地可利用	3.5 g 酸度/（m^2·d）24~36 h 停留时间
ALDs	提高 pH 效果显著，投资、运行和维护费用都很低	不易去除金属离子，需要后续处理，系统易堵塞	可作为湿地处理系统的预处理，适宜处理低 DO，Fe^{3+}，Al 浓度的酸性废水（一般浓度 <1mg/L）	15 h 停留时间
SAPS	对金属离子的去除效果显著，占地面积小、运行和维护费用较低	需要定期冲洗和维护，系统对锰的去除效果较差	适用于处理各种类型的矿山酸性废水，尤其是含有高 SO_4^{2-}、高 Fe^{2+} 的废水	15~30 cm 有机质层 15 h 停留时间 20 g 酸度/（m^2·d）
OLDs	施工简单，基建费用低，管理维护较方便	处理效果比其他方法相对较差	适用于对出水水质要求不高的偏远地区	酸度负荷和停留时间池底设计坡度 >12%
PRBs	处理能力强、使用寿命长、无需动力消耗，不占用地面面积	需要定期更换反应介质，由于工艺新，技术相对不成熟	适用于易施工、水文地质条件好的地下水贫乏的地区，属于地下水修复技术	反应墙的厚度水力停留时间

三、被动处理方法的选择及应用

通常，单一的处理方法容易受到水量水质的波动和一年中不同季节的温度变化所影响，如冬季，一般 AMD 流量小，金属污染物浓度高，且由于温度较低，系统对污染物的去除效果较差，而夏季则正好相反[23]。因此，根据矿山排水的流量、水化学特征和当地气候条件的不同，可以选择不同的被动处理技术方法，或把两种或两种以上的被动处理方法联合使用。Champagne 等[24]利用“氧化池 + 沉淀池 + 泥炭生物过滤器 + SRB + ALD”处理人工合成的 AMD 废水的实验室研究表明，该系统能够使 pH 值从 3.2 升高到 7.0，SO_4^{2-} 浓度从 3140 mg/L 降低到 1010 mg/L，对 Fe、Al、Zn、Mn、Cu 等的去除率都达到 90% 以上。Whitehead 等[25]在英国 Cornwall 地区修建了“ALD + 好氧池 + SRB 生物反应器 + 3 个石灰石滤床”联合系统来处理 Wheal Jane 矿的酸性排水，处理效果明显。图 1 列出了针对不同酸性矿山废水设计的被动处理方法流程。

相对于传统的石灰石中和、硫化物沉淀等“主动处理”方法来说，“被动处理”方法具有的独特优势（作用时间长、处理能力强、施工方便，尤其是投资和维护费用低）使得它被广泛应用在矿山废水治理领域，尤其在美国、加拿大等地应用普遍，且已获得了很好的处理效果和工程设计经验。目前，英国、韩国、西班牙等地也在不同程度地开发和应用被动处理技术。

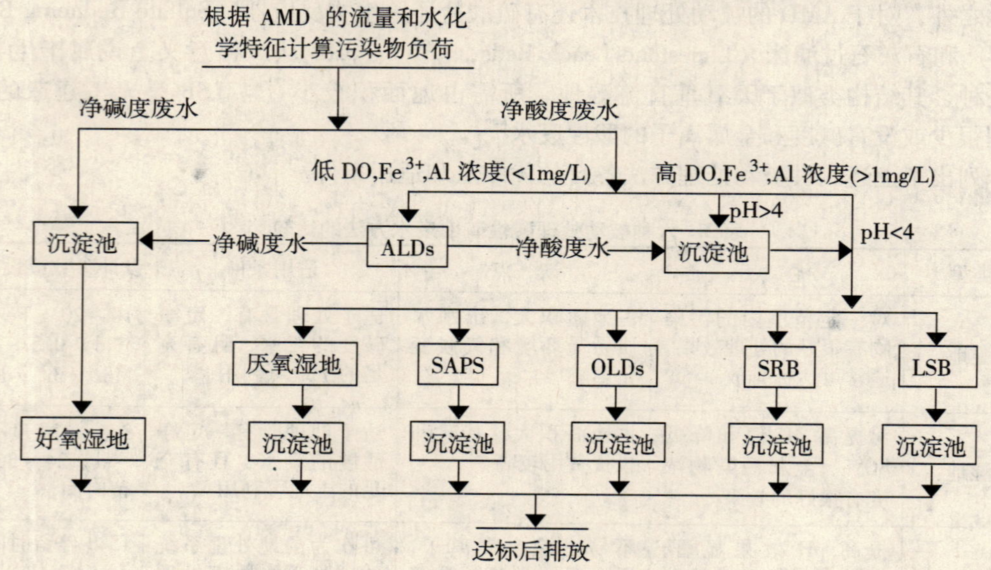

图 1　不同酸性矿山废水的被动处理方法设计流程图

四、结　语

目前我国治理矿山废水尤其是酸性矿山废水常用的方法即是石灰石中和法，此种方法虽收效快，但需定期投加大量石灰石，后期运行和维护费用很高，不宜长期使用。而“被动治理”技术处理 AMD 具有的地域优势和成本优势使它非常适宜应用在中国矿山分布区，尤其是经济欠发达的偏远山区，因此被动处理 AMD 在中国作为一项新技术，有非常广阔的应用前景和发展空间，应加大试验研究和工程实践。

参考文献

[1] Christine Costello. Acid Mine Drainage: Innovation Treatment Technologies [M]. Washington, DC: U. S. Environmental Protection Agency, 2003.

[2] 刘文颖，肖利萍，梁冰．矿山酸性废水治理的研究及 SAPS 技术展望［J］．矿业研究与开发，2008，28（1）：71－73.

[3] D. Barrie Johnson, Kevin B. Hallberg. Acid Mine Drainage Remediation Options: A Review [J]. Science of the Total Environment, 2005 (338): 3－14.

[4] Younger, Paul, Banwart, Steven A, Hedin, Robert, S. Mine Water: Hydrology, Pollution, Remediation [M].

The Netherlands: Kluwer Academic Press, 2002.

[5] B. Gazea, K. Adam , A. Kontopoulos. A Review of Passive Systems for the Treatment of Acid Mine Drainage [J]. Minerals Engineering, 1996, 9 (1): 23 -42.

[6] 徐志诚. 酸性矿井水的人工湿地处理方法综述 [J]. 矿业安全与环保, 2005, 32 (2): 1 -2.

[7] Cravotta III, C. A. Passive aerobic treatment of net - alkaline, iron - laden drainage from a flooded underground anthracite mine, Pennsylvania, USA [J]. Mine Water Environ, 2007 (26): 128 - 149.

[8] Ziemkiewicz, P. F., J. G. Skousen, J. Simmons. Long - term Performance of Passive Acid Mine Drainage Treatment Systems [J]. Mine Water and the Environment, 2003 (22): 118 - 129.

[9] Karathanasis A. D., C. M. Johnson. Metal Removal Potential by Three Aquatic Plants in an Acid Mine Drainage Wetland [J]. Mine Water and the Environment, 2003 (22): 22 - 30.

[10] Paul L Younger. The Adoption and Adaptation of Passive Treatment Technologies for Mine Waters in the United Kingdom [J]. Mine Water and the Environment, 2000 (19): 84 -97.

[11] George R. Watzlaf, Karl T. Schroeder, Candace L. Kairies. Long - term Performance of Anoxic Limestone Drains [J]. Mine Water and the Environment, 2000 (19): 98 - 110.

[12] Cravotta III, C. A., Trahan M. K. Limestone drains to increase pH and remove dissolved metals from acidic mine drainage [J]. Applied Geochemistry, 1999 (14): 581 -606.

[13] Kepler D., McCleary E. Successive Alkalinity Producing Systems for the 2003 West Virginia Surface Mine Drainage Task Force Symposium. 2003. http: //www. wvu. edu/agexten /lan - drec / 2003TFS/Kepler03. pdf.

[14] Jayanta Bhattacharya, Sang Woo Ji, Hyeon Seok Lee, et al. Treatment of acidic coal mine drainage: design and operational challenges of successive alkalinity producing systems [J]. Mine Water Environ, 2008 (27): 12 - 19.

[15] 肖利萍, 刘文颖, 褚玉芬. 被动处理技术 SAPS 处理酸性矿山废水实验研究 [J]. 水资源与水工程学报, 2008, 19 (2): 12 -15.

[16] Green R., T. D. Waite, M. D. Melville, et al. Effectiveness of an Open Limestone Channel in Treating Acid Sulfate Soil Drainage [J]. Water Air and Soil Pollution, 2008 (191): 293 - 304.

[17] 王俊辉, 宋玉. 地下污染水原位处理 PRB 技术研究进展 [J]. 中国资源综合利用, 2007, 25 (10): 26 -29.

[18] Gibert, O., J. de Pablo, J. L. Cortina, et al. Evaluation of municipal compost/ limestone/ iron mixtures as filling material for permeable reactive barriers for in situ acid mine drainage treatment [J]. Journal of Chemical Technology and Biotechnology, 2003 (78): 489 - 496.

[19] Blowes, D. W., C. J. Ptacek, S. G. Benner, et al. Treatment of inorganic contaminants using permeable reactive barriers [J]. Contam. Hydrogeol, 2000 (45): 123 - 137.

[20] Conca J L, Wright J. An Apatite II permeable reactive barrier to remediate ground water containing Zn, Pb and Cd [J]. Applied Geochemistry, 2006 (21): 1288 - 1300.

[21] Carmen - Mihaela Neculita, Gerald J. Zagury, Bruno Bussiere. Passive Treatment of Acid Mine Drainage in Bioreactors using Sulfate - Reducing Bacteria: Critical Review and Research Needs [J]. Journal of Environmental Quality, 2007 (36): 1 - 16.

[22] Simmons J, Ziemkiewicz P, Black D. Use of steel slag leach beds for the treatment of acid mine drainage: the McCarty Highwall Project [D]. Proc, 19th ASMR Conf, Lexington, KY, 2002: 527 -529.

[23] Johnson, D. B., K. B. Hallberg. Pitfalls of passive mine water treatment [J]. Rev. Environ. Sci. Biotechnology, 2003 (1): 335 -343.

[24] Champagne P, Van Geel P, Parker W. A bench - scale assessment of a combined passive system to reduce concentrations of metals and sulphate in acid mine drainage [J]. Mine Water Environ, 2005 (24): 124 - 133.

[25] Whitehead PG, Hall G, Neal C, et al. Chemical Behaviour of the Wheal Jane bioremediation system [J]. Science of the Total Environment, 2005 (338): 41 -51.

超滤技术在杨木 P－RC APMP 废液浓缩中的应用研究

徐　明　冯文英　张　勇　苏振华　张升友　林乔元

（中国制浆造纸研究院　北京　100020）

摘　要　用聚醚砜膜超滤技术对造纸工业杨木 P－RC APMP 废液进行了预浓缩，旨在与化学法制浆黑液一并蒸发后进行碱回收处理。通过考察废液通量、总固形物截留率、COD_{Cr}截留率和BOD_5截留率等指标，得出了废液浓缩的优化工艺。优化实验膜通量为 22.99L/（m^2·h），废液总固形物从 14.10g/L 浓缩到 87.59g/L，蒸发浓缩负荷减少了 83.9%。

关键词　P－RC　APMP 废液　聚醚砜　超滤　浓缩　蒸发

P－RC APMP（Preconditioning Refining Chemical APMP，盘磨化学预处理碱性过氧化氢机械浆）是我国造纸工业 20 世纪 90 年代以来发展较快的制浆方法，具有得率高、污染物发生量小等优点。生产的纸浆可用于各类纸品，包括轻涂纸、新闻纸以及其他书写印刷纸。过程中产生的废液主要来源于化学浸渍、挤压浓缩、磨浆等过程，包括溶出的有机物、残余的化学品和细小纤维等，其中溶出的有机物质主要由各种分子量的糖类物质、木素和抽出物等组成。该废液有如下特点：

悬浮物与溶解和胶体物质较多，COD 浓度大，水温高，生化毒性物质含量高。目前工厂的处理方法大都采用三级处理，首先用物理方法去除水中的悬浮物和胶体物质，冷却降温后进行厌氧和好氧处理，最后再用化学或物化方法进行深度处理[1-3]。在北美、欧洲地区，有的化机浆厂将综合废液通过蒸发浓缩后，并入硫酸盐法制浆黑液碱回收系统中进行混合蒸发及燃烧处理，以回收化学品及热能[4]。目前我国的山东太阳纸业也采用热泵蒸发技术对杨木 P－RC APMP 废液进行蒸发，并入化学浆黑液碱回收系统。

膜分离技术发展于 20 世纪 60 年代，该技术是利用膜对化合物中各组分的选择作用，以外界能量或化学位差为推动力对混合物进行分离、浓缩、提纯的技术，膜分离技术具有无相变、装置简单、能耗低、占地面积小、运行管理方便、处理效率高等特点[5]。一般分为反渗透、超滤、纳滤、微滤。国内外有很多关于利用膜分离法处理各种制浆造纸废水废液的研究，并发现对去除造纸废水毒性、色度和悬浮物有明显效果。同时超滤或反渗透技术在处理洗、选、漂废水和造纸白水等方面已有工业化应用[6-8]。

另外，膜分离技术可用于制浆废液的浓缩，取代部分蒸发过程，在废液低浓度时可以充分发挥超滤能耗低的优势，待到浓度提高，浓差极化现象加重，通量下降，能耗上升时，再用多效蒸发器浓缩[9]。本研究利用膜超滤分离技术对杨木 P－RC APMP 废液进行预浓缩，通过优化过程参数来考察浓缩液和透过液的综合性能指标，探讨将其预浓缩后并入化学制浆碱回收系统的可行性。

一、实　验

（一）原料与设备

1. 杨木 P－RC APMP 废液

杨木 P－RC APMP 废液取自山东太阳纸业，通过 100 目筛过滤，在 0～4℃条件下贮存备用。

2. 超滤设备

设备为平板式超滤杯，由上海摩速器材公司生产。该超滤杯容积为 350ml，有效过滤面积为

本课题由“十一五”科技支撑项目“速生材高得率制浆污染物处理与综合利用技术”（2006BAD32B07）资助。

0.0031m^2，压力范围0～0.3MPa，实验最高转速为400rpm。

3. PES膜

实验所用膜材料为聚醚砜超滤膜（PES膜），由美国Sepro膜技术公司生产。表1为不同型号超滤膜的特性。

表1　不同型号超滤膜的特性参数

型　号	PES 0.5	PES 1	PES 10	PES 30	PES 50	PES 100
截留相对分子量	500	1000	1万	3万	5万	10万
纯水通量（0.2 MPa，25℃）/（L/m^2h）	60	140	210	250	500	800

（二）实验方法

首先对6种不同截留相对分子量的PES膜在0.2MPa、25℃、400rpm条件下进行实验，在透过液量达到原液量的90%时结束，从中优选出合适孔径的膜。然后针对膜截留相对分子量、压力、温度、转速进行4因素3水平的正交实验（$L_3 4$），同样在透过液量达到原液量的90%时结束。通过对膜的通量（式1）和物质截留率（式2）的分析得到正交实验的优化工艺条件，并在该条件下进行透过比（式3）实验，实验中每隔0.5h收集一次透过液，由透过液总固形物计算得出即时浓缩液总固形物（式4），依此获得最佳透过比。最后在优化工艺和最佳透过比条件下进行验证实验，对实验结果进行综合分析。

（三）计算方法

1. 膜的通量

膜的通量是指单位时间内单位膜面积上通过的透过液量[10]，是决定膜性能和膜设备成本的首要因素。

$$J = \frac{V}{S \times t} \tag{1}$$

式中：J为纯水或废液通量，$L/m^2 \cdot h$；V为透过液体积，L；S为过滤面积，m^2；t为过滤时间，h。

2. 物质截留率

膜的选择性好坏常用截留率来表示[10]，本研究需要对实验过程总固形物截留率、COD_{Cr}截留率和BOD_5截留率进行分析。

$$截留率：R = \left(1 - \frac{C_p}{C_c}\right) \times 100\% \tag{2}$$

式中：R为截留率，%；C_p为透过液参数（可为总固形物，COD_{Cr}或BOD_5），mg/L；C_c为浓缩液参数（同上），mg/L。

3. 透过比

透过比（PR）用透过液体积和初始废液体积的比值表示，它决定了超滤结束的时间。在其他条件确定的情况下，最佳透过比是决定浓缩效率和运行成本的关键因素。

$$PR = \frac{V_p}{V_f} \tag{3}$$

式中：PR为透过比；V_p为透过液体积，ml；V_f为原液体积，ml。

4. 物料衡算

$$浓缩液总固形物：C_{c\cdot TS} = \frac{C_{f\cdot TS}V_f - C_{p\cdot TS}V_p}{V_c} \tag{4}$$

式中：$C_{c\cdot TS}$ 为浓缩液总固形物，mg/L；$C_{f\cdot TS}$ 为原液总固形物，mg/L；$C_{p\cdot TS}$ 为透过液总固形物，mg/L；V_c 为浓缩液体积，L；V_f 为原液总体积，L；V_p 为透过液体积，L。

二、结果与讨论

（一）膜截留相对分子量的选择

不同截留相对分子量的膜对杨木 P－RC APMP 废液的超滤实验透过液与原液对比情况见图1，浓缩截留性能见图2。

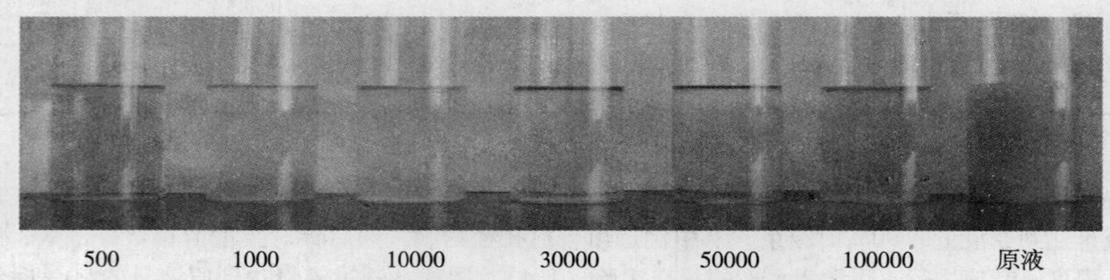

图1　不同截留相对分子量超滤实验透过液与原液的对比

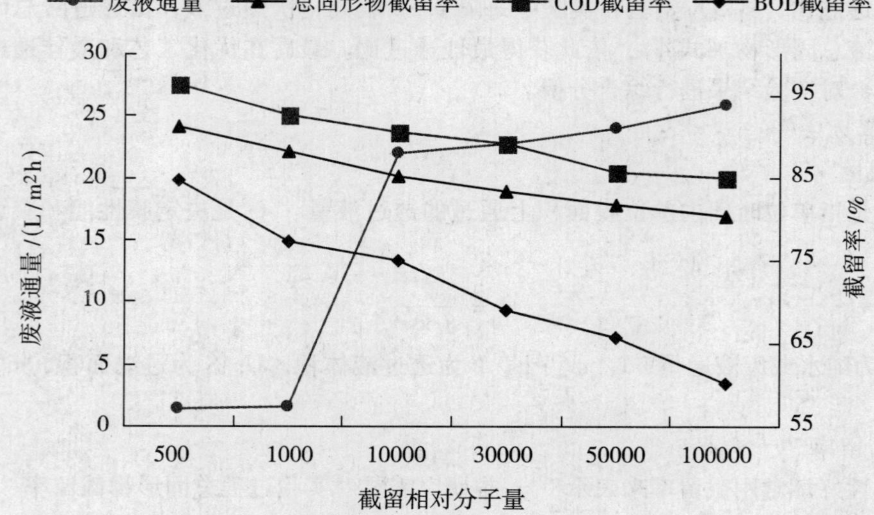

图2　不同膜截留相对分子量超滤实验分离浓缩情况

由图2得出，当分子量由低到高变化时，废液通量逐渐增大，总固形物、COD_{Cr}和 BOD_5 的截留率逐渐降低。用1万～10万截留相对分子量膜进行实验废液通量均在20L/（m^2·h）以上，而采用1000、500截留相对分子量的膜进行实验时，废液通量则低于2L/（m^2·h）。由于废液通量太低在生产上应用意义不大，所以初步优选1万、5万和10万截留相对分子量膜进行其他操作参数的优选实验。

（二）工艺条件的优选

在上述研究结果基础上，设计4因素3水平的 L_34 正交实验表，详见表2、表3。

研究结果通过废液通量、总固形物截留率、COD_{Cr}截留率和 BOD_5 截留率的直观分析，如表4所示。

对于截留相对分子量（M），几个参数的极差分析均表明 M_1 即分子量1万为首选条件。从压力（P）看，除废液通量外，其他三项参数极差均显示 P_3 即0.3MPa较优，而废液通量分析中，压力变化对通量的影响很小，可以忽略，所以优选0.3MPa。对于温度（T），T_3 即50℃时，废液通量最大，其他三个因素均以 T_1 即 20℃为最佳。考虑到废液通量所受影响较大，并且废液运送到水处理厂时一般在 50℃左右，所以选择 50℃为优化条件。最后考虑转速（R），对于废液通量及总固形物截留率两项参数，R_3 即 400rpm 为优选，对于 COD_{Cr} 及 BOD_5 截留率，R_1 即 200rpm 较好，但是转速对这两项参数的影响较弱，所以选择 400rpm。

表 2　正交实验因素水平表因素

水平＼因素	截留相对分子量 M	压力 P/MPa	温度 T/℃	转速 R/ rpm
1	1	0.1	20	200
2	5	0.2	35	300
3	10	0.3	50	400

表 3　正交实验设计表截留相对

实验＼水平＼因素	截留相对分子量 M	压力 P/MPa	温度 T/℃	转速 R/rpm
1	1	0.1	20	200
2	1	0.2	35	300
3	1	0.3	50	400
4	5	0.1	35	400
5	5	0.2	50	200
6	5	0.3	20	300
7	10	0.1	50	300

表 4　直观分析表

极差/因素	截留相对分子量 M	压力 P	温度 T	转速 R	因素主次	优化组合
废液通量极差	1.53	0.55	7.53	9.56	$R>T>M>P$	$M_1P_1T_3R_3$
总固形物截留率极差	2.16	3.16	6.35	2.27	$T>P>R>M$	$M_1P_3T_1R_3$
COD_{Cr}截留率极差	1.71	3.36	5.19	2.35	$T>P>R>M$	$M_1P_3T_1R_1$
BOD_5 截留率极差	15.28	11.76	5.84	4.68	$M>P>T>R$	$M_1P_3T_1R_1$

综合得出优化工艺条件为膜截留相对分子量 1 万，压力 0.3MPa，温度 50℃，转速 400rpm。

（三）最佳透过比的选择

超滤时不同时间透过液与原液、浓缩液的对比如图 3 所示，图 4 则显示了废液通量、浓缩液及透过液固形物浓度与相应透过比的关系。

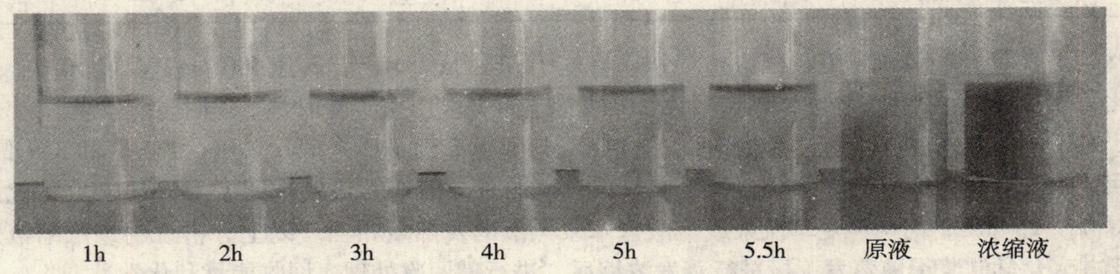

1h　2h　3h　4h　5h　5.5h　原液　浓缩液

图 3　超滤实验不同时间透过液与原液、浓缩液的对比

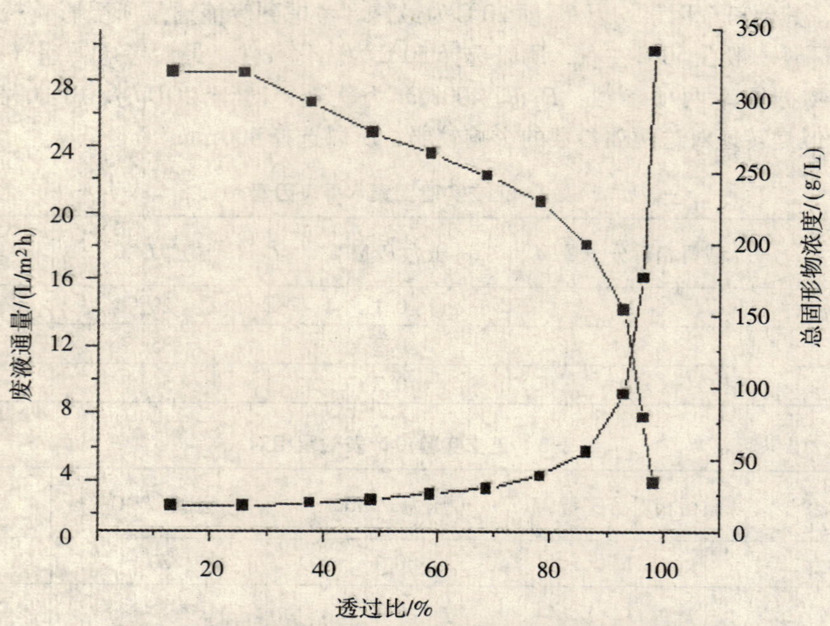

图 4　透过比对废液通量、浓缩液和透过液固形物的影响

可以看出，随着时间的推进或透过比的增加，废液通量呈现明显的降低趋势，而浓缩液总固形物则是逐渐升高的，二者均呈现由慢到快的变化趋势。透过比在 90% ~95% 时，既能保证较高的废液通量，同时浓缩液固形物浓度也较高。综合考虑将透过比选择在 93%。

（四）优化工艺条件下的验证实验

在优化工艺和最佳透过比条件下进行多次验证实验，得到结果如表 5 所示。过程中膜的废液通量为 22.99L/（m^2·h）。

表 5　优化工艺条件下的验证实验结果

参数	原液	浓缩液	透过液
总固形物/（g/L）	14.10	87.60	8.75
COD_{Cr}/（mg/L）	12200	90950	6700
BOD_5/（mg/L）	5050	19500	4450
电导率/（mS/cm）	7.40	11.45	7.15
灰分/（g/L）	6.10	29.25	4.70
色度/度	850	9150	170
pH	7.68	7.73	7.91
发热量/（MJ/kg）	12.20	15.35	—

结果表明，采用 PES 膜在截留相对分子量 1 万，压力 0.3MPa，转速 400rpm，温度 50℃，透过比为 0.93 的条件下，对杨木 P－RC APMP 废液进行分离浓缩实验取得了较明显的效果。

对于浓缩液来说，总固形物、COD_{Cr}和 BOD_5 分别提高到了原来的 6.2 倍、7.5 倍和 3.9 倍，说明浓缩液有机物比原液有了较大积累。值得重视的是浓缩液发热量达到了 15.35MJ/kg，比原液提高了 25.8%，与烧碱麦草法浆或硫酸盐木浆黑液的发热量相当。以上分析说明该浓缩液适合于并入化学制浆黑液蒸发工段进行蒸发浓缩后，进行碱回收处理，回收能量和化学品。

对于透过液来说，固形物、COD_{Cr}、BOD_5 相比原液均有不同程度的降低，尤其是色度降低到了原液色度的1/5。该透过液可以考虑回用于P－RC APMP制浆过程的某些阶段，或碱法化学浆厂的湿法备料或白泥洗涤等。另外，透过液的BOD_5/COD_{Cr}值达到了0.67，也较适合用厌氧法进行生化处理。

三、结　论

1. 用PES超滤膜对杨木P－RC APMP废液进行分离浓缩的优化条件为：膜截留相对分子量1万，压力0.3MPa，转速400rpm，温度50℃，透过比为0.93；

2. 在优化条件下得到的实验结果为：废液通量22.99L/（m^2·h），浓缩液总固形物由14.1g/L增加到87.5g/L，提高到了原液的6.8倍。浓缩液发热量达到了15.44MJ/kg，比原液提高了25.8%左右，适于并入化学制浆黑液的碱回收系统，回收能量和化学品；

3. 优化条件下透过液总固形物和色度分别降低为8.75g/L和17度，COD_{Cr}和BOD_5分别为6696mg/L，4484mg/L，BOD_5/COD_{Cr}值为0.67，可进行适度回用或用厌氧法进行处理。

参考文献

[1] 崔延龄．谈化机浆废水处理［J］．中华纸业，2008（13）：62.
[2] 黄娟，伍健东，周兴求．化学机械浆废水处理技术探讨［J］．四川环境，2003，22（6）：5.
[3] 苗庆显，秦梦华，侯庆喜，等．高得率制浆废水处理技术的探讨［J］．中国造纸，2008，27（1）：46.
[4] Michael Paice．加拿大高得率浆厂用水量及废水处理［J］．国际造纸，2007，26（6）：49.
[5] 王志斌，杨宗伟，邢晓林，等．膜分离技术应用的研究进展［J］．过滤与分离，2008，18（2）：19.
[6] 乔维川，洪建国．《制浆造纸工业水污染物排放标准》的特点及企业应对策略［J］．中国造纸，2009，28（9）：61.
[7] J. Barzin，C. Feng，K. C. Khulbe．Characterization of polyethersulfone hemodialysis membrane by ultra－filtration and atomic force microscopy［J］．Journal of Membrane Science 2004，237：77.
[8] N. Hilal，H. Al－zoubi，N. A. Darwish．A comprehensive review of nano－filtration membranes：treatment，pre-treatment，modeling and atomic force microscopy［J］．Desalination，2004，170：281.
[9] A. Holmqvist，O. Wallberg，A. S. Jonsson．Ultrafiltration of Kraft Black Liquor from Two Swedish Pulp Mills［J］．Chemical Engineering Research and Design，Part A，2005，83（A8）：994.
[10] 许振良．膜法水处理技术［M］．北京：化学工业出版社，2001.

德兴铜矿不同类型废石酸形成潜势试验研究

祝怡斌[1]　周连碧[1]　潘　斌[2]　占幼鸿[2]

（1. 北京矿冶研究总院；2. 江西铜业股份有限公司德兴铜矿）

摘　要　本文对德兴铜矿酸性废石场的新鲜废石、堆浸后废石、堆存时间较长废石的 pH 值、EC 值、矿山酸性废水形成潜势的规律进行了试验研究。新鲜废石、堆浸后废石、堆存时间较长废石净产酸量分别为 59.23 ~ 72.48 kg H_2SO_4/t、48.12 kg H_2SO_4/t、15.89 kg H_2SO_4/t，废石均为产酸物质。暴露于空气、雨水淋溶情况下，新鲜废石初期不会形成矿山酸性废水，随时间延长，逐渐形成矿山酸性废水；堆浸后废石和堆存时间较长废石在雨水淋溶情况下，会立即形成矿山酸性废水。

关键词　酸性废石　矿山酸性废水　净产酸量　pH 值

德兴铜矿位于江西省德兴市境内，是一开采历史近 50 年的大型矿山，是中国重点铜矿之一，包括铜厂和富家坞两个主要矿区，德兴铜矿为大型斑岩铜矿区，并伴生有钼、硫、金、银等元素。德兴铜矿废石场废石具有极强的酸性水形成潜势，废石场的淋滤收集于酸水库内，为典型的矿山酸性废水（Acid Mine Drainage，AMD），pH 值 2 左右。本文即对不同类型废石场废石的 AMD 形成潜势与规律的系统试验研究。

一、试验方法

（一）试验样品

以德兴铜矿新鲜废石、堆浸后废石、堆存时间较长废石（20 年）为对象，从 pH 值、EC 值、AMD 形成潜势、重金属等方面对不同类型废石场废石潜在污染进行研究，新鲜废石从富家坞废石场和西源沟废石场废石中分别采取；堆浸后废石从祝家堆浸场堆浸后废石中采取；堆存时间长废石从水龙山废石场废石中采取。为了解当地表土 AMD 形成潜势，从水龙山废石场北面附近山林地表土中采取表土样。每个采样场地随机选择 5 点，采样后进行混合，最终取混合样，样品不少于 50kg。表土取样同废石样采取。废石和表土样品情况见表 1。

表 1　废石和表土样品

编号	采用地点	取样目的
FJW	富家坞废石场	富家坞矿区新鲜废石
XYG	西源沟废石场	铜厂矿区新鲜废石
ZJD	祝家堆浸场	堆浸后废石
SLS	水龙山废石场	堆存时间较长废石
SLB	水龙山废石场北面山林地	表土

（二）pH、EC 值测定方法

试样破碎研磨至 $-75\mu m$，水∶固（W∶W）＝2∶1，加去离子水后经充分搅匀，平衡约 12 小时，测量浸出液 pH 和 EC（electricity conductance）值。

（三）净酸产生试验方法

净酸产生（NAG，Net Acid Generation）包括静态 NAG 试验和动态 NAG 试验。静态 NAG 试验是向 2.5g 试样添加 20ml 15% 的过氧化氢，反应结束过滤，测量溶液的 pH，过滤固体重复加入 20ml15% 过氧化氢反应，循环反应一直进行到过氧化氢不再催化分解，或者到 pH＞4.5 为止，将每步的酸量相加求得试样的总 NAG 量。动态 NAG 试验除了记录溶液的温度、pH 和有时是 EC 外，动态 NAG 试验与静态 NAG 试验是相同的。

二、试验结论

（一）pH 值规律

废石和山林地表土的 pH 值测定结果见图 1。

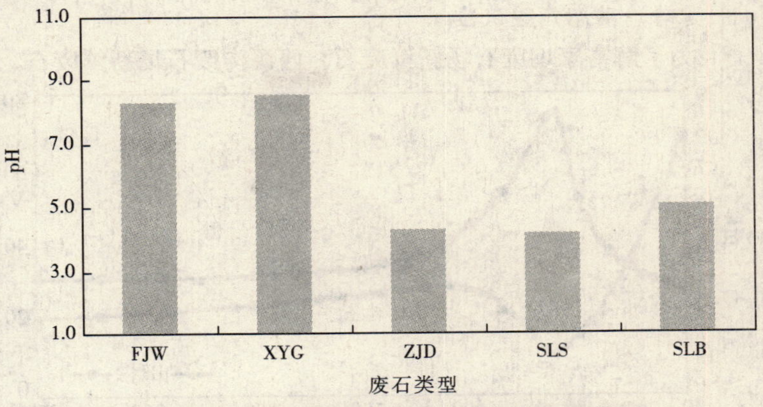

图 1　不同废石场废石和山林地表土的 pH 值测试结果

不同废石场废石和山林地表土的 pH 值测试结果表明，富家坞废石场废石和西源沟废石场废石 pH 值分别为 8.3 和 8.5，为碱性；祝家堆浸场堆浸后废石和水龙山废石场废石 pH 值分别为 4.3 和 4.2，为酸性；山林地表土 pH 值为 5.1，为酸性土壤。

（二）EC 值规律

废石和山林地表土的 EC 值测定结果见图 2。

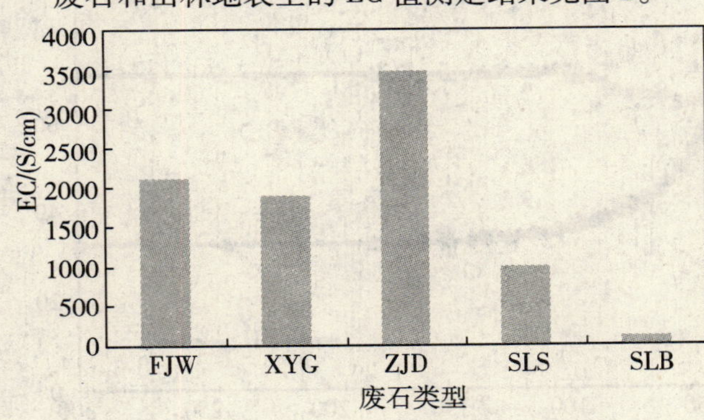

图 2　不同废石场废石和山林地表土的 EC 值测试结果

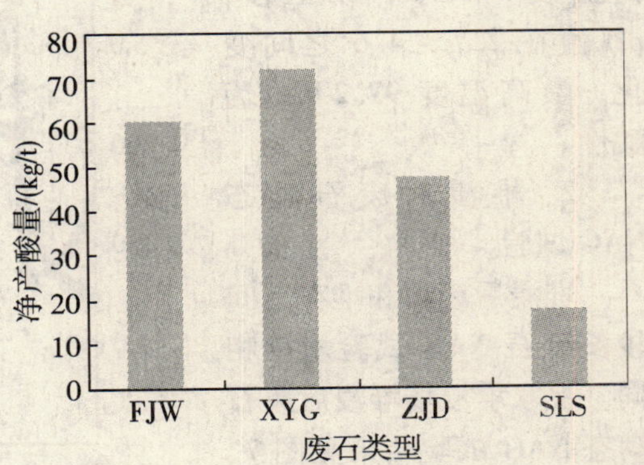

图 3　废石净产酸量

废石和山林地表土 EC 值的大小顺序为：祝家堆浸场堆浸后废石 > 富家坞废石场废石 > 西源沟废石场废石 > 水龙山废石场废石 > 山林地表土。富家坞废石场废石、西源沟废石场废石、祝家堆浸场堆浸后废石和水龙山废石场废石的 EC 值分别是当地山林地表土 EC 值的 18.2 倍、16.2 倍、30.0 倍和 8.5 倍。

（三）净产酸量

富家坞废石场废石、西源沟废石场废石和祝家堆浸场堆浸后废石和水龙山废石场废石净产酸量测定结果见图 3。

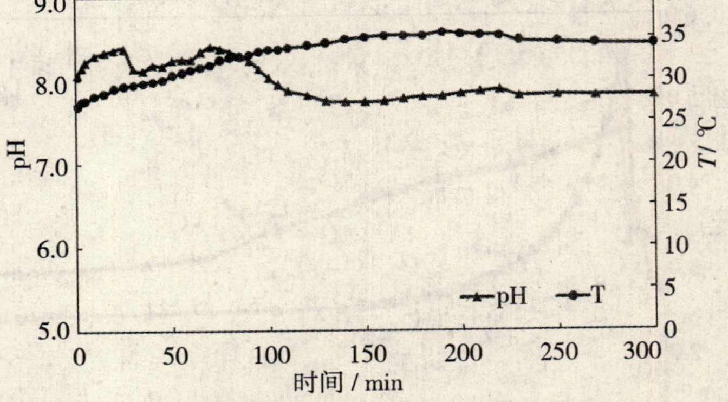

图 4　富家坞废石场废石动态 NAG 试验结果（第一步）

从图 2 可知，富家坞废石场新鲜废石、西源沟废石场新鲜废石、祝家堆浸场堆浸后废石和水龙山废石场废石的净产酸量分别为 59.23 kg H_2SO_4/t、72.48 kg H_2SO_4/t、48.12 kg H_2SO_4/t 和 15.89kg H_2SO_4/t，表明废石均为产酸物质。山林地表土为不产酸物质。

（四）动态产酸试验

为了解富家坞废石场新鲜废石、西源沟废石场新鲜废石、祝家堆浸场堆浸后废石、水龙山废石场废石的 pH 值和温度随时间的变化特征，进行动态 NAG 试验。

1. 新鲜废石动态 NAG 试验

富家坞废石场新鲜废石、西源沟废石场新鲜废石 NAG 试验规律相同。富家坞废石场新鲜废石动态 NAG 试验结果见图 4 ~ 图 6。

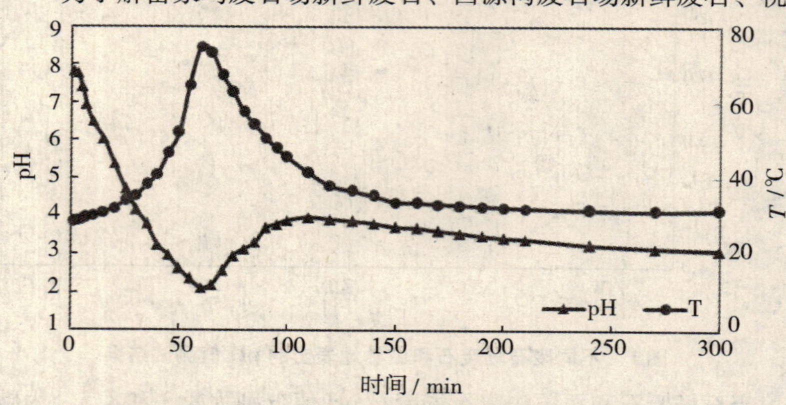

图 5　富家坞废石场废石动态 NAG 试验结果（第二步）

富家坞废石场废石 NAG 动态试验结果表明：第一步，pH 值 7.8 ~ 8.4，最高温度 35.2℃；第二步，pH 值由 7.8 降到 2.1，从碱性变为酸性，最高温度 74.7℃；第三步，pH 值在 2.7 ~ 4.6 之间变化，最高温度 92.2℃，为酸性。

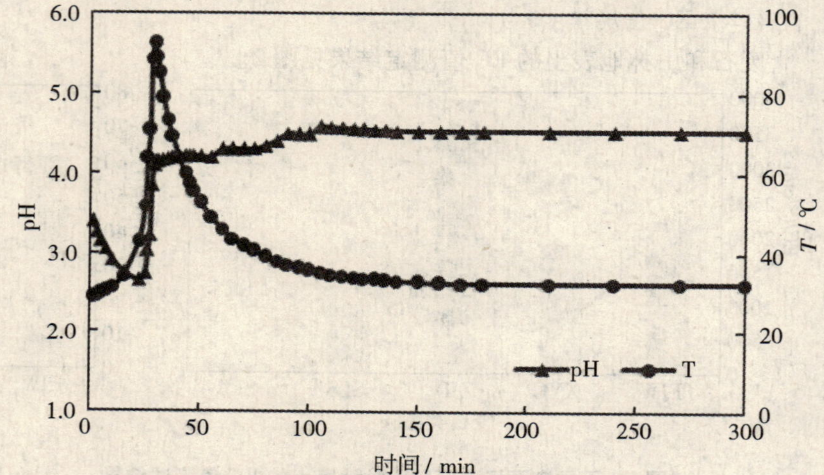

图 6　富家坞废石场废石动态 NAG 试验结果（第三步）

2. 堆浸后废石动态 NAG 试验

堆浸后废石和堆存时间较长废石 NAG 试验规律相同。祝家堆浸场堆浸后废石动态 NAG 试验结果见图 7、图 8。

祝家堆浸场堆浸后废石动态 NAG 试验结果表明：第一步；pH 值在 3.1 ~ 4.7 之间变化，为酸性，最高温度 92℃；第二步，pH 值在 3.5 ~ 4.6 之间变化，为酸性，最高温度 76℃。

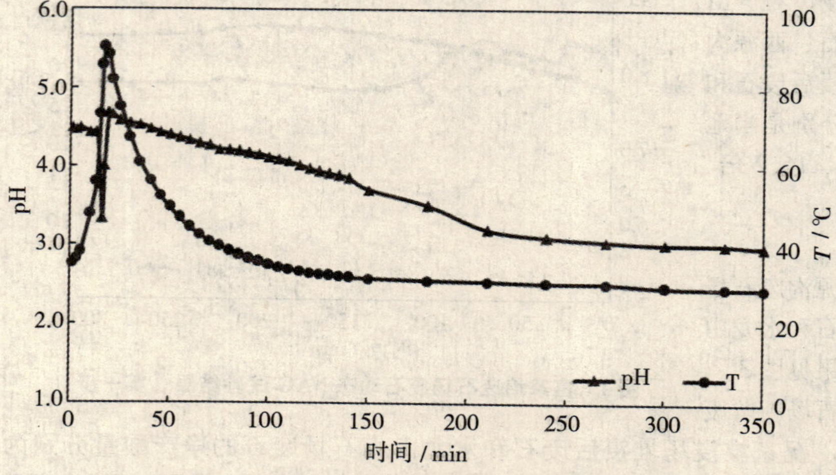

图 7　祝家堆浸场堆浸后废石动态 NAG 试验结果（第一步）

三、废石酸形成潜势规律与原因分析

从前人关于 AMD 形成机理的研究可知[2-8]，AMD 形成的物质基础是黄铁矿等硫化矿物，影响 AMD 形成的关键因素是水、氧和细菌微生物，其他因素包括 pH 值、矿物粒度与表面积等。不同类型废石场 AMD 形成规律与原因分析如下：

（一）新鲜废石 AMD 形成规律与原因

新鲜废石净产酸量（NAG）最高，新鲜废石的 pH 为 8.3～8.5。新鲜废石暴露于空气，雨水淋溶情况下，初期不会形成 AMD，随着时间延长，会逐渐形成 AMD。

主要原因是：FeS 达到 10.63%～13.8%，故净产酸量（NAG）最高。新鲜废石可溶性碱性矿物溶出释放速度较快，而黄铁矿等产酸矿物初期溶出释放速度较慢，故新鲜废石 pH 显示碱性；随着时间延长，黄铁矿等产酸矿物溶出释放量逐渐增加，可溶性碱性矿物逐渐被中和消耗，故废石逐渐显示为酸性；黄铁矿反应为放热反应，当可溶碱性矿物逐渐被中和消耗后，基本为黄铁矿反应，故温度急剧升高，pH 迅速降低。

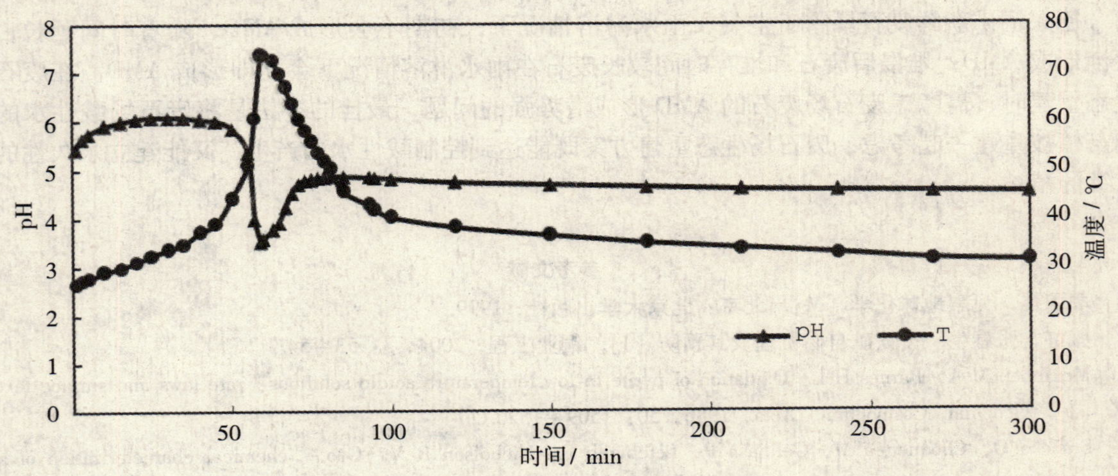

图 8　祝家堆浸场堆浸后废石动态 NAG 试验结果（第二步）

（二）堆浸后废石 AMD 形成规律与原因

堆浸后废石（净产酸量 NAG）比新鲜废石低，比堆存时间较长废石高。堆浸后废石 pH 为 4.3。堆浸后废石暴露于空气、雨水淋溶情况下会立即形成 AMD。

主要原因是：堆浸后废石 FeS 含量为 4.38%，故净产酸量（NAG）较高。堆浸后废石中碱性矿物已部分被黄铁矿等产酸矿物所释放的酸中和，碱性矿物大部分被消耗，剩余的中和矿物因嵌布粒度细，或被包裹在其他不易反应的矿物中，很难起到立即中和作用，故表现较强的酸性。

（三）堆存时间较长废石 AMD 形成规律与原因

堆存时间较长废石（净产酸量 NAG）最低。堆存时间较长废石 pH 为 4.2。堆存时间较长废石暴露于空气、雨水淋溶情况下会立即形成 AMD。

堆存时间较长废石 FeS 含量较低，只有 0.52%，而仍显示很强的酸性的原因主要是：堆存时间较长废石中碱性矿物已被黄铁矿等产酸矿物所释放的酸所中和，可溶性碱性矿物被全部消耗，废石中虽含有碱性矿物，因其嵌布粒度细，或被包裹在其他不易反应的矿物中，很难立即起到中和作用，故即使 FeS 含量低，仍表现较强的酸性和 AMD 形成潜势。

四、结论与建议

通过德兴铜矿不同类型废石酸形成潜势试验研究，可得出如下结论：

（1）新鲜废石 pH 为 8.3～8.5，偏碱性；堆浸后废石和堆存时间较长废石 pH 为 4.2～4.3，为酸性。新鲜废石 EC 值为 2110～3480μS/cm，堆浸后废石和堆存时间较长废石 EC 值为 886～1882μS/cm。

（2）新鲜废石、堆浸后废石、堆存时间较长废石净产酸量分别为 59.23 ～72.48 kg

H_2SO_4/t、48.12 kg H_2SO_4/t、15.89kg H_2SO_4/t，废石均为产酸物质。暴露于空气，雨水淋溶情况下，新鲜废石初期不会形成 AMD，随着时间延长，逐渐形成 AMD；堆浸后废石和堆存时间较长废石在雨水淋溶情况下，会立即形成 AMD。

（3）新鲜废石可溶性碱性矿物溶出释放速度较快，而黄铁矿等产酸矿物初期溶出释放速度较慢，故新鲜废石 pH 显示碱性；随着时间延长，黄铁矿等产酸矿物溶出释放量逐渐增加，可溶性碱性矿物逐渐被中和消耗，废石逐渐显示为酸性。堆浸后废石和堆存时间较长废石中可溶性碱性矿物大部分被黄铁矿等产酸矿物所释放的酸中和，碱性矿物大部分被消耗，表现较强的酸性和 AMD 形成潜势。

德兴铜矿新鲜废石暴露于空气，雨水淋溶情况下，初期不会形成 AMD，随着时间延长，会逐渐形成 AMD；堆浸后废石和堆存时间较长废石在雨水淋溶情况下会立即形成 AMD。在废石场生态重建时，需考虑废石场废石的 AMD 形成潜势强的问题，最佳的办法是将废石场酸性水的控制与植被重建一起考虑，废石场生态重建方案既能达到控制酸性水的产生，又能建立永久性的可持续的植被。

参考文献

[1] 牟保磊．元素地球化学［M］．北京：北京大学出版社，1999.

[2] 张虹，张春生．黄铁矿自燃机理及其预防［J］．铜业工程，2004，3：53－54.

[3] Mckibben M A, Barnes H L. Oxidation of pyrite in low temperature acidic solutions: rate laws and surface texture [J]. Geochim. Cosmochim. Acta, 1986, 50: 1509－1520.

[4] Sraceka O, Choquettea M, Gelinasa P, Lefebvreb R, Nicholson R V. Geo－chemical characterization of acid mine drainage from a waste rock pile, Mine Doyon, Quebec, Canada [J]. Journal of Contaminant Hydrology, 2004, 69: 45－71.

[5] Nicholson R V, Scharer J. Environmental Geochemistry of sulfide oxidation [J]. Washington, DC: American Chemical Society, 1994, 14－30.

[6] Gunsinger M R, Ptacek C J, Blowes D W, et al. Mechanisms controlling acid neutralization and metal mobility within a Ni－rich tailings impoundment [J]. Applied Geochemistry, 2006, 21: 1301 - 1321.

[7] Stuart R, Jennings, Douglas J, Dollhopf, William P, Inskeep Jennings, et al. Acid production from sulfide minerals using hydrogen peroxide weathering [J]. Applied Geochemistry, 2000, 15: 235－243.

[8] Gunsinger M R, Ptacek C J, Blowes D W, Jambor J L. Evaluation of long－term sulfide oxidation processes within pyrrhotite－rich tailings, Lynn Lake, Manitoba [J]. Journal of Contaminant Hydrology, 2006, 83: 149 - 170.

改性拜耳赤泥淋滤处理矿山酸性废水实验研究

张翅鹏[1,2] 吴 攀[1] 张瑞雪[1] 韩志伟[1,2]

（1. 贵州大学资源与环境工程学院 贵州 贵阳 550003；
2. 日本千叶大学园艺学部 Matsudo 271 - 8510 Chiba Japan）

摘 要 为改善拜耳赤泥对矿山酸性废水的处理效果，选用焙烧改性和盐水焙烧联合改性两种方法对其改性处理。通过淋滤实验发现，改性后拜耳赤泥的性质发生了改变，原赤泥与改性赤泥的淋滤出水pH、碱度特征差异明显。与原赤泥相比，两种改性拜耳赤泥更能有效提高酸性废水的pH，使它们对Mn^{2+}、Zn^{2+}、Cd^{2+}、Co^{2+}、Ni^{2+}等重金属污染物的去除能力得到提高。另外，随着实验的不断进行，焙烧改性拜耳赤泥的去污能力逐渐减弱；而由于受盐水的作用，盐水焙烧联合改性赤泥的去污能力更稳定。总的来说，盐水焙烧联合改性是提高拜耳赤泥处理矿山酸性废水效果的一种较好方法。

关键词 改性拜耳赤泥 淋滤柱 模拟矿山酸性废水

赤泥是氧化铝生产过程中产生的固体废弃物，主要化学成分有Al_2O_3、Fe_2O_3、CaO、SiO_2以及少量的MgO和TiO_2等，按生产工艺不同可分为烧结法赤泥、拜耳法赤泥和混联法赤泥三种。目前全世界每年排放赤泥约6000万吨[1]，其中拜耳赤泥占90%以上[2]。中国作为第四大氧化铝生产国，估计在不久的将来赤泥年产生量可达1000万吨[3]。海洋排放和赤泥坝堆存是当前赤泥处理的两种主要方式，不仅污染环境，也是企业的负担，因此对其资源化利用是国内外研究的热点。基于拜耳赤泥含碱量高且具有较好的吸附特性，已有研究表明，利用拜耳赤泥处理重金属废水取得了较好的效果[4-7]，但也发现对部分污染物的长效处理能力较弱[8]。论文研究用焙烧改性和盐水焙烧联合改性两种方法来改性拜耳赤泥，并借助淋滤柱实验，对比研究了改性前后处理模拟矿山酸性废水的效果，为将其应用于矿山酸性废水处理提供一定的参考依据。

一、实验材料及方法

（一）拜耳赤泥及其改性

实验所用拜耳赤泥（RM）来自贵州铝厂，pH值为8.58，约含Al_2O_3 19.83%，Fe_2O_3 8.81%，CaO 24.58%，Na_2O 3.99%，K_2O 1.33%，MgO 0.29%，MnO 0.02%；用马弗炉将拜耳赤泥在500℃焙烧3h（质量损失约11%）后得焙烧改性赤泥（C - RM），pH值为10.52；此外，将拜耳赤泥在盐水（表1）中连续浸泡振荡12天后风干，再在500℃焙烧3h，得盐水焙烧联合改性赤泥（BC - RM），pH值为9.36。

表1 改性盐水化学组分（表格可调整一下）

K^+/（mg/L）	Na^+/（mg/L）	Ca^{2+}/（mg/L）	Mg^{2+}/（mg/L）	Cl^-/（mg/L）	pH
~1000	~32000	~55000	~3300	~150000	6.01

（二）模拟矿山酸性废水

实验所用模拟矿山酸性废水（Simulated Acid Mine Drainage，SAMD）的化学组分见表2。

（三）实验装置及实验方法

实验淋滤装置柱体为有机玻璃，总高60cm，内径58mm，内部填料自上而下分4层（图1），分别为3cm石英砂层（20～35目）、40cm反应介质层（赤泥石英砂体积比1:1）、3cm石英砂层

表 2　SAMD 化学组分

Fe^{3+}	Mn^{2+}	Al^{3+}	Cu^{2+}	Zn^{2+}	Cd^{2+}	Co^{2+}	Ni^{2+}	SO_4^{2-}	pH
mg/L									
600	16	100	4.5	20	4.5	5	5	2490	2.20 ± 0.05

和约 1cm 厚玻璃纤维层。根据所用赤泥不同，淋滤装置可分为 RM 型、C－RM 型和 BC－RM 型三类。饱水法测得各淋滤柱孔隙体积约为 600cm³，实验中按此体积不连续进样，停留时间为 30～60min。每进单位孔隙体积的 SAMD，分析监测其出水 pH 值和电导率（EC），另外用盐酸浸泡超纯水清洗过的聚乙烯离心管间隔收集水样，水样用 0.45μm 滤膜过滤过并滴加优级纯浓硝酸作保护剂，用于分析 Al 及其他重金属含量，此外还检测分析了部分出水的碱度和 SO_4^{2-} 含量。

（四）分析方法

出水 pH 值和电导率（EC）等参数用 multi340i 型水质仪监测；重金属含量用原子吸收分光光度法分析；Al 含量用铬天青－S 分光光度法（GB/T 14849.2—2007）分析；SO_4^{2-} 含量用重量法（GB 11899—1989）分析；酸碱滴定法分析出水碱度，指示剂为甲基红－溴甲酚绿混合指示剂。

进样
石英砂层
反应介质层
石英砂层
玻璃纤维层
出水

图 1　实验装置示意图

二、结果与讨论

（一）出水 pH、EC 和碱度对比分析

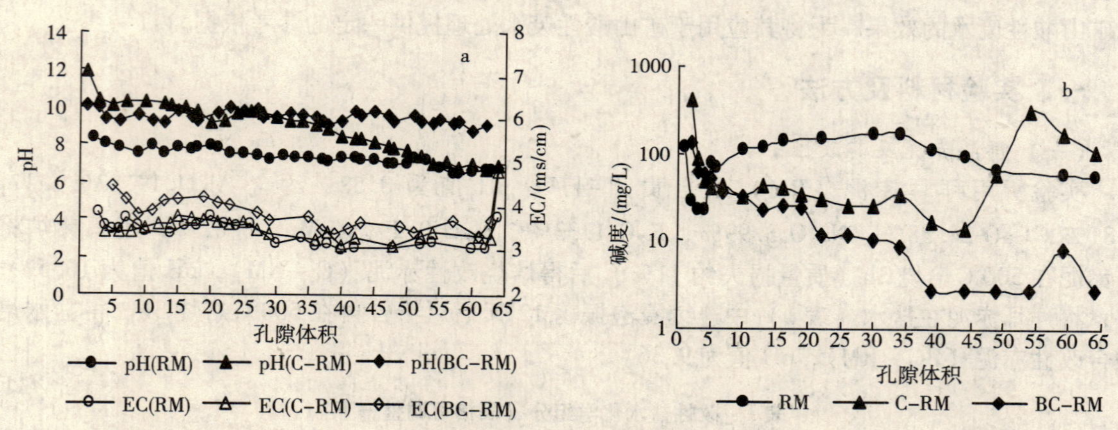

图 2　RM、C－RM、BC－RM 型三类淋滤柱出水 pH、EC 及碱度变化曲线

改性后拜耳赤泥的性质发生改变，使三类淋滤柱出水特征不同。其中出水 pH 差别明显（图 2a），各淋滤柱初始出水 pH 分别为 8.32（RM）、11.94（C－RM）、10.11（BC－RM），可能是由于拜耳赤泥所含的部分碳酸盐在焙烧过程中发生分解，生成碱性氧化物，提高了淋滤柱初始出水 pH；实验过程中 C－RM 淋滤柱出水 pH 持续降低，在经过 50 个孔隙体积后降低至 RM 淋滤柱的水平，由于受盐水的作用 BC－RM 淋滤柱出水 pH 相对稳定，基本维持在 8.50 与 10.20 之间，这对去除模拟矿山酸性废水中的金属污染物是有利的。三类淋滤柱出水电导率差别不大（图 2a），由于受盐水的作用 BC－RM 淋滤柱略高于其他两种淋滤柱。改性使淋滤柱出水碱度也存在差别（图2b），这可能是由于在实验过程中RM淋滤柱中主要是碳酸盐起中和作用，生成了一定量的HCO_3^-，出水碱度较高；其他两类淋滤柱在实验前一阶段起中和作用的主要为碱性氧化物或氢氧化物，出水碱度相对较低，到后阶段碳酸盐参与反应，碱度才有所升高。

（二）出水污染物浓度对比分析

pH是影响金属污染物去除的主要因素，三类淋滤柱出水pH特征的不同造成其对金属污染物去除效果的差异，另外金属污染物的化学性质对其自身的去除也有较大影响。实验中三类淋滤柱去除Fe效果都很好（图3a），最大出水浓度分别为0.34mg/L（RM）、0.62mg/L（C－RM）、0.53mg/L（BC－RM）；Al是通过在碱性条件生成氢氧化铝并黏附到颗粒物表面去除[9]，氢氧化铝是两性物质，去除Al的有效pH范围为5.0～8.0，实验中RM淋滤柱出水基本能够满足条件，效果较好（图3b），出水平均浓度为2.38mg/L，其他两类淋滤柱出水平均浓度分别为2.91mg/L（C－RM）、4.10mg/L（BC－RM）；Mn的迁移能力强，当pH大于8.0才生成沉淀[10]，BC－RM淋滤柱出水pH值一直大于8.0，除Mn效果最好，其他两类淋滤柱在处理16（RM）和43（C－RM）个孔隙体积的SAMD后出水Mn含量开始迅速升高（图3c）；Cu是比较容易去除的污染物，三类淋滤柱出水Cu含量一直较低，仅RM淋滤柱在50个孔隙体积后略有升高，最大为0.64mg/L（图3d）；对Zn和Cd，C－RM和BC－RM淋滤柱的效果要优于RM淋滤柱，RM淋滤柱在15个孔隙体积以后出水Zn浓度逐渐升高至进水水平，而Cd浓度也升高至2.50mg/L左右，而其他两类淋滤柱在实验后期才有所升高（图3e、图3f）；与Komnitsas等的研究结果相似[8]，Co和Ni在实验中表现出几乎相同的地球化学行为特征（图3g、图3h），RM淋滤柱在处理13个孔隙体积的SAMD后出水Co、Ni浓度开始升高，可能是受二次释放的影响，实验结束时略高于进水浓度，C－RM淋滤柱在48个孔隙体积以后明显升高，而BC－RM淋滤柱能够始终保持Co、Ni的低出水浓度。

SO_4^{2-}是矿山酸性废水中的主要阴离子污染物，实验中主要是通过生成$CaSO_4$加以去除，结果发现三类淋滤柱对其去除效果都不理想（图4）。虽然BC－RM淋滤柱初始出水浓度为0.43g/L，

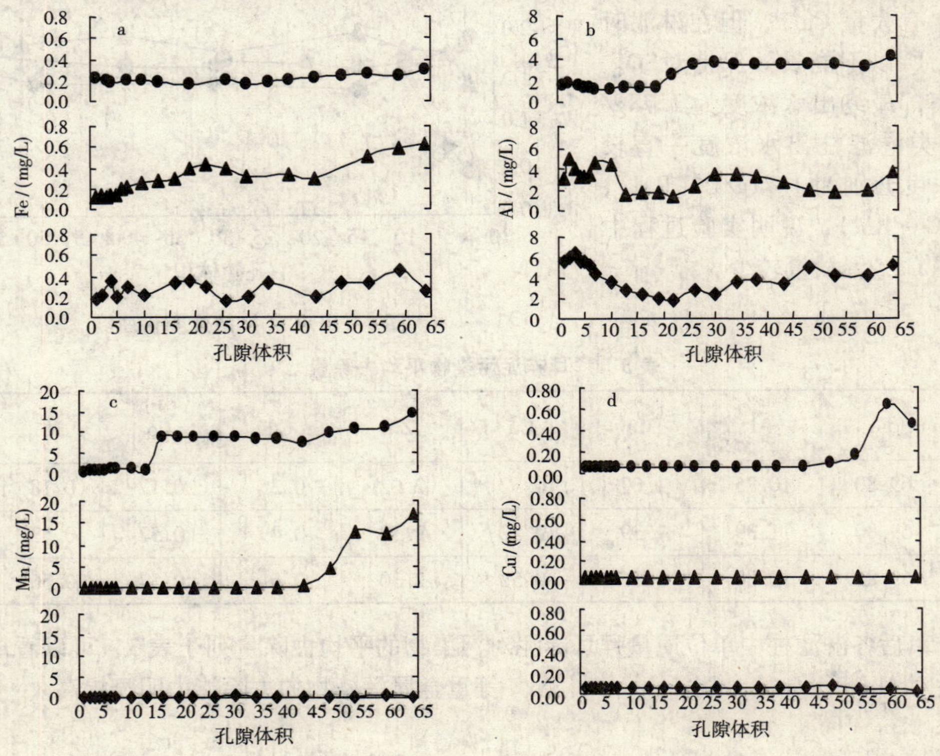

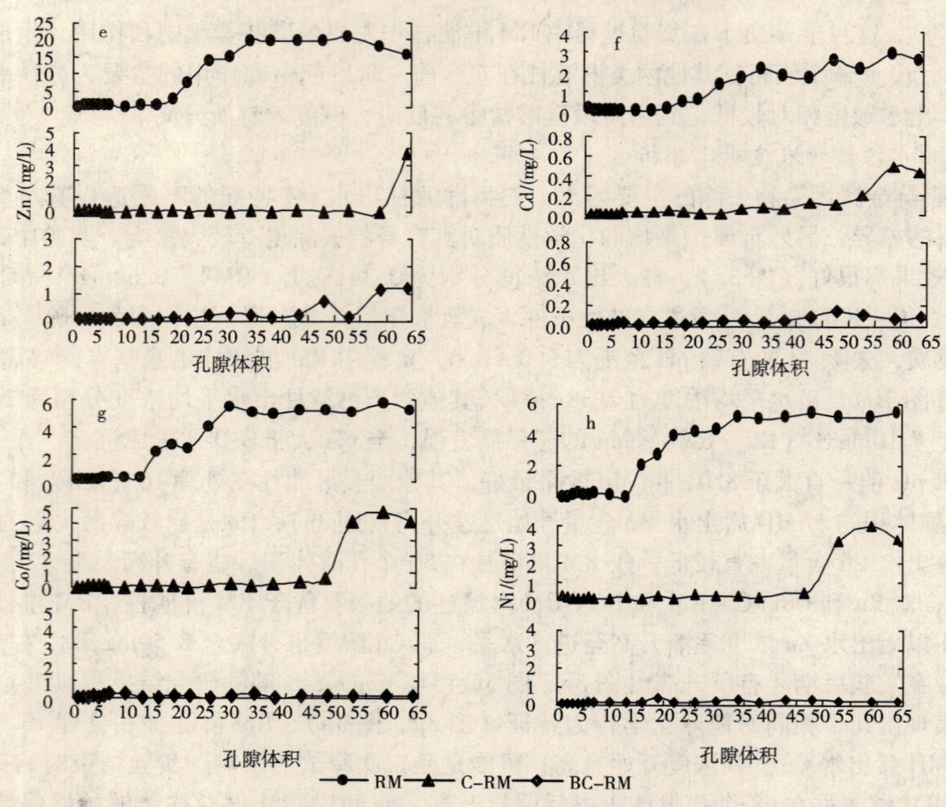

图 3　出水金属污染物浓度变化曲线

但在第 10 个孔隙体积时出水浓度就升高至 1.57g/L，这是由于拜耳赤泥经盐水浸泡后含有大量 Ca^{2+}，但在淋滤时释放较快，所以不能长效保持对 SO_4^{2-} 的高去除率，最终出水浓度为 1.78g/L。其他两类淋滤柱出水浓度一直较高，平均浓度分别为 1.71g/L（RM）、1.89g/L（C－RM），说明实验过程中的拜耳赤泥 Ca^{2+} 释放量较少。

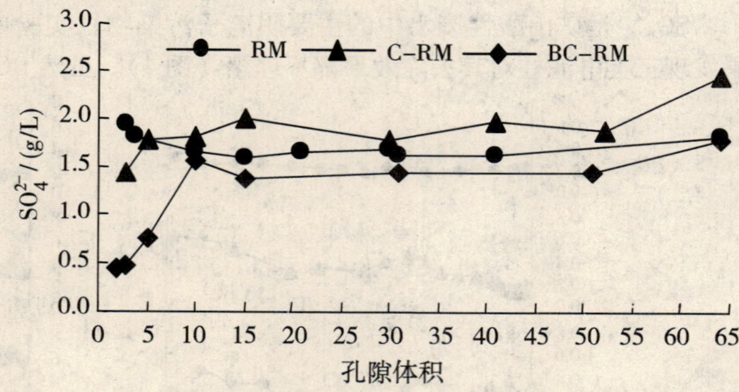

图 4　出水 SO_4^{2-} 浓度变化曲线

表 3　拜耳赤泥污染物平均去除量　　单位：mg/g

淋滤柱类型	Fe	Al	Mn	Cu	Zn	Cd	Co	Ni	SO_4^{2-}
RM	69.80	10.75	1.07	0.52	2.02	0.35	0.17	0.18	88.44
C－RM	69.80	11.39	1.39	0.52	2.30	0.49	0.52	0.53	74.47
BC－RM	69.81	10.80	1.86	0.52	2.30	0.51	0.57	0.56	102.40

实验结束后各淋滤柱中单位质量拜耳赤泥对污染物的平均去除量列于表 3，可以看出拜耳赤泥经改性后对 Mn^{2+}、Zn^{2+}、Cd^{2+}、Co^{2+}、Ni^{2+} 等重金属污染物的去除能力明显提高。

三、结　论

拜耳赤泥可作为一种碱性试剂处理矿山酸性废水，淋滤实验发现它对矿山酸性废水 pH 的提高能力有限，限制了它对其中 Mn、Co、Ni 等重金属污染物的处理能力。焙烧改性改变了它的矿物组成和性质，可有效提高酸性废水的 pH，但长效处理能力较弱。经盐水焙烧联合改性的拜耳赤泥，不仅可有效提高酸性废水的 pH，去污的长效性也较好。因此，本研究表明，在利用拜耳赤泥处理矿山酸性废水时，对赤泥进行盐水焙烧联合改性是改善其处理效果的一种较好方法。

参考文献

[1] 张彦娜，潘志华．不同温度下赤泥的物理化学特征分析［J］．济南大学学报，2005，19（4）：293－397.

[2] 杨绍文，曹耀华，李清．氧化铝生产赤泥的综合利用现状及进展［J］．矿产保护与利用，1999（6）：46－49.

[3] Zhang Shuwu，Liu Changjun，Luan Zhaokun，et al. Arse －nate removal from aqueous solutions using modified red mud［J］. Journal of Hazardous Materials，2008，152（2）：486 －492.

[4] Gupta V K，Gupta M，Sharma S. Process development for the removal of lead and chromium from aqueous solutions using red mud－an aluminium industry waste［J］. Water Research，2001，35（5）：1125－1134.

[5] Genc－Fuhrmana H，Bregnh H，McConchieb D. Arsenate removal from water using sand － red mud columns［J］. Water Research，2005，39（13）：2944－2954.

[6] Zhu Chunlei，Luan Zhaokun，Wang Yan－qiu，et al. Removal of cadmium from aqueous solutions by adsorption on granular red mud（GRM）［J］. Separation and Purification Technology，2007，57（1）：161－169.

[7] 文小年，王林江，谢襄漓．赤泥对水体中铅离子的吸附［J］．桂林工学院学报，2005，25（2）：245－247.

[8] Komnitsas K，Bartzas G，Paspaliaris I. Efficiency of lime－ stone and red mud barriers：laboratory column studies［J］. Minerals Engineering，2004，17（2）：183－194.

[9] Wu Xiaohong，GeXiaopeng，Wang Dongsheng，et al. Distinct coagulation mechanism and model between alum and high Al13 － PACl［J］. Collid and Surface－A－ Phisioche－ mical and Engineering Aspects，2007，305（1）：89 － 96.

[10] Mohan D，Chander S. Single，binary and multicomponent sorption of iron and manganese on lignite［J］. Journal of Colloid and Interface Science，2006，299（1）：76 － 87.

活性炭吸附法去除电镀镍漂洗废水中有机物的研究

马晓鸥　李平

（五邑大学化学与环境工程系　广东　江门　529020）

摘　要　对活性炭去除镀镍漂洗废水中的有机物进行了研究。实验表明：1#、2#两种活性炭吸附的最佳吸附时间为5~7小时；最佳pH值是7；在最佳条件下，活性炭对废水中有机物的去除率可以达到65%~75%；两种活性炭的Freundlich吸附等温方程分别为$q=1.05C^{0.678}$、$q=2.76C^{0.469}$。

关键词　活性炭　吸附　镀镍漂洗废水　有机物

电镀镍漂洗废水中的有机污染物主要来源于电镀液中添加的各种光亮剂、整平剂以及其他功能的添加剂[1-2]。废水中这些有机物不仅污染环境，还会给后续的废水回用和金属回收工艺带来不良影响，因此有必要对镀镍漂洗废水中含有的有机物进行处理。

活性炭是一种经特殊处理的炭，表面积巨大，每克活性炭的表面积为500~1500 m^2。活性炭有很强的物理吸附和化学吸附性能，化学稳定性好，可耐强酸及强碱，能经受水浸、高温、高压的作用，因此被广泛应用在废水处理中[3-8]。研究表明[9]，活性炭对水中微量有机物具有较好的净化效能。通过实验，1#、2#两种活性炭对镀镍漂洗废水中的有机物具有良好的去除效果。同时，对它们的吸附特性进行了研究。

一、实　验

（一）试验材料

本实验的所用的电镀镍漂洗废水由江门某电镀厂提供，其水质见表1；实验所用的活性炭的主要性能见表2。

表1　镀镍漂洗废水水质

参数	测定值	参数	测定值
Ni/（mg/L）	200~400	COD_{Cr}/（mg/L）	60~150
Ca/（mg/L）	0.62±0.10	pH	60.2
Mg/（mg/L）	0.22±0.10	TDS/（μS/cm）	1935±10
Fe/（mg/L）	0.63±0.10	NH_3-N/（mg/L）	0.8~1.0

表2　活性炭的主要指标

型号	碘值/（mg/g）	比表面积/（m^2/g）	粒度/目	灰分/%
1#	950	800	6~12	≤5
2#	700~800	100	5~10	<10

（二）试验方法

活性炭的吸附实验采用瓶点法。由于漂洗废水中有机物的复杂性，不可能对每一种有机物都进行定性定量分析，所以采用COD_{Cr}（重铬酸钾法）作为有机物的替代参数。

（三）试验设备

SHA-C型回转式恒温调速振荡器，5B-3B型COD速测仪，PHS-25酸度计，SHZ-D（Ⅲ）循环水式真空泵，JA1203N电子天平，DHG-9053A型电热恒温鼓风干燥箱。

二、结果与讨论

（一）吸附等温线

在一系列 250ml 的三角瓶中，加入不同量的 1#、2#活性炭和等体积（100 ml）原水，在 25℃恒温振荡器中振荡吸附 12 小时后，测定滤液 COD_{Cr}值。做活性炭用量与 COD_{Cr}去除率关系曲线，见图 1。

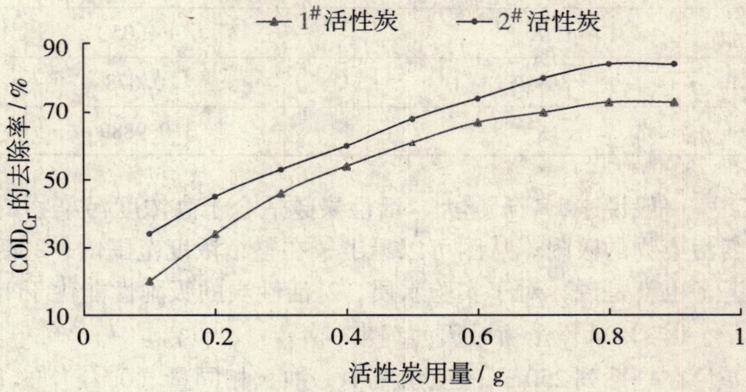

图 1　活性炭用量与 COD_{Cr}去除率的关系

再作以 COD_{Cr}为参数的 Freundlich（$q = K \cdot C^{1/n}$）吸附等温线，即单位活性炭的吸附量 q 与吸附质平衡浓度 COD_{Cr} 的对数关系曲线，见图 2 、图 3。其中 q 表示单位质量活性炭可吸附有机物的量（mg /g），C 表示振荡吸附饱和后滤液 COD_{Cr}值（mg / L），K、$1/n$ 分别为两个方程的常数。

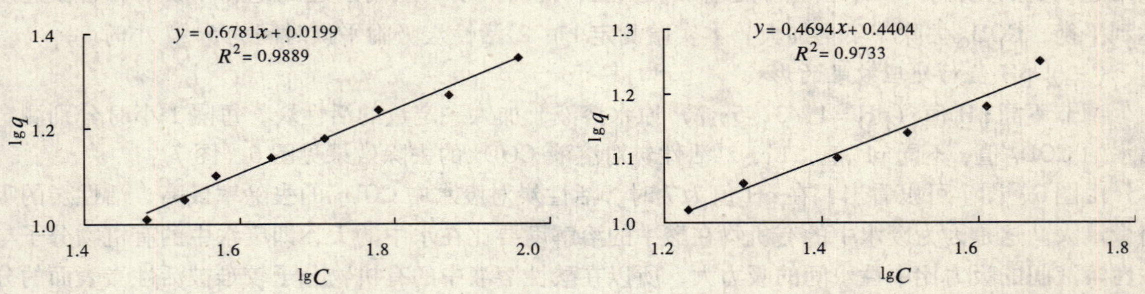

图 2　1#活性炭对有机物的吸附　　**图 3　2#活性炭对有机物的吸附**

由图 2、图 3 可以看出，数据点（C，q）线性相关系数分别是 $R^2 = 0.9889$、$R^2 = 0.9733$，相关性比较好，因此，实验确定活性炭对电镀漂洗废水中有机物的吸附为 Freundlich 吸附模型，经计算，得出 1#活动炭、2#活性炭的 Freundlich 方程分别为 $q = 1.05C^{0.678}$、$q = 2.76C^{0.469}$，作为选炭依据。

对 1#和 2#活性炭做吸附容量试验，按 Freundlich 方程（$q = K \cdot C^{1/n}$）测定的吸附等温线见图 4，所得常数 K 和 $1/n$ 值及相关系数 R^2 见表 3。

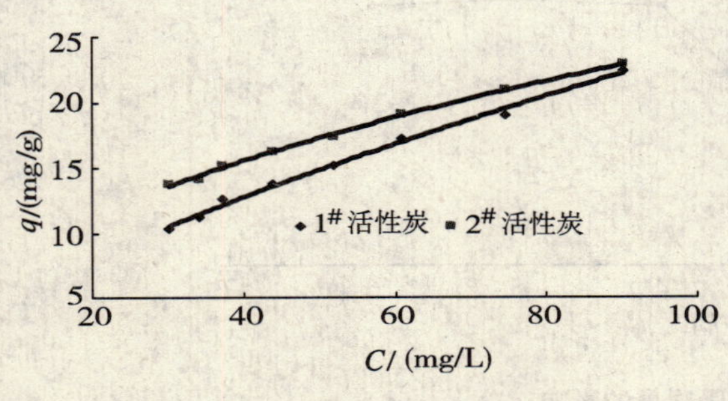

图 4　两种活性炭的吸附等温线

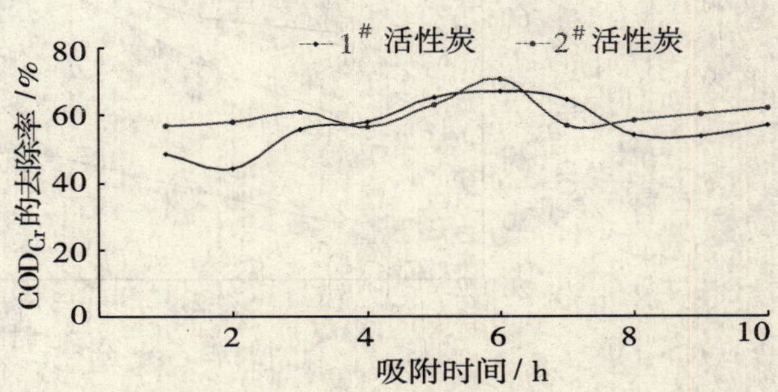

图 5　吸附时间的影响

表 3　两种活性炭的吸附等温线 K，$1/n$ 值

活性炭型	1#	2#
K	1.05	2.76
$1/n$	0.678	0.469
R^2	0.9889	0.9733

一般说来，$1/n$ 越大，活性炭越适合于高浓度污染物的吸附；K 越大，活性炭越适合于低浓度污染物的吸附。从图可以看出，在整个浓度范围内，2#活性炭的曲线始终在 1#活性炭的曲线之上，也就是说，对于实验水质，2#活性炭的吸附性能优于 1#活性炭。

（二）吸附平衡时间的确定

在一系列 250ml 的三角瓶中，加入相同量（0.4g）的 1#活性炭（颗粒）、相同量（0.8g）的 2#活性炭（颗粒）和等体积（100ml）的原水，置于振荡器上，分别振荡 1.0、2.0 、3.0、4.0、5.0、6.0、7.0、8.0、9.0、10.0h，测定滤液 COD_{Cr}的值，结果见图 5。

活性炭对水中有机物的吸附发生在液固相界面上，且属于多层物理吸附，随吸附时间增大，吸附过程更加充分，COD_{Cr}去除率逐渐加大，至一定时间后，吸附层达到饱和，吸附和解吸速度达到平衡，COD_{Cr}去除率不再加大。本实验测定 1#、2#活性炭吸附平衡时间为 5 ~7 小时。

（三）pH 值对处理效果的影响

调节不同 pH 值（pH =1，3，5，7）原水溶液，加入一定量的活性炭，每隔 1 小时分别测定出水的 COD_{Cr}值，不同 pH 值，1#、2#活性炭对溶液 COD_{Cr}的去除效果见图 6、图 7。

由图6、图 7 可以看出，在 pH 值为 7 时，活性炭对废水中 COD_{Cr}的去除率最高，活性炭的吸附量最大。这是因为废水中的有机物在酸中的溶解度要比在水中的大，即废水中的有机物分子与酸性溶液间的吸力比中性水间的吸力大，所以在酸性溶液中的有机物分子较难被活性炭表面的分子吸引、吸附，导致有机物在酸性溶液中比在中性水中去除率降低。实验确定两种活性炭吸附最佳 pH 值为 7。

以上研究表明：1#、2#两种活性炭吸附的最佳吸附时间为 5 ~7 小时，最佳 pH 值是 7；Freundlich 吸附等温方程分别为 $q = 1.05C^{0.678}$ 、$q = 2.76C^{0.469}$；在最佳条件下，活性炭对废水中有机物的去除率可以达到 65% ~75%，完全可以达到后续废水回用和金属回收的工艺要求。

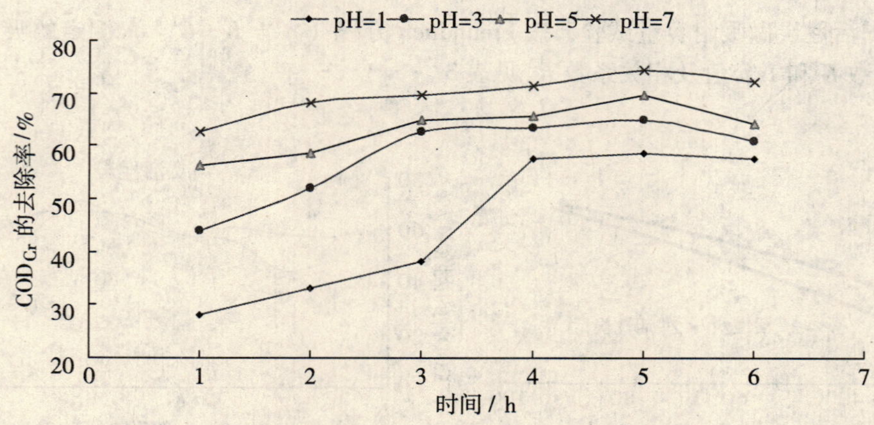

图 6　pH 对 1#活性炭吸附量的影响

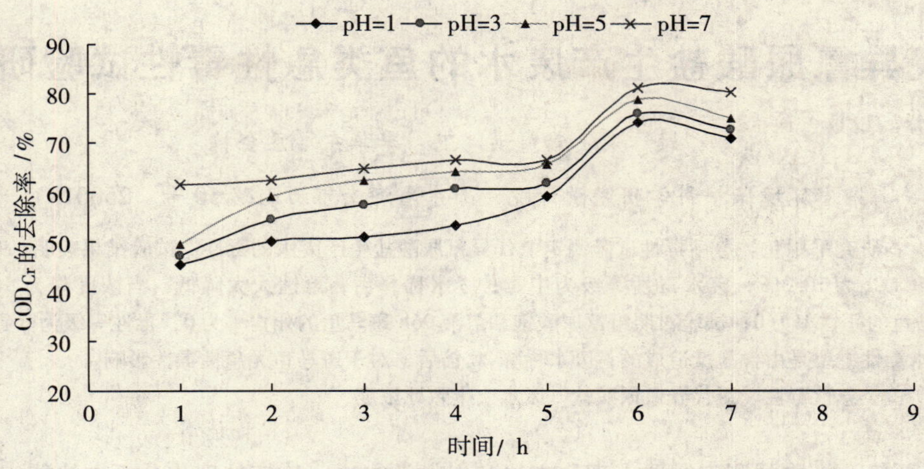

图7　pH对2#活性炭吸附量的影响

三、结束语

采用膜法或离子交换法处理镀镍废水时，为了保证装置能稳定运行，同时为保证镍回收液、回收水的质量，需对镀镍废水进行预处理，以降低废水中有机物含量。采用活性炭吸附法可以将废水COD_{Cr}由60～150 mg/L降低到50mg/L以下，且工艺简单、操作简便，因此，该方法可以用于含镍废水预处理。

参考文献

［1］方景礼．电镀添加剂理论与应用［M］．北京：国防工业出版社，2006.

［2］沈杭军．镀镍漂洗废水处理及回用工艺的研究［D］．杭洲：浙江大学，2006.

［3］郭茂杰．活性炭在水处理中的应用［J］．内蒙古石油化工，2007（4）：16.

［4］沈曾民，张文辉，张学军，等．活性炭材料的制备与应用［M］．北京：化学工业出版社，2006.

［5］郭慧，郭兆学．活性炭处理工业废水的应用［J］．科技信息，2008（14）：376.

［6］兰淑澄．活性炭水处理技术［M］．北京：中国环境科学出版社，1991.

［7］Grayglewicz G，Machnikowski J，Ewa G，et al. Effect of pore size distribution of coal－based actived carbons on double capacitance［J］．Electrochim. Acta，2005，50（5）：1197－1206.

［8］Valix M，Cheun W H，Mackay G. Preparation of actived carbon using low temperature carbonization and physical activation of high ash raw bagasse for acid dye adsorption［J］．Chemosphere，2004，56（5）：496－501.

［9］孙丽娜．活性炭对水中微量有机物的净化效能与处理工艺中试研究［D］．天津：天津大学，2004.

氯代异氰尿酸盐生产废水的鱼类急性毒性试验研究

苏 颖 刘 勃 洪 卫 季华东 庄会栋

（山东省环境保护科学研究设计院 山东省济南市历山路50号 250013）

摘 要 本研究采用鱼类急性毒性试验测定氯代异氰尿酸盐生产废水的毒性。试验结果表明，96h半致死浓度LC_{50}为10.3%，废水毒性等级为中毒；废水稀释后，毒性大大降低，当浓度降为5%时，96h斑马鱼的死亡率为0；试验对照组氰尿酸饱和溶液96h斑马鱼的死亡率为0，毒性等级为微毒或无毒；废水毒性主要是由含盐量造成的；废水稀释20倍后，对于斑马鱼无急性毒性影响。

关键词 鱼类急性毒性 氯代异氰尿酸盐 废水 半致死浓度

目前，环境污染物的测定主要有理化方法和生物学方法。传统的理化分析方法能定量分析污染物中主要成分的含量，但不能直接、全面地反映各种有毒物质对环境的综合影响；以水生生物为受试对象的生物毒性测试能弥补理化检测在这方面存在的不足，因此，近年来大量基于鱼类、蚤类、藻类及处于不同营养级微生物的生物毒性测试方法开始建立并迅速发展[1-4]。鱼类作为水生食物链的重要环节，也是水体中重要的经济动物。鱼类毒性试验在研究水污染及水环境质量中占有重要地位[5]。氯代异氰尿酸类产品包括二氯异氰尿酸、三氯异氰尿酸及其钠盐、钾盐等，属高效消毒漂白剂，活性氯含量高，杀菌力强，在水中释放游离氯时间长，可替代传统含氧消毒剂——过氧乙酸、双氧水、“84”消毒液等，已成为新一代高效消毒杀菌剂。氯代异氰尿酸盐生产废水属于高氯废水，本试验采用鱼类急性毒性试验测试了氯代异氰尿酸盐生产废水的毒性。

一、试验材料及方法

（一）试验用鱼

选择2~3月龄斑马鱼为试验鱼。斑马鱼是原国家环保总局《化学品测试方法》鱼类急性毒性试验中推荐的种类[6]。试验用鱼购自济南市水族市场。本次试验所用的斑马鱼体长3.00cm±0.41cm，体重0.29cm±0.07g。开始试验前对试验鱼先进行7d的驯养，驯养中及时清除受伤、体色异常、畸形、离群游泳、行动呆滞的个体，驯养期间鱼的死亡率小于5%，方可用于试验。驯养期间每天换水，喂食一次，正式试验前24h停止喂食，整个试验期间亦不喂食。

（二）试验用水

养鱼用水、废水稀释用水为连续曝气1d以上的自来水，水温18℃±1℃。异氰尿酸盐生产废水取自某氯代异氰尿酸盐生产厂排水口，废水水质见表1。

表1 试验用水水质

pH	电导率/(mS/cm)	全盐量/(mg/L)	溶解性总固体/(mg/L)	Cl^-/(mg/L)	氨氮/(mg/L)	总氮/(mg/L)	COD_{Cr}*(mg/L)	BOD_5/(mg/L)	TOC/(mg/L)
7.4	101	84318	85424	49306	12.5	14.5	155	35.2	18.7

注：*COD_{Cr}采用硫酸汞络合法测定，以消除氯离子的干扰。

（三）试验方法

参照原国家环境保护局颁布的《水质 物质对淡水鱼（斑马鱼）急性毒性测定方法》（GB/T 13267—1991）进行。

1. 预试验：预试验用于确定试验浓度的大致范围。预试验采用静水试验，试验容器为1L烧杯，对试验容器进行水浴加热，使溶液温度在25℃±1℃恒温，给溶液充氧曝气使溶液中溶解氧不少于4mg/L。预试验时间为48h。预试验中按照废水浓度100%、80%、60%、40%、20%、10%进行试验，同时设置空白对照组，共计7组。空白对照组采用废水稀释用水，即连续曝气1d以上的自来水。向每个容器中放入五尾鱼，记录鱼的死亡数目，并及时将死鱼取出。

2. 正式试验：采用静水式试验，周期为96h，水温控制为25℃±1℃。试验容器为1L烧杯，每个容器放10尾鱼，每个浓度梯度设置3个平行，浓度梯度为体积比。根据预试验结果确定使鱼全部死亡的最低反应浓度和全部存活的最高浓度，在两者之间设置若干个浓度梯度试验组。同时设置空白对照组、氰尿酸饱和溶液对照组以及与废水全盐量相同的氯化钠溶液对照组。空白对照组采用废水稀释用水，即连续曝气1d以上的自来水。氰尿酸饱和溶液对照组，反映了氰尿酸对鱼类急性毒性的影响。根据异氰尿酸盐生产工艺，废水的全盐量主要来源于氯化钠，因此配置NaCl溶液作为与废水的对照，NaCl溶液浓度与生产废水浓度相同为84318mg/L（标准NaCl溶液）。

试验时用软抄网从驯养鱼群中随机捞取斑马鱼个体放入烧杯中，转移中处理不当的鱼应放弃，同一试验所用鱼应在30min内完成。每天记录死鱼数，并及时将死鱼取出，用玻璃棒碰触尾柄无反应即可认为该鱼已死亡。

（四）数据处理

采用直线内插法估算引起斑马鱼50%死亡率的浓度，即LC_{50}。

二、结果与讨论

（一）试验结果

1. 预试验　预试验结果见表2。

表2　预试验中不同浓度废水斑马鱼死亡情况表

废水浓度/%		100	80	60	40	20	10	对照组
死亡条数	24h	5	5	5	5	4	0	0
	48h	5	5	5	5	4	1	0
死亡率/%	24h	100	100	100	100	80	0	0
	48h	100	100	100	100	80	20	0

由表2可以看出，废水浓度在40%以上时，用于试验的5条斑马鱼在24h以内全部死亡；废水浓度为20%时，24h内斑马鱼死亡4条，48h时，死亡4条，死亡率为80%；废水浓度为10%时，24h内没有斑马鱼死亡，48h时，斑马鱼死亡1条，死亡率为20%；空白对照组的斑马鱼48h内全部存活。48h预备试验中杀死全部鱼的最低浓度为40%，未毒死鱼的最高浓度为0%，由此确定正式试验的废水浓度范围在40%至0%之间。

2. 正式试验　根据预试验确定正式试验废水浓度为30%、20%、15%、10%、5%，每个浓度做A、B、C三个平行样，同时做一个空白对照组、一个氰尿酸饱和溶液对照组和30%标准NaCl溶液对照组、10%标准NaCl溶液对照组，试验进行96h，每天记录鱼的死亡数量，试验统计结果见表3。

表3　正式试验斑马鱼死亡率统计表

废水浓度/%		30	20	15	10	5	空白对照组	氰尿酸饱和溶液对照组	30%标准NaCl溶液对照组	10%标准NaCl溶液对照组
死亡率/%	24h	100	80	50	0	0	0	0	100	0
	48h	100	93	77	10	0	0	0	100	10
	72h	100	100	87	40	0	0	0	100	30
	96h	100	100	93	47	0	0	0	100	40

采用直线内插法估算 LC_{50}。绘制死亡百分率对废水浓度的曲线，见图 1，从引起 50% 死亡率的内插浓度值得到 LC_{50} 为 10.3%。

（二）废水对斑马鱼的毒性效应分析

废水对斑马鱼的毒性效应与废水的浓度梯度呈正相关。试验开始后，空白对照组试验鱼个体行为正常；中高浓度组的试验鱼出现上下游动、急速游动、打转等异常现象。随着时间的延长，中毒严重的试验鱼逐步表现出平衡能力丧失、身体侧翻、体表黏膜出现缺失、浮到水面大口喘气等症状，直至死亡。异氰尿酸盐生产废水中含有大量氰尿酸，根据试验结果，

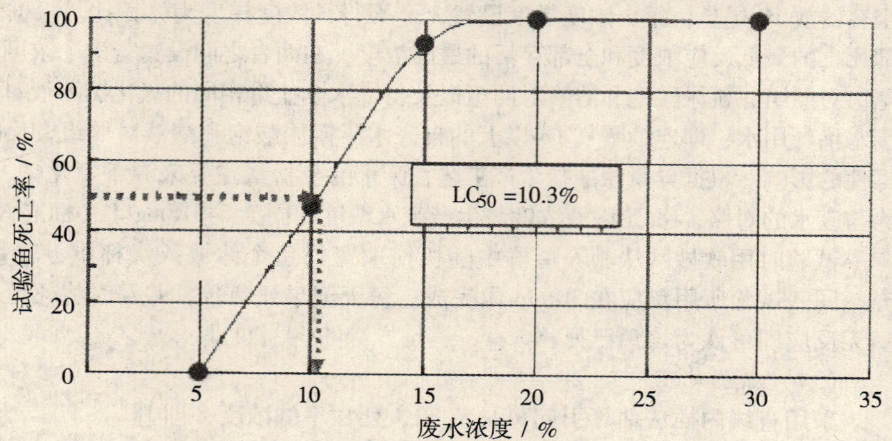

图 1　试验鱼死亡百分率与废水浓度关系曲线

氰尿酸饱和溶液对照组 96h 内没有鱼死亡，即死亡率为 0，说明氰尿酸对斑马鱼微毒或无毒；同时，30% 标准 NaCl 溶液对照组导致鱼全部死亡，这说明含盐量较高是导致废水生物毒性的主要原因。10% 标准 NaCl 溶液对照组的 96h 死亡率为 40%，10% 废水试验组 96h 死亡率为 47%，两者相差不大，进一步说明含盐量是导致废水生物毒性的主要原因。按国际标准组织推荐的方法，工业废水根据 LC_{50} 百分浓度范围可分为：极毒（<1%）、高毒（1% ~10%）、中毒（10% ~50%）、低毒（50% ~100%）、微毒或无毒（NAT）[7]。参照上述方法，异氰尿酸盐生产废水对斑马鱼的毒性等级为中毒。将废水稀释后，毒性大大降低，当浓度降为 5% 时，96h 鱼的死亡率为 0，也就是说，废水稀释 20 倍后，对于斑马鱼无急性毒性影响。因此，建议该废水排放自然水体时，与低盐水（生活污水）混合排放，且低盐水的排放量至少为该废水排放量的 20 倍。

（三）结　论

试验结果表明：96h 半致死浓度 LC_{50} 为 10.3%，废水毒性等级为中毒，废水稀释后，毒性大大降低，当浓度降为 5% 时，96h 鱼的死亡率为 0；氰尿酸饱和溶液 96h 鱼的死亡率为 0，毒性等级为微毒或无毒；废水毒性主要是由含盐量造成的；废水稀释 20 倍后，对于斑马鱼无急性毒性影响。

参考文献

[1] 赵红宁，等．水生生态毒理学方法在废水毒性评价中的应用［J］．净水技术，2008，27（5）：18 - 24.

[2] 黄满红，等．污水毒性的生物测试方法［J］．工业水处理，2003，23（11）：14 - 18.

[3] 杨阳．污/废水的生物监测方法及其发展［J］．中国卫生检验杂志，2006，16（12）：1538 - 1539.

[4] 李伟．斑马鱼急性毒性试验在工业污染源监测中的应用［J］．辽宁城乡环境科技，2001，21（2）：36 - 37.

[5] 邱郁春．水污染鱼类毒性实验方法［M］．北京：中国环境科学出版社，1992：1 - 2.

[6] 国家环保总局《化学品测试方法》编委会．化学品测试方法［M］．北京：中国环境科学出版社，2004：188 - 193.

[7] 刘大胜，等．工业废水排放环境监管中的新手段：鱼类急性毒性试验应用［J］．环境保护，2008，400（14）：50 - 52.

泥区废液回流对污水处理系统出水残余有机物生物惰性的影响

郝瑞霞　张　毅　万宏文　张炎涛　张庆康　马忠志

（北京工业大学建工学院　北京市朝阳区平乐园100号　100124）

摘　要　研究了泥区废液回流对污水处理系统出水残余有机物生物惰性的影响，为污水再生与安全回用提供参考。通过模拟泥区废液回流 SBR 污水处理系统，分别对不同回流比出水的 COD、UV_{254}、表观分子量分布以及三维荧光光谱特性进行检测分析。研究显示：虽然泥区废液回流污水处理系统一般不会引起处理系统出水 COD 的显著变化，但会使得残余有机物的生物惰性增强，出水水质呈现复杂化趋势。主要表现在出水残留有机物的芳香性和不饱和度增强，大分子物质和腐殖质类污染物所占比例增加，残余有机物的疏水性和可生化性下降。因此，泥区废液回流不利于污水的资源化和安全健康回用。

关键词　泥区废液　回流　SBR 污水处理系统　残余有机物　生物惰性

一、引　言

泥区废液是指在城市污水处理厂污泥处理过程中产生的各种废液，包括污泥浓缩池上清液、污泥消化池溢流液和污泥脱水机滤液，其产生量一般占污水处理厂处理水量的1%～3%，目前大多为直接回流到污水处理区的格栅前，与污水厂进水一同处理。有研究发现[1]，泥区废液回流可导致格栅、曝气沉沙池出水 TOC、壬基酚浓度比进水增高25%以上。一些研究表明，泥区废液中含有较高浓度的氨氮和磷[2]，废液回流可使污水处理系统的氮磷负荷增加55%～75%[3]。

由于污泥经历了污水区的沉淀、吸附、好氧生物降解和污泥区的浓缩、厌氧消化等复杂物理化学及生物过程，泥区废液中污染物成分相当复杂，大多为难生物降解物质和生物代谢残余物，生物惰性和化学惰性均较高。因此，泥区废液回流至污水区处理，将对出水质量产生影响，增加污水回用的潜在风险，不利于污水资源化安全利用和泥区废液的污染控制。目前相关方面的研究未见报道。

本文利用序批式活性污泥处理系统（SBR）和污水处理厂泥区废液，实验室模拟污水处理厂泥区废液回流污水处理系统过程，对照研究泥区废液回流对污水处理系统出水残余有机物生物惰性的影响，为污水再生与安全回用提供基础数据。

二、方法与材料

（一）处理系统的启动与运行

为对比泥区废液回流对污水处理系统出水质量的影响，采用2套相同反应器容积、相同运行参数的 SBR 处理系统（系统1、系统2）进行对比模拟试验研究。SBR 反应器容积为5L，多孔砂芯曝气，溶解氧浓度控制在2 mg/L 左右，充水比为0.5。

系统启动采用剩余污泥接种培养、生活污水驯化法：活性污泥取自某污水处理厂曝气池剩余污泥，反应器内污泥浓度控制在2～2.5 g/L；生活污水为居民区化粪池出水，COD 在360～400 mg/L 范围内；SBR 运行程序为进水—曝气—沉淀—排水—闲置，每天1个周期，进水时间、沉淀时间和排水时间均为30min，根据 COD 去除率确定最佳曝气时间为6h，当系统 COD 去除率稳定达到85%以上，出水 COD 为50 mg/L 左右时，系统启动完成。

控制2套处理系统在相同的运行参数下进行模拟实验，其中，系统1进水仍然为生活污水，系统 2 为生活污水 + 污水处理厂泥区回流废液，根据实际污水厂的泥区废液产生量占处理污水量的大致比例，将泥区废液回流比例控制在 1% ~5% 范围内，每个回流比例稳定运行 20 个周期左右。通过分析不同回流比条件下 2 套处理系统出水中 COD、UV_{254}、有机污染物表观分子量分布、三维荧光光谱特性等参数，考察泥区废液回流对污水处理系统出水残余有机物生物顽固性的影响。

（二）分析测定项目

采用《水和废水监测分析方法》（第四版）中的推荐方法测定 COD；采用紫外分光光度法测定 UV_{254}；采用超滤膜法（Ultra Filtration，UF）测定有机物表观分子量分布[4-7]；采用三维荧光光谱法分析泥区废液中有机物的分类特性[8-13]。

（三）泥区废液水质特性

泥区废液来自北京市的某污水处理厂泥区回流废液，其污泥处理工艺为两级中温厌氧消化处理工艺，消化后污泥经带式压滤机脱水外运。泥区废液水质特性如表 1 所示。

表 1　污水处理厂泥区废液水质特性

项目	COD/（mg/L）	TN/（mg/L）	总磷/（mg/L）	表观分子量/ku 分布			
				>10	6 ~ 10	3 ~ 6	<3000
数值	4830 ~ 6844	1146 ~ 1550	10 ~ 50	52%	24%	11%	13%

（四）实验仪器

上海摩速科学器材有限公司超滤杯及超滤膜；德国耶拿 Multi N/C 3000 TOC/TN 分析仪；德国耶拿 SP100 紫外 - 可见分光光度计；美国 Varian Cary Eclipse 荧光分光光度计。

三、实验结果与分析

（一）泥区废液回流对出水 COD 和紫外吸光值 UV_{254} 的影响

系统 1 以居民区生活污水为进水；系统 2 以居民区生活污水和泥区废液混合废水为进水，控制泥区废液混入比例分别为 3%、5%，各种比例连续稳定运行 20 个周期。图 1 为 SBR 处理系统各运行周期出水 COD、UV_{254} 变化情况。

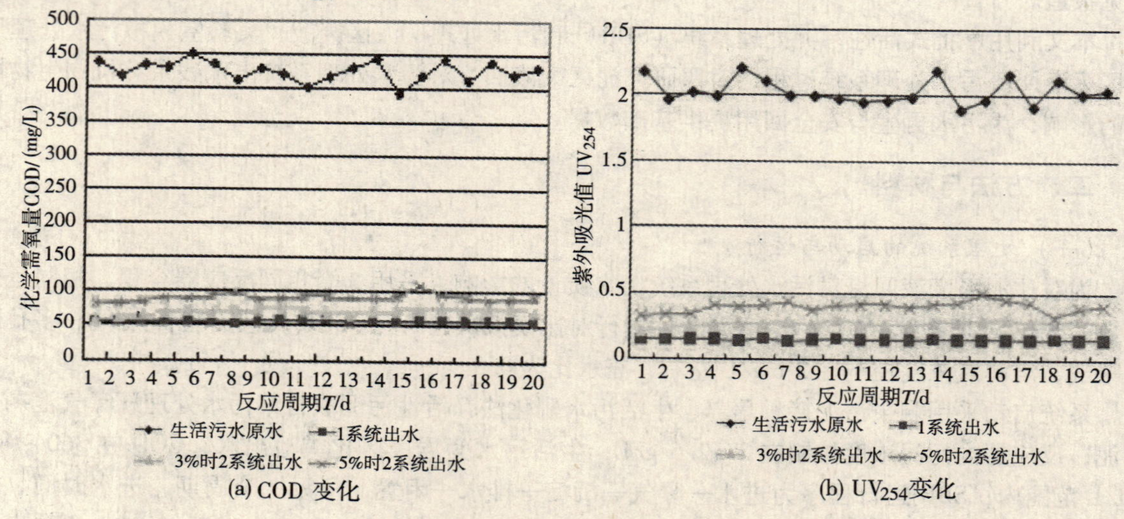

(a) COD 变化　　(b) UV_{254}变化

图 1　泥区废液回流污水处理系统对出水 COD、UV_{254} 的影响

从图 1 中可以看出，泥区废液回流对出水 COD 的影响与回流废液比例有关，考虑到一般污水处理厂正常情况下的泥区废液产生量仅为1%～3%的处理水量，因此在正常情况下，泥区废液回流污水处理系统一般不会引起处理系统出水COD的显著变化。

UV_{254}可以间接反映水中受不饱和烃、芳烃和含有杂原子的碳氧双键、碳氮双键等不饱和键结构的有机物的污染程度，在一定条件下可以反映有机物的生物惰性。实验表明，随着泥区废液回流比例的增加，出水中紫外吸光值UV_{254}也逐渐升高，当回流比例为3%和5%时，UV_{254}的增加幅度分别为76%和159.2%。表明出水残留有机物的生物顽固性增强。

（二）泥区废液回流对出水有机污染物分子量分布的影响

分别对泥区废液回流比例为0、2%、3%、5%时的SBR出水进行有机污染物表观分子量分级测定。测定结果如图2所示。

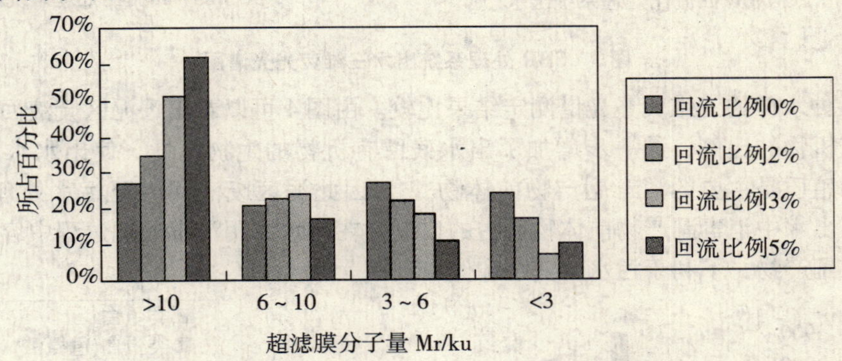

图2　SBR系统出水中有机污染物表观分子量分布

从图2可以看出，泥区废液回流对SBR处理系统出水中的表观分子量分布情况影响较大。随着泥区废液回流比例的增加，表观分子量在10ku以上的有机污染物所占的比例显著增加，从无泥区废液回流时的27%增加到回流比为5%时的62%。这是由于泥区废液中大分子有机物所占比例在50%以上，有较高的生物惰性，不易在生物处理过程中被去除，从而增加了污水处理系统出水中大分子有机物的含量，在一定程度上降低了处理系统的出水水质，增大了污水进一步回用处理的难度，不利于污水的资源化利用。

（三）泥区废液回流对SBR出水中有机物种类的影响

通过对泥区废液不同回流比例下SBR处理系统出水的三维荧光光谱分析可知，随着泥区废液回流比例从0提高到5%，出水中分子量大于10ku的有机物，其类腐殖质所占比例由30.5%提高到47.4%，见表2。

表2　SBR处理系统出水中分子量大于10ku有机物分类特性

泥区废液回流比例	类蛋白质有机物所占比例	类腐殖质有机物所占比例
0	69.5%	30.5%
2%	61.7%	38.3%
3%	56.9%	43.1%
5%	52.6%	47.4%

另一方面，随着泥区废液回流比例的增加，出水中类腐殖质，包括可见腐殖质和UV腐殖质含量增加，尤其是可见腐殖质有显著的增加。图3为SBR处理系统出水三维荧光光谱图对比。当回流比为5%时，与无回流对比，出水中类腐殖质含量所占比例从25%增加到70%，其中，可见腐殖质含量占41.1%。

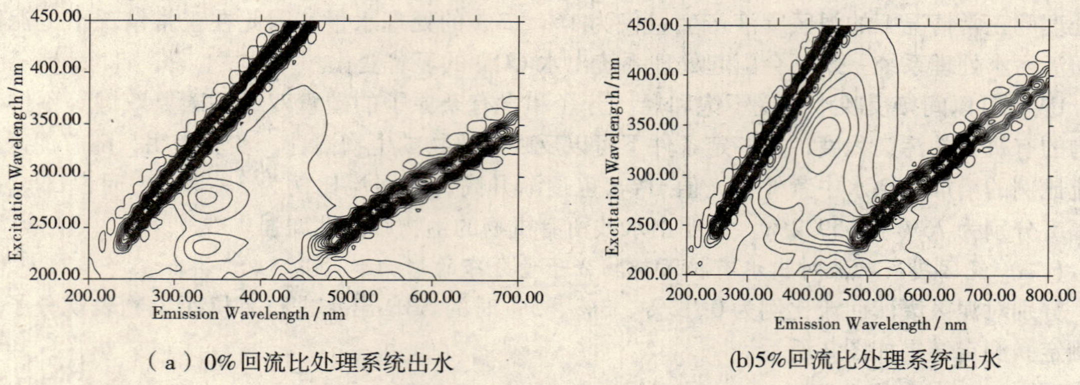

（a）0%回流比处理系统出水　(b)5%回流比处理系统出水

图 3　SBR 处理系统出水三维荧光光谱图

图 4 为各种水样的三维荧光光谱测定结果比较。由图 4 可以看出，泥区废液回流增加了出水中腐殖质类有机物的比例，进一步增加了出水残留有机物的生物惰性，使出水水质有复杂化趋势。另外，腐殖质是主要的消毒副产物前体物[14]，因此泥区废液回流至污水处理流程中处理，同时也增加了出水中消毒副产物前体物所占的比例，在污水回用消毒处理过程中容易形成对生物体有害的消毒副产物，不利于污水的安全和健康利用。

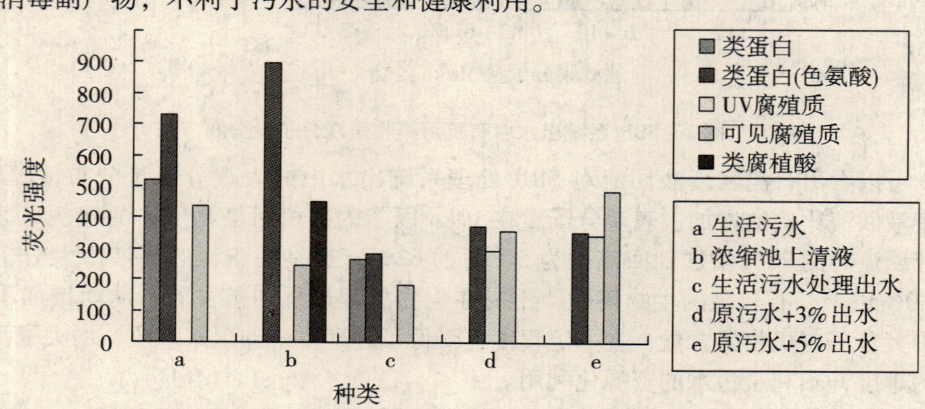

图 4　各种水样的三维特征荧光强度对比

四、结　论

1. 在污水处理厂正常泥区废液产生量（1% ~3% 的处理水量）条件下，泥区废液回流污水处理系统一般不会引起处理系统出水 COD 的显著变化。

2. 随着泥区废液回流比例的增加，出水中紫外吸光值 UV_{254} 显著升高，大分子有机物和类腐植酸物质所占比例增加，出水残留有机物的芳香性和不饱和度增强，残余有机物的生物顽固性增大。

3. 泥区废液回流污水处理系统有使处理系统出水水质复杂化趋势，不利于污水的资源化和安全健康回用。

参考文献

[1] 郝瑞霞，梁鹏，周玉文．城市污水处理过程中壬基酚的迁移转化行为研究［J］．中国给水排水，2007，23（1）：105 – 108.

[2] 邹安华，孙体昌，宋存义，等．污水处理厂回流液中回收磷酸铵镁的试验研究［J］．中国给水排水，2006，32：115 – 118.

[3] 毕学军，王振江，于澎学，等．各污泥处理单元废液的磷含量控制问题［J］．中国给水排水，2003，19（1）：98 –99.

[4] Amy Gary L，Collins Michael R，Kuo C James，et al. Comparing Gel Permeation Chromatography and Ultrafiltration for the Molecular Weight Characterization of Aquatic Organic Matter［J］．Journal of the American Water Works Association，1987，79（1）：43 –49.

[5] Tadanier Christopher J，Berry Duane F，Knocke William R. Dissolved organic matter apparent molecular weight distribution and number – average apparent molecular weight by batch ultrafiltration［J］．Environmental Science and Technology，2000，34（11）：2348 –2353.

[6] Assemi Shoeleh，Newcombe Gayle，Hepplewhite Chris，et al. Characterization of natural organic matter fractions separated by ultrafiltration using flow field – flow fractionation［J］．Water Research，2004，38（6）：1467 –1476.

[7] Shon H K，Vigneswaran S，Kim In S，et al. The effect of pre – treatment to ultrafiltration of biologically treated sewage effluent：A detailed effluent organic matter（EfOM）characterization［J］．Water Research，2004，38（7）：1933 –1939.

[8] Miano T M，Sposito Garrison，Martin J P. Fluorescence spectroscopy of humic substances［J］．Soil Science Society of America Journal，1988，52（4）：1016 –1019.

[9] Fu Ping – Qing，Liu Cong – Qiang，Wu Feng – Chang. Three – dimensional excitation emission matrix fluorescence spectroscopic characterization of dissolved organic matter［J］．Guang Pu Xue Yu Guang Pu Fen Xi/Spectroscopy and Spectral Analysis，2005，25（12）：2024 –2028.

[10] Baker A，Lamont – Black J. Fluorescence of dissolved organic matter as a natural tracer of ground water［J］．Ground Water，2001，39（5）：745 –750.

[11] Sheng Guo – Ping，Yu Han – Qing. Characterization of extracellular polymeric substances of aerobic and anaerobic sludge using three – dimensional excitation and emission matrix fluorescence spectroscopy［J］．Water Research，2006，40（6）：1233 –1239.

[12] Musikavong C，Wattanachira Suraphong，Nakajima F，et al. Three dimensional fluorescent spectroscopy analyses for the evaluation of organic matter removal from industrial estate wastewater by stabilization ponds［J］．Water Science and Technology，2007，55（11）：201 –210.

[13] Baker A. Fluorescence properties of some farm wastes：Implications for water quality monitoring［J］．Water Research，2002，36（1）：189 –195.

[14] Sirivedhin T，Gray K A. Comparison of the disinfection by – product formation potentials between a wastewater effluent and surface waters［J］．Water Research，2005，39（6）：1025 –1036.

珊瑚砂与蚝壳滤料的双程 OABAF 的性能研究及比较

吴　丹[1]　吴仁海[1]　冯碧池[2]　邓铭明[1]　彭俊铭[1]　阮文刚[1]　郑少露[1]　陈尊裕[1]

（1. 中山大学环境科学与工程学院　广州　510275；
2. 香港理工大学土木及结构工程学系　香港）

摘　要　建立两套分别以珊瑚砂和蚝壳作为填料的双程好氧缺氧曝气生物滤池系统，研究两套系统在不同阶段不同负荷条件下的性能与状态，探讨最优组合条件并比较两种滤料。负荷实验过程中，两套系统的处理效果都非常好，出水去除率在95%以上，并且在众多方面表现出一致性。在某些处理指标上，珊瑚砂系统略优于蚝壳；而在水头损失方面，蚝壳则较珊瑚砂系统好。研究表明，两套系统在HRT＝6h、C∶N＝12∶1、c＝500mg/L 的条件下，处理效果达到最好。

关键词　曝气生物滤池　好氧缺氧　滤料　珊瑚砂　蚝壳

一、前　言

双程好氧缺氧曝气生物滤池系统（oxic－anoxic biological aerated filter system，OABAF）* 是一种崭新的污水生化处理系统，该系统将 O/A 工艺与曝气生物滤池技术相结合，双程的设计不仅突破了 O/A 工艺技术上的限制[1,2]，同时深化了曝气生物滤池对于除碳脱氮的作用[3]。该系统具有以下优点：①容积负荷高，耐冲击负荷能力强，提高了对碳、氮的去除率；②同时具有活性污泥法与生物膜法的优点；③由于采用珊瑚砂和蚝壳两种具有大比表面积的廉价且环保的天然滤料，不仅突破了诸如石英砂等普通滤料无内比表面积或比表面积小的制约[4,5]，而且其高经济性是活性炭或改性滤料不能比拟的[5]。由于该系统具有以上优点，因此它在污水处理领域有广泛的应用前景，尤其适用于城郊污水处理。但是，目前对 OABAF 系统的研究刚刚展开，为了深入掌握这套运行系统的特性，我们展开了针对珊瑚砂与蚝壳滤料的双程好氧缺氧曝气生物滤池系统的研究，为 OABAF 系统的实际工程应用奠定基础。

本研究建立两套分别以珊瑚砂和蚝壳作为填料的双程好氧缺氧曝气生物滤池系统，研究两套系统在不同阶段（包括反应器启动（挂膜）、稳定、运行阶段）的性能与状态；在运行阶段，通过不同的负荷实验——改变水力停留时间、有机物浓度和碳氮比，研究系统各个阶段的处理效果（以 COD_{Mn}、氨氮、硝酸盐氮和亚硝酸盐氮为指标），探讨最优组合条件与研究系统性能的变化发展规律；同时，对比珊瑚砂和蚝壳两种滤料，探究不同滤料对系统处理效果的影响。最终，根据系统的表现和处理性能，评估和分析系统及滤料的推广前景。

二、材料与实验方法

（一）实验装置

双程好氧缺氧曝气生物滤池反应器是采用金属三岔管道将 4 个规格相同的塑料梯形容器串联而成，按照好氧→缺氧→好氧→缺氧的流程进行设立，容器编号顺序为 Tank Ⅰ→Tank Ⅱ→Tank Ⅲ→Tank Ⅳ。在 Tank Ⅰ和 Tank Ⅲ底部设置曝气管，从滤池底部进行曝气。根据容器的通氧的布设情况和水力要求，各容器串联情况及设计进出水口高度如图 1 所示。

本实验采用的滤料为珊瑚砂与蚝壳。珊瑚砂和蚝壳分别破碎为 3～4cm 与 1～7cm 规格，经筛

双程好气缺氧曝气生物滤池系统已申请专利。

选、浸泡等步骤预处理后，将大小不同的滤料交叉、均匀装填，并在进出水口选用较大的滤料，减少生物膜脱落造成的拥堵影响。滤池各参数如表1所示。

表1　滤池各参数测试结果

反应器	有效容积/L	滤料体积/L	孔隙体积/L	平均孔隙率/%
珊瑚砂	13.59	11.55	10.48	47.57
蚝壳	16.29	8.85	13.28	60.02

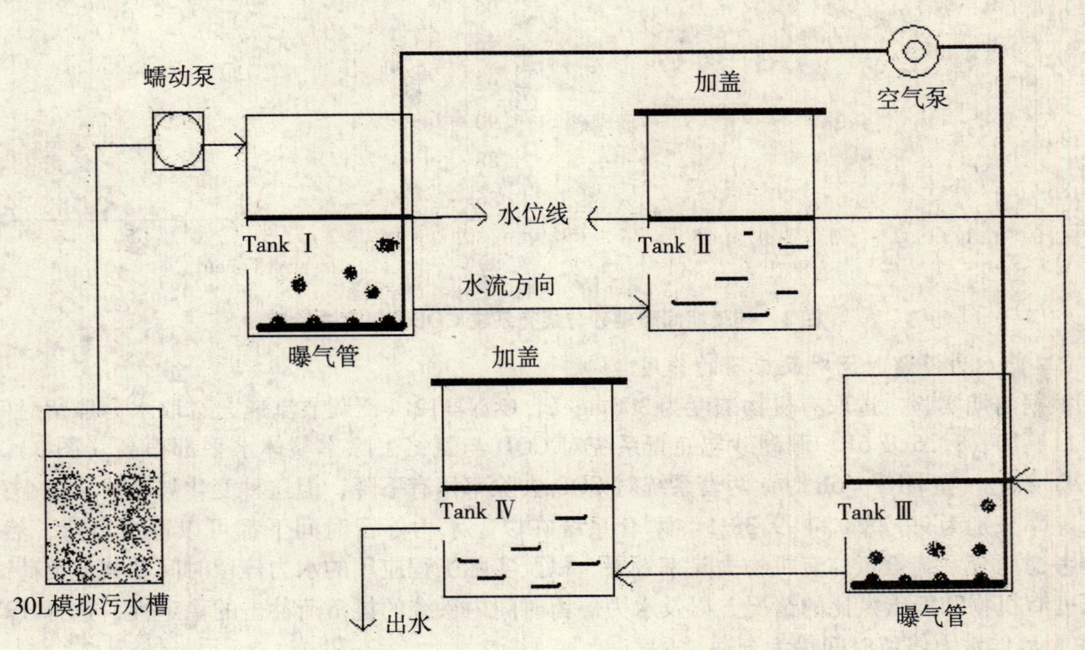

图1　OABAF反应器平面流程示意图

（二）实验材料

实验中使用的是人工配水，成分为葡萄糖、氯化氨及纯水。配比根据不同负荷实验进行设定。

（三）分析项目与方法

1. COD测定采用高锰酸钾酸性氧化法GB 11892—1989
2. 氨氮测定采用水杨酸分光光度法GB 7481—1987修订方案
3. 硝酸盐氮测定采用紫外分光光度法HJ/T 346—2007
4. 亚硝酸盐氮测定采用分光光度法GB 7493—1987

三、结果与讨论

（一）反应器稳定运行

向每个滤池投加100ml的活性污泥（非特种菌）进行接种。接种后用纯水循环培养2d。待成功挂膜后，用葡萄糖浓度为300mg/L，碳氮比为12∶1纯水配制的营养液进行循环培养，进液循环挂膜时间为7d。挂膜第9天，用同样的营养液配比进行非循环挂膜培养，时间为8d。整个挂膜时间持续17d。挂膜期间，为提供良好的微生物生长环境，室温控制在23～25℃；由于挂膜期间低流速有利于生物膜的附着生长，流速调节约为 0.2ml/min。

待挂膜实验进行到一定阶段后，对珊瑚砂与蚝壳系统出水 COD、氨氮浓度进行检测（图2）。两套系统 COD 去除率均达到 98% 以上，氨氮去除率达到 95% 以上，因此判定系统达到稳定运行状态。挂膜期间，珊瑚砂系统的去除率均高于蚝壳系统，但差异微小。从实验过程看出，填料对微生物亲和力很好，可以满足工程中简易、快速挂膜的要求。

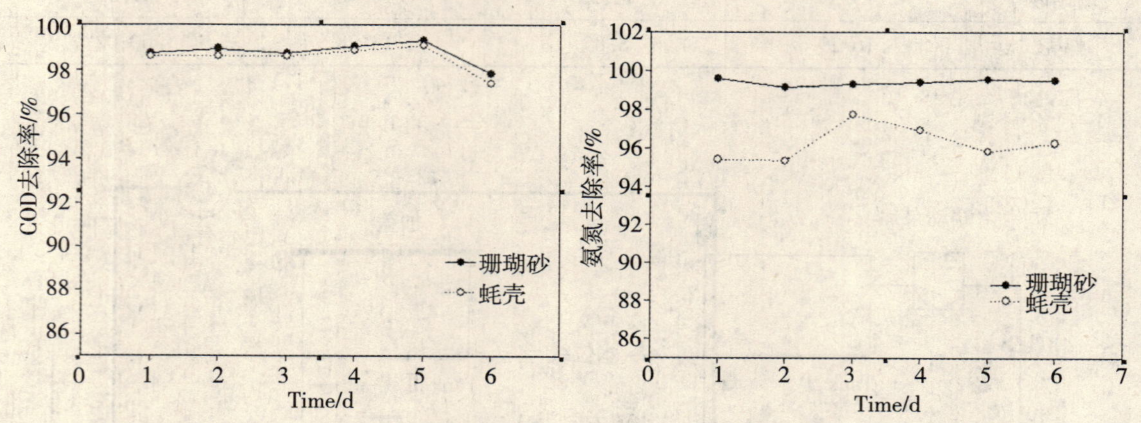

图 2　挂膜期间珊瑚砂与蚝壳系统 COD、氨氮去除率

（二）水力停留时间对反应器的作用

根据前期实验，选取有机物浓度为 300mg/L，C:N = 12:1，调节流速，选取水力停留时间为 12、11、10、8、6 及 5h。珊瑚砂与蚝壳系统对 COD 与氨氮去除率整体水平都很高（图 3），均在 97% 以上。在 HRT = 6h 时，两套系统对 COD 去除率稍有下降，但这种变化波动差异很小；氨氮去除率分别为 99.78% 和 99.38%。两套系统在以上水力停留时间下都可以稳定运行，然而，综合考虑两套系统氨氮与有机物去除率效果，以及实际工程应用的水力停留时间和其他负荷试验高浓度有机物和低碳氮比的情况，以及水力停留时间内系统的抗负荷冲击的稳定性，选择HRT = 6h 作为最佳水力停留时间最为合适。

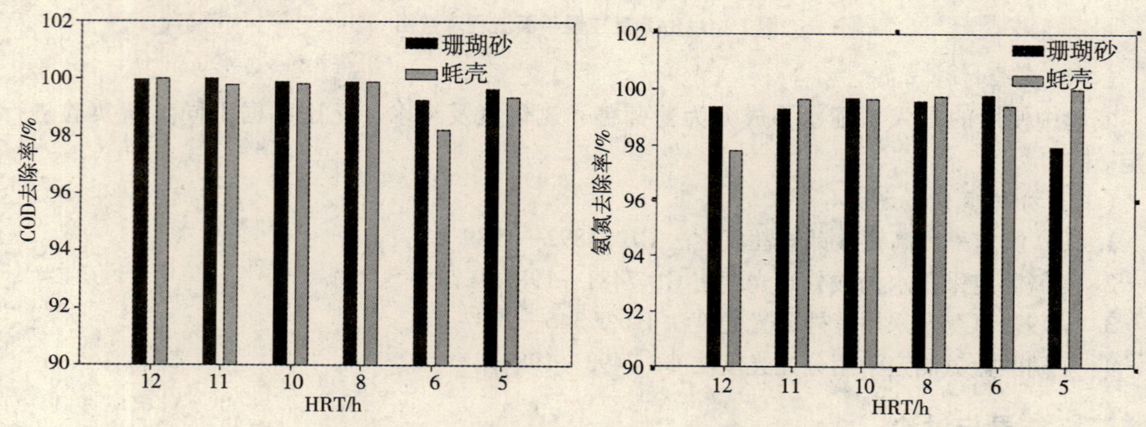

图 3　不同水力停留时间下珊瑚砂与蚝壳系统 COD、氨氮去除率

在一定范围内，流速的逐渐加快，有利于系统旧生物膜的脱落和向微生物提供充足的营养物质。水力停留时间从 12h 到 5h，系统出水均保持较高且稳定的有机物处理率，说明该系统具有一定的耐冲击负荷能力。

不同滤料的两套系统在水力停留时间缩短的测试中，两套系统硝酸盐氮和亚硝酸盐氮浓度均很低，当 HRT = 6h 时，则低于检测限。珊瑚砂系统和蚝壳系统对氨氮的去除都主要依靠微生物对氨氮吸收利用的同化作用，以及硝化和反硝化作用。

（三）有机物浓度、碳氮比对反应器的作用

1. 对珊瑚砂系统的作用

根据表 2，选取不同的有机物浓度和 C∶N 的组合进行分组负荷实验。如图 4 所示，珊瑚砂系统对有机物的去除率都相当高，达到 98% 以上。有机物浓度为 800mg/L 时，有机物去除率均要高于相同碳氮比下的其他浓度组别的去除率。说明系统对于高有机物浓度的污水的去除率更高。有机物去除率最高的条件是有机物浓度 = 800mg/L，C∶N = 12∶1 的情况下，这种情况是有机物浓度最高，而碳氮比最大的条件。并在此最高有机物浓度条件下，两组降低碳氮比的测试中，去除率下降，但差别微小；而在此最大碳氮比条件下，随有机物浓度的提高，去除率先下降后上升。

表 2　负荷试验分组条件选取表

填　料	有机物浓度/（mg/L）	C∶N
珊瑚砂/蚝壳	300	12∶1
	500	8∶1
	800	5∶1

如图 5 所示，珊瑚砂系统氨氮去除率都比较高。C∶N = 12∶1 时，各有机物浓度的条件下系统均具有最高的氨氮去除率，稳定且接近，说明高碳氮比对氨氮的去除有利。C∶N = 5∶1 时，改变有机物浓度，氨氮的去除率低于最大碳氮比的情况，但较为平稳。说明提高碳氮比会降低氨氮去除率。在选定碳氮比为 8∶1 较为适中的条件下，氨氮去除率波动较大，在有机物浓度为 300mg/L 时，出现最低的氨氮去除率。

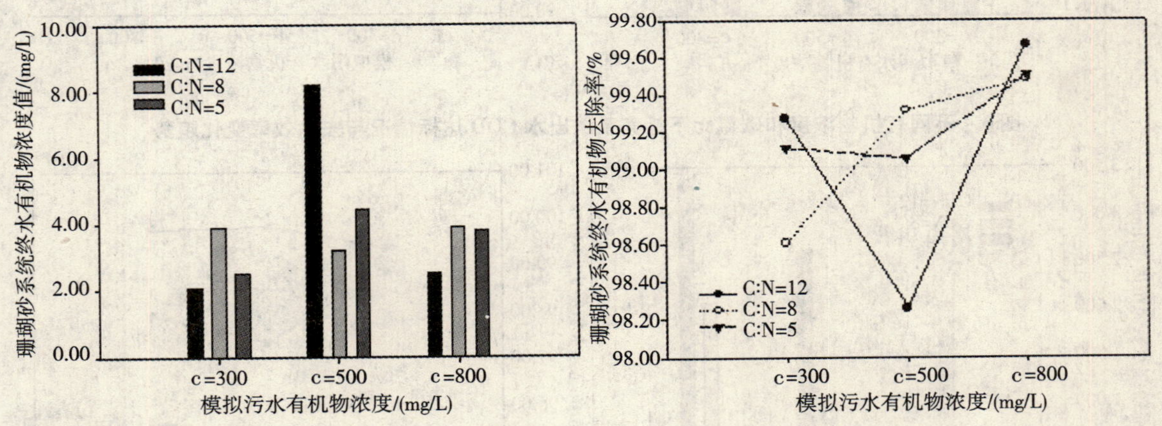

图 4　不同有机物浓度和碳氮比下珊瑚砂系统终水 COD 达标情况与去除效率变化趋势

2. 对蚝壳系统的作用以及两套系统的作用

如图 4、图 6 所示，蚝壳系统对有机物的去除率都相当高，达到 98% 以上。从整体情况看，蚝壳系统随着有机物浓度提高，COD 去除率呈上升的趋势。在 C∶N = 12，c = 500mg/L 时，蚝壳系统出水 COD 去除率达到最高；而珊瑚砂系统则是在相同碳氮比，c = 800mg/L 条件时达到最高，当然蚝壳系统在此条件下，COD 去除率也相当高。

蚝壳系统氨氮去除率都比较高。如图 5、图 7 所示，珊瑚砂系统和蚝壳系统氨氮去除率的变化趋势非常相似。在 C∶N＝8∶1，c＝300mg/L 条件下，出水氨氮去除率均最低；在 C∶N＝12∶1，c＝500mg/L 条件下，达到最高。这与蚝壳系统 COD 去除率最优点一致。对比图 4、图 5、图 6、图 7 右图，优先考虑氨氮去除率，其次考虑 COD 去除率，最终可以选定 C∶N＝12∶1，c＝500mg/L 作为两套系统最优条件组合。

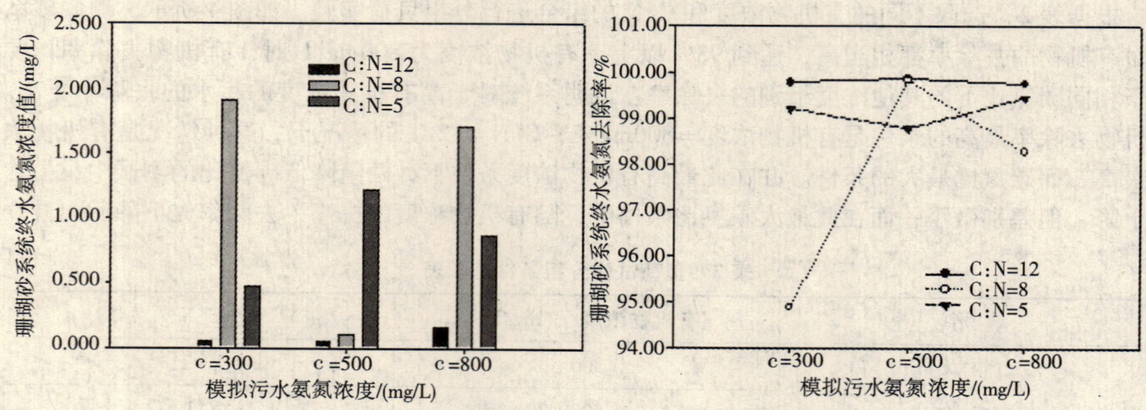

图 5　不同有机物浓度和碳氮比下珊瑚砂系统终水氨氮达标情况与去除效率变化趋势

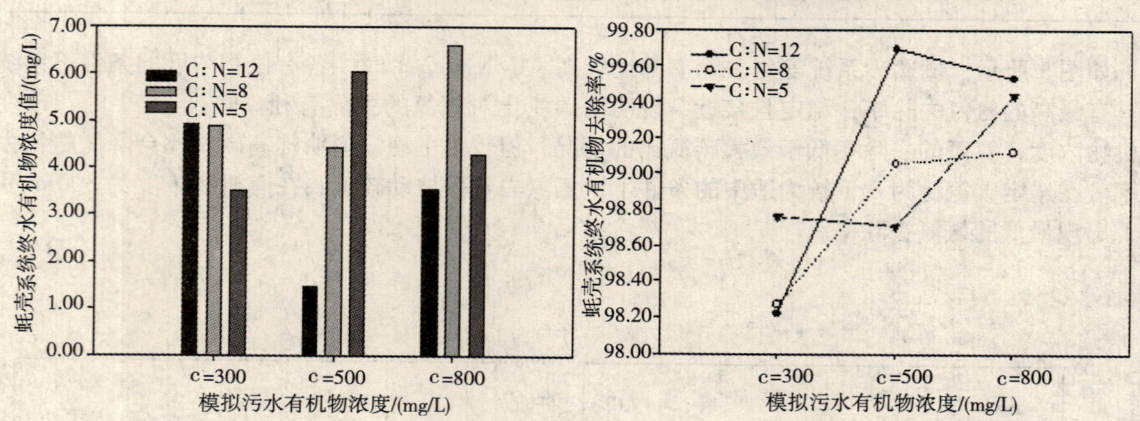

图 6　不同有机物浓度和碳氮比下蚝壳系统出水 COD 达标情况与去除效率变化趋势

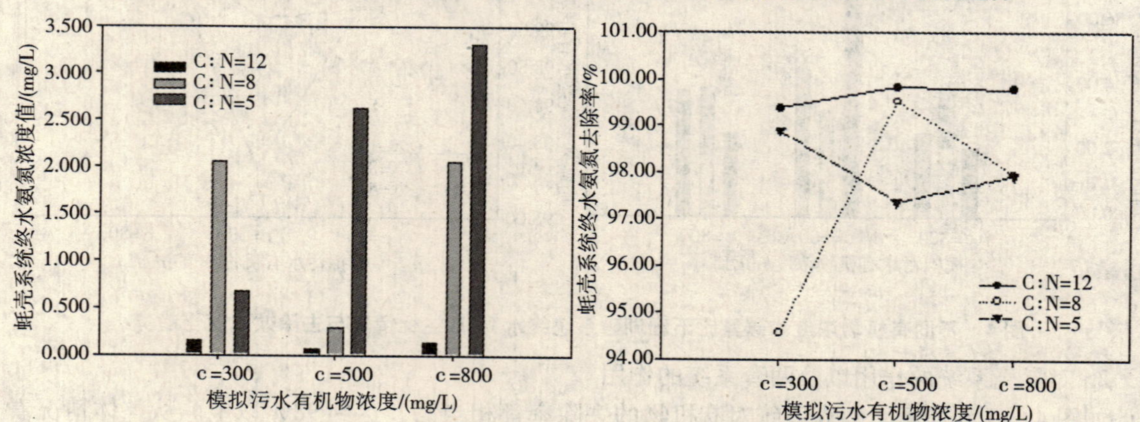

图 7　不同有机物浓度和碳氮比下蚝壳系统出水氨氮达标情况与去除效率变化趋势

（四）珊瑚砂与蚝壳系统比较

挂膜阶段，珊瑚砂对氨氮去除的稳定性要比蚝壳好。反应器运行阶段，珊瑚砂系统和蚝壳系统在众多方面具有相似的趋势，造成这些相似性的原因一方面是由于两种滤料都具有比较大的比表面积，都以碳酸钙为主要成分等滤料本身性质的相似；另一方面则是由于相同的系统结构和工艺、微生物生化反应、相同的负荷测试等环境条件。造成系统之间差异的原因则可能是由于系统孔隙率、微生物等。负荷实验的过程中，两套系统去除率的差异并不显著，都维持稳定，且抗负荷能力比较强，考虑滤料的经济性以及蚝壳系统水头损失较小，实际工程中可采用蚝壳作为滤料。

四、结　论

1. 珊瑚砂与蚝壳两种填料对微生物亲和力都很好，可以较快地使系统达到平衡稳定状态，满足工程中简易、快速挂膜的要求。

2. 经不同分组实验，系统的COD与氨氮处理率都比较高，其出水COD浓度和氨氮浓度与一般污水处理厂设计出水水质标准比较，均可达标。经筛选，可选择HRT＝6h，C：N＝12：1，c＝500mg/L作为两套系统最优条件组合；较高的处理率，还说明了系统具有一定的耐水力冲击与浓度冲击负荷能力。

3. 根据负荷实验的情况，滤料的经济性以及水头损失比较，推荐实际工程中采用蚝壳作为滤料。

参考文献

[1] 张艳萍，彭永臻．好氧/缺氧消化降解污泥特征分析［J］．环境工程学报，2009，3（4）：673－676.

[2] 蔡不忒．生物处理方法中的好氧—缺氧组合技术［J］．中国给水排水，1993，9（6）：16－9.

[3] 罗卫东．曝气生物滤池技术的应用与发展［J］．江西化工，2005（4）：59－61.

[4] 孙迎雪，徐栋．沸石滤池的净水作用［J］．净水技术，2004，23（5）：6－8.

[5] Rebecca Moore，Joanne Quarmby，Tom Stephenson. The effects of media size on the performance of biological aerated filters［J］．Wat. Res.，2001，35（10）：2514－2522.

[6] 高桂青．改性滤料用于净水处理的研究进展［J］．江西化工，2004（2）：38－41.

微波辐照 - CaO 催化处理城市生活垃圾渗滤液实验研究

马天岩[1] 姜彬慧[1] 晋银佳[1] 姜 莉[2] 姚常琦[1] 冯 迪[1] 王琳琳[1]

（1. 东北大学资源与土木工程学院 沈阳 110004；2. 沈阳出入境检验检疫局 沈阳 110016）

摘 要 本文采用微波辐照 - CaO 催化组合工艺，对城市生活垃圾渗滤液进行处理研究。通过单因素分析和正交实验的方法探讨了此方法的最优工艺条件，并对 COD 及氨氮去除率进行了分析。结果表明，微波 - CaO 组合工艺对渗滤液中 COD 及氨氮的去除效果较好。进一步考察不同因素对微波 - CaO 组合工艺去除 COD 和氨氮的影响，确定出其最佳处理条件为微波功率 800W、CaO 用量 10g/L、辐照时间为 4min，此时渗滤液 COD 和氨氮的去除率分别达到 43.35% 和 80.83%。研究证明，利用微波 - CaO 组合工艺处理城市生活垃圾渗滤液具有较好的实际应用价值。

关键词 垃圾渗滤液 微波辐照 催化 正交试验

在我国城市垃圾最主要的处理方式之一就是卫生填埋。城市生活垃圾渗滤液（以下简称渗滤液）是指垃圾在填埋和堆放过程中由于垃圾中的有机物质厌氧发酵、分解产生的污水和垃圾中的游离水、降水以及入渗的地下水，通过淋溶作用形成的高浓度有机废液[1]。渗滤液中含有许多有毒物质，且浓度很高，已经对环境构成巨大的威胁[2-4]。为了防止垃圾渗滤液对环境造成二次污染，需要对其进行处理后才能排放。传统的垃圾渗滤液处理方法主要有物理化学法和生物化学法两大类，但这些方法都存在一些问题，如传统的生物法对渗滤液的处理难以达到相应排放标准，而渗滤液处理中使用的物理化学法，如絮凝沉淀法、吸附法、膜处理法和光催化氧化法等，虽然具有出水水质稳定、处理效果相对较好的优点，但处理成本昂贵、能耗大，难以推广使用[5,6]。因此，针对渗滤液的具体情况，寻求一种经济有效渗滤液的处理技术与方法，在城市化进程飞速推进、环境问题日渐突出的今天显得尤为重要。

本文采用微波辐照与 CaO 催化结合的方法对垃圾渗滤液进行处理，较为系统地研究了该方法的最佳工艺条件。本研究结果可为城市生活垃圾渗滤液处理的实际工程应用提供一定的技术参考。

一、材料与方法

（一）实验材料

1. 垃圾渗滤液来源 实验所用的城市生活垃圾渗滤液取自沈阳市老虎冲垃圾填埋场的渗滤液储存坑，采集时间为 6 月份，原水中各项污染物指标如下：COD 浓度为 6413mg/L、NH_3-N 浓度为 854mg/L、pH 为 6.49、SS 为 696NTU。

进水水样：为达到更好的处理效果，首先对渗滤液水样进行吸附、絮凝沉淀等预处理，使进水水样的 COD 为 1000～1100mg/L、NH_3-N 浓度为 170～180mg/L。

2. 主要仪器和试剂 ①仪器：万用电炉 220V/1000W，电子天平 PL203，分光光度计（UV-210A），格兰仕微波炉 WP700 等。②试剂：氧化钙（CaO），过氧化氢（H_2O_2），硫酸亚铁（$FeSO_4 \cdot 7H_2O$），氧化镁（MgO）等均为分析纯。

（二）实验方法

COD 测定采用重铬酸钾法，NH_3-N 测定采用纳氏试剂法[7]。

1. 催化剂的筛选 选取 3 种常用的催化剂 CaO、MgO（4.0g/L）和 Fenton 试剂（0.2mol/L $FeSO_4$ +20ml/L 30% H_2O_2），微波辐照时间 5min、辐照功率 800W 条件下，分别研究其对渗滤液中 COD 和 NH_3-N 的去除效果。

2. 最佳条件实验的确定 以 CaO 为催化剂，在微波辐照条件下分别对辐照功率（160W、

240W、480W、640W、800W）、辐照时间（1min、2min、3min、4min、5min）及催化剂用量（2.0g/L、4.0g/L、6.0g/L、8.0g/L、10.0g/L）进行研究。

3. 正交实验　以微波辐照时间、辐照功率和 CaO 用量为考察对象，按照 L_9（33）3 因素 3 水平设计正交实验。

二、结果与讨论

（一）催化剂的筛选

单独使用 3 种催化剂 CaO、MgO 和 Fenton 试剂对垃圾渗滤液的 COD 和 NH_3-N 的去除效果见表 1，经比较后综合考虑去除效果和经济实用性，选择处理效果较好的一种催化剂进行后续实验。

从表 1 可以看出，3 种催化剂中 Fenton 试剂对 COD 去除效果最好，CaO 次之，但 CaO 对 NH_3-N 的去除作用明显优于 MgO 和 Fenton 试剂。Fenton 试剂氧化有机物主要是靠 H_2O_2 在 Fe^{2+} 的催化作用下生成的具有强氧化性的羟基自由基的作用。考虑到试剂成本，本实验最终选定 CaO 作为微波辐照法的催化剂开展后续研究。

表 1　不同催化剂对渗滤液的处理效果

催化剂	COD 去除率/%	NH_3-N 去除率/%
CaO	19.35	54.02
MgO	10.42	50.16
Fenton 试剂[8]	20.13	47.59

（二）单因素条件实验

以 CaO 为催化剂在微波辐照条件下分别对其辐照功率、辐照时间及催化剂用量进行研究，并以此作为正交实验的参考依据。结果见图 1～图 3。

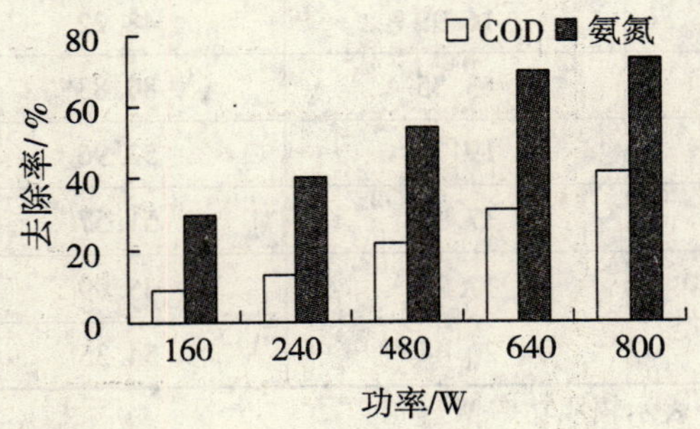

图 1　辐照功率对渗滤液处理效果的影响

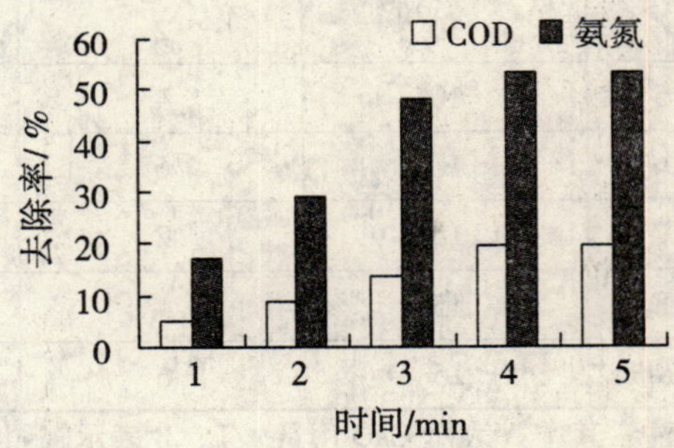

图 2　辐照时间对渗滤液处理效果的影响

从图 1～图 3 可以看出，随着辐照功率的增大，辐照时间的延长及 CaO 用量的增加，渗滤液处理效率先逐渐递增，之后趋于平缓。将 CaO 固体加入到反应液中，其颗粒物的表面可以吸附一些有机物，此外，CaO 与水反应产生的 $Ca(OH)_2$ 胶体除具有助凝作用外，还可以与渗滤液中的 NH_3-N 反应使其转化为 NH_3 分子，因此，对 NH_3-N 的去除率要明显好于 COD 去除率。微波通过高频率电磁波可以在极短的时间内使介质分子达

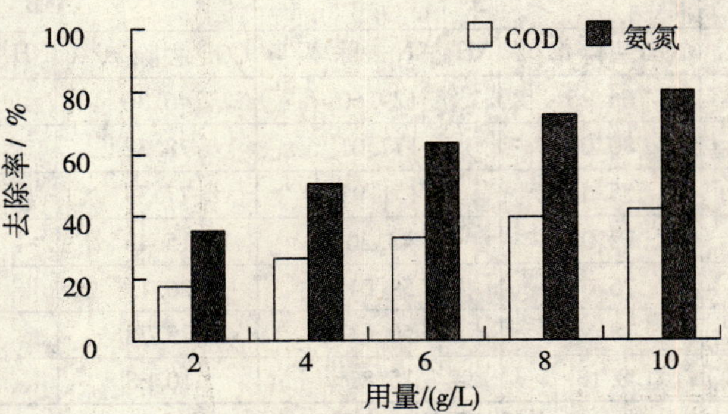

图 3　CaO 用量对渗滤液处理效果的影响

到极化状态，从而加剧分子的运动与碰撞。当微波辐照废水中有机物时，有机物吸收其能量，快速升温，并使极性分子处于一种快速振动状态，从而减弱了分子中化学键强度，降低了反应的活化能，加速了氧化分解反应进程。微波辐射时其表面会产生许多“热点”，这些“热点”的能量比其他部位高得多，常作为诱导化学反应的催化剂。因此，增加辐照功率与辐照时间均可以提高处理效果。由于微波加热无滞后效应，可加快反应速度，缩短反应周期，同时又具有反应灵敏、加热均匀等特点，对废水中的有机物分解具有较大的促进作用[9]。

（三）正交实验

以微波辐照时间、辐照功率和 CaO 用量为考察对象，按照 L_9（33）3 因素 3 水平设计正交实验[10,11]，见表 2 和表 3。并且通过极差分析得出各因素对处理效果的影响程度，从而筛选出最优工艺条件，结果见表 4。

表 2 因素与水平

水平	实验因素		
	CaO 用量/（g/L）	辐照时间/min	辐照功率/W
1	5	2	480
2	10	4	640
3	15	6	800

表 3 正交实验设计与结果

序号	A	B	C	COD 去除率/%	NH_3-N 去除率/%
1	5	2	480	11. 33	16. 72
2	5	4	640	17. 73	47. 38
3	5	6	800	37. 19	65. 51
4	10	2	640	16. 99	43. 22
5	10	4	800	43. 35	80. 83
6	10	6	480	19. 70	52. 96
7	15	2	800	17. 98	51. 57
8	15	4	480	17. 24	45. 99
9	15	6	640	20. 44	54. 35

注：其中 A 表示 CaO 用量 g/L；B 表示辐照时间 min；C 表示辐照功率 W。

表 4 正交实验极差分析

	A		B		C	
	COD 去除率/%	NH_3-N 去除率/%	COD 去除率/%	NH_3-N 去除率/%	COD 去除率/%	NH_3-N 去除率/%
K_{1j}	66. 25	129. 60	46. 30	111. 51	48. 27	115. 67
K_{2j}	80. 04	177. 01	78. 32	174. 2	55. 16	144. 95
K_{3j}	55. 66	151. 91	77. 33	172. 81	98. 52	197. 90
$_{1j}$	22. 08	43. 20	15. 43	37. 17	16. 09	38. 56
$_{2j}$	26. 68	59. 01	26. 11	58. 07	18. 39	48. 32
$_{3j}$	18. 55	50. 64	25. 78	57. 61	32. 84	65. 97
R_j	8. 13	15. 81	10. 68	19. 90	10. 68	27. 41

注：其中 K_{ij} 表示相同因素水平下所对应的去除率之和；$_{ij}$ 表示对应于 K_{ij} 的均值；R_j 表示极差。

由表4可以看出，COD与NH_3-N去除率的极差$R_C>R_B>R_A$，在考察因素中，微波辐照功率的影响最大，其次为辐照时间。由于本实验的指标越高越好，所以根据以上数据可得出此微波氧化法的最优处理条件为$A_2B_2C_3$，即在CaO用量为10g/L，微波辐照功率为800W，辐照时间为4min时，利用本法处理垃圾渗滤液可取得最好效果，此时COD去除率为43.35%，NH_3-N去除率为80.83%。利用该方法对NH_3-N的去除作用要好于对COD的去除作用。

三、结　论

1. 考察微波－CaO组合工艺处理垃圾渗滤液的影响因素中，微波辐照功率的影响最大，其次为辐照时间和CaO用量。最佳条件下垃圾渗滤液中COD及NH_3-N去除率分别为43.35%和80.83%。

2. 实验证明利用微波－CaO组合工艺处理渗滤液废水是可行的，尤其是对渗滤液中的NH_3-N去除效果更好。微波法具有设备简单、操作方便、无二次污染以及处理时间短等优点，为渗滤液处理工程应用提供了一种新的处理方法。

3. 微波－CaO组合工艺处理渗滤液的过程中，除以上考虑到的条件外还受到pH、温度、渗滤液中污染物浓度等多方面的因素影响，因此，为了得到更为全面准确的结果，还需做进一步的分析研究。

参考文献

[1] 龙腾锐，易洁，林于廉，等．垃圾渗滤液处理难点及其对策研究［J］．土木建筑与环境工程，2009，31（1）：114－116.

[2] 沈雪梅，俞凯觎．城市垃圾处理产业化的现状和对策［J］．杭州科技，2003（3）：36－37.

[3] 胡允良．法国垃圾渗透液的性质及其处理方法［J］．上海环境科学，1999，18（1）：37－40.

[4] AIZHONG DING，ZONGHU ZHANG. Biological control of Leachate from Mumicipal Landfills［J］．Chemosphere，2001，44：122.

[5] 柯水洲，欧阳衡．城市垃圾填埋场渗滤液处理工艺及其研究进展［J］．中国给水排水，2004，30（11）：26－33.

[6] D Alkalsy，L Guerrero，JM Lema，et al. Rebiew：Anaerobic Treatment of Municipal Sanitary Landfills Leachates：the Problem of Refractory and Toxic Components［J］．World Journal of Microbiology & Biotechnology，1998，14：309－320.

[7] 国家环境保护总局，水和废水监测分析方法编委会编．水和废水监测分析方法（第四版）［M］．北京：中国环境科学出版社，2002：254－354.

[8] 李元．环境科学实验教程（第一版）［M］．北京：中国环境科学出版社，2007：27.

[9] 王杰，程志辉，陈忠林，等．微波催化氧化法处理垃圾渗滤液的正交试验［J］．生态环境，2008，17（6）：2212－2214.

[10] 宫福强，刘志斌，黄宝龙．微波法处理高浓度有机废水可行性实验［J］．辽宁技术大学学报，2005（24）：247－249.

[11] 刘书．氧化剂预处理垃圾渗滤液的研究［D］．成都：西南交通大学，2008.

[12] 孙荣恒．应用数理统计（第二版）［M］．北京：科学出版社，2003：184－191.

污水处理能耗分析比较及节能趋势探讨

张清海　梁文劲　贾晓珊

（中山大学环境科学与工程学院　510006）

摘　要　我国污水处理厂规模较小、污泥处理率低但总体能耗高。提高高能耗的污泥处理率势必进一步大幅度增加能耗。作为节能降耗的措施，首先，应加强对当今先进污水处理原理的研究，发展适合国情的具有创新的节能型污水处理机理和工艺，为提高我国污水处理能力，降低能耗提供理论支持和技术支持；其次，对现有落后的污水处理设备进行更新改造，提高污水处理效率并减少处理耗能；最后，充分开发与利用污水处理中的能量资源，降低污水处理的能耗成本。

关键词　污水处理　能耗　节能

一、引　言

当今中国已经成为世界第二大能源消耗国。刚刚公布的2009年能源消耗量已达31亿t标准煤。到2050年，预计能源消费将超过50亿t标准煤，但其时常规化石能源的供应能力只有30亿t左右标准煤，这不仅使能源供应不堪重负，环境压力也无法承受。另外，从2002年起，我国能耗陡然增长，能源消耗增长速度连续4年超过GDP增长速度。能源紧缺已经成为我国经济社会进一步发展的制约因素。国家“十一五”能源规划中单位GDP能耗总量减少20%，每年减少5%的战略目标的达成目前面临着巨大的压力。因为2009年单位GDP能耗较上年仅仅下降了2.2%。因此，进一步强调新能源开发；节能优先，建设节能型社会是今后国家的重大国策。

城市污水处理是高能耗行业之一。高能耗一方面造成了污水处理设施运营成本高；另一方面，也在一定程度上加剧了我国现阶段的能源危机。因此，作为实现污水处理的节能降耗及优化运营的第一步，本研究分析比较了国内目前污水处理的能耗现状并探讨了节能趋势，为我国污水处理节能、减排及资源化等提供能论启示。

二、污水处理耗能

（一）污水处理厂总体耗能

1. 中国各地污水处理能耗

污水处理其消耗的能源主要包括电能、燃料及药剂等潜在能源。国内现有的部分污水处理厂能耗的统计分析结果如表1所示[1-3]。各区域的污水处理能耗平均为0.289 kWh/m³左右，总体因规模增加而能耗减少；污水处理深度不同能耗差异大，其中对污泥消化处理能耗最大（浙江绍兴污水处理厂（二期）0.748kWh/m³；山东某污水厂D：0.711kWh/m³），污泥焚烧其次（河北某钢铁厂生活污水处理工程0.513kWh/m³），仅污水处理能耗在0.200～0.400居多，与杨凌波等[3]研究表明目前我国城镇污水处理厂平均电耗：0.290kWh/m³，能耗区间：0.2～0.4 kWh/m³相近。不同区域污水处理能耗差异，主要因环境条件因素、处理工艺、处理量、污染物去除水平、废水性质等[3]。

2. 国内外不同规模污水处理的能耗差异

污水处理能耗因不同规模存在一定的差异，总体上因规模的增加而减少。中国、德国和美国不同规模污水处理厂能耗的比较结果如表2所示[1-5]。三个国家的情况表现出同一的特征：单位污水处理能耗随污水处理厂规模增加呈减小趋势。中国的污水处理能耗低于德国和美国的主要原因是其中未包括污泥消化与焚烧等我国污水处理厂目前尚未普及的高耗能环节。

表1　中国部分城市污水厂电耗能情况（规模：$10^4m^3/d$；能耗：kWh/m^3）

区域	污水处理厂	规模	等级	能耗	区域	污水处理厂	规模	等级	能耗
东部	浙江绍兴污水处理厂（二期）*	30	2	0.748 (0.539)	北部	河北某钢铁厂生活污水处理工程	0.8	2	0.513
东部	杭州市七格污水处理厂	40		0.280	北部	北京某会议中心	0.2	3	0.389
东部	福建某生活污水处理厂	0.36	1	0.270	北部	总装备部某校污水处理	0.17		0.572
东部	福建泉州宝州污水处理厂	15	2	0.220	北部	北京航天城综合污水处理工程	1.44	2	0.142
东部	上海曹杨污水处理厂	2.0	2	0.232	北部	北京某污水处理工程	2	1	0.245
东部	上海东区污水处理厂	2.6	2	0.340	北部	北京高碑店污水厂	50	2	0.150
东部	上海吴淞污水处理厂	3.3		0.320	北部	山东潍坊市污水处理	10	2	0.250
东部	上海桃浦污水处理厂	4.8	2	0.420	北部	山东某污水厂D*	2		0.711
东部	上海曲阳污水处理厂	5.5	2	0.240	北部	山东某污水厂A	2.5		0.323
东部	上海天山污水处理厂	7.2	2	0.250	北部	山东某污水厂C	12		0.241
东部	上海龙华污水处理厂	8.3	2	0.210	北部	山东某污水厂B	20		0.204
东部	平均			0.302	北部	平均			0.346
南部	广州某住宅小区污水厂	0.203	1	0.368	西部	新疆某城市污水处理厂	5	2	0.113
南部	广州某高级生活小区污水处理	0.40		0.050	西部	四川某城市污水处理工程	1	1	0.250
南部	广州大坦河污水处理厂	14	2	0.485	西部	四川新都污水处理厂	1	1	0.250
南部	广东惠州惠阳污水厂	6	1	0.240	西部	四川成都三瓦窑污水厂	10	2	0.400
南部	昆明第三污水处理厂	20	2	0.300	西部	西安北石桥污水厂	15	2	0.280
南部	平均			0.289	西部	平均			0.259
中部	太原北郊污水处理厂	1.4	2	0.255		天津纪庄子污水厂	26	2	0.213
中部	河南漯河市污水处理厂	8	1	0.25		平均			0.239
					总体平均				0.289

注：*有污泥消化。

表2　中国、德国和美国不同规模污水处理耗能情况（规模：$10^4m^3/d$；能耗：kWh/m^3）

中国		德国		美国	
规模	单位电耗	规模	单位能耗	规模	单位能耗
<1	0.371	0.014	0.52	<0.38	1.221
1~3	0.290	0.014~0.07	0.35	0.38~1.89	0.417
3~5	0.304	0.07~0.14	0.30	1.89~7.57	0.460
5~10	0.289	0.14~1.40	0.28	7.57~28.39	0.449
10~20	0.226	>1.40	0.32	>28.39	0.291
20~30	0.203				
>30	0.225				
总平均	0.273		0.32		0.568

3. 国内外污水处理费用结构

中、美活性污泥法不同规模污水厂处理费比较[6,7]见表3。美国污水处理厂整体费用能源占47.80%～68.10%，人工占8.90%～30.90%，基建占21.30%～23.80%；中国能源费用占5.62%～36.50%，人工占31.27%～58.10%，基建占25.60%～55.57%。美国的能源比重远大于基建与人工；而中国则人工与基建费用比率大于能源比率；中国人工费用比例大，表明中国污水处理系统自动化程度低，远落后美国；同理美国能源比重大，也正好体现污水处理产业高能耗的特点，高能耗也是限制污水处理产业发展的重要因素。

表3 中、美活性污泥法不同规模污水厂处理费比较

国家	规模/$10^4 m^3/d$	能源/%	人工/%	基建/%	其他/%
美国	0.4	68.1	8.9	23.8	
	8	52.2	24.7	23.1	
	38	47.8	30.9	21.3	
中国	1～3.5	19.8～36.5	37.9～58.1	25.6～44.4	
	26	5.62	31.27	55.57	7.54

（二）污水处理过程耗能

1. 典型活性污泥处理不同阶段耗能

中国[1]，日本[8]和伊朗[9]典型活性污泥处理不同阶段耗能分布见表4。废水处理主要能耗由水位提升、生化法中的曝气和污泥的处理构成。整个过程的单位能耗中国为：0.266 kWh/m^3，伊朗：0.300kWh/m^3，日本：0.455 kWh/m^3。如把整个过程分成污水处理和污泥处理两个阶段，各国能耗分布为：中国污水处理占89.55%，污泥处理占10.45%；日本分别为：42%和58%；伊朗分别为：92.82%和7.18%。从表4还可知中国和伊朗没有对污泥进行焚烧，而日本有，其单位耗能：0.212 kWh/m^3，占整个比重为46.60%。在减除污泥焚烧耗能，日本污水处理环节耗能为：0.243 kWh/m^3，低于中国的0.266 kWh/m^3 和伊朗的0.300kWh/m^3。

2. 活性污泥不同处理工艺耗能

活性污泥法因其良好的处理能力与适应能力，得到世界各国的广泛应用，其有多种处理方式，其间能耗差异明显，如表5所示：中国的能耗范围：0.232～1.534 kWh/m^3；其中总参某部营区污水处理工程CASS式能耗最低0.232 kWh/m^3；济南炼油厂污水处理低A/O能耗最高1.534 kWh/m^3。美国的能耗范围在0.283～1.223 kWh/m^3，其中RBC（滚桶式）耗能最小0.283 kWh/m^3；活性污泥纯氧曝气法居中0.680 kWh/m^3；硝化反硝化式活性污泥法耗能最大1.223 kWh/m^3。相同方式间不同流量也存在明显差异，如活性污泥纯氧曝气法从0.373～1.063 kWh/m^3，相差2.85倍，总体上随处理规模增加呈减少趋势。

3. 污泥处理能耗

污泥处理是整个污水处理系统的重要组成部分，污泥处理费用十分昂贵，约占全部基建费用的20%～50%，有时甚至达到70%[13]。其处理中的能耗也占有相当大的比重，对整个污水处理的能耗影响巨大。不同的污水处理工艺其污泥处理能耗比重有较大差异。G. M. Wesner等[14,15]以能耗为指标对不同污泥处理方法进行研究，其结果见表6。在污水处理中滴滤池法能耗最低27.43×10^9kJ/a，占总量的33.76%，其污泥能耗：52.75×10^9kJ/a，占总量的64.93%；活性污泥法居中67.52×10^9kJ/a，占总量的51.20%，污泥处理能耗为：63.3×10^9kJ/a，占总量的48.00%；物理化学法总体能耗最高478.97×10^9kJ/a，污水处理能耗197.29×10^9kJ/a，占41.19%，污泥处理能耗也最高279.58×10^9kJ/a，占58.37%。污泥处理能耗比重总体平均大于

60%，其体现在污水处理中污泥处理能耗高。

表4　中国、日本和伊朗城市污水处理厂的比能耗（比能耗：kWh/m³；比例：%）

单元过程		中国		日本		伊朗	
		比能耗（污水）	比例	比能耗	比例	比能耗	比例
污水提升	主要污水泵	0.06	22.55	0.049	10.8	0.279	92.82
污水处理	初沉池 曝气池 二沉池 其他	0.178	67.00	0.142	31.2		
污泥处理	消化池 脱水 其他	0.028 （无消化）	10.45	0.052	11.4	0.022 消化 （0.021）	7.18
污泥焚烧	烟处理其他	无		0.212	46.6		
合计		0.266	100	0.455 （0.243 = 0.455 − 0.212）	100	0.300 （0.299）	100

表5　活性污泥法不同反应器污水处理厂能耗参考（规模：10^4m^3；能耗：kWh/m³）

美国	方式	规模	能耗	中国	方式	规模	能耗	文
A	RBC（滚桶式）	0.68	0.283	FJCL	UASBAF + SBR	0.01	0.430	10
B	Biotower/AAS（塔式活性污泥）	3.82	0.392	ZC	CASS	0.30	0.232	10
E	AAS（活性污泥）	0.64	0.667	YZ	SBR	0.25	0.720	10
C	AAS	0.91	1.131	FJSM	CASS	0.41	0.884	10
D	AAS	4.35	0.446	KM	ICEAS	20	0.300	11
F	AAS – N/D 硝化反硝化式	7.34	1.223					
G	HPO：高纯氧式	2.08	1.063	JN	A/O：高纯氧式	1.2	1.534	12
H	HPO	7.49	0.604					
I	HPO	23.85	0.373					
平均			0.687				0.683	

RBC – rotating biological contactor；AAS – air activated sludge；AAS with N/D – air activated sludge with Nitrification and Denitrification.；HPO – AS PSA – high purity oxygen activated sludge, oxygen produced by pressure swing adsorption.；HPO – AS Cryo – high purity oxygen activated sludge, oxygen produced by cryogenic process.；TF：Trickling Filters. JN：济南炼油厂污水处理；FJSM：福建三明化总厂 NH_3 – N 废水处理；ZC：总参某部营区污水处理工程；FJCL：福建长乐市食品公司某屠宰场；KM：昆明第三污水处理厂；YZ：扬州食品制造总厂；CASS：循环活性污泥系统；ICEAS：间歇式循环延时曝气活性污泥；SBR：序列间歇式活性污泥法；CAS：传统活性污泥法

表6　4种相同规模 $11.4 \times 10^4 m^3/d$ 不同污水、泥处理系统能耗（能耗：$10^9 kJ/a$）

方式：污水	方式：污泥	污水处理	污泥处理	总　量
滴滤池	厌氧消化	27.43	52.75	81.24
活性污泥	厌氧消化	67.52	63.3	131.88
活性污泥	焚烧	67.52	202.56	272.19
物理化学法	焚烧	197.29	279.58	478.97

三、污水处理节能降耗

（一）污水的节能降耗处理理论及工艺研究

曝气供氧与污泥处置是目前污水处理的两大能源消耗点。因此，涉及这两方面的改进工作均具有重大的直接的现实意义。其中以厌氧（或者缺氧）反应为基础的处理理论及工艺将发挥更加重大的作用。

（二）污水处理工艺设备节能降耗

1. 泵节能降耗

水泵是污水处理厂能源消耗的重要设备之一，耗电量占全厂总电能用量的37%～39%[16]。李双祥等[17]研究表明水泵变频调速节能技术节能效果可达45%以上；庄兆意等[18]研究表明变频技术对污水系统节能效果45.70%～89.30%。夏龙兴等[19]对郑州市中法原水公司输水泵站进行水泵优化组合节能改造研究，结果为平均能源单耗降低39%，即使在最不利的运行条件下，平均能源单耗也能降低21.60%，节能效果明显。

2. 曝气节能降耗

曝气是好氧反应中耗能大户，如何提高曝气效率，是降低能耗的主要措施。微孔曝气属于气泡曝气，具有能耗低、氧利用率高、搅拌能力强等优点。刘坤等[20]研究表明微孔曝气可以提高氧利用率，增强曝气强度，提高净化效率，减少曝气风量，降低能源消耗。李海英等[21]研究表明：微孔曝气比穿孔管曝气具有明显优势，单位体积平均溶解氧提高2.32倍，也意味能耗降低2.32倍。黄浩华等[22]对A^2/O工艺，采用自动化技术控制DO浓度能节约17.10%的曝气量，达到良好的节能与提高去除率的效果。

（三）污水处理资源化

污水处理资源化途径主要包括处理过程中的能源开发利用、贵重金属的回收和污泥开发利用。其中能源开发利用已成为当今污水处理节能的主要方式之一，并得到各国的广泛关注。目前相对成熟的主要是利用微生物产生甲烷、氢气和乙醇。

生产甲烷是污水处理资源化主要途径，也是当今得到广泛认可的方法之一，污水中含有大量的有机物，其通过发酵可以产生甲烷。甲烷的燃烧热值为21～23 MJ/m^3，是优良的替代燃料；氢气因无污染（其燃烧只产生水）、高热值、高热效率、适用范围广等优点也被认为是良好的清洁能源，利用污水或污泥进行厌氧发酵产氢是近年来兴起的另一个研究热点；1mol的乙醇的热值大于2mol的H_2，故乙醇作为一种化石能替代品已得到高度重视，并取得一定的发展。以污染物为原料利用微生物产生甲烷、氢气和乙醇则可以同步实现净化环境、处理污染物和开发新能源，其对改善环境、开发新能源和缓解能源危机都具有重要作用。

四、小　结

1. 我国污水处理厂总体规模较小，小规模处理能耗高。另外污水处理中污泥的处理率低，但却能耗高，是将来污水处理系统中能耗的主要组成部分。

2. 加强对污水处理原理特别是当今先进污水处理原理研究，针对中国具体情况并发展具有创新的节能型污水处理机理和工艺，为快速提高我国污水处理能力，降低能耗提供理论支持和技术支持。

3. 对现有落后的污水处理设备进行更新改造，采用先进技术，提高污水处理效率，减少污水处理耗能，既可进一步改善环境，增加环境保护能力，同时也增加社会资源，有利于经济的健康长远发展。

4. 充分开发与利用污水处理中的能量资源，降低污水处理的能耗成本。加大对利用微生物产生甲烷、氢气和乙醇能源开发的力度，深入挖掘污水处理过程中的“绿色能源”。

参考文献

[1] 羊寿生．城市污水厂的能源分析［J］．中国给水排水，1984，6.
[2] 楼少华．城市污水处理能量模型研究［D］．重庆大学城市建设与环境工程学院，2004.
[3] 杨凌波，曾思育，鞠宇平，等．我国城市污水处理厂能耗规律的统计分析与定量识别［J］．中国给水排水，2008，34（10）：42－45.
[4] 褚俊英，陈吉宁，邹骥，等．城市污水处理厂的规模与效率研究［J］．中国给水排水，2004，20（5）：35－38.
[5] Matthew Yonkin，Katherine Clubine，Sector et al. Importance of Energy Efficiency to the Water and Wastewater［J］. Clear Waters，2008，4：12－13.
[6] 车武，章北平．污水处理的耗能与节能［J］．中国给水排水，1988，8（6）：30－35.
[7] Anthony Bennett. Energy efficiency：Wastewater treatment and energy production［J］. Filtration and Separation，2007，12：16－19.
[8] 吕乃熙．城市污水厂节能技术及其发展主要趋向［J］．建筑选刊：中国给水排水，1990（1）：15－23.
[9] J. Nouri，K. Naddafi，R. Nabizadeh et al. Energy Recovery from Wastewater Treatment Plant［J］. Asian Journal of Water，Environment and Pollution，2006，4（1）：145－149.
[10] 张统，侯瑞琴，王守中．间歇式活性污泥污水处理技术及工程实例［M］．北京：化学工业出版社，2002：138－196.
[11] 周玉文，吴之丽．城市污水处理应用技术［M］．北京：中国建筑工业出版社，2004：70－90.
[12] 王良均，吴孟周．污水处理技术及工程实例［M］．北京：中国石化出版社，2006：185－335.
[13] 张自杰．排水工程（下册）（第4版）［M］．北京：中国建筑工业出版社，2000：328－336.
[14] 何品晶，邵立明，顾国维，等．污水污泥低温热解处理技术研究［J］．中国环境科学，1996，16（4）：254－258.
[15] G. M. Wesner，and B. E. BurriS. Energy Comparisons in wastewater treatment.［R］Paper Presented at the 51st Annual Conference of the Water Pollution Control Federation，Anaheim，Calif. October，1978.
[16] 徐庆华．污水处理厂水泵节电技术的实践与研究［J］．通用机械，2007，58（7）：21－23.
[17] 李双祥，王健飞，关建平．变频调速器在泵站设备动力的应用及节能［J］．应用能源技术，2004（3）：32.
[18] 庄兆意，贲岘烨，孙德兴．变频技术在污水源热泵系统中的应用研究［J］．可再生能源，2008，26（5）：63－67.
[19] 夏龙兴，吴蓉．低扬程取水泵站节能技术与优化运行［J］．中国给水排水，2004，30（10）：96－98.
[20] 刘坤，高廷耀．关于微孔曝气系统性能及其设计的探讨［J］．净水技术，2002，21（4）：5－8.
[21] 李海英，张贵杰，孙贵石．降低中小型污水处理厂能耗的有效途径［J］．节能，2007，3：34－36.
[22] 黄浩华，张杰，文湘华，等．城市污水处理厂 A^2/O 工艺的节能降耗途径研究［J］．环境工程学报，2009，3（1）：35－38.

制备秸秆生物质环境材料用于处理水中多环芳烃

何 娇 孔火良 韩 进 高彦征

（南京农业大学土壤有机污染控制与修复研究所 南京 210095）

摘 要 300～700℃下热解炭化黄豆、芝麻、玉米秸秆8h，制备了秸秆生物质环境材料，测定了秸秆生物质环境材料的BET比表面积及其对亚甲基蓝和碘的吸附能力。以多环芳烃（PAHs）为目标污染物，探讨了生物质环境材料对水中单一和复合PAHs的吸附性能。随热解温度升高，秸秆生物质环境材料比表面积增大，其对亚甲基蓝、碘的吸附能力增强。所制备的生物质环境材料吸附水中PAHs的能力强，以700℃下制备的黄豆秸秆生物质环境材料为例，0.01g材料对32ml水中萘、芘、菲的去除率分别高达91.28%、89.01%和99.66%；生物质环境材料对水中三种PAHs的去除率大小顺序为菲>萘>芘。不同秸秆制备的生物质环境材料对水中萘和芘的去除能力大小为玉米>黄豆>芝麻，而对菲的去除能力则为黄豆>玉米>芝麻。研究结果可为农作物秸秆的资源化利用、制备经济高效的生物质环境材料等提供依据。

关键词 秸秆 生物质环境材料 多环芳烃（PAHs） 吸附

一、引 言

农作物是人类赖以生存和发展的基础。当前，随着全球经济持续快速发展，自然资源需求日益增加，作为传统生物质的作物秸秆的有效利用受到世界各国的普遍关注[1,2]。我国作为一个农业大国，作物秸秆产量很大；但在作物秸秆综合利用方面的实际应用技术还不完善。近年来，随着我国经济的快速发展，农村的能源结构发生明显变化，作物秸秆作为传统的能源燃料逐渐被电能或液化气等燃料代替，农作物秸秆被大量堆置，或就地焚烧，在经济发达地区秸秆焚烧现象尤为突出；这不仅造成资源浪费，同时产生了大量烟雾和CO、CO_2等污染物，破坏生态环境和农田土壤结构，对工农业生产和交通安全造成极大威胁。

当前，农作物秸秆炭化技术因其投入低、效益高、应用范围广泛等特点而受到越来越多研究者的关注。一些研究者指出[3]，有机生物质经过炭化处理后生成的炭化物质对大气、土壤及水体中污染物具有良好的吸附性能。Huang等[4,5]研究发现，活性炭类物质对污染物的吸附性能主要与其BET比表面积、孔径大小和孔径的分布等有关。也有一些研究表明[6,7]，炭化温度对活性炭类物质吸附性能有很大影响，高温炭化比低温炭化得到的活性炭有更大的BET比表面积和孔径，吸附性能也更强。如何优化炭化处理工艺已成为该领域的一个研究重点。必须指出，到目前为止，以吸附空气中挥发性污染物和水中重金属为目的，利用作物秸秆制备炭化材料的相关研究较多；而针对水中持久性有机污染物（POPs）的生物质吸附材料及其性能的研究则较少。

多环芳烃（PAHs）是一类有代表性的POPs，世界上许多国家都存在PAHs环境污染问题。我国水体PAHs污染相当严重[8]。2004年调查结果表明，杭州市地面水中PAHs的总含量高达989～9663 ng/L[9]。我国水体中以苯并(a)芘[B(a)P]为代表的高环、强毒性PAHs污染尤为普遍。太湖梅梁湾水源水中B(a)P的平均浓度达到300～400 ng/L，远远超过地表水水源地标准限值；杭州市地表水中B(a)P的平均浓度更高达1582 ng/L。同发达国家相比，我国水体B(a)P污染显得较为严重。水体PAHs污染的危害很大。作为一类具有强“三致效应”的污染物，PAHs不仅直接造成水生生物生理损伤，危害生态系统健康，而且可在生物体内累积，并通过食物链最终危及食品安全和人类健康。因此，如何寻求一种经济、高效、实用的治理水中PAHs的吸附材料已引起广泛关注。

本文选用黄豆、芝麻、玉米秸秆，在不同炭化温度下，制备了一系列生物质环境材料，测定了其比表面积及对亚甲基蓝和碘的吸附性能；以 PAHs 为目标污染物，采用批量平衡试验法，研究其吸附水中 PAHs 的性能，试图为农作物秸秆的资源化利用、制备经济高效的生物质环境材料等提供依据。

二、材料与方法

（一）试剂

PAHs 购自 Aldrich Chemical Co.，纯度 >98%，$CaCl_2$ 和 $HgCl_2$ 为分析纯，粉末活性炭为分析纯，甲醇和菲为色谱纯。吸附背景液为 0.005mol/L$CaCl_2$ 和 100mg/L$HgCl_2$ 的混合溶液，pH 值为 7.0（用 5mg/L$NaHCO_3$ 调节）。取 0.1g 菲，用甲醇配成 100mg/L 菲储备液，于冰箱 4℃保存；用吸附背景液稀释菲储备液[10]，配置成 1mg/L 菲使用液。混合 PAHs 使用液的配制方法如菲，其中萘、苊、菲的初始浓度分别为 10mg/L、3mg/L、1mg/L。

（二）秸秆生物质环境材料的制备方法及性质表征

实验选用江苏省普遍种植的黄豆、芝麻、玉米秸秆，采自南京市郊区农田，经水洗 4 次去除表面黏附物后，105℃烘干 3h；经粉碎，过 60 目筛子，装于玻璃器皿中待用。

秸秆吸附材料的制备采用限氧升温炭化法。具体为：称取 30g 过 60 目筛子的作物秸秆于坩埚中，盖上盖子，置于一定温度（300℃、400℃、500℃、600℃、700℃）的马弗炉中热解炭化 8h，经冷却至室温后取出，筛分过 60 目筛，即制得秸秆生物质环境材料。

比表面积采用 JW-004 型全自动氮吸附比表面仪测定；亚甲基蓝、碘值测定参照中华人民共和国木质活性炭测定方法标准[11-13]。

（三）秸秆生物质环境材料对水中 PAHs 的处理性能

称取 0.01g 秸秆生物质环境吸附材料于 35ml 玻璃离心管中，加入 PAHs 使用液和吸附背景液，使吸附液体积达 32ml，盖紧盖子塞，恒温（25±1）℃避光下间歇振荡 24h，6000r/min 离心 30min，测定上清液中 PAHs，根据 PAHs 初始浓度和吸附平衡浓度计算秸秆生物质环境材料对 PAHs 的吸附量。实验设 3 个重复。实验表明，秸秆生物质环境材料本身不溶出 PAHs；对照试验表明，玻璃器皿吸附、挥发、生物及光降解对水中 PAHs 损失的贡献可忽略不计。

三、结果与讨论

（一）秸秆生物质环境材料的比表面积

在不同热解炭化温度下制得的秸秆生物质环境材料具有不均匀结构，其比表面积发生着规律性的变化。三种秸秆生物质环境材料的比表面积见图 1。300℃时三种秸秆生物质环境材料的比表面积都较低，可能是由于孔隙不发达，仍残留有相当量秸秆有机质[14,15]；而随热解炭化温度升高而逐渐增大，到 700℃时秸秆生物质环境材料的比表面积都较高，孔隙高度发达，已拥有一些精细孔结构[15]。这是因为，秸秆生物质环境材料的芳香性随炭化温度的升高而急剧增加、极性指数［（N+O）/C］则急剧降低，逐渐从“软碳质”过渡到“硬碳质”，其比表面积则迅速增大[16]。与商品活性炭比表面积（523.17m^2/g）相比，这三种秸秆制得的生物质环境材料的比表面积较低，可能是由于秸秆炭化时，一方面是形成的孔结构（孔的形状孔径及分布）不同，因为秸秆生物质环境材料的总比表面积是由微孔的发达与否决定；另一方面是产生的灰分残留在秸秆材料的孔隙内，对其比表面积产生影响。另外，商品活性炭与秸秆生物质环境材料的结构组成有很大的区别，这也可能影响其比表面积。

（二）秸秆生物质环境材料对亚甲基蓝的吸附性能

亚甲基蓝吸附值代表吸附材料对较大有机分子吸附的容量。能够吸附亚甲基蓝的最小孔隙为 1.5nm，由此可以表征中孔吸附的能力[17,18]。从表 1 中可以看出黄豆和芝麻秸秆生物质环境材料对亚甲基蓝的吸附量在300～600℃没有明显变化，到700℃随着温度的升高而增加，而玉米秸秆生物质环境材料对亚甲基蓝的吸附量随着温度的升高则没有变化。这是由于玉米秸秆的C、H和O元素组成与黄豆和芝麻不同，使得不同热解炭化温度对3种秸秆内部孔隙结构的形成影响不同。对于黄豆和芝麻秸秆而言，热解炭化温度的升高会利于中孔结构的形成，因而其亚甲基蓝吸附值随热解炭化温度升高而增大；玉米秸秆受热解炭化温度的影响则不明显。

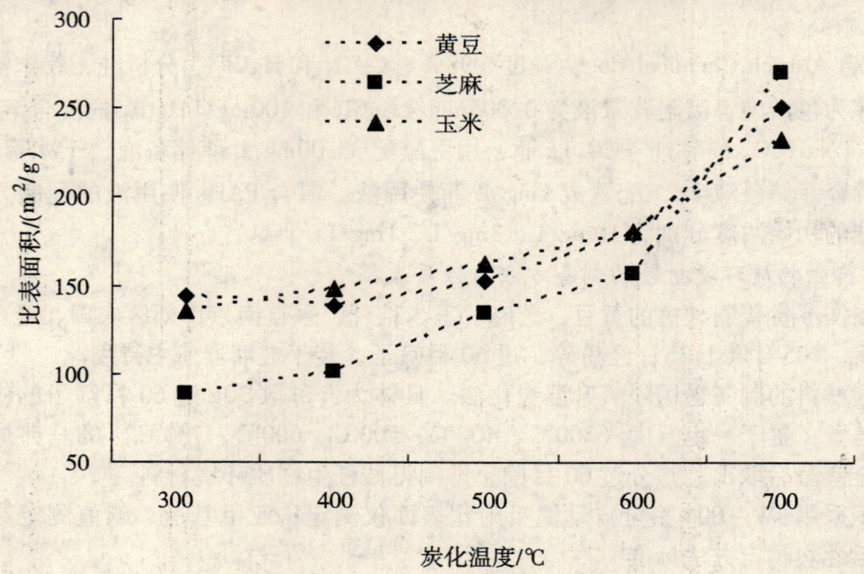

图1　生物质环境材料的比表面积

与商品活性炭亚甲基蓝吸附值（30mg/g）相比，黄豆和芝麻秸秆生物质环境材料对亚甲基蓝的吸附量在热解温度较低时比商品活性炭低，但随着温度的升高则超过了商品活性炭。因为温度较低时，秸秆炭化不完全，孔隙不发达，且孔隙中残留了较多的秸秆有机质，影响了其对亚甲基蓝的吸附。

表1　生物质环境材料对亚甲基蓝的吸附值　　单位：mg/g

炭化温度/℃	黄豆	芝麻	玉米
300	15	15	15
400	15	15	15
500	15	15	15
600	15	15	15
700	45	45	15

另外，秸秆生物质环境材料对亚甲基蓝的吸附符合Langmuir等温吸附模型，该吸附为一吸热过程，平衡吸附量随着温度的增加而略有增加，升高温度有利于吸附材料对亚甲基蓝的吸附；而且不同的pH值对秸秆生物质环境材料对亚甲基蓝的吸附也会产生影响[19]。

（三）秸秆生物质环境材料对碘的吸附性能

碘吸附值反映的是秸秆生物质环境材料中孔径略大于1.0nm微孔的发达程度。碘值作为秸秆生物质环境材料性能的主要指标，碘值高，说明去除有机物效果好。从图2中可以看出这3种秸秆生物质环境材料的吸碘值随着炭化温度的升高而增大。与商品活性炭吸碘值（375mg/g）相比，这3种秸秆制得的秸秆生物质环境材料的吸碘值较低。因为各种秸秆生物质环境材料中都存在微孔、中孔、大孔，但它们的差别在于不同秸秆生物质环境材料中不同孔径所形成的孔容比例相差很大，因此秸秆生物质环境材料产生了吸附的选择性能，从而影响其对碘的吸附。炭化温度700℃时，3种生物质环境材料的吸碘值分别为：337 mg/g、256 mg/g 和318 mg/g，总的来说，3种秸秆生物质环境材料的吸碘值是：黄豆 > 玉米 > 芝麻。

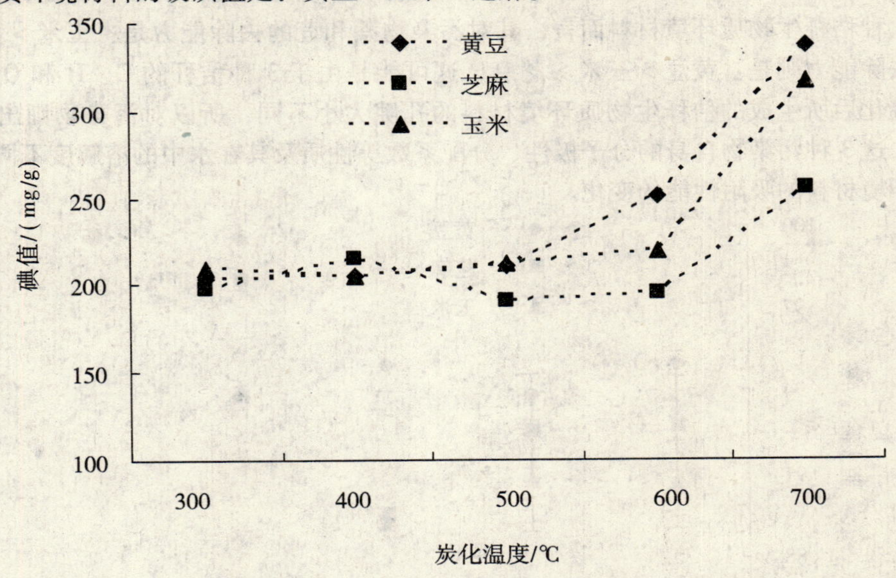

图2　生物质环境材料对碘的吸附值

影响碘吸附值高低的因素很多，如热解炭化温度、时间等，在检验碘吸附值的过程中，人为的、仪器、环境等因素也会影响检测结果。由于碘挥发的缘故，测定时环境温度不宜超过25℃[20]。

（四）秸秆生物质环境材料对水中PAHs的处理性能

1. 对水中菲的处理性能

如图3所示，随着热解炭化温度的升高，秸秆生物质环境材料对菲的去除率增大，热解温度达到700℃时，3种秸秆材料的去除率均超过99%，与商品活性炭对菲的去除率99.68%相当。这是因为，秸秆生物质环境材料热解不充分时，其中存在“无定型”和“浓缩型”组分[21,22]。秸秆生物质环境材料对菲吸附是菲在无定型组分和浓缩型组分上吸附的总和。低温热解秸秆生物质环境材料中，无定型组分含量相对较高，对菲吸附贡献较大，菲在秸秆生物质环境材料上吸附量较低。随热解温度升高，秸秆生物质环境材料无定型组分减少，浓缩型组分增多，孔隙度增高，对菲亲和力增大，更多菲被俘获，菲吸附量均增加，去除率升高[7]。这3种秸秆生物质环境材料对菲的去除能力则是：黄豆 > 玉米 > 芝麻。这可能是由于三种秸秆的C、H和O元素含量不同，热解炭化后所生成的秸秆生物质环境材料的孔隙大小不同，所以对污染物则出现选择性吸附。

2. 对PAHs复合污染的处理性能

由图4（a）可知，随着热解炭化温度的升高，秸秆生物质环境材料对水中萘的去除率呈现先降低再升高的趋势，600℃时去除率最高，这是因为刚开始时炭化温度较低，秸秆炭化不完全，孔隙不发达，且孔隙中残留了较多的秸秆有机质，随着炭化温度的升高，秸秆炭化较为完全，孔隙较发达，对萘的去除率增大，而由于萘的挥发性，温度升高萘挥发的也越多，所以700℃去除率会有降低。由图4（b）、图4（c）可知，随着炭化温度的升高，秸秆生物质环境材料对水中芘和菲的去除率增大，低于500℃情况下，随着炭化温度升高，秸秆生物质环境材料的吸附性能略有降低；当温度高于500℃时，秸秆生物质环境材料的吸附量大小随温度的升高而增大。700℃时，相同的固液比条件下，商品活性炭对污染物的去除率为萘89.71%、苊88.61%、菲99.57%，而秸秆生物质环境材料对这3种污染物的去除率与商品活性炭相当，有的处理则高于活性炭。对于复合污染物中的3种PAHs，秸秆生物质环境材料对其的去除率是：菲＞萘＞苊，而对于这3种秸秆生物质环境材料而言，其对污染物萘和苊的去除能力是：玉米＞黄豆＞芝麻，而对菲的去除能力则是：黄豆＞玉米＞芝麻，这可能是由于3种秸秆的C、H和O元素含量不同，热解炭化后所生成的秸秆生物质环境材料的孔隙大小不同，所以对污染物则出现选择性吸附。另外，这3种污染物自身的分子极性、分配系数等性质及其在水中的溶解度不同也造成了秸秆生物质环境材料的吸附性能的变化。

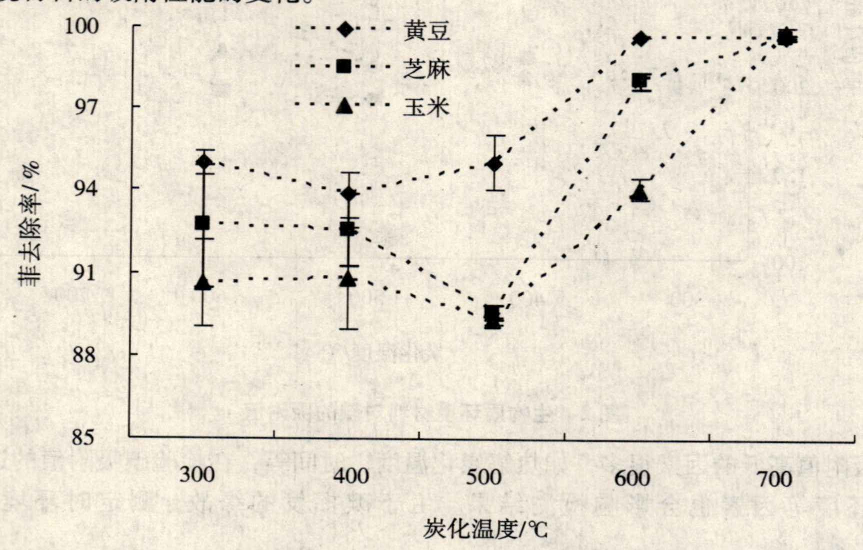

图3　生物质环境材料对菲的处理性能

另外，图3与图4（c）分别为单一菲及复合污染物中菲在相同初始浓度下的去除率，两者在低炭化温度下的去除率不同，这可能是因为复合污染物中3种污染物之间的相互作用对菲的去除率产生影响，导致秸秆生物质材料对其与单一菲的去除率有所不同。

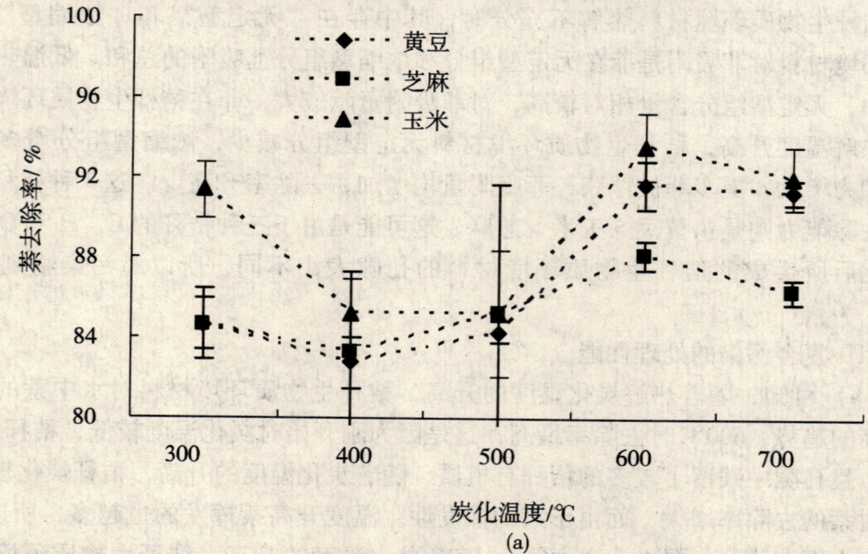

(a)

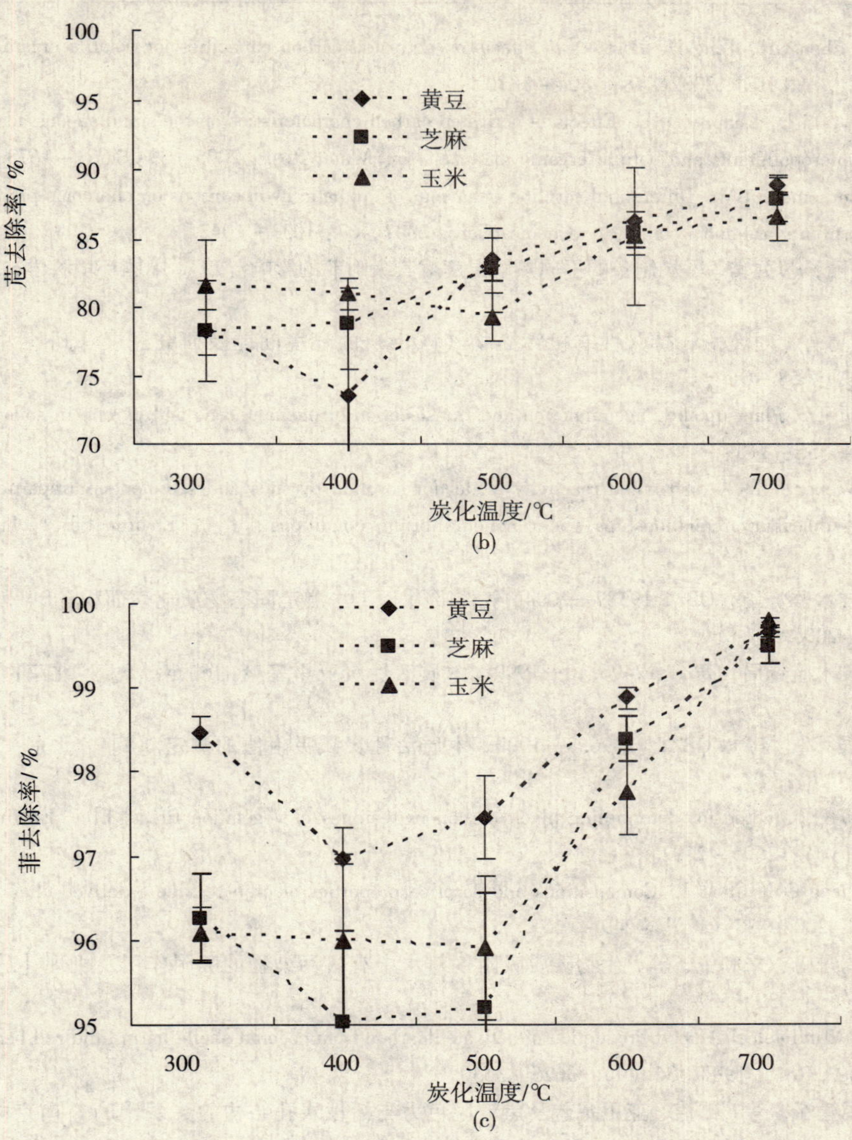

图 4　生物质环境材料对复合污染体系中萘、芘、菲的处理性能

四、结　论

（1）不同热解温度下制备了系列秸秆生物质环境材料，其化学组成与表面特性有显著差异。随热解温度升高，秸秆生物质环境材料比表面积增大，其对亚甲基蓝和碘的吸附能力增强。

（2）秸秆生物质环境材料对复合污染体系中 3 种 PAHs 的去除率高；不同 PAHs 间存在差异，去除率大小为菲 > 萘 > 芘。不同作物秸秆制备的生物质环境材料对水中萘和芘的去除能力大小为玉米 > 黄豆 > 芝麻，而对菲的去除能力则为黄豆 > 玉米 > 芝麻。

参考文献

[1] 韩鲁佳，闫巧娟，刘向阳．中国农作物秸秆资源及其利用现状［J］．农业工程学报，2002，18（3）：87 – 91.

[2] Gao L J，Yang H Y. Rice straw fermentation using lactic acid bacteria［J］. Biores Technol，2008，99：2742 – 2748.

[3] Yang Y N，Sheng GY. Pesticide adsorptivity of aged particulate matter arising from crop residue burns［J］. J Agric Food Chem，2003，51（17）：5047 – 5051.

[4] Huang MC, Chou CH, Teng H. Pore – size effects on activated carbon capacities for volatile organic compound adsorption [J]. AICHEJ, 2002, 48: 1804 – 1810.

[5] Quinlivan PA, Li L, Knappe DRU. Effects of activated carbon characteristics on the simultaneous adsorption of aqueous organic micropollutants and natural organic matter [J]. Water Res., 2005, 39: 1663 – 1673.

[6] Ludger C, Bornemann GW. Differential sorption behaviour of aromatic hydrocarbons on charcoals prepared at different temperatures from grass and wood [J]. Chemosphere, 2007, 67: 1033 – 1042.

[7] 吴成，张晓丽，李关宾．黑炭制备的不同热解温度对其吸附菲的影响［J］．中国环境科学，2007，27（1）：125 – 128.

[8] 谢武明，胡勇有，刘焕彬．持久性有机污染物（POPs）的环境问题及研究进展［J］．中国环境监测，2004，20（2）：58 – 61.

[9] Gao YZ, Zhu LZ. Plant uptake, accumulation and translocation of phenanthrene and pyrene in soils [J]. Chemosphere, 2004, 55: 1169 – 1178.

[10] Walter J, Weber J R. A distributed reactivity model for sorption by soils and sediments. intraparticle heterogeneity and phase – distribution relationships under nonequilibrium conditions [J]. Environ Sci Technol., 1996, 30 (3): 881 – 888.

[11] 国家质量技术监督局．GB/T 19587—2004，气体吸附 BET 法测定固态物质比表面积［S］．北京：中国标准出版社，2004.

[12] 国家质量技术监督局．GB/T 12496. 10—1999，木质活性炭亚甲基蓝的测定［S］．北京：中国标准出版社，1999.

[13] 国家质量技术监督局．GB/T 12496. 8—1999，木质活性炭碘吸附值的测定［S］．北京：中国标准出版社，1999.

[14] Kuhlbusch TAJ. Method for determining black carbon in residues of vegetation fires [J]. Environ Sci Technol, 1995, 29 (10): 2695 – 2702.

[15] Chun Y, Sheng GY, Chou T. Compositions and sorptive properties of crop residue – derived chars [J]. Environ Sci Technol, 2004, 38 (17): 4649 – 4655.

[16] 陈宝梁，周丹丹，朱利中，等．生物碳质吸附剂对水中有机污染物的吸附作用及机理［J］．中国科学，2008，38（6）：530 – 537.

[17] SatyaSai. P. Mand Jaleel Ahmed Produetion of aetivate dearbon from eoconut shelle harin fiuidized bed reactor [J]. Ind Eng Chem Res., 1997, 36 (9): 3625 – 3630.

[18] 高尚愚，周建斌，等．碘值、亚甲基蓝及焦糖脱色力与活性炭孔结构的关系［J］．南京林业大学学报，1998，22（4）：23 – 26.

[19] 彭书传，王诗生，陈天虎，等．坡缕石对水中亚甲基蓝的吸附动力学［J］．硅酸盐学报，2006，34（6）：733 – 738.

[20] 朱萍．影响活性炭碘吸附值的因素［J］．同煤科技，2004，1：39 – 40.

[21] Gerard, Gustafsson T. Extensive sorption of organic compounds to black carbon, coal and kerogen in sediments and soils: mechanisms and consequences for distribution, bioaccumulation and biodegradation [J]. Environ Sci Technol, 2005, 39 (18): 6881 – 6895.

[22] Huang WL, Weber Jr WJ. A distributed reactivity model for sorption by soils and sediments. 10. relationships between desorption, hysteresis, and the chemical characteristics of organic domains [J]. Environ Sci Technol, 1997, 31 (9): 2562 – 2569.

CT 扫描研究污染物在非饱和沙土中的运移规律

周念清[1] 宋 玮[1,2] 大谷顺[2] 江思珉[1]

（1. 同济大学水利工程系 上海 200092；2. 熊本大学社会环境工学 日本 熊本 8608555）

摘 要 为了研究垃圾渗滤液渗漏和运移规律，应用 CT 扫描进行室内模拟试验，以硅砂和山砂为试样，对达到稳定非饱和状态的试样分层进行扫描，得到不同层面 CT 图像，运用专业图像处理软件将其转化为 CT 数均值，建立 CT 数均值与饱和度的关系。然后在稳定非饱和试样中间断性连续注入污染液，测定不同时间间隔 CT 图像，研究污染物在非饱和沙土中运移特征，得出污染物在非饱和沙土中随时间和空间的变化规律，对污染监测与控制具有重要意义。

关键词 污染物迁移 非饱和沙土 CT 扫描 CT 数均值 饱和度

垃圾填埋场大多建在非饱和带之上，其滤液渗漏引起周围的环境污染在所难免，为了研究滤液渗漏中污染物在非饱和带的运移规律，经常采用室内模拟试验的方法。有关这方面的研究成果很多，无论从试验方法、检测手段、数值模拟还是污染治理等都取得了比较重要的进展。如吴楠楠等应用多孔介质流体力学、多相流以及土壤水动力学理论研究了垃圾填埋场中渗滤液运移过程的基本规律[1]，刘汉乐等通过室内实验研究了非饱和带中层状非均质条件下轻非水相液体 LNAPL（Light Non－AqueousPhase Liquid）的运移机制和分布特性[2]，张金利等对非饱和土层中污染物运移过程进行了数值模拟[3]。本文以非饱和沙土作为研究对象，采用 CT（Computerized Tomography）扫描技术研究污染物在非饱和沙土中的迁移规律。国内外学者开始将 CT 技术应用到土壤饱和度及污染的研究之中，主要是因为 CT 技术扫描得到的图像能够敏感、清晰地反映出污染物在土体中迁移时浓度随时间和空间的变化规律。国外有一些成功的实例，如 Kawaragi 等将 CT 技术应用于膨润土微观结构的研究中，用清晰的 CT 图像区分出膨润土试样中的孔隙和水配合物，提出了微观结构的差异取决于试样的渗透率、饱和度和混合条件[4]；Lucas 等用 X 射线扫描仪对天然非水相多孔介质中液相进行了三维可视化和量化[5]；Wong 等应用 CT 技术成功地测量出土壤试样的孔隙、空气和水饱和度的空间分布[6]；等等。这些研究成果为我们研究非饱和带污染问题提供了有益的借鉴，也为我国垃圾填埋建设后污染监测和环境评价提供了科学决策与依据。

一、CT 扫描试验原理

CT 扫描是利用 X 射线穿透物体层面进行旋转扫描，收集射线经此层面不同物质衰减后的信息，进行放大及模数转换，由计算机按一定算法得出反映层面各部位对射线吸收系数的定量数据，并形成一幅反映物体特征的层面图像。本试验装置采用日本熊本大学 X－Earth 研究中心 CT 实验室的 CT 仪（TOSCANER－23200min），其装置及工作流程如图 1 所示，相关的技术参数列于表 1 中。

表 1 CT 仪（TOSCANER－23200min）扫描的技术参数

扫描类型	X 射线电压	检测器数量	扫描试件最大尺寸	X 射线光束	空间分辨率
横向/旋转	300kV/200kV	176 管道	D：400mm × H：600mm	0.5，1，2mm	0.2mm（孔直径）

不同密度的试样经过 CT 扫描得到的图像其明暗程度不同，X 射线穿透物质后的强度呈指数规律衰减，物质的密度可以采用 X 射线的衰减系数来确定。Hounsfield 通过研究空气、水和其他

物质对 X 射线的吸收衰减规律，提出了反映物质对 X 射线的相对吸收程度公式[7]：

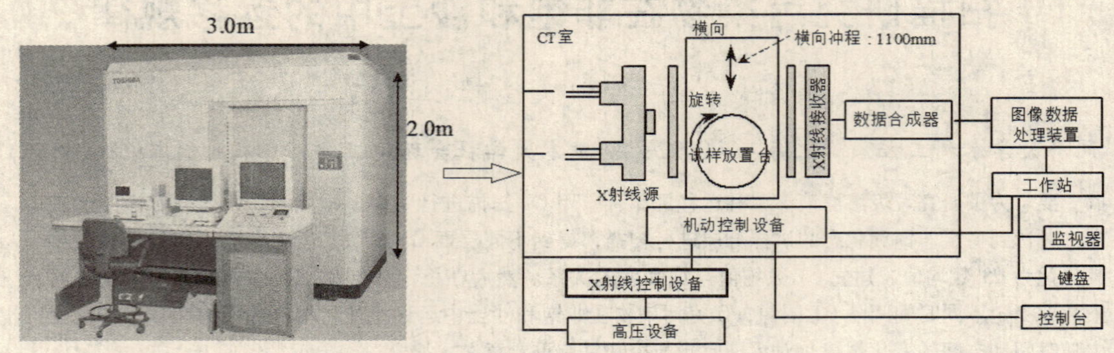

图 1　CT 扫描装置及工作流程

$$H = \frac{\mu - \mu_w}{\mu_w} k + \alpha \tag{1}$$

式中：H 表示 CT 值，它是物质对 X 射线的相对吸收程度；μ 表示被测物体对 X 射线的吸收系数；μ_w 是水对 X 射线的吸收系数；k 是物质常数。Hounsfield 将空气和水的 CT 值分别定义为 -1000和 0，通常设定 $k=1000$，$\alpha=0$。

对于不同物质的密度 ρ 和 CT 值 H 可以用以下的简化关系式表达，通过 H 值来研究各种物质对 X 射线的吸收规律。

$$H = 1000\rho - 1000 \tag{2}$$

图 2 为日本熊本大学 X－Earth 中心试验测得的水、空气和三种 Toyoura 沙土试样的 CT 值和密度的关系。

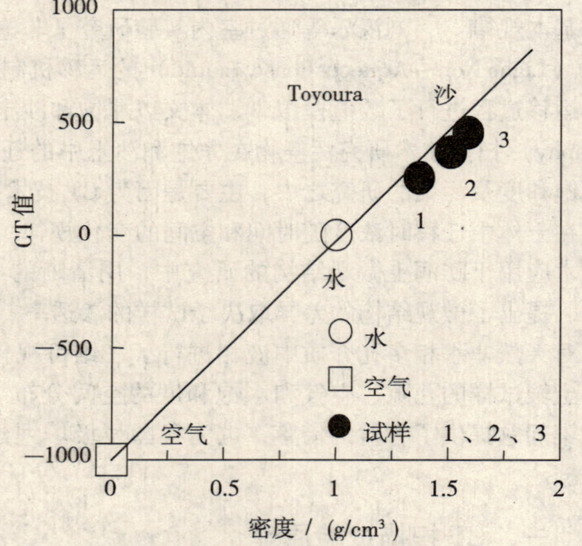

图 2　水、空气与 Toyoura 沙土试样的 CT 数均值与密度的关系

二、沙土试样选取与饱和度确定

（一）试样选取

试验样品取自日本的硅砂和山砂，这两种试样的基本参数如表 2 所示。根据颗分试验得到的粒径级配曲线，硅砂是一种均匀沙土，分选性和磨圆度均比较好，而山砂是典型的非均质沙土，颗粒大小分布不均。

表 2　试件的基本物理力学指标

试件名称	重度 γ/（kN/m³）	比重 G	孔隙比 e	不均匀系数 C_u	曲率系数 C_c	粒径/mm
硅砂	15.48	2.633	0.67	1.60	0.96	0.08～0.8
山砂	15.98	2.695	0.65	12.00	1.23	0.001～10

（二）CT 扫描试验步骤

在内径为 200mm 的透明有机玻璃圆柱体容器底部放置 15mm 厚的砾石层，整平后铺设 0.5mm 厚土工织物，然后将沙土试样分层装入容器中，高度为 40mm。容器底部通过软管与定水头容器连接，并安装控制开关，试验前开关处于关闭状态，试验容器置于称重计上，调节定水头容器使水位高度与试验砂土底部处于同一高度，如图3所示。准备工作就绪后，用参数设定好的CT扫描仪开始分别对硅砂和山砂试样进行分层扫描，扫描层厚为5mm，扫描图像像素为2048mm×2048mm，得到试样不含水情况下的CT图像；然后打开开关，砾石层先达到饱和状态，在毛细作用下，水分沿着试样孔隙不断上升，待称重计的读数不再变化即认为试样达到了稳定的非饱和状态，再对试样进行分层扫描，得到稳定非饱和状态的扫描图像，如图4所示。

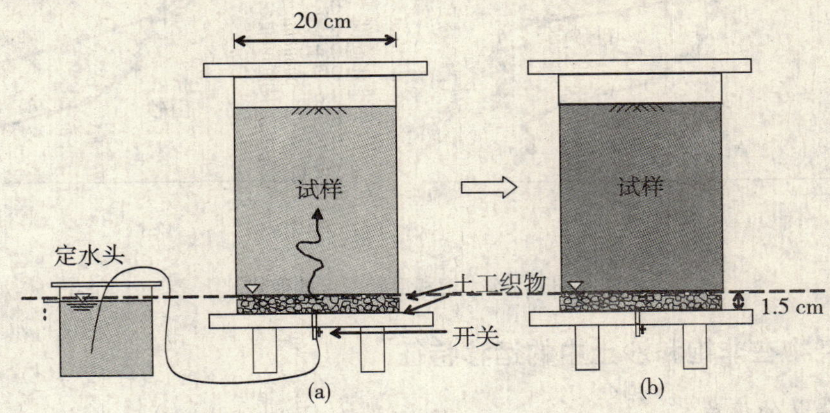

图3 试验装置及沙土达到稳定非饱和状态的过程

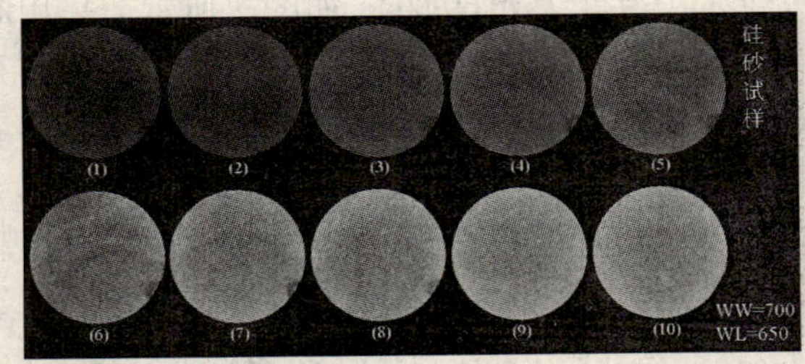

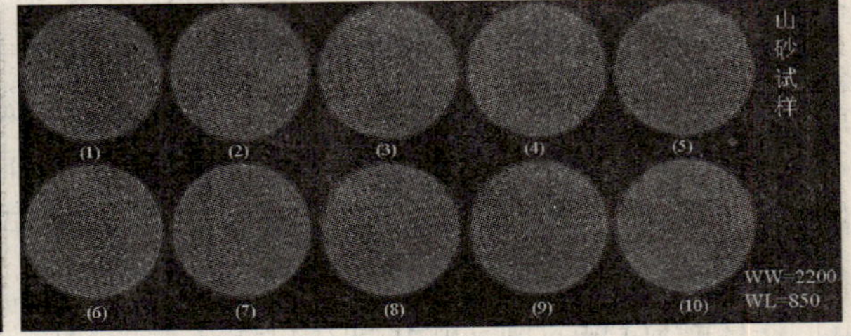

图4 稳定非饱和状态下硅砂和山砂试样的CT扫描图像

CT图像中暗色部分为低密度区，亮色部分为高密度区。顶层的图像颜色最深，说明其对应层的砂土密度最低，随着扫描深度的增加，CT图像画面的颜色越来越亮，说明试件密度越来越高，这主要是水分含量增高饱和度增大的结果。

（三）CT数均值与饱和度Sr的关系

将CT扫描得到的图像运用Image J图像处理软件处理转化为有效的数字信息，得到各扫描层的CT数均值。在扫描结束后测定每个扫描层的平均含水率，得到每个扫描层沙土的平均饱和度，结果如图5所示。两种沙土试件扫描得到的CT数均值均随着沙土试样饱和度的增加而增大，且近似呈线性关系。

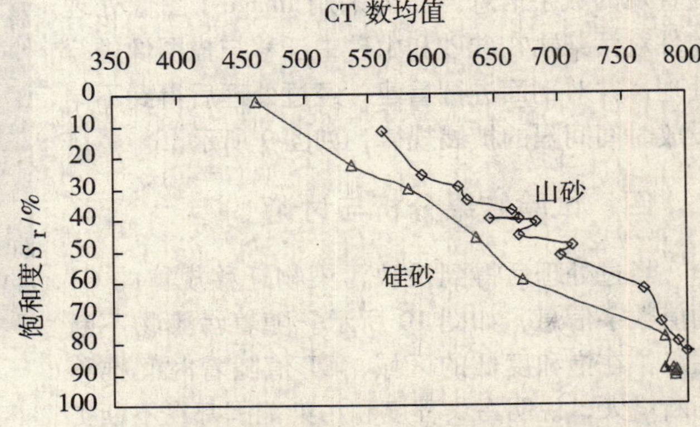

图5 沙土试件饱和度和CT数均值关系曲线

（四）饱和度Sr随深度的变化规律

两种沙土粒径大小不等，孔隙分布不

均，其毛细水上升高度也不同。经反复试验，得到硅砂试样的毛细上升高度为 235mm，山砂试样高度为 380mm。为便于分析比较，将两种沙土的毛细上升高度进行标准化处理，使上升高度均作为 1.0，其结果如图 6 所示。

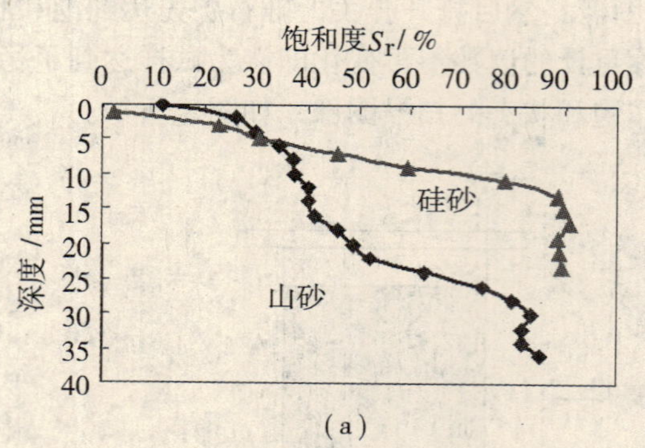

(a)

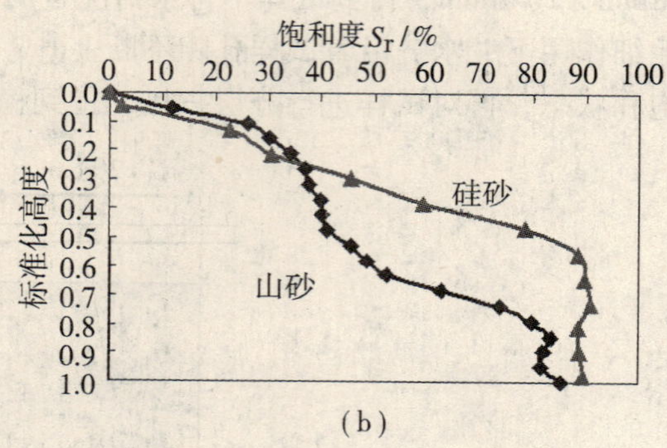

(b)

图 6　沙土饱和度随深度的变化

三、污染物在非饱和沙土中的运移特征

（一）污染物的投放

在制备好的非饱和稳定状态试样上面安装污染液注入器，注入器口径为 0.1mm，注入器有一开关用于控制污染液注入时间。污染液采用密度 1.1g/cm^3 的 KI 溶液。在污染物注入过程中，保持注入器内 KI 溶液水头恒定以确保 KI 溶液匀速注入，速度为 0.69g/s，如图 7 所示。采用间断性的连续注入方法进行试验。先打开注入器开关，将 KI 溶液连续注入 13.5s 后关闭注入器开关，即刻从上往下进行层面扫描，扫描层厚 5mm。扫描完毕后，再打开注入器开关，将 KI 溶液连续注入 20.0s，关闭注入器开关进行相同层面的扫描。然后用时间间隔为 31.4s、43.0s、60.0s、93.4s、182.6s 注入 KI 溶液重复上述操作，以模拟垃圾填埋场渗滤液的污染扩散过程，得到间断性连续注入污染物运移的 CT 扫描图像。

以硅砂试样为例，碘化钾污染液在非饱和硅砂中弥散试验通过 CT 扫描得到的图像如图 8 所示。

（二）扫描结果处理

由于通过 CT 扫描得到的图像不能直接转化为直观的数字信息，需要采用 Image J 图像处理软件对污染物在硅砂和山砂中迁移扫描图像进行处理，并对剖面进行重建。经过处理后得到不同投放时间间隔的扩展规律，如图 9 所示。

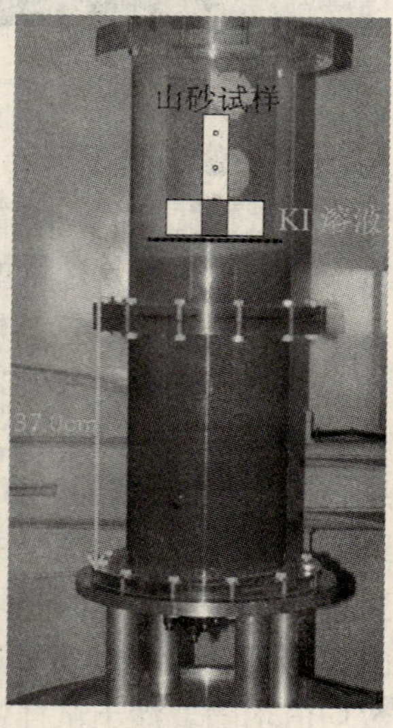

图 7　试样中注入污染物 KI 溶液

四、试验结果分析与讨论

经过处理后得到反映污染物迁移规律的 CT 均值数字信息，如图 10 所示。随着污染物不断注入，在饱和度低的区域，CT 值随着时间推移不断增大，说明污染程度和污染范围都在不断扩大，但污染的速度和范围存在很大差异，硅砂中污染物下渗的速度明显要比山砂快，污染物比较容易进入饱和带地下水体中，这主要与硅砂颗粒均匀、孔隙较大，污染物在其中运移途径短有

关。硅砂在平面上受到的污染范围要比山砂小，当试样饱和度增加到一定程度时，CT 值的敏感度明显下降，这与污染物被水分稀释有关。

五、结论与展望

借助先进的 CT 扫描检测装置，通过对硅砂和山砂两种不同试样饱和度的测定和污染物的室内弥散试验，得到以下结论：

（1）不同试样材料其毛细管上升高度差别很大，硅砂的毛细上升高度为 23.5cm，山砂的毛细上升高度为 38cm，且硅砂的饱和度随高度的增加呈近似直线降低，而山砂的饱和度在 25% 和 50% 左右曾存在比较明显的拐点，但接近饱和砾石层的硅砂和山砂试样，其底部的饱和度都不超过 90%。

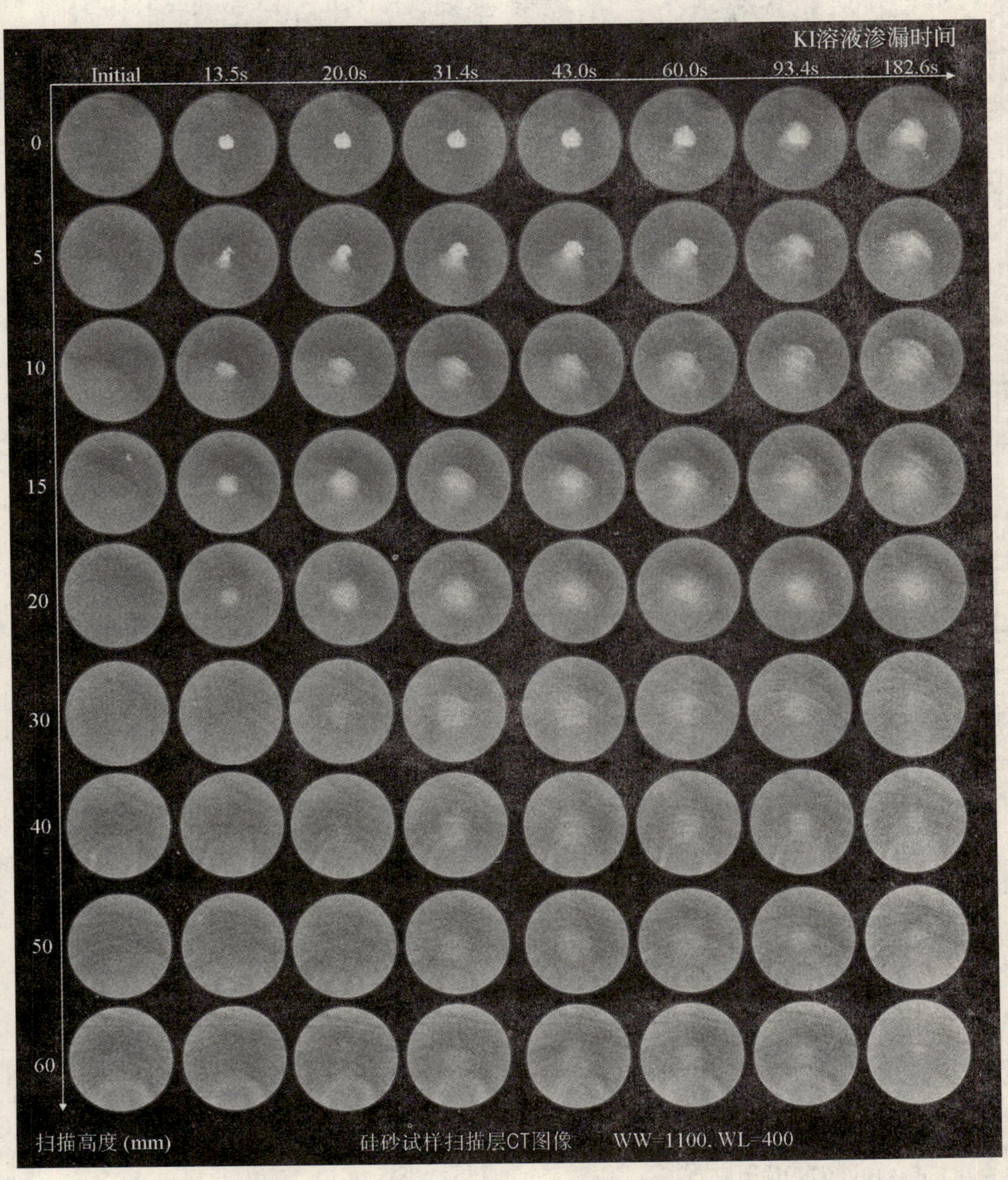

图 8　污染物碘化钾溶液在硅砂试样中弥散 CT 扫描图像

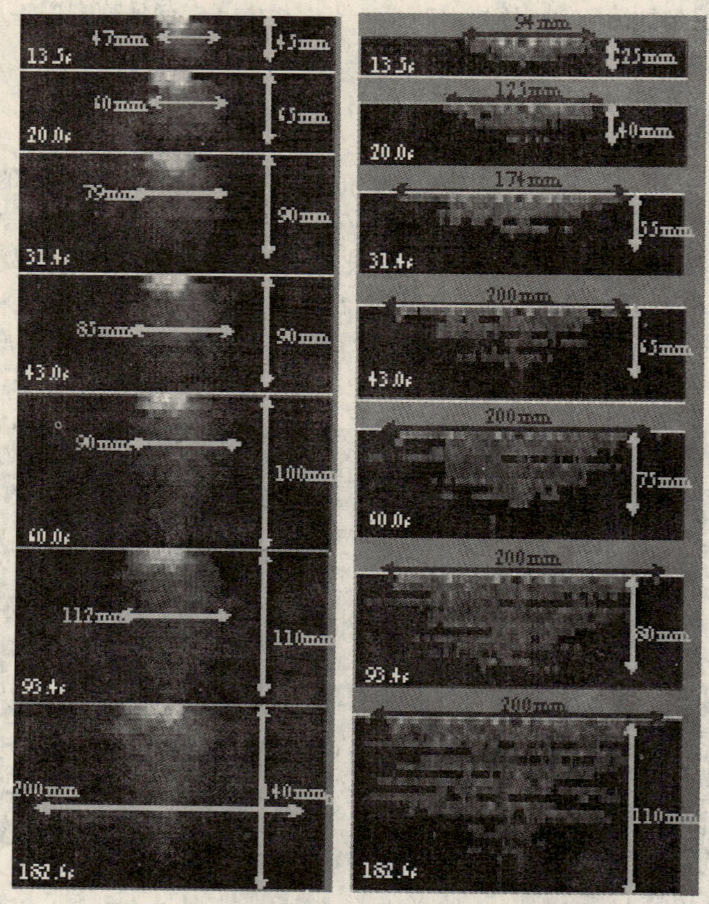

图 9　污染物在硅砂（左图）和山砂（右图）中运移扫描重建的图像

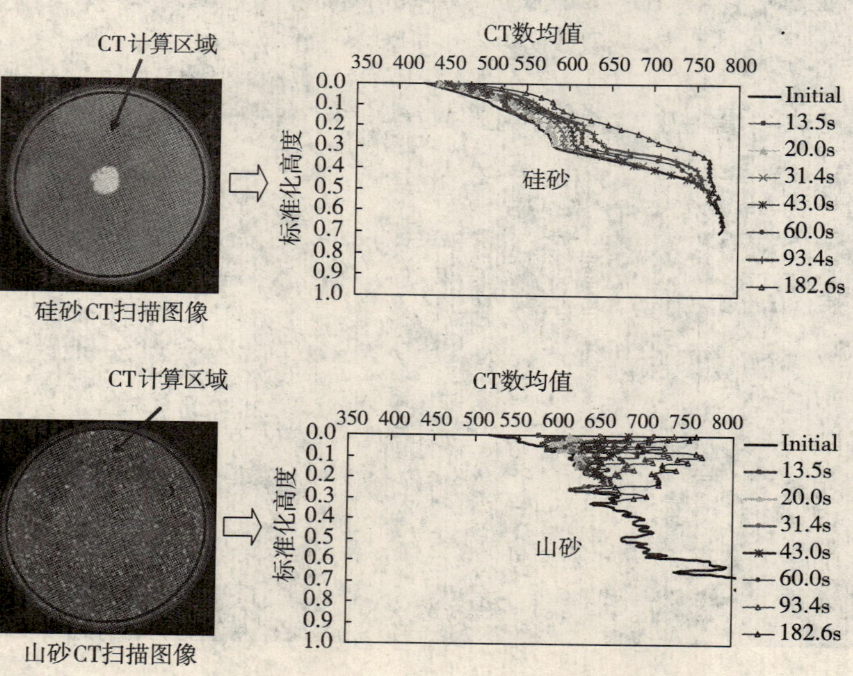

图 10　污染物在沙土试样中随深度和时间扩散规律

（2）在试样中注入污染物溶液后，硅砂在低饱和度区域污染的范围明显要比山砂得小，随着饱和度的增加污染的范围越来越大，扫描得到的 CT 值也逐渐增大，但到一定深度，随着饱和度的增大，污染物逐渐被稀释，测定的 CT 值敏感性逐渐降低。

（3）对于不同土壤的污染特性也都可以采用 CT 扫描来研究其污染规律，特别是对于不同地区不同土质类型中修建的垃圾填埋场，预先进行相关试验进行污染预测是非常必要的。通过大量 CT 扫描试验取得足够的数据资料，并对试验结果进行数值模拟和分析是下一步需要进一步开展的工作，以期取得实质性的研究成果，为污染治理和环境保护服务。

参考文献

[1] 吴楠楠，郭楚文，夏爽．垃圾填埋场渗滤液运移规律分析与模拟［J］．环境工程学报，2009，3（9）：1602－1606.

[2] 刘汉乐，周启友，徐速．非饱和带中非均质条件下 LNAPL 运移与分布特性实验研究［J］．水文地质工程地质，2006（5）：52－57.

[3] 张金利，栾茂田，杨庆岩．非饱和土层中污染物运移过程的数值分析［J］．岩土工程学报，2006，28（2）：221－224.

[4] Kawaragi C, Yoneda T, Sato T, et al. Microstructure of saturated bentonites characterized by X－ray CT observations. Engineering Geology. 2009, 106 (1－2): 51－57.

[5] Lucas G, Shiv O P, Subhasis G. Three－dimensional visualization and quantification of non－aqueous phase liquid volumes in natural porous media using a medical X－ray Computed Tomography scanner. Contaminant Hydrology, 2007, 93: 96－110.

[6] Wong R C K, Wibowo R. Tomographic evaluation of air and water flow patterns in soil column. Geotechnical Testing, 2000, 23, 413－422.

[7] Hounsfield G N. Computerized transverse axial scanning (tomography). British Journal of Radiology. 1973, 46: 1016－1022.

膜生物反应器处理垃圾渗滤液过程中的泡沫形成与控制研究

姚　宏　单文广　孙明东

（北京交通大学土建学院市政环境工程系　北京　100044）

摘　要　文中对膜生物反应器（MBR）系统的泡沫形成原因进行介绍，并对投加A、B、C三种消泡剂控制生物泡沫进行对比试验，得出三种消泡剂对生物泡沫的抑制情况及对生化系统性能、膜通量、透膜压差、产水水质的影响规律，并得出在短期内控制生物泡沫易采用C型消泡剂，长期宜采用A型消泡剂。

关键词　MBR　垃圾渗滤液　生物泡沫　消泡剂

引　言

膜生物处理工艺是一种将高效的膜分离技术和传统的活性污泥法相结合的新型水处理[1]工艺。该工艺的机理不仅仅是利用膜分离取代二次沉淀池或上流式厌氧污泥床中的三相分离器的作用，更重要的是提高污泥浓度，减小了一定的处理体积。同时，将二次沉淀池和三相分离器无法截留的游离细菌和大分子有机物完全阻隔在生物池内，改变了微生物生长代谢的生存环境，促进了专性微生物的生长。这样，既有效地提高了有机物的处理能力，也使得处理更加稳定。由于膜生物反应器具有出水水质稳定，出水无须消毒，硝化能力强，剩余污泥产生量少，且易实现自动控制等优点而正日益受到重视，国内外有关该工艺的开发研究也较为活跃。但是对于世界上大多数采用活性污泥法的污水处理厂而言，普遍存在表面泡沫问题[2,3]，而膜生物反应器（MBR）亦不例外，泡沫对污水厂的运行是非常不利的：在曝气池中出现大量丝状微生物，水面上漂浮、积聚大量泡沫；造成出水有机物浓度和悬浮固体升高；产生恶臭或不良有害气体；降低机械曝气方式的氧转移效率。这使污水厂的操作、运行和控制产生了困难，也严重影响系统的运行，且对于采用膜生物反应器的污水厂又产生一些新的问题，因此，探讨膜生物反应器中泡沫的形成和控制研究是十分必要的。

一、材料与方法

（一）试验用废水

试验采用的废水为某垃圾焚烧厂离心机离心后的新鲜渗沥水。原水水质见表1。

表1　原水水质

日期	pH	温度/℃	COD_{Cr}/(mg/L)	BOD_5/(mg/L)	氨氮/(mg/L)	总氮/(mg/L)	电导率/(mS/cm)	可溶性 SiO_2/(mg/L)	总磷/(mg/L)
10.8～11.31	4.9～6.7	15～31	33600～74000	3190～34100	700～1936	1103～2104	11.67～34.8	117.5～210	56～91.5

（二）试验用驯化菌种

驯化菌种取自某城市污水处理厂的回流污泥经渗沥水驯化后的活性污泥。

（三）工艺流程及设备

试验主要设备：原水箱0.5m^3，反硝化池有效容积0.87m^3，生化池有效容积0.87m^3。生化池内安装孔径0.02μm浸入式改性聚乙烯中空纤维膜18m^2，该膜膜外径540μm，膜内径360μm，膜片高度1035mm，膜间距460mm，膜有效长度405mm，膜组件间歇运行，运行10min，休息

2min，膜组件底部采用膜片式曝气盘曝气。其他设备有膜抽吸水泵、污泥回流泵、反洗泵、罗茨风机、流量计、pH 计、溶解氧仪、温度计、污泥浓度计，系统 PLC 控制。

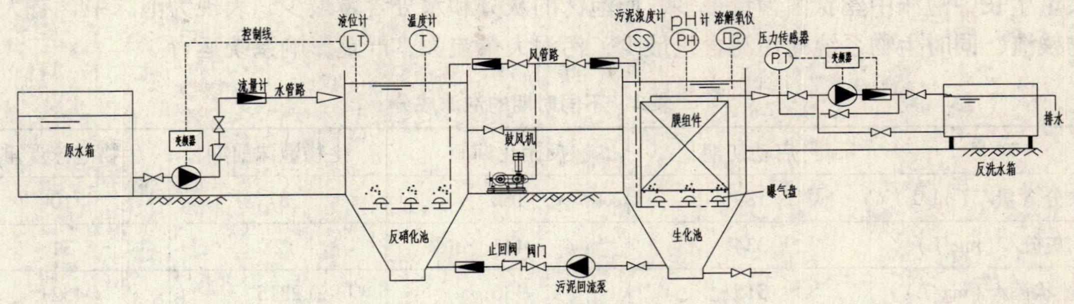

图1　实验装置流程图

二、泡沫的分类与形成机理

泡沫一般分为三种形式[4]：①启动泡沫。活性污泥工艺运行启动初期，由于污水中含有一些表面活性物质，易引起表面泡沫。②反硝化泡沫。如果污水厂进行硝化反应，则在曝气不足的地方会发生反硝化作用和菌胶团内的微观环境发生短程硝化和反硝化，产生氮等气泡而带动部分污泥上浮，出现泡沫现象。③生物泡沫。由于丝状微生物的异常生长，与气泡、絮体颗粒混合而成的泡沫具有稳定、持续、较难控制的特点。

生物泡沫形成的主要因素[5]：

①较长污泥停留时间；②pH 不平衡；③低溶解氧（DO）；④温度变化；⑤憎水性物质的存在；⑥曝气方式。微气泡或小气泡比大气泡更有利于产生生物泡沫。

生物泡沫的形成机理[5]：

①与泡沫有关的微生物大都含有脂类物质，如 M. parvicella 的脂类含量达干重的 35%。因此，这类微生物比水轻，易漂浮到水面。②与泡沫有关的微生物大都呈丝状或枝状，易形成网，能捕扫微粒和气泡等，并浮到水面。被丝网包围的气泡，增加了其表面的张力，使气泡不易破碎，泡沫就更稳定。③曝气气泡产生的气浮作用常常是泡沫形成的主要动力。颗粒利用气泡气浮，必须是形小、质轻和具有疏水性的物质。所以，当水中存在油、脂类物质和含脂微生物时，则易产生表面泡沫现象。

三、控制研究

（一）生化系统的影响分析

系统启动阶段，由于原水中含有大量的油脂、洗涤剂等一些表面活性物质，检测的植物油含量为 319mg/L、洗涤剂含量为 567mg/L，因此启动初期的泡沫主要为表面泡沫，此时的泡沫随着系统的稳定而逐渐消失。在系统运行 40d 后，生化池内的污泥含量达到 6000mg/L，氨氮的去除率达到 80% 以上，溶解氧控制在 2.0mg/L，在菌胶团内外的微观环境内发生短程硝化和反硝化，产生氮气、二氧化氮等气体而带动部分厌氧污泥上浮形成反硝化泡沫，同时随着系统内污泥龄的逐渐增长（系统调试期间未排泥）和外界气温的变化引起大量丝状菌的生长，系统表面形成大量生物泡沫，原水中的表面活性剂和憎水性物质又助长了泡沫的形成，使泡沫密实，水力冲击无法消除，大量的污泥随着泡沫流失，影响系统的运行，为了保证系统的污泥量，降低风机的频率，又造成系统的低 DO 现象，低 DO 状态下的丝状菌又大量生长，形成死循环。

泡沫形成过程中各段泡沫成分进行分析，取 1L 泡沫发现（见表 2），启动初期主要为表面泡沫，灰分、水分含量都较多，而丝状菌量最少；反硝化期间形成反硝化泡沫，由于大量的气泡形成一种类似于气浮状态，泡沫中灰分最高，而水分含量和丝状菌次之；生物泡沫严重期，丝状菌的大量生长，泡沫中丝状菌含量最多，而泡沫的灰分和水分含量最少，表现为泡沫中含有大量的生物残渣，同时生物系统的污泥含量最少，污泥大量流失，严重影响系统运行。

表 2　不同时期的泡沫成分

项目	启动初期	反硝化期间	生物泡沫前期	生物泡沫严重期
水分含量/（ml/L）	189	164	87	10
灰分/（mg/L）	334	445	128	31
丝状菌/（mg/L）	315	336	2315	4521

环境因子的调控能起到预防作用，为了消除生物泡沫，通常会采取一些物理的或化学的方法来缓解，本文主要着重对投加三种化学消泡剂进行试验，试验三种消泡剂，分别为 A（磷酸三乙酯）、B（杀菌剂）、C（有机硅类），试验结果如图 1 和图 2 所示，三种消泡剂在投加量为 40mg/L时，丝状菌去除效果最好，但 B 型消泡剂相对于 A 型和 C 型对丝状菌的去除效果更好，而出水的 COD 最差，可以认为 B 型消泡剂不但对丝状菌进行杀灭，而且抑制系统的其他优势菌种，C 型消泡剂对丝状菌的消除作用次之，出水的 COD 最好。通过三种消泡剂投加后 VSS/SS 的变化分析，B 型消泡剂的 VSS/SS 下降最快，A 型和 C 型的 VSS/SS 在运行 8d 后基本相同，可以看出投加 B 型消泡剂后，系统的无机物含量升高，将会影响膜系统的运行。综合以上丝状菌变化、出水 COD、VSS/SS 三种因素，可以确定 C 型消泡剂对于短期系统大量丝状菌的杀灭，恢复系统的良好运行可以起到良好的作用。

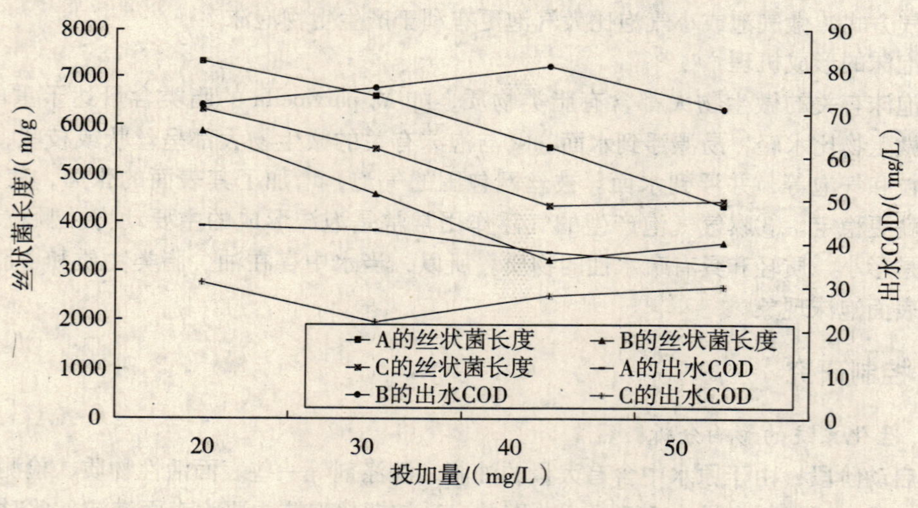

图 2　三种消泡剂的影响

（二）膜组件性能的影响分析

试验期间三种消泡剂均采 40mg/L 的投加量时，通过对膜组件产水量和膜压差的分析，结果如图 3 所示，从中可以看出投加 A、B、C 三种消泡剂后，膜通量和膜压差随运行时间均有较大的下降趋势，说明三种消泡剂对系统的运行都有抑制作用，其中 C 型消泡剂所受影响最大，变化幅度也最大，B 型消泡剂次之，而 A 型影响最小。从图 3 还可以发现，在投加消泡剂后的前 4d，投加三种药剂的膜通量和膜压差变化基本平行，说明三种消泡剂对系统的影响基本相同，6d 以后三种药剂对系统的影响有显著的变化，可以分析出：A 型磷酸酯类消泡剂的投加虽然增加了系统的污泥负荷，但并未影响活性污泥的活性，而且对膜的污染影响较小和补充系统的磷元素；B 型消泡剂在投加初期抑制了污泥的活性，而且不易控制药剂的投加量，随着污泥活性的抑制，膜污染有明显的显现；C 型消泡剂在投加初期，膜通量、膜压差变化和 A 型消泡剂变化趋势相同，变化幅度不大，但长期投加，部分硅类转化为胶体类硅在膜表面积累，形成不可逆污染，可以这样认为该种消泡剂适合短期投加，不适合于长期使用。

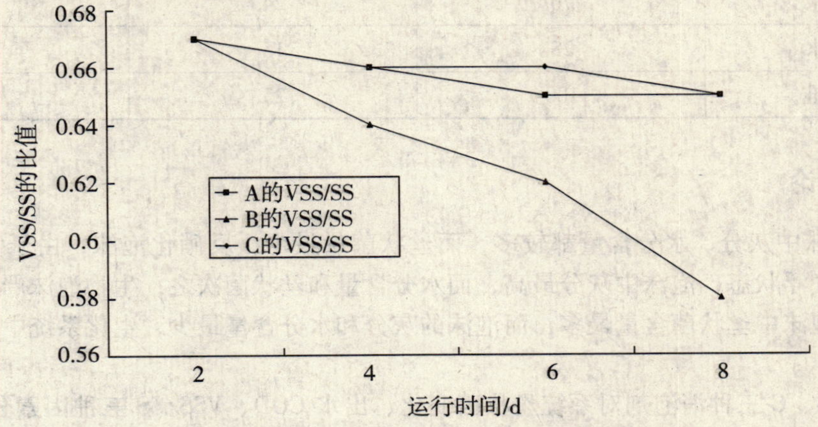

图 3　投加三种药剂系统 VSS/SS 的变化

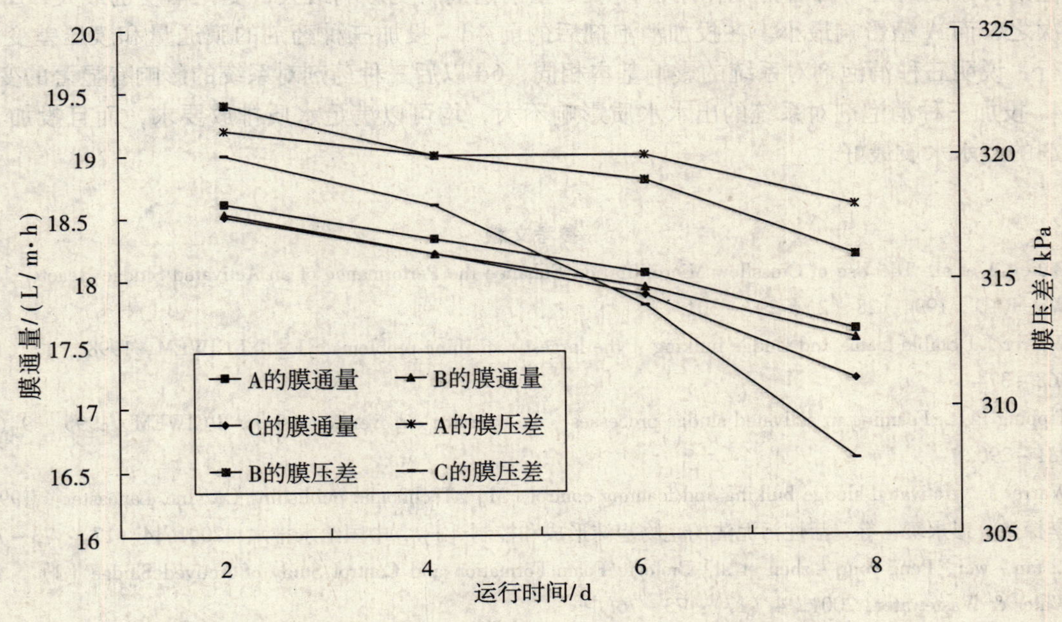

图 4　投加消泡剂后膜通量和膜压差变化

（三）试验期间产水水质分析

在 30d 的消泡剂控制生物泡沫的试验中，其原水和系统产水平均水质见表 3，投加三种消泡剂对系统的出水水质影响不大，均可以满足水质排放要求（GB　8978—1996），而且投加 C 型消泡剂的产水水质最好。

表3　试验期间产水水质

项目	COD_{Cr}/（mg/L）	NH_3-N/（mg/L）	SS/（mg/L）
原水	51630	912	1312
A 的产水	43	22	24
B 的产水	76	24	21
C 的产水	28	15	22
排放标准	100	25	70

四、结　论

1. 表面泡沫中灰分、水分含量都较多，而丝状菌量最少；反硝化泡沫，由于大量的气泡形成一种类似于气浮状态，泡沫中灰分最高，而水分含量和丝状菌次之；生物泡沫严重期，丝状菌的大量生长，泡沫中丝状菌含量最多，而泡沫的灰分和水分含量最少，生化系统中的污泥含量较少，流失严重。

2. 对 A、B、C 三种消泡剂对系统丝状菌变化、出水 COD、VSS/SS 三种因素分析 ，可以确定 C 型消泡剂对于短期系统大量丝状菌的杀灭，恢复系统的良好运行可以起到良好的作用。

3. 投加 A、B、C 三种消泡剂后，膜通量和膜压差随运行时间均有较大的下降趋势，说明三种消泡剂对系统的运行都有抑制作用，其中 C 型消泡剂所受影响最大，变化幅度也最大，B 型消泡剂次之，而 A 型影响最小。在投加消泡剂后的前 4d，投加三种药剂的膜通量和膜压差变化基本平行，说明三种消泡剂对系统的影响基本相同，6d 以后三种药剂对系统的影响有显著的变化。

4. 投加三种消泡剂对系统的出水水质影响不大，均可以满足水质排放要求，而且投加 C 型消泡剂的产水水质最好。

参考文献

[1] Baliey A et al. The Use of Crossflow Microfiltration Enhance the Performance of an Activated Sludge Reactor [J]. Wat. Res., 1994, 28 (2): 297 - 301.

[2] Warrer J. Stable foams and sludge bulking : the largest remaining problems [J]. J CIWEM, 1998, 12 (10): 368 - 374.

[3] Tipping P J. Foaming in activated sludge processes : an operator' s overview [J]. J CIWEM, 1995, 9 (7): 281 - 290.

[4] Warrer J. Activated sludge bulking and foaming control [M]. Technomic publishing Co. Inc. Lancaster, 1994.

[5] 李探微，彭永臻，等．活性污泥法的生物泡沫形成和控制 [J]．中国给水排水，2001，4（17）：73 - 76.

[6] Li tan - wei, Peng yong - zhen et al. Biologic Foam Formation and Control Study of Actived Sludge [J]. China Water & Wastewater, 2001, 4 (17): 73 - 76.

同步脱氮除磷工程系统中 DO 浓度控制探讨

范举红[1]　刘　锐[1]　李昌湖[2]　李　荧[1]　陈吕军[1,3]

(1. 浙江清华长三角研究院生态环境研究所　浙江　嘉兴　314006；2. 桐乡市水务集团有限公司　浙江　桐乡　314500；3. 清华大学环境科学与工程系　北京　100084)

摘　要　就 A2/O 工艺运行实践，探讨了在同步生物脱氮除磷系统处理城市污水过程中，DO 浓度对有机物降解反应、脱氮除磷效果及活性污泥的性能影响。结果表明，在进水 COD 为 250～400 mg/L、NH_3-N 为 30～45 mg/L、TN 为 40～50 mg/L、TP 为 2.0～3.5 mg/L、总水力停留时间约为 8.1h、厌氧段：缺氧段：好氧段水力停留时间比约为 1:2:5 的 A2/O 工艺工程系统中，最佳 DO 浓度控制范围为 2.5～4.0 mg/L。高浓度 NH_3-N、过高或过低 DO 浓度均对 A2/O 工艺运行产生不利影响。

关键词　脱氮除磷　DO 浓度　A2/O 工艺　污泥性能

活性污泥法处理废水的影响因素中包括营养物质（C、N、无机盐类、P）、DO、pH 值、水温及有毒物质等，而对于城市污水处理厂而言，进水中氮、磷、无机盐等营养物质因素影响不明显，一般只需考虑 C 源基质和溶解氧 DO 值限制。城市污水厂进场水 COD 浓度不易人为控制，而 DO 值则可通过供气量变化加以调节，因此，DO 浓度在采用活性污泥法的城市污水厂运行中是一个极其重要的可控参数。本文就浙江某 A2/O 工艺城市污水厂运行数据进行分析，总结出了该厂 A2/O 工艺运行中不同 DO 浓度对运行效果的影响。

一、工程概况

浙江某城市污水处理厂是一座规模为 5 万 m^3/d 的城市二级污水厂，污水由 70% 的生活污水和 30% 的工业废水组成，采用 A2/O 工艺。设计原水进水水质 COD 为 350mg/L，SS 为 250mg/L，NH_3-N 为 35 mg/L，TN 为 45mg/L，TP 为 2.5 mg/L，进入生物反应池的 BOD_5 为 150 mg/L。该厂工艺由四组构筑物，其工艺流程如图 1 所示，好氧区为传统的推流廊道式，采用微孔曝气的方式，推流廊道式曝气池前端分别设置缺氧区和厌氧区，生物反应池 HRT 为 8.1h，厌氧段：缺氧段：好氧段水力停留时间比约为 1:2:5。

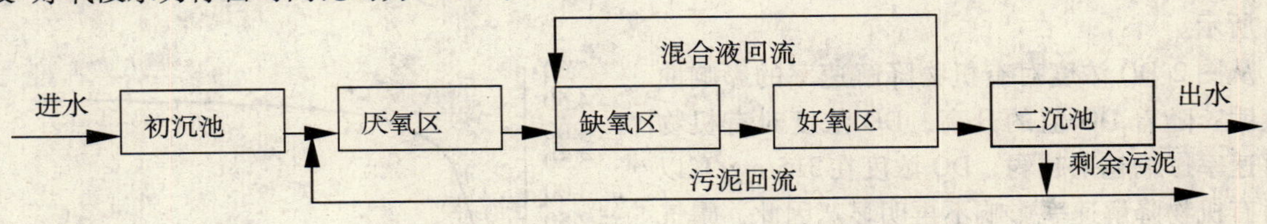

图 1　工艺流程图

二、结果与讨论

该厂进水由 70% 的生活污水和 30% 的工业废水组成，工业废水以化纤和印染废水为主。化验室对进出水 COD、NH_3-N、TN、TP 进行了检测，COD 采用重铬酸钾滴定法，NH_3-N 采用钠氏试剂分光光度法，TN 采用过硫酸钾氧化－紫外分光光度法，TP 采用钼锑抗分光光度法，DO 采用 YSI 550A 便携式溶氧仪测定，pH 值由 HACH sension1 便携式 pH 仪测定。检测出该厂某年各月进厂、出厂水水质平均值及曝气池出口所对应的 DO 平均值如表 1 所示。

表1　进出水质及DO浓度

月份		1	2	3	4	5	6	7	8	9	10	11	12
日均进水pH		7.20	7.18	7.22	7.38	7.46	7.59	7.86	7.87	7.73	7.69	8.19	8.45
COD/(mg/L)	进水	232	346	379	454	418	343	347	342	256	232	312	335
	出水	47	38	47	56	45	52	48	45	43	40	50	57
NH_3-N/(mg/L)	进水	46.43	39.26	46.36	64.29	33.35	37.35	50.15	51.17	39.90	46.43	68.72	86.89
	出水	1.93	4.24	16.74	30.44	13.67	13.06	7.22	2.66	1.22	1.93	4.42	12.57
TN/(mg/L)	进水	52.37	44.35	56.34	77.04	42.53	46.52	58.24	60.02	44.68	56.42	79.82	95.64
	出水	27.62	13.77	21.67	52.32	18.77	17.24	27.88	23.51	15.67	20.67	50.27	67.83
TP/(mg/L)	进水	2.14	2.51	2.97	3.13	3.85	3.03	2.73	2.89	2.05	2.14	2.54	2.92
	出水	1.05	0.66	0.60	0.64	0.61	0.97	1.44	1.34	0.93	1.05	1.14	1.35
日均DO浓度/(mg/L)		6.42	3.08	2.08	1.84	2.22	2.54	4.47	4.85	3.84	4.28	5.89	7.02
日平均水量/(万 m^3/d)		3.82	4.54	5.11	4.77	4.63	4.74	4.70	4.71	5.21	5.51	4.82	4.52

注：该污水厂最低水温>15℃。

（一）DO浓度对有机物去除的影响

在生物反应系统曝气池中，有机污水进入生物反应系统，易降解有机物立即被微生物吸附，随着曝气进行，剩余的有机物在曝气段也不断被去除，整个过程使得有机物被不断降解去除，其降解速率受DO浓度的影响明显，有机物比降解速率与DO浓度之间的关系可用莫诺方程表达为[1]：

$$V = V_{max} \cdot \frac{S_{O_2}}{K_{O_2} + S_{O_2}}$$

式中：V为有机物比降解速率，d^{-1}；V_{max}为有机物最大比降解速率，d^{-1}，取4.62；S_{O_2}为DO浓度，mg/L；K_{O_2}为氧饱和常数，mg/L，又称半速率常数，是反应速率为最大反应速率一半时的DO浓度，IAWPRC推荐值[1]为0.2 mg/L，则DO浓度与有机物降解速率之间的变化关系如图2所示。

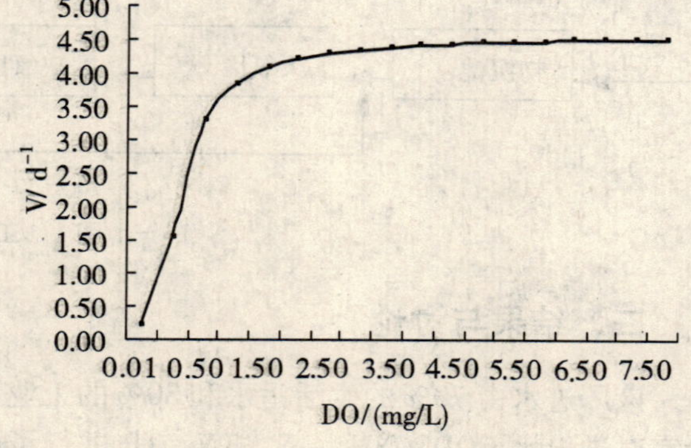

图2　DO对有机物降解速率的影响

从图2 DO浓度对有机物降解速率的影响曲线表明：随着DO值的升高，DO浓度对有机物降解速率影响越来越弱，DO浓度在3.5 mg/L以后对有机物降解速率影响不再明显。因此，曝气池在运行过程中，可根据进入生物反应系统的COD浓度和来水水量调节供气量，从而将DO浓度控制在经济合理的范围内，达到去除COD的目的。从表1可知，该厂一般将DO浓度控制在2.5~4.0mg/L，属合理的范围。因为，低DO浓度，有机物降解速率相对较慢，在有限的水力停留时间内，有机物无法得到充分降解吸附，导致出水COD浓度较高，过低的DO浓度甚至引起丝状菌性污泥膨胀等不良现象[2]；在水量相对较高，缩短了有效水力停留时间，以及进水COD

浓度相对较高情况下，亦适当提高DO浓度，有利于有机物快速降解；但长时间在高DO浓度条件下运行，又容易导致污泥老化而解体，使污泥吸附性能降低，沉降过程中的网扫能力减弱，使出水含有大量悬浮物而影响出水质量，另一方面，保持高DO浓度需高能耗，增加运行成本，从节能降耗、节约运行成本等角度分析，曝气池也没有必要保持过高的DO浓度。

（二）DO浓度对脱氮影响

生物脱氮除磷系统中，硝化菌在活性污泥中约占5%，通过发生硝化和反硝化作用实现脱氮目的，因此硝化菌和反硝化菌数量及活性直接影响脱氮效果。硝化菌的生长速率相对反硝化菌慢，在生物脱氮系统设计中以硝化菌的生长周期为泥龄控制参数之一，故硝化菌比增长速率成为重要的影响因素。硝化菌的生长速率受温度、pH、溶解氧、氨氮浓度、有毒物质等[3]多种因素影响，研究认为[4]硝化菌比增长速率可用下式表示：

$$u'_m = u_{m,T}\frac{S_{NH}}{K_{N,T}+S_{NH}} \times \frac{DO}{K_{O_2}+DO} \times [1-0.83(7.2-pH)]$$

式中：u'_m为硝化菌比生长速率，d^{-1}；$u_{m,T}$为硝化菌最大比生长速率，d^{-1}；$K_{N,T}$为氮的半生长速率，mg 氮/L；K_{O_2}为氧的半饱和系数，mg 氧气/L；DO为好氧段溶解氧浓度，mg 氧气/L；S_{NH}为氨氮浓度，mg/L。

对该城市污水处理厂实际控制而言，温度、pH值、氨氮浓度、有毒物质含量等因素或不易操作控制或变化影响不明显，唯独DO浓度成为最主要的可控影响因素。在生物脱氮除磷系统中，大部分硝化菌将处于生物絮体内部，DO浓度的增加将提高溶解氧对生物絮体的穿透力，提高DO浓度以提高硝化反应速率。此外，在硝化过程中每将1 mg氨氮转化为硝酸氮需消耗4.57 mg氧[5]。因此，该污水厂在运行过程中，根据进入生物反应系统的NH_3-N浓度和来水水量调节供气量，调控DO浓度，实现去除氨氮目的。从表1可知，该污水厂根据需要，将DO浓度控制在2.5～6.0 mg/L，甚至更高，保持良好氨氮去除率。但过高的氨氮浓度，硝化菌的负荷过高，亦影响氨氮去除效果，表1中12月份有明显的显示。

去除氨氮仅将氨氮转化为硝态氮，因此需要进一步发生反硝化反应，将硝态氮转化为氮气释放。反硝化菌的生长速率受温度、pH、DO、碳源、有毒物质等[3]多种因素影响。但南方对城市污水厂而言，影响反硝化的主要是碳源和DO浓度。A2/O生物反应系统内经曝气段硝化反应后的混合液回流至缺氧段，可在碳源充足，pH适宜条件下，发生反硝化作用，氮以N_2形态逸出水体，实现脱氮目的。缺氧段所需缺氧条件一般认为是DO浓度在0.2～0.5 mg/L之间。因此，若DO不足，不利于硝化反应的发生，影响脱氮效果，表1中3、4月份有所反应；若为了实现很好的氨氮去除效果而使曝气段保持高DO浓度时，就可能影响TN的去除率，表1中11、12月份有所反应。过高的DO浓度，一方面，可能是曝气池保持较高DO浓度，污泥过氧化后，通过混合液回流携带大量的游离氧进入缺氧段，破坏了反硝化所需要的缺氧条件；另一方面可能是COD/NH_3-N低，同时有机物被快速降解，反硝化反应所需的碳源机质不足。

（三）DO浓度对TP去除的影响

目前关于城市污水处理过程中生物除磷的机理尚在不断深入研究之中，现有的认识认为[3]，在厌氧—好氧交替运行时，厌氧区在没有溶解氧和硝态氮的条件下，通过水解作用，兼氧性细菌将溶解性BOD转化成低分子有机物，除磷菌吸收厌氧产生的或来自废水的低分子有机物，并将其运送到细胞内，转化成细胞内碳源储存物，这一过程中，由细胞内聚合磷的水解提供能量，细胞内聚合磷的水解导致磷酸盐在厌氧段释放；而在好氧区，细菌从废水中超量摄取磷，并储存于细胞中形成磷的过量存储，从而将磷从废水中去除，由厌氧过程中细胞内碳源存储物质氧化代谢提供能量，合成新的贮磷细胞产生富含磷的生物污泥，最终通过剩余污泥量的排放将磷除去。

从已认识到除磷机理，好氧区需要足够的氧，但厌氧区需要没有溶解氧和硝态氮条件。其中没有溶解氧，一般认为是没有游离态的氧，DO 浓度在 0.2mg/L 以下时，即认为不存在游离态的氧。表 1 的数据显示，该系统好氧区 DO 在 1.84～3.08 时，出水能够达到很好的除磷效果，且好氧区 DO 浓度在一定范围内持续上升对除磷效果影响不明显。但当好氧区长时间保持过高 DO 浓度后，反而逐渐降低了出水除磷效果，如表 1 中的 1、11、12 月份。分析认为，存在多种可能或兼有影响因素：一种可能是好氧区长期保持过高 DO 浓度，虽然可使污泥充分吸附释放在水中的磷，但污泥老化过快，使污泥吸附性能降低，沉降过程中的网扫能力减弱，使出水含有大量富含磷悬浮物而影响除磷；一种可能是好氧区长期保持过高 DO 浓度，影响了缺氧区脱氮效果，使得大量的 NO_3-N 进入二沉池，回流污泥又携带大量 NO_3-N 进入厌氧区，而影响磷的释放，另一种可能是好氧区 DO 浓度过高，污泥老化，好氧速率降低，使得回流污泥中携带游离态氧进入厌氧区，破坏了磷的释放所需的厌氧条件。总之，在实际操作过程中，DO 浓度如何影响磷的去除有待进一步研究。

（四）DO 浓度污泥性能的影响

正常的高质量活性污泥表现出良好的沉降性能、较高的生物活性及良好的浓缩性能，过高或过低都容易导致活性污泥异常，DO 浓度对活性污泥的影响最直观表现在污泥沉降性能方面，即 $SV\%_{30min}$ 和 SVI。有实验表明[1]过高和过低 DO 浓度时 $SV\%_{30min}$ 和 SVI 数值均较低。从该厂的实际运行显示，DO 浓度 2.0～4.0 mg/L 环境下运行时，污泥沉降性能良好，SVI_{30min} 在 90～120 mg/L之间，而在长时间高 DO 浓度（>4.0mg/L）条件下运行，SVI_{30min} 低于 80 mg/L，表现为污泥易老化，使出水悬浮物增多，甚至污泥解体、产生大量的生物泡沫，影响出水水质。而在偏低 DO 浓度（≤2.0mg/L）条件下运行时，表现为污泥沉降性能变差，SVI_{30min} 上升，镜检可观察到少量裸露丝状菌，形成假性污泥膨胀[6]。提高 DO 值后，SVI_{30min} 很快恢复正常，裸露丝状菌减少。若不及时调整，长时间保持低 DO 浓度状态运行，容易造成大量丝状菌增殖，与相关文章报道[2,7,8]现象相同，引发丝状菌性污泥膨胀。

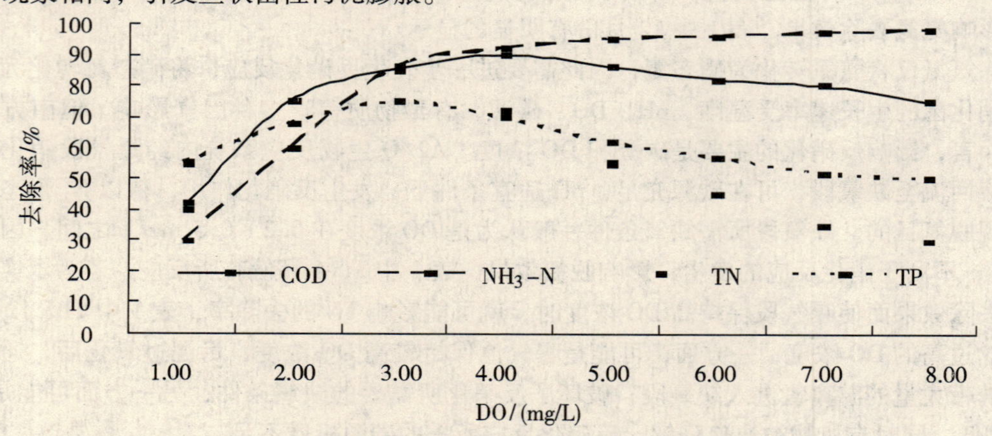

图 3　DO 浓度对运行效果的影响

三、DO 浓度最佳控制范围

通过分析可知，DO 浓度对该 A2/O 同步脱氮除磷系统去除 COD、NH_3-N、TP、TN 均有不同程度的影响，通过对该厂全年数据统计分析，将相同 DO 浓度条件下 COD、NH_3-N、TP、TN 各自去除率进行统计，DO 浓度与 COD、NH_3-N、TP、TN 去除率存在以下近似关系（图 3），过高或过低的 DO 浓度均影响污水厂出水的整体水质。因此在正常情况下，该污水厂确定自己的最佳 DO 浓度控制范围为 2.5～4.0 mg/L，并根据进水 COD、NH_3-N 浓度调整供气量，调整 DO 浓度。

四、结　语

通过对 A2/O 同步脱氮除磷系统运行数据的分析，认为 DO 浓度对有机物降解、氮磷的去除及污泥的性能都有不同程度的影响。对不同工艺而言，应努力探索适合自身的 DO 浓度控制范围，不应拘束于曝气池出口 DO 浓度大于2.0mg/L 的传统观念，以实现最佳运行效果。对该污水厂而言，按设计要求进水 COD 为 250～400mg/L、NH_3－N 为 30～45 mg/L、TN 为 40～50mg/L、TP 为 2.0～3.5mg/L 条件下，曝气池出口 DO 浓度宜控制在 2.5～4.0 mg/L 范围内，并根据进水 COD、NH_3－N 浓度变化适时调整 DO 浓度。若进水水质严重偏离设计要求，均对工艺运行效果产生不良影响。

参考文献

[1] 高春娣，王淑莹，彭永臻，等．DO 对有机物降解速率及污泥沉降性能的影响［J］．中国给水排水，2001，17（5）：12－15.

[2] 周爱娇，范举红，陶涛，等．NaClO 作灭菌剂控制诺卡氏菌的应用实践［J］．给水排水，2007，43（298）：52－54.

[3] 张忠祥，钱易．废水生物处理新技术［M］．北京：清华大学出版社，2003.

[4] 张辰，陈嫣，邹伟国．活性污泥法脱氮除磷工艺设计方法探讨［J］．给水排水，2007，43（294）：37－40.

[5] 李军，杨秀山，彭永臻．微生物与水处理工程［M］．北京：化学工业出版社，2002.

[6] 龙腾锐，何强，林刚．活性污泥中丝状菌与絮体结构关系研究［J］．中国给水排水，2000，16（2）：5－8.

[7] Imre Takács，Erno Fleit. Modelling of the Micromorphology of the Activated Sludge Floc：Low DO，Low F/M Bulking［J］. Wat Sci Tech，1995，31：235－243.

[8] 陈红英，王增长，牛志卿．生物脱氮除磷工艺中的丝状菌［J］．环境污染与防治，2005，4（27）：266－268.

[9] R. Pujol and P. Boutin. Cont rol of Activated Sludge Bulking ：Fromt the Lab to the Plant . Wat . Sci . Tech. ，1989 ，21 ：233－239.

大连水泥厂反渗透膜污染清洗工艺

张　伟　费庆志　许　芝

（大连交通大学环境工程研究所　辽宁　大连　116028）

摘　要　根据大连水泥厂反渗透的流程和原水特点以及运行情况，对大连市水泥厂反渗透系统膜的污染进行了分析和三十多次实验室单独清洗试验研究，从清洗配方、工艺、监督和操作中探索出了一套海水水域地区反渗透膜清洗的方案，并提出了相关建议。

关键词　碳酸盐结垢　硫酸盐结垢　膜污染　化学清洗

引　言

反渗透技术已经不仅广泛应用于工业的净水处理，也一步一步地走进了人们的生活。其中的膜污染问题越来越引起我们的注意，膜污染对我们的工业安全生产和人民的生活需要产生了很大的威胁。膜污染的特点是因为水质的不同，污染物也各不相同，存在着地域性的差别。

大连市水泥厂反渗透处理的水主要用于锅炉用水和员工的生活饮用水，分为一级过滤和二级过滤处理方式，设计产水量为20t/h。系统运行6个月以来，一直未经过清洗。造成了膜元件的严重污染。

正常运行时，产水量20t/h，脱盐率为97%以上，进水电导率为15001μS/cm，出水电导率为40μS/cm。

一、反渗透运行情况及污染物的确定

（一）原水特点

大连市水泥厂的原水是当地的地下水，由于距海岸线特别近，海水倒灌，地下水中不仅碳酸钙、镁盐含量高而且有氯化钠、钾等盐类，正常情况下，原水的电导率在1500μS/cm。

（二）反渗透系统的流程

井水→加氯操作箱→细沙过滤器→活性炭过滤器→阻垢剂加药箱→一级反渗透→二级反渗透→设备用水和生活饮用水。

（三）污染物的确定

1. 从系统运行情况来看，出水为零，膜元件完全堵死。从工作人员那了解到，系统运行期间，由于阻垢剂供应不及时，一段时间阻垢剂停用，初步判断主要是结垢显现严重。

2. 取出膜元件后发现压力容器内壁及端板摸起来较粗糙；称取重量，发现膜由原来的16kg增加到35kg。

3. 从膜元件的两端取少量米黄色颗粒物放入烧杯进行化学实验分析，加入盐酸后大部分固体溶解，有少量白色不容物质，用滤纸过滤发现滤纸上有白色不溶物质和红褐色物质，往滤液中加入HCl有大量气泡产生，加BCl_2过有少量白色沉淀，判断大部分为碳酸盐结垢，微量硫酸盐结垢，还有微量铁盐（图1、图2）。

4. 由于原水含有无机物、胶体、微生物，由此判断膜元件也受到无机物、胶体、微生物的污染。

（四）原因及分析

由于原水水质很差，有机物含量高，管理不善，预处理不好，是造成膜污染的主要原因。

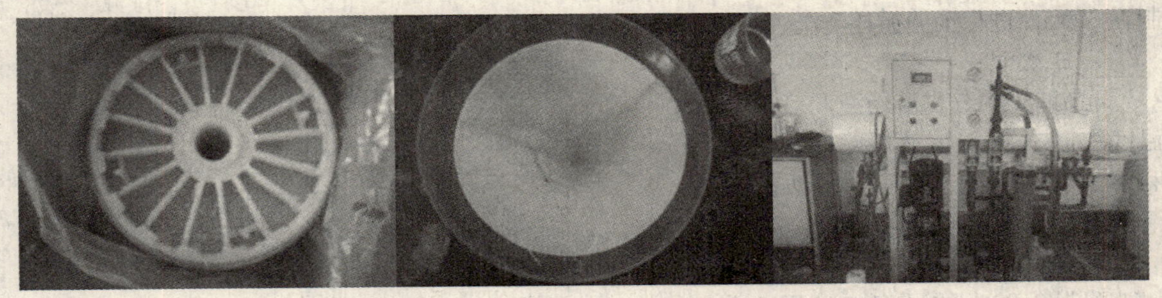

图1　　图2　　图3

二、反渗透膜清洗

（一）膜污染清洗方案的确定

常规的膜清洗步骤为碱洗、酸洗、盐洗、杀菌剂清洗；清洗方式为顺流清洗和逆流清洗；分段清洗和全清洗；单一清洗和复合清洗；动态清洗和动静交替清洗；单管清洗和整体清洗。

因为此次膜污染完全被堵死，如果采用整体清洗药液无法进入清洗系统，故采用单管清洗的方案，清洗方式为顺流清洗，为了让药剂充分与膜污染物反应，采用动静交替清洗。

取一根被污染的膜元件放入清洗设备中，开启清洗泵，发现出水为零，药液根本无法进入膜组件中。取出膜组件在膜组件加1%的酸，有气泡产生。因为主要污染为结垢，故清洗方案采用酸洗—碱洗—二次酸洗—杀菌剂清洗。清洗设备见图3。

（二）清洗步骤

1. 膜元件清洗前预处理

为了节省在清洗系统中的清洗时间，我们采用对膜组件进行预处理，把所有的膜组件先放在1%的酸液中进行浸泡，时间为24h。定时检测浸泡液的pH，如果pH上升则及时调整，使浸泡液的pH保持在2。

2. 酸洗过程

配置好0.5%的HCl清洗液，用氨水调节pH为2对单根膜进行清洗。因为膜元件被完全堵死，如果单独开启清洗泵，清洗液很难进入膜内部，从而不能和污染物反应，清洗时间太长。所以在开始的时候采用清洗泵与高压泵同时开启的方案，但需要注意的是如果开启高压泵，因为压力过高很容易造成水锤现象，损害清洗设备同时对膜元件造成不可恢复的损伤。为了达到较高压力的同时防止产生水锤现象，我们先开启清洗泵，同时打开清洗泵直接和膜元件相连接的管道阀门，然后再开启清洗泵。具体操作如下：

开启阀门F1、F3、F4、F7和F8，关闭阀门F2、F5和F6（图4），开启清洗泵和高压泵，然后调剂阀门F4为半开状态，直到出水达到200L/h时关闭高压泵，关闭F4。

然后每15min测一次酸液的pH，当pH变化为0.5以上时，往酸液中加酸，使pH调节到2，然后接着清洗。为了防止因为酸液中的盐浓度太大堵塞过滤器和再次污染膜元件，酸液加4次后则排掉，重新配置酸液，温度控制在40℃以下。

当pH不再上升时开始动静交替清洗，停止清洗泵和高压泵，关闭清洗液进水阀、清洗液浓水回流阀和清洗液产水回流阀，让膜组件浸泡1h，然后再开启清洗泵，打开清洗泵，开启清洗液进水阀、清洗液浓水回流阀和清洗液产水回流阀从而进行动静循环的清洗。清洗液温度控制在40℃。

3. 碱洗过程

配制0.1%的氢氧化钠、1.0%的EDTA四钠和0.025%的十二烷苯磺酸钠混合溶液，温度控制在30℃，进行动静循环清洗，清洗30min，浸泡1h。

4. 二次酸洗

配制2%的柠檬酸药液调节pH=4，温度控制在40℃，然后对膜元件进行和第一次酸洗步骤一样的动静混合清洗。

5. 杀菌过程

配制0.02%的异塞唑啉酮杀菌剂对系统进行整个杀菌，清洗时也采用和以前一样的清洗步骤。

（三）效果评价

对膜清洗完毕后效果如表1所示，按照一般膜清洗的效果脱盐率应该达到95%以上，此清洗脱盐率达到94.7%。因为本次污染特别严重，对膜元件造成了一定不可恢复的损坏，所以很难达到新膜产水的效果。大连水泥厂对本次的清洗效果比较满意。

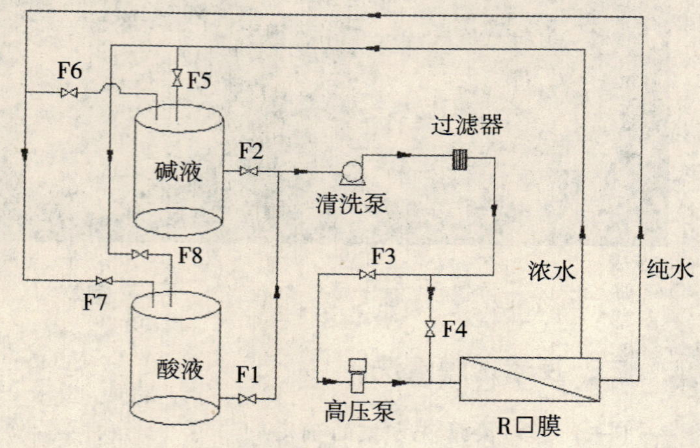

图4 膜清洗流程

表1 单个膜元件系统运行参数

膜编号	清洗前					清洗后				
	进水压力/MPa	出水压力/MPa	浓水流量/（L/h）	清水流量/（L/h）	清水电导率/（μS/cm）	进水压力/MPa	出水压力/MPa	浓水流量/（L/h）	清水流量/（L/h）	清水电导率/（μS/cm）
F2388550	—	—	—	0	—	0.92	0.8	2200	900	8
F2388572	—	—	—	0	—	1	0.97	2300	860	17
F2388599	—	—	—	0	—	1.01	1	2300	880	4
A6687537	—	—	—	0	—	0.85	0.84	1400	700	25
F2388553	—	—	—	0	—	1.05	1	2000	800	30
F2388579	—	—	—	0	—	0.99	0.97	2000	800	26
F2388591	—	—	—	0	—	1	0.99	1500	850	24
F2388599	—	—	—	0	—	1.1	1.09	2000	900	40
F2388521	—	—	—	0	—	0.7	0.7	1300	900	35
A6687043	—	—	—	0	—	0.9	0.88	1150	850	36

表2 清洗后反渗透膜系统运行参数

一段进水压力/MPa	二段进水水压力/MPa	浓水压力/MPa	进水温度/℃	进水流量/（t/h）	产水流量/（t/h）	浓水流量/（t/h）	进水电导率/（μS/cm）	产水电导率/（μS/cm）
1.05	1	0.98	25～27	22	19.5	2.5	1150	60

三、常规膜污染和清洗时机的判断

（一）初步分析

由于反渗透膜系统的性能随着温度、压力、pH、进水TDS等因素的变化而变化（如温度每降低3℃，产水量降低10%；pH有较大变化是对产水电导产生影响），故有时膜系统性能的变化并非是系统受到了污染所致，为了准确判断系统的清洗时机，应依据膜元件生产商提供的标准化软件对运行数据进行标准化计算，运行数据标准化后若出现下列情况之一时应及时对反渗透膜系统进行化学清洗：

（1）数据标准化后，系统产水量比初始值下降15%以上。

（2）数据标准化后，盐透过率比初始值增加10%以上。

（3）数据标准化后，进水与浓水之间的压差比初始值增加10%以上。

达到化学清洗条件后必须及时进行化学清洗，一般情况下清洗后都能基本恢复初始性能；但若不及时清洗将会造成膜污染系统的深度污染，导致化学清洗效果甚微，则很难恢复系统较好的性能。

膜系统出现上述故障时，分析步骤一般如下：

1. 根据故障的症状、位置及日常运行的数据记录初步判断污染属于哪种类型（污堵、结垢、微生物等）；若无日常运行记录，则需对原水及浓水进行水质分析，将预处理出水控制指标进行检测，帮助分析故障可能的原因。

2. 目测、称重、膜元件现场解剖等手段进一步确定故障的原因。

目测：打开压力容器的一段进水端板和第二段出水端板，查看膜元件间断面及压力容器内壁，若内壁有滑腻感切有腥味则存在微生物污染；若内壁摸起来较粗糙，则存在结垢污染。

称重：对第一段第一支和第二段最后一支膜元件称重，若第一段第一支膜元件较重则可能存在悬浮物、胶体污染；若第二段最后一支膜元件较重则可能存在结垢污染。

膜元件现场解剖：观察分析膜面污染物，在膜面加酸或加碱观察现象。

3. 通过对膜元件污染物的分析，制定合理的清洗方案和纠正措施。

（二）胶体污堵

出现胶体污堵的原因：

1. 预处理中絮凝剂投加量不足，未进行烧杯试验确定最佳加药量，在线絮凝效果不佳。

2. 多介质和活性炭过滤负荷过大，过滤流速设计偏大，没有及时进行反冲洗、正洗；微滤或超滤的孔径设计偏大。

3. 日常运行管理中没有检测SDI及浊度值，重视不够。

（三）金属氧化物污堵

金属氧化物污堵主要发生在第一段，通常故障原因是：

1. 进水中含铁、锰和铝等离子；

2. 进水中含H_2S并有空气进入，产生硫化盐；

3. 管道、压力容器等部件产生腐蚀产物。

（四）结垢

结垢是微溶或难溶盐类沉积在膜表面，一般出现原硬度、碱度高且回收率较高的苦盐碱水系统中，常常发生在RO系统的最后一段，然后向前一段扩散。含钙、重碳酸根或硫酸根的原水可能会在数小时内出现结垢堵塞膜系统，而其他结垢一般形成较慢。结垢污染的原因：

1. 未对原水进行水质分析，阻垢剂投加量偏小或效果差；

2. 原水硬度高，且回收率太高，仅投加阻垢剂已不能抑制沉淀析出；

3. 膜污染物的确定。

此反渗透处理系统到最后产水为零，完全堵死。

把膜元件全部取出，称重，发现一段所有膜均达到35kg左右，二段在27kg左右，由此判断污染物中还有部分胶体和金属氢氧化物污堵。

四、结论与建议

1. 对于严重结垢的膜清洗需要采取清洗前预处理，用 pH2 的酸浸泡。

2. 对于多种复合型膜污染清洗，尤其是主要污染物为结垢的膜污染，先采取 EDTA + 酸洗的方法是必要的，先进行碱洗效果不明显，为了达到最佳效果，最好进行二次酸洗。

3. 清洗开始可以采用高压小流量然后转为低压大流量的清洗方式，同时注意防止水锤现象。

4. 采用静态浸泡与动态清洗相结合的方法经济实惠，效果较好。

5. 对于反渗透膜的日常管理工作必须进行严格的管理，预处理工作必须做好，严格控制进水的水质。

6. 以后的反渗透清洗设计可以考虑定时清洗的方法，比如运行 10h，系统自动进行反洗 30min，及时对膜进行清洗，延长膜的使用寿命。

参考文献

[1] 张葆宗．反渗透水处理应用技术［M］．北京：中国电力出版社，2004.
[2] 施燮钧．热力发电厂水处理［M］．北京：中国电力出版社，2004.
[3] 赵素梅，吴虹．国内膜产业领域生产和应用现状与展望［J］．辽宁城乡环境科技，2000，(20)：12－14.
[4] Baker R W，Cussler E L et al. Membrane Separation System［J］. Park Ridge，NJ：Noyes Data Corporation，1991.
[5] 高从堦，鲁学仁，张健飞．膜科学与技术［J］. 1993，13（3）：1.
[6] 佐佐木武，徐平．美国海德能公司产品技术手册［Z］. 2005：77－80.
[7] 贵州汇通源泉膜产品与技术手册［Z］. 2006.
[8] 陈志善，谭斌，樊雄．反渗透处理地表水膜污集的控制众清洗. 2008，2.

低溶解氧丝状菌污泥微膨胀状态的稳定性在 A/O 工艺中的试验验证

郝 坤 高春娣 武联菊 王 丽

（北京工业大学环境与能源工程学院 北京 100124）

摘 要 采用实际生活污水，研究了低溶解氧丝状菌污泥微膨胀在 A/O 系统中的启动、维持及状态可控性，并考察了该过程中系统对污染物的去除效果。结果表明，在正常负荷（F/M = 0.24kgCOD/(kgMLSS · d)）下，当 DO = 0.3 ~ 0.4mg/L 时，系统 SVI 可以稳定在 150 ~ 300ml/g 之间，丝状菌污泥微膨胀状态可长期稳定维持，并具有高度的可控性。与高溶解氧条件下相比，污泥微膨胀期间，COD 和总氮去除率有所升高，分别为 85% 和 69%，氨氮基本完全硝化。由于丝状菌网捕作用，出水 SS 明显减少，且随着 SVI 的升高降低，当 SVI > 240ml/g 后，SS 基本检测不出。A/O 系统实现并维持低溶解氧丝状菌微膨胀期间，节约曝气量约 42%。

关键词 低溶解氧 丝状菌污泥微膨胀 状态可控性 曝气能耗

污泥膨胀是活性污泥工艺中常见问题，而在发生污泥膨胀的污水处理厂，约有 90% 以上属于丝状菌性污泥膨胀[1,2]。彭永臻根据实际污水处理厂运行情况，首次提出一种既节约能耗又能改善污水处理效果（或不影响出水水质）的污水处理新方法——低溶解氧污泥微膨胀节能理论与方法，并对污泥微膨胀节能方法的发现、提出以及理论基础进行了阐述和分析。已有研究者对该理论的正确性及合理性进行了大量研究[3,4]。但在污水处理厂实际运行中，污泥膨胀是一个非常复杂并难以控制的问题，活性污泥系统一旦发生污泥膨胀现象，将直接导致污泥沉降性能下降，污水处理效果恶化。针对这一问题，本研究采用 A/O 工艺，以实际生活污水为研究对象，在低溶解氧条件下研究污泥微膨胀的启动条件，重点研究低溶解氧丝状菌污泥微膨胀在 A/O 系统中的维持及系统处理效果恶化后的控制措施，并考察该过程中系统对污染物的去除效果，为低溶解氧污泥微膨胀节能理论与方法在生产实践中的广泛应用提供理论支持。

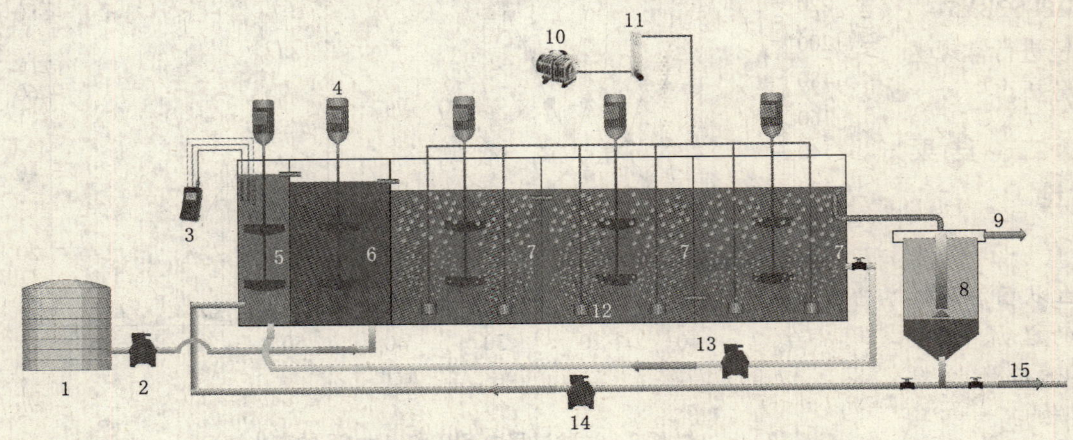

图 1 A/O 反应器示意图

1. 进水水箱；2. 蠕动泵；3. 溶氧仪；4. 搅拌器；5. 消化回流液脱氧区；6. 缺氧区；7. 好氧区；8. 二沉池；9. 出水；10. 空气压缩机；11. 气体流量计；12. 曝气头；13. 硝化回流液；14. 回流污泥；15. 剩余污泥

一、试验装置与方法

（一）试验装置

采用 A/O 工艺，试验装置如图 1 所示。反应器最大工作体积为 60L，试验期间分 6 个格室运行，反应器第一格室为硝化回流液脱氧区，目的在于消除硝化回流液所携带溶解氧对缺氧区反硝化的抑制作用。缺氧区和好氧区体积比为 1:3，二沉池有效体积为 20.5L，采用中心管进水，周边溢流出水。好氧区 DO 浓度通过气体流量计控制。曝气池内混合悬浮固体浓度（MLSS）维持在 2000～3500mg/L 之间，平均温度为 23℃ ±1℃，硝化液回流比 150%，污泥回流比 100%。

（二）原水来源及水质

本试验采用实际生活污水，从北京某居民小区化粪池引入储水箱，进水水质如表 1 所示。

表 1　试验进水水质特性

项目	pH	COD/(mg/L)	NH_4^+ - N/(mg/L)	NO_3^- - N/(mg/L)	NO_2^- - N/(mg/L)	PO_4^{3-} - P/(mg · L)
范围	7.0～7.8	160～280	58～78	0.13～1.1	0.04～0.24	4.0～6.8

（三）分析项目及方法

COD、PO_4^{3-} - P、NH_4^+ - N、NO_3^- - N、NO_2^- - N、MLSS、SS、SVI 均采用国家规定的标准方法测定，TN 含量用 MultiN/C3000 分析仪（Analytik Jena AG）测定。DO 采用 WTW 溶解氧测定仪（Multi 340i 型）测定。使用 OLYMPUS2BX51 显微镜进行常规生物学分析。

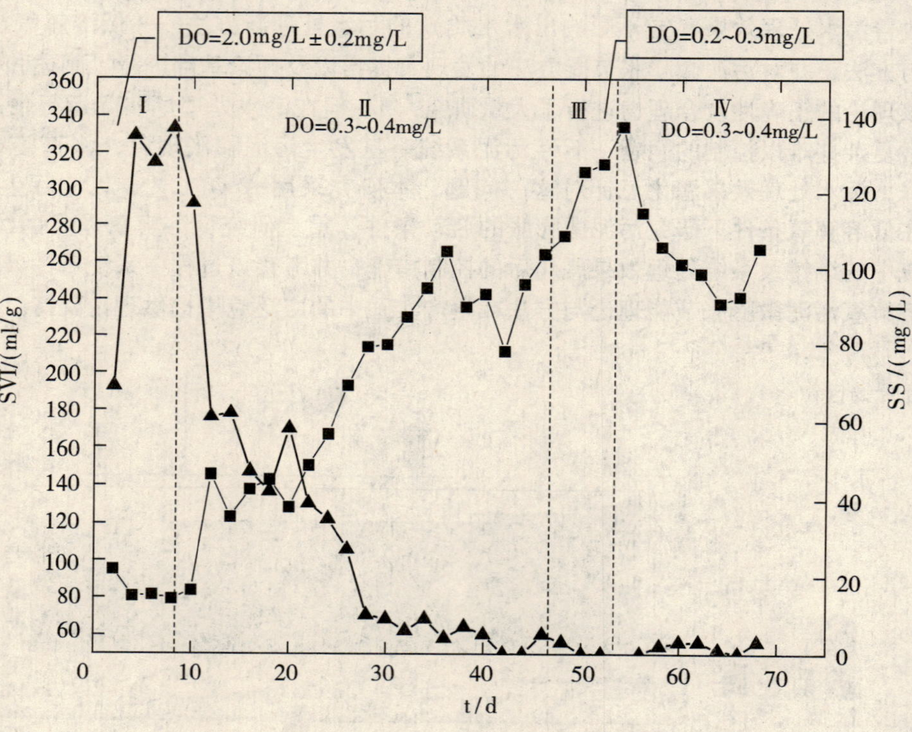

图 2　试验过程中 SVI 和出水 SS 的变化情况

二、结果与讨论

（一）低溶解氧丝状菌污泥微膨胀的启动、维持及恶化后的控制措施

1. 反应器内生物相分析

根据污泥沉降性能的变化特征，可将本试验过程分为四个阶段。对污泥指数（SVI）和出水悬浮物（SS）的测定结果如图 2 所示，对 A/O 系统微生物镜检分析如图 3 所示。

第Ⅰ阶段：在 DO = 2.0mg/L ± 0.2mg/L、有机负荷为 0.24kgCOD/（kgMLSS · d）条件下，SVI 基本维持在 100ml/g 以下。镜检可以看出污泥絮体内基本没有丝状菌，菌胶团比较松散、脆弱。

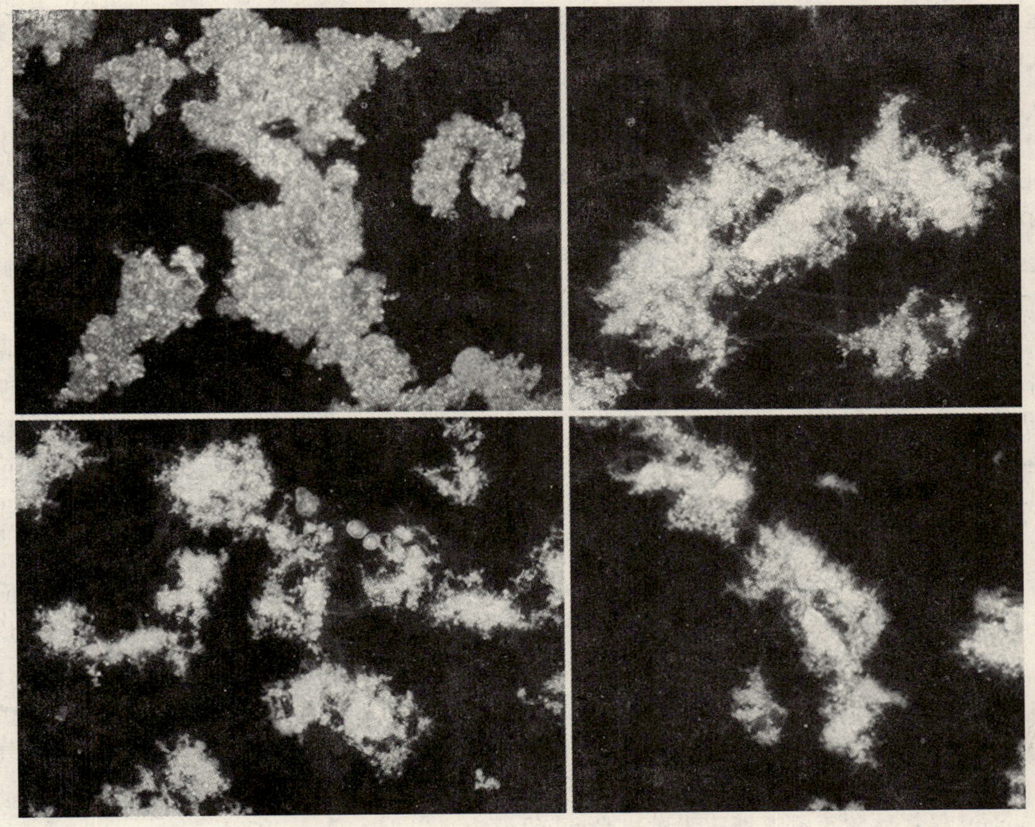

图3　各研究阶段下絮体的形态结构（400倍）

第Ⅱ阶段：在DO＝0.3～0.4mg/L、有机负荷为0.24kgCOD/（kgMLSS·d）条件下，SVI逐渐升至200ml/g以上，在系统稳定后基本维持在220～270ml/g之间，镜检可以看出丝状菌大量繁殖，已从菌胶团中伸出，菌胶团结构松散。此时由于丝状菌的大量繁殖在一定程度上影响了活性污泥的沉降性能，二沉池泥位明显上升，但并未出现污泥流失现象，且出水清澈，几乎没有肉眼可见的悬浮物。此时系统状态稳定，因此判定系统发生低溶解氧丝状菌污泥微膨胀。

第Ⅲ阶段：在DO＝0.15～0.25mg/L、有机负荷为0.24kgCOD/（kgMLSS·d）条件下，SVI迅速升至300ml/g以上，并有继续上升的趋势，镜检可以看出丝状菌已经成为主要种群，菌胶团结构极为松散。且第102d时二沉池开始出现污泥流失现象，因此判定系统发生恶性丝状菌污泥膨胀。

第Ⅳ阶段：在DO＝0.3～0.4mg/L、有机负荷为0.24kgCOD/（kgMLSS·d）条件下，通过调节系统溶解氧及其他运行参数，SVI逐渐降至280ml/g以下并保持稳定，二沉池泥位下降，没有再出现污泥流失现象，镜检分析基本与第Ⅱ阶段相同。系统恢复至第Ⅳ阶段的污泥微膨胀状态。

2. 微膨胀的启动及维持

第Ⅱ阶段，系统DO突然降低至0.3～0.4mg/L，系统发生低溶解氧丝状菌污泥微膨胀，并长期维持。虽然有相关研究称系统SVI维持在80～120ml/g时，污泥沉降性最佳[5]，但在此期间SVI的升高并没导致系统污染物处理效果恶化及二沉池出现污泥流失现象，A/O系统在此条件下稳定运行。根据骨架理论[6]，污泥絮体是由丝状菌作为絮体的骨架，菌胶团细菌等微生物产生的多聚糖附着在上面，形成了凝聚胶基质架，胶体物质和其他微生物附着在其上生长。活性污泥中适当数量的丝状菌对于维持污泥的絮体结构起着非常重要的作用，因此在保证污泥不流失及系统稳定运行的条件下，不必要求最佳的污泥沉降性，可以适当提高丝状菌在活性污泥中所占的比例。

3. 微膨胀状态的破坏与恢复

为了考察系统低溶解氧丝状菌污泥微膨胀的可控性，在第Ⅲ阶段试验中将 DO 降至 0.15 ~ 0.25mg/L，SVI 迅速升至 300ml/g 以上，并有继续上升趋势，此时二沉池出现污泥流失现象，系统出水逐渐恶化，笔者判定低溶解氧丝状菌污泥微膨胀已经演变为恶性丝状菌污泥膨胀。为了防止系统继续恶化以致不可控，在试验第Ⅳ阶段，立即将系统 DO 调至 0.3 ~ 0.4mg/L，并调节其他运行参数，4d 后 SVI 降至 268ml/g，此后维持在 300ml/g 以下，二沉池没有再出现污泥流失现象，低溶解氧丝状菌污泥微膨胀状态基本恢复。第Ⅲ阶段试验总共持续 10d，而在溶解氧调至正常水平（0.3 ~ 0.4mg/L）4d 后，系统迅速恢复至污泥微膨胀状态，并继续稳定维持，证明了低溶解氧污泥微膨胀具有高度可控性；在 SVI 维持在 150 ~ 300mg/L 之间时，A/O 系统能稳定运行，说明低溶解氧丝状菌污泥微膨胀是界于正常活性污泥及恶性丝状菌污泥膨胀状态之间的一个独立稳定的状态。

4. 微膨胀运行下的节能效果

为了考察微膨胀运行下的节能效果，在各阶段试验中，每天记录曝气量值。A/O 反应器中采用气体流量计控制曝气量。其中第Ⅱ、Ⅳ阶段试验控制 DO 在 0.3 ~ 0.4mg/L 之间，平均曝气量为 0.28m^3/h；第Ⅰ阶段试验控制 DO 在 2.0mg/L ± 0.2mg/L 内，平均曝气量为 0.48m^3/h，低氧运行能节省约 42% 的曝气能耗。郭建华等人对已给定的污水处理厂维持不同 DO 所需要的供气量进行了理论计算，发现低 DO 下运行可以节省 17% 的供气量[3]。理论计算所节省的曝气量虽然低于小试中获得的结果，但可以看出微膨胀对降低污水处理能耗和运行费用有重要意义。

（二）溶解氧丝状菌污泥微膨胀对出水 SS 的影响

图 2 给出了各研究阶段 A/O 系统 SVI 和 SS 的变化情况。可以发现，在第Ⅰ阶段试验中，系统 SVI 维持在 75 ~ 150mg/L，污泥沉降性能很好，但二沉池出水浑浊，含有较多的细小絮状悬浮物，SS 在 40 ~ 160mg/L 之间；在第Ⅱ、Ⅲ、Ⅳ阶段试验中，系统 SVI 维持在 150 ~ 300mg/L 之间（除去出现污泥流失的第 54d），出水 SS 基本在 10mg/L 以下，有时用滤纸重量法几乎检测不出。

在高溶解氧的第Ⅰ阶段试验中，污泥絮体中基本没有或有少量丝状菌，在反应器中曝气装置的剪切力及搅拌桨搅拌的机械冲击作用下，很容易被分裂成细小而零碎的絮体，导致二沉池出水浑浊，SS 严重升高。而污泥微膨胀期间，丝状菌的大量生长繁殖，形成了不易破碎的网状结构絮体，其在沉淀过程中对上升的水流起到过滤作用，吸附截留水中的细小絮体和游离细菌，从而使二沉池出水清澈。当系统内丝状菌与菌胶团细菌的比例合适时，虽然污泥沉降性会有所下降，但并不会影响二沉池的泥水分离及系统的稳定运行。

（三）溶解氧丝状菌污泥微膨胀期间污染物去除的效果

图 4 给出了 A/O 系统有机负荷为 0.24kgCOD/（kgMLSS · d）时，试验各阶段 COD、NH_4^+ - N 及 TN 的变化情况。

1. COD 的去除效果

污泥微膨胀状态下，低溶解氧没有影响系统去除 COD 的效果。相对于第Ⅰ阶段试验（DO = 2.0mg/L ± 0.2mg/L），第Ⅱ、Ⅳ阶段（DO = 0.3 ~ 0.4mg/L）的 COD 去除率略微升高，分别为 80%、85% 及 87%，这主要是由于系统内大量繁殖的丝状菌具有较强的降解低浓度底物能力。

2. 氮类污染物的去除效果

A/O 系统降低 DO 并未引起第Ⅱ、Ⅳ阶段的 NH_4^+ - N 去除率下降，分别为 100% 及 98%，基本完全硝化；而在第Ⅲ阶段试验中（DO = 0.15 ~ 0.25mg/L），系统在发生恶性丝状菌污泥膨胀同时硝化效果恶化，NH_4^+ - N 去除率为 77%。分析认为，本研究所采用的 A/O 系统好氧停留时间相对较长，在低溶解氧下（DO＝0.3～0.4mg/L）系统刚好能完全硝化。然而第Ⅰ阶段的 TN 去除率要低于第Ⅱ、Ⅳ阶段，分别为 55%、69% 及 66%。分析原因可能为：①本研究所采用的 A/O 系统在缺氧区前段加置一个脱氧区，其目的在于消除高 DO 下硝化回流液携带的 DO 对缺氧区反硝化的抑制作用，但在低 DO 下基本不存在此抑制作用，此时脱氧区变为内源反硝化区，且只有硝化回流液及回流污泥进入脱氧区，致使污泥浓度远大于系统其他各段，对 TN 的去除有很大贡献；②低 DO 下易发生同步硝化反硝化。

三、结　论

1. A/O 系统中，在正常有机负荷条件［F/M＝0.24kgCOD/（kgMLSS·d）］下，采用适当的低 DO（0.3～0.4mg/L），可以引发丝状菌污泥微膨胀，系统 SVI 稳定在 150～300ml/g 之间。

2. 通过不同运行条件下对低溶解氧丝状菌污泥微膨胀启动、维持、破坏及恢复的试验研究，说明低溶解氧丝状菌污泥微膨胀是可控的、介于正常活性污泥及恶性丝状菌污泥膨胀状态之间的一个独立的稳定状态。

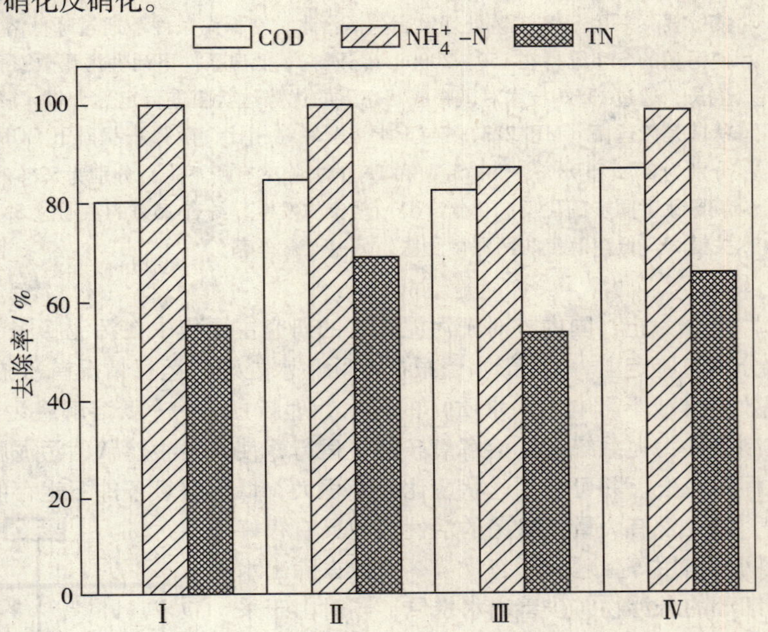

图 4　F/M 为 0.24kgCOD/（kgMLSS·d）下各污染指标的去除效果

3. 微膨胀过程中的 SVI 与二沉池出水 SS 有着十分密切的关系，随着 SVI 的升高，二沉池出水 SS 降低，当 SVI＞240ml/g 后，SS 基本检测不出。出水清澈，悬浮物很少。

4. 污泥微膨胀环境下，COD 和总氮去除率有所升高，分别为 85% 和 69%。由于本研究中的 A/O 系统好氧停留时间相对较长，氨氮去除率并未受影响，基本完全硝化。

5. A/O 实现并维持低溶解氧丝状菌微膨胀期间，DO 控制在 0.3～0.4mg/L，相对于正常 DO（2.0mg/L±0.2mg/L）条件下运行，节约曝气量约 42%。

参考文献

［1］陈滢．生活污水的短程硝化反硝化和污泥膨胀的研究［D］．北京：北京工业大学，2004：116－123.

［2］彭永臻，郭建华，王淑莹，等．低溶解氧污泥微膨胀节能理论与方法的发现、提出及理论基础［J］．环境科学，2008，29（12）：3342－3347.

［3］郭建华，王淑莹，彭永臻，等．低溶解氧污泥微膨胀节能方法在 A/O 中的试验验［J］．环境科学，2008，12（29）：3348－3352.

［4］左金龙，彭永臻，姜安玺，等．低溶氧污泥微膨胀污染物去除性能的研究［J］．哈尔滨商业大学学报（自然科学版），2009，25（3）：283－286.

［5］Jenkins D，Richard M G，Daigger G T. Manual on the causes and control of activated sludge bulking and other solids separation problems［M］．（3rd edition）. London ，UK：IWA Publishing ，2004：127.

［6］Sezgin M，Jenkins D，Parker D S. A unified theory of filamentous activated sludge bulking［J］．J Water Pollut Control Fed，1978，50（2）：362－381.

低温环境下活性污泥微膨胀的发生及分子生态学解析

武联菊　高春娣　郝　坤　王　丽

（北京工业大学环境与能源工程学院　北京工业大学环化楼2108　100124）

摘　要　采用SBR工艺处理实际生活污水，在低温条件下通过降低溶解氧诱使活性污泥发生微膨胀，使污泥的SVI维持在150~200ml/g。研究了低温条件下活性污泥微膨胀的发生及活性污泥中微生物的生长，通过FISH技术对微膨胀状态下的优势丝状菌进行定性分析，确定低温下诱发低氧微膨胀的丝状菌是微丝菌（MPA223）。与正常溶解氧时相比，微膨胀状态下COD和$PO_4^{3-}-P$的去除率均上升，分别为80%和98%，NH_4^+-N和TN的去除率有所下降，分别为52%和28%；研究中还发现，低溶解氧导致了同步硝化反硝化（SND）现象的发生，约有15%的氮通过SND现象去除。

关键词　低溶解氧　污泥微膨胀　低温　微丝菌

迄今为止，国内外对于污泥膨胀的研究主要集中在污泥膨胀的机制、控制与预防以及丝状菌的分离与鉴定上[1,2]。彭永臻根据实际污水处理厂运行情况首次提出一种既节能又能改善污水处理效果（或不影响出水水质）的污水处理新方法——低溶解氧污泥微膨胀节能理论与方法，[3]即控制活性污泥系统在低溶解氧条件下运行，使其发生丝状菌污泥膨胀，这种膨胀程度很轻不会导致污泥流失。并可利用丝状菌比表面积大，低溶解氧条件下生存能力强，降解低浓度有机物能力强，以及含有大量丝状菌的活性污泥具有很好的网滤作用等生理和形态优势，有效去除出水中细小的悬浮物，改善出水水质，同时由于采用的曝气量较小，达到节能的目的。该理论自提出以来一直受到研究者广泛关注[3-7]，逐渐成为研究热点。温度是影响污泥膨胀发生的重要因素，低温条件下污泥微膨胀的研究对于完善污泥微膨胀理论具有重要意义。本研究采用SBR工艺，以实际生活污水为研究对象，专门研究低温下低溶解氧对污泥膨胀的影响，分析其微生物种群的变化，并考察低溶解氧对出水水质的影响，根据优势丝状菌的性质提出改善出水水质的方法。

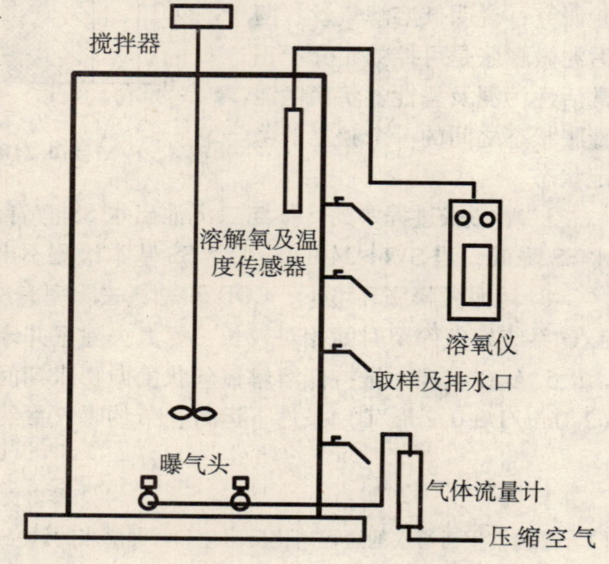

图1　SBR反应器示意图

一、试验装置与方法

（一）试验装置

采用SBR工艺，试验装置如图1所示。反应器有效体积为7L，采用缺氧/好氧（Anoxic/aerobic）模式运行，其中缺氧段时间为1.5h，好氧段时间为2.5h，有机负荷为0.2kg/(kg·d)，排水比为50%。通过调节曝气量控制好氧段DO浓度，反应器温度维持在13±1℃。系统中种泥取自北京某污水处理厂二沉池，污泥浓度（MLSS）维持在3000mg/L左右。实验所用原水取自某居民小区的化粪池，水质如表1所示。

表1　试验进水水质特性

项目	pH	COD /（mg/L）	NH_4^+-N /（mg/L）	NO_3^--N /（mg/L）	NO_2^--N /（mg/L）	$PO_4^{3-}-P$ /（mg/L）
范围	7.0～7.8	160～280	58～78	0.13～1.1	0.04～0.24	4.0～6.8

（二）分析项目及方法

COD、$PO_4^{3-}-P$、NH_4^+-N、NO_3^--N、NO_2^--N、MLSS、SVI均采用国家规定的标准方法测定，TN含量用NH_4^+-N、NO_3^--N和NO_2^--N之和表示。DO采用WTW溶解氧测定仪（Multi340i型）测定。使用OLYMPUS2BX51显微镜进行常规生物学分析，结合革兰氏染色及纳氏染色技术，根据Eikelboom丝状菌鉴定方法，对引起膨胀的细菌进行分类鉴定[8]。

（三）FISH检测

试验中微生物的定性检测方法选用荧光原位杂交（Fluorescent in situ Hybridization，FISH）技术，该分子生物学分析技术避免了传统的培养方法进行鉴定和计数的局限性，具有细胞在测定过程中不被破坏、形状不改变、特异性强，能够真实反映在自然环境下微生物的情况及分布等特点。

本实验的FISH检测中，首先进行样品固定，然后杂交染色，杂交使用了Cy3标记的微丝菌MPA223探针，封片后用OLYMPUSDP71荧光显微镜观察拍照，鉴定微膨胀丝状菌的种类。

二、结果与讨论

（一）低温条件下低溶解氧污泥微膨胀的发生

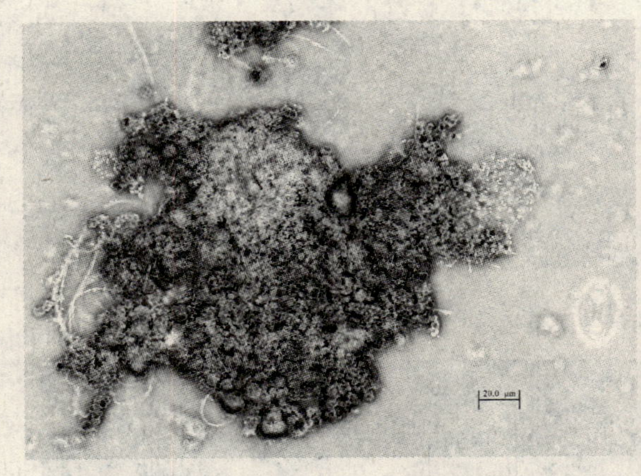

图2　正常溶解氧下污泥絮体的形态结构（400倍）

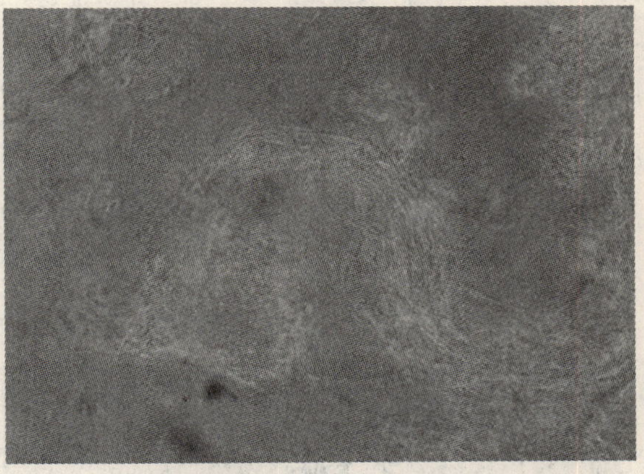

图3　低溶解氧下污泥絮体的形态结构（400倍）

试验初期，SBR反应器内DO浓度维持在2mg/L以上，活性污泥的SVI维持在90～110ml/g之间，污泥沉降性能很好，镜检发现污泥絮体结实，丝状菌很少（如图2所示）。当DO浓度从2.0mg/L降至0.5mg/L时系统内活性污泥的SVI逐渐升高，在降低DO的第5天的时候升至166ml/g，发生了污泥膨胀，一些丝状菌已伸出污泥絮体（如图3所示）。但在随后运行的37d内，膨胀并没有进一步恶化，SVI也没有一直上升，而是维持在167～210ml/g之间（如图4所示）。反应周期结束沉淀半小时后SBR中上清液十分清澈，几乎没有肉眼可见的悬浮物，SS大多检测不出，可见丝状菌对悬浮物的网滤作用很好。综上，可以初步断定，在SBR系统内发生了低溶解氧活性污泥微膨胀。

（二）低温条件下低溶解氧污泥微膨胀的优势菌种鉴定及其特性

镜检发现，活性污泥中丝状菌较多并且很多已经伸出污泥絮体。首先利用常规的丝状菌分类方法进行鉴定，即通过革兰氏染色、纳氏染色和积硫试验对膨胀后污泥的优势丝状菌进行初步鉴定。该丝状菌革兰氏染色和纳氏染色呈阳性，且纳氏染色有聚磷颗粒，根据 Eikelboom 制定的丝状细菌分类标准初步认定该细菌是微丝菌（microthrix parvicella）（见图5）。利用微丝菌 MPA223 探针对该丝状菌进行 FISH 定性检测后进一步确认发生污泥膨胀的诱因丝状菌便是微丝菌（MPA223）（见图6）。

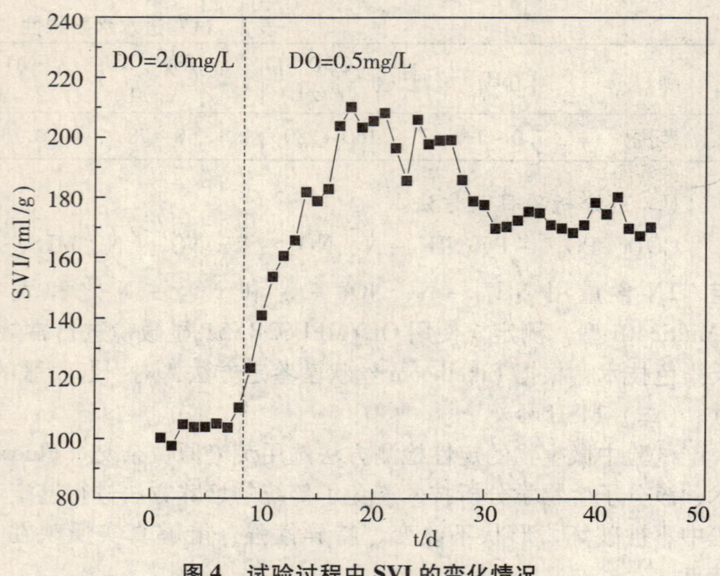

图4　试验过程中 SVI 的变化情况

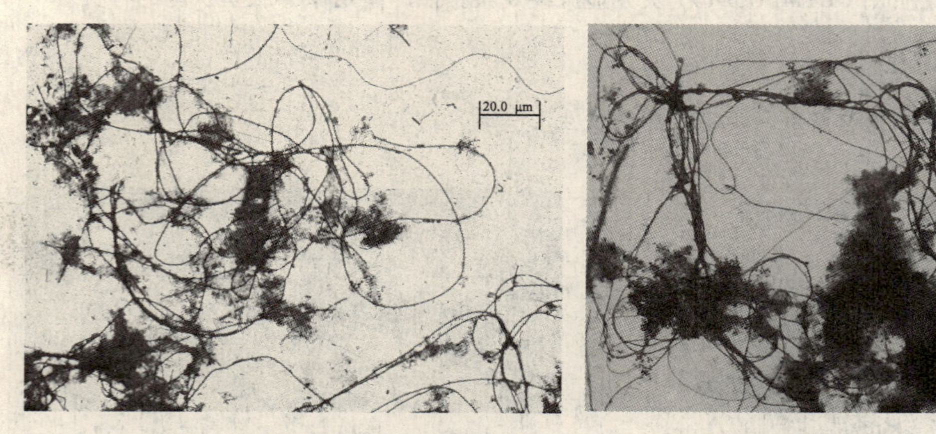
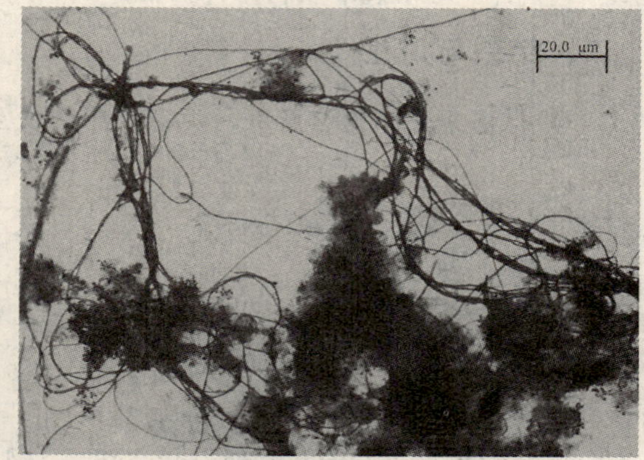

图5　低溶解氧微膨胀污泥的革兰氏染色照片（1000倍）

图6　低溶解氧微膨胀污泥中微丝菌 Microthrix parvicella（MPA223）的 FISH 检测图片（1000倍）

从图6可以看出到第40天的时候，污泥中的丝状菌已经很多，甚至不少丝状菌延伸缠绕在一起呈网状，但 SVI 却一直维持在较低的水平。分析认为，这是由微丝菌的形态特性决定的，微丝菌菌丝很长（200～500μm），且通常呈“束”状生长，相对于短菌丝的“刺毛球”状来说对菌胶团的支撑力较小，从而对菌胶团的沉降压缩的阻碍也小，污泥的沉降性能也未严重恶化。

近年来在世界范围内去除营养物质的污水厂，微丝菌是污泥膨胀中最常见的丝状菌。国外学者对微丝菌进行了很多深入的研究，发现即使在 A/O 或 A2/O 脱氮除磷的工艺中，也会发生微丝菌型污泥膨胀。由此表明这种丝状菌具有在厌氧和缺氧条件下吸收底物的能力，并且具有产生细胞内聚磷颗粒的能力。用试管做实验，静止半小时污泥就很快由于反硝化产生的气泡的上升被带到液面，相对于菌胶团细菌来说它的反硝化速率是高的[9]。这也就合理地解释了大多发生污泥微膨胀的污水厂出水氮、磷依然较低的原因。

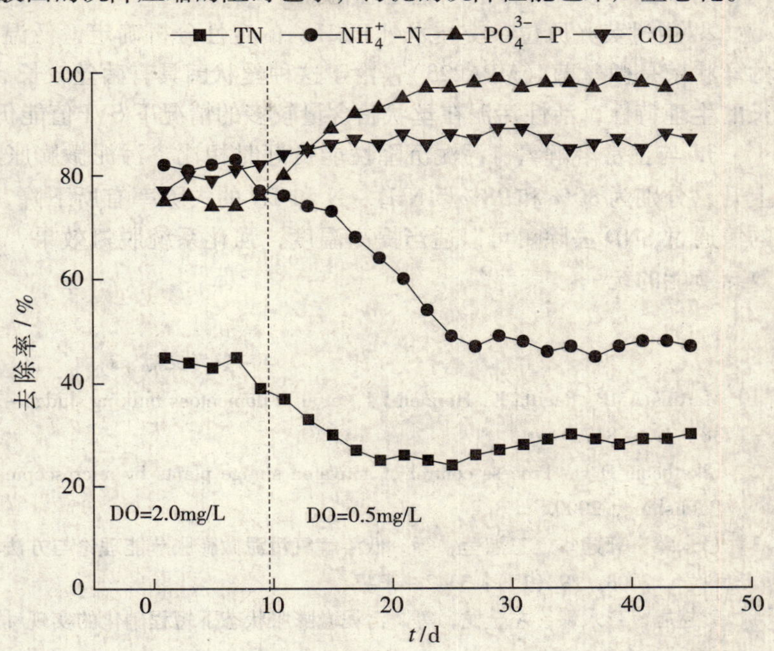

图 7　低溶解氧对污染物去除率的影响

（三）低温条件下低溶解氧微膨胀污泥的污染物去除特性

图 7 给出了不同 DO 下 SBR 工艺中 COD、PO_4^{3-}-P、NH_4^+-N 和 TN（NH_4^+-N、NO_3^--N、NO_2^--N 之和）去除率的变化情况。

DO 的降低对于 COD 的去除没有负面影响，相反低 DO 下 COD 的去除率略微升高。根据 Chudoba 提出的选择性理论，丝状菌具有较低的饱和常数 K_S，因此有较强的降解低浓度底物的能力，低 DO 下由于发生了轻微的丝状菌污泥膨胀，所以活性污泥对 COD 的去除能力略有升高。

随着 DO 的降低，PO_4^{3-}-P 的去除率逐渐上升到 98% 以上，有时出水 PO_4^{3-}-P 甚至为零。分析其原因，一方面，由于低温和低 DO 的影响，硝化细菌活性变弱，系统中 NO_x^- 的浓度降低，从而削弱了 NO_x^- 对聚磷菌的负面影响；另一方面，微丝菌具有产生细胞内聚磷颗粒的能力，强化了系统的除磷能力。

随着运行时间的延长，系统脱氮效果逐渐变差，到第 45 天氨氮去除率降至 52%，总氮去除率降至 30%。这是由于温度太低，硝化细菌的活性受到抑制所致。研究中还发现，低溶解氧运行期间逐步出现了好氧段总氮的去除，分析认为这是由于系统溶解氧较低导致污泥絮体内部处于缺氧状态，同时反应器内又存在可供反硝化细菌利用的碳源，因而导致系统在进行硝化反应的同时，污泥絮体内部也发生着一定程度的反硝化反应，因此断定发生了同步硝化反硝化现象，通过好氧初始和末端总氮浓度计算约有 15% 的氮通过 SND 现象去除。因此，根据微丝菌的生长特点：最适生长温度在 22℃，最适竞争温度在 10～15℃之间，可以适当提高温度以保证硝化细菌的活性，使硝化细菌和微丝菌均适度生长，同时利用低溶解氧创造的 SND 条件，达到提高系统脱氮效果的目的，实现去除营养物质的污水厂节能与高效的统一。

三、结　论

1. 在 SBR 工艺中，低温条件（13℃ ±1℃）下选择合理的溶解氧浓度（0.5mg/L）和有机负荷［0.2kg/（kg · d）］能诱发并维持低氧活性污泥微膨胀，使 SVI 值稳定在 160 ~ 210ml/g 之间，而不会导致沉降性能严重地恶化。

2. 通过荧光原位杂交技术（FISH）的定性分析确定，低温条件下诱发低氧活性污泥微膨胀的丝状菌是微丝菌（MPA223），由于这种丝状菌具有菌丝较长（200 ~ 500μm）和呈“束”状生长的生理特性，活性污泥在丝状菌含量较多的情况下 SVI 值能仍维持在较低的水平。

3. 与正常溶解氧、污泥沉降性能良好时相比，污泥微膨胀期间 COD、PO_4^{3-} – P 的去除率均上升，分别为 80% 和 98%。NH_4^+ – N 和 TN 的去除率有所下降，分别为 52% 和 29%，约有 15% 的氮通过 SND 去除。可以适当提高温度，强化系统脱氮效果，以实现去除营养物质的污水厂高效与节能的统一。

参考文献

［1］Martins AMP, Pagilla K, Heijnen J J, et al. Filamentous bulking sludge – a critical review［J］. Water Res, 2004, 38：793 – 817.

［2］Eikelboom D H. Process control of activated sludge plants by microscopic investigation［M］. London, UK：IWA Publishing, 2000.

［3］彭永臻，郭建华，王淑莹，等．低溶解氧污泥微膨胀节能理论与方法的发现、提出及理论基础［J］．环境科学，2008，29（12）：3342 – 3347.

［4］彭赵旭，彭永臻，左金龙，等．污泥微膨胀状态下短程硝化的实现［J］．环境科学，2009，30（8）：2309 – 2314.

［5］左金龙，王淑莹，彭永臻，等．低溶解氧污泥微膨胀污染物去除性能的研究［J］．环境工程学报，2009，3（8）：345 – 1349.

［6］左金龙，王淑莹，彭赵旭，等．低溶解氧污泥微膨胀前后污泥硝化活性的对比研究［J］．土木建筑与环境工程，2009，31（4）：117 – 122.

［7］王淑莹，白璐，宋乾武，等．低氧丝状菌污泥微膨胀节能方法［J］．北京工业大学学报，2006，32（12）：1082 – 1086.

［8］Eikelboom D H. Filamentous organisms observed in activated sludge［J］. Water Res., 1975, 9：365 – 388.

［9］崔洪升，白晓慧，李刚，等．寒冷地区城市污水处理厂污泥膨胀及其控制方法［J］．哈尔滨建筑大学学报，2001，2（34）：79 – 82.

低氧亚硝化的稳定性研究

杜　贺　李　冬　张　杰

（北京工业大学建工学院　北京市水质科学与水环境恢复工程重点实验室　北京　100124）

摘　要　以 A/O 除磷工艺的二级出水为进水，通过低溶解氧控制，实现了亚硝酸盐的稳定积累，并从三个方面分别研究了总氮损失、水力停留时间（HRT）和回流比（R）对稳定亚硝化的影响。结果表明：系统的表观亚硝化率受 COD 浓度影响，COD≤50mg/L 时，表观亚硝化率降低，COD＞50mg/L 时，表观亚硝化率会增加；延长和缩短 HRT 都对稳定亚硝化存在正反两方面影响，应根据实际情况进行动态控制；提高回流比会增加破坏稳定亚硝化的风险，以较低回流比 0.5 为宜。另外，低溶解氧浓度不会降低系统的亚硝化效率，在 HRT＝6h，R＝0.5，T＝22～24℃条件下，平均氨氮去除率达 83%，氨氮去除负荷为 0.28kgNH_4^+－N/kgMLSS·d，亚硝酸盐积累率接近 100%。

关键词　稳定亚硝化　低溶解氧　总氮损失　水力停留时间　回流比　亚硝化效率

随着氮素污染的日益严重，水体富营养化现象也愈来愈严重，目前最成熟的脱氮工艺为硝化反硝化工艺，但由于消耗碳源、能源较高，已不符合可持续发展的要求。近年来，许多专家学者致力于生物脱氮新理论、新工艺的探索研究，其中以短程反硝化技术和短程硝化－厌氧氨氧化技术为代表，弥补了传统脱氮技术的缺陷[1-4]，而如何将硝化反应稳定控制在亚硝酸盐阶段成为上述两种脱氮技术的瓶颈。目前公认的能够控制短程硝化的因子主要有：低溶解氧、游离氨、温度等方面，并取得一定的研究成果[5-10]。对于城市生活污水而言，通过控制游离氨和温度实现亚硝化并不现实，溶解氧成为可用的控制因子。而且当前的亚硝化工艺多与城市污水二级处理相耦合，这意味着氨氧化菌（AOB）与其他异氧菌共存，涉及多种微生物对营养物质的不同需求和竞争问题，生物链较复杂，生态平衡容易破坏，影响亚硝化的稳定性。基于此，本试验利用 A/O 除磷工艺的出水，通过低溶解氧控制，成功地实现了常温城市污水二级出水的稳定亚硝化，同时考察了 COD、水力停留时间、回流比对稳定亚硝化的影响，以解决深度处理中厌氧氨氧化工艺的亚硝酸盐来源问题。

一、材料与方法

（一）试验装置

试验采用反应器由有机玻璃制成，采用合建的方式，将曝气池与沉淀池合建于一个反应器之中，如采用如图 1 所示。其中，反应器总体积 136L，曝气池有效体积 30L，沉淀区 106L。在距曝气池外围 5cm 处设圆柱形挡板，以增加沉淀区泥水混合物的絮凝接触几率，从而加速沉淀，利于泥水分离；曝气采用可调曝气泵控制，连接四个微孔粘砂曝气头，均匀置于曝气区底部；在曝气池内安装搅拌器进行搅拌，以弥补曝气混合作用的不足；试验进水、污泥回流均采用蠕动泵控制。试验在室温（12～24℃）下进行，污泥浓度为 1000～2000mg/L，SRT 控制在 30d 左右，污泥回流比为 50%～140%，进水流量在 57～120L/d，相应 HRT 控制为 6～12.4h，通过调节曝气量大小控制反应区 DO 浓度，并设置 DO、ORP、pH 在线监测仪。

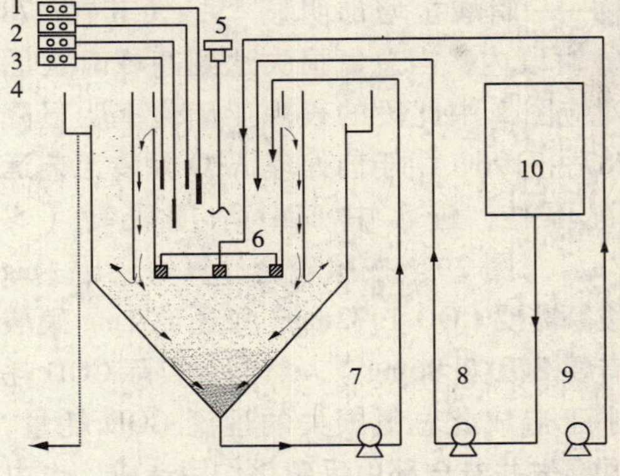

图 1　试验装置图

1. 在线 pH 测定仪；2. 在线 DO 测定仪；3. 在线 ORP 测定仪；4. 在线电导测定仪；5. 搅拌器；6. 曝气头；7. 回泥泵；8. 进水泵；9. 曝气泵；10. 原水箱

（二）试验用水

试验用水采用北京工业大学家属区生活污水经 A/O 除磷工艺处理后的二级出水，主要水质指标如表 1 所示。

表 1　实验用水水质 NH_4^+-N

NH_4^+-N /（mg/L）	NO_3^--N /（mg/L）	NO_2^--N /（mg/L）	COD /（mg/L）	P /（mg/L）	碱度 /（mg/L）	温度 /℃	pH
60 ~ 75	< 1	< 1	30 ~ 170	< 1	400 ~ 500	14 ~ 26	7.8 ~ 8.1

（三）分析检测方法

NH_4^+-N 采用纳氏试剂光度法；NO_2^--N 采用 N－（1－萘基）－乙二胺光度法；NO_3^--N 采用麝香草酚分光光度法；MLSS、MLVSS、SV 和 SVI 均按国家环保局发布的标准方法测定[11]；DO 和温度采用 EUTECH DO2000PPG 多功能溶解氧在线测定仪；pH 采用 WTW pH296 型在线测定仪；OPR 采用 WTW ORP296 型在线测定仪。

二、结果与讨论

在试验中发现：亚硝化反应器不仅导致了氮的形式的转化（$NH_4^+-N \rightarrow NO_2^--N$），还存在氮损失现象，随着反应器在不同工况下的运行，总氮损失率在 20% ~ 60% 波动。在反应器启动后进入亚硝酸盐稳定积累阶段，对总氮损失问题进行考察，分析总氮损失是低 DO 引起的两种脱氮作用所致：一种是反硝化作用，另一种是厌氧氨氧化作用——在本反应器启动初期曾接入少量厌氧氨氧化污泥导致。

（一）COD 对稳定亚硝化的影响

256 ~ 287d，进水 COD≤50mg/L（图 2）中，COD 消耗量很少，COD 去除率小于 10%。这是因为此部分有机物主要为难降解有机物质，故进入限氧亚硝化系统后，COD 难以被继续降解，这表明此时反硝化作用很弱，因此可以推断，此时的氮损失主要由厌氧氨氧化作用导致的，而其副产物——硝酸盐增加明显[12]，尤其在 278 ~ 287d 时段内，当总氮损失达到高峰时（图 3），对应图 2 中此段的表观亚硝化率明显降低。287 ~ 319d，由于前处理 A/O 除磷工艺运行状况不佳，进水中 COD 浓度较高（> 50mg/L）（图 2）。按照理论计算每还原 1mg 亚硝酸氮需要 COD 1.72mg，每还原 1mg 硝酸盐氮需要 COD 2.86mg[4]。然而，实际 COD 耗量远小于造成此总氮损失的理论 COD 耗量，即总氮损失并非全部由反硝化作用造成，也由厌氧氨氧化作用造成。图 2 中大量 COD 同时被消耗，COD 去除率一度高达 77%，图 3 出水硝酸盐几乎为零，反硝化作用增强，说明反硝化作用不但消耗系统中已有的硝氮，也利用了厌氧氨氧化作用产生的硝氮，表观亚硝化率大幅增加。

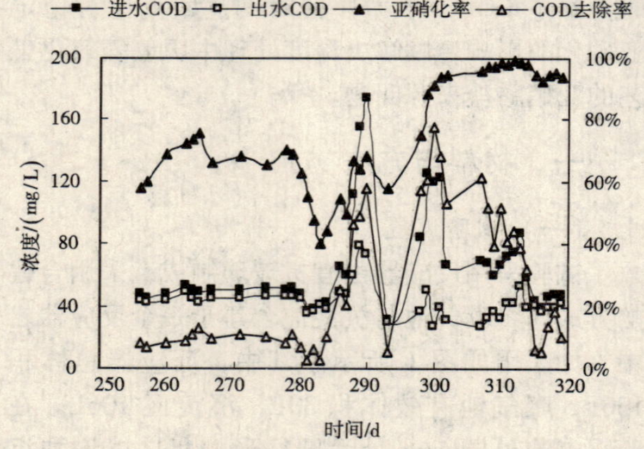

图 2　COD 对亚硝化性能的影响

两种作用都会消耗亚硝酸盐，当 COD≤50mg/L 时，厌氧氨氧化作用占主导地位，其在消耗亚硝酸盐同时会产生硝酸盐副产物，降低表观亚硝化率，由于还需要消耗一定的氨氮，从而使 AOB 细菌底物浓度降低[13]，间接导致亚硝化速率下降，降低亚硝化性能。而当 COD > 50mg/L 时，反硝化作用占优势，一方面会消耗系统中原有的硝氮和亚氮，另一方面还可以消耗掉厌氧氨氧化带来的硝氮，使系统中硝态氮含量减少至零点，这说明低氧下高 COD 浓度，基本不影响系统的硝化性能，反而能够降低硝酸盐含量，对维持亚硝化的稳定性起到促进作用。

（二）水力停留时间对稳定亚硝化的影响

在 230～293d 约 60d 的稳定运行期内，维持反应器 DO 在 0.15～0.25mg/L 范围，水温在 20℃ 以下，水力停留时间先从 8h 增至 12.4h、后降至 8h，实验结果见图 3、图 4。

由图 4 可见，当 HRT 从 8h 增加至 12.4h 时，亚硝化率从 89% 降至最低 40%；而后恢复 8h 的 HRT 后，亚硝化随之逐渐增加至 81%。图中氨氮去除率、总氮损失率两条曲线变化趋势基本相同，当 HRT 为 8h 时，平均氨氮去除率为 52%，平均总氮损失率为 25%；当 HRT 延长至 12.4h 后，两者分别为 81%、49%，分别提高了 29%、25%，意味着系统硝化性能的提高，但此时（第 243 天，HRT 开始提高时），图中表观亚硝化率整体呈持续下降趋势，其原因是 HRT 增加延长了亚硝酸氧化菌（NOB）在系统中的停留时间，导致出水中硝酸盐增加[14,15]。其中在第 256～280 天阶段内，各参数出现较大波动，这主要是因为水温从 18℃ 骤降至 12℃，受温度突变影响细菌活性降低，氨氮去除率降低并随温度起伏，但一直处于下降趋势的表观亚硝化率却出现反弹，这是因为相对 NOB 细菌，厌 AOB 细菌对低温更敏感[16]（在 256～287d ANAMMOX 作用占优）；此时，副产物硝酸盐随之减少，表观亚硝化率相对提高，总氮损失率显著降低也能证明厌氧氨氧化作用的减弱。当重新调整 HRT 至 8h，在水力冲击作用下，平均氨氮去除率与总氮损失率稍有下降，分别为 78%、48%，但与此前的 8h 停留时间相比平均氨氮去除率却提高 26%，这说明前阶段较长的水力停留时间促进了系统的转化能力；此时缩短 HRT 减少了 NOB 细菌和脱氮细菌的作用时间，也是亚硝化率增加的原因之一。

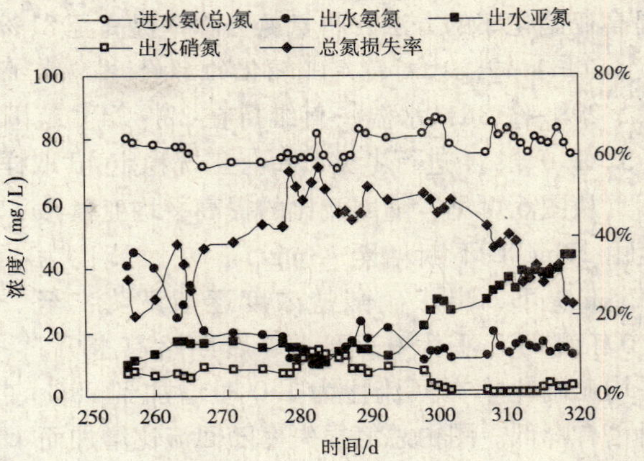

图 3 氮素化合物浓度与总氮损失

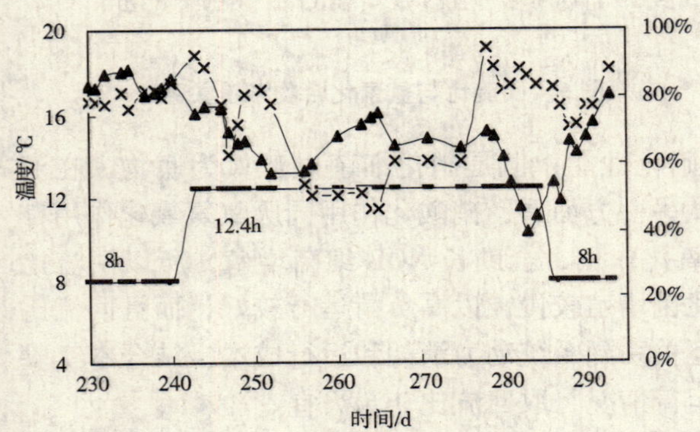

图 4 水力停留时间对亚硝化性能影响

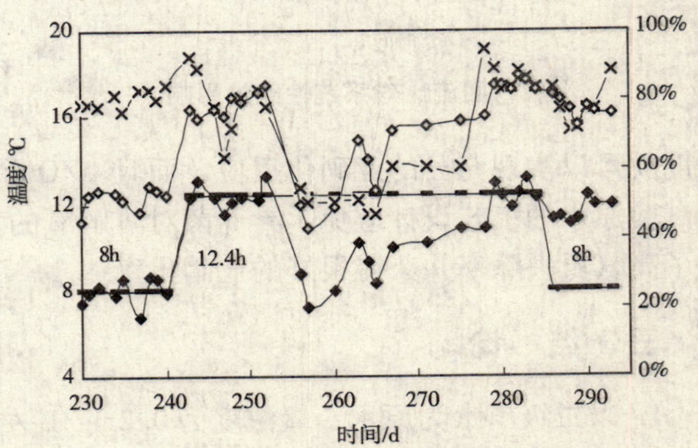

图 5 水力停留时间对氨氮去除和总氮损失的影响

可见，水力停留时间对系统稳定亚硝化的影响是双重的。其一，延长 HRT 可以直接提高亚硝化性能，缩短 HRT 可以抑制硝酸化作用，间接提高亚硝化性能；其二，在直接提高亚硝化性能同时也会增加全程硝化的风险，如果 HRT 过低，亚硝化能力（微生物数量与活性）未能同步得到提高，反而会降低硝化性能。总之，HRT 对系统是一个综合的、动态的影响，以 HRT 的积极作用为主，调整为辅，本实验采取了先延长 HRT 增强亚硝化性能，再缩短 HRT

提高亚硝化率的方法，将氨氮去除率提高至81%，同时获得较好的亚硝化效果。

（三）回流比对稳定亚硝化的影响

298～318d，水温一直维持在22～24℃范围内，保持HRT=6h不变，分别选取三个回流比0.5、1.0、1.4进行考察，每一工况稳定4d取样测定，实验结果见图5和图6。

从图6可见，随回流比的提高平均亚氮浓度由27mg/L不断增至43mg/L；在回流比为0.5工况下，出水硝酸盐浓度逐渐下降，至1.0工况时几乎为0，到1.4后期略有上升；平均亚硝化率在回流比为1.0时增加到98%后稍有降低。图中总氮损失率随回流比增加而降低，在3个回流比下的平均总氮损失率依次为49%、39%、31%。由于脱氮作用减弱，参与厌氧氨氧化作用的氨氮减少，氨氮去除率理应降低，但是实际的氨去除率却没有变化，始终保持在83%左右，说明真实的氨氮去除率是增加的，实际上图中亚氮浓度的不断增长也可以说明这一点，所以可认定增大R能提高亚硝化性能；但是硝化细菌以亚氮为底物，在亚氮浓度增长同时，也增加了系统硝酸化的风险，从另一方面看，硝酸化作用同厌氧氨氧化作用存在着对底物亚硝酸盐的竞争，增加R弱化厌氧氨氧化作用，会助长NOB细菌增殖，所以回流比增大不利于亚硝化系统的稳定。另外，自养亚硝化菌增殖较慢，以高负荷运行较好，而且回流比还关系到系统动力消耗和运行成本，结合本实验运行情况，取回流比0.5为宜。

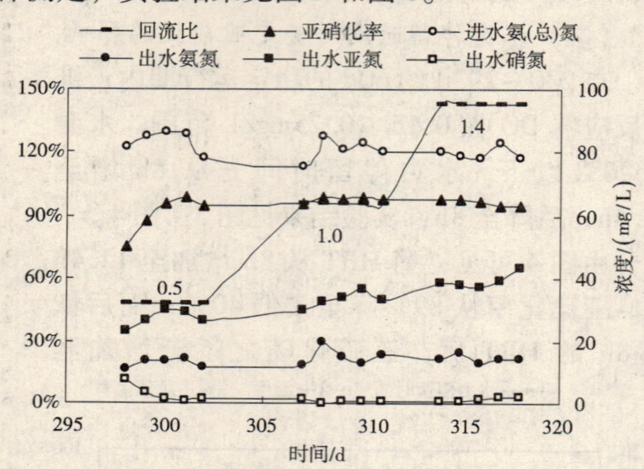

图6　回流比与氮素化合物浓度关系

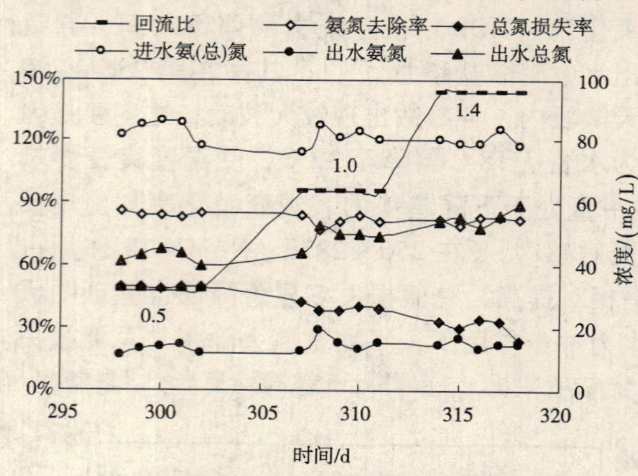

图7　回流比对系统性能的影响

综上所述，在低溶解氧运行条件下，氨氮的平均去除率为83%，去除负荷可高达0.28kgNH_4^+－N/kgMLSS·d，亚硝酸盐浓度最高时达43.7mg/L，亚硝化率接近100%。说明系统的硝化效果较好，氨氮去除率并没有因低氧浓度受到影响，不一定按照传统的观点，维持系统较高的DO水平（>2mg/L）才能保持较好的硝化性能；另外，由于AOB细菌的氧饱和常数为0.2～0.4mg/L，其对氧的亲和力比NOB细菌大，能够弥补低氧不足，所以维持较低的溶解氧浓度就可以实现充分的亚硝化反应，而且A/O除磷工艺出水中可生物降解有机物较少，以此作为试验原水的工艺设计避免了异养菌对溶解氧的竞争，确保了系统中AOB细菌的主体地位，实现了高氨氮去除率并获得很好的亚硝化率。

三、结　论

1. 以二级出水为原水，氧浓度为0.2mg/L左右时，COD会影响系统的表观亚硝化率，COD≤50mg/L时，表观亚硝化率降低，COD>50mg/L时，表观亚硝化率会增加。

2. 水力停留时间对稳定亚硝化的影响是双重的，应根据实际情况进行动态调节。

3. 提高回流比可以增强亚硝化性能，但会面临向全程硝化转化的风险，不利于亚硝化系统的稳定，综合考虑经济性能和AOB细菌的自身特点，取回流比为0.5。

4. 低溶解氧浓度能够满足 AOB 细菌对氧的需求，因而不会降低氨氮去除效果。

参考文献

[1] Jetten M S M, Horn S J, Loosdrecht M C M. Towards a more sustainable wastewater treatment system [J]. Water Science and Technology, 1997, 35 (9): 171 - 180.

[2] Dapena - Mora A, Fernandez I, Campos J L, et al. Evaluation of Activity and Inhibition Effects on ANAMMOX Process by Batch Rests Based on the Nitrogen Gas Production [J]. Enzyme Microb Technol, 2007, 40 (4): 859 - 865.

[3] 王英阁，胡宗泰. 生物脱氮新工艺研究进展 [J]. 上海化工，2008，33 (11)：1 - 5.

[4] 叶建锋. 废水生物脱氮处理新技术 [M]. 北京：化学工业出版社，2006.

[5] 支霞辉，丁峰，彭永臻，等. 常温条件下短程硝化反硝化生物脱氮影响因素的研究 [J]. 环境污染与防治，2006，28 (4)：254 - 256.

[6] 叶建锋，徐祖信，操家顺. 亚硝酸型半硝化影响因素的试验研究 [J]. 水处理技术，2005，31 (10)：5 - 7.

[7] 孙英杰，张隽超，胡跃城. 亚硝酸型硝化的控制途径 [J]. 中国给水排水，2002，18 (6)：9 - 31.

[8] 徐步元，王得楷，方世跃，等. SHARON 法处理垃圾焚烧厂渗滤液 [J]. 兰州大学学报，2008，44 (1)：17 - 19.

[9] 吕艳丽，单明军，王旭，等. 短程硝化——厌氧氨氧化处理焦化废水的研究 [J]. 冶金能源，2007，26 (5)：55 - 58.

[10] 史一欣，倪晋仁. 晚期垃圾渗滤液短程硝化影响因素研究 [J]. 环境工程学报，2007，1 (7)：111 - 114.

[11] 国家环保局. 水和废水监测分析方法 [M]. 北京：中国环境科学出版社，1989.

[12] Vande Graaf A A, de Bruijn P, Robertson L A, et al. Metabolic Pathway of Anaerobic Ammonium Oxidation on the Basis of 15N Studies in a Fluidized Bed Reactor [J]. Microbiology, 1997, 143: 2415 - 2421.

[13] Strous M, Heijnen J J, Kuenen J G, et al. The sequencing batch reactor as a powerful tool for the study of slowly growing anaerobic ammonium - oxidizing microorganisms [J]. Appl Microbiol Biotechnol, 1998, 50: 589 - 596.

[14] 张楠. 不同水力停留时间对膜生物反应器中同步硝化反硝化的影响 [J]. 浙江建筑，2008，25 (2)：53 - 55.

[15] 李红岩，张昱，高峰，等. 水力停留时间对活性污泥系统的硝化性能及其生物结构的影响 [J]. 环境科学，2006，27 (9)：1862 - 1865.

[16] 张杰，付昆明，曹相生，等. 序批式生物膜 CANON 工艺的运行与温度的影响 [J]. 中国环境科学，2009，29 (8)：850 - 859.

高级催化氧化组合技术（CAOT）应用研究

陈祥伟 孙 冰 于 亚 周 挺 韩国华 任丽娟 李 刚

（大庆油田有限责任公司第二采油厂 黑龙江省大庆市红岗区
第二采油厂第一作业区 163414）

摘 要 针对油田采出水含有聚合物之后存在的问题，应用高级催化氧化组合技术组合工艺对污水进行处理。该工艺中活化器产生的羟基以及活性氧成分为主的活性气体可起絮凝、破乳、降解污染物作用。应用高级催化氧化组合技术在聚驱联合站开展了现场试验研究，试验表明，油站沉降罐放水与污水站外输水的含油量均有所下降，其中油站放水含油下降20%以上，外输水含油、悬浮物含量均下降35%以上。初步确定了影响高级催化氧化技术处理效果的主要因素及各主要工艺参数的推荐数值，提高水质的同时提高了污油回收率。

关键词 高级催化氧化 含聚污水 回流比 除油效率 含油量

一、引 言

大庆油田聚合物驱油技术自20世纪90年代，开始进行了大规模的工业化推广，为油田的稳产作出了巨大贡献。但是，当油田的采出水中含有聚合物之后，污水的黏度增大，水质特性发生了变化，一是油珠粒径变小，粒径中值由水驱35μm左右降到10μm左右，污水Zeta电位增大，由－2.0～－3.0mV上升到－17.0mV以上，降低了油珠浮升速度，油珠的稳定性增强，油、水之间分离难度加大。二是采出水中悬浮固体成分发生了明显变化，其中有机物（细菌、腐殖酸、硫氢化合物）含量较多，颗粒变细，数量增加，稳定性好，造成悬浮固体聚并及分离困难。上述因素导致沉降罐出水含油超标，原油流失严重。

油水分离效果差，大量高分子有机物干扰严重，造成过滤罐过滤效果下降，进而影响污水站出水水质。不达标污水回注地层后，使注水单耗上升，作业费用增多，配注方案难以实现，影响油田开发效果。在此背景下，污水处理站运行控制复杂程度增加，操作与管理工作量增加，综合消耗增加，但运行依然不能满足生产需要，并对后续的回注工艺产生连带影响。由此需要更新思路，完善必要措施，提高采油开发效率，提高污水处理站的安全性。为此，开展了CAOT高级催化氧化组合技术现场试验。

二、原理及流程

（一）基本原理

CAOT高级催化氧化组合技术（Catalysis Advanced Oxidation Technologies，CAOT）是集聚多种有针对性的高级氧化、净化一体组合技术，利用羟基自由基电荷的不稳定与不中和特性引发多功能的效应。

该工艺中活化器产生的羟基以及活性氧成分为主的活性气体可在短时间内对污染物中的大分子、稳定结构化学分子进行破坏性攻击，提高污染物的可降解性。羟基自由基的负电荷特性，可起絮凝、破乳作用以及改善气体在水中溶解性，从而使羟基自由基在浮选、混凝、沉降、过滤中发挥积极作用。

经CAOT高级催化氧化组合技术活化后的外输水，改变了水的物理化学特性，使得活化微气泡在水中完成完整的析出过程延迟，微气泡寿命期加长，活化气的负离子携带使得微气泡对悬浮性物质的结合力加强，网捕机理的捕捉效率提高，通过活化能强度调整和催化强度调整，提高各级沉降罐中的油水分离效率，提高过滤器运行及其反冲效果，最终提高外输水水质。

（二）试验地点

目前 CAOT 高级催化氧化组合技术已在燕山炼油厂石化泄漏的循环水、日照岚山化工港洗舱水、中信化工公司循环水、石家庄炼油厂炼化污水、沂源自来水厂等领域得到工业化应用。根据上述场站应用效果，2008 年起，在聚驱联合站开展了 CAOT 高级催化氧化组合技术现场试验。

该联合站位于南三区东部，包括放水站 1 座，污水站 1 座，其中污水站处理工艺采用“二级沉降 + 二级过滤”，设计规模 $1.5\times10^4m^3/d$，实际外输污水 $1.3\times10^4\sim1.7\times10^4m^3/d$。

试验装置在聚驱联合站与现有油站沉降罐、污水站沉降罐并联运行，开展沉降罐运行效果、对其他工艺的影响等方面的试验研究。通过 CAOT 高级催化氧化组合技术对污水的作用，大大提高沉降罐等常规装置去除污水中的污油及悬浮物的能力，改善污油品质。

（三）工艺流程

首先利用压缩空气经多级净化脱水制成富氧气体送入活化器，由活化器变频中压电场作用产生羟基及新生态氧等活化气体。污水站外输水分别在预催化床前和活化反应器前 2 次与活化气混合，通过催化床的催化剂表面的活性中心引发，促进负离子携带，形成活化水，分三段进入从油站到污水站的处理流程。一段在油站进沉降罐前注入活化水，分离在油站沉降罐进行。二段在污水站进沉降罐前注入活化水，分离在污水站沉降罐进行，同时改善水体的可滤性。三段在滤罐反冲洗泵前注入活化水，使微气泡的爆破干扰油对滤料的吸附，提高反冲洗时油类污染物的脱附，从而提高反冲洗效率、缩短反冲洗时间、降低反冲洗水耗、延长反冲洗周期。由此提高各阶段的净化效率，挖掘原有流程的净化潜能，达到提高出水水质的目的。

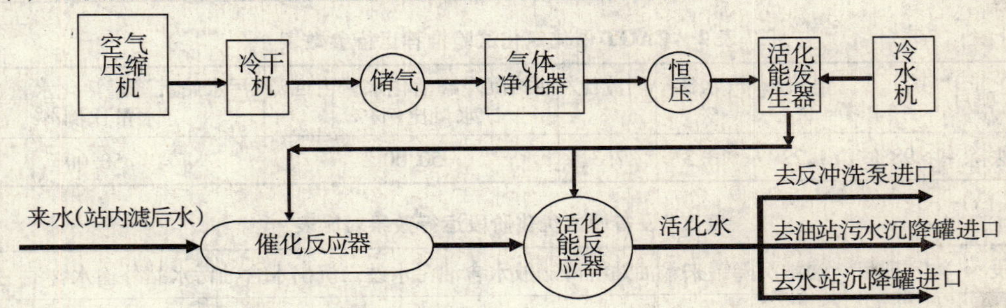

图 1　现场试验工艺流程

三、试验结果分析

（一）设备调试阶段

高级催化氧化组合技术主要的工艺运行参数包括：活化水汽水比、活化器电流强度、不同工艺节点活化水的回流比。在试验初期，首先对上述工艺参数进行优化。根据初步拟定的控制范围，调整电流、汽水比、活化水回流比等参数，通过检测外输水含油、悬浮物，寻找最佳的组合参数，并观察运行的稳定性。

高级催化氧化组合技术（CAOT）投运后，油站沉降罐来水含油在 364.0～3544.0mg/L 之间时，污水站外输水含油在 10.8～72.4mg/L 之间，原油总去除率在 92.5%～99.7%之间。从图中可以看出，随着原油总去除率的逐渐降低，外输水含油逐渐升高，因此根据原油总去除率的高低，对运行参数进行优选。

根据原油总去除率数据，推荐运行参数为：活化器电流 1.22A，汽水比 13.3%左右，回流比 7.3%左右，此时外输水含油、悬浮物含量去除率较高。

表 1　设备调试优化阶段主要参数效果明细表

序号	电流/A	汽水比/%	回流比/%	油站沉降罐来水含油/（mg/L）	污水站外输水含油/（mg/L）	原油总去除率/%	外输悬浮物/（mg/L）	悬浮物去除率/%
1	1	13.0	8.18	3490	11.2	99.7	8	92.6
2	1.2	12.0	8.34	3544	36.4	99.0	20	83.1
3	1.5	18.8	6.48	981.2	11.2	98.9	6	92.1
4	1.2	15.0	6.11	3472	44.8	98.7	12	89.1
5	1.2	9.0	6.73	826.3	10.8	98.7	6	90.0
6	1.2	12.0	7.95	3488	68	98.1	32	77.5
7	1	16.3	7.06	921.4	18.9	97.9	16	77.1
8	1.2	12.2	7.22	938.6	24.8	97.4	16	77.8
9	1.5	28.3	5.08	926.1	33.6	96.4	18	73.5
10	1	13.3	8.39	939	34.8	96.3	10	86.1
11	1	14.4	8.28	364	20.8	94.3	12	62.5
12	1.75	13.8	8.08	580	40.4	93.0	30	66.7
13	1.5	11.3	6.83	849.6	62.4	92.7	50	58.3
14	1.75	11.1	7.97	960	72.4	92.5	40	63.6

表 2　CAOT 催化氧化试验推荐运行参数表

项目	电流/A	汽水比/%	回流比/%	油站沉降罐活化水量占回流水量比例/%	污水站沉降罐活化水量占回流水量比例/%
原油总去除率 >98%	1.22	13.3	7.3	50.00	50.00

表 3　设备调试优化阶段运行效果对比表

阶段	项目	油站沉降罐来水	油站沉降罐放水含油	污水站二沉出水含油	污水站外输水含油	去除率
空白阶段/（mg/L）	含油	1388.3	727.9	116.7	63.6	95.4%
投运后/（mg/L）		2634	761.9	73.7	30.4	98.8%
改善幅度				36.8%	52.2%	3.4%
空白阶段/（mg/L）	悬浮物	101.4	62.3	47.2	27.9	72.5%
投运后/（mg/L）		102.3	63	29.7	14	86.3%
改善幅度				37.1%	49.8%	13.8%

可以看出，高级催化氧化组合技术（CAOT）投运后，污水站沉降罐出水与污水站外输水的含油量、悬浮物含量均有所下降，其中污水站沉降罐出水含油下降 36.8%，污水站外输水含油下降 52.2%，污水站沉降罐出水悬浮物含量下降 37.1%，污水站外输水悬浮物含量下降 49.8%。

（二）设备稳定运行阶段

设备调试阶段结束后，当内外背景参数恒定时，调试系统至正常状态，调整电流、汽水比、活化水回流比等参数，在上述运行参数下，进行了连续稳定的现场运行试验。

试验期间，对各工艺节点含油量进行检测，试验数据曲线图见图 2。

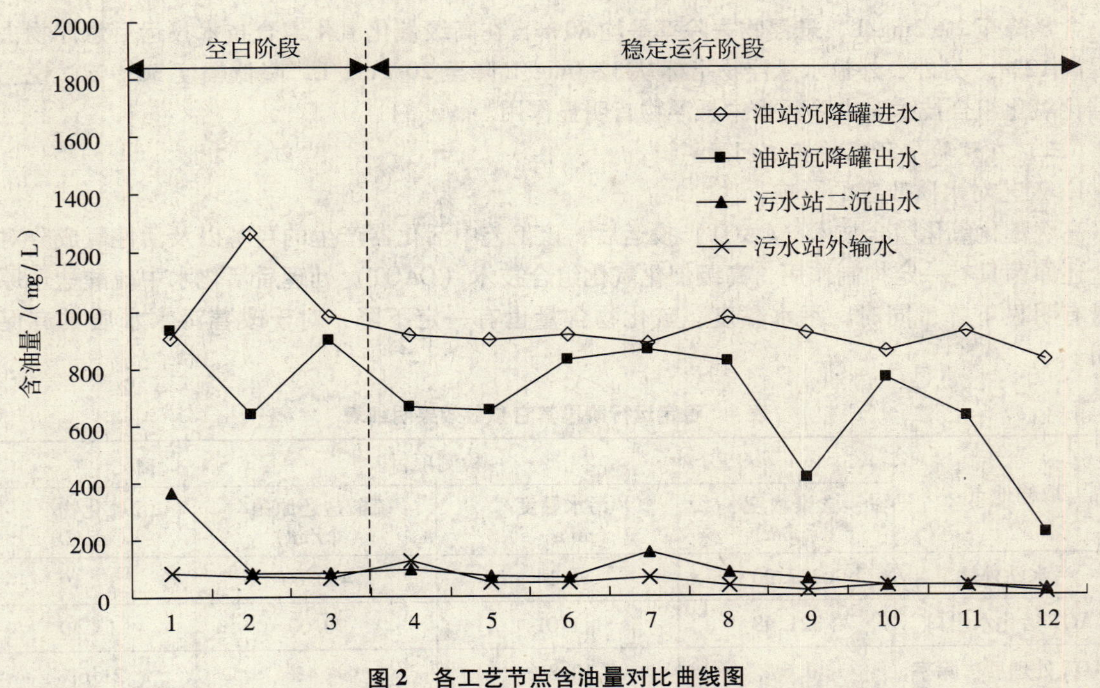

图2　各工艺节点含油量对比曲线图

从图2可以看出，在油站沉降罐来水平均含油为1000mg/L时，催化氧化组合设备投运前，外输水含油平均73.2mg/L，含油去除率平均92.7%，设备投运后，外输水含油平均46.7mg/L，含油去除率平均95.3%，在高级催化氧化组合技术投运后总含油去除率可提高2.6%。另外，外输水含油指标从73.2mg/L降至46.7mg/L，降低幅度36.2%，说明高级催化氧化组合技术对去除污水中含油有明显作用。

试验期间，对各工艺节点悬浮物含量进行检测，试验结果见图3。

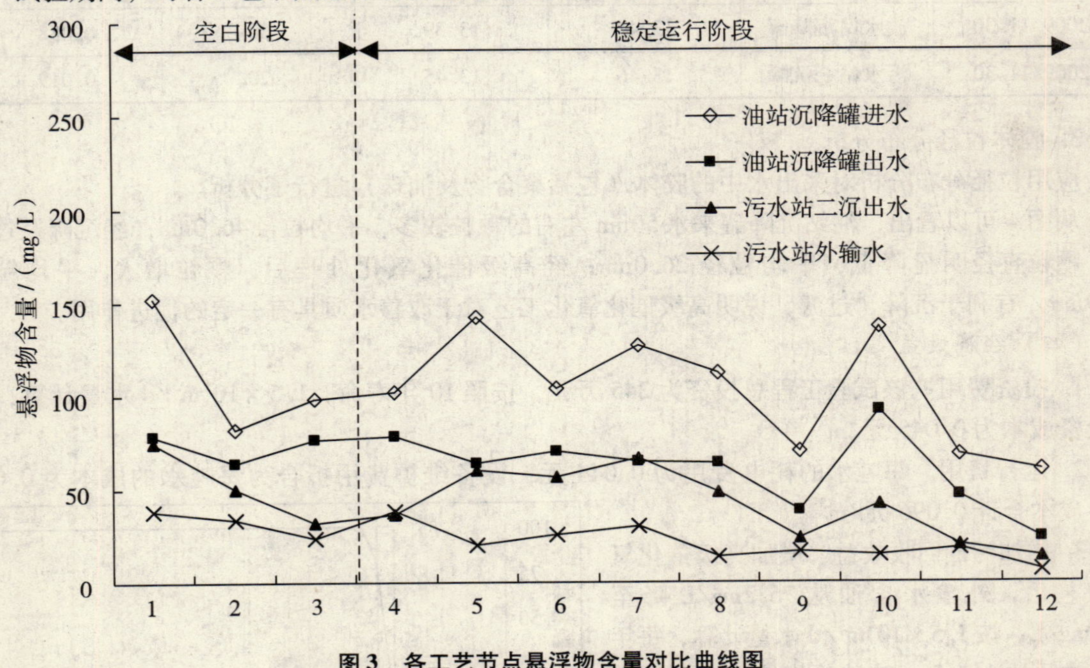

图3　各工艺节点悬浮物含量对比曲线图

从图3可以看出，在油站沉降罐来水平均悬浮物含量100mg/L左右时，催化氧化组合设备投运前，外输水悬浮物含量平均32.0mg/L，悬浮物去除率平均68.0%，设备投运后，外输水悬浮物含量降至 20.2mg/L，悬浮物去除率平均 80%，在高级催化氧化组合技术投运后悬浮物去除率提高 12%。另外，外输水悬浮物指标从 32.0mg/L 降至 20.2mg/L，降低幅度 36.9%，说明高级催化氧化组合技术对去除污水中悬浮物有明显作用。

（三）在试验中研究的其他问题

1. 工艺对水质改善的影响

高级催化氧化组合技术（CAOT）投运后，该工艺中活化器产生的羟基以及活性氧成分对硫酸盐还原菌具有一定抑制作用，高级催化氧化组合技术（CAOT）处理后活化水中硫酸盐还原菌含量有明显下降，同时，污水黏度、硫化物含量也有一定下降，对于改善污水水质具有促进作用。

表 4　稳定运行阶段其它参数效果明细表

取样地点	检测项目			
	含聚浓度/（ppm）	污水黏度/（mPa·s）	硫酸盐还原菌/（个/ml）	硫化物/（mg/L）
污水站外输	323.90	1.14	450.00	17.10
CAOT 活化水出口	321.98	1.01	70.00	13.40
CAOT 处理后去除率	0.6%	10.8%	84.4%	21.6%

2. 腐蚀率

投运高级催化氧化工艺后，污水对金属的腐蚀率低于《碎屑岩油藏注水水质推荐指标》规定（<0.076mm/a），说明该工艺对沉降罐及工艺管线的腐蚀程度不大。

表 5　增加高级催化氧化工艺后污水腐蚀率检测数据

分析时间	取样地点	挂片前质量/g	挂片后质量/g	表面积/cm^2	腐蚀率/（mm/a）
2009.11.30	放水站沉降罐	13.44	13.39	20	0.058
2009.11.30	污水站一沉罐	13.46	13.45	20	0.019

3. 胶体粒径分布分析

应用粒径分布分析对采出水中的胶体（包括聚合物及油珠）进行了分析。

从图 4 可以看出，油站沉降罐来水 50nm 左右的颗粒较多，平均粒径 46.0nm；经沉降及过滤后，颗粒直径明显降低，平均粒径 26.0nm；经高级催化氧化处理后，颗粒增大，平均粒径 34.9nm，有利于沉降、过滤，说明高级催化氧化工艺对于改善水质具有一定的促进作用。

（四）经济效益

1. 投资费用。该试验工程总投资为 245 万元，按照 10 年寿命，$1.5\times10^4 m^3/d$ 水量计算，吨水投资成本为 0.045 元/m^3。

2. 运行费用。每吨水的耗电费用为 0.044 元；设备维护费用折合为每吨水的成本为 0.007 元。成本合计 0.096 元/m^3。

3. 增加污油回收效益。增加高级催化氧化工艺后，外输水含油从 76.2mg/L 降至 46.7mg/L，按 $1.5\times10^4 m^3/d$ 水量计算，每年多回收污油 161.5t，吨油价格按经济评价指标 0.202 万元计算，创经济效益 32.6 万元。折合收益：32.6/1.5/365 = 0.060 元/m^3。

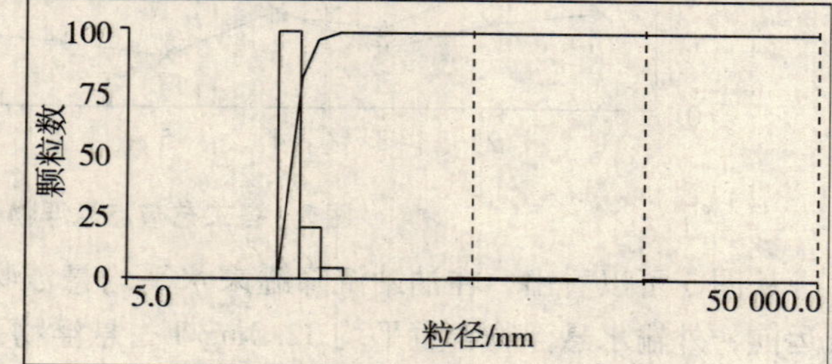

投入产出比：0.060/0.096 =0.625。

四、结 论

1. 高级催化氧化组合技术（CAOT）可以提高系统的处理效果。高级催化氧化组合技术（CAOT）投运后，当活化器电流1.22A，汽水比13.3%左右，回流比7.3%左右时，油站沉降罐放水与污水站外输水的含油量、悬浮物含量均有所下降，其中油站沉降罐放水含油下降21.1个百分点，污水站外输水含油下降36.2个百分点，油站沉降罐放水悬浮物含量下降17.3个百分点，污水站外输水悬浮物含量下降37.0个百分点。

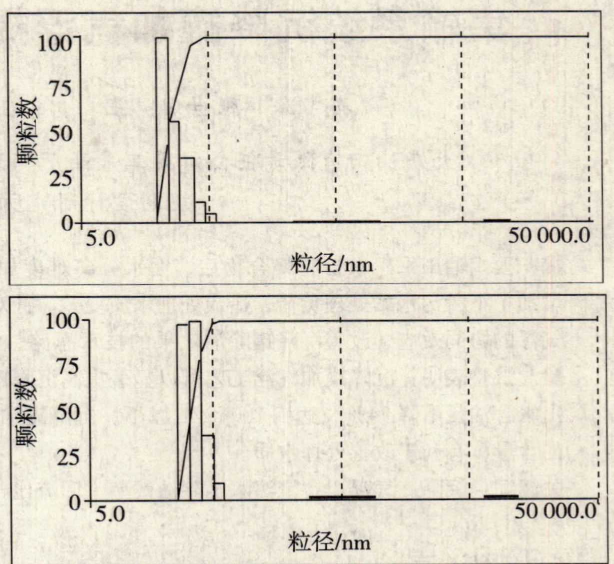

图4 高级催化氧化处理前后胶体粒径示意图

2. 高级催化氧化组合技术（CAOT）处理后活化水中硫酸盐还原菌含量有明显下降，同时，污水黏度、硫化物含量也有一定下降，对于改善污水水质具有促进作用。

3. 高级催化氧化组合技术（CAOT）投资成本、运行成本均较低，具有一定的经济效益，并且设备操作简单，运行安全稳定，易于维护，可在水驱及聚驱联合站进行推广应用。

参考文献

[1] 李秉财，等．几种污水回用工艺关键设备对比分析［J］．石油知识，2007，10.

[2] 杨政宏．CAOT催化氧化组合净化工艺原理及应用［C］．炼化企业节水减排与污水回用技术文集，2006，7.

[3] 聂梅生．对水处理技术发展的重新认识［J］．中国城镇供水排水协会，2007，3.

集输系统沉降罐加气浮提高除油效率试验研究

孙 冰 张世瑞 王 勇 王学军 周 挺 陈祥伟

（大庆油田有限责任公司第二采油厂 黑龙江省大庆市红岗区第二采油厂规划设计研究所 163414）

摘 要 油田采出水含有聚合物后，油水分离难度加大，脱水站（放水站）外输污水含油量升高，增加了下游污水站处理负荷，造成处理水质变差。针对这一问题，提出了沉降罐加气浮，发挥沉降与气浮的协同效应，改善沉降罐除油效果的技术思路，在聚驱放水站开展了沉降罐加气浮的工业化试验。试验表明：沉降罐加气浮工艺可以显著提高沉降罐的分离效率，除油效率由47.2%增加到89%，出水含油量下降74%，达到100mg/L以下。沉降罐加气浮后，还可降低水中硫酸盐还原菌和硫化物的含量，有利于改善处理水质。

关键词 沉降 气浮 含聚污水 除油效率 回流比

一、引 言

在大庆油田，无论是脱水站还是污水站，普遍采用以沉降罐为主的污水除油工艺，利用油水密度差，实现油水分离。在水驱开发阶段，该工艺能够适应污水处理需求。近年来，随着聚驱规模不断扩大，油田采出水中已普遍见到聚合物，水质特性发生改变，污水黏度增大，油珠粒径变小，油珠浮升速度变慢，单独依靠重力沉降，除油效率降低，脱水站（放水站）外输污水含油量升高，增加了下游污水站的处理负荷，导致出现滤料污染、老化油等一系列问题，从而影响油水系统稳定运行，造成处理水质变差。

近年来，气浮技术在大庆油田得到成功应用，其工作原理是在水中通入气体产生大量微气泡，使其附着在油滴或疏水性悬浮颗粒上，在浮力作用下以较快速度浮升到水面，从而使污水得到净化。如果在沉降罐内增加气浮工艺，在发挥沉降罐容积大，沉降时间长的优势的基础上，利用气浮原理加快油滴的浮升速度，从而提高沉降罐的除油效率，应是一条投资省、见效快的捷径。为此，自2006年起，开始了沉降罐加气浮的前期室内研究与现场小试。试验结果表明：在原水含油浓度3000～14 000mg/L的条件下，出水含油平均值均在300mg/L以下，通过调节运行参数，出水含油最低曾达到97mg/L，说明沉降罐加气浮可以显著提高除油效率。通过前期研究，确定了主要工艺流程与参数，2008年在聚驱放水站对1座7000m^{3}污水沉降罐进行了加气浮改造，评价工业化应用效果，优化工艺运行参数。

二、试验工艺

该聚驱放水站位于南二区东部，建有1座7000m^{3}污水沉降罐。污水沉降罐加气浮工艺流程如图1所示，外输污水设计规模3.4×10^{4}m^3/d。

该试验工艺采用部分回流溶气气浮，即将沉降罐出水的一部分溶入气体后再回流的气浮方法。溶气设备采用溶气泵，该泵可在泵吸入口利用负压直接吸入空气，利用高速旋转的叶片剪切成微气浮，加压后形成溶气水。回流的溶气水可分别通过安装在来水管线上的管式反应器和安装在罐内的穿孔管（溶气释放装置）加入到原水中。该工艺的特点是：采溶气泵技术，省去了常规工艺中的溶气罐以及空压机（或射流器），溶气压力可达0.6MPa，溶气量大，加强了气浮挟污能力，通过管式反应器，使混合、反应均通过管道快速完成，同时部分溶气水直接加入到沉降罐中，微气泡参与反应凝聚，从而产生“共聚作用”，使气浮体快速形成且稳定。

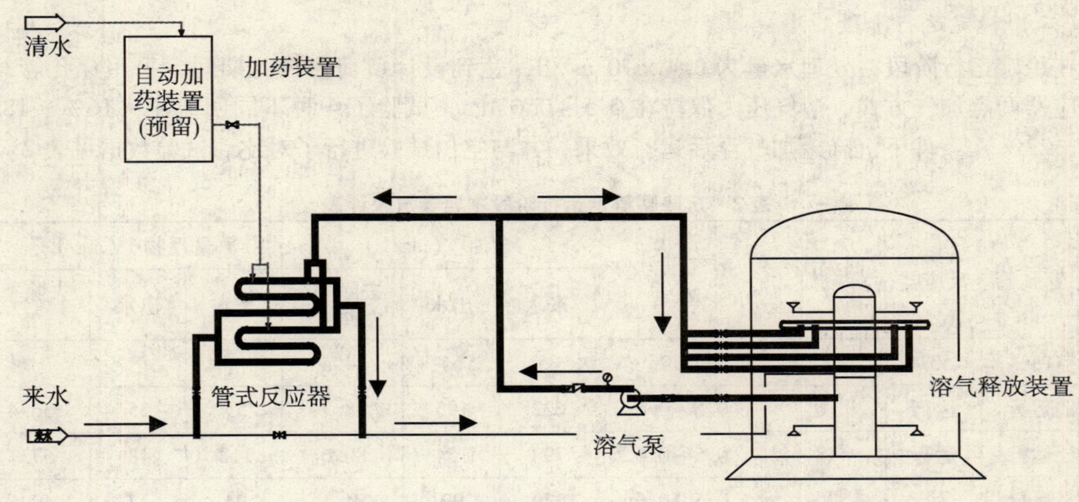

图1　污水沉降罐加气浮工艺流程

三、试验结果及分析

试验自2008年11月底开始，试验分两个阶段进行：一是运行参数优化阶段，二是稳定运行阶段。试验期间，未投加化学药剂。

（一）运行参数优化阶段

在试验初期，首先对工艺参数进行了优化。包括：溶气水加入点、回流比、溶气压力。污水处理规模 $1.0\times10^4m^3/d$ 左右，试验数据见表1。

表1　沉降罐设备调试气浮试验数据统计表

序号	溶气水加入点		回流比/%	溶气压力/MPa	油/（mg/L）			悬浮物/（mg/L）		
	穿孔管	反应器			来水	出水	去除率/%	来水	出水	去除率/%
1	空白试验	727	218	68.7	69	39	43.7			
2	运行	运行	21	0.5～0.6	1088	66	94.1	93	43	53.8
3	/	运行	21	0.5～0.6	973	213	78.2	76	41	46.0
4	运行	/	21	0.5～0.6	814	233	70.4	106	64	40.7
5	运行	运行	21	0.3	872.7	160	81.7	101	62	38.6
6	运行	运行	18	0.5～0.6	904	128	85.8	68	43	37.2
7	运行	运行	14	0.5～0.6	728	118	83.8	67	47	29.4
8	运行	运行	25	0.5～0.6	923	70	92.4	88	48	45.5
9	运行	运行	21	0.5～0.6	760	73	94.0	106	40	62.0

从表中数据可以看出：①在回流比为21%、溶气压力为0.5～0.6MPa的条件下，在空孔管与管式反应器两点同时加入溶气水时的除油效率，比任何一点单独加入溶气水时的除油效率都要高；②在两点同时加气、溶气压力为0.5～0.6MPa的条件下，当回流比超过20%，除油效率有较为明显的升高；③当其他运行参数相同时，采用较高的溶气压力（0.5～0.6MPa），除油效果较好。因此，穿孔管与管式反应器两点同时加入溶气水、回流比在20%以上、溶气压力0.5～0.6MPa，应为比较合理的运行参数。

（二）稳定运行阶段

在稳定运行阶段，处理水量为 $3.4\times10^4m^3/d$，达到设计负荷。在此期间，采用穿孔管与管式反应器两点加气方式、溶气压力保持在 0.5～0.6MPa，试验了 4 种不同回流比（16%、18%、20%、22%）条件下沉降罐加气浮后运行效果，并与空白试验进行了对比。试验数据见表 2。

表 2 沉降罐稳定运行阶段主要参数统计表

序号	穿孔管	反应器	回流比/%	溶气压力/MPa	含油/（mg/L）			悬浮物/（mg/L）		
					来水	出水	去除率/%	来水	出水	去除率/%
1	空白试验	531	281	47.2	85	64	24.4			
2	运行	运行	16	0.5～0.6	622	195	68.7	55	35	36.4
3	运行	运行	18	0.5～0.6	792	154	80.6	112	48	57.1
4	运行	运行	20	0.5～0.6	579	92	84.1	94	47	49.6
5	运行	运行	22	0.5～0.6	637	73	89.0	56	28	50.0

空白试验中，原水平均含油为 531mg/L，沉降罐出水平均含油为 281mg/L，平均除油率 47%。来水平均悬浮物含量为 85mg/L，沉降罐出水平均悬浮物含量为 64mg/L，平均去除率 24%。在运行气浮设备后，随着回流比的逐渐升高，除油效率也随之升高，出水含油量降低。当回流比达到 20% 时，除油效率达到 84.1%，出水含油量降到 100 mg/L 以下，回流比为 22% 时，除油效率达到 89.0%，出水平均含油量为 73mg/L。因此，在工业化运行中，推荐采用穿孔管和管式反应器同时加入溶气水，溶气压力为 0.5～0.6MPa，回流比 20%～22%。此时，沉降罐出水含油量基本可控制在 100mg/L 以下。

与空白试验对比，沉降罐加气浮后，除油效率由 47.2% 增加到 89%，出水含油量下降 74%，效果十分显著；在不加任何药剂的情况下，悬浮物去除率提高也比较明显，由 24% 提高到 50% 左右，出水悬浮物含量下降 56%。

表 3 沉降罐稳定运行阶段其他参数统计表

序号	类别	空白阶段			投运气浮		
		来水	出水	去除率/%	来水	出水	去除率/%
1	硫酸盐还原菌/（个/ml）	450.0	950.0	-111.1	400.0	90.0	77.5
2	含聚浓度/（mg/L）	88.1	86.9	1.4	82.0	72.1	12.1
3	硫化物/（mg/L）	23.3	23.6	-1.3	27.8	27.3	1.8

从表 3 可以看出，沉降罐投运气浮后，由于水中含氧量增加，对硫酸盐还原菌具有一定抑制作用，沉降罐出水硫酸盐还原菌含量有明显下降，同时，沉降罐出水中含聚浓度、硫化物含量也有一定下降，对于改善污水水质具有促进作用。

（三）沉降罐液位高低与收油周期对出水水质的影响

试验中发现，普通沉降罐从进水到油水分离需要大概 4～8 个小时的时间，沉降罐通过加气浮，使沉降罐的收油效率大幅提升，收油量大幅增加，从而使收油周期缩短，在液位较高时，若收油周期延长，短期内对于出水水质影响不大；若是液位较低，且收油周期较长，导致管内总液面积下方积油太厚，从而使油水界面下移，容易导致沉降罐进水布水喇叭口处靠近油水界面或者进入油水界面，这就使罐中水流状态混乱，导致出水效果变差，且不利于罐内上部油层的稳定，并且收油时，因油水界面水流状态混乱，不利于控制油水界面的位置，易使油中含水率增加。从

表4可以看到，油水界面较低时，出水含油量、悬浮物含量均高于气浮沉降罐正常运行时，含油量、悬浮物去除率分别下降13.5%、6.2%。这表明，应用气浮沉降罐后，由于除油率提高，需控制油水界面，加大收油力度，以保证出水水质。

表4　油水界面控制较低时对处理水质的影响明细表

序号	阶段	含油量			悬浮物		
		来水	出水	去除率/%	来水	出水	去除率/%
1	空白阶段	727	218	68.7	69	39	43.7
2	正常运行	1088	66	94.1	93	43	53.8
3	油水界面较低	778	151	80.6	99	52	47.6

（四）经济效益分析

1. 投资费用　该试验工程总投资为376万元，按照10年寿命，$3.4\times10^4m^3/d$水量计算，每吨水投资成本为：376万/$3.4\times10^4m^3/d$/365天/10年=0.030元/m^3。

2. 运行成本　试验期间只需要溶气泵的供电，按照20%回流比，34000 m^3/d水量计算，每吨水的耗电费用为0.045元。

3. 增加污油回收效益　增加气浮后，沉降罐出水含油从281mg/L降至100mg/L，按$3.4\times10^4m^3/d$水量计算，放水站每年多回收污油2246.2t。考虑到污水站一次沉降罐、二次沉降罐、回收水池仍可收回部分污油，与气浮投运前对比，联合站系统预计每年多回收污油约673.9t（按放水站多回收污油的30%计算），创经济效益135万元。

通过上述分析可以看出，这种改造方式，投资与运行成本均较低，并可创造一定的经济效益，且设备操作简单，运行安全稳定，易于维护，是一种经济可行的处理工艺。另外，由于气浮设备的运行，加速油珠上浮，使油在沉降罐的停留时间大大降低，并且加气后可以有效抑制硫酸盐还原菌的大量滋生，减少原油的老化程度，改善污水水质，也是一种经济效益。

四、结　论

1. 沉降罐加气浮工艺可以显著提高沉降罐的分离效率。改造前后对比，除油效率由47.2%增加到89%，提高了41.8个百分点，出水含油量下降74%，达到100mg/L以下，效果十分显著；而且，在不加任何药剂的情况下，悬浮物去除率的提高也比较明显，由24%提高到50%左右，提高了25个百分点，出水悬浮物含量下降56%。

2. 穿孔管与管式反应器两点加气，溶气压力0.5~0.6MPa，回流比20%~22%，应为比较合理的运行参数。

3. 沉降罐加气浮工艺有助于降低沉降罐出水中硫酸盐还原菌、硫化物和聚合物的含量，对于改善污水水质具有促进作用。

4. 应用沉降罐加气浮后，由于除油效率提高，需加大收油力度，以保证出水水质。

参考文献

[1] 别杜安，徐燕杰，等．气浮结构的浮态和运动特性分析与试验［J］．清华大学学报（自然科学版），2001，41（11）：123-126.

[2] 李福勤，常建闯，等．新型溶气气浮装置工作性能与试验研究［J］．河北工程大学学报，2009，26（2）：39-41.

[3] 王军，王聪兴，等．加压溶气气浮法浮选微细颗粒的理论分析［J］．矿业工程，2005，3（6）：37-39.

[4] 雷乐成．EDUR泵气浮技术在油田稠油污水处理中的应用［J］．水处理技术，2003，29（2）：114-116.

聚合硫酸铁的形态表征及单晶制备的研究

杨 波[1] 廖宏兴[2] 陈 蓉[1] 焦世珺[1] 张 鹏[1] 余炳宏[1] 朱国成[1] 郑怀礼[1]

（1. 重庆大学城市建设与环境工程学院 重庆 400045；
2. 重庆市合川区环境监测站 重庆 401520）

摘 要 聚合硫酸铁是一种新型复合无机高分子絮凝剂，目前，国内已有学者在聚合硫酸铁的制备及应用方面展开研究。关于聚合硫酸铁中 Fe（Ⅲ）的水解形态的研究，已经有了一些方法。在关于聚合硫酸铁晶体的制备方法的研究上，相关文献介绍得比较少，对单晶的研究将对聚合硫酸铁的发展会起到很大的推动作用。

关键词 聚铁絮凝剂 表征方法 晶体制备

一、概 述

絮凝法是水处理的一种重要方法，在絮凝处理过程中，絮凝剂的种类以及性质的好坏会直接影响絮凝处理的效果[1,2]。研究絮凝剂的最佳絮凝形态、优势絮凝形态以及其结构的表征，揭示絮凝剂结构形态与絮凝效果之间的内存规律与作用本质，既可指导制备高效低耗的絮凝剂，又可丰富和发展新的絮凝理论。

聚合硫酸铁（PFS）是 20 世纪 80 年代出现的一种新型无机高分子絮凝剂，具有水解速度快、絮凝体密度大、适用 pH 范围宽（4～10）等特点。具有很强的中和悬浮颗粒上电荷的能力，有很大的比表面积和很强的吸附能力，能很好地去除水中悬浮物、有机物、硫化物、重金属离子等杂质，具有脱色、除臭、破乳化及污泥脱水等功能被广泛的运用于水处理[3]。

二、Fe 的水解形态分析

由于铁水解形态复杂，就其大小来分，跨越了离子分子态、高分子态、胶体和悬浮颗粒，且以多种可能的形式存在，稳定性也各不相同，Fe（Ⅲ）的水解—聚合—沉淀一直是研究的热点。对 Fe（Ⅲ）的水解形态的分析，除了一般的化学分析法以及电位滴定法、可见紫外光谱法、红外光谱法等仪器分析法外[4]，目前常用的还有以下几种。

（一）Fe－Ferron 逐时络合比色法

用化学试剂 Ferron 来测定铁的方法，国外的研究比较早。如运用 Fe－Ferron 法，Murphy 等[5]将 Fe（Ⅲ）分为未聚合态、聚合态和沉淀物三类；在国内，学者们对 Fe－Ferron 逐时络合比色法进行了新的发展，如田宝珍、汤鸿霄[6]等应用此法将 Fe（Ⅲ）形态分为 Fe（a），Fe（b），Fe（c）三类的研究情况。Fe（a）主要以自由离子、各级单核羟基络合物或低聚体形式存在；Fe（b）分子量较低，是一系列多核羟基络合物，是 Fe（a）向 Fe（c）转变的过渡态，形态并不稳定；Fe（c）未与 Ferron 反应，以高聚合态或沉淀物形式存在，分子量较高。

（二）光子相关光谱

关于 PCS，最早应用追溯到 1919 年英国科学家拉曼利用相干光对溶液中悬浮物粒子的热扩散布朗运动的研究[7]。到了 20 世纪 60 年代激光出现以后，人们发现通过激光辐照，溶液中悬浮物粒子够给出微粒有关布朗运动的定量信息，从而提出了光子相关光谱的概念和理论[8]。进而发展到今天日臻成熟的光子相关光谱技术。将 PCS 应用于水处理领域，较早的研究是 Patter－son 等对铝的水解聚合的静态光散射（sLs）研究[9]。在我国王东升、汤鸿霄等[10]曾运用 PCS 法对两类常见无机高分子絮凝剂（聚合铁、聚合铝）的形态分析进行了对比研究。

PCS 应用于铁的形态研究还属于较新的领域，对其在无机高分子絮凝剂的物理化学本质及生长过程的分析、混凝作用机理以及混凝动力学、动态学的研究中有待进一步的深入探讨。

（三）流动电流法

为了在本质特征上定量说明水中无机阳离子混凝剂浓度与胶体稳定性的关系，曲久辉[11]等提出了流动电流这种新的研究混凝过程胶体变化的本质参数，并用流动电流法考察了混凝剂对水中胶体颗粒物作用的特性与效能，提出了一种研究混凝和在线监测水中胶体电荷相对于混凝剂投加量变化的有效办法，并通过实验[12]，分析了水中混凝剂形态改变过程中流动电流的变化特征，探讨了流动电流对不同形态混凝剂的响应灵敏度。结果表明，中性条件下铝盐的混凝过程以及三价铁阳离子对流动电流具有较为灵敏的正增值效果。

高宝玉等[13]也用流动电流法研究了聚硅氯化铝混凝剂的电动特性，研究结果表明，在 PASC 中，由于带负电荷的聚硅酸与铝水解聚合产物间的相互作用，使得 PASC 的电中和能力较 PAC 有所下降，其下降程度与 PASC 的碱化度（B）和 A1/Si 摩尔比密切相关，B 值和 A1/Si 摩尔比越小，则 PASC 的电中和能力就越弱。

郑怀礼等[14]发现，絮凝剂的水溶液形态与流动电流也有一定的相关特性，根据絮凝剂的荷电特性，也可将流动电流法用于聚合硫酸铁形态表征。

三、聚合硫酸铁晶体制备方法

尽管现在对聚合铁的形态研究已经有很多，但对聚铁的形态转化和作用机理还知之甚少，对于聚铁絮凝剂的最佳絮凝体的结构模型、生成机理研究更是空白。因此，笔者认为，通过研究聚合硫酸铁的晶体，对其运用现代分析手段进行结构表征，将会更加有助于聚铁类无机高分子絮凝剂的发展。

对于晶体的制备，主要有冷却或蒸发饱和溶液法、界面扩散法、蒸气扩散法、凝胶扩散法、水热法和溶剂热法、升华法等。

（一）冷却或蒸发饱和溶液法

该法是通过冷却或蒸发化合物饱和溶液，从而将目标化合物结晶出来。在结晶的过程中，我们要使溶液缓慢冷却或缓慢蒸发，以求获得比较完美的晶体。如果化合物的结晶比较困难，可以尝试不同的溶剂，但要尽量避免使用氯仿和四氯化碳之类含有重原子的溶剂。同理，在选择阴离子时也应避免采用高氯酸根、四乙基胺之类的离子。如徐锦锋等[15]运用冷却法制得了直径 40 ~ 400μm 的合金粒子和宽约 4mm、厚 30 ~ 50μm 的合金条带。杨扬等[16]运用冷却法制得了 Cu - Sn 合金的晶体。

（二）界面扩散法

主要针对由两种反应物生成的化合物，而两种反应物可以分别溶于不同（尤其是不太互溶的）溶剂中。将 A 溶液小心地加到 B 溶液上，化学反应将在这两种溶液的接触界面开始，晶体就可能在溶液界面附近产生。通常溶液慢慢扩散进另一种溶液时，会在界面附近产生好的晶体。如果结晶速度太快，可以利用凝胶等办法，进一步降低扩散速度，以求结晶完美。如宋玉强等[17]运用界面扩散法，在相界面处几乎同时结晶出不同层数、厚度和结构的扩散溶解层。吕玉兵等[18]用此结晶法发现有利于 CrFe 蛋白和 MnFe 蛋白生长出可供 X - 射线衍射分析的大单晶。

（三）蒸气扩散法

该法是选择两种对目标化合物溶解度不同的溶剂 A 和 B，A 和 B 有一定的互溶性。把要结晶的化合物溶解在盛于小容器、溶解度大的溶剂 A 中，将溶解度小的溶剂 B 放在较大的容器中。盖上大容器的盖子，溶剂 B 的蒸气就会扩散到小容器，溶剂 A 的蒸气也会扩散到大容器中。控制溶剂 A、B 蒸气相互扩散的速度，就可以将小容器中的溶剂变为 A 和 B 的混合溶剂，从而降低化合物的溶解度，达到结晶的目的。

（四）凝胶扩散法

适用于能快速反应的两种反应物（A 和 B），并且它们的生成物为难溶性产物。我们用普通试管作为凝胶扩散法制备结晶的容器。可溶性反应物 A（或者 B）与凝胶混合，待胶化后，将 A（或者 B）的溶液小心倒在凝胶上面。随着扩散的进行，将会在 A（或者 B）界面和凝胶中得到结晶。陈梓云等[19]用此扩散法发现，使六次甲基四胺缓慢水解所产生的 NH_3 和草酸在凝胶上反应，可培养出 $(NH_4)_2C_2O_4 \cdot H_2O$ 和 $NH_4HC_2O_4 \cdot 5H_2O$ 两种单晶。

（五）水热法和溶剂热法

为了取得十分难溶的化合物的晶体，我们一般采用水热法，将这些难溶化合物与水溶液一起放在密闭的耐高温容器（反应釜）里，将混合物加热倒 120 ~ 600℃时，容器中的压力可达几百个大气压，导致很多化合物在超界液体中溶解并且在慢慢降温过程中结晶。溶剂热法与水热法的机理相似。一般而言，利用溶剂热法与水热法培养单晶的重要技巧是控制好晶化温度。

（六）升华法

理论上，任何在分解温度以下的温度区间具有较大蒸汽压的固体物质均可以采用这种非溶剂结晶方式培养单晶。由于符合升华条件要求的物质不是很多以及其他原因，该方法比较少用。在晶体的培养中，控制好晶体的形成速率和生长速率非常重要。

在结晶过程中，我们要注意以下几个问题：

1. 晶体的质量好坏主要取决于晶体的形成速率和生长速率。太快的结晶会生成大量的微晶，容易出现“晶体团聚”的现象。速率太快则也会使晶体出现缺陷。所以控制好晶体的形成速率和生长速率非常重要。

2. 结晶过程中不能搅拌，搅拌会破坏晶体的形成。因此应将结晶装置安放于无振动的静态环境中。

3. 在放置过程中，要先塞紧瓶塞，避免因液面先出现结晶而导致结晶纯度降低。如果放置一段时间后没有结晶析出，可以加入同种化合物结晶的微小颗粒，即种晶。加种晶是诱导晶核形成的常用而有效的手段之一[20]。

四、结 语

聚合硫酸铁作为一种重要的水处理剂，现在得到了广泛的应用。对于铁的水解形态，如今已经有了一些分析方法，但对于聚铁絮凝剂的最佳絮凝体的结构模型、生成机理研究还很少。通过研究聚合硫酸铁的单晶，对其运用现代分析手段进行结构表征，会加深对聚铁絮凝剂的最佳絮凝体方面的了解，也将会更加有助于聚铁类无机高分子絮凝剂的发展。

参考文献

[1] 郑怀礼．生物絮凝剂与混凝技术［M］．北京：化学工业出版社，2003，11.

[2] 李风亭，张善发，赵艳，等．混凝剂与絮凝剂［M］．北京：化学工业出版社，2005，7.

[3] 李明玉，袁金芳，唐启红，等．聚合硫酸铁的制备及在造纸废水处理中的应用［J］．化学研究，2000，11（1）：29 -31.

[4] 郑怀礼，谢礼国，高朝勇，等．红外光谱法及单晶 X 衍射法研究 Fe（Ⅲ）水解形态分布［J］．光谱学与光谱分析，2009，29（2）：540 -543.

[5] MURPHY P L, POSNER A M, QUIRKJ P. Charaterization of partially neutralized ferric perchlorate solutions［J］. J Colloid Interface Sci, 1976,（56）：298 -311.

[6] 田宝珍，汤鸿霄．Ferron 逐时络合比色法测定 Fe（Ⅲ）溶液聚合物的形态［J］．环境化学，1989，8（4）：27 -34.

[7] Ramaseshan S. Scientific papers of C. V. RamanIII - Optics [M]. Bangalore: Indian Academy of Sciences, 1988, 101 - 105.

[8] Cummins H Z, Knable N, Yeh Y. Observation of diffusion broadening of Rayleigh scattered light [J]. Phys. Rev. 1963, 72: 728 - 736.

[9] PaRemon. J. A Light Scattefing Study of the Hydrolytic Polymerization of Aluminum [J]. Colloidln terf. Sei., 1973, 43 (2): 389 - 398.

[10] 王东升，汤鸿霄．激光光散射在混凝研究中的应用评述［J］．环境科学进展，1997，5（5）：36－45.

[11] 曲久辉．水中无机阳离子混凝剂的电动检测特性研究［J］．环境科学，1996，17（3）：1－4.

[12] 曲久辉，崔福义，李圭白．混凝剂的水溶液形态与流动电流的相关特性分析［J］．环境科学学报，1996，16（2）：167－172.

[13] 高宝玉，王占生，汤鸿霄．用流动电流技术研究聚硅氯化铝混凝剂的电动特性［J］．中国环境科学，1999，19（6）：522－525.

[14] 郑怀礼，刘克万．无机高分子复合絮凝剂的研究进展及发展趋势［J］．水处理技术，2004，30（6）：315－319.

[15] 徐锦锋，代富平，魏炳波．急冷条件下 Cu－Pb 偏晶合金的相分离研究［J］．物理学报，2007，56（7）.

[16] 杨扬，徐锦锋，翟秋亚．急冷条件下 Cu－Sn 合金的快速枝晶生长［J］．中国有色金属学报，2007，17（9）.

[17] 宋玉强，李世春，耿相英．Al/Cu 扩散溶解层的形成机理研究［J］．材料热处理学报，2009，30（1）.

[18] 吕玉兵，赵颖，赵剑锋，等．固氮酶铬铁蛋白和锰铁蛋白大单晶的培养［J］．植物学报，2003，45（3）：289－294.

[19] 陈梓云，彭梦侠．$(NH_4)_2C_2O_4 \cdot H_2O$ 和 $NH_4HC_2O_4 \cdot 5H_2O$ 单晶的培养研究［J］．广东化工，2005，32（4）：22－23.

[20] Voutsas · A. T. Hartzell · J. W. System and method for forming single - crystal domains using crystal seeds [P]. U. S.: 6, 913, 649.

利用腈纶废丝制备两性型有机高分子絮凝剂的研究

林兆慧　刘剑锋　刘明华　芮方歆　刘以凡

（福州大学环境与资源学院　福建　福州　350108）

摘　要　以废腈纶为原料制得含有咪唑啉基、酰胺基、羧基等活性基团的有机高分子絮凝剂，并在正交和单因素实验的基础上考察反应各因素对产品得率的影响，后将其应用于造纸废水，对比研究自制絮凝剂、聚合氯化铝以及聚合硫酸铝的脱色性能。结果表明：在处理造纸废水时，自制的絮凝剂具有更优良的处理效果。

关键词　废腈纶　絮凝剂　絮凝　造纸废水

废腈纶是在腈纶纤维的生产和加工过程当中所产生的一些废丝或不适于喷丝的腈纶下脚料，其分子结构的特点决定了废腈纶既不能解聚，也不能热压成型[1]，且在燃烧时散发出大量的有毒有害的氢氰酸，故也不能作为燃料使用[2]。因此，废腈纶的回收及资源化利用已经得到广大学者的关注。造纸工业以纤维为主要原料，生产过程中产生大量高浓度废水，化学耗氧量排放量约占总量的一半，是造成环境污染的主要行业之一。以废腈纶为原料制得含有咪唑啉基、酰胺基、羧基等活性基团的有机高分子絮凝剂，研究乙二胺的摩尔浓度、反应温度、腈纶水解产物与乙二胺的质量比、硫脲用量及反应时间对产品得率的影响，并将其应用于造纸废水，为造纸废水的处理提供一种新的选择。

一、实验部分

（一）主要仪器和试剂

T6 新世纪紫外可见分光光度计（北京普析通用仪器有限责任公司）；JJ－1 型精密增力电动搅拌器（金坛市富华仪器有限公司）；HH－2 数显恒温水浴锅（富华仪器有限公司）；W2－80P 型油浴埚（上海申生科技有限公司）；3C 型精密 pH 计（上海精密科学仪器有限公司）等。腈纶废丝，由福建省长乐众合纺织有限公司提供；氢氧化钠，硫脲，乙二胺，氯仿等为分析纯（天津市福晨化学试剂厂）；分散兰 183、活性橙 X－GN、硫化黑 2BR、阳离子染料 X－GRRL 为分析纯（石狮清源精细化工有限公司）。

（二）絮凝剂的制备

1. 废腈纶的预处理

将腈纶废丝用沸水冲洗若干次，直到洗涤液用 0.1% 的三氯化铁溶液检验不再出现血红色沉淀为止，烘干备用。实验证明，若洗涤不干净，残余的腈纶纺丝溶剂 NaSCN 和生产过程中的油剂不仅影响水解过程，而且能使水解产物颜色加深。

2. 水解实验

称取预处理后的腈纶废丝，加入 1000 ml 的三口烧瓶中，再加入所配置的氢氧化钠溶液。将三口烧瓶放入油浴埚中于某温度下搅拌数小时。撤去油浴埚，冷却至室温得到淡黄色黏稠物即为水解产物。

3. 制备工艺

在装有电动搅拌器、冷凝管的三口圆底烧瓶中加入腈纶水解产物，搅拌条件下加入乙二胺，并缓慢升温，在 80℃ 左右加入适量的硫脲作为催化剂，升温至 128℃ 反应 9 h 后冷却至室温，即得粗品。将产物置于旋转转发器中，于真空度 －0.098 MPa，温度为 98℃ 条件下蒸馏 2h 后用无水氯仿、乙醚精制得产品。

（三）分析测试

溶液 pH 测定采用 pHS－3C 酸度计；产品得率的测定采用称量法。产品的官能团表征采用美国 Perkiin－Emler 公司的傅立叶红外光谱仪。色度的测定采用稀释倍数法。

二、结果与讨论

（一）正交实验

在综合考虑各影响因素的基础上，设计了 5 因素 4 水平的正交实验，选用 L_{16}（45）正交设计表，以产品的得率为主要指标，探讨以上 5 个因素的影响。见表 1 和表 2。

表 1　因素水平表

因素 水平	A m（腈纶水解产物）：m（乙二胺）	B 乙二胺浓度/（mol/L）	C 硫脲用量/%	D 反应温度/℃	E 反应时间/h
1	1∶0.5	0.5	0.6	95	3
2	1∶1	1	0.8	110	5
3	1∶2	2	1.0	125	7
4	1∶3	3	1.2	140	9

表 2　正交实验结果

试验号	A	B	C	D	E	产品得率/%
1	1∶0.5	0.5	0.6	95	3	25.6
2	1∶0.5	1	0.8	110	5	35.2
3	1∶0.5	2	1	125	5	48.8
4	1∶0.5	3	1.2	140	7	56.2
5	1∶1	0.5	0.8	125	9	33.8
6	1∶1	1	0.6	140	7	40.2
7	1∶1	2	1.2	95	5	36.5
8	1∶1	3	1	110	3	45.3
9	1∶2	0.5	1	140	5	35.6
10	1∶2	1	1.2	125	3	45.2
11	1∶2	2	0.6	110	9	52.6
12	1∶2	3	0.8	95	7	35.2
13	1∶3	0.5	1.2	110	7	20.3
14	1∶3	1	1	95	9	23.5
15	1∶3	2	0.8	140	3	32.5
16	1∶3	3	0.6	125	5	48.6
均值 1	41.450	28.825	41.750	30.200	37.150	
均值 2	38.950	36.025	34.175	38.350	38.975	
均值 3	42.150	42.600	38.300	44.100	36.125	
均值 4	31.225	46.325	39.550	41.125	41.525	
极差	10.925	17.500	7.575	13.900	5.400	

由正交实验的结果和极差分析可知，对产品得率的影响依次为 RB＞RD＞RA＞RC＞RE，因此，对产品得率影响较大的因素是 A、B、D 因素，最优方案是 B4、D3、A3、C1、E4，即乙二胺的摩尔浓度为 3 mol/L，反应温度为 125 ℃，m（腈纶水解产物）：m（乙二胺）＝1：2，硫脲

用量占反应物总质量的 0.6%，反应时间为 9h。

（二）单因素实验

产品的得率受到许多因素的影响，如乙二胺摩尔浓度、反应温度、m（乙二胺）：m（腈纶水解产物）、硫脲用量、反应时间。下面将分别讨论各种因素对咪唑啉基团得率的影响。

1. 乙二胺的摩尔浓度对得率的影响

在反应温度 125℃，m（腈纶水解产物）：m（乙二胺）=1：2，硫脲用量为反应物总量的 0.6%，反应时间为 9 h 条件下进行反应，乙二胺摩尔浓度分别取 2.6mol/L、2.8mol/L、3.0mol/L、3.2mol/L、3.4mol/L。系统研究了乙二胺的摩尔浓度对产品得率的影响。实验结果见图 1。

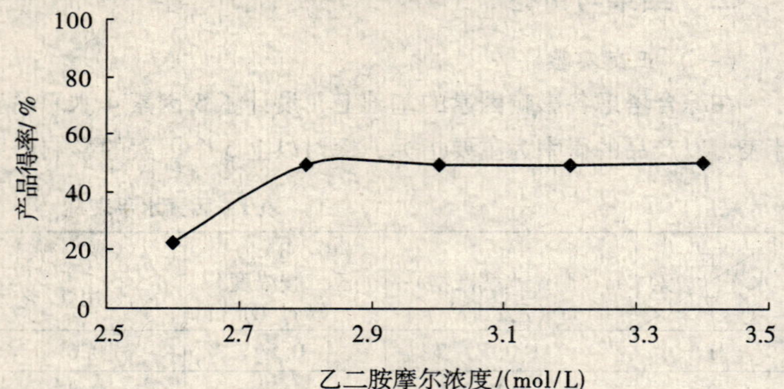

图 1　乙二胺摩尔浓度对得率的影响

从图 1 可以看出，当乙二胺的摩尔浓度为 2.8 mol/L 时，产品的得率最高为 48.9%，这是由于乙二胺摩尔浓度较低时，体系中的水增大了咪唑啉的不稳定性，会在咪唑啉的 1，2 位和 2，3 位断开生成烷基酰胺。当乙二胺的摩尔浓度过高时，又因咪唑啉在碱性条件下容易水解而使得率不再提高。

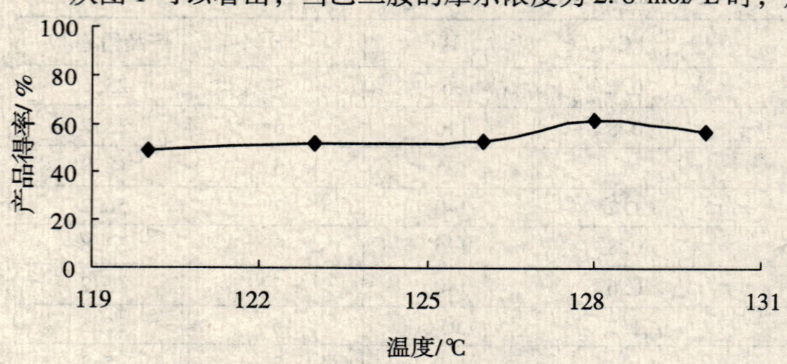

图 2　反应温度对得率的影响

2. 反应温度对得率的影响

在乙二胺的摩尔浓度为 2.8 mol/L，m（腈纶水解产物）：m（乙二胺）=1:2，硫脲用量为反应物总量的 0.6%，反应时间为 9 h 条件下进行反应，反应温度为 120℃、123℃、126℃、128℃、130℃。系统研究了反应温度对产品得率的影响。实验结果见图 2。

从图 2 中可以看出，当反应温度为 128℃时，产品的得率最高，为 61.8%。反应温度是重要因素之一，反应过程中释放氨气，反应温度的控制非常重要，通常情况下，需控制温度在 110 ~ 145℃，以达到脱去氨的目的，氨的产生量越多表示反应进行越彻底。适当提高反应温度可提供高活性成分，促进合成反应的进行。若温度过低，反应物不能很好地形成均相状态，以致不能充分接触，从而影响产品的得率。但当温度进一步提高时，氨的产生量并没相应增加，其原因在于过高的反应温度也会引起副反应，增大咪唑啉被氧化的可能性，同时也导致整个反应的能耗过大，所以反应温度不宜过高，实验表明，温度在 128℃左右为宜。

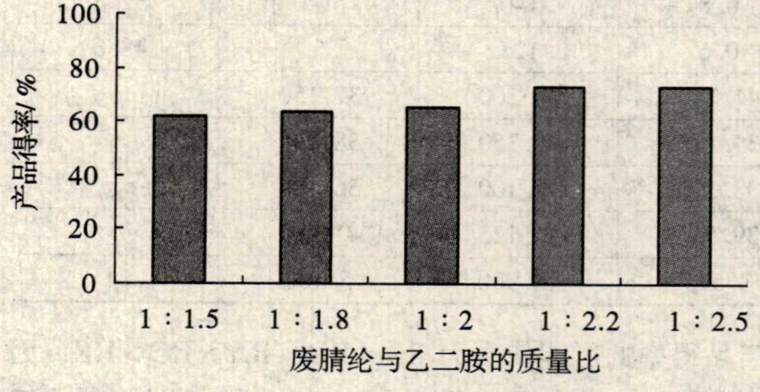

图 3　腈纶水解产物与乙二胺的质量比对得率的影响

3. 腈纶水解产物与乙二胺的质量比

对得率的影响

在乙二胺的摩尔浓度为2.8 mol/L，反应温度为128℃，硫脲用量为反应物总量的0.6%条件下反应9 h，其中腈纶水解产物与乙二胺的质量比为1:1.5、1:1.8、1:2、1:2.2和1:2.5。研究腈纶水解产物与乙二胺的质量比对产品得率的影响。实验结果如图3所示。

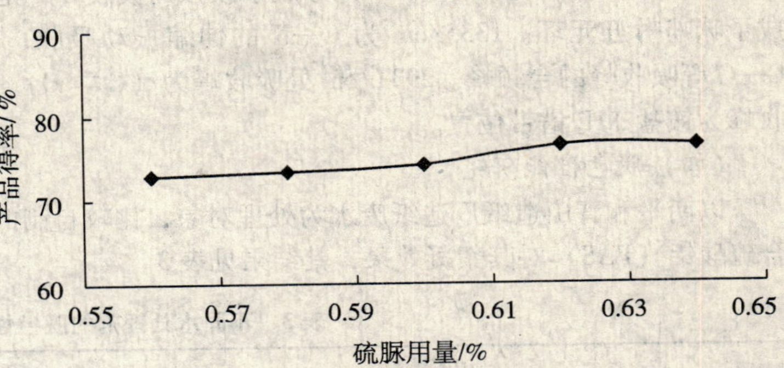

图4　硫脲用量对得率的影响

从图3中可以看出，腈纶水解产物与乙二胺的质量比在1: 2.2时，产品的得率可达72.6%。略微的胺过量有助于咪唑啉基的合成，同时又有效地抑制了副反应的发生。但乙二胺不宜过量太多，过量的乙二胺对产品的得率的增加不明显，而且增加了成本。考虑到后续工艺中要将过量的乙二胺减压蒸馏除去，选用腈纶水解产物与乙二胺的质量比在1: 2.2为宜。

4. 硫脲用量对得率的影响

在乙二胺的摩尔浓度为2.8 mol/L，反应温度为128℃，m（腈纶水解产物）: m（乙二胺）=1:2.2，反应时间9 h，硫脲用量分别为反应物总量的0.56%、0.58%、0.6%、0.62%、0.64%，系统研究硫脲用量对产品得率的影响。实验结果如图4所示。

从图4中可以看出，当硫脲用量为反应物总质量的0.62%时，产品的得率最高，为76.4%。

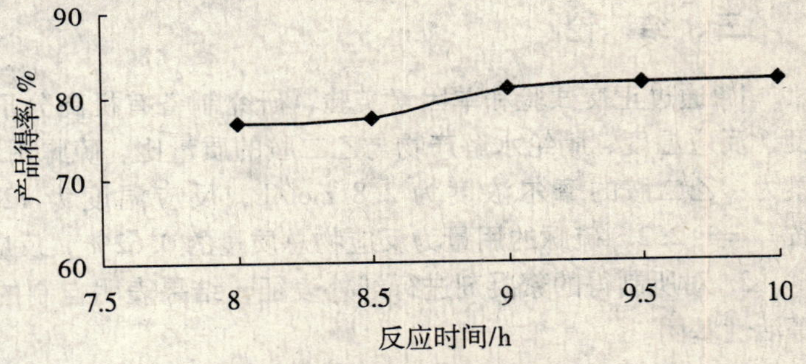

图5　反应时间对得率的影响

5. 反应时间对得率的影响

在乙二胺的摩尔浓度为2.8 mol/L，反应温度为128℃，m（腈纶水解产物）: m（乙二胺）=1:2.2，硫脲用量为反应物总质量的0.62%条件下进行实验，反应时间分别为8 h、8.5 h、9 h、9.5 h、10 h。研究反应时间对产品得率的影响。实验结果如图5所示。

从图5中可以看出，当反应时间为9 h时，产品的得率为80.6%。在反应时间大于9 h时，随着时间的推移，反应物浓度逐渐降低，反应物分子之间有效碰撞的几率降低，产品的得率变化不大。故反应时间以9 h为佳。

（三）红外谱图分析

用傅立叶变换红外光谱仪进行官能团表征。红外图谱如图6所示。

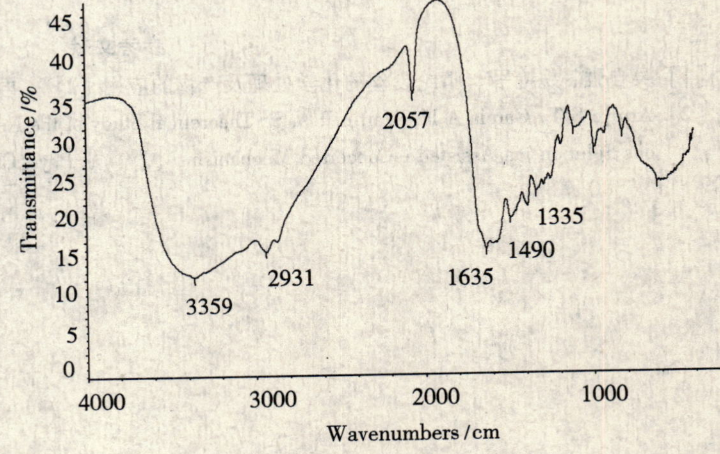

图6　产品的红外谱图

咪唑啉基结构比较复杂，但由于五元环上有C＝N键，因此在1670～1500/cm会出现比较强的吸收峰（如图6所示），在1635/cm处形成了较强的吸收峰，是咪唑啉环的特征吸收峰，说明反应形成了咪唑啉五元环。1335/cm为C—N的伸缩振动吸收；1490/cm处为C—H（面内）、C—N、C—C等吸收峰的合频峰。2931/cm处吸收峰为（C＝O）—O—H伸缩振动谱带。2057/cm处吸收峰为铵盐NH_4^+谱带位置。

（四）脱色性能研究

以南平和青山造纸厂造纸废水为处理对象，比较自制的絮凝剂、聚合氯化铝（PAC）以及聚合硫酸铝（PAS）对其絮凝效果，其结果见表3。

表3　不同水处理剂的脱色性能

絮凝剂	去除率/%					
	南平造纸废水			青山造纸废水		
	COD_{Cr}	色度	SS	COD_{Cr}	色度	SS
PAC	61.3	73.8	70.5	45.2	53.8	52.2
PAS	71.2	76.5	67.8	63.5	67.8	58.8
自制的絮凝剂	83.6	78.2	80.5	85.6	75.2	89.5

注：自制的絮凝剂用量为100 mg/L，PAC和PAS用量均为400 mg/L。

从表3可以看出：相对聚合氯化铝、聚合硫酸铝、自制的絮凝剂对造纸废水具有较好的处理效果，且其投加量较少。

三、结　论

1. 通过正交试验和单因素实验，研究制备有机高分子絮凝剂的影响因素如乙二胺的摩尔浓度、反应温度、腈纶水解产物与乙二胺的质量比、硫脲用量等对产品得率的影响，最佳的制备方案为：乙二胺的摩尔浓度为2.8 mol/L，反应温度为128℃，m（腈纶水解产物）：m（乙二胺）＝1:2.2，硫脲的用量为反应物总质量的0.62%，反应时间为9 h。

2. 对所制得的絮凝剂进行红外表征，结果表明自制的絮凝剂含有咪唑啉基、酰胺基、羧基等活性基团。

3. 对比自制絮凝剂、聚合氯化铝和聚合硫酸铝对造纸废水的处理效果，发现自制的絮凝剂具有更优良的效果，且投加量较少。

参考文献

[1] 吴自强，魏艳平．腈纶废丝的化学处理及产物的应用［J］．再生资源研究，2004，(2)：19－23.

[2] Arroyo S T, Garcia A H, Martin J. A. S. Theoretical Study of the Neutral Hydrolysis of Hydrogen Isocyanate in Aqueous Solution via Assisted－Concerted Mechanisms［J］. J. Phys. Chem, 2009, 113 (9): 1858－1863.

造纸污泥、中段水的综合利用研究

张发国 王 挺 沃 迪 王培录

（中冶美利林业开发有限公司 宁夏回族自治区中卫市沙坡头区美利造纸工业园区 75500）

摘 要 利用造纸处理后的达标中段水与黄河水混合后浇灌沙漠中的原料林地，既解决了水资源紧缺的矛盾，又解决了中段水排放问题。试验表明：用中段水浇灌林地后，使一年生中林杨新梢比对照增长78.4%～141.5%，胸径比对照增长71.6%～90.0%，利用造纸污泥，树木一年生新梢生长量增长18.2%～85.7%，胸径生长量增长20%～70%，对林木的生长具有十分明显的效果。

关键词 造纸污泥 中段水 综合利用

试验地位于宁夏中卫市沙坡头区北部葡萄墩塘和西风口，地处北部腾格里沙漠与黄灌区交接处，气候属典型大陆性气候，同时具有沙漠气候的特点。日照充足，积温较高，光能丰富，干旱少雨雪，蒸腾强烈，年气温差和日气温差都较大，年均气温8.4℃，年均降水量185.9mm，年均蒸发量1958mm，年均无霜期153d，最长年份182d，最短年份116d，早霜一般出现在10月初，晚霜多在翌年5月初，试验地属风沙土和粗灰钙土，pH值7.8，有机质含量3.0g/kg，无明显发育土层。

一、试验材料与方法

（一）试验材料

造林树种：中林46杨，树苗2年生，造林株行距2m×3m；

造纸污泥：坑施：5kg、10kg、15kg，不施对照（沙漠土）；

追施：5kg、10kg、15kg，不施对照（沙漠土）；

造纸中段水：将造纸中段水通过碱回收、中段水等车间处理后，再经过氧化塘氧化后的达标中水，与黄河水混合后灌溉林地。中段水与黄河水的混合比为1:2。

（二）试验方法

采取坑施基肥方式，定植坑50cm×50cm×50cm，在春季造林时，按污泥的配比进行施入。

追肥方式，在树木生长季节，5月进行挖环状沟追肥。

造纸处理后的中段水与黄河水按1:2混合后的水，试验水平为灌水量75m^3/亩，年灌水5次，以黄河水作为对照。

（三）试验布置

污泥试验地选择在中冶美利纸业速生林基地第二、四林业事业部，在立地条件一致的风沙土上进行，每个处理1亩，参试树木110株，重复3次，随机排列，试验管理水平保持一致。

中段水试验地选择在中冶美利纸业速生林基地第一、三林业事业部，在立地条件基本一致地段分风沙土和粗灰钙土两个土壤类型布置试验，每小区试验面积6亩，参试树木120株，重复3次，随机分布，试验布置后的管理水平保持一致。

二、结果分析

（一）污泥对树木生长量的影响

从表1可以看出：通过施污泥对树木新稍生长量和胸径生长量均有不同程度的增加，从新稍生长量来看，坑施、追施以15kg比对照分别增加85.7%、45.5%，从胸径生长量来看，坑施、追施以15kg比对照分别增加70%、66.6%。由此，造纸污泥具有良好的肥效，对树苗生长有显著的促生效果，这与造纸污泥所含氧分的化验结果相吻合。

表 1　造纸污泥对树木生长量的影响

立地类型	处理	新梢生长量/m	比对照增加/%	胸径生长量/cm	比对照增加/%
风沙土	坑施 5kg	1.1	57.1	1.2	20
	10kg	1.16	65.7	1.5	50
	15kg	1.3	85.7	1.7	70
	不施	0.7		1.0	
	追施 5kg	1.3	18.2	1.5	25
	10kg	1.5	36.4	1.7	41.7
	15kg	1.6	45.5	2.0	66.6
	不施	1.1		1.2	

（二）污泥对沙漠土壤的改良效果

原始沙漠土壤颗粒粗，黏粒和团粒少，结构松散。通过试验表明，通过施入污泥，土壤出现“团聚”现象，有机质增多，黏粒和胶粒显著增加，可以认定污泥具有土壤改良作用。

沙漠土壤与施污泥土壤的物化结构成分含量对比，其总体特征差别明显（见表 2）。主要表现为施污泥土壤中有机质 N、P、K 增多，土壤团粒增加，持水性改善，土壤改良成沙壤土，提升了土壤的供养功能，对促进树林生长发育有利。

表 2　造纸污泥对沙漠土壤的改良效果

序号	项目	沙漠土壤	施污泥土壤	植物生长一般要求
1	有机质/%	0.03	7.32	1
2	有效 N/（mg/kg）	3	125	30 ~ 60
3	有效 P/（mg/kg）	1.1	15	5
4	有效 K/（mg/kg）	136	209	30 ~ 50
5	pH	9.21	8.27	7 ~ 8

由于速生林基地为沙漠土壤，土壤十分贫瘠，通过施入污泥，其污泥中含有大量的 N、K、P 和微量元素，弥补了土壤养分不足，为林木生长提供了大量的营养成分，对污泥的检验见表 3。

表 3　造纸污泥成分分析检测结果

序号	测定项目	含量	植物生长一般要求
1	全氮/（g/kg）	4.06	
2	全磷/（g/kg）	0.93	
3	全钾/（g/kg）	4.0	
4	有效 N/（mg/kg）	251	30 ~ 60
5	有效 P/（mg/kg）	32.3	5
6	有效 K/（mg/kg）	1030	30 ~ 50
7	有机质/%	26.8	1
8	pH	8.06	7 ~ 8

从表 3 中看出，造纸污泥中含有大量有机质及 N、P、K 等营养元素，均超过植物生长的一般要求，可以为树木的生长提供养分。

（三）中段水对树木生长的影响

经过两年的试验观测，浇灌造纸中段水的林地，林木生长旺盛，叶片肥大，叶色浓绿，新梢生长快；对照地内的树木长势较弱，叶片较小，叶色淡绿。从总体上看，浇灌中段水的林地，树木新梢生长量和胸径生长量均大于对照地，其差异程度见表4。

表4　造纸中段水对造林第一年树木生长量的影响

立地	处理	新梢/m	新梢平均/m	比对照增加/%	胸径年生长量/cm	年生长平均/cm	比对照增加/%
风沙土	中段水	1	1.25		0.95		
		2	1.38	1.28	0.94	0.93	
		3	1.20	141.5	0.91		106.7
	黄河水（CK）	1	0.44		0.41		
		2	0.53	0.53	0.43	0.45	
		3	0.63		0.50		
粗灰钙土	中段水	1	1.64		0.97		
		2	1.13	1.32	1.06	0.97	
		3	1.19	78.4	0.89		44.8
	黄河水（CK）	1	0.82		0.70		
		2	0.75	0.74	0.76	0.67	
		3	0.66		0.55		

从表4可以看出，在不同的立地条件下，用造纸中段水灌溉一年生46杨，树木新梢和胸径都有较大幅度的增长。其中：在风沙土上，新梢比对照增加141.5%，胸径比对照增加106.7%；在粗灰钙土上，新梢比对照增加78.4%，胸径比对照增加44.8%。对所测数据进行方差分析见表5、表6。

表5　新梢生长量方差分析（第一年）

立地	差异源	SS	df	MS	F	P-value	Fcrit
风沙土	组间	0.828817	1	0.828817	93.8283	0.000636	$F_{0.01}=21.19759$
	组内	0.035333	4	0.008833			
	总计	0.86415	5				
粗灰钙土	组间	0.498817	1	0.498817	11.85777	0.026209	$F_{0.05}=7.70865$
	组内	0.168267	4	0.042067			
	总计	0.667083	5				

通过方差分析结果表明，在风沙土上，第一年新梢和胸径生长量的差异极显著；在粗钙土上，第一年新梢和胸径生长量的差异达到显著水平。

表6　胸径生长量方差分析（第一年）

立地	差异源	SS	df	MS	F	P-value	Fcrit
风沙土	组间	0.355267	1	0.355267	266.45	8.24E-05	$F_{0.01}=21.19759$
	组内	0.005333	4	0.001333			
	总计	0.3606	5				
粗灰钙土	组间	0.138017	1	0.138017	14.57923	0.018806	F0.05=7.70865
	组内	0.037867	4	0.009467			
	总计	0.175883	5				

表7　中段水对造林第二年树木生长量的影响

立地	处理	新梢/m	新梢平均/m	比对照增加/%	胸径年生长量/cm	年生长平均/cm	比对照增加/%
风沙土	中段水	1	2.04		1.51		
		2	2.25	1.93		2.29	1.76
		3	1.51	80.4	1.49		90
	黄河水（CK）	1	0.85			0.67	
		2	1.03	1.07		0.88	0.86
		3	1.34			1.03	
粗灰钙土	中段水	1	1.63			1.41	
		2	1.78	1.68		1.59	1.51
		3	1.63	60	1.53		71.6
	黄河水（CK）	1	0.98			0.82	
		2	1.09	1.05		0.90	0.88
		3	1.08			0.92	

从表7可以看出，在不同立地条件下，用造纸中段水灌溉两年生46杨，其新梢和胸径也有较大幅度的增长，在风沙土上，新梢平均比对照增加80.4%，胸径比对照增加90%；在粗灰钙土上，新梢平均比对照增加60%，胸径比对照增加71.6%。通过方差分析，在风沙土上，两年生46杨新梢和胸径的生长量差异显著，在粗灰钙土上，新梢和胸径的生长量差异达到极显著水平，详见表8、表9。

表8　新梢生长量方差分析（第二年）

立地	差异源	SS	df	MS	F	P-value	Fcrit
风沙土	组间	1.102531	1	1.102531	10.73035	0.030624	$F_{0.05}=7.70865$
	组内	0.410995	4	0.102749			
	总计	1.513526	5				
粗灰钙土	组间	0.59535	1	0.59535	106.3125	0.000499	$F_{0.01}=21.19759$
	组内	0.0224	4	0.0056			
	总计	0.61775	5				

表9　胸径生长量方差分析（第二年）

立地	差异源	SS	df	MS	F	P-value	Fcrit
风沙土	组间	1.224017	1	1.224017	10.16484	0.033272	$F_{0.05}=7.70865$
	组内	0.481667	4	0.120417			
	总计	1.705683	5				
粗灰钙土	组间	0.59535	1	0.59535	106.3125	0.000499	$F_{0.01}=21.19759$
	组内	0.0224	4	0.0056			
	总计	0.61775	5				

为了进一步证实废水中养分含量情况，我们检测了水样几种养分含量，详见表10。

表10　中冶美利纸业造纸中水水样分析测试结果

序号	项目	标准/（mg/L）	含量/（mg/L）
1	BOD	≤150	97.4
2	COD	≤300	288.7
3	阴离子表面活性剂	≤8	0.55
4	凯氏氮	≤30	4.57
5	总磷	≤10	0.4
6	pH	5.5~8.5	7.5
7	全盐量	≤1000	980
8	氯化物	≤250	243.8
9	总汞	≤0.001	0.0001
10	总镉	≤0.005	0.00003
11	总砷	≤0.1	0.0131
12	总铅	≤0.1	0.0078
13	六价铬	≤0.1	0.015
14	总铜	≤1.0	0.001
15	总锌	≤2.0	0.054
16	总硒	≤0.02	未检出

从表10看出，造纸废水经过碱回收，中段水处理和氧化塘氧化后，各物质含量均低于国家规定标准，水中含有的多种微量金属元素可以为树木正常生长提供养分基础。

（四）利用造纸污泥、中段水植树的经济效益分析

造纸污泥的利用，大大减少了对环境的污染，变废为宝，有很好的社会生态环境效益。

公司速生林追肥用尿素作肥料，每株树每年追尿素0.7kg。用造纸污泥作肥料，少使用化肥。50万亩林地，一年可降低化肥费用在6580万元左右；利用中段水灌溉林地，每年节约水资源3535万 m^3，节省资金124万元；另外，林地灌溉后，分析测算，林地灌溉渗水经水沟回收利用比例为40%，这部分水资源继续利用进行造纸，实现了水资源的循环再利用。

三、小　结

1. 利用造纸污泥对沙漠土壤有明显的改良作用，提高了沙漠土壤的供养功能和持水、保肥、保湿性，有利于促进树木的生长，仅树木一年生新梢生长量增长18.2%~85.7%，胸径生长量增长20%~70%。

2. 将造纸后经过处理的中段水和黄河水按1∶2混合后浇灌速生林，对杨树的促生作用十分明显，使一年生中林46杨新梢增长78.4%~141.5%、胸径增长44.8%~106.7%；使二年生中林46杨新梢增长60%~80.4%、胸径增长71.6%~90%。

3. 施用造纸污泥、利用中段水灌溉林地后，土壤中有机质含量增加，可以节约化肥费及水费，有良好的经济效益。

SO_4^{2-}/TiO_2 催化溴氨酸的 Ullmann 缩合反应及光催化降解

周巧君　费学宁　王　镝

（天津城市建设学院环境与市政工程系　天津　300384）

摘　要　本文采用 SO_4^{2-}/TiO_2 代替传统工艺中的硫酸水溶液，对溴氨酸进行 Ullmann 缩合反应，考察了催化剂投加量及重复使用次数对反应收率的影响。结果表明，在 2.02g 溴氨酸、0.95g 铜粉、80ml 蒸馏水的体系中，SO_4^{2-}/TiO_2 用量为 0.20g，70℃下反应 90min，溴氨酸缩合产物收率可达 91% 以上。催化剂可重复使用 5 次。SO_4^{2-}/TiO_2 光催化活性良好，催化剂投加量 2g/L，紫外光下照射 6h，30mg/L溴氨酸脱色率达 95% 以上，TOC 去除率达 80% 以上。

关键词　固体酸催化剂 SO_4^{2-}/TiO_2　溴氨酸　Ullmann 缩合　光催化降解

4，4′－二氨基－1，1′－二蒽醌－3，3′－二磺酸钠是制备高档有机颜料 C. I 颜料红 177 的重要中间体，传统合成方法是以溴氨酸（1－氨基－4 溴－蒽醌－2－磺酸钠）为原料，80℃时在硫酸－铜粉催化作用下进行 Ullmann 缩合反应，得到溴氨酸缩合产物[1]。以浓硫酸作催化剂，虽具有活性高、价格低廉等优点，但是用浓硫酸作催化剂对设备的腐蚀性大、环境污染严重[2-4]。与传统液体酸催化剂相比较，固体超强酸具有催化效果好、成本低、不腐蚀设备、易分离、可重复利用等优点，以固体酸作催化剂的有机合成及光催化降解工艺具有绿色化学和清洁生产的特征，使得该类项目研究具有学术价值和很好的应用前景[5]。

本文以制备的固体酸 SO_4^{2-}/TiO_2 催化溴氨酸 Ullmann 缩合反应，研究了催化剂投加量及重复使用次数对缩合反应收率的影响，并与传统工艺做对比，将 SO_4^{2-}/TiO_2 用于光催化降解溴氨酸水溶液，效果显著。

一、实验部分

（一）实验药品及仪器

高效液相色谱仪（安捷伦科技公司生产）。溴氨酸、铜粉、自制催化剂。

（二）铜粉的预处理

称取一定量的铜粉，加入 70% 硫酸溶液，置于电热套上加热，至沸腾后继续加热 1h，水洗至中性，再加入丙酮少许，冲洗 3 次后用氮气吹干铜粉，将干燥的铜粉置于干燥器中，以防被氧化。

（三）固体酸 SO_4^{2-}/TiO_2 的制备

称取 1.0g 的 TiO_2 粉体，浸入 15ml 0.75mol/L 的 H_2SO_4 水溶液中，浸渍 24h，置干燥箱中于 110℃下烘干，于 500℃下煅烧 2h，制得 SO_4^{2-}/TiO_2 固体酸催化剂。

（四）SO_4^{2-}/TiO_2 催化溴氨酸 Ullmann 缩合反应

在装有温度计，搅拌器，回流冷凝管的 250ml 四口瓶中加入溴氨酸 2.02g（5mmol），经处理的铜粉 0.95g（15mmol），蒸馏水 80.0ml，加入不同质量的固体酸催化剂，在不同温度下恒温搅拌，用薄层色谱及 Aglient1100 型高效液相色谱（HPLC）跟踪合成过程中的变化，反应 90min 后，趁热滤除固体酸催化剂和铜粉，在滤液中加入 NaCl 进行盐析（用渗圈实验控制盐析终点）。趁热过滤，并用少量质量分数为 20% NaCl 溶液洗涤，过滤干燥得产物，并计算收率[1]。

（五）SO_4^{2-}/TiO_2 光催化降解溴氨酸溶液

吸取 30mg/L 溴氨酸溶液 100ml，加入 0.2gSO_4^{2-}/TiO_2，紫外光照射下，每隔一定时间吸取少量溴氨酸溶液，离心分离除去催化剂粉体后取上清液用分光光度计测定降解后溴氨酸吸光度 A 及总有机碳（TOC），以脱色率和 TOC 去除率评价反应体系的降解效果。

二、结果与讨论

（一）SO_4^{2-}/TiO_2 催化溴氨酸 Ullmann 缩合反应

1. 催化剂投加量对缩合反应收率的影响

SO_4^{2-}/TiO_2 作为一种固体酸催化剂，其用量是影响该催化过程的重要参数。改变固体酸催化剂的投加量，70℃下反应 90min，研究催化剂投加量对溴氨酸缩合产物收率的影响。缩合反应结果如图 1 所示。

实验结果表明，增大催化剂用量，反应体系 pH 降低，缩合反应收率增大，当催化剂增加到一定量后，薄层色谱跟踪显示有紫色副产物产生，这是由于 SO_4^{2-}/TiO_2 促使缩合反应转化的同时又促使溴氨酸水解反应的发生，致使缩合反应收率下降，当 SO_4^{2-}/TiO_2 用量为 0.20g 时，缩合反应收率最高，为 91.58%。故该缩合反应中 SO_4^{2-}/TiO_2 最佳投加量为 0.20g。

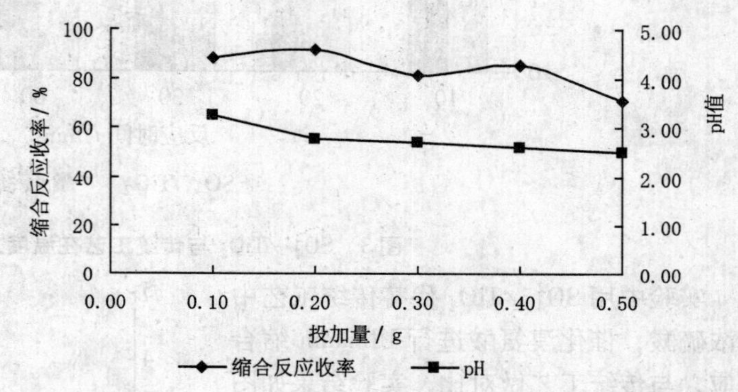

图 1 催化剂投加量对溶液 pH 值及缩合反应收率的影响

2. 催化剂重复使用次数对缩合反应收率的影响

上述体系反应结束后，SO_4^{2-}/TiO_2 及铜粉过滤回收，多次水洗至 SO_4^{2-}/TiO_2 恢复白色，烘干后过筛分离，回收的 SO_4^{2-}/TiO_2 用于下次反应。第 5 次重复利用后，将回收的 SO_4^{2-}/TiO_2 用 0.75mol/L 硫酸溶液浸泡 24h，烘干后在 500℃下煅烧 2h，考察催化剂重复使用次数及再生对缩合反应收率的影响，结果如图 2 所示。

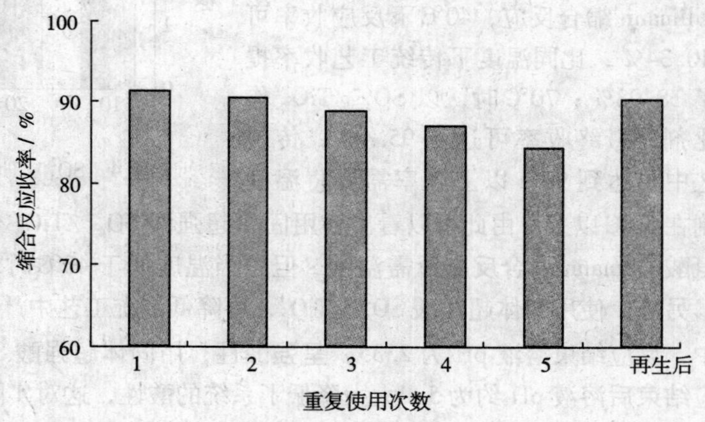

图 2 催化剂重复使用次数对缩合反应收率的影响

由图 2 可知，催化剂在前 4 次活性变化较缓慢，当回用到第 5 次时，缩合反应收率由第 1 次的 91.45% 降至 84.34%，降低了 7.11%。经 2 次活化后，SO_4^{2-}/TiO_2 活性增强，缩合反应收率增加到 90.28%。

催化剂失活主要原因是：在反复使用的过程中，高价态硫被还原成低价态，降低了超强酸中 S^{6+} 的含量，从而使固体超强酸的酸强度下降；催化剂表面积炭，是由于表面吸附有机物，酸中心被覆盖，使催化剂活性部分丧失；在贮存过程中吸水再加热后失硫；在反应过程中因反应温度的波动而脱水，或反应过程中吸水使 B 酸量和 L 酸量比例失调，使得 B 酸量和 L 酸量的协同效应下降。

催化剂失活后，重新对其进行洗涤、干燥、酸化及煅烧，补充了催化剂所失去的酸性位，烧去表面积炭，露出强酸点，因此催化活性得到恢复，缩合反应收率相应提高。

3. 与传统工艺的比较

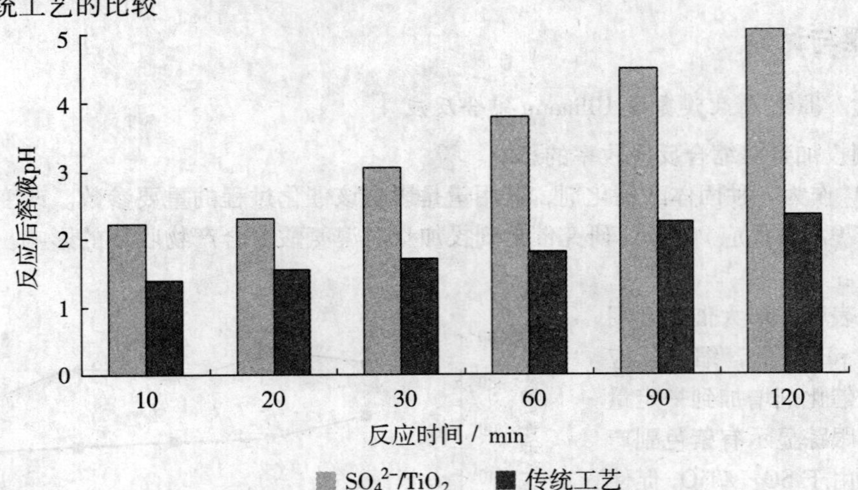

图 3　SO_4^{2-}/TiO_2 与传统工艺在温度方面的对比

实验中用 SO_4^{2-}/TiO_2 代替传统工艺中的浓硫酸，催化溴氨酸进行 Ullmann 缩合反应，与传统工艺做对比，实验结果如图 3、图 4 所示。

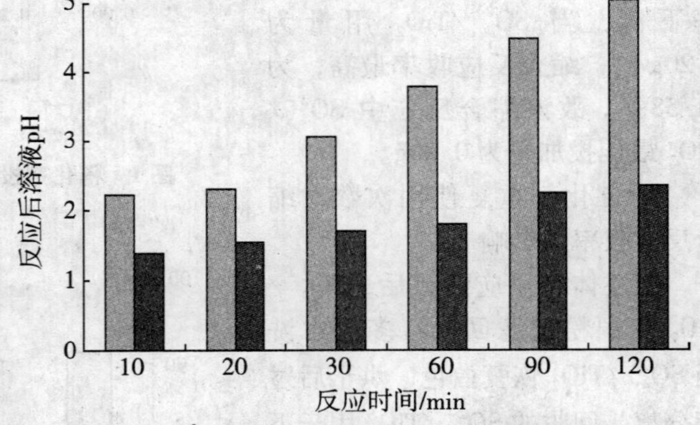

图 4　SO_4^{2-}/TiO_2 与传统工艺在 pH 方面的对比

由图 3 可以看出，使用固体酸催化剂 SO_4^{2-}/TiO_2，在较低温度下溴氨酸即可发生 Ullmann 缩合反应，40℃下反应收率可达 40. 34%，比同温度下传统工艺收率提高了 18. 93%；70℃时，以 SO_4^{2-}/TiO_2 作催化剂，最终收率可达到 95. 4%，传统工艺中要达到 90% 以上收率需要将温度控制在 80℃以上。由此可以看出，用固体超强酸 SO_4^{2-}/TiO_2 代替液体硫酸作催化剂，可以降低溴氨酸 Ullmann 缩合反应所需温度。但是当温度低于 40℃时，溴氨酸溶解性较差，影响反应收率。另外，使用固体超强酸 SO_4^{2-}/TiO_2，可降低传统工艺中严重的酸污染，如图 4 所示。原始工艺中，反应结束溶液 pH 为 2. 35，呈强酸性，用固体超强酸 SO_4^{2-}/TiO_2 代替液体硫酸作催化剂，反应结束后溶液 pH 约为 5，大大降低了系统的酸性，这对实际生产具有一定指导意义。

（二）SO_4^{2-}/TiO_2 催化降解溴氨酸水溶液

图 5 表示随着降解时间的延长，溴氨酸水溶液脱色率和 TOC 去除率的变化情况。

由图 5 可知，随着降解时间不断延长，溴氨酸降解效果明显增强，紫外照射 1h 时，脱色率和 TOC 去除率分别为 32. 72%、15. 86%，6h 后，脱色率和 TOC 去除率高达 95. 31%、83. 75%，继续延长降解时间，去除率无明显增长。这是因为反应前期，溶液中的溴氨酸分子较多，吸附在催化剂表面的有机污染物多，降解效率高，溶液的脱色率和 TOC 去除率提高迅速，反应后期溶液中的有机污染物浓度下降，反应速度随之下降，所以脱色率和 TOC 去除率提高缓慢。由此可

以看出 SO_4^{2-}/TiO_2 有很好的光催化活性。

三、结　论

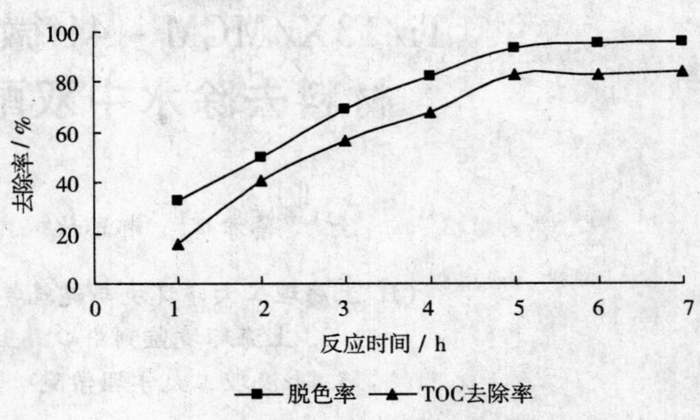

图5　降解时间对溴氨酸降解效果的影响

1. SO_4^{2-}/TiO_2 固体超强酸催化溴氨酸 Ullmann 缩合反应，催化剂投加量为 0.2g，70℃ 下反应 90min，反应收率达 91.58%。

2. SO_4^{2-}/TiO_2 固体超强酸可重复利用，重复利用 5 次后催化剂活性略有降低，溴氨酸 Ullmann 缩合反应收率降低 11% 左右，对催化剂进行再生处理后，催化活性可恢复至原始水平，缩合反应收率达 90.28%。

3. 用固体超强酸代替液体酸，可以降低反应体系所需温度，同时固体酸催化剂的使用可以减少合成过程中的酸污染，达到清洁生产的目的。

4. SO_4^{2-}/TiO_2 催化剂具有良好的光催化活性。SO_4^{2-}/TiO_2 催化降解 30mg/L 溴氨酸，催化剂投加量 2g/L，紫外光下照射 6h，脱色率达 95% 以上，TOC 去除率达 80% 以上，SO_4^{2-}/TiO_2 表现出良好的催化效果。

参考文献

[1] 费学宁，杨少斌，刘丽娟，等．溴氨酸 Ullmann 缩合反应工艺［J］．应用化学，2007，24（10）：1136－1139.

[2] 卢冠忠．超强酸的结构及在酯化反应中的应用［J］．工业催化，1993（1）：3－8.

[3] 蒋文伟．超强酸催化剂的研究进展［J］．精细化工，1997，14（1）：46－49.

[4] 靳通收，李彦伟，孙广，等．SO_4^{2-}/M_xO_y 型固体超强酸在有机合成中的应用［J］．有机化学，2003，23（3）：243－248.

[5] 姜艳玲，王九思，王明权，等．固体超强酸光催化剂在废水处理中的研究进展［J］．甘肃联合大学学报（自然科学版），2008，22（3）：46－50.

Ti/13X/MCM－41 微/介孔光催化材料去除水中双酚 A 的机理

陶 红[1] 蔡孝辉[1] 郝思秋[2] 曾佳思丹[1] 王 璐[3]

（1. 上海理工大学环境与建筑学院 上海 200093；
2. 上海环境监测中心 上海 200030；
3. 上海理工大学理学院 上海 200093）

摘 要 用水热法制备了 Ti/13X/MCM－41 微/介孔光催化材料，并对材料进行了 X 射线衍射（XRD）、扫描电镜（SEM）、BET 比表面积表征分析。利用中压汞灯（λ＝365.0～366.3nm，300W）作为光源，采用 Ti/13X/MCM－41 悬浮体系，对水中内分泌干扰物双酚 A（BPA）进行了光降解反应，通过傅立叶红外光谱（FT－IR）、气相色谱－质谱联用（GC/MS）研究了水溶液中 BPA 的催化光降解的产物与反应历程。分析结果表明：水溶液中 BPA 光降解的中间产物主要为 2－甲基－2，3－二氢－苯并呋喃和 4－羟基乙酰苯酚，进一步氧化使得苯环和脂环发生开环反应，生成小分子有机物，并最终矿化为 CO_2。

关键词 Ti/13X/MCM－41 双酚 A 机理 光降解 微/介孔

双酚 A（BPA）在工业上作为一种增塑剂和抗氧化剂，被广泛用于环氧树脂、聚碳酸盐塑料及食品饮料包装中，由于其难以生物降解且对普通化学氧化具有一定的抵抗作用，就目前废水的一级和二级处理技术而言，很难将其全部清除。据报道各国都已在城市废水处理厂排水中以及接纳这些处理水的天然水体甚至是自来水中都监测到不同浓度的 BPA[1－4]。美国环境保护署、日本、世界野生动物基金会等均明确将 BPA 列为环境内分泌干扰物。2008 年美国国会委员会呼吁坚决停止使用双酚 A[5]。氯气消毒是自来水处理过程中必不可少的重要操作单元，有研究表明 BPA 在氯气消毒过程中，很快地和氯气发生附加反应，产生一系列消毒副产物，还检出了酚类聚合体。此外还发现，BPA 的副产物比出发物质 BPA 具有更大的内分泌干扰作用[6]。如果不严格控制，由双酚 A 造成的环境污染问题将会非常严重。

天然水体中发生的光化学过程是有机污染物在水环境中转化的一个重要途径，借助光化学方法的污染治理新技术越来越受到关注。分子筛赋载具有光催化活性的纳米微粒光催化降解有机物是目前最有希望的污染物治理新技术之一。该技术将分子筛和光催化技术的优点结合起来，是一种非常有发展前景的环境治理技术[7]。作为载体的分子筛一般有微孔和介孔两类。微孔分子筛具有均匀发达的微孔结构和强酸性，但大直径分子进入孔道困难，而在孔道内形成的大分子也不能快速逸出，导致副反应发生，因而使其应用范围受到限制[8]。而介孔分子筛在提供人们期望的大孔径的同时，也暴露出了孔壁呈无定形的特征以及与其伴生的大量表面硅羟基存在的先天弊病，结果导致其水热稳定性差和酸性低[9－11]。

本文采用水热法制备了新型的 13X/MCM－41 微/介孔复合分子筛，并负载催化性能优越的 TiO_2 纳米微粒，研制成具有双重孔结构和双重酸性、光催化性和吸附性的新型微/介孔光催化剂，研究了在紫外光照射下，水中 BPA 光降解的产物与反应历程。为更深入研究水环境中此类有机物的去除及其光化学行为和归宿提供了依据。

一、实验部分

（一）材料的制备

分别量取一定量的13X分子筛加入20ml NaOH溶液中（1.5mol/L），在室温下磁力搅拌30min，记作溶液A。向溶液A中缓慢加入一定量SiO_2，继续搅拌30min后，加入40ml CTAB（10%，质量分数）水溶液，再搅拌30min，得溶液B。量取一定量的钛酸四丁酯加入溶液B，继续恒速剧烈搅拌，直至形成胶体为止，一般需120min左右。将形成胶体的样品调pH，然后放入油浴埚中于一定温度下晶化反应。取出样品，用真空泵进行抽滤，同时用去离子水冲洗至滤液中性。将抽滤后的样品于110℃下干燥120min。干燥好的固体放入马弗炉中焙烧，一定时间后取出，然后研磨、筛分，制得复合材料。

（二）光催化降解

以无水乙醇为溶剂，配制浓度为500mg/L的BPA贮备液，然后用去离子水稀释成不同浓度的BPA水溶液，作为模拟废水。用HCl或NaOH调节其pH后，加入一定量的Ti/13X/MCM－41催化剂，并将反应液置于容量为1000ml的XPA－Ⅱ型光反应仪中。用300W中压汞灯照射，汞灯的发光波长范围为250～720nm，主波长为365nm，汞灯在365nm处的光照强度为$0.19kW/m^2$。在不同照射时间间隔取样，并将悬浮液离心（3500r/min，30min），分出其上清液，用荧光分光光度计测定BPA浓度，同一组实验平行进行二次，误差小于2%。

（三）光降解产物的分析方法

利用固相微萃取方法对产物进行富集，然后分别用5ml的甲醇和丙酮进行洗脱，再将洗脱液移到K－D浓缩器中，在通入氮气保持真空的条件下，蒸发至干后加入二氯甲烷进行溶解，然后进行傅立叶红外光谱分析（FT－IR），将另一组溶解于二氯甲烷的产物用衍生化试剂BSTFA＋1%TMCS进行衍生化处理，然后进行GC/MS测定。

GC/MS分析条件：DB－5MS色谱柱（60m×0.25mm，0.25μm）；程序升温：80℃保持8min，以8℃/min升温到280℃，再保持30min；进样口温度250℃；载气：He，1ml/min。传输线温度170℃，离子阱温度150℃，电子能量70eV，全扫描模式，m/z范围15～700。进样体积5μl。

反应器的出气口连接细管，通入蒸馏水或澄清的$Ca(OH)_2$溶液中，并测定反应前后蒸馏水的pH。

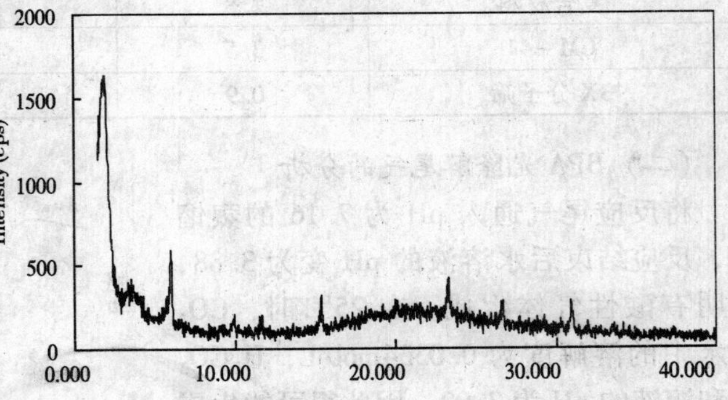

图1　复合材料Ti/13X/MCM－41的XRD测试图

二、结果与讨论

（一）复合材料的表征

1. XRD分析

由XRD27000S型衍射仪分析，CuKa辐射，管压40kV，管电流40mA，步宽0.02°，扫描速度为1°/min。扫描范围2θ＝10°～80°。结果如图1所示，样品在2°（2－theta）左右有一个很强的峰，这对应着MCM－41材料的特征峰（100），在3°～6°还有2～3个小的衍射峰出现。在微孔衍射区域，可以看出，13X分子筛结构虽然被部分破坏，但2－theta在9.92°、11.66°、15.40°、20.08°和23.30°等处的衍射峰表明该结构仍为13X分子筛的特征结构，也说明合成的样品为微孔－介孔复合材料。此外，复合材料的 XRD 增加了 2－theta＝26.68°和 30.98°的谱线，这正是锐钛矿晶形的 TiO_2 的特征谱线[12]。说明 Ti 以锐钛矿晶形存在于 13X 分子筛中，使复合材料具有光催化性。

此外，由 XRD 分析（Cu 靶，λ＝1.54187 Å）结果，并根据 Bragg 公式 $\lambda = 2d_{hkl}\sin\theta$[13]，计算出样品的晶面间距 d_{100} 值为 4.55nm。

2. SEM 分析

扫描电镜荷兰 PhilipsXL30，工作电压 1～30kV，点分辨率 3.5nm，放大倍数 10～300000X，样品台倾转角：－10°～70°，探测器二次电子和被散射探测器，对复合材料进行晶体形貌分析，如图 2 所示复合材料表面疏松多孔，极大地增加了材料的吸附性能，有助于提高其对 BPA 的去除率。

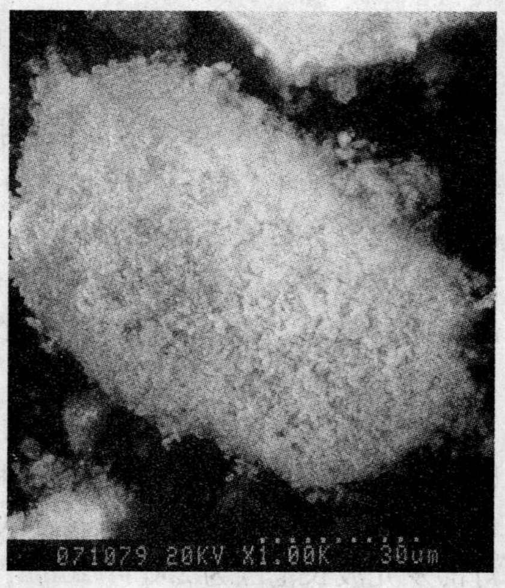

图 2　Ti/13X/MCM－41 的 SEM 照片

3. 复合材料孔结构分析

采用 F－Sorb3400 比表面积及孔径测试仪来测试样品的比表面积和孔径大小。通过 BET 法得出 Ti/13X/MCM－41 复合材料的孔结构性质如表 1 所示。复合材料的孔径（2.8nm）大于 13X 分子筛（0.9nm），克服了微孔分子筛的孔径小的不足。复合分子筛介孔相的孔壁（2.02nm）厚于 MCM－41 的孔壁（1.14nm），使复合分子筛介孔相的水热稳定性有了显著提高。

表 1　复合材料的孔结构数据

样品	孔径 D/nm	比表面积/（m^2/g）	孔壁厚度 t/nm
复合材料	2.8	975	2.02
CM－41	3.5	1050	1.14nm
3X 分子筛	0.9	689	3.14

（二）BPA 光降解尾气的分析

将反应尾气通入 pH 为 7.16 的蒸馏水，反应结束后水溶液的 pH 变为 3.88，说明有酸性气体生成。在 25℃ 时，CO_2 在水中的溶解度为 0.0334mol/L，H_2CO_3 饱和溶液的 pH 为 3.92，因此很可能生成了 H_2CO_3 溶液。如将反应尾气通入澄清的 Ca（OH）$_2$ 溶液，则溶液变浑浊，说明可能有 CO_2 生成。综上所述，可以推断反应尾气是 CO_2。

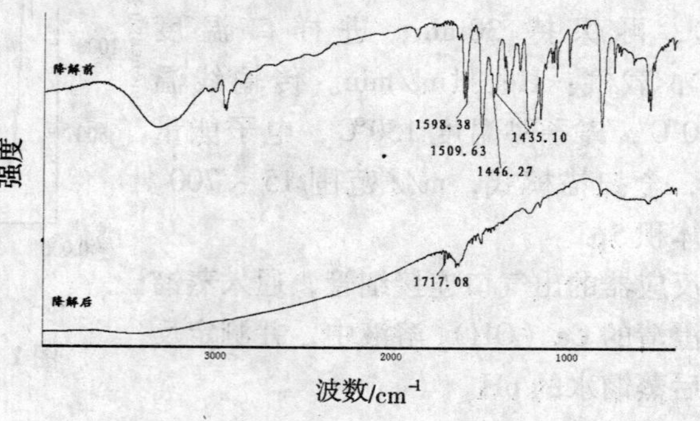

图 3　BPA 光降解前后的 FT－IR 光谱

（三）BPA 光降解产物的 FT－IR 分析

对复合材料催化光降解 BPA 的产物进行了傅立叶红外光谱（FT－IR）研究，结果如图 3 所示。

BPA 光降解产物的红外光谱在 1717.08 出现特征峰，说明产物含有 C＝O 结构，而 BPA 红外光谱在 1400～1600/cm（1598.38、1509.63、1446.27、1435.10）对应的苯环特征峰在产物的红外光谱中明显减弱，甚至消失，说明 BPA 苯环结构发生破坏。因此，BPA 在紫外光作用下光降解破坏了苯环，开环结果生成了 C＝O 结构产物，同时表明可能发生脱碳反应。

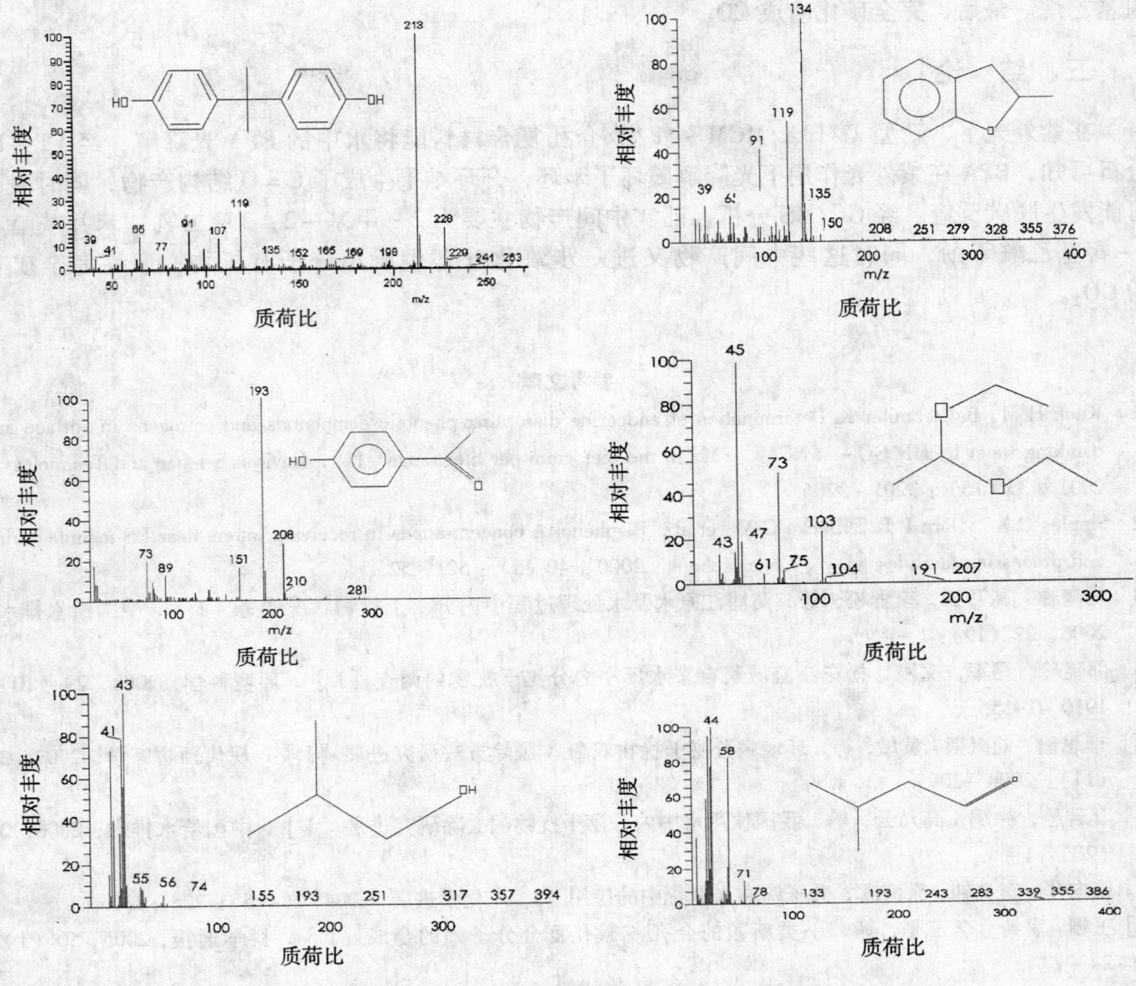

图 4 BPA 及其中间产物的质谱及分子结构图

（四）BPA 光降解产物的 GC－MS 分析

为了进一步揭示 BPA 的光降解机理，对光降解产物的气相色谱－质谱联用（GC－MS）进行了研究，图 4 是 BPA 及其光降解的中间产物的质谱及分子结构图。

（五）BPA 光降解反应历程的探讨

由产物鉴定结果结合参考文献[14]推演反应历程，如图 5 所示：OH 自由基攻击 BPA 的 3－位，使之断裂形成苯酚和 4－乙烯基－苯酚，苯酚进而形成 2－甲基－2，3－二氢－苯并呋喃（如图中反应路线 1 所示）；4－乙烯基－苯酚在 OH 自由基的作用下，生成 4－羟基乙酰苯酚（如图中反应路线 2 所示）。这类物质再进行苯环的开环反应生成小分子有机物，在 GC－MS 分析中检测到了三种，分别是 2－甲基丙醇、3－甲基正丁醛和 1，1－二乙

·OH → CO_2 + H_2O

图 5 BPA 在紫外光中的降解历程

氧基乙烷。最后，完全矿化生成 CO_2。

三、结　论

在紫外光下，新型 Ti/13X/MCM－41 微/介孔复合材料能将水中的 BPA 光降解，经 FT－IR 分析可知，BPA 在紫外光作用下光降解破坏了苯环，开环结果生成了 C＝O 结构产物，同时表明可能发生脱碳反应。经 GC/MS 分析，证实中间产物主要为 2－甲基－2，3－二氢－苯并呋喃和 4－羟基乙酰苯酚，同时这些中间产物又进一步氧化开环生成小分子有机物，最终完全矿化为 CO_2。

参考文献

[1] Kuch H M, Ballschmiter K. Determination of endocrine disrupting phenolic compounds and estrogens in surface and drinking water by HR GC－（NCI） －MS in the pictogram per liter range［J］. Environ Science and Technology，2001，35（15）：3201－3206.

[2] Staples C A，Dorn P B，Klecka G M，et al. Bisphenol A concentrations in receiving waters near US manufacturing and processing facilities［J］. Chemosphere，2000，40（5）：521－525.

[3] 马晓雁，高乃云，李青松，等. 黄浦江原水及水处理过程中内分泌干扰物状况调查［J］. 中国给水排水，2006，22（19）：1－4.

[4] 邵晓玲，马军，文刚. 松花江流域某自来水厂中内分泌干扰物的调查［J］. 环境科学，2008，29（10）：1910－1915.

[5] 李思瑜，刘兴荣，黄敏，等. 环境内分泌干扰物双酚 A 脱除方法研究进展［J］. 现代预防医学，2007，34（11）：2094－2095.

[6] 李若愚，徐斌，高乃云，等. 我国饮用水中内分泌干扰物的去除研究进展［J］. 中国给水排水，2006，22（20）：1－4.

[7] 张向华，李文钊，徐恒泳. 分子筛在光催化中的应用［J］. 化学进展，2004，16（5）：728－737.

[8] 王姗，窦涛，李玉平，等. 一类新颖的介孔－微孔复合分子筛的合成［J］. 科学通报，2005，50（1）：24－27.

[9] 罗勇，卢冠忠，黄家桢，等. MCM－41 中孔分子筛的水热稳定性［J］. 华东理工大学学报，2003，29（1）：38－42.

[10] T R Gaydhankar，V Samuel，P N Joshi. Hydrothermal synthesis of MCM－41 using differently manufactured amorphous dioxosilicon sources. Mater Let，2006，60：957－961.

[11] 李忠燕，涂永善，杨朝合. MCM－41 介孔分子筛改性研究新进展［J］. 工业催化，2005，13（2）：12－18.

[12] R. M. Mohamed，A. A. Ismail，I. Preparation of TiO_2－ZSM－5 zeolite for photodegradation of EDTA. Journal of Molecular Catalysis A：Chemical，2005，238（1－2）：151－157.

[13] 王连洲，禹剑，施剑林，等. 合成条件对介孔氧化硅材料孔径尺寸的影响［J］. 硅酸盐学报，1999，27（1）：22－27.

[14] Katsumata，H，Kawabe，S，Kaneco，S. Degradation of bisphenol－A in water by the photo－Fenton reaction［J］. Journal of Photochemistry and Photobiology A：Chemistry，2004，162：297－305.

氯消毒副产物的控制方法

王俊坚　钟秀萍　贾慧慧

（北京大学深圳研究生院城市规划与设计学院深圳循环经济重点实验室
广东省深圳市南山区西丽大学城北大园区 E210　518055）

摘　要　简要介绍了氯消毒现状及氯消毒副产物的毒理特性，从加强水源保护、采用替代消毒剂、去除消毒副产物前驱物质、去除已产生消毒副产物四个角度总结氯消毒副产物的控制方法，为改善我国饮水健康提供参考。

关键词　氯消毒副产物　消毒　控制　去除

一、饮用水氯消毒现状

在城市供水系统中，消毒是最基本的水处理工艺，它是保证用户安全用水必不可少的措施之一。自氯消毒问世以来，加氯工艺和控制措施逐步完善，到目前为止，在公共给水系统中，氯消毒成为最为经济有效和应用最广泛的消毒工艺。由于氯消毒的操作使用简单，便于控制，杀灭水中微生物，防止水介疾病的传染，消毒持续性好，可以防止水在输送过程中被二次污染，余氯的测定也很容易，并且氯消毒的价格不高，所以很快在饮用水行业推广应用。由于我国的经济情况，在当前以及今后一段时期内，饮用水的消毒仍然是以加氯消毒为主。然而，氯在水中的作用是相当复杂的，它不仅可以起氧化反应，还可与水中天然存在的有机物起取代或加成反应而得到各种卤代物[1]。近二、三十年，人们对饮用水加氯消毒所产生的副产物对人体的毒副作用有了比较深刻的认识和研究，因此国内外都在努力探索新的消毒剂来取代氯进行自来水的消毒处理。

二、氯消毒副产物的危害及形成机理

1974 年，Rock[2] 首次报道水中有色物质可形成氯化消毒副产物（CDBPs）三氯甲烷；1980 年，Quimby[3] 检出另一类重要的 CDBPs 非挥发性卤乙酸（HAAs）。目前已检测到的 CDBPs 多达数百种，主要包括三卤甲烷（THMs）、卤乙酸（HAAs）、卤乙腈（HANs）、致诱变化合物（MX）、卤代酮（HKs）、卤代酚、卤乙醛、卤硝基甲烷等类物质[4,5]。1976 年，美国国家癌症协会发现，氯仿对动物具有致癌作用；研究证实，HAAs 的致癌风险较 THMs 大 10 倍以上，其他消毒副产物的 Ames 实验也多呈阳性，存在着很强的致突变性[6]；流行病学研究发现，饮用水氯化消毒的量与膀胱癌、直肠癌等的发病率之间有相关性[7,8]，THMs 对孕妇的生殖系统产生影响[9]；环境内分泌干扰物经氯化消毒后其产物的雌激素活性进一步增强[10,11]。为保证饮用水安全，许多国家在饮用水标准中限定了 THMs、HAAs 的最高浓度。如 1979 年，美国首次在安全饮用水法中将 THMs 的最高浓度规定为 100μg/L[12]，并进一步在 D/DBP（消毒/消毒副产物条例）Ⅰ中规定 THMs 为 80μg/L，HAAs 为 60μg/L；D/DBP Ⅱ规定 THMs 为 40μg/L，HAAs 为 30μg/L[13]。我国生活饮用水卫生标准（GB 5749—1985）[14] 规定 $CHCl_3$ 为 60μg/L。

三、控制方法

（一）加强水源水的保护

我国水污染状况严重，作为饮水水源的水环境也已遭到严重的破坏。因此，加强水源环境保护是防止有机物污染的关键环节。只有保证作为水源的水库、湖泊等水环境的安全，才会降低出厂水中 DBPs 的种类和数量。因此，加强水源地环境保护，改善水源水质是降低 DBPs 含量的根本措施。

（二）采用替代消毒剂和消毒方法

1. 二氧化氯（ClO_2）消毒

二氧化氯（ClO_2）是一种较好的饮用水消毒剂，在许多方面具有优势，如：具广谱杀菌效力，消毒性持久，副产物较少，可去除水中色度、臭味、铁、锰等，而且适应很宽的 pH 值范围，已受到国外环境工作者的普遍关注。在 pH 值为 8.5 的水中，ClO_2 的杀菌速度比 Cl_2 快 20 多倍：质量浓度为 2mg/L 的 ClO_2 在 30s 内便可杀灭 100% 大肠杆菌，而用质量浓度为 5mg/L 的 Cl_2 经过 300s 仅能杀灭 90% 大肠杆菌。采用 ClO_2 消毒水可有效地减少氯化过程中形成的致突变物质，这已被许多水厂的实践所证实。用 ClO_2 代替 Cl_2 消毒，使水中三卤甲烷生成量减少 90%，用 Cl_2 和 ClO_2 的混合物（1∶1）处理含腐殖酸的水，发现其氯仿生成量比单独用 Cl_2 处理时减少了 2/3 ~ 3/4[15]。

ClO_2 在我国的应用时间不长，关于它的消毒机理与反应性质等方面的问题有待于进一步在实践和理论上探讨。有关这方面的文献资料不多，但它在水处理方面初步显示出的卓越性能以及国内外工程实践证明，它是一种充满希望的新型消毒剂和废水处理剂。

2. 臭氧（O_3）消毒

臭氧作为消毒剂的主要优点是不会产生三卤甲烷等副产物，其杀菌和氧化能力均比氯强，而且臭氧已经广泛应用于控制三卤甲烷和其他消毒副产物。但近年来有关臭氧的副作用也引起人们的关注，而且臭氧在水中不稳定、易消失，因此臭氧很少作为唯一消毒剂。

3. 氯胺消毒

氯胺的氧化能力比游离氯弱得多，但它产生的消毒副产物却少得多。焦中志[16]等人在研究氯胺对消毒副产物的控制中发现，将氯与氨氮的比值降至 5，能够使单独氯消毒所生成的消毒副产物减少 89%，而二溴一氯甲烷也不再检出；另外，消毒副产物的生成量与氯胺的投加量呈很好的线性关系，接触时间对消毒副产物的生成量影响很小，pH 升高至 8，消毒副产物的总量比 pH 为 7 时减少 82.3%，而一溴二氯甲烷不再检出。马蓉[17]等人通过研究发现，消毒副产物的浓度及其含溴的程度基本上随着 pH 降低、Cl_2∶N 升高而增大。但是，据伊利诺伊大学粮食科学系的遗传毒理学家 Plewa J Michael 说，最近发现的一种氯胺消毒副产物是迄今发现毒性最大的。

4. 高锰酸钾（$KMnO_4$）消毒

杨威等研制出一种高锰酸钾复合药剂，在原水预氯化的同时少量投加，减少消毒副产物的生成。陈超等提出的短时游离氯后转氯胺的顺序氯化消毒工艺，可使 THMs 生成减少 35.8% ~ 77.0%，HAAs 生成减少 36.6% ~ 54.8%。高锰酸钾也具有较强杀菌能力，范洁[18]等人通过试验证明，高锰酸钾复合药剂与粒状活性炭联用处理技术是一种高效、经济的除污技术，能够有效地去除水中有机物，尤其是水中的卤代有机物及其前驱物质，这样就充分保证了饮用水的安全性。张永吉[19]等人通过研究发现，高锰酸盐复合剂氧化腐殖酸会增加腐殖酸氧化过程中三氯甲烷的生成量及水样的卤代活性，使其与氯的反应速度加快；另外，高锰酸盐复合剂氧化与混凝相结合，在不同的投量下，都会降低三卤甲烷的生成量，因此该工艺可以很好地保证饮用水的化学安全性。高锰酸钾（$KMnO_4$）也是一种强氧化剂，具有较强杀菌能力。康涅狄格水公司的米阿纳斯河水厂（$Q = 1157$ 万 m^3/d）以高锰酸钾代替氯作消毒剂，即用质量浓度 0.14mg/L 的 $KMnO_4$ 代替 110mg/L 的 Cl_2，降低 THMs 产生量 75%。高锰酸钾杀菌的问题，一是成本较高，二是可能产生二氧化锰沉淀，影响后续操作[20]。

5. 紫外光（UV）消毒

利用紫外线杀灭水生传染病菌的优点已得到广泛认可，目前很多工业都将紫外线技术应用到水处理系统中，最新研究表明，紫外线不仅可以杀菌消毒，还可以消除臭氧、降低总有机碳量、解除余氯、用于冷却塔消毒。用紫外光进行饮水消毒的效果与紫外线在水中透射能力有关，水中的悬浮物质、溶解性有机物和水分子对紫外线都有吸收作用。因此，当水中悬浮物浓度较高时，消毒效果不是很理想。另外，紫外光灯管的功率和寿命是影响处理成本的重要因素。

6. 双氧水（H_2O_2）消毒

H_2O_2 是一种具有极强氧化性的物质，在水处理中常作为氧化剂，它对细菌有一定的杀伤力，也是一种消毒剂，但它一般很少单独用于消毒，而是与其他消毒剂联合使用。

（三）去除消毒副产物的前驱物质

1. 强化混凝法

强化混凝法，即应用混凝的原理有效地去除水中某些前驱有机物。地面水中三卤甲烷的前驱物质主要是腐殖酸和富里酸，它们与水形成大分子胶体溶液，经混凝处理可有效地去除。Lind等[21]对强化混凝法去除水中有机物进行了比较系统的研究，提出在所试验的混凝剂中，效果最好的是硫酸铝。对于铝盐类混凝剂，最佳的 pH 值在 5.5～6.0 之间，因此，对于碱度较高的水，需投入大量混凝剂。同时，各种混凝剂的去除效果还取决于水中憎水性有机物与亲水性有机物的含量之比，混凝去除的主要是憎水有机物[22]。

2. 活性炭吸附法

活性炭是一种良好的水处理剂，能有效地去除水中有机物，是控制合成有机物三卤甲烷和卤代乙酸的有效方法。在国外，生物活性炭（BAC）过滤十分流行，既利用了活性炭的物理吸附作用，又使其表面生长的微生物膜对有机物的生物产生氧化降解作用，其去除污染物量大大提高，其中对烷烃类有机物去除效率最高，但出水浊度大，处理费用高。

3. 膜过滤法

膜过滤可分为纳滤（NF）、反渗透（RF）、超滤（UF）、微滤（MF）四种。水中腐殖酸类的分子量相对较小，分子量变化范围在 100～1000Da，而纳滤膜截留的分子量为 200～1000Da，在去除水中有机物的同时可保留对人体有益的无机盐离子，所以去除效果最好。但膜的使用寿命短、易污染、难清洗和成本高限制了该技术的广泛应用。

4. 生物氧化法

生物氧化法是指借助于微生物的新陈代谢作用去除水中的污染物。水中的有机物分为可生物降解的有机物和难生物降解的有机物。生物氧化技术能将可生物降解的有机物分解成稳定的无机物，以削减消毒副产物前提物的含量，特别对氨氮的去除率可达 70%～90%，对铁锰的去除效果也较好。该法经济有效、副作用小，是一项行之有效的预处理技术。

5. 化学氧化法

化学氧化法是利用氧化势能较高的氧化剂（如 $KMnO_4$、O_3、H_2O_2）等，或光子与氧化剂、催化剂作用（$UV-O_3$、$UV-H_2O_2$、$UV-TiO_2$）及氧化剂之间相互作用（如 $O_3-H_2O_2$）产生的强氧化性的自由基作用，达到氧化分解有机物的目的，但可能引起二次污染，且运行费用较高，尚难推广。

6. 光催化氧化法

光化学氧化法是在化学氧化和光辐射的共同作用下，使氧化反应在速率和氧化能力上比单独的化学氧化、辐射有明显提高的一种水处理技术。光化学氧化法包括光激化氧化、光催化氧化、光敏化氧化等。近几年来研究较多的方法是光催化氧化法。光催化氧化法是在水中加入一定数量的半导体催化剂，它在紫外线辐射下也能产生强氧化能力的自由基，能氧化水中的有机物，常用的催化剂有二氧化钛（TiO_2）。David 等[23]评价了多种 TiO_2 粉末在光催化氧化过程中的作用，试验表明，增加接触时间和紫外光强度可以更有效地破坏有机分子，降低生成 DBPs。

7. 组合工艺

现已提出的组合工艺有：O_3/GAC、O_3/生物陶粒预处理、生物预处理/活性炭吸附、GAC_2NF 组合工艺等。吴红伟等[24]对臭氧组合工艺去除饮用水源水中有机物的效果进行了研究，结果表明：臭氧－生物陶粒的处理对各有机物的去除效果在50%左右，对 BDOC 的去除尤其好。臭氧－活性炭对有机物的去除效果较好，达到了60%左右。生物处理对这几种有机物的去除都比较有效，而活性炭则主要针对分子量较小的有机物。臭氧－生物陶粒－活性炭这3个处理单元的组合工艺对 UV_{254}、TOC、BDOC、AOC、THMFP 和 HAAFP 的去除率分别达到了95.1%、92.5%、98.4%、85.8%、63.1%和89.1%。李灵芝等[25]对 GAC_2NF 组合工艺处理微污染饮用水进行了研究，结果表明：GAC_2NF 组合工艺对自来水中 TOC 的去除率为90%，对致突变物的去除率较高，使出水 Ames 试验结果转为阴性，可以保证出水的安全性。NF 对阳离子的去除率与离子浓度大小一致；对阴离子 SO_4^{2-} 的去除率高于对一价离子 Cl^-、F^- 和 NO_3^- 的去除率。

（四）去除消毒过程中已产生的消毒副产物

1. 膜分离技术

近年来膜技术在给水界迅速发展，尤其反渗透（Reverse Osmosis，RO）、超滤（Ultra filtration，UF）和纳滤（Nano filtration，NF）在饮用水处理中呈现强劲的发展趋势[26]。新的 UF 膜可以通过物理吸附作用快速有效地去除水中的氯仿和四氯化碳，但吸附容量有限；被吸附的氯仿和四氯化碳能够快速脱附，有可能造成出水中氯仿和四氯化碳的浓度高于进水浓度。这一特性也说明 UF 膜可方便地再生。RO 膜在去除水中氯仿和四氯化碳时存在截留和吸附脱附两种机理，因此去除率不仅与膜材质有关，而且还受到原水浓度的影响。原水浓度高（氯仿质量浓度 $>100\mu g/L$）时去除率可达到90%，浓度低时去除率也低甚至为负，如当氯仿质量浓度 $<5\mu g/L$ 时，去除率为负[27]。NF 膜能使 Ames 试验呈阳性的水转为阴性，对 TOC 的去除率约为90%，对可同化有机碳（Assimilate Organic Carbon，AOC）的去除率为80%[28]。

2. 活性炭和活性炭纤维吸附

活性炭（AC）是一种良好的水处理剂，它能有效地去除水中非极性或憎水性有机物，因此得到广泛的应用。季民等[29]在以高藻期的天津引滦水为原水，研究原水预氯化后使用 AC 对水中微量有机物、DBPs 去除效能。研究表明，采用 AC 技术，可以去除水中微量有机物，削减 DBPs，对 COD_{Mn}、氨氮、UV_{254}、THMs 的平均去除率分别为66.6%、50%、94%、94.4%。北京第九水厂的 AC 滤池运行表明，运行2个月的新碳对氯仿的去除率仅为37.5%，运行10个月去除率仅为10%，而对非挥发性的 HAAS 去除率高，10个月去除率为64.8%，24个月可达55.1%[30]。

近年来，研究了一种新型吸附材料——活性碳纤维（ACF），与 AC 相比，具有更丰富的微孔结构、更大的比表面积和吸附能力，可更有效地去除 THMS，且随吸附时间延长去除率增加，吸附半小时后，三种含溴的 THMs 去除率几乎达100%，氯仿的去除率也达到90%以上[31]。安丽等[32]采用4种 ACF 和1种颗粒活性炭（GAC）在308K 条件下对三氯甲烷和四氯化碳进行吸附速率和吸附等温线研究。在吸附低浓度（$\times 10^{-3}$ mg/L 级）的卤代烃时，ACF 与 GAC 相比无论在吸附速率还是吸附容量上都具有优势，使得低浓度污染物能被进一步去除。

3. 曝气法

曝气法包括吹洗法、摇动法、跌水法和煮沸法，其中摇动法效果最差，煮沸法的消除率最高，这是由 THMs 的物理性质决定的。由于煮沸法适用少量饮用水的情况，从实际应用角度看吹洗法和跌水法较好。

四、小　结

目前国内外对挥发性卤代烃尤其是 THMs 进行了大量的研究，但对氯化酸类、腈类和醛类等非挥发性卤代烃的研究不多，已发现自来水中除THMs外，还检出了水合氯醛、二氯乙酸和三氯乙酸等有机物，虽然它们的含量比氯仿低得多，但二氯乙酸和三氯乙酸的致癌危险度却分别是氯仿的8倍和3倍，应引起给水界足够的重视。而控制饮用水中THMs的方法中，使用替代消毒剂和消毒方法还存在着方方面面的问题，许多研究者也已证明消毒副产物增多的根源在于水源水有机污染的日益严重，导致消毒副产物前驱物含量的剧增，因此从源头着手来削减消毒副产物的生成量的新思路是可行的。从目前国外采用的各种方法看，有多种方法能比较有效地去除水中THMs前驱物，控制了THMs的生成。考虑技术经济及去除效果等问题，以臭氧活性炭的组合工艺效果为佳。目前各种方法都有尚需完善之处，尤其是在使用这些方法时产生的一些副产物对饮用水的安全造成的影响，应用时的经济问题等，还需进行进一步研究。

参考文献

[1] 柳瑞翠，姜付义．氯消毒副产物的处理方法探讨［J］．陕西环境，2003，5（10）：35－37.

[2] Rock J. J. Formation of haloforms during chlorination of nature water［J］. J. Water Treat. Exam.，1974，23（2）：234－243.

[3] Quimby B D，Delaney M F，Uden P C，Barnes R M. Determination of the aqueous chlorination products of humic substances by gas chromatography with microwave emission detection［J］. Anal. Chem.，1980，52（2）：259－264.

[4] Bao M.，Pantani F，Griffini O，et al. Determination of carbonyl compounds in water by derivation solid phase micro-extraction and gas chromatographic analysis［J］. J. Chromatogr. A，1998，809（1－2）：75－87.

[5] Romero J，Ventura F，Caixach J. Identification and quantification of the mutagenic compound 3－chloro－4－（dichloromehtyl）－5－hydroxy－2－（5H）－furanone（MX）in chlorine treated water［J］. Bull. Environ. Contam. Toxicol.，1997，59（5）：715－722.

[6] 张晓健，李爽．消毒副产物总致癌风险的首要指标参数——卤乙酸［J］．给水排水，2000，26（18）：96－100.

[7] King W D，Marrett L D. Case－control study of bladder cancer and chlorination by－products in treated water（Ontario，Canada）［J］. Cancer Cause Control，1996，7（6）：596－604.

[8] Koivusalo M，Pukkala E，Vartiainen T，Jaakkola J J K，Hakulinen T. Drinking water chlorination and cancer historical cohort study in Finland［J］. Cancer Causes Control，1997，8（2）：192－200.

[9] Bove，F J，Fulcomer，M C，Klotz，J B，Esmart，J.，Dufficy，E M，Savrin，J E. Public drinking water contamination and birth outcome［J］. Am. J. Epidemiol，1995，141（9）：850－862.

[10] Hu J，Aizawa T，Ookubo S. Products of aqueous chlorination of bisphenol A and their estrogenic activity［J］. Environ. Sci. Technol.，2002，36（9）：1980－1987.

[11] Hu J，Cheng S，Aizawa T. Products of aqueous chlorination of 17β－estradiol and their estrogenic activities［J］. Environ. Sci. Technol. 2003，37（24）：5665－5670.

[12] National Interim Primary Drinking Water Regulations. Fed. Reg.（1979）44，68624－68707.

[13] National Interim Primary Drinking Water Regulations. Fed. Reg.（1994）59，38668－38829.

[14] 中华人民共和国生活饮用水卫生标准［S］. GB 5749—85.

[15] Jun Wenli. Trihalomethanes formation in water treated with chlorine dioxide［J］. WaterRes，1996，30（10）：2371－2376.

[16] 焦中志，陈忠林，卢伟强，等．氯胺消毒对三卤甲烷类消毒副产物的控制研究［J］．环境污染治理技术与设备，2006，7（6）：43－45.

[17] 马蓉，吕锡武，窦月芹．氯胺消毒对管网中消毒副产物的控制［J］．水处理技术，2006，32（7）：67－69.

[18] 范洁，马军，陈忠林，等．控制饮用水加氯消毒副产物的研究［J］．净水技术，2004，23（1）：4－7.

[19] 张永吉，周玲玲，李圭白．高锰酸盐复合剂对三卤甲烷生成形态的影响［J］．水处理信息导报，2006，3：

8 - 11.

［20］顾平，张凤娥．应用高锰酸钾降低水中三氯甲烷的研究［J］．环境科学学报，1998，18（1）：104 - 107.

［21］Lind C. Reducing total and dissolved organic carbon：comparing coagulants［J］. Environ. Technol.，1996，6（3）：54 - 59.

［22］Narkis N，Rebhun M. Stiometeic relationship between humic and fulvic acids and flocculants［J］. Water Technol.，1987，69：6 - 12.

［23］David W Hand，D W，Perram D L，et al. Destruction of DBP precursors with catalytic oxidation［J］. AWWA，1995，87（6）：84 - 86.

［24］吴红伟，刘文君，王占生．臭氧组合工艺去除饮用水源水中有机物的效果［J］．环境科学，2000，21（4）：29 - 33.

［25］李灵芝，王占生．GAC 2NF 组合工艺处理微污染饮用水的研究［J］．水处理技术，2003，29（1）：222 - 224.

［26］吴红伟，刘文君，王占生．臭氧组合工艺去除饮用水源水中有机物的效果［J］．环境科学，2000，21（4）：29 - 33.

［27］范延臻，孙治荣，王宝贞．GAC、UF、RO 去除饮用水中氯仿、四氯化碳性能的试验研究［J］．中国给水排水，1999（15）：9 - 12.

［28］李灵芝．NF 和 RO 对致突变物和无机离子去除效果比较［J］．环境科学，1997，18（5）：65 - 67.

［29］季民，杨洁，等．水中微量有机物的活性炭深度净化技术研究［J］．中国公共卫生，2005，21（3）：291 - 292.

［30］于惠芳，马峥，张振良．饮用水处理技术进展［J］．环境保护，1999，5：13 - 17.

［31］李君文，于祚斌，高明，等．活性炭与活性炭纤维吸附水中有机致癌物——三卤甲烷的对比研究［J］．全国供水卫生，1994，3：68 - 69.

［32］安丽，陈祖奇，顾国维．活性炭纤维吸附水中卤代烃的研究［J］．给水排水，2000，26（3）：28 - 30.

浅层跌水曝气生物接触氧化工艺的研究

迟英杰　费庆志　于丽华　许　芝

（大连交通大学环境科学与工程学院　辽宁　大连　116028）

摘　要　利用浅层跌水曝气生物接触氧化工艺处理模拟生活污水，结果表明：温度升高，高度增加、流量增大均能使跌水充氧效果提高，其中跌水高度影响最为显著；实验确定最佳跌水高度为 0.6m，反应器的合理深度为 0.4m；当进水流量为 40L/h，进水 COD、NH_3-N 平均值分别为 158.7mg/L、15.8mg/L 时，两者的去除率分别为 64.8% 和 32.7%。

关键词　跌水　浅层　生物接触氧化　溶解氧

一、引　言

采用传统的好氧生物处理方法处理污水需要消耗大量的能源，与鼓风曝气、机械曝气相比跌水曝气技术具有工艺简单、能耗低、易操作等优点，特别适合应用于山区和丘陵地带。但目前跌水曝气在污水处理方面的相关理论和实际运用还不多见[1-3]。本实验主要是对跌水曝气充氧效果的影响因素进行试验和分析，并与浅层生物接触氧化工艺结合，探讨对生活污水的处理效果。

二、实验部分

（一）实验装置

装置采用厚度为 6mm 的 PVC 板加工，分四段，每段长 1.3m、宽 0.15m、高 0.45m，总长 5.2m，每段加隔板两个，每段中悬挂组合填料（规格：直径 150mm，盘片间距 60mm）7 束。原水经由水泵打入高位水箱，自流进入布水器，经溢流堰布水后，跌落在接触氧化反应器首端的进水区域。反应器末端设回流泵，使部分污水回流至反应器首端。

（二）分析方法

试验采用模拟生活污水，由蔗糖、尿素、食用碱、K_2HPO_4 以及其他无机盐等溶解于自来水配制而成，分析方法如表 1 所示。

表 1　水质分析项目及方法

测试指标	分析方法	备　注
COD	重铬酸钾标准法	GB/T 11914—1989
NH_3-N	纳氏比色法	GB7479—1987
DO	溶解氧仪	JPB－700 型
pH	pH 计	ELTA320 型
温　度	温度计	直接测量

三、实验结果与讨论

（一）温度对跌水曝气复氧效果的影响

工程上跌水曝气复氧的效果可用氧亏比 r 衡量[4]，其定义式如下：

$$r = \frac{C_s - C_1}{C_s - C_2} \tag{1}$$

式中：C_s 为饱和溶解氧，C_1 和 C_2 分别为跌水前后的溶解氧。该式可更加直观地表征跌水曝气的复氧效果，氧亏比越大效果越好。

跌水流量 40L/h 跌水高度 0.6m 时控制水温在 16℃、20℃、23℃、27℃时测定跌水后的溶解氧监测点位于水面下 20cm。计算氧亏比作表 2。

表 2　氧亏比随温度变化表

温度/℃	饱和 DO/（mg/L）	跌水前 DO/（mg/L）	跌水后 DO/（mg/L）	氧亏比/（mg/L）
16	9.95	2.2	4.8	1.50
20	9.17	1.9	4.6	1.59
23	8.68	1.9	4.6	1.66
27	8.07	1.8	4.5	1.76

由图可知随温度升高氧亏比有增加的趋势，说明跌水曝气的充氧效果并未因温度的升高而减小。

（二）流量及高度对跌水复氧效果的影响

实验温度为 20℃ ±2℃ 固定跌水高度为 $H = 0.2\text{m}$ 测定跌水流量分别为 $Q = 10\text{L/h}$、20L/h、30L/h、40L/h、50L/h、60L/h 时的溶解氧。依次测定跌水高度为 0.4m、0.6m、0.8m、1.0m 时上述流量的溶解氧。如图 1 所示。

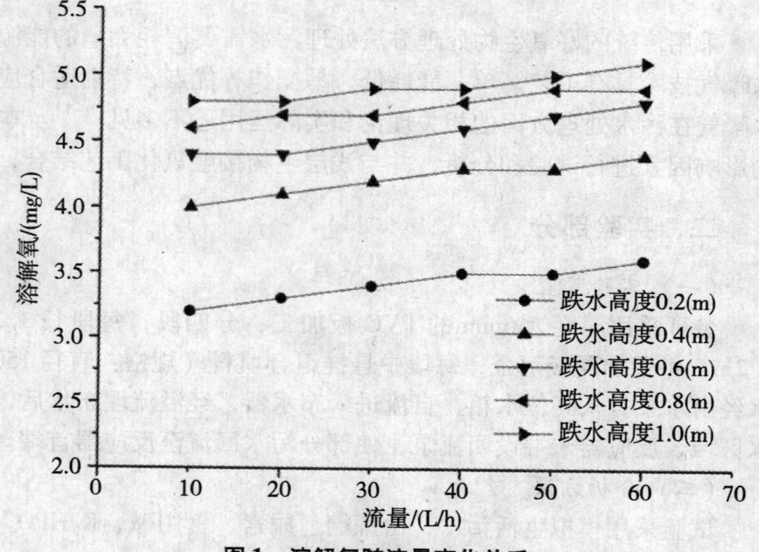

图 1　溶解氧随流量变化关系

固定跌水高度和各个跌水高度得出曲线的趋势大致相同，溶解氧均随流量的增加而增大，但增幅较小。根据紊动扩散理论由于液膜的存在使气体分子从气相进入液相时产生阻力，气体与液体混合作用越强烈则液膜越薄，气体的传质速率也就越大[4]。在跌水流量从 10L/h 增大到 60L/h 的过程中，水池表面水的紊动增大，传氧速率相应增加，但是由于进水区域表面积一定，跌水高度不变，导致流量变化对溶氧效果影响不大。从图中还可以看出在跌水高度从 0.2m 增加至 0.6m 时溶解氧明显增加，超过 0.6m 溶

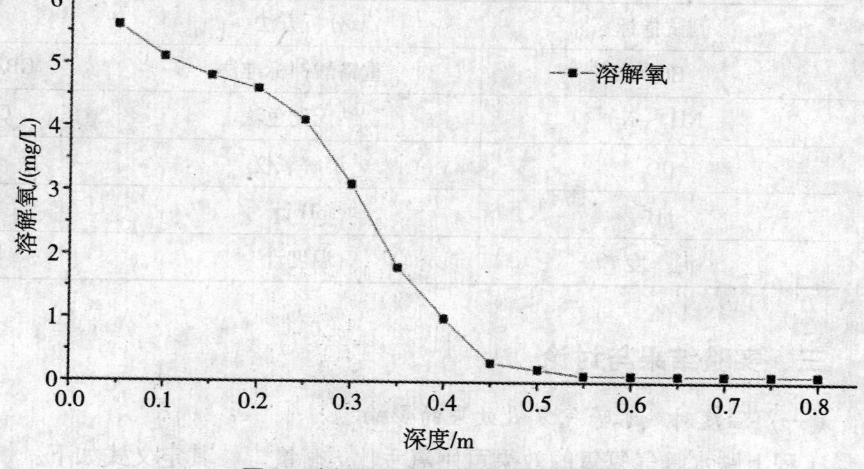

图 2　溶解氧值随水池深度变化曲线

解氧增加缓慢，可以认为 0.6m 是一个比较合理的跌水高度。

（三）反应器合理深度的确定

挂膜完成后，在温度为 20 ±2℃、跌水流量 40L/h、跌水高度 0.6m 时测水池中不同深度的溶解氧值如图 2 所示。

由图 2 知：随水池深度的增加，溶解氧值逐渐降低，水体表面的紊动使溶解氧从水深 0.1m 到 0.2m 的过程中降低平缓，超过 0.2m 时溶解氧降低较快，0.45m 时仅为 0.1mg/L 已不能满足好氧微生物的生长需求。

（四）回流比与溶解氧分布的关系

在跌水高度 0.6m、跌水流量 40L/h 时研究不同回流比时溶解氧值沿流向变化规律如图 3 所示。

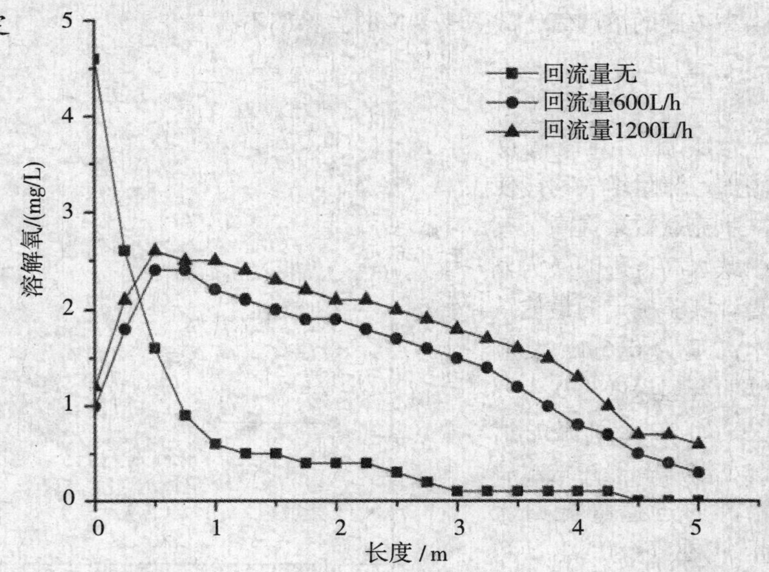

图 3　不同回流量溶解氧随流向分布

在无回流的情况下，溶解氧在跌水后沿流向迅速降低在 1m 处降至 0.5mg/L 左右。这是因为在无回流的情况下水体紊动不明显，由跌水带来的溶解氧被微生物迅速利用不能有效均匀分布。对比回流比 600L/h 和回流比 1200L/h 的溶解氧曲线可知，趋势大致相同均为先增大后逐渐减小。在同一位置分别测定回流比 1200L/h 和回流比 600L/h 时的溶解氧前者略大于后者。实验过程中回流比 600L/h 时未出现厌氧现象，从图中也可看出回流比为 600L/h 时沿流向分布的溶解氧可以满足微生物生长需要。

（五）进水流量与污染物去除率的关系

回流比 600L/h 时研究 COD、NH_3-N 的去除率与进水流量的关系如图 4、图 5 所示：

可以看出出水 COD 和 NH_3-N 的去除率随进水流量的增大而减小。在进水流量为 40L/h 进水 COD、NH_3-N 平均值分别为 158.7mg/L、15.8mg/L 时去除率分别为 64.8% 和 32.7%。

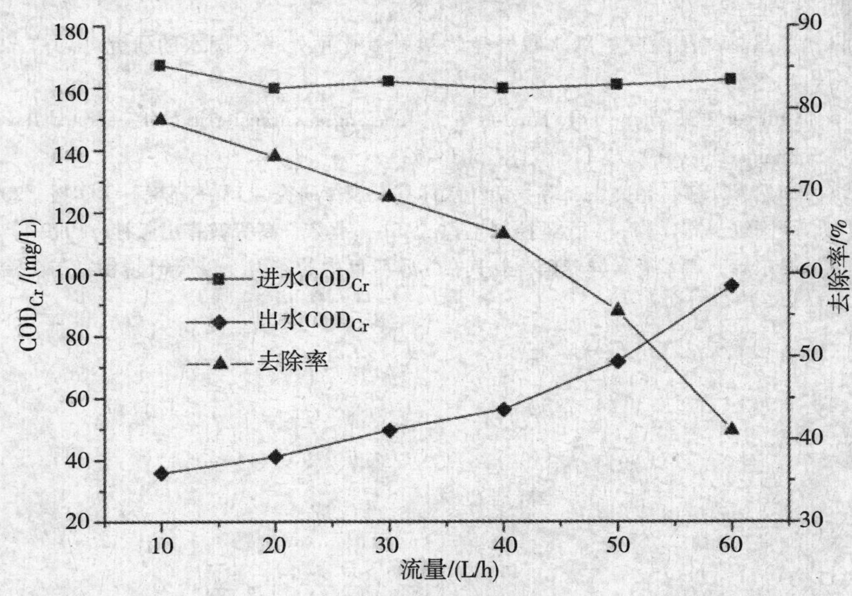

图 4　流量与 COD 去除率的关系

NH_3-N 的去除过程实质是在好氧条件下将 NH_4^+ 转化为 NO_2^- 和 NO_3^- 的过程，此作用由亚硝酸菌和硝酸菌共同作用完成的。硝化细菌是化能自氧菌生长率低世代周期较长[5,6]，NH_3-N 的转化除了碳源的要求外，对溶解氧又有较高的要求，与鼓泡曝气相比本实验所利用的跌水曝气没有提供高浓度的溶解氧，故 NH_3-N 的去除率不高。

四、小　结

1. 温度升高高度增加、流量增大均能使跌水充氧效果提高，其中跌水高度影响最为显著。实验确定的最佳跌水高度为 0.6m，反应器的合理深度为 0.4m；

2. 在无回流的情况下溶解氧值在跌水后沿流向迅速降低回流量，在 600L/h 和 1200L/h 时均可以使溶解氧得到较为均匀的分布，且回流量在 1200L/h 时溶解氧增加并不显著；

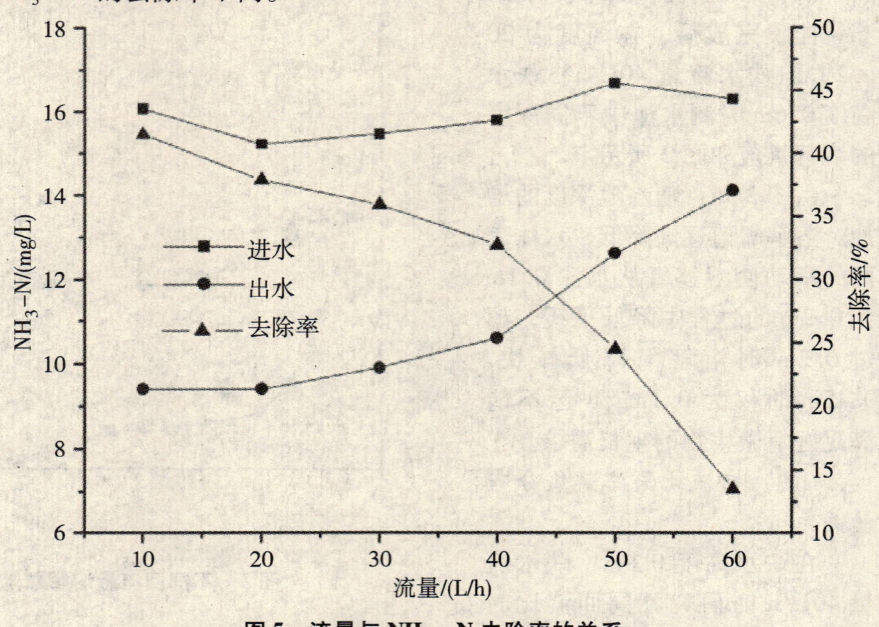

图 5　流量与 NH_3-N 去除率的关系

3. 在进水流量为 40L/h，进水 COD、NH_3-N 平均值分别为 158.7mg/L、15.8mg/L 时去除率分别为 64.8% 和 32.7%。

参考文献

[1] 姜湘山，王春雷．跌水曝气——改进型填料（滤料）排水系统处理屠宰废水的设计［J］．环境工程，2002，20（6）：25－26.

[2] 肖唐俊，康建雄，易卫华，等．跌水曝气生物膜法处理生活污水研究［J］．市政技术，2006，24（6）：419－421.

[3] 邢昌梅，吕锡武．跌水曝气生物接触氧化预处理太湖水的研究［J］．江苏环境科技，2007，20（1）：4－8.

[4] Gulliver J S, Thene J R, Rindels A J. Indexing gas transfer in Self－aerated flows［J］. Journal of Environmental Engineering, 1990, 116（3）：503－523.

[5] 李然，李嘉，赵文谦，等．紊动水体复氧规律研究［J］．环境科学学报，2000，20（6）：723－726.

[6] 顾国维，高廷耀．水污染控制工程［M］．北京：高等教育出版社，1999.

[7] 温东辉，唐孝炎．异养硝化及其在污水脱氮中的作用［J］．环境污染与防治，2003，25（5）：283－285.

磺胺嘧啶对厌氧污泥的毒性研究

刘 国 万腾飞 于 静 杨在文 任 丽

（成都理工大学 地质灾害防治与地质环境保护国家重点实验室 成都 610059）

摘 要 用厌氧污泥处理含有不同浓度的磺胺嘧啶废水，以甲烷的产气速率衡量厌氧污泥中产甲烷菌的活性，研究磺胺嘧啶对厌氧污泥的抑制毒性。研究结果表明，SD 属于致死毒素，它们对活性污泥的抑制作用是几乎不可逆的。当 SD 达到 16.0mg/L 时，厌氧污泥中产甲烷菌数目致死量在一半以上，活性恢复困难。通过研究，可以为磺胺嘧啶药厂的废水厌氧处理技术提供依据。

关键词 磺胺嘧啶 厌氧 毒性作用

磺胺嘧啶（Sulfadiazine，SD）为磺胺药类，含 SD 的化学合成制药生产废水有机污染负荷较高，含盐量大并且含有生物抑制剂，故生物处理法在此类废水处理的应用中进展较慢。笔者研究了 SD 对厌氧微生物的毒性，为实际废水处理及工艺设计提供一定的依据。

一、磺胺嘧啶对厌氧污泥毒性实验机理与表示和计算方法[2-5]

某种毒性物质对产甲烷细菌抑制作用不同，可判断该毒物是属于代谢毒素、生理毒素或杀菌性毒素。代谢毒素通过干涉代谢过程产生抑制作用，但其并不引起细胞细菌的任何损害。因此，一旦代谢毒素被除去后，细菌的活性很快能得到恢复。生理毒素能引起细胞参与代谢的组织损伤或改变酶的性质，从而对细胞的活性产生抑制，但它们不直接杀死细胞，它们在毒性抑制实验和恢复实验中对细胞的活性抑制都是明显的，但在恢复以后的继续测试中，其活性会有明显的恢复。杀菌性毒素则引起细胞的死亡，这种情况下，毒性引起的活性下降，在整个恢复实验中可能不会恢复，除非恢复实验时间很长，才会有新的细胞增殖发生[6]。

废水中被除去的 COD 主要转化为甲烷，厌氧污泥的活性可用污泥产甲烷气体的速率来表示，用 *ACT*（产甲烷活性，active）表示，单位：$gCOD_{CH_4}$/（gVSS · d）。

$$ACT = \frac{24R}{CF \times V \times VSS}$$

式中：*R* 为产甲烷速率；*CF* 为含饱和水蒸气的甲烷体积（ml）转换为 COD（g）的转换系数，在本试验条件下，*CF* 为 1.058；*V* 为液体体积，L；*VSS* 为污泥浓度，g/L。

毒性物质的毒性在有毒物质存在下，用污泥产甲烷活性（试样活性）与空白试验中污泥活性的比值来表示：

$$ACT(\%) = \frac{ACT_Y}{ACT_C} \times 100\%$$

式中：$ACT(\%)$ 为试样中污泥产甲烷活性占空白试验中污泥产甲烷活性的百分数；ACT_Y 为试样中污泥产甲烷活性；ACT_C 为空白样中污泥产甲烷活性。

此外，我们用半致死量（LD_{50}）来衡量产甲烷菌的活性，半数致死量是指能够导致至少 50% 实验对象死亡所需要的药物剂量。可以通过曲线法求出厌氧污泥中产甲烷菌在 SD 存在下的半数致死量，可以有效地反映产甲烷菌的活性。

二、试验部分

（一）主要试验材料

1. 厌氧颗粒污泥

来自立新瑞德环保公司提供的厌氧污泥颗粒，经测定其浓度为 38.4g（VSS）/L。

2. 营养液和基质的配制

（1）营养液：

表 1　人工合成葡萄糖营养液的组分及含量　　单位：g/L

组　分	含　量	组　分	含　量
葡萄糖	200	$CaCl_2$	0.04
$(NH_4)_2CO_3$	0.4	$MgSO_4$	0.8
KH_2PO_4	0.04	$NaHCO_3$	0.08
尿素	0.40	$CoCl_2 \cdot 6H_2O$	0.08
$FeSO_4 \cdot 4H_2O$	0.08	$ZnCl_2$	0.002
$MnCl_2 \cdot 4H_2O$	0.02	$CuCl_2 \cdot 2H_2O$	0.0012
$NiCl_2 \cdot 6H_2O$	0.002	H_3BO_3（硼酸）	0.002
EDTA	0.04	36% HCl	0.0004
$(NH_4)_6Mo_7O_{24} \cdot 4H_2O$（七钼酸铵）	0.0036	酵母膏	0.04

（2）基质：用乙酸钙作为厌氧发酵的基质，质量浓度为 50g/L。

（二）试验装置（如图自制）

装有一定量受试厌氧污泥的 100ml 锥形瓶反应器被放置在可以控温的恒温振荡器中，在反应瓶内装入一定浓度的污泥培养液，反应瓶用橡胶塞密封并通过细小的乳胶管与自制的气体测量仪相连，可以保证反应瓶内所产生的沼气能够以小气泡的形式进入气体收集移液管，并在下面的乳胶管中装质量分数为 3% 的 NaOH 溶液，沼气中的 CO_2、H_2S 等酸性气体可以被碱液吸收，气体收集移液管的溶液受甲烷气体的压力，另一支移液管中的液体上升，上升的液体体积即产生的甲烷气体量。

（三）试验内容

1. 毒性物质的毒性试验

选取 6 个产甲烷活性基本相同的污泥培养瓶，分别进行 SD 的毒性试验，培养瓶依次装入 45ml 颗粒污泥，30ml 营养液，7.5ml 基质，再对其中 5 个培养瓶依次加入毒性物质，加入量依次为 2mg、4mg、6mg、8mg、10mg，对培养瓶加水至 100ml，调整 pH 值至 7.0 左右。再将培养瓶置于同一恒温振荡器中，调节温度至 35℃，记录产甲烷体积，每 3h 记录 1 次，记录前振荡 10min，转速 120r/min，直至产气量不再增加。

2. 毒性物质的活性恢复试验

毒性试验后，倒掉除污泥以外的所有溶液，依次在各培养瓶中加 30ml 营养液，但不加毒性物质，而且基质加入量均为 7.5ml，加水至 100ml，调整 pH 值至 7.0 左右。记录甲烷气体积。

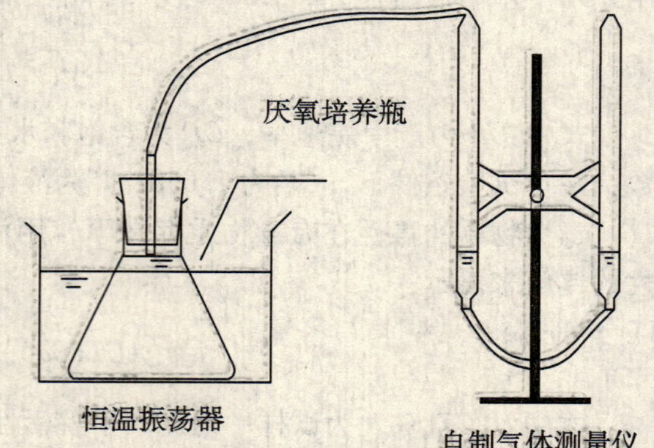

图 1　试验装置示意图

三、结果与讨论

（一）SD 的毒性试验

SD 的毒性试验结果如图 2 所示。

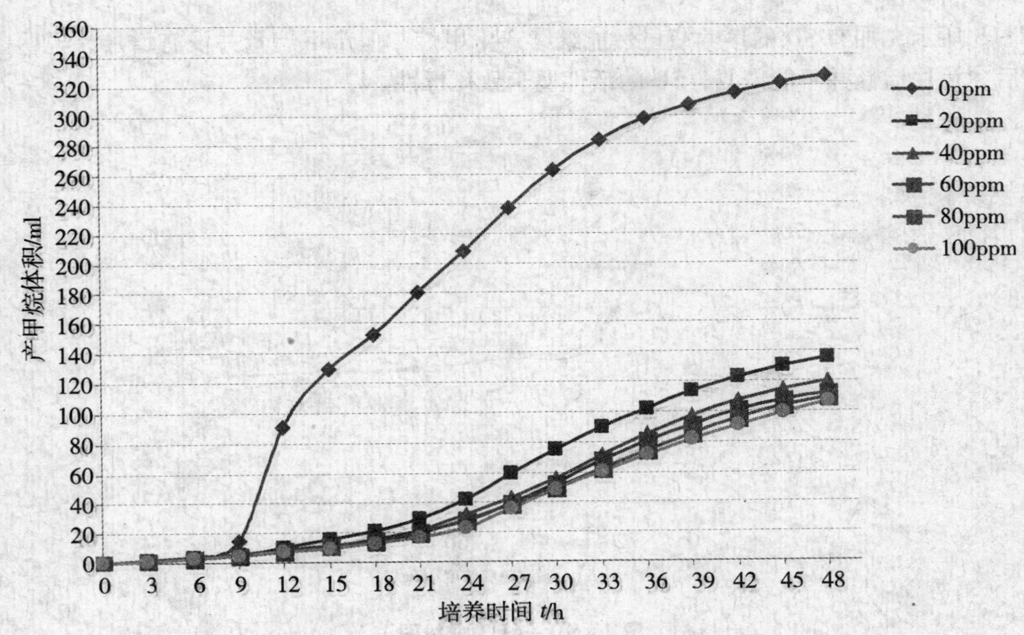

图2　SD毒性试验中培养时间与甲烷产气量的关系曲线图

图2显示：SD对厌氧污泥有明显的抑制作用。而且随SD浓度的增加，曲线斜率有一定的下降；浓度越大，斜率下降幅度越大，说明SD对污泥活性有抑制作用，随浓度的增加，抑制作用增强。而且在加有SD培养瓶中，产甲烷的速率极为相近，但与空白的培养瓶相差很大，说明厌氧污泥在加入20ppmSD时微生物的活性大部分已经被抑制。

前9h的各条曲线斜率基本相同，并比后9h的小，为菌体的适应期；观察各曲线斜率上升的时间段，发现加有SD的培养瓶上升期被延迟，而且斜率比空白样小很多，说明菌体生长不仅受SD的影响，而且生长周期也被延长。42h后，各曲线的斜率菌趋于与横坐标平行，菌体进入衰亡期。

（二）毒性恢复试验

SD毒性恢复试验的试验结果如图3所示。

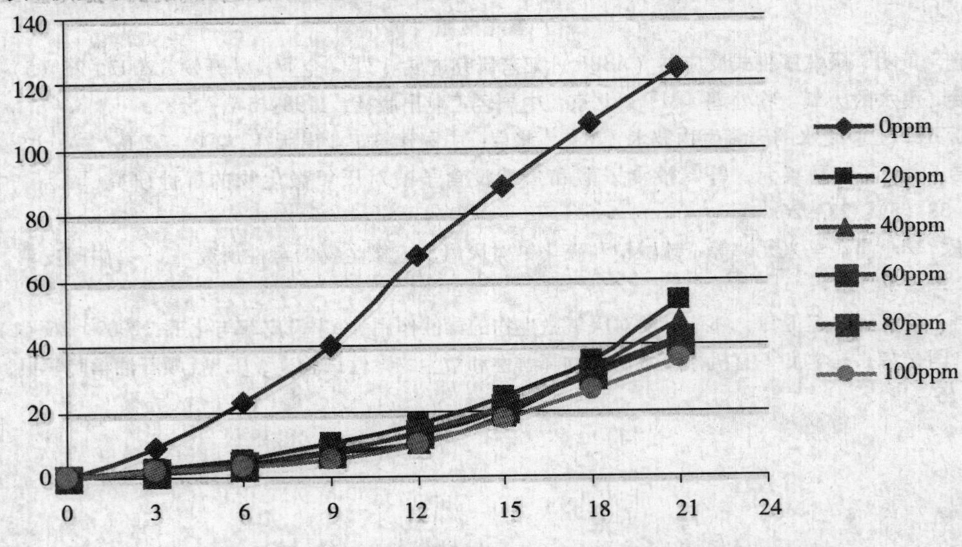

图3　SD毒性恢复试验中培养时间与甲烷气产量的关系曲线图

如图3所示，加有SD的培养瓶虽然能继续产生甲烷，但产甲烷量并没有增加，说明去除毒性物质后，污泥活性并不能恢复，SD的活性属于致死毒性。

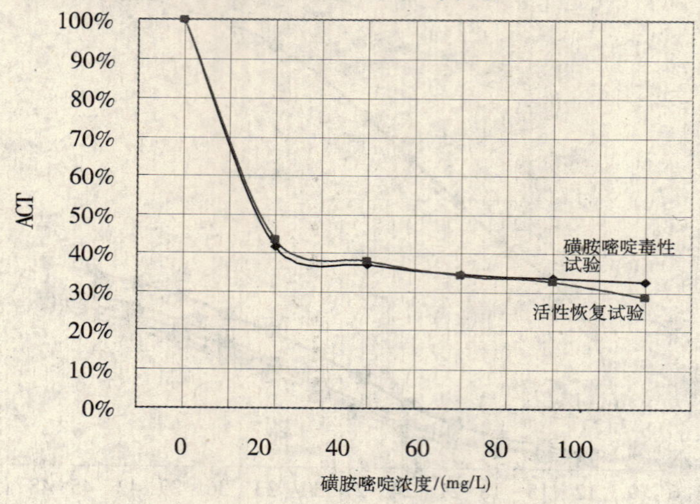

图4　SD-ACT曲线图

（三）SD对厌氧微生物的半数致死量

由图4可知，在毒性试验中SD的半致死浓度约为16.0mg/L；在活性恢复试验中其半致死浓度约为16.5 mg/L。

（四）结论

1. SD对厌氧污泥的活性有显著的抑制作用，当浓度超过20ppm时，SD对污泥活性的抑制作用基本一样。

2. SD属于致死毒素，它们对活性污泥的抑制作用是几乎不可逆的。当SD达到16.0mg/L时，厌氧污泥中产甲烷菌数目致死量在一半以上，活性恢复困难。

3. SD药厂废水对厌氧微生物产生抑制作用，我们确定SD的半数致死浓度可以为废水的处理工艺给予指导性建议，以保证厌氧处理的正常运行。

参考文献

[1] 何建普，黄明．厌氧序批式反应器（ASBR）工艺研究进展［J］．企业技术开发，2007，26（5）：35-37.

[2] 贺延龄．废水的厌氧生物处理［M］．北京：中国轻工业出版社，1998：548-558.

[3] 斯皮斯 RE. 工业废水的厌氧生物技术［M］．北京：中国建筑工业出版社，2001：260.

[4] 王俊君，俞从正，马兴元，等．没食子酸和焦性没食子酸对厌氧微生物的毒性研究［A］．中国皮革，2009，38（3）：23-26.

[5] 俞从正，李小星，马兴元，等．硫酸钠和硫化钠对厌氧反应微生物的毒性研究［J］．中国皮革，2007，36（19）：51-54.

[6] 王俊君，俞从正，赵卫锋．邻苯二酚对厌氧微生物的毒性作用［A］．皮革与化工，2009，26（1）：5-9.

[7] 肖敏，闫光绪，马学良．有机氰废水的生物降解性和微生物毒性试验［A］．抚顺石油学院学报，2003，23（2）：16-19.

焦炉煤气HPF脱硫工艺废液处理技术进展

王 波 刘晨明 曹宏斌 盛宇星 李玉平 林 晓 张 懿

(中国科学院过程工程研究所 湿法冶金清洁生产国家工程实验室 北京 100190)

摘 要 对焦炉煤气HPF脱硫工艺进行了介绍，指出其废液处理的必要性；对文献报道的几种HPF脱硫废液处理技术进行了介绍和比较，并提出了一种新的HPF脱硫工艺废液处理技术，该技术实现了HPF脱硫废液资源化，具有良好的技术经济性和应用前景。

关键词 HPF 脱硫废液 NaSCN 工业废水处理

在钢铁行业炼焦过程中，煤炭中约30%~35%的硫转化成H_2S等硫化物，与NH_3和HCN等一起形成煤气中的杂质。由于炼焦过程中产生的焦炉煤气数量巨大（生产1t焦炭要产生340m^3焦炉煤气），其中的H_2S、HCN及其燃烧产物不仅对人类健康和环境造成严重的危害，同时也对焦炉煤气这一重要的中高热值气体燃料的利用产生了影响，因此对焦炉煤气进行脱硫脱氰的净化处理已势在必行。

国内外用于焦炉煤气脱硫脱氰的工艺众多，近年来被国内行业广泛采用的是由我国自行开发的以氨为碱源的HPF法脱硫新工艺。由于新工艺中的HPF催化剂具有脱硫和再生全过程的高催化活性以及流动性好等优点，正逐渐被各大钢铁企业广泛应用。采用HPF法脱除煤气中H_2S和HCN，将产生大量的HPF工艺脱硫废液（以下简称脱硫废液），废液中主要包含SCN^-、NH_4^+、S^{2-}、$S_2O_3^{2-}$等离子。脱硫废液的毒性虽然较H_2S、HCN要小，但对环境依然能造成很严重的污染，需进行相应的处理，降低其对环境的污染。

一、HPF脱硫工艺简介

HPF脱硫工艺是以氨为碱源、HPF（由对苯二酚、双核钛氰钴磺酸盐PDS、硫酸亚铁组成的醌钴铁类复合型催化剂）为催化剂的湿式液相催化氧化脱硫脱氰工艺。与其他催化剂相比，不仅对脱硫脱氰过程起催化作用，而且对再生过程也有催化作用。其工艺过程为：焦炉煤气经鼓风机加压后进入被冷却至30~35℃的预冷塔，冷却后进入脱硫塔，塔内含有HPF催化剂的脱硫液循环吸收H_2S和HCN，同时氨也被吸收，生成NH_4SCN；然后脱硫液经塔底流出经反应槽进入再生塔中，同时从再生塔底部鼓入空气，使脱硫液氧化再生，再生的脱硫液循环使用。再生塔塔顶的硫黄泡沫则进入熔炉釜，生产成硫磺产品，废液自顶部排出进入废液槽（图1）[1,2]。

在脱硫液进入再生塔之前，向液体中补充一定量的HPF催化剂，以保证再生过程的正常进行。

二、焦炉煤气HPF脱硫工艺特点与不足

(一) HPF脱硫工艺特点

1. 焦炉煤气HPF脱硫工艺不需要外加碱源。该工艺中碱源主要来源于自身的氨，这一点优于需要外加碱源的方法，如ADA法、真空碳酸盐法、乙醇胺法等。

2. 焦炉煤气HPF脱硫工艺简单，设备较少，操作维护也相对容易。另外，催化剂HPF的活性较高，消耗量少，运行成本较低，综合经济效益较好。

资助项目：国家水体污染控制与治理科技重大专项基金（2008ZX07207-003和2008ZX07208-004）。

3. HPF 法的脱硫脱氰效率较高，脱硫效率为 98% 左右，脱氰效率在 80% 左右，可达到行业要求。

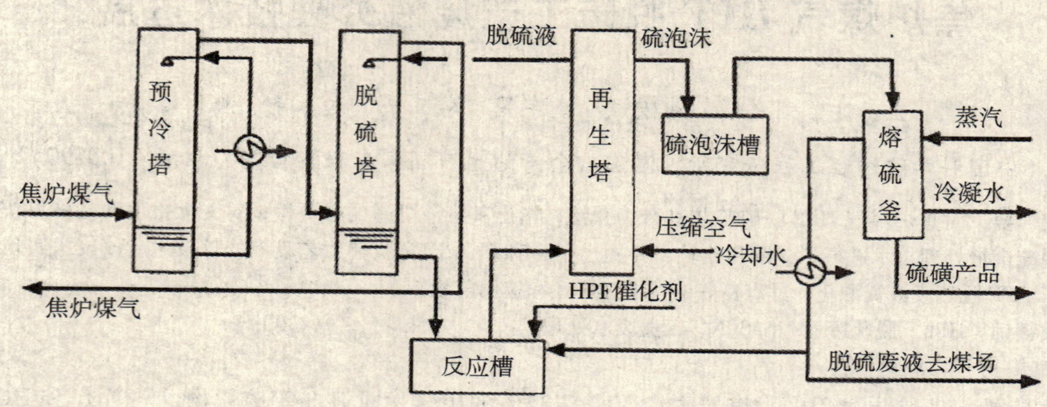

图 1 HPF 脱硫工艺简图[2]

（二）HPF 脱硫工艺不足

1. HPF 脱硫工艺会产生高盐脱硫废液

由于在 HPF 复合催化剂中含有 PDS，如果脱硫过程中产生浓度过高的 NH_4SCN，将影响 CN^- 向 SCN^- 转变的速度，造成 CN^- 积累，致使 PDS 催化剂活性降低，因此当硫氰酸盐达到一定浓度后，催化剂会中毒失效，必须控制盐浓度在 300g/L 以下，才能保证催化剂不中毒。尽管文献[2]中认为 HPF 法脱硫废液产生量不大，可以直接用于配煤，但是实际生产过程中受到各类因素的制约，脱硫废液中不仅含有硫氰酸盐，而且含有较高浓度的硫酸盐，如果脱硫废液返回配煤，其中的硫氰化物虽然能够在加热时分解，但硫酸盐性质稳定且没有出口，长期运行必然导致系统内盐的积累，因此必须排放一定量的脱硫废液。在较大规模的焦化厂，其排放量能达到 $100m^3/d$ 以上。由于脱硫废液盐含量过高，生化系统很难处理，直接外排将对环境造成严重的污染[3,4]。因此，脱硫废液的处理成为我们必须关注的一个重要的环保问题。

2. 产品硫黄品质较低，产率不高

产品硫黄的产率低，主要损失在外排的脱硫废液中（约损失一半），而且硫黄中夹带焦油等杂质，导致质量较差，难以销售。目前，这种低品质硫黄主要用于燃烧制硫酸，虽然经济效益不高，但基本解决了硫黄出路问题[5]。

三、焦炉煤气 HPF 脱硫工艺废液现有处理技术与评价

文献[2]中提到的将脱硫废液混入炼焦配煤中的方法，由于废液中含有高浓度的氨等易挥发物质，容易造成现场以及周边环境的污染与建筑腐蚀，即使不考虑脱硫工艺中盐积累的因素，目前大多企业也不采取这样的方式[5]。因此，对脱硫废液进行物化处理，以实现资源回收和达标排放是解决脱硫废液污染的根本方法。脱硫废液中，浓度最高、毒性较高、价值也较高的组分为硫氰酸根。因此，对脱硫废液的处理，硫氰酸根的分离和回收是其中的重点和难点。目前，常见可用于脱硫废液处理的方法主要可以分为催化吸附法、深度氧化法、氧化沉淀法和梯度浓缩结晶法等几种。

（一）催化吸附法

专利 WO/2005/100243[6] 使用铁催化剂将硫氰酸根转化成 $H(SCN)_3$，使其更容易被活性炭吸附。该方法流程短、操作比较简单，能够有效降低含硫氰酸根废液的毒性，对于炼金废水等成分较单一的处理具有一定的优势。然而，由于无法去除脱硫废液中的其他盐分，剩余高浓度含盐废

水仍需处理，且由于脱硫废液中 SCN－浓度很高，活性炭消耗量过大、再生困难，无法获得有价值的产品，处理综合成本高，在脱硫废液处理领域不宜直接采用。

（二）深度氧化法

由于脱硫废液组成复杂，资源分别回收难度较大，一种方法是把所有的含硫阴离子转化为相同的物质，从而只回收一种物质，从而有效降低分离难度。Takahax－Hirohax 工艺[7]是一种使用氧气在高温、高压下将 SCN^-、$S_2O_3^{2-}$ 等低价硫氧化为硫酸根，回收硫酸铵的方法。这种方法实现了脱硫废液中所有含硫盐的全部回收，彻底解决了外排废液的问题，在日本已经实现工业应用。但这种工艺操作需要高温高压、对设备要求很高、投资巨大、操作成本高但产品价值低，技术经济性差，国内企业很难负担其操作成本。

（三）氧化沉淀法

日本专利 JP58036919[8]公开了一种向脱硫废液中投入重金属盐，对硫氰酸根沉淀分离，得到产品的方法，这种方法可以使脱硫废液解毒，但也存在剩余高盐废水处理的问题。此方案的优点在于分离彻底，但由于产品（重金属硫氰酸盐）销路有限，处理成本过高，难以大规模应用[9]。

（四）梯度浓缩结晶法

梯度浓缩结晶法的工艺原理是从脱硫废液中回收硫氰酸铵，技术核心是分步结晶，根据 NH_4SCN^- $(NH_4)_2S_2O_3-H_2O$ 三相分步结晶，利用 NH_4SCN 和 $(NH_4)_2S_2O_3$ 的溶解度差异进行结晶[10-15]。

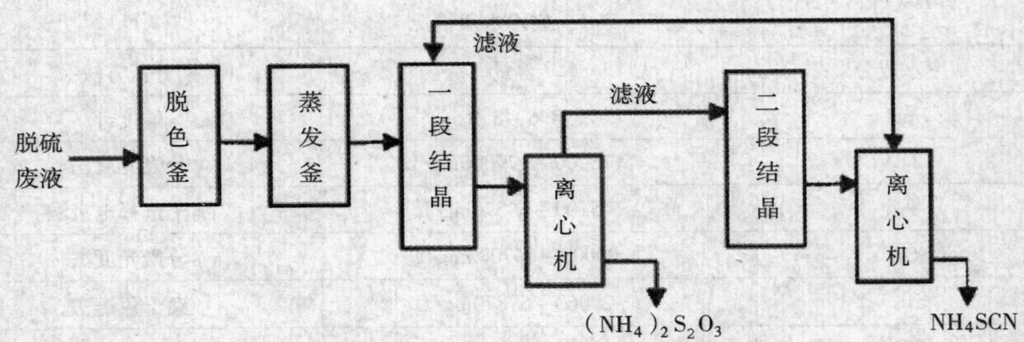

图2　梯度浓缩结晶法工艺流程简图[10]

这一方法技术相对较成熟，设备投资少，可回收一定量高附加值的硫氰酸铵、硫代硫酸铵产品，是脱硫废液资源化处理的可行技术之一，目前在国内已有工业应用。但是这种方法仍存在如下不足：

1. 受脱硫废液的化学组成波动较大的影响，操作难度较大，并导致产品纯度较低；该技术主产品硫氰酸铵的回收率通常较低，一般仅为 40%～70%，大量高价值组分被浪费；

2. 由于溶解度差异较小，易形成大量基本不具使用价值的混盐，造成二次污染；

3. 该技术的产品较少，处理过程的经济效益较低，投资回收期较长；

4. 产品需求定位不够准确。目前我国每年的硫氰酸铵市场需求仅为 2 万 t，而硫氰酸钠需求量较大，因此一些企业需要另外进行投资，将硫氰酸铵进一步转化成硫氰酸钠，导致处理成本增加。

传统处理技术虽然相对成熟，但由于各种处理工艺对设备、操作、运行成本的要求高，产品市场需求定位不准确且受到二次污染等诸多因素的影响，难以规模化。虽然梯度浓缩法相对其他技术较为成熟，设备投资少，可回收一定价值的产品，但是由于脱硫废液本身的成分波动非常大，增加了其梯度浓度操作的难度，直接影响了产品的质量与产量，且几乎没有价值的混盐副产品产量较高，容易造成二次污染[16-21]。近年来，随着焦炉煤气 HPF 脱硫工艺操作的改进，脱硫废液中硫氰酸根浓度有所降低，但硫酸根的浓度明显提高，由于硫酸铵的溶解度（75.4g，20℃）小于硫氰酸铵的溶解度（170g，20℃），若不经过化学分离而直接结晶，很难得到较纯的产品，梯度浓缩法的操作难度越来越大。因此，当前亟须一套简单可行的、绿色环保的、具有高经济价值的脱硫废液处理工艺方案。

四、一种新的脱硫废液全组分利用处理工艺

在对传统脱硫废液处理工艺进行充分对比和研究的基础上，中国科学院过程工程研究所以某钢铁企业化工厂的脱硫废液为研究对象开发了一种新的脱硫废液资源化工艺（以下简称新工艺）：首先使用催化氧化剂将亚硫酸根、硫代硫酸根转化为硫酸根，并使硫氰酸根形成沉淀与其他物质分离，然后将沉淀中结合的硫氰酸根转化为附加值较高且工业用途广泛的硫氰酸钠或硫氰酸钾，并再生催化剂，实现其循环利用[22,23]；分离硫氰酸根后的液体经纯化处理后，生产硫酸铵，从而实现脱硫废液的全组分综合利用。下面以某钢铁企业脱硫废液为例，简要介绍本工艺方案。

（一）脱硫废液水质情况

某钢铁企业化工总厂外排脱硫废液量约为100t/d。通过对水质分析，其组成参数见表1。

表1　废水水质情况

废水成分	含量	分析方法
pH	8.6～8.9	酸度计
COD_{Cr}	116000～179000mg/L	分光光度法
氨氮	45100～64570mg/L	离子选择电极法
SCN^-	90000～142000mg/L	分光光度法
SO_4^{2-}	25060～59870mg/L	离子色谱法
$S_2O_3^{2-}$	12220～41360mg/L	离子色谱法
Na	208.7mg/L	ICP－OES
K	82.3mg/L	ICP－OES
Al	1.5mg/L	ICP－OES

从废水水质情况来，高 COD、高氨氮、高盐的特点使得生物处理难以奏效，而且脱硫废液成分波动大，若用传统的处理工艺，很难达到预期要求，不但处理成本增加，而且更容易对环境造成二次污染。只有其中的各种组分均实现有效回收，才能够彻底解决污染问题，而对于国内企业，经济上的可行同样重要。

（二）工艺原理及技术路线简介

新的处理工艺主要包括：催化氧化沉淀、硫氰酸钠生成、催化剂再生、脱色与硫酸铵精制等步骤，工艺流程图如图3所示。

经此工艺处理后，脱硫废液中绝大部分盐均转化为产品硫氰酸钠（HG－T3812－2006 合格品）和硫酸铵（GB 535—1995，合格品），排放的混盐量很少。在整个工艺中的冷凝水可以回用至工艺中或用作循环冷却水补充水，多余的冷凝水（COD＜200mg/L）可进行生化处理或由污水

处理厂处理后达标排放。

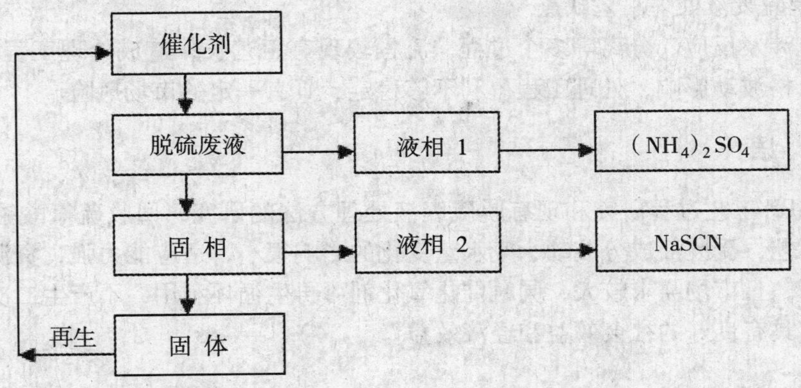

图3　脱硫废液资源化处理技术工艺流程框图

（三）技术特色及与传统处理技术对比

1. 新型脱硫废液处理工艺的特点

（1）新工艺适应能力很强，生产弹性大

从表1的脱硫废液水质分析中可见，废液量大、水质波动较大，而传统的梯度结晶法对废液成分废液中 SCN^-、SO_3^{2-}、SO_4^{2-}、$S_2O_3^{2-}$ 几种离子的浓度关系依赖性大，回收产品的品质难以保证，处理效果不够稳定。另外，传统方法在处理大量脱硫废液时，由于产品质量不高，附加值有限，导致综合经济效益较低，产品收益难以弥补处理成本。

由于新的处理工艺首先使用催化氧化剂将硫氰酸根与其他离子分离，同时将废液中的大部分亚硫酸根、硫代硫酸根氧化成硫酸根，可随时根据废水成分的变化对工艺操作条件进行调整，因此可良好地适应脱硫废液成分的波动，处理工艺弹性大，适应性强，综合经济效益较高。

（2）对脱硫废液的处理效率高、资源回收率高

新工艺处理脱硫废液，对于 SCN^- 采用沉淀回收，而 SO_3^{2-}、SO_4^{2-}、$S_2O_3^{2-}$ 几种离子全部氧化成 $SO_4{}^{2-}$ 用于制备 $(NH_4)_2SO_4$，因此资源利用率高、回收率高，回收率可分别达90%和95%以上，远高于传统处理技术。

（3）回收产品纯度高，工业价值高，销路广泛

采用新工艺处理脱硫废液，由于 SCN^- 和 SO_3^{2-}、SO_4^{2-}、$S_2O_3^{2-}$ 回收过程是相对分离的，因此不会出现分步结晶法结晶过程夹带其他杂质、产品纯度不高的问题。利用新型处理技术处理某钢铁企业脱硫废液，回收的NaSCN产品纯度可达97%以上，$(NH_4)_2SO_4$ 产品纯度可达98%以上。而且通过市场调研，准确定位市场需求（大约5万t市场空缺），新工艺 SCN^- 回收得到的NaSCN产品，其工业用途广泛，具有很广阔的销售市场。而梯度浓缩结晶法 SCN^- 回收产品为 NH_4SCN，其市场经济价值要低于NaSCN，并且市场需求量相对较小（大约2万t市场空缺）。与另外几种处理方法对比，本处理工艺具有更强的灵活性和更好的综合市场经济价值。

（4）二次污染小，工艺清洁环保

传统工艺较为成熟的梯度浓缩结晶法产生混盐量大，容易造成二次污染。新型处理工艺本着“绿色、环保、经济、适用”的原则，在处理脱硫废液时物料回收利用率高，产生的混盐量很少。相对于传统处理工艺来说，更加清洁环保。

（5）创新工艺，设备成熟可靠

本技术在工艺方面实现了集成创新，兼顾现有技术的优点，传统工艺对设备要求相对较高且操作繁琐复杂，而新型工艺中使用的各单元设备等均为常规的化工设备，在结构和操作方面相对

简单。

2. 新型脱硫废液处理工艺缺点

由于工艺涉及反应、分离等多个过程，流程较现有工艺长，造成处理工程投资较高；另外，受产品市场价格波动影响，处理工程盈利不够稳定，具有一定的市场风险。

五、结　语

经过对 HPF 工艺过程研究和现有脱硫废液处理方法的研究，回收硫氰酸钠和硫酸铵的脱硫废液处理新工艺，受废液成分波动、废水量变化的影响很小，适应能力强，资源回收率高，回收产品附加值高，且市场需求较大，同时催化氧化剂可再生循环利用，不产生二次污染，全处理过程绿色清洁，具有良好的社会效益和经济效益。

参考文献

[1] 刘辉，谢东. HPF 法脱硫效果分析 [J]. 甘肃冶金，2009，31（6）：84 - 85.

[2] 张兴柱. HPF 湿式氧化法焦炉煤气脱硫脱氰技术 [J]. 燃料与化工，2003，34（4）：205 - 206.

[3] 曹友宝，张雪，岳红. 焦炉煤气 HPF 法脱硫应用与实践 [J]. 化学工程与装备，2009，5：97 - 98.

[4] 将其荣，冯荣娟. 脱硫废液的处理 [J]. 燃料与化工，2006，37（5）：51.

[5] 白玮，李玉秀. HPF 焦炉煤气脱硫工艺的特点、问题及解决方案 [J]. 燃料与化工，2009，40（1）：56.

[6] A Process for the Removal of Thiocyanate from Effluent [P]. WO/2005/100243.

[7] Gastwirth H, Miner R, Stengle W. The Takahax - Hirohax Process for Coke Oven Gas Desulfurization. Ironmaking Proceedings, 1981, 40: 349 - 363.

[8] Manufacture of Cuprous Thiocyanate. JP 58036919.

[9] 梁达文. 含硫氰酸根废液的无害化处理技术 [J]. 化工技术与开发，2004，33（4）：93 - 94.

[10] 李凤敏. 分步结晶法从脱硫废液中回收硫氰酸铵 [J]. 燃料与化工，2001，32（1）：33 - 34.

[11] 曹建元，孔晓斌. 运用三元相图理论从脱硫废液中提盐 [J]. 燃料与化工，2000，31（5）：265.

[12] 张明玉，侯世耀. 从脱硫脱氰废液中回收硫氰酸铵 [J]. 煤化工，1994，3：28 - 34.

[13] 冯海滨，胡湖生，杨明德，等. 硫氰酸根及其复杂体系的辐射降解研究 [J]. 环境科学，2008，28（11）：3138 - 3142.

[14] 从脱硫废液中回收硫代硫酸铵及硫氰酸铵的生产工艺 [P]. CN101125644A.

[15] 一种处理焦化厂脱硫脱氰工艺中脱硫废液工艺 [P]. CN100429154C.

[16] 一种焦化厂 HPF 脱硫系统外排脱硫液的处理工艺 [P]. CN101219340A.

[17] 宁秋实，万志明，李忠模. 对硫氰酸钠生产过程环保综合治理的研究 [J]. 甘肃冶金，2004，2：41 - 43.

[18] 童定祥. 硫氰酸钠储槽腐蚀原因分析 [J]. 石油化工腐蚀与防护，2003，20（4）：29.

[19] 倪国强. HPF 法煤气脱硫工艺生产实践中几个问题的探讨 [J]. 煤化工，2006，3：61 - 63.

[20] 栾兆爱，蒋秀祥，葛东，等. 氨法 - HPF 脱硫废液工艺在莱钢焦化厂的应用实践 [J]. 山东冶金，2009，31（5）：71 - 73.

[21] 李文祥，肖飞. 提高脱硫效率的改造措施 [J]. 燃料与化工，2009，40（3）：53 - 54.

[22] 王爱平，刘中华. 活性炭水处理技术及在中国的应用 [J]. 昆明理工大学学报，2002，27（6）：8 - 49.

[23] 王祥光. 湿式氧化法脱硫工艺过程及操作要点 [J]. 小氮肥涉及技术，2003，24（2）：35.

人工快速渗滤系统研究与发展动态

姚　琪　张建强　许文来

（西南交通大学环境科学与工程学院　四川　成都　610031）

摘　要　人工快速渗滤系统（CRI）对生活污水中有机物和氨氮的去除效果较好，但是CRI对TN、TP的去除效率较差，CRI对污染物的去除机理、TN和TP的去除效果及优化控制等有待进行深入研究。通过对人工快速渗滤系统国内外的研究现状、发展动态分析，以及对系统原理的深入研究，提出采用现场调查、实验分析、理论研究和现场校验等手段，提高CRI对污染物的去除效率，使TN去除率提高到60%以上，TP去除率提高到75%以上的具体办法。其研究成果可丰富和发展水污染控制与修复理论，具有重要的科学意义和学术价值以及显著的环境效益、经济效益与社会效益。

关键词　人工快速渗滤系统　污染物去除机理　发展动态

针对小城镇或居民聚居点的污水处理技术——人工快速渗滤系统（Constructed Rapid Infiltration system，CRI）是一种全新的污水生物处理方法，正成为国内研究和应用的热点。CRI通过渗滤介质及介质上生长的微生物对水中污染物质的吸附、截留与分解，实现对废水的净化。CRI独特的结构及进水方式，使得渗滤介质表面的微生物菌相十分丰富，通过进水周期的变化，渗滤介质表面具有好氧、兼氧、厌氧的作用，从而进一步提高废水的处理效果。整个处理过程不需投加药剂，也不需机械曝气等高能耗设备，故大大降低处理设施的投资和运行费用。实践证明，该技术在处理城市生活污水和受污染的地表水时具有明显效果，对COD_{Cr}的去除率在85%～90%，对氨氮的去除率在90%以上，对SS和LAS的去除率在95%以上，且具有水力负荷高（一般大于1m/d），占地面积相对传统土地处理技术较小，工艺过程简单、投资低、运行成本少等特点，对我国中小城镇污水处理具有重要应用价值和明显的优势。

一、国内外研究现状及发展动态分析

土地处理系统分为慢速渗滤、快速渗滤、地表漫流、地下渗滤、湿地五种类型[1]，其主要差别在于污水运移的速率和水力路径不同。欧洲1531年始即有污水土地处理记载，19世纪初在英国利用土地处理污水及污泥已盛行，19世纪70年代这种方法传播到美国。世界银行环境事务署规定：“当有土地可用和毒物含量足够低时，土地处理是处理污水的最简单、最经济的技术。”“在任何工业项目中，土地处理应当作为第一选择来考虑”。美国、俄罗斯、中国等在污水土地处理方面已经有丰富的实践[2-4]。

污水土地处理系统可实现污水处理与利用相结合的目的，其投资及运行费用为常规处理的1/3～1/2，是实现污水处理无害化、资源化的重要途径之一，是解决水资源危机的重要技术。但也具有以下缺点：①水力负荷低，占地面积大。②在寒冷的地区，土地处理系统在冬季往往无法运行。③运行过程中易产生气溶胶和散发臭气。④设计或运行不当，易对场外径流、地下水造成污染[3-5]。针对这些缺点，中国地质大学（北京）钟佐燊等人[6]在污水快渗系统（Rapid Infiltration system，RI）的基础上提出了采用渗透性能较好的天然沙等代替天然土层营建污水处理系统，并将其命名为人工快速渗滤系统，其核心是采用渗透性能较好的天然河沙、陶粒、煤矸石等为主要渗滤介质代替天然土层，在淹水/落干交替工作方式下运行，利用土壤生态系统对污染物进行去除。CRI具有如下特征：①渗滤介质既具有一定的渗透性能，又具有一定阳离子交换容量的粉沙、细沙、中沙或砾石等天然沙砾石；②滤层厚度一般为1～2m；③水力途径为垂直流，污水自上而下自流通过渗滤介质；④快滤池之后不需再设二次沉淀池；⑤一般不需曝气和反冲洗；⑥由于采用人工建造，机动灵活，不受场地条件限制，不会因渗漏而造成对地下水环境的影响；⑦采用人工介质回填，水力负荷高（一般大于 1m/d），占地少；⑧渗滤介质的可选性使得系统可以根据不同进水浓度和出水水质要求调整设计参数，机动灵活[7,8]。

二、人工快渗系统的原理和去除污染物性能研究

（一）人工快渗系统的原理

CRI 原理为在 CRI 中填充粒径较小的滤料，运行过程中滤料表面生长生物膜，当污水流经时，由于滤料呈压实状态，利用滤料粒径较小的特点，滤料中黏土性矿物和有机质的吸附作用以及生物膜的生物微絮凝作用，截留和吸附污水中的悬浮物和溶解性物质，同时滤料的高比表面积带来的高浓度生物膜的降解能力对污水中污染物快速净化。过滤截留和吸附作用在 CRI 中主要起调节机制，而有机污染物的真正去除主要是生物降解作用。CRI 采用干湿交替运行主要有两个作用：一是可以在内部的浅层剖面上交替形成氧化还原环境，有助于污染物的去除。在正常运行过程中，渗滤表面生长着大量的生物膜。当污水流经时，利用黏土性矿物和有机质的吸附作用以及生物膜的生物微絮凝作用，截留和吸附污水中的悬浮物和溶解性物质；同时滤料的多孔介质特点所带来的高比表面积使污水在向下渗透过程中经过生物氧化、硝化、反硝化、过滤、沉淀、氧化和还原等作用，使 CRI 对水中常规污染物有良好的去除效果[5]。二是干湿交替运行可防止由于微生物生长和悬浮物沉积所造成的渗滤池表层空隙过度堵塞，有效地恢复系统的渗滤性能，保持处理水量的稳定[6]。

（二）人工快渗系统去除污染物性能

专家学者针对 CRI 去除污染物的性能进行了相关的研究。朱夕珍等[9]为了解决 CRI 床面利用问题，提高其去氮除磷的能力，在 CRI 上种植植物试验。结果表明，种植植物后 CRI 对氨氮、COD、TP 的去除率分别为 81.8%、94.1%、81.3%，但对 TN 的去除率却只有 37.8%。崔理华等[10]在北京西郊以人工土壤为渗滤介质处理城市污水，两年的中试工程运行试验研究发现 CRI 处理系统对 COD、BOD_5、SS 有较高的去除率，平均分别为 90.2%、96.4%、95.1%，但对 TN 和 TP 的去除率却只有 32.3%、30.2%。以钟佐燊教授为首的课题组对 CRI 进行了大量的研究认为[8,11]："CRI 对 TN 的去除效果较差，此问题有待于进一步研究"；何江涛等[12]也认为"大多数 RI 系统对氮的去除效果并不是十分理想，去除率一般在 50% ~70%，只有少数针对氮的去除而进行合理设计的系统，氮的去除率才能够达到 80% 以上"；王飞等[13]利用紫色土、陶粒、卵石、美人蕉复氧构建的 CRI，发现在湿干比为 1∶3，水力负荷为 0.1m/d 的条件下，出水氨氮、COD、TP 达到《城镇污水处理厂污染物排放标准》（GB 18918—2002）中的一级 B 标准，TN 略有超标。张金炳[14]等对茅洲河现场实验结果显示：当进水磷的浓度小于 1mg/L 时，出水浓度小于 0.1mg/L，但进水浓度大于 1mg/L 时，出水就大于 0.2mg/L。何江涛等人[5]指出，通过缩短水力负荷周期，加大系统淹水和落干的频率，可以加强系统与外界空气的对流作用，加大系统的复氧量，提高系统的复氧效率，有利于系统中微生物对有机污染物的好氧生物降解。本课题组对当地三个 CRI 工程经过两年的现场勘察和实验室试验研究得出当地 CRI 对氨氮、COD、TP 和 TN 的平均去除率分别为 89.2%、90.1%、33% 和 30.4%。

三、人工快渗系统的研究趋势和动态

目前对 CRI 工程应用研究较多，其基本特性、污染物的去除机理及去除动力学研究相对缺乏，总氮、硝态氮和磷的去除问题是困扰 CRI 性能进一步提高的重要因素[11]。因此，对 CRI 基本特性、微生物群落及其活性、有机物与氮磷污染物迁移、转化、降解规律和机理进行研究，提高 CRI 中总氮、硝态氮和磷的去除率，成为目前学术界的重点和难点之一。

CRI对氨氮、有机物去除效果较好，因此在实际工程中得到了一定的推广和应用，但对TP、TN的去除效率较差，TP的去除率在40%～55%，对TN的去除率在10%～30%[14]。相关研究表明，CRI是在过滤截留、吸附和生物降解的作用下去除有机物和氮磷污染物[15]，但机理迄今尚未清楚，污染物去除动力学鲜有报道，基础理论研究还相当欠缺，因此在实际工程应用中的水力负荷、运行方式以及进水排水设计都是仅仅依靠经验进行的。为此，有必要采用现场调查、实验分析、理论研究和现场校验等手段，对研究CRI各层基质中微生物特征及其活性，CRI中氧的扩散规律及好氧带、缺氧带和厌氧带的分布特征，污染物在CRI中的运移规律和特征，阐明CRI对有机物和氮磷污染物去除机理；探讨CRI对有机物与氮磷污染物去除动力学过程，构建CRI去除污染物的动力学模型；并对CRI池体结构、滤料组成和运行方式进行优化，提高CRI对污染物的去除效率，使TN去除率提高到60%以上，TP去除率提高到75%以上。

参考文献

[1] P. Nema, C. S. Ojha, et al. Techno – economic evaluation of soil – aquifer treatment using primary effluent at Ahmedabed India. Wat. Res., 2001, 35: 2179 –2190.

[2] 郝桂玉．污水土地处理系统相关机理研究及实践应用［D］．上海：华东师范大学，2005.

[3] Ronald W. Crites, She rwood C., Reed, et al. Applying treatment wastewater to land［J］. BioCycle, 2001 (4): 32 –35.

[4] Duongruitai Nicomrat. Microbial diversity in a constructed wetland treating acid mine drainage at Carbondale. Ohio: Ohio State University, 2001.

[5] 何江涛，张达政，陈鸿汉，等．污水渗滤土地处理系统中的复氧方式及效果［J］．水文地质工程地质，2003（1）：103 – 109.

[6] 何江涛，钟佐燊，汤鸣皋．解决污水快速渗滤土地处理系统占地突出的新方法［J］．现代地质，2001，15（3）：339 –345.

[7] 张金炳．污水处理人工快速渗滤系统研究［D］．北京：中国地质大学，2002.

[8] 刘家宝．人工快速渗滤系统污染物去除机理及其处理效果研究［D］．北京：中国地质大学，2006.

[9] 崔理华，汤连茂，朱夕珍，等．城市污水人工快滤床运行方式的试验研究［J］.2002，21（1）：37 –40.

[10] 崔理华，朱夕珍，李国学，等．北京西郊城市污水人工快滤处理与利用系统［J］．中国环境科学，2000，20（1）：45 –48.

[11] 殷亮．人工土床快渗系统处理生活污水性能试验研究［D］．重庆：重庆大学，2006.

[12] 何江涛，钟佐燊，汤鸣皋，等．人工构建快速渗滤污水处理系统的试验［J］．中国环境科学，2002，22（3）：239 –243.

[13] 王飞．氨氮在人工土层快渗中运移的模拟研究［D］．重庆：重庆大学，2008.

[14] 张金炳．污水处理人工快速渗滤系统研究［D］．北京：中国地质大学，2002.

[15] 况琪军，胡征宇，夏宜．污水处理生物技术的应用［J］．长江流域资源与环境，2003，12（3）：259 – 264.

生态浮床技术治理污染水体的应用现状及前景展望

潘晓颖[1,2]　葛继稳[1,2]

（1. 中国地质大学（武汉）生态环境研究所　武汉　430074；
2. 湿地演化与生态恢复湖北省重点实验室　武汉　430074）

摘　要　随着工农业的发展，水污染问题日益严重。近年来，生态浮床技术以其处理效果好、投资少、操作简便、无环境风险等优点，受到国内外专家学者的广泛重视，并逐渐被应用于富营养化水体的治理中。本文介绍了生态浮床的含义、构造、净化机理及其在污染水体治理中的应用，并对生态浮床今后的发展前景作出展望。

关键词　生态浮床技术　净化机理　应用实例　发展前景

随着社会经济的快速发展以及人类对水资源的不合理开发利用，水体富营养化问题已成为当今世界面临的最主要水污染问题之一[1,2]。然而，传统的物理、化学、生化方法处理污染水体往往存在着投资大、操作难、处理效率低、易产生二次污染等问题，难以推广应用。近年来，生态浮床技术作为一种新型水质修复技术，以其处理效果好、投资少、操作简便、无环境风险等优点，受到国内外专家学者的广泛重视，在富营养化水体的治理中有着广阔的前景[3,4]。

一、生态浮床技术净化机理

生态浮床又称人工浮床、人工浮岛，是一项由三项国家发明专利组成，我国拥有完全自主知识产权的水环境治理与生态修复相兼顾的实用技术[5]。该技术是运用无土栽培原理，以高分子材料为载体，采用现代农艺和生态工程措施综合集成的水面无土种植植物技术。通过浮床植物根部的吸收、吸附作用和微生物的硝化－反硝化等作用，去除水体中的氮、磷、有机物等污染物，从而达到净化水质的效果。具体净化机理如下：

①植物在生长过程中对水中 N、P 等营养元素的吸收利用[6]；②植物发达根系在水中形成浓密的网，吸附水体中大量的悬浮物，同时植物根系释出大量能降解有机物的物质，可加速有机污染物分解[7]，使其成为植物的营养物质，通过光合作用转化为植物细胞的成分，促进其生长。③浮床植物具有发达的根系，为硝化菌、反硝化菌等微生物的附着生长提供了巨大的表面，有利于微生物的大量繁殖，并逐渐在植物根系表面形成生物膜，提高对污染物的降解能力[8]。④浮床植物在竞争吸收水体中的氮磷营养物质时处于优势地位，使浮游藻类因缺少营养源而死亡。此外，浮床植物通过遮挡阳光抑制藻类的光合作用，减少浮游植物生长量，通过接触沉淀作用促使浮游植物沉降，有效防止“水华”发生，提高水体的透明度[9,10]。

二、生态浮床的结构

生态浮床技术是绿化技术与漂浮技术的结合体，一般由四个部分组成，即浮床框体、浮床床体、浮床基质以及浮床植物。浮床框体要求坚固、耐用、抗风浪，目前多采用高分子材料 PVC 管、木材、毛竹等作为框架材料，形状以四边形居多，也有由三角形、六角形等各种不同的形状组合起来的[11]。浮床床体是植物栽种的支撑物，同时是整个浮床浮力的主要提供者。目前主要使用的是聚苯乙烯泡沫板，这种材料具有比重小、成本低、性能稳定等特点，并且原材料来源充裕，无毒疏水，易于设计加工，重复利用率相对较高。此外也有将陶粒[12]、蛭石[13]、珍珠岩[14]等无机材料作为床体，这类材料具有多孔机构，适合于微生物附着而形成生物膜，有利于降解污染物质。浮床基质用于固定植物植株，同时要保证植物根系生长所需的水分、氧气条件，因此基质材料必须具有弹性足、固定力强、吸附水分、养分能力强、不腐烂、不污染水体、能重复利用等特点，而且必须具有较好的蓄肥、保肥、供肥能力，保证植物直立与正常生长。目前多使用海绵、椰子纤维等作为浮床基质。浮床植物是浮床净化水体主体，需要满足以下要求：适应当地气候及水质条件，成活率高；根系发达、根茎繁殖能力强；植物生长快、生物量大；植株优美，具有一定的观赏性和经济价值。目前常使用的浮床植物有美人蕉（*Canna indica*）、芦苇（*Phragmites communis*）、荻（*Miscanthus sacchariflorus*）、水稻（*Oryza sativa*）、香根草（*Vetiveria zizanioides*）、牛筋草（*Eleusine indica*）、东方香蒲（*Typha orientalis*）、菖蒲（*Acorus calamus*）、凤眼莲（*Eichhornia crassipes*）、水芹菜（*Oenanthe javanica*）、蕹菜（*Ipomoea aquatica*）等[15-17]。在实际应用中要根据气候、水质条件等影响因素进行植物筛选[18]。

三、生态浮床常用植物及其价值[19]

植物是生态浮床净化水体的主体。目前已在大型水库、湖泊、河道、运河等不同水域成功种植了约46科100多种植物。其中主要有美人蕉科的美人蕉[20,21]，禾本科的芦苇、荻、黑麦草（*Lolium perenne*）、香根草、牛筋草和水稻等，天南星科的菖蒲、凤眼莲、海芋（*Alocasia macrorrhizos*）等，莎草科的风车草（*Cyperus alternifolius*）、灯心草（*Juncus effusus*）等，香蒲科的东方香蒲等。此外，也包含以水芹菜、蕹菜为主的水生蔬菜作物。这些植物通常具有生长快、分株多、根系发达、生物量大等特点，并具有一定的经济价值和观赏价值。例如，美人蕉为多年生草本，根系发达，根茎肥大，花色艳丽，花期长，适合大片湿地自然栽培，也可点缀在水池中，还可作切花材料，是净化空气的良好材料，美人蕉除观赏外，其根茎及花可入药，有清热利湿、安神降压之效。芦苇系多年生水生或湿生的高大禾草，地下有发达匍匐根状茎，为保土固堤植物，苇秆可用作造纸和人造丝、人造棉原料，也供编织席、帘等用，根状茎可入药，有健胃、镇呕、利尿之功效[22,23]。荻为多年生草本植物，形状像芦苇，地下茎蔓延，叶子长形，紫色花穗，生长在水边，为重要的野生牧草，茎可以编帘、席箔及作造纸原料等，可药用清热活血。黑麦草春、秋季生长繁茂，须根发达，是牛、羊、兔、猪、鸡、鹅、鱼等的好饲料。香根草为多年生禾本科植物，生物量大，含氮、磷养分高，兼有陆生和水生特点，适应性极强具有净化富营养化水体的潜在优势。牛筋草，茎秆丛生，全草可入药，具有清热解毒，祛风利湿，散瘀止血之功效。水稻系一年生禾本科植物，属须根系，不定根发达，穗为圆锥花序，自花授粉，除食用颖果外，可制淀粉、酿酒、制醋，米糠可制糖、榨油、提取糠醛，供工业及医药用，稻秆为良好饲料及造纸原料和编织材料，谷芽和稻根可供药用。东方香蒲系多年生落叶、宿根性挺水型单子叶植物，喜温暖、光照充足环境，较耐寒。东方香蒲叶绿穗奇常用于点缀园林水池、湖畔，构筑水景，全株是造纸的好原料，叶称蒲草可用于编织，花粉可入药称蒲黄，嫩芽称蒲菜，其味鲜美可食用，为有名的水生蔬菜。水芹菜为多年生宿根草本水生植物，各地均有分布，是深受人们喜爱的绿色无公害产品，水芹菜以食用其嫩茎及叶柄为主，清香鲜嫩，常在冬春蔬菜淡季采收应市，所以是一种很好的补缺度淡的蔬菜，水芹菜全草和根可入药，具清热利水、解毒消肿之效。蕹菜为旋花科一年生或多年生草本植物，须根系，根浅，再生力强，性喜温暖温润，耐光，耐肥，生长势强，最大特点是耐涝抗高温，但不耐寒，遇霜茎叶枯死，以嫩茎、叶炒食或作汤，富含各维生素、矿物盐，是夏秋季很重要的蔬菜，全草及根可入药，具有清热解毒、利尿、止血之功效。

四、国内外研究实例

自20年前德国BESTMAN公司[6]开发第一个生态浮床之后，近年来该项技术已经得到一定的发展，并且在河流、湖泊、水库等水体的治理中取得了较好的效果[24-26]。

20 世纪 70 年代，日本的研究机构在琵琶湖制作了生态浮岛，用作鱼类产卵床。1993 年 3 月，日本建设部又在琵琶湖的 Tsuchiura 码头附近水域设置了绿化浮岛。浮岛长约 91.5m，宽约 9m，共由 40 个浮体组成，每个浮体单元面积 $20m^2$。该生态浮岛的框架使用聚苯乙烯材质和钢材搭建，框架中填充 10cm 厚的泡沫板，其上种植水生植物，有效地提升湖滨景观、改善湖滨生态环境、净化水质以及保护湖岸[18]。

在我国无锡五里湖治理示范工程中，研究人员采用软坝围隔出总水域 $3600m^2$ 的试验区，研究生态浮床治理富营养化湖泊的可行性和有效性。结果表明，浮床覆盖率分别为 15%、30%、45% 的 3 个处理区除溶解氧因水面覆盖和植物呼吸耗氧等原因低于对照水体外，其他所测水质项目均得到了不同程度的改善，其改善程度随着浮床覆盖率的增加而提高[27]。在 40d 后，30%、45% 的试验区内 13 项水质指标均达到了地表水Ⅲ类标准，BOD_5、NH_3-N 等指标已达到了地表水Ⅱ类标准[5]。

杭州市南应加河实施的示范工程中采用生态浮床技术改善水质，经过 5 个月左右的治理，全河的水体感官性状和水质均有了较大改善，异臭味得到了有效控制，围隔河段的水质发生了根本性好转。其中，水体透明度从原来的 4.9cm 提高到 1m 以上；溶解氧从原来的几近于零增加到 4mg/L；NH_3-N 和 TP 含量也均有显著下降[5]。

南京煦园采用以水生经济植物为主的生态工程方法[17]，在浮床覆盖率为 5.15% 的浮床上种植水芹、水蕹菜、黄花菜、睡莲等植物来净化湖水。经过 1 个月的治理，湖水 TN、TP 分别较治理前降低 46.3%、48.4%，藻类密度降低 63.2%，透明度提高了 1 倍[27]。

上海市利用生态浮床技术治理城市内的河道，不仅有效消除了水体的黑臭现象、控制了水华爆发，而且美化了城市环境。其中在徐汇区金家塘、闵行区杨树湾河道、闵行区宝华小区河道、青浦区跃进河等地进行的试验研究表明，生态浮床对 TN、TP、COD、$BOD_5$4 项主要水质指标平均净去除率分别为 50.8%、58.2%、50.3% 和 46.6%，达到了国家农田灌溉水质标准[27]。

北京市在为迎接奥运会进行的河道综合整治中，利用生物浮床等手段治理北京市什刹海。该工程建设四方体结构的生物浮床，表面以钢丝网覆盖，两侧各有一个空心浮筒，使其半沉于水体表层。在沉于水中的框架内，放置滤材及植株支撑物[28]。浮床上架设有风力发电曝气机和风动曝气机两种，并带有若干曝气头沉于水下。生物浮床具有风动曝气、接触氧化、抑藻等功能，浮床运行后，明显提高了水体透明度，促进了水生生态系统的恢复。同时营造了良好的景观效果。

五、结论与展望

生态浮床技术除了具有净化水质这一最重要的功能外，还有良好的景观效益、经济效益和社会效益，应用前景十分广阔[29]。

①生态浮床能有效富集水体中的氮磷等污染物，从而有效控制水体的富营养化，使水质状况得到根本性转变，从而为水生动植物群落的生存和繁衍营造了良好的水体环境。②浮床水系周围空气清新，植物茂盛，成为叹为观止的景观亮点。另外，生态浮床能有效改善区域生态环境，有助于增加城市绿化面积建设生态城市。在水体上建造生态浮床无疑是在水面上建造绿地，增加了城市的绿化面积。浮床还为鱼类、鸟类、昆虫提供了休养生息的场所，有利于促进生物多样性发展。③生态浮床技术与传统的建设污水厂、引水换水、底泥疏浚等污水处理措施相比，具有施工简单、投资少、工期短等优势，具体表现在：浮床植物和载体材料来源广，成本低；无动力消耗，节省了运行费；易管理，维护费用少等。如在生态浮床上种植经济作物或粮食作物，充分利用我国广阔的水域面积，还可缓解当前用地紧张的矛盾，同时收获大量的农产品，经济效益明显。④生态浮床技术去污效果好且投资小，易于推广应用，有利于缓解当前发展经济和保护环境的矛盾，减轻经济发展带来的环境污染负担，保证经济的可持续发展。

实践证明，生态浮床技术作为一种新兴污水治理技术，具有净化水质、改善景观、收获农产品、提供生物的生息空间等综合功能，在富营养化的湖泊、水库、城市景观河道等水体的修复治理中具有良好应用前景。但是，该技术目前仍然存在一些问题。首先，由于被污染水体的水质存在差异，不同植物对各种污染物去除效果也不尽相同，因此为达到最好的净化效果，需要进一步研究选出最适合的植物或植物组合以及合适的种植密度。此外，大多数植物在冬季生长状况不佳，净化效果不理想，提高生态浮床冬季的净化能力以及更好地做到年内和年度间植物的衔接也是今后的研究重点之一[30]。第二，目前生态浮床技术还未有相应的技术标准，相关设计中的数据也多是在各自的实验条件下取得的，缺乏通用性。第三，在浮床载体的选择上。目前广泛采用的是有机高分子材料，这种载体比表面积较小，不利于微生物挂膜，在耐腐性和牢固性上也有所欠缺，此外有机高分子材料还存在二次污染的风险，开发无机材料做浮床载体是未来的研究方向。第四，被植物富集的污染物质的存在形式也有待进一步研究，如果有害物质未被降解而是积累于植物体内则将对人类形成另一种潜在威胁[31]。因此，今后需要对这些方面作出进一步探讨，以期更好了解该项技术，使其高效地应用于污染水体的治理中。

参考文献

[1] 战丽如，胡绵好，刘晓东，等．生态浮床－简易湿地组合系统对富营养化水体净化效果研究［J］．安徽农业科学，2009，37（16）：7642－7647.

[2] Li Linfeng，Li Yinghao，Biswas Dilip Kumar，et al. Potential of constructed wetlands in treating the eutrophic water：Evidence from Taihu Lake of China［J］．Bioresource Technology，2007：1－8.

[3] 罗固源，许晓毅，曹佳，等．生态浮床的去污效果与机理研究［J］．四川大学学报，2009，41（6）：108－113.

[4] 高阳俊，赵振，孙从军．组合生态浮床在滇池入湖河流治理中的应用［J］．中国给水排水，2009，25（15）：46－48.

[5] 陈荷生，宋祥甫，邹国燕．利用生态浮床技术治理污染水体［J］．中国水利，2005，15（8）：50－53.

[6] 李英杰，胡社荣，李俊杰，等．生态浮床对河口水质的净化效果研究［J］．中国给水排水，2008，24（11）：60－63.

[7] 井艳文，胡秀琳，许志兰，等．利用生物浮床技术进行水体修复研究与示范［J］．北京水利，2003（6）：20.

[8] Stottmeister U，Bner A Wie，Kuschk P. Effects of plants and microorganisms in constructed wetlands for wastewater treatment. Biotechnology Advances，2003，22：93－117.

[9] 武琳慧，吴林林．人工浮床及其在污染水体治理中应用研究［J］．净水技术，2006，25（4）：8－9.

[10] 何成达．循环水流－浮床种植法处理生活污水的试验研究［J］．环境科学与技术，2004，27（6）：12－13.

[11] 李华，徐亚同．生态浮床在治理污染水体中的应用［J］．上海化工，2009，34（10）：4－6.

[12] 郑世华，郑仕远，卿立述．水培陶瓷浮床的研制及应用探索［J］．农村经济与科技，1999，10（7）：20－21.

[13] 刘淑媛，任久长，由文辉．利用人工基质无土栽培经济植物净化富营养化水体的研究［J］．北京大学学报（自然科学版），1999，35（4）：518－522.

[14] 王怡，彭党聪．珍珠岩生物载体开发研究［J］．化工矿物与加工，2005（12）：7－11.

[15] 黄伟来，李瑞霞，杨再福，等．城市河流水污染综合治理研究［J］．环境科学与技术，2006，29（10）：109－111.

[16] 刘冰，张光生，周青，等．城市环境污染的植物修复［J］．环境科学与技术，2005，28（1）：109－111.

[17] 曹勇，孙从军．生态浮床的结构设计［J］．环境科学与技术，2009，32（2）：121－123.

[18] 王世和．人工湿地污水处理理论与技术［M］．北京：科学出版社，2007.

[19] 罗固源，韩金奎，肖华，等．美人蕉和风车草人工浮床治理临江河［J］．水处理技术，2008，34（8）：

46 – 48.

［20］郑剑锋，罗固源，许晓毅，等．低温下生态浮床净化重污染河水的研究［J］．中国给水排水，2008，24（21）：17 – 20.

［21］周小平，徐晓峰，王建国，等．3 种植物浮床对冬季富营养化水体氮磷的去除效果研究［J］．中国生态农业学报，2007，15（4）：102 – 104.

［22］马庆，孙从军，陈德辉，等．滇池入湖河口生态浮床植物筛选研究［J］．生态科学，2007，26（6）：490 – 494.

［23］谭洪新．水栽培蔬菜对养鱼废水的水质净化效果［J］．上海水产大学学报，2001，10（4）：293 – 297.

［24］邴旭文，陈家长．浮床无土栽培植物控制池塘富营养化水质［J］．湛江海洋大学学报，2001，21（3）：29 – 34.

［25］Li M，Wu Y J，Yu Z L，et al. Nitrogen removal fromeutrophic water by floating – bed grownwater spinach（Ipomoea aquatica Forsk.）with ion implantation［J］. Water Research，2007，41：3152 – 3158.

［26］李梅，孙远奎，张见魁．生态浮床技术应用研究［J］．工业安全与环保，2010，36（1）：35 – 36.

［27］屠清瑛，章永泰，杨贤智．北京什刹海生态修复试验工程［J］．湖泊科学，2004，16（1）：61 – 67.

［28］Jin X C，Xu Q J，Yan C Z. Restoration scheme for macrophyte in a hypertrophic water body，Wuli Lake，China［J］. Lakes & Reservoirs：Research and Management，2006，11：21 – 27.

［29］唐静杰，周青．生态浮床在富营养化水体修复中的应用［J］．环境与可持续发展，2009，2：24 – 26.

［30］白雪梅，王增长．人工生态浮床处理污染水的应用现状及前景展望［J］．科技情报开发与经济，2008，18（35）：103 – 104.

猪场厌氧消化液的SBBR小试与中试处理研究

万金保[1,2]　何华燕[1]　邓香平[1]　吴永明[1,3]　顾　平[2]　张文燕[1]

（1. 南昌大学环境与化学工程学院　南昌　330031；2. 南昌大学鄱阳湖环境与资源利用教育部重点实验室　南昌　330047；3. 江西省科学院能源研究所　南昌　330029）

摘　要　采用IC+SBBR组合工艺对猪场废水进行处理，针对IC厌氧消化液的SBBR处理进行小试和中试探讨，试验结果表明：SBBR对各污染物的降解能力随时间都有不同程度的降低，需添加至少30%的未经厌氧消化的猪粪原水，才能保持SBBR的持续有效运行；添加原水后，COD去除率最高可提高到87.95%，氨氮去除率最高可提高到98.9%，且NO_2^--N占率从25%提高到50%，为短程硝化和反硝化创造良好条件。

关键词　猪场厌氧消化液　SBBR　小试与中试　短程硝化与反硝化

2007年和2008年鄱阳湖营养状况都为中营养，水质都为Ⅳ类，主要受总磷、总氮污染，但是营养状态指数则由2007年的45上升至49.4，富营养化趋势明显[1]。据第一次污染源普查，我国的主要污染源为农业污染源，其排放的COD占总量的43.7%，而畜禽养殖业又是农业污染源的主要贡献者，COD排放量占农业源的95.8%[2]。猪场废水属高浓度有机畜禽养殖废水，人们往往对其进行厌氧产甲烷以回收能源，然而众多研究者发现产甲烷后的厌氧消化液可生化性较差，好氧处理后出水无法满足《畜禽养殖业污染物排放标准》（GB 18596—2001）[3-5]。鄱阳湖生态经济区内万头养猪场数量众多，这对鄱阳湖的水质保护构成了严峻挑战。

SBBR是序批式生物膜反应器（Sequencing Biofilm Batch Reactor）的简称，又称膜法SBR（BABR），由德国的Gonzales和Wilderer在1990年最早提出[6]。它具有SBR工艺最成熟的可控制非稳态技术特征，适合于水质水量波动大，含特殊难降解、易挥发的有毒有机污染物及要求脱氮除磷的废水处理，是目前国内外正在研究、应用的一种污水生物处理新工艺[7,8]。

一、材料与方法

（一）厌氧消化液水质

小试采用南昌市某养猪场废水，每一星期取一次，取回的废水沉淀后经IC反应器处理得猪场废水厌氧消化液。中试工程则建于江西省九江市某万头养猪场，原水先后经栏渣池、预酸化调节池、IC反应器处理后得厌氧消化液，水质如表1所示。

表1　厌氧消化液水质

序号	项目	小试	中试
1	pH	7.2~8.6	7.27~7.95
2	COD（mg/L）	800~1000	230~1800
3	NH_4^+-N（mg/L）	400~1400	100~480
4	NO_3^--N（mg/L）	<0.1	<0.1
5	NO_2^--N（mg/L）	<0.1	<0.1

（二）小试与中试装置

小试装置由SBBR反应器、PLC自动控制系统、空气泵、转子流量计和微孔橡胶曝气头等组成。SBBR 反应器为有机玻璃制成的长方体（300mm × 200mm × 800mm），有效容积为 42L，反应器内填料为组合填料，其挂膜装填密度为 30%（见图 1）。

中试工程由 SBBR 反应池、触屏式 PLC 自控系统、鼓风机、曝气头等组成。SBBR 反应池为 6m × 3m × 5m 的方形钢混结构池，有效容积为 $75m^3$，池内壁涂有防渗材料，所挂填料为固定式填料，其挂膜装填密度约为 30%（见图 2）。

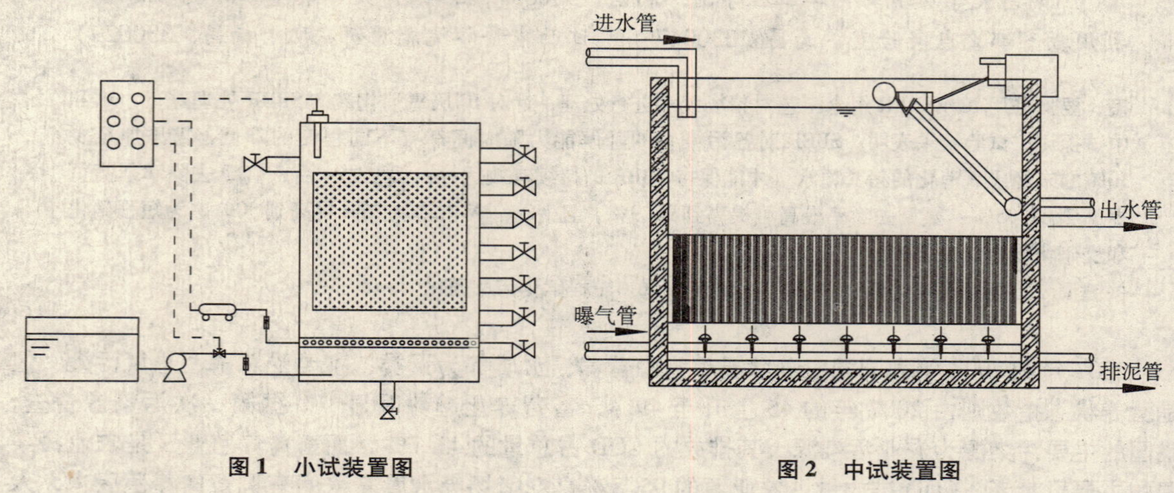

图 1　小试装置图　　　　图 2　中试装置图

（三）分析方法

COD：重铬酸钾消解测定法；NH_4^+ – N：纳氏试剂分光光度法；NO_3^- – N：酚二磺酸分光光度法；NO_2^- – N：N –（1 – 萘基）– 乙二胺二盐酸分光光度法；TN：过硫酸钾氧化 – 紫外分光光度法；pH：雷磁精密数显酸度计。

（四）挂膜与驯化

根据 SBBR 小试发现驯化的种污泥量越多，其适应期越短，驯化时间越短。因此中试工程接种大量来自南昌市朝阳污水处理厂二沉池的活性污泥，利用闷曝气加间歇曝气的方法来培养和驯化活性污泥进而达到挂膜效果。当活性污泥颜色渐渐稳定为黄褐色，生物膜由白色渐渐转淡黄色，经 30d 左右培养后可观察到外表面附着生长一层较薄的淡黄色生物膜，呈棉絮状时，说明驯化挂膜成功。

二、结果与讨论

（一）SBBR 对 COD 的去除效果对比分析

从图 3 可知，在小试的前 4 天，COD 去除率为 40% ~ 60%，出水 COD 浓度在 400 ~ 600mg/L 之间。随着试验的进行，出水 COD 浓度逐渐增加至 1000mg/L 左右，COD 去除率则降至 10% 左右；当进水 COD 浓度忽然降低时，去除率甚至为负数。这是由于厌氧消化液的可生化性较差，SBBR 反应器的 COD 降解能力也因此大大减弱，引起反应器内 COD 的积累，最终表现为出水浓度比进水高。

对比图 3 与图 4 可知，SBBR 中试前阶段厌氧消化液的水质波动更为剧烈，进水 COD 也远高于小试，但 COD 去除率却仍能维持在 40% ~ 60%。在中试后阶段，随着进水厌氧消化液的 COD 忽然降低并维持在 500mg/L 水平，SBBR 的 COD 去除率也随之迅速降至 10% 以下。

SBBR 中试与小试的 COD 去除率均随反应器的运行时间呈下降规律，表明若不采取其他措施，针对可生化性较差的厌氧消化液，不管是小试还是中试规模的 SBBR 直接处理的 COD 去除能力均较弱，严重时还会导致反应器异常。

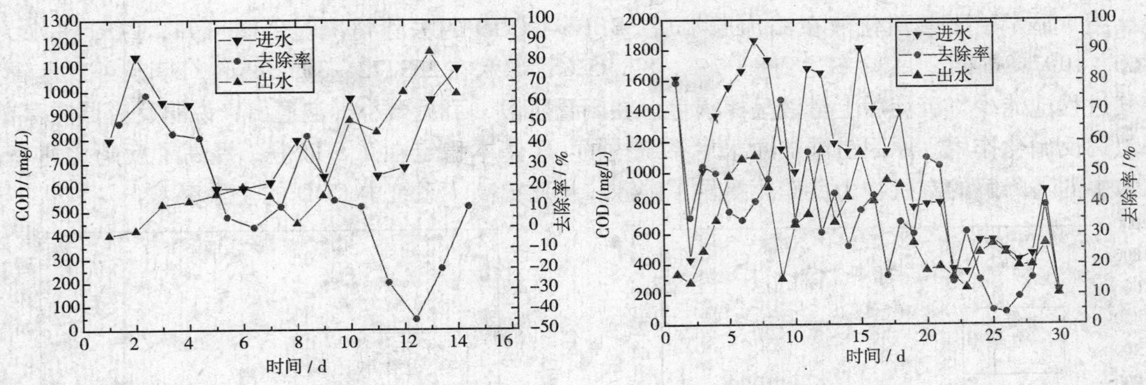

图 3 SBBR 小试对 COD 的去除效果图　　图 4 SBBR 中试对 COD 的去除效果

（二）SBBR 对氨氮的去除效果对比分析

从图 5 可知，小试 SBBR 直接处理厌氧消化液，由于系统内的微生物浓度比较高，有利于硝化菌成为优势菌种，对 NH_4^+ - N 的去除效果优于 COD，去除率基本上在 72.1% 以上，最高可达 95%。但氨氮去除率随时间呈一定程度的下降趋势，经分析，氨氮去除率下降的主要原因是硝化过程导致的 pH 下降至 6.0 以下，影响了微生物的生长代谢和基质的有效性，使得微生物的活性受到抑制，硝化反应不能正常运行。氨氮不能有效降解而不断累积，造成初始氨的浓度越来越高，而初始氨的浓度太高又会抑制硝化反应的进行，最终导致氨氮的去除率降低。

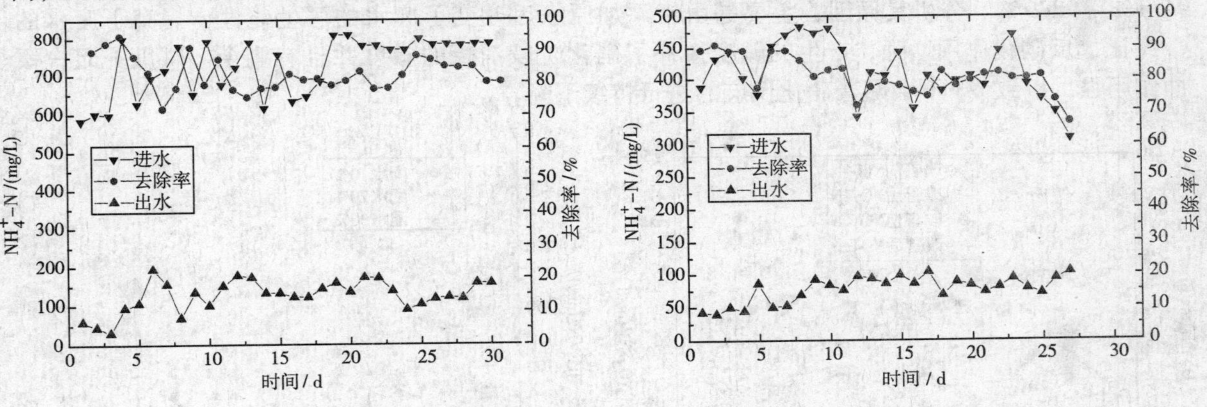

图 5 SBBR 小试对氨氮的去除效果　　图 6 SBBR 中试对氨氮的去除效果

由图 6 可知，中试 SBBR 直接处理厌氧消化液对氨氮的去除效果同样优于 COD，去除率基本保持在 80% 的水平，最高可达 90%。与小试相比，中试同样存在氨氮去除率整体随时间下降的趋势，在后期反应器出水并未对进水氨氮的降低作出响应，反应器中的 pH 也由初始的 8.74 一直下降至 5.95，此时的反应器已无法对氨氮进行有效的降解。

中试和小试 SBBR 直接处理厌氧消化液在氨氮的去除上均有良好表现，优于 COD。但氨氮去除率随反应器的运行时间呈不同程度的下降趋势，这是由于微生物无法利用低碳氮比的厌氧消化液在反应器中进行有效的反硝化作用去中和硝化过程产生的酸度，最终导致氨氮去除能力的下降。

（三）添加原水对厌氧消化液污染物去除的影响

在上述分析中可知，厌氧消化液的可生化性差和低碳氮比是制约 SBBR 持续高效处理厌氧消化液的一个瓶颈因素，可采取的措施有添加甲醇或面粉、增设回流、添加原水等。本课题对添加原水进行了试验探讨。

图7显示了厌氧消化液在添加原水后SBBR对COD的去除情况。由图可知，COD进水为1860～1997.8mg/L，去除率达到83.7%～87.95%，出水在233.72～305.85mg/L。从外观上看，曝气过程泡沫少，沉淀后上清液呈棕褐色。在闲置阶段，可见微小气泡逸出，说明反应器内存在强烈的反硝化作用。原因是添加原水后系统内的pH基本稳定在7.5以上，提高了反硝化速率，原水中的易降解的有机物为反硝化提供了碳源，从而提高了系统内COD的去除率。

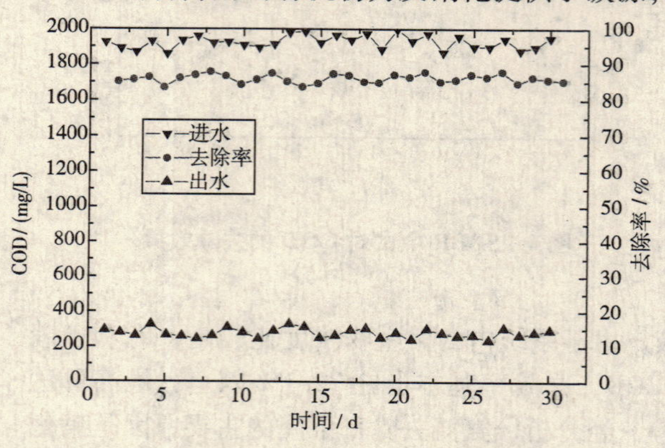

图7　添加原水后SBBR对COD的去除效果

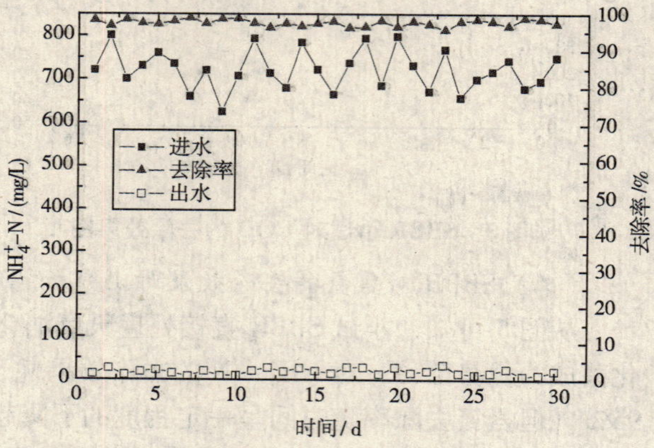

图8　添加原水后SBBR对氨氮的去除效果

添加原水后，SBBR对氨氮的去除效果见图8。氨氮的去除率得到了大幅度的提高，达到96.1%～98.9%。分析其原因，主要是由于添加原水后改变了废水的可生化性，提高了废水的C/N比，反硝化作用增强，产生的碱度弥补了硝化阶段消耗的碱度并且有剩余。碱度充足，缓冲作用强，以致pH不会随着硝化反应的进行持续下降。

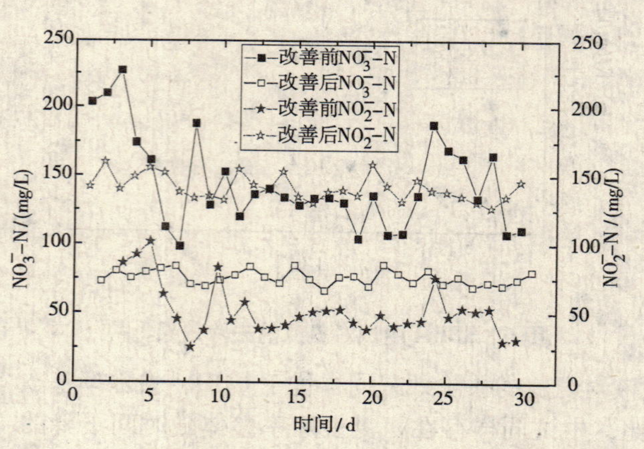

图9　添加原水后厌氧消化液氮素的转化情况

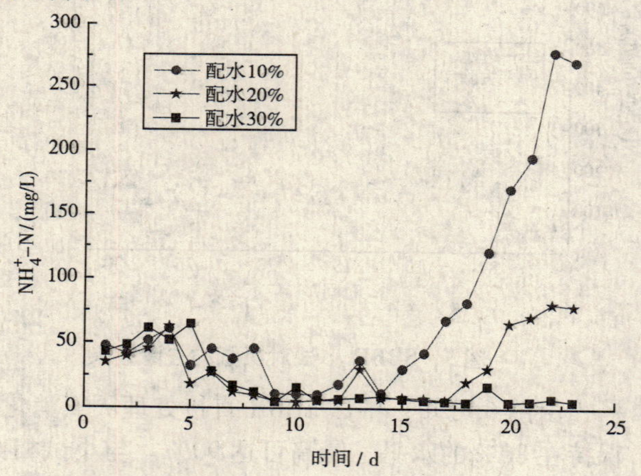

图10　不同配水对出水氨氮的影响

（四）添加原水对厌氧消化液中氮素转化的影响

从图9可以看出，改善前体系中，产生的硝态氮以NO_3^-－N为主，NO_2^-－N产生量（25.04mg/L）明显少于NO_3^-－N产生量（100.6mg/L），NO_2^-－N占硝态氮的比率仅为19.9%。添加原水后，厌氧消化液在硝化过程中氮形态变化存在明显差异，改善后体系中，NO_2^-－N和NO_3^-－N的产生量分别为126.5～160mg/L和66.3～85.44mg/L，NO_2^-－N占硝态氮比率为64.7%（大于50%），可以认为硝化反应以亚硝化为主，反应器内主要发生短程硝化和反硝化反应。亚硝化率较高的主要原因是pH在7.5～8.0之间，更适合亚硝酸菌的生长。

（五）配水比对SBBR反应器脱氮的影响

厌氧消化液添加原水后，出水氨氮的比未添加的去除率大大提高。而添加比例的大小也会影响出水氨氮的浓度。如图10所示，配水比例越大，出水氨氮的浓度越低，配水比为30%时出水氨氮浓度最低，对厌氧消化液的改善效果最佳。

在刚开始运行的一周内，配水对出水氨氮浓度影响较小，这是因为配水的原水存放时间长，可生化性的物质减少，反硝化效果可利用的碳源减少，从而使得反应器内的pH下降，抑制硝化反应的进行，最终导致出水氨氮增大。第8天开始采用新鲜的猪场废水来进行配比，配水10%的厌氧消化液，出水氨氮迅速升高，试验结束时达到270mg/L；配水20%的厌氧消化液，出水氨氮逐步降低，但到了后期，又慢慢增大，最后出水达到78mg/L；而配水30%的厌氧消化液对氨氮的去除比较好，出水氨氮越来越低，一般在10mg/L以下。

综上，在处理猪场废水厌氧消化液时，不仅需要添加未经厌氧消化的猪粪原水，还需要有足够的配水比例（大约30%）。因为配水比例高，提供的有机物就多，用于反硝化作用的有机碳也越多，反硝化作用就更强。同时维持体系适宜的pH环境从而进行亚硝化反应，提高氨氮和总氮的去除率也很重要，这能从根本上去除氨氮，而不是使氮在反应器里发生转移。

三、结　论

1. 猪场废水的厌氧消化液可生化性较差，碳氮比较低。不管是小试还是中试，SBBR直接处理厌氧消化液，随着反应器运行时间的推移其降解能力都有不同程度的降低，甚至瘫痪。

2. 添加原水能有效提高SBBR对厌氧消化液污染物的降解能力，COD去除率最高可提高到87.95%，氨氮去除率最高可提高到98.9%。

3. 添加原水为SBBR处理厌氧消化液提供更多基质并能改善其pH体系，使NO_2^-－N占率从25%提高到50%，为短程硝化和反硝化创造良好条件。

4. 原水与厌氧消化液的配水比越大，出水氨氮的浓度越低，配水比为30%时出水氨氮浓度最低，对厌氧消化液的改善效果最佳。

5. 在处理猪场废水厌氧消化液时，添加原水是一种能实现“以废治废”的良好途径，课题试验表明处理过程中不仅需要添加未经厌氧消化的猪粪原水，还需要有足够的配水比例（大约30%）才能取得效果。

参考文献

[1] 中华人民共和国环境保护部.2007和2008年中国环境状况公报.2008，2009.

[2] 中华人民共和国环境保护部，中华人民共和国国家统计局，中华人民共和国农业部.第一次全国污染源普查公报.2010，2.

[3] 杨虹，等.集约化养猪场冲栏水的达标处理［J］.上海交通大学学报，2000，34（4）：558－560.

[4] NgWG. Aerobic treatment of Piggery wastewater with the sequencing batch reactor［J］. BioWaste，1987，22：285－294.

[5] 邓良伟，等.猪场废水厌氧消化液后处理技术研究及工程应用［J］.农业工程学报，2002，18（3）：92－94.

[6] Gonzaless，Wilderer P A. Phosphate removal in a biofilm reactor［J］. Water Science Technology，1990，23（7－9）：1405－1416.

[7] 王亚宜，等.序批式生物膜技术（SBBR）的应用及其发展［J］.浙江工业大学学报，2006，34（2）：213－219.

[8] 赵丽珍，廖应祺.SBBR技术的研究及进展［J］.江苏理工大学学报，2001，22（3）：58－61.

[9] 王欢，李旭东，曾抗美.猪场废水厌氧氨氧化脱氮的短程硝化反硝化预处理研究［J］.环境科学，2009，30（1）：114－119.

[10] 郑平，徐向阳，胡宝兰.新型生物脱氮理论与技术［M］.北京：科学出版社，2004：115－116.

NiO－TiO_2 纳米纤维的制备和光催化行为研究

陈影声[1] 陈巧平[2] 谢鸿芳[2] 陈 震[1,2] 陈 强[1] 陈 晓[1] 郑 曦[1] 陈日耀[1]

（1. 福建师范大学化学与材料学院 福建 福州 350007；
2. 宁德师范学院化学系 宁德 352100）

摘 要 用 PVP/ Ti（OC_4H_{9n}）$_4$/ Ni（CH_3COO）$_2$ · $4H_2O$ 溶胶，以静电纺丝法制备了 Ti（OC_4H_{9n}）$_4$/ Ni（CH_3COO）$_2$ · $4H_2O$/PVP 的复合纳米纤维；用程序升温法，在 550 ℃下烧结 6h，制得了尺寸均一的 NiO－TiO_2 纳米纤维。采用 X 射线衍射（XRD）、扫描电子显微镜（SEM）、用红外吸收光谱（FT－IR）、热重（DTA－TG）等测试技术对复合纳米纤维的结构和性能进行表征，并研究了该催化剂在紫外光照射下对亚甲基蓝溶液的催化降解性能。结果表明 NiO－TiO_2 纳米纤维具有很好的光催化活性，而且该复合催化剂可以循环使用。

关键词 静电纺丝 纳米纤维 NiO TiO_2 光催化

前 言

染料废水具有水量大、种类更换频繁，水质成分复杂，含有大量不易生物降解或生物降解极为缓慢的有机质、染料色素以及有毒有害物质等特点，属难处理的工业废水[1]。传统的生物处理法、物化处理法、化学处理法、吸附法、萃取法均有不足之处，不能达到理想的降解效果。目前用金属半导体光催化氧化法处理染料废水，是一项极具发展前景的新技术[2]。TiO_2作为一种性能优良的光催化材料，在太阳的存储与利用、光电转换及光降解环境污染物等方面有着广泛的应用前景。但是，TiO_2 光催化剂带隙较宽（约 3.2eV），只能吸收波长的阈值小于 387nm 的紫外光，而太阳光中小于 410nm 的紫外光不到 5%，因此 TiO_2 存在对太阳光利用率不高及光生电子和空穴易在材料表面复合等问题，影响了 TiO_2 多相光催化反应的实用化进程[3,4]。金属氧化物与半导体复合是提高半导体光催化活性的有效途径[5]。NiO 是 p 型半导体材料，有较好的吸光能力，具有稳定而较宽的带隙。将 n 型半导体 TiO_2 和 p 型半导体 NiO 相结合后，在 p－n 结面中产生的内部电场使 p 型半导体 NiO 带有负电荷，而 n 型半导体 TiO_2 带有正电荷。当复合半导体在紫外光辐射下，所形成的光生电子将向 n 型半导体 TiO_2 区迁移，而光生空穴将向 p 型半导体 NiO 区迁移，有利于光生电子和空穴的分离，以提高光其光催化性能[6]。本文结合溶胶—凝胶工艺，采用静电纺丝法，以 PVP/ Ti（OC_4H_{9n}）$_4$/ Ni（CH_3COO）$_2$ · $4H_2O$ 溶胶制备了 NiO 掺杂的 TiO_2 纳米纤维，纤维经过烘干、烧结后制得了 NiO－TiO_2 纳米纤维。并以亚甲基蓝为模拟染料废水，研究了 NiO－TiO_2 纳米纤维的光催化性能。

一、实 验

（一）化学试剂和仪器

聚乙烯吡咯烷酮（PVP，M_w = 1300000），购自 Aldrich 公司，乙醇（AR），钛酸丁酯（Ti（OC_4H_{9n}）$_4$），中国医药上海化学试剂公司，冰醋酸（CH_3COOH），北京化学试剂公司，醋酸镍 Ni（CH_3COO）$_2$ · $4H_2O$，中国医药上海化学试剂公司。均为分析纯试剂，TiO_2 粉末（阿拉丁）。D/MAX－IIIA 型 X 射线衍射仪（日本 Rigaku 公司），Cu－Kα 为辐射源，λ 为 0.15418 nm，电压管 40 kV，管电流 40 mA，扫描速度 5°/min，JSM－6360LV 型扫描电子显微镜（日本），Nicolet Nexus 670 FTIR 红外光谱仪（美国），TGA－7（Perkin Elwer Co.）热重分析仪，UV755B 紫外可见分光光度计（上海精密仪器有限公司）。

（二）纳米纤维的制备

电纺丝设备是自制的，如图1所示，包括高压电源，针头，注射器和碳棒接收器。与传统的金属板接收装置不同，本文采用旋转的风扇作为接收装置中，以针尖为阳极，电场更为集中和均匀，纺制出的纤维形貌均一、缠绕紧密，力学性能更好。管内的溶胶用 N_2 为推动力，控制溶胶的流出速度。纺丝针头和高压电源相连，电压稳定在16kV，接受装置位于纺丝针头下10cm处。

在室温下，取PVP4.0g，搅拌至溶解成均一溶胶。然后将4ml钛酸丁酯和醋酸的混合溶液（体积比为1∶1）倒入PVP溶胶中，磁力搅拌，再加入醋酸镍0.025g，磁力搅拌12h，得到PVP/ Ti（OC_4H_{9n}）$_4$/Ni（CH_3COO）$_2$ 前驱体溶液。将制得的前驱体溶液加入到静电纺丝设备中，加上电压，就可以得到直径为300～700nm PVP/ Ti（OC_4H_{9n}）$_4$/Ni（CH_3COO）$_2$ 的复合纤维。纺出的纤维在空气中放置在100℃下干燥，然后在空气氛围中以5℃/min的升温速度烧结至550℃并保温6h，随后自然降至室温，即可得到NiO－TiO_2 纳米纤维。

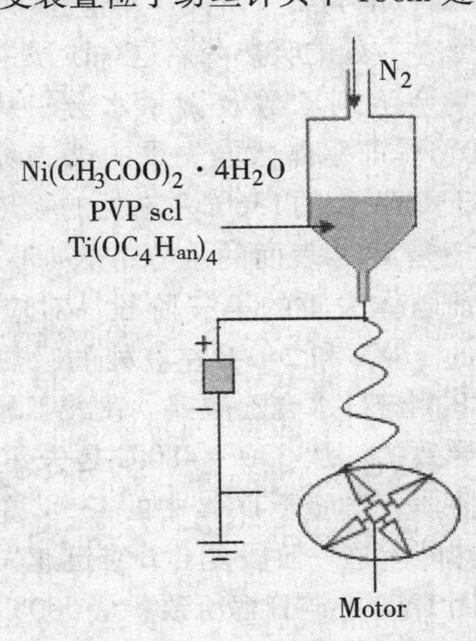

图1　静电纺丝装置示意图

在500ml的烧杯中加入1.0mg的光催化剂加入到100ml浓度为2.0mg/L的亚甲基蓝溶液中，溶液在搅拌的条件下用250W的高压汞灯（λ = 320～400 nm，λ_{max} = 365 nm）照射。在光照过程中每隔10min取样，降解效果以降解率 $D\%$ 表示：

$$D = [(A_0 - A)/A_0] \times 100\% \quad (1)$$

式中：A_0 为染料溶液最大吸收峰处的初始吸光度；A 为染料溶液最大吸收峰处的最终吸光度。

二、结果与讨论

（一）NiO－TiO_2 纳米纤维的形貌表征

图2是样品的扫描电子显微镜（SEM）图像。如图2（a）所示，样品在烧结前纤维的粗细比较均匀，表面光滑，彼此没有交连，分散性好，直径主要分布在300～500nm之间。复合纤维在550℃烧结并保温6h后，纤维的颜色由原来的白色变成灰白色。从图2（b）可以看出，纤维的直径明显变小。

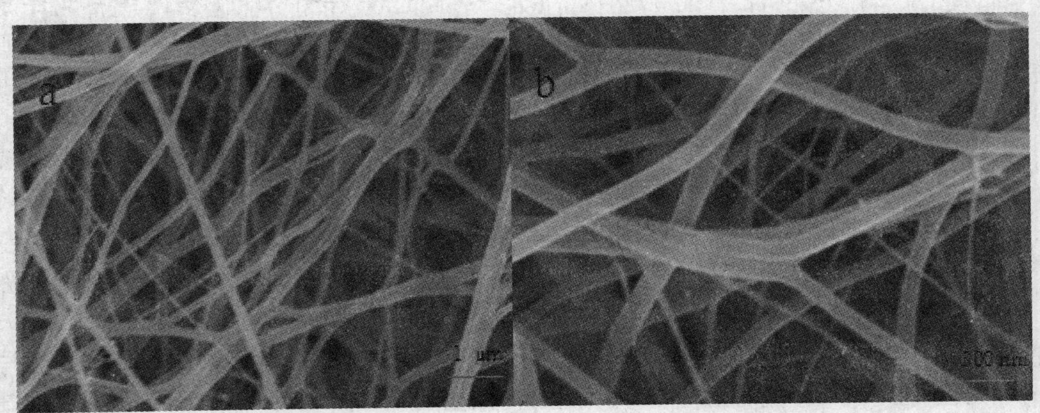

图2　纤维的扫描电子显微镜（SEM）照片

（二）$NiO-TiO_2$ 纳米纤维的热重分析

图 3 中的 TG 结果表明，PVP/ Ti（OC_4H_{9n}）$_4$/Ni（CH_3COO）$_2$ 复合纤维无纺布的热重变化大体上可分为 4 个阶段。DTA 曲线上也可以看到有 5 个比较明显的吸热峰，温度在 100℃以前为第一阶段。对应于 DTA 中的 78℃左右处的吸热峰。这一阶段主要是脱除剩余溶剂乙醇及微量水分；从 100 ~ 150℃是前躯体微弱失重的第二阶段，对应于 DTA 中的 136℃左右处的吸热峰。主要还是 PVP 表面的水分；从 150 ~ 270℃是前躯体失重的第三阶段，对应于 DTA 中的 170℃和 240℃左右处的吸热峰，是 PVP 侧链，水合乙酸镍、钛酸丁酯的分解所导致的。从 330 ~ 480℃是失重的第四个阶段，对应于 DTA 中的 435℃左右处的吸热峰。这一阶段复合纤维迅速失重，这是因 PVP 主链分解所致。从 500℃开始前躯体重量基本保持不变，说明其中的有机成分已经基本燃烧分解完毕，试样已经完全转化成 $NiO-TiO_2$ 了，温度的继续升高可能会引起 $NiO-TiO_2$ 纳米微粒结构的转变，不会再导致质量的变化。差热、热重分析结果一致。

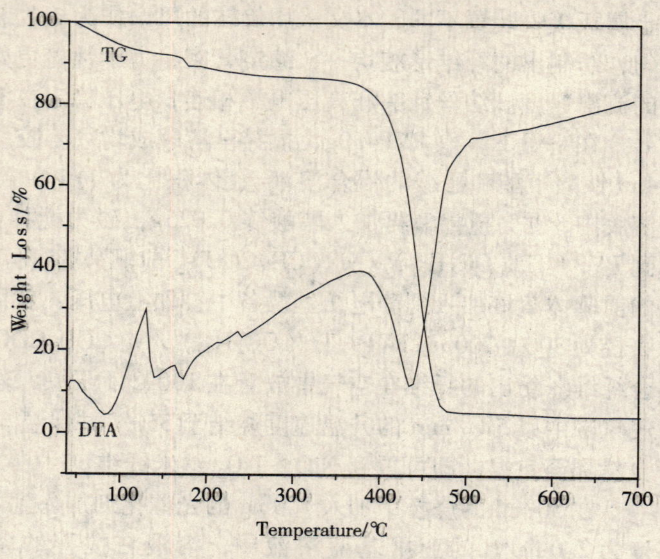

图 3　纳米纤维的热重图

（三）$NiO-TiO_2$ 纳米纤维的红外光谱分析

图 4 是 PVP/TiO_2-Ni（CH_3COO）$_2$ 复合纤维在 550℃温度下煅烧产物的红外谱图。PVP 亲水性大，如图 4a 所示，PVP/TiO_2-Ni（CH_3COO）$_2$ 复合纤维红外谱图在 3450/cm 处出现了明显的羟基吸收峰。2930/cm、1615/cm、1546/cm、1450/cm、1332/cm、1096/cm、841/cm、665/cm 和 615/cm 出现的吸收峰应归属于焙烧前复合纤维 C－H，C－C，C＝C 及 O－H 键的吸收，当 PVP/TiO_2 复合纤维煅烧至 550℃时，PVP 的谱峰特征谱已经减弱或基本消失，如图 4b 所示，同时在 545/cm 和 702/cm 左右处出现两个新峰，应为 TiO_2 中 Ti－O 键的特征峰，说明煅烧产物为 TiO_2 固体氧化物。当 PVP/TiO_2-Ni（CH_3COO）$_2$ 复合纤维煅烧到 550℃时，如图 4c 所示，PVP/ TiO_2-Ni（CH_3COO）$_2$ 的峰减弱或基本消失，与 TiO_2（图 4b）相比，在 447/cm 左右出现 Ni－O 键的特征振动峰，同时在 833/cm 作用处出现新的吸收峰，归属于 Ti－O－Ni 键的伸缩振动[7]，说明了两半导体之间发生了键连作用，得到了较好的复合效果，得到了 TiO_2/NiO 复合氧化物。

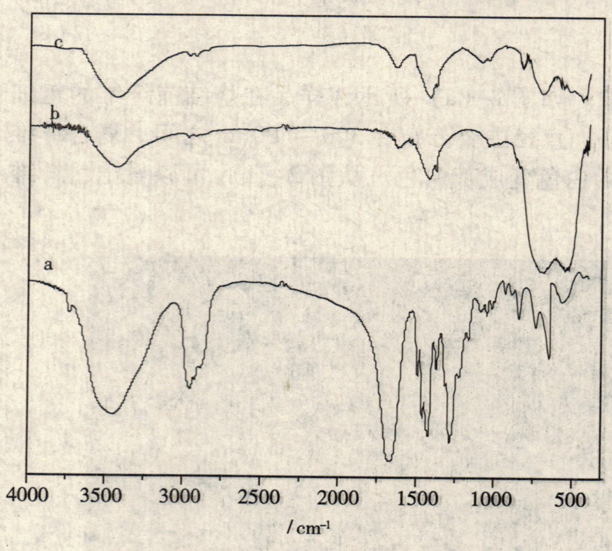

图 4　纳米纤维的红外图谱

（四）$NiO-TiO_2$ 纳米纤维的 XRD 衍射图谱分析

图 5 是所制得的复合纤维在 550℃下的 XRD 衍射图谱。从图 5 中可以看出，在 $2\theta=25.48°$、38.11°、54.39°出现了锐钛矿 TiO_2 特征衍射峰，在 $2\theta=38.28°$、62.93°处出现了较弱的 NiO 特征衍射峰。在 $2\theta=33.00°$处出现了较弱的 NiO、TiO_2 的特征衍射峰，说明 $NiO-TiO_2$ 纳米复合纤维在 NiO 和 TiO_2 的交界面上有一定的作用，形成了复合氧化物，说明半导体的结合面中形成 p－n 结。

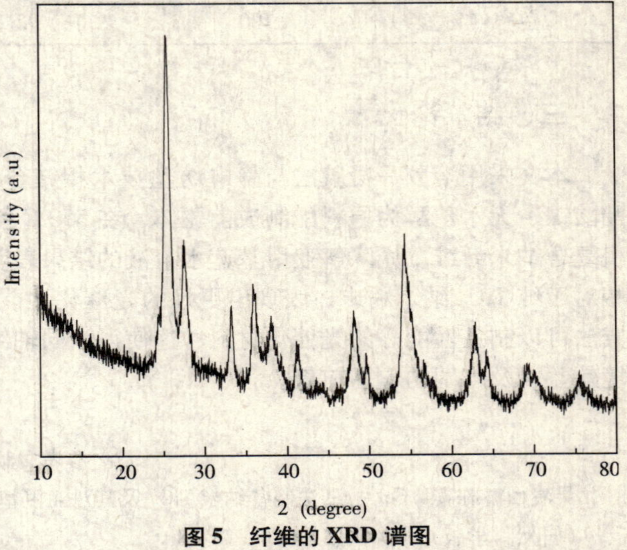

图 5　纤维的 XRD 谱图

（五）光催化性能测试和机理研究

图 6 给出了在光催化降解过程中亚甲基蓝水溶液的吸收光谱随光照时间的变化情况。由图可知在整个吸收光谱范围内亚甲基蓝水溶液的吸光度也是随光照时间的增加逐渐降低。20min 亚甲基蓝水溶液的降解率已经接近 98%，插图中 TiO_2 在 20min 时降解率只有 50% 左右，说明 550℃下煅烧纳米复合氧化物 TiO_2-NiO 具有较好的光催化性能。

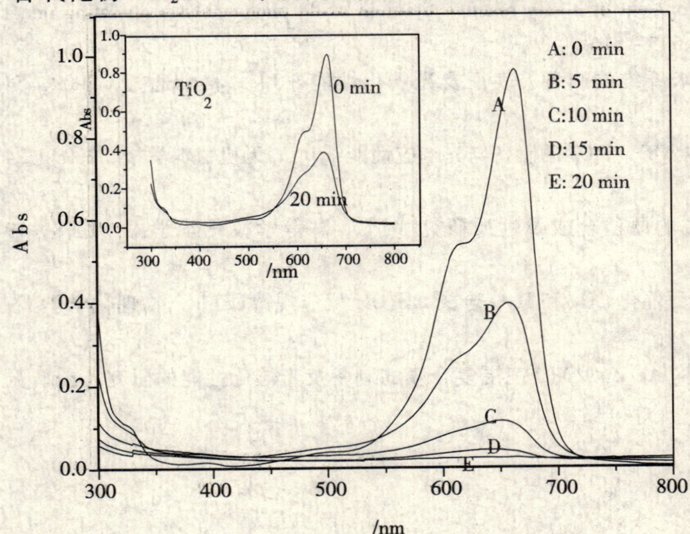

图 6　纳米纤维光催化降解亚甲基蓝水溶液的 UV 图

（插图：TiO_2 纤维光催化降解图）

$NiO-TiO_2$ 同轴纳米纤维表现出较好的光催化活性，一方面，NiO 和 TiO_2 均对紫外光具有较好的吸光性，而且该类材料具有一维纳米材料的特性，具有较大的比表面积和小孔特性无疑有利于提高该纳米材料的光催化活性，使 TiO_2 表面的活化中心增加，因此能够对亚甲基蓝溶液进行有效的吸附活化作用，使降解反应更易于进行；另一方面，在光照条件下，复合纳米纤维中，n 型半导体 TiO_2 和 p 型半导体 NiO 在结合面形成 p－n 结。氧化镍导带中的光生电子是强的还原剂，而被激发的壳层 TiO_2 中的空穴则是强的氧化剂，TiO_2 导带中的电子和核层氧化镍价带中的空穴在 p－n 结处湮灭[8]。TiO_2-NiO 的复合效应改变了原来单一 TiO_2 的能带结构，使光生电子和空穴两种载流子发生重分布，减小了两者的复合几率，从而提高了对有机物的光催化降解速度。

（六）$NiO-TiO_2$ 纳米纤维光催化剂的回收利用

该催化剂经过水洗、醇洗、干燥和真空焙烧之后，可以实现催化剂的重复利用。表 1 是 $NiO-TiO_2$ 纳米纤维光催化剂经过几次循环之后的对亚甲基蓝溶液的降解情况。可见在 3 次催化循环过程中，该催化剂的催化性能只是依然能保持 89% 以上。说明 $NiO-TiO_2$ 纳米纤维在光催化过程中，其光催化性能表现出很好的重复稳定性，因此具有重要的实用意义。

表 1　$NiO - TiO_2$ 纳米纤维重复利用降解效果

使用次数	1	2	3	4
脱色率（%）	100	92.3	90.5	89.1

三、结　论

本文采用溶胶—凝胶法与静电纺丝技术相结合，以聚乙烯吡咯烷酮（PVP）、钛酸正丁酯、醋酸镍、无水乙醇为原料配制成前驱体，在550℃条件下烧结，制备了尺寸均一的 $NiO - TiO_2$ 无机复合纳米纤维。光降解亚甲基蓝水溶液的结果表明在550℃下煅烧得到的该无机复合纳米纤维相对于纯 TiO_2 纳米粉末，表现出更好的光催化性能，而且具有很好的重复使用性。这说明用该方法可以制备性能好的光催化材料，这使得该同轴纳米复合纤维催化剂具有更大的经济效益、环境效益以及广阔的应用前景。

参考文献

[1] 吴春山，陈震．Sol - gel 法制备纳米 TiO_2 及其对亚甲基蓝染料光催化降解的研究［J］．福建师范大学学报（自然科学版），2005，21（1），75 - 80.

[2] 娄向东，楚门飞，安娜，等．氧化镍光催化降解蒽醌染料废水［J］．水资源保护，2008，24（1），55 - 58.

[3] Anpo M，Takeuchi M. The design and development of highly reactive titanium oxide photocatalysts operating under visible light irradiation. J Catal，2003，216：505 - 516.

[4] 桑蓉栎，崔志敏，王琳，等．NiO/TiO_2 纳米纤维的制备、表征及光催化性能［J］．科学通报，2009，54（10）：1424 - 1428.

[5] 王希涛，贺忠，钟顺和．介孔复合半导体 $NiO - TiO_2$ 的制备与光响应性能［J］．无机材料学报，2009，24（2）：215 - 220.

[6] 郝恩才，孙铁鹏．CdS/TiO_2 复合纳米微粒的原位合成及性质研究［J］．高等学校化学学报，1998，19（8）：1191 - 1194.

[7] 陈崧哲，钟顺和．$Cu/TiO_2 - NiO$ 上光促表面催化 CO_2 和 H_2O 合成 CH_3OH 反应规律［J］．物理化学学报，2002，18（12）：1099 - 1103.

[8] 邵启伟，董鹏飞，施利毅，等．微电极结构 Ag/ZnO/NiO 三层复合膜的制备及光催化性能的研究［J］．无机化学学报，2009，5（5）：60 - 864.

活性炭激活过硫酸盐水处理技术：操作方式的影响

杨世迎[1,2]　杨　鑫[2]　邵雪停[2]　张文义[2]　王雷雷[2]

（1. 海洋环境与生态教育部重点实验室　青岛市松岭路238号　266100；
2. 中国海洋大学环境科学与工程学院　青岛市松岭路238号　266100）

摘　要　过硫酸盐（Persulfate，PS）活化技术是基于硫酸根自由基（SO_4^-）的一种新型高级氧化技术。用颗粒状活性炭（AC）在常温常压下直接非均相催化活化PS来降解水中难生化有机污染物偶氮染料AO7，并在此基础上对AC在不同操作方式下的降解效果进行了比较。结果发现，活性炭激活PS能使AO7得到有效的降解，不同操作方式有不同的降解效果，有机物在活性炭表面的吸附对于氧化过程具有明显的抑制作用。

关键词　过硫酸盐　活性炭　非均相催化　操作方式　有机污染物降解

基于硫酸根自由基SO_4^-的过硫酸盐（PS）活化技术可氧化去除难降解有机污染物，是一类新型的高级氧化技术[1,2]。虽然PS在水中电离产生$S_2O_8^{2-}$的标准氧化还原电位（$E^0=2.01V/NHE$[3]）接近于臭氧（$E^0=2.07V/NHE$），但PS比较稳定，在常温下反应速率较慢，对有机物的降解效果不明显。在光、热、过渡金属离子（Fe^{2+}等）等条件下，$S_2O_8^{2-}$可活化分解为SO_4^-[4]（$E^0=2.5\sim3.1V/NHE$[5]），接近于甚至超过氧化性极强的羟基自由基（HO·，$E^0=1.8\sim2.7V/NHE$[6]），理论上可降解大部分有机污染物。

活性炭（AC）是一种良好的吸附剂[7,8]，也可用作催化剂载体和催化剂[8,9]。AC作为催化剂可与各种氧化剂联用，如H_2O_2[10-12]、Fenton试剂[13-17]、O_3[18-20]等。利用AC的催化分解能力，上述氧化剂在其表面分解产生具有很强氧化能力的原子态氧或HO·，这些强氧化物种可分解水中的有机污染物。

国内外已有学者利用AC和过氧化氢（H_2O_2）联合体系降解环境中的有机污染物[10-12,21]。该技术在常温常压下自发进行，反应条件温和，操作简单，无需外加能量，成本低，无金属离子等有害物质引入，无二次污染，无污泥产生，对难生化降解有机物具有良好的降解效果，是一类极具发展潜力的水处理技术。PS与H_2O_2结构上相似，比H_2O_2稳定，副反应少[22]，PS与AC的结合也具有很大的吸引力。因为AC催化过氧化物能够产生强氧化性活性自由基[22]，也归属于高级氧化技术范畴[23]。本文在验证AC催化PS降解水中AO7的基础上，对AC在不同操作方式下的催化效果进行了比较。

一、材料与方法

（一）实验试剂

过硫酸钠（$Na_2S_2O_8$），金橙Ⅱ（Acid Orange7，AO7），盐酸（HCl）购于上海化学试剂公司。商品活性炭购于山西新华化工厂。

（二）AC的性质和预处理

圆柱状商品煤质活性炭（AC），直径1.5mm，长度4mm，比表面积900m^2/g，强度95kPa。AC使用前先用10%的盐酸清洗浸泡，以除去AC表面杂质，再用去离子水反复清洗以除去表面的盐酸，在105℃烘箱中烘24h备用，记为AC_0。将AC_0投放到盛有250ml 20mg/L的AO7溶液的锥形瓶中，振荡足够长时间，至AO7溶液吸光度不再变化为止，过滤后得到饱和AC，将制备的饱和 AC 在105℃烘箱中烘 24h 备用，记为 S－AC。

（三）实验操作

本研究选用偶氮染料金橙Ⅱ（AO7）为模型污染物。向盛有 250ml 20mg/L 的 AO7 溶液的锥形瓶中加入一定量的 $Na_2S_2O_8$，对于需要加入 AC 的实验，再向锥形瓶中加入一定量的 AC，将锥形瓶于常压、20℃条件下振荡，在规定时间迅速取样 4ml，经过滤预处理后，进行分析测试。

（四）分析方法

用 UNICO2100 分光光度计测定 AO7 最大吸收峰（N＝N 键，λ＝484nm），来表征溶液的褪色效果。

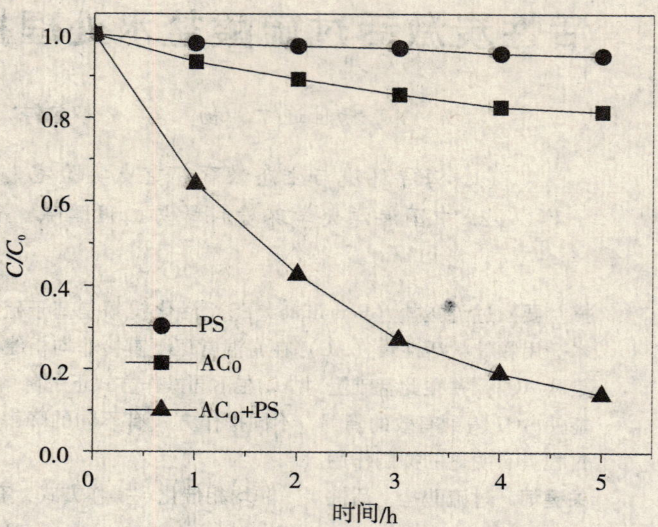

图1　AC 催化 PS 对 AO7 的降解

二、结果与讨论

（一）AC 催化 PS 降解 AO7

图1为 AC 的投加量为 1g/L，PS 与 AO7 的摩尔比为 100∶1 情况下 AC 催化 PS 对 AO7 溶液的褪色率。可以看出，在 AC 存在情况下，PS 可以降解 AO7。AC 与 PS 联合在 5h 内对 AO7 的褪色率超过 80%，明显优于只有 AC 吸附（对 AO7 褪色率约 20%）和只有 PS 氧化（对 AO7 褪色率约 5%）的情况。

（二）AC 预吸附对氧化过程的影响

不同于图1中的操作方式，图2为 AC 预先吸附 2h 后再向反应体系中加入 PS。通过两种操作方式的比较可以看出，AC 预吸附对氧化反应有一定的抑制作用。预吸附实验中，加入 PS 后反应的 3h 内 AC/PS 体系对 AO7 溶液的褪色率不足 50%，明显少于没有预吸附操作方式（3h 内 AC/PS 体系对 AO7 溶液的褪色率为 70%～80%）。

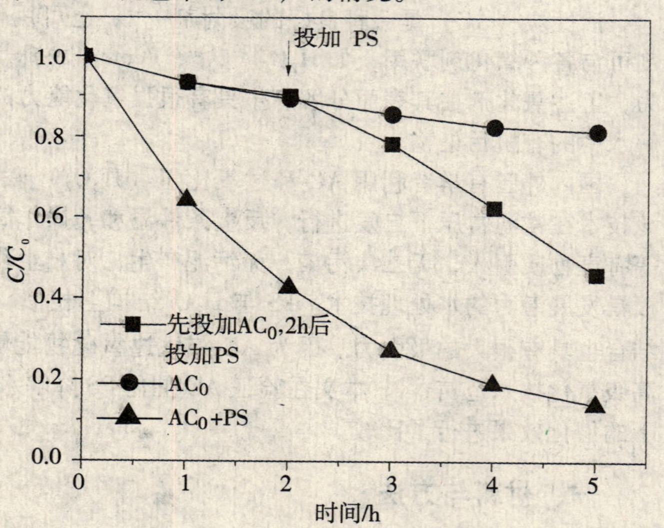

图2　AC 预吸附对氧化过程的影响

（三）饱和 AC 催化 PS 降解 AO7

图3为 S－AC 和 AC_0 催化 PS 对 AO7 溶液处理效果的比较。很明显，S－AC 催化 PS 对 AO7 溶液的褪色率明显低于 AC_0 催化 PS 的情况，这与先投加 AC 再投加 PS 操作方式的结果相同。AC_0 与 S－AC 催化 PS 降解 AO7 均符合一级反应动力学公式，前者反应动力学常数大于后者。

（四）三种操作方式比较

AC 和 PS 同时投加，AC 先充分饱和后再和 PS 同时投加，AC 先投加 PS 后投加，三种操作方式不同之处在于催化 PS 的催化剂（AC）的表面性质不同，前两者 AC 表面都吸附了有机物分子。因此，三种操作方式对处理效果的影响就归结为吸附对于 AC/PS 氧化过程的影响。

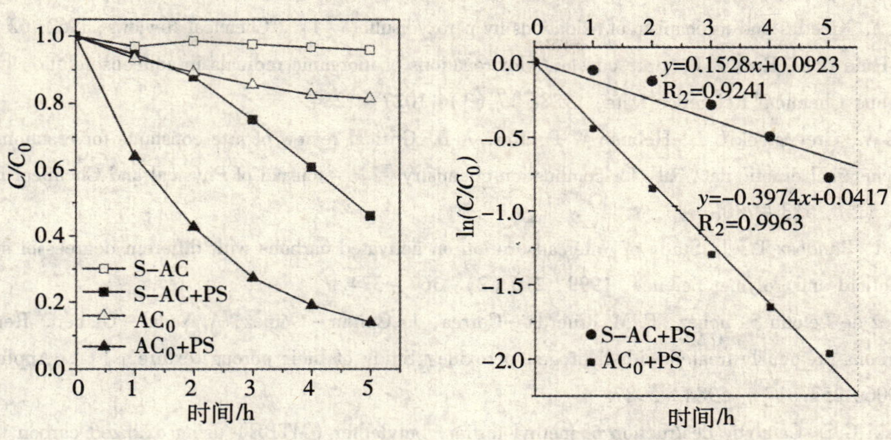

图3　S－AC 催化 PS 与 AC_0 催化 PS 对 AO7 溶液的处理效果比较

Huang[11]等人在 AC 催化 H_2O_2 降解 4－氯酚的研究中指出，AC 催化无机过氧化物降解有机物的步骤为：

$$H_2O_2 \xrightarrow{k_1,\ surface} I \xrightarrow{k_2,\ surface} O_2 + H_2O$$

$$I + organics \xrightarrow{k_3,\ solution} Products$$ 其中 I 为中间产物（活性物种）

AC 非均相催化 PS 过程中，类似于 AC 催化 H_2O_2，也包含三个过程：氧化剂 PS 从溶液中扩散到催化剂 AC 表面，AC 催化 PS 产生活性物种，活性物种在溶液中或在 AC 表面发生反应。尽管活性物种在 AC 表面形成，接近于有机污染物质，但 AC 对污染物质的吸附作用抑制氧化过程[10]，原因：AC 对污染物质的吸附使氧化剂不能有效地进入充满有机物的孔径，并且其自身无法有效地到达吸附位点。Huang 等[11]比较了有无污染物质（4－CP）条件下 H_2O_2 的分解速度发现，有污染物质存在的情况下分解速度慢，原因就是污染物质占用了无机过氧化物的活性位点。因此，AC 对污染物质的吸附主要抑制的是氧化剂向催化剂表面的扩散和催化剂催化氧化剂产生活性物种这两个过程。虽然 AC 对有机物的吸附不利于 AC/PS 的氧化过程，但吸附饱和的 AC 同样可以催化 PS 降解 AO7，饱和 AC 催化 PS 体系在 5h 内对 AO7 溶液的褪色率也可达 50% 左右，也符合一级反应动力学规律，所以，AC 作为一种催化剂，当其自身吸附饱和的状态下也可催化氧化剂降解有机物，这为我们后续研究 AC/PS 体系中 AC 的重复使用和 AC/PS 体系的连续运行提供了有效的依据。

三、结　论

AC 可以在常温常压下催化 PS 降解偶氮染料水中 AO7，在 PS 与 AO7 初始摩尔比为 100∶1，AC 为 1g/L 的条件下，5h 内 20mg/LAO7 脱色率达 80.1%。AC 和 PS 同时投加降解 AO7 溶液的处理效果最好。有机物在活性炭表面的吸附对于氧化过程具有明显的抑制作用。

参考文献

[1] 陈晓旸．基于硫酸自由基的高级氧化技术降解水中典型有机污染物研究［D］．大连：大连理工大学博士毕业论文，2007.

[2] 杨世迎，陈友媛，胥慧真，等．过硫酸盐活化高级氧化新技术［J］．化学进展，2008，20（9）：1433－1438.

[3] LiangCJ，Bruell C J，Marley M C，Sperry K L. Thermally activated persulfate oxidation of trichloroethylene（TCE）and 1，1，1 － trichloroethane（TCA）in aqueous systems and soil slurries［J］．Soil and Sediment Contamination，

2003, 12 (2): 207 - 228.

[4] House D A. Kinetics and mechanism of oxidations by peroxydisulfate [J]. Chemical Reviews, 1962, 62 (3): 185 - 203.

[5] Neta P, Huie R E, Ross A B. Rate constants for reactions of inorganic radicals in aqueous solution [J]. Journal of Physical and Chemical Reference Data, 1988, 17 (3): 1027 - 1284.

[6] Buxton G V, Greenstock C L, Helman W P, Ross A B. Critical review of rate constants for reactions of hydrated electrons chemical dinetic data base for combustion chemistry [J]. Journal of Physical and Chemical Reference Data, 1988, 17 (2): 513 - 780.

[7] Salame I I, Bandosz T J J. Study of water adsorption on activated carbons with different degrees of surface oxidation [J]. Colloid and Polymer Science, 1999, 210 (2): 367 - 374.

[8] M. Lo'pez de Letona Sa'nchez, E. M. Cuerda - Correa, J. Gañán - Gómez, A. Nadal - Gisbert. Reparation of activated carbons previously treated with hydrogen peroxide: Study of their porous texture [J]. Applied Surface Science, 2006, 252 (17): 5984 - 5987.

[9] Szyman'ski G S. Catalytic destruction of methyl tertiary butylether (MTBE) using oxidized carbon [J]. Catalysis Today, 2008, 137 (2 - 4): 460 - 465.

[10] Georgi A, Kopinke F D. Interaction of adsorption and catalytic reactions in water decontamination processes Part Ⅰ. oxidation of organic contaminants with hydrogen peroxide catalyzed by activated carbon [J]. Applied Catalysis, B: Environmental, 2005, 58 (1 - 2): 9 - 18.

[11] Huang H H, Lu M C, Chen J N, Lee C T. Catalytic decomposition of hydrogen peroxide and 4 - chlorophenol in the presence of modified activated carbons [J]. Chemosphere, 2003, 51 (9): 935 - 943.

[12] Oliveira L C A, Silva C N, Yoshida M I, Lago R M. The effect of H_2 treatment on the activity of activated carbon for the oxidation of organic contaminants in water and the H_2O_2 decomposition [J]. Carbon, 2004, 42 (11): 2279 - 2284.

[13] 汤烜，李沪萍，罗康碧，等．活性炭 - Fenton 试剂联合处理头孢噻肟钠废水实验研究［J］．化工科技，2008，16（2）：10 - 12.

[14] 孙大贵，陶长元，刘作华，等．活性炭 - Fenton 组合法去除水中 PAEs 的研究［J］．环境科学，2007，28（2）：2734 - 2739.

[15] Toledo L C, Silva A C B, Augusti R, Lago R M. Application of Fenton' s reagent to regenerate activated carbon saturated with organochloro compounds [J]. Chemosphere, 2003, 50 (8): 1049 - 1054.

[16] Huling S G, Kan E, Wingo C. Fenton - driven regeneration of MTBE - spent granular activated carbon - Effects of particle size and iron amendment procedures [J]. Applied Catalysis, B: Environmental, 2009, 89 (3 - 4): 651 - 658.

[17] Huling S G, Jonesa P K, Ela W P, Arnold R G. Fenton - driven chemical regeneration of MTBE - spent GAC [J]. Water Research, 2005, 39 (10): 2145 - 2153.

[18] Faria P C C, Pereira M F R. Activated carbon and ceria catalysts applied to the catalytic ozonation of dyes and textile effluents [J]. Applied Catalysis, B: Environmental, 2009, 88 (3 - 4): 341 - 350.

[19] 隋铭皓，马军．臭氧/活性炭对硝基苯的去除效果研究［J］．中国给水排水，2001，17（10）：70 - 73.

[20] Faria P C C, Pereira M F R. Mineralisation of coloured aqueous solutions byozonation in the presence of activated carbon [J]. Water Research, 2005, 39 (8): 1461 - 1470.

[21] Kurniawan T A, Lo W H. Removal of refractory compounds from stabilized landfill leachate using an integrated H_2O_2 oxidation and granular activated carbon (GAC) adsorption treatment [J]. Water Research, 2009, 43 (16): 4079 - 4091.

[22] Masaru K, Ikuko M. Discovery of the activated - carbon radical AC^+ and the novel oxidation - reactions comprising the AC/AC^+ cycle as a catalyst in an aqueous solution [J]. Bulletin of the Chemical Society of Japan, 1994, 67 (9): 2357 - 2360.

[23] 杨鑫，杨世迎，邵雪停，等．活性炭催化过氧化物高级氧化技术降解水中有机污染物的研究进展［J］．化学进展，2010.

嗜（耐）盐微生物在榨菜废水处理中的应用研究

吴　敏　张　勇　郑　刚

（浙江大学生命科学学院嗜极微生物实验室　浙江　杭州　310058）

摘　要　榨菜废水具有盐度高、酸度大、有机污染物浓度高等特点，如果直接排放会对环境造成严重污染。以投加“酵母菌＋嗜（耐）盐菌”复合菌群的活性污泥法与MBR膜法相结合的工艺，在榨菜废水的处理过程中取得了很好的处理效果，当盐度为2%～5%，COD为5000～12000 mg/L时，COD去除率大于95%；示范工程运行稳定，废水处理成本约为5.6元/t。

关键词　榨菜废水　酵母菌　嗜（耐）盐菌　MBR　COD　示范工程

榨菜废水具有盐度高、酸度大、有机污染物浓度高等特点，如果不加处理直接排放，会对环境造成严重污染。如果不能解决榨菜废水的治理难题，就将影响榨菜产业的长远发展。

榨菜废水处理的难点在于如何建立起能适应高盐环境的微生物系统。目前，有两种构建高盐有机废水微生物系统的方法。一种是通过逐步增加废水盐度的方法对常规活性污泥进行驯化，以获得在高盐环境下具有较高活性的耐盐污泥，该方法的优点是活性污泥容易获得，缺点是驯化时间长、系统有机负荷低[1,2]。另一种是采用直接向废水中投加嗜（耐）盐菌的方法来构建能适应高盐环境的微生物系统，该方法的优点是系统有机负荷高、耐盐度波动冲击，缺点是嗜（耐）盐菌的获得不如常规活性污泥方便[3-5]。

榨菜废水处理的另一个问题如何降低废水pH调节的费用。榨菜废水中含有大量的有机酸，pH较低，会抑制大多数微生物的生长；而通过投加化学药剂调节pH的成本较高。Hang等人发现有些酵母菌在泡菜废水中生长良好，而且能在降低泡菜废水BOD的同时使废水由酸性变为弱碱性[6]。榨菜废水的盐度、酸度和有机物浓度都与泡菜废水接近，这预示着酵母菌也许能用于榨菜废水的pH调节。

本文的研究内容主要有三个方面：①筛选可用于处理调节榨菜废水pH的酵母菌；②以直接投加嗜（耐）盐菌的方式构建处理榨菜废水的微生物系统；③对榨菜废水实际工程中出现的问题进行分析、总结。

一、菌株筛选和耐盐微生物系统构建

（一）样品来源

用于筛选酵母菌的样品为某味精厂污水处理池活性污泥。用于构建嗜（耐）盐菌群的168株轻度/中度嗜（耐）盐菌为本实验室前期分离所得。

（二）实验用榨菜废水水质

实验所用榨菜废水来自浙江宁波某榨菜厂，其水质见表1。

表1　实验用榨菜废水水质

项目	盐度/%	pH	COD/（mg/L）	BOD/（mg/L）	NH_4^+-N/（mg/L）
数值	2～4	3.5～5.0	8000～15000	5000～9700	180～240

（三）小试实验装置

好氧装置和厌氧装置的有效容积均为4L，好氧装置采用空气泵经曝气砂头曝气，厌氧装置通过旋转搅拌器搅拌。图1为好氧处理小试装置示意图，图2为厌氧处理小试装置示意图。

（四）实验方法

1. 酵母菌的分离、筛选

分离液体培养基为已灭菌的榨菜废水原液（pH 4.6，盐浓度 3.5%），分离固体培养基为麦芽浸出粉培养基（1L 培养基中所含各组分的量为：干麦芽浸出粉 3g、干酵母粉 3 g、蛋白胨 5 g、葡萄糖 10 g，琼脂 20 g，pH 约 5.5）。

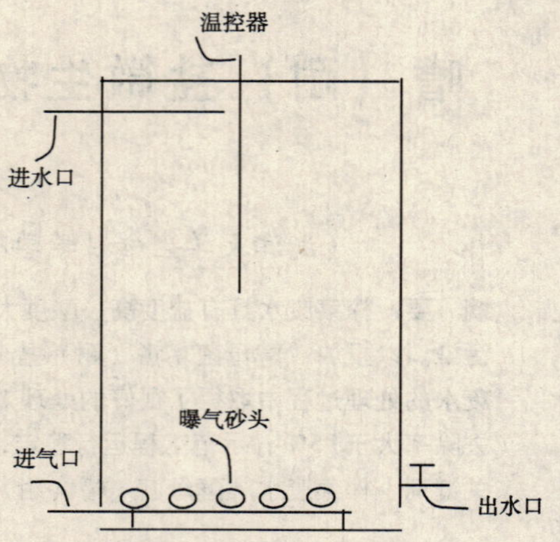

图 1　好氧处理小试装置示意图

将味精废水处理池活性污泥用榨菜废水培养基悬浮，取上清进行富集培养；用富集培养菌液涂布麦芽浸出粉培养基平板，27℃静置培养；待长出菌落后，挑单菌落并反复画线纯化菌株。将得到的单菌接种到已灭菌的榨菜废水中，27℃摇床培养 24 h；然后按照 10% 的接种量转接一次，27℃摇床培养 48 h。挑选能在榨菜废水中生长并能使榨菜废水 pH 在 48h 内上升至 7.0 以上的菌株进行镜检，对个体形态类似酵母菌的菌株进行 26S rRNA基因序列测定以确定其种属。

2. 嗜（耐）盐菌的筛选

用 NaOH 调节榨菜废水 pH 至 7.0，过滤后灭菌，用做筛选培养基。从实验室菌种库中选出 168 株轻度/中度嗜（耐）盐菌，活化后按照 2% 的接种量转接榨菜废水培养基中，27℃摇床培养；24h 后测定 OD_{260}，挑选 OD_{260} > 0.3 的菌株用于后续的榨菜废水处理实验。

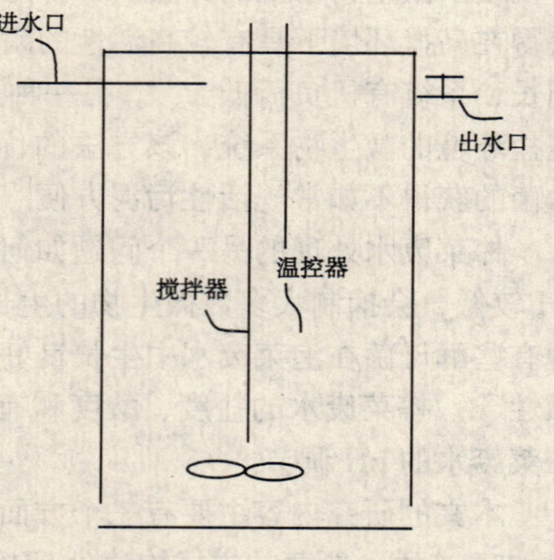

图 2　厌氧处理小试装置示意图

3. 酵母菌提升榨菜废水 pH 小试

将分离、筛选得到的酵母菌进行扩大培养，等比例混合后按照 10% 的接种量转接至好氧处理小试装置中，曝气培养，温度控制在 25 ~ 30℃之间，每隔 12h 测定一次 pH；废水 pH 升至 7 以后停止曝气，沉淀 3h，换掉 3/4 体积的废水；如此重复，直至污泥沉降比≥10%，完成污泥培养。污泥培养完成后，每隔 4h 测定一次废水的 COD 和 pH。

4. 嗜（耐）盐菌群好氧处理小试

将筛选得到的嗜（耐）盐菌进行扩大培养，等比例混合后按照 10% 的接种量转接至好氧处理小试装置中，榨菜废水 pH 预先调节至 7.0，曝气培养，温度控制在 25 ~ 30℃之间，每隔 24h 测定一次 COD；废水低于 1000mg/L 以后停止曝气，沉淀 3h，换掉 3/4 体积的废水；如此重复，直至污泥沉降比≥10%，完成污泥培养。污泥培养完成后，每隔 3h 测定一次废水的 COD。

5. 嗜（耐）盐菌群厌氧处理小试

将好氧处理装置中的多余污泥按照 20% 的接种量转接至厌氧处理小试装置中，榨菜废水 pH 预先调节至 7.0，静置，温度控制在 25 ~ 30℃之间，每隔 2h 调节一次 pH，使废水 pH 保持在 6.5 ~ 7.5；等污泥变黑后，启动搅拌器缓慢搅拌。每隔 12h 测定一次废水的 COD。

（五）结果

1. 酵母菌的分离

共筛选到了 4 株在摇床培养条件下可在 48h 将榨菜废水 pH 由 4.6 提升至 7.0 以上的酵母菌，经 26S rRNA 基因序列比对，发现其中 2 株是假丝酵母菌属下的 *Candida rugosa* 种（$ZC46_A$、

$ZC46_B$），2 株是假丝酵母菌属下的 *Candida thaimueangensis* 种（B70、G70）。

2. 嗜（耐）盐菌的筛选

通过测定摇床培养 24h 后的 OD_{260}，共筛选到了 19 株符合要求的嗜（耐）盐菌，其中 10 株属于 *Halomonas* 属，见表2。

表2　筛选得到的嗜（耐）盐菌

种属名	菌株编号
Halomonas alimentaria	ZC_b、ZC_f、ZC_h
Halomonas campaniensis	ZC_e、ZC_i
Halomonas venusta	ZC_D、ZC_E、ZC_F、ZC_H、ZC_I
Bacillus flexus	ZC_{II}、ZC_{III}、ZC_{IV}
Marinobacter segnegenens	ZC_d、ZC_g
Rhodococcus	ZC_A
Pseudaminobacter	ZC_a
Alcanivorax	ZC_c
Roseobacter	ZC_K

3. 酵母菌处理榨菜废水效果

在温度为 25～30℃，连续曝气的情况下，酵母菌可在 16 h 内使榨菜废水 pH 上升至 7.0 以上，且具有较好的 COD 去除效果。当废水 pH 为 5～6 时，酵母菌活性最高，pH 上升迅速；当废水 pH 低于4 或 pH 高于 7.5 时，酵母菌活性降低，pH 上升缓慢。COD 下降趋势与 pH 变化趋势基本一致。图3 为某次换水后测得的榨菜废水的 pH 和 COD 变化曲线。

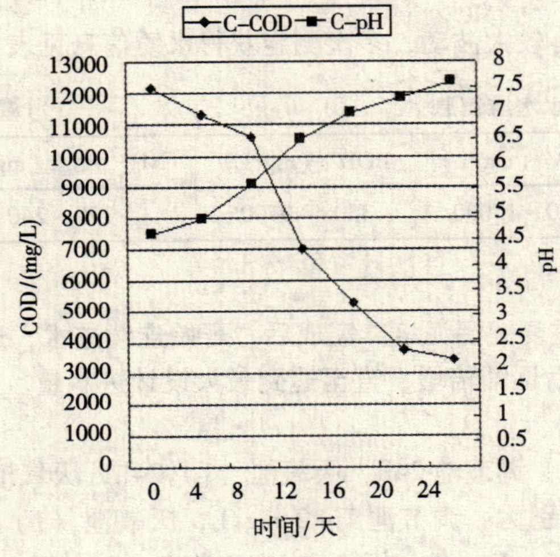

图3　酵母菌处理的榨菜废水 pH/COD 变化曲线

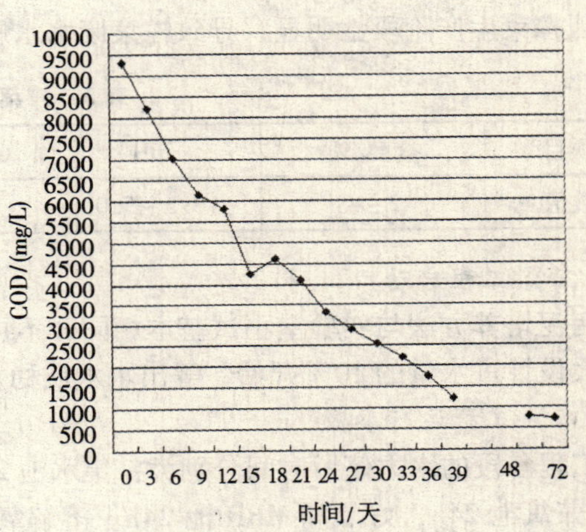

图4　嗜(耐)盐菌处理的榨菜废水 COD 变化曲线

4. 嗜（耐）盐菌群好氧处理效果

在温度为 25～30℃，连续曝气的情况下，好氧处理可在 48h 内取得 90% 以上的 COD 去除率，但之后 COD 去除速率变缓；当进水 COD 在 6000～15000 mg/L 波动时，其出水 COD 为200～500 mg/L。即使延长处理时间，也不能使榨菜废水 COD 降至 200 mg/L 以下。图4 为某次换水后测得的榨菜废水 COD 变化曲线。

5. 嗜（耐）盐菌群厌氧处理效果

实验结果表明厌氧处理的 COD 去除速率较慢，当温度维持在 25～30℃，厌氧处理通常需要 3 天时间才能取得 60% 左右的 COD 去除效果。在榨菜废水的厌氧处理过程中会产生较多可燃性气体，实验测定，当榨菜废水原液 COD 为 6000 mg/L 时，每升污水累计产气大于 400ml（常压）。

二、工程实际应用

在实验室小试取得非常良好效果的情况下，本实验室与浙江宁波某榨菜企业合作建设了一座榨菜废水处理工程，以期通过对工程现场数据的积累、分析，发现嗜（耐）盐菌在处理榨菜废水的实际应用中可能存在的问题，为嗜（耐）盐菌处理榨菜废水技术的推广奠定基础。

（一）工程概况

该工程 2007 年初开工建设。根据实验室小试结果，结合高盐废水在实际处理中污泥易流失的特点，选择了将传统活性污泥法和 MBR 膜法相结合的处理工艺，工艺流程如下所示：

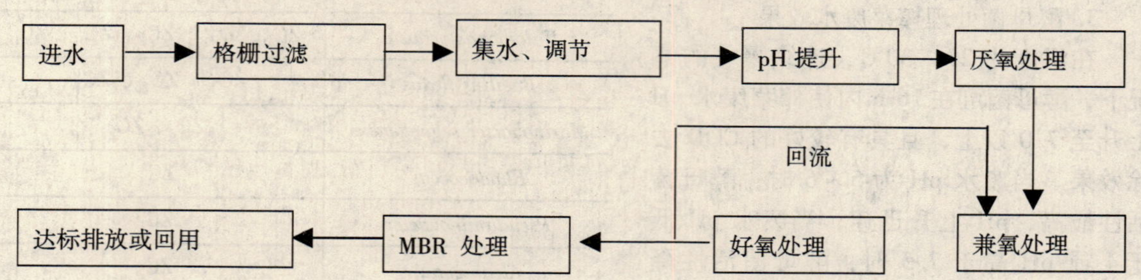

工程设计废水处理能力为 25 m^3/d，工程主体建筑包括：格栅 1 个，集水池 1 座，调节池 1 座，厌氧池 2 座，兼氧池 1 座，好氧 &MBR 池 1 座。

（二）废水水质

因榨菜生产阶段性明显，导致榨菜废水水质有较大波动，多次测定获得水质信息见表 3。

表 3　榨菜废水水质信息

项目	盐度/%	pH	COD/（mg/L）	BOD/（mg/L）	NH_4^+ − N/（mg/L）
数值	2 ~ 4	3.5 ~ 5.0	6000 ~ 15000	3500 ~ 9700	120 ~ 240

（三）工程启动

污泥培养方法与实验室小试基本相同，不再重复。污泥培养完成后，开始连续进水，进水量从最大设计进水量的 10% 开始，等出水水质稳定后逐渐倍增，直至达到最大设计进水量。

（四）工程运行参数

工程各段的水力停留时间分别为：集水池 24h，调节池 24h，厌氧池（1）24h，厌氧池（2）24h，兼氧池 24h，好氧和 MBR 池 24h。溶解氧分别为：调节池 1 ~ 2 mg/L，厌氧池（1）0.2 ~ 0.5mg/L，厌氧池（2）0.2 ~ 0.5mg/L，兼氧池 0.5 ~ 1mg/L，好氧和 MBR 池 2 ~ 4 mg/L。

（五）工程运行情况

调节池从启动到稳定运行历经 20 天，好氧池从启动到稳定运行历经 60 天，兼氧池启动到稳定运行历经 80 天，厌氧池启动 130 天后系统稳定，整个工程开始稳定运行。工程实际废水处理量约为 10 m^3/d，工程日常运行情况良好；夏季温度高时，系统处理效率较高；冬季温度低时，系统处理效率降低，但仍能正常运行。出水 COD 为 200 ~ 400 mg/L，$BOD_5 < 30$ mg/L，氨氮 < 10 mg/L，pH 为 6.9 ~ 8.2，盐度保持不变。但出水色度较进水略有增加，出水色度变化与进水盐度及 COD 波动基本保持一致；当进水盐度、COD 升高时，出水色度增加较多；当进水盐度、COD 降低时，出水色度增加较少。

工程运行费用主要是能耗和人工费，经厂家计算，处理一吨榨菜废水的运行成本约为 5.60 元。

三、分析与讨论

通过实验研究和工程应用，发现用嗜（耐）盐菌构建的微生物系统具有耐盐度波动冲击、可承受有机负荷高、系统启动快、系统运行稳定的优点，是解决榨菜废水污染问题的有效方法。

不过，目前在工程应用中发现还存在两个问题：①经生物处理后出水 COD 基本上稳定在 200mg/L 左右，但单独的生物处理很难使出水 COD 达到国家标准《污水综合排放标准（GB 8978—1996）》所要求的一级排放标准 <100mg/L；②榨菜废水经生物处理后色度有所增加，出水呈黄色，色度为 50～80 倍。这两个问题主要是由榨菜废水自身高有机物浓度、高盐度的特性所引起的。微生物在高有机物浓度、高盐度环境中会产生大量的溶解性微生物产物（Soluble Microbial Products，SMP）和胞外多聚物（Extracellular polymeric substance，EPS）[7,8]，嗜盐菌所分泌的色素也是 EPS 的一种，SMP 和 EPS 很难被微生物降解。废水盐度越高、有机物浓度越大，微生物系统所产生的 SMP 和 EPS 就越多，最终出水的 COD 就会越高。因此，榨菜废水处理后出水的残余 COD 和色度问题就是由大量产生的 SMP 和 EPS 引起的。

要解决上述问题，可以从两方面进行研究。一是改进处理工艺，可以通过增加水解酸化工序提高 SMP 的微生物降解效率[9]，提高生物处理段的处理效率；或者研究将物化处理和生物处理相结合的高盐废水深度处理技术，解决高盐废水出水的色度问题，降低高盐废水深度处理的成本[10]；二是降低榨菜废水的盐度和有机物浓度，榨菜废水主要包括：腌制废水、淘洗废水、脱盐废水、压榨废水和杀菌废水；其中的腌制废水盐度最高、有机物浓度最高，可以回收制作榨菜酱油或用于生产酵母菌及酵母类胡萝卜素[6,11]；杀菌废水的盐度和有机物浓度都极低，企业通常会将其直接排放，可以通过将杀菌废水与其它几种生产废水混合处理的方式来降低污水处理进水的盐度和有机物浓度。

相信随着嗜（耐）盐菌处理工艺的改进和榨菜生产企业生产工艺的改进，榨菜废水的处理将不再是一个难题，榨菜行业也会迎来更好的发展前景。

参考文献

[1] 周健，吴绮桃，龙腾锐，等．高盐榨菜腌制废水处理的微生物系统构建研究［J］．中国给水排水，2007，23（15）：17－20，25.

[2] 周健，甘春娟，龙腾锐，等．ASBBR 反应器处理高盐榨菜废水的效能研究［J］．中国给水排水，2006，22（17）：77－80.

[3] Woolard，C. R. and R. L. Irvine. Treatment of hypersaline wastewater in the sequencing batch reactor［J］. Water Research，1995，29（4）：1159－1168.

[4] F. Kargi，A. R. D.，A. Pala. Characterization and biological treatment of pickling industry wastewater［J］. Bioprocess Engineering，2000，23：371－374.

[5] Olivier Lefebvre，R. M.. Treatment of organic pollution in industrial saline wastewater：A literature review［J］. Water Research，2006，40（20）：3671－3682.

[6] Hang，Y. D.，D. F. Splittstoesser，et al.. Sauerkraut Waste：a Favorable Medium for Cultivating Yeasts［J］. Appl. Environ. Microbiol.，1972，24（6）：1007－1008.

[7] Vyrides，I. and D. Stuckey. Effect of fluctuations in salinity on anaerobic biomass and production of soluble microbial products（SMPs）［J］. Biodegradation，2009，20（2）：165－175.

[8] Chrysi S. Laspidou，B. E. R.. A unified theory for extracellular polymeric substances，soluble microbial products，and active and inert biomass［J］. Water research，2002，36：2711－2720.

[9] 武道吉，孙伟，谭凤训．水解酸化－SBR－混凝工艺处理榨菜废水试验研究［J］．水处理技术，2009，35（6）：60－63，66.

[10] 封享华，朱明雄，文良琴，等．Fenton 氧化去除榨菜生产废水 COD［J］．水处理技术，2008，34（12）：68－70.

[11] C. T. shih，Y. D. Hang. Production of Carotenoids by Rhodotorula rubra from Sauerkraut Brine［J］. Lebensm.－Wiss. u.－Techno.，1996，29：570－572.

水解酸化行为对 A2/O 工艺综合化工废水脱氮的研究

刘景明[1,3]　王红专[2]　孙冬冬[2]　乔淑媛[1]　朱志荣[3]

（1. 江苏苏净集团博士后科研工作站　苏州　215122；2. 东北电力大学化学工程学院　吉林　132012；3. 同济大学化学博士后流动站　上海　200092）

摘　要　采用小试间歇静态 A2/O 工艺，研究了高含量 NH_3-N 的综合化工废水脱氮不达标的原因，探讨了水解酸化行为对 A2/O 工艺综合化工废水脱氮达标的机理。结果表明：由于综合化工废水易反硝化降解碳源不足，提高混合液回流比到 300%，也不能使 NH_3-N 的排放达标。在水解酸化时间为 24h 时，提高了 BOD_5/COD_{Cr} 的比值 0.13～0.17，废水可生化性增强，节约了人为加碳或碱的量，极大地节省了运行成本和使 NH_3-N 顺利达标排放。

关键词　水解酸化　A2/O 工艺　脱氮　化工废水

吉化公司污水处理厂处理的废水来源于吉化公司下属染料厂、电石厂排出的酸碱废水，化肥厂、电石厂、有机合成厂和炼油厂排出的有机废水，电石厂排出的电石废水，试剂厂废水以及吉化江北地区的生活污水。该厂原 A2/O 工艺面临的问题主要有以下几个方面：①化工废水水质成分复杂，可生化性较差，反硝化过程所需可生化降解的有机碳源严重不足，可提供反硝化易降解的有机污染物较少；②进水 NH_3-N 浓度较高，硝化过程所需碱度严重不足，将其处理的废水碱度从 2.5～4.0mmol/L 提高到 7mmol/L，每年仅加碱就需要 300 多万元；③系统耐水质、水量冲击能力较差，出水水质不稳定，出水 NH_3-N 和 COD_{Cr} 极易超标，相应去除机理不清楚。针对该厂存在的上述问题，本文研究了难生物降解的综合化工废水脱氮的原因和水解酸化对高 NH_3-N 浓度的综合化工废水 A2/O 工艺脱氮效果的机理。

一、材料和方法

（一）试验水质和出水标准

该厂的设计处理能力为 10000m³/h，其中生活污水 2440m³/h、含氮废水 1560m³/h 和化工生产废水 6000m³/h。现实际处理废水总水量为 6000m³/h，其中生活污水 1800m³/h、含氮废水 1200m³/h 和化工生产废水 3000m³/h。废水水质成分复杂，含大量芳香环、有机农药、香兰素和颜料中间体等有机物，可生化性差，生化系统主要进出水水质和出水标准情况见表 1，水质具有典型的化工废水水质特点。现阶段执行的主要污染物排放标准是《污水综合排放标准》（GB 8978—1996）中的一级排放标准，目前采用的主要工艺流程如图 1 所示。

表 1　废水进水、二沉池出水主要水质和排放标准

项目	COD_{Cr}/(mg/L)	BOD_5/(mg/L)	NH_3-N/(mg/L)	NO_x-N/(mg/L)	pH	碱度（TB）/(mmol/L)	SS/(mg/L)
进水	292.2～765.1	157.7～238.8	84.57～120.37	5.60～15.62	7.5～8.5	2.5～4.0	150.0～169.0
出水	102.35～104.53	13.1～23.5	22.33～36.27	14.6～35.19	6.1～7.5	0.16～1.08	46.8～63.0
排放标准	100	30	15	—	6.0～9.0	—	70.0

（二）试验方法和分析方法

试验方法采用间歇静态的 A2/O 工艺，试验设备采用三个格的 A2/O 小试设备，每个格的尺寸为 300mm × 300mm × 300mm。水质监测指标 NH_3-N、NO_x-N 、COD_{Cr}、BOD_5、SS 等污染物[1]。

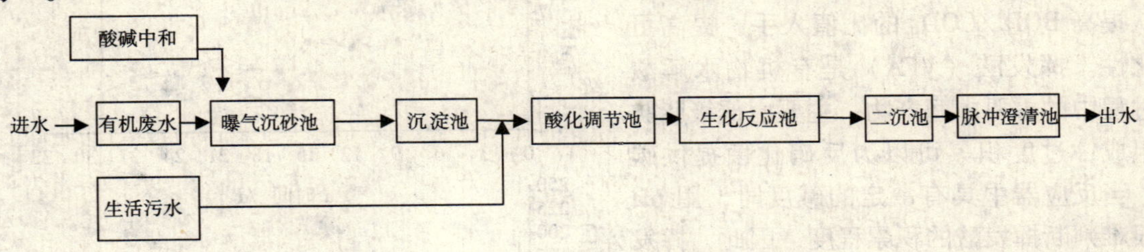

图1 吉化公司污水处理厂主要工艺流程

二、试验结果与讨论

（一）混合液回流比对 NH_3-N 去除效果的影响

在进水 NH_3-N 浓度为 120.07mg/L 的情况下和在不额外补充碱度和有机碳源条件下，研究了混合液回流比对 NH_3-N 去除的影响因素和 NH_3-N 与 COD_{Cr}的处理效果；探讨了提高回流比是否能提高反硝化所产生的碱度，碱度的提高可以进而提高 NH_3-N 的去除率，试验结果如表2所示。由表2可知，将污泥回流比从100%分别提高污泥和混合液回流比到180%、300%时，对 NH_3-N 的去除量有些提高，NH_3-N 出水浓度由 47.96 mg/L 下降到 33.6 2mg/L；NO_x-N 出水浓度由 35.19 mg/L 上升到 57.61mg/L；对 COD_{Cr}的去除基本没有影响。尽管混合液回流比提高到了300%，反硝化产生了一些碱度，使氨氮的去除浓度仅增加 14.34mg/L，但仍无法达到排放标准，并且动力消耗急剧增大[2]。主要原因是废水中易降解有机物较少，能供给反硝化的碳源不足，要达到 NH_3-N 排放标准还需额外补充约 2mmol/L 的碱度。

表2 混合液回流比对氨氮的去除情况

项目	NH_3-N			NO_x-N			COD_{Cr}		
	进水/(mg/L)	出水/(mg/L)	去除率/%	进水/(mg/L)	出水/(mg/L)	去除率/%	进水/(mg/L)	出水/(mg/L)	去除率/%
回流比100%	117.96	47.96	59.34	15.62	35.19	-125.29	492.06	102.35	79.20
回流比180%	118.75	42.76	63.99	26.19	46.37	-77.04	495.78	103.92	79.04
回流比300%	120.07	33.62	71.99	37.28	57.61	-54.54	522.65	104.53	80.00

（二）增加生活污水比例对氨氮去除效果的影响

在污泥回流比为100%和没有混合液回流的条件下，将生活水占总进水的比例由原来的30%提高到45%，对 COD_{Cr}和 NH_3-N 的去除都有明显改善，见表3。这主要是因为加大生活水比例后，对难降的工业水起到了稀释的作用，废水的可生化性得到提高，而且 NO_x-N 更容易被反硝化微生物降解，但是出水 NH_3-N 浓度为 32.50mg/L，仍无法达到排放标准。将生活水占总进水的比例提高到65%时，NH_3-N 和 COD_{Cr}都能达到排放标准。通过对各水量所占的比例进行理论核算，NH_3-N 和 NO_x-N 的降低与生活污水中的 BOD_5 的量是基本相符合的。因此，如果能引进更多的生活水，使生活水的比例占总进水的65%以上，在进水氨氮浓度达到 120.37 mg/L 时，仍可以在不额外补充碱度的条件下，实现对氨氮的高效降解。

（三）水解酸化过程中挥发酸浓度的变化

由于没有占总进水65%以上的生活污水，而采用生活污水提供易降解的反硝化碳源是不现实的。但是可以设置大的水解酸化调节池，不但调控高低峰时 NH_3-N 的浓度，并且可以从提高 BOD_5/COD_{Cr} 的比值入手，提高可生化性。挥发酸（VFA）是有机物水解酸化过程中的重要中间产物，主要由低级脂肪酸组成，过度积累可以为反硝化菌提供碳源。当反应器中具有一定的碱度时，用 pH 值很难判断挥发酸的积累程度，因此，挥发酸的浓度作为碳源考核指标和考察其变化状况是十分重要的。培养过程中采用生化系统实际进水，MLSS 大约为 4g/L，试验结果见图 2。由于进水水质成分复杂，难降解物质种类多、数量大，属难化废水，水解酸化培养过程时间较长，经过三个月的培养，出水 pH 值由 8.5 降到 5.0 以下，VFA 由培养前不足 50mg/L 达到 200.11mg/L，水解酸化培养完成。

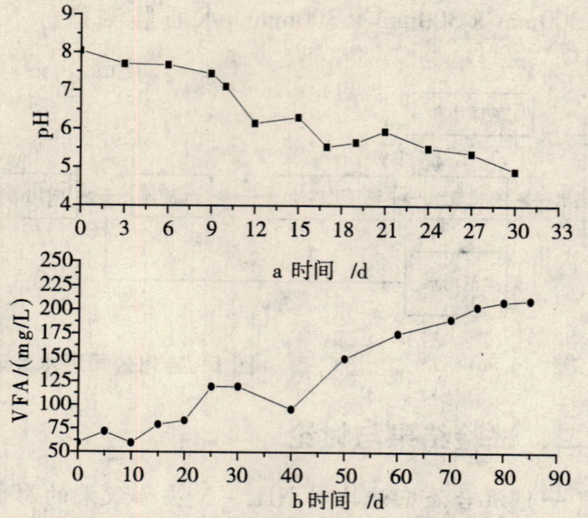

图 2　水解酸化出水 pH 值、VFA 浓度与时间的关系曲线

表 3　生活污水比例对氨氮去除效果的影响

项目	NH_3-N			NO_x-N			COD_{Cr}		
	进水/(mg/L)	出水/(mg/L)	去除率/%	进水/(mg/L)	出水/(mg/L)	去除率/%	进水/(mg/L)	出水/(mg/L)	去除率/%
比例 30%	117.96	47.96	59.34	15.62	35.19	-125.29	492.06	102.35	79.20
比例 45%	120.37	32.50	73.00	13.52	25.96	-.92.01	538.58	64.63	88.00
比例 65%	84.54	14.50	82.84	10.43	20.68	-98.27	377.01	75.40	80.00

（四）水解酸化反应时间的确定

为了确定最佳的水解酸化反应时间，在生化池进水 COD_{Cr} 浓度为 596.0mg/L 和污泥回流比为 100% 的条件下，主要考察了出水 COD_{Cr} 浓度随水解酸化反应时间的变化和水解酸化反应时间对出水 VFA 浓度的影响。试验结果如图 3 所示。从图 3 可见，在最初的 8h，COD_{Cr} 浓度迅速下降，此后没有明显降解。因此对于 COD_{Cr}，最佳的水解酸化反应时间为 8h。随着反应时间的延长，出水 VFA 浓度随水解酸化反应时间变化曲线中的 VFA 浓度逐渐加大，当反应时间达到 24h 时，VFA 浓度增加到 211.0mg/L。因此，综合水解酸化反应时间对 VFA 积累和 COD_{Cr} 去除两方面的影响，最终选定水解酸化反应时间为 24h。

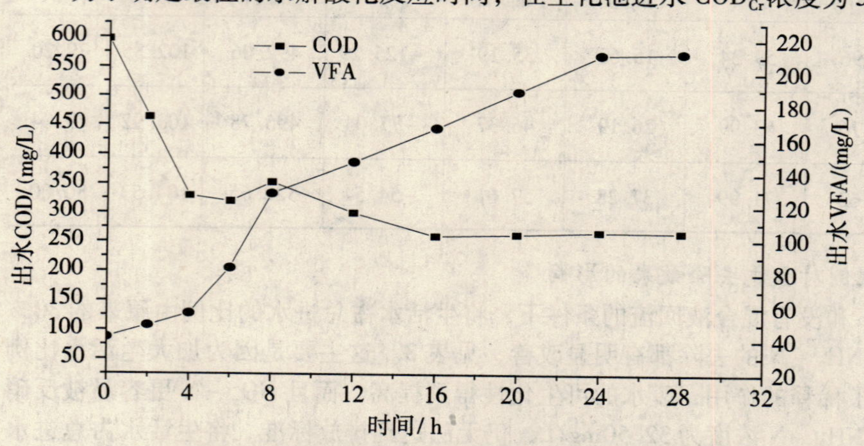

图 3　水解酸化反应时间对出水 VFA 和 COD_{Cr} 浓度的影响

（五）水解酸化 BOD_5/COD_{Cr} 的比值变化

在污泥回流比为100%和水解酸化反应时间为24h的条件下，水解酸化 BOD_5/COD_{Cr} 的比值变化见图4。由图4可知，进水 BOD_5/COD_{Cr} 的比值变化范围为0.27～0.44，而出水 BOD_5/COD_{Cr} 的比值变化范围为0.40～0.61，BOD_5/COD_{Cr} 的比值明显提高0.13～0.17，极大地提高了可生化性，增加了反硝化易降解的碳源。

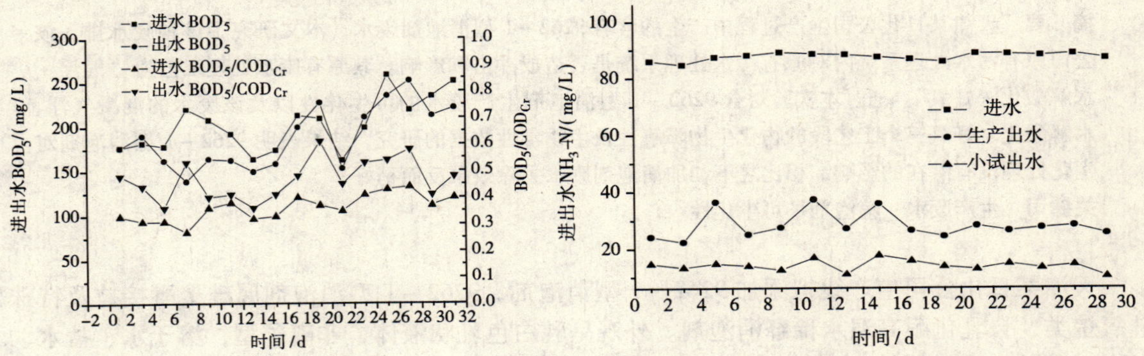

图4　水解酸化 BOD_5/COD_{Cr} 的比值变化　　**图5　NH_3-N 小试和大生产运行的对比效果**

（六）NH_3-N 小试和大生产运行的对比效果

在同一进水水质和污泥回流比为100%的情况下，小试采用水解酸化的水力停留时间为24h，大生产装置水解酸化的水力停留时间为6～8h，其余各种运行参数与大生产装置实际运行参数相同。水温在20～30℃的条件下，试验连续运行一个月，其对比结果见图5。小试水解酸化的 NH_3-N 平均进水由87.44 mg/L到平均出水13.91 mg/L，对 NH_3-N 平均去除率可达到73.53%；而大生产装置 NH_3-N 平均出水28.03 mg/L，平均去除率可达到59.41%；小试 NH_3-N 平均去除率比大生产装置增加14.12%。

三、结　论

1. 含较高 NH_3-N 的综合难生化降解化工废水，混合液回流比从100%提高300%时，NH_3-N 去除率并不能达到80%理论去除率，瓶颈因素为反硝化易降解的碳源不足。

2. 水解酸化可以提高 BOD_5/COD_{Cr} 的比值，比值明显提高0.13～0.17，提高了可生化性，增加了反硝化易降解的碳源，可以节省人为加碳或碱的量，极大地节省了运行成本。

3. 由于综合难生化降解化工废水成分复杂，水解酸化菌的培养和水解酸化反应时间要由试验确定。本水解酸化菌的培养历时30天，最佳的水解酸化反应时间为24h。出水pH值降到5以下，VFA由培养前不足50mg/L达到200.11mg/L。

4. 经过水解酸化小试 NH_3-N 的处理效果为73.53%的平均去除率，其平均去除率比大生产装置增加了14.12%，其平均进水浓度由87.44 mg/L降解到13.91 mg/L。

参考文献

[1] 国家环保局水和废水监测分析方法编委会．水和废水监测分析方法（第三版）［M］．北京：中国环境科学出版社，1989：230－514.

[2] 刘景明，星成萍，徐岩，等．回流比对A2/O工艺处理混合化工废水的影响［J］．环境科学与技术，2009，32（11）：152－155.

9262 - 1 型消泡剂生产废水可生化性实验研究

李海芳　王艳霞　于海晨　王铁铮

（天津市环境保护科学研究院　天津　300191）

摘　要　天津某日化公司生产过程中产生的含有 9262 - 1 型消泡剂废水，本文研究了该种废水排入该公司原有污水处理系统内对原有污水处理系统是否造成冲击和影响。其原有废水处理工艺为“气浮 + 水解酸化 + 好氧”。通过本实验对含 9262 - 1 型消泡剂生产废水的可生化性以及该废水的混凝气浮、水解酸化、好氧三个工艺段的物化生物降解性及生物毒性数据的研究，结果表明 9262 - 1 型消泡剂对生化处理没有潜在的影响，相比之下，加消泡剂废水去除效果反而稍好。

关键词　生产废水　消泡剂　可生化性

天津某日化公司生产线拟添加 9262 - 1 型消泡剂，9262 - 1 型消泡剂属硅聚醚接枝及特殊聚硅氧烷类，自乳化耐高温水稀释消泡剂。外观呈乳白色乳状液体，非离子型，溶于水、盐水、弱碱水、甲醇、乙醚等溶剂。自乳化及水稀释性能极佳，高温水稀释无漂油，无悬浮物，不破乳，稀释后存放不分层，是一种极具前景的消泡剂。

一、实验材料与方法

（一）实验材料

（1）废水来源：取自该日化公司的污水站废水作为未加消泡剂废水；将其稀释并添加浓度为 8μg/L 的消泡剂来模拟将来产生废水。

（2）实验仪器：气浮试验装置、水解酸化模拟装置、好氧模拟装置等。

（3）实验试剂：PAM（0.1%）、PAC（10%）、磷酸二氢钾、硫酸铵、H_2SO_4 等。

（4）检测数据：COD、BOD、TN、TP、NH_3-N、TOC、TDS、磷酸盐、pH。

（5）实验装置：装置流程见图 1。

（二）实验方法

本实验采用“气浮 + 水解酸化 + 好氧”污水处理工艺，添加消泡剂的废水和未添加消泡剂的废水分别采用该工艺进行试验，分别检测气浮、水解、好氧三个处理单元出水的 COD、BOD、TN、TP、NH_3-N、TDS、PO_4^{3-}、pH 以及细菌总数。

二、结果与讨论

（一）废水水质分析

两种废水的 BOD/COD 都在 0.5 左右，大于 0.3，可生化性较好，BOD/TN = 59∶1 > 20∶1，BOD/TP = 120 > 100∶1，所以在生化阶段可以根据实际情况添加适当的硫酸铵和磷酸二氢钾。从表 1 中可知，两种废水的各种指标接近，未产生较大变化。

表 1　两种废水水质分析

废水种类	COD/（mg/L）	BOD/（mg/L）	TN/（mg/L）	TP/（mg/L）	NH_3-N/（mg/L）	TDS/（mg/L）	PO_4^{3-}/（mg/L）	pH
添加消泡剂废水	5605	3075	52.5	27.4	30.1	1.79×10^3	0.405	5.7
未加消泡剂废水	5509	2875	48.6	19.9	31.4	1.73×10^3	0.411	6.0

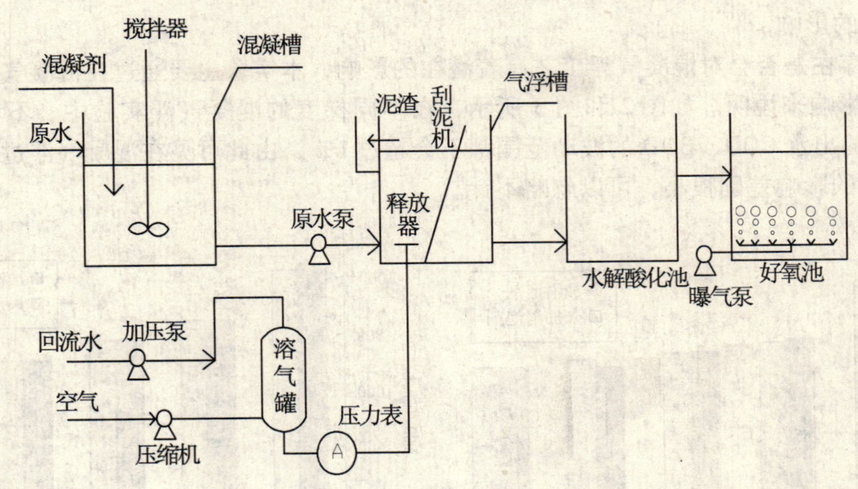

图1　混凝气浮工艺流程图

（二）混凝气浮处理实验

1. 混凝剂不同投加量的影响

通过之前对该两种废水的水质分析发现废水中有较多的悬浮物，混凝气浮工艺能较好去除废水中的悬浮物、浊度及有机物，并且为生化段能高效深度处理打下基础。为了更全面地了解混凝剂投加量对两种废水的影响，本实验又对在不同梯度混凝投加量下 TN、TP、NH_3-N、TDS、PO_4^{3-}、pH 进行了分析。

从表2和表3中可以看出，两种废水各项指标都在1～3mg/L之间随着混凝剂投加量增加，其各项指标的去处效果也都相应提高，其中加消泡剂废水和未加消泡剂的 NH_3-N 分别为24.2～34.9mg/L、27.5～34.3mg/L；TN分别为26.5～40.2mg/L、31.1～39.2mg/L；TP分别为2.18～15.3mg/L、2.15～15.1mg/L；TDS、PO_4^{3-}、pH 指标之间的差别不是很大，基本没有什么变化。其中pH较混凝气浮前有所降低，其原因主要是混凝剂中的 Al^{3+} 与废水中的 OH^- 形成 $Al(OH)_3$ 胶体，水解产生 H^+，从而使废水的pH有所下降。

表2　加消泡剂废水不同梯度下混凝气浮效果

混凝剂投加量/（mg/L）	TN/（mg/L）	TP/（mg/L）	NH_3-N/（mg/L）	TDS/（mg/L）	PO_4^{3-}/（mg/L）	pH
1	40.2	15.3	34.9	2.46×10^3	0.381	4.21
1.5	33.9	3.05	25.4	2.68×10^3	0.33	4.02
2	27	2.33	24.8	3.55×10^3	0.24	3.88
2.5	26.8	2.2	24.3	2.31×10^3	0.21	3.91
3	26.5	2.18	24.2	2.27×10^3	0.22	3.92

表3　未加消泡剂废水不同梯度下混凝气浮效果

混凝剂投加量/（mg/L）	TN/（mg/L）	TP/（mg/L）	NH_3-N/（mg/L）	TDS/（mg/L）	PO_4^{3-}/（mg/L）	pH
1	39.2	15.1	34.3	2.41×10^3	0.278	4.2
1.5	33.4	3.01	25.1	2.62×10^3	0.21	4.11
2	32.1	2.28	28	2.84×10^3	0.234	3.94
2.5	31.3	2.18	27.8	2.21×10^3	0.214	3.94
3	31.1	2.15	27.5	2.17×10^3	0.215	3.93

2. 消泡剂的影响

消泡剂的存在是否会对混凝气浮工艺有着潜在的影响，本实验主要通过在混凝气浮过程中对COD、BOD的影响来说明。如图2和图3所示，在不同梯度的混凝气浮实验中，不考虑实验误差，两种废水的出水COD、BOD的波动范围都不会超过1%，由此可见在混凝气浮过程中消泡剂对COD、BOD的影响差别很小，可以忽略不计。

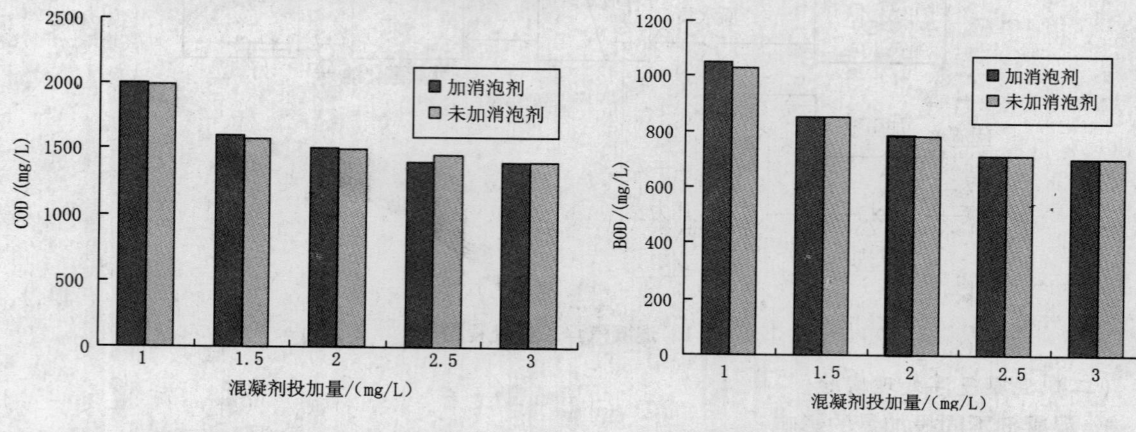

图2　混凝气浮时消泡剂对COD的影响　　**图3　混凝气浮时消泡剂对BOD的影响**

（三）水解酸化实验

1. 水解酸化进水水质

表4　混凝气浮出水水质

废水种类	COD /（mg/L）	BOD /（mg/L）	TN /（mg/L）	TP /（mg/L）	NH_3-N /（mg/L）	TDS /（mg/L）	PO_4^{3-} /（mg/L）	pH
未加消泡剂废水	1415	765	31.1	2.23	26.2	2.73×10^3	0.226	6 3.8
添加消泡剂废水	1420	765	26.2	2.25	25.1	3.43×10^3	0.223	3.8 1

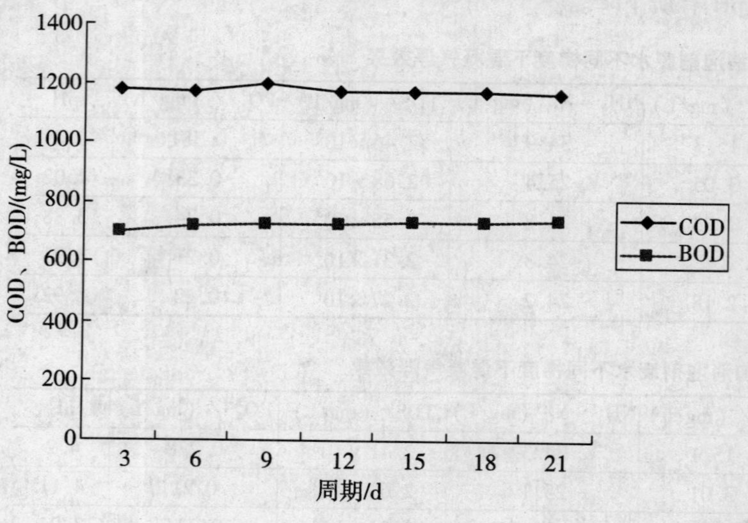

图4　加消泡剂废水水解酸化后出水

为了满足生化阶段的水解酸化和好氧活性污泥深度处理所需水量，便于生化的稳定运行，于是进行了较大水量的混凝气浮实验，以获得足够的混凝气浮出水，其出水水质见表4。

此时的混凝气浮实验条件是混凝剂投加量为2mg/L，反应时间为15min，PAM投加量为2mg/L，直到看到有大量乳白色絮体出现。经过混凝气浮后的废水BOD/COD = 0.5，可生化性较原废水没有改变。

2. 水解酸化的稳定运行

混凝气浮后的两种废水以每天2L的水量在水解酸化反应器稳定运行，小型搅拌仪使废水保持在兼氧条件，由于进水pH在4

左右，所以反应器中的 pH 基本不需要调节。

如图 4 和图 5 所示，两种废水随着运行时间延长，其出水 COD、BOD 都基本稳定在 1150～1200mg/L 波动，在运行中有时会可能波动较大，如图 5 中在周期为 12d 时出现相对较大的波动，其原因可能是由于进水负荷的冲击所产生，但是随着系统的运行又会趋于稳定。水解酸化的目的就是为了进一步提高废水的可生化性，且在一定程度上也会降解废水。从图 4 和图 5 中可以看出，两种废水的 BOD/COD 从原来的 0.5 提高到 0.7，使得废水的可生化性得到进一步提高，以便于好氧活性污泥的深度处理，且 COD 也得到了相应的降低，从原来的 1400mg/L 左右降到了 1150mg/L 左右。

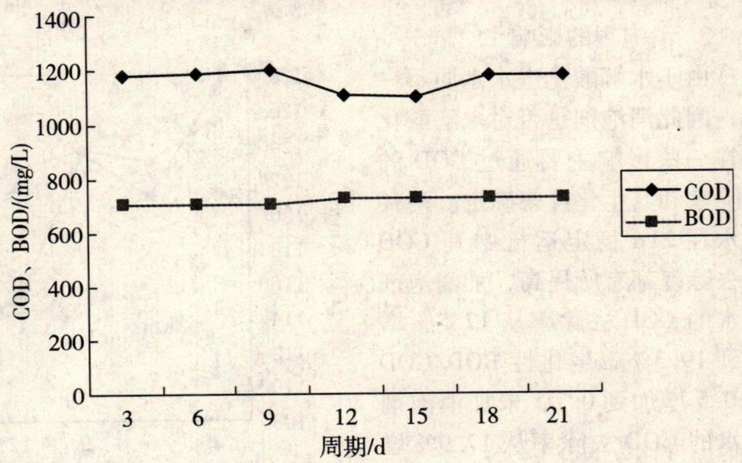

图 5　未加消泡剂水解酸化后出水

从表 5 和表 6 中可以看出，两种废水在水解酸化工艺段都能稳定的运行，其出水在稳定中有所降低，系统中的 pH 也基本稳定在 5～6，也保证了水解酸化在适当的条件下运行。从表 5 和表 6 中可以看出，两种废水在水解酸化段的 NH_3-N 去除率为 45%，TN、TP 都有所增加，其原因主要是由于水解酸化阶段在降解大分子有机物的过程中释放出了其废水中原来不曾有的含 N、P 物质，还有是由于在培养过程中添加了适量的氮盐和磷盐。

表 5　加消泡剂废水水解酸化后出水水质

周期/d	TN/（mg/L）	TP/（mg/L）	NH_3-N/（mg/L）	TOC/（mg/L）	pH
3	46.5	12.8	15.9	451	5.39
6	46.1	13.5	15.5	455	5.43
9	47.2	13.3	15.2	453	5.46
12	46.7	12.1	14.6	442	5.53
15	45.2	12.1	14.7	447	5.56
18	45.3	12.2	14.3	445	5.58
21	45.6	12.4	14.2	448	5.62

表 6　未加消泡剂废水水解酸化后出水水质

周期/d	TN/（mg/L）	TP/（mg/L）	NH_3-N/（mg/L）	TOC/（mg/L）	pH
3	46.9	12.7	15.6	446	5.37
6	47.1	13.1	15.8	451	5.4
9	47.5	13.4	15.3	455	5.41
12	46.2	12.5	14.8	440	5.5
15	45.6	12.2	14.5	443	5.53

周期/d	TN/（mg/L）	TP/（mg/L）	NH_3-N/（mg/L）	TOC/（mg/L）	pH
18	46.1	12.5	14.9	446	5.55
21	46.2	12.3	14.5	441	5.55

3. 消泡剂的影响

由于水解酸化进水水质不一样，因此消泡剂是否对水解酸化存在一些影响主要通过 COD 的去除率和其生化性来确定。两种废水在 21d 稳定运行中其 COD 的去除率都有所提高，加消泡剂废水的 COD 去除率从 17.5% 增加到 19.3%，生化性 BOD/COD 从 0.5 增加到 0.7，未加消泡剂废水的 COD 去除率从 17.9% 增加到 18.7%，生化性 BOD/COD 也从 0.5 增加到 0.7。从目前运行的这两方面数据可以看出消泡剂对水解酸化的影响基本没有。

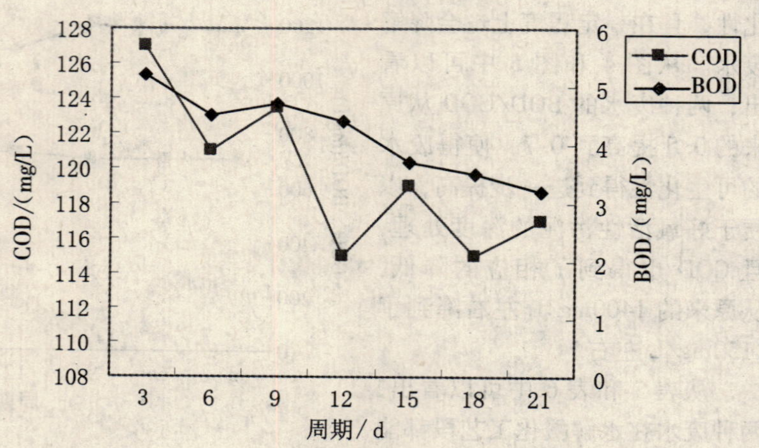

图 6　加消泡剂废水好氧段出水 COD 和 BOD

（四）好氧活性污泥实验

1. 好氧活性污泥的稳定运行

水解酸化每天的出水流入好氧活性污泥工艺段，其停留时间为 24h，接种污泥进行驯化培养一周，DO 控制在 3mg/L 左右。从图 6 和图 7 中可以看出，随着 21d 的好氧活性污泥连续运行，两种废水的 COD 和 BOD 都有了很大的降解，其加消泡剂废水 COD 为 115～127mg/L，BOD 为 3.4～5.1mg/L，其 COD 去除率为 89.8%，BOD 去除率为 99.5%；未加消泡剂废水 COD 为 113～121mg/L，BOD 为 3.5～4.1mg/L，COD 去除率为 90.1%，BOD 去除率为 99.7%。

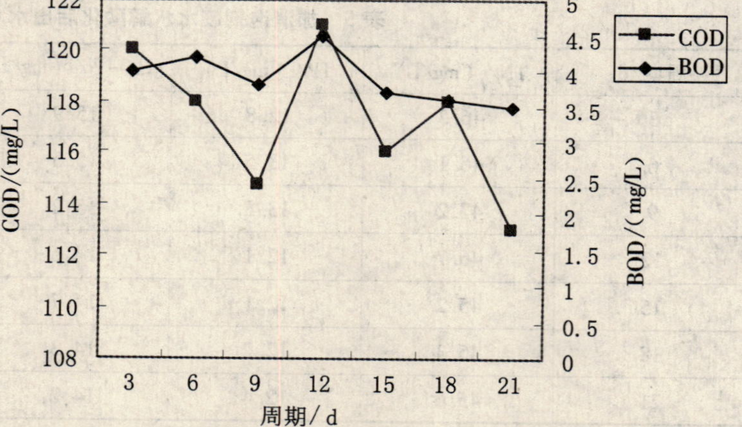

图 7　加消泡剂废水好氧出水 COD 和 BOD

从表 7 和表 8 可以看出，两种废水经过好氧后其各项水质参数都得到了很好地降解。其中 NH_3-N 降解到 4～6mg/L，TN、TP 也分别稳定在 15～17mg/L，1～2mg/L，TOC 也维持在 47mg/L 左右。水解酸化后的出水生化性较好，能使好氧活性污泥的出水水质得到较好的处理。

表 7　加消泡剂废水好氧后出水水质

周期/d	TN/（mg/L）	TP/（mg/L）	NH_3-N/（mg/L）	TOC/（mg/L）	TDS/（mg/L）
3	15.1	2.2	6.2	48.5	2690
6	15.5	2.3	5.9	48.7	2652

周期/d	TN/（mg/L）	TP/（mg/L）	NH_3-N/（mg/L）	TOC/（mg/L）	TDS/（mg/L）
9	15.3	1.8	5.6	47.6	2617
12	14.7	1.9	5.2	47.4	2606
15	14.9	1.5	4.6	47.3	2578
18	14.6	1.6	4.8	46.3	2563
21	15.1	1.2	4.5	45.9	2545

表8 未加消泡剂废水好氧后出水水质

周期/d	TN/（mg/L）	TP/（mg/L）	NH_3-N/（mg/L）	TOC/（mg/L）	TDS/（mg/L）
3	16.8	1.7	5.6	47.3	2520
6	17.2	1.5	5.4	46.7	2532
9	17.4	1.4	5.2	45.9	2527
12	16.1	1.5	4.9	45.6	2516
15	15.5	1.2	4.5	44.8	2513
18	16.3	1.5	4.7	44.6	2509
21	16.1	1.3	4.3	44.5	2505

2. 活性污泥中细菌群落变化

活性污泥是由污水处理过程中产生的大量细菌群体所构成的絮凝体，在水处理过程中细菌群落的变化与时间密切相关，同时也与废水的种类、含有的毒性物质息息相关。本实验通过观察两组实验（一组是加入消泡剂的废水，另一组是未加入消泡剂的废水）中活性污泥细菌的变化情况，研究加入消泡剂是否对活性污泥产生影响。

在实验过程中，分别在第1、4、7、10、13、16、19、21d取样，测量污泥中的细菌变化情况，见图8。

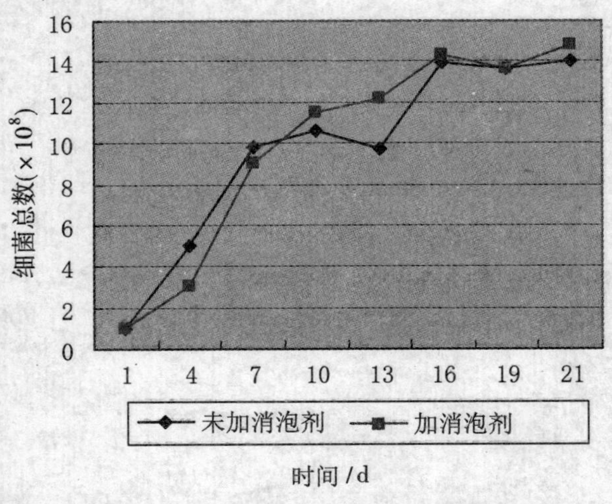

图8 废水处理过程中细菌总数的变化规律

从图8可以看出，加消泡剂和未加消泡剂的废水处理过程中，其各自活性污泥中细菌的数量随着时间的延长而增加，且增加规律相近。前7天活性污泥中细菌的数量增加较快，未加消泡剂的从1.3×10^8增加到9.8×10^8，加消泡剂的从1.2×10^8增加到8.7×10^8，从第7天以后，活性污泥中的细菌总数增加相对较缓慢，第21天时未加消泡剂的废水细菌总数为1.4×10^9，加消泡剂的废水细菌总数为1.48×10^9。从两组实验过程中的细菌总数变化规律上看基本一致，且每个时期细菌数量也十分接近，这说明在废水中加入本实验用量的消泡剂对污水处理系统中的主体好氧工艺无影响。

3. 消泡剂的影响

通过以上对好氧活性污泥出水的COD、BOD、NH_3-N、细菌总数变化规律、污泥性能等参数的比较，发现加消泡剂废水与未加消泡剂废水在处理效果上几乎没有差别。相比之下，加消泡剂废水还要较好于未加消泡剂废水，其主要是由于在好氧曝气时未加消泡剂废水出现大量的泡沫，泡沫的危害在于减少了污泥的浓度，降低了污泥的处理效果，但是随着好氧反应器的连续运行，泡沫会逐渐减少，而且到了运行后期污泥得到进一步的驯化，加入废水后出现的泡沫量要小于之前的泡沫量。

三、结　论

通过对两种废水水质分析，两种废水的水质相差不大，且该废水的 BOD/COD = 0.5，可生化性较好，可以通过生化进行深度处理。并通过混凝气浮实验、水解酸化实验、好氧活性污泥实验 21d 的连续运行后的出水水质比较分析，消泡剂对生化处理没有潜在的影响，相比之下，加消泡剂废水在好氧曝气阶段没有大量泡沫产生，废水去除效果则会变好。

参考文献

[1] 郑秋辉，胡晓东．废水生物处理中有毒物质毒性阈值影响因素分析［J］．环境科学与管理，2009，30（10）：104－107.

[2] 张自杰，顾夏声．排水工程（第四版）［M］．北京：中国建筑工业出版社，2000：527－528.

[3] 严煦世，范瑾初．给水工程（第四版）［M］．北京：中国建筑工业出版社，1999：272－274.

[4] 林荣忱．污废水处理设施运行管理（试用）［M］．北京：北京出版社，2006：140－144.

[5] 谢冰，徐亚同．废水生物处理原理和方法［M］．北京：中国轻工业出版社，2007：4.

[6] 李亚新．活性污泥法理论与技术［M］．北京：中国建筑工业出版社，2007.

超声－光催化联合技术处理水中的有机污染物

李小娟　王玲玲　刘明华

（福州大学环境与资源学院　福州　350108）

摘　要　超声－光催化联合技术是近年来废水处理的新型高级氧化技术。该技术主要利用超声波和光催化降解联合产生的协同效应来提高降解效率。本文主要就目前国内外超声－光催化降解有机物的反应器类型和降解机制等方面进行了综述，并展望了该技术的发展前景。

关键词　超声－光催化　有机污染物　降解机制　反应器

工业废水中含有大量的有毒有害有机污染物，这些物质种类繁多，结构复杂，往往采用常规的生物处理法难于降解。工业废水的处理一直是当今水处理研究领域的热点，各种高新技术层出不穷。高级氧化技术处理有机污染物具有反应时间短、反应过程易于控制、无选择性且比较彻底的优点，被广泛应用于难降解有机废水的处理中。但是用单一的氧化处理工艺，有时不能取得理想的效果，为此往往必须将单一的氧化工艺进行联合，产生高浓度的·OH自由基，以提高对难降解有机污染物的氧化能力。

超声－光催化联合技术凭借其技术简单、环境友好、适用范围广等优点，受到国内外的广泛关注。本文综述了近十几年来超声－光催化降解有机污染物的相关研究进展，并展望了该技术的发展前景。

一、超声－光催化协同反应器

超声－光催化协同反应器可按进料方式分为间歇式反应器和连续式反应器；按超声反应器发生的频率不同，可分为单频率反应器和多频率复合反应器；按光催化氧化反应器中光催化颗粒的分布形态不同，可分为悬浮型反应器和固定床型反应器；按超声反应器的不同，可分为槽式和探头式超声反应器；按光源的位置不同，可分为反应液系统外置光源和反应液系统内置光源两大类[1]。

如图1所示均属于分批式、悬浮式反应器，其中（a、c）是双频、槽式超声反应器，（b、d）是探头式超声反应器、（a、b）是外置光源反应器，（c、d）是内置光源反应器。

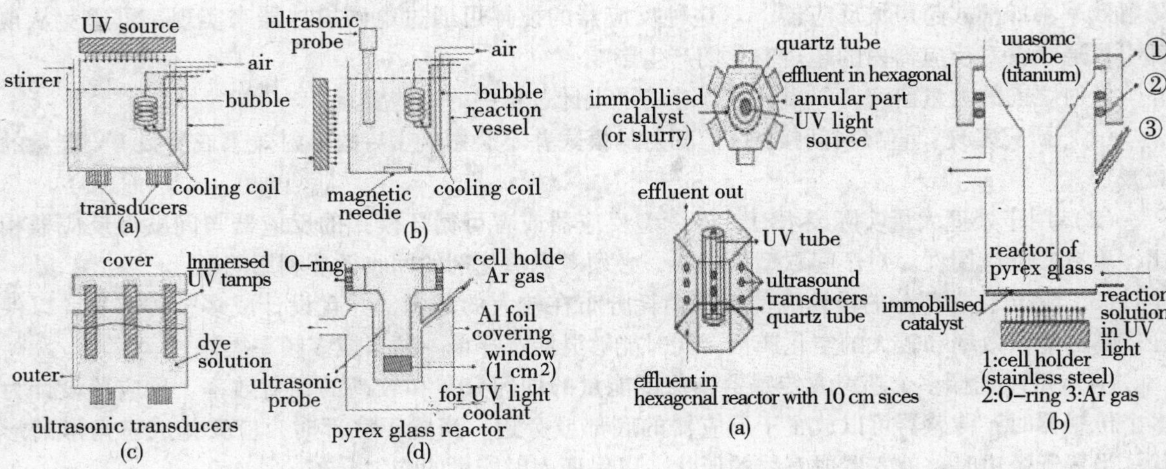

图1　超声－光催化分批式反应器[2]　　图2　超声－光催化连续式反应器[2]

如图2所示均属于连续式、固定式反应器，其中（a）是多频、槽式、内置光源超声反应器，（b）是探头式、外置光源反应器。

近年来，随着对超声－光催化降解有机污染物的不断研究，实验室反应器主要由以下2种类型为主，如图3和图4所示：

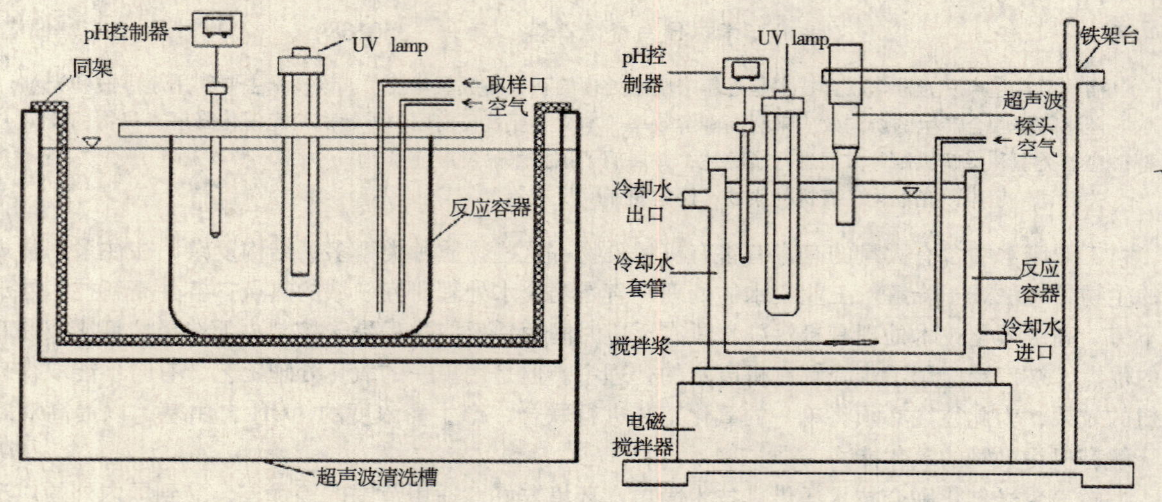

图3 槽式超声波反应器 **图4 探头式超声波反应器**

槽式超声波反应器按UV灯位置可分成2种类型：顶部插入型[3-5]（如图3所示）、顶部平行型。据研究发现，两种安装模式的UV灯，即直接或间接的UV辐射模式对污染物产生类似的降解效率[6]。槽式反应器的恒温系统主要有：热交换系统、内部冷却套管、恒温水循环系统。槽式超声波反应器的超声辐射源来自于超声波清洗机中的传感器，可实现超声波能量输入的均匀分布[6]。如图3所示，反应器的底部与超声波清洗槽底部需保持一定的距离（一般为2cm），可用网篮架于清洗液内，否则会使清洗机底部的换能器（震子）受力不均而损伤仪器。若溶液中TiO_2颗粒呈悬浮状时，可通入气体使之保持悬浮状；若溶液中插入TiO_2纳米管阵列电极时，可围绕UV灯平行排列2个电极[7]。

探头式超声波反应器按UV灯位置可分为3种类型：侧边型[8-11]、顶部插入型[12,13]（如图4所示）、底部插入型[14]。探头式超声波反应器的空化现象发生在比较局部的区域，因此可能导致降解效率不如槽式超声波反应器[6]。这种反应器的搅拌可通过电磁搅拌器来实现，可避免从顶部引入通气管对反应器内的超声空化场产生影响。

针对之前的大量研究，Gogate等[2]总结了设计过程中的一些要点：

（1）研究发现：直接或间接的UV辐射的模式并不会影响UV的辐射效果或导致UV能量的衰减[6]。

（2）用于处理大量实际废水时，连续型反应器或者可循环模式的反应器与间歇型反应器相比，更有实际应用性。对于间歇型反应器，必须考虑催化剂的回收循环利用问题。

（3）超声化学部分的设计应使功率消耗分布在较大的范围，并且设计成多个传感器，以保证较高的能量效率和较大的空化产量，同时能够灵活选择单一频率或多频率操作。

（4）可以选择多个超声波传感器，保证能量的均匀分布和较高的辐射效率。反应器设计为多个传感器时，传感器可以放置于反应器的底部或旁边。当置于底部时，应安排成三角形的形状；当置于旁边时，就安置成直线的形状，以保证入射能量的均匀分布。

（5）固定型或泥浆型催化剂反应器各有优缺点。表现在：薄膜型催化剂能够环绕着直接安装在石英管上，并与流进的水流直接接触，同时能够接受均匀的辐射，然而，这种类型的催化剂的稳定性较差，易受超声搅动的影响；泥浆型催化剂反应器的优点在于可以减少催化剂的使用量（由于产生协同效应），但是面临着回收利用困难的问题。

（6）可以将太阳能和 UV 辐射适当结合起来作为光源。

（7）将放置 UV 的石英管和冷却线圈浸入系统中，可能会影响声场的通道，因此可以将石英管和冷却线圈安置于空化现象发生最弱的地方。

（8）可以采用机械搅动或通风，或结合低速的搅动，以保持固体催化剂的悬浮状态，有利于接受超声和 UV 辐射。

针对以上设计要点，Gogate 建议的反应器的构造如图 5 所示。

二、超声－光催化氧化降解机制

超声－光催化反应是一种复杂多元反应体系，其降解有机物的机制尚不明确，有待进一步研究。普遍认为，超声－光催化至少应包括 3 方面的机理：光催化机理、声化学机理、协同效应或拮抗机理。

（一）光催化机制

在光的照射下，半导体材料能把光能转变为化学能，并促进有机物的合成或使有机物降解，这一过程称做光催化。半导体粒子的能带结构，一般由低能价带（valence band，VB）和高能导带（conduction band，CB）构成，价带和导带之间存在禁带。当半导体氧化物（如 TiO_2）粒子受到大于禁带宽度能量的光子照射后，电子从价带跃迁到导带，产生了电子－空穴对。光生空穴具有很强的得电子能力，可夺取吸附于半导体颗粒表面的有机物或溶剂中的电子，使原本不吸收入射光的物质被活化氧化。电子受体则通过接受粒子表面上的电子而被还原。

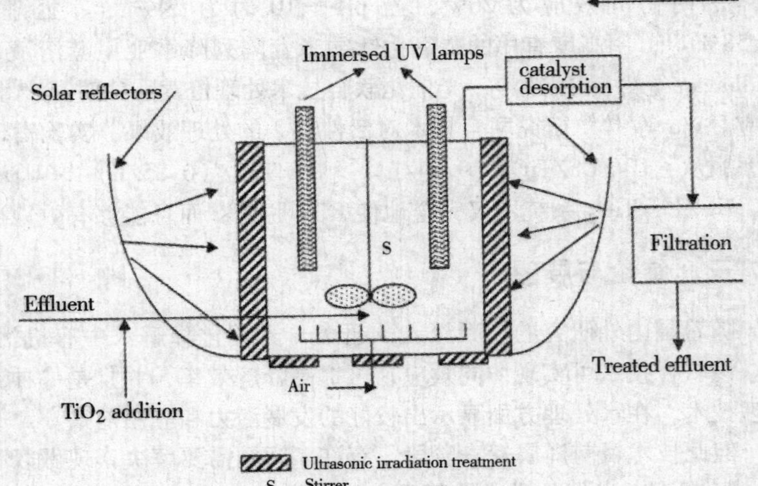

图 5　超声－光催化反应器[2]

（二）超声化学机制

超声波是指频率高于 20kHz 的声波。超声化学氧化主要是利用超声诱导产生的超声空化效应，产生空化气泡并瞬间崩溃，骤然释放出积聚的能量，在其周围造成约 5000K 和 50.5MPa 的局部高温高压环境，甚至超临界状态，使水分解产生·OH 等高活性的氧化物种，从而导致溶液中污染物的降解。研究总结超声空化降解化学物质有 3 种主要途径：①自由基氧化；②高温热解；③超临界水氧化[15]。

（三）超声－光催化协同或拮抗机制

在光催化氧化中，普遍存在的问题是随着反应的进行，催化剂的活性降低，这可能是催化剂表面吸附了大量的底物和有毒的中间产物，从而覆盖了催化剂表面的活性位；此外，还受到传质过程的影响，特别是对于固定型的催化剂，传质速率较低。因此，将两种高级氧化技术联合起来同时应用，将产生更多的自由基，两者还可以优势互补。当超声辐照空化对光催化剂产生分散作用，就增大了有机物与催化剂表面的接触，加快了传质，而且可以清洗活化催化剂表面活性中心，这样就产生了声光催化的协同效应。当超声波对光催化剂产生凝聚作用，这样就会降低催化剂的光催化效率，即产生所谓声光催化的拮抗效应。

（四）超声－光催化协同效应系数

利用超声－光催化处理有机污染物时，用协同效应系数来反映处理过程是否存在协同效应[1]：

$$Synergy = 1 - (D_{US+TiO_2} + D_{UV+TiO_2}) / (D_{US+UV+TiO_2})$$

式中：D_{US+TiO_2}、D_{UV+TiO_2}、$D_{US+UV+TiO_2}$表示超声降解、光催化降解、超声－光催化降解有机污染物的速率。当 Synergy >0 时，表示产生协同效应；当 Synerg =0 时，表示产生相加效应而不产生协同效应；当 Synergy <0 时，表示不产生协同效应。

Kaur 等[16]采用超声－光催化技术处理活性红染料 198 产生协同效应，最高可达 58%。Gonzalez 等[9]处理碱性蓝 9 废水，发现声光催化过程获得的一级反应速率常数分别是光催化降解和超声降解过程的 2 倍和 10 倍。其他研究发现，用 UV/US/ZnO 系统处理 C. I. 活性红 198，当 pH = 7 时协同效应为 26%，当 pH = 10 时为 29%[17]；处理甲基橙溶液发现协同效应达 18. 58%[3]；用高度有序的二氧化钛纳米管阵列降解亚甲蓝溶液，协同效应达 22. 1%[7]。然而，Madhavan 等[18]利用超声－光催化联合技术处理橙黄－G 时只产生简单的相加效应而不产生协同效应。Wu 等[19,20]研究联合技术对活性红 2 的处理效果，实验发现降解并不产生协同效应，降解速率服从：UV/US/TiO_2（0. 94/h）>UV/TiO_2（0. 85/h）> US/TiO_2（0. 25/h）。但是实验也表明，UV/US/TiO_2 系统不仅完全地使 RR2 脱色，而且能够有效地矿化 RR2。

三、结论与展望

随着国内外研究的不断深入，超声－光催化降解水中有机污染物逐渐表现出广阔的应用前景。该联合技术可实现协同效应，可提高降解效率，并且是一种无污染、高效、方便的新型高级处理技术，在水处理方面显示出较好的发展潜力和应用前景。

但此技术目前尚属探索阶段，有许多问题需要解决，现做以下总结：

1. 超声－光催化联合处理反应器：为适应环境声化学与光化学研究的需要，高效、合理的反应器将成为重要的研究方向，分批式反应器将得到进一步的完善，超声波－光化学降解过程将逐步从间隙式转变为连续化工艺系统，故连续化反应器将会得到进一步的开发。

2. 开拓新的激发光源－太阳能：紫外灯、氙灯等电光源作为激发光源，除了辐射强度因素外，还有经济效益问题。只有 $\lambda \leq 387.5nm$ 的光波可激发 TiO_2，而到达地面的太阳光谱中，约有 1% 的能量在 300 ~387. 5nm 之间，因此若能利用太阳能作为其光源，无论从环保还是效益上说，都是相当可观的。

3. 高频或双、多频超声的应用：国外对单独的高频超声或双、多频超声的研究日益增多，而对超声－光催化体系中高频超声或双、多频超声的应用研究较少，因此有望在今后的研究中多加关注。

参考文献

[1] 王颖，牛军峰，张哲赟，等. 超声－光催化降解水中有机污染物［J］. 化学进展，2008.

[2] P. R. Gogate, A. B. Pandit. Sonophotocatalytic Reactors for Wastewater Treatment: A Critical Review, AIChE Journal. 2004, 50: 1051 - 1079.

[3] Z. Zhang, Y. Yuan, L. Liang, et al. Sonophotoelectrocatalytic degradation of azo dye on TiO_2 nanotube electrode, Ultrasonics Sonochemistry. 2008, 15: 370 - 375.

[4] H. Wang, J. Niu, X. Long, Y. He. Sonophotocatalytic degradation of methyl orange by nano - sized Ag/TiO_2 particles in aqueous solutions, Ultrasonics Sonochemistry. 2008, 15 : 386 - 392.

[5] T. An, H. Gu, Y. Xiong, W. Chen, et al. Decolourization and COD removal from reactive dye - containing wastewater using sonophotocatalytic technology, Journal of Chemical Technology and Biotechnology. 2003, 78: 1142 - 1148.

[6] Z. Shirgaonkar, A. B. Pandit. Sonophotochemical destruction of aqueous solution of 2, 4, 6 - trichlorophenol, Ultrasonics Sonochemistry. 1998, 5: 53 - 61.

[7] S. Yuan, L. Yu, L. Shi, et al. Highly ordered TiO_2 nanotube array as recyclable catalyst for the sonophotocatalytic degradation of methylene blue, Catalysis Communications. 2009, 10: 1188 - 1191.

[8] Y. Segura, R. Molina, F. Martinez, et al. Integrated heterogeneous sono - photo Fenton processes for the degradation of phenolic aqueous solutions, Ultrasonics Sonochemistry. 2009, 16: 417 - 424.

[9] S. Gonzalez, S. S. Martinez. Study of the sonophotocatalytic degradation of basic blue 9 industrial textile dye over slurry titanium dioxide and influencing factors, Ultrasonics Sonochemistry. 2008, 15 : 1038 - 1042.

[10] L. Bahena, S. S. Martinez, D. M. Guzman, M. Del Refugio Trejo Hernandez. Sonophotocatalytic degradation of alazine and gesaprim commercial herbicides in TiO_2 slurry, Chemosphere. 2008, 71: 982 - 989.

[11] Y. - C. Chen, P. Smirniotis. Enhancement of photocatalytic degradation of phenol and chlorophenols by ultrasound, Industrial and Engineering Chemistry Research. 41 (2002) 5958 - 5965.

[12] N. J. Bejarano - Perez, M. F. Suarez - Herrera. Sonochemical and sonophotocatalytic degradation of malachite green: the effect of carbon tetrachloride on reaction rates, Ultrasonics Sonochemistry. 2008, 15: 612 - 617.

[13] M. A. Mendez, A. Cano, M. F. Suarez. Sonophotocatalytic oxidation of elemental sulphur on titanium dioxide, Ultrasonics Sonochemistry. 2007, 14: 337 - 342.

[14] C. Berberidou, I. Poulios, N. P. Xekoukoulotakis, D. Mantzavinos. Sonolytic, photocatalytic and sonophotocatalytic degradation of malachite green in aqueous solutions, Applied Catalysis B: Environmental. 2007, 74: 63 - 72.

[15] 周彤．声光催化降解水中有机污染物［J］．环境污染治理技术与设备，2004.

[16] S. Kaur, V. Singh. Visible light induced sonophotocatalytic degradation of Reactive Red dye 198 using dye sensitized TiO_2, Ultrasonics Sonochemistry. 2007, 14: 531 - 537.

[17] C. - H. Wu. Effects of sonication on decolorization of C. I. Reactive Red 198 in UV/ZnO system, Journal of Hazardous Materials. 2008, 153: 1254 - 1261.

[18] J. Madhavan, F. Grieser, M. Ashokkumar. Degradation of orange - G by advanced oxidation processes, Ultrasonics Sonochemistry. 2010, 17: 338 - 343.

[19] C. - H. Wu. Photodegradation of C. I. Reactive Red 2 in UV/TiO_2 - based systems: Effects of ultrasound irradiation, Journal of Hazardous Materials. 2009, 167: 434 - 439.

[20] C. - H. Wu, C. - H. Yu. Effects of TiO_2 dosage, pH and temperature on decolorization of C. I. Reactive Red 2 in a UV/US/TiO_2 system, Journal of Hazardous Materials. 2009, 169: 1179 - 1183.

高温高压条件下浓硫酸处理餐饮废水的试验研究

曾　东[1,2]　许振成[1]　虢清伟[1]　高晓凤[1]　黄丽娟[1]　张杏杏[1,2]

（1. 环境保护部华南环境科学研究所　广东　广州　510655；
2. 湖南农业大学　湖南　长沙　410128）

摘　要　本文利用高温高压的极端环境，通过浓硫酸的强氧化作用，有效地去除了餐饮废水中的COD、NH_3-N、TP，实验结果表明：浓硫酸的投加量为5ml时，在温度为122℃、压力为0.15MPa的压力蒸汽灭菌锅内蒸煮0.5h后，COD、NH_3-N、TP的去除率分别为81.81%、92.08%、96.58%。此法去除效率高，且产生的二次污染少，具有一定的推广价值。

关键词　高温高压　餐饮废水　浓硫酸氧化

随着我国经济的不断发展，第三产业蓬勃兴起，我国餐饮业正以每年超过10%的速度递增[1]，餐饮废水的排放量也随之增大。由于该类污水的主要特点是脂肪类及植物油含量较高，其污染物主要以胶体形式存在，pH值较低，SS值很高，浊度很大。BOD、COD值也相对较高[2-4]。未经处理直接排放的餐饮废水，不仅会增加城市污水处理厂的负荷，而且会影响城市排水管网的过水能力，废水排入水体后，又会引起水体的富营养化，威胁环境和人类健康。

本文利用在高温高压的环境中，水分子强烈的相互撞击餐饮废水，导致餐饮废水中大分子有机物分子键断裂，再通过浓硫酸的强氧化作用，将溶于废水中或在废水中悬浮的有机物氧化，最终转化为N_2、H_2O和CO_2排放。

一、材料与方法

（一）试验仪器与试剂

仪器：HACH DRB200型消解器、HACH DR2800型分光光度计；YXQ－LS－75G式压力蒸汽灭菌锅；721分光光度计；752紫外可见分光光度计。

试剂：浓硫酸，分析纯。

餐饮废水：取自东江水环境研究中心职工食堂下水道。各水质情况见表1。

表1　餐饮废水各水质指标情况　　单位：mg/L

项目名称	COD	NH_3-N	TN	TP
厨房废水	826	4.72		1.48

（二）试验方法

将收集的餐饮废水过滤处理后，以50ml为单位取餐饮废水若干份，按比例加入浓硫酸，放置于高压灭菌锅内，在122℃、0.15MPa的条件下蒸煮0.5h，冷却后测定各水样上清液中的COD、TP、TN和NH_3-N。确定此法对各污染物指标的去除效果以及浓硫酸的最佳投加量。

二、结果与分析

（一）浓硫酸投加量对餐饮废水COD的去除效果

在高温高压的条件下，水的行为将发生改变，与非极性气体相近，溶剂性质也与低极性有机物近似，因而它能与非极性（或弱极性）的有机物完全互溶[5]，在此反应中，餐饮废水在高温高压的条件下相互撞击频繁且剧烈，使废水中的大分子有机物分子键断裂转化成小分子有机物分子，未添加浓硫酸的餐饮废水 COD 的去除率为 34.04%。

美国学者 Modell M[6] 在 20 世纪 80 年代提出的超临界水氧化技术指出，当有机物和氧溶解于超临界水中时，它们在高温单一相状态下密切接触，在没有内部相转移限制和有效的高温下，氧化反应迅速完成，能有效地去除有机物；有机物中的 C、H、N 元素被氧化成 CO_2、H_2O 和 N_2，Cl、P、S 及金属元素转化成盐析出[7]。由图 1 可知：分别在餐饮废水中添加不同体积浓硫酸后，餐饮废水 COD 的去除效率与未添加组对比，有了较大幅度的增加，随着添加浓硫酸体积的不同，餐饮废水的去除效率先增大，后减小，呈倒 U 形，浓硫酸添加体积为 5ml 时，餐饮废水 COD 的去除效率最高，为 81.81%。

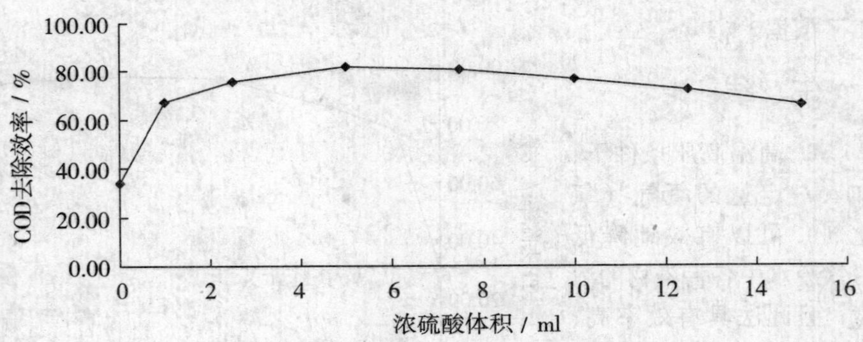

图 1　不同体积浓硫酸对 COD 去除效率的影响

（二）浓硫酸投加量对餐饮废水 NH_3-N 的去除效果

Takahashi 等[8] 对尿液等含氮人体代谢污染物超临界水氧化处理的研究表明：SCWO 可将这些含氮污物完全氧化成 CO_2、H_2O 和 N_2，实现从尿液等人体代谢污物中回收饮用水。由图 2 可知：未添加浓硫酸的餐饮废水在高温高压条件下蒸煮后，NH_3-N 的去除率为 35.33%；而添加不同体积的浓硫酸对 NH_3-N 的去除效果与 COD 一样，也是呈倒 U 形曲线，在添加浓硫酸体积为 5ml 时，餐饮废水的 NH_3-N 去除率最高，为 92.08%。

（三）浓硫酸投加量对餐饮废水 TP 的去除效果

未添加浓硫酸的餐饮废水在高温高压条件下蒸煮后，TP 的去除率为 77.70%；而添加不同体积的浓硫酸对 TP 的去除效果也是呈倒 U 形曲线，在添加浓硫酸体积为 7.5ml 时，餐饮废水的 TP 去除率最高，为 96.58%；但添加浓硫酸体积为 5ml 时，餐饮废水 TP 的去除率为 95.71%，本着减少浓硫酸带来的环境问题以及减少处理成本的原则，我们认定 5ml 为最佳投加量。

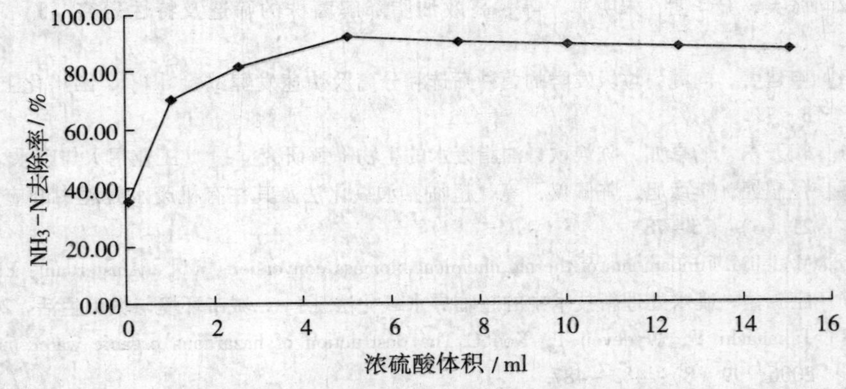

图 2　不同体积浓硫酸对 NH_3-N 去除效率的影响

（四）浓硫酸投加量对餐饮废水 TN 的去除效果

本文对 TN 的测定采用的是过硫酸钾氧化、紫外分光光度法进行测定，其原理是 NO_3^- 在波长 220nm 处有最大吸收，而一般的不饱和有机物在紫外段都有吸收，为屏蔽有机物在波长 220nm 处的吸收，以水样（有机物 + NO_3^-）在波长 220nm 处的吸收减去波长 275nm（只有机物吸收）的吸光度表示净硝酸根的吸收。在试验过程中，$A_{220}-2A_{275}<0$，说明水样中还剩余不饱和有机物在波长 275nm 处对紫外光的吸收从而产生的干扰，可能是此种温度、压力的条件下，并没有完全使某些大分子有机物转变成小分子有机物，这也为后期探索温度、压力对餐饮废水的处理提

供了依据。

三、结　论

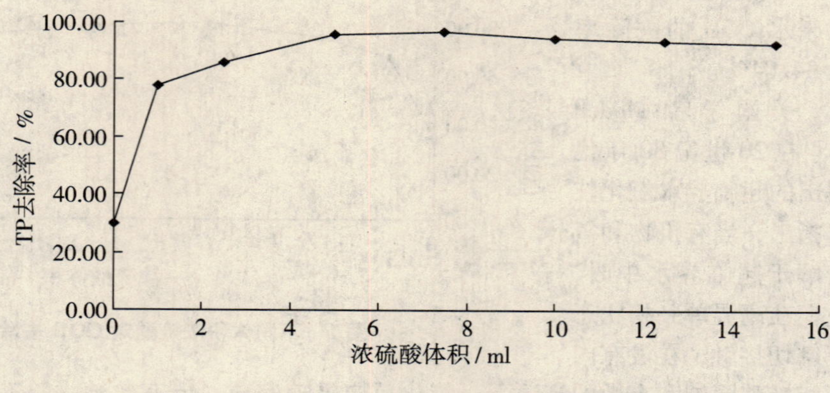

图3　不同体积浓硫酸对TP去除效率的影响

1. 高温高压条件下，加入一定量的氧气（氧化剂）可以有效地降低餐饮废水中各污染物的浓度，且此法具有效率高、二次污染小以及不产生污泥等优点，具有一定的推广价值。

2. 在高温高压条件中，浓硫酸可以很好地氧化餐饮废水中的有机物，在浓硫酸投加量为5ml时，对餐饮废水的COD，NH_3-N、TP都有很大的去除率，分别为81.81%、92.08%、96.58%。调节pH后，接生物处理装置，能使餐饮废水达标排放。

3. 测定TN时，$A_{220}-2A_{275}<0$，说明水样中还剩余不饱和有机物在波长275nm处对紫外光的吸收从而产生的干扰，可能是此种温度、压力的条件下，并没有完全使某些大分子有机物转变成小分子有机物，这也为后期探索温度、压力对餐饮废水的处理提供了依据。

参考文献

[1] 邬扬善. 城市污水处理发展近况和问题［J］. 给水排水，1995，21（12）：40－43.

[2] 张英，秦华明，朱明军，等. 高效油脂降解菌株的筛选及特性研究［J］. 工业用水与废水，2003，23（2）：5－7.

[3] 申建美，向飚. 垃圾发酵的菌种筛选和分离及快速发酵试验［J］. 四川化工与腐蚀控制，2002，21（3）：3－7.

[4] 赖万东，杨卓如，陈焕钦. 油脂废水的生物降解研究［J］. 工业用水与废水，2000，3（4）：21－23.

[5] 孙楹煌，李彦旭，陈佩仪，等. 超临界水氧化法及其在有机废水处理中的应用［J］. 水资源保护，2005，21（6）：75－78.

[6] ModellM. Fundaments of thermo chemical biomass conversion［M］. Amsterdam：Elsevier，1995：95.

[7] 庄源益. 废水处理新技术中的超临界水氧化法［J］. 城市环境与城市生活，2007，11（3）：8－11.

[8] Takahashi Y，Wydeven T，Koo C. The destruction of hazardous organic water materials［J］. Adv Space Res，2006，99（8）：483－487.

共凝聚混凝气浮吸附法处理切削废液的研究

李福忠 许 芝 费庆志

（大连交通大学环境科学与化学工程学院 辽宁 大连 116028）

摘 要 本文采用共凝聚气浮吸附法处理切削废液，在实验研究中，探讨了各参数对处理效果的影响，着重考察了混凝剂种类、投药量、助凝剂的投药量、活性污泥的投加量、pH值，加药顺序、溶气压力及回流比等的影响规律，由此确定适合的操作条件。

关键词 共凝聚 气浮 混凝 切削液废水

在机械加工工业，切削液被普遍使用为防腐剂、润滑剂及循环冷却液。切削液在循环使用过程中，由于细菌大量繁殖形成缺氧环境，致使切削液腐败变质，并产生难闻的臭味，因此切削液必须定期更换，产生切削液废水。切削废液中含油量高达15 000～20 000mg/L，COD：18 000～35 000mg/L，BOD：5 000～10 000mg/L，pH在9.0以上等。废切削液是一种难处理的工业废水，目前处理切削废液的主要方法：化学药剂破乳、电凝聚处理法、超滤处理法等。从效果看，除油可达到小于10mg/L、COD较高在1000mg/L以上，治理费用太高：12元/t（1985年），产生的泥渣处理不当还会造成二次污染。

一、共凝聚气浮破乳机理及实验材料与方法

（一）实验机理分析

我们设计研制的新型共凝聚反应器，能释放出大量的高度密集的超微气泡，与投药混合后的初级反应水，也就是微絮粒刚要形成而尚未形成时的水，充分搅拌后，同时成长，使颗粒以微气泡为核成长，即超微气泡与微絮粒同时形成并结合一起，进而共同成长为带气絮体，这样的带气絮体再与助凝剂相作用，形成更大的带气絮体群等，这种有微气泡直接参与凝聚而与絮粒共聚长大的过程称作共凝聚作用。

（二）实验材料与方法

1. 实验材料

实验中所采用的废水为大连某轴承厂切削废液，水质指标为COD：5 000～20 800mg/L、BOD：3 000～11 000mg/L、油：2 000～14 000mg/L、pH：9.76、外观为灰黑色，有腐败臭味。

混凝剂：硫酸铝［$Al_2(SO_4)_3$］，聚合氯化铝（PAC），大连力佳化学品有限公司产品，性能指标符合国标；助凝剂：PAM，大连力佳化学品有限公司产品，聚合分子量600万，实验使用浓度：5g/L；活性污泥：取自大连开发区污水处理厂产生的经过絮凝压滤脱水后的剩余污泥，含水率：80%。

2. 实验方法

（1）混凝阶段：用6个250ml的烧杯分别加入200ml原水，置实验搅拌机平台上；

（2）启动搅拌机，快速搅拌30s、转速为300r/min；中速搅拌10min、转速为100r/min；慢速搅拌10min、转速为50r/min；加助凝剂，搅拌5min，转速为30r/min。搅拌完毕后，静置15min，取上清液测COD（COD的测定均采用重铬酸钾标准方法）。每一分步试验均选择前面确定的最优条件。

（3）气浮阶段：实验过程，先将定量的自来水及空气由多项介质泵抽入气液分离罐，然后通入反应池，与加入药剂的废水充分混合，使凝聚的絮体与微小气泡形成复合体，上浮池顶，由刮渣机刮除，处理后的水由排水系统排出。共凝聚气浮装置工艺流程如图1所示。

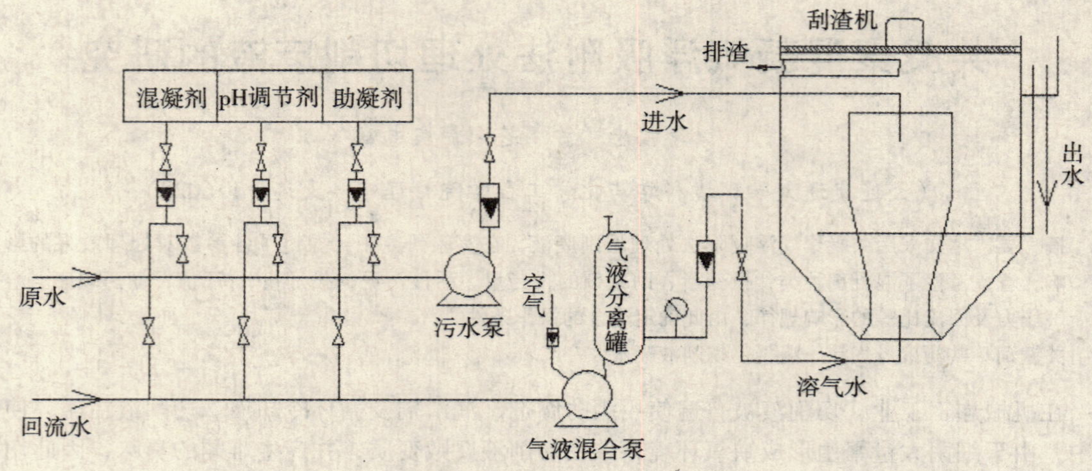

图 1　共凝聚气浮装置工艺流程示意图

二、实验结果与讨论

（一）最佳混凝破乳剂的确定实验

实验选用两种无机混凝剂作为破乳药剂，一种是低分子无机混凝剂，硫酸铝［$Al_2(SO_4)_3$］；一种是高分子无机混凝剂，聚合氯化铝（PAC）。为了对比这两种药剂的破乳效果，分别测得其不同投加量与 COD 去除率的变化曲线，如图 2、图 3 所示。

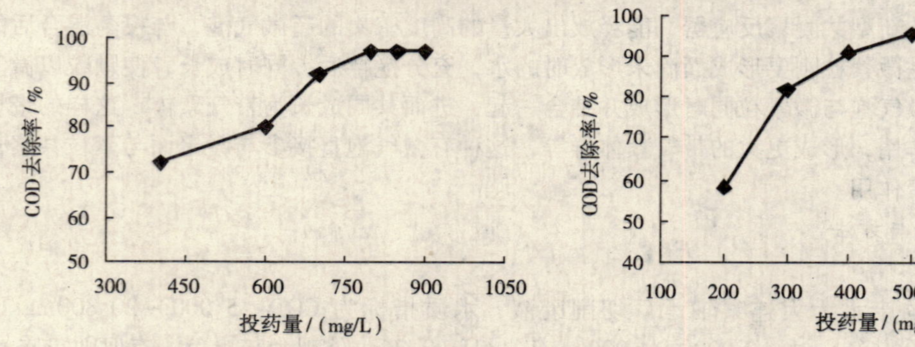

图 2　$Al_2(SO_4)_3$ 投药量与 COD 去除率的关系　　**图 3　PAC 投药量与 COD 去除率的关系**

从图 2 图 3 可以看出硫酸铝［$Al_2(SO_4)_3$］和聚合氯化铝（PAC）随着投药量的增大，处理效果逐渐变好，当投药量大于某一值时对 COD 的去除难以提高。对于此类切削废液，聚合氯化铝的最佳投药量为 500mg/L，而硫酸铝的最佳投药量为 850mg/L，聚合氯化铝相对硫酸铝来说，用药量少，产生的渣量也比较少，这说明聚合氯化铝更适合处理此切削废液。

（二）助凝剂的投药量确定实验

为了更精确地确定 PAC 与 PAM 的使用配比，在投加了 500mg/LPAC 的水样中，PAM 的投加量在 5～20ml/L 之间变化，PAM 用量与 COD 去除率的变化曲线，如图 4 所示。

实验表明：COD 去除率开始随 PAM 投量的增加而增加，但在投量 12.5ml/L 时出现转折点，之后 COD 去除率开始随 PAM 的增加而减少，并且不再升高。因此，PAM 投加 12.5ml/L（相当于 62.5mg/L）时，切削液废水的 COD 去除率最高。助凝剂 PAM 的加入有助于絮状物之间的架桥，使固液分离速度加快，并且更彻底，有利于 COD 的去除，但加入量过大，可能引起胶体颗粒发生了再稳现象，不利于 COD 的去除。所以，在 PAC 投量为 500mg/L 的条件下，适宜的 PAM

投量为62.5mg/L。

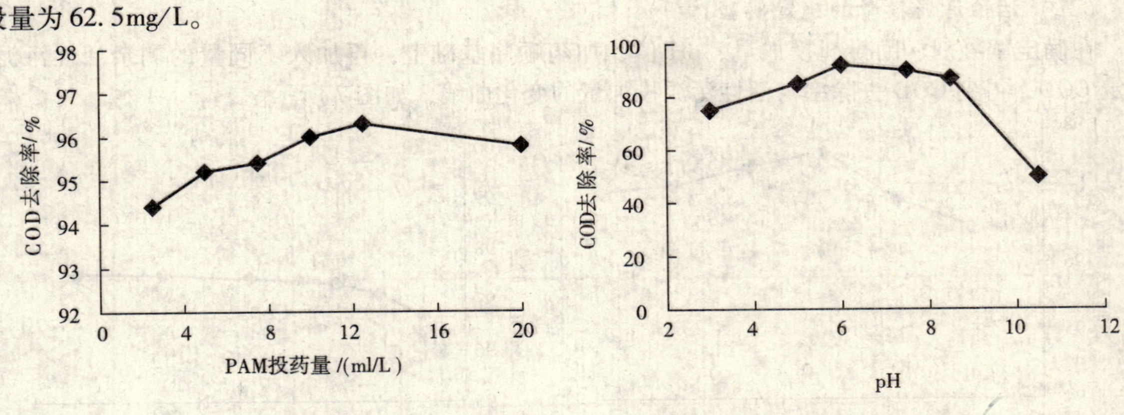

图4　PAM投加量与COD去除率的关系　　图5　pH与COD去除率的关系

（三）pH值的确定实验

在切削废液的处理中，研究切削废液的pH影响是必要的。实验用切削废液pH值为9.76，向水样中投加聚合氯化铝为500mg/L，通过HCl或NaOH调pH在3～10.5范围内变化，再投加PAM12.5ml/L，经充分搅拌后测各pH下的上清液COD，COD去除率随pH的变化曲线，如图5所示。

从图5可以看出：pH的调整显著提高了COD去除率，可以说COD去除率的整体走势是随pH的升高，先增加后减少，pH在5～8.5范围内时，COD去除率较高，当pH=6时，COD去除率达到最大值92%。

（四）絮渣处理及混凝剂循环使用

切削废液经混凝处理后，产生占总体的5%～10%含水絮渣液。絮渣主要成分是氢氧化铝细小颗粒吸附大量微小油珠及其他杂质而形成。用浓硫酸对絮渣液（300ml乳化废液混凝后所产生的量）进行处理，用浓硫酸处理絮渣，用量约为每升乳化废液产生的絮渣液需3.5～6.5ml，最佳量为4.5ml，同时可以回收到15～17ml/L的油品，此油品经适当处理可重新配制乳化油。用浓硫酸处理混凝絮渣分离回收油品后，所得的混合液仍有混凝作用，这样可以使混凝剂循环使用，作用原理如图6所示。

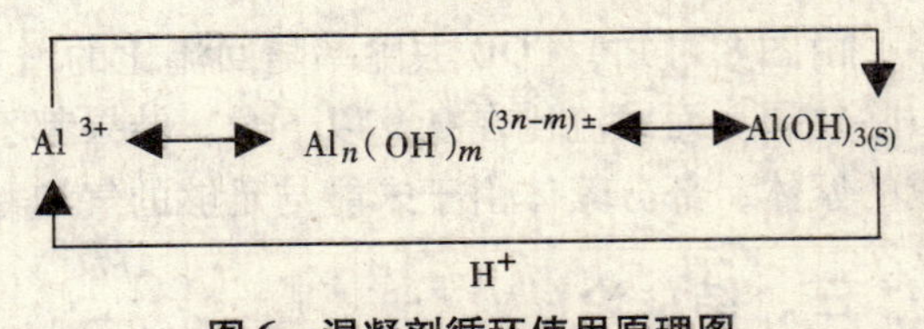

图6　混凝剂循环使用原理图

混凝剂循环使用处理乳化废液的结果如表1所示。

表1　混凝剂循环使用处理乳化废液的实验结果

循环次数	处理乳化废液量/ml	用浓硫酸量/ml	COD/(mg/L)	油/(mg/L)	回收油/mg
0	300	0	876	8.4	5.2
1	1000	1.4	845	8.2	15.1
2	800	1.4	860	9.5	13.4
3	650	1.4	904	11.3	6.8
4	540	1.3	956	15.6	5.8
5	500	1.2	894	12.2	5.4
6	400	1.0	1128	20.3	5.2

从表1中可以得出知：混凝剂能够循环使用6次以上，并且由于再生液中保证了酸、铝量平衡，使处理乳化废液的能力较原混凝剂提高2～3倍。

（五）活性污泥投量的确定实验

在确定絮凝剂、助凝剂投加量、pH 值、加药顺序基础上，再加入不同量的剩余活性污泥，测定 COD，得到 COD 去除率与活性污泥投加量的变化曲线，如图 7 所示。

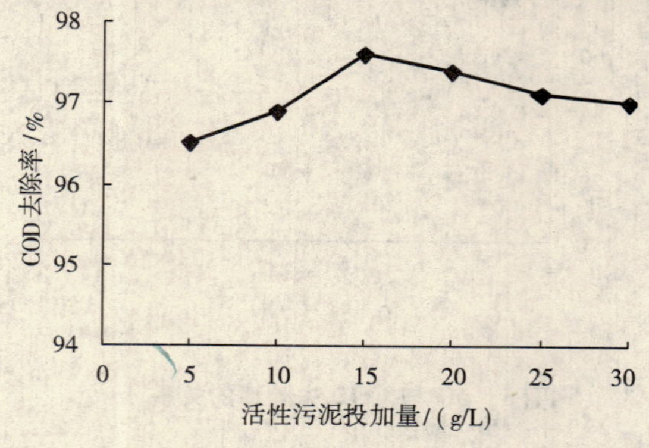

图 7　活性污泥投加量与 COD 去除率的关系

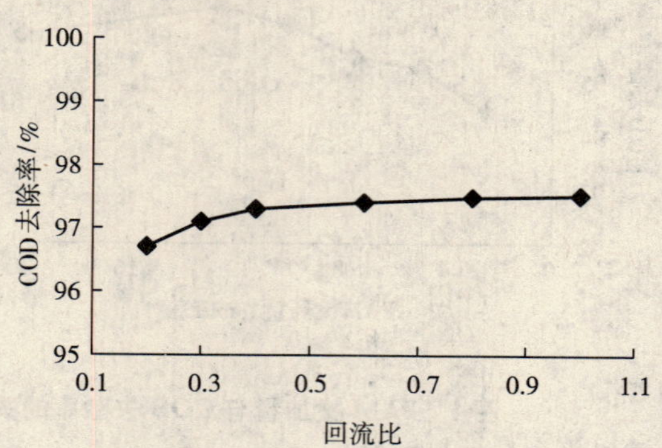

图 8　回流比对处理效果

由图 7 可知，随着活性污泥投加量的增加，COD 去除率也随之增加，但在投量 15g/L 时出现转折点，之后 COD 去除率开始随活性污泥投加量的增加而减少，而且不再升高。城市污水处理厂产生的剩余污泥有一定的吸附能力，将其加入到切削废液的混凝处理过程中，可以发挥协同作用，但本次实验使用的剩余污泥中含有较多的助凝剂，加入量过多时，影响出水 COD，所以，确定活性污泥的最佳投药量为 15g/L。

（六）溶气水回流比的确定实验

在气液混合泵的运行压力为 0.4MPa 时，PAC 的投加量为 500mg/L，PAM 的投药量为 12.5ml/L，剩余活性污泥投加量为 15g/L，在不同回流比下，用 1000ml 量筒测得不同回流比下的 COD，计算时已把回流溶汽水的稀释作用去掉。得到 COD 去除率与回流比的变化曲线，如图 8 所示。

由图 8 可知，COD 去除率随回流比的增大而增加。当回流比为 0.4 时即可达到较为稳定的去除效果。而回流比在 0.3 以下时，结果都不理想，这是因为回流比过小时，气泡不足以黏附生成的絮体，部分絮体由于未能与足够的气泡黏附而上升缓慢。

三、结　论

1. 通过混凝实验，从硫酸铝和聚合氯化铝中优选出聚合氯化铝作为混凝破乳剂。通过对破乳前后 COD 变化的研究，表明聚合氯化铝对此类废水的处理具有良好的破乳效果。针对此种废水，聚合氯化铝的最佳投药量为 500mg/L，聚丙烯酰胺的最佳投药量为 62.5mg/L，最佳 pH 值为 6，投药顺序为先调节 pH 为 6，然后投加聚合氯化铝，再投加 PAM。

2. 采用投加剩余活性污泥的方法，使活性污泥得到二次利用，体现废物利用的价值，而且有效地去除了废水中的有机物，确定最佳投量为 15g/L，使得 COD 由处理前的 3200mg/L 降至处理后的 75mg/L，处理结果达到国家污水综合排放一级标准。

3. 通过气浮实验，确定气浮压力为 0.4MPa，回流比为 0.4。

国内外木质素酶在污染废水治理上的应用研究进展

王　欣　赵晓联

（无锡市金坤生物工程有限公司　江苏　无锡　214131）

摘　要　木质素的生物降解酶主要有木质素过氧化物酶、漆酶、锰过氧化物酶和多酚氧化酶等。本文主要综述了木质素酶在废水治理中的应用进展。

关键词　木质素酶　废水治理　白腐真菌

一、木质素酶

木质素酶系主要来自于真菌，极少数来自于细菌和放线菌。其中能够引起木质白色腐烂的白腐真菌是目前研究最多的微生物。白腐真菌木质素酶系主要包括漆酶（Laccase，Lac），锰过氧化物酶（Manganese Peroxidase，MnP），木质素过氧化物酶（Lignin Peroxidase），分别代表一系列的同工酶[1]。

（一）漆酶的降解机制

漆酶（Laccase，Lac）是一种多酚氧化酶，也是一种典型的铜离子的糖蛋白，具有特征性吸收光谱。分子量一般在60～80kDa之间，最适pH值在3.5～7.0之间。在降解木质素的过程中Lac主要攻击木质素结构类似物的苯酚结构单元，在反应中，苯酚的核失去一个电子而被氧化，产生含苯氧基的自由活性集团，可导致Cα氧化、Cα－Cβ裂解和烷基芳香基裂解[2]。漆酶作用底物广泛，能够催化酚类、芳胺类、酸类、生物色素和非酚类物质的氧化，使之生成相应的醌类化合物、羰基化合物和水。

（二）锰过氧化物酶降解机制

锰过氧化物酶（Manganese Peroxidase，MnP）属于氧化还原酶，是真菌分泌的一种糖基化胞外蛋白，分子中含有辅基的铁血红素。在Mn^{2+}和H_2O_2存在时，MnP能氧化分解芳香环多聚体，被认为是木质素降解的关键酶之一[4]。MnP用木质组织中广泛存在的Mn^{2+}作为反应底物，将Mn^{2+}氧化成Mn^{3+}，Mn^{3+}从酶的表面扩散离开，再去氧化酶类化合物、不溶性的终底物及木质素[5,6]。

锰过氧化物酶酶促反应需要锰离子，在离子体条件下分解芳香环多聚体的反应如图1[7]：

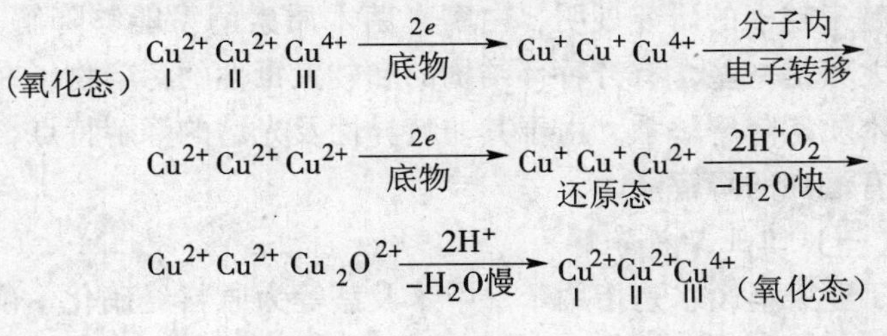

（氧化态）$\underset{I}{Cu^{2+}}\ \underset{II}{Cu^{2+}}\ \underset{III}{Cu^{4+}} \xrightarrow[底物]{2e} Cu^{+}\ Cu^{+}\ Cu^{4+} \xrightarrow[电子转移]{分子内}$

$Cu^{2+}\ Cu^{2+}\ Cu^{2+} \xrightarrow[底物]{2e} Cu^{+}\ Cu^{+}\ Cu^{2+}$（还原态）$\xrightarrow[-H_2O快]{2H^{+}O_2}$

$Cu^{2+}\ Cu^{2+}\ Cu_2O^{2+} \xrightarrow[-H_2O慢]{2H^{+}} \underset{I}{Cu^{2+}}\ \underset{II}{Cu^{2+}}\ \underset{III}{Cu^{4+}}$（氧化态）

图1　锰过氧化物酶（MnP）催化机制

（三）木质素过氧化物酶的降解机制

木质素过氧化物酶（Lignin Peroxidase，LiP）是最早发现的木质素降解酶，其晶体结构是一个典型的含有血红素辅基的血红蛋白[8]。LiP可以直接与芳香族底物反应，形成阳离子自由基，引起芳环结构的开裂、木质素单体烷基侧链的氧化；其过程可以用图2表示[7]。

二、木质素酶产生菌

木质素酶系主要来自于真菌，极少数来自于细菌和放线菌，其唯有引起木材腐朽的真菌——白腐真菌（white－rot fungus），被确证能产生彻底地分解木质素的酶系，因此它成了研究木质素酶的模式菌。它相对于纤维素类成分更易降解木质素，在腐朽木质素过程中几乎是同时破坏多糖和木质素，能在一定条件下将木质的主要成分（木质素、纤维素、半纤维素）全部降解为 CO_2 和 H_2O。由于白腐真菌能够分泌胞外氧化酶降解木质素，所以白腐菌被认为是目前最为理想的一类降解木质素的真菌[9]。LiP 和 MnP 主要产生菌见表 1 和表 2[4,10]。Lac 的主要高产菌王佳玲[11]、范寰[12]等曾作过统计，主要有多孔菌属（Polyporus）、革盖菌属（Coriolus）、栓菌属（Trametes）、侧耳属（Pleurotus）、白腐菌属（Phlebia）、香菇属（Lentinus）、云芝菌属（Polystictus）、灵芝属（Ganoderma）等。

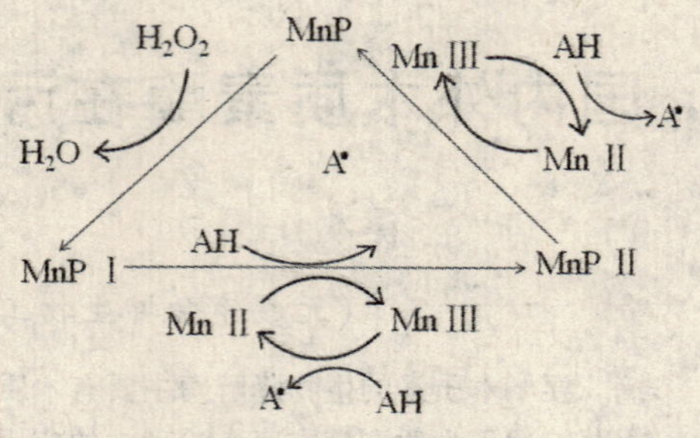

图 2　木质素过氧化物酶（LiP）催化机制

表 1　LiP 的主要产生菌

属名	菌种名
Trametes	T. gibbosa，T. versicolor
Phlebia	P. brevispora，P. radiate，P. ochraceofulva，P. tremellosa
Coriolus	C. consors，C. hirsutus

表 2　MnP 的主要产生菌

属名	菌种名
Pleurotus	P. sapidus，P. erynigii，P. Ppulmonarius，P. sajor – caju
Phlebia	P. brevispora，P. radiate
Panus	P. tigrinus，P. conchatus
Ganoderma	G. lucidum，G. valesiacum
Trametes	T. gibbosa，T. versicolor，T. villosa，T. cingulata

三、木质素酶在废水处理中的应用

越来越多的研究表明，白腐真菌木质素酶系能够降解其他微生物所无法或很难降解的污染物，尤其是一些含有芳香环结构的和较大毒性的污染物，在环境保护领域显示出了卓越的应用前景。木质素降解酶系，由于其非特异性及光谱的降解特点，其对环境中的各种污染物及污染体系均具有潜在的降解能力。

（一）工业染料降解

工业染料废水是指用苯、甲苯及萘等为原料经硝化、碘化生产中间体，然后再进行重氮化、耦合及硫化反应制造染料、颜料生产过程中排出的废水。比如炼油、石油化工、木材加工和煤气与炼焦等工业排放的含酚废水是一种污染范围广、危害性大的工业废水。若不经处理，会对人体、水体、鱼类以及农作物带来严重危害[13]。当用含酚废水（酚 $>50\sim100mg/L$）直接灌溉农田时，会造成农作物枯死和减产。

作为一种多酚氧化酶，漆酶可以降解木质素结构相类似的污染物，如 DDT、林丹、氯丹、二氯苯胺、多氯联苯、二恶英、二茂铁、杂酚油等。高恩丽[14]等人研究了云芝菌固态发酵产漆酶的条件优化及其对二氯酚脱氯作用，得出云芝漆酶对 2，4 – 二氯酚进行脱氯反应，其最适温度为35℃，当底物浓度为1mmol/L时，反应8h，去除率达到95%以上。陈坚等[15]采用PVC包埋法固定化微生物及木质素酶，对有机磷农药水胺磷的降解进行了实验研究，结果表明固定化的细胞及木质素酶对温度、pH值和水胺磷浓度的适应范围有所扩大。Bouag等[16]用固定化漆酶处理纸厂废水，有效地除去了甲基酚。

Hirai H等[17]发现云芝漆酶可有效催化杀虫剂甲氧滴滴涕（MC）氧化脱氯，产生无毒物质。AggelisG等[18]的研究表明，糙皮侧耳漆酶可有效去除橄榄油工厂废水（olive oil mill waste wate，OMW）中的酚类物质，降低OMW毒性，解除其对环境中微生物的抑制作用。Ricotta[19]研究了白腐菌（T. Versicoto）分泌的漆酶与五氯苯酚（PCP）的矿化关系，发现分离得到的胞外漆酶加剧了PCP的矿化。RoPher等[20]研究了添加愈创木酚和2，6－二甲基苯酚时漆酶对苯酚的去除能力的改变。

锰过氧化物酶对许多结构不同的高毒性、大分子、难降解的有机化合物质具有广泛的降解能力，其作用底物包括有机氯化物染料、硝基炸药、氰化物、多环芳烃、二氧六环类、四氯化碳、杂酚油等多种有机污染物[4]。MnP可以使底物经过多步反应逐步降解为二氧化碳和其他降解产物。

（二）纺服染料废水的降解

随着印染工业的发展，染料废水已成为当前环境污染中最主要的污染源之一，由于生物法对环境无污染，微生物和酶法是目前治理染料废水的研究重点。经发现白腐真菌木质素降解酶能在好氧条件下降解多种难降解的有机物[7]，具有独特的脱色能力，因此在环境保护领域显示出了卓越的应用前景。

木质素酶具有非特异性降解纺服染料的能力。如目前研究白腐真菌木质素降解酶多集中在酸性染料，分散染料、偶氮染料、活性染料、直接染料等有机物。连小英等[21]用黄饱原毛平革菌及其所产锰过氧化物酶对酸性蓝45进行了降解处理，发现MnP对酸性染料有良好的脱色降解效果。如给投加打结棉线载体后可以促进黄饱原毛平革菌对MnP的合成。郭梅[22]等利用基因工程菌产生的重组漆酶处理蒽醌染料RBBR，反应14h脱色率达到95.2%。陈琼华等[23]采用灵芝菌株发酵所得的漆酶，对酞菁类染料直接耐晒翠蓝GL进行了催化脱色实验，结果表明：灵芝漆酶对直接耐晒翠蓝GL具有很好的脱色效果，所试灵芝漆酶在印染废水治理方面具有良好的应用前景。吕聪等[24]利用茯苓产锰过氧化物酶，并对其用于染料结晶紫降解脱色，其脱色率为25%。张小昱等研究发现侧耳属白腐真菌（Pleurotus ostreatu）所产木质素酶对孔雀绿、溴酚蓝和结晶紫的降解效果明显，其脱色率分别可达到96.05%、91.20%和92.56%[25]。

（三）纸浆漂白与脱色

传统的纸浆漂白工艺带来严重的环境污染，其后出现的氧、臭氧、过氧化氢漂白工艺虽然减少了给环境带来的污染，但得到的纸浆多项指标不令人满意，且成本颇高。而生物漂白是指利用木质素降解菌或生物酶处理纸浆，以改善纸浆性能，减少化学药品用量，降低污染负荷[4]。锰过氧化物酶被认为是纸浆漂白的关键酶之一。Sasaki[26]等采用固定化MnP法，构建了热稳定的两步反应体系对纸浆进行处理，在7h内纸浆的白度增加了88%。

高千千等[27]分析了漆酶及漆酶介体系统在纸浆漂泊中的应用，得出了漆酶介体系统对木质素含量高的竹浆脱木质素效果明显，且对处理后续漂白中木质素的脱除也较有利，并且漆酶介体系统对浆中的最终黏度没有太大变化，说明漆酶介体系统对浆中残余木质素的作用具有选择性，对纤维素没有明显破坏。

（四）环境污染的监测

随着水污染事件的不断报道，有效地利用微生物快速地对环境水体污染的检测越来越重要。随着固定化漆酶技术的不断成熟为漆酶在环境监测中的应用提供了重要条件。用生物酶制成的酶电极具有专一性、敏感性、可靠性、可携带性、操作简便等优点。漆酶电极是指在生物膜上固定一层酶，当底物与酶层接触反应后，产物使生物膜上发生电量或电流密度的变化，传感器将这一系列变化转化为电化学信号，从而达到检测的目的[28]。其工作原理见图3。

赵春霞等[29]用标准菌株对比了酶底物法和多管发酵法及快速纸片法，监测分析了分组环境水样中的大肠菌群。结果表明，漆酶电极法操作快捷、简单、结果稳定、无二次污染，能满足水质监测和应急监测的需求。漆酶还可以被固定在光滑的石墨电极表面用作检测酚类化合物的生物检测器[30]。酚类化合物是现代工业生产中向环境排放的有毒物质之一，对环境和人类健康造成严重危害，深入研究木质素酶并精确测定有毒物质的含量无论是对环保还是对于人类本身都具有重大意义。

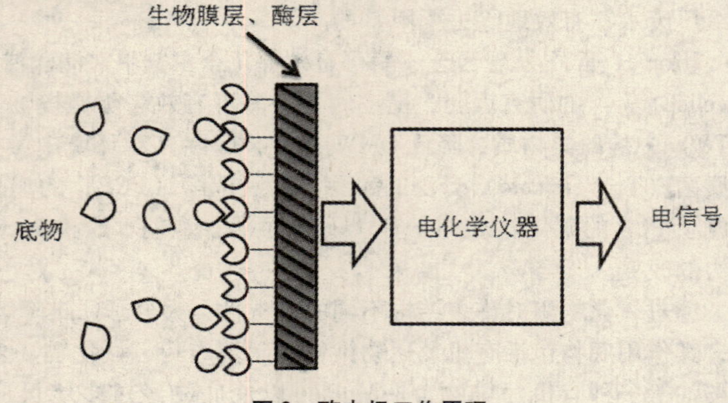

图3　酶电极工作原理

四、结论与展望

随着研究的不断深入，人们对木质素的降解机理及其应用有了较多了解。但在实际应用中，仍存在不少问题，如菌株合成木质素降解酶系的周期长、产酶量低、抗杂菌能力差等问题，制约了白腐真菌在工业化生产中的应用。因此，需要加强农业、生物、化工等多学科交叉研究，开发出在较宽泛的环境条件下降解木质素及类似结构的异生物质的白腐真菌具有非常重要的理论意义和应用价值。

白腐真菌分泌多种酶，为自然界罕见，它们对于世界上居第一、第二丰富的天然聚合物纤维素、木质素的再利用有不可低估的作用。许多大学和公司的实验室正在探索白腐菌木质素酶品工业化生产的最优化工程规划，涉及反应器的设计、培养参数的改良、突变品系的筛选、固定化酶载体的选择等。美、英、德等国成立相应公司直接与环境工程接轨，将白腐真菌技术直接推向应用，如美国洛根的 IntechOne－EightyCorp 用于对 TNT、DDT 等引起的土壤污染进行治理；蒙大拿州的 Mycotech 公司则用于石油烃的补救等。由日本科学家桑原正章领导的一个国际科研小组最近开发出一种用细菌分解农业废弃物并制备纤维素的方法，发现一种白色腐朽细菌可以分泌锰过氧化物酶。白腐真菌生物制品生产、生物治理及补救技术正走向市场、趋于商业化，并与工业界发生着越来越密切的联系。白腐菌酶系在不久的将来必将成为改善人类生活和环境的一朵奇葩。

参考文献

[1] 刘学艳，徐淑霞，张世敏，等．白腐菌处理燃料废水影响因素的研究［J］．染料与染色，2009，46（8）：57－59.

[2] 张力，邵喜霞，韩大勇．白腐真菌木质素降解酶系研究进展［J］．吉林畜牧兽医，2009，30（2）：9－12.

[3] Szklarz G D, Antibus R K. Production of phenol oxidases and peroxidases by wood－rotting fungi［J］. Mycologia, 1989, 81（2）：234－240.

[4] 景志远，李吕木．锰过氧化物酶研究进展［J］．饲料博览，2009，11：8－11.

[5] 李春凤，王立生．白腐真菌降解木质素酶系特性及其应用［J］．现代农业科技，2009，11：274－275.

[6] 许云贺，张莉力，曹新民．秸秆利用中白腐真菌的作用研究［J］．安徽农业科学，2008，36（34）：15172－15173.

[7] 靳奇峰，时胜男，焦庆祝，等. 真菌在染料脱色中的应用及酶学研究进展［J］. 辽宁师范大学学报，2009，32（4）：480－483.

[8] 刘尚旭，赖寒. 木质素降解酶的分子生物学研究进展［J］. 重庆教育学院学报，2001，14（3）：64－67.

[9] 江陵，吴海珍，伟朝海，等. 白腐菌降解木质素酶系的特征及其应用［J］. 化工进展，2007，26（2）：198－202.

[10] 王海磊，李宗义. 三种重要木质素降解酶研究进展［J］. 生物学杂志，2003，20（5）：9－11.

[11] 王佳玲，余惠生，付时雨，等. 白腐菌漆酶的研究进展［J］. 微生物学通报，1998，25（5）：233－236.

[12] 范寰，梁军峰，赵润，等. 白腐真菌在木质素微生物降解中的应用［J］. 天津农业科学，2009，15（15）5：19－22.

[13] 马秀玲，陈盛，黄丽梅，等. 磁性固定化酶处理含酚废水的研究［J］. 广州化学，2003，28（1）：17－22.

[14] 高恩丽. 云芝漆酶的生产及其应用基础研究［D］. 杭州：浙江大学，2004.

[15] 陈坚，堵国成. 环境友好材料的生产与应用［M］. 北京：化学工业出版社，2002.

[16] Hou Hongman, Zhou Jiti, Wang Jing, et al.. Enhancement of laccase Production by Pleurotus ostreatus and its use for the decolorization of anthraquinone dye. Process Biochemistry, 2004, 39（11）: 1415－1419.

[17] HiraiH, Nakanishi S, Nishida T. Oxidative dechlorination of methoxyehlor by ligninolytic enzymes from white－rot fungi. Chemosphere, 2004, 55: 641－645.

[18] Aggelis G, Iconomou D, Christou M, et al.. Phenolic removal in a model olive oil mill waste water using Pleurotus ostreatus in bioreactor culfures and biological evaluation of the Proeess. Water Res, 2003, 37（16）: 3897－3904.

[19] Rieotta A. Role of a laeease in the degration of Pentachlorophenol. Bull Environ Cotam toxicol, 1996, 57（4）: 560－567.

[20] RoPher J, Chadwiek Y. Enhancede enzymic removal of chlorophenols in the prnse of cosubstrates［J］. Water Res, 1995, 29（12）: 2720－2724.

[21] 连小英，于丹，周成，等. 白腐真菌产锰酶及对酸性蓝 45 的脱色［J］. 水处理技术，2009，35（7）：34－39.

[22] 郭梅，路福平，刘敏尧. 基因工程菌漆酶对蒽醌染料的脱色研究［J］. 环境科学与技术，2009，32（4）：133－136.

[23] 陈琼华，周玉萍，杨桃芳，等. 灵芝漆酶催化直接耐晒翠蓝 GL 脱色条件的优化［J］. 微生物学通报，2009，36（12）：1812－1817.

[24] 吕聪，曹福祥，董旭杰. 锰过氧化物酶对结晶紫脱色的研究［J］. 中南林业科技大学学报，2008，28（3）：172－173.

[25] 张培培. 任随周，许玫英，等. 微生物对三苯基甲烷类染料脱色的研究进展［J］. 微生物学通报，2009，36（9）：1410－1417.

[26] Sasaki T, Kajino T, Li B, et al.. New pulp biobleaching system involving manganese peroxidase immobilized in a silica support with controlled pore sizes［J］. Appl Environ Microbiol, 2001, 67（5）: 2208－2212.

[27] 高千千，朱启忠. 漆酶－介体体系（LMS）及其应用［J］. 环境工程，2009，27：598－602.

[28] 李玉英，杨振宇. 漆酶的特性和应用研究进展［J］. 江西科学，2009，27（5）：680－684.

[29] 赵春霞，张哲海，厉以强，等. 酶底物法与多管发酵法和纸片法监测环境水样大肠菌群的比较［J］. 环境监测管理与技术，2009，21（2）：63－64.

[30] 王欣. Trametes sp. SYBC－L3 固态发酵产漆酶及其分离纯化和特性的研究［D］. 无锡：江南大学生物工程学院，2009.

化学絮凝法处理洗浴污水的研究

曹玉龙　费庆志　许　芝　张寿通　郭海艳

（大连交通大学环境科学与化学工程学院　辽宁　大连　116028）

摘　要　以聚合铝、硫酸铝、偏铝酸钠、氯化铝为混凝剂处理洗浴污水，污水先经活性污泥吸附，后被粉末活性炭吸附。混凝剂（铝系列）中聚合铝对污水处理效果最佳，pH 为 6.0～6.5 范围内每 1000ml 污水中聚合铝加入量为 2ml（10g/L）左右，助凝剂加入量为 3ml（5g/L）；活性污泥以直接加入方式加入，加入量为 2g/L 污水时，处理效果最佳；粉末活性炭吸附过程中，流速控制在 35ml/min 以下，COD_{Cr}去除效果良好，最终污水 COD_{Cr}去除率可达 84.4%。该组合工艺处理污水效果好、工艺简单、易于操作管理、有实际的应用价值。

关键词　洗浴污水　聚合铝　粉末活性炭　活性污泥

一、引　言

洗浴污水的水质为：COD：150～230mg/L，SS：200mg/L 左右，浊度：50 左右。现有的洗浴污水的处理方法中，化学絮凝法和吸附剂吸附是最有效的方法。近年来研究表明，无机高分子絮凝剂对洗浴污水的絮凝效果好，但是单独使用无机絮凝剂常达不到预期的效果，适当配合有机高分子药剂，再加上吸附工艺，可使处理效果更佳。本课题拟研究采用混凝剂（铝系列）、粉末活性炭、剩余活性污泥组合工艺来处理洗浴污水，并对沉淀和气浮两种固液分离方式比较研究。

实验过程中，采用硫酸铝、偏铝酸钠、聚合铝（氯化铝）为混凝剂，并配以一定比例的助凝剂分别对洗浴污水进行絮凝沉淀（气浮）实验研究，同时采用吸附工艺对污水进一步处理，取得了令人满意的效果。由于是研究性课题，在实验过程中，各个环节所需仪器设备的模拟显得尤为重要，这也是实验过程中所应解决的主要问题。

二、实验部分

（一）实验材料

实验所用仪器为 JTY－6 搅拌器、DELTA320 pH 计、组合式气浮设备、721 分光光度计、小型塑料炭柱。实验所用试剂包括聚合铝溶液（10g/L）、$Al_2(SO_4)_3$ 溶液（10g/L）、$NaAlO_2$ 溶液（10g/L）、助凝剂 PAM（5g/L）、活性污泥、稀 NaOH 溶液（10%）、稀 HCl 溶液（10%）、$K_2Cr_2O_7$ 溶液（0.250mol/L，0.0250mol/L）、$(NH_4)_2Fe(SO_4)_2$ 溶液（0.10mol/L，0.01mol/L）、$HgSO_4$ 粉末。选取大连交通大学浴池废水做实验水样，水质：COD226mg/L；SS1850mg/L；浊度 57。

（二）实验方法[1]

在一系列的 1000ml 水样中，采用分组实验，每组采用不同的混凝剂，并控制其投加量，调节其 pH 值和助凝剂的加入量，进行搅拌后，静置沉淀（气浮），取其上（下）清液，测其 COD_{Cr}值[7]，计算其 COD_{Cr}去除率，选取最佳的混

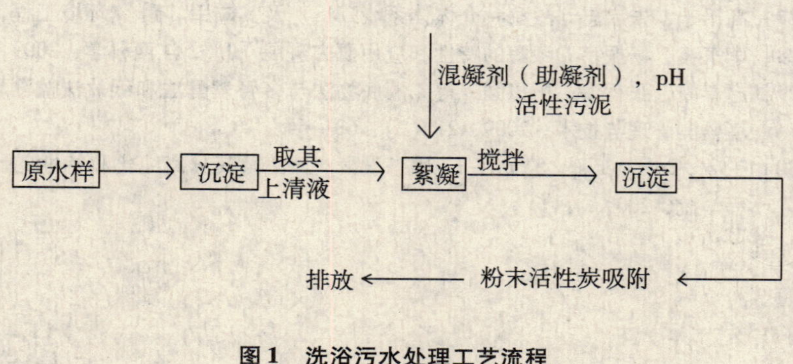

图 1　洗浴污水处理工艺流程

凝剂，并确定其最佳操作条件，然后重新取1000ml水样于6个1000ml烧杯中，分别加入1g、2g、3g、4g、5g、6g的活性污泥，再加入优选出的混凝剂并调节至最佳操作条件下，进行搅拌后，静置沉淀，取其上清液，测其COD_{Cr}值，计算其COD_{Cr}去除率，确定活性污泥的最佳投量。最后将通过活性污泥吸附、混凝剂絮凝处理后的污水通入到小型塑料炭柱（装有粉末活性炭）内，并调节不同流量，使其被粉末活性炭吸附处理。取处理后的终水测定其COD_{Cr}去除率等相关水质参数。处理方法的工艺流程见图1。

三、实验结果与讨论

（一）混凝条件实验

预先做好混凝剂加入预实验，可得各种混凝剂的大致最佳投加量见表1。混凝剂投加量对混凝效果的影响见表2。助凝剂投加量对混凝效果的影响见表3。pH值对混凝效果的影响见表4。

表1 预实验混凝剂投加条件

项目 混凝剂种类	投加量/ml	助凝剂投加量/ml	pH
PAC	2	3	6.50
硫酸铝	12	6	6.65
偏铝酸钠	8	4	8.62

表2 混凝剂投加量对混凝效果影响表

混凝剂种类	各种混凝剂的加入量/ml												
	0.5	1.0	1.5	2.0	2.5	3.0	4.0	6.0	8.0	10.0	12.0	14.0	16.0
PAC	●	●	○	○	●	●	—	—	—	—	—	—	—
	★	★	★	☆	☆	■							
硫酸铝	—	—	—	—	—	—	—	●	●★	●☆	○	○	●
								★			☆	■	■
偏铝酸钠	—	—	—	—	—	—	●	●	○☆	○■	●	●	—
							★	☆			■	■	

注：●浑浊，○澄清，☆絮凝体较大，★絮凝体较小，■絮凝体无增大现象

表3 助凝剂投加量对混凝效果影响表

混凝剂种类	助凝剂的加入量/ml								
	1.0	2.0	3.0	4.0	5.0	6.0	7.0	8.0	9.0
PAC	●★	●★	○☆	○■	●■	●■	—	—	—
硫酸铝	—	—	●★	●★	●☆	○☆	○■	●■	—
偏铝酸钠	●★	●★	○★	○☆	●☆	●■	—	—	—

注：●浑浊，○澄清，☆絮凝体较大，★絮凝体较小，■絮凝体无增大现象

表4 pH对混凝效果影响表

混凝剂种类	pH										
	5.80	6.01	6.25	6.50	6.80	7.00	8.30	8.62	9.00	9.35	9.7
PAC	●★	⊙★	○☆	○☆	⊙■	⊙■	●■	●■	—	—	—
硫酸铝	●★	●★	●★	⊙★	○☆	○☆	⊙■	●■	—	—	—
偏铝酸钠	—	—	—	—	—	●★	⊙★	○☆	○■	●■	●■

废水中浊度、pH 值、水温等都会影响混凝效果。浊度过高或过低都不利于混凝，浊度不同所用的混凝的量也不同。在混凝过程中，都有一个相对最佳的 pH 值存在，使混凝反应速度最快，絮体溶解度最小。由于水解过程中不断产生 H^+，因此常常需要添加碱来使中和反应充分进行。水温会影响无机盐的水解，水温低，水解反应慢。另外水温低，水的黏度大，布朗运动减弱，混凝效果下降。当使用多种混凝剂时，其最佳投加顺序可通过实验来确定。一般而言，当无机混凝剂与有机混凝剂并用时，先投加无机混凝剂，再投加有机混凝剂。当处理的胶粒在 50μm 以上时，常先投加有机混凝剂吸附架桥，再加无机混凝剂压缩扩散层而使胶体脱稳。

综观以上三组实验，结合用药量和污水处理效果两项指标，聚合铝不仅处理效果较好，而且用药少，价格也低廉，因此视为混凝集中的优选。利用聚合铝处理洗浴污水，加药量少、沉淀时间短，有利于絮凝处理，絮凝沉淀速度快，大部分絮凝体沉淀，有利于排放，并且聚合铝原料来源广泛、价格低廉、水处理成本较低，有实际的应用价值。

（二）活性污泥吸附实验[2]

取 6 份 200ml 污水样于 6 个 250ml 烧杯中，分别向其中加入已研碎的 0.2g、0.4g、0.6g、0.8g、1g、1.2g、的活性污泥，加入 2ml 的聚合铝（10g/L）、3ml 的助凝剂 PAM（5g/L），pH 值调至 6.0～6.5 之间，在 350r/min（1min）、100r/min（10min）、50r/min（10min）的条件下搅拌，静置沉淀 20min 后，取其上清液，测其 COD_{Cr} 值，观察活性污泥投加量对 COD_{Cr} 去除率结果见图 2，当活性污泥投加量为 0.4g/200ml 污水时，COD_{Cr} 值最低，去除率最高，处理效果最好。

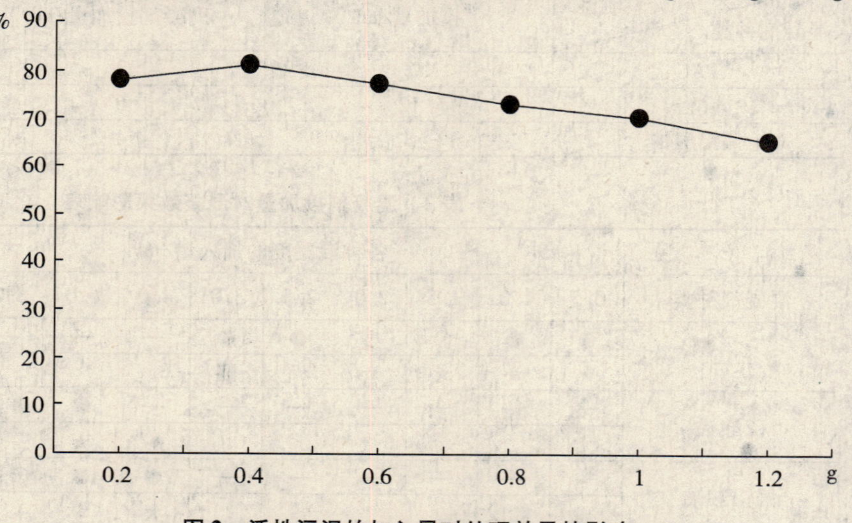

图 2　活性污泥的加入量对处理效果的影响

（三）沉淀和气浮效果对比试验[3]

对经过活性污泥吸附和混凝剂絮凝后的污水进行沉淀和气浮两种固液分离方式从处理时间和 COD_{Cr} 去除率两方面进行比较处理效果，结果见表 5。

两种固液分离方式中，气浮所需时间较短，但 COD_{Cr} 去除率较低，且经气浮处理过的污水的浮渣又重新降落，处理效果欠佳且操作不易；相对于气浮而言，沉淀虽然所需时间较长，但 COD_{Cr} 去除率较高。针对本实验所取污水密度较大、易沉淀，并且沉淀操作简单易行，因此本实验过程中采用沉淀固液分离方式。

表 5　沉淀和气浮对比实验

项目			处理时间/min	COD_{Cr}	COD_{Cr} 去除率/%
沉淀			20	44.0	81
气浮	回流比	20%	1	48.0	79
		30%	1	68.0	70
		40%	1	56.0	75
		50%	1	62.4	72

（四）活性炭吸附实验[4]

实验设备见图3。

尽管原水经活性污泥吸附和混凝沉淀后，其COD_{Cr}去除率较高，但为进一步净化污水，选用粉末活性炭进一步吸附。此过程中，使用粉末活性炭滤柱，模拟普通滤池进行快速小型炭柱实验。对混凝吸附后的污水进一步处理，炭柱直径为40mm（各工艺参数单列出），取2000ml水样，在最佳操作条件下用聚合铝混凝、活性污泥吸附处理后沉淀，取上清液得到COD_{Cr} = 44mg/L的处理水，将此水经过炭柱过滤，改变流量，测定不同流量下出水COD_{Cr}的值，实验结果见表6。

表6 流量对COD_{Cr}去除率的影响

流量/（ml/min）	COD_{Cr}/（mg/L）	COD去除率/%
20	32.8	85.51
25	33.6	85.16
30	34.7	84.67
35	35.2	84.45
40	38.2	83.13
45	40.3	82.20

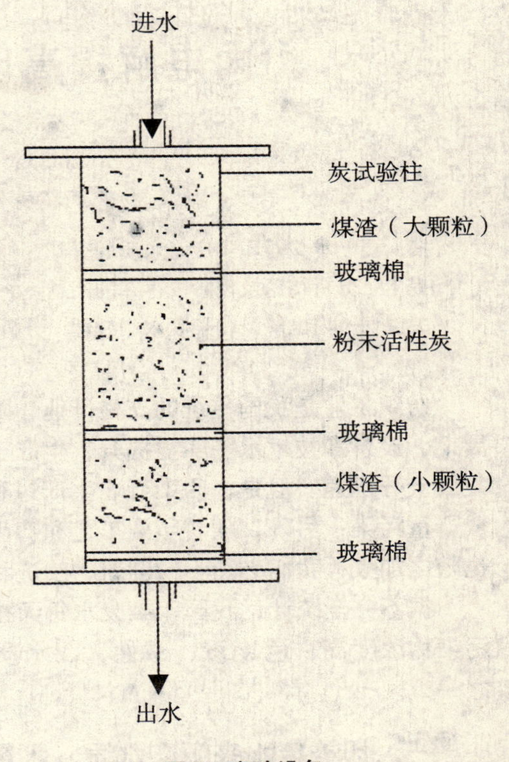

图3 实验设备

可见，流量在35ml/min以下时，经粉末活性炭处理后，COD_{Cr}的去除率可达到85%左右。使出水达到国家一级排放标准。

四、结 论

1. 以聚合铝为混凝剂，利用化学絮凝法处理洗浴污水，混凝后的污水经活性污泥吸附和活性炭吸附，COD_{Cr}去除率可达85%。废水经处理后达国家一级排放标准，可直接排放。

2. 以粉末活性炭为吸附剂进行吸附工艺操作时，由于活性炭具有巨大的比表面积和特别发达的微孔，其吸附能力强，吸附容量大，因此它被广泛应用于目前的污水处理中，其工艺简单、操作方便、有实际应用价值。

参考文献

[1] 丁保宏，宋波，韩元山. 餐饮废水化学处理方法研究［J］. 环境污染治理及设备，2005，2：66-68.
[2] 佟玉衡. 废水处理［M］. 北京：化学工业出版社，2004.
[3] 杨岳平，徐新华，刘传富. 废水处理工程及实例分析［M］. 北京：化学工业出版社，2002.
[4] 秦裕衡. 废水处理工程及回用（第四版）［M］. 北京：化学工业出版社.
[5] 唐手印，戴友芝，汪大翠. 废水处理工程［M］. 北京：化学工业出版社，2004.

内电解提高印染废水处理效果分析

王　毅

（石家庄市环境保护局　河北　石家庄　050021）

摘　要　本文对印染废水水质的介绍，通过实验数据分析了内电解对SBR生化工艺的促进作用，并提出了分析结论及现阶段存在的问题。

关键词　内电解　印染废水　处理　分析

纺织工业是我国传统的支柱产业，随着国民经济的快速发展，我国的印染业也进入了高速发展期，设备和技术水平明显提升，生产工艺和设备不断更新换代，印染企业尤其是民营印染企业发展十分迅速。但是，印染行业生产过程中排放的“三废”尤其是废水治理不当将会对环境造成严重污染；另外，随着印染工艺和产品结构的改变，印染水质也发生了变化，废水的处理难度也随之加大，我们必须不断创新、改进和提高印染废水的处理水平。

据不完全统计，我国印染废水每天排放量为300万～400万m^3。印染废水具有水量大、有机污染物浓度高、色度深、碱性大、水质变化大、成分复杂等特点，属较难处理的工业废水之一[1]。

一、印染废水来源、水质、水量

（一）废水来源

印染加工的四个工序都要排出废水，预处理阶段（包括烧毛、退浆、煮炼、漂白、丝光等工序）要排出退浆废水、煮炼废水、漂白废水和丝光废水，染色工序排出染色废水，印花工序排出印花废水和皂液废水，整理工序则排出整理废水。印染废水是以上各类废水的混合废水，或除漂白废水以外的综合废水。

（二）废水水质及水量

印染废水的水质随采用的纤维种类和加工工艺的不同而异，污染物组分差异很大。一般印染废水pH值为6～10，COD_{Cr}为400～1000mg/L，BOD_5为100～400mg/L，SS为100～200mg/L，色度为100～400倍。但当印染工艺及采用的纤维种类和加工工艺变化后，废水水质将有较大变化。如当废水中含有涤纶仿真丝印染工序中产生的碱减量废水时，废水的COD_{Cr}将增大到2000～3000mg/L以上，BOD_5增大到800mg/L以上，pH值达11.5～12，并且废水水质随涤纶仿真丝印染碱减量废水的加入量增大而恶化。当加入的碱减量废水中COD_{Cr}的量超过废水中COD_{Cr}的量20%时，生化处理将很难适应。

（三）废水特点

印染废水的水质随加工的纤维种类和采用工艺以及使用的染化料的不同而异，污染物组分差异很大。一般印染废水pH值为6～13，色度可高达1000倍，COD_{Cr}为400～4000mg/L，BOD_5为100～1000mg/L，印染废水一般具有污染物浓度高、种类多、含有毒害成分及色度高的特点[2]。

纺织产品的日益丰富，印染废水中难生化降解的物质日益增多，导致单纯的生化工艺对印染废水的处理效果越来越差[1]。SBR工艺能灵活方便地实现缺氧、厌氧、好氧条件的组合，使得SBR在难降解有机物处理中得以广泛应用，但单靠SBR生化工艺处理高浓度难降解印染废水还不能达标排放。本研究以SBR法为主体处理方法分别对SBR法、内电解－SBR法处理印染废水的降解效果、两种生化进水的可生化性、反应器内活性污泥的性能等方面进行了比较研究。

二、内电解对 SBR 生化工艺的促进作用

（一）对废水可生化性的影响

为了正确反映废水在内电解前后可生化的变化，本试验采用单位污泥的 COD 等负荷条件下的 m（COD_B）/m（COD）比值作指标。按照前述的 COD_B 测定方法，分别测得几组反应前后 m（COD_B）/m（COD）值。废水经过内电解反应后，可生化性由原来的 0.45～0.50 提高到 0.70～0.75。这是因为印染废水中的染料、大分子等物质经过内电解处理后，由于新生态物质 Fe^{2+}、H 的氧化还原作用，一些不饱和键打开使发色基团破坏，硝基物转化成胺基物，大分子物质分解成小分子的中间体[3]，在发挥脱色作用的同时，使 COD_B 值往往高于原水，改变了废水的可生化程度，为后续生化处理创造了有利条件。

（二）对污泥性能的影响

1. 污泥浓度与污泥负荷的比较

SBR 工艺和内电解－SBR 组合工艺各自稳定运行一段时间后，在相同的进水条件，即相似的容积负荷下，每隔一定的时间测定它们的污泥浓度，并计算相应的污泥负荷。

内电解－SBR 工艺生化反应器内污泥浓度超过 SBR 法的两倍，它承受的污泥负荷低于 SBR 法的 1/2。污泥浓度的提高来源于铁絮体的生成及由于污泥结构、压实性能的变化而引起的单位体积内微生物数量的增多。在内电解预处理反应中，铁不断腐蚀形成 Fe^{3+}，在生化反应器内由于 pH 值的升高和微生物的吸附作用，促进了 $Pe(OH)_3$ 絮体的形成，同时，微生物絮体和 $Fe(OH)_3$絮体协同吸附，形成了絮体粗大、结构紧密呈团粒状的生物铁污泥，镜检分析得出，生物铁富集了微生物及有机物，使较多的微生物与较多的有机物（由于废水的可生化性提高，废水中的有机物更容易被微生物利用）得到充分的接触，具有较高的代谢活性，加速了微生物对有机物的降解作用，进而提高了处理效率。

2. 污泥沉降性能比较

取等量的两种方法的污泥，装入 1000ml 的量筒中，进行污泥沉淀试验。开始时轻轻地搅拌悬浮液，使混合均匀，然后开始静沉。试验表明相同量的活性污泥，内电解－SBR 工艺要比 SBR 工艺沉降得快，这一点有利于提高对反应器的利用率。内电解－SBR 法的沉降曲线始终在 SBR 法曲线的下方，又说明了内电解－SBR 法污泥的压实性能也优于 SBR 法，从而使 SBR 反应器内的污泥浓度大大提高。另外由 30 min 时的固－液面位置可分别求得两种工艺的污泥沉降比 SV，SBR 法的 SV 为 28.5%，内电解－SBR 法的 SV 为 23%，明显低于 SBR 法，进一步说明了内电解－SBR 工艺中活性污泥比重大，易于沉降，有利于在反应器内保持浓度较高和沉降性能较好的活性污泥，这对比重较小的印染废水污泥来说是很有利的。

三、结论及存在的问题

印染废水是一种水量大、色度高、组分复杂的废水，水质变动范围大。在城市下水道和污水处理厂建设较完善的城市，废水首先在工厂作预处理，达到城市下水道排放标准后进行集中处理。废水经过预处理再排放可改善污水水质，降低城市污水厂处理负荷，同时便于根据不同的废水水质采取不同的预处理手段。在对印染废水进行最终处理时，有机物的去除一般以生物法为主，对难于生物降解的印染废水，采用厌氧（水解）—好氧联合处理较为合适，对易于生物降解的印染废水，可采用一段生物处理。色度的去除，一般以物理化学方法为主，对于规模大、处理水平高的工厂，可采用电解、化学絮凝、臭氧氧化等工艺，对于小规模的工厂，可采用炉渣过滤。

从我国染料行业废水治理技术的现状来看，尽管经过多年努力，已取得一批实用技术，解决

了不少问题，但总体上没有实质性的突破，特别是产品结构及工厂布局等不合理因素的存在，加重了废水的治理难度。因此，认为解决废水问题的根本出路在于工艺改革，通过采用先进的生产工艺来减排或不排废水。这方面国内已有许多成功的例子，如苯胺和邻甲苯胺的生产将铁粉还原改为氢化还原，彻底消除了铁泥水的污染；又如以氢化还原代替硫化碱还原用于氨基苯甲醚的生产，彻底消除了含硫废水等。

预防和治理印染废水的污染是相辅相成的两个方面，如果既采用预防措施，又采用各种方法积极治理，并做到处理后的水循环使用，这不仅能降低水的消耗，而且能有效地减轻印染废水对环境的污染。

参考文献

[1] 戴日成．印染废水水质特征及处理技术综述［J］．给水排水，2000，26（10）：33－36.

[2] 汪凯民，靳志军．印染废水治理技术进展［J］．环境科学，1994，12（4）：60－62.

[3] 李亚新．国外印染废水的电化学处理［J］．给水排水，1999，25（1）：42－44.

[4] 杨国栋，樊燕平，张淑荣．染料废水的电解脱色和处理研究［J］．山西大学学报（自然科学版），2001，24（3）：268－270.

[5] 赵少陵．活性炭纤维电极法处理印染废水的应用研究［J］．上海环境科学，1997，16（5）：24－27.

[6] 宁卫锋，倪亚明，何德文．电解法水处理技术的研究进展［J］．化工环保，2001，21（1）：11－15.

[7] 韩洪军，刘彦忠，杜冰．铁屑—炭粒法处理纺织印染废水［J］．工业水处理，1997，17（6）：15－17.

人造生物膜处理酵母生产废水及污泥减量

李勤生[1]　王业勤[1]　王若雪[1]　李知洪[2]　李天乐[2]　王　浩[2]

（1. 武汉益生泉生物科技开发有限责任公司　武汉市东湖南路7号水生科技苑E-801　430072；
2. 安琪酵母股份有限公司　湖北宜昌市城东大道168号　443003）

摘　要　酵母生产废水是高浓度有机废水，COD高，并含有大量难降解物质。人造生物膜是环保专利产品，用于处理酵母生产废水的试验结果表明，具有启动快、COD降解速率高、有脱氮功能，不流失、使用期长等优势，更突出的是在四个月的试验中，实现了污泥零排放。本文还讨论了酵母生产废水中难降解物质去除的途径。

关键词　人造生物膜　酵母废水处理　污泥减量

前　言

酵母工业以含有48%蔗糖的糖蜜为原料，是资源的循环利用。每吨糖蜜含COD 730kg，在酵母生产中糖蜜的COD利用率只有56%，因此，每用1t糖蜜原料，需要处理的COD量为321kg。由于酵母不能完全利用糖蜜中的有机物，加上酵母生长代谢过程中的代谢产物进入废水，形成了COD≥70000 mg/L的高浓度难降解有机废水。其中含有较高的黑色素、酚类、焦糖、纤维素、胶体物质，以及硫酸盐等无机盐类，特别是经厌氧处理后的出水，BOD/COD的比值从0.4降低到0.16左右后，生物降解性能差。采用好氧活性污泥法处理，COD去除效率不高，经两级生化处理后，COD去除率为60%～75%。

有报道称，从不同场所取来的好氧污泥，并用陶粒、塑料球与纤维带做填料进行生物接触氧化处理，结果都没能提高COD的去除率，并发现所有外来的20个菌株都难在UASB厌氧出水中繁殖，其生长受到严重的抑制[1]。周旋等[3]的分析研究结果证明，酵母废水中颗粒性有机物有48种，主要成分是间甲基苯酚、苯酚等，它们是我国水中优先控制的68种污染物中的两种，它们既难降解，且有毒性，是硝化细菌的强抑制剂。

人造生物膜是武汉益生泉生物科技开发有限责任公司的发明专利，是以微生物与生物强化技术相结合的环保产品[5]。为了验证人造生物膜对酵母废水的处理效果，与安琪酵母股份有限公司合作，进行了人造生物膜处理酵母生产废水的试验，结果报道如下。

一、材料、方法

1. 废水来源：试验用宜昌酵母生产工厂五部的酵母生产废水，为IC厌氧出水，水质情况列入表1。

表1　处理酵母废水的进水水质及预期达到的出水水质指标

	COD_{Cr}	BOD_5	pH	TSS	NH_4^+-N	TP
废水进水	2200～2500mg/L	400～500mg/L	7.0～7.2	1.5～2.0g/L	200mg/L	50mg/L

2. 人造生物膜片：膜片规格为100cm×5cm×0.2cm，共10000条，总体积为$1m^3$。膜片上分别固定有异养细菌和自养细菌。

3. 试验地点：试验在工厂五部应急处理池中进行。该池体积为12m×10m×3m，总体积为$360m^3$。注入污水240～$250m^3$。

4. 膜片安装和投放：在池中以脚手架作为支撑，将膜片用尼龙绳串联，分层均匀固定在池中，在反应池底放置曝气管道曝气。后在实施过程中，由现场悬挂膜片改进为投放人造生物膜漂浮悬挂式装置。

5. 预备试验：在 60L 塑料桶中注入 IC 出水 50L，其中悬挂规格为 25cm × 5cm × 0.2cm 人造生物膜片 40 片，用小型增氧泵通气。

6. 检测指标及方法：每 6h 取样一次，污水水样经滤纸过滤后，用微波消解 COD 快速测定法检测 COD；精密酸度计测 pH；奈氏试剂比色法测氨氮。

7. 数据分析：除观测分析废水处理全过程数据外，还按废水处理进程中的降解曲线作分段分析。

二、试验结果

（一）人造生物膜启动快

人造生物膜上高密度固定的微生物，虽然在运输、存放和安装过程中历经高温暴晒，仍保持了高活力，在放入污水后 12hCOD 从 2092mg/L 降至 1716mg/L，COD 的去除率按 1m^3 体积的人造生物膜 1 天的降解量为 136kg COD/m^3 · d。表明人造生物膜中的微生物是适用于酵母废水的好氧降解的。处理污水启动速度快，去除效率高。

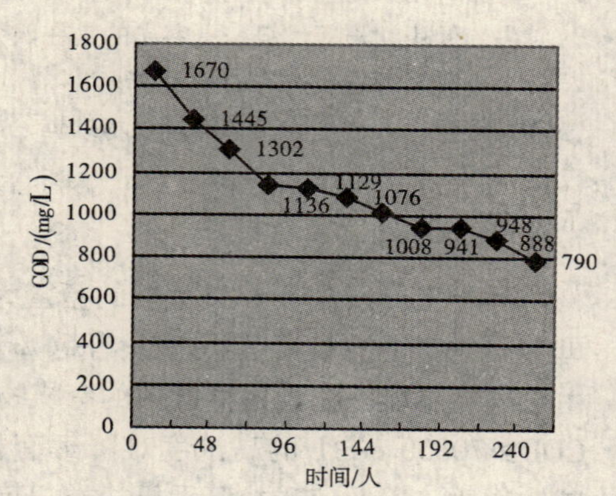

图 1　人造生物膜去除酵母废水 COD 效果

（二）选用菌株对 IC 厌氧出水 COD 的降解性能

选用菌株包括异养细菌和光能自养菌和化能自养菌。这些复合菌株对 IC 厌氧出水 COD 的好氧降解曲线（图 1）与已报道的酵母废水在 UASB 反应器中厌氧降解曲线类似（图 2）[4]。COD 中包括了易降解部分、可缓慢降解部分和惰性难降解部分。在预备试验条件下的 10d 连续试验中，易降解部分在 72h 内 COD 由 1670mg/L 下降至 1136mg/L，呈线性过程；然后是可缓慢降解部分的持续而缓慢的降解过程，COD 由 1136mg/L 下降至 790mg/L（图 1），最后留下惰性难降解部分。

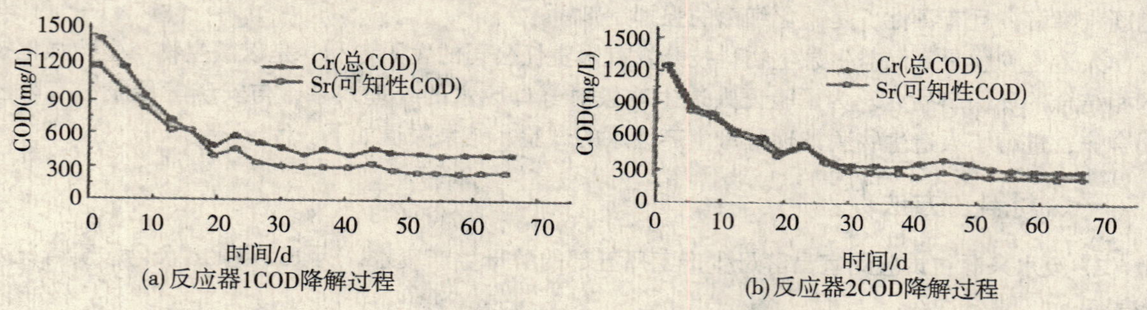

图 2　反应器 COD 降解过程[3]

（三）人造生物膜长时间运行的可行性

从 6 月至 10 月四个月的连续运行过程中，人造生物膜保持了降解污染物、去除 COD 的能力，并未受到 IC 废水的抑制，能够自主更新，并表现良好的耐冲击、抗毒能力[7]。

表 2 是不同时期 10 批次污水的降解速率的比较。根据污水处理不同批次 COD 降解过程曲线分析（图 3），基本上与图 1 曲线相似。

表 2 人造生物膜处理不同批次 IC 出水的 COD 降解速率

日期/批次	时间/h	COD 线性变化幅度	降解速度 COD/(mg/L·h)	单位体积人造生物膜降解速率/CODkg/(m^3·d)
6.18，9-21	12	1956—1806（150）	12.5	75
7.9，21—7.11，15	42	2521—2107（414）	9.86	59.1
7.15，21—7.18，15	66	1656—1008（648）	9.82	58.9
8.13，3—8.16，3	72	1746—1309（437）	6.07	36.4
8.19，3—8.20，3	24	1585—1354（231）	9.62	57.75
8.21，3—8.22，21	42	1580—1068（512）	12.2	73.1
8.25，15—8.27，15	48	1219—835（384）	8.0	48.0
8.28，9—8.29，15	30	1181—903（278）	9.27	55.6
8.30，9—8.31，3	42	1189—1008（181）	4.3	25.8
9.7，15—9.11，9	42	1445—1174（271）	6.45	38.7
平均值			8.81	52.8

此批污水中有强抑制物，经 8 天阻抑，换水后，恢复降解速率。

从 10 批污水处理的数据初步分析如下：

1. 进水 COD 值高，出水 COD 值也高；反之，进水 COD 值低，出水的 COD 值也低。

2. 本实验中 COD 可降至 880 ~ 1000mg/L，达到预期处理目标。

3. 在处理的前期阶段，COD 中易降解物质呈线性速率降解。在膜体积与污水体积比为1:250和 BOD/COD 比值为 0.15 ~ 0.2 的条件下，线性降解过程是在 48 ~ 72h，预期增加膜体积可加速线性降解的进程。

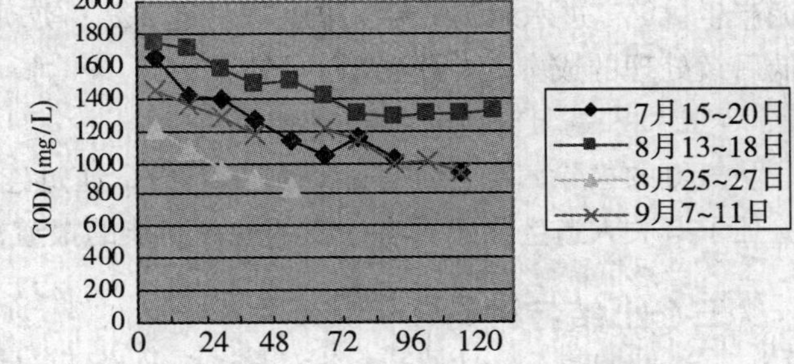

图 3 人造生物膜处理酵母废水不同批次 COD 动态

4. 线性降解的过程之后是难降解物质的缓慢降解过程。此阶段降解缓慢的原因可能是：

（1）污染物的化学结构特性不易为微生物降解[6]。表 3 所列是这些难降解物经过不同时间驯化后的降解速率。

（2）此时反应体系中必要的营养成分已耗尽，BOD/COD 比值降至 0.05 左右。

（3）微生物的代谢产物进入体系中，此时的 COD 值可能会不降反升；如适时全部更换污水，人造生物膜又可重新开始线性降解过程。

表 3 苯环上不同取代基化合物的平均降解速率[6]

名 称	降解速率/（mg/L·h）	名 称	降解速率/（mg/L·h）
苯	0.58	甲苯	0.93
苯酚	1.88	间苯二酚	0.14
对苯二酚	0.08	乙基苯	0.13

（4）如果仅是边进边排式的部分换水，将导致系统中难降解有毒物质逐渐积累，形成负反馈。

（四）人造生物膜替代活性污泥法，从源头上实现污泥减量

传统的好氧处理方法中，污水处理都会产生大量的污泥。因为污水处理过程就是污泥微生物利用分解有机物大量繁殖自身的过程。对这些剩余污泥的后续处理，包括化学絮凝沉降、回收、脱水、外运填埋或其他方式处理，大大增加了处理成本，并可能造成二次污染风险及污泥围城等严重问题。

在预备试验中已观察到人造生物膜控制污泥膨胀的效果。污泥膨胀是活性污泥处理污水过程中的常见问题。例如IC出水厌氧颗粒污泥沉降比SV_{30}为2%，进入曝气池后有时好氧污泥沉降比SV_{30}达到为100%，体积增加了50倍。

在以50% IC出水加50%曝气池好氧污泥的混合液中，放入人造生物膜，膜片体积为混合液的2%。起始COD为1693mg/L，4h后上升至2170mg/L，并在4天中维持在2100mg/L水平，表明污泥细胞物质在不断被人造生物膜中的微生物酶所降解，其SV_{30}仍保持在98%～100%。经过一周后，COD由2107mg/L下降至1053mg/L，第11天，污泥沉降比SV_{30}由100%下降至60%，第13天仅为10%，污泥体积减少了90%，污泥膨胀得以控制，效果相当可观（图4）。

在大池试验中，实际是以人造生物膜替代活性污泥法对厌氧IC出水进行好氧处理，以人造生物膜中高密度固定的微生物，替代活性污泥法中自由悬浮的微生物。通过膜中的微生物自主更新、隐性生长和分泌胞外酶将污水中的有机物大分子和死亡的细胞分解矿化，最后转变为二氧化碳、水、无机氮通过生物脱氮去除，而不是转变为大量的活性污泥微生物，所以在处理酵母废水过程中几乎没有污泥产生。SV_{30}进水时为2%，排水时仍是2%，实现了污泥零排放，从源头上减少污泥产量，降低后续处理的成本和二次污染的隐患。

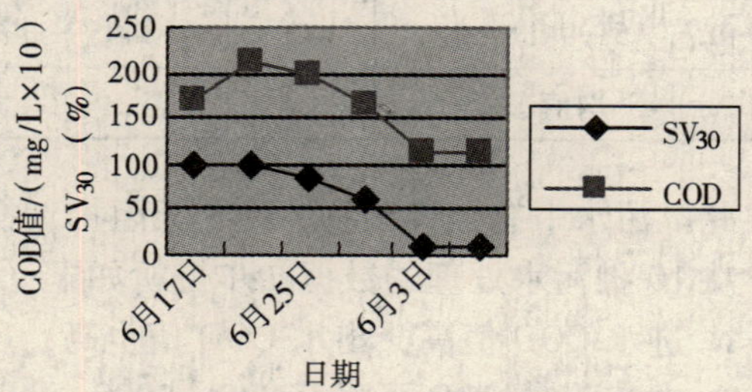

图4 人造生物膜污泥减量和去除COD的效果

（五）人造生物膜的脱氮作用

氨氮的去除率在水力停留时间72h内，通过连续地曝气，氨氮从130mg/L下降到68mg/L，验证了有关人造生物膜具有一定的脱氮功能的报道[8]。

三、小结与讨论

1. 人造生物膜代替活性污泥法处理酵母废水已显示了它的优势和应用潜力。在试验期间，无论预备试验还是放大试验，人造生物膜处理几乎没有污泥产生，污水的色度也有所降低。这对从源头上实现污泥减量具有重要意义。

2. 在人造生物膜与酵母废水体积比仅为1∶250时，COD的平均降解速率是8.81mg/L·h，如将膜与污水的体积比由0.4%增加到1%～2%，其降解速度将提高2.5～5倍（22～44mg/L·h），这是活性污泥法和其他填料生物膜法不能达到的，而且成本上也是可行的。

3. 由于酵母废水中的成分复杂，包括有可降解的物质、难降解物质和特别惰性、生物不能降解的部分，分段计算其降解速率，更有助于我们看到问题的实质，为解决存在的问题指出了方向。

4. 对如何提高降解速率、降低处理成本等提出了今后改进的途径：

（1）加大人造生物膜的投放量，由原来的0.4%体积比，增至1%～5%，提高生物可降解

物质降解速率是完全可能的。此外在试验初期采用现场挂膜片的方法出现在水力冲击下膜片堆集现象，以致膜片与污水的接触不够充分，改用漂浮悬挂式装置后得到了显著改善。

(2) 从试验过程及结果分析，今后应改变每批部分更换污水，以免其中难降解物质积累。

(3) 在现有应用菌株基础上，进一步选育、驯化具有降解难降解物质能力的、适应性更强的高效菌株。

(4) 对难降解和惰性物质进行物理、化学修饰，改变难降解物的化学结构，使其较易降解。

(5) 在人造生物膜对酵母生产废水好氧处理阶段，用生活污水稀释 IC 出水，低难降解物和抑制物的浓度，提高 BOD/COD 比值和可生化性。

(6) 应用非生物的其他方法去除惰性物质和颗粒物质。

参考文献

[1] 中国地质大学．“酵母工业废水污染物排放标准”编制说明（征求意见稿）. 2007，12.

[2] 张亚平，等．酵母废水的 Fenton 试剂氧化预处理 [J]．华南理工大学学报（自然科学版），2005，33 (10)：19－23.

[3] 周旋，等．酵母废水中颗粒性有机物的 GL－MS 分析 [J]．武汉科技学院学报，2009，22 (1)：9－12.

[4] 周旋，等．酵母废水处理出水可溶性微生物产物的研究 [J]．水处理技术，2007，33 (9)：43－46.

[5] 李勤生，王业勤，王若雪．人造生物膜的研究及其应用前景 [C]．河流生态修复技术研讨会论文集，水利部国际合作与科技司主编，北京：中国水利水电出版社，2005.

[6] 杨建，章非娟，余志荣．有机工业废水处理理论与技术 [M]．北京：化学工业出版社，2005.

[7] 李勤生，王业勤，王若雪．人造生物膜对制药废水污染的水体生态修复效果 [J]．污染防治技术，2008，21 (4)：30－32.

[8] 李勤生，王业勤．人造生物膜的脱氮作用 [J]．污染防治技术，2009，22 (6)：17－20.

生物吸附法处理含重金属废水的研究进展

宋慧平

（青岛科技大学化工学院　山东省青岛市四方区郑州路53号61号信箱　266042）

摘　要　重金属废水是一种对生态环境危害很大的工业废水。生物吸附法是目前处理含重金属废水最有前途的方法之一，尤其在处理含1～100mg/L的重金属废水时特别有效。详细介绍了生物吸附的机理、不同种类微生物对重金属的吸附特性，并对影响生物吸附过程的各种因素进行了讨论，最后对生物吸附重金属的发展方向进行了预测。

关键词　废水　重金属　生物吸附

重金属废水主要来源于采矿、选矿、冶炼、电镀、化工、制革和造纸，这些工业产生的含汞、铬、镉、镍、铜、铅等重金属废水具有较高的毒性，不仅对水生生物构成威胁，而且通过食物链造成生物体内累积，并最终危害到人类的健康。目前，处理重金属废水的方法主要有化学沉淀、离子交换、吸附等，它们的一个共同缺点就是当处理低于100mg/L的重金属废水时，操作费用和原材料成本相对较高，经济上不合算。为了开发环保型、高效低耗的废液治理技术，从20世纪40年代开始，国内外学者逐渐将研究重点转向贵重金属的生物吸附技术，目前已取得了一定的进展，该法也被公认为是一种很有应用前景的替代技术[1,2]。

一、生物吸附剂的简介

所谓生物吸附法就是利用某些生物体本身的化学结构及成分特性来吸附溶于水中的金属离子，再经固液分离去除水溶液中金属离子的方法。凡具有从溶液中分离金属能力的生物体及由生物体制备的衍生物通称为生物吸附剂。在利用生物吸附剂回收重金属方面，国内外相关人员已开展了很多工作，并且取得了一定的进展。生物吸附就是用生物材料吸附水溶液中的金属或非金属物质。

与非生物处理方法相比，生物吸附法的原材料来源丰富，品种多，成本低，不仅吸附设备简单、易操作，而且具有速度快、吸附量大、选择性好、pH值和温度范围宽和可有效地回收一些贵重金属等优点。在后处理方面，用一般的化学方法就可以解吸生物量上吸附的金属离子，且解吸后的生物量可再次吸附重金属离子。

随着微生物吸附金属的广泛研究，生物吸附剂的种类也越来越丰富。近年来研究较多的生物吸附剂可归纳为以下几类：

（1）细菌：枯草杆菌[3]、地衣芽胞杆菌[4]、大肠杆菌[5]等；

（2）真菌：酵母菌[6,7]、白腐真菌[8]、黑根霉[9]、产黄青霉[10]等；

（3）藻类：褐藻[11]、绿藻[12,13]等。

二、生物吸附金属离子的影响因素

许多学者研究了生物吸附金属离子的影响因素，证实了吸附量与许多物理、化学因素有关，如pH值、温度、时间、金属浓度、化学形态、混合金属离子以及吸附剂的预处理等。

（一）pH的影响

生物吸附过程中pH是影响吸附量的一个重要因素。在碱性条件下，一些金属离子会形成氢氧化物沉淀，使溶液中的重金属离子浓度降低，生物吸附量也相对降低。在酸性条件下，氢离子占据了细胞表面的阳离子结合位点，阻止金属阳离子在细胞表面的结合，也使生物吸附量降低。

不同微生物对不同重金属吸附的最佳 pH 也不同。

（二）温度的影响

对不同的生物吸附剂，温度对金属吸附量的影响有所不同。温度过高或过低都会使饱和吸附量略有降低。对于生物累积过程，其过程与细胞代谢机制、基团吸附热力学及吸附热容等因素有关，故低温对吸附量有较大影响，但高温也影响细胞膜的结合阻力，阻止金属离子的传输，也降低吸附量。总的来说，温度对生物吸附的影响不如 pH 值明显，并且升温会增加运行成本，因此在生物吸附过程中不宜采用高温操作。

（三）金属离子浓度的影响

生物吸附剂对贵金属的吸附量与其吸附位点的饱和程度有关。一般情况下，随金属的初始浓度提高，生物吸附剂的吸附量增加，但由于吸附位点的饱和度增加，吸附率反而降低。另外，在使用活的微生物体吸附金属离子时，需要考虑到金属离子对其代谢的影响，环境中的重金属浓度过高时会影响甚至抑制生物体的生长及代谢活动。

（四）预处理方法的影响

天然生物体经过一些预处理（如加酸煮沸、加碱煮沸、甲醛浸泡、氯化钙浸泡等）后，对金属离子的吸附量会有所增加。Ting 和 Lawson[14,15]用天然和预处理后的 Saccharomyces cerevisiae 吸附镉和锌离子，发现经过预处理的酵母细胞吸附金属离子的能力明显增强。Matheickal 和 Yu[16]发现 Durvillaea potaorum 经过氯化钙浸泡后加热干燥，对镉离子的吸附量大大提高。

三、生物吸附理论

在研究生物吸附金属离子的过程中，如能明确其吸附机理，则对简单高效吸附材料的研制、优化操作参数、改善吸附工艺等有着非常重要的指导意义。

生物种类的多样性决定了其吸附机理的复杂性。对于不同的微生物，如藻类、真菌和细菌，它们细胞壁上主要组成成分的差异导致了其吸附机理不同。此外，溶液中不同金属离子对生物体的亲和性差异也在一定程度上影响着生物吸附机理。

（一）微生物对金属的亲和性

不同金属离子对微生物体的亲和性不同。根据金属离子与 F^- 和 I^- 离子结合的强弱可确定金属的“硬度”，并且对金属进行分类：能与 F^- 形成很强化学键的金属离子称为硬金属（A 类），如 Na^+、Mg^{2+} 和 Ca^{2+} 等，一般在有机体内含量很高；相反，与 F^- 形成弱化学键的金属离子则被称做软金属（B 类），如 Hg^{2+}、Cd^{2+} 和 Pb^{2+} 等，一般都是有毒的重金属；而那些具有中间硬度的金属离子一般毒性较小，可以在一些生物体内存在并且可以调节一些生化反应。

在生物体内，硬金属离子一般与 OH^-，PO_4^{3-}、CO_3^{2-}、COO^- 和 $-C=O$ 等含氧官能团形成稳定化学键，而软金属离子与 CN^{2-}、RS^{2-}、SH^{2-}、NH_2^- 和咪唑等含氮和硫原子基团成键。硬金属一般形成离子键，而软金属一般形成共价键。另外，根据原子特性和金属离子溶液化学性质，金属离子与微生物细胞壁结合方式大致可分为三种：碱性金属和氧结合成不太稳定的络合物；过渡金属和氧、氮、硫结合成稳定的络合物；贵金属对含氮和硫基团有很强的亲和性，可能发生氧化还原反应[17,18]。

（二）生物吸附机理

由于细胞及溶液组成的复杂性，微生物吸附贵金属的机理尚不完全清楚。目前的理论观点认为，微生物对金属离子的吸附机理主要包括静电作用、离子交换作用、络合作用、酶促作用、沉淀作用、氧化还原作用等。

1. 静电吸附作用

静电吸附是一种物理吸附过程，生物体通过细胞表面一些带电基团对金属离子的静电引力，将其固定在细胞表面。许多研究表明，静电吸附是一种重要的生物吸附作用。如 Kuyucak 和 Volesky[19]在用漂浮马尾藻吸附金的研究中发现，在 pH 值为 2.5 的溶液中有其他金属离子（Pb^{2+}、Zn^{2+}、Ag^{+}）存在时，漂浮马尾藻能选择性地吸附金。他们认为在较低的 pH 值条件下，亚氯金酸盐水解生成不同的金属阴离子基团，而漂浮马尾藻细胞表面的功能基团，如胺基和羰基使细胞表面带正电荷。因此，漂浮马尾藻吸附金是其细胞表面所带的正电荷与负电荷的金离子基团之间静电作用的结果。

2. 表面络合机理

微生物能通过多种途径将重金属吸附在细胞表面。细胞壁是金属离子累积的主要场所，细胞壁主要由甘露聚糖、葡萄糖、蛋白质和甲壳质组成，这些多糖中的氮、氧、硫等供体原子都可以提供孤对电子，生成配位键络合物，还可以与一些大分子生成螯合物。

细胞壁上可与金属离子配位的官能团包括 C－OOH，NH_2^-，SH^-，OH^- 和 PO_4H^- 等[20]。Guibal 和 Roulph[21]指出细胞壁上的胺、酰胺和羧基等表面官能团依赖于介质的 pH 值而结合成解离质子。Tsezos[22]研究了非活性的少根根霉对钍和铀的吸附，通过电镜和 X 射线能谱仪的分析，发现吸附铀后的细胞壁上确实有某些物质存在，而在细胞内部和吸附前的细胞壁上没有发现这些物质；他还通过红外光谱分析比较了吸附前后的细胞壁，发现存在表征钍－氮键震动的新吸收带，他们认为是甲壳质上的氮和钍发生了络合作用，从而证明少根根霉吸附钍时确实发生了细胞壁与钍之间的作用。

3. 离子交换机理

金属离子除了与细胞壁上的负电性官能团络合而被吸附外，还可以离子交换的方式进行结合[23]。Brady 和 Tobin[24]研究了非活性少根根霉对 Cu^{2+}、Zn^{2+}、Cd^{2+} 等金属离子的吸附，也发现 K^{+}、Ca^{2+}、Mg^{2+} 从生物体上被交换下来进入溶液。Watkins 等人[25]利用 XAMES 和 EXAFS 研究普通小球藻与 Au^{+} 和 Au^{3+} 的结合，发现 Au^{+}－硫脲能与细胞表面的配体发生交换反应。然而这些交换下来的离子总量与金属离子的总吸附量相比只是很少的一部分，说明离子交换并非主要的吸附机理。许多研究者试图找出释放的这些离子与被吸附的金属离子之间的定量的交换关系，但结果均不理想。到目前为止对这种离子交换的起因还没有合理的解释，还有待于进一步探索。

4. 氧化还原机理

某些菌类本身具有氧化还原能力，能改变吸附在其上的金属离子的价态，使之变成挥发性和毒性均有改变的物质。Hosea 及 Gamez 等人[26,27]研究都发现，普通小球藻对 Au^{3+} 有很高的亲和力，且可用硫脲来解吸已被吸附的金属离子，但硫脲只能解吸 12% 的 Au^{3+}，经红外光谱分析证明，只有 Au^{+} 从细胞上洗脱下来，而且随着时间的延长，细胞上元素金的数量不断增加，说明吸附在小球藻细胞上的 Au^{3+} 先被快速还原为 Au^{+}，而后被慢慢还原为 Au^{0}。

5. 酶促机理

非活性和活性的生物都能吸附重金属，活性生物细胞对金属的吸收可能与细胞内的某种酶的活性有关。Volesky 和 May[28]等用活性啤酒酵母吸附镉，通过能谱仪的分析得知镉是以磷酸盐的形式沉积下来，且酵母细胞的细胞壁上没有镉的磷酸盐沉积物，而在细胞内的液泡中有大量的镉沉积物。Ulberg 等人[29]研究了芽胞杆菌对离子态及胶体态金的吸附，发现金的积累与细胞表面的蛋白质、碳水化合物的功能基团有关。

6. 无机微沉淀

无机微沉淀是金属离子在细胞壁上或细胞内形成无机沉淀物的过程。Ohnuki 等人[30]在研究 saccharomyces cerevisiae 细胞对铀的吸附时发现：铀沉积在细胞表面，外形呈针状纤维层，大约 0.2μm。这种累积的程度和速度受到环境因素的影响，如 pH、温度、其他离子干扰等。金属还能以磷酸盐、硫酸盐、碳酸盐或者氢氧化物等形式通过晶核作用在细胞壁上或是细胞内部沉积下来。

在微生物吸附贵金属的过程中，几种机理可能同时起作用。同一生物体吸附不同金属时，机理也可能不一样。这些机理可能是单独作用，也可能与其他机理一起作用，这取决于菌体类型及一些环境和实验因素的影响。由于金属本身的特性以及金属离子与细胞之间相互作用的复杂性，许多现象目前还无法从机理上得到确切的解释。

四、结　语

生物吸附法处理重金属废水是一个新兴的研究领域，它将以其新颖、独特的优势受到越来越多的关注。但是目前的生物吸附技术大多只停留在实验室阶段，对生物吸附机理的研究还不够透彻。细胞固定化技术即使用化学或物理手段，将游离细胞定位于限定的区域，克服了生物细胞太小难以与水溶液分离的缺点。但是，固定化后由于传质效率受到影响，从而导致细胞吸附效率下降[31]；另外，固定微生物的使用寿命较短，且固定化成本较高，在很大程度上限制了该技术在水处理中的广泛应用。

由此可见，生物吸附重金属的研究之路还很长。相信在这些研究工作逐渐完善的基础上，生物吸附技术一定会发挥其独特的魅力，为社会和经济创造更大的效益。

参考文献

[1] Tobin J M, Cooper D G, Neufeld A G. Investigation of the mechanism of metal uptake by denatured Rhizopus arrizus biomass, Enzyme and Microbial Technology, 1990, 12 (8): 591－595.

[2] Bahaj A S, Ellwood D C, Watson H P, Extraction of heavy medals using microorganisms and high gradient magnetic separation, IEEE Transactions on Magnetics, 1991, 27 (6): 5371－5374.

[3] 温志良，毛友发，陈桂珠．重金属污染生物恢复技术研究［J］．环境科学动态，1999，3：15－17.

[4] 刘月英，李仁忠，张秀丽，等．固定化地衣芽胞杆菌 R08 吸附 Pd^{2+} 的研究［J］．微生物学报，2002，42 (6)：700－705.

[5] Merroun M L, Ben O N, Gonzalez M T, et al., Myxococcus xanthus biomass as biosorbent for lead. Journal of Applied Microbiology, 1998, 84: 63－67.

[6] 刘恒，王建龙，文湘华．啤酒酵母吸附重金属离子铅的研究［J］．环境科学研究，2002，15 (2)：26－29.

[7] Volesky, Biosorption of heavy metals by Saccharomyces cerevisiae, Applied Microbiology and Biotechnology, 1995, 42: 797－806.

[8] 吴涓，李清彪，邓旭，等，白腐真菌吸附铅的研究［J］．微生物学报，1999，39 (1)：87－90.

[9] 屠娟，张利，赵力．非活性黑根霉对废水中重金属离子的吸附［J］．环境科学，1995，16 (1)：12－15.

[10] 汤岳琴，牛慧，林军，等．产黄青霉废菌体对铅的吸附机理研究［J］．四川大学学报，2001，33 (3)：50－54.

[11] Kuyucak N, Volesky B.. Accumulation of cobalt by marine algae, Biotechnology Bioengineering, 1989, 33 (7): 809－814.

[12] Cetinkaya G D, Aksu Z, Ozturk A, et al., A comparative study on heavy metal biosorption characteristics of some algae, Process Biochemistry, 1999, 34: 885－892.

[13] Greene B.. Interaction of gold（Ⅰ）and gold（Ⅱ）complexes with algat biomass［J］. Environmental Science and Technology, 1986, 20: 627－632.

[14] Ting Y P, Lawson F. Uptake of cadmium and zinc by the alga Chlorella vulgaris: Ⅰ. Individual ion species［J］. Biotechnology and Bioengineering, 1989, 34: 990－999.

[15] Ting Y P, Lawson F. Uptake of cadmium and zinc by the alga Chlorella vulgaris: Ⅱ. Multi－ion situation, Biotechnology and Bioengineering, 1991, 37: 445－455.

[16] Matheickal J T, Yu Q M, Biosorption of lead（Ⅱ）and copper（Ⅱ）from aqueous solutions by pre－treated bio-

mass of Australian marine algae, Bioresource Technology, 1999, 69: 223 – 229.

［17］勇生．水和废水监测分析方法（第 3 版）［M］．北京：中国环境科学出版社，1989.

［18］杨芬．藻类对重金属的生物吸附技术研究及其进展［J］．曲靖师范学院学报，2002，21（3）：47 – 49.

［19］Kuyucak N, Volesky B, Biosorbents for recovery of metals from industrial solutions［J］. Biotechnology Letters, 1988, 10: 137 – 142.

［20］Terashima M, Oka N, Sei T, et al., Adsorption of cadmium ion and gallium ion to immobilized metallothionein fusion protein［J］. Biotechnology Progress, 2002, 18（6）: 1318 – 1323.

［21］Guibal E, Roulph C, Uranium biosorption by a filamentous fungus Mucor miehel pH effect on mechanism and performances of uptake［J］. Water Research, 1992, 26（8）: 1139 – 1145.

［22］Tsezos M, Biosorption of metals: the experience accumulated and the outlook for technology development［J］. Hydrometallurgy, 2001, 59: 241 – 243.

［23］Simmons P, Singleton I, A method to increase silver biosorption by an industrial strain of Saccharomyces cerevisiae［J］. Applied Microbiology and Biotechnology, 1996, 45（1 – 2）: 278 – 285.

［24］Brady J M, Tobin J M, Binding of hard and soft metal ions to Rhizopus arrhizus biomass［J］. Enzyme and Microbial Technology, 1995, 17（9）: 791 – 796.

［25］Watkins J W, Elder R C, Greene B, et al., Determination of gold bind in the algal biomass using EXAFS and XANES spectroscopes, Inorganic Chemistry, 1987, 26: 143 – 147.

［26］Gamez G K, Dokken K J, Tiemann I, et al., Spectroscopic studies of gold（III）binding to alfalfa biomass, Proceedings of the 2000 Conference on Hazardous Water Research: Gateway to Environmental Solutions, Manhattan, KS, 2000: 78 – 90.

［27］Hosea M, Greene B, McPherson R, et al., Accumulation of elemental gold on the alga chlorella – vulgaris. Inorganica Chimica Acta, 1986, 123（3）: 161 – 165.

［28］Volesky B, May H, Cadmium biosorption by Saccharomyces cerevisiae［J］. Biotechnology and Bioengineering, 1993, 41: 826 – 829.

［29］Ulberg Z R, Karamushka V I, Vidybida A K, et al., Interaction of energized bacteria cell with particles of colloidal gold: peculiarities and kinetic model of the process［J］. Biochimica et Biophysica Acta, 1992, 1134: 89 – 95.

［30］Ohnuki T, Ozaki T, Yoshida T, et al., Mechanisms of uranium mineralization by the yeast Saccharomyces cerevisiae, Geochimica et Cosmochimica Acta, 2005, 69（22）: 5307 – 5316.

［31］Lopez A, Lazaro N, Morales S, et al., Nickel biosorption by free and immobilized cells of Pseudomonas fluorescens 4F39: A comparative study. Water, Air, Soil Pollut, 2002, 135: 157 – 172.

新型厌氧污水处理工艺——平流厌氧污水处理工艺

周永奎

（五粮液集团有限公司　四川省宜宾市岷江西路五粮液集团环境保护监督部　644007）

摘　要　笔者开发出一种适用于有机废水处理的新型厌氧反应器。反应器内不设折流板，也不需设置三相分离器。与国外先进的厌氧反应器相比，具有颗粒污泥类型分布合理，污泥保有浓度高，反应器结构简单、投资省，启动速度快等特点。这种污水处理工艺处于国际先进水平，是我国环境保护科研人员开发的具有自主知识产权的厌氧污水处理工艺，它突破了国外企业对先进厌氧污水处理工艺的技术垄断，相信会在我国污水处理领域发挥重要的作用。

一、平流厌氧污水处理工艺简介

厌氧污泥床反应器主要用于处理有机废水，通过微生物的作用将污染物分解而形成沼气、污泥等，从而达到净化的目的。由于厌氧污水处理工艺节能、高效，还能产生可作为能源的沼气，在有机污水特别是高浓度有机污水处理领域得到了广泛的应用。目前，有机废水处理所使用的厌氧反应器主要有普通厌氧消化池、厌氧接触工艺、厌氧滤床（AF）、厌氧流化床反应器、厌氧生物转盘、上流式厌氧污泥床（UASB）、上流式膨胀污泥床（EGSB）、内循环厌氧反应器（IC）、厌氧折流板反应器（ABR）、厌氧复合反应器（AF + UASB）等，其中尤以 UASB、EGSB、IC 这三种反应器应用最为广泛[1]。它们的共同特征是能在反应器内形成沉淀性能良好的、以甲烷菌为主体的颗粒污泥，因而能够在反应器内保留较高的污泥浓度，但上述反应器结构复杂，需性能良好的三相分离器，而且反应器运行要求较高。笔者多年致力于厌氧反应器的研究，开发出一种新型厌氧反应器。它包括由环绕闭合的周边和底面组成的容器，其水平横截面可以是矩形、圆形或环形等形状，在容器上设有均匀分布在入流端的入流装置，在距离上述入流装置水平方向的远端设有出流装置，而整个容器的内部容积几乎都成为了生化反应区。在入流端均匀布水，使有机废水从入流端以水平推流的形式流向出流端，污水在流动过程中与反应器内的污泥进行混合反应，污泥消化污水中的有机污染物，同时产生沼气，经过处理后的废水从设在出流端的出水口流出。反应器内不设折板，也不需设置三相分离器。

二、平流厌氧污水处理工艺的原理

（一）厌氧反应器的颗粒污泥形成机理及类型[2]

经许多学者的研究，发现厌氧反应器内的颗粒污泥有三种类型，即 A 型、B 型和 C 型。其中 A 型和 B 型两种颗粒污泥主要由菌体构成，而 C 型颗粒污泥则是由菌体附着于惰性固体颗粒表面而形成的生物粒子。A 型颗粒污泥是以巴氏甲烷八叠球菌为主体的球状颗粒污泥，外层常有丝状产甲烷杆菌缠绕。它比较密实，但粒径很小，约 0.1 ~ 0.5mm。B 型颗粒污泥是以丝状的产甲烷杆菌为主体的颗粒污泥，故也称杆菌颗粒。它在 UASB 反应器内出现频率极高，其表面比较规则，外层缠绕着各种形态的产甲烷杆菌的丝状体。B 型颗粒污泥的粒径约 1 ~ 3mm，密度约为 1.033g/cm^3。C 型颗粒污泥是由疏松的纤丝状细菌缠绕粘连在惰性微粒上所形成的球状团粒，故也称丝菌颗粒。它类似于厌氧流化床反应器中的生物粒子（在人工无机载体上覆盖着生物膜的微粒）。C 型颗粒污泥大而重，粒径为 1 ~ 5mm。颗粒污泥的比重约为 1.01 ~ 1.05。颗粒污泥的沉降速度依比重和粒径的不同而差异甚大，约 0.2 ~ 30mm/s，一般为 5 ~ 10mm/s。

不同类型的颗粒污泥的形成与废水中化学物质即营养基质和无机物的不同，以及反应器的工艺运行条件——特别是水力表面负荷和产气强度有关。当 UASB 反应器中的乙酸浓度很高时，以乙酸为主要基质的少数菌种，如巴氏甲烷八叠球菌（或许还有马氏甲烷八叠球菌），将迅速生长繁殖，并依靠其杰出的成团能力而形成肉眼可见的 A 型颗粒污泥。由于 A 型颗粒污泥基本上是由厌氧微生物组成，比重轻，因此它的出现并保持稳定存在的必要条件是 UASB 反应器中的表面水力负荷及表面产气率要低，即由其产生的水力及气力分级作用要弱。但是，在实际的生产性装置中，难以维持高水平的乙酸浓度，故很少见到 A 型颗粒。此外，由于甲烷八叠球菌形成的 A 型颗粒污泥内部有孔洞，常作为其它细菌栖息的场所而变形，不能稳定存在。有研究表明 B 型颗粒污泥是由丝状甲烷杆菌栖息于上述空洞中而逐渐形成的。B 型颗粒的形成，破坏了 A 型颗粒的稳定而使其解体。超薄切片观察幼龄 B 型颗粒的结果表明，在接近边缘的地方尚存有甲烷八叠球菌簇，而其中心则未见甲烷八叠球菌，表明 B 型颗粒是由 A 型颗粒转型而成的。随着幼龄 B 型颗粒的逐渐发展，位于外层的甲烷八叠球菌逐渐脱落，表明 A 型颗粒已完全解体，不复存在，而典型的 B 型颗粒已成熟定型，其中已不含甲烷八叠球菌了。当 UASB 反应器中存在适量的悬浮固体时，具有较好附着能力的丝状甲烷菌可附着于固体颗粒（初级核）表面，进而发展成 C 型颗粒，即在初级核表面形成生物膜。初级核可以是无机颗粒，也可以是其它生物碎片。C 型颗粒发育到一定的程度，生物膜会脱落而招致 C 型颗粒破碎，这些碎片即成为次级核，形成新的 C 型颗粒污泥。

在反应器的反应区内，颗粒污泥的形成与分布受到一些外界条件的制约，其中最主要的是基质的种类和浓度，以及表面水力负荷和表面产气率的分级作用。首先，基质的种类和浓度对形成颗粒污泥的种类和质量有着重要的影响。我们知道，乙酸是厌氧消化系统中最主要的供甲烷细菌吸收利用的基质，而能利用这种基质的甲烷细菌有巴氏甲烷八叠球菌和马氏甲烷八叠球菌，以及常呈丝状的孙氏甲烷丝菌。巴氏甲烷八叠球菌在乙酸浓度较高的消化液中有较快的比增殖速度（比后者快 4.5 倍），因而有利于 A 型颗粒污泥的形成。丝状的孙氏甲烷丝菌对乙酸有较强的亲和力，在乙酸浓度低时，它捕获乙酸进行增殖的能力比前者为强，因而有利于 B 型和 C 型颗粒污泥的形成。环境中氢的浓度对微生物的成团起着重要作用。氢分压较高时，以氢为能源的产甲烷菌（氢营养型的产甲烷菌）在有足够的半脱氨酸存在下，能产生过量的各种氨基酸，形成胞外多肽，再与厌氧细菌结合成团粒而形成颗粒污泥。此外，在 UASB 反应器中，由表面水力负荷决定的上升液流和由表面产气率促成的上窜气泡对反应区内污泥粒子产生的浮载作用，使大而重的污泥粒子堆积于底层，小而轻的污泥粒子浮于上层，这种使污泥粒子沿高度的分级悬浮现象称为污泥粒子的水力和气力分级作用。表面水力负荷和表面产气率有时也称为选择压。表面水力负荷大时，液流上升速度大，浮载能力强，分级作用明显；表面产气率大时，单位面积上通过的气泡量多，对污泥粒子的卷带浮升和分级作用也就明显。水力和气力分级作用强时，污泥粒子沿高度的分级分层作用就十分明显。细小污泥粒子易悬浮于顶层，而粗大污泥粒子易积于底层。由此可见，分级作用特低时，反应区内会保持大量的分散态细菌，由于其传质阻力小，能优先捕获营养物质而大量繁殖，并抑制了传质阻力大的颗粒污泥的形成，使反应器内保持了低水平的处理能力。分级作用中等时，分散态细菌被迫仅存留于反应区顶层，而让附着型和结团型的厌氧微生物在反应区底部富营养带内大量滋生，从而在此区域内形成颗粒污泥，大大提高了反应器的处理能力。当分级作用很大时，不仅分散态细菌大量流失，而且一些能改善出水水质的较小颗粒污泥也频频流失，造成反应器处理效能的反退。分级作用在形成颗粒污泥时的这种优选功能，在 Wijbenga 等人的实验中得到了证明。他们以 95% 的絮体污泥和 5% 的颗粒污泥作为接种物，启动实验规模的 UASB 反应器。起初维持较低水平的分级作用，经 166d 的运行，终未培养出颗粒污泥。后来采用充氮的办法来提高分级作用，结果在开始充氮的 31d 后即出现了颗粒污泥。分级作用的大小也影响着颗粒污泥的质量：分级作用很高时，只有附着生长或结团至足够大的厌氧细菌才能选择性地滞留，其中大多是缠绕能力很强的丝状甲烷细菌。甲烷八叠球菌只有在迅速结团并达到足够大后才能被滞留，否则难以幸存。因此，分级作用不仅影响污泥颗粒化的进程，同时还对形成的颗粒污泥的质量有很大的影响。分级作用低时，不利于污泥颗粒化。只有较高的分级作用，才能促进污泥颗粒化并有利于形成B、C型颗粒。因此，在反应器运行的启动期间必须采用合适的表面水力负荷和表面产气率。

综上所述，既然A型、B型和C型三种颗粒污泥对主要基质（乙酸）有着不同的生化特性，就应该在厌氧消化器中合理配布污泥以充分发挥各自的处理功能。一般来说，应在反应区废水入口处的底部附近培养较高浓度的A型颗粒污泥，以发挥其在乙酸浓度高时比增殖速度快的生理特性，尽量多地降解有机营养物；而在反应区的中段应培养浓度较高的B型和C型颗粒污泥，以发挥其在乙酸浓度低时有较强亲和力的生理特性，充分捕获和转化消化液中残存的有机营养物，最大限度地改善出水水质。

但是，在实际工程中很难实现颗粒污泥的这种理想分布。其主要原因是UASB反应器在启动阶段，为稳妥起见（避免酸化），常采用较低的负荷值，且在COD（化学需氧量，代表含碳和氮的污泥物的大小值）去除率达80%~90%后才允许增大负荷值。其结果是从一开始即维持体系中较低水平的乙酸浓度，一般只形成B型和C型颗粒污泥，而A型颗粒污泥却无法培养起来，这也是UASB反应器在提高处理能力方面的一个内部障碍。另外，实际的UASB反应器在起动期由于采用低负荷而使乙酸浓度很低，在这样的低乙酸浓度水平的环境中，产甲烷八叠球菌很难发挥其比增殖速度快的优势，因而难以迅速结成生物团粒，被选择滞留的机会较少，而且甲烷八叠球菌形成的A型颗粒要比B、C型颗粒小。据Lettinga等人报道，B型和C型颗粒要比A型颗粒大4~6倍，这使得甲烷八叠球菌被选择滞留的机会更少，UASB反应器内的A型颗粒很少，反过来又限制了UASB反应器的处理能力。

（二）平流式厌氧污水处理工艺的原理

这种厌氧污泥床反应器，包括由环绕闭合的周边和底面组成的容器，其水平横截面可以是矩形、圆形或环形等形状，在容器上设有均匀分布在入流端的入流装置，在距离上述入流装置水平方向的远端设有出流装置，而整个容器的内部容积几乎都成为了生化反应区。有机废水在入流端均匀布水，使有机废水从入流端以水平推流的形式流向出流端，从而在反应器内形成良好的污泥分布。

在反应器启动阶段，反应器负荷较低，在接种污泥足够的情况下，只在反应器的入流装置端附近产生大量沼气，且所产沼气沿垂直于水流方向逸出水面，实现了气水分离。而反应器出流装置端很大一部分容积基本上不产沼气，因而处于准层流状态，污泥在此区域内沉淀下来，实现了泥水分离。废水沿反应器作近似水平的推流运动，在沼气的搅拌的作用下作上下运动，使废水能得到充分混合。在产气区由于沼气搅拌的方向与水流方向相互垂直，而对污泥的洗出作用主要靠二者的合力，所以这种洗出作用与上流式厌氧污泥床的沼气和废水同一方向双重作用下的洗出作用相比，要弱一些。因此，平流式的厌氧污泥床反应器可以采用比UASB更大的负荷和流速，而将污泥洗出量控制在允许范围内，不致使反应器退化。由于反应器入流装置端的COD容积负荷相对于出流装置端COD容积负荷高，沼气对于污泥的搅拌作用也就很强，因而对污泥的选择作用就很强。这种情况下颗粒污泥最容易形成，因此反应器入流装置端很快最先形成颗粒污泥，反应器入流装置端的污水中的乙酸浓度保持在较高的水平，而后随水流方向逐渐降低，因而可在反应器前端形成A型颗粒污泥而在反应器后端形成B型、C型颗粒污泥，从而实现反应器内的A、B、C型颗粒污泥合理分布的目的。

在反应器启动完成的运行阶段，反应器内已形成分布合理的A、B、C型颗粒污泥，反应器负荷虽较高，也只在反应器前端产生大量沼气，且所产沼气沿垂直于水流方向逸出水面，实现了气水分离。而反应器出流装置端附近产沼气量很小，因而处于准层流状态，污泥在此区域内沉淀下来，实现了泥水分离，使反应器内能够保留较高浓度的污泥。

三、平流式厌氧污水处理工艺的特点

（一）形成合理的污泥分布

平流式厌氧反应器由于采用了上述在入流端形成 A 型颗粒污泥的高浓度区，在中间段以及出流端形成 B 型和 C 型颗粒污泥的高浓度区的方法及其使其废水沿反应器作近似水平的推流运动的结构，使得能在反应器内形成沉淀性能良好的、以甲烷菌为主体颗粒污泥，且有利于反应器中 A、B、C 型颗粒污泥的形成和合理分布，充分发挥三种类型颗粒污泥的优势，最大限度地改善出水水质，较 UASB 反应器有更大的处理能力。

（二）污泥浓度较高

与一般上流式反应器水流方向与污泥沉降方向相反，污泥沉淀受水流速度的影响有较大的不同。平流厌氧污水处理工艺水流方向与污泥沉降的方向相互垂直，水流不干扰污泥的沉降，因此污泥更容易在反应器内沉淀。所以，在反应器内能够保留较高的污泥浓度，从而单位反应器容积所能承受的有机负荷较高，因而可以使所需的反应器容积大大减小，单位反应器的 COD 容积负荷高达数千克甚至数十千克。

（三）反应器结构简单，投资省

一般上流式厌氧反应器均需安装复杂的三相分离器和布水系统，而平流式厌氧反应器不需安装复杂的布水系统和复杂的三相分离器，因而投资省，单位反应器容积的投资较 UASB 等节约 50% 左右。即使同厌氧折流板 ABR 反应器相比，由于反应器不分格，平流式厌氧反应器结构也更简单。

（四）启动速度快

如前所述，厌氧反应器能否形成颗粒污泥，取决于反应器内污泥的剪切力强度。一般上流式厌氧反应器也较低负荷下不能完成启动，无法培养出颗粒污泥。但平流式厌氧反应器即使在较低的负荷下，也会由于反应器入流装置端的 COD 容积负荷相对于出流装置端 COD 容积负荷高，沼气对于污泥的搅拌作用也就很强，因而对污泥的选择作用就很强。这种情况下颗粒污泥最容易形成，因此反应器前端很快最先形成颗粒污泥，因而反应器完成颗粒污泥花的时间较 UASB 要短。随负荷不断提高，逐渐向反应器后部推进，直至颗粒污泥充满整个反应器。其实即使负荷不提高，随着前端颗粒污泥的增加，也会逐渐向反应器后端推进。我们在生产规模的反应器内，反应器 COD 容积负荷一直处于 4kg 以下，都可以形成了良好的颗粒污泥，而上流式厌氧污泥床在这样低的 COD 容积负荷下还未见有形成颗粒污泥的报道。

四、平流式厌氧污水处理工艺的应用

笔者应用平流式厌氧污水处理工艺原理处理酿酒生产废水，利用废水站调节池改造而成平流厌氧反应器，长 24m、宽 5m、深 2m，反应器底面坡度为 0.02，反应器容积为 240m^3 的厌氧污泥床反应器，以处理同类废水的 UASB 反应器絮状污泥接种，在反应器内形成了沉淀性能良好的颗粒污泥，进水 COD 浓度 14882mg/dm^3，出水 COD 浓度 1416mg/dm^3，单位反应器容积负荷高达 3.6kg 以上，废水 COD 去除率高达 90% 以上。反应器已稳定运行数年。

参考文献

[1] 王凯军，等．UASB 工艺的理论与工程实践［M］．北京：中国环境科学出版社，2000.
[2] 张希衡，等．废水厌氧生物处理工程［M］．北京：中国环境科学出版社，1996.

液晶单体生产过程中醋酸废水的回收利用工艺研究

李　涛　杨永忠

（西安瑞联近代电子材料有限责任公司　陕西省西安市高新区锦业二路副71号　710077）

摘　要　液晶单体丙基双环己基碘苯的生产过程中，产生大量的含醋酸废水，如不经回收处理而直接排放，既污染环境，又浪费资源，因此应将废水中醋酸分离和回收利用。本文通过制备醋酸钠法和溶剂萃取法两种方法对此废水中的醋酸进行回收利用。实验结果显示，溶剂萃取法难以达到预期目标，而制备醋酸钠法回收废水中醋酸具有操作简便、成本低廉和回收率高的优点，是一种较好的废物利用的工艺。

关键词　醋酸　醋酸钠　醋酸废水

醋酸是一种非常重要的化工原料，在醋酸生产、有醋酸参与或者产出的有机合成过程中都会产生大量的含醋酸的废水，由于醋酸水溶液的排放既污染环境又造成资源浪费，长期以来，废水中的醋酸分离回收问题引起人们的高度重视。

醋酸溶液的分离方法有很多，主要包括溶剂萃取法、普通精馏法、共沸精馏法、中和法、吸附法、酯化法以及上述方法的联合使用[1]。在液晶单体丙基双环己基碘苯的生产过程中，其中一步碘代反应会产生大量的含醋酸废水，如不经回收处理而直接排放，既污染环境，又浪费资源，因此应将废水中醋酸分离和回收利用。下面通过两种方法对此废水中的醋酸进行回收利用。

一、实验部分

（一）主要试剂

醋酸废水（厂家提供），甲基叔丁基醚、乙酸乙酯和氢氧化钠均为工业级。

（二）实验方法

1. 将废水中的醋酸转化为醋酸钠，从而实现回收利用

反应式：$CH_3COOH + NaOH + H_2OCH_3COONa \cdot 3H_2O$

将粗蒸废水300g（原废水经常压蒸馏后，测得醋酸含量28.8%）倒入三口烧瓶中，搅拌下缓慢加入约64g氢氧化钠（片状），至体系pH值为7～8。此过程中放出大量的热量，需要及时用冷却水降温，整个过程控制釜内温度小于60℃，以防大量酸性气体逸出。加完氢氧化钠后充分搅拌20min后，改换常压蒸馏装置进行浓缩，大约蒸出100g水，测得浓缩液密度在1.24～1.26g/ml间后，停止浓缩。将浓缩液倒入500ml烧杯中，置于室温下结晶，待完全结晶，冷到室温后，抽滤干，滤饼即三水合醋酸钠得157g，收率80.1%（以醋酸量计）。经检测：醋酸钠含量大于58%，游离水含量小于2%，达到工业级三水合醋酸钠国家标准。

2. 溶剂萃取法回收醋酸[2]

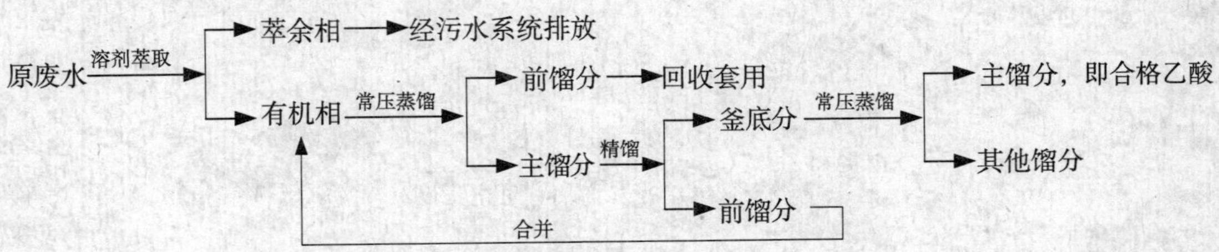

将500g废水（含醋酸25%）倒入1000ml三口烧瓶中，再用50g×6甲基叔丁基醚萃取，合

并有机相经蒸馏、精馏、蒸馏得合格醋酸 75.5g，乙酸含量 99.11%。甲基叔丁基醚回收套用。同时使用乙酸乙酯作为萃取剂进行了实验，通过多次实验比较，由于乙酸乙酯与水密度差较小，不易分离，收率和乙酸含量都不及甲基叔丁基醚。二者实验结果对比如下表。

萃取剂	编号	废水量/g	萃取剂（g）×次数（次）	醋酸/g	醋酸含量	收率*
乙酸乙酯	1	500	50×6	62.5	98.63%	50.0%
	2	500	50×6	60.6	97.30%	48.4%
	3	500	50×6	66.2	96.53%	52.9%
甲基叔丁基醚	1	500	50×6	79.0	99.22%	63.2%
	2	500	50×6	78.0	99.30%	62.4%
	3	500	50×6	75.5	99.11%	60.4%

注：* 以废水中醋酸量计。

二、结果与讨论

1. 醋酸废水制备醋酸钠时，加入氢氧化钠后，控制 pH 值在 7～8 为最佳。若 pH 值过小则醋酸没有完全成盐，导致收率降低；过高则有氢氧化钠剩余。结晶液密度控制在 1.24～1.26g/ml 时可以得到较佳产率和产品品质。密度过小时则有醋酸钠未结晶，导致收率降低；过高则结晶时容易包裹杂质，产品品质降低。

2. 溶剂萃取法需要消耗有机溶剂，溶剂在水中也有一定的溶解度，造成含有机溶剂废水，而且溶剂萃取效率有限，不能充分将醋酸萃取。但是将废水中的醋酸制备成醋酸钠具有操作简便、成本低廉和回收率高的优点，是一种比较好的废物利用的工艺。

三、结束语

利用醋酸废水生产醋酸钠工艺易操作，成本较低，生产出来的产品三水合醋酸钠符合 GB/T 693—1996 标准。利用醋酸废水生产醋酸钠工艺技术的成功应用，既解决了醋酸废水的排放而造成的环境污染，又具有一定的经济效益和社会效益，为企业提供了一种创新利用工业“三废”的新思路。

参考文献

[1] 杨春平．从低浓度醋酸废水中萃取回收醋酸的研究［D］．哈尔滨：哈尔滨工业大学，1991.

[2] 张宏勋，苗向阳，等．磺酰氯生产废液中醋酸的回收利用［J］．化学工程师，2006，10：57－59.

印染污水深度处理及多段中水回用技术介绍

杜敦杰

（山东省高密蓝天节能环保科技有限公司）

摘 要 我国是世界印染大国，据2007年第一次全国污染源产排污系数调查显示印染废水年排放量在23亿~30亿t，目前的水回用率不足7%[1]，如果按40%的水回用率计算，每年可节约水资源10亿t左右。近几年，蓝天公司通过引进、消化国内外先进的高级氧化技术，自主研发了适合印染企业污水回用的多段中水回用技术。已在十几家企业试点应用，取得了良好的效果，带来了显著的经济效益和社会效益。

关键词 印染污水 高级氧化技术 多段中水回用

一、前 言

水资源的日趋紧缺以及节能减排任务的压力，促使印染行业以及环保产业都在积极探索节水以及减少污水排放的方案，但多数局限在常规的生化、物化及反渗透方面，而在高级氧化方面的研究与推广较少。我们通过对反渗透技术在污水处理领域的应用情况调查发现，制约反渗透技术推广的主要原因有两个：一是前处理的进水指标对膜孔造成的污染问题影响着膜的使用寿命；二是膜回用的庞大投资影响该技术的推广。因而正确合理运用膜技术，并使其在污水回用中发挥积极有益的作用，是当今污水中水回用应首先考虑的问题。我公司通过多年的研发攻关，探索出了一条应用高级氧化技术的多段中水回用工艺，通过在一些企业的推广使用，证明这项技术具有投资灵活，出水指标可控，运行稳定，设备使用寿命长等特点，主要技术产品已申报并获得国家专利。

二、高级氧化技术的选择

高级氧化技术是治理污水中各种难降解有机物质的最有效办法，在理论上臭氧氧化、光催化氧化、芬顿氧化、电絮凝技术、超声波等都是一些可以选择的办法，但这些方法大都处在试验阶段，产品技术不成熟，使用范围小。我公司通过大量的研究与试验，推出了适用于印染行业的高级臭氧氧化装置和高级臭氧气浮装置，并在此基础上成功研发出多段中水回用工艺，从此为企业的污水深度处理与中水回用探索出一条新路径。

三、高级臭氧氧化技术介绍

臭氧作为高效的无二次污染的氧化剂，是常用氧化剂中氧化能力最强的（$O_3 > ClO_2 > Cl_2 > NH_2Cl$），其氧化能力是氯的2倍，杀菌能力是氯的数百倍，能够氧化分解水中的有机物，氧化去除无机还原物质。而高级臭氧氧化技术是在常规的臭氧氧化方法的基础上加入了光催化和TiO_2等催化氧化技术而发展起来的一种新技术。从理论上讲，其氧化能力是常规氧化法的10^n倍。在此基础上我公司运用生产的专利产品——高级臭氧氧化装置，研发了一种适合印染污水深度处理及多段中水回用的新工艺。该工艺能将污染物有效地快速分解、排放，适用于COD_{Cr}在100以下的中水回用的前处理，以及难降解的污染物的处理（例如PVA、高盐度染色水等）。

臭氧气浮技术是在传统气浮的基础上加入臭氧氧化技术，使污水在混凝分离的同时得到进一步的氧化与脱色。

将以上两种技术与反渗透技术科学地结合起来，即形成一套可适合于不同企业的多段中水回用技术。

四、工艺流程介绍

（一）多段中水回用流程

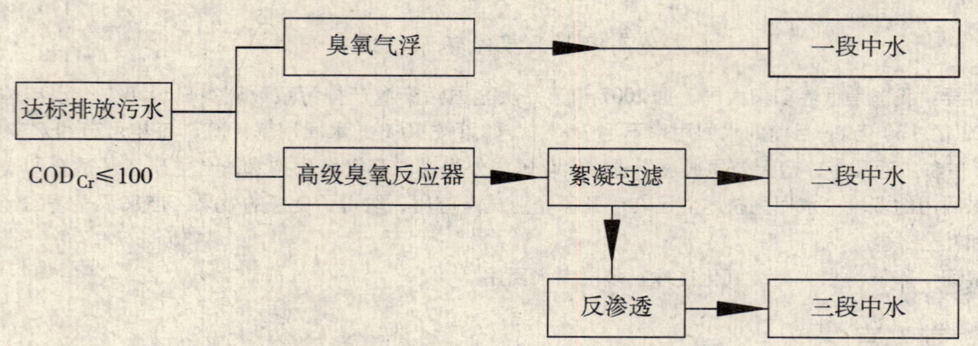

（二）难降解污水的处理

1. PVA 污水

PVA 污水：是指污水中含有聚乙烯醇（简称 PVA）浆料的污水。由于 PVA 浆料不能被淀粉酶分解，可生化性极差，所以 PVA 浆料的退浆废水不能直接进入生化系统，一旦进入生化系统，PVA 会附着在微生物表面，使生化系统瘫痪。针对这一问题，蓝天公司推出了以下处理工艺。

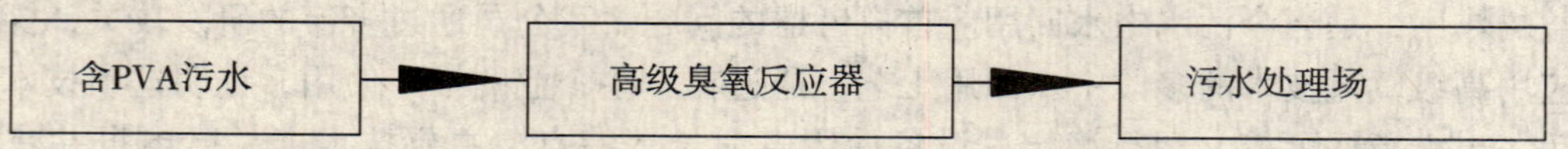

使用高级臭氧反应器可以有效地分解 PVA 等难降解的有机物，使 PVA 分解成易生化的小分子有机物，并可以使 COD_{Cr}在 1.5 万 mg/L 左右的污水降低 30% 左右，提高其可生化性。

2. 高盐度染色污水

高盐度染色污水：是指在印染工艺中由于加入了大量的盐类染料等化学物质而排放的“三高”污水，即盐度高、COD_{Cr}高、色度高。如果将该工段废水排放至污水处理站，将造成污水站含盐量、色度等指标的升高，降低污水的生化性。

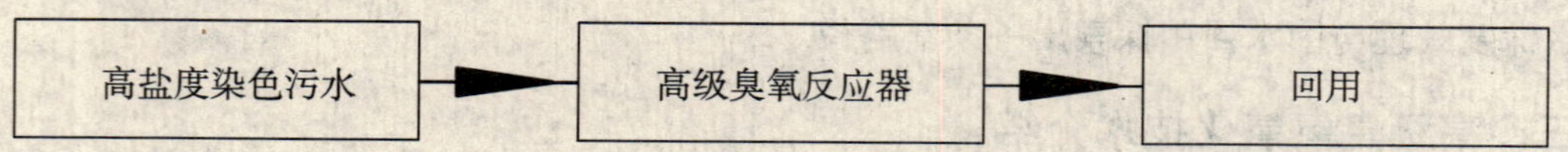

在印染行业中，部分企业产生一部分高盐度染色污水，色度在 4000～5000 倍之间，COD_{Cr}在 5000mg/L 左右，含盐量 30% 左右。经高级臭氧氧化后色度降至 250 倍以下，可以重新回用到生产工艺中，不仅减少了盐的投加量，而且使污水处理池中的盐度得到降低，提高污水的生化效率。

（三）工艺设计标准

1. 达标污水[2]：污水经处理后达到《纺织染整工业水污染物排放标准》（GB 4287—1992）一级排放标准中的规定。

2. 一段中水[3]：参照 CJ/T 95—2000《再生水回用于景观水体的水质标准》的规定。

3. 二段中水[4]：参照 HJ 471—2009《纺织染整工业污水治理工程技术规范》的漂洗用回用水水质。

4. 三段中水[4]：参照 HJ 471—2009《纺织染整工业污水治理工程技术规范》的染色用水

水质。

五、使用情况及效益分析

一段中水处理费用：0.8 元/m^3；二段中水处理费用：1.3 元/m^3；三段中水处理费用：2.4 元/m^3；以一个处理量为1000t/d 中水回用的企业为例，如污水排放收费为1.3 元/m^3；自来水费用为3.6 元/m^3；合计吨水成本为4.9 元/m^3。如果采用二段中水回用方案，则回用1t 水收益为3.6 元，一年可以节约水费用118.8 万元；如果采用三段中水回用方案，则回用1t 水收益为2.5 元，一年可以节约水费用82.5 万元，投资回收期为1～2 年。

我公司在宜兴新乐祺安装的高盐度染色水脱色工程，现已投入运行，每天能回收30t 浓盐水，使浓盐水污水的色度从4000 倍降至250 倍以下，运行费用为4.44 元/t，每天为企业节约盐成本2200 元。

六、技术特点

（一）适用范围广，运行成本低

适用于各种印染企业的达标排放污水，根据企业的实际情况采用不同的工艺，达到企业要求的回用水标准。

（二）自动化程度高

在运行过程中对电导率、COD、色度等各项指标进行全程监控，设备运行采用 PLC 及组态控制。

（三）投资省

多段中水回用工艺能针对企业的回用特点进行分段设计，减少了投资成本。

（四）RO 膜使用寿命长

污水经高级臭氧氧化后，COD、色度指标大幅度降低，有机物、微生物污染几乎降为零。因此使膜的使用寿命由2～3 年增加到5～6 年。

（五）占地面积小

设备为组合式设计，占地面积少，土建费用低。

七、展　望

多段中水回用技术已为许多企业带来了环境与经济的双重效益。以我国目前印染企业的中水回用情况来看，回用空间非常巨大。该技术得到有效推广，每年可为印染企业节约水资源约10 亿t，即可减少10 亿t 的污水排放。从资源与环境两个角度考虑，对改善我国的水资源状况将会起很大的作用。随着国家对环境保护意识的增强，多段中水回用技术在纺织印染企业污水回用方面的应用将大有可为。节能减排无论是对我们自己、对国家还是子孙后代都是一件迫切且利好的大事，国家对节能减排工作的支持，更是我们难得的机遇，在国家倡导节能减排的形势下，蓝天公司愿与各行印染界同仁一道，共同置身节能减排，再创美好碧水蓝天。

参考文献

[1] 管向伟，陈扬，等．关于印染废水回用的几点思考［J］．2008 诺维信全国印染行业节能环保年会，2008：74.

[2] 唐受印，戴友芝，等．水处理工程师手册［M］．北京：化学工业出版社，2000.

[3] 再生水回用于景观水体的水质标准 CJ/T 95—2000.

[4] 纺织染整工业污水治理工程技术规范 HJ 471—2009.

活性炭对废水中对氯硝基苯的吸附特性研究

李建炜

（怀化市全城污水处理有限公司　湖南　怀化　418000）

摘　要　研究了活性炭加入量、吸附温度、吸附时间、pH 值等不同因素对活性炭吸附模拟废水中对氯硝基苯的影响。结果表明：活性炭对废水中对氯硝基苯的去除率随活性炭加入量的增加而增大；随温度的升高活性炭对对氯硝基苯的吸附率也增大；活性炭吸附废水中对氯硝基苯的最佳 pH 值为 7。活性炭对对氯硝基苯的吸附符合 BET 等温吸附方程式，在 20℃ 条件下，吸附等温线方程为：$q_e = \frac{5000c_e}{(c_s - c_e)(1 + 14c_e/c_s)}$（$R^2 = 0.9986$）。根据 BET 吸附等温线方程，估算出所用活性炭比表面积为 428m²/g。

关键词　活性炭　对氯硝基苯　吸附

对氯硝基苯（$C_6H_4ClNO_2$）作为重要的化工原料，广泛用于合成材料、机械、制备染料（氮染料、硫化染料）、医药（非那西丁、扑热息痛）、农药（除草醚）的中间体等，也可作橡胶防老剂 4010 等的原料[1-4]。由于硝基氯苯对人体的毒害作用及对水体的环境影响都很大，在自然界中较难降解，又具有“三致”作用[1,2]，现已被美国和我国国家环保部门列为水中优先控制的有机污染物[3]。

活性炭作为一种非极性吸附剂，在废水处理中常用于吸附分离废水中溶解的有机物，如苯类化合物、酚类化合物、石油及石油产品等，而且对用生物法及其他方法难以去除的有机物，如表面活性物质、除草剂、农药、合成洗涤剂、合成染料、胺类化合物以及许多人工合成的有机化合物都有较好的去除效果，同时具有去除色度和臭味的作用[5]。

本文以对氯硝基苯模拟废水为研究对象，研究了活性炭对对氯硝基苯的吸附特性，分析了活性炭加入量、温度、吸附时间和溶液的 pH 值对吸附效果的影响，为含对氯硝基苯废水的治理提供参考。

一、实验方法

（一）活性炭的预处理

将活性炭在去离子水中浸泡 24h，过滤后，在 120℃ 下烘干 24h，至恒重，然后置于密封容器中保存备用[6]。

（二）吸附条件对吸附效果的影响

分别取 200ml 浓度为 100mg/L 的对氯硝基苯溶液，置于多个烧杯中，放入振荡器，分别以活性炭加入量、吸附温度、吸附时间、pH 值等因素作为改变条件，进行静态吸附实验，利用紫外可见光分光光度计测定吸附后对氯硝基苯浓度，计算去除率。

（三）吸附等温线拟合

取 8 份 200ml 浓度为 100mg/L 的对氯硝基苯溶液，置于 8 个烧杯中，每份分别加入 0.02g、0.05g、0.08g、0.1g、0.15g、0.2g、0.25g、1g 活性炭。在 20℃ 条件下恒温振荡至吸附平衡。用紫外可见光分光光度计测量其吸光度，计算各去除率得出各吸附平衡时溶液中对氯硝基苯的平衡浓度和吸附量，绘制吸附等温线。分别用 BET 等温式，Freundlich 等温式，Langmuir 等温式拟合，得出活性炭吸附 100mg/L 对氯硝基苯废水中对氯硝基苯的最佳吸附等温线公式。

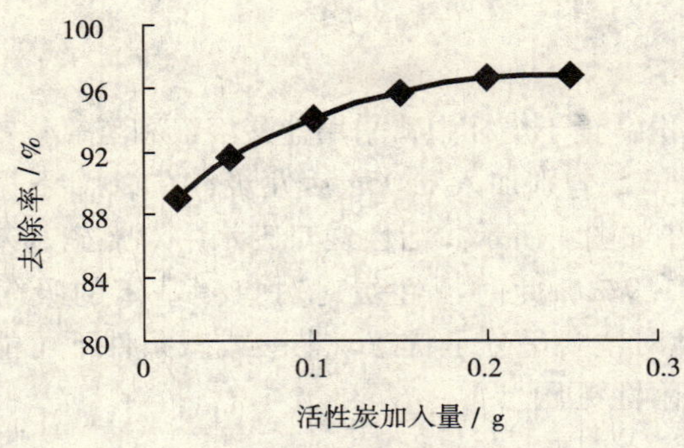

图 1 活性炭的加入量对对氯硝基苯去除率

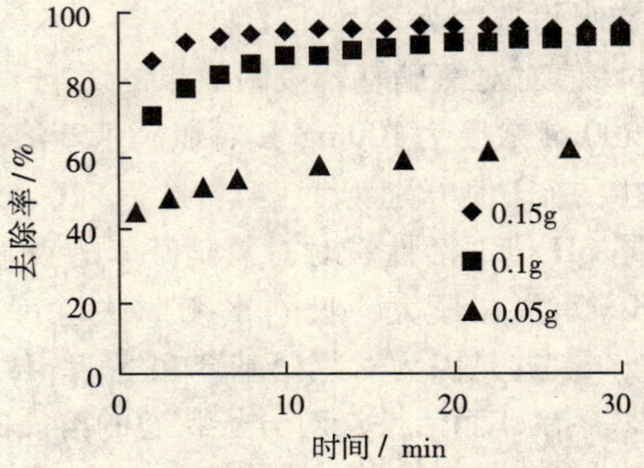

图 2 不同吸附时间对对氯硝基苯吸附

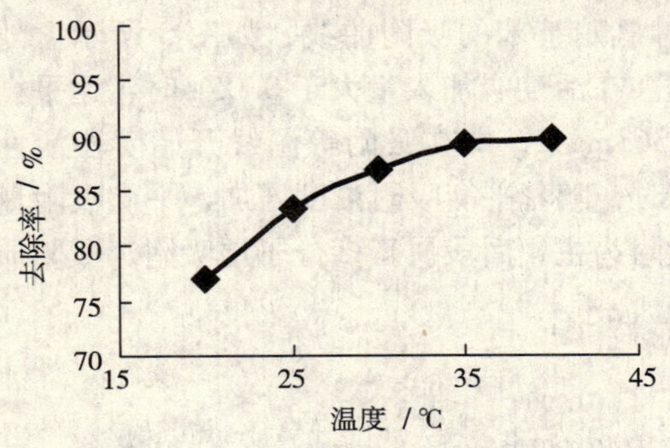

图 3 温度对对氯硝基苯去除率的影响

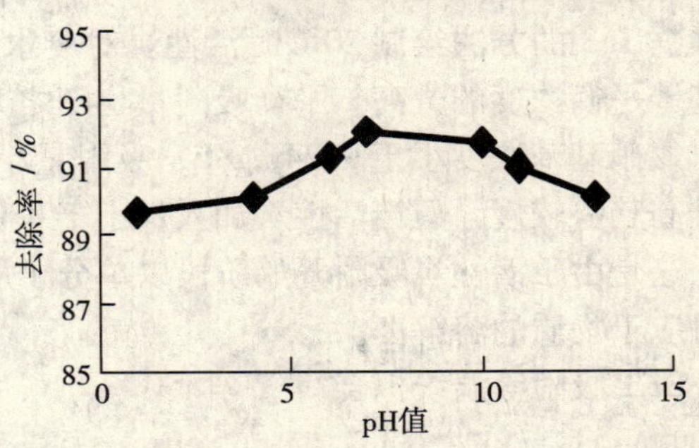

图 4 pH 值对去除率的影响

二、结果与分析

（一）单因子影响研究

1. 活性炭加入量对对氯硝基苯吸附效果的影响

取 200ml 浓度为 100mg/L 的对氯硝基苯溶液 6 份，置于烧杯中，分别加入 0.02g、0.05g、0.1g、0.15g、0.2g、0.25g 活性炭，达到吸附平衡，计算对氯硝基苯去除率。由图 1 可知，活性炭加入量越多，其对废水中对氯硝基苯的处理效果越好。但是，随着活性炭加入量的增多，单位质量活性炭吸附对氯硝基苯的量逐渐减少，活性炭的利用率降低。活性炭加入量为 10g（活性炭）/g（对氯硝基苯）吸附平衡时去除率达到 96.68%。

2. 吸附时间对对氯硝基苯吸附效果的影响

在 3 个装有 200ml 浓度为 100mg/L 的对氯硝基苯溶液烧杯中，分别加入 0.05g、0.1g、0.15g 活性炭，在 20℃振荡吸附条件下，测定不同吸附时间对去除率的影响。由图 2 可知，在开始阶段吸附速度非常快，随即去除率达到一定数值，随着时间的延续增大幅度减小，说明其吸附接近平衡。吸附时间为 20min 时基本接近吸附平衡。

3. 温度对对氯硝基苯吸附效果的影响

取 200ml 浓度为 100mg/L 的对氯硝基苯溶液 5 份置于烧杯中，每份加 0.05g 活性炭，温度分别调节为 20℃、25℃、30℃、35℃、40℃下，振荡吸附，测定达到吸附平衡时不同温度对去除率的影响。由图 3 可知，随着温度的升高，活性炭对对氯硝基苯的去除率总的趋势在升高。且在 20～35℃上升幅度较大，35℃之后去除率接近饱和，此时对氯硝基苯的去除率为 89.3%。这是因为活性炭对对氯硝基苯以物理吸附为主，但在活性炭内孔存在着 –OH、–COOH 等官能团，具有一定的化学吸附作用，随着温度的升高，吸附率增大，说明在升温过程中，化学吸附增强，占主导作用，升温有利于化学吸附，导致总的吸附率增大[7]。由图 3 可知活性炭对对氯硝基苯废水的适宜吸附温度为35℃。

4. pH值对对氯硝基苯吸附效果的影响

取200ml浓度为100mg/L对氯硝基苯溶液7份，置于烧杯中，采用盐酸溶液和氢氧化钠溶液调节水样的pH值分别为1、4、6、7、10、11、13，分别加入0.05g活性炭，在20℃下振荡吸附，不同pH值下活性炭对对氯硝基苯的吸附规律如图4所示。活性炭对废水中对氯硝基苯的吸附在pH=7左右最大，吸附平衡时去除率为91.9%，此时活性炭对对氯硝基苯的吸附量为367.6mg/g。这是因为对氯硝基苯在溶液pH中性时主要呈分子状态，在酸或碱条件下可能部分以离子态存在，而活性炭对分子状态的溶质的吸附性更强[8]。

（二）等温吸附曲线

1. 吸附等温线的绘制

根据1.3的方法绘制20℃时活性炭对废水中对氯硝基苯的吸附曲线，如图5所示。随着对氯硝基苯平衡浓度的升高，平衡吸附量也随之升高。在活性炭加入量大于0.05g时，达平衡时溶液中对氯硝基苯浓度小于9.24mg/L，吸附量小于363mg/g，即在吸附等温线开始阶段活性炭吸附量升高趋势较慢，但当活性炭加入量小于0.05g时，随着平衡吸附浓度增加，平衡吸附量快速增加。这是由于活性炭吸附开始阶段以单分子层吸附为主，后段属于多分子层吸附，吸附质的极限值对应于物质的溶解度。

2. BET吸附等温线拟合

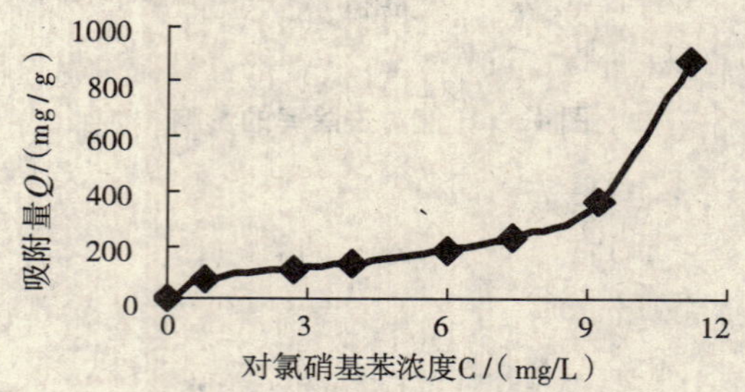

图5　活性炭对对氯硝基苯的吸附曲线

图6　BET吸附等温线拟合

由BET吸附等温线公式：

$$q_e = \frac{Bac_e}{(c_s - c_e)[1 + (B-1)c_e/c_s]} \tag{1}$$

式中：q_e为平衡吸附量，mg/g；c_e为吸附质的平衡浓度，mg/L；c_s为吸附质的饱和浓度，mg/L；a为单层吸附最大吸附量，mg/g；B为常数。

BET吸附等温线公式转换为直线形式：

$$\frac{c_e}{q_e(c_s - c_e)} = \frac{1}{aB} + \frac{(B-1)}{aB}\frac{c_e}{c_s} \tag{2}$$

将c_e/c_s与$c_e/[q_e(c_s-c_e)]$分别为横坐标和纵坐标，得一条直线，即为BET等温式拟合，直线的线性相关系数即拟合度。拟合直线如图6所示。

由图6BET吸附等温线拟合得出其吸附等温方程式为：

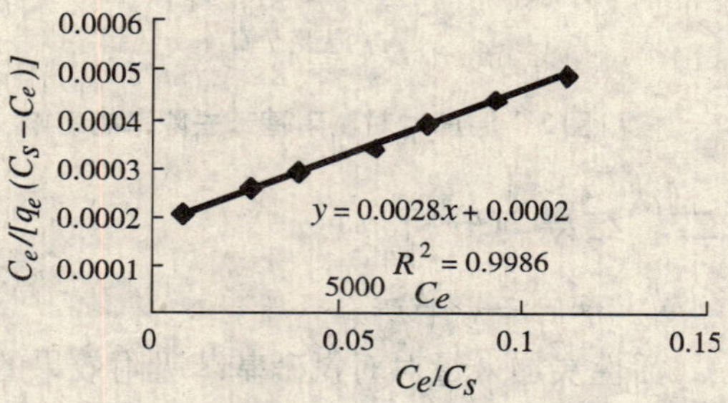

$$\frac{c_e}{q_e(c_s - c_e)} = 0.0028\frac{B-1}{aB} + 0.0002 \tag{3}$$

即$(B-1)/(aB)=0.0028$；$1/(aB)=0.0002$。可求得：$B=15$；$a=333.33$。

得BET吸附等温线方程：

$$q_e = \frac{5000c_e}{(c_s - c_e)[1 + (14c_e/c_s)]} \tag{4}$$

根据公式[9]：
$$a_s = \frac{a}{M}N_0A_m \tag{5}$$

式中：a_s 为吸附剂比表面积，m^2/g；a 为单层吸附最大吸附量，g/g；M 为吸附质分子量，g/mol；N_0 为阿弗加德罗常数，6.022×10^{23}；A_m 为单个吸附质分子所占面积，m^2。

由 BET 拟合计算可得：$a=333.33$mg/g$=0.333$g/g，对氯硝基苯分子量 $M=157.56$，由对氯硝基苯分子直径 $d=0.58$nm 估算单个对氯硝基苯分子所占面积 $A_m=0.336nm^2=0.336\times10^{-18}m^2$，计算出活性炭的比表面积为 $428m^2/g$。

三、结　论

1. 在 20℃温度下，用活性炭静态吸附浓度为 100mg/L 溶液中的对氯硝基苯，加入的活性炭量以 10g（活性炭）/g（对氯硝基苯）为宜，去除率达到 96.68%，饱和吸附时间为 22min。

2. 随着温度的升高，活性炭对对氯硝基苯的吸附率增大，最佳吸附温度为 35℃。

3. 在 pH=7 时活性炭对对氯硝基苯的吸附率最大，偏酸性或碱性条件下吸附率减小。

4. 由 BET 吸附等温式拟合，得 20℃ 条件下吸附等温线方程为：$q_e=\frac{5000c_e}{(c_s-c_e)[1+(14c_e/c_s)]}$，$R^2=0.9986$。求得所用活性炭比表面积为 $428m^2/g$。

参考文献

[1] 马军，石枫华．O_3/H_2O_2 氧化工艺去除水中硝基苯的研究［J］．环境科学，2002，23（5）：67－71.

[2] 赵德明，童南时，徐根良．微电解法预处理对氯硝基苯废水的研究［J］．水处理技术，2002，10（5）：281－283.

[3] 张洪林．难降解有机物的处理技术进展［J］．水处理技术，1998，24（5）：259－264.

[4] 王晓，冯振满．催化氧化法处理对氯硝基苯（PCNB）废水的研究［J］．青海大学学报（自然科学版），2003，8（4）：31－33.

[5] 钱易，等．现代废水处理新技术［M］．北京：中国科学技术出版社，1993：166－179.

[6] 夏文香，李金成，郑西来，等．溶解性石油烃在砂上的吸附和解吸研究［J］．中国海洋大学学报，2005，35（5）：881－884.

[7] 林玉真．活性炭在东南区水厂水质处理中应用［J］．福建分析测试，2001，20（13）：13－14.

[8] 姜军清，黄卫红，陆小华．活性炭处理含酚废水的研究［J］．工业水处理，2001，21（3）：20－22.

[9] 郭子成，孙淑巧，李建军，等．钙矾石吸附水的模型及等温式［J］．物理化学学报，2000，16（17）：667－671.

焦化废水对蚕豆和大麦毒性的研究

董轶茹 刘文丽

（山西省环境监测中心站 太原市兴华街11号 030027）

摘 要 以COD_{Cr}作为主要参照指标，研究了焦化废水在符合《钢铁工业水污染物排放标准》（GB13456—1992）焦化一级、二级排放标准限值要求时对蚕豆和大麦幼根生长、根尖细胞遗传毒性的影响。结果表明：在实验周期内，焦化废水对蚕豆幼根根长、根重和有丝分裂指数的影响不大；对大麦幼根根重的无明显影响，而对大麦根长和有丝分裂指数有促进作用。焦化废水可引起蚕豆和大麦根尖细胞的遗传损伤，诱导蚕豆根尖细胞微核率增加，出现核固缩。

关键词 焦化废水 蚕豆 生长 遗传损伤

焦化行业产生的焦化废水，其污染物成分复杂，主要为酚、氰、氨氮等有毒、有害物质[1,2]，此外，还含有多环芳香族化合物及含氮、氧、硫的杂环化合物等，是一种典型的含有难降解有机化合物的工业废水[3,4]。这类废水的大量排放，不仅对环境造成严重污染，而且会直接威胁到人类的健康。

众多研究表明，环境污染能够引起植物体一系列的变化，包括形态学、解剖学及生理学的变化和细胞遗传学的变异等效应。已有研究报道，水生生物斜生栅藻和大水蚤暴露于焦化废水时，其生长受到影响[5]；周秀艳等人的研究表明，焦化废水某些特征污染物（如COD、挥发酚、硫化物）的浓度与鱼类的LC_{50}、发光菌相对抑光率具有较好的相关性[6]，但有关焦化废水对陆生生物的毒性研究的报道甚少，有关达标排放的焦化废水对生物毒性研究的目前未见报道。

为防治水污染，我国国家标准《钢铁工业水污染物排放标准》（GB 13456—1992）中根据焦化废水受纳水体的水域类型，对焦化废水的排放标准进行了规定。本文以经生化处理后达标排放的焦化废水COD值作为参照指标，采用北方常见植物物种——蚕豆和大麦，研究了COD浓度符合《钢铁工业水污染物排放标准》（GB 13456—1992）焦化一级、二级排放标准限值要求的焦化废水对蚕豆和大麦幼根的生长和遗传毒性的影响，从整体和细胞水平上，探讨焦化废水对蚕豆（以根长和根重为指标）和细胞超微结构（有丝分裂指数、微核和核固缩）特征的影响，来研究焦化废水的环境毒理效应及其作用机制，为全面评价达标排放的焦化废水的生态毒性提供基础数据。

一、材料与方法

（一）材料

1. 供试焦化废水

焦化废水：取自焦化厂生化站出口。COD测定采用重铬酸钾法[7]，稀释水为自来水。经实验测得该焦化废水原水浓度为192mg/L，根据《钢铁工业污染物排放标准》（GB 13456—1992）表3中焦化行业废水一级、二级标准COD的值（100mg/L；150mg/L）[8]和所采焦化废水原水浓度，设置3个浓度梯度：将水样用自来水稀释至其COD值分别为192mg/L、154mg/L和96.0mg/L。

2. 供试植物

蚕豆（*Vicia faba*. L）：购自山西省忻州市农科院

大麦（*Hordeum vulgare*. L）：上海市崇明区前进农场提供的“瀛丰原种”

（二）试验方法

1. 材料培养

选用大小均一的饱满蚕豆（*Vicia faba. L*）种子，参照 Kanaya 等的方法[9] 在 25 ℃下浸种 36h，然后移至湿纱布中，在 25 ℃下继续催芽；选子粒饱满的小麦种子，室温下（18℃）用去离子水浸种 3h 后，25 ℃下滤纸法发芽。

2. 焦化废水对蚕豆幼苗生长影响的测定实验

在种子萌发后，选发育整齐一致、根长在 1～1.5cm 的籽粒用于生长毒性试验。

对照组用自来水，处理组用不同浓度焦化废水培养。实验设 3 个重复。每隔 12h 换一次培养液。每隔 24h 测量不同浓度处理组最长幼根的长度计算各处理组的单株平均值，作为各组幼苗的长度值；同时每隔 24h 测量根系鲜重光电天平称重，每组任选 3 株幼苗作为一个处理组的根系鲜重和芽鲜重，计算各处理组的平均值，作为该组的根系鲜重和芽鲜重。

3. 焦化废水对蚕豆细胞遗传损伤影响的测定实验

（1）染毒试验：将根长在 1cm 左右、粗细均一的受试种子（蚕豆/大麦）种子随机分为 A、B、C 3 大组，每大组 60 粒以上。将 A、B、C 这三个大组再分为 6 个小组，每组 10 粒以上，将受试蚕豆和大麦种子分布均匀摆放于垫有脱脂棉的培养皿和铺有滤纸的培养皿上，用于遗传毒性实验。对照组用自来水，处理组用不同浓度焦化废水培养。整个过程中，每隔 12h 换 1 次培养液，各组均放在 25℃ ±1℃的恒温箱中。A、B、C 三组的染毒时间分别为 24h、48h、72h。

（2）根尖固定：分别在处理 24h、48h 和 72h 后，迅速剪取植物根尖，每次 10 个，用卡诺氏固定液（甲醇: 冰醋酸 =3∶1）固定 24h 后，转入 70% 的乙醇中，4℃保存。

（3）根尖染色：采用孚尔根（Feulgen）法染色。参见文献［10］。

（4）根尖细胞制片和镜检：切取染色的根尖分生区约 1mm 长，加盖玻片，常规压片。每个处理检查 5～10 棵植株的幼根，约 5000～7000 个细胞。

（5）计算各处理组根尖分生区中的有丝分裂指数、细胞中微核细胞数以及核固缩出现的概率。有丝分裂指数用每 100 个细胞中处于分裂相的细胞数表示。

对镜检所得数据进行方差分析，采用 t 检验，检测不同处理组与对照组之间的差异显著性。

二、结果与分析

（一）焦化废水对蚕豆和大麦根尖生长的影响

表 1 显示了焦化废水对大麦和蚕豆幼根根长的影响，结果表明：整个染毒期间，焦化废水对蚕豆幼根根长的影响不大，处理组与对照组根长生长基本保持一致；对大麦幼根根长具有促进作用，且与对照组表现出显著性差异。表 2 焦化废水对大麦和蚕豆幼根根重的影响显示，焦化废水出水溶液对两种植物无明显抑制作用，浓度和时间的依赖效应不显著。

（二）焦化废水对蚕豆和大麦根尖细胞有丝分裂的影响

不同浓度焦化废水溶液处理后，蚕豆和大麦根尖细胞有丝分裂指数随处理浓度和处理时间的变化情况总结于表 3。

从表 3 中结果可以看出，在整个实验期间，焦化废水对蚕豆根尖分生区细胞有丝分裂的影响不大，各处理组蚕豆根尖细胞有丝分裂指数与对照组相差不大。

大麦根尖暴露于焦化废水 24h 后，154.2mg/L 处理组根尖细胞有丝分裂指数便与对照组表现出显著差异，暴露于焦化废水 48h 和 72h 后，所有处理组根尖细胞有丝分裂指数均显著大于对照组，表明焦化废水对大麦根尖分生区细胞的有丝分裂有促进作用，而且在暴露 48h 时促进作用体现得最为突出。

表1　焦化废水对蚕豆和大麦幼根长度的影响　　单位：cm

受试生物	COD/（mg/L）	时间/h		
		24	48	72
蚕豆	对照	1.97 ±0.37	2.14 ±0.46	2.43 ±0.42
	96.0	1.74 ±0.43	2.05 ±0.54	2.20 ±0.48
	154	1.69 ±0.40	1.82 ±0.41	2.14 ±0.52
	192	1.70 ±0.50	1.96 ±0.51	2.13 ±0.69
大麦	对照	1.22 ±0.25	1.39 ±0.34	1.65 ±0.45
	96.0	4.93 ±0.22**	5.20 ±0.32**	5.40 ±0.40**
	154	5.00 ±0.23**	5.53 ±0.35**	5.87 ±0.45**
	192	4.67 ±0.20**	5.07 ±0.29**	5.17 ±0.31**

注：与阴性对照组相比，** $P<0.01$，差异非常显著。

表2　焦化废水对蚕豆和大麦幼根根重的影响　　单位：g

受试生物	COD/（mg/L）	时间/h		
		24	48	72
蚕豆	对照	0.2066 ±0.0251	0.1867 ±0.1365	0.3500 ±0.0458
	96.0	0.1633 ±0.0058	0.2133 ±0.0451	0.2567 ±0.0551
	154	0.1533 ±0.0208	0.2333 ±0.0153	0.2500 ±0.0693
	192	0.1600 ±0.0173	0.2133 ±0.0513	0.2467 ±0.0462
大麦	对照	0.0311 ±0.0081	0.0592 ±0.0134	0.0796 ±0.0032
	96.0	0.0297 ±0.0126	0.0628 ±0.0063	0.0825 ±0.0047
	154	0.0222 ±0.0011	0.0474 ±0.0069	0.0544 ±0.0082
	192	0.0212 ±0.0087	0.0502 ±0.0113	0.0511 ±0.0023

表3　焦化废水对蚕豆、大麦根尖细胞有丝分裂指数的影响（‰ ± SD）

受试生物	COD/（mg/L）	时间/h		
		24	48	72
蚕豆	对照	32.40 ±3.12	37.40 ±5.06	34.20 ±5.10
	96.0	33.41 ±3.01	37.50 ±3.42	31.57 ±5.34
	154	33.20 ±5.14	36.75 ±3.01	32.10 ±2.76
	192	31.77 ±4.12	35.89 ±3.49	30.99 ±2.45
大麦	对照	19.67 ±3.17	23.00 ±2.05	17.33 ±2.76
	96.0	21.22 ±3.49	29.43 ±3.06**	20.05 ±2.05*
	154	22.45 ±3.21*	30.55 ±3.43**	22.64 ±2.72*
	192	22.37 ±3.11*	27.45 ±3.61**	20.00 ±1.57*

注：与阴性对照组相比，* $P<0.05$，差异显著；** $P<0.01$，差异非常显著

（三）焦化废水对蚕豆和大麦根尖细胞微核的诱导

从表4可看出，焦化废水可诱导蚕豆和大麦根尖细胞出现微核，且微核率与处理浓度呈线性关系：当蚕豆暴露于焦化废水24h时，$y=0.1213x-4.2163$（$R^2=0.9983$）；暴露时间为48h，y

$=0.1367x-4.8283$（$R^2=0.9959$）；暴露时间为72h时，除最高浓度组外，其余各组染毒浓度和微核率之间也呈线性关系，$y=0.1169x-0.6719$（$R^2=0.9684$）。在24～48h处理时间段内，随着时间的延长，微核率增大，但在处理72h后，微核率急剧下降。

当大麦暴露于焦化废水时，$y=0.0324x-0.6253$（$R^2=0.9588$）；暴露时间为48h，$y=0.0531x-2.3117$（$R^2=0.9857$）；暴露时间为72h时，$y=0.0592x-2.2592$（$R^2=0.9634$）。且随着时间的延长，微核率增大。焦化废水对大麦微核的诱导同时具有时间效应，即在一定的染毒浓度下，随着时间的延长，微核率增大。

表4 焦化废水对蚕豆、大麦根尖细胞微核率的影响（‰±SD）

受试生物	COD/（mg/L）	时间/h		
		24	48	72
蚕豆	对照	0.6±0.22	0.5±0.9	0.4±0.2
	96.0	7.6±1.1***	8.6±0.6***	2.0±0.7
	154	14.2±2.1***	15.8±0.7***	4.4±0.7***
	192	19.3±3.6***	21.8±1.2***	2.6±0.8*
大麦	对照	0.44±0.49	1.03±0.52	2.96±0.78
	96.0	2.65±0.68**	2.95±0.91**	3.70±0.65
	154	4.00±1.34***	5.52±1.71***	6.22±1.27**
	192	5.85±1.31***	8.14±2.46***	9.53±2.34***

与阴性对照组相比，* $P<0.05$，差异显著；** $P<0.01$，差异非常显著；*** $P<0.001$，差异极显著。

（四）焦化废水对蚕豆和大麦根尖细胞核固缩的诱导

表5的结果显示，焦化废水溶液能诱导蚕豆和大麦根尖细胞产生核固缩，且该效应呈现浓度和时间的双重依赖性。在整个实验期间，焦化废水染毒组的蚕豆根尖和大麦根尖细胞中核固缩率明显增大，且各处理组和对照组之间均具有极显著性差异。一定暴露时间下，整个浓度范围内，随焦化废水浓度的增大，核固缩发生率增大；同一处理浓度下，随时间延长，核固缩发生率增大，在72h时高浓度组大量根尖细胞核发生固缩，细胞不再分裂，从宏观上看幼根呈透明状，停止生长而死亡。

蚕豆根尖细胞核固缩发生率和焦化废水溶液浓度之间的浓度－反应曲线如下：暴露时间为24h时，$y=0.0350x+11.016$（$R^2=0.9456$）；暴露时间为48h，$y=0.0647x+9.7906$（$R^2=0.9850$）；暴露时间为72h，$y=0.1052x+7.9954$（$R^2=0.9906$）。

表5 焦化废水诱发蚕豆和大麦根尖细胞核固缩（‰±SD）

受试生物	COD/（mg·L）	时间/h		
		24	48	72
蚕豆	对照	0.0	0.01±1.0	0.1±2.1
	96.0	14.6±2.2***	16.2±2.6***	18.4±3.2***
	154	15.9±4.4***	19.3±3.9***	23.6±4.7***
	192	18.1±5.8***	22.5±4.6***	28.6±4.9***
大麦	对照	0	0	0
	96.0	4.97±2.53***	6.24±2.66***	6.67±1.56***
	154	9.40±4.47***	10.33±4.23***	13.65±4.26***
	192	10.59±2.29***	14.55±2.41***	20.73±2.66***

与阴性对照组相比，*** $P<0.001$，差异极显著。

大麦根尖细胞核固缩发生率和焦化废水溶液浓度之间的浓度－反应曲线如下：暴露时间为 24h 时，$y = 0.0597x - 0.5096$（$R^2 = 0.9578$）；暴露时间为 48h，$y = 0.0850x - 2.1882$（$R^2 = 0.9848$）；暴露时间为 72h 时，$y = 0.1439x - 7.582$（$R^2 = 0.9860$）。

三、讨　论

本研究通过实验室模拟蚕豆和大麦暴露于焦化废水，考察焦化废水对其根尖生长及细胞遗传损伤效应，从一个新的角度来审视焦化废水排放造成的环境影响。在本文考察的浓度范围内，焦化废水对蚕豆幼根根长、根重的影响不大；对大麦幼根根重的无明显影响，而对大麦根长有促进作用，这可能是由于焦化废水含有植物可利用的成分。

如环境毒物使遗传物质的稳定性破坏，细胞就无法进入有丝分裂期，从而使分裂细胞减少，有丝分裂指数降低。因此有丝分裂指数能在一定程度上反映环境毒物的遗传毒性。随着焦化废水浓度的增大，处理组蚕豆根尖细胞有丝分裂指数与对照组差别不大，而处理组大麦根尖细胞有丝分裂指数则显著大于对照组。随着时间的延长，在 24～48h，各组蚕豆和大麦根尖细胞分裂指数均呈上升趋势，而 72h 后分裂指数下降，这可能与蚕豆和大麦根尖细胞有丝分裂的周期有关。从实验结果可以看出：焦化废水对蚕豆和大麦根尖生长情况的影响与有丝分裂指数结果一致，这可能是焦化废水影响了植物根部的有丝分裂活动，从而影响了其根尖的生长。

微核是染色单体或染色体的无着丝点断片，或因纺锤体受损而丢失的整个染色体，在细胞分裂后期，仍然遗留在细胞质中。末期之后，单独形成的一个或几个规则的次核，微核能指示染色体或纺锤体的损伤。本试验表明，焦化废水能诱发较高频率的微核，表明环境中一定浓度的焦化废水对水稻细胞具有遗传损伤作用。除 COD 浓度为 192.8mg/L 的蚕豆处理组外，其余组蚕豆和大麦根尖微核率均随着焦化废水 COD 浓度的增加而上升，而且具有较好的线性关系，这可能是因为随着焦化废水处理浓度的升高，其对细胞的 DNA 的毒害加强，另外，可能破坏纺锤丝的结构和功能，干扰染色体自身运动的规律，形成断片、滞后染色体，断片和滞后染色体在子核重建时不能包被到核内，形成游离于主核的微核，导致微核率也随之增加。暴露 72h 时，COD 浓度为 192.8mg/L 处理组蚕豆微核率下降，这可能是因为随着焦化处理浓度的增大、时间的延长，对细胞的损伤加剧，导致蚕豆有丝分裂下降和染色体畸变的产生，分裂细胞减少，而且有效地阻止该细胞内纺锤丝微管蛋白的聚合作用而使细胞滞留在分裂期，进而使微核率下降；也可能由于焦化废水处理使得一些受损的细胞未完成有丝分裂过程或不能继续分裂，导致微核率下降[11]。

核固缩是细胞凋亡或即将坏死的特征形态，能指示细胞 DNA 损伤严重，修复无望[12]。本文结果表明，焦化废水溶液能诱导蚕豆和大麦根尖细胞产生核固缩，且该效应呈现浓度和时间的双重依赖性。

比较焦化废水对蚕豆和大麦的影响发现：在本文考察的浓度范围内，焦化废水处理组蚕豆根长、根尖和细胞分裂指数均与对照组无明显影响，而大麦根长、细胞分裂指数则表现出明显的促进作用；焦化废水处理后，蚕豆微核率和核固缩率较大麦明显。

从我们的实验结果可以得出以下结论：经生化处理后 COD 符合《钢铁工业污染物排放标准》（GB 13456—1992）表 3 中焦化行业一级、二级标准的焦化废水，其对蚕豆和大麦的毒性效应仍然存在，可引起蚕豆和大麦细胞的遗传损伤，诱导蚕豆根尖细胞微核率增加，出现核固缩，破坏细胞的遗传稳定性。对于焦化废水的毒性效应来说，大麦和蚕豆存在着种属差异，与大麦相比，蚕豆能更敏感的指示焦化废水的毒性效应。

参考文献

[1] Fisher R. Progress in pollution abatement in European cokemaking industry [J]. Ironmaking and Steelmaking,

1992，19（6）：449－456.

[2] 国家环境保护总局．HJ /T 1262—2003. 中华人民共和国环境保护行业标准《炼焦行业清洁生产标准》［S］．北京：国家环境保护总局，2003.

[3] Lungen Hans Bodo. The situation of the Chinese coke making industry［J］. Stahl und Eisen，2005，125（11）：72－74.

[4] Ning P，Bart H J，Jiang Y J，et al. Treatment of organic pollutants in coke p lant wastewater by the method of ultrasonic irradiation，catalytic oxidation and activated sludge［J］. Separation and Purification Technology，2005，41（2）：133－139.

[5] 连军．焦化废水对水生生物的毒性研究［J］．环境与可持续发展，2007（5）：7－9.

[6] 周秀艳，王恩德．典型行业废水生物毒性与污染物浓度关系［J］．东北大学学报，2006，27（8）：918－921.

[7] 国家环境保护总局．GB 11914—1989. 中华人民共和国国家标准《水质 化学需氧量的测定 重铬酸盐法》［S］．北京：国家环境保护总局，1989.

[8] 国家环境保护总局．GB13456－92. 中华人民共和国国家标准《钢铁工业水污染物排放标准》［S］．北京：国家环境保护总局，1992.

[9] Kanaya N，Gill BS，Grover IS，et al. Vicia faba chromosomal aberration assays［J］. Mutat Res，1994，310：231－247.

[10] 金波，陈光荣．遗传毒理与环境检测（第一版）［M］．武汉：华中师范大学出版社，1998：276 － 278.

[11] Rivetta A，Negrini N，Cocucci M. Involvement of Ca^{2+} －calmodulin in Cd^{2+} toxicity during the early phases of radish（Raphanus sativus L.）seed germination［J］. Plant Cell Environment，1997，20：600－608.

[12] 张贵友，田瑞华，戴尧仁．植物细胞凋亡的研究进展［J］．生物工程进展，2001，21（6）：22－27.

UASB 反应器处理焦化废水试验研究

卢　永[1]　申世峰[1]　胡开亮[2]　严莲荷[1]　周申范[1]

（1. 南京理工大学化工学院　江苏　南京　210094；
2. 南京洁水科技有限公司　江苏　南京　210014）

摘　要　采用已启动完成的 UASB 反应器处理焦化废水，实验结果表明：最佳容积负荷、pH 值、回流比分别为 2.5kg/（m^3·d）、7.2、1.5，COD 和酚去除率分别为 54%、75%。投加共代谢基质可大大提高处理效果，且采用淘米水时处理效果最佳。GC/MS 分析表明：通过 UASB 处理，原水中酚类物质、含氮、氧、硫等难降解杂环化合物也被降解，同时产生甲基苯胺、酸类和酯类等易降解中间产物，出水可生化性得到很大提高。

关键词　UASB　焦化废水　共代谢　GC/MS

引　言

焦化废水成分复杂，含有许多有机、无机污染物，如酚类化合物、多环芳烃（PAHs），以及含氮、氧、硫的杂环化合物，是一种典型的高浓度、难降解工业废水，焦化废水的处理一直是国内外废水处理领域的一大难题。生化处理是焦化废水处理的核心技术，如 A/O、A^2/O 等，现行工艺出水已不能满足排放要求，主要是难降解有机物去除效率较低所致。而焦化废水中难降解有机物的降解主要是通过厌氧生物处理实现的，因此，厌氧处理效果对生化处理效果有重大影响。上流式厌氧污泥床（UASB）作为一种高效厌氧处理技术，具有运行费用低、处理效果好、耐冲击负荷能力强、结构简单以及便于操作等优点。目前已经成为应用最为广泛的厌氧处理工艺，已应用于各类不同成分、浓度的废水的处理，如家禽屠宰废水[1]、苯酚废水[2]、垃圾渗滤液[3]、高浓度生活污水[4]。目前尚未见到利用 UASB 处理焦化废水的报道，因此对 UASB 处理焦化废水进行研究具有重要意义。笔者对已启动完成的 UASB 反应器处理焦化废水的影响因素进行探索，并采用 GC/MS 对反应器处理效果进行了分析。

一、材料与方法

（一）试验装置

试验采用改进型 UASB 反应器，由 UASB 反应器、供水系统、加热装置、电机搅拌装置和电气控制 5 部分组成。采用有机玻璃制作，圆柱形。反应柱内径为 9 cm，总高度为 100 cm，有效容积 6 L。装置如图 1 所示。

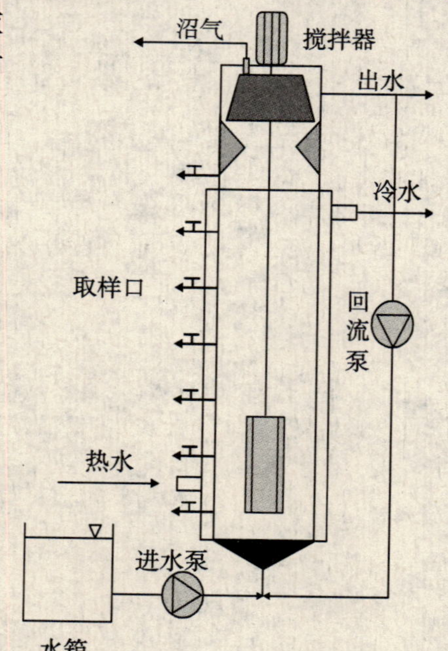

图 1　UASB 试验装置

（二）试验用水

试验焦化废水取自某钢铁公司焦化厂，经过文献［5］所述微电解方法预处理后，进入 UASB 反应器，COD 浓度为 2500～3000 mg/L，酚浓度为 80～100 mg/L。

（三）分析方法

COD 测定：重铬酸盐法（GB 11914－1989）。酚类化合物浓度测定：4－氨基安替比林直接分光光度法（GB

7490—1987)。GC/MS 分析：采用美国 VARIAN 公司，CP-3800/SATURN-2000 分析仪，分析过程参考文献［7］。

二、UASB 处理焦化废水影响因素

（一）容积负荷（VLR）对处理效果影响

容积负荷是厌氧生物处理的重要影响因素，适当的负荷对于反应器运行极为重要。实验控制 HRT 为 24 h，反应器 pH 值在 7.0~7.2，温度为 30±1 ℃，搅拌速度 2r/min，通过调节进水流量，控制反应器容积负荷分别为 1.0 kg/(m^3·d)、1.3 kg/(m^3·d)、1.7 kg/(m^3·d)、2.5 kg/(m^3·d)、3.4 kg/(m^3·d)、5.0 kg/(m^3·d)，对应的水力停留时间（HRT）分别为 60 h、48 h、36 h、24 h、18 h、12 h，测定出水 COD、酚浓度。实验结果如图 2 所示。由图可知，随着容积负荷的提高，COD、酚去除率当进水浓度不变，不同容积负荷条件下反应器运行的 HRT 不同，容积负荷越高，HRT 就越短，废水与厌氧污泥接触时间较短，反应器内的有机物得不到充分的降解，并且焦化废水含有很多难降解物质，这些物质被降解或被转化所需时间较长。另外高负荷条件下，容易造成反应器内 VFA 的积累，导致酸化现象，降低污泥活性，导致处理效果下降。由图可知，当容积负荷降低到 2.5 kgCOD/(m^3·d)，HRT 为 24 h 时，继续降低容积负荷，处理效果提高幅度不大趋于稳定。实验发现当容积负荷降低到 1.0 kgCOD/(m^3·d)，HRT 为 60 h 时，处理效果反而降低，主要因为过低的负荷不能满足厌氧微生物生长所需的营养，导致厌氧微生物活性降低，影响处理效果。因此，反应器容积负荷要控制在合理范围，才能有利于厌氧微生物增长，保证较好的处理效果。

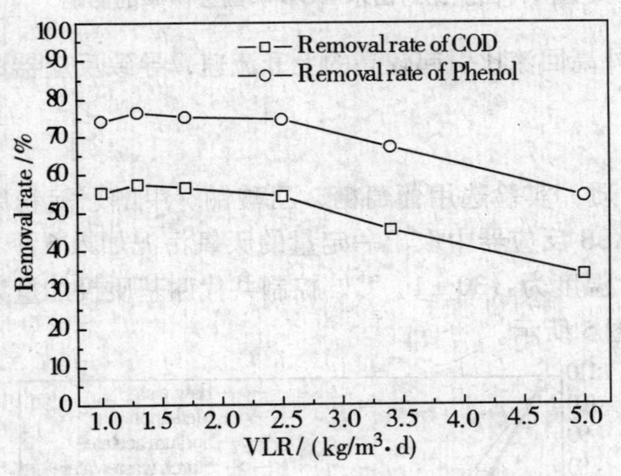

图 2　VLR 对出水 COD 和酚去除率的影响

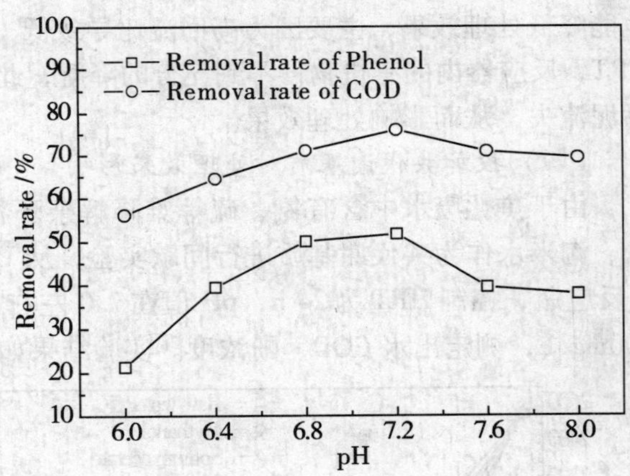

图 3　pH 对出水 COD 和酚去除率的影响

（二）pH 对处理效果影响

pH 值是废水厌氧处理最重要的影响因素之一。实验控制 HRT 为 24 h，温度为（30±1）℃，搅拌速度为 2 r/min，采用 H_2SO_4 或 $NaHCO_3$ 调节 pH 分别为 6.0、6.4、6.8、7.2、7.6、8.0，测定出水 COD、酚浓度。实验结果如图 3 所示。

由图可知随着 pH 的提高，COD、酚去除率先提高后降低，pH 为 7.2 时处理效果最好。这主要是当 pH 值为 6.8~7.2 时，很适宜甲烷菌的生长，能够使甲烷活性得到充分的发挥，充分降解废水中的有机物，从而能够达到更高的 COD 去除率和有机氮的转化率。而当 pH<6.8 时，对甲烷菌的影响很大，而对水解菌或酸化菌的影响却比较小，这些微生物菌能继续将进水中的有机物转化为脂肪酸等，而产甲烷菌只是将少部分的脂肪酸降解掉，从而导致反应器内有机酸的积累、酸碱平衡失调，使产甲烷菌的活性受到更大抑制，最终导致 COD 去除率很低。当 pH 值为 7.6 和 8.0 时，处理效果均比 pH 为 6.8 和 7.2 差，但比 pH<6.8 时的处理效果要好，这主要是

因为 pH 为 6.8 和 7.2 是处于一个碱性环境，能对反应器中产生的酸起到一定的缓冲作用，但在一定程度上还是影响了产甲烷菌的活性。因此，在厌氧生物处理过程中，要严格控制反应器中 VFA 浓度，保证反应器中有充足的碱度，使反应器内 pH 值维持 6.8～7.2，确保最佳的处理效果。

（三）回流比对处理效果影响

为考察回流比影响，实验控制反应器温度为 30±1 ℃，pH 值在 7.0 左右，搅拌速度为 2 r/min，控制回流比分别为 0、0.5、1、1.5、2、3，测定出水 COD、酚浓度。实验结果如图 4 所示。

由图可知，随着回流比提高，COD、酚的去除率先增加后降低，回流比为 1.5 时处理效果最佳，与其他影响因素相比，回流比的改变对反应器处理效果影响要小。当回流比小于 1.5 时，随着回流比增加处理效果提高，主要因为反应器出水 pH 处于碱性，增加回流比能增加反应器的碱度，提高反应器缓冲能力，另外增加回流比能提高反应器上升流速，增强泥水混合效果，改善反应器中的水的状态，可有效防止水沟的产生[6]，同时产生的气泡也可以及时地排出，从而加快 UASB 的水解酸化与甲烷化过程，提高处理效果。但太高的回流比也能降低处理效果，主要因为高回流比导致低 HRT，反应器内的有机物得不到充分的降解，此外高回流比引起较高的上升流速，导致反应器中污泥流失，从而影响处理效果。

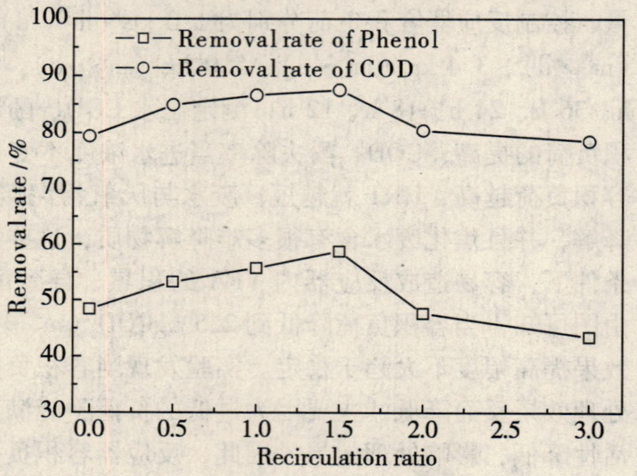

图 4　回流比对出水 COD 和酚去除率的影响

（四）投加共代谢基质对处理效果影响

由于焦化废水中含有氮、硫等难降解杂环物质，实验选用葡萄糖、乙酸钠、甲醇、淀粉废水、淘米水作为共代谢基质进行间歇实验，从 UASB 反应器中取出一定量的厌氧污泥加入 6 个 1 L 反应瓶，控制 HRT 为 24 h，pH 值在 7.0 左右，温度为（30±1）℃，控制共代谢基质投加量为 500mg/L，测定出水 COD、酚浓度。实验结果如图 5 所示。

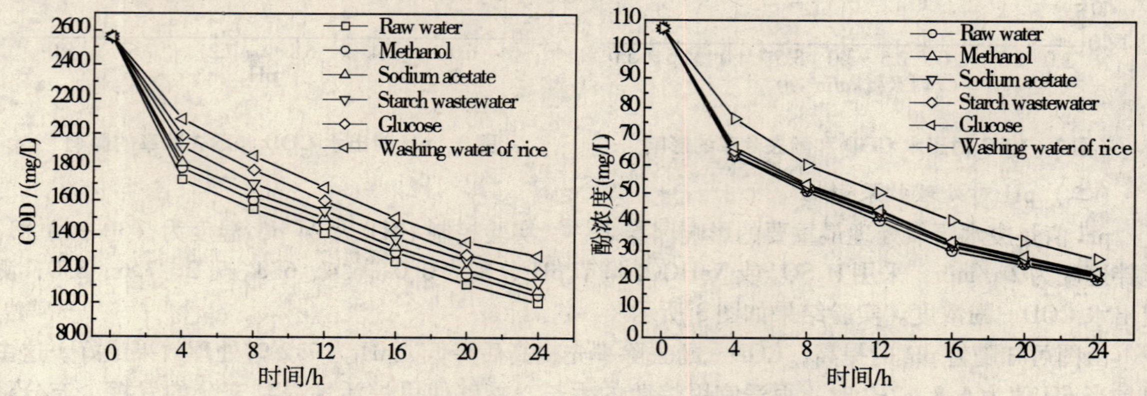

图 5　共代谢基质对出水 COD 和酚去除率的影响

由图可知，投加不同共代谢基质条件下，经 24 h 降解后最终出水 COD 浓度分别为 1002 mg/L、1044 mg/L、1072 mg/L、1126 mg/L、1184 mg/L、1280 mg/L，酚的浓度分别为 20.31 mg/L、21.35 mg/L、21.88 mg/L、22.61mg/L、22.96 mg/L、27.81 mg/L。微生物的共代谢作用是

生物强化技术的一种方法，也叫做协同代谢或辅助代谢[7]。共代谢作用在有机物染物，特别是难生物降解有机物的代谢过程中发挥重要作用。由图可知加入共代谢基质后，能为厌氧微生物提供易降解碳源和能源，提高了厌氧污泥的活性，从而促进了活性污泥对焦化废水中难降解有机物的降解，大大降低出水 COD 浓度。与其他共代谢物质相比，淘米水作为共代谢基质时处理效果最佳，出水 COD、酚均最低，并且降解速率最快。这是因为其他物质提供碳源和能源比较单一，而淘米水的主要成分是多糖类物质，并且含有其他微量元素，提供的营养更加丰富，能够更大程度地提高微生物的活性，更有利于一些难降解物质降解，因此在实际工程中选择营养丰富的物质作为共代谢基质能够更大限度的提高难降解有机物的降解。

（五）GC/MS 分析

为了进一步研究 UASB 的处理效果，根据前面的试验方法对原水、UASB 处理后的出水进行 GC/MS 分析，结果表明：原水主要含有苯酚、邻甲酚、对甲酚、苯甲酸，吲哚、喹啉类、二苯并呋喃－2－磺酸等含氮、氧、硫的杂环化合物等。经过 UASB 处理后原水中主要有机污染物被降解，并产生少量的甲基苯胺、酸类和酯类等易降解物质。UASB 对焦化废水中有毒及难降解有机物具有良好的处理效果，可生化性得到很大提高。经 UASB 处理后焦化废水出水再经后续好氧处理后可达到国家二级排放标准。

三、结　论

研究了 UASB 处理焦化废水的影响因素，得出结论如下：

1. UASB 处理焦化废水最佳容积负荷、pH 值、回流比分别为 2.5 kg/(m^3 · d)、7.2、1.5。COD 和酚去除率分别为 54%、75%。投加共代谢基质可大大提高处理效果，且采用淘米水时处理效果最佳。

2. GC/MS 分析表明：通过 UASB 处理，原水中苯酚、含氮、氧、硫等难降解杂环化合物被降解，同时产生甲基苯胺、酸类和酯类等易降解中间产物，出水可生化性得到很大提高。

参考文献

[1] C. Cha'vez P. A，R. Castillo L. A，L. Dendooven，et al. Poultry slaughter wastewater treatment with an up－flow anaerobic sludge blanket（UASB）reactor［J］. Bioresource Technology，2005，96：1730－1736.

[2] Athar Hussain，Pradeep Kumar，Indu Mehrotra. Treatment of phenolic wastewater in UASB reactor：Effect of nitrogen and phosphorous［J］. Bioresource Technology，2008，99：8497－8503.

[3] 方程冉，吴征宇，龙於洋，等. UASB 反应器处理垃圾渗滤液的启动研究［J］. 浙江科技学院学报，2007，19（2）：125－128.

[4] Nidal Mahmoud. High strength sewage treatment in a UASB reactor and an integrated UASB－digester system［J］. BioresourceTechnology，2008，99：7531－7538.

[5] 卢永，严莲荷，李兵，等. 镀铜铁内电解预处理焦化废水的研究［J］. 精细化工，2008，25（3）：269－272.

[6] Anushuya Ramakrishnan，Sudhir Kumar Gupta. Effect of effluent recycling and shock loading on the biodegradation of complex phenolic mixture in hybrid UASB reactors［J］. Bioresource Technology，2008，99（9）：3745－3753.

[7] Pitter，P. Biodegradability of organic substances in the aquatic environment［J］. CRC Press，1992.

生物接触氧化新工艺处理模拟生活污水的研究

曹振刚　许　芝　杨东明　费庆志

（大连交通大学环境与化学工程学院　大连　116028）

摘　要　利用自充氧多层生物接触氧化工艺处理模拟生活污水，在间歇运行方式下考察实验装置在不同循环流量，对污水的COD、NH_3-N的处理效果。实验结果表明：循环流量在400L/h、停留时间为6h时，实验装置对COD、NH_3-N的去除率分别为75%、33%。

关键词　自充氧　生物接触氧化　溶解氧

本文在间歇运行方式下对自充氧生物接触氧化工艺处理装置进行了研究，探讨其对生活污水的处理效果。

一、试验部分

（一）试验装置

试验装置共由四个UPVC塑料板焊接的水箱组成，如图1所示。每个水箱长45cm，宽45cm，有效水深37cm，容积75L，总容积约300L。水箱由角钢支架立成四层塔状，层间落差25cm。水箱内部填充半软性填料，中心设置双层同心套管使水折流，以保证水箱容积及底部排水。每层出水流经底部穿孔管布水器落入下一级，污水在洒落过程中与大气接触并使下一级水面扰动，而起到充氧作用。穿孔管布水器由四根DN15支管相互连接成长方形，长30cm，宽25cm，共开22个直径为3.5mm的孔。进水由水箱经过水泵提升，通过流量计、阀门进入装置顶部。最后一层的出水管连接两根支管。一根为排水管，另一根与水泵进水管连接成回流管。

间歇运行方式为污水由水泵提升充满试验装置，然后关闭排水阀，水箱出水阀，打开回流阀，开启水泵使污水在装置中闭循环，循环流量由流量计及截止阀控制。

（二）水质及分析方法

试验采用模拟生活污水，由蔗糖、尿素、NH_4Cl、食用碱、K_2HPO_4以及其他无机盐等溶解于自来水配制而成，分析方法如表1所示。

表1　分析项目与测定方法

分析项目	测定方法
COD	重铬酸钾标准方法
NH_3-N	纳氏试剂比色法
DO	便携式溶解氧仪
pH	酸度计
温度	温度计

（三）试验过程

将取自污水处理厂的回流污泥沉淀30min去其上清液，将沉淀活性污泥倒入反应器。向装置中充满COD约150mg/L的污水，然后关闭排水阀，水槽出水阀，打开回流阀，开启水泵使污水以400L/h的流量在装置中循环。封闭循环2天，此时填料表面变黄，更新反应器中1/3的污水。重复上述过程，10天左右生物膜增厚，颜色变为黄褐色。镜检发现鞭毛虫数量减少，但出现一些游动型纤毛虫，如肾型虫，以及一些匍匐型纤毛虫，它们行动非常活跃，游动速度很快，表明完成挂膜。

本试验装置的运行方式采用间歇式运行，由于没有设置曝气设备，完全依靠污水流动来充氧，所以需将污水在试验装置中不断循环回流，来提高污水中的溶解氧，所以要确定一个最佳的回流量以提高设备的处理效果。

二、试验结果与讨论

本试验中，所用原水水质为：COD_{Cr}浓度大约为 200～250mg/L、氨氮浓度大约为 20mg/L、pH 为 6.5、温度为 21℃。循环流量分别为 300L/h、350L/h、400L/h 时，反应时间为 6 小时。

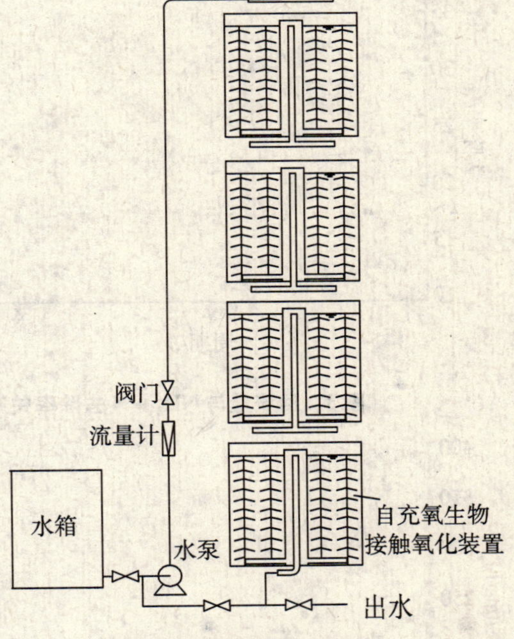

图 1　实验装置示意图

（一）循环流量对 COD_{Cr} 处理效果影响

由图 2 可知，当设备的回流量为 300L/h、350L/h 和 400L/h 时，对 COD_{Cr} 的去除率分别为大约 54%～56%、62%～65% 和 73%～78%，出水分别在 132～143mg/L、98～110mg/L 和 70～54mg/L。这表明流量增大一方面提高充氧效果，另一方面可提高传质效果。如果流量再提高，则单级水力停留时间过短，并增大了能耗。所以，为保证去除效果，回流量应选择 400L/h，此时每级每次循环水力停留时间为 11min，表面负荷为 $2m^3/(m^2 \cdot h)$，在该流量下的设备传质效率较高，对 COD_{Cr} 的去除较明显。

（二）循环流量对 NH_3-N 处理效果影响

由图 3 可知，当调节设备的回流量分别为 300L/h、350L/h 和 400L/h 时，对 NH_3-N 的去除率分别为大约 18%、22% 和 30%，在进水 NH_3-N 为 20mg/L 左右时出水分别在 16.5mg/L、15.6mg/L 和 13.1mg/L。可见，回流量选择 400L/h，此时 NH_3-N 去除率也最高，所以确定的回流量为 400L/h 为最佳回流量。

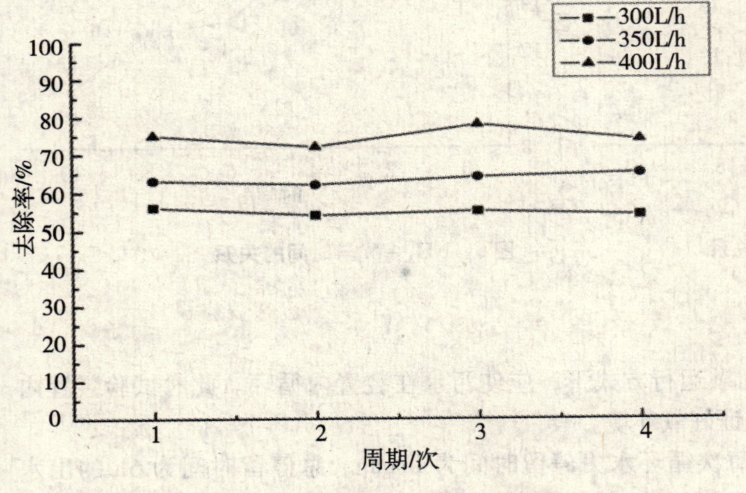

图 2　回流量与 COD_{Cr} 去除率关系

（三）循环流量对 DO 影响

图 4 测定数据为水面下 10cm 处 DO 值。由图可知，随着时间的增加设备中溶解氧的浓度逐渐提高，并且随着回流量的提高，同一时间的溶解氧浓度依次变大。本试验研究的是好氧生物处理法，所以在一定范围内，溶解氧的浓度越高越有利于微生物的好氧呼吸，越有利于处理效果的提高。所以，对于溶解氧的效果来说回流量为 400L/h 是一个适当的回流量。

（四）最佳 HRT 的确定

回流量为 400L/h，试验原水水质为：COD_{Cr} 浓度为 350mg/L，氨氮浓度为 22mg/L，pH 为 6.5，温度为 21℃。反应器内 COD_{Cr}、氨氮的浓度如图 5、图 6 所示。

如图 5 所示随着停留时间的增加 COD_{Cr} 及氨氮浓度逐渐降低。其中前六个小时 COD_{Cr} 去除速度随时间的变化很快，去除率可达 79.8%，出水 COD_{Cr} 可达 70mg/L，后四个小时去除速度逐渐降低。而氨氮在整个实验时间内均有较高的去除率，由于 HRT = 6h 时两参数均已达到排放标准，

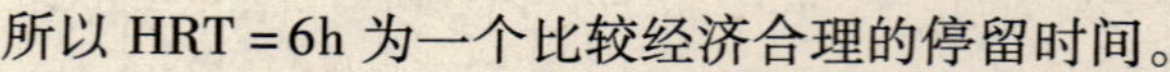

所以 HRT = 6h 为一个比较经济合理的停留时间。

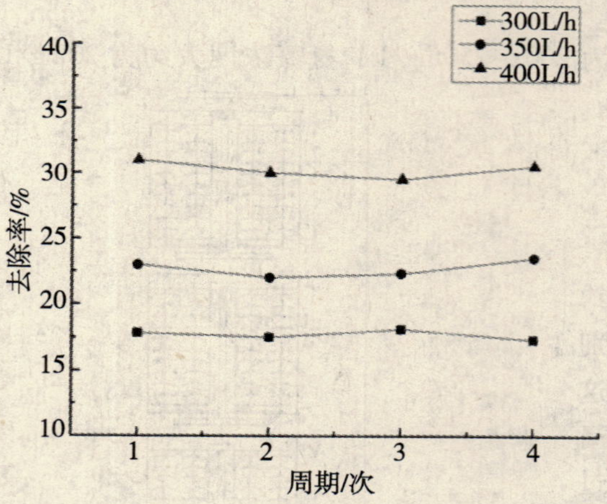

图 3　回流量与 NH_3-N 去除率关系

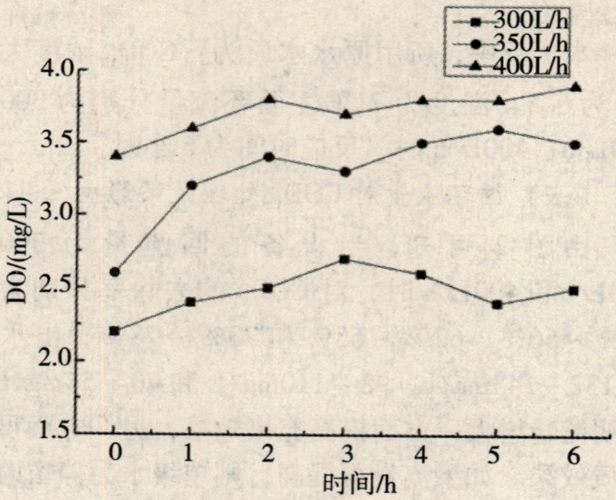

图 4　回流量与溶解氧浓度的关系

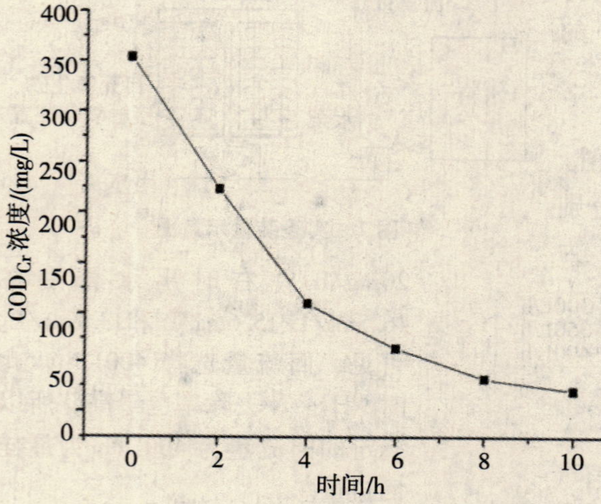

图 5　COD_{Cr} 与时间的关系

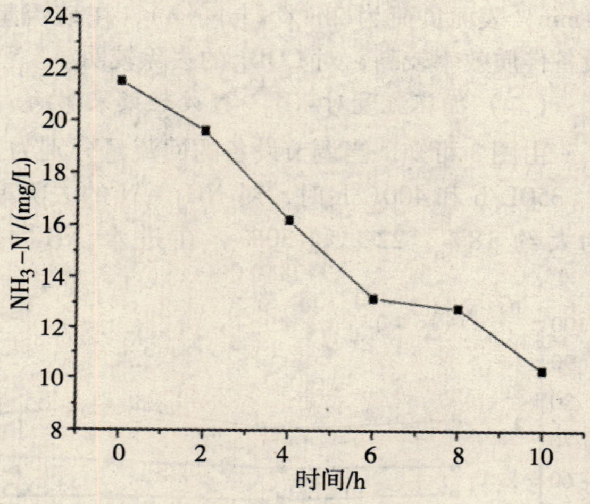

图 6　NH_3-N 与时间的关系

三、结　论

1. 自充氧生物接触氧化工艺在间歇运行方式下，应使污水在装置内循环。此时试验装置内可保持较高的溶解氧值，基本可以保证好氧环境。

2. 在循环流量为 400L/h，每级每次循环水力停留时间为 11min，总停留时间为 6h 的出水 COD_{Cr}、NH_3-N 去除率分别可达 75%、33%，低于国家污水排放要求，并为低成本运行处理生活污水提供一种可能的新途径。

参考文献

[1] 陈鸣钊，丁训静．大气复氧理论与实践［M］．北京：化学工业出版社，2006：114 – 117.

[2] 姜湘山，王春雷．跌水曝气——改进型填料（滤料）排水系统处理屠宰废水的设计［J］．环境工程，2002，20（6）：25 – 26.

[3] 肖唐俊，康建雄，易卫华，等．跌水曝气生物膜法处理生活污水研究［J］．市政技术，2006，24（6）：419 – 421.

[4] 张自杰．排水工程［M］．北京：中国建筑工业出版社，1996：84 – 88.

溢流雨水磁絮凝净化工艺研究

解清杰　刘　兴　吴春笃　段明飞

（江苏大学环境学院　镇江　212013）

摘　要　采用磁絮凝方法处理城市溢流雨水，以自制的絮凝剂 PFSS 和磁种为原料做絮凝试验，研究了絮凝剂投加量、磁种投加量、废水 pH 等参数对絮凝效果的影响并建立了 TSS 和 TP 去除率的二次多项回归模拟方程。在实验中最佳实验条件为废水 pH = 7，絮凝剂投加量［PFSS］ = 4ml/L，磁种投加量［磁种］ = 200mg/L，对模拟溢流雨水中的 TSS、浊度、COD、TP 和 NH_3-N 的去除率分别为 98.4%、98.6%、63.9%、93.2%和 36.6%，与分析所得的最佳水平搭配和结果基本吻合。

关键词　磁絮凝　溢流雨水　絮凝剂　雨水径流　回归分析

随着城市化进程的加快，建成区面积不断扩大，导致不透水面积大幅度增加，致使相同降雨条件下，径流系数增大，洪峰提前，洪量增大，对城市排水和河道行洪构成巨大的压力[1]。城市溢流雨水中污染物含量高，变化大，组分复杂，且不经任何处理直接排放，对城市水体造成严重污染。又因溢流污染在雨天产生，故其排放具有间歇性、突然性、随机性且瞬时排放量较大，这为城市径流污染物的处理造成了很大困难[2,3]，因此，急需开发一套启动快、处理负荷高和耐水力冲击的工艺。

国内在流污水溢流的处理方面研究较少而国外已经有成型的商品化处理装置，主要有 Densadeg、Actiflo、Lamella Clarifier 等工艺[4]，这些流雨水处理装置在指导思想上接受了给水处理中的混凝理论，是一个完善的、不依附调蓄池的混沉淀处理单元。目前，磁絮凝工艺在水处理中多有应用[5-8]，其不仅简单快速，经济有效，能实现快速分离和快速沉降，而且在占地、能耗、操作、污泥含水率、脱水性能等方面较传统分离技术有明显优势和独特性能。

该研究就磁絮凝技术对模拟溢流雨水的净化进行初步研究，通过烧杯搅拌试验，以总固体悬浮物（TSS）、浊度、化学需氧量（COD）、总磷（TP）、氨氮（NH_3-N）为指标，考察了各种因素对处理效果的影响，并以 TSS 和 TP 去除率为评价指标，进行了正交试验分析并且建立了二次多项回归模拟方程，确定了最佳工作条件，为进一步处理提供依据。

一、试验部分

（一）试剂及仪器

实验所用试剂均为分析纯，硅酸钠（用蒸馏水配制成 0.5mol /L 的溶液）、硫酸铁（配制成 0.5mol /L 溶液）、葡萄糖、磷酸二氢钾、尿素、七水合硫酸亚铁、浓硫酸、氢氧化钠（配制成 0.5mol/L 溶液）。所用絮凝剂聚硅硫酸铁（总铁浓度为 0.5mol/L 溶液）和磁种由实验室自制。

仪器：ZR4 -6 混凝实验搅拌器（深圳市中润水工业有限公司）、722 可见分光光度计（上海欣茂仪器有限公司）、DR2800 分光光度计（美国哈希公司）、DF - Ⅱ 集热式磁力加热搅拌器（江苏省金坛市医疗仪器厂）、BT01 - 100 蠕动泵（保定兰格恒流泵有限公司）、手提式压力灭菌锅（上海医用核子仪器厂）、HANNA 便携式 pH 计。

实验水样：根据文献［2］中溢流雨水相关参数，配置模拟溢流雨水：在自来水中加入葡萄糖、磷酸二氢钾、尿素、高岭土充分搅拌混合，其水质见表 1。

表 1 实验用水水质范围

TSS/（mg/L）	浊度/度	COD/（mg/L）	TP/（mg/L）	NH_3-N/（mg/L）
99～499	80～270	244～392	1.2～12.36	20.76～28.1

（二）絮凝试验

采用六联定时搅拌器进行烧杯搅拌试验。取水样分别注入 6 个 500ml 烧杯中，根据要求分别投入不同的药剂，先以 350r/min 快速搅拌 2min 后，再以 60r/min 慢速搅拌 5min，静置 20min 后，取上层清液测试分析。

（三）分析方法

TSS 由 DR2800 分光光度计直接测得；采用分光光度计法测定浊度；重铬酸钾法快速测定 COD；钼锑抗分光光度计法测定总磷；纳氏试剂光度法测定氨氮。

二、试验结果与讨论

（一）絮凝剂投加量的影响

絮凝剂投加量是影响絮凝效果的主要因素之一，也是衡量絮凝剂性能的重要指标。由于 PFSS 呈强酸性，投加量低不利于有效的净化污水；投加量高时会使水的 pH 下降，处理出水呈酸性且絮体生成较少，所以必须控制絮凝剂的用量[9]。分取 6 份 500ml 模拟溢流污水，常温下分别按 1.0、2.0、3.0、4.0、5.0、6.0ml/L 的量投加絮凝剂进行絮凝试验。絮凝剂投加量对絮凝效果的影响如图 1 所示。

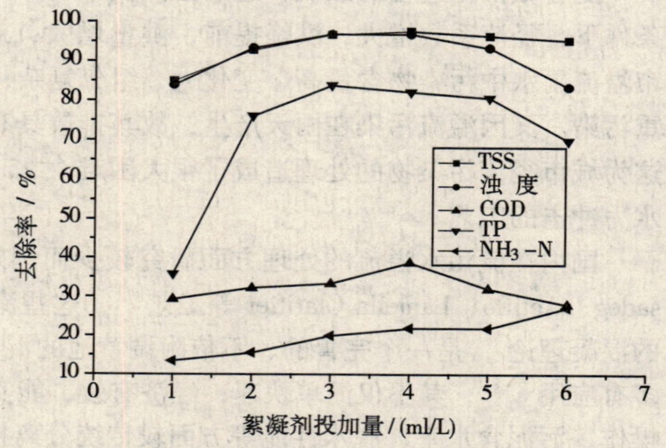

图 1 絮凝剂投加量对絮凝效果的影响

由图 1 可以看出，PFSS 对溢流污水中 TSS、浊度和 TP 具有很好的去除效果，但对 COD、NH_3-N 的去除率明显不高。在絮凝剂投加量为 2～5ml/L 时，污水的污染物去除率比其他投加量均相对较高，当投加量为 3ml/L 时，TSS、浊度和 TP 去除率达到最大值，分别为 93.9%、96.7% 和 83.8%。

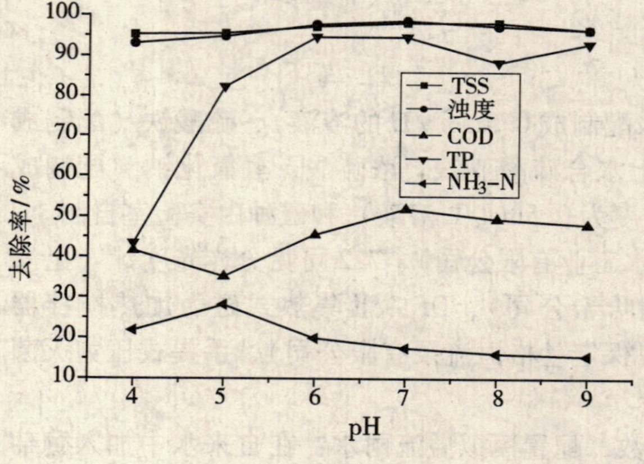

图 2 pH 对絮凝效果的影响

当投加量达到 4ml/L 时，COD 去除率达到最大值 38.7%，而 NH_3-N 仍在上升，但影响不大。再增加投加量，TSS、浊度、TP 和 COD 的去除率均有所下降，这是由于过量的 Fe^{3+} 使悬浮颗粒物所带电荷逆转，导致水中某些污染粒子的重新悬浮，发生再稳定，混凝效果反而下降。综合考虑，最佳投加量为选为 4ml/L。

（二）pH 对絮凝效果的影响

取 6 份模拟溢流污水，用 0.5mol/L 的 HCl 和 NaOH 调节 pH 分别为 4、5、6、7、8、9，絮凝剂投加量 4ml/L，常温下进行絮凝试验。pH 对絮凝效果的影响如图 2 所示。

由图可见，pH 对废水中 TSS 和浊度的去除率影响不大，但对 COD、TP、NH_3-N 的去除率有一定影响。当 pH 为 5 时，氨氮的去除率达到最大 28.1，而 COD、TP 的去除率相对较低。当 pH 为 5~8 时，COD 和 TP 的去除率较高，当 pH =7 时，TSS、浊度、TP 和 COD 的去除率均达到最大，分别为 98.1%、98.6%、94.6% 和 52.0%，而 NH_3-N 的去除率逐渐降低。这是因为当废水的 pH 较小时絮凝剂处于酸性条件下，SiO_2 聚合沉积，失去絮凝特性，故其絮凝效果较差；而当 pH 较高时，PFSS 电离出的 Fe^{3+} 发生水解作用又会降低絮凝效果。因此，最佳的 pH 应为 7。

（三）磁种投加量对絮凝效果的影响

通过向污水中投加 Fe_3O_4 磁种可以增加体系磁化率。因磁种对多种无机离子及有机物有较强的吸附亲和性能，在水处理领域中，可作为吸附剂并与絮凝剂联用，吸附污染物。分取 6 份溢流污水，调节 pH 为 7。按 50、100、150、200、250、300mg/L 的剂量向废水中投加 Fe_3O_4 磁种做絮凝试验。磁种投加量对絮凝效果的影响见图 3。

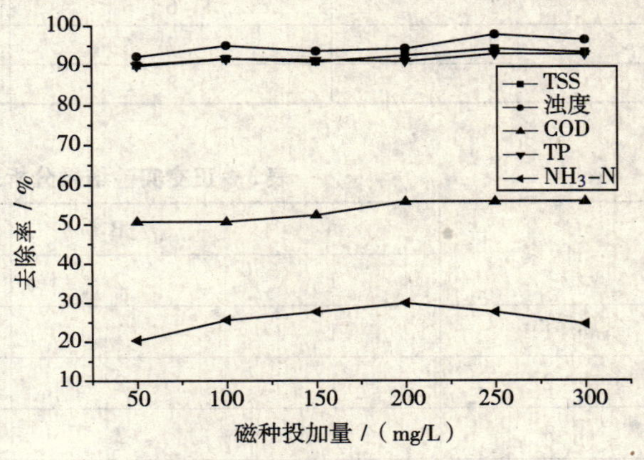

图 3 磁种投加量对絮凝效果的影响

从图中可以看出，随着磁种用量的增加，水中 TSS、浊度、COD、TP 和 NH_3-N 的去除率呈递增趋势，当投加量为 200mg/L 时，TSS、浊度、COD、TP 和 NH_3-N 的去除率分别达到 92.6%、94.4%、55.9%、91.1% 和 29.9%。再增加投加量，TSS、浊度和 TP 的去除率虽有所增加，但增加不明显。当投加量大于 250mg/L 时，对各污染物的去除率有下降趋势，这是因为随着磁粉投加量的增多超过饱和用量时，多余的磁粉不再与絮凝体结合形成紧密的复合磁絮凝体，反而使废水浊度增大，影响絮凝剂对有机物的吸附，使絮凝效果下降趋势。综合考虑，确定磁种最佳投加量选为 200mg/L。

（四）正交实验分析

依据单因素实验结果分别对 pH、PFSS 投加量和磁种投加量 3 个因素取 3 个水平，套用 L_9（43）正交表，以 TSS 和 TP 的去除率为评价指标，通过极差分析找出处理溢流雨水的最佳方案。正交试验表头见表 2，实验结果分析表见表 3。

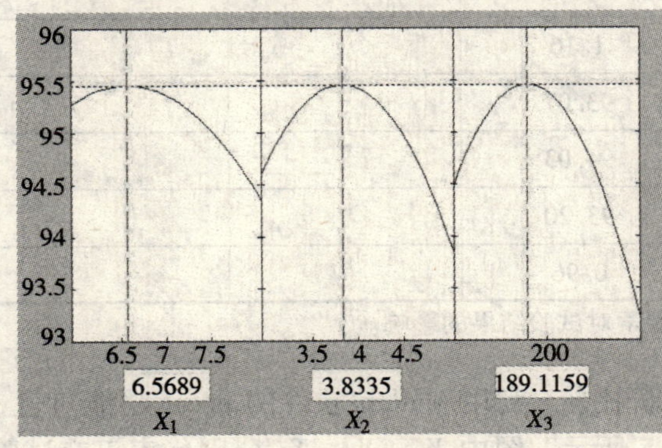

图 4 TSS 去除率正交实验拟合曲线

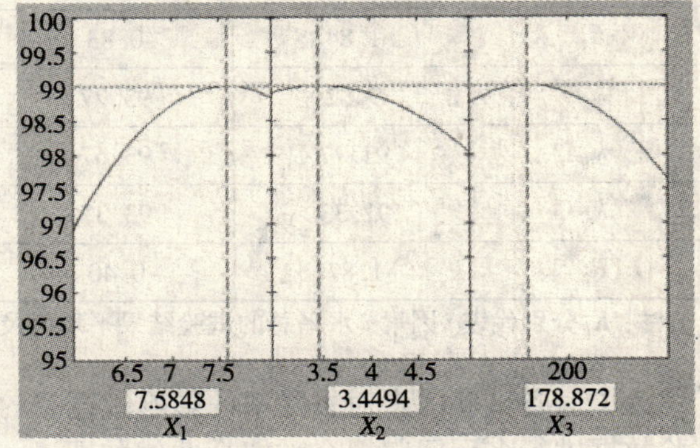

图 5 TP 去除率正效实验拟合曲线

进行极差分析可知，对于 TSS 和 TP 的去除，试验中极差分别为 $R_A=1.84>R_C=1.16>R_B=0.83$ 和 $R_A=1.87>R_C=0.96>R_B=0.40$，则在选定各因素对 TSS 和 TP 去除率的影响作用均为 A>C>B，即 pH 影响最大，磁种投加量影响较小，絮凝剂投加量影响次之。由图 3 可知在这几组组合参数中对 TSS 的去除效果最佳水平搭配为 A1B1C2，即 pH =6，［PFSS］ = 3ml/L，［磁种］ =200mg/L。对于 TP 的去除效果最佳水平搭配为 A1B2C2，即 pH = 6，［PFSS］ = 4ml/L，［磁种］ = 200mg/L。进行方差分析得知，A、B、C 3 个因素都是显著的。综合两指标和实际应用情况，选定最佳搭配为 A2B2C2。

表 2　正交实验表头

水平/因素	pH	PFSS 投加量/（ml/L）	磁种投加量/（mg/L）
	A	B	C
1	6	3	150
2	7	4	200
3	8	5	250

表 3　正交实验结果分析表因素 ABCTSS 去除率

因素	A	B	C	TSS 去除率/%	TP 去除率/%
	1	2	3		
1	1	1	1	97.5	92.9
2	1	2	2	96.5	94.6
3	1	3	3	94.4	95.1
4	2	1	2	98.1	95.4
5	2	2	3	98.1	93.0
6	2	3	1	97.3	92.9
7	3	1	3	97.2	91.5
8	3	2	2	98.1	93.4
9	3	3	1	98.6	92.1
k_{1j}	96.13	97.60	97.63		
k_{2j}	97.83	97.27	97.73		
k_{3j}	97.97	96.77	96.57		
R_1	1.84	0.83	1.16		
k_{4j}	94.2	93.27	93.07		
k_{5j}	93.77	93.67	94.03		
k_{6j}	92.33	93.37	93.20		
R_2	1.87	0.40	0.96		

注：K_{ij}分别代表 j 因素 i 水平总的试验结果平均值及 j 因素对试验结果的影响。

为了对各试验因素对去除率的影响做直观的分析比较，利用 Matlab 软件的 rstool 功能对表 3 试验数据进行多元回归拟合，拟合曲线如图 4、图 5 所示。图中 X_1，X_2，X_3 分别代表正交试验中 A，B，C 三个因素。根据各拟合曲线建立 TSS 和 TP 去除率（%）与污水 pH（X_1）、絮凝剂投加量（X_2）、磁种投加量（X_3）的二次多项回归模型方程分别如下：

$$Y_{TSS} = 41.244 + 11.883X_1 + 2.65X_2 + 0.090667X_3 - 0.78333X_1^2 - 0.38333X_2^2 - 0.00025333X_3^2 \tag{1}$$

$$Y_{TP} = 96.6676.7667X_1 + 0.71667X_2 + 0.183X_3 + 0.5X_1^2 - 0.05X_2^2 - 0.00046X_3{}^2 \tag{2}$$

当因素一定时，各考察指标不同水平的最大差值即为该因素的极差，极差最大的因素则为该指标的最大影响因素，在各因素同一考察指标的最大值所对应的水平组合即为最佳水平组合。图1和图2中各因素拟合曲线的最高点也就是去除率最大的点，对TSS和TP去除率最佳工艺条件分别为：pH=7.58，［PFSS］=3.45ml/L，［磁种］=178.87 g/L和pH=6.57，［PFSS］=3.83ml/L，［磁种］=189.11mg/L，最大去除率分别为99.0%和96.96%。上述最佳水平搭配A2B2C2对TSS和TP的理论回归去除率分别为98.5%和97.0%，可见选定的最佳水平搭配回归分析与极差分析结果很接近。

三、结　论

针对雨天溢流污水污染物浓度高、成分复杂且不稳定和溢流污染的间歇性、突然性、随机性且瞬时排放量较大的特点，提出采用磁絮凝技术对溢流雨水进行处理并进行了试验研究，研究结果表明：

1. 选定各因素对TSS和TP去除率的影响作用均为pH>磁种投加量>絮凝剂投加量，试验中对TSS的去除效果最佳水平搭配为pH=6，［PFSS］=3ml/L，［磁种］=200mg/L。对于TP的去除效果最佳水平搭配为pH=6，［PFSS］=4ml/L，［磁种］=200mg/L。进行方差分析得知，A、B、C 3个因素都是显著的。综合其他相关指标和实际应用情况，选定最佳搭配为A2B2C2。

2. 通过回归分析得出本试验对TSS和TP去除率最佳工艺条件分别为：pH=7.58，［PFSS］=3.45ml/L，［磁种］=178.87mg/L和pH=6.57，［PFSS］=3.83ml/L，［磁种］=189.11 mg/L，最大去除率分别为99.0%和96.96%。上述最佳水平搭配A2B2C2对TSS和TP的理论回归去除率分别为98.5%和97.0%，选定的最佳水平搭配显然回归分析与极差分析结果很接近，证实了最佳水平搭配的可靠性。

3. 磁絮凝技术运行操作简单且具有启动快，处理负荷高和耐水力冲击的优点，但仍需进行深一步的研究，如磁场强度对絮凝效果的影响、开发高效、低廉的絮凝剂和磁种等。

参考文献

［1］车伍，李俊奇．城市雨水利用技术与管理［M］．北京：中国建筑出版社，2006.
［2］盛铭军．雨天溢流污水就地处理工艺开发及处理装置CFD模拟研究［D］．同济大学，2007，5.
［3］金苗．城市雨水径流及合流制下水道溢流的污染解析［D］．西安建筑科技大学，2007，4.
［4］Techcommentary High－rate clarification for the treatment of wetweather flows［J］. EPRI，1999，49－52.
［5］剑桥水务，http：//www. qdcwt. com/newEbiz1/EbizPortalFG/portal/html/index. html.
［6］郑学海，刘东方，杨彦涛．廉价磁种及磁絮凝分离装置的开发与应用［J］．中国给水排水，2000，16：33－35.
［7］韩虹，陈文松，韦朝海．印染废水处理的磁混凝—高梯度磁分离协同作用［J］．环境工程学报，2007，1（1）：64－67.
［8］陈文松，韦朝海．磁种絮凝—高梯度分离技术的印染废水处理［J］．水处理技术，2006，32（11）：58－65.

O1 – A – O2（短程硝化 – 厌氧氨氧化 – 全程硝化）生物脱氮新工艺在焦化废水处理中的应用研究

李玉平　李海波　林　琳　曹宏斌　刘晨明　张　懿

（中国科学院过程工程研究所　北京　100190）

摘　要　通过短程硝化和厌氧氨氧化工艺的工艺研究，开发了一种 O1/A/O2（短程硝化 – 厌氧氨氧化 – 全程硝化）生物脱氮新工艺应用于焦化废水生化处理。采用控制温度为（35 ±1）℃，溶解氧浓度DO = 2.0 ~ 3.0 mg/L 条件下，在第一级好氧连续流生物膜反应器中去除焦化废水中大部分有机污染物的同时实现了短程硝化。考察了水力停留时间（HRT）、溶解氧浓度（DO）和污染物容积负荷对反应器运行效果的影响情况。通过研究进水氨氮浓度和水力停留时间对短程硝化影响的研究，得出氨氮容积负荷在 0.13 g NH_4^+ – N/（L·d）和 0.22 g NH_4^+ – N/（L·d）之间，连续流反应器能实现短程硝化并有效去除氨氮。通过控制一级好氧反应器的工艺参数，为第二级厌氧反应器实现厌氧氨氧化（ANAMMOX）创造条件。结果表明，在厌氧 34℃、pH 在 7.5 ~ 8.5，HRT 在 33h 的条件下，经过 115 天成功启动厌氧氨氧化反应器。进水氨氮、亚硝态氮浓度分别可达 80mg/L 和 90mg/L 左右，总氮负荷可达 160 mg/（L·d）。氨氮和硝态氮的去除率最高分别达 86% 和 98%，总氮去除率可达 75%。最后在第三级好氧反应器实现氨氮的全程硝化，进一步去除焦化废水中残留的氨氮、亚硝基氮和有机污染物。O1/A/O2 工艺能有效去除焦化废水中的氨氮，正常运行条件下，出水氨氮浓度低于 5.0 mg/L，亚硝基氮浓度低于 1.0mg/L，COD 浓度降低到 124 ~ 186 mg/L，出水水质优于 AO（缺氧 – 好氧）生物脱氮工艺。

关键词　焦化废水　生物脱氮　短程硝化　厌氧氨氧化

焦化废水作为钢铁行业的主要废水污染源，其所呈现特点为：废水量大、成分复杂、难以治理、处理成本较高。焦化废水得不到有效处理是钢铁行业可持续发展的重要制约因素[1-5]。目前大规模处理焦化废水的主要技术是利用生化方法去除大部分有机污染物和氨氮。传统的生物脱氮工艺运行控制复杂、流程长、氧耗大、基建投资和运行费用高。近年来，多国学者致力于开发生物脱氮新工艺解决这些实际问题，取得了一定进展[3]。长期以来，无论是在废水生物脱氮理论上还是在工程实践中，都一直认为要实现废水生物脱氮，就必须使 NH_4^+ – N 经历典型的硝化和反硝化过程才能被除去，其主要原因在于如果硝化不完全，形成的亚硝化产物 NO_2^- 是致癌物质，对受纳水体和人类不安全，所以应尽量避免 NO_2^- 的出现；NO_2^- 进入受纳水体要消耗水中的溶解氧；亚硝酸菌和硝酸菌是两类独立的细菌，但是在开放体系中这两类细菌均普遍存在，生活在一起，彼此有利，因此难以单独存在，氨氧化为 NO_2^- 的速率较 NO_2^- 氧化为 NO_3^- 的速率慢，在NH_4^+ – N 转变成 NO_3^- – N 的过程中 NO_2^- 的形成是限速步骤，所以通常硝化产物为 NO_3^-，NO_2^- 浓度很低。短程硝化反硝化只需经历 $NH_4^+ \rightarrow NO_2^- \rightarrow N_2$：

$$NH_4^+ + 1.5O_2 \xrightarrow{\text{亚硝酸菌}} NO_2^- + 2H^+ + H_2O \tag{1}$$

$$6NO_3^- + 3CH_3OH \xrightarrow{\text{反硝酸细菌}} 3CO_2 + 3N_2 + 3H_2O + 6OH^- \tag{2}$$

显然，与硝化 – 反硝化工艺相比，短程硝化 – 反硝化工艺具有如下优点：①理论上硝化阶段可减少 25% 左右的需氧量，降低了能耗；②反硝化阶段可减少 40% 左右的有机碳源，降低了运行费用；③占地面积小，反应器容积可减小 30% ~40%；④具有较高的反硝化速率（NO_2^- 的反硝

资助项目：国家水体污染控制与治理科技重大专项基金（2008ZX07208 – 004，2008ZX07207 – 003 和 2009ZX07529 – 004），国家 863 项目（2007AA06Z327）。

化速率通常比 NO_3^- 的高63%左右)；⑤污泥产量降低（硝化过程可少产污泥33%～35%，反硝化过程中可少产污泥55%左右)；⑥减少了投碱量。因此，对许多COD/N比值较低的焦化废水的生物脱氮处理，亚硝化反硝化显然具有重要的现实意义。

厌氧氨氧化工艺是荷兰Delft技术大学开发的生物脱氮新技术[4]，其实质是在厌氧条件下，微生物以 NH_4^+ 为电子供体，NO_2^- 为电子受体，将氨氮和硝态氮转变成 N_2，反应式如下：

$$NH_4^+ + NO_2^- \rightarrow N_2 + 2H_2O \quad \Delta G = -358\ kJ \tag{3}$$

一方面，由反应式看出反应自发进行，其所产能量被微生物生长所利用，无需外加有机碳源，极大节省了运行费用。另一方面，厌氧氨氧化细菌活性易受氧抑制，对环境较敏感，生长缓慢且难以维持较高的生物浓度，导致反应器启动周期较长，制约了在实际工程中的应用。目前ANAMMOX技术仅在市政污水的处理领域有应用。由于焦化废水中的有毒有机物和无机物会对厌氧氨氧化菌产生抑制作用，因此焦化废水用ANAMMOX的生物脱氮难度远大于城市生活污水，此项技术用于焦化废水生物脱氮领域还鲜有报道。

本文针对焦化废水新型脱氮工艺进行了一些初步探索，探讨短程硝化和厌氧氨氧化组合技术用于焦化废水生物脱氮的可能性，分别考察短程硝化工艺的影响因素和厌氧氨氧化生物膜反应器启动的影响因素，得到短程硝化反应器运行和厌氧氨氧化反应器快速启动的最佳工艺参数，为生物脱氮新工艺在焦化废水生化处理领域的应用提供理论参考。

一、试验材料及方法

（一）试验材料

实验用水取自首钢焦化厂经过蒸氨、脱酚、除油之后的焦化废水，其水质情况见表1。添加浓硫酸和浓磷酸调整废水pH为7.0～8.5，按照C/N/P＝200∶50∶1添加磷元素调整废水的营养组成。接种污泥取自攀钢煤化工厂焦化废水生化处理系统曝气池，取一定的混合液，静置沉降30min，除去沉降性能不好的污泥及悬浮杂质。

表1　实验使用焦化废水水质

污染物指标	浓度/（mg/L）
COD	1700～2200
NH_4^+－N	200～500
挥发酚	250～350
SCN^-	40～70
油　类	30～50
pH	8.5～10.5

（二）实验装置

焦化废水O/A/O生化处理工艺各个阶段均采用生物膜反应器。反应器由有机玻璃加工，均为圆柱形结构，内部填装不同填料。如图1所示，废水分别由蠕动泵连续泵入各反应器底部，从上部出水。其中一级好氧反应器和厌氧反应器高1000 mm，直径180 mm，不同高度每隔100 mm设置一个取样口。二级好氧反应器高900 mm，直径90 mm，不同高度每隔200 mm设置一个取样口。反应器温度都控制在35℃左右，pH控制在7.5～8.5。

（三）分析项目及方法

pH：pH电极法；SS和VSS：标准重量法；氨氮：氨气敏电极法；亚硝酸盐氮：N－（1－萘基）－乙二胺光度法[5]；硝酸盐氮：离子色谱法；废水有机物质组成：气相色谱－质谱法（GC－MS)；其余均按国家标准法测定。

二、实验结果与分析

（一）短程硝化工艺参数的考察

1. 进水氨氮浓度对短程硝化的影响

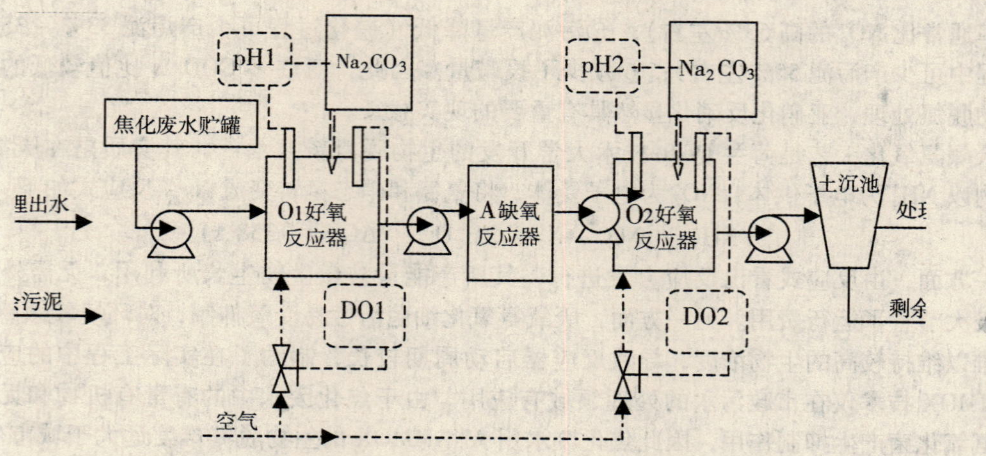

图1　焦化废水 A/O2 生化处理工艺反应装置

一级好氧反应器实现短程硝化后在水力停留时间为 27 h 条件下，通过添加硫酸铵逐步将进水氨氮浓度从 100 mg/L 左右提高到 400 mg/L 左右。如图 2 所示，进水氨氮浓度在 100～250 mg/L 之间时，氨氮氧化率和亚硝基氮积累率都维持在 95% 以上；进水氨氮浓度高于 250 mg/L 后，随着进水氨氮浓度的提高，出水氨氮浓度逐渐提高，氨氮氧化率下降，进水氨氮浓度提高到 400 mg/L 左右时，出水氨氮浓度为 150mg/L 左右，氨氮氧化率为 60% 左右，这个过程中，亚硝基氮的积累率维持在 95% 以上。在水力停留时间 27 h 的情况下，进水氨氮浓度在 100～400 mg/L 之间时反应器能够维持很高的亚硝基氮积累率；进水氨氮浓度在 100～250 mg/L 之间时，反应器维持很高的氨氮氧化率和亚硝基氮积累率；进水氨氮浓度在 250～400 mg/L 时随着进水氨氮浓度的提高氨氮氧化率逐渐降低。结果表明，系统在溶解氧浓度为 2.0～3.0 mg/L，温度为（35 ±1）℃，水力停留时间为 27 h 的条件下，进水氨氮浓度低于 250 mg/L，即反应器的容积负荷低于 0.22 g NH_4^+ －N/（L · d）条件下能同时维持高水平的氨氮氧化率和亚硝基氮积累率。

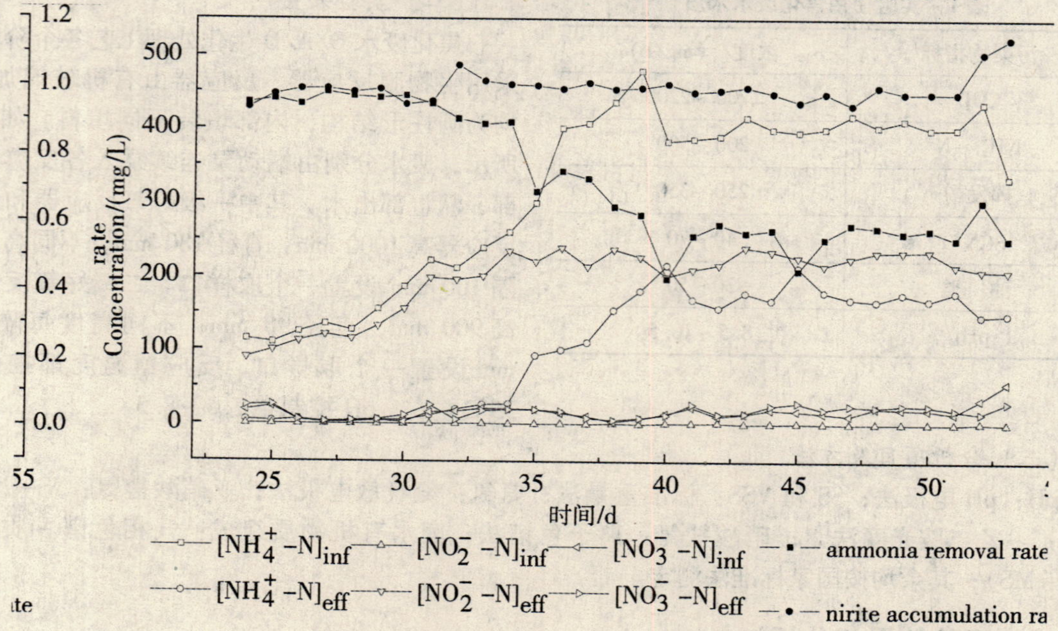

图2　不同氨氮浓度对一级好氧反应器短程硝化的影响

进水氨氮浓度对短程硝化的影响一方面是由于反应器氨氮去除能力的限制，另一方面，反应器中游离氨（FA）对硝化细菌会产生抑制作用。连续流生物膜反应器为全混流状态，容积负荷低于0.22 g NH_4^+ - N/（L·d）时，氨氮能够高效去除，反应器中氨氮浓度很低，进水氨氮浓度对反应器运行没有太大的影响。反应器容积负荷高于0.22 g NH_4^+ - N/（L·d）时，一方面氨氮负荷高于反应器中硝化细菌的氨氮降解能力，进水中氨氮得不到有效去除，导致出水氨氮浓度升高；另一方面，反应器中有一定浓度的氨氮，进而产生一定浓度的游离氨（FA），游离氨对短程硝化产生抑制作用导致出水中氨氮浓度进一步上升，使反应器不能正常运行。

2. 水力停留时间对短程硝化的影响

维持一级好氧反应器进水氨氮浓度为250 mg/L左右，调整进水蠕动泵流速，改变水力停留时间。如图3所示，水力停留时间为20h和27 h条件下，一级好氧反应器出水氨氮浓度低于1.0 mg/L，亚硝基氮浓度为200 mg/L左右而进出水硝基氮浓度基本不变，氨氮氧化率和亚硝基氮积累率都维持在85%以上；水力停留时间调整为13 h后，出水中氨氮浓度逐渐提高到150 mg/L左右，亚硝基氮浓度降低为100 mg/L左右，亚硝基氮积累率维持高于85%而氨氧化率逐渐降低为45%左右；水力停留时间调整为47 h后，出水氨氮浓度迅速降低到接近0 mg/L，进出水硝基氮浓度变化值为250 mg/L左右，出水亚硝基氮浓度接近0 mg/L，氨氧化率很快提高到99%以上而亚硝基氮积累率迅速降低到接近0%；重新调整水力停留时间为20 h，氨氮氧化率稍有波动但仍维持在85%以上，亚硝基氮积累率逐渐恢复到85%以上。

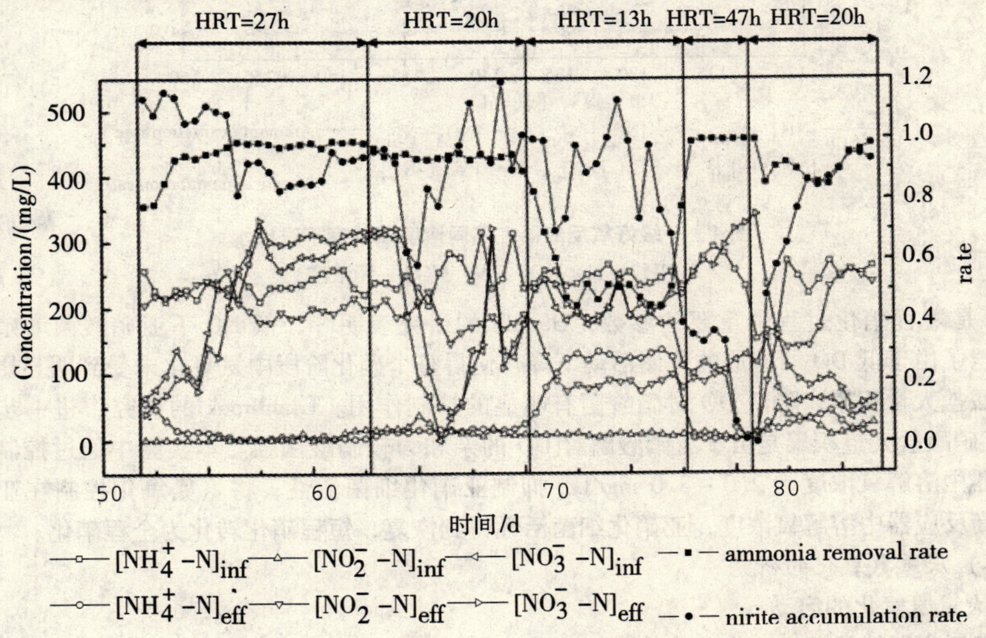

图3　一级好氧反应器在不同水力停留时间下进出水
NH_4^+ - N、NO_2^- - N、NO_3^- - N浓度

一级好氧反应器生物膜中硝化细菌和亚硝化细菌同时生长，氨氮氧化过程是分阶段进行的，亚硝酸菌将氨氮氧化为亚硝基氮，硝酸菌将亚硝基氮氧化为硝基氮。当水力停留时间足够长时（47 h），亚硝基氮转化为硝基氮，短程硝化转化为全程硝化。将水力停留时间从47 h调整到20 h，从图3可以看到，反应器中亚硝基氮的积累很快提高，恢复了短程硝化。水力停留时间在13h、20h、27 h的条件下，好氧反应器中氨氮的氧化能控制在亚硝化阶段。连续流生物膜中微生物量比较稳定，氨氮的容积负荷过低，如低于HRT为47h时的0.13 g NH_4^+ - N/（L·d），溶解氧浓度一定的条件下，氨氮氧化为亚硝基氮后，反应器中的氨氮浓度很低而亚硝基氮浓度很高，亚硝酸菌发挥主导作用将亚硝基氮转化为硝基氮，短程硝化转化为全程硝化。因而，实验中调整水利停留时间，控制连续流生物膜反应器的容积负荷为 0.13 g NH_4^+ −N/（L·d）以上时能维持稳定的亚硝基氮积累率。

3. 溶解氧浓度对短程硝化的影响

维持一级好氧反应器进水氨氮浓度为 250 mg/L 左右，水力停留时间为 27 h，调整曝气量，提高反应器中溶解氧浓度到 3.0 ~ 6.0 mg/L，图 4 为调整溶解氧浓度期间一级好氧反应器氮元素转化情况，随着溶解氧浓度的提高，出水中亚硝基氮浓度迅速降低，硝基氮浓度迅速升高，亚硝基氮浓度从高于 90% 下降到低于 10%，短程硝化转化为全程硝化。调整曝气量，恢复溶解氧浓度为 2.0 ~ 3.0 mg/L，亚硝基氮浓度逐渐提高到 200 mg/L 左右，亚硝基氮积累率达 90% 以上，恢复短程硝化。

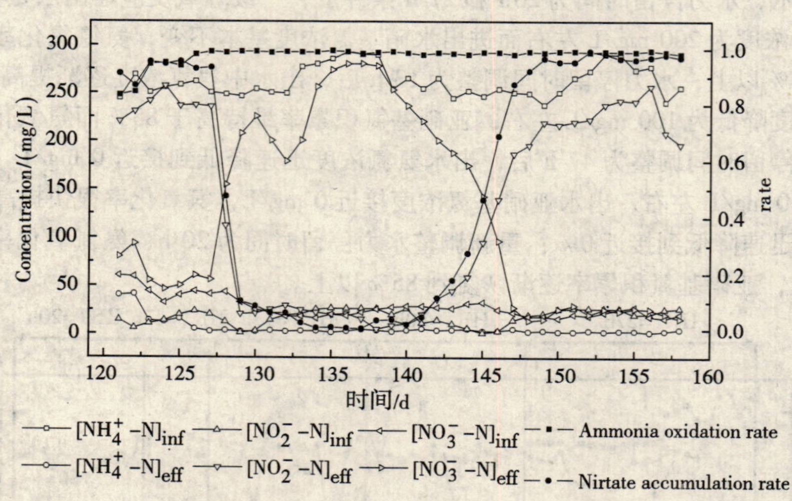

图 4　一级好氧反应器在不同溶解氧浓度下进出水
NH_4^+ −N、NO_2^- −N、NO_3^- −N 浓度

DO 是短程硝化过程中重要的参数，Hanaki 的研究表明[6]，低 DO 下亚硝酸菌增殖速率加快，补偿了由于低 DO 所造成的代谢活动下降，使得整个硝化阶段中氨氧化未受到明显影响，从而亚硝酸盐大量积累，降低 DO 对硝酸菌有明显的抑制作用。Laanbroek 的研究[7]进一步表明低 DO 下亚硝酸盐大量积累是由于亚硝酸菌对 DO 的亲和力较硝酸菌强。本实验中通过控制一级好氧反应器中溶解氧浓度为 2.0 ~ 3.0 mg/L，抑制亚硝化细菌活性，将氨氮氧化控制在亚硝化阶段；提高反应器中溶解氧浓度，亚硝化细菌活性得到恢复，短程硝化转化为全程硝化。

（二）厌氧氨氧化的研究

1. 厌氧氨氧化的启动

厌氧反应器接种污泥取自某特大型钢铁公司化工厂焦化废水生化处理系统好氧硝化池，进水为实验室焦化废水生物短程硝化工艺出水，同时添加一定的氨盐和亚硝酸盐并补充少量微量元素。进水中添加 $NaHCO_3$ 调节反应器内 pH 值并为厌氧氨氧化菌的生长提供无机碳源。在 34℃，pH 为 7.5 ~ 8.5 条件下[8-12]厌氧反应器避光运行，启动过程中每天监测进出水 NH_4^+ −N、NO_2^- −N、NO_3^- −N 以及 COD 浓度。

如图 5 所示，反应器启动初期（前 16 天）NH_4^+ −N 有一定的去除（41% 左右），但是出水的 NO_2^- −N 浓度高于进水，同时出水的 NO_3^- −N 浓度也较高，这意味着反应器内发生硝化反应，可能是由于启动初期接种污泥带进的空气和进水中较高的溶解氧所致。文献报道[9]，厌氧氨氧化菌生长缓慢，且对氧气非常敏感，因此在反应器初期保持较长的 HRT 在 40h 左右。

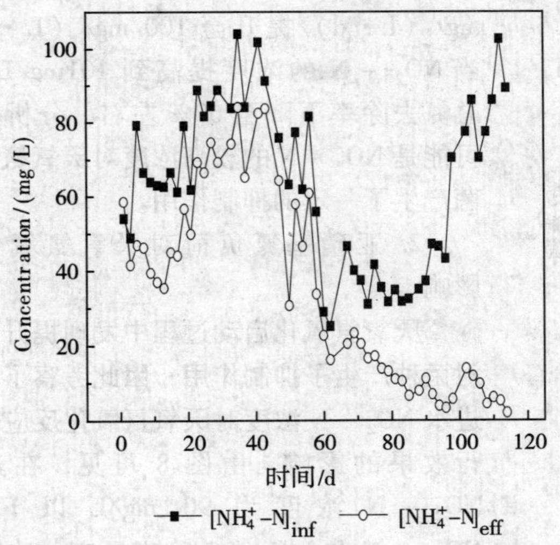

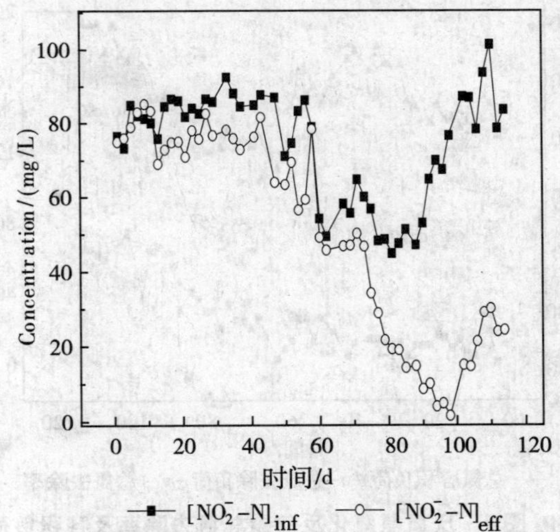

图 5　厌氧氨氧化反应器进、出水氨氮和亚硝基氮浓度的变化

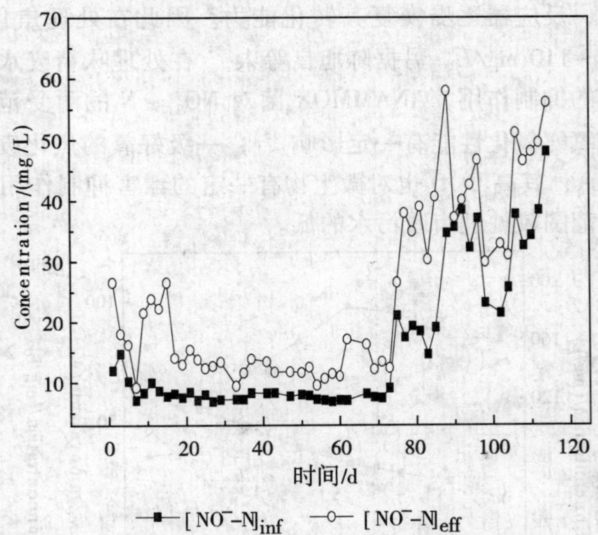

图 6　厌氧氨氧化反应器进、出水硝酸氮浓度的变化

厌氧氨氧化发生的重要标志是NH_4^+－N 和 NO_2^-－N 同时且去除的 NH_4^+－N、NO_2^-－N 和生成的 NO_3^-－N 呈一定比例（文献值[10] 1∶1.32∶0.26）。据文献报道[14]，厌氧氨氧化菌在 NO_2^-－N 浓度为 90 mg/L 以下去除效果较好。因此在启动初期将进水 NH_4^+－N 和 NO_2^-－N 浓度控制在 80 mg/L 左右。在反应器启动的前 30 天里菌种处于一个适应期，NH_4^+－N 的去除量高于 NO_2^-－N。第 33～70 天，NO_2^-－N 的去除率有所增加，从图 5 和图 6 可以得到，期间去除的 NH_4^+－N、NO_2^-－N 和生成的 NO_3^-－N 的比例为1∶1.5∶0.23，与文献值[10] 相近，说明已经发生厌氧氨氧化。但 NH_4^+－N 的去除率不高，维持在 30% 左右。反应器污泥中的厌氧氨氧化细菌逐渐生长繁殖起来，此阶段可看作以氨氮小幅度去除为特征的厌氧氨氧化菌活性表现阶段。适应期将反应器的 HRT 调至 33h。

启动前 60 天里，氨氮和亚硝酸氮的去除一直较低，和 ANAMMOX 工艺处理生活废水比起来效果较差（最好有文献比较），分析原因可能是由于焦化废水中有毒有机物和较高的亚硝酸盐浓度对细菌的生长有抑制作用。第 30 天起，适量降低 NH_4^+－N、NO_2^-－N 的负荷运行 14 天，在低 NH_4^+－N、NO_2^-－N 的负荷（进水浓度小于 50mg/L）下，二者的去除率显著增加，分别达到 80% 和 72%，说明厌氧氨氧化菌对焦化废水有一定的适应性，但较高的负荷来启动反应器并不理想。

第 20 天起，逐步提高进水 NH_4^+－N、NO_2^-－N 的浓度（二者均大于 80mg/L），驯化一段时间 NH_4^+－N 和 NO_2^-－N 的去除量分别为 74 mg/L 和 75.1 mg/L。二者去除率最高达 86% 和 98%，总氮去除率可达 75%。从第 90～105 天里，总氮的容积负荷维持在 130 mg/（L·d）左右。第 40 天起，进一步提高总氮负荷至 160 mg/（L·d）（图 7），启动过程中的总氮容积去除负荷从 5

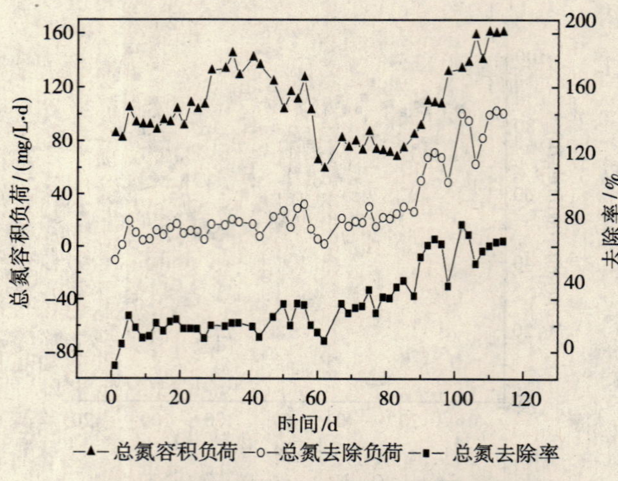

图 7　厌氧氨氧化反应器总氮去除率及容积负荷

mg/（L·d）提升至 100 mg/（L·d）。当 NO_2^- - N 的浓度提高到 101mg/L 时，总氮去除率下降至 60% 左右，分析原因可能是 NO_2^- - N 的较高浓度对厌氧氨氧化菌产生了一定的抑制作用。

2. 亚硝基氮负荷对厌氧氨氧化的影响

厌氧氨氧化启动过程中发现提升负荷对菌种产生了抑制作用，因此考察了不同进水 NO_2^- - N 浓度对厌氧氨氧化反应器运行效果的影响。由图 8 可见，在进水 NO_2^- - N 浓度为 90 mg/L 以下时，NO_2^- - N 和总氮的去除率最高，浓度在 110mg/L 以上时，二者的去除率均下降至 40% 以下。将反应器内的基质浓度降低进行恢复两个星期，反应器逐步恢复其转化能力。因此在处理焦化废水中微生物对 NO_2^- - N 的耐受范围在 87.5 ~ 110 mg/L。另据陈旭良等人[14]在处理味精废水中的报道，亚硝酸盐对厌氧氨氧化活性有较强的抑制作用，ANAMMOX 菌对 NO_2^- - N 的耐受范围为 96.5 ~ 129mg/L。分析原因为，COD 对厌氧氨氧化性能有一定影响[13]，一级好氧的焦化废水生化出水中含有有机物质（COD 在 500 mg/L），其高 COD 也对微生物有一定的毒害抑制作用，因此处理焦化废水的微生物对氮负荷的耐受范围较处理市政污水的低。

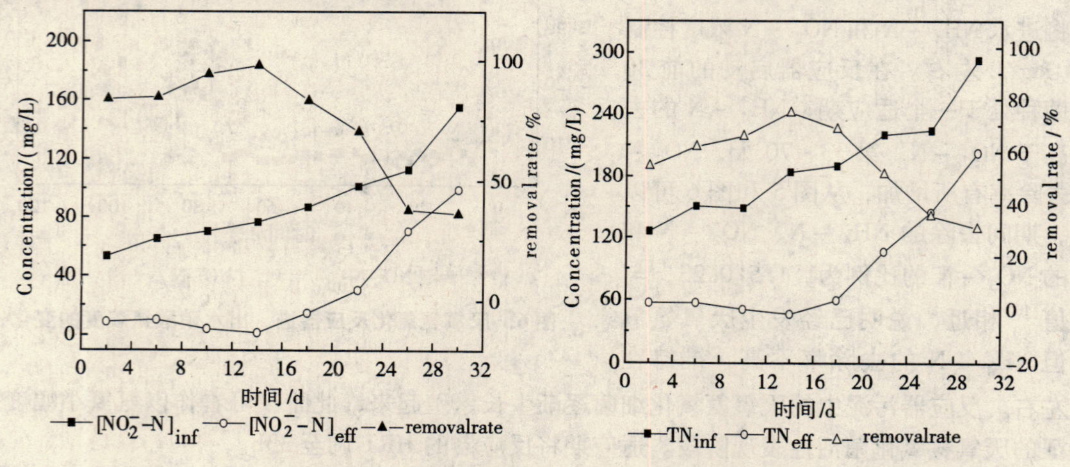

图 8　进水 NO_2^- - N 负荷对 NO_2^- - N 和总氮去除率的影响

（三）二级好氧反应器去除亚硝基氮

一级好氧短程硝化产物 NO_2^- 是致癌物质，对受纳水体和人类不安全，通过二级好氧反应器将其转化为硝基氮。图 9 为 O1/A/O2 工艺运行期间二级好氧反应器中氮元素转化示意图。亚硝基氮容积负荷在低于 0.13 g NO_2^- - N/（L·d）条件下，二级好氧反应器能有效去除废水中的亚硝酸根，出水中亚硝基氮浓度低于 1.0 mg/L。

（四）O1/A/O2 工艺运行效果

图 10 为 A/O2 工艺运行期间进出水氨氮和 COD 浓度变化情况。A/O2 工艺能有效去除焦化废水中的氨氮，正常运行条件下，出水氨氮浓度低于 15 mg/L。运行前 40 天，A/O2 工艺出水 COD 浓度为 200 ~ 400 mg/L，通过强化缺氧反应器生物反硝化去除焦化废水中有机污染物作用，

COD 浓度逐渐降低到 124～186 mg/L。A/O2 工艺能够有效去除焦化废水中的氨氮、挥发酚、硫氰酸根、油类、氰化物等污染物，表 2 为 011 A/O2 出水水质情况，除 COD 外各污染物浓度均达到一级排放标准。

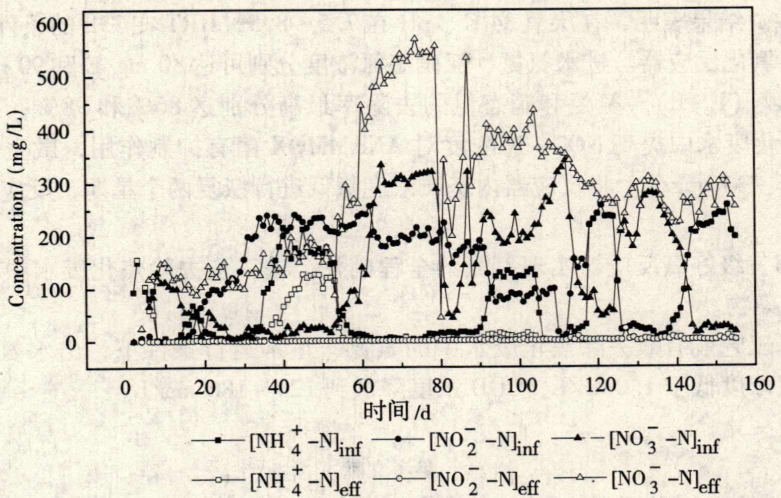

图 9　二级好氧反应器在不同水力停留时间下进出水 NH_4^+-N、NO_2^--N、NO_3^--N 浓度

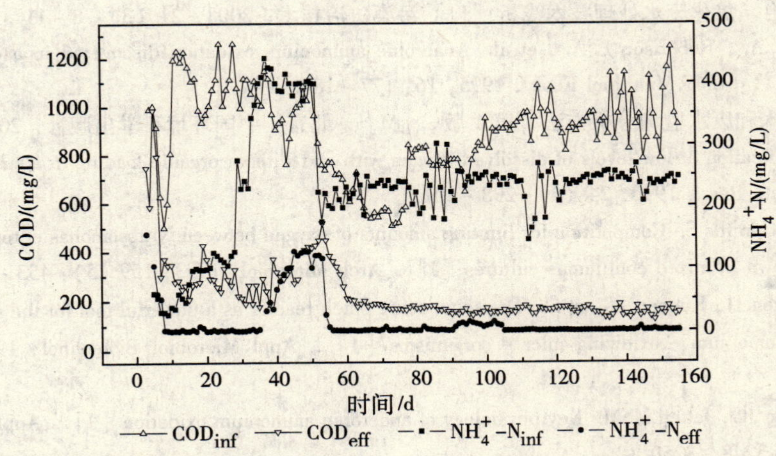

图 10　实验室 O1/A/O2 工艺进出水 NH_4^+-N 和 COD 浓度变化情况

表 2　焦化废水 O1/A/O2 生化处理工艺出水水质情况

	pH	SS/（mg/L）	COD/（mg/L）	NH_4^+-N/（mg/L）	挥发酚/（mg/L）	氰化物/（mg/L）	油类/（mg/L）
A/O2 工艺出水	7.0～8.5	<20	134～156	<10	<0.5	<0.5	<5
一级排放标准	7.0～9.0	70	100	15	0.5	0.5	8

三、结　论

1. 采用控制温度为（35±1）℃，溶解氧浓度 DO＝2.0～3.0 mg/L 条件下，在第一级好氧连续流生物膜反应器中去除焦化废水中大部分有机污染物的同时实现了短程硝化。考察了水力停留时间（HRT）、溶解氧浓度（DO）和污染物容积负荷对反应器运行效果的影响情况。通过研究进水氨氮浓度和水力停留时间对短程硝化影响的研究，得出氨氮容积负荷在0.13 g NH_4^+ –N/（L·d）和0.22 g NH_4^+ –N/（L·d）之间，连续流反应器能实现短程硝化并有效去除氨氮。

2. 通过控制一级好氧反应器的工艺参数，为第二级厌氧反应器实现厌氧氨氧化（ANAMMOX）创造条件。结果表明，在厌氧34℃、pH在7.5~8.5，HRT在33h的条件下，经过115天成功启动厌氧氨氧化反应器。进水氨氮、亚硝态氮浓度分别可达80 mg/L和90 mg/L左右，总氮负荷可达160 mg/（L·d）。氨氮和硝态氮的去除率最高分别达86%和98%，总氮去除率可达75%。在处理焦化废水中提高 NO_2^- –N浓度对ANAMMOX菌有抑制作用，微生物对 NO_2^- –N的耐受范围在87.5~110mg/L。将反应器内基质浓度降低进行恢复两个星期，反应器逐步恢复其转化能力。

3. 最后在第三级好氧反应器实现氨氮的全程硝化，进一步去除焦化废水中残留的氨氮、亚硝基氮和有机污染物。

4. O1/A/O2工艺能有效去除焦化废水中的氨氮，正常运行条件下，出水氨氮浓度低于5.0 mg/L，亚硝基氮浓度低于1.0mg/L，COD浓度降低到124~186 mg/L。

参考文献

[1] 王蕊，梅凯．焦化废水氨氮降解技术与进展［J］．工业安全与环保，2006，32（12）：25–29.

[2] 王俊岭．焦化废水中有机污染物的特性及处理工艺方法的研究［J］．环境保护科学，2002，28（114）：11–12.

[3] 刘晓涛，王春艳．焦化废水处理技术浅析［J］．污染防治技术，2008，21（3）：8–11.

[4] Van de Graaf A. A.，Robertson L. A.，et al. Anaerobic ammonium oxidation discovered in a denitrifying fluidized bed reactor［J］. FEMS Microbiol Ecol.，1995，16：177–184.

[5] 国家环保局．水和废水监测分析方法．第4版．［M］．北京：中国环境科学出版社，2002.

[6] Hanaki K. Nitrification at low levels of dissolved oxygen with and without organic loading in a suspended – growth reactor［J］. Wat. Res.，1990，24（3）：298–301.

[7] Laanbroek HJ，Gerards S. Competition for limiting amounts of oxygen between Nitrosomonas europaea and Nitrobacter winogradskyi grown in mixed continuous cultures［J］. Arch Microbiol，1993，159（5）：453–459.

[8] Strous M，Heijnen JJ，Kuenen JG，et al. The sequencing batch reactor as a powerful tool for the study of slowly growing anaerobic ammonium – oxidizing micr – oorganisms［J］. Appl Microbiol Biotechnol，1998，50（5）：589–596.

[9] StrousM，Kuenen JG，Jetten MSM. Key physiology of anaerobic ammonium oxidation［J］. Appl Environ Microbiol，1999，65（7）：3248–3250.

[10] Jetten M S M.，Strous M，van de Pas_ Schoonen K T，et al. The anaerobic oxidation of ammonium［J］. FEMS Microbiol Rev.，1999，22：421–437.

[11] Isaka K，Sumino T，Tsuneda S. High nitrogen removal performance at moderately low temperature utilizing anaerobic ammonium oxidation reactions［J］. J Biosci Bioeng，2007，103（5）：486–490.

[12] Isaka K，Date Y，Kimura Y，et al. Nitrogen removal performance using anaerobic ammonium oxidation at low temperatures［J］. FEMS Microbiol Lett，2008，282（1）：32–38.

[13] 康晶，王建龙．COD对颗粒污泥厌氧氨氧化反应性能的影响［J］．应用与环境生物学报，2005，11（5）：604–607.

[14] 陈旭良，郑平，金仁村，等．味精废水厌氧氨氧化生物脱氮的研究［J］．环境科学学报，2007，27（5）：747–753.

顶空固相微萃取 GC－MS 联用测定地下水中苯、氯苯类化学物质

张永祥　张丽云　任仲宇　田　淼　闫　峰

（北京工业大学建筑工程学院　北京　100124）

摘　要　本文用固相微萃取检测地下水中的二氯苯及其还原产物（氯苯、苯），GC－MS 分析，整个过程只需 24min，利用内标法定量准确，同时每次测试加入替代物检验萃取的回收率。

关键词　固相微萃取　1，2－二氯苯　色谱峰

固相微萃取是 20 世纪 80 年代末由 Pawliszyn 等人提出的一种从含水基质中萃取有机微污染物的方法。该方法包括将涂敷非挥发性的聚合物层的熔融石英纤维置于样品和顶空当中。吸附的有机污染物然后在色谱大热汽化室中热解吸脱附，再进行分离和定量分析，萃取过程不需要溶剂。固相微萃取在样品的富集中是非常有效的，并且有很好的灵敏度。由于固相微萃取是一个取决于平衡而非完全萃取的过程，在一定时间内所萃取溶质的量取决于从水中的质量转移，因此，在实验过程中通过电磁搅拌以促进在最短的时间内达到平衡。

一、实验仪器、药剂和过程概述

（一）仪器设备

美国 AgilentHP6890N 气相色谱、5973 质谱仪；HP－5UI（30m×0.25mm×0.25μm）毛细管色谱柱。SPME 装置：涂有 65μm 聚二甲基硅氧烷（PDMS）的萃取头及手柄，温控磁力搅拌器。

（二）色谱、质谱条件

柱温：40℃ 恒定 2min 以 10℃/min 升到 80℃，之后以 30℃/min 升到 180℃，载气流速：1.2ml/s，分流比：5:1。

（三）药剂

标准样品：苯、氯苯、1，2－二氯苯均为 1000mg/L 溶于甲醇（中国环境监测总站标准物质研究所）；4－溴氟苯、1，2－二氯苯 d4 均为 2000mg/L 溶于甲醇（国家标准物质中心）。

甲醇：色谱纯；NaCl：优级纯

（四）实验过程概述

取 4ml 样品至 20ml 顶空瓶中，同时加替代物和内标溶液 10μl，用专用封盖器封盖，放入 60℃ 水浴中加热，插入萃取头，搅拌速度 800r/min，搅拌 15min，取出针头，在气相色谱进样口于 180℃ 下脱附 2min，直接进样进行 GC－MS 分离分析。

二、标准液分离与进样方式选择

（一）分离效果

取混合标准溶液使用液（苯 1.0mg/L、氯苯 1.0mg/L、二氯苯 1.0mg/L、4－溴氟苯 0.5mg/L、1，2－二氯苯 d4 0.5mg/L）经涂有 65μmPDMS/DVB 的固相微萃取头萃取 15min 后，直接在气相色谱仪进样口进样。在本试验选用的毛细管柱及上述色谱条件下，5 种物质分离效果较好，如图 1 所示。作为内标溶液的 1，2－二氯苯 d4 和二氯苯谱图重叠，但不影响定量，全程分离时间 9.33min，分离效果见图 1。

（二）进样方式的选择

本实验开始选用不分流进样方式，该方法能通过程序准确确定进样时间和进样量，但物质色谱峰为“馒头峰”且响应值很低，苯基本没完整的峰（氯苯等峰形稍好），改变升温程序问题仍得不到解决。改为分流进样：选取分流比 2∶1，色谱峰出峰时间较不分流进样缩短约 0.2min，苯有完整的峰形，逐渐增大分流比色谱峰越来越尖，但响应值在 5∶1 时最大，分流比 10∶1 的响应值比分流比 5∶1 的响应值小约 40%。故实验选择分流比为 5∶1 的进样方式。

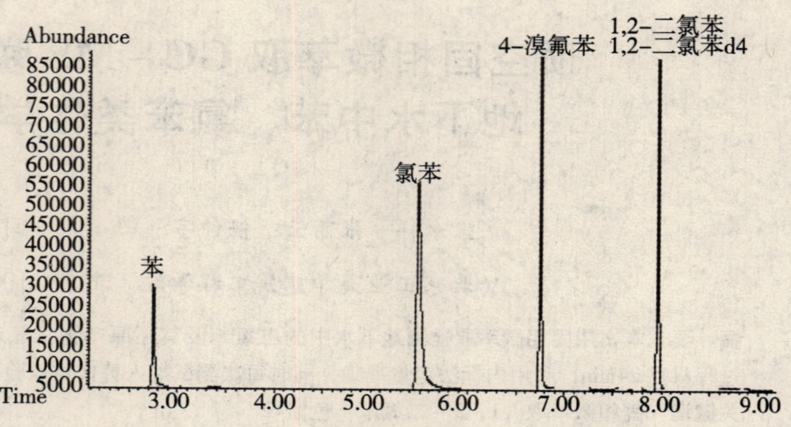

图 1　经固相微萃取后苯、4－溴氟苯、氯苯类化合物色谱图

三、萃取条件实验

（一）固相微萃取头的选择

氯苯类物质选取 65μmPDMS/DVB 的萃取头[1]，65μmPDMS/DVB 的萃取头主要针对极性化合物，100μmPDMS/DVB 的萃取头主要针对非极性化合物质，经优化实验条件 65μmPDMS/DVB 的萃取头对苯、氯苯、3－溴氟苯、1，2－二氯苯及 1，2 二氯苯 d4 萃取效果较好，故选用 65μmPDMS/DVB 的萃取头。

（二）盐效应控制

对大多数有机物来说，增大盐的浓度可使其溶解度降低，挥发性增强，有利于顶空萃取。本实验选择 NaCl 进行实验，随着 NaCl 加入量的增加，色谱峰增大，加 1.0gNaCl 时苯基本不出峰或出峰很小（稍高基线），加入 1.2gNaCl 苯出峰较好，加 1.5gNaCl 苯出峰很好，同时其他几种物质出峰时间在 5s 左右，本实验加 1.5gNaCl。

（三）萃取时间选择

取混合标准溶液中间液，以纯水配制六份相，分别经涂有 65μmPDMS/DVB 的固相微萃取头萃取后进行 GC－MS 分析，萃取时间分别为 10min、15min、20min、30min、35min、40min。实验结果表明，苯及氯苯类化合物各组分色谱峰的灵敏度在 10～30min，随萃取时间的增加依次递增，15～30min 递增趋势减缓，至 30min 后则保持在同一水平。在保证方法灵敏度的前提下，尽可能缩短分析时间，简化操作步骤，故选择萃取时间为 15min。

四、特征离子选择

气相色谱－质谱联用的全扫描（SCAN）模式，扫描范围宽，频率低，背景值比较高；采用选择离子监测（SIM）方式，可以针对性地选择目标化合物的特征离子进行监测，避免了非目标化合物的干扰，又由于增加了扫描频率，可以大幅度地提高灵敏度。本文选择离子监测方式，选择特征离子如表 1 所示。并按其相应的峰面积进行定量，排除了背景干扰，实验表明线性响应、精密度良好，准确度高。通过总离子流图中目标化合物的保留时间、定量离子和辅助定性离子之间比例对化合物进行定性，使得目标化合物的判断更加准确可靠。

表1 苯、氯苯、邻二氯苯、3－溴氟苯、1，2－二氯苯 d4 特征离子

化合物质	主特征离子（MW）	辅助特征离子（MW）
苯	78	77
氯苯	112	77，114
1，2－二氯苯	146	111，148
3－溴氟苯	95	174，176
1，2－二氯苯 d4	152	115，160

五、试验方法的精密度、检出限、回收率

（一）标准液检验

配制浓度为0.1mg/L和1.0mg/L的水样7个，经固相微萃取，上机检测，计算其平均回收率及标准偏差，同时确定其检出限。检出限为3倍信噪比即S/N＝3。见表2。

表2 气相色谱－质谱联用仪测定苯、氯苯、二氯苯精密度、回收率和检出限

化合物名称	标准偏差		RSD/%	回收率/%	MDL/mg/L
	0.1mg/L	1.0mg/L			
苯	0.011	0.061	6.4	89	0.01
氯苯	0.013	0.067	7.2	96	0.01
3－溴氟苯	0.047	0.032	7.8	95	0.01
1，2－二氯苯	0.028	0.034	3.0	104	0.01

（二）水样测定

1. 水样保存

采取含有有机物的地下水，应用无机棕色玻璃瓶，且要保证密封度。一般认为，置于4℃冰箱保存，且要在24h内测定，不宜加抗坏血酸[2]。但作者经实验证明采取的水样在冰箱（4℃）放置一夜后会有将近20%～30%的损失。因此，水样取回后应尽快测试，如果不能在短时间内测试，也应进行样品存放损失验证，并进行校核。

2. 水样分析

移取水样4ml于20ml顶空瓶（加有1.5gNaCl），插入涂有65μmPDMS/DVB的萃取头，在搅拌器上60℃振摇15min，取出针头后，在气相色谱进样口（180℃）脱附2min，直接进样进行质谱分离分析。

3. 回收率的测定

在上述实际样品中加入替代物，测定回收率，某次取样后4－溴氟苯的回收率如表3所示。回收率较好，可满足实际需要。

表3 4－溴氟苯回收率

序 号	1	2	3	4	5	6
加标量/（mg/L）	0.5	0.5	0.5	0.5	0.5	0.5
测定结果/（mg/L）	0.59	0.52	0.58	0.47	0.44	0.44
回收率/%	118	104	116	94	88	88

参考文献

［1］王若苹．固相微萃取－毛细管气相色谱法快速同步分析水中硝基苯类及氯苯类化合物［J］．中国环境监测，2005，21（6）：15－19.

［2］杨红斌，王若苹．固相微萃取－毛细管气相色谱法快速同步分析水中挥发性卤代烃及氯苯类化合物［J］．中国环境监测，2000，16（4）：23－26.

非均相催化臭氧氧化深度处理焦化废水的中试研究

邢林林　曹宏斌　李玉平

（中国科学院过程工程研究所　北京市海淀区中关村北二条1号　100190）

摘　要　采用非均相催化臭氧氧化技术对某钢铁企业焦化废水混凝出水进行了深度处理中试研究。在前期小试结果的基础上在某钢铁企业焦化厂现场进行处理规模 $2m^3/h$ 的中试。中试结果表明非均相臭氧催化氧化系统在试验期间运行效果稳定；废水温度在 10～30℃时对 COD 去除效率影响不大；HRT 在 20～40min 范围内对 COD 去除效果最好，停留时间过长时气液流速较小，气液接触状况较差造成处理效果和臭氧效率下降；臭氧效率随进水 COD 值升高而升高，但是当进水 COD 值高于 100 mg/L 时，臭氧效率达到100%。在本中试考察范围内当进水 COD 在 120～150mg/L 范围内时，出水 COD 可稳定在 80mg/L 以下，满足排放标准要求。采用该工艺处理臭氧效率约为100%，处理费用低于 2 元/t 水。中试试验表明，非均相催化臭氧氧化是焦化废水深度处理的一种有前景的方法。

关键词　非均相催化　臭氧　焦化废水　中试

煤化工是我国重要基础工业和重点污染行业，焦化废水是煤焦化过程中产生的一种含有大量有毒有害物质的有机废水，其主要污染物为氨氮、氰化物、硫化物、苯系物、酚类、杂环化合物、多环化合物等[1]。现有的处理工艺主要为“萃取脱酚－蒸氨－气浮除油－A/O 生化－混凝”，随着国家和地方污水排放标准的日益严格，采用现有工艺处理后水质往往不能达标排放，出水中的难降解有毒有害物质对环境造成很大的影响[2]。因此开发高效低成本的深度处理技术具有很大的应用和社会意义。高级氧化技术是近年来研究的热点[3,4]，由于高级氧化过程中可以产生具有高氧化活性的羟基自由基（·OH），可以非选择性地去除各种难降解有机污染物，被广泛研究和应用于废水深度处理。其中非均相催化臭氧氧化是废水深度处理一个有前景的处理技术[5,6]。它是单纯臭氧氧化和催化剂吸附、催化产生羟基自由基处理污染物三个过程的有机结合，对不同极性、不同反应活性的污染物可以分别处理，克服了单纯臭氧氧化选择性强，羟基自由基氧化成本高的缺点，具有处理成本低、效果好、无二次污染的优点。本研究中采用非均相臭氧催化氧化技术对实际焦化废水混凝出水进行中试试验，试验结果证明该技术是焦化废水深度处理的一种有前景的方法。

一、材料与方法

中试臭氧催化氧化塔规格为 Φ600mm×3000mm，有效容积约为 660L，内填充有催化剂约 300kg。试验用水为某钢铁企业化工厂焦化废水混凝出水，水质指标为：COD，60～170mg/L；NH_4^+－N，0.4～28mg/L；pH，6.75～7.42；温度，10～25℃。

分析方法：COD，快速消解分光光度法；NH_4^+－N，氨电极法。

$$臭氧利用系数（\%）=\frac{COD_i-COD_o}{O_{3i}-O_{3o}}\times100\%$$

式中：COD_i 为进水 COD，mg/L；COD_o 为出水 COD，mg/L；O_{3i} 为进气臭氧浓度，mg/L；O_{3o} 为尾气臭氧浓度，mg/L，由于本试验中尾气臭氧浓度非常低，忽略不计。

二、结果与讨论

由于催化臭氧氧化系统进水水质波动较大，臭氧催化氧化中试系统经常根据现场情况调整水量

资助项目：国家水体污染控制与治理科技重大专项基金（2008ZX07208－004）。

气量。根据运行数据总结出以下几个影响臭氧利用效率的因素。

（一）HRT 对臭氧效率的影响

现场共运行过 HRT20min、40min、80min、100min 四种工况，其中 HRT20 和 40min 时，臭氧浓度约为 60mg/L 废水，HRT80 和 100min 时，臭氧浓度约为 130mg/L。各工况下其臭氧效率见图 1，由该图可看出，HRT40min 时臭氧效率达到 100% 以上，原因可能是非均相催化剂催化臭氧分解产业 · OH，· OH 与有机物反应生成烷基自由基 R ·，R · 再与 O_2 反应生成 ROO ·，ROO · 发生双分子反应生成醇或醛，由于反应过程中氧气的参与，所以臭氧表现效率可能大于 100%。臭氧效率总体趋势为 HRT40min 时臭氧效率略好于 HRT20min，但是当 HRT 增加到 80min 后，臭氧效率反而下降。尽管相应的臭氧浓度升高也会使臭氧效率下降，但是下降幅度不会如此之大，所以推测 HRT 延长导致气液流速小、接触状况不佳也是臭氧效率下降的原因。

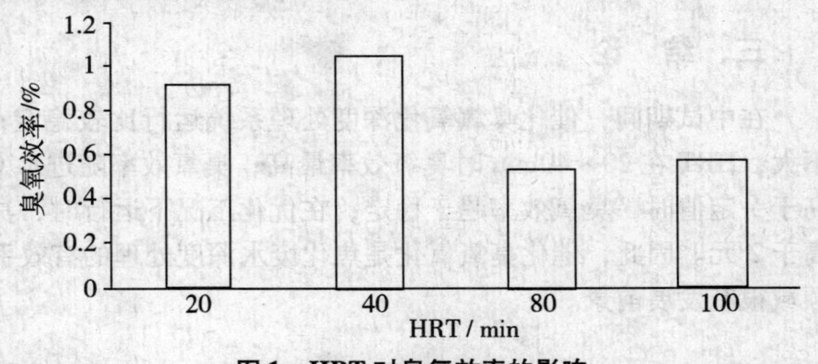

图 1　HRT 对臭氧效率的影响

（二）温度对臭氧效率的影响

现场中试实验结果显示温度较高时，臭氧利用率较高，在考察的温度范围内温度对臭氧效率有一定影响但是影响并不明显（图 2）。说明在一定的温度范围内温度降低导致的反应速率下降可以由臭氧溶解度增加部分抵消。因此在实际项目中臭氧催化氧化温度适应范围较广，但是也需要考虑到温度过低时处理效果变差。

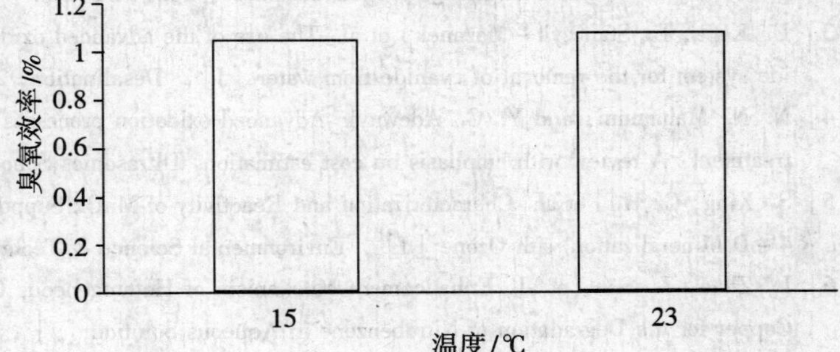

图 2　温度对臭氧效率的影响

（三）进水 COD 对臭氧效率的影响

进水 COD 直接影响臭氧效率，在本考察体系中（臭氧投加量约为 60mg/L 废水）进水 COD 高于 100 mg/L 时，可被臭氧催化氧化的有机物是过量的，臭氧可以被高效利用，臭氧效率可达到 100% 以上（图 3）；但是初始 COD 再增加，臭氧效率也不会继续增加，因为此时臭氧已经达到基本完全利用。当进水 COD 低于 100mg/L 时，随着初始 COD 的降低，臭氧利用率降低，这是因为废水中可臭氧化的有机物逐渐减少，过量的臭氧要么随尾气排放，要么以溶解态存在水中而后逐渐分解。

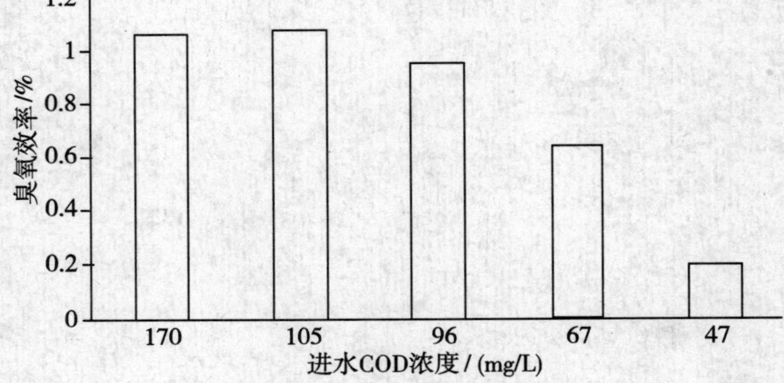

图 3　进水 COD 浓度对臭氧效率的影响

尽管现场进水水质波动较大，但在试验过程中催化臭氧氧化系统一直保持较稳定的运行。当进水 COD 浓度在 150mg/L 时，在优化的工艺条件下（HRT20 ~ 40min，温度 20℃左右）运行时，出水 COD 可稳定在 80mg/L 以下，臭氧效率在 1gCOD/g O_3 左右，吨水成本不高于 2 元。

三、结　论

在中试期间，催化臭氧氧化深度处理系统运行比较稳定；温度对 COD 去除和臭氧效率影响不大；HRT 在 20 ~ 40min 时臭氧效率最高；臭氧效率随进水 COD 值升高而升高，但是当 COD 值高于一定值时，臭氧效率趋于稳定；在优化工况下运行时，臭氧效率在 100% 左右，吨水成本不高于 2 元。因此，催化臭氧氧化是焦化废水深度处理的有效手段，该工艺在工业废水的深度处理领域很有发展前景。

参考文献

[1] 任源，韦朝海，吴超飞，等. 焦化废水水质组成及其环境学与生物学特性分析［J］. 环境科学学报，2007，27（7）：1094 - 1100.

[2] Y. M. Li, G. W. Gu , J. F. Zhao et al. Treatment of coke - plant wastewater by biofilm systems for removal of organic compounds and nitrogen［J］. Chemosphere, 2003, 52: 997 - 1005.

[3] U. Kepa, E. Stanczyk - Mazanek, et al. The use of the advanced oxidation process in the ozone + hydrogen peroxide system for the removal of cyanide from water［J］. Desalination, 2008, 223（1 - 3）: 187 - 193.

[4] N. N. Mahamuni, and Y. G. Adewuyi. Advanced oxidation processes（AOPs）involving ultrasound for waste water treatment: A review with emphasis on cost estimation. Ultrasonics Sonochemistry, In Press.

[5] S. Xing, C. Hu, et al. Characterization and Reactivity of MnOx Supported on Mesoporous Zirconia for Herbicide 2, 4 - D Mineralization with Ozone［J］. Environmental Science & Technology, 2007, 42（9）: 3363 - 3368.

[6] L. Zhao, Z. Sun, et al. Enhancement Mechanism of Heterogeneous Catalytic Ozonation by Cordierite - Supported Copper for the Degradation of Nitrobenzene in Aqueous Solution［J］. Environmental Science & Technology, 2009, 43（6）: 2047 - 2053.

胜利油田采出水生物处理技术

包木太[1]　陈庆国[1]　郭省学[2]　李希明[2]

(1. 中国海洋大学　海洋化学理论与工程技术教育部重点实验室　山东　青岛　266100；
2. 中国石油化工股份有限公司胜利油田分公司采油工艺研究院　山东　东营　257000)

摘　要　在油田采油过程中，产量巨大的不同种类的含油污水也随之产出。如何处理这些含油污水满足不同的需求成为现在急需解决的难题，而其中关键的问题是污水中残余油和其他有机物的去除，生物处理技术是解决此问题的有效手段。本文介绍了生物技术处理胜利油田采出水的实例。采用生物接触氧化法处理了胜利油田稠油污水，出水的含油量达到了高压注汽锅炉用水的标准。采用气浮－生物接触氧化－超滤组合工艺处理含油污水，出水水质达到《碎屑岩油藏注水水质推荐指标》（SY 5329—1994）规定的A1注水水质标准，满足低渗透油田回注水要求；利用气浮＋生物接触氧化法对油田含聚污水进行处理，出水水质完全达到国标GB 8978—1996《污水综合排放标准》规定的一级排放标准。

关键词　生物处理　生物降解　油田　采出水

本文介绍了近年来在油田污水生物处理方面所做的工作。主要分为3个方面：一个是稠油污水处理，一个是含油污水处理回用于回注低渗透油田，另一个是聚合物驱后含聚污水处理。

一、稠油污水处理

我国对稠油油藏的研究、开发和加工已日趋成熟，并形成相当大的开采规模，以胜利油田为例，其稠油的产量已占到原油总产量的10%左右。目前，提高稠油油田采收率的主要方法是热驱—注蒸汽开采[1]。在注蒸汽开采稠油时，不可避免产生大量的稠油污水，稠油污水具有乳化性严重、油水密度差小、高矿化度等特点[2]。而稠油污水处理的关键是残余稠油的去除。生物接触氧化技术可以有效地除去残余稠油，筛选高效的稠油降解菌是此技术的关键。

从陈庄稠油污水以及附近被稠油污染的土壤中筛选出四株耐温耐盐烃类降解菌株HD－1、HD－2、HD－3和HD－4。经过初步鉴定，HD－1、HD－3为假单胞菌属，HD－2、HD－4为芽孢杆菌属。四株烃类高效降解菌对原油和COD具有显著的降解效果，HD－1、HD－2、HD－3、HD－4对500mg/L稠油的降解率分别为42.0%、47.6%、55.6%和43.4%，四株菌混合降解效果更佳，降解率达62.2%。四株菌的适宜生长温度为40～65℃，矿化度为9500～11000mg/L[3]。

利用生物氧化技术对现场取回的稠油污水进行了模拟实验，模拟装置如图1所示。

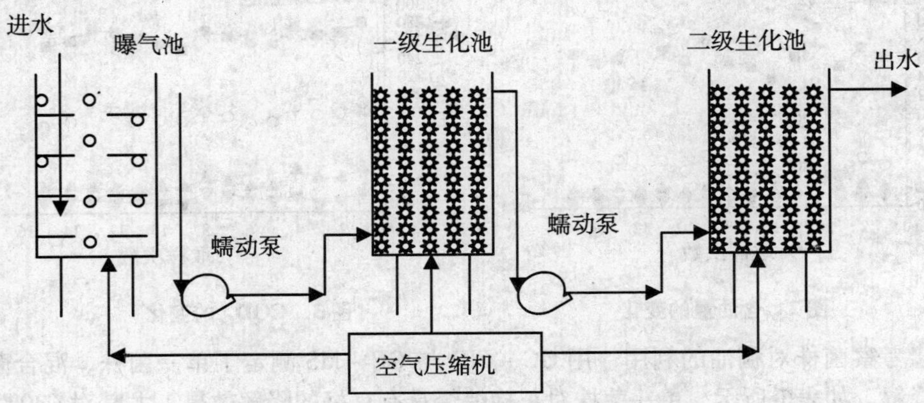

图1　稠油污水模拟实验装置流程图

实验结果表明，在水力停留时间（HRT）为 8h 时，经过气浮和两级生化后，平均除油率为 92.5%，COD 降解率达 71.2%，出水的含油量均 <1mg/L，出水的含油量达到了高压注汽锅炉用水的标准[2]，对 COD 的去除效果也非常显著。

表 1　各体系中烷烃的降解情况

石油烃		降解率/%				
		菌株 HD-1	菌株 HD-2	菌株 HD-3	菌株 HD-4	混合菌株
正构烷烃	正十三烷	69.8	73.5	68.6	69.2	100
	正十四烷	67.5	69.3	65.2	66.5	100
	正十五烷	68.2	65.9	63.9	67.1	99.6
	正十六烷	67.9	66.7	62.8	66.5	99.5
	正十七烷	66.8	65.9	61.8	65.3	98.2
	正十八烷	65.2	64.9	60.8	64.3	98.0
	正十九烷	62.6	63.5	59.6	61.9	96.5
	正二十烷	58.9	61.8	56.7	58.3	95.2
	正二十一烷	56.8	59.2	55.6	57.9	93.8
	正二十二烷	57.2	58.1	53.4	56.5	92.1
	正二十三烷	52.3	56.2	49.6	52.1	90.2
	正二十四烷	50.2	53.5	46.2	46.8	89.6
	正二十五烷	51.1	52.5	42.9	43.2	86.5
	正二十六烷	42.3	45.5	40.2	39.1	82.9
	正二十七烷	38.5	40.1	36.2	30.4	76.9
	正二十八烷	32.1	34.6	30.8	26.6	70.2
	正二十九烷	28.2	26.8	25.9	21.8	67.8
	正三十烷	23.6	24.1	20.8	19.8	62.9
	正三十一烷	19.2	21.3	18.6	17.2	57.6
	正三十二烷	16.5	15.9	14.3	12.1	49.2
	正三十三烷	12.1	13.9	10.8	9.3	41.8
异戊二烯类烷烃	姥鲛烷	0	2.6	0	0.8	46.2
	植烷	0	1.8	0	0	50.6

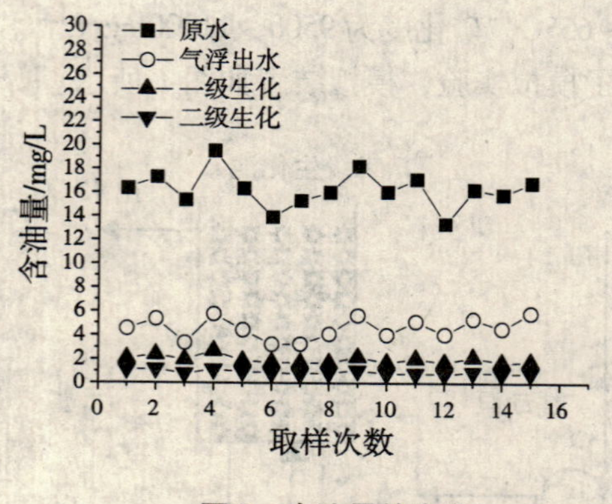

图 2　含油量的变化

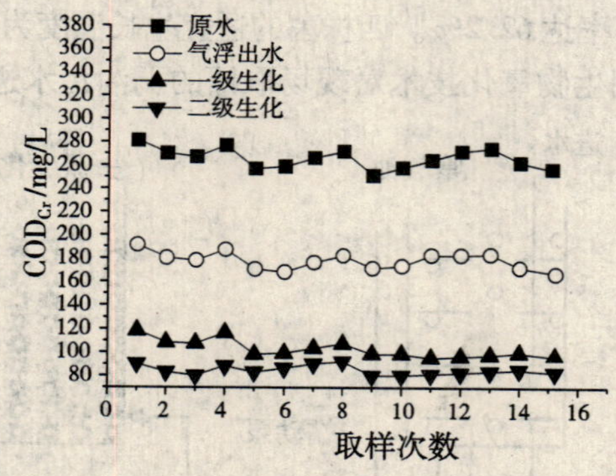

图 3　COD_{Cr} 的变化

为进一步考察菌株对稠油的利用，用 GC-FID 与 GC-MS 测定了单一菌株、混合菌株对烷烃和芳烃的降解。如表 1 所示，单一菌株对正构烷烃具有良好的降解效果，尤其对 C30 以前的中短链烷烃平均降解率达到50%以上，对C30以上的长链正构烷烃的平均降解率为20%，混合菌株对正构烷烃的降解效果好于单一菌株，对短链烷烃几乎能全部降解，对长链烷烃的平均去除率也达到50%左右，混合菌株的降解效果好于单一菌株，这是由于细菌之间存在协同作用所致。单一菌株对芳烃都有一定的降解作用，平均降解率在35%左右，低于对正构烷烃的降解率，且主要对烷基萘进行去除，对其他多环芳烃的去除效果不明显。混合菌株对其他多环芳烃及其烷基化产物有一定的降解效果，降解率在40%左右（表2）。

表2 各体系中芳烃的降解情况

石油烃		降解率/%				
		菌株 HD－1	菌株 HD－2	菌株 HD－3	菌株 HD－4	混合菌株
多环芳烃	萘	50.2	52.8	49.2	48.6	59.6
	1－甲基萘	36.9	38.2	23.9	36.8	40.2
	1－乙基萘	23.6	22.8	19.6	23.8	36.5
	菲	36.1	39.8	42.5	37.2	58.6
	1－甲基菲	28.2	29.6	26.5	21.8	39.6
	1－乙基菲	19.8	21.6	18.6	17.5	28.9
	芴	32.6	38.6	26.5	39.1	50.9
	1－甲基芴	21.8	22.9	16.8	17.6	20.9
	1－乙基芴	16.9	18.2	13.9	14.5	18.6

二、含油污水处理用于低渗透油田回注

胜利油田有数量可观的低渗透油田，产油量可占到总产量的9.5%。由于低渗透油田的地层孔喉半径很小，应用水驱时需要高质量的注入水。以胜利油田的某区块的低渗透油田为例，它的地层平均孔喉半径为1184μm，平均孔隙度为18%，渗透性为0.009～0.048μm^2。注入水的水质要求达到中华人民共和国SY－T5329—1994《碎屑岩油藏注水水质推荐指标及分析方法》中推荐的A1级标准[4]。如果注入水水质达不到低渗透油田所需水质要求，很容易造成地层空隙堵塞，这将会使回注水泵压力提高，增加了运行成本，严重时还会直接影响原油的生产。含油污水中的油常以3种状态存在，游离油可采用隔油等简单的物理方法加以回收利用，而乳化油和分散油由于在油－水界面有乳化剂的影响或在动力学上具有稳定性，无法用常规物理方法除去[5]。而生物接触氧化对污水中的乳化油和分散油具有较好的去除效果。

从胜利油田含油污水中筛选出两株高效的石油烃降解菌PZ－1与PZ－2，其对含有0.2g/L原油的降解率为47.5%和41.2%。混合菌有更优的降解率，降解率达56.8%。当含油污水的pH值为7～9时、温度为40～50℃、矿化度为7000～12000mg/L时混合菌株对原油的降解率都在50%以上。对含油污水中进行了中试实验，实验流程如图4[6]。

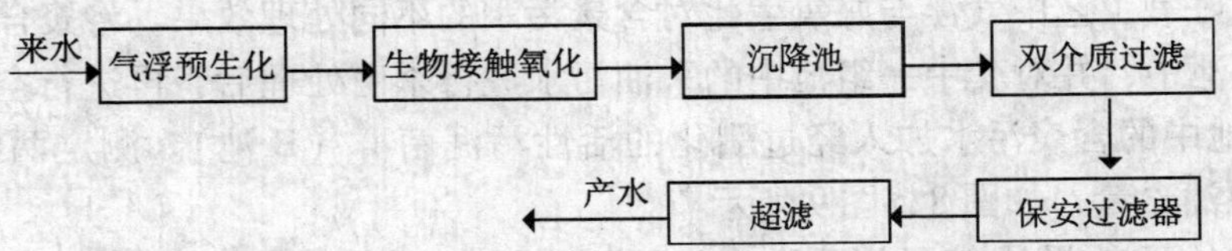

图4 模拟实验工艺流程图

渤南油田来水含油量变化较大，但经气浮处理后含油量降低到20mg/L以下，如图5所示，当生化系统水力停留时间为8h时，生化出水含油量稳定在1.0mg/L以内，生化出水再经超滤装置处理后，含油量未检测出。

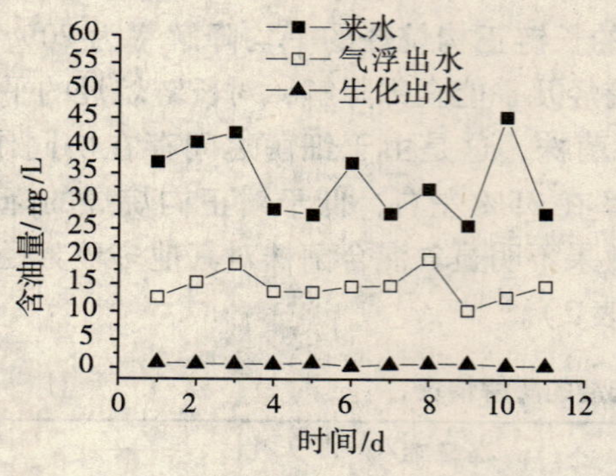

图 5　含油量随时间变化图（HRT = 8h）

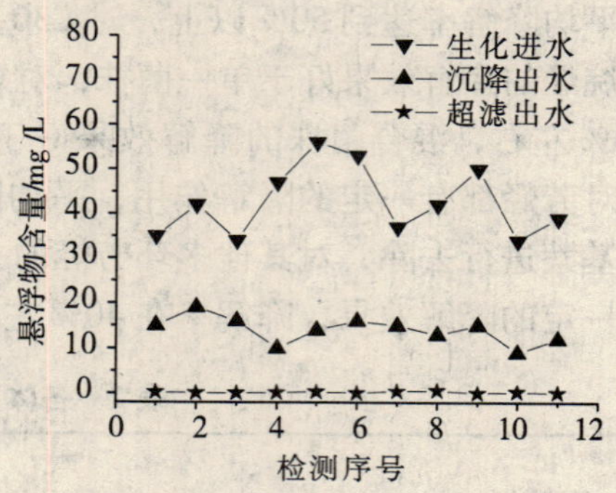

图 6　悬浮物的去除效果

含油污水中悬浮物含量 30 ~ 60mg/L，生化处理后污水悬浮物含量有一定程度降低，如图 6 生化出水沉降后悬浮物含量稳定在 20mg/L 以内，粒径中值为 0.7μm，超滤后水中悬浮物降低到 0.6mg/L，测定粒径中值为 0.1μm。

生物接触氧化法处理含油污水可以有效地解决腐蚀问题，主要还是由于生物接触氧化抑制了硫酸盐还原菌的生长导致的结果。

从图 7 可以看出，经生化处理后硫酸盐还原菌的数量控制在 80cell/ml 以内。由于气浮和生化处理单元都采用曝气方式进行，高浓度的氧可以将厌氧的硫酸盐还原菌杀死。经过超滤后，SRB 均未检出。

超滤后出水水质达到《碎屑岩油藏注水水质推荐指标》（SY 5329—1994）规定的 A1 注水水质标准。

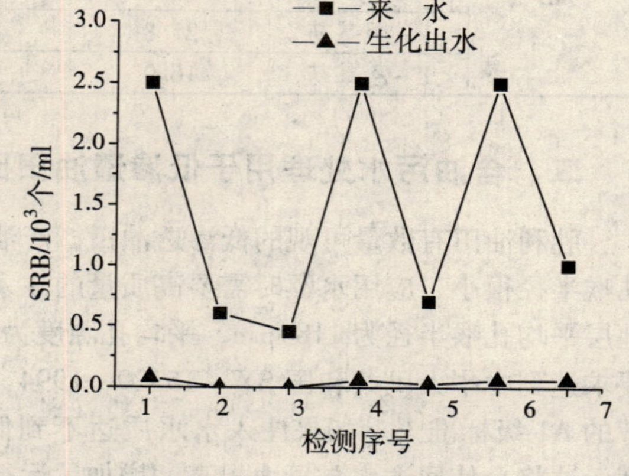

图 7　硫酸盐还原菌变化图

三、含聚污水处理

近年来，我国东部的大多数油田基本上已经进入高含水开发后期，使用部分水解聚丙烯酰胺（HPAM）进行三次采油已经得到广泛地应用。随着聚合物驱油技术在我国油田的大面积推广，含聚丙烯酰胺污水的产量在逐年增加。以胜利油田为例，在胜利油田日产含聚污水占到所产污水总量的 30% 左右。含聚丙烯酰胺污水具有黏度高、油水分离难度大、可生化性差等特点，现有工艺无法满足处理要求，含聚污水的处理已经成了一个亟待解决的问题。作为对环境污染物高效的处理手段，由于其技术上的成熟、无二次污染和其低廉的运行费用，微生物降解与其特有的无害化处理将成为解决聚丙烯酰胺引起环境污染和转化的潜在毒性问题的有效手段[7,8]。

首先探讨了好氧工艺中气浮与好氧生化对含聚污水的不同处理效果。将聚合物驱采油污水分别加入两组生化池中，并对其中一组池中的采油污水进行杀菌处理后，再进行空白曝气处理（A 池），往另一组池中的含聚污水加入经过驯化的活性污泥菌群（B 池）。测定两组池在不同时间下的 HPAM 和原油含量，如图 8、图 9 所示[9]。

从两种工艺处理效果比较可以看出，HPAM 溶液经曝气处理后，PAM 有氧化降解现象，HPAM 含量降低，但降低有限。含聚污水经好氧生化工艺处理后，PAM 降解明显，从最初的 47.42mg/L 降到 5.78mg/L（图 8）。曝气工艺可以去除污水中的悬浮油，但是由于聚合物的存在，大量的原油以乳化油的形式存在，曝气工艺不能有效去除乳化油，经过曝气 7d 后，A 池含油量仍有 4.5mg/L。生化工艺在烃类降解菌和曝气的双重作用下，乳化油的去除比较彻底。B 池污水原油含量 0d 为 13.5mg/L，处理 4d 后，根据中华人民共和国石油天然气行业标准 SY/T 0530—1993 规定的测试方法无法检出含油量[10]（图 9）。

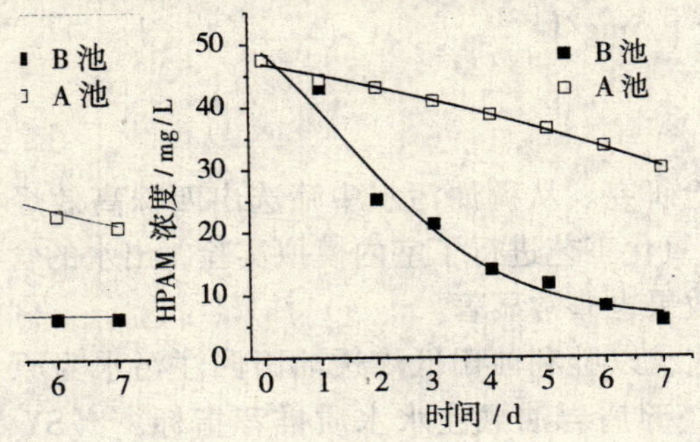

图 8　HPAM 浓度随时间的变化

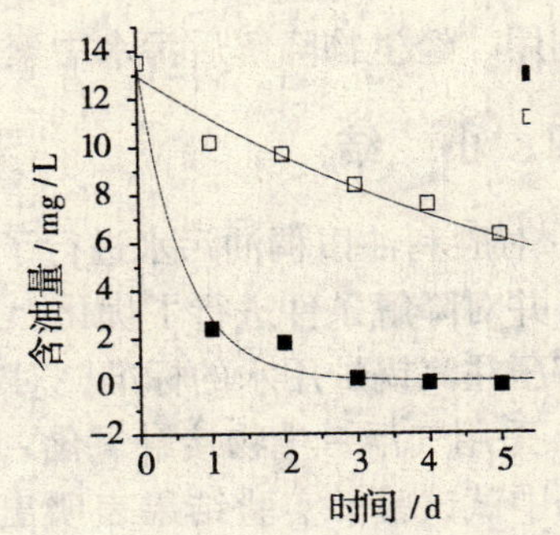

图 9　含油量随时间的变化

对 SRB 的数量也进行了检测。好氧生化工艺下，由于高浓度的溶解氧对 SRB 菌有杀灭和抑制作用，以及烃类氧化菌和聚丙烯酰胺降解菌的生长对 SRB 的竞争抑制，如图 10 所示，SRB 菌经过 7d 后，菌数从 1.2×10^4cell/L 降到 150cell/L。由此可见，好氧生化工艺对 SRB 的去除具有很好的效果。

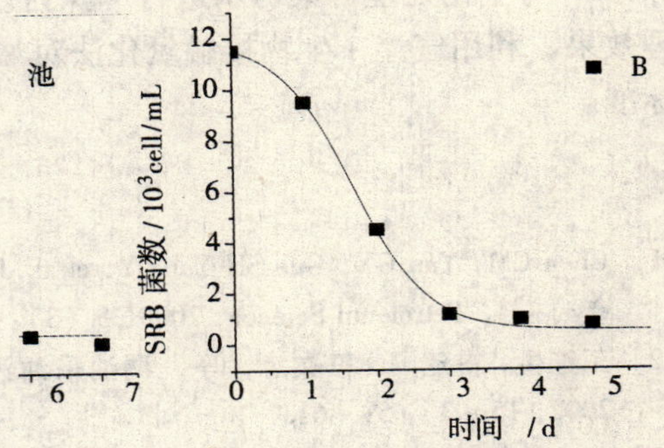

图 10　硫酸盐还原菌随时间的变化

用气浮 + 生物接触氧化法对油田含聚污水进行室内模拟处理，首先利用气浮去除悬浮油和大部分聚合物，然后利用生物接触氧化膜上的烃类降解菌和聚丙烯酰胺降解菌组成的高效降解菌群的生物降解作用去除乳化油和残余的聚合物。室内模拟试验流程与图 1 相同。

实验阶段进水水质波动较大，COD 值主要在 1500 ~ 2500mg/L 之间，如图 11 所示，进水的平均 COD 值为 1929mg/L。气浮出水的 COD 值主要在 150 ~ 200mg/L 的范围内波动，平均 COD 值为 157mg/L。生化出水的 COD 值在 50 ~ 100mg/L 的范围内波动，平均 COD 值为 65.7mg/L。由于投加了高效功能菌群，气浮 + 生物接触氧化能够将含聚合物污水的 COD 值降到 100mg/L 以下，达到国家外排一级标准[11]。

聚合物驱采油污水，污水乳化严重，实验进水的含油量波动较大，波动范围 300 ~ 800mg/L，进水含油量平均值为 540mg/L，如图 12 所示。气浮出水的含油量在 10 ~ 20mg/L 的范围波动，平均值为 14.2mg/L。生化出水的含油量除连续监测的第二天 4.1mg/L 外，其余全部小于 3mg/L，生化出水的平均含油量为 1.29mg/L，出水含油量达到国家外排一级标准。

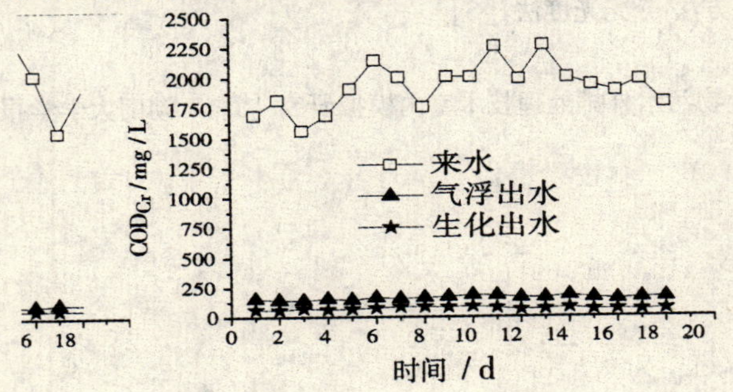

图 11　生物接触氧化对 COD_{Cr} 的去除效果

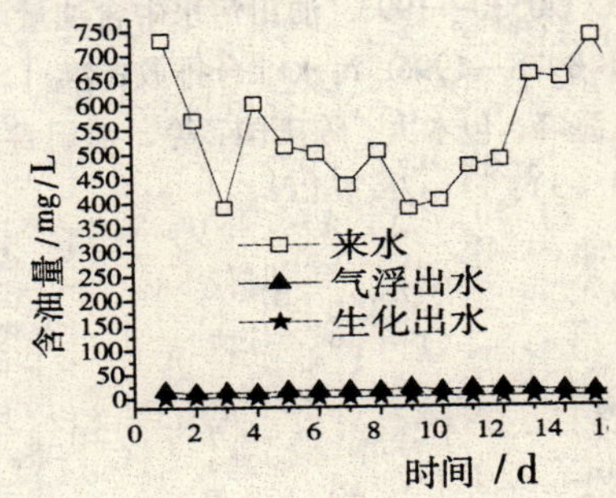

图 12　生物接触氧化对原油的去除效果

来水的聚合物含量在40～110mg/L，污水中聚合物经气浮降低其黏度，大分子的HAPM长链断裂，变成较低聚合度的HAPM，而后经过生物接触氧化池，残余的较低聚合度的HAPM被生物降解利用，经生物降解后污水中聚合物含量小于1.5mg/L[12]。

四、小　结

1. 对胜利油田稠油污水进行了生化处理实验研究。从稠油污水中筛选出四株高效烃类降解菌株，并对降解条件进行了优化。采用生物接触氧化工艺进行了室内模拟实验，出水的含油量达到了高压注汽锅炉用水的标准，对COD的去除效果也非常显著。

2. 采用气浮－生物接触氧化－超滤组合工艺，以胜利油田低渗透油田回注污水为原水进行了现场中试试验。实验结果表明出水水质达到《碎屑岩油藏注水水质推荐指标》（SY 5329—1994）规定的A1注水水质标准。

3. 对生化处理含聚污水进行了探讨。处理比较了气浮与生物接触氧化工艺对含聚污水的处理效果，利用气浮＋生物接触氧化法对油田含聚污水进行处理，出水水质完全达到国家外排一级标准。

参考文献

[1] Chen CM, Yan GX, Guo SH Yang Y, et al. Pretreatment of super viscous oil wastewater and its application in refinery [J]. Petroleum Science, 2008, 5 (3): 269－274.

[2] 王连生，古建国，王文忠，等．稠油采油污水回用于热采锅炉用水的研究［J］．城市环境与城市生态，2002，15（3）：59－61.

[3] 包木太，柳泽岳，王海峰，等．高效烃类降解菌在稠油污水生化处理中的应用［J］．环境科学与技术，2009，32（8）：20－23.

[4] SY/T 5329—1994. 碎屑岩油藏注水水质推荐指标及分析方法［S］.

[5] 马自俊．乳状液与含油污水处理技术［M］．北京：中国石化出版社，2006：3－6，15－78，324.

[6] 包木太，泮胜友，王海峰，等．气浮－生化－超滤工艺处理低渗透油田回注污水［J］．水处理技术，2009，35（5）：117－119.

[7] 佘跃惠，周玲革，刘宏菊，等．油田含聚合物污水微生物处理初步研究［J］．生态科学，2005，24（4）：344－346.

[8] Kay－Shoemake JL, Watwood ME, Lentz RD, et al. Polyacrylamide as an organic nitrogen source for soil microorganisms with potential effects on inorganic soil nitrogen in agricultural soil [J]. Soil Biology and Biochemistry, 1998, 30 (8/9): 1045－1052.

[9] 王海峰，包木太，耿雪丽，等．油田含聚合物污水生化处理室内模拟研究［J］．西南石油大学学报（自然科学版），2008，30（1）：109－111.

[10] SY/T 0530—1993. 油田污水中含油量测定方法 分光光度法［S］.

[11] GB 8978—1996. 污水综合排放标准［S］.

[12] 王海峰，包木太，陈庆国，等．油田含聚合物污水外排处理技术室内模拟研究［J］．湖南大学学报，2009，36（3）：71－75.

温度和碱度对城市污水深度处理脱氮性能影响

刘景明[1,3]　徐　岩[2]　徐春浩[2]　乔淑媛[1]　朱志荣[3]　马　辑[1]

（1. 江苏苏净集团博士后科研工作站　苏州　215122；2. 东北电力大学化学工程学院　吉林　132012；3. 同济大学化学博士后科研流动站　上海　200092）

摘　要　采用生物陶粒滤池法对生化后的城市污水进行了深度处理脱氮性能的研究，分析了污水温度、填料高度、碱度和COD_{Cr}等因素对去除NH_3-N的影响，得到了出水NH_3-N浓度与污水温度和填料高度的数学的关系式。试验结果表明：污水水温在25℃和以$CaCO_3$计的碱度为195.0 mg/L时，NH_3-N的出水质量可以由23.40 mg/L达到0.21 mg/L，COD_{Cr}由56.1 mg/L下降到27.5 mg/L，NH_3-N的容积负荷可以达到0.38 kg/（m^3·d）。在不同季节中，为避免水温、碱度变化对中水回用深度脱氮处理效果的影响提供了理论支撑。

关键词　脱氮性能　水温和碱度　深度处理　生物陶粒　脱氮模型

国家规定新建电厂原则上不准用地下水作为电厂补充水，需就近采用二级生化处理后的城市污水作为电厂补充水，而其中NH_3-N是一个十分重要的指标[1]。在二级废水生物脱氮工艺中一般都应用A/O工艺，在消除氮元素污染方面起到了一定作用，城镇污水处理厂NH_3-N污染物GB 18918一级B排放标准为8 mg/L和二级排放标准为25 mg/L。大多数电厂二级生化出水、排放的低浓度生活污水和某些南方城市低浓度生活污水中的NH_3-N浓度也在8～25 mg/L之间，上述水质虽然又经过了生物陶粒深度处理，但在一年不同的季节中，受水温和水中残留的碱度等因素影响很大，NH_3-N的出水很难满足电厂循环补充水中要求的1 mg/L条件[2,3]。如果达不到电厂循环补充水中的要求，NH_3-N在循环水中会极大地危害冷凝设备安全稳定运行，可以产生微生物和污垢，在微生物的浓度为24.4～43.6 mg/L时，产生$1.4\times10^{-4}\sim2.0\times10^{-4}$（$m^2$·K）/W较大的污垢热阻，阻碍设备传热[4]；80%氨氮在循环水系统能够进行硝化反应产酸，导致pH和碱度降低，造成氨氮对冷凝器的黄铜和白铜合金的选择性腐蚀[5,6]，选择性腐蚀的速率与氨氮浓度呈指数关系[7]；加速聚磷酸盐和有机磷酸缓蚀剂的水解，既消耗药剂的有效浓度，又增加正磷酸根的浓度，加速磷酸钙垢的生成[8]；循环水排污后，废水中还含有硝态氮，会造成自然水体富营养化[9]。如何在一年各个季节中有效地利用生物滤池深度处理工艺，使二级生化后的废水中的NH_3-N均达到要求，探讨现有生物滤池中水温、碱度、池高和曝气量对NH_3-N的去除影响的特性，具有较大的理论和现实意义，该课题研究的内容目前尚未见报道。

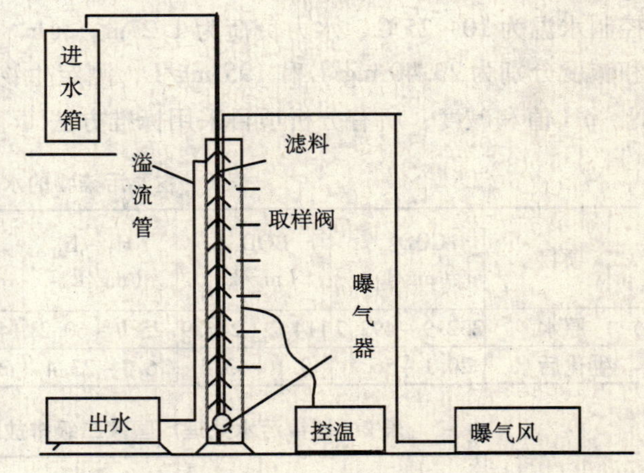

图1　试验装置和工艺流程图

一、试验装置及内容

（一）试验装置

基金项目：东北电力大学博士基金（BSJXM－200814）；吉林省教育厅基金（2008424）。

试验装置是依据生物陶粒的生产性装置的运行特点而设计的[10]，工艺流程见图1。生化后的污水用潜水泵从底部打进Φ0.10m×3.5m圆柱体的上部进水装置，曝气位置在下部0.2m高的卵石垫层中，水和气为同向上流式，填料纵向高度为3.0m，自然堆积状布置，距离柱底为0.20m，填料堆积密度为0.87g/cm^3、堆积空隙率为42.41%和比表面积为5.37×10^{4}cm^2/g，生物陶粒的电子扫描表面和挂膜后表面电子扫描微生物相片分别见图2和图3。

图2 陶粒表面电子扫描相片（×200）

图3 陶粒表面微生物电子扫描相片（×6000）

（二）试验水质和方法

试验用水采用吉林污水处理厂二级生化后的废水，通过培养硝化菌，对该生化出水再进一步进行陶粒生物处理，进行了生物滤池脱氮参数研究，见表1和表2。

硝化菌的培养采用污水处理厂生化池中的活性污泥为接种污泥，污泥的外观呈棕褐色，MLSS大约为2g/L。挂膜过程分为两阶段进行，第一阶段是在连续曝气的条件下，采用原污水进行挂膜，每24h更换一次污水，闷曝5天。第二阶段同样是在连续曝气的情况下，连续泵入待处理的中水，水力负荷1.27m^3/（m^2·h），运行约20d。在此期间，定期检测滤池进出水的COD_{Cr}、NH_3-N含量，当COD_{Cr}、NH_3-N的去除率基本在70%稳定时，完成挂膜。系统启动后，进水COD_{Cr}、BOD_5和SS分别为20.1～56.1 mg/L、9.1～13.5 mg/L和20.5～31.2 mg/L，控制水温为10～25℃、水力负荷为1.27m^3/（m^2·h）和气水比为2.0，以及调整进水NH_3-N和碱度分别为23.40 mg/L和195 mg/L，测定生物滤池进、出水及各取样口处的COD_{Cr}、NH_3-N、pH值和碱度，所有分析项目采用标准方法[11]。

表1 主要污染物的水质和二级生化结果

项目	COD_{Cr}/(mg/L)	BOD_5/(mg/L)	NH_3-N/(mg/L)	SS/(mg/L)	NO_x-N/(mg/L)	pH	碱度($CaCO_3$)/(mg/L)
原水	232.9～493.7	114.2～246.9	25.7～60.2	146.8～163.0	3.6～9.6	7.21～8.63	300～400
生化后水	20.1～56.1	9.1～13.5	6.3～23.4	20.5～31.2	14.6～22.5	7.10～7.90	25.0～195.0

表2 城镇污水处理厂国家二级排放的标准和电厂循环水的补充水质

项目	COD_{Cr}/(mg/L)	BOD_5/(mg/L)	NH_3-N/(mg/L)	TP/(mg/L)	pH	碱度($CaCO_3$)/(mg/L)	SS/(mg/L)
排放标准	100	30	25	3.0	6.0～9.0	–	30
补充水质	50	5	1	0.5	6.0～9.0	150	10

二、试验结果及分析

（一）汽水比对氨氮和总氮容积负荷的影响

汽水比是曝气生物滤池的处理效果和能耗的重要指标之一，汽水比对氨氮容积去除负荷

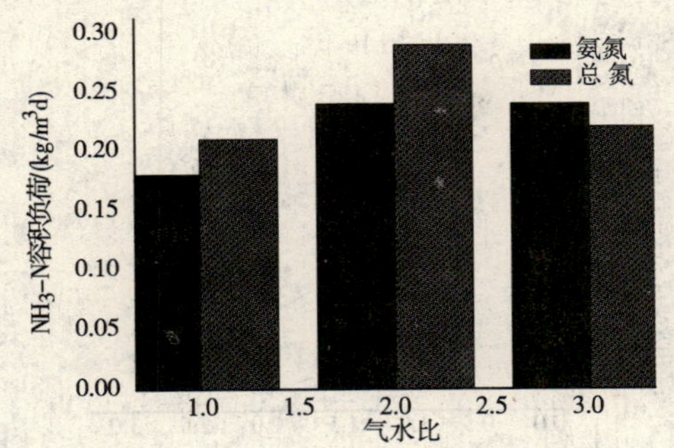

图4　汽水比对氨氮和总氮容积负荷的影响

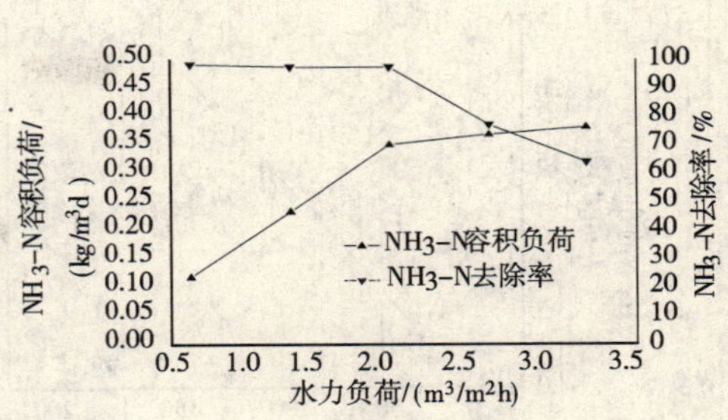

图5　水力负荷对氨氮容积负荷和去除率的影响

（以下简称容积负荷）的影响见图4。由图4可知，当汽水比分别为1:1、2:1时，NH_3-N负荷由0.18 kg/（m^3·d）增加到0.24kg/（m^3·d），TN负荷由0.21 kg/（m^3·d）增加到0.29 kg/（m^3·d）；当汽水比增加到3:1，NH_3-N负荷不再增加，TN负荷降低到0.22 kg/（m^3·d）。在温度适宜和充裕的碱度的情况下，有利于NH_3-N的硝化，在一定的汽水比范围，汽水比越高，NH_3-N的硝化越完全；当汽水比为1:1较低时，生物膜内的厌氧层较厚[12]，硝化作用进行的不彻底致使TN的容积负荷较低为0.21 kg/（m^3·d），TN去除率55.3%；当汽水比较大为2:1时，溶解氧穿透生物膜较深，硝化作用变好，生物膜也有兼氧及厌氧层，因此也具有反硝化效果，TN出水浓度较低，TN去除率较高为73.6%，TN的容积负荷较高为0.29 kg/（m^3·d）；但当汽水比继续增加到3:1时，因反硝化效果又变差[13]，TN去除率又出现了降低为57.8%，TN的容积负荷较低为0.22 kg/（m^3·d）。

（二）水力负荷对氨氮容积负荷的影响

汽水比为2:1，水温为25℃的条件下，水力负荷对氨氮容积负荷的影响见图5。由图5可知，容积负荷随水力负荷的增加而增加[14]，水力负荷由0.63 m^3/（m^2·h）增加到1.91 m^3/（m^2·h）时，NH_3-N的容积负荷由0.117 kg/（m^3·d）增加到0.349 kg/（m^3·d），NH_3-N的去除率变化幅度不大和NH_3-N的去除率达到90%以上[15]，NH_3-N的去除率受该段水力负荷影响较小，受水中碱度影响较大；水力负荷由1.91 m^3/（m^2·h）增加到3.18 m^3/（m^2·h）时，NH_3-N的容积负荷由0.35 kg/（m^3·d）增加到0.38 kg/（m^3·d），NH_3-N的容积负荷随水力负荷的增加而增加的不多，在该段NH_3-N的去除率的影响随水力负荷增加而降低，其中，当水力负荷为3.18 m^3/（m^2·h）时，NH_3-N的去除率为63.70%，出水的NH_3-N的值为8.50 mg/L。水力负荷较低时，废水的速率也较低，HRT较长，使得NH_3-N具有较高的去除率，但其容积负荷较低；水力负荷较高时，相应的率速也较大，HRT较短，导致底质未充分降解，就已经离开反应器，使NH_3-N的去除率降低。生化进水COD_{Cr}在20.1～56.1 mg/L范围和SS在20.5～31.2 mg/L之间，生化出水COD_{Cr}在10.5～35.6 mg/L范围和SS在9.8～22.6 mg/L之间，对NH_3-N的去除效果影响不大[16]。

（三）碱度对氨氮容积负荷的影响

进水碱度对出水NH_3-N的浓度和NH_3-N的去除率的影响见图6。随进水碱度（以$CaCO_3$计）从25.0 mg/L增加到195.0 mg/L，NH_3-N容积负荷由0.033 kg/（m^3·d）增加到0.236 kg/（m^3·d），是因为当进水碱度越高时，可以中和式（1）和（2）的硝化反应、式（3）OLAND反应或式（4）ANAMMOX反应产生的酸度[17]，溶液还需维持一定的剩余碱度。待处理的废水中如果有较高合适的碱度，其相对应NH_3-N的去除也越高，出水NH_3-N的质量浓度就越小，其相应NH_3-N的容积负荷和去除率也就越高。

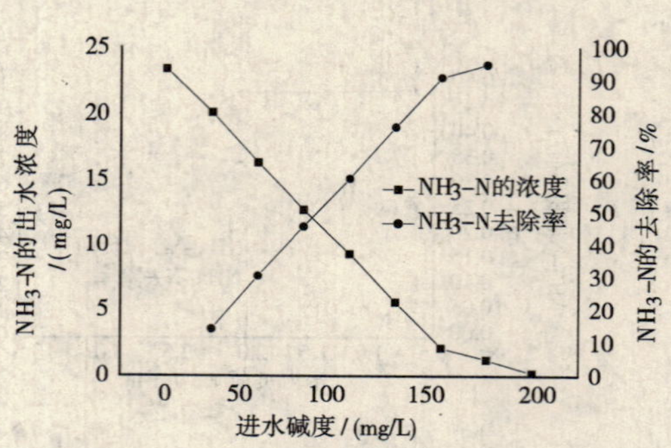

图6　进水碱度对 NH_3-N 出水浓度和去除率的关系

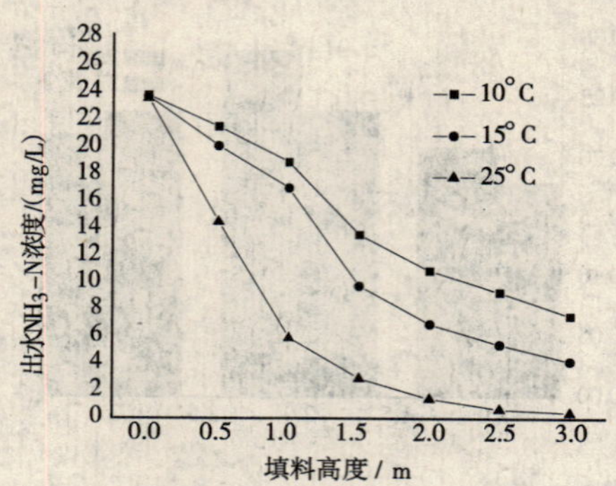

图7　不同温度下的填料高度对 NH_3-N 的去除效果的影响

$$2NH_4^+ + 3O_2 \longrightarrow 2NO_2^- + 4H^+ + 2H_2O \quad - 542\ kJ/mol\ N \tag{1}$$

$$NH_4^+ + 2O_2 \longrightarrow NO_3^- + 2H^+ + H_2O \quad -349kJ/molN \tag{2}$$

$$NH_4^+ + 0.75O_2 \longrightarrow 0.5N_2 + H^+ + 1.5H_2O \quad - 314.9\ kJ/mol\ N \tag{3}$$

$$5NH_4^+ + 3NO_3^- \longrightarrow 4N_2 + 2H^+ + 9\ H_2O \quad - 297\ kJ/mol\ N \tag{4}$$

如果待处理的脱氮废水的碱度不足时必须补充碱度。补充碱度的公式为[1]：

$$\Delta ALK = ALK_N + ALK_E - ALK_W - ALK_C \tag{5}$$

式中：ΔALK 为系统应补充的碱度（以 $CaCO_3$ 计），mg/L；ALK_N 为生物消耗的碱度（以 $CaCO_3$ 计），mg/L；ALK_E 为混合液中应剩余的碱度（以 $CaCO_3$ 计），一般为 50 mg/L；ALK_W 原污水碱度（以 $CaCO_3$ 计），mg/L；ALK_C 为分解 BOD_5 所产碱度，按每分解 1kgBOD_5 产碱 0.1kg 计算。

（四）不同温度下的填料高度对 NH_3-N 的去除效果的影响

不同温度下在不同的填料高度上的 NH_3-N 的去除量是不同的，为得到最大 NH_3-N 的去除量和确定最佳的填料高度，不同温度下 NH_3-N 的去除效果随高度的影响见图 7。在 0.5m 高度处，在 25℃、15℃和 10℃的条件下，NH_3-N 的浓度由 23.4 mg/L 分别降到 14.2 mg/L、19.9 mg/L 和 21.3 mg/L，去除率分别为 39.9%、14.9%和 9.1%，变化幅度较大，说明生化后的污水刚进陶粒生化池后，温度对硝化菌的活跃程度影响比较大，温度较高时硝化能力较大。在 1.0m 高度处，在 25℃的条件下，NH_3-N 的浓度已经降到 5.7 mg/L，去除率已经达到 76.5%，15℃和 10℃的条件下的 NH_3-N 浓度分别降到 16.8 mg/L 和 18.3 mg/L，去除率才分别达到 27.8%和 21.77%，出水 NH_3-N 浓度因温度的降低而上升了，硝化菌的活性程度降低明显。在 3.0m 高度处，在 25℃、15℃和 10℃的条件下，NH_3-N 的浓度由 23.4 mg/L 分别降到 0.21 mg/L、3.96 mg/L 和 7.31 mg/L，去除率分别为 99.10%、83.08%和 68.76%，NH_3-N 的容积负荷 0.236 kg/（m^3·d）、0.230 kg/（m^3·d）和 0.194 kg/（m^3·d）。水温分别在 15℃和 10℃的条件下，3m 陶粒填料高度已经不能满足废水 NH_3-N 浓度处理达到 1 mg/L 需要，需要降低水力负荷分别为 0.50m^3/（m^2·h）和 0.31m^3/（m^2·h）时，才能达到出水要求。

通过在不同温度下的不同填料高度上的出水 NH_3-N 浓度的关系回归，得出 NH_3-N 出水浓度、污水温度和填料高度关系式如下：

$$y = 23.4\exp\left[-0.618\ (1.098)\ T - 15h\right] \tag{6}$$

式中：y 为 NH_3-N 出水浓度，mg/L；T 为污水温度，℃；h 为填料高度，m。

三、结　论

1. 汽水比是影响传氧速率和脱氮效果的重要因素之一，汽水比过小和过大均影响脱氮效果，最佳汽水比为2.0。

2. 水力负荷由0.63 m^3/（m^2·h）增加到1.91 m^3/（m^2·h）时，NH_3-N 的容积负荷由0.117 kg/（m^3·d）增加到0.349 kg/（m^3·d），NH_3-N 的去除率可以达到90%以上。

3. 进水碱度（以 $CaCO_3$ 计）从25.0 mg/L 增加到195.0 mg/L，NH_3-N 容积负荷由0.033 kg/（m^3·d）增加到0.236 kg/（m^3·d），进水碱度越高时，其相应对应的 NH_3-N 去除也越高，如二级生化后废水中碱度不足，必须补充一定的碱度才能去除相应的 NH_3-N。

4. 利用生物滤池作为电厂循环水补给水的预处理手段，其出水的 NH_3-N 受水温、进水碱度和生物滤池高度等因素影响，不同季节的废水中的 NH_3-N 的去除量是不同的。在填料3.0m高度处，在25℃、15℃和10℃的条件下，NH_3-N 的浓度由23.40 mg/L 分别降到0.21 mg/L、3.96 mg/L 和7.31 mg/L，去除率分别为99.10%、83.08%和68.76%。

5. 水温分别在15℃和10℃的条件下，3m 陶粒填料高度已经不能满足废水 NH_3-N 浓度处理达到1 mg/L 需要，需要降低水力负荷分别为0.50 和0.31m^3/（m^2·h）时，才能达到出水要求。

参考文献

[1] 郑俊，吴浩汀．曝气生物滤池工艺的理论与工程应用［M］．北京：化学工业出版社，2005：104－379.

[2] 周彤，郭晓，周向争，等．城市污水回用于循环冷却水时氨氮去除［J］．工业用水与废水，2000，31（6）：9－11.

[3] 虞启义，黄种买，张青．城市污水再生回用作循环冷却水的相关问题［J］．中国给水排水，2003，19（3）：29－30.

[4] 刘金平，刘雪峰，杜艳国，等．凝汽器冷却水污垢热阻的研究［J］．中国电机学报，2005，25（15）：100－105.

[5] 曾德勇．城市二级污水的工业回用［J］．中国电力，2003，36（4）：38－41.

[6] 曾德勇．二级排放水经深度处理回用作循环冷却水［J］．中国给水排水，2001，17（3）：61－62.

[7] 武红霞，刘裕明．氨氮对城市污水回用于循环冷却水系统的影响［J］．工业水处理，2004，24（10）：30－32.

[8] 苟晓东，黄种买，董欣扬．污水回用作工业循环冷却水的影响因素［J］．天津化工，2004，18（1）：40－42.

[9] 武红霞，曾德永，刘裕明．城市污水回用于火力发电厂循环冷却水探讨［J］．中央民族大学学报（自然科学学报），2004，13（2）：154－158.

[10] 刘景明，陈立颖，宋存义，等．由化工脱水污泥烧制陶粒［J］．北京科技大学学报，2008，30（10）：1090－1094.

[11] 国家环保局，水和废水监测分析方法编委会编．水和废水监测分析方法（第三版）［M］．北京：中国环境科学出版社，1989：230－514.

[12] 高廷耀，顾国维．水污染控制工程［M］．北京：高等教育出版社，1999：101－107.

[13] 王春荣，王宝贞，王 琳．两段曝气生物滤池的同步硝化反硝化特性［J］．中国环境科学，2005，25（1）：70－74.

[14] 郭天鹏，汪诚文，陈吕军．升流式曝气生物滤池深度处理城市污水的工艺特性［J］．环境科学，2002，23（1）：58－61.

[15] 王春荣，王宝贞，王琳．两段曝气生物滤池进行生活污水处理及经验模型研究［J］．环境污染与防治，2005，27（2）：112－115.

[16] 王春荣，李 军，王宝贞，等．两种不同填料曝气生物滤池处理生活污水的经验模型［J］．环境污染治理技术与设备，2005，6（12）：56－60.

[17] 叶建锋，徐祖信，薄国柱．新型生物脱氮工艺－OLAND 工艺［J］．中国给水排水，2006，22（4）：6－8.

高选择性的 Pd－Cu 双金属水体脱硝催化剂

谢勇冰　曹宏斌　李玉平

（中国科学院过程工程研究所　北京市海淀区中关村北二条一号　北京　100190）

摘　要　本研究采用硅铝分子筛和氧化铝为载体制备 Pd－Cu 双金属负载水体脱硝催化剂，考察了不同载体、制备方法和金属组成等多种因素对催化剂活性和稳定性的影响。研究发现两种载体负载的催化剂均具有较高的活性，硅铝分子筛负载催化剂反应选择性高于氧化铝负载体系。由于表面金属流失，循环使用过程中催化剂均会出现不同程度的失活现象。氧化铝负载催化剂选择性下降很快，无定形硅铝负载催化剂则能维持较高反应选择性。研究还发现共沉淀法制备的催化剂效果更好，催化剂上 Pd/Cu 质量为 4/1 时活性最高。

关键词　催化脱硝　无定形硅铝　Pd－Cu 双金属　反应选择性

催化还原法是一种水体脱硝技术，1989 年由德国科学家 Vorlop 最早开发出 Pd－Cu/Al_2O_3 催化剂[1]，这种方法反应速度较快，且不改变原水组成，但目前催化剂性能还需要进一步提高[2,3]。文献报道中催化剂有效组成为 Pd－Cu，Pd－Sn，Pd－In 和 Pt－Cu，Rh－Cu 等双金属，最常用的催化剂载体是氧化铝。氧化铝负载催化剂活性很高，缺点是反应选择性较低，生成大量副产物 NH_3 和中间产物 NO_2^-。为提高催化脱硝反应的选择性，本研究以无定形硅铝为载体制备双金属催化剂，发现催化剂活性和氧化铝负载体系接近，但反应选择性和稳定性均明显高于相同方法制备的氧化铝负载催化剂。

一、实验部分

（一）催化剂制备

催化剂制备采用共浸渍和共沉淀两种方法，其中贵金属 Pd 的质量含量为 5%。

共浸渍法：称取一定量的 $Pd(NO_3)_2 \cdot 2H_2O$ 和 $Cu(NO_3)_2 \cdot 3H_2O$ 倒入超纯水中，搅拌后使前驱体盐完全溶解，向溶液中加入一定量的载体并搅拌均匀，常温下浸渍 12h，然后在 110℃下干燥 12h，放入马弗炉中 500℃下焙烧 3h，然后在 300℃下通 H_2 还原 3h，得到黑色的粉末催化剂。

共沉淀法：称取一定量的 $Pd(NO_3)_2 \cdot 2H_2O$ 和 $Cu(NO_3)_2 \cdot 3H_2O$ 倒入超纯水中，搅拌后使前驱体盐完全溶解，向溶液中加入一定量的载体并搅拌均匀。向混合体系中滴加 0.1 mol/L NaOH 溶液同时剧烈搅拌，当前驱体盐沉淀完全后静置 6h，洗涤过滤，将滤饼放入烘箱干燥 12h，放入马弗炉中 500℃下焙烧 3h，然后在 300℃下通 H_2 还原 3h。

（二）性能表征

催化脱硝反应在釜式反应器中进行，向反应釜内加入 500 ml 的 $NaNO_3$ 溶液，NO_3^- 浓度为 100 ppm。还原气体为 H_2，并通入一定量的 CO_2 调整 pH 值，使溶液保持弱酸性环境。还原反应前先用 H_2 吹扫去除溶液和反应器中残存的氧气。采用离子色谱和铵离子选择性电极对定时取样的溶液进行定量分析，计算反应的转化率和选择性。采用电感耦合－等离子体发射光谱（ICP－ACS）分析溶液中残存的金属离子浓度，并采用物理吸附，X－射线粉末衍射（XRD），X－射线光电子能谱（XPS）等手段表征催化剂结构。

二、结果讨论

实验结果表明催化剂性能与载体密切相关，氧化铝和无定形硅铝是两种有效的水体脱硝催化

基金项目：本项目得到中国博士后科学基金项目（20090460527）和国家自然科学基金项目（20607023）资助。

剂载体，催化活性很高。采用0.8 g/L的催化剂用量时，2种方法制备的4种催化剂活性接近，60min内可以将100 ppm的NO_3^-完全催化脱除。以Al_2O_3为载体的催化剂选择性比硅铝分子筛体系低。共沉淀法制备催化剂还原脱硝时，溶液里中间产物亚硝酸根残留量较低，相比共浸渍法具有一定的优势。以催化性能最好的共沉淀法制备的Pd－Cu/无定形硅铝催化剂为研究对象，实验考察了制备催化剂的还原温度对催化剂性能的影响。发现提高还原温度，催化剂活性和选择性都会降低，300℃是比较合适的还原温度。同时催化剂对双金属Pd/Cu配比很敏感，4/1是最佳质量比，低于或高于此值，催化活性均会明显降低，结果如图1所示。

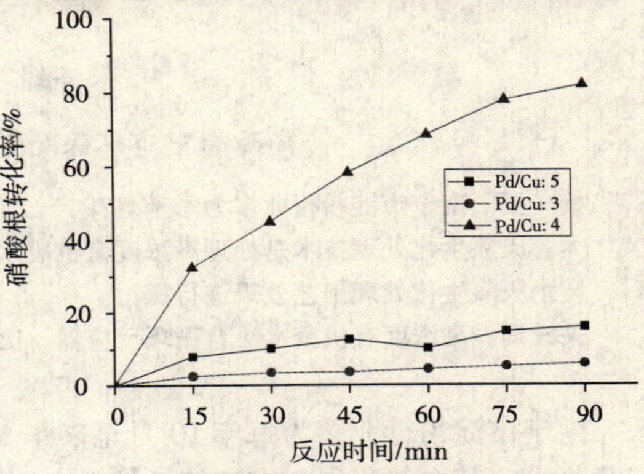

图1　不同金属配比对Pd－Cu/硅铝分子筛催化剂活性的影响

实验过程中将脱硝催化剂循环使用3次来考察其稳定性，发现Pd－Cu/无定形硅铝有缓慢失活的现象，而反应选择性降低不明显，3轮反应后反应选择性仍然接近86%，如图2所示。Pd－Cu/Al_2O_3活性和反应选择性均有明显降低，3轮反应后，共浸渍法制备的催化剂选择性降至65%左右，见图3。通过XRD和XPS表征，发现反应后催化剂表面颗粒变大，但双金属依然维持单质态。表明催化剂活性降低是由表面双金属流失造成的。

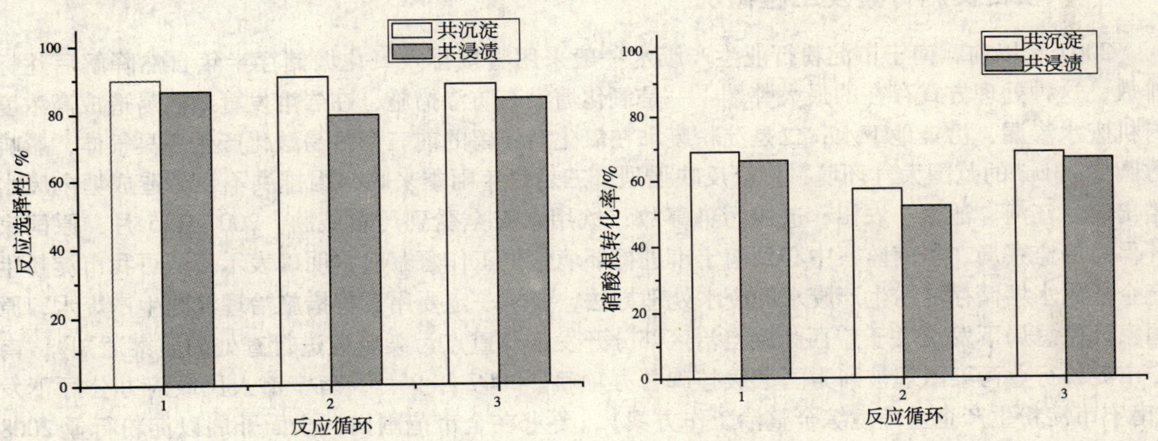

图2　Pd－Cu/无定形硅铝催化剂的反应选择性　　**图3　Pd－Cu/Al_2O_3催化剂的反应选择性**

三、实验结论

从以上实验结果看出，Pd－Cu/无定形硅铝是一种有效的水体脱硝催化剂，活性和Al_2O_3负载催化剂相当，但具有更高的反应选择性和稳定性。通过对无定形硅铝负载催化剂的深入研究，有望进一步推动催化脱硝反应的应用进程。

参考文献

[1] K. D. Vorlop, T. Tacke, Chem. Eng. Tech. 1989, 61: 836－845.

[2] U. Prüsse, M. Hählein, J. Daum, K.－D. Vorlop, Catal. Today, 2000, 55: 79－90.

[3] A. Pintar, Catal. Today, 2003, 77: 451－465.

南宁市高浓度淀粉生产废水厌氧生化处理技术探讨

张济锋　陶丽红　韦小蓉

（广西南宁市环保局　南宁市竹溪路33号　530022）

摘　要　南宁市淀粉行业多为季节性生产，生产周期短，所排放高浓度有机废水对周边环境影响极大，厌氧生化处理技术是处理高浓度有机废水关键所在。本文通过工程实践对南宁市高浓度淀粉生产废水厌氧生化处理工艺效果进行探讨。

关键词　高浓度有机废水　自循环反应器　厌氧生化处理　沼气利用

南宁市淀粉行业多为每年10月至来年1—2月季节性生产，生产排放废水主要为木薯洗涤水和黄浆水，其中黄浆水含有溶解性淀粉、少量蛋白质、有机酸、尘土、矿物质及少量油脂，COD为13500～15000mg/L，BOD_5为6000 mg/L，SS为4000 mg/L，pH值为3～5，属于高浓度可生化性较好的有机废水，易腐败发酵，排入江河会大量消耗水中溶解氧，使水质发黑发臭，破坏生态平衡。本文试图以海南沁园环境工程有限公司承建完成南宁市富庶淀粉有限责任公司2008年淀粉废水处理及综合利用项目工程为例，探讨南宁市高浓度淀粉生产废水厌氧生化处理工艺效果。

一、项目实施背景及工程概况

2007年以前，南宁市淀粉行业生产废水一般采用直接排入氧化塘储存半年自然降解后达标排放，这种处理方式存在的最大弊端：一是氧化塘没有防渗措施，在岩溶发育地区易造成高浓度有机废水渗漏，污染地下水；二是淀粉废水在氧化塘停留的前三个月易酸化产生恶臭气体，影响方圆2～3km的范围大气环境，群众反映强烈；三是每年雨季来临，因排洪不畅易造成塘内废水溢出流入江河、池塘、农田，造成污染事故，饮用水安全受到严重威胁。2007年5月，原国家环保总局监察局、华南监察中心到南宁市进行环境保护工作督察时，明确表示不认可我市淀粉生产企业用水塘储存淀粉生产废水的废水处理方法，要求一定要用工程措施治理淀粉生产废水，原国家环保总局下发《关于广西壮族自治区部分开发区及重点污染企业进行查处的监察通知》，南宁市淀粉行业污染治理被列为国家级挂牌督办项目。2007年9月，南宁市人民政府办公厅下发《南宁市淀粉生产企业环境综合整治工作方案》，要求在全市范围内，全面开展以淀粉行业2008年12月31日达标排放为目标的环境综合整治活动，提高淀粉生产准入门槛，坚决依法关闭、取缔一批不符合国家产业政策、不符合安全生产条件、企业手续不全、无证非法经营的淀粉企业，坚决依法关闭、取缔存在环境安全隐患、没有污染治理设施或不能稳定达标且治理无望的企业，用1～2年时间，彻底改变淀粉生产企业数量多、规模小、生产周期短、污染难以控制的局面，实现淀粉生产企业达标排放，促进淀粉产业结构调整、行业转型升级，实现木薯淀粉行业可持续发展。

实施项目工程总投资714.5万元，企业日产淀粉150t，每吨淀粉排水量为15m³，每日产生废水2250t，其中黄浆水1200t、木薯洗涤水1050t。项目工程设计处理能力为黄浆水2800t＋木薯洗涤水2800t，排放标准处理后最终达到《农田灌溉水质标准》（GB 5084—2005）旱作标准。

二、项目废水处理工艺设计与流程

处理工艺采用一级厌氧＋两级好氧，其中厌氧段工艺采用内循环专利技术，池型为全埋式地下钢筋混凝池结构，池容6000m³，水力停留时间80h，有机负荷4kgCOD/m³·d。好氧段为两级好氧工艺，均采用推流式活性污泥法，好氧池容积5000m^3，长宽比为8:1，采用鼓风曝气，功率为45kW，供风量为50 m^3/min，曝气分布装置为：一级好氧采用微孔曝气，二级好氧采用旋流曝气器。工艺设计进水标准：黄浆水COD=15000mg/L，BOD_5为6000 mg/L，SS为800 mg/L，pH值为3~4，木薯洗涤水：COD=600mg/L，SS=1000 mg/L；出水标准：一期厌氧段出水<1000 mg/L，二期好氧段出水<200 mg/L。

工艺流程图如下：

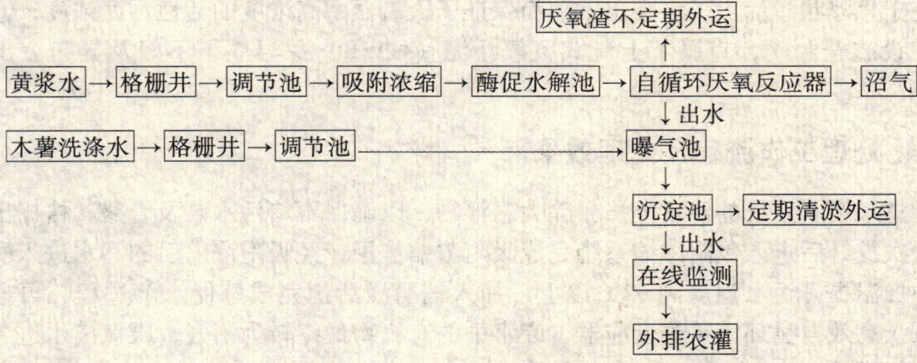

三、项目废水厌氧生化处理技术特点

（一）废水厌氧生化处理工艺设计方案

一期厌氧处理工程目标主要控制在COD<1000 mg/L。淀粉生产高浓度有机废水中其主要成分为残余淀粉、蛋白质、细纤维为主的复杂大分子，降解消化反应需要时间长（水力停留时间80h），而企业废水排放相对量大（每日产生废水2250t），传统设计厌氧构筑物空间要求足够大，导致基建投资成本高，企业难以承受。本项目厌氧处理技术借鉴其他高浓度有机废水处理技术方案及设备，设计适用淀粉黄浆水专用厌氧生物反应工艺方案。

项目黄浆水厌氧生化处理设计流程图：

厌氧渣不定期外运处理
↑
黄浆水→格栅井→调节池→吸附浓缩→酶促水解池→自循环反应器→出水
↓
沼气送入锅炉燃烧

该废水厌氧生化处理技术特点为：①确保达到设计目标一期厌氧处理工程目标COD<1000 mg/L；②降低基建工程规模（如厌氧池构筑物）60%以上；③降低运行费用30%以上。

（二）厌氧生物反应工艺原理

由于淀粉废水排放量大，为加速厌氧消化反应时间，一般采用加温方式缩短反应时间。吸附浓缩段采用强化吸附浓缩器使污水总量降低50%以上，从而降低加温运行费用50%以上，增浓的废水由于有机物含量高，产生沼气量大，可回收用于发电或烧锅炉，节能效果明显。辅酶激活加速是根据酶促反应原理，其酶浓度、底物浓度、外部环境如温度、pH等均有一个最适值，激活剂（辅酶）参与能极大提高酶促反应速度，其中多数治污和微生物来源的酶，最适pH在4.5~6.5，化学反应的速度随温度升高而加速，提高反应速率，从而达到降低反应器基建规模、减少投资及运行费用。

本工程厌氧消化器采用海南沁园环境工程有限公司在最新IC内循环反应器基础上自主研发的具有知识产权的自循环反应器，其主要特点：①采用比重差实现水力混合循环，克服了机械搅拌、水力搅拌或气力搅拌对厌氧颗粒物污泥剪切破坏，同时节省了大量的运行电费；②大水量的循环，实现了所有高效厌氧消化器追求的污泥理想的膨胀悬浮状态；③在内循环流的水力筛分下，有机的活性污泥厌氧颗粒处理悬浮状态，无机颗粒（比重大）处于消化器底部，因而可在运行状态中定期排渣，克服了常规厌氧器渣泥一体，排渣将颗粒物污泥排出的弊端。④进水不设布水器及布水管，进水管直接接入在内循环下降管，在内循环管下降流作用下直接实现混合，克服了 UASB 等消化器一直未能解决的堵塞问题；⑤配置专用高效两分离器，确保在大水力负荷条件下，活性污泥处于悬浮状态而不随水带出，从而保证了厌氧器中高浓度的活性污泥浓度；⑥结构形式不受限制，设施全封闭，克服了上流式厌氧污泥（UASB）保温效果不好及异味突出的缺点。

四、厌氧生化处理工作流程及处理效果

工作流程为：进入废水系统的污水经格栅除大悬浮物，以确保不堵污水泵及管路，格栅出水进入调节池，经一次提升后进入吸附浓缩系统完成吸附浓缩作用，经吸附浓缩后的污水进入酶促水解池，利用锅炉加温提升污水温度到 32℃ 以上，加入辅酶激活剂完成酶促水解过程，再通过厌氧进料泵二次泵入高效自循环厌氧器反应器，废水中的有机物最终转为沼气，厌氧出水进入好氧系统继续处理达标排放。

厌氧生化处理工艺 COD 去除处理效果见下表。

企业 2008—2009 年榨季厌氧 COD 去除率表（平均值）

序号	工艺段	处理水量/（m^3/d）	进水浓度/（mg/L）	出水浓度/（mg/L）
1	吸附浓缩	1200	15000	30000
2	厌氧发酵	600	30000	<1000

五、经济效益分析

（一）沼气产生量计算

本项目的经济效益主要是沼气收集利用。沼气来源主要是厌氧生化发酵工艺段消化有机物转化，根据有机物转化公式：1kgCOD 完全分解转化为沼气量为 0.5m^3（经验公式），按照企业 2008—2009 年榨季厌氧 COD 去除率，得到该企业废水厌氧 COD 生化去除量和沼气量计算：

每天厌氧段 COD 生化去除总量 = $(30000\ mg/L - 1000\ mg/L) \times 10^{-6} \times 600\ m^3/d \times 10^3 = 17400kg$

每天产沼气量 $= 17400kg \times 0.5\ m^3/kg = 8700m^3$

（二）沼气回收利用

1. 用于废水处理自身加温

厌氧产生的沼气经沼气管收集、脱水洗涤、调压器、阻火器后回收锅炉代煤燃烧。南宁市冬季常温为 15～20℃，利用锅炉将生产废水从 20℃ 提升到 32℃，按沼气发热量为 5500 大卡/m^3，每吨水加热提升 1℃ 所需热能 1000 大卡（经验系数），得到每日黄浆水 1200t 经浓缩后 600t 废水加热每天所耗用沼气量为：

$600\ m^3/d \times 10^3 \times (32 - 20) \div 5500 \approx 1309m^3$

2. 用于代替燃煤烧锅炉

原企业生产期间生产锅炉每天烧煤 27t，每吨煤购进价 550 元，煤产地为云南普阳，煤发热值为 4400 大卡/kg，每日扣除用于废水加温后沼气折算煤量为（替代原普阳煤量）：

$(8700m^3 - 1309m^3) \times 5500 \div 4400 \div 103 \approx 9.24t$

每日沼气产生经济效益 = 9.24t × 550 元/t ≈ 5081 元

（三）工程运行费用

污水处理设备运行设计费用有：电费、人工费、药剂费、设备维护费。经实际运行后衡算，吨污水处理成本费为 0.44 元/t。每日污水运行费用计算如下：

2550t/d × 0.44 元/t = 1122 元/d

（四）企业经济效益

每日经济效益 = 每日沼气产生经济效益 - 每日工程运行费用 = 5081 元/d - 1122 元/d = 3959 元/d

2008—2009 年榨季生产周期 100 天，企业利用沼气直接产生经济效益为：3959 元/d × 100 = 395900 元 = 39.59 万元

六、影响淀粉生产废水厌氧生化处理效果因素分析

（一）气候影响因素

由于南宁市淀粉行业多在冬季开工，气温偏低使厌氧段废水温度提升需要消耗较多的热能，生产期间也会因天气原料供应停顿造成停产情况，影响厌氧处理系统稳定运行。

（二）厌氧系统敏感因素

一是厌氧微生物对有毒物质（常见的 H_2S、VFA）比较敏感，而木薯淀粉通常带有微毒，处理不当则易造成菌种死亡；二是厌氧反应器初次启动过程缓慢，约需 3 个月调试进入正常，主要是因为厌氧微生物增殖较慢所致；三是厌氧微生物的新陈代谢与温度有非常密切关系，且对温度的变化非常敏感。

（三）季节性生产因素

由于南宁市淀粉行业多为季节性生产行业，每年榨季到来面临厌氧菌种的二次启动，专业操作技术要求高，厌氧菌种适应需要一定时间，影响企业废水处理系统稳定达标。

（四）运行系统浓度影响因素

本项目主要运行费用在于运行系统污水的加温，成本与所采用的提升温度和水量成正比，吸附絮凝剂的投量大，则浓缩比高，污水厌氧处理量减少，加温成本降低，因此加药费用提高，则加温运行费用降低，由此可在生产中摸索出最佳浓缩比，确保运行费用最低。

参考文献

[1] 高浓度难降解有机废水的治理与控制 [M]. 北京：化学工业出版社，2008.
[2] 变性淀粉制造与应用 [M]. 北京：化学工业出版社，2007.

室温离子液体/表面活性剂协同增敏光度法测定水样中微量锌

车 音[1,2] 姜蓉蓉[1] 朱霞石[1] 王 静[1]

（1. 扬州大学化学化工学院 江苏 扬州 225002； 2. 扬州环境资源职业技术学院 江苏 扬州 225127）

摘 要 本文以1－甲基咪唑与硫酸二乙酯合成室温离子液体（RTILs）1，3－二甲基咪唑烷基硫酸盐，并利用此室温离子液体协同表面活性剂十二烷基硫酸钠（SDS）作为介质，建立了一种测定锌的分析方法。在pH＝8.0缓冲液中，室温离子液协同表面活性剂SDS对Zn（II）－5－Br－PADAP体系具有增敏作用。最优条件下，锌的浓度在0.05～1.1（g/ml范围内与吸光度呈良好线性关系，线性回归方程为$A=0.1110+1.9914c$（g/ml），$r=0.9991$，检出限为12.9 μg/L。该方法测定水样中微量锌结果令人满意。

关键词 锌 5－Br－PADAP 室温离子液体 表面活性剂 光度法

锌是人体不可缺少的微量元素，尤其对儿童的生长发育起着重要的促进作用，成人每天只需要锌13～15mg，但缺少了它，影响DNA、RNA及蛋白质的合成，就会导致食欲减退，皮肤粗糙，发育迟缓以及贫血等，长期缺锌还会造成性功能减退甚至不育[1]。目前，对于锌的测定，国内外采用的方法有滴定法[2]、分光光度法[3-5]、原子吸收法[6]、等离子体发射光谱法[7]等。紫外－可见分光光度法仪器简单，结果稳定。

室温离子液体（RTILs）是在室温和室温附近温度下呈液体状态的盐类物质，通常由有机阳离子和无机阴离子组成，具有许多独特的物理化学性质。蒸汽压低、不易挥发、热力学稳定性好；对于很多无机或有机物质都表现出良好的溶解能力，具有类似有机溶剂的性质且对环境不产生污染。已在催化[8]、光谱分析[9,10]、生物化学[11]、电化学[12]、色谱[13,14]等领域展示出了广阔的应用前景。

表面活性剂是一种两亲性物质，胶束是表面活性剂在水中最简单的聚集体。能显著降低体系表面张力，并具有增溶、增敏作用，已广泛应用于光谱分析[15,16]、电化学分析[17]和色谱分析[18,19]等领域。

离子液体与表面活性剂之间是相互影响的。研究表明，RTILs中有序分子组合体主要是靠离子液体与溶剂分子之间的氢键及其它分子间相互作用形成的。亲水性离子液体与表面活性剂协同作用后，对光谱分析体系具有增溶增敏作用，进而提高体系的灵敏度。赵国坡、刘斐[20]等人利用离子液体（1，3－二甲基咪唑烷基硫酸盐）与Triton X－100胶束协同作用作为新型光度法增敏剂测定铝，研究表明离子液体协同表面活性剂能够增加体系的稳定性及灵敏度。但离子液体协同SDS胶束增敏用于测定锌的研究尚未见报道。

本文首次将离子液体（1－乙基－3－甲基咪唑乙基硫酸盐）及SDS胶束应用于测定锌的体系，研究表明，在pH＝8.0缓冲液中，锌在离子液体与SDS胶束体系中形成的配合物的稳定性增强，灵敏度提高。用此方法测定锌，操作简便，结果准确。

一、实验部分

（一）仪器与试剂

UV－723PC可见分光光度计（上海新茂有限公司）；pHS－25型pH计（上海精科雷磁）；2K－82 B型真空干燥箱（上海宜川仪表厂）。

200.0 mg/L的锌储备液，使用时逐级稀释；10～3 mol/L 5－Br－PADAP标准溶液，使用时稀释成10~4 mol/L；1%（V/V）SDS溶液；pH=8.0 NH_3-NH_4Cl缓冲溶液；10%（V/V）离子液体（1-乙基-3-甲基咪唑乙基硫酸盐）；实验所用试剂均为分析纯，所用的水均为去离子水。

（二）实验方法

1. 离子液体（1-乙基-3-甲基咪唑乙基硫酸盐）的合成

准确称取18.15 g 1-甲基咪唑溶于100 ml甲苯中，取29.0 ml硫酸二乙酯至恒压滴液漏斗中，调节滴定速率逐滴滴加到1-甲基咪唑中，搅拌并控制反应温度低于40 ℃，反应两个小时，用分液漏斗将两相分离，取下层离子液体。用甲苯洗涤三次，最后将离子液体放入真空干燥箱中，75 ℃干燥6~8小时，并进行红外光谱测定，结果与文献[20]一致。

2. 吸光度测定

准确移取一定量的锌标准溶液于10 ml容量瓶中，依次加入4.00 ml 5-Br-PADAP标准溶液，1.00 ml缓冲溶液（pH=8.0），1.50 ml 1% SDS和0.40 ml 10%离子液体，用水稀释至刻度线，摇匀，室温下放置10 min，用1 cm比色皿，在552 nm波长处，以试剂空白为参比用紫外分光光度计测定其吸光度。

3. 样品处理

将锌标液GBW（E）080400稀释20倍，分别移取1.00 ml于5支10 ml容量瓶中，并按照实验方法测定吸光度。

二、结果与讨论

（一）吸收光谱

按照实验方法所述，在450~650 nm波长范围内扫描溶液的吸收光谱，图1是Zn（II）-5-Br-PADAP配合物在不同介质中的吸收光谱图。由图1可看出与水介质体系比较（曲线D），体系中加入单一SDS（曲线C）或离子液体（曲线B）后，体系吸光度均有所增加，当体系中同时加入离子液体/SDS及后（曲线A），该介质中的体系的吸光度最大，说明离子液体/SDS对本体系具有协同增敏作用。因此本文选择SDS/离子液体为测定介质。

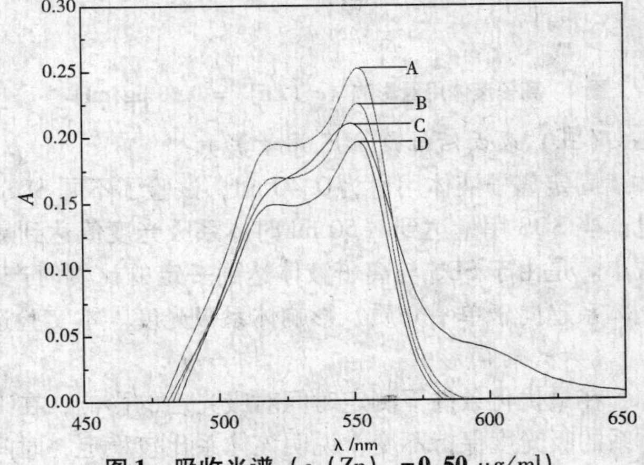

图1　吸收光谱（c（Zn）=0.50 μg/ml）

A-SDS+离子液体；B-离子液体；C-SDS；D-水相

（二）pH值影响

按照实验方法，改变体系的pH值，体系吸光度变化见图2。由图2可知，该体系受pH影响较大，原因可能为体系的pH值对配合物的稳定性影响很大。当pH=8.0时，体系吸光度达到最大。本实验选择pH=8.0，用量为1.0 ml。

（三）5-Br-PADAP用量影响

固定其他条件不变，改变5-Br-PADAP用量，体系吸光度变化见图3。当5-Br-PADAP量少时，形成的配合物较少，吸光度较小；当5-Br-PADAP用量达到4.00 ml时所得有色化合物的吸光度达到最大值后基本保持不变。本实验选择的用量为4.00 ml。

（四）离子液体用量影响

改变体系中离子液体的用量，看其对体系吸光度的影响（图4）。由图4可见，离子液体用量在0.40 ml时吸光度达到最大，继续增大用量，吸光度基本保持不变。本实验确定离子液体的最佳用量0.40 ml。

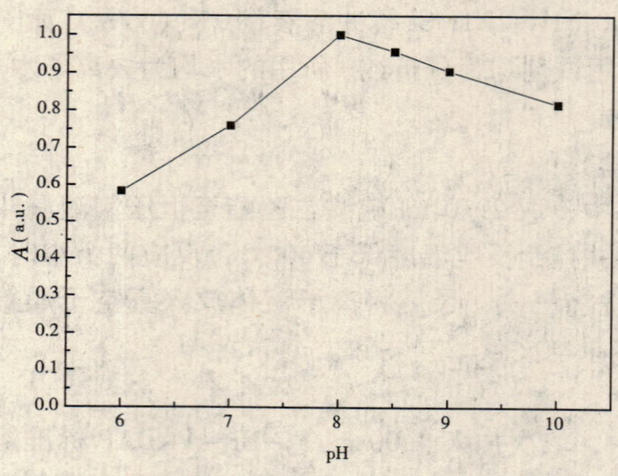

图2　pH值的影响（c（Zn）=0.50μg/ml）

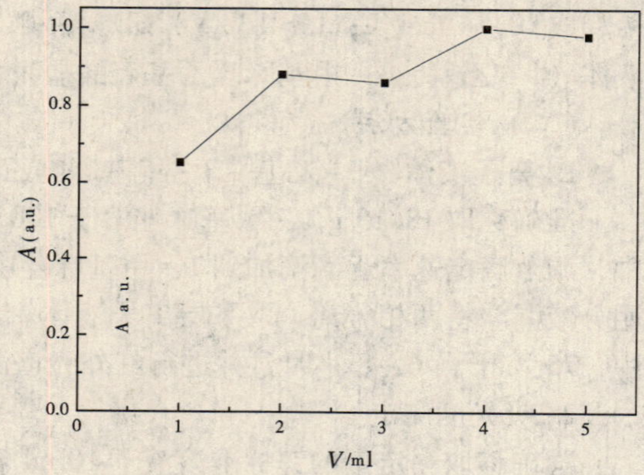

图3　5-Br-PADAP的影响（c（Zn）=0.50μg/ml）

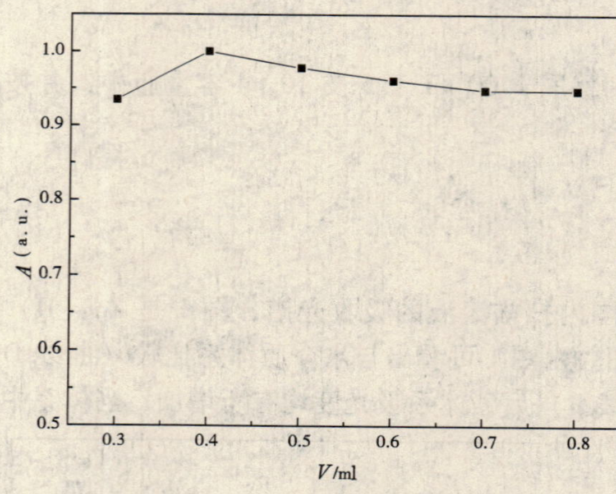

图4　离子液体用量影响（c（Zn）=0.50μg/ml）

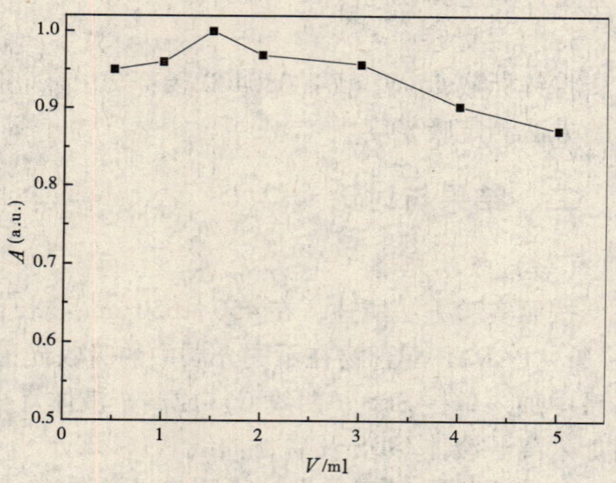

图5　SDS用量影响（c（Zn）=0.50μg/ml）

（五）表面活性剂SDS用量影响

固定离子液体用量为0.40 ml，试验了不同SDS用量对体系吸光度的影响（图5）。由图5可见，当SDS用量达到1.50 ml时体系吸光度值达到最大值，随着SDS用量继续增加，吸光度反而减小。是由于SDS与离子液体达到一定的比例时产生协同作用，低于或超过一定比例就会使整个体系趋向于单一介质，影响体系吸光度。本实验选择SDS用量为1.50 ml。

（六）时间影响

在最优化条件下测定时间对吸光度的影响，在10~160 min内测定时间的影响，10 min后该体系的吸光度保持不变，说明该体系比较稳定，时间对体系的影响不大。本实验选择静置10 min测量吸光度。

（七）干扰离子的影响

控制相对误差为±5%，考察了几种常见离子对测定Zn^{2+}的影响，结果见表1。

表1　干扰离子影响（c（Zn）=0.50μg/ml）

干扰离子	干扰倍数
Mg^{2+}，Ca^{2+}，SO_4^{2-}，K^+，Na^+，NO_3^-，Cl^-	500
柠檬酸，草酸，酒石酸	100
Al^{3+}	10

（八）标准曲线、线性范围及检出限

按照实验方法在最佳条件下，于552 nm处测定吸光度值并绘制标准曲线测得的吸光度，锌浓度在0.05～1.1（g/ml范围内与吸光度呈线性关系。线性回归方程为 $A = 1.9914c + 0.111$（mg/L），$r = 0.9991$，检出限为12.9 μg/L。

（九）样品测定

按照实验方法，测定自来水中锌含量，结果见表2。方法回收率在94.8%～99.5%之间。

表2　水样分析

水样	标准锌加入量/（μg/ml）	测得值/（μg/ml）	回收率/%
自来水	0.00	0.023	
	0.20	0.20±0.02	98.6
	0.40	0.42±0.05	99.3
	0.60	0.62±0.03	99.5
	0.80	0.81±0.08	98.4
	1.00	0.97±0.06	94.8

三、结　论

表面活性剂SDS协同离子液体（ILS）对紫外分光光度法测定锌具有增敏作用。本方法操作简便，灵敏度高，此法用于水样中锌含量的测定，结果令人满意。

参考文献

[1] 虞精明．理化检验——化学分册．2003，39（4）：246.

[2] Huseyin B A，Rehber T，Ramazan C. Spectrochim. Acta，Part B，2000，55：1101.

[3] 刘佳铭，杨天隆，黄艳红．分析化学．2003，31：256.

[4] 唐波，王晓清，张志德．应用化学．1997，20：28.

[5] 刘信安，丁云松，罗彦凤．光谱学与光谱分析．2008，28（6）：1383.

[6] Jurado J M，Alcazar A，Pablos F，et al. Talanta，2004，63：297.

[7] Dupont J，Souza R. F，Suarez P. A. Z. Chem. Rev.，2002，102：3667.

[8] Paula B，Estefanía M. Anal. Chim. Acta，2009：1.

[9] Estefanía M M，Roberto A. Anal. Chim. Acta，2008，628：41.

[10] 王良，闫永胜，朱文帅，等．分析化学．2009，37（1）：72.

[11] Debbie S S，Kristopher R. W. Elec. Chem，2008，618：53.

[12] Bai H. H，Zhou Q. X. Anal. Chim. Acta，2009，651：64.

[13] Anne L R，Fabrice M. P. Chromatogr A，2009，1216：4775.

[14] Ali N，Tahereh M I. S. Hazard Mater，2009，165：1200.

[15] Mehrorang G. Spectrochim. Acta，Part A，2007，66：295.

[16] Geert L，Jan P，Marc V. Elec. Acta，2003，48：1655.

[17] Lanfang H. L，Jay L. G. Chromatogr A，2005，1062：217.

[18] Khan R A，Dimitrios G. Chromatogr A，2004，1023：287.

[19] 张国栋，陈晓．化学进展．2006，18（9）：1085.

[20] 刘斐，赵国坡．化学研究与应用．2008，20（5）：611.

COD 分析方法的改进及回收硫酸银

葛　鹏　许　芝

（大连交通大学环境与化学工程学院　辽宁　大连　116028）

摘　要　本文利用浓硫酸的高沸点及氯化氢挥发性的特点，以 H_2SO_4: AgCl（重量比）=3.5:1，在加热的条件下制备硫酸银，反应时间约需半小时；以硫酸银在 Ag_2SO_4: Cl^-（重量比）≥40:1 的条件下掩蔽氯离子干扰，其误差与标准法相比小于3%。

关键词　COD　硫酸银　回收

前　言

我国以及英美等国普遍采用 COD 来衡量水体受污染的程度，这种 COD 分析废液中含有的大量的贵金属银盐及剧毒的汞盐，未经处理直接排放，既造成大量贵金属银的流失，又对水体造成严重污染。目前回收银的方法可分为二大类，一是采用金属还原剂将从 COD 废液中沉淀出来的氯化银还原为银[1]，或直接在废液中将银还原出来，然后再将银与浓硫酸反应制备硫酸银[2]，由于是在固相中反应，因而反应时间需数小时以上。另一类是采用电解还原法[3]，缺点是需要较复杂的电解装置。许多学者对 COD 测定方法进行了改进[4]。本文采用氯化银与浓硫酸反应制备硫酸银，反应时间约需半小时，同时实验结果表明以硫酸银作氯离子干扰掩蔽剂进行测定 COD 也是可行的。

一、实验方法

（一）硫酸银制备原理

利用浓硫酸的高沸点及氯化氢挥发性的特点，加热使氯化银与浓硫酸反应制备硫酸氢银，氯化银中的氯离子以氯化氢形式挥发出来。待硫酸氢银的浓硫酸溶液冷却后，倾入冷水中，硫酸银晶体析出。反应方程式为：

$$AgCl + H_2SO_4（浓） = AgHSO_4 + HCl\uparrow$$

（二）氯化银的提取

刚收集的 COD 废液呈棕红色，直接加入氯化钠提取氯化银，这时沉淀出的氯化银对废液中含有的指示剂有较强的吸附作用，呈淡红色，很难洗涤成白色的氯化银。应将新收集到的 COD 废液自然放置一段时间，也可加双氧水或数滴重铬酸钾溶液等氧化剂将 COD 废液氧化成淡蓝色溶液，此时加过量的氯化钠制备的氯化银经洗涤（以 $BaCl_2$ 检验洗涤液中不含 SO_4^{2-} 后）可得白色氯化银沉淀，经玻璃沙芯漏斗过滤、干燥备用。

（三）硫酸银的制备

取 20g 氯化银和 40ml 浓硫酸于 500ml 烧杯中，盖上表面皿，在通风橱中用电炉加热硫酸至沸腾，待氯化银固体完全溶解后，再继续加热 1min，然后停止加热，移去表面皿冷却至室温，之后将其倾入冷水中，硫酸银晶体析出，洗涤、过滤、烘干。由于硫酸银溶解度较大，滤液用氯化钠回收溶解损失的硫酸银。用于 COD 分析也不制备出硫酸银晶体，直接加浓硫酸配成一定浓度的 $Ag_2SO_4-H_2SO_4$ 溶液为 COD 分析使用。

为防止反应放出的酸气污染环境，可以在烧杯上方罩上大漏斗，然后串联大气采样吸收瓶与大气采样泵，用水或碱液吸收氯化氢。

二、实验结果

（一）反应温度对氯化银与浓硫酸的反应影响

表 1 为 2g 氯化银与 4ml 浓硫酸于盖表面皿烧杯中不同温度下反应情况。

表 1　反应温度对氯化银与浓硫酸的反应影响结果

反应温度/℃	290	300	310（微沸）	320（沸腾）
反应时间	5h	3h	40min	18min
反应状态	AgCl 无明显溶解	同前	AgCl 全溶反应完全	同前

由表 1 可见，氯化银与浓硫酸反应，只有在浓硫酸沸腾状态下（实测温度 320℃），才能迅速反应。

（二）H_2SO_4: AgCl 重量比对制备硫酸银的影响

由表 2 可知，制备硫酸银反应的 H_2SO_4: AgCl 重量比应大于 3.5:1，反应完毕后应留有少量浓硫酸，以防硫酸分解。烧杯加盖表面皿可起到硫酸回流作用，实验可见到有硫酸沿烧杯壁流下。

表 2　H_2SO_4/AgCl 重量比对制备硫酸银影响结果

H_2SO_4: AgCl 重量比	2.5:1	2.5:1	3.5:1	4.5:1	5.5:1
反应情况	13min 酸耗尽 AgCl 未全溶	13min 酸耗尽 AgCl 未全溶	18min AgCl 全溶	18min AgCl 全溶	18min AgCl 全溶
产物状态	灰白色晶体，X 衍射证明有 Ag_2O 分解产物	灰白色晶体，X 衍射证明有 Ag_2O 分解产物	白色硫酸银晶体，无 Ag_2O，重量法分析纯度大于 99%	白色硫酸银晶体，无 Ag_2O，重量法分析纯度大于 99%	白色硫酸银晶体，无 Ag_2O，重量法分析纯度大于 99%
AgCl 转化率/%	83	90	约 100	约 100	约 100

（三）硫酸银作氯离子干扰掩蔽剂的研究

图 1 为以硫酸银作氯离子干扰掩蔽剂，测得的 COD 值与标准法的相对误差同掩蔽量 Ag_2SO_4/Cl^-（分析体系中重量比）之间的关系，COD 均为 500mg/L，用苯二甲酸氢钾配制。从图 1 可见，用硫酸银作氯离子干扰掩蔽剂并作 COD 分析的催化剂，其用量以 Ag_2SO_4: $Cl^- > 40:1$ 为宜。

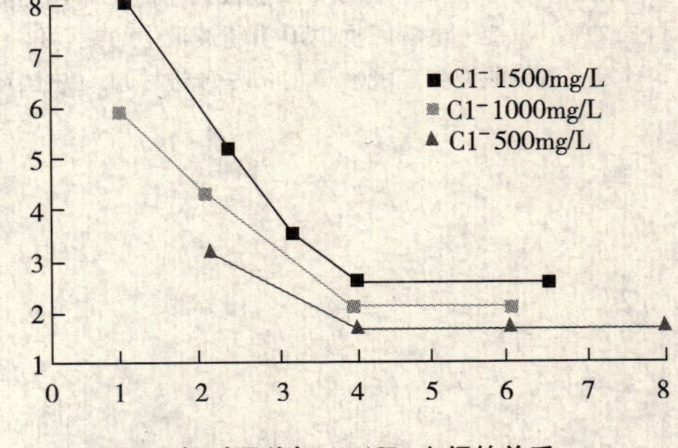

图 1　相对误差与 Ag/Cl^- 之间的关系

（四）不同生产废水 COD 分析验证

表 3 为市售分析纯硫酸银，回收硫酸银作催化剂与氯离子干扰掩蔽剂及标准法 COD 分析。测得的不同废水 COD 值结果比较。由表 3 可知，回收硫酸银及市售硫酸银作氯离子干扰掩蔽剂测得的 COD 值与标准法相比的相对误差均小于 3%，回收硫酸银与市售硫酸银无显著差异，作者认为用硫酸银作氯离子干扰掩蔽剂是可行的。

表3 不同生产废水COD分析验证结果

废水种类	标准法 COD/（mg/L）	市售硫酸银		回收硫酸银	
		COD/（mg/L）	与标准法相对误差/%	COD/（mg/L）	与标准法相对误差/%
印染废水	4032	4111	1.96	4111	1.96
制药废水	2638	2687	1.86	2695	2.16
合成脂肪酸废水	25079	24701	−0.02	24944	−0.01
某轴承厂废水	13586	13685	0.73	13567	−0.14
煤气厂某段废水	356	356	0.00	355	−0.28
高氯皂化废水	2511	2570	2.35	2578	2.67
酒厂废水	46948	47192	0.52	47171	0.47
生活污水	203	206	1.48	206	1.48

三、结 论

1. 以 $H_2SO_4/AgCl$ 重量比大于3.5∶1的条件下，在加热之沸下使氯化银与浓硫酸反应制备硫酸银，方法简单，且大大缩短了从COD废液中回收回用硫酸银的时间。

2. 用硫酸银以 Ag_2SO_4∶Cl^- >40∶1下，掩蔽氯离子干扰是可行的，与标准法相比的相对误差小于3%。

3. 本方法可以较为方便地回收COD废液中的硫酸银，是以硫酸银作氯离子干扰掩蔽剂在经济上得以实现，同时硫酸银取代剧毒的硫酸汞作掩蔽剂，简化了COD废液的处理步骤及硫酸汞可能导致的水体污染。

参考文献

[1] 刘鸿. 从测定COD后对含银废液中回收银的试验［J］. 广东工业大学学报，1999，16（2）：52-55.
[2] 刘艳. 从COD废液中回收银及硫酸银［J］. 中国环境监测，1994，8（3）：32-35.
[3] 张文平. 沉淀-电解回收COD分析废液中的银［J］. 化工环保，1995（2）：355-359.
[4] 孙宏. 重铬酸钾测定水中COD方法改进［J］. 中国环境监测，2002，18（2）：50-52.

地表水质模型研究进展综述

周 华

（中国水利水电科学研究院水资源研究所 北京 100038）

摘 要 首先给出了地表水质模型的定义。紧接着分析了地表水质模型的研究发展历程，揭示了地表水质模型的发展所经历的由经验→机理、单要素（或无机、大量、无毒要素）→多要素（或有机、微量、有毒要素）、单介质→多介质、稳态→动态、点源→非点源→点源和非点源二者统一研究的演化过程。随后对QUAL2E、QUAL2K、RMA－12、EPDRiv1、WASP6、WASP7和ECOLab七个常用地表水质模型做了详略不同的介绍与特点分析。最后指出虽然QUAL2E模型目前在我国得到了较广泛的应用，但是QUAL2K模型将会在我国得到更好、更广泛的应用。QUAL2K模型具有功能全面、通用性强和对数据、资料的需求量较少等几大优势。今后，应结合我国的实际情况，对QUAL2K模型进行改进，使之更好地适用于我国的水环境保护工作。

关键词 地表水质模型 研究进展 常用地表水质模型 QUAL2E模型 QUAL2K模型

一、地表水质模型的定义

地表水质模型是描述参加地表水循环的水体中各水质组分所发生的物理、化学、生物和生态学等诸多方面变化规律和相互影响关系的数学方法。研究地表水质模型的目的，主要是为了描述污染物在地表水体中的迁移转化规律，为水环境保护服务。它可用于水质模拟和水质评价，进行水质预报和预警预测，制定污染物排放标准和水质规划，是水污染防治和水环境管理的重要工具。

二、地表水质模型的研究发展历程

纵观地表水质模型的发展，可以将其分为三个阶段[1]。

第一阶段，20世纪20年代中期～70年代初期，是考虑水质项目不多的一维稳态模型阶段，主要特点是：①主要集中于对氧平衡的研究，也涉及一些非耗氧物质；②属于一维稳态模型。该阶段的代表性河流水质模型有：1925年Streete、Phelps提出的第一个水质模型，即河流BOD－DO模型和美国环保局（U. S. EPA）推出的QUAL－I、QUAL－II模型[2]。

第二阶段，20世纪70年代初期至80年代中期，是地表水质模型的迅速发展阶段，主要特点是：①开始出现了多维模拟、形态模拟、多介质模拟、动态模拟等特征的多种模型研究；②该阶段水质评价与标准的制定推动了形态模型的研究与发展，如：20世纪80年代初，Forstner，Lawrence分别进行了重金属、有机物的形态模拟研究[3]；1979年Mackay首次提出了多介质模拟逸度算法[4]。该阶段的代表性湖泊水质模型有：一维动态模型LAKECO、WRMMS、DYRESM及三维模型[5]。该阶段的代表性河流水质模型有：WASP模型[6]的诞生，该模型能进行一维、二维、三维动态水质模拟。

第三阶段，20世纪80年代中期至今，是地表水质模型研究的深化、完善与广泛应用的阶段，主要特点是：①1985年Cohen正式提出了多介质模型；②考虑水质模型与面源模型的对接[7]；③多种新技术方法，如：随机数学、模糊数学、人工神经网络、3S、VR技术等引入水质模型研究[8-11]。该阶段的代表性多介质模型有：多介质箱式模型、植物根区模型、水生食物链积累模型、逸度模型[12,13]。该阶段的代表性河流水质模型有：一维稳态QUAL模型（QUAL2E，1982；QUAL2K，2002）[2]；动态WASP模型得到了进一步更新（WASP4，1988；WASP5，1993；

WASP6，2001；WASP7，2005）[14,15]，该模型成为适用于河流、水库、河口、海岸的通用模拟框架。该阶段的代表性湖泊水质模型有：一维动态模型 CE - QUAL - R1[16]、二维动态模型 CE - QUAL - W2[17]等。该阶段的代表性形态模型有：美国环保局阿森斯实验室开发的地球化学热力学平衡模型（MINTEQA1，1987；MINTEQA2，1990），该模型主要用于计算天然水体重金属分布形态。

三、常用地表水质模型评述

（一）QUAL2E 模型（The Enhanced Stream Water Quality Model）

QUAL2E（或简称 Q2E）模型是 QUAL 模型系列中的一个。该模型系列的最初模型是 F. D. Masch 及其同事和美国得克萨斯州水利发展部（Texas Water Development Board）分别于 1970 年和 1971 年发展的河流综合水质模型 QUAL - I[18]。

QUAL - I 模型应用较成功。在该模型的基础上，1972 年美国水资源工程公司（Water Resources Engineering, Inc.，缩写为 WRE）和美国环保局（U. S. EPA）合作开发完成了 QUAL - II 模型的第一个版本。1976 年 3 月，SEMCOG（Southeast Michigan Council of Governments）和美国水资源工程公司合作对此模型做了进一步的修改，并将现有各版本的所有优秀特性都合并到了 QUAL - II 模型的新版本中[18]。

自 1987 年以来，我国学者应用 QUAL - II 模型解决了大量河流水质规划、水环境容量计算等问题，并结合国内的实际情况，对该模型进行了改进。

QUAL - II 模型可以模拟 13 种物质：溶解氧、碳化 BOD、温度、藻类 - 叶绿素 a、氨氮、亚硝酸盐氮、硝酸盐氮、溶解的正磷酸盐磷、大肠杆菌、1 种任选的可衰减的放射性物质、3 种难降解的惰性组分。QUAL - II 模型可按用户所希望的任意组合方式模拟这 13 种物质。

QUAL - II 模型属于综合水质模型，它引入了水生生态系统与各污染物之间的关系，从而使水质问题的研究更为深化。该模型各组成成分之间的相互关系以溶解氧为核心。大肠杆菌和可衰减的放射性物质，以及那 3 种难降解的惰性组分则与溶解氧无关。模型中各主要水质组分之间的交互作用如图 1 所示。

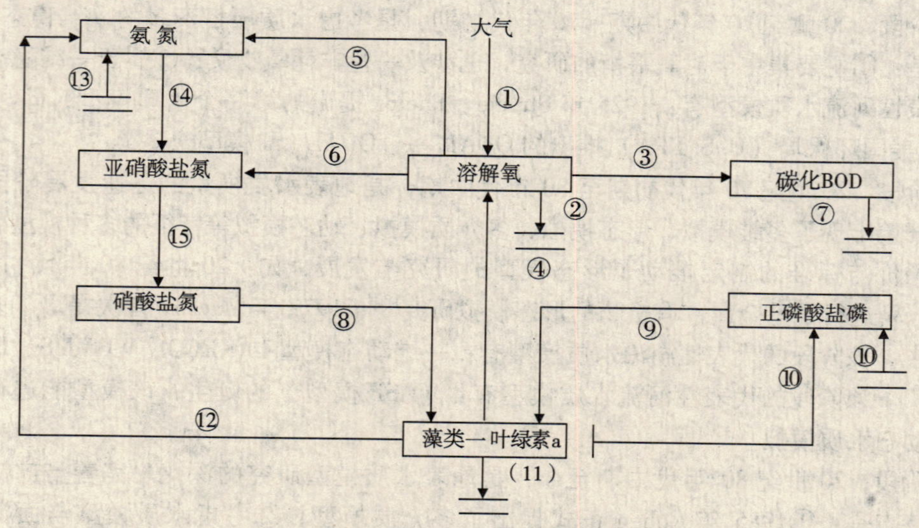

图 1　QUAL - II 模型中各主要水质组分之间的交互作用

图中各个箭头所代表的相互关系是：①复氧作用；②底栖生物（包括底泥）耗氧；③碳化 BOD 降解耗氧；④光合作用产氧；⑤氨氮氧化耗氧；⑥亚硝酸盐氮氧化耗氧；⑦碳化 BOD 的沉淀；⑧浮游植物对硝酸盐氮的吸收；⑨浮游植物对正磷酸盐磷的吸收；⑩浮游植物呼吸产生正磷

酸盐磷；⑪浮游植物的死亡、沉淀；⑫浮游植物呼吸产生氨氮；⑬底泥释放氨氮；⑭氨氮转化为亚硝酸盐氮；⑮亚硝酸盐氮转化为硝酸盐氮；⑯底泥释放正磷酸盐磷。

QUAL－II 模型既可用来研究点源污水负荷（包括数量、质量和位置）对受纳河流水质的影响，也可用来研究非点源问题；既可模拟定常状态，也可模拟非定常状态；既能用于单一河道，也能用于树枝状河系及沿程流量变化等情况。该模型既可用于沿河有多条支流和多个排污口、取水口，并允许入流量有缓慢变化的情况，也可用于计算满足预定溶解氧水平所需增加的稀释流量。

QUAL－II 模型的基本假定包括：

（1）将研究河段分成一系列等长的水体计算单元，在每个单元内污染物是均匀混合的；

（2）污染物沿水流轴向迁移，对流、扩散等作用在纵轴方向。流量和旁侧入流不随时间变化，可认为是一个常数；

（3）各水体单元的水力几何特征，如底坡、断面面积、河床糙率、生化反应速率（如 BOD 降解率、底泥耗氧速率）、污染物沉降和藻类沉淀速率等方面各段均相同。

根据上述基本假定，导出 QUAL－II 模型的基本偏微分方程为：

$$\frac{\partial C}{\partial t}=\frac{\partial\left(AxEx\frac{\partial C}{\partial x}\right)}{Ax\partial x}-\frac{\partial(AxUC)}{Ax\partial x}+\frac{Sc}{Ax\Delta x} \tag{1}$$

式中：Ax 为 x 位置的河流横截面面积，单位为 m^2；U 为断面平均流速，单位为 m/s；Ex 为纵向分散系数，单位为 m^2/s；Δx 为小河段的间距，单位为 km；Sc 为源和汇的物质负荷，单位为 mg/Ld。

1982 年，美国环保局推出了 QUAL2E 模型。QUAL2E3.0 版是在美国塔夫斯大学（Tufts University）土木工程系和美国环保局水质模拟中心（Center for Water Quality Modeling，CWQM）环境研究实验室的合作协议支持下发展起来的。该版本中包括了对以前版本（QUAL2E 2.2 版，Brown 和 Barnwell，1985）的修改和对定常仿真输出的不确定分析（UNCAS）的扩充能力。本版本的 QUAL2E 和与它成套的不确定性分析程序即 QUAL2E－UNCAS，是用来取代所有以前版本的 QUAL2E 和 QUAL－II 模型的[18]。

QUAL2E 模型使用有限差分法求解的一维平流－弥散物质输送和反应方程来模拟树枝状河系中的多种水质成分，用经典隐式向后差分法解决稳态流、稳恒状态下的问题。QUAL2E 中的物质迁移过程考虑得较为简单。

在 QUAL2E 中，确定一条河流的同化能力时，最需要考虑的是该河流保有足够溶解氧的能力。QUAL2E 考虑了氮循环的主要反应、藻类生长、水底碳化 BOD、大气复氧及它们对溶解氧平衡的相互影响。

美国环保局已经不再提供 QUAL2E 的 Windows 版程序，只提供 DOS 版程序。

（二）QUAL2K 模型

美国环保局自 1987 年开始对 QUAL2E 模型进行修改。经过多次修订和增强，美国环保局于 2003 年推出了 QUAL2K 模型的一个新版本[19]。

QUAL2K 模型是一个综合性、多样化的河流水质模型，它的水质基本方程是一维平流－弥散物质输送和反应方程，该方程考虑了平流弥散、稀释、水质组分自身反应、水质组分间的相互作用以及组分的外部源和汇对组分浓度的影响[20]。

QUAL2K 模型是在 QUAL2E 模型的基础上改进而成的，它们两者的共同之处在于[19]：

（1）一维。水体在垂向和横向都是完全混合的；

（2）稳态。模拟的是不均匀稳态流；

（3）日间热收支。日间热收支和温度在日间时间轴上用一个气象学方程模拟；

（4）日间水质动力学。所有水质变量在日间时间轴上模拟；

（5）热量和物质输入。模拟点源和非点源负荷和去除一维。水体在垂向和横向都是完全混合的；

与 QUAL2E 模型相比较，QUAL2K 模型则有下列不同之处：

（1）软件环境和界面。QUAL2K 在 Microsoft Windows 环境下实现，所用的编程语言是 Visual Basic for Applications（VBA），也就是 VB 的简化版。用户图形界面则用 Excel 实现。可从美国环保局的网站获得该模型的可执行程序、文档及源码；

（2）模型分割。QUAL2E 将系统分割成几个等距河段，而 QUAL2K 则将系统分割成几个不等距河段。另外，在 QUAL2K 中，多个污水负荷和去除可以同时输入到任何一个河段中；

（3）碳化 BOD（CBOD）分类。QUAL2K 使用两种碳化 BOD 代表有机碳。根据氧化速率的快慢把碳化 BOD 分为慢速 CBOD 和快速 CBOD。另外，在 QUAL2K 中，对非活性有机物颗粒（碎屑）也进行了模拟。这种碎屑由固定化学计量的碳、氮和磷颗粒组成；

（4）缺氧。QUAL2K 通过在低氧条件下将氧化反应减少为零来调节缺氧状态。另外，在低氧条件下，反硝化反应很明确地模拟为一级反应；

（5）沉积物 - 水体之间的交互作用。在 QUAL2E 中，溶解氧和营养物在沉积物 - 水体之间的流量只是做了一些文字性的描述；而在 QUAL2K 中，则是在内部做了模拟。也就是说，沉积物需氧量（SOD）和营养物流量可用一个方程模拟，该方程是由有机沉淀颗粒、沉积物内部反应及上层水体中可溶解物质的浓度构成；

（6）底栖藻类。QUAL2K 模拟了底栖藻类；

（7）光线衰减。光线衰减是由藻类、碎屑和无机颗粒方程计算；

（8）pH。对碱度和无机碳都进行了模拟，在它们的基础上模拟河流 pH；

（9）病原体。对一种普通病原体进行了模拟。病原体的去除由温度、光线和沉积方程决定；

（10）不仅适用于完全混合的树枝状河系，而且允许多个排污口、取水口的存在以及支流汇入和流出；

（11）对藻类 - 营养物质 - 光三者之间的相互作用进行了矫正；

（12）在模拟过程对输入和输出等程序有了进一步改进；

（13）计算功能的扩展；

（14）新反应因子的增加，如藻类 BOD、反硝化作用和固着植物引起的 DO 变化。

美国环保局于 2009 年发布了 QUAL2K 模型的一个最新版本[21]。美国环保局目前还在对该模型进行着改进。

（三）WASP6（Water Quality Analysis Simulation Program 6）和 WASP7 模型

WASP 模型是由美国环保局负责开发的一个综合型水质模拟模型，可模拟河流、水库及湖泊的水质变化，可研究点源和非点源问题。此外，它既可模拟定常状态，也可模拟非定常状态。

WASP6 模型版本是 2001 年发布的，完全基于 Windows 界面操作。WASP6 是一个动态的分段模拟程序（dynamic compartment - modeling program），适用于水生生态系统，研究对象包括水体及其下的底栖生物，基本的过程包括：动态的平流、扩散、点源和面源输入以及界面交换等。

WASP6 的富营养模块可以模拟溶解氧、CBOD（1）、CBOD（2）、CBOD（3）、氨氮、硝酸盐氮、有机氮、正磷酸盐磷、有机磷、藻类、海底藻类、碎屑、沉积物岩化作用和盐度。

WASP6 由两个独立的计算机程序组成：①水动力模型程序 DYNHYD5；②水质模型程序 WASP6，WASP6 又由 TOXI 和 EUTRO 组成，两个程序可单独运行，也可以结合在一起进行模拟。

WASP6 可模拟一维、二维和三维的水质变化，建立模型方程的最基本准则是物质守恒定律。WASP6 的应用步骤包括：①河网模型概化；②水动力研究、质量传输研究、水质转化研究和环境毒理学研究；③研究水流和底质中的物质转化；④研究污染物的影响。

WASP7 是增强的 WASP Windows 版本。该模型可以模拟：富营养化/常规污染物、有机化合物/金属、汞、水温、大肠杆菌、难降解污染物。可从美国环保局的网站获得该模型的可执行程序和文档。

（四）RMA－12 模型

RMA－12 模型是由 U. S. W. R. Norton of Resource Management Associates 修正的水质模型。该模型模拟了污染物负荷、氮的硝化作用、沉积物需氧量和藻类的光合作用。

与 QUAL－II 模型不同的是，RMA－12 模型在藻类生物量生长方程上做了一些改动，重新定义了氮循环。RMA－12 模型分别考虑有机氮和氨氮，而 QUAL－II 模型则使用凯氏法测定氮。RMA－12 模型还考虑了藻类对氨氮的直接吸收。

RMA－12 模型使用一维、对流－扩散方程来获得所关心水质参数的数字解；使用有限差分技术求解质量平衡方程，该方程将河水对流和涡流扩散、水质参数的当地源与汇以及单个水质参数随时间的变化都考虑在内。每个水质参数的物理、化学和生物反应随时间变化的反应动力学都用公式单独表示出来。稳态模式被用来模拟低流量条件。在这些条件下，所有河源、支流和废水注入的量和质都被认为是不随时间变化的常数。RMA－12 模拟了下列水质组分和物理过程：光合作用藻类、叶绿素 a、碳化 BOD、溶解氧、河底需氧量、大气复氧、有机氮、氨氮、亚硝酸盐氮、硝酸盐氮和正磷酸盐。

（五）EPDRiv1 模型

EPDRiv1 是一维动态水动力及水质模型。该模型最初是基于 U. S. Army Engineers Waterways Experiment Station 开发的 CE－QUAL－RIV1 模型，现在该模型既包含了水质模型又包含了水动力模型。该模型由一个前处理器进行控制，由一个后处理器进行支持。前后处理器都与水资源数据库集成在一块儿（水资源数据库同时又可以作为工具包中的一个独立模块存在）。

EPDRiv1 已经成功解决了一些地区复杂的水质问题，例如亚特兰大市附近的 Chattahoochee River 和乔治亚州的 Coosa River 流域的水质问题。

该模型包括了两个计算模块：横向均匀分段的一维水动力模块 EPDRiv1H 和水质模块 EPDRiv1Q。EPDRiv1H 可以模拟树枝状或分支河流系统、可以解决下游潮汐影响、下游湖泊影响、动态取水、大坝溢洪道控制及暴雨问题。EPDRiv1H 可提供水力输出数据或连接文件以供 EPDRiv1Q 或 WASP 使用。EPDRiv1Q 可以模拟 16 种状态变量，包括温度、碳化 BOD、各类氮（有机氮、氨氮和硝酸盐氮）、各类磷（有机磷和正磷酸盐磷）、藻类、铁、锰、细菌和两种随机组分。另外，该模块还可以模拟附生的大型水生植物对溶解氧的影响和发电厂的主要污染负荷对水温和水质的影响。采用热量平衡方程进行水温模拟，取得了满意的结果。

EPDRiv1 模型不涉及沉积物迁移、有毒物和金属等问题。可从美国环保局的网站获得该模型的可执行程序和文档。

（六）ECOLab 模型

ECOLab 是 DHI 推出的软件系列中的一个模块。该模块又由若干预先定义好了的模板组成。这些模板描述了富营养化、BOD 的释放导致的氧亏、水质卫生（细菌总数、大肠杆菌）、黏性沉积物、重金属、叶绿素－营养物之间的交互作用和化学物质的降解等。ECOLab 和对流－扩散模块集成在一起。

ECOLab 可以模拟：溶解 BOD、悬浮 BOD、沉积 BOD、氨氮、亚硝酸盐氮、硝酸盐氮、溶解氧、正磷酸盐磷、排泄物大肠杆菌、大肠杆菌总数。用户还可以自定义模板对自己所感兴趣的水质参数进行模拟，如农药、杀虫剂等。

用户可以任选自己感兴趣的水质参数组合进行模拟。用户可以只模拟 BOD 和 DO，也可以模拟所有水质参数。

四、结论与展望

地表水质模型的发展经历了由经验→机理、单要素（或无机、大量、无毒要素）→多要素（或有机、微量、有毒要素）、单介质→多介质、稳态→动态、点源→非点源→点源和非点源二者统一研究的演化过程。

相对于其他常用地表水质模型，QUAL2E 模型目前在我国已得到了普遍的应用。然而，鉴于 QUAL2K 模型的诸多优势，在不久的将来，QUAL2K 模型一定会在我国得到更广泛的应用。

QUAL2K 模型的最大优势在于：①功能全面，通用性强；②该模型对数据、资料的需求量较少，所需花费的人力、时间和经费也较少；③QUAL2K 模型是由一些简单模型组合而成，该模型中大量的动力学参数可以参照那些简单模型的数值；④界面规范，可视化程度高。图形用户界面采用 Excel 实现。Excel 属于日程办公软件，该软件操作方便、容易掌握；⑤程序语言经过了优化设计，计算效率高。该模型软件内存需求小且运行速度快；⑥编程语言是 Visual Basic for Applications（VBA），也就是 VB 的简化版。该语言简单易学，用该语言开发出来的软件易于与其他兼容性软件搭配使用；⑦可从美国环保局的网站获得全部源代码。美国环保局于 2009 年发布了该模型的一个最新版本。美国环保局目前还在对该模型进行着改进。

今后，应结合我国的实际情况，对 QUAL2K 模型进行改进，使之更好地适用于我国的水环境保护工作。

参考文献

[1] 何孟常，王学军，孙莉宁．水质模型研究进展与流域管理模型 WARMF 评述［J］．水科学进展，2005，16（2）：289 － 294.

[2] Seok Soon Park，Yong Seok Lee. A water quality modeling study of the Nakdon［J］. River Ecological Modeling，Korea，2002，152：65 －75.

[3] 叶常明．水环境数学模型的研究进展［J］．环境科学进展，1993，2（1）：74 － 81.

[4] Mackay D. Finding fugacity feasible［J］. Environ Sci Technol，1979（13）：1218 － 1223.

[5] 孙颖，陈肇和，范晓娜，等．河流及水库水质模型与通用软件综述［J］．水资源保护，2001（2）：7 － 11.

[6] DiToro D M，Sifitzpatrick J J. Documentation for Water Quality Analysis Simulation Program（WASP）and Model Verification Program（MVP）［C］. Duluth，MN：US Environmental Protection Agency，1983.

[7] 徐祖良，廖振良．水质数学模型研究的发展阶段与空间层次［J］．上海环境科学，2003，22（2）：79 － 86.

[8] Michael D Sohn，Mitchell J Small，et al. Reducing uncertainty in site characterization using Bayes Monte Carlo methods［J］. Journal of environmental engineering，2000，126（10）：893 － 902.

[9] Sasikumar K，Mujumdar P P. Fuzzy optimization model for water quality management of a river system［J］. Journal of water resources planning and management，1998，124（2）：79 － 88.

[10] Hsu K，Yang R. Artificial neural network modeling of the rainfall runoff process［J］. Water resources research，1995，31（10）：2517 －2530.

[11] 郭劲松，李胜海，龙腾锐．水质模型及其应用研究进展［J］．重庆建筑大学学报，2002，24（2）：109 －115.

[12] 叶常明．多介质环境循环模型的研究进展［J］．环境科学进展，1994，2（1）：74 － 81.

[13] Mackay D. Multimedia environmental model：The fugacity approach［M］. Lewis Publishers Chelsea M I，1991.

[14] Tim A W. Water Quality Analysis Simulation Program（WASP）Version 6.0，Draft：User's Manual［C］. Region 4 Atlanta，GA，USEPA MS Tetra Tech，Inc. 2001.

[15] Water Quality Analysis Simulation Program (WASP) Version 7.1 [C]. Watershed and Water Quality Modeling, Technical Support Center, US EPA; Office of Research Development, National Exposure Research Laboratory, Ecosystems Research Division, Athens, GA, 2006.

[16] US Army Engineer Waterways Experiment Station. CE – QUAL – R1 : A Numerical One – Dimensional Model of Reservoir Water Quality : User's Manual [A]. Instruction Report E – 87 – 1 [C]. Vicksburg, Mississippi : Environmental Laboratory, 1986.

[17] US Army Corps of Engineers, Waterways Experiment Station. CE – QUAL – W2 : A Numerical Two – Dimensional, Laterally Averaged Model of Hydrodynamics and Water Quality: User's Manual [M]. Vicksburg, Mississippi : Environmental and Hydraulics Laboratories, 1986.

[18] 李云生，刘伟江，吴悦颖，等．美国水质模型研究进展综述［J］．水利水电技术，2006，37（2）：68 – 73.

[19] Chapra S. C. and Pelletier G. J. QUAL2K: A Modeling Framework for Simulating River and Stream Water Quality: Documentation and Users Manual [C]. Civil and Environmental Engineering Dept., Tufts University, Medford, MA., 2003, 3 – 3.

[20] Yang M. D., Sykes R. M., Merry C. J. Estimation of algal biological parameters using water quality modeling and SPOT satellite date [J]. Ecological Modeling, 2000, 125: 1 – 13.

[21] Chapra S. C., Pelletier G. J. and Tao H. QUAL2K: A Modeling Framework for Simulating River and Stream Water Quality, Version 2.11: Documentation and Users Manual [C]. Civil and Environmental Engineering Dept., Tufts University, Medford, MA., 2008.

我国饮用水水源地污染事件预警与应急机制现状调查

张玉琴[1] 马东磊[2] 段黄男[2]

（1. 张家口市环境监测站 2. 张家口市环保研究所 张家口 075000）

摘 要 饮用水源地安全问题已引起党和国家的高度重视，预警与应急作为应对饮用水突发事故的必要手段和有力保障在目前形势下越发显得必须与重要。本文就我国饮用水源地污染事件预警与应急机制现状进行描述，并提出相应的对策与建议。

关键词 水源地 污染事件 预警与应急

水是生命之源、饮用水源条件的优劣决定了经济社会的发展方式，直接关系人类生存与社会发展。保障饮用水的安全是国家稳定的基础，也是国家的政治需要。然而，我国目前正进入环境污染事故的高发期，2005 年发生的松花江重大水污染事故，导致哈尔滨 400 万群众停水近 4 天，2006 年发生的北江、湘江和洞庭湖重大水污染事故均不同程度影响到了人民群众的饮用水安全。饮用水源地安全问题已引起党和国家的高度重视，预警与应急作为应对饮用水突发事故的必要手段和有力保障在目前形势下越发显得必须与重要。

一、饮用水源地环境保护已具备一定基础

（一）饮用水水源地环保法律体系框架初步形成

1984 年国家颁布实施的《水污染防治法》及 1989 年颁布实施的《水污染防治法实施细则》，对饮用水水源地环境保护工作都做出明确规定；1989 年，原国家环保局与卫生部、建设部、水利部及原地矿部联合颁布了《饮用水水源保护区污染防治管理规定》，进一步明确了饮用水源保护区的划分及国务院各有关部门和各级人民政府的饮用水源保护职责；1992 年，国家环保局印发了《饮用水水源保护区划分技术纲要》，指导各地开展饮用水水源保护区划分工作；1988 年，原国家环保局印发了《地表水环境质量标准》，并于 1999 年和 2002 年两次进行修订，对集中式生活饮用水水源地水质规定了明确的标准限值。2007 年初，国家环保总局发布了《饮用水水源保护区划分技术规范》，将进一步规范各地饮用水水源保护区的划分及调整工作。正在进行的《水污染防治法》修订工作进一步突出了饮用水安全保障方面的规定。截至当前，我国初步构建了饮用水水源环境保护法律标准体系框架。

（二）饮用水水源地环境管理逐步深入

多年来，国家环保总局一直把饮用水水源地水质保护作为环境保护工作的重中之重。督促指导地方政府依据《饮用水水源保护区污染防治管理规定》划定饮用水源保护区。据调查，目前全国县级以上城市（包括县级市）共有集中式饮用水源地约2 200个，其中约1 500个已划定饮用水源保护区。从“九五”开始，在“三河三湖”等重点流域水污染防治规划的编制和实施过程中，饮用水水源环境保护工作被列在突出的重要位置上。多年来，国家环保总局坚持对 47 个重点城市饮用水水源进行常规监测并发布水质信息，2005 年又在内部试行发布 113 个环保重点城市集中式饮用水水源水质月报，会同国务院有关部门，督促并指导地方政府依据有关要求划定饮用水水源保护区。

（三）饮用水水源环保执法检查进展顺利

2003 年以来，国家环保总局连续四年开展环境保护专项执法行动，坚决取缔一级水源保护区内非法排污口；严把建设项目环评审批关，确保饮用水源二级保护区内不新增排污口。2006

年，国家环保总局会同国务院六部门把饮用水源地环境整治作为整治违法排污企业、保障群众健康环保专项行动的重要内容。2006 年 7 月，召开了全国饮用水水源环境保护专项执法检查现场会议，深入推进饮用水水源环境保护专项执法检查工作，坚决取缔饮用水水源一级保护区工业企业排污口，并组成了 13 个督察组赴有关省市督察专项执法检查工作。2006 年，全国共检查饮用水水源及各种取水点 1 万多个，查处违法企业1 900多个，取缔和搬迁了危及水源安全的1 400多个污染源，查处有关责任人 80 多个，解决了一批长期危害群众饮水安全的突出问题，目前，饮用水水源保护区专项执法检查工作已经顺利结束。

（四）《全国饮用水水源地环境保护规划》编制全面启动

为落实《国务院办公厅关于加强饮用水安全保障工作的通知》精神，2005 年，国家环保总局启动了《全国饮用水水源地环境保护规划》编制工作，明确提出了未来 15 年全国饮用水水源地环境保护目标及主要任务，拟分步开展饮用水水源地基础情况调查、水环境状况评价、保护区划分与核定、工程保护措施等方面的工作。目前，全国县级及以上城市集中式饮用水水源地环境基础情况调查工作已取得阶段性成果，为下一步饮用水源地预警体系建立打下基础。

（五）水源地环保状况调查取得阶段性进展

国家环保总局于 1996 年对全国饮用水水源环境保护情况进行了调查，初步掌握了我国饮用水水源环境状况和存在的主要问题；2005 年再次组织调查，并对 56 个环保重点城市 206 个重点水源地的有机污染情况进行了摸底，共布设了 231 个采样点位，获得了 3.7 万个有毒有害有机污染物监测调查有效数据，形成了《关于全国重点城市集中式饮用水水源地有机物污染情况的报告》，并上报国务院；2005 年，环保总局配合国家发改委对部分城市饮用水有机污染情况进行了调研及专题研究，形成了《关于饮用水安全保障问题的报告》。

二、饮用水源地水环境质量标准尚需完善

随着工业发展和城市化进程的加速，世界各国水源水质普遍受到污染，根据我国环境监测部门的数据，我国近年来不达标的地下水源和地表水源的数量呈显著上升趋势，另有资料表明，我国饮用水源不同程度遭受污染，且源水中有机污染物的种类和数量明显增多。源水的水质污染给供水安全带来了极大的风险，也给公众健康造成了极大的安全隐患。目前我国由于饮用水源地水质污染而引起的社会问题相当突出，已经引起了党中央和国务院的高度重视。要求加强饮用水源地污染防治，建立并完善水源地环境保护相关技术方法和法规，确保公众饮水安全。

水环境质量标准是水环境评价的依据，也是水环境管理的目标，其作用是保障实现水体各种使用功能和维护水生态系统的健康。水环境包括水体水相、生物相和沉积相三方面，因此水环境质量标准应由保护指定用途的水质标准、保护水生生物的水质标准以及沉积物的质量标准组成。目前，由于国内外缺乏对于沉积物的系统研究和制定标准，没有将沉积物质量纳入水环境质量评价体系中。

对于饮用水源地而言，其水环境质量标准应该包括以保护人体健康为目的的饮用水源水水质标准以及以保护水生生物为目的的水质标准。在我国饮用水源地的保护工作中发现，当前我国的饮用水源地水环境质量标准不够完善甚至缺乏。针对我国饮用水源地水质污染现状，迫切地需要研究并完善饮用水源地水环境质量标准体系，用于保护饮用水源地水质和水生生物，进而保障饮水安全。

三、饮用水源地预警与应急机制尚不完备

我国对紧急重大灾害预警及应急措施认识不足，起步较晚。现阶段关于环境预警与应急管理相关的仅有：1987 年国家环保局制定的《报告环境污染与破坏事故的暂行办法》、1997 年国家

环保局公布的《关于水污染事故适用法律问题的批复》和《关于水污染事故行政处罚问题的复函》、2000 年国家环保总局制定的《关于切实加强重大环境污染、生态破坏事故和突发事件报告工作的通知》以及 2003 年 5 月国家环保总局发行的《环境应急手册》。

城市供水管理体系不完备，应对突发事故的能力较弱。现阶段，很多城市供水部门没有应对突发事件的应急预案体系。发生饮用水水源污染事故后，供水部门缺乏应变能力，无法采取正确的处理手段，不能以最快速度恢复正常秩序，最大限度地减少突发环境污染事故的预警防范工作，应对突发重大环境事件信息收集的报告和反馈工作不力，环境应急监测能力和处置能力明显不足。

突发污染事故具有发生的突发性、形式的多样性、危害的严重性、处理处置的艰巨性等特点，而突发饮用水水源污染事故又直接威胁着城市居民的安全，其危害与影响往往更加严重。据统计，2001 年我国发生各类污染事故1 800起，直接经济损失达 1. 2 亿元；2002 年全国共发生 11 起特大和重大污染事故，共造成 12 人死亡，近3 000人中毒；2004 年第一季度我国就发生突发性重大污染事故 8 起；这些频发的事故对于我国本来就脆弱的水污染防治来说无异雪上加霜，饮用水安全令人担忧。

2005 年发生的松花江重大水污染事故给流域城市造成了巨大影响，究其原因，除吉化公司自身原因之外，没有正确的应急方案，响应迟缓是造成松花江污染的重要因素。如果在硝基苯刚开始泄漏时就对下游预警，同时启动应急预案，控制受污染水排向松花江，那么损失就可以降低许多，影响范围也会小很多。

2006 年 8 月，吉林市牤牛河发生有机化工废水污染，污染水流长 2 ~ 5km。6 小时以后，吉林市政府立即启动突发环境污染环境污染事件应急预案，采取科学积极防控措施。国家环保总局、吉林省政府和省环保局有关领导接到报告后及时赶赴现场指挥高度防控工作。吉林市环保部门与驻地武警、消防官兵昼夜奋战，凌晨在距入江口 8km 处筑起了一道拦截坝和两道活性炭吸附坝，污染水流经吸附坝吸附后进入松花江。2 天后，对牤牛河河水的取样分析显示，各检测采样达标，第二松花江的 3 个监测断面未检出两种污染物。此次污染事故，从环保部门接到举报到现场监测分析，再到筑坝拦截吸附有效控制仅用了 22 个小时。实现了确保人、畜饮水安全、社会生产生活秩序稳定和第二松花江未受到污染的目标。通过这次事故的分析，我们可以看出其主要特点：高度重视、紧急应对，加密监测、掌握动态，科学防控、果断处置，及时报告、适时通报。

从这两起事故的结果中，我们不难看出：真正完备的应急预警制度要能够实现操作简便、信息采集处理和传输快速准确、水污染预报及时准确、有一定的预见期、能提供多套决策方案，信息资源共享，并能为领导机关防污决策提供准确、及时、简明的江河水污染预报信息；拥有强大的信息数据库，能够模拟事故发生情况，并且提出处理解决方案。

四、我国饮用水源地预警与应急体系建立中存在的问题

从国内外环境污染突发事件预警应急管理比较中发现，我国环境污染突发事件预警应急管理虽然取得了长足发展，但由于起步晚，与发达国家相比还有一定差距。目前，我国饮用水源地预警与应急体系建立中，存在以下几方面问题。

1. 用管分离

目前有关水源地的管理部门各不相同，或由水利部门、建设部门管，或由地方、流域甚至大的工程管理部门管；同时工程和基础设施管理部门与水源地的水质管理分离，水量调度与水质管理分离，源水管理与城市供水系统管理分离。如果出现突发性事件，应急反应将大打折扣。这就需要国家统一部署，统一规划对饮用水源的管理和保护。

2. 评估不完善

过去对水源地的评估分成两个主要部分，一是水质状况的评估；二是水源地工程安全方面的评估。两个方面没有联系在一起。评价的结论往往仅针对正常工作状况，对应急反应能力部分还不够详细具体。另外，评价应该包括的另一个重要部分是输水管网、原水处理和配送系统的评估，甚至还应包括废水管网和废水处理系统的评估。

3. 人才储备不足

环境监测技术性很强，需要有一批高素质、高技术水平和高度责任心的专业技术队伍，才能充分发挥先进技术硬件的优势，否则，只有先进的环境监测技术设备，没有高素质的技术人员队伍，仍然实现不了建立先进环境监测预警体系的目的。

4. 信息分散

我国信息系统管理的条块分割和信息资源的分散是我国环境污染突发事件预警应急信息管理的软肋，尤其缺少全国统一的基础信息库，技术支撑体系还较落后，如 GIS（地理信息系统）、GPS 和 RS（遥感系统）的应用不够广泛和通俗便捷。

5. 公众性差

我国在环境污染突发事件预警应急管理的信息报告与披露方面仍需加强。在各地都存在着反应迟缓或是对重大事故隐瞒不报的情况。很多情况下，污染发生的下游地区不能及时准确地得到消息；相关居民也会无法得知事故发生情况，而饮用受污染的水。

饮用水水源预警及应急体系的建设属于水资源保护管理的非工程措施之一，从体系建成后将产生的综合效益看，它投入少，收效大，主要产生的是社会效益，是一项巨大的公益性事业。体系的建立，将极大地加强水资源保护工作，避免减少水污染造成的各种直接或间接经济损失，为人民群众的生命财产安全、社会的安全和经济建设的发展发挥不可估量的作用，是一项利国利民、造福后代的社会性工作，其产生的经济效益和环境效益也是巨大的。只有全方位、有条不紊地从每一个细节加强和完善预警应急体系的建立，才能从根本上应对突发污染事故，保障供水安全。

大连市饮用水水源地污染控制系统模型

夏　进　阎镇元

（大连市环境科学设计研究院　大连　116023）

摘　要　水环境污染控制是一项系统工程，建立一个能够系统、动态地描述饮用水源地污染控制的系统模型是十分必要的。本文采用系统动力学的方法，对饮用水源地的污染影响因素与水质响应系统进行了宏观的动态仿真。

关键词　饮用水水源地　系统动力学模型　仿真模拟

大连市的主要水源地上游流域均跨行政区划，通过建立水源地污染控制系统动力学模型可以直观地反映出水源地流域范围内人类的生产、生活活动对水源地水质的影响，分析水源地水质变化趋势，为制定饮用水源地环境保护区划和规划提供科学依据。

一、系统的目标和边界

系统的边界是任何系统构成的基本组成部分之一，它确定了系统模型结构中要研究的对象，决定了系统的功能。本文所建立的模型边界以大连市县级以上集中式饮用水水源地为边界，共有22 个水库型饮用水源地，涉及 4 个区、3 个县级市和 1 个县，总库容达210 763万 t。

二、系统模型的总体构造

根据影响饮用水源地的水环境因素特点，确定了总体模型由 4 个子模块组成。具体如图 1 所示。

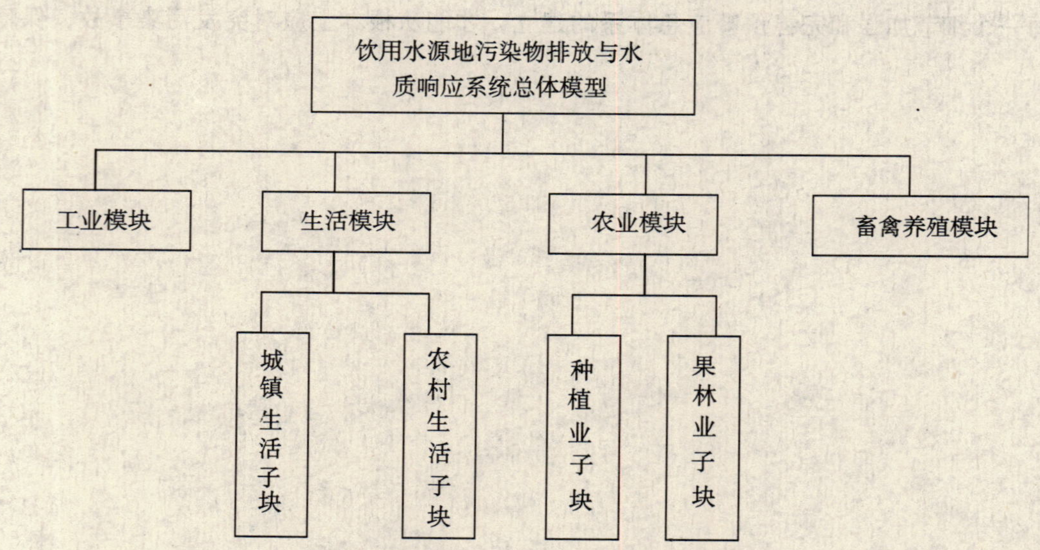

图 1　饮用水源地污染物排放与水质响应系统模型结构

一个系统是由许多个子系统组成的，每个子系统又包含若干元素，它们之间存在着相互作用、相互依赖、相互促进的制约关系，这种关系是通过物质与能量的转化，补偿与交换来实现的，并决定了社会经济系统的功能。在人的参与下系统内部的能流和物流主要表现在各种资源的分配和各业最终产品及其他物质、能量输出的相互利用上。

根据饮用水源地的特点将系统的关系抽象成如图 2 所示。

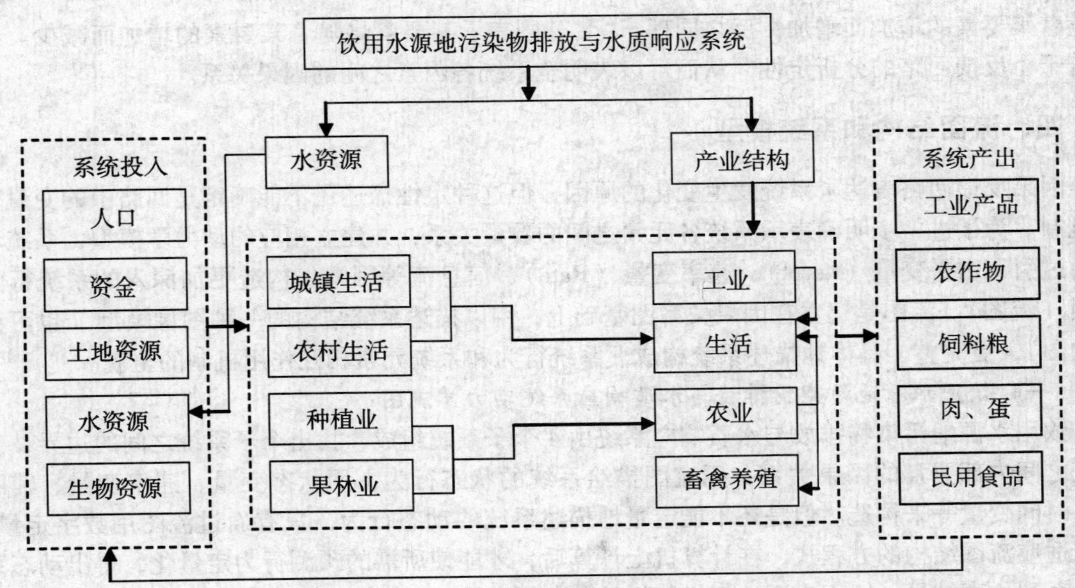

图2　子模块的组成与关系

三、因果关系分析和因果关系图

饮用水源地污染物排放与水质响应系统是信息反馈系统，系统内部各模块之间存在着相互作用、相互制约的因果关系。因果关系分析是对系统进行定性分析的关键。根据系统内的生产和环境要素的基本组成（最低层次的结构）将它们表示为带正负号的因果关系反馈形式，再组成全系统的因果关系图，大连市饮用水源地污染物排放与水质响应系统的因果关系具体见图3。

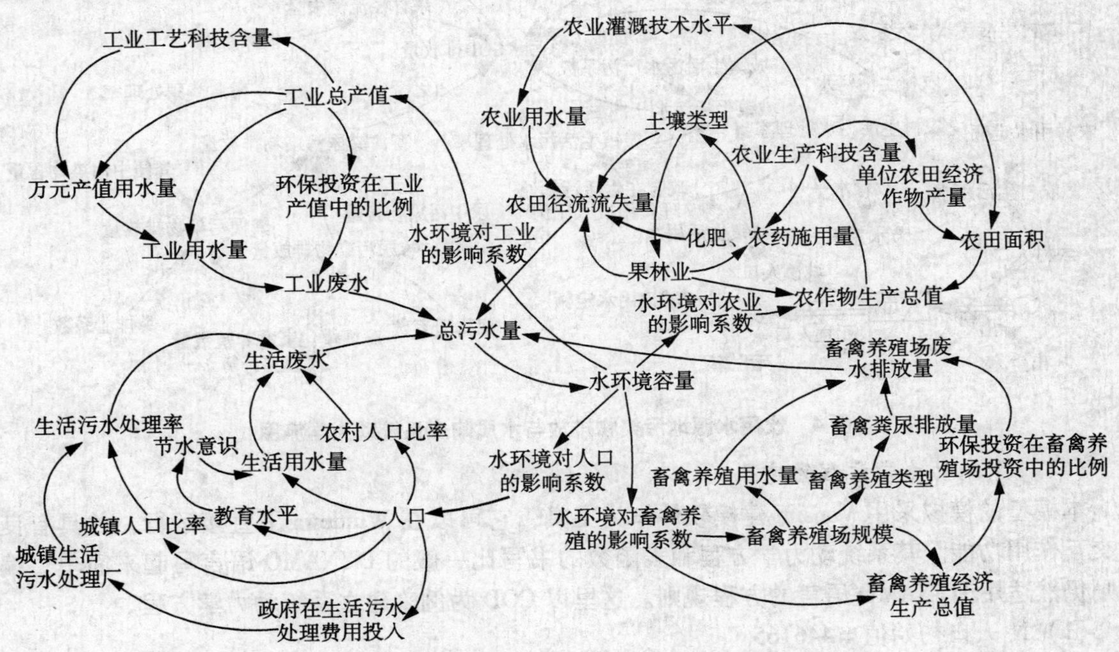

图3　水源地污染物排放与水质响应系统因果关系

在因果关系图中“+”代表正影响；“-”代表负影响，每一个要素都将与系统内其他要素构成一组反馈回路，将反馈回路中正负影响以乘积的形式表示，若结果为“+”，则表明某要素将随着某要素的增加而增加；反之同理，“－”则表示某要素将随着某要素的增加而减少。通过对若干个反馈回路的分析定性，从而可以表明全系统各因素之间的因果关系。

四、流图结构和系统模型

因果反馈回路表达了系统发生变化的原因，但这种定性描述还不能确定是回路中的变量变化的机制。为了进一步明确表示系统各元素之间的数量关系，并建立相应的动力学模型，系统动力学通过引入水平变量（Level）、速率变量（Rate）、信息流等因素，构造更加深入的系统行为关系图（流图）。流图是建立在因果关系图基础上，用以描述系统结构的一种图像模型（也可称为结构图），更完整、具体地描述系统构成、系统行为和系统元素相互作用机制的全貌。

（一）饮用水源地污染物排放与水质响应系统动力学流图

饮用水源地污染物排放与水质响应系统由 4 个子系统组成，找出个子系统之间的边界，确定相互之间内部要素的因果关系，用流图描绘系统的状态行为，用状态变量、速率变量、辅助变量、时间变量等来构造。但是还不能定量地描述系统的动态行为，只有通过流图用数字定量化，并用适应流图结构的方程式，在计算机上计算后，才能使所需的预测行为定量化，得出动态系统的一系列仿真结果。饮用水源地污染物排放与水质响应系统，以 2005 年为初始值，作为定量化的基础，用 Dynamo 语言系统仿真。

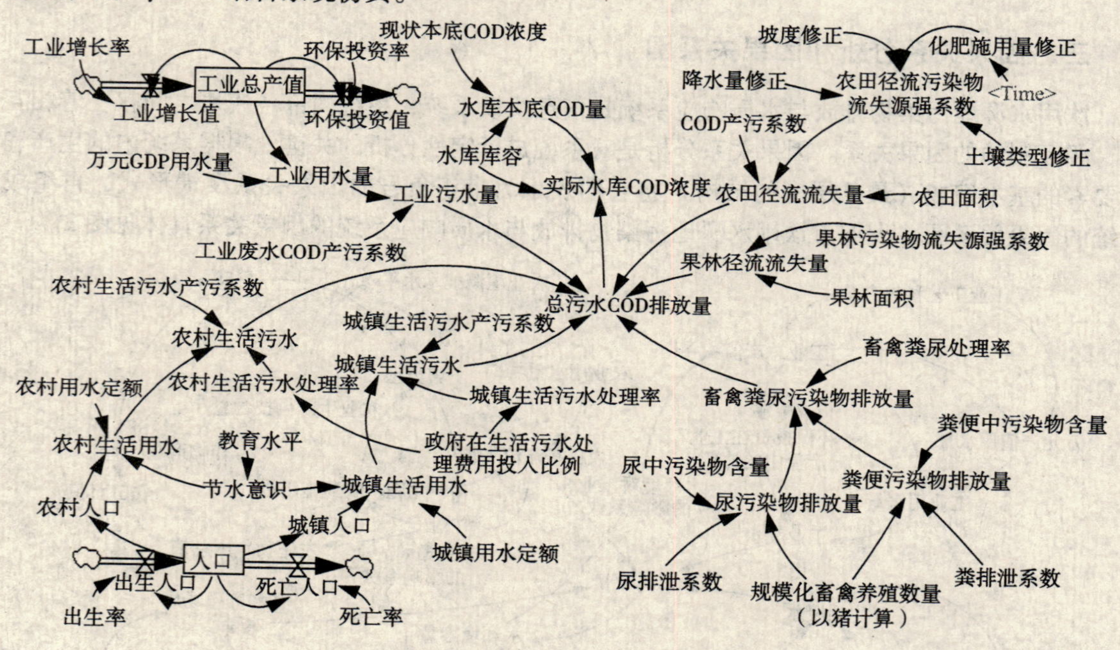

图 4　饮用水源地污染物排放与水质响应系统动力学流图

（二）系统动力学方程的建立

本模型的模拟采用 Vensim 建模软件作为工具，它可以在 Windows 下直接运行，并具有良好的交互作用功能。其系统动力学方程和表函数的书写比一般的 DYNAMO 语言写起来简单，编写规则仍然适用 DYNAMO 语言的方程规则。这里以 COD 为例来建立系统动力学方程。

（1） N 人口初始值＝446165

（2） L 人口＝INTEG（出生人口－死亡人口，人口初始值）

（3） C 出生率＝6.14‰

（4） C 死亡率＝5.46‰

（5） A 出生人口＝人口×出生率

（6）A 死亡人口 = 人口 × 死亡率

（7）C 教育水平初始值 = 90%

（8）C 节水意识 = 教育水平 × 0.005

（9）A 城镇人口 = 人口 × 0.766

（10）A 农村人口 = 人口 × 0.234

（11）C 城镇用水定额 = 0.12

（12）C 农村用水定额 = 0.08

（13）A 城镇生活用水 = 城镇人口 × 城镇人均用水定额 × 365 ×（1 - 节水意识）

（14）A 农村生活用水 = 农村人口 × 农村人均用水定额 × 365 ×（1 - 节水意识）

（15）C 城镇生活产污系数 = 3.84×10^{-5}

（16）C 农村生活产污系数 = 1.64×10^{-5}

（17）A 城镇生活污水 = 城镇生活用水 × 城镇生活产污系数 ×（1 - 污水集中处理率）

（18）A 农村生活污水 = 农村生活用水 × 农村生活产污系数

（19）C 政府在生活污水处理费用投入比例 = 0.2

（20）A 城镇生活污水处理率 = 0.71 ×（1 + 政府在生活污水处理费用投入比例）

（21）A 农村生活污水处理率 = 0.1 ×（1 + 政府在生活污水处理费用投入比例）

（22）A 化肥施用量修正 = WITH LOOKUP（Time，

（[（2005，1.5）-（2020，0.8）]，（2006，1.4），（2009，1.2），（2011，1.1），（2014.72，1.04561），（2020，0.8））

（23）C 土壤类型修正 = 1

（24）C 坡度修正 = 1.1

（25）C 降雨量修正 = 1.2

（26）A 农田径流污染物流失源强系数 = 化肥施用量修正 × 土壤类型修正 × 坡度修正 × 降水量修正

（27）C COD 产污系数 = 0.15

（28）C 农田面积 = 354.1

（29）A 农田径流流失量 = 农田面积 × 农田径流污染物流失源强系数 × COD 产污系数

（30）C 果林面积 = 48.8

（31）C 果林污染物流失源强系数 = 0.99

（32）A 果林径流流失量 = 果林面积 × 果林污染物流失源强系数

（33）C 规模化畜禽养殖数量（以猪计算）= 8848

（34）C 尿排泄系数 = 0.495

（35）C 尿中污染物含量 = 0.009

（36）A 尿污染物排放量 = 规模化畜禽养殖数量（以猪计算）× 尿排泄系数 × 尿中污染物含量

（37）C 粪排泄系数 = 0.3

（38）C 粪便中污染物含量 = 0.052

（39）A 粪便污染物排放量 = 规模化畜禽养殖数量（以猪计算）× 粪排泄系数 × 粪便中污染物含量

（40）C 畜禽粪尿处理率 = 0.12

（41）A 畜禽粪尿污染物排放量 =（粪便污染物排放量 + 尿污染物排放量）×（1 - 畜禽粪尿处理率）

（42）L 工业总产值 = INTEG（工业增长值 - 环保投资值，工业总产值初始值）

（43）N 工业总产值初始值 = 1160.9

（44）C 工业增长率 = 0.17

（45）C 环保投资率 = 0.04

（46）A 工业增长值 = 工业总产值 × 工业增长率

（47）A 环保投资值 = 工业总产值 × 环保投资率

（48）C 万元 GDP 用水量 = 45

（49）A 工业用水量 = 工业总产值 × 万元 GDP 用水量

（50）C 工业废水 COD 产污系数 = 0.011

（51）A 工业污水量 = 工业用水量 × 0.8 × 工业废水 COD 产污系数

（52）A 总污水 COD 排放量 = 农村生活污水 + 城镇生活污水 + 农田径流流失量 + 果林径流流失量 + 工业污水量 + 畜禽粪尿污染物排放量

（53）C 现状本底浓度 = 5.5

（54）C 水库库容 = 233066

（55）A 水库本底 COD 量 = 水库库容 × 现状本底 COD 浓度 ÷ 10

（56）A 实际水库 COD 浓度 = （水库本底 COD 量 + 总污水 COD 排放量） ÷ 水库库容 × 10

五、模型有效性检验

模型的有效性检验是为了验证构造模型与现实系统的吻合度，检验模型所获得的信息与行为是否反映了实际系统的特征和变化规律，验证通过模型的分析研究能否正确认识与理解所要解决的问题。系统动力学模型的有效性检验方法可分为直观检验、运行检验、历史检验以及灵敏度分析四种方法。这里采用历史检验方法进行模型有效性检验。

由于大连市饮用水源地水质监测数据统计不完善，因此仅以碧流河水库为例进行历史检验，跨度从 2005 年至 2007 年。表 1 列出的是碧流河水库实际 COD 浓度值与模拟值的比较结果，相对误差较小。

表 1　实际水库 COD 浓度与模拟值比较　　单位：mg/L

	实际值	2006 年 模拟值	误差	实际值	2007 年 模拟值	误差
水库 COD 浓度	2.23	2.19	-1.79%	2.22	2.20	-3.5%

六、仿真模拟结果

模型以 2005 年统计数据为基础，对饮用水源地的水质变化情况进行了模拟分析，可以得到工业污水量、城镇生活污水、农村生活污水、农田径流流失量、果林径流流失量、畜禽养殖粪尿污染物排放量、总污水 COD 排放量、水库 COD 浓度等主要变量的变化趋势图（见图 5）。具体的主要变量模拟值见表 2。

模拟结果（图 5）显示，工业污水、城镇生活污水和农村生活污水排放量呈逐年上升的趋势；农田径流流失量随着农业科技的发展和化肥、农药使用强度的降低呈阶梯状下降趋势；果林径流流失量和畜禽养殖排放量因果林面积和畜禽养殖数量的选取为定值，所以保持不变；COD 排放总量呈上升趋势，相应的水库 COD 浓度略有增长。

通过模型仿真模拟的分析可以看出，水库 COD 浓度的变化主要取决于 COD 排放总量的变化；而各主要变量的影响因子分别为：工业污水 - 工业总产值、万元 GDP 用水量；城镇生活污

水和农村生活污水 - 人口、生活污水处理费用投入比例；农田径流流失量 - 农田面积、农田径流污染物流失系数；果林径流流失量 - 果林面积；畜禽养殖排放量 - 畜禽养殖数量。因此，若以上影响因子发生变化，水库 COD 浓度也将随之改变。同理，若要控制水库 COD 浓度在标准要求范围内，则需要控制其影响因子，采取相应的保护或工程措施，从而满足饮用水源地水质要求。

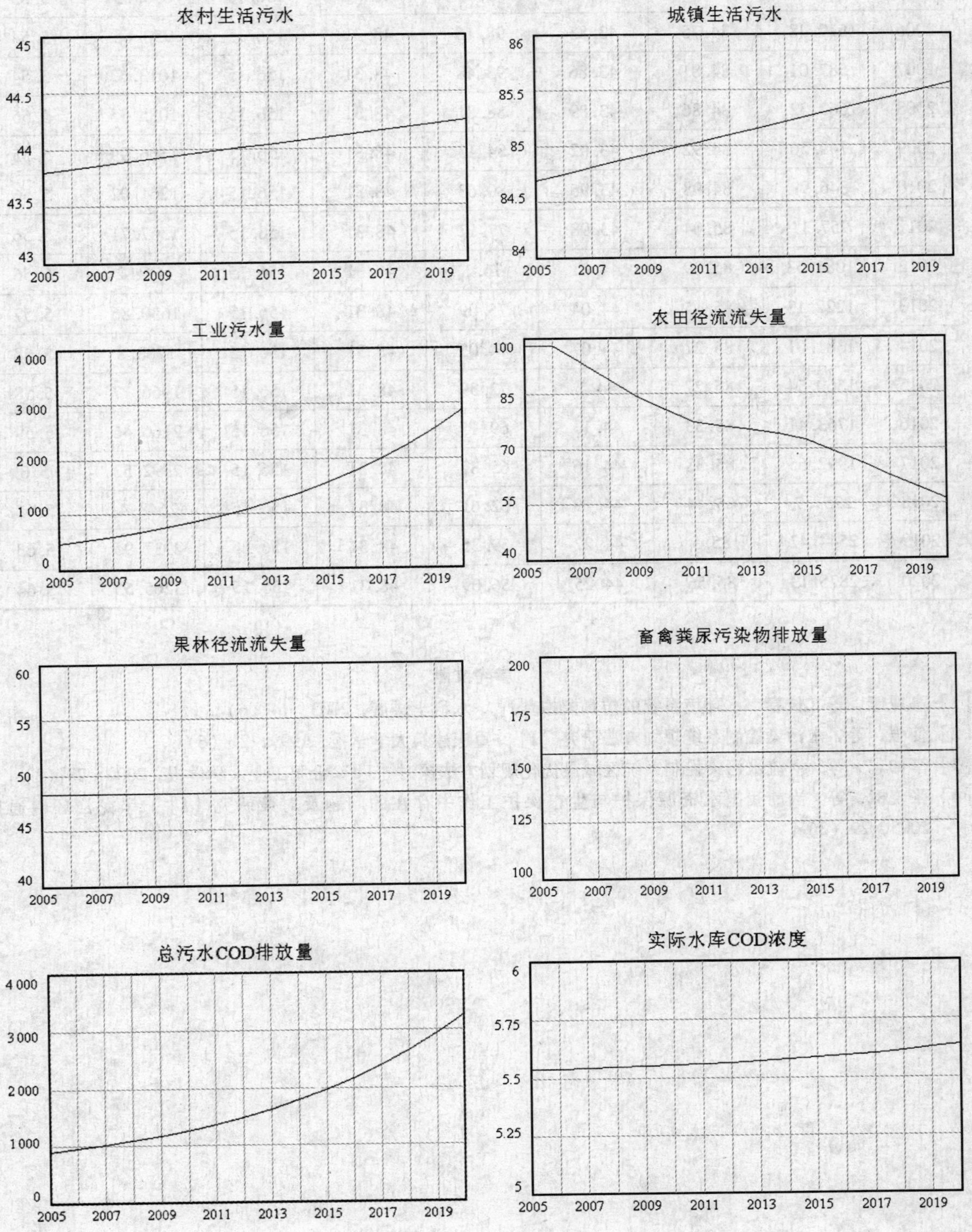

图 5　主要变量的变化趋势

表 2　模型主要变量 COD 排放量模拟值

年　份	工业污水/（t/a）	城镇生活污水/（t/a）	农村生活污水/（t/a）	农田径流/（t/a）	果林径流/（t/a）	畜禽养殖排放量/（t/a）	COD 排放总量/（t/a）	水库 COD 浓度/（mg/L）
2005	489.72	84.69	43.79	98.16	48.31	156.15	890.83	5.53
2006	519.48	84.75	43.83	98.16	48.31	156.15	950.68	5.54
2007	587.01	84.81	43.86	93.48	48.31	156.15	1013.62	5.54
2008	663.32	84.86	43.89	88.81	48.31	156.15	1085.35	5.55
2009	749.56	84.92	43.92	84.13	48.31	156.15	1166.99	5.55
2010	846.99	84.98	43.95	80.63	48.31	156.15	1261.02	5.56
2011	957.11	85.04	43.98	77.12	48.31	156.15	1367.71	5.56
2012	1081.53	85.09	44.01	76.1	48.31	156.15	1491.2	5.56
2013	1222.13	85.15	44.04	75.09	48.31	156.15	1630.86	5.57
2014	1381.01	85.21	44.07	74.05	48.31	156.15	1788.8	5.58
2015	1560.54	85.27	44.1	72.39	48.31	156.15	1966.77	5.58
2016	1763.41	85.33	44.13	69.13	48.31	156.15	2166.46	5.59
2017	1992.65	85.38	44.16	65.87	48.31	156.15	2392.53	5.6
2018	2251.7	85.44	44.19	62.61	48.31	156.15	2648.4	5.61
2019	2544.42	85.5	44.22	59.35	48.31	156.15	2937.95	5.63
2020	2875.19	85.56	44.25	56.09	48.31	156.15	3265.55	5.64

参考文献

[1] 高成康，等．长春市水环境系统的仿真模拟［J］．水科学进展，2003，14（6）．

[2] 何强，等．水污染控制系统规划方法研究［J］．重庆建筑大学学报，1999，21（6）．

[3] 李如忠．等．河流水污染控制系统区域最优化规划方法探讨［J］．合肥工业大学学报，2000，23（3）．

[4] 张晓枫，等．当前我国水资源保护与生态保护工作中存在的问题及对策研究［J］．黑龙江环境通报，2005，29（3）．

江西省乡镇饮用水水源地环境保护对策研究

刘慧丽　陈宏文　廖　兵

（江西省环境保护科学研究院　江西　南昌　330029）

摘　要　本文对江西省筛选出的典型乡镇饮用水水源地基础环境调查及评估情况进行了描述，总结出当前乡镇饮用水水源地保护工作中存在共性问题，并针对江西省乡镇饮用水水源地中具体存在的问题提出了对策和保护措施，在乡镇饮用水水源管理和保护方面具有重要的现实意义。

关键词　乡镇　饮用水　划分　管理　对策

引　言

乡镇饮用水安全是关系居民切身利益的大事，饮用水安全关系广大人民群众的健康、生命安全和社会的和谐稳定，解决好乡镇饮用水的安全问题既是贯彻科学发展观、建设社会主义新农村的具体要求，是实现农村现代化和全面建立小康社会的重要内容，也是功在当今、利在子孙的民心工程[1]。随着我国工业化、城镇化进程快速推进和经济社会快速发展，水资源开发利用程度不断加大，水体污染日益严重，水源地水质不断下降，因此江西省亟须保护好乡镇饮用水水源地，让百姓喝上“放心水”。

一、江西省乡镇集中式饮用水水源地基础环境状况

2009 年对江西省所有乡镇水源地基础环境状况进行了调查，调查结果表明：全省共 644 个乡镇集中饮用水水源地（以下简称水源地）。水源地总服务人口 426. 19 万人，占江西省农村人口的 16. 52%；实际取水量约 27639. 71 万 m^3/a，人均集中用水量 177. 68L/（人·d）。

表 1　乡镇饮用水水源地（按流域）基本信息表

流　域	乡镇水源地个数/个	服务人口/万人	实际取水量/（万 t/a）	主要超标因子
鄱阳湖区	33	14. 28	613. 29	
饶河流域	34	51. 85	4064. 00	总大肠菌群
修河流域	90	74. 95	3685. 66	
信江流域	50	33. 40	3712. 40	
赣江流域	304	153. 33	11155. 28	氨氮、总氮、总磷、粪大肠菌群
抚河流域	54	31. 30	1740. 89	pH、总大肠菌群、溶解氧
其他流域	79	67. 08	2668. 19	
合　计	64	4426. 19	27639. 71	

二、江西省典型乡镇集中式饮用水水源地基础环境状况

（一）典型乡镇饮用水水源地基本信息

本次调查按照囊括不同类型水源地、覆盖每个县级行政区、与城镇饮用水水源地不重复、服务人口多、突出区域污染特征的原则，最终筛选确定了 91 个典型乡镇饮用水水源地对水质状况、

污染源状况及管理状况等进行深入调查，典型水源地包含了各类型水源地，除实现城乡一体供水的县之外的县（市、区），基本代表了全省乡镇集中式饮用水水源地的情况。

根据本次调查结果，全省91个典型乡镇集中饮用水水源地（以下简称水源地），占全部乡镇水源地个数的14.13%。水源地总服务人口86.44万人，占全部乡镇服务人口的20.28%；实际取水量约4916.53万m^3/a，占全部乡镇取水量的17.79%，人均集中用水量155.83L/（人·d）。91个典型乡镇饮用水水源地中，河流型水源地47个，占水源地总数的51.65%，服务人口约44.21万人，占总服务人口的51.15%，实际取水量2488.09万t，占总取水量的50.61%；湖库型水源地17个，占水源地总数的18.68%，服务人口约18.12万人，占总服务人口的20.96%，实际取水量1247.7万t，占总取水量的25.38%；地下水型水源地27个，占水源地总数的29.67%，服务人口约24.11万人，占总服务人口的27.89%，实际取水量1180.74万t，占总取水量的24.02%。

91个典型乡镇饮用水水源地已划定和初步划定保护区面积165.85km^2，占江西省总面积的0.10%。其中一级保护区面积32.63km^2，占水源地保护区总面积的19.79%，二级保护区面积132.23km^2，占水源地保护区总面积的80.21%。

江西省典型乡镇水源地输水方式主要以暗管为主，占73%，水源地处理工艺方式较多样，共有十种组合方式，主要是以沉淀+过滤+消毒为主，占55%。

（二）水环境质量评价

本次调查的河流型水源地调查项目12项，选测项目17项；湖库型水源地必测项目16项，选测项目15项；地下水型水源地必测项目16项，选测项目为7项。水源地水质调查项目详见表2。

表2　水源地水质调查项目

项目	河流型水源地	湖库型水源地	地下水型水源地
必测项目	pH、溶解氧、高锰酸盐指数、氨氮、硒、砷、汞、镉、铬（六价）、铅、氰化物、粪大肠菌群	pH、溶解氧、高锰酸盐指数、氨氮、硒、砷、汞、镉、铬（六价）、铅、氰化物、粪大肠菌群、总氮、总磷、叶绿素a和透明度	pH、总硬度、硫酸盐、氯化物、高锰酸盐指数、亚硝酸盐、氨氮、氟化物、氰化物、汞、砷、硒、镉、铬（六价）、铅和总大肠菌群
选测项目	水温、化学需氧量、五日生化需氧量、总氮、总磷、铜、锌、氟化物、挥发酚、石油类、阴离子表面活性剂、硫化物、硫酸盐、氯化物、硝酸盐、铁、锰	水温、化学需氧量、五日生化需氧量、铜、锌、氟化物、挥发酚、石油类、阴离子表面活性剂、硫化物、硫酸盐、氯化物、硝酸盐、铁、锰	铁、锰、铜、锌、挥发酚、阴离子合成洗涤剂、硝酸盐

根据此次水环境质量评价结果，江西省典型乡镇水源地91个，达标水源地71个，达标率达78.02%。20个未达标的水源地中，其中河流型水源地超标7个，湖库型3个，地下水型10个。河流型、湖库型、地下水水源地达标率分别为87.23%、82.35%、59.26%。

地表水水源地主要超标因子为：氨氮、总磷、总氮、粪大肠菌群和溶解氧。影响人口10.7万人，年供水量约854.97万t。地下水水源地单因子评价中主要超标因子为总大肠菌群和pH，总大肠菌群超标范围8.33~1799倍，超标地下水水源地共涉及人口8.68万人，年供水量约326.36万t，超标水源地11个主要分布在景德镇市、萍乡市、赣州市、吉安市和抚州市。依据对地下水的综合评价分析，27个乡镇地下水型饮用水水源地的F值范围在0.71~4.25，整体综合评价结果良好。

（三）水源地保护区污染状况

根据汇总可知，保护区内年排放废水 3789.72 万 t、COD3184.53t、氨氮 676.86t。废水排放量以非点源排放为主，其中农田径流排污量最大，年排废水 2723.573 万 t、COD458.54t、氨氮 91.67t，分别占保护区污染源总排放量的 71.87%、14.40% 和 13.54%；其次为生活污染源，保护区内现居住人口 25.97 万人，年排放生活废水 830.75 万 t、COD1703.11t、氨氮 415.38t，分别占保护区污染源总排放量的 21.92%、53.48% 和 61.37%；2008 年共排放工业废水 207.83 万 t、排放 COD471.54t、氨氮 59.52t，分别占水源地废水总排放量的 5.48%、14.81% 和 8.79%。

（四）水源地保护区管理状况

乡镇水源地保护区环境管理能力非常薄弱，虽然大部分水源地已经按照此次要求进行了初步划分，但是仍处于初步划分阶段，界线不明确，水源地保护范围过大或较小，造成管理人员对管理范围认识不清，管理不到位。在地下水水源地保护区划分中，由于很难确定与出水口有关的地下暗河与地面漏斗分布状况，以地表出水口为中心划分的保护区带有较大的盲目性，保护区划分后很难确保地下水不受污染，有待进一步查明该水源地地下水分布与补给情况。保护区划分普遍缺乏科技支撑，保护区的审批率仅为 6.59%；目前保护区内大多数未设置规范的标志。乡镇水源地现有监控能力低，且大多数乡镇水源地没有常规监测的能力和应急监测能力，严重制约了饮用水水源地管理工作的深入开展。此次监测数据多为补充监测数据。因此乡镇饮用水水源地监管工作整体滞后亟待提高。

三、典型乡镇饮用水水源地主要问题及防治对策

（一）主要问题

1. 环境监管能力薄弱

江西省饮用水水源地数量多，分布面广，由于历史原因，环境监测能力建设欠账多，监测项目少，由于各县监测能力有限，乡镇饮用水水源地基础情况是一项空白。各级领导对乡镇水源地没有足够重视，且全省的大多数乡镇集中式饮用水水源地还未正式进行保护区划分工作，也没有进行定期监测。部分设区市如赣州、抚州等部分设区市还不能监测叶绿素 a 及透明度等湖库型水源地基本指标；各县监测能力更加薄弱，只能承担较简单的几个项目，人员数量也较少；多数县城所有监测项目均委托市环境监测站承担。管理设施和管理能力特别是监管体系建设和应急监测能力远远不能适应和满足当前保护乡镇饮水安全的要求。

2. 农业面源污染源较严重

根据对江西省典型乡镇水源地进行调查及污染状况评估结果可知，保护区内和保护区周边存在种植业以及畜禽水产养殖业、农业面源污染较严重，占全省典型乡镇水源地污染的 71.87%。并由水环境质量评价结果可知乡镇饮用水水源地水质不容乐观，氨氮、总磷、粪大肠菌群和溶解氧等指标有不同程度的超标情况，且在地下水评价中总大肠菌群超标现象在乡镇地下水饮用水水源地比例较高，总大肠菌群超标是由农村生产和生活产生的面源污染所致，由此可知江西省农村环境卫生状况较差。

3. 保护区存在一定环境风险

本次调查评估显示，部分乡镇水源地存在一定的风险。乡镇水源保护区内存在 45 个排污口和 118 个违章建筑，一级保护区内有违法建设项目 13 个，二级保护区内有污染企业 11 个。特别是保护区内的企业排污口以及大多数乡镇没有集中的排水管网和废水处理设施，废水直接排入当地地表，直接影响地表及地下水水源地安全；部分水源地上游还存在矿产企业和工业园区，上游的工矿企业极易造成重大环境污染及突发事故；部分水源保护区内有公路设施、存在危险品运输风险及水源地周边的油库码头等违章建筑，存在以上这些情况的水源地有一定的安全隐患。

（二）对策措施和建议

在典型乡镇集中式饮用水水源地基础环境调查及评估基础上，从污染防治、监控预警、宣传教育、环境管理、环境政策等方面，研究提出乡镇集中式饮用水水源地环境保护对策建议。

针对以上存在的各种问题，我们建议采取以下措施，对水源地进行全面的保护。

1. 乡镇集中式饮用水水源地污染防治对策

（1）应尽快督促和开展乡镇饮用水水源保护区划分或调整工作；清除保护区内点源，关闭保护区内排污口、拆除保护区内违章建筑，确保保护区内污染达到“零”排放，加强保护区内管理。

（2）加强乡镇饮用水水源地上游及周边地区的农村生活污水的收集与处理，制定相应的污染防治和水环境保护工程措施，削减进入水源区主要水体的主要污染物，以减轻生活污染源对饮用水水源水质的影响。

（3）控制农村、农业面源污染，制定和实施具有实效的农业、农村面源污染控制工程规划，开展农村环境综合整治、农田减磷控氮、农业生产废物高效利用等方面工作。并结合新农村建设开展农村环境治理工程建设，强化畜禽养殖污染综合治理及水产养殖业污染防治[4]。

（4）建设一级保护区物理及生物防护体系，有效隔离污染物对水源地的污染。通过物理法及区域生态系统的修复、重建，构建具有丰富和稳定的生物多样性。针对某些饮用水源地森林覆盖率偏低，水源涵养林偏少，水土流失较普遍的问题，建设并强化陆地生态系统的生态服务功能；加强对有富营养化趋势湖库型水源保护区内的生态修复。

（5）加强对地下水源补给区防渗建设，妥善处理处置生产、生活污水和垃圾等废弃物，对排放及废弃物堆放必须采取渗漏措施；加强对傍河取水地下型水源地周边河流的保护；加强固体废弃物处置与地下水保护相结合，加强农村生活垃圾无害化处理，因地制宜处理农村生活垃圾，逐步提高垃圾无害化处理水平[2,3]。

2. 乡镇集中式饮用水水源地监控预警对策

针对江西省典型乡镇集中式饮用水水源地实际情况，制定相对应的监控和应急预警方案。加强水源地环境事故风险防范能力，避免或防止饮用水水源污染，保障居民生活用水的安全。

（1）加强乡镇水源地水质监测工作

加强乡镇饮用水水源地的常规监测，合理布置监测点位，完善饮用水水源水质监测、评价的标准和技术规范，及时掌握水源水质变化情况。加强饮用水水源地环境监测能力建设，积极提升县级环保部门对饮用水水源水质常规指标的监测能力。每三年对集中式饮用水水源地至少进行一次水质全分析监测，并及时公布水环境状况，及时反映水源地生态环境和向乡镇供水的水质状况，为实现科学管理提供依据。

（2）健全饮用水水源安全预警制度，制订突发污染事故的应急预案

对靠近高速公路、国道、省道、铁路等交通要道的饮用水水源地，应在公路、铁路旁建设应急池，防止危险化学品运输时出现事故，便于及时处理事故现场，以免影响饮用水水源的水质和造成潜在威胁。

（3）建立和完善水源地监督管理保护体系

应建立统一的水源区（流域）管理机制，调整水源地管理职能，完善水源地建设与保护环境综合决策机制及监督管理机制，实行饮用水源地统一管理，建立统一的饮用水源地监督管理机制和反馈机制，强化饮用水源地环境综合整治目标管理责任制。

3. 乡镇集中式饮用水水源地环保宣传教育对策

针对乡镇饮用水水源地环境保护较弱、民众保护意识较差的实际情况，建议加强对乡镇集中式饮用水水源地保护的宣传教育，发挥舆论疏导和监督作用，鼓励公众参与，充分公开曝光环境

违法行为，建立环境信息共享与公开制度，实现水源地、污染源、流域水文和人群健康资料等有关信息的共享。推动饮用水水源地保护工作转变成社会参与、人人有责的全民行动[5]。

4. 乡镇集中式饮用水水源地环境管理机制完善建议

（1）完善体制、提高监管能力；

（2）严格环境监管，防止污染向农村地区转移；

（3）建立统筹城乡与区域的水环境保护管理机制；

（4）制定鼓励水源区人口移民的政策。

5. 乡镇集中式饮用水水源地环境政策完善建议

（1）完善饮用水源保护区管理制度

完善乡镇水源保护区目标责任制和定量考核管理办法，提高饮用水源保护执法、监督、管理水平。

（2）建立健全并实施保护区生态补偿

建立不同地区水源地生态补偿的计算方法，探索多样化的补偿模式，为全面建立江西省乡镇水源地生态补偿机制奠定基础。

（3）建立并实行“以奖促治”经济政策

切实针对需要重点整治的水源地实行“以奖促治”经济政策，切实改善农民的生产和生活环境，保证农民得到实惠。

四、结　语

本文通过对江西省典型乡镇饮用水水源地的深入调查，发现了乡镇饮用水水源地存在的问题及提出了相应的对策和建议，因此“保障饮水安全，维护生命健康”是我们共同的责任和目标。只有全社会共同努力，大力提高人们保护水资源的意识，并加大对饮用水保护的投入，使各项保障饮水安全的政策、资金、措施落实到位，控制污染、改善环境、保护水资源，这样才能从根本上解决乡镇饮用水水质的安全问题[6]，尽早实现全民饮上健康的“生命之水”。

参考文献

[1] 褚梅，刘先国，黄艳，等．武汉市农村饮用水安全问题现状及对策［J］．安全与环境工程，2009，16（1）：81－84.

[2] 王丽红，王启田，王开章．城市地下水饮用水水源地安全评价体系研究［J］．地下水，2007，29（6）：99－102.

[3] 张兴芸，王娟，赵继伟．农村饮水安全存在的问题及对策探讨［J］．地下水，2008，30（4）：88－116.

[4] 吴小珍．陇西县农村安全饮水分析与评估［J］．甘肃水利水电技术，2006，（42）2：112－113.

[5] 李丽，张震宇，杨金田．农村饮用水源水质现状分析及保护政策建议［J］．科学技术与工程，2007，7（9）：1985－1988.

[6] 杨元青，庞清江．我国农村饮用水水质安全问题探析［J］．山东农业大学学报，2008，39（1）：119－124.

黄石市饮用水水源地环境质量状况评价

韩　明　曹　阳　徐江焱
（黄石环境监测站　湖北　黄石　435000）

摘　要　根据2003—2007年黄石市区水源地饮用水断面的监测结果，本文系统地对市区水源地饮用水断面水质污染状况进行了分析和评价，力求为环境管理提供科学的依据。

关键词　黄石市　水源地水环境质量　分析评价

饮水安全直接关系到广大人民群众的生活质量和身心健康，关系到环境安全和社会稳定。黄石市委市政府高度重视饮用水源保护工作，按照“让人民群众喝上放心水”的要求，坚持流域污染防治与饮用水源保护并重，突出重点领域和重点区域，加强城乡主要饮用水水源地水环境质量监测和综合整治，确保饮用水源安全和人民群众身体健康。

一、城市主要饮用水水源地水环境质量状况

黄石市饮用水水源地主要为河流型地表饮用水源地，其水质评价标准采用《地表水环境质量标准》（GB 3838—2002）。饮用水源一级保护区以Ⅱ类地表水标准值为限值，二级保护区以Ⅲ类地表水标准值为限值，以此得出是否达标、主要不达标污染指标、超标倍数等。

（一）监测项目

pH、溶解氧、高锰酸盐指数、五日生化需氧量、氨氮、汞、铅、挥发酚、石油类9项。

（二）监测时段

监测时段为枯、丰、平水期。

（三）水质标准

单项水质项目的具体评价标准为《地表水环境质量标准》（GB 3838—2002）中所列指标。

水质监测点位的布设和监测方法按照《地表水和污水监测技术规范》（HJ/T 91—2002）规定的要求进行。监测结果见表1。

表1　2007年黄石市饮用水源保护区环境质量监测结果　　单位：mg/L（pH除外）

月份	水温/℃	pH	总磷	高锰酸盐指数	溶解氧	氟化物	挥发酚	石油类	粪大肠菌群/（个/L）	氨氮
1	9	8.26	0.128	3.09	6.81	0.155	0.002	0.02	9 200	0.256
2	10	7.79	0.061	3.05	7.71	0.188	0.002	0.02	9 200	0.529
3	13	8	0.094	2.96	7.81	0.16	0.002	0.02	9 200	0.278
4	16	7.84	0.125	2	8.00	0.16	0.002	0.02	9 200	0.166
5	30	8.1	0.144	1.8	7.24	0.175	0.002	0.02	9 200	0.188
6	27	8.21	0.08	2.25	5.9	0.154	0.002	0.02	9 200	0.18
7	28	7.98	0.163	2.58	6.47	0.388	0.002	0.02	9 200	0.103
8	29	7.98	0.135	5.99	6.78	0.241	0.002	0.02	9 200	0.121
9	27	8.08	0.162	4.99	6.58	0.087	0.002	0.02	2 400	0.072
10	25	8.1	0.161	3.88	5.81	0.124	0.002	0.02	9 200	0.433

月份	水温/℃	pH	总磷	高锰酸盐指数	溶解氧	氟化物	挥发酚	石油类	粪大肠菌群/（个/L）	氨氮
11	27	8.24	0.162	3.71	7.28	0.237	0.002	0.02	9 200	0.513
12	11.5	8.24	0.139	2.53	7.18	0.321	0.002	0.02	1 100	0.533
平均	17	8.07	0.138	3.24	6.96	0.199	0.002	0.02	7 958	0.281

表2　2007年黄石市饮用水源保护区评价结果表　　单位：mg/L（pH除外）

项　目	pH	溶解氧	高锰酸盐指数	粪大肠菌群/（个/L）	氨氮	石油类	挥发酚	氟化物	总磷
平均值	8.07	6.96	3.24	7 958	0.281	0.02	0.002	0.199	0.138
超标个数	0	0	0	0	0	0	0	0	0
超标率	0	0	0	0	0	0	0	0	0
标　准	6~9	≥5	≤6	≤10 000	≤1.0	≤0.05	≤0.005	≤1.0	≤0.2

二、黄石市饮用水源保护区水质评价

（一）水质监测结果评价

从表1可见，2007年pH范围为7.79~8.26，总磷浓度范围为0.060~0.162mg/L，溶解氧浓度范围为5.81~8.00mg/L，高锰酸盐指数浓度范围为1.80~5.98mg/L，粪大肠菌群最高为9 200个/L，氟化物浓度范围为0.072~0.533mg/L，挥发酚为0.002mg/L，石油类为0.02mg/L，氨氮浓度范围为0.130~0.383mg/L。由表2可见，饮用水源各污染因子超标率均为零，达标率均为100%，达到了地表水Ⅲ类水质标准。

（二）饮用水源地水质变化趋势

长江黄石市区水源地花湖取水口是黄石市长年的饮用水监测断面，选取近五年的数据进行比较，监测结果见表3。

表3　水源地水质变化趋势分析表

水源地名称：长江黄石市区水源地花湖取水口				水源地编码：FC000000420200S	
水质指标		起始年水质指标浓度	现状年水质指标浓度	水质变化趋势分析的时间/年	年均变化幅度/%
代码	名称				
	溶解氧	6.8	6.8	5	0
	高锰酸盐指数	2.6	2.4	5	-1.5
	生化需氧量	2.2	1.8	5	-3.6
	氨氮	0.18	0.20	5	2.2
	石油类	0.01	0.01	5	0
	氟化物	0.15	0.13	5	-2.7
	氯化物	7.0	6.7		-0.8
	铁	0.065	0.095	5	9
	酚	0.002	0.002	5	0

由表 3 可见，黄石市饮用水水源地水质各监测项目浓度变化不大，水质较为稳定，五年水质均能达到《地表水环境质量标准》（GB 3838—2002）中Ⅲ类水质标准。

三、结　论

（1）饮水安全直接关系到广大人民群众的生活质量和身心健康，关系到环境安全和社会稳定。

（2）黄石市饮用水源各污染因子超标率均为零，达标率均为 100%，达到了地表水Ⅲ类水质标准。

（3）黄石市饮用水水源地水质各项目变化不大，水质较为稳定，五年水质均能达到《地表水环境质量标准》（GB 3838—2002）中Ⅲ类水质标准。

参考文献

［1］彭文彬．黄石市“十五”环境质量报告书［M］．黄石：黄石环境监测站，2005：148.
［2］曹阳．饮用水水源地环境保护规划 . 2008. 7.

黄水河流域地下水污染风险评价研究

刘海娇[1]　张保祥[1]　孙清山[2]　孟凡海[2]
（1. 山东省水利科学研究院　山东　济南　250013；
2. 山东省龙口市水务局　山东　龙口　265701）

摘　要　在对研究区污染源调查与灾害评级的基础上，提出了进行地下水污染风险定性评价的方法，建立了基于 GIS 的地下水脆弱性、地下水价值和污染灾害分级图，对地下水污染风险进行了评价。结果表明，地下水污染高风险区主要分布在河流及主要支流两岸和城区附近，该区域污染荷载多，地下水自我防护能力差，抗污染能力弱，易受到污染。

一、研究方法

地下水污染风险可定义为地下水污染的概率与污染后果之乘积，一般指含水层中地下水由于其上的人类活动而造成污染到不可接受的水平的可能性。计算公式如下[1]：

$$R = P \cdot C \tag{1}$$

式中：R 为风险（后果/时间）；P 为失事概率（事故数/单位时间）；C 为对应的失事后果（后果/每次事故）。

本文用污染源的灾害分级代替地下水污染的概率，合并地下水脆弱性图与地下水价值图可取代地下水污染后果。地下水污染风险性高，指高价值的地下水资源将会受到灾害高的污染源的污染。

首先在地下水脆弱性评价和地下水价值评价的基础上合并地下水脆弱性图与地下水价值图，生成地下水保护紧迫性图，再与地下水污染源灾害分级图合并产生地下水污染风险图[2]，最后进行地下水污染风险评价。具体流程如图 1 所示。

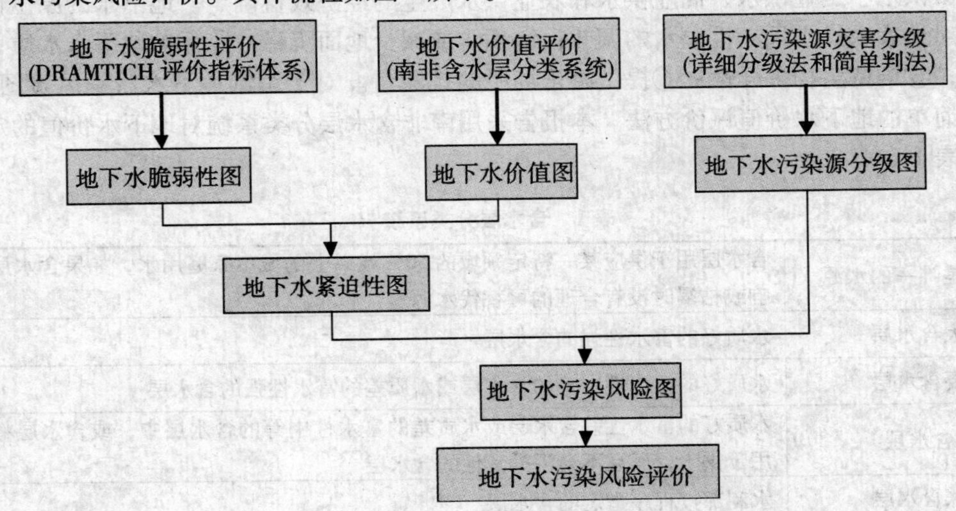

图 1　地下水污染风险评价流程

因而，评价地下水污染风险需要编制 3 张基础图：地下水脆弱性图、地下水价值图和地下水污染源灾害分级图。

基金项目：科技部国际科技合作与计划交流项目（2007DFB70200），山东省科技发展计划项目（2006GG2206010）

二、地下水脆弱性评价

地下水的脆弱性是指基于地下水系统固有属性与人类活动共同影响下的地下水容易受到污染及产生潜在不良后果的可能性。由于自然保护能力的差异，含水层地下水在一些地区比起另一些地区更容易遭受污染。本文采用 DRAMTICH[3] 地下水脆弱性评价指标体系进行地下水脆弱性评价。

DRAMTICH 评价指标体系包括 8 项指标，分别是：地下水位埋深（D）、含水层补给模数（R）、含水层岩性（A）、地下水环境（M）、地形坡度（T）、非饱和带岩性（I）、含水层导水系数（C）及人类活动影响（H）。DRAMTICH 评价指标体系由 3 部分组成，即范围（类别）、评分和权重，其指数用数字大小来表示：①范围（类别）：根据各个评价指标对地下水防污性能作用的大小将其分为不同的范围（数值型）和类别（文字型）；②评分：其取值范围为 1～10，分别对应于每个评价指标的变化范围（类别）；③权重：取值范围为 1～5，分别对应不同的评价指标。

地下水脆弱性 DRAMTICH 评价方法的计算结果为以上 8 个指标评分的加权总和。由下式确定：

$$D_i = \sum_{j=1}^{8} w_j \times r_j \tag{2}$$

式中：D_i 为地下水脆弱性 DRAMTICH 评价方法总评分（指数）；w_j 和 r_j 分别为评价指标 D、R、A、M、T、I、C 和 H 的权重和评分。DRAMTICH 地下水脆弱性指数的最小值和最大值分别为 26 和 256。

三、地下水的价值评价

地下水的总价值由“开采价值”和“原位价值”两部分组成[6]。地下水的开采价值可以用地下水城市供水、工业供水、商业供水和农业供水产生的经济效益确定。地下水的原位价值可能包括：①对地表水供水周期性缺水的调节；②预防或减少地面沉降；③保护地下水水质；④防止海水入侵；⑤维持生物多样性；⑥提供游乐场所的排泄量。对于编制地下水污染风险图的目的，可用一些简单的地下水价值评价方法。本报告采用南非含水层分类系统对地下水价值的定性评价方法，见表 1 和表 2。

表 1　含水层分类系统[4]

含水层是唯一的水源	含水层用于供应某一特定领域的 50% 或以上的城市家庭用水，如果含水层受到影响或枯竭时没有合理的可替代水源
重大含水层	水质好的富水性强的含水层
次要含水层	水质好的富水性中等的含水层或水质差的富水性强的含水层
弱含水层	水质好的富水性差含水层或水质差的富水性中等的含水层中，或含水层将永远能用于供水，而且不会污染其他的含水层
特殊含水层	水利部按程序指定的含水层

四、地下水污染源灾害分级评价

（一）地下水污染源的调查

在进行地下水污染源分级之前首先需要进行污染源调查，本文采用美国环保署颁布了污染源调查的流程[5]，如图 2 所示。

表2 通过含水层分类系统对地下水价值的定性评价[4]

含水层分类	价值分级	定性评价	备注
含水层是唯一的水源	10	高价值	一旦一个含水层的分类系统被确定，那么，就可以进行地下水价值评价。唯一来源的含水层为高价值，是因为造成的后果是社会对含水层不能再使用。一个特殊含水层系统可以是任何级别的价值，它只是一个依据资格被指定的具有不同法律地位的含水层
重大含水层	8	高价值	
次要含水层	5	中价值	
弱含水层	2	低价值	
特殊含水层	2~10	高、中或低价值	

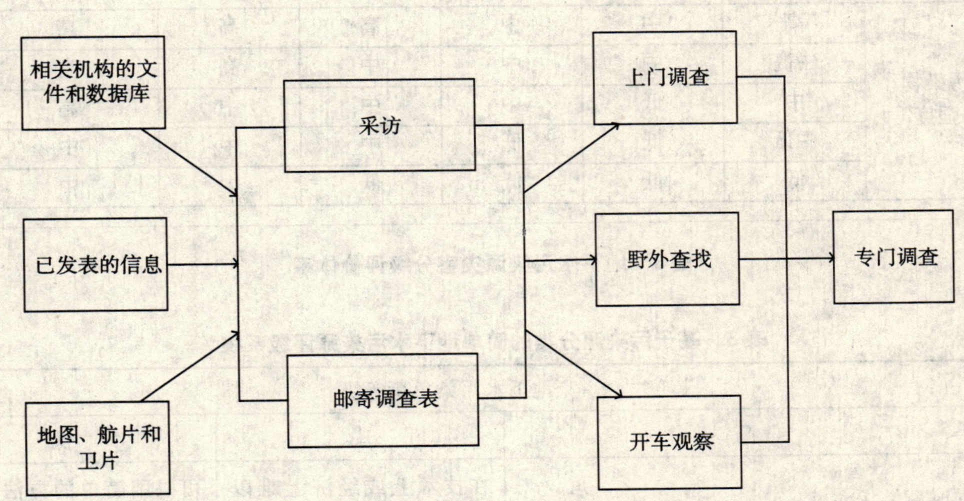

图2 美国环保署污染源调查流程与方法

地下水水质受到许多污染源的威胁。常见的污染源如下[6]：①自然污染源：包括非有机质、微量元素、放射性物质和有机质；②农林污染源：包括化肥、农药、动物粪便和灌溉回归水等；③城市污染源：包括固体废弃物堆放场、污水排放、储存库、地面径流、泄漏等；④矿山与工业污染源：包括尾矿、矿坑水、固体废弃物、污水、回灌井和泄漏等；⑤水管理失误：包括海水入侵、咸水上移、废井和污染的地表水等；⑥其他污染源：包括交通、自然灾害和空气污染等。

（二）污染源灾害分级

污染源灾害评价的方法可分为两种：详细分级法和简单评判法。

1. 详细分级法在调查污染源的污染物类型、污染物总量、污染物堆放方式、地层对污染物的自净作用和污染物向地下水的迁移途径的基础上对污染源的灾害进行分级，其成果有助于对污染源的治理和地下水源的保护。

Foster 和 Hirata[7]提出了一个污染源的分级方法。该分级方法利用以下污染源的主要特性：①污染物分类（降解和吸附程度）；②污染物堆放形式（在含水层的位置和淋滤水量）；③污染物总量（污染物浓度与补给量的影响）；④污染物存在时期（堆放时期和产生污染物的概率）。图3表示用上述4个主要特性对污染源分级的矩阵评价方法。

2. 简单评判法应用现有的污染源类型及其所处含水层的位置信息评价可能对地下水造成污染的威胁，其成果对于提高公众保护地下水的意识和政府职能部门预防地下水污染十分有用。

基于污染源分类的简单地下水污染源评级系统[7]，如表3所示。

污染源强度矩阵		污染物总量		
		低	中	高
堆放时期	高	中	中高	高
	中	中低	中	中高
	低	低	中低	中

污染物迁移矩阵		污染物分类		
		低	中	高
堆放方式	高	中	中高	高
	中	中低	中	中高
	低	低	中低	中

地下水污染灾害分级矩阵		污染物迁移				
		低	中低	中	中高	高
污染物强度	高	中	中	高	高	高
	中高	中	中	中	高	高
	中	低	中	中	中	高
	中低	低	低	中	中	中
	低	低	低	低	中	中

图3　地下水污染源灾害分级评价体系

表3　基于污染源分类的简单地下水污染源评级系统

污染源	地下水污染负荷等级		
	高	中	低
自然污染源	水文地球化学条件（潜在）引起饮用水健康的问题	在技术上或经济上难以解决的水文地球化学条件（潜在）引起的美学，味道或气味问题	可以用简单的方法解决的水文地球化学条件（潜在）引起的美学，品位或气味问题
农林污染源	密集的生产，使用化肥和农药。处理粪便，化肥，农药的位置是潜在的点源	适度使用化肥和农药；灌溉	传统或“生态”的生产；广泛的放牧区
城市污染源	人口密度高，没有或部分支付的下水道水管	人口密度高，全覆盖的污水总管；人口密度低，没有封面的下水道水管	人口密度低，全部或部分支付的下水道水管
矿山与工业污染源	依赖于开采矿物的挖掘（如放射性，硫化矿和煤炭；如果没有或有限的有害物质泄漏，则属于低到中）；工业：化学、金属加工、石油和天然气、炼油厂、石化、制药、表面涂层	农用工业、电子、金属、纸浆和造纸、肥皂和洗涤剂	食品和饮料业、非金属矿物、纺织品（如洗涤或染色则为高）、木工（如果保存或上漆则为高）
垃圾处理场	工业危险废物或易化学反应的废物、大量家居废物、混合废物	少量家居废物	惰性工业废物
废水	污水塘、渗透池塘、湿地、灌溉	其他处理设施	
水管理失误	基于具体的水文地质条件的专家判断。可能有危害的例子是：不合理的井（场）的设计，海水内侵，不受控制的土地开发或灌溉，水坝，排水网，故意局部浸润（高到低）		

五、应用实例

(一) 研究区概况

黄水河流域位于山东半岛北部，发源于栖霞市的主山，自东南向西北经龙口市境内流入渤海，流域内总的地形是东南高、西北低，南部为低山丘陵，北部为平原，平原面积约占流域总面积的20%，南部最高点高程450m。黄水河流域呈残叶状，南北长约50km，东西宽约30km，干流全长55.43km，流域面积1 034.47km^2，主要支流十一条。

黄水河是流经龙口市最大的一条河流，龙口市城区（黄城）位于该流域内西北部。黄水河流域地理位置见图4。

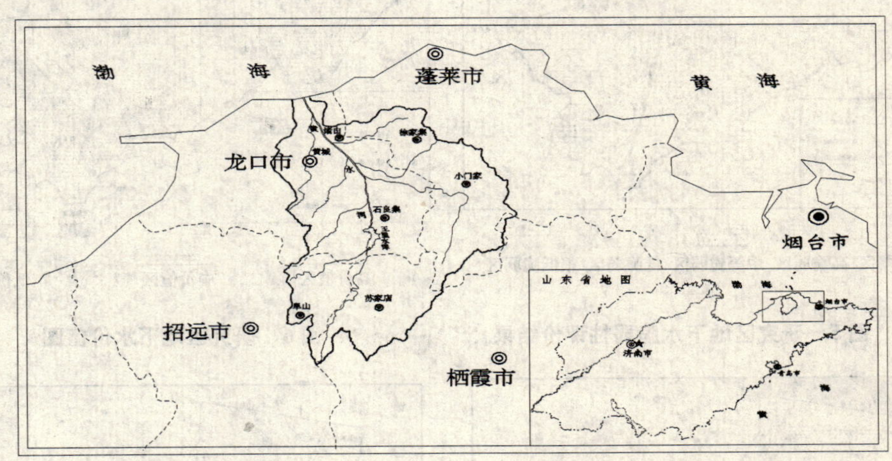

图4　黄水河流域地理位置图

(二) 研究区地下水污染风险评价

1. 地下水脆弱性评价

根据DRAMTICH评价方法，利于国产地理信息系统MapGIS作为空间分析计算工具，对各个指标进行加权计算，得出各分区的总评分值，根据总评分值，进行再分类，最终得到黄水河流域中下游地下水脆弱性分布图[8]，结果如图5所示。

2. 地下水价值

根据研究区含水层富水性和表1确定出含水层的类型，然后根据表2确定研究区的地下水价值，结果如图6所示。

3. 污染灾害分级

通过对研究区域的调查，研究区的主要污染源为：工业污染源、城市污染、农业污染、垃圾处理场等。

本文根据实际资料情况，采用简单评判法与详细分级法相结合的方法，进行地下水污染源灾害分级。结果如图7所示。

4. 地下水污染风险评价

合并地下水脆弱性图与地下水价值图得到地下水紧迫性图，合并方法如表4所示，结果如图8所示。合并地下水紧迫性图与地下水污染灾害分级图，得到地下水污染风险图，合并方法如表5所示，结果如图9所示。

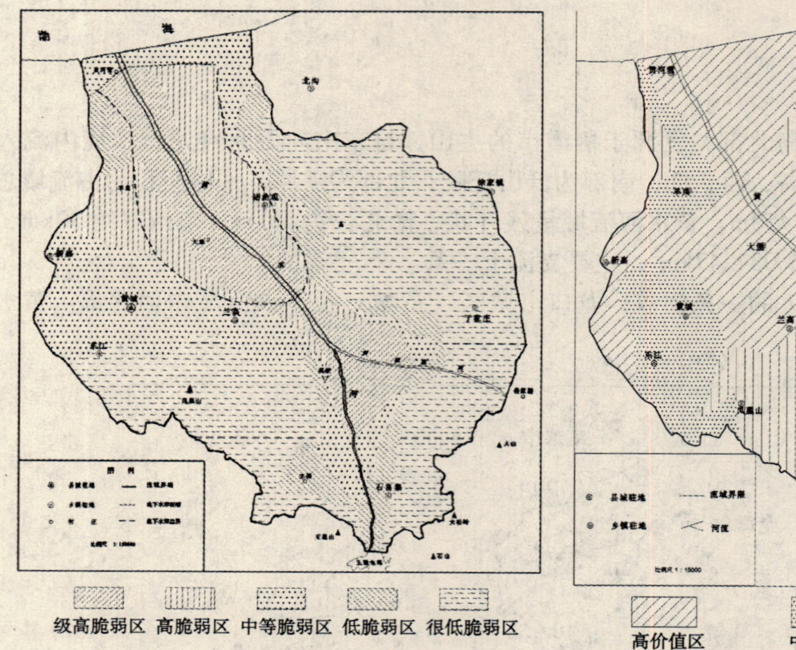

图5 研究区地下水脆弱性评价结果

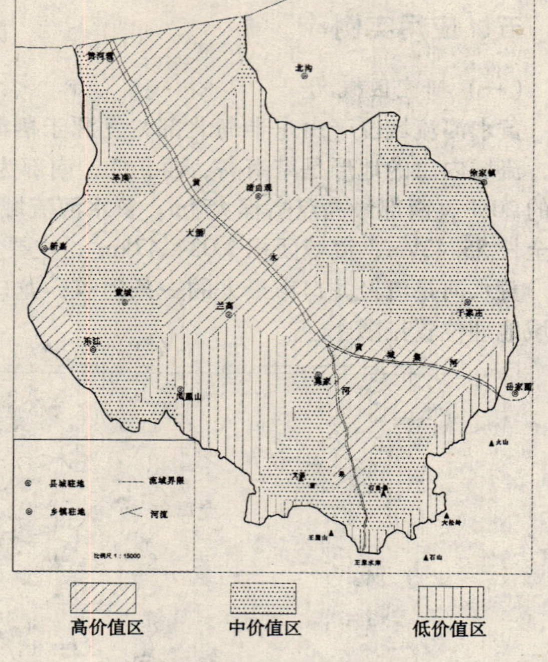

图6 研究区地下水价值图

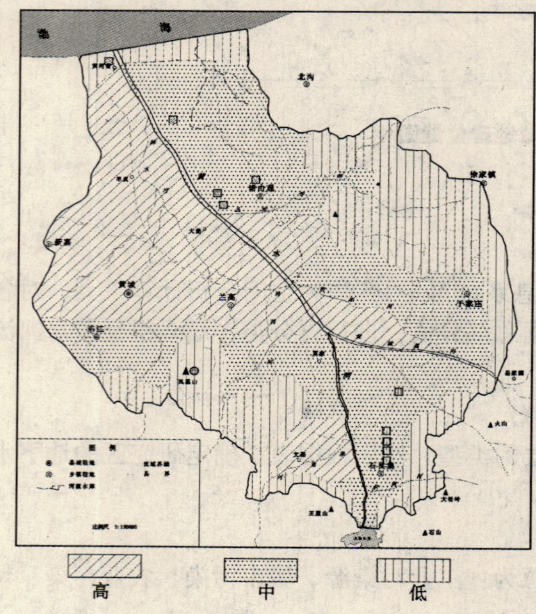

图7 研究区地下水污染灾害分级图

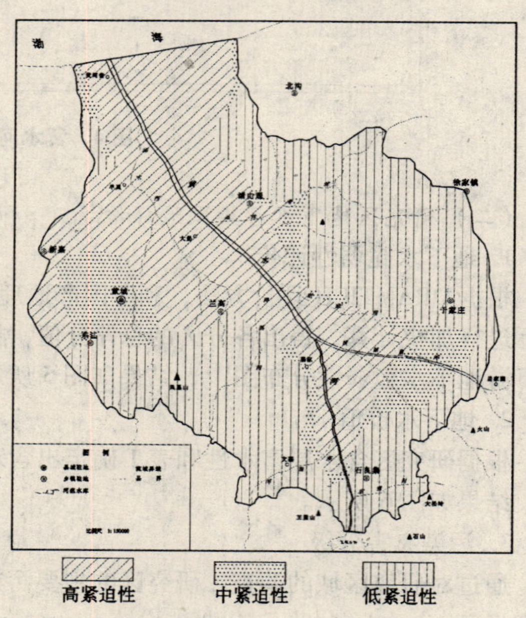

图8 研究区地下水保护紧迫性图

六、结果分析

1. 黄水河中下游地区地下水污染低风险面积最大，占总面积的44.98%；高风险的地区分布面积次之，占总面积的42.97%；中等风险区分布面积小，占总面积的12.05%。

2. 地下水污染高风险区主要分布在黄水河及其主要支流两岸和黄城城区区域。该区域污染荷载多，地下水自我防护能力差，抗污染能力弱，易受到污染，且黄水河流域的两个地下水源地均位于该区域内，因此，需要划定水源保护区，对地下水源地加以保护。

表 4　地下水紧迫性合并方法

地下水保护紧迫性		地下水脆弱性		
		低	中	高
地下水价值	高	中	高	高
	中	低	中	高
	低	低	低	中

表 5　地下水污染风险图合并方法

地下水污染风险		地下水保护紧迫性		
		低	中	高
地下水污染灾害分级	高	中	高	高
	中	低	中	高
	低	低	低	中

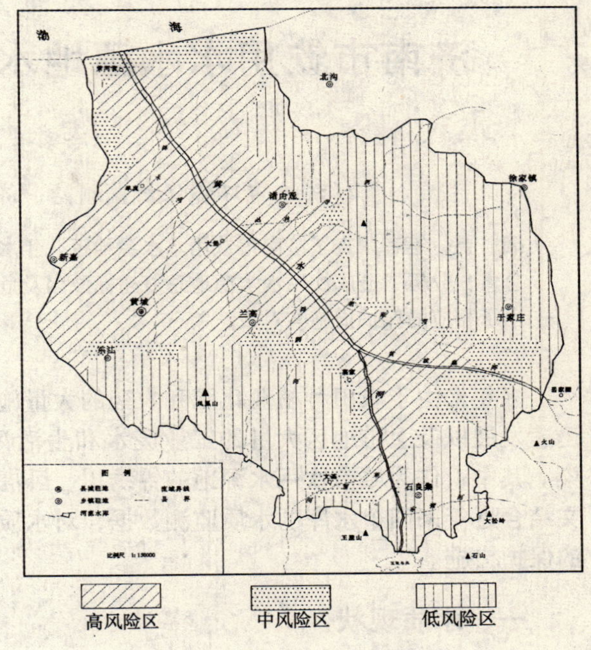

图 9　地下水污染风险图

3. 地下水污染低风险区主要分布在西南部和东部低山坡地区域。主要是该区域污染荷载少，地下水自我防护能力较强。

4. 地下水污染高风险区和中等风险区，易受到污染，在建设项目时，应尽量避免建设污染性强的工业企业，居民区尽量全部铺设下水道。纺织食品等企业应尽量建在地下水污染低风险区。同时要加强地下水污染的治理与监管。

参考文献

[1] 国家环境保护总局．建设项目环境风险评价技术导则（HJ/T 169－2004）[S]．2004，12，11.

[2] Zaporozec A. Groundwater contamination inventory, a methodological guide [M]. IHP－VI, UNESCO, 2004.

[3] 张保祥，孟凡海，张欣．基于 GIS 的黄水河流域地下水脆弱性评价研究 [J]．工程勘察，2009（8）：47－50.

[4] Parsons R. A South Africa aquifer system management classification [M]. Pretoria. South Africa: Water Research Commission, Report KV77/95, 1995.

[5] U. S. Environmental Protection Agency. Guidance for conducting contaminate source inventory for public drinking water supplies: technical assistance document [M]. Washington D. C.: 5 US EPA, Office of Water, 70/9－91－014, 1991b: 22－30.

[6] 周仰效，李文鹏．地下水水质监测与评价 [J]．水文地质工程地质，2008（1）：5－7.

[7] Foster S S D, Hirata R. Groundwater pollution risk assessment－a methodology using available data [M]. Lima, Peru: Pan American Centre for Sanitary Engineering and Environmental Sciences (CEPIS), 1998.

[8] 张保祥．黄水河流域地下水脆弱性与水源保护区划分研究 [D]．中国地质大学博士学位论文，2006.

济南市饮用水水源地水质现状与保护对策探讨

冷家峰　张华玲

（济南市环境保护监测站　济南市山大路183号　250014）

摘　要　笔者调查了济南市饮用水水源地近几年水质现状。结果表明：四个水库水质主要污染因子为总氮，分析了造成饮用水水源地总氮超标原因及危害，农业面源污染是各水库流域的主要污染源，提出了相应的保护措施与对策。

多年来由于农田种植业化肥和农药的大量施用，尤其氮肥的不合理施用、禽畜水产养殖业的迅速发展以及上游地区大量的工业废水和生活污水的排入，使得各水库均受到了不同程度的污染。其中，作为城市饮用水源地的锦绣川、卧虎山、玉清湖、鹊山四水库水质状况令人担忧。本文结合近年来四个水库的水质监测数据，对水质现状、污染因子超标原因进行分析，并提出相应的保护措施。

一、水质现状

济南市城市供水90%以上来自锦绣川、卧虎山、玉清湖、鹊山四水库，年供水量约25 000万m^3。水库水质质量直接关系到居民用水安全问题，关系到百姓的身心健康问题。市环保监测站每月对其进行一次水质分析，环保总站现投资约800万元，正在安装在线监测设备，对水质进行实时监控和预警，以保障居民饮用水的安全性。2007—2009年水库水质主要污染指标监测结果见表1。

表1　济南市饮用水源地连续三年水质监测结果表　　单位：mg/L

水体	年度	COD_{Mn}	化学需氧量	BOD_5	总氮	总磷	氨氮	粪大肠菌群（个/L）
鹊山水库	2007	2. 71	13. 9	1. 48	2. 88	0. 016	0. 197	544
	2008	2. 37	13. 8	1. 86	2. 53	0. 026	0. 186	327
	2009	2. 11	14. 0	2. 08	2. 70	0. 025	0. 166	489
玉清湖水库	2007	2. 82	15. 0	1. 37	3. 35	0. 023	0. 243	557
	2008	2. 38	13. 9	1. 89	3. 4	0. 034	0. 218	331
	2009	2. 22	14. 4	2. 03	3. 60	0. 030	0. 186	464
锦绣川水库	2007	1. 29	11. 0	1. 14	4. 22	0. 012	0. 157	639
	2008	1. 56	11. 5	1. 97	3. 38	0. 025	0. 192	359
	2009	1. 52	12. 1	2. 04	2. 96	0. 024	0. 185	648
卧虎山水库	2007	1. 58	11. 3	1. 75	6. 25	0. 017	0. 199	749
	2008	1. 92	12. 4	2. 4	5. 19	0. 035	0. 251	279
	2009	1. 96	13. 5	2. 21	4. 18	0. 038	0. 266	575
地表水环境质量Ⅱ类标准		≤4	≤15	≤3	≤0. 5	≤0. 025	≤0. 5	≤2 000

由表1监测结果可见鹊山、玉清湖、卧虎山、锦绣川四水库连续三年总氮均超标，并且超标率为100%，超标倍数见表2。

表2 监测结果超标倍数水体年度 COD_{Mn}

水体	年度	COD_{Mn} (mg/L)	COD_{Cr} (mg/L)	BOD_5 (mg/L)	总氮 (mg/L)	总磷 (mg/L)	氨氮 (mg/L)	粪大肠菌群 (个/L)	营养分级
鹊山水库	2007	2.71	13.9	1.48	2.88	0.016	0.197	544	中营养
	超标倍数	0	0	0	4.76	0	0	0	—
	2008	2.37	13.8	1.86	2.53	0.026	0.186	327	中营养
	超标倍数	0	0	0	4.06	0.04	0	0	—
	2009	2.11	14.0	2.08	2.70	0.025	0.166	489	中营养
	超标倍数	0	0	0	4.4	0	0	0	—
玉清湖水库	2007	2.82	15.0	1.37	3.35	0.023	0.243	557	中营养
	超标倍数	0	0	0	5.7	0	0	0	—
	2008	2.38	13. 9	1.89	3.4	0.034	0.218	331	中营养
	超标倍数	0	0	0	5.8	0.36	0	0	—
	2009	2.22	14.4	2.03	3.60	0.030	0.186	464	中营养
	超标倍数	0	0	0	6.2	0.2	0	0	—
锦绣川水库	2007	1.29	11.0	1.14	4.22	0.012	0.157	639	中营养
	超标倍数	0	0	0	7.44	0	0	0	—
	2008	1.56	11.5	1.97	3.38	0.025	0.192	359	中营养
	超标倍数	0	0	0	5.76	0	0	0	—
	2009	1.52	12.1	2.04	2.96	0.024	0.185	648	中营养
	超标倍数	0	0	0	4.92	0	0	0	—
卧虎山水库	2007	1.58	11.3	1.75	6.25	0.017	0.199	749	中营养
	超标倍数	0	0	0	11.5	0	0	0	—
	2008	1.92	12.4	2.4	5.19	0.035	0.251	279	中营养
	超标倍数	0	0	0	9.38	0.4	0	0	—
	2009	1.96	13.5	2.21	4.18	0.038	0.266	575	中营养
	超标倍数	0	0	0	7.36	0.52	0	0	—
地表水环境质量Ⅱ类标准		≤4	≤15	≤3	≤0.5	≤0.025	≤0.5	≤2 000	—

由表2可见超标倍数最大为11.5倍，最小为4.06倍，总磷略有超标，超标倍数最大为0.52倍，最小为0.04倍。其余指标均达到地表水环境质量Ⅱ类标准，水库水质保持稳定，水体呈中营养状态。

二、污染原因分析

水库的污染可分为内源污染和外源污染两大类。内源污染主要是底泥中营养成分的释放，外源污染包括点源和面源污染两种。点源主要指城市工业废水和生活污水等集中排放的污染源，面源污染包括农田种植业、禽畜水产养殖业、地表径流等农业自身产生的污染源和山林山地自然污染源。资料显示化肥农药污染、禽畜粪便污染、养殖污染等农业面源污染已成为水库流域内最大的污染源。因此，控制外源对水库水体污染的关键在于控制农田排水以及禽畜水产养殖等农业面源污染[1]。

水库库存水主要来源于大气降水和地表径流，汇水区域主要包括锦阳川、锦云川、锦绣川三川流域，流域内农业生产施用的农药化肥产生的面源污染、餐饮废水以及部分未经处理的工业废水和生活污水造成两水库水体的营养化现象。

三、污染因子超标危害

四水库水质呈中营养化状态，水体富营养化是指水体接纳过量的氮、磷等营养物质，使藻类以及其他水生生物异常繁殖，水体透明度和溶解氧下降，造成水质恶化，严重的藻类暴发而引发的水质灾害。在富营养化的湖泊中，水生生物的群落、种群结构会发生变化，一些耐污种的个体数量猛增，相反一些非耐物种数量减少甚至消失。鱼类等水生动物也是如此，往往一些优质种减少或消失而低劣质种增加，影响水产养殖业经济效益。

水体富营养化主要营养因子为N、P，N、P超标势必引起水体富营养化，水体富营养化会导致藻类大量繁殖，并产生一种能对水生生物和人体健康有毒害作用的藻毒素，能产生毒素的藻类多为蓝藻，其中以铜绿微囊藻、节球藻、水华鱼腥藻和水华束丝藻毒性最大。微囊藻毒素是分布最广、最复杂的一种毒素，研究结果发现它是迄今为止已发现的最强的肝肿瘤促进剂。

1996年福建东山岛有136人因食用被藻毒素污染的水产品而中毒。动物饮用含有藻毒素的水会导致腹泻和死亡。有人认为，饮用藻毒素污染的水会引起肠道疾病，动物实验发现藻毒素可能有致畸、致突变作用。武汉东湖蓝藻水华毒性研究结果也表明，8～10月份的蓝藻水华对小白鼠有毒性，毒素属肝毒素类型。目前淡水藻毒素已引起科学家越来越多的重视[2]。

四、饮用水水源地保护对策

（一）加强饮用水水源地保护，切实保障群众饮水安全

切实加强饮用水水源地保护重点工程建设，完成仲宫镇污水处理厂建设，确保稳定运行，彻底消除南部山区生产、生活污水对饮用水水库的污染；加强饮用水源地一级保护区的隔离防护；加快南部山区村镇生活垃圾收集及转运设施的建设；加大流域污染防治工作力度，建立跨界断面水质考核机制，依法取缔饮用水水源保护区内的违法建设项目；健全和完善饮用水水源应急处置预案和管理制度，严密监控，消除污染隐患，确保饮用水安全。

（二）落实生态省市长目标责任书，深化南部山区生态环境保护工作

认真分解落实新一轮生态省建设市长目标责任书，强化日常调度检查和年度考核工作，积极推进生态市创建工作。深入开展生态示范区、优美乡镇、生态文明村创建工作。结合社会主义新农村建设，着力推进农村小康环保行动计划，全面加强农村环境保护，防止工业和城市污染向农村转移、扩散。

抓好南部山区生态功能区、旅游观光区的综合治理，严格控制开发建设，逐步搬迁和关闭污染企业；加快小流域综合治理，抓好地下水渗漏区域特别是玉符河的环境综合整治，抓好南部山区自然保护区、森林公园、风景名胜区、生态功能保护区的建设，抓好被破坏山体的生态修复，逐步实施退耕还林、还草，尽快恢复和提高生态保障功能。

（三）加强农村环境保护工作，切实改善农村环境质量

及时调整、优化流域的产业结构，结合农业结构调整，发展生态农业和有机农业；加强畜禽、水产养殖的环境监督管理，加强农业面源污染防治工作，指导群众合理施用化肥、农药、地膜，采取措施控制氮、磷污染，逐步减轻湖库富营养化。积极开展农村水污染防治工作，因地制宜地开展生态处理技术、生物处理技术等污水分散式处理技术评价研究，将农村污水纳入全市污水处理系统，减轻面源污染影响。四个水库以磷、氮等营养元素污染为主，控制污染关键在于控制外源磷、氮的入库负荷和内源磷、氮养分的含量，特别是控制农业磷、氮污染物入库。 各水库污染防治措施及对策根据各水库目前的水环境状况，尤其是富营养化趋势，必须进一步加强分析控制及防治对策的研究。对水库水环境污染的防治必须加大力度，要工程措施与非工程措施并举，点源与面源、内源与外源治理相结合，近期治理与远期目标相结合，依法治水，坚持可持续

发展战略，实现社会经济和环境协调发展。

（四）加强生活污染源污染防治

水库上游点多面广的农村生活污染源（包括农村生活污水和农村固体废弃物）是造成水体富营养化的主要原因之一。对村落污水可采用低能耗处理技术或无害化资源化的生态处理技术进行处理，大幅度减轻对水库的污染；对人畜粪尿和农村地区其他有机固体废弃物应加强管理，杜绝乱丢弃，要以形成家庭生态系统小循环为努力方向，推广庭院式生态系统技术，即将它们作为沼气原料，沼气作为家庭燃料，沼渣及发酵后废液是一种高效的有机肥料。这样既能削减对水库水体造成的污染，又能加强农村生态环境建设，推动农村生态系统建立良好的物质能量循环。

（五）对水库水体进行生态修复

在水库水体中培植水生植物群落，水生植物根区为微生物提供了附着生长表面，对吸附和降解污水中污染物起重要作用，水生植物生长过程中大量吸收水中 N、P，有效降低水体富营养化营养源。同时，在库内放养一定数量的大型水生动物，维持生态净化系统不同营养级水平的生物对营养需求的平衡，使生态修复工程有较好的稳定性和较高的净化效果。

参考文献

[1] 熊万永．水库污染特征分析及控制对策探讨［J］．水利科技，2004（1）：6－8.

[2] 水和废水监测分析方法（第四版）［M］．北京：中国环境科学出版社，2002：12.

生活污水中化学需氧量浓度

张国峰[1]　张　越[2]

（1. 保定市环境保护监测站　河北　保定　071000；
2. 保定市环境工程评估中心　河北　保定　071051）

摘　要　我国城市污水处理厂的设计中，一般是以化学需氧量（COD）为主要设计指标，从20年前到目前，设计的城市污水处理厂进水COD浓度一般是300～350mg/L。但在监测中发现，使用的这一浓度值不一定符合目前城市污水水质的实际情况。本文通过调查和实际监测，保定市城市生活污水COD浓度在700mg/L左右，供有关部门设计城市污水处理厂及管理污水水质的参考。如果有较好的排水系统，最好是以实测值为城市污水处理厂的设计指标。

关键词　生活污水　化学需氧量　浓度

我国城市污水处理厂的设计，主要使用的水质指标是水中COD浓度，这一设计指标已用了20年。但这20年，人民的生活水平已经发生了极大的变化，以保定市为例，保定市为一座古城，20年前的住宅基本是平房，楼房较少，即使是楼房，还有相当部分是公用水房，上下水条件较差。目前城市住宅基本楼房化，用水方便，全部使用水冲式厕所。与此同时，水费从20年前的0.15元/t，涨到目前的3.50元/t。住宅的变化、生活水平的提高以及水费的涨价等，都会改变生活污水中COD浓度。本文调查了国内外的资料，提出了生活污水中COD浓度值，供设计城市污水处理厂及管理污水水质参考，更便于城市污水处理厂正常运行。

一、保定市市区城市污水处理厂设计指标及运行情况

保定市市区共有3个污水处理厂，设计进、出水指标见表1。

表1　鲁岗和银定庄污水处理厂进、出水COD设计指标

指　标	鲁岗污水处理厂		银定庄污水处理厂一期		银定庄污水处理厂二期	
设计年代	1992年		1992年		2002年	
处理水量	80 000m³/d		80 000m³t/d		160 000m³/d	
	进水	出水	进水	出水	进水	出水
COD/（mg/L）	350	100	330	100	330	60

鲁岗污水处理厂和银定庄污水处理厂一期工程1997年完成了项目竣工环境保护验收。银定庄污水处理厂二期工程2008年完成了项目竣工环境保护验收。验收监测结果见表2。

表2　鲁岗和银定庄污水处理厂进、出水COD监测结果

指　标	鲁岗污水处理厂		银定庄污水处理厂一期		银定庄污水处理厂二期	
COD	进水	出水	进水	出水	进水	出水
范围值/（mg/L）	195～756	29.2～95.6	249～1306	62.7～87.5	421～1507	36～49
平均值/（mg/L）	445	57.6	656	73.4	748	43

由表 2 可以看出，三个污水处理厂进水 COD 浓度都超过设计指标，对污水处理厂运行产生不利影响，出水 COD 浓度虽然可以达到设计标准，但稳定运行有一定困难，其他污染因子有不达标的现象。

1997 年鲁岗和银定庄污水处理厂一期工程验收时，进水 COD 浓度已经超过了设计的进水指标。但 2002 设计银定庄污水处理厂二期工程时，仍采用了 330mg/L 的进水设计指标。

保定市环境保护监测站多年对上述三个污水处理厂的监督监测结果也表明，进水 COD 浓度都超过设计指标，表 2 所列数据与平时的监督监测结果一致。经过近 20 年的发展，保定市的工业结构发生了很大变化，排放工业废水的企业大量减少，工业废水所占总水量比例有很大程度的降低，但三个污水处理厂进水 COD 仍超过设计进水指标，而且还有增加，显然 COD 来源主要为生活污水。为此，我们对保定市城市污水 COD 浓度进行了调查和监测。

二、住宅小区生活污水监测结果

我们选取了三个不同类型的生活小区和一个有食宿的学校学生生活区进行监测。监测点设在小区总排水口，为了保证监测结果的代表性，每个点位监测一天，采样六次，监测结果见表 3。

表 3　生活污水 COD 浓度监测结果

序号	监测点位	监测结果/（mg/L）	
		范围值	日均值
1	新一代小区（B 区）外排口	825 ~ 1 430	1 250
2	裕华园小区外排口	763 ~ 1 370	1 100
3	金昌小区外排口	296 ~ 1 010	606
4	河北大学坤舆园区外排口	594 ~ 1 930	1 340

所选择的生活小区及学校均为住宅，无工业、商业。新一代小区和金昌小区外排口为新建住宅小区，裕华园小区为旧城改造返迁户较多小区。河北大学坤舆园区为新建学生宿舍楼群。由表 3 可以看出，其 COD 浓度在 296 ~ 1 930 mg/L，日平均浓度在 606 ~ 1 340 mg/L。均远高于污水处理厂设计指标。说明城市生活污水 COD 浓度对污水处理厂进水有很大影响。

三、国内资料生活污水水质

（一）我国建筑部门推荐的生活污水 COD 浓度

建筑工程常用数据系列手册编写组编写的《给水排水常用数据手册》[1] 给出了典型的生活污水水质，见表 4。人们节水意识的增强，目前生活污水水质 COD 浓度接近高浓度是合理的。

表 4　建筑部门推荐的生活污水水质 COD 浓度

指标	浓度/（mg/L）		
	高	中	低
COD	1 000	400	250

（二）我国环保部门推荐的生活污水 COD 浓度

原国家环境保护总局文件，环发［2003］141 号，“关于印发全国地表水环境容量和大气环境容量核定工作方案的通知”附件一：“源强系数及应用”中城市人均产污系数为：COD 60 ~ 100g/人·d。

另外在原国家环境保护总局主要污染物减排，新增生活污水 COD 排放量的核算中，COD 产生系数全国平均取值为75g/人·d，北方城市平均值为65g/人·d。

根据《河北省用水定额》，室内有给排水淋浴设备，人日均用水量按120L计算，则人日均排水量为100L，COD产生浓度为600～1 000 mg/L。

对照表3和表4可知，环保部门与建筑部门推荐的生活污水COD浓度是一致的。

四、国外生活污水COD浓度

由国际水质协会（IAWQ）编委会主席Wogens Henze教授主编，国家城市给水排水工程技术研究中心译的《污水生物处理与化学处理技术》[2]给出的生活污水COD和BOD产生量见表5。

表5 国外生活污水COD浓度

污染物	丹麦	巴西	埃及	印度	意大利	瑞典	土耳其	乌干达	美国	德国	范围值	平均值
BOD/（kg/人·a）	20～25	20～25	10～15	10～15	18～22	25～35	10～15	20～25	30～35	20～25	18.3～23.7	21.5
COD/（kg/人·a）											41.2～53.3	48.41
一般认为：COD＝（2～2.5）BOD，$BOD_{平均值}$＝21.5 kg/人·a；$COD_{平均值}$＝48.4kg/人·a												

表5所列数据调查了10个国家，包括发达国家、发展中国家和欠发达国家，数据具有代表性。可作为保定市生活污水COD浓度的参考。参照上述负荷，COD人均产生量48.4kg/人·a，按保定市城市生活用水120L/（人·d），生活污水排水量100L/（人·d）计，计算生活污水中的平均COD浓度为1326mg/L，与保定市住宅小区外排生活污水COD浓度监测数据相差不大，远高于保定市城市污水处理厂的设计指标。

五、节约用水对生活污水COD浓度的影响

近年来通过提高全民节水意识，采用节水设备，提高水价等措施，城市用水量一直在降低。据保定晚报2008年11月21日报道，从保定市水利部门获悉，自1982年以来，保定市工业产值增加十几倍，人口增加30万的情况下，城市年取水量一直维持在1.4亿m^3的规模。同时大量关闭自备井，供水总公司的供水量从1996年以来却一直在持续小幅下降。一般情况下，COD的排放量，随生活水平的提高而增长，这一增一降，必然导致生活污水中COD浓度的升高。

六、结　论

根据国内外有关资料，生活污水化学需氧量浓度范围在600～1 326mg/L，调查了保定市内4个不同类型的住宅小区，实际监测结果日平均值在606～1 340mg/L，与国内外资料一致。保定市区工业企业排水量不大，主要是生活污水，污水处理厂进水中COD浓度在600～700 mg/L是合理的。另外，由于县级城市供水管理加强，水费征收力度增大，居民节水观念提高。从目前的监测数据分析，县级城市污水处理厂进口COD浓度也在增加。因此在城市二级污水处理厂设计中，COD浓度指标应做适当调整。如果城市有较好的排水系统，最好以实际测定值作为城市污水处理厂的设计指标。

参考文献

[1] 建筑工程常用数据系列手册编写组编．给水排水常用数据手册［M］．北京：中国建筑工业出版社，1997：140．

[2] Mogens Henze Poul Harremoes，等．污水生物处理与化学处理技术（第一版）［M］．国家城市给水排水工程技术研究中心，译．北京：中国建筑工业出版社，1999：13.

基于渗流理论的污染地下水 PRB 修复机理的耦合模型研究

狄军贞[1] 张 琦[2] 肖利萍[1]
(1. 辽宁工程技术大学建筑与工程学院 阜新 123000;
2. 河南正商置业有限公司 郑州 450052)

摘 要 针对污染物渗漏造成土壤及地下水等环境污染问题，通过分析 PRB 修复研究现状，基于吸附解析、沉淀溶解、氧化还原和生物降解等作用，将地下水渗流模型、水—反应材料相互作用的生物化学模型以及污染物质传输的运移模型耦合起来，提出建立 PRB 修复过程的耦合动力学模型，该模型的建立对发展和完善环境流体力学理论，揭示污染地下水的 PRB 修复机理，促进我国地下污染的 PRB 修复产业发展具有重要的理论意义和实用价值。

关键词 污染地下水 PRB 修复 渗流理论 耦合模型构建

污染物渗漏到地下后会对地下环境造成严重的污染，因此需要采取一些措施进行控制和治理，以使其对地下环境的危害降到最低。在过去的许多年里，西方发达国家一直采用传统的抽取处理法处理污染的地下水，实践证明这种方法不但运行周期长、耗能大，而且效率并不很高，那么寻求经济、合理而且有效的污染处理方法是摆在环境工作者面前的一个重要课题，已引起各级政府、科技界、产业界和环保企业的重视[1]。随之，国际上新兴起了用于去除土壤及地下水中污染组分的可渗透反应墙技术（Permeable Reactive Barrier，PRB），PRB 技术是在地下安置活性材料墙体以拦截污染羽状体，使污染羽状体通过反应材料后，污染物能转化为环境接受的另一种形式，从而使污染物浓度达到相关水环境质量标准，具有持续原位处理多种污染物、处理效果好、安装施工方便、性价比较高等优点[2]。

一、PRB 修复的研究现状

据国内外资料调研，目前许多学者对 PRB 修复的反应材料、机理及施工维护技术进行了大量的研究。早在 1982 年，PRB 技术就已经由美国环保局（EPA）提出，但是一直没有得到深入的研究，直到 1989 年，这种方法才首先在加拿大滑铁卢大学得到了深入的发展。自此之后，先后在加拿大的 Borden 等地建立了完整的 PRB 处理系统[3]。PRB 技术根据污染物的特性可以处理不可生物降解或难生物降解的有机物，如 Gillham、O’Hannesin（1992、1994）、Baker（1998）和 Guerin（2002）[4-7]等人利用 PRB 技术对卤代烃等有机污染物进行处理；也可以处理各种重金属污染，如 Blowes、Ptaeek（1992、1997）、Schipperl（1998）、David（2000）、Ralph（2002）[8-12]等人对铬污染进行了处理研究；Morrison（2002）[13]等人的现场修复实验表明，Fe^0 对地下水中 As、Mn、Mo、Se、U、V 和 Zn 均有很好的去除效果。Benner（1999）、Bartzas（2006）[14,15]等人应用 PRB 技术对酸性矿山水也进行了处理，取得较好的处理效果。这些学者的研究成果证明了这种技术的经济性、高效性和可行性，它在土壤和地下水环境污染治理领域中具有广阔的应用和发展前景。迄今为止，北美和欧洲已经建立了 120 座以上的 PRB 修复系统。美国北卡罗来纳州伊丽莎白城东南 5km 处受到 Cr（Ⅵ）和 TCE 的严重污染，现场土层的 Cr（Ⅵ）浓度达到 14 500mg/kg，1996 年 6 月，仅用 6h 安装完成一个长 46m，深 7.3m，厚度为 0.6m 的连续地下渗滤墙。该活性渗滤墙采用 450t 铁屑作为墙体材料，成功修复了被污染的地下水。地下水通过活性渗滤墙后，Cr（Ⅵ）浓度由上游的 10mg/L 降为 0.01mg/L，低于规定的最大浓度水平。USEPA 的报告指出，截至 2002 年，该系统已良好运行了 6 年多的时间。该活性渗滤墙建造成本为 5 万美元，与抽水处理系统相当，但几乎不需要运行费用，据估算，运行 20a，能比采用抽水系统节省 400 万美元的维护和运行成本[16]。我国在这项技术上的研究还处于起步阶段，目前对 PRB 技术的研究不多，研究内容主要集中在实验室内进行修复模拟试验和机理研究。中国环境科学研究院的孟凡生（2005）、李莉（2008）等[17,18]在 Cr（VI）污染地下水的 PRB 修复试验中指出，采用零价铁和活性炭作为反应介质的 PRB 反应器在处理 Cr（VI）污染的地下水上具有较好的处理效果；吉林大学的赵勇胜教授（2005，2006）[19,20]课题组成员通过实验模拟装置也成功去除地下水中的部分金属和有机、无机污染物；中国地质大学刘菲（2005）[21]对地下水中挥发性污染物进行了实验研究；华南理工大学的张桂华（2005）[22]、昆明理工大学的彭怡（2007）[23]以及北京师范大学的李宗良（2007）[24]通过实验研究了处理垃圾渗滤液污染物的 PRB 活性反应材料及特性，验证了 PRB 技术对处理垃圾渗滤液污染地下水的可行性；沈阳建筑大学的杨维等人（2007、2008）[25,26]利用实验验证了 PRB 技术对治理 PCBs 及重金属污染的土壤及地下水是可行的。

二、PRB 修复机理分析及存在问题

欧美一些发达国家已对其进行了大量的试验及工程技术研究，并投入商业应用，但在我国 PRB 技术仍处于试验摸索阶段。在重视引进国外先进技术的同时，必须结合我国地下水—土壤污染特性和实际经济情况，开展研究、收集地下水污染地区的土壤类型、地质状况、污染组分、污染强度、影响深度、范围、气候水文等基础数据的工作，研究不同污染物及多相污染物的 PRB 修复反应材料，深入研究污染物、水和反应材料在复杂地下环境中（水质、水压和水位变化）的耦合作用，弄清反应材料去除污染物的作用机理。

PRB 修复系统的方式中，无论对连续反应墙，还是漏斗—通道式系统，其去除污染组分的机理都主要体现在物理、化学和生物学等方面，其作用机理主要包括：改变地下环境的 pH，从而改变氧化还原电位，使得对氧化还原环境变化敏感的污染组分从水中加速析出或衰减；通过反应材料的溶解与污染组分沉淀析出，达到净化的目的；通过反应材料的高吸附性，去除水中的污染组分；反应材料作为微生物活动的电子受体或养分供给，加速地下水中的微生物活动，增大污染组分的生物降解速率等。但该技术在去除污染物的机理方面尚有一些不完善之处，如地下水中的 pH、Eh、O_2 等因素的变化对 PRB 的影响还不完全明确，系统对硝酸盐、硫酸盐和磷酸盐等无机离子的去除机理还有待进一步研究，双金属系统反应速率的增加及其反应机理还不十分清楚。在实际的地下环境中，地下水污染通常是由多种组分共同造成的复合型污染，而目前研究对地下水复杂的行为了解不够，研究对象也比较单一，对多组分、多相污染物共同作用的研究较少。因此，还需进一步研究在复杂地下环境中可同时高效去除多相复合污染物的 PRB 反应材料及技术改进，深入弄清 PRB 去除地下污染物的机理和规律。

综观地下水污染的 PRB 反应墙修复研究成果与进展，可以发现，目前主要存在以下几个方面的问题：①对 Fe^0 及其他反应材料去除单一的某种污染物方面的研究较多，而对去除多相复合污染物的反应材料的研究相对较少；②对于复杂变化的地下水系统，基于地下环境中的水质、水位和水压等因子的变化对 PRB 的影响因素的研究较少，而考虑几种因子耦合影响的研究报道就更少；③考虑到吸附解吸、沉淀溶解、氧化还原和生物降解等作用条件，将地下水渗流模型、水—反应材料相互作用的生物化学平衡模型以及污染物质传输的运移模型耦合起来，解决地下水中污染物 PRB 修复的研究未见报道。

三、基于渗流理论的 PRB 修复机理的耦合模型构建

如同地下污染物迁移一样，PRB 反应墙去除污染物的过程是多孔介质中水—溶质—反应材料之间的耦合过程。地下污染物在水力梯度的作用下随地下水运移通过反应材料，污染物在反应

材料中进行吸附解析、沉淀溶解、氧化还原、生物降解等一系列转化，直到水力停留时间之后流出反应墙。由此可见，PRB 反应墙的去污过程是溶质在多孔介质中的生物化学和迁移转化过程，所以在机理分析时应将多孔介质渗流理论、溶质运移理论与生物化学反应理论相结合，而建立的数学模型应是生物化学反应动力学模型、地下水溶质运移模型和地下水动力学模型的耦合方程。

（一）生物化学反应和溶质运移耦合数学模型

污染物在土壤水环境中运移过程往往伴随有物理、化学和生物的作用，因此基于吸附解析、沉淀溶解、氧化还原和生物降解等作用，建立污染物生物化学反应和溶质运移的耦合方程[27]。

$$[\theta + \rho_b k_P]\frac{\partial c}{\partial t} + c\frac{\partial c}{\partial t} + \nabla[-\theta D_L \nabla c + \vec{u}c] = \theta\varphi_L c + \rho_b k_P \varphi_P c + S_c \tag{1}$$

式中，θ 为含水率；ρ_b 为固体干密度，kg/m^3；k_P 为吸附系数，m^3/kg；c 为污染物浓度，kg/m^3；φ_L，φ_P 为水溶解相和吸附项衰减系数，d^{-1}；$\vec{u}$ 为 Darcy 流速，m/s；S_c 为污染物源汇项，kg/（m^{3}d）；D_L 为水动力弥散系数，m^2/d；弥散系数的表达式为：

$$\begin{cases} \theta D_{Lii} = \alpha_L \dfrac{u_i^2}{|\vec{u}|} + \alpha_T \dfrac{u_j^2}{|\vec{u}|} + \theta D_m \tau_L \\ \theta D_{Lij} = \theta D_{Lji} = (\alpha_L - \alpha_T)\dfrac{u_i u_j}{|\vec{u}|} \end{cases} \tag{2}$$

式中：α_L，α_T 为纵、横向弥散度，m；D_m 为分子扩散系数，m^2/d；τ_L 为多孔介质的弯曲度。

（二）地下水动力学数学模型

Darcy 定律和连续性方程结合后即可导出描述水分运动的基本方程，如下[28]：

$$S\frac{\partial H}{\partial t} - \nabla \cdot [K\nabla(H + D)] = Q \tag{3}$$

式中：H 为水头，m；K 为渗透系数，m/d；$S = \gamma(\alpha + n\beta)$ 为单位储水系数，m^{-1}；Q 为源汇项，kg/（m^{3}d）；D 为坐标向量，m。

（三）定解条件

通过以上分析得出污染物在 PRB 修复过程的控制方程，但是对于特定的问题必须加上定解条件才能构成完整的耦合动力学数学模型，定解条件如下：

1. 水分运移的初始边界条件：

$$\text{初始条件：} H(x,y,z,t)\big|_{t=0} = H_0 \tag{4}$$

$$\text{边界条件：} \begin{cases} H(x,y,z,t)\big|_{\Gamma_1} = H_1 \\ -K\nabla(H + D)\big|_{\Gamma_2} = 0 \end{cases} \tag{5}$$

2. 污染物运移的初始边界条件：

$$\text{初始条件：} c(x,y,z,t)\big|_{t=0} = c_0 \tag{6}$$

$$\text{边界条件：} \begin{cases} c(x,y,z,t)\big|_{\Gamma_1} = c_1 \\ -\theta D_L \nabla c + \vec{u}c\big|_{\Gamma_2} = 0 \end{cases} \tag{7}$$

（四）耦合模型求解方法分析

方程（1）～（7）构成了 PRB 修复的耦合动力学模型，该方程组的解耦过程为，通过求解水分运移方程（3），求出压力水头 H，进而求出流速 $\vec{u}$，通过耦合项 $\vec{u}$ 将溶质运移方程（1）进行求解，得出污染物浓度分布。由于上述建立的数学模型是一个二阶强非线性方程组，无法求出解析解，所以只能通过数值解进行计算。如果选择好适当参数，处理好相应的边界条件，在土体中 PRB 修复污染地下水的机理是可以进行动态模拟的，在取得相应的资料后，可以对 PRB 修复污染地下水的情况进行预测。

四、结　论

污染地下水的 PRB 修复技术及机理研究是一个复杂的环境化学及动力学过程，因为此研究所涉及的问题是多学科的交叉点，加之问题自身的复杂性，很少有学者从环境化学和环境水动力学耦合角度出发来研究 PRB 的修复机理和作用过程。因此，研究基于地下水渗流模型、溶质运移模型和生物化学反应动力学的 PRB 修复耦合动力学模型，深入探讨修复机理、分析规律，定量化预测预报 PRB 修复反应材料的有效使用时间、修复后水质浓度及其发展趋势，为建立高效、稳定的 PRB 修复系统提供科学的理论依据，对于更科学和有效地治理地下水污染环境问题和保护地下水资源具有重要的理论意义和实际意义。

参考文献

[1] Zhao Youcai, Liu Jiangying, Huan Renhua, et al. Long Term Monitoring and Prediction for Leachate Concentration in Shanghai Refuse Landfill [J]. Water, Air Soil Pollution, 2000, 122 – 281.

[2] 刘涉江，朱琳，李木金，等. 可渗透反应格栅/墙修复地下水技术 [J]. 中国给水排水，2006，22（16）：16 – 20.

[3] 崔俊芳，郑西来，林国庆. 地下水有机污染物处理的渗透性反应墙技术 [J]. 水科学进展，2003，14（3）：363 – 368.

[4] Gillham R W, O' Hannesin S F. Metal catalyzed biotic degradation of halogenated organic compounds [C]. International Assiation of Hydrologists Conference. Hamilton May 1992.

[5] Gillham R W, O' Hannesin S F. Enhanced degradation of halogenated Caliphates by Zero – Valiant Iron [J]. Groundwater, 1994, 32 (6): 958 – 967.

[6] Baker M J, Blowes D W, Ptaeek C J. Laboratory development of permeable reactive mixtures for the removal of phosphorous from onsite wastewater disposal system [J]. Environ Sci Tech, 1998, 32: 2308 – 2316.

[7] Guerin T F, H Oruer S, M Cgovem T, et al. An application of permeable reactive barrier technology to petroleum hydrocarbon contaminated groundwater [J]. Water Research, 2002, 36: 15 – 24.

[8] Blowes D W, Ptaeek C J. Geotechnical remediation of groundwater by permeable reactive walls: removal of chromate by reaction with iron bearing solids [C]. In: Proe. of Subsurface Restoration Conference. Dallas, Texas, June 1992.

[9] Blowes D W, Ptaeek C J, Jambor J L. In – situ remediation. of chromate contaminated groundwater using permeable reactive walls [J]. Environmental science Technology, 1997, 31: 3348 – 3357.

[10] Schipperl, Vojvodic – Vukovic M. Nitrate removal from groundwater using identification wall amended with sawdust: field trail [J]. J Environ Qual, 1998, 27: 664 – 668.

[11] David W B, Carol J P, Shawn G B, et al. Treatment of inorganic contaminants using permeable reactive barriers [J]. Journal of Contaminant Hydrology, 2000, 45: 123 – 137.

[12] Ralph D L, Rick G M, David W B, et al. A permeable reactive barrier for treatment of heavy metals [J]. Groundwater, 2002, 40 (1): 59 – 66.

[13] Morrison S J, Metzler D R, Dwyer B P. Removal of As, Mn, Mo, Se, U, Vand Zn from groundwater by zero – valent iron in a passive treatment cell: reaction progress modeling. Journal of Contaminant Hydrology, 2002, 56: 99 – 116.

[14] Benner S G, Herbertr B J, Blower D W, et al. Geochemistry and microbiology of a permeable reactive barrier for acid mine drainage [J]. Environ Sci Tech, 1999, 33: 2793 – 2799.

[15] Georgios Bartzas, Kostas Komnitsas, Ioannis Paspaliaris. Laboratory evaluation of Fe^0 barriers to treat acidic leaehates [J]. Minerals Engineering, 2006, 19 (5): 505 – 514.

[16] 陆泗进，王红旗，杜琳娜. 污染地下水原位治理技术——透水性反应墙法 [J]. 环境污染与防治，2006，

28（6）：452－458.

［17］孟凡生，王业耀，汪春香，等．铬污染地下水的 PRB 修复试验［J］．工业用水与废水，2005，36（2）：22－25.

［18］李莉，王业耀，孟凡生．介质配比对 PRB 修复效率的影响［J］．环境工程，2008，26（2）：91－95.

［19］董军，赵勇胜，赵晓波，等．垃圾渗滤液对地下水污染的 PRB 原位处理技术［J］．环境科学，2003，24（5）：151－156.

［20］董军，赵勇胜，赵晓波．PRB 技术处理污染地下水的影响因素分析［J］．吉林大学学报（地球科学版），2005，35（2）：226－259.

［21］刘菲．处理地下水中挥发性酚代脂肪烃的零价铁渗透反应格栅研究［D］．北京：中国地质大学，2005.

［22］张桂华，潘伟斌，秦玉洁，等．受污染地下水可渗透反应墙修复技术研究［J］．农业环境科学学报，2005，24（增刊）：153－157.

［23］彭怡．PRB 技术处理垃圾渗滤液污染地下水的研究［D］．昆明：昆明理工大学，2007.

［24］李宗良，丁爱中，唐光鸣，等．PRB 修复渗滤液污染地下水的实验研究［J］．污染防治技术，2007，20（3）：13－18.

［25］杨维，王立东，杨军锋，等．PRB 技术对 PCBs 及重金属污染地下水的试验研究［J］．环境保护科学，2007，33（2）：15－20.

［26］杨维，王立东，徐丽，等．铬污染地下水的 PRB 反应介质筛选及修复试验［J］．吉林大学学报（地球科学版），2008，38（5）：854－859.

［27］M. Th. van Genuchten，“A closed－form equation for predicting the hydraulic of conductivity of unsaturated soils”，Soil Sci. Soc. Am. J.，1980，44：892－898.

［28］陈崇希，林敏．地下水动力学［M］．武汉：中国地质大学出版社，2005.

沈阳市地表水环境主要问题与污染控制建议

张嘉治　王雪威

（沈阳市环境监测中心站　辽宁　沈阳　110016）

摘　要　针对沈阳市地表水水质污染现状及污染特点，深入剖析了目前地表水环境存在的主要问题，提出进一步改善沈阳市地表水环境的措施与建议。

关键词　地表水污染　污染控制

一、沈阳市地表水概况

沈阳市河流由浑河水系、辽河水系、北沙河、环城水系组成，主要河流有20条，其中，浑河水系由浑河干流和蒲河、细河、白塔堡河和满堂河5条支流河组成；辽河水系由辽河干流和柳河、养息牧河、秀水河、长河等9条支流河组成；环城水系由南、北运河和卫工河组成。

二、沈阳市地表水质现状

近来，沈阳市辽河流域污染治理成效显著，各条河流化学需氧量浓度普遍显著下降，浑河、辽河沈阳段化学需氧量已达到历史最好水平，辽河沈阳段连续6个月化学需氧量浓度值达到国家地表水Ⅲ类水质要求，浑河沈阳段连续6个月化学需氧量浓度值达到国家地表水Ⅳ类水质要求。

但是，辽河流域沈阳地区的15条地表河流中，只有王河、柳河、长河、拉马河达到国家地表水Ⅳ类水质要求，其余辽河沈阳段、浑河沈阳段等11条河流均为劣Ⅴ类水质。其中，超标污染物中有氨氮的河流占超标河流的82%，总磷占55%，浑河干流、辽河干流主要超标污染物为氨氮，支流河超标污染物主要为化学需氧量和氨氮。蒲河化学需氧量、氨氮、总磷超过国家地表水Ⅴ类水质标准，分别超标0.15倍、2.83倍、0.6倍；细河化学需氧量、生化需氧量、氨氮、总磷超过国家地表水Ⅴ类水质标准，分别超标0.45倍、0.25倍、0.29倍、0.03倍；白塔堡河化学需氧量、高锰酸盐指数、生化需氧量、氨氮、总磷超过国家地表水Ⅴ类水质标准，分别超标0.45倍、0.01倍、0.2倍、0.18倍、0.01倍。秀水河、养息牧河等辽河支流河水资源稀少，缺水型污染居主导地位。

三、沈阳市地表水环境主要问题

（一）河流水资源严重不足，河流断流现象较为普遍

沈阳市以浑河、辽河为主体的河流水资源严重不足，河流断流现象较为普遍。我市河流的天然补给量较小，2008年全年降水量为587.5mm，低于全国主要城市平均降水量。部分河流成为污水沟，常年水流量维持不变。同时，河流受季节性影响较大，从辽河和浑河各水期流量变化情况看，丰水期和枯水期水量变化明显。沈阳市20条主要河流中枯水期断流的有6条，占全部河流的30%。特别是养息牧河、八家子河、秀水河、柳河等河流枯水期、平水期大部分时间断流，仅在丰水期有少量水，水质污染主要为缺水型污染，绕阳河已经完全断流。

（二）大部分河流成为纳污河，浑河水系纳污严重

随着沈阳市经济的不断发展，大部分河流逐步成为纳污河流，水体功能已经由灌溉等用途转变为纳污。沈阳市的20条主要河流，除了6条断流或季节性断流的河流外，仅有卫工河没有污水汇入，其余13条河流均在不同程度上接纳了其流经区域的生活、工业污水。全市每天的水资源量为1 058万t，接纳污水量约为165万t，污水接纳率达到15.6%，其中，左小河、长河2条

河流属于污水河，没有清洁水；细河污水接纳率达到了78%，满堂河也达到60%。

从沈阳市水系分布分析，浑河水系每日水资源量为535万t，日接纳污水量达到146万t，污水接纳率为27%，占全部污水量的88.5%；辽河水系每日水资源量为491万t，日接纳污水量达到9.03万t，污水接纳率为1.8%；北沙河每日水资源量为32万t，日接纳污水量达到10万t，污水接纳率为31%。

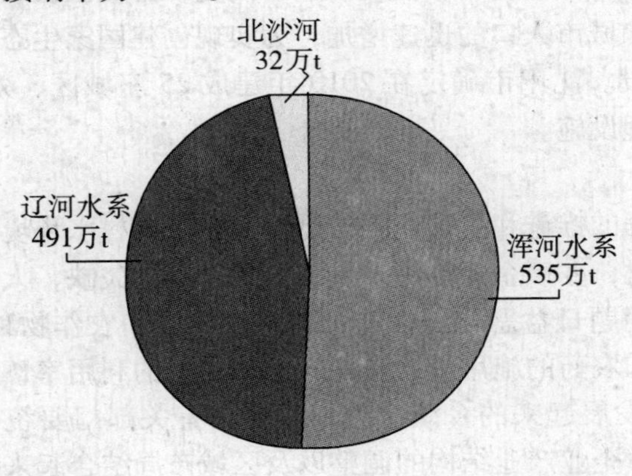

图1　各水系水资源量情况图

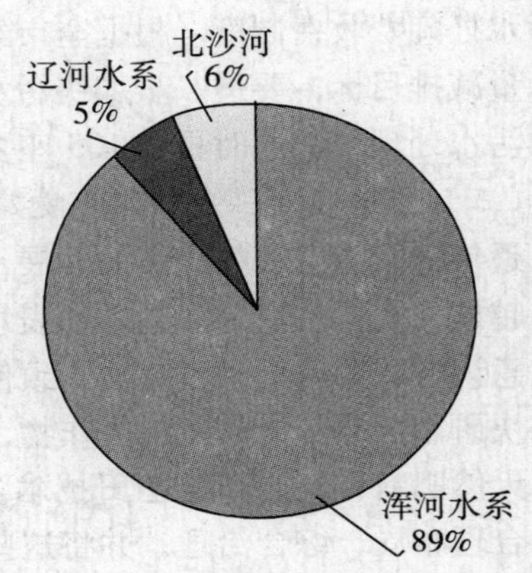

图2　各水系纳污量占全市纳污量的比例

可见，污水排放分布体现为浑河水系接纳污水量最大，远高于辽河水系和北沙河。浑河地处沈阳市南部地区，而且主要接纳城区的工业、生活污水，因此污水排放量远远大于我市其他地区的污水排放量。

（三）河流水质整体水平较差

目前，沈阳地区的20条地表河流中，只有王河、柳河、长河、拉马河达到国家地表水Ⅳ类水质要求，其余辽河沈阳段、浑河沈阳段等16条河流均为劣Ⅴ类水质，其中超标污染物中有氨氮的河流占超标河流的87.5%，总磷占68.8%，浑河干流、辽河干流主要超标污染物为氨氮，支流河超标污染物主要为化学需氧量和氨氮。

四、沈阳市地表水污染控制建议

（一）加强组织领导，完善水环境保护与治理机制

首先，切实加强对水环境保护与治理工作的组织领导，建立市区政府水环境保护与治理目标责任制，特别是将污染减排、水质改善纳入区县政府的议事日程，通过政府督察、舆论监督等形式，考核目标实施情况，建立水环境与生态环境保护和综合防治的长效机制。其次，制定较为完善的沈阳市水环境保护与防治规划，通过科学治水、节约用水，维护水体的良好水质，实现水资源的合理配置。再次，全面规范工农业用水及污水排放行为，有计划地开展水环境治理和水土保持生态建设，采取有效措施，利用过流补水、中水回用、地下水回补以及雨季径流补水等措施，加强地表水系水源建设，使全市水环境保护与治理步入良性发展的轨道。

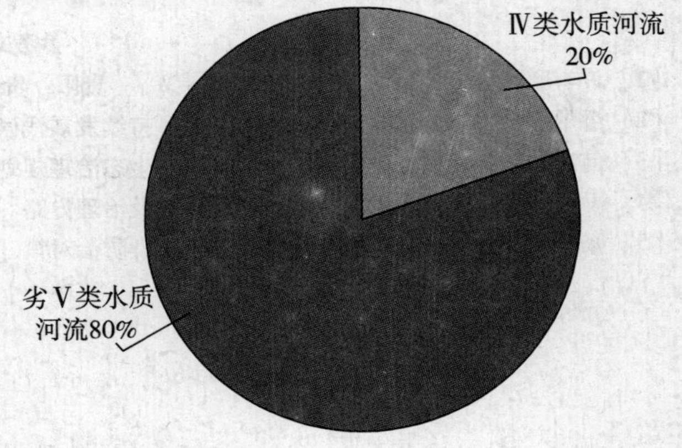

图3　沈阳市地表河流水质状况

（二）确保已建成污水处理厂正常运行，进一步加快污水处理厂建设

目前沈阳城区已建成沈水湾、仙女河、满堂河等不同规模的9座城市污水处理厂，实际日污水处理量为117万吨，污水处理率由2002年的13%上升为75%。为确保已建成的污水处理厂充分发挥作用，要建立严密有效的污水处理厂运行监管机制，完善自动监控手段；建立市财政拨付给各区县的各项财政补助费用与区县政府污水处理保证费用相挂钩的监管制度，督促区县政府建立污水处理费收费制度。根据全市经济的发展和城市人口的迅速增加，为实现创建国家生态城市和总量减排目标，要进一步加快污水处理厂建设。沈阳市确定在2010年建成25座城区、郊区、县的污水处理厂，同时再建105座乡镇污水处理设施。

（三）进一步加强农村水环境建设

近年来，随着农村经济的发展，城市化进程的推进和乡镇企业的迅速发展，农村水环境污染越来越成为人们关注的问题。地表水体富营养化，乡镇企业排污严重，水处理设施欠缺，人们的环境意识薄弱等问题日益突出，致使农村环境问题日益恶化。因此，对农业生产和农作物种植，应加快研制出高产、高抵抗力作物，减少化肥和农药的施用量，提高农药和化肥的利用率，鼓励施用天然肥料和实施秸秆还田技术。对于蓬勃发展起来的乡镇企业，政府和有关部门要统一规划、合理布局、综合治理，并将这些措施与乡镇企业产业结构的调整以及区域布局结合起来。对乡镇企业带来的污染物集中处理，也就是要因地制宜地建设城镇污水处理设施和污水处理厂。加强环保教育宣传和水环境保护法律、法规建设。基于农民和乡镇企业主及地方政府领导人员环境保护意识的淡漠和对水污染防治知识的欠缺，应对他们加强环保教育和宣传，提高他们的环保意识。特别是对地方政府的领导，应强化环保奖惩机制，增强他们的水污染防治的责任感。有些地区的水环境恶化是由于经济不发达引起的，当地居民为了生存而过度开发资源导致水环境严重污染，如：私开小煤窑、冶炼厂等，不注意环境保护的同时又排放了大量的污水，破坏了水环境的平衡。这就要求我们对症下药，将水污染防治与扶贫工作结合起来，从根源上解决问题。

（四）实施水系环境综合整治，改善流域生态环境

对辽河、浑河的主要支流河继续实施环境综合整治，全面消灭城市段污水直排口，进一步减少河流污染负荷，改善河流景观环境。对南北运河实施截污工程，关闭运河内污水溢流口，确保运河水质达到Ⅳ类水质标准。对细河、蒲河、白塔堡河、长河和左小河等重点支流河加快综合整治进程，通过实施河道拓宽、清淤疏浚、景观湿地、污水处理、两岸绿化及带状公园等工程建设，使细河成为城市西部景观河，使全市主要支流河的沿岸生态环境得到逐步恢复。

参考文献

[1] 许有鹏，等．城市水资源与水环境［M］．贵阳：贵州人民出版社，2003.
[2] 潘翠霞，许志英，刘阳．城市水环境可持续发展浅谈［J］．浙江建筑，2005，22（4）：67－68.
[3] 何冰，高辉巧，夏旭东．城市河流及其生态治理规划研究［J］．中国水土保持，2006，12（12）：23－25.
[4] 冯玉琦．我国水环境的现状、存在问题及治理方略［J］．农业与技术，2003：12－15.
[5] 张忠祥，钱易．城市可持续发展与水污染防治对策［M］．北京：中国建筑工业出版社，1998.

无锡市饮用水致臭物质的组成分析和去除技术研究

许燕娟[1]　苏晓燕[1]　沈　斐[1]　陈　超[2]　李　勇[2]

（1. 无锡市环境监测中心站　无锡市曹张新村58号　214023；
2. 清华大学环境科学与工程系）

摘　要　本文研究了水源水致臭物质的产生原因和途径，用吹扫捕集－气相色谱－质谱分析了无锡市饮用水致臭物质的组成，并对饮用水中致臭物质的去除技术进行了研究，提出相应的水处理方法。

关键词　水源水　饮用水　致臭物质　分析　去除

饮用水中的臭味问题在国内外普遍存在，成为各供水者必须面临的重要问题。早在1850年，美国就发现了水体异味。1944年，美国Niagara Falls水厂由于酚污染产生臭味后，引起广大居民投诉。1997年在美国Phoenix市发生的一次饮用水异味事件中，该市水务部门每星期都要接到几百个投诉电话。1969年5月，日本的琵琶湖发生严重饮用水异味事件，影响了日本京都、大阪、神户地区的居民供水。

在我国，许多城市都以河流、湖泊作为饮用水水源，无锡市的饮用水水源主要来自太湖，但由于近年来太湖流域的经济发展迅速，大量污染物质排入太湖，造成水体的富营养化严重，经常发生蓝藻水华，饮用水水源地受到了严重污染，影响了市民饮水安全。2007年5月底，无锡市主要取水口（沙渚原水厂）遭受污水团侵袭，造成了自来水臭味等级达到最为强烈的Ⅴ级，已经失去了除消防和冲厕以外的使用功能，引发了罕见的供水危机。无锡市政府和环保部门高度重视此次水源水发生的异常情况，因此饮用水中的致臭物质组成分析和去除技术成为迫切需要解决的问题。

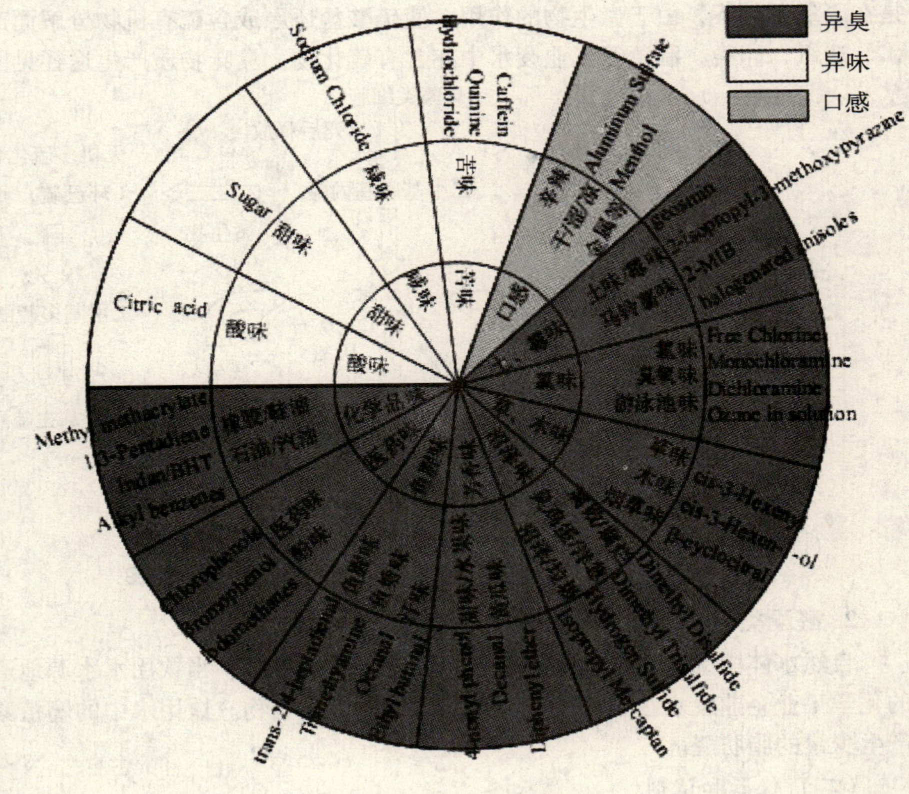

图1　臭味分类轮图

2007年6月初，采集了被污染的代表性水样进行吹扫捕集－气质联用分析，检测结果表明，无锡主要取水口的主要臭味污染物为硫醇、硫醚类化合物、醛、酮和甲苯等物质，此类物质并非藻类的代谢产物，而是生物体蛋白质在厌氧发酵的情况下产生的一类具有腥臭味的物质，很有可能是突然排入湖体的废水造成的[1]。

水中臭味的评价及致臭物质的检测方法一般有感官分析法和仪器分析法。气味的感官检测是通过检测人的嗅觉来判断气味的类别和强度的一种方法，可以了解水中气味的物理特性，但由于人们对臭味的敏感度各不相同，在感知气味的过程中可能会出现疲劳现象，往往会导致数据客观性不足，重复性差，不同时间、地点的数据也难以比较。在美国和法国通过一组训练有素的专业人员，饮用待测水，采用日常用语描述和评价。依据长时间的积累的资料，他们提出了一个臭味分析轮型图（drinking water taste and odor wheel），在这个图上把人的感官性状描述与水中存在的化合物联系起来（如图1所示）[2]。

而仪器分析法灵敏度高，可以精确地反映水中致臭物质的种类和数量，不受人员主观感觉的影响。在仪器分析法中色质联机GC－MS是分析痕量有机物的有效手段，可以很好地完成挥发性和半挥发性有机物的定性定量。

本文采用吹扫捕集－气相色谱－质谱联用仪分析了污染无锡市水源水的致臭物质的组成，并对致臭物质的去除技术进行了调研，提出相应的水处理解决方案。

一、致臭物质组成分析

（一）本文关注的致臭物质的来源

1. 含硫类化合物

当原水受到严重的工业污染或水源（湖泊、水库）底泥上翻时，水体中往往会存在一定的硫化物，产生难闻的臭鸡蛋味。地下水（特别是温泉水）及生活污水常含有硫化物，其中主要是在厌氧条件下，由于微生物的作用，使硫酸盐还原或含硫有机物分解而产生的。此外焦化、选矿、造纸、印染、制革等工业废水中亦含有硫化物。臭味物质产生途径见图2。

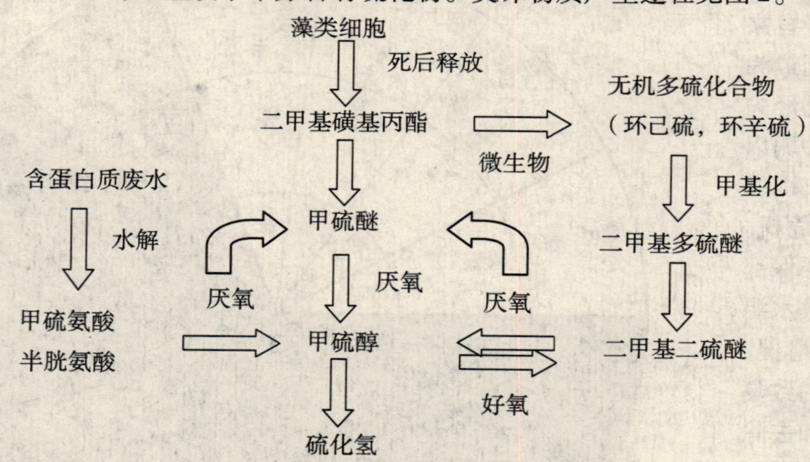

图2　硫醇硫醚类致臭物质循环示意图

2. 醛酮类化合物

自然水体中的天然化合物中往往只含有少量醛和酮，当饮用水水源地遭受到生产甲醛等物品的化学工业企业废水污染时水中才会有醛及酮类化合物。饮用水中的腐植酸经过臭氧氧化后也会产生少量的脂肪醛。

（二）仪器和试剂

气相色谱－质谱联用仪：Thermo DSQII（美国赛默飞世尔公司）；

吹扫捕集仪：4660 Eclipse（带4552自动进样器）（美国O.I. 公司）；

甲硫醚、二甲基二硫醚：纯度99%，德国默克公司；

甲苯、β－环柠檬醛：纯度99%，西域科技（中国）有限公司；

异佛尔酮：纯度97%（Alfa－AESAR）；

癸醛：96%（Alfa－AESAR）；

苯：色谱纯（默克公司）。

（三）吹扫捕集仪条件

吹扫阶段：水样取样量20ml，吹扫管座温度45℃，样品温度40℃，吹扫时间11min，吹扫气体流速40ml/min；

脱附预热：捕集管温度180℃；

脱附阶段：捕集管温度190℃，脱附时间4min；

捕集阱烘焙阶段：捕集管温度210℃，时间18min。

（四）气相色谱－质谱仪条件

色谱柱：6%氰丙基苯+94%甲基聚硅氧烷，60m×0.25mm×0.25μm；

柱温：起始温度36℃，保持2min，10℃/min升至220℃，保持1min；

进样口温度：110℃；

不分流进样；

EI离子源温度：220℃；

传输线温度：230℃；

扫描方式：SCAN，40～200amu；

载气：氦气，纯度≥99.999%；

载气流速：1ml/min；

进样量：1μl。

按上述实验条件，甲硫醚、二甲基二硫醚、甲苯、异佛尔酮、癸醛和β－环柠檬醛的出峰时间分别是7.31min、12.84min、13.18min、21.10min、21.59min和22.56min，总离子流见图3。

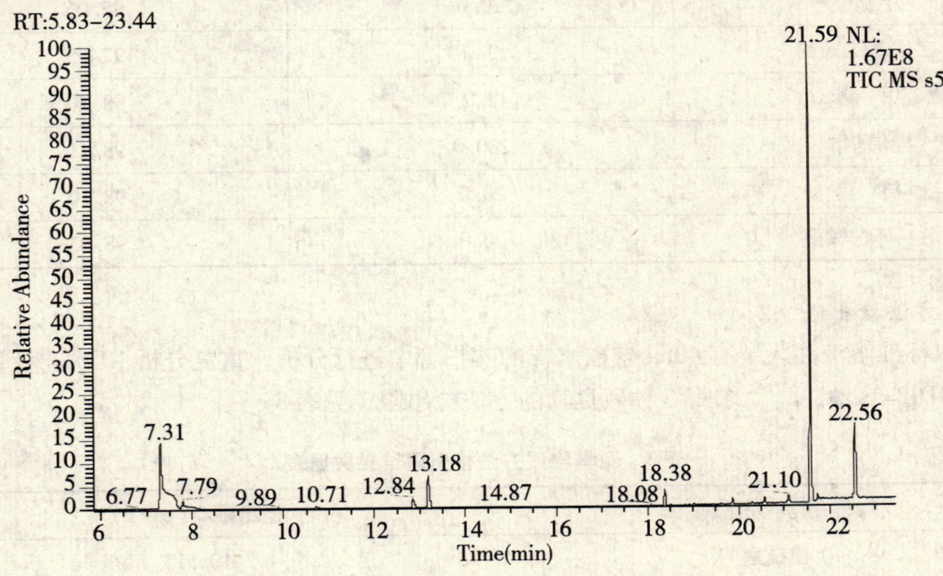

图3　6种致臭物质的总离子流图

（五）方法精密度

分别取2种浓度的混合标准溶液注入装有40ml空白水样的吹扫管中进行分析，各平行测定10次，所得6种致臭物的相对标准偏差见表1。

表1　致臭物质精密度结果数据表致臭物质加标浓度

致臭物质	加标浓度/（μg/L）	10次测定平均值/（μg/L）	相对标准偏差 RSD/%
甲硫醚	30.0	29.852	7.402
	80.0	80.285	10.624
二甲基二硫醚	3.00	2.956	7.016
	8.00	8.189	10.611
甲　苯	3.00	3.074	9.795
	8.00	8.289	9.995
异佛尔酮	300.0	298.619	7.631
	800.0	825.346	9.951
癸　醛	30.0	29.111	4.176
	80.0	80.892	9.292
β-环柠檬醛	30.0	29.812	9.129
	80.0	81.396	10.892

（六）方法回收率

取10份实验室去离子水，分别加入到40ml吹扫瓶中，再分别加入混合标准溶液，按实验方法重复测定10次，做空白加标回收实验，结果见表2。

表2　致臭物质方法回收率结果数据表

致臭物质	加入量/（μg/L）	回收率/%
甲硫醚	20.0	95.06
二甲基二硫醚	2.0	97.65
甲　苯	2.0	98.70
异佛尔酮	200.0	98.11
癸　醛	20.0	98.10
β-环柠檬醛	20.0	98.03

（七）方法检出限

每次取标准溶液注入装有40ml空白水样的吹扫管中进行分析，重复分析10次，计算标准偏差S，由 $MDL = S \times t_{n-1(0.95)}$ 求得6种致臭物的方法检出限，见表3。

表3　致臭物质方法检出限结果数据表

致臭物质	检出限/（μg/L）
甲硫醚	10.515
二甲基二硫醚	0.558
甲　苯	0.862
异佛尔酮	47.419
癸　醛	4.746

致臭物质	检出限/（μg/L）
β-环柠檬醛	3.774

二、致臭物质去除技术研究

对于土臭素和2-MIB等微生物代谢产物类致臭物质的去除技术，国外已有一定研究基础，主要是采用吸附法去除，氧化法也有一定的去除效果。对于藻类腐败致臭物质的去除，已有研究较少。国外对硫醇硫醚类物质的研究多集中在空气中的去除，有吸附、水洗、化学氧化、催化氧化、直接燃烧、生物分解及土壤脱臭等几类方法[3]。针对水相中硫醇硫醚类物质的去除方法研究不多。目前对水中致臭物质的去除技术主要有以下几种。

（一）氧化技术

化学氧化技术通常被认为是解决水厂臭味问题的首选方案。目前水处理中常用的氧化技术有Cl氧化、ClO_2 氧化、O_3氧化、$KMnO_4$ 氧化等。

相对于ClO、O_3 及其他高级氧化技术，高锰酸钾具有使用方便、经济有效等优势，适于在中国等发展中国家中推广应用。事实上，高锰酸钾是国外最早用于控制饮用水中臭味的方法之一，且在国内外得到了一定程度的生产应用[4]。实验室研究结果也证明，高锰酸钾对硫醇硫醚类物质有较好的去除效果。但是在高藻水中投加高锰酸钾，存在着造成藻细胞破裂，藻毒素及臭味物质释放的风险，而且高锰酸钾投加量的确定也是实际运行过程中的关键问题。投加量适宜时，所加入的高锰酸钾中的7价锰转化为4价锰，存在形式为不溶性 MnO_2，可通过净水厂的混凝沉淀过滤有效去除。如投加量过大，反应剩余的高锰酸钾会造成净水厂进水颜色发红（红水）。如投加量少，则除臭效果差，并且由于在输水管道中进入了还原态，转化成溶解性的2价锰，造成出厂水锰超标[5]。

（二）吸附技术

粉末活性炭用来处理天然水生微生物在新陈代谢过程中产生的致臭物质已有很长的时间。由于其投加方便且易于控制，适合用来去除由水生生物引起的季节性臭味。

粉末活性炭除臭的建设与管理费用较低，但作业条件差、不能再生，一般只用于短期的、应急的间歇除臭处理。此外，原水中的天然有机物以及一些氧化剂（如氯气、氯胺等）的使用有时也会严重影响粉末活性炭的去除臭味物质的效果。而且粉末活性炭投加量过高，存在堵塞滤柱，缩短反冲周期的风险。

（三）高锰酸钾—粉末活性炭联用

高锰酸钾与粉末活性炭联合使用，其除臭效果优于二者单独除臭的效果之和，原因在于：在高锰酸钾的作用下，水中易被氧化的有机物在活性炭表面发生氧化聚合，提高了活性炭的吸附量。

高锰酸钾与粉末活性炭联用技术还具有以下优势：活性炭可以吸附部分有害的氧化中间产物，使饮用水更加安全可靠；活性炭还能够使水中残留的高锰酸钾还原，避免由于过量的投加高锰酸钾而使水中的总锰浓度过高。

原水中致臭物质组成比较复杂，由于硫醇硫醚类物质易被氧化，不易被活性炭吸附，因此在以硫醇硫醚类物质为主时，可先采用高锰酸钾氧化大部分硫醇硫醚类致臭物质，再用活性炭吸附其余致臭物质。

三、结　论

本文调研了水源水致臭物质的产生原因和途径，用吹扫捕集-气相色谱-质谱分析了无锡市饮用水致臭物质的组成，前处理方法简单、环保，方法精密度、回收率、检出限均良好。本文对饮用水中致臭物质的去除技术也进行了一定的研究，从国内外针对臭味物质去除技术的研究来看，适宜水厂实际运行的是氧化技术和吸附技术。

参考文献

[1] 于建伟，李宗来．无锡市饮用水臭味突发事件致臭原因及潜在问题分析［J］．环境科学学报，2007，27（11）：1771－1777.

[2] Suffet I H，Khiari D，Bruchet A. The drinking water taste and odor wheel for the millennium：Beyond geosmin and 2－methylisoborneol. Water Science and Technology，1999，40（6）：1－13.

[3] 姜印明．甲硫醇恶臭气体的处理［J］．环境保护，1989（8）：13.

[4] 李圭白，林生，曲久辉．用高锰酸钾去除饮用水中微量有机物［J］．给水排水，1989，15：7－10.

[5] 张晓健，张悦，王欢，等．无锡自来水事件的城市供水应急除臭处理技术［J］．给水排水，2007（9）：7－12.

顶空固相微萃取－气相色谱联用技术测定饮用水中氯仿、四氯化碳

何小波　钟志京　刘秀华　杨宇川

（中国工程物理研究院核物理与化学研究所　四川　绵阳　621900）

摘　要　采用顶空固相微萃取（HS－SPME）－气相色谱（GC）联用技术测定饮用水中的氯仿和四氯化碳，具有快速、简便，分离效果好，重现性好的实验结果。对分析数据进行了统计学检验，结果显示 HS－SPME 法可以提高氯仿（$HCCl_3$）和四氯化碳（CCl_4）检测灵敏度，降低方法检出限，符合分析实验的要求。运用本方法可对饮用水中痕量的氯仿和四氯化碳进行准确分析，同时表明顶空固相微萃取在饮用水分析中具有很好的应用前景。

关键词　顶空固相微萃取　气相色谱　三氯甲烷　四氯化碳

一、引　言

饮用水由于加氯消毒可产生一些新的有机卤代物，主要成分是三氯甲烷和四氯化碳及少量的一氯甲烷、一溴二氯甲烷、二溴一氯甲烷以及溴仿等，统称为卤代烷。自来水中卤代烷含量高于水源水。由于氯仿和四氯化碳致癌、致畸及慢性致毒作用[1]，故被列为饮用水的重点检测指标。在《生活饮用水标准检验方法有机指标》（GB/T 5750.8—2006）中针对上述两指标提供的测定方法是顶空气体直接进样分析的方法，但往往实际工作中分析灵敏度低，检出限较高。

吸附剂萃取技术始于1983[2]年，其最大特点是能在萃取的同时对分析物进行浓缩，目前最常用的固相萃取（SPE）技术就是将吸附剂填充在短管中，当样品溶液或气体通过时，分析物则被吸附萃取，然后再用不同溶剂将各种分析物选择性地洗脱下来。1989年，Pawliszyn等[3,4]在SPE的基础上发展了固相微萃取技术。一经问世便受到了化学分析工作者的瞩目，成为当今分析化学的前沿课题之一[5]。固相微萃取技术是基于采用涂有固定相的熔融石英纤维来吸附、富集样品中的待测物质[6]，简单方便、测试快、费用低，集采样、萃取、浓缩、进样于一体，可提高对待测样品的分析灵敏度。该方法使用的是一只携带方便的微萃器，特别适用于现场取样分析，也易于进行自动操作[7]。

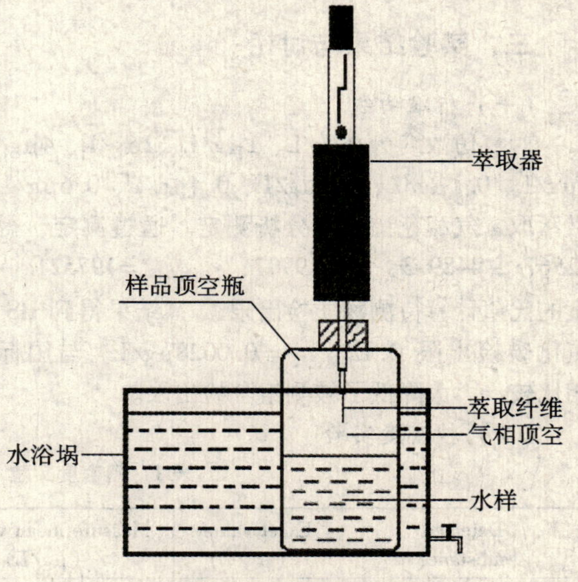

图1　顶空固相微萃取装置示意图

近年来，SPME方法在环境样品的检测中得到了广泛的应用，主要针对于样品中各种有机污染物，如水样和土壤中的有机汞[8]、脂肪酸[9]、杂酚油[10]等以及对有机磷农药[11]、有机氯农药[12]、多环芳烃[13]等这些作为水和废水检测的重要指标化合物。本文着重研究顶空固相微萃取－气相色谱联用技术测定饮用水中三氯甲烷、四氯化碳。

二、实验部分

（一）仪器与设备

HP5890Ⅱ气相色谱仪，带电子捕获检测器（ECD）；20ml 样品顶空瓶（Agilent 公司）。

固相微萃取装置（见图 1）。

（二）试剂与材料

本法配制试剂溶液及稀释用的纯水均为超纯水（电阻率≥18.2MΩ · cm，25℃）。氯仿标准储备溶液（1000μg/ml）；四氯化碳标准储备溶液（1000μg/ml）；新购置的二乙烯基苯/碳分子筛/聚二甲基硅氧烷（DVB/CAR/PDMS）萃取头（涂层厚度 50μm）。

（三）测定条件

1. 顶空及固相微萃取条件：水浴温度为 40℃；水浴平衡时间为 60min；萃取吸附平衡时间为 10min；解吸时间为 3min；

2. 色谱分析条件：毛细管气相色谱柱（DB^{-1}，30m 柱长 ×0.25mm 内径，0.25μm）；汽化室温度 220℃、柱箱温度 40℃、检测器（ECD）温度 260℃、载气（氮气，N_2）柱流速 3.5ml/min。

3. 标准曲线：配制氯仿浓度为 0μg/L、1μg/L、2μg/L、4μg/L、6μg/L、8μg/L、10μg/L 和四氯化碳浓度为 0μg/L、0.1μg/L、0.2μg/L、0.4μg/L、0.6μg/L、0.8μg/L、1.0μg/L 的混合标准系列溶液，定容体积 10ml，置于 20ml 顶空瓶中，于 40℃恒温水浴中平衡 1h，对各顶空瓶顶部气体取样分析，测定峰高值。以峰高为纵坐标，浓度为横坐标绘制工作曲线。

4. 水样的测定：取水样 10ml 于顶空瓶中，加 0.3g 抗坏血酸，立即加盖密封好，同标准曲线测定。

三、实验结果与讨论

（一）标准曲线

对氯仿浓度为 0μg/L、1μg/L、2μg/L、4μg/L、6μg/L、8μg/L、10μg/L 和四氯化碳浓度为 0μg/L、0.1μg/L、0.2μg/L、0.4μg/L、0.6μg/L、0.8μg/L、1.0μg/L 的标准系列进行顶空固相微萃取－气相色谱联用分析测定。通过测定，得到 HS－SPME 法的校准曲线回归方程：$y_{氯仿} = 32567x - 4489.3$；$r = 0.9997$；$y_{四氯化碳} = 197521x - 4096.4$；$r = 0.9995$。根据二倍基线噪声与灵敏度的比值计算待测物质检出限[14]，结果得到 HS－SPME 法氯仿检出限 $D.L_{氯仿} = 0.016$μg/L，四氯化碳检出限 $D.L_{四氯化碳} = 0.0028$μg/L。与国标法（$D.L_{氯仿} = 0.2$μg/L，$D.L_{四氯化碳} = 0.1$μg/L）相比较，大大降低了被测组分检出限。

（二）精密度实验

表 1　精密度实验（测定次数 $n=6$）

Detected substance	Exact value /（μg/L）	Measure mean value /（μg/L）	Standard deviation	RSD/%	$t_{0.05,5}$	$t_{测}$
Chloroform	6.000	5.984	0.045	0.75	2.57	0.87
Tetrachloromethane	0.600	0.598	0.008	1.3	2.57	0.61

用 t 检验法比较分析结果的平均值与标准样的标准值之间是否存在显著差异。由表 1 可见氯仿和四氯化碳 $t_{测}$ 均小于 $t_{0.05,5} = 2.57$，因此测定值与真值无显著差异（置信度 $P > 95\%$）。

（三）准确度实验

于已知样品中加入不同量的氯仿及四氯化碳，用与样品相同的分析条件作回收实验，其测定值扣除本底后计算回收率（见表2）。

表2　加标回收实验

Detected substance	Sample initialization /μg	Add standard quantity /μg	Measure results /μg	Recovery rate /%
Chloroform	0.02	0.01	3.06×10^{-2}	106
		0.02	4.16×10^{-2}	108
		0.04	5.77×10^{-2}	94.2
		0.08	9.71×10^{-2}	96.4
Tetrachloromethane	0.002	0.001	3.01×10^{-3}	101
		0.002	4.15×10^{-3}	108
		0.004	5.96×10^{-3}	99.0
		0.008	9.72×10^{-3}	96.5

（四）方法比较

分别运用HS－SPME法和国标法（GB）两种方法测定氯仿浓度为6μg/L和四氯化碳浓度为0.6μg/L的混合溶液，将两种方法测定样品的结果作配对进行统计学检验（见表3）。

表3　统计学检验结果

Detected substance	Chloroform		Tetrachloromethane	
Methods	HS－SPME	GB	HS－SPME	GB
Measuration times	6	6	6	6
Standard deviation	0.045	0.047	0.008	0.015
Measure mean value /（μg/L）	5.984	5.952	0.598	0.593
$F_{计}$	1.09		3.52	
$F_{0.05,10}$	5.05		5.05	
F checkout result estimation	$F_{计}<F_{0.05,10}$		$F_{计}<F_{0.05,10}$	
Unite standard deviation	0.046		0.012	
$t_{测}$	1.20		0.72	
$t_{0.05,10}$	2.23		2.23	
Result estimation	$t_{测}<t_{0.05,10}$，$P>95\%$		$t_{测}<t_{0.05,10}$，$P>95\%$	

通过以上统计学检验，可知分别运用HS－SPME法与国标法分析饮用水中的氯仿和四氯化碳时，两方法之间无显著性差异（置信度$P>95\%$）。

（五）实际样品的测定

实验分别采用国标法（GB/T 5750.8—2006）和HS－SPME法对同一饮用水送检水样进行了分析对比。然后对饮用水送检水样进行了分析，其色谱检测图如图2所示。

图2中（a）和（b）分别为该水样按国标法和HS－SPME法所得的色谱图。比较两者，由峰高之比可见HS－SPME法对氯仿和四氯化碳的灵敏度分别约是国标法的20倍和24倍。同时也可看出，DVB/CAR/PDMS型萃取纤维对氯仿和四氯化碳具有很好的选择吸附性，显示了较好的样品富集、浓缩作用，色谱峰峰形对称，无拖尾。这从另一个角度说明DVB/CAR/PDMS型萃取纤维的解吸性能可满足方法要求。

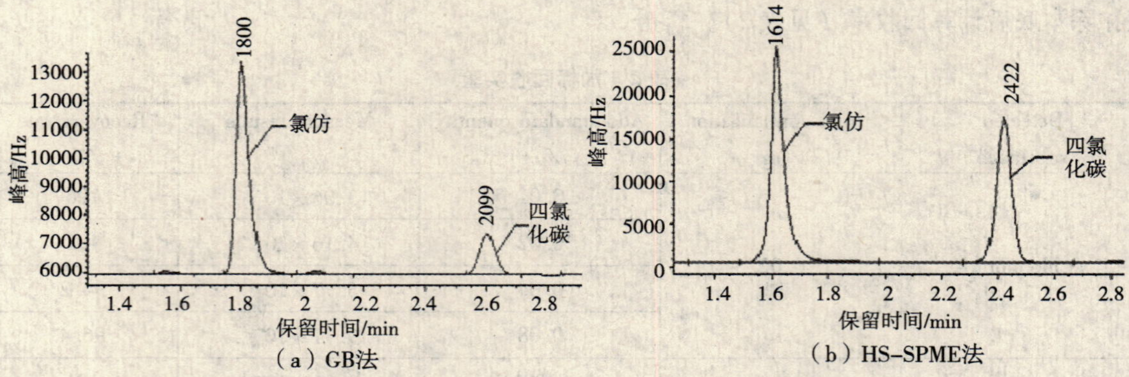

（a）GB法　（b）HS-SPME法

图2　某自来水水样色谱检测图

四、结　论

本实验采用二乙烯基苯/碳分子筛/聚二甲基硅氧烷（DVB/CAR/PDMS）萃取纤维对饮用水中的微量氯仿和四氯化碳进行固相微萃取，具有良好的富集作用，与国家标准方法相比较，操作简便，灵敏度高，从而克服了直接气相顶空法中样品不能被富集、浓缩的缺点。同时该萃取纤维对待测物质具有选择吸附效果，避免了液面顶空气体中水分子对电子捕获检测器的污染。相比国标法，HS－SPME 法的线性好，检出限低，且经统计学检验，HS－SPME 法与国标法两种方法之间无显著性差异（置信度 $P>95\%$），符合分析实验的要求。因此 HS－SPME 法可直接应用于饮用水中痕量的氯仿和四氯化碳的检测分析。同时表明，SPME 法在饮用水分析技术中具有广阔的应用前景。

参考文献

[1] 胡望钧．常见有毒化学品环境事故应急处置技术与检测方法［M］．北京：中国环境科学出版社，1993：180.

[2] Coleman W. SPME－GC－Mass selective detection analysis of selected sources of menthol［J］．J Chromatogr Sci，1998，36（8）：401－405.

[3] Belardi，R. G.，Pawliszyn，J. Water Pollut. Res［J］．J. Can.，1989，24：179.

[4] Arthur，C. L.，Pawliszyn，J. Anal. Chem［J］．1990，62：2145－2148.

[5] 贾金平，黄骏雄．系统工程理论方法应用［J］．1997（1）：53－58.

[6] 王锡昌，陈俊卿．固相微萃取技术及其应用［J］．上海水产大学学报，2004，13（4）：348－352.

[7] Eisert，R. Pawliszyn，J. Anal. Chem［J］．1997，69：3140－3147.

[8] Dunemann L. Simultaneous determination of Hg（Ⅱ）and alkylated Hg，Pb，and Sn species in human body fluids using SPME 2GC/MS2MS［J］．J Anal Chem，1999，363（5－6）：466－468.

[9] Pan L. Determination of Fatty Acids Using Solid Phase Microextraction［J］．J Anal Chem，1995，67：4396－4403.

[10] Sng M. Solid－phase microextraction of organophosphorus pesticides from water［J］．J Chromatogr A，1997，759：225－230.

[11] Chen W Q. The Application of Solid Phase Microextraction in the Analysis of Organophosphorus Pesticides in a Food Plant Environ［J］．Sci Technol，1998，32（23）：3816－3820.

[12] Pawliszyn J. New directions in sample preparation for analysis of organic compounds［J］．J Anal Chem，1995，14（3）：113－122.

[13] Dugay J．Effect of the various parameters governing solid－phase microextraction for the trace－determination of pesticides in water［J］．J Chromatogr A，1998，795（1）：27－42.

[14] 汪正范．色谱定性与定量［M］．北京：化学工业出版社，2000：10.

单孔多层地下水监测技术在地下水研究中的应用

张宏达　卞振举　Bill Black

（斯伦贝谢水务北京市朝阳区酒仙桥路14号　兆维华灯大厦　100015）

摘　要　诸如地下水污染羽状体的时空演化、地下水资源管理、核废料地质贮存场地筛选、复杂岩石边坡的稳定性研究、采矿区长期监测，以及二氧化碳的地质埋藏等不同目的的水文地质研究，均要求取样点和监测点的分布尽可能多地覆盖研究区含水系统的各个单元，以便充分认识地下水的时空演化规律和区域水文地质背景。传统的方法是在不同监测井的特定深度安装检测管和入水口滤网，但这种方法的取样点数量通常为高额钻井费用所限制。最佳方案就是在每个井孔的多个深度位置上设置监测点（多层监测），以增加数据密度，因此能更详细地了解现场水文地质条件。本文介绍了一种新型的多层监测（Westbay System）技术，并讨论了该技术在研究复杂水文地质条件方面的应用。

关键词　地下水　多层监测　Westbay 系统　特征描述

一、导　言

要查明垂向和水平方向上地下水水位或化学特征的变化规律，就要对研究区的平面上和垂向上全面布置监测点，使其尽可能多地覆盖含水系统的三维空间。也就是从多个不同的地点以及每个地点的不同深度获取地下水数据。常规的做法就是在很多深度不同的井孔中均安装一套单独的仪器（图1a），常常需要针对每一监测层布置一口井；或者在单一大口径井孔中，将仪器安装到不同的含水层中（图1b），这种方法通常需要井的口径较大，其监测层位也不能太多；Westbay多层监测井则在一口井中完美地实现了分层监测的目标，既不受井径的限制，也不受监测层数的限制（图1c）。

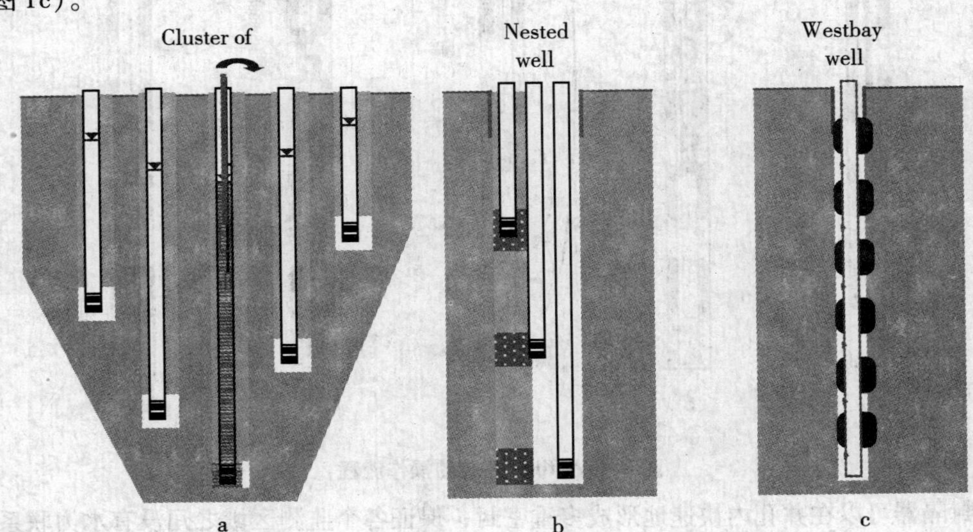

图1　地下水监测井的布置方法

Westbay 多层地下水监测的技术优势在于，不仅大大减少监测井数量，节约时间和经费，而且提高了监测区地下水的数据密度。实现了在一眼井中对含水层系统中的不连续层段进行流体压力测量、清洗监测层位、采集液体样品、并进行常规的水文地质试验，如抽水（或微水）试验和示踪试验，更加精细地描述水文地质条件，这是其他方法所不具备的。

此外，为了保证地下水监测数据的质量，常常需要对地下水监测设备进行定期测试和校正。

实际上，多数地下水监测装置都不能进行野外现场校正，而 Westbay 系统在设计中充分考虑到了现场校正（Patton 和 Smith，1986）问题，可轻松解决数据质量问题。

二、Westbay 系统

Westbay 系统是一种组合式多层地下水监测装置，采用了带有阀口的密闭检查管。通过阀口可以进入井孔的不同深度，在部件实际长度与井深相符的情况下，组合式设计可以在井孔中进行多层段监测。此外，安装前的任何时刻，均可以增加或修改监测层段长度，而不会影响到其他层段，也不会显著地使装置复杂化。

Westbay 系统包括永久性安装在井孔中的套管、手提式压力测量组件、取样探头，以及一些专用工具。套管部件包括各种长度的套管节、常规接箍、两种不同的阀口（测量口和抽水口），以及用来封闭监测区之间环形空间的封隔器（Packer）。Westbay 系统已经在不同的地质和气候环境下用于各种井孔，包括从数米深到超过 1200m 的井孔。

Westbay 系统允许通过独立连通管或单井套管上的阀门，进入每一监测含水层，以详细了解该含水层的压力、水力传导率和水质在垂向上的变化。安装完成后可通过抽水阀口洗井，并可对每个含水层进行水文地质试验，同时无需重复洗井便可进行取样。阀门通常处于关闭状态，可以随时检测外部套管密封情况。

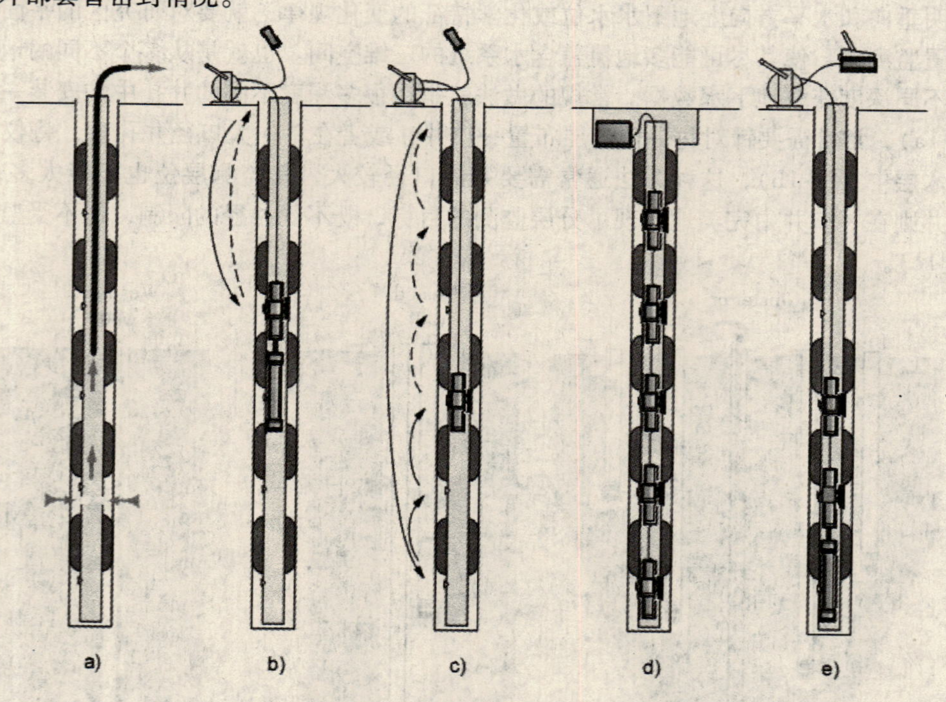

图 2　Westbay 系统的操作流程

套管封隔器可以在井孔内快速地形成多重密封，保证各个监测区域之间没有水力联系。井下部件的组合式设计，意味着可以根据安装时现场的实际情况，对监测层段的数量和位置以及密封进行校正。购买设备时，无需知道监测层段的确切深度。

图 2 总结说明了 Westbay 系统监测井中的常见操作。包括：

a）通过打开的抽取口进行洗井和测试；

b）通过测量口进行取样和测试；

c）使用单探头来绘制压力分布图；

d）使用压力探头和数据记录器组成的仪器串进行自动监测；

e）使用压力探头和取样探头进行垂向干扰试井。

也可进行井间试验，压力探头串进行垂向干扰试井，现场化学分析、示踪试验等。

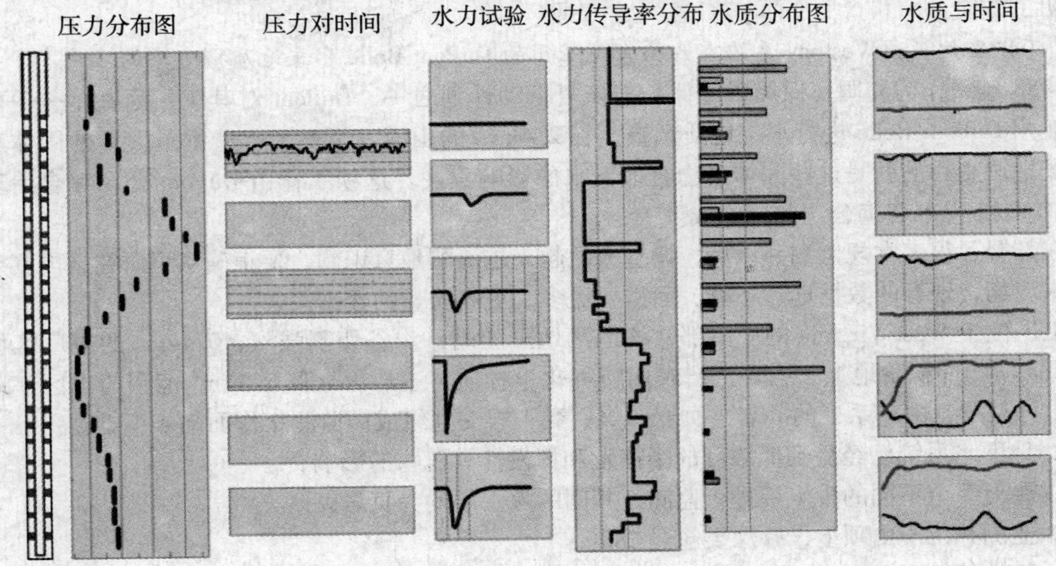

图3 图示一口 Westbay 井采集的数据类型

图3中展示的数据类型可间接由 Westbay 监测井获得。在一口装有 Westbay 系统的单井中进行多个含水层的监测，进行水文地质试验、水样采集，利用相应的软件对所取得的数据进行处理，从而获得图中所示的数据类型，同时又能保持高标准的质量保证，这正是 Westbay 系统所独有的。

Westbay 系统配备的现场质量控制程序，可以定期检验井中装置的安装质量，并可校验水文地质试验、采样过程、设备运转是否正常。因此，可以定期采集地下水数据和数据质量检验所需信息。此外，多余的监测点可以提供重要的验证性数据，这也是常规监测井无法做到的。

三、应用实例

（一）实例一：Westbay 系统用于地下水污染调查

Fort Ord 是美国加利福尼亚中部 Monterey 海湾附近的一个废弃的空军基地，初步调查发现，这一地区的污染物四氯化碳已从浅层含水层向下迁移至下部的两层含水层中。由于 100～150m 深度的含水层岩性主要为粗颗粒的砂砾石，且长期过量开采，不仅严重干扰了深部流场，而且导致了区域性的海水入侵，使得研究区内的水文地质条件十分复杂，想要搞清深部含水层的污染程度困难重重。尽管已有几十口常规监测井在运行，但这些井取得的数据根本不能满足要求。

综合评估了多种监测技术，研究人员最终认为组合式 Westbay 系统不仅是唯一一种单孔中没有数据容量限制的监测技术，而且是能够对指定深度含水层监测的最经济有效的解决方案。Westbay 系统的安装分两个阶段，第一阶段安装的6眼100mm 口径 PVC 套管和多个滤水管的井；第二阶段安装了9眼直接回填的声波钻探井。

通过对多层监测井数据的整理分析，查明了研究区内含水层中四氯化碳的污染程度，高质量地完成了这一项目。如果仅用常规监测井取得的数据，无法对其污染程度进行更为详细的描述，而且如果常规监测井为完整井，取得的数据会错误地描述四氯化碳污染程度。在完成委托任务的同时，还发现了这一地区海水入侵的最新情况，也就是海水已从加利福尼亚的太平洋海岸向内陆推进了2.4km。常规监测井数据得出的结论是这一地区地下水中氯离子的最高浓度为500mg/L，而其中一眼 Westbay 监测井从该地区主要供水含水层底部取得的水样数据则表明氯离子浓度高达 6000mg/L 以上。这一成果为该地区海水入侵研究提供了有力的证据，也为今后海水入侵长期监测指明了方向。

（二）实例二：Westbay 系统在西弗吉尼亚州的 DuPont Belle 水文地质调查中的应用

1988 年，作为美国环保局资源保护与恢复行动计划之一，DuPont 对其工厂所在地——西弗吉尼亚州 DuPont Belle 进行水文地质调查。在 2.4km^2 的山区，历史上曾遗留了大量的固体废物填埋场，调查目的就是这些固体废物对地下水的影响程度。这项工作由 DuPont 公司综合治理部（DCRG）和 URS 咨询公司共同完成。

在部署了很多常规监测井以后，调查人员越来越清醒地意识到，要正确认识研究区内复杂的地下水流场，现有的数据远远不够，而需要更多、更高质量的数据。

工厂位于 West Virginia 的中南部，该地区地形陡峭，沟谷切割强烈，0.4km^2 的主厂区位于 Kanawha 河的冲积阶地上，主要生产农用特种化学物质。主厂区北侧 2.4km^2 范围的山区，地层结构十分复杂，由一系列的砂岩、页岩、煤、黏土岩交互组成。监测工作面临 4 个难题：

1. 地下水系统已经受到低浓度的半挥发和挥发性有机物的影响；
2. 要对 5 个不同的含水层进行监测，其间的隔水层均为页岩；
3. 监测井位于山顶上，井深要超过 280m；
4. 陡峭的地形和层状地层可能导致钻孔中短距离内压力发生剧烈变化。

由于在高山地区部署常规监测井群需要耗费大量的时间和高额的资金，迫使 DCRG 不得不考虑其他的解决办法。不仅要求监测技术经济有效，特殊的场地条件也要求监测系统必须具有很高的稳定性。DCRG 经过慎重考虑，最终决定采用 Westbay 多层监测系统。

1994 年，5 套 Westbay 系统被安装在 5 个基岩裸井中，井深均超过 268m，且每眼井都有超过 40 层以上的监测层段。由于从这 5 眼多层监测井中取得的水化学和压力数据不足以正确认识研究区的水文地质条件，所以于 2000 年又增加了 6 眼，2005 年增加了一眼多层监测井。

与其他监测技术相比，对于水文地质条件复杂的地区，安装 Westbay 系统不仅大大增多了含水层的监测层段，而且可以大幅度降低监测成本。

借助于 Westbay 监测井提供的高密度数据，查明了研究区含水系统中挥发性和半挥发性有机物的分布状况及其在水平和垂向上的影响范围，今后还将持续监测有机物在含水系统中的演化过程。同时，利用 Westbay 监测井的压力数据建立了研究区渗流场的三维水文地质概念模型，且已得到项目主管部门的认可。此外，DuPont 公司至今还在使用这些 Westbay 监测井监测这一地区地下水状况，他们也意识到 Westbay 系统的使用使得他们在钻井、野外维护、废物处理方面节约了大笔经费。

参考文献

[1] Patton, F. D. and H. R. Smith. 1986. Design considerations and the quality of data from multiplelevel groundwater monitoring wells. Proc. ASTM Symp. on Field Methods for Groundwater Contamination Studies and Their Standardization. Cocoa Beach, FL.

[2] Bouwer, H. and R. C. Rice. A slug test for determining hydraulic conductivity of unconfined aquifers with completely or partially penetrating wells. Water Resources Research, Vol. 12, June 1976.

[3] Cooper, H. H., Jr., J. D. Bredehoeft, and S. S. Papadopulos. Response of a finite - diameter well to an instantaneous charge of water. Water Resources Research, Vol. 3, No. 1, First Quarter 1967.

[4] Hvorslev, J. M. Time lag and soil permeability in groundwater observations. Bull. 36, U. S. Corps of Eng., Waterways Exp. Sta., Vicksburg, MI, 1951.

饮水砷的实用检测方法介绍

曹静祥

（中国疾病预防控制中心环境所　北京　100050）

摘　要　本文介绍了目前国内较实用的几种饮水砷的测定方法，以及它们之间的比对分析结果。另外，针对饮水砷的测定工作的特点，提出了具体的建议。

关键词　砷　饮水砷　饮水砷测定

测定微量砷的方法很多，如比色法、原子吸收法、原子荧光法、中子活化法、电化学法、X-射线荧光法、气相色谱法、动力学分析法等[1-5]。比色法是测砷的经典方法，灵敏度高，设备和技术条件又要求不高，是目前饮用水中砷的最常用的分析方法。

银盐法全称二乙氨基二硫代甲酸银比色法，简称 Ag-DDC 法，作为世界公认的测砷方法，是我国首选的饮水卫生标准检验方法。其原理是锌与酸作用产生新生态氢，在碘化钾和氯化亚锡存在下，使五价砷还原为三价砷，三价砷与新生态氢生成砷化氢气体，通过用乙酸铅溶液浸泡的棉花去除硫化氢的干扰，然后与溶于三乙醇胺-氯仿中的二乙氨基二硫代甲酸银作用，生成棕红色的胶态银，比色定量。银盐法的最低检测浓度为 0.01mg/L[6]。

新银盐法又称硝酸银分光光度法，是 1983 年提出的，现已在国内推广使用[7]。该法基于用硼氰化钾在酸性溶液中将砷离子转化成砷化氰，再用含有聚乙烯醇的硝酸银溶液吸收显色。新银盐法灵敏度大大高于银盐法，检出限为 0.36μg/L，且弥补了银盐法试剂有毒等某些不足。

随着原子吸收分光光度计的普及和分析技术的进步，原子吸收法有代替经典法的趋势。参照美国水质检验标准方法，建立的石墨炉-原子吸收法线性范围 0.005～0.050 mg/L[8]。近年来国内已有少数单位采用原子荧光法测定砷。原子荧光法的灵敏度比原子吸收法低 1～2 个数量级，且干扰相对较少，适合像砷这类对原子吸收法分析干扰较大的元素分析。但是在经济不发达地区，限制了上述分析仪器的使用。

由于饮水砷分布特点是点状分布，只有进行拉网式调查才能鉴别高砷水源。在中国农村检测分散式饮用水源中的砷浓度，其工作量之大可想而知。显然银盐法作为实验室的分析方法是难以胜任的。因此，笔者认为尽管速测法是半定量法，在砷中毒调查中仍是较实用的方法。其原理与生活饮用水标准检验法（GB 5750—1985）中的砷斑法相同，即锌与硫酸加入到含有无机砷（As^{3+}，As^{5+}）的水样中时，可与无机砷反应释放出砷化氢，砷化氢与检测条上的溴化汞反应形成黄褐色斑点，将检测条显示的颜色与标准颜色梯度进行比较定量[6]。速测法在砷斑法的基础上进行了改进，用试管代替了砷化氢发生瓶和测砷管。方法简便易行，水砷浓度可在现场测定且半个小时内即可得到结果，并可同时测定几十个样品，大大提高了工作效率。该速测法虽然采用的是儿基会提供的德国产试剂盒，实际上一般实验室都能够自制。

在科技部社会公益性基金项目《中国地方性砷中毒分布调查》课题中，我们对速测法进行了验证。对某个调查点的井水全部用速测法在现场测定砷含量。再抽取部分水样加硫酸至 pH<2 保存，带回实验室用银盐法和石墨炉-原子吸收法比对。抽样比例为：水砷 <0.05mg/L 的为 1%；0.05～0.1 mg/L 的为 10%；0.1～0.5 mg/L 的为 20%；>0.5 mg/L 为 100%。银盐法依据生活饮用水标准检验法（GB 5750—1985）。另外，再用石墨炉-原子吸收法测定速测法与银盐法未比对上的样品。石墨炉-原子吸收法参照美国水质检验标准方法（18 版，1992 年）。

全部速测法与银盐法及原子吸收法测定结果的符合率为 97%，<0.05 mg/L 水样符合率为

100%。用实验室比对结果推测该调查点的井水超标率为51%，现场实测结果为54%，二者也较吻合。验证结果证明如果调查的主要目的是查清超标（0.05 mg/L）的水源，速测法的结果则完全能够满足需要[9]。另外，该比对实验的调查点在国内已属于重度砷中毒地区，但水砷超标（>0.05 mg/L）的水样最多为54%。也就是说，如果想搞清超标饮水的确切浓度，最多定量测定一半水样即可。所以，笔者建议在水砷普查时，先在现场用速测法将每个水源水测定一遍，再将超标（≥0.05 mg/L）的水样酸化后带回实验室定量测定。

由于速测法属半定量法，其标准的色阶从0 mg/L、0.01 mg/L、0.025 mg/L、0.05 mg/L、0.1 mg/L、0.5 mg/L分成5段，仅适用于水中砷的粗略含量测定。通过具体分析全部318份水样的比对结果，可以发现<0.5 mg/L水样的误差几乎全部为接近速测法的下限值，由于色差的原因结果就高不就低造成的；>0.5 mg/L的水样则全部是因超出经典法的线性范围而偏低。因此，在砷中毒调查中采用速测法应注意以下几点：①对色斑显示为0.05 mg/L水样，需要用银盐法或石墨炉-原子吸收法定量，以区分部分水砷接近0.05 mg/L，但未超标的水样。②对水砷>0.05 mg/L的水样准确定量，仍需用银盐法或石墨炉-原子吸收法。③对>0.5 mg/L的高砷水样定量，银盐法误差较大，石墨炉-原子吸收法较准确。如果在水砷调查中能将上述三种方法结合使用，则既可降低实验成本、大大提高工作效率，又可保证调查结果的可靠性。

参考文献

[1] 明杰，胡锡阶．硝酸银分光光度法测定水中砷［J］．中国预防医学，1993，27（4）：250-251.

[2] 陶锐．第二十七节 砷．水质分析大全，《水质分析大全》编写组．重庆：科学技术文献出版社重庆分社，1989：180-186.

[3] 姚孝元，戚其平，郑星泉，等．高效液相色谱法测定水中砷化合物［J］．中国地方病学，1996，15（4）：223-225.

[4] 曹炜华，杨学兰．极谱催化波测定天然水中砷的方法探讨［J］．中国预防医学，1993，27（5）：308-309.

[5] 陈一非．水中微量砷测定进展［J］．环境科学，1989，10（5）：68-72.

[6] 中华人民共和国卫生部．生活饮用水标准检验法（GB 5750—1985）．北京：中国标准出版社，1986：55-56.

[7] 汪炳武．第二章 砷．水和废水监测分析方法指南．《水和废水监测分析方法指南》编委会．北京：中国环境科学出版社，1990：45-52.

[8] 美国公共卫生学会，美国水质工程学会．水质检验标准法（18版），1992.

[9] 曹静祥，任改英，李冰，等．中国地方病学，2002，21（5）：401-403.

洋山深水港入境船舶压载水浮游动物种类组成分析

薛俊增　刘　艳　吴惠仙

（上海海洋大学水产种质资源发掘与利用教育部重点实验室
上海浦东新区沪城环路999号　201306）

摘　要　2008年10月至2009年4月采集了19艘停靠在上海洋山深水港的入境船舶压载水水样，对其进行了浮游动物的种类组成分析，共检出压载水中浮游动物39种，其中桡足类37种、淡水枝角类1种、海洋枝角类1种。结果显示，压载水中浮游动物的密度及种类组成与水样压载地的环境直接相关，不同航线船舶压载水中浮游动物的种类差异较大。调查发现，虽然调查船舶压载水中浮游动物的类群数量较少，但是仍有47.37%的船舶压载水中检出外来种浮游动物，其中有44.44%的船舶在沿岸港口处更换压载水，水文环境与洋山深水港相近，压载水中浮游动物存活机率高，因此洋山深水港入境船舶压载水仍存在较高的潜在生物入侵风险。结合本次调查结果，提出对洋山深水港入境船舶携带外来生物的防治策略建议。

关键词　洋山深水港　浮游动物　压载水

一、引　言

外来物种入侵已被列入国际生态研究重点[1]，外来海洋物种的入侵已经成为世界海洋生态环境面临的4大问题之一[2]。侵入物种通过改变环境条件和资源的可利用性而对本地物种产生影响，不仅使生物多样性减少，而且使系统的能量流动、物质循环等功能均受到很大的影响，严重时可能会导致整个生态系统的崩溃[3]。航运已经成为国际上公认的引入外来生物的主要途径之一[4]，曾有报道指出94%的潜在有害海洋生物是通过船舶压载水被携带离开目的港[5]，英国海岸带的60个外来入侵种中，至少有一半来自入境船舶排放的压载水和船体表面携带的污损生物[4]。压载水浮游动物活体可能会对目的港的生态环境造成极大危害并将成为威胁地球环境系统的主因之一[6]，因而有关学者开展了许多相关的调查工作[7,8]。随着对外来浮游生物入侵及其危害性认识的加深，我国先后开展了部分港口船舶压载水浮游生物的调查[9,10]，但大部分研究集中于对浮游植物的污染调查及风险评价[11-16]，而压载水中浮游动物的研究则没有受到重视[17]。

随着上海国际航运中心的建设，现在和未来都有大量的入境船舶停靠在洋山深水港，开展海洋外来种的监测和生态研究日显重要，因而我们对洋山港入境船舶压载水进行了抽样调查和分析，为预防和控制海洋外来生物入侵、保护洋山港和周边海域的生态环境提供依据。

二、材料与方法

（一）采样船舶

2008年10月至2009年4月，对停泊在上海洋山深水港码头的国际航行船舶（表1）进行随机抽样，共选取19艘船舶采集压载水浮游生物。19艘船舶压载水来源于印度洋、太平洋及大西洋。

（二）样品的采样及分析

打开船体人孔盖，用2L采水器定量采集压舱水水样，当水样未能灌满采水器时，用量筒精确测量水样体积，所有水样均采自压载舱水0.5m表层，采集后立即用55μm浮游生物网过滤浓缩，

基金项目：上海市科委“长三角联合攻关”项目（062358101）；上海市教委科研创新项目（10YZ125）；上海市教委第五期重点学科海洋生物学（J50701）。

再用过滤海水冲洗筛绢，将浓缩水样集中灌入采样瓶中，加5%福尔马林液固定后，实验室分类鉴定。

表1　采集压载水的船舶信息、取水来源日期及体积

船舶编号	船名	压载地点	盐度	采样日期
1	XA	the Mediterranean Sea	22. 7	2008. 10. 23
2	XDD	the North Atlantic Ocean	15. 1	2009. 03. 23
3	SSZ	Yokohama	13. 4	2009. 03. 03
4	JPH	South Atlantic Ocean	27. 2	2009. 03. 20
5	EU	OSAKA	27. 1	2009. 03. 11
6	SE	Zhoushan	28. 2	2009. 04. 14
7	XPD	Pusan（open sea）	28. 1	2009. 03. 30
8	WH233	the South China Sea	31. 1	2009. 03. 17
9	XB	the Pacific Ocean	31. 8	2009. 03. 05
10	MYUT	Port of Kaohsiung	31. 2	2009. 01. 09
11	CP	Port of Kelang	34. 2	2009. 01. 15
12	WH601	the Indian Ocean	31. 7	2009. 03. 28
13	MCH	MIZUSHIMA（Japan）	33. 3	2009. 04. 06
14	YH	Port of Kaohsiung	33. 2	2009. 03. 04
15	QYH	Pusan（Coastal）	33. 1	2009. 03. 03
16	WH216	Port of Keelung	31. 8	2009. 03. 10
17	DH	the Philippine Sea	31. 8	2009. 03. 17
18	XWH	the North Pacific Ocean	31. 7	2009. 04. 06
19	JMH	the East China Sea	33. 3	2009. 04. 06

（三）数据处理

利用 BIO－DAP 软件对各采样船舶的浮游动物进行种类组成相似性分析[20]（Sorenson Measure，C_N）。应用 SPSS16. 0 对所获数据进行聚类分析（Cluster analysis）和非度量多维标度的二维分析（Multidimensional scaling，MDS）。其余图表处理均采用 GraphPad Prism4 软件绘制。

三、结　果

（一）种类组成

19 艘外来船舶中共采集到浮游动物 37 种（表2），其中有桡足类（包括哲水蚤目 16 种、猛水蚤目 10 种及剑水蚤目 9 种）35 种、淡水枝角类与海洋枝角类各 1 种，压载水浮游动物以桡足类为主。37 种浮游动物中 25 种在中国海域曾有记载[18,19]，12 种未曾见有报道在中国分布。

蔓足类无节幼体虽仅在 MYUT 压载水中出现，其优势度达到 0. 003。

不同船舶压载水中浮游动物的种类差异较大，同一船舶压载水中浮游动物各类群的种类数也有差异（图1）。19 艘船舶中，MYUT 的浮游动物种类数最多，达 15 种，其中哲水蚤目和猛水蚤目种类数均为 4 种，剑水蚤目 3 种，枝角亚目 1 种；XA 次之，共出现浮游动物 10 种，其中 60% 的种类属猛水蚤目；CP 及 QYH 中各出现 8 种浮游动物，其种类组成的主要类群分别为猛水蚤目和哲水蚤目。XDD、JPH、SE、XPD、WH216、DH 及 XWH 压载水中均仅出现 1 种浮游动物，XDD 和 JPH 的压载水中鉴定出桡足类各 1 种，分别属猛水蚤目及哲水蚤目，其余五艘船舶的压载水中均仅检出桡足类无节幼体。桡足类无节幼体在 84.21% 的采样船舶中均有出现。

表 2　各压载水中的桡足类种类组成及其空间分布

	XA	XDD	SSZ	JPH	EU	SE	XPD	WH233	XB	MYUT	CP	WH601	MCH	YH	QYH	WH216	DH	XWH	JMH
Copepoda Nauplius	+		+		+	+	+	+	+	+	+	+		+	+	+	+	+	+
Cirripedia Nauplius																			
Copepodite	+				+			+	+	+	+			+	+				
Calanoida																			
Calocalanus sp. *			+																
Acartia clausi									+										
Euchaeta sp. *				+															
Eucyclops sp. *								+											
Centropages sp. *									+										
Lucicutia flavicornis														+					
Undinula darwinii															+				
Temora stylifera										+									
Acartianegligens										+									
Paracalanus parvus																			+
Acartia bifibsa										+									
Tortanus gracilis										+									
Centropages abdominalis								+							+				
Clansocalanus furcatus											+								
Acrocalanus sp. *															+				
Acartia erythraea															+				
Harpacticoida																			
Euterpe acutifrons	+									+	+								
Euterpe sp. *	+																		
Microsetella norvegica	+									+	+								
Nitocra pietschmanni											+								
Huntemannia sp. *	+																		
Clytemnestra scutellata	+										+		+						
Miracia efferata	+									+									
Harpacticella sp. *		+																	
Tachidius sp. *								+				+							

	XA	XDD	SSZ	JPH	EU	SE	XPD	WH233	XB	MYUT	CP	WH601	MCH	YH	QYH	WH216	DH	XWH	JMH
Macrosetella gracilis									+	+									
Cyclopoida																			
Oncaea conifera														+					
Oncaea dentipes														+					
Oithona rigida										+	+				+				
Lubbockia sp. *															+				
Oncaea sp. *	+									+									
Sapphirina sp. *	+																		
Corycaens speciosus										+									
Corycaens japonicus													+						
Oithona similis																			+
Sididae																			
Penilia avirostris										+									
Daphniidae																			
Bosmina fatalis														+					

＊表示未曾有报道在中国分布的浮游动物

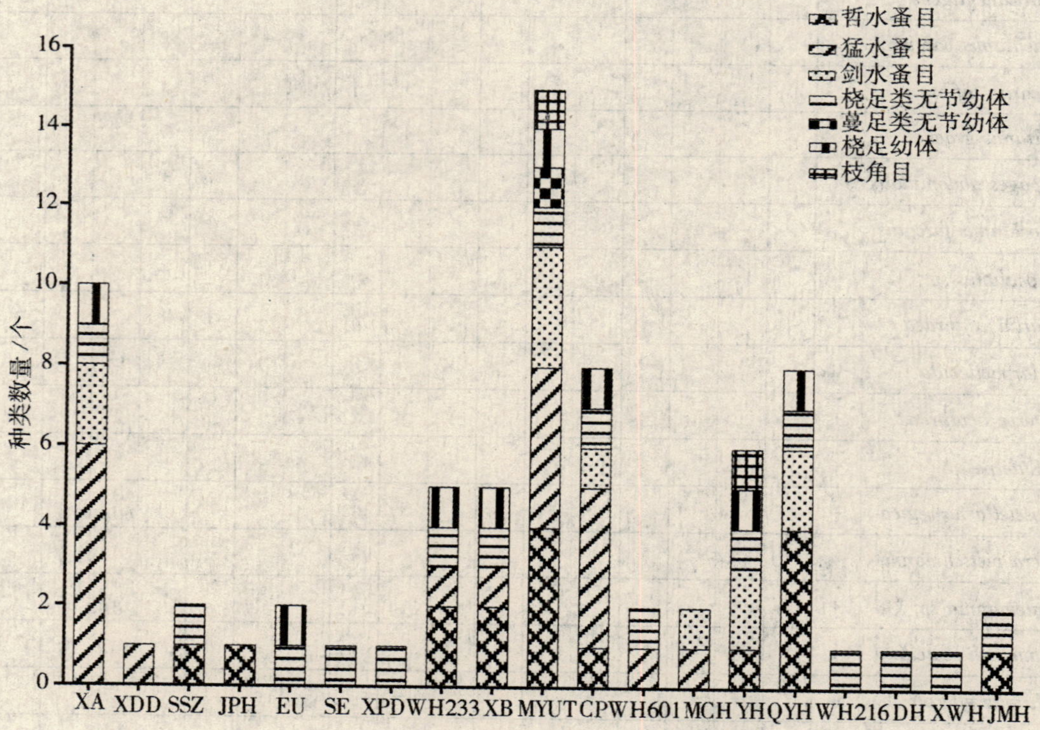

图 1　不同船舶压载水中各类浮游动物的种类数分布

（二）数量分布

不同船舶压载水中浮游动物总密度的差异较大（图2），在0.357～50.275 ind./L，JPH、SE及WH216压载水中的密度最低，仅为0.357 ind./L；MYUT压载水中浮游动物的密度最高，达到50.275 ind./L。

不同类群的浮游动物密度在各船舶压载水中所占的比例不同（图2），在浮游动物最低的3艘船舶压载水中，除JPH压载水中出现少量哲水蚤外，SE与WH216船舶压载水中均只检出少量无节幼体。无节幼体在密度最高的MYUT船舶压载水中占其总密度的52.81%，其中47.70%为蔓足类无节幼体。CP压载水中猛水蚤目的密度占其总密度的66.90%，无节幼体密度仅占总密度的14.54%。

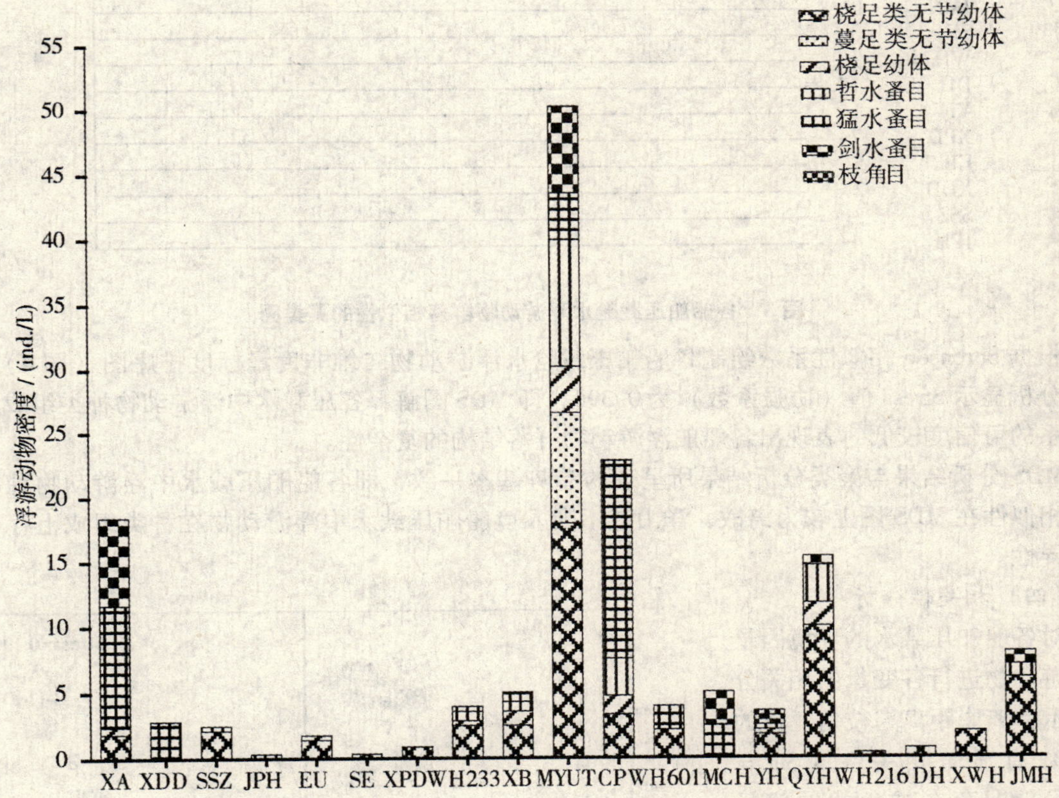

图2　不同船舶压载水中各类浮游动物密度分布

（三）群落相似性比较

通过对压载水中浮游动物成体种类组成相似性的聚类分析，显示洋山港入境船舶压载水中浮游动物的群落结构较为复杂，不同船舶间压载水中浮游动物种类组成存在较大差异性，聚类结果可以把不同船舶分为14组：构成组1的船舶数量最多，包括XA、CP、MYUT和MCH，该组船舶压载水中浮游动物成体密度均高于5.00 ind./L，其中CP与XA的种类组成相似性最高，鉴定出共有种尖额真猛水蚤（E. acutifrons）、小盔头猛水蚤（C. scutellata）及挪威小星猛水蚤（M. norvegica）3种，而CP与MCH浮游动物成体群落相似性最低，仅有小盔头猛水蚤（C. scutellata）一种共有种；组2中包括WH233、WH601和QYH，该组船舶压载水中浮游动物密度为1.07～3.57 ind./L，其中WH601与WH233压载水中浮游动物种类组成相似性较高，鉴定出共有种大吉猛水蚤（T. sp.）一种；其余12艘船舶各自聚成一组，其中EU、SE、XPD、WH216、DH及XWH六艘船舶压载水中仅发现无节幼体和桡足幼体，剩余6艘船舶压载水中均检出不同

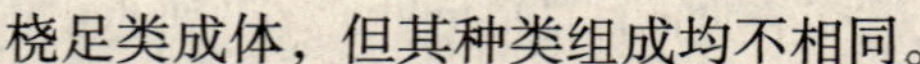

桡足类成体，但其种类组成均不相同。

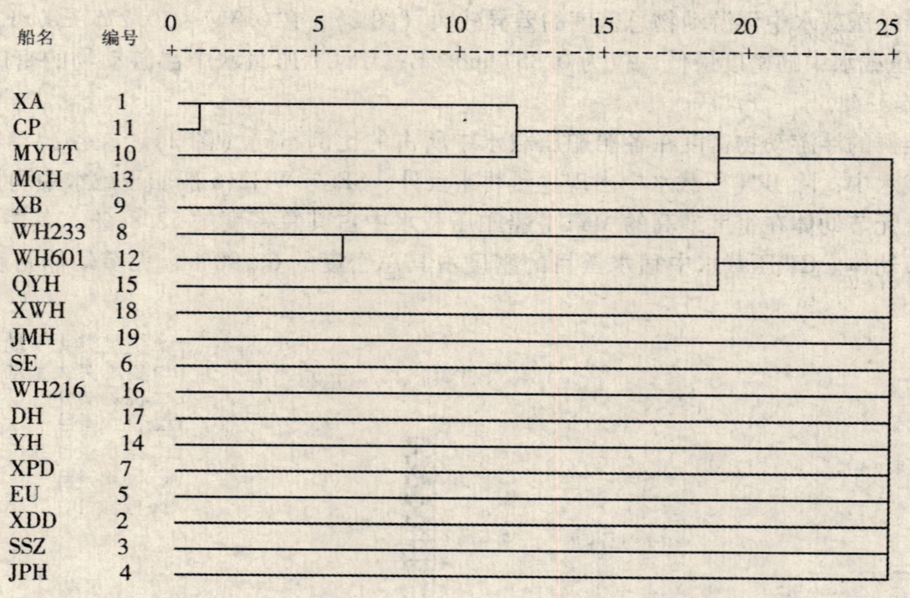

图 3　各船舶压载舱水浮游动物群落相似性的聚类图

根据 Sorenson 相似性系数绘制各船舶压载舱水浮游动物二维非度量标度排序图（图 4），该图形分析显示 Stress 值（协强系数）为 0.396，即 MDS 图解释各压载水中浮游动物种类组成相似性关系的可信度较低，表现出各船舶浮游动物群落结构的复杂性。

MDS 分析结果与聚类分析结果所呈现的趋势基本一致，即各船舶压载水中浮游动物种类组成的相似性在 MDS 图上较为离散，洋山港不同入境船舶压载水中浮游动物在种类组成上存在较大差异性。

（四）相关性分析

对各船舶压载水的环境因子与浮游动物进行各变量的相关分析显示：离岸距离与枝角亚目的种类数有显著相关性（Sig = 0.048），即存在枝角类的船只多在港口处压入压载水，离岸距离近，而离岸距离较远的近海及远洋海区则未见枝角类出现；其余环境因子与浮游动物变量间则均未表现出显著相关性（表 3）。但从环境因子与浮游动物变量间的整体变化趋势来看：离岸距离与浮游动物各变量间均呈负相关关系，即随着水样压载地离大陆距离的增加，浮游动物的种类数及密度呈下降趋势；水龄与浮游动物各变量（猛水蚤目种类数及密度除外）之间也呈负相关关系，随着压载水压入时间的增长，浮游动物种类数和密度有下降趋势；而盐度与浮游动物各变量

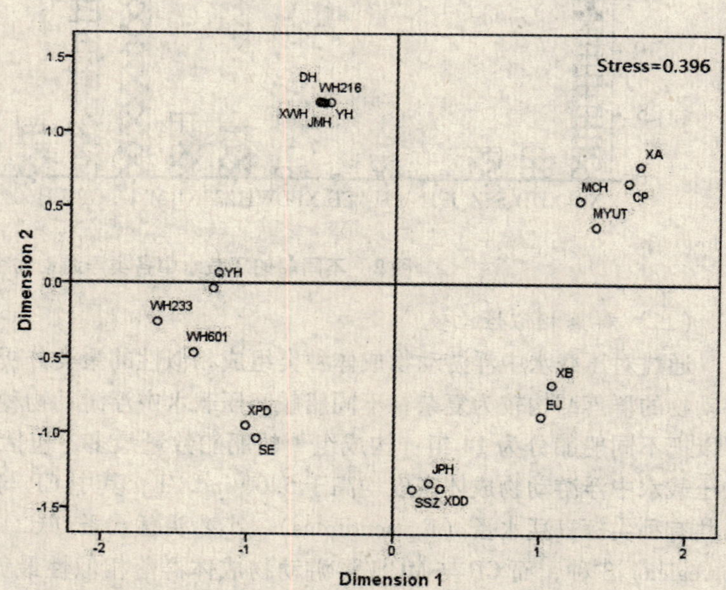

图 4　各船舶压载舱水浮游动物二维非度量标度排序图

之间则基本呈正相关，但两者不具有显著相关性。

表3　环境因子与浮游动物的相关分析

	离岸距离（H）		盐度（S）		水龄（T）	
	相关系数	P值	相关系数	P值	相关系数	P值
哲水蚤目种类数（ZN）	-0.366	0.123	0.235	0.333	-0.166	0.496
猛水蚤目种类数（MN）	-0.055	0.824	-0.05	0.839	0.005	0.982
剑水蚤目种类数（JN）	-0.343	0.151	0.23	0.343	-0.264	0.276
枝角亚目种类数（CN）	-0.459*	0.048*	0.194	0.427	-0.202	0.407
浮游动物总种类数（TN）	-0.353	0.139	0.197	0.42	-0.204	0.403
无节幼体密度（ND）	-0.347	0.146	0.201	0.408	-0.227	0.351
桡足幼体密度（CD）	-0.366	0.123	0.244	0.314	-0.143	0.56
哲水蚤目密度（ZD）	-0.422	0.072	0.212	0.383	-0.21	0.388
猛水蚤目密度（MD）	-0.131	0.592	0.023	0.926	0.019	0.938
剑水蚤目密度（JD）	-0.057	0.816	-0.027	0.914	-0.097	0.692
枝角亚目密度（CD）	-0.342	0.152	0.182	0.456	-0.141	0.564
浮游动物总密度（TD）	-0.337	0.158	0.164	0.502	-0.176	0.472

* Correlation is significant at the 0.05 level（2 - tailed）.

四、讨　论

洋山深水港一期工程自2005年12月顺利开港后，便已成为我国大陆沿海港中集装箱航班密度最高、航线最多、覆盖最广的港口，现洋山港的吞吐量已跻身世界第二[21]，随着港口的进一步建设和海洋贸易的繁荣发展，由船舶携带入港的压载水量将进一步增加，每年将有数万吨含有外来生物的压载水排入洋山深水港海域，其危害的严重性不言而喻，对此我们应予以高度重视[22]。

洋山港入境船舶压载水中的浮游动物主要由小型浮游甲壳动物及其幼体组成，未发现端足类、介形类、水母、双壳类及原生动物等相关类群，与宁波、秦皇岛等港口船舶压载水的调查结果有一定差异[10,23]。这可能主要是压载水来源地不同、压载水载入时间及水龄不同[24]等原因造成的。另外，洋山港入境船舶压载水中浮游动物类群数相较以前明显减少，这可能主要与压载水水源地的选取方法、压载水更换方法及更换时间的严格控制等因素有关。近几年我国对入境船舶压载水更换监管措施日益完善，严格履行《国际船舶压载水和沉积物管理与控制公约》[25,26]，调查结果显示这一举措对我国入境船舶因压载水携带部分有害浮游动物类群的入侵起到了有效的控制作用。

此次实验采集的入境船舶压载水水源地分布于太平洋、印度洋及大西洋之间，地理位置相对较为分散。在对压载水环境因子与浮游动物各变量进行相关性分析后，发现压载水水源地的离岸距离与枝角亚目的种类数量呈显著的负相关关系，这与海洋枝角类多分布于近海表层的生活习性相符[27]；同时压载地离岸距离与桡足类各变量均呈负相关趋势，由此表现出浮游动物的种类数量及密度随压载地离岸距离的增大而下降的趋势，这一结果为《国际船舶压载水和沉积物管理与控制公约》中压载地选取要求的合理性提供了进一步的证据[28]。

各船舶压载水中浮游动物的类群数量减少，但是其中浮游动物的种类组成差异较大，群落结构较为复杂。不同船舶压载水中浮游动物种类组成的相似性较低，其中有63.16%的船舶压载水拥有各自独特的浮游动物群落结构，其余群落相似性较高的船舶压载水中，也仅出现浮游动物共有种5个。所有采样船舶压载水中浮游动物主要由30.65%北温带广布种、27.78%的世界广布种、8.3%的热带广布种以及33.33%的外来种组成，鉴定结果显示本次实验船舶压载水中浮游动物与东海海区浮游动物的种类组成及优势种均存在较大差异[29]。研究表明，部分沿岸外来浮游生物通过压载水的转运，一旦抵达盐度、水温等环境因子与之前栖息地较为相似的海域，便能在当地繁衍生息，成为真正意义上的外来入侵种[24,30]。东海海区的水文条件较为复杂，海域环境受黑潮暖流和沿岸流的影响较大[27]，而洋山深水港作为离岸式狭岛型深水港，使得其受潮汐及海浪影响相对较小，港区海域环境较稳定[31]，这些得天独厚的地理优势都可能为压载水中部分外来浮游动物及各类幼体提供适宜的生存条件，一旦在新环境中存活下来并大量繁殖，它们的摄食方式通常会对部分小型浮游动物密度产生影响，进而减小浮游植物的摄食压力，致使水体中的浮游生物群落结构发生变化[32]，进而破坏该海域食物链的生态结构[33]，使周边海域爆发赤潮等灾害的机率大大增加[34]。同时，作为诸多经济鱼类和幼鱼的主要饵料，洋山深水港浮游动物群落结构的改变将直接影响其周边海域及舟山渔场的渔业资源[35]。

五、结　论

依据本次调查的结果分析，洋山深水港港区严格履行《船舶压载水及其沉积物控制和管理国际公约》[36]，从一定程度上缓解了洋山深水港外来浮游动物入侵的风险，但根据各压载水中浮游动物群落结构的复杂性及其外来种数量等结果而言，压载水强制性置换方式并不能完全有效地消除外来生物入侵的威胁，洋山深水港区仍存在入境船舶压载水携带潜在外来生物入侵的风险。

参考文献

[1] Convention on Biological Diversity. Invasive alien species [C]. Global Strategy on Invasive Alien Species, UNEP/CBD/SBSTTA/6/INF/9, 2000.

[2] 杨圣云，吴荔生，陈明茹，等．海洋动植物引种与海洋生态保护［J］．海峡两岸，2001，20（2）：259－265.

[3] 石红旗，姜伟，衣丹．外来海洋物种入侵风险评价研究进展［J］．海洋科学进展，2005，23：127－131.

[4] Clare E, Clark R, Sanderson W G. Non－native Marine Species in British Waters: A Review and Directory [M]. Peterborough: JNCC, 1997.

[5] Barry S C, Hayes K R, Hewitt C L. Ballast water risk assessment: principles, processes and methods [J]. International Council for the exploration of the sea, 65 (2): 121－131.

[6] Carlton J T, Geller J B. Ecological roulette: the global transport and invasion of non－indigenous marine organisms [J]. Science, 1993, 261: 78－82.

[7] Rigby G, Hallegraeff G. The transfer and control of harmful marine organisms in shipping ballast water: behaviour of marine plankton and ballast water exchange trials in the MV "Iron Whyalla" [J]. Journal of Marine Environmental Engineering, 1994, 1: 91－110.

[8] Matej D, Gollasch S. EU Shipping in the dawn of managing the ballast water issue [J]. Marine Pollution Bulletin, 2008, 56: 1966－1972.

[9] 郑剑宁，裘炯良，尤明传，等．国际航船压舱水中浮游水生物携带情况调查［J］．中国公共卫生，2006，22（7）：874－875.

[10] 李俊成，聂维忠，李德昕，等．国际航行船舶压载水生物监测调查报告［J］．中国国境卫生检疫，2003，26：46－48.

[11] 朱晓，邹频，陈金龙，等．远洋船舶水舱藻类污染调查［J］．预防医学文献信息，1999，4（3）：304－306.

[12] 杨清双，熊焕昌，陈帆，等. 赤潮藻经船舶压载水输入厦门港的风险分析 [J]. 检验检疫科学，2004，14：96－99.

[13] 龙华，林石明，梁君荣，等. 船舶压舱水引入外来藻类的危害及监测 [J]. 植物检疫，2005，19（5）：289－291.

[14] 李伟才，孙军，宋书群，等. 烟台港和邻近锚地及其入境船舶压舱水中的浮游植物 [J]. 海洋湖沼通报，2006，4：70－77.

[15] 邢小丽. 船舶压舱水与沉积物中的微藻类及对厦门港浮游植物群落动态的潜在影响 [D]. 厦门：厦门大学生命科学学院，2007.

[16] 李炳乾，陈长平，杨清良. 福建外来船舶压舱水中浮游植物种类组成与丰度及其影响因素的初步研究 [J]. 台湾海峡，2009，28（2）：228－237.

[17] 郑剑宁，裘炯良，薛新春. 宁波港入境船舶压舱水中携带浮游生物的调查与分析 [J]. 中国国境卫生检疫，2006，29（6）：358－360.

[18] 郑重，张松踪，李松. 中国海洋浮游桡足类（上卷）[M]. 上海：上海科学技术出版社，1982：41－201.

[19] 郑重，李松，李少菁，等. 中国海洋浮游桡足类（中卷） [M]. 上海：上海科学技术出版社，1982：6－154.

[20] 刘俊，胡自强. 湘江中游江段软体动物的种类组成及其生物多样性 [J]. 生态学报，2007，27（3）：1153－1160.

[21] 韩冬林，林晓梁. 世界最大集装箱船进靠洋山深水港的安全引航技术 [J]. 中国水运，2009，9（2）：55－57.

[22] 郝林华，石红旗，王能飞，等. 外来海洋生物的入侵现状及其生态危害 [J]. 海洋科学进展，2005，23：121－126.

[23] 郑剑宁，裘炯良，尤明传，等. 宁波口岸国际航行船舶压舱水携带浮游水生物的调查 [J]. 中华流行病学，2005，26（12）：942.

[24] McCollin T，Shanks A M，Dunn J. Changes in zooplankton abundance and diversity after ballast water exchange in regional seas [J]. Marine Pollution Bulletin，2008，56：834－844.

[25] 刘明杰，李志胜，于健，等. 应对《国际船舶压载水和沉积物控制与管理公约》实施完善船舶压载水的控制与管理 [J]. 中国国境卫生检疫，2007，30（4）：112－114.

[26] 张硕慧，刘乒，张爽，等. 《船舶压载水及沉积物控制和管理国际公约》履行面临的问题及对策 [J]. 水运管理，2009，31（1）：29－30.

[27] 庄一纯. 郑重文集 [M]. 北京：海洋出版社，1987：12－28.

[28] 廖铭胜. 《国际船舶压载水和沉积物管理与控制公约》简介 [J]. 交通环保，2004，25（5）：48－50.

[29] 徐兆礼，霍雪森，陈卫忠. 东海浮游桡足类的种类组成及优势种 [J]. 水产学报，2004，28（1）：35－40.

[30] McCollin T，Shanks A M，Dunn J. The efficiency of regional ballast water exchange：Changes in phytoplankton abundance and diversity [J]. Harmful Algae，2007，6：531－546.

[31] 张耀光，崔玉阁，殷艳，等. 上海洋山深水港建设的地域空间作用分析 [J]. 地理与地理信息科学，2006，22（3）：85－87.

[32] 李超伦. 海洋桡足类摄食生态及其对浮游植物的摄食压力 [D]. 青岛：中国科学院研究生院（海洋研究所），2002.

[33] 郑重. 海洋浮游动物摄食生态研究——海洋浮游生物学的新动向之十一 [J]. 自然，1985，4：657－660.

[34] 张武昌，张翠霞，肖天. 海洋浮游生态系统中小型浮游动物的生态功能 [J]. 地球科学进展，2009，24（11）：1195－1201.

[35] 陈柏云. 海洋桡足类与渔业关系 [J]. 海洋渔业，1983：108－109.

[36] IMO. Ballast water management convention [S]. International Maritime Organisation C，London，2005.

近江牡蛎 HSC70 基因对污染物硫酸铜的反应

张占会　张其中

（暨南大学水生生物研究所热带亚热带水生态工程教育部工程研究中心

广东省高校水体富营养化与赤潮防治重点实验室　广州　510632）

摘　要　采用荧光定量 PCR 方法，以 β-actin 基因为内参基因，检测了 100μg/L 铜处理 48h 后不同大小近江牡蛎（Crassostrea hongkongensis）闭壳肌、鳃、外套膜、消化腺 4 种组织器官中 HSC70 基因 mRNA 的表达情况。结果显示大个体外套膜、鳃和消化腺中的表达量均明显高于小个体，而在闭壳肌中表达量无显著差异。同时用不同浓度的 Cu^{2+}（0.01μg/L、0.1μg/L、1μg/L、10μg/L、50μg/L、100μg/L）处理个体大小相似的近江牡蛎不同时间（6h，2d，4d，8d，20d，35d 和 45d）后，对牡蛎外套膜、鳃和消化腺中 HSC70 基因的表达情况进行检测，结果表明用 Cu^{2+} 连续浸泡处理近江牡蛎，其外套膜和鳃中可诱导 HSC70 基因显著高表达的 Cu^{2+} 临界浓度为 10μg/L 左右，消化腺中可诱导 HSC70 基因显著高表达的 Cu^{2+} 临界浓度为 1μg/L 左右。在可诱导 HSC70 基因表达的浓度组中，显著高表达的峰值在鳃和消化腺中出现在第 2 天，到第 8 天恢复至对照水平；而外套膜中表达峰值出现在第 4 天，且延续时间最长，至第 20 天。由此可见，近江牡蛎 HSC70 基因对 Cu^{2+} 的刺激反应非常灵敏，且持续时间较长，可作为 Cu^{2+} 污染的早期预警分子。

关键词　HSC70 基因　mRNA 表达　荧光定量 PCR　近江牡蛎

HSC70（70 kDa heat shock cognate）蛋白是 70kDa 热休克蛋白家族的成员之一，存在于所有原核及真核生物细胞中[1]，属于组成性表达蛋白，在正常情况下即有表达，但在环境胁迫因子（如高温、重金属、杀虫剂等有毒有害物质）的刺激下，其表达量会显著增加[2-4]。现有研究表明海洋双壳类 HSC70 对污染物有广泛的反应性[5-12]，该分子是潜在的海洋环境早期污染的综合预警分子[12-17]。

近江牡蛎（Crassostrea hongkongensis）是广泛分布于南方沿海近岸海域和河口地区的双壳贝类，营固着生活，能指示其生活水域的污染状况；种群数量大，能满足重复采样的需要；过滤取食，能富集较高水平的污染物。该生物已被“南海贻贝观察”选为主要的海洋环境污染指示种[18,19]。

硫酸铜作为一类控制鱼病和治理赤潮的常用药物，在近岸海域网箱养殖及陆上池塘养殖中大量使用，陆上淡水池塘的 Cu^{2+} 将随水流进入海洋，因此，铜是近岸海域重要重金属污染物之一。《2008 年广东省海洋环境质量公报》就显示广东省沿岸多个海水养殖区沉积物中铜平均含量均超过《海洋沉积物质量》一类标准。

Cu^{2+} 可诱导贝类 HSP70 高表达[8,11,12]，表明贝类 HSC70 基因具有作为铜离子污染预警的潜在价值，而揭示 Cu^{2+} 诱导近江牡蛎该基因表达的临界浓度是评价 HSC70 基因作为污染早期预警分子灵敏度的关键。但是，目前没有见到 Cu^{2+} 诱导 HSC70 基因表达临界浓度方面的报道，不同大小个体近江牡蛎 HSC70 基因受 Cu^{2+} 诱导的表达量是否存在差异也未知。因此，有必要进行该方面研究。

一、材料和方法

（一）处理近江牡蛎用药品

实验采用分析纯级硫酸铜，以所含铜离子质量计算，以灭菌蒸馏水溶解，配成 1g/L（Cu^{2+}）溶液。实验中按养殖箱水量和实验设定铜离子浓度计算所需铜离子质量，取含有相应质量的1g /L溶液加入对应养殖箱海水中。

（二）实验动物及其驯养和处理取材

近江牡蛎采自阳江市阳西县程村养殖海区，系人工吊养一龄和二龄贝，壳长 9～12cm。将近江牡蛎从阳西县运至中国科学院大亚湾海洋生物综合实验站，立即放入盛有 70L 沙滤海水的养殖箱中驯养，每天检查牡蛎生活状态，如果贝壳适度张开，遇刺激快速闭合，表明贝是活的，否则视为死贝，捞出弃之。驯养 10d。整个实验过程中投喂人工养殖扁藻，隔天换水。实验期间水温 (26±1)℃，pH6.0～6.4，盐度 25‰～26‰。

在预实验得到可诱导目的基因（HSC70）表达的较宽的 Cu^{2+} 浓度范围基础上，进行正式实验，根据预实验结果，设置更细致的浓度分组。正式试验分为两部分，一部分研究不同大小个体牡蛎 HSC70 基因的表达水平差异；另一部分研究诱导近江牡蛎鳃中 HSC70 高表达的铜临界诱导浓度。第一部分试验的牡蛎壳长 5～6cm（小个体）和 10～12cm（大个体），各 5 只，用100μg /L 浓度（Cu^{2+}）处理 48h 后，分别取鳃、外套膜、消化腺和闭壳肌四种器官，速冻于液氮中过夜，再转入 -80℃保存；第二部分实验，选用壳长 10～12cm 牡蛎 210 只，随机分成 6 组，每组用含不同浓度硫酸铜（0.01μg /L、0.1μg /L、1μg /L、10μg /L、50μg /L、100μg /L，以 Cu^{2+} 质量计算）的海水连续处理近江牡蛎，分别在 6h、2d、4d、8d、20d、35d 和 45d（如果牡蛎存活）随机取 5 只牡蛎解剖，取鳃速冻于液氮中过夜，再转 -80℃保存。设置对照组，不用硫酸铜处理，在相同取样点随机取 5 只牡蛎解剖取样。

（三）RNA 的提取

将液氮冻存的小块组织放入 1ml 的 TRizol 中，用匀浆器快速匀浆至无可见小粒为止。继后的操作按 TRizol 产品说明进行。电泳分析 RNA 质量，核酸蛋白定量仪测量总 RNA 浓度。

（四）第一链 cDNA 的合成

第一链 cDNA 的合成按照 Premega 逆转录酶 M－MLV Reverse Transcriptase 操作说明进行，逆转总 RNA 量为 2μg。

（五）荧光定量 PCR 检测 HSC70 基因表达

荧光定量 PCR 检测按本实验室已建立方法进行[20]，以 β－actin 作为内参基因。

（六）数据处理及分析

采用 $2^{-\Delta\Delta C_t}$ 法进行 HSC70 基因表达定量的分析[21]，$\Delta\Delta C_t = \Delta C_{t(test)} - \Delta C_{t(control)}$，其中 $\Delta C_{t(test)} = C_{t(target,\ test)} - C_{t(reference,\ test)}$；$\Delta C_{t(control)} = C_{t(target,\ control)} - C_{t(reference,\ control)}$。

应用 SPSS 统计软件单因素方差分析 ANOVA 对时间序列数据进行统计学分析。大小个体对比采用 T－检验法处理。显著性检验水平为 $P<0.05$ 或 $P<0.01$。

二、结　果

（一）牡蛎个体大小对 HSC70 基因表达的影响

选取个体大小不同的近江牡蛎在 100μg /L 浓度（Cu^{2+}）处理 48h 后，采样分析其个体大小对 HSC70 基因表达的影响。发现大小个体仅闭壳肌

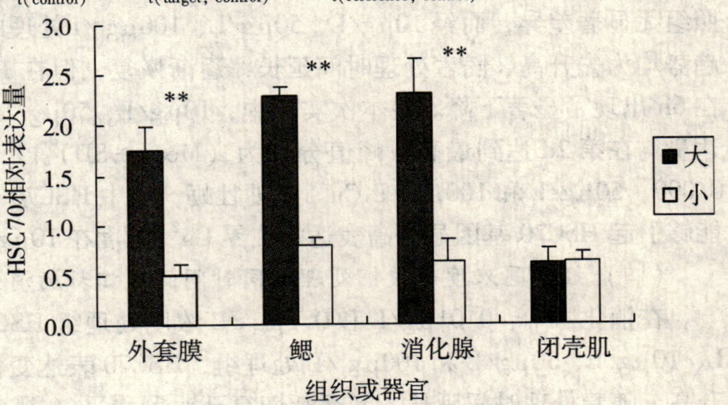

图 1　不同大小近江牡蛎 4 种不同组织器官中 HSC70 基因的相对表达水平（Mean ± SD，n = 5）

（*：$P<0.05$；**：$P<0.01$）

的 HSC70 基因表达水平没有显著差异，在外套膜、鳃和消化腺中，大个体 HSC70 基因表达水平极显著高于小个体该基因表达量（图 1）。

（二）受不同浓度硫酸铜处理不同时间的近江牡蛎外套膜 HSC70 基因的表达

在外套膜中，0.01μg/L、0.1μg/L 和 1μg/L 浓度处理组 HSC70 基因表达与对照组相比无显著差异，10μg/L，50μg/L，100μg /L 处理组，HSC70 表达变化总体趋势均为先升高，随着处理时间的延长，逐渐恢复。在本次实验中，10μg/L、50μg/L、100μg /L Cu^{2+} 处理组 HSC70 基因表达量均在第 4d 达到最高，峰值分别为（Mean ± SD）：1.669 ± 0.179、1.929 ± 0.34、2.163 ± 0.656。从反应持续时间上看，在 10μg/L、50μg/L、100μg /L Cu^{2+} 处理组中存在随药物浓度的增高，持续时间延长的趋势，在 100μg /L Cu^{2+} 处理组中，表达显著高于对照的时间从第 2d 可延续到第 20d。能够引起近江牡蛎 HSC70 基因显著高表达的 Cu^{2+} 临界诱导浓度在 10μg /L 左右（图 2）。

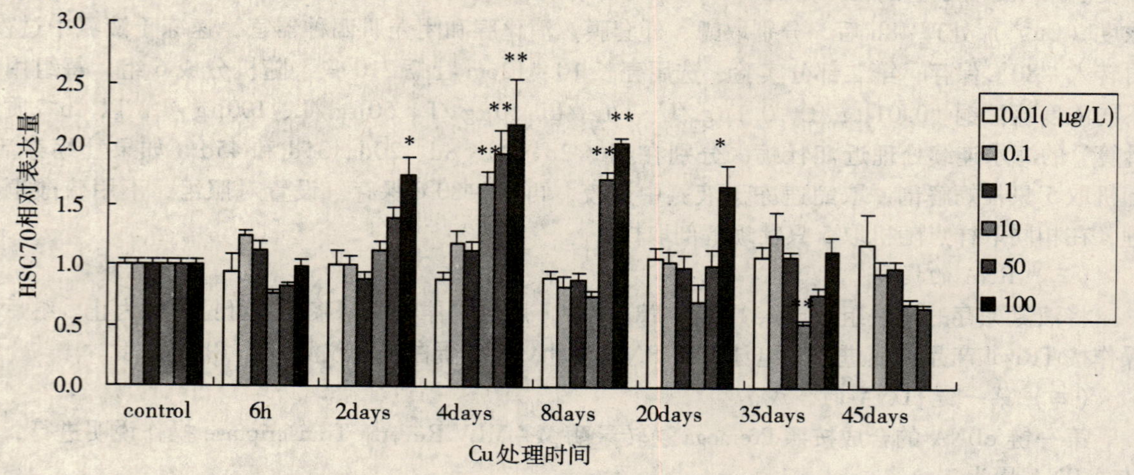

图 2　不同浓度的 Cu^{2+}（硫酸铜）0.01，0.1，1，10，50 and 100μg /L 处理近江牡蛎不同时间后，牡蛎外套膜中 HSC70 基因 mRNA 的相对表达水平（Mean ± SD，n = 5）

（＊：与对照相比差异显著，$P<0.05$；＊＊：与对照相比差异极显著，$P<0.01$）

（三）经不同浓度硫酸铜处理不同时间的近江牡蛎鳃 HSC70 基因的表达

用 0.01μg/L、0.1μg/L 和 1μg /L 浓度的硫酸铜处理近江牡蛎后，其鳃 HSC70 基因表达与对照组无显著差异，而经 10μg/L、50μg/L、100μg /L处理的近江牡蛎鳃 HSC70 基因表达变化总体趋势均为先升高，随着处理时间延长，逐渐恢复，但在 10μg /L Cu^{2+} 处理组 HSC70 基因表达量在 6h 出现了显著下降。在本次实验中，10μg/L、50μg/L、100μg /L Cu^{2+} 处理组 HSC70 基因表达量均在第 2d 达到最高，峰值分别为（Mean ± SD）：1.895 ± 0.1332、2.083 ± 0.224、2.277 ± 0.090。50μg/L 和 100μg /L Cu^{2+} 处理牡蛎，鳃中 HSC70 反应持续时间最长，可至第 4d（图 3）。能够引起 HSC70 基因显著高表达的临界 Cu^{2+} 浓度在 10μg /L 左右（图 3）。

（四）经不同浓度硫酸铜处理不同时间的近江牡蛎消化腺 HSC70 基因的表达

在消化腺中，0.01μg/L 和 0.1μg /L 浓度处理组 HSC70 表达与对照组间无显著差异，1μg/L、10μg/L、50μg/L 和 100μg /L 处理组，HSC70 表达变化总体趋势均表现为先有一下降，随后升高，随着处理时间延长，又逐渐恢复至对照水平（图 4）。在 10μg/L 和 50μg /L Cu^{2+} 处理组中，牡蛎消化腺 HSC70 基因表达量均在 6h 出现显著下降，而 1μg/L、10μg/L、50μg/L、100μg /L Cu^{2+} 处理组的 HSC70 基因表达量均在第 2d 达到最高，峰值分别为（Mean ± SD）：1.507 ± 0.157、2.633 ± 0.391、2.441 ± 0.097、2.295 ± 0.149，仅 10μg/L、50μg/L、100μg /L Cu^{2+} 处理组 HSC70 反应时间可持续至第 4 天（图 4）。能够引起消化腺中 HSC70 基因显著高表达

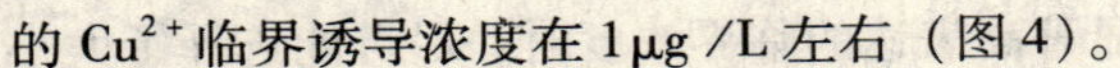
的 Cu^{2+} 临界诱导浓度在 1μg /L 左右（图 4）。

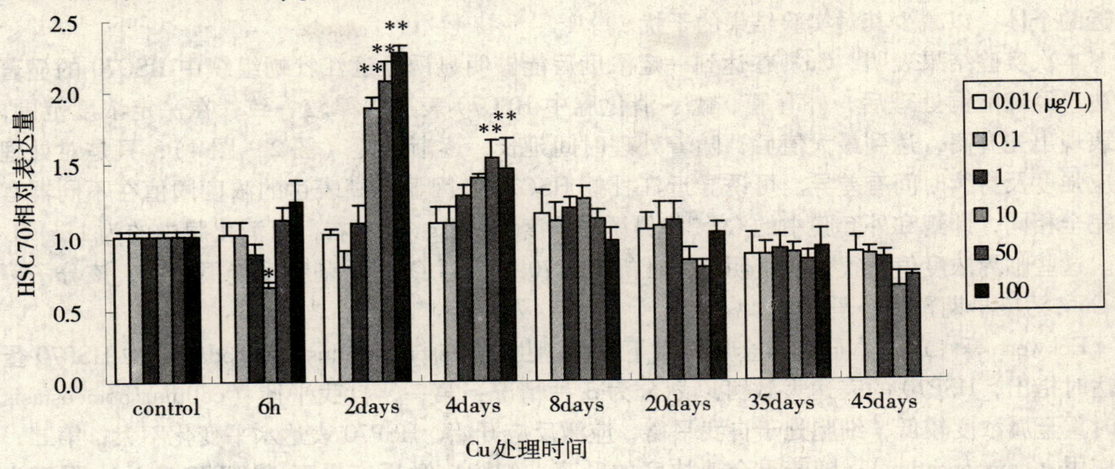

图 3　不同浓度的 Cu^{2+}（硫酸铜）0.01，0.1，1，10，50 and 100μg /L 处理近江牡蛎不同时间后，牡蛎鳃中 HSC70 的相对表达水平（Mean ± SD，n = 5）

（＊：与对照相比差异显著，$P < 0.05$；＊＊：与对照相比差异极显著，$P < 0.01$）

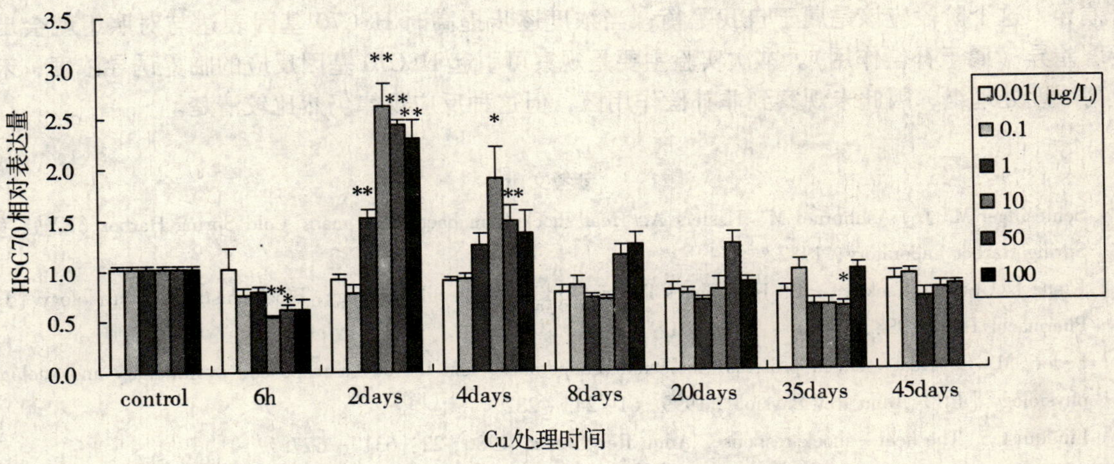

图 4　不同浓度的 Cu^{2+}（硫酸铜）0.01，0.1，1，10，50 and 100μg /L 处理近江牡蛎不同时间后，牡蛎消化腺中 HSC70 的相对表达水平（Mean ± SD，n = 5）

（＊：与对照相比差异显著，$P < 0.05$；＊＊：与对照相比差异极显著，$P < 0.01$）

三、讨　论

HSP70 蛋白的表达是双壳贝类适应环境胁迫的自身内在保护机制之一，对污染物有广泛的反应性，该分子被认为是海洋环境污染早期综合预警分子[16,17]。但是目前就双壳贝类 HSP70 分子对不同环境胁迫因子反应的研究多集中于蛋白水平，而在 mRNA 水平即转录阶段的研究很少[22,23]。与此同时，多数研究集中于何种胁迫因子能否引起 HSP70 的显著表达，而对于反应的灵敏度缺乏研究。

Kiang 等（1998）曾指出 HSP70 的诱导表达量有赖于所受刺激的强度和作用时间；诱导所激发的表达增加是暂时的，但持续时间却因物种差异，甚至组织、细胞不同而异[2]。本次试验结果表明在外套膜、鳃和消化腺中个体较大的牡蛎其表达量要显著高于小个体，只是在闭壳肌中大小个体之间表达无差异。实验结果说明牡蛎个体大小对不同组织 HSC70 基因表达有不同影响，因此，本次实验中在检测 Cu^{2+} 可诱导 HSC70 基因显著高表达的临界浓度时，尽可能选择了大小相近的个体，以减少其对实验结果的干扰。

本次实验结果表明，Cu^{2+} 在达到一定浓度后能够明显诱导近江牡蛎组织中 HSC70 的显著高表达。经硫酸铜处理后，外套膜、鳃、消化腺中 HSC70 表达规律较一致，在一定浓度范围内，均表现出先升高，达到最大值后，随着处理时间延长，逐渐恢复（图 2 ~ 图 4）；只是对处理的反应强度及持续时间有差异。可诱导近江牡蛎 HSC70 基因显著高表达的浓度阈值在不同器官并不完全相同，即鳃和外套膜中的 Cu^{2+} 临界诱导浓度为 10μg /L 左右，而消化腺中的为 1μg /L 左右。这些临界浓度值都很低，表明近江牡蛎 HSC70 基因对 Cu^{2+} 的刺激反应很灵敏，该分子可作为 Cu^{2+} 污染早期预警分子。

Eckwert 等（1997）研究重金属刺激下的壁潮虫［Oniscus asellus（Isopoda）］中 HSP70 蛋白表达时指出，HSP70 的表达大致可以划分为 3 种情况：第一，自我平衡（cellular homeostasis），此时重金属浓度较低，细胞处于自我平衡，应激反应开始，HSP70 表达水平变化不大；第二，补偿作用（compensation），随着重金属浓度的升高，细胞应激反应提高，HSP70 表达水平逐步提高，并最终达到最大值；第三，非补偿作用（noncompensation），重金属浓度继续升高，将会导致细胞蛋白质合成的病理损伤，从而导致 HSP70 表达水平的下降[24]。本次在近江牡蛎 HSC70 基因转录水平的研究结果显示出同样的表现，在 Cu^{2+} 浓度较低时，HSC70 基因表达与对照组无显著差异，这个阶段应该是属于自我平衡；当浓度逐步提高时 HSC70 基因表达与对照组就会出现显著差异（属于补偿作用）。本次实验主要是观察可引起 HSC70 基因反应的临界诱导浓度，未设置高浓度处理组，因此未观察到非补偿作用区，但这种反应规律仍然比较清楚。

参考文献

［1］Schlesinger M. J. , Ashburner M, Tissiers A. Heat shock from bacteria to man. Cold Spring Harbor (NY): Cold Spring Harbor Laboratory; 1982.

［2］Kiang J. G. , and Tsokos G. C. Heat Shock Protein 70 kDa: Molecular Biology, Biochemistry and Physiology［J］. Pharmacol Ther, 1998, 80 (2): 183 – 201.

［3］Feder, M. E. Heat – shock proteins, molecular chaperones, and the stress response: evolutionary and ecological physiology［J］. Annu Rev Physiol. , 1999, 61: 243 – 282.

［4］Lindquist S. The heat – shock response. Annu Rev Genet, 1986, 22: 631 - 677.

［5］Snyder M. J. , Grivetz E, Mulder E. P. Induction of marine mollusk stress proteins by chemical or physical stress. Arch Environ Contam Toxicol, 2001, 41: 22 - 29.

［6］Steinert S. A. , Pickwell G. V. Expression of heat shock proteins and metallothionein in mussels exposed to heat stress and metal ion challenge［J］. Mar Environ Res, 1988, 24: 211 - 214.

［7］Veldhuizen T. M. B. , Holwerda D. A. , van der Mast C. A. , Zandec D. I. Synthesis of stress proteins under normal and heat shock conditions in gill tissue of sea mussels (Mytilus edulis) after chronic exposure to cadmium［J］. Comp Biochem Physiol, 1991, 100C: 699 - 706.

［8］Sanders B. M. , Martin L. S. , Howe S. R. , Nelson W. G. , Hegre E. S. , Phelps D. K. Tissue – specific differences in accumulation of stress proteins in Mytilus edulis exposed to a range of copper concentrations［J］. Toxicol Appl Pharmacol, 1994b: 206 - 213.

［9］Franzellitti S, Fabbri E. Cytoprotective responses in the Mediterranean mussel exposed to Hg^{2+} and CH_3Hg^+［J］. Biochem Biophys Res Commun, 2006, 351 (3): 719 – 725.

［10］2005 Singer C, Zimmermann S, Sures B. Induction of heat shock proteins (hsp70) in the zebra mussel (Dreissena polymorpha) following exposure to platinum group metals (platinum, palladium and rhodium): Comparison with lead and cadmium exposures［J］. Aquat Toxicol, 2005, 75 (1): 65 – 75.

［11］Moraga D, Meistertzheim AL, Tanguy – Royer S, Boutet I, Tanguy A, Donval A. Stress response in Cu^{2+} and Cd^{2+}

exposed oysters (Crassostrea gigas): An immunohistochemical approach [J]. Comp Biochem Physiol C Toxicol Pharmacol, 2005, 141 (2): 151-156.

[12] Radlowska M, Pempkowiak J. 2002 Stress-70 as indicator of heavy metals accumulation in blue mussel Mytilus edulis [J]. Environ Int., 2002, 27 (8): 605-608.

[13] Hamer B, Hamer D. P., Müller W. E., Batel R. Stress-70 proteins in marine mussel Mytilus galloprovincialis as biomarkers of environmental pollution: a field study [J]. Environ Int., 2004, 30 (7): 873-882.

[14] Werner I, Hinton D. Field validation of hsp70 stress proteins as biomarkers in Asian clam (Potamocorbula amurensis): is downregulation an indicator of stress [J]. Biomarkers, 1999, 4: 473-484.

[15] Paul F., LA Porte. Mytitus trossulus hsp70 as a biomarker for arsenic exposure in the marine environment: Laboratory and real-world results [J]. Biomarkers, 2005, 10 (6): 417-428.

[16] Mukhopadhyay I, Nazir A, Saxena D. K., Chowdhuri D. K. Heat Shock Response: hsp70 in Environmental Monitoring [J]. J Biochem Mol Toxicol, 2003, 17 (5): 249-254.

[17] Sanders B. M. Stress proteins: potential as multitiered biomarkers In: McCarhy J. F., Shugart L. R., editors. Biomarkers of environmental contamination Boca Raton: Lewis, CRC Press, 1990: 165 - 191.

[18] Viarengo A, Canesi L. Mussels as biological indicators of pollution [J]. Aquaculture, 1991, 94: 225-243.

[19] 贾晓平, 林钦, 李纯厚, 等. 南海渔业生态环境与生物资源的污染效应研究 [J]. 北京: 海洋出版社, 2004.

[20] 李春勇. 敌百虫诱导近江牡蛎 (Crassostrea hongkongensis) HSC70 基因表达的定量研究 [D]. 广州: 暨南大学, 2007.

[21] Livak, K. J., Schmittgen, T. D. Analysis of relative gene expression data using real-time quantitative PCR and the 2-ΔΔCt method [J]. Methods, 2001, 25: 402-408.

[22] Franzellitti S, Fabbri E. Differential HSP70 gene expression in the Mediterranean mussel exposed to various stressors [J]. Biochem Biophys Res Commun, 2005, 336 (4): 1157-1163.

[23] Franzellitti S, Fabbri E. Cytoprotective responses in the Mediterranean mussel exposed to Hg^{2+} and CH_3Hg^+ [J]. Biochem Biophys Res Commun, 2006, 351 (3): 719-725.

[24] Eckwert, H., Alberti, G., Kohler, H. The induction of stress proteins (hsp) in Oniscus asellus (Isopoda) as a molecular marker of multiple heavy metal exposure: I. Principles and toxicological assessment [J]. Ecotoxicology, 1997, 6: 249-262.

多壁碳纳米管对水中双氯芬酸的吸附及其热力学、动力学研究

王 璐 熊振湖

（天津城市建设学院环境与市政工程系 天津 300384）

摘 要 研究了经硝酸氧化和 Fe_3O_2 改性的 MWCNTs 对于非甾体抗炎药双氯芬酸的吸附作用，并根据实验数据评估了吸附过程的热力学、动力学和吸附等温线。探讨了磁性 MWCNTs 投加量等因素对于吸附的影响。结果表明，随着磁性 MWCNTs 投加量的增加，双氯芬酸的去除率也随之增加，在磁性 MWCNTs 的浓度为 0.7g/L 时，去除率达到了 98.1%，此后去除率不再增加。吸附反应符合 Langergren 准一级动力学方程。水溶液中双氯芬酸在磁性 MWCNTs 上的吸附量达到了 33.37mg/g，吸附量随着初始浓度增大而增大，随温度的升高而下降，表明吸附为放热过程，温度低对吸附有利。吸附过程为熵增加的自发过程。

关键词 双氯芬酸 多壁 MWCNTs 吸附 动力学 热力学

一、引 言

双氯芬酸（diclofenac，DCF）是一种广泛用于镇痛、抗关节炎和抗风湿的非甾体抗炎药[1,2]。由于双氯芬酸的生物降解能力低下和在环境中具有持久性，污水处理厂仅能将其部分去除（约 50%）[3]，它在表面水体和污水处理厂出水中的浓度已经累积到 0.14 ~ 1.48 $\mu g/L^{-1}$ 的范围[4]，成为表面水体和城市废水中最频繁出现的药物之一。另外，人类服用双氯芬酸之后有 15% 以原药的形式排出体外[5]，而且污水处理过程的微生物代谢可引发双氯芬酸生物活性代谢物的释放，已经发现它对陆生脊椎动物和鱼类产生的逆向作用[6]。因此，需要研究有效去除水中双氯芬酸的方法以保护水资源。

目前已经开发出许多不同方法去除水中有机污染物，例如生物处理、混凝/絮凝、臭氧处理、化学氧化、膜过滤、离子交换、光催化降解和吸附技术等[7]。在这些不同的方法中，不发生化学降解的吸附技术因其有效与经济的优点而受到关注[8]。普通吸附剂包括活性炭、沸石、黏土、工业副产物、农业废物、生物质和聚合材料等[9]。但这些吸附剂的吸附容量低且分离困难，仍然需要研究新的具有前途的吸附剂。

由于多壁碳纳米管（MWCNTs）的独特石墨烯共轭表面，导致它对有机化合物（例如药物或染料）与重金属离子有强大亲和力[10]，已经成为废水处理和水净化中的碳质吸附剂。现在的研究主要集中在尝试单独有机污染物种类在 CNTs 上的吸附过程[11]。然而，由于 CNTs 水溶性低下，在实际应用中将它们从分散介质中收集起来非常困难[12]。因此，开发能够在水介质中完全分散而且容易分离的功能化 CNTs 是很有必要的。

磁性分离是一种可在短时间内处理大量废水而不产生污染物的技术[13]，磁场与 MWCNTs 吸附能力的结合已经在去除水中染料污染物方面得到应用[14]。但是，利用磁性 MWCNTs 吸附水中药物的研究还未见报道。在本研究中，建立了一种简单和有效的途径，利用湿式化学方法将氧化铁纳米颗粒引入到 MWCNTs 中。利用制备的磁性 MWCNTs 吸附水中的双氯芬酸，研究了吸附过程的动力学、热力学，初步探讨了吸附机理，并且通过相关数据表明了磁性 MWCNTs 应用于有机污染物吸附过程的优势。

二、实验部分

（一）实验材料

HZQ－QG振荡器（中国哈尔滨东联电子技术开发有限公司）、紫外－可见分光光度计（北京普析通用仪器有限责任公司）。

双氯芬酸（钠盐）原药购自于安阳九州药业有限责任公司，分子式为 $C_{14}H_{10}C_{12}NO_2Na$。未经处理直接使用。实验用水为蒸馏水，其它试剂均为分析纯。多壁MWCNTs（未改性的多壁MWCNTs、羧基化多壁MWCNTs）购自中国科学院成都有机化学有限公司，表1列出了实验用多壁MWCNTs的性质。

表1　商品多壁MWCNTs的基本性质

多壁MWCNTs	外径/nm	内径/nm	长度/μm	纯度（质量分数）	表面积/（m^2/g）	－COOH含量
MWCNT	8～15	3～5	～50	95%以上	233	
MWCNT－COOH	10～20	5～10	～30	95%以上	>200	～2%

（二）磁性多壁碳纳米管的制备

根据文献介绍的方法制备磁性MWCNTs[15,16]。称取1.0g的MWCNTs加入到250ml四口瓶中，加入100ml硝酸，60℃恒温水浴，同时恒速搅拌12h，进行多壁MWCNTs的纯化处理。自然冷却至室温，用蒸馏水洗涤后，放入烘箱，100℃干燥4h后，置于干燥器中备用。

利用纯化MWNTs进行磁性MWCNTs的合成[17,18]。磁性碳管的合成是在碱性溶液中使 Fe^{2+}、Fe^{3+} 反应生成磁性氧化铁颗粒沉淀在MWNTs表面而制成的。Fe^{2+}、Fe^{3+} 的摩尔比为1∶2。在50℃并通入氮气的条件下，将1.0g的MWNTs悬浮在含有1.7g（4.33mmol）$(NH_4)_2Fe(SO_4)_2\cdot 6H_2O$ 和2.5 1g（8.66mmol）$NH_4Fe(SO_4)_2\cdot 12H_2O$ 的200ml水溶液中。将溶液超声波降解10min，同时逐滴加入10ml的8mol/L氨水溶液，使铁的氧化物沉淀下来。混合液的pH保持在11～12。为了促进反应，保持50℃的恒温水浴30min并进行300r/min的恒速搅拌。反应完成后，用磁铁将生成的磁性碳管复合物从悬浮液中分离出来，分别用蒸馏水和无水乙醇洗涤3次，真空干燥后放入干燥器备用。

（三）吸附实验

目标污染物双氯芬酸（钠盐）在磁性MWCNTs上的吸附剂用量的影响以及吸附动力学、吸附热力学、吸附等温线由批次实验确定。经测定，双氯芬酸钠的吸收波长为275nm。

首先确定吸附实验的最佳条件，然后进行吸附剂用量和pH的影响实验。

在250ml初始浓度为20mg/L的双氯芬酸钠溶液中，加入不同质量的磁性多壁MWCNTs，使其浓度由0.1g/L增加到1.0g/L，溶液的初始pH为5±0.1，恒温（35±1）℃振荡6h，用磁铁分离吸附剂后，取上清液，利用紫外可见分光光度计测定经吸附后溶液的吸光度，经标准曲线转换为浓度，与初始浓度进行计算，得出吸附量（q）以及去除率（r）。

$$q = V(C_0 - C_e)/1000m \tag{1}$$

式中：q 为MWCNTs的吸附量，mg/g；V 为溶液体积，ml，C_0 和 C_e 分别是吸附前和吸附平衡时溶液的质量浓度；mg/L；m 为MWCNTs用量（g）。

$$r = (C_0 - C_t)/C_0 \tag{2}$$

式中：C_0 为双氯芬酸的初始浓度；C_t 双氯芬酸降解后的剩余浓度。

（四）吸附动力学

称取175mg磁性MWCNTs加入到盛有250ml浓度为20mg/L的双氯芬酸钠溶液中，磁性MWCNTs的浓度为0.7g/L，溶液的初始pH为5，恒温（35±1）℃振荡，每隔一定时间用磁铁分离吸附剂后，取上清液测定吸附后溶液的吸光度，经标准曲线转换为浓度，与初始浓度进行计算，得出去除率以及吸附量，并且进行线性转化。

（五）吸附等温线

双氯芬酸钠的初始浓度从 10mg/L 增加到 30mg/L，溶液的初始 pH 为 5 ± 0.1，恒温（35 ± 1）℃振荡 6h，用磁铁分离吸附剂后，取上清液测定吸附后溶液的吸光度，经标准曲线转换为浓度，再进行计算。

（六）分析方法

将所取上清液经过 0.45μm 膜过滤，注射到比色皿中，采用紫外可见分光光度计测定吸附前溶液的吸光度以及所取上清液的吸光度，根据所做出的浓度与吸光度的标准曲线得出吸附前后的溶液浓度，根据公式求得双氯芬酸的降解率，再画出曲线进行讨论。

三、结　果

（一）MWCNTs 的投加量对吸附的影响

作为催化剂，MWCNTs 的浓度是影响吸附过程的主要参数。为考察 MWCNTs 的浓度对废水处理效果的影响，初始双氯芬酸浓度为 20 mg/L，初始 pH5.0 不变反应时间为 6h，使用了多种浓度的 MWCNTs 以获得最佳处理浓度，不同多壁 MWCNTs 浓度下双氯芬酸的去除率如图 1 所示。由图 1 可知，随着多壁 MWCNTs 浓度的增加，双氯芬酸去除率不断增大。在吸附剂为 0.1 ~ 1.0g/L 的范围内，随着用量的增加，双氯芬酸的去除率由 37.1% 增加到 98.1%，在 0.3 ~ 0.7g/L范围内去除率迅速升高，0.7g/L 以上时，去除率增加趋于平缓，进而达到平衡。这说明吸附剂量的增加不仅加大了吸附的表面积，还增加了参与吸附官能团的数量。

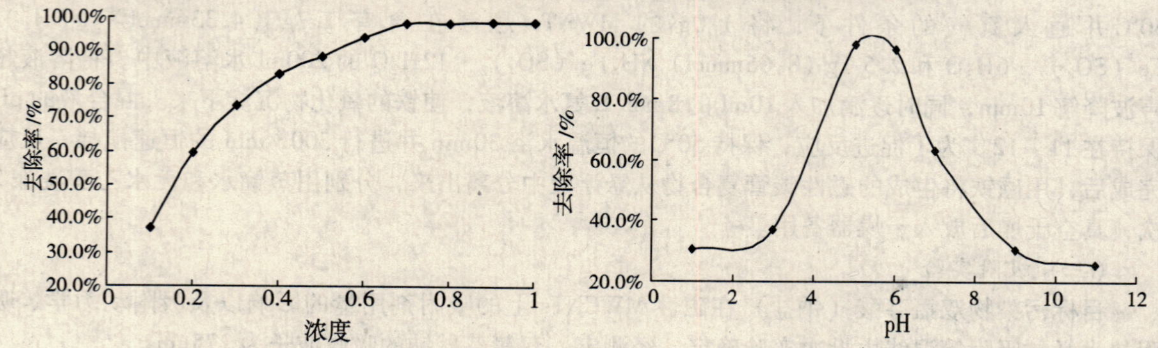

图 1　不同 MWCNTs 浓度下双氯芬酸的去除率　　**图 2　不同 pH 下双氯芬酸的去除率**

（二）pH 对 MWCNTs 吸附双氯芬酸的影响

pH 通过直接与间接的途径影响有机物的氧化过程。由图 2 可见，初始双氯芬酸的浓度为 20mg/L，MWCNTs 投加量为 175mg，反应 6h 条件下，pH = 5 时，双氯芬酸的去除率最大，达到 98.1%；当溶液的 pH 从 1 增大到 5，双氯芬酸去除率从 36.7% 增加到 98.1%；当 pH 继续增大，双氯芬酸的去除率开始下降，到 pH = 11 去除率降低到 25.5%。

（三）吸附动力学

由图 3 可见，在吸附的初始阶段，吸附得非常快，刚刚吸附 30min，去除率就达到了 91.3%，6h 后去除率达到了 98.1%，随后去除率不再变化。由此可见，双氯芬酸的吸附最佳时间在 6h 左右，长时间的混合接触不会增加其吸附量，所以我们选择的其他批次实验的时间为 6h，可使反应充分达到平衡。

将图 3 中的数据代入 Langergren 准一级动力学方程：

$$\ln(q_e - q_t) = \ln(q_e) - k_t \tag{3}$$

式中：q_e 与 q_t 分别为吸附平衡时和 t 时刻的吸附量，mg/g；k 为速率常数。由图 4 可见，拟合后的 R^2 = 0.9906，符合 Langergren 准一级动力学方程。

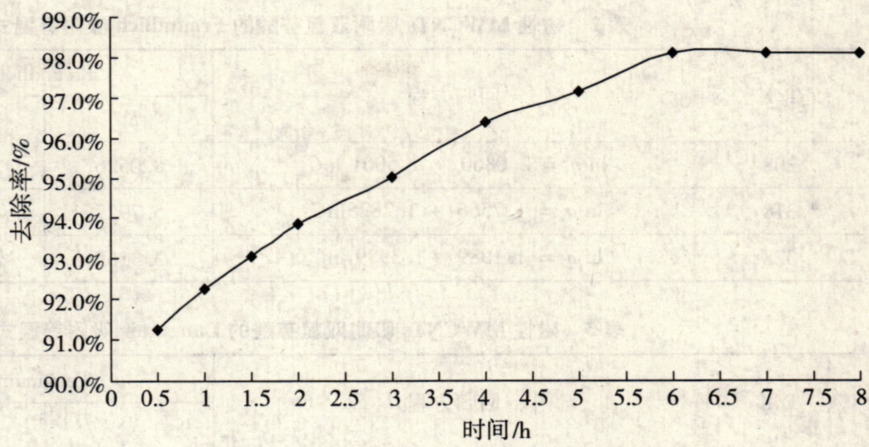

图 3　磁性多壁 MWCNTs 吸附水中双氯芬酸的动力学

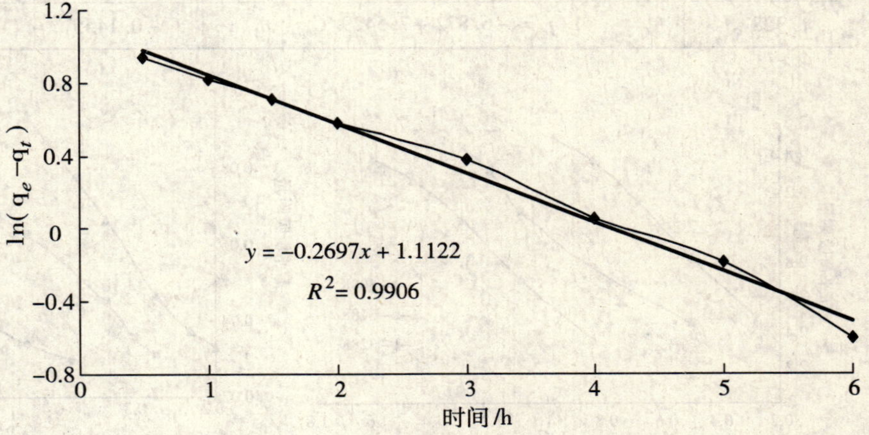

图 4　磁性 MWCNTs 吸附水中双氯芬酸的 Langergren 拟合

（四）吸附等温线

不同温度下，双氯芬酸的初始质量浓度分别为 10mg/L、15mg/L、20mg/L、25mg/L、30mg/L，多壁 MWCNTs 对于双氯芬酸的吸附等温线如图 5 所示。由图 5 可见，在 35℃下，初始浓度为 30 mg/L 的双氯芬酸水溶液在 MWCNTs 上的吸附量达到了 33.37mg/g，吸附量随着初始浓度增大而增大，随温度的升高而下降，表明吸附为放热过程，温度低对吸附有利。

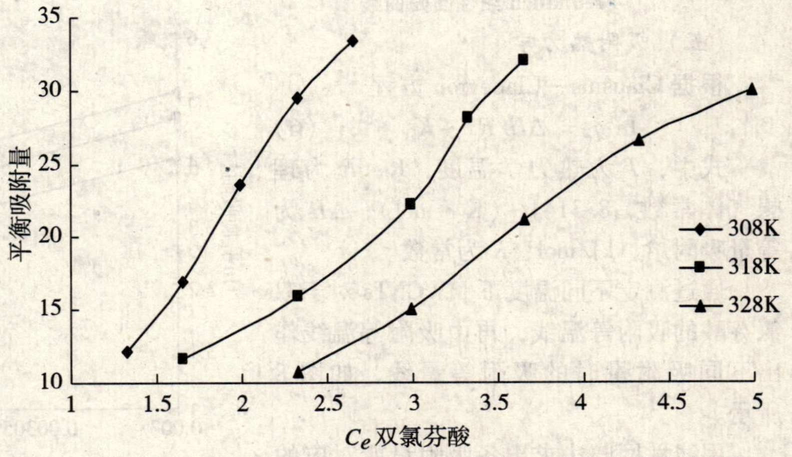

图 5　多壁 MWCNTs 对于双氯芬酸的吸附等温线

目前，关于固体对溶液中溶质的吸附的理论解析普遍采用固－气吸附理论[19,20]。对图 3 吸附等温线采用 Freundlich（式 4）和 Langmuir（式 5）等温方程进行拟合，结果列入表 2 与表 3 中。

$$\ln q_e = \ln K_f + 1/n \ln C_e \quad (4)$$

$$1/q_e = 1/X_m + 1/X_m \, a\text{L} \, C_e \quad (5)$$

式中：q_e 为平衡吸附量，mg/g；C_e 为平衡质量浓度，mg/L；K_f、n 为 Freundlich 常数，X_m 和 aL 为 Langmuir 常数。拟合相关系数均大于 0.97，说明 Freundlich 和 Langmuir 方程均能较好地描述 MWCNTs 对双氯芬酸的吸附。在 Freundlich 公式中，K_f 可用于表示吸附能力的相对大小。常数 n 与吸附推动力的强弱有关，随着温度的升高，K_f 下降，说明降低温度有利于吸附。

表 2　磁性 MWCNTs 吸附双氯芬酸的 Freundlich 吸附等温式参数

T/K	回归方程	Freundlich		相关系数（R）
		K_f	n	
308	$\ln q_e = 2.0860 + 1.5001 \ln C_e$	8.0526	0.6666	0.9923
318	$\ln q_e = 1.7566 + 1.2825 \ln C_e$	5.7927	0.7797	0.9786
328	$\ln q_e = 1.1989 + 1.3989 \ln C_e$	3.3165	0.7848	0.9921

表 3　磁性 MWCNTs 吸附双氯芬酸的 Langmuir 吸附等温式参数

T/K	回归方程	Langmuir		相关系数（R）
		X_m	aL	
308	$1/q_e = -9.7915 + 16.514/C_e$	-0.1021	-0.5931	0.9903
318	$1/q_e = -6.6558 + 10.25/C_e''$	-0.1502	-0.6495	0.9861
328	$1/q_e = -6.872 + 7.5429/C_e$	-0.1455	-0.9113	0.992

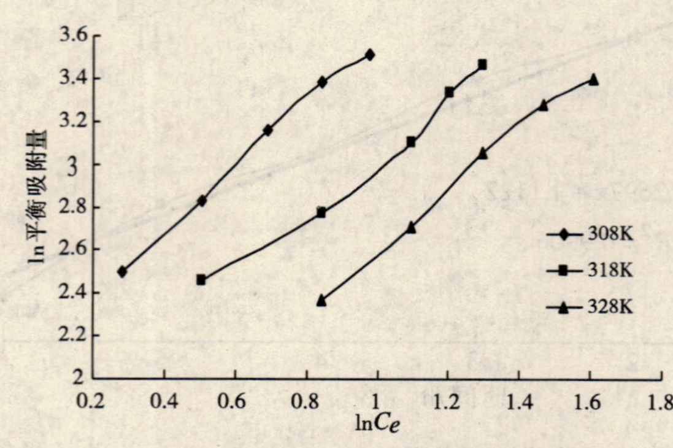

图 6　磁性 MWCNTs 对双氯芬酸钠的 Freundlich 线性回归曲线

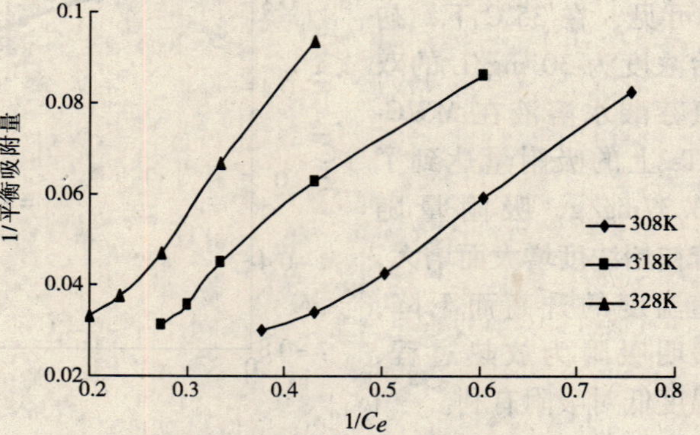

图 7　磁性 MWCNTs 对双氯芬酸钠的 Langmuir 线性回归曲线

（五）吸附热力学

根据 Clausius—Clapeyron 方程[21]：

$$\ln q_e = \Delta H/RT + K \quad (6)$$

式中，T 为热力学温度，K；R 为理想气体常数，8.314J/（K · mol）；ΔH 为等量吸附焓，kJ/mol；K 为常数。

通过测定不同温度下 MWCNTs 对于双氯芬酸的吸附等温线，再由吸附等温线作出不同吸附量时的吸附等量线，如图 8 所示。

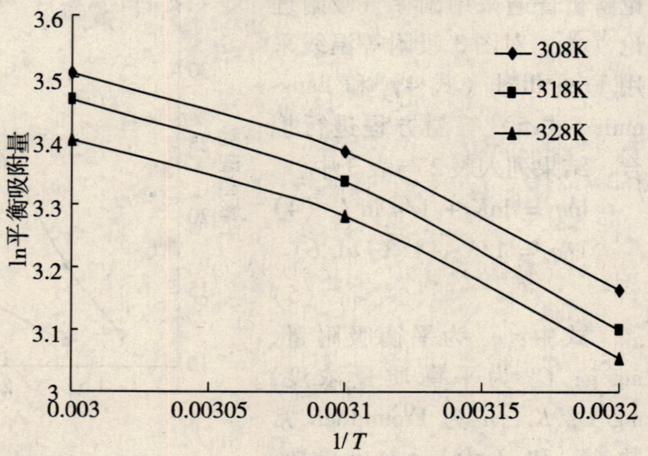

图 8　磁性 MWCNTs 吸附双氯芬酸的吸附等量线

用线性回归法求出各吸附量所对应的斜率，由式（6）计算出不同吸附量时双氯芬酸的等量吸附焓。

根据公式（7）、公式（8）可计算出 ΔG 以及 ΔS：

$$\Delta G = -RT\ln K \quad (7)$$

$$\Delta G = \Delta H - T\Delta S \tag{8}$$

根据以上公式及图可计算出各项热力学数值，结果见表4。

表4　磁性MWCNTs吸附双氯芬酸的热力学数值

T/K	ΔG/（kJ/mol）	ΔH/（kJ/mol）	ΔS/（J/mol·K）
308	-5543.43	-208.05	17.32
318	-5794.27	-219.26	17.53
328	-5875.58	-208.67	17.27

双氯芬酸在MWCNTs上的吸附焓变 $\Delta H < 0$，自由能变 $\Delta G < 0$，说明吸附过程均为自发的放热过程。吸附的熵变 $\Delta S > 0$，表明其吸附过程为熵增加的过程。在固液吸附体系中，溶质分子吸附的同时必然伴随着溶剂分子脱附。

四、讨　论

双氯芬酸在磁性MWCNTs上的自由能变 $\Delta G < 0$，说明吸附过程为自发过程。这是由于吸附过程是放热熵增过程，焓变和熵增是吸附的主要驱动力，因此是自发过程。

吸附熵 $\Delta S > 0$，表明该吸附反应是熵变增加的反应。该吸附过程的总熵变由两部分组成，根据吸附交换理论[22]，对于固-液交换吸附，溶质分子由溶液相吸附交换到固-液界面会失去一部分自由度（包括平动和转动），这是熵减少的过程；另外在磁性MWCNTs吸附双氯芬酸分子的同时，有大量水分子被解吸下来，由于水分子的体积较小，对其来说解吸过程即原来在磁性MWCNTs上的整齐、紧密排列到解吸后的自由运动，其熵变必然很大；因此上述二者熵变总和最终为正值，即磁性MWCNTs吸附双氯芬酸的过程是一个熵增加的过程。

五、结　论

1. 本研究结果表明，经过磁化的MWCNTs对于双氯芬酸的吸附是很有效的，吸附量随吸附剂的投加量的增加而增加，最佳投加量为175mg，去除率可达到98.1%，在pH = 5时，去除率最大，可达到98.1%。

2. 吸附反应过程符合Langergren准一级动力学方程。随时间增加吸附量增加，到达8h后吸附达到平衡。

3. 在一定浓度范围内，MWCNTs对双氯芬酸的吸附量随其浓度增大和温度的升高而增大，并且吸附过程符合Freundlich和Langmuir等温吸附方程。

4. 吸附吉布斯自由能为负值，表明MWCNTs对双氯芬酸的吸附是自发进行的，具有较强的驱动力；吸附熵总是大于0，表明该吸附过程是一个熵增加的过程，该吸附反应是熵变增加的反应；吸附焓变为负值，表明吸附过程是放热的。

参考文献

[1] L. Rizzoa, S. Meric, D. Kassinos, et al. Degradation of diclofenac by TiO_2 photocatalysis: UV absorbance kinetics and process evaluation through a set of toxicity bioassays [J]. Water Research, 2009, 43 (40): 979-988.

[2] Z. Sun, W. Schüssler, M. Seng, et al. Selective trace analysis of diclofenac in surface and wastewater samples using solid-phase extraction with a new molecularly imprinted polymer [J]. Analytica Chimica Acta, 2008, 620 (1-2): 73-81.

[3] Zhang Yongjun, Sven-Uwe Geiβen, Carmen Gal. Carbamazepine and diclofenac: Removal in wastewater treatment plants and occurrence in water bodies [J]. Chemosphere, 2008, 73 (8): 1151-1161.

[4] Jörg Hofmann, Ute Freier, Mike Wecks, et al. Degradation of diclofenac in water by heterogeneous catalytic oxidation with H_2O_2, Applied Catalysis B: Environmental, 2007, 70 (1-4): 447-451.

[5] Fabiola Méndez-Arriaga, Santiago Esplugas, Jaime Giménez. Photocatalytic degradation of non-steroidal anti-in? ammatory drugs with TiO_2 and simulated solar irradiation [J]. Water Research, 2008, 42 (3): 585-594.

[6] Alessandra D. Coelho, Carmen Sans, Ana Agüera, et al. Effects of ozone pre-treatment on diclofenac: Intermediates, biodegradability and toxicity assessment [J]. Science of the Total Environment, 2009, 407 (11): 3572-3578.

[7] R. Rosal, A. Rodríguez, J. A. Perdigón-Melón, et al. Removal of pharmaceuticals and kinetics of mineralization by O_3/H_2O_2 in a biotreated municipal wastewater [J]. Water Research, 2008, 42 (14): 3719-3728.

[8] Alfred Rossner, Shane A. Snyder, and Detlef R. U. Knappe. Removal of Emerging Contaminants of Concern by Alternative Adsorbents [J]. Water Research, 2009, 43 (15): 3787-3796.

[9] Zhang Yanping, John L. Zhou. Removal of estrone and 17β-estradiol from water by adsorption [J]. Water Research, 2005, 39 (16): 3991-4003.

[10] Bo Pan, Bao-Shan Xing. Adsorption Mechanisms of Organic Chemicals on Carbon Nanotubes [J]. Environmental Science & Technology, 2008, 42 (24): 9005-9013.

[11] X. M. Yan, B. Y. Shi, J. J. Lu, et al. Adsorption and desorption of atrazine on carbon nanotubes [J]. Journal of Colloid and Interface Science, 2008, 321 (1): 30-38.

[12] Hideyuki Katsumata, Tomohiro Matsumoto, Satoshi Kaneco, et al. Preconcentration of diazinon using multiwalled carbon nanotubes as solid-phase extraction adsorbents [J]. Microchemical Journal, 2008, 88 (1): 82-86.

[13] Wang Xin, Wang Lianyan, He Xiwen, et al. A molecularly imprinted polymer-coated nanocomposite of magnetic nanoparticles for estrone recognition [J]. Talanta, 2009, 78 (2): 327-332.

[14] Shahnaz Qadri, Ashley Ganoe, Yousef Haik. Removal and recovery of acridine orange from solutions by use of magnetic nanoparticles [J]. Journal of Hazardous Materials, 2009, 169 (1-3): 318-323.

[15] Zhang Qi, Zhu Meifang, Zhang Qinghong, et al. The formation of magnetite nanoparticles on the sidewalls of multi-walled carbon nanotubes [J]. Composites Science and Technology, 2009, 69 (5): 633-638.

[16] Qu Song, Huang Fei, Yu Shaoning, et al. Magnetic removal of dyes from aqueous solution using multi-walled carbon nanotubes filled with Fe_2O_3 particles [J]. Journal of Hazardous Materials, 2008, 160 (2-3): 643-647.

[17] 王彬，龚继来，杨春平，等. 磁性多壁碳纳米管吸附去除水中罗丹明 B 的研究 [J]. 中国环境科学，2008，28 (11)：1009-1013.

[18] Gong JiLai, Wang Bin, Zeng GuangMing, et al. Removal of cationic dyes from aqueous solution using magnetic multi-wall carbon nanotube nanocomposite as adsorbent [J]. Journal of Hazardous Materials, 2009, 164 (2-3): 1517-1522.

[19] Patrick Oleszczuk, Bo Pan, Baoshan Xing. Adsorption and Desorption of Oxytetracycline and Carbamazepine by Multiwalled Carbon Nanotubes [J]. Environmental Science and Technology, 2009, 43 (24): 9167-9173.

[20] S. Ashok Kumar, Sea-Fue Wang. Adsorption of ciprofloxacin and its role for stabilizing multi-walled carbon nanotubes and characterization [J]. Materials Letters, 2009, 63 (21): 1830-1833.

[21] Chen GuangCai, Shan XiaoQuan, Zhou YiQuan, et al. Adsorption kinetics, isotherms and thermodynamics of atrazine on surface oxidized multiwalled carbon nanotubes [J]. Journal of Hazardous Materials, 2009, 169 (1-3): 912-918.

[22] Kuo ChaoYin, Wu ChungHsin, Wu JaneYii. Adsorption of direct dyes from aqueous solutions by carbon nanotubes: Determination of equilibrium, kinetics and thermodynamics parameters [J]. Journal of Colloid and Interface Science, 2008, 327 (2): 308-315.

太阳光辐照的类芬顿体系降解水中低浓度混合药物及产物的生物毒性评价

焦　瑞　熊振湖

（天津城市建设学院环境与市政工程系　天津　300384）

摘　要　在太阳光辐照下，以三草酸合铁酸钾为催化剂，分解 H_2O_2 产生羟基自由基·OH，对水中存在的甲硝唑、双氯芬酸钠、磺胺甲基异恶唑和布洛芬 4 种常见的痕量药物污染物间歇降解与矿化，并且对降解前后水溶液的毒性进行了评价。以体系的总有机碳为指标，探讨了 H_2O_2 的初始浓度、三草酸合铁酸钾的投加量、体系的 pH 值等因素对水溶液中 TOC 去除率的影响；确定了最佳操作条件；根据 4 种药物的化学结构解释了它们在水中的去除速度；以药物水溶液对小球藻的 EC_{50} 值为指标，对 4 种药物的联合毒性，以及降解中间产物的生物毒性做出了评价。结果表明，当 4 种药物的初始浓度都为 20mg/L 时，降解过程适宜条件是 pH 为 3，H_2O_2 的初始浓度为 300 mg/L，三草酸合铁酸钾的投加量为 75mg/L。4 种药物的降解速度按如下排序：甲硝唑 > 布洛芬 > 磺胺甲基异恶唑 > 双氯芬酸钠。随着中间产物的生成与降解，药物水溶液的生物毒性有先增大后迅速减小的趋势。最后给出了 FeO_x/H_2O_2/solar 体系降解水中低浓度药物的反应机理的表达式。

关键词　太阳光辐照　三草酸合铁酸钾　痕量药物污染物　降解与矿化　反应机理　生物毒性

许多存在于环境中的化学品对水生生物、动物甚至人类产生不良影响（Fry，1995；Sumpter，1995）。消炎药物难以生物降解，在环境中只要痕量浓度就能产生抗药性病原体，影响人类健康。由于消炎药物难以生物降解，污水处理厂的传统好氧活性污泥工艺或厌氧发酵方法很难将其降解与矿化，通常仅能部分去除，导致污水处理厂出水中消炎药物的浓度达到能引发生态效应的每升纳克至微克水平（Zhang et al.，2008；Stülten D.　et al.，2008）。为克服传统生化方法的不足，近年来人们尝试了包括 UV/TiO_2、超声降解、臭氧氧化方式降解水中低浓度消炎药物（Rizzo L. et al.，2009；Hartmann J. et al.，2008；Roberto R. et al.，2009），虽然 UV/TiO_2 法比较简单，但对于像双氯芬酸这种带苯环化合物的降解需要较长的时间。因此，研究去除水环境中消炎药物的新方法十分必要。

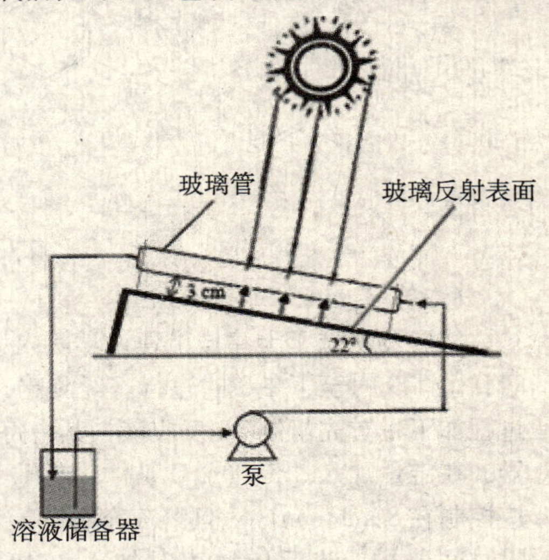

图 1　太阳光催化降解装置图

三草酸合铁酸钾（$K_3Fe(C_2O_4)_3 \cdot 3H_2O$，简写为 FeO_x）是一种水溶性均相 Fenton - like 催化剂，可吸收 250 ~ 500nm 波长的太阳光，从而以高量子效率（300nm 波长的 $\Phi Fe(II) = 1.24$）产生 Fe^{2+}[5]。虽然一些研究组已采用 FeO_x/H_2O_2 催化体系，在太阳光或无光照下降解水中药物与染料污染物，但对水中多种药物的降解还少有报道[6]。另外，在自然条件下水中共存的药物势必发生降解，产生的中间体对水生生物的毒性作用与单一药物有所不同，尚需要对水中共存的药物及其降解产物的生物毒性进行评估[7]。

本文选取 4 种水环境中常见的药物（双氯芬酸、甲硝唑、磺胺甲基异恶唑和布洛芬）为研究

基金项目：国家自然科学基金项目（No. 50878138）；天津市自然科学基金重点资助项目（No. 07JCZDJC01700）。

对象，以太阳光为光源，FeO_x 为催化剂进行降解；探讨了催化剂与氧化剂的浓度，溶液 pH 等因素对降解过程的影响；讨论了水中 4 种药物混合物的降解动力学机理，并通过处理前后水溶液对普通小球藻的生物毒性评价了 FeO_x/H_2O_2/solar 体系降解水中低浓度药物污染物的可行性。

一、材料与方法

（一）反应器与药品

主体为石英玻璃的太阳光降解反应器是文献［8］方法，并加以改进制备的（图 1），其构成如下：内径 5cm，长度 50cm，容积 1000ml，安置在水银玻璃反射面上方，与反射面的垂直距离为 3cm，且与水平面成 22°的夹角。

$K_3Fe(C_2O_4)_3 \cdot 3H_2O$ 催化剂为按通用方法自行制备，置暗处储存。H_2SO_4 、NaOH、$FeSO_4 \cdot 7H_2O$、30 % H_2O_2，以及 HPLC 级的乙腈和甲醇均为分析纯，购自天津市江天化工技术有限公司。降解实验使用的双氯芬酸、甲硝唑、磺胺甲基异恶唑和布洛芬（图 2）按处方从药店购买，经甲醇提取后使用。

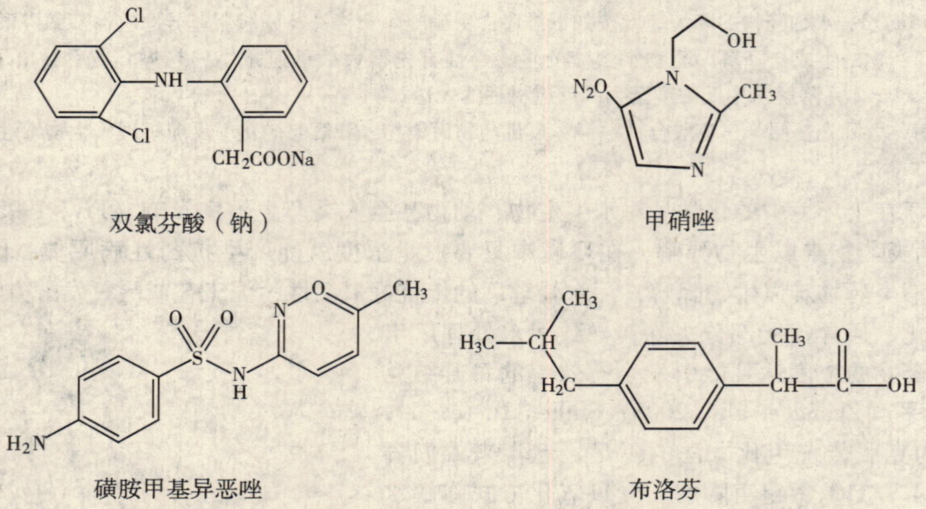

双氯芬酸（钠）　　甲硝唑

磺胺甲基异恶唑　　布洛芬

图 2　4 种药物的化学结构式

（二）实验方法

实验场所位于天津城市建设学院内（北纬 39°13′与东经 117°2′），于 2009 年 5—10 月期间的晴日上午 9 时至下午 3 时进行。经测定，当地太阳光的最大强度为 1.1×10^5 lx（图 3）。典型实验过程如下：首先配制 2L 反应液，其中每种药物浓度为 10mg/L。反应前用黑布遮住石英玻璃反应器，在定量加入 $[Fe(C_2O_4)_3]^{3-}$ 与 H_2O_2 的同时，开启蠕动泵将反应液泵入反应器中循环，流速控制在 80ml/min。一旦溶液充满石英管，立即去掉黑布开始日光照射与定时，并在规定的间隔时间取样。当反应结束时加入 NaOH 溶液调节样品 pH 至 10 以上终止反应，取上清液经 0.45μm 膜过滤，用 HPLC 测定药物的含量，同时用 TOC 仪检测总有机碳的变化。每个实验均设平行两组。

生物毒性实验按文献［9］方法进行。典型过程如下：首先用 Quantofix ®测试条测定未降解或降解后水溶液样品中的 H_2O_2 浓度，必要时以质量分数 40% 的 $NaHSO_3$ 对溶液残余的 H_2O_2 进行猝灭，调节溶液 pH 至中性，取待测溶液加入原藻液中，培养 96h，于 λ = 680nm 处测定藻液的透光率，计算溶液中的藻细胞密度，得出以 EC_{50}（%，v/v）值表示的藻类生长抑制状况。

（三）分析方法

水溶液中双氯芬酸、甲硝唑、磺胺甲基异恶唑和布洛芬的浓度采用 1100 型高压液相色谱仪

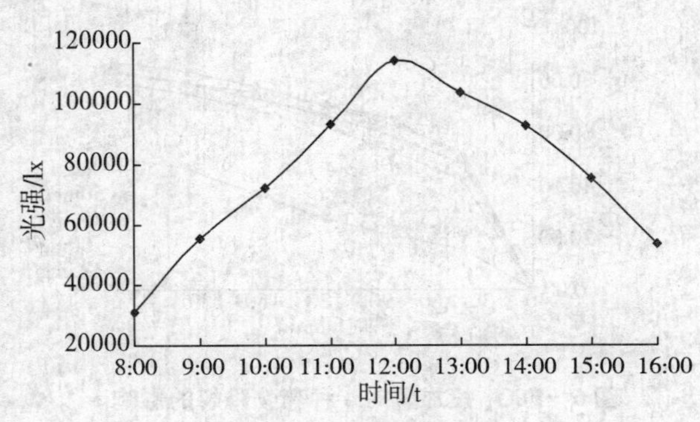

图3　太阳光强度随时间变化关系

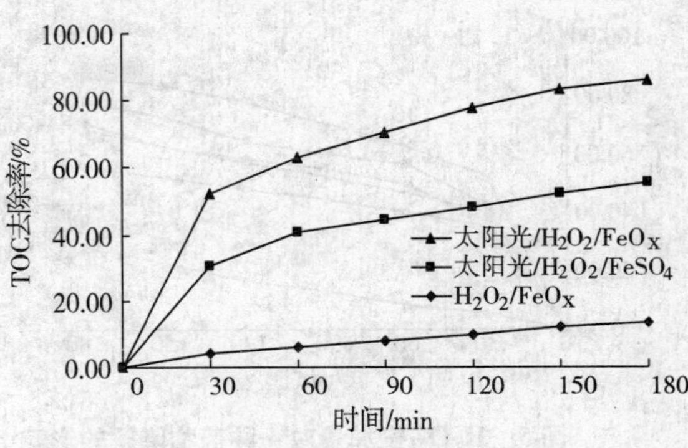

图4　草酸铁盐与二价铁离子降解能力的比较

（Agilent，美国）测定，色谱条件分别为：双氯芬酸，波长276nm，流动相 $V_{乙腈}$∶$V_{水}$＝70∶30；甲硝唑，波长318nm，流动相 $V_{甲醇}$∶$V_{水}$＝50∶50；磺胺甲基异恶唑，波长254nm；流动相 $V_{乙腈}$∶$V_{水}$＝40∶60；布洛芬，波长220nm，流动相 $V_{甲醇}$∶ $V_{水}$＝75∶25；pH调节采用PHS－3C pH计（上海雷磁仪器厂）；总有机碳（TOC）采用TOC－VPCH总有机碳分析仪（Shimadzu，日本）检测；吸光度采用UV－2550型紫外－可见分光光度仪（上海精密科学仪器有限公司）测定。

二、结果与分析

对于混合药物的水溶液，用单一药物的降解来表征溶液中有机物的去除是不全面的[10]，比较来说，水溶液的总有机碳（TOC）浓度能客观地反映水中混合药物及降解产物的存在状况[11]，所以本文采用混合药物水溶液的TOC值表征药物的降解过程。

（一）Solar/FeOx体系与UV/Fe^{2+}体系降解能力的比较

为验证 FeO_x/H_2O_2/solar体系降解药物混合物的效果，分别以 $K_3Fe(C_2O_4)_3 \cdot 3H_2O$ 和 $FeSO_4 \cdot 7H_2O$ 为催化剂，在有或无太阳光辐照下降解水中的混合药物。为方便起见，FeO_x/H_2O_2 和 Fe^{2+}/H_2O_2 体系的铁源催化剂的投加量都固定为75mg/L，而 H_2O_2 的浓度也保持相同为300mg/L。有关的实验结果如图4所示。

对于图4中的3种催化剂体系，以180min反应时间为例，FeO_x/H_2O_2 体系的降解效果最好，相应的混合药物水溶液TOC去除率为86.33%。其次为太阳光辐照下的 Fe^{2+}/H_2O_2 体系，TOC去除率为55.56%，而无光照的 FeO_x/H_2O_2 体系降解效果较差，所对应的TOC去除率仅为13.60%。结果充分表明，对于低浓度的混合药物水溶液，FeO_x/H_2O_2 体系完全能够达到UV/Fenton的高去除率与矿化效果，而且 FeO_x 可利用太阳光为光源，这在能源节约方面比UV/Fenton体系具有更好的应用前景。

（二）H_2O_2 投加量对混合药物水溶液TOC去除率的影响

由于Fenton－like反应是在铁源催化下依靠 H_2O_2 分解产生的强氧化性羟基自由基（2OH）降解有机物，因此，H_2O_2 的投加量可影响水中污染物的去除效果。图5给出了 FeO_x/H_2O_2/solar体系对混合药物TOC的去除率与 H_2O_2 初始浓度之间的关系。

由图5可以看出，在180min的反应时间条件下，随着 H_2O_2 浓度的增加，混合药物水溶液TOC的去除率都随之增大。当 H_2O_2 投加量达到300mg/L时，水溶液中药物去除率达到最大值，此后去除效果并没有随着 H_2O_2 投加量增加而继续改善，反而略有下降。这些结果与文献中的报道一致[12]，表明在低浓度 H_2O_2 条件下·OH自由基的生成量不足，水溶液中有机物的降解不完全，从而随 H_2O_2 投加量的增大（产生更多的·OH自由基）药物的降解程度而有较大的增加。但在过高的 H_2O_2 浓度下，TOC去除率反而下降，原因可能是·OH自由基被过量的 H_2O_2 优先作

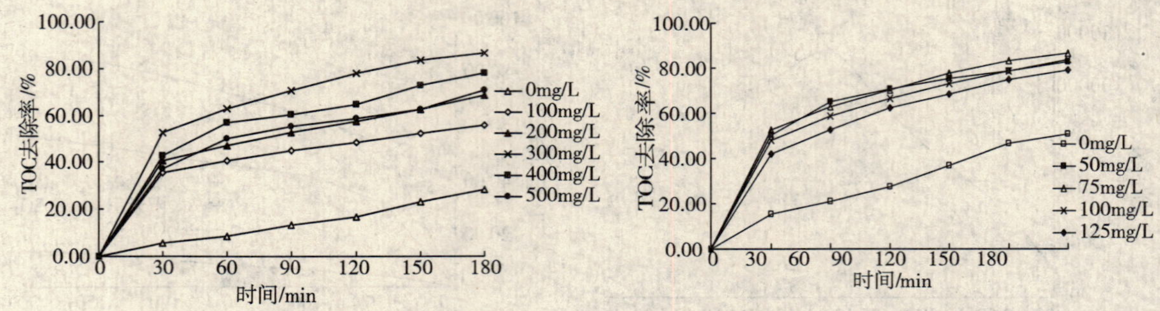

图5　H_2O_2 投加量对4种药物降解的影响　　**图6　FeO_x 投加量对4种药物降解的影响**

用而生成氧化能力较差的 $H_2O\cdot$ 自由基（反应式1），进而继续与 $\cdot OH$ 反应使其湮灭为 H_2O 和 O_2（反应式2）。这种 H_2O_2 的无效分解降低了 $\cdot OH$ 进攻有机分子的可能性，导致混合药物水溶液 TOC 的去除率降低。

$$H_2O_2 + \cdot OH \rightarrow H_2O\cdot + O_2 \quad (1)$$

$$H_2O\cdot + \cdot OH \rightarrow H_2O + O_2 \quad (2)$$

（三）FeO_x 投加量对混合药物水溶液 TOC 去除率的影响

FeO_x 降解药物的高效率归功于它在太阳光辐照下以高量子产率产生 Fe^{2+}。因此，体系中 FeO_x 的量与药物的降解速度存在着一定的关系。图6给出了太阳光照射下 Fenton－like 体系对混合药物的 TOC 去除率与 FeO_x 初始浓度之间的关系。

由图6可以看出，随着 FeO_x 浓度的增加，在同一时间点不同浓度的水中药物，其 TOC 去除率不断增大。当 FeO_x 投加量达到 75mg/L 后，水中药物的 TOC 去除率开始下降。因此，确定 FeO_x 的适宜投加量为 75mg/L。

不存在 FeO_x（0 mg/L）时，在长时间太阳光辐照下，体系的 TOC 也有一定程度的降低，一旦加入 FeO_x，体系的 TOC 去除率迅速提高，说明在太阳光辐照下 FeO_x 确实能够产生 Fe^{2+}，进而催化药物的降解。FeO_x 浓度由 50mg/L 增加到 75mg/L 时，TOC 去除率在提高，证实有更多的 FeO_x 光解成 Fe^{2+} 离子（反应式3），从而与 H_2O_2 反应生成更多的 $\cdot OH$，使整个体系对有机物的氧化作用增强。但是，当 FeO_x 超过 75mg/L 时 TOC 去除率反而有小幅度的下降，原因是 FeO_x 饱和之后光解产生的 Fe^{2+} 与 H_2O_2 分解产生的 $\cdot OH$ 二者都可能过量，使得 Fe^{2+} 与 $\cdot OH$ 发生副反应产生 Fe^{3+}（反应式4），导致溶液中有效氧化剂（Fe^{2+} 与 $\cdot OH$）的浓度降低。另外，过量 $C_2O_4^-$ 分解产生 CO_2 易形成对 $\cdot OH$ 具有清扫作用的 CO_3^{2-} 和 HCO_3^-（反应式5、6）[13]。

$$Fe\ (C_2O_4)_3^{3-} + h\nu \rightarrow Fe^{2+} + 2C_2O_4{}^{2-} + C_2O_4^- \quad (3)$$

$$Fe^{2+} + \cdot OH \rightarrow Fe^{3+} + OH^- \quad (4)$$

$$HCO_3^- + \cdot OH \rightarrow H_2O + CO_3^- \quad (5)$$

$$CO_3{}^{2-} + \cdot OH \rightarrow HO^- + CO_3^- \quad (6)$$

（四）pH 值对混合药物水溶液 TOC 去除率的影响

在 FeO_x/H_2O_2/solar 体系催化的反应中，pH 值影响 $\cdot OH$ 的生成，进而影响氧化效率[14]。为此，通过实验在图7中给出了 FeO_x/H_2O_2/solar 体系初始 pH 值对水中药物 TOC 去除率的影响。

由图7可知，在初始 H_2O_2 与 FeO_x 浓度分别为 300mg/L 和 75mg/L，反应 180min 的条件下，当溶液的 pH 值从1增大到3时，药物的 TOC 去除率从 50.30% 增加到 86.33%；当 pH 值继续增大，药物的 TOC 去除率开始下降，到 pH＝8，TOC 去除率降低到 45.23%。这个结果符合文献中 Fenton－like 体系解有机污染物的规律[15]。原因是 pH 过高时，铁的氢氧化物开始生成并沉淀，溶液颜色变黄，对太阳光产生了遮蔽作用，体系的氧化能力随着 pH 值的增加而下降，使药物的

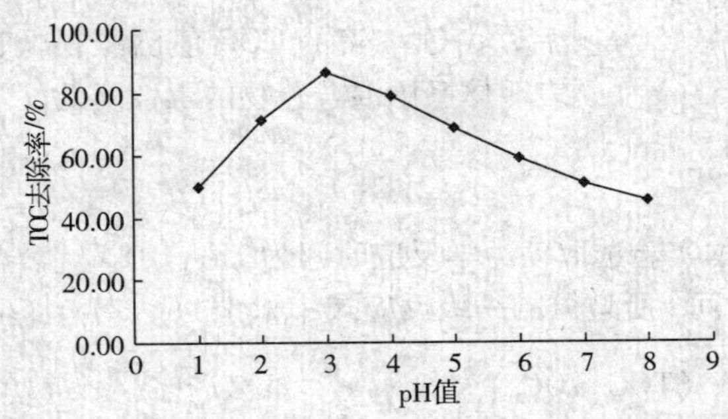

图 7　pH 值对药物污染物降解的影响

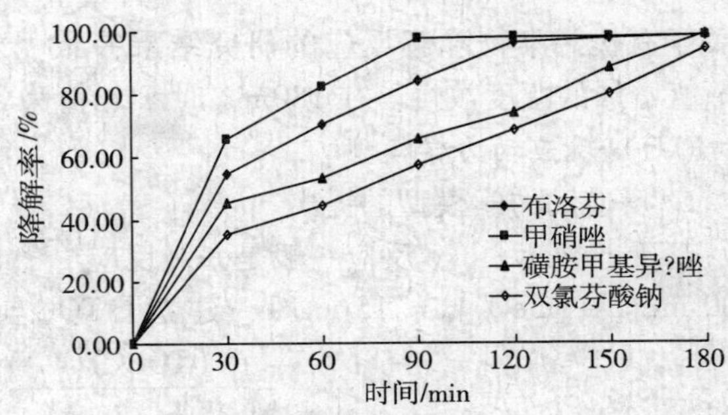

图 8　最佳条件下 4 种药物污染物降解情况

TOC 去除率降低。但过低的 pH 值对降解也不利，原因是过低的 pH 下，体系中的 H^+ 过量，有可能与 H_2O_2 作用产生水合质子（H_3O^+），而 H_3O^+ 可增强 H_2O_2 的稳定性，实际上降低了 Fe^{2+} 参与降解过程的反应活性。

（五）药物的化学结构对降解速度的影响

污染物的降解速度是评价一个催化体系是否具有应用潜力的重要参数。本实验在初始 H_2O_2 浓度为 300mg/L，初始 FeO_x 浓度为 75mg/L，pH = 3 时，反应 180min 的条件下对 4 种母体化合物的降解速度进行了比较。图 8 给出了各种药物随时间的降解情况。

从图 8 可以看到，在相同条件下 4 种药物的降解速度有一定的差别，按如下的顺序排列：甲硝唑 > 布洛芬 > 磺胺甲基异恶唑 > 双氯芬酸。对比 4 种化合物的结构可以发现（图 2），甲硝唑分子中含一个芳香性较差的咪唑环，此种结构易被氧化，降解速率最快。其次是布洛芬，其结构中与苯环相连的 α - 碳原子具有供电子效应，容易受到亲电试剂的进攻被氧化成羰基或发生碳链的断裂而降解。磺胺甲基异恶唑结构中含一个具有孤电子对的氮原子，该结构一般容易与氧化剂发生反应，但由于氮原子的孤电子对与结构中磺酰基共轭，磺酰基吸电子效应使得氮原子电子云密度降低，导致磺胺甲基异恶唑比较稳定而难以被降解。双氯芬酸以钠盐的负离子形式存在，这种结构一般比较相对稳定，所以它的降解速度最慢。

（六）水中药物混合物及其降解产物的生物毒性

对于水中的痕量药物污染物，包括 photo - Fenton 在内的各种处理方式在很大程度上是去除它们在水中的生物毒性。所以，对降解前后水溶液进行生物毒性的评价关系到 Fenton - like 法去除水中药物污染物是否具有可行性。在实验中，以培养 96h 的普通小球藻为测试对象，检测了降解前后混合药物水溶液的 EC_{50} 值。图 9 给出了在最佳反应条件下混合药物水溶液的生物毒性。

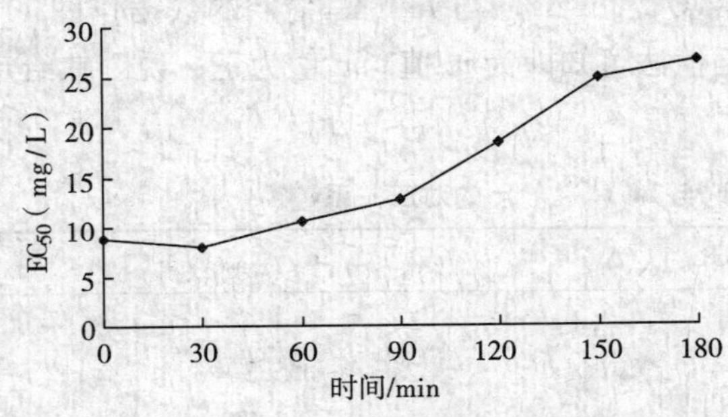

图 9　最佳条件下药物降解前后的生物毒性

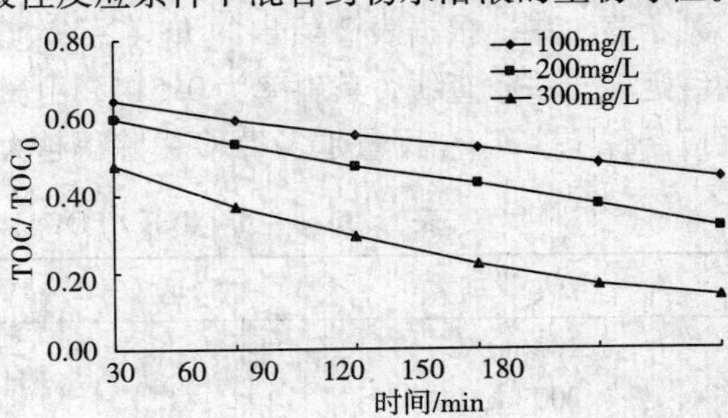

图 10　H_2O_2 投入量对 TOC/TOC_0 的影响

由图 9 发现，降解前后的水溶液都有生物毒性，降解前的 EC_{50} 值为 8. 87mg/L，在反应开始的 30min 内水溶液的生物毒性没有降低反而有所增大（30min 时 EC_{50} 为 7. 90mg/L），原因是反应初期产生了数量与浓度都相对较大的降解产物，导致水溶液的生物毒性比未降解的母体化合物还高。但随降解过程的进行，水溶液的生物毒性逐渐减小，即 EC_{50} 值逐渐增大。这个现象与文献中关于有机污染物降解反应的研究结果一致[16]。在150min后，由于溶液的TOC值已经很低，EC_{50}值增加的幅度放慢。在180min时EC_{50}值为26.53mg/L，表明体系中混合药物的毒性降低。

（七）反应动力学模型

1. 反应动力学模型的提出

基于Fenton-like反应一般是一级反应[17,18]。本实验选取动力学反应时间为1h，$[H_2O_2]_0$ = 1000 mg/L，$[FeO_x]_0$ = 15 mg/L。建立了TOC与时间t所遵循的一级反应式：

$$-\frac{d(TOC/TOC_0)}{dt}=K(TOC/TOC_0) \tag{7}$$

式中：K为反应速率常数，min^{-1}；TOC为t时刻水溶液的总有机碳浓度，mg/L；TOC_0为反应前水溶液的总有机碳浓度，mg/L；t为反应时间，min。

对于速率常数K，温度是重要的影响因素。在一定温度下，K与FeOx、H_2O_2的浓度应该有以下关系成立：

$$K=k[FeOx]^m[H_2O_2]^n \tag{8}$$

式中：k为初始反应速率常数，min^{-1}；m为FeOx的反应级数；n为H_2O_2的反应级数。

根据Arrhenius方程，有下式成立：

$$k=k^0\exp(-\frac{E_a}{RT}) \tag{9}$$

式中：为E_a为表观活化能，J/mol；k^0为前因子；R为气体常数，8.314J/（K·mol）；T为温度，K。

将式（7）、式（8）代入方程式（9）中，得到式（10），即为FeOx/H_2O_2/solar体系降解水中药物的反应动力学方程：

$$-\frac{d(TOC/TOC_0)}{dt}=k^0\exp(-\frac{E_a}{RT})[FeO_x]^m[H_2O_2]^n(TOC/TOC_0) \tag{10}$$

将ln（TOC/TOC_0）的实验数据对时间t绘图，发现二者有良好的线性关系（图形未给出），证实式（7）的正确，说明FeO_x/H_2O_2/solar体系降解水中药物的反应符合一级反应动力学。

2. 反应级数m和n的确定

在FeO_x = 75mg/L，pH = 3，30℃条件下，使H_2O_2投加量分别为100mg/L、200mg/L、300mg/L，测定不同反应时间水样的TOC值，以TOC/TOC_0值对时间t绘图，得图10。

图10中的3条曲线均有较好的线性。对图10的曲线进行拟合可得代表直线方程的三组数据，列于表1中。根据表2给出的ln（$-\Delta[TOC/TOC_0]/\Delta t$）与ln（$C_{H_2O_2}$）的数据作图11，该曲线近似于一条直线，其斜率为0.514，由微分插值法可知即为m值。m值为正，说明在给定的反应条件下，H_2O_2用量越多TOC去除得越大。

表1　ln（$-\Delta[TOC/TOC_0]/\Delta t$）与ln（$C_{H_2O_2}$）的对应关系

H_2O_2投加量	ln（$-\Delta[TOC/TOC_0]/\Delta t$）	ln（$C_{H_2O_2}$）
100 mg/L	-6.65	4.61
200 mg/L	-6.32	5.30
300 mg/L	-6.07	5.70

为确定反应级数n，将$[H_2O_2]_0$固定为300mg/L，选取不同的$[FeO_x]_0$投加量，分别为75mg/L、100 mg/L、125 mg/L，设定反应温度T=30℃。按照推导m值相同的方法，得出与$[FeO_x]$相关的反应级数n = -0.4346。n值为负数，说明在实验条件下增加$[FeO_x]_0$的投加量促使反应速率常数减小，暗示着FeO_x的投加量超过一个定值时，过量的Fe^{2+}或与·OH自由基

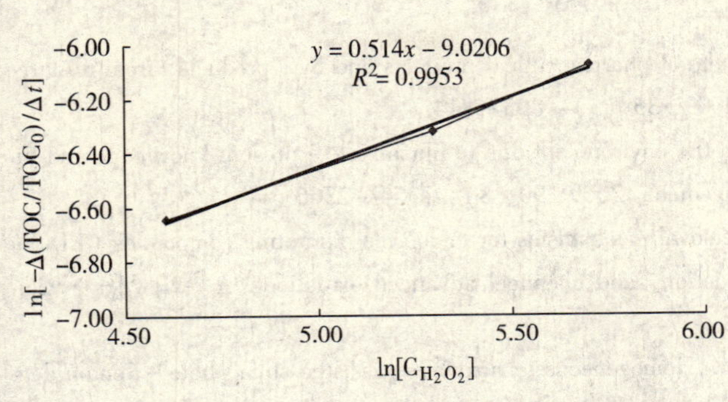

图 11　ln（$-\Delta$［TOC/TOC$_0$］/Δt）对 ln（$C_{H_2O_2}$）作图

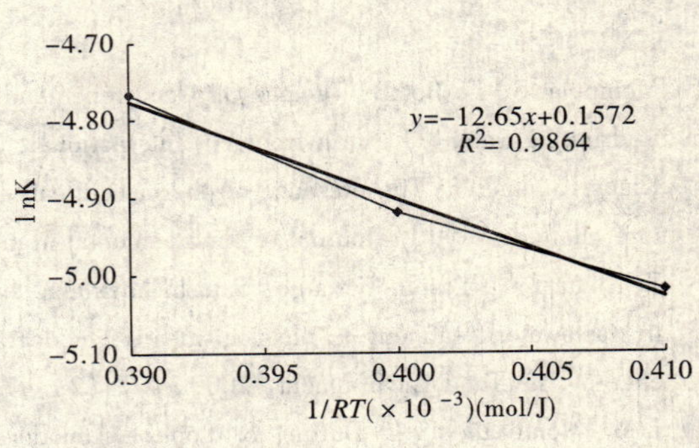

图 12　ln*K* 对 1/*RT* 的关系

发生副反应而产生 Fe^{3+}，降低了污染物的降解速度。

3. 反应活化能 *E*a 和指前因子 k^0 的确定

在［H_2O_2］$_0$ = 300 mg/L，［FeO_x］$_0$ = 75 mg/L，pH = 3 的反应条件下，改变反应温度分别为20℃，25℃，30℃，在不同反应时间取样测其 TOC 值，并计算出 TOC/TOC$_0$，利用 ln（1/［TOC/TOC$_0$］）与 *t* 的关系得出不同温度下的速率常数 *K*（表 2）。

表 2　温度（*T*）与速率常数（*K*）的关系

温度（*T*）	速率常数（*K*）
293K（20℃）	0.0066
298K（25℃）	0.0073
303K（30℃）	0.0085

由 ln*K* 对 1/*RT* 作图 12，为以一直线方程，其斜率的负值就是 E_a。

因此，表观活化能 E_a = 12.65 kJ/mol；指前因子 k^0 = 1.284。

将上述参数代入方程（10），得出 FeO_x/H_2O_2/solar 组成的 Fenton – like 体系降解水中低浓度药物的动力学模型：

$$-\frac{[TOC/TOC_0]}{dt}=1.284\exp\left(-\frac{12.65}{RT}\right)[H_2O_2]^{0.514}[FeO_x]^{-0.4346}[TOC/TOC_0]$$

三、结　论

FeO_x/H_2O_2 体系适用于对水中 4 种药物的降解，在太阳光辐照下对选定药物的水溶液具有良好的降解效果。在初始 H_2O_2 浓度为 300mg/L，FeO_x 投加量为 75mg/L，pH = 3 的条件下，降解反应 3h 后，Solar/FeO_x/H_2O_2 体系对 4 种药物的 TOC 去除率达到 98% 以上，表明药物的降解和矿化基本完全。

由于 4 种药物的化学结构不同，它们在水溶液中的降解速度有一定的差异。在实验条件下，药物的降解速度有如下顺序：甲硝唑 > 布洛芬 > 磺胺甲基异恶唑 > 双氯芬酸钠。

混合药物水溶液与降解产物水溶液都具有生物毒性。采用药物水溶液培养小球藻 96h 后，小球藻的 EC_{50}值由原水的 7.90mg/L 提高到 31.07mg/L，表示混合药物水溶液被 Solar/FeO_x/H_2O_2 体系处理后其生物毒性降低。Solar/FeO_x/H_2O_2 体系降解低浓度的药物水溶液符合一级动力学，其模型为：

$$-\frac{[TOC/TOC_0]}{dt}=1.284\exp\left(-\frac{12.65}{RT}\right)[H_2O_2]^{0.514}[FeO_x]^{-0.4346}[TOC/TOC_0]$$

由于药物水溶液被 Solar/FeO_x/H_2O_2 体系降解后，其生物毒性大大降低，表明 Solar/FeO_x/H_2O_2 体系适用于污水处理厂二级出水中低浓度 PPCPs 的去除过程。

参考文献

［1］周海东，黄霞，文湘华．城市污水中有关新型微污染物 PPCPs 归趋研究的进展［J］．环境工程学报，2007，

1（12）：1－9.

[2] Mompelat S, Le Bot B, Thomas O. Occurrence and fate of pharmaceutical products and by－products, from resource to drinking water［J］. Environment International, 2009, 35（5）：803－814.

[3] Klaus Kümmerer. The presence of pharmaceuticals in the environment due to human use－present knowledge and future challenges［J］. Journal of Environmental Management, 2009, 90（8）：2354－2366

[4] Ze－hua Liu, Yoshinori Kanjo, Satoshi Mizutani. Removal mechanisms for endocrine disrupting compounds（EDCs）in wastewater treatment — physical means, biodegradation, and chemical advanced oxidation：A review［J］. Science of The Total Environment, 2009, 407（2）：731－748.

[5] J. M. Monteagudo, A. Durán, C. López－Almodóvar. Homogeneous ferrioxalate－assisted solar photo－Fenton degradation of Orange Ⅱ aqueous solutions［J］. Applied Catalysis B：Environmental, 2008, 83（1－2）：46－55.

[6] Dorian Prato－Garcia, Rubén Vasquez－Medrano, Margarita Hernandez－Esparza. Solar photoassisted advanced oxidation of synthetic phenolic wastewaters using ferrioxalate complexes［J］. Solar Energy, 2009, 83（3）：306－315.

[7] Alam G. Trovó, Raquel F. P. Nogueira, Ana Agüera, et al. Degradation of sulfamethoxazole in water by solar photo－Fenton. Chemical and toxicological evaluation［J］. Water Research, 2009, 43（16）：3922－3931.

[8] Alam Gustavo Trovó, Silene Alessandra Santos Melo, Raquel Fernandes Pupo Nogueira. Photodegradation of the pharmaceuticals amoxicillin, bezafibrate and paracetamol by the photo－Fenton process － application to sewage treatment plant effluent［J］. Journal of Photochemistry and Photobiology A：Chemistry, 2008, 198（2－3）：215－220.

[9] 于万禄，熊振湖，马华继. photo－Fenton 法降解水中新型污染物双氯芬酸及降解产物的毒性评价［J］. 环境科学学报, 2009, 29（10）：2070－2075.

[10] Alam G. Trovó, Raquel F. P. Nogueira, Ana Agüera, et al. Photodegradation of sulfamethoxazole in various aqueous media：Persistence, toxicity and photoproducts assessment［J］. Chemosphere, 2009, 77（10）：1292－1298.

[11] M. I. Maldonado, P. C. Passarinho, I. Oller, et al. Photocatalytic degradation of EU priority substances：A comparison between TiO_2 and Fenton plus photo－Fenton in a solar pilot plant［J］. Journal of Photochemistry and Photobiology A：Chemistry, 2007, 185（26）：354－363.

[12] Oscar González, Carme Sans, Santiago Esplugas. Sulfamethoxazole abatement by photo－Fenton Toxicity, inhibition and biodegradability assessment of intermediates［J］. Journal of Hazardous Materials, 2007, 146（3）：459－464.

[13] Mohamed A. Salem, Shaker T. Abdel－Halim, Abd El－Hamid M. El－Sawy, et al. Kinetics of degradation of allura red, ponceau 4R and carmosine dyes with potassium ferrioxalate complex in the presence of H_2O_2［J］. Journal of Photochemistry and Photobiology A：Chemistry, 2008, 193（1）：50－55.

[14] Dorian Prato－Garcia, Rubén Vasquez－Medrano, Margarita Hernandez－Esparza. Solar photoassisted advanced oxidation of synthetic phenolic wastewaters using ferrioxalate complexes［J］. Solar Energy, 2009, 83（3）：306－315.

[15] González O, Sans C, Esplugas S. Sulfamethoxazole abatement by photo－ Fenton Toxicity, inhibition and biodegradability assessment of intermediates［J］. Journal of Hazardous Materials, 2007, 146（3）：459－464.

[16] María J. Gómez, Carla Sirtori, Milagros Mezcua, et al. Photodegradation study of three dipyrone metabolites in various water systems：Identification and toxicity of their photodegradation products［J］. Water Research, 2008, 42（10－11）：2698－2706.

[17] M. A. Behnajady, N. Modirshahla, F. Ghanbary. A kinetic model for the decolorization of C. I. Acid Yellow 23 by Fenton process［J］. Journal of Hazardous Materials, 2007, 148（1－2）：98－102.

[18] C. Li, X. Z. Li, N. Graham, et al. The aqueous degradation of bisphenol A and steroid estrogens by ferrate［J］. Water Research, 2008, 42（1－2）：109－120.

太阳光/三草酸合铁酸钾/过氧化氢体系降解水中的混合药物及降解产物的毒性评价

王　月　熊振湖

（天津城市建设学院环境与市政工程系　天津　300384）

摘　要　本文采用三草酸合铁酸钾/过氧化氢/太阳光体系处理模拟水溶液中4种低浓度的药物（萘普生、甲硝唑、扑热息痛、卡马西平）。通过反应前后药物混合物模拟水溶液TOC的变化，探讨了pH值、草酸铁钾与H_2O_2用量对模拟水溶液矿化率的影响，对不同H_2O_2浓度处理模拟水溶液的毒性进行了评估，提出了反应动力学模型。结果表明，在偏中性条件下（pH值为6），三草酸合铁酸钾的投加量为30mg/L，初始H_2O_2浓度为1500mg/L条件下，反应2h后4种混合药物的TOC去除率达到99.9%。药物降解速度由每种药物的分子结构决定，其速度为甲硝唑＞扑热息痛＞卡马西平＞萘普生。毒性实验表明，降解后的模拟水溶液后毒性明显降低，H_2O_2浓度为1500mg/L对应的水溶液毒性最小，由最初原水EC_{50}（%，v/v）的67.40%提高到120%。通过计算证实药物降解体系符合一级动力学模型，并且确定了有关的反应动力学常数。

关键词　水中药物　降解　三草酸合铁酸钾　太阳光　毒性试验　反应动力学

一、引　言

近年来，药物和个人护理用品（pharmaceutical and personal care products，PPCPs）作为危险污染物得到了广泛的注意[1-3]。研究证实，许多种类的PPCPs在环境中是持久性的，而且污水处理厂的活性污泥工艺很难将它们去除，导致了在表面水体与地下水的累积[4-6]，并通过摄入、代谢等各种途径对生物和人类的内分泌系统，特别是生殖系统造成严重的影响[7-10]。

一些高级氧化法（AOPs）法，例如UV/TiO_2、UV/Fenton、O_3氧化等，可产生具有高氧化能力的羟自由基·OH，它们被广泛用于降解水中有机污染物[11-14]。近期，我们研究组采用UV/Fenton方法降解模拟水溶液中单一存在的药物，并且取得了很好的结果[15,16]。然而，无论UV/TiO_2或UV/Fenton等方法需要耗费大量的电能产生UV光，尚且需要将体系的pH值控制在3~4的酸性范围以达到最佳降解效果，并在反应终点生成大量的铁泥。因此，为了完善Fenton方法人们在不断探寻各种改进措施。

三草酸合铁酸钾（$K_3Fe(C_2O_4)_3\cdot 3H_2O$，简写为$FeO_x$）是一种水溶性的均相Fenton反应催化剂，它可以强烈地吸收250~500nm波长的光，具有产生高量子效率（300nm波长的ΦFe(Ⅱ)＝1.24）Fe^{2+}的能力，并且可催化相关化合物产生具有较高氧化能力的物种（·OH，H_2O_2，HO_2·，O_2）[17]。

由于近中性pH是二级出水的自然条件之一，所以将廉价太阳光与中性pH的结合将是污水深度处理的重要发展方向。目前已经出现大量有关Fenton/UV、Fenton/Solar降解水中单一药物的报道[20-25]。但利用FeOx/H_2O_2体系在太阳光下降解二级出水和天然水体中共存的数种乃至数十种药物的研究比较少见，只有少量研究组采用FeOx/H_2O_2催化体系，在中性pH及太阳光或无光照下降解水中的难降解有机污染物（药物与偶氮染料）[18-21]，所以有必要深入研究FeOx/H_2O体系在太阳光与中性pH下对水中共存的多种药物的降解，以评价该体系去除水中低浓度难降解有机污染物的潜力。另外，在自然条件作用下水中共存的药物势必发生降解，产生的中间体对水生生物的毒性作用将与单一药物有所不同，需要对数种共存药物及其降解产物的生物毒性进行评估。

基金项目：国家自然科学基金项目（No.50878138）；天津市自然科学基金重点资助项目（No.07JCZDJC01700）。

本文选取4种水环境中常见的药物（包括非甾体抗炎药萘普生和甲硝唑；前者用于治疗慢性关节炎，后者对于由厌氧菌和原生动物如阴道毛滴虫和贾第鞭毛虫引起的感染有较好的疗效，后两种药物是抗癫痫药卡马西平和解热镇痛药扑热息痛）为研究对象，以太阳光为光源，草酸铁为催化剂降解水中低浓度的4种药物；分别探讨了初始草酸铁、H_2O_2 的浓度，溶液的 pH 对降解过程的影响；讨论了在最佳反应条件下4种药物的降解动力学机理，并通过处理前后水溶液对普通小球藻的生物毒性，评价了 FeOx/H_2O_2/solar 体系降解水中低浓度 PPCPs 的可行性。

二、材料与方法

（一）药品与仪器

催化剂 $K_3[Fe(C_2O_4)_3]\cdot 3H_2O$，简写为 FeOx，按文献方法制备，并且放置在不透光的瓶子中储存备用。萘普生、甲硝唑、扑热息痛、卡马西平4种药物均是购自医院的处方药，用甲醇提取且重结晶。H_2O_2（质量分数30%）、NaOH、H_2SO_4 和 $NaHSO_3$（天津江天化工公司）为分析纯，色谱级乙腈、甲醇（永大化学试剂开发中心）。普通小球藻种由中国科学院武汉水生生物研究所提供。实验中溶液均采用二次蒸馏水配制。

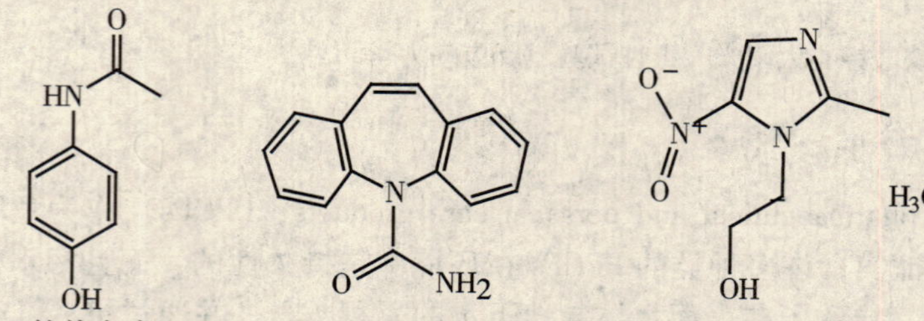

扑热息痛　　卡马西平　　甲硝唑　　萘普生

图1　4种药物的结构式

TOC - Vcph 总有机碳测定仪（日本岛津）、配有紫外检测器（DAD，Agilent）的 Agilent1100 型高压液相色谱仪，色谱柱：Zorbax Eclipse XRD C18（4.6×250mm，5μm，Agilent）、UV - 2550 型紫外 - 可见分光光度仪（日本岛津）、PHS - 3C 型 pH 计（上海雷磁仪器厂），BT00 - 600M 型蠕动泵（上海华岩仪器设备有限公司）。紫外线辐照仪 ZG - 4（A、B）型（中国建筑材料科学研究院）。

自制石英玻璃太阳光降解反应器，其结构为：长50cm，内径5cm，容积1000ml，安置在反射面上方，与水平面成22°角，与反射面的垂直距离为3cm。

（二）实验方法

实验场所位于北纬39°13′与东经117°2′，全部实验在2009年5—10月期间的晴日10:00 - 15:00时进行。经测定，当地太阳光的最大强度为 1.1×10^5 lx。典型实验过程如下：首先配制2L反应液，其中每种药物浓度为10mg/L，除 pH 实验外所有实验均在药物溶于水后的自然条件下进行（pH = 5），反应前用黑布遮住石英玻璃反应器。开启蠕动泵的同时加入定量的 $[Fe(C_2O_4)_3]^{3-}$ 与 H_2O_2，将反应液泵入反应器中循环，流速控制在80ml/min，待溶液充满石英管后去掉黑布开始日光照射与定时。间隔一定时间取样，加入 NaOH 调节样品 pH 至10以上终止反应，静止后取上清液经0.45μm 膜过滤，用 HPLC 测定药物含量并用 TOC 仪检测总有机碳的变化，每个实验均设平行两组。

生物毒性实验是在250ml 锥形烧瓶中进行的。用 Bold 培养基培养普通小球藻，温度保持在(24±2)℃，连续照明（光照强度为3000～4000lx），每天定时摇晃3次。待初始细胞密度调整至大约为 1.25×10^6 cell/ml（λ = 680nm 下的光密度为0.025）时用于毒性评价：首先用 Quantofix Ⓡ测试条测定未降解或降解后水溶液样品中的 H_2O_2 浓度，必要时以质量分数40%的 $NaHSO_3$ 对

溶液残余的 H_2O_2 进行猝灭，调节溶液 pH 至中性。取一定待测溶液加入到原藻液中，培养 96h 后在 680nm 处检测藻液的透光率，在此基础上计算溶液中的藻细胞密度[22]，得出以 EC_{50}（%，v/v）值表示的藻类生长抑制状况[23]。

（三）　分析方法

水溶液中萘普生、甲硝唑、扑热息痛、卡马西平的浓度采用 HPLC 测定，色谱条件分别为：萘普生：波长 271nm，流动相 $V_{乙腈}:V_{水}=70:30$；扑热息痛：波长 243nm，流动相 $V_{乙腈}:V_{水}=50:50$；卡马西平：波长 285nm，流动相 $V_{乙腈}:V_{水}=70:30$；甲硝唑：波长 318nm，流动相 $V_{甲醇}:V_{水}=50:50$；pH 调节采用 PHS－3C 型 pH 计；总有机碳（TOC）采用 TOC－VPCH 分析仪测定；H_2O_2 用 Quantofix ®测试条测定（德国 Macherey－Nagel 公司）；吸光度采用 UV－2550 型紫外－可见分光光度仪测定。

三、结果与讨论

（一）FeO_x/H_2O_2/solar 与 UV/Fenton 降解萘普生的比较

采用 FeO_x/H_2O_2/solar 体系与前期 UV/Fenton 法对萘普生矿化进行了比较[24]。萘普生溶液浓度均为 10mg/L，UV/Fenton 法降解萘普生溶液的 Fe^{2+} = 15mg/L，H_2O_2 = 500 mg/L 下，溶液 pH＝3。FeO_x/H_2O_2/solar 体系的初始 FeO_x 浓度 = 30mg/L，H_2O_2＝1000mg/L，pH＝5。

如图 2 所示，两种体系对萘普生降解和矿化的比较显示出，UV/Fenton 法对萘普生的降解和 TOC 去除率较高，反应 30min 降解率达到 95.12%，TOC 去除率为 93.13%。60min 后，FeO_x/H_2O_2/solar 体系对萘普生降解达到 92.54%，TOC 去除率为 90.46%。在反应 90min 时，两种体系均对萘普生降解和矿化完全。上述情况说明利用 FeO_x/H_2O_2/solar 体系在降解低浓度萘普生溶液时能够达到 UV/Fenton 法的高去除率与矿化效果，在反应前不必对溶液 pH 进行调节，且利用太阳光为光源在能源节约方面也具有优势。

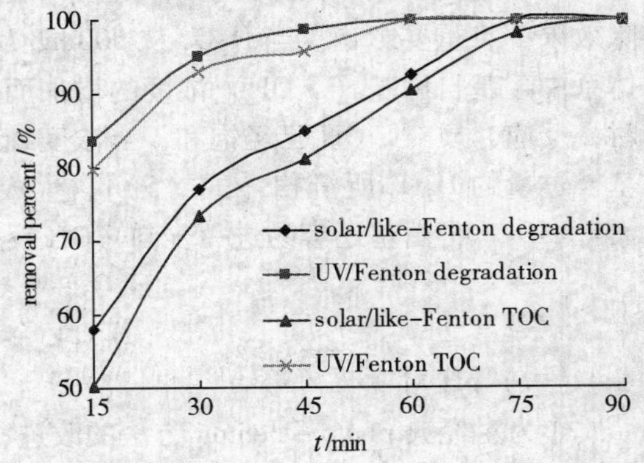

图 2　FeO_x/H_2O_2/solar 法与 UV/Fenton 法降解萘普生的比较

（二）FeO_x 浓度对药物降解的影响

FeO_x 有比其它 Fe^{3+} 离子羧化物有更高产生 Fe^{2+} 的量子效率，使得 FeO_x 高度适用于太阳光催化反应和更广泛的反应条件[25]。本实验对适宜的 FeO_x 投加量进行了研究。图 3 给出了 FeO_x/H_2O_2/solar 体系对混合药物的 TOC 去除率与 FeO_x 初始浓度之间的关系，其中的 H_2O_2 浓度固定为 1000mg/L。

由图 3 可知，FeO_x 从 10mg/L 升高到 30mg/L 时药物的去除率在提高，说明增多的 FeO_x 光解成更多的 Fe^{2+}［式（1）］，另一方面，$C_2O_4^-$ 的分解也形成了更多的 Fe^{2+}［式（1）］，从而与 H_2O_2 反应生成更多的·OH，使整个体系对有机物的氧化作用增强。但是，当 FeOx 超过 30mg/L 时 TOC 去除率反而下降，原因可能是 FeO_x 光解产生的 Fe^{2+} 与 H_2O_2 分解产生的·OH 二者都过量，使得 Fe^{2+} 与·OH 发生副反应产生 Fe^{3+}［式（2）］，导致溶液中有效氧化剂（Fe^{2+} 与·OH）的浓度降低。另外，过量 $C_2O_4^-$ 分解产生 CO_2 易形成对·OH 具有清扫作用的 CO_3^{2-} 和 HCO_3^-［式（3）、式（4）］。

$$Fe(C_2O_4)_3^{3-} + h\nu \rightarrow Fe^{2+} + 2C_2O_4^{2-} + C_2O_4^- \quad (1)$$

$$Fe^{2+} + \cdot OH \rightarrow Fe^{3+} + OH^- \quad (2)$$

$$HCO_3^- + \cdot OH \rightarrow H_2O + CO_3^- \quad (3)$$

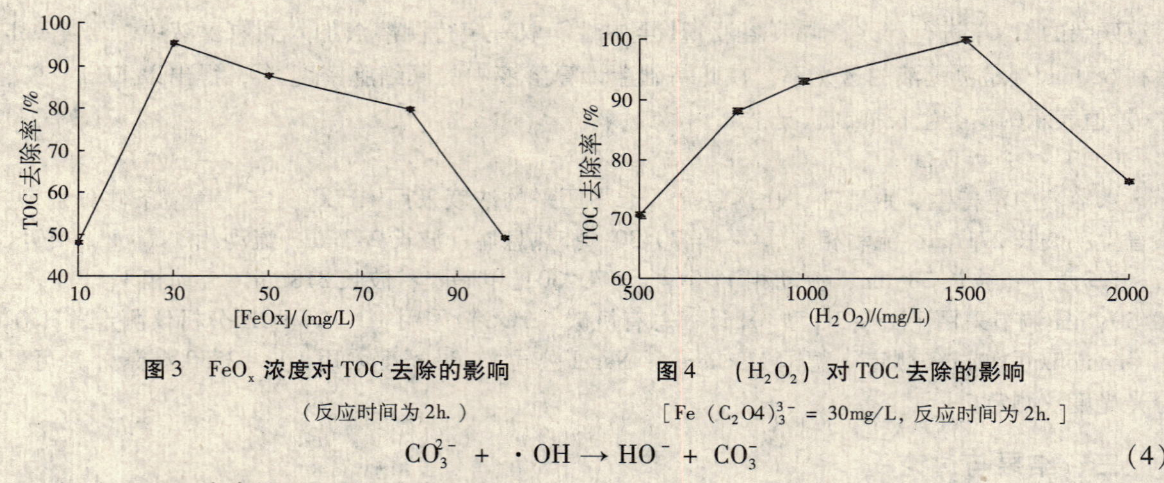

图 3 FeO_x 浓度对 TOC 去除的影响

（反应时间为 2h.）

图 4 （H_2O_2）对 TOC 去除的影响

［$Fe(C_2O4)_3^{3-}$ = 30mg/L，反应时间为 2h.］

$$CO_3^{2-} + \cdot OH \rightarrow HO^- + CO_3^- \tag{4}$$

（三）H_2O_2 对药物矿化的影响

在实验条件下，H_2O_2 的浓度对水中有机物的氧化起着重要作用。为确定 H_2O_2 浓度的影响，将 H_2O_2 浓度在 500～1500mg/L 范围变化，而 Fe（C_2O_4）$_3^{3-}$ 的浓度固定在 30mg/L，在 pH＝6 条件下进行反应。

图 4 给出了 H_2O_2 浓度与 TOC 去除率的关系。H_2O_2 的加入量对 · OH 的生成量和有机物的去除效果都有重要影响。当 H_2O_2 从 500mg/L 增加到 1500mg/L，TOC 的去除率提高明显，原因是体系中羟基自由基（· OH）浓度的增加而提高了对有机物的氧化能力；H_2O_2 浓度为 1500mg/L 时，反应介质对 · OH 已经饱和；当浓度继续加大，H_2O_2 的有效利用率降低，原因是 · OH 自由基被过量的 H_2O_2 所清扫［式（5）］，生成与 · OH 自由基比较反应活性低下的 HO_2 · 自由基，而且 HO_2 · 自由基还容易进一步与 · OH 反应而被湮灭［式（6）］。

$$H_2O_2 + \cdot OH \rightarrow H_2O + HO_2 \cdot \tag{5}$$

$$H_2O \cdot + \cdot OH \rightarrow H_2O + O_2 \tag{6}$$

（四）pH 对矿化的影响

作为对经典 photo－Fenton 方法的改进，FeOx/H_2O_2/solar 体系对有机污染物的降解可以在近中性 pH 的水溶液中进行。这不但适用于在污水处理厂二级出水去除 PPCPs（pH 6～9），也适用于自然条件水体的处理过程。本研究固定［H_2O_2］＝1000mg/L，［Fe（O_x）］＝30mg/L，反应时间 60min，在 pH 2～10 的 pH 范围测定 TOC 变化，如图 5 所示。

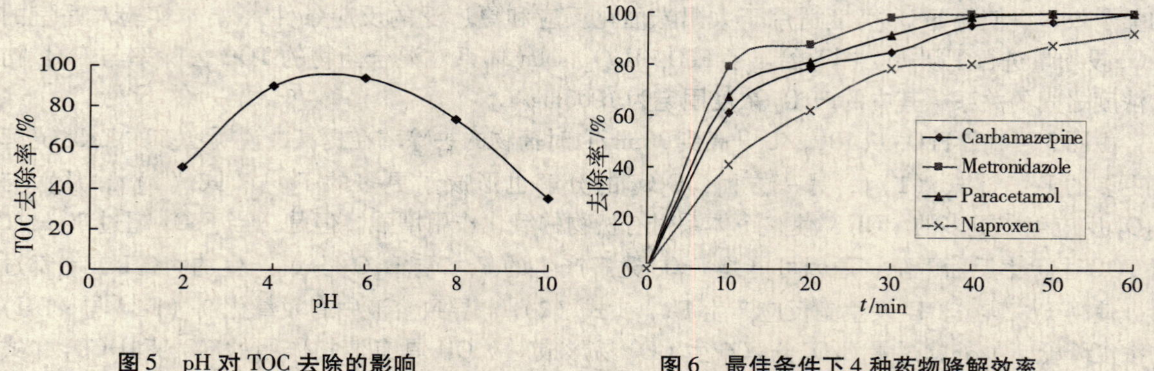

图 5 pH 对 TOC 去除的影响

图 6 最佳条件下 4 种药物降解效率

［H_2O_2］＝1500mg/L，［Fe（C_2O_4）$_3^{3-}$］＝30mg/L.

在图 5 中，当 pH 接近中性时（pH＝6），TOC 去除率达到最大为 93.91%，原因是反应式（1）中 Fe（C_2O_4）$_3^{3-}$ 的有效分解并不需要酸性或碱性条件。随溶液的酸性增加（由加入 H_2SO_4

溶液所致)，TOC 的去除率逐渐降低，在 pH =2 时 TOC 去除率仅为 50.12%。酸性条件对降解反应的迟滞现象可归因于酸自身的双重作用。①H_2SO_4 易与 Fe^{3+} 反应，形成络合物 $FeSO_4^+$ 与 $Fe(SO_4)^{2-}$ [式 (7)、式 (8)]，而不利于 $Fe^{3+}-H_2O_2$ 络合物的形成，降低了 H_2O_2 的分解速率。②H_2SO_4 能够以 HSO_4^- 和 SO_4^{2-} 的形式与 HO · 自由基和 H_2O_2 反应 [式 (9)、式 (10)]，降低了 OH · 的生成量。此外，当 pH >8 时 TOC 的去除率也下降很快，原因是在碱性条件下 Fe^{3+} 容易水解形成沉淀（可观察到体系中出现黄色絮状沉淀物）。

$$Fe^{3+} + SO_4^{2-} \rightarrow FeSO_4^+ \tag{7}$$

$$Fe^{3+} + 2SO_4^{2-} \rightarrow Fe(SO_4)^{2-} \tag{8}$$

$$HSO_4^- + \cdot OH \rightarrow SO_4^{2-} + H_2O \tag{9}$$

$$SO_4^{2-} + H_2O_2 \rightarrow HO_2\cdot + SO_4^{2-} + H^+ \tag{10}$$

（五）药物的化学结构对降解速度的影响

污染物的降解速度是评价一个催化体系是否具有应用潜力的重要参数。本实验对 4 种母体化合物的降解速度进行了比较。从图 6 可以看到，在相同条件下 4 种药物的降解速度有一定的差别，按如下的顺序排列：甲硝唑 > 扑热息痛 > 卡马西平 > 萘普生。对比 4 种化合物的结构，甲硝唑分子中含一个稳定性比苯环差的咪唑环，此种结构易被氧化，降解速率最快。其次是扑热息痛，其结构中的羟基具有供电子效应，使苯环活化而容易受到亲电试剂的进攻，发生系列反应而被降解。卡马西平大环结构中含一个具有孤电子对的氮原子，该结构一般容易与氧化剂发生反应，但由于氮原子的孤电子对与结构中两个苯环形成共轭体系，并且与氮原子相连的酰胺基团具有吸电子效应，导致卡马西平比较稳定而难以被降解。萘普生的分子结构中有典型大 π 键芳香体系，结构相对稳定，所以它的降解最慢。

（六）生物毒性评估

污水处理厂二级出水中含有大量有毒的有机污染物及其氧化产物（中间体），这些物质排放到自然环境就会对生态系统及人类健康造成风险，所以对模拟水溶液降解后的出水进行生物毒性测试是很必要的。由于母体化合物的毒性一定，溶液生物毒性的变化往往是降解产物的演变造成的，而降解产物的变化与氧化程度或氧化剂的强弱有关。所以，将 FeOx 的浓度固定在 30 mg/L，而氧化剂 H_2O_2 的浓度在 0 ~2000mg/L 范围进行实验。图 7 给出了处理后的水溶液对小球藻的毒性结果。

由图 7 可见，降解反应之前的 4 种药物混合水溶液显示出较强的毒性，EC_{50} 为 67.40%，与之相比，处理后水溶液的 EC_{50} 值逐渐提高，导致处理后的出水比原水的生物毒性降低。这说明体系氧化能力的增强使得降解中间体不断被降解成无毒或低毒的小分子物质。当 H_2O_2 浓度达到 1500 mg/L 时 EC_{50} 值达到最大，表明此时的药物水溶液毒性最低。造成上述事实的原因可能是低 H_2O_2 浓度下母体化合物未降解完全而且产生了部分具有毒性的中间产物（二者是低 EC_{50} 值的贡献者），对小球藻的活性产生了较强的抑制作用。另一方面，H_2O_2 浓度超过最佳值而达到 1500 ~2000 mg/L 时，EC_{50} 值之所以降低，可能是因为过量 H_2O_2 对 · OH 的清扫作用，使体系降解能力降低而药物降解不完全，导致毒性较大的中间产物仍然存在于体

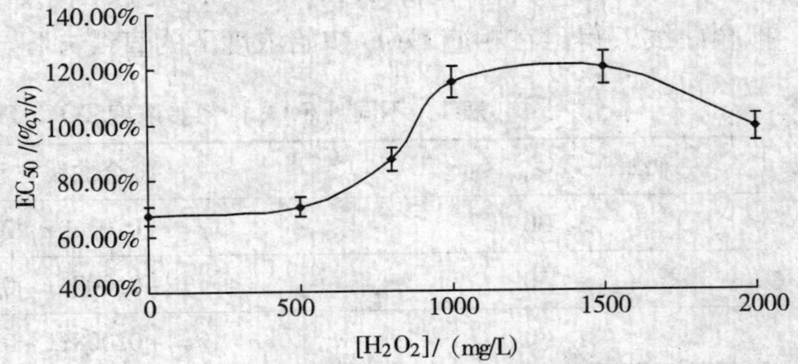

图 7　不同 $[H_2O_2]$ 处理水对小球藻的 EC_{50} 值（%，v/v）

$[Fe(C_2O_4)_3^{3-}]$ =30 mg/L；**反应时间** t = 30min

系中。

（七）反应动力学

1. 反应动力学模型的提出

因为 Fenton - like 反应一般是一级反应[26,27]，故本实验选取动力学反应时间为 1h，［H_2O_2］ =1000 mg/L，［FeO_x］ = 15 mg/L。建立 TOC 与时间 t 所遵循的一级反应式：

$$-\frac{d(TOC/TOC_0)}{dt}=K(TOC/TOC_0) \tag{11}$$

式中：K 为反应速率常数，min^{-1}；TOC 为 t 时刻水溶液的总有机碳浓度，mg/L；TOC_0 为反应前水溶液的总有机碳浓度，mg/L；t 为反应时间，min。

对于速率常数 K，温度是重要的影响因素。在一定温度下，K 与 FeO_x、H_2O_2 的浓度应该有以下关系成立：

$$K=k[FeO_x]^m[H_2O_2]^n \tag{12}$$

式中：k 为初始反应速率常数，min^{-1}；m 为 FeO_x 的反应级数；n 为 H_2O_2 的反应级数。

根据 Arrhenius 方程，有下式成立：

$$k=k^0\exp\left(-\frac{E_a}{RT}\right) \tag{13}$$

式中：E_a 为表观活化能，J/mol；k^0 为指前因子；R 为气体常数，8.314J/（K · mol）；T 为温度，K。

将式（12）、式（13）代入方程式（11）中，得到式（14），即为 FeO_x/H_2O_2/solar 体系降解水中药物的反应动力学方程：

$$-\frac{d(TOC/TOC_0)}{dt}=k^0\exp\left(-\frac{Ea}{RT}\right)[FeO_x]^m[H_2O_2]^n(TOC/TOC_0) \tag{14}$$

将 ln（TOC/TOC_0）的实验数据对时间 t 绘图，发现二者有良好的线性关系（图形未给出），证实式（11）的正确性，也说明 FeO_x/H_2O_2/solar 体系降解水中药物的反应符合一级反应动力学。

2. 反应级数 m 与 n 的确定

为确定反应级数 m，将 H_2O_2 固定为 1000mg/L，选取不同 FeO_x 初始浓度，分别为 30mg/L、50mg/L、80mg/L、100mg/L；T=30℃，根据不同反应时间内的 TOC 数据绘制 TOC/TOC_0 对 t 的拟合曲线，得出在相应 FeO_x 初始浓度下的直线方程与相关系数，见表 1。

表 1　不同［FeO_x］初始浓度 TOC/TOC_0 与 t 拟合曲线方程及 R^2

初始［FeO_x］(mg/L)	拟合曲线方程	R^2
30	$y=-0.0119x+0.7254$	0.9516
50	$y=-0.0084x+0.8027$	0.993
80	$y=-0.0081x+0.8361$	0.9911
100	$y=-0.0067x+0.8915$	0.9916

根据表 1，可得出用 Δ［TOC/TOC_0］/Δt 表示的每条拟合曲线的斜率，且利用微分差值法[27]绘制出 ln（-Δ［TOC/TOC_0］/Δt）与 ln［FeO_x］的关系曲线，曲线的斜率即为 m 值。

根据图 8，m 值为 -0.4273，即是与［FeO_x］有关的反应级数。m 值为负说明在此［FeO_x］浓度区间内，药物矿化速率随［FeO_x］的增加而降低。这个现象可从过量的 Fe^{2+} 与 · OH 自由基发生副反应产生 Fe^{3+} 得到解释。

为确定反应级数 n，选取不同［H_2O_2］为 800mg/L、1000mg/L、1500mg/L，固定［FeO_x］= 15mg/L，T = 30℃，按照相同的方法，得出与［H_2O_2］相关的反应级数 n = 0.2917。n 值为正，说明在此［H_2O_2］浓度区间内降解速率随过氧化氢浓度的增加而升高。

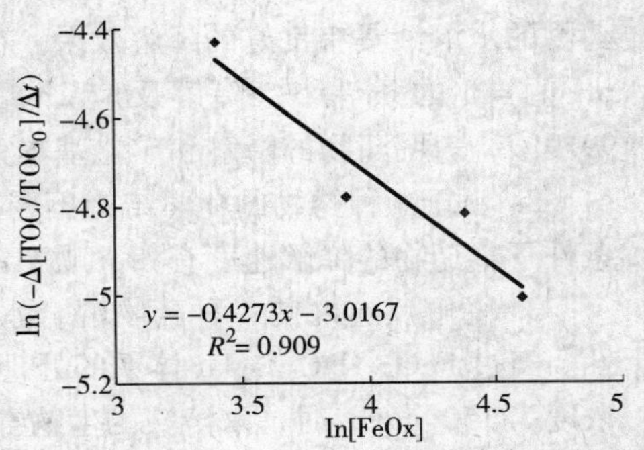

图 8　ln（$-\Delta$［TOC/TOC_0］/ Δt）与 ln［FeO_x］的关系曲线

3. 反应活化能 E_a 和指前因子 k^0 的确定

反应活化能是反应速率随温度的变化的依据[28-30]，活化能较大的反应，温度对反应速率的影响较明显。根据方程式（11），其积分式为：

$$\ln(TOC/TOC_0) = -Kt + C \tag{15}$$

固定［H_2O_2］为 1500 mg/L，［FeO_x］为 30mg/L，未调节溶液的酸碱性（pH = 5）进行反应。将不同温度（20℃、25℃、30℃）对应的 TOC 值代入方程式（15）中作拟合曲线，得三条直线方程，直线的斜率可反映不同温度下的 K 值。

表 2　不同温度下 ln（TOC_0/TOC）与 t 的拟合曲线方程及 R^2

T/K	拟合曲线方程	R^2
293	$y = 0.0549x - 0.6954$	0.9704
298	$y = 0.0778x - 1.0344$	0.9497
303	$y = 0.0866x - 0.8964$	0.9527

将式（13）代入式（12）得：

$$K = k^0\exp(-E_a/RT)[FeO_x]^m[H_2O_2]^n \tag{16}$$

由式（16）可知，反应速率常数 K 与 T、［FeO_x］、［H_2O_2］、m、n 有关。由于［FeO_x］、［H_2O_2］、m 和 n 已经为定值，所以 K 只受温度变化的影响，可将式（16）简化：

$$K = k^0\exp(-E_a/RT) \tag{17}$$

根据方程式（17），取表 2 中每条直线的 K 值及所对应的 T 值，以 ln$K$ 对 1/T 作图，得一直线（图 9），由该直线的斜率与截距可分别得到表观活化能 E_a（39.372 kJ/mol）与指前因子 k^0（5.7378×10^5）。

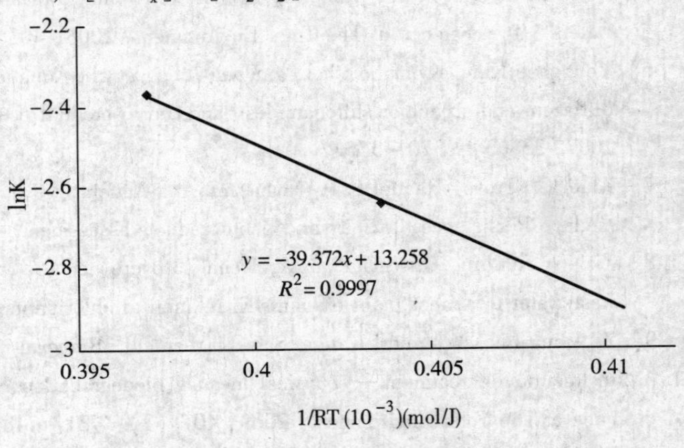

图 9　ln$K$ 与 1/RT 关系图

由于 FeO_x/H_2O_2/solar 体系降解水中药物所涉及的反应活化能为 39.372 kJ/mol，因此温度对药物降解的影响并不明显。故［FeO_x］= 30～100mg/L，［H_2O_2］= 500～1000mg/L，温度 T = 20～30℃范围内的动力学模型为：

$$-\frac{d(TOC/TOC_0)}{dt} = 5.7378\times10^5\exp\left(-\frac{39.372}{RT}\right)[FeO_x]^{-0.4273}[H_2O_2]^{0.2917}(TOC/TOC_0)$$

四、结　论

1. FeO_x/H_2O_2 体系适用于对水中 4 种药物的降解，在太阳光辐照与偏中性 pH 条件下对选定药物的水溶液具有良好的降解效果。在初始 H_2O_2 浓度为1500mg/L，FeO_x 投加量为30mg/L，及 pH 值 = 6 的条件下，降解反应 2h 后，FeO_x/H_2O_2/solar 体系对 4 种药物的 TOC 去除率达到 99.9%，表明药物的降解和矿化基本完全。

2. 由于 4 种药物的化学结构不同，它们在水溶液中的降解速度有一定的差异。在实验反应条件下，药物的降解速度有如下顺序：甲硝唑 > 扑热息痛 > 卡马西平 > 萘普生。

3. 降解反应之前 4 种药物混合水溶液对小球藻的 EC_{50} 值为 67.40%，显示出较强生物的毒性。经过 FeO_x/H_2O_2/solar 体系的处理，模拟水溶液对小球藻的生物毒性明显降低，当 H_2O_2 的浓度为1500mg/L 时，水溶液的生物毒性最小，其 EC_{50} 值为 120%。

4. $FeOx/H_2O_2$/solar 体系降解水中药物符合一级动力学模型，在［FeO_x］= 30 ~ 100mg/L、［H_2O_2］= 500 ~ 1000mg/L、温度 T = 20 ~ 30℃ 条件下，反应动力学方程如下：

$$-\frac{d\ (TOC/TOC_0)}{dt} = 5.7378\times10^5 \exp\left(-\frac{39.372}{RT}\right)[FeO_x]^{-0.4273}[H_2O_2]^{0.2917}(TOC/TOC_0)$$

参考文献

［1］Klaus Kümmerer. The presence of pharmaceuticals in the environment due to human use – present knowledge and future challenges［J］. Journal of Environmental Management, 2009, 90 (8): 2354 – 2366.

［2］Athanasios S. Stasinakis, Georgia Gatidou, Daniel Mamais, et al. Occurrence and fate of endocrine disrupters in Greek sewage treatment plants［J］. Water Research, 2008, 42 (6 – 7): 1796 – 1804.

［3］Mompelat S, Le Bot B, Thomas O. Occurrence and fate of pharmaceutical products and by – products, from resource to drinking water［J］. Environment International, 2009, 35 (5): 803 – 814.

［4］J. L. Zhou, Z. L. Zhang, E. Banks, Grover, et al. Pharmaceutical residues in wastewater treatment works effluents and their impact on receiving river water［J］. Journal of Hazardous Materials, 2009, 166 (2 – 3): 655 – 661.

［5］Peter Bartels, Wolf von Tümpling Jr. The environmental fate of the antiviral drug oseltamivir crboxylate in different waters［J］. Science of The Total Environment, 2008, 405 (1 – 3): 215 – 225.

［6］Younghee Kim, Kyungho Choi, Jinyong Jung, et al. Aquatic toxicity of acetaminophen, carbamazepine, cimetidine, diltiazem and six major sulfonamides, and their potential ecological risks in Korea［J］. Environment International, 2007, 33 (3): 370 – 375.

［7］Alam G. Trovó, Raquel F. P. Nogueira, Ana Agüera, et al. Photodegradation of sulfamethoxazole in various aqueous media: Persistence, toxicity and photoproducts assessment［J］. Chemosphere, 2009, 77 (10): 1292 – 1298.

［8］Tiziana Schilirò, Cristina Pignata, Renato Rovere, et al. The endocrine disrupting activity of surface waters and of wastewater treatment plant effluents in relation to chlorination［J］. Chemosphere, 2009, 75 (3): 335 – 340.

［9］Ze – hua Liu, Yoshinori Kanjo, Satoshi Mizutani. Removal mechanisms for endocrine disrupting compounds (EDCs) in wastewater treatment — physical means, biodegradation, and chemical advanced oxidation: A review［J］. Science of The Total Environment, 2009, 407 (2): 731 – 748.

［10］Alam G. Trovó, Raquel F. P. Nogueira, Ana Agüera, et al. Degradation of sulfamethoxazole in water by solar photo – Fenton. Chemical and toxicological evaluation［J］. Water Research, 2009, 43 (16): 3922 – 3931.

［11］Ilho Kim, Naoyuki Yamashita, Hiroaki Tanaka. Performance of UV and UV/H_2O_2 Processes for the removal of pharmaceuticals detected in secondary effluent of a sewage treatment plant in Japan［J］. Journal of Hazardous Materials, 2009, 166 (2 – 3): 1134 – 1140.

［12］María J. Gómez, Carla Sirtori, Milagros Mezcua, et al. Photodegradation study of three dipyrone metabolites in various water systems: Identification and toxicity of their photodegradation products［J］. Water Research, 2008, 42 (10 – 11): 2698 – 2706.

［13］Luciano Carlos, Debora Fabbri, Alberto L. Capparelli, et al. Intermediate distributions and primary yields of phenolic products in nitrobenzene degradation by Fenton's reagent［J］. Chemosphere, 2008, 72 (6): 952 – 958.

［14］L. Rizzo, S. Meric, D. Kassinos, et al. Degradation of diclofenac by TiO_2 photocatalysis: UV absorbance kinetics and process evaluation through a set of toxicity bioassays [J]. Water Research, 2009, 43 (4): 979-988.

[15] Yu Wanlu, Xiong Zhenhu, Ma Huaji. Degradation of the emergent pollutant diclofenac in water by photo-Fenton and toxicity evaluation of its degradation products [J]. Acta Scientiae Circumstantiae, 2009, 29 (10): 2070-2075.

[16] Tong Jun, Xiong Zhenhu. Degradation of dipyrone in water by advanced oxidation processes and evaluation of the toxicity for the degradation products [J]. China Environmental Science, 2009, 29 (9): 967-971.

[17] J. M. Monteagudo, A. Durán, C. López-Almodóvar. Homogeneous ferrioxalate-assisted solar photo-Fenton degradation of Orange Ⅱ aqueous solutions, Applied Catalysis B: Environmental, 2008, 83 (1-2): 46-55.

[18] Mohamed A. Salem, Shaker T. Abdel-Halim, Abd El-Hamid M. El-Sawy, et al. Kinetics of degradation of allura red, ponceau 4R and carmosine dyes with potassium ferrioxalate complex in the presence of H_2O_2, Journal of Photochemistry and Photobiology A: Chemistry, 2008, 193 (1): 50-55.

[19] Alam Gustavo Trovó, Silene Alessandra Santos Melo, Raquel Fernandes Pupo Nogueira. Photodegradation of the pharmaceuticals amoxicillin, bezafibrate and paracetamol by the photo-Fenton process - application to sewage treatment plant effluent, Journal of Photochemistry and Photobiology A: Chemistry, 2008, 198 (2-3): 215-220.

[20] Dorian Prato-Garcia, Rubén Vasquez-Medrano, Margarita Hernandez-Esparza. Solar photoassisted advanced oxidation of synthetic phenolic wastewaters using ferrioxalate complexes [J]. Solar Energy, 2009, 83 (3): 306-315.

[21] Juliana C. Barreiro, Milton Duffles Capelato, Ladislau Martin-Neto, et al. Oxidative decomposition of atrazine by a Fenton-like reaction in a H_2O_2/ferrihydrite system. Water Research, 2007, 41 (1): 55-62.

[22] Stein J. R. Handbook of Phycological Methods [M]. Cambridge: Cambridge University Press, 1973.

[23] OECD Guidelines for Testing of Chemicals [M]. Section 2: effects on biotic systems. 201: Alga, Growth Inhibition Test. Adopted: 7 June, 1984.

[24] Tong Ling, Xiong Zhenhu, Fan Zhiyun. Photo-Fenton degradation of naproxen in aqueous media and bio-toxicity evaluation of its intermediate products [J]. Environmental Pollution & Control, 2009, 31 (9): 23-26.

[25] Sara Goldstein, Joseph Rabani. The ferrioxalate and iodide-iodate actinometers in the UV region, Journal of Photochemistry and Photobiology A: Chemistry, 2008, 193 (1): 50-55.

[26] M. A. Behnajady, N. Modirshahla, F. Ghanbary. A kinetic model for the decolorization of C. I. Acid Yellow 23 by Fenton process [J]. Journal of Hazardous Materials, 2007, 148 (1-2): 98-102.

[27] A. Chatzitakis, C. Berberidou, I. Paspaltsis, et al. Photocatalytic degradation and drug activity reduction of Chloramphenicol [J]. Water Research, 2008, 42 (1-2): 386-394.

[28] Patrick Mazellier, Ladji Méité, Joseph De Laat. Photodegradation of the steroid hormones 17β-estradiol (E2) and 17α-ethinylestradiol (EE2) in dilute aqueous solution [J]. Chemosphere, 2008, 73 (8): 1216-1223.

[29] J. C. Garcia, J. L. Oliveira, A. E. C. Silva, et al. Comparative study of the degradation of real textile effluents by photo catalytic reactions involving, $UV/TiO_2/H_2O_2$ and $UV/Fe^{2+}/H_2O_2$ systems [J]. Journal of Hazardous Materials, 2007, 147 (1-2): 105-110.

[30] C. Li, X. Z. Li, N. Graham, et al. The aqueous degradation of bisphenol A and steroid estrogens by ferrate [J]. Water Research, 2008, 42 (1-2): 109-120.

盐地碱蓬对北塘河口水体的净化作用

徐仰仓　李飞飞　洪利亚　徐　金　王　银

（天津科技大学海洋科学与工程学院　天津市海洋资源与化学重点实验室　天津　300457）

摘　要　探讨了盐地碱蓬对北塘河口水体的净化作用。表明盐地碱蓬在涨潮的河口水（pH8.23，盐度3.23%，溶解氧3.82 mg/L）和落潮的河口水（pH8.10，盐度2.83%，溶解氧4.75 mg/L）中均能正常生长。生长在河口水中的盐地碱蓬明显降低了水中氨态氮、硝态氮及总磷的含量，其中涨潮的河口水中硝态氮的降低幅度最大。这一结果为综合治理渤海海水的富营养化提供了新的思路。

关键词　盐地碱蓬　北塘河口　净化　富营养水

一、材料与方法

（一）试验植物及处理

盐地碱蓬（*Suaeda salsa L.*）种子采自天津市滨海新区，采回后自然晾干，保存于干燥器中。使用时洗净种子，消毒，25℃黑暗催芽2天，然后将带芽的幼苗栽培到含Hogland完全营养液的培养床上，光照培养箱内培养，温度（25±1）℃，相对湿度45%～85%，光照时间14h/d（850 mol/m^2·s）。10天后将试验苗分为两组，一组换为新鲜的Hogland完全营养液，另一组换为供试水样，继续在上述条件下培养。

（二）供试水样

实验用水样取自天津塘沽北塘镇的彩虹桥下。取水时间6—7月。

（三）测定项目和方法

1. 水质测定，用多参数水质检测仪CX-401测定河口水的盐度、pH、电导率及溶解氧。
2. 叶片长度的测定采用丈量法。
3. 水体中总磷、硝态氮、氨态氮含量的测定，按国家标准进行[1]。

（四）统计分析，采用组间 *t* 检验法。

二、结果与分析

（一）北塘河口水质测定

北塘口是河水与海水的交融处，这里既有涨潮时倒灌过来的海水，也有落潮时三大河流汇集于此的河水。我们测定了6—7月间这里的水质，结果发现：在该时间段内此处水的盐度明显高于淡水但又低于海水，pH在8.0以上，氮、磷含量也随着涨潮、落潮的不同而变化（见表1）。

表1　北塘口6—7月间的水质（n=5）

项目 水样	溶解氧/(mg/L)	pH	盐度/%	电导率/(mS/cm)	氨态氮含量/(mg/L)	硝态氮含量/(mg/L)	总磷含量/(mg/L)
涨潮	3.82±0.15	8.23±0.17	3.23±0.11	49.2±2.12	0.4632±0.07	1.1441±0.09	0.3791±0.093
落潮	4.75±0.20	8.10±0.13	2.83±0.09	43.9±1.85	0.4032±0.05	0.2157±0.086	0.4318±0.087

（二）北塘河口水体对盐地碱蓬生长的影响

10天龄的盐地碱蓬幼苗移栽到供试水样及Hoanland营养液中，观测植物在供试水样中叶片的生长速率。如图1所示，当盐地碱蓬分别移栽到涨潮和落潮的河口水中时，起初叶的长度均没有变化，生长处于停滞期。第4天时，移栽到落潮水的盐地碱蓬叶片开始变长，而移栽到涨潮水的盐地碱蓬叶片仍未变化，第6天时，移栽到涨潮水的盐地碱蓬叶片也增长了。说明盐地碱蓬已适应了新的生活环境，能在该水体中生长。

（三）盐地碱蓬对北塘河口水体中氮、磷的去除作用

10天龄的盐地碱蓬幼苗移栽到供试水样中再培养10天，检测水体中硝态氮、氨态氮及总磷含量的变化。表2表明，不论在落潮的水体中还是在涨潮的水体中，盐地碱蓬均能有效地去除水中的氮、磷，其中对涨潮水中的硝态氮清除效率最高，达到了76.8%。

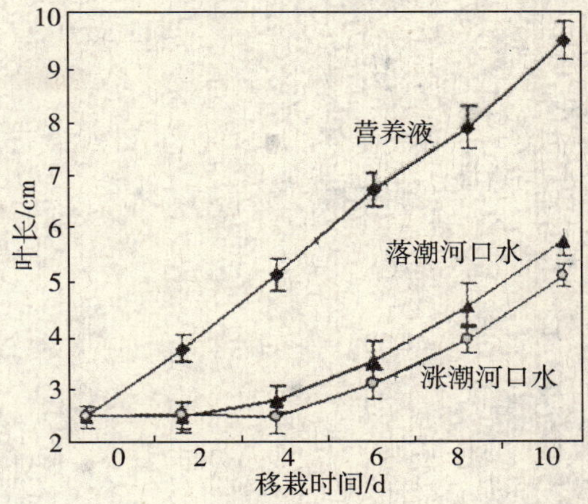

图1　北塘河口对盐地碱蓬叶片生长速率的影响

表2　盐地碱蓬对北塘河口水体中氮、磷含量的影响（n=5）

		总磷浓度/（mg/L）	氨氮浓度/（mg/L）	硝态氮浓度/（mg/L）
落潮	栽培前	0.4318±0.087	0.4032±0.05	0.2157±0.086
	栽培后	0.2211±0.068	0.2358±0.097	0.1721±0.091
涨潮	栽培前	0.3791±0.093	0.4632±0.07	1.1441±0.09
	栽培后	0.189±0.101	0.238±0.100	0.265±0.111

（四）分析

我国2008年的海洋环境公报指出，目前，渤海污染海域面积占其总面积的比例最高，是我国环境与生态问题最突出的海区。天津市海洋局、天津市环境监测中心及天津市水产局的检测结果均显示北塘河口附近的海域是渤海污染最严重的区域，主要的污染物为：无机氮、活性磷酸盐和石油类。如何治理污染的海域是急待解决的问题。北塘河口位于天津市开发区，是典型的潮汐河口。氯度变化于3.5~19.1g/L之间，按照Redeke的方法分类，属于中盐水至海水范围[3]。

盐地碱蓬（Suaeda salsa（L.）Pall.）为一年生藜科碱蓬属草本植物，具有耐旱、耐寒、耐涝、耐盐碱、适应性强等特性，主要生长于海滨、湖边、荒漠等处的盐碱荒地，是盐碱地的典型指示植物[2]。盐地碱蓬可以在含盐量为2~18g/L的盐土中正常生长[4]。本实验的研究结果表明，盐地碱蓬在盐度2.83%~3.23%、pH 8.1~8.23之间的河口水体中能正常生长，且对该水体中的氮磷具有明显的去除效果，特别对涨潮时河口水中的硝态氮去除效果更明显。这为综合治理富营养化的渤海水域提供了新的思路。

参考文献

[1] 段水旺，章申，陈喜宝．长江下游氮、磷含量变化及其输送量的估计［J］．环境科学，2000，21（1）：53-56.

[2] 吴咏梅，赵清，张云生，等．特用植物－盐地碱蓬［J］．新疆畜牧业，2001，3：23-24.

[3] 钟贻诚，李玉和，张鉴光．北塘河口浮游动物生态的初步研究［J］．生态学报，1984，12：393-400.

[4] 李存桢，刘小京，杨艳敏，等．盐胁迫对盐地碱蓬种子萌发及幼苗生长的影响［J］．中国农学通报，2005，21：209-212.

[5] 杨彦军，韩会玲，龚欣欣．不同植物净化富营养化水体的静态试验研究［J］．中国农村水利水电，2009，4：28-30.

二、大气环境污染防治

温室气体二氧化碳排放源强计算方法探讨

尹晓娜　王　波　李　冬　陈晓雨

摘　要　本文通过查阅资料，分析总结了目前固定燃料燃烧集中式排放 CO_2 源强的计算方法和各自特点，为确定适合我国 CO_2 排放源强的计算方法提出了一些建议。

关键词　温室气体　二氧化碳　排放源强　计算方法

一、引　言

温室气体指的是大气中能吸收地面反射的太阳辐射，并重新发射辐射的一些气体。它们的作用是使地球表面变得更暖，类似于温室截留太阳辐射，并加热温室内空气的作用。这种温室气体使地球变得更温暖的影响称为“温室效应”。

2005 年 2 月 16 日《京都议定书》正式生效，规定的减排温室气体包括二氧化碳（CO_2）、甲烷（CH_4）、氧化亚氮（N_2O）、氢氟碳化物（HFCS）、全氟化碳（PFCS）、六氟化硫（SF_6）。二氧化碳是最主要的温室气体，在导致气候变化的各种温室气体中，二氧化碳对温室效应的贡献率达 63%[1,2]。

削减 CO_2 排放量，缓解温室效应，已成为国际社会的广泛共识。2009 年 11 月 26 日，国务院决定到 2020 年单位国内生产总值二氧化碳排放比 2005 年下降 40% ~45%，表明了我国对 CO_2 减排的决心和对国际社会的责任。因此，迫切需要开展相关 CO_2 减排的调查评价和技术开发工作，为我国 CO_2 减排方案论证和实施提供决策支持和技术储备。建立和使用正确的 CO_2 源强计算方法是进行源汇匹配以及减排方案制订的重要依据[3]。

根据我国统计结果，火电企业是首要 CO_2 排放源，占 2004 年全国总排放量的 63%，其次是水泥、钢铁企业。本文主要针对火电企业 CO_2 排放源强计算方法进行探讨和研究。

二、计算方法

目前，计算 CO_2 排放源强的方法可以分为两大类，一类是系数法，另一类是计算法。系数法主要为 IPCC 系数法，计算法为物料衡算法和实测法。

（一）IPCC 系数法

IPCC 系数法就是采用《2006 年 IPCC 国家温室气体清单指南》推荐的排放因子数值进行计算，分为三种方法。

1. 缺省排放因子

缺省排放因子是为固定源中使用的各个燃料提供一组缺省排放因子，用于计算不同类别的排放源强估算，根据固定源燃烧燃料不同，缺省排放因子也不同，计算公式如下：

$$\text{排放}_{GHG,HG} = \text{燃料消耗}_{\text{燃料}} \cdot \text{排放因子}_{GHG,HG}$$

$\text{排放}_{GHG,HG}$：按燃料类型给出的 GHG 排放（千克 GHG）

$\text{燃料消耗}_{\text{燃料}}$：燃烧的燃料量（TJ）

$\text{排放因子}_{GHG,HG}$：按燃料类型给出的 GHG 缺省排放因子（千克气体/TJ），对于 CO_2，其包含碳氧化因子，假设为 1。

《2006 年 IPCC 国家温室气体清单指南》中第二章（固定源燃烧）表 2.2，给出了能源工艺中 37 种主要固定燃烧燃料的缺省排放因子。

基金项目：福建省发改委重大产业技术专项（闽发改高技［2004］686 号）。

以火电厂为例，煤种不一样，数值也不一样，无烟煤、炼焦煤、褐煤的缺省排放因子分别为98300 kg/TJ、94600 kg/TJ、101000 kg/TJ，可取的最小值是94600 kg/TJ，可取的最大值101000 kg/TJ。

需要说明的是，缺省排放因子忽略了燃烧过程中在灰烬、颗粒或烟灰中残留的为氧化碳，假定燃料（碳氧化因子等于1）中所含的碳完全氧化，缺省不确定性范围为95%置信区间界限。同时，缺省排放因子是国外机构根据国外的电厂及燃烧情况研究出来的，与中国国情不是完全相符，但是在我国还没有自己的排放因子之前，使用这种国际化的缺省排放因子计算也是可以的。

2. 特定国家排放因子

特定国家排放因子是将上面方法中的缺省排放因子由特定国家排放因子替换，特定国家排放因子可以通过考虑特定国家实际情况进行指定，可以与缺省排放因子完全相同，或者不同。在考虑本国使用的燃料类型和成分、燃烧条件、负载、控制技术和技术设备发展状况等多种情况下指定本国排放因子，该方法代表本国的评价排放水平，更加符合本国国情，计算的排放量更加准确和合理。

3. 差异排放因子

本方法的排放因子使用源类别的评价排放因子和各源类别的燃料组合排放因子，取决于使用的燃料类型、燃烧技术、运作条件、控制技术、维护质量和燃烧设备年龄。该方法考虑了任何设备、燃烧过程和可能影响排放的燃料性能。该方法适用于非 CO_2 温室气体的排放量计算。IPCC中表2.6～表2.10按主要技术和燃料类型给出了 CH_4 和 N_2O 代表性排放因子。

（二）物料衡算法

根据物质守恒定律，物质是守恒的，这是一切计算的基础，在生产过程中对于某种特定元素和物质也是守恒的。

$\sum G_{投入} = \sum G_{产品} + \sum G_{流失}$

以燃煤产生 CO_2 为例，燃原煤量乘以原煤含碳量折算为总碳量，扣除进入灰、渣、烟尘中的碳后，即为排入大气的 CO_2 的碳量。进入灰、渣、烟尘中的碳是通过灰、渣、烟尘量乘以燃煤的机械未燃烧损失计算得到。燃煤的机械未燃烧损失是电厂燃煤排放灰、渣、烟尘中的含碳百分率。

排入大气的 CO_2 的量通过排入大气的 CO_2 的碳量乘以 CO_2 转换系数即可得到（根据摩尔比进行折算，CO_2 中C占12/44，C原子量为12，CO_2 分子量为44）。

计算燃料燃烧后排放的 CO_2 量，必须建立电厂燃料燃烧的碳平衡，燃料燃烧后的碳平衡可以用公式（1）表示：

$$C_m = C_z + C_a + C_c + C_{CO_2+CO} \tag{1}$$

式中：C_m 为燃煤中的碳；C_z 为炉渣中的碳；C_a 为除尘器收集灰中的碳；C_c 为排入大气中的烟尘中所含的碳（元素碳）；C_{CO_2+CO} 为烟气中 CO_2 和CO的含碳量（化合碳），其值可由式（2）或式（3）计算。

$$C_{CO_2+CO} = C_y \times q_y \times \eta \tag{2}$$

式中：C_{CO_2+CO} 为燃料排入大气的 CO_2 和CO所含的碳；C_y 为燃料含碳量；q_y 为燃料量；η 为锅炉燃烧效率。

$$C_{CO_2+CO} = C_y \times O_y \tag{3}$$

式中：O_y 为碳的氧化率。

利用计算出的随烟气排入大气的 CO_2 和CO所含的碳，就可以用公式（4）计算排入大气的 CO_2 量：

$$q_{CO_2} = C_{CO_2+CO} \times \frac{m_{CO_2}}{m_c} \tag{4}$$

式中：q_{CO_2}为排入大气的 CO_2 量；C_{CO_2+CO}为排入大气的 CO_2 和 CO 所含的碳；m_{CO_2}为 CO_2 分子量；m_c 为 C 分子量。

由以上的计算过程可知，只要有燃料、灰、渣、尘中的含碳量数据和锅炉燃烧效率或碳的氧化率数据，就可以计算出电厂温室气体 CO_2 和 CO 的排放量。物料衡算法精确度高，可以佐证排放系数。

（三）实测法

实测法可以通过针对不同行业的典型企业开展大量的实际测量工作，记录燃料、设备及运行工况等情况，测量 CO_2 排放量，从而确定不同行业的 CO_2 排放量。此方法准确性高，但消耗人力和物力较大，成本较高。

三、结论与建议

目前，我国国内并没有完整统一的计算温室气体 CO_2 排放源强的方法，同时，也未确定符合我国国情的 CO_2 排放因子，需进一步对我国各行业集中排放源进行详细调查和总结，使排放因子更加合理，并进一步建立中国 CO_2 排放源综合数据库，为摸清我国 CO_2 排放量和制定温室气体减排措施提供翔实可靠依据。

参考文献

[1] IPCC. Climate change 2006［A］. In：The Third Assessment Report of the Ntergovemmental Panel on Climate Change［C］. London：Cambridge University Press，2006.

[2] 吴兑. 温室气体与温室效应［M］. 北京：气象出版社，2003.

[3] 白冰，李小春，刘延锋，等. 中国 CO_2 集中排放源调查及其分布特征［J］. 岩石力学与工程学报，2006，25（2）：2918－2923.

HS型扬尘表面覆盖剂的研究与应用

黄相国　王维宽　郑玉峰　刘志群　佟伟刚

（沈阳环境科学研究院　沈阳　110016）

摘　要　本文介绍扬尘的种类和来源，扬尘产生的环境污染和危害，研究开发了HS型扬尘表面覆盖剂新产品，针对应用情况分析了经济效益和环境效益。

关键词　扬尘　扬尘覆盖剂　污染治理

沈阳市城市空气质量现状表明：大气总悬浮颗粒物（TSP）是沈阳市的首要空气污染物。TSP主要来源于煤烟尘、扬尘以及机动车尾气尘。其中，扬尘占50%左右，是影响沈阳市大气质量的主要因素之一。因此，只有有效地抑制扬尘，特别是有效地抑制粒径较小的可吸入性颗粒物扬尘，才能确保环境空气质量全面达到国家二级标准。

本文介绍了HS型扬尘表面覆盖剂的研究与开发，并结合应用情况进行了经济效益与环境效益分析。

一、扬尘的产生及危害

（一）扬尘来源

施工作业扬尘：包括拆迁工程、建筑施工工程、市政施工工程引起的扬尘；

运输遗撒扬尘：流散物料运输途中，遗撒及散落的扬尘；

道路交通扬尘：日夜穿梭的车辆引起的路面扬尘、汽车尾气、环卫清扫产生的二次扬尘；

风力扰动扬尘：裸露地面和裸露树坑、裸露堆放物（储灰场、煤堆、渣堆等）被大风刮起的扬尘；

环境事故扬尘：厂矿企业生产事故排放烟尘、生产车间面源扩散的粉尘。

（二）扬尘的环境污染

扬尘中的颗粒物能够散射太阳光，对大气能见度造成影响，给交通和市民的生活带来不便；同时影响植物生长，破坏生态平衡；扬尘颗粒物经风吹雨淋在地表水体内大量富集，易导致地表水及地下水污染，不仅造成极坏的社会影响，而且给国家和企业造成极大的经济损失。

扬尘中50%～80%的颗粒物属于可吸入性颗粒物，这些颗粒物常常含有经过再次凝结形成的有机物、硝酸盐、重金属等，它们可以通过鼻腔和咽喉进入肺部，引发尘肺病。尤其是多环芳烃，使得癌症的发病率升高，严重影响了人们的身心健康[1-3]。

（三）扬尘的危害

（1）与灰尘相关的疾病：癌症；哮喘；过敏症；病毒和毒素引起的疾病。

（2）灰尘毒素：EPA研究证明，有108种毒素与灰尘污染有关。

（3）灰尘腐蚀：腐蚀设备造成设备机器的损坏、使建构筑物等产生裂缝，增加维修费用[4]。

二、国内外扬尘治理技术现状

（一）国外现状

国外在化学抑制剂方面做了不少工作，如苏联、美国、英国、加拿大等国家均有大量的相关报道，其中著名的有美国Coherex抑尘剂、苏联的乌尼维尔辛乳状抑制剂、英国的Dust－A－Tac抑尘剂等。

当今，研制开发高性能、低成本、工艺简单的表面覆盖剂，已成为国内外控制扬尘污染的重要方向，日本、美国、德国、韩国都在致力于表面覆盖剂的研究与应用，且取得了令人鼓舞的成果[5]。

（二）国内现状

在化学抑尘材料的研究应用方面，我国目前还处于起步阶段，有些研究单位虽然已经研制出化学抑尘剂，但由于种种原因，实际应用的不多。我国近几年来开发应用的覆盖剂技术有HG系列贮灰场专用表面覆盖剂、MCA抑尘剂、CH抑尘剂、石灰类粉煤灰固化剂、复合型覆盖剂等[6]。上述扬尘覆盖剂，主要是针对大型电厂贮煤场、粉煤灰堆放场的覆盖，应用领域有限。而用于抑制建筑扬尘，道路交通扬尘、裸露地面和裸露树坑扬尘等综合性扬尘覆盖剂的报道很少。

三、HS型扬尘表面覆盖剂研究

（一）HS型扬尘表面覆盖剂性能指标

HS型扬尘表面覆盖剂成本低、适用范围广、无二次污染，具有抗风、抗水、耐候等性能，原料来源广范、施工简便。

产品主要技术性能指标如下：

外　观：灰色或乳白色液体　　pH值：6～9

固含量（%）：5～10　　防尘效果（%）：≥95

黏　度（Pas $\times 10^{-3}$）：10～150　　耐风等级（级）：≥7

（二）性能实验

1. 抗压强度实验

将不同的原材料、辅助材料、优选的配方等分别配制成浆液，在Φ50×10的圆盒内分别浇注同样的干砂土，制作成大量的试验样快，养护21天后用变形压力实验仪测试固化试验块自受压至试样快裂纹、破碎后的最大变形值，绘制变形与压力对应关系曲线，计算出抗压强度（见表1）。

表1　主要原料固化块抗压强度测试结果

原料代号	抗压强度/MPa
AB	4.25
BB	2.12
C10	1.77
AB10+4C10	1.64
BB10+4C10	1.44
AB10+4D10	0.98
BB10+4D10	0.93

注：AB、BB、C、D分别代表4种原料，C10代表C成分的含量为10%。

2. 耐水性实验

将试验样块称重后置于水中浸泡，浸泡12h后，取出风干12h，观察表面固结情况，并测定其抗压强度，并与对照样进行比较（见表2）。

3. 耐风性实验

本试验是针对喷洒覆盖剂的煤堆和未喷洒覆盖剂的砂堆、煤堆进行的起尘量测试试验。

表 2　水稳定性试验结果

配方	浸水试块强度/MPa	对照样强度/ MPa	水稳系数
HSFG－1	1. 18	1. 3	0. 91
HSYH－1	1. 88	2. 0	0. 94
HSFG－2	2. 2	2. 3	0. 96
HSYH－2	3. 3	3. 4	0. 98
HSYH－3	6. 0	6. 0	1. 0

试验风机为：高离心低噪声中压风机，型号：CER－75。该风机经辽宁省气象仪器检定供应站用专用轻便风速表标定。利用已标定好的风机对湿煤、干灰、煤堆、砂堆等进行模拟大风天气实验，实验结果见表 3。

表 3　模拟大风天气实验结果对照表

试验对象	距离/m	风速/m/s	喷洒覆盖剂起尘量	对照组起尘量/	
				（%）	（mg/cm^2 · min）
湿煤堆	（1～1. 25）	（17～14）	0	（2. 03）	（122. 2）
粉煤灰	（1. 25～1. 5）	（14～11）	（1. 0）（66）	（6. 61）	（441. 0）
干砂堆	（1. 25～1. 5）	（14～11）	（0. 5）（4. 5）	（4. 76）	（74. 10）

4. 耐候性实验

在选择覆盖剂原料时，充分考虑了原料的耐候性，所选用的辅助填料也考虑了耐候性，单从主要原料来看，每种原料的耐候性至少在室外耐用三年，因此，在配方中又考虑了添加降解剂来调整整个覆盖剂的使用寿命。从应用实验的效果来看，经历 60 多天后，连续覆盖的表面几乎无开裂、剥落等现象发生，说明覆盖剂的耐老化性能良好，能达到使用要求。

（三）应用示范及性能评价

应用示范试验：覆盖面积约 1 000m^2；覆盖期 3 个月，其中：经历 21 天雷阵雨天气，15 天 4～5 级以上风天，24 天强紫外光照射的天气。实践证明不论是裸露地面还是煤堆，喷洒 HS 型扬尘表面覆盖剂后，经过了多次雨水的冲刷，其抑尘效果依然如初。

1. 覆盖剂与土壤、煤、渣、砂相结合的性能比

从图 1 中可以看出：同一覆盖剂覆盖土壤、灰渣、煤堆、砂堆等不同对象时，覆盖层的抗压强度相差很大，土壤覆盖层的抗压强度最大，砂堆覆盖层的抗压强度最小，煤堆与灰渣覆盖层的抗压强度居中。

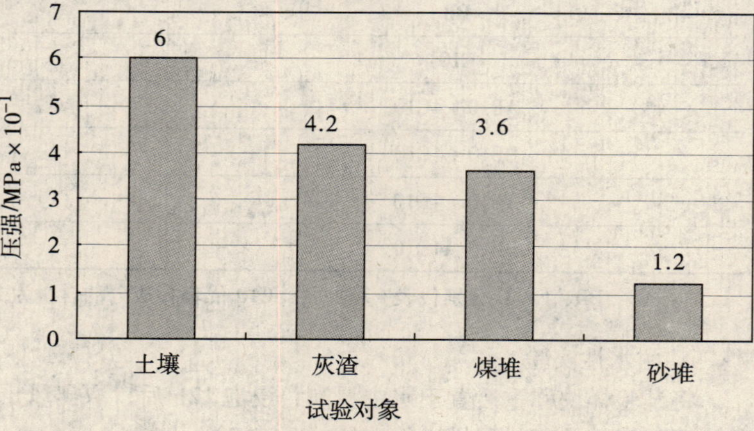

图 1　HS 覆盖剂覆盖土壤、煤、渣、砂的性能比较

分析表明：土壤的颗粒之间有一定的黏附性，在湿润状态时呈连续的薄膜状，因此再在覆盖剂的作用下，形成坚硬的覆盖层，具有很高的抗压强度。砂堆因为沙砾之间表面光滑、彼

此之间无黏附性，只有靠大量覆盖剂中成膜剂的黏附作用，才能使沙砾之间相互黏结形成硬化层。煤堆、灰渣堆，因既有大的颗粒物，又有微细粉尘相互混杂在一起，物性介于土壤与沙砾之间，覆盖剂用量适中。

2. 试验强度与寿命的关系

从图2中可以看出：覆盖层的抗压强度与覆盖层的寿命成正比，覆盖层的抗压强度≤2MPa时，使用寿命非常短；覆盖层的抗压强度≤4MPa时，使用寿命随抗压强度增加而增大；覆盖层的抗压强度增加到4MPa以上时，使用寿命显著增加。

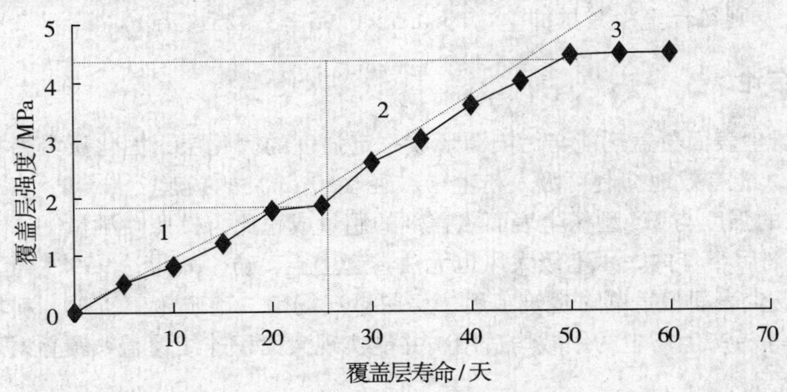

图2　覆盖层的强度与寿命关系曲线

3. 覆盖剂成本与覆盖层抗压强度的关系

从图3看出：抗压强度在4MPa以下时，经正偏差校正后二者呈良好线性关系，也就是说要达到理想的抗压强度，覆盖剂的单位成本还有下降的可能。当抗压强度大于4MPa时，单位成本几乎是定值，也就是说在要求高强度覆盖时更能显示出该覆盖剂自硬性材料的优势。因此，同沥青、水泥、水、无纺布、绿网覆盖相比，HS型扬尘表面覆盖剂是最经济的覆盖方案。

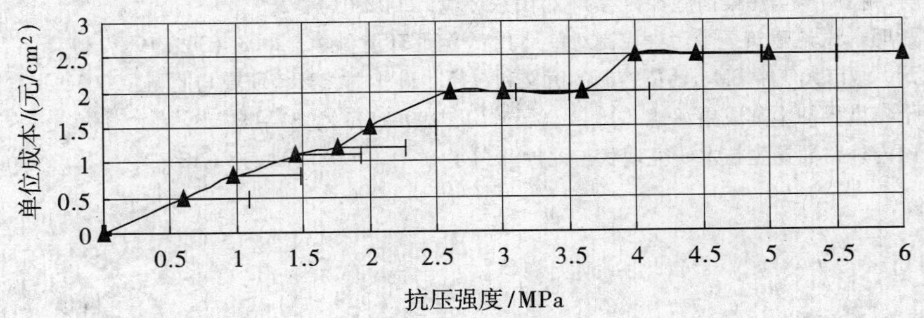

图3　覆盖剂成本与覆盖层抗压强度的关系

四、费用及效益分析

（一）费用分析

按喷洒量1.0 kg/m² 计：原料成本及施工费合计为2.0元/m²。

（二）效益分析

1. 经济效益分析

生产规模：2万t/a　　　利　润：268万元/a

销售收入：2 000万元/a　　　税　金：132万元/a

2. 经济与环境效益分析

施工工地和拆迁工地普遍都采用洒水的办法来抑制扬尘，不停地浇水，不但浪费人力，而且浪费水资源，水容易蒸发，防尘效果就要打折扣。HS 型扬尘表面覆盖剂的问世，应用在地面，效果在天空。

（1）与沈阳市普遍采用的防尘网相比可节约费用：0.5～1.5 元/m^2。

（2）沈阳市每年用煤 1 000 多万 t，根据环境排放因子经验公式计算，每年因风蚀或大风刮走达 400t/a。如果全部采用 HS 型扬尘表面覆盖剂覆盖，表面形成固化层按减少损失 90% 计算，则减少扬尘 360t/a，节约费用为 360t×500 元/t＝18 万元。

（3）根据扬尘排放因子初步估算，沈阳市一年排放扬尘 7 万 t 左右，HS 型扬尘表面覆盖剂覆盖率按 50% 计，则每年至少减排抑尘：7×0.5×0.95＝3.325（万 t）。

五、研究结论

（1）HS 型扬尘表面覆盖剂能与污染源形成一定强度的固化层，固化层具备抗雨水冲洗、抗风、耐候等性能，能有效地抑制可吸入粉尘（粒径≤10μm）的扬起。

（2）固化层的强度与 HS 型扬尘表面覆盖剂的用量成正比，按照喷洒量 1kg/m^2 计，喷洒 HS 型扬尘表面覆盖剂后半年内，六七级大风也无法卷起尘土，防尘效果达 95% 以上。

（3）HS 型扬尘表面覆盖剂对建筑工地、房屋拆迁场地、市政施工工地、料场、煤堆、裸露地面、裸露树坑等易产生扬尘的领域均适用，并能实现大面积连续覆盖，覆盖时不受场地形状限制，使用方便。

（4）HS 型扬尘表面覆盖剂的原料均为无毒无害物质，没有任何二次污染成分，在使用中对人们的健康和环境都没有任何影响，属环境友好产品；在环境中不但可以自行分解，还可通过调整降解剂的加入量，来控制覆盖剂在 1 个月至 1 年之内降解。

参考文献

[1] 寿越穗．铁路煤场扬尘及防治［J］．铁道劳动安全卫生与环保，1996（2）：95－96.

[2] 李增高，等．控制扬尘污染措施探讨［J］．山东环境，2002（1）：26.

[3] 王玉君，胡明．试论建筑扬尘污染控制对策［J］．河北环境科学，2003（3）：19－23.

[4] 周军，陈元．城市大气中 $PM_{2.5}$污染控制的意义和途径［J］．甘肃环境研究与监测，2003，16（1）：29－31.

[5] 吴超．近十年世界抑尘剂成果评述［J］．金属矿山，1996（12）：37－41.

[6] 陈军良．国内外路面扬尘技术研究现状与评价［J］．矿冶，1998（1）：8－13.

养猪场恶臭影响量化分析及控制对策研究

孙艳青　张　路　李万庆

（天津市环境影响评价中心　天津市南开区复康路17号　300191）

摘　要　本文旨在介绍环评工作中如何对养猪场恶臭进行量化影响分析，如何根据量化分析结果提出针对性的控制对策，以期为建设单位建设、业内从业人员提供建设、评价依据。

关键词　养猪场　恶臭　量化　控制

中国是当今世界最大的猪肉生产及消费国，但是优质瘦肉型良种猪难以满足国内市场需求。国发［2007］4号《国务院关于促进畜牧业持续健康发展的意见》、国务院国发［2007］22号《国务院关于促进生猪生产发展稳定市场供应的意见》中明确要发展猪肉产业，解决农民增收、农业增效问题以及散户饲养带来的食品安全问题，要求进行产业结构调整、发展生态农业。基于国家的利好政策，各地养猪场项目纷纷上马，鉴于该类项目恶臭污染较为显著，本文拟通过量化分析，进一步探讨有效的控制对策。

一、养猪场恶臭源概述

（一）猪舍恶臭气体

养猪场恶臭来自猪的粪便、污水、垫料、饲料、畜尸等的腐败分解，猪的新鲜粪便，消化道排出的气体，皮脂腺和汗腺的分泌物，畜体的外激素，黏附在体表的污物等，呼出气中的CO_2（含量比大气中高约100倍）等也会散发出猪特有的难闻气味。但养猪场恶臭主要来源是猪粪便排出体外之后的腐败分解。

据资料，猪粪中可散发出臭味化合物共有75～168种之多。生猪体内粗蛋白的代谢产物主要是：硫化氢、醇类、醛类、酚类、酮类氨、酰胺、吲哚等碳水化合物和含氮有机物，它们在有氧的条件下可分解成二氧化碳、水和硝酸盐而无害化。若粪便大量堆积，它们在无氧的条件下发酵。

畜舍废气主要为恶臭有害气体，主要污染物成分为有机物腐败时所产生的氨气、动物有机体中蛋白质腐败时所产生的硫化氢气体。

根据对其它采用干清粪工艺的养猪场猪舍监测的类比调查，猪舍NH_3、H_2S浓度分布特征是：厂区内地点浓度差异显著，生产区中心部位高于下风向；不同季节的氨气浓度则表现为，春季显著高于冬、夏季节。妊娠猪舍、哺乳仔猪舍、保育猪舍、中大猪舍NH_3浓度为1.5～11.4mg/m^3，以大猪舍浓度最高；H_2S浓度为0.3～1.7mg/m^3之间，以保育猪舍浓度为最高。

（二）粪便收集间废气

除猪舍排出的有害气体外，猪场的化粪池、堆肥场也是散发恶臭气体的主要场所。

二、恶臭量化分析

（一）猪舍恶臭源强

猪舍NH_3和H_2S的排放强度受到许多因素的影响，包括生产工艺、气温、湿度、猪群种类、室内排风情况以及粪便的堆积时间等。根据各猪舍浓度、空间大小及排风强度，经对小猪仔和大猪的NH_3排放量统计，仔猪氨气排放量为0.6～0.8g/（头·d），保育猪氨气排放量为0.8～1.1g/（头·d），中猪的氨气排放量为1.9～2.1g/（头·d），大猪的氨气排放量为5.6～5.7g/

（头·d），母猪 NH_3 排放量为 5.3g/（头·d），排放强度随气温增加而增加，受排风影响则较小。经对猪舍 H_2S 气体排放强度统计，仔猪硫化氢排放量为 0.2g/（头·d），保育猪硫化氢排放量为 0.25g/（头·d），中猪的硫化氢排放量为 0.3g/（头·d），大猪的硫化氢排放量为 0.5g/（头·d），母猪 H_2S 排放量为 0.8g/（头·d）。具体排放源强见表 1。

表 1　猪舍 NH_3、H_2S 排放强度统计

猪舍	NH_3 排放强度［g/（头·d）］	H_2S 排放强度［g/（头·d）］
母猪	5.3	0.8
公猪	5.3	0.5
哺乳仔猪	0.7	0.2
保育猪	0.95	0.25
中猪	2.0	0.3
大猪	5.65	0.5
合计	—	—

由表 1 中 NH_3、H_2S 的排放强度，根据猪场种群结构和规模，即可核算出猪舍 NH_3 和 H_2S 排放量。

（二）粪便收集间恶臭源强

根据养猪场猪粪堆场监测的相关统计资料，NH_3 的平均排放量是 4.35g/（m^2·d），且排放量随处置方式的改变而改变，在没有任何遮盖以及猪粪没有结皮情况下，排放强度为猪粪堆场的 5.2gNH_3/（m^2·d），若是结皮（16～30cm）后则为 0.6～1.8gNH_3/（m^2·d），若再覆以稻草（15～23cm），则氨气排放强度为 0.3～1.2gNH_3/（m^2·d）。可见 NH_3 的排放强度和猪粪堆场的管理方式极为相关，在有机肥加工车间内，随腐熟程度的推进，臭气的排放强度还会逐渐减少。

评价可以参考上述因素，并结合项目规划的堆放时间、粪便收集间面积、发酵程度等确定 NH_3 和 H_2S 排放量。

（三）恶臭影响分析

根据上述源强数据，采用《环境影响评价技术导则》中推荐的估算模式对项目 H_2S、NH_3 扩散计算。计算可知其最大落地浓度、占标率、$D_{10\%}$，确定评价等级。若为三级评价，则可以直接利用估算模式得到的数据进行评述。若需进行二级或以上评价，需调查区域相关的地面和高空气象资料，依据导则推荐的模式进一步进行分析。预测得到的影响值与背景浓度叠加后，进一步分析其是否可以满足《工业企业设计卫生标准》（TJ 36—79）中居住区大气中有害物质的最高容许浓度要求，以确定养猪场恶臭对环境空气质量和附近敏感目标的影响。

若影响比较显著，则建设单位须调控饲粮、加强畜舍环境管理、增加除臭剂，以大幅度降低恶臭排放源强，并进一步按照导则要求进行影响分析，以确定项目最终的环境影响。

三、养猪场恶臭污染防治对策研究

（1）做好猪场粪便的管理，在猪舍加强通风，加速粪便的干燥，可减少臭气的产生，实行尿粪的干湿分离，及时收集产生的粪便，合理的粪便收集频率能减少牲畜畜栏的恶臭。

（2）在经济条件允许的情况下，在春、夏季节可使用掩臭剂、氧化剂处理未及时清运的粪便。

（3）建设单位应在不利天气下，加强猪粪收集和清洗，减少臭气的产生量，从而减少超标现象的发生。

（4）粪便收集、干化间也是一个臭气的主要产生源。建议采用密封顶棚的方式，在顶部安装引风机，并设置一个水洗池。定时开启风机，将水汽和臭气及时抽出车间，水洗池可以将 H_2S 和 NH_3 吸收，从而减少臭气的排放。

（5）加强绿化工作。建议采取在养殖基地周围栽种较高大绿色植物如观赏性石榴、水杉、香樟等，形成绿色屏障，同时在进场的道路两侧、厂区内空地上以及办公区等种植月季等。这些植物美化环境的同时，还有很好地吸收硫化氢等气体的作用，可以减降硫化氢气体的排放量。

（6）合理控制养殖规模，养殖密度不易过大，过密，同时建设养殖场内的绿化隔离带，绿化可以阻留、净化约25%～40%的有害气体和吸附粉尘，还可以改善畜舍小气候，起遮阴、降温作用。

四、小　结

本文汇总工作之需时，用搜集得来的资料和数据，介绍了此类环评的具体工作步骤，以及有效的恶臭污染控制措施，以期将养猪场恶臭污染降到最低，做到环境、经济、社会效益的统一。

参考文献

［1］黄雪泉，黄锦华．规模化养猪场中的恶臭及其控制措施［J］．畜禽业，2001（2）．
［2］郭玲，白喜云，陈玉成．浅析夏季畜禽养殖场恶臭污染及控制［J］．家畜生态学报，2007（2）．
［3］赵希彦，温萍．养猪业的环境污染及其营养调控措施［G］．中国畜牧兽医学会养猪学分会2006年学术年会暨第四次全国会员代表大会养猪科技展览会论文集，2006.

大气中二恶英类污染物的一种快速测定方法

李　楠　刘爱民

（国家环境分析测试中心　北京　100029）

摘　要　介绍了一种利用二恶英类物质中指标性同分异构体的浓度与二恶英类总毒性当量浓度的相关性，快速测定大气中二恶英类总毒性当量浓度的方法。该方法与国际公认的大气中二恶英类测定方法相比，不使用大流量采样器简化了采样过程，通过单一异构体分析减少了前处理步骤及仪器分析时间，一定程度上缩短了分析周期，降低了分析成本。大体积进样装置与高分辨 GC/MS 结合使用，提高了方法灵敏度，方法检出限可达 0.007pg/m³，定量下限为 0.02pg/m³，基本上与国际公认方法一致，该方法与国际公认方法测定结果之间的平均偏差为 8.3%，具有较好的相关性（$R^2=0.96$）。

关键词　大气　二恶英　异构体

二恶英类物质包括多氯代二苯-并-对二恶英（Poly Chlorinated Dibenzo-p-Dioxin，PCDDs）、多氯代二苯-并-呋喃（Poly Chlorinated Dibenzo Furan，PCDFs），分别具有 75 种和 135 种异构体，其中2，3，7，8 位置上有氯原子取代的 17 种二恶英具有毒性。众多的研究证明二恶英可引起严重的生殖和发育问题，还可引起免疫系统损害和对激素产生干扰作用，1997 年被世界卫生组织国际癌症研究机构（IARC）认定为是人类确定致癌物[1]。二恶英类污染物主要来自化工生产过程中的副产物和有机物焚烧过程，人类暴露途径主要是呼吸道吸入和经口摄入被二恶英污染的食物，因此开展大气中二恶英类的测定工作，对于了解环境中二恶英类污染现状和人类的暴露状况是十分重要的。国际公认的大气中二恶英类测定方法[2]使用石英纤维滤纸、聚氨基聚乙烯泡沫、活性炭纤维毡、大流量采样器的组合进行采样，利用索氏提取、硫酸处理、多层硅胶柱净化、活性炭柱净化、氮气浓缩对样品进行前处理，最后使用高分辨 GC/MS 分析。这种分析方法前处理非常繁琐，检测费用很高，分析周期长，很难应用于火灾等突发事故的应急监测。近年来，日本开发了一种快速测定方法，使用 XAD-Ⅱ吸附树脂采集空气样品，处理后用大体积进样装置结合高分辨 GC/MS 分析样品中的指标异构体的浓度，根据其与二恶英类总毒性当量浓度的相关性，间接测算大气中二恶英类污染物浓度。随着国际上对环境二恶英污染状况的日益关注，我国目前也加大了对二恶英排放的监管力度。这种方法可以作为一种快速筛选方法，有助于开展大规模的大气二恶英类污染普查工作，为环境管理提供及时有力的技术支持。

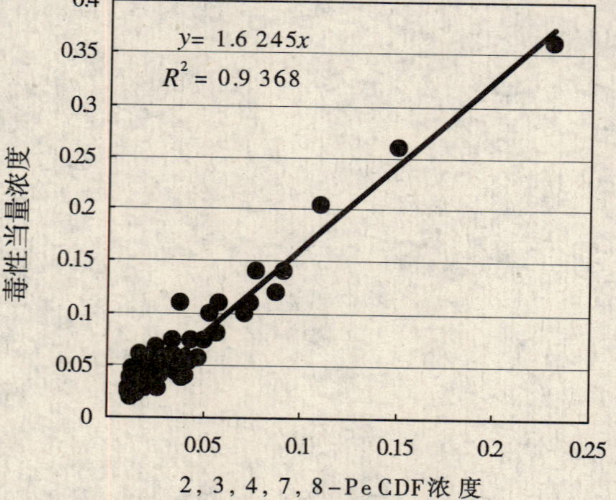

图1　2，3，4，7，8-PeCDF 的浓度与总毒性当量浓度的相关性

注：2，3，4，7，8-PeCDF 浓度单位 pg/m³；毒性当量浓度单位 pg WHO-TEQ/m³

一、快速测定方法介绍

（一）方法原理

使用国际公认的大气中二恶英类测定方法[2]，采集分析了 2003—2006 年日本北九州地区 63 个大气二恶英类样品，发现大气中2，3，4，7，8-PeCDF 的浓度与二恶英类总毒性当量浓度具有明显的线性关系（如图 1 所示）[4]。这是由于大气样品中2，3，4，7，8-PeCDF 的量在二恶英类总浓度中所占比例较高，且其毒性当量因子（TEF）较大，为0.5[3]，仅次于2，3，7，8－TCDD及1，2，3，7，8－PeCDD，其浓度大小可以直接影响到大气中二恶英类总毒性当量浓度的高低。因此，本方法选择2，3，4，7，8－PeCDF作为大气中二恶英类物质的一个指标异构体，通过单独测定其浓度，利用它与总毒性当量浓度的相关关系，推算大气样品中总毒性当量浓度。

（二）样品采集和测定方法

使用长450mm，内径为45mm的石英玻璃管作为采样管，内部装填20gXAD－Ⅱ吸附树脂，两端用石英棉塞住。

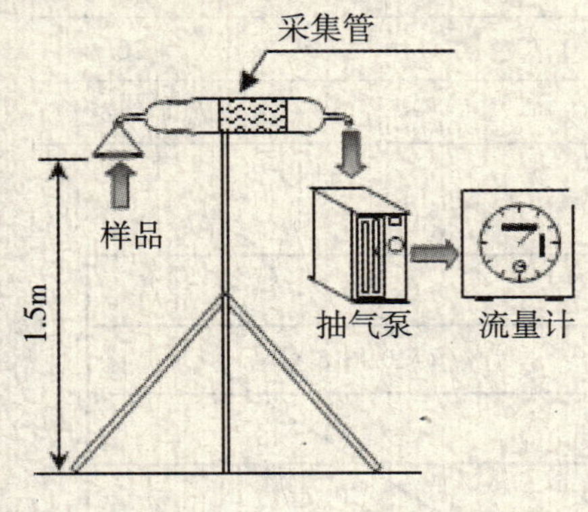

图2　大气采样装置

如图2所示，使用三脚架将采样管架设在距地面1.5m高的位置，采样管一头连接一个直径为90mm的玻璃漏斗，采样管与漏斗的连接部位用生料带固定好。采样管的另一头用硅胶管与抽气泵、流量计连接，以20～30L/min的流量采集大气24h，采样量约为30～40m^3。采样结束后，采样管在6℃以下避光保存，带回实验室处理和分析。

样品进入实验室后，将树脂从玻璃采样管中取出，放入石英纤维滤筒中，用甲苯进行索氏提取（16h以上）。提取完成后向提取液中添加100pg净化内标（^{13}C－1，2，3，7，8－PeCDF），用正己烷洗脱进行多层硅胶柱净化处理。多层硅胶柱由下向上依次填充无水硫酸钠，硅胶，2%（质量比）KOH埋藏硅胶，44%（质量比）硫酸埋藏硅胶，22%（质量比）硫酸埋藏硅胶，10%（质量比）硝酸银埋藏硅胶。净化后的样品用高纯氮气（99.99%）浓缩至100ul，用大体积进样装置与高分辨GC/MS结合分析样品中2，3，4，7，8－PeCDF的浓度，并利用前述相关系数计算样品中二恶英类总毒性当量浓度。

（三）与国际公认方法测定结果的比较

2005年1月至3月期间，分别用国际公认方法和快速测定方法采集了日本北九州地区环境大气及生活垃圾焚烧炉周边大气样品进行分析。快速测定方法使用J&L Science公司的XAD－Ⅱ吸附树脂进行采样，大体积进样装置使用SGE（日本）公司的SCLV，高分辨GC/MS使用日本电子JMS700。对比结果见表1及图3[5]。

表1　国际公认方法与快速测定方法测定结果的偏差

采样编号	国际公认方法/（pg WHO－TEQ/m^3）	快速测定方法/（pg WHO－TEQ/m^3）	偏差/%
A1	0.039	0.035	11
A2	0.027	0.028	3.6
A3	0.046	0.041	11
A4	0.061	0.059	3.3
B1	0.04	0.036	11
B2	0.027	0.028	3.6
B3	0.046	0.042	9.0
B4	0.061	0.06	1.7
C1	0.056	0.063	12

采样编号	国际公认方法/（pg WHO－TEQ/m^3）	快速测定方法/（pg WHO－TEQ/m^3）	偏差/%
C2	0.065	0.066	1.5
D1	0.056	0.063	12
D2	0.065	0.065	0
E1	0.15	0.14	6.9
E2	0.11	0.13	17
E3	0.32	0.33	3.1
E4	0.26	0.2	26
平均			8.3

结果表明，快速测定方法与国际公认方法之间的平均偏差为8.3%，满足二恶英类平行样品测定结果的允许值（30%）[2]，两种方法之间具有很好的相关性（$R^2=0.96$）。

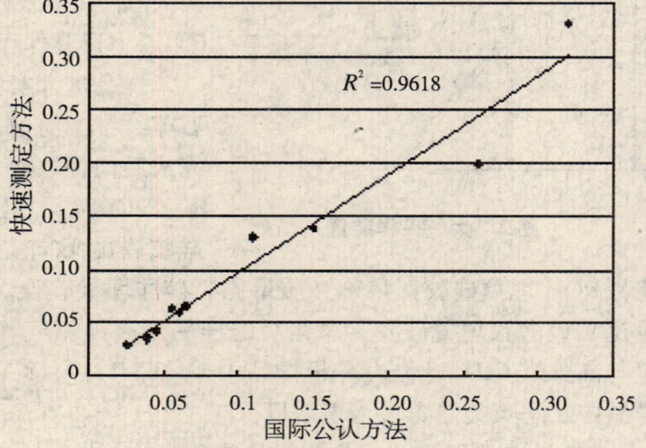

图3　国际公认方法与快速测定方法测定结果相关性

二、方法验证

快速测定方法的指标异构体及推定系数是通过分析日本北九州地区的大气数据得到的，不同地区大气中二恶英类污染物的组成可能存在一些差异。使用国际公认方法于2006年5月采集并分析了广州7个地区环境大气样品，2，3，4，7，8－PeCDF的浓度与二恶英类总毒性当量浓度的关系见图4。

从结果可以看出，广州地区大气中2，3，4，7，8－PeCDF的浓度与二恶英类总毒性当量浓度的关系与日本北九州地区很相似，但我国缺乏基础数据，其相关关系还有待进一步探讨和研究。

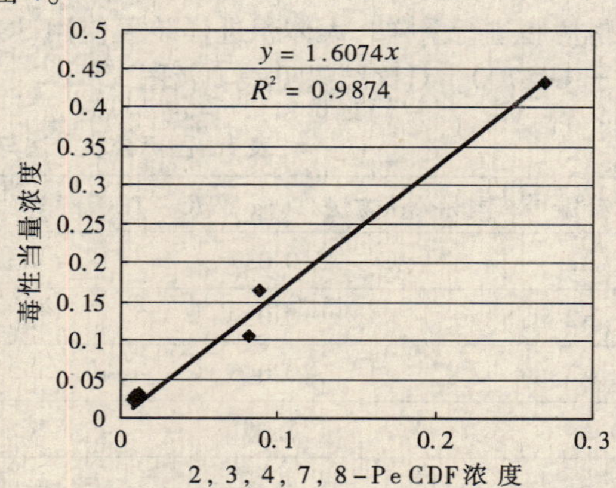

图4　广州地区2，3，4，7，8－PeCDF的浓度与总毒性当量浓度的相关性

注：2，3，4，7，8－PeCDF浓度单位 pg/m^3；毒性当量浓度单位 pg WHO－TEQ/m^3。

为了验证此方法的可靠性，使用0.005～10.0pg/μl的2，3，4，7，8－PeCDF标准溶液制作校正曲线，得到相对响应因子（RRF）为0.85，数据变异系数（RSD）为4.8%。用校正曲线3倍最低浓度的2，3，4，7，8－PeCDF标准溶液，重复测定5次，取3倍标准偏差的值，得到仪器检出限为0.003pg/μl。向采样管中添加4倍于仪器检出限的2，3，4，7，8－PeCDF标准物质，然后进行与实际样品相同的前处理步骤及仪器分析，重复操作5次，取3倍标准偏差，按照采样量为30m^3计算出方法检出限为0.007pg/m^3，取10倍标准偏差计算出定量下限为0.02pg/m^3，与国际公认方法[2]基本一致。同时在超净实验室中（2，3，4，7，8－PeCDF <0.003pg/m^3）进行穿透试验，

向采样管中添加6.0pg 2，3，4，7，8－PeCDF，并且在后段串联另一只采样管，采样24h，采样量36m^3，分别分析两个采样管，前端采样管分析出5.9pg 2，3，4，7，8－PeCDF，后端未检出，未发生穿透现象，因此此方法又可能适用于长时间采样。最后，向采样管中添加1.3pg 2，3，4，7，8－PeCDF标准物质，在相同的实验条件及步骤下，测定的结果为1.3pg，证明此方法同样适用于低含量样品。

三、结　论

快速测定方法不使用大流量采样器，使得样品采集过程可一人完成，有利于同一时间的多点采样。由于样品进行单一异构体分析，减少了前处理步骤及仪器分析时间，缩短了分析周期，最快可1天得出结果，而国际公认方法通常需要两周时间。通过简化采样程序、缩短分析周期，一定程度上降低了分析成本。与国际公认方法测定结果之间的平均偏差为8.3%，具有很好的相关性。但是，这种方法是建立在经验数据的基础上，其准确性受已有数据质量和数量的影响较大，可以作为国际公认方法的补充，应用于突发事故的应急监测以及某一地区大气二恶英类浓度长期变化的调查等领域。

参考文献

[1] McGregor DB，Pertensky C，Wilboum J，et al. An IARC evaluation of polychlorinated dibenzo－p－dioxins and polychlorinated dibenzofurans as risk factors in human carcinogenesis［J］. Environ Health Perspect，1998，106：755－760.

[2] ダイオキシン類に係る大気環境調査マニュアル［S］. The atmospheric environment investigation manual which relates to dioxin.

[3] Van den Berg M，Birnbaum L，Bosveld BTC，et al. Toxic equivalency factors（TEFs）for PCBs，PCDDs，PCDFs for humans and wildlife［J］. Environ Health Perspect. 1998，106：775－792.

[4] 谷崎定二，末富良次，花田喜文，等. 第15回環境化学討論会. 空気中ダイオキシン類の迅速分析法の開発（続報）1［R］. 仙台，2006.

Teiji TANIZAKI，oshihumi HANADA，Ryouji SUETOMI，et al. The 15th environment chemistry colloquium. The development of rapid analytical method for atmospheric dioxins（2）［R］. Sendai，2006.

[5] 齊藤忠臣，兵道英男，黒岩猛，等. 第15回環境化学討論会. 空気中ダイオキシン類の迅速分析法の開発（続報）2［R］. 仙台，2006.

Tadaomi SAITO，Hideo HYOUDO，Takeshi KUROIWA，et al. The 15th environment chemistry colloquium. The development of rapid analytical method for atmospheric dioxins（2）［R］. Sendai，2006.

高炉出铁场烟气的捕集技术浅谈

周　宇　刘作兵

（四川华宇环保有限公司）

摘　要　介绍了高炉出铁口烟尘捕集的重要性和困难性，分析和比较了高炉出铁口烟尘捕集方式的特点。

关键词　高炉　出铁口　烟尘捕集　除尘

一、概　述

高炉是炼铁车间的重要组成部分。高炉每天出铁 14～16 次，每次出铁时间为 30～50 分钟，出铁时的烟尘连续不断地散发出来。出铁期间，平均每生产 1t 铁水约产生 2.5kg 的粉尘，对环境污染非常严重。

（一）污染源分散、污染范围广

高炉出铁时烟尘主要由出铁口、铁水罐等部位产生，其次为出渣口、撇渣器及铁沟、渣沟，分布面宽、污染范围广，而且烟尘产生的部位均在人员呼吸带以下，直接影响操作人员的健康。

（二）辐射热强烈

高炉出铁时，各产尘部位不仅散发大量烟尘及其他有害气体，同时产生强烈的辐射热，一般每冶炼 1t 铁水可产生烟尘 2.5kg、碳氧化物（CO 和 CO_2）5kg，出铁场操作区在出铁时含尘浓度为 9.35～31.2mg/m^3，CO 浓度为 60～213 mg/m^3，CO_2 浓度为 98.74～185.7 mg/m^3，污染源温度高，辐射强度达 4～15 卡/cm^2。车间温度高达 40～60℃，作业条件十分恶劣。

（三）烟尘量大、颗粒细，对周围环境影响范围广

高炉出铁场的烟尘大，平均每吨铁产生 2.5kg 左右。烟尘粒度小，其中小于 10μ 的占到 66%，特别是二次烟尘，小于 1μ 的占 60%，在烟尘粒度大于 3μ 时，尘粒会很快沉降，而小于 3μ 的微粒，在空气中处于游离状态，能在空中飘浮很长时间，而且有些金属微粒能溶解在呼吸分泌液中，其毒性可影响到人的肺部。

二、出铁口烟尘捕集的困难性

高炉出铁口烟尘捕集的核心前提是不能影响高炉的正常生产。出铁口烟尘捕集的困难主要有：①在高炉铁口两侧设有开口机、泥炮机等炼铁工艺机械设备，出铁口烟尘捕集罩的布置要受到空间的限制；②目前投产的绝大部分高炉风口平台的设计只考虑工艺需要而未考虑除尘的需要，烟尘捕集罩只能在距离铁口较近的区域布置，由铁口喷射出的高温、高压烟气会瞬时冲出烟尘捕集区，极易造成烟尘失控现象的发生。

三、出铁口主要烟尘捕集方式

自 20 世纪 90 年代以来，国内已投产高炉出铁口烟尘捕集方式主要有三种：铁口顶（侧）吸式、铁口密闭小室、铁口强力抽风式。

（一）铁口顶（侧）吸式

在铁口两侧设侧吸罩，或在铁口上方设顶吸罩作为铁口烟尘捕集的设施，吸尘罩的位置距离铁口较近。如图 1 所示。

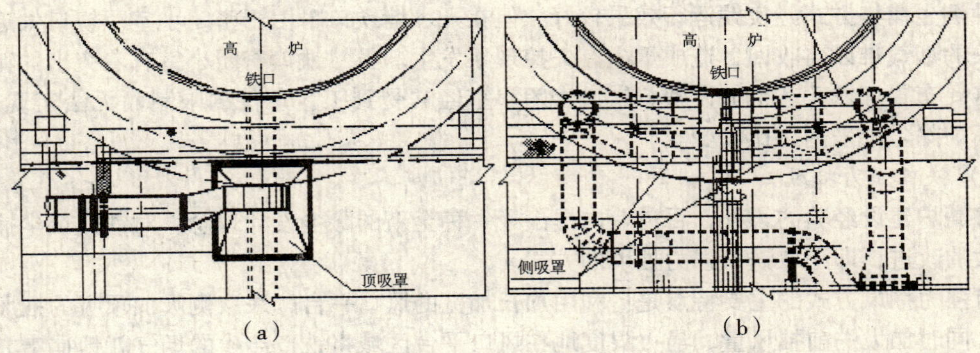

图1　“铁口顶（侧）吸”示意图

由于吸尘罩的抽风，在出铁口与吸尘罩之间形成了一个“负压区”（相对出铁场），出铁口喷射出的烟气速率在该区域内迅速衰减，气流运动轨迹在负压管网的作用下发生改变进入除尘罩内，通过管网得到净化并排放，从而抑制出铁口烟尘外冒，降低了出铁场内粉尘含尘浓度；同时在气流的诱导作用下，吸尘罩口区域以外的部分尘气也能进入罩内并得到净化。

本烟尘捕集方式的设计初衷是考虑将铁口产生的烟气就近捕集，避免烟尘扩散外溢。但实践证明，这种方式对铁口烟气的捕集是不彻底的，尤其是在开、堵铁口的时候，烟气捕集效果很差。主要是由于高炉炉内压强非常高（约 $4kgf/cm^2$），在开、堵铁口时，由铁口喷射出的烟气在炉内高压的作用下，会瞬时冲出炉前的“负压区”，造成大量烟尘外溢、失控，致使二次烟尘产生。同时高炉烟气在产生时的温度很高（高达650～850℃），在热动力作用下烟气迅速抬升溢出烟气捕集区。所以通常需要另外采取二次除尘措施方能达到净化出铁场的目的，加大了一次性投资。但该种烟尘捕集方式因其简单且易于实现，在国内高炉除尘中采用得比较多。

（二）铁口密闭小室

对风口平台空间进行密封处理，设计成为有利于烟气捕集的形状，形成类似于“密闭小室”的抽风捕集罩作为出铁口烟尘捕集措施。其特点是就地捕集烟尘，没有明显的一二次除尘概念的划分。因为对出铁口尘源区域作了密封处理，尘源相对集中，且罩内捕集的野风较小，故铁口排风量比一般的铁口侧（顶）吸罩排风量较小。如图2所示。

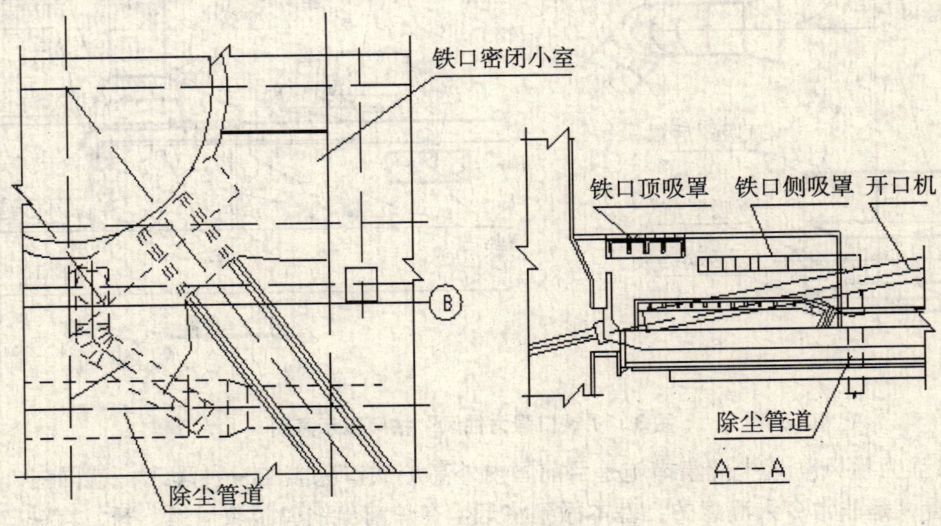

图2　“铁口密闭小室”抽风罩示意图

该种烟尘捕集方式经实践运行效果较好，但在开、堵铁口时由于密闭小室距铁口太近，铁口喷射出去的烟气难以再收回，造成烟尘有失控现象发生。虽然铁口密闭小室有着突出的特点，但因炉前需要布置炼铁工艺机械设备，铁口密闭小室经常受到工艺条件的限制而无法实现，因此，在国内高炉除尘中采用得比较少。

（三）铁口强力抽风

随着高炉建设经验的累计，目前业内提出了一种全新的除尘设计理念，对铁口烟尘捕集方式作了较大的改进，即采取铁口强力抽风的方式。

铁口强力抽风方式的主要特点是：利用加长加宽的风口平台，采取侧吸加顶吸的抽风方式强力排烟，同时加大炉前抽风量，最大限度地在风口平台区域将铁口产生的烟气就地捕集，不另设二次除尘措施。具体设计措施如下：

1. 铁口密闭措施

（1）加长加宽风口平台；

（2）在风口平台末端、主铁沟上方加设固定挡板；

（3）在平台前方设置可活动式斜挡板，阻挡烟气外喷；

（4）在风口平台侧梁下挂挡板。

通过以上四种密闭措施，以及炼铁机械设备的封挡作用，使得主铁沟上方基本形成一个闭合空间，既能贮留、封挡烟气以及外溅的铁花，也能减少出铁场内横向气流对铁口区域烟气流动轨迹的影响。

2. 合理设置排烟罩

在设计上将顶吸罩分割为两部分：前罩和后罩。前罩固定在风口平台上；后罩又分为可活动的两部分，平放在风口平台上，可在检修时分别由叉车移走。同时在开口机、泥刨机的对侧设一个侧吸罩，一方面对铁口产生的烟气起到封挡作用；另一方面配合顶吸罩抽排烟尘。顶吸罩、侧吸罩的内表面均喷涂耐火材料，以防止罩体高温烘烤变形。如图 3 所示。

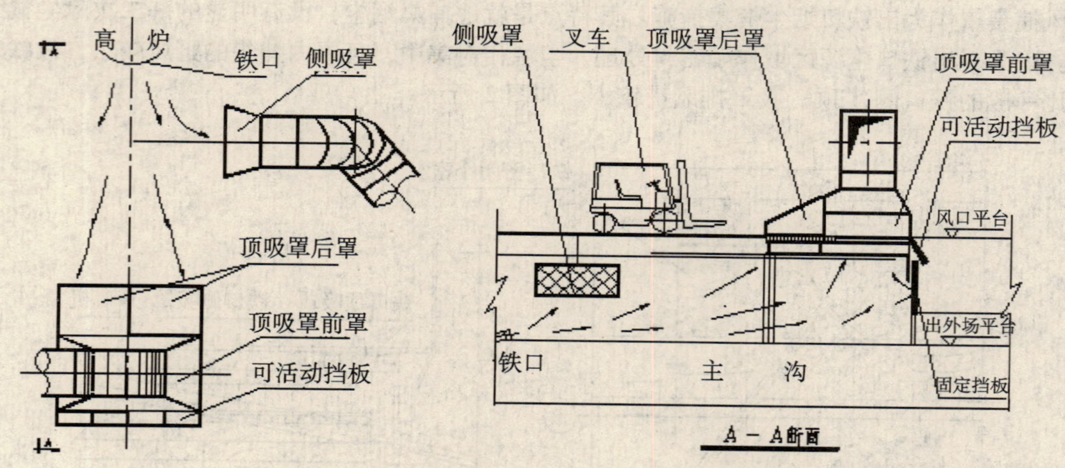

图 3 “铁口强力抽风”抽风罩示意图

“铁口强力抽风”烟尘捕集措施是目前国内外高炉铁口除尘的一种理念，就国内外已经投产的效果来看，是非常令人满意的，基本做到将烟尘在炉前出铁口区域捕集，开、堵铁口时没有明显的烟尘冲出，出铁场内无烟雾弥漫现象，操作岗位粉尘浓度低于国家标准。采用该种烟尘捕集措施后，不另考虑设二次除尘措施，但其抽风量很大，一次性投资高，一般仅在大型高炉上使用。

（四）铁口诱导捕集式

铁口诱导捕集式是目前业内一些专业除尘科研单位提出的一种全新高炉除尘设计理论，对铁口烟尘捕集方式作了很大的改变，该方式采用铁口烟气引导加后部（撇渣器附近）抽风的方式进行烟气捕集。

其主要特点是：利用高炉本体外沿烟气引导板在近铁口的位置形成烟气引导区，在高炉烟气热动力衰减的区域（撇渣器附近）设置烟气抽风区。烟气在引导区内通过引导进入烟气抽风区，通过抽风区的抽风使烟气进入除尘管道。因为在烟气抽风的烟气具有一定的热动力，所以需要抽风的动压相对较小。如图4所示。

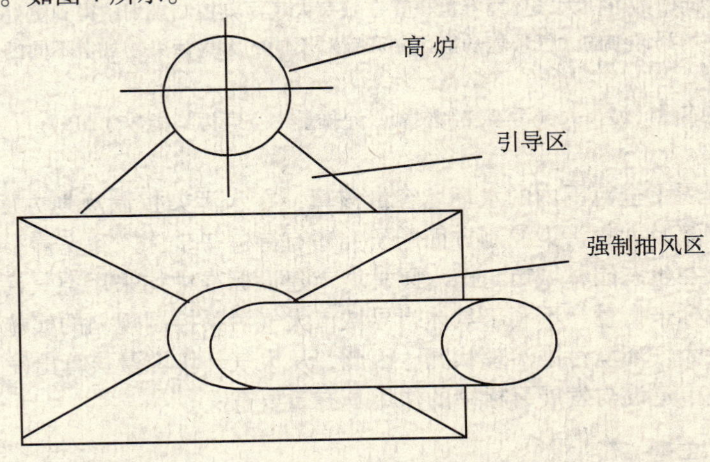

图4　诱导抽风罩示意图

烟气诱导烟尘捕集措施是目前高炉铁口除尘的一种新理念，就国内外已经投产的效果来看，是非常令人满意的，基本做到将烟尘在炉前出铁口区域捕集，开、堵铁口时没有明显的烟尘冲出，出铁场内无烟雾弥漫现象，操作岗位粉尘浓度低于国家标准。采用该种烟尘捕集措施后，不另考虑设二次除尘措施，同时抽风量远小于强制抽风的风量，一次性投资小。该设计理念将会被广泛采用。

四、结　论

高炉铁口烟尘的几种主要捕集方式各有其自身特点，在实际应用中具体采用哪种方式应根据工艺条件而定。总的说来，出铁口烟尘捕集理念逐渐由过去的在距离出铁口较近处捕集发展到在距离出铁口一定距离捕集；由过去的单一依靠强制抽风罩捕集烟尘发展到诱导加抽风罩相结合的方式捕集烟尘。

参考文献

[1] 钢铁企业采暖通风设计手册［M］. 北京：冶金工业出版社，1996.
[2] 孙一坚. 工业通风［M］. 北京：中国建筑工业出版社，1998.
[3] 谭天佑，等，工业通风除尘技术. 1984.

大气环境容量核算在城市大气污染控制规划中的应用研究

陈金毅　海婷婷　李　念　李宛怡　李　薇

（武汉工程大学环境与城市建设学院　湖北　武汉　430073）

摘　要　通过计算大气环境容量所得的相关数据，进一步论证了大气环境容量核算在城市大气污染控制规划中的广泛应用，并从多角度探讨了确定大气环境容量为区域大气环境质量评价指标的具体实施中所发挥的作用，同时为了使大气环境容量核算在城市大气污染控制规划中得到更好的应用，提出了在城市发展模式中增添详细的大气环境功能区划和针对不同的大气污染物规定不同的空气质量评价指标的建议。

关键词　大气环境容量　城市大气污染控制规划　允排量　空气污染指数（API）

目前，我国已开展了全范围内的水环境容量核算，在水污染控制规划方面取得了较大进展，但对大气环境容量核算及大气污染控制方面的研究还有待进一步深入和完善。特别是目前我国的大气环境质量公报及在生态园林城市与山水园林城市建设标准中均采用空气污染指数（API）的达标天数作为唯一指标来衡量，不利于具体指导城市大气污染控制规划的实施，仅仅只依靠API指标也不能综合反映大气环境污染治理状况。因此，从大气环境容量核算出发，研究其在大气污染控制规划和实现城市建设与发展目标中的作用具有重要意义。

一、大气环境容量

大气环境容量是指在满足一定的环境质量要求的前提下，区域所能允许的污染物的最大排放率（单位时间内某污染物的排放量）[1]。确定大气环境体系中环境容量的大小可以在大气污染控制规划中发挥重要的作用，不仅可以指导环境污染治理中实现大气污染物总量控制的目标，为制定区域大气环境质量标准提供重要的依据，还可以根据环境体系的实际情况，合理利用大气环境容量资源，是促进社会经济的可持续发展和实现“三效益”协调发展的重要途径[2]。

二、大气环境容量核算实例

目前城市开发区大气环境容量的计算方法较少，最为常用的是A－P值法[3]，即按照国家标准《制定地方大气污染物排放标准的技术方法》（GB/T 3840—91）[4]提出的总量控制区排放总量限值计算公式，根据算出的排放量限值及大气环境质量现状的本底情况，确定该区域可允许的排放量。

现以某城市为例，该城市总体规划面积约56.803km^2，分为8个工业区，分别命为A、B、C、D、E、F、G、H，其中B工业区有野生植物保护区，属于环境质量一类区，而其他工业区按照该市《环境保护“十一五”规划纲要》属于环境质量二类区。

根据国家标准（GB/T 3804—91）中的区域划分，该市的A值范围为3.6～4.9，根据国家环境保护总局要求，环境空气中污染物浓度达标率应控制在90%确定A值，则$A=A_{min}+(A_{max}-A_{min})\times 0.1$，确定A值为3.73。并以$SO_2$为例计算了2008年该市大气环境容量以及根据实际排放情况所得的削减率，具体结果见表1。

三、大气环境容量在大气污染控制规划中的应用

（一）对实现大气污染控制目标的作用

表 1　2008 年该市大气环境容量以及根据实际排放情况所得的削减率

地　区		面积/km^2	SO_2/（万 t/a）		
			允排量	排放量	削减率
该城市控制区	A 工业区	23.710	0.587	0.346	—
	B 工业区	16.640	0.082	0.243	66.3%
	C 工业区	3.141	0.078	0.046	—
	D 工业区	0.893	0.022	0.013	—
	E 工业区	5.954	0.147	0.087	—
	F 工业区	2.552	0.063	0.038	—
	G 工业区	1.481	0.037	0.021	—
	H 工业区	2.432	0.060	0.035	—
合　计		56.803	1.076	0.830	
一类区标准/（mg/m^3）			0.02		
二类区标准/（mg/m^3）			0.06		
背景浓度/（mg/m^3）			0.01		

根据国家标准《制定大气污染物排放标准的技术方法》（GB/T 3840—91）提出的总量控制区排放总量限值计算公式，其中在确定各类规划区内污染物排放总量控制系数时需用下式：

$$A_{ki} = A \cdot C_{ki}$$

式中：C_{ki}表示 GB 3095 等国家和地方有关大气环境质量标准所规定的与第 i 规划区类别相应的年日平均浓度限值减去背景浓度，从这里可以看出，大气环境容量是严格按照国家《环境空气质量标准》计算的，需要根据各个规划区空气质量类别划分来确定环境容量。

根据上面的计算，我们得到 B 工业区削减率需达到 66.3%，这样通过执行削减率就能实现大气污染控制目标，由此可见，大气环境容量核算能够很明确地实现控制目标。

（二）对实施区域大气环境质量评价指标的作用

根据《国家园林城市标准》[5]和《国家级生态园林城市标准（暂行）》[6]对城市大气环境指标的规定，在大气污染控制方面仅仅只有一项指标，即空气污染指数（API）（见表 2）。在这项大气环境质量评价指标的具体实施过程中，大气环境容量核算都发挥了重要作用。

表 2　山水园林城市或生态园林城市大气环境质量标准

园林城市标准	在大气污染控制方面的规定（API）
山水园林城市标准	城市大气污染指数小于 100 的天数每年达到 240 天以上
生态园林城市标准	空气污染指数小于等于 100 的天数每年达到 300 天以上

注：API 100 对应的污染物浓度为国家空气质量日均值二级标准。

1. 为 API 指标的实现提供支撑

国家山水园林城市标准和生态园林城市标准仅仅以 API 的达标天数（达到《环境空气质量标准》二级标准的天数）为指标，而大气污染控制规划中对大气环境质量的要求是要全面达到《环境空气质量标准》二级以上标准，大气环境容量核算是严格按照国家《环境空气质量标准》二级以上标准计算的，并且对于某些特定功能区要求达到环境空气质量一级标准，与国家山水园林城市标准和生态园林城市标准相比较更为严格，也为顺利实现 API 指数达标提供了具体可行的指标。

2. 弥补 API 的不足之处

在大气环境质量公报中，大气环境质量评价指标 API 能够发挥较好的作用[7]，但是在大气污染控制规划中就存在许多不足之处，需要大气环境容量核算来加以完善。

首先，若按照国家园林城市中的指标来确定大气环境容量，即普遍按照国家《环境空气质量标准》二级标准，那么，所计算的2008 年该市大气环境容量以及根据实际排放情况所得的削减率见表 3。

表 3　按照国家《环境空气质量标准》二级标准计算的大气环境容量

地　区		面积/km^2	SO_2/（万 t/a）		
			允排量	排放量	削减率
该城市控制区	A 工业区	23.710	0.587	0.346	—
	B 工业区	16.640	0.412	0.243	—
	C 工业区	3.141	0.078	0.046	—
	D 工业区	0.893	0.022	0.013	—
	E 工业区	5.954	0.147	0.087	—
	F 工业区	2.552	0.063	0.038	—
	G 工业区	1.481	0.037	0.021	—
	H 工业区	2.432	0.060	0.035	—
合　计		56.803	1.406	0.830	
二类区标准/（mg/m^3）			0.06		
背景浓度/（mg/m^3）			0.01		

在此情况下所得的该市实际 SO_2 排放量均在允许范围内，而 B 工业区实际上有野生植物保护区，应按环境质量一类区来计算大气环境容量。由此可见，API 在大气污染控制规划中存在一定的片面性，由于该市的各规划区有不同的环境质量区划，仅仅只依靠 API 指标不能综合反映大气环境污染治理状况。通过对比表 1 与表 3，可知大气环境容量的计算在根据不同区域的环境质量功能区划，给出了定量的允许排放量和总量控制的一些量化的数据和指标，从而弥补了 API 的不足，因此，在城市化发展的过程中不能仅仅以 API 作为指标，而应该通过大气环境容量核算给出明确的方向和限度，从而正确反映大气环境污染治理目标。

其次，国家山水园林城市和生态园林城市均以空气污染指数 API 作为标准，但是大气污染控制规划中对于城市大气污染指数小于 100 的天数的要求却很难把握和控制，在此，大气环境容量起到了量化的作用，明确规定了削减目标。另一方面，国家山水园林城市和生态园林城市有着不同的发展目标，在大气污染控制规划方面，这种差异性（对于城市大气污染指数小于 100 的天数要求不同）却无法得到很好地体现，而大气环境容量核算却可以根据详细的功能区划而确定出不同的削减目标，从而通过比较不同的削减目标明确不同城市的规划发展目标。

另外，大气环境容量核算是针对不同污染物执行环境质量标准限值的不同所确定的大气环境容量，仍以该市为例，2008 年该市不同工业区 SO_2、PM_{10}、NO_2 的大气环境容量见表 4，可以看出，大气环境容量核算能够得到各个污染物不同的允排量，相应体现不同的污染治理目标。而 API 却无法体现这一点，空气污染指数是根据某一污染物的浓度求得该污染物的 API 分指数 I，然后在各分指数中选取其中的最大值作为全市的 API[8]。例如，若城市首要污染物为 PM_{10}，那么其他两种污染物的污染状况就无法得到体现，进而就无法进一步确定污染治理目标。大气环境容量核算恰好能弥补这一点，从而在大气污染控制规划中全面准确地体现各污染物的治理目标。

表4　2008年该市 SO_2、PM_{10}、NO_2 的大气环境容量

地　区		SO_2/（万 t/a）	PM_{10}/（万 t/a）	NO_2/（万 t/a）
该城市控制区	A 工业区	0.587	1.877	0.235
	B 工业区	0.082	0.329	0.165
	C 工业区	0.078	0.249	0.031
	D 工业区	0.022	0.071	0.009
	E 工业区	0.147	0.471	0.059
	F 工业区	0.063	0.202	0.025
	G 工业区	0.037	0.117	0.015
	H 工业区	0.060	0.193	0.024
合　计		1.076	3.510	0.563
一类区标准/（mg/m^3）		0.02	0.08	0.04
二类区标准/（mg/m^3）		0.06	0.20	0.04
背景浓度/（mg/m^3）		0.01	0.04	0.02

四、结论和建议

大气环境容量核算在城市大气污染控制规划中有着广泛的应用，不仅可以指导环境污染治理中实现大气污染物总量控制的目标，为制定区域大气环境质量标准提供了重要的依据，而且在区域大气环境质量评价指标的具体实施中发挥了重要的作用，包括为API指标的实现提供支撑、弥补API的许多不足之处等。根据以上分析，我们提出如下建议：

（1）在城市发展模式中增添详细的大气环境功能区划的建议。因为不同城市发展模式下有不同的大气环境功能区划，可以通过对不同城市发展模式下的大气环境容量的计算来分别给出更清晰明确的选择依据，而不能仅仅给出一个无法控制和判断的API达标天数。

（2）在不同的城市发展目标模式下，针对不同的大气污染物，规定不同的空气质量评价指标。因为对于不同地区主要的大气污染物不同，有些地方可能 SO_2 污染严重，而另一些地方可能 PM_{10} 污染严重，这就需要我们制定不同污染物的大气环境质量指标，进而更加全面地计算大气污染物环境容量，进而在大气污染控制规划中发挥更加全面的作用。

参考文献

［1］吕伟民．现实大气环境容量的确定方法及其应用——第四届全国环境化学学术大会论文集［C］．2007：10－11.

［2］Liu Congqing, et al. Strategic management of environmental and socio－economic issue［M］. Guiyang Guizhou Science and Technology Publishing House, 2003.

［3］国家环境保护局，中国环境科学研究院．城市大气总量控制手册［M］．北京：中国环境科学出版社，1991：3－41.

［4］GB/T 3840—91，制定地方大气污染物排放标准的技术方法［S］. 1991.

［5］国家园林城市标准．建城［2000］106号．

［6］国家生态园林城市标准（暂行）．中华人民共和国建设部．2004－06－15.

［7］平志诚．关于城市空气质量周报中几个技术问题的探讨［J］．中国环境监测，2000，16（5）：56－57.

［8］陶志华，秦浙新，韩梁钧．空气污染指数模式的改进［J］．环境保护科学，2006，32（1）：14－16.

关于灰霾的研究和控制

蒋大和

（联合国环境规划署—同济大学环境与可持续发展学院　上海市四平路1239号　200092）

摘　要　“灰霾”已经成为我国一些地区的严重空气污染问题，研究工作遍及灰霾发生的特征、分布、过程、分析以及对策等各个方面。但关于灰霾发生的来源存在不同看法，影响着对策的制定。本文以我国能源结构特征出发，结合灰霾研究已有成果，说明主凶还应当是硫酸盐气溶胶，来自二氧化硫排放。汽车尾气及与之密切相关的光化学烟雾，对灰霾也有贡献，目前仍占次要位置，但应当重视。随着对二氧化硫和汽车尾气排放控制的加强，灰霾污染将会逐步得到缓解。

“灰霾”是我国污染气象领域的一个新名词。我国科学家在“霾”前面加上了“灰”来形容其厚重，形象地描述了近年来出现于我国多个地区的一种大气污染现象。灰霾在我国东部和南部地区比较严重，特别是当冷锋即将来临，锋前比较暖湿和气流比较稳定的条件下，容易出现灰霾污染。灰霾的发生有区域性，近年来“城市群大气污染”问题，在现象上也多与灰霾相关。

我国灰霾趋于严重的问题主要发生在2000年以后，灰霾不仅影响人体健康，而且大范围、持续地降低能见度，还可能影响我国组织的大型国际活动，因此受到了广泛关注。近年来开展的研究遍及灰霾发生的总体特征和趋势、时空分布、发生的天气背景和气象条件、各地灰霾发生日数的年变化和季节变化、重要灰霾事件的发生过程、灰霾采样监测分析、灰霾发生的实质，以及减缓灰霾应当采取的对策措施等。研究达成的共识是，认为灰霾是空气中的细粒子在适当的气象条件下形成。吴兑等人[1,2]并详细介绍了霾的气象学意义及其和雾、轻雾的区别。但关于我国灰霾的发生原因和来源，尚存在不同的说法和矛盾，影响对灰霾的认识和治理对策。

本文从我国独一无二的能源结构和近年来煤炭消耗的实际情况出发，结合灰霾形成的实质以及已有研究成果进行分析，企图说明灰霾可能是具有我国特色的大气污染；虽然有些大城市正在进入“复合型大气污染”[3-5]，但就总体而言，硫酸盐气溶胶仍应当是灰霾主凶，二氧化硫的大量排放是灰霾的主要来源。汽车尾气和相关的“光化学烟雾”形成的细粒子也有贡献，目前仍占次要位置，但应当重视。2007年以来主要大城市在脱硫方面的措施和成效，可能是这两年灰霾日数出现减少现象的原因。建议修订我国酸沉降控制区，因此加强二氧化硫减排工作，同时重视控制汽车污染，将能继续看到我国灰霾污染的缓解。

一、换一个角度看问题

图1是2008年我国能源结构和其他国家的比较，图2是2008年我国和美国煤消耗量的比较，数据来自2009年英国石油公司（BP）报告[6]。可见在能源消耗量大的主要国家中，我国能源结构以煤为主的能源结构独一无二。我国不仅耗煤最多，而且从2002年以后耗煤量迅速增加。按BP报告，2005年和2000年消耗煤分别为667.4和1100.5百万吨油当量，增加近65%（按我国国家统计局公布的数字[7]，煤炭消耗量的增加为65.4%）。当时我国脱硫工作还相当薄弱，大大增加的燃煤量必然大大增加了二氧化硫的排放量。图3来自我国气象专家许健民院士的报告，原件来自美国密执安技术大学的Simon Carn博士。展示利用卫星遥感获得的美国、欧洲和中国在2005—2006年两年间平均二氧化硫浓度分布的比较，显示我国当时二氧化硫浓度分布，污染十分严重。

二氧化硫的寿命较短，1~2天内就会通过化学反应转化为硫酸盐。硫酸盐是细颗粒物的重要组成部分，可以经历长距离输送过程。二氧化硫和硫酸盐的湿沉降是我国酸雨的主要形式。但是，大量硫酸盐形成的细粒子可以在空气中停留较长时间，而且硫酸盐细粒子有相当强的吸湿性。当遇到暖湿气流，又处于大气稳定状态而积聚起来，应当是形成灰霾的重要来源，也可以解释在21世纪的起初几年，我国灰霾趋向严重的原因。

酸雨前体物的另一个重要组成是氮氧化物和硝酸盐，硝酸盐也是细颗粒物的重要组成。燃煤过程和汽车尾气都排放大量氮氧化物，通过均相和复相化学反应转化为硝酸盐，其中光化学反应是重要转化机制。硝酸盐也有较强吸湿性，也可以成为灰霾重要来源。虽然我国机动车拥有和使用量在迅速增加，但结合我国特殊的能源结构，硫酸盐引起的灰霾看来仍然占主导地位。

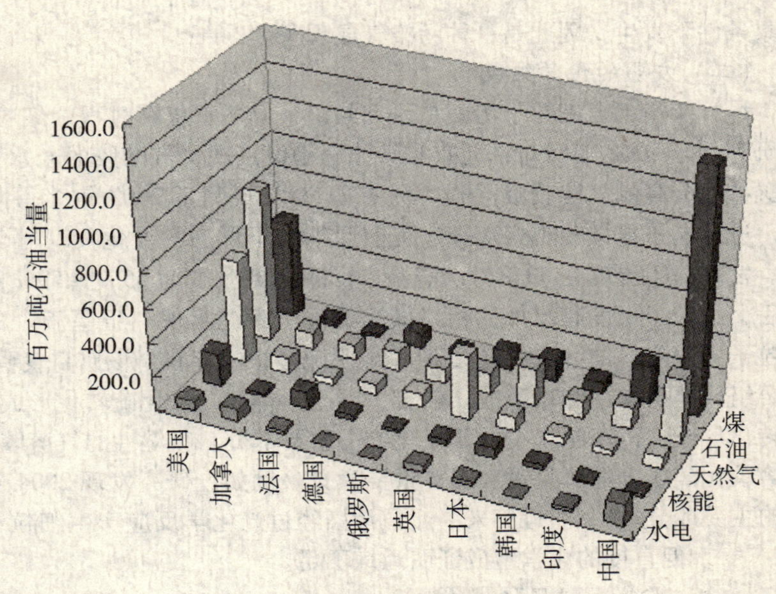

图1　2008年主要国家能源结构比较

（数据来自BP能源报告2009）

二、什么是灰霾

（一）灰霾是一种污染气象现象

按世界气象组织（WMO），能见度降低可以由雾、轻雾、霾、烟雾、火山灰、灰尘、沙尘或雪造成。气象学界常指霾为能使能见度降低的湿性的气溶胶，因此霾的产生需要较高的相对湿度。霾的核心气溶胶由复杂的化学反应产生，WMO特别指出可以是燃烧排放的二氧化硫气体转化的细小硫酸盐气溶胶，并在有阳光、高湿度和停滞的气流条件下反应加速[8]，并指出，霾在不同天气和视角条件下，可以呈现浅棕色和浅蓝色。霾和雾、轻雾的差别主要在于湿度，WMO建议霾的相对湿度小于80%。我国科学家根据实际情况建议考虑相对湿度小于90%[1]，灰霾相对湿度可能与地域有差异。综合我国观测工作，尚未出现相对湿度低于50%的灰霾情况。此外，相对湿度变化时，霾雾可以互相转化。灰霾在吸湿性强的气溶胶聚集和适当的

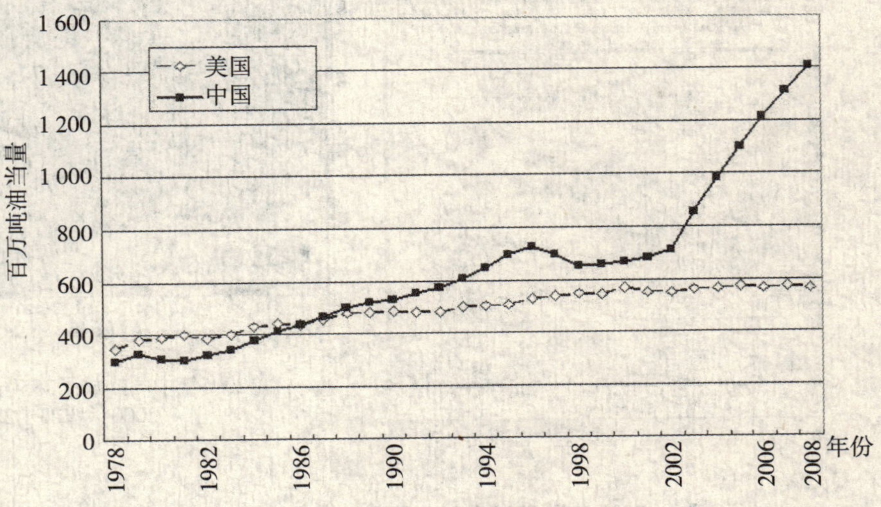

图2　1978—2008年中美煤炭消耗情况比较

（数据来自BP能源报告2009）

气象条件下发生，因此是一种污染气象现象。

（二）灰霾的化学组成

尽管灰霾起自细粒子污染是研究共识，但关于灰霾过程中细粒子物理化学特征的研究较少。有研究[9]于2008年针对在北京和天津分别设点观测气溶胶的亲水性，发现灰霾过程中硫酸盐和硝酸盐成分高的气溶胶吸湿强。另有研究[10]观测了2003年11月和12月广州两次严重灰霾过程，进行电子显微镜观察灰霾过程前后细粒子形态的变化，以附设的X光射线仪分析了元素成分。发现：①湿度在53%时灰霾尚未形成，到湿度为55%～59%时形成了严重灰霾；②灰霾发生后，细粒子尺度有增加，相当部分细粒子吸湿出现“卫星滴”的结构；③在元素谱中，灰霾细粒子出现明显的S和O的峰值，说明硫酸根的存在。该研究表明：灰霾气溶胶是“湿”性的，主要组成是硫酸盐和硝酸盐。前者主要因为排放二氧化硫转化形成，后者也因为燃烧排放氮氧化物转化形成，汽车尾气中的氮氧化物占重要部分。吸湿性的气溶胶是灰霾的主要成分，因此关于气溶胶化学成分的研究对灰霾有重要意义。例如，研究发现2004年及以前，硫酸盐是各地气溶胶的主要成分[11-18]。近年来，交通污染经过光化学反应产生细粒子，它们对灰霾的贡献受到重视[19-22]，但直接的化学组成证明尚嫌不足。

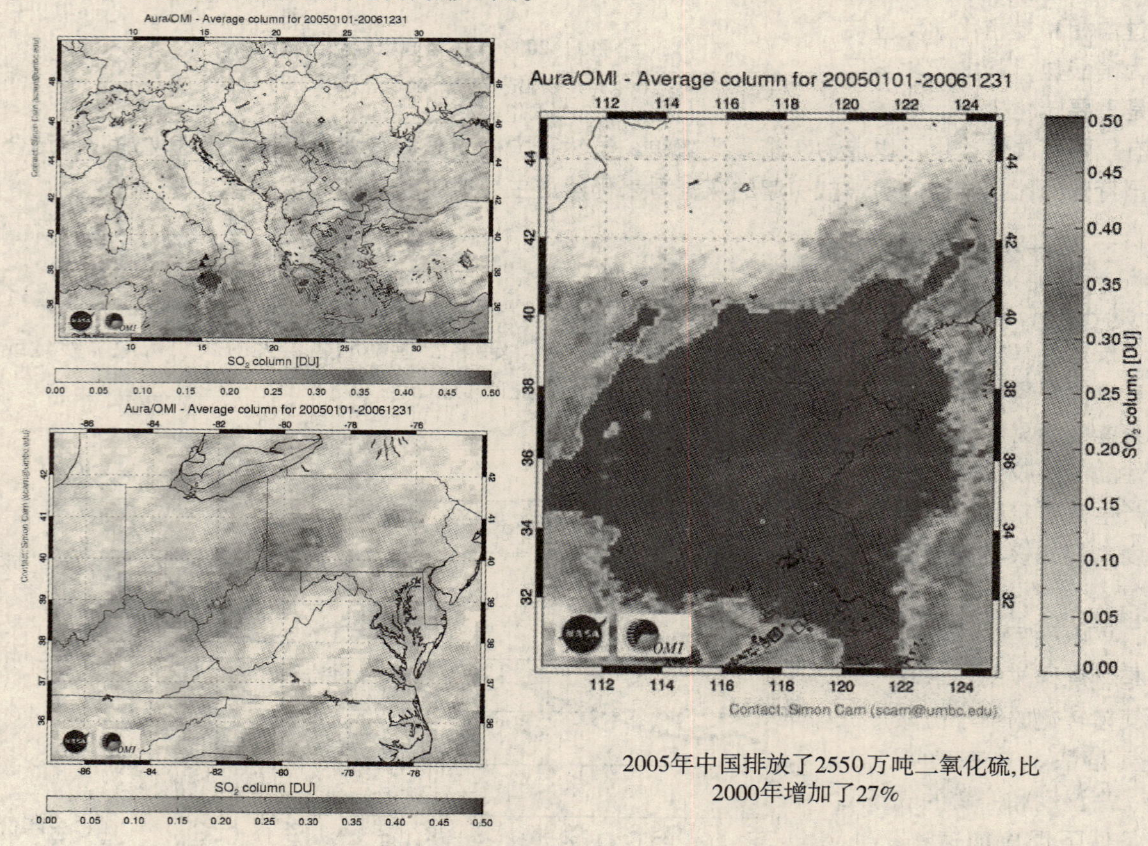

图3　2005年和2006年两年平均SO_2浓度分布：（a）美国（b）欧洲（c）中国

（三）光化学烟雾与灰霾

“光化学烟雾”源于21世纪50年代美国洛杉矶市，发现大量汽车排放氮氧化物，在阳光和适当的气象条件下造成臭氧的高浓度。研究发现VOC或非甲烷烃的存在，是建立臭氧高浓度的必要条件。因此即使燃煤电厂也排放大量氮氧化物，但通常认为汽车尾气是光化学烟雾的主要污染源。光化学烟雾被解释是臭氧、氮氧化物、VOC、PAN，以及细颗粒物的混合物。虽然最终产物是细粒子，光化学烟雾的标志性污染物是臭氧。我国灰霾主要发生于冬半年，而且能见度极低，不利于光化学烟雾的发生。目前机动车数量超百万的大城市数量不多，以光化学烟雾解释大范围、持续数日的严重灰霾过程说服力不足。光化学烟雾可以是灰霾污染的来源之一，大量燃煤和排放二氧化硫转换成硫酸盐细粒子才是严重灰霾发生的主因，何况燃煤也排放氮氧化物，也可以氧化转换为硝酸盐细粒子。

（四）大气棕色云团与灰霾

大气棕色云团（ABC）是指卫星观测发现从南亚（印度、孟加拉等国）到东南亚，延伸到中国，存在一个以大气颗粒物组成的棕色云带，命名为亚洲棕色云团。以后其他地域发现类似现象，因此更名为大气棕色云团。ABC 是持续的污染现象，灰霾是短暂的天气过程。灰霾必须有适当的湿度和污染物聚集淤积的条件。因此，灰霾可以说是 ABC 的一个组成部分，但 ABC 不是灰霾的来源。

三、我国灰霾污染的特征和发展趋势

我国气象部门在观测数据基础上研究总结了各地灰霾发生发展的总体趋势，发现有北方、华东、华南、西北和西南灰霾区，通常高发季节出现在冬春季，一天之中夜间至上午为高发时段[23]。各地霾日在空间上均呈东多西少的分布态势，时间上大部分地区均呈冬季多，夏季少，春秋季居中的特点。1961—2005 年，全国平均年霾日数呈现明显的增加趋势，2004 年为近 45 年来最高值。我国东部大部地区主要呈现增加趋势，特别是长江中下游、珠江流域及河南西部等地。但西部地区和东北大部地区则以减少趋势为主[24]。然而，虽然总体说来，我国相关城市自 2001 年以来灰霾呈现加重趋势，但有些城市情况不同，例如，太原[25]、济南[26]、上海[27]，灰霾日数在下降。广州 2009 年 11 月和 2010 年 1 月都发生了严重灰霾过程，但灰霾发生的年日数却从 2006 年以来逐年下降。这些城市机动车数量上升很快，灰霾年日数下降是否可以解释为当地脱硫设施建设和运行的成效？

然而，我国以煤为主的能源结构还将保持相当一段时期，煤烟型空气污染、硫酸型酸雨的特点总体说来必然还将保持相当时期。如果认为硫酸盐细粒子在我国区域性灰霾污染中起重要作用，则加强脱硫设施的建设、运行和监管，是减缓灰霾污染的重要对策。我国“两控区”政策目的是减低二氧化硫浓度和减缓酸雨污染，但酸雨以降水的 pH 值衡量，不足以控制硫酸盐气溶胶污染。环保部关于“十一五”期间控制酸雨和二氧化硫的防治规划中，已经注意到了燃煤消耗剧增和硫酸盐细粒子污染的加重问题[28]。针对灰霾，需要开展关于细粒子的进一步研究，并调整“两控区”减排规划。

参考文献

[1] 吴兑．关于霾与雾的区别和灰霾天气预警的讨论［J］．气象，2005，31（4）：3－7.

[2] 吴兑，邓雪娇，毕雪岩，等．都市霾与雾的区分及粤港澳的灰霾天气观测预报预警标准［J］．广东气象，2007，29（2）：5－11.

[3] 张远航．大气复合污染是灰霾内因［J］．环境，2008（7）：32－33.

[4] 刘新罡，张远航，曾立民，等．广州市大气能见度影响因子的贡献研究［J］．气候与环境研究，2006，11（6）：733－738.

[5] 张远航．珠三角大气污染已到非常关键的时刻［OL］．神州绿网，2008－1，46.

[6] BP 2009：Statistical Review of World Energy 2009，http：//www. bp. com/productlanding. do? categoryId = 6929&contentId = 7044622.

[7] 国家统计局．中国统计年鉴，http：//www. stats. gov. cn/tjsj/ndsj/2008/indexch. htm.

[8] Wikipedia 2010：Haze，http：//www. en. wikipedia. org/wiki/Haze.

[9] 潘小乐 . 2007. 相对湿度对气溶胶散射特性影响的观测研究［D］. 中国气象科学研究院 .

[10] 赵灵霞，钱公望 . 对广州灰霾天气中单个气溶胶颗粒物的研究［J］. 四川环境，2006，25（2）：40－44.

[11] 吴兑 . 华南气溶胶研究的回顾与展望［J］. 热带气象学报 19（增刊），2003，145－151.

[12] 陈灿云，梁高亮，王歆华 . 广州市大气细粒子的化学组成与来源［J］. 中国环境监测，2006，22（5）：61－64.

[13] 庄马展 . 厦门大气气溶胶的化学特征［J］. 中国科学院研究生院学报，2007，24（5）：657－660.

[14] 黄辉军，刘红年，蒋维楣，等 . 南京市 $PM_{2.5}$ 物理化学特性及来源解析［J］. 气候与环境研究，2006，11（6）：713－812.

[15] 翁君山，段宁，张颖 . 嘉兴双桥农场大气颗粒物的物理化学特征［J］. 长江流域资源与环境，2008，17（1）：129－132.

[16] 姚青，孙玫玲，张长春，等 . 天津大气气溶胶化学组分的粒径分布和垂直分布［J］. 气象科技，2008，35（6）：692－696.

[17] 张凯，王跃思，温天雪，等 . 北京夏末秋初大气细粒子中水溶性盐连续在线观测研究［J］. 环境科学学报，2007，27（3）：459－465.

[18] 李丽珍，沈振兴，杜娜，等 . 霾和正常天气下西安大气颗粒物中水溶性离子特征［J］. 中国科学院研究生院学报，2007，24（5）：674－679.

[19]《新民周刊》封面专题报道 . 广州怎么了 . 2009－4－17. http：//www. sachina. edu. cn/Htmldata/news/2009/04/5178. html.

[20] 陈婷婷 . 灰霾罩城顺德去年 158 天［N］. 广州日报，2010－1－22. http：//www. gzdaily. dayoo. com/html/2010－01/22/content_ 843903. htm.

[21] 吴兑，邓雪娇，毕雪岩，等 . 细粒子污染形成灰霾天气导致广州地区能见度下降［J］. 热带气象学报，2006，23（1），1－6.

[22] 黄健，吴兑，黄敏辉，等 . 1954—2004 年珠江三角洲大气能见度变化趋势［J］. 应用气象学报，2008，19（1）：61－70.

[23] 杨元琴，周春红，王继志 . 中国区域性灰霾天气时空分布特征初步研究［D］. 2007 年中国气象学会年会论文集，北京：气象出版社，2007，104－111.

[24] 高歌 . 1961—2005 年中国霾日气候特征及变化分析［J］. 地理学报，2008，63（7）：761－768.

[25] 郭媛媛，苗爱梅，张红雨 . 近 47 年太原市灰霾天气的气候特征分析［J］. 科技情报开发与经济，2008，18（33）：120－121.

[26] 王建国，王业宏，盛春岩，等 . 济南市霾气候特征分析及其与地面形势的关系［J］. 热带气象学报，2008，24（3）：303－306.

[27] 靳利梅，史军 . 上海雾和霾日数的气候特征及变化规律［J］. 高原气象，2008，27（增刊）：138－143.

[28] 国家环保部 . 全国酸雨和二氧化硫污染防治规划（征求意见稿）. 2005.

区域大气环境容量的测算与分配

裘季冰

（上海市环境科学研究院　上海市钦州路508号　200233）

摘　要　本文分析了当前区域大气环境容量测算与分配中的常见问题，给出了一种综合了容量计算与分配功能的方法，并以某工业区的实例进行了研究。

关键词　区域大气环境容量　测算　分配

一、前　言

长久以来，大气环境容量一直是环境科学研究的一个重要内容。

不同学者对大气环境容量有多种解释[1-3]，从这些定义中可以看出，大气环境容量与区域大气污染物的排放总量、环境质量目标、污染负荷，以及区域大气环境的自净能力等因素息息相关，并且有不同的类别[4]。因此，本文将其定义为：特定环境功能区在保证实现区域大气环境质量目标的前提下，大气环境所能承受的最大污染物排放总量。

我国对大气污染的控制已基本完成了由“浓度控制”到“总量控制”的转变[2]，目前环境管理的重点已开始由“总量控制”向“容量管理”的过渡。

早在“六五”期间，沈阳、太原、北京、天津等地就根据自身的特点和需求，先后开始了大气环境容量研究。从“九五”开始，我国实行《全国主要污染物排放总量控制计划》，而总量控制指标的确定和分配必须建立在环境容量的基础之上。因此实施以环境容量为基础的排污总量控制制度是实现环境保护目标的重要举措。

随着我国经济的高速发展和人民生活水平的提高，对环境管理提出了更高的要求。科学地计算与分析区域大气环境容量，可以更合理地制定总量控制目标和控制战略，使有限的大气环境容量资源得到合理的利用。

此外，区域环境影响评价的重要性日益显现。在区域规划及区域环境影响评价中不仅需要计算区域大气环境容量，还需要对该容量进行分配，以便对区域规划提出指导性意见。

因此，开展区域大气环境容量测算及其分配工作具有重要的理论意义和现实意义。

二、容量测算方法面临的问题

目前较为常用的计算区域环境容量的方法主要包括两大类：箱模式法和多源模式法[5]，此外不同的研究机构也开发出了适用于不同需求的容量测算模型和方法[6,7]。但这些方法和模型在容量的计算与分配上都有一定的局限性。

（一）箱模式

箱模式中我国最常用的是AP值法，即国家环保局1996年颁布的《制定地方大气污染物排放标准的技术方法GB/T 13201—96》，其中规定了一整套大气污染物排放总量控制办法。其优点是需要条件少，简便易行，在短时间内利用常规资料就能完成。宏观意义用处较大，特别有利于行政管理。

全区域大气污染物排放总量限值的基本计算公式：

$$Q=A\ (C_s-C_0)\ S/\sqrt{S} \qquad (1)$$

式中：Q为总量控制区内污染物年允许排放总量限值，10^4t/a；C_s为环境空气质量控制目标均浓度的标准限值，mg/m^3；C_0为区域环境空气质量的本底浓度值，mg/m^3；S为总量控制区面积，km^2；A 为反映大气环境承载能力的地理区域性总量控制系数，$10^4km^2/a$，可由查表得到。

A 值法的优点在于计算的简便，并且计算结果也具有可比性。但运用 AP 值法计算一些较大范围的城市区域时，往往会与当地的实际状况形成较大偏差[4]。此外，公式（1）也未考虑到不同污染物的理化特性，因而对不同污染因子的反应程度也存在较大差异。因此 AP 值法只能是一种基础性的宏观控制[5]，不适用于较大尺度的容量测算以及规划污染源的区域分布；其最大的不足是未考虑到污染源的分配问题，因而在实际应用中往往会存在着一定的困难。

针对上述问题，GB/T 13201—96 提出了采用 P 值法解决容量分配的办法，此外部分学者提出了各种修正[4]。但这些办法在实际工作中也只能按污染源类别（如高、中、低架源）进行总量规划，并不能真正解决污染源的空间分布问题[8]。

（二）多源模式法

多源模式法的特点与箱模式不同。多源模式要求有明确详尽的污染源信息、气象信息和其他基础数据，并且运算结果的准确性与所用数据及模型本身的特点和精度息息相关。与箱模式相比，多源模式的优势就在于能够将区域的环境容量进行有效分配，能够直接给出特定污染源分布的状况下区域大气环境实际的环境容量限值；其缺点在于对基础数据的要求高，数据源也较复杂。

在以往的环境容量规划中，多源扩散模式仅用于验证箱模型的计算结果。但实际上，由于多源模式对污染源的空间分布及排放属性均有较好的体现，因而应当在容量的分配过程中发挥更大的作用。

三、解决方法与技术路线

大气环境容量的确定与分配属于一个系统工程问题[6]，因此在进行实际的规划过程中必须用系统论的观点与方法来解决该问题，即在容量模型的基础上，结合系统规划的基本方法进行求解，以取得理想的效果。在这点上不同学者也曾做过多种尝试[7]。在这里，作者提出一种基于多源模式的大气环境容量规划的基本方法，以解决容量测算与分配中常见的问题与不足。

（一）基本思路

在实际工作中往往会出现两种情况：

其一，规划区域内已有污染源存在，需要对污染源的空间分布和排放状况进行优化。此时采用多源模式结合其他规划方法，计算区域环境的实际容量是较为便利的。

其二，规划区内无污染源存在，或仅有少量污染源存在，如规划环评、战略环评等。此时由于污染源状况不确定，用传统的多源模式很难直接计算出区域大气环境所能承受的污染排放。

实际上两种情况都可以转化成同一个需求，即求出区域内在特定环境容量下的污染源最优分布，前者可依此进行调整，而后者则可依此直接进行规划布局。本文将对此进行研究，并给出解决的方法。

（二）技术路线（图 1）

（三）关键因素分析

在上述技术路线中有几个关键因素需要引起重视。

1. 污染源

污染源有不同的排放特性，若直接使用点、线、面、体源进行计算会造成问题的过分复杂而不易求解。本文采用了一个相对简化的方法，将各类污染源概化成面源处理，只不过不同的污染源的排放高度不同。

首先是污染源强度的设定，应假定各面源的排放强度相同，即设定单位排放强度，由此可直接计算出各源的单位源强对各控制点的污染贡献率。

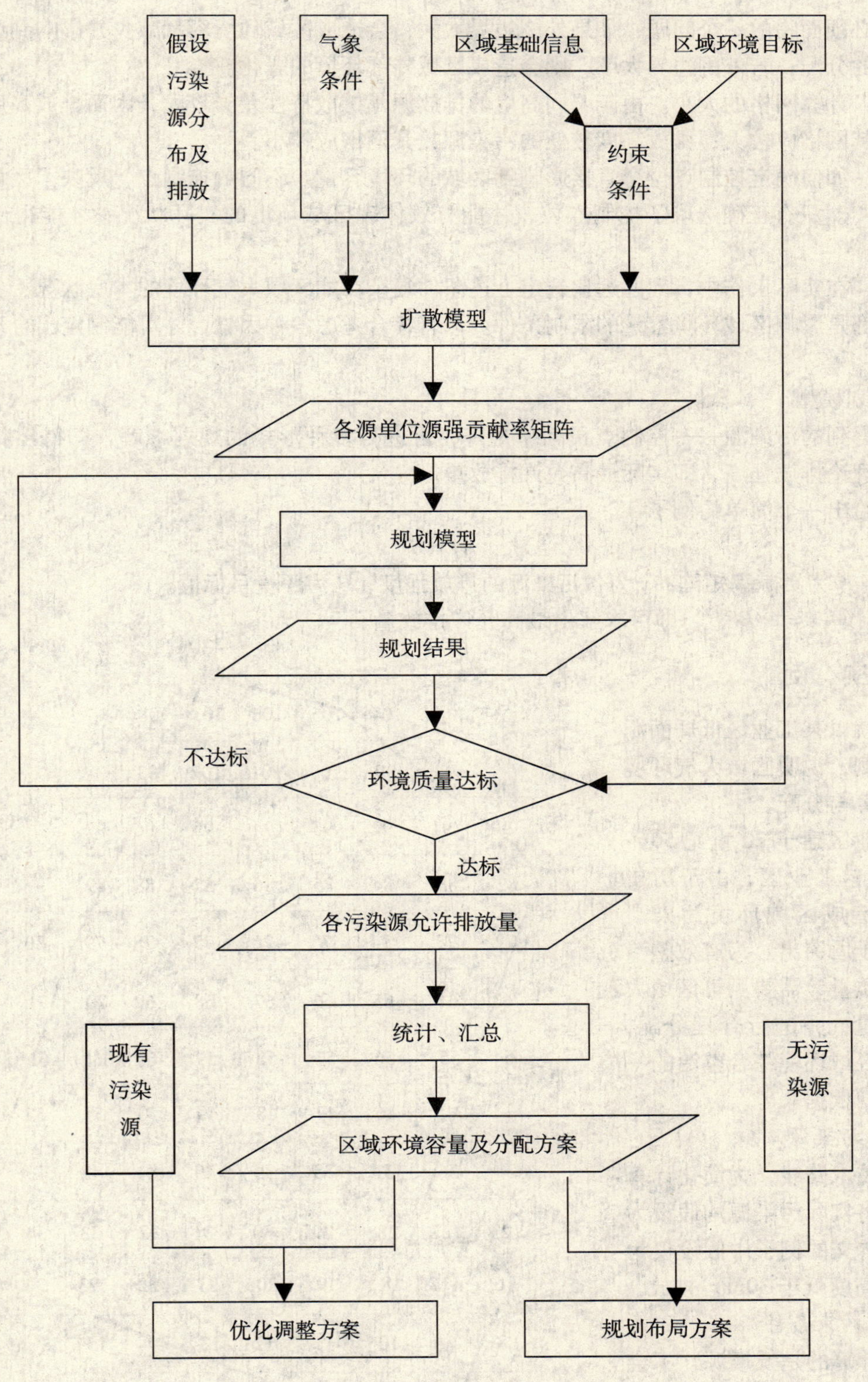

图1　技术路线图

2. 约束条件

计算的约束条件也很重要。

首先是计算的边界条件。由于大气污染物具有扩散的性质，因此如何确定合理的计算边界是容量计算必须面临的一个问题，如果外围边界太大，会造成区域环境容量减少并影响到区域内部环境容量的分配；若外围边界太小，则会造成区域外部环境的恶化。

其次，计算网格的大小。由于不同高度的排放源其扩散特性差异较大，因而排放高度较高的污染源，其网格应较大；排放高度较低的污染源，其网格应较小。

再次，如何确定控制点位会直接影响到区域的环境容量。不同的控制点，反映了区域环境的不同特征[5]。只有正确选取了控制点位，才能有效体现区域环境的实际状况，才能得出合理的环境容量。

当然，在实际工作中，问题远比选定上述条件复杂。如区域大气环境的本底状况、各类社会经济因素都是影响区域环境容量的限制条件。只有综合考虑各种因素，才可能制定出合理区域环境容量。

3. 规划模型

对于得到的污染源——控制点贡献率矩阵，可进行多种形式的规划求解[9]，得出特定约束条件下的理论排放强度，即实际最高允许排放量。

以下给出一个简单的例子：

$$Ax = B$$

式中：A 为贡献率矩阵；x 为各污染源的排放强度；B 为环境目标值。

只需计算 $x = A/B$[10]，即可求解出最高允许排放量。

四、实　例

以下就以某工业区低矮面源的 SO_2 为例，说明区域大气环境容量的测算与分配。

该工业区建于 20 世纪 50 ~ 60 年代的老工业区，由于历史的原因，造成区域环境污染严重，厂群矛盾突出。为有效整治区域环境质量，需要测算区域大气环境容量，并进行合理分配，以此作为区域环境综合整治的一项重要规划依据。

（一）污染源

根据技术路线，为简化计算过程，可将实际污染源均假设为面源，在本文的例子中假设仅为低矮源（高度低于 30m）排放。

（二）约束条件

由于计算的是低矮源，不会对工业区以外的地区造成太大的影响，因而计算边界仅定为工业区边界；区域环境规划中采用了 1000m × 1000m 的网格，但由于本次计算的污染源排放高度较

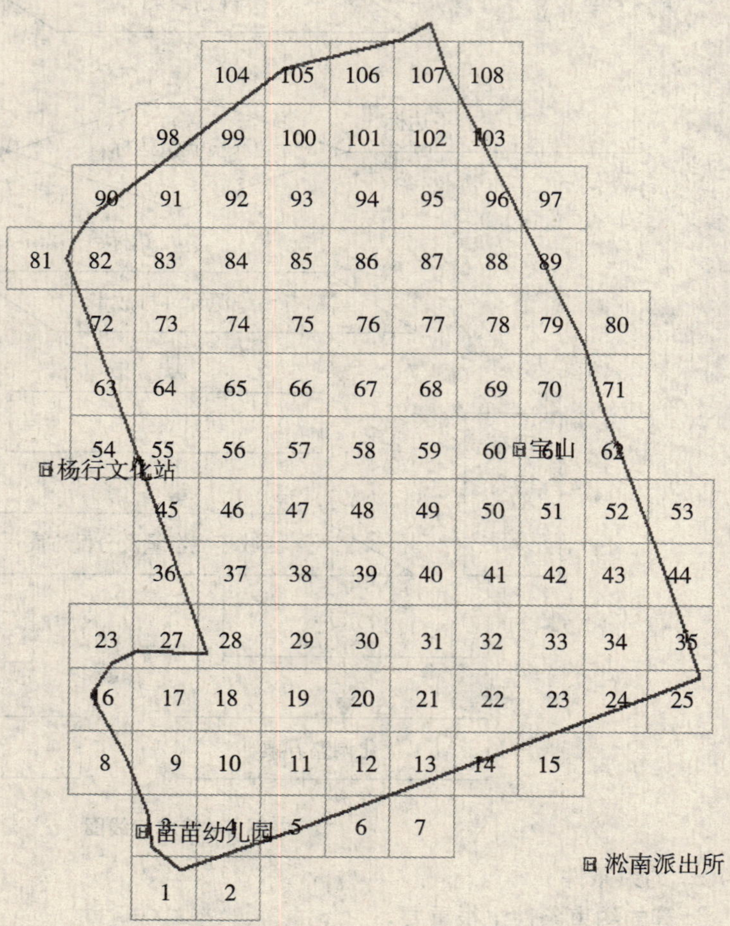

图 2　吴淞工业区网格（500m × 500m）分布示意图

低，因而网格可相对缩小，实际采用 500m×500m 的网格，工业区网格构成和控制点位分布如图 2 所示；工业区内现有 4 个自动监测站，具有多年的观测数据。同时工业区的区域环境规划采用了这些站点作为考核点，因此在本次测算中也采用这些站点作为控制点；此外，区域大气环境中 SO_2 的本底值为 34μg/m³，控制目标为 60μg/m³。

（三）扩散模型

本次测算过程中采用的扩散模型是 ADMS－Urban。该模型应用了基于 Monin－Obukhov 长度和边界层高度的概念，较单纯的 Pasquill 稳定参数更精确；可用于模拟城市区域中点源、线源、面源、体源和网格源的扩散；还可以和 GIS（地理信息系统）联合使用[11]。

（四）结果

将假定的低矮面源、气象参数及约束条件输入 ADMS－Urban 模型，计算出每个污染源对各控制点的贡献率，并形成贡献率矩阵；将该贡献率矩阵输入 MATLAB 求解，即得出各污染源的最大允许排放量。结果如下：

1. 网格范围（共计 108 个网格，面积为 27km²）内合计 SO_2 面源的容量为 3766.74t/a；
2. 工业区以 20 km² 面积计，低源 SO_2 环境容量 2790 t/a，平均污染负荷为 139.5 t/a·km²；
3. 其空间分配可见图 3。

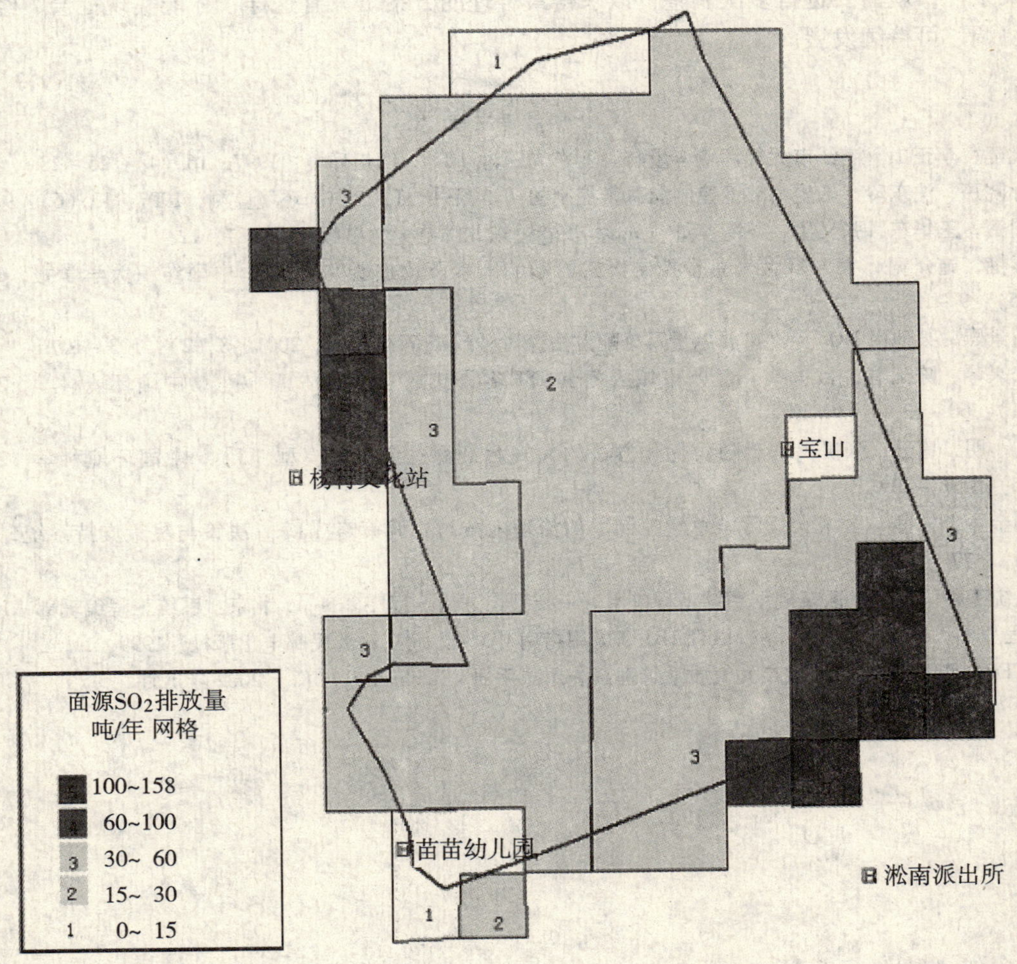

图 3　吴淞工业区 SO_2 面源容量分配示意图

在上述排放情况下，区域内各控制点的浓度如表1所示，可以认为基本达到环境质量目标。

表1　SO_2 面源分配后的测算结果

站点	浓度/（μg/m^3）
宝山	29
杨行	26
苗苗	25
淞南	26

五、结　论

区域大气环境容量的测算与分配是一个复杂的环境问题。在实际工作中有很多解决的方法，但都有其适用范围和局限性。本文提供了一种新的工作思路，力图将测算工作与分配工作同步完成。

但上述的方法仅是测算与分配工作的基础，在实际的规划与分配过程中，仍会遇到许多实际的约束条件，就需要进行多次调整，以求得最合理的方案。只有这样，才能实现社会、经济、环境的协调、可持续发展。

参考文献

[1] 姚建，李正山．湛江市大气环境容量与工业布局探讨［J］．四川环境，1997，16（4）：25－28.
[2] 孙晓芹，沈东玲．烟尘由浓度控制向总量控制的初步探讨［J］．中国环境监测，1997，13（6）：9－11.
[3] 周密，王华东，张义生．环境容量［M］．长春：东北师范大学出版社，1987，12.
[4] 秦艳，施介宽．大区域大气总量控制模式的影响因素及改进研究［J］．中国纺织大学学报，1999，25（5）：9－12.
[5] 石景熙．某地区 NO_2 允许排放总量及分配方法探讨［J］．石化技术，2001，8（2）：103－107.
[6] 安兴琴，陈玉春，吕世华．兰州市城区冬季 TSP 容许排放总量的估算［J］．中国环境科学，2003，23（1）：60－63.
[7] 马小明，曹云，张帆．基于随机优化方法的大气污染物总量控制模型［J］．中国环境科学，2001，21（5）：436－439.
[8] 刘金兰，林盛．区域大气污染总量控制下的治理削减与协调策略［J］．决策与决策支持系统，1997，7（1）：77－81.
[9] 系统工程编辑部．区域规划系统工程应用——模型·方法·程序［M］．北京：系统工程编辑部，1987，4.
[10] 程卫国，冯峰，姚东，等．MATLAB5.3应用指南［M］．北京：人民邮电出版社，1999，11.
[11] CERC. ADMS－Urban 城市大气质量管理系统用户手册．Cambridge，UK.，2002年1月．

STXM 技术在大气环境和生物环境监测中的应用

杨传俊[1]　张祥志[1]　郭　智[1]　娄玉霞[2]　曹　同[2]　邰仁忠[1]
包良满[1]　张元勋[1]　李晓林[1]　李　燕[1]

（1. 中国科学院上海应用物理研究所　上海　201204；
2. 上海师范大学生命与环境科学学院　上海　200234）

摘　要　为了研究汽车尾气颗粒物的结构和氮的种态以及苔藓细胞监视重金属元素的污染的机理，使用扫描透射 X 射线显微成像（STXM）技术研究了桑塔纳 3000 和高尔汽车尾气颗粒物。STXM 表明单颗粒物的粒径为 500nm，颗粒物质量分布不均匀，有中间空洞。比较汽车尾气颗粒物和（NH_4）$_2SO_4$ 和 $NaNO_3$ 中 N 的 1sX 射线近边吸收精细结构谱（NEXAFS），铵盐在 406eV 有显著的 σ^* 吸收峰，有肩部结构；汽车尾气颗粒物和 $NaNO_3$ 中 N 的近边吸收谱在 412eV 和 418.5eV 有明显的 σ 吸收峰；（NH_4）$_2SO_4$ 中 N 的近边吸收谱在 413.5eV 和 421.8eV 更宽的 σ 吸收峰。硝酸盐是汽车尾气颗粒物中的 N 种态的主要存在形式，在 395～418eV 能量范围内对桑塔纳 3000 汽车尾气颗粒物进行堆栈扫描，经过主成分分析和聚类分析，发现其表层主要为硝酸盐，内部有少量铵盐。苔藓细胞在重金属 Cr 的胁迫下，在叶绿体和细胞壁有明显的富集，并且低浓度胁迫下细胞中的 Cr 的化学价态还发现了明显的降低，高浓度胁迫下的细胞损伤更大，富集现象更加突出，但 Cr 的化学价态没有明显变化。

关键词　扫描透射 X 射线显微成像　X 射线吸收近边精细结构光谱　透射电镜成像　汽车尾气颗粒物　生物监视器　苔藓

一、引　言

汽车尾气是大气环境污染的一个主要来源，它包含的主要有害物质为一氧化碳、碳氢化合物、氮氧化合物、二氧化碳、二氧化硫、炭烟及颗粒物，还有氨、尿素、氰酸盐等一些热解产物[1,2]。汽车尾气可以造成很多心肺疾病，尤其对儿童危害更大[3-5]。国内对汽车尾气颗粒物中挥发性有机物、多环芳烃还有微量金属元素含量和微米结构分布开展了很多研究工作[6-8]。采用扫描电镜和透射电镜可以看到颗粒物的结构[9,10]和元素成分，但是很难同时确定不同化学种态在颗粒物内部的分布。

研究表明，生物监测由于具有简便、真实、灵敏等其他监测手段无法比拟的优越性而备受青睐。苔藓和地衣植物体形小、结构简单，有着特殊的生理适应机制，分布于各种环境。表面积大，对环境因子反应敏感，是一类很好环境生物指示器，已经广泛应用于对微量元素大气污染的监测[11-19]。

随着第三代同步辐射装置陆续在世界各国的建成，扫描透射 X 射线显微技术得到了越来越广泛的应用[20]。STXM 既可测量高分辨的 X 射线近边吸收精细结构谱（NEXAFS），也可以得到空间分辨 30～50nm 的 X 射线吸收图像，能有效地把化学分辨和空间分辨结合在一起，是研究亚微米尺度下的结构与功能的有力工具，很多研究人员利用 STXM 分析机动车尾气颗粒物中碳有机物状态及分布特征[11-15,21-23]，STXM 正越来越广泛应用于环境、生物和材料领域的研究。本文采用 NEXAFS 分析了桑塔纳 3000 和高尔汽车尾气 $PM_{2.5}$ 颗粒物中氮元素结合状态信息，运用 STXM 技术同时确定颗粒物中氮的种态及其亚微米结构分布特征，分析了 Cr 在生物监视器苔藓细胞

中国科学院知识创新工程重要方向性项目（批准号：KJCX2 - YW - N38）和上海市基础研究重点项目（批准号：08JC1422600）资助的课题。

中的富集特征以及化学种态的变化，STXM 技术可以在分子水平和细胞水平上在环境科学研究中发挥重要的作用，研究苔藓细胞对污染的生理反应机制为进一步阐明苔藓植物监视环境污染的作用机理提供了理论依据。

二、样品准备和实验

汽车尾气样品采集在上海内燃机研究所的标准实验台架上进行，采样时汽车在标准实验台架上处于全速状态下（5500r/min，所用汽油为93#汽油），用铜管将尾气从排气管引出，接冷凝器、水汽分离器后导入一密封箱内，通过已校正的大流量空气采样器（CYQ26 型）收集颗粒物于200mm×250mm 玻璃纤维滤膜上。再把颗粒物撒在带有20nm 厚碳膜的铜网上，在光学显微镜下观察颗粒物的分布，选择颗粒物离散分布的区域，在照片上加以标记。对于氮吸收边，选择粒径在1μm 左右的颗粒物进行 STXM 研究。

小羽藓采自野外，自来水清洗后用蒸馏水、去离子水冲洗三遍，在25℃和90%湿度的无菌植物培养室内扩繁。将两代繁殖后的幼体植株置于含有 $K_2Cr_2O_7$ 的固体培养基中进行金属元素胁迫实验，培养基含有不同浓度的 Cr［200mg/L（Cr2）与400mg/L（Cr4）］，然后胁迫 30 天后对苔藓样品的茎进行包埋，然后进行切片，对照组和 Cr2 的苔藓茎切片厚度为2μm，Cr4 的苔藓茎切片厚度为1.25μm，把切片铺在铜网进行 STXM 测量。还制作了对照组和 Cr4 苔藓茎70nm 的超薄切片用于透射电镜成像。

本次实验在上海同步辐射装置（SSRF）的软 X 射线谱学显微线站进行，储存环电子能量3.5GeV，自然水平发射度3.9nm·rad，流强200～300mA。软 X 射线谱学显微光束线站装置见图1。储存环电子经插入件波荡器引出，X 射线经过变包含角平面光栅单色器单色化后由波带片聚焦到样品上，然后由快速正比探测器探测透射光子。光子能量范围：250～2000eV；能量分辨率（$E/\Delta E$）：≥2500；空间分辨率：≤50nm；光子通量：10^6～10^9（光子/s）。样品室压强约为 10^{-6}托（1 托=133.3224 帕），样品架可以三维移动，还可以绕竖直轴转动。样品为桑塔纳 3000 尾气颗粒物，高尔汽车尾气颗粒物 $PM_{2.5}$，标准参考物质为 $(NH_4)_2SO_4$ 和 $NaNO_3$，苔藓细胞切片和参考物质 $K_2Cr_2O_7$，实验流强 150～210mA，以 0.1eV 的步长扫描记录了 N 的 K 边和 Cr 的 L 边 NEXAFS 谱。

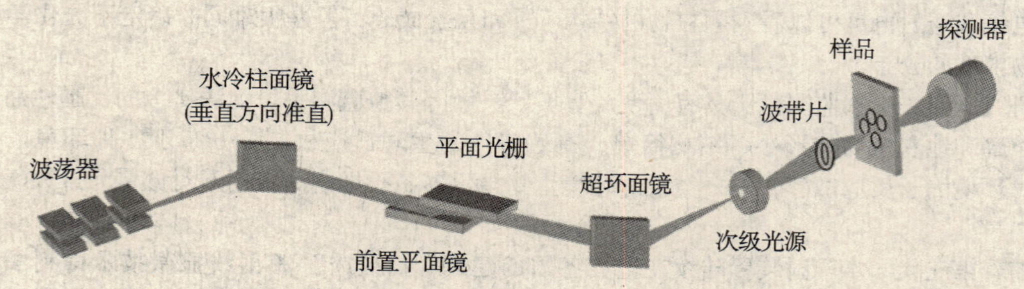

图1　软 X 射线谱学显微光束线站示意图

三、结果和讨论

桑塔纳 3000 汽车尾气颗粒物附着在 100nm 厚的 Si_3N_4 薄片，调节样品至聚焦面，使用能量401eV 的 X 射线进行 STXM 成像。图 2A 是步长 50nm、扫瞄范围 10μm×10μm 的颗粒物的 STXM 图像。离散的汽车尾气颗粒物粒径 500nm 左右，呈中空圆形结构。根据图像光通量的大小，发现颗粒物质量分布不均匀，边缘部分质量较高，X 射线透过率为 75%，中心部分质量偏少，X

射线透过率为90%。此外，还存在团聚在一起呈链状的颗粒物，粒径2μm左右。为了减小衬底背景干扰，让汽车尾气颗粒物附着在带有20nm厚碳膜的铜网上，采用30nm步长扫描汽车颗粒物STXM。图2B表明许多小颗粒物团聚在一起构成大的颗粒物，小颗粒物内部分布不均匀，有些部位X射线透过率为50%，有些部位X射线透过率为90%，颗粒物表层X射线透过率为90%。同时由图2C可以看到高尔汽车尾气颗粒物同样也是质量分布不均匀的，中心有些部分X射线透过率为50%，有些部分X射线透过率为30%，颗粒物表层X射线透过率为90%。更精细的结构需要进一步进行三维成像研究，对于N边进行软X射线透射成像，适合研究粒径小于1μm的汽车尾气颗粒物。选定单个的颗粒物（图2B、图2C中箭头位置所示），测量了桑塔纳3000和高尔汽车尾气颗粒物及参考物质中N的K边近边吸收谱。

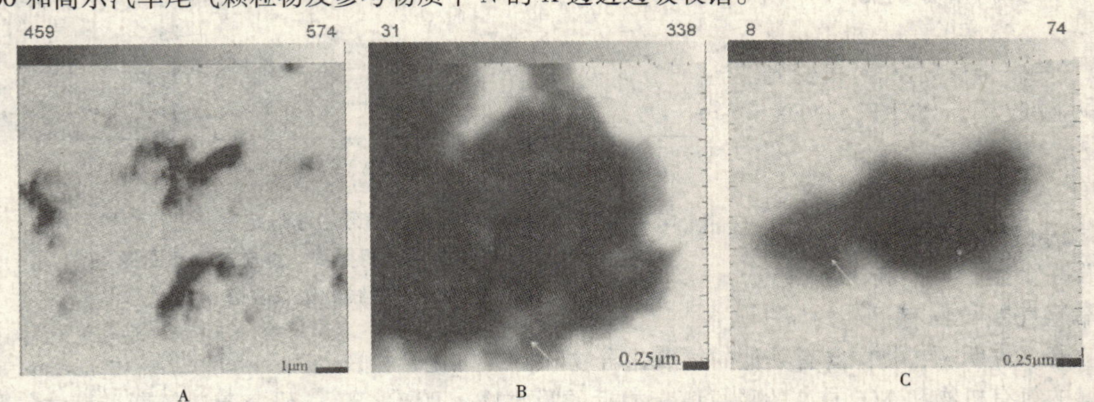

图2　401eV汽车尾气颗粒物的扫描透射X射线显微图像

A　桑塔纳3000汽车尾气颗粒物，10μm×10μm，步长50nm，Si_3N_4膜；

B　桑塔纳3000汽车尾气颗粒物，3μm×3μm，步长30nm，C膜；

C　高尔汽车尾气颗粒物，3μm×3μm，步长30nm，C膜

图3为0.1eV能量步长测量的桑塔纳3000和高尔汽车尾气颗粒物和参考物质$NaNO_3$、$(NH_4)_2SO_4$的N近边吸收谱，还显示了Leinweber等[24]测量的KNO_3、NH_4NO_3 $(NH_4)_3PO_4$近边吸收谱。由图可见，所有的NK边近边吸收谱表现出相近的结构特征：在398～403eV能量范围内，有明显的k壳层电子向分子轨道的跃迁$1s\to\pi^*$；在403～408eV能量范围内，有明显的$1s\to\sigma^*$跃迁；在大于408eV能量范围内，有较弱的$1s\to\sigma$跃迁。$NaNO_3$在401.7eV存在更强的π^*吸收峰；$(NH_4)_2SO_4$在406eV有宽的σ^*吸收峰，峰宽是$NaNO_3$的2倍；$(NH_4)_2SO_4$的σ吸收峰峰宽是$NaNO_3$的1.5倍。与Leinweber等测量的氮化合物近边吸收谱比较，硝酸盐和铵盐吸收谱在400～410eV能量之间存在较大差异，铵盐的σ^*吸收峰更宽并存在明显的肩部结构，铵盐的

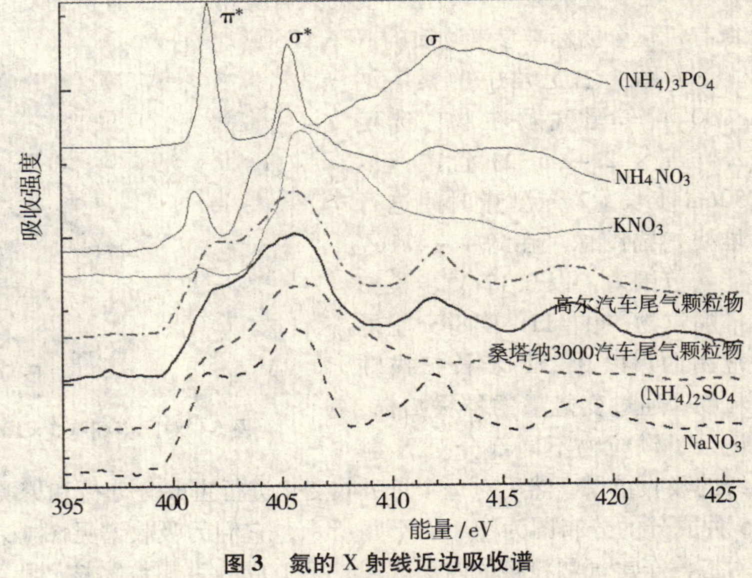

图3　氮的X射线近边吸收谱

σ 吸收峰也比硝酸盐的吸收峰宽。在 412eV 和 418.9eV 汽车尾气颗粒物和硝酸盐的吸收谱有明显的 σ 吸收峰，而在 413.5eV 和 421.8eV 铵盐的吸收谱有很弱的 σ 吸收峰，汽车尾气颗粒物 σ^* 吸收峰不存在明显的肩部结构。采用 $NaNO_3$ 和 $(NH_4)_2SO_4$ 中 N 的近边吸收谱线性叠加拟合汽车尾气颗粒物的中 N 的近边吸收谱，$NaNO_3$ 和 $(NH_4)_2SO_4$ 对桑塔纳 3000 汽车尾气颗粒物中 N 的贡献率分别为 70% 和 28%，对高尔汽车尾气颗粒物中 N 的贡献率分别为 71% 和 27%。本次实验结果和 TÖrÖk 等[25]使用全反射 X 射线荧光近边吸收谱（TXRF - NEXAFS）测量的 Si 片上的 $(NH_4)_2SO_4$ 和 $NaNO_3$ 中 N 的近边谱相似，存在显著的 π^* 吸收峰。在 397eV 和 399.7eV 汽车尾气颗粒物有很小的 π^* 吸收峰，表明颗粒物中含有其他的氮氧化合物和氮有机化合物，与 Leinweber 等[24]、Jeong 等[26]测量的氮有机物和 NO_x 中 N 的吸收谱有相近的吸收峰。TÖrÖk 等[25]研究布达佩斯城市大气颗粒物，氨根离子和硝酸根离子对氮的 K 边近边吸收谱贡献率分别为 30% 和 70%，硝酸盐是城市大气颗粒物中氮的主要存在形式，而汽车尾气是城市大气颗粒物污染一个主要来源。实验结果表明，汽车尾气颗粒物的 N 的近边吸收谱与硝酸盐的近边吸收谱有相似的结构特征，硝酸盐的近边吸收谱对汽车尾气颗粒物的近边吸收谱贡献也较大，因此，硝酸盐为汽车尾气颗粒物主要氮的存在形态，还有铵盐和其他少量的氮有机物。由于有机物复杂多样化的结构，还需要研究更多的氮有机化合物标准参考物质的 NEXAFS 谱。

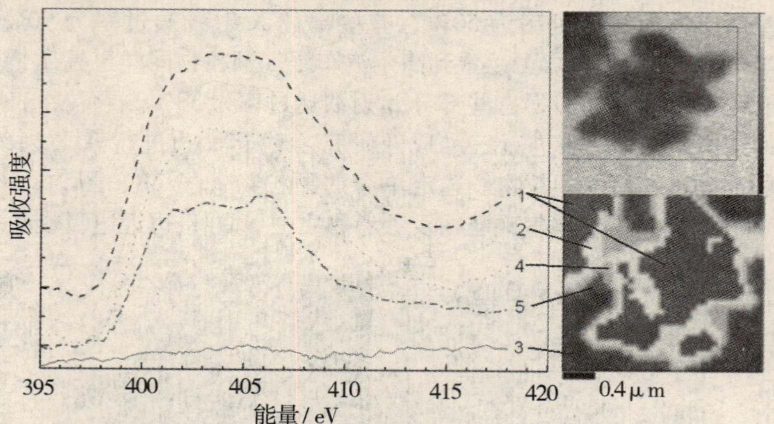

图 4　对桑塔纳 3000 汽车尾气颗粒物选定区域进行堆栈扫描，主成分分析和聚类分析得到 5 种成分分布图像和氮边 X 射线近边吸收谱

对图 4 右上角中的桑塔纳 3000 汽车尾气颗粒物，选定 2.4μm × 2.4μm 的范围，以 50nm 步长、2ms 测量时间进行堆栈扫描图像。在 394 ~ 411eV 能量范围内，以 0.12eV 步长扫描颗粒物；在 411 ~ 418eV 能量范围内，以 0.2eV 步长扫描颗粒物；通过变能量的堆栈扫描，记录了颗粒物不同部分对 X 射线的吸收结果，然后对每个点吸收变化进行主成分分析和聚类分析，结果表明主要有 5 种成分，5 种成分的分布图为图 4 右下角所示，它们的吸收谱见图 4 左侧。第 1、第 2 成分吸收谱相近，对应汽车尾气颗粒物的内部区域，第 1 成分为颗粒物核心；第 5 成分对应尾气颗粒物的表层区域；第 4 成分中间层介于尾气颗粒物内部和表层之间过渡区域；第 3 成分为外界背景区域。表层吸收谱和内部吸收谱差异明显，表层在 401.5eV 存在明显的 π^* 吸收峰，在 406eV 有较明显的 σ^* 吸收峰，表层的吸收谱结构与硝酸盐的吸收谱更接近，体现硝酸盐的特征。内部有着更宽的 σ^* 吸收峰，存在肩部结构，与铵盐的吸收谱特征相近。中间层体现过渡特征，硝酸盐和铵盐的

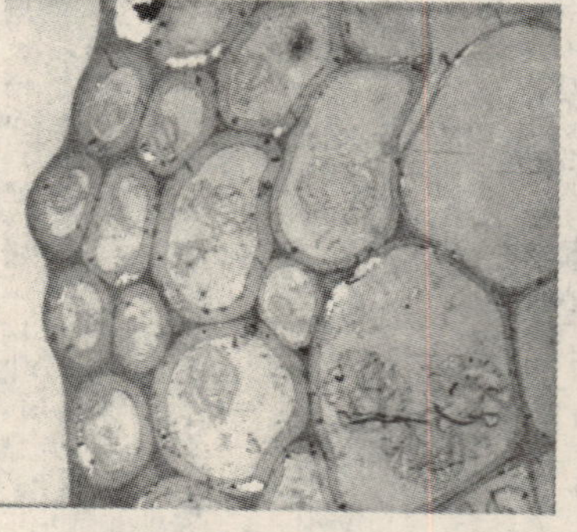
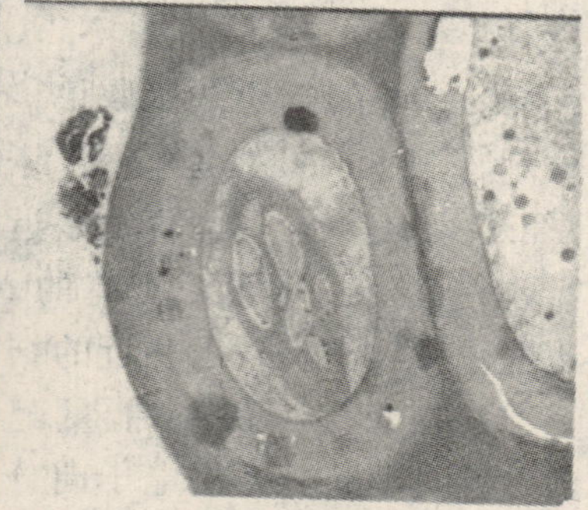

图 5　对照茎细胞 2 × 1000 和对照茎外层细胞 10 × 1000

吸收谱特征都有体现。图5和图6分别为苔藓茎对照组和Cr4的透射电镜图像，由图可见，在细胞壁区域富集了一些颗粒，同时叶绿体也发生膨胀并且也富集了一些颗粒。之前用微区同步X荧光分析技术[18]发现Cr主要分布在苔藓叶片的中肋和边缘处、茎的皮层细胞中，在高剂量的Cr胁迫下，叶片出现叶绿素降解、失绿、厚度减小等症状。藓类植物主要由皮层薄壁细胞来运输水分和养料，所以在皮层细胞也出现了富集，进一步测量Cr的L边X射线近边吸收精细结构谱，见图7。对于Cr胁迫下的苔藓细胞都有非常明显近边吸收谱，高浓度的Cr4细胞中吸收谱与参考物质$K_2Cr_2O_7$的近边吸收谱相近，然而较低浓度胁迫的Cr2细胞中的Cr化学价态发生了显著的降低。苔藓细胞自身的免疫机制产生了作用，自我修复使高毒性的Cr^{6+}发生了转变。图8和图9显示了不同浓度胁迫下苔藓细胞在Cr吸收边前后的X射线吸收扫描图像，通过STXM在Cr吸收边和吸收边外成像的比值差异可以看到Cr的富集差异。低浓度胁迫的Cr2主要在细胞壁和叶绿体区域富集，高浓度胁迫的Cr4细胞损伤较大，在细胞内部大量富集，细胞壁和叶绿体尤为突出。由此可见，高浓度胁迫下Cr严重杀伤苔藓细胞，并且破坏了它的免疫机制，使它不能进行自我修复。

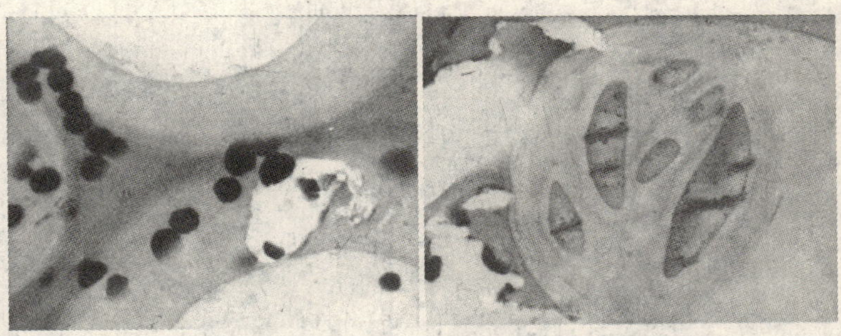

图6　Cr4茎细胞壁破损黑色颗粒20×1000Cr4茎细胞叶绿体片层膨胀20×1000

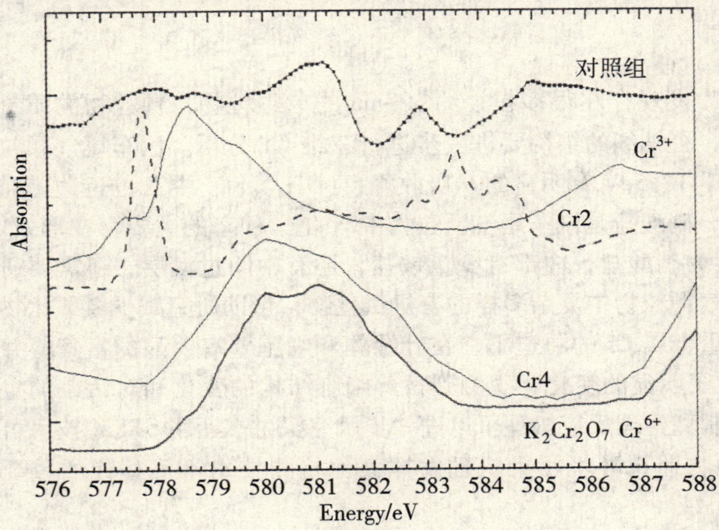

图7　苔藓茎细胞和参考物质$K_2Cr_2O_7$的Cr L边近边吸收谱

（Cr^{3+}近边吸收谱取自文献[27]）

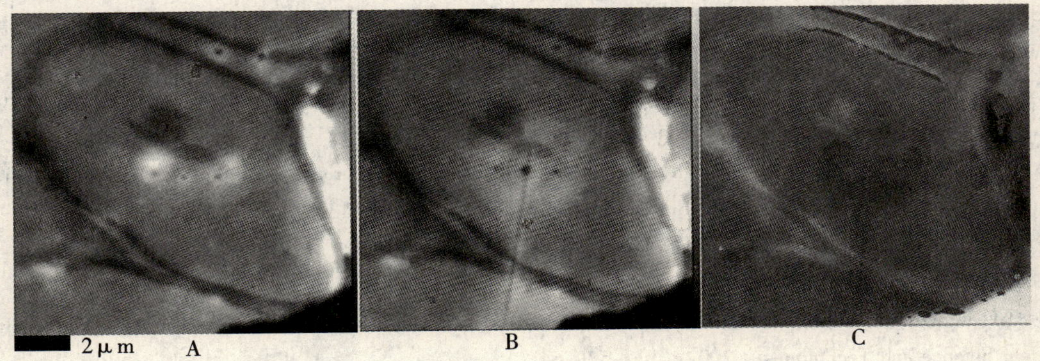

图8　Cr2苔藓茎细胞STXM图像

A　**577**eV；B　**577.8**eV；C　**577.8**eV/**577**eV

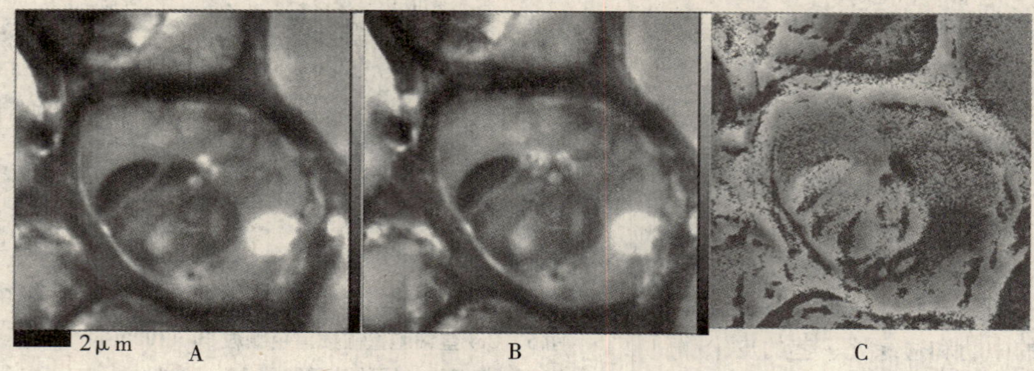

图 9　Cr 4 苔藓茎细胞 STXM 图像

A　577eV；B　580eV，C　580eV/577eV

四、结　论

通过 STXM 分析汽车尾气颗粒物，发现存在很多粒径约 500nm 的单颗粒物，颗粒物的质量分布不均匀，有的颗粒物中间有空洞，更精细的结构要进一步进行三维 CT 分析。汽车尾气颗粒物和 $NaNO_3$ 中 N 的近边谱在 412eV 和 418.5eV 有明显的 σ 吸收峰，$(NH_4)_2SO_4$ 中 N 的近边谱在 413.5eV 和 421.8eV 更宽的 σ 吸收峰，硝酸盐是汽车尾气颗粒物中 N 化学种态的主要存在形式。桑塔纳 3000 汽车尾气颗粒物表层主要为硝酸盐，内部有少量铵盐，还有中间过渡层，还需要研究更多的标准参考物质来确定汽车尾气颗粒物中复杂多样的有机氮化物，帮助研究减少氮氧化物排放和改进催化剂设计。苔藓细胞在重金属 Cr 的胁迫下，在叶绿体和细胞壁有明显的富集，并且低浓度胁迫下 Cr 的化学价态还发生了明显的变化，观测到苔藓细胞结构的变化和对污染的生理反应特征，苔藓细胞的自身免疫机制和生理反应机理可以进一步研究探讨。运用 STXM 技术可以在细胞水平和分子水平揭示苔藓生物监视环境污染机理发挥其他检测技术不可替代的重要作用。

参考文献

[1] Sluder C, Storey J, Lewis S, et al. Low – temperature urea decomposition and SCR performance. SAE Technical Paper, 2005: 1801 – 1858.

[2] Matti Maricq M. Chemical characterization of particulate emissions from diesel engines: A review. Journal of Aerosol Science, 2007, 38 (11): 1079 – 1118.

[3] Wichmann H. Diesel exhaust particles. Inhalation toxicology, 2007, 19 (S1): 241 – 244.

[4] Nicolai T, Carr D, Weiland S, et al. Urban traffic and pollutant exposure related to respiratory outcomes and atopy in a large sample of children [J]. European Respiratory Journal, 2003, 21 (6): 956.

[5] Van Vliet P, Knape M, de Hartog J, et al. Motor vehicle exhaust and chronic respiratory symptoms in children living near freeways [J]. Environmental Research, 1997, 74 (2): 122 – 132.

[6] 曾凡刚. 不同类型和燃料机动车释放有机污染物的比较研究 [J]. 中央民族大学学报（自然科学版），2002,（2）: 137 – 141.

[7] JIANG D, QIU Z – J, LU R – R, et al. Trace elements in particles of motor vehicle exhaust in Shanghai [J]. Nuclear Science and Techniques, 2002 (1): 57 – 64.

[8] 程平. 选择离子流动管质谱对汽车尾气成分的分析 [J]. 分析化学, 2004, 32 (1): 113 – 118.

[9] 窦立新，沈健，李永丹，等. 柴油车排放的碳颗粒物微结构和化学分析 [J]. 车用发动机, 2007, (2): 65 – 68.

[10] 杨书申，邵龙义．大气细颗粒物的透射电子显微镜研究［J］．环境科学学报，2007，27（2）：185－189.

[11] Markert B, Herpin U, Berlekamp J, et al. A comparison of heavy metal deposition in selected Eastern European countries using the moss monitoring method, with special emphasis on the Black Triangle［J］. Science of The Total Environment, 1996, 193（2）：85－100.

[12] Markert B, Herpin U, Siewers U, et al. The German heavy metal survey by means of mosses［J］. Science of the Total Environment , 1996, 182（1－3）：159－168.

[13] Fernández JA, Rey A, and Carballeira A. An extended study of heavy metal deposition in Galicia (NW Spain) based on moss analysis［J］. The Science of The Total Environment, 2000, 254（1）：31－44.

[14] Garty J. Biomonitoring atmospheric heavy metals with lichens: Theory and application［J］. Critical Reviews in Plant Sciences , 2001, 20（4）：309－371.

[15] Wolterbeek B. Biomonitoring of trace element air pollution: principles, possibilities and perspectives［J］. Environmental Pollution , 2002, 120（1）：11－21.

[16] 张元勋，曹同，Iida A，等．同步辐射技术在大气环境生物监视器中的应用研究［J］．科学通报，2009（2）：157－160.

[17] Batzias F, and Siontorou C. Measuring Uncertainty in Lichen Biomonitoring of Atmospheric Pollution: The Case of SO_2. IEEE Transactions on Instrumentation and Measurement, 2009, 58（9）：3207.

[18] 曹清晨．SRXRF 研究苔藓植物对 Pb/Fe/Cr 污染的生物监视和累积特征［J］．核技术，2008，31（10）.

[19] Zechmeister HG, Hohenwallner D, Riss A, et al. Estimation of element deposition derived from road traffic sources by using mosses［J］. Environmental Pollution, 2005, 138（2）：238－249.

[20] StÖhr J. NEXAFS spectroscopy: Springer. 1996.

[21] Braun A, Huggins F, Kubátová A, et al. Toward distinguishing woodsmoke and diesel exhaust in ambient particulate matter［J］. Environmental Science & Technology, 2008, 42（2）：374－380.

[22] Braun A, Mun B, Huggins F, et al. Carbon speciation of diesel exhaust and urban particulate matter NIST standard reference materials with C（1s）NEXAFS spectroscopy［J］. Environ Sci. Technol, 2007, 41（1）：173－178.

[23] Braun A, Huggins F, Kelly K, et al. Impact of ferrocene on the structure of diesel exhaust soot as probed with wide－angle X－ray scattering and C（1s）NEXAFS spectroscopy. Carbon 2006, 44（14）：2904－2911.

[24] Leinweber P, Kruse J, Walley F, et al. Nitrogen K－edge XANES－an overview of reference compounds used to identifyunknown organic nitrogen in environmental samples［J］. Journal of Synchrotron Radiation, 2007, 14（6）：500－511.

[25] TÖrÖk S, Osan J, Beckhoff B, et al. Ultratrace speciation of nitrogen compounds in aerosols collected on silicon wafer surfaces by means of TXRF－NEXAFS. Powder Diffraction, 2004, 19: 81－86.

[26] Jeong H, and Kim C. Reaction of NO on Vanadium Oxide Surfaces: Observation of the NO Dimer Formation. Bulletin－Korean Chemical Society, 2007, 28（3）：413－416.

[27] Doyle C, Kendelewicz T, and Brown G. Inhibition of the reduction of Cr（VI）at the magnetite Cwater interface by calcium carbonate coatings［J］. Applied Surface Science, 2004, 230（1－4）：260－271.

利用非负主成分回归－化学质量平衡受体模型对太原市 PM_{10} 进行颗粒物来源解析研究

史国良　朱　坦　曾　芳　冯银厂　张裕芬　毕晓辉　吴建会

（南开大学环境科学与工程学院　天津　300071）

摘　要　本文利用非负主成分回归—化学质量平衡受体模型（NCPCRCMB）对太原市的 PM_{10} 颗粒物进行了来源解析的研究。NCPCRCMB 在回归算法上对传统的 CMB 模型进行了改进，传统 CMB 模型在迭代过程中使用了有效方差最小二乘法，而 NCPCRCMB 则采用了有效方差主成分回归的算法，并将非负限制纳入了迭代算法当中，解决了共线性问题对传统 CMB 模型的干扰问题。通过 NCPCRCMB 对太原市的解析得出，燃煤尘是太原市 PM_{10} 最主要的污染源，贡献分担率为 21%；其他重要污染源的贡献分担率依次为：机动车 18.46%、扬尘 17.40%、土壤风沙尘 15.59%、二次硫酸盐 11.20%、建筑水泥尘 10.70%、钢铁尘 6.77%、二次硝酸盐 4.01%。

关键词　NCPCRCMB　PM_{10}　共线性

人类的工业生产和生活活动会给环境空气带来污染。环境空气中的颗粒物中通常会含有一些有害物质，是人类健康危害的最大的首要污染。因此，对于大气质量的管理控制是一项很重要的工作，从而源解析技术就此应运而生了。颗粒物来源解析技术，是指对大气颗粒物的来源进行定性或定量研究的技术[1-2]。受体模型的种类很多，如化学质量平衡法（CMB）[3-5]、主成分分析—多元线性回归法（PCA－MLR）[6]、UNMIX[7]、正定矩阵分解法（PMF）[8]等。其中，CMB 模型是一种应用广泛的模型，也是美国 EPA 所推荐使用的受体模型之一。自 20 世纪 80 年代以来，有了长足的发展和广泛的应用。

经过不断的发展，CMB 模型的算法主要有以下几种：示踪化学组分法、线性程序法、普通加权最小二乘法、岭回归加权最小二乘法、神经网络法、有效方差最小二乘法等。目前美国推荐使用的 EPA CMB8.2 模型使用的算法是有效方差最小二乘法[9]。这种算法把受体和源成分谱的不确定性纳入了模型的算法当中，大大提高了模型的稳定性；然而，由于最小二乘法自身的回归算法，使得共线性问题对 CMB 模型的计算结果会产生严重的干扰。

共线性问题是指纳入 CMB 模型拟合计算的污染源当中，存在两种或以上的污染源类，它们具有相似的成分谱。当共线性问题存在的时候，CMB 模型往往会得到负值的拟合结果。因此，南开大学提出了非负主成分回归—化学质量平衡受体模型（Nonnegative Constrained Principal Component Regression Chemical Mass Balance，NCPCRCMB），从算法上解决了共线性问题的干扰[10]。本文正是利用 NCPCRCMB 模型，对太原市 PM_{10} 进行来源解析的研究。

一、NCPCRCMB 受体模型的计算方法

NCPCRCMB 受体模型的原理在我们以前的研究中有详细的报道[10]。它是把主成分回归的方法纳入 CMB 模型的迭代过程当中。

（一）普通的最小二乘法算法

普通的最小二乘法算法的回归公式为：

$$Y = XB$$

$$B = (X' \ X)^{-1} X' Y \tag{1}$$

式中：X 为自变量；Y 为因变量；B 为回归系数。

（二）主成分回归计算方法

主成分回归计算方法则先把自变量 X 进行主成分分析，得到因子得分矩阵和载荷矩阵，再用因子得分矩阵对因变量 Y 进行回归[11]：

$$X = TL' \tag{2}$$

式中：T 为因子得分矩阵；L' 为因子载荷矩阵。

X 矩阵所提取了 m 个因子，而每个因子对应于一个特征值。研究表明，如果 X 矩阵中有共线性问题存在，一些因子则会对应一些数值很小的特征值[12]。因此，为了解决共线性问题，需要去除那些小特征值的因子：

$$X_{(n\times m)} = T_{(n\times m)}L_{(m\times m)}' \cong T^*_{(n\times p)}L^*_{(p\times p)}'$$
$$T^* = XW' \tag{3}$$

T^* 和 L^* 为去除小特征值因子以后得到的新的因子得分和载荷矩阵，W 为转换矩阵。然后再把因子得分矩阵 T^* 对因变量 Y 进行回归：

$$Y = T^*A \tag{4}$$

得到中间系数 A，再对中间系数进行计算，得到最终的回归系数 B：

$$B = WA \tag{5}$$

（三）非负限制

PCR 方法在化学计量学中应用较为广泛，然而，作为源解析受体模型的计算方法，则需要加以改进。因为对自变量 X 进行主成分分析得到 T^* 和 L^* 矩阵的过程中，往往会产生负值。负值在数学意义上没有任何问题，而在物理意义上无法解释。因此，在计算 T^* 和 L^* 矩阵的过程中，需要加上非负限制计算。其方法在相关研究中也有详细描述[10,13]，本文就不再叙述。

（四）NCPCRCMB 受体模型的迭代算法

传统的 CMB 计算公式如下[9]：

$$S = (F'\quad(V_e)^{-1}F)^{-1}F'\quad(V_e)^{-1}C \tag{6}$$

通过推导计算，这个公式是由下面这个公式演化而来[10]：

$$C_w = \quad F_wS$$
$$C_w = \quad (V_e)^{-1/2}C$$
$$F_w = \quad (V_e)^{-1/2}F \tag{7}$$

式中：C_w 为加权受体成分谱；F_w 为加权源成分谱；S 为源贡献值；V_e 为有效方法对角矩阵。

因此，在 NCPCRCMB 受体模型计算过程中，需要对加权源成分谱 F_w 进行主成分分析，并进行非负限制，得到因子得分矩阵 $T_w{}^*$ 和 $L_w{}^*$。接下的计算过程如下：

$$C_w = F_wS = T_w{}^*(L_w{}^*)'S = T_w{}^*A$$
$$A = [(T_w{}^*)'T_w{}^*]^{-1}(T_w{}^*)'C_w \tag{8}$$

式中：A 为中间系数，再根据中间系数计算得到源贡献值 S：

$$S = [(L_w{}^*)(L_w{}^*)']^{-1}(L_w{}^*)A \tag{9}$$

公式 9 就是 NCPCRCMB 受体模型的最终计算结果。

和传统的 CMB 模型一样，NCPCRCMB 受体模型的诊断指标也由下面公式给出：

$$\text{chi}^2 = \frac{1}{n-m}\sum_{i=1}^{l}[(C_i - \sum_{i=1}^{n}(F_{ij}S_j)^2/V_{eii}] \tag{10}$$

$$\text{pm} = 100(\sum_{j=1}^{n}S_j)/C_t \tag{11}$$

式中：C_t 为 PM_{10} 的总质量。

$$R^2 = 1 - [(n-m)\mathrm{chi}^2]/[\sum_{i=1}^{n} C_i^2/V_{eii}] \tag{12}$$

二、利用 NCPCRCMB 模型对太原市 PM_{10} 进行来源解析

太原市是山西省省会，城市面积 6988km²，人口 340 万。太原市作为一个老工业基地，主要有电力、冶金、机械及化工等工业。

（一）受体样品和源样品的采集以及化学分析

本次研究从 2001 年 4 月至 2002 月 1 月在太原市进行了 PM_{10} 受体样品的采集，每天采样 24h。在每个受体采样点安放 2 台中流量 PM_{10} 大气采样器，分别用聚丙烯和石英滤膜采集样品。详细采样方法参考以前的相关研究[14]。

通过采样区域的现场以及排放源清单的调查，太原市检测区域的污染源类型主要有土壤风沙尘、燃煤尘、水泥尘、扬尘、机动车尘、钢铁尘、二次硫酸盐和硝酸盐。太原市源样品的具体采集方法在以前相关工作中有过详细介绍[14,15]。而样品的化学分析方法也在我们以前的工作中报道过[15]。

（二）受体和源成分谱数据分析

表 1 列出了太原市受体样品的组分数据。通过表 1 可以看出，Al、Si、Ca、Fe、OC（有机碳）、NH_4^+、NO_3^- 和 SO_4^{2-} 在受体中是主量组分。这是因为 Al、Si 是地壳元素排放源的标识元素、Ca 是建筑水泥尘的标识元素、Fe 是钢铁尘的标识元素，OC 是机动车源的标识元素、而 NH_4^+、NO_3^- 和 SO_4^{2-} 是二次硫酸盐和硝酸盐的标识元素。而通过上面的分析，土壤风沙尘、燃煤尘、水泥尘、扬尘、机动车尘、钢铁尘、二次硫酸盐和硝酸盐是太原市的主要污染源类。因此，这些组分在受体中含量较高是合理的。

表 1　太原市受体样品数据

组分	受体样品/（μg/m³）	
	均值	标准偏差
Na	3.27	1.92
Mg	3.99	2.34
Al	12.13	5.89
Si	26.76	16.23
P	1.36	0.40
K	6.74	2.68
Ca	18.95	11.73
Ti	0.70	0.45
V	0.03	0.01
Cr	0.16	0.20
Mn	0.56	0.25
Fe	6.72	4.73
Ni	0.04	0.01
Co	0.06	0.07
Cu	0.46	0.62
Zn	1.13	0.83
Br	0.29	0.16
Ba	0.13	0.08
Pb	0.69	0.43
OC	35.48	15.61
NH_4^+	9.01	7.11
Cl^-	3.09	3.02
NO_3^-	7.98	5.65
SO_4^{2-}	28.94	20.73
TOT	226.26	99.88

图 1 描述了太原市主要源类的成分谱。在进行模拟拟合计算之前，我们先来评估这几种源成分谱之间是否存在共线性。Belsley 等人[16]提出了条件指数（Condition Index，CI）和方差分解比例（Variance－Decomposition Proposition，VDP）的概念。根据他们研究，当存在一个奇异值所对应的 CI 值大于 5；并且这个大于 5 的 CI 值所对应的 VDP 值中存在两个或两个以上大于 0.5 的数值。这时，我们认为有共线性源类存在。

我们把这 8 种污染源成分谱的数据构件成一个 24×8 的矩阵，并进行计算，得到 CI 和 VDP 的数值，列在表 2 当中。通过分析，产生了 2 个大于 5 的 CI 值：19.87 和 47.81。对于第一个 CI 值，没有两个或以上的 VDP 存在，因此这个 CI 值所对应的因子不是导致共线性问题的原因；对于第二个 CI 值，它所对应的土壤风沙尘、扬尘和建筑水泥尘的 VDP 达到 0.8 以上，表明这三种污染源类强烈共线。而这个因子也是导致共线性问题的原因，因此在 NCPCRCMB 模型解析过程

中，这个因子需要去除。

表2　对太原市8类污染源进行共线性分析

奇异值	CI	VDP							
		燃煤尘	土壤风沙尘	扬尘	建筑水泥尘	钢铁尘	机动车尘	二次硫酸盐	二次硝酸盐
8.43E－03	1.00	0.00	0.00	0.00	0.00	0.00	0.00	0.06	0.48
7.61E－03	1.11	0.00	0.00	0.00	0.00	0.00	0.00	0.11	0.35
5.93E－03	1.42	0.00	0.00	0.00	0.00	0.00	0.00	0.02	0.00
3.90E－03	2.16	0.00	0.00	0.00	0.02	0.00	0.01	0.00	0.00
1.98E－03	4.26	0.00	0.00	0.00	0.00	0.91	0.00	0.00	0.00
1.87E－03	4.50	0.00	0.01	0.00	0.10	0.04	0.01	0.00	0.00
4.20E－04	19.87	0.97	0.01	0.02	0.03	0.00	0.48	0.29	0.02
1.80E－04	47.81	0.03	0.98	0.98	0.84	0.04	0.50	0.51	0.15

（三）用NCPCRCMB模型解析

把表1中的受体成分谱以及图1中源成分谱数据纳入NCPCRCMB模型，去除最后1个因子，进行解析，得到最终结果，如表3所示。结果表明，燃煤尘是太原市PM_{10}最主要的污染源，贡献分担率为21%。这个结论是合理的，因为燃煤源是太原市的一种重要污染源。其他重要污染源的贡献分担率依次为：机动车18.46%、扬尘17.40%、土壤风沙尘15.59%、二次硫酸盐11.20%、建筑水泥尘10.70%、钢铁尘6.77%、二次硝酸盐4.01%。

表3　NCPCRCMB模型对太原市受体数据解析结果

源类	贡献/%	源类	贡献/%
扬尘	17.40	机动车尘	18.46
土壤风沙尘	15.59	二次硫酸盐	11.20
燃煤尘	21.95	二次硝酸盐	4.01
建筑水泥尘	10.70	钢铁尘	6.77
去除因子	1	PM_{10}	106.07
chi^2	0.41	R^2	0.96

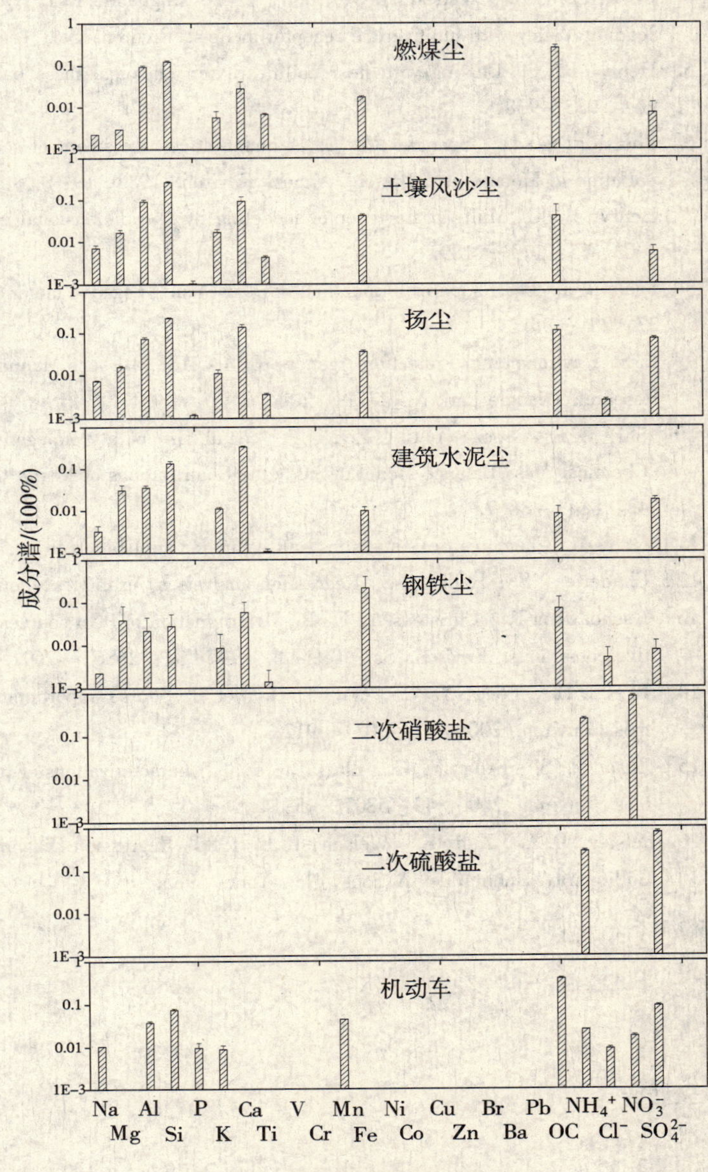

图1　源成分谱柱状图

三、结　论

1. 建立的NCPCRCMB受体模型从算法上解决了共线性问题对传统CMB模型的干扰。

2. 对太原市 8 种污染源成分谱进行分析，判断出扬尘、土壤风沙尘和建筑水泥尘为共线性源类。

3. 利用 NCPCRCMB 受体模型对太原市 PM_{10} 样品进行解析，得出燃煤源为太原市最主要污染源。

参考文献

[1] 王帅杰，朱坦．大气颗粒物源解析技术研究进展［J］．环境污染治理技术与设备，2002（8）：11－15.

[2] 戴树桂，朱坦，白志鹏．受体模型在大气颗粒物源解析中的应用和进展［J］．中国环境科学，1995（4）：252－257.

[3] Chow, J. C.; Watson, J. G. Review of $PM_{2.5}$ and PM_{10} apportionment for fossil fuel combustion and other sources by the chemical mass balance receptor model. Energy Fuel 2002, 16: 222 - 260.

[4] Chen, L. W. A.; Watson, J. G; Chow, J. C., Magliano, K. L. Quantifying $PM_{2.5}$ source contributions for the San Joaquin Valley with multivariate receptor models. Environ. Sci. Technol. 2007, 41: 2818 - 2826.

[5] Henry, R. C. Dealing with near collinearity in chemical mass balance receptor models. Atmos. Environ. 1992, 26A, 933 - 938.

[6] Thurston, G. D.; Spengler, J. D. A quantitative assessment of source contributions to inhalable particulate matter pollution in Metropolitan Boston. Atmos. Environ. 1985, 19: 9 - 25.

[7] Henry, R. C. Multivariate receptor modeling by N - dimensional edge detection. Chemometrics Intell. Lab. Syst. 2003, 65: 179 - 189.

[8] Paatero, P. Least squares formulation of robust non - negative factor analysis. Chemometrics Intell. Lab. Syst. 1997, 37: 23 - 35.

[9] U. S. Environmental Protection Agency, EPA CMB8. 2 User's Manual. Office of Air Quality Planning and Standards, Research Triangle Park NC 27711, 2004.

[10] Shi, G. L., Feng, Y. C., Zeng, F., et al. Use of a Nonnegative Constrained Principal Component Regression Chemical Mass Balance Model to Study the Contributions of Nearly Collinear Sources. Environ. Sci. Technol. 2009, 43: 8843 - 8867.

[11] Otto, M. Chemometrics: statistics and computer application in analytical chemistry. Wiley - VCH, 1999, p. 196.

[12] Chatterjee, S.; Hadi, A. S. Regression analysis by examples, Fourth Edition. Wiley. 2006, p. 262.

[13] Rachdawong P.; Christensen, E. R. Determination of PCB sources by a principal component method with nonnegative constraints. Environ. Sci. Technol. 1997, 31: 2686 - 2691.

[14] Bi, X. H., Feng, Y. C., Wu, J. H., et al. Source apportionment of PM_{10} in six cities of northern China. Atmos. Environ. 2007, 41: 903 - 912.

[15] Zhao, P. S.; Feng, Y. C.; Zhu, T.; et al. Characterizations of resuspended dust in six cities of North China. Atmos. Environ. 2006, 40: 5807 - 5814.

[16] Belsley, D. A., Kuh, E., Welsch, R. E. 1980: Regression Diagnostics: Identifying Influential Data and Sources of Collinearity. John Wiley & Sons, New York. 1985.

气象条件对大气颗粒物中铅镉以及阴离子浓度变化的影响

王　鹏　王崇臣

（北京建筑工程学院环境与能源工程学院　北京　100044）

摘　要　通过23天大气采样，确定了单位体积的空气中颗粒物及其铅、镉、氯离子和硫酸根离子的浓度，初步分析了气象条件对颗粒物及其成分的影响。

关键词　空气　颗粒物　成分　气象条件

大气中的颗粒物本身就是一种污染物，同时又是其他污染物的载体，比如颗粒物中会含有一定量的铅、镉等重金属离子以及氯离子、硫酸根离子等阴离子。重金属离子的存在对人体有着直接和严重的生理影响，对人体的危害很大，而硫酸根对酸性降水有着突出的影响。本文将对23天的样品进行测定和分析，初步确定气象条件的变化对空气中的颗粒物及其铅、镉、氯离子和硫酸根离子的浓度的影响。

一、实验部分

（一）主要仪器和试剂

戴安 Dionex ICS－1500 离子色谱仪，电导检测器，AS14 分离柱，ASRS 抑制器，AG14 保护柱；AA－6300 原子吸收分光光度计（日本岛津公司）；铅阴极灯（北京有色金属研究总院）；镉阴极灯（北京有色金属研究总院）；TH－150C 型智能中流量空气总悬浮颗粒物采样器（武汉天虹智能仪表厂）；超纯水器（Human power I^+）；EP4101C 电子天平（美国奥豪斯公司）；MEA－3 远红外耐酸碱数显恒温热板（北京金北德工贸有限公司）；循环水真空泵；干燥箱；4号多孔玻璃过滤器。

铅标准储备液、镉标准储备液、氯标准储备液、硫酸根储备液均为国家环境保护总局标准样品研究所产品；硝酸（HNO_3）：$\rho=1.42g/ml$，优级纯；硝酸（HNO_3）：$\rho=1.42g/ml$，分析纯；过氧化氢（H_2O_2），约30%（m/m）。

（二）样品的采集与前处理

1. 采样

采样地点选择为北京建筑工程学院校内实验五号楼顶，采样时间为2007年4—5月，除雨天外，共采样23天，每天 a. m. 6：30～p. m. 8：30 采集样品。采样前将采样的玻璃纤维滤膜放在烧杯中于105℃烘箱内烘干，至恒重（三次称量不超过0.004g），记录数据。

2. 前处理

采样后，将采样的玻璃纤维滤膜放在烧杯中于105℃烘箱内烘干，至恒重（三次称量不超过0.004g）。玻璃纤维滤膜前后的质量差值即为采集的颗粒物的质量。

取试样滤膜，至于高形烧杯中，加入10ml 硝酸－过氧化氢溶液浸泡2h以上，微火加热至沸腾，保持微沸10min，冷却后加入过氧化氢10ml，沸腾至微干，冷却加硝酸溶液20ml，再沸腾10min，热溶液通过多孔滤膜过滤器，收集于烧杯中，用少量热硝酸溶液冲洗过滤器数次。待溶液冷却后，转移至50ml 容量瓶中，再用硝酸溶液稀释至标线，即为试样溶液。

（三）样品测定

利用石墨炉原子吸收分光光度法测定样品中铅和镉的浓度；利用离子色谱法测定样品中的硫

酸根离子（SO_4^{2-}）、氯离子（Cl^-）。因为消解过程使用了硝酸，所以未测定样品中的硝酸根（NO_3^-）。测定的结果见表 1。

表 1　大气颗粒物浓度及 Pb、Cd、Cl^-、SO_4^{2-} 含量的测定结果

序号	日期	颗粒物/（mg/m³）	Pb/（μg/m³）	Cd/（ng/m³）	Cl^-/（ng/m³）	SO_4^{2-}/（ng/m³）	天气情况*
1	4. 16	0. 1191	1. 35	18. 32	6. 69	13. 07	多云转阴，北转南风 2、3 级
2	4. 17	0. 1905	0. 31	13. 56	7. 88	32. 40	晴，北转南风 2、3 级
3	4. 19	0. 3651	0. 95	15. 89	8. 99	55. 97	多云转阴，偏南风 2、3 级
4	4. 20	0. 2698	1. 17	20. 67	4. 50	40. 54	晴，北转南风 2、3 级间 4 级
5	4. 21	0. 2659	0. 82	15. 86	6. 51	44. 76	晴，北转南风 2、3 级间 4 级
6	4. 23	0. 1706	0. 55	16. 04	7. 77	38. 49	多云转阴，偏南风 2、3 级
7	4. 24	0. 1905	0. 88	16. 33	9. 78	32. 42	多云转阴，偏北风 2、3 级间 4 级
8	4. 25	0. 2897	0. 59	15. 81	10. 02	36. 47	晴，北转南风 2、3 级
9	4. 26	0. 4405	0. 49	15. 61	12. 06	89. 74	多云间阴，北转南风 2、3 级
10	4. 27	0. 2182	0. 40	15. 25	13. 22	47. 86	晴间多云，北转南风 2、3 级
11	4. 28	0. 7857	0. 52	15. 55	15. 15	56. 57	多云转阴，北转南风 2、3 级间 4 级
12	4. 29	0. 2857	0. 55	14. 44	14. 21	51. 79	晴，偏南风 2、3 级
13	5. 8	0. 1230	0. 67	15. 22	12. 63	24. 38	多云转阴，傍晚有雨，偏东风 2、3 级
14	5. 9	0. 0952	0. 53	14. 93	13. 78	24. 42	有小阵雨，北转南风 2、3 级间 4 级
15	5. 11	0. 2540	1. 14	21. 14	13. 79	27. 60	晴，南转北风 3、4 级
16	5. 13	0. 3849	0. 42	17. 07	13. 97	63. 25	多云转阴，南转北风 3 级
17	5. 14	0. 1151	0. 34	13. 10	15. 90	24. 56	晴，北转南风 2、3 级
18	5. 15	0. 2460	0. 52	14. 78	15. 71	30. 18	晴，偏南风 2、3 级，
19	5. 16	0. 1310	0. 35	12. 97	15. 20	26. 49	多云转阴傍晚有阵雨，偏南风 2、3 级
20	5. 17	0. 3611	0. 42	13. 53	16. 15	57. 96	多云转晴，偏北风 4、5 级间 6 级
21	5. 18	0. 0198	0. 36	12. 96	4. 64	2. 98	晴，偏北风 4、5 级
22	5. 19	0. 0516	0. 32	12. 68	4. 40	10. 34	晴，北转南风 2、3 级
23	5. 21	0. 0873	0. 37	12. 94	6. 13	18. 10	晴，北转南风 2、3 级

注：* 实际天气情况（和天气预报存在一定差别）。

二、结果与讨论

本次测试共采样 23 次，每次采样 14 个小时，每次采样体积为 25. 2m³，记录采样期间的天气状况，分析结果见表 1。

观察表 1 和图 1 可知，单位体积大气中颗粒物含量和天气条件存在一定的关系。4 月 28 日单位体积颗粒物日平均浓度为 0. 7857 mg/m³，远远超出《环境空气质量标准》三级标准的浓度限值（0. 50mg/m³）。在此之前已经 10 多天没有降雨过程，同时展览馆路改造施工也使得扬尘的数量增加。4 月 19 日、26 日、28 日，5 月 13 日、17 日这 5 天单位体积颗粒物日平均浓度均超过

《环境空气质量标准》二级标准的浓度限值（0.30mg/m^3）。上述日期的天气状况为多云转阴或者阴天，相对湿度较大，有利于大气中大气颗粒物的聚集，而不利于扩散和消除。5 月 9 日和 5 月 21 日大气颗粒物质量较低（0.0952 mg/m^3），这是因为 9 号当天有阵雨而 20 日有降雨过程（所以当天未采样），湿沉降有助于大气颗粒物的消除。5 月 18 日的颗粒物质量是监测期间的最小值，这可能是因为 5 月 17 日风力较大，有利于颗粒物的消除和扩散。而 5 月 19 日虽然颗粒物质量增加到了 0.0516 mg/m^3，但仍低于《环境空气质量标准》一级标准的浓度限值（0.12mg/m^3），这说明大气颗粒物需要一定时间的积聚过程。

表 1 和图 2 列出了单位体积的空气颗粒物中的铅含量的变化情况。4 月 16 日、20 日以及 5 月 11 日这三天单位体积的空气中铅含量较高，但是仍然低于《环境空气质量标准》规定的浓度限值（年平均 1.5μg/m^3），其他监测日期内铅含量较低。

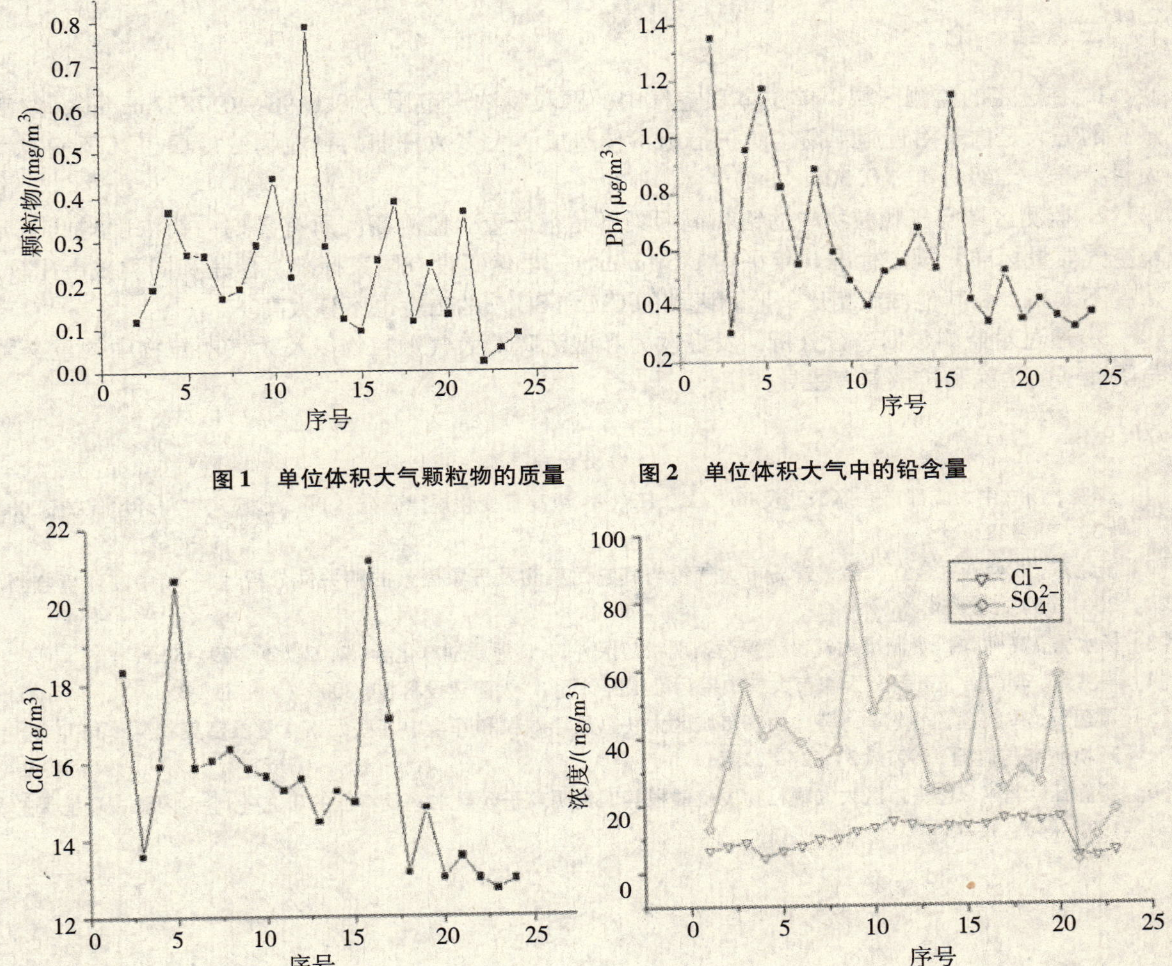

图 1　单位体积大气颗粒物的质量

图 2　单位体积大气中的铅含量

图 3　单位体积大气中的镉含量

图 4　单位体积大气中的氯离子和硫酸根含量

图 3 显示出大气中 Cd 含量的变化趋势，变化范围为 12.68 ~ 21.14ng/m^3，Cd 目前尚无国家标准，无法进行定量评价，但是表 2 列出了多个城市 Pb 和 Cd 的浓度，可以进行平行比较。通过比较说明北京大气中的铅含量远远低于成都市，而与青岛、贵阳、天津和西安的含量水平相近。北京大气中的 Cd 含量起伏不大，分布和含量与成都市有些相似，而略高于贵阳市和西安市。

表 2　北京市与其他地区大气中铅、镉浓度

	北京	成都[1]	青岛[2]	贵阳[3]	天津[4]	西安[5]
Pb/（μg/m^3）	0.31～1.35	2.01～3.97	0.06～0.33	0.016～1.316	0.25～0.76	0.21～1.41
Cd/（ng/m^3）	12.68～21.14	12～32	—	0.1～21.1	—	0.1～1.3

图4显示了大气颗粒物中 Cl^- 和 SO_4^{2-} 两种阴离子的变化情况。SO_4^{2-} 的浓度高于 Cl^- 的浓度，虽然处于非采暖期，SO_4^{2-} 的含量仍然偏高，这说明尽管北京市已经在采暖季节推广“油、气代替煤”的做法，但是由于大气颗粒物的来源较为复杂，因此大气颗粒物中 SO_4^{2-} 含量的降低可能需要相对较长的时间。籍静钰[6]等人对包头市采暖期和非采暖期的上述两种阴离子的浓度，结果发现两地的这两种阴离子含量有些相似。

三、结　论

1. 在选定的监测区域，单位体积空气中的颗粒物浓度范围为 0.0198～0.7857mg/m^3，浓度最高的一天是由于附近施工扬尘防护措施不佳造成。大多数日期的颗粒物浓度属于《环境空气质量标准》二级标准（0.30mg/m^3）。

2. 监测区域空气颗粒物中的铅和镉污染不是很严重。监测期间所有日期内铅浓度均低于环境空气质量标准》规定标准（年平均 1.5μg/m^3）。虽然镉没有国家标准，但是和同类城市比较，浓度不太高。和其他城市相比，监测区域的 Cl^- 和 SO_4^{2-} 的浓度也不算太高。

3. 通过对监测数据进行分析，发现风力和湿沉降对大气颗粒物以及大气颗粒物中的重金属与阴离子的消除和扩散具有主导作用。

参考文献

[1] 李晓，杨立中．成都市东郊 TSP 及 Pb、Cd、Hg、As 浓度日变化规律研究［J］．地质灾害与环境保护，2004（3）：35－38.

[2] 杨建东，祝惠英，金红，等．青岛市大气铅与其它污染物及气象因素的相关性分析［J］．中国环境监测，2001（5）：51－54.

[3] 杨水秀，高师昀．贵阳市大气铅镉镍污染现状初探［J］．地质地球化学，2002（2）：79－82.

[4] 马洪州，李文君，王莉．天津市大气中铅污染状况［J］．天津建设科技，2000（1）：34－35.

[5] 萧蕴英，牛桂莲，王宽孝，等．西安市城区大气总悬浮颗粒和降尘中某些元素含量及富集状况［J］．甘肃环境研究与监测，1991（2）：21－24.

[6] 籍静钰，李萍．包头市区大气颗粒物中硫酸根等四种阴离子含量水平及特征的研究［J］．内蒙古环境保护，1997（4）：32－35.

大气污染物总量控制实施中难点问题的思考

李 想 王军玲 张增杰

（北京市环境保护科学研究院 北京 100037）

摘 要 “十二五”期间我国将继续深入推进污染物总量控制工作。本文通过回顾我国实施大气总量控制以来的经验和问题，结合大气污染状况的变化，分析了“十二五”期间进一步完善大气污染物总量控制体系所面临的一些难点问题，探讨了总量控制的新思路。

前 言

污染物总量控制是以环境质量目标为基本依据，对区域内各类污染源的污染物排放总量实施控制的管理制度。我国从20世纪80年代末期开始对污染物总量控制理论进行研究。2000年修订的《大气污染物防治法》中明确规定国务院和省、自治区、直辖市人民政府对尚未达到规定的大气环境质量标准的区域和国务院批准划定的酸雨控制区、二氧化硫污染控制区，可以划定为主要大气污染物排放总量控制区。各地近年来在污染物控制工作中也依照国家制定的减排目标和自身的环境要求开展污染物总量减排工作，取得较大的成效。但是由于地区经济社会发展特点的不同和污染治理水平的差异，在实际过程中也面临着不同难点和问题。人口密集、经济社会发展水平较高的城市，面临的大气污染物总量控制形势会更趋于多样化和复杂化。这类城市必须针对自身在总量控制过程中的一些难点问题进行突破，才能更好地完成“十二五”期间大气污染物总量控制的目标和任务。

一、总量控制工作的回顾

我国自“十五”期间开展大气污染物总量减排工作，“十一五”期间总量控制开始做到真正意义上的“有总量有控制”的污染物排放总量控制工作。

图1是我国二氧化硫年排放量的变化情况，通过对数据的分析我们可以发现，工业二氧化硫排放一直是我国二氧化硫排放的主要组成部分。在“十五”期间，虽然国家对一部分地区采取了二氧化硫总量控制措施，但1999—2005年我国的二氧化硫排放量还是有比较大的增长，尤其是工业二氧化硫排放增长较快。而到了“十一五”期间，这种情况得到有效的控制。2008年二氧化硫排放量较2005年下降228.1万t，工业二氧化硫下降177.1万t，占到总下降量的77.6%。这表明在“十一五”期间对二氧化硫实施全面的总量控制措施取得了明显成效。而另一方面也说明这些二氧化硫主要是通过对工业排放的削减取得的。由于“十一五”期间在国家层面上主要针对酸雨问题，因此除二氧化硫之外，并未将其他的大气污染物列入总量控制体系中，各省市在执行总量控制工作时也大都没有对其他污染物进行总量控制。因此对于大气中其他的主要污染物如氮氧化物、可吸入颗粒物等的总量排放情况，污染现状的掌握仍显得比较滞后。

二、“十二五”期间大气总量控制面临的难点

从目前国内外污染物总量控制实施过程来看，总量控制实施的一般步骤是首先确定受控污染物的种类、控制目标和受控地区范围等基本要素；其次针对各种受控污染物不同的特点确定污染物总量如何核定，排放指标如何分配，采取什么样的控制措施以及如何进行污染物核查核算等。这其中如何确定受控污染物种类并对其进行核定和分配是对地区总量控制思路的集中体现。而总量控制面临的难点问题也往往出现在这些环节上。

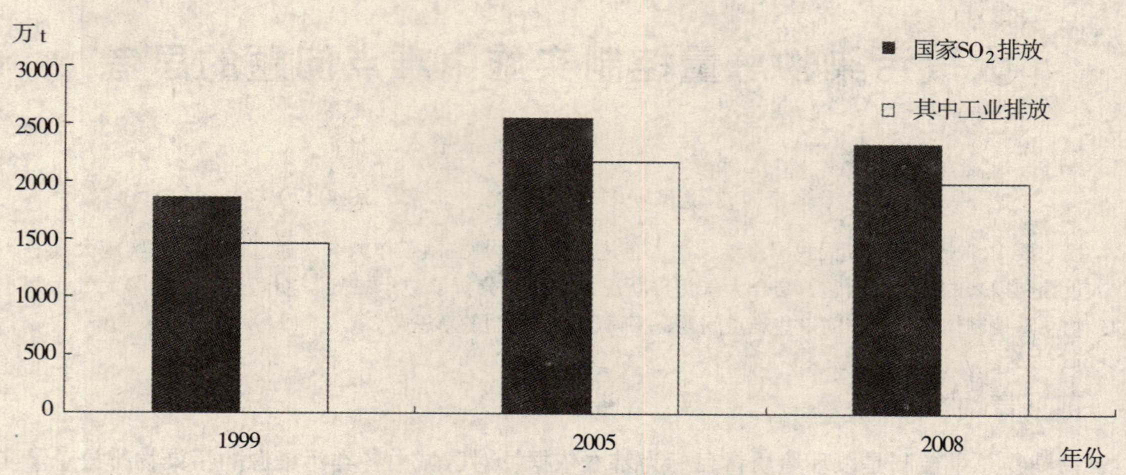

图1　国家二氧化硫排放量变化情况[1]

（一）受控种类单一，污染物控制和空气质量间缺乏响应

大气污染物总量控制的目的是使地区大气环境得到改善，因此总量控制在确定受控污染物种类和目标时就应该与地区大气环境质量紧密联系起来。“十一五”期间为有效防治酸雨污染，环保部根据当时全国大气污染总体状况，在大气污染物总量控制实施过程中，确定重点控制二氧化硫，并对各省市下达了总量减排目标。各地方在开展工作的过程中按照国家减排目标并结合地方实际情况对其进行总量控制，取得了较大的成果。经过近年来的治理，二氧化硫的排放总量已经大大下降，各地区以二氧化硫为指标的大气环境质量也得到了很大改善。但是，近年来污染类型的变化较大，其他污染物对地区空气质量的影响越来越明显，很多城市如北京市的首要大气污染物为可吸入颗粒物。

目前大多数地区没有针对本地区环境质量状况进一步将其他影响大气环境质量的污染物纳入总量控制体系，这说明目前各地还缺乏地区环境质量与污染物总量控制之间的响应关系。因此，“十二五”期间各地区如何结合环境质量改善需求，科学合理地选择受控污染物，并使之成为一种长效机制，就成为总量控制工作面临的首要问题。

（二）现有存量削减困难

由于在二氧化硫排放中工业污染源排放占了相当大的比例，而工业污染源，尤其是大型火电厂等在治理效果和成本上的优势，“十一五”期间各地对二氧化硫的削减重点主要是在工业固定源上。由图1数据可知，“十一五”期间就全国范围来说，工业源二氧化硫减排占全部减排的77.6%，大气污染治理比较好的地区，这一比例还要更高，因此未来固定源的二氧化硫减排潜力已经不大。

而对于来源更为复杂的其他污染物如可吸入颗粒物，仅仅控制固定源也很难达到总量控制的目的。以北京为例，在可吸入颗粒物的来源中煤燃烧贡献的比重与其他来源如机动车尾气、道路扬尘以及二次粒子贡献比重相近。而北京大学对可吸入颗粒物中的细粒子进行的源解析也显示，扬尘排放对细粒子的贡献为18.1%，燃煤为16.4%，机动车尾气排放直接的贡献则达到6.5%，还有一部分机动车行驶造成的扬尘被计入扬尘排放中[3]。

由此可见，在“十二五”期间，单纯地控制工业固定源的排放已无法满足存量削减的需要。而目前各地对居民生活面源、裸地以及机动车等污染物排放分担率较大的排放源进行总量控制和削减又面临着无法有效监测和核算的尴尬，没有出台相应的法律法规加以控制。因此，如何合理地选择削减污染物存量的方向以及如何将城市面源和移动源纳入总量控制体系加以有效地监督考核成为了下一步削减大气污染物存量重点要考虑的问题。

（三）污染物增量较大，难以控制

除此之外，随着经济社会的高速发展，大气污染物在“十二五”期间还面临着巨大增量压力。增量主要来自两个方面，一是地区新建和改扩建固定源带来的污染物增加。目前这部分增量可由环评审批部门依照“增产不增污”和“增产减污”的原则，通过发放排污许可证的形式加以限制。而另一部分则是由于居民人口和城市汽车保有量的不断增长，以及由此带来的城市需求不断增加造成的环境压力。由于这类污染源在现有技术条件下无法监测也就无法通过类似排污许可证的方式对其加以控制，即使通过提高新车标准等措施进行减排，无法核定其减排实际效果，也就无法在实际上被真正纳入总量控制体系中。而伴随着我国经济社会的高速发展，这部分增量占污染物排放量的比例正在迅速增长，成为大气污染物控制不得不面对的问题。如何在大气污染物总量控制体系中真正地控制城市发展所带来的污染增量也是“十二五”期间大气污染物总量控制的一大难点。

（四）难以确定不同行业间污染物分配比例

原国家环保总局于2006年出台了国家《二氧化硫分配指导意见》，该意见中将全国的二氧化硫总量分为电力行业与非电力行业两部分，对于电力行业以不同时段的机组，取不同的排放绩效值，进行分配。而对于非电力行业，则按地区二氧化硫年均浓度是否达标分为两类，采用不同方法进行计算。但是，各省在确定地区的排放总量或者削减量后，都面临着如何在各行业和辖区内各地区间合理分配的问题。目前各省市常用的办法是参照国家的分配方案将电力行业等重点行业的污染物排放总量单列出来，余下的部分列出污染物排放清单，进行减排潜力分析，确定下一阶段污染物减排措施和削减量预期。通过这两组数据核算出每个区域的排放量，再按属地原则分配给各地区和重点污染源。这种方式最大的好处就是可以确保污染物减排指标的完成。但随着点源污染控制水平的逐步提高，点源污染排放的比重逐渐变小，这种分配方式将无法适应对广大的面源及移动源进行分配。面源和移动源的总量分配工作将是总量控制工作面临的新问题。

三、对于总量控制难点的思考

“十二五”期间大气污染物控制工作面临新的形势，对整个总量控制工作的规范化、体系化的要求也越来越迫切。在制定大气污染总量控制思路时必须注意解决上述的几个难点问题，从而使总量控制工作在实际操作过程中能够合理高效。

（一）建立受控制污染物选择机制，实行多种污染物协同控制

大气污染物总量控制的最终目的是保证大气环境质量的不断改善，这就需要环保部门在选择总量控制污染物的种类时充分考虑本地区环境质量改善的需要，要在地区污染物总量控制与环境质量之间建立较为明确的响应关系。通过源解析和污染物排放清单分析相结合的方式确定受控污染物的种类。这也就要求我们从现在开始就要重视对于大气环境的基础性研究工作，加强对环境监测数据和污染物排放数据收集整理工作，建立科学完善的污染物选择体系。

就目前的研究来看，在城市地区比较受到重视的热点大气污染物主要有氮氧化物、臭氧和VOCs等。氮氧化物的增加与汽车保有量和能源消费总量的增长有密切的关系，但这两种源的排放与氮氧化物的排放以及空气氮氧化物浓度上升间的规律还有待进一步研究。相对而言对于臭氧的生成机制的研究较多。北京地区对臭氧的研究表明：近郊区的臭氧生成主要受VOCs控制，而在远郊区县和农村地区臭氧生成对氮氧化物变得更为敏感[4]。另外空气中的二氧化硫和氮氧化物在氧化作用下转化的二次粒子又对可吸入颗粒物有较大的贡献[5]。臭氧污染，充分体现了“十二五”期间大气污染的特点，在臭氧超标的地区进行总量控制，只考虑单一因素已经很难达到目的。必须对多种污染物进行协同控制，控制的重点可以包括可吸入颗粒物、氮氧化物、二氧化硫和VOCs，通过对多种污染物进行协同控制以达到改善空气质量的目的。

（二）拓展受控污染源的范围，改善污染源管理方式

为了进一步削减污染物存量，就必须在控制思路上下工夫，尽可能将更多的污染源纳入到总量控制和减排体系中。对于短期内无法以总量控制方式进行管理的污染源，也要改进管理方法，保证其总量处在可控制的范围内。

目前国内削减面源和移动源主要是通过能源结构调整、提高车辆排放标准、加速淘汰老旧车等手段。无法对这些移动源进行总量控制，主要是由于无法对其总量进行监测。就机动车尾气的控制而言，在“十二五”期间可以采取加强和完善机动车 I/M 制度的方式进行，除了对车辆进行定期年审外，还要进行不定期的抽检，要求不合格车辆限期整改。逐渐使汽车的排放状况趋于稳定，为今后对汽车尾气进行总量控制打下基础。而对于居民面源除了通过能源结构调整降低排放外，更重要的是逐步推广和普及分户供暖，供热计费等新的热产品统计考核方式，达到控制单位污染物排放量的目的。

（三）实行“自上而下”和“自下而上”相结合的分配方式

目前各种污染物总量分配方式，偏重于“自上而下”的进行。这样的分配方式有其自身的优点，数据较为准确，也体现出一定的科学性和权威性。但仅采用“自上而下”的分配，不结合污染源排放和治理的实际情况，很可能出现一分了之或者给排污企业造成负担，影响总量控制完成的效果。在保证减排措施运行效果的前提下，减排措施的执行情况可以反映污染源的减排效果。因此在总量分配过程中还可以以污染物排放清单和减排措施计算为依据对污染物排放量进行“自下而上”的分配。这种分配方式能使总量减排措施置于环保部门的监督之下，达到应有的效果，也便于对地方政府进行相应的考核。但由于这种总量分配的方式主要以污染源排放数据为依据，这使得其与环境目标之间的联系不够密切。因此，可以考虑采取“自上而下”与“自下而上”相结合的方式对地区污染物总量进行分配。一方面要保证污染物指标按源分配，另一方面也要保证分配总量不能突破国家的减排指标。在“十二五”期间总量分配的过程中还要注意利用经济手段来降低污染治理成本，在有条件的地区可以通过排污权交易的形式，通过市场手段对污染物排放权进行二次分配，最终达到排污企业和管理者之间的平衡。

四、结　论

总之，“十二五”期间大气污染总量控制工作的推进，要充分考虑到各地区环境状况和污染物排放的实际情况。在“十一五”经验的基础上，有针对性地完善地区污染物总量控制体系。各地区在总量控制中应注意科学地扩大总量控制中受控污染物的种类，通过完善污染物总量监测核算统计考核机制，扩大受控行业和受控污染源，尤其是注意控制机动车尾气等新兴的重点污染源。为“十二五”总量控制目标的实现和空气质量改善打下基础。

参考文献

[1] 环境保护部．全国环境统计公报［R］．1998—2008.

[2] 陈添，华蕾，金蕾，等．北京市大气 PM_{10}源解析研究［J］．中国环境监测，2006，22（6）：59－63.

[3] 朱先磊，张远航，曾立民，等．北京市大气细颗粒物 $PM_{2.5}$ 的来源研究［J］．环境科学研究，2005，18（5）：1－5.

[4] 宋宇，唐孝炎，方晨，等．北京市大气细粒子的来源分析［J］．环境科学，2002，23（6）：11－16.

[5] 王雪松，李金龙，张远航，等．北京地区臭氧污染的来源分析［J］．中国科学 B 辑：化学，2009，39（6）：548－559.

中国各省区 CO_2 排放特征的比较分析

张宏武[1]　时临云[2]

（1. 天津商业大学经济学院　天津　300134；2. 天津商业大学商学院　天津　300134）

摘　要　本文对我国各省、各部门 CO_2 排放量进行了推算，并分析了其排放特征。从总量现状特征看，排放量较多的是沿海地区经济、人口规模较大或重化学工业结构比较突出的省份；从总量变动特征来看，进入 21 世纪以后，增长速度明显加快，实现到 2020 年单位 GDP 碳排放降低 40% ~45% 的目标压力十分巨大，且各省各年变动十分剧烈，发展也不均衡；从内部结构变动特征来看，绝大多数省份以工业部门和能源转换部门排放为主；从各省 CO_2 排放强度看，较低的是北京、广东、上海、海南、浙江和福建等省市，较高的是宁夏、贵州、山西、内蒙古等省区。2005—2007 年下降幅度较大的是江苏、天津、北京、吉林、广东等，而宁夏、河南、海南、青海、广西、内蒙古等不仅没有下降，反而有所上升。

关键词　CO_2 排放量　化石能源　低碳经济

一、研究的背景及意义

随着经济的高速发展和能源消费的不断增加，我国 CO_2 排放量也呈现持续增加的趋势。根据国际能源机构的资料，2007 年中国的 CO_2 排放量已经超过美国上升为世界第一位[1]。2009 年 12 月在哥本哈根召开的 COP15（《联合国气候变化框架公约》第 15 次缔约方大会）上，中国首次成为被瞩目的对象。可以预见，在未来的全球温室气体减排交涉中，对中国的压力和挑战将会越来越大。

在此大背景下，中国政府从 2007 年开始提出发展低碳经济，并采取了一系列具体行动。国家于同年 6 月颁布《中国应对气候变化国家方案》，成立了以温家宝总理为组长的国家应对气候变化领导小组，8 月发布“可再生能源中长期发展规划”；12 月国务院发布的“中国能源状况和政策”白皮书中将可再生能源的发展作为国家能源发展战略的重要内容；2008 年 10 月发布《中国应对气候变化的政策与行动》，并于 2009 年 11 月发布了《中国应对气候变化的政策与行动——2009 年度报告》[2]，在哥本哈根大会前的 2009 年 11 月 26 日，我国首次正式对外宣布温室气体减排量化目标，决定到 2020 年单位国内生产总值二氧化碳排放比 2005 年下降 40% ~45%[3]，提出要将这一减排数值目标作为约束性指标纳入“十二五”和“十三五”国民经济和社会发展中长期规划，并拟将减排指标分解到省或行业[4]。另外，国家发改委正在编制省级应对气候变化方案，目的在于加强地方应对气候变化机构与能力建设，切实把中国应对气候变化国家方案转化为地方的具体行动[5]。这些都表明中国政府发展低碳经济的决心。

笔者认为，发展低碳经济最基础的一环首先是摸清家底，了解低碳经济的现状，明确现在的所谓“高碳”经济到底有多高，亦即首先要明确我国各地区、各部门 CO_2 排放的实际状况；其次需要对各地区、各部门碳排放的原因进行分析，在此基础上，然后才有可能制定出有针对性的、切实有效的政策措施。在没有明确这两点的前提下是难以制定出符合实情的减排对策的。另外，我国面积辽阔，各地自然、经济、社会条件差异巨大，CO_2 排放特征也不尽相同，节能减排、发展低碳经济不能千篇一律地套用一种模式，采用一种政策，而是需要根据各地不同的 CO_2 排放实际采取不同的对策。因此，开展中国 CO_2 排放地域差异的研究对因地制宜地制定 CO_2 减排对策是必不可少的。但是，从当前的现状来看，关于我国经济发展、收入水平等地区差异的研究较多，而关于环境污染地域差异的研究则很少。造成这种状况的原因在很大程度上是由于中国的分地区统计数据难以入手的缘故。与其他污染物质相比，我国政府发布的 CO_2 排放的基础数据严重不足，只是偶尔有一些零星的、片段的资料，而信赖性比较高的、分地区、分部门的、系统的、时间序列的资料极端缺乏，造成了家底不清的局面。这种状况不仅在很大程度上影响到了 CO_2 减排、发展低碳经济政策的有效性，也限制了学术研究的顺利进行。许多学者虽然感到对中国 CO_2 减排的研究十分迫切和必要，但苦于资料难觅，无从下手，只好放弃。

基于此种现状，本文拟首先根据我国公布的能源统计资料，对我国各省、各部门的化石能源起源的 CO_2 排放量进行推算，建立起较为系统的 CO_2 排放数据基础，其次拟对我国各省区的 CO_2 排放特征进行分析，从中探讨我国 CO_2 的减排对策。

令人感到欣慰的是，我国政府正在致力于统计体系和指标的完善，公开发表的数据逐渐增加，也更加注重数据的连续性、准确性和权威性。例如，我国政府于 2004 年 11 月发布了根据《联合国气候变化框架公约》规定编制的《中华人民共和国气候变化初始国家信息通报》中主要包括了 1994 年我国 3 种温室气体的分部门排放清单[6]。但本通报仅有一年的数据，难以和其他年份进行对比，而且已经是 10 多年以前的数据，与现在的状况有很大的出入，难以保证研究的需要。在提交《通报》之后，国家发改委于 2008 年 12 月正式启动“中国准备第二次国家信息通报能力建设”项目，迄今已进行数次项目进展研讨会，计划于 2012 年结束[7-9]。

这里需要说明的是，本推算只是为了展开研究的一种尝试，其准确性尚值得商榷，并不具权威性。在《哥本哈根决议》中，规定了发展中国家需两年提交一次该国温室气体减排的进展状况，以此为契机，希望能够尽早看到连续、详细而权威的数据见诸于世。

二、我国各省 CO_2 排放量的推算结果及特征分析

本文基于中国的能源消费数据，对各省、直辖市、自治区等 30 个省级行政单位（以下简称省，西藏数据缺失除外）的 1995—2007 年的各部门（工业、农业、建筑业、交通运输业、商业、其他服务业和生活等 7 个最终消费部门以及发电、供热等 2 个转换部门）、各种化石能源（原煤、洗精煤、其他洗煤、型煤、焦炭、焦炉煤气、其他煤气、原油、汽油、煤油、柴油、燃料油、液化天然气、炼厂干气、其他石油制品、天然气等 16 种）起源的 CO_2 排放量进行推算，并据此对其结构和特征进行比较分析。在此基础上，站在地区可持续发展的环境治理机制构建的角度，提出各地 CO_2 减排政策建议。

各省 CO_2 排放量的推算方法是将各省、各部门的能源消费量数据分别乘以各种能源的排出系数而得出（具体推算方法参照参考文献［10］）。其中各省、各部门的能源消费数据取自《中国能源统计年鉴》各年版，排出系数采用日本科学技术厅科学技术政策研究所的研究成果[10]。在推算过程中，扣除了工业部门中用作原料、材料的非燃料利用的部分。

（一）总量现状特征

从推算结果（图 1）可以看出，2007 年我国 CO_2 排放量较多的省份是山东、河北、江苏、河南和广东，5 省合计占全国总排放量的 37.2%。这些省份或为经济、人口规模较大的省，或为重化学工业结构比较突出的省，且以位于沿海地区的居多；而排放较少的海南、青海、宁夏、重庆和甘肃等省份则是经济实力较弱，且大多位于内陆的省份。这种分布态势与我国的经济发展水平的东高西低趋势是基本一致的。从排出量的省际差距来看，最高值和最低值的差在 30 倍以上。

（二）总量变动特征

1995—2007 年我国 CO_2 排放的平均年增长率为 7.38%，但地区分布发生了较大变化。整个期间增长幅度较大的依次为内蒙古（12.34%）、宁夏（12.26%）、福建（12.0%）、海南（11.93%）、山东（11.16%）、云南（10.12%）等，其中既有排放基数较高的省份，也有基数较低的省份；增长幅度较小的有北京（3.48%）、黑龙江（3.53%）、辽宁（4.41%）、吉林

(4.87%) 等，东北地区比较突出。从各年的变动率来看，90年代的5年间（1995—2000）平均增长率为1.46%（年增长率分别为3.75% 、-0.77%、0.67%、0.20%、3.52%）；进入21世纪以后，增长速度明显加快，21世纪前5年（2000—2005）的平均增长达到12.00 %，特别是2002年以后的三年年增长率分别达到13.24%、15.19%、19.19%，2005—2007年的年平均增长仍然在10%以上（10.49%、12.28%）。

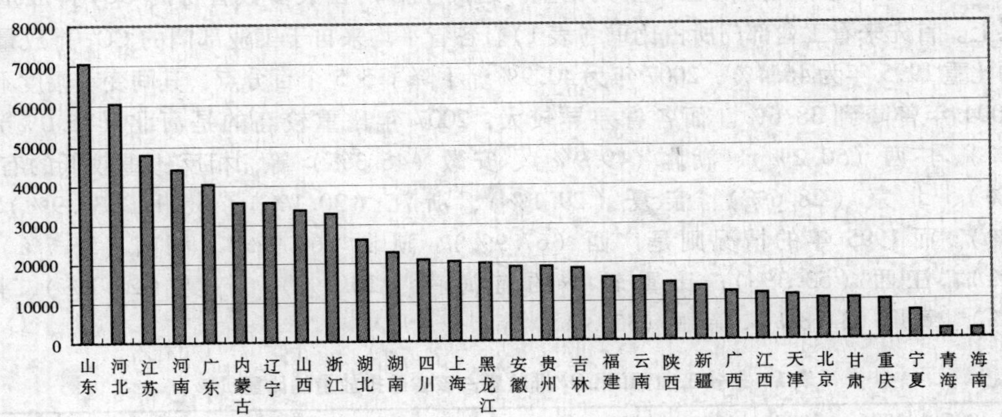

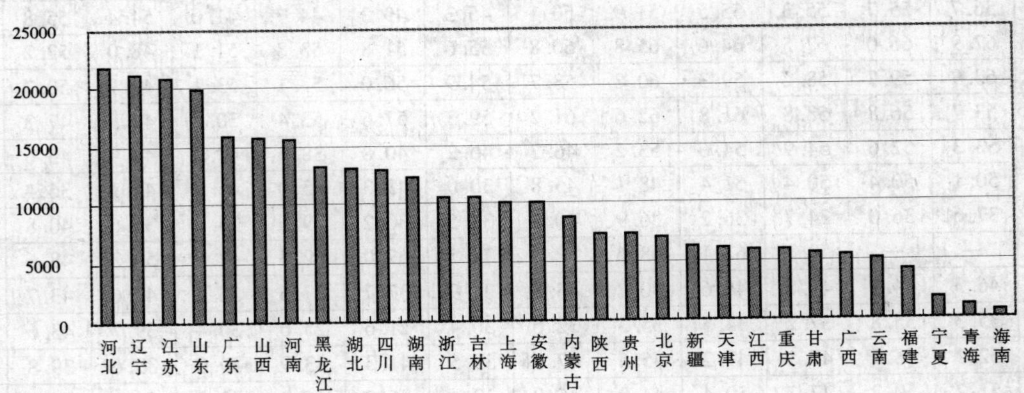

图1 中国各省区 CO_2 排放量的分布及变化（万t）

注：因四川和重庆1995年尚未分离，故采用了1997年的数字。

由此可以看出中国 CO_2 减排的压力十分巨大，今后短期内随着经济的继续发展，不仅绝对量减排难以实现，就是政府提出的到2020年单位GDP碳排放降低40% ~45%的相对量减排也需付出很大的努力。从各省各年的情况来看，变动十分剧烈，最极端的情况下年间变动在1倍以上。这中间不排除有资料上的准确性问题，还有个别省份年间资料缺失的问题，如宁夏的2000—2002年、海南的2002年等。

由于 CO_2 排放增长率的地区性差异，各省的 CO_2 排放量的位次也发生了较大变化。2007年与1995年相比，排名前5位的山东由第4位上升为第1位，河北由第1位下降为第2位，江苏和广东位次依旧，河南则由第7位上升到第4位。位次下降较多的是北京（从第19位下降到第25位）、黑龙江（由第9位下降到第14位）、辽宁（从第2位下降到第7位）、吉林（从第13位下降到第17位）这些省份与上述增长幅度较小的省份几近一致；而位次上升较剧烈的则数内蒙古，从1995年的第16位一跃成为第6位，上升了10位，其他上升较多的还有福建（上升8位）、云南（上升6位）、河南（上升3位）、浙江和山东（各上升3位）等，与前述增长幅度较大的省份相比略有差异，宁夏、海南等省区尽管增长幅度较大，但由于基数小，位次并未发生变化。

（三）内部结构变动特征

由于我国尚处于工业化的阶段，商业、服务业、运输业等第三产业尚不发达，所以从各省内部的 CO_2 排放结构来看，绝大多数的省份以工业部门为主，其他产业的排放量相对较小；此外能源转换部门（发电、供热）也占较大比重。这两个部门在大多数省份的 CO_2 排放量中占到80%以上。首先来看工业部门所占比重（表1）。各省平均来自于工业部门的 CO_2 排放量占总排放量的比重1995年为46.4%，2007年为40.9%，下降了5.5个百分点，其间变动幅度不大，最低的2004年曾降到38.6%。而各省差异较大，2007年比重较高的是河北（56.0%）、湖南（55.9%）、广西（50.2%）、湖北（49.9%）、安徽（46.3%）等；相反比重较低的有内蒙古（21.7%）、北京（28.6%）、宁夏（29.1%）、浙江（30.1%）、贵州（30.9%）、广东（32.4%）。而1995年的情况则是广西（67.9%）、湖北（60.9%）、湖南（56.7%）、安徽（53.7%）、江西（53.3%）；比重较小的有海南（20.9%）、宁夏（25.1%）、黑龙江（34.3%）、贵州（34.8%）、新疆（35.3%）等。

表1　各省工业部门 CO_2 排放量占该省总排放量的比重（%）

年份	1995	1996	1997	1998	1999	2000	2001	2002	2003	2004	2005	2006	2007
河北	52.2	47.4	47.6	48.4	48.2	47.5	48.2	49.9	53.0	53.5	57.7	59.9	56.0
湖南	56.7	55.7	55.3	55.5	51.9	50.1	45.3	49.3	44.7	41.0	54.4	55.8	55.9
广西	67.9	66.0	67.5	64.6	65.8	60.8	55.6	51.8	53.8	51.1	48.0	52.2	50.2
湖北	60.9	59.7	58.2	59.3	60.8	58.7	54.9	56.0	53.1	53.1	49.7	50.7	49.9
安徽	53.7	56.8	58.8	61.8	62.6	61.2	59.3	57.6	53.4	50.2	46.3	47.3	46.4
江西	53.3	52.6	54.9	54.6	53.2	46.7	46.2	40.8	38.7	41.2	40.9	45.6	46.3
四川	50.1	50.4	50.4	51.4	48.1	45.8	30.0	43.3	45.0	45.0	42.1	36.4	44.7
河南	37.6	36.0	34.7	36.2	36.9	40.4	35.5	30.2	29.6	24.2	35.6	40.8	44.6
重庆	—	—	59.7	67.1	68.6	72.5	72.5	67.0	52.3	47.6	53.3	48.6	43.8
福建	46.3	44.3	48.8	46.6	40.2	43.8	38.9	37.7	37.6	36.2	43.6	43.7	43.7
新疆	35.3	35.8	37.2	34.5	35.3	32.6	30.4	21.6	25.6	30.4	39.7	43.6	43.0
辽宁	52.1	48.1	47.1	47.2	45.5	47.5	39.5	41.3	43.9	39.0	39.6	39.8	42.8
云南	51.2	50.2	47.7	50.4	44.0	45.0	39.4	45.0	46.4	43.8	51.0	46.2	42.5
天津	47.3	44.1	52.6	43.3	37.7	40.2	38.6	40.7	40.2	34.5	36.6	40.3	41.8
山东	38.0	37.2	38.4	42.0	40.6	57.3	38.2	33.2	42.1	41.3	43.0	41.2	41.7
山西	43.4	43.1	42.9	43.5	40.8	41.8	48.0	49.6	49.5	45.8	40.3	40.7	41.3
平均	46.4	45.3	45.2	45.7	44.4	44.4	40.4	40.1	40.1	38.6	40.3	40.5	40.9
吉林	45.7	46.3	45.6	39.2	35.0	36.4	32.4	30.2	30.8	30.5	33.3	37.8	38.8
江苏	50.8	49.0	42.9	48.1	45.0	42.4	35.3	33.7	32.7	39.6	39.8	37.3	38.5
青海	39.9	35.9	35.1	33.1	47.1	43.6	33.6	31.3	32.9	36.7	32.7	39.5	38.4
甘肃	39.9	37.9	38.9	37.8	36.1	34.2	36.2	30.8	27.5	33.5	38.9	40.1	38.0
上海	46.1	45.9	44.5	44.2	46.0	43.1	41.3	37.8	36.1	33.6	31.4	38.5	37.5
海南	20.9	35.9	31.7	46.0	21.3	21.8	30.4	—	46.1	31.4	34.6	30.3	37.5
陕西	43.5	46.8	35.0	38.8	32.4	31.2	30.6	37.6	24.1	26.7	27.0	24.3	34.1
黑龙江	34.3	37.3	38.4	37.7	39.6	35.7	33.0	30.4	24.1	24.6	29.6	31.2	33.1
广东	40.8	39.7	42.9	41.4	38.8	34.8	33.4	31.4	36.4	31.1	30.6	33.7	32.4
贵州	34.8	33.8	35.0	34.4	34.4	29.8	27.6	29.5	30.7	31.3	32.8	32.9	30.9
浙江	47.4	44.7	42.8	41.8	39.3	36.9	34.7	36.3	32.9	36.6	35.8	32.7	30.1
宁夏	25.1	23.4	26.4	29.6	34.5	—	—	—	64.8	27.2	31.9	27.0	29.1

年份	1995	1996	1997	1998	1999	2000	2001	2002	2003	2004	2005	2006	2007
北京	42.0	45.9	46.9	47.1	43.7	41.3	42.5	38.6	37.4	31.9	30.2	29.2	28.6
内蒙古	36.1	32.2	36.4	34.0	37.1	36.8	34.8	34.5	17.9	27.8	24.9	18.5	21.7

说明：四川的1995年、1996年数据包括重庆在内；—资料缺失。

再来看能源转换部门所占比重（表2）。各省平均来自于发电、供热部门的CO_2排放量的比重呈上升趋势，1995年为34.1%，2007年上升为42.9%，上升了8.8个百分点，其间的变动幅度也不大，最高的2004年曾达44.4%。但地区差异比工业部门还大。2007年比重较大的是内蒙古（64.6%）、云南（64.5%）、宁夏（60.5%）、浙江（56.7%）和江苏（53.0%）；比重较低的是河北（29.1%）、湖南（25.6%）、北京（28.6%）、湖北（28.9%）。而1995年的情况则是，比重较大的有宁夏（56.8%）、内蒙古（48.1%）、云南（47.0%）、山东（44.6%）和黑龙江（44.3%）；比重较小的有贵州（20.3%）、湖南（20.8%）、湖北（21.6%）、广西（22.8%）和新疆（22.8%）等。

表2　各省能源转换部门CO_2排放量占该省总排放量的比重（%）

年份	1995	1996	1997	1998	1999	2000	2001	2002	2003	2004	2005	2006	2007
内蒙古	48.1	50.2	45.7	47.5	49.0	51.6	53.9	54.9	69.8	52.0	56.3	66.0	64.6
云南	47.0	47.9	50.4	53.5	59.2	51.6	57.5	56.4	57.0	50.0	55.0	61.6	64.5
宁夏	56.8	61.4	56.8	54.0	47.4	—	—	—	25.1	61.8	55.6	61.3	60.5
浙江	36.2	39.8	41.4	41.7	43.8	46.4	48.6	47.1	51.1	50.0	49.9	53.9	56.7
江苏	38.7	41.5	45.4	41.9	45.6	48.7	54.0	55.2	56.6	51.4	51.3	54.3	53.0
黑龙江	44.3	46.4	46.3	47.0	44.6	48.3	49.6	51.3	56.5	56.9	53.1	51.3	49.5
山西	37.0	38.1	38.2	40.7	39.5	38.8	35.3	35.6	36.3	39.2	48.0	48.4	49.3
广东	38.3	40.5	39.3	40.0	42.5	46.2	46.6	49.6	45.0	51.3	48.4	46.7	47.7
贵州	20.3	21.8	19.6	24.0	24.0	30.3	31.8	30.4	35.6	37.8	41.1	45.0	47.4
陕西	34.3	33.1	40.6	38.2	44.5	48.3	48.7	44.8	52.3	52.9	46.1	48.0	47.0
甘肃	31.4	32.8	34.9	34.9	36.1	36.8	36.0	43.4	49.0	47.6	42.6	42.1	45.5
河南	41.3	43.9	45.4	44.8	43.9	43.6	48.6	55.0	57.3	62.4	50.8	47.2	45.4
山东	44.6	48.2	46.7	41.1	42.1	23.6	43.4	49.0	46.5	47.4	41.5	43.4	43.9
安徽	32.4	32.0	30.3	26.7	26.4	27.2	30.4	31.9	36.6	39.6	42.6	42.5	43.5
平均	34.1	35.8	36.0	35.4	36.5	36.8	39.3	41.5	42.5	44.4	42.3	43.0	42.9
辽宁	35.9	40.2	39.7	39.4	40.6	39.0	43.2	43.5	43.3	48.3	44.3	44.7	42.5
吉林	35.8	36.8	37.9	41.0	46.7	44.3	48.8	50.5	49.9	52.6	46.8	42.3	41.4
天津	28.5	33.8	28.6	35.0	37.1	33.3	36.8	40.0	39.8	44.9	45.0	42.2	41.1
江西	29.2	32.0	27.7	27.8	29.4	35.8	35.6	36.4	39.7	45.4	42.5	39.2	40.6
福建	28.3	31.1	25.5	28.3	28.1	33.5	37.7	40.6	43.1	43.0	35.3	36.1	39.3
新疆	22.8	23.1	26.9	28.9	29.4	31.7	34.1	39.7	38.0	37.2	36.8	36.5	38.6
青海	27.6	30.9	34.0	34.8	23.9	26.0	37.9	35.7	37.1	32.8	35.5	33.8	36.3
海南	39.1	0.0	22.7	19.6	32.4	31.6	28.8	—	24.2	31.9	36.2	38.8	36.3
四川	27.1	26.5	29.4	27.2	28.1	29.2	21.3	33.5	31.8	31.9	36.0	40.3	32.4
上海	40.0	39.9	38.7	37.9	36.2	38.0	38.3	39.7	41.6	40.5	40.4	33.5	32.2
重庆	—	—	21.8	14.8	14.8	11.4	11.4	14.2	25.8	26.2	21.8	26.6	31.7
广西	22.8	23.7	22.4	23.1	21.4	24.5	26.4	27.8	27.2	31.3	33.1	29.2	31.3
河北	31.0	34.7	34.8	33.3	34.8	36.1	36.6	36.9	35.5	35.8	31.7	30.8	29.1
湖北	21.6	22.7	24.1	23.0	21.4	22.7	25.1	25.6	26.1	29.0	29.7	29.4	28.9
北京	29.5	28.6	30.1	28.8	27.2	28.9	27.0	29.4	28.6	31.0	31.0	28.5	28.6
湖南	20.8	20.2	19.9	18.9	24.1	26.7	31.7	28.7	35.0	39.9	23.2	25.4	25.6

说明：四川的1995年、1996年数据包括重庆在内；—资料缺失。

三、我国各省的单位 GDP 的 CO_2 排放特征

如前所述，我国已经正式宣布以 2005 年为基数，到 2020 年单位 GDP 的 CO_2 排放量下降 40% ~45% 的目标，并拟将这一指标分解到省或行业，纳入“十二五”规划及“十三五”规划，这表明我国是一个负责任的大国。

单位 GDP 的 CO_2 排放量也称为 CO_2 排放强度，它是与各地区经济活动相关联的一个指标，我们追求的应该是数值越低越好。

图 2 表示的是我国 2005—2007 年各省单位 GDP 的 CO_2 排放量的状况（GDP 数值按 2005 年价格作了可比调整）。从中可以看出，我国单位 GDP 的 CO_2 排放量较低的依次是北京、广东、上海、海南、浙江和福建等省市，每产出万元 GDP 排放出的 CO_2 在 2t 以下；而排放强度最高的宁夏达到 8.9t/万元，与北京的差值在 6 ~ 7 倍。其次是贵州（7.8t）、山西（6.7t）、内蒙古（6.3t）以及河北（4.8t）。这种分布态势也与我国的经济发展水平相一致，即排放强度的分布表现为经济发展水平较高的沿海发达省份较低，而西部内陆经济水平较低的省份较高。从 2005—2007 年这两年的变化情况来看，各省平均的 CO_2 排放强度从 2.89t 下降为 2.76t，下降 4.63%（年均下降 2.34%）。但各省很不平衡，下降幅度最大的是江苏，达 14.26%，以下天津（12.47%）、北京（11.43%）、吉林（10.68%）、广东（10.18%）等省市的下降幅度均在 10% 以上；而有 7 个省份不仅没有下降，反而有所上升。上升最大的是宁夏，达 5.69%，以下依次为河南（5.20%）、海南（4.98%）、青海（3.35%）、广西（3.20%）、内蒙古（2.24%）、湖北（1.62%）。

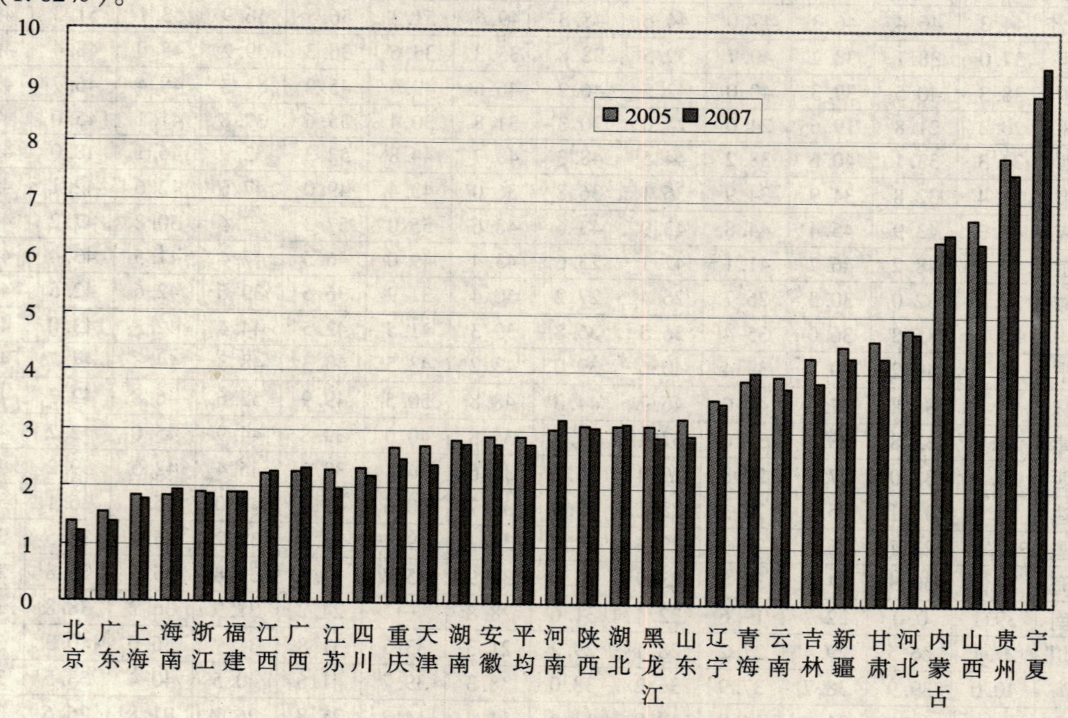

图 2　各省单位 GDP 的 CO_2 排放量（$t-CO_2$/万元）

四、结束语

本文对我国各省 CO_2 排放量进行了试算，并对其特征进行了比较分析，试图对我国各省 CO_2 排放的总体特征及其部门结构有一个较为清晰的轮廓认识，从而对我国制定不同部门的 CO_2 减

排政策有一定的参考作用。在此抛砖引玉，期望引起学界同仁的关注，并期待着国家政府部门的权威性数据的发布。

参考文献

[1] IEA（2009）：CO_2 Emissions from Fuel Combustion，2009 Edition.

[2] 中国应对气候变化的政策与行动——2009 年度报告．http：//www. ccchina. gov. cn/WebSite/CCChina/UpFile/File572. pdf？bcsi_ scan_ 76177B99FFEB9FF3 = 0&bcsi_ scan_ filename = File572. pdf.

[3] 我国首次宣布温室气体减排清晰量化目标　进入碳总量控制时代．新华网，2009 - 11 - 27，http：//news. cn. yahoo. com/09 - 11 - /1037/2jqmx. html.

[4] 苏伟．减排目标尚未分解到省或行业．http：//finance. baidu. com/2009 - 12 - 31/122212788. html，2009 - 12 - 31.

[5] 中国国家发展和改革委气候司．中国省级应对气候变化方案项目简报．http：//qhs. ndrc. gov. cn/gndt/qhbhfa/t20090205_ 259511. htm.

[6] 中华人民共和国气候变化初始国家信息通报［M］．北京：中国计划出版社，2004.

[7] GEF/UNDP -“中国准备第二次国家信息通报能力建设”项目介绍．http：//nc. ccchina. gov. cn/web/column. asp？ColumnId = 1.

[8] “中国准备第二次国家信息通报能力建设”项目 10 个分包子项目启动会简报（第 2 期）．http：//qhs. ndrc. gov. cn/gndt/jhqhbh/P020090402373643374748. pdf.

[9]“能源清单活动温室气体清单编制”和“建立中国温室气体排放清单数据库”第一次进展汇报会召开．http：//nc. ccchina. gov. cn/web/NewsInfo. asp？NewsId = 399.

[10] 张宏武，时临云．中国的多部门 CO_2 排放量的试算及其特征分析——基于 1980—2007 年的化石能源消费数据［C］．中国环境科学学会学术年会论文集（第二卷）（2009）．中国环境科学学会编，北京：北京航空航天大学出版社，2009，6.

[11] 科学技術庁科学技術政策研究所編．アジアのエネルギー利用と地球環境．大蔵省印刷局，1992.

美国 AQMD 大气污染控制策略及启示

朱　晓　王军玲　韩玉花

（北京市环境保护科学研究院　北京　100037）

摘　要　本文简要介绍了美国南加州空气管理区（AQMD）的空气污染防治策略的转变历程、空气污染防治的成功经验。南加州空气质量管理区通过实施许可证制度、最佳可行技术、控制增量策略等手段，进行有效的空气污染防治，并为城市发展所带来的新的空气污染问题的解决提供了好的范例，这些实践经验都是值得我国借鉴的。

关键词　AQMD　大气污染防治　启示

在美国，大气污染控制是通过各级污染控制计划来实现的。各州根据当地的空气质量状况以及联邦空气环境质量标准来制定“州实施计划”（SIP），得到美国环保总署批准后实施。加州根据“空气流域”的概念划分了35个空气质量管理区，而南海岸空气质量管理区（AQMD）就是其中一个，AQMD 再根据当地空气污染特点以及 SIP 的要求来制定当地的实施计划，也就是“南海岸空气质量管理计划”（AQMP）来实现当地空气质量的改善。南海岸空气质量管理区（AQMD）占地面积为12000平方英里，主要为洛杉矶空气域［包括洛杉矶、圣伯那迪诺（San Bernardino）、河边（Riverside）和橙县（Orange）4个县］。该地区的城市空气污染最为严重。

一、AQMD 空气污染防治策略的转变

从制定空气污染防治策略的一开始，政策决策者们面临的难题便是如何既不影响地区繁荣所需要的人口和经济增长，又能实现污染的减少。引进新型污染控制手段对经济影响相对较小，因此通过强制执行新型控制技术使得对经济和社会产生的不良影响降到最低。不过在20世纪90年代初，由于冷战结束后，南加州地区陷入了经济衰退，迫使大家关注企业的经营成本和政府服务成本，因此原本的命令与强制控制手段受到了冲击。

基于以上情况，1992年南海岸空气质量管理区实施了地区清洁空气市场激励项目（又称 RECLAIM）。要求大型设施的经营者在市场上公开购买和出售氮氧化物（NO_x）和硫氧化物（SO_x）的排放权，作为该设施达到污染物减排的一种途径。这种手段的理念是通过市场交易决定排污许可的货币价值，从而代替自上而下的管制。

1990年以来，二氧化硫和氮氧化物排放量在每年4t以上的固定污染源被纳入这一计划，包括390个氮氧化物的污染源和65个二氧化硫的污染源，这些污染源主要来自电厂。排污权的初始分配也是依据历史上的有关指标，并且尽可能反映企业的一般生产水平，不受经济衰退等不确定因素的影响[2]。该项目的关键部分在于每年将初始排污许可配额降低8%～10%，以达到该地区的氮氧化物（NO_x）和硫氧化物（SO_x）污染在2003年分别降低83%和65%的目标，以及2003年后制定的分期目标。许可持有者可利用该许可继续排放所分配限额内的污染物，也可以降低设施的污染物排放，出售多余的许可额。该项目能将达标成本降低40%～50%，而且作为对参加项目公司的额外激励措施，南海岸空气质量管理区能确保他们所有重要许可的快速、一站式服务。这种市场手段的优点之一是它可以促进低污染技术的更快速引进，并且降低政府和企业进行减排工作的成本[3]。

二、AQMD 空气污染防治成功经验

AQMD 在实施大气污染物控制时，成功之处在于实现以技术推动的污染物减排，并通过许可

证的形式实施。这样保证了减排的现实可行性，使得各排污单位能够寻找可行的排污技术，并通过严格的制度保证，以减少空气污染物的排放。

（一）许可证制度

南加州通过许可证制度来控制空气污染物的排放，许可证是准许符合空气质量标准的设备进行操作的文件，它在某项目的设计阶段对设备及工艺进行审核，以确保设备及工艺符合空气污染条例的制度。一般许可证分为两种：施工许可和运营许可。施工许可规定了设备将来运行时的参数、排放量等，类似于我国的在项目开工之前进行的环境影响评价制度。运营许可规定了在设备运行时的设备清单、许可排放量以及设备运行的技术条件等，是非常详细的规范文件。

许可证制度主要控制的是固定源，特别是较大的污染源的排放。许可证包含的内容非常具体，将设备运行的各种参数都进行了规定，保证其运行时能够按照良好工况要求，达到减少污染物排放的要求，而且通过各种参数的监控，保证污染物的排放量是真实可信的，有利于环保部门的监控工作。

（二）最佳可行技术（BACT）

在现有空气质量排放标准中，是遵循“技术强制”原则，根据污染物类别不同，新源和现源的不同，依据不同水平的生产工艺和污染控制技术制定宽严程度不同的排放标准。新建源采用“最佳可行控制技术”（BACT），对现有源采用“最佳可行改造技术”（BARCT）。

BACT是通过生产工艺和可行的方法及技术最大限度地减少每种污染物的排放量，其着眼于能源、环境及经济的综合影响，它是基于最大可能减排量的一种排放限制手段。

在选择BACT时，首先要确定所有潜在的控制技术，然后排除技术上不可行的方案，并根据控制的有效性对现有控制技术进行排名比较，在综合考虑成本、能源和环境的影响后，确定出BACT。这种通过技术推动减排的策略既解决了如何进行污染物减排的难题，又解决了污染企业寻求污染技术困难的难题。这种策略是非常值得我们以后在进行污染物减排时借鉴的。

（三）控制增量策略

在南加州空气质量管理区新建一个排污单位时，需要进行增量的控制，也就是需要进行排放抵减。在获得施工许可之前或者说作为施工许可的一个条件就是要实现排放抵减。若要建新排污单位，就必须关停原有污染源或是对现有污染源进行改造治理，剩余出来的排放量才能用于新源建设。

例如，新建一个排污单位，每年增加10t的氮氧化物，抵减比率是1.3∶1，也就是说要抵减每年13t的氮氧化物排放，这样总量就减少了3t的氮氧化物排放。抵减的比率是根据实际情况来确定的，如果当地空气质量较好，排污抵减比率就会较低，如果当地空气质量比较恶劣，抵减的比率就会较高，以此来达到控制新源排放、削减排放总量进而改善空气质量的目的。新建源的排放需要通过在市场上购买许可或是关闭其原来的排放单元等途径获得。通过联邦酸雨计划以及RECLAIM建立起来的污染物排污权交易市场是非常活跃有效的，在促进污染物减排以及降低减排控制成本上起到了重要的作用。

（四）新控制措施的尝试

在许可证制度中，原本规定任何车辆均不需获得许可证，但AQMD近年来开始实施一些控制车辆中非道路机械的措施，虽然没有列入许可证体系中，但是这是将其纳入许可证体系的一个重要尝试。

现在针对移动源的监管主要针对的是非道路机械以及大型车辆，如施工机械、重型卡车等柴油车辆，而且监管的主要对象是那些有责任主体的车队。车队需要对其队中的车辆进行申报，不管是在加州注册的车队还是外地进入加州运营的车队都需要经申报，并使其非道路机械达到加州的排放标准，这样就建立起管理目录，方便相关部门进行管理。根据车队规模、现状以及现有排放标准等因素，管理部门需要给出各车队各污染物的平均排放目标要求，各车队根据自己实际情况选择购置达标的车辆来淘汰老旧的设备还是更换燃料，还是降低其设备的使用率或是安装政府提供的 BACT 设备。通过这样的一些措施来达到降低这些对空气污染造成严重影响的柴油车辆的减排。

另外，政府针对车队改造还有很多优惠政策。如一个车队的一些车辆设备安装了政府规定的 BACT 设备，这样政府就可以相应的延长车队的达到平均排放要求的时间，这样可以帮助车队减少改造成本。或者政府可以提供小额的贷款或援助，帮助车队来进行技术改造。通过这些手段能够使得车队自愿进行技术改造，来降低这部分车辆的污染物排放，达到改善空气质量的目的。

三、美国 AQMD 控制策略对我国的借鉴意义

加州南海岸空气质量管理区经过三四十年空气污染控制，取得了良好的成效，通过对以上实施过程的经验进行总结，以期对我国特别是大城市进行大气主要污染物总量控制提供一些借鉴。

（一）建立完善的排污许可证制度

在南海岸空气质量管理区进行空气污染控制的过程中，排污许可证起到了重要的作用。政府通过发展水平、环境质量要求、时间限制等条件，根据企业的实际运行情况，确定各排污企业的排放量，通过许可证的形式颁发给企业，许可证中不仅规定了排放量而且将设备的各种运行条件也做出了规定，这样就保证了企业排放数据的准确性，提高政府下达的目标完成的可能性。而现在我国并没有建立这样的排污许可证体系，对下达到企业的减排量没有法律效力，不能保证企业按时完成减排任务。因此，我国应借鉴 AQMD 的经验，根据当地总量控制的要求，综合现有需求、治理成本以及实现目标等因素建立一套完善的排污许可制度。

（二）强制手段与市场手段、激励政策相结合

南海岸空气污染防治的经验表明，早期氮氧化物、硫氧化物的排放主要来自电厂，经过采取强制性控制措施大气污染已经控制到一定水平，目前采用建立排污权交易市场这样的经济激励政策是有效的。但对于挥发性有机物和移动源的控制早期未受关注和采取强制性措施，在这种情况下采取市场交易、鼓励公众使用公共交通工具、鼓励企业推行人员合乘等经济性、激励性政策措施时效果并不明显。因此，我国在进行多种大气污染物总量控制时，应先考虑政府强制的减排手段，在此基础上再通过市场交易等手段，使得企业通过技术改造等方式降低减排成本，从而更好地推动污染物的减排。

（三）实施控制增量政策

我国正处于高速经济发展的时期，粗放型经济增长是导致环境迅速恶化的关键，回顾我国的环境恶化过程，可以看到粗放型经济增长与环境恶化的密切关系，由粗放型经济增长引发的总量控制问题是个大问题，因此，如何控制增量也成为现阶段实施总量控制时遇到的一大难题。我们可以借鉴 AQMD 通过排污抵减措施来控制增量。新上排污单位必须通过淘汰老企业或是改造老旧设备才可以，不仅要做到“增产不增污”，而且要做到“增产减污”。通过这样的措施，不仅可以做到控制增量，而且可以改善经济结构，实现经济增长方式转变。

参考文献

[1] 北京市环保局．北京市环境状况公报［P］．1998—2008.

[2] 曾力，刘建平．美国的排污权交易制度及其在我国的应用探析［J］．企业技术开发，2009，28（1）．

[3] Daniel A. Mazmanian. 美国洛杉矶空气管理经验分析［J］．环境科学研究，2006，19.

中国西部城市大气降尘中重金属污染特征研究

杨 迪[1,2]

(1. 中国矿业大学（北京）化学与环境工程学院 北京 100083；
2. 太原市环境卫生科学研究所)

摘 要 通过采集西部城市太原不同方位的大气降尘，利用等离子－原子发射光谱法（ICP－AES），在类似人体胃液的抽提条件下，测定了太原市大气降尘浸出液中重金属铜、锌、铅、镉、铬的含量。结果表明，降尘中重金属含量高于西安等全国部分城市，且超过土壤环境质量二级标准，在通过消化道对人体的影响中，Pb 作用最大。

关键词 太原 降尘 重金属 等离子－原子发射光谱法

太原市位于中国西部地区、黄土高原东部边缘、太原盆地北端，东西北三面环山，中南部为汾河冲积平原。太原市气候干燥、年均降水量 440mm，年主导风向为西北偏北风。太原市的能源结构以煤为主，市内有太钢等大型工矿企业，特殊的地域条件、不利的气象条件及不合理的工业布局使太原市的大气颗粒物污染非常严重。

大气降尘是指在空气环境条件下，靠重力自然沉降在集尘缸中的颗粒物[1]。降尘极易沉降，根据颗粒物干沉降模型计算可知，粒径 100μm 的颗粒物在空气中的沉降速度是 1μm 颗粒物的 5000 倍[2]。由于其沉降速度快，对土壤、水体及人体健康的危害日益引起人们的重视。降尘形成和来源不同，它的化学性质也极其复杂，既有源地的属性，又有沿途地表细颗粒的参与[3]。

有关对太原市降尘的研究主要集中在降尘量的测定，对降尘中污染物如重金属等的研究还未见报道。近年来，多数研究把注意力集中在对粒径小于 10μm 颗粒物中污染物含量的研究，是因为这样的颗粒物容易通过呼吸道进入人体的肺部深处，直接对人体健康造成损害。但必须同时注意到，降尘颗粒物是构成人类所处大气环境的主要因素，除呼吸外，通过口、鼻等途径，有相当一部分粒径较大的颗粒物可进入人体的消化道，进而对人体产生危害。

本研究从上述考虑出发，采用类似人体胃液的酸性抽提条件，测定了太原市降尘大气污染颗粒中重金属的组成，以期从不同角度了解降尘颗粒物中重金属可能对土壤环境和人体消化系统产生的影响。

一、实验部分

（一）监测点布置

本实验在山西大学、太原理工大学、太钢、桥头街设 4 个采用点，分别位于太原市的南部、西部、北部、东部（见表 1）。

表 1 太原市降尘监测点位置及其功能区

编号	采样点名称	功能区	行政区
1	山西大学	文教区	小店区
2	太原理工大学	居民区	万柏林区
3	太钢	工业区	杏花岭区
4	桥头街	商业、交通区	迎泽区

（二）降尘的采集

所选降尘采样点周围环境开阔，采样口水平线与周围建筑高度的夹角均不大于 30°，周围无局部污染源，尽量避免了高大树木和吸附能力较强的建筑物。交通稠密区测点离开人行道边缘1.5m以上。采样点距地面5~10米，采样口与基础面有1.5m以上的相对高度。采样点放置内径15cm、高30cm的圆桶形玻璃缸。

空气中灰尘自然沉降在集尘缸内，收集降尘时用镊子将落入缸内的树叶、小虫和鸟粪等异物取出，并用蒸馏水多次冲洗采样器内沉积的降尘并收集，反复多次，直至冲净为止，然后在实验室中40℃烘干，称重备用。

（三）浸出液制备

将样品在玛瑙研钵中研磨后，过2mm筛，准确称取样品3g（准确至0.001g），放入具密封塞的广口聚乙烯瓶中，准确加入100ml盐酸溶液（1mol/L）振荡2h，振荡频率为200次/min。取下后静置30min，将上清液在过滤装置上用0.45μm的滤膜进行过滤，收集滤出液供分析用。

（四）分析方法与样品测定

本实验采用日本琦玉县国际环境科学研究所的Seiko SPS4000型电感耦合等离子体－原子发射光谱仪，测定了降尘浸出液中Cu、Zn、Pb、Cd、Cr的含量。

仪器工作分析线波长见表2。

表2　分析线波长

元素	Cu	Zn	Pb	Cr	Cd
波长/nm	324.754	202.548	220.353	205.552	226.502

仪器功率1.3kW、频率27.12MHz、辅助气流量1.0L/min、冷却气流量16L/min、雾化器压力2.07×10^5Pa。

二、实验结果与讨论

（一）太原市大气降尘浸出液中重金属含量

通过ICP－AES分析得出太原市大气降尘浸出液中Cu、Zn、Pb、Cd、Cr含量，详见表3。

表3　太原市大气降尘浸出液中重金属含量　　单位：mg/kg

重金属	山西大学	太原理工大学	太钢	桥头街	平均值
Cu	62.43	60.90	48.20	44.23	59.94
Zn	162.73	168.33	249.33	231.60	203.00
Pb	60.47	60.40	107.27	94.40	80.63
Cd	无	无	4.57	2.27	1.71
Cr	6.93	7.30	17.27	14.07	13.14

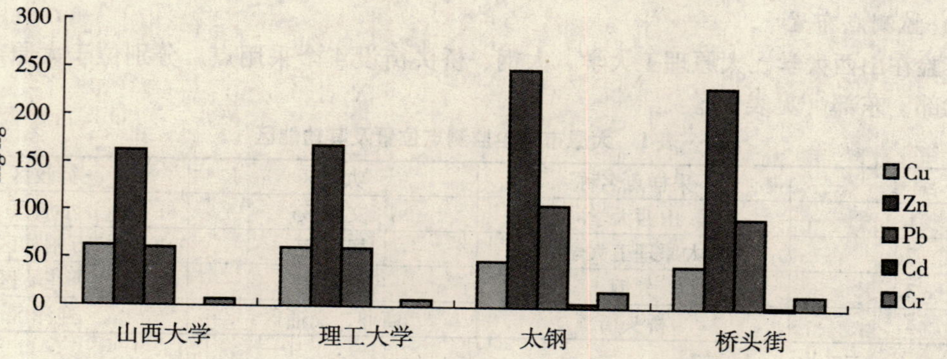

图1　太原市大气降尘浸出液中重金属含量区域分布图

（二）太原市大气降尘浸出液中Cu、Zn、Pb、Cd、Cr在不同区域变化情况

从图1中看出，除Cu外，降尘浸出液中重金属含量，在太钢、桥头街远高于山西大学和太原理工大学；而山西大学与太原理工大学各金属含量基本相近。

（三）太原市大气降尘浸出液中Cu、Zn、Pb、Cd、Cr浓度与其他城市总量比较

表4　太原市大气降尘中某些重金属含量与其他城市比较　单位：mg/kg

重金属	太原市	西安[5]	贵阳[6]	兰州[7]	邯郸[8]
Cu	59.94	27.4	109	72.72	56.3
Zn	203.00	78.6	648	520.01	—
Pb	80.63	24.8	207	135.86	36
Cd	1.71	0.156	5.92	—	0.155
Cr	13.14	—	—	—	59.2

由于本方法为不完全抽提，未见有相关文献报道降尘中重金属在胃液条件下的浸出量研究，因此，本文采用作为比较的城市降尘重金属含量均为消解后的总量。从表4中可以看出，Cu、Zn、Pb、Cd浸出液含量高于西安总量，Cu、Pb、Cd高于邯郸总量。这表明尽管太原市降尘的测定不是全消解，但较国内部分城市降尘中重金属总量仍然偏高，说明太原市降尘中重金属含量处于较高的水平。

（四）太原市大气降尘中重金属安全性评价

1. 降尘重金属对土壤环境影响安全性评价

表5　太原市大气降尘中重金属的安全性评价结果　单位：mg/kg

重金属	Cu	Zn	Pb	Cd	Cr
太原市平均值	59.94	203.00	80.63	1.71	13.14
土壤环境质量二级标准[8]	50	200	250	0.30	150

表5显示，太原市大气降尘浸出液中Cu、Zn、Cd平均含量均高于土壤环境质量二级标准值，即超过保障农业生产，维护人体健康的土壤限值。这表明，这些降尘若落入地面，会引起土壤重金属污染，进而对人体健康产生不利影响。

2. 降尘重金属对人体健康安全性评价

人体通过口、鼻等途径进入消化道的降尘量按1996—2000年太原市采暖期大气监测TSP平均值0.537mg/m^3估算，并按测定结果计算其中重金属的含量，采用多介质环境目标值（Multi-media Environmental Goals，MEG）中周围环境目标值（AmbientMEG，AMEG）[9]评价其对周围人群及生态系统的有害影响，其结果见表6。

表6　太原市大气降尘重金属的毒性评价结果　单位：g/m^3

重金属	Cu	Zn	Pb	Cd	Cr
浓度	3.2×10^{-2}	1.1×10^{-1}	4.3×10^{-2}	9.2×10^{-4}	7.1×10^{-3}
$AMEG_{AH}$	5×10^{-1}	9.5	3.6×10^{-1}	1.2×10^{-1}	1.2×10^{-1}
AS	6.4×10^{-2}	1.2×10^{-2}	1.2×10^{-1}	7.7×10^{-3}	5.9×10^{-2}
TAS	2.6×10^{-1}				

注：$AMEG_{AH}$——大气中某物质不会引起危害作用的最高浓度；AS——大气中污染物对人体的健康影响度；TAS——总环境影响度。

由表6看出，重金属的TAS小于1，表明通过消化道途径吸收降尘中的重金属不会对人体健康造成较大影响；但从结果可以看出，在降尘重金属毒性构成中，Pb的作用最强，Cu的作用次之，应该作为污染控制中的主要对象。

三、结　论

1. 除Cu外，太原市工业区、商业交通区的重金属污染大于居民区及文教区，说明太原市工业区污染物排放、机动车尾气排放对太原市有一定影响；与其他城市相比，太原市大气降尘中重金属Cu、Zn、Pb、Cd污染程度大于西安市，Cu、Pb、Cd大于邯郸，说明太原市Cu、Pb污染较严重。

2. 太原市大气降尘中Cu、Zn、Cd均超过土壤环境质量二级标准，大量的降尘落入土壤会对土壤造成污染。

3. 在通过口、鼻进入消化道的降尘重金属中，Pb的作用最大，其次为Cu，应该作为污染控制的主要对象。

参考文献

[1] 中华人民共和国国家标准．环境空气，降尘的测定［S］．GB/T15265—1994.

[2] SlINN，S A，SlINN，W G N. Predication for particle deposition to nature water［J］. Atmospheric Environment，1980，14（6）：1013-1016.

[3] 夏训诚，杨根生．中国西北地区沙尘暴灾害及防治［M］．北京：中国环境科学出版社，1996：54.

[4] 萧蕴英．西安市城区大气总悬浮微粒和降尘中某些元素含量及富集状况［J］．甘肃环境研究与监测，1991（2）：19-22.

[5] 杨水秀．贵阳市大气降尘中某些金属元素分布状况初探［J］．贵州环保科技，2002，8（1）：13-16.

[6] 杨丽萍，陈发虎，张成君．兰州市大气降尘的化学特征［J］．兰州大学学报（自然科学版），2002，38（5）：115-120.

[7] 张洪建，等．邯郸市区落尘中部分有害成分分析［J］．河北建筑科技学院学报，2002，19（1）：1-4.

[8] 中华人民共和国国家标准．土壤环境质量标准［S］．GB 15618—1995.

[9] 汪晶，和德科，等．环境评价数据手册——有毒物质鉴定值［M］．北京：化学工业出版社，1988.